Massimo Bergamini
Graziella Barozzi
Anna Trifone

4 Matematica.blu 2.0

Seconda edizione

PER IL COMPUTER E PER IL TABLET

L'eBook multimediale

1 REGÌSTRATI A MYZANICHELLI

Vai su **my.zanichelli.it** e regìstrati come studente

2 SCARICA BOOKTAB

- Scarica **Booktab** e installalo
- Lancia l'applicazione e fai login

3 ATTIVA IL TUO LIBRO

- Clicca su **Attiva il tuo libro**
- Inserisci il **codice di attivazione** che trovi sul **bollino argentato adesivo** in questa pagina

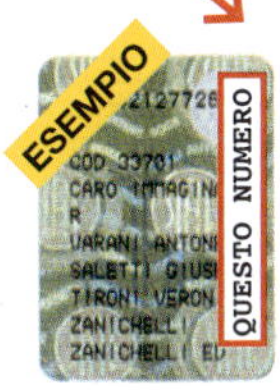

4 CLICCA SULLA COPERTINA

Scarica il tuo libro per usarlo offline

Realizzazione editoriale:
- Coordinamento editoriale: Giulia Laffi
- Redazione: Silvia Gerola, Marinella Lombardi
- Collaborazione redazionale: Massimo Armenzoni, Parma
- Segreteria di redazione: Deborah Lorenzini, Rossella Frezzato
- Progetto grafico: Byblos, Faenza
- Composizione e impaginazione: Litoincisa, Bologna
- Disegni: Livia Marin; Luca Pacchiani; Francesca Ponti; Dario Zannier; Graffito, Cusano Milanino
- Ricerca iconografica: Silvia Basso; Anna Boscolo; Byblos, Faenza; Silvia Gerola; Marinella Lombardi; Ilaria Lovato; Damiano Maragno

Contributi:
- Revisione dei testi e degli esercizi: Silvia Basso, Anna Boscolo, Annalisa Castellucci, Ilaria Lovato, Damiano Maragno, Federico Munini
- Coordinamento degli esercizi Realtà e modelli: Luca Malagoli
- Stesura delle schede di approfondimento: Daniela Cipolloni, Adriano Demattè, Daniele Gouthier, Chiara Manzini, Elisa Menozzi, Ilaria Pellati, Antonio Rotteglia
- Rilettura dei testi: Marco Giusiano, Luca Malagoli, Lorenzo Meneghini, Francesca Anna Riccio
- Stesura degli esercizi: Chiara Ballarotti, Anna Maria Bartolucci, Davide Bergamini, Andrea Betti, Cristina Bignardi, Francesco Biondi, Daniela Boni, Silvia Bruno, Silvana Calabria, Lisa Cecconi, Roberto Ceriani, Daniele Cialdella, Chiara Cinti, Adriano Demattè, Paolo Maurizio Dieghi, Daniela Favaretto, Francesca Ferlin, Rita Fortuzzi, Ilaria Fragni, Lorenzo Ghezzi, Chiara Lucchi, Mario Luciani, Chiara Lugli, Francesca Lugli, Armando Magnavacca, Luca Malagoli, Lorenzo Meneghini, Elisa Menozzi, Luisa Morini, Monica Prandini, Tiziana Raparelli, Laura Recine, Daniele Ritelli, Antonio Rotteglia, Giuseppe Sturiale, Renata Tolino, Maria Angela Vitali, Alessandro Zagnoli, Alessandro Zago, Lorenzo Zordan
- Stesura degli esercizi Realtà e Modelli: Riccardo Avigo, Arcangela Bennardo, Andrea Betti, Daniela Boni, Silvia Bruno, Roberto Ceriani, Paolo Maurizio Dieghi, Maria Falivene, Marco Ferrigo, Lorenzo Ghezzi, Giovanna Guidone, Nicola Marigonda, Marcello Marro, Lorenzo Meneghini, Nadia Moretti, Marta Novati, Francesco Parigi, Marta Parroni, Marco Petrella, Pasquale Ronca, Marco Sgrignoli, Giulia Signorini, Enrico Sintoni, Claudia Zampolini
- Stesura dei Listen to it: Silvia Basso, Fabio Bettani, Anna Boscolo, Beatrice Franzolini, Ilaria Lovato
- Stesura degli esercizi in lingua inglese: Anna Baccaglini-Frank, Andrea Betti
- Revisione dei Listen to it e degli esercizi in lingua inglese: Jessica Halpern, Luisa Doplicher
- Coordinamento della correzione degli esercizi: Francesca Anna Riccio
- Correzione degli esercizi: Silvano Baggio, Francesco Benvenuti, Davide Bergamini, Angela Capucci, Elisa Capucci, Lisa Cecconi, Barbara Di Fabio, Elisa Garagnani, Daniela Giorgi, Erika Giorgi, Cristina Imperato, Francesca Incensi, Chiara Lugli, Francesca Lugli, Elisa Menozzi, Elena Meucci, Monica Prandini, Francesca Anna Riccio, Daniele Ritelli, Renata Schivardi, Elisa Targa, Ambra Tinti

Realizzazione dell'eBook multimediale:
Booktab Z:
- Progettazione esecutiva e sviluppo software: duDAT srl, Bologna
- Revisione: CHIARA comunicazione, Parma

Video:
- Coordinamento redazionale: Fabio Bettani, Elena Zaninoni
- Redazione e realizzazione: Christian Biasco
- Revisione: Agnese Barbensi, Annalisa Castellucci, Sara Di Ruzza, Beatrice Franzolini, Damiano Maragno

Animazioni interattive:
- Coordinamento redazionale: Fabio Bettani, Giulia Tosetti, Elena Zaninoni
- Stesura e realizzazione: Davide Bergamini
- Revisione: Beatrice Franzolini, Francesca Elisa Leonelli, Paolo Scarpat

Audio *Listen to it*:
- Voce: Anna Baccaglini-Frank
- Realizzazione: formicablu srl, Bologna; Immagina srl, Castel Maggiore

Copertina:
- Progetto grafico: Miguel Sal & C., Bologna
- Realizzazione: Roberto Marchetti e Francesca Ponti
- Immagine di copertina: Ellsworth Kelly, **Dark Blue Panel**, **1986**. Modern Art Museum of Forth Worth, Texas. © Ellsworth Kelly

Prima edizione: 2012
Seconda edizione: febbraio 2017

Ristampa:
9 8 7 6 5 2020 2021 2022 2023

Zanichelli garantisce che le risorse digitali di questo volume sotto il suo controllo saranno accessibili, a partire dall'acquisto dell'esemplare nuovo, per tutta la durata della normale utilizzazione didattica dell'opera. Passato questo periodo, alcune o tutte le risorse potrebbero non essere più accessibili o disponibili: per maggiori informazioni, leggi my.zanichelli.it/fuoricatalogo

File per sintesi vocale
L'editore mette a disposizione degli studenti non vedenti, ipovedenti, disabili motori o con disturbi specifici di apprendimento i file pdf in cui sono memorizzate le pagine di questo libro. Il formato del file permette l'ingrandimento dei caratteri del testo e la lettura mediante software screen reader. Le informazioni su come ottenere i file sono sul sito www.zanichelli.it/scuola/bisogni-educativi-speciali

Grazie a chi ci segnala gli errori
Segnalate gli errori e le proposte di correzione su **www.zanichelli.it/correzioni**. Controlleremo e inseriremo le eventuali correzioni nelle ristampe del libro. Nello stesso sito troverete anche l'errata corrige, con l'elenco degli errori e delle correzioni.

Zanichelli editore S.p.A. opera con sistema qualità certificato CertiCarGraf n. 477 secondo la norma UNI EN ISO 9001:2015

Questo libro è stampato su carta che rispetta le foreste.
www.zanichelli.it/chi-siamo/sostenibilita

Stampa: Grafica Veneta S.p.A.
Via Malcanton, 2 - 35010 - Trebaseleghe (PD)
per conto di Zanichelli editore S.p.A.
Via Irnerio 34, 40126 Bologna

Massimo Bergamini
Graziella Barozzi
Anna Trifone

4 Matematica.blu 2.0

Seconda edizione

Matematica e arte

Ellsworth Kelly di Emanuela Pulvirenti

Che cos'è quella strana macchia blu in copertina? Difficile crederlo, ma è un quadro: un'opera di Ellsworth Kelly dal titolo *Dark Blue Panel*. Certo, ha una forma anomala, dimensioni esagerate, non presenta immagini né disegni astratti, non si capisce quale sia il significato... eppure è un dipinto a tutti gli effetti. E come tutti i dipinti, anche quelli più essenziali, nasce dall'esigenza di rappresentare un aspetto della realtà. Nel caso di Kelly, artista americano morto a dicembre del 2015 all'età di 92 anni, quell'aspetto è la forma che hanno le cose, soprattutto quelle della natura e delle piante a lungo disegnate negli anni della formazione.

"Non sono interessato alla struttura di una roccia ma alla sua ombra", amava dire Kelly.

I contorni delle cose, dunque, sono per Kelly più importanti di quello che ci sta dentro; la sagoma del quadro è più interessante del colore con cui è riempito. Si tratta quindi di un'esplorazione precisa e paziente delle infinite geometrie del quadro. Un'operazione di reinvenzione del mondo attraverso un linguaggio "pulito" e astratto. Talmente rigoroso e oggettivo che l'opera deve quasi sembrare essersi fatta da sé, senza l'intervento della volontà dell'artista.

La sua produzione è vicina al movimento del *Hard Edge Painting*, la pittura realizzata con campiture uniformi accostate in modo netto, ed è affine al *Minimalismo*, la corrente artistica che si esprime con elementi geometrici semplici e basilari. Eppure la sua opera sfugge a queste definizioni, perché riduce la tavolozza a pochi colori base, per di più usati separatamente, e poi perché le sue tele, con quelle forme originali e non classificabili, possiedono un dinamismo estraneo all'arte minimalista.

Le sue sagome colorate parlano lo stesso linguaggio essenziale ed esatto della matematica, sono formule visive che raccontano, proprio come fa questo libro, un universo misterioso tutto da scoprire.

Per saperne di più vai **su.zanichelli.it/copertine-bergamini**

Ellsworth Kelly, *Dark Blue Panel*, 1986
olio su tela
278,1 × 274,3 cm

ZANICHELLI

SOMMARIO

Nell'eBook (Capitolo 12)

2 video (• Le formule degli angoli associati • Funzione sinusoidale)

e inoltre 13 animazioni

TUTOR matematica — **45 esercizi interattivi in più**

risorsa riservata a chi ha acquistato l'edizione con tutor

Nell'eBook (Capitolo 13)

1 video (• Formule di addizione)

e inoltre 4 animazioni

TUTOR matematica — **45 esercizi interattivi in più**

risorsa riservata a chi ha acquistato l'edizione con tutor

CAPITOLO 14

EQUAZIONI E DISEQUAZIONI GONIOMETRICHE

Nell'eBook

1 video (• Equazioni lineari in seno e coseno)
e inoltre 21 animazioni

TUTOR matematica **45 esercizi interattivi in più**
risorsa riservata a chi ha acquistato l'edizione con tutor

CAPITOLO 15

TRIGONOMETRIA

Nell'eBook

3 video (• Misura del raggio terrestre • Teorema del coseno • Triangolazione)
e inoltre 10 animazioni

TUTOR matematica **45 esercizi interattivi in più**
risorsa riservata a chi ha acquistato l'edizione con tutor

CAPITOLO 16

NUMERI COMPLESSI

CAPITOLO α2

PROBABILITÀ

Nell'eBook

2 video (• Roulette e probabilità • Teorema di Bayes)

e inoltre 12 animazioni

TUTOR matematica **45 esercizi interattivi in più**

risorsa riservata a chi ha acquistato l'edizione con tutor

CAPITOLO C1

Nell'eBook

1 animazione

TUTOR matematica **15 esercizi interattivi in più**

risorsa riservata a chi ha acquistato l'edizione con tutor

COORDINATE POLARI NEL PIANO

VERSO L'INVALSI

CAPITOLO C8

Disponibile nell'eBook

NUMERI TRASCENDENTI

CAPITOLO C9

Disponibile nell'eBook

NUMERO DELLE SOLUZIONI DI UN'EQUAZIONE POLINOMIALE

CAPITOLO C10

Disponibile nell'eBook

LINGUAGGIO E RAGIONAMENTO IN MATEMATICA

Fonti delle immagini

Cap 12 Funzioni goniometriche

665: Elenarts/Shutterstock
668: Pialr Echevarria/Shutterstock, Marek Cech/Shutterstock
688: Titima Ongkantong/Shutterstock
720: Liu Hui (1726 Tu Shu Ji Cheng)
724 (a): Elisanth/Shutterstock
724 (b): Photo Melon/Shutterstock
724 (c): wavebreakmedia/Shutterstock
732: Tatiana Popova/Shutterstock
736 (a): Giovanni Benintende/Shutterstock
736 (b): bergamont/Shutterstock
737 (a): S.Cooper Digital/Shutterstock
737 (b): cubee/Shutterstock
738 (a): Peter Gudella/Shutterstock
738 (b): Jiri Hera/Shutterstock
749: EuToch/Shutterstock

Cap 13 Formule goniometriche

759: luckypick/Shutterstock
762: Africa Studio/Shutterstock
765 (a): happy photo/Shutterstock
765 (b): Giuseppe_R/Shutterstock
771 (a): Jason Salmon/Shutterstock
771 (b): viritphon/Shutterstock
775: Diego Barbieri/Shutterstock
786: Bodik1992/Shutterstock
788 (a): Dimedrol68/Shutterstock
788 (b): photokup/Shutterstock
791: marcovarro/Shutterstock

Cap 14 Equazioni e disequazioni goniometriche

796: Olga Kushcheva/Shutterstock
807: Prism_68/Shutterstock
813: Aleksangel/Shutterstock
817: art designer/Shutterstock
828: Zerbor/Shutterstock
835: Zurijeta/Shutterstock
836: Patryk Kosmider/Shutterstock
867 (a): Kamil Macniak/Shutterstock
867 (b): parinyabinsuk/Shutterstock; Lightspring/Shutterstock
871: Peter Sobolev/Shutterstock

Cap 15 Trigonometria

873: Mmaxer/Shutterstock
878: Carolina K. Smith, M. D./Shutterstock; Jonathan Larsen/Shutterstock
882: PerseoMedusa/Shutterstock
890: PerseoMedusa/Shutterstock
892 (a): Poznyakov/Shutterstock
892 (b): Mitch Gunn/Shutterstock
892 (c): Pressmaster/Shutterstock
893: alfredolon/Shutterstock
900: Lemon Tree Images/Shutterstock
908: Manuel Ploetz/Shutterstock
909: hxdbzxy/Shutterstock
917: photo.ua/Shutterstock
921: welcomia/Shutterstock
929: Nik Niklz/Shutterstock
929 (a): fluidworkshop/Shutterstock
929 (b): Michal Durinik/Shutterstock
931: Claudio Giovanni Colombo/Shutterstock
932: www.laverderosa.it
935: Yulia Grigoryeva/Shutterstock

Cap 16 Numeri complessi

943: catwalker/Shutterstock
946: Pressmaster/Shutterstock
951: Morgenstjerne/Shutterstock
981: chrishumphreys/Shutterstock
982: Filip Fuxa/Shutterstock
991: Bulatnikov/Shutterstock

Capitolo 17 Vettori, matrici, determinanti

1018 (a): Andrey Armyagov/Shutterstock
1018 (b): gpointstudio/Shutterstock
1020 (a): topimages/Shutterstock
1020 (b): Kitch Bain/Shutterstock
1022 (a): Naatali/Shutterstock
1022 (b): corund/Shutterstock
1022 (c): Sebastian Kaulitzki/Shutterstock
1023: davilina2014/Shutterstock
1024: Tatiana Frank/Shutterstock
1030: gorbelabda/Shutterstock
1042: Nicescene/Shutterstock
1043 (a): Dragon_fang/Shutterstock
1043 (b): Hannamariah/Shutterstock
1044: Issarawat Tattong/Shutterstock
1045: Maridav/Shutterstock

Capitolo 18 Trasformazioni geometriche

1069: Feng Yu/Shutterstock
1074: Eva Madrazo/Shutterstock
1085: Fat Jackey/Shutterstock
1090 (a): natrot/Shutterstock
1090 (b): Roel Driever/Shutterstock
1099: Timolina/Shutterstock
1105 (a): Alfonso de Tomas/Shutterstock
1105 (b): Kiching/Shutterstock
1106 (a): Bart_J/Shutterstock
1106 (b): s74/Shutterstock
1106 (c): Igor Petruschenko/Shutterstock
1116: Georgejmclittle/Shutterstock
1133: M.Stasy/Shutterstock
1137: zentilia/Shutterstock

Capitolo 19 Geometria euclidea nello spazio

1158: styleuneeed.de/Shutterstock
1191: Anton_Ivanov/Shutterstock
1195 (a): imrankadir/Shutterstock
1195 (b): alessandro guerriero/Shutterstock
1197: tungtopgun/Shutterstock
1198: tristan3D/Shutterstock
1204: pecold/Shutterstock
1205: Genotar/Shutterstock
1207 (a) yavuzunlu/Shutterstock
1207 (b): flashgun/Shutterstock
1207 c): Nethruz/Shutterstock
1211 (a): Waldemarus
1211 (b): gresei/Shutterstock
1213: Ardenvis/Shutterstock
1219: M. Unal Ozmen/Shutterstock
1220: Nata-Lia/Shutterstock
1225: Jiang Hongyan/Shutterstock

Capitolo 20 Geometria analitica nello spazio

1227: chinahbzyg/Shutterstock
1242: Steeve Reed/Shutterstock
1249: Maxx-Studio/Shutterstock
1258: Aneese/Shutterstock
1259: dade72/Shutterstock
1261: Vector3D/Shutterstock
1270: James.Pintar/Shutterstock
1275: Antonio Gravante/Shutterstock
1277 (a): BruceParrott/Shutterstock
1277 (b): Cq photo juy/Shuttertstock
1282: Alhovik/Shutterstock
1283: De Visu/Shutterstock
1287 (a): Christopher Elwell/Shutterstock
1287 (b): Maria Dryfhout/Shutterstock

Capitolo α1 Calcolo combinatorio

α10: ronstik/Shutterstock
α13: Jerry Bauer
α16: Bill Lawson/Shutterstock
α21 (a): PlusONE/Shutterstock
α21 (b): Andrey_Popov/Shutterstock
α22 (a): Thumb/Shutterstock
α22 (b): Perrush/Shutterstock
α23 (a): Dragon Images/Shutterstock
α23 (b): Rob Pittman/Shutterstock
α24 (a): Harper 3D/Shutterstock
α24 (b): Freer/Shutterstock
α28: Vixit/Shutterstock
α32: FabrikaSimf/Shutterstock
α33: Izg/Shutterstock
α36 (a): Ozaiachin/Shutterstock
α36 (b): Sergey Le/Shutterstock
α39 (a): Poznyakov/Shutterstock
α39 (b): Photology1971/Shutterstock
α47: Nicole Gordine/Shutterstock
α48 (a): David Acosta Allely/Shutterstock
α48 (b): Nitr/Shutterstock
α51: Sara Sangalli/Shutterstock

Capitolo α2 Probabilità

α63: Webphoto
α69: Alexey Stiop/Shutterstock
α78: Steve Cukrov/Shutterstock
α80: Billion Photos/Shutterstock
α81: Corepics VOF/Shutterstock
α82: Syda Productions/Shutterstock
α83: Natan86/Shutterstock
α84 (a): muzsy/Shutterstock
α84 (b): Planner/Shutterstock
α85: Yermolov/Shutterstock
α87 (a): Route55/Shutterstock
α87 (b): Venus Angel/Shutterstock
α90: Tiplyashina Evgeniya/Shutterstock
α93 (a): Africa Studio/Shutterstock
α93 (b): Picsfive/Shutterstock
α93 (c): Picsfive/Shutterstock
α95: antoniodiaz/Shutterstock
α97: Weblogiq /Shutterstock
α98: Robert Kneschke/Shutterstock
α100: bouzou/Shutterstock
α101 (a): Cheryl Ann Quigley/Shutterstock
α101 (b): cristiano barni/Shutterstock
α102: koya979/Shutterstock
α104 (a): wavebreakmedia/Shutterstock
α104 (b): EggHeadPhoto/Shutterstock
α104 (c): Lek Changply/Shutterstock
α104 (d): AGCuesta/Shutterstock
α104 (e): mekcar/Shutterstock
α107: Kiselev Andrey Valerevich/Shutterstock
α109 (a): Tiger Images/Shutterstock
α109 (b): Africa Studio/Shutterstock
α109 (c): Cyrick/Shutterstock
α109 (d): pirke/Shutterstock
α110: Madiz/Shutterstock
α112 (a): Samo Trebizan/Shutterstock
α112 (b): Grycaj/Shutterstock
α113: pathdoc/Shutterstock
α114 (a): PhotoStock10/Shutterstock
α114 (b): Zentilia/Shutterstock
α114 (c): hin255/Shutterstock
α117 (a): elenovski/Shutterstock
α117 (b): Evgen Prozhyrko/Shutterstock

Cap C1 Coordinate polari nel piano

C18: Jamie Roach/Shutterstock
C27: Dm_Cherry/Shutterstock
C28: Anna Boscolo, 2015
C31: Peter Gudella/Shutterstock

Verso l'INVALSI

I6: Anuwat/Shutterstock

FUNZIONI GONIOMETRICHE

La prima relazione fondamentale

$$\sin^2 \alpha + \cos^2 \alpha = 1$$

La seconda relazione fondamentale

$$\tan \alpha = \frac{\sin \alpha}{\cos \alpha}$$

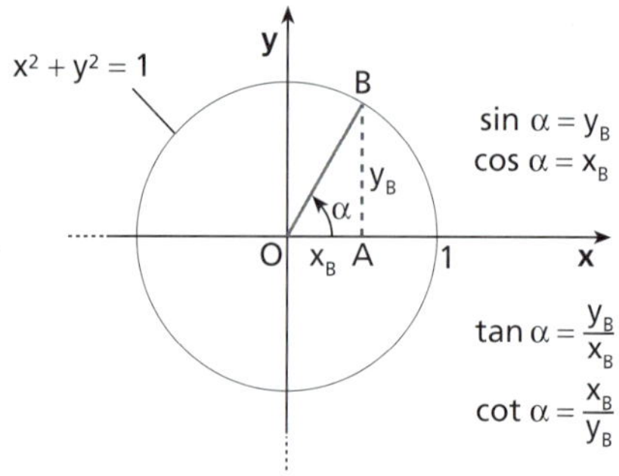

I grafici delle funzioni goniometriche

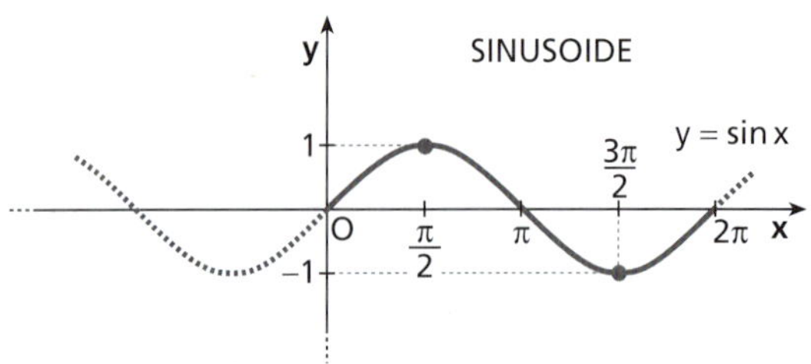

Periodicità: $\forall \alpha \in \mathbb{R}$ $\quad \sin(\alpha + 2k\pi) = \sin\alpha$ con $k \in \mathbb{Z}$

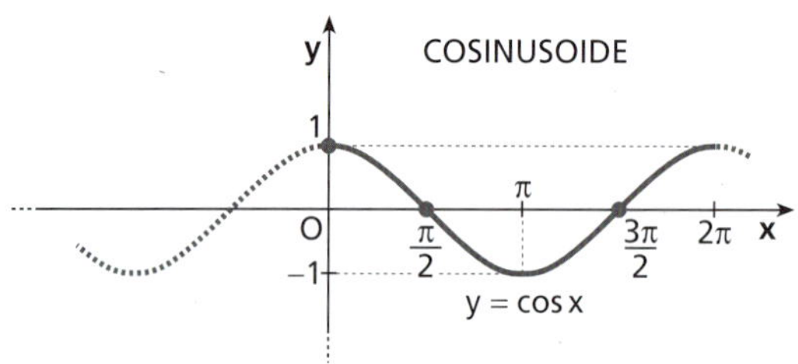

Periodicità: $\forall \alpha \in \mathbb{R}$ $\quad \cos(\alpha + 2k\pi) = \cos\alpha$ con $k \in \mathbb{Z}$

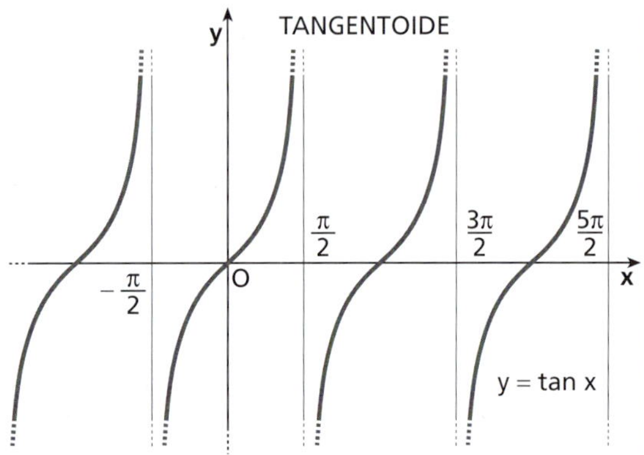

Periodicità: $\forall \alpha \in \mathbb{R} - \left\{\frac{\pi}{2} + h\pi \,|\, h \in Z\right\}$

$\tan(\alpha + k\pi) = \tan\alpha$ con $k \in \mathbb{Z}$

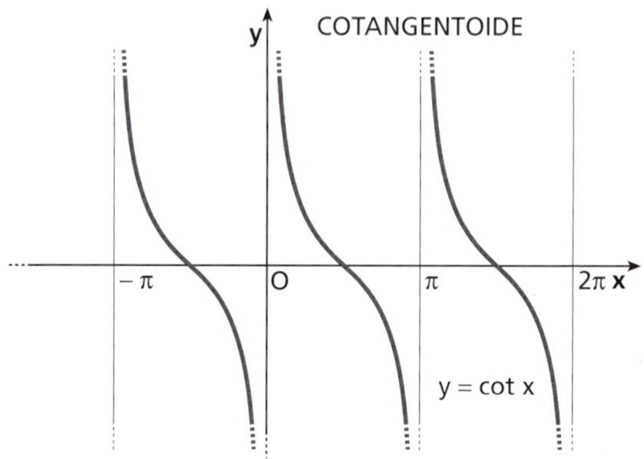

Periodicità: $\forall \alpha \in \mathbb{R} - \{h\pi \,|\, h \in \mathbb{Z}\}$

$\cot(\alpha + k\pi) = \cot\alpha$ con $k \in \mathbb{Z}$

Seno, coseno e tangente su un triangolo rettangolo

$$\sin\alpha = \frac{\text{cateto opposto}}{\text{ipotenusa}}$$

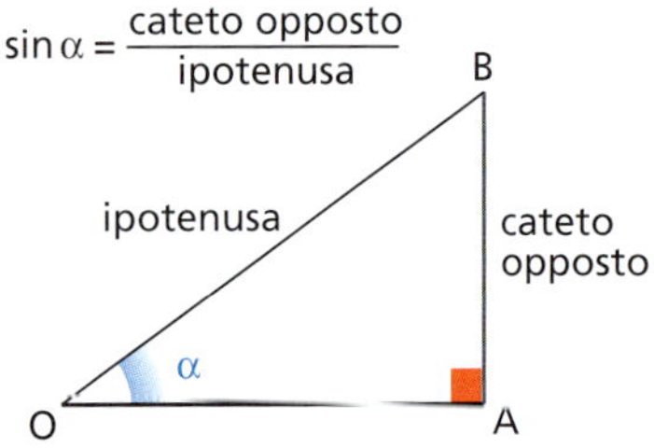

$$\cos\alpha = \frac{\text{cateto adiacente}}{\text{ipotenusa}}$$

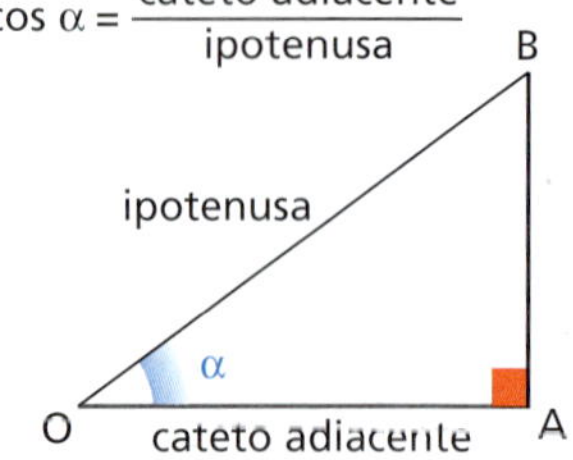

$$\tan\alpha = \frac{\text{cateto opposto}}{\text{cateto adiacente}}$$

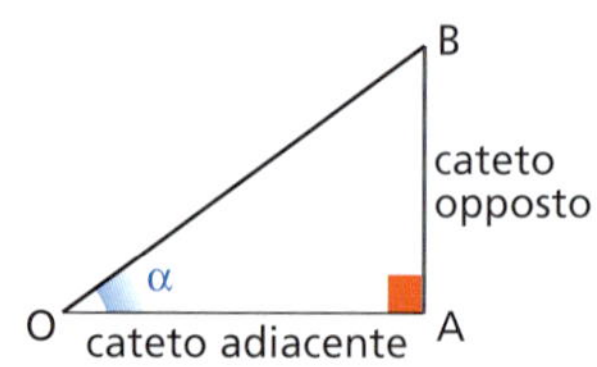

FUNZIONI GONIOMETRICHE INVERSE

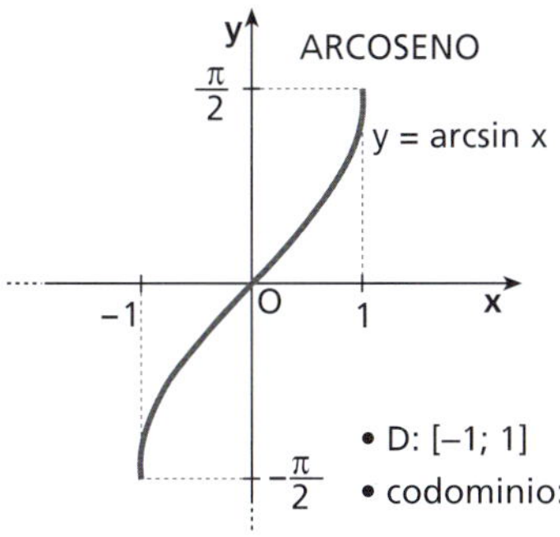

- D: $[-1; 1]$
- codominio: $\left[-\frac{\pi}{2}; \frac{\pi}{2}\right]$

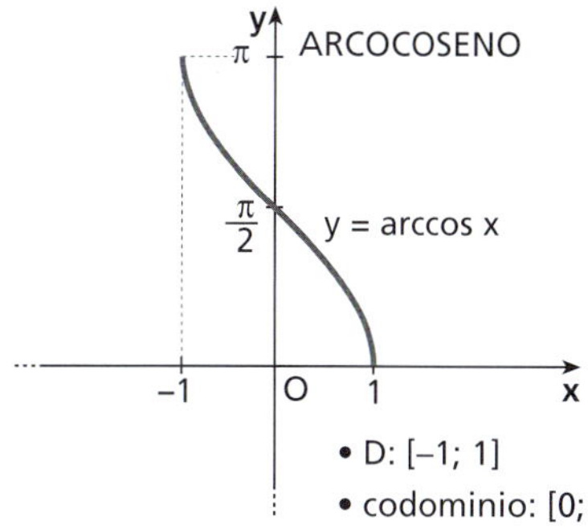

- D: $[-1; 1]$
- codominio: $[0; \pi]$

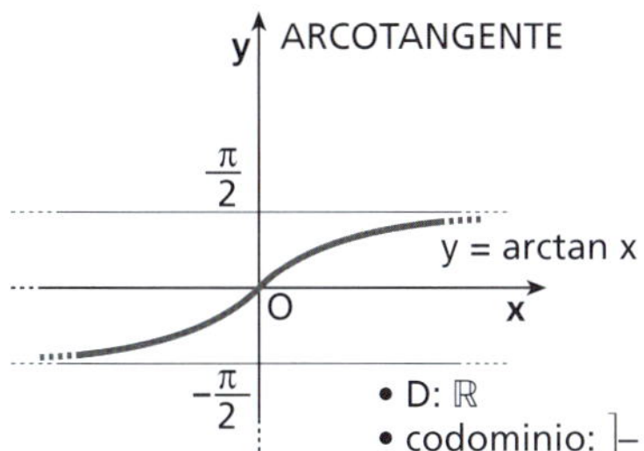

- D: $\mathbb{R}$
- codominio: $\left]-\frac{\pi}{2}; \frac{\pi}{2}\right[$

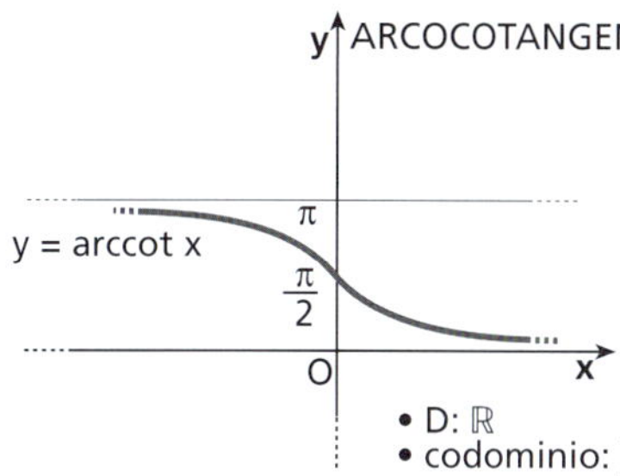

- D: $\mathbb{R}$
- codominio: $]0; \pi[$

SENO, COSENO, TANGENTE E COTANGENTE DI ANGOLI NOTEVOLI

Radianti	Gradi	Seno	Coseno	Tangente	Cotangente
0	0	0	1	0	non esiste
$\frac{\pi}{6}$	30°	$\frac{1}{2}$	$\frac{\sqrt{3}}{2}$	$\frac{\sqrt{3}}{3}$	$\sqrt{3}$
$\frac{\pi}{4}$	45°	$\frac{\sqrt{2}}{2}$	$\frac{\sqrt{2}}{2}$	1	1
$\frac{\pi}{3}$	60°	$\frac{\sqrt{3}}{2}$	$\frac{1}{2}$	$\sqrt{3}$	$\frac{\sqrt{3}}{3}$
$\frac{\pi}{2}$	90°	1	0	non esiste	0

RISOLUZIONE DI UN TRIANGOLO RETTANGOLO

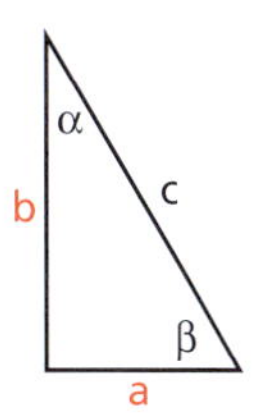

$\tan\alpha = \frac{a}{b}$

$\beta = 90° - \alpha$

$c = \sqrt{a^2 + b^2}$

a. Sono noti i due cateti.

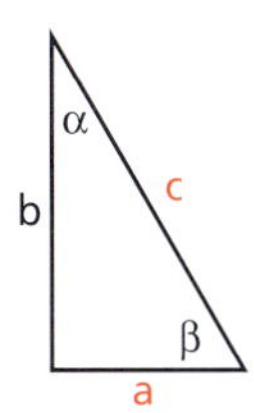

$\sin\alpha = \frac{a}{c}$

$\beta = 90° - \alpha$

$b = \sqrt{c^2 - a^2}$

b. Sono noti l'ipotenusa e un cateto.

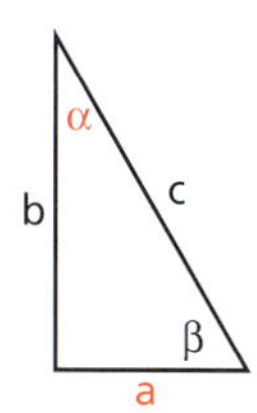

$\beta = 90° - \alpha$

$b = a \cdot \tan\beta$

$c = \sqrt{a^2 + b^2}$

c. Sono noti un cateto e l'angolo opposto.

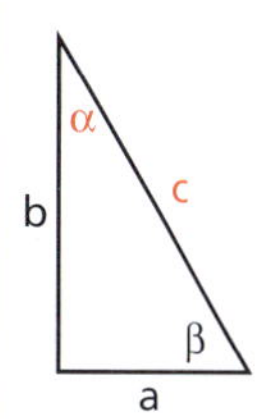

$\beta = 90° - \alpha$

$a = c \cdot \sin\alpha$

$b = c \cdot \sin\beta$

d. Sono noti l'ipotenusa e un angolo adiacente.

VERSO L'INVALSI

120 minuti

► Su http://online.scuola.zanichelli.it/invalsi trovi tante simulazioni interattive in più per fare pratica in vista della prova INVALSI.

1 Quanto vale $\sqrt[3]{99^{99}}$?

A 33^{99}
B 99^{96}
C 99^{33}
D 33^{33}

2 In un rettangolo di perimetro 30 la differenza tra base e altezza è 5.
Qual è l'area del rettangolo?

3 Nel grafico seguente sono riportati i dati (in milioni di unità) sulla popolazione e sul numero di autovetture in Italia nel periodo 1951-2011.

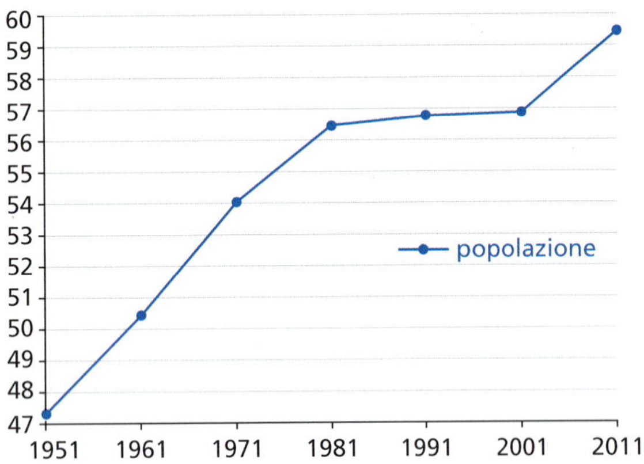

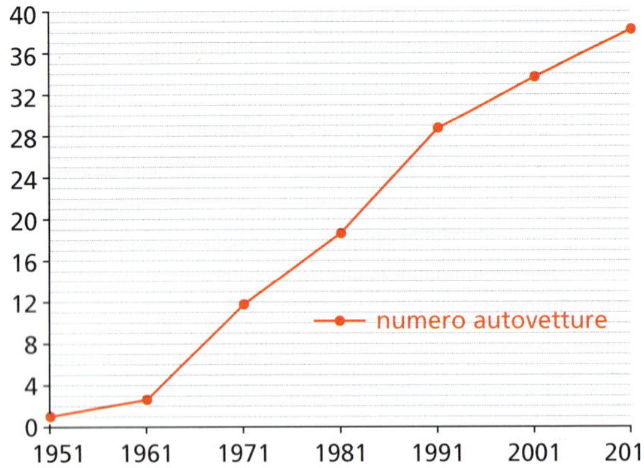

a. Tra il 1951 e il 1981 la popolazione è aumentata in media di circa 3 milioni di persone ogni 10 anni. V F

b. Il numero di autovetture è aumentato del 50% circa tra il 1981 e il 1991. V F

c. L'aumento relativo di autovetture tra il 2001 e il 2011 è stato minore dell'aumento relativo della popolazione nello stesso periodo. V F

d. Il numero di autovetture pro capite è diminuito tra il 2001 e il 2011. V F

4 Le misure, espresse in gradi, degli angoli di un pentagono sono 5 numeri interi consecutivi. Qual è la misura dell'angolo maggiore?

5 Indica quante soluzioni ha l'equazione

$$2x^3 + 5x^2 + 4x = 0.$$

A 0
B 1
C 2
D 3

6 Il triangolo in figura è inscritto nella circonferenza di centro O e raggio 1.
Se $\overline{BC} = 1$, quanto misura il lato AC?

A 2
B $\sqrt{3}$
C $\sqrt{2}$
D $\sqrt{5}$

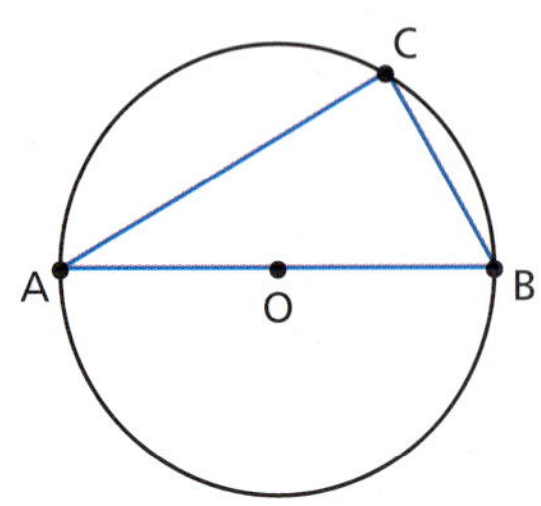

7 Del quadrilatero $ABCD$ sai che l'angolo in B misura 80°, l'angolo in C 105°, l'angolo in D 100° e che i lati AB e BC sono congruenti. Quanto misura l'angolo $C\widehat{A}B$?

8 Qual è la soluzione di $3^{5x} = 7$?

A $\log_7 \frac{3}{5}$

B $\log_3 \frac{7}{5}$

C $\log_3 \sqrt[5]{7}$

D $\log_3 7^5$

9 Un'aiuola circolare è recintata con una rete lunga 6 m. Qual è l'area, in m², dell'aiuola? Approssima il risultato al decimo.

10 Alcuni amici prendono il treno per una gita in montagna. Uno di loro nota che il prezzo del biglietto è uguale al triplo del numero dei partecipanti alla gita. La spesa complessiva è di € 432. Quanti sono i partecipanti?

11 Qual è la soluzione della disequazione

$$x^3 + 3x^2 + 4x + 12 > 0?$$

A $x < -3$

B $x > -3$

C $-3 < x < -2 \vee x > 2$

D $x < -3 \vee -2 < x < 2$

---

12 In figura è rappresentato il grafico di una funzione $f(x)$.

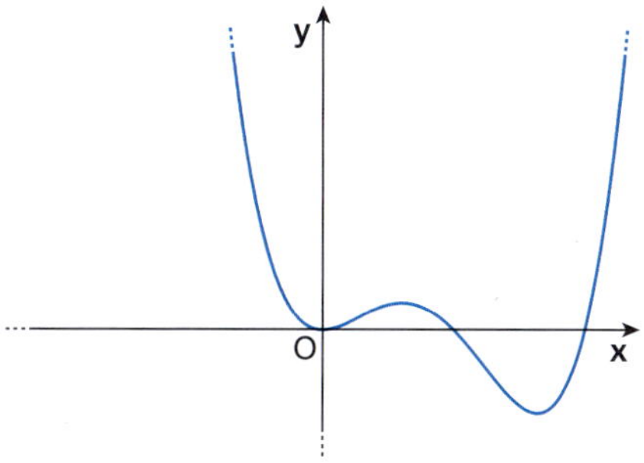

Quale dei seguenti è il grafico di $f(|x|)$?

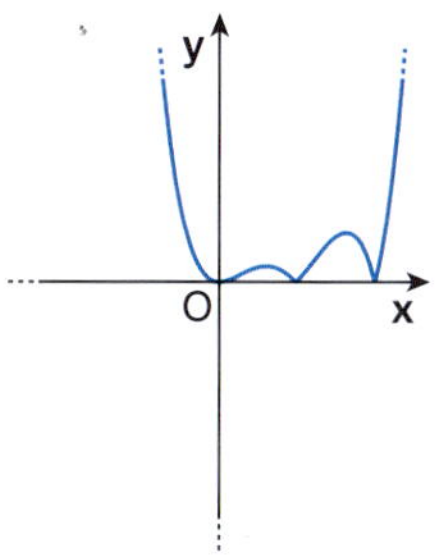

A

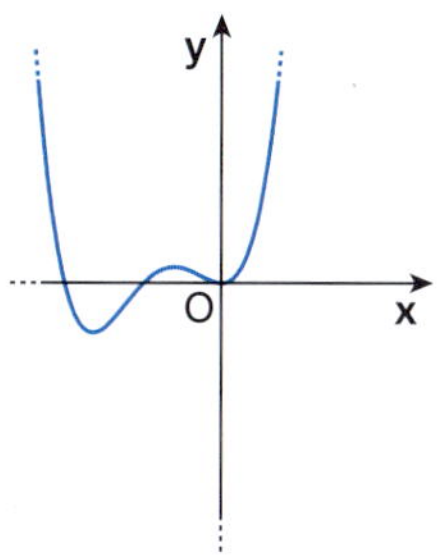

B

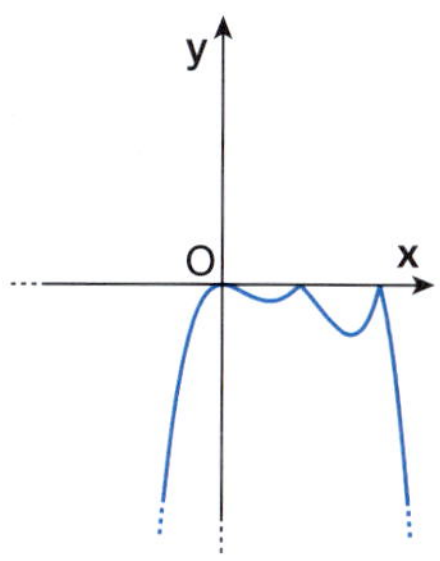

C

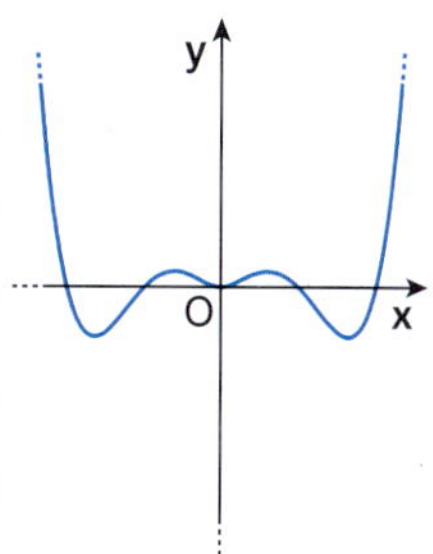

D

---

13 Se $f(x) = x^3 + 3$, quanto vale $f^{-1}(128)$?

14 Considera la figura.

a. La retta r ha equazione $y = \frac{1}{2}x + 1$. V F

b. Il punto A dista $\frac{5}{2}$ da r. V F

c. La perpendicolare a r passante per A interseca l'asse y in $(0; 1)$. V F

d. Il simmetrico del punto A rispetto a r è il punto $(-1; -1)$. V F

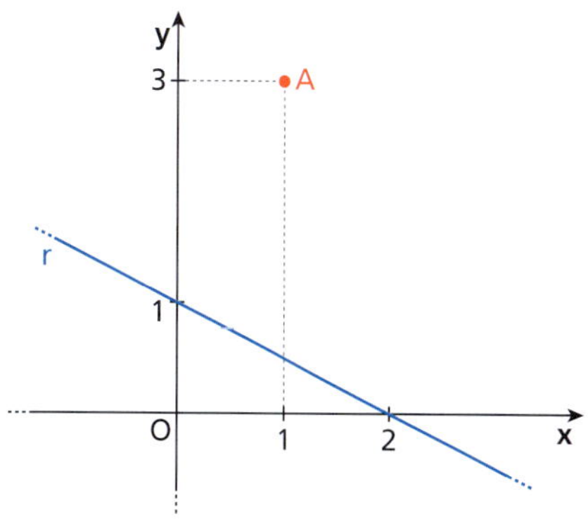

15 Considera i punti $A(-1;\ -1)$ e $B(5;\ 1)$ nel piano cartesiano.
Se il triangolo ABC è rettangolo in A, quali fra le seguenti coordinate possono essere quelle del punto C?

A $(2; -3)$
C $(0; -4)$
B $(-1; 5)$
D $(1; -5)$

16 **17** Considera la parabola di equazione

$$y = (x-1)^2.$$

■ **a.** La parabola passa per il punto $(1; 0)$. V F
b. Il vertice della parabola è $V(0; 1)$. V F
c. L'asse della parabola ha equazione $x = 1$. V F
d. La parabola interseca l'asse x in due punti distinti. V F

■ Determina l'intersezione, nel primo quadrante, tra la parabola e la retta di equazione $x + y = 3$.

18 Qual è l'equazione della parabola in figura?

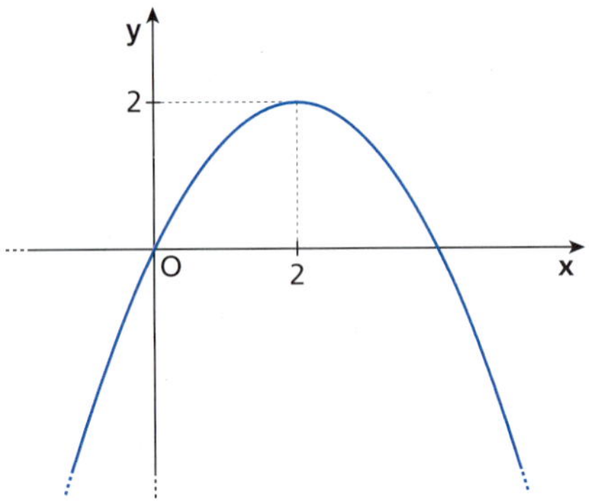

A $y = x^2 - 4x + 6$
C $y = -x^2 + 3x$
B $y = x^2 - 4x$
D $y = -\frac{1}{2}x^2 + 2x$

19 **20** La *legge di Benford* afferma che in una raccolta di dati reali la frequenza dei numeri che iniziano con la cifra n, con $1 \leq n \leq 9$, è:

$$\log_{10}(n+1) - \log_{10} n.$$

■ Qual è, approssimativamente, la frequenza dei numeri che iniziano con la cifra 1?

A 30,1%
C 0,693%
B 3,01%
D 69,3%

■ Per quali cifre la frequenza data dalla legge di Benford è minore del 10%?

21 Quante soluzioni ha l'equazione

$$3x^2 + x + 1 = 0?$$

A 0 **B** 1 **C** 2 **D** 3

22 Indica il dominio della funzione

$$f(x) - \sqrt{8 - 4^{\sqrt{x}}}.$$

A $x \geq 0$
B $0 \leq x \leq \frac{9}{4}$
C $0 \leq x \leq 2$
D $x \leq \frac{3}{2}$

23 **24** Piazza Primo Maggio a Udine (detta anche *Giardin Grande*) è a forma di ellisse, con gli assi lunghi 190 m e 146 m.

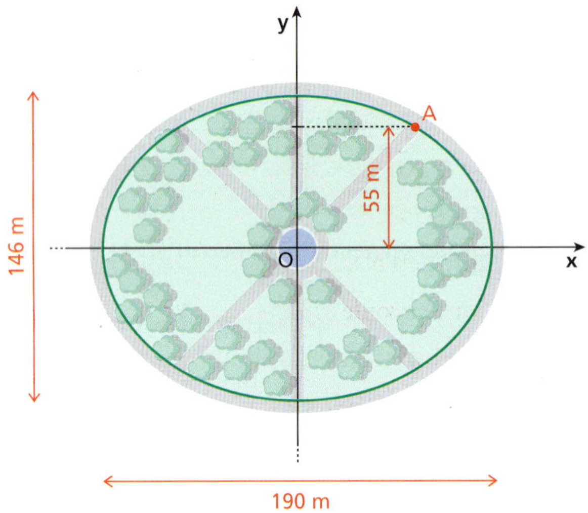

■ Usando il sistema di riferimento in figura, trova l'equazione del bordo della piazza.

A $\frac{x^2}{146^2} - \frac{y^2}{190^2} = 1$
C $\frac{x^2}{95^2} + \frac{y^2}{73^2} = 1$
B $\frac{x^2}{95^2} - \frac{y^2}{73^2} = 1$
D $\frac{x^2}{190^2} + \frac{y^2}{146^2} = 1$

■ Flavio si trova nel punto A della figura, sul bordo della piazza, a 55 metri di distanza dall'asse maggiore. Quanto dista Flavio dal centro della piazza? Esprimi il risultato in metri, approssimando all'unità.

25 In un triangolo ABC, rettangolo in A, $AB = 4$ cm e $BC = \sqrt{41}$ cm. Calcola l'area di ABC, esprimendo il risultato in cm^2.

26 Associa a ciascuna equazione la lunghezza del raggio della circonferenza che essa rappresenta.

a. $x^2+y^2=2$

b. $(x-2)^2+(y-2)^2-1=0$

c. $x^2+y^2+4x=0$

1. $r=2$

2. $r=\sqrt{2}$

3. $r=1$

27 Siano a e b due numeri reali positivi, con $a \neq 1$.

Se $\log_a b = 3$, quanto vale $\log_{\frac{1}{a}} \frac{1}{b}$?

A 3

B -3

C $\frac{1}{3}$

D $-\frac{1}{3}$

28 Quale dei seguenti è il grafico di $f(x) = -\log_2(x+4)$?

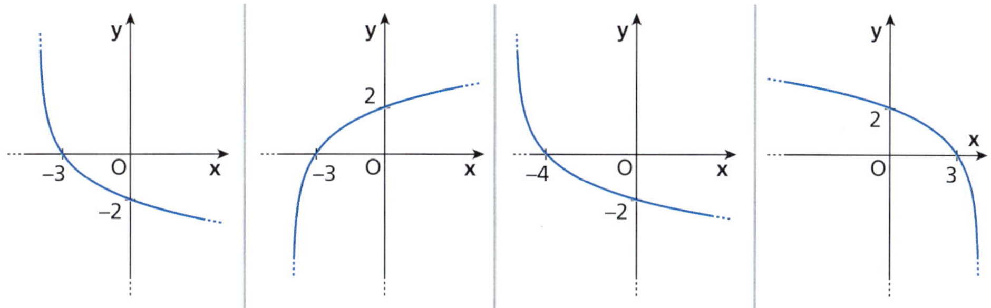

A B C D

29 Nel piano cartesiano, l'equazione

$$y^2 = 16-(x+2)^2$$

rappresenta:

A un'iperbole.

B una circonferenza.

C una parabola.

D l'insieme vuoto.

30
31 In un esperimento di laboratorio si sta studiando una popolazione batterica che inizialmente (al tempo $t=0$) conta 200 individui: si osserva che questo numero raddoppia ogni 30 minuti.

- Qual è la funzione che esprime il numero N di batteri presenti al tempo t, se questo è misurato in ore?

A $N(t) = 2^{\frac{t}{30}}$

B $N(t) = 200 \cdot 2^{\frac{t}{2}}$

C $N(t) = 200 \cdot 2^{30t}$

D $N(t) = 200 \cdot 2^{2t}$

- Dopo quanto tempo la popolazione avrà superato i 10 000 individui? Approssima il risultato al minuto.

32 Quante soluzioni ha l'equazione $\ln(x^2-1)=0$?

33 Considera la funzione $f(x)=\sqrt{\ln x}$.

a. $f(e)=1$. V F

b. Il dominio di f è $x>0$. V F

c. f è una funzione pari. V F

34 Considera $\sqrt{|-x^2|} \geq 0$.

La disequazione:

A non è verificata per alcun $x \in \mathbb{R}$.

B è verificata $\forall x \in \mathbb{R}$.

C è verificata solo per $x \geq 0$.

D è verificata solo per $x \leq 0$.

35 Quale delle seguenti rette è tangente all'ellisse di equazione $9x^2+4y^2=36$?

A $y=9$

B $x=-4$

C $3x+2y=6$

D $3\sqrt{3}\,x+2y=12$

36 Qual è il coefficiente angolare della retta tangente all'iperbole di equazione $xy=4$ nel punto $(1; 4)$?

37 Nel piano cartesiano, quanto misura il raggio della circonferenza di equazione $9x^2+9y^2-10=0$?

38 La parabola di equazione $y=ax^2$ passa per il punto $(2; 12)$. Quanto vale a?

COME ORIENTARSI NEL LIBRO

Tanti tipi di esercizi

AL VOLO
Esercizi veloci
Per esempio: esercizi dal 328 al 333, pagina 831.

CACCIA ALL'ERRORE
Evita i tranelli
Per esempio: esercizio 458, pagina 984.

COMPLETA
Inserisci la risposta giusta
Per esempio: esercizio 561, pagina 725.

EUREKA!
Una sfida per metterti alla prova
Per esempio: esercizio 330, pagina 911.

FAI UN ESEMPIO
Se lo sai fare, hai capito
Per esempio: esercizio 3, pagina 761.

LEGGI IL GRAFICO
Ricava informazioni dall'analisi di un grafico
Per esempio: esercizio 406, pagina 783.

REALTÀ E MODELLI
La matematica di tutti i giorni
Per esempio: esercizio 745, pagina 737.

RIFLETTI SULLA TEORIA
Spiega, giustifica, argomenta
Per esempio: esercizio 134, pagina 964.

YOU & MATHS
La matematica in inglese
Per esempio: esercizio 68, pagina 696.

VERO O FALSO? **TEST** **ASSOCIA**
Vedi subito se hai capito
Per esempio: esercizi dal 317 al 319, pagina 830.

I rimandi alle risorse digitali

Video
1 ora e 10 minuti di video
Per esempio: *Misura del raggio terrestre*, pagina 873.

Animazione
120 animazioni interattive
Per esempio: esercizi a pagina 875.

Listen to it
La lettura di 50 definizioni ed enunciati in inglese
Per esempio: *Gauss plane*, pagina 945.

TUTOR matematica
risorsa riservata a chi ha acquistato l'edizione con tutor
Oltre 550 esercizi interattivi in più
con suggerimenti teorici, video e animazioni per guidarti nel ripasso.

---

330 EUREKA! **Seno e poligoni regolari** Dimostra che il perimetro e l'area di un poligono regolare di n lati inscritto in una circonferenza di raggio r misurano rispettivamente $2nr\sin\frac{\pi}{n}$ e $\frac{1}{2}r^2 n\sin\frac{2\pi}{n}$. Calcola poi:

a. perimetro e area del dodecagono regolare inscritto in una circonferenza di raggio 2;
b. il raggio di una circonferenza in cui è inscritto un ottagono regolare di area $32\sqrt{2}$.

[a) $12\sqrt{2}(\sqrt{3}-1)$; 12; b) 4]

406 LEGGI IL GRAFICO Osserva il grafico della funzione $f(x)$.

a. Determina i valori di a e b.
b. Trasforma la funzione nella forma $f(x) = A\cos(x+\alpha)$ e determina i suoi zeri nell'intervallo $[-\pi; \pi]$.
c. Disegna il grafico della funzione $g(x) = f(-x)$ e determina la traslazione che trasforma f in g.

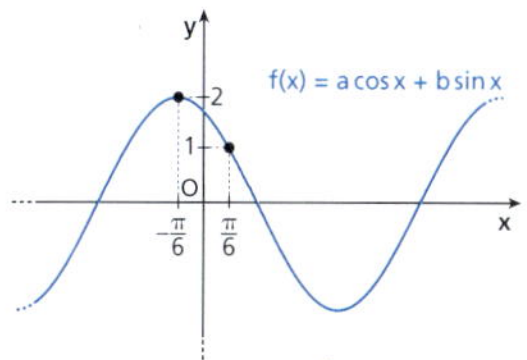

[a) $a=\sqrt{3}$, $b=-1$; b) $f(x) = 2\cos\left(x+\frac{\pi}{6}\right)$, $-\frac{2}{3}\pi$, $\frac{\pi}{3}$; c) $\vec{v}\left(\frac{\pi}{3}; 0\right)$]

745 REALTÀ E MODELLI **Predatori e prede** L'allocco è un uccello rapace notturno che si nutre preferibilmente di topi. Alcuni biologi, monitorando il numero di esemplari delle due specie nello stesso habitat per un certo periodo, hanno osservato che tale numero può essere descritto dalle funzioni:

$$y_1 = 500\cos(2t) + 2000$$

$$\text{e} \quad y_2 = 10\cos\left(2t - \frac{\pi}{4}\right) + 50,$$

dove y_1 indica il numero di topi presenti al tempo t (espresso in anni) e y_2 il numero di allocchi...

CAPITOLO

12 FUNZIONI GONIOMETRICHE

1 Misura degli angoli

Misura in gradi

▶ Esercizi a p. 693

Nel *sistema sessagesimale*, l'unità di misura degli angoli è il **grado sessagesimale**, definito come la 360ª parte dell'angolo giro.

Il grado sessagesimale viene indicato con $1° = \frac{1}{360}$ dell'angolo giro.

Il grado è suddiviso in 60 *primi*, che vengono indicati con un apice (′): $1° = 60'$.

Ogni primo viene suddiviso in 60 *secondi*, indicati con due apici (″): $1' = 60''$.

Queste suddivisioni in 60 parti danno il nome al sistema di misura.

Un angolo di 32 gradi, 10 primi e 47 secondi viene scritto: $32°\ 10'\ 47''$.

Il sistema di misura degli angoli con gradi, primi e secondi è il più antico. Risale ai Babilonesi (2000 a.C.), i quali dividevano anche l'anno solare in 360 giorni. Tuttavia, questo sistema presenta il problema di non basarsi su un sistema decimale e di avere quindi procedimenti di calcolo complicati.

Anche soltanto il calcolo della somma delle misure di due angoli non è immediato.

ESEMPIO

Per ottenere

$$30°\ 20'\ 54'' + 2°\ 45'\ 24''$$

sommiamo i secondi e trasformiamo il risultato in primi e secondi:

$$54'' + 24'' = 78'' \rightarrow 78'' = 1'\ 18'',$$

sommiamo i primi e trasformiamo il risultato in gradi e primi:

$$20' + 45' + 1' = 66' \rightarrow 66' = 1°\ 6',$$

sommiamo i gradi:

$$30° + 2° + 1° = 33°,$$

e otteniamo così il risultato finale:

$$33°\ 6'\ 18''.$$

▶ Calcola la somma di 30°24′35″ e 59°35′25″. È più o meno di un angolo retto?

▶ Calcola:
a. 25°12′37″ + 13°51′41″;
b. 180° − 5°3′2″;
c. 9°30′50″ · 3.

Animazione

Le calcolatrici scientifiche usano anche il sistema **sessadecimale**, in cui accanto ai gradi si usano decimi, centesimi, millesimi, ... di grado. Per esempio, nel sistema sessadecimale, 37,25° significa $37° + \left(\frac{2}{10}\right)^{\circ} + \left(\frac{5}{100}\right)^{\circ}$.

Misura in radianti

▶ Esercizi a p. 694

Per semplificare i calcoli si usa il sistema che ha per unità di misura il radiante.
Per definirlo, consideriamo due circonferenze di raggi r e r' e i due archi l e l' su cui insistono angoli al centro della stessa ampiezza α (figura a lato).

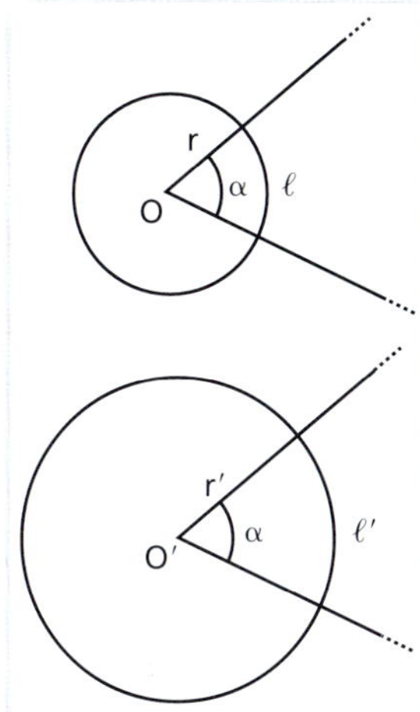

Dalla proporzionalità fra archi e angoli al centro si ricava

$$l : \alpha° = 2\pi r : 360° \qquad \text{e} \qquad l' : \alpha° = 2\pi r' : 360°,$$

$$l = \frac{\alpha°\pi}{180°} r \qquad \text{e} \qquad l' = \frac{\alpha°\pi}{180°} r',$$

da cui, dividendo membro a membro, si ottiene

$$l : l' = r : r' \quad \rightarrow \quad l : r = l' : r' \quad \rightarrow \quad \frac{l}{r} = \frac{l'}{r'},$$

cioè gli archi sono proporzionali ai rispettivi raggi e il rapporto $\frac{l}{r}$ non varia al variare della circonferenza, ma dipende solo dall'angolo al centro α.
Pertanto, se ogni volta che si misura un arco l si usa come unità di misura il raggio della circonferenza cui appartiene, si ottiene un numero che non dipende dalla circonferenza considerata, ma solo dall'angolo α che sottende l'arco.

Il rapporto $\frac{l}{r}$ viene quindi assunto come misura, in radianti, dell'angolo α,

$$\alpha = \frac{l}{r}.$$

Come definizione di radiante possiamo allora dare la seguente.

DEFINIZIONE
Data una circonferenza, chiamiamo **radiante** l'angolo al centro che insiste su un arco di lunghezza uguale al raggio.

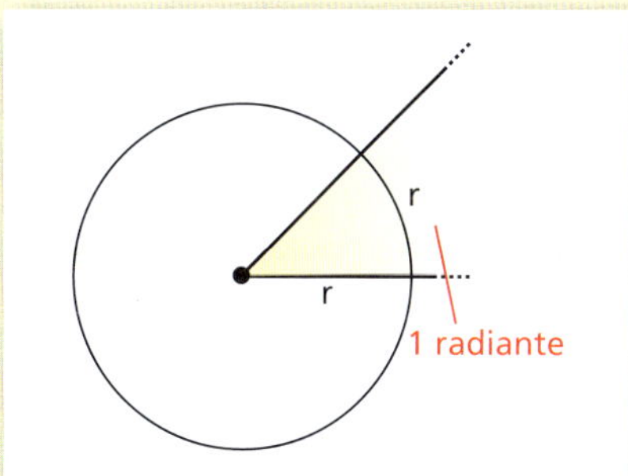

Listen to it
A **radian** is the measure of the angle at the centre of a circle that intercepts an arc whose length is equal to the radius of the circle.

L'unità di misura viene indicata con rad, ma generalmente, se si esprime un angolo in radianti, si è soliti trascurare l'indicazione dell'unità di misura.

Poiché corrisponde all'intera circonferenza, l'angolo giro misura $\frac{2\pi r}{r} = 2\pi$.

L'angolo piatto, che corrisponde a metà circonferenza, misura π, l'angolo retto misura $\frac{\pi}{2}$ ecc.

Dai gradi ai radianti e viceversa

Date le misure di un angolo α in gradi e in radianti, vale la proporzione $\alpha° : \alpha_{rad} = 360° : 2\pi$, da cui ricaviamo le seguenti uguaglianze.

MATEMATICA E STORIA
L'inafferrabile pi greco

▶ Perché π affascina tanto i matematici?

La risposta

$$\alpha^\circ = \alpha_{rad} \cdot \frac{180^\circ}{\pi}, \qquad \alpha_{rad} = \alpha^\circ \cdot \frac{\pi}{180^\circ}.$$

ESEMPIO

1. A quanti gradi corrisponde 1 radiante?
   Applichiamo la prima formula:

$$\alpha^\circ = 1 \cdot \frac{180^\circ}{\pi} = \frac{180^\circ}{\pi} \simeq 57^\circ.$$

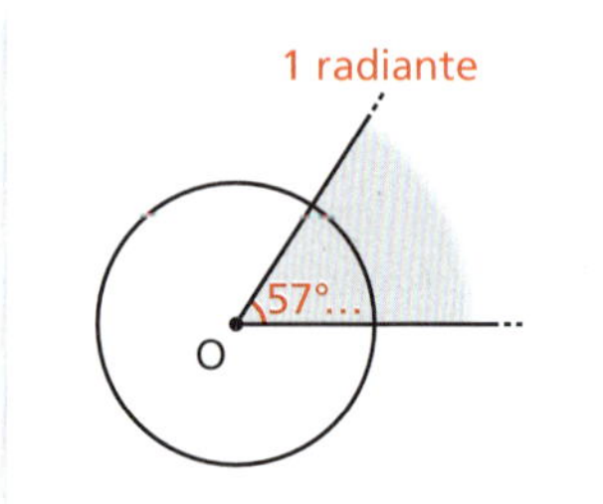

2. A quanti radianti corrispondono 60°?
   Applichiamo la seconda formula:

$$\alpha_{rad} = \cancel{60}^{1\,\circ} \cdot \frac{\pi}{\cancel{180^\circ}_3} = \frac{\pi}{3}.$$

▶ Trasforma:
a. in radianti le misure di 10°, 18°, 270°;
b. in gradi sessagesimali le misure di $\frac{\pi}{9}$, 2, $\frac{3}{4}\pi$.

Animazione

Riportiamo in una tabella le misure in radianti e in gradi di alcuni angoli.

Misure degli angoli

Gradi	0°	30°	45°	60°	90°	120°	135°	150°	180°
Radianti	0	$\frac{\pi}{6}$	$\frac{\pi}{4}$	$\frac{\pi}{3}$	$\frac{\pi}{2}$	$\frac{2}{3}\pi$	$\frac{3}{4}\pi$	$\frac{5}{6}\pi$	π

Lunghezza di un arco di circonferenza

Dalla relazione $\alpha = \frac{l}{r}$ ricaviamo che, se α è misurato in radianti, la **lunghezza di un arco** è:

$$l = \alpha r.$$

Area del settore circolare

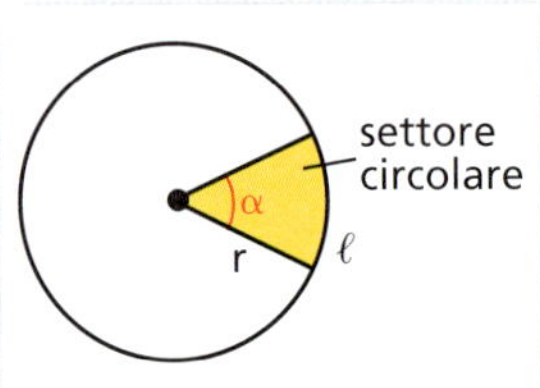

Esprimiamo anche l'area di un settore circolare.

Dalla proporzione: $A_{settore} : A_{cerchio} = \alpha : 2\pi,$

ricaviamo: $A_{settore} = \frac{\alpha}{2\pi} \cdot A_{cerchio} = \frac{\alpha}{2\cancel{\pi}} \cancel{\pi} r^2 = \frac{1}{2}\alpha r^2,$

o, tenendo conto che $\alpha = \frac{l}{r}$: $A_{settore} = \frac{1}{2} \cdot \frac{l}{r} r^2 = \frac{1}{2} lr.$

Angoli orientati

▶ Esercizi a p. 697

La definizione di angolo come parte di piano delimitata da due semirette con l'origine in comune non è adatta per descrivere tutte le situazioni. Per esempio, nell'avvitare o svitare una vite si descrive un angolo che può essere maggiore di un angolo giro.

È più utile quindi collegare il concetto di angolo a quello di *rotazione*, cioè al movimento che porta uno dei lati dell'angolo a sovrapporsi all'altro.

La rotazione è univoca quando ne specifichiamo il **verso**, **orario** o **antiorario**.

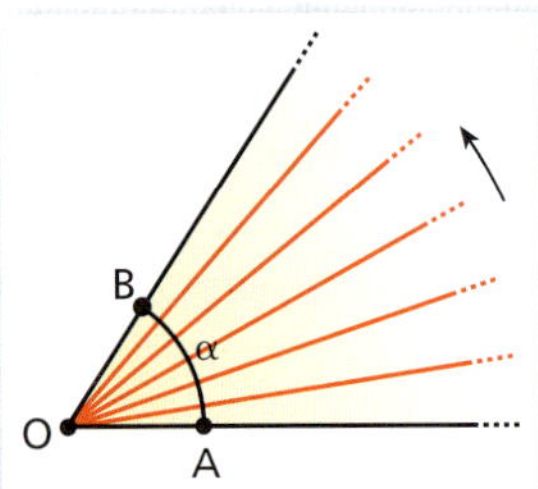

Consideriamo la semiretta OA che ruota in senso antiorario intorno al vertice O, fino a sovrapporsi alla semiretta OB, generando l'angolo $\alpha = A\widehat{O}B$. La semiretta OA si chiama **lato origine** dell'angolo α, la semiretta OB si chiama **lato termine**.

DEFINIZIONE

Un **angolo** è **orientato** quando sono stati scelti uno dei due lati come lato origine e un senso di rotazione.
Un angolo orientato è **positivo** quando è descritto mediante una rotazione in senso antiorario; è **negativo** quando la rotazione è in senso orario.

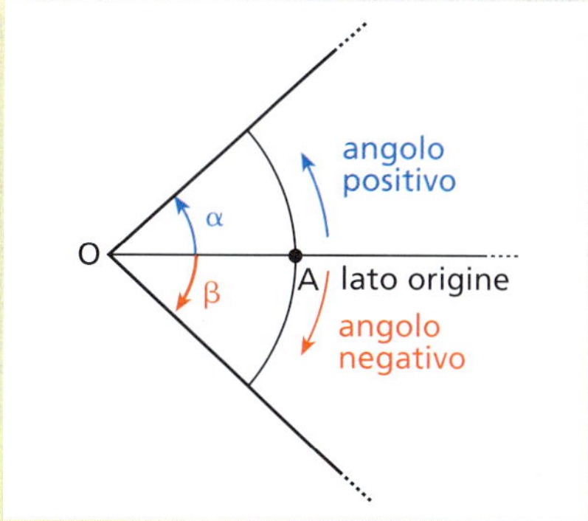

Un angolo orientato può anche essere maggiore di un angolo giro.

ESEMPIO

Poiché

$$750° = 30° + 2 \cdot 360°,$$

l'angolo di 750° si ottiene con la rotazione della semiretta OA di due giri completi e di altri 30°.

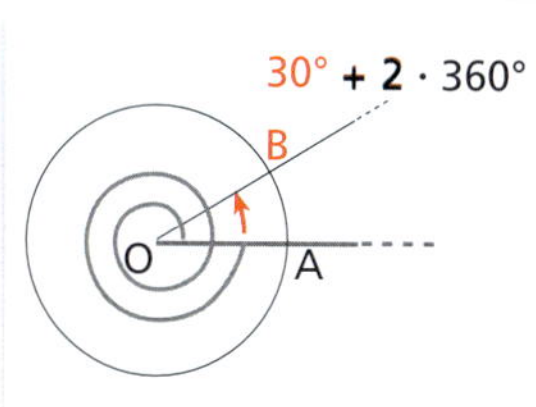

È possibile scrivere in forma sintetica un qualunque angolo α, minore di un angolo giro, e tutti gli infiniti angoli orientati che da α differiscono di un multiplo dell'angolo giro nel seguente modo:

in gradi: $\alpha + k360°$, con $k \in \mathbb{Z}$; in radianti: $\alpha + 2k\pi$, con $k \in \mathbb{Z}$.

Quando $k = 0$, otteniamo l'angolo α.
Nel seguito, in espressioni del tipo $\alpha + 2k\pi$, sottintenderemo che k è un numero intero, senza scrivere esplicitamente $k \in \mathbb{Z}$.

ESEMPIO

La scrittura $\frac{\pi}{4} + 2k\pi$ indica gli angoli:

$$\frac{\pi}{4}, \frac{\pi}{4} \pm 2\pi, \frac{\pi}{4} \pm 4\pi, \frac{\pi}{4} \pm 6\pi, \ldots$$

▶ Scrivi in gradi la misura di almeno 4 angoli che si possono ottenere dall'espressione $\frac{\pi}{2} + 2k\pi$, con $k \in \mathbb{Z}$, per particolari valori di k.

Circonferenza goniometrica

Nel piano cartesiano, per **circonferenza goniometrica** intendiamo la circonferenza che ha come centro l'origine O degli assi e raggio di lunghezza 1, ossia la circonferenza di equazione $x^2 + y^2 = 1$.

Il punto $E(1; 0)$ si dice **origine degli archi**.

Utilizzando la circonferenza goniometrica, si possono rappresentare gli angoli orientati, prendendo come lato origine l'asse x. In questo modo, a ogni angolo corrisponde un punto di intersezione B fra la circonferenza e il lato termine.

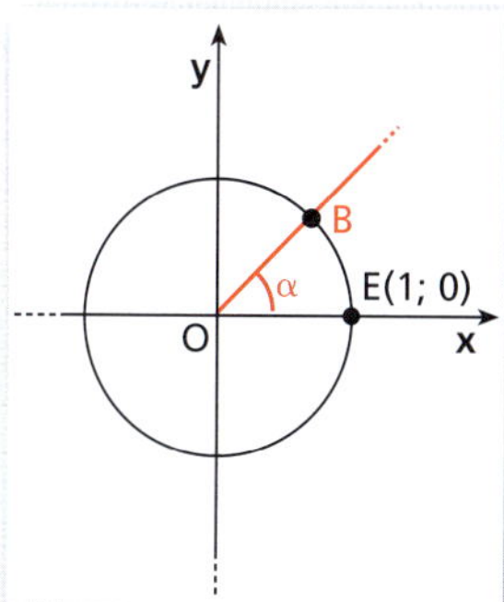

ESEMPIO

Rappresentiamo gli angoli $\alpha_1 = \frac{\pi}{6}, \alpha_2 = \frac{5}{4}\pi, \alpha_3 = -\frac{\pi}{3}$.

TEORIA

MATEMATICA E TOPOGRAFIA

Rotolare per misurare

▶ Come si misura con precisione la lunghezza di una strada?

La risposta

Essi individuano sulla circonferenza i punti B_1, B_2 e B_3 della figura.

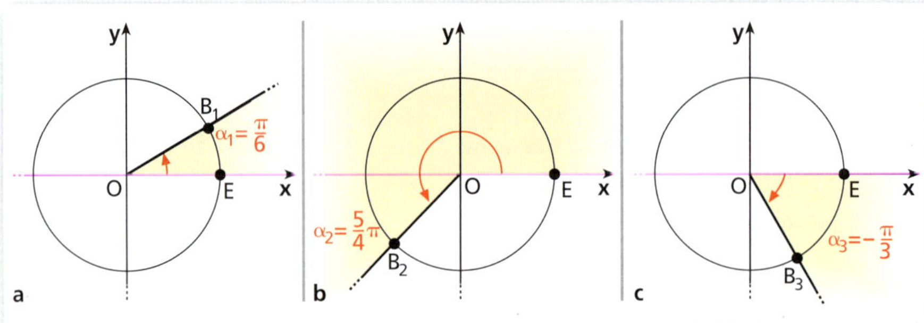

Osserviamo che nella circonferenza goniometrica, essendo la lunghezza di un arco $l = \alpha r$ e $r = 1$, se l'angolo $E\widehat{O}B$ è misurato in radianti, la misura della lunghezza dell'arco $\widehat{EB}$ è uguale alla misura di $E\widehat{O}B$.

2 Funzioni seno e coseno

▶ Esercizi a p. 698

Introduciamo alcune **funzioni goniometriche** che alla misura dell'ampiezza di ogni angolo associano un numero reale.

DEFINIZIONE

Consideriamo la circonferenza goniometrica e un angolo orientato α, e sia B il punto della circonferenza associato ad α.

Definiamo **coseno** e **seno** dell'angolo α, e indichiamo con $\cos\alpha$ e $\sin\alpha$, le funzioni che ad α associano, rispettivamente, il valore dell'ascissa e quello dell'ordinata del punto B:

$$\cos\alpha = x_B, \qquad \sin\alpha = y_B.$$

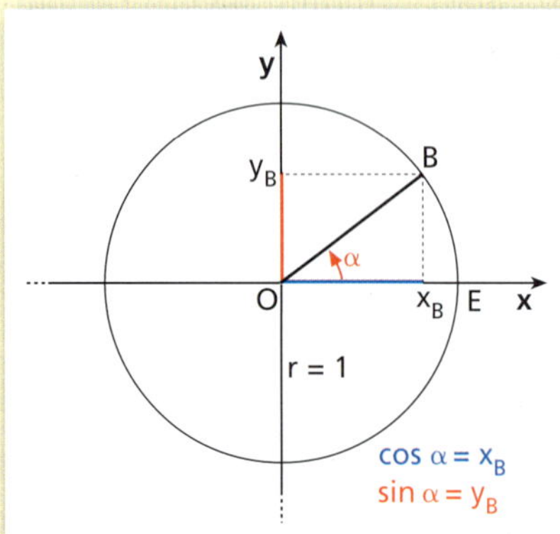

Listen to it

Let α be an oriented angle and B its associated point on the unit circle. The trigonometric functions **cosine** and **sine** are defined as follows:

$\cos\alpha = x_B$, $\sin\alpha = y_B$.

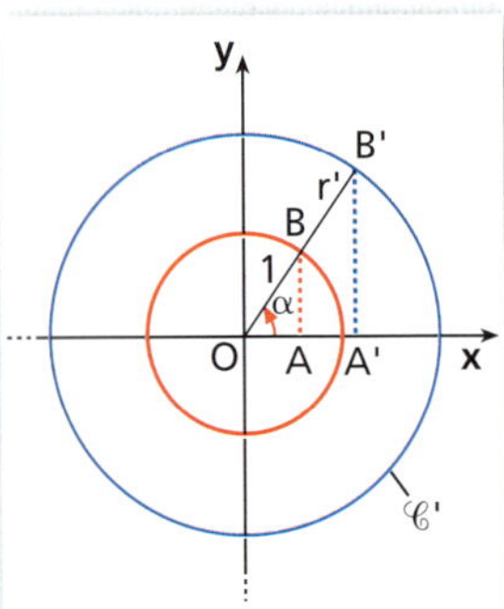

Consideriamo una circonferenza $\mathscr{C}'$ con centro O e raggio qualsiasi $r' \neq 1$.

Prendiamo un angolo α appartenente al primo quadrante individuato dal punto B sulla circonferenza goniometrica. Su $\mathscr{C}'$ il punto corrispondente ad α sia B'. Dalla similitudine dei triangoli OBA e $OB'A'$ deduciamo:

$$\frac{\overline{OA'}}{\overline{OB'}} = \frac{\overline{OA}}{\overline{OB}} = \cos\alpha,$$

$$\frac{\overline{B'A'}}{\overline{OB'}} = \frac{\overline{BA}}{\overline{OB}} = \sin\alpha.$$

I due rapporti, e quindi $\sin\alpha$ e $\cos\alpha$, non dipendono dalla particolare circonferenza considerata, ma esclusivamente dall'angolo α.

Osserviamo inoltre che $\sin\alpha$ e $\cos\alpha$ sono numeri puri, perché rapporti di grandezze omogenee, quindi non hanno alcuna unità di misura.

Consideriamo ora un triangolo rettangolo OAB. Possiamo pensare all'ipotenusa

OB come al raggio di una circonferenza di centro O, quindi il seno di α è uguale al rapporto fra il cateto opposto all'angolo α e l'ipotenusa, il coseno di α è uguale al rapporto fra il cateto adiacente ad α e l'ipotenusa.

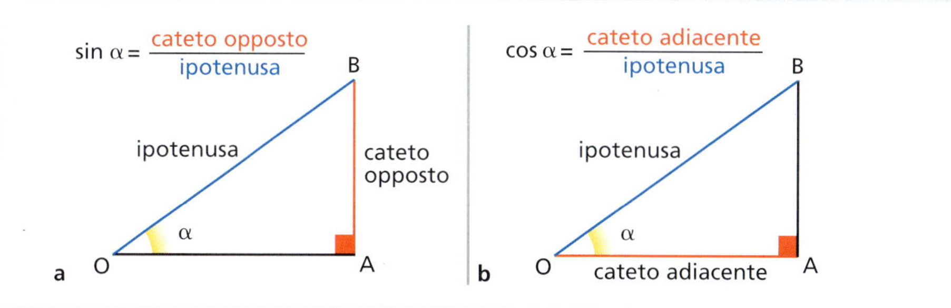

Animazione

Funzione seno

Animazione

Funzione coseno

Nelle due animazioni trovi figure dinamiche per studiare:
- i grafici delle due funzioni;
- i loro domini e codomini;
- la periodicità;
- seno e coseno nei triangoli rettangoli.

Variazioni delle funzioni seno e coseno

Seno e coseno di un angolo α sono funzioni che hanno come **dominio** $\mathbb{R}$, perché per ogni valore dell'angolo $\alpha \in \mathbb{R}$ esiste uno e un solo punto B sulla circonferenza goniometrica.

Supponiamo che un punto B percorra l'intera circonferenza goniometrica, a partire da E, in verso antiorario.

Se $\alpha = E\widehat{O}B$, come variano $\sin\alpha$ e $\cos\alpha$ al variare della posizione di B?

Basta osservare che cosa succede all'ascissa di B (ossia il coseno dell'angolo α) e alla sua ordinata (ossia il seno).

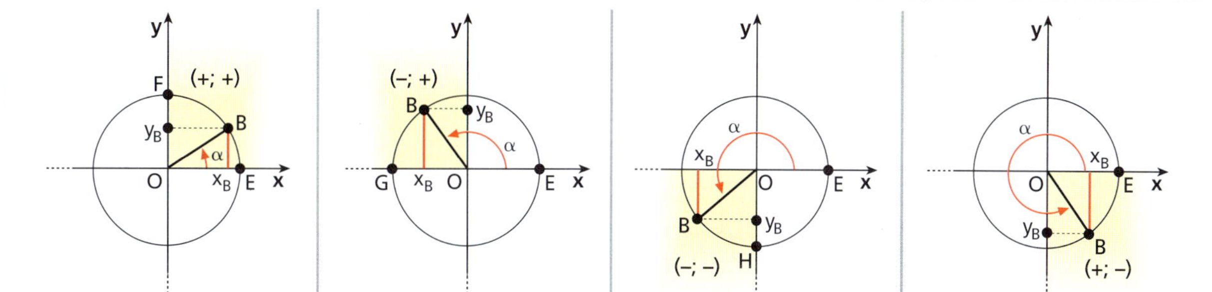

a. Finché B percorre il primo quarto di circonferenza, la sua ascissa x_B e la sua ordinata y_B sono positive. Man mano che B si avvicina al punto F, l'ascissa diminuisce e l'ordinata aumenta. In F, $x_F = 0$, $y_F = 1$.

b. Quando B percorre la circonferenza nel secondo quadrante, la sua ordinata è ancora positiva, mentre l'ascissa diventa negativa. Mentre B si avvicina a G, sia l'ascissa sia l'ordinata diminuiscono. In G, $x_G = -1$, $y_G = 0$.

c. Se B si trova nel terzo quadrante, la sua ordinata e la sua ascissa sono negative. Man mano che B si avvicina a H, l'ascissa aumenta e l'ordinata diminuisce. In H, $x_H = 0$, $y_H = -1$.

d. Quando B percorre l'ultimo quarto di circonferenza, la sua ordinata è ancora negativa, mentre l'ascissa è positiva. Avvicinandosi a E, sia l'ascissa sia l'ordinata di B aumentano. In E, $x_E = 1$, $y_E = 0$.

Qualunque sia la posizione di B sulla circonferenza, la sua ordinata e la sua ascissa assumono sempre valori compresi fra -1 e 1, quindi:

$$-1 \le \sin\alpha \le 1 \quad \text{e} \quad -1 \le \cos\alpha \le 1.$$

Il codominio delle funzioni seno e coseno è quindi $[-1; 1]$.

Poiché $\cos\alpha = \cos(-\alpha)$, allora il coseno è una funzione **pari**, mentre, essendo

$$\sin(-\alpha) = -\sin\alpha,$$

il seno è una funzione **dispari**.

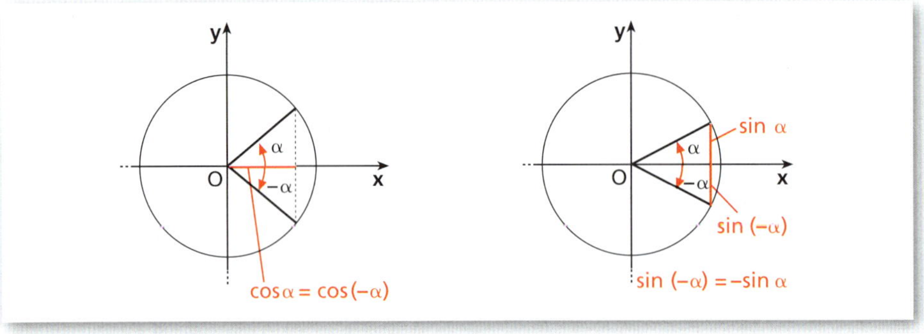

Grafici delle funzioni $y = \sin x$, $y = \cos x$

Per costruire il grafico della funzione $y = \sin x$ in $[0; 2\pi]$ riportiamo sull'asse x i valori degli angoli e, in corrispondenza, sull'asse y le ordinate dei punti B corrispondenti sulla circonferenza goniometrica.

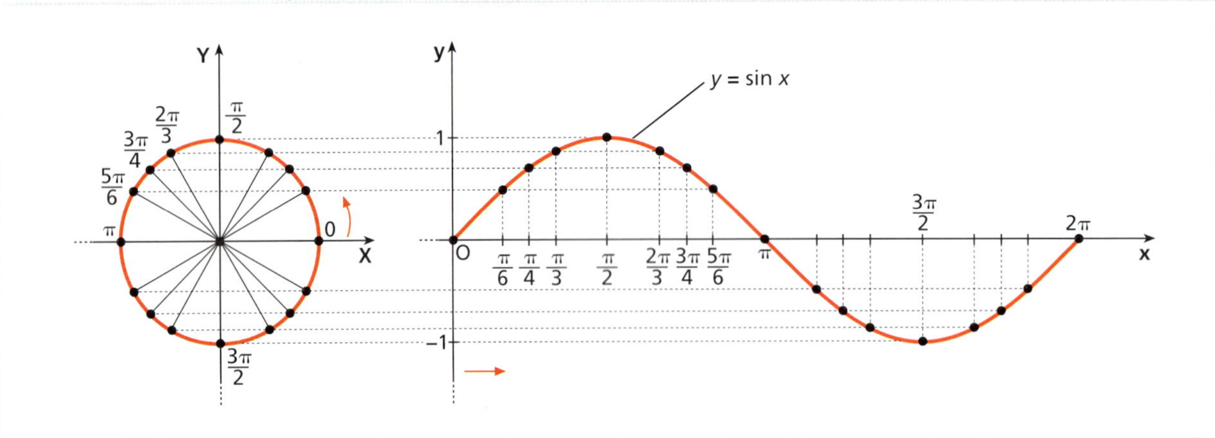

Procediamo analogamente, per ottenere il grafico della funzione $y = \cos x$ in $[0; 2\pi]$. In questo caso, tuttavia, essendo il coseno l'*ascissa* del punto B, ruotiamo la circonferenza goniometrica di 90°. Riportiamo poi sulle ordinate di un piano cartesiano le ascisse dei punti B della circonferenza goniometrica in corrispondenza degli angoli.

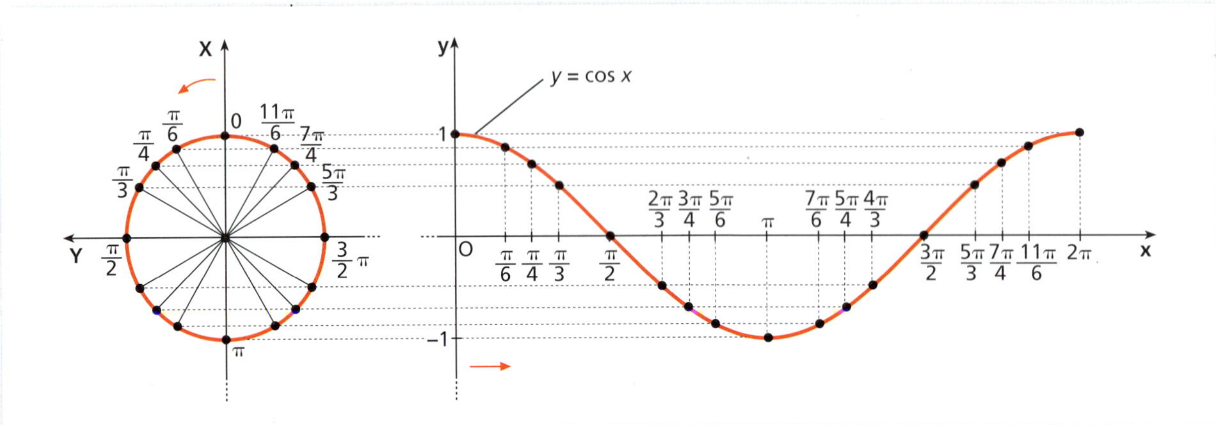

Periodo delle funzioni seno e coseno

Dopo aver percorso un giro completo, il punto B può ripetere lo stesso movimento quante volte si vuole.

Le funzioni sin α e cos α assumono di nuovo gli stessi valori ottenuti al «primo giro», ossia:

$$\sin\alpha = \sin(\alpha + 2\pi) = \sin(\alpha + 2\cdot 2\pi) = \ldots$$

$$\cos\alpha = \cos(\alpha + 2\pi) = \cos(\alpha + 2\cdot 2\pi) = \ldots$$

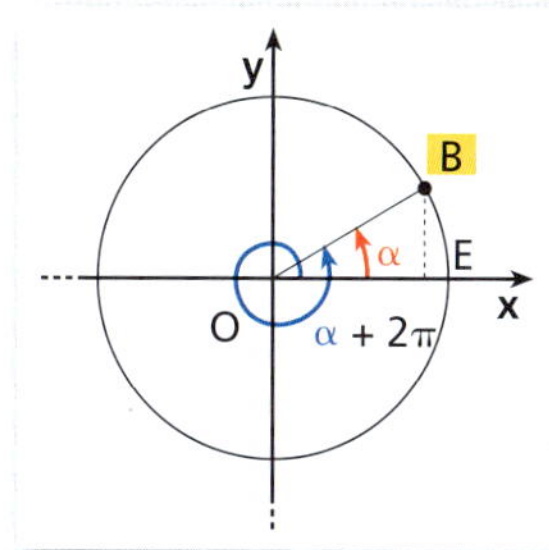

Sappiamo che, in generale, una funzione $y = f(x)$ è detta **periodica** di periodo p (con $p > 0$) se per ogni x e per qualsiasi numero k intero si ha $\boldsymbol{f(x) = f(x + kp)}$.

Le funzioni seno e coseno sono quindi periodiche di periodo 2π e possiamo scrivere, in modo sintetico:

$$\sin(\alpha + 2k\pi) = \sin\alpha, \quad \cos(\alpha + 2k\pi) = \cos\alpha, \quad \text{con } k \in \mathbb{Z}.$$

Sinusoide e cosinusoide

Il grafico completo della funzione seno si chiama **sinusoide**, quello della funzione coseno **cosinusoide**. Le funzioni sono periodiche di periodo 2π, quindi i grafici si ottengono ripetendo ogni 2π i grafici relativi all'intervallo $[0; 2\pi]$.

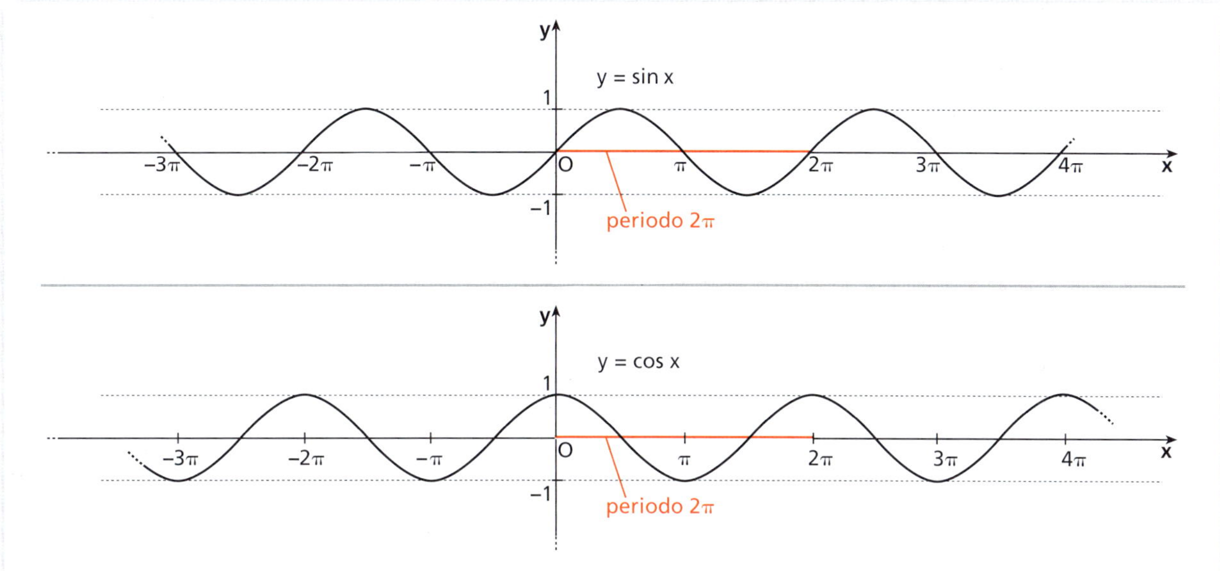

I grafici delle due funzioni sono sovrapponibili con una traslazione di vettore parallelo all'asse x e di modulo $\frac{\pi}{2}$.

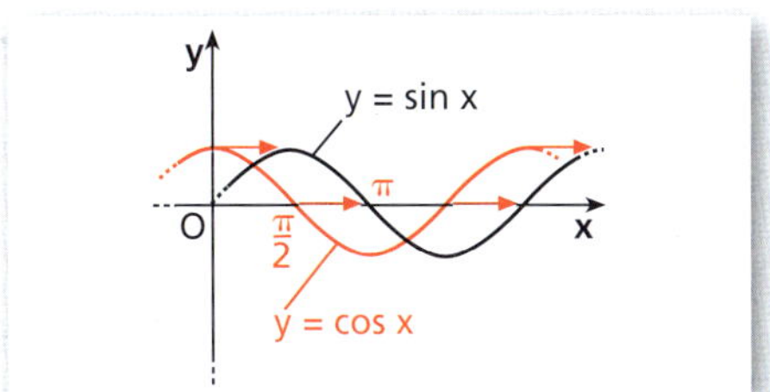

In sintesi

- La funzione $y = \sin x$ ha per dominio $\mathbb{R}$ e per codominio l'intervallo $[-1; 1]$, ossia:

  $\sin x\colon \mathbb{R} \to [-1; 1]$.

Pertanto $|\sin x| \leq 1$.
È una funzione dispari, quindi il suo grafico è simmetrico rispetto all'origine.

- La funzione $y = \cos x$ ha per dominio $\mathbb{R}$ e per codominio $[-1; 1]$, ossia:

  $\cos x: \mathbb{R} \to [-1; 1]$.

  Quindi $|\cos x| \leq 1$.
  È una funzione pari, quindi il suo grafico è simmetrico rispetto all'asse y.

Prima relazione fondamentale

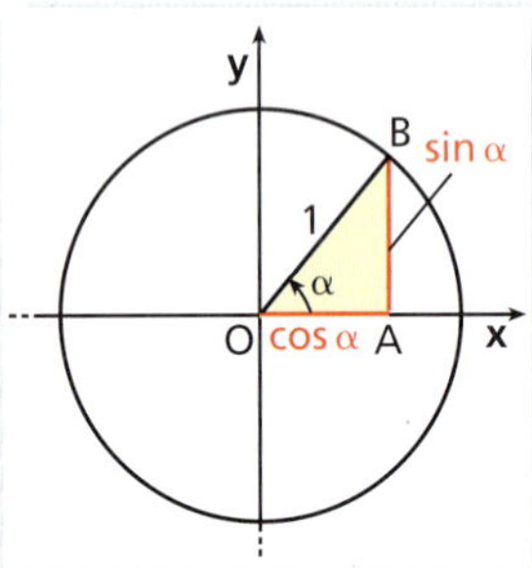

Poiché il punto $B(\cos\alpha; \sin\alpha)$ appartiene alla circonferenza goniometrica, le sue coordinate soddisfano l'equazione $x^2 + y^2 = 1$:

$$\cos^2\alpha + \sin^2\alpha = 1.$$ — prima relazione fondamentale della goniometria

La relazione esprime il teorema di Pitagora applicato al triangolo rettangolo OAB.

Da questa relazione è possibile ricavare $\sin\alpha$ conoscendo $\cos\alpha$ e viceversa. Infatti, se è noto $\cos\alpha$, si ha $\sin\alpha = \pm\sqrt{1-\cos^2\alpha}$. Viceversa, se si conosce $\sin\alpha$, si ha $\cos\alpha = \pm\sqrt{1-\sin^2\alpha}$.

3 Funzione tangente

Tangente di un angolo

▶ Esercizi a p. 703

Listen to it

For an oriented angle α and its associated point B on the unit circle, the **tangent** function is defined as $\tan\alpha = \frac{y_B}{x_B}$.

We exclude from the domain $\alpha = \frac{\pi}{2} + k\pi, k \in \mathbb{Z}$.

DEFINIZIONE

Consideriamo un angolo orientato α e chiamiamo B l'intersezione fra il lato termine e la circonferenza goniometrica di centro O. Definiamo **tangente** di α la funzione che ad α associa il rapporto, quando esiste, fra l'ordinata e l'ascissa dal punto B:

$$\tan\alpha = \frac{y_B}{x_B}.$$

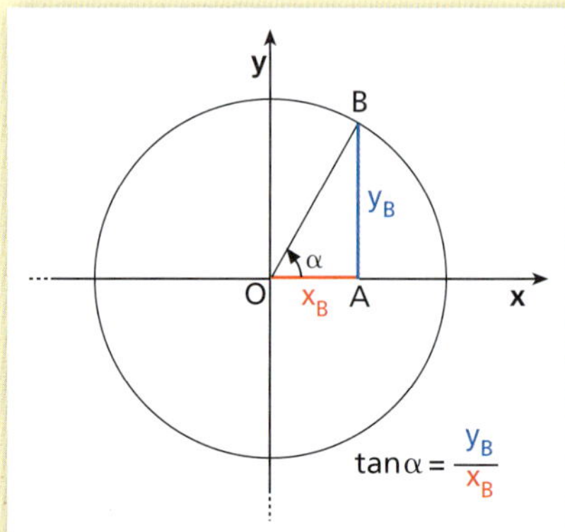

Il rapporto $\frac{y_B}{x_B}$ *non esiste* quando $x_B = 0$, ossia quando B si trova sull'asse y e l'angolo è uguale a $\frac{\pi}{2}$ o a $\frac{3}{2}\pi$ o a un altro valore che ottieni da $\frac{\pi}{2}$ aggiungendo multipli interi dell'angolo piatto. Quindi la tangente esiste solo se:

$$\alpha \neq \frac{\pi}{2} + k\pi, \quad \text{con } k \in \mathbb{Z}.$$

Consideriamo ancora la circonferenza goniometrica, un suo punto $B(x_B; y_B)$, la sua proiezione A sull'asse x e l'angolo orientato $A\widehat{O}B = \alpha$.
Anche in questo caso, come per il seno e il coseno, si può dimostrare che il rapporto $\frac{\overline{AB}}{\overline{OA}}$, e di conseguenza $\frac{y_B}{x_B}$, non varia se cambiamo il raggio della circonferenza.

Infatti, considerata una seconda circonferenza di raggio OB', i triangoli OAB e $OA'B'$ sono simili, quindi vale la proporzione

$$\overline{AB} : \overline{OA} = \overline{A'B'} : \overline{OA'},$$

ossia:

$$\frac{\overline{AB}}{\overline{OA}} = \frac{\overline{A'B'}}{\overline{OA'}} = \tan\alpha.$$

Pertanto, il rapporto considerato non dipende dalla particolare circonferenza scelta, bensì solo dall'angolo.

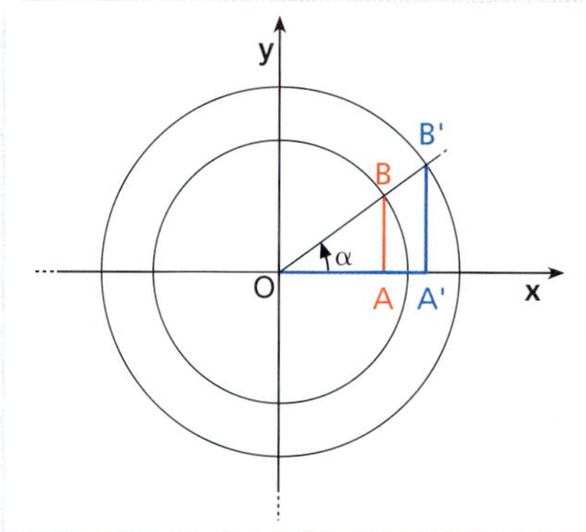

Anche $\tan\alpha$ è un numero puro, essendo un rapporto tra grandezze omogenee.
Consideriamo il triangolo rettangolo OAB.
Possiamo pensare l'ipotenusa OB come raggio di una circonferenza di centro O.
Pertanto la tangente di α è uguale al rapporto fra il cateto opposto all'angolo α e il cateto adiacente.

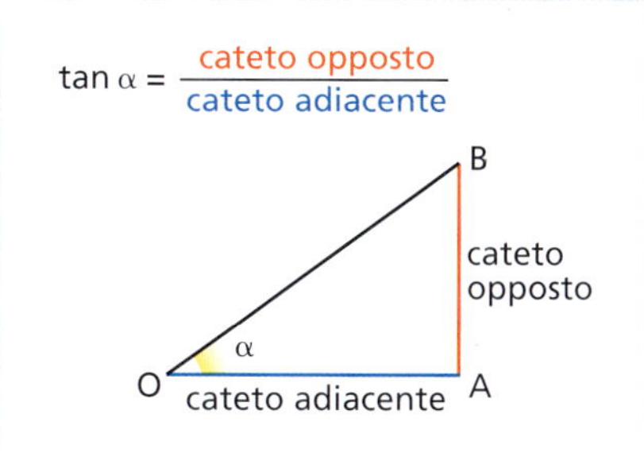

Un altro modo di definire la tangente

Consideriamo la circonferenza goniometrica, la retta tangente a essa nel punto E, origine degli archi, e un angolo α. Il prolungamento del lato termine OB interseca la retta tangente nel punto T.

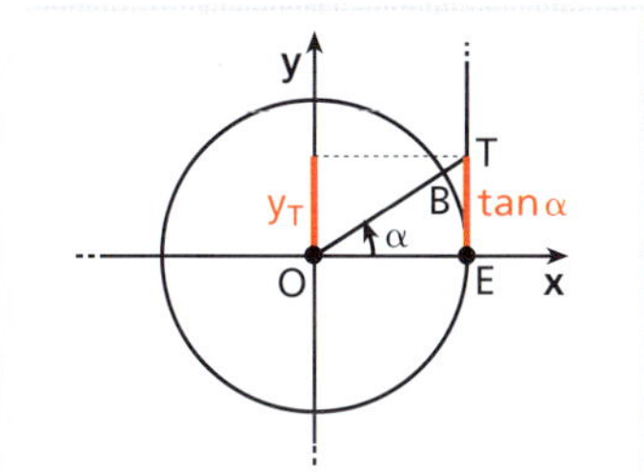

La tangente di α può anche essere definita come il valore dell'ordinata di T:

$$\tan\alpha = y_T.$$

Dimostriamo che le due definizioni date sono equivalenti.

DIMOSTRAZIONE

I triangoli rettangoli OAB e OET sono simili, quindi:

$$\overline{TE} : \overline{BA} = \overline{OE} : \overline{OA} \quad \rightarrow \quad y_T : y_B = 1 : x_B,$$

da cui

$$y_T = \frac{y_B \cdot 1}{x_B} \quad \rightarrow \quad y_T = \frac{y_B}{x_B}.$$

Pertanto:

$$\tan\alpha = \frac{y_B}{x_B} = y_T.$$

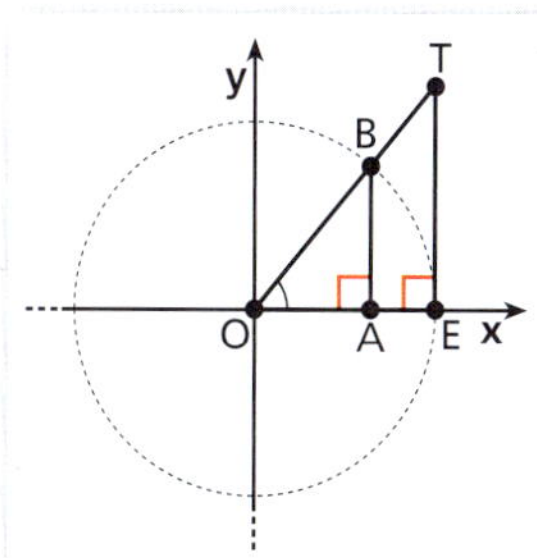

Variazioni della funzione tangente

Studiamo come varia y_T al variare dell'angolo α.

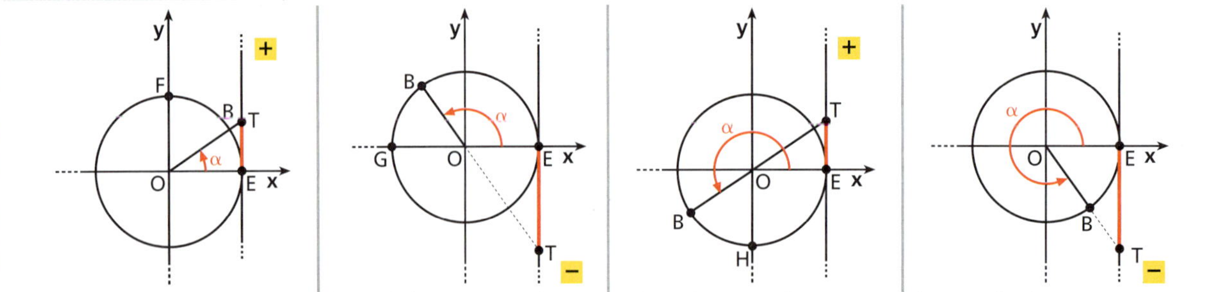

a. Finché B percorre il primo quarto di circonferenza, l'ordinata di T è positiva e aumenta man mano che B si avvicina al punto F. Quando $B \equiv F$, la tangente non esiste.

b. Quando B percorre la circonferenza nel secondo quadrante, l'ordinata T è negativa e aumenta fino a quando $B \equiv G$, in cui $y_T = 0$.

c. Se B si trova nel terzo quadrante, l'ordinata di T è di nuovo positiva e aumenta fino a quando $B \equiv H$ e T non esiste più. La tangente di $\frac{3\pi}{2}$ non esiste.

d. Quando B percorre l'ultimo quarto di circonferenza, l'ordinata di T ritorna negativa e aumenta fino allo 0.

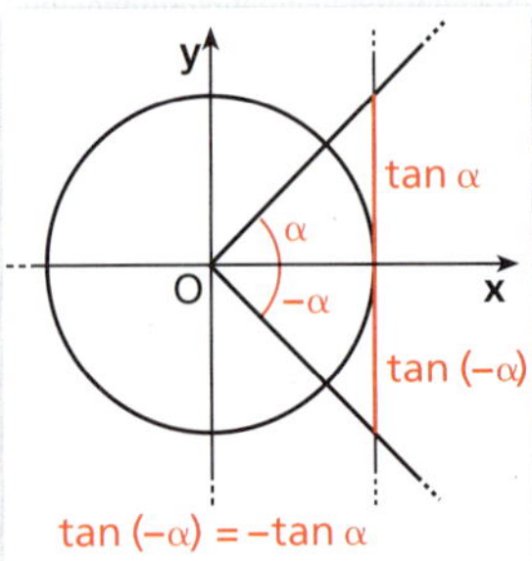

A differenza delle funzioni seno e coseno, la funzione tangente può assumere qualunque valore reale.
Il suo codominio è quindi $\mathbb{R}$, mentre, come abbiamo visto, il suo dominio è:

$$\alpha \neq \frac{\pi}{2} + k\pi, \quad \text{con } k \in \mathbb{Z}.$$

Essendo $\tan(-\alpha) = -\tan\alpha$, la tangente è una funzione dispari.

Grafico della funzione $y = \tan x$

Tracciamo il grafico della funzione $y = \tan x$ nell'intervallo $[0; \pi]$, riportando sull'asse x i valori degli angoli e sull'asse y le ordinate dei punti corrispondenti sulla retta tangente.

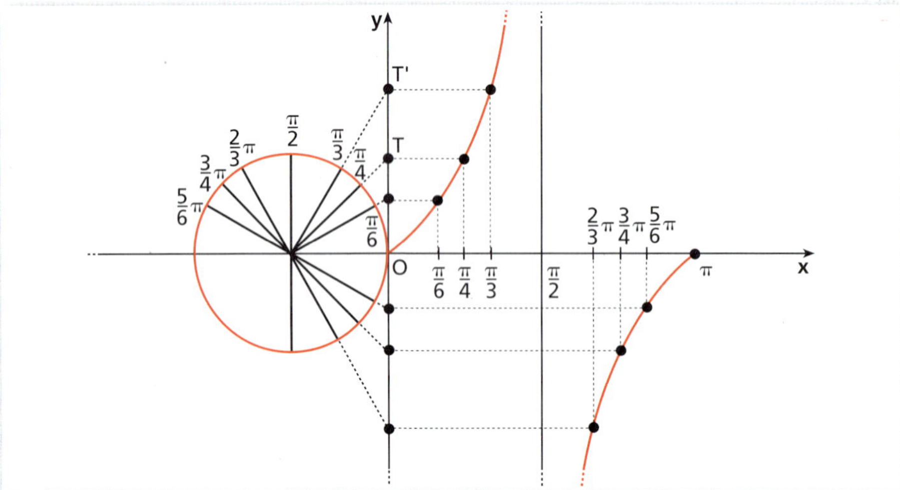

Animazione

L'animazione studia i due modi di definire la tangente e, con una figura dinamica, ti permette di vedere il suo grafico al variare dell'angolo fra 0 e 2π.

Notiamo come, man mano che x si avvicina a $\frac{\pi}{2}$:

- con valori minori di $\frac{\pi}{2}$, il valore della funzione tende a diventare sempre più grande; diremo che tende a $+\infty$;

- con valori maggiori di $\frac{\pi}{2}$, il valore della funzione tende a diventare sempre più grande in valore assoluto, in quanto è negativo; diremo che tende a $-\infty$.

Il grafico della tangente, per valori di x che si approssimano a $\frac{\pi}{2}$, si avvicina sempre più alla retta di equazione $x = \frac{\pi}{2}$, detta **asintoto verticale** del grafico.

Periodo della funzione tangente

La tangente è una funzione periodica di periodo π, cioè, qualunque sia l'angolo α del dominio, è:

$$\tan\alpha = \tan(\alpha + k\pi), \quad \text{con } k \in \mathbb{Z}.$$

Questo si può vedere usando la definizione di tangente (figura a lato).

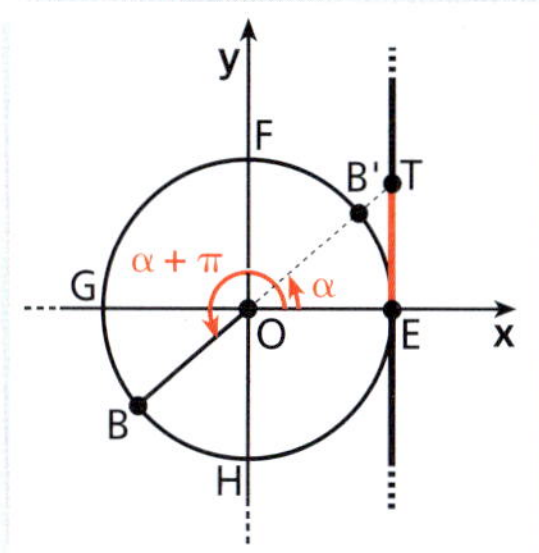

Il grafico completo della tangente si chiama **tangentoide**. Ha infiniti asintoti verticali: le rette di equazioni $x = \frac{\pi}{2} + k\pi$.

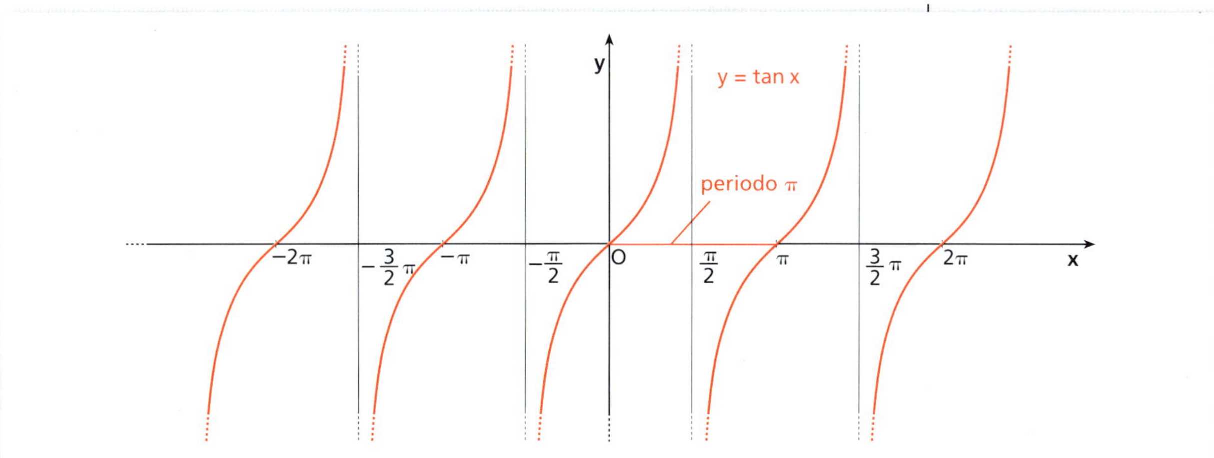

In sintesi

La funzione $y = \tan x$ ha per dominio $\mathbb{R} - \left\{\frac{\pi}{2} + k\pi, k \in \mathbb{Z}\right\}$ e codominio $\mathbb{R}$, ossia:

$$\tan x\colon \mathbb{R} - \left\{\frac{\pi}{2} + k\pi, k \in \mathbb{Z}\right\} \to \mathbb{R}.$$

Ha infiniti asintoti verticali di equazione $x = \frac{\pi}{2} + k\pi, k \in \mathbb{Z}$.

È una funzione dispari, quindi è simmetrica rispetto all'origine.

Seconda relazione fondamentale

Consideriamo la circonferenza goniometrica. Per definizione:

$$\tan\alpha = \frac{y_B}{x_B}, \quad y_B = \sin\alpha \quad \text{e} \quad x_B = \cos\alpha.$$

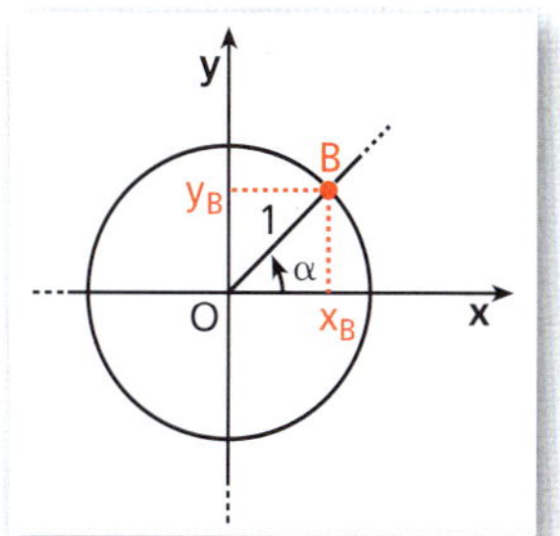

Sostituiamo $\sin\alpha$ e $\cos\alpha$ nell'espressione della tangente:

$$\mathbf{\tan\alpha = \frac{\sin\alpha}{\cos\alpha}}, \quad \text{con } \alpha \neq \frac{\pi}{2} + k\pi, k \in \mathbb{Z}.$$

Questa è la **seconda relazione fondamentale** della goniometria: la tangente di un angolo è data dal rapporto, quando esiste, fra il seno e il coseno dello stesso angolo.

Significato goniometrico del coefficiente angolare di una retta

▶ Esercizi a p. 706

Tracciamo la circonferenza goniometrica e la retta di equazione $y = mx$, da cui:

$$m = \frac{y}{x}.$$

In particolare, se $x = 1$, $y = \tan\alpha$ e

$$m = \frac{\tan\alpha}{1} = \tan\alpha.$$

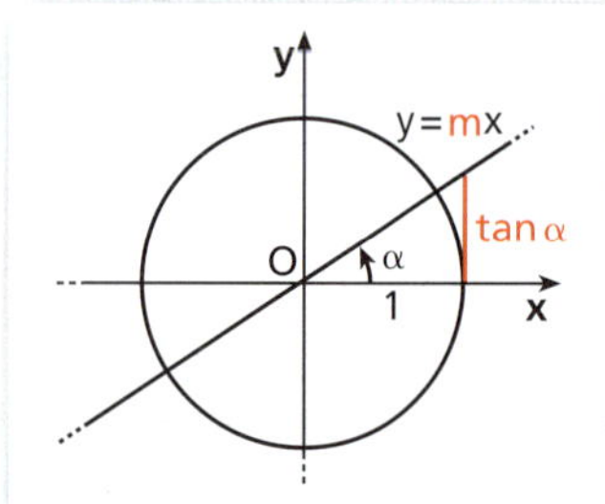

Il coefficiente angolare della retta $y = mx$ è uguale alla tangente dell'angolo fra la retta e l'asse x. Dalla geometria analitica sappiamo che due rette sono parallele quando hanno lo stesso coefficiente angolare e che esse formano angoli congruenti con l'asse x. Ciò permette di estendere il risultato ottenuto anche a rette che non passano per l'origine (figura a sinistra).

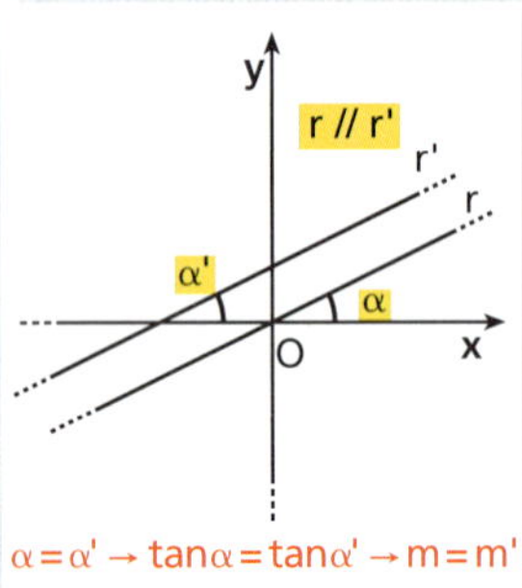

4 Funzioni secante e cosecante

▶ Esercizi a p. 707

DEFINIZIONE

Dato un angolo α, chiamiamo:

- **secante** di α la funzione che associa ad α il reciproco del valore di cos α, purché cos α sia diverso da 0. Si indica con sec α:

  $$\mathbf{sec}\,\alpha = \frac{\mathbf{1}}{\mathbf{cos}\,\alpha},\quad \text{con } \alpha \neq \frac{\pi}{2} + k\pi \text{ e } k \in \mathbb{Z};$$

- **cosecante** di α la funzione che associa ad α il reciproco del valore di sin α, purché sin α sia diverso da 0. Si indica con csc α:

  $$\mathbf{csc}\,\alpha = \frac{\mathbf{1}}{\mathbf{sin}\,\alpha},\quad \text{con } \alpha \neq k\pi \text{ e } k \in \mathbb{Z}.$$

Secante e cosecante, come seno e coseno, sono funzioni periodiche di periodo 2π.

Un altro modo di definire la secante e la cosecante

Consideriamo la circonferenza goniometrica, l'angolo α e la tangente in B che interseca gli assi x e y rispettivamente in S e S'.

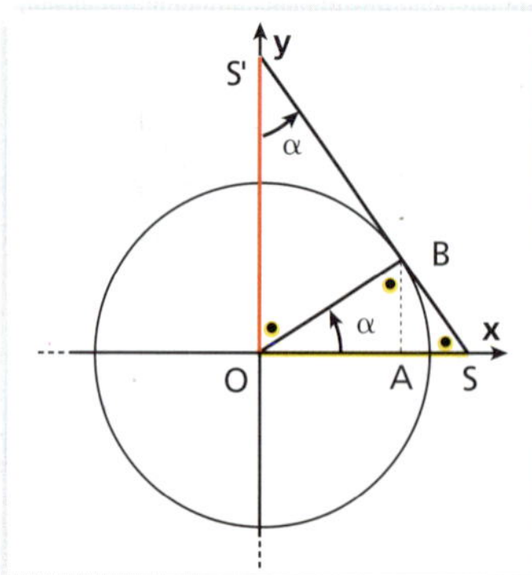

I triangoli OBA e OBS sono simili, quindi:

$$\overline{OA} : \overline{OB} = \overline{OB} : \overline{OS} \quad \rightarrow \quad \cos\alpha : 1 = 1 : \overline{OS},$$

da cui: $\overline{OS} = \dfrac{1}{\cos\alpha} = \sec\alpha$.

Analogamente, essendo simili i triangoli OAB e OBS':

$$\overline{BA} : \overline{OB} = \overline{OB} : \overline{OS'} \quad \rightarrow \quad \sin\alpha : 1 = 1 : \overline{OS'},$$

da cui: $\overline{OS'} = \dfrac{1}{\sin\alpha} = \csc\alpha$.

La secante di α è quindi l'ascissa del punto S, intersezione della retta tangente nel punto B, associato ad α sulla circonferenza goniometrica, con l'asse x.
Analogamente, la cosecante di α è l'ordinata del punto S', intersezione della retta tangente in B con l'asse y.

Grafico del reciproco di una funzione

Dal grafico di una funzione $y = f(x)$ è possibile ricavare l'andamento del grafico della funzione reciproca:

$$y = g(x) = \frac{1}{f(x)}, \quad \text{definita per } f(x) \neq 0.$$

1. Se il grafico di $f(x)$ interseca l'asse x in x_0, ossia se $f(x_0) = 0$, *per valori di x che tendono a* x_0, il valore del reciproco è:
   - positivo e con valori sempre più grandi, man mano che ci si avvicina a x_0, se $f(x) > 0$; diremo che $g(x)$ tende a $+\infty$;
   - negativo e con valori sempre più grandi in valore assoluto, se $f(x) < 0$; diremo che $g(x)$ tende a $-\infty$.

   Avvicinandosi al punto x_0 il grafico della funzione $g(x)$ si avvicina a quello della retta $x = x_0$, che viene detta **asintoto verticale** del grafico di $g(x)$.
2. Quando $f(x)$ tende a $+\infty$ o a $-\infty$, il suo reciproco $g(x)$ si avvicina sempre più a 0, cioè $g(x)$ tende a 0.
3. Se $f(a) = 1$, è vero anche che
   $$g(a) = \frac{1}{f(a)} = \frac{1}{1} = 1.$$
   a è allora *ascissa di un punto di intersezione* dei grafici della funzione e del suo reciproco.
   Analogamente, se $f(b) = -1$,
   $$g(b) = \frac{1}{f(b)} = \frac{1}{-1} = -1,$$
   cioè *b è ascissa di un punto di intersezione.*

ESEMPIO

Consideriamo la funzione $f(x) = x + 1$.

- $f(x) = 0$ se $x = -1$. Il suo reciproco $g(x) = \frac{1}{x+1}$ tende a $+\infty$ quando x tende a -1 e $x > -1$, cioè x è «a destra» di -1, poiché $g(x)$ assume valori sempre più grandi. Analogamente, $g(x)$ tende a $-\infty$ per x che tende a -1 «da sinistra». La retta $x = -1$ è asintoto verticale per $g(x)$.
- $f(x)$ tende a $+\infty$ quando x tende a $+\infty$, cioè quando x cresce; tende a $-\infty$ quando x tende a $-\infty$. Allora $g(x)$ tende a 0 quando x tende a $+\infty$ o a $-\infty$.
- $f(a) = 1$ se $a = 0$, $f(b) = -1$ se $b = -2$. Allora anche $g(0) = 1$ e $g(-2) = -1$.
- Le informazioni raccolte permettono di tracciare il grafico probabile di $g(x)$.

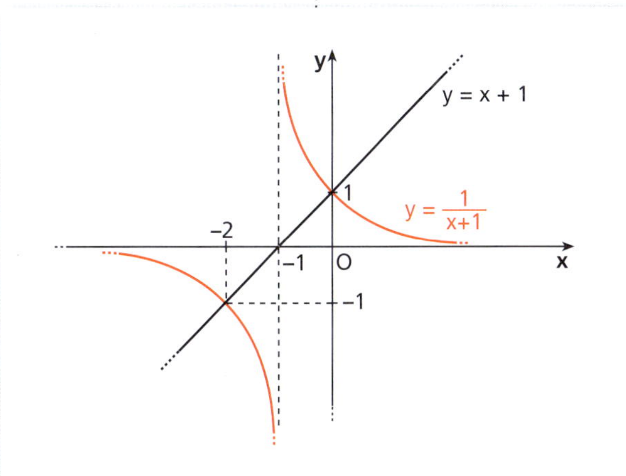

TEORIA

Grafici della secante e della cosecante

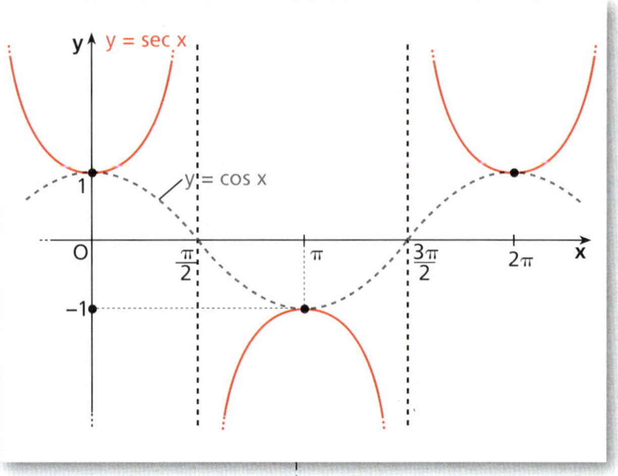

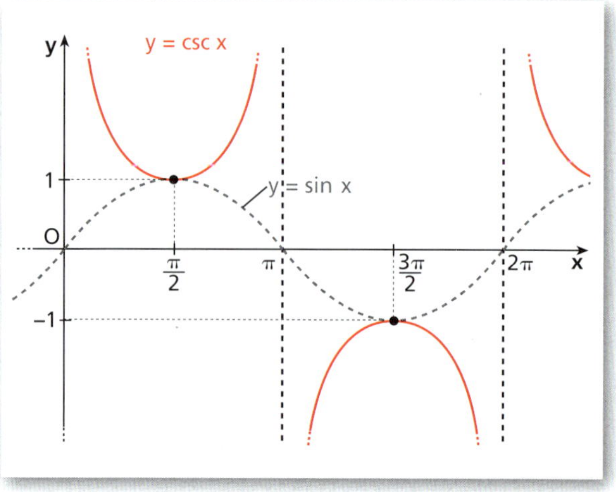

Animazione

L'animazione studia i due modi di definire la secante e la cosecante e fornisce figure dinamiche per osservare i loro grafici al variare dell'angolo fra 0 e 2π.

Il grafico di una funzione si ottiene da quello dell'altra con una traslazione di vettore parallelo all'asse x e modulo $\frac{\pi}{2}$.

I domini delle due funzioni, deducibili dalla loro definizione, sono:

$\mathbb{R} - \left\{\frac{\pi}{2} + k\pi, k \in \mathbb{Z}\right\}$ per la secante;

$\mathbb{R} - \{0 + k\pi, k \in \mathbb{Z}\}$ per la cosecante.

Dalla figura si deduce che il codominio, sia della funzione secante, sia della funzione cosecante, è $\mathbb{R} -]-1; 1[$.

Sono asintoti verticali le rette di equazione $x = \frac{\pi}{2} + k\pi$ per il grafico della secante, $x = 0 + k\pi$ per il grafico della cosecante.

Come il coseno, la secante è una funzione pari; la cosecante è dispari, come il seno.

5 Funzione cotangente

Esercizi a p. 709

DEFINIZIONE

Consideriamo un angolo orientato α e chiamiamo B l'intersezione fra il lato termine e la circonferenza goniometrica. Definiamo **cotangente** di α la funzione che associa ad α il rapporto, quando esiste, fra l'ascissa e l'ordinata del punto B:

$$\cot \alpha = \frac{x_B}{y_B}.$$

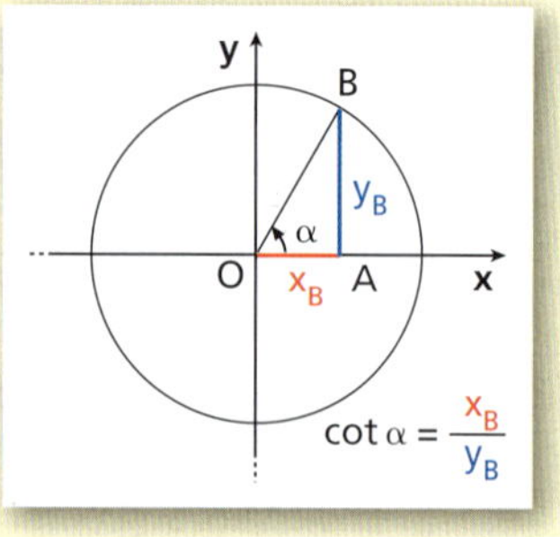

Il rapporto $\frac{x_B}{y_B}$ *non esiste* quando $y_B = 0$, ossia quando il punto B si trova sull'asse x, cioè quando l'angolo misura 0, π e tutti i multipli interi di π.
$\cot \alpha$ esiste solo se $\alpha \neq k\pi$.

Dalla definizione di cotangente deriva che: $\cot\alpha = \frac{\cos\alpha}{\sin\alpha}$, con $\alpha \neq k\pi$.

Poiché $\tan\alpha = \frac{y_B}{x_B}$ e $\cot\alpha = \frac{x_B}{y_B}$, risulta $\tan\alpha \cdot \cot\alpha = 1$, da cui segue che la cotangente è il reciproco della tangente:

$$\cot\alpha = \frac{1}{\tan\alpha}, \quad \text{con } \alpha \neq k\frac{\pi}{2}.$$

La condizione posta deriva dal fatto che, quando la consideriamo il reciproco della tangente, la cotangente non è definita per gli angoli in cui non esiste $\tan\alpha$, cioè $\alpha = \frac{\pi}{2} + k\pi$, e quelli per cui $\tan\alpha = 0$, cioè $\alpha = 0 + k\pi$, perciò: $\alpha \neq k\frac{\pi}{2}$.

Un altro modo di definire la cotangente

Consideriamo la circonferenza goniometrica e la retta tangente a essa nel punto F.
Il prolungamento del lato termine OB interseca la retta tangente nel punto Q.
La cotangente di α può anche essere definita come il valore dell'ascissa di Q:

$\cot\alpha = x_Q$.

Dimostriamo che le due definizioni date sono equivalenti.

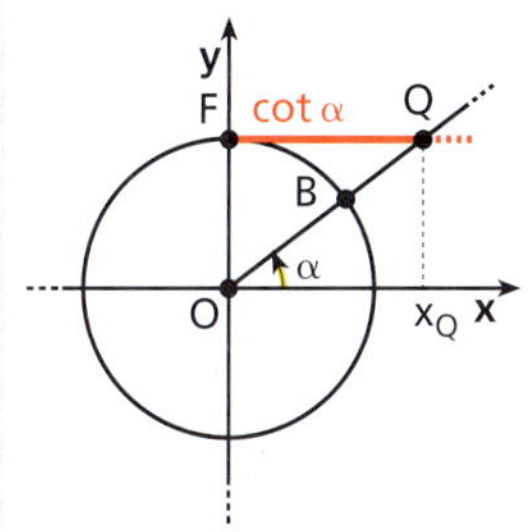

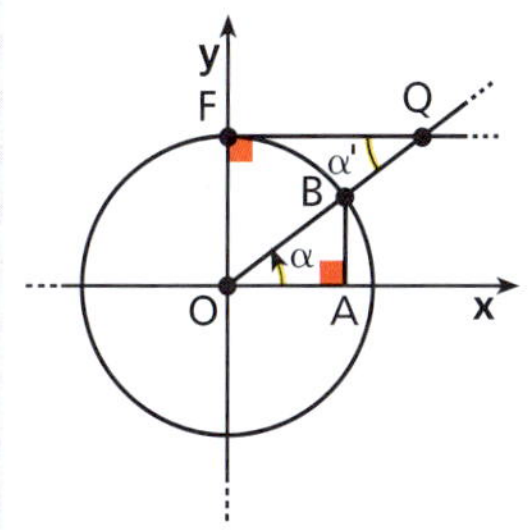

DIMOSTRAZIONE

Consideriamo i due triangoli rettangoli OAB e OFQ. Essi sono simili, essendo $FQ /\!/ OA$ e quindi $\alpha \cong \alpha'$, perché alterni interni di rette parallele tagliate da una trasversale. Scriviamo la proporzione fra le misure dei cateti corrispondenti,

$$\overline{FQ} : \overline{OA} = \overline{FO} : \overline{BA}, \quad \rightarrow \quad x_Q : x_B = 1 : y_B \quad \rightarrow \quad x_Q = \frac{x_B}{y_B}.$$

Pertanto: $\cot\alpha = \frac{x_B}{y_B} = x_Q$.

Grafico della funzione $y = \cot x$

Come la tangente, anche la funzione cotangente può assumere qualunque valore reale. Il codominio della cotangente è quindi $\mathbb{R}$, mentre il suo dominio è: $x \neq k \cdot \pi$. Le rette di equazione $x = k\pi$ sono asintoti verticali del suo grafico.

Animazione

Nell'animazione ci sono le due definizioni e una figura dinamica per osservare il grafico della cotangente fra 0 e 2π.

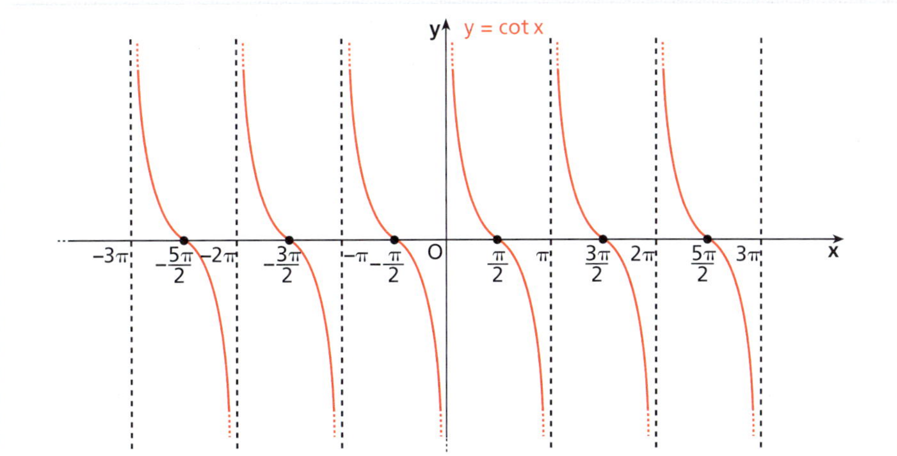

TEORIA

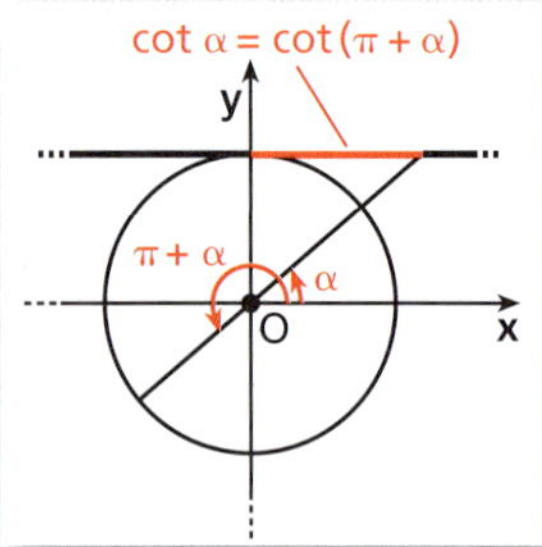

Periodo della funzione cotangente

In analogia con la tangente, la funzione cotangente risulta periodica di periodo π:

$$\cot(\alpha + k\pi) = \cot\alpha, \quad \text{con } k \in \mathbb{Z}.$$

6 Funzioni goniometriche di angoli particolari

▶ Esercizi a p. 712

Mediante le proprietà delle figure geometriche riusciamo a calcolare il valore delle funzioni goniometriche di alcuni angoli particolari.

Animazione

Nell'animazione puoi seguire passo passo il modo con cui si ricavano seno e coseno di $\frac{\pi}{6}, \frac{\pi}{4}, \frac{\pi}{3}$.

L'angolo $\frac{\pi}{6}$

Consideriamo la circonferenza goniometrica e il triangolo OAB, rettangolo in A, con $\alpha = A\widehat{O}B = \frac{\pi}{6}$ e $\overline{OB} = 1$.

Poiché in un triangolo rettangolo gli angoli acuti sono complementari $O\widehat{B}A = \frac{\pi}{3}$.

Prolungando il lato BA, otteniamo sulla circonferenza il punto C.

Il triangolo OBC è equilatero, poiché ha gli angoli di $\frac{\pi}{3}$, quindi $\overline{BC} = 1$.

AB è la metà di BC, ossia $\overline{AB} = \frac{1}{2}$.

Ricaviamo $\overline{OA}$ applicando il teorema di Pitagora al triangolo OAB:

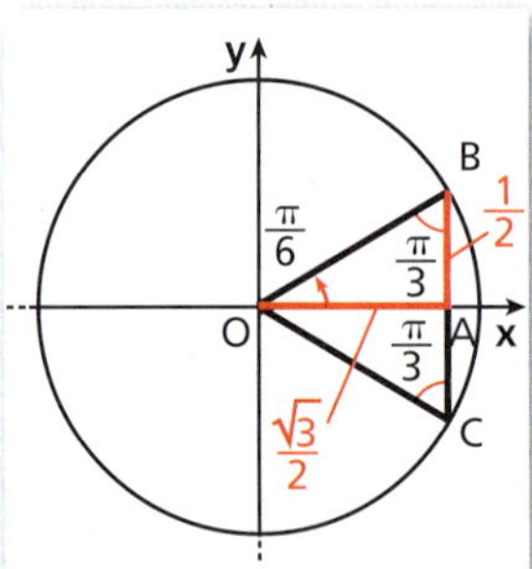

$$\overline{OA} = \sqrt{\overline{OB}^2 - \overline{AB}^2} = \sqrt{1^2 - \left(\frac{1}{2}\right)^2} = \sqrt{\frac{3}{4}} = \frac{\sqrt{3}}{2}.$$

Pertanto: $\sin\frac{\pi}{6} = \frac{1}{2}$ e $\cos\frac{\pi}{6} = \frac{\sqrt{3}}{2}$.

Ricaviamo la tangente e la cotangente di $\frac{\pi}{6}$:

$$\tan\frac{\pi}{6} = \frac{\sin\frac{\pi}{6}}{\cos\frac{\pi}{6}} = \frac{\frac{1}{2}}{\frac{\sqrt{3}}{2}} = \frac{\sqrt{3}}{3}; \quad \cot\frac{\pi}{6} = \frac{1}{\tan\frac{\pi}{6}} = \frac{1}{\frac{\sqrt{3}}{3}} = \sqrt{3}.$$

Pertanto: $\tan\frac{\pi}{6} = \frac{\sqrt{3}}{3}$ e $\cot\frac{\pi}{6} = \sqrt{3}$.

Inoltre: $\sec\frac{\pi}{6} = \frac{1}{\cos\frac{\pi}{6}} = \frac{1}{\frac{\sqrt{3}}{2}} = \frac{2}{3}\sqrt{3}$; $\csc\frac{\pi}{6} = \frac{1}{\sin\frac{\pi}{6}} = 2$.

L'angolo $\frac{\pi}{4}$

Consideriamo la circonferenza goniometrica e il triangolo OAB, rettangolo in A, con $\alpha = A\widehat{O}B = \frac{\pi}{4}$ e $\overline{OB} = 1$. Poiché l'angolo in B è complementare di α, risulta $O\widehat{B}A = \frac{\pi}{4}$ e il triangolo OAB è anche isoscele.

Applichiamo il teorema di Pitagora al triangolo AOB:

$$\overline{OA}^2 + \overline{AB}^2 = \overline{OB}^2.$$

Poiché $\overline{OA} = \overline{AB}$ e $\overline{OB} = 1$:

$$2\overline{OA}^2 = 1 \to \overline{OA}^2 = \frac{1}{2} \to \overline{OA} = \frac{1}{\sqrt{2}} = \frac{\sqrt{2}}{2}.$$

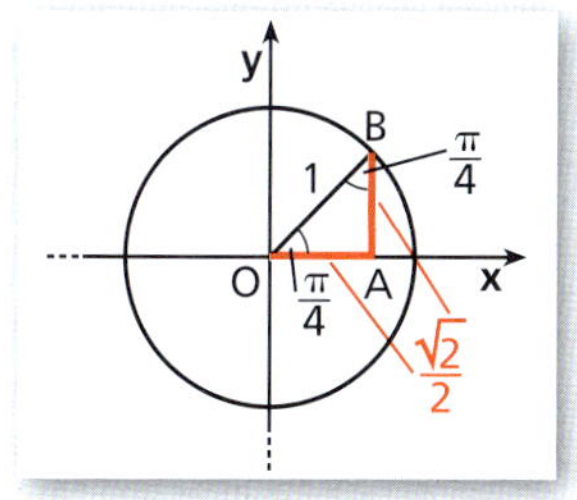

$$\sin\frac{\pi}{4} = \frac{\sqrt{2}}{2} \text{ e } \cos\frac{\pi}{4} = \frac{\sqrt{2}}{2}.$$

Calcoliamo tangente e cotangente di $\frac{\pi}{4}$:

$$\tan\frac{\pi}{4} = \frac{\sin\frac{\pi}{4}}{\cos\frac{\pi}{4}} = \frac{\frac{\sqrt{2}}{2}}{\frac{\sqrt{2}}{2}} = 1; \quad \cot\frac{\pi}{4} = \frac{1}{\tan\frac{\pi}{4}} = 1.$$

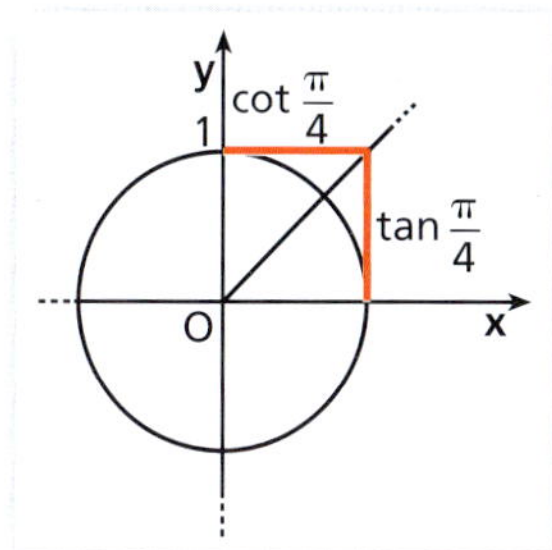

Pertanto: $\tan\frac{\pi}{4} = 1$ e $\cot\frac{\pi}{4} = 1$.

Poiché $\sin\frac{\pi}{4} = \cos\frac{\pi}{4} = \frac{\sqrt{2}}{2}$, otteniamo: $\sec\frac{\pi}{4} = \csc\frac{\pi}{4} = \frac{2}{\sqrt{2}} = \sqrt{2}$.

L'angolo $\frac{\pi}{3}$

Nella circonferenza goniometrica consideriamo il triangolo OAB, rettangolo in A, con $\alpha = A\widehat{O}B = \frac{\pi}{3}$ e, di conseguenza, $O\widehat{B}A = \frac{\pi}{6}$.

Congiungendo B con E, otteniamo il triangolo equilatero OEB.

BA è altezza e mediana del triangolo OEB, quindi $\overline{OA} = \frac{1}{2}$.

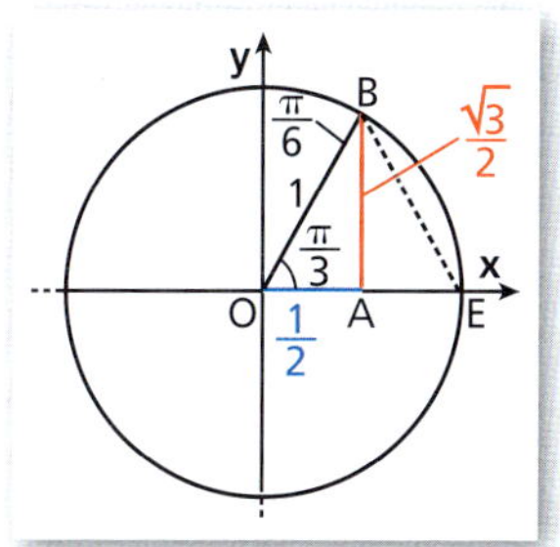

Ricaviamo $\overline{AB}$ applicando il teorema di Pitagora al triangolo OAB:

$$\overline{AB} = \sqrt{\overline{OB}^2 - \overline{OA}^2} = \sqrt{1^2 - \left(\frac{1}{2}\right)^2} = \sqrt{\frac{3}{4}} = \frac{\sqrt{3}}{2}.$$

$$\cos\frac{\pi}{3} = \frac{1}{2} \text{ e } \sin\frac{\pi}{3} = \frac{\sqrt{3}}{2}.$$

Ricaviamo la tangente e la cotangente di $\frac{\pi}{3}$:

$$\tan\frac{\pi}{3} = \frac{\sin\frac{\pi}{3}}{\cos\frac{\pi}{3}} = \frac{\frac{\sqrt{3}}{2}}{\frac{1}{2}} = \sqrt{3}; \quad \cot\frac{\pi}{3} = \frac{1}{\tan\frac{\pi}{3}} = \frac{1}{\sqrt{3}} = \frac{\sqrt{3}}{3}.$$

Pertanto: $\tan\frac{\pi}{3} = \sqrt{3}$ e $\cot\frac{\pi}{3} = \frac{\sqrt{3}}{3}$.

Ricaviamo anche:

$$\sec\frac{\pi}{3} = \frac{1}{\cos\frac{\pi}{3}} = \frac{1}{\frac{1}{2}} = 2; \quad \csc\frac{\pi}{3} = \frac{1}{\sin\frac{\pi}{3}} = \frac{1}{\frac{\sqrt{3}}{2}} = \frac{2}{3}\sqrt{3}.$$

TEORIA

Video

Le formule degli angoli associati

- Quali sono le formule degli angoli associati?
- Come ricavarle senza doverle imparare a memoria?

7 Angoli associati

Consideriamo un angolo α. Chiamiamo **angoli associati** (o **archi associati**) ad α i seguenti angoli:

$$-\alpha,\ \frac{\pi}{2}-\alpha,\ \frac{\pi}{2}+\alpha,\ \pi-\alpha,\ \pi+\alpha,\ \frac{3}{2}\pi-\alpha,\ \frac{3}{2}\pi+\alpha,\ 2\pi-\alpha.$$

Funzioni goniometriche di angoli associati

▶ Esercizi a p. 713

Determiniamo seno, coseno, tangente e cotangente degli angoli associati ad α, in funzione di seno, coseno, tangente e cotangente dell'angolo α.

- I due angoli α e $-\alpha$ sono congruenti e orientati in verso opposto, ossia sono **angoli opposti**:

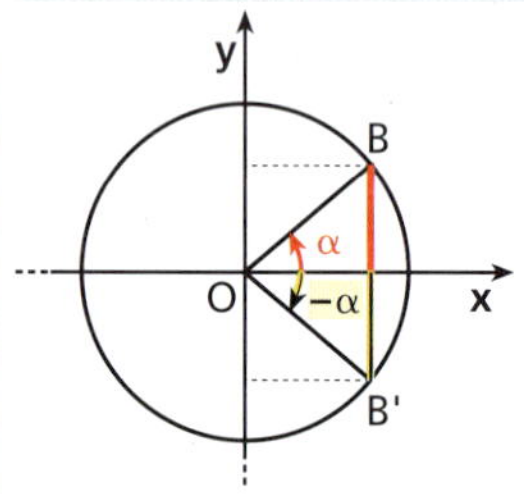

α e −α

$$\sin(-\alpha) = y_{B'} = -y_B = -\sin\alpha,$$
$$\cos(-\alpha) = x_{B'} = x_B = \cos\alpha.$$

Pertanto:

$\sin(-\alpha) = -\sin\alpha$	$\tan(-\alpha) = -\tan\alpha$
$\cos(-\alpha) = \cos\alpha$	$\cot(-\alpha) = -\cot\alpha$

- α e $2\pi-\alpha$ sono **angoli esplementari**, ossia la loro somma è un angolo giro. Per essi valgono considerazioni analoghe a quelle precedenti, quindi:

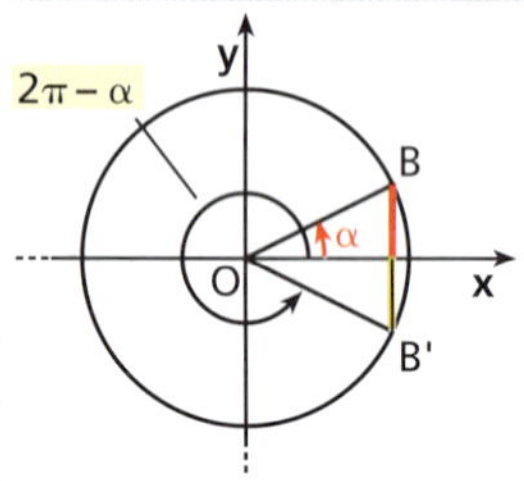

α e 2π − α

$\sin(2\pi-\alpha) = -\sin\alpha$	$\tan(2\pi-\alpha) = -\tan\alpha$
$\cos(2\pi-\alpha) = \cos\alpha$	$\cot(2\pi-\alpha) = -\cot\alpha$

- α e $\pi-\alpha$ sono **angoli supplementari**.
  I triangoli rettangoli OAB e $OA'B'$ sono congruenti perché hanno congruenti l'ipotenusa e l'angolo acuto α:

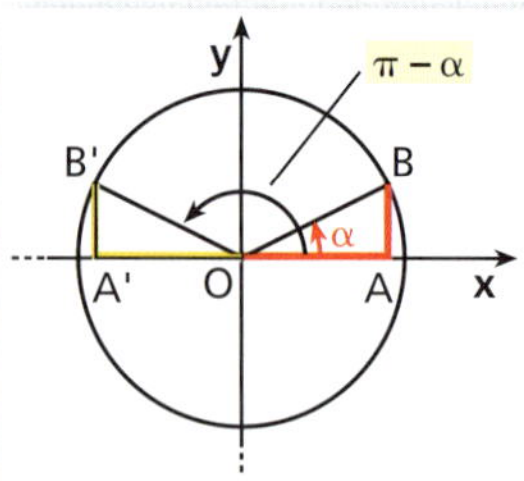

α e π − α

$$\sin(\pi-\alpha) = y_{B'} = y_B = \sin\alpha,$$
$$\cos(\pi-\alpha) = x_{B'} = -x_B = -\cos\alpha.$$

Pertanto:

$\sin(\pi-\alpha) = \sin\alpha$	$\tan(\pi-\alpha) = -\tan\alpha$
$\cos(\pi-\alpha) = -\cos\alpha$	$\cot(\pi-\alpha) = -\cot\alpha$

- α e $\pi+\alpha$ sono **angoli che differiscono di un angolo piatto**. Con considerazioni analoghe a quelle del caso precedente otteniamo:

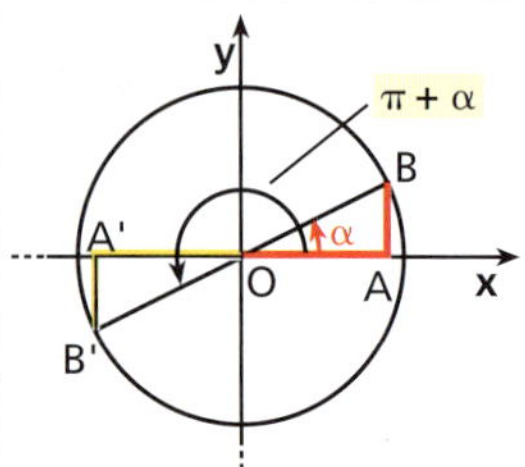

α e π + α

$\sin(\pi+\alpha) = -\sin\alpha$	$\tan(\pi+\alpha) = \tan\alpha$
$\cos(\pi+\alpha) = -\cos\alpha$	$\cot(\pi+\alpha) = \cot\alpha$

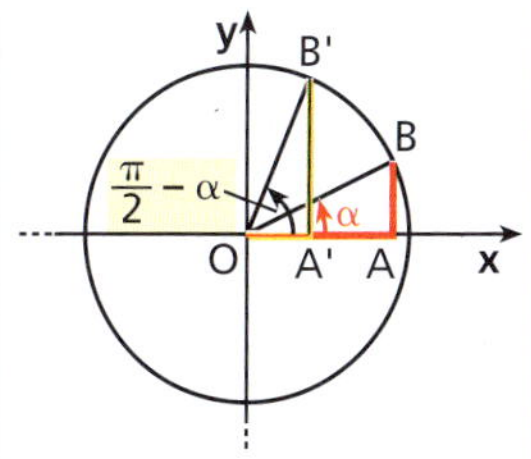

α e $\frac{\pi}{2}-\alpha$

- α e $\frac{\pi}{2}-\alpha$ sono **angoli complementari**.
  Nel triangolo rettangolo $OA'B'$ risulta $A'\widehat{O}B' = \frac{\pi}{2}-\alpha$ e $O\widehat{B'}A' = \alpha$, perché complementare del precedente.
  I triangoli OAB e $OA'B'$ sono congruenti perché hanno congruente l'ipotenusa e l'angolo acuto α, pertanto $OA \cong A'B'$ e $AB \cong OA'$:

  $$\sin\left(\frac{\pi}{2}-\alpha\right) = y_{B'} = x_B = \cos\alpha, \quad \cos\left(\frac{\pi}{2}-\alpha\right) = x_{B'} = y_B = \sin\alpha.$$

  Pertanto:

  $$\mathbf{sin}\left(\frac{\pi}{2}-\alpha\right) = \mathbf{cos}\,\alpha \qquad \mathbf{tan}\left(\frac{\pi}{2}-\alpha\right) = \mathbf{cot}\,\alpha$$
  $$\mathbf{cos}\left(\frac{\pi}{2}-\alpha\right) = \mathbf{sin}\,\alpha \qquad \mathbf{cot}\left(\frac{\pi}{2}-\alpha\right) = \mathbf{tan}\,\alpha$$

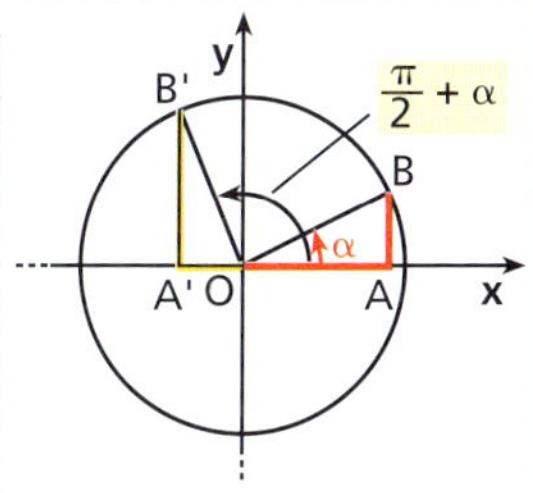

α e $\frac{\pi}{2}+\alpha$

- α e $\frac{\pi}{2}+\alpha$ sono **angoli che differiscono di un angolo retto**.
  Nel triangolo rettangolo $OA'B'$ risulta $A'\widehat{O}B' = \pi - \left(\frac{\pi}{2}+\alpha\right) = \frac{\pi}{2}-\alpha$ e $A'\widehat{B'}O = \alpha$. Quindi, in analogia con il caso precedente, tenuto conto che $A'B'O$ è nel secondo quadrante, otteniamo:

  $$\mathbf{sin}\left(\frac{\pi}{2}+\alpha\right) = \mathbf{cos}\,\alpha \qquad \mathbf{tan}\left(\frac{\pi}{2}+\alpha\right) = -\mathbf{cot}\,\alpha$$
  $$\mathbf{cos}\left(\frac{\pi}{2}+\alpha\right) = -\mathbf{sin}\,\alpha \qquad \mathbf{cot}\left(\frac{\pi}{2}+\alpha\right) = -\mathbf{tan}\,\alpha$$

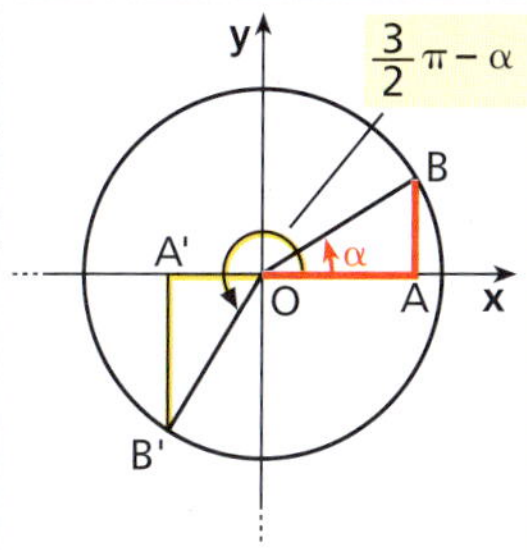

α e $\frac{3}{2}\pi-\alpha$

- Se consideriamo α e $\frac{3}{2}\pi-\alpha$, $A'\widehat{O}B' = \frac{3}{2}\pi-\alpha-\pi = \frac{\pi}{2}-\alpha$ e $A'\widehat{B'}O = \alpha$, quindi i triangoli AOB e $A'OB'$ sono congruenti. Per **angoli la cui somma è $\frac{3}{2}\pi$** otteniamo dunque:

  $$\mathbf{sin}\left(\frac{3}{2}\pi-\alpha\right) = -\mathbf{cos}\,\alpha \qquad \mathbf{tan}\left(\frac{3}{2}\pi-\alpha\right) = \mathbf{cot}\,\alpha$$
  $$\mathbf{cos}\left(\frac{3}{2}\pi-\alpha\right) = -\mathbf{sin}\,\alpha \qquad \mathbf{cot}\left(\frac{3}{2}\pi-\alpha\right) = \mathbf{tan}\,\alpha$$

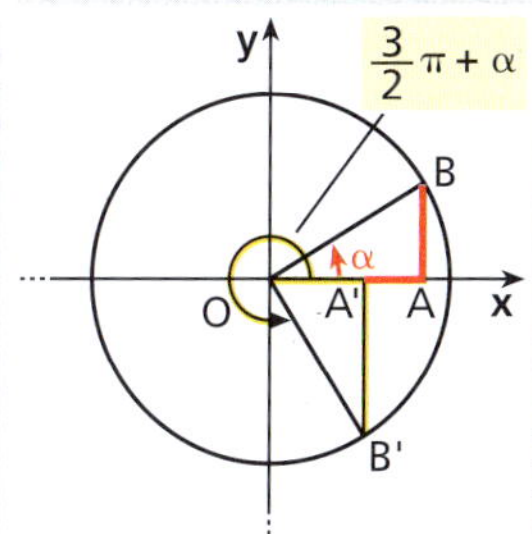

α e $\frac{3}{2}\pi+\alpha$

- Con ragionamenti analoghi, per **angoli la cui differenza è $\frac{3}{2}\pi$** otteniamo:

  $$\mathbf{sin}\left(\frac{3}{2}\pi+\alpha\right) = -\mathbf{cos}\,\alpha \qquad \mathbf{tan}\left(\frac{3}{2}\pi+\alpha\right) = -\mathbf{cot}\,\alpha$$
  $$\mathbf{cos}\left(\frac{3}{2}\pi+\alpha\right) = \mathbf{sin}\,\alpha \qquad \mathbf{cot}\left(\frac{3}{2}\pi+\alpha\right) = -\mathbf{tan}\,\alpha$$

Animazione

Con pochi click, osservi le relazioni fra seno e coseno di:

α e $-\alpha$; α e $2\pi-\alpha$;

α e $\pi-\alpha$; α e $\pi+\alpha$.

Animazione

Qui hai le relazioni fra seno e coseno di:

α e $\frac{\pi}{2}-\alpha$; α e $\frac{\pi}{2}+\alpha$;

α e $\frac{3}{2}\pi-\alpha$; α e $\frac{3}{2}\pi+\alpha$.

Riduzione al primo quadrante

▶ Esercizi a p. 720

Utilizzando le relazioni stabilite per gli angoli associati, è possibile determinare le funzioni goniometriche di qualunque angolo, conoscendo le funzioni goniometriche degli angoli che appartengono al primo quadrante.
Il procedimento relativo viene detto **riduzione al primo quadrante**.

▶ Riduci al primo quadrante cos 230°.

ESEMPIO
Riduciamo al primo quadrante sin 110°. Poiché 110° = 90° + 20°:

$$\sin 110° = \sin(90° + 20°) = \cos 20°.$$

8 Funzioni goniometriche inverse

▶ Esercizi a p. 723

Animazione

Nell'animazione vediamo, in pochi passi, come disegnare i grafici di:

- $y = \arcsin x$;
- $y = \arccos x$;
- $y = \arctan x$;
- $y = \text{arccot}\, x$.

Funzione inversa di $y = \sin x$

Una funzione è invertibile, ossia ammette la funzione inversa, solo se è biunivoca.

La funzione $y = \sin x$ non è biunivoca perché non è iniettiva. Infatti, se consideriamo una retta $y = k$, parallela all'asse x, con $-1 \leq k \leq 1$, essa interseca il grafico della funzione seno in infiniti punti, quindi ogni valore del codominio $[-1; 1]$ di $y = \sin x$ è il corrispondente di infiniti valori del dominio $\mathbb{R}$.

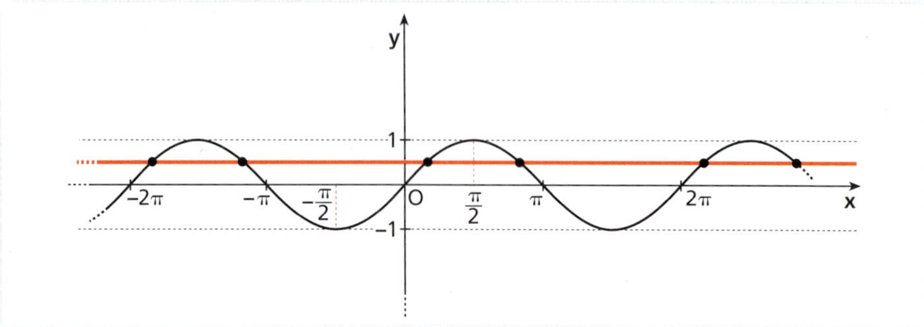

Listen to it

To define the inverse of the sine function, we need to restrict the domain; we can define the function arcsin(x) from $[-1; 1]$ to $\left[-\frac{\pi}{2}; \frac{\pi}{2}\right]$ as the inverse of the sine function in $\left[-\frac{\pi}{2}; \frac{\pi}{2}\right]$. This method can be used to define the inverse function of all the trigonometric functions.

Restrizione del dominio

Se restringiamo il dominio della funzione seno all'intervallo $\left[-\frac{\pi}{2}; \frac{\pi}{2}\right]$, la funzione $y = \sin x$ risulta biunivoca e dunque invertibile.

La funzione inversa del seno si chiama *arcoseno*.

$y = \arcsin x$ D = [−1; 1]
⇕ C = $\left[-\frac{\pi}{2}; \frac{\pi}{2}\right]$
$x = \sin y$

DEFINIZIONE
Dati i numeri reali x e y, con $-1 \leq x \leq 1$ e $-\frac{\pi}{2} \leq y \leq \frac{\pi}{2}$, diciamo che y è l'**arcoseno** di x se x è il seno di y.

Scriviamo: $y = \arcsin x$, oppure $y = \sin^{-1} x$.

▶ Qual è l'arcoseno di $\frac{\sqrt{3}}{2}$?

ESEMPIO

$$\arcsin 1 = \frac{\pi}{2} \quad \leftrightarrow \quad \sin\frac{\pi}{2} = 1; \quad \arcsin\frac{1}{2} = \frac{\pi}{6} \quad \leftrightarrow \quad \sin\frac{\pi}{6} = \frac{1}{2}.$$

Per ottenere il grafico della funzione $y = \arcsin x$, basta costruire il simmetrico rispetto alla bisettrice del primo e terzo quadrante del grafico della funzione $y = \sin x$, considerata nell'intervallo $\left[-\frac{\pi}{2}; \frac{\pi}{2}\right]$.

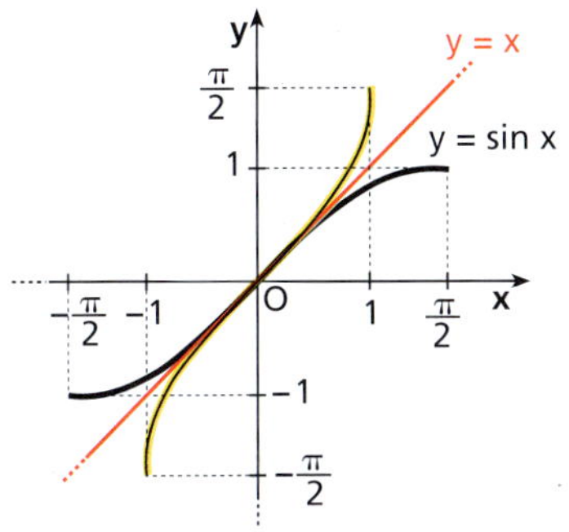

a. Grafico di $y = \sin x$ in $\left[-\frac{\pi}{2}; \frac{\pi}{2}\right]$ e suo simmetrico rispetto alla bisettrice del primo e terzo quadrante.

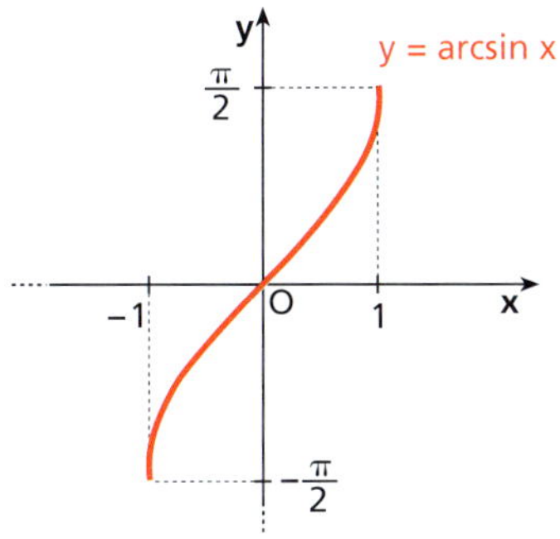

b. Grafico di $y = \arcsin x$.

Funzione inversa di $y = \cos x$

Se consideriamo $[0; \pi]$ come dominio, la funzione coseno è biunivoca e quindi invertibile. La funzione inversa del coseno si chiama *arcocoseno*.

> **DEFINIZIONE**
> Dati i numeri reali x e y, con $-1 \le x \le 1$ e $0 \le y \le \pi$, diciamo che y è l'**arcocoseno** di x se x è il coseno di y.
> Scriviamo: $y = \arccos x$, oppure $y = \cos^{-1} x$.

$y = \arccos x$ ⇕ $x = \cos y$ — $D = [-1; 1]$, $C = [0; \pi]$

ESEMPIO

$$\arccos(-1) = \pi \;\leftrightarrow\; \cos\pi = -1; \quad \arccos\frac{\sqrt{3}}{2} = \frac{\pi}{6} \;\leftrightarrow\; \cos\frac{\pi}{6} = \frac{\sqrt{3}}{2}.$$

► Qual è l'arcocoseno di $-\frac{1}{2}$?

La figura illustra il grafico della funzione arcocoseno.

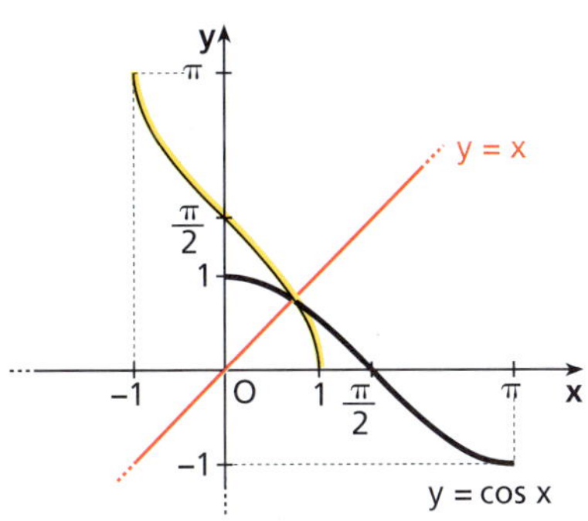

a. Grafico di $y = \cos x$ in $[0; \pi]$ e suo simmetrico rispetto alla bisettrice del primo e terzo quadrante.

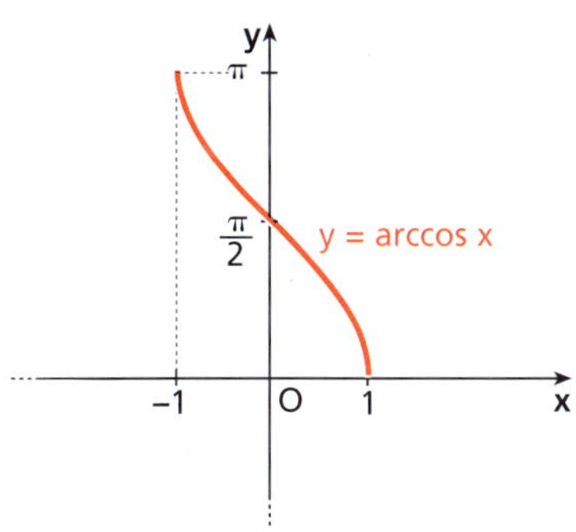

b. Grafico di $y = \arccos x$.

TEORIA

Funzione inversa di $y = \tan x$

Se consideriamo $\left]-\frac{\pi}{2}; \frac{\pi}{2}\right[$ come dominio, la funzione tangente è biunivoca e di conseguenza invertibile.

La funzione inversa della tangente si chiama *arcotangente*.

$y = \arctan x$ $D = \mathbb{R}$ $C = \left]-\frac{\pi}{2}; \frac{\pi}{2}\right[$ $\Updownarrow$ $x = \tan y$

DEFINIZIONE

Dati i numeri reali x e y, con $x \in \mathbb{R}$ e $-\frac{\pi}{2} < y < \frac{\pi}{2}$, diciamo che y è l'**arcotangente** di x se x è la tangente di y.
Scriviamo: $y = \arctan x$, oppure $y = \tan^{-1} x$.

► Qual è l'arcotangente di $-\frac{\sqrt{3}}{3}$?

ESEMPIO

$$\arctan 1 = \frac{\pi}{4} \leftrightarrow \tan\frac{\pi}{4} = 1;$$

$$\arctan\sqrt{3} = \frac{\pi}{3} \leftrightarrow \tan\frac{\pi}{3} = \sqrt{3}.$$

Studiamo il grafico della funzione arcotangente.

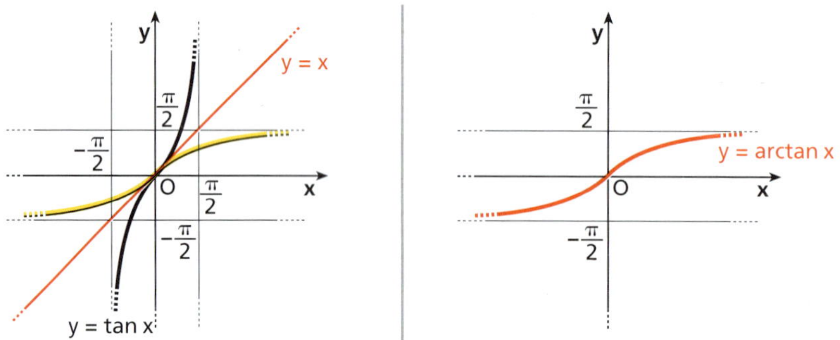

a. Grafico di $y = \tan x$ in $\left]-\frac{\pi}{2}; \frac{\pi}{2}\right[$ e suo simmetrico rispetto alla bisettrice del primo e terzo quadrante.

b. Grafico di $y = \arctan x$.

Funzione inversa di $y = \cot x$

$y = \text{arccot}\, x$ $D = \mathbb{R}$ $C =]0; \pi[$ $\Updownarrow$ $x = \cot y$

DEFINIZIONE

Dati i numeri reali x e y, con $x \in \mathbb{R}$ e $0 < y < \pi$, diciamo che y è l'**arcocotangente** di x se x è la cotangente di y.
Scriviamo: $y = \text{arccot}\, x$, oppure $y = \cot^{-1} x$.

► Qual è l'arcocotangente di $\sqrt{3}$?

ESEMPIO

$$\text{arccot}\, 0 = \frac{\pi}{2} \leftrightarrow \cot\frac{\pi}{2} = 0;$$

$$\text{arccot}\frac{\sqrt{3}}{3} = \frac{\pi}{3} \leftrightarrow \cot\frac{\pi}{3} = \frac{\sqrt{3}}{3}.$$

Disegniamo il grafico della funzione arcocotangente.

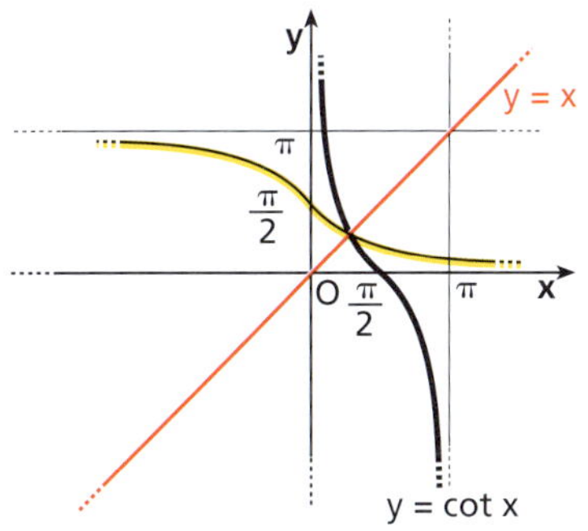

a. Grafico di $y = \cot x$ in $]0; \pi[$ e suo simmetrico rispetto alla bisettrice del primo e terzo quadrante.

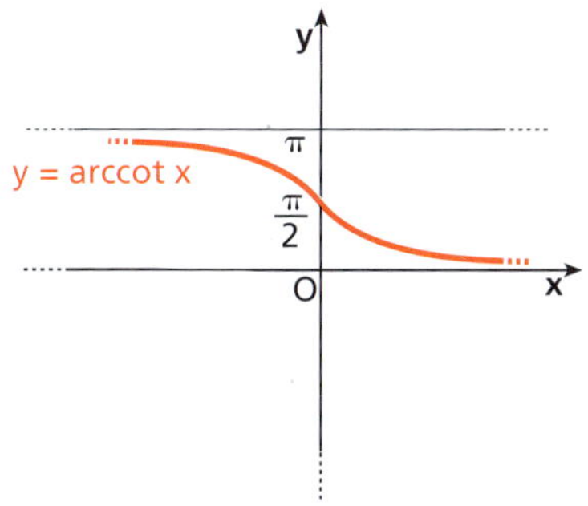

b. Grafico di $y = \text{arccot}\, x$.

9 Funzioni goniometriche e trasformazioni geometriche

▶ Esercizi a p. 726

Dai grafici delle funzioni goniometriche si ottengono grafici di altre funzioni mediante traslazioni, simmetrie, dilatazioni e contrazioni. Ne proponiamo alcuni negli esercizi, mentre qui ci occupiamo soltanto delle *funzioni sinusoidali*.

Funzioni sinusoidali

La funzione $y = 3 \sin\left(2x + \frac{\pi}{3}\right)$, raccogliendo 2 all'interno della parentesi, si può riscrivere

$$y = 3 \sin\left[2\left(x + \frac{\pi}{6}\right)\right],$$

quindi è possibile ottenere il suo grafico a partire da quello di $y = \sin x$ con le seguenti trasformazioni geometriche:

- contrazione orizzontale, in cui $y = f\left(\frac{x}{m}\right)$, con $m = \frac{1}{2}$;
- traslazione di vettore $\vec{v}\left(-\frac{\pi}{6}; 0\right)$;
- dilatazione verticale, in cui $y = nf(x)$, con $n = 3$.

Animazione

Studiamo in modo dinamico il grafico di
$y = A \sin(\omega x + \varphi)$
al variare di A, ω, φ.

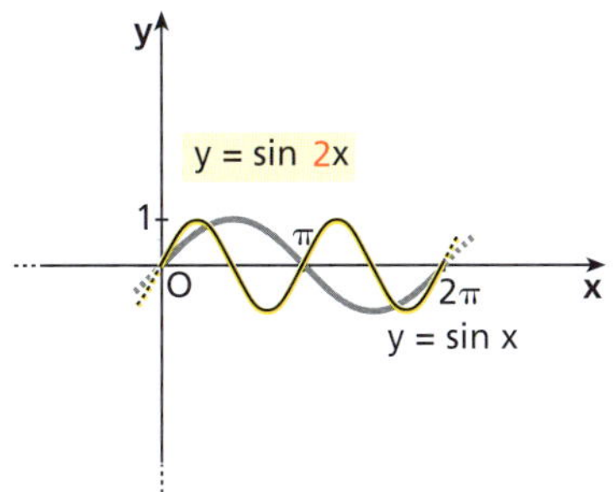

a. Grafico di $y = \sin 2x$.

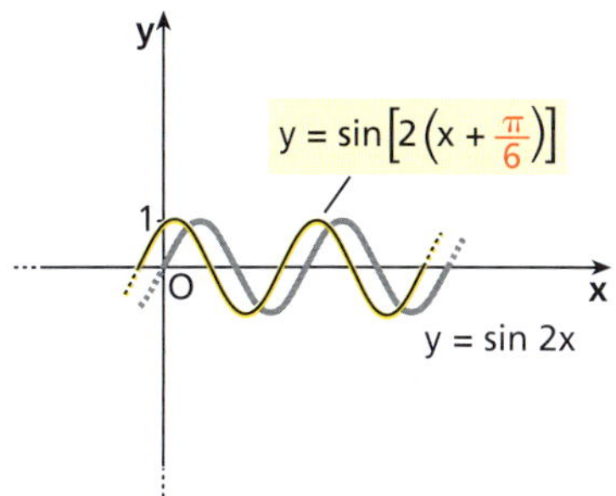

b. Grafico di $y = \sin\left[2\left(x + \frac{\pi}{6}\right)\right]$.

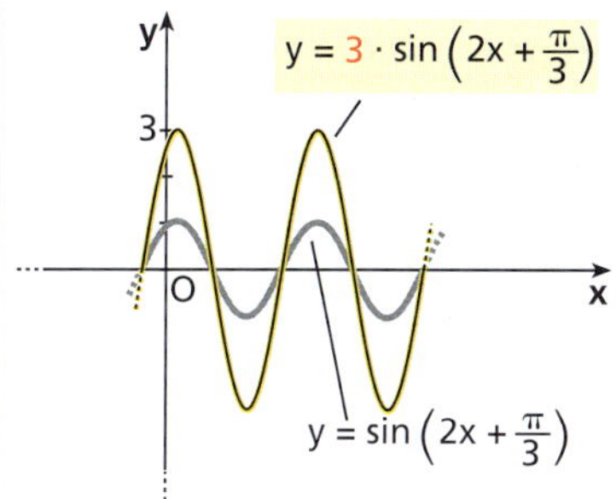

c. Grafico di $y = 3 \sin\left(2x + \frac{\pi}{3}\right)$.

TEORIA

Video

Funzione sinusoidale
Studiamo insieme l'equazione di una funzione sinusoidale.

- Cosa rappresentano i parametri?
- Cosa sono il periodo, l'ampiezza e la fase di una funzione sinusoidale?

Una funzione di questo tipo è detta **sinusoidale** e viene applicata molto spesso nello studio di fenomeni fisici.

In generale, sono dette funzioni sinusoidali le funzioni del tipo:

$$y = A\sin(\omega x + \varphi),$$

$$y = A\cos(\omega x + \varphi),$$

con $A, \omega, \varphi \in \mathbb{R}$.

Studiamo il grafico di $y = A\cos(\omega x + \varphi)$.

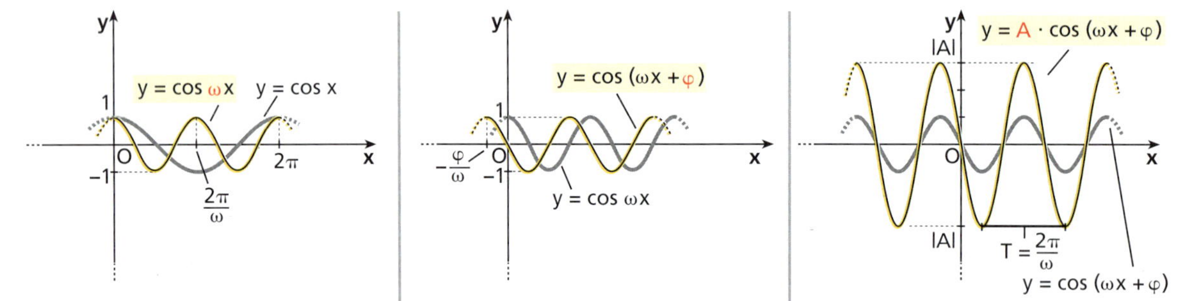

a. Il cambiamento di ω modifica il periodo della funzione.

b. Il cambiamento di φ produce una traslazione orizzontale.

c. Il cambiamento di $|A|$ genera una dilatazione o contrazione verticale.

Animazione

Studiamo in modo dinamico il grafico di
$y = A\cos(\omega x + \varphi)$
al variare di A, ω, φ.

Il codominio di una funzione sinusoidale è $[-|A|; |A|]$.
Il numero $|A|$ è detto **ampiezza** della funzione sinusoidale, il numero ω **pulsazione** e φ **sfasamento** o **fase iniziale**.

Il periodo T è: $\boldsymbol{T = \frac{2\pi}{\omega}}$.

Infatti, la funzione seno è periodica di periodo 2π, quindi possiamo scrivere:

$$A\sin(\omega x + \varphi) = A\sin(\omega x + \varphi + 2k\pi) = A\sin[(\omega x + 2k\pi) + \varphi] =$$
$$A\sin\left[\omega\left(x + k\cdot\frac{2\pi}{\omega}\right) + \varphi\right],$$

da cui deduciamo che il periodo è $\frac{2\pi}{\omega}$.

MATEMATICA E MUSICA

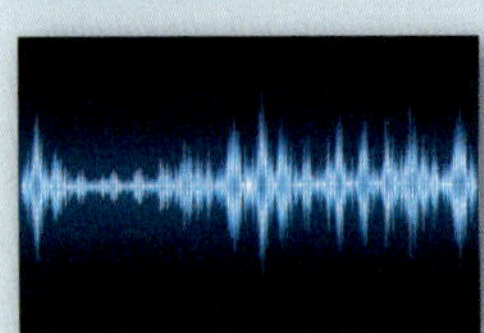

- Qual è il legame tra le funzioni sinusoidali e la musica?

Cerca nel Web: diapason, moto armonico, frequenza, timbro, altezza

Periodo delle funzioni goniometriche

Nella tabella riassumiamo i periodi delle principali funzioni goniometriche che abbiamo studiato.

Funzione	Periodo
$\sin x$, $\cos x$	2π
$\sin(kx + \alpha)$, $\cos(kx + \alpha)$	$\frac{2\pi}{k}$
$\tan x$, $\cot x$	π
$\tan(kx + \alpha)$, $\cot(kx + \alpha)$	$\frac{\pi}{k}$

Il grafico di $y = f^2(x)$

Dato il grafico della funzione $y = f(x)$, cerchiamo di ricavare da esso l'andamento di quello di $y = f^2(x)$.
Tenendo conto che elevando al quadrato un numero, sia positivo sia negativo, si ottiene un numero positivo che non dipende dal segno del numero iniziale ma soltanto dal suo valore assoluto, consideriamo $y = |f(x)|$. Abbiamo le seguenti informazioni:

1. se $|f(x)| = 1$, $f^2(x) = 1$;
2. se $f(x) = 0$, $f^2(x) = 0$;
3. se $|f(x)| < 1$, $f^2(x) < |f(x)|$;
4. se $|f(x)| > 1$, $f^2(x) > |f(x)|$.

Esaminiamo un esempio.

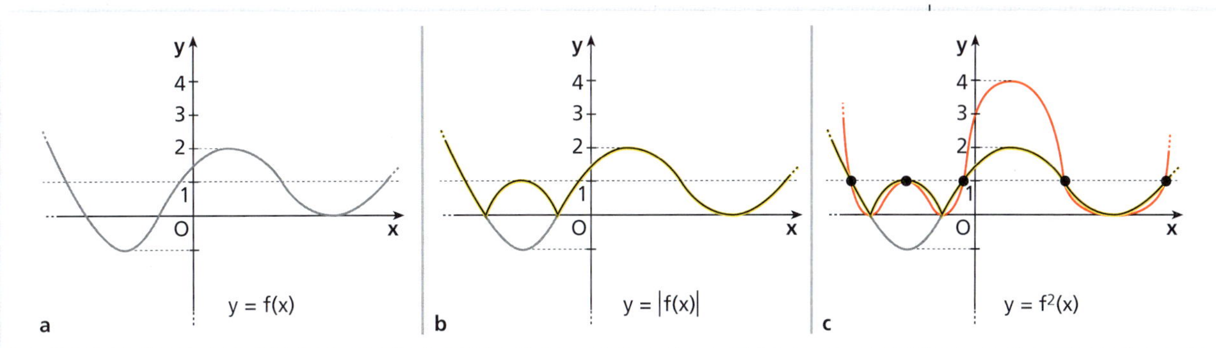

Ricaviamo anche l'andamento del grafico di $y = \tan^2 x$ in $\left]-\frac{\pi}{2}; \frac{\pi}{2}\right[$.

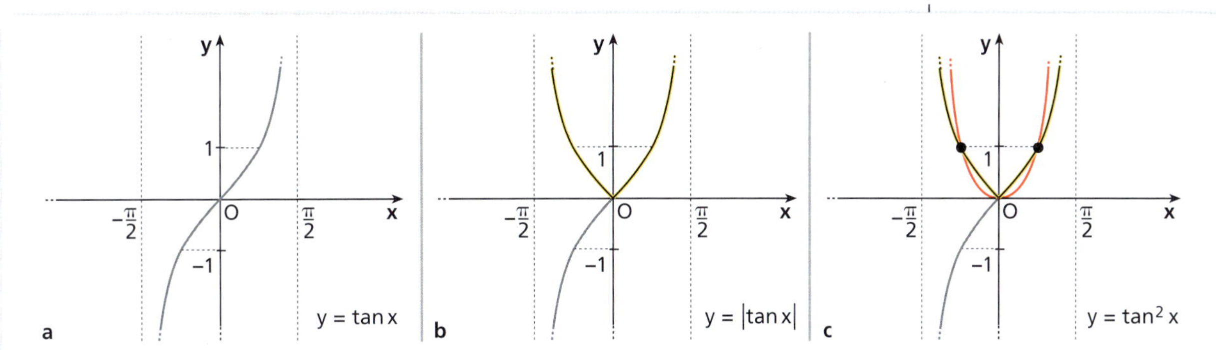

Il grafico di $y = \sqrt{f(x)}$

Dato il grafico della funzione $y = f(x)$, ricaviamo l'andamento di quello di $y = \sqrt{f(x)}$.
Sfruttiamo queste informazioni:

1. se $f(x) < 0$, $\sqrt{f(x)}$ non esiste;
2. se $f(x) = 0$, $\sqrt{f(x)} = 0$;
3. se $f(x) = 1$, $\sqrt{f(x)} = 1$;
4. se $0 < f(x) < 1$, $f(x) < \sqrt{f(x)} < 1$;
5. se $f(x) > 1$, $1 < \sqrt{f(x)} < f(x)$.

A fianco, come esempio, riportiamo il grafico di $y = \sqrt{\tan x}$ in $\left]-\frac{\pi}{2}; \frac{\pi}{2}\right[$.

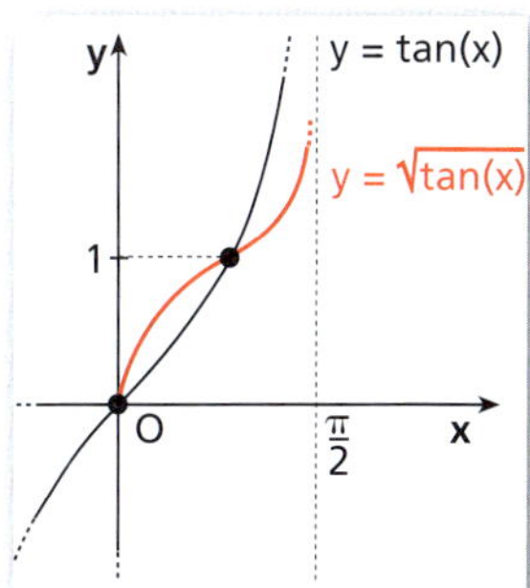

TEORIA

IN SINTESI
Funzioni goniometriche

Misura degli angoli

Un angolo può essere misurato in **gradi** oppure in **radianti**.

- Passaggio da gradi (sessagesimali) a radianti: si moltiplica la misura espressa in gradi per $\frac{\pi}{180°}$.
- Passaggio da radianti a gradi: si moltiplica la misura in radianti per $\frac{180°}{\pi}$.

Funzioni seno, coseno, secante, cosecante, tangente e cotangente

- Consideriamo un angolo orientato α e chiamiamo B l'intersezione fra il suo lato termine e la circonferenza goniometrica. Si dice:
  - **seno di α** ($\sin\alpha$) il valore dell'ordinata di B;
  - **coseno di α** ($\cos\alpha$) il valore dell'ascissa di B;
  - **tangente di α** ($\tan\alpha$) il rapporto fra l'ordinata e l'ascissa di B; è definita per $\alpha \neq \frac{\pi}{2} + k\pi$ $(k \in \mathbb{Z})$;
  - **cotangente di α** ($\cot\alpha$) il rapporto fra l'ascissa e l'ordinata di B; è definita per $\alpha \neq k\pi$ $(k \in \mathbb{Z})$.

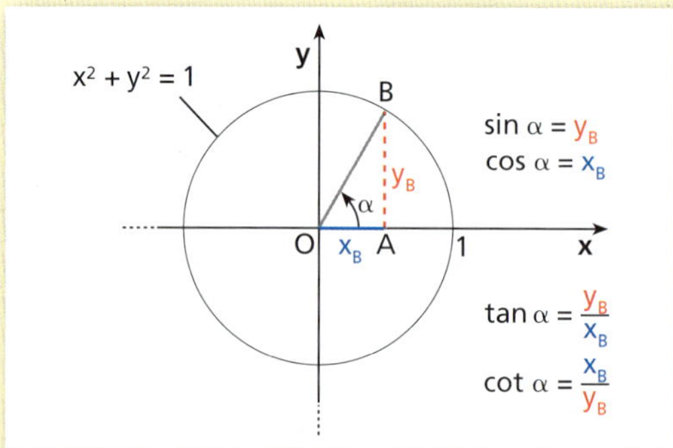

- **Relazioni fondamentali della goniometria**:

$$\sin^2\alpha + \cos^2\alpha = 1 \text{ e } \tan\alpha = \frac{\sin\alpha}{\cos\alpha}.$$

- **Secante di α**: $\sec\alpha = \frac{1}{\cos\alpha}$, con $\alpha \neq \frac{\pi}{2} + k\pi$.
- **Cosecante di α**: $\csc\alpha = \frac{1}{\sin\alpha}$, con $\alpha \neq k\pi$.

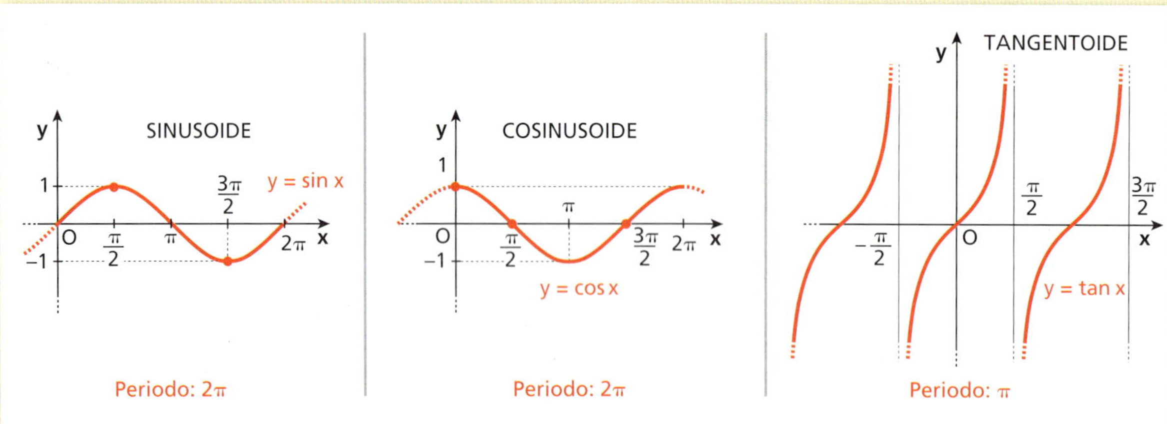

Funzioni goniometriche di angoli particolari

- $\sin\frac{\pi}{6} = \frac{1}{2}$; $\cos\frac{\pi}{6} = \frac{\sqrt{3}}{2}$; $\tan\frac{\pi}{6} = \frac{1}{\sqrt{3}}$.
- $\sin\frac{\pi}{3} = \frac{\sqrt{3}}{2}$; $\cos\frac{\pi}{3} = \frac{1}{2}$; $\tan\frac{\pi}{3} = \sqrt{3}$.
- $\sin\frac{\pi}{4} = \frac{\sqrt{2}}{2}$; $\cos\frac{\pi}{4} = \frac{\sqrt{2}}{2}$; $\tan\frac{\pi}{4} = 1$.

Angoli associati

Funzioni goniometriche di angoli associati

α e $-\alpha$

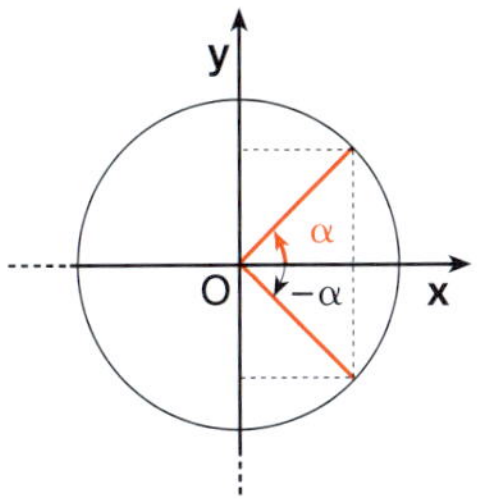

$\sin(-\alpha) = -\sin\alpha$

$\cos(-\alpha) = \cos\alpha$

$\tan(-\alpha) = -\tan\alpha$

$\cot(-\alpha) = -\cot\alpha$

α e $2\pi - \alpha$

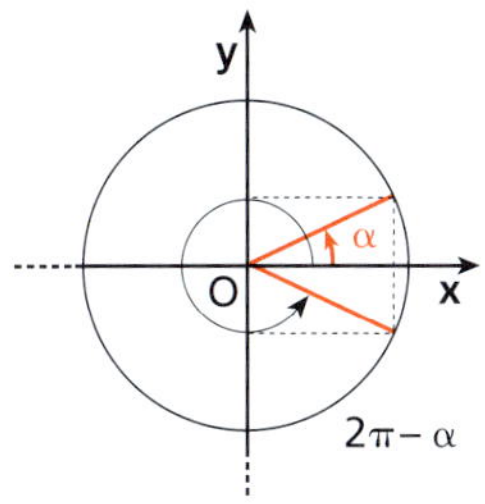

$\sin(2\pi - \alpha) = -\sin\alpha$

$\cos(2\pi - \alpha) = \cos\alpha$

$\tan(2\pi - \alpha) = -\tan\alpha$

$\cot(2\pi - \alpha) = -\cot\alpha$

α e $\pi - \alpha$

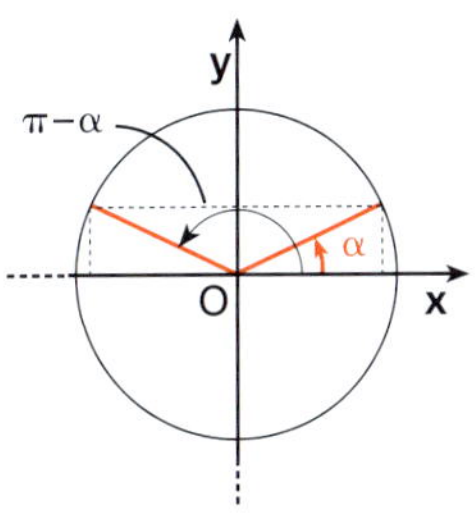

$\sin(\pi - \alpha) = \sin\alpha$

$\cos(\pi - \alpha) = -\cos\alpha$

$\tan(\pi - \alpha) = -\tan\alpha$

$\cot(\pi - \alpha) = -\cot\alpha$

α e $\pi + \alpha$

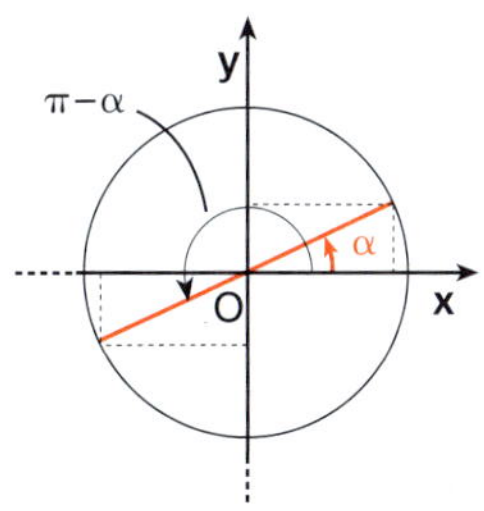

$\sin(\pi + \alpha) = -\sin\alpha$

$\cos(\pi + \alpha) = -\cos\alpha$

$\tan(\pi + \alpha) = \tan\alpha$

$\cot(\pi + \alpha) = \cot\alpha$

α e $\frac{\pi}{2} - \alpha$

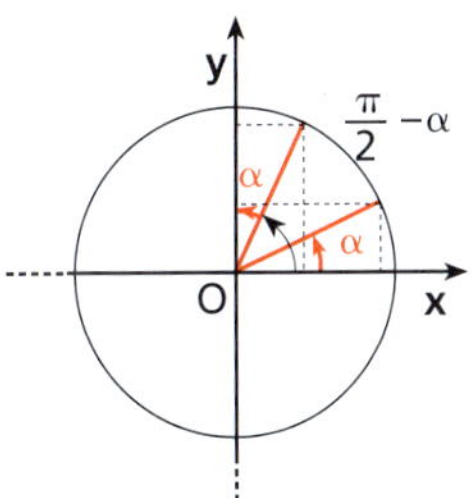

$\sin\left(\frac{\pi}{2} - \alpha\right) = \cos\alpha$

$\cos\left(\frac{\pi}{2} - \alpha\right) = \sin\alpha$

$\tan\left(\frac{\pi}{2} - \alpha\right) = \cot\alpha$

$\cot\left(\frac{\pi}{2} - \alpha\right) = \tan\alpha$

α e $\frac{\pi}{2} + \alpha$

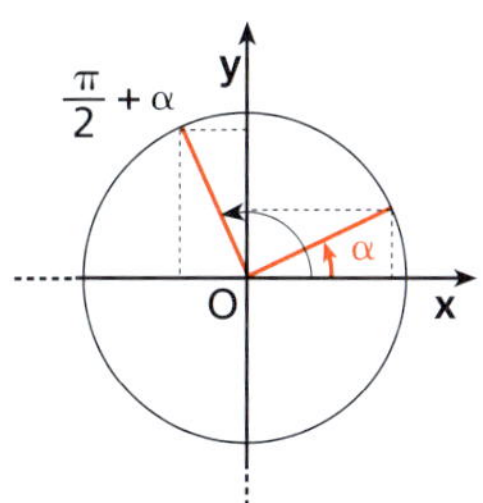

$\sin\left(\frac{\pi}{2} + \alpha\right) = \cos\alpha$

$\cos\left(\frac{\pi}{2} + \alpha\right) = -\sin\alpha$

$\tan\left(\frac{\pi}{2} + \alpha\right) = -\cot\alpha$

$\cot\left(\frac{\pi}{2} + \alpha\right) = -\tan\alpha$

α e $\frac{3}{2}\pi - \alpha$

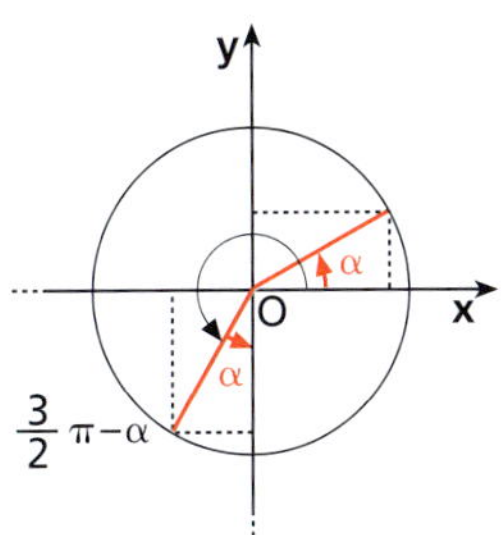

$\sin\left(\frac{3}{2}\pi - \alpha\right) = -\cos\alpha$

$\cos\left(\frac{3}{2}\pi - \alpha\right) = -\sin\alpha$

$\tan\left(\frac{3}{2}\pi - \alpha\right) = \cot\alpha$

$\cot\left(\frac{3}{2}\pi - \alpha\right) = \tan\alpha$

α e $\frac{3}{2}\pi + \alpha$

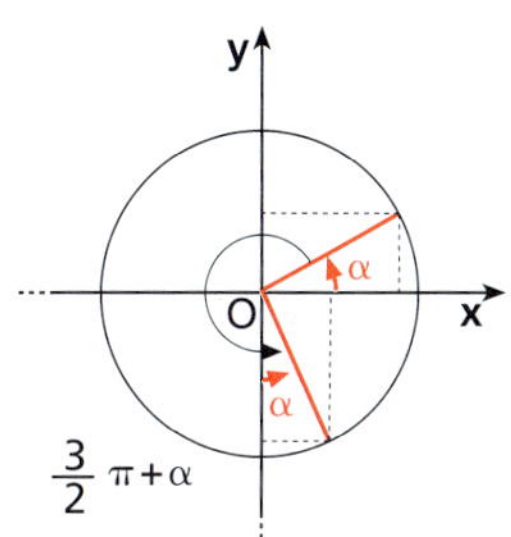

$\sin\left(\frac{3}{2}\pi + \alpha\right) = -\cos\alpha$

$\cos\left(\frac{3}{2}\pi + \alpha\right) = \sin\alpha$

$\tan\left(\frac{3}{2}\pi + \alpha\right) = -\cot\alpha$

$\cot\left(\frac{3}{2}\pi + \alpha\right) = -\tan\alpha$

Funzioni goniometriche inverse

- Le **funzioni inverse** delle funzioni seno, coseno, tangente e cotangente sono, rispettivamente:

  - **arcoseno**: $y = \arcsin x$

    $D: [-1; 1]$; $C: \left[-\frac{\pi}{2}; \frac{\pi}{2}\right]$;

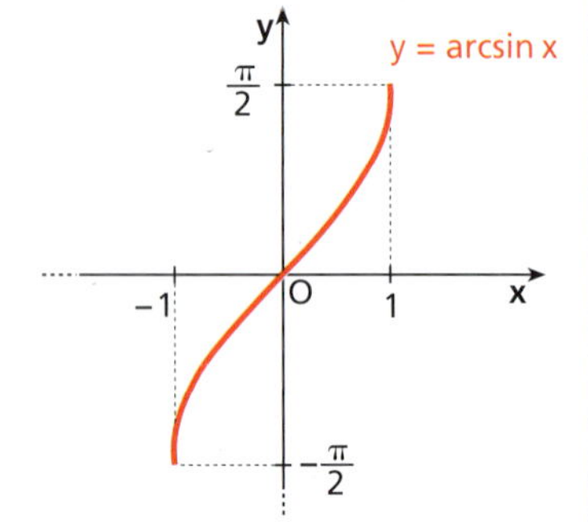

Grafico della funzione $y = \arcsin x$.

  - **arcocoseno**: $y = \arccos x$

    $D: [-1; 1]$; $C: [0; \pi]$;

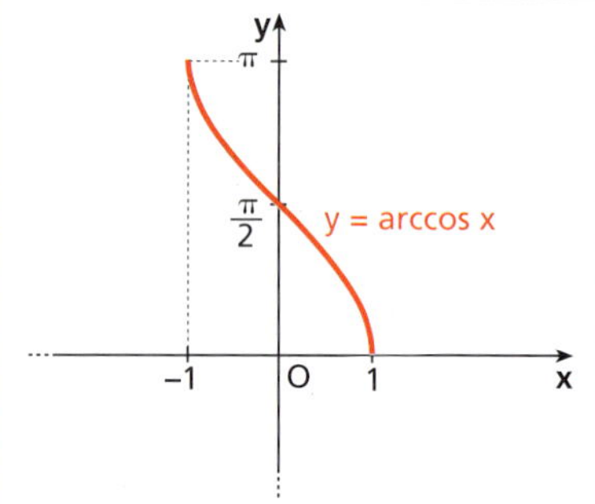

Grafico della funzione $y = \arccos x$.

  - **arcotangente**: $y = \arctan x$

    $D: \mathbb{R}$; $C: \left]-\frac{\pi}{2}; \frac{\pi}{2}\right[$;

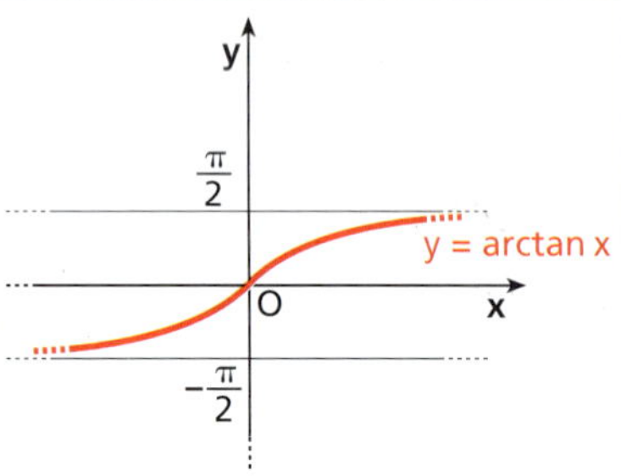

Grafico della funzione $y = \arctan x$.

  - **arcocotangente**: $y = \operatorname{arccot} x$

    $D: \mathbb{R}$; $C:]0; \pi[$.

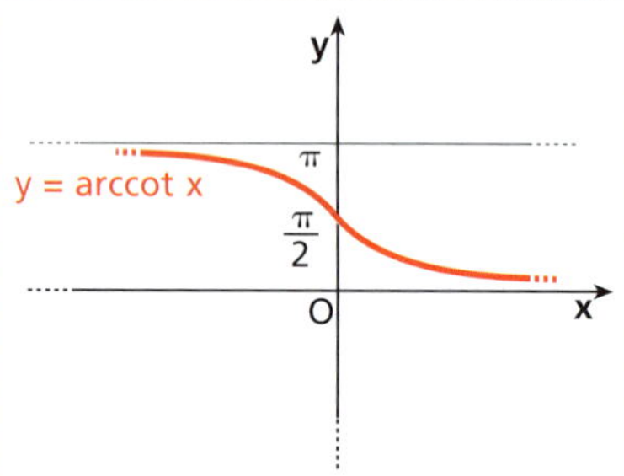

Grafico della funzione $y = \operatorname{arccot} x$.

- I loro grafici si ottengono da quelli delle funzioni di cui sono le inverse (dopo opportune restrizioni dei domini), tracciando i simmetrici rispetto alla bisettrice del primo e terzo quadrante.

Funzioni goniometriche e trasformazioni geometriche

Funzioni sinusoidali: sono funzioni del tipo

$$y = A\sin(\omega x + \varphi), \quad y = A\cos(\omega x + \varphi),$$

con $A, \omega, \varphi \in \mathbb{R}$. Chiamiamo:

- **ampiezza** della funzione sinusoidale il numero $|A|$;
- **pulsazione** il numero ω;
- **sfasamento** o **fase iniziale** il numero φ.

Il **periodo** di una funzione sinusoidale è $T = \frac{2\pi}{\omega}$.

CAPITOLO 12
ESERCIZI

1 Misura degli angoli

Misura in gradi

▶ Teoria a p. 664

AL VOLO Scrivi il complementare e il supplementare dei seguenti angoli

1 30°; 64°.

2 50°; 45°.

3 20°; 15°.

Le operazioni fra angoli espressi in gradi

4 **ESERCIZIO GUIDA** Eseguiamo la sottrazione $90° - 32° 46' 22''$.

Scriviamo 90° in termini di primi e secondi.

Poiché $1° = 60'$, scriviamo:

$$90° = 89° 60'.$$

Poiché $1' = 60''$, scriviamo:

$$90° = 89° 59' 60''.$$

Ora è possibile eseguire la sottrazione in colonna, fra gradi, primi e secondi:

$$\begin{array}{r} 89° 59' 60'' - \\ 32° 46' 22'' = \\ \hline 57° 13' 38'' \end{array}$$

Esegui le seguenti operazioni fra le misure di angoli.

5 $15° 32' 52'' + 2° 12' 8''$ [$17° 45'$]

6 $185° 2' + 6° 59' 12''$ [$192° 1' 12''$]

7 $27° 2' 3'' + 42° 12' 56'' + 1° 2' 4''$ [$70° 17' 3''$]

8 $180° - 28° 30' 58''$ [$151° 29' 2''$]

9 $270° - 120° 29' 32''$ [$149° 30' 28''$]

10 $360° - 322° 40' 50''$ [$37° 19' 10''$]

11 $26° - 1° 1' 1''$ [$24° 58' 59''$]

12 $18° 30' 15'' \cdot 2$ [$37° 0' 30''$]

Trova il complementare e il supplementare dei seguenti angoli.

13 $36° 25'$

14 $55° 2' 25''$

15 $42° 11' 80''$

Dai gradi sessagesimali ai gradi sessadecimali

16 **ESERCIZIO GUIDA** Esprimiamo $25° 32' 40''$ in forma sessadecimale.

Poiché $1' = \left(\frac{1}{60}\right)^{\circ}$, scriviamo $32' = \left(32 \cdot \frac{1}{60}\right)^{\circ}$.

Poiché $1'' = \left(\frac{1}{60}\right)' = \left(\frac{1}{3600}\right)^{\circ}$, scriviamo $40'' = \left(40 \cdot \frac{1}{3600}\right)^{\circ}$.

$1' = \left(\frac{1}{60}\right)^{\circ}$

$1'' = \left(\frac{1}{60}\right)' = \left(\frac{1}{3600}\right)^{\circ}$

Trasformiamo la misura:

$$25° 32' 40'' = 25° + \left(\frac{32}{60}\right)^{\circ} + \left(\frac{40}{3600}\right)^{\circ} = 25° + 0,5\bar{3}° + 0,0\bar{1}° \simeq 25,54°.$$

La trasformazione richiesta è la seguente:

$$25° 32' 40'' \simeq 25,54°.$$

ESERCIZI

Esprimi in forma sessadecimale le seguenti misure di angoli.

17 $0°\,59'\,59''$; $0°\,30'$. [$1°$; $0{,}5°$]

18 $1°\,59'\,30''$; $2°\,40''$. [$1{,}99°$; $2{,}01°$]

19 $20°\,30'$; $60°\,20'$. [$20{,}5°$; $60{,}33°$]

20 $15°\,30'\,30''$; $30°\,30'\,30''$. [$15{,}51°$; $30{,}51°$]

21 $44°\,59'\,32''$; $45°\,59'\,60''$. [$44{,}99°$; $46°$]

22 $92°\,20'\,36''$; $140°\,26'\,55''$. [$92{,}34°$; $140{,}45°$]

COMPLETA trasformando le misure degli angoli in forma sessadecimale.

23 $17°\,45'\,6'' \to 17{,}\square°$

24 $35°\,16'\,48'' \to 35{,}\square°$

25 $41°\,30'\,36'' \to \square{,}\square°$

Dai gradi sessadecimali ai gradi sessagesimali

26 **ESERCIZIO GUIDA** Trasformiamo $28{,}07°$ in gradi, primi e secondi.

Possiamo scrivere $28{,}07° = \boxed{28°} + 0{,}07°$.

Trasformiamo $0{,}07°$ in primi, moltiplicando $0{,}07$ per 60 (poiché $1° = 60'$):

$$0{,}07° = (0{,}07 \cdot 60)' = 4{,}2'.$$

Scriviamo $4{,}2' = \boxed{4'} + 0{,}2'$.

Trasformiamo $0{,}2'$ in secondi, moltiplicando $0{,}2$ per 60 (poiché $1' = 60''$):

$$0{,}2' = (0{,}2 \cdot 60)'' = \boxed{12''}.$$

Pertanto: $28{,}07° = 28°\,4'\,12''$.

Esprimi in gradi, primi e secondi le seguenti misure di angoli, espresse in forma sessadecimale (arrotondando eventualmente i secondi).

27 $28{,}3°$ [$28°\,18'$]

28 $2{,}23°$ [$2°\,13'\,48''$]

29 $22{,}52°$ [$22°\,31'\,12''$]

30 $120{,}36°$ [$120°\,21'\,36''$]

31 $90{,}5°$ [$90°\,30'$]

32 $60{,}46°$ [$60°\,27'\,36''$]

33 $90{,}05°$ [$90°\,3'$]

34 $1{,}567°$ [$1°\,34'\,1''$]

35 $25{,}251°$ [$25°\,15'\,4''$]

COMPLETA trasformando le misure degli angoli in gradi, primi, secondi.

36 $45{,}\,13° \to 45°\,7'\,\square''$

37 $39{,}\,61° \to 39°\,\square'\,\square''$

38 $105{,}\,75° \to 105°\,\square'\,\square''$

Misura in radianti

▶ Teoria a p. 665

Dai gradi sessagesimali ai radianti e viceversa

39 **ASSOCIA**

a. $90°$
b. $30°$
c. $300°$
d. $270°$
e. $135°$

1. $\frac{5}{3}\pi$
2. $\frac{\pi}{2}$
3. $\frac{3}{4}\pi$
4. $\frac{\pi}{6}$
5. $\frac{3}{2}\pi$

40 **TEST** L'angolo $\frac{\pi}{4}$:

A. è ottuso.
B. è metà dell'angolo retto.
C. è metà dell'angolo piatto.
D. è un quarto dell'angolo giro.
E. corrisponde a $90°$.

41 COMPLETA la seguente tabella.

Gradi	0°		180°			270°
Radianti		$\frac{\pi}{3}$		$\frac{2}{3}\pi$	$\frac{5}{4}\pi$	

Trasforma in radianti le misure dei seguenti angoli, espresse in gradi sessagesimali.

42 15°, 36°, 210°, 300°.

43 20°, 80°, 100°, 160°.

44 70°, 5°, 150°, 225°.

45 121° 3′, 200° 36′, 15° 12′ 58″.

Trasforma in gradi sessagesimali le misure dei seguenti angoli, espresse in radianti.

46 $\frac{4}{5}\pi$, $\frac{5}{12}\pi$, $\frac{7}{9}\pi$, $\frac{5}{3}\pi$.

47 $\frac{2}{3}$, $\frac{2}{3}\pi$, $\frac{9}{5}\pi$, $\frac{3}{2}\pi$.

48 4π, 4, $\frac{5}{2}$, $\frac{5}{2}\pi$.

49 $\frac{7}{2}\pi$, $\frac{6}{5}\pi$, $\frac{3}{5}\pi$, 3.

---

50 COMPLETA la seguente tabella.

Gradi sessagesimali	22° 30′			31° 12′		
Radianti		$\frac{3}{8}\pi$			8	
Gradi sessadecimali			12,5°			120,34°

51 Un angolo α misura $\frac{3}{7}\pi$. Trova la misura del suo supplementare in gradi. [102° 51′ 36″]

In un triangolo rettangolo trova le misure in gradi degli angoli acuti α e β utilizzando la condizione indicata.

52 $\alpha = \frac{1}{3}\beta$ [α = 22° 30′, β = 67° 30′]

53 $\alpha = \beta - 20°$ [α = 35°, β = 55°]

54 α supera il doppio di β di 15° [α = 65°, β = 25°]

55 Un triangolo isoscele ha ciascun angolo alla base di 27°. Trova l'angolo al vertice in radianti. [2,2]

56 Un triangolo ha due angoli che misurano 52° e 20°. Calcola la misura del terzo angolo in gradi e radianti. $\left[108°; \frac{3}{5}\pi\right]$

57 Un angolo di un triangolo misura 32°, un secondo angolo è $\frac{2}{3}\pi$ radianti. Calcola la misura del terzo angolo in gradi e in radianti. [28°; 0,49]

58 Un triangolo ha un angolo doppio di un altro e il terzo angolo misura 24°. Trova la misura in radianti dei tre angoli del triangolo. [0,42; 0,91; 1,82]

Trova la misura, in gradi o in radianti, di due angoli supplementari α e β, utilizzando la condizione indicata.

59 $\alpha - 3\beta = 27°$ [α = 141° 45′, β = 38° 15′]

60 $\beta - 2\alpha = 80°$ [α = 33° 20′, β = 146° 40′]

61 $\alpha = \beta + \frac{\pi}{3}$ $\left[\alpha = \frac{2}{3}\pi, \beta = \frac{\pi}{3}\right]$

ESERCIZI

Lunghezza di un arco di circonferenza

62 Calcola la misura, in gradi e in radianti, di un angolo al centro di una circonferenza il cui raggio è uguale a 5 cm e che insiste su un arco lungo 23 cm. [263° 33′ 38″; 4,6]

63 Calcola la lunghezza di un arco di circonferenza, con il raggio lungo 7 cm, che corrisponde a un angolo al centro uguale a 4,2 radianti. [29,4 cm]

Determina la grandezza incognita.

64

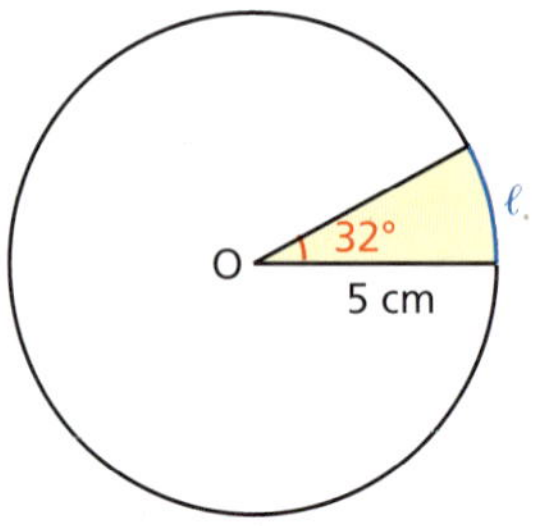

[l = 2,8 cm]

65

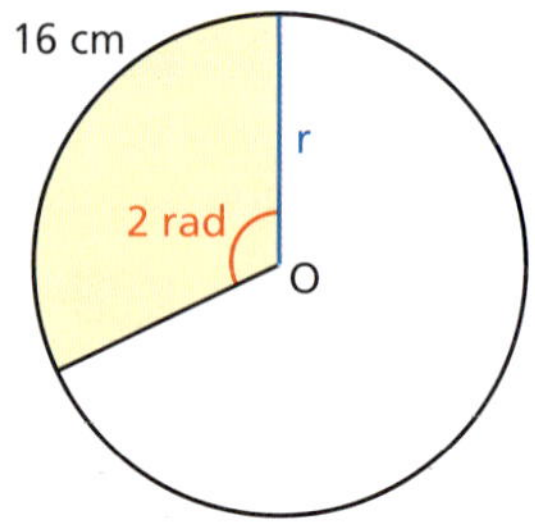

[r = 8 cm]

66

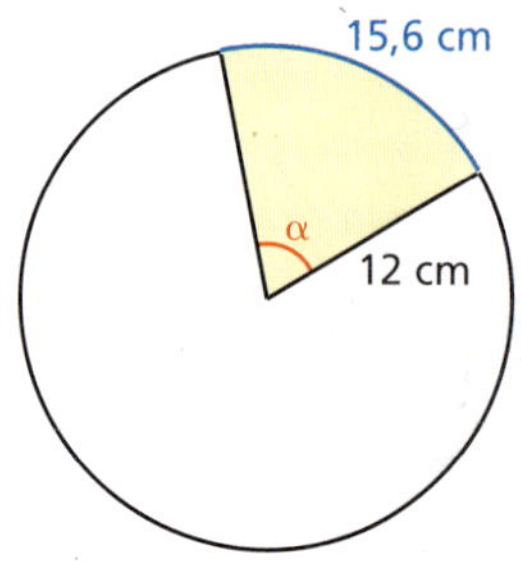

[α = 1,3]

---

67 Due archi l_1 e l_2 di due circonferenze, che hanno i raggi r_1 e r_2 rispettivamente uguali a 2 cm e 3,5 cm, corrispondono allo stesso angolo. Trova la lunghezza di l_2, sapendo che l_1 è lungo 4,5 cm. [7,88 cm]

68 **YOU & MATHS** The diagram shows an angle of 45° at the centre of the circle of radius length 14 cm. Calculate d, taking $\pi = \frac{22}{7}$.

(IR *Leaving Certificate Examination*, Ordinary Level, 1992)

[11 cm]

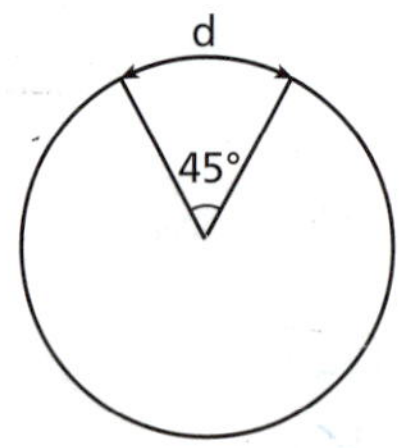

Area del settore circolare

69 Trova l'area di un settore circolare individuato da un arco lungo 22 cm di una circonferenza che ha il raggio lungo 5,2 cm e determina la misura in gradi dell'angolo che insiste sull'arco. [57,2 cm^2; 242° 21′ 40″]

70 Due settori circolari appartengono allo stesso cerchio e hanno area uguale a 12 cm^2 e 15,4 cm^2. Trova le lunghezze degli archi da essi determinati, sapendo che sul primo insiste un angolo di 1,5 radianti. [6 cm; 7,7 cm]

71 Un settore circolare ha l'angolo al centro che misura 96° e l'area uguale a 60π. Determina la misura del raggio della circonferenza e dell'arco che è definito dal settore. [15; 8π]

72 Un settore circolare ha area uguale a 12 e perimetro 14. Quanto misurano il raggio e l'angolo al centro corrispondente? $\left[3, \frac{8}{3} \text{ rad}; 4, \frac{3}{2} \text{rad}\right]$

---

73 Trova il perimetro e l'area delle zone colorate.

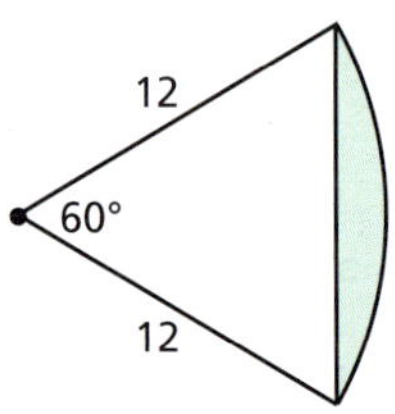

a

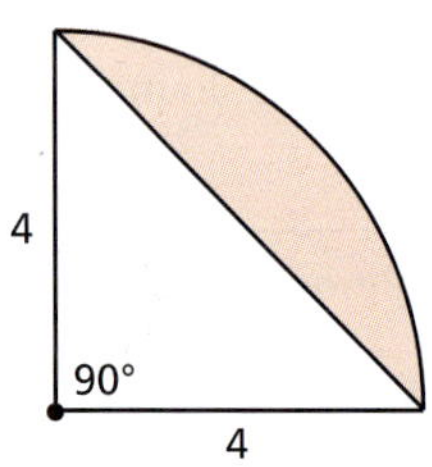

b

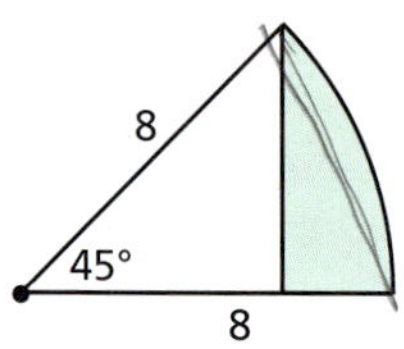

c

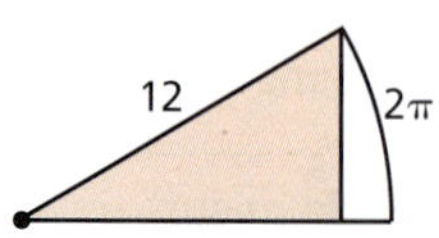

d

[a) $12 + 4\pi$, $24\pi - 36\sqrt{3}$; b) $2\pi + 4\sqrt{2}$, $4\pi - 8$; c) $2\pi + 8$, $8\pi - 16$; d) $18 + 6\sqrt{3}$, $18\sqrt{3}$]

74 ●● Quanto vale l'area della zona colorata?

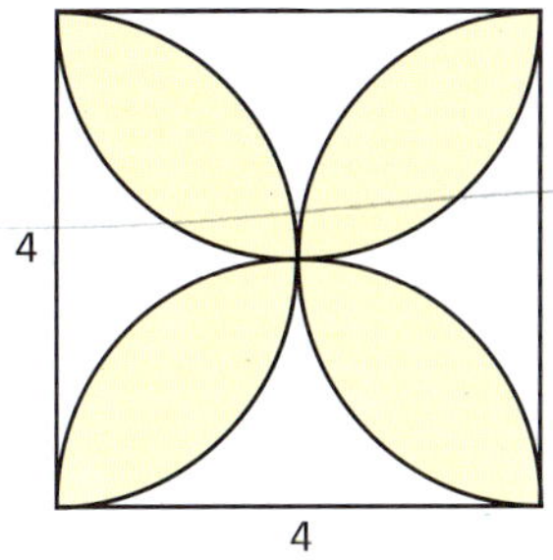

$[8(\pi - 2)]$

75 ●● Trova perimetro e area della zona colorata.

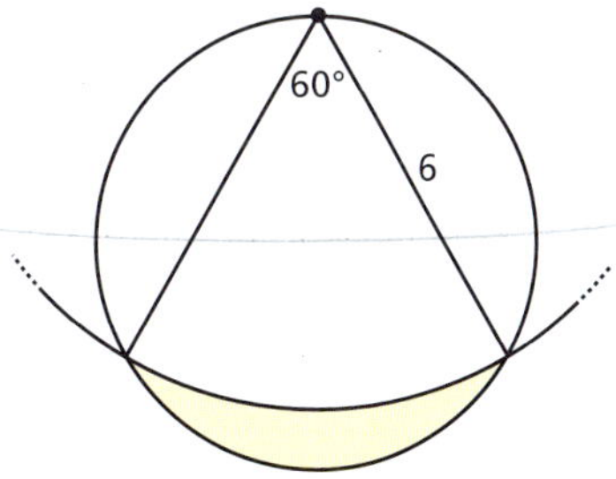

$\left[\frac{2}{3}\pi(3 + 2\sqrt{3}); 2(3\sqrt{3} - \pi)\right]$

76 ●● **YOU & MATHS** The sector of the circle shown, of radius length r, has total perimeter length 18. Using this information, express the angle ϑ in terms of r and hence obtain a formula for the area of the sector in terms of r.

$\left[\vartheta = \frac{2(9 - r)}{r}; \text{area} = (9 - r)r\right]$

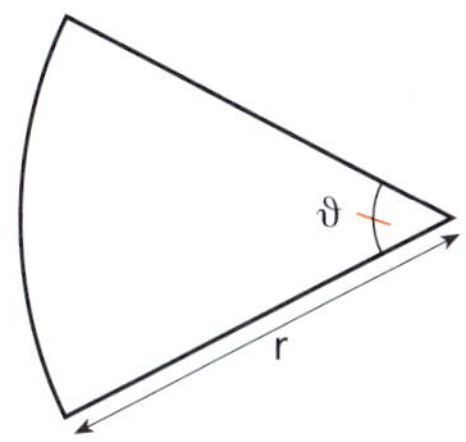

Angoli orientati

▶ Teoria a p. 666

77 ●○ Disegna i seguenti angoli orientati facendo riferimento alla circonferenza goniometrica. L'angolo $\widehat{R}$ rappresenta l'angolo retto.

$+\widehat{R}$; $-2\widehat{R}$; $-\frac{1}{2}\widehat{R}$; $+3\widehat{R}$; $+\frac{3}{2}\widehat{R}$; $-\frac{5}{2}\widehat{R}$.

Disegna i seguenti angoli, utilizzando la circonferenza goniometrica.

78 ●○ $-45°$; $-180°$; $450°$; $720°$.

79 ●○ $390°$; $765°$; $-420°$; $1200°$.

80 ●○ **COMPLETA** scrivendo in forma sintetica gli angoli rappresentati in figura.

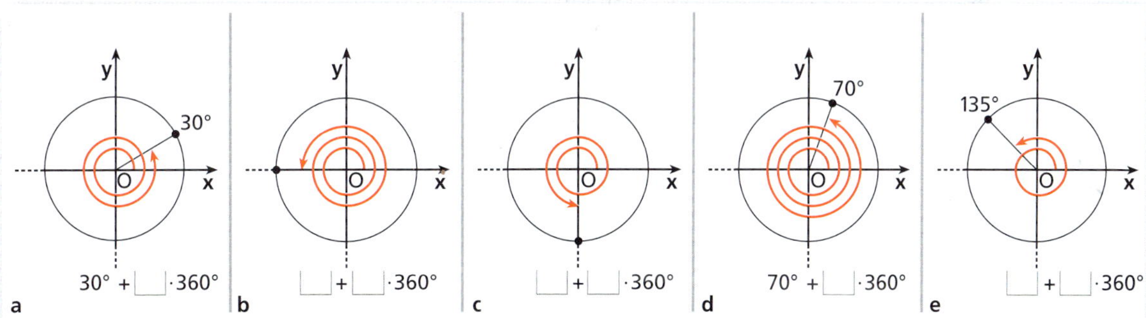

Disegna gli angoli corrispondenti a ogni scrittura sintetica, per ogni valore di *k* indicato.

81 ●○ $k360°$; $k = 1$, $k = 2$, $k = -1$.

82 ●○ $k45°$; $k = -1$, $k = 3$, $k = 4$.

83 ●○ $k90°$; $k = -2$, $k = 3$, $k = 5$.

84 ●○ $k180°$; $k = 2$, $k = -3$, $k = 5$.

85 ●○ $60° + k360°$; $k = 0$, $k = 1$, $k = 3$.

86 ●○ $45° + k180°$; $k = 0$, $k = 1$, $k = -1$.

Disegna i seguenti angoli, utilizzando la circonferenza goniometrica.

87 ●○ $\frac{\pi}{4}$; $\frac{3}{4}\pi$; $\frac{11}{4}\pi$; $\frac{\pi}{8}$.

88 ●○ $\frac{\pi}{2}$; $\frac{3}{2}\pi$; $\frac{\pi}{3}$; $\frac{13}{6}\pi$.

ESERCIZI

Disegna gli angoli corrispondenti a ogni scrittura sintetica, per ogni valore di k indicato.

89 $\frac{\pi}{4}+2k\pi$; $k=0$, $k=1$, $k=-2$.

90 $\frac{\pi}{2}+k\pi$; $k=-1$, $k=1$, $k=2$.

91 $\pi+2k\pi$; $k=-2$, $k=1$, $k=4$.

92 $\frac{\pi}{4}+k\frac{\pi}{4}$; $k=1$, $k=2$, $k=3$.

93 COMPLETA indicando tutti gli angoli che hanno il lato termine che passa per i punti segnati nelle seguenti figure, con la scrittura più sintetica possibile (come nel caso **a**).

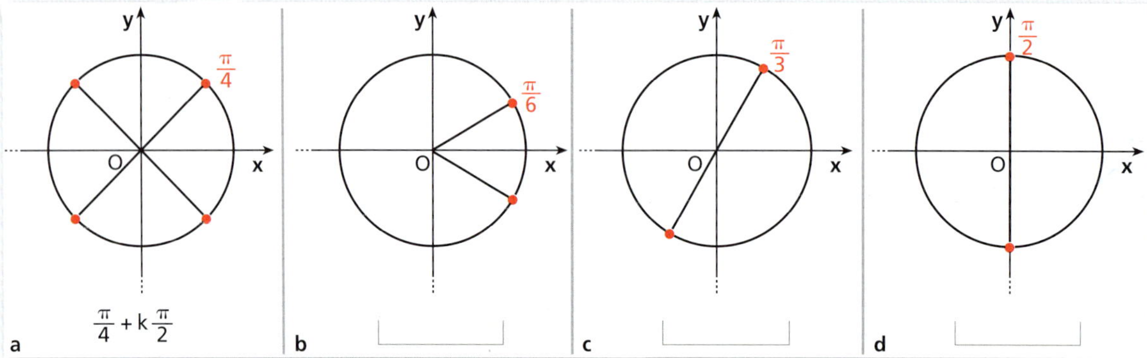

2 Funzioni seno e coseno

▶ Teoria a p. 668

VERO O FALSO?

94
a. Il seno di un angolo orientato è un segmento. V F
b. Se $\sin\alpha<0$ e $\cos\alpha<0$, allora α appartiene al quarto quadrante. V F
c. Se $\cos\alpha>0$, allora $\sin\alpha>0$. V F
d. Se $\cos\alpha>\cos\beta$, allora $\alpha>\beta$. V F

95
a. Se $-1\le\cos\alpha\le1$, allora $1\le\cos^2\alpha\le1$. V F
b. Se $\sin\alpha=\cos\alpha$, allora può essere solo $\alpha=\frac{\pi}{4}$. V F
c. Se $\sin\alpha=-\frac{8}{9}$, allora α appartiene al terzo quadrante oppure al quarto. V F
d. Non esiste nessun angolo α per cui $\cos\alpha=\frac{5}{4}$. V F

96 COMPLETA la tabella e disegna, utilizzando la circonferenza goniometrica, il coseno e il seno degli angoli assegnati, indicando se sono positivi o negativi.

α	30°	145°	220°	−28°	380°	460°	$\frac{\pi}{3}$	$\frac{13}{6}\pi$	$-\frac{\pi}{8}$	$\frac{17}{3}\pi$
$\cos\alpha$	+									
$\sin\alpha$	+									

97 COMPLETA

a. Se $\alpha=\frac{\pi}{2}$ → $\cos\alpha=\square$ e $\sin\alpha=\square$.

b. Se $\alpha=-\frac{\pi}{2}$ → $\cos\alpha=\square$ e $\sin\alpha=\square$.

c. Se $\alpha=\pi$ → $\cos\alpha=\square$ e $\sin\alpha=\square$.

d. Se $\alpha=4\pi$ → $\cos\alpha=\square$ e $\sin\alpha=\square$.

98 ●○ **FAI UN ESEMPIO** di un angolo che abbia:

a. seno positivo e coseno negativo;

b. seno e coseno entrambi positivi.

---

99 ●○ **COMPLETA** con i simboli $>$ e $<$.

a. $\sin 3° \square \sin 5°$

b. $\cos 12° \square \cos 17°$

c. $\sin 190° \square \sin 200°$

d. $\cos 350° \square \cos 280°$

100 ●○ **VERO O FALSO?**

a. $\cos 10° = \cos 350°$ V F

b. $\sin 3 < \sin 4$ V F

c. $\sin 3° < \sin 4°$ V F

d. $\sin 8° < \sin 8$ V F

TEST

101 ●○ Quanti sono gli angoli compresi tra 0° e 360° che hanno coseno $\frac{1}{2}$?

A 0 B 1 C 2 D 3 E 4

102 ●○ Quanti sono gli angoli compresi tra 0° e 360° che hanno seno -1?

A 0 B 1 C 2 D 3 E 4

Disegna, utilizzando la circonferenza goniometrica, gli angoli a cui corrispondono i seguenti valori.

103 ●○ $\sin \alpha = \frac{1}{3}$

104 ●○ $\cos \alpha = -\frac{2}{5}$

105 ●○ $\sin \alpha = -\frac{1}{4}$

106 ●○ $\cos \alpha = -\frac{1}{3}$

107 ●○ $\sin \alpha = 1$

108 ●○ $\cos \alpha = -1$

109 ●○ $\sin \beta = -\frac{1}{2}$

110 ●○ $\cos \beta = \frac{1}{2}$

111 ●○ $\cos \gamma = -\frac{1}{2}$

Individua sulla circonferenza goniometrica i seguenti valori.

112 ●○ $\cos\left(-\frac{\pi}{3}\right)$, $\sin \frac{5}{8}\pi$, $\sin(-240°)$, $\cos \frac{7}{4}\pi$, $\sin 300°$, $\cos 330°$.

113 ●○ $\sin(-100°)$, $\cos(190°)$, $\sin \frac{13}{2}\pi$, $\cos 7\pi$, $\sin \frac{13}{6}\pi$, $\cos 200°$.

114 ●○ **AL VOLO** Indica se i seguenti valori sono positivi, negativi o nulli.

$\sin\left(-\frac{5}{2}\pi\right)$; $\cos \frac{7}{6}\pi$; $\sin 380°$; $\cos 452°$; $\sin 7\pi$; $\cos(-170°)$.

115 ●○ **COMPLETA** inserendo i segni $>$, $<$ o $=$ (senza utilizzare la calcolatrice).

$\sin \frac{3}{2}\pi \square \sin \frac{5}{4}\pi$; $\sin 240° \square \sin 330°$; $\sin \frac{\pi}{8} \square \cos 4\pi$;

$\sin \frac{3}{4}\pi \square \sin \frac{3}{5}\pi$; $\cos 3\pi \square \sin\left(-\frac{5}{2}\pi\right)$; $\cos 80° \square \cos 110°$.

---

116 ●○ Utilizza i dati nelle figure per determinare i valori richiesti.

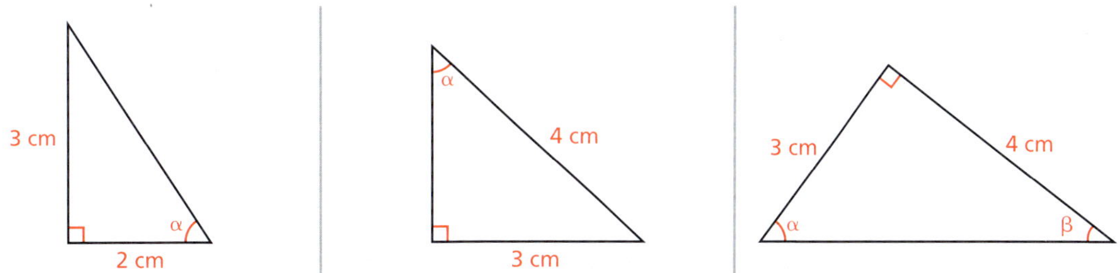

a $\sin \alpha = \square$ $\cos \alpha = \square$

b $\sin \alpha = \square$ $\cos \alpha = \square$

c $\sin \alpha = \square$ $\cos \beta = \square$

ESERCIZI

Trova quale condizione deve soddisfare il parametro affinché sia verificata l'uguaglianza.

117 $\cos x = k - 2$ $[1 \le k \le 3]$

118 $\sin x = -2a$ $\left[-\frac{1}{2} \le a \le \frac{1}{2}\right]$

119 $4a \cos x = a + 1$ $\left[a \le -\frac{1}{5} \vee a \ge \frac{1}{3}\right]$

120 $(k-1)\sin x = k$ $\left[k \le \frac{1}{2}\right]$

121 $\sin x = 2k - 3$, con $x \in$ terzo quadrante. $\left[1 \le k < \frac{3}{2}\right]$

122 $(2a-3)\cos x = -a + 4$, con $x \in$ secondo quadrante. $[a \le -1 \vee a \ge 4]$

123 $(k-1)\cos x = 3 - k$, con $x \in$ quarto quadrante. $[2 \le k \le 3]$

124 $6a \sin x + a^2 + 9 = 0$, con $x \in$ terzo quadrante. $[a = 3]$

125 TEST Considera l'angolo nella figura. Quale delle seguenti affermazioni è corretta?

- A $\cos\alpha > \sin\alpha$
- B $\sin\alpha < 0$
- C $\cos\alpha > 0$
- D $\sin\alpha > \cos\alpha$
- E $\sin\alpha = \cos\alpha$

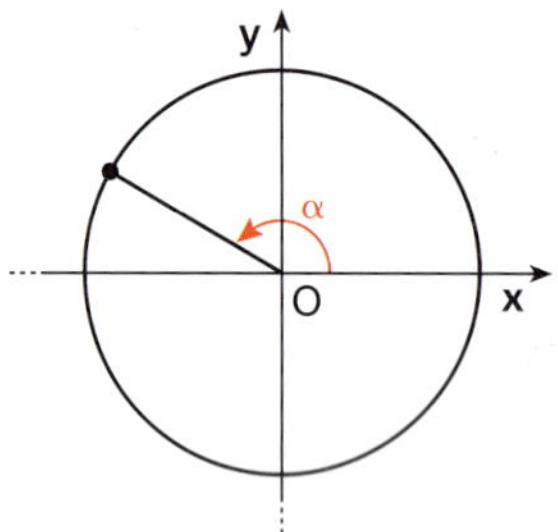

126 VERO O FALSO? Rispondi aiutandoti con la circonferenza goniometrica.

a. $\cos(\alpha + 6\pi) = \cos\alpha$ V F

b. $\sin(\alpha + 3\pi) = \sin\alpha$ V F

c. $\cos(-\alpha) = -\cos\alpha$ V F

d. $\sin(4\pi) = 4 \cdot \sin(\pi)$ V F

Scrivi il valore del seno e del coseno dei seguenti angoli.

127 540°; 810°.

128 630°; −540°.

129 720°; 900°.

130 $\frac{5}{2}\pi$; $-\frac{9}{2}\pi$.

Calcola il valore delle seguenti espressioni.

131 $-\cos 360° + \frac{3}{5}\sin 270° + 3\sin 720° - \frac{5}{3}\cos(-180°)$ $\left[\frac{1}{15}\right]$

132 $\frac{4}{3}\cos(-90°) + \sin(-270°) - \frac{3}{4}\sin(-450°) + \frac{1}{4}\sin 270°$ $\left[\frac{3}{2}\right]$

133 $\left(\sin\frac{\pi}{2} + \cos\pi\right)^2 - 4\cos 2\pi + 3\sin 2\pi + 1$ $[-3]$

134 $\frac{1}{3}\left[\sin 3\pi + 4\sin\left(-\frac{\pi}{2}\right) + 1\right] - \sin\left(-\frac{3}{2}\pi\right)$ $[-2]$

135 $\frac{1}{2}\cos 540° + \frac{2}{3}\sin 720° - \frac{1}{4}\sin 450° + 6\sin(-270°)$ $\left[\frac{21}{4}\right]$

136 $\cos 4\pi + 2\sin\left(-\frac{15}{2}\pi\right) + \frac{1}{3}\cos(-3\pi) + \sin\frac{9}{2}\pi$ $\left[\frac{11}{3}\right]$

137 $\cos 720° + 2\cos 1080° - \frac{1}{2}\sin 630° + 3\sin 540°$ $\left[\frac{7}{2}\right]$

138 $a\sin\left(-\frac{5}{2}\pi\right) + \frac{a}{2}\cos(8\pi) - \left(\frac{a}{2} + 1\right)\cos 0$ $[-a-1]$

139 $\left(a\cos 2\pi + b\sin\frac{7}{2}\pi\right)^2 - \left[a\sin\left(-\frac{3}{2}\pi\right) + b\cos(-5\pi)\right]^2$ $[0]$

140 $\dfrac{\sin\frac{7}{2}\pi - \cos(-7\pi) + 2\sin\left(-\frac{11}{2}\pi\right)}{2\sin\left(-\frac{3}{2}\pi\right) + \cos 4\pi - 4\cos\frac{5}{2}\pi}$ $\left[\frac{2}{3}\right]$

141 $\dfrac{4\left(\cos^2 2\pi + \sin^2\frac{5}{2}\pi\right) + 8\cos 10\pi}{3[1 - 4\cos(-4\pi)]}$ $\left[-\frac{16}{9}\right]$

142 $\dfrac{(-\sin 5\pi + \cos\pi)\sin\frac{11}{2}\pi + 2\sin\frac{3}{2}\pi\cdot\cos 2\pi}{3\left(\cos\frac{5}{2}\pi + 2\sin\frac{9}{2}\pi\right)}$ $\left[-\frac{1}{6}\right]$

143 $\dfrac{a\sin\alpha + b\cos 2\alpha}{\sin(-4\alpha) - a\cos\left(\alpha + \frac{\pi}{2}\right) - b\cos\left(\frac{7}{2}\pi + \alpha\right)}$, con $\alpha = \frac{\pi}{2}$. $[1]$

144 $\dfrac{a^2\cos(5\pi - \alpha) - b^2\sin\left(\frac{7}{2}\pi - \alpha\right)}{a\sin\left(\frac{\pi}{2} - \alpha\right) + b\cos(4\pi - \alpha)} + a$, con $\alpha = \pi$. $[b]$

145 $\dfrac{\cos\left(\frac{9}{2}\pi + \alpha\right) + \sin(-\pi + \alpha) + \cos(\alpha - 5\pi)}{2\cos\left(\frac{\pi}{2} + 2\alpha\right) + \sin\left(\frac{3}{2}\pi - \alpha\right) + 4}$, con $\alpha = \frac{3}{2}\pi$. $\left[\frac{1}{2}\right]$

Grafici delle funzioni $y = \sin x$, $y = \cos x$

146 Disegna il grafico di $y = \cos x$ nell'intervallo $[-\pi; 4\pi]$. Scrivi le coordinate dei punti di intersezione del grafico con l'asse x in tale intervallo e trova le ordinate dei punti di ascissa $x = \frac{7}{2}\pi$, $x = -\frac{\pi}{2}$, $x = 3\pi$.
$\left[\pm\frac{\pi}{2}, \frac{3}{2}\pi, \frac{5}{2}\pi, \frac{7}{2}\pi; 0, 0, -1\right]$

147 Disegna il grafico di $y = \sin x$ nell'intervallo $\left[-\frac{5}{2}\pi; \frac{7}{2}\pi\right]$. Trova i punti di intersezione del grafico con l'asse x e determina i valori di x per cui $\sin x = -1$. $\left[-2\pi, -\pi, 0, \pi, 2\pi, 3\pi; -\frac{5}{2}\pi, -\frac{\pi}{2}, \frac{3}{2}\pi, \frac{7}{2}\pi\right]$

Trova il dominio delle seguenti funzioni.

148 $y = \dfrac{\sqrt{1+\sin x}}{\cos x}$ $\left[x \neq \frac{\pi}{2} + k\pi\right]$

149 $y = \dfrac{2}{\sin x}$ $[x \neq k\pi]$

150 $y = \dfrac{1}{\sqrt{1-\cos x}}$ $[x \neq 2k\pi]$

Trova il valore minimo e massimo delle seguenti funzioni, nell'intervallo indicato a fianco.

151 $y = -\frac{1}{2}\cos x$, $\mathbb{R}$.

152 $y = -\sin x + 4$, $[0; \pi]$.

153 $y = \sin(x + \pi)$, $\mathbb{R}$.

154 $y = \sqrt{2}\cos 2x - 1$, $\mathbb{R}$.

155 $y = 1 + 2\sin x$, $\mathbb{R}$.

156 $y = \cos x - \frac{2}{3}$, $\left[0; \frac{\pi}{2}\right]$.

157 $y = \frac{1}{4}\cos x + 2$, $\left[\pi; \frac{3}{2}\pi\right]$.

158 $y = \dfrac{1}{2 + \cos x}$, $\left[\frac{\pi}{2}; \pi\right]$.

Prima relazione fondamentale

159 ESERCIZIO GUIDA Sapendo che $\sin\alpha = \frac{5}{13}$ e che $\frac{\pi}{2} < \alpha < \pi$, calcoliamo $\cos\alpha$.

Utilizziamo $\sin^2\alpha + \cos^2\alpha = 1$ sostituendo a $\sin\alpha$ il valore $\frac{5}{13}$.

Otteniamo così:

$$\frac{25}{169} + \cos^2\alpha = 1 \rightarrow \cos^2\alpha = 1 - \frac{25}{169} \rightarrow \cos^2\alpha = \frac{144}{169} \rightarrow \cos\alpha = \pm\frac{12}{13}.$$

Poiché $\frac{\pi}{2} < \alpha < \pi$ e per tali angoli il coseno è negativo, allora: $\cos\alpha = -\frac{12}{13}$.

Calcola il valore della funzione indicata, utilizzando le informazioni fornite.

160 $\sin\alpha = \frac{7}{25}$ e $0 < \alpha < \frac{\pi}{2}$; $\cos\alpha$? $\left[\frac{24}{25}\right]$

161 $\cos\alpha = -\frac{4}{5}$ e $\pi < \alpha < \frac{3}{2}\pi$; $\sin\alpha$? $\left[-\frac{3}{5}\right]$

162 $\sin\alpha = \frac{1}{3}$ e $\frac{\pi}{2} < \alpha < \pi$; $\cos\alpha$? $\left[-\frac{2\sqrt{2}}{3}\right]$

163 $\sin\alpha = -\frac{2}{5}$ e $\frac{3}{2}\pi < \alpha < 2\pi$; $\cos\alpha$? $\left[\frac{\sqrt{21}}{5}\right]$

164 $\cos\alpha = \frac{8}{17}$ e $0 < \alpha < \frac{\pi}{2}$; $\sin\alpha$? $\left[\frac{15}{17}\right]$

165 $\cos\alpha = \frac{2}{3}$ e $\frac{3}{2}\pi < \alpha < 2\pi$; $\sin\alpha$? $\left[-\frac{\sqrt{5}}{3}\right]$

166 $\cos\alpha = \frac{1}{2}$ e $\alpha \in$ IV quadrante; $\sin\alpha$? $\left[-\frac{\sqrt{3}}{2}\right]$

167 $\sin\alpha = -\frac{9}{41}$ e $\alpha \in$ IV quadrante; $\cos\alpha$? $\left[\frac{40}{41}\right]$

168 $\cos\alpha = -\frac{28}{53}$ e $\alpha \in$ III quadrante; $\sin\alpha$? $\left[-\frac{45}{53}\right]$

169 $\sin\alpha = -\frac{12}{13}$ e $\alpha \in$ III quadrante; $\cos\alpha$? $\left[-\frac{5}{13}\right]$

RIFLETTI SULLA TEORIA

170 Esiste un angolo α tale che $\cos\alpha = \frac{1}{4}$ e $\sin\alpha = \frac{3}{4}$?

171 È vero che $\sin^2\frac{\alpha}{4} + \cos^2\frac{\alpha}{4} = 1$? Perché?

172 **VERO O FALSO?**

a. Se $\cos\alpha = \sqrt{3}\sin\alpha$, con $\pi < \alpha < \frac{3}{2}\pi$, allora $\sin\alpha = -\frac{1}{2}$. V F

b. Se $\cos x = \cos\frac{\pi}{6}$, allora $x = \frac{\pi}{6}$. V F

c. Se $\sin\alpha = \frac{4}{5}$, allora $\cos\alpha = \frac{3}{5}$. V F

d. Se $\cos\alpha = \frac{1}{3}$, con $0 < \alpha < \frac{\pi}{2}$, allora $\cos\alpha = \frac{\sqrt{2}}{4}\sin\alpha$. V F

Semplifica le seguenti espressioni.

173 $(a\sin\alpha - 2\cos\alpha)^2 + (a\cos\alpha + 2\sin\alpha)^2 - 4 + a^2\sin\frac{5}{2}\pi$ $[2a^2]$

174 $4 - 4\sin^2\alpha + (\cos\alpha - \sin\alpha)^2 + 2\cos\alpha(\sin\alpha + \cos\alpha)$ $[1 + 6\cos^2\alpha]$

175 $\sin^2\alpha + (4\cos\alpha + \sin\alpha)^2 + (4\sin\alpha - \cos\alpha)^2 + 2\cos^2\alpha$ $[18 + \cos^2\alpha]$

176 **EUREKA!** Trova per quali valori di a le soluzioni dell'equazione $x^2 - ax + a - 1 = 0$ rappresentano il seno e il coseno dello stesso angolo. $[a = 1]$

Trova i valori del seno e del coseno degli angoli indicati con l'aiuto della calcolatrice.

177 $40{,}3°$; $160{,}55°$; $200°$.

178 $\frac{7}{5}\pi$; $305°$; $\frac{12}{5}\pi$.

179 $\frac{3}{5}\pi$; $\frac{8}{3}\pi$; $\frac{3}{7}\pi$.

3 Funzione tangente

Tangente di un angolo

▶ Teoria a p. 672

Disegna la circonferenza goniometrica e rappresenta la tangente dei seguenti angoli.

180 $\frac{\pi}{4}$; $\frac{\pi}{3}$; $\frac{5}{4}\pi$; 2π.

181 $30°$; $180°$; $225°$; $320°$.

Per ogni angolo α in figura, individua tan α, se esiste, sulla retta tangente alla circonferenza in *E*.

182

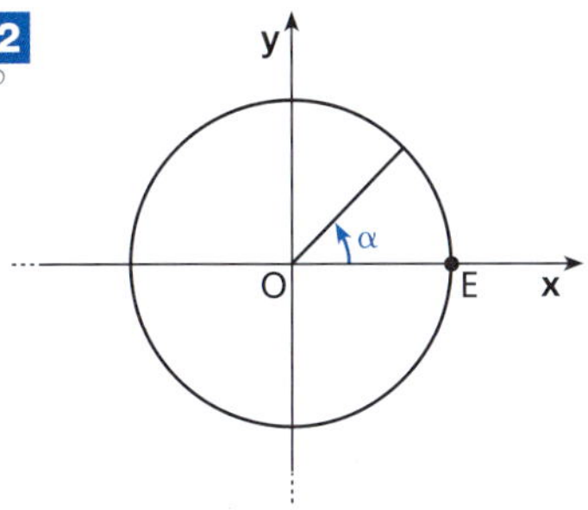

183

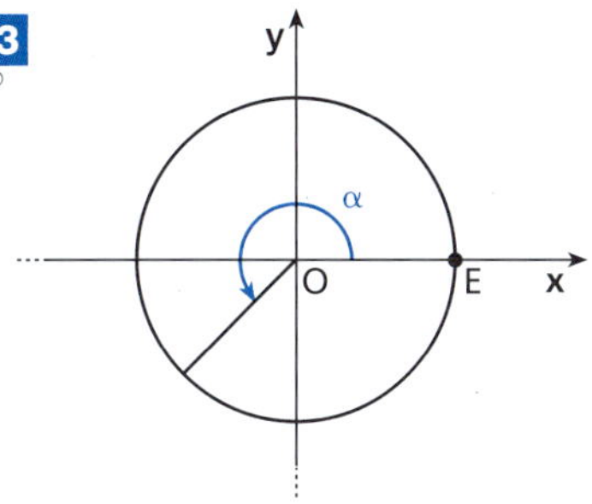

184

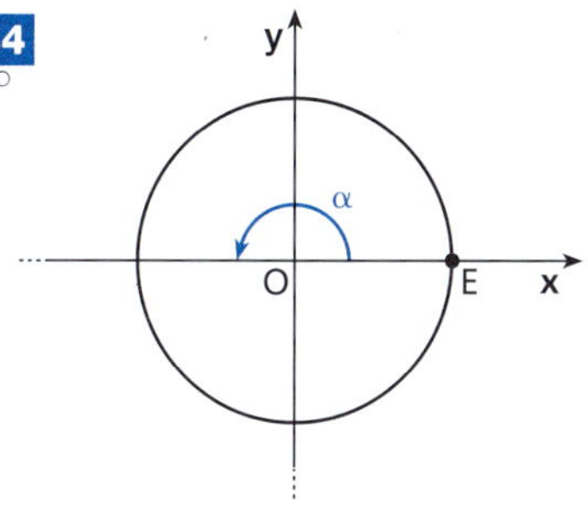

185 Rappresenta gli angoli α, β, γ tali che: $\tan\alpha = 1$; $\tan\beta = 3$; $\tan\gamma = -2$.

Utilizzando la circonferenza goniometrica, individua l'angolo α che soddisfa le seguenti relazioni.

186 $\tan\alpha = \frac{2}{3}$, $\quad \pi < \alpha < \frac{3}{2}\pi$.

187 $\tan\alpha = -\sqrt{3}$, $\quad \frac{3}{2}\pi < \alpha < 2\pi$.

188 $\tan\alpha = -\frac{1}{2}$, $\quad \frac{\pi}{2} < \alpha < \pi$.

189 $\tan\alpha = 1$, $\quad \pi < \alpha < \frac{3}{2}\pi$.

190 Utilizzando la circonferenza goniometrica rappresenta gli angoli che verificano le seguenti condizioni.

$\tan\alpha = -3, \alpha \in$ quarto quadrante; $\tan\beta = \frac{3}{2}, \beta \in$ terzo quadrante; $\tan\gamma = \sqrt{3}, \gamma \in$ primo quadrante.

191 VERO O FALSO?

a. $\tan\alpha$ non esiste solo per $x = \frac{\pi}{2} + 2k\pi$. V F

b. Se $\alpha = 120°$, allora $\tan\alpha < 0$. V F

c. Se $0 \leq \alpha < 360°$, $\tan\alpha = 0$ solo se $\alpha = 0$. V F

d. Se $\pi < \alpha < \frac{3}{2}\pi$, allora $\tan\alpha > 0$. V F

e. Non esiste nessun angolo per cui $\tan\alpha = 10$. V F

Nei seguenti triangoli calcola la tangente dell'angolo indicato.

192

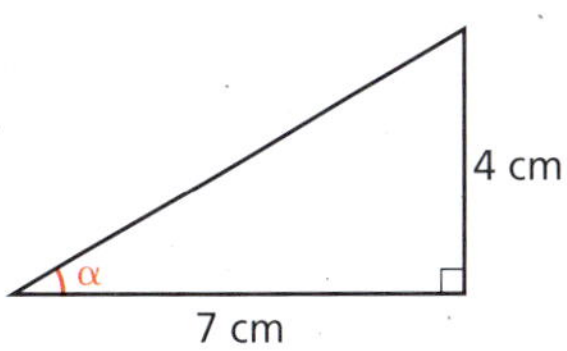

193

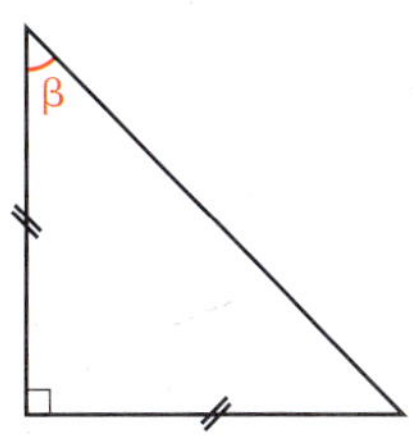

194

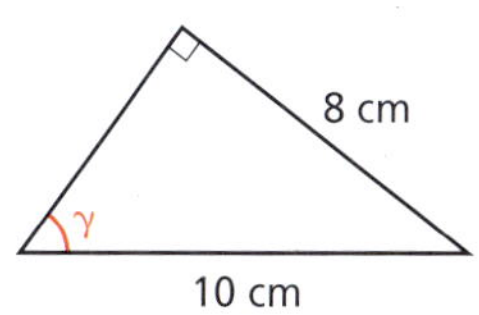

Trova quale condizione deve soddisfare il parametro *k* affinché sia verificata l'uguaglianza.

195 $\tan x = \frac{1-k}{k^2-9}$ $[k \neq \pm 3]$

196 $\tan x = \sqrt{\frac{4-k^2}{k+1}}$ $[k \leq -2 \vee -1 < k \leq 2]$

197 $\tan x = 2k - 1$, $x \in$ primo quadrante. $\left[k > \frac{1}{2}\right]$

198 $\tan x = \frac{2-k}{4k^2+9}$, $x \in$ quarto quadrante. $[k > 2]$

199 $\tan x = \sqrt{k-3} - k$, $x \in$ quarto quadrante. $[k \geq 3]$

200 TEST Solo uno dei seguenti angoli ha tangente non nulla. Quale?

A 3π B $-\pi$ C 4π D $\frac{3}{4}\pi$ E $180°$

Determina il valore delle seguenti espressioni.

201 $\tan\left(\frac{\pi}{2} + \alpha\right) + \sin\left(\frac{7}{2}\pi + 2\alpha\right) + 2\tan\left(\frac{5}{2}\pi + \alpha\right)$, con $\alpha = \frac{\pi}{2}$. $[1]$

202 $2\tan\left(\frac{\pi}{2} + \frac{\alpha}{2}\right) + \sin\left(\alpha + \frac{5}{2}\pi\right) - \tan(2\alpha + \pi)$, con $\alpha = \pi$. $[-1]$

Trova il dominio delle seguenti funzioni.

203 $y = \frac{2\tan x}{\sqrt{1-\sin x} + 1}$ $\left[x \neq \frac{\pi}{2} + k\pi\right]$

204 $y = \frac{-\tan x}{\sin x}$ $\left[x \neq k\frac{\pi}{2}\right]$

205 $y = \frac{2\sin x - 1}{3\tan x}$ $\left[x \neq k\frac{\pi}{2}\right]$

206 $y = \sqrt{\tan x}$ $\left[k\pi \leq x < \frac{\pi}{2} + k\pi\right]$

Utilizziamo le relazioni fondamentali della goniometria

207 ESERCIZIO GUIDA Sapendo che $\sin\alpha = \frac{5}{7}$ e che $0 < \alpha < \frac{\pi}{2}$, calcoliamo il valore di $\tan\alpha$.

Utilizziamo $\sin^2\alpha + \cos^2\alpha = 1$, per determinare $\cos\alpha$:

$$\frac{25}{49} + \cos^2\alpha = 1 \rightarrow \cos^2\alpha = \frac{24}{49}.$$

$\sin^2\alpha + \cos^2\alpha = 1$

Poiché $0 < \alpha < \frac{\pi}{2}$ e per tali angoli il coseno è positivo, abbiamo $\cos\alpha = \frac{2\sqrt{6}}{7}$.

Sfruttiamo ora $\tan\alpha = \frac{\sin\alpha}{\cos\alpha}$, per determinare $\tan\alpha$:

$\tan\alpha = \frac{\sin\alpha}{\cos\alpha}$

$$\tan\alpha = \frac{\frac{5}{7}}{\frac{2\sqrt{6}}{7}} = \frac{5}{7} \cdot \frac{7}{2\sqrt{6}} = \frac{5}{2\sqrt{6}} = \frac{5\sqrt{6}}{12}.$$

Calcola il valore di $\tan\alpha$, usando le informazioni fornite.

208 $\sin\alpha = \frac{4}{5}$ e $\frac{\pi}{2} < \alpha < \pi$. $\left[-\frac{4}{3}\right]$

209 $\cos\alpha = -\frac{8}{17}$ e $\frac{\pi}{2} < \alpha < \pi$. $\left[-\frac{15}{8}\right]$

210 $\cos\alpha = -\frac{5}{6}$ e $\pi < \alpha < \frac{3}{2}\pi$. $\left[\frac{\sqrt{11}}{5}\right]$

211 $\sin\alpha = \frac{2}{3}$ e $\frac{\pi}{2} < \alpha < \pi$. $\left[-\frac{2}{5}\sqrt{5}\right]$

212 $\cos\alpha = \frac{3}{4}$ e $\frac{3}{2}\pi < \alpha < 2\pi$. $\left[-\frac{\sqrt{7}}{3}\right]$

213 $\cos\alpha = \frac{1}{5}$ e $0 < \alpha < \frac{\pi}{2}$. $[2\sqrt{6}]$

214 TEST Quale delle seguenti affermazioni *non* è corretta?

A La tangente non esiste dove il seno è 0.

B La tangente può assumere ogni valore reale.

C La tangente è nulla dove il coseno è 1 o -1.

D Il periodo della tangente è π.

E Nel terzo quadrante la tangente è positiva.

215 Utilizza le relazioni fondamentali per dimostrare le formule che permettono di trovare $\sin\alpha$ e $\cos\alpha$ in funzione di $\tan\alpha$:

$$\sin\alpha = \frac{\tan\alpha}{\pm\sqrt{1+\tan^2\alpha}}, \qquad \cos\alpha = \frac{1}{\pm\sqrt{1+\tan^2\alpha}}.$$

seno e coseno in funzione della tangente

Calcola il valore di sin α e cos α, utilizzando le informazioni fornite.

216 $\tan\alpha = \sqrt{15}$ e $0 < \alpha < \frac{\pi}{2}$. $\left[\frac{\sqrt{15}}{4}; \frac{1}{4}\right]$

217 $\tan\alpha = \frac{3}{4}$ e $\pi < \alpha < \frac{3}{2}\pi$. $\left[-\frac{3}{5}; -\frac{4}{5}\right]$

218 $\tan\alpha = -\frac{\sqrt{5}}{2}$ e $\frac{\pi}{2} < \alpha < \pi$. $\left[\frac{\sqrt{5}}{3}; -\frac{2}{3}\right]$

219 $\tan\alpha = -\frac{9}{40}$ e $\frac{\pi}{2} < \alpha < \pi$. $\left[\frac{9}{41}; -\frac{40}{41}\right]$

220 $\tan\alpha = -\frac{12}{5}$ e $\frac{3}{2}\pi < \alpha < 2\pi$. $\left[-\frac{12}{13}; \frac{5}{13}\right]$

221 $\tan\alpha = \frac{15}{8}$ e $\pi < \alpha < \frac{3}{2}\pi$. $\left[-\frac{15}{17}; -\frac{8}{17}\right]$

Trasforma le seguenti espressioni in funzione soltanto di cos α.

222 $\frac{\tan\alpha - 2\sin^2\alpha + \cos^2\alpha + 2}{\sin\alpha}$, $\quad \pi < \alpha < \frac{3}{2}\pi$. $\left[\frac{1}{\cos\alpha} - \frac{3\cos^2\alpha}{\sqrt{1-\cos^2\alpha}}\right]$

223 $\sin^2\alpha - 1 - 4(\tan^2\alpha + 1)\sin^2\alpha$, $\quad$ con $\alpha \neq \frac{\pi}{2} + k\pi$. $\left[-\frac{(\cos^2\alpha - 2)^2}{\cos^2\alpha}\right]$

224 $\sin\alpha - \frac{2}{\sin\alpha} + \frac{2}{\tan\alpha}$, $\quad \frac{3}{2}\pi < \alpha < 2\pi$. $\left[\frac{(\cos\alpha - 1)^2}{\sqrt{1-\cos^2\alpha}}\right]$

Trasforma le seguenti espressioni in funzione soltanto di sin α, sapendo che $0 < \alpha < \frac{\pi}{2}$:

225 $\frac{\tan\alpha + \cos\alpha}{\tan^2\alpha} \cdot \frac{1}{\cos\alpha} - \frac{1}{\tan^2\alpha}$ $\left[\frac{1}{\sin\alpha}\right]$

226 $\frac{1+\sin^2\alpha}{\tan^2\alpha} + 1 - \cos^2\alpha + \frac{4}{\sin^2\alpha}$ $\left[\frac{5}{\sin^2\alpha}\right]$

227 $\frac{1}{2}\cos^2\alpha + \frac{\tan^2\alpha}{2+2\tan^2\alpha} + \frac{2}{\cos^2\alpha}$ $\left[\frac{5-\sin^2\alpha}{2(1-\sin^2\alpha)}\right]$

Trasforma le seguenti espressioni in funzione soltanto di tan α, sapendo che $0 < \alpha < \frac{\pi}{2}$.

228 $\left(\sin^2\alpha + \frac{1}{\cos^2\alpha} - 3 + 3\cos^2\alpha\right)\frac{1}{\cos^2\alpha}$ $[1+\tan^4\alpha]$

229 $(4\sin^2\alpha + \cos^2\alpha)\left(\frac{\cos^2\alpha}{1+3\sin^2\alpha}\right)$ $\left[\frac{1}{1+\tan^2\alpha}\right]$

230 $\left(\frac{\cos\alpha}{\sin^2\alpha} - \cos\alpha + \sin\alpha\right)\frac{\tan^2\alpha}{\cos\alpha}$ $[1+\tan^3\alpha]$

Semplifica le seguenti espressioni utilizzando le relazioni fondamentali della goniometria.

231 $\frac{\sin^3\alpha - \sin\alpha}{\cos\alpha} + 2\tan\alpha + \frac{\sin^2\alpha}{\tan\alpha}$ $[2\tan\alpha]$

232 $\dfrac{\tan\alpha}{\sin\alpha\cos^2\alpha} + \tan\alpha\cos\alpha - \dfrac{\tan^2\alpha + 1}{\cos\alpha}$ $[\sin\alpha]$

233 $\dfrac{1}{2}\cos\alpha + \dfrac{\tan^2\alpha}{1+\tan^2\alpha} - \sin^2\alpha + \dfrac{1}{2}\cdot\dfrac{\sin^2\alpha}{\cos\alpha\tan^2\alpha}$ $[\cos\alpha]$

234 $\dfrac{\cos^2\alpha}{1-\cos^2\alpha} - \tan\alpha + \dfrac{1-\sin^2\alpha}{\cos^2\alpha} - \dfrac{1}{\sin^2\alpha}$ $[-\tan\alpha]$

235 $\sin\alpha\tan\alpha + \cos\alpha(1-\sin\alpha) + \tan\alpha\cos^2\alpha$ $\left[\dfrac{1}{\cos\alpha}\right]$

236 $(\sin\alpha + \cos\alpha)^2 - 2\tan\alpha\cos^2\alpha + 2\sin^2\alpha - 1$ $[2\sin^2\alpha]$

TEST

237 Se $\tan x = 2$ e $180° < x < 270°$, quanto vale $\sin x$?

A $\dfrac{-1}{\sqrt{5}}$. B $\dfrac{1}{\sqrt{5}}$. C $\dfrac{-2}{\sqrt{5}}$. D $\dfrac{2}{\sqrt{5}}$. E $\dfrac{1}{2}$.

(USA *Marywood University Mathematics Contest*, 2006)

238 Se $\sin x = 2\cos x$, allora qual è il valore di $\sin x\cos x$?

A $\dfrac{1}{3}$. B $\dfrac{2}{3}$. C $\dfrac{1}{4}$. D $\dfrac{1}{5}$. E $\dfrac{2}{5}$. (USA *Marywood University Mathematics Contest*, 2001)

Significato goniometrico del coefficiente angolare di una retta

▶ Teoria a p. 676

LEGGI IL GRAFICO

Utilizzando i dati della figura determina tan α e scrivi l'equazione della retta.

239

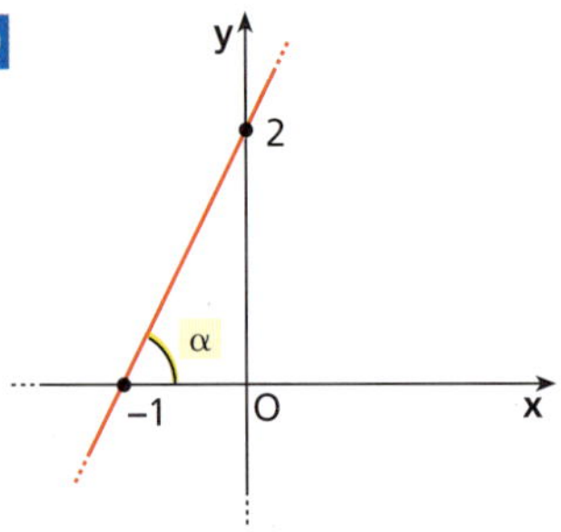

240

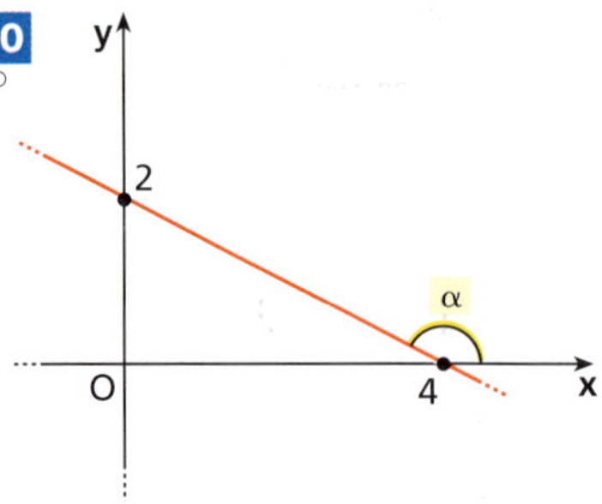

241

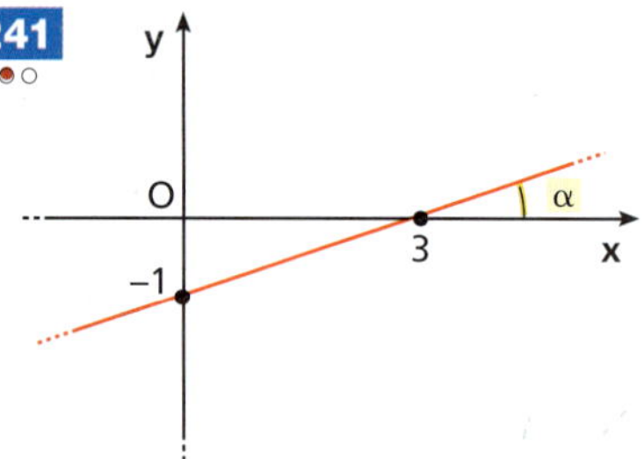

Scrivi le equazioni delle rette utilizzando i dati delle figure.

242

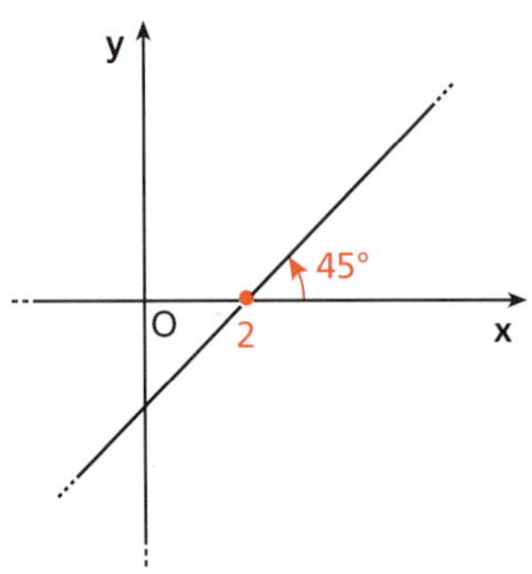

243

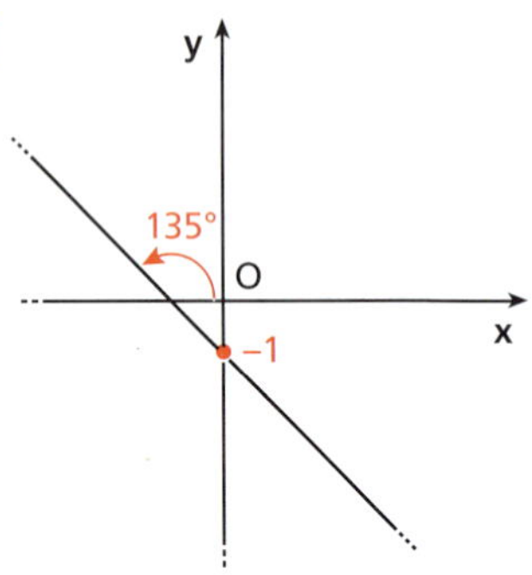

244

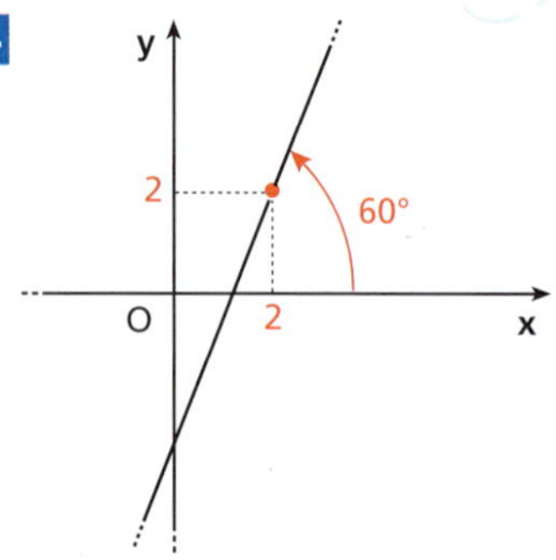

245 La retta r forma con l'asse x un angolo α che ha $\cos\alpha = \dfrac{3}{5}$. Scrivi l'equazione di r, sapendo che passa per il punto di coordinate (0; 1). $[4x - 3y + 3 = 0]$

246 Calcola il coseno dell'angolo che la retta di equazione $y = -\frac{3}{4}x + 5$ forma con l'asse x. $\left[-\frac{4}{5}\right]$

247 Trova l'equazione della retta passante per il punto $A(-2; 1)$ e che forma un angolo di $\frac{2}{3}\pi$ con l'asse x. $[y = -\sqrt{3}x - 2\sqrt{3} + 1]$

248 Determina l'equazione delle rette che passano per $P(2; 5)$ e formano con l'asse x un angolo α che ha $\sin\alpha = \frac{12}{13}$. $[12x - 5y + 1 = 0; 12x + 5y - 49 = 0]$

249 Determina il seno dell'angolo che la retta di equazione $2x - 3y + 1 = 0$ forma con la direzione positiva dell'asse delle ascisse. $\left[\frac{2\sqrt{13}}{13}\right]$

250 Trova l'angolo formato con la direzione positiva dell'asse x dalla retta passante per $A(-4; -1)$ e $B(1; 3)$. $[\simeq 38,7°]$

251 La retta di equazione $y = \frac{2m-1}{m}x + 1$ forma con la direzione positiva dell'asse x un angolo di 120°. Calcola m. $[2 - \sqrt{3}]$

252 Trova l'equazione della retta che passa per $P(2; -5)$ e che forma con la semiretta di verso positivo dell'asse x un angolo il cui coseno è $\frac{4}{5}$. $\left[y = \frac{3}{4}x - \frac{13}{2}\right]$

253 Determina l'equazione della circonferenza di centro $C(2; 0)$ e passante per $A(4; 0)$. Scrivi l'equazione della tangente nel suo punto di ascissa 3 di ordinata positiva e trova l'angolo che essa forma con la direzione positiva dell'asse x. $[(x-2)^2 + y^2 = 4; x + \sqrt{3}y = 6; 150°]$

254 Considera il fascio di rette di equazione $y = (k+2)x + k - 1$, con $k \in \mathbb{R}$, e determina:

a. la retta inclinata di 150° rispetto all'asse x;

b. le rette che hanno inclinazione compresa fra $\frac{\pi}{4}$ e $\frac{\pi}{3}$. $\left[\text{a) } y = -\frac{\sqrt{3}}{3}x - 3 - \frac{\sqrt{3}}{3}; \text{b) } -1 \le k \le \sqrt{3} - 2\right]$

4 Funzioni secante e cosecante

▶ Teoria a p. 676

Utilizzando la circonferenza goniometrica, rappresenta gli angoli che verificano le seguenti uguaglianze.

255 $\sec\alpha = 2$

256 $\csc\alpha = \frac{3}{2}$

257 $\sec\alpha = -1$

258 $\csc\alpha = 3$

259 TEST Una sola delle seguenti uguaglianze è falsa. Quale?

A $\sec\alpha = \frac{\tan\alpha}{\sin\alpha}$

B $\tan\alpha = \frac{\sec\alpha}{\csc\alpha}$

C $\csc\alpha = \frac{\cos\alpha}{\tan\alpha}$

D $\sec\alpha \cdot \sin\alpha = \tan\alpha$

E $\sin\alpha \cdot \csc\alpha = 1$

Semplifica le seguenti espressioni.

260 $\frac{\csc\alpha}{\tan\alpha} \cdot \cos\alpha - \csc^2\alpha$ $[-1]$

261 $(\sec^2\alpha - 1)\csc\alpha - \frac{\csc\alpha}{\cos^2\alpha}$ $[-\csc\alpha]$

262 $\frac{\sin\alpha \cdot \sec\alpha + \cos\alpha \cdot \csc\alpha}{\csc\alpha}$ $[\sec\alpha]$

263 $\left(\frac{\sec\alpha}{\csc\alpha} + \frac{\csc\alpha}{\sec\alpha}\right) \cdot \cos\alpha$ $\left[\frac{1}{\sin\alpha}\right]$

264 Se $\sec\alpha = \frac{5}{4}$ e $\frac{3}{2}\pi < \alpha < 2\pi$, verifica che $\frac{2\sin\alpha - 4\cos\alpha}{\cos\alpha - 3\sin\alpha} = -\frac{22}{13}$.

265 Se $\csc\alpha = \frac{13}{12}$ e $\frac{\pi}{2} < \alpha < \pi$, verifica che $\frac{\tan\alpha - 13\sin\alpha}{\tan\alpha - 1 + 13\cos\alpha} = \frac{12}{7}$.

266 Trasforma l'uguaglianza esprimendo y in funzione soltanto di: **a.** $\sin\alpha$; **b.** $\tan\alpha$.

$$y = \frac{\sec^2\alpha + \csc^2\alpha}{2\tan^2\alpha}$$

$\left[\text{a) } \frac{1}{2\sin^4\alpha}; \text{ b) } \frac{(1+\tan^2\alpha)^2}{2\tan^4\alpha}\right]$

267 Trasforma l'espressione y in funzione soltanto di: **a.** $\sec\alpha$; **b.** $\csc\alpha$.

$$y = \tan^2\alpha + 1 - \csc^2\alpha$$

$\left[\text{a) } \sec^2\alpha - \frac{\sec^4\alpha}{(\sec^2\alpha - 1)^2}; \text{ b) } \frac{\csc^2\alpha}{\csc^2\alpha - 1} - \csc^4\alpha\right]$

268 Trova il valore di $\sin\alpha$ e $\cos\alpha$, con $0 < \alpha < \frac{\pi}{2}$, sapendo che:

$3\frac{\sec\alpha}{\csc\alpha} - 4 = 0.$ $\left[\frac{4}{5}, \frac{3}{5}\right]$

269 Determina il valore di $\sin\alpha$ e $\cos\alpha$, con $\pi < \alpha < \frac{3}{2}\pi$, sapendo che:

$12\sec\alpha - 5\csc\alpha = 0.$ $\left[-\frac{5}{13}, -\frac{12}{13}\right]$

270 VERO O FALSO?

a. La cosecante non è definita per $\alpha = k\pi$. V F

b. La secante è positiva per angoli il cui seno è positivo. V F

c. Se $0 < \alpha \leq \frac{\pi}{2}$, allora $\sec\alpha \geq 1$. V F

d. Non esistono angoli che verificano l'uguaglianza $\csc\alpha = \frac{1}{2}$. V F

Trova quale condizione deve soddisfare il parametro affinché sia verificata l'uguaglianza.

271 $\sec\alpha = k - 4$ $[k \leq 3 \vee k \geq 5]$

272 $\csc\alpha = \frac{2k}{k+3}$ $[k < -3 \vee -3 < k \leq -1 \vee k \geq 3]$

273 $\sec\alpha = \frac{2a-1}{a}$, con $0 < \alpha < \frac{\pi}{2}$. $[a < 0 \vee a > 1]$

274 $\csc\alpha = \frac{\sqrt{a+2}}{a+1}$, con $\pi < \alpha < \frac{3}{2}\pi$. $\left[\frac{-1-\sqrt{5}}{2} < a < -1\right]$

Grafico del reciproco di una funzione

LEGGI IL GRAFICO

In ogni figura è rappresentata la funzione $y = f(x)$. Disegna il grafico di $y = \frac{1}{f(x)}$.

275

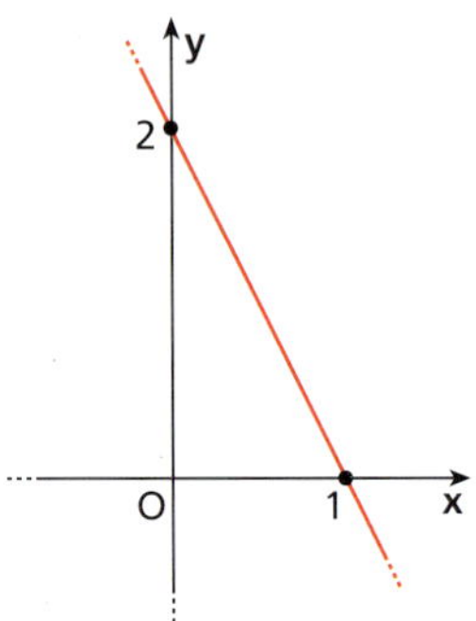

276

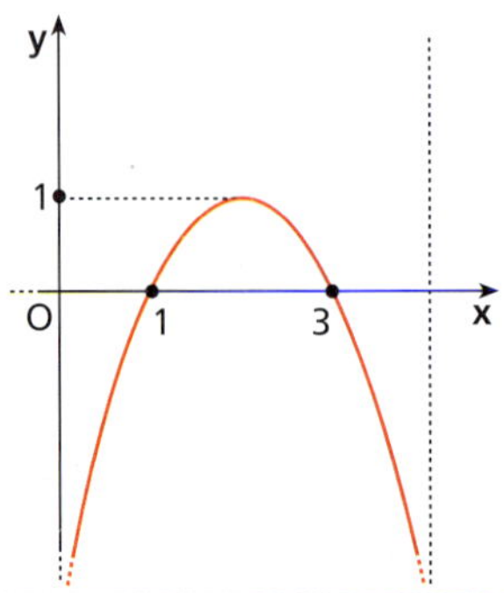

277

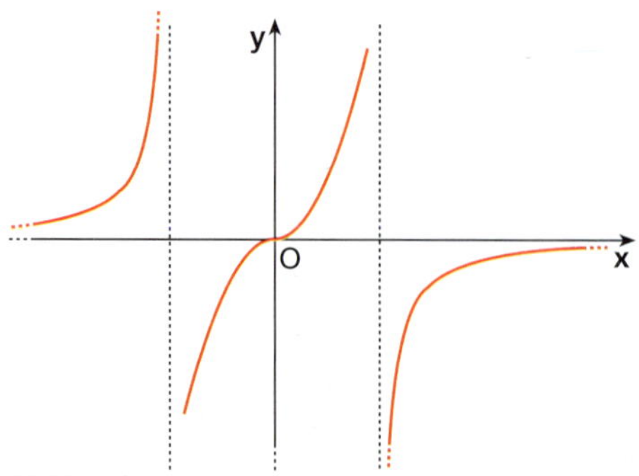

278 Rappresenta il grafico della funzione $f(x) = x^2 + 2$ e poi disegna quello di $\frac{1}{f(x)}$.

279 Disegna il grafico della funzione $f(x) = -x^2 + 4x$ e poi traccia quello di $\frac{1}{f(x)}$.

Rappresenta graficamente le seguenti funzioni.

280 $y = \frac{1}{\tan x}$

281 $y = \frac{1}{2x-3}$

282 $y = \frac{1}{x^2 - 4x}$

283 $y = \frac{1}{|x| - 1}$

284 $y = \frac{1}{\sqrt{1-x}}$

285 $y = -\frac{1}{|\tan x|}$

5 Funzione cotangente

▶ Teoria a p. 678

Disegna la circonferenza goniometrica e rappresenta la cotangente dei seguenti angoli.

286 60°; 90°; 150°; 330°.

287 $\frac{\pi}{4}$; $\frac{3}{4}\pi$; $\frac{5}{4}\pi$; $\frac{7}{4}\pi$.

Per ogni angolo α nelle figure, individua cot α, se esiste, sulla retta tangente in *F* alla circonferenza.

288

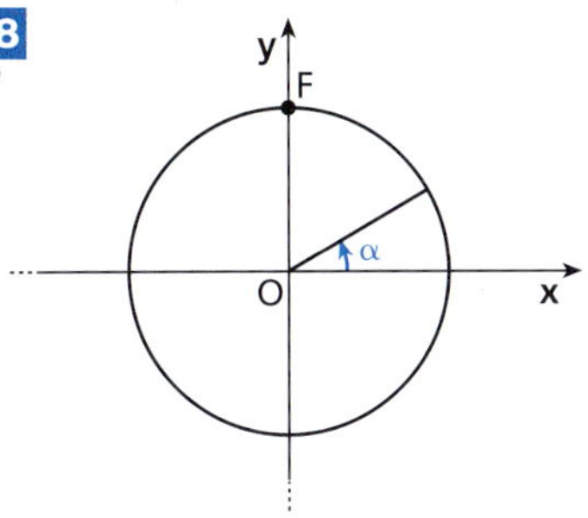

289

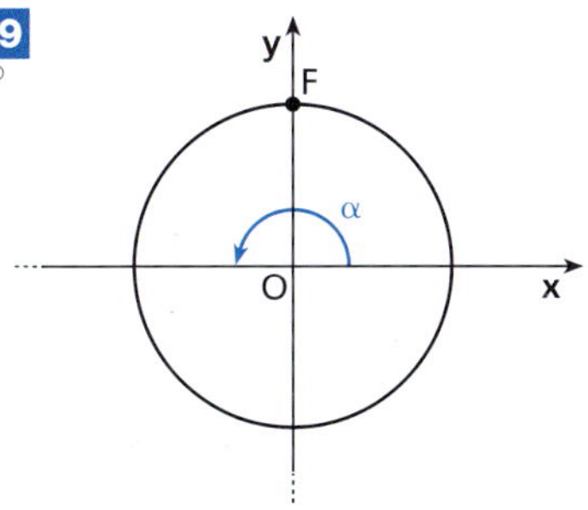

290

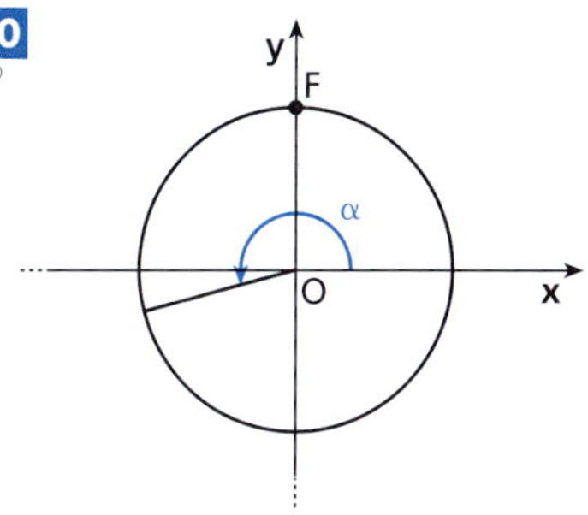

291 **ASSOCIA** a ogni angolo la relativa cotangente.

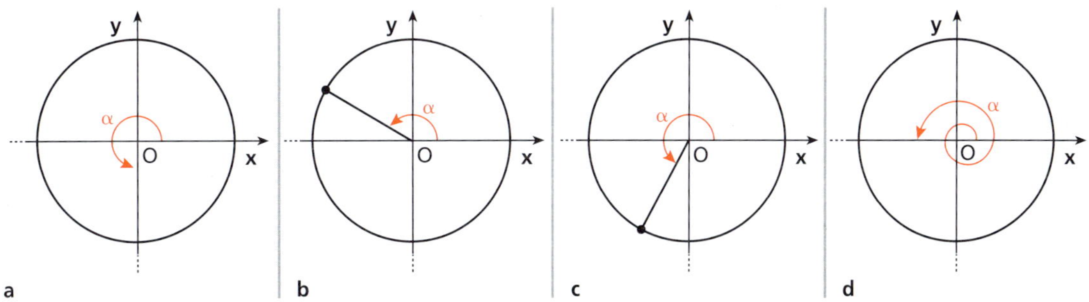

1. $\cot\alpha > 0$ 2. $\cot\alpha = 0$ 3. $\cot\alpha$ non esiste 4. $\cot\alpha < 0$

292 Disegna nella circonferenza goniometrica gli angoli tali che: $\cot\alpha = 1$; $\cot\beta = 4$; $\cot\gamma = -2$.

Trova quale condizione deve soddisfare il parametro affinché sia verificata l'uguaglianza.

293 $\cot x = \frac{a-4}{a+1}$ $[a \neq -1]$

294 $2k\cot x = k^2 - 16$ $[k \neq 0]$

295 $\cot x = \frac{\sqrt{a-3}}{2a}$ $[a \geq 3]$

Indica in quale quadrante si trova un angolo α che verifica le seguenti condizioni.

296 $\sin\alpha > 0$, $\cot\alpha < 0$.

297 $\cot\alpha < 0$, $\sec\alpha < 0$.

298 $\cos\alpha > 0$, $\cot\alpha > 0$.

ESERCIZI

299 AL VOLO Calcola il valore di: $\tan\frac{2}{3}\cdot\cot\frac{2}{3}$. $[1]$

Trova il dominio delle seguenti funzioni.

300 $y=\cot x+\tan x$ $\left[x\neq k\frac{\pi}{2}\right]$

301 $y=\frac{2}{\cot x}$ $\left[x\neq k\frac{\pi}{2}\right]$

302 $y=\cot x-3\sin x$ $[x\neq k\pi]$

303 Dimostra con le relazioni fondamentali le seguenti formule, che esprimono $\sin\alpha$ e $\cos\alpha$ in funzione di $\cot\alpha$.

$$\sin\alpha=\frac{1}{\pm\sqrt{1+\cot^2\alpha}},\quad \cos\alpha=\frac{\pm\cot\alpha}{\sqrt{1+\cot^2\alpha}}.$$

seno e coseno in funzione della cotangente

304 ESERCIZIO GUIDA $\cot\alpha=3$ e α appartiene al primo quadrante. Determiniamo $\sin\alpha$, $\cos\alpha$ e $\tan\alpha$.

Poiché $0<\alpha<\frac{\pi}{2}$, seno, coseno e tangente di α sono tutti positivi.

- Applichiamo le formule $\sin\alpha=\frac{1}{\sqrt{1+\cot^2\alpha}}$ e $\cos\alpha=\frac{\cot\alpha}{\sqrt{1+\cot^2\alpha}}$:

$$\sin\alpha=\frac{1}{\sqrt{1+3^2}}=\frac{1}{\sqrt{10}}=\frac{\sqrt{10}}{10};\ \cos\alpha=\frac{3}{\sqrt{1+3^2}}=\frac{3}{\sqrt{10}}=\frac{3\cdot\sqrt{10}}{10}.$$

- Calcoliamo $\tan\alpha$ tenendo presente che $\tan\alpha=\frac{1}{\cot\alpha}$: $\tan\alpha=\frac{1}{3}$.

Considera le funzioni seno, coseno, tangente e cotangente dell'angolo α: noti il valore di una funzione e l'intervallo a cui appartiene α, calcola il valore delle altre tre funzioni.

305 $\cot\alpha=2$ e $0<\alpha<\frac{\pi}{2}$.

306 $\sin\alpha=\frac{1}{2}$ e $\frac{\pi}{2}<\alpha<\pi$.

307 $\tan\alpha=-\sqrt{3}$ e $\frac{3}{2}\pi<\alpha<2\pi$.

308 $\tan\alpha=1$ e $\pi<\alpha<\frac{3}{2}\pi$.

309 $\cos\alpha=\frac{\sqrt{3}}{2}$ e $\frac{3}{2}\pi<\alpha<2\pi$.

310 $\cot\alpha=-\sqrt{3}$ e $\frac{\pi}{2}<\alpha<\pi$.

Riepilogo: Funzioni goniometriche

Calcola il valore delle funzioni indicate, utilizzando le informazioni fornite.

311 $\cos\alpha$ e $\sin\alpha$ — $\cot\alpha=-\sqrt{15},\ \frac{3}{2}\pi<\alpha<2\pi$ $\left[\frac{\sqrt{15}}{4};-\frac{1}{4}\right]$

312 $\cos\alpha$ e $\tan\alpha$ — $\sin\alpha=\frac{5}{13},\ \frac{\pi}{2}<\alpha<\pi$ $\left[-\frac{12}{13};-\frac{5}{12}\right]$

313 $\sin\alpha$ e $\tan\alpha$ — $\cos\alpha=-\frac{33}{65},\ \pi<\alpha<\frac{3}{2}\pi$ $\left[-\frac{56}{65};\frac{56}{33}\right]$

314 $\cos\alpha$ e $\tan\alpha$ — $\sin\alpha=-\frac{\sqrt{13}}{7},\ \frac{3}{2}\pi<\alpha<2\pi$ $\left[\frac{6}{7};-\frac{\sqrt{13}}{6}\right]$

Espressioni con funzioni goniometriche

Semplifica le seguenti espressioni.

315 $(\sec^2\alpha + \csc^2\alpha)\cot^2\alpha$ $\left[\frac{1}{\sin^4\alpha}\right]$

316 $\frac{\cos^2\alpha + 2\sin^2\alpha - 2}{\cot\alpha} \cdot \csc\alpha$ $[-\cos\alpha]$

317 $\frac{\cot\alpha}{\sin\alpha} + \csc\alpha - \frac{\csc\alpha}{\tan\alpha}$ $\left[\frac{1}{\sin\alpha}\right]$

318 $\frac{\cot^2\alpha + 1}{\csc^2\alpha} - \left(\frac{1}{\sec^2\alpha} + \frac{1}{\csc^2\alpha}\right)$ $[0]$

---

319 Trasforma l'espressione in funzione soltanto di sin α, sapendo che $\pi < \alpha < \frac{3}{2}\pi$.

$3\sin\alpha - 2\cot^2\alpha + \cos^2\alpha$ $\left[\frac{-\sin^4\alpha + 3\sin^3\alpha + 3\sin^2\alpha - 2}{\sin^2\alpha}\right]$

320 Trasforma l'espressione in funzione soltanto di tan α, sapendo che $\frac{\pi}{2} < \alpha < \pi$.

$\frac{\sin^2\alpha + \cot\alpha - 1}{2\cot^2\alpha + \cos^2\alpha}$ $\left[\frac{\tan\alpha(\tan^2\alpha - \tan\alpha + 1)}{3\tan^2\alpha + 2}\right]$

321 Trasforma l'espressione in funzione soltanto di cot α, sapendo che $0 < \alpha < \frac{\pi}{2}$.

$\frac{2\tan\alpha + \cos^2\alpha - 1}{\sin^2\alpha}$ $\left[\frac{2\cot^2\alpha - \cot\alpha + 2}{\cot\alpha}\right]$

Identità con le funzioni goniometriche

322 ESERCIZIO GUIDA Verifichiamo l'identità $1 + \cot^2\alpha = \csc^2\alpha$.

Poiché un'**identità goniometrica** è un'uguaglianza fra espressioni contenenti funzioni goniometriche di uno o più angoli che risulta verificata per **tutti** i valori appartenenti ai domini di tali funzioni, determiniamo le condizioni di esistenza del primo e secondo membro:

C.E.: $\alpha \neq k\pi$.

Consideriamo il primo membro e trasformiamo $\cot^2\alpha$ in funzione di $\sin\alpha$ e $\cos\alpha$, poi sommiamo:

$$1 + \left(\frac{\cos\alpha}{\sin\alpha}\right)^2 = 1 + \frac{\cos^2\alpha}{\sin^2\alpha} = \frac{\sin^2\alpha + \cos^2\alpha}{\sin^2\alpha} = \frac{1}{\sin^2\alpha}.$$

Trasformando il secondo membro in funzione di $\sin\alpha$ otteniamo $\frac{1}{\sin^2\alpha}$.

Pertanto l'identità è verificata, se $\alpha \neq k\pi$.

Verifica le seguenti identità.

323 $(\sin\alpha + \cos\alpha)^2 - 1 = 2\sin\alpha\cos\alpha$

324 $\cos\alpha \cdot \tan\alpha + \sin\alpha \cdot \cot\alpha = \cos\alpha + \sin\alpha$

325 $\cos^2\alpha \cdot \tan^2\alpha + \sin^2\alpha \cdot \cot^2\alpha = 1$

326 $(\tan\alpha + \cot\alpha)\sin\alpha = \frac{1}{\cos\alpha}$

327 $(\cot\alpha - \cos\alpha) \cdot \tan\alpha = 1 - \sin\alpha$

328 $\tan\alpha = \frac{\tan\alpha - 1}{1 - \cot\alpha}$

329 $\sin\alpha \cdot \cos^2\alpha + \sin^3\alpha = \sin\alpha$

330 $\csc^2\alpha + \sec^2\alpha = \frac{1}{\cos^2\alpha \cdot \sin^2\alpha}$

331 $(1 + \tan^2\alpha) \cdot (1 - \sin^2\alpha) = 1$

332 $\sec\alpha - \cos^2\alpha - \sin\alpha \cdot \tan\alpha - \cos\alpha + 1 = \sin^2\alpha$

333 $1 + \tan^2\alpha - \frac{1}{\sin^2\alpha} \cdot \tan^2\alpha + \frac{1}{\cos^2\alpha} = \frac{1}{\cos^2\alpha}$

334 $\cos^2\alpha - \sin^2\alpha = \frac{1 - \tan^2\alpha}{1 + \tan^2\alpha}$

335 $\frac{1}{2 - \sin^2\alpha} = \frac{1 + \tan^2\alpha}{2 + \tan^2\alpha}$

ESERCIZI

336 $\sin^2\alpha + \sin^2\alpha \cdot \cos^2\alpha + \cos^4\alpha = 1$

337 $\dfrac{\sec\alpha + \csc\alpha}{\tan\alpha + \cot\alpha} = \cos\alpha + \sin\alpha$

338 $\dfrac{1-\cos^2\alpha}{1+\cot^2\alpha} = \dfrac{\sin^2\alpha}{\csc^2\alpha}$

339 $\cos^6\alpha + \sin^6\alpha = 1 - 3\cos^2\alpha\sin^2\alpha$

340 $\sin^4\alpha + \cos^4\alpha = 1 - 2\cot^2\alpha\sin^4\alpha$

6 Funzioni goniometriche di angoli particolari

Teoria a p. 680

341 VERO O FALSO?

a. $\sin\dfrac{\pi}{6} + \cos\dfrac{\pi}{3} = 1$ V F

b. $\sin 30° + \sin 60° = \sin 90°$ V F

c. $\tan\dfrac{\pi}{4} = \cot\dfrac{\pi}{4}$ V F

d. $\cos\dfrac{\pi}{6} - \sin\dfrac{\pi}{6} = \dfrac{1}{2}$ V F

Calcola il valore delle seguenti espressioni.

342 $\sin\dfrac{\pi}{6} + \cos\dfrac{\pi}{6} - \cos\dfrac{\pi}{3}$ $\left[\dfrac{\sqrt{3}}{2}\right]$

343 $\left(\tan 0 - 2\sin\dfrac{\pi}{4}\right)^2$ $[2]$

344 $\dfrac{\sqrt{3}}{3}\tan 30° + \sqrt{3}\tan 60°$ $\left[\dfrac{10}{3}\right]$

---

345 $4\sin 30° - \sec 60° + \sqrt{2}\csc 45° + \cos 90° - 3\sec 0°$ $[-1]$

346 $4\cos 0 - 2\sec\dfrac{\pi}{3} + 2\csc\dfrac{\pi}{4} - 4\sin\dfrac{\pi}{4} + \cot\dfrac{\pi}{2}$ $[0]$

347 $3\tan 0° + 4\cos 30°\sin 60° - \sqrt{2}\cos 45° - 6\sin 90°$ $[-4]$

348 $\cos 0° + \sin 90° - 3\cos 180° + 5\sin^2 270° - \sin 180°$ $[10]$

349 $\cot\dfrac{\pi}{2} - 3\sec\dfrac{\pi}{4} + \csc\dfrac{\pi}{6}\sec\dfrac{\pi}{6} - 8\cot\dfrac{\pi}{3}\cos\dfrac{\pi}{3}$ $[-3\sqrt{2}]$

350 $\dfrac{1}{2}\sec 45° - \cos 45° - 2\cos^2 30° + \sqrt{3}\csc 60° - 3\tan 30° + 3\cot 60°$ $\left[\dfrac{1}{2}\right]$

351 $\dfrac{1}{3}\cos 0° + \sqrt{3}\sin 60° + 4\cos 90° - \dfrac{\sqrt{2}}{3}\cos 45° - 2\cos 60° - \dfrac{3}{2}\sin 90°$ $[-1]$

352 $\sin\dfrac{\pi}{3} + \sin\pi + \cos\dfrac{\pi}{3} + \sin\dfrac{\pi}{6} - \cos\dfrac{\pi}{6}$ $[1]$

353 $4\sin\dfrac{\pi}{2} - 3\left(\sin\dfrac{\pi}{6} + \cos\dfrac{\pi}{3}\right) - 2\sin\dfrac{\pi}{3} + \cos\pi$ $[-\sqrt{3}]$

354 $\cos\dfrac{\pi}{4}\left(1 + \sin\dfrac{\pi}{4}\right) - \sqrt{3}\tan\dfrac{\pi}{3} + \csc\dfrac{\pi}{6}$ $\left[\dfrac{\sqrt{2}-1}{2}\right]$

355 $-\cos^2\dfrac{\pi}{6} + \dfrac{1}{2}\sec^2\dfrac{\pi}{4} - \dfrac{1}{2}\cos\dfrac{\pi}{3} - \tan\dfrac{\pi}{4}$ $[-1]$

356 $\dfrac{1}{2}\sin\dfrac{\pi}{6} + \dfrac{\sqrt{3}}{2}\cos\dfrac{\pi}{6} + \sqrt{2}\csc\dfrac{\pi}{4} + 3\cot\dfrac{\pi}{3}\tan\dfrac{\pi}{6} + \csc\dfrac{\pi}{6}$ $[6]$

Calcola il valore delle seguenti espressioni a coefficienti letterali.

357 $2a\sin\frac{\pi}{6} - b\sqrt{2}\csc\frac{\pi}{4} + a\cos\frac{\pi}{2} + b\cot\frac{\pi}{4}$ $[a-b]$

358 $a\sin 90° + 2b\cos 180° - 3a\sin 270° + b\cos 0°$ $[4a-b]$

359 $\frac{a^2}{4}\sin\frac{3}{2}\pi - \frac{3}{4}a\sec\frac{\pi}{4}\cdot\left(a\csc\frac{\pi}{4}\right)+\left(a\cos\frac{\pi}{6}\right)^2$ $[-a^2]$

360 $\left(a\sin\frac{\pi}{2} - b\cos\pi\right)\left(2a\sin\frac{\pi}{6} - b\cot\frac{\pi}{4}\right) + b^2\sec\frac{\pi}{3}$ $[a^2+b^2]$

361 $x\tan 0 + \left(x\cot\frac{\pi}{6} + y\tan\frac{\pi}{3}\right)^2 - 3y^2\cot\frac{\pi}{4} - x\cot\frac{3}{2}\pi$ $[3x^2+6xy]$

362 $a\sec\frac{\pi}{3} + b^2\sqrt{3}\cot\frac{\pi}{6} + 5a\sin\frac{3}{2}\pi - b^2\cos 0 - b^2\csc\frac{3}{2}\pi$ $[3b^2-3a]$

363 $\dfrac{a^2\tan 45° + ab\csc 30° + b^2\sec 0°}{a - b\sin 270°}$ $[a+b]$

7 Angoli associati

Funzioni goniometriche di angoli associati

▶ Teoria a p. 682

Angoli opposti (α e $-\alpha$) o esplementari (α e $2\pi-\alpha$)

364 VERO O FALSO?

a. $\sin(-30°) = -\sin(30°)$ V F

b. $\cos\left(-\frac{\pi}{4}\right) = -\cos\left(-\frac{\pi}{4}\right)$ V F

c. $\tan\left(2\pi - \frac{\pi}{6}\right) = \tan\left(-\frac{\pi}{6}\right)$ V F

d. $\sin(360° - 42°) = -\sin(42°)$ V F

e. $\sec\left(-\frac{\pi}{5}\right) = \sec\left(\frac{\pi}{5}\right)$ V F

Calcola il valore delle seguenti funzioni goniometriche.

365 $\sin(-30°)$; $\sin(-45°)$; $\csc(-60°)$. $\left[-\frac{1}{2}; -\frac{\sqrt{2}}{2}; -\frac{2}{\sqrt{3}}\right]$

366 $\cos(-60°)$; $\cos\left(-\frac{\pi}{6}\right)$; $\sec\left(-\frac{\pi}{4}\right)$. $\left[\frac{1}{2}; \frac{\sqrt{3}}{2}; \sqrt{2}\right]$

367 $\tan\left(-\frac{\pi}{4}\right)$; $\tan\left(-\frac{\pi}{3}\right)$; $\cot\left(-\frac{\pi}{6}\right)$. $[-1; -\sqrt{3}; -\sqrt{3}]$

368 $\sin\left(2\pi - \frac{\pi}{3}\right)$; $\tan(360° - 45°)$; $\cos\left(2\pi - \frac{\pi}{6}\right)$. $\left[-\frac{\sqrt{3}}{2}; -1; \frac{\sqrt{3}}{2}\right]$

369 TEST Una sola delle seguenti uguaglianze è vera, quale?

A $\sin^2\left(-\frac{\pi}{6}\right) = -\sin^2\left(\frac{\pi}{6}\right)$

B $\cos^2\left(-\frac{\pi}{5}\right) = -\cos^2\left(\frac{\pi}{5}\right)$

C $\sin^2(-35°) + \cos^2(-35°) = 1$

D $\sin^2(-80°) - \cos^2(-80°) = -1$

E $\sin\left(\frac{\pi}{8}\right) = \sin\left(2\pi - \frac{\pi}{8}\right)$

ESERCIZI

370 ESERCIZIO GUIDA Semplifichiamo $\sec\alpha - \cos(-\alpha) + \tan\alpha \sin(-\alpha)$.

Riscriviamo l'espressione in funzione solo di seno e coseno.

$$\frac{1}{\cos\alpha} - \cos(-\alpha) + \frac{\sin\alpha}{\cos\alpha}\cdot\sin(-\alpha) =$$) trasformiamo le funzioni di $-\alpha$ come indicato in figura

$$\frac{1}{\cos\alpha} - \cos\alpha + \frac{\sin\alpha}{\cos\alpha}\cdot(-\sin\alpha) =$$) denominatore comune

$$\frac{1-\cos^2\alpha - \sin^2\alpha}{\cos\alpha} =$$) $\sin^2\alpha + \cos^2\alpha = 1$

$$\frac{1-1}{\cos\alpha} = 0$$

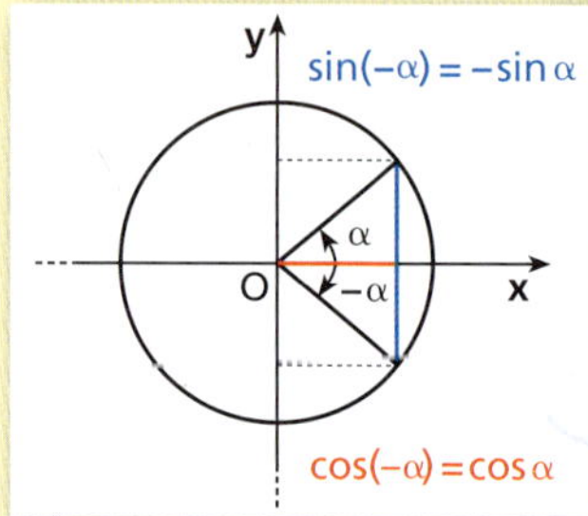

Semplifica le seguenti espressioni.

371 $-\sin\alpha\sin(-\alpha) + \cos\alpha\cos(-\alpha)$ $[1]$

372 $\tan(-\alpha) - 2\cos(-\alpha) + 2\sin(-\alpha)\cot(-\alpha)$ $[-\tan\alpha]$

373 $\sin(-\alpha) + \cos(-\alpha) + \sec(-\alpha) + 2\sin\alpha - \sec\alpha + 3\cos\alpha$ $[\sin\alpha + 4\cos\alpha]$

374 $\sin^2(-\alpha) + \cos^2\alpha + \tan\alpha\cot(-\alpha)$ $[0]$

375 $\cos(-\alpha) - \sin(-\alpha)\cot(-\alpha) + \dfrac{1}{\sec(-\alpha)}$ $[\cos\alpha]$

376 $\sin(2\pi - \alpha) - 2\cos(2\pi - \alpha) - \cos\alpha\tan(2\pi - \alpha)$ $[-2\cos\alpha]$

377 $\sec(360° - \alpha)\cos\alpha + \tan(360° - \alpha)\cot\alpha$ $[0]$

378 $3\sin(2\pi - \alpha) + \cos(2\pi - \alpha)\sec\alpha + 3\sin\alpha$ $[1]$

379 $\dfrac{\sin(2\pi - \alpha)}{\cos(-\alpha)} - 2\cos(2\pi - \alpha) - \tan(2\pi - \alpha) + \cos\alpha$ $[-\cos\alpha]$

380 $\dfrac{\cos(-\alpha) - \tan(-\alpha)}{\cos^2\alpha + \sin^2(-\alpha)} + \sin^2(-\alpha) - \cos(-\alpha)$ $[\tan\alpha + \sin^2\alpha]$

381 $\sqrt{3}\cos(-30°) + \sqrt{3}\sin(-60°) - \cos(-45°) - \cos(-60°)\csc(-45°)$ $[0]$

382 $\csc(2\pi - \alpha) + \dfrac{\cos^2(2\pi - \alpha) + \sin^2\alpha}{\sin(2\pi - \alpha)}$ $\left[-\dfrac{2}{\sin\alpha}\right]$

Angoli complementari $\left(\alpha \text{ e } \frac{\pi}{2} - \alpha\right)$

383 ESERCIZIO GUIDA Semplifichiamo $\sin\left(\frac{\pi}{2} - \alpha\right) - \cos\alpha + \csc\left(\frac{\pi}{2} - \alpha\right)\cos\left(\frac{\pi}{2} - \alpha\right)$.

Esprimiamo $\csc\left(\frac{\pi}{2} - \alpha\right)$ in funzione di $\sin\left(\frac{\pi}{2} - \alpha\right)$:

$$\sin\left(\frac{\pi}{2} - \alpha\right) - \cos\alpha + \frac{1}{\sin\left(\frac{\pi}{2} - \alpha\right)}\cos\left(\frac{\pi}{2} - \alpha\right);$$) trasformiamo le funzioni di $\frac{\pi}{2} - \alpha$ come indicato in figura

$$\cos\alpha - \cos\alpha + \frac{1}{\cos\alpha}\sin\alpha = \tan\alpha.$$

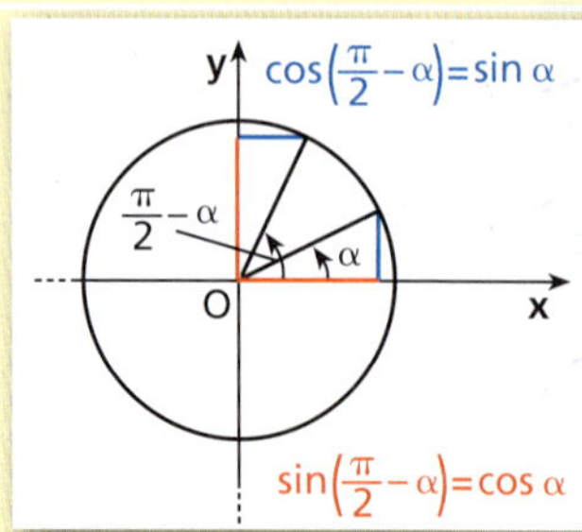

Semplifica le seguenti espressioni.

384 $\tan\left(\frac{\pi}{2}-\alpha\right)\sin\alpha-\cos\alpha+\sin\left(\frac{\pi}{2}-\alpha\right)$ $[\cos\alpha]$

385 $\csc\left(\frac{\pi}{2}-\alpha\right)\tan\left(\frac{\pi}{2}-\alpha\right)+\sin\left(\frac{\pi}{2}-\alpha\right)-\sec\left(\frac{\pi}{2}-\alpha\right)$ $[\cos\alpha]$

386 $2\cos(90°-\alpha)-3\sin(90°-\alpha)+2\cos\alpha-3\sin\alpha$ $[-\cos\alpha-\sin\alpha]$

387 $\cot\left(\frac{\pi}{2}-\alpha\right)\left[2\sin\left(\frac{\pi}{2}-\alpha\right)-3\cos(-\alpha)\right]+\cos\left(\frac{\pi}{2}-\alpha\right)$ $[0]$

388 $[\cos(90°-\alpha)+\sin(90°-\alpha)]^2-\dfrac{2\tan(90°-\alpha)}{1+\cot^2(-\alpha)}$ $[1]$

Determina il valore delle espressioni indicate nelle figure.

389

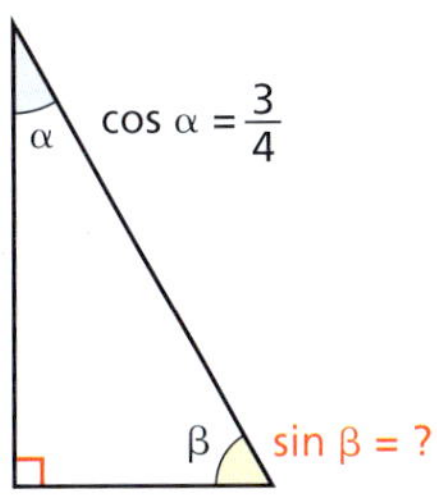

390

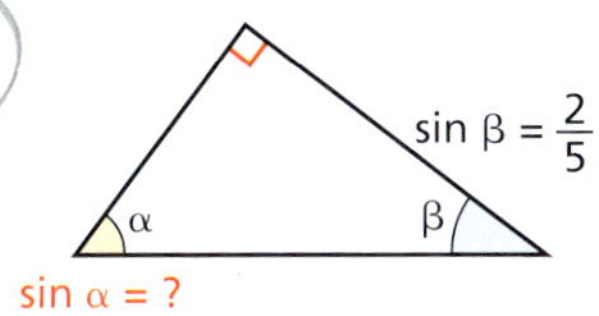

391

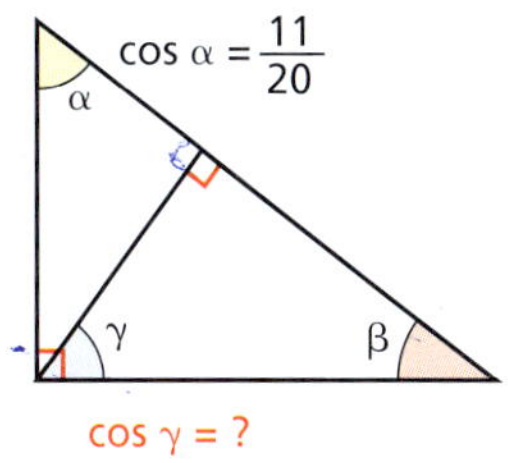

392 RIFLETTI SULLA TEORIA Dimostra che se un triangolo ABC è rettangolo allora $\sin^2\widehat{A}+\sin^2\widehat{B}+\sin^2\widehat{C}=2$.

Angoli che differiscono di un angolo retto $\left(\alpha \text{ e } \frac{\pi}{2}+\alpha\right)$

393 ESERCIZIO GUIDA Semplifichiamo la seguente espressione:

$$\cos\left(\frac{\pi}{2}+\alpha\right)+\sin\alpha+\sec\left(\frac{\pi}{2}+\alpha\right)\sin\alpha+\sin\left(\frac{\pi}{2}+\alpha\right).$$

Esprimiamo $\sec\left(\frac{\pi}{2}+\alpha\right)$ in funzione di $\cos\left(\frac{\pi}{2}+\alpha\right)$:

$$\cos\left(\frac{\pi}{2}+\alpha\right)+\sin\alpha+\frac{1}{\cos\left(\frac{\pi}{2}+\alpha\right)}\sin\alpha+\sin\left(\frac{\pi}{2}+\alpha\right)=$$

trasformiamo le funzioni di $\frac{\pi}{2}+\alpha$ come indicato in figura

$$-\sin\alpha+\sin\alpha+\frac{1}{-\sin\alpha}\sin\alpha+\cos\alpha=-1+\cos\alpha.$$

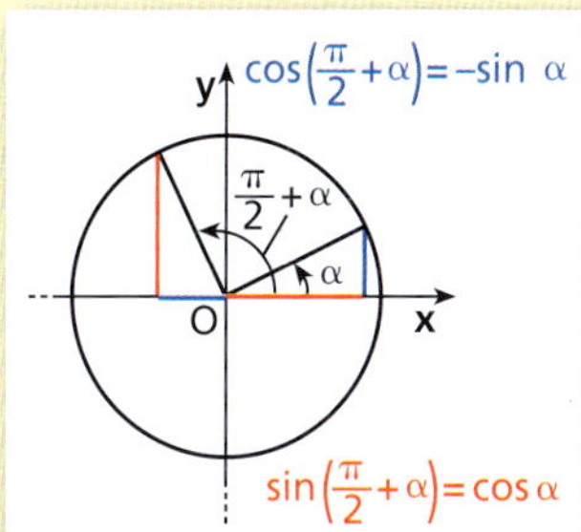

Semplifica le seguenti espressioni.

394 $\sec\left(\frac{\pi}{2}+\alpha\right)\tan\alpha+\sin\left(\frac{\pi}{2}+\alpha\right)+\csc\left(\frac{\pi}{2}+\alpha\right)$ $[\cos\alpha]$

395 $\cos(90°+\alpha)\cot(90°+\alpha)(1+\cot^2\alpha)(-\cos\alpha)$ $[-1]$

396 $\sin^2\left(\frac{\pi}{2}+\alpha\right)-1+\cot^2\left(\frac{\pi}{2}+\alpha\right)\sin^2\left(\frac{\pi}{2}+\alpha\right)$ $[0]$

397 $\sin(90°+\alpha)\cos(90°-\alpha)+\cos(90°+\alpha)\sin(90°+\alpha)-\sin(-\alpha)$ $[\sin\alpha]$

Angoli supplementari (α e $\pi - \alpha$)

398 ESERCIZIO GUIDA Semplifichiamo la seguente espressione:

$$3\cos\alpha + \cos(\pi-\alpha) - \sin\alpha + 2\cot(\pi-\alpha)\sin\alpha + 2\sin(\pi-\alpha).$$

Esprimiamo $\cot(\pi-\alpha)$ mediante le funzioni seno e coseno:

$$3\cos\alpha + \cos(\pi-\alpha) - \sin\alpha + \frac{2\cos(\pi-\alpha)}{\sin(\pi-\alpha)}\sin\alpha + 2\sin(\pi-\alpha) =$$

$$3\cos\alpha - \cos\alpha - \sin\alpha + 2\frac{-\cos\alpha}{\sin\alpha}\sin\alpha + 2\sin\alpha =$$

$$2\cos\alpha + \sin\alpha - 2\cos\alpha = \sin\alpha.$$

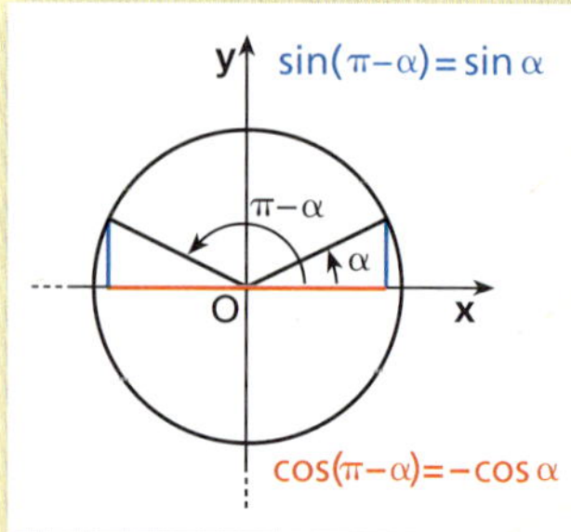

Semplifica le seguenti espressioni.

399 $2[\sin\alpha\sin(180°-\alpha) - \cos\alpha\cos(180°-\alpha)] - 5\cos 180°$ $[7]$

400 $\tan(\pi-\alpha)\cot\alpha - \cot(\pi-\alpha)\tan\alpha$ $[0]$

401 $\cos\alpha\csc(180°-\alpha) + \sin\alpha\sec(180°-\alpha) - \cot(180°-\alpha) + \tan(180°-\alpha)$ $[2\cot\alpha - 2\tan\alpha]$

402 $\sin(\pi-\alpha) - \cot(\pi-\alpha)\sin\alpha + \cos(\pi-\alpha)$ $[\sin\alpha]$

403 Trova $\sin\gamma$, utilizzando i dati.

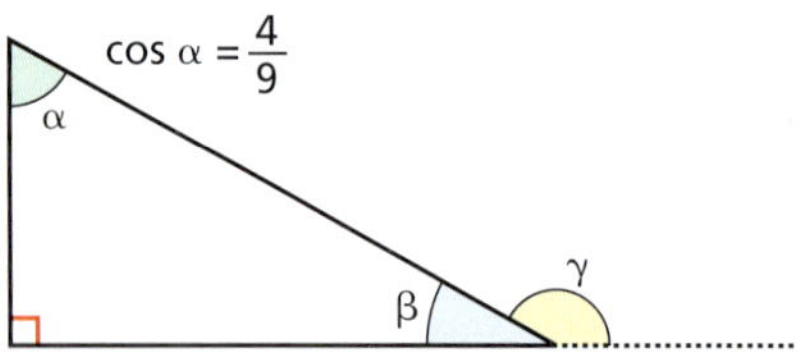

404 Trova $\cos\beta$, utilizzando i dati.

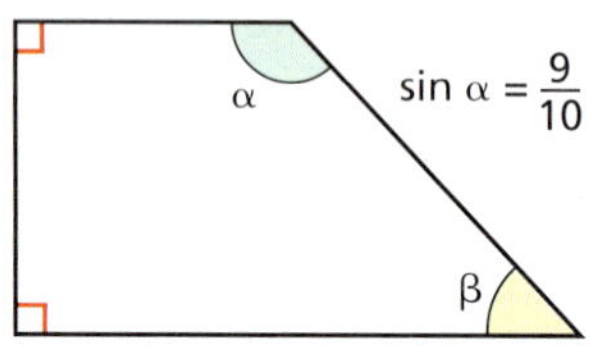

TEST

405 Il valore della somma $\cos 40° + \cos 140°$ è:

A negativo ma diverso da -1.
B positivo.
C 0.
D irrazionale.
E -1.

(*Facoltà di Ingegneria, Test di ingresso*, 2000)

406 Siano α e β due angoli legati fra di loro dalla relazione $\beta = \pi - \alpha$. Quale delle seguenti uguaglianze è vera?

A $\tan\alpha + \tan\beta = 0$
B $\cos\alpha = \cos\beta$
C $\sin\alpha + \sin\beta = 0$
D $\tan\alpha = \tan\beta$
E $\cos\alpha + \cos\beta = -1$

(*Facoltà di Ingegneria, Test di ingresso*, 1999)

407 RIFLETTI SULLA TEORIA Dato il triangolo ABC, verifica che: $\sin\widehat{A} = \sin(\widehat{B} + \widehat{C})$.

Angoli che differiscono di un angolo piatto (α e $\pi+\alpha$)

408 ESERCIZIO GUIDA Semplifichiamo la seguente espressione:

$$\csc(\pi+\alpha)+3\sin\alpha+\cot(\pi+\alpha)\sec\alpha+2\sin(\pi+\alpha).$$

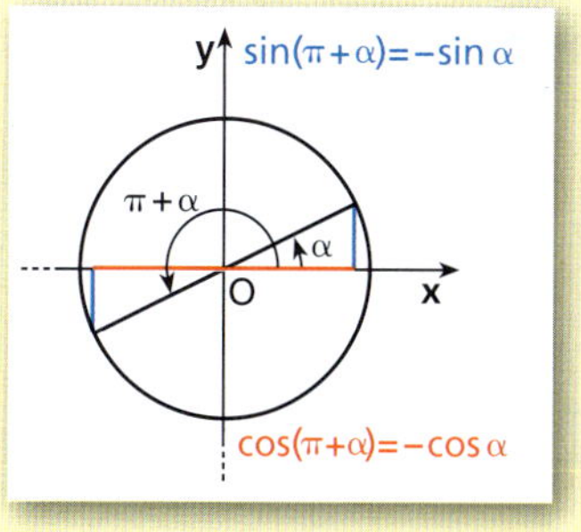

Esprimiamo $\cot(\pi+\alpha)$, $\csc(\pi+\alpha)$ e $\sec\alpha$ mediante le funzioni seno e coseno:

$$\frac{1}{\sin(\pi+\alpha)}+3\sin\alpha+\frac{\cos(\pi+\alpha)}{\sin(\pi+\alpha)}\cdot\frac{1}{\cos\alpha}+2\sin(\pi+\alpha)=$$

$$\frac{1}{-\sin\alpha}+3\sin\alpha+\frac{-\cos\alpha}{-\sin\alpha}\cdot\frac{1}{\cos\alpha}-2\sin\alpha=-\frac{1}{\sin\alpha}+\sin\alpha+\frac{1}{\sin\alpha}=\sin\alpha.$$

Semplifica le seguenti espressioni.

409 $\sin\alpha\sin(\pi+\alpha)+\cos(\pi+\alpha)\cos\alpha+2$ $[1]$

410 $\sin\alpha\cos(\pi+\alpha)+2\sin\alpha\cos\alpha+\cos\alpha[\sin(\pi+\alpha)+1]+\cos(\pi+\alpha)$ $[0]$

411 $[\sin(180°-\alpha)-\cos(180°+\alpha)]^2-2\sin(-\alpha)\cos(180°+\alpha)$ $[1]$

412 $\sec(180°+\alpha)\sin^2(180°+\alpha)-\tan(180°+\alpha)-\cos\alpha$ $\left[-\frac{1}{\cos\alpha}-\tan\alpha\right]$

Angoli la cui somma o differenza è $\frac{3}{2}\pi$

413 ESERCIZIO GUIDA Semplifichiamo l'espressione:

$$\sin\left(\frac{3}{2}\pi-\alpha\right)\cos\alpha+\cos\left(\frac{3}{2}\pi+\alpha\right)\cos\left(\frac{3}{2}\pi-\alpha\right)+\cot\left(\frac{3}{2}\pi-\alpha\right).$$

Trasformiamo le funzioni di $\frac{3}{2}\pi-\alpha$ e $\frac{3}{2}\pi+\alpha$ in funzioni di α tenendo conto delle relazioni delle figure:

$$-\cos\alpha\cos\alpha+\sin\alpha(-\sin\alpha)+\tan\alpha=-\cos^2\alpha-\sin^2\alpha+\tan\alpha=-1+\tan\alpha.$$

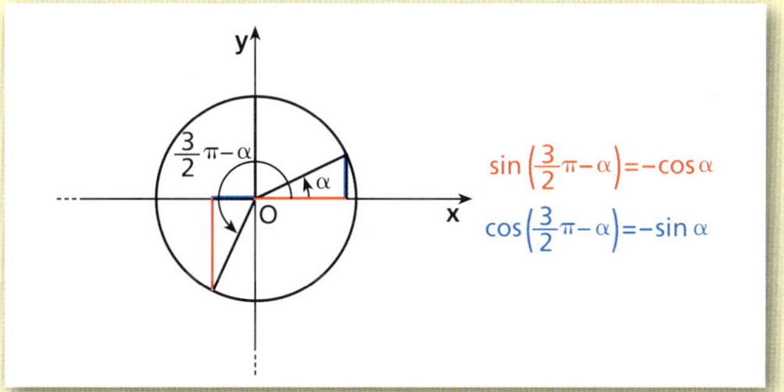

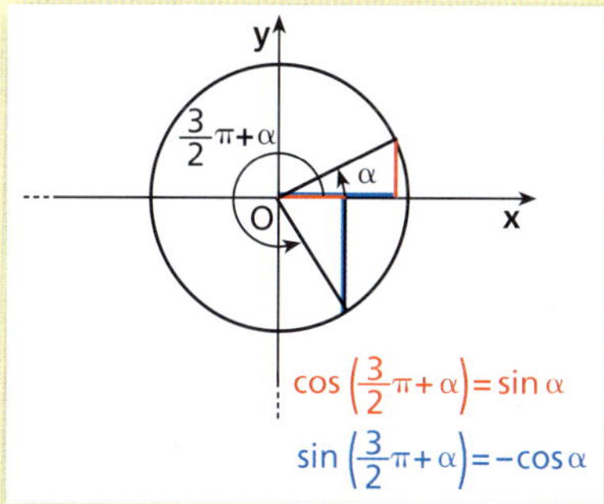

Semplifica le seguenti espressioni.

414 $\cos\left(\frac{3}{2}\pi-\alpha\right)\sin\left(\frac{3}{2}\pi+\alpha\right)+\cos\left(\frac{3}{2}\pi+\alpha\right)\sin\left(\frac{3}{2}\pi-\alpha\right)$ $[0]$

415 $2\tan\left(\frac{3}{2}\pi+\alpha\right)\cot\left(\frac{3}{2}\pi-\alpha\right)+\sin^2\left(\frac{3}{2}\pi+\alpha\right)+\cos^2\left(\frac{3}{2}\pi-\alpha\right)$ $[-1]$

416 $\sin\left(\frac{3}{2}\pi+\alpha\right)+\cos\left(\frac{3}{2}\pi-\alpha\right)+\cos(-\alpha)+2\cos\left(\frac{3}{2}\pi+\alpha\right)$ $[\sin\alpha]$

ESERCIZI

417 $\sec\left(\frac{3}{2}\pi-\alpha\right)\operatorname{cosec}\left(\frac{3}{2}\pi+\alpha\right)+\tan\left(\frac{3}{2}\pi+\alpha\right)$ [$\tan\alpha$]

418 $\cos(270°+\alpha)+\tan(270°-\alpha)-\frac{\sin(270°-\alpha)}{\sin(-\alpha)}$ [$\sin\alpha$]

Riepilogo: Angoli associati

TEST

419 Quale fra le seguenti espressioni *non* è equivalente a $-\sin(\alpha+270°)$?

A $\cos\alpha$

B $\cos(-\alpha)$

C $\sin(90°-\alpha)$

D $\sin(\pi-\alpha)$

E $-\cos(\alpha-\pi)$

420 La somma $\sin\frac{3}{7}\pi+\sin\frac{4}{7}\pi$ vale:

A $\sin\frac{7}{7}\pi=\sin\pi=0$.

B $-2\cos\frac{\pi}{14}$.

C $2\sin\frac{\pi}{14}$.

D $2\cos\frac{\pi}{7}$.

E $2\cos\frac{\pi}{14}$.

421 ASSOCIA a ciascuna espressione della prima colonna una equivalente nella seconda colonna.

a. $\tan(x+\pi)+\tan(\pi-x)$ 1. 0

b. $\sin(x+90°)-\cos(180°-x)$ 2. 2

c. $\csc(270°-x)+2+\sec(-x)$ 3. $2\cos x$

d. $\sin^2(-x)+\sin^2(270°+x)$ 4. 1

422 VERO O FALSO? Se $0<\alpha<\frac{\pi}{2}$:

a. $\sin(\pi-\alpha)=-\sin\alpha$ V F

b. $\cos\left(\frac{3}{2}\pi+\alpha\right)=-\sin\alpha$ V F

c. $\cot(\alpha-4\pi)=\cot\alpha$ V F

d. $\sin\left(\frac{3}{2}\pi-\alpha\right)=\cos\alpha$ V F

423 FAI UN ESEMPIO di due angoli che abbiano:

a. lo stesso seno ma coseni opposti;

b. lo stesso coseno ma seni opposti.

Semplifica le seguenti espressioni.

424 $\csc(\pi+\alpha)\tan(\pi-\alpha)+\cos(2\pi-\alpha)-\sec(-\alpha)$ [$\cos\alpha$]

425 $\cos(-\alpha)+\cos(360°-\alpha)+\cos(180°-\alpha)-\cos(180°+\alpha)$ [$2\cos\alpha$]

426 $\tan(-\alpha)+\tan(180°-\alpha)+\tan(360°-\alpha)-\tan(180°-\alpha)$ [$-2\tan\alpha$]

427 $\sin(2\pi-\alpha)+2\cos(\pi+\alpha)+3\sin\left(\frac{\pi}{2}-\alpha\right)-\cos(-\alpha)$ [$-\sin\alpha$]

428 $\sin(90°+\alpha)\tan(-\alpha)+\sin(90°+\alpha)\cot(90°-\alpha)$ [0]

429 $\sin\left(\frac{\pi}{2}+\alpha\right)\cos(\pi-\alpha)-\cos\left(\frac{\pi}{2}-\alpha\right)\sin\alpha+\tan\left(\frac{\pi}{2}-\alpha\right)$ [$\cot\alpha-1$]

430 $\tan(-\alpha)\cos(\pi+\alpha)-\cos\left(\frac{3}{2}\pi+\alpha\right)-\cot\left(\frac{\pi}{2}+\alpha\right)$ [$\tan\alpha$]

431 $\cos\left(\frac{\pi}{2}+\alpha\right)\cot\alpha+2\sin\left(\frac{\pi}{2}-\alpha\right)+\cos(\pi+\alpha)$ [0]

432 $\tan(\alpha+\pi)\cot(\pi-\alpha)+\sin(-\alpha)\tan\left(\alpha+\frac{\pi}{2}\right)$ [$-1+\cos\alpha$]

433 $\sin\left(\frac{3}{2}\pi - \alpha\right) \cdot \frac{\sin(2\pi + \alpha)}{\sin\left(\frac{\pi}{2} + \alpha\right)} + \sin(-\alpha) + \sin(\pi + \alpha)$ $[-3\sin\alpha]$

434 $\frac{\sin\left(\frac{\pi}{2} - \alpha\right) + \cos(-\alpha) + \sin(2\pi - \alpha) + \cos\left(\frac{\pi}{2} - \alpha\right)}{\cos\left(\frac{\pi}{2} + \alpha\right) + \sin(-\alpha)}$ $[-\cot\alpha]$

435 $\sin\left(\frac{3}{2}\pi - \alpha\right) + \cos(3\pi + \alpha) + \sin(-\alpha)\cot(\alpha - 5\pi)$ $[-3\cos\alpha]$

436 $\frac{-2\sin^2(180° - \alpha) + \cos^2(180° - \alpha) + 2}{\tan(180° - \alpha)\sin(90° - \alpha) + 1}$ $[3(\sin\alpha + 1)]$

437 $\frac{\cot^2(\alpha - 3\pi) - 1}{\tan\left(\alpha + \frac{\pi}{2}\right)} \cdot \frac{\cot\left(-\frac{\pi}{2} - \alpha\right)}{1 - \tan^2(-\alpha - \pi)}$ $[-1]$

438 $\frac{1 - \cos(8\pi - \alpha)}{\sin(-4\pi - \alpha)\cos(6\pi - \alpha)} + \tan(\alpha - 3\pi) + \frac{1 - \cos(10\pi - \alpha)}{\tan(7\pi + \alpha)}$ $[\sin\alpha]$

439 $\frac{\sin(-\alpha) + \cos(180° - \alpha) - \tan(180° + \alpha)}{\tan(180° - \alpha) - \cos(90° - \alpha) - \cos(-\alpha)}$ $[1]$

440 $\frac{2\tan\left(\frac{\pi}{2} - \alpha\right)}{1 + [\cot(\pi - \alpha)]^2} - \left[\cos\left(\frac{\pi}{2} - \alpha\right) + \sin\left(\frac{\pi}{2} - \alpha\right)\right]^2$ $[-1]$

441 $\sin(\alpha - 2\pi)\cot(-\alpha) + \sin\left(\alpha + \frac{3}{2}\pi\right)\cos(\alpha + 5\pi) + \sin^2(6\pi - \alpha)$ $[1 - \cos\alpha]$

442 $\cos(-\alpha)\sin\left(\frac{5}{2}\pi + \alpha\right) + \sin\left(\frac{7}{2}\pi - \alpha\right)\cot\left(\frac{\pi}{2} + \alpha\right) + \sin\left(\frac{\pi}{2} + \alpha\right)\tan(\pi - \alpha)$ $[\cos^2\alpha]$

443 $\sin(720° + \alpha)\cos(180° + \alpha) - \cos(450° + \alpha)\sin(-270° - \alpha)$ $[0]$

444 $\frac{\sin\left(\alpha - \frac{\pi}{2}\right)\sin(-\alpha) + \cos\left(\frac{3}{2}\pi - \alpha\right)\sin\left(\frac{11}{2}\pi + \alpha\right) + \cos(3\pi + \alpha)}{-\tan\left(\alpha + \frac{\pi}{2}\right)\cot\left(\alpha - \frac{3}{2}\pi\right) - \sin(\alpha + \pi) + \sin(7\pi - \alpha)}$ $[\cos\alpha]$

445 $\sin(\pi - \alpha)\cos\left(\alpha - \frac{\pi}{2}\right) - 2\sin\left(\alpha - \frac{3}{2}\pi\right)\cos(2\pi - \alpha) + \frac{\tan\left(\frac{5}{2}\pi - \alpha\right)}{\cot(-\alpha)}$ $[-3\cos^2\alpha]$

446 $\frac{\cos(4\pi - \alpha)\cos(\alpha - 6\pi)}{\cos\left(\alpha - \frac{3}{2}\pi\right)\sin\left(\alpha - \frac{\pi}{2}\right)} + \frac{\tan\left(\alpha - \frac{3}{2}\pi\right)\cot(-\alpha)}{\cos(\alpha - 3\pi)\sin\left(\frac{3}{2}\pi + \alpha\right)} - \tan\left(\frac{\pi}{2} - \alpha\right)$ $\left[\frac{1}{\sin^2\alpha}\right]$

Calcola i valori delle seguenti espressioni, utilizzando le informazioni indicate a fianco.

447 $\cos(270° - \alpha) - \cos(180° - \alpha) + \tan(90° + \alpha)$ — $\cos\alpha = -\frac{4}{5}$, con $\pi < \alpha < \frac{3}{2}\pi$ $\left[-\frac{23}{15}\right]$

448 $\frac{\sin\left(\frac{\pi}{2} - \alpha\right) + 2\cos(-\alpha)}{\sin(-\pi - \alpha)} + \tan\left(\frac{3}{2}\pi - \alpha\right)$ — $\sin\alpha = \frac{12}{13}$, con $\frac{\pi}{2} < \alpha < \pi$ $\left[-\frac{5}{3}\right]$

449 $\cos(\pi + \alpha)$, $\tan(\alpha - 4\pi)$, $\cos(2\pi - \alpha)$, $\cot\left(\frac{\pi}{2} - \alpha\right)$ — $\cos\alpha = \frac{3}{5}$, con $0 < \alpha < \frac{\pi}{2}$ $\left[-\frac{3}{5}; \frac{4}{3}; \frac{3}{5}; \frac{4}{3}\right]$

450 $\cos(\pi + \alpha)$, $\tan\left(\frac{\pi}{2} + \alpha\right)$, $\sin\left(\frac{3}{2}\pi + \alpha\right)$, $\cos(-\alpha)$ — $\sin\left(\frac{\pi}{2} - \alpha\right) = -\frac{7}{25}$, con $\pi < \alpha < \frac{3}{2}\pi$

$\left[\frac{7}{25}; -\frac{7}{24}; \frac{7}{25}; -\frac{7}{25}\right]$

451 $\sin(-\pi+\alpha)$, $\cos(-\pi-\alpha)$, $\tan\left(\frac{\pi}{2}+\alpha\right)$, $\cot\left(\alpha-\frac{\pi}{2}\right)$ — $\sin\alpha=\frac{12}{13}$, con $0<\alpha<\frac{\pi}{2}$.

$\left[-\frac{12}{13}; -\frac{5}{13}; -\frac{5}{12}; -\frac{12}{5}\right]$

452 Verifica la seguente identità.

$$\frac{\cos^2(90°+\alpha)-\sin^2(90°-\alpha)}{\cot(180°-\alpha)-1}=\sin^2(180°+\alpha)\left[\tan(90°-\alpha)-1\right]$$

Utilizza i dati nelle figure per determinare i valori richiesti.

453

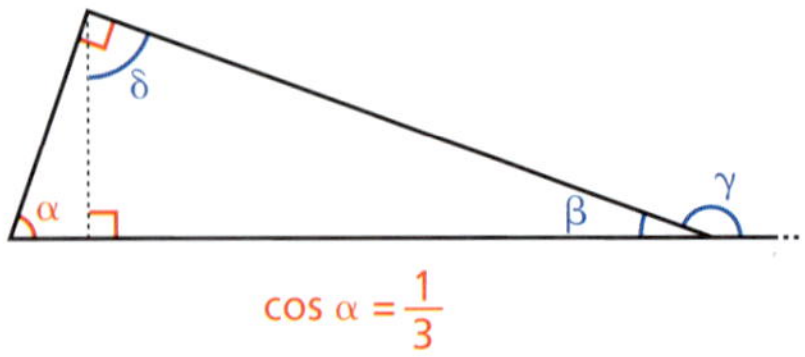

Trova $\cos\beta$, $\sin\delta$, $\sin\gamma$. $\left[\frac{2}{3}\sqrt{2}; \frac{2}{3}\sqrt{2}; \frac{1}{3}\right]$

454

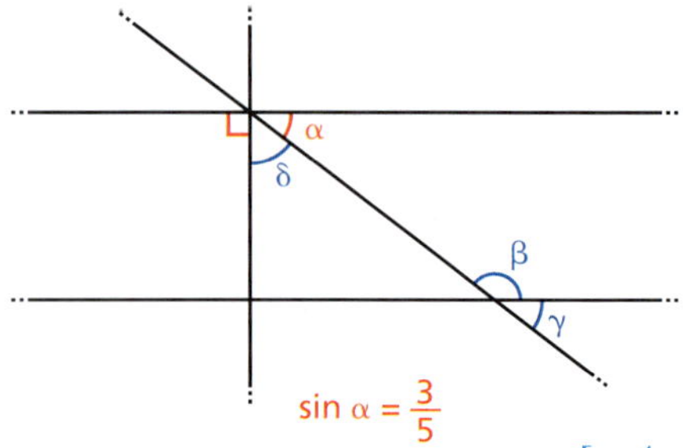

Trova $\cos\beta$, $\tan\gamma$, $\sin\delta$. $\left[-\frac{4}{5}; \frac{3}{4}; \frac{4}{5}\right]$

MATEMATICA E STORIA

L'altezza di un monte Il problema illustrato nell'immagine riguarda il calcolo dell'altezza di un monte che si trova sopra un'isola. Problemi simili sono stati affrontati dai matematici di tutto il mondo: saper calcolare l'altezza o le dimensioni di oggetti difficilmente accessibili era in effetti fondamentale. Vi si cimentarono matematici cinesi, indiani (per esempio Aryabhata, matematico indiano del V-VI secolo), arabi (X-XI secolo) ed europei.

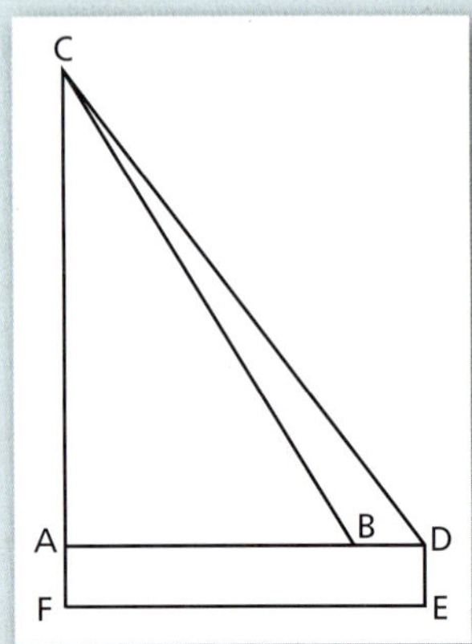

Questo è il problema espresso in termini moderni: «Calcolare $\overline{CF}$ sapendo che $A\widehat{B}C=58°$, $A\widehat{D}C=32°$, $\overline{BD}=100$, $\overline{AF}=1{,}5$».

Per risolvere il problema puoi utilizzare la seguente traccia di risoluzione:

- scrivi le tangenti dei due angoli come rapporto fra cateti;
- considera come incognite le lunghezze di AB e AC;
- ricava la lunghezza di AC e quindi quella di AF, da cui puoi ricavare quella di CF.

Risoluzione – Esercizio in più

Riduzione al primo quadrante

▶ Teoria a p. 684

455 ESERCIZIO GUIDA Esprimiamo mediante la riduzione al primo quadrante: **a.** $\sin 225°$; **b.** $\tan\frac{5}{3}\pi$.

a. $\sin 225° = \sin(180°+45°) = -\sin 45°$.

b. $\tan\frac{5}{3}\pi = \tan\left(2\pi-\frac{\pi}{3}\right) = \tan\left(-\frac{\pi}{3}\right) = -\tan\frac{\pi}{3}$.

COMPLETA

456 $\sin 100° = \sin(90° + \boxed{10}) = \boxed{100°}$

457 $\tan 150° = \tan(180° - \square) = \square$

458 $\cos\frac{5}{6}\pi = \cos(\pi - \square) = \square$

459 $\sin\left(\frac{4}{3}\pi\right) = \sin(\pi + \square) = \square$

Esprimi mediante la riduzione al primo quadrante.

460 $\sin 190°$; $\tan 100°$; $\cos 128°$. $[-\sin 10°; -\cot 10°; -\cos 52°]$

461 $\sin\frac{3}{4}\pi$; $\tan\frac{7}{8}\pi$; $\cot\frac{5}{6}\pi$. $\left[\sin\frac{\pi}{4}; -\tan\frac{\pi}{8}; -\cot\frac{\pi}{6}\right]$

462 $\sin 290°$; $\cos 215°$; $\tan 375°$. $[-\cos 20°; -\cos 35°; \tan 15°]$

463 $\sin 105°$; $\cos 286°$; $\cot 132°$. $[\cos 15°; \sin 16°; -\tan 42°]$

464 $\sin\frac{17}{12}\pi$; $\cos\frac{10}{7}\pi$; $\tan\frac{6}{5}\pi$. $\left[-\sin\frac{5}{12}\pi; -\cos\frac{3}{7}\pi; \tan\frac{\pi}{5}\right]$

465 $\sin\frac{13}{7}\pi$; $\cos\frac{16}{9}\pi$; $\cot\frac{17}{10}\pi$. $\left[-\sin\frac{\pi}{7}; \cos\frac{2}{9}\pi; -\cot\frac{3}{10}\pi\right]$

466 $\sin\left(-\frac{13}{8}\pi\right)$; $\cos\left(-\frac{6}{7}\pi\right)$; $\tan\left(-\frac{13}{9}\pi\right)$. $\left[\sin\frac{3}{8}\pi; -\cos\frac{\pi}{7}; -\tan\frac{4}{9}\pi\right]$

467 $\cos(-101°)$; $\tan(-53°)$; $\cot\left(-\frac{9}{11}\pi\right)$. $\left[-\cos 79°; -\tan 53°, \cot\frac{2}{11}\pi\right]$

468 **COMPLETA** riducendo gli angoli al primo quadrante.

$\sin 257° = \square$; $\tan\frac{4}{3}\pi = \square$; $\cos 124° = \square$; $\tan\left(-\frac{8}{3}\pi\right) = \square$;

$\cot\left(-\frac{6}{15}\pi\right) = \square$; $\sin 978° = \square$; $\cos(-480°) = \square$; $\sin\frac{15}{7}\pi = \square$.

469 **VERO O FALSO?**

a. $\tan 228° = -\tan 48°$ V F

b. $\cos(-320°) = \cos 40°$ V F

c. $\sin(-390°) = -\cos 120°$ V F

d. $\tan\frac{13}{4}\pi = -\cot\frac{9}{4}\pi$ V F

Calcola seno, coseno e tangente dei seguenti angoli, mediante la riduzione al primo quadrante.

470 $330°, 225°, 495°$.

471 $\frac{13}{6}\pi, \frac{5}{4}\pi, -\frac{4}{3}\pi$.

472 $\frac{11}{4}\pi, \frac{17}{6}\pi, -\frac{7}{3}\pi, \frac{13}{6}\pi$.

473 $-240°, 480°, -840°, 510°$.

Mediante la riduzione al primo quadrante, calcola il valore delle seguenti funzioni goniometriche.

474 $\sin 405°, \tan 225°, \cot(-495°), \cos 315°$.

475 $\tan\frac{7}{3}\pi, \cos\frac{15}{4}\pi, \sin\left(-\frac{5}{6}\pi\right), \cot\frac{7}{6}\pi$.

476 $\sin 150°, \cos 240°, \tan 135°, \cot(-60°)$.

477 $\cos\frac{11}{6}\pi, \sin\left(-\frac{5}{3}\pi\right), \tan\frac{2}{3}\pi, \sin\frac{4}{3}\pi$.

Calcola il valore delle seguenti espressioni.

478 $2\sin 140° - \cos 315° + 2\sin 220° + 3\cos 225°$ $[-2\sqrt{2}]$

ESERCIZI

479 $\sin 240° + \cos(-60°) + 2\sin 120° + \cos 210°$ $\left[\frac{1}{2}\right]$

480 $\sin 150° + \cos 240° - \tan(-150°) + \sin 750°$ $\left[\frac{1}{2} - \frac{\sqrt{3}}{3}\right]$

481 $5\cos 36° - 2\sin 54° + 3\sin 234° + \cos 144° - 2\sin 306°$ $[\cos 36°]$

482 $\sin 198° - 4\sin 18° - 7\cos 252° + 2\sin 342°$ $[0]$

483 $\sqrt{3}\cos\frac{\pi}{3} - 3\cos\frac{7}{6}\pi + 2\tan\frac{5}{3}\pi + \sqrt{2}\sin\frac{3}{4}\pi$ $[1]$

484 $2\cos 225° + \sqrt{3}\sin 240° - \sqrt{2}\sin 315° - 2\sin 150° + \frac{3}{2}\tan 225°$ $[-\sqrt{2}]$

485 $\dfrac{2\cos 240° + 2\tan 225° - \sqrt{2}\cos 315°}{4\cos 150° + 2\cot 225°}$ $[0]$

486 $\sin 390° + \cos 120° - \frac{2}{\sqrt{2}}\cos 135° - \tan 210°$ $\left[\frac{3-\sqrt{3}}{3}\right]$

487 $\frac{2}{3}\cos 300° - \tan 150° + \cot 240° - \sin 210°$ $\left[\frac{5+4\sqrt{3}}{6}\right]$

488 $\sin\frac{5}{4}\pi + 3\tan\frac{5}{6}\pi - \cos\frac{3}{4}\pi - 2\cos\frac{7}{6}\pi$ $[0]$

489 $\cos\frac{4}{3}\pi + \sin\frac{3}{4}\pi \cdot \cos\frac{7}{4}\pi - \cot\frac{5}{6}\pi$ $[\sqrt{3}]$

490 $\cos\frac{11}{6}\pi \cdot \tan\frac{4}{3}\pi + \sin^2\frac{2}{3}\pi - \cot\frac{5}{4}\pi$ $\left[\frac{5}{4}\right]$

491 $3\tan\frac{5}{6}\pi + \cos\frac{3}{4}\pi - 2\sin\frac{5}{3}\pi + \sqrt{2}\sin\frac{7}{6}\pi$ $[-\sqrt{2}]$

492 $2(\sin 240°\cos 150° - \cot 225°)(\tan 135° - \cot 225°)$ $[1]$

493 $6\left(\tan\frac{11}{6}\pi \cdot \tan\frac{5}{6}\pi + \sin\frac{4}{3}\pi\right) - \dfrac{\tan\frac{7}{4}\pi}{\cos\frac{2}{3}\pi}$ $[-3\sqrt{3}]$

494 $\cos^2\frac{7}{6}\pi + \tan\left(-\frac{\pi}{4}\right) - \dfrac{\sin\frac{3}{4}\pi + \sin\frac{5}{4}\pi}{\cos\frac{5}{6}\pi}$ $\left[-\frac{1}{4}\right]$

495 $\left(\cot\frac{5}{6}\pi + \tan\frac{2}{3}\pi\right) \cdot \sin\frac{5}{3}\pi + 2\cos\frac{5}{4}\pi \cdot \sin\frac{3}{4}\pi$ $[2]$

496 $4(\sin 150°\cos 135° + \cos 240°\sin 135°)\sin 45°$ $[-2]$

497 $\sin\frac{5}{4}\pi\cos\frac{4}{3}\pi + \sin\frac{7}{6}\pi\cos\frac{5}{4}\pi$ $\left[\frac{\sqrt{2}}{2}\right]$

498 $\cos 30° + \cos 135° - 5\cos 270° + \sin^2 120° - \cos(-30°) + \sin 45°$ $\left[\frac{3}{4}\right]$

499 $\cos 135° \cdot \cos 315° - 2\cos 300° \cdot \sin(-30°) + \cos(-330°)$ $\left[\frac{\sqrt{3}}{2}\right]$

500 $2\sin\frac{5}{6}\pi + 4\cos\frac{5}{6}\pi\sin\frac{2}{3}\pi - 2\tan\frac{3}{4}\pi + \cot\frac{5}{6}\pi$ $[-\sqrt{3}]$

501 $\sqrt{3}\sin 240° + 3\tan 150° - 2\sec 120° + 5\cos 120° + 2\tan 600°$ $[\sqrt{3}]$

502 $\cos 120°\csc 135° - \sqrt{3}\cos 150° - \sqrt{3}\sin 120° - \sin 135°$ $[-\sqrt{2}]$

503 $4\cos 240° - \sec 225°(\sin 240° - \sqrt{3}\cos 120°) + \tan 225°$ $[-1]$

504 $\tan 108° - 2\tan 252° + 3\cot 198°$ $[0]$

505 $\left(\cot\frac{\pi}{6} + \tan\frac{7}{6}\pi\right)\cdot\left(\tan\frac{\pi}{3} - \cot\frac{\pi}{3}\right) + \sin\frac{11}{6}\pi + \cos\frac{4}{3}\pi$ $\left[\frac{5}{3}\right]$

506 $\tan^2\frac{7}{6}\pi + \sin\frac{3}{4}\pi\cdot\cos\frac{11}{4}\pi - \frac{1}{3}\cos\frac{4}{3}\pi - \left(\cos\frac{17}{6}\pi - \tan\frac{10}{3}\pi\right)^2$ $\left[-\frac{27}{4}\right]$

507 $\tan 225° + \sin^2 315° + \tan 660°(\cos 510° + \sin 600°) - \cos 420° + \sin 330°$ $\left[\frac{7}{2}\right]$

508 $\cos(-30°) + \sin(-60°) + \sin 210° - \tan 225° - \csc 150°$ $\left[-\frac{7}{2}\right]$

509 $x^2\sec 120° + y^2\cot 135° + xy\csc 150° - x^2\sin 270°$ $[-(x-y)^2]$

510 $3\cot 234° + 2\tan 216° + 2\cot 306° + 4\tan 324° + \tan 36°$ $[0]$

511 $\cos\frac{21}{4}\pi + \sin\frac{15}{6}\pi + \tan\frac{23}{3}\pi + \sin\frac{31}{4}\pi + \cot\frac{43}{6}\pi$ $[1-\sqrt{2}]$

512 $\tan\frac{27}{4}\pi + \sin\frac{33}{6}\pi + \cos\frac{45}{4}\pi - \tan\frac{23}{3}\pi + \cot\frac{29}{6}\pi$ $\left[-\frac{4+\sqrt{2}}{2}\right]$

513 $3\sin 750° - 2\cos 855° - 2\sin 570° + \tan 495°$ $\left[\frac{3+2\sqrt{2}}{2}\right]$

514 $\sin\frac{27}{6}\pi - 2\tan\frac{25}{4}\pi - \cos\frac{17}{6}\pi + \cot\frac{16}{3}\pi$ $\left[\frac{5\sqrt{3}-6}{6}\right]$

515 $2\cos 486° + 3\sin 36° - 2\cos 666° - 4\sin 216°$ $[3\sin 36°]$

Verifica le seguenti uguaglianze.

516 $\left(\sin\frac{3}{4}\pi + \cos\frac{7}{4}\pi\right)^2 = -\cos 5\pi + \cot\frac{5}{4}\pi$

517 $\dfrac{3\sin\frac{5}{6}\pi + \cos\frac{4}{3}\pi}{\tan\frac{5}{4}\pi} = \dfrac{\tan\frac{5}{3}\pi\cdot\sin\frac{3}{2}\pi}{2\cos\frac{11}{6}\pi}$

518 $\dfrac{\tan\frac{9}{4}\pi + \tan^2\left(-\frac{4}{3}\pi\right)}{\sin\left(-\frac{3}{2}\pi\right)} = \dfrac{\tan\frac{5}{6}\pi + \cot\frac{\pi}{3} - 1}{\sin\frac{7}{6}\pi\cdot\cos\frac{2}{3}\pi}$

519 $\dfrac{\cos\frac{5}{3}\pi\cdot\left(\tan\frac{3}{4}\pi - \cot\frac{11}{6}\pi\right)}{\sin\frac{2}{3}\pi - \cos\frac{7}{6}\pi} = -\frac{1}{2}\cot\frac{\pi}{3} + \frac{1}{2}$

520 $\tan\frac{11}{4}\pi + 2\cos 7\pi + 2\tan\frac{4}{3}\pi\cdot\sin\frac{8}{3}\pi = \cos\frac{11}{2}\pi$

521 $\sin 10°\cdot(\tan 190° + 1) = \dfrac{\sin^2 170°}{\cos 10°} + \cos 80°$

8 Funzioni goniometriche inverse

▶ Teoria a p. 684

522 RIFLETTI SULLA TEORIA Esiste l'inversa della funzione seno nell'intervallo $[0; \pi]$? Spiega perché.

523 TEST Una sola delle seguenti affermazioni è *falsa*. Quale?

- **A** La funzione $y = \arccos x$ è periodica.
- **B** $-\frac{\pi}{2} \le \arcsin x \le \frac{\pi}{2}$.
- **C** $\tan(\arctan x) = x$.
- **D** Il dominio di $y = \arcsin x$ è $[-1; 1]$.
- **E** $\arctan x$ esiste $\forall x \in \mathbb{R}$.

ESERCIZI

COMPLETA

524 $\arccos 1 = \square$, $\arcsin 1 = \square$.

525 $\arccos 0 = \square$, $\arctan 0 = \square$.

526 $\arctan(-1) = \square$, $\arcsin(-1) = \square$.

527 $\arcsin \square = 0$, $\arccos \square = \pi$.

528 ASSOCIA a ciascuna espressione il suo valore.

a. $\arcsin \frac{1}{2}$ **b.** $\arctan\left(-\frac{\sqrt{3}}{3}\right)$ **c.** $\arccos\left(-\frac{\sqrt{3}}{2}\right)$ **d.** $\text{arccot}(-1)$

1. $\frac{5}{6}\pi$ **2.** $\frac{3}{4}\pi$ **3.** $-\frac{\pi}{6}$ **4.** $\frac{\pi}{6}$

Calcola il valore delle seguenti espressioni.

529 $\arccos\left(-\frac{\sqrt{2}}{2}\right)$; $\arcsin \frac{\sqrt{3}}{2}$. $\left[\frac{3}{4}\pi, \frac{\pi}{3}\right]$

530 $\arctan(-1)$; $\arctan\sqrt{3}$. $\left[-\frac{\pi}{4}, \frac{\pi}{3}\right]$

531 $\arcsin \frac{1}{2} + \arccos\left(-\frac{\sqrt{3}}{2}\right)$ $[\pi]$

532 $\arcsin 1 + \arctan(-1)$ $\left[\frac{\pi}{4}\right]$

533 $\arctan(-1) + 2\arcsin \frac{1}{2} + \arctan(-\sqrt{3})$ $\left[-\frac{\pi}{4}\right]$

534 $\arccos \frac{\sqrt{3}}{2} + \arcsin \frac{1}{2} - \arctan \frac{\sqrt{3}}{3}$ $\left[\frac{\pi}{6}\right]$

535 $\arcsin \frac{\sqrt{3}}{2} - \frac{2}{3}\text{arccot}\, 0 + 6\arctan \frac{\sqrt{3}}{3}$ $[\pi]$

536 $\arccos(-1) + \arcsin\left(-\frac{1}{2}\right) - \text{arccot}\sqrt{3}$ $\left[\frac{2}{3}\pi\right]$

REALTÀ E MODELLI

537 **Un angolo di pizza** Calcola l'ampiezza dell'angolo della fetta di pizza in figura. [65°]

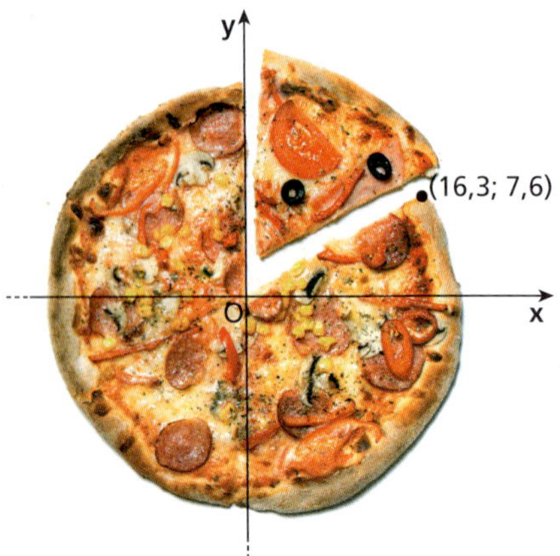

538 **Tutto aperto** Determina l'angolo di apertura del ventaglio. [≃ 143°]

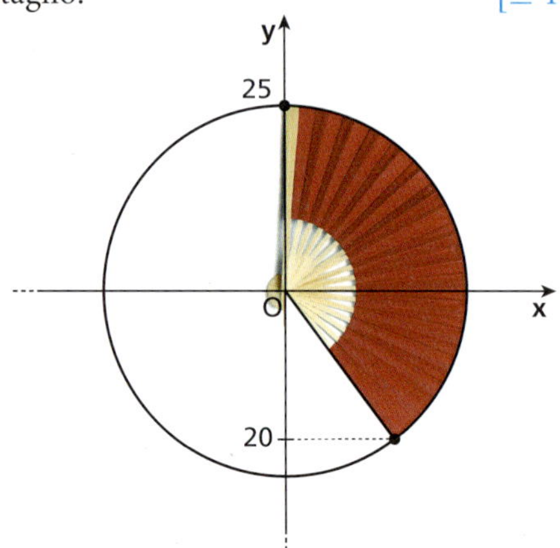

539 **Angoli di corda** Marisa spinge la figlia seduta su un'altalena con la corda lunga 2 m. La fa sedere e indietreggia afferrando il seggiolino di 0,9 m rispetto alla verticale a riposo, per poi lasciarlo andare. Che angoli descrive la corda (rispetto alla verticale) dal momento in cui Marisa lascia il seggiolino fino al passaggio per la posizione a riposo? $[0 \leq \alpha \leq 26{,}7°]$

Risolvi le seguenti equazioni.

540 $\arcsin x = \pi$ [impossibile]

541 $4\arctan x - \pi = 0$ [1]

542 $\frac{1}{2}\left(2\arctan x + \frac{\pi}{2}\right) = 0$ [−1]

543 $\pi - 3\arctan x = 0$ $[\sqrt{3}]$

544 $3\arccos x - 2\pi = 0$ $\left[-\frac{1}{2}\right]$

545 $2 - 4\arcsin x = 2$ $[0]$

546 $\arccos\frac{1}{2} = \arcsin x$ $\left[\frac{\sqrt{3}}{2}\right]$

547 $4\arcsin(2x) - \pi = 0$ $\left[\frac{\sqrt{2}}{4}\right]$

AL VOLO Determina il valore di ciascuna espressione, se esiste.

548 $\arccos\left(\cos\frac{\pi}{4}\right)$; $\sin\left(\arcsin\frac{1}{2}\right)$.

549 $\cos\left[\arccos\left(-\frac{1}{3}\right)\right]$; $\arctan\left(\tan\frac{\pi}{5}\right)$.

550 **ESERCIZIO GUIDA** Calcoliamo $\cos\left[\arcsin\left(-\frac{1}{2}\right)\right]$.

Il valore della funzione arcsin $\left(-\frac{1}{2}\right)$, tenendo conto che l'arcoseno ha codominio $\left[-\frac{\pi}{2}; \frac{\pi}{2}\right]$, è: $-\frac{\pi}{6}$.

Pertanto: $\cos\left[\arcsin\left(-\frac{1}{2}\right)\right] = \cos\left(-\frac{\pi}{6}\right) = \frac{\sqrt{3}}{2}$.

Calcola il valore delle seguenti espressioni.

551 $\sin(\arctan 1)$ $\left[\frac{\sqrt{2}}{2}\right]$

552 $\tan\left(\arccos\frac{1}{2}\right)$ $[\sqrt{3}]$

553 $\cos[\arctan(-\sqrt{3})]$ $\left[\frac{1}{2}\right]$

554 $\sin\left(\arccos\frac{\sqrt{2}}{2}\right)$ $\left[\frac{\sqrt{2}}{2}\right]$

555 $\cos\left[\arcsin\left(-\frac{\sqrt{3}}{2}\right)\right]$ $\left[\frac{1}{2}\right]$

556 $\cot\left[\arccos\left(-\frac{1}{2}\right)\right]$ $\left[-\frac{\sqrt{3}}{3}\right]$

557 $\sin(\text{arccot}\,\sqrt{3})$ $\left[\frac{1}{2}\right]$

558 $\cos\left[\arcsin\left(-\frac{\sqrt{2}}{2}\right)\right]$ $\left[\frac{\sqrt{2}}{2}\right]$

559 $\tan\left[\text{arccot}\left(-\frac{\sqrt{3}}{3}\right)\right]$ $[-\sqrt{3}]$

560 $\cos[\arctan(-1)]$ $\left[\frac{\sqrt{2}}{2}\right]$

561 **COMPLETA**

$\arccos\left[\sin\left(-\frac{\pi}{6}\right)\right] = \square$, $\sin\left[\arctan\left(-\frac{4}{3}\right)\right] = \square$, $\cos\left(\arctan\frac{\sqrt{3}}{3}\right) = \square$,

$\cot\left[\arcsin\left(-\frac{1}{2}\right)\right] = \square$, $\arccos\left(\sin\frac{3}{2}\pi\right) = \square$, $\tan[\arctan(-1)] = \square$.

562 **VERO O FALSO?**

a. $\arcsin\frac{1}{2} = \frac{5}{6}\pi$ V F

b. $\arctan\frac{\pi}{4} = 1$ V F

c. $\arcsin 0 = \arccos 1$ V F

d. $\cos\left(\arccos\frac{1}{2}\right) = \frac{\pi}{3}$ V F

e. $\tan[\arctan(-1)] = -1$ V F

f. $\arccos\left(\cos\frac{1}{3}\right) + \text{arccot}\left(\cot\frac{1}{3}\right) = \frac{2}{3}$ V F

EUREKA!

563 $\arcsin\left(\frac{1}{3}\right) + \arccos\left(\frac{1}{3}\right) + \arctan\left(\frac{1}{3}\right) + \text{arccot}\left(\frac{1}{3}\right) =$

A π. B $\frac{\pi}{2}$. C $\frac{\pi}{3}$. D $\frac{2\pi}{3}$. E $\frac{3\pi}{4}$.

(USA *University of South Carolina: High School Math Contest*, 1994)

564 Se $\sin^{-1}x + \sin^{-1}y = \frac{\pi}{2}$, allora il valore numerico di $x^2 + y^2$ è:

A 0. B 1. C $\frac{\pi}{2}$ D π. E nessuno di questi.

(USA *Indiana University of Pennsylvania Mathematics Competition*, 2002)

Dominio dell'inversa di una funzione goniometrica

565 **ESERCIZIO GUIDA** Determiniamo il dominio di $y = \arccos(3x - 2)$.

Il dominio dell'arcocoseno è $[-1; 1]$, quindi dobbiamo imporre $-1 \leq 3x - 2 \leq 1$, che equivale al sistema:

$$\begin{cases} 3x - 2 \geq -1 \\ 3x - 2 \leq 1 \end{cases} \rightarrow \begin{cases} 3x \geq 1 \\ 3x \leq 3 \end{cases} \rightarrow \begin{cases} x \geq \frac{1}{3} \\ x \leq 1 \end{cases} \rightarrow$$

$$\frac{1}{3} \leq x \leq 1.$$

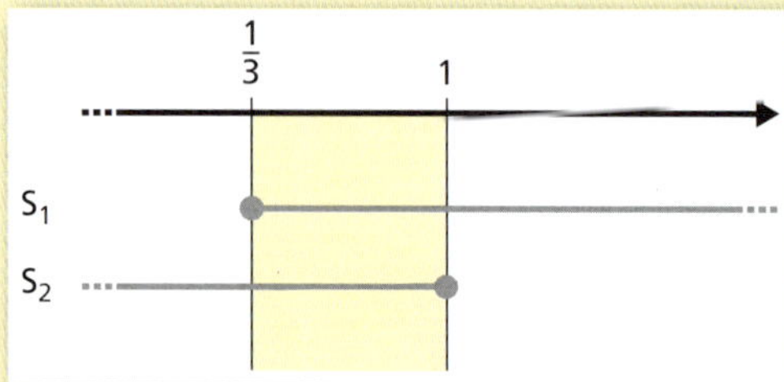

Il dominio della funzione è $\left[\frac{1}{3}; 1\right]$.

Determina il dominio delle seguenti funzioni.

566 $y = \arcsin(5x - 6)$ $\left[\left[1; \frac{7}{5}\right]\right]$

567 $y = \arccos(3 - x)$ $[[2; 4]]$

568 $y = \arctan\sqrt{x}$ $[[0; +\infty[]$

569 $y = \arcsin\frac{2 + x}{3}$ $[[-5; 1]]$

570 $y = \arcsin x^2$ $[[-1; 1]]$

571 $y = \arccos(x^2 - 3)$ $[[-2; -\sqrt{2}] \cup [\sqrt{2}; 2]]$

572 $y = \arctan\frac{1}{x}$ $[]-\infty; 0[\cup]0; +\infty[]$

573 $y = \arcsin\frac{2}{x + 2}$ $[]-\infty; -4] \cup [0; +\infty[]$

574 $y = \arccos\frac{x - 1}{x + 3}$ $[[-1; +\infty[]$

575 $y = \arctan\frac{2x + 3}{x - 2}$ $[]-\infty; 2[\cup]2; +\infty[]$

576 $y = \frac{1}{\arcsin\sqrt{x}}$ $[]0; 1]]$

577 $y = \sqrt{\arcsin(x - 1)}$ $[[1; 2]]$

578 $y = \arctan\frac{x + 1}{1 - x}$ $[\mathbb{R} - \{1\}]$

Trova il dominio e la funzione inversa delle seguenti funzioni restringendo tale dominio dove necessario.

579 $y = \arccos(x + 2)$ $[-3 \leq x \leq -1;\ y = \cos x - 2]$

580 $y = \tan(x - \pi)$ $\left[x \neq \frac{\pi}{2} + k\pi, k \in \mathbb{Z};\ y = \pi + \arctan x\right]$

581 $y = 2 + \arcsin(1 - x)$ $[0 \leq x \leq 2;\ y = 1 - \sin(x - 2)]$

582 $y = \arctan\frac{1}{x + 2}$ $\left[x \neq -2;\ y = \frac{1}{\tan x} - 2, x \neq k\frac{\pi}{2}\right]$

9 Funzioni goniometriche e trasformazioni geometriche

▶ Teoria a p. 687

Disegna il grafico delle seguenti funzioni dopo aver calcolato il loro valore nei punti di ascissa indicati.

583 $y = -\sin x$, $x = 0, \frac{\pi}{2}, \pi, \frac{3}{2}\pi, 2\pi.$

584 $y = \cos 2x$, $x = 0, \frac{\pi}{4}, \frac{\pi}{2}, \frac{3}{4}\pi, \pi.$

585 $y = 3\sin\frac{x}{2}$, $x = 0, \pi, 2\pi, 3\pi, 4\pi.$

586 $y = 2\tan x$, $x = -\frac{\pi}{3}, -\frac{\pi}{4}, 0, \frac{\pi}{4}, \frac{\pi}{3}.$

Traslazione

587 TEST Il grafico di $y = \sin\left(x - \frac{\pi}{2}\right) - 1$ si ottiene dal grafico di $y = \sin x$ mediante una traslazione di vettore:

A $\vec{v}\left(-\frac{\pi}{2}; -1\right)$.
B $\vec{v}\left(1; \frac{\pi}{2}\right)$.
C $\vec{v}\left(-1; \frac{\pi}{2}\right)$.
D $\vec{v}\left(\frac{\pi}{2}; -1\right)$.
E $\vec{v}(0; -1)$.

588 ASSOCIA a ciascuna funzione il vettore della traslazione corrispondente

a. $y = \cos\left(x + \frac{\pi}{4}\right)$ **b.** $y = \cos\left(x - \frac{\pi}{4}\right) + 4$ **c.** $y = \cos\left(x + \frac{\pi}{3}\right) - 4$ **d.** $y = \cos\left(x - \frac{\pi}{3}\right) + 4$

1. $\vec{v}\left(\frac{\pi}{4}; 4\right)$ **2.** $\vec{v}\left(\frac{\pi}{3}; 4\right)$ **3.** $\vec{v}\left(-\frac{\pi}{4}; 0\right)$ **4.** $\vec{v}\left(-\frac{\pi}{3}; -4\right)$

589 ESERCIZIO GUIDA Disegniamo il grafico di $y = \sin\left(x - \frac{\pi}{2}\right) + 2$.

- Tracciamo il grafico di $y = \sin x$.
- Riconosciamo che $y = \sin\left(x - \frac{\pi}{2}\right) + 2$ si ottiene da $y = \sin x$ con una traslazione di vettore $\vec{v}\left(\frac{\pi}{2}; 2\right)$.
- Trasliamo il grafico di $y = \sin x$ secondo il vettore trovato.

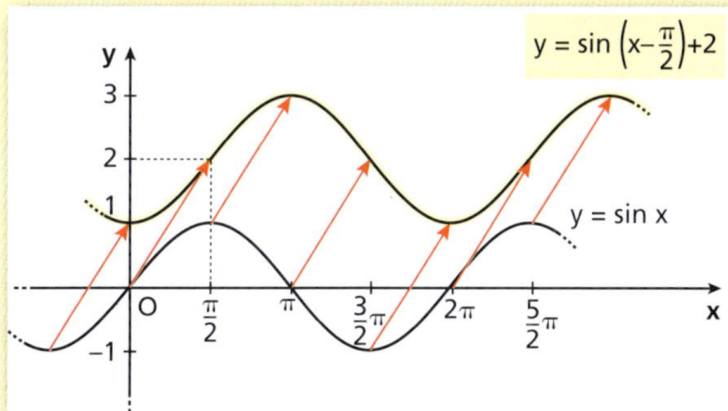

Disegna le seguenti funzioni, utilizzando i grafici delle funzioni goniometriche.

590 $y = \cos\left(x - \frac{\pi}{4}\right) + 1$

591 $y = \tan\left(x - \frac{\pi}{4}\right) - 2$

592 $y = \sin x + 1$

593 $y = \cot\left(x + \frac{\pi}{2}\right) + 4$

594 $y = \tan(x - \pi) + 1$

595 $y = \sin\left(x - \frac{\pi}{2}\right)$

596 $y = \cos\left(x + \frac{\pi}{6}\right) + 5$

597 $y = \sin(x + 2\pi) + 2$

598 $y = \cos x + 2$

599 $y = \arcsin(x - 1)$

600 $y = \arccos x + 1$

601 $y = \frac{1}{\sin x} + 2$

---

602 FAI UN ESEMPIO di un vettore $\vec{v}$, diverso dal vettore nullo, tale che la traslazione di vettore $\vec{v}$ lascia invariato il grafico di $y = \cos x$.

603 EUREKA! Risolvi la disequazione $\cos\left(x - \frac{\pi}{3}\right) + 3 \geq 0$ utilizzando le traslazioni.

604 RIFLETTI SULLA TEORIA Qual è il periodo della funzione $y = \tan x$ traslata di un vettore $\vec{v}(a; b)$?

Simmetrie

605 ESERCIZIO GUIDA Disegniamo i grafici delle funzioni: **a.** $y = \cos(-x)$; **b.** $y = -\cos x$.

a. Sappiamo che il grafico di $y = f(-x)$ è il simmetrico di quello di $y = f(x)$ rispetto all'asse y. Poiché il grafico di $y = \cos x$ è simmetrico rispetto all'asse y, il grafico di $y = \cos(-x)$ coincide con quello di $y = \cos x$.

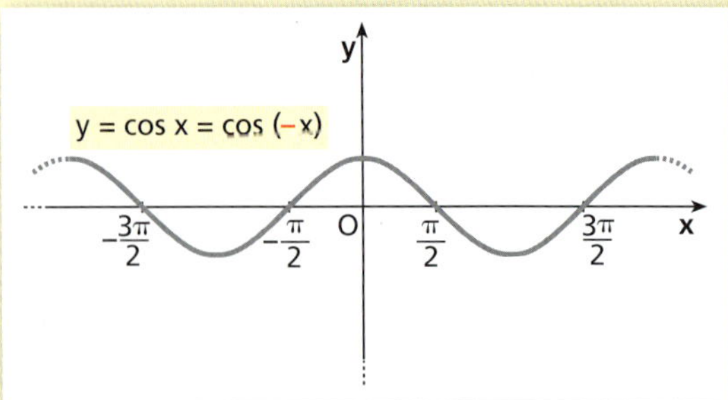

b. Il grafico della funzione $y = -f(x)$ è il simmetrico di quello di $y = f(x)$ rispetto all'asse x. Quindi, tracciato il grafico di $y = \cos x$, consideriamo il suo simmetrico rispetto all'asse delle ascisse.

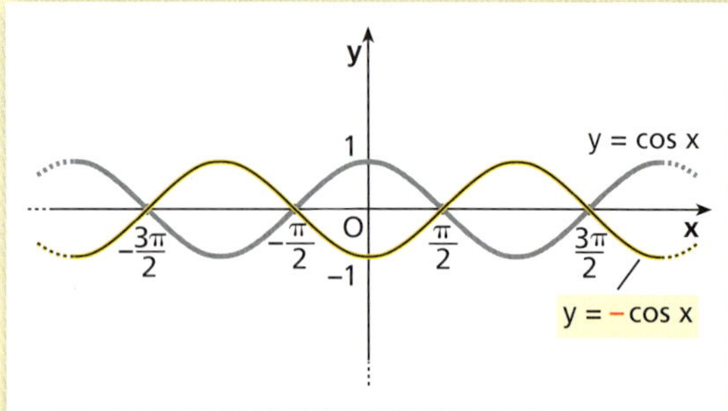

Disegna i grafici delle seguenti funzioni.

606 $y = \tan(-x)$

607 $y = -\sin(-x)$

608 $y = -\arcsin x$

609 $y = \dfrac{1}{\sin(-x)}$

610 $y = \sin(-x)$

611 $y = -\tan(-x)$

612 $y = -\sec x$

613 $y = -\arctan(-x)$

614 $y = \dfrac{1}{-\tan x}$

615 $y = -\sin x$

616 $y = \cot(-x)$

617 $y = -1 + \sin(-x)$

---

618 **EUREKA!** Verifica graficamente che $\sin\left(\frac{\pi}{2} - x\right) = \cos x$.

Funzioni goniometriche e valore assoluto

Grafico di $y = |f(x)|$

619 **ESERCIZIO GUIDA** Disegniamo il grafico di

$y = |\sin x|$, con $0 \le x \le 2\pi$.

- Disegniamo $y = \sin x$ e confermiamo la parte di curva che sta nel semipiano positivo delle y.
- Negli intervalli in cui la curva sta nel semipiano negativo delle y, tracciamo la curva simmetrica rispetto all'asse x.

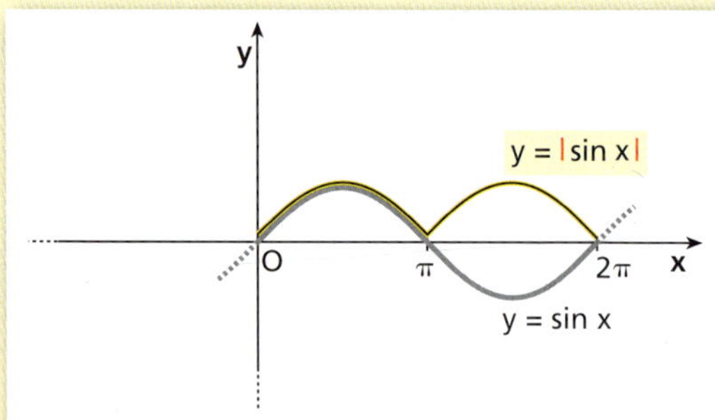

Disegna il grafico delle seguenti funzioni.

620 $y = |\cos x|$

621 $y = |\cos(-x)|$

622 $y = |\cot x|$

623 $y = |-\tan(-x)|$

624 $y = |\sec x|$

625 $y = |\sin(-x)|$

626 $y = |-\sin(-x)|$

627 $y = |\arctan x|$

628 $y = |\sin x - 2|$

629 $y = |\arcsin x|$

630 $y = \dfrac{1}{|\sin x - 1|}$

631 $y = \left|\sin\left(x - \frac{\pi}{4}\right) + \frac{1}{2}\right|$

Grafico di $y = f(|x|)$

632 ESERCIZIO GUIDA Disegniamo il grafico di $y = \sin|x|$.

Sappiamo che $f(|x|) = \begin{cases} f(x) \text{ se } x \geq 0; \\ f(-x) \text{ se } x < 0. \end{cases}$

- Disegniamo $y = \sin x$ nel semipiano positivo delle x.
- Per $x < 0$ disegniamo il simmetrico del grafico precedente rispetto all'asse y.

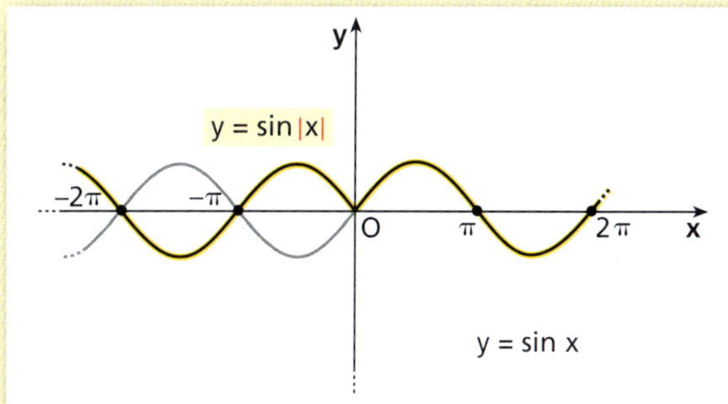

Disegna i grafici delle seguenti funzioni.

633 $y = \cos|x|$

634 $y = \tan|x|$

635 $y = \cot|x|$

636 $y = \sec|x|$

637 $y = \arcsin|x|$

638 $y = \csc|x|$

639 $y = \arctan|x|$

640 $y = \sin|x - \pi|$

641 $y = \tan\left|x - \frac{\pi}{2}\right|$

TEST

642 Quale, fra le seguenti funzioni, ha la stessa rappresentazione grafica della funzione $y = |\sin|x||$?

A $y = \cos x$ B $y = |\sin x|$ C $y = |\cos x|$ D $y = \sin x$ E $y = \cos|x|$

643 Il grafico a lato rappresenta la funzione:

A $y = 2|\sin x| + 1$.

B $y = 2|\cos x| - 1$.

C $y = \frac{1}{2}|\sin x| - 1$.

D $y = \frac{1}{2}|\cos x| + 1$.

E $y = 2|\sin x| - 1$.

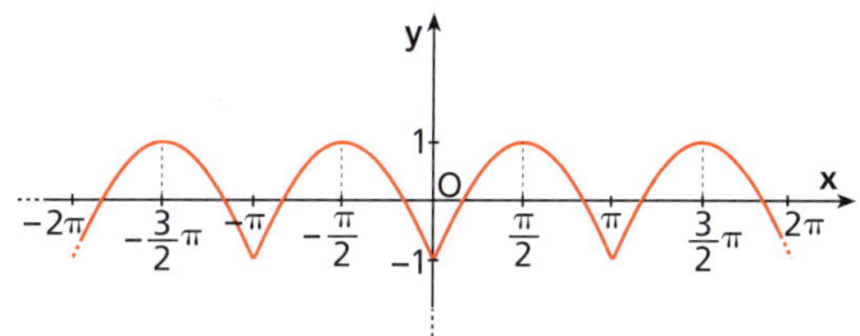

Dilatazione e contrazione

644 ESERCIZIO GUIDA Disegniamo il grafico di $y = \frac{1}{4}\cos 2x$.

- Passiamo da $y = \cos x$ a $y = \cos 2x$. Possiamo scrivere $2x = \frac{x}{\frac{1}{2}}$, quindi $y = \cos 2x = \cos\frac{x}{\frac{1}{2}}$, e pertanto abbiamo una contrazione orizzontale di rapporto $m = \frac{1}{2}$ (figura **a**, a pagina seguente).

- Da $y = \cos 2x$ passiamo a $y = \frac{1}{4}\cos 2x$ con una contrazione verticale con $n = \frac{1}{4}$ (figura **b**).

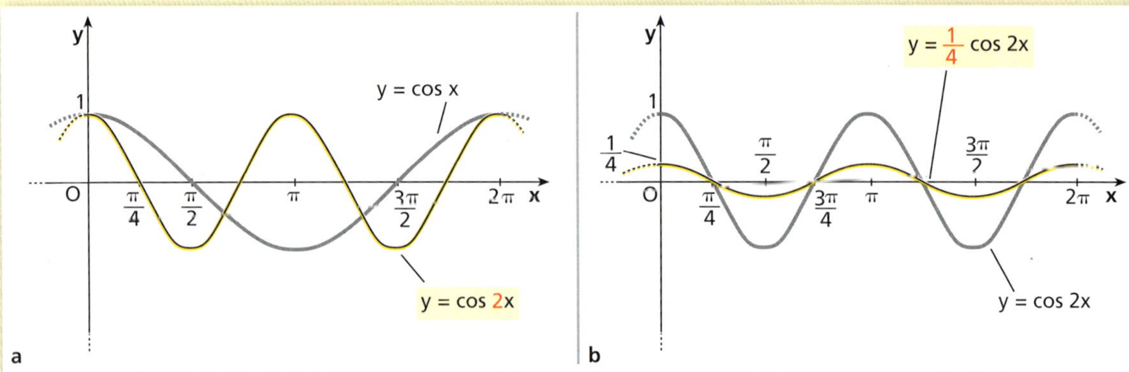

Disegna i grafici delle seguenti funzioni.

645 ●○ $y = \sin 2x;\quad y = 2\cos x;\quad y = \frac{1}{3}\sin x.$

646 ●○ $y = 3\cos x;\quad y = \cos\frac{x}{2};\quad y = \sin\frac{x}{3}.$

647 ●● $y = 2\sin\frac{x}{4};\quad y = \frac{1}{2}\sin 2x;\quad y = 2\cos\frac{x}{2}.$

648 ●● $y = 4\cos 2x;\quad y = \frac{1}{2}\sin\frac{x}{4};\quad y = \frac{1}{4}\tan\frac{x}{2}.$

Funzioni sinusoidali

649 ESERCIZIO GUIDA Disegniamo il grafico di $y = -2\sin\left(\frac{1}{3}x + \frac{\pi}{2}\right) + 1$ e scriviamo il valore dell'ampiezza, della pulsazione, della fase iniziale e del periodo.

Riscriviamo la funzione raccogliendo $\frac{1}{3}$ all'interno della parentesi:

$$y = -2\sin\left(\frac{1}{3}x + \frac{\pi}{2}\right) + 1 \rightarrow y = -2\sin\left[\frac{1}{3}\left(x + \frac{3}{2}\pi\right)\right] + 1.$$

Applichiamo alla funzione $y = \sin x$, per passi successivi:

- la dilatazione orizzontale con $m = 3$;
- la dilatazione verticale con $n = 2$;
- la simmetria rispetto all'asse x;
- la traslazione di vettore $\left(-\frac{3\pi}{2}; 1\right)$.

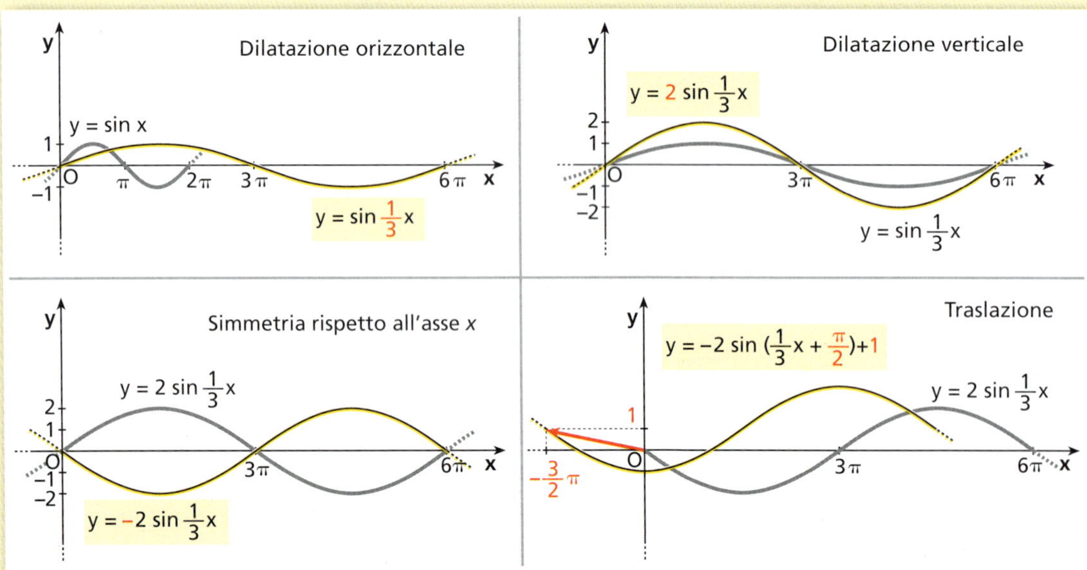

L'ampiezza $|A|$ vale 2, la pulsazione $\omega = \frac{1}{3}$, la fase iniziale $\varphi = \frac{\pi}{2}$, il periodo $T = \frac{2\pi}{\frac{1}{3}} = 6\pi$.

Disegna i grafici delle seguenti funzioni e scrivi il valore dell'ampiezza, della pulsazione, della fase iniziale e del periodo.

650 $y = 4\cos\left(2x + \frac{\pi}{4}\right)$

651 $y = -2\sin\left(x + \frac{\pi}{4}\right)$

652 $y = -\frac{1}{3}\cos\left(\frac{1}{3}x + \frac{\pi}{3}\right) + 1$

653 $y = 3\sin\left(x + \frac{\pi}{6}\right)$

654 $y = \sin\left(2x - \frac{\pi}{2}\right) + 2$

655 $y = -\cos 3x + \frac{1}{2}$

656 $y = -2\sin\frac{x}{2} - 1$

657 $y = \frac{1}{4}\sin\left(\frac{1}{2}x + \frac{\pi}{2}\right)$

658 $y = \frac{1}{2}\sin\left(\frac{1}{2}x + \frac{\pi}{4}\right)$

659 $y = 2\cos\left(\frac{1}{4}x + \frac{\pi}{2}\right)$

660 $y = 3\sin\left(\frac{1}{4}x + \pi\right)$

661 $y = -2\cos\left(\frac{1}{2}x + \frac{\pi}{3}\right)$

TEST

662 La funzione $y = 3\sin\left(\frac{1}{3}x + \frac{\pi}{4}\right)$ ha come ampiezza, pulsazione e periodo, rispettivamente:

A $3, \frac{1}{3}, 6\pi$.

B $3, \frac{1}{3}, \frac{2}{3}\pi$.

C $3, \frac{1}{3}, \frac{\pi}{4}$.

D $3, \frac{1}{3}, \frac{\pi}{6}$.

E $\frac{1}{3}, 3, 8\pi$.

663 Il grafico della funzione

$$y = -3 + 2\cos\left(\frac{4}{3}x + \frac{\pi}{3}\right)$$

A interseca l'asse y nel punto $(0; 4)$.

B ha codominio $[-4; -1]$.

C ha periodo $T = \frac{8}{3}\pi$.

D passa per il punto $(3\pi; -2)$.

E è simmetrico rispetto all'asse y.

Periodo delle funzioni goniometriche

664 **CACCIA ALL'ERRORE** Trova l'errore nella determinazione del periodo.

a. $y = 2\sin x \rightarrow T = \frac{2\pi}{2} = \pi$ **b.** $y = \cos\frac{x}{5} \rightarrow T = \frac{2\pi}{5}$ **c.** $y = \cot 3x \rightarrow T = \frac{2\pi}{3}$

Determina il periodo delle seguenti funzioni.

665 $y = \cos 2x$

666 $y = \sin 3x$

667 $y = \sin\frac{x}{2}$

668 $y = \cos\frac{3}{2}x$

669 $y = \tan 2x$

670 $y = \cot 4x$

671 $y = 2\sin\left(\frac{x}{3} + \pi\right)$

672 $y = \frac{1}{2}\cos\left(2x - \frac{\pi}{3}\right)$

673 $y = \frac{1}{3}\tan\left(\frac{x}{2} + \frac{\pi}{6}\right)$

674 **FAI UN ESEMPIO** di funzione goniometrica con periodo: **a.** 4π; **b.** $\frac{\pi}{4}$.

Determina k in modo che la funzione abbia il periodo T indicato.

675 $y = \sin 2kx$, $T = \frac{\pi}{2}$. [2]

676 $y = \tan\frac{2}{k}x$, $T = 2\pi$. [4]

677 $y = \cos\left(\frac{k}{4}x + \pi\right)$, $T = \pi$. [8]

678 $y = \cot\left(\frac{k}{3}x\right)$, $T = \frac{\pi}{3}$. [9]

ESERCIZI

679 TEST Se l'ampiezza di $y = \left(\frac{1}{k}\right)\cos(k^2\theta)$ è 2, allora il periodo deve essere:

A π. B 2π. C 4π. D 8π. E 16π.

(USA *Wolsborn-Drazovich State Mathematics Contest*, 2006)

680 Trova per quale valore di a il periodo della funzione $y = \tan\left(\frac{3a}{2}x\right)$ è $\frac{\pi}{2}$, e poi rappresentala graficamente. $\left[a = \frac{4}{3}\right]$

681 YOU & MATHS Find the value of k that makes the period of $y = \cos\left(\frac{k}{4}x\right)$ become $\frac{3}{2}\pi$. $\left[k = \frac{16}{3}\right]$

682 REALTÀ E MODELLI **Datemi un LA**
Un diapason percosso emette la nota LA pura, che è perciò rappresentabile come una sinusoide. La funzione che descrive l'intensità del suono prodotto è: $y = 10\sin(2{,}76 \cdot 10^3 t)$, dove t è il tempo espresso in secondi. Calcola il periodo dell'onda sonora e rappresentala in un riferimento cartesiano dove in ascissa c'è il tempo e in ordinata l'intensità del suono. $[2{,}27 \cdot 10^{-3}\text{ s}]$

MATEMATICA AL COMPUTER

Funzioni goniometriche Per studiare l'influenza che il coefficiente b ha sull'andamento delle funzioni definite dalla legge da $\mathbb{R}$ a $\mathbb{R}$ $f: x \to 2\sin\left(bx + \frac{\pi}{6}\right)$, costruiamo una figura con un software di geometria dinamica che mostri i grafici in relazione ai valori assegnati a b.

Risoluzione – 8 esercizi in più

Grafico di $y = f^2(x)$ e di $y = \sqrt{f(x)}$

Nel grafico è rappresentata la funzione $y = f(x)$. Disegna $y = f^2(x)$.

683

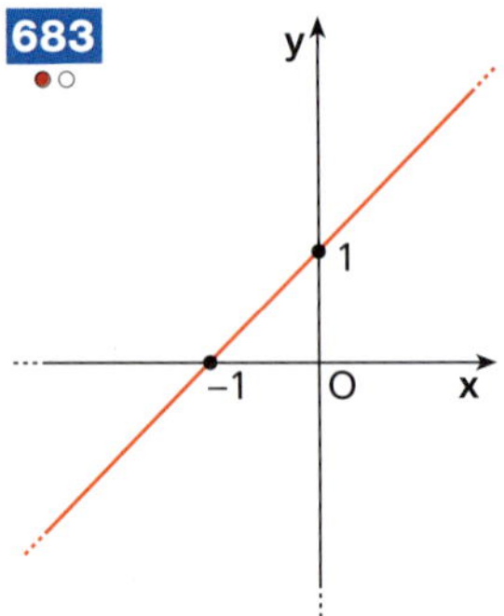

684

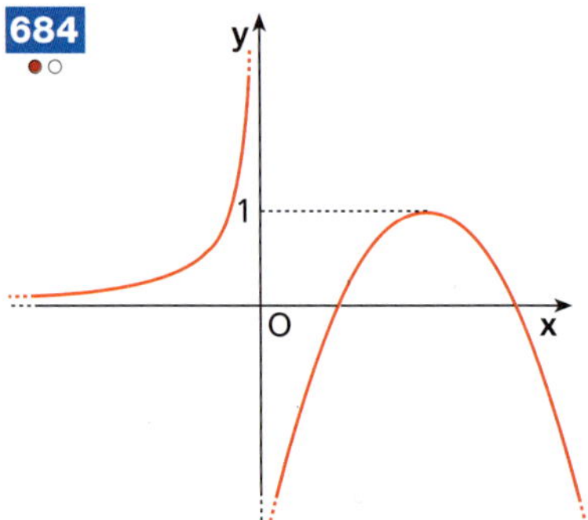

685

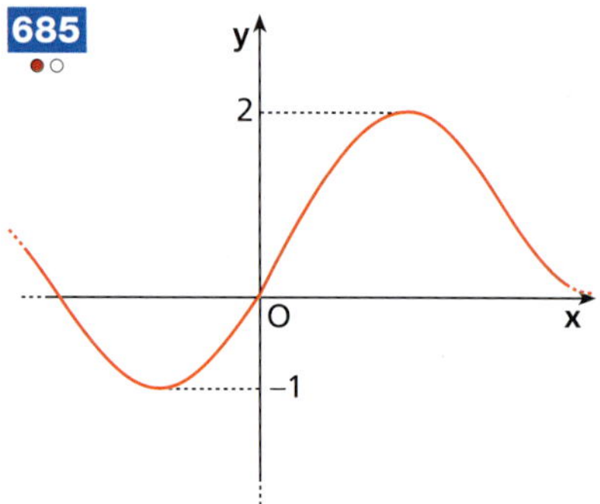

686 Disegna la funzione $f(x) = \sin x + 1$ e poi traccia il grafico di $f^2(x)$.

687 Rappresenta graficamente la funzione $f(x) = -\tan x$ nell'intervallo $[0; 2\pi]$ e poi disegna $f^2(x)$.

Rappresenta graficamente le seguenti funzioni.

688 $y = (-\cos x + 1)^2$

689 $y = \tan^2|x|$

690 $y = \tan^2 x - 1$

691 $y = \sin^2 x$

692 $y = -\cos^2 x$

693 $y = \sin^2\left(x - \frac{\pi}{4}\right)$

694 $y = \cos^2 x + 2$

695 $y = \arctan^2 x$

696 $y = \frac{1}{2}\cos^2(2x)$

Nel grafico è rappresentata la funzione $y = f(x)$. Disegna $y = \sqrt{f(x)}$

697

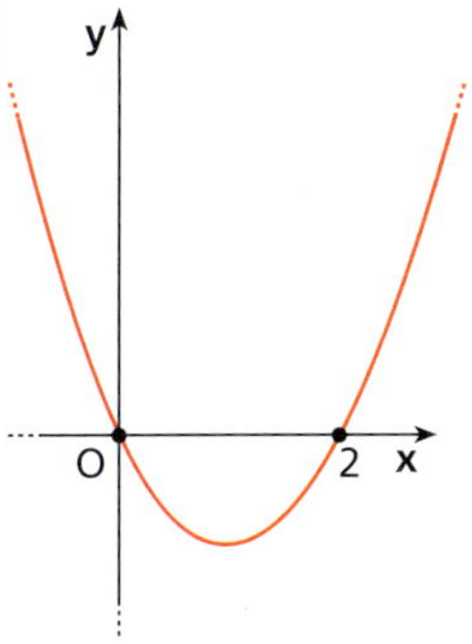

698

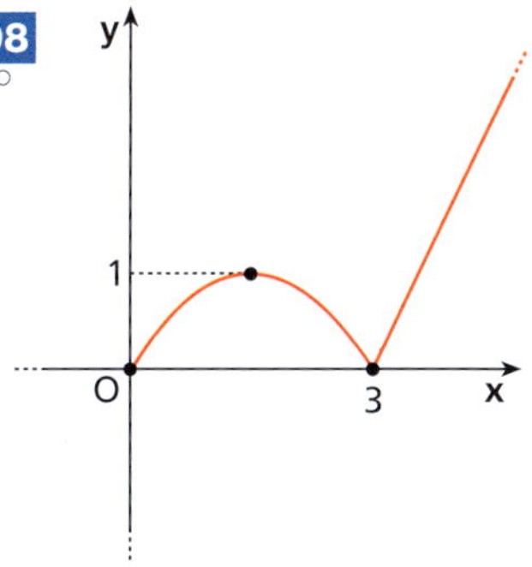

699

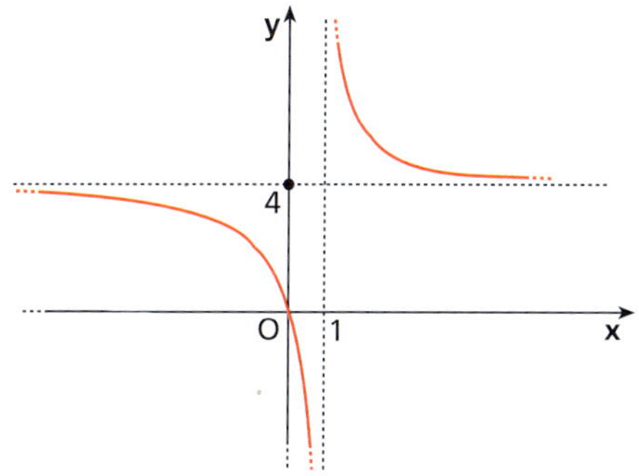

700 Disegna la funzione $f(x) = |\tan x|$ e poi traccia il grafico di $\sqrt{f(x)}$.

701 Rappresenta il grafico della funzione $f(x) = -\sin x$ nell'intervallo $[-\pi; \pi]$ e poi disegna $\sqrt{f(x)}$.

Rappresenta graficamente le seguenti funzioni.

702 $y = \sqrt{\cos x}$

703 $y = \sqrt{-\tan x}$

704 $y = \sqrt{\sin x + 1}$

705 $y = \sqrt{\tan|x|}$

706 $y = -\sqrt{|\tan x|}$

707 $y = \sqrt{\sin\left(x - \frac{\pi}{3}\right) + 1}$

708 $y = -\sqrt{\sin(-x)}$

709 $y = \sqrt{\sin\frac{1}{2}x + 2}$

710 $y = \sqrt{\csc x}$

Riepilogo: Funzioni goniometriche e trasformazioni geometriche

711 TEST Quale fra le seguenti funzioni *non* ha il grafico simmetrico rispetto all'origine?

A $y = \sin x$

B $y = \arctan x$

C $y = \arcsin x$

D $y = \tan x$

E $y = -\cos x$

---

712 ASSOCIA a ogni funzione quella che ha lo stesso grafico.

a. $y = -\cos x$

b. $y = \sin(-x)$

c. $y = \cos(-x)$

1. $y = \cos(x + 2\pi)$

2. $y = \sin\left(x + \frac{3}{2}\pi\right)$

3. $y = \sin(x + \pi)$

Disegna i grafici delle seguenti funzioni.

713 $y = 2\cos(-x)$

714 $y = \sin 2x - \frac{\pi}{2}$

715 $y = \cos 2x + 2$

716 $y = \tan\left(x - \frac{\pi}{3}\right)$

717 $y = \tan|x| - 3$

718 $y = -|\sin x|$

---

719 $y = \begin{cases} \sin x & \text{se } x \le 0 \\ |\sin x| & \text{se } x > 0 \end{cases}$

720 $y = \begin{cases} \sin(-x) & \text{se } x < 0 \\ \cos x - 1 & \text{se } x \ge 0 \end{cases}$

721 $y = \begin{cases} |\cos 2x| & \text{se } x \le 0 \\ |\arctan x| - 1 & \text{se } x > 0 \end{cases}$

722 $y = \begin{cases} \cos x & \text{se } |x| \le \frac{\pi}{2} \\ \csc x & \text{se } |x| > \frac{\pi}{2} \end{cases}$

723 YOU & MATHS A graph has equation $y = \cos(2x)$, where x is a real number.

a. Draw a sketch of that part of the graph for which $0 \leq x \leq 2\pi$.

b. On your sketch show two of the lines of symmetry which the complete graph possesses.

(UK *Northern Examination Assessment Board, NEAB*)

$\left[\text{b) } x = 0, \frac{\pi}{2}, \pi, \ldots\right]$

---

724 Dopo aver tracciato il grafico della funzione $f(x) = -|\tan x| + 1$, disegna il grafico delle funzioni $f\left(x - \frac{\pi}{2}\right)$, $f(x) - \frac{\pi}{2}$, $2f(x)$, $f(2x)$.

725 Dopo aver trovato il dominio D e il codominio C e aver disegnato il grafico della funzione $f(x) = \frac{1 + \cos x}{\cos x}$, traccia i grafici di $f(|x|)$ e di $f(x) + 1$.

$\left[D: x \neq \frac{\pi}{2} + k\pi; C:]-\infty; 0] \cup [2; +\infty[\right]$

726 Traccia i grafici di $y = \frac{\cos x}{\cos x}$, $y = \frac{|\cos x|}{\cos x}$, $y = 1$. Rappresentano la stessa funzione?

727 TEST Quale delle seguenti funzioni ha il grafico della figura?

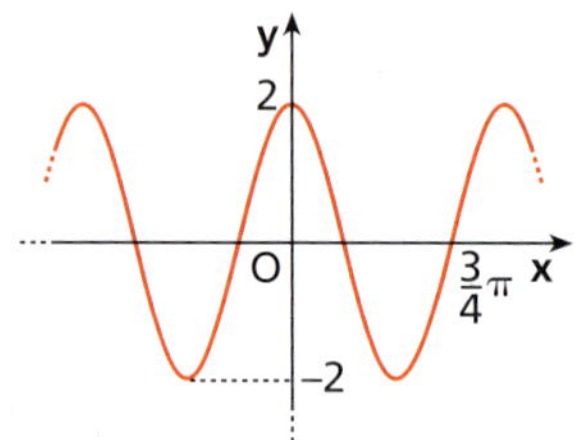

A $y = 2 \sin 2x$

B $y = 2 \sin x$

C $y = 4 \cos 2x$

D $y = 2 \cos 2x$

E $y = 2 \sin x + \pi$

728 ASSOCIA a ogni grafico la corrispondente funzione scelta fra le seguenti.

a. $y = \sin 2x$

b. $y = \cos 2x$

c. $y = \cos \frac{x}{2}$

d. $y = \cos|x|$

e. $y = \sin|x|$

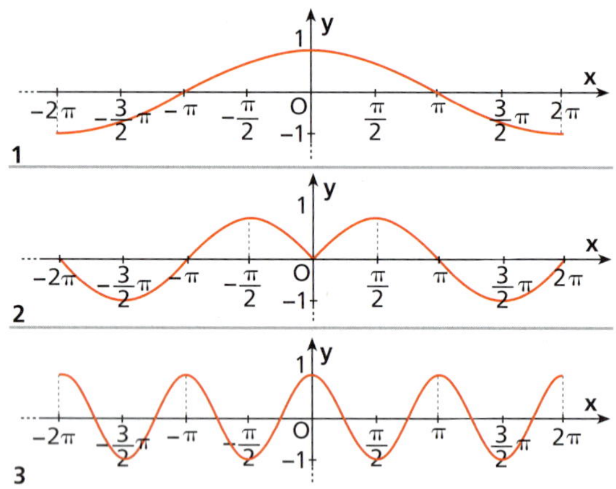

Disegna i grafici delle seguenti funzioni.

729 $y = \frac{|\sin x|}{\sin x} + 4$

730 $y = \frac{-1}{|\sin x - 1|}$

731 $y = \frac{1}{1 - \arctan x}$

732 $y = \frac{1}{2\sin^2 x + 1}$

733 $y = 2\sqrt{\cos x} - 1$

734 $y = \frac{1}{\cos^2 \frac{x}{2}}$

LEGGI IL GRAFICO Determina l'espressione analitica della funzione rappresentata nel grafico.

735 ●○

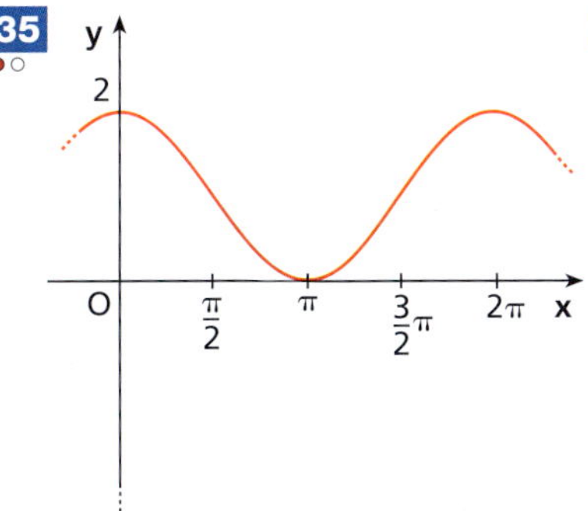

$\left[y = \cos x + 1\right]$

737 ●○

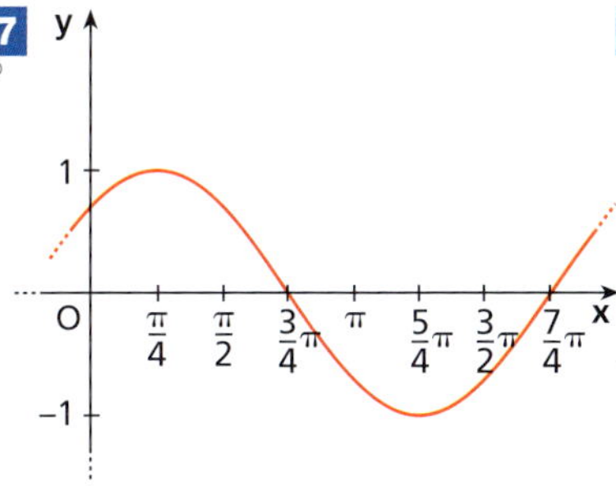

$\left[y = \cos\left(x - \frac{\pi}{4}\right)\right]$

739 ●○

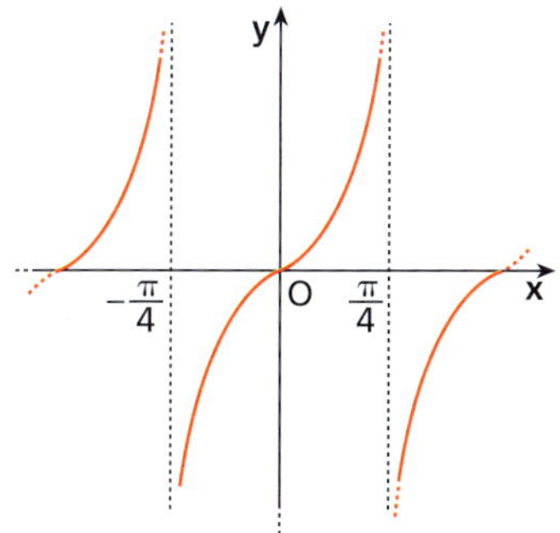

$\left[y = \tan 2x\right]$

736 ●○

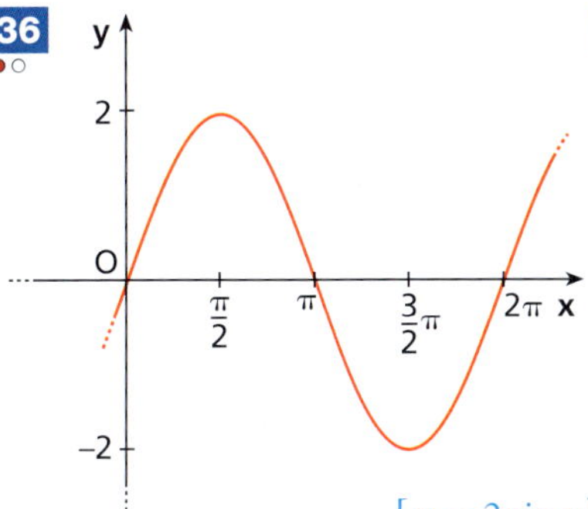

$\left[y = 2\sin x\right]$

738 ●○

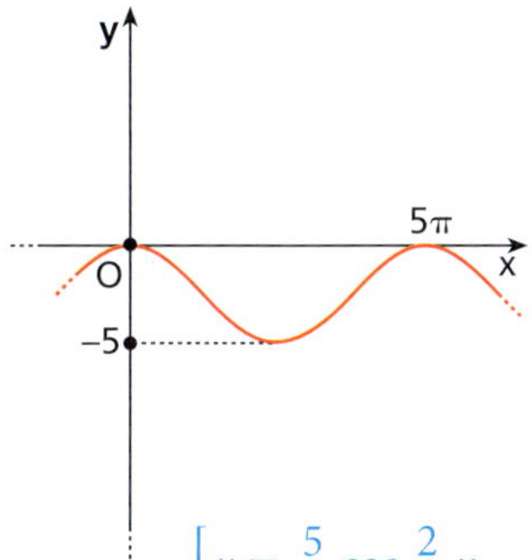

$\left[y = \frac{5}{2}\cos\frac{2}{5}x - \frac{5}{2}\right]$

740 ●○

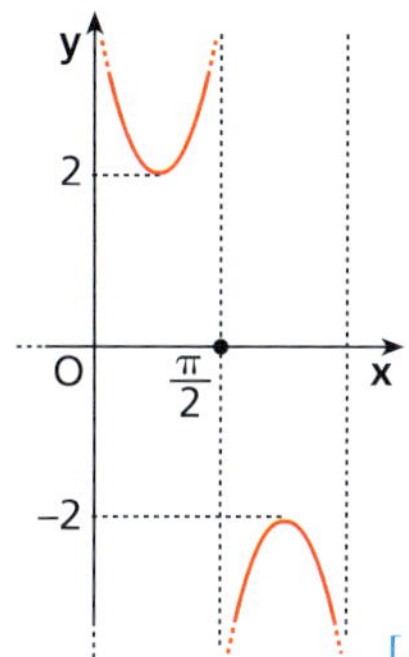

$\left[y = 2\csc 2x\right]$

741 ●●

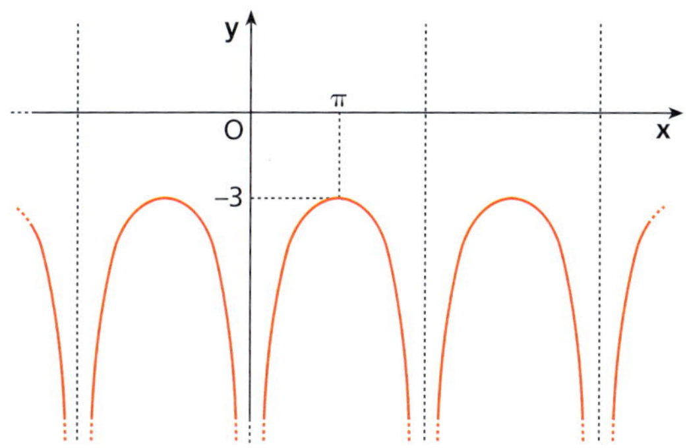

a. Determina una possibile equazione della funzione f rappresentata in figura.

b. Indica il dominio e il codominio di f.

c. Traccia il grafico di $|f(x)| - 3$.

d. Disegna il grafico di $-f(x-\pi)$.

$\left[\text{a) } f(x) = -\frac{1}{\left|\sin\frac{x}{2}\right|} - 2; \text{ b) } x \neq 2k\pi, k \in \mathbb{Z}; \left]-\infty; -3\right]\right]$

742 ●●

a. Data la funzione $y = f(x) = 2\cos kx + 2$, determina k in modo che il periodo sia $\frac{2}{3}\pi$.

b. Traccia il grafico della funzione f ottenuta con il valore di k del punto precedente.

c. Disegna il grafico di $\frac{1}{|f(x)|}$.

d. Indica un intervallo in cui f è invertibile, trova l'espressione analitica di f^{-1} e rappresentala graficamente.

$\left[\text{a) } k = 3; \text{ d) } \left[0; \frac{\pi}{3}\right]; f^{-1}(x) = \frac{1}{3}\arccos\frac{x-2}{2}\right]$

743 ●●

Data la funzione $y = a \cdot \arcsin(x+b)$, determina i valori di a e b in modo che sia $a > 0$ e che la funzione abbia come dominio l'intervallo $[0; 2]$ e come codominio l'intervallo $\left[-\frac{1}{2}; \frac{1}{2}\right]$.

a. Rappresenta la funzione così ottenuta.

b. Determina la funzione inversa (applicando la simmetria rispetto a $y = x$).

c. Dopo aver individuato il periodo della funzione inversa, rappresentala su un intero periodo.

$\left[y = \frac{1}{\pi}\arcsin(x-1); \text{ b) } y = \sin(\pi x) + 1; \text{ c) } T = 2\right]$

Problemi REALTÀ E MODELLI

RISOLVIAMO UN PROBLEMA

T Cephei

La stella T Cephei è una gigante rossa della Via Lattea. Essa ha una luminosità variabile in modo abbastanza regolare tra i valori 5,4 e 11 di magnitudine, in cicli di 389 giorni. Supponi che la variazione di magnitudine possa essere modellizzata con una funzione del tipo $y = A\cos(\omega t + \varphi) + k$.

- Trova i valori dei parametri in modo che all'inizio del ciclo corrisponda il valore massimo di magnitudine.
- Dopo quanti giorni dall'inizio del ciclo la magnitudine è minima?
- Determina la magnitudine di T Cephei dopo 100 giorni dall'inizio del ciclo.

► Calcoliamo φ e ω utilizzando i dati sul periodo.

Poiché $\cos\alpha$ ha valore massimo 1 per $\alpha = 0$, deve essere $\omega t + \varphi = 0$ all'istante iniziale.
Per $t = 0$, abbiamo $\varphi = 0$.
Dato che il periodo è di 389 giorni, deve essere:

$$T = \frac{2\pi}{\omega} = 389 \quad \to \quad \omega = \frac{2\pi}{389}.$$

► Calcoliamo A e k dai valori di massimo e minimo.

Rappresentiamo la funzione che nel periodo di 389 giorni oscilla tra 5,4 e 11.

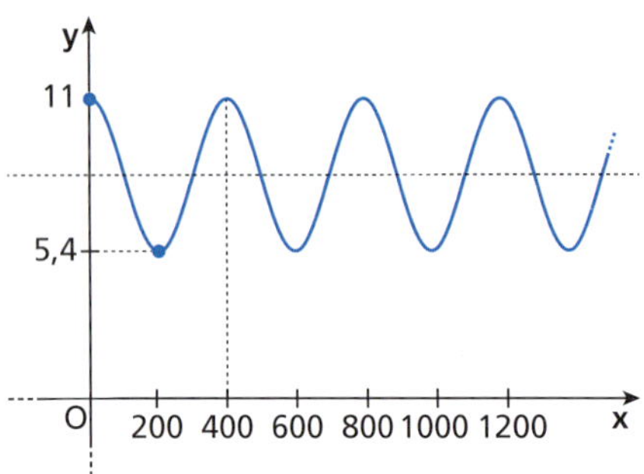

L'ampiezza dell'oscillazione è:

$$A = \frac{11 - 5,4}{2} = 2,8.$$

Notiamo poi che la funzione è una cosinusoide traslata verso l'alto di

$$k = 5,4 + 2,8 = 8,2.$$

La funzione è allora:

$$y = 2,8\cos\left(\frac{2\pi}{389}t\right) + 8,2.$$

► Ricaviamo l'istante di magnitudine minima.

Il valore minimo viene raggiunto dopo metà periodo, ovvero circa 194 giorni.

► Ricaviamo la magnitudine a un istante fissato.

Per determinare la magnitudine dopo 100 giorni è sufficiente sostituire a t il valore 100:

$$y = 2,8\cos\left(\frac{2\pi}{389} \cdot 100\right) + 8,2 \simeq 8,08.$$

744 ●○ **Uva** Una rivendita di frutta offre ai suoi clienti l'uva bianca tutto l'anno. In un anno il prezzo di vendita ha oscillato intorno al valore medio di € 4 al kg e ha raggiunto il valore più alto in marzo e quello più basso in settembre. Modellizza l'andamento del prezzo dell'uva nei vari mesi dell'anno mediante una funzione del tipo $y = a + b\sin(\omega x)$ oppure $y = a + b\cos(\omega x)$, supponendo che le condizioni del mercato del prodotto non cambino.

$$\left[y = 2\sin\left(\frac{\pi}{6}x\right) + 4\right]$$

745 **Predatori e prede** L'allocco è un uccello rapace notturno che si nutre preferibilmente di topi. Alcuni biologi, monitorando il numero di esemplari delle due specie nello stesso habitat per un certo periodo, hanno osservato che tale numero può essere descritto dalle funzioni:

$$y_1 = 500\cos(2t) + 2000 \quad \text{e} \quad y_2 = 10\cos\left(2t - \frac{\pi}{4}\right) + 50,$$

dove y_1 indica il numero di topi presenti al tempo t (espresso in anni) e y_2 il numero di allocchi.

a. Al tempo $t = 0$ quanti sono i topi e gli allocchi presenti?

b. Qual è il numero massimo di topi e di allocchi raggiunto nella zona? Quando ciascuna specie lo raggiunge per la prima volta?

c. Qual è il numero minimo di topi e di allocchi raggiunto? Quando, per la prima volta, raggiungono il numero minimo?

d. Dopo 6 anni gli allocchi si trovano in una fase in cui stanno aumentando o diminuendo di numero?

$\left[\text{b) } y_{1\max} = 2500 \text{ per } t = 0;\ y_{2\max} = 60 \text{ per } t = \frac{\pi}{8};\right.$
$\left.\text{c) } y_{1\min} = 1500 \text{ per } t = \frac{\pi}{2};\ y_{2\min} = 40 \text{ per } t = \frac{5}{8}\pi;\ \text{d) aumentano}\right]$

746 **In Bretagna** La marea è un moto periodico di oceani e mari che si innalzano e abbassano anche di 10-15 metri, solitamente ogni sei ore circa. L'ampiezza (detta *altezza dell'onda di marea*, uguale al dislivello tra bassa e alta marea) dipende dalla conformazione della costa e del terreno.
Al molo di un villaggio in Bretagna una tabella riporta giorno per giorno gli orari della marea e precisa che l'altezza dell'acqua sul pilone del molo varia da 0,8 a 9,5 m. Per un certo giorno sono segnati i seguenti orari: alta marea ore 4:03; bassa marea ore 10:14; alta marea ore 16:25; bassa marea ore 22:36.

a. Determina l'altezza media dell'acqua sul pilone, l'ampiezza della variazione e il periodo dell'onda di marea di quel giorno.

b. La variazione dell'altezza del livello dell'acqua nel tempo può essere descritta da una funzione goniometrica; scrivi l'equazione di tale funzione fissando il tempo 0 in corrispondenza delle ore 4:03 e il livello 0 in corrispondenza dell'altezza media dell'acqua.

c. Cambia il sistema di riferimento mettendo il livello 0 in corrispondenza del fondo del mare e il tempo 0 in corrispondenza dell'ora 0 della notte (esprimi il tempo in minuti) e rappresentane il grafico.

$\left[\text{a) } 5{,}15 \text{ m}; 8{,}7 \text{ m}; 12 \text{ ore e } 22 \text{ minuti; b) } y = 4{,}35\cos\left(\frac{\pi t}{371}\right);\ \text{c) } y = 5{,}15 + 4{,}35\cos\left[\frac{\pi(t-243)}{371}\right]\right]$

747 **Illuminazione stradale** La ditta che deve rinnovare il sistema di illuminazione della rotonda in figura colloca 6 lampioni equidistanti uno dall'altro sulla circonferenza interna, e sulla circonferenza esterna ne colloca 8: 2 ai lati di ciascun imbocco delle tre strade e 2 nei punti medi dei due archi $\widehat{BC}$ e $\widehat{FA}$. Nel sistema di assi cartesiani in figura determina:

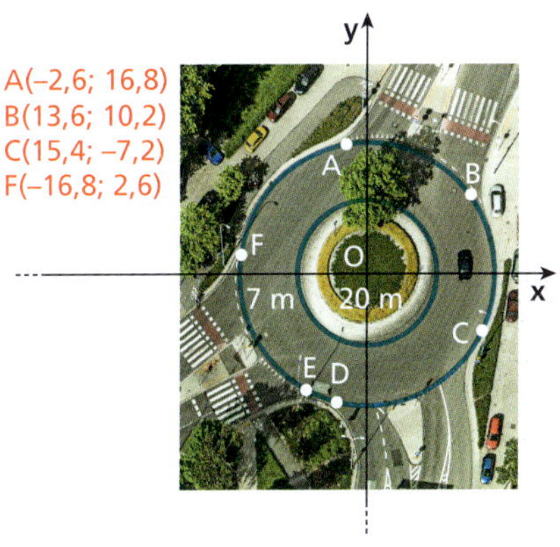

a. l'angolo al centro individuato da due lampioni consecutivi della circonferenza interna;

b. le coordinate dei lampioni sulla circonferenza interna, supponendo che il primo lampione si trovi sul semiasse x positivo;

c. le coordinate dei lampioni posizionati sui due archi della circonferenza esterna $\widehat{BC}$ e $\widehat{FA}$.

[a) 60°; c) (16,9; 1,8); (−12,0; 12,0)]

748 **Pedala!** Marta ha una bicicletta con le ruote che hanno raggi di 28 cm.

a. Scrivi la funzione che rappresenta l'altezza y del punto V, sulla periferia della ruota (in corrispondenza della valvola), rispetto all'altezza del mozzo M, in funzione dell'angolo α.

b. Determina l'altezza rispetto al suolo del punto V quando α vale 150°. Quanto vale α quando l'altezza è 0?

c. Partendo da $\alpha = 0$, Marta pedala facendo compiere alla valvola un angolo di 1500°. Quanta strada ha percorso?

[a) $y = 28 \sin\alpha$; b) 42 cm; 270°; c) 7,33 m]

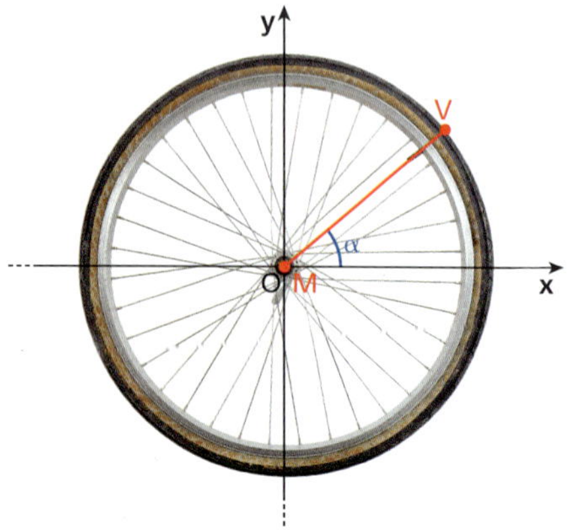

749 **Pupazzetto a molla** Roberto gioca con un pupazzetto a molla facendolo oscillare verticalmente, partendo da una posizione di equilibrio a un'altezza di 90 cm dal pavimento. Sappiamo che per effettuare un'oscillazione completa, di ampiezza 30 cm, e ritornare nella posizione iniziale impiega 3 secondi. La funzione che descrive l'altezza dal suolo del giocattolo al tempo t è del tipo $h(t) = A\sin(\omega t + y) + B$.

a. Determina il valore dei parametri che corrispondono alla situazione descritta e traccia il grafico della funzione.

b. Quale posizione occupa il pupazzetto dopo 2 secondi?

$\left[\text{a) } A = 30;\ \omega = \frac{2}{3}\pi;\ y = \pi;\ B = 90;\ \text{b) } 116 \text{ cm}\right]$

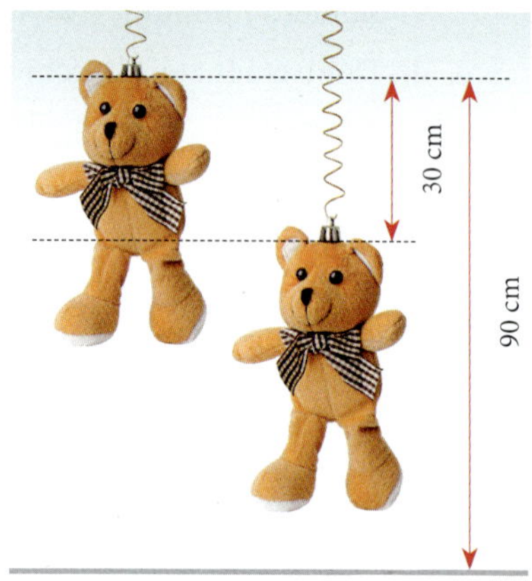

I grafici delle funzioni goniometriche e gli archi associati

Disegna i grafici delle seguenti funzioni dopo aver semplificato la loro espressione analitica mediante le regole degli archi associati.

750 $y = \sin\left(\frac{3}{2}\pi - x\right) + 2\cos(\pi + x)$ $[y = -3\cos x]$

751 $y = -\tan(-x) + 2$ $[y = \tan x + 2]$

752 $y = 2\cos\left(\frac{\pi}{2} - x\right)\cot(\pi - x)$ $[y = -2\cos x,\ x \neq k\pi]$

753 $y = \dfrac{1}{\sin\left(\frac{\pi}{2} - x\right) + \cos(-x)}$ $\left[y = \frac{1}{2}\sec x\right]$

754 $y = \dfrac{2\cos^2\left(\frac{\pi}{2} - x\right)}{-\sin(-x)}$ $[y = 2\sin x,\ x \neq k\pi]$

Funzioni sinusoidali e luoghi geometrici

755 ESERCIZIO GUIDA Determiniamo il luogo geometrico descritto al variare di $\alpha \in \mathbb{R}$ da $P(x; y)$, con x e y date da:

$$\begin{cases} x = 2\cos\alpha - 1 \\ y = 3\sin\alpha \end{cases}.$$

Isoliamo al primo membro $\cos\alpha$ e $\sin\alpha$:

$$\begin{cases} \cos\alpha = \dfrac{x+1}{2} \\ \sin\alpha = \dfrac{y}{3} \end{cases}$$

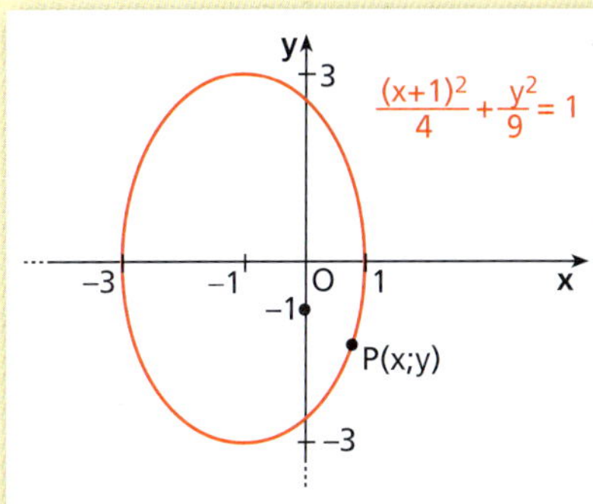

Eleviamo al quadrato entrambi i membri delle due equazioni e poi sommiamo membro a membro. Otteniamo

$$\cos^2\alpha + \sin^2\alpha = \left(\frac{x+1}{2}\right)^2 + \left(\frac{y}{3}\right)^2,$$

da cui, essendo $\sin^2\alpha + \cos^2\alpha = 1$: $\dfrac{(x+1)^2}{4} + \dfrac{y^2}{9} = 1$.

Il luogo cercato è un'ellisse traslata di centro $(-1; 0)$ e semiassi di lunghezza 2 e 3.

Determina i luoghi geometrici descritti al variare di $\alpha \in \mathbb{R}$ da $P(x; y)$, con x e y date dalle seguenti equazioni.

756 ●○ $\begin{cases} x = 3 + \cos\alpha \\ y = \sin\alpha - 2 \end{cases}$ $[(x-3)^2 + (y+2)^2 = 1]$

757 ●○ $\begin{cases} x = 3\cos\alpha \\ y = 1 + \sin\alpha \end{cases}$ $\left[\dfrac{x^2}{9} + (y-1)^2 = 1\right]$

758 ●○ $\begin{cases} x = \sin\alpha \\ y = \cos^2\alpha + 1 \end{cases}$ $[y = 2 - x^2]$

759 ●○ $\begin{cases} x = 2\tan\alpha \\ y = \sec\alpha \end{cases}$ $\left[\dfrac{x^2}{4} - y^2 = -1\right]$

760 ●○ $\begin{cases} x = 2\sin^2\alpha - 1 \\ y = \cos^2\alpha + 2 \end{cases}$, $\alpha \in \left]0; \dfrac{\pi}{2}\right[$.

$[x + 2y - 5 = 0, -1 < x < 1]$

761 ●● $\begin{cases} x = \sin\alpha + 3 \\ y = \csc\alpha \end{cases}$, $\alpha \in]0; \pi[$.

$[xy - 3y - 1 = 0, 3 < x \leq 4]$

762 ●● Le coordinate dei punti di una curva sono date dalle seguenti equazioni:

$$\begin{cases} x = \cos 3\alpha - 2 \\ y = \sin 3\alpha + 1 \end{cases}, \quad \alpha \in \mathbb{R}.$$

a. Determina l'equazione cartesiana della curva.

b. Individua il tipo di conica $\mathscr{C}$ che essa rappresenta e calcola l'eccentricità.

c. Trova l'equazione della retta tangente a $\mathscr{C}$ nel suo punto di ordinata 1 e ascissa minore, dopo averla rappresentata su un piano cartesiano.

[a) $(x+2)^2 + (y-1)^2 = 1$; b) circonferenza, $e = 0$; c) $x = -3$]

VERIFICA DELLE COMPETENZE ALLENAMENTO

UTILIZZARE TECNICHE E PROCEDURE DI CALCOLO

VERO O FALSO?

1 a. Seno, coseno e tangente sono funzioni di periodo 2π V F

b. $\tan 30° = \tan 210°$. V F

c. Esiste un angolo α tale che $\sin\alpha = \frac{5}{6}$ e $\cos\alpha = \frac{1}{6}$. V F

d. Esiste un angolo β tale che $\sin\beta = \frac{7}{4}$. V F

2 a. $\sin(-\alpha) = -\sin\alpha$ V F

b. $\cot\left(\frac{\pi}{2} - \alpha\right) = -\tan\alpha$ V F

c. $\cos(\pi - \alpha) = -\cos\alpha$ V F

d. $\sin(2\pi - \alpha) = -\sin\alpha$ V F

e. $\tan(\pi + \alpha) = \tan\alpha$ V F

TEST

3 Delle seguenti affermazioni relative alla funzione $y = \arcsin(\sqrt{x} - 1)$ una sola è *falsa*. Quale?

A Il dominio è $0 \leq x \leq 4$.

B Il codominio è $[-1; 1]$.

C La sua funzione inversa è $y = (1 + \sin x)^2$.

D La funzione è positiva per $1 < x \leq 4$.

E La funzione interseca l'asse y in $\left(0; -\frac{\pi}{2}\right)$.

4 Quale delle seguenti uguaglianze è sempre vera?

A $\sin(\pi + \alpha) = \cos(\pi + \alpha)$

B $\tan(-\alpha) = \tan(\pi - \alpha)$

C $\tan\left(\frac{\pi}{2} + \alpha\right) = \cot\alpha$

D $\sec(\pi - \alpha) = \sec\alpha$

E $\sin(-\alpha) = -\cos(\alpha)$

5 Le seguenti proposizioni sono tutte vere *tranne* una. Quale?

A La funzione $y = \sin\left(\frac{1}{2}x - \frac{\pi}{4}\right)$ è invertibile nell'intervallo $\left[-\frac{3}{4}\pi; \frac{5}{4}\pi\right]$.

B La funzione inversa di $y = 2\tan 2x$ ha equazione $y = \frac{1}{2}\arctan\frac{x}{2}$.

C $(\sin x)^{-1} = \frac{1}{\sin x}$.

D $\frac{1}{2\cos 2x} = \frac{1}{2}\sec 2x$.

E La funzione $y = \arctan\frac{2x-1}{x^2+1}$ ha per dominio $\mathbb{R}$.

Calcola il valore delle funzioni indicate, utilizzando le informazioni fornite.

6 $\tan\alpha$ e $\sin(-\alpha)$ — $\cos\alpha = -\frac{2}{3}$, $\pi < \alpha < \frac{3}{2}\pi$ $\left[\frac{\sqrt{5}}{2}; \frac{\sqrt{5}}{3}\right]$

7 $\sin\alpha$ e $\cos\alpha$ — $\tan\alpha = \frac{28}{45}$, $\pi < \alpha < \frac{3}{2}\pi$ $\left[-\frac{28}{53}; -\frac{45}{53}\right]$

8 $\cos\alpha$ e $\tan\alpha$ — $\sin\alpha = \frac{15}{17}$, $\frac{\pi}{2} < \alpha < \pi$ $\left[-\frac{8}{17}; -\frac{15}{8}\right]$

9 $\sin\alpha$ e $\tan\alpha$ $\quad \cos\alpha = \frac{39}{89}, \frac{3}{2}\pi < \alpha < 2\pi$ $\left[-\frac{80}{89}; -\frac{80}{39}\right]$

10 $\sin\beta$ e $\cos(\pi+\beta)$ $\quad \tan\beta = -\frac{9}{40}, \frac{\pi}{2} < \beta < \pi$ $\left[\frac{9}{41}; \frac{40}{41}\right]$

11 $\sin(-\alpha), \cos\left(\frac{\pi}{2}+\alpha\right), \sin(\pi+\alpha), \cos\left(-\frac{3}{2}\pi+\alpha\right), \tan(\pi+\alpha)$ $\quad \tan\alpha = \frac{3}{4}, 0 < \alpha < \frac{\pi}{2}$

$\left[-\frac{3}{5}; -\frac{3}{5}; -\frac{3}{5}; -\frac{3}{5}; \frac{3}{4}\right]$

12 $\cos\left(\frac{\pi}{2}-\alpha\right), \sin\left(\frac{\pi}{2}+\alpha\right), \cot(\pi-\alpha), \tan\left(\frac{3}{2}\pi-\alpha\right)$ $\quad \sin(\pi+\alpha) = \frac{5}{13}$, con $-\frac{\pi}{2} < \alpha < 0$

$\left[-\frac{5}{13}; \frac{12}{13}; \frac{12}{5}; -\frac{12}{5}\right]$

13 Determina per quale valore di t esiste un angolo β tale che:

$\sin\beta = \frac{t+1}{t}$ e $\cos\beta = \frac{1+2t}{t}$. $\left[-1; -\frac{1}{2}\right]$

Calcola il valore delle seguenti espressioni.

14 $\sqrt{3}\cos 30° - \sqrt{3}\sec 60° - \sin 45° + \cos 60° \csc 45° - 8\sin^2 30°$ $\left[-\frac{1}{2} - 2\sqrt{3}\right]$

15 $\frac{3}{2}\cot\frac{\pi}{4} - \sec\frac{\pi}{3} + \frac{3}{5}\csc\frac{\pi}{6} - \frac{3}{2} - \frac{1}{2}\csc\frac{\pi}{2}$ $\left[-\frac{13}{10}\right]$

16 $\left(2\cos\frac{\pi}{6} - 4\sin\frac{\pi}{4}\right)^2 + 16\sin\frac{\pi}{4}\left(\cos\frac{\pi}{6} + \cos\frac{\pi}{3}\right) - \sin\frac{\pi}{2}$ $[10 + 4\sqrt{2}]$

17 $3\cot 270° - 4\cos 330° \sin 300° - \sqrt{2}\cos(-45°) - 6\sqrt{2}\sec(-45°)$ $[-10]$

18 $\sin\frac{27}{4}\pi; \cos\frac{35}{6}\pi; \tan\frac{38}{5}\pi; \cot\frac{37}{6}\pi.$ $\left[\sin\frac{\pi}{4}, \cos\frac{\pi}{6}, -\tan\frac{2}{5}\pi, \cot\frac{\pi}{6}\right]$

19 $(\sin 210° \cos 225° - \sin 225° \cos 210°)\cos 45° - \cos 240° - \csc 330°$ $\left[\frac{11-\sqrt{3}}{4}\right]$

20 $\dfrac{\sin\frac{7}{4}\pi \cdot \cos\frac{11}{6}\pi - \cos\frac{5}{3}\pi \cdot \cos\left(-\frac{\pi}{4}\right)}{\sin\frac{5}{4}\pi - \cos\frac{7}{4}\pi}$ $\left[\frac{\sqrt{3}+1}{4}\right]$

21 $\sqrt{3}\sin\frac{\pi}{3} - \sqrt{2}\cos\frac{\pi}{4} + \cos\frac{\pi}{2}\left(\sin\frac{\pi}{4} + \cos\frac{\pi}{3}\right)^2 - \left(\sin\frac{\pi}{3} - 2\cos\frac{\pi}{6}\right)^2$ $\left[-\frac{1}{4}\right]$

22 $\sec\frac{\pi}{3}\left(\sin\frac{\pi}{6} + \cos\frac{\pi}{3}\right) - 2\csc\frac{\pi}{2} + \tan 0 - \tan\frac{\pi}{4}\left(\cos\frac{\pi}{6} + \sin\frac{\pi}{3}\right)$ $[-\sqrt{3}]$

23 $\dfrac{a^2\tan\frac{\pi}{4} + 2b^2\sin\frac{\pi}{6} + ab\sec\frac{\pi}{3}}{a\cos 0 + b\sin\frac{\pi}{2}} - \sqrt{2}\cdot a\sin\frac{\pi}{4}$ $[b]$

24 $\cos(-30°) + \sin(-60°) + \sin 210° - \tan 225° - \csc 150°$ $\left[-\frac{7}{2}\right]$

---

25 $\tan\left[\arcsin\left(-\frac{1}{2}\right)\right]$ $\left[-\frac{\sqrt{3}}{3}\right]$

26 $\sin\left[\arccos\left(\frac{\sqrt{3}}{2}\right)\right]$ $\left[\frac{1}{2}\right]$

27 $\arcsin\left(\cos\frac{5}{2}\pi\right)$ $[0]$

28 $\tan\left[\arccos\left(-\frac{\sqrt{2}}{2}\right)\right]$ $[-1]$

29 $\pi - \arcsin\left(-\frac{\sqrt{2}}{2}\right) + \arctan\left(-\frac{1}{\sqrt{3}}\right) + 2\arccos\frac{1}{2}$ $\left[\frac{7}{4}\pi\right]$

30 $\pi - \left[4\arctan(-1) + 2\arcsin\left(-\frac{\sqrt{2}}{2}\right)\right] + \arccos\frac{\sqrt{3}}{2}$ $\left[\frac{8}{3}\pi\right]$

Semplifica le seguenti espressioni.

31 $\cos(\pi+\alpha) + \sin^2(-\alpha) + \tan(\alpha+\pi)\tan\left(\alpha+\frac{\pi}{2}\right) + \sin\left(\frac{\pi}{2}+\alpha\right)$ $[-\cos^2\alpha]$

32 $\frac{\sin(180°-\alpha)\cos(90°+\alpha)}{\sin(-\alpha)} + \frac{\sin(90°+\alpha)\cos(90°-\alpha)}{\cos(180°+\alpha)}$ $[0]$

33 $\frac{\sin(-\alpha)+\sin(\pi-\alpha)+\sin(\pi+\alpha)}{\cos(-\alpha)+\cos(\pi-\alpha)+\cos(\pi+\alpha)}$ $[\tan\alpha]$

34 $\tan(360°-\alpha) + 2\cos(360°-\alpha) + 2\sin(180°-\alpha)\cot(-\alpha) + \tan\alpha$ $[0]$

35 $\tan(90°-\alpha)\tan\alpha - \frac{\sin(180°+\alpha)}{\cos(180°-\alpha)} + \cot(90°-\alpha)$ $[1]$

36 $-\cos\left(-\alpha-\frac{3}{2}\pi\right) - \sin(\alpha-5\pi) + \sin\left(-\alpha-\frac{7}{2}\pi\right)$ $[\cos\alpha]$

37 $\cot^2\left(\frac{3}{2}\pi+\alpha\right) + \sec^2(\pi+\alpha) - \frac{\sin\left(\frac{\pi}{2}+\alpha\right)\cos(\pi-\alpha)}{\sin^2\left(\alpha-\frac{3}{2}\pi\right)}$ $[2\sec^2\alpha]$

38 $\frac{2}{\csc(90°-\alpha)} + 6\frac{\cos(180°-\alpha)}{\sin(-\alpha)} - 2\cos(180°-\alpha)$ $[2\cot\alpha(2\sin\alpha+3)]$

39 $\sin\left(\alpha+\frac{3}{2}\pi\right)\cos(\alpha+\pi) - \frac{\tan\left(\frac{3}{2}\pi-\alpha\right)\sin\left(\frac{\pi}{2}+\alpha\right)}{\sin(-\alpha)+\cos\left(\frac{\pi}{2}+\alpha\right)}$ $\left[\frac{\cos^2\alpha(2\sin^2\alpha+1)}{2\sin^2\alpha}\right]$

40 $\frac{\tan\frac{1}{5}\cot\frac{1}{5} + \tan(-\alpha)\cot\left(\frac{3}{2}\pi-\alpha\right)}{\sin^2\left(\alpha-\frac{3\pi}{2}\right) + \cos^2\left(\frac{5}{2}\pi-\alpha\right)}$ $[1-\tan^2\alpha]$

41 $\frac{\tan^2\left(\frac{3}{2}\pi-\alpha\right)-1}{\tan\left(\alpha+\frac{5}{2}\pi\right)} \cdot \frac{4\tan(4\pi-\alpha)}{1-\tan^2(3\pi+\alpha)}$ $[4]$

42 $\frac{\cos(5\pi+\alpha)\sin\left(\frac{3}{2}\pi+\alpha\right) + \tan(-\alpha)\sin\left(\alpha-\frac{5}{2}\pi\right) + \sin^2(3\pi+\alpha)}{\cos(\alpha-6\pi)\sin(2\pi-\alpha) - \cos\left(\frac{7}{2}\pi-\alpha\right)}$ $\left[\frac{1+\sin\alpha}{\sin\alpha(1-\cos\alpha)}\right]$

43 $\cot(\pi-\alpha)\cos\left(\frac{3}{2}\pi+\alpha\right) + 2\frac{\sin(-\alpha)\cos(10\pi-\alpha)}{\sin\left(\frac{\pi}{2}-\alpha\right)\cos\left(\alpha-\frac{11}{2}\pi\right)}$ $[-\cos\alpha+2]$

ANALIZZARE E INTERPRETARE DATI E GRAFICI

44 Un triangolo ha gli angoli α, β, γ tali che $\alpha = \frac{1}{3}\beta$ e $\beta = \gamma$. Trova la misura in radianti degli angoli α, β, γ. $\left[\alpha = \frac{\pi}{7}; \beta = \gamma = \frac{3}{7}\pi\right]$

45 Un quadrilatero ha due angoli che misurano 148° e $\frac{7}{15}\pi$ e gli altri due sono uno i $\frac{3}{5}$ dell'altro. Scrivi le misure degli angoli del quadrilatero in gradi e in radianti. $\left[148°, 84°, 80°, 48°; \frac{37}{45}\pi, \frac{7}{15}\pi, \frac{4}{9}\pi, \frac{4}{15}\pi\right]$

46 Dato il triangolo rettangolo della figura, è noto che $\tan\beta = \frac{4}{3}$. Calcola $\sin\beta$, $\cos\beta$, $\cos\gamma$ e $\tan\delta$.

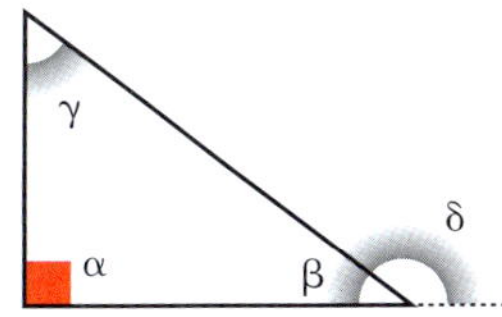

$\left[\frac{4}{5}; \frac{3}{5}; \frac{4}{5}; -\frac{4}{3}\right]$

47 Determina l'equazione della retta passante per $Q(-7;1)$, che forma con l'asse x un angolo, compreso tra 0 e π, il cui coseno è $\frac{7}{25}$. $\left[y = \frac{24}{7}x + 25\right]$

48 Determina il seno dell'angolo che la retta di equazione $12x + 9y - 1 = 0$ forma con l'asse x. $\left[\frac{4}{5}\right]$

49

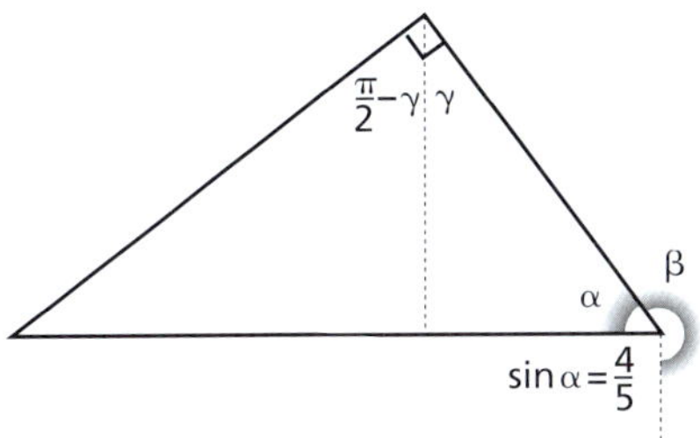

Trova: $\sin\beta$, $\tan\gamma$, $\cos\left(\frac{\pi}{2} - \gamma\right)$. $\left[-\frac{3}{5}; \frac{3}{4}; \frac{3}{5}\right]$

50

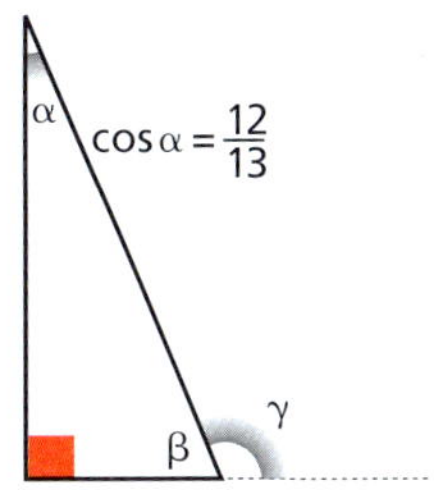

Calcola: $\tan\beta$, $\cos\gamma$, $\sin(\pi + \gamma)$. $\left[\frac{12}{5}; -\frac{5}{13}; -\frac{12}{13}\right]$

Disegna i grafici delle seguenti funzioni.

51 $y = 4\sin x - 1$

52 $y = \cos\left(\frac{\pi}{6} + x\right)$

53 $y = |\sin 2x| + 1$

54 $y = -\cos(x + \pi)$

55 $y = -\sin x + 2$

56 $y = \sin\left(x - \frac{\pi}{4}\right) - 1$

57 $y = \sin|x| + 2$

58 $y = -|\tan x|$

59 $y = \frac{1}{2}\sin\frac{x}{2}$

60 $y = \frac{1}{\sin|x|} - 1$

61 $y = \frac{1}{-\sqrt{\cos x} + 2}$

62 $y = 2\arccos\left(x - \frac{\pi}{3}\right)$

63 $y = 1 + 3\arctan\left(\frac{x}{2}\right)$

64 $y = \begin{cases} \cos x & \text{se } x \leq \frac{\pi}{2} \\ -2\cos x & \text{se } x > \frac{\pi}{2} \end{cases}$

65 $y = \begin{cases} |\cos x| & \text{se } x < 0 \\ |\sin x| + 1 & \text{se } x \geq 0 \end{cases}$

Determina il periodo delle seguenti funzioni.

66 $y = \sin 4x$, $y = \tan\frac{x}{2}$. $\left[\frac{\pi}{2}, 2\pi\right]$

67 $y = \cos 6x$, $y = \cot 2x$. $\left[\frac{\pi}{3}, \frac{\pi}{2}\right]$

68 $y = \sin(3x + \pi)$, $y = \tan\left(\frac{x}{4} + \frac{\pi}{2}\right)$. $\left[\frac{2}{3}\pi, 4\pi\right]$

69 $y = \cos(2x + 2\pi)$, $y = \cot\left(6x + \frac{\pi}{4}\right)$. $\left[\pi, \frac{\pi}{6}\right]$

Disegna i grafici delle seguenti funzioni e scrivi il valore dell'ampiezza, della pulsazione, della fase iniziale e del periodo.

70 $y = -6\sin\left(2x + \frac{3}{2}\pi\right)$

71 $y = -\frac{1}{4}\cos\left(\frac{1}{2}x + \frac{\pi}{6}\right)$

72 $y = \frac{1}{2}\sin\left(\frac{1}{2}x\right) + \frac{1}{2}$

73 $y = -2\cos\left(2x + \frac{\pi}{3}\right)$

74 ●● Della funzione $y = 1 + \tan\frac{x}{2}$ trova il dominio, disegna il grafico e scrivi le equazioni degli asintoti.

$[D: x \neq \pi + 2k\pi;\ x = \pi + 2k\pi]$

75 ●○ Traccia il grafico di $f(x) = 4\cos\left(x - \frac{\pi}{4}\right)$, di $\frac{|f(x)|}{f(x)} + 1$ e di $\frac{f(x) + |f(x)|}{2}$.

LEGGI IL GRAFICO Scrivi le equazioni delle funzioni che hanno i seguenti grafici.

76 ●○

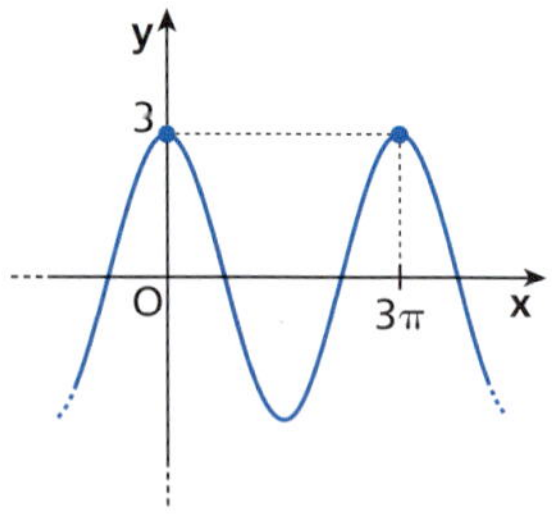

$\left[y = 3\cos\left(\frac{2}{3}x\right)\right]$

78 ●○

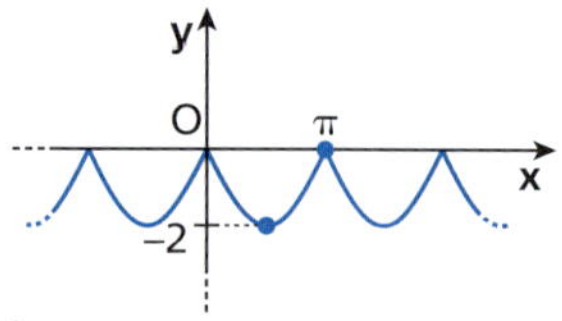

$[y = -2|\sin x|]$

80 ●○

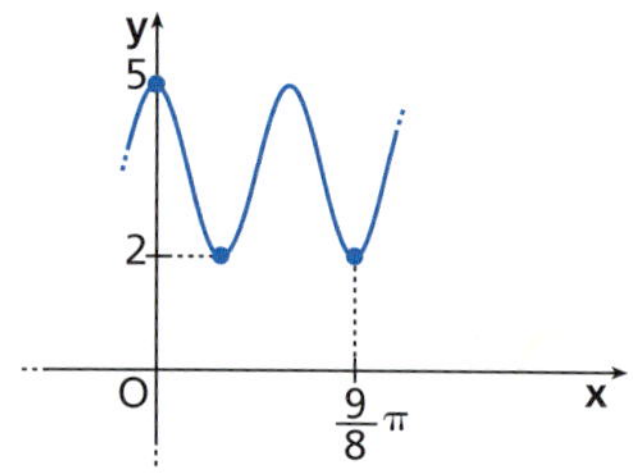

$\left[y = \frac{7}{2} + \frac{3}{2}\cos\frac{8}{3}x\right]$

77 ●○

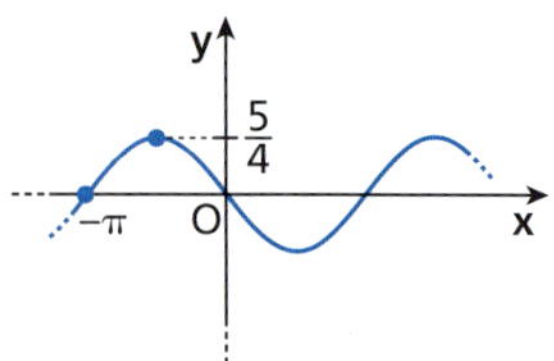

$\left[y = -\frac{5}{4}\sin x\right]$

79 ●○

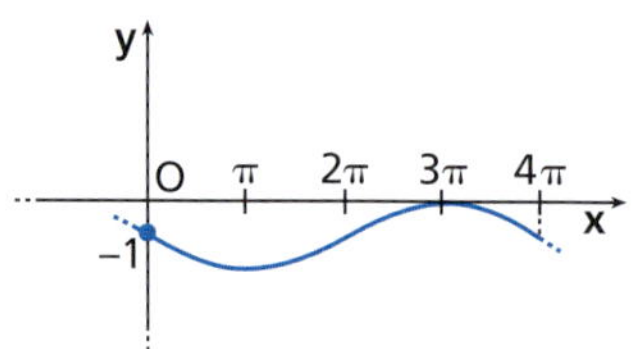

$\left[y = -1 - \sin\frac{x}{2}\right]$

81 ●○

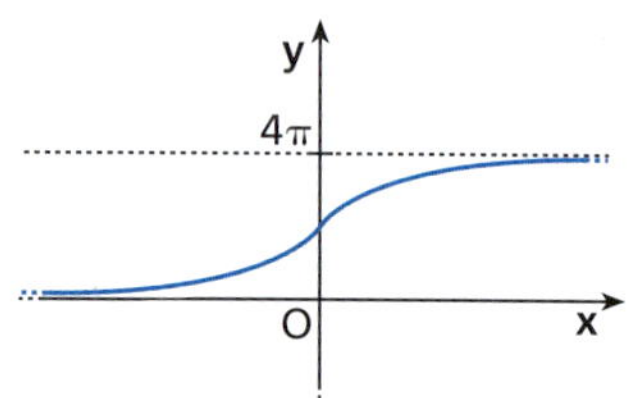

$[y = 4\arctan x + 2\pi]$

VERIFICA DELLE COMPETENZE VERSO L'ESAME

ARGOMENTARE E DIMOSTRARE

82 ●○ Spiega perché la funzione seno è invertibile se si restringe il suo dominio all'intervallo $\left[-\frac{\pi}{2}; \frac{\pi}{2}\right]$, mentre la funzione coseno è invertibile se si restringe il suo dominio all'intervallo $[0; \pi]$.

83 ●○ Spiega perché la funzione tangente è invertibile se si restringe il suo dominio all'intervallo $\left]-\frac{\pi}{2}; \frac{\pi}{2}\right[$.

84 ●○ Quanto valgono i rapporti di dilatazione m e n e il vettore $\vec{v}$ di traslazione che si applicano a $y = \cos\left(\frac{x}{3} + \frac{2}{3}\pi\right)$ per ottenere una funzione del tipo $y = \cos x$?

$[m = 3,\ n = 1;\ \vec{v}(-2\pi; 0)]$

85 ●○ **VERO O FALSO?** La funzione $f(x) = \sqrt{4\sin(5x) - 5}$ nell'insieme dei numeri reali non è definita. V F

(*Università di Lecce, Facoltà di Scienze, Test di ingresso,* 2001)

86 ●○ Confronta le funzioni $f_1(x) = \sin(\arcsin x)$ e $f_2(x) = \arcsin(\sin x)$, precisando per ciascuna il dominio e il codominio, sottolineando analogie e differenze dei rispettivi grafici.

$\left[f_1(x) = x,\ D = C = [-1; 1];\ f_2(x) = x \text{ solo nell'intervallo } \left[-\frac{\pi}{2}; \frac{\pi}{2}\right],\ D: \mathbb{R},\ C: \left[-\frac{\pi}{2}; \frac{\pi}{2}\right]\right]$

87 Dimostra che per qualunque $x \in \mathbb{R}$ vale la relazione: $\cos(\arctan x) = \frac{1}{\sqrt{1+x^2}}$.

88 Dimostra che il periodo della funzione $y = A\tan(\omega x + \varphi)$ è $\frac{\pi}{\omega}$.

89 Verifica che per $-1 < x < 1$ è $\tan \arcsin x = \frac{x}{\sqrt{1-x^2}}$.

90 Se $\tan\alpha$ e $\tan\beta$ sono radici di $x^2 - px + q = 0$ e $\cot\alpha$ e $\cot\beta$ sono radici di $x^2 - rx + s = 0$, quanto vale il prodotto rs espresso in funzione di p e q?

(Esame di Stato, Liceo Scientifico, Scuole italiane all'estero, Sessione ordinaria, 2004, quesito 7)

$\left[\frac{p}{q^2}\right]$

COSTRUIRE E UTILIZZARE MODELLI

RISOLVIAMO UN PROBLEMA

La marcia

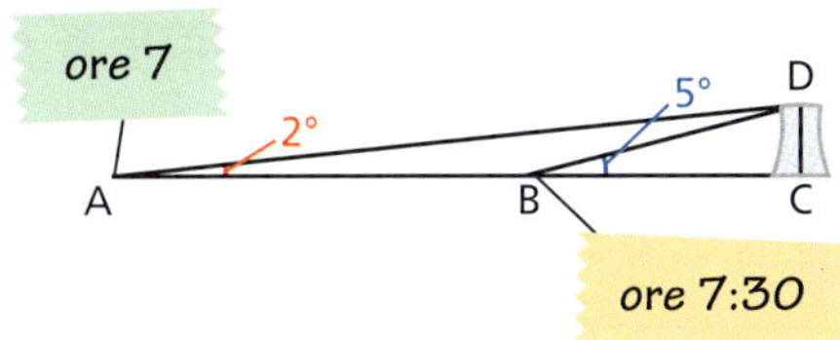

Un gruppo di attivisti antinucleari ha organizzato una marcia di protesta verso un sito scelto per la costruzione di una centrale termonucleare. I manifestanti camminano, in pianura, con velocità costante, dirigendosi in linea retta verso le torri di raffreddamento dell'impianto, che sono già state costruite. Alle 7 uno degli organizzatori della marcia antinucleare vede la cima della torre di raffreddamento con un angolo di elevazione di 2°; 30 minuti più tardi l'ampiezza dell'angolo è pari a 5°. Si calcoli a che ora il gruppo raggiungerà il cantiere, arrotondando il risultato al minuto.

(Esame di Stato, Liceo Scientifico, Corso di ordinamento, Sessione straordinaria, 2014, quesito 1)

► **Analizziamo il problema.**

Il gruppo percorre il tratto AB in un tempo $t_1 = 30'$; dobbiamo calcolare il tempo t_2 necessario a percorrere il tratto BC.
Essendo la velocità costante, il rapporto tra i tempi t_2 e t_1 deve essere uguale al rapporto tra le distanze percorse, BC e AB. Non conosciamo le distanze, ma possiamo cercare una relazione tra esse osservando i triangoli rettangoli ACD e BCD.

► **Troviamo una relazione tra AB e BC.**

Possiamo esprimere l'altezza DC della torre di raffreddamento come: $AC\tan 2°$ oppure $BC\tan 5°$.
Pertanto:

$$AC\tan 2° = BC\tan 5°;$$
$$(AB + BC)\tan 2° = BC\tan 5°;$$
$$AB\tan 2° = BC(\tan 5° - \tan 2°).$$

► **Calcoliamo il rapporto tra BC e AB.**

$$\frac{BC}{AB} = \frac{\tan 2°}{\tan 5° - \tan 2°} \simeq 0{,}66$$

► **Troviamo t_2.**

Deve essere:

$$\frac{t_2}{t_1} = \frac{BC}{AB} \simeq 0{,}66.$$

Quindi:

$$t_2 \simeq 0{,}66 \cdot t_1 = 0{,}66 \cdot 30' \simeq 20'.$$

Il tempo ulteriore necessario a raggiungere la torre è pari a 20 minuti, quindi il gruppo, che si trova nel punto B alle 7:30, giungerà alle 7:50.

91 Un aereo civile viaggia in volo orizzontale con velocità costante lungo una rotta che lo porta a sorvolare Venezia. Da uno squarcio nelle nuvole il comandante vede le luci della città con un angolo di depressione di 7°. Tre minuti più tardi ricompaiono nuovamente le luci, questa volta però l'angolo di depressione misurato è di 13°. Quanti minuti saranno ancora necessari perché l'aereo venga a trovarsi esattamente sopra la città?

(Esame di Stato, Liceo Scientifico, Corso di ordinamento, Sessione suppletiva, 2013, quesito 5)

[3'24″]

92 ●○ Un ufficiale della guardia di finanza, in servizio lungo un tratto rettilineo di costa, avvista una motobarca di contrabbandieri che dirige in linea retta, perpendicolarmente alla costa, verso un vecchio faro abbandonato. L'angolo tra la direzione della costa e il raggio visivo dell'ufficiale che guarda la motobarca è di 34,6°; il natante si trova a 6 miglia marine dal faro e si muove con una velocità di 18 nodi (miglia marine all'ora). L'ufficiale ordina di salire immediatamente in macchina, in modo da raggiungere il faro, percorrendo una strada parallela alla spiaggia, 10 minuti prima che vi approdino i contrabbandieri, per coglierli con le mani nel sacco. A che velocità media, in km/h, deve muoversi l'automezzo della guardia di finanza per arrivare nei tempi previsti? (Un miglio marino = 1853,182 m).

(*Esame di Stato, Liceo Scientifico, Corso di ordinamento, Sessione straordinaria*, 2013, *quesito* 1)

[96,7 km/h]

93 ●● Un osservatore posto sulla riva di un lago a 236 m sopra il livello dell'acqua, vede un aereo sotto un angolo di elevazione α di 42,4° e la sua immagine riflessa sull'acqua sotto un angolo di depressione β di 46,5°. Si trovi l'altezza dell'aereo rispetto all'osservatore.

(*Esame di Stato, Liceo Scientifico, Corso di ordinamento, Sessione suppletiva*, 2014, *quesito* 5)

[3064 m]

INDIVIDUARE STRATEGIE E APPLICARE METODI PER RISOLVERE PROBLEMI

LEGGI IL GRAFICO

94 ●○
a. Deduci dal grafico l'equazione della funzione rappresentata e il suo periodo.
b. Traccia il grafico di $|f(x)|$.
c. Traccia il grafico di $||f(x)|-3|$.
d. Verifica se nell'intervallo $\left[-\frac{\pi}{3};\pi\right]$ la funzione $f(x)$ è invertibile, altrimenti restringi il dominio in modo che lo sia. Determina $f^{-1}(x)$ in tale dominio e rappresentala graficamente.

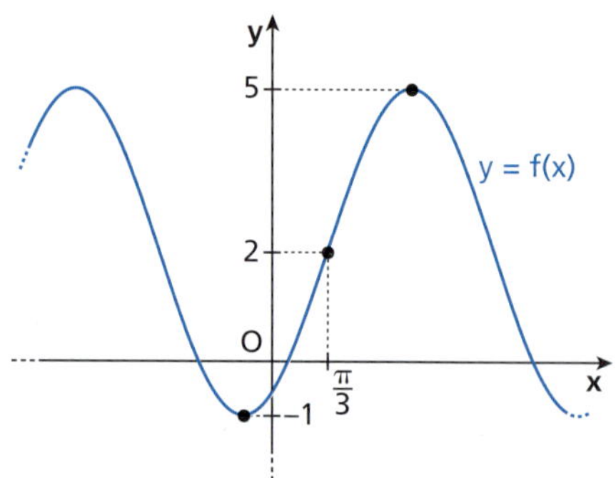

$\left[\text{a) } f(x)=3\sin\left(x-\frac{\pi}{3}\right)+2,\ 2\pi;\ \text{d) } f^{-1}(x)=\arcsin\left(\frac{x-2}{3}\right)+\frac{\pi}{3} \text{ in } \left[-\frac{\pi}{6};\frac{5}{6}\pi\right]\right]$

95 ●● Nel grafico è rappresentata la funzione

$$f(x)=a+b\arcsin[c(x+d)],\ \text{con } b, c>0.$$

a. Individua dominio e codominio di f e deduci il valore dei parametri a, b, c e d.
b. Esegui una traslazione in modo che il grafico della funzione $g(x)$ ottenuta abbia centro di simmetria nell'origine.
c. Traccia il grafico della funzione $\frac{1}{g(x)}$.
d. Trova l'equazione della funzione $g^{-1}(x)$ e disegna il suo grafico.

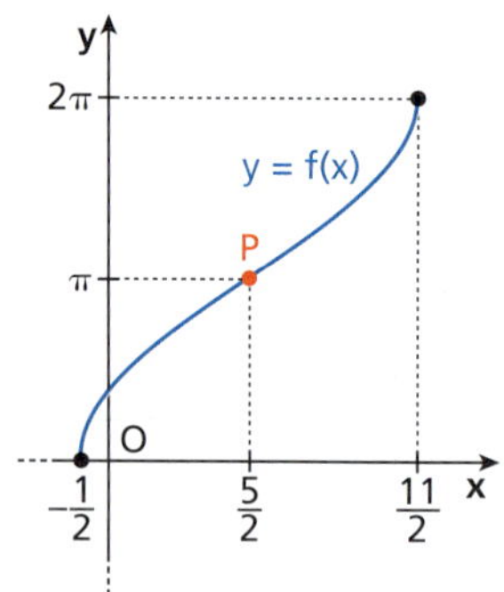

$\left[\text{a) } a=\pi,\ b=2,\ c=\frac{1}{3},\ d=-\frac{5}{2};\ \text{b) } g(x)=2\arcsin\frac{x}{3};\ \text{d) } g^{-1}(x)=3\sin\frac{x}{2}\right]$

96 ●● Il grafico rappresenta la funzione di equazione $y=a+\arctan(x+1)$.
a. Determina il valore di a e il dominio e il codominio della funzione.
b. Risolvi l'equazione $f(x)=\frac{\pi}{2}$.
c. Disegna il grafico di $f(|x|)$ e individua per quali valori di x risulta $f(x)=f(|x|)$.

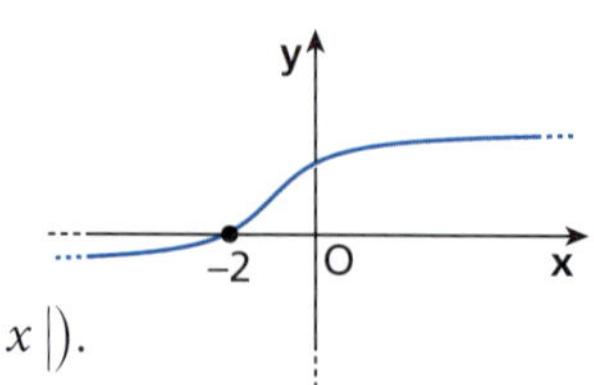

$\left[\text{a) } a=\frac{\pi}{4},\ D{:}\ \mathbb{R},\ C{:}\ \left]-\frac{\pi}{4};\frac{3}{4}\pi\right[;\ \text{b) } x=0;\ \text{c) } x\geq 0\right]$

97 Data la funzione $f(x) = \frac{a}{2} + \frac{4}{\pi} \arcsin(x+1)$:

a. trova a in modo che il suo grafico passi per (0; 5);

b. determina il dominio e il codominio della funzione f_1 ottenuta per il valore di a del punto precedente;

c. rappresenta graficamente f_1;

d. determina il punto di intersezione del suo grafico con l'asse y;

e. traccia il grafico di $f_1(|x|) - 2$.

[a) $a = 6$; b) D: $[-2; 0]$, C: $[1; 5]$; d) (0; 5)]

98 **a.** Trova il dominio della funzione: $y = f(x) = \arcsin\left|\frac{2x-1}{x}\right| + \sqrt{\arctan(2x-1)}$.

b. Calcola $f\left(\frac{1}{2}\right)$ e $f(1)$.

c. Considera la funzione:

$$y = g(x) = a + b \arccos\sqrt{\frac{x-1}{x}}.$$

Per quali valori dei parametri a e b il suo grafico interseca quello di f nel punto di ascissa 1 e taglia l'asse x nel punto di ascissa 2?

$\left[\text{a) } \left[\frac{1}{2}; 1\right]; \text{ b) } 0; \frac{1}{2}(\pi + \sqrt{\pi}); \text{ c) } a = -\frac{\pi + \sqrt{\pi}}{2}, b = \frac{2(\pi + \sqrt{\pi})}{\pi}\right]$

99 Rappresenta, nello stesso sistema di assi cartesiani ortogonali, le funzioni:

$$f(x) = \arcsin|x|, \qquad g(x) = 1 - x^2.$$

a. Dai grafici deduci il numero delle soluzioni dell'equazione $\arcsin|x| = 1 - x^2$.

b. Generalizzando, discuti per quali valori di k l'equazione $\arcsin|x| = k - x^2$ ammette soluzioni.

c. Traccia i grafici di $\frac{1}{f(x)}$ e di $\frac{1}{[g(x)]^2}$.

$\left[\text{b) per } k = 0 \text{ una soluzione, per } 0 < k \leq 1 + \frac{\pi}{2} \text{ due soluzioni}\right]$

100 Data la funzione

$$f(x) = \frac{2}{\pi} \arctan x + 1,$$

rappresentala in un sistema di assi cartesiani indicando dominio e codominio.

a. Determina la funzione omografica

$$g(x) = \frac{ax+b}{x}$$

tale che il suo grafico abbia come asintoti le rette $x = 0$ e $y = 1$ e passi per il punto (1; 0).

b. Utilizzando i grafici delle funzioni f e g, determina il numero delle soluzioni delle equazioni:

$$f(x) = g(x),\ f(x) = |g(x)|,\ f(x) = g(|x|),\ f(|x|) = g(|x|).$$

$\left[\text{a) } g(x) = \frac{x-1}{x}; \text{ b) numero soluzioni: } 0, 1, 1, 0\right]$

101 Data la funzione $y = a\tan(bx)$, esprimi, in funzione di a e b diversi da 0, il periodo e gli asintoti paralleli all'asse y.

a. Determina la funzione di periodo $T = 2\pi$, passante per $\left(\frac{\pi}{2}; -2\right)$ e con $b > 0$.

b. Rappresenta la funzione trovata in un sistema di assi cartesiani ortogonali.

c. Come potresti modificare la legge per rendere il grafico simmetrico rispetto all'asse y?

d. Determina la funzione inversa indicando dominio e codominio.

$\left[T = \frac{\pi}{|b|}; x = \frac{\pi}{2b} + k\frac{\pi}{b}; \text{ a) } y = -2\tan\frac{x}{2}; \text{ c) per esempio: } y = -2\tan\frac{|x|}{2}; \text{ d) } y = -2\arctan\frac{x}{2}; D: \mathbb{R}, C:]-\pi; \pi[\right]$

VERIFICA DELLE COMPETENZE PROVE

1 ora

PROVA A

1 Sapendo che $\sin\alpha = \frac{1}{3}$ e $\frac{\pi}{2} < \alpha < \pi$, calcola:

$\cos\alpha$, $\tan\alpha$ e $\tan\left(\frac{\pi}{2} - \alpha\right)$.

2 Calcola il valore delle seguenti espressioni.

a. $\sin\frac{\pi}{6} + \left(\cos\frac{\pi}{2} + \tan\frac{\pi}{3}\right)^2 - \cos\frac{2}{3}\pi \cdot \cot\frac{3}{4}\pi$ **b.** $\sin^2\frac{5}{3}\pi - \cot\frac{3}{2}\pi + \cos\frac{11}{6}\pi \cdot \tan\frac{\pi}{6}$

3 Semplifica le seguenti espressioni.

a. $\sin(180° - \alpha)\tan(90° - \alpha) - \cos(-\alpha) + \sin(\alpha - 90°) - \cos(360° + \alpha)$

b. $\sin(-\alpha)\cos(3\pi + \alpha) + \cos\left(\frac{3}{2}\pi - \alpha\right)\sin\left(\frac{11}{2}\pi + \alpha\right)$

4 Verifica l'identità.

$$\frac{\sin\alpha\cos\alpha}{2} + 2\tan\alpha\cos^2\alpha - (\sin\alpha + \cos\alpha)^2 = \frac{\tan\alpha}{2}(1 - \sin^2\alpha) - 1$$

5 Determina il periodo della funzione $y = 4\sin\left(\frac{x}{2} + \frac{\pi}{3}\right)$.

6 Disegna il grafico delle seguenti funzioni.

a. $y = \sin\left(x + \frac{\pi}{2}\right) - 1$ **b.** $y = -3\cos x$ **c.** $y = \left|\tan\frac{x}{2}\right|$ **d.** $y = 2\sin 2x + 2$

PROVA B

1 Semplifica la seguente espressione.

$\sin\left(\alpha - \frac{7}{2}\pi\right)\sec(\pi + \alpha) - \tan(2\pi - \alpha)\tan\left(\frac{\pi}{2} - \alpha\right)$

2 Trova le equazioni delle rette passanti per il punto $P(5; 0)$ e che formano con l'asse x un angolo il cui seno è $\frac{8}{17}$.

3 Risolvi l'equazione $\arctan x = \arcsin\left(-\frac{1}{2}\right)$.

4 Calcola: $\arcsin\left(\cos\frac{5}{2}\pi\right)$.

5 Scrivi l'equazione della funzione $f(x)$ rappresentata, quindi traccia il grafico di $y = |f(x) - 3|$.

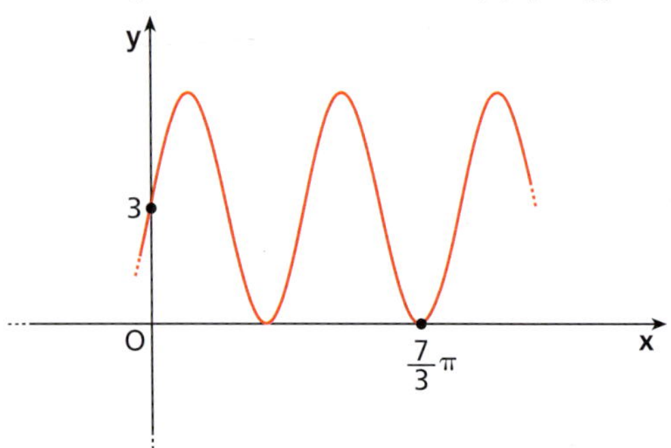

6 Disegna il grafico delle seguenti funzioni.

a. $y = \sin^2\left(\frac{x}{2}\right)$ **b.** $y = \arcsin(2x) - 1$

PROVA C

Riesenrad Nel 1897 fu costruita a Vienna la Riesenrad, una ruota panoramica alta 65 metri, tuttora esistente e in funzione. Il punto più basso dista da terra 4 metri e impiega circa 4 minuti per fare un giro completo.

a. Nel sistema di riferimento cartesiano in figura esprimi le funzioni che descrivono l'ascissa e l'ordinata della posizione di un passeggero in funzione dell'angolo α.

b. Posiziona ora il sistema di riferimento in modo che l'asse x coincida con la linea del terreno e l'asse y passi per il centro della ruota. Esprimi la funzione che descrive l'altezza del passeggero rispetto al terreno, sempre in relazione all'angolo al centro α, e rappresenta il grafico di tale funzione.

c. Esprimi l'altezza del passeggero trovata al punto precedente in funzione del tempo, anziché dell'angolo, considerando il verso di rotazione antiorario.

d. A che altezza dal suolo si trova il passeggero dopo 30 secondi dalla partenza?

PROVA D

1 Nel grafico è rappresentata la funzione $y = a \sin bx + c$, di periodo 3π.

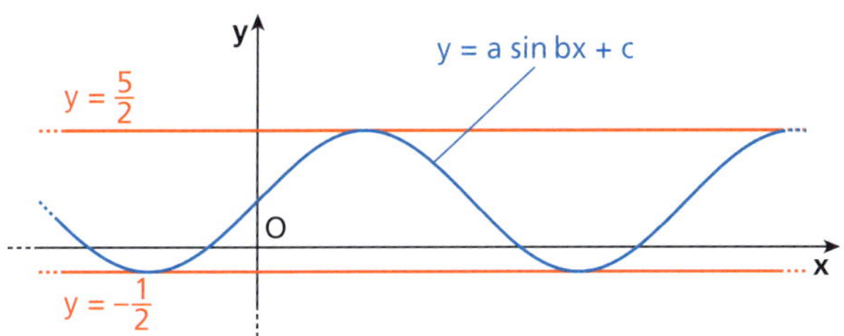

a. Trova a, b e c.

b. Esegui una traslazione di vettore $\vec{v}(0; -1)$ e determina i punti di intersezione con l'asse x del grafico della funzione $f(x)$ ottenuta, nell'intervallo $[-\pi; 2\pi]$.

c. Traccia il grafico della funzione $\dfrac{1}{\sqrt{f(x)}}$ indicando il suo dominio e il suo codominio.

d. Trova l'equazione di $f^{-1}(x)$ in un opportuno dominio e disegna il suo grafico.

2 Data la funzione

$$f(x) = \frac{-2(\sin x + \cos x)^2 + 2}{\sin x}:$$

a. verifica se è funzione pari o dispari;

b. rappresentala graficamente;

c. determina il suo periodo;

d. rappresenta $|f(x)| + 1$;

e. rappresenta $\dfrac{1}{f(x)}$.

T

CAPITOLO

13 FORMULE GONIOMETRICHE

1 Formule di addizione e sottrazione

Listen to it

Trigonometric **addition** and **subtraction formulae** (or angle **sum** and **difference formulae**) express trigonometric functions of sums and differences of two angles $\alpha \pm \beta$ in terms of functions of α and β.

Formula di sottrazione del coseno

Consideriamo $\cos(\alpha - \beta)$. **Non** è vero che:

$$\cos(\alpha - \beta) = \cos\alpha - \cos\beta. \qquad \text{falso!}$$

Per esempio, $\cos\left(\frac{\pi}{2} - \frac{\pi}{6}\right) \neq \cos\frac{\pi}{2} - \cos\frac{\pi}{6}$.

Infatti, $\cos\left(\frac{\pi}{2} - \frac{\pi}{6}\right) = \cos\frac{\pi}{3} = \frac{1}{2}$,

invece: $\cos\frac{\pi}{2} - \cos\frac{\pi}{6} = 0 - \frac{\sqrt{3}}{2} = -\frac{\sqrt{3}}{2}$.

Esiste tuttavia una relazione fra $\cos(\alpha - \beta)$ e i seni e i coseni di α e di β. Cerchiamola.
Consideriamo gli angoli $D\widehat{O}A$ di ampiezza α e $B\widehat{O}A$ di ampiezza β, con $\alpha > \beta$. La loro differenza è $D\widehat{O}B = \alpha - \beta$.
Consideriamo l'angolo $C\widehat{O}A = \alpha - \beta$, che ha il primo estremo nell'origine A degli archi.
I punti B, C e D hanno allora coordinate $B(\cos\beta; \sin\beta)$, $C(\cos(\alpha - \beta); \sin(\alpha - \beta))$, $D(\cos\alpha; \sin\alpha)$.

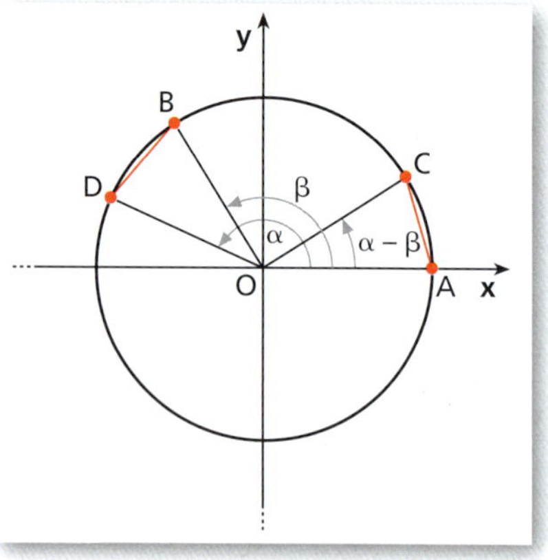

Essendo $D\widehat{O}B$ e $C\widehat{O}A$ entrambi di ampiezza $\alpha - \beta$, le corde CA e DB sono congruenti perché corrispondenti di angoli al centro congruenti. Applicando la formula della distanza tra due punti, otteniamo:

$$\overline{CA}^2 = (x_C - x_A)^2 + (y_C - y_A)^2 = [\cos(\alpha - \beta) - 1]^2 + \sin^2(\alpha - \beta),$$
$$\overline{DB}^2 = (x_D - x_B)^2 + (y_D - y_B)^2 = (\cos\alpha - \cos\beta)^2 + (\sin\alpha - \sin\beta)^2.$$

Uguagliando le due espressioni e sviluppando i calcoli otteniamo:

$$\cos^2(\alpha-\beta)+1-2\cos(\alpha-\beta)+\sin^2(\alpha-\beta)=$$

$$\cos^2\alpha+\cos^2\beta-2\cos\alpha\cos\beta+\sin^2\alpha+\sin^2\beta-2\sin\alpha\sin\beta.$$

La somma dei quadrati del seno e del coseno di un angolo è 1, quindi

$2-2\cos(\alpha-\beta)=2-2\cos\alpha\cos\beta-2\sin\alpha\sin\beta$, da cui:

$$\boldsymbol{\cos(\alpha-\beta)=\cos\alpha\cos\beta+\sin\alpha\sin\beta.}$$

ESEMPIO

Riprendiamo l'esempio iniziale e calcoliamo $\cos\frac{\pi}{3}=\frac{1}{2}$ come $\cos\left(\frac{\pi}{2}-\frac{\pi}{6}\right)$:

$$\cos\left(\frac{\pi}{2}-\frac{\pi}{6}\right)=\cos\frac{\pi}{2}\cos\frac{\pi}{6}+\sin\frac{\pi}{2}\sin\frac{\pi}{6}=0\cdot\frac{\sqrt{3}}{2}+1\cdot\frac{1}{2}=\frac{1}{2}.$$

Formula di addizione del coseno

Scriviamo $\alpha+\beta$ come $\alpha-(-\beta)$ e applichiamo la formula di sottrazione del coseno:

$$\cos(\alpha+\beta)=\cos[\alpha-(-\beta)]=\cos\alpha\cos(-\beta)+\sin\alpha\sin(-\beta).$$

Essendo $\cos(-\beta)=\cos\beta$ e $\sin(-\beta)=-\sin\beta$, otteniamo:

$$\boldsymbol{\cos(\alpha+\beta)=\cos\alpha\cos\beta-\sin\alpha\sin\beta.}$$

▶ Calcola $\cos\frac{5}{6}\pi$ considerandolo come $\cos\left(\frac{\pi}{2}+\frac{\pi}{3}\right)$.

Formula di addizione del seno

Poiché, per le formule degli angoli associati, è $\sin x=\cos\left(\frac{\pi}{2}-x\right)$, considerando l'angolo $x=\alpha+\beta$, abbiamo:

$$\sin(\alpha+\beta)=\cos\left[\frac{\pi}{2}-(\alpha+\beta)\right]=\cos\left[\left(\frac{\pi}{2}-\alpha\right)-\beta\right].$$

Con la formula di sottrazione del coseno otteniamo

$$=\cos\left(\frac{\pi}{2}-\alpha\right)\cos\beta+\sin\left(\frac{\pi}{2}-\alpha\right)\sin\beta.$$

Poiché $\cos\left(\frac{\pi}{2}-\alpha\right)=\sin\alpha$ e $\sin\left(\frac{\pi}{2}-\alpha\right)=\cos\alpha$:

$$\boldsymbol{\sin(\alpha+\beta)=\sin\alpha\cos\beta+\cos\alpha\sin\beta.}$$

Video

Formule di addizione
Utilizzando le proprietà dei triangoli, proponiamo una dimostrazione alternativa per le formule di addizione.

▶ Calcola $\sin\frac{\pi}{2}$ considerandolo come $\sin\left(\frac{\pi}{3}+\frac{\pi}{6}\right)$.

Formula di sottrazione del seno

$$\sin(\alpha-\beta)=\sin[\alpha+(-\beta)]$$

Applichiamo la formula di addizione del seno:

$$=\sin\alpha\cos(-\beta)+\cos\alpha\sin(-\beta).$$

Essendo $\sin(-\beta)=-\sin\beta$ e $\cos(-\beta)=\cos\beta$:

$$\boldsymbol{\sin(\alpha-\beta)=\sin\alpha\cos\beta-\cos\alpha\sin\beta.}$$

TEORIA

MATEMATICA E STORIA

Prima Tycho, poi Enrico Fin dal XVI secolo, nei principali osservatori astronomici e, in particolare, in quello danese di Tycho Brahe venivano utilizzate formule goniometriche e tavole di seni e coseni per effettuare calcoli astronomici. Qualcosa del genere l'ha fatto anche Enrico Fermi, che nel 1918, nella sua prova di ammissione alla Scuola Normale di Pisa, calcolò tan 35° senza tavole.

► Com'è possibile trovare tan 35° senza strumenti di calcolo e tavole?

La risposta

Formule di addizione e sottrazione della tangente

Calcoliamo $\tan(\alpha + \beta)$

Essendo $\tan x = \frac{\sin x}{\cos x}$, si ha

$$\tan(\alpha+\beta) = \frac{\sin(\alpha+\beta)}{\cos(\alpha+\beta)} = \frac{\sin\alpha\cos\beta + \cos\alpha\sin\beta}{\cos\alpha\cos\beta - \sin\alpha\sin\beta},$$

con la condizione di esistenza della tangente: $(\alpha+\beta) \neq \frac{\pi}{2} + k\pi$.

Dividiamo numeratore e denominatore per $\cos\alpha\cos\beta$, con la condizione $\cos\alpha \neq 0 \to \alpha \neq \frac{\pi}{2} + k_1\pi$, $\cos\beta \neq 0 \to \beta \neq \frac{\pi}{2} + k_2\pi$:

$$\tan(\alpha+\beta) = \frac{\frac{\sin\alpha\cos\beta}{\cos\alpha\cos\beta} + \frac{\cos\alpha\sin\beta}{\cos\alpha\cos\beta}}{\frac{\cos\alpha\cos\beta}{\cos\alpha\cos\beta} - \frac{\sin\alpha\sin\beta}{\cos\alpha\cos\beta}} = \frac{\tan\alpha + \tan\beta}{1 - \tan\alpha\tan\beta}.$$

Pertanto:

$$\boldsymbol{\tan(\alpha+\beta) = \frac{\tan\alpha + \tan\beta}{1 - \tan\alpha\tan\beta}},$$

con $\alpha + \beta \neq \frac{\pi}{2} + k\pi$, $\alpha \neq \frac{\pi}{2} + k_1\pi$, $\beta \neq \frac{\pi}{2} + k_2\pi$.

Calcoliamo $\tan(\alpha - \beta)$

$$\tan(\alpha-\beta) = \tan[\alpha + (-\beta)] = \frac{\tan\alpha + \tan(-\beta)}{1 - \tan\alpha\tan(-\beta)} = \frac{\tan\alpha - \tan\beta}{1 + \tan\alpha\tan\beta}.$$

Tenendo conto delle condizioni di esistenza di $\tan\alpha$, $\tan\beta$ e $\tan(\alpha-\beta)$:

$$\boldsymbol{\tan(\alpha-\beta) = \frac{\tan\alpha - \tan\beta}{1 + \tan\alpha\tan\beta}},$$

con $\alpha - \beta \neq \frac{\pi}{2} + k\pi$, $\alpha \neq \frac{\pi}{2} + k_1\pi$, $\beta \neq \frac{\pi}{2} + k_2\pi$.

Funzione lineare $y = a\sin x + b\cos x$ e angolo aggiunto

► Esercizi a p. 765

La conoscenza delle formule di addizione e sottrazione permette di studiare il grafico di una funzione del tipo $y = a\sin x + b\cos x$, detta **funzione lineare** in seno e coseno perché di primo grado rispetto a seno e coseno, riconducendolo a quello di una funzione sinusoidale del tipo $y = r\sin(x+\alpha)$. Dobbiamo risolvere il seguente problema: data l'espressione $a\sin x + b\cos x$, cerchiamo un numero r positivo e un angolo α tali che:

$$a\sin x + b\cos x = r\sin(x+\alpha).$$

α è detto **angolo aggiunto**.

Sviluppiamo il secondo membro con la formula di addizione del seno:

$$r\sin(x+\alpha) = r\sin x\cos\alpha + r\cos x\sin\alpha.$$

Perché l'espressione ottenuta coincida con $a\sin x + b\cos x$, deve essere:

$$\begin{cases} a = r\cos\alpha \\ b = r\sin\alpha \end{cases}$$

Eleviamo al quadrato i membri delle due equazioni e sommiamo:

$$a^2 + b^2 = r^2(\cos^2\alpha + \sin^2\alpha) \to a^2 + b^2 = r^2 \to r = \sqrt{a^2+b^2}.$$

Listen to it

A **linear combination** of sine and cosine with the same argument, that is $y = a\sin x + b\cos x$, can be expressed as a single **sinusoidal function** with a new amplitude and a phase shift, $y = r\sin(x+\alpha)$, where $r = \sqrt{a^2+b^2}$ and $\tan\alpha = \frac{b}{a}$.

Dividiamo membro a membro la seconda equazione per la prima:

$$\frac{b}{a} = \frac{\sin\alpha}{\cos\alpha} \to \tan\alpha = \frac{b}{a}.$$

Per determinare univocamente α, teniamo conto che, per le relazioni del sistema, il segno di a è lo stesso di $\cos\alpha$ e quello di b è lo stesso di $\sin\alpha$:

Segno di *a* e di cos α	**Segno di *b* e di sin α**	**Quadrante del lato termine di α**
+	+	I
+	−	IV
−	−	III
−	+	II

ESEMPIO

Rappresentiamo il grafico di $y = \sin x - \cos x$.

$\sin x - \cos x = r\sin(x + \alpha)$ quando:

$$r = \sqrt{1^2 + (-1)^2} = \sqrt{2};\ \tan\alpha = \frac{-1}{1} = -1.$$

con $\sin\alpha$ negativo e $\cos\alpha$ positivo, cioè il lato termine di α è nel quarto quadrante. Quindi $\alpha = -\frac{\pi}{4}$.

La funzione $y = \sin x - \cos x$ si può scrivere come $y = \sqrt{2}\sin\left(x - \frac{\pi}{4}\right)$. Il suo grafico si ottiene da quello di $y = \sin x$ con una traslazione di vettore $\vec{v}\left(\frac{\pi}{4}; 0\right)$ e una dilatazione verticale con $n = \sqrt{2}$.

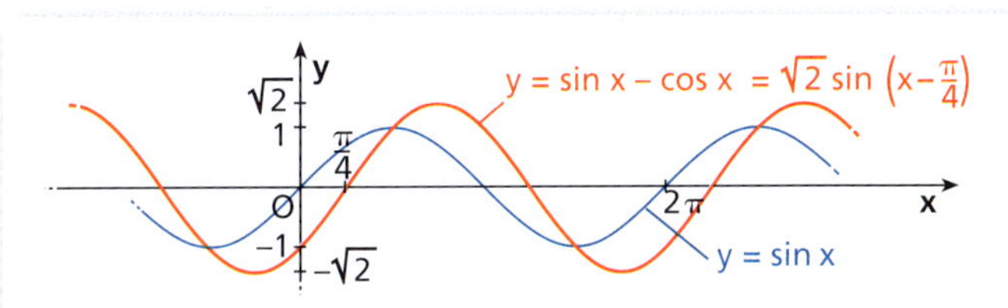

Animazione

Oltre alla figura dinamica che ti permette di osservare il grafico di $y = a\sin x + b\cos x$ al variare di a e b, in particolare ti proponiamo la funzione dell'esempio, e quella dell'esercizio, $y = \sin x + \sqrt{3}\cos x$.

▶ Traccia il grafico di $y = \sin x + \sqrt{3}\cos x$.

Angolo fra due rette

▶ Esercizi a p. 765

Consideriamo nel piano cartesiano due rette, r e s, incidenti e non perpendicolari, di equazioni:

$$y = mx + q \text{ e } y = m'x + q'.$$

Sappiamo che $m = \tan\alpha$ e $m' = \tan\beta$, dove α e β sono gli angoli che le rette formano con la direzione positiva dell'asse x.

Vogliamo trovare l'angolo γ formato dalle due rette. Gli angoli formati dalle due rette r e s sono quattro, a due a due opposti al vertice e a due a due supplementari, pertanto basta conoscere uno di questi angoli perché siano noti tutti gli altri. Nel triangolo ABC, l'angolo α è angolo esterno,

$$\alpha = \beta + \gamma \to \gamma = \alpha - \beta,$$

da cui:

$$\tan\gamma = \tan(\alpha - \beta) = \frac{\tan\alpha - \tan\beta}{1 + \tan\alpha\tan\beta} = \frac{m - m'}{1 + mm'}.$$

Se il valore della tangente ottenuto è positivo, l'angolo γ determinato è l'angolo acuto fra le due rette, altrimenti l'angolo γ è l'angolo ottuso.

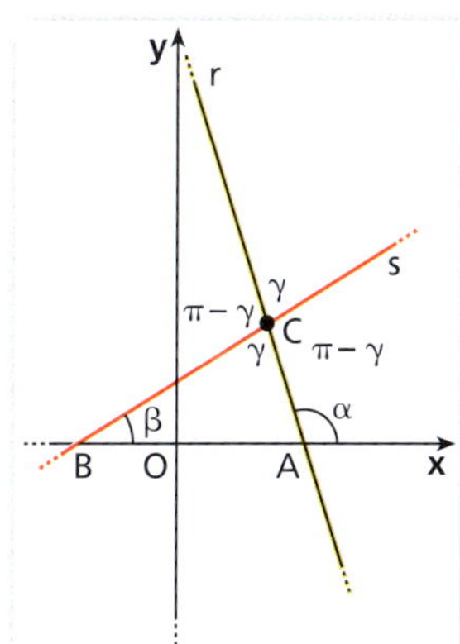

Animazione

La figura dinamica dell'animazione permette di osservare γ, e calcolare $\tan\gamma$, al variare di m e m'.

TEORIA

Osserviamo che la formula che fornisce il valore di $\tan\gamma$ non si può applicare quando le rette r e s sono perpendicolari. In tal caso, infatti, $mm' = -1$ condizione che annulla il denominatore.

ESEMPIO

Determiniamo l'angolo fra le rette di equazioni $y = 2x + 4$ e $y = -3x + 2$:

$$\tan\gamma = \frac{2+3}{1-6} = \frac{5}{-5} = -1 \to \gamma = \frac{3}{4}\pi.$$

Gli angoli fra le rette sono $\frac{3}{4}\pi$ e $\pi - \frac{3}{4}\pi = \frac{\pi}{4}$.

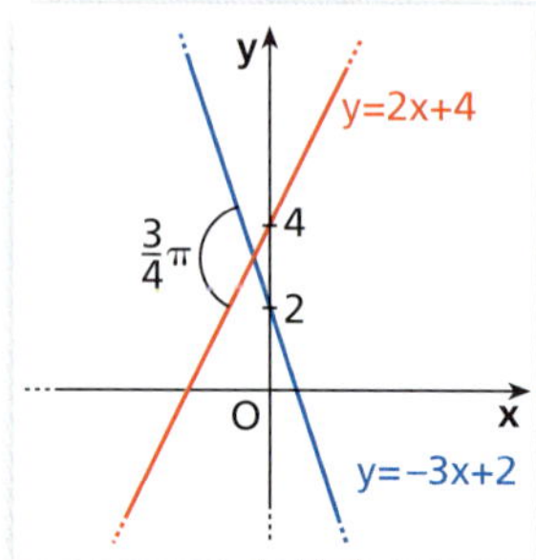

▶ Trova l'angolo fra le rette di equazioni $y = -4x$ e $5x - 3y = 0$. $\left[\frac{\pi}{4}\right]$

Animazione

Coefficiente angolare di rette perpendicolari

Consideriamo due rette r_1 e r_2, fra loro perpendicolari, parallele agli assi cartesiani. Indichiamo con α_1 e α_2 gli angoli che esse formano con il semiasse positivo delle x. Analogamente al caso precedente, α_2 è angolo esterno di un triangolo, quindi, dato che r_1 e r_2 sono perpendicolari per ipotesi, possiamo scrivere

$$\alpha_2 = \alpha_1 + \frac{\pi}{2},$$

da cui si ha: $\tan\alpha_2 = \tan\left(\alpha_1 + \frac{\pi}{2}\right) = -\cot\alpha_1 = -\frac{1}{\tan\alpha_1}$.

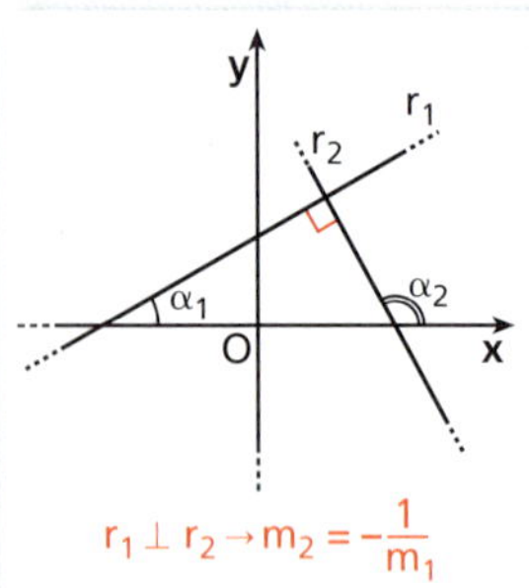

Poiché $m_1 = \tan\alpha_1$ e $m_2 = \tan\alpha_2$, ritroviamo la condizione nota di perpendicolarità:

$$m_2 = -\frac{1}{m_1}.$$

Due rette sono perpendicolari quando i loro coefficienti angolari sono uno l'opposto del reciproco dell'altro.

2 Formule di duplicazione

▶ Esercizi a p. 768

Consideriamo l'espressione $\sin 2\alpha$, utilizzando la convenzione secondo cui il simbolo di una funzione goniometrica davanti a più fattori riguarda tutto il prodotto, cioè $\sin 2\alpha = \sin(2\alpha)$.

Non è vero che:

$\sin 2\alpha = 2 \cdot \sin\alpha$. falso!

Per esempio: $\sin 2 \cdot \frac{\pi}{4} \neq 2\sin\frac{\pi}{4}$.

Infatti, $\sin 2 \cdot \frac{\pi}{4} = \sin\frac{\pi}{2} = 1$, mentre $2 \cdot \sin\frac{\pi}{4} = 2 \cdot \frac{\sqrt{2}}{2} = \sqrt{2}$.

Quindi, in generale, $\sin 2\alpha \neq 2\sin\alpha$ e per il calcolo dobbiamo ricorrere a una formula detta *di duplicazione*.

Anche per il coseno, **non** è vero che quando l'angolo raddoppia, raddoppia anche il coseno: $\cos 2\alpha \neq 2\cos\alpha$.

Anche per la tangente $\tan 2\alpha \neq 2\tan\alpha$.

Le **formule di duplicazione** permettono di calcolare il seno, il coseno e la tangente di 2α conoscendo il valore delle funzioni seno, coseno o tangente di α.

Le ricaviamo applicando le formule di addizione, considerando $2\alpha = \alpha + \alpha$.

Listen to it

Double-angle formulae express trigonometric functions of an angle 2α in terms of functions of an angle α.

sin 2α

$$\sin 2\alpha = \sin(\alpha+\alpha) = \sin\alpha\cos\alpha + \cos\alpha\sin\alpha \quad \to \quad \boldsymbol{\sin 2\alpha = 2\sin\alpha\cos\alpha}.$$

cos 2α

$$\cos 2\alpha = \cos(\alpha+\alpha) = \cos\alpha\cos\alpha - \sin\alpha\sin\alpha = \cos^2\alpha - \sin^2\alpha.$$

Ricordando che $\sin^2\alpha + \cos^2\alpha = 1$, può essere scritta anche nei seguenti modi:

$$\cos 2\alpha = \cos^2\alpha - \sin^2\alpha = (1-\sin^2\alpha) - \sin^2\alpha = 1 - 2\sin^2\alpha;$$

$$\cos 2\alpha = \cos^2\alpha - (1-\cos^2\alpha) = 2\cos^2\alpha - 1.$$

In sintesi: $\boldsymbol{\cos 2\alpha = \cos^2\alpha - \sin^2\alpha =} \begin{cases} \boldsymbol{1 - 2\sin^2\alpha,} \\ \boldsymbol{2\cos^2\alpha - 1.} \end{cases}$

tan 2α

$$\tan 2\alpha = \tan(\alpha+\alpha) = \frac{\tan\alpha + \tan\alpha}{1-\tan\alpha\tan\alpha} \to \boldsymbol{\tan 2\alpha = \frac{2\tan\alpha}{1-\tan^2\alpha}}.$$

Mentre le formule di sin 2α e di cos 2α sono valide $\forall\alpha \in \mathbb{R}$, quella di tan 2α vale solo se α soddisfa le seguenti condizioni di esistenza.

tan 2α: $\quad 2\alpha \neq \frac{\pi}{2} + k\pi \quad \to \quad \alpha \neq \frac{\pi}{4} + k\frac{\pi}{2};$

tan α: $\quad \alpha \neq \frac{\pi}{2} + k\pi;$

denominatore: $\quad \tan\alpha \neq \pm 1 \quad \to \quad \alpha \neq \pm\frac{\pi}{4} + k\pi.$

In sintesi, la formula di tan 2α vale per: $\alpha \neq \frac{\pi}{4} + k\frac{\pi}{2} \land \alpha \neq \frac{\pi}{2} + k\pi.$

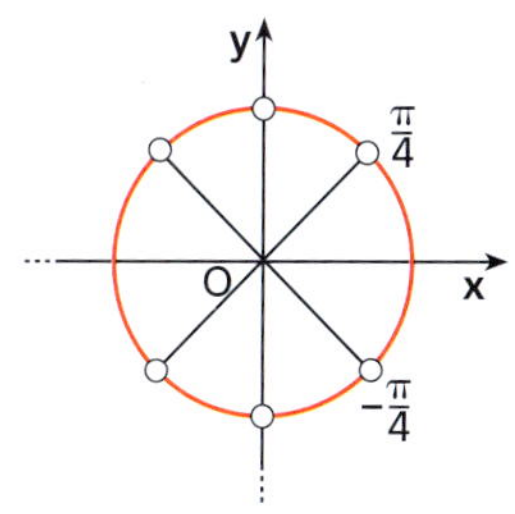

Vediamo un esempio di applicazione delle formule di duplicazione.

ESEMPIO

Calcoliamo sin 2α, cos 2α, tan 2α, sapendo che il lato termine dell'angolo α appartiene al secondo quadrante e $\cos\alpha = -\frac{4}{5}$.

$$\sin\alpha = +\sqrt{1-\cos^2\alpha} = +\sqrt{1-\frac{16}{25}} = \frac{3}{5},$$

$$\tan\alpha = \frac{\sin\alpha}{\cos\alpha} = -\frac{3}{4}, \text{ quindi:}$$

$$\sin 2\alpha = 2\sin\alpha\cos\alpha = 2\cdot\frac{3}{5}\cdot\left(-\frac{4}{5}\right) = -\frac{24}{25},$$

$$\cos 2\alpha = \cos^2\alpha - \sin^2\alpha = \frac{16}{25} - \frac{9}{25} = \frac{7}{25},$$

$$\tan 2\alpha = \frac{2\tan\alpha}{1-\tan^2\alpha} = \frac{2\left(-\frac{3}{4}\right)}{1-\frac{9}{16}} = \frac{-\frac{3}{2}}{\frac{7}{16}} = -\frac{3}{2}\cdot\frac{16}{7} = -\frac{24}{7}.$$

▸ Calcola $\sin 2\alpha$, $\cos 2\alpha$ e $\tan 2\alpha$, sapendo che $0 < \alpha < \frac{\pi}{2}$ e $\sin\alpha = \frac{1}{3}$.

$\left[\frac{4}{9}\sqrt{2}; \frac{7}{9}; \frac{4}{7}\sqrt{2}\right]$

Animazione

Essendo α uguale alla metà di 2α, si può anche dire che le formule di duplicazione forniscono le funzioni goniometriche di un angolo, note quelle della sua metà.

Da $\cos 2\alpha = 1 - 2\sin^2\alpha$ e $\cos 2\alpha = 2\cos^2\alpha - 1$ si ricavano $\sin^2\alpha$ e $\cos^2\alpha$:

$$\boldsymbol{\sin^2\alpha = \frac{1-\cos 2\alpha}{2}}, \qquad \boldsymbol{\cos^2\alpha = \frac{1+\cos 2\alpha}{2}}.$$

Queste formule trasformano $\sin^2\alpha$ e $\cos^2\alpha$ in funzioni lineari del coseno di 2α.

TEORIA

Listen to it

Half-angle formulae express trigonometric functions of an angle $\frac{\alpha}{2}$ in terms of functions of an angle α.

3 Formule di bisezione

▶ Esercizi a p. 772

Le formule di bisezione permettono di scrivere le funzioni goniometriche dell'angolo $\frac{\alpha}{2}$ in funzione di quelle dell'angolo α. Anche in questo caso, in generale:

$$\sin\frac{\alpha}{2} \neq \frac{\sin\alpha}{2}, \quad \cos\frac{\alpha}{2} \neq \frac{\cos\alpha}{2}, \quad \tan\frac{\alpha}{2} \neq \frac{\tan\alpha}{2}.$$

Per ricavare queste funzioni è possibile usare le formule di duplicazione del coseno, scrivendo α come $2 \cdot \frac{\alpha}{2}$.

$$\cos\alpha = \cos 2\left(\frac{\alpha}{2}\right) = 2\cos^2\frac{\alpha}{2} - 1 \text{ e } \cos\alpha = \cos 2\left(\frac{\alpha}{2}\right) = 1 - 2\sin^2\frac{\alpha}{2},$$

da cui si ricavano rispettivamente $\cos\frac{\alpha}{2}$ e $\sin\frac{\alpha}{2}$:

$$\mathbf{\cos\frac{\alpha}{2} = \pm\sqrt{\frac{1+\cos\alpha}{2}}}, \qquad \mathbf{\sin\frac{\alpha}{2} = \pm\sqrt{\frac{1-\cos\alpha}{2}}}.$$

Ricaviamo ora la formula che esprime $\tan\frac{\alpha}{2}$:

$$\mathbf{\tan\frac{\alpha}{2}} = \frac{\sin\frac{\alpha}{2}}{\cos\frac{\alpha}{2}} = \frac{\pm\sqrt{\frac{1-\cos\alpha}{2}}}{\pm\sqrt{\frac{1+\cos\alpha}{2}}} = \mathbf{\pm\sqrt{\frac{1-\cos\alpha}{1+\cos\alpha}}}.$$

- La formula della tangente vale solo se $1 + \cos\alpha \neq 0 \rightarrow \cos\alpha \neq -1 \rightarrow \alpha \neq \pi + 2k\pi$, condizione necessaria anche per l'esistenza di $\tan\frac{\alpha}{2}$: infatti $\frac{\alpha}{2}$ esiste se $\frac{\alpha}{2} \neq \frac{\pi}{2} + k\pi$, ossia: $\alpha \neq \pi + 2k\pi$.
- In queste formule compare sempre il doppio segno. Nelle applicazioni dobbiamo sceglierne uno solo, in base al quadrante in cui si trova il lato termine dell'angolo $\frac{\alpha}{2}$.
- La formula di bisezione della tangente si può presentare in altre due forme, che generalmente risultano più comode perché sono razionali e non presentano il doppio segno $\pm$:

  $$\mathbf{\tan\frac{\alpha}{2} = \frac{\sin\alpha}{1+\cos\alpha}}, \qquad \text{con } \alpha \neq \pi + 2k\pi,$$

  oppure

  $$\mathbf{\tan\frac{\alpha}{2} = \frac{1-\cos\alpha}{\sin\alpha}}, \qquad \text{con } \alpha \neq \pi + k\pi.$$

Dimostriamo la prima relazione:

$$\tan\frac{\alpha}{2} = \frac{\sin\frac{\alpha}{2}}{\cos\frac{\alpha}{2}} = \frac{2\sin\frac{\alpha}{2}\cos\frac{\alpha}{2}}{2\cos^2\frac{\alpha}{2}} = \frac{\sin\alpha}{2\,\frac{1+\cos\alpha}{2}} = \frac{\sin\alpha}{1+\cos\alpha}.$$

moltiplichiamo e dividiamo per $2\cos\frac{\alpha}{2}$

▶ Dimostra la seconda relazione.

4 Formule parametriche

Esercizi a p. 776

Le formule parametriche permettono di esprimere il seno e il coseno di un angolo α in funzione della tangente di $\frac{\alpha}{2}$.

Utilizziamo le formule di duplicazione del seno e del coseno, con $\alpha = 2 \cdot \frac{\alpha}{2}$:

$$\sin\alpha = 2\sin\frac{\alpha}{2}\cos\frac{\alpha}{2}, \qquad \cos\alpha = \cos^2\frac{\alpha}{2} - \sin^2\frac{\alpha}{2}.$$

Dividiamo il secondo membro di entrambe le uguaglianze per
$\sin^2\frac{\alpha}{2} + \cos^2\frac{\alpha}{2} = 1$:

$$\sin\alpha = \frac{2\sin\frac{\alpha}{2}\cos\frac{\alpha}{2}}{\sin^2\frac{\alpha}{2} + \cos^2\frac{\alpha}{2}}, \qquad \cos\alpha = \frac{\cos^2\frac{\alpha}{2} - \sin^2\frac{\alpha}{2}}{\sin^2\frac{\alpha}{2} + \cos^2\frac{\alpha}{2}}.$$

Per la proprietà invariantiva delle frazioni dividiamo numeratore e denominatore per $\cos^2\frac{\alpha}{2}$, con la condizione

$$\cos^2\frac{\alpha}{2} \neq 0 \to \frac{\alpha}{2} \neq \frac{\pi}{2} + k\pi \to \alpha \neq \pi + 2k\pi.$$

$$\sin\alpha = \frac{\dfrac{2\sin\frac{\alpha}{2}\cos\frac{\alpha}{2}}{\cos^2\frac{\alpha}{2}}}{\dfrac{\sin^2\frac{\alpha}{2} + \cos^2\frac{\alpha}{2}}{\cos^2\frac{\alpha}{2}}}, \qquad \cos\alpha = \frac{\dfrac{\cos^2\frac{\alpha}{2} - \sin^2\frac{\alpha}{2}}{\cos^2\frac{\alpha}{2}}}{\dfrac{\sin^2\frac{\alpha}{2} + \cos^2\frac{\alpha}{2}}{\cos^2\frac{\alpha}{2}}}.$$

Da cui:

$$\mathbf{\sin\alpha = \frac{2\tan\frac{\alpha}{2}}{1 + \tan^2\frac{\alpha}{2}}}, \qquad \mathbf{\cos\alpha = \frac{1 - \tan^2\frac{\alpha}{2}}{1 + \tan^2\frac{\alpha}{2}}}, \qquad \text{con } \alpha \neq \pi + 2k\pi.$$

Spesso, per comodità, si pone $\tan\frac{\alpha}{2} = t$:

$$\mathbf{\sin\alpha = \frac{2t}{1 + t^2}}, \qquad \mathbf{\cos\alpha = \frac{1 - t^2}{1 + t^2}}.$$

La possibilità di esprimere $\sin\alpha$ e $\cos\alpha$ in funzione di t giustifica il nome di formule parametriche.

ESEMPIO

Calcoliamo $\sin\alpha$ e $\cos\alpha$, sapendo che $\tan\frac{\alpha}{2} = 2$:

$$\sin\alpha = \frac{2t}{1 + t^2} = \frac{4}{1 + 4} = \frac{4}{5}, \qquad \cos\alpha = \frac{1 - t^2}{1 + t^2} = \frac{1 - 4}{1 + 4} = -\frac{3}{5}.$$

► Calcola $\sin\alpha$ e $\cos\alpha$ sapendo che $\tan\frac{\alpha}{2} = 3$.

$\left[\frac{3}{5}; -\frac{4}{5}\right]$

TEORIA

5 Formule di prostaferesi e di Werner

Formule di prostaferesi

▶ Esercizi a p. 777

Le formule di prostaferesi permettono di trasformare la somma o la differenza di due funzioni seno o coseno in un prodotto di funzioni seno o coseno.
Ricaviamo tali formule utilizzando le formule di addizione e sottrazione del seno e del coseno; scriviamo le formule del seno:

$$\begin{cases} \sin(\alpha+\beta) = \sin\alpha\cos\beta + \cos\alpha\sin\beta \\ \sin(\alpha-\beta) = \sin\alpha\cos\beta - \cos\alpha\sin\beta \end{cases}.$$

Sommiamo membro a membro:

$$\sin(\alpha+\beta) + \sin(\alpha-\beta) = 2\sin\alpha\cos\beta.$$

Sottraiamo membro a membro:

$$\sin(\alpha+\beta) - \sin(\alpha-\beta) = 2\cos\alpha\sin\beta.$$

Scriviamo le formule del coseno:

$$\begin{cases} \cos(\alpha+\beta) = \cos\alpha\cos\beta - \sin\alpha\sin\beta \\ \cos(\alpha-\beta) = \cos\alpha\cos\beta + \sin\alpha\sin\beta \end{cases}.$$

Sommiamo membro a membro:

$$\cos(\alpha+\beta) + \cos(\alpha-\beta) = 2\cos\alpha\cos\beta.$$

Sottraiamo membro a membro:

$$\cos(\alpha+\beta) - \cos(\alpha-\beta) = -2\sin\alpha\sin\beta.$$

Poniamo $\alpha + \beta = p$ e $\alpha - \beta = q$, da cui ricaviamo $\alpha = \frac{p+q}{2}$ e $\beta = \frac{p-q}{2}$.

Sostituendo, nelle quattro relazioni ricavate, ad α e a β le espressioni trovate in funzione di p e q, otteniamo le **formule di prostaferesi**:

$$\mathbf{\sin p + \sin q = 2\sin\frac{p+q}{2}\cos\frac{p-q}{2};}$$

$$\mathbf{\sin p - \sin q = 2\cos\frac{p+q}{2}\sin\frac{p-q}{2};}$$

$$\mathbf{\cos p + \cos q = 2\cos\frac{p+q}{2}\cos\frac{p-q}{2};}$$

$$\mathbf{\cos p - \cos q = -2\sin\frac{p+q}{2}\sin\frac{p-q}{2}.}$$

▶ Trasforma in prodotto la somma: $\cos\frac{\pi}{3} + \cos\frac{\pi}{6}$.

ESEMPIO

$$\sin\frac{\pi}{4} - \sin\frac{\pi}{12} = 2\cos\frac{\frac{\pi}{4}+\frac{\pi}{12}}{2}\sin\frac{\frac{\pi}{4}-\frac{\pi}{12}}{2} = 2\cos\frac{\pi}{6}\sin\frac{\pi}{12}.$$

Formule di Werner

▶ Esercizi a p. 778

Le formule di Werner risolvono il problema inverso rispetto a quello delle formule di prostaferesi, cioè permettono di trasformare espressioni contenenti prodotti di funzioni seno e coseno in somme o differenze di funzioni seno e coseno.
Si ottengono facendo uso delle stesse relazioni ricavate per ottenere le formule di prostaferesi, e cioè:

$$\sin(\alpha+\beta)+\sin(\alpha-\beta)=2\sin\alpha\cos\beta;$$
$$\cos(\alpha+\beta)+\cos(\alpha-\beta)=2\cos\alpha\cos\beta;$$
$$\cos(\alpha+\beta)-\cos(\alpha-\beta)=-2\sin\alpha\sin\beta.$$

Dividiamo tutti i membri per 2 e riscriviamo le uguaglianze leggendole da destra a sinistra:

$$\mathbf{\sin\alpha\cos\beta=\frac{1}{2}[\sin(\alpha+\beta)+\sin(\alpha-\beta)];}$$
$$\mathbf{\cos\alpha\cos\beta=\frac{1}{2}[\cos(\alpha+\beta)+\cos(\alpha-\beta)];}$$
$$\mathbf{\sin\alpha\sin\beta=\frac{1}{2}[\cos(\alpha-\beta)-\cos(\alpha+\beta)].}$$

ESEMPIO

$$\cos\frac{5}{12}\pi\cos\frac{\pi}{12}=\frac{1}{2}\left[\cos\left(\frac{5}{12}\pi+\frac{\pi}{12}\right)+\cos\left(\frac{5}{12}\pi-\frac{\pi}{12}\right)\right]=$$
$$\frac{1}{2}\left(\cos\frac{\pi}{2}+\cos\frac{\pi}{3}\right)=$$
$$\frac{1}{2}\left(0+\frac{1}{2}\right)=\frac{1}{4}$$

▶ Calcola $\sin\frac{5}{8}\pi\cos\frac{\pi}{8}$.
$\left[\frac{\sqrt{2}+2}{4}\right]$

MATEMATICA INTORNO A NOI

Onde e sinusoidi La sinusoide è la curva che rappresenta la funzione seno. Questa descrive molto fenomeni ondulatori presenti in natura, come per esempio il suono o le onde generate da un sasso lanciato nell'acqua.
Quando si sommano due sinusoidi, molto spesso si trova una curva che non è più una sinusoide, ma che continua a essere periodica.

▶ Cerca esempi di fenomeni fisici che coinvolgono onde sinusoidali e scopri come entrano in campo le formule di prostaferesi.

Cerca nel Web: interferenza, diffrazione, battimenti

TEORIA

IN SINTESI
Formule goniometriche

Formule di addizione e sottrazione

Funzione	Formula di addizione	Formula di sottrazione
seno	$\sin(\alpha+\beta) = \sin\alpha\cos\beta + \cos\alpha\sin\beta$	$\sin(\alpha-\beta) = \sin\alpha\cos\beta - \cos\alpha\sin\beta$
coseno	$\cos(\alpha+\beta) = \cos\alpha\cos\beta - \sin\alpha\sin\beta$	$\cos(\alpha-\beta) = \cos\alpha\cos\beta + \sin\alpha\sin\beta$
tangente	$\tan(\alpha+\beta) = \dfrac{\tan\alpha + \tan\beta}{1-\tan\alpha\cdot\tan\beta}$, con $\alpha+\beta \neq \frac{\pi}{2}+k\pi, \alpha\neq\frac{\pi}{2}+k_1\pi, \beta\neq\frac{\pi}{2}+k_2\pi$	$\tan(\alpha-\beta) = \dfrac{\tan\alpha - \tan\beta}{1+\tan\alpha\cdot\tan\beta}$, con $\alpha-\beta \neq \frac{\pi}{2}+k\pi, \alpha\neq\frac{\pi}{2}+k_1\pi, \beta\neq\frac{\pi}{2}+k_2\pi$

Una funzione del tipo $y = a\sin x + b\cos x$ può essere ricondotta alla forma sinusoidale

$y = r\sin(x+\alpha)$, con $r = \sqrt{a^2+b^2}$ e $\tan\alpha = \frac{b}{a}$.

α è detto **angolo aggiunto**.

Formule di duplicazione e bisezione

Funzione	Formula di duplicazione	Formula di bisezione
seno	$\sin 2\alpha = 2\sin\alpha\cos\alpha$	$\sin\frac{\alpha}{2} = \pm\sqrt{\frac{1-\cos\alpha}{2}}$
coseno	$\cos 2\alpha = \cos^2\alpha - \sin^2\alpha = $ $1-2\sin^2\alpha$ / $2\cos^2\alpha - 1$	$\cos\frac{\alpha}{2} = \pm\sqrt{\frac{1+\cos\alpha}{2}}$
tangente	$\tan 2\alpha = \dfrac{2\tan\alpha}{1-\tan^2\alpha}$, con $\alpha\neq\frac{\pi}{4}+k\frac{\pi}{2} \wedge \alpha\neq\frac{\pi}{2}+k\pi$	$\tan\frac{\alpha}{2} = \pm\sqrt{\frac{1-\cos\alpha}{1+\cos\alpha}}$, con $\alpha\neq\pi+2k\pi$ $\dfrac{\sin\alpha}{1+\cos\alpha}$, con $\alpha\neq\pi+2k\pi$ $\dfrac{1-\cos\alpha}{\sin\alpha}$, con $\alpha\neq\pi+k\pi$

Sono utili anche le seguenti formule:

- $\sin^2\alpha = \dfrac{1-\cos 2\alpha}{2}$;
- $\cos^2\alpha = \dfrac{1+\cos 2\alpha}{2}$.

Altre formule

- **Formule parametriche**
  - $\sin\alpha = \dfrac{2\tan\frac{\alpha}{2}}{1+\tan^2\frac{\alpha}{2}}$, con $\alpha\neq\pi+2k\pi$;
  - $\cos\alpha = \dfrac{1-\tan^2\frac{\alpha}{2}}{1+\tan^2\frac{\alpha}{2}}$, con $\alpha\neq\pi+2k\pi$.

- **Formule di prostaferesi**
  - $\sin p + \sin q = 2\sin\frac{p+q}{2}\cdot\cos\frac{p-q}{2}$;
  - $\sin p - \sin q = 2\cos\frac{p+q}{2}\cdot\sin\frac{p-q}{2}$;
  - $\cos p + \cos q = 2\cos\frac{p+q}{2}\cdot\cos\frac{p-q}{2}$;
  - $\cos p - \cos q = -2\sin\frac{p+q}{2}\cdot\sin\frac{p-q}{2}$.

- **Formule di Werner**
  - $\sin\alpha\sin\beta = \frac{1}{2}[\cos(\alpha-\beta) - \cos(\alpha+\beta)]$;
  - $\cos\alpha\cos\beta = \frac{1}{2}[\cos(\alpha+\beta) + \cos(\alpha-\beta)]$;
  - $\sin\alpha\cos\beta = \frac{1}{2}[\sin(\alpha+\beta) + \sin(\alpha-\beta)]$.

CAPITOLO 13
ESERCIZI

1 Formule di addizione e sottrazione

1 VERO O FALSO?

a. $\cos(30° + 90°) = \cos 30° - \cos 90°$. V F

b. $\sin 70° \cos 10° - \cos 70° \sin 10° = \frac{1}{2}$. V F

c. $\cos 15° = \cos 45° \cos 30° - \sin 45° \sin 30°$. V F

d. $\tan 105° = \frac{\tan 60° + \tan 45°}{1 + \tan 60° \tan 45°}$. V F

2 COMPLETA

a. $\sin 50° = \sin 30° \cos \square + \square$.

b. $\cos \square = \cos 90° \cos 30° - \square$.

c. $\cos\left(\frac{\pi}{5} - \alpha\right) = \cos \square \cos \square + \sin \square \sin \square$.

d. $\sin\left(\alpha - \frac{\pi}{3}\right) = \square - \square$.

3 FAI UN ESEMPIO per verificare che $\sin(\alpha + \beta) \neq \sin\alpha + \sin\beta$ e che $\tan(\alpha - \beta) \neq \tan\alpha - \tan\beta$.

4 ESERCIZIO GUIDA Calcoliamo seno, coseno e tangente di 75° e cos 15° utilizzando le formule di addizione e sottrazione.

- Sappiamo che $75° = 30° + 45°$.

  Applichiamo le formule di addizione del seno, del coseno e della tangente:

$$\sin(30° + 45°) = \sin 30° \cos 45° + \sin 45° \cos 30° = \frac{1}{2} \cdot \frac{\sqrt{2}}{2} + \frac{\sqrt{2}}{2} \cdot \frac{\sqrt{3}}{2} = \frac{\sqrt{2} + \sqrt{6}}{4};$$

$$\cos(30° + 45°) = \cos 30° \cos 45° - \sin 45° \sin 30° = \frac{\sqrt{3}}{2} \cdot \frac{\sqrt{2}}{2} - \frac{\sqrt{2}}{2} \cdot \frac{1}{2} = \frac{\sqrt{6} - \sqrt{2}}{4};$$

$$\tan(30° + 45°) = \frac{\tan 30° + \tan 45°}{1 - \tan 30° \tan 45°} = \frac{\frac{\sqrt{3}}{3} + 1}{1 - \frac{\sqrt{3}}{3} \cdot 1} = \frac{\sqrt{3} + 3}{3 - \sqrt{3}} = 2 + \sqrt{3}.$$

- Calcoliamo ora cos 15°.
  Possiamo scrivere: $15° = 45° - 30°$.

  Per la formula di sottrazione del coseno:

$$\cos(45° - 30°) = \cos 45° \cos 30° + \sin 45° \sin 30° = \frac{\sqrt{2}}{2} \cdot \frac{\sqrt{3}}{2} + \frac{\sqrt{2}}{2} \cdot \frac{1}{2} = \frac{\sqrt{6} + \sqrt{2}}{4}.$$

Applicando opportunamente le formule di addizione e sottrazione, calcola le seguenti funzioni goniometriche.

5 $\sin 15°$; $\cos 135°$; $\tan 150°$. $\left[\frac{\sqrt{6} - \sqrt{2}}{4}; -\frac{\sqrt{2}}{2}; -\frac{\sqrt{3}}{3}\right]$

6 $\cos 105°$; $\sin 165°$; $\tan \frac{5}{12}\pi$. $\left[\frac{\sqrt{2} - \sqrt{6}}{4}; \frac{\sqrt{6} - \sqrt{2}}{4}; 2 + \sqrt{3}\right]$

7 $\sin 195°$; $\cos 165°$; $\sin 285°$. $\left[\frac{\sqrt{2}-\sqrt{6}}{4}; \frac{-\sqrt{6}-\sqrt{2}}{4}; \frac{-\sqrt{6}-\sqrt{2}}{4}\right]$

8 $\cos\frac{7}{12}\pi$; $\sin\frac{13}{12}\pi$; $\tan\frac{7}{12}\pi$. $\left[\frac{\sqrt{2}-\sqrt{6}}{4}; \frac{\sqrt{2}-\sqrt{6}}{4}; -2-\sqrt{3}\right]$

9 REALTÀ E MODELLI **Una prof agrodolce** L'ultimo giorno di scuola la professoressa porta una buonissima torta al cioccolato per i suoi alunni. Ha già tagliato 24 fette, tutte uguali, ma sfida i suoi studenti: potrà ottenerne una soltanto chi calcola esattamente, senza utilizzare la calcolatrice, il seno dell'angolo formato dalla punta di una fetta. $\left[\frac{\sqrt{6}-\sqrt{2}}{4}\right]$

10 COMPLETA

a. $\cos\frac{11}{12}\pi = \cos\left(\frac{\pi}{4} + \square\right) = \square$.

b. $\sin\frac{19}{12}\pi = \sin\left(\frac{11}{6}\pi - \square\right) = \square$.

c. $\cos\frac{17}{12}\pi = \cos\left(\frac{7}{4}\pi - \square\right) = \square$.

d. $\tan 345° = \tan(210° + \square) = \square$.

Espressioni e identità con le formule di addizione e sottrazione

11 ESERCIZIO GUIDA Sviluppiamo $\sin\left(\frac{\pi}{6}+x\right)$ e $\cos\left(\frac{\pi}{3}-x\right)$, con le formule di addizione e sottrazione.

$$\sin\left(\frac{\pi}{6}+x\right) = \sin\frac{\pi}{6}\cos x + \sin x\cos\frac{\pi}{6} = \frac{1}{2}\cos x + \frac{\sqrt{3}}{2}\sin x$$

$$\cos\left(\frac{\pi}{3}-x\right) = \cos\frac{\pi}{3}\cos x + \sin\frac{\pi}{3}\sin x = \frac{1}{2}\cos x + \frac{\sqrt{3}}{2}\sin x$$

Semplifica le seguenti espressioni.

12 $\sin\left(\frac{\pi}{3}+x\right) + \cos\left(\frac{\pi}{6}+x\right)$ $[\sqrt{3}\cos x]$

13 $\sin\left(\alpha+\frac{2}{3}\pi\right) - \cos\left(\frac{\pi}{6}+\alpha\right)$ $[0]$

14 $\cos(\alpha+135°) - \cos(225°-\alpha) + \cos(-\alpha)$ $[\cos\alpha]$

15 $\cos\left(\alpha-\frac{11}{6}\pi\right) - \sin\left(\frac{5}{3}\pi+\alpha\right)$ $[\sqrt{3}\cos\alpha - \sin\alpha]$

16 $\sin(45°+\alpha) - \sin(135°+\alpha)$ $[\sqrt{2}\sin\alpha]$

17 $\cos\left(\frac{\pi}{3}+\alpha\right) + \cos\left(\frac{2}{3}\pi-\alpha\right)$ $[0]$

18 $\sin\left(\frac{3}{4}\pi+x\right) + \cos\left(\frac{\pi}{4}-x\right)$ $[\sqrt{2}\cos x]$

19 $\cos\left(\frac{5}{6}\pi+\alpha\right) - \sin\left(\frac{\pi}{3}-\alpha\right)$ $[-\sqrt{3}\cos\alpha]$

20 $\sin\left(\alpha+\frac{7}{6}\pi\right) - \cos\left(\alpha-\frac{2}{3}\pi\right)$ $[-\sqrt{3}\sin\alpha]$

21 $(\sqrt{3}\tan\alpha - 1)\cdot\tan\left(\alpha+\frac{\pi}{3}\right) + \sqrt{3}$ $[-\tan\alpha]$

22 $\cos(210°-x) - \sin(120°+x)$ $[-\sqrt{3}\cos x]$

23 $\cos(60°-\alpha)\cdot\cos(300°-\alpha)$ $\left[\frac{\cos^2\alpha - 3\sin^2\alpha}{4}\right]$

24 $\tan\left(x+\frac{\pi}{4}\right)(1-\tan x) - 1$ $[\tan x]$

25 $\sin(\alpha+300°)\cdot\sin(240°+\alpha)$ $\left[\frac{1}{4}(-\sin^2\alpha + 3\cos^2\alpha)\right]$

26 $\tan\left(x+\frac{\pi}{4}\right) + \cot\left(x-\frac{\pi}{4}\right)$ $[0]$

27 $\cos(60°+x) + \sin(30°-x) - \sqrt{3}\sin(-x)$ $[\cos x]$

28 $\sin\left(\frac{2}{3}\pi-\alpha\right) + \sin\left(\alpha+\frac{5}{6}\pi\right) - \cos\left(\frac{\pi}{3}+\alpha\right)$ $\left[\frac{\sqrt{3}}{2}\cos\alpha + \frac{1}{2}\sin\alpha\right]$

29 $\sin(240°-\alpha) + \cos(\alpha-330°) - \cos(180°-\alpha)$ $[\cos\alpha]$

30 $\sin^2(30° + x) + \cos x \cos(x - 240°) - \sin^2 x$ $\left[-\frac{1}{4}\right]$

31 $\dfrac{\cos\left(\alpha + \frac{\pi}{6}\right) + \cos\left(\alpha - \frac{\pi}{6}\right)}{\sin\left(\alpha - \frac{\pi}{6}\right) - \sin\left(\alpha + \frac{\pi}{6}\right)}$ $[-\sqrt{3}]$

32 $\sin^2(\alpha - 150°) + \cos^2(\alpha + 330°) - 1$ $[\sqrt{3}\sin\alpha\cos\alpha]$

33 $\tan(\alpha - 135°) \cdot \tan(\alpha + 225°) - 1$ $\left[\dfrac{4\tan\alpha}{(1 - \tan\alpha)^2}\right]$

34 $\sin\left(\frac{7}{6}\pi - \alpha\right) \cdot \cos\left(\alpha - \frac{\pi}{3}\right) - \frac{1}{2}\cos^2\alpha$ $\left[-\frac{3}{4}\cos 2\alpha\right]$

Verifica le seguenti identità.

35 $\sin(30° + \alpha) = \sin(-210° - \alpha)$

36 $\sin\left(\alpha + \frac{\pi}{3}\right) = \cos\left(\frac{\pi}{6} - \alpha\right)$

37 $\tan\left(\alpha + \frac{\pi}{4}\right) = \dfrac{\cos\left(\alpha - \frac{5}{4}\pi\right)}{\cos\left(\frac{3}{4}\pi - \alpha\right)}$

38 $\sin(\alpha + \beta) \cdot \sin(\alpha - \beta) = \cos^2\beta - \cos^2\alpha$

39 $\sin\left(\frac{5}{6}\pi - \alpha\right) = \cos\left(\alpha - \frac{\pi}{3}\right)$

40 $\cos(\alpha + \beta) \cdot \cos(\alpha - \beta) = \cos^2\beta - \sin^2\alpha$

---

41 $\sin^2\left(\alpha - \frac{3}{4}\pi\right) - \sin^2\left(\frac{\pi}{4} + \alpha\right) = \cos\left(\frac{2}{3}\pi - \alpha\right) + \cos\left(\frac{\pi}{3} + \alpha\right)$

42 $\cos\left(\frac{\pi}{3} + \alpha\right) \cdot \cos\left(\frac{\pi}{6} + \alpha\right) = \sin\left(\frac{\pi}{3} + \alpha\right) \cdot \sin\left(\frac{\pi}{6} + \alpha\right) - \sin 2\alpha$

43 $1 + \cot^2\alpha + \sin\left(\frac{\pi}{4} + \alpha\right) = \csc^2\alpha + \cos\left(\frac{\pi}{4} - \alpha\right)$

44 $\dfrac{2\sin(\alpha - \beta)}{\tan\alpha - \tan\beta} = \cos(\alpha - \beta) + \cos(\alpha + \beta)$

45 $4\cos\left(\frac{5}{6}\pi + \alpha\right) \cdot \cos\left(\frac{\pi}{6} + \alpha\right) = \dfrac{\tan^2\alpha - 3}{\tan^2\alpha + 1}$

46 $\tan\left(\frac{\pi}{4} + \alpha\right) \cdot \tan\left(\alpha - \frac{\pi}{4}\right) = \dfrac{2\sin^2\alpha - 1}{2\cos^2\alpha - 1}$

Calcolo di funzioni goniometriche

47 Dati gli angoli acuti α e β, con $\sin\alpha = \frac{1}{3}$ e $\cos\beta = \frac{2}{3}$, calcola $\cos(\alpha + \beta)$. $\left[\dfrac{4\sqrt{2} - \sqrt{5}}{9}\right]$

48 Dati gli angoli α e β, con $\pi < \alpha < \frac{3}{2}\pi$ e $\frac{3}{2}\pi < \beta < 2\pi$, sapendo che $\sin\alpha = -\frac{2}{3}$ e $\cos\beta = \frac{1}{3}$, calcola $\tan(\alpha + \beta)$. $\left[\dfrac{2 - 2\sqrt{10}}{\sqrt{5} + 4\sqrt{2}}\right]$

49 Dati gli angoli α e β, con $\frac{\pi}{2} < \alpha < \pi$ e $0 < \beta < \frac{\pi}{2}$, sapendo che $\sin\alpha = \frac{1}{4}$ e $\cos\beta = \frac{3}{4}$, calcola $\sin(\alpha + \beta)$. $\left[\dfrac{3 - \sqrt{105}}{16}\right]$

ESERCIZI

Sapendo che $\cos\alpha = \frac{3}{5}$ e che $0 < \alpha < \frac{\pi}{2}$, calcola le seguenti funzioni goniometriche.

50 $\sin\left(\frac{\pi}{3} - \alpha\right)$; $\tan\left(\alpha + \frac{\pi}{6}\right)$. $\left[\frac{-4+3\sqrt{3}}{10}; \frac{48+25\sqrt{3}}{11}\right]$

51 $\cos\left(\frac{2}{3}\pi - \alpha\right)$; $\cot\left(\alpha - \frac{\pi}{4}\right)$. $\left[\frac{4\sqrt{3}-3}{10}; 7\right]$

Sapendo che $\cos\alpha = -\frac{2}{3}$ e che $90° < \alpha < 180°$, calcola le seguenti funzioni goniometriche.

52 $\sin\left(\frac{\pi}{6} + \alpha\right)$; $\cos\left(\frac{2\pi}{3} + \alpha\right)$. $\left[\frac{\sqrt{15}-2}{6}; \frac{2-\sqrt{15}}{6}\right]$

53 $\sin(45° + \alpha)$; $\cos\left(-\frac{\pi}{6} + \alpha\right)$. $\left[\frac{\sqrt{10}-2\sqrt{2}}{6}; \frac{\sqrt{5}-2\sqrt{3}}{6}\right]$

Calcola i valori richiesti, utilizzando le informazioni.

54 $\tan(\alpha - \beta)$. $\tan\alpha = \frac{1}{3}$, $\sin\beta = -\frac{4}{5}$, con $0 < \alpha < \frac{\pi}{2}$, $\frac{3}{2}\pi < \beta < 2\pi$ $[3]$

55 $\tan\left(\alpha + \frac{\pi}{4}\right)$, $\cot\left(\frac{3}{4}\pi + \alpha\right)$, $\sin\left(\alpha - \frac{\pi}{6}\right)$. $\cos\alpha = -\frac{3}{5}$, con $\pi < \alpha < \frac{3}{2}\pi$ $\left[-7; 7; \frac{3-4\sqrt{3}}{10}\right]$

56 $\cos\left(\alpha + \frac{\pi}{4}\right)$, $\sin\left(\frac{5}{6}\pi - \alpha\right)$, $\tan\left(\frac{5}{4}\pi - \alpha\right)$. $\sin\alpha = \frac{1}{3}$, con $\frac{\pi}{2} < \alpha < \pi$

$\left[-\frac{4+\sqrt{2}}{6}; \frac{\sqrt{3}-2\sqrt{2}}{6}; \frac{9+4\sqrt{2}}{7}\right]$

57 $\tan\left(\alpha - \frac{\pi}{4}\right)$, $\sin\left(\frac{\pi}{6} + \alpha\right)$. $\cot\alpha = \frac{1}{2}$, $\pi < \alpha < \frac{3}{2}\pi$ $\left[\frac{1}{3}; \frac{-\sqrt{5}(1+2\sqrt{3})}{10}\right]$

58 $\tan\beta$, $\tan(\alpha - \beta)$, $\cos(\alpha + \beta)$. $\tan(\alpha + \beta) = 5$, $\tan\alpha = \frac{2}{3}$, α e β nel primo quadrante $\left[1; -\frac{1}{5}; \frac{\sqrt{26}}{26}\right]$

59 $\tan\beta$, $\tan(\alpha + \beta)$, $\sin(\alpha + \beta)$. $\tan(\alpha - \beta) = \frac{3}{19}$, $\tan\alpha = \frac{1}{3}$, α e β nel primo quadrante

$\left[\frac{1}{6}; \frac{9}{17}; \frac{9\sqrt{370}}{370}\right]$

60 $\sin(\alpha + \beta)$, $\tan(\alpha - \beta)$, $\cos(\pi + \alpha - \beta)$. $\tan\alpha = \frac{3}{4}$, $\tan\beta = -\frac{4}{3}$, $0 < \alpha < \frac{\pi}{2}$, $\frac{\pi}{2} < \beta < \pi$

$\left[\frac{7}{25}; \text{non esiste}; 0\right]$

61 EUREKA! Calcola $\sin(\alpha + \beta + \gamma)$, sapendo, che α, β e γ sono angoli del primo quadrante e che $\sin\alpha = \frac{1}{2}$, $\sin\beta = \frac{4}{5}$, $\sin\gamma = \frac{1}{3}$. $\left[\frac{6\sqrt{2}+8\sqrt{6}+3\sqrt{3}-4}{30}\right]$

Calcola il valore delle seguenti espressioni.

62 $\sin\left[\frac{\pi}{6} - \arccos\left(-\frac{1}{3}\right)\right]$ $\left[\frac{-(2\sqrt{6}+1)}{6}\right]$

63 $\sin\left(\frac{\pi}{3} + \arccos\frac{4}{5}\right)$ $\left[\frac{4\sqrt{3}+3}{10}\right]$

64 $\tan\left(\arcsin\frac{3}{5} - \arcsin\frac{1}{2}\right)$ $\left[\frac{48-25\sqrt{3}}{39}\right]$

65 $\cos\left[\arccos\frac{12}{13} - \arcsin\left(-\frac{4}{5}\right)\right]$ $\left[\frac{16}{65}\right]$

66 $\sin\left(\arctan\frac{1}{3} - \frac{\pi}{6}\right)$ $\left[\frac{\sqrt{10}(-3+\sqrt{3})}{20}\right]$

67 $\tan\left[\arctan\frac{12}{5} - \arcsin\left(-\frac{5}{13}\right)\right]$ [non esiste]

68 ●● EUREKA! α, β, γ sono angoli acuti, $\sin\alpha = \frac{1}{3}$, $\cos\beta = \frac{3}{5}$, $\tan\gamma = \frac{3}{4}$. Calcola $\sin(\alpha+\beta+\gamma)$. $\left[\frac{2}{3}\sqrt{2}\right]$

69 ●● YOU & MATHS When $\sin\alpha = \frac{5}{13}$ and $\cos\beta = \frac{4}{5}$, α and β less than 90°, express $\sin(\alpha+\beta)$ in the form $\frac{a}{b}$, where $a, b \in \mathbb{Q}$.

(IR *Leaving Certificate Examination*, Higher Level, 1995)

$\left[\sin(\alpha+\beta) = \frac{56}{65}\right]$

70 ●● EUREKA! α e β appartengono al primo quadrante, $\tan\alpha = \frac{1}{2}$, $\cot\beta = 3$. Dimostra che $\alpha + \beta = \frac{\pi}{4}$.

71 ●● Dimostra che $\cot(\alpha \pm \beta) = \frac{\cot\alpha \cdot \cot\beta \mp 1}{\cot\beta \pm \cot\alpha}$.

Applicazioni alla geometria

Utilizzando i dati forniti nelle figure, determina quanto richiesto.

72 ●●

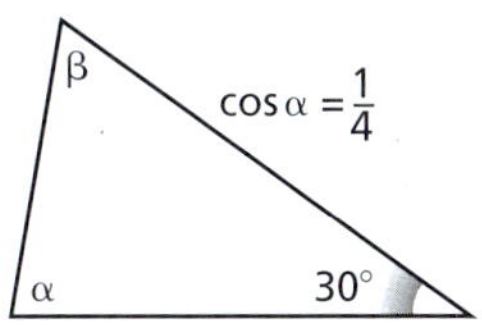

Determina tan β.

$\left[\frac{\sqrt{3}(4+\sqrt{5})}{3}\right]$

73 ●●

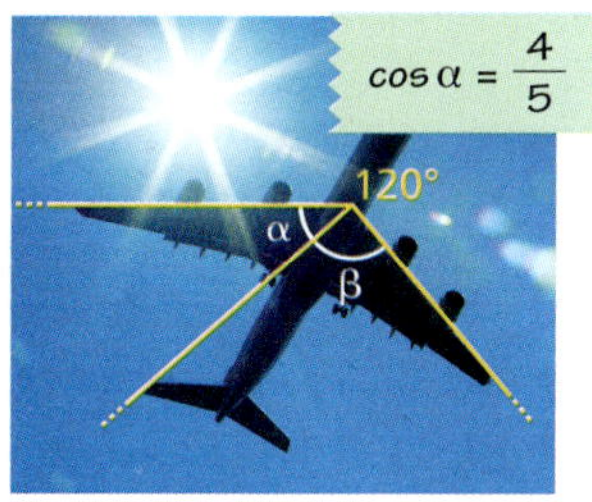

Determina sin β.

$\left[\frac{3+4\sqrt{3}}{10}\right]$

74 ●●

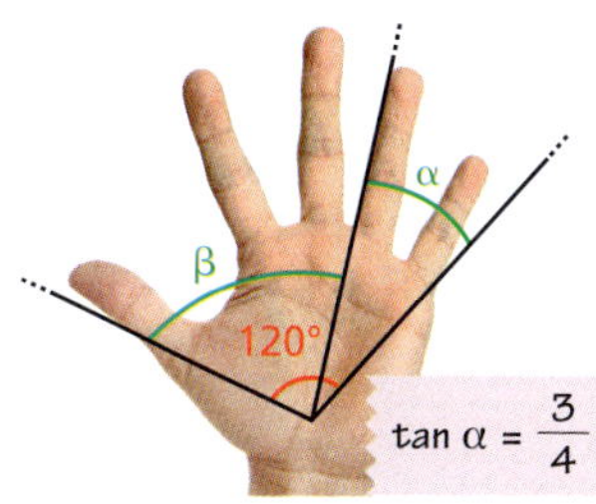

Determina cos β.

$\left[\frac{3\sqrt{3}-4}{10}\right]$

75 ●● In un triangolo acutangolo con angoli α, β, γ, sai che $\sin\alpha = \frac{12}{13}$ e $\tan\beta = \frac{3}{4}$. Calcola seno e coseno dell'angolo γ.

$\left[\frac{63}{65}; \frac{16}{65}\right]$

76 ●● Dato il triangolo di angoli α, β e γ, determina $\tan\gamma$ sapendo che $\cos\alpha = \frac{12}{13}$ e $\cos\beta = \frac{4}{5}$. Puoi dire se il triangolo è acutangolo o ottusangolo?

$\left[-\frac{56}{33}; \text{ottusangolo}\right]$

Funzione lineare $y = a\sin x + b\cos x$ e angolo aggiunto

▶ Teoria a p. 752

Disegna il grafico delle seguenti funzioni dopo averle trasformate nella forma $y = r\sin(x+\alpha)+c$.

77 ●○ $y = \sqrt{3}\sin x - \cos x$

78 ●○ $y = \sqrt{2}\sin x + \sqrt{2}\cos x - 1$

79 ●○ $y = \frac{1}{4}\sin x + \frac{\sqrt{3}}{4}\cos x$

80 ●○ $y = -\sin x + \sqrt{3}\cos x + 1$

81 ●● $y = \sin(x+60°) + \cos(x+60°)$

82 ●● $y = \sin(\pi + x) + \sin\left(\frac{\pi}{2} - x\right)$

83 ●● $y = \sin 2x - \cos 2x - \frac{1}{2}$

84 ●● $y = \sin(-x) + \sin\left(\frac{3}{2}\pi - x\right)$

Angolo fra due rette

▶ Teoria a p. 753

85 ●○ Determina l'equazione della circonferenza di centro $C(2; 0)$ e passante per $A(4; 0)$. Scrivi l'equazione della tangente nel suo punto di ascissa 3 di ordinata positiva e trova l'angolo che essa forma con la direzione positiva dell'asse x. $[(x-2)^2 + y^2 = 4; x + \sqrt{3}y = 6; 150°]$

86 ESERCIZIO GUIDA Determiniamo l'angolo (acuto) formato da due rette incidenti, r e s, di equazioni:

r: $y = -x + 5$, s: $y = \sqrt{3}x - 1$.

Rappresentiamo in una figura le rette r e s e indichiamo con α e β le misure degli angoli che formano con la direzione positiva dell'asse delle ascisse.

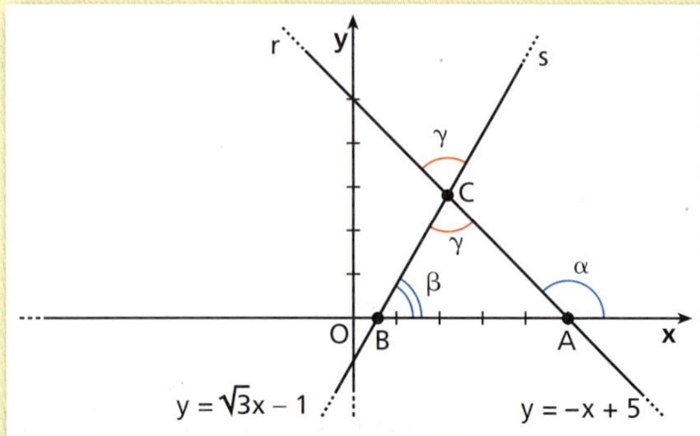

$$\gamma = \alpha - \beta$$

perché l'angolo α è angolo esterno del triangolo ABC.

Calcoliamo la tangente di γ con la formula:

$$\tan\gamma = \frac{m_1 - m_2}{1 + m_1 m_2}.$$

I coefficienti angolari di r e di s sono:

$$m_1 = -1 \text{ e } m_2 = \sqrt{3}.$$

Sostituendo nella relazione precedente, otteniamo:

$$\tan\gamma = \frac{-1-\sqrt{3}}{1-\sqrt{3}} = 2 + \sqrt{3}.$$

Quindi $\alpha - \beta = 75°$.

Questo risultato coincide anche con quello che si ottiene con il calcolo diretto:

$$\tan\alpha = -1 \to \alpha = 135°; \quad \tan\beta = \sqrt{3} \to \beta = 60° \to \alpha - \beta = 75°.$$

Osservazione. Utilizzando la formula $\frac{m_1 - m_2}{1 + m_1 m_2}$ per calcolare la tangente dell'angolo di due rette, possiamo ottenere un risultato positivo oppure negativo. Nel primo caso otteniamo la tangente dell'angolo acuto tra le due rette, nel secondo quella dell'angolo ottuso.

Calcola la tangente goniometrica dell'angolo acuto formato dalle seguenti coppie di rette.

87 $y = -5x$; $x - y = 2$. $\left[\frac{3}{2}\right]$

88 $y = -3x + 1$; $x + 2y = 0$. $[1]$

89 $y + x - 1 = 0$; $y = -2x$. $\left[\frac{1}{3}\right]$

90 $3y - x + 1 = 0$; $y = -\frac{1}{3}x + 2$. $\left[\frac{3}{4}\right]$

91 $\sqrt{3}x - y + 3 = 0$; $x - \sqrt{3}y = -2$. $\left[\frac{\sqrt{3}}{3}\right]$

92 $y = -\frac{8}{5}x + 6$; $8x - 5y - 6 = 0$. $\left[\frac{80}{39}\right]$

MATEMATICA AL COMPUTER

Rette e goniometria Date le equazioni implicite di due rette r_1 e r_2 nel piano cartesiano, stabiliamo con Wiris se si incontrano e, in tal caso, calcoliamo l'ampiezza di uno dei quattro angoli che esse formano, espressa in gradi, primi e secondi.

Risoluzione – 4 esercizi in più

93 Determina le equazioni delle rette che passano per il punto $P(-3; 1)$ e che formano un angolo di 45° con la retta di equazione $4x - 2y + 3 = 0$. $[y + 3x + 8 = 0; 3y - x - 6 = 0]$

94 Trova gli angoli del triangolo che ha i lati sulle rette di equazioni

$$x - 4y + 9 = 0, \quad 4x + y - 15 = 0,$$
$$7x + 6y - 5 = 0.$$

$\left[\frac{\pi}{2}, \arctan 2, \arctan\frac{1}{2}\right]$

95 Scrivi le equazioni delle rette che formano un angolo di 45° con la retta di equazione $y = -3x + 2$ e che passano per il vertice della parabola di equazione $y = x^2 - 8x + 17$. $\left[y = 2x - 7; y = -\frac{1}{2}x + 3\right]$

96 Trova le equazioni delle rette passanti per il punto $A(2; -1)$ che formano un angolo di 60° con la retta di equazione $y = \sqrt{3}x + 1$. $[y = -1, y = -\sqrt{3}x + 2\sqrt{3} - 1]$

97 Le due rette di equazioni $y = 2x - 6$ e $x - 3y - 3 = 0$ si intersecano nel punto A e definiscono con l'asse y il triangolo ABC. Trova gli angoli del triangolo.
$\left[\frac{\pi}{4}, \frac{\pi}{2} + \arctan\frac{1}{3}, \frac{\pi}{2} - \arctan 2\right]$

98 Determina l'ampiezza dell'angolo formato dalle tangenti alla circonferenza di equazione $(x-4)^2 + y^2 = 4$ condotte dal punto $A(8; 4)$.
$\left[\arctan\frac{\sqrt{7}}{3}\right]$

99 Calcola le ampiezze degli angoli del triangolo di vertici $(2; 1)$, $(6; 1)$, $(3; 5)$. $[51°; 53°; 76°]$

100 Determina l'angolo formato dalle diagonali del quadrilatero della figura. $\left[\arctan\frac{5}{3}\right]$

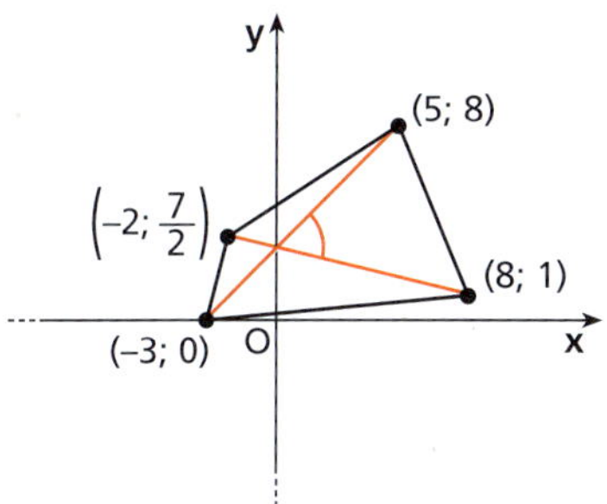

101 Considera il triangolo di vertici $A(-2; -1)$, $B(-1; 3)$, $C(2; 3)$; detto D il centro della circonferenza circoscritta, trova l'angolo $B\widehat{D}C$.
$\left[\arctan\frac{15}{8}\right]$

102 Rappresenta l'iperbole di equazione $4x^2 - y^2 = 4$ e determina l'angolo acuto formato dagli asintoti.
$\left[\arctan\frac{4}{3}\right]$

103 Considera i triangoli ABC con $A\left(-\frac{5}{3}; 0\right)$, $B(4; 0)$ e C variabile sulla retta r di equazione $y = -x + 9$. Verifica che esistono due posizioni di C per cui è $A\widehat{C}B = \frac{\pi}{4}$.
$\left[C_1(5; 4), C_2\left(\frac{7}{3}; \frac{20}{3}\right)\right]$

104 Considera la parabola γ di equazione $y = x^2 - 4x + 4$ e la retta r passante per il punto $A(-1; 1)$ e per il punto B di γ di ascissa $\frac{3}{5}$.
La retta r interseca γ, oltre che in B, anche in C. Trova l'equazione della retta tangente t alla parabola in C e l'angolo formato dalle rette r e t.
$\left[r: y = \frac{3}{5}x + \frac{8}{5}; t: y = 4x - 12; \frac{\pi}{4}\right]$

105 Due rette r e s passanti per $A(4; 2)$ formano un angolo α tale che $\tan\alpha = \frac{1}{2}$. Sapendo che r passa per $B(10; 4)$ e che s interseca l'asse y in un punto di ordinata negativa, trova l'equazione della retta s.
$[y = x - 2]$

106 LEGGI IL GRAFICO Scrivi l'equazione della parabola e della tangente t nel punto A del grafico. Determina poi l'ampiezza dell'angolo acuto formato dalle rette s e t.

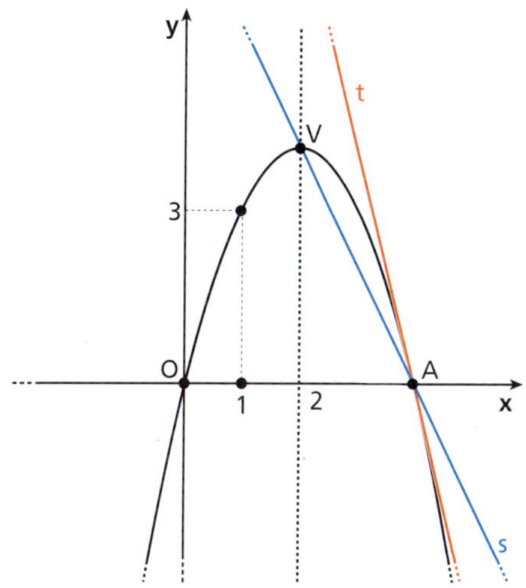

$\left[y = -x^2 + 4x; y = -4x + 16; \arctan\frac{2}{9}\right]$

107 Il triangolo ABC ha i vertici in $A(1; 0)$, $B(5; 4)$ e in C, che si trova sull'asse x, con ascissa maggiore di 1. Determina la posizione di C, sapendo che $\tan A\widehat{C}B = \frac{2}{3}$. Detto poi M il punto medio di AB, determina gli angoli $A\widehat{C}M$ e $M\widehat{C}B$.
$\left[C(11; 0); \arctan\frac{1}{4}; \arctan\frac{5}{14}\right]$

108 Trova le ampiezze degli angoli del triangolo di vertici $A(1; 0)$, $B(2; 2\sqrt{3})$, $C(7; -\sqrt{3})$ e determina le equazioni delle rette che dividono l'angolo $B\widehat{A}C$ in tre parti uguali.
$\left[\widehat{A} = \frac{\pi}{2}, \widehat{B} = \frac{\pi}{3}, \widehat{C} = \frac{\pi}{6};\right.$
$\left.\sqrt{3}x - 7y = \sqrt{3}, 5\sqrt{3}x - 9y = 5\sqrt{3}\right]$

109 Date le rette r e s, di equazioni $y = 3x - 3$ e $3y + x - 1 = 0$, che si intersecano nel punto A, considera su r il punto B di ascissa 2 e su s il punto C di ascissa 7. Nel triangolo ABC determina l'ampiezza dell'angolo $\widehat{A}$ e dei due angoli in cui esso resta diviso dall'altezza AH relativa al lato BC.
$\left[\widehat{A} = \frac{\pi}{2}; \arctan\frac{1}{2}, \arctan 2\right]$

110 ●● Considera il fascio di rette di equazione $(k+2)x+(1-k)y+2k-1=0$, con $k \in \mathbb{R}$.

a. Determina l'angolo formato dalle due generatrici.

b. Trova per quale valore di k si ottiene la retta del fascio che forma con la bisettrice del primo e terzo quadrante un angolo la cui tangente è $-\frac{1}{3}$. [a) $\arctan 3$; b) $k=4 \vee k=-5$]

111 ●● Dato il fascio di rette di equazione $(2k+1)x-(2-k)y+1=0$, determina:

a. le due generatrici e il centro C del fascio e l'angolo formato dalle due generatrici;

b. le rette del fascio che formano un angolo di 45° con la generatrice a cui non corrisponde un valore finito di k. $\left[\text{a) } x-2y+1=0,\ 2x+y=0,\ C\left(-\frac{1}{5}; \frac{2}{5}\right); \frac{\pi}{2}; \text{b) } |k|=1\right]$

112 ●● LEGGI IL GRAFICO Scrivi l'equazione della circonferenza e della parabola del grafico. Quindi determina l'angolo formato dalle rette r e s passanti per V e tangenti rispettivamente alla circonferenza e alla parabola, e l'angolo formato dalle due tangenti alla parabola nei suoi punti di intersezione con l'asse x. $\left[x^2+y^2=2,\ y=-x^2+2x;\ 45°;\ \arctan\frac{4}{3}\right]$

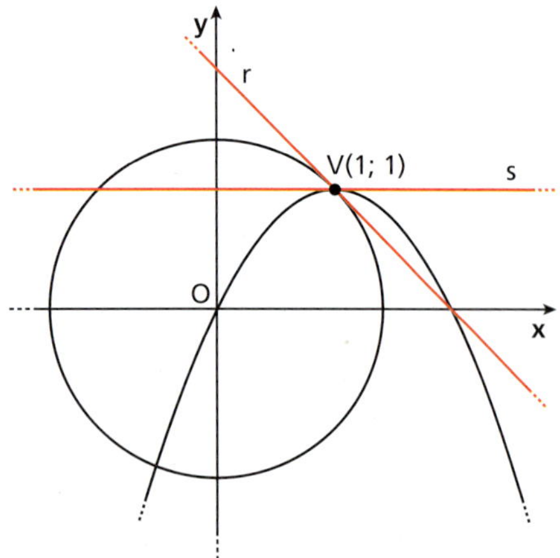

2 Formule di duplicazione

▶ Teoria a p. 754

TEST

113 ●○ $\cos 2\beta$ non è uguale a:

A $\cos^2\beta - \sin^2\beta$.

B $2\cos^2\beta - 1$.

C $\cos(-2\beta)$.

D $2\cos\beta$.

E $1-2\sin^2\beta$.

114 ●○ $\frac{\sin 2\alpha}{2}$ è uguale a:

A $\sin\alpha$.

B $2\sin\alpha\cos\alpha$.

C $\sin\alpha\cos\alpha$.

D $4\sin\alpha\cos\alpha$.

E $\frac{\sin^2\alpha-\cos^2\alpha}{2}$.

115 ●○ FAI UN ESEMPIO per mostrare che $\cos 2\alpha \neq 2\cos\alpha$.

Espressioni e identità con le formule di duplicazione

116 ESERCIZIO GUIDA Sviluppiamo $\sin 4\alpha$ utilizzando le formule di duplicazione.

$\sin 4\alpha = \sin(2\cdot 2\alpha) =$) applichiamo la formula di duplicazione del seno

$2\sin 2\alpha \cdot \cos 2\alpha =$) applichiamo le formule di duplicazione del seno e del coseno

$2\cdot(2\sin\alpha\cos\alpha)(\cos^2\alpha-\sin^2\alpha) =$

$4(\sin\alpha\cos^3\alpha - \sin^3\alpha\cos\alpha)$

$\sin 2\alpha = 2\sin\alpha\cos\alpha$
$\cos 2\alpha = \cos^2\alpha - \sin^2\alpha$

117 ●○ Sviluppa $\cos 4\alpha$ utilizzando le formule di duplicazione. $[1-8\sin^2\alpha\cos^2\alpha]$

118 ●● Calcola $\sin 3\alpha$ e $\cos 3\alpha$ utilizzando le formule di addizione e sottrazione e le formule di duplicazione. $[3\sin\alpha\cos^2\alpha - \sin^3\alpha,\ \cos^3\alpha - 3\cos\alpha\sin^2\alpha]$

Semplifica le seguenti espressioni.

119 $\cos 2\alpha + \sin 2\alpha \cdot \tan\alpha$ $[1]$

120 $\cos 2\alpha + \sin 2\alpha + 2\sin^2\alpha$ $[(\cos\alpha + \sin\alpha)^2]$

121 $\tan 2\alpha \cdot (1+\tan\alpha)\cdot \cot\alpha$ $\left[\dfrac{2}{1-\tan\alpha}\right]$

122 $\cos 2\alpha - \sin 2\alpha + (\sin\alpha + \cos\alpha)^2$ $[2\cos^2\alpha]$

123 $\cos 2\alpha - \dfrac{\cos\alpha\cdot\sin 2\alpha}{\sin\alpha}$ $[-1]$

124 $\dfrac{\sin 2\alpha}{1+\cos 2\alpha} - \tan\alpha$ $[0]$

125 $\dfrac{1-\cos 2\alpha}{1+\cos 2\alpha}\cdot\cot\alpha$ $[\tan\alpha]$

126 $\sin^2(2\pi-\alpha)+\cos^2(2\pi+\alpha)+\sin^2 2\alpha - 1$ $[4\sin^2\alpha\cos^2\alpha]$

127 $\tan\left(\dfrac{\pi}{4}-2\alpha\right)\cdot(1+\tan 2\alpha)-1$ $\left[\dfrac{2\tan\alpha}{\tan^2\alpha-1}\right]$

128 $\sin\left(2\alpha-\dfrac{\pi}{6}\right)+2\cos^2\left(\dfrac{\pi}{3}+\alpha\right)$ $[2\sin^2\alpha]$

129 $\dfrac{3\sin 2\alpha+\tan 2\alpha}{2\tan 2\alpha}$ $[3\cos^2\alpha-1]$

130 $\sin 2\alpha+\cos 2\alpha-2\sqrt{2}\cos\alpha\sin\left(\alpha+\dfrac{\pi}{4}\right)$ $[-1]$

---

131 $2\cos\alpha\cdot(1+\cos 2\alpha)-\sin\alpha\sin 2\alpha$ $[2\cos\alpha(3\cos^2\alpha-1)]$

132 $\sin 2\alpha - 2\sin\alpha(\cos\alpha+1)-\cos 2\alpha+1-2\sin\alpha(\sin\alpha-1)$ $[0]$

133 $\sin 2\alpha-2\cos^2(-\alpha)+3\cos 2\alpha+4\sin^2(-\alpha)-(\sin\alpha+\cos\alpha)^2$ $[0]$

Verifica le seguenti identità indicando i valori di α per i quali non sono definite.

134 $\dfrac{2}{1-\cos 2\alpha}=\csc^2\alpha$

135 $1+\cos 2\alpha = 2-2\sin^2\alpha$

136 $2\csc 2\alpha = \tan\alpha+\cot\alpha$

137 $(1-\cos 2\alpha)\cdot\csc 2\alpha = \tan\alpha$

138 $\cot 2\alpha = \csc 2\alpha - \tan\alpha$

139 $2\cot 2\alpha + \tan\alpha = \cot\alpha$

140 $\dfrac{\sin 2\alpha}{\cos^2\alpha}=\tan 2\alpha(1-\tan^2\alpha)$

141 $\dfrac{\tan 2\alpha}{\tan\alpha}=\dfrac{\cos 2\alpha+1}{\cos 2\alpha}$

142 $\sin^2 2\alpha\cdot\tan^2\alpha=\cos^2 2\alpha-4\cos^2\alpha+3$

143 $(\cos 2\alpha-1)^2\cdot\csc^2\alpha=\dfrac{4}{\cot^2\alpha+1}$

---

144 $\dfrac{\cos 2\alpha}{\cos\alpha-\sin\alpha}-\dfrac{\sin 2\alpha}{\cos\alpha+\sin\alpha}=\dfrac{1}{\sqrt{2}\sin\left(\alpha+\dfrac{\pi}{4}\right)}$

145 $\cos^4\alpha-\sin^4\alpha+2\cos\left(\alpha-\dfrac{\pi}{3}\right)=\cos 2\alpha+\cos\alpha+\sqrt{3}\sin\alpha$

Calcolo di funzioni goniometriche

146 ESERCIZIO GUIDA Senza determinare il valore di α, calcoliamo $\sin 2\alpha$ e $\cos 2\alpha$ sapendo che:

$$\sin\alpha = \frac{3}{5} \text{ e } \frac{\pi}{2}<\alpha<\pi.$$

- $\sin 2\alpha = 2\sin\alpha\cos\alpha$

Determiniamo $\cos\alpha$ per mezzo della prima relazione fondamentale, osservando che $\cos\alpha$ deve essere negativo, poiché $\dfrac{\pi}{2}<\alpha<\pi$:

$$\cos\alpha = -\sqrt{1-\sin^2\alpha} = -\sqrt{1-\frac{9}{25}} = -\sqrt{\frac{16}{25}} = -\frac{4}{5}.$$

ESERCIZI

Sostituendo i valori di cos α e sin α, otteniamo:

$$\sin 2\alpha = 2 \cdot \frac{3}{5} \cdot \left(-\frac{4}{5}\right) = -\frac{24}{25}.$$

- $\cos 2\alpha = \cos^2\alpha - \sin^2\alpha = \frac{16}{25} - \frac{9}{25} = \frac{7}{25}.$

Calcola quanto è richiesto utilizzando le informazioni.

147 $\cos 2\alpha$. $\sin\alpha = \frac{1}{6}$, con $0 < \alpha < \frac{\pi}{2}$ $\left[\frac{17}{18}\right]$

148 $\sin 2\alpha$. $\cos\alpha = \frac{\sqrt{5}}{5}$, con $\frac{3}{2}\pi < \alpha < 2\pi$ $\left[-\frac{4}{5}\right]$

149 $\sin 2\alpha$, $\cos 2\alpha$. $\cos\alpha = \frac{3}{4}$, con $0 < \alpha < \frac{\pi}{2}$ $\left[\frac{3}{8}\sqrt{7}; \frac{1}{8}\right]$

150 $\cos 2\alpha$, $\tan 2\alpha$. $\sin\alpha = \frac{1}{4}$, con $0 < \alpha < \frac{\pi}{2}$ $\left[\frac{7}{8}; \frac{\sqrt{15}}{7}\right]$

151 $\sin 2\alpha$, $\cos 2\alpha$, $\tan 2\alpha$. $\tan\alpha = -\frac{3}{4}$, con $\frac{\pi}{2} < \alpha < \pi$ $\left[-\frac{24}{25}; \frac{7}{25}; -\frac{24}{7}\right]$

152 $\sin 2\alpha$, $\cos 2\alpha$. $\tan\alpha = \frac{24}{7}$, con $0 < \alpha < \frac{\pi}{2}$ $\left[\frac{336}{625}; -\frac{527}{625}\right]$

153 $\sin 2\beta$, $\cos 2\beta$. $\cot\beta = -3$, con $\frac{3}{2}\pi < \beta < 2\pi$ $\left[-\frac{3}{5}; \frac{4}{5}\right]$

154 $\cos\left(2\alpha + \frac{\pi}{3}\right)$. $\cos\alpha = -\frac{\sqrt{3}}{4}$, con $\frac{\pi}{2} < \alpha < \pi$ $\left[\frac{3\sqrt{13} - 5}{16}\right]$

155 $\tan 6\alpha$. $\tan 3\alpha = \frac{2}{3}$, con $0 < \alpha < \frac{\pi}{6}$ $\left[\frac{12}{5}\right]$

156 $\sin 2\alpha$, $\cos 2\alpha$, $\tan\left(2\alpha - \frac{\pi}{4}\right)$. $\cot\alpha = -\frac{1}{2}$, con $\frac{3}{2}\pi < \alpha < 2\pi$ $\left[-\frac{4}{5}; -\frac{3}{5}; \frac{1}{7}\right]$

157 $\sin(\pi - 2\alpha)$, $\cos 2\alpha$, $\tan\left(\frac{3}{2}\pi + 2\alpha\right)$. $\csc\alpha = \frac{29}{21}$, con $\frac{\pi}{2} < \alpha < \pi$ $\left[-\frac{840}{841}; -\frac{41}{841}; -\frac{41}{840}\right]$

158 $\sin 4\alpha$, $\cos 4\alpha$. $\sin 2\alpha = \frac{4}{5}$, con $\frac{\pi}{4} < \alpha < \frac{\pi}{2}$ $\left[-\frac{24}{25}; -\frac{7}{25}\right]$

159 $\sin 8\alpha$, $\cos 8\alpha$, $\tan 8\alpha$. $\sin 4\alpha = \frac{8}{17}$, con $0 < \alpha < \frac{\pi}{8}$ $\left[\frac{240}{289}; \frac{161}{289}; \frac{240}{161}\right]$

160 $\cos 2(\alpha + \beta)$, $\sin(2\alpha + \beta)$. $\sin\alpha = \frac{24}{25}$, $\sin\beta = -\frac{3}{5}$, con $\frac{\pi}{2} < \alpha < \pi$ e $\pi < \beta < \frac{3}{2}\pi$ $\left[\frac{7}{25}; \frac{117}{125}\right]$

161 $\tan(2\alpha - \beta)$, $\cos(\alpha - 2\beta)$. $\cos\alpha = -\frac{4}{5}$, $\sin\beta = \frac{7}{25}$, con $\pi < \alpha < \frac{3}{2}\pi$ e $\frac{\pi}{2} < \beta < \pi$ [non esiste; $-\frac{44}{125}$]

162 $\sin\left(2\alpha + \frac{\pi}{4}\right)$, $\tan\left(2\alpha - \frac{3\pi}{4}\right)$. $\cos\alpha = -\frac{1}{3}$, con $\frac{\pi}{2} < \alpha < \pi$ $\left[-\frac{8 + 7\sqrt{2}}{18}; \frac{81 + 56\sqrt{2}}{17}\right]$

163 EUREKA! Sapendo che $\sin\frac{\alpha}{2} = \frac{4}{5}$, con $\frac{\pi}{2} < \alpha < \pi$, calcola $\sin\alpha$. $\left[\frac{24}{25}\right]$

164 RIFLETTI SULLA TEORIA È possibile che sia $\sin 2\alpha = \sin\alpha$ per qualche valore di α? Motiva la risposta.

165 VERO O FALSO?

a. Se $\cos\alpha = \frac{3}{7}$ e $\cos\beta = \frac{6}{7}$, allora $\beta = 2\alpha$. V F

b. L'uguaglianza $\sin 5\alpha = 2\sin\frac{5}{2}\alpha\cos\frac{5}{2}\alpha$ è vera $\forall\alpha \in \mathbb{R}$. V F

c. $\sin 2\alpha = 2\sin\alpha$ è vera solo per $\alpha = k\pi$. V F

d. $\sin 2\alpha > \sin\alpha\ \forall\alpha \in \mathbb{R}$. V F

e. Se $\cos 2\alpha = \frac{1}{4}$, allora $\cos 4\alpha = \frac{7}{8}$. V F

Calcola il valore delle seguenti espressioni.

166 $\sin\left(2\arctan\frac{3}{4}\right)$ $\left[\frac{24}{25}\right]$

167 $\cos\left(2\arccos\frac{1}{4}\right)$ $\left[-\frac{7}{8}\right]$

168 $\tan\left(2\arctan\frac{1}{2}\right)$ $\left[\frac{4}{3}\right]$

169 $\cos\left(2\arctan\frac{8}{15}\right)$ $\left[\frac{161}{289}\right]$

Applicazioni alla geometria

170

Determina $\cos\beta$ e $\tan\beta$. $\left[\frac{1}{2}; \sqrt{3}\right]$

171

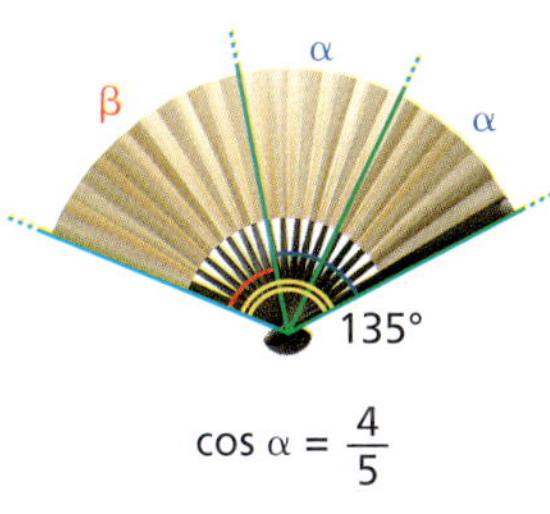

Determina $\sin\beta$ e $\cos\beta$. $\left[\frac{31\sqrt{2}}{50}; \frac{17\sqrt{2}}{50}\right]$

172

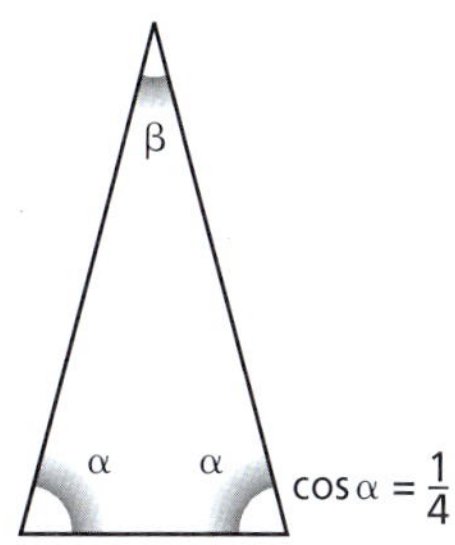

Calcola $\sin\beta$ e $\cos\beta$. $\left[\frac{\sqrt{15}}{8}; \frac{7}{8}\right]$

173

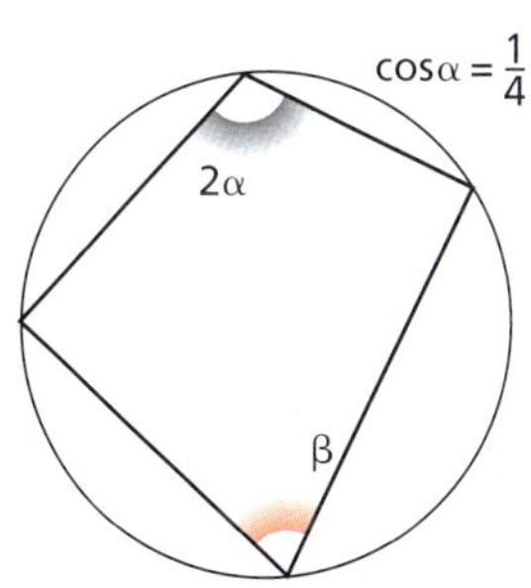

Determina $\tan\beta$. $\left[\frac{\sqrt{15}}{7}\right]$

---

174 Un angolo alla circonferenza ha ampiezza α e $\cos\alpha = \frac{8}{17}$. Trova seno e coseno del corrispondente angolo al centro. $\left[\sin\beta = \frac{240}{289}; \cos\beta = -\frac{161}{289}\right]$

175 Nel quadrilatero $ABCD$ inscritto in una circonferenza l'angolo $\widehat{A}$ è tale che $\tan\widehat{A} = \frac{24}{7}$ e l'angolo $\widehat{B}$ è doppio di $\widehat{A}$. Trova $\cos\widehat{C}$ e $\cos\widehat{D}$. $\left[-\frac{7}{25}; \frac{527}{625}\right]$

ESERCIZI

176 ●● In un quadrilatero $ABCD$ l'angolo $\widehat{A}$ misura 135°, l'angolo $\widehat{B}$ è tale che $\cos \widehat{B} = -\frac{1}{\sqrt{10}}$ e $\widehat{C} \cong \widehat{B}$. Trova $\tan \widehat{D}$. [7]

177 ●● Un triangolo isoscele ABC ha gli angoli alla base $\widehat{A}$ e $\widehat{B}$ di ampiezza α, con $\sin \alpha = \frac{4}{5}$. Traccia l'altezza BH e determina $\tan C\widehat{B}H$. $\left[\frac{7}{24}\right]$

Formule di duplicazione e grafici

Traccia il grafico delle seguenti funzioni dopo aver trasformato le loro equazioni.

178 ●○ $y = -\sin x \cos x$

179 ●○ $y = 2\cos^2 x$

180 ●○ $y = \sin x \cos x + 1$

181 ●○ $y = \frac{\sin 2x}{\cos^2 x - \sin^2 x}$

182 ●○ $y = 1 - 2\sin^2 x$

183 ●○ $y = \frac{2\sin 2x}{\cos x}$

184 ●● $y = -(\sin x + \cos x)^2$

185 ●● $y = \frac{2\sin 4x}{\cos 2x}$

186 ●● $y = 4\tan 2x\,(1 - \tan^2 x)$

187 ●● $y = \sin 4x \cos 4x + \frac{1}{2}$

188 ●● $y = \frac{\cos 2x - \cos^2 x}{2\sin x}$

189 ●● $y = |\,2\sin x \csc 2x\,| - 1$

190 ●○ **ASSOCIA** ogni espressione nella prima riga a quella equivalente nella seconda.

a. $\sin^2\alpha$ b. $\cos^2\alpha$ c. $\sin\alpha\cos\alpha$ d. $\sin^2\alpha - \cos^2\alpha$

1. $\frac{\sin 2\alpha}{2}$ 2. $-\cos 2\alpha$ 3. $\frac{1 - \cos 2\alpha}{2}$ 4. $\frac{1 + \cos 2\alpha}{2}$

Mediante le formule di duplicazione, trasforma le seguenti espressioni in espressioni lineari in seno e coseno.

191 ●○ $2\cos^2 x - 1 - 2\sin x \cos x$ $[\cos 2x - \sin 2x]$

192 ●○ $2\sin^2 x + 4\cos^2 x$ $[3 + \cos 2x]$

193 ●○ $\cos^2 x - 2\sqrt{3}\sin x \cos x - \sin^2 x$ $[\cos 2x - \sqrt{3}\sin 2x]$

194 ●● $2\sqrt{2}\sin x \cos\left(x + \frac{\pi}{4}\right)$ $[\sin 2x + \cos 2x - 1]$

195 ●● $6\sin^2 x - 4\cos x \sin x - 3$ $[-3\cos 2x - 2\sin 2x]$

196 ●● $2\sin^2 x - 4\sin x \cos x$ $[1 - \cos 2x - 2\sin 2x]$

Utilizzando il metodo dell'angolo aggiunto, traccia il grafico delle seguenti funzioni, dopo averle trasformate in funzioni lineari in seno e coseno.

197 ●● $y = \sin x \cos x + \cos^2 x$

198 ●● $y = 2\sin^2 x - 2\sin x \cos x$

199 ●● $y = \cos^2 x + 2\sin^2 x - \sin x \cos x$

200 ●● $y = \sqrt{2}\cos^2 x + \sqrt{2}\sin x \cos x$

201 ●● $y = \sqrt{3}\sin^2 x + \sin x \cos x - 1$

202 ●● $y = \sin x \cos x + \frac{\sqrt{3}}{2}(\cos^2 x - \sin^2 x)$

203 ●● $y = 2\sqrt{2}\cos x \sin\left(x + \frac{\pi}{4}\right) - 1$

204 ●● $y = \frac{1}{2}\sin x \cos x - \frac{1}{2}\cos^2 x$

3 Formule di bisezione

▶ Teoria a p. 756

$$\sin\frac{\alpha}{2} = \pm\sqrt{\frac{1 - \cos\alpha}{2}}$$

$$\cos\frac{\alpha}{2} = \pm\sqrt{\frac{1 + \cos\alpha}{2}}$$

205 ●○ **TEST** $\sin\frac{7}{12}\pi$ vale:

A $\frac{\sqrt{3}}{2}$.

B $-\frac{\sqrt{3}}{2}$.

C $\frac{\sqrt{2 + \sqrt{3}}}{2}$.

D $-\frac{\sqrt{2 + \sqrt{3}}}{2}$.

E $\frac{\sqrt{2 - \sqrt{3}}}{2}$.

Calcola il valore delle seguenti espressioni, utilizzando le formule di bisezione.

206 $\sin\frac{\pi}{8}$; $\tan\frac{\pi}{8}$. $\left[\frac{1}{2}\sqrt{2-\sqrt{2}}; \sqrt{2}-1\right]$

207 $\cos\frac{\pi}{12}$; $\sin\frac{\pi}{12}$. $\left[\frac{1}{2}\sqrt{2+\sqrt{3}}; \frac{1}{2}\sqrt{2-\sqrt{3}}\right]$

208 $\sin\frac{5}{8}\pi$; $\sin\frac{3}{8}\pi$. $\left[\frac{1}{2}\sqrt{2+\sqrt{2}}; \frac{1}{2}\sqrt{2+\sqrt{2}}\right]$

209 $\tan\frac{5}{12}\pi$; $\cot\frac{5}{8}\pi$. $[2+\sqrt{3}; 1-\sqrt{2}]$

210 VERO O FALSO?

a. $\cos 2x = \sqrt{\frac{1+\cos 4x}{2}}$ V F

b. $\cos\frac{\alpha}{2} = \frac{\cos\alpha}{2}$ V F

c. $\tan\frac{\pi}{8} = \frac{1-\cos\frac{\pi}{4}}{\sin\frac{\pi}{4}}$ V F

d. $2\sin\frac{\pi}{12} = \sin\frac{\pi}{6}$ V F

211 TEST Nel terzo quadrante l'angolo α ha il seno che vale $-0,8$. Quanto vale $\sin\frac{\alpha}{2}$?

A $-0,4$ B $0,4$ C $-\frac{2\sqrt{5}}{5}$ D $\frac{2}{\sqrt{5}}$ E $\frac{1}{\sqrt{5}}$

Espressioni e identità con le formule di bisezione

Semplifica le seguenti espressioni.

212 $\frac{\sin^2\frac{\alpha}{2}\cdot\cos^2\frac{\alpha}{2}}{1-\cos\alpha}$ $\left[\frac{1+\cos\alpha}{4}\right]$

213 $\frac{1-2\sin^2\frac{\alpha}{2}}{\sin\frac{\alpha}{2}\cdot\cos\frac{\alpha}{2}}$ $[2\cot\alpha]$

214 $\left(\sin\frac{\alpha}{2}+\cos\frac{\alpha}{2}\right)^2-\sin\alpha+1$ $[2]$

215 $\left(\cos^2\frac{\alpha}{2}-\frac{1}{2}\right)\left(\sin^2\frac{\alpha}{2}-\frac{1}{2}\right)$ $\left[-\frac{1}{4}\cos^2\alpha\right]$

216 $\tan\frac{\alpha}{2}-\frac{\sin\alpha}{\cos^2\frac{\alpha}{2}}$ $\left[-\frac{\sin\alpha}{1+\cos\alpha}\right]$

217 $\sin^2\frac{\alpha}{2}+\cos\alpha-\cos^2\frac{\alpha}{2}$ $[0]$

218 $\frac{4\sin\frac{\alpha}{2}\cos\frac{\alpha}{2}}{\tan\frac{\alpha}{2}}-1$ $[1+2\cos\alpha]$

219 $2\cot\alpha\cdot\tan\frac{\alpha}{2}\cdot\sec^2\frac{\alpha}{2}$ $\left[\frac{4\cos\alpha}{(1+\cos\alpha)^2}\right]$

220 $\left(2\tan\alpha\cdot\tan\frac{\alpha}{2}+2\right)\cdot\sin 2\alpha$ $[4\sin\alpha]$

221 $\tan\frac{\alpha}{2}+2\cos^2\frac{\alpha}{2}\cdot\csc\alpha$ $\left[\frac{2}{\sin\alpha}\right]$

222 $\frac{2-\sec^2\frac{\alpha}{2}}{2\tan\frac{\alpha}{2}}$ $[\cot\alpha]$

223 $\tan\left(\frac{\pi}{4}-\frac{\alpha}{2}\right)-\tan\left(\frac{\pi}{4}+\frac{\alpha}{2}\right)-\tan\alpha$ $[-3\tan\alpha]$

224 $\tan\frac{\alpha}{2}+\cot\alpha-\csc\alpha+2\sin\alpha$ $[2\sin\alpha]$

225 $\left(\sin\frac{\alpha}{2}+\cos\frac{\alpha}{2}\right)^2-\cos^2\frac{\alpha}{2}+\frac{1}{2}\cos\alpha$ $\left[\frac{1}{2}+\sin\alpha\right]$

226 $\frac{1}{1-\tan\frac{\alpha}{2}}+\frac{1}{1+\tan\frac{\alpha}{2}}$ $\left[\frac{1+\cos\alpha}{\cos\alpha}\right]$

227 $2\sin^2\frac{\alpha}{2}\cdot\cot^2\frac{\alpha}{2}-\cos^2\frac{\alpha}{2}$ $\left[\frac{1+\cos\alpha}{2}\right]$

Verifica le seguenti identità.

228 $\sin\alpha\cdot\tan\frac{\alpha}{2}=\sin^2\alpha-2\cos\alpha\cdot\sin^2\frac{\alpha}{2}$

229 $\cot\frac{\alpha}{2}=2\cot\alpha+\tan\frac{\alpha}{2}$

230 $\cot^2\frac{\alpha}{2}=4\cot\alpha\cdot\csc\alpha+\tan^2\frac{\alpha}{2}$

231 $\frac{\sin\frac{\alpha}{2}\cos\frac{\alpha}{2}}{\cos\alpha}-\sin^2\frac{\alpha}{2}=\frac{\tan\alpha}{2}-\tan\frac{\alpha}{2}\cdot\frac{\sin\alpha}{2}$

ESERCIZI

232 $\dfrac{1+\sin\alpha}{\cos\alpha} = \dfrac{\cot\frac{\alpha}{2}+1}{\cot\frac{\alpha}{2}-1}$

233 $\dfrac{2\sin^2\frac{\alpha}{2}\cdot(1+\cos\alpha)}{2\sin^2\frac{\alpha}{2}\cdot\sin\alpha} = \dfrac{\sin\alpha}{1-\cos\alpha}$

234 $\dfrac{\cos^2\frac{\alpha}{2}+3\tan\frac{\alpha}{2}-\frac{\cos\alpha}{1+\cos\alpha}}{\csc\alpha+\cos\alpha\cot\alpha+6} = \dfrac{1}{2}\tan\dfrac{\alpha}{2}$

Calcolo di funzioni goniometriche

235 ESERCIZIO GUIDA Senza determinare il valore dell'angolo α, calcoliamo $\sin\frac{\alpha}{2}$, $\cos\frac{\alpha}{2}$, $\tan\frac{\alpha}{2}$, sapendo che $\sin\alpha=-\frac{12}{13}$ e $\pi<\alpha<\frac{3}{2}\pi$.

Poiché $\pi<\alpha<\frac{3}{2}\pi$, $\cos\alpha$ deve essere negativo. Da $\sin^2\alpha+\cos^2\alpha=1$ ricaviamo il valore di $\cos\alpha$:

$$\cos\alpha=-\sqrt{1-\sin^2\alpha}=-\sqrt{1-\frac{144}{169}}=-\frac{5}{13}.$$

Inoltre, essendo $\pi<\alpha<\frac{3}{2}\pi$, si ha $\frac{\pi}{2}<\frac{\alpha}{2}<\frac{3}{4}\pi$, quindi il lato termine di $\frac{\alpha}{2}$ si trova nel secondo quadrante. Perciò $\sin\frac{\alpha}{2}$ deve essere positivo e $\cos\frac{\alpha}{2}$ negativo. Abbiamo:

$$\cos\frac{\alpha}{2}=-\sqrt{\frac{1+\cos\alpha}{2}}=-\sqrt{\frac{1-\frac{5}{13}}{2}}=-\sqrt{\frac{8}{13}\cdot\frac{1}{2}}=-\frac{2\sqrt{13}}{13},$$

$$\sin\frac{\alpha}{2}=+\sqrt{\frac{1-\cos\alpha}{2}}=\sqrt{\frac{1+\frac{5}{13}}{2}}=\sqrt{\frac{18}{13}\cdot\frac{1}{2}}=\frac{3\sqrt{13}}{13},$$

$$\tan\frac{\alpha}{2}=\frac{\sin\alpha}{1+\cos\alpha}=\frac{-\frac{12}{13}}{\frac{8}{13}}=-\frac{12}{8}=-\frac{3}{2}.$$

Osservazione. $\tan\frac{\alpha}{2}$ si può ricavare anche applicando la definizione:

$$\tan\frac{\alpha}{2}=\frac{\sin\frac{\alpha}{2}}{\cos\frac{\alpha}{2}}=\frac{\frac{3\sqrt{13}}{13}}{-\frac{2\sqrt{13}}{13}}=-\frac{3}{2}.$$

Calcola quanto è richiesto, utilizzando le informazioni assegnate.

236 Seno, coseno e tangente di $\frac{\alpha}{2}$. $\cos\alpha=\frac{3}{5}$, con $0<\alpha<\frac{\pi}{2}$ $\left[\frac{\sqrt{5}}{5};\frac{2\sqrt{5}}{5};\frac{1}{2}\right]$

237 Seno, coseno e tangente di $\frac{\alpha}{2}$. $\sin\alpha=\frac{\sqrt{15}}{8}$, con $\frac{\pi}{2}<\alpha<\pi$ $\left[\frac{\sqrt{15}}{4};\frac{1}{4};\sqrt{15}\right]$

238 Seno, coseno e tangente di $\frac{\alpha}{2}$. $\cos\alpha=\frac{5}{7}$, con $0<\alpha<\frac{\pi}{2}$ $\left[\frac{\sqrt{7}}{7};\frac{\sqrt{42}}{7};\frac{\sqrt{6}}{6}\right]$

239 $\tan\frac{\alpha}{2}$ e $\sin\left(\frac{\pi}{2}-\frac{\alpha}{2}\right)$. $\sec\alpha=-\frac{5}{3}$, con $\frac{\pi}{2}<\alpha<\pi$ $\left[2;\frac{\sqrt{5}}{5}\right]$

240 $\sin\alpha$ e $\cos\alpha$. $\sin2\alpha=\frac{-\sqrt{15}}{4}$, con $\frac{3}{2}\pi<2\alpha<2\pi$ $\left[\frac{\sqrt{6}}{4};-\frac{\sqrt{10}}{4}\right]$

241 $\sin\alpha$ e $\tan\alpha$. $\cos2\alpha=\frac{1}{4}$, con $\frac{3}{2}\pi<2\alpha<2\pi$ $\left[\frac{\sqrt{6}}{4};-\frac{\sqrt{15}}{5}\right]$

242 ●● $\cot\frac{\alpha}{2}$ e $\tan\left(\frac{\pi}{4}-\frac{\alpha}{2}\right)$. $\tan\alpha = \frac{15}{8}$, con $0 < \alpha < \frac{\pi}{2}$ $\left[\frac{5}{3}; \frac{1}{4}\right]$

243 ●● $\sin\frac{3}{2}\alpha$ e $\cos\frac{3}{2}\alpha$. $\cos 3\alpha = -\frac{7}{8}$, con $\frac{\pi}{3} < \alpha < \frac{\pi}{2}$ $\left[\frac{\sqrt{15}}{4}; -\frac{1}{4}\right]$

244 ●● $\sin\frac{\alpha+\beta}{2}$. $\sin\alpha = \frac{24}{25}$, $\sin\beta = \frac{4}{5}$, con $0 < \alpha < \frac{\pi}{2}$, $0 < \beta < \frac{\pi}{2}$ $\left[\frac{2\sqrt{5}}{5}\right]$

245 ●● $\tan\frac{\alpha-\beta}{2}$. $\cos\alpha = \frac{5}{13}$, $\sin\beta = -\frac{3}{5}$, con $\frac{3}{2}\pi < \alpha < 2\pi$, $\pi < \beta < \frac{3}{2}\pi$ $\left[\frac{7}{9}\right]$

246 ●● $\sin\left(\frac{\alpha}{2}+\beta\right)$. $\tan\alpha = \frac{8}{15}$, $\sin\beta = \frac{3}{5}$, con $0 < \alpha < \frac{\pi}{2}$, $0 < \beta < \frac{\pi}{2}$ $\left[\frac{16\sqrt{17}}{85}\right]$

247 ●● **VERO O FALSO?**

a. $\sin 4x = \pm\sqrt{\frac{1+\cos 8x}{2}}$ V F

b. $\cos^2 2x = \frac{1+\cos 4x}{2}$ V F

c. $\cos\frac{\alpha}{2} = \frac{\cos\alpha}{2}$ V F

d. $\tan\frac{\alpha}{2} = \frac{\sin\alpha}{\cos\alpha+1}$ se $\alpha \neq \frac{\pi}{2}+k\pi$. V F

248 ●○ **EUREKA!** Se $\cos 4\alpha = \frac{17}{32}$, con $0 < \alpha < \frac{\pi}{8}$, quanto vale $\cos\alpha$? $\left[\frac{\sqrt{15}}{4}\right]$

Calcola il valore delle seguenti espressioni.

249 ●● $\sin\left(\frac{1}{2}\arccos\frac{4}{5}\right)$ $\left[\frac{\sqrt{10}}{10}\right]$

250 ●● $\cos\left(\frac{1}{2}\arcsin\frac{3}{5}\right)$ $\left[\frac{3\sqrt{10}}{10}\right]$

251 ●● $\sin\left(\frac{1}{2}\arctan\frac{5}{12}\right)$ $\left[\frac{\sqrt{26}}{26}\right]$

252 ●● $\tan\left(\frac{1}{2}\arctan\frac{8}{15}\right)$ $\left[\frac{1}{4}\right]$

Applicazioni alla geometria

253 ●○

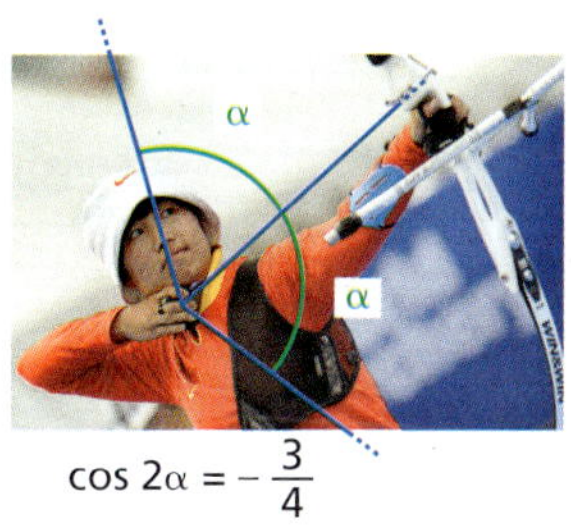

Calcola sin α e cos α. $\left[\frac{\sqrt{14}}{4}; \frac{\sqrt{2}}{4}\right]$

254 ●●

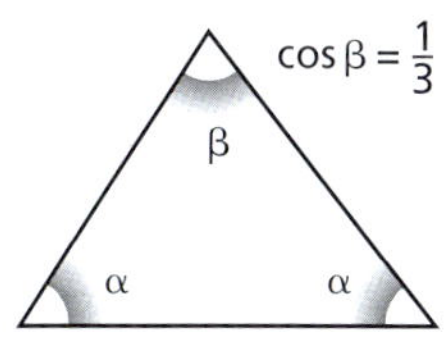

Trova cos α. $\left[\frac{\sqrt{3}}{3}\right]$

255 ●●

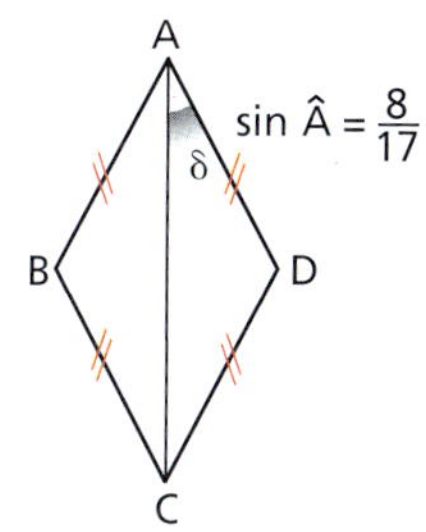

Determina: $\tan\delta$, $\sin\widehat{B}$, $\cos\widehat{B}$. $\left[\frac{1}{4}; \frac{8}{17}; -\frac{15}{17}\right]$

256 ●●

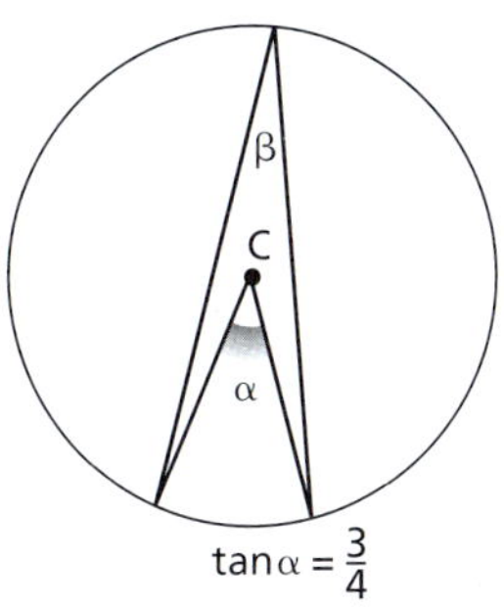

Calcola $\sin\beta$ e $\cos\beta$. $\left[\frac{\sqrt{10}}{10}; \frac{3\sqrt{10}}{10}\right]$

257 ●●

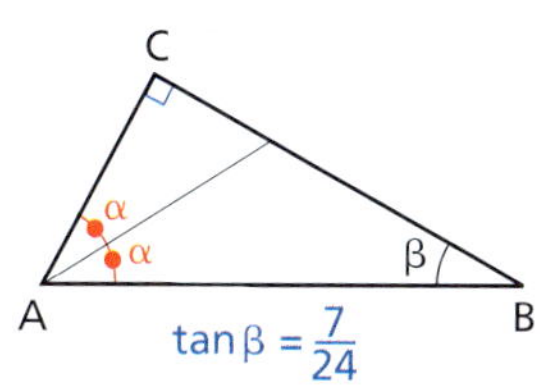

Calcola $\sin\alpha$ e $\cos\alpha$. $\left[\frac{3}{5}; \frac{4}{5}\right]$

258 Nel triangolo isoscele ABC, acutangolo di base AB, si ha $\sin\widehat{C} = \frac{\sqrt{15}}{8}$. Traccia la bisettrice AP dell'angolo $\widehat{A}$ e calcola $\cos P\widehat{A}B$. $\left[\frac{\sqrt{10}}{4}\right]$

259 Determina seno e coseno dell'angolo α, sapendo che α è un angolo al centro di una circonferenza, che α è acuto e che $\tan\alpha = \frac{12}{5}$. Calcola poi il seno dell'angolo alla circonferenza che insiste sullo stesso arco. $\left[\frac{12}{13}; \frac{5}{13}; \frac{2}{13}\sqrt{13}\right]$

Formule di bisezione e grafici

Traccia il grafico delle seguenti funzioni dopo aver trasformato le loro equazioni.

260 $y = 2\tan\frac{x}{2}(1+\cos x)$

261 $y = \tan\frac{x}{2} + \cot\frac{x}{2}$

262 $y = \cos^2\frac{x}{2} - \sin^2\frac{x}{2}$

263 $y = -\frac{\sin x}{1+\cos x}$

264 $y = \cos x + 2\cos^2\frac{x}{2}$

265 $y = \tan\frac{x}{2}\cdot\sin x - 2\cos x$

266 $y = 4\sin^2\frac{x}{2} + 3\cos x$

267 $y = \frac{\sin^2\frac{x}{2}}{\cos x} + 1$

268 $y = \left|\sin^2\frac{x}{2} - \frac{1}{2}\right|$

4 Formule parametriche

Teoria a p. 757

$\sin\alpha = \frac{2t}{1+t^2}$

$\cos\alpha = \frac{1-t^2}{1+t^2}$

$t = \tan\frac{\alpha}{2}$

269 $\tan\frac{\alpha}{2} = -\frac{7}{4}$. Calcola: $\sin\alpha$, $\cos\alpha$, $\tan\alpha$. $\left[-\frac{56}{65}; -\frac{33}{65}; \frac{56}{33}\right]$

270 $\tan\frac{\alpha}{2} = \frac{1}{3}$. Calcola: $\sin\alpha$, $\cos\alpha$, $\tan\alpha$. $\left[\frac{3}{5}; \frac{4}{5}; \frac{3}{4}\right]$

271 $\tan\frac{\alpha}{2} = -2$. Calcola: $\frac{\tan\alpha + \cos\alpha}{\sec\alpha + \cot\alpha}$. $\left[-\frac{4}{5}\right]$

Scrivi nella variabile $t = \tan\frac{\alpha}{2}$ le seguenti espressioni.

272 $\frac{\cos\alpha - 1}{\sin\alpha}$ $[-t]$

273 $\frac{2\sin\alpha + \cos\alpha + 1}{\sin\alpha}$ $\left[\frac{2t+1}{t}\right]$

274 $\frac{1+\cos\alpha - \sin\alpha}{2 + 2\cos\alpha + \sin\alpha}$ $\left[\frac{1-t}{t+2}\right]$

275 $\frac{2\sin\alpha + 3\cos\alpha}{1+\cos\alpha}$ $\left[\frac{4t+3-3t^2}{2}\right]$

276 $\frac{2\sin\alpha + 4\cos\alpha}{\cos\alpha} - 2\tan\alpha$ $[4]$

277 $\frac{\sin^2\frac{\alpha}{2} + 1}{4 - \cos^2\frac{\alpha}{2}} - \frac{1}{2}$ $\left[\frac{-1}{8t^2+6}\right]$

278 $2\tan\alpha + \frac{\cos\alpha}{1+\sin\alpha}$ $\left[\frac{1+t}{1-t}\right]$

279 $\cos^2\frac{\alpha}{2} - \sin^2\frac{\alpha}{2} + 2$ $\left[\frac{t^2+3}{t^2+1}\right]$

280 **ASSOCIA** a ciascuna espressione la sua equivalente ottenuta utilizzando le formule parametriche e ponendo $\tan\frac{\alpha}{2} = t$.

a. $\sin\alpha + 1 - \cos\alpha$

b. $\frac{\cos\alpha - 1}{\tan\alpha}$

c. $\cos\alpha + 1$

d. $\sin\alpha + 1$

1. $\frac{2}{1+t^2}$

2. $\frac{(1+t)^2}{t^2+1}$

3. $\frac{t(t^2-1)}{t^2+1}$

4. $\frac{2t(t+1)}{1+t^2}$

5 Formule di prostaferesi e di Werner

Formule di prostaferesi

Teoria a p. 758

Calcola il valore delle seguenti somme o differenze applicando le formule di prostaferesi.

281 $\sin 15° + \sin 75°$ $\left[\frac{\sqrt{6}}{2}\right]$

282 $\cos \frac{7}{12}\pi + \cos \frac{\pi}{12}$ $\left[\frac{\sqrt{2}}{2}\right]$

283 $\sin \frac{5}{12}\pi - \sin \frac{\pi}{12}$ $\left[\frac{\sqrt{2}}{2}\right]$

284 $\cos 105° - \cos 15°$ $\left[-\frac{\sqrt{6}}{2}\right]$

Trasforma in prodotto le seguenti somme.

285 $\sin 20° + \sin 100°$ $[\sqrt{3} \cos 40°]$

286 $\cos 135° - \cos 15°$ $[-\sqrt{3} \sin 75°]$

287 $\frac{\sqrt{2}}{2} - \sin 75°$ $[-\sin 15°]$

288 $\sin 60° - \frac{1}{2}$ $[\sqrt{2} \sin 15°]$

289 $1 + \cos 45°$ $[2 \cos^2 (22° 30')]$

290 $\sin 3\alpha + \sin \alpha$ $[2 \sin 2\alpha \cos \alpha]$

291 $\cos 7\alpha - \cos \alpha$ $[-2 \sin 4\alpha \sin 3\alpha]$

292 $\sin 2\alpha + \sin 6\alpha$ $[2 \sin 4\alpha \cos 2\alpha]$

293 $\cos 10\alpha + \cos 4\alpha$ $[2 \cos 7\alpha \cos 3\alpha]$

294 $\cos 5\alpha - \cos 3\alpha$ $[-2 \sin 4\alpha \sin \alpha]$

295 $\sin 8\alpha - \sin 2\alpha$ $[2 \cos 5\alpha \sin 3\alpha]$

296 $\cos (\alpha - \beta) - \cos (\alpha + \beta)$ $[2 \sin \alpha \sin \beta]$

297 $\sin (60° - \alpha) + \sin (240° + \alpha)$ $[-\sin \alpha]$

298 $\sin \alpha + \sin 2\alpha + \sin 3\alpha$ $[\sin 2\alpha(1 + 2 \cos \alpha)]$

299 $\cos 2\alpha + \sin 8\alpha$ $[2 \sin (45° + 3\alpha) \cos(45° - 5\alpha)]$

300 $1 + \cos \alpha$ $\left[2 \cos^2 \frac{\alpha}{2}\right]$

301 $\cos 6\alpha + \cos 4\alpha - 2 \cos 5\alpha$ $[2 \cos 5\alpha (\cos \alpha - 1)]$

302 $\sin 5\alpha - \sin 4\alpha + \sin 3\alpha$ $[\sin 4\alpha(2 \cos \alpha - 1)]$

Semplifica le seguenti espressioni.

303 $\frac{\sin 15° + \sin 25°}{\cos 5° \sin 20°}$ $[2]$

304 $\frac{\sin (60° + \alpha) + \sin (60° - \alpha)}{\cos 3\alpha + \cos 5\alpha}$ $\left[\frac{\sqrt{3}}{2 \cos 4\alpha}\right]$

305 $\frac{\sin 5\alpha - \sin 3\alpha}{\cos 3\alpha - \cos 5\alpha}$ $[\cot 4\alpha]$

306 $\frac{\cos \alpha + \cos 3\alpha}{\sin 5\alpha + \sin 3\alpha}$ $\left[\frac{1}{2 \sin 2\alpha}\right]$

307 $\frac{\cos 2\alpha + \cos 4\alpha + \cos 6\alpha}{\sin 2\alpha + \sin 4\alpha + \sin 6\alpha}$ $[\cot 4\alpha]$

308 $\sin^2(30° - \alpha) - \sin^2(30° + \alpha)$ $\left[-\frac{\sqrt{3}}{2} \sin 2\alpha\right]$

309 $\frac{\sin 9x - \sin x}{(\cos^2 x - \sin^2 x)(\cos 4x + \cos 6x)}$ $[4 \sin x]$

310 $\frac{\cos (4\alpha - \beta) - \cos (\beta + 4\alpha)}{\sin 2\alpha \sin \beta}$ $[4 \cos 2\alpha]$

Formule di prostaferesi e grafici

Disegna i grafici delle seguenti funzioni dopo aver semplificato la loro espressione analitica con le formule di prostaferesi.

311 $y = \frac{\sin 9x - \sin x}{2 \cos 5x}$

312 $y = \frac{\cos 7x + \cos 5x}{4 \cos 6x} + 1$

313 $y = \sin(30° - x) - \sin(30° + x)$

314 $y = \dfrac{\cos 3x - \cos 5x}{\sin 5x - \sin 3x}$

315 $y = \dfrac{\cos 3x + \cos x}{\sin(60° + x) + \sin(60° - x)}$

316 $y = \dfrac{\sin x + \sin 2x + \sin 3x}{\sin 2x}$

Formule di Werner

▶ Teoria a p. 759

Trasforma in somme i seguenti prodotti.

317 $\sin 2\alpha \cos 3\alpha$ $\left[\frac{1}{2}(\sin 5\alpha - \sin \alpha)\right]$

318 $\cos 7\alpha \cos 5\alpha$ $\left[\frac{1}{2}(\cos 12\alpha + \cos 2\alpha)\right]$

319 $\sin 4\alpha \sin 5\alpha$ $\left[\frac{1}{2}(\cos \alpha - \cos 9\alpha)\right]$

320 $\sin \frac{x}{2} \sin \frac{5}{2}x$ $\left[\frac{1}{2}(\cos 2x - \cos 3x)\right]$

321 $\sin 6x \cos 2x$ $\left[\frac{1}{2}(\sin 8x + \sin 4x)\right]$

322 $\sin(x + y)\sin(x - y)$ $\left[\frac{1}{2}(\cos 2y - \cos 2x)\right]$

Riepilogo: Formule goniometriche

TEST

323 Quale fra le seguenti relazioni goniometriche è vera per ogni valore di α?

A $\tan \alpha = \dfrac{\sin \alpha}{\cos \alpha}$

B $\sin(\pi + \alpha) = \sin \alpha$

C $\cot \alpha = \dfrac{1}{\tan \alpha}$

D $\cos\left(\dfrac{\pi}{2} + \alpha\right) = \sin \alpha$

E $\sin 2\alpha = 2 \sin \alpha \cos \alpha$

(*MIUR, Corso di laurea in Odontoiatria, Test di ingresso*, 2002)

324 Se le coordinate del punto P nel piano xy in figura sono (2; 3), allora $\cos(2\theta) =$

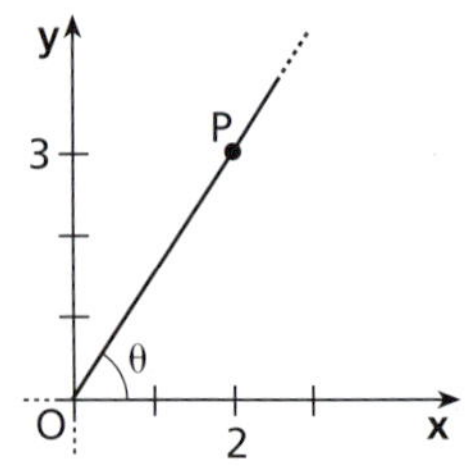

A $\dfrac{4}{13}$.

B $\dfrac{4}{\sqrt{13}}$.

C nessuna di queste.

D $\dfrac{2}{\sqrt{13}}$.

E $\dfrac{-5}{13}$.

(USA *Marywood University Mathematics Contest*, 2001)

325 L'espressione goniometrica

$$\frac{\cos(2\alpha)}{1 - \sin(2\alpha)} + 1 \quad \left(\alpha \neq \frac{\pi}{4} + k\pi\right)$$

è equivalente a:

A $2 - \cot(2\alpha)$.

B $\dfrac{2\sin(\alpha)}{\cos(\alpha) - \sin(\alpha)}$.

C $\dfrac{2\cos(\alpha)}{\cos(\alpha) - \sin(\alpha)}$.

D $\dfrac{1}{\cos(\alpha) + \sin(\alpha)}$.

E $\dfrac{1}{\cot(2\alpha)}$.

(*Università di Bergamo, Facoltà di Ingegneria, Corso propedeutico di Matematica*)

326 YOU & MATHS Prove that

$$\sin^2(x + \alpha) + \sin^2(x + \beta) - 2\cos(\alpha - \beta)\sin(x + \alpha)\sin(x + \beta)$$

is a constant function of x.

(USA *Atlantic Provinces Council on the Sciences, APICS, Mathematics Contest*, 1999)

Determina i valori richiesti, utilizzando le informazioni.

327 ●● $\cos(\alpha-\beta)$, $\tan 2\beta$ e $\sin\frac{\beta}{2}$. $\sin\alpha=\frac{\sqrt{5}}{3}$, con $0<\alpha<\frac{\pi}{2}$ e $\cos\beta=\frac{3}{5}$, con $\frac{3}{2}\pi<\beta<2\pi$

$\left[\frac{6-4\sqrt{5}}{15};\ \frac{24}{7};\ \frac{\sqrt{5}}{5}\right]$

328 ●● $\sin 2\alpha$, $\cos 2\alpha$ e $\tan\left(2\alpha-\frac{\pi}{4}\right)$. $\cot\alpha=-\frac{1}{2}$, con $\frac{3}{2}\pi<\alpha<2\pi$ $\left[-\frac{4}{5};-\frac{3}{5};\frac{1}{7}\right]$

329 ●● $\cos(60°+\alpha)$, $\sin(\alpha-225°)$ e $\tan 2\alpha$. $\cos\alpha=\frac{1}{4}$, con $270°<\alpha<360°$ $\left[\frac{1+3\sqrt{5}}{8};\ \frac{\sqrt{30}+\sqrt{2}}{8};\ \frac{\sqrt{15}}{7}\right]$

TEST

330 ●● Se α e β sono gli angoli acuti di un triangolo rettangolo, quale fra le seguenti uguaglianze è *vera*?

- A $\tan\alpha+\tan\beta=\tan(\alpha+\beta)$.
- B $\cos\alpha=\sin\beta$.
- C $\cos\beta=\cos\left(\frac{\pi}{2}+\alpha\right)$.
- D $\cos\alpha=\sin\left(\beta-\frac{\pi}{2}\right)$.
- E $\tan\alpha+\tan\beta>\tan(\alpha+\beta)$.

331 ●●

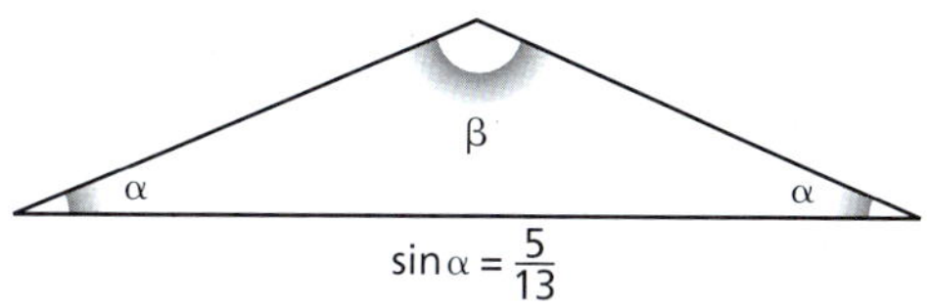

Nella figura, β è:

- A $\pi-\arcsin\frac{120}{169}$.
- B $\pi-\arccos\frac{12}{13}$.
- C $\frac{\pi}{2}-\arcsin\frac{5}{13}$.
- D $\pi-2\arctan\frac{12}{5}$.
- E $\pi-\arccos\frac{5}{13}$.

Semplifica le seguenti espressioni.

332 ●○ $\dfrac{\tan\left(\frac{\pi}{4}-\frac{\alpha}{2}\right)+\tan\alpha}{\sec\alpha}$ $[1]$

333 ●● $2\cot\left(\frac{\pi}{2}-\beta\right)-\dfrac{\sin(\alpha+\beta)-\sin(\alpha-\beta)}{\cos(\alpha+\beta)+\cos(\alpha-\beta)}$ $[\text{tg}\,\beta]$

334 ●● $\dfrac{(\sin\alpha+\cos\alpha)^2-\sin 2\alpha}{(\csc\alpha+\cot\alpha)^2}-\dfrac{1-\cos\alpha}{1+\cos\alpha}$ $[0]$

335 ●● $\dfrac{\cos 2\alpha+\sin 2\alpha}{2}+\dfrac{\sqrt{2}\sin\left(2\alpha-\frac{\pi}{4}\right)}{2\cos 4\alpha}$ $\left[\dfrac{\sin 2\alpha\cos 2\alpha}{\cos 2\alpha+\sin 2\alpha}\right]$

336 ●● $\dfrac{\sin(\alpha+\beta)\cos\beta-\sin\beta\cos(\alpha+\beta)}{\cos(\alpha-\beta)\cos\beta-\sin\beta\sin(\alpha-\beta)}$ $[\tan\alpha]$

337 ●● $4ab\csc(\pi-\alpha)\cdot\left(\sin^2\frac{\alpha+\beta}{2}-\sin^2\frac{\alpha-\beta}{2}\right)+\dfrac{(a+b)^2}{\csc\beta}\cdot\tan\frac{7}{4}\pi$ $[-(a-b)^2\sin\beta]$

338 ●● $\dfrac{\tan\alpha-\cos 2\alpha+\cos^2\alpha}{\sin(\pi-2\alpha)}-\dfrac{\tan^2(\alpha-\pi)}{2\sin\alpha\csc(2\pi+\alpha)}+\dfrac{\sin(\pi+2\alpha)}{4\cos^2\alpha}$ $\left[\frac{1}{2}\right]$

339 ●● $\left(\cos^2\frac{\alpha-\beta}{2}-\sin^2\frac{\alpha+\beta}{2}\right)\cdot\dfrac{\sin(\pi+\beta)}{\sin 2\alpha\sin 2\beta}$ $\left[-\frac{1}{4}\cdot\frac{1}{\sin\alpha}\right]$

340 ●● $(\csc\alpha-\cot\alpha)\cdot\left(2\cot\alpha+\tan\frac{\alpha}{2}\right)-\cos^2\alpha$ $[\sin^2\alpha]$

341 ●● $\dfrac{\cos 3\alpha+\cos 4\alpha+\cos 5\alpha}{\sin 3\alpha+\sin 4\alpha+\sin 5\alpha}$ $[\cot 4\alpha]$

342 $\sin^2(\alpha - 150°) - \cos^2(300° - \alpha) - \sqrt{3}\sin\alpha\cos\alpha$ $[0]$

343 $\dfrac{\sin 2\alpha}{1+\cos 2\alpha}\cdot\cot\dfrac{\alpha}{2} + \dfrac{1+\cos\alpha}{\cos\alpha}$ $\left[2+\dfrac{2}{\cos\alpha}\right]$

344 $\dfrac{\sin(\alpha+\beta)\cdot\sin(\alpha-\beta)}{\cos\beta+\cos\alpha}$ $[\cos\beta - \cos\alpha]$

345 $\dfrac{\sin(60°+\alpha)\cdot\sin(60°-\alpha)}{1+\cos 2\alpha}$ $\left[\dfrac{4-\sec^2\alpha}{8}\right]$

346 $\left[2\sin\left(\dfrac{2}{3}\pi-\alpha\right)-\sin\alpha\right]\cdot\tan\alpha - \sin 2\alpha\cdot\sec\alpha$ $[(\sqrt{3}-2)\sin\alpha]$

347 $\cos^2\alpha - 4[\sin^2(150°+\alpha)] - \sqrt{3}\sin 2\alpha$ $[-3\sin^2\alpha]$

348 $\left(\tan^2\dfrac{\alpha}{2}+\cot^2\dfrac{\alpha}{2}\right)\cdot\sin^2\alpha - 2$ $[2\cos^2\alpha]$

349 $\dfrac{\tan\left(\dfrac{\pi}{4}+\alpha\right)\tan\left(\dfrac{\pi}{4}-\alpha\right)-1}{\tan\left(\alpha+\dfrac{\pi}{4}\right)+\tan\left(\dfrac{3}{4}\pi+\alpha\right)}$ $[0]$

350 $(1+\cos 2\alpha)\cdot(1+\tan\alpha)^2$ $[2(1+\sin 2\alpha)]$

351 $\dfrac{\cos 2\alpha}{\cos\alpha-\sin\alpha}\cdot(\sin\alpha+\cos\alpha) - \sin 2\alpha$ $[1]$

352 $\dfrac{1+\cos 2\alpha}{\cos\alpha\cdot\sin 2\alpha}\cdot(\cot^2\alpha+1)$ $\left[\dfrac{1}{\sin^3\alpha}\right]$

353 $(\cos\alpha-\sin\alpha)\cdot\dfrac{\cos 2\alpha}{\cos\alpha+\sin\alpha}+2\sin 2\alpha$ $[(\sin\alpha+\cos\alpha)^2]$

354 $\sec\alpha\cdot\cos 3\alpha + 3 - 4\cos 2\alpha$ $[4\sin^2\alpha]$

355 $(\sin\alpha+\cos\alpha)^3 - 2\sin 2\alpha[\cos(-\alpha)-\sin(-\alpha)] + (\sin\alpha-\cos\alpha)\cos 2\alpha$ $[0]$

356 $(1-\sin\alpha)(1+\sin\alpha) - \cos(\pi-\alpha)(\cos\alpha-\sin\alpha)^2 + 2\cos^2\dfrac{\alpha}{2}\cos(\pi+\alpha)$ $[-2\cos^2\alpha\sin\alpha]$

Verifica le seguenti identità.

357 $\tan\alpha = 2\tan\alpha\cos^2\dfrac{\alpha}{2} - \sin\alpha$

358 $\dfrac{2\left[\sin\left(\alpha-\dfrac{\pi}{6}\right)+\cos\left(\alpha+\dfrac{\pi}{3}\right)\right]\cdot\sin\alpha}{\sin 2\alpha}+\sqrt{3}\tan\alpha = \sqrt{3}\tan\alpha$

359 $\dfrac{\cos\left(\alpha-\dfrac{2}{3}\pi\right)+\sin\left(\alpha+\dfrac{7}{6}\pi\right)}{\sin\left(\alpha-\dfrac{\pi}{4}\right)+\cos\left(\alpha+\dfrac{7}{4}\pi\right)}\cdot\sqrt{2}\sin 2\alpha = -2\cos^2\alpha$

360 $\cos\dfrac{5}{3}\alpha\sin\dfrac{\alpha}{3} = \sin\alpha\cos\alpha - \sin\dfrac{2}{3}\alpha\cos\dfrac{2}{3}\alpha$

361 $\dfrac{\cos(\alpha+\beta)\cdot\cos(\alpha-\beta)}{\sin^2\alpha-\sin^2\alpha\cdot\sin^2\beta} = \dfrac{1}{\tan^2\alpha} - \tan^2\beta$

362 $\dfrac{\sin 3\alpha - \left[\cos\left(\dfrac{3}{2}\pi-\alpha\right)\right]^3}{\tan\dfrac{\alpha}{2}-\tan\alpha} = -3\cos^3\alpha(1+\cos\alpha)$

363 $\cos^2\left(\alpha+\frac{\pi}{6}\right)+\cos^2\left(\frac{\pi}{3}-\alpha\right)=\sin^2\alpha+\sin^2\left(\frac{\pi}{2}+\alpha\right)$

364 $\tan\alpha+\frac{2\cos^2\alpha}{\sin 2\alpha}-\cot\alpha+1=\frac{\sin\alpha+\cos\alpha}{\cos\alpha}$

365 $\frac{\sin^2\frac{\alpha}{2}\cdot\cos^2\frac{\alpha}{2}+\frac{\cos 2\alpha}{4}}{\sin 2\alpha}=\frac{\cot\alpha}{8}$

366 $\tan^2\alpha+2\tan\alpha=\frac{\sin\frac{\pi}{2}+2\sin 2\alpha-\cos 2\alpha}{1+\cos 2\alpha}$

Formule goniometriche e funzioni

Disegna i grafici delle seguenti funzioni dopo averle opportunamente trasformate con le formule goniometriche.

367 $y=\frac{\cos^2 x\sin x-\sin^3 x}{-\sin x}$

368 $y=\cos 2x-\cos^2 x$

369 $y=\cos^2\frac{x}{2}\cdot\frac{\sin x}{1+\cos x}$

370 $y=-\sin^4\frac{x}{2}+\sin^2\frac{x}{2}$

371 $y=4\sin^2 x-2\sin 2x$

372 $y=\cos^2 2x-\sin 2x\cos 2x$

373 $y=\frac{\sin 3x-\sin 7x}{\cos 5x}$

374 $y=(\sin x-\cos x)^2$

375 $y=(1+\tan x)\tan\left(x-\frac{\pi}{4}\right)$

376 $y=\left|\frac{\sin 4x-\sin 2x}{\cos 3x}\right|$

Periodo delle funzioni goniometriche

377 ESERCIZIO GUIDA Determiniamo il periodo delle seguenti funzioni:

a. $y=\sin 3x+\cos 5x$; **b.** $y=\frac{\sin 4x-\sin 2x}{\cos 3x}$

a. Il periodo di $\sin 3x$ è $T_1=\frac{2\pi}{3}$, quello di $\cos 5x$ è $T_2=\frac{2\pi}{5}$.

Esprimiamo T_1 e T_2 come funzioni con denominatore comune: $T_1=\frac{10}{15}\pi$, $T_2=\frac{6}{15}\pi$.

Consideriamo il minimo comune multiplo fra i numeratori:

mcm(10; 6) = 30.

Si ha pertanto uno stesso valore della funzione per x_0 e $x_0+\frac{30}{15}\pi$, perché $\frac{30}{15}\pi$ contiene un numero intero di volte sia T_1 sia T_2.

Quindi $\frac{30}{15}\pi=2\pi$ è il periodo cercato.

Osservazione. In generale, non ci sono regole per determinare il periodo di funzioni che siano somme o prodotti di altre funzioni periodiche. Tuttavia, se si hanno due funzioni periodiche con periodi diversi T_1 e T_2, e se esistono multipli comuni di T_1 e T_2, allora le funzioni somma o prodotto hanno periodo uguale al minimo comune multiplo dei periodi.

b. Deve essere $\cos 3x\neq 0$, cioè:

$$3x\neq\frac{\pi}{2}+k\pi \quad\rightarrow\quad x\neq\frac{\pi}{6}+k\frac{\pi}{3}.$$

Applicando una delle formule di prostaferesi, otteniamo:

$$\frac{\sin 4x-\sin 2x}{\cos 3x}=\frac{2\cancel{\cos 3x}\sin x}{\cancel{\cos 3x}}=2\sin x.$$

Quindi il periodo cercato è 2π.

Determina il periodo delle seguenti funzioni, dopo averle opportunamente trasformate.

378 $y = \frac{2 + 4\sin x}{\cos x}$ $[2\pi]$

379 $y = 1 - 2\sin^2 6x$ $\left[\frac{\pi}{6}\right]$

380 $y = \cos^2 4x - \sin^2 4x$ $\left[\frac{\pi}{4}\right]$

381 $y = 2\sin^2\frac{x}{2} - \cos x$ $[2\pi]$

382 $y = \sin^2\frac{x}{2} + 1$ $[2\pi]$

383 $y = \sin 4x \cos 8x$ $\left[\frac{\pi}{2}\right]$

384 $y = \sin 4x \cos 4x$ $\left[\frac{\pi}{4}\right]$

385 $y = \frac{\sin x - \cos x}{\cos 8x - \cos 4x}$ $\left[\frac{\pi}{3}\right]$

386 $y = \frac{\cos 2x}{\cos x - \sin x}$ $[2\pi]$

387 $y = \tan 2x + \cos\frac{x}{2}$ $[4\pi]$

388 $y = \frac{\sin 3x + \sin 2x}{\cos 2x - \cos 3x}$ $[2\pi]$

389 $y = \sin^2 x + 1$ $[\pi]$

390 $y = \sin 3x + \cos 6x$ $\left[\frac{2}{3}\pi\right]$

391 $y = \sin 4x \cos 8x$ $\left[\frac{\pi}{2}\right]$

392 $y = \frac{\sin 3x + \sin 5x}{\cos 5x - \cos 3x}$ $[\pi]$

---

393 TEST La funzione $y = \sin^2 x + \cos\frac{3x}{2}$ ha periodo:

A 2π. B 4π. C 3π. D $\frac{4}{3}\pi$. E π.

394 Data la funzione $f(x) = 3\cos 8x - 2\sin 4x$, somma di due funzioni periodiche $f_1(x)$ e $f_2(x)$, dimostra che la media aritmetica dei periodi di f_1, f_2 e f è un angolo di 75°.

Nei seguenti esercizi determina *k* in modo che la funzione abbia il periodo *T* indicato.

395 $y = \cos\frac{4}{k}x,$ $T = \pi.$ $[2]$

396 $y = \tan k\frac{x}{2},$ $T = \frac{\pi}{3}.$ $[6]$

397 $y = 2\cos^2 kx,$ $T = \frac{\pi}{4}.$ $[4]$

398 $y = \sin\left(2kx + \frac{\pi}{2}\right),$ $T = \frac{\pi}{2}.$ $[2]$

399 $y = \sin^2 kx,$ $T = \frac{\pi}{2}.$ $[2]$

400 $y = \sin kx + \cos 6x,$ $T = \frac{2}{3}\pi.$ $[3]$

Problemi

401 Determina le equazioni degli asintoti dell'iperbole di equazione $16x^2 - 9y^2 = 144$ e la tangente dell'angolo acuto α da essi formato. Calcola poi $\sin\alpha$, $\cos\alpha$, $\tan\frac{\alpha}{2}$.

$\left[y = \pm\frac{4}{3}x; \frac{24}{7}; \frac{24}{25}; \frac{7}{25}; \frac{3}{4}\right]$

402 **a.** Dati i vettori $\vec{a}(1;1)$ e $\vec{b}(2;3)$, determina l'angolo α da essi formato.

b. Trova le componenti del vettore somma $\vec{c} = \vec{a} + \vec{b}$, l'angolo α_1 formato da $\vec{c}$ con $\vec{a}$ e l'angolo α_2 formato da $\vec{c}$ con $\vec{b}$.

c. Verifica che $\tan(\alpha_1 + \alpha_2) = \tan\alpha$.

$\left[\text{a) } \tan\alpha = \frac{1}{5}; \text{ b) } \tan\alpha_1 = \frac{1}{7}, \tan\alpha_2 = \frac{1}{18}\right]$

403 Rappresenta graficamente la funzione di equazione $y = \sin 2x + \sqrt{3}\cos 2x - 4$ e indica il suo periodo. Scrivi l'espressione della funzione nella forma: $y = A \cdot \sin(x+k)\cos(x+k) - 4$.

$\left[T = \pi; A = 4, k = \frac{\pi}{6}\right]$

YOU & MATHS

404 Let x be a real number such that $\sec x - \tan x = 2$. Then $\sec x + \tan x =$

A 0.1.

B 0.2.

C 0.3.

D 0.4.

E 0.5.

(USA *American High School Mathematical Examination, AHSME*, 1999)

405 Express $2\cos x - \sin x$ in the form $R\cos(x + \alpha)$, where R is a positive constant, and α is an angle between 0° and 360°.

(UK *Northern Examination Assessment Board, NEAB*)

[$\sqrt{5}\cos(x + 26{,}57°)$]

406 **LEGGI IL GRAFICO** Osserva il grafico della funzione $f(x)$.

a. Determina i valori di a e b.

b. Trasforma la funzione nella forma $f(x) = A\cos(x + \alpha)$ e determina i suoi zeri nell'intervallo $[-\pi; \pi]$.

c. Disegna il grafico della funzione $g(x) = f(-x)$ e determina la traslazione che trasforma f in g.

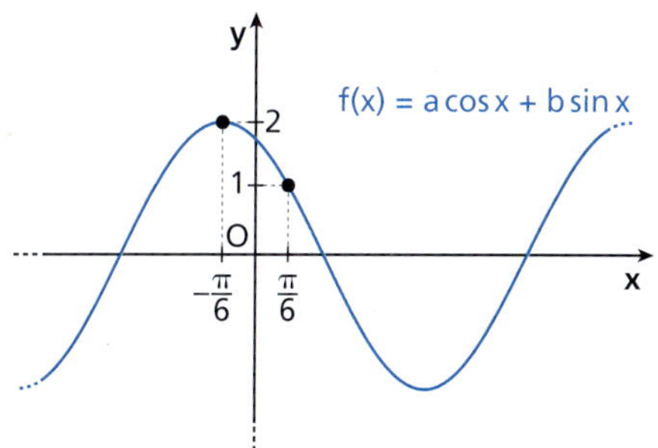

$\left[\text{a) } a = \sqrt{3}, b = -1; \text{ b) } f(x) = 2\cos\left(x + \frac{\pi}{6}\right), -\frac{2}{3}\pi, \frac{\pi}{3}; \text{ c) } \vec{v}\left(\frac{\pi}{3}; 0\right)\right]$

407 Considera il fascio di parabole di equazione: $y = -x^2 + bx$.

a. Trova la parabola la cui tangente t nell'origine forma un angolo di 75° con l'asse delle x.

b. Determina il luogo γ dei vertici delle parabole.

c. Dal punto P di γ di ascissa -1, manda le rette che formano con t angoli di 60°.

[a) $b = 2 + \sqrt{3}$; b) $y = x^2$; c) $x + y = 0$, $(2 - \sqrt{3})x - y + 3 - \sqrt{3} = 0$]

408 Dimostra che, se α, β e γ sono gli angoli interni di un triangolo rettangolo, sono valide le seguenti relazioni:

a. $\sin 12\alpha + \sin 12\beta + \sin 12\gamma = 0$;

b. $\cos 14\alpha + \cos 14\beta + \cos 14\gamma = -1$.

409 Date le rette di equazioni $y = \frac{1 + \sin\alpha}{\cos\alpha}x$ e $y = \frac{1 - \sin\alpha}{\cos\alpha}x$, dimostra che l'angolo da esse formato è α, scrivi le loro equazioni quando $\alpha = 45°$ e rappresentale graficamente.

410 Verifica che, se α, β e γ sono gli angoli interni di un triangolo, valgono le seguenti identità:

$$\sin(\alpha + \beta + 2\gamma) + \sin(\alpha + \beta) = 0, \quad \tan\frac{\gamma}{2} = \frac{\sin\alpha - \sin\beta}{\cos\beta - \cos\alpha}.$$

411 Dimostra che in un quadrilatero $ABCD$ inscrivibile in una circonferenza, con l'angolo $\widehat{B} = 2\widehat{A}$, si ha:

$$\tan\widehat{D} = \frac{2\tan\widehat{C}}{1 - \tan^2\widehat{A}}.$$

VERIFICA DELLE COMPETENZE ALLENAMENTO

UTILIZZARE TECNICHE E PROCEDURE DI CALCOLO

1 TEST Quanto vale l'espressione $\sin 13° \cos 17° + \cos 13° \sin 17°$?

A 1 B 0 C $0,5$ D -1 E $-0,5$

Calcola il valore delle seguenti espressioni.

2 $\cos 105° - \tan 15°$ $\left[\frac{\sqrt{2}-\sqrt{6}-8+4\sqrt{3}}{4}\right]$

3 $\cos^2 \frac{\pi}{12} - \sin \frac{\pi}{3}$ $\left[\frac{2-\sqrt{3}}{4}\right]$

4 $\cos 55° \cos 35° - \sin 55° \sin 35°$ $[0]$

5 $\sin 40° \cos 20° + \sin 20° \cos 40°$ $\left[\frac{\sqrt{3}}{2}\right]$

TEST

6 Una sola delle seguenti uguaglianze è *falsa*. Quale?

A $\sin 3\alpha = 2 \sin \frac{3}{2}\alpha \cos \frac{3}{2}\alpha$

B $\sin 3\alpha = 3 \sin \alpha - 4 \sin^3\alpha$

C $\sin 3\alpha = \pm\sqrt{\frac{1-\cos 6\alpha}{2}}$

D $\sin 3\alpha + \sin 5\alpha = 2 \sin 4\alpha \cos \alpha$

E $\sin 3\alpha - \sin 5\alpha = 2 \cos 4\alpha \sin \alpha$

7 $\frac{[(\sin \alpha + \cos \alpha)^2 - \sin 2\alpha] \cos 4\alpha}{\cos 3\alpha + \cos 5\alpha}$ è equivalente a:

A $\cos 4\alpha$. B $-\frac{1}{2 \sin 4\alpha}$. C $-\frac{1}{2 \cos \alpha}$. D $\frac{1}{\cos \alpha}$. E $\frac{1}{2 \cos \alpha}$.

Semplifica le seguenti espressioni.

8 $\sin\left(\frac{\pi}{3} - x\right) - \cos\left(\frac{\pi}{6} - x\right)$ $[-\sin x]$

9 $\frac{\cos(\pi - \alpha)\cos(-\alpha) + \cos 2\alpha}{\cos^2\left(\frac{\pi}{2} - \alpha\right)}$ $[-1]$

10 $\cos\left(\alpha - \frac{2}{3}\pi\right) + \frac{1}{2}\sin \alpha + \cos\left(\alpha - \frac{7}{6}\pi\right) - \sin\left(\alpha - \frac{\pi}{6}\right)$ $\left[-\frac{\sqrt{3}}{2}\cos \alpha\right]$

11 $\cos\left(\alpha + \frac{3}{4}\pi\right)\sec \alpha + \tan(\pi + \alpha)\sin\left(\frac{\pi}{4}\right)$ $\left[-\frac{\sqrt{2}}{2}\right]$

12 $\sin(-\alpha)\cos(\alpha + 60°) + \frac{1}{4}\sin 2\alpha + \frac{\sqrt{3}}{2}\cos^2\alpha$ $\left[\frac{\sqrt{3}}{2}\right]$

13 $\sin^2 \frac{\alpha}{2} + \sin(30° + \alpha) + \sin 60° \cos\left(\frac{\pi}{2} + \alpha\right)$ $\left[\frac{1}{2}\right]$

14 $\frac{\cos 2\alpha}{\sin^2\left(\frac{\pi}{2} + \alpha\right)} - \frac{2 \tan \alpha}{\tan 2\alpha}$ $[0]$

15 $\tan\left(\alpha + \frac{\pi}{4}\right) - \frac{\cos 2\alpha}{1 - 2\sin^2\alpha}$ $\left[\frac{2 \tan \alpha}{1 - \tan \alpha}\right]$

16 $\sin^2\left(\alpha + \frac{\pi}{4}\right) - \sin 2\alpha + \sin\left(\alpha + \frac{\pi}{2}\right)\cos\left(\frac{\pi}{2} - \alpha\right)$ $\left[\frac{1}{2}\right]$

17 $\sin\left(\alpha + \frac{\pi}{6}\right)\cos\left(\alpha - \frac{2}{3}\pi\right) + \frac{3}{4}\cos 2\alpha$ $\left[\frac{1}{2}\cos^2\alpha\right]$

18 $\tan\frac{\alpha}{2}\left[\cos 2\pi + \sin\left(\frac{\pi}{2}+\alpha\right)\right] + \frac{\sin 2\alpha}{\cos(\pi+\alpha)}$ $[-\sin\alpha]$

19 $\sqrt{2}\cos\left(\frac{\pi}{4}+\alpha\right) - \tan(\pi-\alpha)\cos\alpha$ $[\cos\alpha]$

20 $4[\cos(\alpha-30°)+\sin(-60°)\cos\alpha] + 2\cos(90°+\alpha)$ $[0]$

21 $\dfrac{\cos\left(\alpha+\frac{\pi}{4}\right)\cdot\cos\left(\alpha-\frac{\pi}{4}\right)}{\cos 2\alpha}$ $\left[\frac{1}{2}\right]$

22 $[\tan(150°-\alpha)\tan(-\alpha-30°)+1]\cos(\alpha+30°) - \frac{1}{\sin(60°-\alpha)}$ $[0]$

23 $\cos(\alpha+30°)\cos(\alpha+60°) - \sin(\alpha+60°)\sin(\alpha+30°) + \sin 2\alpha$ $[0]$

24 $2\cos\left(x-\frac{\pi}{4}\right)+\sin\left(x-\frac{\pi}{6}\right)+4\cos\left(\frac{7}{4}\pi+x\right)+\cos\left(\frac{\pi}{3}+x\right)-3\sqrt{2}\sin x$ $[3\sqrt{2}\cos x]$

25 $\sin^2\frac{\alpha}{2}-\frac{1}{2}-\cos(\pi+\alpha)-\sin^2(-\alpha)+\sin^2(\pi-\alpha)$ $\left[\frac{1}{2}\cos\alpha\right]$

26 $(1-\sin\alpha)^2+(1+\cos\alpha)^2+\cos 2\alpha+2\sin(\pi-\alpha)+2\cos(\pi+\alpha)+2\sin^2\alpha$ $[4]$

27 $(1-\cos\alpha)^2+(1-\cos\alpha)(1+\cos\alpha)-4\sin^2\frac{\alpha}{2}+\sin(-\alpha)-\sin(\pi-\alpha)$ $[-2\sin\alpha]$

28 $2(1-\sin\alpha)^2-4\sin(\pi+\alpha)+2\cos 2\alpha+(1-\cos\alpha)(1+\cos\alpha)-4\cos^2\alpha$ $[3\sin^2\alpha]$

Verifica le seguenti identità.

29 $\dfrac{1+\cos 2\alpha+\cos\alpha}{\sin\alpha+\sin 2\alpha} = \cot\alpha$

30 $\cos 2\alpha = 2\cos\left(\frac{\pi}{4}+\alpha\right)\cos\left(\frac{\pi}{4}-\alpha\right)$

31 $4\cos(60°+\alpha)\cos(60°-\alpha) = \cos 2\alpha - 2\sin^2\alpha$

32 $\dfrac{1-\sin\alpha}{\cos\alpha} = \dfrac{1-\tan\frac{\alpha}{2}}{1+\tan\frac{\alpha}{2}}$

33 $\sin\alpha\cos 2\alpha - \cos\alpha\sin 2\alpha = \cos\left(\frac{\pi}{2}+\alpha\right)$

34 $\dfrac{\cos 2\alpha}{1-\tan^2\alpha} = \cos^2\alpha$

35 $\sin 2\alpha\cdot\tan\alpha + \cos^2\alpha = 2 - \cos 2\alpha - \sin^2\alpha$

36 $\dfrac{1}{1+\tan\alpha} - \dfrac{1}{1-\tan\alpha} = -\tan 2\alpha$

---

37 **TEST** Le seguenti proposizioni sono tutte vere *tranne* una. Quale?

A Se $\cos\alpha = \frac{1}{3}$, allora $\cos 2\alpha = -\frac{7}{9}$.

B Se $\sin\alpha = -\frac{3}{5}$ e $\pi < \alpha < \frac{3}{2}\pi$, allora $\tan 2\alpha = \frac{24}{7}$.

C Se $\cos 2\alpha = \frac{12}{13}$ e $\frac{\pi}{2} < \alpha < \pi$, allora $\cos\alpha = -\frac{5}{\sqrt{26}}$.

D Se $\cos\alpha = \frac{1}{4}$, $\frac{3}{2}\pi < \alpha < 2\pi$ e $\beta = 30°$, allora $\sin(\alpha-\beta) = \frac{3\sqrt{5}-1}{8}$.

E Se $\tan\alpha = \frac{1}{2}$, allora $\tan 2\alpha = \frac{4}{3}$.

Determina i valori richiesti, utilizzando le informazioni.

38 $\sin 2\alpha$, $\cos^2\frac{\alpha}{2}$ e $\tan 2\alpha$. $\sin\alpha = \frac{1}{3}$, con $0 < \alpha < \frac{\pi}{2}$ $\left[\frac{4}{9}\sqrt{2}; \frac{3+2\sqrt{2}}{6}; \frac{4}{7}\sqrt{2}\right]$

39 $\cos\alpha$ e $\sin\alpha$. $\cos\frac{\alpha}{2} = -\frac{1}{3}$, con $\pi < \alpha < 2\pi$ $\left[-\frac{7}{9}; -\frac{4}{9}\sqrt{2}\right]$

40 $\tan\left(2\alpha - \frac{\pi}{4}\right)$. $\sin\alpha = -\frac{2}{5}\sqrt{5}$, con $\pi < \alpha < \frac{3}{2}\pi$ $[7]$

41 $\sin\left(2\alpha + \frac{\pi}{4}\right)$. $\cos\alpha = \frac{1}{3}$, con $0 < \alpha < \frac{\pi}{2}$ $\left[\frac{8-7\sqrt{2}}{18}\right]$

42 $\cos 4\alpha$. $\cos\alpha = \frac{1}{4}$, con $0 < \alpha < \frac{\pi}{2}$ $\left[\frac{17}{32}\right]$

43 $\sin 2\alpha$ e $\cos 2\alpha$. $\tan\alpha = -\frac{1}{3}$, con $\frac{\pi}{2} < \alpha < \pi$ $\left[-\frac{3}{5}; \frac{4}{5}\right]$

RISOLVERE PROBLEMI

44 Determina seno e coseno dell'angolo α, sapendo che α è un angolo al centro di una circonferenza, la sua tangente vale $\frac{4}{3}$ e inoltre $0 < \alpha < \frac{\pi}{2}$. Calcola poi il seno dell'angolo alla circonferenza che insiste sullo stesso arco. $\left[\frac{4}{5}, \frac{3}{5}, \frac{\sqrt{5}}{5}\right]$

45 Determina gli angoli del triangolo di vertici $(2; 2)$, $(5; 4)$, $\left(5; -\frac{5}{2}\right)$. [33,7°; 56,3°; 90°]

46 Data la funzione $f(x) = \tan x - \cot x$:

a. determina il dominio di $f(x)$ e dimostra l'identità $\tan x - \cot x = -2\cot 2x$;

b. trova il periodo e il codominio di $f(x)$.

$\left[\text{a) } x \neq k\frac{\pi}{2}; \text{ b) } \frac{\pi}{2}, C: \mathbb{R}\right]$

47 Rappresenta graficamente l'iperbole di equazione $\frac{x^2}{16} - \frac{y^2}{4} = 1$ e trova l'angolo formato dagli asintoti. $\left[\alpha = \arctan\frac{4}{3}\right]$

Utilizza le informazioni fornite nelle figure per calcolare quanto è richiesto.

48

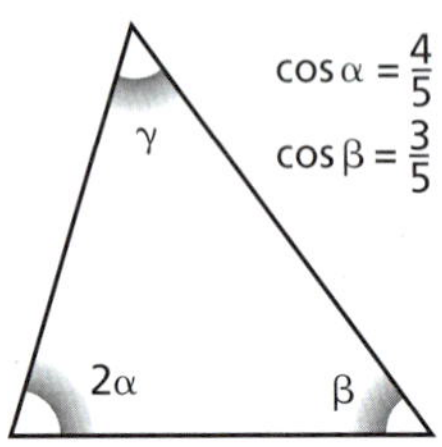

Calcola $\sin\gamma$ e $\cos\gamma$. $\left[\frac{4}{5}; \frac{3}{5}\right]$

49

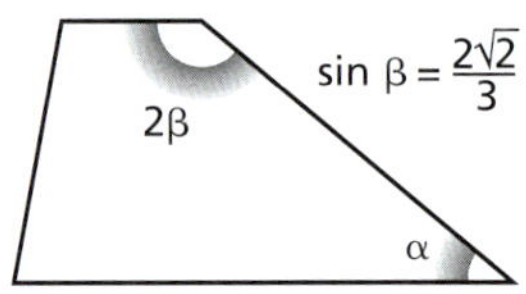

Calcola $\cot\alpha$. $\left[\frac{7\sqrt{2}}{8}\right]$

50

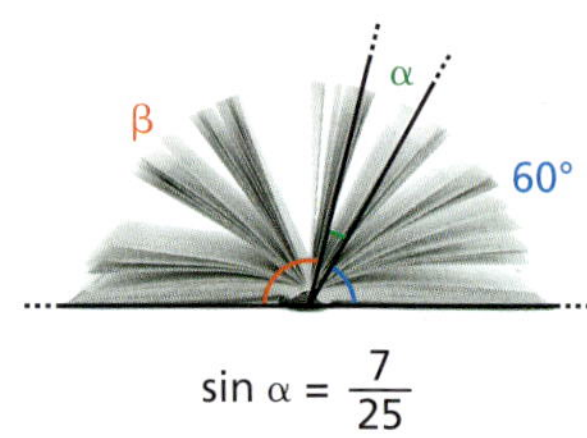

Calcola $\cos\beta$. $\left[\frac{7\sqrt{3}-24}{50}\right]$

ANALIZZARE E INTERPRETARE DATI E GRAFICI

Disegna i grafici delle seguenti funzioni e indica il loro periodo.

51 $y = \frac{-\sin 2x}{\cos x}$

52 $y = 2\sin\frac{3}{2}x\cos\frac{3}{2}x - 1$

53 $y = \frac{\sin 2x}{1-\sin^2 x} + 1$

54 $y = \cos^2 x - \sin^2 x - 1$

55 $y = 2\sin 2x\cos 2x$

56 $y = \frac{\sin 2x - \cos x}{2\cos x}$

57 $y = \frac{\cos 2x}{\cos x + \sin x}$

58 $y = \frac{\sin 2x}{\cos^2 x - \sin^2 x}$

59 $y = -\sin x - \sqrt{3}\cos x$

60 $y = \sqrt{2}(\sin x + \cos x)$

61 $y = |2 \sin x \cos x| - 1$

62 $y = \sin x + \cos x - 2$

63 $y = \dfrac{\cos 4x - \cos 2x}{\sin 2x - \sin 4x}$

64 $y = -\left|\cos\dfrac{x}{2}\sin\dfrac{x}{2}\right| + 1$

65 $y = -\cos^2 x + \sqrt{3}\sin x \cos x$

66 $y = \dfrac{\sqrt{3}}{2}\cos x + \dfrac{1}{2}\sin x + 2$

67 $y = \sin\left(2x - \dfrac{\pi}{3}\right) - \cos\left(2x - \dfrac{\pi}{3}\right)$

VERIFICA DELLE COMPETENZE VERSO L'ESAME

ARGOMENTARE E DIMOSTRARE

68 Dimostra in due modi diversi che, in un triangolo rettangolo, la somma dei seni degli angoli acuti è uguale alla somma dei loro coseni.

69 In un piano, riferito ad assi cartesiani ortogonali, sono assegnate una retta a di coefficiente angolare 2 e una retta b di coefficiente angolare -2. Calcolare il seno dell'angolo orientato $(a; b)$.

(*Esame di Stato, Liceo Scientifico, Corso sperimentale, Sessione ordinaria*, 2001, *quesito* 10)

$\left[\dfrac{4}{5}\right]$

70 In un piano, riferito a un sistema di assi cartesiani ortogonali (Oxy), è assegnata la curva di equazione $y = \cos x - 2\sin x$. Determinare una traslazione degli assi che trasformi l'equazione nella forma $Y = k\sin X$.

(*Esame di Stato, Liceo Scientifico, Scuole italiane all'estero, Sessione ordinaria*, 2003, *quesito* 2)

$\left[X = x + \alpha, Y = y, \text{ con } \alpha = \pi + \arctan\left(-\dfrac{1}{2}\right)\right]$

71 Cosa si intende per «funzione periodica»? Qual è il periodo della funzione $f(x) = \tan 2x + \cos 2x$?

(*Esame di Stato, Liceo Scientifico, Scuole italiane all'estero, Sessione suppletiva*, 2003, *quesito* 1)

72 Dimostra che se in un triangolo ABC l'angolo $\widehat{B} = 2\widehat{A}$, allora:

$$\frac{\sin\widehat{C}}{\sin\widehat{A} + \sin\widehat{B}} = 2\cos\widehat{A} - 1.$$

73 Scrivi una legge del tipo $y = r\cos\omega(x + \vartheta)$ nella forma $y = r\sin\omega(x + \varphi)$. Quale relazione lega ϑ e φ?

74 Si provi che le espressioni

$$y = 2\sin\left(x + \frac{\pi}{6}\right) \text{ e } y = \sqrt{3}\sin(x) + \cos(x)$$

definiscono la stessa funzione f. Di f si precisi: dominio, codominio e periodo.

(*Esame di Stato, Liceo Scientifico, Scuole italiane all'estero (calendario australe), Sessione ordinaria*, 2008, *quesito* 8)

75 Trovare il periodo della funzione:

$$y = \sin\frac{2}{3}x + \sin\frac{1}{4}x.$$

(*Esame di Stato, Liceo Scientifico, Scuole italiane all'estero, Sessione ordinaria*, 2005, *quesito* 7)

$[24\pi]$

76 Si calcoli, senza l'aiuto della calcolatrice, il valore di $\sin^2(35°) + \sin^2(55°)$, ove le misure degli angoli sono in gradi sessagesimali.

(*Esame di Stato, Liceo Scientifico, Corso di ordinamento, Sessione ordinaria*, 2005, *quesito* 9)

[1]

77 Dimostra che, se α e β sono gli angoli acuti di un triangolo rettangolo non isoscele, è valida la relazione:

$$\frac{\tan^2\alpha}{(1 - \tan^2\alpha)^2} = \frac{\tan^2\beta}{(1 - \tan^2\beta)^2}.$$

78 Si provi l'identità:

$$\arctan x + \arctan y = \arctan\frac{x + y}{1 - xy}.$$

(*Esame di Stato, Liceo Scientifico, Scuole italiane all'estero (Americhe), Sessione ordinaria*, 2014, *quesito* 5)

COSTRUIRE E UTILIZZARE MODELLI

RISOLVIAMO UN PROBLEMA

Mezzogiorno e un quarto

Michele e Laura vogliono calcolare il seno dell'angolo formato dalle lancette delle ore e dei minuti della sveglia che vedi nella foto. Non hanno una calcolatrice scientifica. Come possono fare?

▶ Esprimiamo l'angolo come differenza di due angoli.

L'angolo formato dalle lancette vale $\alpha - \beta$, dove α e β sono gli angoli indicati in figura.

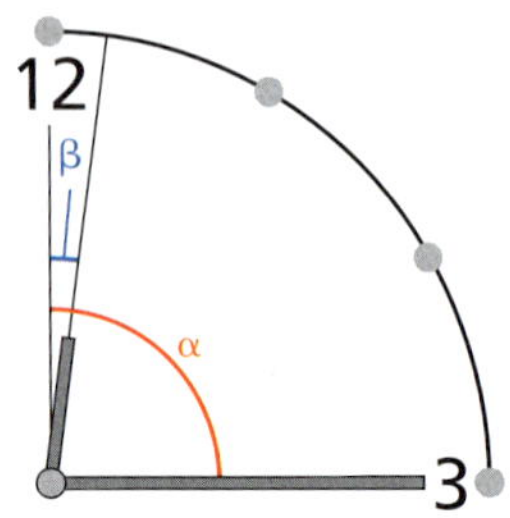

▶ Troviamo α.

L'angolo α è $\frac{1}{4}$ dell'angolo giro, quindi $\alpha = 90°$.

▶ Troviamo β.

Ogni ora la lancetta delle ore percorre un dodicesimo di angolo giro, cioè 30°. Poiché è passato un quarto d'ora dalle 12, la lancetta delle ore ha percorso un quarto del suo cammino tra le 12 e l'una, quindi

$$\beta = \frac{30°}{4} = 7{,}5°.$$

▶ Calcoliamo il seno dell'angolo.

$$\sin(\alpha - \beta) = \sin(90° - 7{,}5°) = \cos 7{,}5°$$

Utilizziamo la formula di bisezione:

$$\cos 7{,}5° = \sqrt{\frac{1 + \cos 15°}{2}}.$$

Il valore di cos 15° si può ottenere con la formula di bisezione, applicata a $\cos\frac{30°}{2}$, oppure con la formula di sottrazione, applicata a $\cos(45° - 30°)$. Troviamo:

$$\cos 15° = \frac{\sqrt{2} + \sqrt{6}}{4}.$$

Sostituiamo nella formula precedente:

$$\sin(\alpha - \beta) = \sqrt{\frac{1 + \frac{\sqrt{2} + \sqrt{6}}{4}}{2}} =$$

$$\frac{1}{2}\sqrt{\frac{4 + \sqrt{2} + \sqrt{6}}{2}}.$$

79 ●○ **Mach supersonico** Il numero di Mach (M) per un aereo in volo è dato dal rapporto tra la velocità dell'aereo e la velocità del suono nell'aria. Quando l'aereo supera la velocità del suono $(M > 1)$, si genera un'onda d'urto a forma di cono e un bang sonico viene avvertito nell'area di intersezione fra cono e suolo (linea gialla in figura). Se l'angolo al vertice misura 2α, allora vale la relazione:

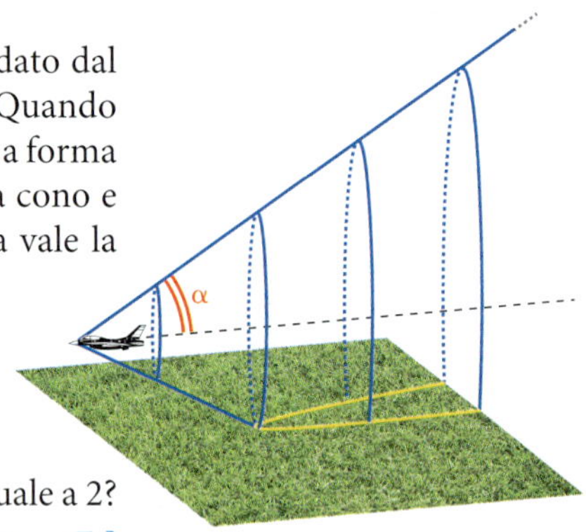

$$M = \frac{1}{\sin\alpha}.$$

a. Trova l'esatto valore del numero di Mach quando $2\alpha = \frac{\pi}{6}$.

b. Quanto deve valere l'angolo 2α affinché il numero di Mach sia uguale a 2?

$\left[\text{a) } \sqrt{6} + \sqrt{2}; \text{ b) } \frac{\pi}{3}\right]$

80 ●○ **Il gioco del golf** Una pallina da golf viene lanciata con una velocità iniziale v_0 m/s; la traiettoria iniziale forma un angolo α con il terreno, orizzontale. La distanza che la pallina riesce a raggiungere è espressa dalla relazione $d = \frac{2(v_0)^2 \sin\alpha\cos\alpha}{g}$ (g è costante e vale 9,8 m/s^2).

a. Come si può esprimere la distanza percorsa d in funzione dell'angolo 2α?

b. Quanto vale l'angolo α se la velocità iniziale è di 40 m/s e la distanza raggiunta è di 83 m?

$\left[\text{a) } d = \frac{(v_0)^2 \sin 2\alpha}{g}; \text{ b) } \alpha \simeq 15°\right]$

INDIVIDUARE STRATEGIE E APPLICARE METODI PER RISOLVERE PROBLEMI

81 ●● **a.** Data la funzione $y = \sqrt{\dfrac{2(1+\sin 2x)}{1+\cos 2x}}$, verifica che essa può essere trasformata in $f(x) = |\tan x + 1|$.

b. Determina il dominio e il periodo di $f(x)$.

c. Rappresenta la funzione su un periodo completo.

$\left[\text{b) } D: x \neq \dfrac{\pi}{2} + k\pi; T = \pi\right]$

82 ●● **a.** Determina i valori di a e b affinché valga la seguente identità:

$$\frac{\cos\alpha - \sin\alpha + 1}{1+\cos\alpha} = a \cdot \tan\frac{\alpha}{2} + b.$$

b. Determina dominio e periodo della funzione $f(x) = a \cdot \tan\dfrac{x}{2} + b$.

c. Rappresenta $f(x)$ dopo aver attribuito ad a e b i valori trovati al punto **a**.

$[\text{a) } a = -1, b = 1; \text{ b) } D: x \neq \pi + 2k\pi, T = 2\pi]$

83 ●● **a.** Data la funzione $f(x) = 2\cos^2\dfrac{x}{2} + \sin x$, determina il suo periodo. Usando le formule goniometriche semplifica l'espressione della funzione in modo da poterla rappresentare.

b. Qual è il codominio della funzione?

c. Risolvi graficamente l'equazione $f(x) = 0$, indicando tutte le soluzioni in $\mathbb{R}$.

$\left[\text{a) } T = 2\pi; y = 1 + \sqrt{2}\sin\left(x + \dfrac{\pi}{4}\right); \text{ b) } C: [1-\sqrt{2}; 1+\sqrt{2}]; \text{ c) } x = \pi + 2k\pi \text{ e } x = \dfrac{3}{2}\pi + 2k\pi\right]$

84 ●● Considera la funzione $y = 2\cos^2 ax + b\sin x\cos x$, con $a \in \mathbb{N}$ e $b \in \mathbb{Z}$.

a. Trasformala in modo da ottenere una funzione lineare.

b. Verifica che il periodo della funzione è indipendente da a ed è $T = \pi$.

c. Posto $a = 1$, determina b in modo che la funzione passi per il punto $\left(\dfrac{\pi}{4}; 2\right)$, quindi trova il codominio e disegna il grafico.

$\left[\text{a) } y = 1 + \cos 2ax + \dfrac{b}{2}\sin 2x; \text{ c) } b = 2, C: [1-\sqrt{2}; 1+\sqrt{2}]\right]$

85 ●● **LEGGI IL GRAFICO** La funzione $f(x) = a \cdot \sin[b(x - \varphi)] + k$ ha il grafico mostrato in figura.

a. Individua dominio, codominio e periodo di $f(x)$.

b. Determina il valore dei parametri a, b, φ e k.

c. Applica alla funzione la traslazione di vettore $\left(-\dfrac{\pi}{6}; 1\right)$, indicando con $g(x)$ la funzione traslata.

d. Rappresenta la funzione

$$h(x) = 3\sin\left(2x - \frac{\pi}{3}\right) - 3 + 3\cos\left(2x + \frac{\pi}{6}\right)$$

dopo averla opportunamente semplificata e individua, graficamente e algebricamente, i punti di intersezione tra g e h.

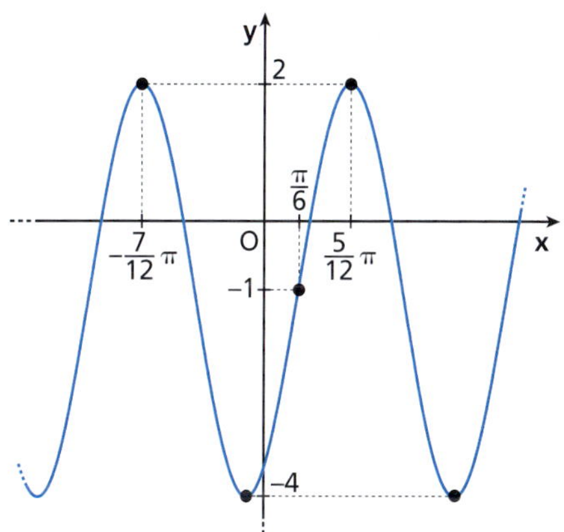

$\left[\text{a) } D: \mathbb{R}, C: [-4; 2], T = \pi; \text{ b) } 3, 2, \dfrac{\pi}{6}, -1; \text{ c) } g(x) = 3\sin 2x; \text{ d) } h(x) = -3, x = \dfrac{3}{4}\pi + k\pi\right]$

86 ●● **a.** Trasforma in funzioni lineari rispetto a seno e coseno $f(x) = \sin^2\dfrac{x}{2}$ e $g(x) = \dfrac{1}{1+\tan^2 x}$.

b. Rappresenta $f(x)$ e $g(x)$ nello stesso piano cartesiano dopo aver trovato il dominio e il periodo di ciascuna.

c. Verifica che i due grafici si intersecano nei punti di ascissa $x = \pi + 2k\pi$ e $x = \pm\dfrac{\pi}{3} + k\pi$.

d. Trova sia graficamente sia analiticamente per quali x nell'intervallo $[0; 2\pi]$ le funzioni assumono il loro massimo valore.

$\left[\text{a) } f(x) = \dfrac{1-\cos x}{2}, g(x) = \dfrac{1+\cos 2x}{2}; \text{ b) } f(x)\text{: } D: \mathbb{R}, T = 2\pi, g(x)\text{: } D: \mathbb{R} - \left\{\dfrac{\pi}{2} + k\pi\right\}; T = \pi\right]$

VERIFICA DELLE COMPETENZE PROVE

1 ora

PROVA A

1 Calcola il valore di: **a.** $\sin\frac{\pi}{8} + \cos\frac{\pi}{12}$; **b.** $\sin 72° \cos 18° + \cos 72° \sin 18°$.

2 Semplifica le seguenti espressioni:

a. $\dfrac{\sin(\alpha + 45°) - \cos(\alpha + 45°)}{\sin(\alpha + 135°) + \cos(\alpha + 315°)}$;

b. $4\cos^2\frac{\alpha}{2} - 2(\sin\alpha - \cos\alpha)^2 - 2\sin 2\alpha$;

c. $4\cos^2\frac{\alpha}{2} + \dfrac{1 - \cos 2\alpha}{1 + \cos\alpha}$.

3 Sapendo che $\sin\alpha = \frac{3}{5}$ e $\cos\beta = \frac{5}{13}$, con $\frac{\pi}{2} < \alpha < \pi$ e $0 < \beta < \frac{\pi}{2}$, calcola: $\cos(\alpha + \beta)$, $\sin(\alpha - \beta)$, $\tan 2\alpha$.

4 Verifica le identità: **a.** $\tan(45° + \alpha) = \dfrac{1 + \sin 2\alpha}{\cos 2\alpha}$; **b.** $2\sin\alpha\cos 2\alpha + \sin\alpha = \sin 3\alpha$.

5

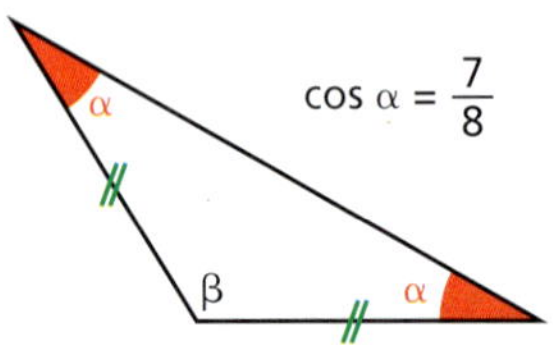

Trova $\cos\beta$ e $\sin\alpha$.

6 Traccia il grafico della funzione

$$y = \frac{\sin 2x}{4\cos x} - 2.$$

PROVA B

1 Semplifica le seguenti espressioni:

a. $\cos\left(\frac{3}{4}\pi + 2\alpha\right) - \cos\left(2\alpha + \frac{\pi}{4}\right) + \sqrt{2}\cos^2\alpha$;

b. $2\cos\left(\alpha - \frac{\beta}{2}\right)\sin\frac{\beta}{2} - 2\cos^2\frac{\alpha}{2}\sin\beta + \sin\alpha\cos\beta$.

2 Trova l'ampiezza dell'angolo acuto formato dalle tangenti alla parabola di equazione $y = x^2 - 5x + 4$ nei suoi punti di ascissa -3 e 2.

3 Nel triangolo ABC l'angolo $\widehat{A}$ è il doppio dell'angolo $\widehat{B}$ e $\tan\widehat{A} = \frac{24}{7}$. Trova $\sin\widehat{B}$ e $\sin\widehat{C}$.

4 Dimostra che in un triangolo ABC, con l'angolo $\widehat{B} = 2\widehat{A}$, si ha: $\dfrac{\tan\widehat{A}\sin\widehat{B}}{\sin\widehat{A}} = \dfrac{2\sin\widehat{C}}{4\cos^2\widehat{A} - 1}$.

5 Rappresenta graficamente la funzione

$$y = 2\sqrt{3}\sin 4x - 2\cos 4x + \frac{1}{2}$$

e indica il suo periodo.

PROVA C

Il Sancarlone Su una collina vicino ad Arona, sul Lago Maggiore, si trova il Colosso di San Carlo Borromeo, una delle più grosse statue al mondo visitabili dall'interno, costruita nel XVII secolo. La statua è alta 23,50 m, il piedistallo 11,50 m e l'altura su cui è situata circa 36 m rispetto al livello del piazzale antistante.

Considerando le lettere in figura, indica con D il piede della perpendicolare condotta da A e C (il segmento AC è verticale) alla retta OD, che rappresenta il livello del piazzale, e con O il punto in cui un osservatore si trova sul piazzale di fronte all'entrata.

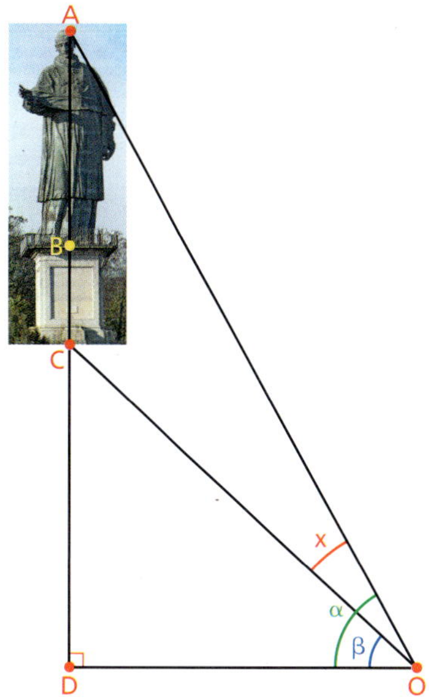

a. Calcola i valori del seno, del coseno e della tangente dell'angolo x mediante i valori delle stesse funzioni per α e β.

b. Supposto che il segmento OD sia lungo 40 m, determina gli angoli α, β e x e verifica la formula di sottrazione della tangente.

c. Se si raddoppia la distanza a cui si trova l'osservatore, qual è il rapporto tra il nuovo angolo x' e il precedente?

PROVA D

1 **a.** Dal grafico deduci il valore di a e b.

b. Trasforma $f(x)$ nella forma $y = r\sin(x + \varphi)$.

c. Deduci dal grafico le soluzioni della disequazione

$$f(x) > \frac{\sqrt{3}}{2}$$

nell'intervallo $[0; 2\pi]$.

d. Costruisci i grafici delle funzioni $y = |f(x)|$ e $y = f(|x|)$.

e. Quale traslazione potresti applicare alla funzione $y = f(x)$ per renderla pari?

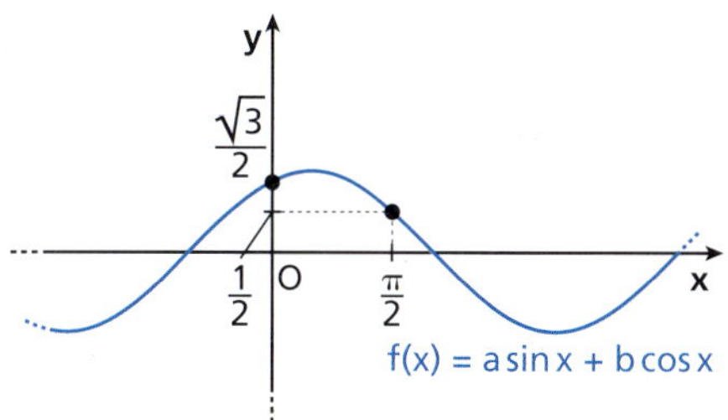

2 Verifica che in ogni triangolo rettangolo, indicando con α, β e γ gli angoli interni, valgono le seguenti uguaglianze:

a. $\cos^2\alpha + \cos^2\beta + \cos^2\gamma = 1$;

b. $\sin 8\alpha + \sin 8\beta + \sin 8\gamma = 0$.

T

CAPITOLO 14

EQUAZIONI E DISEQUAZIONI GONIOMETRICHE

Listen to it

A **trigonometric equation** involves trigonometric functions of an unknown angle.

1 Equazioni goniometriche elementari

DEFINIZIONE

Un'**equazione goniometrica** contiene almeno una funzione goniometrica dell'incognita.

ESEMPIO

$2\cos x - 1 = 0$ è un'equazione goniometrica perché l'argomento della funzione coseno contiene l'incognita x.

$2x\cos\frac{\pi}{4} - 1 = 0$ **non** è un'equazione goniometrica perché $\cos\frac{\pi}{4}$ è un numero.

Le **equazioni goniometriche elementari** sono quelle del tipo:

$$\sin x = a, \quad \cos x = b, \quad \tan x = c, \quad \text{con } a, b, c \in \mathbb{R}.$$

Animazione

Nell'animazione c'è la figura dinamica per l'equazione $\sin x = a$ al variare di a e la risoluzione di:

- $\sin x = \frac{1}{2}$;
- $\sin x = 1$;
- $\sin x = \frac{3}{2}$.

$\sin x = a$

▶ Esercizi a p. 811

Disegniamo la circonferenza goniometrica e indichiamo gli assi cartesiani con X e Y, per non confonderli con l'incognita x dell'equazione goniometrica.
Poiché il seno di un angolo rappresenta l'ordinata del punto della circonferenza goniometrica a cui l'angolo è associato, dobbiamo trovare i punti della circonferenza goniometrica di ordinata a, ovvero i punti di intersezione della circonferenza di equazione $X^2 + Y^2 = 1$ con la retta di equazione $Y = a$. Distinguiamo due casi.

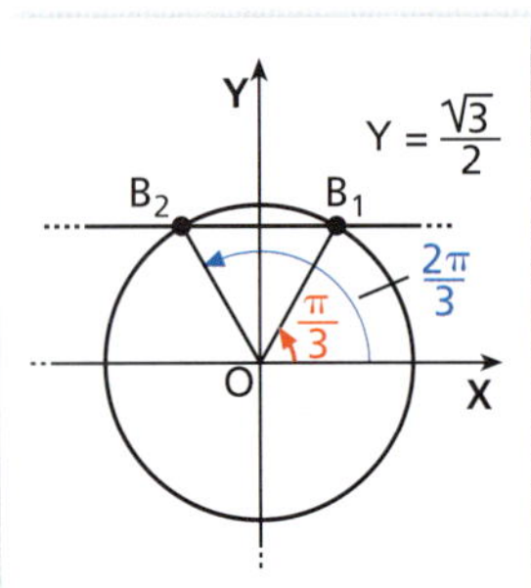

$-1 \le a \le 1$

ESEMPIO

Risolviamo l'equazione $\sin x = \frac{\sqrt{3}}{2}$.

Disegniamo nel piano cartesiano la circonferenza goniometrica e la retta di equazione $Y = \frac{\sqrt{3}}{2}$. Le loro intersezioni sono date dai punti B_1 e B_2.

Gli angoli che hanno seno uguale a $\frac{\sqrt{3}}{2}$ sono $\frac{\pi}{3}$ e $\pi - \frac{\pi}{3} = \frac{2}{3}\pi$.

Poiché il seno è una funzione periodica di periodo 2π, alle soluzioni $x = \frac{\pi}{3}$ e $x = \frac{2}{3}\pi$ dobbiamo aggiungere quelle ottenute sommando i multipli interi di 2π, quindi le soluzioni dell'equazione data sono:

$$x = \frac{\pi}{3} + 2k\pi \ \vee \ x = \frac{2}{3}\pi + 2k\pi, \text{ con } k \in \mathbb{Z}.$$

▶ Risolvi l'equazione $\sin x = -\frac{1}{2}$.

$a < -1 \vee a > 1$

Poiché i valori di $\sin x$ sono compresi fra -1 e 1, l'equazione $\sin x = a$ è impossibile quando $a > 1$ oppure $a < -1$.

ESEMPIO

L'equazione $\sin\ x = \frac{5}{4}$ non ha soluzione, perché $\frac{5}{4} > 1$.

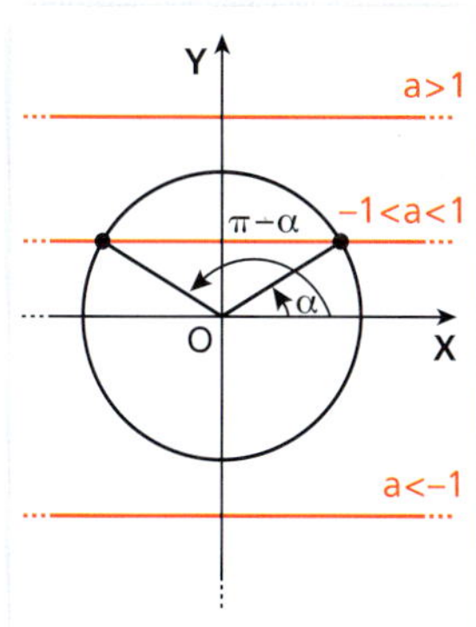

In generale, l'equazione elementare $\boldsymbol{\sin x = a}$ può essere:

- **determinata** se $\boldsymbol{-1 \le a \le 1}$; una volta trovata una soluzione α, cioè un angolo α tale che $\sin\alpha = a$, le soluzioni dell'equazione sono:

  $$x = \alpha + 2k\pi \ \vee \ x = (\pi - \alpha) + 2k\pi;$$

- **impossibile** se $\boldsymbol{a < -1}$ oppure $\boldsymbol{a > 1}$.

Casi particolari.

- $a = 1$, $\sin x = 1$; soluzioni: $x = \frac{\pi}{2} + 2k\pi$.
- $a = -1$, $\sin x = -1$; soluzioni: $x = -\frac{\pi}{2} + 2k\pi$, ossia $x = \frac{3}{2}\pi + 2k\pi$.

Osserviamo che la soluzione α dell'equazione può essere uno qualsiasi dei valori che indicano lo stesso angolo. Le soluzioni possono essere scritte allora in modi diversi. Conveniamo di considerare $\alpha \in \left[-\frac{\pi}{2}; \frac{\pi}{2}\right]$.

Se il valore a dell'equazione $\sin x = a$ non corrisponde a un angolo noto del primo o del quarto quadrante, possiamo applicare la funzione inversa del seno ($x = \arcsin a$) e calcolare un valore approssimato della soluzione α con la calcolatrice.

ESEMPIO

Risolviamo $\sin x = -\frac{7}{8}$. Otteniamo:

$$x = \arcsin\left(-\frac{7}{8}\right) + 2k\pi \ \vee \ x = \pi - \arcsin\left(-\frac{7}{8}\right) + 2k\pi.$$

Per trovare il valore approssimato di $\arcsin\left(-\frac{7}{8}\right)$ con la calcolatrice, scegliamo la modalità RAD e, dopo aver calcolato $-\frac{7}{8} = -0{,}875$, premiamo il tasto <sin^{-1}>, oppure i tasti <INV> e <sin>. Viene visualizzato il valore della misura in radianti dell'angolo x, ossia $-1{,}065435817$, che approssimiamo a $-1{,}07$. Le soluzioni dell'equazione sono:

$$x \simeq -1{,}07 + 2k\pi \ \vee \ x \simeq 3{,}14 + 1{,}07 + 2k\pi \simeq 4{,}21 + 2k\pi.$$

Se scegliamo la modalità DEG, viene visualizzato il valore in gradi sessadecimali: $-61{,}04497563 \simeq -61 \rightarrow x \simeq -61° + k360° \vee x \simeq 241° + k360°$.

▶ Risolvi l'equazione $\sin x = \frac{2}{5}$.

TEORIA

Animazione

Nell'animazione c'è la figura dinamica per l'equazione
$\cos x = b$
al variare di b e la risoluzione di:

- $\cos x = \frac{\sqrt{3}}{2}$;
- $\cos x = -1$;
- $\cos x = -\frac{5}{2}$.

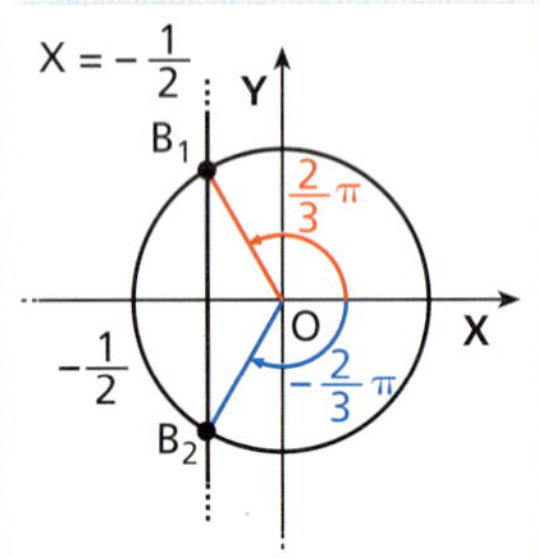

$\cos x = b$

▶ Esercizi a p. 814

Il coseno di un angolo è l'ascissa del punto della circonferenza goniometrica a cui l'angolo è associato, quindi cerchiamo i punti della circonferenza goniometrica di ascissa b. Distinguiamo due casi.

$-1 \le b \le 1$

ESEMPIO

Risolviamo $\cos x = -\frac{1}{2}$.

Disegniamo la retta di equazione $X = -\frac{1}{2}$. Le sue intersezioni con la circonferenza goniometrica sono B_1 e B_2.

Gli angoli che hanno coseno uguale a $-\frac{1}{2}$ sono $\frac{2}{3}\pi$ e $-\frac{2}{3}\pi$.

Per la periodicità della funzione coseno, alle due soluzioni $x = \frac{2}{3}\pi$ e $x = -\frac{2}{3}\pi$ dobbiamo aggiungere quelle ottenute sommando i multipli interi di 2π. Quindi le soluzioni dell'equazione data sono

$$x = \frac{2}{3}\pi + 2k\pi \ \vee \ x = -\frac{2}{3}\pi + 2k\pi,$$

che possiamo anche indicare con: $x = \pm\frac{2}{3}\pi + 2k\pi$.

▶ Risolvi le seguenti equazioni:

- $\cos x = \frac{1}{2}$;
- $\cos x = -2$.

$b < -1 \vee b > 1$

L'equazione $\cos x = b$ è impossibile se $b > 1$ o $b < -1$, poiché $-1 \le \cos x \le 1$.

ESEMPIO

L'equazione $\cos x = -\frac{4}{3}$ non ha soluzioni perché $-\frac{4}{3} < -1$.

In generale, l'equazione elementare $\cos x = b$ può essere:

- **determinata** se $-1 \le b \le 1$; data una soluzione β, cioè un angolo β tale che $\cos\beta = b$, le soluzioni dell'equazione sono:

$$x = \beta + 2k\pi \quad \vee \quad x = -\beta + 2k\pi;$$

- **impossibile** se $b < -1$ oppure $b > 1$.

Casi particolari.

- $b = 1 \rightarrow \cos x = 1$; soluzioni: $x = 2k\pi$.
- $b = -1 \rightarrow \cos x = -1$; soluzioni: $x = \pi + 2k\pi$.

Per angoli non noti, anche per l'equazione $\cos x = b$ possiamo utilizzare la calcolatrice, calcolando arccos b con i tasti <INV> e <cos>, oppure con il tasto <$\cos^{-1}$>.

$\tan x = c$

▶ Esercizi a p. 816

La tangente di un angolo è l'ordinata del punto di intersezione della retta tangente alla circonferenza nell'origine degli archi con la retta OP che individua l'angolo.

ESEMPIO Animazione

Risolviamo $\tan x = \frac{\sqrt{3}}{3}$.

Sulla retta tangente in E alla circonferenza goniometrica, prendiamo il punto T di ordinata $\frac{\sqrt{3}}{3}$. La retta OT interseca la circonferenza nei punti P e Q che individuano gli angoli cercati: $\frac{\pi}{6}$ e $\frac{7}{6}\pi$.

Per la periodicità della funzione tangente, scriviamo in forma compatta tutte le soluzioni dell'equazione: $x = \frac{\pi}{6} + k\pi$.

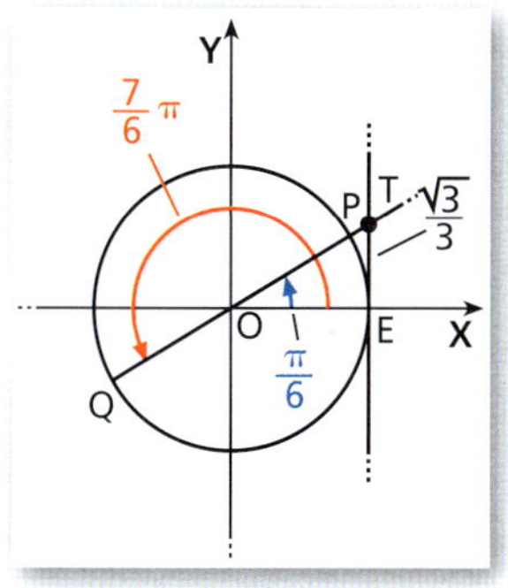

In generale, poiché, data l'equazione $\tan x = c$, il valore di c corrisponde sempre all'ordinata del punto T, per ogni valore di c si può determinare il punto T e la retta OT interseca la circonferenza in due punti distinti, quindi l'equazione elementare **$\tan x = c$** è sempre **determinata**.

► Risolvi l'equazione: $\tan x = -\sqrt{3}$.

Data una soluzione γ, cioè un angolo γ tale che $\tan\gamma = c$, le soluzioni dell'equazione sono $x = \gamma + k\pi$.
Con la calcolatrice, per calcolare arctan c, si usano i tasti <INV> e <tan>, oppure <$\tan^{-1}$>.

Equazioni e funzioni

Le equazioni goniometriche possono essere interpretate graficamente. Per esempio, consideriamo ancora $\cos x = -\frac{1}{2}$, vista in un esempio precedente, e poniamo $y = \cos x$ e $y = -\frac{1}{2}$. Risolvere l'equazione significa trovare i punti di intersezione dei grafici relativi.

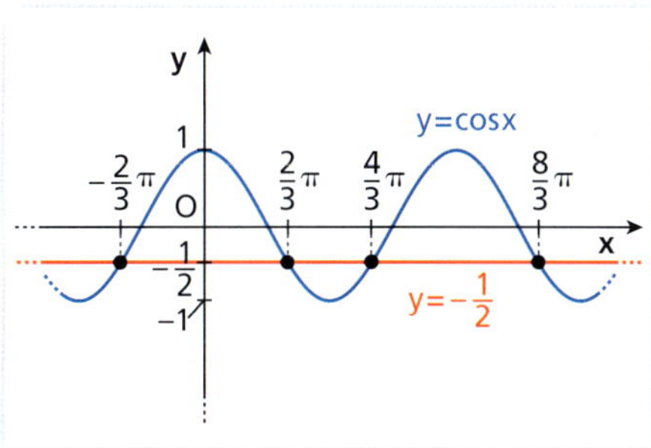

► Risolvi e interpreta graficamente l'equazione $\tan x = 1$.

Particolari equazioni goniometriche elementari

► Esercizi a p. 818

$\sin\alpha = \sin\alpha'$

Osserviamo che due angoli hanno lo stesso seno se e solo se sono congruenti o supplementari, a meno di un numero intero di angoli giro:

$$\sin\alpha = \sin\alpha' \leftrightarrow \alpha = \alpha' + 2k\pi \ \vee \ \alpha + \alpha' = \pi + 2k\pi.$$

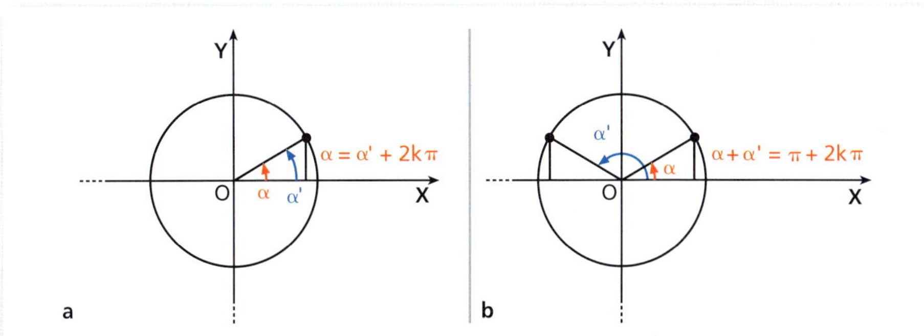

TEORIA

MATEMATICA E TECNOLOGIA

Le fibre ottiche Le fibre ottiche consentono connessioni tv e internet velocissime per far viaggiare informazioni digitali.
A differenza dei cavi di rame, che conducono elettroni, le fibre ottiche fanno passare impulsi luminosi. I cavi in fibra ottica sono sottilissimi fili di vetro. Sono formati da un cilindro interno trasparente, chiamato **nucleo** o **core**, ricoperto da un rivestimento detto **mantello** o **cladding**.
Il fenomeno fisico alla base del funzionamento della fibra ottica è stato studiato ben 350 anni prima che trovasse applicazione in questa tecnologia. Si tratta della riflessione totale della luce.

▶ Come fa un raggio di luce a viaggiare all'interno di una fibra ottica sfruttando la riflessione totale?

La risposta

ESEMPIO

Risolviamo $\sin\left(\frac{1}{2}x - \frac{\pi}{2}\right) = \sin\left(\frac{1}{4}x - \frac{\pi}{4}\right)$.

Applichiamo la proprietà precedente:

$$\underbrace{\frac{1}{2}x - \frac{\pi}{2}}_{\alpha} = \underbrace{\frac{1}{4}x - \frac{\pi}{4}}_{\alpha'} + 2k\pi \vee \underbrace{\frac{1}{2}x - \frac{\pi}{2}}_{\alpha} + \underbrace{\frac{1}{4}x - \frac{\pi}{4}}_{\alpha'} = \pi + 2k\pi.$$

Svolgendo i calcoli: $x = \pi + 8k\pi \vee x = \frac{7}{3}\pi + \frac{8}{3}k\pi$.

$\sin\alpha = -\sin\alpha'$

Possiamo ricondurci al caso precedente scrivendo $\sin\alpha = \sin(-\alpha')$.
Infatti, per le proprietà degli archi associati, è: $-\sin\alpha' = \sin(-\alpha')$.

Animazione

Nell'animazione, oltre all'equazione dell'esempio, trovi:

- $\sin\left(3x + \frac{2}{5}\pi\right) = -\sin\left(2x - \frac{3}{4}\pi\right)$;
- $\sin\left(3x - \frac{\pi}{5}\right) = \cos\left(5x + \frac{2}{3}\pi\right)$.

$\sin\alpha = \cos\alpha'$

Per le proprietà degli archi associati, $\cos\alpha' = \sin\left(\frac{\pi}{2} - \alpha'\right)$, quindi

$$\sin\alpha = \sin\left(\frac{\pi}{2} - \alpha'\right),$$

che permette di ricondurci al primo caso.

$\sin\alpha = -\cos\alpha'$

Per risolvere equazioni di questo tipo, scriviamo $\cos\alpha' = \sin\left(\frac{\pi}{2} - \alpha'\right)$, da cui $-\cos\alpha' = -\sin\left(\frac{\pi}{2} - \alpha'\right)$. Pertanto l'equazione data si trasforma nella seguente:

$$\sin\alpha = -\sin\left(\frac{\pi}{2} - \alpha'\right), \text{ e quindi } \sin\alpha = \sin\left(-\frac{\pi}{2} + \alpha'\right).$$

$\cos\alpha = \cos\alpha'$

Ricordiamo che due angoli hanno lo stesso coseno se e solo se sono congruenti oppure sono opposti, a meno di un numero intero di angoli giro

$$\cos\alpha = \cos\alpha' \leftrightarrow \alpha = \alpha' + 2k\pi \vee \alpha = -\alpha' + 2k\pi,$$

ossia, in forma più compatta:

$$\cos\alpha = \cos\alpha' \leftrightarrow \alpha = \pm\alpha' + 2k\pi.$$

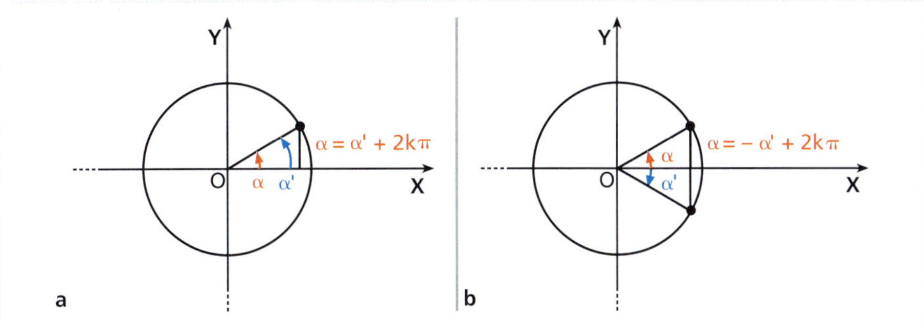

cos $\alpha = -$ **cos** α'

Poiché gli angoli supplementari hanno coseni opposti, ossia

$$\cos(\pi - \alpha) = -\cos\alpha,$$

possiamo scrivere l'equazione nella forma $\cos\alpha = \cos(\pi - \alpha')$ e ricondurci al caso precedente.

▶ Risolvi le seguenti equazioni:

- $\cos\left(\frac{3}{4}\pi - 4x\right) = \cos\left(2x - \frac{\pi}{3}\right)$;
- $\cos\left(x + \frac{\pi}{6}\right) = -\cos 2x$.

Animazione

tan $\alpha =$ **tan** α'

Equazioni di questo tipo sono risolubili tenendo presente che due angoli hanno la stessa tangente se e solo se sono congruenti, a meno di un numero intero di angoli piatti:

$$\tan\alpha = \tan\alpha' \leftrightarrow \alpha = \alpha' + k\pi.$$

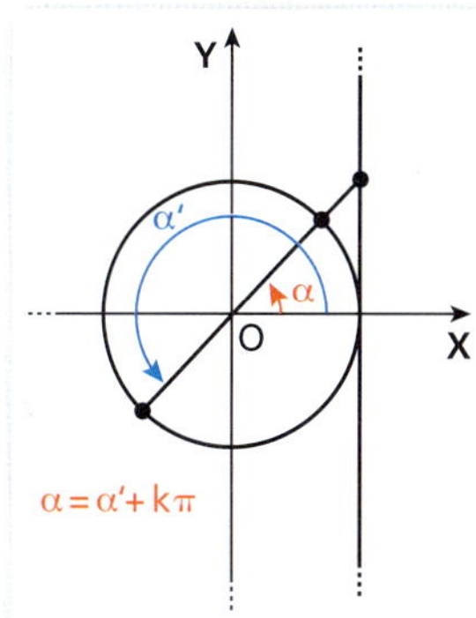

ESEMPIO

Risolviamo $\tan x = \tan\left(2x + \frac{\pi}{4}\right)$.

Essa è equivalente all'equazione $x = 2x + \frac{\pi}{4} + k\pi$, con la condizione:

$$x \neq \frac{\pi}{2} + k\pi \wedge 2x + \frac{\pi}{4} \neq \frac{\pi}{2} + k\pi \quad \rightarrow \quad x \neq \frac{\pi}{2} + k\pi \wedge x \neq \frac{\pi}{8} + k\frac{\pi}{2}.$$

Risolvendo l'equazione, otteniamo:

$$x = -\frac{\pi}{4} - k\pi, \text{ soluzioni accettabili.}$$

Animazione

Nell'animazione, oltre all'equazione dell'esempio, risolviamo:

$\tan 2x = -\tan\left(\frac{\pi}{3} - x\right)$.

Per entrambe le equazioni, forniamo inoltre una verifica grafica della accettabilità delle soluzioni.

tan $\alpha = -$ **tan** α'

Poiché $\tan(-\alpha) = -\tan\alpha$, possiamo scrivere l'equazione nella forma $\tan\alpha = \tan(-\alpha')$, che permette di ricondurci al caso precedente.

Equazioni riconducibili a equazioni elementari

▶ Esercizi a p. 821

Per ricondurre, quando è possibile, equazioni che contengono più funzioni goniometriche a equazioni elementari si deve:

- esprimere le diverse funzioni mediante una sola di esse, utilizzando eventualmente le formule goniometriche;

Listen to it

When possible, to solve a trigonometric equation involving more than one function, express all the trigonometric functions in terms of only one of them using the trigonometric formulae.

- risolvere l'equazione ottenuta rispetto a tale funzione considerata come incognita;
- risolvere le equazioni elementari che si ottengono.

Animazione

Nell'animazione, oltre alla risoluzione commentata dell'equazione dell'esempio, c'è la risoluzione di: $\cos^2 x + \sin^2 2x = 1$.

ESEMPIO

Risolviamo $2 \sin^2 x + 5 \cos x - 4 = 0$.

- Scriviamo l'espressione del primo membro in funzione soltanto di $\cos x$, essendo $\sin^2 x = 1 - \cos^2 x$:

$$2(1 - \cos^2 x) + 5 \cos x - 4 = 0 \rightarrow 2\cos^2 x - 5 \cos x + 2 = 0.$$

- Risolviamo l'equazione rispetto a $\cos x$:

$$\cos x = \frac{5 \pm \sqrt{25 - 16}}{4} \quad \rightarrow \quad \cos x = \frac{1}{2} \vee \cos x = 2.$$

- Se $\cos x = \frac{1}{2}$, $x = \pm\frac{\pi}{3} + 2k\pi$. Se $\cos x = 2$, nessuna soluzione.
- L'equazione di partenza ha quindi le soluzioni $x = \pm\frac{\pi}{3} + 2k\pi$.

2 Equazioni lineari in seno e coseno

▶ Esercizi a p. 825

DEFINIZIONE

Un'**equazione goniometrica lineare in sin *x* e cos *x*** si può ricondurre alla forma:

$$a \sin x + b \cos x + c = 0, \quad \text{con } a, b, c \in \mathbb{R}, a \neq 0 \text{ e } b \neq 0.$$

Se fosse $a = 0$ o $b = 0$, si avrebbe un'equazione goniometrica elementare.
Per risolvere un'equazione lineare si possono applicare tre metodi: quello algebrico, quello grafico e quello dell'angolo aggiunto.

Metodo algebrico

Se $c = 0$

Con $c = 0$ l'equazione diventa della forma: $a \sin x + b \cos x = 0$.

Osserviamo che $x = \frac{\pi}{2} + k\pi$ non può essere soluzione dell'equazione perché per tale valore si avrebbe

$$a \cdot 1 + b \cdot 0 = 0 \vee a \cdot (-1) + b \cdot 0 = 0$$

e cioè $a = 0$, che è impossibile perché per definizione a deve essere diverso da 0.
Allora, se $x \neq \frac{\pi}{2} + k\pi$, è anche $\cos x \neq 0$. Possiamo così dividere tutti i termini per $\cos x$ ottenendo l'equazione elementare

$$a \tan x + b = 0 \rightarrow \tan x = -\frac{b}{a}.$$

ESEMPIO

Risolviamo $\sin x - \sqrt{3}\cos x = 0$. Dividiamo i due membri per $\cos x$,

$$\frac{\sin x}{\cos x} - \frac{\sqrt{3}\cos x}{\cos x} = \frac{0}{\cos x} \quad \rightarrow \quad \tan x - \sqrt{3} = 0,$$

e otteniamo l'equazione elementare $\tan x = \sqrt{3}$, le cui soluzioni sono:

$$x = \frac{\pi}{3} + k\pi.$$

Animazione

Quali sono le soluzioni se scambi seno e coseno? Risolvi l'equazione $\cos x - \sqrt{3}\sin x = 0$ e confronta la tua risposta con quella fornita nell'animazione.

Se $c \neq 0$

L'equazione goniometrica è del tipo: $a \sin x + b \cos x + c = 0$.

Per la soluzione si utilizzano le **formule parametriche**:

$$\sin x = \frac{2t}{1+t^2} \quad \text{e} \quad \cos x = \frac{1-t^2}{1+t^2}, \quad \text{con } t = \tan\frac{x}{2} \text{ e } x \neq \pi + 2k\pi.$$

Sostituendo ed eseguendo le semplificazioni, si ottiene un'equazione di secondo grado in t del tipo:

$$a't^2 + b't + c' = 0.$$

Poiché le formule parametriche si applicano solo per valori di x per cui esiste la tangente di $\frac{x}{2}$, cioè per $\frac{x}{2} \neq \frac{\pi}{2} + k\pi \rightarrow x \neq \pi + 2k\pi$, occorre, prima di tutto, verificare se l'equazione di partenza ammette come soluzioni $x = \pi + 2k\pi$. Risolvendo poi l'equazione in t, si ottengono tutte le altre soluzioni.

ESEMPIO **Animazione**

Risolviamo $\sin x + \cos x - 1 = 0$.

Dapprima verifichiamo se $x = \pi + 2k\pi$ è soluzione dell'equazione.
Sostituiamo nel primo membro dell'equazione $x = \pi$:

$$\sin\pi + \cos\pi - 1 = 0 + (-1) - 1 \neq 0,$$

quindi $x = \pi + 2k\pi$ **non** è soluzione dell'equazione.
Sostituiamo ora a $\sin x$ e $\cos x$ le relative espressioni delle formule parametriche e l'equazione data diventa:

$$\frac{2t}{1+t^2} + \frac{1-t^2}{1+t^2} - 1 = 0.$$

Moltiplichiamo i due membri per $1 + t^2 \neq 0$ e semplifichiamo:

$$2t + 1 - t^2 - 1(1+t^2) = 0 \quad \rightarrow \quad -2t^2 + 2t = 0 \quad \rightarrow$$

$$2t(t-1) = 0 \quad \begin{cases} t_1 = 0, \\ t_2 = 1. \end{cases}$$

Siamo giunti a due equazioni elementari, che risolviamo:

$$\tan\frac{x}{2} = 0 \rightarrow \frac{x}{2} = k\pi \rightarrow x = 2k\pi;$$

$$\tan\frac{x}{2} = 1 \rightarrow \frac{x}{2} = \frac{\pi}{4} + k\pi \rightarrow x = \frac{\pi}{2} + 2k\pi.$$

Le soluzioni dell'equazione lineare $\sin x + \cos x - 1 = 0$ sono:

$$x = 2k\pi \ \vee \ x = \frac{\pi}{2} + 2k\pi.$$

► Risolvi l'equazione:
$\cos x - \sin x - \sqrt{2} = 0$.
$\left[-\frac{\pi}{4} + 2k\pi\right]$

TEORIA

Video

Equazioni lineari in seno e coseno Come risolvere in forma grafica le equazioni lineari in seno e coseno?

Metodo grafico

Risolviamo un'equazione lineare in seno e coseno con la geometria analitica.

- Sostituiamo l'equazione $a \sin x + b \cos x + c = 0$ con un sistema formato dall'equazione stessa e dall'equazione $\sin^2 x + \cos^2 x = 1$, la prima relazione fondamentale della goniometria:

$$\begin{cases} a \sin x + b \cos x + c = 0 \\ \cos^2 x + \sin^2 x = 1 \end{cases}.$$

- Poniamo $\cos x = X$ e $\sin x = Y$ e otteniamo un sistema algebrico.

$$\begin{cases} aY + bX + c = 0 \\ X^2 + Y^2 = 1 \end{cases}$$

$aY + bX + c = 0$ — equazione di una retta

$X^2 + Y^2 = 1$ — equazione della circonferenza con centro l'origine e raggio 1

- Troviamo le soluzioni dell'equazione lineare, rappresentate dalle coordinate dei punti di intersezione della retta e della circonferenza.

ESEMPIO Animazione

Risolviamo $\sqrt{3} \sin x + \cos x = 2$.

Trasformiamo l'equazione nel sistema: $\begin{cases} \sqrt{3} \sin x + \cos x = 2 \\ \cos^2 x + \sin^2 x = 1 \end{cases}$.

Poniamo $\sin x = Y$ e $\cos x = X$:

$$\begin{cases} \sqrt{3}\, Y + X = 2 \\ X^2 + Y^2 = 1 \end{cases}$$

$\sqrt{3}\, Y + X = 2$ — equazione di una retta

$X^2 + Y^2 = 1$ — equazione della circonferenza con centro l'origine e raggio 1

Le soluzioni dell'equazione data sono rappresentate dalle coordinate degli eventuali punti di intersezione della retta con la circonferenza.

Svolgendo i calcoli, si ottiene:

$$\begin{cases} X = \dfrac{1}{2} \\ Y = \dfrac{\sqrt{3}}{2} \end{cases}$$

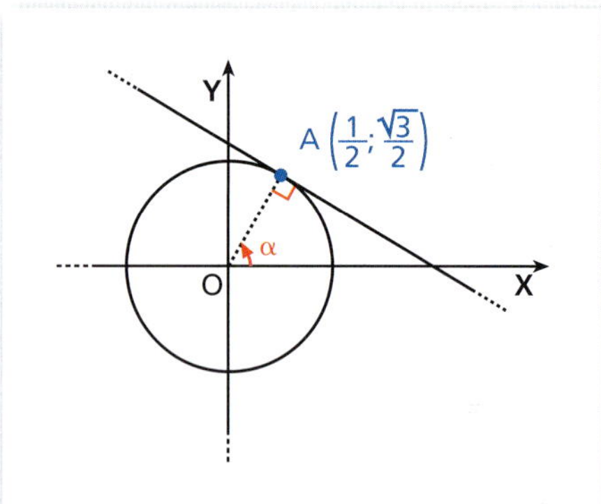

Sostituiamo $\cos x$ a X e $\sin x$ a Y, ottenendo il sistema:

$$\begin{cases} \cos x = \dfrac{1}{2} \\ \sin x = \dfrac{\sqrt{3}}{2} \end{cases}$$

che ha per soluzioni $x = \dfrac{\pi}{3} + 2k\pi$.

▶ Risolvi graficamente l'equazione $\sin x + \cos x - \sqrt{2} = 0$.

$\left[\frac{\pi}{4} + 2k\pi\right]$

Metodo dell'angolo aggiunto

Poiché l'espressione $a \sin x + b \cos x$ equivale a

$$r \sin(x + \alpha), \quad \text{con } r = \sqrt{a^2 + b^2} \ \text{ e } \ \tan\alpha = \frac{b}{a},$$

è possibile trasformare l'equazione lineare $a \sin x + b \cos x + c = 0$ in

$$r \sin(x + \alpha) + c = 0 \quad \to \quad \sin(x + \alpha) = -\frac{c}{r},$$

ossia in un'equazione elementare.

ESEMPIO Animazione

Risolviamo $\sin x - \sqrt{3}\cos x + 1 = 0$.

$$r = \sqrt{1+3} = 2; \quad \tan\alpha = \frac{-\sqrt{3}}{1} = -\sqrt{3} \quad \to \quad \alpha = -\frac{\pi}{3}.$$

L'equazione equivale a:

$$2\sin\left(x - \frac{\pi}{3}\right) + 1 = 0 \quad \to \quad \sin\left(x - \frac{\pi}{3}\right) = -\frac{1}{2}.$$

Questo ci porta a due insiemi di soluzioni:

- $x - \frac{\pi}{3} = \frac{7}{6}\pi + 2k\pi \quad \to \quad x = \frac{3}{2}\pi + 2k\pi;$
- $x - \frac{\pi}{3} = \frac{11}{6}\pi + 2k\pi \quad \to \quad x = \frac{13}{6}\pi + 2k\pi.$

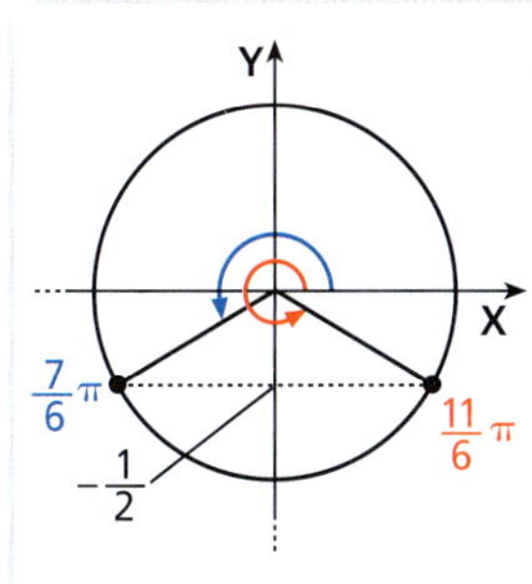

► Risolvi con il metodo dell'angolo aggiunto l'equazione:
$\sin x + \sqrt{3}\cos x = 1.$
$\left[-\frac{\pi}{6} + 2k\pi \vee \frac{\pi}{2} + 2k\pi\right]$

3 Equazioni omogenee di secondo grado in seno e coseno

► Esercizi a p. 828

Ricordiamo che un'equazione è omogenea quando tutti i suoi termini sono dello stesso grado.

DEFINIZIONE

Un'**equazione goniometrica omogenea di secondo grado in sin *x* e cos *x*** si può scrivere nella forma:

$$\boldsymbol{a \sin^2 x + b \sin x \cos x + c \cos^2 x = 0.}$$

Consideriamo due casi.

- $\boldsymbol{a = 0 \vee c = 0}$.

  Se $a = 0$ si ha: $b \sin x \cos x + c \cos^2 x = 0$.

  Se $c = 0$ si ha: $a \sin^2 x + b \sin x \cos x = 0$.

  Si può poi eseguire un raccoglimento di $\cos x$ nel primo caso e di $\sin x$ nel secondo,

  $\cos x\,(b \sin x + c \cos x) = 0$, oppure

  $\sin x\,(a \sin x + b \cos x) = 0$,

  ottenendo equazioni che si possono risolvere mediante la legge di annullamento del prodotto. Uguagliando a 0 i singoli fattori, si hanno equazioni elementari o equazioni lineari.

► Risolvi l'equazione:
$\cos x \sin x - \sqrt{3}\sin^2 x = 0.$
$\left[k\pi; \frac{\pi}{6} + k\pi\right]$

TEORIA

- $a \neq 0 \wedge c \neq 0$. Sono presenti entrambi i termini con $\sin^2 x$ e con $\cos^2 x$.

  Poiché $a \neq 0$, possiamo assumere: $\cos^2 x \neq 0$.

  Infatti è $\cos^2 x = 0$ per $x = \frac{\pi}{2} + k\pi$ e se questo valore fosse soluzione dell'equazione data, risulterebbe $a \cdot 1 + 0 + 0 = 0$, ossia $a = 0$, contro l'ipotesi.

  Dividiamo allora entrambi i membri per $\cos^2 x$, ottenendo un'equazione di secondo grado in $\tan x$, equivalente alla data:

$$\frac{a\sin^2 x}{\cos^2 x} + \frac{b\sin x\cos x}{\cos^2 x} + \frac{c\cos^2 x}{\cos^2 x} = \frac{0}{\cos^2 x} \rightarrow$$

$$a\tan^2 x + b\tan x + c = 0.$$

ESEMPIO Animazione

Risolviamo $\sin^2 x - (1+\sqrt{3})\sin x\cos x + \sqrt{3}\cos^2 x = 0$.

Poiché sono presenti i termini in $\sin^2 x$ e $\cos^2 x$ (quindi $x = \frac{\pi}{2} + k\pi$ non è soluzione dell'equazione), dividiamo i due membri per $\cos^2 x$:

$$\frac{\sin^2 x}{\cos^2 x} - \frac{(1+\sqrt{3})\sin x\cancel{\cos x}}{\cos^{\cancel{2}} x} + \frac{\sqrt{3}\cancel{\cos^2 x}}{\cancel{\cos^2 x}} = \frac{0}{\cos^2 x}.$$

Otteniamo l'equazione in $\tan x$: $\tan^2 x - (1+\sqrt{3}) \cdot \tan x + \sqrt{3} = 0$.
Poniamo $\tan x = y$ e risolviamo l'equazione di secondo grado in y:

$$y = \frac{(1+\sqrt{3}) \pm \sqrt{(1-\sqrt{3})^2}}{2} = \frac{(1+\sqrt{3}) \pm (1-\sqrt{3})}{2} \begin{cases} y_1 = 1, \\ y_2 = \sqrt{3}. \end{cases}$$

Risolviamo, dunque, le due equazioni elementari:

$$\tan x = 1 \rightarrow x = \frac{\pi}{4} + k\pi; \quad \tan x = \sqrt{3} \rightarrow x = \frac{\pi}{3} + k\pi.$$

L'equazione omogenea data ha per soluzioni:

$$x = \frac{\pi}{4} + k\pi \vee x = \frac{\pi}{3} + k\pi.$$

► Risolvi l'equazione:
$\sin^2 x - 4\sin x\cos x + 3\cos^2 x = 0$.
$\left[\frac{\pi}{4} + k\pi; \arctan 3 + k\pi\right]$

Un'equazione omogenea di secondo grado può essere risolta anche trasformandola in un'equazione lineare, tenendo presente che:

$$\sin^2 x = \frac{1-\cos 2x}{2}, \quad \cos^2 x = \frac{1+\cos 2x}{2}, \quad \sin x\cos x = \frac{\sin 2x}{2}.$$

► Risolvi l'equazione: $5\sin^2 x - 2 = 2\sqrt{3}\sin x\cos x + \cos^2 x$.

Animazione

Equazioni riconducibili a omogenee di secondo grado in seno e coseno

Un'equazione del tipo

$$\boldsymbol{a\sin^2 x + b\sin x\cos x + c\cos^2 x = d}, \quad \text{con } d \neq 0,$$

è **riconducibile a omogenea di secondo grado in seno e coseno**. Infatti, può essere scritta in modo da risultare omogenea moltiplicando il termine noto d per $(\sin^2 x + \cos^2 x)$, uguale a 1 per ogni x.

L'equazione diventa:

$$a\sin^2 x + b\sin x\cos x + c\cos^2 x = d(\sin^2 x + \cos^2 x).$$

▶ Risolvi l'equazione: $2\sqrt{3}\sin^2 x - \sin x\cos x + \sqrt{3}\cos^2 x = \sqrt{3}$.

Animazione

4 Sistemi di equazioni goniometriche

▶ Esercizi a p. 838

È possibile trattare i sistemi di equazioni goniometriche in modo analogo ai sistemi di equazioni algebriche.

ESEMPIO Animazione

Risolviamo il seguente sistema di due equazioni goniometriche in due incognite x e y, utilizzando il metodo di sostituzione:

$$\begin{cases} 4\cos^2 x + 3\cos^2 y = 4 \\ 2\cos x + 5\cos y = 6 \end{cases}$$

Poniamo $\cos x = X$ e $\cos y = Y$:

$$\begin{cases} 4X^2 + 3Y^2 = 4 \\ 2X + 5Y = 6 \end{cases}$$

Dalla seconda equazione ricaviamo $X = \dfrac{6-5Y}{2}$; sostituiamo nella prima:

$$\begin{cases} 4\left(\dfrac{6-5Y}{2}\right)^2 + 3Y^2 = 4 \to 7Y^2 - 15Y + 8 = 0 \to Y = \dfrac{8}{7} \text{ e } Y = 1 \\ X = \dfrac{6-5Y}{2} \end{cases}$$

Poiché $Y = \cos y$ e la funzione coseno ha i valori compresi fra -1 e 1, l'equazione $\cos y = \dfrac{8}{7}$ non ha soluzioni.

Consideriamo soltanto la soluzione $Y = 1$, per cui il sistema diventa:

$$\begin{cases} Y = 1 \\ X = \dfrac{1}{2} \end{cases} \to \begin{cases} \cos y = 1 \\ \cos x = \dfrac{1}{2} \end{cases} \to \begin{cases} y = 2k\pi \\ x = \pm\dfrac{\pi}{3} + 2k_1\pi \end{cases}, \quad \text{con } k, k_1 \in \mathbb{Z}.$$

▶ Risolvi il seguente sistema:

$$\begin{cases} \tan x - \tan y = -\dfrac{\sqrt{3}}{3} \\ \tan x + \tan y = \dfrac{\sqrt{3}}{3} \end{cases}.$$

$\left[x = k\pi;\ y = \dfrac{\pi}{6} + k_1\pi\right]$

5 Disequazioni goniometriche

DEFINIZIONE

Una **disequazione goniometrica** contiene almeno una funzione goniometrica dell'incognita.

Disequazioni goniometriche elementari

▶ Esercizi a p. 840

Le **disequazioni goniometriche elementari** sono del tipo:

$\sin x > a, \quad \cos x > b, \quad \tan x > c,$

o del tipo analogo con i simboli $\geq, <, \leq$.
È possibile risolverle in due modi:

1. utilizzando il grafico della relativa funzione goniometrica;
2. utilizzando la circonferenza goniometrica.

Primo metodo

ESEMPIO Animazione

Risolviamo $\sin x < \frac{1}{2}$.

L'equazione associata è $\sin x = \frac{1}{2}$, le cui soluzioni in $[0; 2\pi]$ sono $x = \frac{\pi}{6}$ e $x = \frac{5}{6}\pi$.

Tracciamo il grafico della funzione $y = \sin x$ nell'intervallo $[0; 2\pi]$ e il grafico della retta $y = \frac{1}{2}$. Le ascisse dei punti di intersezione della retta con la sinusoide sono $\frac{\pi}{6}$ e $\frac{5}{6}\pi$.

Poiché dev'essere $\sin x < \frac{1}{2}$, coloriamo la parte di sinusoide che sta strettamente «sotto» la retta $y = \frac{1}{2}$ (figura **c**).

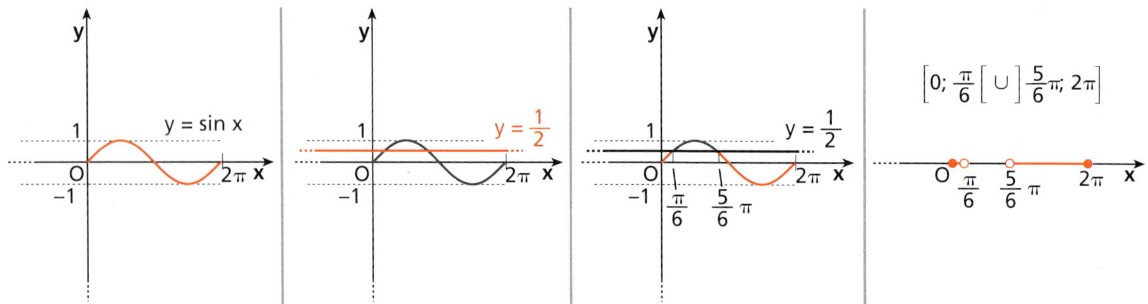

a. Disegniamo il grafico di $y = \sin x$, $x \in [0; 2\pi]$.

b. Tracciamo la retta $y = \frac{1}{2}$.

c. Evidenziamo in rosso la parte di sinusoide le cui ordinate sono strettamente minori di $\frac{1}{2}$.

d. La soluzione della disequazione è data dalle ascisse corrispondenti ai punti evidenziati.

Le ascisse dei punti della sinusoide evidenziata variano da 0 a $\frac{\pi}{6}$ e da $\frac{5}{6}\pi$ a 2π. Pertanto le soluzioni nell'intervallo $[0; 2\pi]$ sono:

$$0 \leq x < \frac{\pi}{6} \vee \frac{5}{6}\pi < x \leq 2\pi.$$

Se teniamo conto della periodicità della funzione seno, le soluzioni della disequazione in $\mathbb{R}$ sono:

$$2k\pi \leq x < \frac{\pi}{6} + 2k\pi \vee \frac{5}{6}\pi + 2k\pi < x \leq 2\pi + 2k\pi.$$

▶ Risolvi la disequazione $\cos x > \frac{\sqrt{3}}{2}$, utilizzando il grafico di $y = \cos x$.

Animazione

Secondo metodo

ESEMPIO Animazione

Consideriamo di nuovo la disequazione $\sin x < \frac{1}{2}$.

Disegniamo la circonferenza goniometrica e su di essa evidenziamo i punti P e Q che hanno ordinata uguale a $\frac{1}{2}$. A essi corrispondono gli angoli $\frac{\pi}{6}$ e $\frac{5}{6}\pi$ che risolvono l'equazione associata.

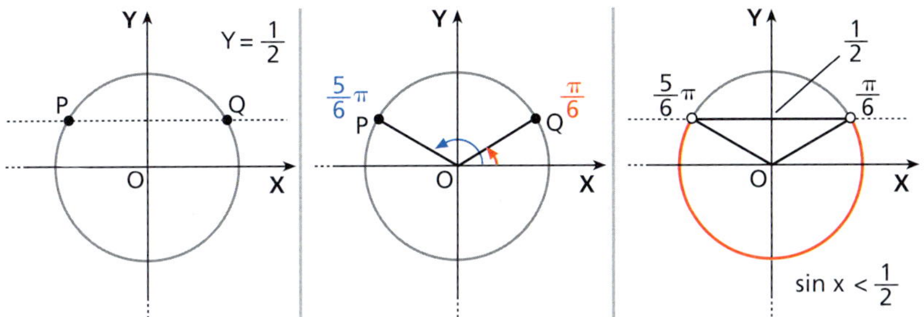

a. Tracciamo la retta $Y = \frac{1}{2}$ e indichiamo con P e Q i punti aventi ordinata $\frac{1}{2}$.

b. Evidenziamo gli angoli $\frac{\pi}{6}$ e $\frac{5}{6}\pi$ individuati da P e Q.

c. Coloriamo in rosso gli archi i cui punti hanno ordinata minore di $\frac{1}{2}$.

Le soluzioni nell'intervallo $[0; 2\pi]$ sono date da tutti gli angoli a cui corrispondono sulla circonferenza goniometrica punti con ordinata minore di $\frac{1}{2}$:

$$0 \leq x < \frac{\pi}{6} \vee \frac{5}{6}\pi < x \leq 2\pi.$$

Abbiamo ottenuto lo stesso risultato del primo metodo.

► Risolvi utilizzando la circonferenza goniometrica:

$\cos x > \frac{\sqrt{3}}{2}$.

Animazione

Disequazioni goniometriche non elementari

► Esercizi a p. 843

Esaminiamo un esempio.

ESEMPIO Animazione

Risolviamo $\sqrt{2}\sin^2 x - \sin x \geq 0$, nell'intervallo $[0; 2\pi]$.

Questa è una disequazione di secondo grado in $\sin x$, soddisfatta per valori esterni all'intervallo delle soluzioni dell'equazione associata.

Determiniamo le soluzioni dell'equazione associata:

$$\sqrt{2}\sin^2 x - \sin x = 0$$

$$\sin x \cdot (\sqrt{2}\sin x - 1) = 0 \quad \rightarrow \quad \sin x = 0 \ \vee \ \sin x = \frac{\sqrt{2}}{2}.$$

Consideriamo i valori esterni all'intervallo delle soluzioni:

$$\sin x \leq 0 \ \vee \ \sin x \geq \frac{\sqrt{2}}{2}.$$

Ci siamo quindi ricondotti a risolvere due disequazioni elementari.

Rappresentiamo graficamente gli intervalli soluzione, utilizzando i due metodi appena visti.

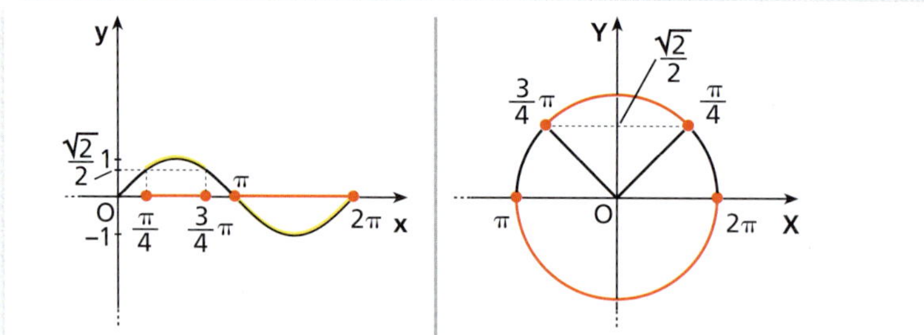

a. Risoluzione con il grafico della funzione seno.

b. Risoluzione con la circonferenza goniometrica.

Le soluzioni della disequazione di partenza, nell'intervallo $[0; 2\pi]$, sono

$$\frac{\pi}{4} \le x \le \frac{3}{4}\pi \vee \pi \le x \le 2\pi.$$

► Risolvi la disequazione $\cos x + \cos^2 x > 0$.
$\left[-\frac{\pi}{2} + 2k\pi < x < \frac{\pi}{2} + 2k\pi\right]$

Disequazioni fratte o sotto forma di prodotto

► Esercizi a p. 845

Esaminiamo un esempio in cui viene risolta una disequazione fratta.

ESEMPIO Animazione

Risolviamo la disequazione $\tan x \ge \frac{1}{2\cos x}$.

- Scriviamo la disequazione in seno e coseno, nella forma $\frac{N}{D} \ge 0$:

$$\frac{\sin x}{\cos x} \ge \frac{1}{2\cos x} \quad \rightarrow \quad \frac{2\sin x - 1}{2\cos x} \ge 0.$$

- Studiamo il segno di N e D in $[0; 2\pi]$:

$$N > 0: 2\sin x - 1 > 0 \quad \rightarrow \quad \sin x > \frac{1}{2} \quad \rightarrow \quad \frac{\pi}{6} < x < \frac{5}{6}\pi;$$

$$D > 0: 2\cos x > 0 \quad \rightarrow \quad \cos x > 0 \quad \rightarrow \quad 0 < x < \frac{\pi}{2} \vee \frac{3}{2}\pi < x < 2\pi.$$

- Rappresentiamo i segni su circonferenze concentriche (quella più interna è relativa al segno di N) e applichiamo la regola dei segni, riportando i risultati su una terza circonferenza, che nella figura è la più esterna.

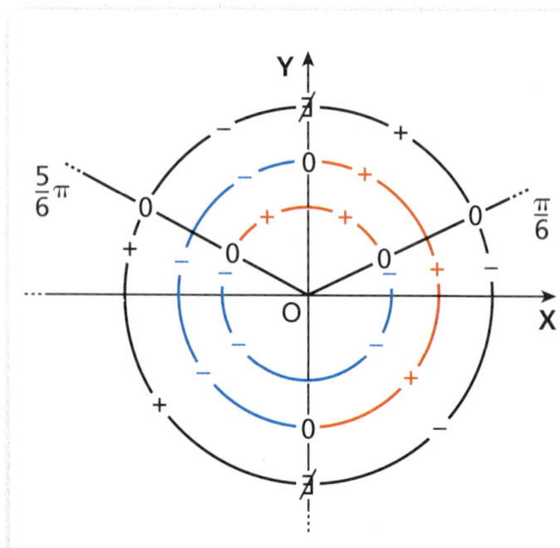

Scegliamo gli intervalli in cui in $[0; 2\pi]$ è $\frac{N}{D} \ge 0$:

$$\frac{\pi}{6} \le x < \frac{\pi}{2} \vee \frac{5}{6}\pi \le x < \frac{3}{2}\pi.$$

Tenendo conto della periodicità, la disequazione è verificata in $\mathbb{R}$ per:

$$\frac{\pi}{6} + 2k\pi \le x < \frac{\pi}{2} + 2k\pi \vee \frac{5}{6}\pi + 2k\pi \le x < \frac{3}{2}\pi + 2k\pi.$$

► Risolvi la disequazione: $(2\sin x + 1)\cdot(\sqrt{2}\cos x - 1) < 0$.

Sistemi di disequazioni goniometriche

▶ Esercizi a p. 852

Un sistema di disequazioni goniometriche è l'insieme di due o più disequazioni goniometriche nella stessa incognita. Le soluzioni del sistema sono quei valori che soddisfano contemporaneamente tutte le disequazioni.

ESEMPIO Animazione

Risolviamo il sistema $\begin{cases} 4\sin^2 x - 3 \geq 0 \\ \tan x \geq 1 \end{cases}$.

- Risolviamo la prima disequazione.

$$4\sin^2 x - 3 \geq 0 \;\rightarrow\; \sin^2 x \geq \frac{3}{4} \;\rightarrow$$

$$\sin x \leq -\frac{\sqrt{3}}{2} \vee \sin x \geq \frac{\sqrt{3}}{2}$$

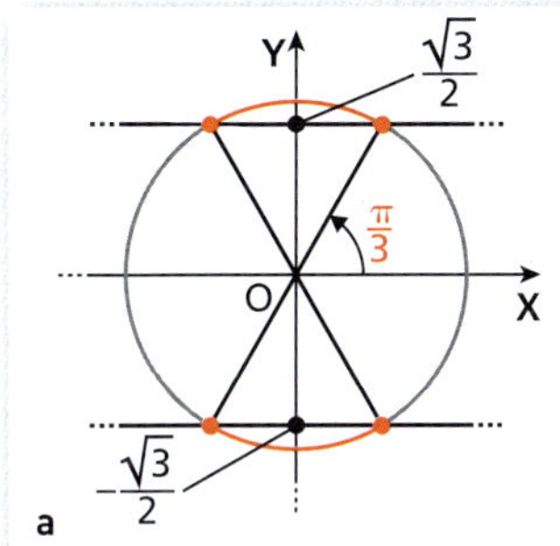

- Dallo schema grafico (figura **a**) deduciamo che la disequazione è verificata per:

$$\frac{\pi}{3} + k\pi \leq x \leq \frac{2}{3}\pi + k\pi.$$

- Risolviamo la seconda disequazione (figura **b**):

$$\tan x \geq 1 \;\rightarrow\; \frac{\pi}{4} + k\pi \leq x < \frac{\pi}{2} + k\pi.$$

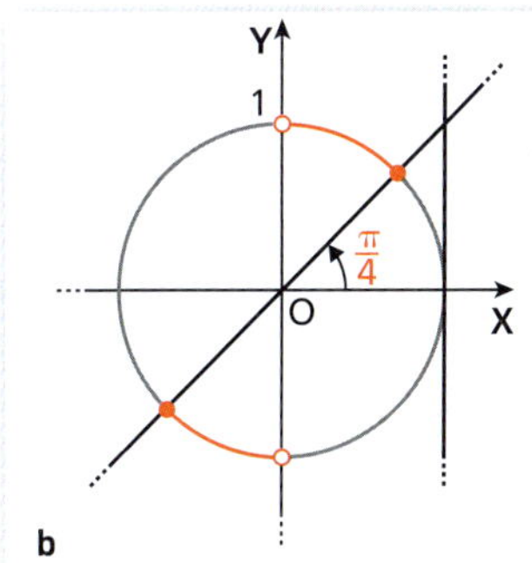

- Rappresentiamo le soluzioni su circonferenze concentriche (figura **c**) ed evidenziamo gli intervalli in cui le disequazioni sono entrambe verificate. Le soluzioni del sistema sono:

$$\frac{\pi}{3} + k\pi \leq x < \frac{\pi}{2} + k\pi.$$

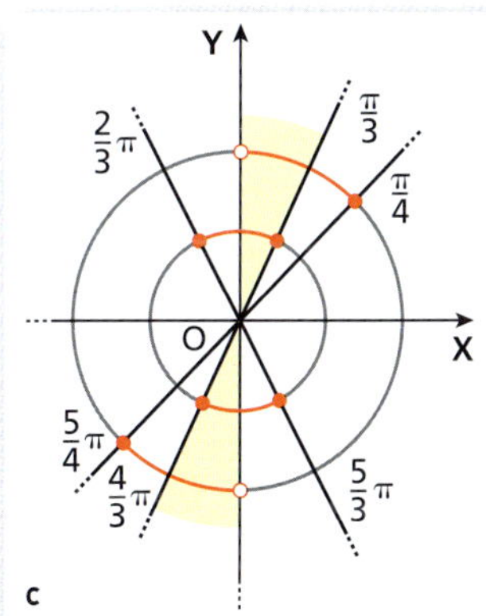

▶ Risolvi il sistema:
$\begin{cases} 2\cos x + \sqrt{2} > 0 \\ 2\sin x \leq -1 \end{cases}$.

MATEMATICA E TECNOLOGIA

I pannelli solari Il Sole è una fonte di energia rinnovabile ed economica. Chiunque può diventare produttore di energia solare se possiede dei pannelli solari.

▶ Come si devono collocare i pannelli solari affinché il loro rendimento sia massimo?

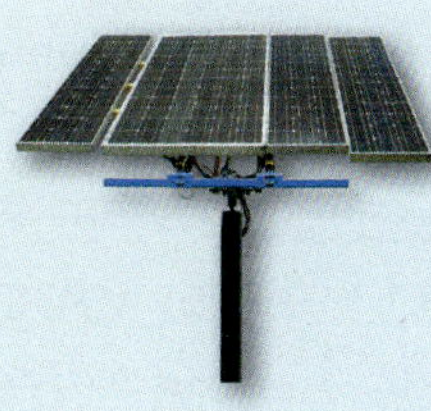

La risposta

TEORIA

IN SINTESI
Equazioni e disequazioni goniometriche

Equazioni goniometriche elementari

Equazioni goniometriche elementari		
$\sin x = a$ — determinata se $-1 \leq a \leq 1$; impossibile se $a < -1 \vee a > 1$	$\cos x = b$ — determinata se $-1 \leq b \leq 1$; impossibile se $b < -1 \vee b > 1$	$\tan x = c$ determinata $\forall c \in \mathbb{R}$
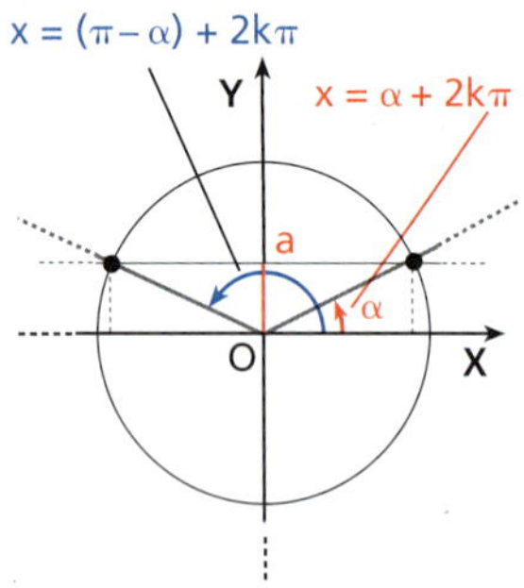	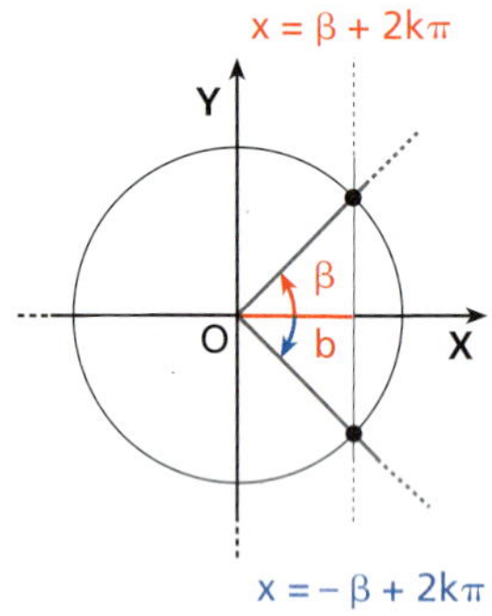	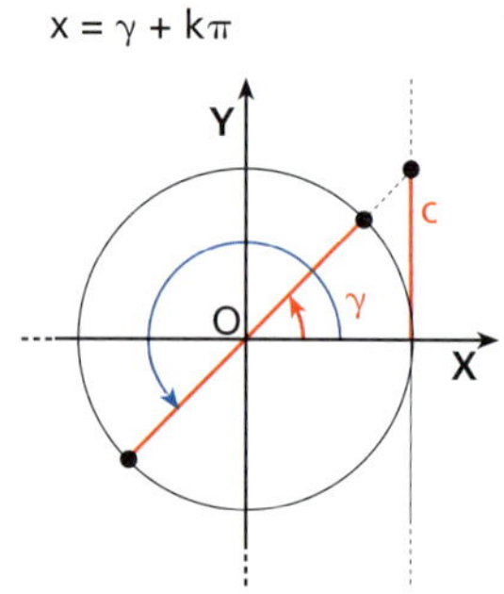

Equazioni lineari in seno e coseno

- **Equazioni lineari**: sono della forma $a \sin x + b \cos x + c = 0$, con $a \neq 0$ e $b \neq 0$.
- **Metodo di risoluzione algebrico**
  - $c = 0$: si dividono i membri per $\cos x \neq 0$ e si risolve l'equazione in tangente.
  - $c \neq 0$:
    - si determinano eventuali soluzioni del tipo $x = \pi + 2k\pi$;
    - si utilizzano le formule parametriche per $x \neq \pi + 2k\pi$,

      $\sin x = \dfrac{2t}{1+t^2}$ e $\cos x = \dfrac{1-t^2}{1+t^2}$, con $t = \tan \dfrac{x}{2}$

      risolvendo l'equazione in t.
- **Metodo di risoluzione grafico**
  - Si eseguono le sostituzioni $\sin x = Y$ e $\cos x = X$.
  - Si risolve il sistema tra equazione della retta $aY + bX + c = 0$ e $X^2 + Y^2 = 1$, equazione della circonferenza goniometrica. Le soluzioni del sistema sono i punti di intersezione tra retta e circonferenza.
- **Metodo di risoluzione dell'angolo aggiunto**
  - Si considera

    $$a \sin x + b \cos x = r \sin(x + \alpha), \text{ con } r = \sqrt{a^2 + b^2} \text{ e } \tan \alpha = \frac{b}{a}.$$
  - Si sostituisce in $a \sin x + b \cos x + c = 0$:

    $$r \sin(x + \alpha) + c = 0 \quad \rightarrow \quad \sin(x + \alpha) = -\frac{c}{r}, \text{ equazione elementare.}$$

Equazioni omogenee di secondo grado in seno e coseno

- **Equazioni omogenee di secondo grado in seno e coseno**: sono le equazioni riconducibili alla forma:

  $a\sin^2 x + b\sin x\cos x + c\cos^2 x = 0.$

- **Metodo risolutivo**
  - Se $a = 0$: $b\sin x\cos x + c\cos^2 x = 0 \to \cos x(b\sin x + c\cos x) = 0.$
  - Se $c = 0$: $a\sin^2 x + b\sin x\cos x = 0 \to \sin x(a\sin x + b\cos x) = 0.$
  - Se $a \neq 0 \wedge c \neq 0$: si divide per $\cos^2 x$ (diverso da 0, essendo $a \neq 0$) $\to a\tan^2 x + b\tan x + c = 0.$

- Sono **riconducibili** a omogenee di secondo grado in seno e coseno le equazioni del tipo:

  $a \cdot \sin^2 x + b \cdot \sin x\cos x + c \cdot \cos^2 x = d, \quad$ con $d \neq 0.$

  Per risolverle, si moltiplica d per $1 = \sin^2 x + \cos^2 x$ e si risolve l'equazione omogenea così ottenuta.

Disequazioni goniometriche

- **Disequazioni goniometriche elementari**: sono le disequazioni del tipo $\sin x < a$, $\cos x < a$, $\tan x < a$ e quelle analoghe con diversi simboli di diseguaglianza.

- **Metodi risolutivi**
  - Con il **grafico della funzione goniometrica**.

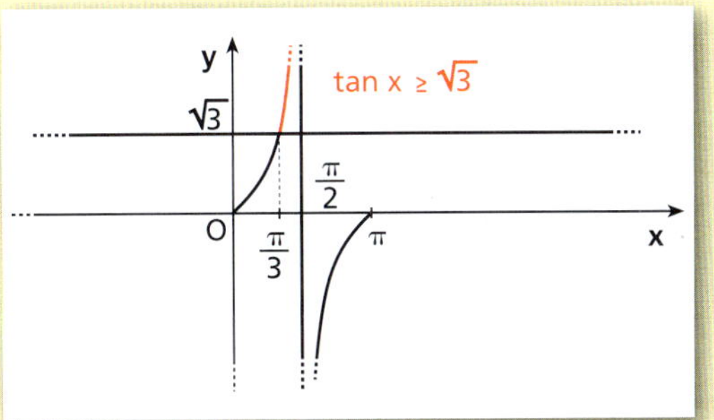

  - Con la **circonferenza goniometrica**.

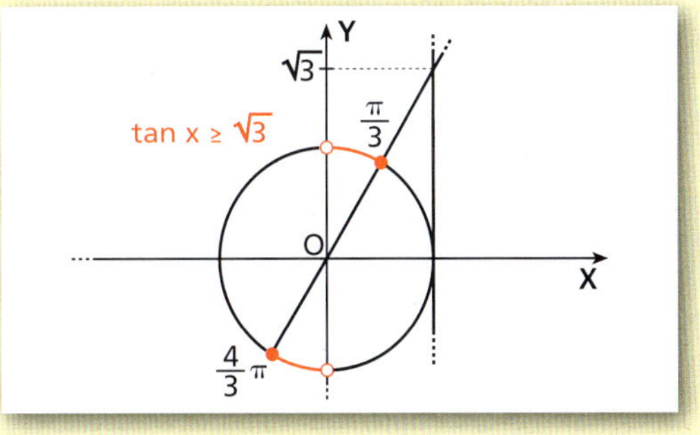

- Si risolvono le **disequazioni goniometriche non elementari** riconducendole a disequazioni elementari. Le disequazioni sotto forma di prodotti si risolvono mediante lo **studio del segno** dei fattori.

  ESEMPIO: $(2\sin x + \sqrt{2})(2\cos x - 1) > 0.$

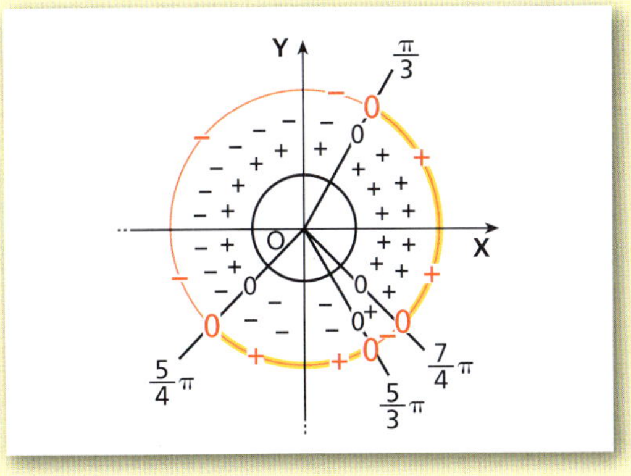

- Un **sistema di disequazioni goniometriche** ha come soluzioni quei valori che soddisfano contemporaneamente tutte le sue disequazioni.

  ESEMPIO: $\begin{cases} 2\sin x + \sqrt{2} > 0 \\ 2\cos x - 1 > 0 \end{cases}$

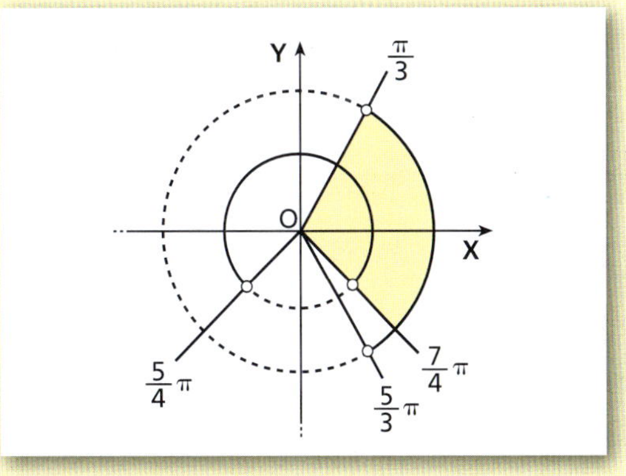

ESERCIZI

CAPITOLO 14
ESERCIZI

1 Equazioni goniometriche elementari

1 Riconosci fra le seguenti equazioni quelle goniometriche.

$3 \sin x = 1$; $3x \sin \pi = 1$; $2 \cos x + 2 = 0$; $2x - \tan 30° = 0$; $\sin^2 x - \cos x - 3 = 0$.

Scrittura sintetica delle soluzioni di un'equazione

2 TEST Fra le seguenti espressioni, una sola *non* è equivalente a $x = \frac{\pi}{2} + k\frac{\pi}{2}$. Quale?

A $x = \pi + k\frac{\pi}{2}$

B $x = \frac{3}{2}\pi + k\frac{\pi}{2}$

C $x = k\pi \vee x = \frac{\pi}{2} + k\pi$

D $x = 2k\pi \vee x = \frac{\pi}{2} + k\pi$

E $x = k\frac{\pi}{2}$

3 ASSOCIA a ciascuna espressione della prima colonna un'espressione della seconda colonna che descriva gli stessi angoli.

a. $x = k\pi$ — 1. $x = 2k\pi$

b. $x = \pi + 2k\pi$ — 2. $x = \pi + k\pi$

c. $x = -4\pi + 2k\pi$ — 3. $x = -\pi + 2k\pi$

d. $x = k\frac{\pi}{2}$ — 4. $x = \frac{\pi}{2} + k\frac{\pi}{2}$

---

4 VERO O FALSO? Le due scritture sintetiche indicate sono equivalenti.

a. $x = -\frac{\pi}{4} + 2k\pi$, $x = \frac{7}{4}\pi + 2k\pi$. V F

b. $x = \frac{\pi}{3} + 2k\pi \vee x = \frac{4}{3}\pi + 2k\pi$, $x = \frac{\pi}{3} + k\pi$. V F

c. $x = \frac{5}{6}\pi + k\pi$, $x = \frac{11}{6}\pi + 2k\pi$. V F

d. $x = \frac{\pi}{2} + 2k\pi \vee x = \frac{3}{2}\pi + 2k\pi$, $x = -\frac{\pi}{2} + k\pi$. V F

e. $x = k\pi$, $x = 2k\pi \vee x = \pi + 2k\pi$. V F

f. $x = \frac{\pi}{4} + k\frac{\pi}{2}$, $x = \pm\frac{\pi}{4} + k\pi$. V F

Rappresenta nella circonferenza goniometrica le seguenti soluzioni di equazioni goniometriche.

5 a. $x = -\frac{\pi}{4} + k\pi$; b. $x = \frac{3}{2}\pi + k\pi$.

6 a. $x = \frac{\pi}{4} + k\frac{\pi}{2}$; b. $x = -\frac{2}{3}\pi + k\pi$.

7 a. $x = \frac{\pi}{6} + k\pi \vee x = -\frac{\pi}{6} + 2k\pi$; b. $x = \frac{3}{4}\pi + k\pi \vee x = k\pi$.

LEGGI IL GRAFICO In ogni figura sono indicate le soluzioni di un'equazione goniometrica. Scrivi il risultato nella forma più sintetica possibile, indicando anche la periodicità.

8

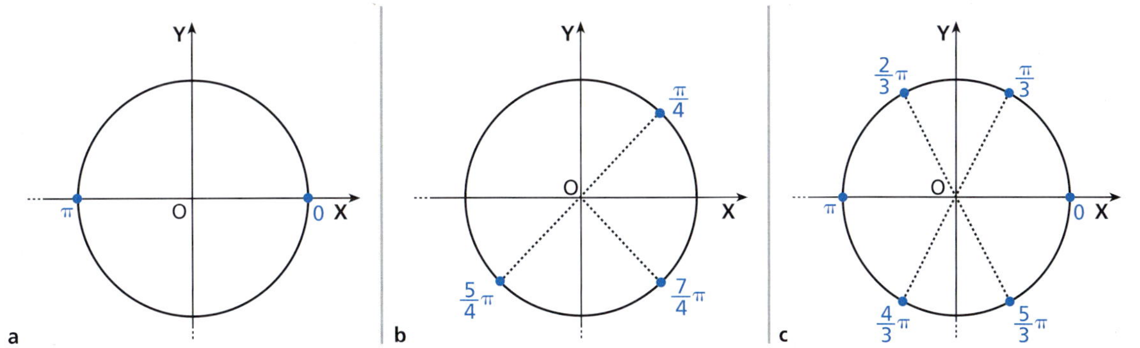

9

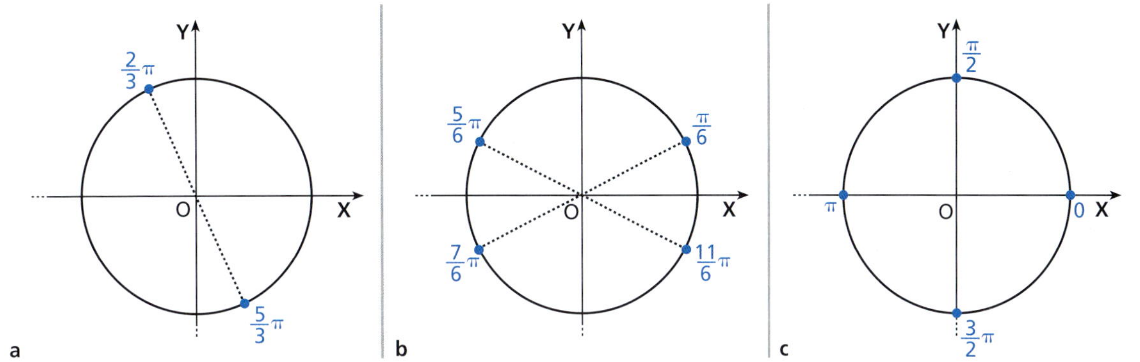

sin *x* = *a*

▶ Teoria a p. 792

10 **ESERCIZIO GUIDA** Risolviamo le seguenti equazioni:

a. $2\sin x - 1 = 0$; **b.** $2\sin x - 4 = 0$; **c.** $\sin\left(x - \frac{\pi}{6}\right) = \frac{\sqrt{3}}{2}$; **d.** $\sin x = \frac{1}{3}$.

a. Risolviamo l'equazione rispetto a $\sin x$:

$$2\sin x - 1 = 0 \rightarrow \sin x = \frac{1}{2}.$$

Usando la circonferenza goniometrica, cerchiamo i punti di ordinata $\frac{1}{2}$. A essi corrispondono gli angoli $\frac{\pi}{6}$ e $\pi - \frac{\pi}{6} = \frac{5}{6}\pi$. Inoltre, tutti gli angoli che si ottengono da $\frac{\pi}{6}$ e $\frac{5}{6}\pi$ aggiungendo (o sottraendo) 2π e i suoi multipli hanno lo stesso seno, quindi sono soluzioni dell'equazione. In conclusione, le soluzioni dell'equazione sono: $x = \frac{\pi}{6} + 2k\pi \vee x = \frac{5}{6}\pi + 2k\pi$.

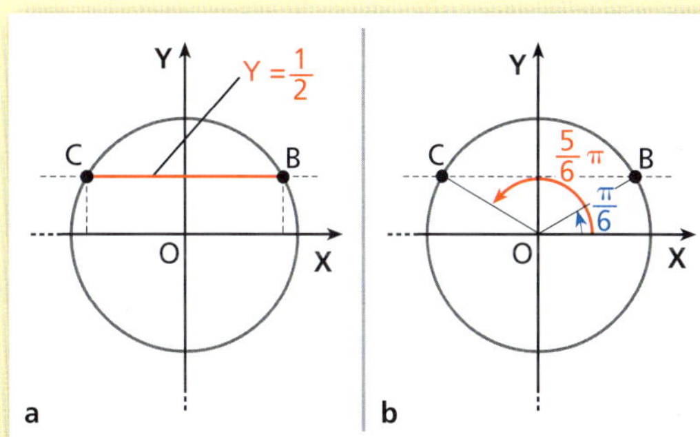

b. $2\sin x - 4 = 0$. Risolviamo l'equazione rispetto a $\sin x$:

$$2\sin x = 4 \rightarrow \sin x = 2.$$

L'equazione è impossibile perché deve essere $-1 \leq \sin x \leq 1$ per qualsiasi valore di x. Graficamente osserviamo che la retta dei punti che hanno ordinata 2 non incontra mai la circonferenza goniometrica.

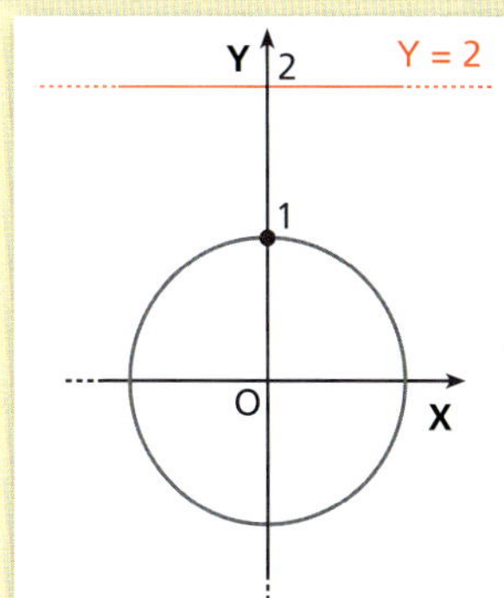

c. $\sin\left(x-\frac{\pi}{6}\right)=\frac{\sqrt{3}}{2}$. Poniamo $x-\frac{\pi}{6}=t$. Otteniamo l'equazione:

$$\sin t=\frac{\sqrt{3}}{2}.$$

Le soluzioni sono $t=\frac{\pi}{3}+2k\pi$ e $t=\frac{2}{3}\pi+2k\pi$.
Sostituiamo i valori trovati per t nell'equazione $x-\frac{\pi}{6}=t$ e otteniamo: $x=\frac{\pi}{2}+2k\pi \vee x=\frac{5}{6}\pi+2k\pi$.

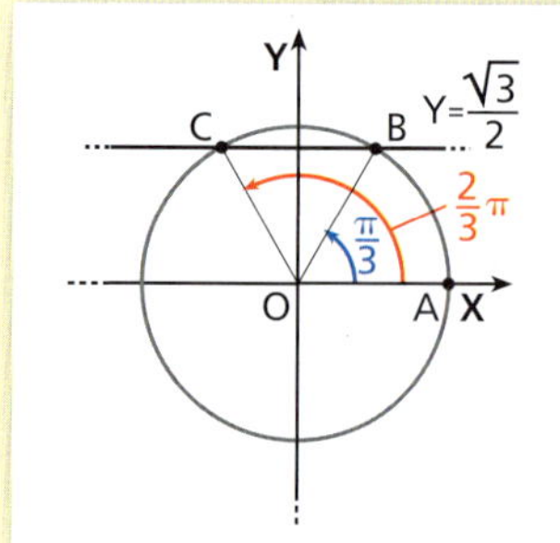

d. $\sin x=\frac{1}{3}$.

Procediamo come nel caso **a**. Tuttavia, notiamo che il valore del seno non corrisponde ad angoli noti, quindi esprimiamo le soluzioni mediante la funzione arcoseno:

$$x=\arcsin\frac{1}{3}+2k\pi \vee x=\pi-\arcsin\frac{1}{3}+2k\pi.$$

Con l'aiuto della calcolatrice scriviamo i valori approssimati degli angoli:

$$x\simeq 0,34+2k\pi \vee x\simeq 2,8+2k\pi.$$

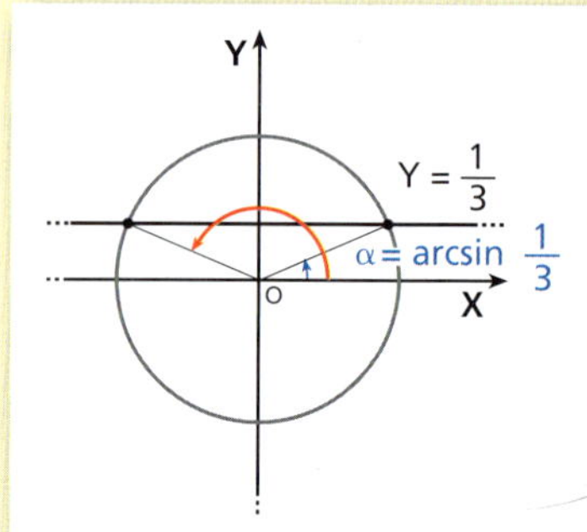

11 Scrivi le soluzioni dell'equazione $\sin x=\frac{\sqrt{2}}{2}$ in $[0;3\pi]$. $\left[\frac{\pi}{4};\frac{3}{4}\pi;\frac{9}{4}\pi;\frac{11}{4}\pi\right]$

12 Scrivi le soluzioni dell'equazione $\sin 2x=\frac{1}{2}$ in $[0;2\pi]$. $\left[\frac{\pi}{12};\frac{5}{12}\pi;\frac{13}{12}\pi;\frac{17}{12}\pi\right]$

13 **TEST** Solo una tra le seguenti *non* è soluzione dell'equazione $\sin 2x=\frac{\sqrt{3}}{2}$. Quale?

A $\frac{\pi}{3}$ B $\frac{\pi}{6}$ C $\frac{13}{6}\pi$ D $\frac{2}{3}\pi$ E $\frac{7}{6}\pi$

Risolvi le seguenti equazioni in $\mathbb{R}$.

14 $2\sin x=-\sqrt{2}$ $\left[\frac{5}{4}\pi+2k\pi;\frac{7}{4}\pi+2k\pi\right]$

15 $\sin x-1=0$ $\left[\frac{\pi}{2}+2k\pi\right]$

16 $2\sin x-4=3$ [impossibile]

17 $\sin x=\cos\frac{\pi}{6}$ $\left[\frac{\pi}{3}+2k\pi;\frac{2}{3}\pi+2k\pi\right]$

18 $2\sin x+2=3\sin x+4$ [impossibile]

19 $\sin x+1=1$ $[k\pi]$

20 $2\sin 3x-1=0$ $\left[\frac{\pi}{18}+k\frac{2}{3}\pi;\frac{5}{18}\pi+k\frac{2}{3}\pi\right]$

21 $2\sin\frac{x}{3}+\sqrt{3}=0$ $[-\pi+6k\pi;4\pi+6k\pi]$

22 $2\sin\left(x-\frac{\pi}{3}\right)-1=0$ $\left[\frac{\pi}{2}+2k\pi;\frac{7}{6}\pi+2k\pi\right]$

23 $\sin\left(\frac{\pi}{3}-x\right)=0$ $\left[\frac{\pi}{3}+k\pi\right]$

24 $2\sin\frac{x}{2}=\cos 2\pi$ $\left[\frac{\pi}{3}+4k\pi;\frac{5}{3}\pi+4k\pi\right]$

25 $\sin x=\cos\frac{2}{3}\pi$ $\left[-\frac{\pi}{6}+2k\pi;\frac{7}{6}\pi+2k\pi\right]$

26 $3\sin x+1=2\sin x$ $\left[\frac{3}{2}\pi+2k\pi\right]$

27 $\sin(x+1)=\tan\frac{\pi}{3}$ [impossibile]

28 $2\sin 5x-\sqrt{2}=0$ $\left[\frac{\pi}{20}+k\frac{2}{5}\pi;\frac{3}{20}\pi+k\frac{2}{5}\pi\right]$

29 $3\sin x-10=2(\sin x-1)$ [impossibile]

30 $2(\sin 2x+3)-1=3(1-\sin 2x)+2$ $\left[k\frac{\pi}{2}\right]$

31 $8\sin 8x=8$ $\left[\frac{\pi}{16}+k\frac{\pi}{4}\right]$

32 $\sin x+3=2(\sin x+1)$ $\left[\frac{\pi}{2}+2k\pi\right]$

33 $2\sin x+\sqrt{3}=0$ $\left[-\frac{\pi}{3}+2k\pi;\frac{4}{3}\pi+2k\pi\right]$

34 $4 \sin x = -1$ $\left[\arcsin\left(-\frac{1}{4}\right) + 2k\pi; \pi - \arcsin\left(-\frac{1}{4}\right) + 2k\pi\right]$

35 $\frac{3}{5}\sin x - \frac{4}{3} = -\frac{2}{5}\sin x - \sin\frac{\pi}{2} + \frac{2}{3}$ $\left[\frac{\pi}{2} + 2k\pi\right]$

36 $2 \cos 60° \sin x - \sin 30° = \tan 180°$ $[30° + k\,360°; 150° + k\,360°]$

37 $\csc x = -2$ $\left[\frac{7}{6}\pi + 2k\pi; \frac{11}{6}\pi + 2k\pi\right]$

38 $4 \sin(x + 10°) = 3 \sin(x + 10°) + 2[13 + 3 \sin(x + 10°)]$ [impossibile]

39 $5 + \sin\left(x - \frac{\pi}{14}\right) = 2\left[\sin\left(x - \frac{\pi}{14}\right) + 3\right]$ $\left[\frac{11}{7}\pi + 2k\pi\right]$

40 $(\sin 3x - 2)(\sin 3x - 3) = (\sin 3x + 2)(\sin 3x + 3)$ $\left[k\frac{\pi}{3}\right]$

41 $\left|\sin\left(x - \frac{\pi}{6}\right)\right| = 1$ $\left[\frac{2}{3}\pi + k\pi\right]$

42 $2 \sin x - 2 \cos 45° = 2(\sqrt{2} \sin 60° - \sin x)$ $[75° + k\,360°; 105° + k\,360°]$

43 $|2 \sin 3x| = 1$ $\left[\pm\frac{\pi}{18} + k\frac{\pi}{3}\right]$

44 $\sin(2x - 10°) + 3 = 3 \sin(2x - 10°) + 4$ $[-10° + k\,180°; 110° + k\,180°]$

45 REALTÀ E MODELLI **La scala** Determina la misura dell'angolo che una scala lunga 4 m forma con il terreno quando è appoggiata a una parete in modo da raggiungere un'altezza di 3 m. $[\alpha \simeq 49°]$

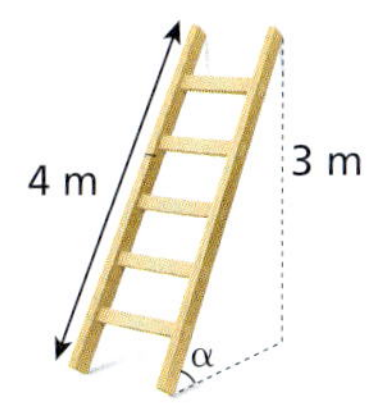

46 Disegna nel piano cartesiano i grafici delle funzioni $y = 2\sin x$ e $y = -\sqrt{2}$ nell'intervallo $[-\pi; \pi]$ e determina le coordinate dei loro punti di intersezione. $\left[\left(-\frac{3}{4}\pi; -\sqrt{2}\right); \left(-\frac{\pi}{4}; -\sqrt{2}\right)\right]$

47 Traccia i grafici delle funzioni $y = \sin x - 1$ e $y = 3\sin x - 2$ nell'intervallo $[-\pi; 2\pi]$ e determina le coordinate dei loro punti di intersezione. $\left[\left(\frac{\pi}{6}; -\frac{1}{2}\right); \left(\frac{5}{6}\pi; -\frac{1}{2}\right)\right]$

LEGGI IL GRAFICO **Determina in ognuna delle figure le coordinate dei punti *A* e *B*.**

48

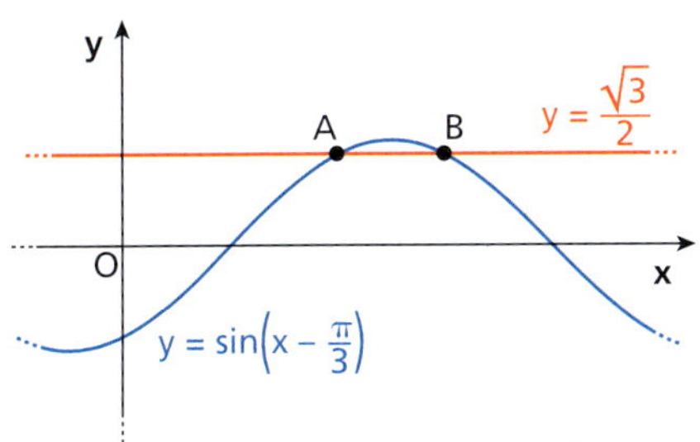

$\left[A\left(\frac{2}{3}\pi; \frac{\sqrt{3}}{2}\right); B\left(\pi; \frac{\sqrt{3}}{2}\right)\right]$

49

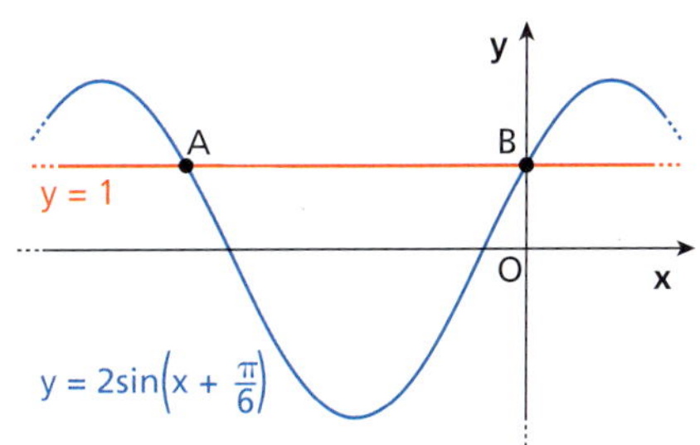

$\left[A\left(-\frac{4}{3}\pi; 1\right); B(0; 1)\right]$

ESERCIZI

Scrivi l'equazione delle funzioni goniometriche rappresentate nelle figure e trova i punti di intersezione con le rette tracciate.

50

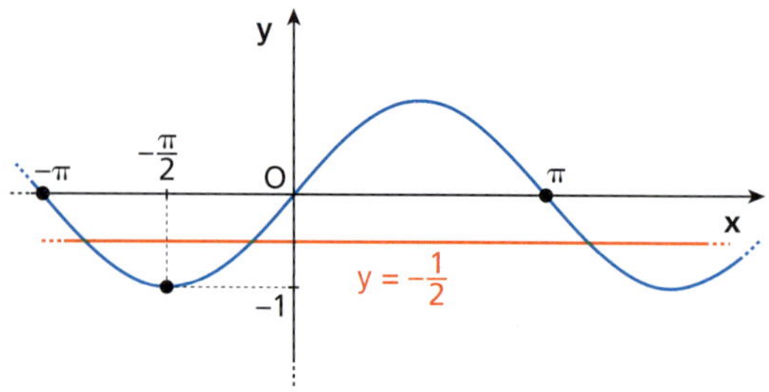

51

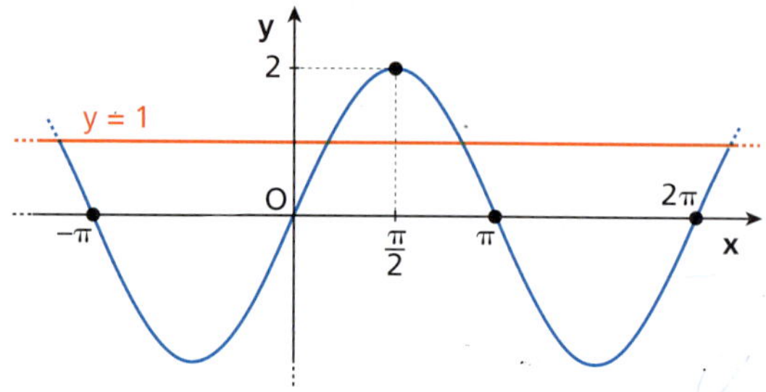

cos *x* = *b*

Teoria a p. 794

52 ESERCIZIO GUIDA Risolviamo: **a.** $2\cos x - \sqrt{3} = 0$; **b.** $\cos 5x = \frac{\sqrt{2}}{2}$.

a. Risolviamo l'equazione rispetto a $\cos x$:

$$2\cos x - \sqrt{3} = 0 \rightarrow \cos x = \frac{\sqrt{3}}{2}.$$

Sulla circonferenza goniometrica cerchiamo i punti di ascissa $\frac{\sqrt{3}}{2}$.

Le soluzioni sono $x = \frac{\pi}{6}$ e $x = -\frac{\pi}{6}$.
Tenendo conto che il periodo della funzione coseno è 2π, scriviamo in forma sintetica:

$$x = \pm\frac{\pi}{6} + 2k\pi.$$

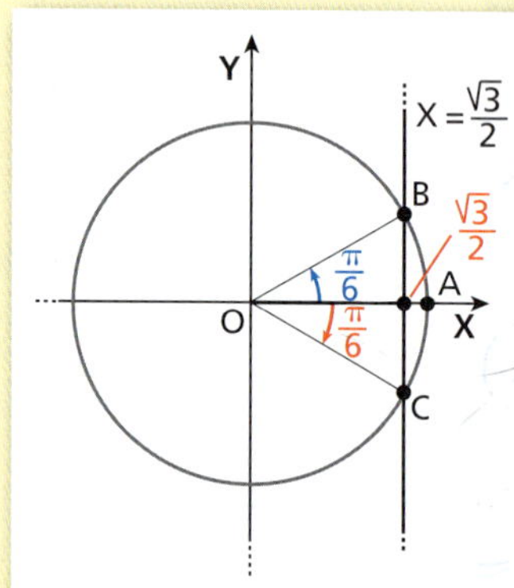

b. Poniamo $5x = t$, ottenendo l'equazione: $\cos t = \frac{\sqrt{2}}{2}$.

Le sue soluzioni sono: $t = \pm\frac{\pi}{4} + 2k\pi$.

Sostituiamo i valori determinati in $5x = t$ e troviamo: $5x = \pm\frac{\pi}{4} + 2k\pi \rightarrow x = \pm\frac{\pi}{20} + \frac{2}{5}k\pi$.

53 Scrivi le soluzioni dell'equazione $\cos x = 1$ in $[2\pi; 5\pi]$. $[2\pi; 4\pi]$

54 Scrivi le soluzioni dell'equazione $\cos 3x = -\frac{1}{2}$ in $[0; 2\pi]$. $\left[\frac{2}{9}\pi; \frac{4}{9}\pi; \frac{8}{9}\pi; \frac{10}{9}\pi; \frac{14}{9}\pi; \frac{16}{9}\pi\right]$

55 VERO O FALSO?

a. $\cos 2x = 2$ e $\cos x = 1$ sono equazioni equivalenti. V F

b. L'equazione $\frac{1}{4}\cos x = \frac{1}{2}$ è impossibile. V F

c. Le soluzioni dell'equazione $\cos x = -\frac{1}{3}$ corrispondono ad angoli ai quali sono associati punti del secondo e terzo quadrante. V F

d. L'equazione $\cos x = \frac{1}{5}$ ha infinite soluzioni. V F

Risolvi le seguenti equazioni in $\mathbb{R}$.

56 $\cos x = 1$ $[2k\pi]$

57 $2\cos x = \sqrt{2}$ $\left[\pm\frac{\pi}{4} + 2k\pi\right]$

58 $4\cos x = 8$ [impossibile]

59 $2\cos 5x + \sqrt{2} = 0$ $[\pm 27° + k72°]$

60 $2\cos 6x - 1 = 0$ $\left[\pm\frac{\pi}{18} + k\frac{\pi}{3}\right]$

61 $8\cos x = 1$ $\left[\pm\arccos\frac{1}{8} + 2k\pi\right]$

62 $2\cos x + \sqrt{3} = 0$ $\left[\pm\frac{5}{6}\pi + 2k\pi\right]$

63 $\cos x - 4 = 3\cos x + 8$ [impossibile]

64 $\cos\frac{x}{4} - 1 = 0$ $[8k\pi]$

65 $\cos\left(\frac{\pi}{9} - x\right) = 0$ $\left[\frac{11}{18}\pi + k\pi\right]$

66 $\cos 3x = -1 - \cos 3x$ $\left[\pm\frac{2}{9}\pi + k\cdot\frac{2}{3}\pi\right]$

67 $\cos 4x = \frac{1}{3}$ $\left[\pm\frac{1}{4}\arccos\frac{1}{3} + k\frac{\pi}{2}\right]$

68 $\cos\left(x - \frac{\pi}{6}\right) = \frac{1}{4}$ $\left[\frac{\pi}{6} \pm \arccos\frac{1}{4} + 2k\pi\right]$

---

69 $\sqrt{3}\sec 2x = 2$ $\left[\pm\frac{\pi}{12} + k\pi\right]$

70 $2\cos\left(x - \frac{\pi}{18}\right) - \sqrt{3} = 0$ $\left[-\frac{\pi}{9} + 2k\pi;\ \frac{2}{9}\pi + 2k\pi\right]$

71 $2\cos\left(x + \frac{\pi}{6}\right) + 1 = 0$ $\left[\frac{\pi}{2} + 2k\pi;\ -\frac{5}{6}\pi + 2k\pi\right]$

72 $2\cos x + 2 = \cos x + 2\sin\frac{\pi}{2}$ $\left[\frac{\pi}{2} + k\pi\right]$

73 $2\sin\frac{\pi}{3}\cos x - \cos\frac{\pi}{6} = \tan\pi$ $\left[\pm\frac{\pi}{3} + 2k\pi\right]$

74 $2(\cos 2x + 3) - 1 = 3(1 - \cos 2x) + 2$ $\left[\pm\frac{\pi}{4} + k\pi\right]$

75 $2(\cos x - 1) + 3 = 3(\cos x - 2) - 2(\cos x - 3)$ $[\pi + 2k\pi]$

76 $\cos\left(x - \frac{2}{3}\pi\right) = 2\cos\left(x - \frac{2}{3}\pi\right) + \tan\frac{\pi}{4}$ $\left[\frac{5}{3}\pi + 2k\pi\right]$

77 $5\cos\left(x - \frac{\pi}{9}\right) + 3 = 3\cos\left(x - \frac{\pi}{9}\right) + 4$ $\left[-\frac{2}{9}\pi + 2k\pi;\ \frac{4}{9}\pi + 2k\pi\right]$

78 $4\cos(x - 115°) - 5 + 6\cos(x - 115°) = \cos(x - 115°) + 4$ $[115° + k360°]$

79 $2\sqrt{3}\cos(x + 1°) + 10 = 3 - 2[1 + 2\sqrt{3}\cos(x + 1°)]$ $[-151° + k360°;\ 149° + k360°]$

80 $2\cos x - 2\cos 45° = 2(\sqrt{2}\sin 60° - \cos x)$ $[\pm 15° + k360°]$

81 $2|\cos x| = 1$ $\left[\pm\frac{\pi}{3} + k\pi\right]$

82 $\left|\cos\left(x - \frac{\pi}{4}\right)\right| = \frac{\sqrt{2}}{2}$ $\left[\frac{\pi}{2} + k\frac{\pi}{2}\right]$

83 Disegna nel piano cartesiano i grafici delle funzioni $y = \cos x + 2$ e $y = 1$ nell'intervallo $[0; 2\pi]$ e determina le coordinate dei loro punti di intersezione. $[(\pi; 1)]$

LEGGI IL GRAFICO Calcola l'area del triangolo *ABO*.

84

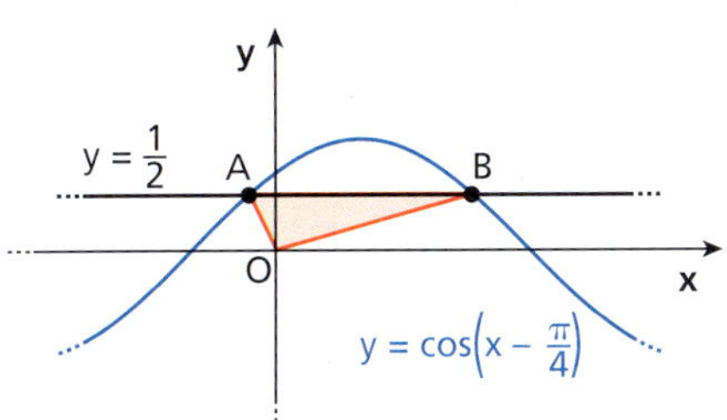

$\left[\frac{\pi}{6}\right]$

85

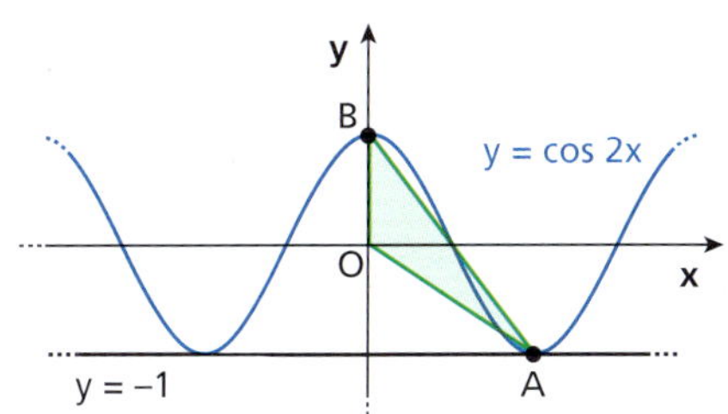

$\left[\frac{\pi}{4}\right]$

ESERCIZI

86 ●● Traccia nel piano cartesiano i grafici delle funzioni $y = 2\cos x$ e $y = \cos x - \frac{\sqrt{3}}{2}$ nell'intervallo $[-\pi; \pi]$ e calcola l'area del triangolo che ha per vertici i loro punti di intersezione e l'origine. $\left[\frac{5}{6}\sqrt{3}\,\pi\right]$

tan x = c

Teoria a p. 794

87 ESERCIZIO GUIDA Risolviamo $\tan\left(x + \frac{\pi}{3}\right) = \sqrt{3}$.

Poniamo $x + \frac{\pi}{3} = t$ e otteniamo l'equazione $\tan t = \sqrt{3}$.
Sulla retta tangente alla circonferenza nel punto A origine degli archi prendiamo il punto T di ordinata $\sqrt{3}$. Tracciata TO, vediamo che al valore $\sqrt{3}$ della tangente corrispondono l'angolo $\frac{\pi}{3}$ e tutti quelli che si ottengono da $\frac{\pi}{3}$ aggiungendo un multiplo di π.

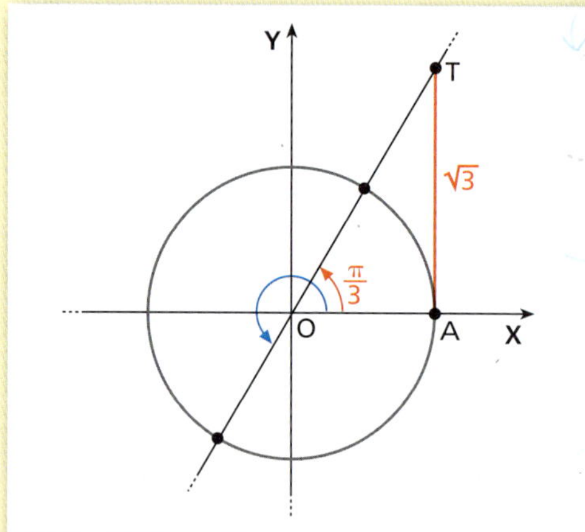

Le soluzioni sono $t = \frac{\pi}{3} + k\pi$.

Sostituendo il valore di t in $x + \frac{\pi}{3} = t$ troviamo:

$$x + \frac{\pi}{3} = \frac{\pi}{3} + k\pi \rightarrow x = k\pi.$$

88 ●○ Scrivi le soluzioni dell'equazione $\tan x = -1$ in $[0; 3\pi]$. $\left[\frac{3}{4}\pi; \frac{7}{4}\pi; \frac{11}{4}\pi\right]$

89 ●○ Scrivi le soluzioni dell'equazione $\tan\frac{x}{2} - \sqrt{3} = 0$ in $[-\pi; \pi]$. $\left[\frac{2}{3}\pi\right]$

90 ●○ TEST L'equazione $\tan x = 4$:

- A è impossibile.
- B è verificata per $x = \arctan 4 + k\frac{\pi}{2}$.
- C è verificata per $x = \arctan 4 + k\pi$.
- D ammette due soluzioni nell'intervallo $\left[-\frac{\pi}{2}; \frac{\pi}{2}\right]$.
- E non ha soluzioni nell'intervallo $\left[\pi; \frac{3}{2}\pi\right]$.

Risolvi le seguenti equazioni in $\mathbb{R}$.

91 ●○ $\tan x - \sqrt{3} = 0$ $\left[\frac{\pi}{3} + k\pi\right]$

92 ●○ $\tan x = \sin\pi$ $[k\pi]$

93 ●○ $\tan x = 2$ $[\arctan 2 + k\pi]$

94 ●○ $\tan\frac{x}{4} + 1 = 0$ $[-\pi - 4k\pi]$

95 ●○ $3\tan\left(x + \frac{\pi}{9}\right) - \sqrt{3} = 0$ $\left[\frac{\pi}{18} + k\pi\right]$

96 ●○ $3\tan x = \tan x$ $[k\pi]$

97 ●○ $\tan\left(x + \frac{\pi}{6}\right) + 1 = 0$ $\left[-\frac{5}{12}\pi + k\pi\right]$

98 ●○ $2\sin\frac{\pi}{3}\tan x - \tan\frac{\pi}{3} = 0$ $\left[\frac{\pi}{4} + k\pi\right]$

99 ●○ $3\tan\frac{x}{2} - 2 = 2\tan\frac{x}{2} - 1$ $\left[\frac{\pi}{2} + 2k\pi\right]$

100 ●○ $\tan 3x = 3$ $\left[\frac{1}{3}\arctan 3 + k\frac{\pi}{3}\right]$

101 ●○ $\cot 2x = 1$ $\left[\frac{\pi}{8} + k\frac{\pi}{2}\right]$

102 ●○ $\tan(50° - x) = 0$ $[50° + k180°]$

103 ●○ $3\tan 6x + \sqrt{3} = 0$ $\left[x = -\frac{\pi}{36} + k\frac{\pi}{6}\right]$

104 ●○ $3\tan 3x = -1 + 2\tan 3x$ $\left[-\frac{\pi}{12} + k\frac{\pi}{3}\right]$

105 ●○ $\tan\left(x - \frac{\pi}{5}\right) + 7 = 0$ $\left[\frac{\pi}{5} + \arctan(-7) + k\pi\right]$

106 ●● $\left|\tan\left(x - \frac{\pi}{3}\right)\right| = \sqrt{3}$ $\left[k\pi; \frac{2}{3}\pi + k\pi\right]$

107 $-2\sqrt{3}\tan(x+100°)=4[1+\sqrt{3}\tan(x+100°)]+2$ $[-130°+k180°]$

108 $\tan(x-12°)-3=2\tan(x-12°)-2$ $[-33°+k180°]$

109 $2(\tan x+1)+3(1-\tan x)=-2(\tan x-1)+4$ $\left[\frac{\pi}{4}+k\pi\right]$

110 REALTÀ E MODELLI **Pendenza** Francesca si trova all'inizio di una salita e deve raggiungere la sua auto, parcheggiata in cima. Vede il cartello qui a fianco e sa che la strada è lunga 100 metri: con quale angolo rispetto all'orizzontale vede la sua auto? A che altezza? [5,7°; 9,95 m]

111 Disegna nel piano cartesiano i grafici delle funzioni $y=\sqrt{3}$ e $y=3\tan\frac{x}{6}$ nell'intervallo $[-3\pi; 3\pi]$ e determina le coordinate dei loro punti di intersezione. $[(\pi; \sqrt{3})]$

Equazioni elementari a confronto

TEST

112 Una sola delle seguenti equazioni ha come soluzioni $x=\frac{\pi}{6}+k\pi$. Quale?

A $2\sin x-1=0$
B $3\tan x-\sqrt{3}=0$
C $3\cot x-\sqrt{3}=0$
D $2\cos x-\sqrt{3}=0$
E $\sqrt{3}\sec x-2=0$

113 Quale fra le seguenti equazioni *non* ammette 0 fra le soluzioni?

A $\sin x=0$
B $\sec x-1=0$
C $\tan x=0$
D $\csc x=0$
E $\sin x+\cos x-1=0$

114 Indica per ogni equazione se l'insieme scritto a fianco rappresenta tutte le sue soluzioni.

a. $\cos x=0$; $x=\frac{\pi}{2}+2k\pi$.
b. $\tan x=-1$; $x=\frac{3}{4}\pi+k\pi$.
c. $\sin x=-\frac{1}{2}$; $x=\frac{11}{6}\pi+2k\pi$.
d. $\cos x=\pm\frac{\sqrt{2}}{2}$; $x=\frac{\pi}{4}+k\frac{\pi}{2}$.

115 VERO O FALSO?

a. L'equazione $\sin\frac{1}{4}x=\frac{1}{4}$ è equivalente a $\sin x=1$. V F
b. L'equazione $|\cos x|=1$ ha come soluzioni $x=k\pi$. V F
c. L'equazione $\sin x=-4k^2$ ammette soluzione solo se $-\frac{1}{2}<k<\frac{1}{2}$. V F
d. L'equazione $\tan x=4\pi$ non ammette soluzioni. V F

116 COMPLETA

a. $\sin x=\square \rightarrow x=\frac{3}{2}\pi+2k\pi$.
b. $\cos 2x=\frac{\sqrt{2}}{2} \rightarrow x=\pm\frac{\pi}{8}+\square$.
c. $\cos x=\square \rightarrow x=\frac{2}{3}\pi+2k\pi \vee x=\square$.
d. $\tan x=-\sqrt{3} \rightarrow x=-\frac{\pi}{3}+\square$.

117 ASSOCIA ogni equazione al suo insieme soluzione.

a. $x=\frac{\pi}{6}+2k\pi \vee x=\frac{5}{6}\pi+2k\pi$
b. $x=\frac{\pi}{4}+k\frac{\pi}{2}$
c. $x=\frac{\pi}{6}+k\pi$
d. $x=\frac{\pi}{4}+k\pi$

1. $|\cos x|=\frac{\sqrt{2}}{2}$
2. $\sqrt{3}\tan x=1$
3. $\sin x=\frac{1}{2}$
4. $\cot x=1$

118 Indica quali tra le seguenti equazioni ammettono soluzione e per ciascuna determina le eventuali soluzioni.

a. $\tan x=\frac{\pi}{2}$
b. $\tan\frac{\pi}{2}=x$
c. $\sin x=\frac{\pi}{2}$
d. $\sin\frac{\pi}{2}=x$

$\left[\text{a) } \arctan\frac{\pi}{2}+k\pi\text{; b) impossibile; c) impossibile; d) } 1\right]$

Particolari equazioni goniometriche elementari

▶ Teoria a p. 795

119 ESERCIZIO GUIDA Risolviamo le seguenti equazioni:

a. $\sin 4x = \sin\left(2x - \frac{\pi}{3}\right)$; b. $\cos 6x = \cos\left(x - \frac{\pi}{3}\right)$; c. $\sin\left(x + \frac{\pi}{4}\right) = \cos 3x$.

a. $\sin 4x = \sin\left(2x - \frac{\pi}{3}\right)$. $\sin\alpha = \sin\alpha' \leftrightarrow \alpha = \alpha' + 2k\pi \vee \alpha + \alpha' = \pi + 2k\pi$

Utilizzando la regola, dobbiamo risolvere le due equazioni:

- $4x = 2x - \frac{\pi}{3} + 2k\pi \rightarrow 2x = -\frac{\pi}{3} + 2k\pi \rightarrow x = -\frac{\pi}{6} + k\pi$;
- $4x + 2x - \frac{\pi}{3} = \pi + 2k\pi \rightarrow 6x = \frac{\pi}{3} + \pi + 2k\pi \rightarrow 6x = \frac{4}{3}\pi + 2k\pi \rightarrow x = \frac{2}{9}\pi + k\frac{\pi}{3}$.

In sintesi, le soluzioni dell'equazione data sono: $x = -\frac{\pi}{6} + k\pi \vee x = \frac{2}{9}\pi + k\frac{\pi}{3}$.

b. $\cos 6x = \cos\left(x - \frac{\pi}{3}\right)$. $\cos\alpha = \cos\alpha' \leftrightarrow \alpha = \pm\alpha' + 2k\pi$

Utilizzando la regola $\cos\alpha = \cos\alpha' \leftrightarrow \alpha = \pm\alpha' + 2k\pi$, dobbiamo risolvere le seguenti equazioni:

- $6x = x - \frac{\pi}{3} + 2k\pi \rightarrow 5x = -\frac{\pi}{3} + 2k\pi \rightarrow x = -\frac{\pi}{15} + \frac{2}{5}k\pi$;
- $6x = -x + \frac{\pi}{3} + 2k\pi \rightarrow 7x = \frac{\pi}{3} + 2k\pi \rightarrow x = \frac{\pi}{21} + \frac{2}{7}k\pi$.

In sintesi, le soluzioni dell'equazione data sono: $x = -\frac{\pi}{15} + \frac{2}{5}k\pi \vee x = \frac{\pi}{21} + \frac{2}{7}k\pi$.

c. $\sin\left(x + \frac{\pi}{4}\right) = \cos 3x$. L'equazione si può trasformare utilizzando gli angoli associati.
Poiché $\cos\alpha = \sin\left(\frac{\pi}{2} - \alpha\right)$, scriviamo:

$$\sin\left(x + \frac{\pi}{4}\right) = \sin\left(\frac{\pi}{2} - 3x\right).$$

Otteniamo le soluzioni dalle equazioni:

- $x + \frac{\pi}{4} = \frac{\pi}{2} - 3x + 2k\pi \rightarrow 4x = \frac{\pi}{4} + 2k\pi \rightarrow x = \frac{\pi}{16} + k\frac{\pi}{2}$;
- $x + \frac{\pi}{4} + \frac{\pi}{2} - 3x = \pi + 2k\pi \rightarrow -2x = \frac{\pi}{4} + 2k\pi \rightarrow x = -\frac{\pi}{8} - k\pi \rightarrow x = -\frac{\pi}{8} + k\pi$.

Risolvi le seguenti equazioni in $\mathbb{R}$.

120 $\sin\left(2x + \frac{\pi}{5}\right) = \sin\left(5x + \frac{\pi}{2}\right)$ $\left[-\frac{\pi}{10} - \frac{2}{3}k\pi; \frac{3}{70}\pi + \frac{2}{7}k\pi\right]$

121 $\sin\left(3x - \frac{\pi}{4}\right) = \sin x$ $\left[\frac{\pi}{8} + k\pi; \frac{5}{16}\pi + k\frac{\pi}{2}\right]$

122 $\sin\left(2x - \frac{\pi}{3}\right) = \sin 2x$ $\left[\frac{\pi}{3} + k\frac{\pi}{2}\right]$

123 $\sin\left(2x - \frac{\pi}{8}\right) = -\sin\left(\frac{3}{4}\pi - 3x\right)$ $\left[\frac{5}{8}\pi + 2k\pi; \frac{3}{8}\pi + 2k\frac{\pi}{5}\right]$

124 $\sin x = \cos x$ $\left[\frac{\pi}{4} + k\pi\right]$

125 $\sin x = -\cos x$ $\left[\frac{3}{4}\pi + k\pi\right]$

126 $\cos 6x = -\cos 4x$ $\left[\frac{\pi}{2} + k\pi; \frac{\pi}{10} + k\frac{\pi}{5}\right]$

ESERCIZI

127 $\sin 2x = -\sin 8x$ $\left[k\frac{\pi}{5}; \frac{\pi}{6} + k\frac{\pi}{3}\right]$

128 $\sin 3x = -\cos 4x$ $\left[\frac{\pi}{2} + 2k\pi; \frac{3}{14}\pi + \frac{2}{7}k\pi\right]$

129 $\sin 4x = \cos\left(\frac{\pi}{4} - 2x\right)$ $\left[\frac{\pi}{8} + k\frac{\pi}{3}\right]$

130 $\sin\left(4x - \frac{\pi}{10}\right) = -\cos\left(3x + \frac{\pi}{5}\right)$ $\left[-\frac{\pi}{5} + 2k\pi; \frac{\pi}{5} + \frac{2}{7}k\pi\right]$

131 $\sin 8x = \sin 6x$ $\left[k\pi; \frac{\pi}{14} + k\frac{\pi}{7}\right]$

132 $\sin\left(\frac{2}{3}x - \frac{\pi}{4}\right) = \sin\left(2x - \frac{\pi}{3}\right)$ $\left[\frac{\pi}{16} + \frac{3}{2}k\pi; \frac{19}{32}\pi + \frac{3}{4}k\pi\right]$

133 $\cos\left(5x - \frac{2}{3}\pi\right) = \cos\left(3x + \frac{\pi}{4}\right)$ $\left[\frac{11}{24}\pi + k\pi; \frac{5}{96}\pi + k\frac{\pi}{4}\right]$

134 $\cos\left(4x - \frac{2}{5}\pi\right) = -\cos\left(3x + \frac{4}{5}\pi\right)$ $\left[\frac{3}{35}\pi + \frac{2}{7}k\pi; \frac{\pi}{5} + 2k\pi\right]$

135 $\sin\frac{x}{3} = \cos 5x$ $\left[\frac{3}{32}\pi + \frac{3}{8}k\pi; -\frac{3}{28}\pi - \frac{3}{7}k\pi\right]$

136 $\sin\left(x - \frac{2}{3}\pi\right) = \sin(\pi + 2x)$ $\left[-\frac{5}{3}\pi + 2k\pi; \frac{2}{9}\pi + \frac{2}{3}k\pi\right]$

137 $\cos x = \sin\left(4x - \frac{\pi}{4}\right)$ $\left[\frac{3}{20}\pi + \frac{2}{5}k\pi; \frac{\pi}{4} + \frac{2}{3}k\pi\right]$

138 $\cos\left(2x - \frac{\pi}{5}\right) = -\cos\left(x + \frac{\pi}{2}\right)$ $\left[\frac{7}{30}\pi + \frac{2}{3}k\pi; -\frac{3}{10}\pi + 2k\pi\right]$

139 $\sin(2x - 108°) = \sin(-54° - 5x)$ $\left[\frac{54°}{7} + k\frac{360°}{7}; -114° + k120°\right]$

140 $\cos\left(3x - \frac{4}{5}\pi\right) = \cos\left(\frac{2}{5}\pi - 2x\right)$ $\left[\frac{6}{25}\pi + \frac{2}{5}k\pi; \frac{2}{5}\pi + 2k\pi\right]$

141 $\sin 4x = -\cos\frac{3}{2}x$ $\left[\frac{3}{5}\pi + \frac{4}{5}k\pi; \frac{3}{11}\pi + \frac{4}{11}k\pi\right]$

142 $\cos\left(3x - \frac{\pi}{9}\right) = -\cos\left(4x - \frac{2}{3}\pi\right)$ $\left[\frac{16}{63}\pi + \frac{2}{7}k\pi; \frac{14}{9}\pi + 2k\pi\right]$

143 $\sin\left(2x - \frac{\pi}{3}\right) - \sin x = 0$ $\left[\frac{\pi}{3} + 2k\pi; \frac{4}{9}\pi + \frac{2}{3}k\pi\right]$

144 $\sin(3x - 25°) = -\sin(75° - 5x)$ $[25° + k180°; 35° + k45°]$

145 $\sin\left(2x - \frac{2}{9}\pi\right) = -\cos\left(3x + \frac{5}{3}\pi\right)$ $\left[\frac{11}{18}\pi + 2k\pi; \frac{\pi}{90} + \frac{2}{5}k\pi\right]$

146 $\sin(x - \pi) + \sin 4x = 0$ $\left[\frac{\pi}{5} + \frac{2}{5}k\pi; \frac{2}{3}k\pi\right]$

147 $\sin(70° - 3x) = -\cos(2x + 14°)$ $\left[\frac{146°}{5} + k72°; 174° + k360°\right]$

148 $\cos\left(2x - \frac{\pi}{5}\right) = \cos x$ $\left[\frac{\pi}{5} + 2k\pi; \frac{\pi}{15} + \frac{2}{3}k\pi\right]$

149 $|\cos x| = \cos 3x$ $\left[2k\pi; \frac{\pi}{2} + k\pi; \frac{3}{4}\pi + 2k\pi; \frac{5}{4}\pi + 2k\pi\right]$

ESERCIZI

150 **TEST** La soluzione dell'equazione $\sin x - \cos\frac{x}{2} = 0$ nell'intervallo $[0; 2\pi]$ è:

A $\pi, \frac{\pi}{3}, \frac{5\pi}{3}$. **B** $\pi, \frac{\pi}{6}, \frac{5\pi}{6}$. **C** $0, \frac{\pi}{3}, \frac{5\pi}{3}$. **D** $\frac{\pi}{3}, \frac{5\pi}{3}$. **E** $0, \frac{\pi}{6}, \frac{5\pi}{6}$.

(*Università di Bergamo, Facoltà di Ingegneria, Corso propedeutico di Matematica*)

Determina *x* utilizzando le informazioni delle figure.

151

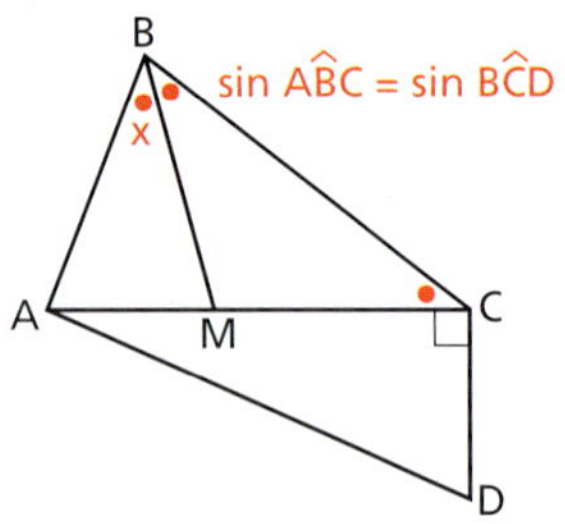

[30°]

152

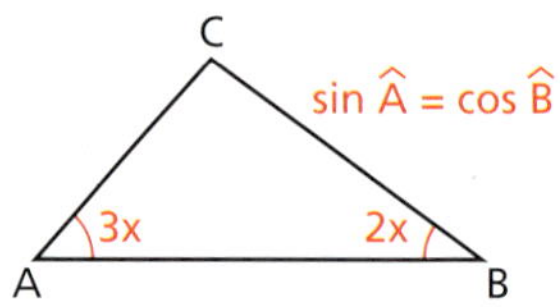

[18°]

153

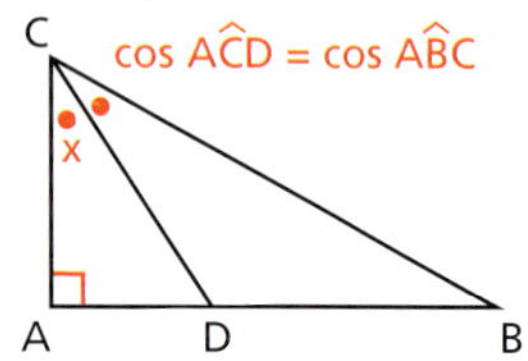

[30°]

154 **ESERCIZIO GUIDA** Risolviamo:

a. $\tan\left(x - \frac{\pi}{6}\right) = \tan\frac{5x}{6}$; **b.** $\tan 3x = -\tan\left(\frac{\pi}{4} - 2x\right)$.

a. $\tan\left(x - \frac{\pi}{6}\right) = \tan\frac{5x}{6}$. **$\tan\alpha = \tan\alpha' \leftrightarrow \alpha = \alpha' + k\pi$** Posta la condizione di esistenza

$$x - \frac{\pi}{6} \neq \frac{\pi}{2} + k\pi \wedge \frac{5}{6}x \neq \frac{\pi}{2} + k\pi \rightarrow x \neq \frac{2}{3}\pi + k\pi \wedge x \neq \frac{3}{5}\pi + k\frac{6}{5}\pi,$$

si ha: $x - \frac{\pi}{6} = \frac{5}{6}x + k\pi \rightarrow x - \frac{5}{6}x = \frac{\pi}{6} + k\pi \rightarrow \frac{x}{6} = \frac{\pi}{6} + k\pi \rightarrow x = \pi + 6k\pi$.

Le soluzioni sono accettabili.

b. $\tan 3x = -\tan\left(\frac{\pi}{4} - 2x\right)$.

Poniamo: $3x \neq \frac{\pi}{2} + k\pi \wedge \frac{\pi}{4} - 2x \neq \frac{\pi}{2} + k\pi \rightarrow x \neq \frac{\pi}{6} + k\frac{\pi}{3} \wedge x \neq -\frac{\pi}{8} - k\frac{\pi}{2}$.

Poiché $-\tan\alpha = \tan(-\alpha)$, l'equazione è equivalente a:

$$\tan 3x = \tan\left(2x - \frac{\pi}{4}\right).$$

Analogamente al caso precedente, dobbiamo risolvere l'equazione:

$$3x = 2x - \frac{\pi}{4} + k\pi \rightarrow x = -\frac{\pi}{4} + k\pi.$$

Le soluzioni sono accettabili.

Risolvi le seguenti equazioni in $\mathbb{R}$.

155 $\tan\left(3x + \frac{\pi}{7}\right) = \tan\left(4x - \frac{\pi}{8}\right)$ $\left[\frac{15}{56}\pi - k\pi\right]$

156 $\tan(3x + 65°) = -\tan(2x - 25°)$ $[28° + k36°]$

157 $\tan\left(4x + \frac{\pi}{2}\right) = \tan 2x$ $[\nexists x \in \mathbb{R}]$

158 $\tan\left(2x + \frac{\pi}{5}\right) = \tan\left(5x + \frac{\pi}{3}\right)$ $\left[\frac{43}{45}\pi + k\frac{\pi}{3}\right]$

159 $\tan x = -\tan\left(x - \frac{2}{5}\pi\right)$ $\left[\frac{\pi}{5} + k\frac{\pi}{2}\right]$

160 $\tan\left(x + \frac{3}{4}\pi\right) + \tan x = 0$ $\left[-\frac{3}{8}\pi + k\frac{\pi}{2}\right]$

161 $\tan(2x + 35°) = \tan(7x - 75°)$ $[22° + k36°]$

162 $\tan 2x - \cot\frac{3}{2}x = 0$ $\left[\frac{\pi}{7} + \frac{2}{7}k\pi\right]$

163 ASSOCIA ogni equazione nella seconda colonna al suo insieme soluzione nella prima colonna.

a. $x = k\frac{\pi}{3}$.

b. $x = \frac{\pi}{3} + k\frac{\pi}{2}$.

c. $x = \frac{\pi}{6} + k\pi$.

d. $x = \pi + 2k\pi \vee x = \frac{5}{3}\pi + 2k\pi$.

1. $\tan\left(\frac{2}{3}\pi - x\right) = \tan x$.

2. $\sqrt{3}\tan x = 1$.

3. $2\cos\left(\frac{2}{3}\pi + x\right) = 1$.

4. $\cos 4x = \sin\left(\frac{\pi}{2} + 2x\right)$.

164 VERO O FALSO?

a. L'equazione $\cos 2x = \cos x$ ha come soluzioni $x = 2k\pi$. V F

b. L'equazione $\tan x + \cot x = 0$ non ha soluzione. V F

c. L'equazione $\sin 2x = \cos 2x$ ha come soluzioni $x = \frac{\pi}{8} + k\frac{\pi}{2}$. V F

d. L'equazione $\cos x = -\sin x$ ha come soluzioni $x = -\frac{\pi}{4} + 2k\pi$. V F

165 TEST Ci sono due valori di x, con $0 < x < \frac{\pi}{2}$, per i quali $\tan\left(\frac{\pi}{4} + x\right) = 9\tan\left(\frac{\pi}{4} - x\right)$.
Trova questi valori di x in radianti e calcola il loro prodotto.

A 1,107. B 0,5133. C 0,7512. D 1,525. E 0,9871.

(USA *North Carolina State High School Mathematics Contest*, 2003)

Equazioni riconducibili a equazioni elementari

▶ Teoria a p. 797

166 ESERCIZIO GUIDA Risolviamo $2\cos^2 x - \sin x - 1 = 0$.

Esprimiamo $\cos^2 x$ come $(1 - \sin^2 x)$, in modo da avere un'equazione contenente solo $\sin x$:

$$2(1 - \sin^2 x) - \sin x - 1 = 0 \quad \rightarrow \quad 2\sin^2 x + \sin x - 1 = 0.$$

Poniamo $\sin x = t$:

$$2t^2 + t - 1 = 0 \quad \rightarrow \quad t = \frac{-1 \pm \sqrt{1+8}}{4} \quad \rightarrow \quad t_1 = -1;\ \ t_2 = \frac{1}{2}.$$

$$t_1 = -1 \quad \rightarrow \quad \sin x = -1 \quad \rightarrow \quad x = \frac{3}{2}\pi + 2k\pi$$

$$t_2 = \frac{1}{2} \quad \rightarrow \quad \sin x = \frac{1}{2} \quad \rightarrow \quad x = \frac{\pi}{6} + 2k\pi \vee x = \frac{5}{6}\pi + 2k\pi$$

Risolvi le seguenti equazioni in $\mathbb{R}$.

167 $2\cos^2 x - \cos x = 0$ $\left[\frac{\pi}{2} + k\pi; \pm\frac{\pi}{3} + 2k\pi\right]$

168 $2\sin^2 x - 1 = 0$ $\left[\frac{\pi}{4} + k\frac{\pi}{2}\right]$

169 $\sin^3 4x + 1 = 0$ $\left[\frac{3}{8}\pi + k\frac{\pi}{2}\right]$

170 $\sin x\cos x + \sin x = 0$ $[k\pi]$

171 $\sin x\tan x - \sin x = 0$ $\left[k\pi; \frac{\pi}{4} + k\pi\right]$

172 $3 + 4\cos^2 x - 4\sqrt{3}\cos x = 0$ $\left[\pm\frac{\pi}{6} + 2k\pi\right]$

173 $\cos(\pi - x) + \cos^2 x = 0$ $\left[\frac{\pi}{2} + k\pi; 2k\pi\right]$

174 $\sqrt{2 + \sin^2 x} = \frac{3}{2}$ $\left[\pm\frac{\pi}{6} + k\pi\right]$

175 $\cot^2 x + 1 = 2\tan^2 x$ $\left[\pm\frac{\pi}{4} + k\pi\right]$

176 $\tan^2 x - 3 = 0$ $\left[\pm\frac{\pi}{3} + k\pi\right]$

ESERCIZI

177 $\tan^2 4x - \tan 4x = 0$ $\left[k\frac{\pi}{4}; \frac{\pi}{16} + k\frac{\pi}{4}\right]$

178 $\cot^2 x - \sqrt{3}\cot x = 0$ $\left[\frac{\pi}{2} + k\pi; \frac{\pi}{6} + k\pi\right]$

179 $5\sin(\pi - x) + 4 - 2\cos^2 x = 0$ $\left[\frac{7}{6}\pi + 2k\pi; \frac{11}{6}\pi + 2k\pi\right]$

180 $2\sin^2 x + \sin x = 0$ $\left[k\pi; \frac{7}{6}\pi + 2k\pi; \frac{11}{6}\pi + 2k\pi\right]$

181 $\sqrt{2}\cos^2 x + \cos x = 0$ $\left[\frac{\pi}{2} + k\pi; \pm\frac{3}{4}\pi + 2k\pi\right]$

182 $(\tan x - \sqrt{3})(\cos x + 1) = 0$ $\left[\frac{\pi}{3} + k\pi; \pi + 2k\pi\right]$

183 $2\sin^2 x + \sin x - 1 = 0$ $\left[\frac{\pi}{6} + 2k\pi; \frac{5}{6}\pi + 2k\pi; \frac{3}{2}\pi + 2k\pi\right]$

184 $3\tan^2 x - 4\sqrt{3}\tan x + 3 = 0$ $\left[\frac{\pi}{6} + k\pi; \frac{\pi}{3} + k\pi\right]$

185 $2\cos^2 x - 3\cos x + 1 = 2\sin^2 x$ $\left[2k\pi; \pm\arccos\left(-\frac{1}{4}\right) + 2k\pi\right]$

186 $2\tan x + \cot x - 3 = 0$ $\left[\frac{\pi}{4} + k\pi; \arctan\frac{1}{2} + k\pi\right]$

187 $2\cos^4 x - \cos^2 x = 0$ $\left[\frac{\pi}{2} + k\pi; \frac{\pi}{4} + k\frac{\pi}{2}\right]$

188 $3\sin x \cdot \cot^2 x + 5\sin x = 7$ $\left[\frac{\pi}{6} + 2k\pi; \frac{5}{6}\pi + 2k\pi\right]$

189 $\cos^2 x - \sin(-x) = \sin^2 x + 1$ $\left[k\pi; \frac{\pi}{6} + 2k\pi; \frac{5}{6}\pi + 2k\pi\right]$

190 $\cot^2 x - \csc x = 1$ $\left[\frac{\pi}{6} + 2k\pi; \frac{5}{6}\pi + 2k\pi; \frac{3}{2}\pi + 2k\pi\right]$

191 $2\sin^2 x - 5\sin x + 1 = 2\left(\cos^2 x - \frac{1}{2}\right)$ $[k\pi]$

192 $\tan^2 x - (1 + \sqrt{3})\tan x + \sqrt{3} = 0$ $\left[\frac{\pi}{4} + k\pi; \frac{\pi}{3} + k\pi\right]$

193 $(\tan x + \cot x) \cdot (2\cos x) = 4$ $\left[\frac{\pi}{6} + 2k\pi; \frac{5}{6}\pi + 2k\pi\right]$

194 $2\cos x - \sqrt{2} - \cos^2 x + \sin^2 x = 0$ $\left[\pm\frac{\pi}{4} + 2k\pi; \pm\arccos\frac{2 - \sqrt{2}}{2} + 2k\pi\right]$

195 $2\cos 3x + 1 = \frac{1}{\cos 3x}$ $\left[\pm\frac{\pi}{9} + \frac{2}{3}k\pi; \frac{\pi}{3} + \frac{2}{3}k\pi\right]$

196 $4\sin^4 x - 5\sin^2 x + 1 = 0$ $\left[\frac{\pi}{2} + k\pi; \pm\frac{\pi}{6} + k\pi\right]$

197 $\frac{4\cos x - 7}{2\cos^2 x - \cos x} - \frac{5 - 6\cos x}{\cos x} = 7$ $\left[\pm\frac{2}{3}\pi + 2k\pi\right]$

198 $\frac{\cos x + 2}{\sqrt{\cos x}} - \sqrt{\cos x} = \sqrt{4\cos x + 6}$ $\left[\pm\frac{\pi}{3} + 2k\pi\right]$

199 $\frac{2}{\sqrt{2 - \sin x}} - \sqrt{\sin x} = \sqrt{2 + \cos\left(\frac{\pi}{2} + x\right)}$ $\left[k\pi; \frac{\pi}{2} + 2k\pi\right]$

200 $3\tan^4 x - 10\tan^2 x + 3 = 0$ $\left[\pm\frac{\pi}{6} + k\pi; \pm\frac{\pi}{3} + k\pi\right]$

201 $\frac{1}{\sin x + 1} - \frac{1}{6(1 - \sin x)} = \frac{1}{3}$ $\left[\frac{\pi}{6} + 2k\pi; \frac{5}{6}\pi + 2k\pi\right]$

202 ASSOCIA ogni equazione alle rispettive soluzioni.

a. $2\sin^2 x = 1$ b. $3\sin x + \sin^2 x = 0$ c. $\tan^2 x - \tan x = 0$ d. $\sin^2 x \cos^2 x = 1$

1. $x = \frac{\pi}{4} + k\pi \vee x = k\pi$ 2. $x = k\pi$ 3. impossibile 4. $x = \frac{\pi}{4} + k\frac{\pi}{2}$

203 YOU & MATHS Find all solutions ϑ to $2\cos^2\vartheta - 3\cos\vartheta = -1$.

(USA *Southern Illinois University Carbondale,* Final Exam, 2001)

$\left[2k\pi; \pm\frac{\pi}{3} + 2k\pi\right]$

204 EUREKA! Risolvi l'equazione $4(16^{\sin^2 x}) = 2^{6\sin x}$ per $0 \leq x \leq 2\pi$.

(CAN *Canadian Open Mathematics Challenge,* 2000)

$\left[\frac{\pi}{6}; \frac{\pi}{2}; \frac{5\pi}{6}\right]$

Con le formule goniometriche

205 ESERCIZIO GUIDA Risolviamo $\sin\left(x - \frac{\pi}{6}\right) + \cos\left(x + \frac{2}{3}\pi\right) + \cos 2x = 0$.

Applichiamo le formule di addizione, sottrazione e duplicazione in modo che l'argomento delle funzioni goniometriche sia solo x:

$$\left(\sin x \cdot \cos\frac{\pi}{6} - \cos x \cdot \sin\frac{\pi}{6}\right) + \left(\cos x \cdot \cos\frac{2}{3}\pi - \sin x \cdot \sin\frac{2}{3}\pi\right) + (\cos^2 x - \sin^2 x) = 0.$$

Svolgiamo i calcoli:

$$\left(\frac{\sqrt{3}}{2}\sin x - \frac{1}{2}\cos x\right) + \left(-\frac{1}{2}\cos x - \frac{\sqrt{3}}{2}\sin x\right) + [\cos^2 x - (1 - \cos^2 x)] = 0 \rightarrow$$

$$2\cos^2 x - \cos x - 1 = 0.$$

Poniamo $\cos x = t$: $2t^2 - t - 1 = 0 \rightarrow t = \frac{1 \pm \sqrt{1+8}}{4} = \frac{1 \pm 3}{4} \rightarrow t_1 = -\frac{1}{2}, t_2 = 1$.

$$t_1 = -\frac{1}{2} \rightarrow \cos x = -\frac{1}{2} \rightarrow x = \pm\frac{2}{3}\pi + 2k\pi; \quad t_2 = 1 \rightarrow \cos x = 1 \rightarrow x = 2k\pi.$$

Risolvi le seguenti equazioni in $\mathbb{R}$.

206 $\cos 2x + \sin^2 x = 0$ $\left[\frac{\pi}{2} + k\pi\right]$

207 $1 - \sin^2 x - \cos^2\frac{x}{2} = 0$ $\left[\pm\frac{2}{3}\pi + 2k\pi; 2k\pi\right]$

208 $3\sin 2x + 10\sin x = 0$ $[k\pi]$

209 $\cos 2x - \sin 2x \cdot \tan x = 0$ $\left[\pm\frac{\pi}{6} + k\pi\right]$

210 $2\sin\left(x + \frac{\pi}{6}\right) \cdot \cos x = 1$ $\left[k\pi; \frac{\pi}{3} + k\pi\right]$

211 $\cos x - 2\sin^2\frac{x}{2} = \cos^2\frac{x}{2}$ $[2k\pi]$

212 $2\cos\left(x + \frac{\pi}{4}\right) = \sqrt{2}(1 - \sin x)$ $[2k\pi]$

213 $\tan\frac{x}{2} \cdot \cot x = -1$ $\left[\pm\frac{2}{3}\pi + 2k\pi\right]$

214 $4\cos x + \tan^2\frac{x}{2} = 3$ $\left[\pm\frac{\pi}{4} + k\pi\right]$

215 $\cot 2x \cdot \cot x = 1$ $\left[\frac{\pi}{6} + k\pi; \frac{5}{6}\pi + k\pi\right]$

216 $3\sin 2x \cdot \tan x - 2\cos^2 x = 2$ $\left[\frac{\pi}{4} + k\frac{\pi}{2}\right]$

217 $\tan\left(x - \frac{\pi}{4}\right)\tan x = 0$ $\left[k\pi; \frac{\pi}{4} + k\pi\right]$

218 $2\sin\left(x - \frac{\pi}{4}\right) = \sqrt{2}(1 - \cos x)$ $\left[\frac{\pi}{2} + 2k\pi\right]$

219 $\sin\left(x + \frac{\pi}{6}\right) + \cos\left(x + \frac{5}{6}\pi\right) = 0$ $\left[\frac{\pi}{4} + k\pi\right]$

220 $\sin^2 2x - 2 - 2\cos 2x = 0$ $\left[\frac{\pi}{2} + k\pi\right]$

221 $\cos^2 x + \sin^2 2x = 1$ $\left[\pm\frac{\pi}{3} + k\pi; k\pi\right]$

ESERCIZI

222 $\sin 2x - \cos x = 0$ $\left[\frac{\pi}{2} + k\pi; \frac{\pi}{6} + 2k\pi; \frac{5}{6}\pi + 2k\pi\right]$

223 $\sin x + \sqrt{3} \sin \frac{x}{2} = 0$ $\left[2k\pi; \frac{5}{3}\pi + 4k\pi; \frac{7}{3}\pi + 4k\pi\right]$

224 $2\sin^2\left(x - \frac{\pi}{4}\right) - \sqrt{2}\sin\left(x - \frac{\pi}{4}\right) = 0$ $\left[\pi + 2k\pi; \frac{\pi}{4} + k\pi; \frac{\pi}{2} + 2k\pi\right]$

225 $\cos 2x - (\sin x - 1)^2 + \sin x = 0$ $\left[k\pi; \frac{\pi}{2} + 2k\pi\right]$

226 $4\cos^2 x - 4\sqrt{3}\sin\left(\frac{\pi}{2} + x\right) + 3 = 0$ $\left[\pm\frac{\pi}{6} + 2k\pi\right]$

227 $\sqrt{2}\sin 2x + 2\cos x - \sqrt{2}\sin x - 1 = 0$ $\left[\pm\frac{\pi}{3} + 2k\pi; \frac{5}{4}\pi + 2k\pi; \frac{7}{4}\pi + 2k\pi\right]$

228 $2\sin\left(x - \frac{\pi}{3}\right) + 2\cos\left(x - \frac{\pi}{6}\right) = \sin^2 x + 1$ $\left[\frac{\pi}{2} + 2k\pi\right]$

229 $\sin 2x + \sin 3x + \sin 4x = 0$ $\left[k\frac{\pi}{3}\right]$

230 $\cos x + \cos\frac{x}{2} + 1 = 0$ $\left[\pi + 2k\pi; \frac{4}{3}\pi + 4k\pi; \frac{8}{3}\pi + 4k\pi\right]$

231 $\cos 4x - \cos 2x = \sin 3x$ $\left[k\frac{\pi}{3}; \frac{7}{6}\pi + k\pi; \frac{11}{6}\pi + 2k\pi\right]$

232 $\sin 2x \cdot \cot x + \cos x - 1 = 0$ $\left[\pm\frac{\pi}{3} + 2k\pi\right]$

233 $\tan\left(x + \frac{\pi}{4}\right) - (1 + \tan x) = 0$ $\left[k\pi; \frac{3}{4}\pi + k\pi\right]$

234 $(1 - \tan x) \cdot \tan 2x - \tan x = 0$ $[k\pi]$

235 $4\sin x \cdot \cos\left(x - \frac{11}{6}\pi\right) = \sqrt{3} \cdot \sin 2x - 1$ $\left[\pm\frac{\pi}{4} + k\pi\right]$

236 $2\cos x \cdot \sin\left(x + \frac{2}{3}\pi\right) = \sin x(-\cos x - \sqrt{3}\sin x) + \tan x$ $\left[\frac{\pi}{3} + k\pi\right]$

237 $\cos 2x + \cos 3x + \cos 4x + \cos 5x = 0$ $\left[\frac{\pi}{2} + k\pi; \frac{\pi}{7} + \frac{2}{7}k\pi\right]$

238 $\sin 4x \cos 5x = \sin 6x \cos 3x$ $\left[k\frac{\pi}{2}\right]$

239 YOU & MATHS Solve each equation on the interval $0 \leq \vartheta \leq 2\pi$.

a. $3\sec^2\vartheta - 4 = 0$; **b.** $\cos 2\vartheta - \sin\vartheta = 0$.

(USA *Southern Illinois University Carbondale*, Final Exam, 2004)

$\left[a)\ \frac{\pi}{6}, \frac{5\pi}{6}, \frac{7\pi}{6}, \frac{11\pi}{6}; b)\ \frac{\pi}{6}, \frac{5\pi}{6}, \frac{3\pi}{2}\right]$

Equazioni e funzioni

240 YOU & MATHS How many x-intercepts does the graph of $y = \cos x - \sin 2x$ have in the interval $0 \leq x \leq 2\pi$?

A 0 B 2 C 4 D 6 E 8

(USA *Marywood University Mathematics Contest*, 2003)

Determina le intersezioni con l'asse *x* dei grafici delle seguenti funzioni, nell'intervallo $[-\pi; \pi]$.

241 $y = \cos 2x + 1 + \cos x$ $\left[\left(-\frac{2}{3}\pi; 0\right); \left(-\frac{\pi}{2}; 0\right); \left(\frac{\pi}{2}; 0\right); \left(\frac{2}{3}\pi; 0\right)\right]$

242 $y = 2\sin^2 x - 3\sin x + 1$ $\left[\left(\frac{\pi}{6}; 0\right); \left(\frac{\pi}{2}; 0\right); \left(\frac{5}{6}\pi; 0\right)\right]$

243 $y = \tan(\pi - x) + \tan^2 x$ $\left[(-\pi; 0); \left(-\frac{3}{4}\pi; 0\right); (0; 0); \left(\frac{\pi}{4}; 0\right); (\pi; 0)\right]$

2 Equazioni lineari in seno e coseno

▶ Teoria a p. 798

244 ESERCIZIO GUIDA Risolviamo $\sqrt{3}\cos x + \sin x = \sqrt{3}$.

Metodo algebrico

L'equazione è del tipo $a \sin x + b \cos x + c = 0$, con $c \neq 0$.
Per risolverla ci serviamo delle formule parametriche.

$$\sin x = \frac{2t}{1+t^2}, \quad \cos x = \frac{1-t^2}{1+t^2}, \quad \text{con } t = \tan\frac{x}{2}.$$

Poiché tali formule valgono per $x \neq \pi + 2k\pi$, dobbiamo verificare, prima di applicarle, se $x = \pi + 2k\pi$ è una soluzione dell'equazione data. Sostituendo π otteniamo:

$$\sqrt{3}\cos\pi + \sin\pi = -\sqrt{3} + 0 = -\sqrt{3} \neq \sqrt{3}.$$

In questo caso $x = \pi + 2k\pi$ **non** è soluzione dell'equazione data.

Se $x = \pi + 2k\pi$ avesse soddisfatto l'equazione, l'avremmo considerata come una soluzione.

Utilizziamo ora le formule parametriche per determinare le soluzioni diverse da $\pi + 2k\pi$:

$$\sqrt{3}\,\frac{1-t^2}{1+t^2} + \frac{2t}{1+t^2} = \sqrt{3} \to \frac{\sqrt{3}(1-t^2)+2t}{1+t^2} = \frac{\sqrt{3}(1+t^2)}{1+t^2} \to \sqrt{3} - \sqrt{3}t^2 + 2t = \sqrt{3} + \sqrt{3}t^2.$$

L'equazione ridotta in forma normale è:

$$\sqrt{3}t^2 - t = 0 \to t(\sqrt{3}t - 1) = 0 \quad \to \quad t = 0 \vee t = \frac{\sqrt{3}}{3}.$$

Torniamo alla variabile x:

- $\tan\frac{x}{2} = 0 \quad \to \quad \frac{x}{2} = k\pi \quad \to \quad x = 2k\pi;$
- $\tan\frac{x}{2} = \frac{\sqrt{3}}{3} \quad \to \quad \frac{x}{2} = \frac{\pi}{6} + k\pi \quad \to \quad x = \frac{2\pi}{6} + 2k\pi \quad \to \quad x = \frac{\pi}{3} + 2k\pi.$

Le soluzioni dell'equazione data sono: $x = 2k\pi \vee x = \frac{\pi}{3} + 2k\pi$.

Metodo grafico

Trasformiamo l'equazione nel sistema $\begin{cases} \sqrt{3}\cos x + \sin x = \sqrt{3} \\ \cos^2 x + \sin^2 x = 1 \end{cases}$.

Poniamo $\sin x = Y$ e $\cos x = X$ e sostituiamo nel sistema.

$$\begin{cases} \sqrt{3}X + Y = \sqrt{3} & \text{equazione di una retta} \\ X^2 + Y^2 = 1 & \text{equazione della circonferenza goniometrica} \end{cases}$$

Risolviamo il sistema per sostituzione.

$$\begin{cases} Y = -\sqrt{3}X + \sqrt{3} \\ X^2 + (-\sqrt{3}X + \sqrt{3})^2 = 1 \end{cases}$$

Risolviamo la seconda equazione:

$$X^2 + (3X^2 + 3 - 6X) = 1 \quad \to \quad 4X^2 - 6X + 2 = 0 \quad \to \quad 2X^2 - 3X + 1 = 0 \quad \to \quad X = 1, X = \frac{1}{2}.$$

Le soluzioni del sistema sono: $\begin{cases} X = 1 \\ Y = 0 \end{cases} \to E(1; 0); \begin{cases} X = \frac{1}{2} \\ Y = \frac{\sqrt{3}}{2} \end{cases} \to A\left(\frac{1}{2}; \frac{\sqrt{3}}{2}\right).$

Disegniamo sul piano cartesiano la retta e la circonferenza.
Torniamo all'incognita x con i sistemi:

1. $\begin{cases}\cos x = 1\\ \sin x = 0\end{cases} \rightarrow x = 2k\pi;$

2. $\begin{cases}\cos x = \frac{1}{2}\\ \sin x = \frac{\sqrt{3}}{2}\end{cases} \rightarrow x = \frac{\pi}{3} + 2k\pi.$

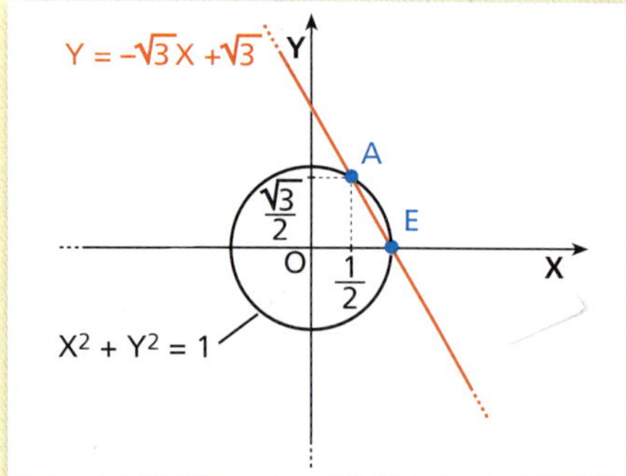

Le soluzioni dell'equazione data sono:

$$x = 2k\pi \quad \vee \quad x = \frac{\pi}{3} + 2k\pi.$$

Metodo dell'angolo aggiunto
Utilizzando le formule, nell'equazione data, per l'espressione $\sqrt{3}\cos x + \sin x$ abbiamo:

$$r = \sqrt{1+3} = 2; \quad \tan\alpha = \frac{\sqrt{3}}{1} \rightarrow \alpha = \frac{\pi}{3}.$$

$a \sin x + b \cos x = r \sin(x + \alpha)$, con $r = \sqrt{a^2 + b^2}$ e $\tan\alpha = \frac{b}{a}$

Quindi l'equazione data equivale a:

$$2\sin\left(x + \frac{\pi}{3}\right) = \sqrt{3},$$

equazione elementare che ha come soluzioni $x = 2k\pi \vee x = \frac{\pi}{3} + 2k\pi$.

245 VERO O FALSO? L'equazione $\cos x - \sqrt{3}\sin x = 0$:

a. è lineare in seno e coseno. V F

b. è equivalente all'equazione $1 - \sqrt{3}\tan x = 0$. V F

c. è equivalente all'equazione $2\sin\left(x - \frac{\pi}{6}\right) = 0$. V F

d. non si può risolvere con il metodo grafico. V F

246 CACCIA ALL'ERRORE Trova l'errore nell'applicazione del metodo dell'angolo aggiunto.

a. $\sin x + \cos x = 1 \rightarrow r = \sqrt{2}, \tan\alpha = 1 \rightarrow \sin\left(x + \frac{\pi}{4}\right) = 1$

b. $\sqrt{3}\sin x - \cos x = 0 \rightarrow r = \sqrt{2}, \tan\alpha = -\sqrt{3} \rightarrow \sqrt{2}\sin\left(x - \frac{\pi}{3}\right) = 0$

247 RIFLETTI SULLA TEORIA Fabio sostiene che l'equazione $\sin\left(\frac{3}{2}\pi - x\right) + 2\sin x = 1$ non è lineare in seno e coseno, ma Alessia la risolve come equazione lineare. Come fa?

Risolvi le seguenti equazioni goniometriche lineari.

248 $\sin x + \cos x = 0$ $\left[\frac{3}{4}\pi + k\pi\right]$

249 $\sin x - \cos x = 0$ $\left[\frac{\pi}{4} + k\pi\right]$

250 $\cos x - \sin x = 1$ $\left[-\frac{\pi}{2} + 2k\pi; 2k\pi\right]$

251 $\cos x + \sin x - 3 = 0$ [impossibile]

252 $\cos x - \sqrt{3}\sin x = 1$ $\left[2k\pi; -\frac{2}{3}\pi + 2k\pi\right]$

253 $\sin\left(\frac{\pi}{2} + x\right) + \sin x = 1$ $\left[\frac{\pi}{2} + 2k\pi; 2k\pi\right]$

254 $\sqrt{3}\sin x - 2\cos x = \sqrt{3} - \cos x$ $\left[\frac{\pi}{2} + 2k\pi; \frac{5}{6}\pi + 2k\pi\right]$

255 $\cos 5x + \sin 5x = 0$ $\left[\frac{3}{20}\pi + k\frac{\pi}{5}\right]$

256 $\sin 4x - \cos 4x - 1 = 0$ $\left[\frac{\pi}{4} + k\frac{\pi}{2}; \frac{\pi}{8} + k\frac{\pi}{2}\right]$

257 $\sqrt{3}\,\sin x + \cos x = \sqrt{3}$ $\left[\frac{\pi}{2} + 2k\pi; \frac{\pi}{6} + 2k\pi\right]$

258 $\sin x - \cos(-x) = \frac{\sqrt{2}}{2}$ $\left[\frac{5}{12}\pi + 2k\pi; \frac{13}{12}\pi + 2k\pi\right]$

259 $\sqrt{3}\,\sin x + 3\cos x + 3 = 0$ $\left[\pi + 2k\pi; \frac{4}{3}\pi + 2k\pi\right]$

260 $\cos\left(x + \frac{\pi}{6}\right) + \sin\left(x + \frac{\pi}{6}\right) = 1$ $\left[\frac{\pi}{3} + 2k\pi; -\frac{\pi}{6} + 2k\pi\right]$

261 $\sqrt{3}\,\sin 3x + \cos 3x = \sqrt{3}$ $\left[\frac{\pi}{18} + \frac{2k\pi}{3}; \frac{\pi}{6} + \frac{2k\pi}{3}\right]$

262 $\sqrt{3}\,\sin x + \cos x + 1 = 0$ $\left[\pi + 2k\pi; \frac{5}{3}\pi + 2k\pi\right]$

263 $\sin x + (\sqrt{2} - 1)\cos x - 1 = 0$ $\left[\frac{\pi}{4} + 2k\pi; \frac{\pi}{2} + 2k\pi\right]$

264 $(2 + \sqrt{3})\sin x - \cos x + 2 + \sqrt{3} = 0$ $\left[-\frac{\pi}{3} + 2k\pi; -\frac{\pi}{2} + 2k\pi\right]$

265 $\sin x + 2\cos x - 6 = 0$ [impossibile]

266 $\sin x + 3\cos x = 2 + \sqrt{2}\cos\left(x + \frac{\pi}{4}\right)$ $\left[\frac{\pi}{2} + 2k\pi; 2k\pi\right]$

267 $\sin\left(x - \frac{\pi}{4}\right) + \cos\left(x - \frac{\pi}{4}\right) - 1 = 0$ $\left[\frac{\pi}{4} + 2k\pi; \frac{3}{4}\pi + 2k\pi\right]$

268 $\sqrt{3}\,\sin x - 5\cos x + 1 = 0$ $\left[\frac{\pi}{3} + 2k\pi; 2\arctan\left(-\frac{2\sqrt{3}}{3}\right) + 2k\pi\right]$

269 $\sin\left(\frac{3}{4}\pi + x\right) + \cos\left(x - \frac{7}{4}\pi\right) = \sqrt{2}$ $\left[2k\pi; \frac{3}{2}\pi + 2k\pi\right]$

270 $\sqrt{3}\sin\left(x + \frac{4}{3}\pi\right) + \sin\left(x - \frac{7}{6}\pi\right) + 2 = 0$ $\left[\frac{\pi}{3} + 2k\pi\right]$

271 $\cos\left(\frac{11}{6}\pi - x\right) + \sin\left(x - \frac{\pi}{6}\right) = \frac{\sqrt{6} - \sqrt{2}}{4}$ $\left[-\frac{\pi}{12} + 2k\pi; \frac{7}{12}\pi + 2k\pi\right]$

MATEMATICA AL COMPUTER

Le equazioni goniometriche Nel laboratorio che ti proponiamo puoi imparare a risolvere con il computer un'equazione goniometrica e a verificare le soluzioni trovate.

risolvere $(2\cdot\sin(x)+3\cdot\cos(x) = -2) \rightarrow \left\{\left\{x=-\frac{\pi}{2}\right\},\{x=2.7468\}\right\}$

Risoluzione – 3 esercizi in più

272 Determina i punti di intersezione con gli assi cartesiani del grafico della funzione $y = \sin x + \cos x + \sqrt{2}$.
$\left[(0; 1 + \sqrt{2}); \left(-\frac{3}{4}\pi + 2k\pi; 0\right)\right]$

REALTÀ E MODELLI

273 **Scorciatoia per amore** La casa del fidanzato di Sara dista 1 km in linea d'aria dalla sua, ma per raggiungerla Sara deve percorrere via Libertà e via Risorgimento, un percorso di 1,2 km. Se volesse attraversare il parco in linea retta, che direzione dovrebbe prendere, espressa come valore dell'angolo α? (Considera via Libertà più lunga di via Risorgimento.) [13°]

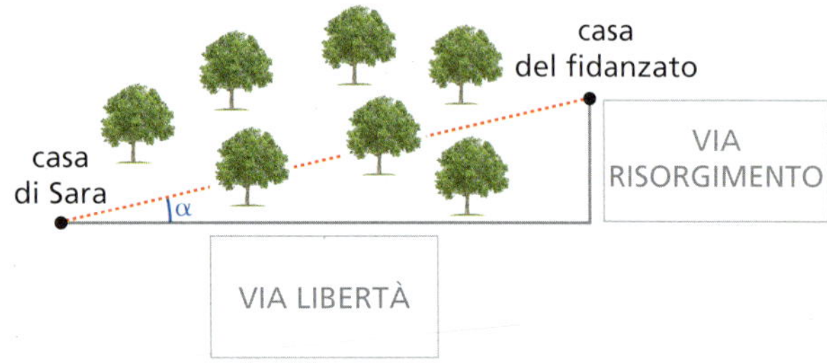

274 **La pista di sci** Nella prima parte di un percorso di slalom alcune bandierine sono posizionate lungo la traiettoria come mostrato in figura.
Supponendo che la curva in figura abbia equazione $y = 2\sin x + \sqrt{3}\cos x - \frac{5}{2}$ e che lo sciatore si trovi in $A(0; 1)$, determina:

a. la posizione delle bandierine;
b. l'equazione della traiettoria rettilinea da seguire per passare all'esterno della seconda bandierina;
c. le equazioni delle possibili traiettorie rettilinee per passare tra la prima e la seconda bandierina.

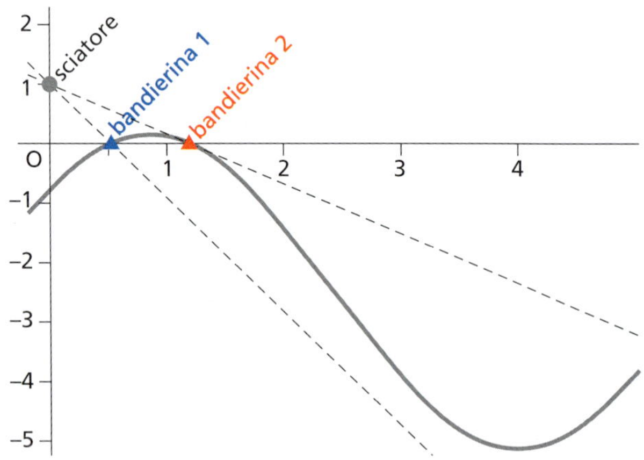

$\left[\text{a)} \left(\frac{\pi}{6}; 0\right), (1{,}19; 0); \text{b)}\ y = mx + 1, \text{con } m < -1{,}19; \text{c)}\ y = mx + 1, \text{con } -1{,}19 < m < -\frac{\pi}{6}\right]$

Determina graficamente e algebricamente i punti di intersezione dei grafici delle seguenti funzioni.

275 $y = 1 - \sqrt{3}\sin x; \quad y = \cos x.$ $\left[(2k\pi; 1); \left(\frac{2}{3}\pi + 2k\pi; -\frac{1}{2}\right)\right]$

276 $y = \sqrt{3}\sin x; \quad y = 2 - \cos x.$ $\left[\left(\frac{\pi}{3} + 2k\pi; \frac{3}{2}\right)\right]$

277 $y = \sqrt{2}\sin x + 2; \quad y = -\sqrt{2}\cos x.$ $\left[\left(\frac{5}{4}\pi + 2k\pi; 1\right)\right]$

3 Equazioni omogenee di secondo grado in seno e coseno

▶ Teoria a p. 801

278 ESERCIZIO GUIDA Risolviamo $\sqrt{3}\cos^2 x - \sin x \cos x = \sqrt{3}$.

Così come è scritta, l'equazione non è un'equazione omogenea, perché compare il termine noto $\sqrt{3}$. Usiamo la relazione $\sin^2 x + \cos^2 x = 1$ per trasformarla nell'equazione equivalente:

$$\sqrt{3}\cos^2 x - \sin x \cos x = \sqrt{3}(\sin^2 x + \cos^2 x) \rightarrow \sqrt{3}\sin^2 x + \sin x \cos x = 0.$$

Risolviamo l'equazione omogenea ottenuta, raccogliendo $\sin x$:

$$\sin x(\sqrt{3}\sin x + \cos x) = 0.$$

Per la legge dell'annullamento del prodotto dobbiamo risolvere le due equazioni:

- $\sin x = 0 \rightarrow x = k\pi$;
- $\sqrt{3}\sin x + \cos x = 0 \rightarrow \frac{\pi}{2} + k\pi$ non è soluzione, quindi dividiamo per $\cos x$ e otteniamo:

$$\sqrt{3}\tan x + 1 = 0 \quad \rightarrow \quad \tan x = -\frac{\sqrt{3}}{3} \quad \rightarrow \quad x = -\frac{\pi}{6} + k\pi.$$

Le soluzioni dell'equazione sono: $x = k\pi \vee x = -\frac{\pi}{6} + k\pi$.

Risolvi le seguenti equazioni.

279 $\sin x\cos x - \sin^2 x = 0$ $\left[k\pi; \frac{\pi}{4} + k\pi\right]$

280 $\sqrt{3}\sin x\cos x - 3\sin^2 x = 0$ $\left[k\pi; \frac{\pi}{6} + k\pi\right]$

281 $\sin^2 x - \cos^2 x = 0$ $\left[\frac{\pi}{4} + k\frac{\pi}{2}\right]$

282 $\sin^2 x - \sqrt{3}\sin x\cos x = 0$ $\left[k\pi; \frac{\pi}{3} + k\pi\right]$

283 $4\sin^2 x - \sin x\cos x + 3 = 0$ [impossibile]

284 $\sin x\cos x - \cos^2 x = 0$ $\left[\frac{\pi}{2} + k\pi; \frac{\pi}{4} + k\pi\right]$

---

285 $\sqrt{3}(\cos^2 x - \sin^2 x) + 2\sin x\cos x = 0$ $\left[\frac{\pi}{3} + k\pi; \frac{5}{6}\pi + k\pi\right]$

286 $3\cos^2 x - \sin x\cos x = 0$ $\left[\frac{\pi}{2} + k\pi; \arctan 3 + k\pi\right]$

287 $\sqrt{2}\sin x\cos x + \sqrt{6}\cos^2 x = 0$ $\left[\frac{\pi}{2} + k\pi; -\frac{\pi}{3} + k\pi\right]$

288 $3\sin^2 x + 2\sqrt{3}\sin x\cos x + \cos^2 x = 0$ $\left[\frac{5}{6}\pi + k\pi\right]$

289 $3\sin^2 x + \cos^2 x + 2\sin x\cos x = 2$ $\left[\frac{\pi}{8} + k\frac{\pi}{2}\right]$

290 $2\sqrt{3}\cos^2 x - 2\sin x\cos x = \sqrt{3}$ $\left[\frac{2}{3}\pi + k\pi; \frac{\pi}{6} + k\pi\right]$

291 $2\sin^2 x + 3\sin x\cos x = 2 + \cos^2 x$ $\left[\frac{\pi}{2} + k\pi; \frac{\pi}{4} + k\pi\right]$

292 $4\sin^2 x + 2\sin x\cos x + 4\cos^2 x = 3$ $\left[\frac{3}{4}\pi + k\pi\right]$

293 $6\sin^2 x - 5\sin x\cos x = 1 - \cos^2 x$ $\left[k\pi; \frac{\pi}{4} + k\pi\right]$

294 $3\sin^2 x + 2\sqrt{3}\sin x\cos x + 5\cos^2 x - 3 = 0$ $\left[\frac{\pi}{2} + k\pi; -\frac{\pi}{6} + k\pi\right]$

295 $3\sin^2 x + 2\sin x\cos x = 2 - 3\cos^2 x$ $\left[-\frac{\pi}{4} + k\pi\right]$

296 $2\sin^2 x + 2\sqrt{3}\sin x\cos x - 4\cos^2 x + 1 = 0$ $\left[\frac{\pi}{6} + k\pi; \frac{2}{3}\pi + k\pi\right]$

297 $3\sin^2 x - \sin x\cos x - 2 = 0$ $\left[\arctan 2 + k\pi; \frac{3}{4}\pi + k\pi\right]$

298 $10\sin^2 x + 2\sqrt{3}\sin x\cos x + 4\cos^2 x = 7$ $\left[\frac{\pi}{6} + k\pi; -\frac{\pi}{3} + k\pi\right]$

299 $\cos x - \sqrt{3}\sin x = \frac{1 - 4\sin^2 x}{\cos x}$ $\left[k\pi; \frac{\pi}{6} + k\pi\right]$

300 $\frac{2\cos^2 x - 5}{\sin x} = 2(\sqrt{3}\cos x - 4\sin x)$ $\left[-\frac{\pi}{6} + k\pi; \frac{\pi}{3} + k\pi\right]$

301 $2(2 + \sin x\cos x) = 5\cos x(\cos x + \sin x)$ $\left[\frac{\pi}{4} + k\pi; \arctan\left(-\frac{1}{4}\right) + k\pi\right]$

302 $\cos x\sin\left(\frac{2}{3}\pi + x\right) - \sqrt{3}\cos^2 x = \sin x\cos\left(x - \frac{\pi}{6}\right)$ $\left[-\frac{\pi}{4} + k\pi; -\frac{\pi}{3} + k\pi\right]$

303 $(3+\sqrt{3})\sin^2 x + 2\cos^2 x + (\sqrt{3}-1)\sin x\cos x = 3$ $\left[\frac{3}{4}\pi + k\pi; \frac{\pi}{6} + k\pi\right]$

304 $(\sqrt{3}-1)\sin^2 x + (\sqrt{3}+1)\sin x\cos x + 1 = 0$ $\left[-\frac{\pi}{6} + k\pi; -\frac{\pi}{4} + k\pi\right]$

305 $\sin^2 x + 4\sqrt{3}\sin x\cos x + \cos^2 x + 2 = 0$ $\left[\frac{5}{6}\pi + k\pi; \frac{2}{3}\pi + k\pi\right]$

306 $(\sqrt{2}-1)\cos^2 x + (\sqrt{2}-2)\sin x\cos x - \sin^2 x = 0$ $\left[\frac{\pi}{8} + k\pi; \frac{3}{4}\pi + k\pi\right]$

307 $2\cos^2 x + 1 + \sqrt{3} = 2(2+\sqrt{3})\sin x\cos x$ $\left[\frac{\pi}{4} + k\pi; \frac{\pi}{3} + k\pi\right]$

Determina le coordinate dei punti di intersezione con gli assi cartesiani dei grafici delle seguenti funzioni.

308 $y = \sin^2 x + \sin x\cos x$ $\left[(k\pi; 0); \left(\frac{3}{4}\pi + k\pi; 0\right); (0; 0)\right]$

309 $y = 2\cos^2 x - \sin x\cos x$ $\left[\left(\frac{\pi}{2} + k\pi; 0\right); (\arctan 2 + k\pi; 0); (0; 2)\right]$

310 $y = 2\sin^2 x - \cos^2 x - \sin x\cos x$ $\left[\left(\frac{\pi}{4} + k\pi; 0\right); \left(\arctan\left(-\frac{1}{2}\right) + k\pi; 0\right); (0; -1)\right]$

Equazioni omogenee di grado superiore al secondo

Risolvi le seguenti equazioni.

311 $\sin^4 x - \cos^2 x\sin^2 x = 0$ $\left[k\pi; \frac{\pi}{4} + k\frac{\pi}{2}\right]$

312 $2\sin^4 x + \sin^2 x\cos^2 x - 3\cos^4 x = 0$ $\left[\frac{\pi}{4} + k\frac{\pi}{2}\right]$

313 $\sin^4 x + 4\cos^4 x - 5\sin^2 x\cos^2 x = 0$ $\left[\pm\arctan 2 + k\pi; \frac{\pi}{4} + k\frac{\pi}{2}\right]$

314 $5\cos^4 x + 2\sin^2 x\cos^2 x - 3\sin^4 x + 1 = 0$ $\left[\pm\frac{\pi}{3} + k\pi\right]$

315 $\cos^3 x = -5\sin^2 x\cos x + 4\sin x\cos^2 x + 2\sin^3 x$ $\left[\frac{\pi}{4} + k\pi; \arctan\frac{1}{2} + k\pi\right]$

316 $\sqrt{3}\cos^3 x - \sin^3 x + \sin x\cos^2 x = \sqrt{3}\cos x\sin^2 x$ $\left[\frac{\pi}{4} + k\frac{\pi}{2}; -\frac{\pi}{3} + k\pi\right]$

Riepilogo: Equazioni goniometriche

TEST

317 Una sola fra le seguenti equazioni ammette esattamente due soluzioni comprese fra 0 e 2π. Quale?

A $\sin\left(x + \frac{\pi}{3}\right) = 1$

B $\cos\left(\frac{\pi}{4} - x\right) = -1$

C $\sin 2x = 0$

D $\tan\left(x - \frac{\pi}{3}\right) = 0$

E $\cos(2x - \pi) = \frac{1}{2}$

318 L'equazione $\sin\left(\frac{3}{2}x - \frac{3}{2}\pi\right) = \frac{1}{2}$ è equivalente a:

A $\cos\frac{3}{2}x = -\frac{1}{2}$.

B $\sin x = \frac{1}{3}$.

C $\sin\frac{3}{2}x = \frac{1}{2}$.

D $\cos x = -\frac{1}{2}$.

E $\cos\frac{3}{2}x = \frac{1}{2}$.

319 VERO O FALSO?

a. $\sin x = \sin 2x \rightarrow x = k\pi$. V F

b. $\cos^4 x - \sin^4 x = 2 \rightarrow$ impossibile. V F

c. $\sin x - \cos x = \sqrt{2} \rightarrow x = \frac{3}{4}\pi + k\pi$. V F

d. $\frac{1}{4}\cos 4x = 1 \rightarrow \cos x = 1$. V F

Identità

Verifica le seguenti identità indicando i valori di α per i quali non sono definite.

320 $\frac{\cos\alpha\tan 2\alpha}{\sin\alpha} = \frac{2\cos^2\alpha}{2\cos^2\alpha - 1}$

321 $\tan\alpha = 2\tan\alpha\cos^2\frac{\alpha}{2} - \sin\alpha$

322 $\frac{\cos^2\alpha}{1+\sin 2\alpha} = \frac{1}{(1+\tan\alpha)^2}$

323 $\frac{\tan\frac{\alpha}{2}}{1-\cos\alpha} = \frac{1}{\sin\alpha}$

324 $\frac{\sin 3\alpha - \sin\alpha}{\cos 2\alpha} = 2\sin\alpha$

325 $\frac{1-\tan\alpha}{1+\tan\alpha} = \frac{(\cos\alpha - \sin\alpha)^2}{\cos 2\alpha}$

326 $\frac{\cos 2\alpha}{\sin 2\alpha - \cos 2\alpha + 1} = \frac{\cot\alpha - 1}{2}$

327 $\frac{\sin\alpha}{1+\cos\alpha+\sin\alpha} = \frac{1}{1+\cot\frac{\alpha}{2}}$

Equazioni

Risolvi le seguenti equazioni.

AL VOLO

328 $2\cos x = 4$

329 $\sin\left(\frac{\pi}{2}+x\right) = 0$

330 $2\sin\left(x-\frac{\pi}{3}\right) = 3$

331 $\cos^2 x - \sin^2 x = 2$

332 $2\tan x = 0$

333 $2\cos x = 1$

334 $2(\tan x - 1) + 3 = \tan x + 1 + \sqrt{3}$ $\left[\frac{\pi}{3}+k\pi\right]$

335 $3\tan^2 x - 2\sqrt{3}\tan x + 1 = 0$ $\left[\frac{\pi}{6}+k\pi\right]$

336 $4\cos^2 x + \mathrm{cosec}^2 x - 7 = 0$ $\left[\pm\frac{\pi}{6}+k\pi\right]$

337 $4\sin^2 x - 7 + 10\cos^2 x = 0$ $\left[\frac{\pi}{4}+k\frac{\pi}{2}\right]$

338 $\sin 2x + \cos 2x + 1 = 0$ $\left[\frac{\pi}{2}+k\pi; \frac{3}{4}\pi+k\pi\right]$

339 $\frac{1+\cos^2 x}{\cos x} + \cos^2 x + 1 = 0$ $[\pi + 2k\pi]$

340 $\sin^2\frac{x}{2}\cos^2 x + 2\cos x = 0$ $\left[\frac{\pi}{2}+k\pi\right]$

341 $\tan^2\left(x+\frac{\pi}{3}\right) - 3 = 0$ $\left[k\pi; \frac{\pi}{3}+k\pi\right]$

342 $2\cos^2 6x - 1 = 0$ $\left[\pm\frac{\pi}{24}+k\frac{\pi}{3}; \pm\frac{\pi}{8}+k\frac{\pi}{3}\right]$

343 $2\sin x\cos^2 x - \sin x = 0$ $\left[k\pi; \frac{\pi}{4}+k\frac{\pi}{2}\right]$

344 $\sin x - \sqrt{3}\cos x = -2$ $\left[\frac{11}{6}\pi+2k\pi\right]$

345 $2\sin^2 x = \sin 2x$ $\left[k\pi; \frac{\pi}{4}+k\pi\right]$

346 $8\sin\left(\frac{\pi}{2}-x\right) - 1 = 4\sin^2 x$ $\left[\pm\frac{\pi}{3}+2k\pi\right]$

347 $\sin x - (\sqrt{2}-1)\cos x = 0$ $\left[\frac{\pi}{8}+k\pi\right]$

348 $\cos^4 x - 3\cos^2 x + 2 = 0$ $[k\pi]$

349 $4\sin^4 x - 11\sin^2 x + 6 = 0$ $\left[\pm\frac{\pi}{3}+k\pi\right]$

350 $3\sin x + \cos x - 3 = 0$ $\left[\frac{\pi}{2}+2k\pi; 2\arctan\frac{1}{2}+2k\pi\right]$

351 $2\cos^2\left(x+\frac{\pi}{3}\right) + \cos\left(x+\frac{\pi}{3}\right) - 1 = 0$ $\left[\pm\frac{2}{3}\pi+2k\pi; 2k\pi\right]$

352 $2 - \sqrt{2}\sin x = 2\sqrt{2}\sin x + 5$ $\left[-\frac{\pi}{4}+2k\pi; \frac{5}{4}\pi+2k\pi\right]$

353 $\cos\left(2x+\frac{\pi}{5}\right) = -\sin\left(3x-\frac{4}{3}\pi\right)$ $\left[\frac{31}{30}\pi+2k\pi; \frac{19}{150}\pi+\frac{2}{5}k\pi\right]$

354 $\tan\left(2x-\frac{2}{7}\pi\right) = -\cot\left(3x-\frac{3}{5}\pi\right)$ $\left[\frac{57}{70}\pi+k\pi\right]$

355 $5\sin^2 x - \sqrt{3}\sin 2x = 2 + \cos^2 x$ $\left[\frac{5}{6}\pi+k\pi; \frac{\pi}{3}+k\pi\right]$

356 $\cos\left(\frac{x}{3}+\frac{\pi}{9}\right) = -\cos\left(2x-\frac{5}{3}\pi\right)$ $\left[\frac{5}{3}\pi+\frac{6}{5}k\pi; \frac{23}{21}\pi+\frac{6}{7}k\pi\right]$

ESERCIZI

357 $\cos x \cot x + \sqrt{3}\cos x = 0$ $\left[\frac{\pi}{2} + k\pi; \frac{5}{6}\pi + k\pi\right]$

358 $\sin\left(x + \frac{\pi}{6}\right) + \sin\left(x + \frac{\pi}{3}\right) = \frac{\sqrt{3}+1}{2}$ $\left[\frac{\pi}{2} + 2k\pi; 2k\pi\right]$

359 $\cot(5x - 125°) = -\tan(15° - 3x)$ $\left[\frac{25°}{4} + k\frac{45°}{2}\right]$

360 $4\sin^2 x - 8\sin x - 5 = 0$ $\left[\frac{7}{6}\pi + 2k\pi; \frac{11}{6}\pi + 2k\pi\right]$

361 $\cos\left(3x - \frac{\pi}{4}\right) = \cos\left(\frac{2}{3}\pi - 2x\right)$ $\left[\frac{19}{12}\pi + 2k\pi; \frac{11}{60}\pi + \frac{2}{5}k\pi\right]$

362 $\tan x \cos x + \tan x = \sqrt{3}\cos x + \sqrt{3}$ $\left[\pi + 2k\pi; \frac{\pi}{3} + k\pi\right]$

363 $3\sin^2 x - \sqrt{3}\sin 2x - 3\cos^2 x = 0$ $\left[\frac{\pi}{3} + k\pi; -\frac{\pi}{6} + k\pi\right]$

364 $\cot\left(\frac{x}{3} + \frac{\pi}{5}\right) = -\tan\left(3x - \frac{\pi}{7}\right)$ $\left[\frac{177}{560}\pi + \frac{3}{8}k\pi\right]$

365 $5\sin^2 x + 3\cos^2 x + \cos(-x) = 5$ $\left[\frac{\pi}{2} + k\pi; \pm\frac{\pi}{3} + 2k\pi\right]$

366 $\cos x \cdot \cos(x - 300°) = \sin x \cdot \sin(x - 210°)$ $[45° + k180°; 30° + k180°]$

367 $4\sin 2x \cos 2x - 1 = 0$ $\left[\frac{\pi}{24} + k\frac{\pi}{2}; \frac{5}{24}\pi + k\frac{\pi}{2}\right]$

368 $2\sin^2 x + \sqrt{3}\sin x \cos x + 1 - \cos^2 x = 0$ $\left[k\pi; \frac{5}{6}\pi + k\pi\right]$

369 $2\sin^2 x - 4\sqrt{2}\sin x + 3 = 0$ $\left[\frac{\pi}{4} + 2k\pi; \frac{3}{4}\pi + 2k\pi\right]$

370 $2\sin^2 x + 9\cos\left(\frac{3}{2}\pi - x\right) + 4 = 0$ $\left[\frac{\pi}{6} + 2k\pi; \frac{5}{6}\pi + 2k\pi\right]$

371 $\frac{2}{1+\sin x} = \frac{\sin^2 x + 5}{\cos^2 x}$ [impossibile]

372 $\frac{1-\cos 2x}{\sin 2x} - \frac{\sin x}{1+\cos 2x} = 0$ $\left[\pm\frac{\pi}{3} + 2k\pi\right]$

373 $\frac{2\cos x - 1}{\tan 3x} = 0$ [impossibile]

374 $\frac{\sin(\pi - x)}{\cos x} = \frac{1}{\sqrt{3}}$ $\left[\frac{\pi}{6} + k\pi\right]$

375 $\sqrt{3} - 2\sin x = \frac{\cos x}{\sin 2x}$ [impossibile]

376 $\cos x + \tan x = \frac{1}{\cos x}$ $[k\pi]$

377 $\tan\left(x + \frac{\pi}{3}\right) + \tan x = 0$ $\left[-\frac{\pi}{6} + \frac{k}{2}\pi\right]$

378 $\cos 2x - 2\cos\left(x + \frac{3}{4}\pi\right) = 0$ $\left[-\frac{\pi}{4} + k\pi\right]$

379 $\frac{2\sin x \cos x - \cos x}{3\tan^2 x - 1} = 0$ [impossibile]

380 $\tan\left(x - \frac{\pi}{4}\right) - \tan 2x + 2 = 0$ $\left[\pm\frac{\pi}{6} + k\pi\right]$

381 $\frac{(\cos x - 3)(2\cos x + 1)}{3 - 4\sin^2 x} = 0$ [impossibile]

382 $2\sin^2\frac{x}{2} - \cos 2x - \cos x = 2$ $\left[\pi + 2k\pi; \frac{\pi}{2} + k\pi\right]$

383 $2\cos^2\frac{x}{2} + \cos 2x - 2\cos x = 0$ $\left[\frac{\pi}{2} + k\pi; \pm\frac{\pi}{3} + 2k\pi\right]$

384 ●○ $\sin\left(x+\frac{\pi}{3}\right)+\cos\left(x+\frac{\pi}{3}\right)=1$ $\left[\frac{5}{3}\pi+2k\pi; \frac{\pi}{6}+2k\pi\right]$

385 ●○ $2\sin^4 x-4\sin^2 x=\sqrt{3}\cos^3 x-2$ $\left[\frac{\pi}{2}+k\pi; \pm\frac{\pi}{6}+2k\pi\right]$

386 ●○ $\sin x(\sqrt{3}\cos x-2\sin x)=3-5\sin^2 x$ $\left[\frac{\pi}{3}+k\pi; \frac{\pi}{2}+k\pi\right]$

387 ●○ $4\cdot\cos x\cdot\sin\left(x+\frac{5}{6}\pi\right)=2-\sqrt{3}\sin 2x$ $[k\pi]$

388 ●○ $2\cos\left(x-\frac{3}{4}\pi\right)+\cos 2x=0$ $\left[\frac{\pi}{4}+k\pi\right]$

389 ●○ $\sin^4 x+2\sin^2 x\cos^2 x-3\cos^4 x=0$ $\left[\pm\frac{\pi}{4}+k\pi\right]$

390 ●○ $2\sin\left(x-\frac{\pi}{6}\right)-2\cos\left(x-\frac{\pi}{3}\right)+\sin^2\frac{x}{2}=3$ $[\pi+2k\pi]$

391 ●○ $\cos 2x-2\sin^2\frac{x}{2}+2\cos x=0$ $\left[\pm\frac{\pi}{3}+2k\pi\right]$

392 ●● $\sin 4x+\sin 6x=2\cos x$ $\left[\frac{\pi}{2}+k\pi; \frac{\pi}{10}+\frac{2}{5}k\pi\right]$

393 ●● $2\cos x\cdot\sin\left(x-\frac{7}{6}\pi\right)-\sin x(\sqrt{3}\cos x+\sin x)=1$ $\left[k\pi; -\frac{\pi}{3}+k\pi\right]$

394 ●● $2\cdot(1+\cos x)\cdot\tan\frac{x}{2}=1+\sin^2 x$ $\left[\frac{\pi}{2}+2k\pi\right]$

395 ●● $\dfrac{\sin^2\frac{x}{2}}{\sin^2 x}+\cos x=1$ $\left[\frac{\pi}{4}+k\frac{\pi}{2}\right]$

396 ●● $\sin^2\left(x+\frac{\pi}{4}\right)-\sin\left(x-\frac{\pi}{4}\right)\cos\left(x-\frac{3}{4}\pi\right)=0$ $\left[k\pi; \frac{\pi}{2}+k\pi\right]$

397 ●● $\sin 6x+\sin 2x=2\cos^2 x-1$ $\left[\frac{\pi}{4}+k\frac{\pi}{2}; \frac{\pi}{24}+k\frac{\pi}{2}; \frac{5}{24}\pi+\frac{k\pi}{2}\right]$

398 ●● $2\cos^2 x+\sqrt{3}\sin 2x+1=0$ $\left[-\frac{\pi}{3}+k\pi\right]$

399 ●● $4\sin^2 x+\cos 2x-\sqrt{3}\sin 2x=0$ $\left[\frac{\pi}{6}+k\pi\right]$

400 ●● $2\sin^2 x+2\cos 2x+\sin 2x=0$ $\left[\frac{\pi}{2}+k\pi; -\frac{\pi}{4}+k\pi\right]$

401 ●● $2\sin x\cdot\cot x+\cot x-2\sin x-1=0$ $\left[\frac{\pi}{4}+k\pi; \frac{7}{6}\pi+2k\pi; \frac{11}{6}\pi+2k\pi\right]$

402 ●● $2\cos\left(x-\frac{\pi}{6}\right)-\tan\frac{x}{2}=\sqrt{3}\cdot\cos x$ $\left[\frac{\pi}{2}+k\pi; 2k\pi\right]$

403 ●● $\tan^2\left(\frac{\pi}{4}-\frac{x}{2}\right)+8\sin x=7$ $\left[\pm\frac{\pi}{3}+k\pi\right]$

404 ●● $2\sin^2 3x-3\sin(\pi-3x)-2=0$ $\left[\frac{7}{18}\pi+\frac{2}{3}k\pi; \frac{11}{18}\pi+\frac{2}{3}k\pi\right]$

405 ●● $3\sin^2 x+(\sqrt{3}+1)\sin x\cos x+(\sqrt{3}+2)\cos^2 x=2$ $\left[\frac{3}{4}\pi+k\pi; \frac{2}{3}\pi+k\pi\right]$

406 ●● $\dfrac{3-2\sin x}{\cos x}=4\tan x$ $\left[\frac{\pi}{6}+2k\pi; \frac{5}{6}\pi+2k\pi\right]$

407 ●● $\dfrac{\sin 4x-\sin 6x}{\cos 3x+\cos 7x}=1$ $\left[\frac{\pi}{2}+2k\pi; \frac{7}{6}\pi+2k\pi; \frac{11}{6}\pi+2k\pi\right]$

408 ●● $\dfrac{\cos 8x-\cos 2x}{\cos(\pi-4x)}=1$ $\left[\pm\frac{\pi}{4}+k\pi; \pm\frac{\pi}{18}+k\frac{\pi}{3}\right]$

409 ●● $\cos x+\cos 3x=2\sin 6x\cos x$ $\left[\frac{\pi}{2}+2k\pi; \frac{\pi}{16}+k\frac{\pi}{4}; \frac{\pi}{8}+k\frac{\pi}{2}\right]$

410 $\sin 6x + \cos 4x + \sin 4x + \cos 6x = 0$ $\left[\frac{\pi}{2} + k\pi; \frac{3}{20}\pi + k\frac{\pi}{5}\right]$

411 $\frac{\sin 2x - \cos 2x - 1}{\tan 2x} = 0$ [impossibile]

412 $\frac{1 + \cos x}{\tan x} = \frac{5\cos^2 x - \cos x}{\sin x}$ $\left[\pm\frac{\pi}{3} + 2k\pi\right]$

413 $\cos\left(x - \frac{\pi}{6}\right) - \cos\left(x + \frac{\pi}{6}\right) - 2\sin^3 x = 0$ $\left[k\pi; \pm\frac{\pi}{4} + k\pi\right]$

414 $\cot^2 x = \frac{2 + 3\cos x}{1 - \cos x}$ $\left[\pm\frac{2}{3}\pi + 2k\pi\right]$

415 $\sin 5x + \sin 3x = \cos 4x + \cos 2x$ $\left[\frac{\pi}{2} + k\pi; \frac{\pi}{14} + \frac{2}{7}k\pi\right]$

416 $8\cos^2 x - 3\tan^2 x - 5 = 0$ $\left[\pm\frac{\pi}{6} + k\pi\right]$

417 $6\tan^2 x - 4\sin^2 x - 1 = 0$ $\left[\pm\frac{\pi}{6} + k\pi\right]$

418 $\frac{\sin x + 1}{\sin x} + \cot^2 x = 2$ $\left[\frac{\pi}{2} + 2k\pi; -\frac{5}{6}\pi + 2k\pi; -\frac{\pi}{6} + 2k\pi\right]$

419 $\cos\frac{x}{2} - 2\cos x - 2 = 0$ $\left[\pi + 2k\pi; \pm 2\arccos\left(\frac{1}{4}\right) + 4k\pi\right]$

420 $\sin^4 x + \cos^4 x = \frac{1}{2}$ $\left[\frac{\pi}{4} + k\frac{\pi}{2}\right]$

421 $\cot 2x \cdot \sin x + \cos x = 0$ $\left[\pm\frac{\pi}{3} + k\pi\right]$

422 $\sin 2x = \cos x\,(1 - \cos 2x)$ $\left[k\frac{\pi}{2}\right]$

423 $\tan\left(x + \frac{\pi}{6}\right) \cdot \tan\left(x + \frac{\pi}{3}\right) = 1$ $\left[k\frac{\pi}{2}\right]$

424 $\sin\left(x - \frac{\pi}{4}\right) \cdot \cos\left(x - \frac{\pi}{4}\right) - \sin 2x = \cos^2 x + \frac{1}{2}$ $\left[\frac{3}{4}\pi + k\pi; \frac{\pi}{2} + k\pi\right]$

425 $\sin 5x \cos 7x = \sin 4x \cos 8x$ $\left[k\pi; \frac{\pi}{6} + k\frac{\pi}{3}\right]$

426 $\cos\left(x - \frac{\pi}{6}\right) + \cos\left(x - \frac{\pi}{3}\right) + \cos 2x = 0$ $\left[\frac{3}{4}\pi + k\pi; \frac{2}{3}\pi + 2k\pi; \frac{5}{6}\pi + 2k\pi\right]$

427 $\frac{\tan x}{\cot\frac{x}{2}} = 1$ $\left[\pm\frac{\pi}{3} + 2k\pi\right]$

428 $\frac{1 + \cos 2x}{\cos x} - \frac{\sin 2x}{2 - 2\cos^2 x} = 0$ $\left[\frac{\pi}{6} + 2k\pi; \frac{5}{6}\pi + 2k\pi\right]$

429 $\sin x \cdot \sin\left(x + \frac{4}{3}\pi\right) = \cos x \cdot \cos\left(\frac{5}{3}\pi + x\right) + \frac{\sqrt{3} - 1}{2}$ $\left[\frac{3}{4}\pi + k\pi\right]$

430 $2\sin x \sin 4x \sin 6x + \sin 2x \cos 9x = 0$ $\left[k\pi; \frac{\pi}{10} + k\frac{\pi}{5}; \frac{\pi}{6} + k\frac{\pi}{3}\right]$

431 $\sin 16x = \sqrt{2}\cos 8x$ $\left[\frac{\pi}{16} + k\frac{\pi}{8}; \frac{\pi}{32} + k\frac{\pi}{4}; \frac{3}{32}\pi + k\frac{\pi}{4}\right]$

432 $\frac{\cos 2x - \cos x}{\sin x} = 2\tan\left(x + \frac{\pi}{2}\right)$ $\left[\frac{\pi}{3} + 2k\pi; \frac{5}{3}\pi + 2k\pi\right]$

433 $\frac{\cos x}{1 + \sin x} + \tan x = \frac{1}{\cos x}$ $\left[x \neq \frac{\pi}{2} + k\pi\right]$

434 $\frac{\sin\left(x + \frac{5}{3}\pi\right)}{1 - \cos x} - \frac{\cos(x + 2\pi) + 1}{\sin(-x)} = 0$ $\left[\frac{\pi}{6} + k\pi\right]$

435 •• $\cos\frac{x}{2} + \cos x + \cos\frac{3}{2}x = 0$ $\left[\frac{\pi}{2} + k\pi; \pm\frac{4}{3}\pi + 4k\pi\right]$

436 •• $\frac{\sqrt{3}\cos x + 2\sin x}{\cot x} = \frac{1 + \sin^2 x - \cos 2x}{\cos x}$ $\left[\frac{\pi}{3} + k\pi\right]$

437 •• $\sin 2x \tan x + 4 = 6\cos\left(\frac{3}{2}\pi + x\right)$ [impossibile]

---

438 •• TEST Trova l'angolo ϑ in radianti per il quale $0 \leq \vartheta \leq \pi$ e $4\cos 2\vartheta + 4\sin^2\vartheta - 4\cos\vartheta = -1$.

A $\frac{\pi}{6}$ B $\frac{\pi}{4}$ C $\frac{\pi}{3}$ D $\frac{\pi}{2}$ E $\frac{2\pi}{3}$

(USA *University of North Carolina at Wilmington High School Math Contest*, 2004)

439 •• YOU & MATHS Find x if $\frac{1}{\sqrt{3}}\sin x = \cos\frac{x}{2}$, where $0 \leq x \leq 2\pi$.

(IR *Leaving Certificate Examination*, Higher Level, 1994)

$\left[\pi; \frac{2}{3}\pi; \frac{4}{3}\pi\right]$

440 •• EUREKA! Considera l'equazione $a\sin x + b\cos x + c = 0$ e dimostra che le sue soluzioni sono $x = \pi + 2k\pi$ e $x = \frac{3}{2}\pi + 2k\pi$ se e solo se $a = b = c$.

Problemi REALTÀ E MODELLI

RISOLVIAMO UN PROBLEMA

La galleria

Un trasporto eccezionale transita attraverso una galleria a doppio senso di marcia con sezione semicircolare di raggio 6 m.

Determina l'area di ingombro massima che il mezzo può avere (intesa come l'area della sezione trasversale del veicolo) per poter attraversare la galleria senza bisogno di interrompere il traffico in senso opposto.

▶ Modellizziamo il problema.

Schematizziamo la situazione con una figura.

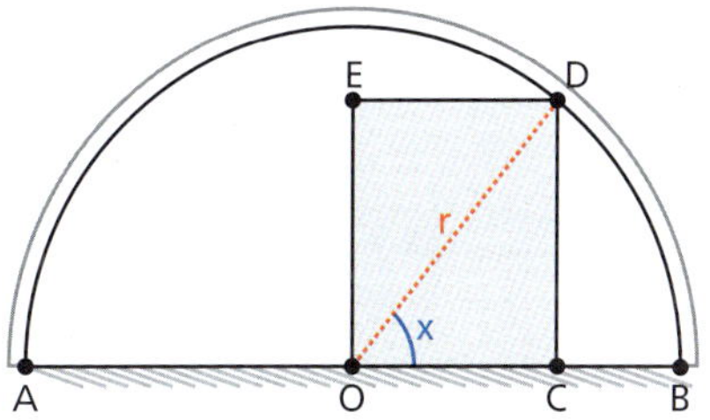

L'area da calcolare è rappresentata dalla superficie del rettangolo *OCDE* (il veicolo può occupare solo una metà della carreggiata). Per risolvere il problema, dobbiamo esprimere i lati della figura in funzione di $D\widehat{O}C = x$.

▶ Esprimiamo l'area in funzione di *x*.

$\overline{CD} = r\sin x$;

$\overline{OC} = r\cos x$;

area $= \overline{CD} \cdot \overline{OC} = r\sin x \cdot r\cos x =$

$r^2 \sin x \cdot \cos x = \frac{1}{2}r^2 \sin 2x$.

▶ Troviamo la soluzione.

Il valore di $\sin 2x$ è massimo quando

$\sin 2x = 1$, cioè $2x = \frac{\pi}{2} \rightarrow x = \frac{\pi}{4}$,

dal quale, poiché $\sin\frac{\pi}{4} = \cos\frac{\pi}{4} = \frac{\sqrt{2}}{2}$, si ricava:

$\overline{CD} = \overline{OC} = r\cos x = 6 \cdot \frac{\sqrt{2}}{2} \simeq 4{,}24$ m $\rightarrow$

area $= \overline{CD} \cdot \overline{OC} = (4{,}24)^2 \simeq 17{,}98$.

L'area massima della superficie della sezione del veicolo corrisponde a una sezione quadrata di circa 18 m^2.

441 •• **Rifrazione** Un raggio luminoso che attraversa un oggetto di vetro e poi si propaga nell'aria nel passaggio da un mezzo all'altro subisce il fenomeno ottico della rifrazione. Gli angoli α_1 e α_2 che il raggio forma con la perpendicolare alla superficie di separazione tra i due mezzi sono legati dalla relazione:

$$\frac{\sin\alpha_1}{\sin\alpha_2} = \frac{n_2}{n_1},$$

dove n_1 e n_2 sono valori caratteristici dei due mezzi, chiamati indici di rifrazione.

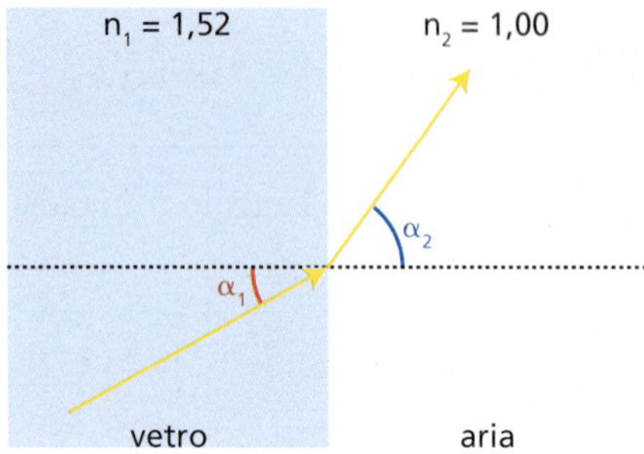

a. Quanto dovrebbe misurare l'angolo di incidenza α_1 perché l'angolo di rifrazione α_2 sia esattamente il doppio?

b. La rifrazione si verifica se α_2 è minore di 90°. Qual è, dunque, il più grande valore di α_1 per cui si ha rifrazione nel passaggio da vetro ad aria? [a) 40,5°; b) 41,1°]

442 •• **Decollo in sicurezza** Una pista per aeroplani turistici è progettata in modo che D sia il punto di decollo, posizionato a distanza l da B, dove si trova la torre BC, per il ponte radio. La sicurezza del volo è garantita se gli aerei superano, al decollo, il punto A, che si trova a un'altezza tripla della torre.

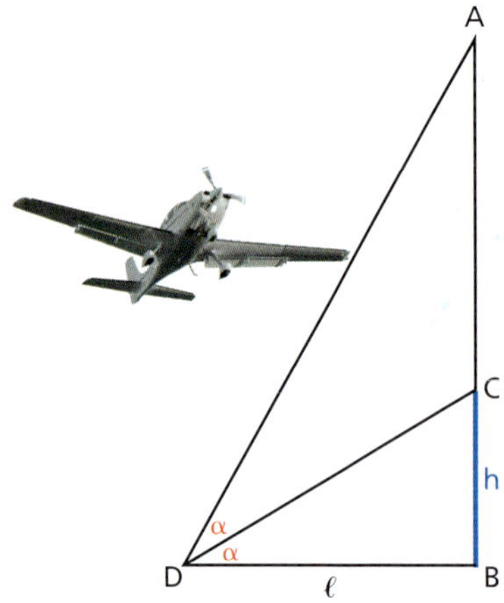

a. Trova il valore minimo dell'angolo di salita 2α (angolo tra la traiettoria e l'orizzontale) che gli aerei devono assumere al decollo.

b. Se $BC = 30$ m e α ha il valore trovato al punto precedente, qual è la distanza di D da B?

$\left[\text{a) } 2\alpha = \frac{\pi}{3}\text{; b) } 52 \text{ m}\right]$

Funzioni

Determina il dominio delle seguenti funzioni.

443 •○ $f(x) = \dfrac{1}{\sin 4x}$ $\left[x \neq k\frac{\pi}{4}\right]$

444 •○ $f(x) = \dfrac{1}{2\cos^2 x - 1}$ $\left[x \neq \frac{\pi}{4} + k\frac{\pi}{2}\right]$

445 •○ $f(x) = \dfrac{\tan 2x}{\cos^2 x - \sin^2 x}$ $\left[x \neq \frac{\pi}{4} + k\frac{\pi}{2}\right]$

446 •○ $f(x) = \dfrac{-2\cos x - \cos^2 x}{2\sin^2 x - 3\cos x + 3}$ $[x \neq 2k\pi]$

---

447 •○ $f(x) = \dfrac{\sin 5x + \cos 5x}{2\cos x - \sqrt{3}}$ $\left[x \neq \frac{\pi}{6} + 2k\pi \wedge x \neq \frac{11}{6}\pi + 2k\pi\right]$

448 •○ $f(x) = \dfrac{\tan x}{\sin x - \cos x}$ $\left[x \neq \frac{\pi}{4} + k\pi \wedge x \neq \frac{\pi}{2} + k\pi\right]$

449 •○ $f(x) = \dfrac{\cot x}{4\sin x\cos x - 1}$ $\left[x \neq k\pi \wedge x \neq \frac{\pi}{12} + k\pi \wedge x \neq \frac{5}{12}\pi + k\pi\right]$

450 •○ $f(x) = \dfrac{2\cos x}{\sin x - \sin 2x}$ $\left[x \neq k\pi \wedge x \neq \pm\frac{\pi}{3} + 2k\pi\right]$

451 •• $f(x) = \dfrac{\cos 2x}{|\cos x| - |\sin x|}$ $\left[x \neq \frac{\pi}{4} + k\frac{\pi}{2}\right]$

452 ●○ **LEGGI IL GRAFICO** Nella figura è rappresentata la funzione

$y = a \sin x + b$.

a. Determina a e b.

b. Trova le coordinate dei punti P e Q.

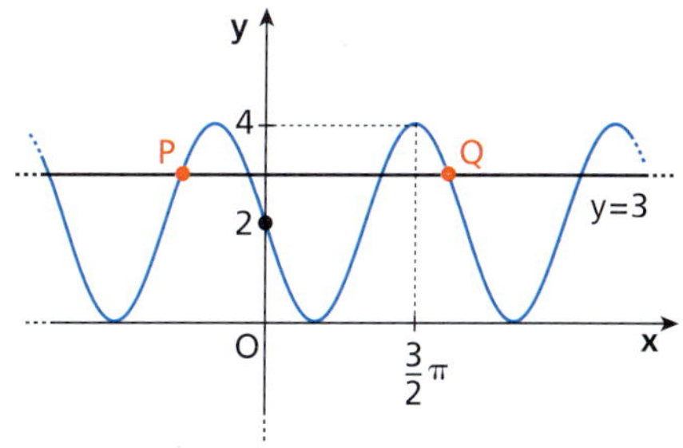

453 ●● Traccia i grafici delle funzioni $y = \sin x + \cos x$ e $y = \cos 2x$ e determina i loro punti di intersezione sia graficamente che algebricamente. $\left[x = 2k\pi,\ x = \frac{3}{2}\pi + 2k\pi,\ x = -\frac{\pi}{4} + k\pi\right]$

454 ●● Disegna i grafici delle funzioni $y = -\frac{1}{4}\tan x$ e $y = \sin^2 x$, indicandone dominio, codominio, periodo, e trova i loro punti di intersezione sia graficamente che algebricamente. $\left[x = k\pi,\ x = -\frac{\pi}{12} + k\pi,\ x = \frac{7}{12}\pi + k\pi\right]$

Determina graficamente il numero delle soluzioni delle seguenti equazioni.

455 ●○ $\cos x - 2x = 0$ [1 soluzione]

456 ●○ $2\tan x + x - 1 = 0$ [∞ soluzioni]

457 ●○ $2\sin\frac{x}{2} + x = 1$ [1 soluzione]

458 ●○ $\sin x + \cos x = 4x^2$ [2 soluzioni]

459 ●○ $|\sin x| - x^2 + 1 = 0$ [2 soluzioni]

460 ●○ $\cos\frac{x}{2} - 2|x| = 0$ [2 soluzioni]

461 ●● $\sqrt{1 - x^2} = |\cos x|$ [1 soluzione]

462 ●● $\arccos x + x^2 - 4 = 0$ [1 soluzione]

463 ●● $\sqrt{x + 4} = \tan\frac{x}{2}$ [∞ soluzioni]

464 ●● $\sin 2x + x^2 - 3x + 2 = 0$ [2 soluzioni]

LEGGI IL GRAFICO **Scrivi l'equazione della funzione goniometrica rappresentata nel grafico e scrivi l'equazione le cui soluzioni sono le ascisse dei punti colorati in rosso.**

465 ●○

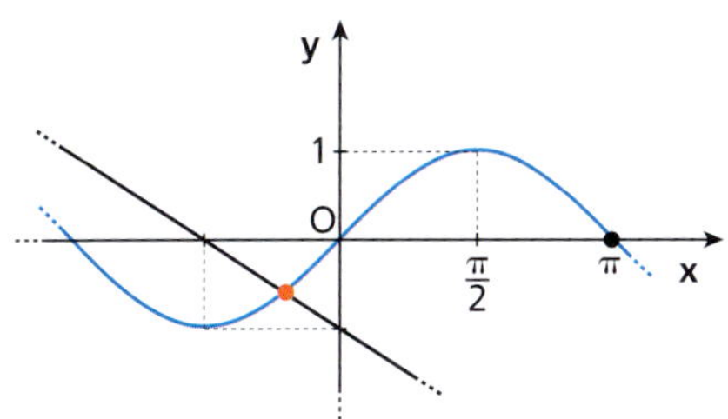

466 ●○

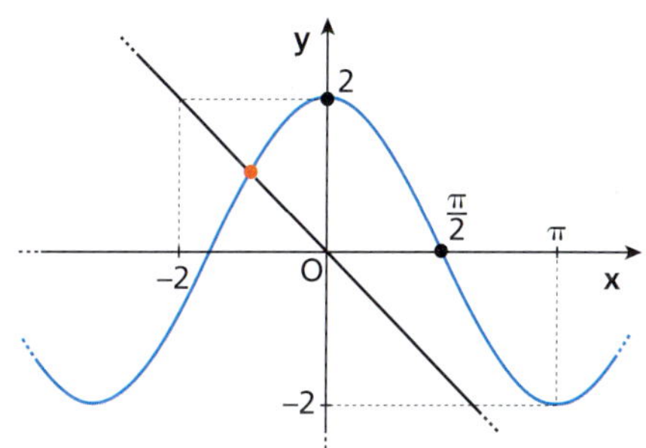

Equazioni con le funzioni goniometriche inverse

Risolvi le seguenti equazioni.

467 ●○ $\arccos x = \frac{\pi}{4}$ $\left[\frac{\sqrt{2}}{2}\right]$

468 ●○ $\arctan\frac{2x + 1}{x} = \frac{\pi}{4}$ [-1]

469 ●○ $4(\arcsin x)^2 = \pi^2$ [± 1]

470 ●● $3(\arcsin x)^2 + \pi \arcsin x = 0$ $\left[0; -\frac{\sqrt{3}}{2}\right]$

471 ●● $6\arcsin\sqrt{x - 3} = \pi$ $\left[\frac{13}{4}\right]$

472 ●● $2\arcsin|2x - 1| = \pi$ [0; 1]

ESERCIZI

473 Se $\arcsin x = \frac{\pi}{2}$, quanto vale $\arctan x$? $\left[\frac{\pi}{4}\right]$

474 Se $\arctan x = -\frac{\pi}{4}$, quanto vale $\arcsin x$? E $\arccos x$? $\left[-\frac{\pi}{2}; \pi\right]$

475 Risolvi l'equazione $\sin(\arctan\sqrt{3}) = \cos x$. $\left[\pm\frac{\pi}{6} + 2k\pi\right]$

476 Risolvi l'equazione $\sin 2x = \cos(\arctan 1)$. $\left[\frac{\pi}{8} + k\pi; \frac{3}{8}\pi + k\pi\right]$

4 Sistemi di equazioni goniometriche

Teoria a p. 803

477 **ESERCIZIO GUIDA** Risolviamo i seguenti sistemi di equazioni.

a. $\begin{cases} x + y = \frac{\pi}{2} \\ \sin x + \sin y = 1 \end{cases}$ **b.** $\begin{cases} \tan x - \tan y = \sqrt{3} + 1 \\ \tan x + \tan y = \sqrt{3} - 1 \end{cases}$

a. Ricaviamo x dalla prima equazione e sostituiamo nella seconda:

$$\begin{cases} x = \frac{\pi}{2} - y \\ \sin\left(\frac{\pi}{2} - y\right) + \sin y = 1 \end{cases} \to \begin{cases} x = \frac{\pi}{2} - y \\ \cos y + \sin y = 1 \end{cases}$$

Nella seconda equazione, utilizziamo le formule parametriche $\cos y = \frac{1-t^2}{1+t^2}$ e $\sin y = \frac{2t}{1+t^2}$, dove $t = \tan\frac{y}{2}$, con $y \neq \pi + 2k\pi$.

$$\frac{1-t^2}{1+t^2} + \frac{2t}{1+t^2} = 1 \to 1 - t^2 + 2t = 1 + t^2 \to 2t^2 - 2t = 0$$

Le soluzioni sono:

$$t = 0, \text{ da cui } \frac{y}{2} = k\pi \to y = 2k\pi; \quad t = 1, \text{ da cui } \frac{y}{2} = \frac{\pi}{4} + k\pi \to y = \frac{\pi}{2} + 2k\pi.$$

Le soluzioni del sistema sono:

$$\begin{cases} x = \frac{\pi}{2} - 2k\pi \\ y = 2k\pi \end{cases} \vee \begin{cases} x = -2k\pi \\ y = \frac{\pi}{2} + 2k\pi \end{cases}$$

b. Sommiamo membro a membro le due equazioni del sistema.

$$\begin{cases} \tan x - \tan y = \sqrt{3} + 1 \\ \tan x + \tan y = \sqrt{3} - 1 \end{cases}$$
$$2\tan x = 2\sqrt{3} \to \tan x = \sqrt{3} \to x = \frac{\pi}{3} + k\pi$$

Sottraendo la prima equazione dalla seconda otteniamo:

$$2\tan y = -2 \to \tan y = -1 \to y = -\frac{\pi}{4} + k\pi.$$

Le soluzioni del sistema sono:

$$\begin{cases} x = \frac{\pi}{3} + k\pi \\ y = -\frac{\pi}{4} + k_1\pi \end{cases} \quad \text{con } k, k_1 \in \mathbb{Z}.$$

Risolvi i seguenti sistemi.

478 $\begin{cases} x + y = \pi \\ 2\sin x + 2\cos y = \sqrt{3} + 1 \end{cases}$ $\left[\left(x = \frac{5}{6}\pi - 2k\pi \wedge y = \frac{\pi}{6} + 2k\pi\right) \vee \left(x = \frac{2}{3}\pi - 2k\pi \wedge y = \frac{\pi}{3} + 2k\pi\right)\right]$

479 $\begin{cases} \sin x + \sin y = \frac{3}{2} \\ \sin x - \sin y = -\frac{1}{2} \end{cases}$ $\left[\left(x = \frac{\pi}{6} + 2k\pi \vee x = \frac{5}{6}\pi + 2k\pi\right) \wedge y = \frac{\pi}{2} + 2k_1\pi\right]$

480 $\begin{cases} x - y = \frac{\pi}{2} \\ \sin x + \cos y = \sqrt{3} \end{cases}$ $\left[\left(x = \frac{\pi}{3} + 2k\pi \wedge y = -\frac{\pi}{6} + 2k\pi\right) \vee \left(x = \frac{2}{3}\pi + 2k\pi \wedge y = \frac{\pi}{6} + 2k\pi\right)\right]$

481 $\begin{cases} 8\sin x - 6\sin y = 1 \\ \sin x + \sin y = 1 \end{cases}$ $\left[\left(x = \frac{\pi}{6} + 2k\pi \vee x = \frac{5}{6}\pi + 2k\pi\right) \wedge \left(y = \frac{\pi}{6} + 2k_1\pi \vee y = \frac{5}{6}\pi + 2k_1\pi\right)\right]$

482 $\begin{cases} x + y = \pi \\ \tan x - \tan y = -2 \end{cases}$ $\left[x = \frac{3}{4}\pi - k\pi \wedge y = \frac{\pi}{4} + k\pi\right]$

483 $\begin{cases} x - y = \frac{\pi}{2} \\ \sin x + \cos y = \sqrt{2} \end{cases}$ $\left[\left(x = \frac{3}{4}\pi + 2k\pi \wedge y = \frac{\pi}{4} + 2k\pi\right) \vee \left(x = \frac{\pi}{4} + 2k\pi \wedge y = -\frac{\pi}{4} + 2k\pi\right)\right]$

484 $\begin{cases} \cos x + 3\cos y = \sqrt{3} \\ \cos x - 3\cos y = -2\sqrt{3} \end{cases}$ $\left[\left(x = \frac{5}{6}\pi + 2k\pi \vee x = \frac{7}{6}\pi + 2k\pi\right) \wedge \left(y = \frac{\pi}{6} + 2k_1\pi \vee y = \frac{11}{6}\pi + 2k_1\pi\right)\right]$

485 $\begin{cases} 2\tan x - 3\tan y = 2 + \sqrt{3} \\ \tan x + \tan y = \frac{3 - \sqrt{3}}{3} \end{cases}$ $\left[x = \frac{\pi}{4} + k\pi \wedge y = \frac{5}{6}\pi + k_1\pi\right]$

486 $\begin{cases} x + y = \pi \\ \sin(\pi - x) + \sqrt{3}\cos y = 1 \end{cases}$ $\left[\left(x = \frac{\pi}{2} + 2k\pi \wedge y = \frac{\pi}{2} - 2k\pi\right) \vee \left(x = -\frac{5}{6}\pi + 2k\pi \wedge y = \frac{11}{6}\pi - 2k\pi\right)\right]$

487 $\begin{cases} \sin x + \sin y = \frac{3}{2} \\ 2\sin^2 x + 4\sin^2 y = \frac{9}{2} \end{cases}$ $\left[\left(x = \frac{\pi}{6} + 2k\pi \vee x = \frac{5}{6}\pi + 2k\pi\right) \wedge y = \frac{\pi}{2} + 2k_1\pi\right]$

488 $\begin{cases} 2\cos x + 3\cos y = -\sqrt{3} \\ 4\cos^2 x - 2\cos^2 y = 3 \end{cases}$ $\left[\left(x = \frac{5}{6}\pi + 2k\pi \vee x = \frac{7}{6}\pi + 2k\pi\right) \wedge y = \frac{\pi}{2} + k_1\pi\right]$

489 $\begin{cases} x + y = \pi \\ 3\tan x + 3\cot y = -2\sqrt{3} \end{cases}$ $\left[\left(x = \frac{2}{3}\pi - k\pi \wedge y = \frac{\pi}{3} + k\pi\right) \vee \left(x = \frac{\pi}{6} - k\pi \wedge y = \frac{5}{6}\pi + k\pi\right)\right]$

490 $\begin{cases} x + y = \frac{5}{6}\pi \\ 2\sin x - \sqrt{3}\sin y = -1 \end{cases}$ $\left[x = -\frac{\pi}{6} - 2k\pi \wedge y = \pi + 2k\pi\right]$

491 $\begin{cases} \tan x + 3\cot y = 0 \\ \tan^2 x + 3\cot^2 y = 4 \end{cases}$ $\left[\left(x = \frac{2}{3}\pi + k\pi \wedge y = \frac{\pi}{3} + k_1\pi\right) \vee \left(x = \frac{\pi}{3} + k\pi \wedge y = \frac{2}{3}\pi + k_1\pi\right)\right]$

492 **EUREKA!** Esistono valori di φ per i quali la seguente equazione ha soluzioni?

$$|\sin 2x| + |\cos(2x - \varphi)| = 0$$

493 **YOU & MATHS** If the system of equations $\begin{cases} y = 7\sin x + 3\cos x \\ y = 7\cos x + 3\sin x \end{cases}$ is solved simultaneously for $0 \le x \le \pi$, the value of y must be:

A $4\sqrt{2}$. B $2\sqrt{5}$. C 2. D $5\sqrt{2}$. E -2.

(USA *North Carolina State High School Mathematics Contest*, 2003)

5 Disequazioni goniometriche

494 ●○ VERO O FALSO? Nella figura è indicato graficamente (in rosso) l'insieme delle soluzioni di una disequazione goniometrica. In forma algebrica si può scrivere:

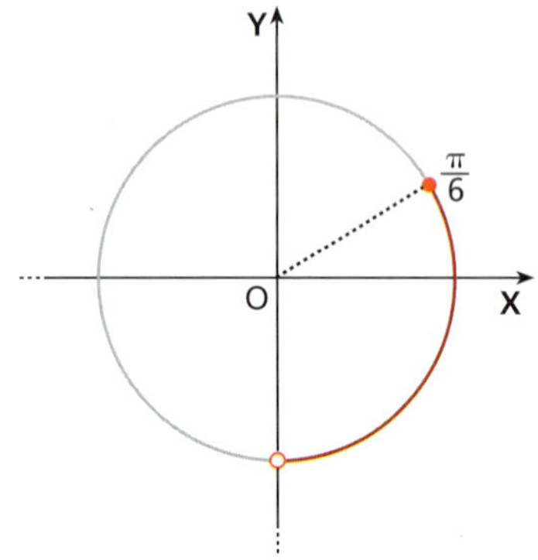

a. $-\frac{\pi}{2}+2k\pi < x < \frac{\pi}{6}+2k\pi.$ V F

b. $2k\pi \leq x \leq \frac{\pi}{6}+2k\pi \vee \frac{3}{2}\pi+2k\pi < x \leq 2\pi+2k\pi.$ V F

c. $-\frac{\pi}{2}+2k\pi < x \leq \frac{\pi}{6}+2k\pi.$ V F

d. $\frac{3}{2}\pi+2k\pi < x \leq \frac{\pi}{6}+2k\pi.$ V F

495 ●○ LEGGI IL GRAFICO Nelle seguenti figure sono indicate le soluzioni di alcune disequazioni goniometriche. Scrivile in forma algebrica.

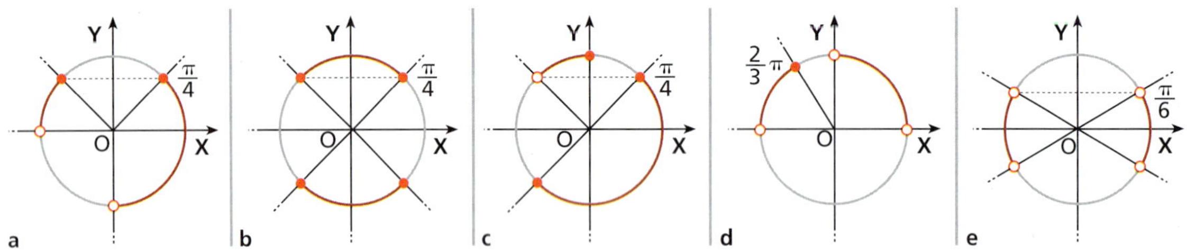

Disequazioni goniometriche elementari

▶ Teoria a p. 804

496 ESERCIZIO GUIDA Risolviamo:

a. $2\sin x-\sqrt{3}>0$;

b. $2\cos x+1\leq 0$;

c. $\tan x>1$.

a. $2\sin x-\sqrt{3}>0 \rightarrow \sin x>\frac{\sqrt{3}}{2}.$

Disegniamo la circonferenza goniometrica e tracciamo la retta di equazione $Y=\frac{\sqrt{3}}{2}$, che intersecando la circonferenza individua gli angoli $\alpha=\frac{\pi}{3}$ e $\beta=\frac{2}{3}\pi$, soluzioni dell'equazione associata.

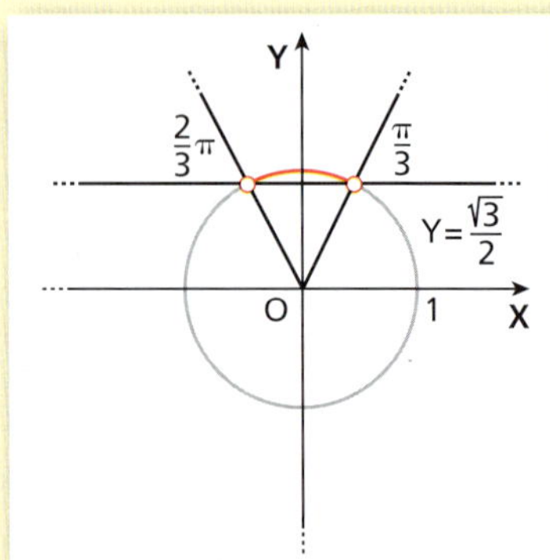

Poiché deve risultare $\sin x>\frac{\sqrt{3}}{2}$, scegliamo l'arco di circonferenza che sta al di sopra della retta.
Gli estremi dell'arco sono esclusi, perché la disuguaglianza è stretta.

Le soluzioni sono: $\frac{\pi}{3}+2k\pi<x<\frac{2}{3}\pi+2k\pi.$

b. $2\cos x + 1 \leq 0 \quad \rightarrow \quad \cos x \leq -\frac{1}{2}$.

Disegniamo la circonferenza goniometrica e tracciamo la retta di equazione $X = -\frac{1}{2}$.

$\alpha = \frac{2}{3}\pi$ e $\beta = \frac{4}{3}\pi$ sono le soluzioni dell'equazione associata.

Poiché deve risultare $\cos x \leq -\frac{1}{2}$, scegliamo l'arco evidenziato in rosso.

Gli estremi dell'arco sono inclusi, perché la disuguaglianza è larga.

Le soluzioni sono: $\frac{2}{3}\pi + 2k\pi \leq x \leq \frac{4}{3}\pi + 2k\pi$.

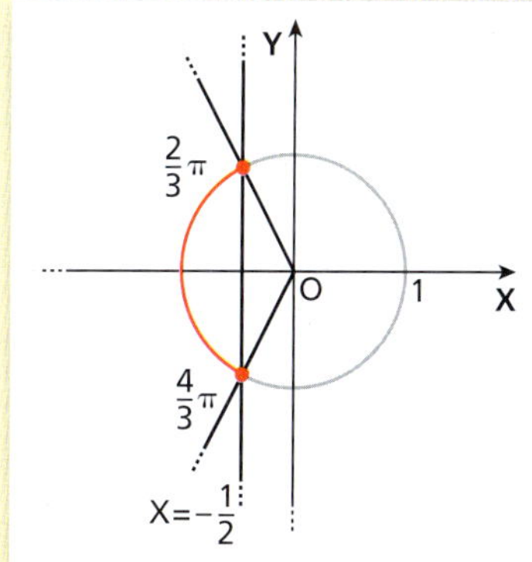

c. $\tan x > 1$.

Disegniamo la circonferenza goniometrica e la retta tangente nel punto $E(1; 0)$. Su tale retta scegliamo il punto $T(1; 1)$ e tracciamo OT in modo da individuare gli angoli con tangente uguale a 1, cioè $x = \frac{\pi}{4}$ e $x = \frac{5}{4}\pi$.

Poiché deve risultare $\tan x > 1$, gli archi da scegliere sono quelli compresi fra $\frac{\pi}{4}$ e $\frac{\pi}{2}$ e fra $\frac{5}{4}\pi$ e $\frac{3}{2}\pi$.

Tenendo conto che la funzione $\tan x$ ha periodo π, scriviamo tutte le soluzioni in forma compatta: $\frac{\pi}{4} + k\pi < x < \frac{\pi}{2} + k\pi$.

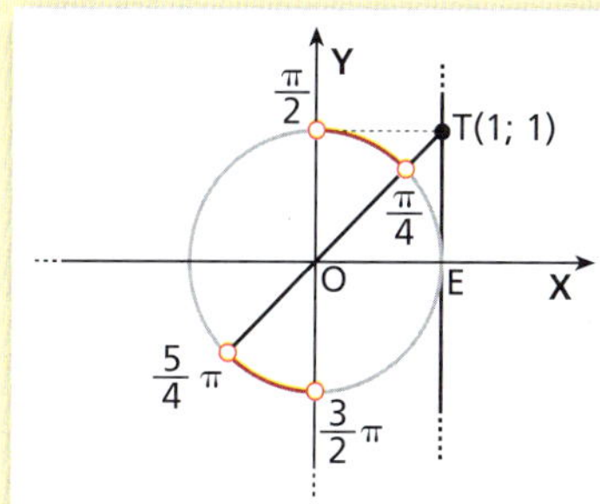

497 ●○ **ASSOCIA** ogni disequazione al grafico che ne rappresenta le soluzioni.

a. $\sin x > \frac{\sqrt{2}}{2}$ **b.** $\cos x \leq -\frac{1}{2}$ **c.** $\sin x \leq \frac{\sqrt{2}}{2}$ **d.** $\tan x < \frac{1}{2}$

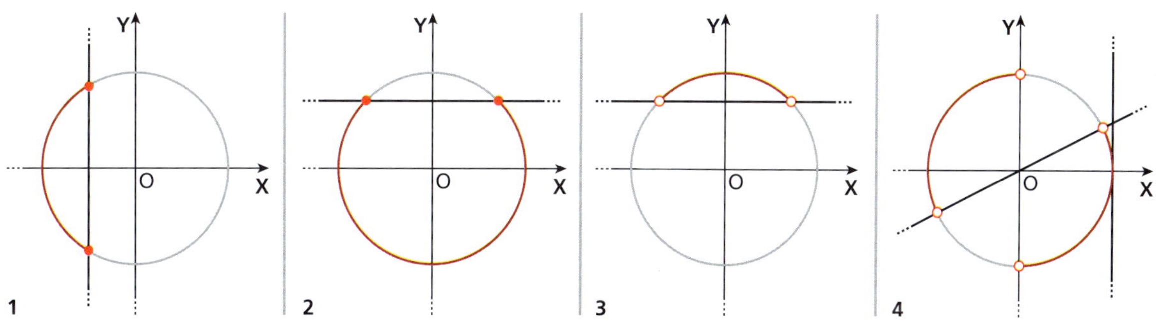

Risolvi le seguenti disequazioni nell'intervallo $[0; 2\pi]$.

498 ●○ $2 \sin x > 1$ $\left[\frac{\pi}{6} < x < \frac{5}{6}\pi\right]$

499 ●○ $3 \tan x > \sqrt{3}$ $\left[\frac{\pi}{6} < x < \frac{\pi}{2} \vee \frac{7}{6}\pi < x < \frac{3}{2}\pi\right]$

500 ●○ $\cos x > \frac{1}{2}$ $\left[0 \leq x < \frac{\pi}{3} \vee \frac{5}{3}\pi < x \leq 2\pi\right]$

501 ●○ $2 \cos x < \sqrt{2}$ $\left[\frac{\pi}{4} < x < \frac{7\pi}{4}\right]$

502 ●○ $2 \sin x + 1 < 0$ $\left[\frac{7}{6}\pi < x < \frac{11}{6}\pi\right]$

503 ●○ $\tan x \leq -1$ $\left[\frac{\pi}{2} < x \leq \frac{3}{4}\pi \vee \frac{3}{2}\pi < x \leq \frac{7}{4}\pi\right]$

504 ●○ $\cos x \geq -\frac{\sqrt{2}}{2}$ $\left[0 \leq x \leq \frac{3}{4}\pi \vee \frac{5}{4}\pi \leq x \leq 2\pi\right]$

505 ●○ $\sqrt{3} \tan x - 3 \geq 0$ $\left[\frac{\pi}{3} \leq x < \frac{\pi}{2} \vee \frac{4}{3}\pi \leq x < \frac{3}{2}\pi\right]$

ESERCIZI

506 $2\sin\frac{x}{2} \geq \sqrt{2}$ $\left[\frac{\pi}{2} \leq x \leq \frac{3}{2}\pi\right]$

507 $\sin x + 1 < 0$ [impossibile]

508 $3\tan x + 2 > \tan x + 2$ $\left[0 < x < \frac{\pi}{2} \vee \pi < x < \frac{3}{2}\pi\right]$

509 $2\cos x + \sqrt{3} < 0$ $\left[\frac{5\pi}{6} < x < \frac{7\pi}{6}\right]$

510 $\sin x \leq 1$ $[0 \leq x \leq 2\pi]$

511 $\tan x \leq -\sqrt{3}$ $\left[\frac{\pi}{2} < x \leq \frac{2}{3}\pi \vee \frac{3}{2}\pi < x \leq \frac{5}{3}\pi\right]$

512 $\cot x \leq -1$ $\left[\frac{3}{4}\pi \leq x < \pi \vee \frac{7}{4}\pi \leq x < 2\pi\right]$

513 $\sin\left(x - \frac{\pi}{5}\right) \geq 0$ $\left[\frac{\pi}{5} \leq x \leq \frac{6}{5}\pi\right]$

514 $\tan\frac{x}{2} + 1 > 0$ $\left[0 \leq x < \pi \vee \frac{3}{2}\pi < x \leq 2\pi\right]$

515 $2\cos 2x - 1 \leq 0$ $\left[\frac{\pi}{6} \leq x \leq \frac{5}{6}\pi \vee \frac{7}{6}\pi \leq x \leq \frac{11}{6}\pi\right]$

516 $1 - \sqrt{2}\cos\left(x + \frac{\pi}{6}\right) > 0$ $\left[\frac{\pi}{12} < x < \frac{19}{12}\pi\right]$

517 $\sqrt{3}\cot\frac{x}{2} \geq 3$ $\left[0 < x \leq \frac{\pi}{3}\right]$

518 $2\sin 2x - \sqrt{3} < 0$ $\left[0 \leq x < \frac{\pi}{6} \vee \frac{\pi}{3} < x < \frac{7}{6}\pi \vee \frac{4}{3}\pi < x \leq 2\pi\right]$

FAI UN ESEMPIO Scrivi una disequazione elementare che abbia per soluzioni gli angoli rappresentati nella circonferenza goniometrica.

519

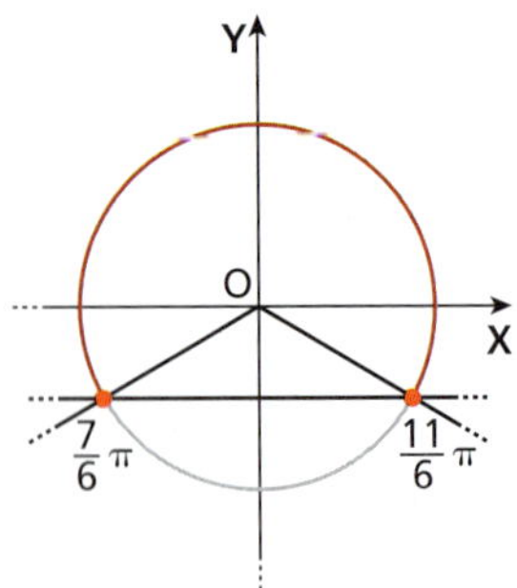

520

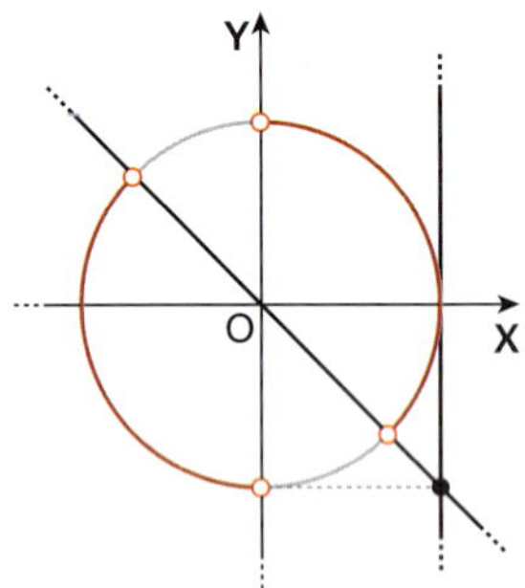

521

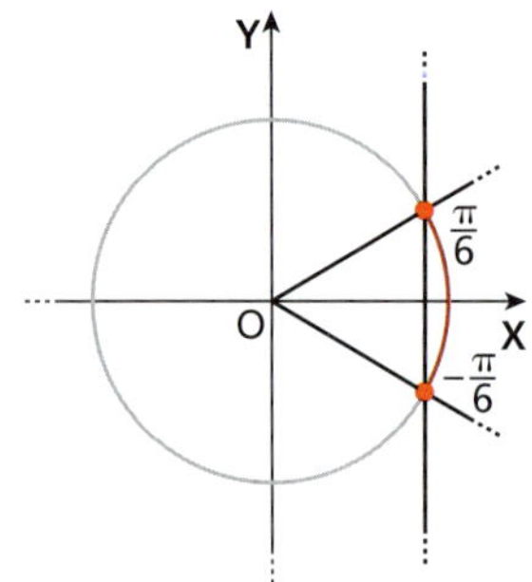

TEST

522 Considera le seguenti disequazioni in $[0; 2\pi]$. Quale ha come soluzioni solo angoli compresi fra 0 e π?

A $2\sin x < 1$ B $\cos x > \frac{1}{3}$ C $\tan x \leq 1$ D $\sin x > \frac{4}{5}$ E $\cos x < 1$

523 Quale fra le seguenti disequazioni *non* è verificata $\forall x \in \mathbb{R}$?

A $\sin x - 1 \leq 0$ B $\sin x + \pi > 0$ C $\tan x < 1$ D $\cos x + 2 \geq 0$ E $3 - \cos x > 1$

Risolvi le seguenti disequazioni in $\mathbb{R}$.

524 $\sin x < -\frac{1}{2}$ $\left[\frac{7\pi}{6} + 2k\pi < x < \frac{11}{6}\pi + 2k\pi\right]$

525 $\cos x \geq 1$ $[x = 2k\pi]$

526 $2\cos x < \cos x$ $\left[\frac{\pi}{2} + 2k\pi < x < \frac{3\pi}{2} + 2k\pi\right]$

527 $3\tan x + \sqrt{3} < 0$ $\left[\frac{\pi}{2} + k\pi < x < \frac{5\pi}{6} + k\pi\right]$

528 $2\cos x \geq -1$ $\left[-\frac{2}{3}\pi + 2k\pi \leq x \leq \frac{2}{3}\pi + 2k\pi\right]$

529 $\tan x \geq \cos\pi$ $\left[-\frac{\pi}{4} + k\pi \leq x < \frac{\pi}{2} + k\pi\right]$

530 $\tan 2x \leq 0$ $\left[\frac{\pi}{4} + k\frac{\pi}{2} < x \leq \frac{\pi}{2} + k\frac{\pi}{2}\right]$

531 $3\cot x \geq \sqrt{3}$ $\left[k\pi < x \leq \frac{\pi}{3} + k\pi\right]$

532 $\cot x < \sqrt{3}$ $\left[\frac{\pi}{6} + k\pi < x < \pi + k\pi\right]$

533 $2\sin x \leq -\sqrt{2}$ $\left[\frac{5}{4}\pi + 2k\pi \leq x \leq \frac{7}{4}\pi + 2k\pi\right]$

534 $2\sin x + \sqrt{2} > 0$ $\left[-\frac{\pi}{4} + 2k\pi < x < \frac{5}{4}\pi + 2k\pi\right]$

535 $2\cos x + \sqrt{3} \geq 0$ $\left[2k\pi \leq x \leq \frac{5}{6}\pi + 2k\pi \vee \frac{7}{6}\pi + 2k\pi \leq x \leq 2\pi + 2k\pi\right]$

536 $\sin x + 3 \geq 2(\sin x + 2)$ $\left[x = \frac{3}{2}\pi + 2k\pi\right]$

537 $2(\sin x + 3) < 3(2 - \sin x)$ $[\pi + 2k\pi < x < 2\pi + 2k\pi]$

538 $\cos x - \sqrt{2} > 3\cos x$ $\left[\frac{3\pi}{4} + 2k\pi < x < \frac{5\pi}{4} + 2k\pi\right]$

539 $2(\tan x + 1) + 3(1 - \tan x) < -2(\tan x - 3)$ $\left[-\frac{\pi}{2} + k\pi < x < \frac{\pi}{4} + k\pi\right]$

540 $2(1 + \cos x) - 3(2 - \cos x) < 3(\cos x - 1)$ $\left[\frac{\pi}{3} + 2k\pi < x < \frac{5}{3}\pi + 2k\pi\right]$

541 $2\cos^2 x - 1 \leq 2(1 - \sin x)(1 + \sin x) + \cos x$ $[\forall x \in \mathbb{R}]$

542 $\cos\left(x + \frac{\pi}{3}\right) \geq \frac{\sqrt{2}}{2}$ $\left[-\frac{7}{12}\pi + 2k\pi \leq x \leq -\frac{\pi}{12} + 2k\pi\right]$

543 $\sin\left(x - \frac{\pi}{4}\right) < 1$ $\left[x \neq \frac{3}{4}\pi + 2k\pi\right]$

544 $\sin\frac{x}{2} \leq \frac{1}{2}$ $\left[-\frac{7}{3}\pi + 4k\pi \leq x \leq \frac{\pi}{3} + 4k\pi\right]$

Disequazioni goniometriche non elementari

▶ Teoria a p. 805

545 TEST Quale fra le seguenti disequazioni è verificata per ogni x dell'insieme $\mathbb{R}$?

A $|\sin x| > 0$

B $\cos^2 x > 1$

C $\sin x + \pi > 0$

D $|-\cos x| \leq 0$

E $2\tan^2 x > 0$

Risolvi le seguenti disequazioni riconducibili a disequazioni elementari.

546 $\cos\left(x - \frac{\pi}{6}\right) + \cos\left(x + \frac{\pi}{6}\right) \geq \frac{3}{2}$ $\left[-\frac{\pi}{6} + 2k\pi \leq x \leq \frac{\pi}{6} + 2k\pi\right]$

547 $\sin\left(\frac{\pi}{4} + x\right) - \cos\left(x - \frac{\pi}{4}\right) > -1$ $[\forall x \in \mathbb{R}]$

548 $\sin\left(x + \frac{\pi}{3}\right) - \cos\left(x + \frac{\pi}{6}\right) > -\frac{1}{2}$ $\left[-\frac{\pi}{6} + 2k\pi < x < \frac{7}{6}\pi + 2k\pi\right]$

549 $\sin\left(\frac{5}{6}\pi + x\right) + \sin\left(x + \frac{\pi}{6}\right) < \frac{\sqrt{2}}{2}$ $\left[\frac{\pi}{4} + 2k\pi < x < \frac{7}{4}\pi + 2k\pi\right]$

550 ESERCIZIO GUIDA Risolviamo $4\cos^2 x - 4\cos x - 3 \leq 0$.

Risolviamo dapprima l'equazione associata.

$$4\cos^2 x - 4\cos x - 3 = 0 \quad \rightarrow \quad \cos x = \frac{2 \pm \sqrt{4 + 12}}{4} = \frac{2 \pm 4}{4} \quad \begin{cases} \cos x = -\frac{1}{2} \\ \cos x = \frac{3}{2} \end{cases}$$

La disequazione è soddisfatta per i valori interni all'intervallo delle soluzioni, cioè:

$$-\frac{1}{2} \leq \cos x \leq \frac{3}{2}.$$

▶

Rappresentiamo graficamente gli intervalli soluzione della disequazione con il grafico della funzione $y = \cos x$ (figura **a**) oppure con la circonferenza goniometrica (figura **b**).

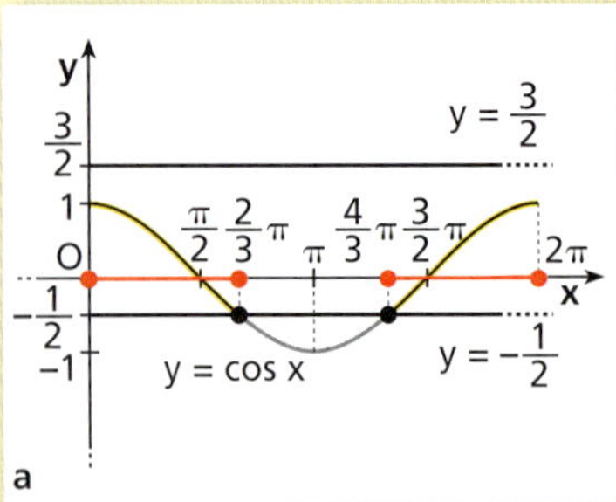

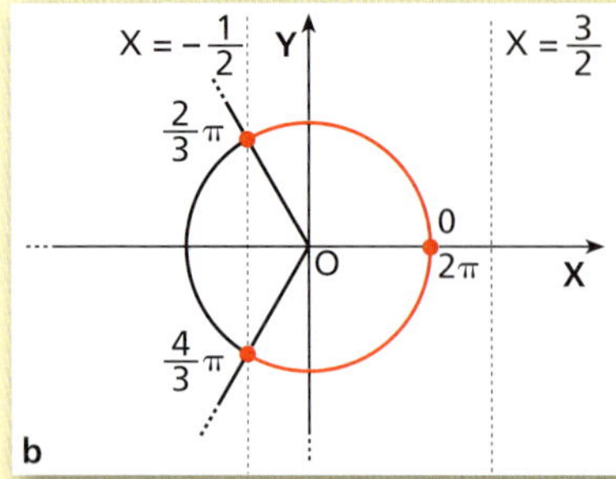

Le soluzioni della disequazione sono:

$$2k\pi \leq x \leq \frac{2}{3}\pi + 2k\pi \vee \frac{4}{3}\pi + 2k\pi \leq x \leq 2\pi + 2k\pi.$$

Risolvi le seguenti disequazioni.

551 $2\sin^2 x - 1 \leq 0$ $\left[\frac{3}{4}\pi + k\pi \leq x \leq \frac{5}{4}\pi + k\pi\right]$

552 $\cos^2 x - \frac{1}{4} \leq 0$ $\left[\frac{\pi}{3} + k\pi \leq x \leq \frac{2}{3}\pi + k\pi\right]$

553 $2\cos^2 x + \cos x \geq 0$ $\left[-\frac{\pi}{2} + 2k\pi \leq x \leq \frac{\pi}{2} + 2k\pi \vee \frac{2}{3}\pi + 2k\pi \leq x \leq \frac{4}{3}\pi + 2k\pi\right]$

554 $\tan^2 x - 1 \geq 0$ $\left[\frac{\pi}{4} + k\pi \leq x < \frac{\pi}{2} + k\pi \vee \frac{\pi}{2} + k\pi < x \leq \frac{3}{4}\pi + k\pi\right]$

555 $3 - \cot^2 x \leq 0$ $\left[\frac{5}{6}\pi + k\pi \leq x \leq \frac{7}{6}\pi + k\pi \wedge x \neq \pi + k\pi\right]$

556 $2\sin^2 x + \sqrt{3}\,\sin x \geq 0$ $\left[2k\pi \leq x \leq \pi + 2k\pi \vee \frac{4}{3}\pi + 2k\pi \leq x \leq \frac{5}{3}\pi + 2k\pi\right]$

557 $3\tan^2 x + \sqrt{3}\,\tan x \leq 0$ $\left[\frac{5}{6}\pi + k\pi \leq x \leq \pi + k\pi\right]$

558 $\cos^2 x - \cos x \geq 0$ $\left[\frac{\pi}{2} + 2k\pi \leq x \leq \frac{3}{2}\pi + 2k\pi \vee x = 2k\pi\right]$

559 $\sin^2 x + \sin x < 0$ $\left[\pi + 2k\pi < x < 2\pi + 2k\pi \wedge x \neq \frac{3}{2}\pi + 2k\pi\right]$

560 $\cos 2x + \cos x < 0$ $\left[\frac{\pi}{3} + 2k\pi < x < \frac{5}{3}\pi + 2k\pi \wedge x \neq \pi + 2k\pi\right]$

561 $2\sin^2 x + \sin x - 1 < 0$ $\left[-\frac{7}{6}\pi + 2k\pi < x < \frac{\pi}{6} + 2k\pi \wedge x \neq \frac{3}{2}\pi + 2k\pi\right]$

562 $\sin^2 x - 3\sin x + 2 \leq 0$ $\left[x = \frac{\pi}{2} + 2k\pi\right]$

563 $\cos 2x - \sin x \leq 0$ $\left[\frac{\pi}{6} + 2k\pi \leq x \leq \frac{5}{6}\pi + 2k\pi \vee x = \frac{3}{2}\pi\right]$

564 $\cos^2 x - 2\cos x + 1 > 0$ $[x \neq 2k\pi]$

565 $4\sin x \cos x + 1 \leq 0$ $\left[\frac{7}{12}\pi + k\pi \leq x \leq \frac{11}{12}\pi + k\pi\right]$

566 $2 - \cos x \leq \sqrt{2}\sin\left(x - \frac{\pi}{4}\right) + \sin x$ $\left[x = \frac{\pi}{2} + 2k\pi\right]$

567 $1 - 3\cos^2 x - \sin x \cos x \geq 0$ $\left[\arctan 2 + k\pi \leq x \leq \frac{3}{4}\pi + k\pi\right]$

568 $1 + 2\sin\left(x + \frac{\pi}{6}\right) - 2\cos x \geq 0$ $\left[2k\pi \leq x \leq \frac{4}{3}\pi + 2k\pi\right]$

569 $3\tan^2 x - (\sqrt{3} - 3)\tan x - \sqrt{3} \geq 0$ $\left[\frac{\pi}{6} + k\pi \leq x \leq \frac{3}{4}\pi + k\pi \wedge x \neq \frac{\pi}{2} + k\pi\right]$

570 $4\cos^2 x + 4\cos x - 3 \geq 0$ $\left[-\frac{\pi}{3} + 2k\pi \leq x \leq \frac{\pi}{3} + 2k\pi\right]$

Confrontando grafici

571 ESERCIZIO GUIDA Risolviamo $\sin x - \cos x \geq 0$ utilizzando il metodo grafico.

Scriviamo la disequazione nella forma $\sin x \geq \cos x$ e consideriamo il seguente sistema.

$$\begin{cases} y_1 = \sin x \\ y_2 = \cos x \\ y_1 \geq y_2 \end{cases}$$

Disegniamo i grafici di $y = \sin x$ e di $y = \cos x$ e determiniamo gli intervalli in cui il grafico di $y_1 = \sin x$ si trova sopra a quello di $y_2 = \cos x$.

Le soluzioni sono: $\frac{\pi}{4} + 2k\pi \leq x \leq \frac{5}{4}\pi + 2k\pi$.

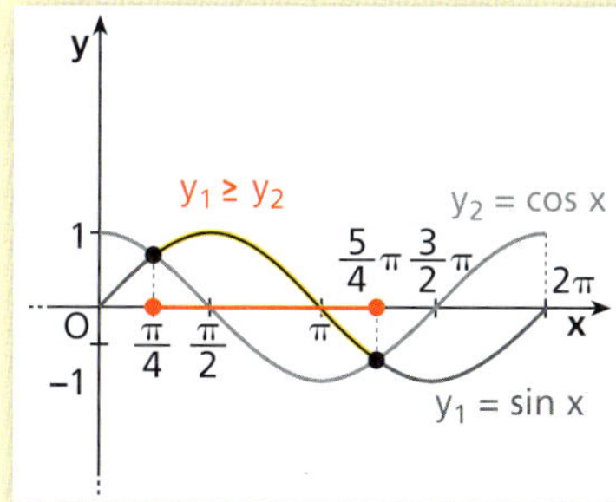

Risolvi le seguenti disequazioni con il metodo grafico.

572 $\sqrt{3}\sin x + \cos x \geq 0$ $\left[-\frac{\pi}{6} + 2k\pi \leq x \leq \frac{5}{6}\pi + 2k\pi\right]$

573 $3\sin x - \sqrt{3}\cos x \leq 0$ $\left[-\frac{5}{6}\pi + 2k\pi \leq x \leq \frac{\pi}{6} + 2k\pi\right]$

574 $\sin x + \cos x \leq 0$ $\left[\frac{3}{4}\pi + 2k\pi \leq x \leq \frac{7}{4}\pi + 2k\pi\right]$

575 $\sin x - (\sqrt{2} - 1)\cos x \leq 0$ $\left[-\frac{7}{8}\pi + 2k\pi \leq x \leq \frac{\pi}{8} + 2k\pi\right]$

576 $\sqrt{3}\cos x - \sin x \geq 0$ $\left[-\frac{2}{3}\pi + 2k\pi \leq x \leq \frac{\pi}{3} + 2k\pi\right]$

577 $\sin x - \cos x + 1 \geq 0$ $\left[2k\pi \leq x \leq \frac{3}{2}\pi + 2k\pi\right]$

578 $\sin x + \cos x + 1 \leq 0$ $\left[\pi + 2k\pi \leq x \leq \frac{3}{2}\pi + 2k\pi\right]$

579 $\sqrt{3}\sin x - \cos x - 1 \geq 0$ $\left[\frac{\pi}{3} + 2k\pi \leq x \leq \pi + 2k\pi\right]$

Disequazioni fratte o sotto forma di prodotto

Teoria a p. 806

580 ESERCIZIO GUIDA Risolviamo: **a.** $\frac{\tan x + \sqrt{3}}{2\cos x - 1} \leq 0$; **b.** $(\tan x + \sqrt{3})(2\cos x - 1) \leq 0$.

a. La disequazione è fratta.
Studiamo il segno del numeratore e del denominatore nell'intervallo tra 0 e 2π, ponendoli maggiori di 0:

$N > 0$: $\tan x + \sqrt{3} > 0 \rightarrow \tan x > -\sqrt{3} \rightarrow 0 < x < \frac{\pi}{2} \vee \frac{2}{3}\pi < x < \frac{3}{2}\pi \vee \frac{5}{3}\pi < x < 2\pi$;

$D > 0$: $2\cos x - 1 > 0 \rightarrow \cos x > \frac{1}{2} \rightarrow 0 < x < \frac{\pi}{3} \vee \frac{5}{3}\pi < x < 2\pi$.

Rappresentiamo i segni su due circonferenze concentriche.

Sulla circonferenza interna è individuato il segno del numeratore. Segniamo con ∄ i valori per cui la tangente non esiste.

Sulla seconda circonferenza è individuato il segno del denominatore.

Applichiamo la regola dei segni e registriamo i risultati in una terza circonferenza, dove il segno ∄ indica che la frazione non esiste, cioè indica i valori in corrispondenza dei quali il denominatore è 0 oppure la tangente non esiste.

Tenendo conto della periodicità, la disequazione è soddisfatta nei seguenti intervalli:

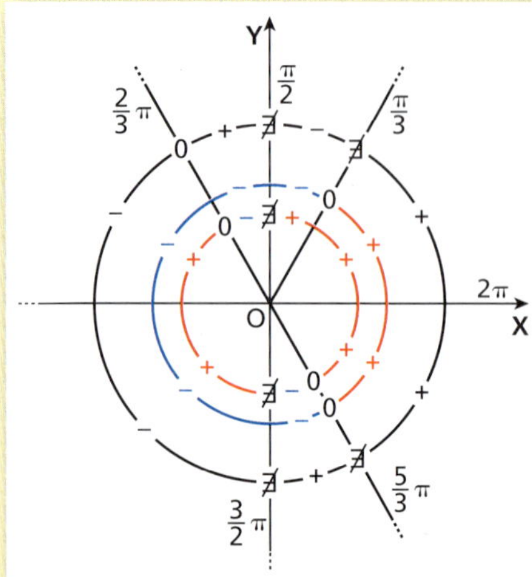

$$\frac{\pi}{3} + 2k\pi < x < \frac{\pi}{2} + 2k\pi \vee \frac{2}{3}\pi + 2k\pi \leq x < \frac{3}{2}\pi + 2k\pi.$$

b. Anche per lo studio di un prodotto procediamo applicando la regola dei segni.

Utilizziamo la stessa figura del caso **a** poiché i fattori sono identici. La differenza rispetto al quoziente si ha per i valori in cui si annulla il secondo fattore: in corrispondenza di tali valori il prodotto esiste e si annulla, quindi essi, al contrario del caso **a**, sono soluzioni della disequazione.

La disequazione è soddisfatta per:

$$\frac{\pi}{3} + 2k\pi \leq x < \frac{\pi}{2} + 2k\pi \vee \frac{2}{3}\pi + 2k\pi \leq x < \frac{3}{2}\pi + 2k\pi \vee x = \frac{5}{3}\pi + 2k\pi.$$

Risolvi le seguenti disequazioni nell'intervallo [0; 2π].

581 $\frac{\cos^2 x}{2\sin x} \geq 0$ $\left[0 < x < \pi \vee x = \frac{3}{2}\pi\right]$

582 $\tan x \cdot \sin x \leq 0$ $\left[\frac{\pi}{2} < x < \frac{3}{2}\pi\right]$

583 $\sin x(\tan x - 1) < 0$ $\left[0 < x < \frac{\pi}{4} \vee \frac{\pi}{2} < x < \pi \vee \frac{5}{4}\pi < x < \frac{3}{2}\pi\right]$

584 $\frac{2\sin x + 1}{\cot x - 1} > 0$ $\left[0 < x < \frac{\pi}{4} \vee \pi < x < \frac{7}{6}\pi \vee \frac{5}{4}\pi < x < \frac{11}{6}\pi\right]$

585 $\sin x > \sin 2x$ $\left[\frac{\pi}{3} < x < \pi \vee \frac{5}{3}\pi < x < 2\pi\right]$

586 $\frac{\cos x}{\sqrt{3} - 2\sin x} < 0$ $\left[\frac{\pi}{3} < x < \frac{\pi}{2} \vee \frac{2}{3}\pi < x < \frac{3}{2}\pi\right]$

587 $\frac{2\sin^2 x - 1}{\cos x} \leq 0$ $\left[0 \leq x \leq \frac{\pi}{4} \vee \frac{\pi}{2} < x \leq \frac{3}{4}\pi \vee \frac{5}{4}\pi \leq x < \frac{3}{2}\pi \vee \frac{7}{4}\pi \leq x \leq 2\pi\right]$

588 $\frac{2\sin x\cos x - \sin x}{\tan x + 1} \leq 0$ $\left[x=0 \vee \frac{\pi}{3} \leq x < \frac{\pi}{2} \vee \frac{3}{4}\pi < x \leq \pi \vee \frac{3}{2}\pi < x \leq \frac{5}{3}\pi \vee \frac{7}{4}\pi < x \leq 2\pi\right]$

589 $\sin x \cdot (2\cos x + 1)(\tan x - 1) \geq 0$ $\left[x=0 \vee \frac{\pi}{4} \leq x < \frac{\pi}{2} \vee \frac{2}{3}\pi \leq x \leq \pi \vee \frac{5}{4}\pi \leq x \leq \frac{4}{3}\pi \vee \frac{3}{2}\pi < x \leq 2\pi\right]$

590 $\sin x\,(\tan^2 x - 1) \leq 0$ $\left[0 \leq x \leq \frac{\pi}{4} \vee \frac{3}{4}\pi \leq x \leq \pi \vee \left(\frac{5}{4}\pi \leq x \leq \frac{7}{4}\pi \wedge x \neq \frac{3}{2}\pi\right)\right]$

591 $\frac{2\sin^2 x - \sin x}{\cos^2 x} \geq 0$ $\left[\left(\frac{\pi}{6} \leq x \leq \frac{5}{6}\pi \wedge x \neq \frac{\pi}{2}\right) \vee \left(\pi \leq x \leq 2\pi \wedge x \neq \frac{3}{2}\pi\right)\right]$

592 $\dfrac{2\sin x\cos x}{\sin x-\cos x}\geq 0$ $\left[\dfrac{\pi}{4}<x\leq\dfrac{\pi}{2}\vee\pi\leq x<\dfrac{5}{4}\pi\vee\dfrac{3}{2}\pi\leq x\leq 2\pi\vee x=0\right]$

Risolvi le seguenti disequazioni in $\mathbb{R}$.

593 $\dfrac{\cos x}{\sin x}\geq 0$ $\left[k\pi<x\leq\dfrac{\pi}{2}+k\pi\right]$

594 $\dfrac{2\sin x-\sqrt{2}}{\cos x}<0$ $\left[-\dfrac{\pi}{2}+2k\pi<x<\dfrac{\pi}{4}+2k\pi\vee\dfrac{\pi}{2}+2k\pi<x<\dfrac{3}{4}\pi+2k\pi\right]$

595 $\tan x(1-\sin x)\leq 0$ $\left[\dfrac{\pi}{2}+k\pi<x\leq\pi+k\pi\right]$

596 $(1-2\sin x)(2\cos x+\sqrt{3})\leq 0$ $\left[\dfrac{\pi}{6}+2k\pi\leq x\leq\dfrac{7}{6}\pi+2k\pi\right]$

597 $(2\sin x-\sqrt{3})(2\cos x+\sqrt{2})\leq 0$ $\left[-\dfrac{3}{4}\pi+2k\pi\leq x\leq\dfrac{\pi}{3}+2k\pi\vee\dfrac{2}{3}\pi+2k\pi\leq x\leq\dfrac{3}{4}\pi+2k\pi\right]$

598 $\dfrac{3\cos x}{\sqrt{2}-2\sin x}\geq 0$ $\left[-\dfrac{\pi}{2}+2k\pi\leq x<\dfrac{\pi}{4}+2k\pi\vee\dfrac{\pi}{2}+2k\pi\leq x<\dfrac{3}{4}\pi+2k\pi\right]$

599 $(3\tan^2 x-1)(\sin x+1)\geq 0$ $\left[\dfrac{\pi}{6}+k\pi\leq x\leq\dfrac{5}{6}\pi+k\pi\wedge x\neq\dfrac{\pi}{2}+k\pi\right]$

600 $(2\cos x-1)(\cos^2 x-1)\leq 0$ $\left[-\dfrac{\pi}{3}+2k\pi\leq x\leq\dfrac{\pi}{3}+2k\pi\vee x=\pi+2k\pi\right]$

601 $(\sqrt{2}\cot x-\sqrt{6})(\sin x-1)\leq 0$ $\left[k\pi<x\leq\dfrac{\pi}{6}+k\pi\vee x=\dfrac{\pi}{2}+2k\pi\right]$

602 $\dfrac{2\cos x-\sqrt{3}}{\cos x+1}\geq 0$ $\left[-\dfrac{\pi}{6}+2k\pi\leq x\leq\dfrac{\pi}{6}+2k\pi\right]$

603 $\dfrac{2\sin x-\sqrt{3}}{\tan x-\sqrt{3}}\leq 0$ $\left[\dfrac{\pi}{2}+2k\pi<x\leq\dfrac{2}{3}\pi+2k\pi\vee\dfrac{4}{3}\pi+2k\pi<x<\dfrac{3}{2}\pi+2k\pi\right]$

604 $\dfrac{3\tan x-\sqrt{3}}{\cos x}>0$ $\left[\dfrac{\pi}{6}+2k\pi<x<\dfrac{7}{6}\pi+2k\pi\wedge x\neq\dfrac{\pi}{2}+2k\pi\right]$

605 $\sin x\cos x(2+\sin x)<0$ $\left[\dfrac{\pi}{2}+k\pi<x<\pi+k\pi\right]$

606 $2\cos x-\sin 2x\leq 0$ $\left[\dfrac{\pi}{2}+2k\pi\leq x\leq\dfrac{3}{2}\pi+2k\pi\right]$

607 $(\tan^2 x-3)(2\cos x-1)\leq 0$ $\left[-\dfrac{2}{3}\pi+2k\pi\leq x\leq\dfrac{2}{3}\pi+2k\pi\wedge x\neq\dfrac{\pi}{2}+k\pi\right]$

608 $(\tan x+\sqrt{3})(2\cos^2 x-1)\leq 0$ $\left[\dfrac{\pi}{4}+k\pi\leq x<\dfrac{\pi}{2}+k\pi\vee\dfrac{2}{3}\pi+k\pi\leq x\leq\dfrac{3}{4}\pi+k\pi\right]$

609 $\dfrac{\sqrt{3}\sin x-\cos x}{1-\sin^2 x}\geq 0$ $\left[\dfrac{\pi}{6}+2k\pi\leq x\leq\dfrac{7}{6}\pi+2k\pi\wedge x\neq\dfrac{\pi}{2}+2k\pi\right]$

610 $\dfrac{\cos^2 x-\sin^2 x}{\sqrt{3}\tan x+1}\leq 0$ $\left[\dfrac{\pi}{4}+k\pi\leq x<\dfrac{\pi}{2}+k\pi\vee\dfrac{3}{4}\pi+k\pi\leq x<\dfrac{5}{6}\pi+k\pi\right]$

Riepilogo: Disequazioni goniometriche

611 TEST La disequazione $(\sin x + 2)(3\cos x - 3) \geq 0$ è verificata per:

A $x = k\pi$.

B nessun valore di x.

C $x = \frac{\pi}{2} + 2k\pi$.

D ogni valore di x.

E $x = 2k\pi$.

612 Giustifica l'equivalenza tra le disequazioni $\frac{1}{\cos x} < 1$ e $\cos x < 0$.
Quali soluzioni ha invece la disequazione $\frac{1}{|\cos x|} < 1$? [impossibile]

613 ASSOCIA a ciascuna disequazione della prima riga una disequazione della seconda riga a essa equivalente.

a. $\frac{1}{\sin x} \leq 2$ b. $\sin x \geq 0$ c. $\frac{\sin x}{\cos^2 x + \pi} > 0$ d. $\frac{\cos x + 2}{\sin x} > 0$

1. $\sin x(\cos x + 2) > 0$ 2. $\frac{\sin x}{\cos x + 2} \geq 0$ 3. $\frac{2\sin x - 1}{\sin x} \geq 0$ 4. $\frac{1}{\sin x} \geq 0$

Risolvi le seguenti disequazioni nell'intervallo $[0; 2\pi]$.

AL VOLO

614 $\frac{\sin x}{\cos^2 x} > 0$

615 $1 + \cos x \geq 0$

616 $\frac{|-\cos x|}{\tan x} < 0$

617 $\frac{2\sin x - 1}{1 + \cos^2 x} > 0$

618 $\cos x > \sqrt{2}$

619 $(1 - \sin^2 x)\sin x \geq 0$

620 $(2\sin^2 x + \sin x)(\tan x - 1) \leq 0$ $\left[0 \leq x \leq \frac{\pi}{4} \vee \frac{\pi}{2} \leq x \leq \pi \vee \frac{7}{6}\pi \leq x \leq \frac{5}{4}\pi \vee \frac{3}{2}\pi \leq x \leq \frac{11}{6}\pi\right]$

621 $\frac{\sin x}{4\cos^2 x - 1} \leq 0$ $\left[x = 0 \vee \frac{\pi}{3} < x < \frac{2}{3}\pi \vee \pi \leq x < \frac{4}{3}\pi \vee \frac{5}{3}\pi < x \leq 2\pi\right]$

622 $\frac{1 - \tan x}{2\cos x + 1} \geq 0$ $\left[0 < x \leq \frac{\pi}{4} \vee \frac{\pi}{2} < x < \frac{2}{3}\pi \vee \frac{5}{4}\pi \leq x < \frac{4}{3}\pi \vee \frac{3}{2}\pi < x \leq 2\pi\right]$

623 $|\cos x| \geq \frac{\sqrt{2}}{2}$ $\left[0 \leq x \leq \frac{\pi}{4} \vee \frac{3}{4}\pi \leq x \leq \frac{5}{4}\pi \vee \frac{7}{4}\pi \leq x \leq 2\pi\right]$

624 $|\tan x| \leq \sqrt{3}$ $\left[0 \leq x \leq \frac{\pi}{3} \vee \frac{2}{3}\pi \leq x \leq \frac{4}{3}\pi \vee \frac{5}{3}\pi \leq x \leq 2\pi\right]$

625 $2|\sin(-x)| \leq \sqrt{2}$ $\left[0 \leq x \leq \frac{\pi}{4} \vee \frac{3}{4}\pi \leq x \leq \frac{5}{4}\pi \vee \frac{7}{4}\pi \leq x \leq 2\pi\right]$

626 $4\cos^2 \frac{x}{2} - 2 - \cos x - 2\sin^2 \frac{x}{2} \geq 0$ $\left[0 \leq x \leq \frac{\pi}{3} \vee \frac{5}{3}\pi \leq x \leq 2\pi\right]$

627 $\cos x + |\sin x| < 0$ $\left[\frac{3}{4}\pi < x < \frac{5}{4}\pi\right]$

628 $\frac{\tan x}{\cos x + \sqrt{3}\sin x} \geq 0$ $\left[0 \leq x < \frac{\pi}{2} \vee \frac{5}{6}\pi < x \leq \pi \vee \frac{3}{2}\pi < x < \frac{11}{6}\pi \vee x = 2\pi\right]$

629 $\frac{\sin x(2\cos x + 1)}{\sin x + \cos x} \leq 0$ $\left[x = 0 \vee \frac{2}{3}\pi \leq x < \frac{3}{4}\pi \vee \pi \leq x \leq \frac{4}{3}\pi \vee \frac{7}{4}\pi < x \leq 2\pi\right]$

630 $\frac{\sin 2x(4\cos^2 x - 1)}{\sin x} \geq 0$ $\left[0 < x \leq \frac{\pi}{3} \vee \frac{\pi}{2} \leq x \leq \frac{2}{3}\pi \vee \frac{4}{3}\pi \leq x \leq \frac{3}{2}\pi \vee \frac{5}{3}\pi \leq x < 2\pi\right]$

Risolvi le seguenti disequazioni in $\mathbb{R}$.

631 $\sqrt{3}\sin x - \cos x > 0$ $\left[\frac{\pi}{6} + 2k\pi < x < \frac{7}{6}\pi + 2k\pi\right]$

632 $\sin x + \sqrt{3}\cos x - 1 < 0$ $\left[\frac{\pi}{2} + 2k\pi < x < \frac{11}{6}\pi + 2k\pi\right]$

633 $4\cos^2 x - 2(1-\sqrt{2})\cos x - \sqrt{2} \geq 0$ $\left[-\frac{\pi}{3} + 2k\pi \leq x \leq \frac{\pi}{3} + 2k\pi \vee \frac{3}{4}\pi + 2k\pi \leq x \leq \frac{5}{4}\pi + 2k\pi\right]$

634 $\sqrt{3}\tan^2 x - (\sqrt{3}+1)\tan x + 1 \geq 0$ $\left[\frac{\pi}{4} + k\pi \leq x \leq \frac{7}{6}\pi + k\pi \wedge x \neq \frac{\pi}{2} + k\pi\right]$

635 $2\sin^2 x - (2+\sqrt{3})\sin x + \sqrt{3} > 0$ $\left[2k\pi \leq x \leq \frac{\pi}{3} + 2k\pi \vee \frac{2}{3}\pi + 2k\pi \leq x \leq 2\pi + 2k\pi\right]$

636 $(\tan^2 x - 3)(2\sin^2 x - 1) \leq 0$ $\left[\frac{\pi}{4} + k\pi \leq x \leq \frac{\pi}{3} + k\pi \vee \frac{2}{3}\pi + k\pi \leq x \leq \frac{3}{4}\pi + k\pi\right]$

637 $(\sin^2 x - 2\sin x + 1)(\cot^2 x - 1) \leq 0$ $\left[\frac{\pi}{4} + k\pi \leq x \leq \frac{3}{4}\pi + k\pi\right]$

638 $\frac{|\sin x|}{2\cos x - 1} \geq 0$ $\left[-\frac{\pi}{3} + 2k\pi < x < \frac{\pi}{3} + 2k\pi \vee x = \pi + 2k\pi\right]$

639 $\frac{1+|\cos x|}{2\sin x - \sqrt{3}} < 0$ $\left[-\frac{4}{3}\pi + 2k\pi < x < \frac{\pi}{3} + 2k\pi\right]$

640 $|\cos x - 2| < 1$ [impossibile]

641 $\left|\frac{2\sin x - 1}{\cos x + \sin x}\right| > 0$ $\left[x \neq \frac{\pi}{6} + 2k\pi \wedge x \neq \frac{5}{6}\pi + 2k\pi \wedge x \neq -\frac{\pi}{4} + k\pi\right]$

642 $|\cot^2 x - 3| \leq 0$ $\left[x = \pm\frac{\pi}{6} + k\pi\right]$

643 $2|\cos x| < 1$ $\left[\frac{\pi}{3} + k\pi < x < \frac{2}{3}\pi + k\pi\right]$

644 $\sqrt{\sin x} < \frac{\sqrt{2}}{2}$ $\left[2k\pi \leq x < \frac{\pi}{6} + 2k\pi \vee \frac{5}{6}\pi + 2k\pi < x \leq \pi + 2k\pi\right]$

645 $\sqrt{\sqrt{3} - 2\cos x} \geq 0$ $\left[\frac{\pi}{6} + 2k\pi \leq x \leq \frac{11}{6}\pi + 2k\pi\right]$

646 $(\cos x + \sin x)\tan\left(\frac{3}{2}x - \pi\right) > 0$ $\left[k\pi < x < \frac{\pi}{3} + k\pi \vee \frac{2}{3}\pi + k\pi < x < \frac{3}{4}\pi + k\pi\right]$

647 $2 - 3\sin^2 x - \cos x < \cos^2 x$ $\left[-\frac{2}{3}\pi + 2k\pi < x < \frac{2}{3}\pi + 2k\pi \wedge x \neq 2k\pi\right]$

648 $|1 - \tan x| \leq 1$ $[k\pi \leq x \leq \arctan 2 + k\pi]$

649 $3\sin^2 x + 2\sqrt{3}\sin x\cos x - 3\cos^2 x \leq 0$ $\left[-\frac{\pi}{3} + k\pi \leq x \leq \frac{\pi}{6} + k\pi\right]$

650 $2\sin^2 x - 2\sin x\cos x + 2\cos^2 x \geq 1$ $[\forall x \in \mathbb{R}]$

651 $\frac{3\sin x - \sqrt{3}\cos x}{2\cos x + 1} \leq 0$ $\left[-\frac{2}{3}\pi + 2k\pi < x \leq \frac{\pi}{6} + 2k\pi \vee \frac{2}{3}\pi + 2k\pi < x \leq \frac{7}{6}\pi + 2k\pi\right]$

652 $|\tan^2 x - 1| - 2\tan^2 x < 0$ $\left[\frac{\pi}{6} + k\pi < x < \frac{5}{6}\pi + k\pi \wedge x \neq \frac{\pi}{2} + k\pi\right]$

653 $\sqrt{1 + 2\cos x} > 1 - \cos x$ $\left[-\frac{\pi}{2} + 2k\pi < x < \frac{\pi}{2} + 2k\pi\right]$

654 $2\tan x + \sqrt{\tan^2 x - 1} \leq 1 + \tan x$ $\left[x = \frac{\pi}{4} + k\pi \vee \frac{\pi}{2} + k\pi < x \leq \frac{3}{4}\pi + k\pi\right]$

655 $|5 - \sqrt{\cot x}| \leq 4$ $\left[\operatorname{arccot} 81 + k\pi \leq x \leq \frac{\pi}{4} + k\pi\right]$

656 $\frac{\sin x - \tan x}{\sin x(\tan x - 1)} \leq 0$ $\left[\frac{\pi}{4} + 2k\pi < x < \frac{5}{4}\pi + 2k\pi \wedge x \neq \frac{\pi}{2} + 2k\pi \wedge x \neq \pi + 2k\pi\right]$

657 $\dfrac{\sin x(2-\cos x)}{\tan x} \le 1$ $\left[x \ne k\dfrac{\pi}{2}\right]$

658 $\dfrac{1-2\cos^2 x}{|\cos x|} > \tan x$ $\left[\dfrac{\pi}{2}+2k\pi < x < \dfrac{5}{6}\pi+2k\pi \vee \dfrac{3}{2}\pi+2k\pi < x < \dfrac{11}{6}\pi+2k\pi\right]$

659 $\dfrac{\cos x + \dfrac{1}{\tan x}}{\tan x} \ge -1$ $\left[x \ne k\dfrac{\pi}{2}\right]$

660 $\dfrac{\sqrt{2}}{\cos x} + \dfrac{4\cos x}{\sin^2 2x} + \dfrac{\sin\left(x+\dfrac{\pi}{2}\right)}{\sin^2 x} < 0$ $\left[\dfrac{\pi}{2}+2k\pi < x < \dfrac{3}{2}\pi+2k\pi \wedge x \ne \pi+2k\pi\right]$

661 $\sqrt{3}\cos^2 x - 3\sin 2x > \sqrt{3}(1-3\sin^2 x)$ $\left[\dfrac{\pi}{3}+k\pi < x < \pi+k\pi\right]$

662 $\dfrac{\sqrt{3}\sin x+\cos x-\sqrt{3}}{\cos^2 x} > 0$ $\left[\dfrac{\pi}{6}+2k\pi < x < \dfrac{\pi}{2}+2k\pi\right]$

663 $\dfrac{\cos 2x-\sin x}{\sqrt{2}\cos x-1} \le 0$ $\left[\dfrac{\pi}{6}+2k\pi \le x < \dfrac{\pi}{3}+2k\pi\right]$

664 $\sqrt{7\sin^2 x+3\sin x+6\cos^2 x}-2 \le 0$ $\left[x = \dfrac{3}{2}\pi+2k\pi\right]$

665 $\dfrac{\sqrt{4\cos^2\dfrac{x}{2}+8\cos x-7}}{|2\sin^2 x-1|} \ge 0$ $\left[-\dfrac{\pi}{3}+2k\pi \le x \le \dfrac{\pi}{3}+2k\pi \wedge x \ne \pm\dfrac{\pi}{4}+2k\pi\right]$

666 $|\sin^2 3x-\cos^2 3x| - \sin 6x > 0$ $\left[\dfrac{\pi}{8}+k\dfrac{\pi}{3} < x < \dfrac{3}{8}\pi+k\dfrac{\pi}{3}\right]$

667 $\sqrt{\cos x+\sin x}-\sqrt{\cos 2x} \ge 0$ $\left[2k\pi \le x \le \dfrac{\pi}{4}+2k\pi \vee x = \dfrac{3}{4}\pi+k\pi\right]$

668 Data la disequazione $\sqrt{2}|\sin x| \ge 1$, determina:

a. la periodicità delle soluzioni;

b. le soluzioni relative a un periodo;

c. quali tra le seguenti disequazioni sono equivalenti alla precedente:

$2|\sin x| \ge 1$; $\sqrt{2\sin x} \ge 1$; $\dfrac{1}{\sqrt{2}|\sin x|} \le 1$.

$\left[\text{a) } \pi;\ \text{b) } \dfrac{\pi}{6} \le x \le \dfrac{5}{6}\pi;\ \text{c) prima e terza}\right]$

Disequazioni con le funzioni inverse

669 Determina, quando possibile, le soluzioni delle seguenti disequazioni:

a. $\arccos x < \dfrac{\pi}{2}$; b. $\arccos x < 0$; c. $\arcsin x < \dfrac{\pi}{2}$; d. $\arccos x > \dfrac{\pi}{4}$; e. $\arcsin x > 0$.

$\left[\text{a) } 0 < x \le 1;\ \text{b) impossibile; c) } -1 \le x < 1;\ \text{d) } -1 \le x < \dfrac{\sqrt{2}}{2};\ \text{e) } 0 < x \le 1\right]$

---

670 $\arccos\dfrac{x}{x-2} > 0$ $[x \le 1]$

671 $3\arcsin(x+1) \le 0$ $[-2 \le x \le -1]$

672 $4\arcsin x - \pi > 0$ $\left[\dfrac{\sqrt{2}}{2} < x \le 1\right]$

673 $\arccos x \arctan x < 0$ $[-1 \le x < 0]$

674 $\dfrac{x+5}{\arccos x} < 0$ [impossibile]

675 $\arctan x \arcsin\dfrac{x-1}{x} > 0$ $[x > 1]$

676 $\dfrac{4\arctan x-\pi}{\arcsin(2-x)} > 0$ $[1 < x < 2]$

677 $(4\arcsin x-\pi)\arccos x > 0$ $\left[\dfrac{\sqrt{2}}{2} < x < 1\right]$

678 $\dfrac{\arctan x}{6\arcsin x+\pi} > 0$ $\left[-1 \le x < -\dfrac{1}{2} \vee 0 < x \le 1\right]$

679 $\dfrac{\arctan(x-3)}{x^2-3x} \ge 0$ $[0 < x < 3 \vee x > 3]$

680 Determina graficamente il numero delle soluzioni delle equazioni:

$$\arcsin\frac{x}{2} = \sin(\pi x); \qquad \arcsin\frac{x}{2} = \cos(\pi x).$$

a. Quale delle due equazioni ha come soluzione un numero intero?

b. Determina algebricamente i punti di intersezione dei grafici di $y = \sin \pi x$ e $y = \cos \pi x$.

c. Risolvi sia graficamente che algebricamente la disequazione $\sin \pi x > \cos \pi x$ nel dominio della funzione $y = \arcsin\frac{x}{2}$.

[a) 3 sol. per ciascuna equazione, la prima: $x = 0$; b) $\frac{1}{4} + k$; c) $-\frac{7}{4} < x < -\frac{3}{4} \vee \frac{1}{4} < x < \frac{5}{4}$]

Disequazioni e funzioni

Determina il dominio delle seguenti funzioni.

681 $f(x) = \sqrt{\tan x}$ $\left[k\pi \le x < \frac{\pi}{2} + k\pi\right]$

682 $f(x) = \sqrt{2\cos x + 1}$ $\left[2k\pi \le x \le \frac{2}{3}\pi + 2k\pi \vee \frac{4}{3}\pi + 2k\pi \le x \le 2\pi + 2k\pi\right]$

683 $f(x) = \sqrt{2\cos x(\cos x - 1)}$ $\left[x = 2k\pi \vee \frac{\pi}{2} + 2k\pi \le x \le \frac{3}{2}\pi + 2k\pi\right]$

684 $f(x) = \sqrt{\cos x - \sin x}$ $\left[2k\pi \le x \le \frac{\pi}{4} + 2k\pi \vee \frac{5}{4}\pi + 2k\pi \le x \le 2\pi + 2k\pi\right]$

685 $f(x) = \sqrt{2 + \cos^2 x + \sin x}$ $[\forall x \in \mathbb{R}]$

686 $f(x) = \sqrt{\cos x + \sin x - 1}$ $\left[2k\pi < x < \frac{\pi}{2} + 2k\pi\right]$

687 $f(x) = \sqrt{\frac{|\sin x|}{\sin 2x - \cos x}}$ $\left[\frac{\pi}{6} + 2k\pi < x < \frac{\pi}{2} + 2k\pi \vee \frac{5}{6}\pi + 2k\pi < x < \frac{3}{2}\pi + 2k\pi\right]$

688 $f(x) = \sqrt{\cos x + \sin\frac{x}{2}}$ $\left[-\frac{\pi}{3} + 4k\pi \le x \le \frac{7}{3}\pi + 4k\pi\right]$

689 EUREKA! Trova per quali valori di a il dominio della funzione $y = \sqrt{\cos x - 2a}$:

a. è un insieme non vuoto;

b. è l'intervallo $\left[-\frac{\pi}{3} + 2k\pi; \frac{\pi}{3} + 2k\pi\right]$. $\left[\text{a) } a \le \frac{1}{2}; \text{ b) } a = \frac{1}{4}\right]$

Studia il segno delle seguenti funzioni.

690 $f(x) = \tan x - \sqrt{3}$ $\left[f(x) \ge 0: \frac{\pi}{3} + k\pi \le x < \frac{\pi}{2} + k\pi\right]$

691 $f(x) = 3\sin x + \sqrt{3}\cos x$ $\left[f(x) \ge 0: -\frac{\pi}{6} + 2k\pi \le x \le \frac{5}{6}\pi + 2k\pi\right]$

692 $f(x) = \frac{\sin x + 1}{2\cos x - 1}$ $\left[f(x) \ge 0: -\frac{\pi}{3} + 2k\pi < x < \frac{\pi}{3} + 2k\pi \vee x = \frac{3}{2}\pi + 2k\pi\right]$

693 $f(x) = \frac{4\sin^2 x - 1}{\tan^2 x}$ $\left[f(x) \ge 0: \frac{\pi}{6} + k\pi \le x \le \frac{5}{6}\pi + k\pi \wedge x \ne \frac{\pi}{2} + k\pi\right]$

Rappresenta graficamente le funzioni $f(x)$ e $g(x)$ e trova per quali valori di x si ha $f(x) > g(x)$.

694 $f(x) = \sin x$; $g(x) = \sin\left(x - \frac{\pi}{3}\right)$. $\left[-\frac{\pi}{3} + 2k\pi < x < \frac{2}{3}\pi + 2k\pi\right]$

695 $f(x) = \cos\left(x + \frac{\pi}{4}\right)$; $g(x) = \cos x$. $\left[\frac{7}{8}\pi + 2k\pi < x < \frac{15}{8}\pi + 2k\pi\right]$

696 ●● $f(x) = 2|\cos x|$; $g(x) = 2(1 - \sin x)$. $\left[2k\pi < x < \pi + 2k\pi \land x \neq \frac{\pi}{2} + 2k\pi\right]$

697 ●○ LEGGI IL GRAFICO Utilizza il grafico per determinare i valori di a e b nell'espressione della funzione rappresentata e trova algebricamente, evidenziandoli anche in figura, gli intervalli in cui $f(x) \leq 1$ tra $-\pi$ e 2π.

$\left[a = 2, b = 2; -\pi \leq x \leq -\frac{2}{3}\pi \lor \frac{2}{3}\pi \leq x \leq \frac{4}{3}\pi\right]$

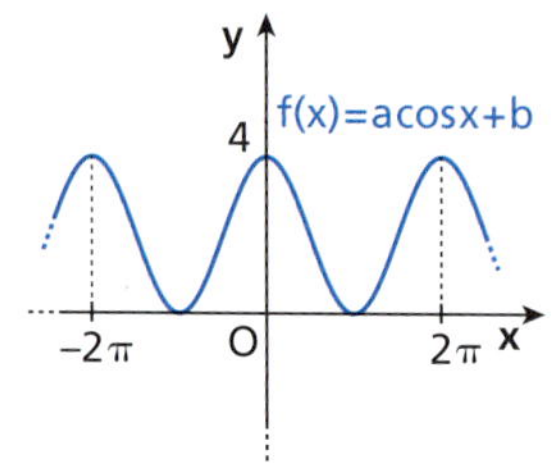

Sistemi di disequazioni goniometriche

▶ Teoria a p. 807

698 ESERCIZIO GUIDA Risolviamo il seguente sistema di disequazioni:

$$\begin{cases} \cos x > 0 \\ \cot^2 x - 3 \geq 0 \\ 2\sin x - 1 \leq 0 \end{cases}.$$

Dobbiamo risolvere ogni disequazione nell'intervallo $[0; 2\pi]$ e poi scegliere le soluzioni comuni a tutte e tre.

- Risolviamo la prima disequazione:

$$\cos x > 0 \quad \rightarrow \quad 0 \leq x < \frac{\pi}{2} \lor \frac{3}{2}\pi < x \leq 2\pi.$$

- Risolviamo la seconda disequazione (figura **a**):

$$\cot^2 x - 3 \geq 0 \quad \rightarrow$$
$$\cot x \leq -\sqrt{3} \lor \cot x \geq \sqrt{3} \quad \rightarrow$$
$$0 < x \leq \frac{\pi}{6} \lor \frac{5}{6}\pi \leq x < \pi \lor$$
$$\lor \pi < x \leq \frac{7}{6}\pi \lor \frac{11}{6}\pi \leq x < 2\pi.$$

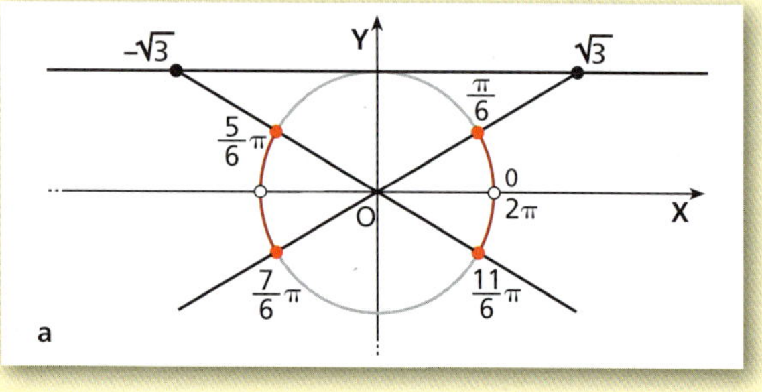

- Risolviamo la terza disequazione:

$$2\sin x - 1 \leq 0 \quad \rightarrow \quad \sin x \leq \frac{1}{2} \quad \rightarrow$$
$$0 \leq x \leq \frac{\pi}{6} \lor \frac{5}{6}\pi \leq x \leq 2\pi.$$

Riuniamo i risultati delle tre disequazioni in un grafico formato da tre circonferenze concentriche (figura **b**).

Dal grafico, considerando la periodicità, deduciamo che le soluzioni in $\mathbb{R}$ del sistema sono:

$$2k\pi < x \leq \frac{\pi}{6} + 2k\pi \quad \lor$$
$$\frac{11}{6}\pi + 2k\pi \leq x < 2\pi + 2k\pi.$$

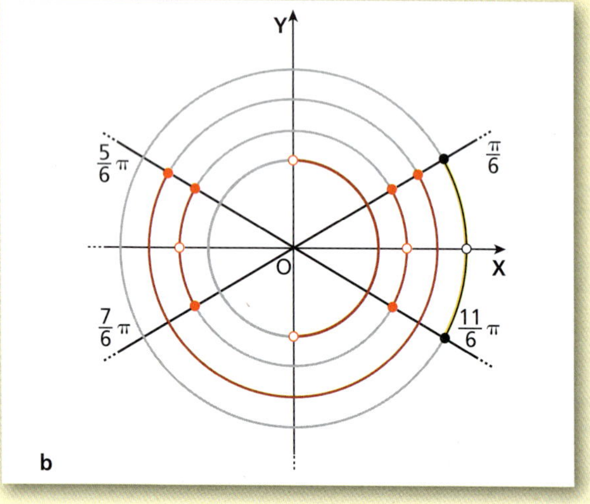

Risolvi i seguenti sistemi di disequazioni.

699 $\begin{cases}\sin x \leq 0\\ \cos x < 1\end{cases}$ $[\pi + 2k\pi \leq x < 2\pi + 2k\pi]$

700 $\begin{cases}\sin x > \frac{1}{2}\\ \tan x < 1\end{cases}$ $\left[\frac{\pi}{6} + 2k\pi < x < \frac{\pi}{4} + 2k\pi \vee \frac{\pi}{2} + 2k\pi < x < \frac{5}{6}\pi + 2k\pi\right]$

701 $\begin{cases}2\cos x + 1 \geq 0\\ 2\sin x - \sqrt{2} < 0\end{cases}$ $\left[-\frac{2}{3}\pi + 2k\pi \leq x < \frac{\pi}{4} + 2k\pi\right]$

702 $\begin{cases}\tan x \geq 1\\ \cos x < \frac{1}{2}\end{cases}$ $\left[\frac{\pi}{3} + 2k\pi < x < \frac{\pi}{2} + 2k\pi \vee \frac{5}{4}\pi + 2k\pi \leq x < \frac{3}{2}\pi + 2k\pi\right]$

703 $\begin{cases}2\sin x \leq 1\\ 2\cos x < \sqrt{3}\end{cases}$ $\left[\frac{5}{6}\pi + 2k\pi \leq x < \frac{11}{6}\pi + 2k\pi\right]$

704 $\begin{cases}2\sin^2 x - 1 \leq 0\\ 2\cos x + 1 \geq 0\end{cases}$ $\left[-\frac{\pi}{4} + 2k\pi \leq x \leq \frac{\pi}{4} + 2k\pi\right]$

705 $\begin{cases}\tan^2 x - 1 \geq 0\\ \sqrt{3} + 2\sin x \geq 0\end{cases}$, con $0 \leq x \leq 2\pi$. $\left[\left(\frac{\pi}{4} \leq x \leq \frac{3}{4}\pi \wedge x \neq \frac{\pi}{2}\right) \vee \frac{5}{4}\pi \leq x \leq \frac{4}{3}\pi \vee \frac{5}{3}\pi \leq x \leq \frac{7}{4}\pi\right]$

706 $\begin{cases}1 - 2\sin x \geq 0\\ 2\cos x - \sqrt{2} \leq 0\end{cases}$ $\left[\frac{5}{6}\pi + 2k\pi \leq x \leq \frac{7}{4}\pi + 2k\pi\right]$

707 $\begin{cases}\tan^2 x - 3 \geq 0\\ 2\cos^2 x - 1 \geq 0\end{cases}$ [impossibile]

708 $\begin{cases}3\tan^2 x - 1 \leq 0\\ 3\cot^2 x - 1 \geq 0\end{cases}$ $\left[-\frac{\pi}{6} + k\pi \leq x \leq \frac{\pi}{6} + k\pi \wedge x \neq k\pi\right]$

709 $\begin{cases}1 - 2\cos^2 x \geq 0\\ \sin^2 x + \sin x \geq 0\\ 4\sin^2 x - 3 \geq 0\end{cases}$ $\left[\frac{\pi}{3} + 2k\pi \leq x \leq \frac{2}{3}\pi + 2k\pi \vee x = \frac{3}{2}\pi + 2k\pi\right]$

710 $\begin{cases}2\sin^2 x - \sin x \geq 0\\ 2\cos x - 1 \geq 0\\ \cos^2 x + \cos x \geq 0\end{cases}$, con $0 \leq x \leq 2\pi$. $\left[x = 0 \vee \frac{\pi}{6} \leq x \leq \frac{\pi}{3} \vee \frac{5}{3}\pi \leq x \leq 2\pi\right]$

711 $\begin{cases}\sin x - \sqrt{3}\cos x \leq 0\\ \cos x(2\sin x + 1) \geq 0\end{cases}$ $\left[-\frac{\pi}{6} + 2k\pi \leq x \leq \frac{\pi}{3} + 2k\pi \vee \frac{4}{3}\pi + 2k\pi \leq x \leq \frac{3}{2}\pi + 2k\pi\right]$

712 $\begin{cases}\sin x(2\cos x + 1) \leq 0\\ \cos x(\tan x + 1) \geq 0\end{cases}$, con $0 \leq x \leq 2\pi$. $\left[x = 0 \vee \frac{2}{3}\pi \leq x \leq \frac{3}{4}\pi \vee \frac{7}{4}\pi \leq x \leq 2\pi\right]$

713 $\begin{cases}\sqrt{3}\sin x + \cos x \geq 0\\ 4\sin^2 x - 3 \leq 0\\ 2\cos x + 1 \geq 0\end{cases}$ $\left[-\frac{\pi}{6} + 2k\pi \leq x \leq \frac{\pi}{3} + 2k\pi \vee x = \frac{2}{3}\pi + 2k\pi\right]$

714 $\begin{cases}(2\sin x - 1)(2\cos x + 3) \geq 0\\ \tan x \cdot (\cot x - \sqrt{3}) \leq 0\end{cases}$ $\left[\frac{\pi}{6} + 2k\pi \leq x < \frac{\pi}{2} + 2k\pi\right]$

715 $\begin{cases} \sin x(\cos^2 x + 2\cos x) \geq 0 \\ \dfrac{\cos x + 1}{\tan x - 1} \leq 0 \end{cases}$ $\left[k\pi \leq x < \dfrac{\pi}{4} + k\pi\right]$

716 $\begin{cases} \sin x - \cos x + 1 \geq 0 \\ \cot^4 x - 9 \geq 0 \end{cases}$, con $0 \leq x \leq 2\pi$. $\left[0 < x \leq \dfrac{\pi}{6} \vee \left(\dfrac{5}{6}\pi \leq x \leq \dfrac{7}{6}\pi \wedge x \neq \pi\right)\right]$

717 $\begin{cases} \sin x + \cos x - 1 \geq 0 \\ \dfrac{4\sin^2 x - 3}{\cos^2 x} \geq 0 \end{cases}$ $\left[\dfrac{\pi}{3} + 2k\pi \leq x < \dfrac{\pi}{2} + 2k\pi\right]$

718 $\begin{cases} \cot x - \sqrt{3} \leq 0 \\ 2\cos^2 x - 1 \leq 0 \\ \sin^2 x + 2\sin x + 1 \leq 0 \end{cases}$ $\left[x = \dfrac{3}{2}\pi + 2k\pi\right]$

719 $\begin{cases} (2\sin^2 x - 1)(\cos^2 x + \cos x) \leq 0 \\ \cot x + 1 \leq 0 \end{cases}$ $\left[x = \dfrac{3}{4}\pi + 2k\pi \ \vee \ \dfrac{7}{4}\pi + 2k\pi \leq x < 2\pi + 2k\pi\right]$

720 $\begin{cases} 4\sin^2 x - 1 > 0 \\ |\tan x| \geq 1 \end{cases}$ $\left[\dfrac{\pi}{4} + k\pi \leq x \leq \dfrac{3}{4}\pi + k\pi \wedge x \neq \dfrac{\pi}{2} + k\pi\right]$

721 $\begin{cases} \tan^2 x + (1 - \sqrt{3})\tan x - \sqrt{3} < 0 \\ \dfrac{\cos x + \sin x}{\sin\left(\dfrac{\pi}{4} - x\right)} \geq 0 \end{cases}$ $\left[-\dfrac{\pi}{4} + k\pi < x < \dfrac{\pi}{4} + k\pi\right]$

722 $\begin{cases} \dfrac{1 - \sin x}{\cos x} > \sqrt{3} \\ \sin 2x + \sin x \geq 0 \end{cases}$ [impossibile]

723 $\begin{cases} \sqrt{3}\sin x > \sin 2x \\ \left|\tan \dfrac{x}{2}\right| < 1 \end{cases}$ $\left[\dfrac{\pi}{6} + 2k\pi < x < \dfrac{\pi}{2} + 2k\pi \vee \dfrac{11}{6}\pi + 2k\pi < x < 2\pi + 2k\pi\right]$

724 $\begin{cases} 2|\sin(\pi - x)| < \sqrt{3} \\ \sqrt{3}\cot^2 x - 1 < \sqrt{3}\cot x \end{cases}$ $\left[k\pi < x < \dfrac{\pi}{3} + k\pi\right]$

725 $\begin{cases} \cot \dfrac{x}{2}(1 + \cos x) < \sin x \\ 2\csc 2x < \sqrt{2} \end{cases}$ $\left[\dfrac{\pi}{2} + k\pi < x < \pi + k\pi\right]$

726 $\begin{cases} \sqrt{\sin \dfrac{x}{2} - \cos x} > 0 \\ 3\sin x - 1 - \cos(-2x) < 0 \end{cases}$, con $0 \leq x \leq 2\pi$. $\left[\dfrac{5}{6}\pi < x < \dfrac{5}{3}\pi\right]$

727 $\begin{cases} \dfrac{\cos^2 x + 3}{\cos 2x + 2} - \dfrac{\cos 2x}{3 - \cos^2 x} \geq \dfrac{5}{6} \\ |\cos x - \sin x| < \sqrt{2} \end{cases}$ $\left[x \neq \dfrac{3}{4}\pi + k\pi\right]$

728 TEST Sulla circonferenza goniometrica della figura sono rappresentate le soluzioni di uno fra i seguenti sistemi. Quale?

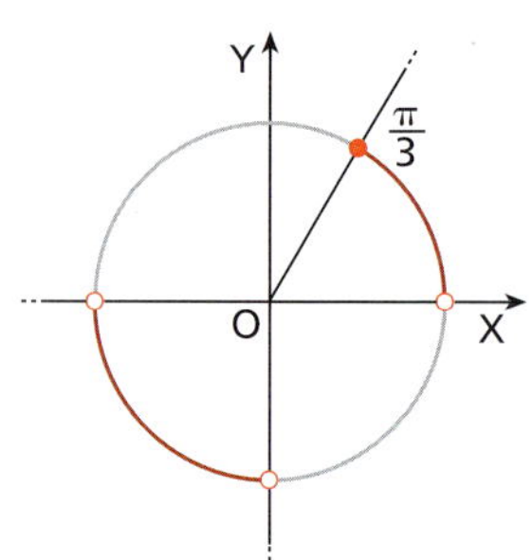

A $\begin{cases} \tan x \geq 0 \\ \sin x < \dfrac{\sqrt{3}}{2} \end{cases}$

B $\begin{cases} \sin x < \dfrac{\sqrt{3}}{2} \\ \cot x > 0 \end{cases}$

C $\begin{cases} \cos x < \dfrac{\sqrt{3}}{2} \\ \tan x > 0 \end{cases}$

D $\begin{cases} \sin x < \dfrac{\sqrt{3}}{2} \\ \cos x < 0 \end{cases}$

E $\begin{cases} \sin x \leq \dfrac{\sqrt{3}}{2} \\ \tan x > 0 \end{cases}$

Sistemi di disequazioni e funzioni

Determina il dominio delle seguenti funzioni.

729 $f(x) = \sqrt{\cos x} - \sqrt{\sin x}$ $\left[2k\pi \leq x \leq \frac{\pi}{2} + 2k\pi\right]$

730 $f(x) = \sqrt{2\sin x - 1} + \frac{1}{\sqrt{\tan x}}$ $\left[\frac{\pi}{6} + 2k\pi \leq x < \frac{\pi}{2} + 2k\pi\right]$

731 $f(x) = \sqrt{\sqrt{2} - 2\sin x} - \frac{1}{\sqrt{-\cos x}}$ $\left[\frac{3}{4}\pi + 2k\pi \leq x < \frac{3}{2}\pi + 2k\pi\right]$

732 $f(x) = \sqrt{\sin x - \cos x} + \sqrt{1 - \tan^2 x}$ $\left[x = \frac{\pi}{4} + 2k\pi \vee \frac{3}{4}\pi + 2k\pi \leq x \leq \frac{5}{4}\pi + 2k\pi\right]$

733 $f(x) = \sqrt{\tan x} + \sqrt{\frac{\sin x + 1}{2\cos x - 1}}$ $\left[2k\pi \leq x < \frac{\pi}{3} + 2k\pi\right]$

734 Determina il dominio della funzione $f(x) = \sqrt{1 - 2\cos x} + \frac{1}{\sqrt{a \sin x}}$ al variare di a in $\mathbb{R}$.
$\left[\text{se } a > 0, \frac{\pi}{3} + 2k\pi \leq x < (2k+1)\pi; \text{ se } a = 0, \nexists\, x; \text{ se } a < 0, (2k+1)\pi < x \leq \frac{5}{3}\pi + 2k\pi\right]$

Equazioni goniometriche parametriche

Equazioni elementari

735 ESERCIZIO GUIDA Determiniamo graficamente il numero delle soluzioni della seguente equazione parametrica nell'intervallo indicato, al variare di k in $\mathbb{R}$.

$$\begin{cases} k\sin x - 2k + 1 = 0 \\ 0 \leq x \leq \frac{2}{3}\pi \end{cases}$$

Se $k = 0$, l'equazione diventa:

$$0\sin x - 2 \cdot 0 + 1 = 0 \rightarrow 1 = 0 \text{ impossibile.}$$

Se $k \neq 0$, dividiamo per k e isoliamo $\sin x$:

$$\sin x = \frac{2k-1}{k}.$$

Poniamo uguali a y i membri dell'uguaglianza:

$$\begin{cases} y = \sin x \\ y = \frac{2k-1}{k} \end{cases}.$$

Graficamente le soluzioni dell'equazione sono le ascisse dei punti di intersezione fra la sinusoide e il fascio di rette parallele all'asse x, rappresentato dalla seconda equazione, nell'intervallo $\left[0; \frac{2}{3}\pi\right]$.

Una retta del fascio ha nessuna, una o due intersezioni con la sinusoide in $\left[0; \frac{2}{3}\pi\right]$ a seconda della sua posizione rispetto all'asse x e alle rette di equazioni $y = \frac{\sqrt{3}}{2}$ e $y = 1$.

Queste tre rette sono dette **rette caposaldo**.

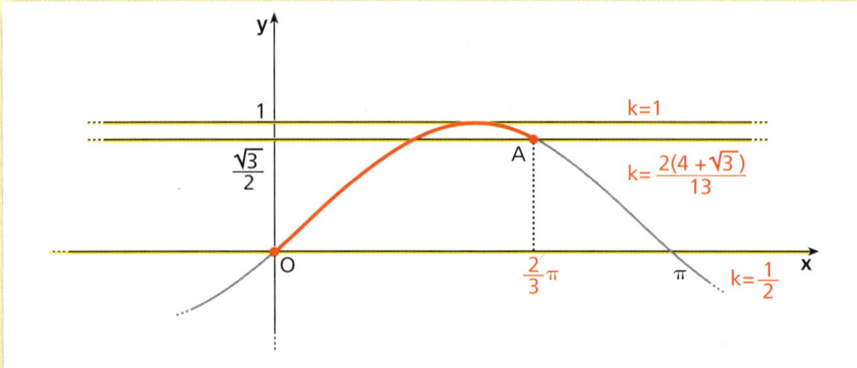

Determiniamo i valori di k corrispondenti alle rette caposaldo del fascio:

retta per $O \to y = 0 \to \frac{2k-1}{k} = 0 \to k = \frac{1}{2}$;

retta per $A \to y = \frac{\sqrt{3}}{2} \to \frac{2k-1}{k} = \frac{\sqrt{3}}{2} \to 4k - 2 = \sqrt{3}\,k \to k = \frac{2(4+\sqrt{3})}{13}$;

retta tangente $\to y = 1 \to \frac{2k-1}{k} = 1 \to k = 1$.

L'equazione ha:

- **una soluzione** per $\frac{1}{2} \leq k < \frac{2(4+\sqrt{3})}{13}$;
- **due soluzioni** per $\frac{2(4+\sqrt{3})}{13} \leq k \leq 1$.

Determina graficamente il numero delle soluzioni delle seguenti equazioni parametriche nell'intervallo indicato, al variare del parametro in $\mathbb{R}$.

736 $\begin{cases} \tan x = k + 1 \\ 0 \leq x \leq \frac{\pi}{3} \end{cases}$ [1 sol. per $-1 \leq k \leq \sqrt{3} - 1$]

737 $\begin{cases} \sin x = 2k - 1 \\ 0 \leq x \leq \frac{\pi}{3} \end{cases}$ $\left[\text{1 sol. per } \frac{1}{2} \leq k \leq \frac{\sqrt{3}+2}{4}\right]$

738 $\begin{cases} 2\tan x - 2a - 1 = 0 \\ -\frac{\pi}{4} < x < \frac{\pi}{2} \end{cases}$ $\left[\text{1 sol. per } a > -\frac{3}{2}\right]$

739 $\begin{cases} \cos\left(x - \frac{\pi}{6}\right) = \frac{k+3}{2} \\ \frac{\pi}{3} \leq x \leq \pi \end{cases}$ [1 sol. per $-3 - \sqrt{3} \leq k \leq \sqrt{3} - 3$]

740 $\begin{cases} (2k+3)\cos x = k - 1 \\ 0 \leq x \leq \frac{5}{6}\pi \end{cases}$ $\left[\text{1 sol. per } k \leq -4 \vee k \geq \frac{5\sqrt{3}-11}{4}\right]$

741 $\begin{cases} k \sin x \cos x = 2 \\ 0 \leq x \leq \frac{\pi}{4} \end{cases}$ [1 sol. per $k \geq 4$]

742 $\begin{cases} \tan\left(\frac{\pi}{4} - x\right) = k - 3 \\ -\frac{\pi}{12} \leq x \leq \frac{\pi}{2} \end{cases}$ [1 sol. per $2 \leq k \leq 3 + \sqrt{3}$]

743 $\begin{cases} \frac{k}{2}\cos\left(2x - \frac{\pi}{3}\right) = k - 2 \\ \frac{\pi}{6} < x \leq \frac{5}{6}\pi \end{cases}$ $\left[1 \text{ sol. per } \frac{8}{5} < k < 4;\ 2 \text{ sol. per } \frac{4}{3} \leq k \leq \frac{8}{5}\right]$

Equazioni di secondo grado

744 ESERCIZIO GUIDA Determiniamo graficamente il numero delle soluzioni della seguente equazione parametrica nell'intervallo indicato, al variare di k in $\mathbb{R}$.

$$\begin{cases} k\cos^2 x + 2\cos x - k + 1 = 0 \\ 0 < x < \frac{\pi}{3} \end{cases}$$

Consideriamo come incognita non l'angolo x, ma la funzione $\cos x$, quindi poniamo $\cos x = t$. Passiamo dalle limitazioni di x a quelle di t:

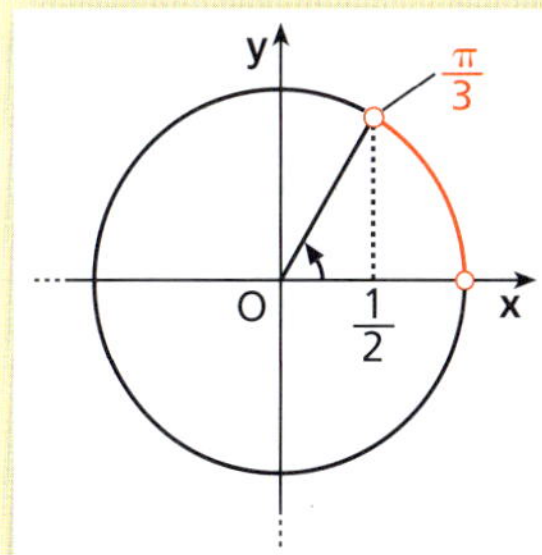

$$0 < x < \frac{\pi}{3} \rightarrow \frac{1}{2} < t < 1.$$

Il sistema diventa:

$$\begin{cases} kt^2 + 2t - k + 1 = 0 \\ \frac{1}{2} < t < 1 \end{cases}.$$

Applichiamo ora il **metodo della parabola fissa**, ponendo $y = t^2$:

$$\begin{cases} y = t^2 \\ ky + 2t - k + 1 = 0. \\ \frac{1}{2} < t < 1 \end{cases}$$

La prima equazione rappresenta una parabola con il vertice nell'origine.
La seconda equazione si può scrivere come $k(y - 1) + 2t + 1 = 0$, che corrisponde a un fascio di rette di generatrici $t = -\frac{1}{2}$ e $y = 1$ e di centro $C\left(-\frac{1}{2}; 1\right)$.

Nel fascio, procedendo in senso antiorario dalla retta $t = -\frac{1}{2}$, corrispondente a $k = 0$, si hanno valori di k crescenti tendenti a $+\infty$ per rette tendenti a $y = 1$.
Per determinare il valore di k corrispondente a $t = \frac{1}{2}$, troviamo l'ordinata di A mediante l'equazione della parabola

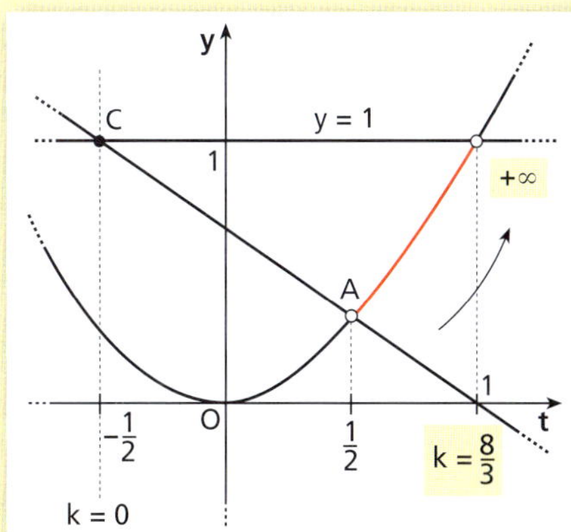

$$y_A = \left(\frac{1}{2}\right)^2 = \frac{1}{4}$$

e sostituiamo le coordinate di $A\left(\frac{1}{2}; \frac{1}{4}\right)$ nell'equazione del fascio:

$$\frac{1}{4}k + 1 - k + 1 = 0 \rightarrow k - 4k + 8 = 0 \rightarrow k = \frac{8}{3}.$$

Dal grafico ricaviamo che l'equazione ha **una soluzione** per $k > \frac{8}{3}$.

ESERCIZI

Determina graficamente il numero delle soluzioni delle seguenti equazioni parametriche nell'intervallo indicato, al variare del parametro in $\mathbb{R}$.

745 $\begin{cases} \sin^2 x + k\sin x - 1 = 0 \\ 0 < x < \frac{\pi}{2} \end{cases}$ [1 sol. per $k > 0$]

746 $\begin{cases} k\tan^2 x + \tan x + 1 - 2k = 0 \\ 0 \le x < \frac{\pi}{2} \end{cases}$ $\left[1 \text{ sol. per } k < 0 \vee k \ge \frac{1}{2}\right]$

747 $\begin{cases} 4(\cos^2 x + \sin x) = k - 1 \\ 0 \le x \le \frac{\pi}{2} \end{cases}$ [2 sol. per $5 \le k \le 6$]

748 $\begin{cases} (2k+1)\sin^2 x + 2\cos x = 2k \\ 0 \le x \le \frac{2}{3}\pi \end{cases}$ $\left[1 \text{ sol. per } -\frac{1}{2} \le k < 1; 2 \text{ sol. per } k \ge 1\right]$

749 $\begin{cases} \sin x + 2\cot x = \frac{2k}{\sin x} \\ 0 < x \le \frac{\pi}{2} \end{cases}$ $\left[1 \text{ sol. per } \frac{1}{2} \le k < 1\right]$

750 $\begin{cases} \tan 3x + k\cot 3x = 2 \\ \frac{\pi}{6} < x \le \frac{\pi}{3} \end{cases}$ [1 sol. per $k < 0$]

751 $\begin{cases} (k+1)\cos^2 x + \cos x = 2k \\ \frac{\pi}{3} < x \le \frac{\pi}{2} \end{cases}$ $\left[1 \text{ sol. per } 0 \le k \le \frac{3}{7}\right]$

752 $\begin{cases} \frac{1}{\sin x} + k\sin x = k + 2 \\ -\frac{\pi}{6} \le x \le \frac{\pi}{2} \end{cases}$ $\left[1 \text{ sol. per } k > -\frac{8}{3}; 2 \text{ sol. per } k \le -\frac{8}{3}\right]$

753 $\begin{cases} 4\cos^2 x - 4k\cos x = 2k - 1 \\ 0 \le x \le \frac{\pi}{2} \end{cases}$ $\left[1 \text{ sol. per } \frac{1}{2} < k \le \frac{5}{6}; 2 \text{ sol. per } -1 + \sqrt{2} \le k \le \frac{1}{2}\right]$

754 $\begin{cases} \cos 2x + k\sin^2 x + \cos\left(x + \frac{3}{2}\pi\right) = k - 1 \\ \frac{\pi}{4} < x < \frac{\pi}{2} \end{cases}$ [1 sol. per $k > 2 + \sqrt{2}$]

Equazioni lineari e omogenee

755 **ESERCIZIO GUIDA** Determiniamo graficamente il numero delle soluzioni della seguente equazione parametrica nell'intervallo indicato, al variare di k in $\mathbb{R}$:

$$\begin{cases} k\sin x - \cos x - 1 = 0 \\ 0 < x \le \frac{\pi}{4} \end{cases}.$$

Utilizziamo il **metodo della circonferenza goniometrica**, cioè poniamo $\sin x = Y$ e $\cos x = X$, ottenendo:

$$\begin{cases} kY - X - 1 = 0 & \text{fascio di rette di centro } C(-1;0) \\ X^2 + Y^2 = 1 & \text{circonferenza goniometrica} \\ 0 < x \leq \frac{\pi}{4} \end{cases}$$

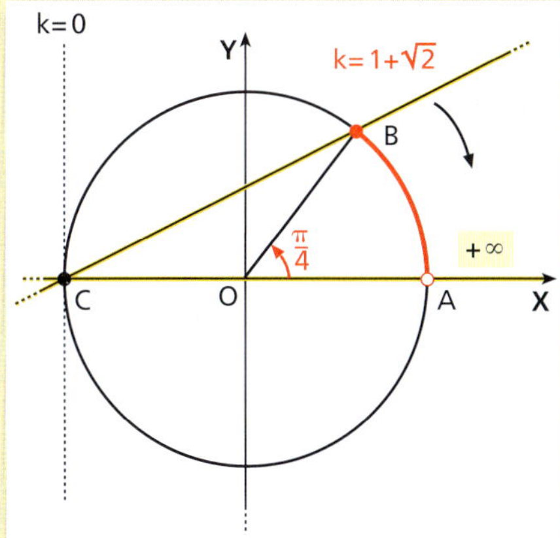

I valori di k tendono a $+\infty$ procedendo in senso orario dalla retta $X = -1$, corrispondente a $k = 0$, verso la retta $Y = 0$. Determiniamo il valore di k corrispondente alla retta passante per $B\left(\frac{\sqrt{2}}{2}; \frac{\sqrt{2}}{2}\right)$:

$$k\frac{\sqrt{2}}{2} - \frac{\sqrt{2}}{2} - 1 = 0 \to \sqrt{2}k = \sqrt{2} + 2 \to k = 1 + \sqrt{2}.$$

L'equazione ha **una soluzione** per $k \geq 1 + \sqrt{2}$.

Determina graficamente il numero delle soluzioni delle seguenti equazioni parametriche nell'intervallo indicato, al variare del parametro in $\mathbb{R}$.

756 $\begin{cases} \sin x - \cos x = k - 2 \\ 0 < x \leq \frac{\pi}{4} \end{cases}$ $[1 \text{ sol. per } 1 < k \leq 2]$

757 $\begin{cases} 2\sin x + 2\sqrt{3}\cos x = k \\ -\frac{\pi}{3} < x < \frac{\pi}{2} \end{cases}$ $[1 \text{ sol. per } 0 < k \leq 2;\ 2 \text{ sol. per } 2 < k \leq 4]$

758 $\begin{cases} 2\cos x - k\sin x + 1 = 0 \\ 0 < x < \frac{\pi}{2} \end{cases}$ $[1 \text{ sol. per } k > 1]$

759 $\begin{cases} \cos\left(\frac{3}{2}\pi + x\right) - k\sin x + 2 - 4k = 0 \\ -\frac{\pi}{2} \leq x \leq \pi \end{cases}$ $\left[1 \text{ sol. per } \frac{1}{3} \leq k < \frac{1}{2};\ 2 \text{ sol. per } \frac{1}{2} \leq k \leq \frac{3}{5}\right]$

760 $\begin{cases} \sin x\cos x + \cos^2 x = k - 2 \\ 0 < x < \frac{\pi}{4} \end{cases}$ $\left[2 \text{ sol. per } 3 < k \leq \frac{5+\sqrt{2}}{2}\right]$

761 $\begin{cases} \sin^2 x - k = k\sin x\cos x \\ 0 < x < \frac{\pi}{2} \end{cases}$ $[1 \text{ sol. per } 0 < k < 1]$

762 $\begin{cases} \sin^2 x - \cos^2 x + 4k\cos x\sin x - k = 0 \\ 0 < x \leq \frac{3}{4}\pi \end{cases}$ $[1 \text{ sol. per } -1 \leq k < 0;\ 2 \text{ sol. per } k < -1 \vee k \geq 0]$

763 $\begin{cases} k\cos\left(x + \frac{\pi}{4}\right) - 2\sin\left(x + \frac{\pi}{2}\right) = 0 \\ -\frac{\pi}{4} \leq x \leq \frac{\pi}{2} \end{cases}$ $[1 \text{ sol. per } k > \sqrt{2} \vee k \leq 0]$

764 $\begin{cases} 2k\sin^2 x + 2k + 1 = 4\sin x\cos x + 2k\cos^2 x \\ \frac{\pi}{12} < x \leq \frac{\pi}{2} \end{cases}$ $\left[1 \text{ sol. per } -\frac{1}{4} \leq k \leq 0;\ 2 \text{ sol. per } 0 < k \leq \frac{3}{4}\right]$

VERIFICA DELLE COMPETENZE

VERIFICA DELLE COMPETENZE ALLENAMENTO

UTILIZZARE TECNICHE E PROCEDURE DI CALCOLO

Equazioni goniometriche

TEST

1 Per una sola delle seguenti equazioni, le soluzioni indicate sono quelle corrette.

A $\sin x = -1 \rightarrow x = \frac{3}{2}\pi + k\pi$

B $6\sin 6x = 6 \rightarrow x = \frac{\pi}{12} + k\frac{\pi}{3}$

C $\cos 2x = 0 \rightarrow x = \frac{\pi}{2} + 2k\pi$

D $\arctan x = 1 \rightarrow x = \frac{\pi}{4} + k\pi$

E $\tan 2x = 4\pi \rightarrow x = 2\pi + k\pi$

2 Indica quale delle seguenti equazioni ha come soluzione $x = \frac{\pi}{4} + k\frac{\pi}{2}$.

A $\sin^2 x = \frac{1}{2}$.

B $\cos x = \frac{\sqrt{2}}{2}$.

C $\tan x = 1$.

D $\sin x = \frac{\sqrt{2}}{2}$.

E $\cot x = -1$.

Risolvi le seguenti equazioni.

3 $\sin\left(5x - \frac{\pi}{3}\right) = -\sin\left(2x - \frac{\pi}{5}\right)$ $\left[\frac{8}{105}\pi + \frac{2}{7}k\pi; \frac{17}{45}\pi + \frac{2}{3}k\pi\right]$

4 $5\sin^2 x + \sqrt{3}\sin x\cos x - 2 = 0$ $\left[\frac{\pi}{6} + k\pi; \arctan\left(-\frac{2}{3}\sqrt{3}\right) + k\pi\right]$

5 $3\cot^2 x - 4\sqrt{3}\cot x + 3 = 0$ $\left[\frac{\pi}{6} + k\pi; \frac{\pi}{3} + k\pi\right]$

6 $2\cos^4 x - 3\cos^2 x + 1 = 0$ $\left[k\pi; \frac{\pi}{4} + k\frac{\pi}{2}\right]$

7 $\sqrt{3}\sin x - \cos x + 2 = 0$ $\left[\frac{5}{3}\pi + 2k\pi\right]$

8 $\tan\left(3x - \frac{\pi}{7}\right) = \cot\left(\frac{2}{5}\pi - 2x\right)$ $\left[\frac{17}{70}\pi + k\pi\right]$

9 $10\sin x + 7 - 6(\sin x - 1) = 3(\sin x + 3)$ [impossibile]

10 $\sin 2x - \sqrt{3}\cos 2x = 0$ $\left[\frac{\pi}{6} + k\frac{\pi}{2}\right]$

11 $\sin\left(x - \frac{\pi}{6}\right) + \cos\left(x + \frac{2}{3}\pi\right) + \cos 2x = 0$ $\left[\pm\frac{2}{3}\pi + 2k\pi; 2k\pi\right]$

12 $2\sqrt{2}\sin x\cos x + 2\cos x - \sqrt{2}\sin x - 1 = 0$ $\left[\pm\frac{\pi}{3} + 2k\pi; \frac{5}{4}\pi + 2k\pi; \frac{7}{4}\pi + 2k\pi\right]$

13 $2\sin\left(x - \frac{\pi}{3}\right) + 2\sin\left(x - \frac{\pi}{6}\right) = \sqrt{3} + 1$ $\left[\frac{\pi}{2} + 2k\pi; \pi + 2k\pi\right]$

14 $2\sqrt{2}\cos x + 3 = -\sqrt{2}\cos x$ $\left[\pm\frac{3}{4}\pi + 2k\pi\right]$

15 $2\sin^2 x - 5\sin x - 3 = 0$ $\left[\frac{7}{6}\pi + 2k\pi; \frac{11}{6}\pi + 2k\pi\right]$

16 $3\sin^2 x + 2\sin x\cos^2\frac{x}{2} - \sin x = 0$ $\left[k\pi; \arctan\left(-\frac{1}{3}\right) + k\pi\right]$

17 $\cot\left(\frac{5}{4}\pi + x\right) = \cot 3x$ $\left[\frac{5}{8}\pi + k\frac{\pi}{2}\right]$

18 $\sqrt{3}\sin x - \cos x + \sqrt{2} = 0$ $\left[-\frac{\pi}{12} + 2k\pi; \frac{17}{12}\pi + 2k\pi\right]$

19 $2\cos^2\left(x - \frac{\pi}{3}\right) - \cos\left(x - \frac{\pi}{3}\right) - 1 = 0$ $\left[\pm\frac{\pi}{3} + 2k\pi; \pi + 2k\pi\right]$

20 $2\sec x = \frac{2 - \sin^2 x}{\cos^2 x}$ $[2k\pi]$

21 $\sin\left(\frac{5}{6}\pi - x\right) - \cos\left(\frac{4}{3}\pi - x\right) = -\sqrt{3}$ $\left[\frac{7}{6}\pi + 2k\pi; \frac{3}{2}\pi + 2k\pi\right]$

22 $2(\sin x - \cos x) = \sqrt{3}\tan x - \sqrt{3}$ $\left[\frac{\pi}{4} + k\pi; \pm\frac{\pi}{6} + 2k\pi\right]$

23 $\tan\left(x - \frac{\pi}{3}\right) \cdot \tan\left(x - \frac{\pi}{6}\right) = 1$ $\left[k\frac{\pi}{2}\right]$

24 $\sin\left(x+\frac{\pi}{4}\right)\cdot\cos\left(x+\frac{\pi}{4}\right)+\frac{\sqrt{3}}{2}\sin 2x = 2\cos^2 x$ $\left[\frac{\pi}{3}+k\pi\right]$

25 $\cot\left(\frac{x}{4}+24°\right) = -\cot(2x-48°)$ $\left[\frac{32°}{3}+k80°\right]$

26 $\sin\left(\frac{2}{3}\pi+x\right)+\frac{1}{2} = \sqrt{3}\cos(-x)$ $\left[\frac{\pi}{2}+2k\pi; -\frac{\pi}{6}+2k\pi\right]$

27 $\sin 3x + \sin 7x = 2\sin 5x$ $\left[k\frac{\pi}{5}\right]$

28 $\cos 4x\cos 6x - \cos 3x\cos 5x = 0$ $\left[k\frac{\pi}{9}\right]$

29 $\frac{\cos^2 x+3}{-\sin^2 x} = \frac{2\cos x}{1+\cos x}$ [impossibile]

30 $\sin x\cdot\tan\frac{x}{2} = 2\cos^2\frac{x}{2} - 2\cos^2 x$ $\left[\frac{\pi}{2}+k\pi; 2k\pi\right]$

Risolvi i seguenti sistemi di equazioni goniometriche.

31 $\begin{cases}\cos x+\cos y = \frac{\sqrt{3}+1}{2}\\ \cos x-\cos y = \frac{\sqrt{3}-1}{2}\end{cases}$ $\left[x=\pm\frac{\pi}{6}+2k\pi \wedge y=\pm\frac{\pi}{3}+2k_1\pi\right]$

32 $\begin{cases}x+y=\frac{\pi}{6}\\ \sin x+\cos y = \frac{\sqrt{3}}{2}\end{cases}$ $\left[\left(x=2k\pi \wedge y=\frac{\pi}{6}-2k\pi\right)\vee\left(x=\frac{2}{3}\pi+2k\pi \wedge y=-\frac{\pi}{2}-2k\pi\right)\right]$

33 $\begin{cases}\sin x+\sin y = 0\\ \sin x-\sin y = 1\end{cases}$ $\left[\left(x=\frac{\pi}{6}+2k\pi \vee x=\frac{5}{6}\pi+2k\pi\right)\wedge\left(y=-\frac{\pi}{6}+2k\pi \vee y=-\frac{5}{6}\pi+2k\pi\right)\right]$

34 $\begin{cases}\sin^2 x+\cos^2 y = 1\\ 5\cos^2 x+\sin^2 y = 2\end{cases}$ $\left[\left(x=\pm\frac{\pi}{3}+2k\pi \vee x=\pm\frac{2}{3}\pi+2k\pi\right)\wedge\left(y=\pm\frac{\pi}{3}+2k_1\pi \vee y=\pm\frac{2}{3}\pi+2k_1\pi\right)\right]$

Disequazioni goniometriche

TEST

35 Una sola delle seguenti disequazioni ha come soluzioni

$$0 < x < \frac{2}{3}\pi \vee \pi < x < \frac{4}{3}\pi \text{ in } [0; 2\pi].$$

Quale?

A $2\cos x+1>0$

B $\frac{\sin x}{2\cos x+1}>0$

C $\frac{\sin x}{2\cos x+1}\geq 0$

D $\tan^2 x-3>0$

E $\frac{2\sin x+1}{\cos x}>0$

36 L'insieme

$$A=\left\{x \mid x\in\left]\frac{\pi}{4}+k\pi; \frac{3\pi}{4}+k\pi\right[\right\}$$

verifica una sola delle seguenti disequazioni. Quale?

A $2\sin^2 x-1<0$

B $2\cos^2 x-1\leq 0$

C $\cot^2 x-1>0$

D $\tan^2 x-1>0$

E $2\cos^2 x-1>0$

37 Quale grafico evidenzia le soluzioni della disequazione $\sin x < \frac{1}{2}$?

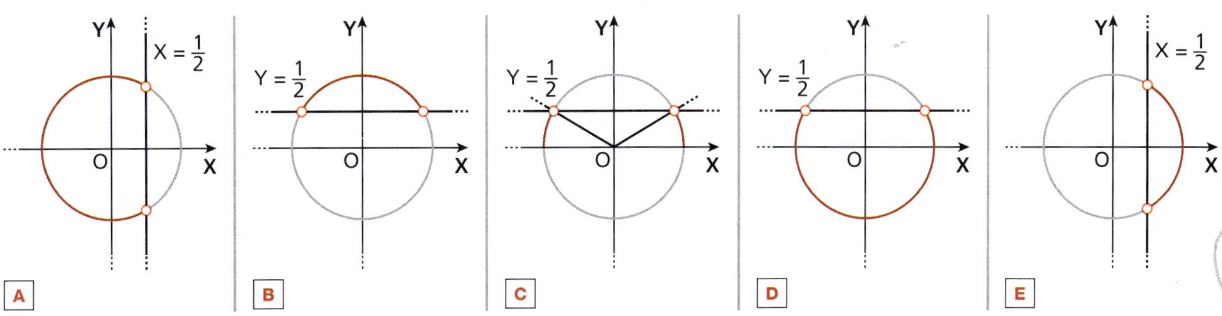

38 ●○ Fra le seguenti espressioni, una sola risulta sempre maggiore o uguale a 1. Quale?

A $\cos 2\alpha + 2\sin^2\alpha - 1$

B $-2\cos 2\alpha - 3\sin^2\alpha$

C $3\sin^2\alpha + 2\cos 2\alpha$

D $\sin^2\frac{\alpha}{2} + \frac{1}{2}\cos\alpha$

E $2\cos 2\alpha + 3\sin^2\alpha - 2$

39 ●○ **ASSOCIA** ciascuna disequazione alla corrispondente proprietà.

a. $4\cos^2 x + 4\cos x + 1 > 0$

b. $(2\cos x + 1)^2 \frac{4+\sin^2 x}{|1+2\sin x|} \geq 0$

c. $\frac{|1+2\cos x|}{8} \geq 0$

1. È verificata per $x \neq \frac{7}{6}\pi + 2k\pi$ e $x \neq \frac{11}{6}\pi + 2k\pi$.

2. È equivalente alla disequazione $\frac{5}{(2\cos x + 1)^2} \geq 0$.

3. È verificata per qualunque valore di x.

Risolvi le seguenti disequazioni.

40 ●○ $\sin\left(x - \frac{\pi}{3}\right) > \frac{1}{2}$ $\left[\frac{\pi}{2} + 2k\pi < x < \frac{7}{6}\pi + 2k\pi\right]$

41 ●○ $\cos\left(\frac{\pi}{4} - x\right) \leq \frac{\sqrt{3}}{2}$ $\left[-\frac{19}{12} + 2k\pi \leq x \leq \frac{\pi}{12} + 2k\pi\right]$

42 ●○ $2(1 - \sin x) - 3(\sin x + 2) > -7\sin x - 3$ $\left[\frac{\pi}{6} + 2k\pi < x < \frac{5}{6}\pi + 2k\pi\right]$

43 ●○ $6(1 + \sin x) + 2(3 + 2\sin x) \geq 2$ $[\forall x \in \mathbb{R}]$

44 ●○ $(\sqrt{3} - 2\sin x)(2\cos x - 1)(\cos^2 x + 1) \geq 0$ $\left[-\frac{\pi}{3} + 2k\pi \leq x \leq \frac{2}{3}\pi + 2k\pi\right]$

45 ●○ $(\sin x + 1)^2 + 2\sin x < \sin x(2 + \sin x)$ $\left[\frac{7}{6}\pi + 2k\pi < x < \frac{11}{6}\pi + 2k\pi\right]$

46 ●○ $2\sin^2 x + 3\sqrt{2}\sin x < 4$, con $0 \leq x \leq 2\pi$. $\left[0 \leq x < \frac{\pi}{4} \vee \frac{3}{4}\pi < x \leq 2\pi\right]$

47 ●○ $\frac{2\cos x - 1}{\tan x - \sqrt{3}} \leq 0$, con $0 \leq x \leq 2\pi$. $\left[\left(0 \leq x < \frac{\pi}{2} \vee \frac{4}{3}\pi < x < \frac{3}{2}\pi \vee \frac{5}{3}\pi \leq x \leq 2\pi\right) \wedge x \neq \frac{\pi}{3}\right]$

48 ●○ $\tan x(1 - \cos^2 x) \geq 0$ $\left[k\pi \leq x < \frac{\pi}{2} + k\pi\right]$

49 ●○ $\left|\frac{1}{\cot x}\right| > \sqrt{3}$ $\left[\frac{\pi}{3} + k\pi < x < \frac{2}{3}\pi + k\pi \wedge x \neq \frac{\pi}{2} + k\pi\right]$

50 ●○ $\sqrt{3}\cot x - 4\cos^2 x \geq 0$ $\left[k\pi < x \leq \frac{\pi}{6} + k\pi \vee \frac{\pi}{3} + k\pi \leq x \leq \frac{\pi}{2} + k\pi\right]$

51 ●○ $(2\sin^2 x - 1)(1 - 2\cos x) \geq 0$, con $0 \leq x \leq 2\pi$. $\left[0 \leq x \leq \frac{\pi}{4} \vee \frac{\pi}{3} \leq x \leq \frac{3}{4}\pi \vee \frac{5}{4}\pi \leq x \leq \frac{5}{3}\pi \vee \frac{7}{4}\pi \leq x \leq 2\pi\right]$

52 ●○ $\frac{\sin x \cos x}{\tan^2 x - 1} \leq 0$ $\left[k\pi \leq x < \frac{\pi}{4} + k\pi \vee \frac{\pi}{2} + k\pi < x < \frac{3}{4}\pi + k\pi\right]$

53 ●○ $(\tan x - \sqrt{3})(1 + \cot x) \leq 0$ $\left[k\pi < x \leq \frac{\pi}{3} + k\pi \vee \frac{\pi}{2} + k\pi < x \leq \frac{3}{4}\pi + k\pi\right]$

54 ●○ $\frac{\sin 2x}{\sin x - \sqrt{3}\cos x} \leq 0$, con $0 \leq x \leq 2\pi$. $\left[0 \leq x < \frac{\pi}{3} \vee \frac{\pi}{2} \leq x \leq \pi \vee \frac{4}{3}\pi < x \leq \frac{3}{2}\pi \vee x = 2\pi\right]$

55 ●○ $\frac{\tan x - \tan^2 x}{2\sin x - 1} \geq 0$, con $0 \leq x \leq 2\pi$. $\left[\left(\frac{\pi}{6} < x \leq \frac{\pi}{4} \vee \frac{5}{6}\pi < x \leq \pi \vee \frac{5}{4}\pi \leq x \leq 2\pi\right) \wedge x \neq \frac{3}{2}\pi\right]$

56 ●○ $\frac{2|\cos x| - 1}{2\tan x} > 0$ $\left[k\pi < x < \frac{\pi}{3} + k\pi \vee \frac{\pi}{2} + k\pi < x < \frac{2}{3}\pi + k\pi\right]$

57 ●○ $\left|\cos\left(2x + \frac{\pi}{4}\right)\right| < \frac{\sqrt{2}}{2}$ $\left[k\frac{\pi}{2} \leq x \leq \frac{\pi}{4} + k\frac{\pi}{2}\right]$

TEST

58 Considera la disequazione:

$$\sqrt{2}\sin x > \frac{1}{\sqrt{2}\cos x}, \text{ con } x \in [0; 2\pi].$$

Quale fra le seguenti proposizioni è *vera*?

A L'insieme delle soluzioni è $\left]\frac{\pi}{6}; \frac{5\pi}{6}\right[$.

B L'insieme delle soluzioni è $\left]\frac{\pi}{12}; \frac{5\pi}{12}\right[$.

C L'insieme delle soluzioni è:
$\left]\frac{\pi}{12}; \frac{5\pi}{12}\right[\cup \left]\frac{13\pi}{12}; \frac{17\pi}{12}\right[$.

D La disequazione non ha soluzioni.

E Nessuna delle proposizioni precedenti è vera.

59 Quale dei seguenti sistemi ha per soluzioni quelle rappresentate in figura?

A $\begin{cases} \tan x > -1 \\ \cos x < \frac{1}{2} \end{cases}$

B $\begin{cases} \cot x < 1 \\ \cos x < \frac{1}{2} \end{cases}$

C $\begin{cases} \sin x < \frac{\sqrt{2}}{2} \\ \cos x < 0 \end{cases}$

D $\begin{cases} \cos x \leq 0 \\ \tan x > \sqrt{3} \end{cases}$

E $\begin{cases} \sin x > \frac{\sqrt{3}}{2} \\ \tan x < -1 \end{cases}$

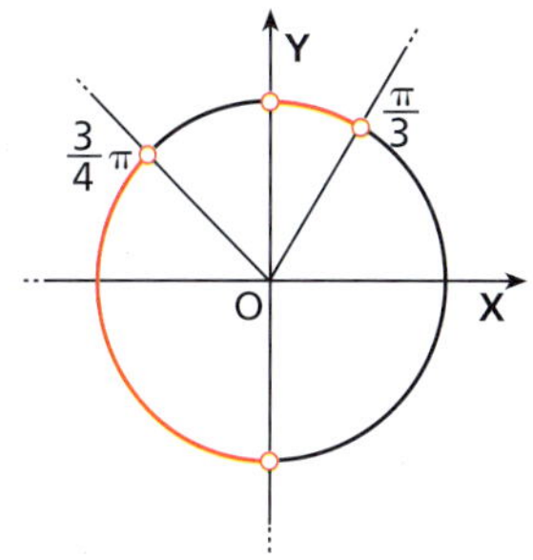

Risolvi i seguenti sistemi di disequazioni.

60 $\begin{cases} \sin x > 0 \\ \tan x \leq 1 \end{cases}$ $\left[2k\pi < x \leq \frac{\pi}{4} + 2k\pi \vee \frac{\pi}{2} + 2k\pi < x < \pi + 2k\pi\right]$

61 $\begin{cases} \cos x + \frac{1}{2} < 0 \\ 2\sin x \leq \sqrt{3} \end{cases}$ $\left[\frac{2}{3}\pi + 2k\pi < x < \frac{4}{3}\pi + 2k\pi\right]$

62 $\begin{cases} \sin^2 x - 1 \leq 0 \\ \sin^2 x - \sin x \geq 0 \end{cases}$ $\left[x = \frac{\pi}{2} + 2k\pi \vee \pi + 2k\pi \leq x \leq 2\pi + 2k\pi\right]$

63 $\begin{cases} 4\cos^2 x - 3 \leq 0 \\ \cot^2 x - 1 < 0 \end{cases}$ $\left[\frac{1}{4}\pi + k\pi < x < \frac{3}{4}\pi + k\pi\right]$

64 $\begin{cases} 2\cos^2 x + \cos x - 1 \geq 0 \\ 2\sin x + 1 \geq 0 \end{cases}$ $\left[-\frac{\pi}{6} + 2k\pi \leq x \leq \frac{\pi}{3} + 2k\pi \vee x = \pi + 2k\pi\right]$

65 $\begin{cases} 2\sin^2 x - \sin x - 1 \leq 0 \\ \sqrt{3}\cot^2 x - 3\cot x \leq 0 \end{cases}$ $\left[\frac{\pi}{6} + 2k\pi \leq x \leq \frac{\pi}{2} + 2k\pi \vee x = \frac{7}{6}\pi + 2k\pi\right]$

Determina graficamente il numero delle soluzioni delle seguenti equazioni, al variare di *k* in $\mathbb{R}$.

66 $\begin{cases} 4\cos 2x - k + 2 = 0 \\ 0 \leq x \leq \frac{2}{3}\pi \end{cases}$ [1 sol. per $0 < k \leq 6$; 2 sol. per $-2 \leq k \leq 0$]

67 $\begin{cases} \cos^2 x + k\sin x + k = 0 \\ 0 \leq x \leq \frac{\pi}{3} \end{cases}$ $\left[1 \text{ sol. per } -1 \leq k \leq \frac{\sqrt{3}}{2} - 1\right]$

68 $\begin{cases} 2\sin\left(\frac{\pi}{6} - x\right) + \cos x = 2k \\ -\frac{\pi}{2} \leq x \leq \frac{\pi}{2} \end{cases}$ $\left[1 \text{ sol. per } -\frac{\sqrt{3}}{2} \leq k < \frac{\sqrt{3}}{2}; 2 \text{ sol. per } \frac{\sqrt{3}}{2} \leq k \leq \frac{\sqrt{7}}{2}\right]$

69 $\begin{cases} k\sin\left(x+\frac{\pi}{3}\right)=k-\frac{1}{2} \\ -\frac{\pi}{6}\le x\le\frac{\pi}{6} \end{cases}$ $[1 \text{ sol. per } k\ge 1]$

70 $\begin{cases} \tan^2 x-(k-1)\tan x+1=k \\ -\frac{\pi}{4}< x<\frac{\pi}{2} \end{cases}$ $[2 \text{ sol. per } k\ge 1]$

71 $\begin{cases} \sin^2 x+k\cos x-1=0 \\ 0< x<\frac{\pi}{2} \end{cases}$ $[1 \text{ sol. per } 0<k<1]$

72 $\begin{cases} \cos(x+60°)-k\sin x=2k \\ 0°< x<210° \end{cases}$ $\left[1 \text{ sol. per } 0\le k<\frac{1}{4}; 2 \text{ sol. per } -\frac{\sqrt{3}-\sqrt{15}}{6}\le k<0\right]$

ANALIZZARE E INTERPRETARE DATI E GRAFICI

Trova il dominio delle seguenti funzioni.

73 $f(x)=\sqrt{2\sin x-1}+\sqrt{\cos x}$ $\left[\frac{\pi}{6}+2k\pi\le x\le\frac{\pi}{2}+2k\pi\right]$

74 $g(x)=\sqrt{\frac{\tan x-1}{\sin 2x}}$ $\left[\frac{\pi}{4}+k\pi\le x<\pi+k\pi \wedge x\ne\frac{\pi}{2}+k\pi\right]$

75 $f(x)=-\sqrt{\frac{\sin 2x}{\cos^2 x}}$ $\left[k\pi\le x<\frac{\pi}{2}+k\pi\right]$

76 $h(x)=\frac{3\sin^2 x-4}{\sin x-\cos x}$ $\left[x\ne\frac{\pi}{4}+k\pi\right]$

Determina le coordinate dei punti di intersezione con gli assi cartesiani dei grafici delle seguenti funzioni.

77 $f(x)=\sin\left(x-\frac{\pi}{6}\right)-1$ $\left[\left(0;-\frac{3}{2}\right);\left(\frac{2}{3}\pi+2k\pi;0\right)\right]$

78 $g(x)=\sqrt{3}\sin x-\cos x$ $\left[(0;-1);\left(\frac{\pi}{6}+k\pi;0\right)\right]$

79 $f(x)=\sqrt{2\cos x-1}$ $\left[(0;1);\left(\pm\frac{\pi}{3}+2k\pi;0\right)\right]$

80 $f(x)=\sin^2 x-2\cos x\sin x-1$ $\left[(0;-1);\left(\frac{\pi}{2}+k\pi;0\right);\left(-\arctan\frac{1}{2}+k\pi;0\right)\right]$

81 Quanti punti di intersezione ha il grafico della funzione $y=\sin 2x-\cos x$ con l'asse x nell'intervallo $[0;\pi]$? [tre]

82 Determina i punti di intersezione del grafico della funzione $y=\frac{1}{2}\sin 2x-\cos^2 x$ con la retta $y=-1$ nell'intervallo $\left[-\frac{\pi}{2};\frac{\pi}{2}\right]$. $\left[\left(-\frac{\pi}{4};-1\right);(0;-1)\right]$

83 Trova i valori di a, b, c in modo che il grafico della funzione $f(x)=a\cos\left(x-\frac{\pi}{3}\right)+b\cos x+c$ passi per l'origine O e per i punti $\left(\frac{2}{3}\pi;3\right)$ e $\left(-\frac{\pi}{3};-1\right)$. Calcola poi i punti di intersezione con l'asse x nell'intervallo $[-\pi;\pi]$. $\left[a=2, b=-2, c=1; x=-\frac{2}{3}\pi, x=0\right]$

LEGGI IL GRAFICO

84 Nella figura è rappresentata la funzione $f(x) = \tan kx$. Determina k e trova sia algebricamente sia graficamente gli intervalli in cui $f(x) < -1$ tra $-\pi$ e 3π.

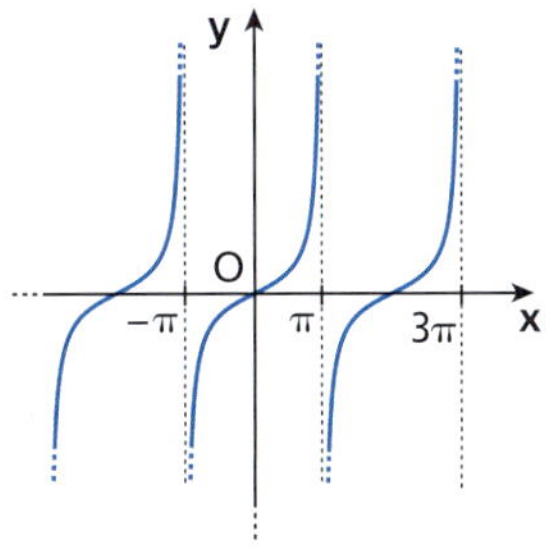

85 Determina la funzione sinusoidale $f(x)$ e individua le coordinate dei punti A, B e C.

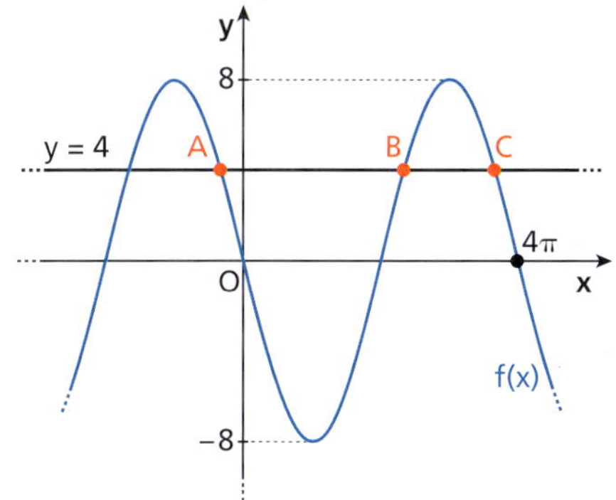

$\left[A\left(-\frac{\pi}{3}; 4\right), B\left(\frac{7}{3}\pi; 4\right), C\left(\frac{11}{3}\pi; 4\right)\right]$

86 Nella figura sono rappresentate le funzioni $f(x) = 2\cos x$ e $g(x) = \sin 2x$.

a. Indica qual è il grafico di $f(x)$ e quale quello di $g(x)$.

b. Risolvi graficamente la disequazione $f(x) \leq g(x)$ nell'intervallo $[-\pi; 2\pi]$.

c. Conferma algebricamente il risultato trovato.

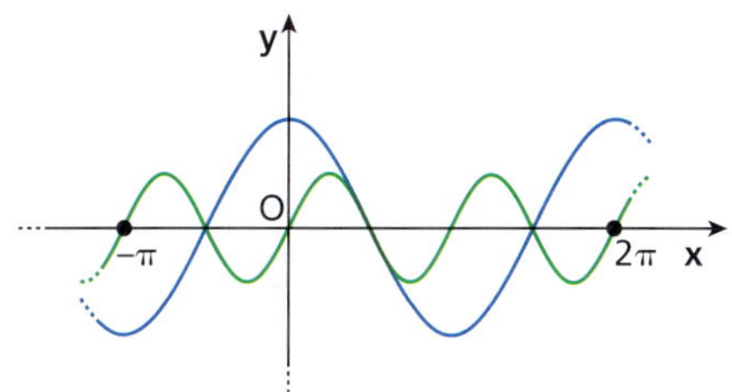

VERIFICA DELLE COMPETENZE VERSO L'ESAME

ARGOMENTARE E DIMOSTRARE

87 Si determini il dominio della funzione $f(x) = \sqrt{\cos x}$.

(*Esame di Stato, Liceo Scientifico, Corso di ordinamento, Sessione ordinaria*, 2010, *quesito* 6)

88 Si determini il campo di esistenza della funzione $y = \arcsin(\tan x)$, con $0 \leq x \leq 2\pi$.

(*Esame di Stato, Liceo Scientifico, Corso di ordinamento, Sessione suppletiva*, 2007, *quesito* 2)

TEST

89 Quale delle seguenti funzioni è positiva per ogni x reale?

A $\cos(\sin(x^2+1))$ B $\sin(\cos(x^2+1))$ C $\sin(\ln(x^2+1))$ D $\cos(\ln(x^2+1))$

Si giustifichi la risposta. (*Esame di Stato, Liceo Scientifico, Corso di ordinamento, Sessione ordinaria*, 2012, *quesito* 10)

90 Il numero delle soluzioni dell'equazione $\sin 2x \cos x = 2$ nell'intervallo reale $[0; 2\pi]$ è:

A 0. B 2. C 3. D 5.

Una sola alternativa è corretta: individuarla e fornire un'esauriente spiegazione della scelta operata.

(*Esame di Stato, Liceo Scientifico, Corso sperimentale, Sessione suppletiva*, 2006, *quesito* 2)

91 Può essere $\arcsin x = \arccos x$? E $\arcsin x = \arctan x$?

92 La risoluzione di un problema assegnato conduce all'equazione $2\sin x + k\cos x = 1$, dove $k > 0$ e $0 \leq x \leq \frac{\pi}{3}$. Si discutano le possibili soluzioni del problema.
(Esame di Stato, Liceo Scientifico, Scuole italiane all'estero, Sessione ordinaria, 2007, quesito 8)

93 Si trovi per quali valori di k ammetta soluzione l'equazione trigonometrica: $\sin x + \cos x = k$.
(Esame di Stato, Liceo Scientifico, Corso sperimentale, Sessione straordinaria, 2007, quesito 10)

94 L'equazione risolvente un dato problema è: $k\cos 2x - 5k + 2 = 0$, dove k è un parametro reale e x ha le seguenti limitazioni: $15° < x < 45°$. Si discuta per quali valori di k le radici dell'equazione siano soluzioni del problema. *(Esame di Stato, Liceo Scientifico, Corso di ordinamento, Sessione ordinaria, 2006, quesito 6)*

95 Considerata l'equazione: $\cos\frac{x}{2}\sin(2x) = 12$, spiegare in maniera esauriente se ammette soluzioni reali o se non ne ammette. *(Esame di Stato, Liceo Scientifico, Corso di ordinamento, Sessione straordinaria, 2006, quesito 9)*

96 Per quale o quali valori di x, con $90° < x \leq 450°$, è vero che:
a. $2\cos 5x = 1$;
b. $2\cos 5x > 1$. *(Esame di Stato, Liceo Scientifico, Scuole italiane all'estero, Sessione ordinaria, 2006, quesito 3)*

COSTRUIRE E UTILIZZARE MODELLI

RISOLVIAMO UN PROBLEMA

Rampa a norma

Per accedere a un edificio pubblico ci sono 6 gradini alti 16 cm e profondi 30 cm; è necessario costruire una rampa di accesso per carrozzine.

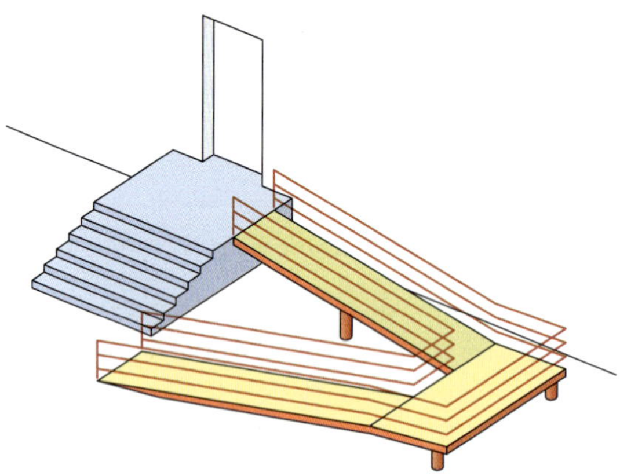

La normativa prevede che la massima pendenza delle rampe (ovvero il rapporto tra lo spostamento verticale e quello orizzontale) sia dell'8%.

- Qual è il massimo angolo che una rampa può formare con l'orizzontale?
- Lo spazio disponibile di fronte alla base della scala è di 260 cm. Una rampa che costeggia la scala occupando tutto lo spazio antistante a essa è a norma?
- Lungo la parete dell'edificio di fianco alla scala si può costruire una rampa doppia, come in figura (ciascuna delle due rampe si può sviluppare, in orizzontale, per 650 cm). In questo modo è a norma? Di quanto risulta inclinata?

▶ **Calcoliamo l'angolo relativo alla pendenza dell'8%.**

Sia h l'altezza a cui arriva la rampa, l la lunghezza in orizzontale e α l'angolo formato dalla rampa con l'orizzontale.
Secondo la normativa deve essere $\frac{h}{l} \le 0{,}08$; nel triangolo rettangolo si ha $\frac{h}{l} = \tan\alpha$, che sostituito nella relazione precedente dà $\tan\alpha \le 0{,}08$, da cui si ottiene $\alpha \le 4{,}57°$ (con α positivo).

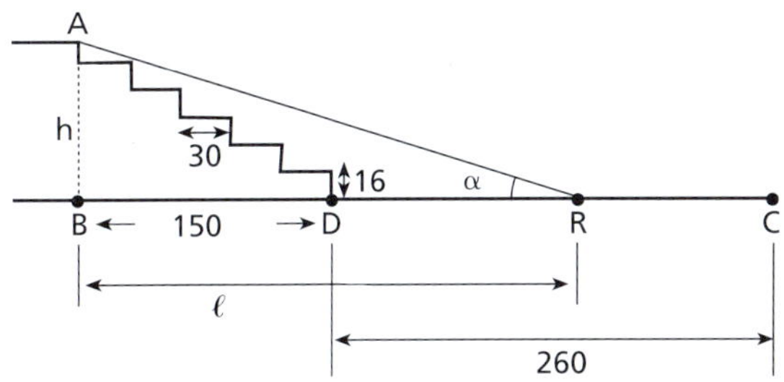

▶ **Verifichiamo se è a norma.**

Sulla base della figura precedente: $\overline{AB} = 6 \cdot 16 = 96$ cm,

$$\overline{BC} = \overline{BD} + \overline{DC} = 5 \cdot 30 + 260 = 410 \text{ cm}.$$

Nell'ipotesi di minor pendenza, in cui $R \equiv C$, si ha:

$$\tan\alpha = \frac{\overline{AB}}{\overline{BC}} \simeq 0{,}23 \rightarrow \alpha \simeq \arctan 0{,}23 = 13°.$$

In tal caso, quindi, la rampa non risulta a norma.

▶ **Analizziamo il caso della rampa doppia.**

Sulla base della figura seguente e dei dati noti si ha $\overline{AB} = 96$ cm,

$$\overline{BT} = \overline{MN} = 650 \text{ cm}, \; T\widehat{B}N = M\widehat{N}A = \alpha$$

e deve essere $\overline{NT} + \overline{AM} = 96$ cm, ovvero:

$$(650 \cdot \tan\alpha) \cdot 2 = 96 \rightarrow \tan\alpha = \frac{96}{1300} \rightarrow \alpha \simeq 4{,}22°.$$

In questo modo la rampa risulta a norma.

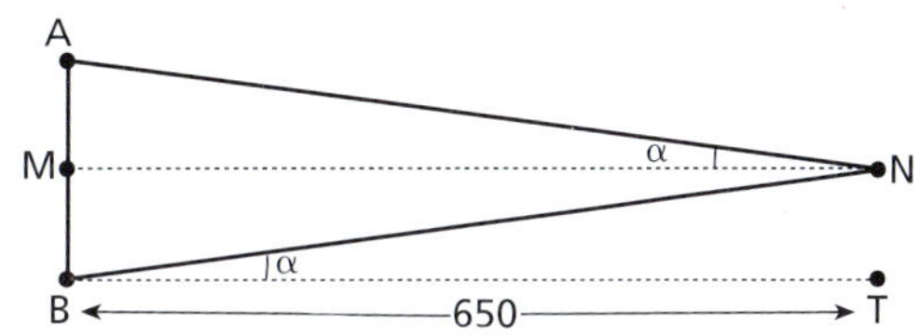

97 ●● **Bioritmo** Secondo una teoria *non scientificamente provata*, l'energia fisica, emotiva e intellettuale di una persona sono regolate da ritmi periodici matematizzabili, il cosiddetto *bioritmo*.
Lorena ha un bioritmo regolato dalle funzioni $f_1(t) = \sin k_1 t$ per l'energia fisica, $f_2(t) = \sin(k_2 t + 3)$ per l'emotività, $f_3(t) = \sin k_3 t$ per la lucidità intellettuale, rispettivamente con periodi di 24, 28 e 32 giorni.

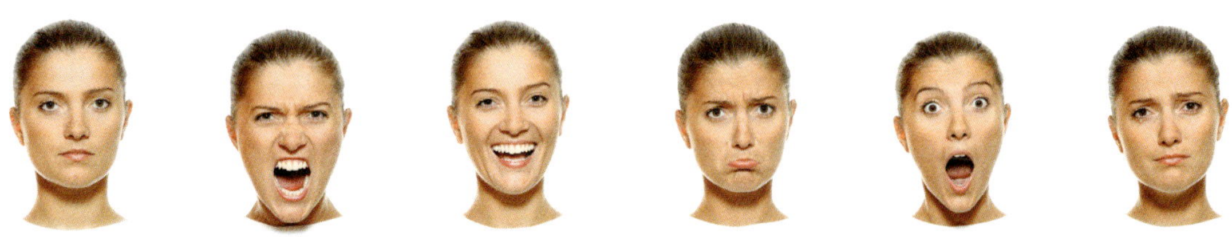

a. Trova k_1, k_2 e k_3 e determina dopo quanti giorni il ciclo si ripete in modo identico per f_1, f_2 e f_3.

b. Rappresenta le tre funzioni nello stesso piano cartesiano nell'arco di 32 giorni.

c. Trova in quali giorni si intersecano f_1 e f_2 e f_1 e f_3 nell'intervallo $[0; 15]$.

$\left[\text{a)}\ \frac{\pi}{12}, \frac{\pi}{14}, \frac{\pi}{16}, 672 \text{ giorni; c)} \simeq 0{,}3, \simeq 13; 0, \simeq 7\right]$

98 ●● **Più giochi che picnic** All'interno di una zona verde si vogliono delimitare un'area giochi quadrata e un'area picnic triangolare, come in figura, in modo che la superficie dell'area giochi sia almeno il triplo di quella dell'area picnic e la superficie totale sia al massimo di 400 m². Determina i valori, approssimati al grado, che l'angolo x può assumere per soddisfare le condizioni poste. $[27° \le x \le 34°]$

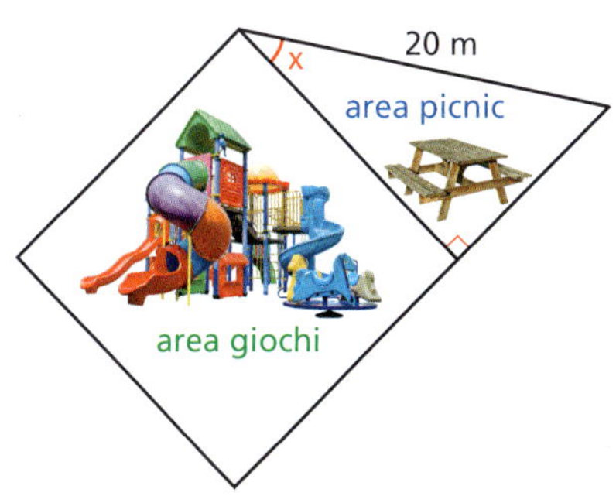

VERIFICA DELLE COMPETENZE

99 ●● **Ghiacci polari** Anna e Claudio sono appassionati di matematica ed ecologia. Provano a studiare l'andamento dell'estensione dei ghiacci artici con un modello semplificato. In figura è rappresentato il grafico della funzione che secondo il modello fornisce l'estensione dei ghiacci a partire dal primo gennaio. Per maggior praticità, la durata dell'anno solare è arrotondata a 360 giorni.

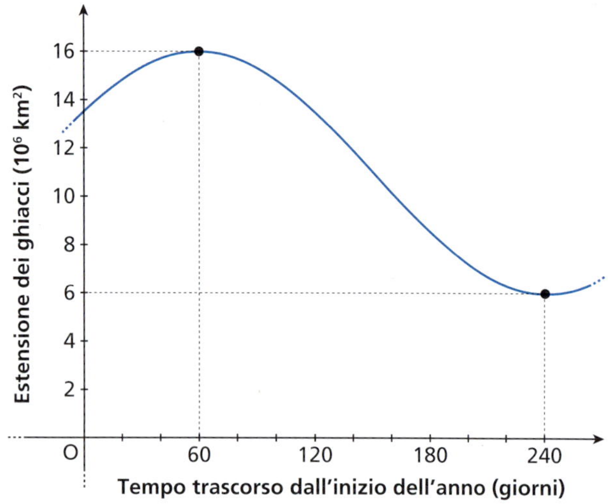

a. Determina l'espressione analitica della funzione, che è del tipo
$$f(t) = A\cos(k\cdot t + \phi) + B.$$

b. In base al modello, determina i giorni dell'anno in cui l'estensione dei ghiacci è $13{,}5\cdot 10^6$ km².

c. Individua i giorni dell'anno in cui l'estensione dei ghiacci polari è compresa tra $13{,}5\cdot 10^6$ km² e $8{,}5\cdot 10^6$ km².

$\left[\text{a) } f(t) = 5\cos\left(\frac{\pi}{180}t - \frac{\pi}{3}\right) + 11;\ \text{b) } 0; 120; 360;\ \text{c) } 120 \le t \le 180; 300 \le t \le 360\right]$

INDIVIDUARE STRATEGIE E APPLICARE METODI PER RISOLVERE PROBLEMI

LEGGI IL GRAFICO

100 ●● Nella figura è rappresentato il grafico della funzione
$$f(x) = 2\sin^2 x - 2\cos x \sin x + k.$$

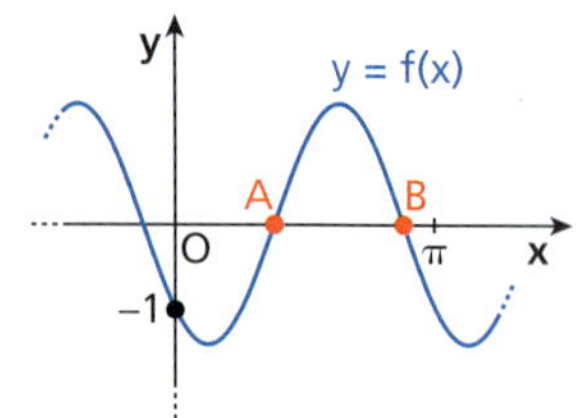

a. Determina il valore di k.

b. Trova il periodo della funzione e determina le coordinate di A e B.

c. Dimostra che può essere scritta nella forma $f(x) = A\sin(2x + \varphi)$ e calcola per quali valori di x si ha $f(x) < -1$ in $[0; \pi]$.

$\left[\text{a) } -1;\ \text{b) } T = \pi;\ A\left(\frac{3}{8}\pi; 0\right), B\left(\frac{7}{8}\pi; 0\right);\ \text{c) } 0 < x < \frac{\pi}{4}\right]$

101 ●● Data la funzione rappresentata nella figura:

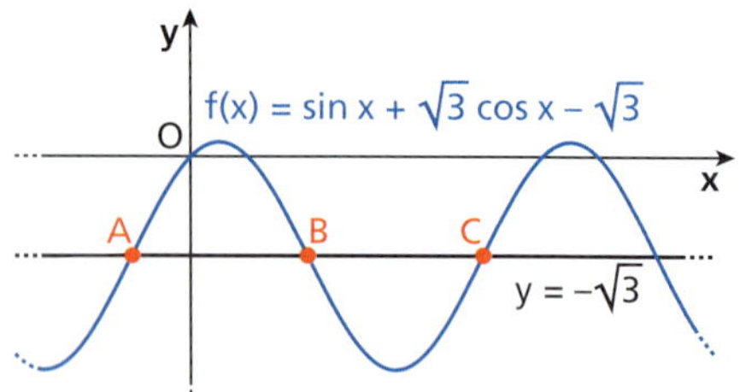

a. trova le coordinate di A, B e C;

b. determina gli intervalli in cui è positiva;

c. disegna il grafico della funzione $g(x) = 2\cos\left(x + \frac{\pi}{3}\right) + 1$ e determina, graficamente e algebricamente, i punti di intersezione tra i grafici di $f(x)$ e $g(x)$.

$\left[\text{a) } A\left(-\frac{\pi}{3}; -\sqrt{3}\right), B\left(\frac{2}{3}\pi; -\sqrt{3}\right), C\left(\frac{5}{3}\pi; -\sqrt{3}\right);\ \text{b) } 2k\pi < x < \frac{\pi}{3} + 2k\pi;\ \text{c) } \left(\frac{\pi}{3} + 2k\pi; 0\right), \left(\frac{\pi}{2} + 2k\pi; 1 - \sqrt{3}\right)\right]$

102 ●● Data la funzione $y = \left|\dfrac{3\sin x}{\cos x - 1}\right|$:

a. determina il dominio e i punti di intersezione con l'asse x;

b. calcola per quali valori di x la funzione è minore o uguale a 3 in $[0; 2\pi]$;

c. dimostra che è possibile scrivere l'equazione della funzione nella forma $y = 3\left|\cot\frac{x}{2}\right|$ e traccia il grafico, verificando i risultati ottenuti nei punti precedenti;

d. discuti al variare di k il numero delle soluzioni dell'equazione $3\left|\cot\frac{x}{2}\right| = k - 1$ quando $\frac{\pi}{3} < x \le \frac{3}{2}\pi$.

$\left[\text{a) } D\colon x \ne 2k\pi, x = \pi + 2k\pi;\ \text{b) } \frac{\pi}{2} \le x \le \frac{3}{2}\pi;\ \text{d) } 2 \text{ sol. per } 1 \le k \le 4, 1 \text{ sol. per } 4 < k < 3\sqrt{3} + 1\right]$

103 ●● **a.** Determina a in modo che il grafico di $f(x) = a\cos x + 2\sin\left(\frac{\pi}{6} + x\right)$ intersechi l'asse y nel punto di ordinata 3. Sostituisci il valore di a trovato e rappresenta graficamente $f(x)$.

b. Discuti graficamente il numero delle soluzioni dell'equazione $|f(x)| = k - 4$ in $\left[0; \frac{5}{3}\pi\right]$ al variare di k.

$\left[\text{a) } a = 2; \text{ b) } 3 \text{ sol. per } 4 \leq k < 7, 4 \text{ sol. per } 7 \leq k \leq 4 + 2\sqrt{3}\right]$

104 ●● Data la funzione $y = f(x) = 2\sin^2 x - \sin x - 1$:

a. determina il periodo;

b. calcola le coordinate dei punti di intersezione del suo grafico con l'asse delle ascisse in $[-\pi; \pi]$;

c. considera la funzione $y = g(x) = \sin x(2\cos x - 1)$ e trova i punti di intersezione fra i grafici di $f(x)$ e $g(x)$;

d. determina gli intervalli in cui entrambe le funzioni sono positive.

$\left[\text{a) } 2\pi; \text{ b) } \left(-\frac{5}{6}\pi; 0\right), \left(-\frac{\pi}{6}; 0\right), \left(\frac{\pi}{2}; 0\right); \text{ c) } \frac{3}{8}\pi + k\frac{\pi}{2}; \text{ d) } \frac{7}{6}\pi + 2k\pi < x < \frac{5}{3}\pi + 2k\pi\right]$

105 ●● **a.** Data la funzione $y = \sqrt{\cos x + k\sin x}$, trova il valore di k per cui il suo grafico passa per $A\left(\frac{\pi}{3}; \sqrt{2}\right)$.

b. Assegnato a k il valore calcolato, determina il dominio della funzione e i punti di intersezione con gli assi per x appartenente all'intervallo $[0; 2\pi]$; calcola per quali valori di x è $y > 1$.

c. Determina il periodo, trasforma l'equazione della funzione nella forma $y = \sqrt{a\sin(x + \varphi)}$ e rappresentala graficamente.

$\left[\text{a) } k = \sqrt{3}; \text{ b) } D: 0 \leq x \leq \frac{5}{6}\pi \vee \frac{11}{6}\pi \leq x \leq 2\pi; (0; 1), \left(\frac{5}{6}\pi; 0\right), \left(\frac{11}{6}\pi; 0\right);\right.$

$\left. 2k\pi < x < \frac{2}{3}\pi + 2k\pi; \text{ c) } T = 2\pi; y = \sqrt{2\sin\left(x + \frac{\pi}{6}\right)}\right]$

106 ●● Data la funzione $f(x) = \dfrac{\cos x + \cot x}{\sin\left(x + \frac{\pi}{6}\right) + \cos\left(x + \frac{\pi}{3}\right)}$:

a. determina il dominio e calcola i valori di x per cui $f(x) = 0$;

b. studia il segno della funzione;

c. trova eventuali valori di x per i quali $f(x) = 3$.

$\left[\text{a) } D: x \neq \frac{\pi}{2} + k\pi \wedge x \neq k\pi; \text{ impossibile;}\right.$

$\left.\text{b) } f(x) > 0 \text{ per } 2k\pi < x < \frac{\pi}{2} + 2k\pi \vee \frac{\pi}{2} + 2k\pi < x < \pi + 2k\pi; \text{ c) } \frac{\pi}{6} + 2k\pi, \frac{5}{6}\pi + 2k\pi\right]$

107 ●● Data la funzione $f(x) = \dfrac{\cos x + \sin x}{\tan^2 x - 1}$:

a. determina il dominio D e il periodo;

b. trova per quali valori di x la funzione $g(x) = \dfrac{\cos x}{\tan x - 1}$ coincide con $f(x)$;

c. studia il segno di $f(x)$ in un periodo;

d. dimostra che nell'intervallo $[0; 2\pi]$ $f(x)$ assume almeno una volta valore 1.

$\left[\text{a) } D: \mathbb{R} - \left\{\frac{\pi}{4} + m\frac{\pi}{2}, \frac{\pi}{2} + k\pi\right\}, 2\pi; \text{ b) } \forall x \in D;\right.$

$\left.\text{c) } f(x) > 0 \text{ per } x \in \left]\frac{\pi}{4}; \frac{\pi}{2}\right[\cup \left]\frac{\pi}{2}; \frac{3\pi}{4}\right[\cup \left]\frac{3\pi}{4}; \frac{5\pi}{4}\right[; \text{ d) } x = \pi \text{ (con metodo grafico si trova anche } 0{,}99597\ldots)\right]$

VERIFICA DELLE COMPETENZE PROVE

1 ora

PROVA A

1 **VERO O FALSO?**

a. L'equazione $\tan x = -2$ è impossibile. V F

b. La disequazione $\sin 3x \leq 1$ è verificata $\forall x \in \mathbb{R}$. V F

c. $\frac{\pi}{4}$ è soluzione dell'equazione $\frac{2\sin x - \sqrt{2}}{2\cos x - \sqrt{2}} = 0$. V F

d. L'equazione $\cos x = -\frac{\sqrt{5}}{4}$ ammette due soluzioni nell'intervallo $\left[\frac{\pi}{2}; \frac{3}{2}\pi\right]$. V F

---

2 Risolvi le seguenti equazioni.

a. $\tan 2x = -\tan\left(x - \frac{\pi}{3}\right)$;

b. $3\sin x + \sqrt{3}\cos x = 0$.

3 Risolvi le seguenti disequazioni.

a. $\cos\left(x - \frac{\pi}{6}\right) \geq -\frac{1}{2}$;

b. $2\sin^2 x - 3\sin x + 1 \geq 0$.

4 Risolvi il seguente sistema:

$$\begin{cases} 2\sin^2 x - \cos x - 1 < 0 \\ 1 - \tan x \leq 0 \end{cases}.$$

5 Determina il dominio di $f(x) = \sqrt{\frac{2\cos x + 1}{\tan x}}$.

6 Determina le coordinate dei punti di intersezione con gli assi cartesiani della funzione:

$$f(x) = 2\cos^2 x + 3\sin^2 x + \sin x \cos x - 3.$$

PROVA B

1 Risolvi le seguenti equazioni:

a. $2\sin^2 x + \sqrt{3}\sin(-2x) - 3 = 0$; **b.** $2\sqrt{3}\sin x \cos x - \cos 2x - 1 = 0$; **c.** $\frac{\sin^2(2x)}{\cos(2x) + 1} = 2$.

2 Risolvi le seguenti disequazioni:

a. $(2\sin x - 1)(\sin x - \cos x) \geq 0$;

b. $\frac{2\cos x - \sqrt{2}}{1 - \tan^2 x} > 0$, con $0 \leq x \leq 2\pi$;

c. $4\{2\cos x[\cos(-x) + 1] + \sin^2 x\}[\cos(-x) - 1] \leq 0$.

3 Trova il dominio della funzione:

$$f(x) = \sqrt{\sin 2x - \cos x} - \sqrt{\sin x}.$$

4 Traccia i grafici delle funzioni $y = \sin x - \cos x$ e $y = \frac{\sqrt{2}}{2}(\tan x - 1)$ e determina i loro punti di intersezione.

5 Discuti e individua graficamente il numero di soluzioni dell'equazione $k\sin\frac{x}{2} - 2k + 1 = 0$ nell'intervallo $-\pi \leq x \leq \frac{5}{3}\pi$, con $k \in \mathbb{R}$.

6 Data la funzione $f(x) = \cos 2x + \cos x$, determina dominio, codominio e periodo e trova per quali valori di x si ha $f(x) > -1$.

PROVA C

Con vincoli Nel progettare una casa, un architetto disegna una finestra ottagonale con una vetrata colorata, come quella rappresentata in figura.
Nel realizzare la finestra l'architetto ha due vincoli: i tratti AB, CD, EF, GH devono essere lunghi 1 m e la superficie in vetro deve essere di 3 m^2.

a. Calcola il valore dell'angolo α affinché i due vincoli siano rispettati.

b. Determina quali valori può assumere l'angolo α affinché l'area della vetrata sia maggiore di 2,75 m^2 e il lato AD sia minore di 2 m.

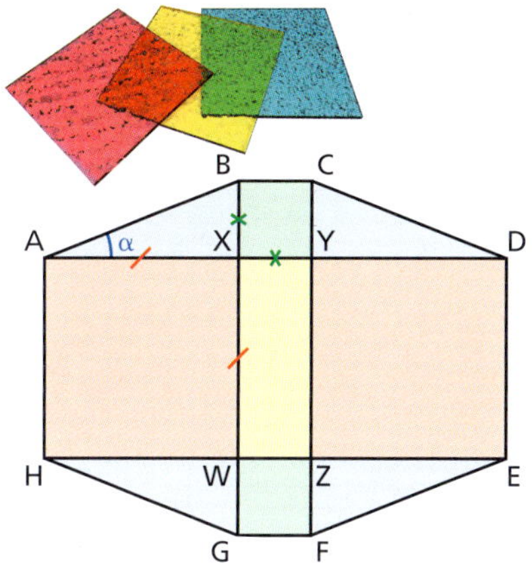

PROVA D

1 TEST Una sola delle seguenti proposizioni è *falsa*. Quale?

- **A** La soluzione dell'equazione $\arcsin x = \frac{\pi}{2}$ è $x = 1$.
- **B** $|\sin x| + \sin x = 2$ solo per $x = \frac{\pi}{2} + 2k\pi$.
- **C** $|\cos x| < 1$ per $0 < x < 2\pi \wedge x \neq \pi$, nell'intervallo $[0; 2\pi]$.
- **D** $\sqrt{\tan^2 x} = 1$ solo per $x = \frac{\pi}{4} + k\pi$.
- **E** Nell'intervallo $[0; 2\pi]$, $\begin{cases} \sin x < 1 \\ \cos x \leq 0 \end{cases}$ per $\frac{\pi}{2} < x \leq \frac{3}{2}\pi$.

2 Nella figura è rappresentato il grafico della funzione:

$$y = a\sin^2 x + b\sin x \cos x + c.$$

a. Calcola a, b e c.

b. Determina dominio e codominio della funzione.

c. Trova le intersezioni con l'asse x nell'intervallo $[0; \pi]$.

d. Trasforma l'equazione nella forma $y = A\sin(wx + \varphi)$ e calcola per quali valori di x si ha $y \geq \sqrt{3}$ in $[0; \pi]$, verificando graficamente il risultato.

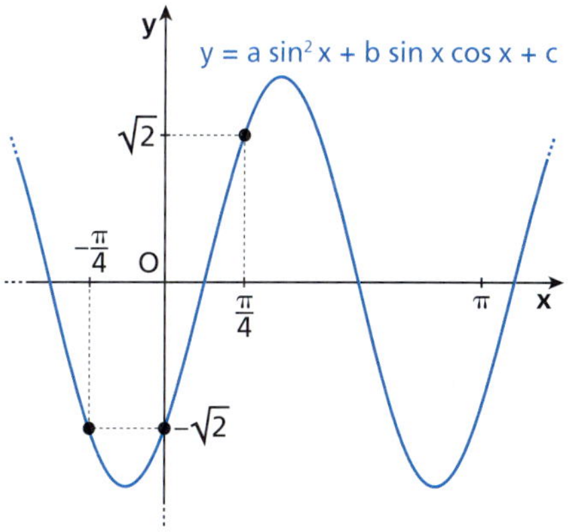

3 Data la funzione $y = f(x) = \frac{\cot \frac{x}{2}}{\cos x} - \frac{1}{\sin 2x}$:

a. dimostra che la funzione $y = g(x) = \frac{2\cos x + 1}{\sin 2x}$ coincide con $f(x)$ e determina il suo dominio;

b. calcola gli zeri di $f(x)$;

c. determina per quali valori di x in $[0; 2\pi]$ la funzione assume valori negativi.

T

CAPITOLO 15

TRIGONOMETRIA

1 Triangoli rettangoli

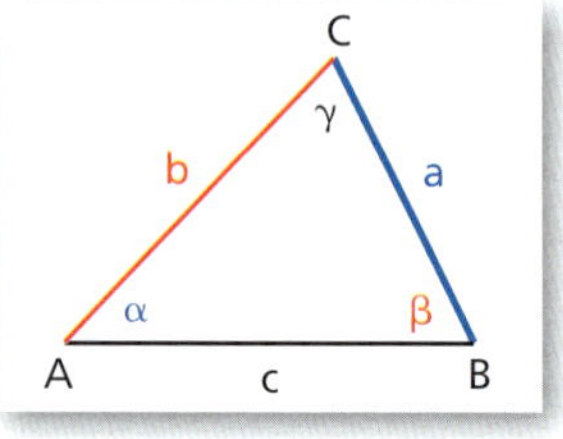

Finora ci siamo occupati di goniometria, ossia della misurazione degli angoli e delle funzioni associate a essi. Ora tratteremo la trigonometria, che studia le relazioni metriche fra i lati e gli angoli di un triangolo. La parola **trigonometria** deriva dal greco e significa «misura dei triangoli».

D'ora in poi, quando ci occuperemo di triangoli, rispetteremo le seguenti convenzioni per la nomenclatura dei diversi elementi. Disegnato un triangolo ABC, indichiamo con α la misura dell'angolo $\widehat{A}$, con β la misura dell'angolo $\widehat{B}$ e con γ la misura dell'angolo $\widehat{C}$. Indichiamo poi con a la misura del lato BC, che si oppone al vertice A, con b la misura del lato AC, che si oppone al vertice B, e con c la misura del lato AB, che si oppone al vertice C.

Teoremi sui triangoli rettangoli

▶ Esercizi a p. 885

Disegniamo un triangolo rettangolo ABC, con l'angolo retto in $\widehat{C}$, e indichiamo le misure dei lati e degli angoli, secondo le convenzioni appena stabilite.

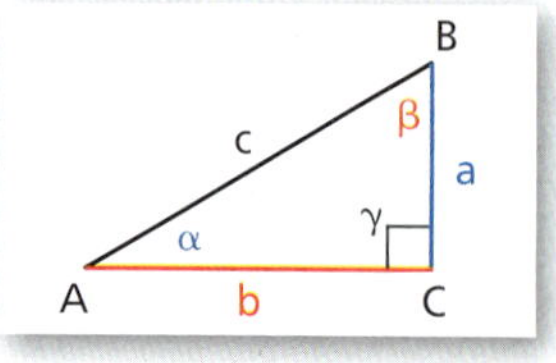

Tracciamo la circonferenza goniometrica di centro A.

In figura sono indicati il punto P, in cui il lato AB incontra la circonferenza goniometrica, e il punto H, proiezione di P sul lato AC.

I triangoli APH e ABC sono simili in quanto sono rettangoli e hanno l'angolo acuto α in comune.

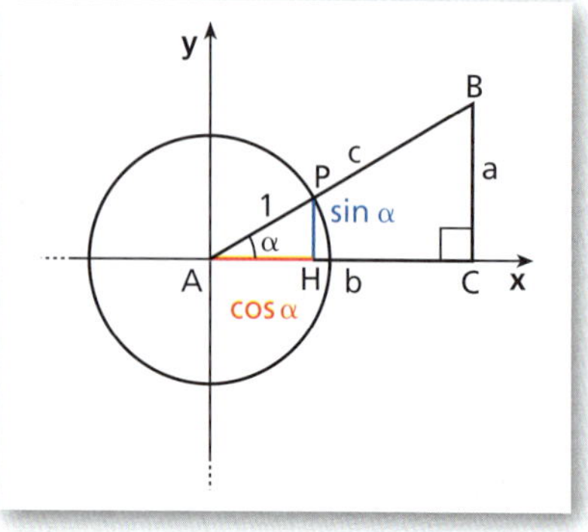

Possiamo scrivere le proporzioni

$$BC : AB = PH : AP,$$

$$AC : AB = AH : AP,$$

e, poiché $\overline{AP} = 1$, $\overline{PH} = \sin\alpha$ e $\overline{AH} = \cos\alpha$, otteniamo:

$$\overline{BC} = \overline{AB}\sin\alpha \;\rightarrow\; a = c\sin\alpha,$$

$$\overline{AC} = \overline{AB}\cos\alpha \;\rightarrow\; b = c\cos\alpha.$$

Le due uguaglianze ottenute portano a enunciare il seguente teorema.

TEOREMA

Primo teorema dei triangoli rettangoli

In un triangolo rettangolo la misura di un cateto è uguale a quella dell'ipotenusa moltiplicata per il seno dell'angolo opposto al cateto o per il coseno dell'angolo (acuto) adiacente al cateto.

cateto = ipotenusa · seno dell'angolo opposto
cateto = ipotenusa · coseno dell'angolo adiacente

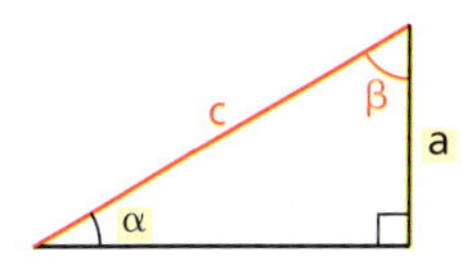

Listen to it

In a right triangle the length of a leg equals the length of the hypotenuse multiplied by the sine of the angle opposite to the leg or by the cosine of the angle adjacent to the leg.

Consideriamo nuovamente i triangoli APH e ABC esaminati per ricavare le relazioni precedenti. Possiamo anche scrivere la proporzione

$$BC : AC = PH : AH,$$

da cui:

$$\frac{\overline{BC}}{\overline{AC}} = \frac{\sin\alpha}{\cos\alpha} = \tan\alpha, \quad \text{oppure}$$

$$\frac{\overline{AC}}{\overline{BC}} = \frac{\cos\alpha}{\sin\alpha} = \cot\alpha.$$

Scritte nella forma

$$\overline{BC} = \overline{AC}\tan\alpha \rightarrow a = b\tan\alpha,$$

$$\overline{AC} = \overline{BC}\cot\alpha \rightarrow b = a\cot\alpha,$$

le due uguaglianze portano al seguente teorema.

TEOREMA

Secondo teorema dei triangoli rettangoli

In un triangolo rettangolo la misura di un cateto è uguale a quella dell'altro cateto moltiplicata per la tangente dell'angolo opposto al primo cateto o per la cotangente dell'angolo (acuto) adiacente al primo cateto.

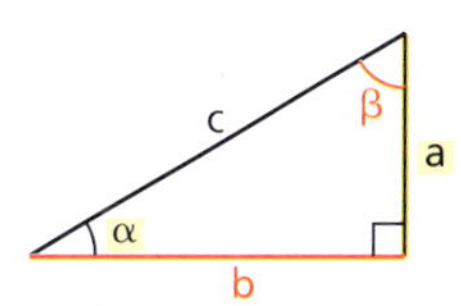

cateto = altro cateto · tangente dell'angolo opposto al primo cateto
cateto = altro cateto · cotangente dell'angolo acuto adiacente al primo cateto

Listen to it

In a right triangle, the length of a leg equals the length of the other leg multiplied by the tangent of the angle opposite to the unknown leg or by the cotangent of the angle adjacent to the unknown leg.

Video

Misura del raggio terrestre

▸ Come riuscì Eratostene di Cirene, nel III secolo a.C., a calcolare il raggio della Terra sfruttando solamente la trigonometria?

Risoluzione dei triangoli rettangoli

▸ Esercizi a p. 886

Risolvere un triangolo rettangolo significa determinare le misure dei suoi lati e dei suoi angoli conoscendo **almeno un lato** e un altro dei suoi elementi (cioè, un angolo o un altro lato).
Se di un triangolo sono noti solo gli angoli, non è infatti possibile trovare i lati, perché esistono infiniti triangoli, tutti simili al triangolo dato, che hanno gli angoli congruenti.

Esaminiamo quattro casi.

TEORIA

Sono noti i due cateti

Conoscendo a e b, vogliamo determinare α, β e c:

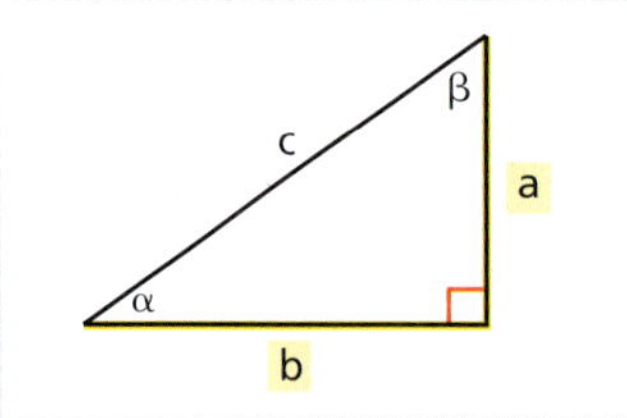

$\tan\alpha = \frac{a}{b}$, da cui ricaviamo

$\alpha = \arctan\frac{a}{b}$; $\beta = 90° - \alpha$;

$c = \sqrt{a^2 + b^2}$, per il teorema di Pitagora.

ESEMPIO

Le misure dei due cateti del triangolo in figura sono $a = 40$ e $b = 110$:

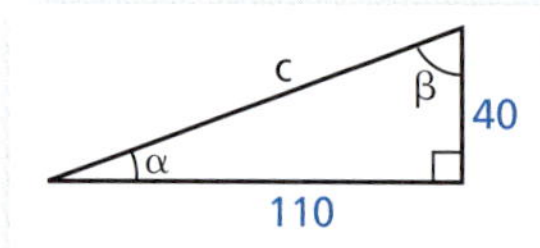

$$\tan\alpha = \frac{40}{110} \rightarrow \alpha = \arctan\frac{40}{110} \simeq 20°;$$

$$\alpha \simeq 20° \rightarrow \beta \simeq 90° - 20° \simeq 70°;$$

$$c = \sqrt{40^2 + 110^2} = \sqrt{1600 + 12100} = \sqrt{13700} \simeq 117.$$

È possibile calcolare il valore di c anche senza applicare il teorema di Pitagora, ma ricavando c dalla formula: $a = c \sin\alpha$.

► I cateti di un triangolo rettangolo sono lunghi 7 cm e 24 cm. Calcola l'ampiezza degli angoli acuti e la lunghezza dell'ipotenusa. [16°, 74°; 25 cm]

Sono noti un cateto e l'ipotenusa

Conoscendo a e c, vogliamo determinare α, β e b:

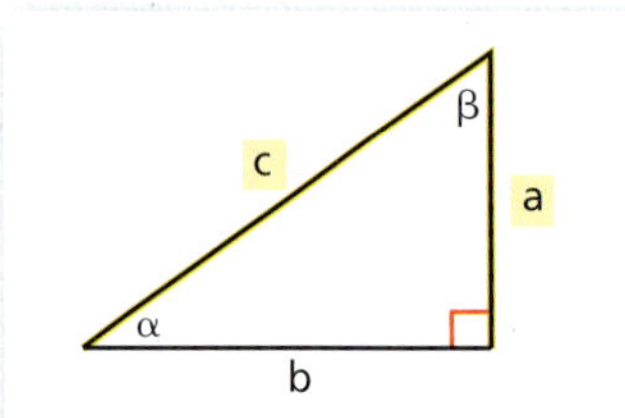

$\sin\alpha = \frac{a}{c}$, da cui ricaviamo

$\alpha = \arcsin\frac{a}{c}$; $\beta = 90° - \alpha$;

$b = \sqrt{c^2 - a^2}$, per il teorema di Pitagora.

Si può ricavare b anche senza applicare il teorema di Pitagora, ma con:

$b = c\cos\alpha$ o $b = c\sin\beta$.

Animazione

Nell'animazione c'è la risoluzione dei due esercizi che ti proponiamo in questa pagina.

ESEMPIO

In un triangolo rettangolo le misure di un cateto e dell'ipotenusa sono

$a = 21{,}13$ e $c = 50$.

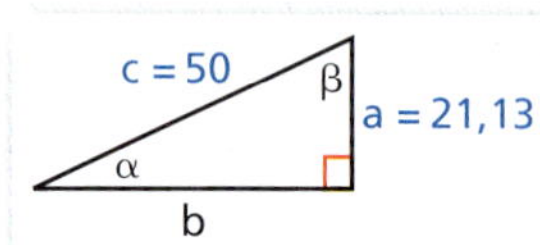

Ricaviamo:

$$\sin\alpha = \frac{21{,}13}{50} = 0{,}4226 \rightarrow \alpha = \arcsin 0{,}4226 \simeq 25°;$$

$$\beta \simeq 90° - 25° \simeq 65°;$$

$$b = \sqrt{50^2 - (21{,}13)^2} = \sqrt{2500 - 446{,}4769} = \sqrt{2053{,}5231} \simeq 45{,}3.$$

► Un triangolo rettangolo ha l'ipotenusa di 37 cm e un cateto di 35 cm. Qual è l'ampiezza degli angoli acuti? Qual è la lunghezza dell'altro cateto? [71°, 19°; 12 cm]

Sono noti un cateto e un angolo acuto

Conoscendo a e α, vogliamo determinare β, b e c:

$\beta = 90° - \alpha$;

$b = a \tan \beta$;

$c = \sqrt{a^2 + b^2}$.

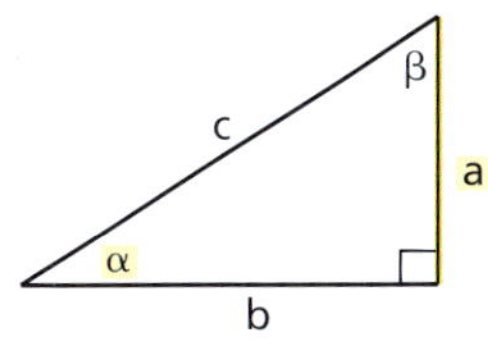

ESEMPIO
Consideriamo il triangolo rettangolo in cui sono noti $a = 8$ e $\alpha = 28°$.
Si ricava:

$\beta = 90° - 28° = 62°$;

$b = 8 \tan 62° \simeq 8 \cdot 1{,}88 \simeq 15$;

$c \simeq \sqrt{8^2 + 15^2} = \sqrt{289} = 17$.

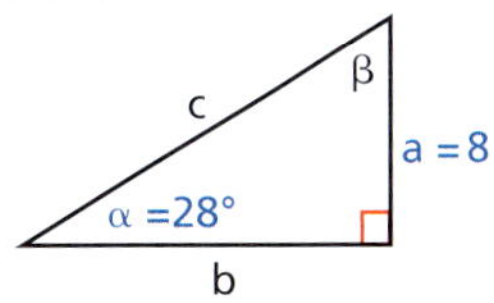

▶ In un triangolo rettangolo un cateto è lungo 5 dm e l'angolo acuto opposto è di 23°. Determina l'ampiezza dell'altro angolo acuto e le lunghezze dell'altro cateto e dell'ipotenusa.
[67°; 12 dm, 13 dm]

Sono noti l'ipotenusa e un angolo acuto

Conoscendo c e α, vogliamo determinare β, a e b:

$\beta = 90° - \alpha$;

$a = c \sin \alpha$; $b = c \sin \beta$.

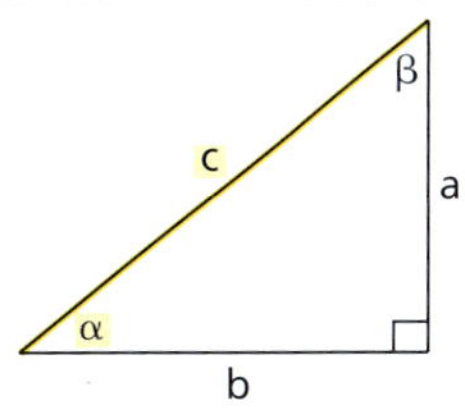

Animazione

Nell'animazione trovi i due esercizi risolti.

ESEMPIO
Consideriamo il triangolo rettangolo della figura. Le misure dell'ipotenusa e dell'angolo α sono rispettivamente $c = 28{,}3$ e $\alpha = 58°$.
Si ricava:

$\beta = 90° - 58° = 32°$;

$a = 28{,}3 \cdot \sin 58° \simeq 28{,}3 \cdot 0{,}848 \simeq 24$;

$b = 28{,}3 \cdot \sin 32° \simeq 28{,}3 \cdot 0{,}5299 \simeq 15$.

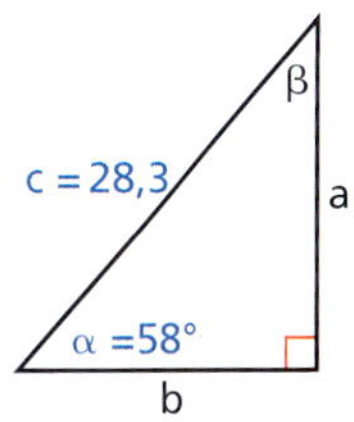

▶ Se l'ipotenusa di un triangolo rettangolo è lunga 1 cm e uno dei suoi angoli acuti ha ampiezza di 53°, quali sono le lunghezze dei due cateti e l'ampiezza dell'altro angolo acuto?
[0,8 cm, 0,6 cm; 37°]

2 Applicazioni dei teoremi sui triangoli rettangoli

Area di un triangolo

▶ Esercizi a p. 895

Consideriamo un triangolo qualsiasi ABC e supponiamo noti due lati e l'angolo α compreso fra essi. Distinguiamo due casi:

a. α è acuto
Tracciata l'altezza CH, si ha $\overline{CH} = b \sin \alpha$, per il primo teorema dei triangoli rettangoli, quindi la misura dell'area S del triangolo è:

$$S = \frac{1}{2}\overline{AB} \cdot \overline{CH} = \frac{1}{2} cb \sin \alpha.$$

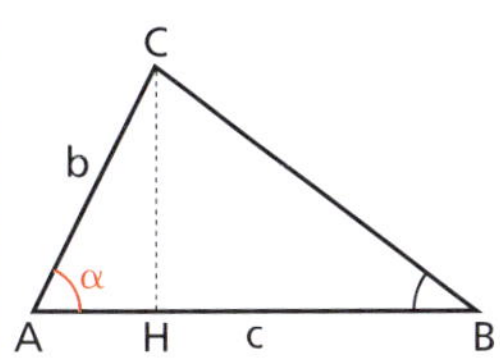

TEORIA

Animazione

Per vedere la proprietà in modo dinamico puoi utilizzare l'animazione, dove trovi anche la risoluzione dell'esercizio che è di fianco all'esempio.

b. α è ottuso

Il triangolo rettangolo CHA ha un angolo acuto di misura $\pi - \alpha$, quindi $\overline{CH} = b \sin(\pi - \alpha) = b \sin \alpha$ e la misura dell'area è ancora:

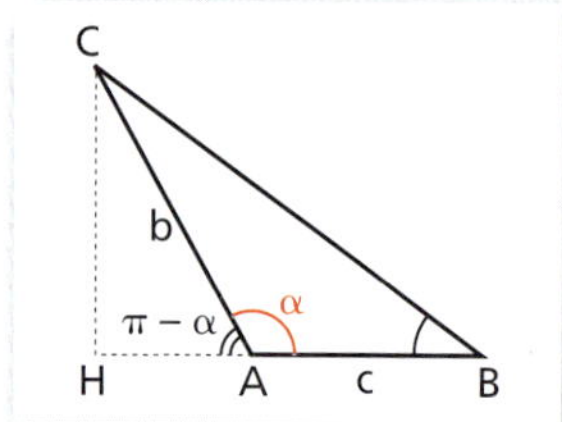

$$S = \frac{1}{2}\overline{AB} \cdot \overline{CH} = \frac{1}{2} cb \sin \alpha.$$

Abbiamo quindi il seguente teorema.

TEOREMA

Area di un triangolo

La misura dell'area di un triangolo è uguale al semiprodotto delle misure di due lati e del seno dell'angolo compreso fra essi.

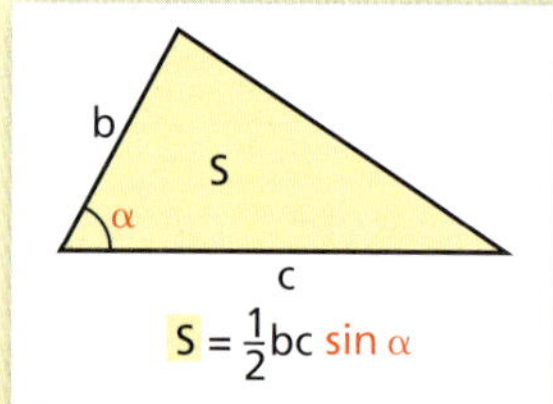

$$\textbf{area} = \frac{1}{2} \cdot \textbf{lato}_1 \cdot \textbf{lato}_2 \cdot \textbf{seno dell'angolo compreso}$$

Listen to it

The area of a triangle is half the product of two sides times the sine of the included angle.

ESEMPIO

Calcoliamo S, sapendo che $a = 4$, $b = 6$ e che l'angolo compreso tra essi è $\gamma = 45°$:

$$S = \frac{1}{2} 4 \cdot 6 \cdot \sin 45° = 12 \cdot \frac{\sqrt{2}}{2} = 6 \cdot \sqrt{2}.$$

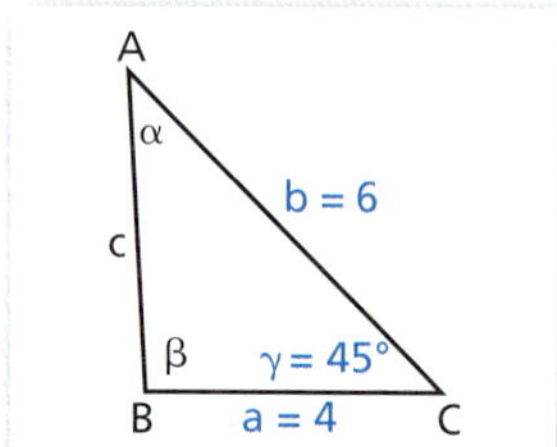

► Calcola l'area di un triangolo che ha due lati lunghi 5 cm e 12 cm, sapendo che tra essi c'è un angolo di 150°.

Teorema della corda

► Esercizi a p. 896

Listen to it

In a circle, the length of a chord equals the diameter times the sine of one of the inscribed angles subtended by the chord.

TEOREMA

In una circonferenza la misura di una corda è uguale al prodotto della misura del diametro per il seno di uno degli angoli alla circonferenza che insistono sulla corda.

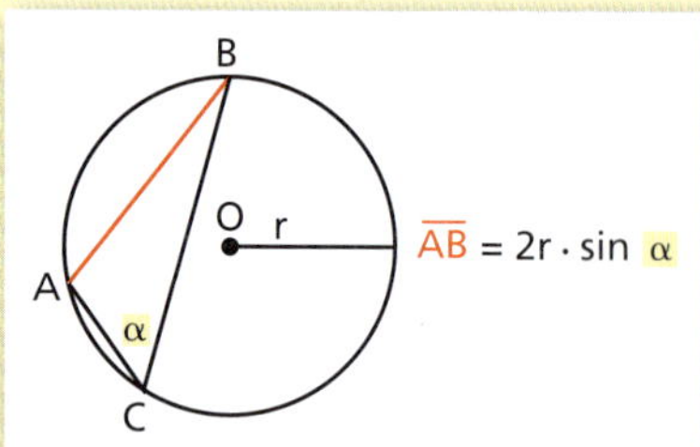

Animazione

Esamina la figura dinamica del teorema nell'animazione, dove c'è anche la risoluzione degli esercizi della pagina a fianco.

DIMOSTRAZIONE

Considerato un qualsiasi angolo $A\widehat{C}B$ alla circonferenza che insista sulla corda AB e sull'arco $\overset{\frown}{AB}$ minore, tracciamo il diametro BD e congiungiamo il vertice A con l'estremo D del diametro.

Il triangolo ABD è rettangolo in A, perché inscritto in una semicirconferenza.

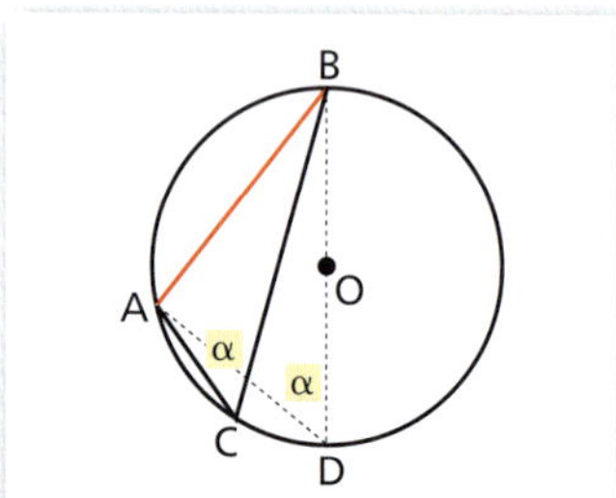

Inoltre, si ha $A\widehat{D}B \cong A\widehat{C}B$, perché i due angoli insistono sullo stesso arco $\overset{\frown}{AB}$. Chiamiamo α la loro misura comune. Calcoliamo la misura della corda AB applicando il teorema dei triangoli rettangoli al triangolo ABD:

$$\overline{AB} = 2r \cdot \sin \alpha.$$

Il teorema continua a valere anche se consideriamo l'angolo $A\widehat{E}B = \beta$ che insiste sull'arco maggiore $\widehat{AB}$. Infatti il quadrilatero $AEBC$, essendo inscritto in una circonferenza, ha gli angoli opposti supplementari, quindi $\alpha + \beta = \pi$, perciò $\beta = \pi - \alpha$ e $\sin\beta = \sin(\pi - \alpha) = \sin\alpha$.

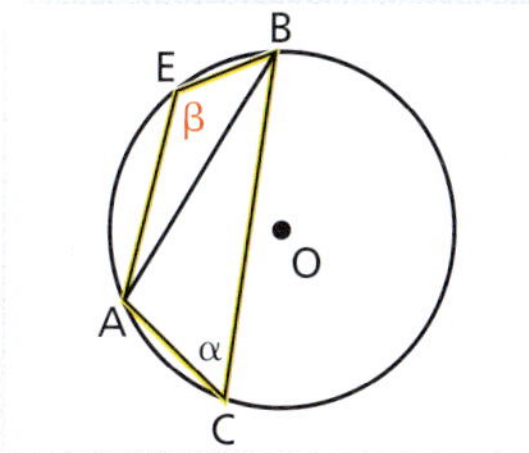

ESEMPIO

Determiniamo la misura della corda di una circonferenza di raggio 2, sapendo che su di essa insiste un angolo di $\frac{\pi}{3}$.

Applichiamo il teorema della corda.

$$\overline{AB} = 2 \cdot 2 \cdot \sin\frac{\pi}{3} = 4 \cdot \frac{\sqrt{3}}{2} = 2\sqrt{3}.$$

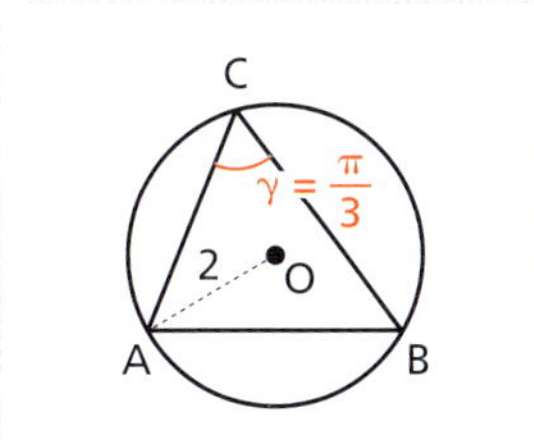

▶ Una circonferenza di centro C ha raggio 3. Determina la lunghezza di una corda AB, sapendo che i segmenti AC e BC formano tra loro un angolo di 60°.

[3]

Il raggio della circonferenza circoscritta a un triangolo

ABC è inscritto in una circonferenza di raggio r.

Con il teorema della corda scriviamo le relazioni

$$a = 2r \cdot \sin\alpha, \quad b = 2r \cdot \sin\beta, \quad c = 2r \cdot \sin\gamma,$$

dalle quali ricaviamo r:

$$r = \frac{a}{2\sin\alpha}, \quad r = \frac{b}{2\sin\beta}, \quad r = \frac{c}{2\sin\gamma}.$$

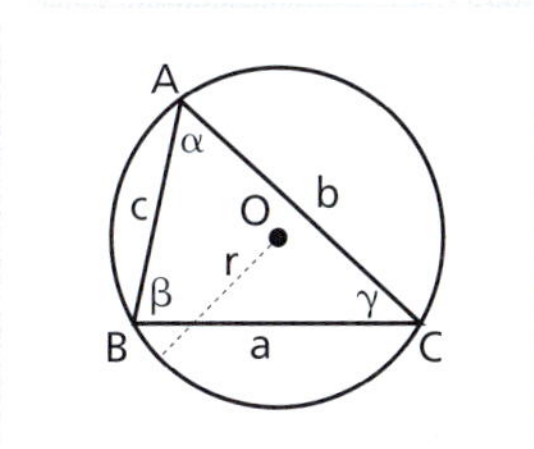

Queste formule consentono di calcolare il raggio della circonferenza circoscritta a un triangolo conoscendo un lato del triangolo e l'angolo opposto a esso.

ESEMPIO

Calcoliamo il raggio della circonferenza circoscritta al triangolo ABC, di cui sono noti il lato $\overline{AB} = 10$ e l'angolo $A\widehat{C}B = 120°$.

Utilizziamo la relazione:

$$r = \frac{c}{2\sin\gamma} = \frac{10}{2 \cdot \frac{\sqrt{3}}{2}} = \frac{10\sqrt{3}}{3}.$$

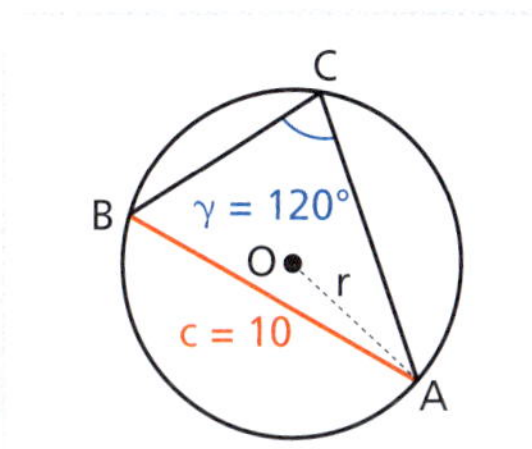

▶ Calcola il raggio della circonferenza circoscritta al triangolo ABC, sapendo che il lato BC è lungo 15 cm e l'angolo $B\widehat{A}C$ è di 45°.

$\left[\frac{15}{2}\sqrt{2}\ \text{cm}\right]$

3 Triangoli qualunque

Esaminiamo ora le relazioni che legano le misure dei lati di un triangolo qualunque ai valori delle funzioni goniometriche degli angoli.

Teorema dei seni

▶ Esercizi a p. 899

TEOREMA

In un triangolo le misure dei lati sono proporzionali ai seni degli angoli opposti.

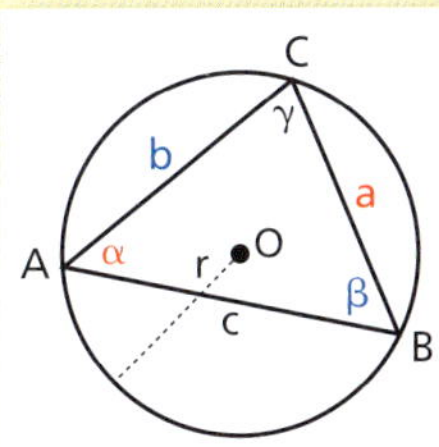

$$\frac{a}{\sin\alpha} = \frac{b}{\sin\beta} = \frac{c}{\sin\gamma}$$

Listen to it

In a triangle, the ratio of the length of a side to the sine of the opposite angle is constant.

MATEMATICA E ASTRONOMIA

Dalla Terra alla Luna
Per misurare la distanza tra la Terra e altri corpi celesti, si utilizzano radar in grado di emettere e ricaptare, al suo ritorno sulla Terra, un segnale che «rimbalza» sulla superficie del corpo.

▶ Senza apparecchiature tecnologiche sofisticate, come si può, dalla Terra, stimare la distanza della Luna?

La risposta

DIMOSTRAZIONE

È sempre possibile inscrivere un triangolo in una circonferenza, perché per tre punti distinti e non allineati passa sempre una e una sola circonferenza. Consideriamo allora un triangolo ABC inscritto in una circonferenza di diametro $2r$. Applichiamo il teorema della corda ai lati del triangolo ABC:

$$a = 2r \cdot \sin\alpha \;\rightarrow\; \frac{a}{\sin\alpha} = 2r;$$

$$b = 2r \cdot \sin\beta \;\rightarrow\; \frac{b}{\sin\beta} = 2r;$$

$$c = 2r \cdot \sin\gamma \;\rightarrow\; \frac{c}{\sin\gamma} = 2r.$$

Confrontando le relazioni precedenti, essendo i tre rapporti uguali alla misura del diametro della circonferenza circoscritta, concludiamo che:

$$\frac{a}{\sin\alpha} = \frac{b}{\sin\beta} = \frac{c}{\sin\gamma} = 2r.$$

ESEMPIO

Calcoliamo la misura del lato AB del triangolo ABC sapendo che $\alpha = 30°$, $\beta = 105°$ e che la misura di BC è 6. Per poter applicare il teorema dei seni dobbiamo calcolare l'ampiezza dell'angolo γ:

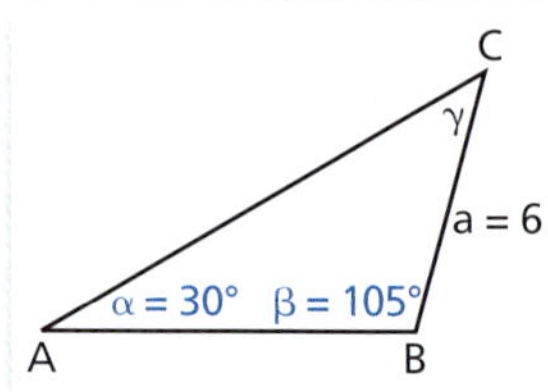

$$\gamma = 180° - (30° + 105°) = 45°.$$

Utilizziamo la relazione $\frac{a}{\sin\alpha} = \frac{c}{\sin\gamma}$:

$$\frac{6}{\sin 30°} = \frac{c}{\sin 45°} \;\rightarrow\; \frac{6}{\frac{1}{2}} = \frac{c}{\frac{\sqrt{2}}{2}}.$$

Ricaviamo $c = \dfrac{6 \cdot \frac{\sqrt{2}}{2}}{\frac{1}{2}} = 6\sqrt{2}.$

▶ Nel triangolo ABC il lato AB è lungo 10 cm. L'angolo opposto ad AB è di 30° e l'angolo $C\hat{A}B$ è di 120°. Calcola la lunghezza del lato BC. [$10\sqrt{3}$ cm]

Animazione

Teorema del coseno

▶ Esercizi a p. 902

TEOREMA

In un triangolo il quadrato della misura di un lato è uguale alla somma dei quadrati delle misure degli altri due lati diminuita del doppio prodotto della misura di questi due lati per il coseno dell'angolo compreso fra essi.

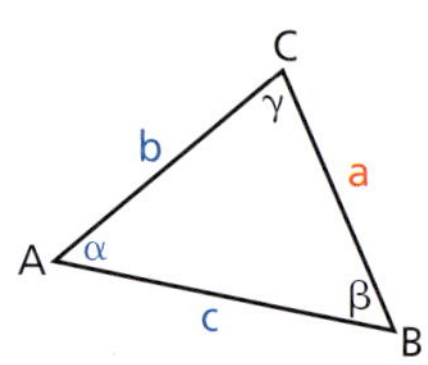

$$a^2 = b^2 + c^2 - 2bc\cos\alpha$$

Listen to it

In a triangle, the square of the length of any side equals the sum of the squares of the other two sides minus twice the product of those two sides times the cosine of the included angle.

DIMOSTRAZIONE

Consideriamo un triangolo ABC acutangolo. La dimostrazione è analoga se il triangolo è ottusangolo.

Tracciamo l'altezza CH relativa al lato AB.

Applichiamo il primo teorema dei triangoli rettangoli al triangolo ACH:

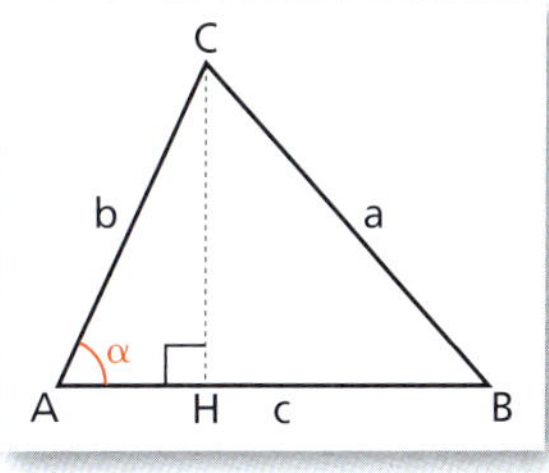

$$\overline{CH} = b\sin\alpha \text{ e } \overline{AH} = b\cos\alpha.$$

Per differenza, otteniamo:

$$\overline{HB} = c - b\cos\alpha.$$

Determiniamo $\overline{CB}$ applicando il teorema di Pitagora al triangolo CHB:

$$\overline{CB}^2 = \overline{CH}^2 + \overline{HB}^2.$$

$$a^2 = b^2\sin^2\alpha + (c - b\cos\alpha)^2 = b^2\sin^2\alpha + c^2 + b^2\cos^2\alpha - 2bc\cos\alpha =$$

$$b^2(\sin^2\alpha + \cos^2\alpha) + c^2 - 2bc\cos\alpha = b^2 + c^2 - 2bc\cos\alpha.$$

Quindi: $\mathbf{a^2 = b^2 + c^2 - 2bc\cos\alpha}$.

Analogamente, per gli altri due lati:

$\mathbf{b^2 = a^2 + c^2 - 2ac\cos\beta}$; $\mathbf{c^2 = a^2 + b^2 - 2ab\cos\gamma}$.

ESEMPIO

Calcoliamo la lunghezza del lato AB di un triangolo ABC in cui:

$$AC = 2 \text{ m}, BC = 3 \text{ m e } \gamma = 60°.$$

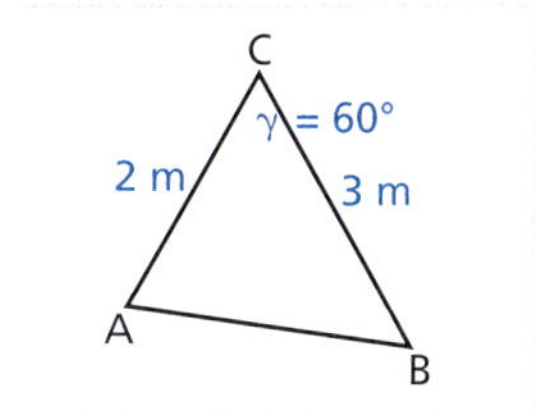

Applichiamo il teorema del coseno:

$$\overline{AB}^2 = \overline{AC}^2 + \overline{BC}^2 - 2\cdot\overline{AC}\cdot\overline{BC}\cdot\cos\gamma =$$

$$4 + 9 - 12\cdot\frac{1}{2} = 7,$$

da cui $AB = \sqrt{7}$ m.

Il teorema del coseno viene anche chiamato **teorema di Carnot**. Inoltre è anche detto **teorema di Pitagora generalizzato**. Questo perché, se il triangolo ABC è rettangolo, il teorema del coseno non è altro che il teorema di Pitagora.

Infatti, se $\alpha = 90°$, abbiamo

$$a^2 = b^2 + c^2 - 2bc\cdot\cos 90°,$$

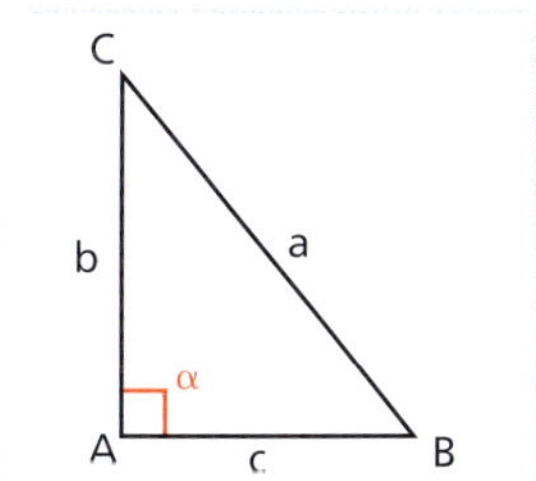

e poiché $\cos 90° = 0$, ritroviamo il teorema di Pitagora: $a^2 = b^2 + c^2$.

Risoluzione dei triangoli qualunque

▶ Esercizi a p. 905

Risolvere un triangolo qualunque significa determinare le misure dei suoi lati e dei suoi angoli. È sempre possibile risolvere un triangolo se sono noti *tre* suoi elementi, di cui *almeno uno sia un lato*.

Video

Teorema del coseno
Il teorema del coseno consente di risolvere problemi in cui di un triangolo conosciamo le misure di due lati e un angolo.

- Come si può dimostrare graficamente?
- Perché il teorema del coseno è un'estensione del teorema di Pitagora?

Animazione

Osserva la figura dinamica del teorema nell'animazione, dove trovi anche la risoluzione dell'esercizio.

▶ In un triangolo ABC calcola la lunghezza del lato BC, sapendo che $AB = 3$ m, $AC = 5$ m e $\alpha = 45°$.
[$BC \simeq 3{,}58$ m]

Possiamo utilizzare il teorema dei seni e il teorema del coseno.
Esaminiamo i quattro possibili casi.

Sono noti un lato e due angoli

Conoscendo c, α e β, vogliamo determinare γ, a e b.

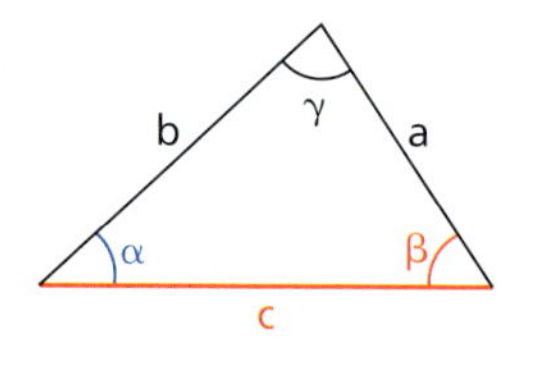

Determiniamo $\gamma = 180° - (\alpha + \beta)$.
Per il teorema dei seni:

$$\frac{a}{\sin\alpha} = \frac{c}{\sin\gamma} \to a = \frac{c \cdot \sin\alpha}{\sin\gamma}.$$

Ancora per il teorema dei seni:

$$\frac{b}{\sin\beta} = \frac{c}{\sin\gamma} \to b = \frac{c \cdot \sin\beta}{\sin\gamma}.$$

ESEMPIO

Sono noti $c = 12$, $\alpha = 40°$ e $\beta = 60°$.
Ricaviamo γ:

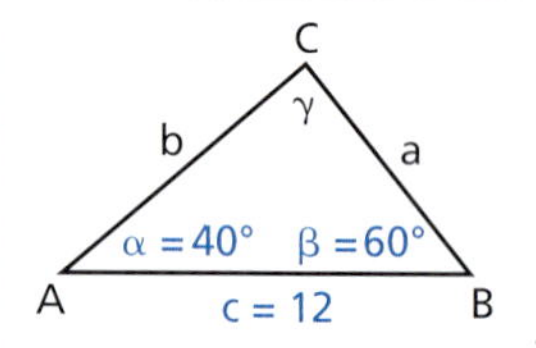

$$\gamma = 180° - (40° + 60°) = 80°.$$

Per il teorema dei seni:

$$\frac{a}{\sin 40°} = \frac{12}{\sin 80°} \to a = \frac{12 \cdot \sin 40°}{\sin 80°} \simeq \frac{12 \cdot 0{,}64279}{0{,}9848} \simeq 7{,}83.$$

Ancora per il teorema dei seni:

$$\frac{b}{\sin 60°} = \frac{12}{\sin 80°} \to b = \frac{12 \cdot \sin 60°}{\sin 80°} \simeq \frac{12 \cdot 0{,}866}{0{,}9848} \simeq 10{,}55.$$

▶ Risolvi il triangolo *ABC* di cui sono dati $a = 10$, $\alpha = 45°$, $\beta = 30°$.
$[\gamma = 105°, b = 5\sqrt{2}, c = 5(\sqrt{3} + 1)]$

Animazione

Sono noti due lati e l'angolo fra essi compreso

Conosciamo b, c e α; determiniamo β, γ e a.
Determiniamo a mediante il teorema del coseno:

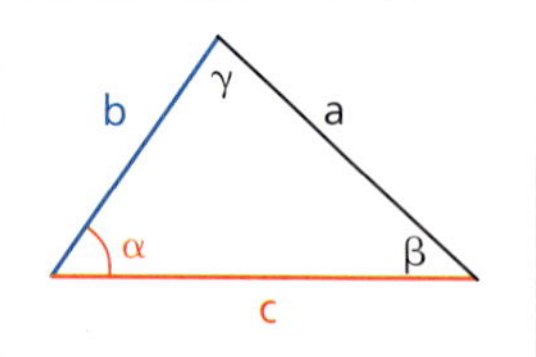

$$a = \sqrt{b^2 + c^2 - 2bc\cos\alpha}.$$

Applichiamo nuovamente il teorema del coseno per calcolare β:

$$b^2 = a^2 + c^2 - 2ac\cos\beta \to 2ac\cos\beta = a^2 + c^2 - b^2 \to \cos\beta = \frac{a^2 + c^2 - b^2}{2ac}.$$

Troviamo quindi β utilizzando la funzione arcocoseno.
Infine determiniamo $\gamma = 180° - (\alpha + \beta)$.
Per calcolare β abbiamo usato il teorema del coseno, invece del teorema dei seni, perché, se determiniamo un angolo conoscendo il valore del suo coseno, allora l'angolo che otteniamo è unico. Infatti l'equazione

$$\cos x = k, \quad \text{con} -1 \leq k \leq 1,$$

ha un'unica soluzione se $0° < x < 180°$, mentre

$$\sin x = k$$

ha due soluzioni se $0° < x < 180°$.
Quindi, se si calcola un angolo conoscendo il valore del suo seno, si ottengono due soluzioni di cui si dovrà poi verificare l'accettabilità.

ESEMPIO

Sono noti $b = 46$, $c = 62$ e $\alpha = 20°$.

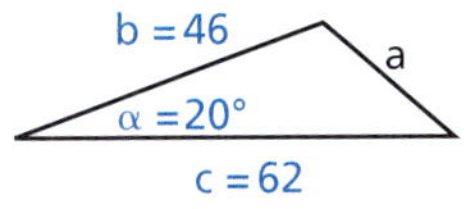

Applichiamo il teorema del coseno per calcolare a:

$$a = \sqrt{46^2 + 62^2 - 2 \cdot 46 \cdot 62 \cdot \cos 20°}$$

$$a \simeq \sqrt{2116 + 3844 - 5704 \cdot 0{,}93969} \simeq \sqrt{600{,}0082} \to a \simeq 24{,}50.$$

Applichiamo il teorema del coseno per calcolare β:

$$b^2 = a^2 + c^2 - 2ac\cos\beta \to 46^2 = 24{,}5^2 + 62^2 - 2 \cdot 24{,}5 \cdot 62 \cdot \cos\beta,$$

$$\cos\beta \simeq 0{,}77 \to \beta \simeq 40°.$$

$$\gamma \simeq 180° - (20° + 40°) = 120°.$$

▶ Risolvi il triangolo ABC di cui sono dati $a = 25$, $c = 38$, $\beta = 45°$.
[$b \simeq 26{,}94, \alpha \simeq 41°, \gamma \simeq 94°$]

Animazione

Sono noti due lati e l'angolo opposto a uno di essi

Consideriamo il triangolo ABC e supponiamo noti a, b e α. Vogliamo conoscere β, γ e c.
Applichiamo il teorema dei seni per calcolare β:

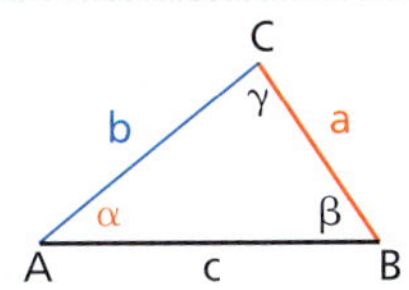

$$\frac{a}{\sin\alpha} = \frac{b}{\sin\beta} \quad \to \quad \sin\beta = \frac{b}{a}\sin\alpha.$$

Esaminiamo i casi che si possono presentare a seconda del valore di $\sin\beta$, ricordando che deve risultare $0 < \sin\beta \le 1$, altrimenti β non esiste.

1. $\sin\beta = 1 \to \beta = 90°$. Distinguiamo due casi:
   - se $\alpha \ge 90°$, il problema non ha soluzioni;
   - se $\alpha < 90°$, il problema ammette una sola soluzione (figura **a**).
2. $0 < \sin\beta < 1$: in questo caso si hanno due soluzioni, β_1 e β_2, tra loro supplementari, per esempio β_1 acuto e β_2 ottuso.
   Per sapere se questi valori sono accettabili, dobbiamo considerare α, a e b.
   - Se $\alpha \ge 90°$, la soluzione β_2 non è accettabile perché un triangolo non può avere due angoli ottusi. Accettiamo solo β_1 acuto; il problema ammette una sola soluzione (figura **b**).
   - Se $\alpha < 90°$ e $b > a$, allora, poiché a lato maggiore sta opposto angolo maggiore, è $\beta_1 > \alpha$ e $\beta_2 > \alpha$; entrambe le situazioni sono accettabili: il problema ammette due soluzioni (figure **c** e **d**).
   - Se $\alpha < 90°$ e $b < a$, allora $\beta < \alpha$, per cui β_2, che è ottuso, non è accettabile e abbiamo per soluzione solo β_1.

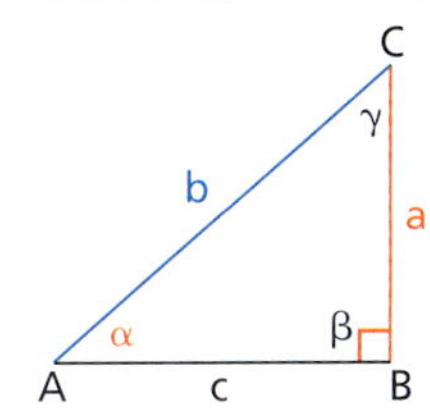

a

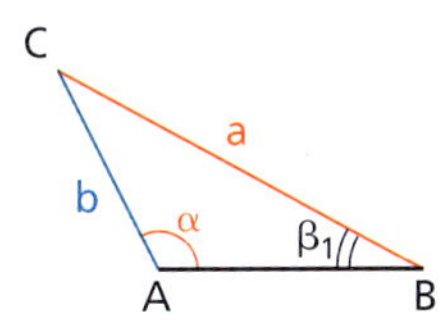

b

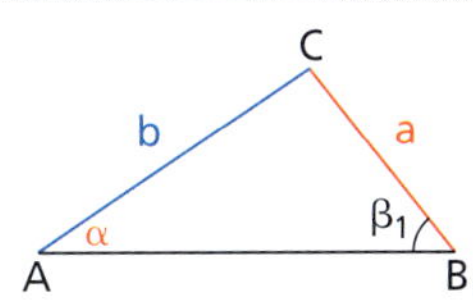

c

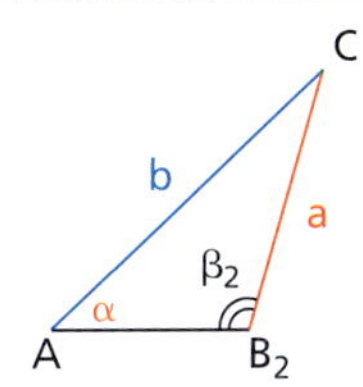

d

Per finire, dopo aver calcolato β, determiniamo $\gamma = 180° - (\alpha + \beta)$ e poi calcoliamo la misura del terzo lato, applicando il teorema dei seni:

$$\frac{a}{\sin\alpha} = \frac{c}{\sin\gamma} \quad \to \quad c = a\frac{\sin\gamma}{\sin\alpha}.$$

Trovi due esempi del caso appena esaminato nell'esercizio 274 a pagina 906.

▶ Risolvi il triangolo ABC, noti $b = 6\sqrt{3}$, $c = 6\sqrt{2}$, $\cos\beta = \frac{1}{2}$.
[$\alpha = \frac{5}{12}\pi; \gamma = \frac{\pi}{4}; a = 3\sqrt{2} + 3\sqrt{6}$]

Animazione

TEORIA

Video

Triangolazione Nel video usiamo la triangolazione per calcolare la distanza di due punti lontani da noi.

- In che cosa consiste questo metodo?
- Perché è utile?

Sono noti i tre lati

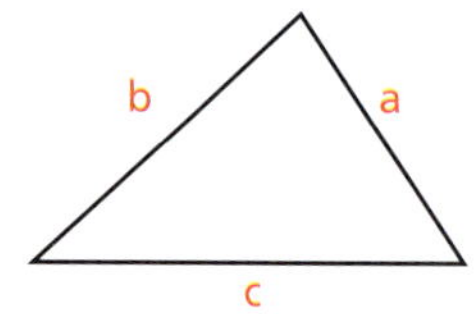

Conoscendo a, b e c, determiniamo α, β e γ.

Ricaviamo α applicando il teorema del coseno:

$$a^2 = b^2 + c^2 - 2bc\cos\alpha \rightarrow$$

$$2bc\cos\alpha = b^2 + c^2 - a^2 \rightarrow$$

$$\cos\alpha = \frac{b^2 + c^2 - a^2}{2bc}.$$

Troviamo poi α con la funzione arcocoseno.

Allo stesso modo, ricaviamo β con la funzione arcocoseno, utilizzando:

$$b^2 = a^2 + c^2 - 2ac\cos\beta \rightarrow \cos\beta = \frac{a^2 + c^2 - b^2}{2ac}.$$

Ricaviamo γ per differenza:

$$\gamma = 180° - (\alpha + \beta).$$

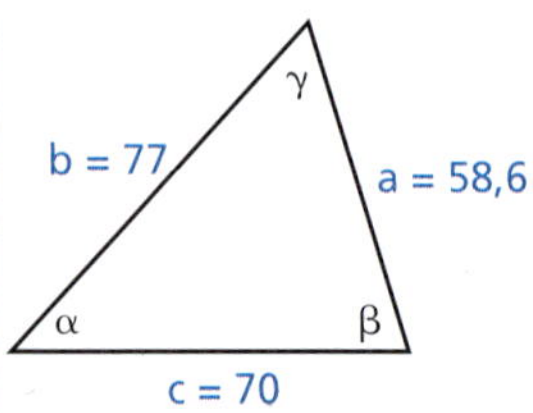

ESEMPIO

Consideriamo il triangolo con:

$$a = 58{,}6,\ b = 77 \text{ e } c = 70.$$

Per ricavare α possiamo sostituire, nella formula che esprime la relazione tra il coseno di un angolo e le misure dei lati del triangolo, i valori di a, b e c:

$$\cos\alpha = \frac{77^2 + 70^2 - 58{,}6^2}{2 \cdot 70 \cdot 77} = \frac{5929 + 4900 - 3433{,}96}{10\,780};$$

$$\cos\alpha = \frac{7395{,}04}{10\,780} \rightarrow \cos\alpha \simeq 0{,}686 \rightarrow \alpha \simeq \arccos 0{,}686 \simeq 47°.$$

Ricaviamo β allo stesso modo:

$$\cos\beta = \frac{58{,}6^2 + 70^2 - 77^2}{2 \cdot 58{,}6 \cdot 70} \simeq 0{,}293 \rightarrow \beta \simeq \arccos 0{,}293 \simeq 73°.$$

Ricaviamo, infine, γ per differenza:

$$\gamma \simeq 180° - (47° + 73°) = 60°.$$

- Risolvi il triangolo ABC di cui sono dati $a = 30$, $b = 19$, $c = 25$. $[\alpha \simeq 85°, \beta \simeq 39°, \gamma \simeq 56°]$

Animazione

MATEMATICA E STORIA

Astri, seni, coseni, tangenti La statua della fotografia è l'*Atlante Farnese*, conservato nel Museo archeologico nazionale di Napoli.
Il gigante sorregge un globo in cui sono rappresentate delle costellazioni. È stato ipotizzato che il globo riproduca la prima mappa stellare, quella di Ipparco di Nicea, astronomo greco del II secolo a.C.
Ipparco è anche considerato il fondatore della trigonometria.

- Quali furono, nel corso dei secoli, i principali collegamenti fra astronomia e trigonometria?

La risposta

IN SINTESI
Trigonometria

Triangoli rettangoli

- La **trigonometria** è lo studio delle relazioni fra i lati e gli angoli di un triangolo.
- **Primo teorema dei triangoli rettangoli**
  In un triangolo rettangolo la misura di un cateto è uguale:
  - alla misura dell'ipotenusa moltiplicata per il seno dell'angolo opposto al cateto stesso;
  - alla misura dell'ipotenusa moltiplicata per il coseno dell'angolo acuto adiacente al cateto stesso.
- **Secondo teorema dei triangoli rettangoli**
  In un triangolo rettangolo la misura di un cateto è uguale:
  - alla misura dell'altro cateto moltiplicata per la tangente dell'angolo opposto al primo cateto;
  - alla misura dell'altro cateto moltiplicata per la cotangente dell'angolo adiacente al primo cateto.

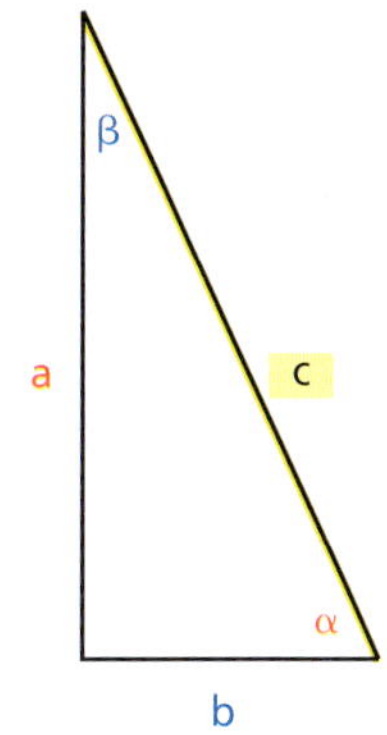

$a = c \cdot \sin\alpha$, $a = c \cdot \cos\beta$, $a = b \cdot \tan\alpha$, $a = b \cdot \cot\beta$

- **Risolvere un triangolo rettangolo** significa determinare le misure dei suoi lati e dei suoi angoli conoscendo **almeno un lato** e **un altro dei suoi elementi**.

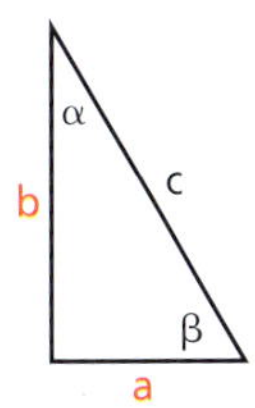

$\tan\alpha = \frac{a}{b}$

$\beta = 90° - \alpha$

$c = \sqrt{a^2 + b^2}$

a. Sono noti i due cateti.

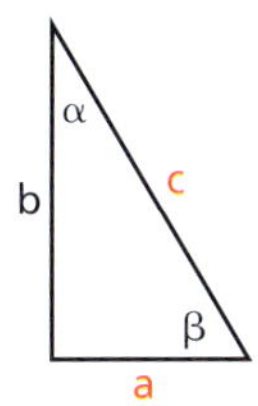

$\sin\alpha = \frac{a}{c}$

$\beta = 90° - \alpha$

$b = \sqrt{c^2 - a^2}$

b. Sono noti l'ipotenusa e un cateto.

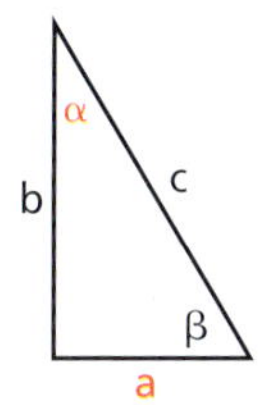

$\beta = 90° - \alpha$

$b = a \cdot \tan\beta$

$c = \sqrt{a^2 + b^2}$

c. Sono noti un cateto e l'angolo opposto.

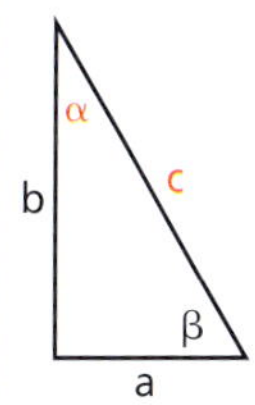

$\beta = 90° - \alpha$

$a = c \cdot \sin\alpha$

$b = c \cdot \sin\beta$

d. Sono noti l'ipotenusa e un angolo adiacente.

Applicazioni dei teoremi sui triangoli rettangoli

- **Area di un triangolo**
  La misura dell'area di un triangolo è uguale al semiprodotto delle misure di due lati e del seno dell'angolo compreso fra essi.

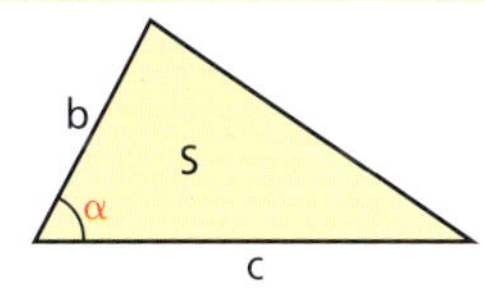

$S = \frac{1}{2} bc \sin\alpha$

$\overline{AB} = 2r \cdot \sin\alpha$

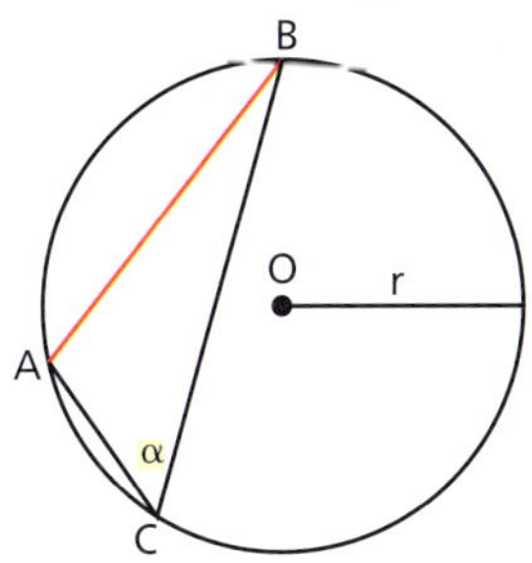

- **Teorema della corda**
  In una circonferenza la misura di una corda è uguale al prodotto della misura del diametro per il seno di uno degli angoli alla circonferenza che insistono sulla corda.
- Il **raggio della circonferenza circoscritta a un triangolo**, noti un lato a del triangolo e l'angolo α opposto a esso, si calcola con:

$$r = \frac{a}{2\sin\alpha}.$$

Triangoli qualunque

- **Teorema dei seni**
  In un triangolo le misure dei lati sono proporzionali ai seni degli angoli opposti.

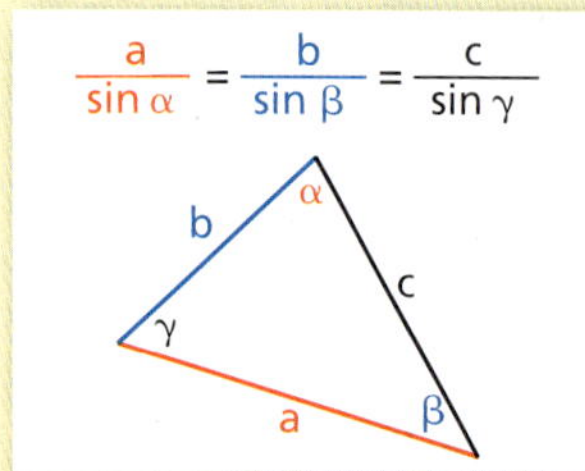

- **Teorema del coseno**
  In un triangolo il quadrato della misura di un lato è uguale alla somma dei quadrati delle misure degli altri due lati diminuita del doppio prodotto della misura di questi due lati per il coseno dell'angolo compreso fra essi.

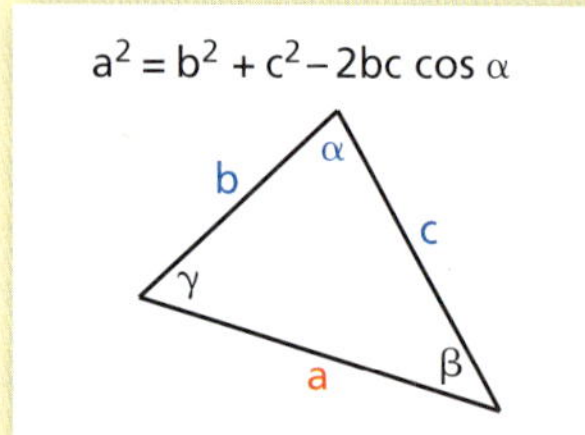

- **Risolvere un triangolo qualunque** significa determinare le misure dei suoi lati e dei suoi angoli conoscendo **almeno un lato** e altri **due** suoi elementi.

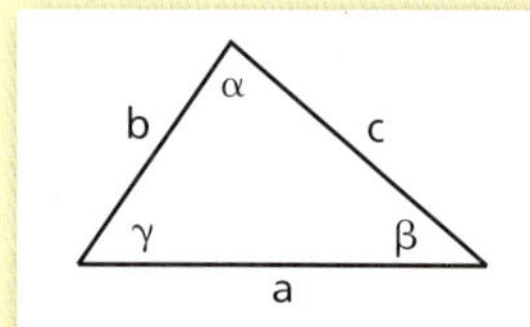

  - Sono noti **un lato e due angoli**. Per esempio: c, α, β noti.

$$\gamma = 180° - (\alpha + \beta),$$
$$\frac{a}{\sin\alpha} = \frac{c}{\sin\gamma} \rightarrow a = \frac{\sin\alpha \cdot c}{\sin\gamma},$$
$$\frac{b}{\sin\beta} = \frac{c}{\sin\gamma} \rightarrow b = \frac{\sin\beta \cdot c}{\sin\gamma}.$$

  - Sono noti **due lati e l'angolo compreso** fra essi. Per esempio: b, c, α noti.

$$a = \sqrt{b^2 + c^2 - 2bc\cos\alpha},$$
$$\cos\beta = \frac{a^2 + c^2 - b^2}{2ac} \rightarrow \beta = \arccos\frac{a^2 + c^2 - b^2}{2ac},$$
$$\gamma = 180° - (\alpha + \beta).$$

  - Sono noti **due lati e un angolo opposto** a uno di essi.
    Per esempio: a, b, α noti.

$$\frac{a}{\sin\alpha} = \frac{b}{\sin\beta} \rightarrow \sin\beta = \frac{\sin\alpha \cdot b}{a},$$

$\sin\beta$
- $= 1 \rightarrow \beta = 90°$
  - $\alpha < 90°$: una soluzione
  - $\alpha \geq 90°$: problema impossibile
- $< 1 \rightarrow$ β_1 acuto, β_2 ottuso
  - $\alpha \geq 90°$: solo β_1 accettabile
  - $\alpha < 90°$
    - e $b < a$: solo β_1 accettabile
    - e $b > a$: β_1 e β_2 accettabili

  - Sono noti **i tre lati** a, b, c.

$$\cos\alpha = \frac{b^2 + c^2 - a^2}{2bc} \rightarrow \alpha = \arccos\frac{b^2 + c^2 - a^2}{2bc},$$
$$\cos\beta = \frac{a^2 + c^2 - b^2}{2ac} \rightarrow \beta = \arccos\frac{a^2 + c^2 - b^2}{2ac},$$
$$\gamma = 180° - (\alpha + \beta).$$

CAPITOLO 15
ESERCIZI

1 Triangoli rettangoli

Teoremi sui triangoli rettangoli

▶ Teoria a p. 872

1 ●○ **VERO O FALSO?** Nel triangolo rettangolo della figura si ha:

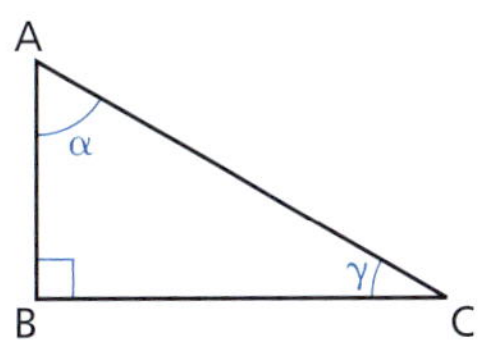

a. $\overline{AB} = \overline{AC}\cos\gamma$ V F

b. $\overline{AC} = \dfrac{\overline{AB}}{\cos\alpha}$ V F

c. $\overline{BC} = \overline{AB}\tan\gamma$ V F

d. $\overline{AC} = \overline{BC}\sin\alpha$ V F

e. $\overline{AB} = \overline{BC}\cot\alpha$ V F

f. $\overline{AB} = \overline{AC}\cos\alpha$ V F

2 ●● **COMPLETA** osservando la figura.

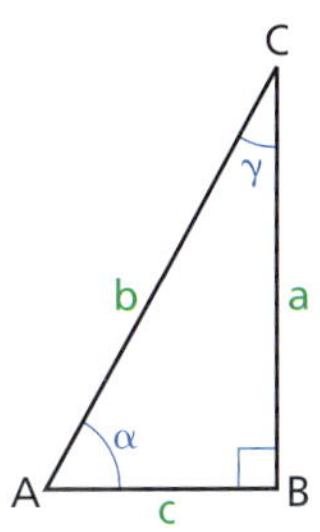

a. $b\cos\alpha = \square$, $\quad \dfrac{c}{\sin\gamma} = \square$.

b. $\sin\alpha = \dfrac{\square}{\square}$, $\quad a\tan\gamma = \square$.

c. $\dfrac{c}{a} = \tan\square$, $\quad a = c\cot\square$.

d. $\dfrac{a}{b} = \cos\square$, $\quad b\sin\alpha = \square$.

COMPLETA arrotondando il risultato a meno di un decimo.

3 ●○

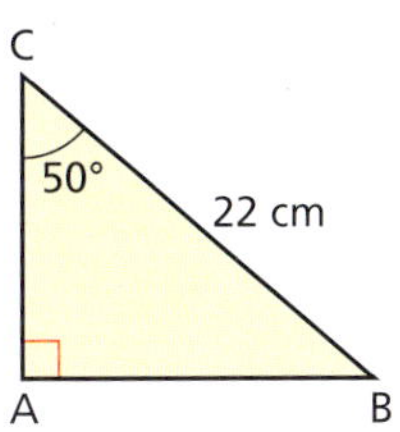

$AB = \square$ cm

$AC = \square$ cm

4 ●○

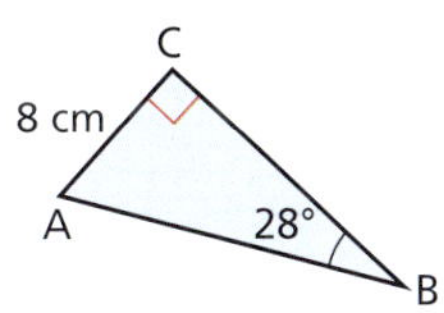

$BC = \square$ cm

$AB = \square$ cm

5 ●○

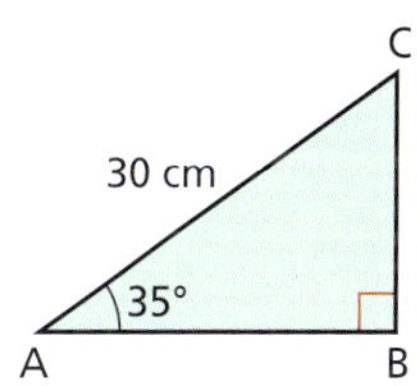

$AB = \square$ cm

$BC = \square$ cm

6 ●○ **TEST** Se in un triangolo rettangolo un cateto è lungo 30 cm e la tangente dell'angolo a esso opposto è $\frac{3}{5}$, quanto è lungo l'altro cateto?

A 50 cm **B** 18 cm **C** 2 cm **D** 40 cm **E** 30 cm

7 ●○ TEST In un triangolo rettangolo un cateto è lungo 12 cm e l'ipotenusa 28 cm. Quanto vale il coseno dell'angolo adiacente al cateto dato?

A $\frac{3}{7}$ B $\frac{7}{3}$ C $\frac{2\sqrt{10}}{7}$ D $\frac{7\sqrt{10}}{20}$ E Non ci sono elementi sufficienti per poterlo calcolare.

Risoluzione dei triangoli rettangoli

▶ Teoria a p. 873

8 ESERCIZIO GUIDA Risolviamo un triangolo ABC rettangolo in A, sapendo che:

a. i due cateti sono lunghi 12 cm e 15 cm;
b. un cateto è lungo 10 cm e l'angolo adiacente misura 20°.

a. $\tan\beta = \frac{12}{15} \rightarrow \beta = \arctan\frac{12}{15} \simeq 39°$;

$\gamma = 90° - \beta \simeq 51°$.

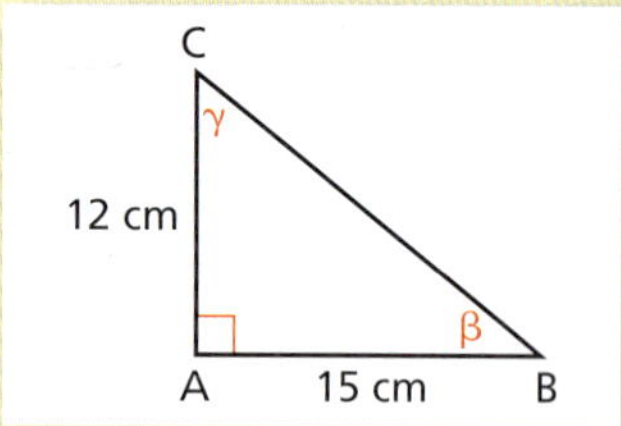

Calcoliamo la misura dell'ipotenusa BC con il primo teorema dei triangoli rettangoli:

$$\overline{AB} = \overline{BC}\cos\beta \rightarrow \overline{BC} = \frac{\overline{AB}}{\cos\beta} \simeq \frac{15}{\cos 39°} \simeq 19.$$

b. $\gamma = 90° - \beta = 90° - 20° = 70°$.

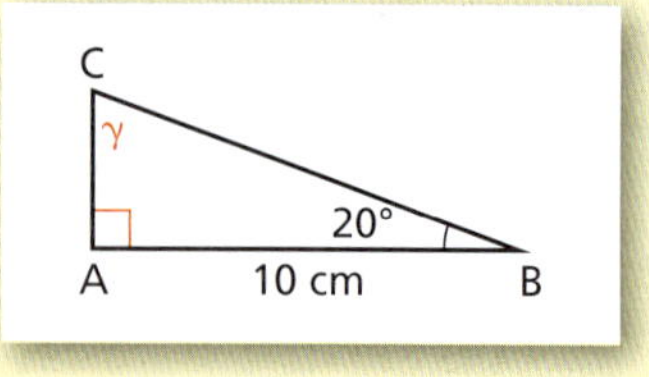

Per il secondo teorema dei triangoli rettangoli:

$$\overline{AC} = \overline{AB}\tan\beta = 10\tan 20° \simeq 3{,}6.$$

Troviamo $\overline{BC}$ con il teorema di Pitagora:

$$\overline{BC} = \sqrt{\overline{AB}^2 + \overline{AC}^2} \simeq \sqrt{100 + 12{,}96} \simeq 10{,}6.$$

Risolvi il triangolo *ABC*, rettangolo in *A*, noti gli elementi indicati.

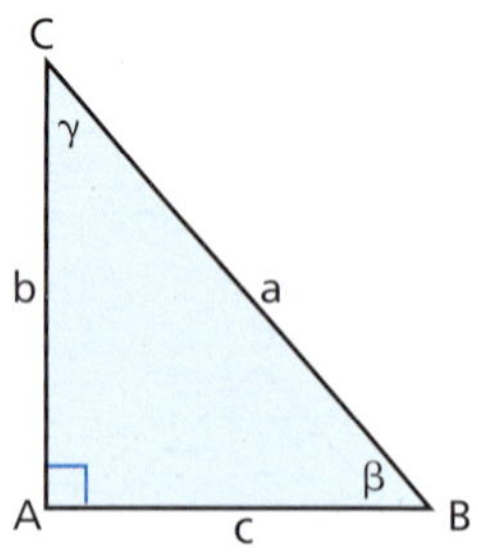

9 ●○ $b = 15$; $\gamma = 30°$. $[a = 10\sqrt{3}; c = 5\sqrt{3}; \beta = 60°]$

10 ●○ $a = 24$; $\beta = 60°$. $[b = 12\sqrt{3}; c = 12; \gamma = 30°]$

11 ●○ $b = 8$; $c = 8\sqrt{3}$. $[a = 16; \beta = 30°; \gamma = 60°]$

12 ●○ $a = 48$; $b = 24$. $[c = 24\sqrt{3}; \beta = 30°; \gamma = 60°]$

13 ●○ $b = 22$; $\gamma = 45°$. $[a = 22\sqrt{2}; c = 22; \beta = 45°]$

14 ●○ $a = 28$; $\gamma = 45°$. $[b = 14\sqrt{2}; c = 14\sqrt{2}; \beta = 45°]$

15 ●○ $a = 26$; $b = 10$. $[c = 24; \beta \simeq 23°; \gamma \simeq 67°]$

16 ●○ $b = 30$; $c = 40$. $[a = 50; \beta \simeq 37°; \gamma \simeq 53°]$

17 ●○ $a = 36$; $\beta = 18°$. $[b \simeq 11{,}1; c \simeq 34{,}2; \gamma = 72°]$

18 ●○ $c = 5$; $b = 12$. $[a = 13; \beta \simeq 67°; \gamma \simeq 23°]$

19 ●○ $c = 5$; $a = 5\sqrt{2}$. $[b = 5; \beta = \gamma = 45°]$

20 $c = 15$; $\beta = \arctan\frac{3}{5}$. $[b = 9; a \simeq 17,5; \gamma \simeq 59°]$

21 $a = 5$; $\beta = 10°$. $[b \simeq 0,87; c \simeq 4,92; \gamma = 80°]$

22 $b = 16$; $a = 34$. $[c = 30; \beta \simeq 28°; \gamma \simeq 62°]$

23 $b = 12$; $\beta = \frac{\pi}{3}$. $\left[a = 8\sqrt{3}; c = 4\sqrt{3}; \gamma = \frac{\pi}{6}\right]$

24 $c = 3,5$; $b = 12$. $[a = 12,5; \beta \simeq 74°; \gamma \simeq 16°]$

25 $b = 14$; $\gamma = \arccos\frac{2}{3}$. $[a = 21; c \simeq 15,6; \beta \simeq 42°]$

26 $a = 10$; $\gamma = 20°$. $[\beta = 70°; b \simeq 9,4; c \simeq 3,42]$

27 $c = 80$; $b = 150$. $[a = 170; \beta \simeq 62°; \gamma \simeq 28°]$

28 $a = 8$; $\beta = 65°$. $[\gamma = 25°; b \simeq 7,2; c \simeq 3,4]$

29 $c = 36$; $\gamma = \frac{\pi}{4}$. $\left[\beta = \frac{\pi}{4}; b = 36; a = 36\sqrt{2}\right]$

30 $a = 9$; $\beta = \arcsin\frac{3}{5}$. $\left[\gamma \simeq 53°; b = \frac{27}{5}; c = \frac{36}{5}\right]$

31 $a = 40$; $\gamma = 85°$. $[\beta = 5°; b \simeq 3,5; c \simeq 39,8]$

32 $c = 32$; $\gamma = \frac{\pi}{6}$. $\left[\beta = \frac{\pi}{3}; b = 32\sqrt{3}; a = 64\right]$

33 $b = 5\sqrt{3}$; $c = 5$. $\left[a = 10; \beta = \frac{\pi}{3}; \gamma = \frac{\pi}{6}\right]$

34 $c = 75$; $\beta = 28°$. $[\gamma = 62°; a \simeq 85; b \simeq 40]$

35 $b = 30$; $\gamma = \arccos\frac{15}{17}$. $[a = 34; c = 16; \beta \simeq 62°]$

Risolvi i seguenti triangoli rettangoli, noti gli elementi indicati in figura.

36

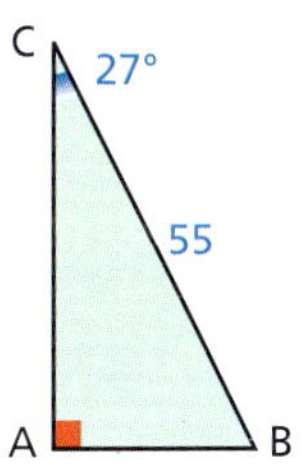

$[c \simeq 25; b \simeq 49; \beta = 63°]$

37

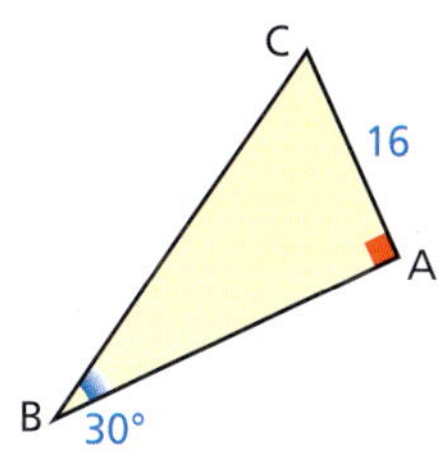

$[a = 32; c \simeq 27,7; \gamma = 60°]$

38

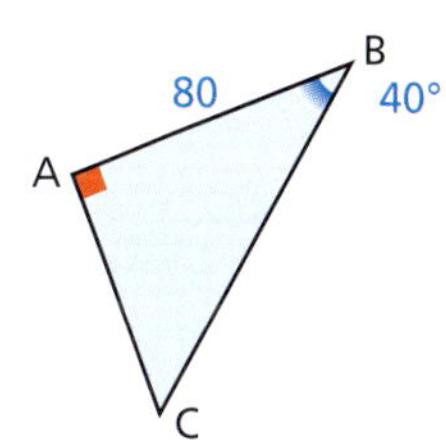

$[b \simeq 67; a \simeq 104; \gamma = 50°]$

39

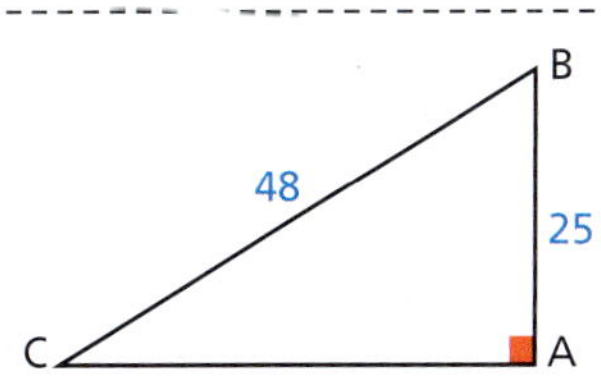

$[b \simeq 41; \beta \simeq 59°; \gamma \simeq 31°]$

40

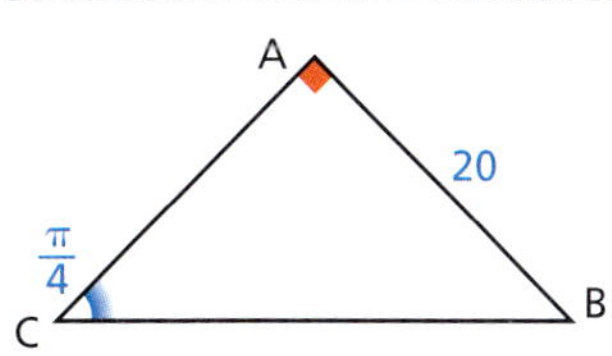

$\left[\beta = \frac{\pi}{4}; b = 20; a = 20\sqrt{2}\right]$

41

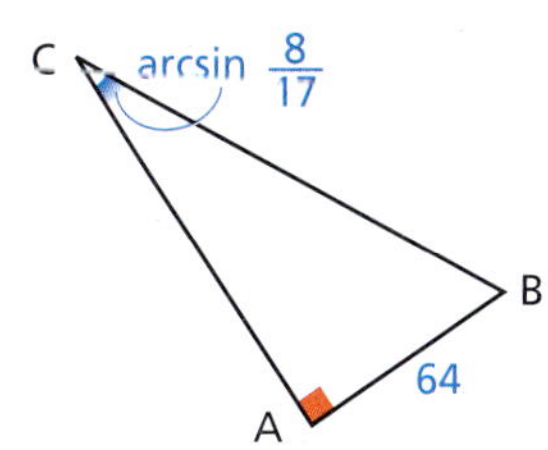

$[a = 136; b = 120; \beta \simeq 62°]$

42 ●○

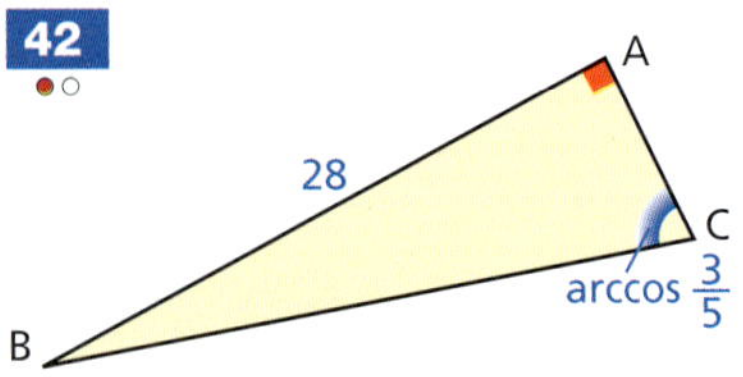

$[a = 35; b = 21; \beta \simeq 37°]$

43 ●○

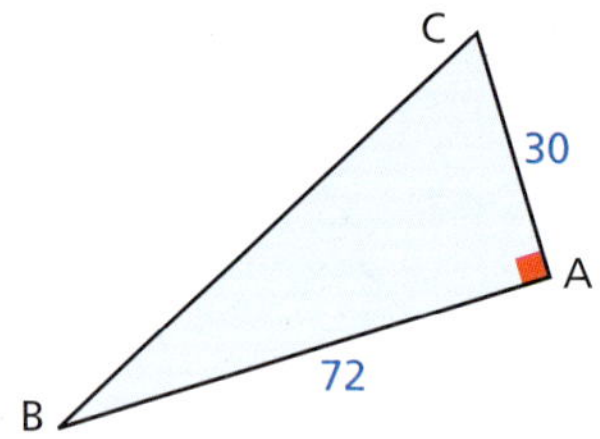

$[a = 78; \beta \simeq 23°; \gamma \simeq 67°]$

44 ●○

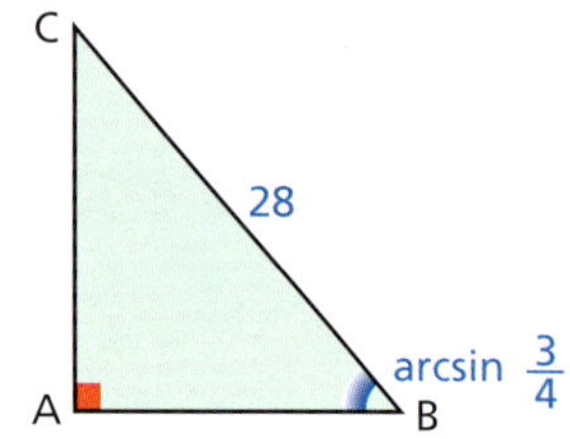

$[b = 21; c = 7\sqrt{7}; \gamma \simeq 41°]$

---

45 ●○ **ASSOCIA** ciascun segmento alla sua misura.

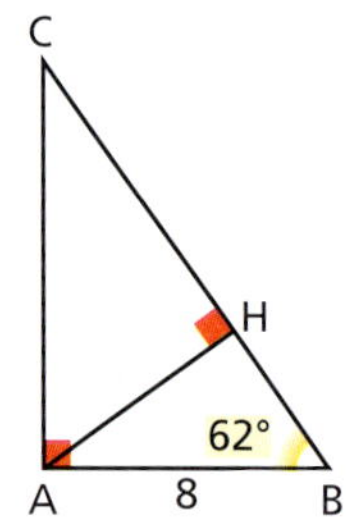

a. BH	**1.** $8\cos 62°$
b. AC	**2.** $8\sin 62°$
c. AH	**3.** $\frac{8}{\cos 62°}$
d. BC	**4.** $8\tan 62°$

Verifica che tra gli elementi di un triangolo *ABC*, rettangolo in *A*, valgono le seguenti relazioni.

46 ●○ $\cot\beta \cot\gamma = 1$

47 ●○ $\cos\beta \cos\gamma = \frac{bc}{a^2}$

48 ●○ $\frac{a+c}{a+b} = \frac{1+\cos\beta}{1+\sin\beta}$

49 ●○ $\frac{a^2}{b^2} = \frac{1}{\sin\beta\cos\gamma}$

50 ●○ $\tan\beta + \tan\gamma = \frac{a}{b\sin\gamma}$

51 ●○ $\sin^2\frac{\gamma}{2} = \frac{a-b}{2a}$

Problemi con i triangoli rettangoli

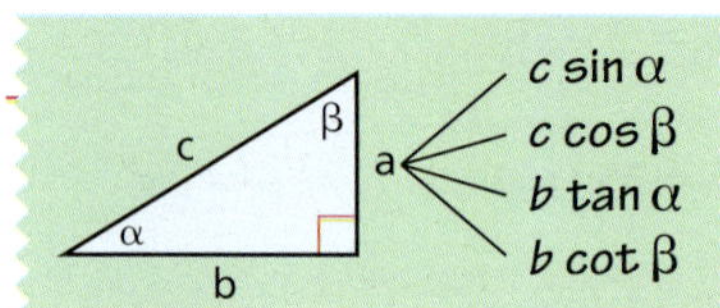

Utilizzando i dati della figura, deduci ciò che è indicato in rosso.

52 ●○ β, $\overline{AC}$

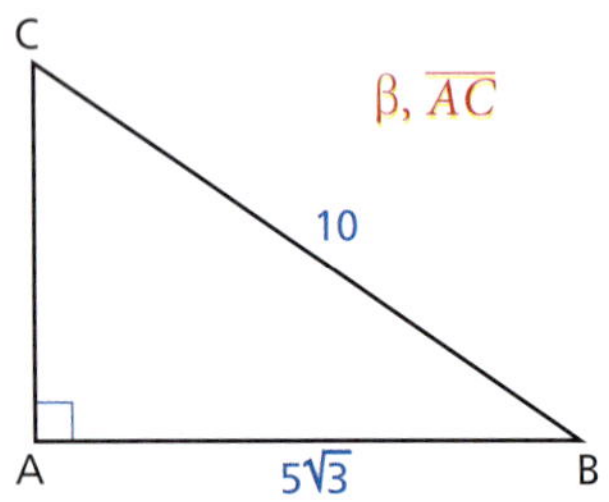

[30°; 5]

53 ●○ $\overline{BC}$, $\sin\alpha$

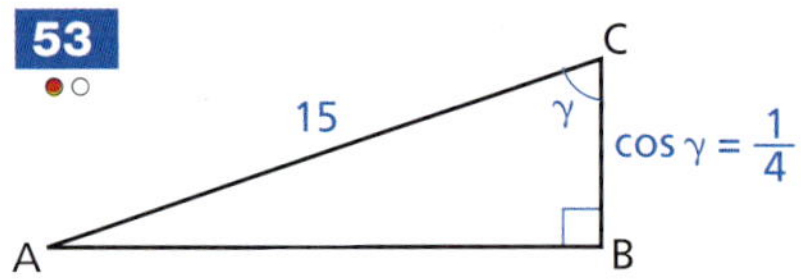

$\left[\frac{15}{4}; \frac{1}{4}\right]$

54 ●○ $\overline{BC}$, $\cos\gamma$

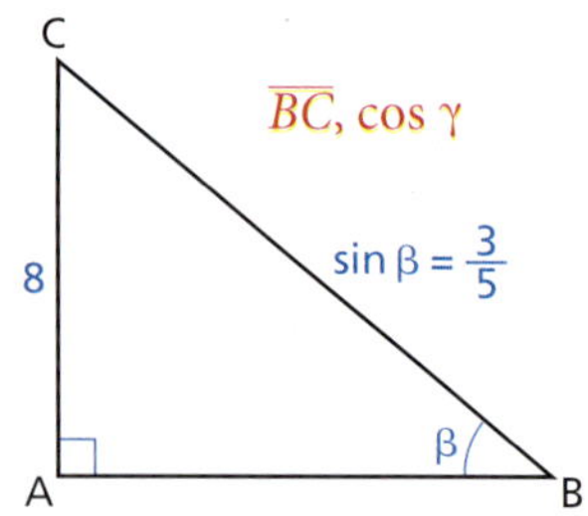

$\left[\frac{40}{3}; \frac{3}{5}\right]$

---

55 ●○ $\tan\beta$, $\cos\gamma$

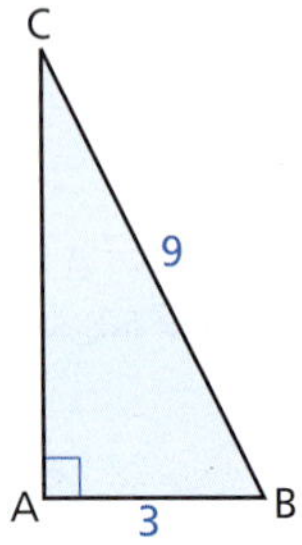

$\left[2\sqrt{2}; \frac{2\sqrt{2}}{3}\right]$

56 ●○ $\overline{AC}$, $\tan\gamma$

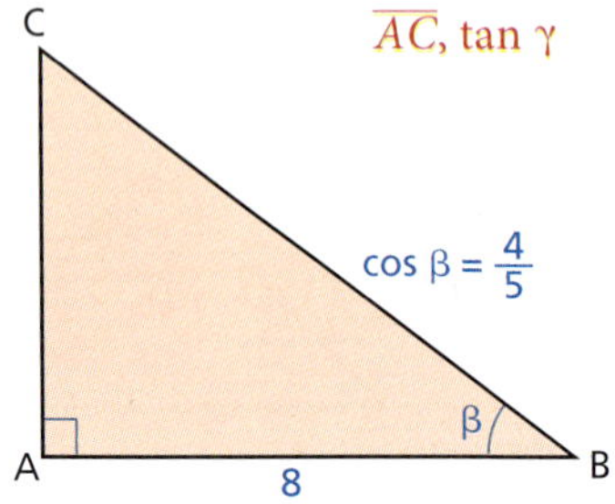

$\left[6; \frac{4}{3}\right]$

57 ●○ $\sin\gamma$, $\sin\alpha$

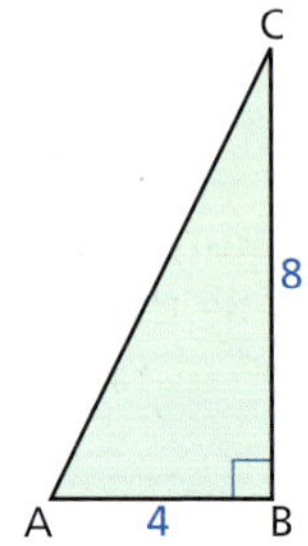

$\left[\frac{\sqrt{5}}{5}; \frac{2\sqrt{5}}{5}\right]$

Nei seguenti esercizi, dato un triangolo come quello della figura e noti gli elementi indicati, determina i lati e gli angoli incogniti.

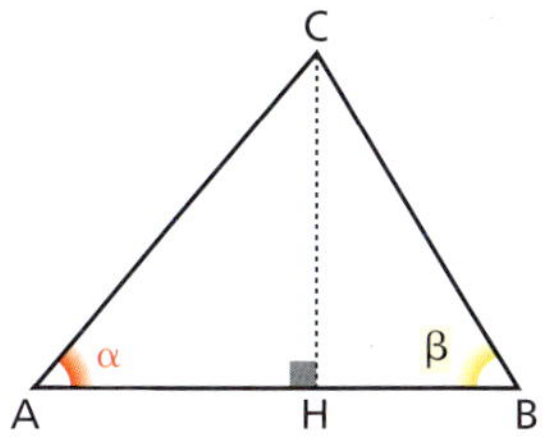

58 $\alpha = 30°$, $\beta = 45°$, $\overline{CH} = 12$. [$24; 12\sqrt{2}; 12(\sqrt{3}+1); 105°$]

59 $\alpha = 60°$, $\overline{HB} = 9$, $\cos\beta = \frac{1}{3}$. [$27; 12\sqrt{6}; 3(2\sqrt{6}+3); \simeq 49°$]

60 $\overline{AC} = 24$, $\beta = \frac{\pi}{3}$, $\tan\alpha = \frac{4}{3}$. [$\frac{64\sqrt{3}}{5}; \frac{8(9+4\sqrt{3})}{5}; \simeq 67°$]

61 $\overline{CH} = 8$, $\overline{AH} = 6$, $\beta = 30°$. [$2(3+4\sqrt{3}); 16; 10; \simeq 53°; \simeq 97°$]

62 **ESERCIZIO GUIDA** Nel triangolo *ABC*, *CH* è l'altezza relativa al lato *AB*, *AH* ha lunghezza 6 cm e gli angoli $A\widehat{C}H$ e $B\widehat{C}H$ sono ampi rispettivamente 20° e 40°. Calcoliamo perimetro e area del triangolo (approssimando tutte le misure a una sola cifra decimale).

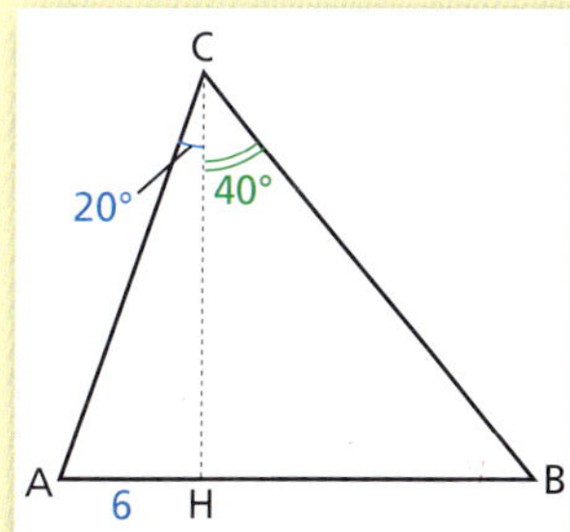

Per il primo teorema dei triangoli rettangoli:

$$\overline{AH} = \overline{AC} \cdot \sin A\widehat{C}H \rightarrow \overline{AC} = \frac{\overline{AH}}{\sin A\widehat{C}H} = \frac{6}{\sin 20°} \simeq 17{,}5;$$

$$\overline{CH} = \overline{AC} \cdot \cos A\widehat{C}H = 17{,}5 \cdot \cos 20° \simeq 16{,}4.$$

Per il secondo teorema dei triangoli rettangoli:

$$\overline{HB} = \overline{CH} \cdot \tan B\widehat{C}H = 16{,}4 \cdot \tan 40° \simeq 13{,}8.$$

Calcoliamo $\overline{CB}$ con il teorema di Pitagora:

$$\overline{CB} = \sqrt{\overline{HB}^2 + \overline{CH}^2} \simeq 21{,}4.$$

Il perimetro di *ABC* misura: $\overline{AB} + \overline{BC} + \overline{AC} = \overline{AH} + \overline{HB} + \overline{BC} + \overline{AC} \simeq 58{,}7$.

L'area misura: $\frac{1}{2}\overline{AB} \cdot \overline{CH} \simeq 162{,}4$.

Quindi il perimetro è 58,7 cm, l'area è 162,4 cm^2.

63 Sapendo che l'ipotenusa e un cateto di un triangolo rettangolo sono lunghi rispettivamente 5 cm e 4 cm, trova l'ampiezza degli angoli acuti. [$\alpha = 53{,}1°; \beta = 36{,}9°$]

64 In un triangolo rettangolo la lunghezza dell'altezza *AH* relativa all'ipotenusa è 12 cm e l'ampiezza dell'angolo acuto β è 22°. Risolvi il triangolo. [$AB \simeq 32$ cm; $AC \simeq 12{,}9$ cm; $BC \simeq 34{,}5$ cm]

65 In un triangolo rettangolo un cateto è lungo 10 cm e l'angolo opposto a esso è di 40°. Trova il perimetro del triangolo. [37,5 cm]

66 Calcola perimetro e area di un triangolo rettangolo la cui ipotenusa è lunga 3 cm e l'ampiezza di un angolo è di 30°. [7,1 cm; 1,9 cm^2]

67 Determina perimetro e area di un triangolo rettangolo in cui un cateto è lungo 4 cm e l'angolo adiacente a esso ha ampiezza 50°. [15 cm; 9,6 cm^2]

68 In un triangolo isoscele la somma degli angoli alla base vale 80° e la lunghezza del lato obliquo è 5 cm. Calcola perimetro e area del triangolo. [17,7 cm; 12,3 cm^2]

69 In un rettangolo la diagonale, che è lunga 4 cm, divide l'angolo retto in due angoli in modo che uno di essi è uguale a 20°. Determina perimetro e area del rettangolo. [10,4 cm; 5,3 cm^2]

70 Nel triangolo rettangolo *ABC* l'altezza *AH* relativa all'ipotenusa è lunga 3 m, la proiezione *HC* del cateto *AC* sull'ipotenusa è lunga 7 m. Calcola il perimetro e l'area del triangolo. [19,18 m; 12,46 m^2]

71 In un triangolo isoscele gli angoli alla base sono di 50°. Determina l'area, sapendo che la base del triangolo è 40 cm. [476,7 cm^2]

72 Determina i cateti di un triangolo rettangolo, sapendo che l'altezza relativa all'ipotenusa è 50 cm e che uno degli angoli del triangolo è 25°. [55,17 cm; 118,31 cm]

ESERCIZI

Trova l'area delle seguenti figure geometriche.

73

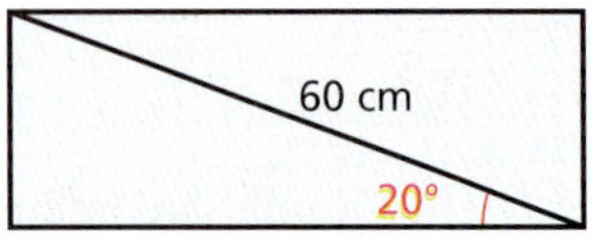

[1157 cm^2]

74

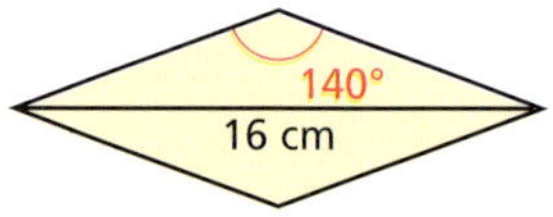

[46,4 cm^2]

75

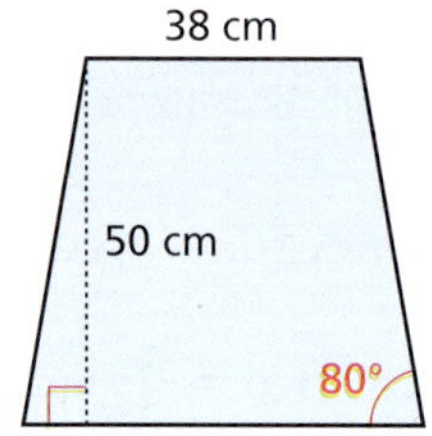

[2340 cm^2]

76 Trova gli angoli di un triangolo isoscele sapendo che il perimetro è 72 cm e la base 32 cm. [36,9°; 106,2°]

77 In un triangolo rettangolo un cateto è lungo 75 cm e il seno del suo angolo opposto è $\frac{15}{17}$. Determina il perimetro del triangolo e l'altezza relativa all'ipotenusa. [200 cm; $h \simeq 35{,}3$ cm]

78 In un triangolo rettangolo un cateto è i $\frac{3}{8}$ dell'altro e la loro somma è 44 cm. Determina l'ampiezza degli angoli acuti. [$\beta \simeq 21°$; $\gamma \simeq 69°$]

79 In un triangolo isoscele la base è lunga 24 cm e il coseno dell'angolo al vertice è $\frac{7}{25}$. Determina le altezze del triangolo. [16 cm; 19,2 cm]

80 Il lato obliquo di un triangolo isoscele è lungo 41 cm e il coseno dell'angolo alla base è $\frac{9}{41}$. Trova il perimetro e l'area del triangolo. [100 cm; 360 cm^2]

81 Nel trapezio isoscele $ABCD$ di base AB è $AD = DC = 82$ cm e $\tan \widehat{A} = \frac{9}{40}$. Determina perimetro e area del trapezio. [488 cm; 2916 cm^2]

82 Trova il perimetro di un triangolo isoscele, di base 48 cm, in cui il coseno dell'angolo al vertice è $-\frac{7}{25}$. [108 cm]

83 Trova i lati del triangolo ABC in cui $\cos \widehat{A} = \frac{4}{5}$, $\widehat{B} = 45°$ e l'altezza relativa ad AB è lunga 24 cm. [56 cm; 40 cm; $24\sqrt{2}$ cm]

84 Determina i lati del triangolo ABC nella figura.

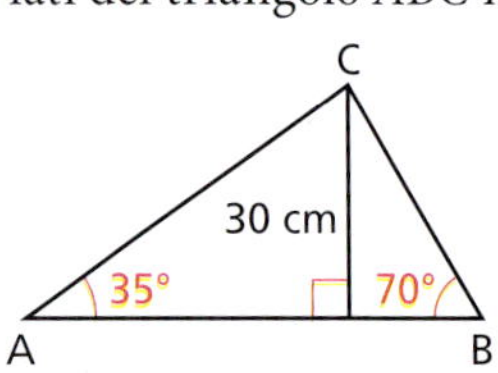

[$AC \simeq 52{,}3$ cm; $BC \simeq 31{,}9$ cm; $AB \simeq 53{,}8$ cm]

85 Il trapezio $ABCD$ è rettangolo in A e D. Sapendo che $AB = 32$ cm, $CD = 8$ cm e $\tan \widehat{B} = \frac{5}{12}$, calcola il perimetro e l'area del trapezio e determina il valore di $\cos \widehat{C}$. $\left[76 \text{ cm}; 200 \text{ cm}^2; -\frac{12}{13}\right]$

86 In un triangolo rettangolo il rapporto tra un cateto e l'ipotenusa è $\frac{5}{13}$, e l'altro cateto è lungo 48 cm.
Determina l'area del triangolo e le misure degli angoli acuti. [480 cm^2; 22° 37′; 67° 23′]

87 Nel triangolo rettangolo ABC la lunghezza dell'ipotenusa BC è 41 cm e la tangente dell'angolo $\widehat{B}$ è $\frac{40}{9}$.
Determina il perimetro e l'area del triangolo. [90 cm; 180 cm^2]

88 Calcola l'area di un triangolo rettangolo, sapendo che il suo perimetro è 46 m e l'ampiezza di un angolo acuto è 34°. [85,99 m^2]

89 Una circonferenza ha diametro $\overline{AB} = 60$. La corda AC misura 40 e il suo prolungamento incontra in T la tangente alla circonferenza condotta per il punto B. Calcola $\overline{BT}$. [$30\sqrt{5}$]

90 Nel trapezio rettangolo $ABCD$ il lato obliquo BC forma un angolo di 30° con la base maggiore AB e la diagonale AC è perpendicolare a BC. Calcola il perimetro e l'area del trapezio, sapendo che la sua altezza è 10 cm. [58,9 cm; 144,3 cm^2]

91 In un triangolo rettangolo l'ipotenusa è lunga 20 cm e fra gli angoli acuti β e γ vale la relazione $\sin \beta = 2 \sin \gamma$. Trova l'area del triangolo. [80 cm^2]

92 L'area di un trapezio isoscele è 184 m^2, il suo perimetro è 64 m e la sua altezza è 8 m. Determina gli angoli del trapezio. $\left[\arcsin \frac{8}{9}; \pi - \arcsin \frac{8}{9}\right]$

93 •• Le altezze di un parallelogramma sono 9 m e 12 m e il perimetro 70 m. Determina gli angoli del parallelogramma. $\left[\arcsin\frac{3}{5}; \pi - \arcsin\frac{3}{5}\right]$

94 •• In un trapezio rettangolo $ABCD$ l'angolo $D\widehat{C}B$ è di 120° e il lato obliquo BC, che misura $6l$, è perpendicolare alla diagonale minore AC. Determina il perimetro e l'area del trapezio. $\left[3(9+\sqrt{3})l; \frac{63\sqrt{3}}{2}l^2\right]$

95 •• Nel triangolo rettangolo ABC le proiezioni dei cateti sull'ipotenusa BC sono $BH = 25$ cm e $CH = 49$ cm. Determina i cateti e gli angoli acuti. $[AB \simeq 43 \text{ cm}; AC \simeq 60,2 \text{ cm}; \widehat{B} \simeq 54°; \widehat{C} \simeq 36°]$

96 •• Determina il perimetro del triangolo in figura. [140 cm]

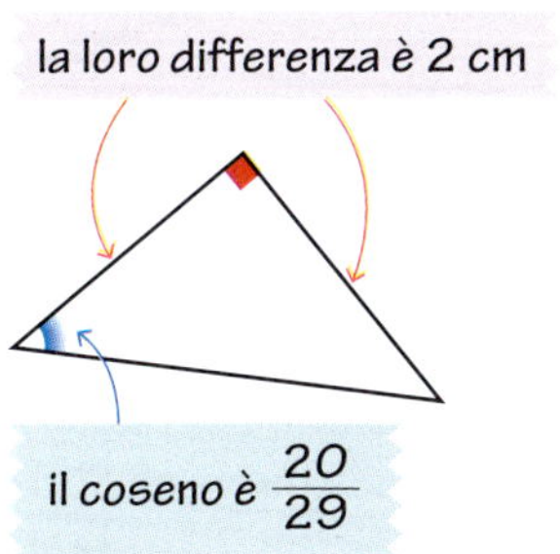

97 •• **EUREKA!** Determina il perimetro e l'area di un ottagono regolare inscritto in una circonferenza di raggio $r = \sqrt{2+\sqrt{2}}$. $[8\sqrt{2}; 4(\sqrt{2}+1)]$

98 •• Da un punto P esterno a una circonferenza di centro C si mandano le tangenti PA e PB. Sapendo che $\cos A\widehat{P}B = -\frac{7}{25}$ e che $PC = 15$ cm, determina i valori delle funzioni goniometriche degli angoli $C\widehat{P}A$ e $P\widehat{C}A$ e il raggio della circonferenza. $\left[\sin C\widehat{P}A = \frac{4}{5}; \sin P\widehat{C}A = \frac{3}{5}; r = 12 \text{ cm}\right]$

99 •• In un triangolo rettangolo la differenza dei cateti è 6 cm e la tangente dell'angolo opposto al cateto maggiore è $\frac{21}{20}$. Calcola il perimetro e l'area del triangolo. [420 cm; 7560 cm^2]

100 •• Nel triangolo ABC l'altezza CH divide AB in due parti, una tripla dell'altra. Sapendo che $\overline{AB} = 8a$ e $\overline{CH} = 2a$, calcola:

a. la tangente di ciascun angolo del triangolo;

b. il perimetro del triangolo.

$\left[\text{a) } \tan\widehat{A} = 1; \tan\widehat{B} = \frac{1}{3}; \tan\widehat{C} = -2; \text{ b) } 2a(\sqrt{2}+\sqrt{10}+4)\right]$

---

101 •• Determina i lati di un triangolo ABC rettangolo in A, conoscendo i dati che seguono.

perimetro = 180 cm $\tan\beta = \frac{12}{5}$ [30 cm; 72 cm; 78 cm]

102 •• Gli angoli $\widehat{B}$ e $\widehat{C}$ del triangolo ABC sono acuti e $\sin\widehat{C} = \frac{4}{5}$. Sapendo che la lunghezza del lato AB è 12 cm e quella dell'altezza AH è 8 cm, determina la lunghezza degli altri due lati e il valore di $\sin\widehat{A}$.
$\left[AC = 10 \text{ cm}; BC = (4\sqrt{5}+6) \text{ cm}; \sin\widehat{A} = \frac{6+4\sqrt{5}}{15}\right]$

103 •• Nel triangolo ABC l'angolo $\widehat{B}$ è ottuso e AH è l'altezza relativa al lato BC. Sapendo che $HB = 12$ cm, $HC = 48$ cm e $\tan\widehat{C} = \frac{1}{3}$, determina i lati e gli angoli del triangolo.
$\left[AB = 20 \text{ cm}; AC = 16\sqrt{10} \text{ cm}; BC = 36 \text{ cm}; \widehat{B} = \pi - \arcsin\frac{4}{5}; \widehat{A} = \arcsin\frac{9}{50}\sqrt{10}\right]$

104 •• L'ipotenusa di un triangolo rettangolo è lunga 53 cm e il perimetro 126 cm. Determina le tangenti degli angoli acuti. $\left[\frac{28}{45}; \frac{45}{28}\right]$

105 •• Nel trapezio rettangolo $ABCD$ la base minore CD è 9 cm e il lato obliquo 20 cm. Inoltre $\cos\widehat{C} = -\frac{4}{5}$. Determina perimetro e area del trapezio. [66 cm; 204 cm^2]

106 •• Nel triangolo isoscele ABC il lato misura $26l$ e il coseno dell'angolo al vertice è $-\frac{119}{169}$. Trova il perimetro e le altezze del triangolo. $[100l; 10l; 18,5l]$

107 ●● EUREKA! **Dimostrazione aurea** Pierluigi, con un software CAD, ha disegnato un triangolo isoscele *ABC* di vertice *B*, con l'altezza *BH* congruente alla base *AC*. Tracciata la circonferenza inscritta nel triangolo, di centro *O*, Pierluigi osserva con l'aiuto del software che i rapporti $\frac{\overline{AH}}{\overline{OH}}$ e $\frac{\overline{OH}}{\overline{AH}-\overline{OH}}$ sono uguali, ossia il raggio della circonferenza inscritta è la sezione aurea di *AH*.
Dimostra la proprietà che ha trovato Pierluigi.

Problemi REALTÀ E MODELLI

108 ●○ Calcola l'altezza di un campanile, sapendo che da un bar distante 80 metri da esso si vede la sua cima secondo un angolo di 42°. [$\simeq$ 72 m]

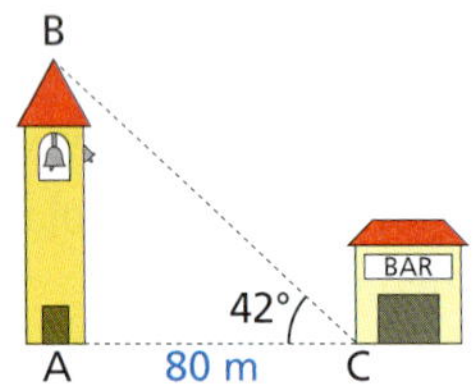

109 ●○ Una funivia collega due località, *A* e *B*, distanti 1200 m ed è inclinata di 42° sul piano orizzontale. A che altezza, rispetto ad *A*, si trova la stazione *B*? [802,96 m]

110 ●○ **Acquapark** Uno scivolo di una piscina per bambini è alto 2,5 m. Per arrivare in acqua un bimbo scivola per 3,36 m. Che angolo forma lo scivolo con il piano orizzontale? [48°]

111 ●○ La rampa di accesso a un sotterraneo è lunga 9,5 m e forma un angolo di 21° con il piano orizzontale. A che profondità si trova il locale sotterraneo? [3,4 m]

112 ●○ **Pendenza** In un cartello stradale si legge: «Pendenza del 14%». Questo significa che ogni 100 m in orizzontale la strada sale (o scende) di 14 m in verticale. Percorrendo un tratto orizzontale di 280 m, quanto si sale in altezza? Che angolo forma la strada con il piano orizzontale? [39,2 m; 8°]

113 ●○ **Pista!** Nel corso di una gara di sci, Aldo percorre un lungo tratto di discesa con pendenza costante del 32%.

a. Supponendo che nel corso della discesa Aldo abbia coperto un dislivello verticale di 400 m, quanto è lunga la pista?

b. Quanto misura, in gradi e primi, l'angolo α formato dalla pista con l'orizzontale?

[a) 1312 m; b) 17°45′]

114 ●○ TEST L'ombra di un campanile è lunga la metà della sua altezza. Detta α la misura dell'angolo formato dal sole sull'orizzonte in quel momento, si può dire che:

A $45° \leq \alpha < 60°$.
B $60° \leq \alpha$.
C $\alpha < 30°$.
D è notte.
E $30° \leq \alpha < 45°$.

(*CISIA, Facoltà di Ingegneria, Test di ingresso*, 2003)

115 ●○ **Che occhio!** Nell'occhio umano il massimo angolo di visuale in orizzontale è di 160°. A che distanza dall'occhio deve trovarsi una trave lunga 3 m, disposta orizzontalmente e al centro del campo visivo, affinché possa essere vista per intero? [0,26 m]

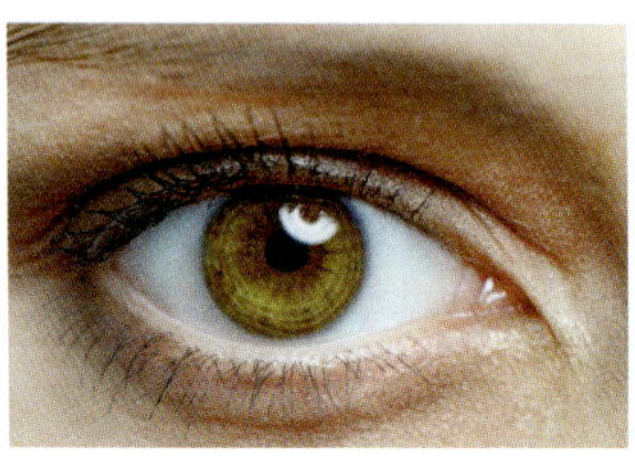

TEST

116 La lunghezza dell'equatore è di circa 40 000 km. La lunghezza del parallelo che si trovi a 60° di latitudine Nord (si veda la figura a lato), arrotondata alle centinaia di km è:

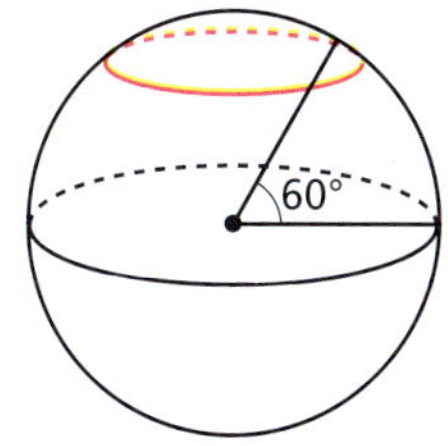

A 34 600 km. C 26 700 km. E nessuno dei precedenti.

B 23 500 km. D 30 000 km.

(*Giochi di Archimede*, 1998)

117 In un giorno di sole una sfera è posata su un terreno orizzontale. In un certo istante l'ombra della sfera raggiunge la distanza di 10 metri dal punto in cui la sfera tocca il terreno. Nello stesso istante un'asta di lunghezza 1 metro posta verticalmente al terreno getta un'ombra lunga 2 metri. Qual è il raggio della sfera in metri?

A $\frac{5}{2}$. B $9 - 4\sqrt{5}$. C $10\sqrt{5} - 20$. D $8\sqrt{10} - 23$. E $6 - \sqrt{15}$.

(*Olimpiadi di Matematica, Gara di 2° livello*, 2008)

118 **London Eye** Paolo, Sandro e Rosa sono saliti sulla ruota panoramica di Londra e si tengono in contatto con i loro cellulari, dotati di altimetro e di livella digitale. Sandro e Paolo occupano due posti diametralmente opposti. A un certo punto i tre si scambiano nello stesso istante i seguenti messaggi:
Sandro: «Vedo Paolo perfettamente allineato con me lungo la direzione orizzontale».
Paolo: «Vedo Rosa sopra di me a un angolo di 30° sull'orizzontale».
Rosa: «Mi trovo a 120 metri di altezza rispetto al punto più basso della ruota!».
Qual è la distanza PR tra Paolo e Rosa? [$PR \simeq 111{,}4$ m]

Problemi con equazioni, disequazioni e funzioni

119 In un rettangolo $ABCD$, di area $8a^2$, la diagonale DB misura $4a$. Trova l'angolo $D\widehat{B}A$. [45°]

120 Considera sulla semicirconferenza di centro O e diametro $AB = 4$ cm un punto P e, posto $A\widehat{B}P = x$, trova per quali valori di x:

$$\frac{8\overline{PB} + 5\overline{PO}}{\overline{AB}} = \frac{13}{2}.$$

$\left[x = \frac{\pi}{3}\right]$

121 Osserva la figura e trova per quale posizione di P sulla semicirconferenza si ha

$$\overline{PC} + \overline{PB} = \frac{25}{2}.$$

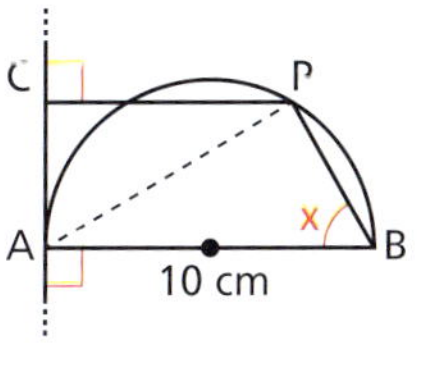

[$x = 60°$]

122 È dato il triangolo ABC inscritto in una semicirconferenza il cui diametro AB misura 4. Indicata con x l'ampiezza dell'angolo $C\widehat{A}B$, determina l'area del triangolo al variare di C sulla semicirconferenza e il valore di x per cui l'area misura $2\sqrt{3}$.

$\left[4 \sin 2x;\ x = \frac{\pi}{6} \vee x = \frac{\pi}{3}\right]$

123 Inscrivi un triangolo ABC in una semicirconferenza di centro O e diametro $\overline{AB} = 4a$, in modo che l'angolo in B risulti maggiore dell'angolo in A. Da O conduci la perpendicolare al diametro che incontra AC in H. Determina l'angolo $\widehat{B}$ in modo che il rettangolo di base OH e altezza AC abbia area $4a^2$. [60°]

ESERCIZI

124 ●○ Nel triangolo ABC, rettangolo in A, il cateto AB misura $10a$ e l'angolo $\widehat{C}$ ha il coseno uguale a $\frac{12}{13}$. Disegna la semicirconferenza di diametro CB esterna al triangolo e su di essa trova un punto P in modo che: $\overline{CP} \cdot \overline{PB} = 169a^2$. (Poni $C\widehat{B}P = x$.) $[x = 15° \vee x = 75°]$

125 ●○ Nel triangolo rettangolo ABC, di ipotenusa $\overline{BC} = 2a$, il cateto minore è AB. Traccia la perpendicolare all'ipotenusa BC nel suo punto medio M, fino a incontrare il cateto AC in P. Determina l'ampiezza di $A\widehat{C}B$ in modo che:

$$\frac{\overline{AC}}{\overline{PM}} = 3\frac{\overline{CM}}{\overline{AB}}.$$ [30°]

126 ●● È dato il rombo $ABCD$ circoscritto a una circonferenza di centro O e raggio r. Indica con x l'angolo $O\widehat{A}B$ e determina, al variare di x, l'area $A(x)$ del rombo. Trova per quali valori di x si ha $A(x) = \frac{8}{3}\sqrt{3}\,r^2$. $\left[A(x) = \frac{4r^2}{\sin 2x}; \frac{\pi}{6} \vee \frac{\pi}{3}\right]$

127 ●● Dato il quadrato $ABCD$ di lato a, sia r una retta passante per B e non intersecante altri punti del quadrato. A' e C' sono le proiezioni su r, rispettivamente, di A e C. Determina l'angolo $A'\widehat{B}A = x$ in modo che l'area del trapezio $A'ACC'$ sia $\frac{3}{4}a^2$.
$\left[x = \frac{\pi}{12} \vee x = \frac{5}{12}\pi\right]$

---

128 ●● È dato il triangolo ABC rettangolo in $\widehat{A}$, con: $\overline{AC} = 7$ e $\cos B\widehat{C}A = \frac{7}{25}$.

a. Determina $\overline{AB}$, $\overline{BC}$.
b. Considera sul prolungamento di AB dalla parte di A un punto D tale che $A\widehat{C}D = \frac{1}{2}B\widehat{C}A$. Risolvi il triangolo rettangolo ACD.
c. Traccia la semicirconferenza di diametro CB esterna ai triangoli e su di essa considera un punto P tale che l'area del quadrilatero $BDCP$ sia $\frac{361}{2}$, ponendo $P\widehat{B}C = x$.

$\left[\text{a) } \overline{AB} = 24, \overline{BC} = 25; \text{ b) } \cos A\widehat{C}D = \frac{4}{5}, \overline{DC} = \frac{35}{4}, \overline{AD} = \frac{21}{4}; \text{ c) } x = \frac{\pi}{12} \vee x = \frac{5}{12}\pi\right]$

129 ●● Nel quadrato $ABCD$, di lato lungo 1 m, traccia l'arco di circonferenza $\overset{\frown}{AC}$ di centro B. Su di esso considera il punto P individuato dall'angolo $A\widehat{B}P = x$. Sia H la proiezione di P su AD.

a. Trova per quali valori di x si ha $\overline{PD}^2 = 3 - \sqrt{6}$. (SUGGERIMENTO Calcola $\overline{DH}$ e $\overline{HP}$...)
b. Traccia il grafico di $y = 2 \cdot \overline{AB} \cdot \overline{AH} + \overline{PD}^2$ in funzione di x. $[\text{a) } x = 15° \vee x = 75°; \text{ b) } y = 3 - 2\cos x]$

130 ●● Dato il segmento AB di lunghezza unitaria, considera la semiretta AP che forma con AB un angolo acuto $P\widehat{A}B = x$. Sia Q la proiezione di B su AP. Costruisci il triangolo AQC rettangolo e isoscele, di ipotenusa AQ, nel semipiano generato da AP non contenente B.

a. Determina i valori di x per cui l'area del quadrilatero $ABQC$ risulta minore di $\frac{1}{4}$.
b. Considera la funzione $f(x)$ che rappresenta l'area del triangolo ABQ, tracciane il grafico limitatamente all'intervallo del problema geometrico e individua il suo valore massimo.

$\left[\text{a) } \arctan 2 < x < \frac{\pi}{2}; \text{ b) } f(x) = \frac{1}{4}\sin 2x; \frac{1}{4}\right]$

131 ●● Data la semicirconferenza di diametro $\overline{AB} = 2r$, siano P un punto su di essa e H la proiezione di P sul diametro AB. Determina $f(x) = \frac{\overline{AH} + \overline{PH}}{\overline{HB}}$ in funzione dell'angolo $P\widehat{B}A = x$ e calcola per quale valore di x si ha $f(x) = 2$. $\left[f(x) = \tan^2 x + \tan x; x = \frac{\pi}{4}\right]$

132 ●● Dato il settore circolare AOB di ampiezza $\frac{\pi}{3}$ e raggio $\sqrt{3}$, considera il punto P sull'arco AB e con esso costruisci il rettangolo inscritto $DCPS$ tale che DC appartenga al raggio OA. Determina l'area del rettangolo $DCPS$ in funzione dell'angolo $A\widehat{O}P = x$. Calcola per quale valore di x l'area vale $\frac{\sqrt{3}}{2}$. Per quale valore di x il rettangolo diventa un quadrato?

$\left[\text{area} = 3\cos x \sin x - \sqrt{3}\sin^2 x; x = \frac{\pi}{6}; x = \arctan\frac{3 - \sqrt{3}}{2}\right]$

2 Applicazioni dei teoremi sui triangoli rettangoli

Area di un triangolo

▶ Teoria a p. 875

Determina l'area di un triangolo *ABC*, noti gli elementi indicati.

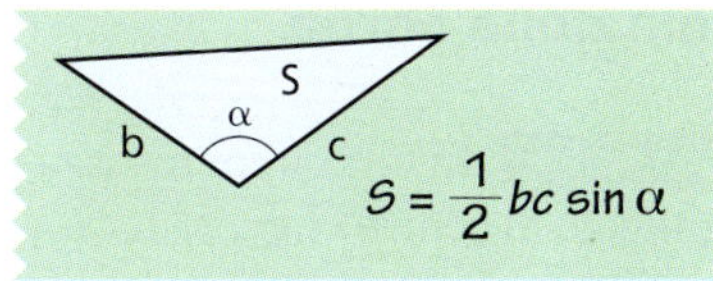

133 $a = 20$, $b = 5$, $\gamma = \frac{\pi}{3}$. $[25\sqrt{3}]$

134 $a = 12$, $c = 3\sqrt{2}$, $\beta = \frac{3}{4}\pi$. [18]

135 $b = \frac{5}{2}\sqrt{3}$, $c = 16$, $\alpha = 120°$. [30]

136 $a = 20$, $b = 12$, $\gamma = 150°$. [60]

137 $b = 65$, $c = 20$, $\sin\alpha = \frac{5}{13}$. [250]

138 $a = 26$, $c = 10$, $\tan\beta = \frac{12}{5}$. [120]

139 TEST L'area del rombo in figura misura:

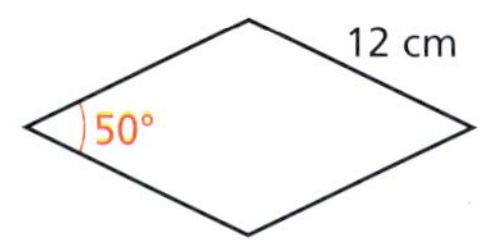

A $144 \cos 50°$ cm^2.
B $144 \sin 50°$ cm^2.
C $72 \sin 50°$ cm^2.
D $288 \sin 50°$ cm^2.
E $72 \cos 50°$ cm^2.

140 Calcola l'area di un triangolo sapendo che due suoi lati sono lunghi 30 cm e 18 cm e l'angolo compreso tra essi è di 40°. [173,6 cm^2]

141 In un triangolo due lati sono lunghi 28 cm e 39 cm. L'angolo compreso tra essi ha il coseno uguale a $\frac{12}{13}$. Determina l'area del triangolo. [210 cm^2]

142 Calcola l'area di un parallelogramma in cui due lati consecutivi misurano 12 e 28 e l'angolo compreso fra essi ha ampiezza $\frac{\pi}{3}$. $[168\sqrt{3}]$

143 In un triangolo ABC, $\overline{AC} = 26$ e $\overline{AB} = 18\sqrt{2}$. Sapendo che l'area è 234, trova l'angolo $C\widehat{A}B$. $\left[\frac{\pi}{4} \vee \frac{3}{4}\pi\right]$

144 Un triangolo isoscele ha area 192 e l'angolo alla base misura $\arcsin\frac{4}{5}$. Determina il perimetro. [64]

145 Dal vertice A del triangolo equilatero ABC di lato l traccia una semiretta secante il triangolo e fissa su di essa il punto P tale che $\overline{AP} = l$. Calcola le ampiezze degli angoli del triangolo ABP, sapendo che è valida la seguente relazione fra le aree dei due triangoli: $\mathcal{A}_{ABC} = \sqrt{3}\,\mathcal{A}_{ABP}$. $\left[\frac{5}{12}\pi; \frac{5}{12}\pi; \frac{\pi}{6}\right]$

146 Un rombo ha l'area di 208,6 cm^2 e un angolo misura 68°. Trova il lato e le diagonali. [15 cm; 16,8 cm; 24,9 cm]

Nei seguenti esercizi determina gli elementi richiesti utilizzando i dati forniti nelle figure.

147

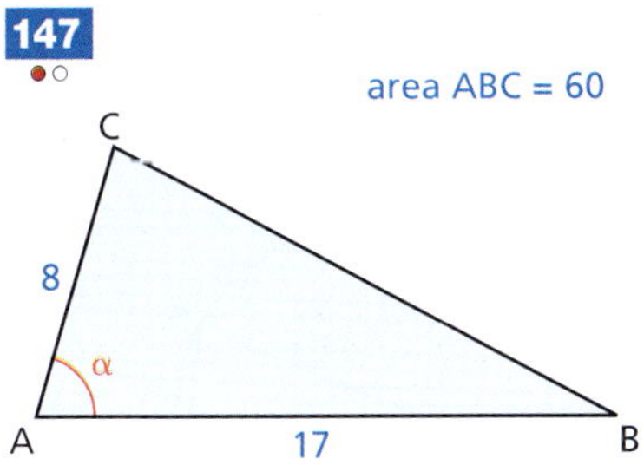

α? $\overline{CB}$? $\left[\arcsin\frac{15}{17}; 15\right]$

148

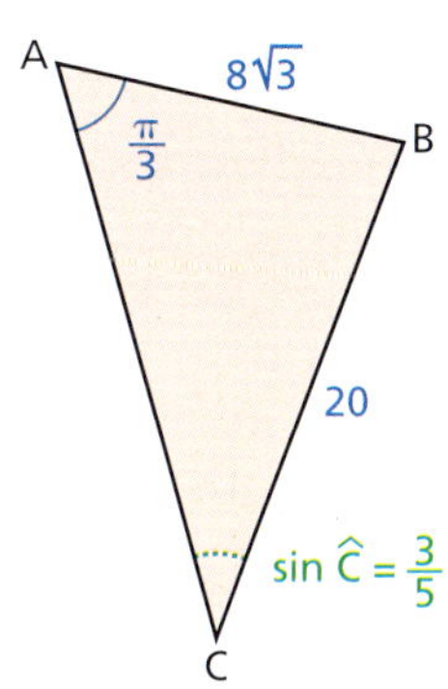

area ABC? $[24(\sqrt{3} + 4)]$

149

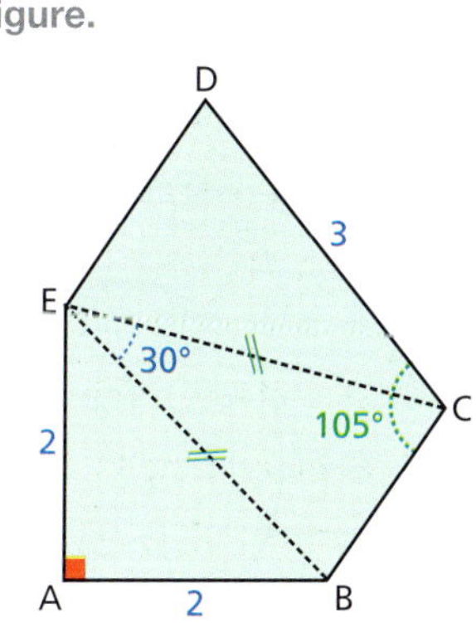

area ABCDE? $\left[4 + \frac{3}{2}\sqrt{2}\right]$

150 ●● **EUREKA!** Dato un triangolo *ABC*, costruisci sui tre lati, esternamente al triangolo, i quadrati *ABHK*, *BCLM* e *ACNP*. Congiungi *H* con *M*, *L* con *N*, *P* con *K* e dimostra, utilizzando la trigonometria, che i triangoli *AKP*, *BMH* e *CNL* sono equivalenti.

Teorema della corda

▶ Teoria a p. 876

151 **ESERCIZIO GUIDA** In una circonferenza il raggio è 20 cm. Calcoliamo la lunghezza di una sua corda, sapendo che l'angolo al centro che insiste su di essa ha ampiezza di 120°.

Se l'angolo al centro che insiste sulla corda è di 120°, allora il corrispondente angolo alla circonferenza è $\alpha = 60°$. Applichiamo il teorema della corda.

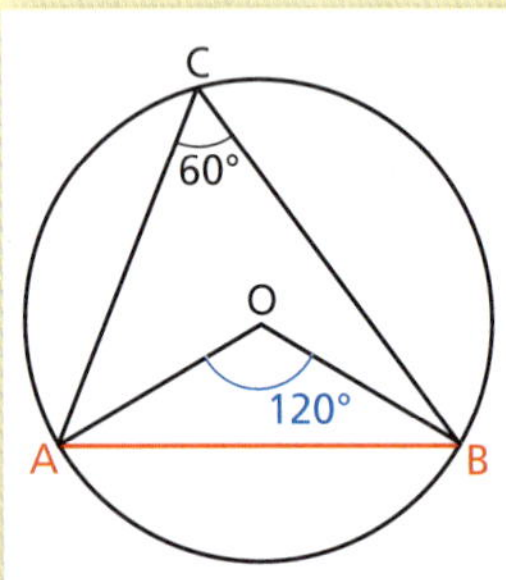

$\overline{AB} = 2r \sin\alpha$

$\overline{AB} = 2 \cdot 20 \cdot \sin 60° = \overset{20}{\cancel{40}} \frac{\sqrt{3}}{\underset{1}{\cancel{2}}} = 20\sqrt{3}.$

La corda è lunga $20\sqrt{3}$ cm.

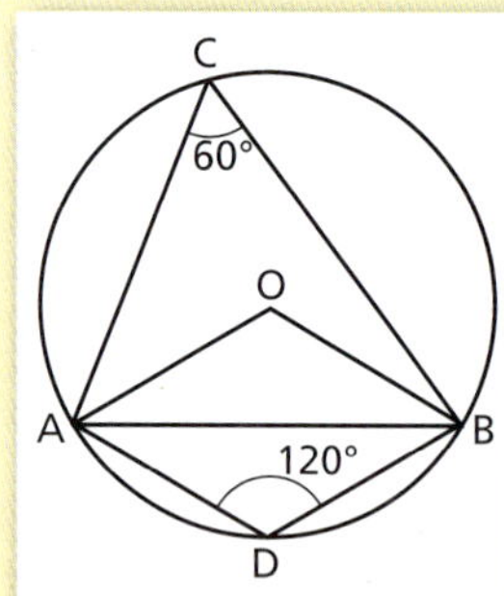

Osservazione. Sulla corda *AB* insistono angoli alla circonferenza di 60° (come $A\widehat{C}B$) e angoli alla circonferenza di 120° (come $A\widehat{D}B$). La lunghezza della corda *AB* che calcoliamo non dipende dall'angolo scelto, perché $\sin 60° = \sin 120°$.

Negli esercizi che seguono trova gli elementi richiesti riferendoti alla figura.

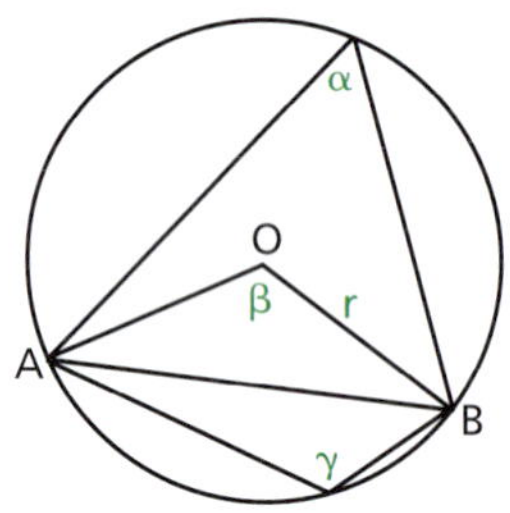

152 ●○ $\overline{AB} = ?$, $r = 5$, $\alpha = 30°$. [5]

153 ●○ $\overline{AB} = ?$, $r = 12$, $\gamma = 135°$. $[12\sqrt{2}]$

154 ●○ $\overline{AB} = ?$, $r = 15$, $\beta = \arccos\frac{7}{25}$. [18]

155 ●○ $r = ?$, $\overline{AB} = 10$, $\alpha = 40°$. [7,8]

156 ●○ $r = ?$, $\overline{AB} = 20$, $\beta = 120°$. $\left[\frac{20}{3}\sqrt{3}\right]$

157 ●○ $\alpha = ?$, $\beta = ?$, $\gamma = ?$, $\overline{AB} = 7\sqrt{2}$, $r = 7$. [45°; 90°; 135°]

158 ●○ $\alpha = ?$, $r = ?$, $\beta = ?$, $\gamma = \frac{5}{6}\pi$, $\overline{AB} = 24$. $\left[\frac{\pi}{6}; 24; \frac{\pi}{3}\right]$

159 ●○ $r = ?$, $\beta = ?$, $\gamma = ?$, $\alpha = \arccos\frac{4}{5}$, $\overline{AB} = 18$. $\left[15; 2\arccos\frac{4}{5}; \pi - \arccos\frac{4}{5}\right]$

160 ●○ **Corde notevoli** In una circonferenza disegna le corde lunghe r, $r\sqrt{2}$, $r\sqrt{3}$. Quanto misurano gli angoli alla circonferenza che insistono su ognuna di esse?

Nei seguenti esercizi determina gli elementi richiesti utilizzando i dati forniti nelle figure.

161 ●○

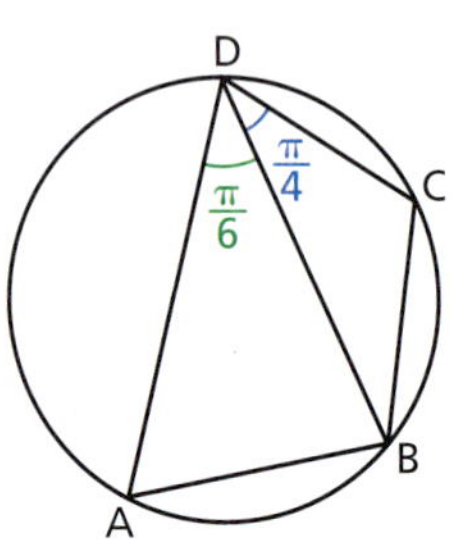

raggio = 10 $\overline{AB}$? $\overline{BC}$?

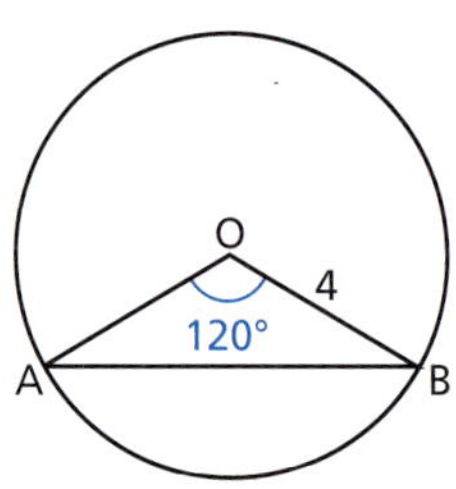

$\overline{AB}$?

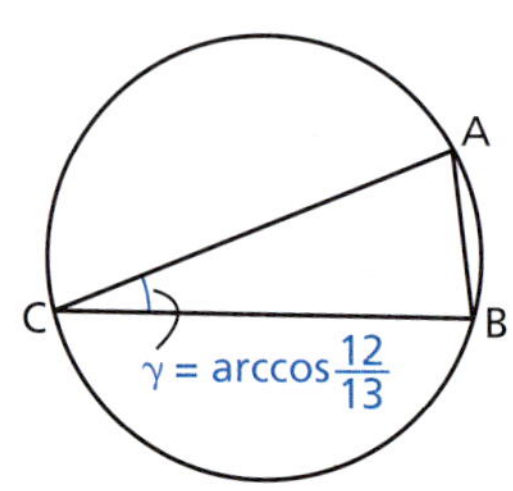

raggio = 13 $\overline{AB}$?

$[10; 10\sqrt{2}; 4\sqrt{3}; 10]$

162 ●○

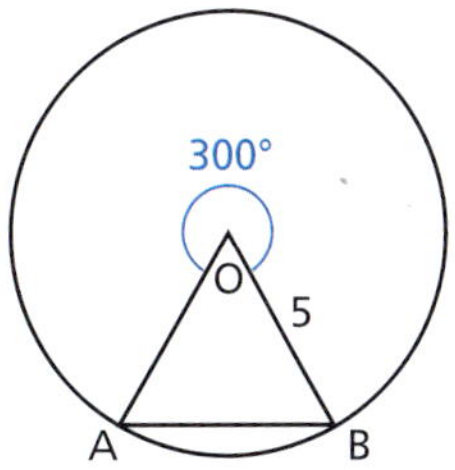

$\overline{AB}$?

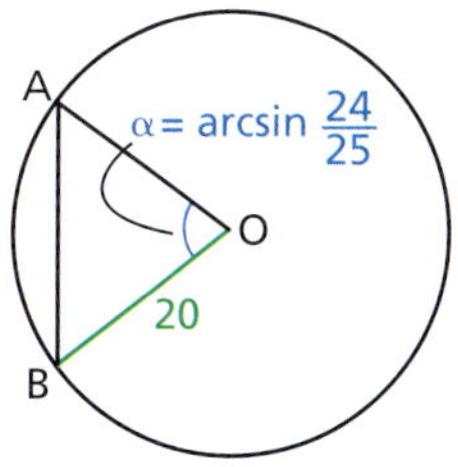

$\overline{AB}$?

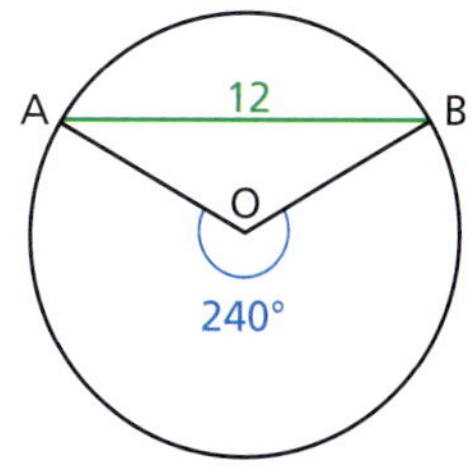

raggio?

$[5; 24; 4\sqrt{3}]$

163 ●○ Utilizzando il teorema della corda, trova le misure dei lati del triangolo equilatero, del quadrato e dell'esagono regolare inscritti in una circonferenza di raggio r. $[r\sqrt{3}; r\sqrt{2}; r]$

164 ●○ In una circonferenza di diametro 16 cm, un angolo alla circonferenza di 36° insiste su una corda. Determina la lunghezza della corda. [9,4 cm]

165 ●○ In una circonferenza di raggio 24 cm, un angolo al centro di 48° insiste su una corda AB. Determina la lunghezza di AB. [19,5 cm]

166 ●○ Determina il raggio della circonferenza circoscritta al triangolo ABC, sapendo che $AB = 40$ cm e che $\cos A\widehat{C}B = \frac{12}{13}$. [52 cm]

167 ●○ Il quadrilatero $ABCD$ è inscritto in una circonferenza di raggio 5 e $\overline{AC} = 8$. Calcola seno e coseno degli angoli $\widehat{B}$ e $\widehat{D}$ supponendo che il vertice B si trovi sul maggiore dei due archi di estremi A e C.

$\left[\sin\widehat{B} = \frac{4}{5}; \cos\widehat{B} = \frac{3}{5}; \sin\widehat{D} = \frac{4}{5}; \cos\widehat{D} = -\frac{3}{5}\right]$

168 ●○ Nel triangolo isoscele ABC il rapporto fra il raggio della circonferenza circoscritta e la base AB è $\frac{\sqrt{2}}{2}$. Trova l'ampiezza dell'angolo al vertice $A\widehat{C}B$. $\left[\frac{\pi}{4} \text{ o } \frac{3}{4}\pi\right]$

169 ●○ Sia ABC un triangolo inscritto in una circonferenza. Determina la misura del raggio, sapendo che la corda BC misura $12l$ e gli angoli $\widehat{B}$ e $\widehat{C}$ misurano rispettivamente 45° e 105°. Trova poi il perimetro del triangolo.

$[r = 12l; 6l(\sqrt{6} + 2 + 3\sqrt{2})]$

170 ●● In una circonferenza di raggio 2, la corda AB misura $\frac{16}{9}\sqrt{5}$. Preso C sull'arco maggiore $\widehat{AB}$ in modo che $\overline{AC} = \overline{CB}$, determina il perimetro del triangolo ABC. $\left[\frac{40}{9}\sqrt{5}\right]$

171 ●● In una circonferenza di raggio r, considera quattro punti consecutivi A, B, C e D. Le tre corde AB, BC e CD misurano rispettivamente r, $r\sqrt{3}$ e $r\sqrt{2}$. Quanto misura la corda AD? $[r\sqrt{2}]$

172 ●○ **EUREKA!** Dimostra che l'area di un triangolo qualsiasi ABC è data dalla seguente formula:

$$\mathcal{A}_{ABC} = 2r_c^2 \sin\widehat{A} \sin\widehat{B} \sin\widehat{C},$$

dove r_c è il raggio della circonferenza circoscritta.

173 ●○ **TEST** Nella figura a fianco, calcolare CD sapendo che $OB = 1$, $A\widehat{B}C = 45°$, $B\widehat{C}D = 15°$.

A $2 - \sqrt{2}$.

B $\sqrt{3} - \sqrt{2}$.

C $\frac{1}{\sqrt{2}}$.

D 1.

E $\frac{\sqrt{2} + \sqrt{3}}{2}$.

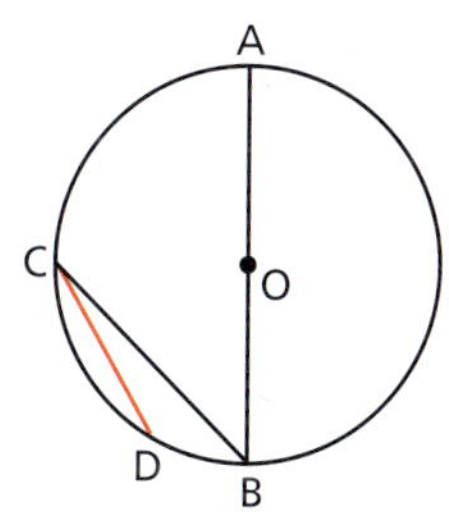

(*Giochi di Archimede*, 2001)

Problemi con equazioni, disequazioni e funzioni

174 ●● Considera una circonferenza di raggio r e una sua corda $\overline{AB} = r$. Sul maggiore dei due archi $\widehat{AB}$ prendi un punto P e poni $P\widehat{B}A = x$. Determina $\overline{BP}$ in funzione di x e trova per quali valori di x si ha $\overline{BP} = r\sqrt{2}$.

$\left[\overline{BP} = 2r\sin\left(\frac{5}{6}\pi - x\right); x = \frac{\pi}{12} \vee x = \frac{7}{12}\pi\right]$

175 ●● Su una semicirconferenza di diametro $\overline{AB} = 2r$ considera la corda $\overline{AC} = r$ e sull'arco $\overset{\frown}{CB}$ un punto P variabile, con $P\widehat{A}B = x$. Calcola x in modo che il perimetro di $ACPB$ sia $5r$. Trova poi l'area del quadrilatero corrispondente al valore di x determinato. $\left[\frac{\pi}{6}; \frac{3}{4}r^2\sqrt{3}\right]$

176 ●● In una semicirconferenza di diametro $\overline{AB} = 2r$, la corda AC misura $r\sqrt{2}$. Il punto P, preso sull'arco $\overset{\frown}{AC}$, ha proiezione H sul segmento AC e C ha proiezione K sulla tangente in P. Detto x l'angolo $C\widehat{A}P$, determina la funzione $y = \overline{CK} + \sqrt{2}\,\overline{PH} + \overline{PK}$ e rappresenta il suo grafico tenendo conto dei limiti del problema. $\left[y = 2r\sin 2x; 0 \le x \le \frac{\pi}{4}\right]$

177 ●● È dato il quadrilatero $ABCD$ inscritto in una circonferenza di raggio r. L'angolo in A è di $\frac{\pi}{3}$, quello in B è tale che $A\widehat{B}D$ è doppio di $D\widehat{B}C$. Poni $D\widehat{B}C = x$ e determina l'espressione analitica della funzione

$$f(x) = \frac{\overline{AD}}{\overline{DC}} - 3\frac{\overline{BC}}{\overline{DB}}$$

Trova per quali valori di x si ha $f(x) < \sqrt{3}$. $\left[f(x) = 2\sin\left(x - \frac{\pi}{6}\right), \text{con } 0 < x < \frac{\pi}{3}; 0 < x < \frac{\pi}{6}\right]$

178 ●● Il quadrilatero $ABCD$ è inscritto in una circonferenza di raggio r e $\overline{AB} = \overline{BC}$, $A\widehat{B}C = \frac{\pi}{3}$.
Posto $A\widehat{C}D = x$:

a. dimostra che $\overline{AD} + \overline{CD} = \overline{BD}$;

b. esprimi la funzione $f(x) = \frac{\overline{CD}}{\overline{BD}}$ e trova per quali valori di x risulta $f(x) = \frac{1}{2}$.

$\left[\text{b) } f(x) = \frac{\sqrt{3} - \tan x}{\sqrt{3} + \tan x}, \text{con } 0 < x < \frac{\pi}{3}; x = \frac{\pi}{6}\right]$

179 ●● Data la semicirconferenza di diametro $\overline{AB} = 2$, considera il punto P appartenente a essa e tale che $P\widehat{B}A = x$; traccia la tangente in P e sia H la proiezione del punto B sulla tangente.

a. Determina la funzione $f(x) = \overline{PH} + \overline{HB}$, traccia il suo grafico ed evidenzia la parte relativa al problema.

b. Risolvi la disequazione $f(x) \ge 2$. $\left[\text{a) } f(x) = \sqrt{2}\sin\left(2x + \frac{\pi}{4}\right) + 1; \text{b) } 0 \le x \le \frac{\pi}{4}\right]$

180 ●● Data la semicirconferenza di diametro $\overline{AB} = 2r$, considera le corde AC e CD consecutive e congruenti. Posto $A\widehat{B}C = x$, trova per quali valori di x si ha:

$$\overline{AC} + \overline{CD} + 2\overline{DB} = \overline{AB}.$$

[nessun valore di x]

181 ●● Date la semicirconferenza di diametro $\overline{AB} = 2r$ e la corda $\overline{AC} = r\sqrt{3}$, considera la corda BD che interseca AC in P. Posto $P\widehat{B}C = x$, determina la funzione $f(x) = \frac{\overline{PC} + \overline{CB}}{\overline{PB}}$ e rappresentala graficamente evidenziando il tratto che si riferisce al problema. $\left[y = \sin x + \cos x, \text{con } 0 \le x \le \frac{\pi}{3}\right]$

182 ●● Preso il punto P sull'arco $\overset{\frown}{DC}$ della circonferenza nella figura e posto $P\widehat{A}C = x$, rappresenta la funzione

$$f(x) = 2\overline{PA}^2 + 2\overline{PB}^2$$

in un periodo ed evidenzia la parte relativa al problema.
Determina il valore massimo di $f(x)$, indicando per quale valore di x lo si ottiene.

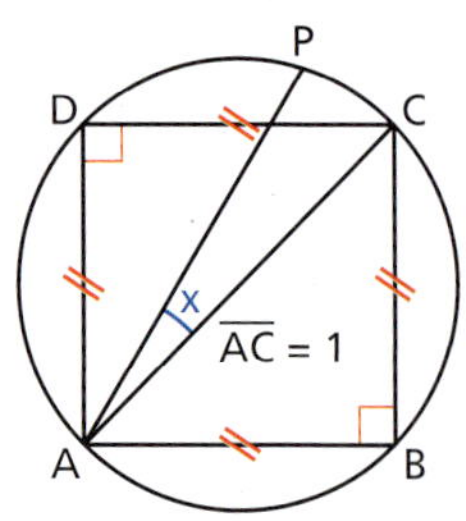

$\left[f(x) = 2 + \sqrt{2}\sin\left(2x + \frac{\pi}{4}\right) + 2, \text{con } 0 \le x \le \frac{\pi}{4}; \text{max: } \left(\frac{\pi}{8}; 2 + \sqrt{2}\right)\right]$

183 ●● Una semicirconferenza ha diametro $\overline{AB} = 4$ e la corda $\overline{BC} = 2$. Sia P un punto dell'arco $\widehat{AC}$. Considera D la sua proiezione sulla tangente in A ed E quella su AC. Poni $P\widehat{A}C = x$ e determina la funzione

$$f(x) = \overline{PD} + 2\overline{PE}.$$

Rappresenta il grafico di $f(x)$ e indica per quali valori di x si ha $f(x) = \frac{9}{2}$.

$[f(x) = \sqrt{3}\sin 2x + 3\cos 2x; \nexists x \in \mathbb{R}]$

184 ●●
a. È data la semicirconferenza di centro O e diametro $\overline{AB} = 2$ e la corda $\overline{CD} = \sqrt{2}$, con C più vicino a B. Costruisci il quadrilatero $ABCD$ e determina l'area $f(x)$ in funzione dell'angolo $A\widehat{O}D = x$ indicando le limitazioni per x.
b. Trova per quali valori di a, b, c la funzione $f(x)$ può essere scritta nella forma $y = a\sin(x + b) + c$.
c. Rappresenta graficamente $f(x)$ evidenziando il tratto relativo al problema e indica i punti di massimo e di minimo.

$\left[\text{a) } f(x) = \frac{1}{2}(\sin x + \cos x + 1), \text{ con } 0 \le x \le \frac{\pi}{2}; \text{ b) } \frac{\sqrt{2}}{2}, \frac{\pi}{4}, \frac{1}{2}; \text{ c) max:} \left(\frac{\pi}{4}; \frac{1+\sqrt{2}}{2}\right), \text{ min:} (0; 1), \left(\frac{\pi}{2}; 1\right)\right]$

3 Triangoli qualunque

Teorema dei seni

Teoria a p. 877

185 ●○ **VERO O FALSO?** Stabilisci se le seguenti uguaglianze sono vere o false, in riferimento al triangolo in figura.

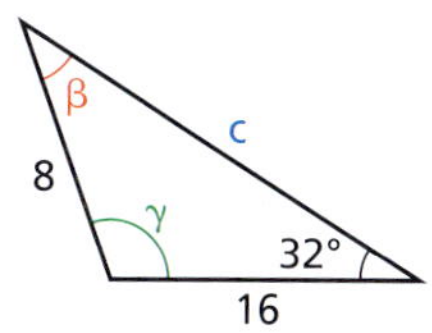

a. $\frac{8\sin\gamma}{\sin 32°} = c$ V F

b. $\sin\beta = 2\sin 32°$ V F

c. $\frac{\sin\beta}{\sin\gamma} = \frac{c}{16}$ V F

d. $\frac{\sin 32°}{\sin\beta} = \frac{c}{8}$ V F

186 **ESERCIZIO GUIDA** Utilizziamo gli elementi indicati nella figura per trovare l'angolo β e i lati CB e AC del triangolo.

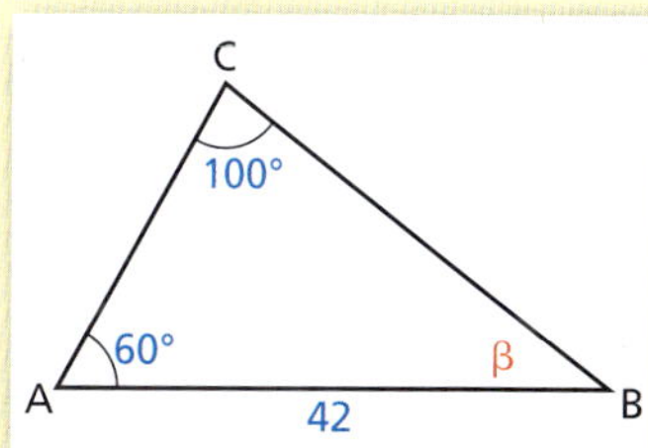

$$\beta = 180° - (100° + 60°) = 20°.$$

Applichiamo il teorema dei seni per determinare CB e AC:

$$\frac{\overline{CB}}{\sin 60°} = \frac{42}{\sin 100°} \rightarrow \overline{CB} = \frac{42}{\sin 100°} \cdot \sin 60° \simeq 36{,}9.$$

$$\frac{\overline{AC}}{\sin 20°} = \frac{42}{\sin 100°} \rightarrow \overline{AC} = \frac{42}{\sin 100°} \cdot \sin 20° \simeq 14{,}6.$$

Del triangolo *ABC* sono noti alcuni elementi. Determina ciò che è richiesto.

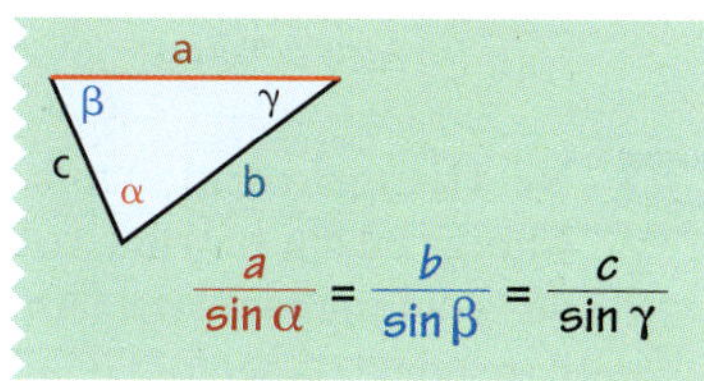

187 ●○ $a = 12$, $b = 9$, $\beta = 30°$. $\sin\alpha$? $\left[\frac{2}{3}\right]$

188 ●○ $a = 20$, $b = 9$, $\alpha = 120°$. $\sin\beta$? $\left[\frac{9\sqrt{3}}{40}\right]$

189 ●○ $a = 21$, $c = 12$, $\gamma = \frac{\pi}{3}$. $\sin\alpha$? [impossibile]

ESERCIZI

190 $a = 12\sqrt{2}$, $\beta = 60°$, $\gamma = 45°$. b? c? $[12\sqrt{3}(\sqrt{3}-1); 12\sqrt{2}(\sqrt{3}-1)]$

191 $\alpha = 60°$, $\gamma = 75°$, $b = 12$. a? c? $[6\sqrt{6}; 6(1+\sqrt{3})]$

192 $\alpha = 82°$, $\beta = 36°$, $c = 63$. a? b? $[70{,}6; 41{,}9]$

193 $\beta = 28°$, $\gamma = 107°$, $b = 48$. a? c? $[72{,}3; 97{,}8]$

194 TEST In un triangolo $a = 18$, $\sin\alpha = \frac{3}{5}$ e $\sin\beta = \frac{1}{10}$. Quanto vale b?

A 3 B 60 C $\frac{27}{25}$ D $\frac{25}{27}$ E 30

Nelle seguenti figure determina ciò che è richiesto.

195

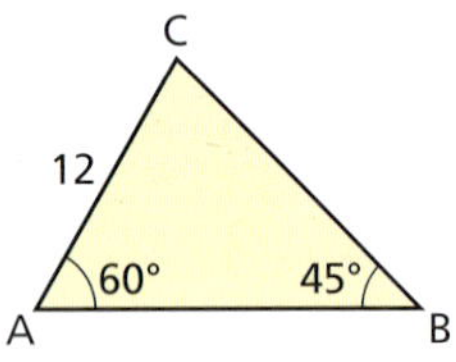

$\overline{AB}$? $[6(\sqrt{3}+1)]$

196

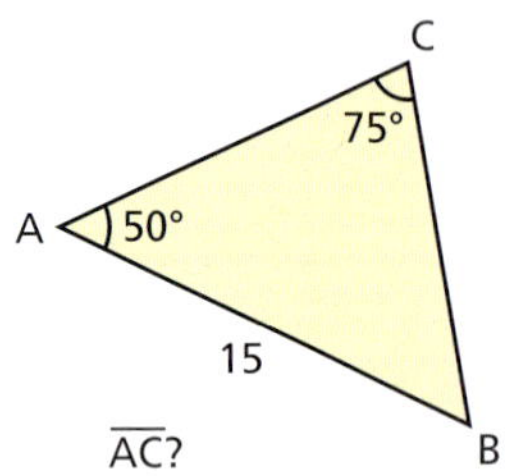

$\overline{AC}$? $[12{,}7]$

197

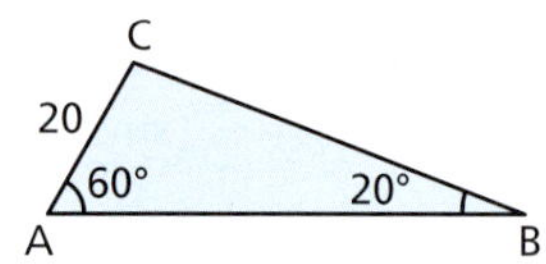

$\overline{AB}$? $[57{,}6]$

MATEMATICA AL COMPUTER

La trigonometria Scriviamo un programma nel linguaggio di Wiris che, letti il perimetro $2p$ e l'ampiezza dell'angolo alla base α di un triangolo isoscele, determini il lato obliquo ℓ, la base b e l'area S del triangolo. Proviamo il programma con $2p = 12$ m e $\alpha = 34°20'54''$.

Risoluzione – 7 esercizi in più

198 Nel triangolo ABC sono noti

$$\overline{AB} = 20,\ \cot\widehat{A} = \frac{3}{4}\ \text{e}\ \widehat{C} = \frac{\pi}{6}.$$

Determina la misura degli altri due lati. $[\overline{BC} = 32; \overline{AC} = 4(3+4\sqrt{3})]$

199 Determina il perimetro del parallelogramma $ABCD$ di base AB, sapendo che $\overline{BD} = 12$, $D\widehat{A}B = \frac{\pi}{3}$, $A\widehat{B}D = \frac{\pi}{4}$. $[12\sqrt{2}(\sqrt{3}+1)]$

200 Nel triangolo LMN il lato LM è lungo 60 cm e l'angolo $M\widehat{L}N$ ha ampiezza 30°. Sapendo che $\cos L\widehat{N}M = \frac{2}{3}\sqrt{2}$, determina gli altri lati del triangolo. $[MN = 90\ \text{cm}; LN = 30(2\sqrt{2}+\sqrt{3})\ \text{cm}]$

201 Nel triangolo acutangolo ABC la mediana AM è lunga 80 cm e forma, col lato AB, un angolo di 30°. La lunghezza del lato BC è 120 cm. Calcola l'area del triangolo ABC. $[800(\sqrt{5}+2\sqrt{3})\ \text{cm}^2]$

202 La bisettrice NP del triangolo LMN misura 40. Determina $\overline{NM}$, noti $L\widehat{N}M = \arccos\frac{7}{25}$ e $\widehat{M} = 30°$. $[8(4+3\sqrt{3})]$

203 REALTÀ E MODELLI **Passaggi** Durante una partita di calcio, si svolge l'azione rappresentata in figura: un giocatore in A passa la palla a un compagno in B, che gliela ripassa nella posizione A', dove si è spostato nel frattempo.
Si sa che $AB = 20$ m e $A'B = 30$ m, mentre l'angolo formato dalle direzioni AB e $A'A$ è $\alpha = 60°$.

a. Calcola la distanza AA' percorsa dal primo giocatore.

b. Determina l'angolo formato dalle direzioni della palla in arrivo e in partenza da B.

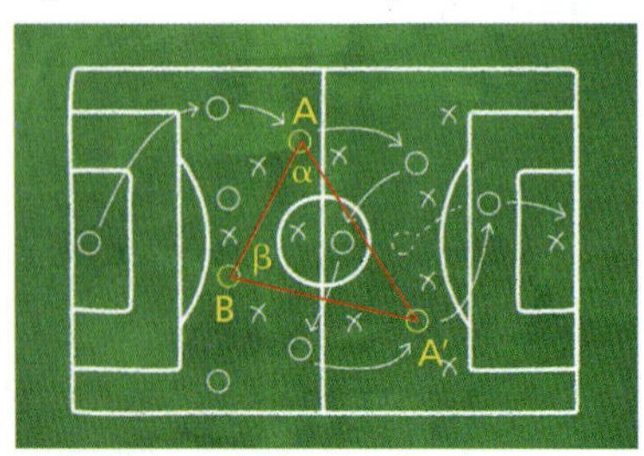

[a) 34,5 m; b) 84,7°]

204 Nel triangolo ABC i lati AB e BC sono lunghi rispettivamente 50 cm e 80 cm. La tangente di $B\widehat{A}C$ è $-\frac{4}{3}$. Determina il perimetro e l'area. $[20(5+2\sqrt{3})\ \text{cm}; 200(4\sqrt{3}-3)\ \text{cm}^2]$

Nelle seguenti figure determina ciò che è richiesto.

205 ••

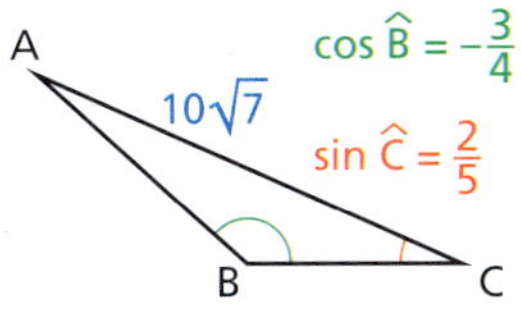

$\overline{AB}$? $\overline{BC}$?

$[16; 2(7\sqrt{3} - 6)]$

206 ••

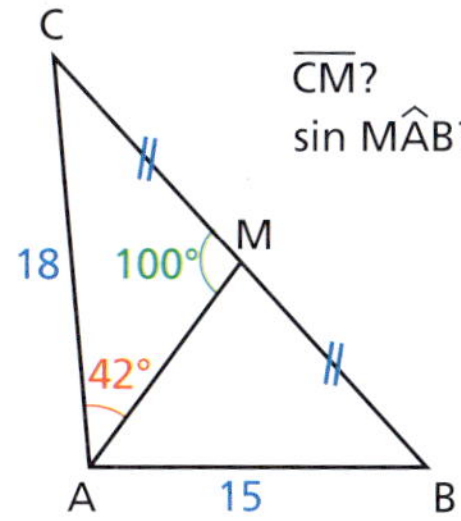

$\overline{CM}$?
$\sin M\hat{A}B$?

$[12,2; 0,80]$

207 ••

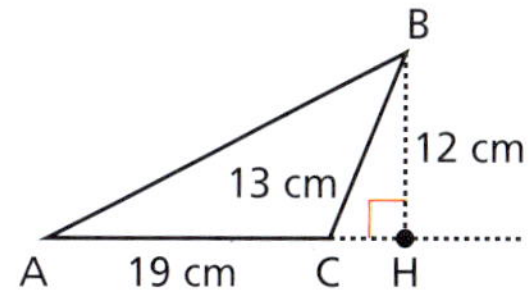

Perimetro?
$A\hat{B}C$?

$[(32 + 12\sqrt{5})\text{ cm}; \simeq 40,8°]$

Problemi con equazioni, disequazioni e funzioni

208 •• Considera il triangolo equilatero ABC e la circonferenza a esso circoscritta di raggio r. Sull'arco $\overset{\frown}{AB}$ che non contiene C prendi il punto P. Calcola $A\hat{B}P$ in modo che l'area del quadrilatero $APBC$ sia i $\frac{4}{3}$ dell'area del triangolo equilatero. $\left[\frac{\pi}{6}\right]$

209 •• Sia ABC un triangolo equilatero inscritto in una circonferenza di raggio r. Considera una corda CD interna all'angolo $A\hat{C}B$ e su CD un punto E tale che $AD \cong DE$. Dopo aver dimostrato che il triangolo ADE è equilatero, esprimi in funzione di $x = A\hat{C}D$ il perimetro del triangolo AEC.
Determina poi per quale valore di x il perimetro misura $(2 + \sqrt{3})r$. $\left[r(\sin x + \sqrt{3}\cos x + \sqrt{3}); x = \frac{\pi}{6}\right]$

210 •• Sono dati i triangoli ABC e ABD, appartenenti allo stesso semipiano rispetto al segmento AB, tali che l'angolo $A\hat{C}B$ è la metà dell'angolo $A\hat{D}B$, $\overline{CB} = 2a$, $\overline{AD} = a$ e $C\hat{B}D = \frac{\pi}{6}$. Indica con P il punto di intersezione tra AC e BD e, posto $A\hat{C}B = x$, determina la funzione:

$$f(x) = \frac{\overline{PC} - \overline{PB}}{\overline{PD}}.$$

Calcola poi in quali intervalli di $[0; 2\pi]$ si ha $f(x) \geq 0$.

$$\left[f(x) = \frac{2(1 - 2\sin x)}{\cos x - \sqrt{3}\sin x}, \text{con } 0 \leq x < \frac{\pi}{6}; 0 \leq x < \frac{\pi}{6} \vee \frac{\pi}{6} < x \leq \frac{5}{6}\pi \vee \frac{7}{6}\pi < x \leq 2\pi\right]$$

211 •• Considera il segmento AB e nei due semipiani opposti disegna il triangolo ABC con $C\hat{B}A = 2x$ e $\overline{CB} = 2$ e il triangolo ABD con $B\hat{A}D = x$. I due triangoli sono tali che $C\hat{B}D = \frac{\pi}{2}$. Indica con P il punto di intersezione dei segmenti CD e AB. Sapendo che $P\hat{C}B = \frac{\pi}{6}$, determina la misura di AD in funzione di x e calcola per quali valori di x è:

$$\overline{AD} > \frac{2\sqrt{3}}{3}.$$

$\left[\overline{AD} = \frac{2\cos 2x}{\sqrt{3}\sin x}; 0 < x < \frac{\pi}{6}\right]$

212 •• È dato il triangolo ABC tale che $\overline{AB} = 3$, $C\hat{A}B = 60°$, $A\hat{B}C = 2x$. Traccia la bisettrice dell'angolo $A\hat{B}C$ che incontra il lato AC nel punto P, considera la funzione $f(x) = \frac{\overline{AC}}{\overline{AP}}$ e, nei limiti imposti dal problema, risolvi la disequazione $f(x) \leq 1 + \sqrt{3}$. $[0° < x \leq 45°]$

213 •• Data la circonferenza di diametro $\overline{AB} = 6$, considera su AB il punto H e costruisci il triangolo equilatero AEF che ha AH come altezza.
Dal punto E conduci la parallela ad AB che incontra in M e L la circonferenza (L è da parte opposta di A rispetto al segmento EF). In funzione di $B\hat{A}L = x$, determina $\overline{EF}$, $\overline{EL}$. Calcola poi l'angolo x tale che $\overline{EF} = \overline{EL}$.
$[\overline{EF} = 6\sin 2x, \overline{EL} = 3 - 6\sin(2x - 30°), \text{con } 0° \leq x \leq 30°; x = 15°]$

214 ●● È dato il triangolo ABC tale che $\widehat{B} = 2\widehat{C}$ e $\overline{AC} = 2$. Considerato l'angolo in $\widehat{C}$ come variabile x, determina l'espressione di $\overline{AB}$ e $\overline{BC}$. Verifica che, nei limiti imposti dal problema geometrico, vale l'uguaglianza

$$\overline{AB} + \overline{BC} = 4\cos x$$

e determina il valore di x per cui $\overline{BC} = \frac{4}{3}\sqrt{3}$. $\left[\overline{AB} = \frac{1}{\cos x}, \overline{BC} = \frac{4\cos^2 x - 1}{\cos x}; x = \frac{\pi}{6}\right]$

215 ●● Nel trapezio rettangolo in figura, determina x in modo che si abbia $5\overline{AD} + \overline{DC} > 2$. $\left[\frac{\pi}{2} - \alpha < x < \frac{\pi}{2}\right]$

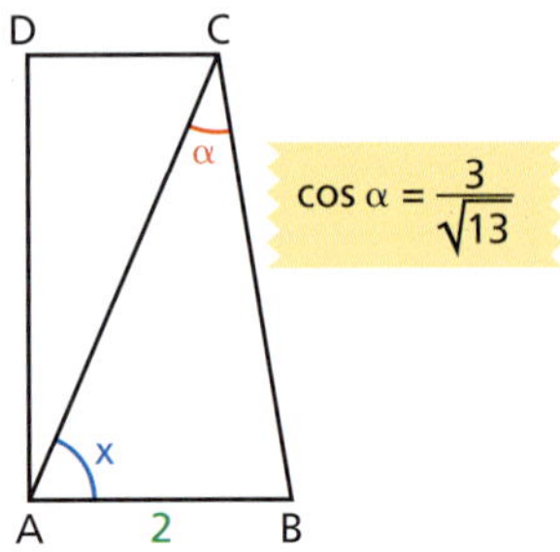

216 ●● Considera la semicirconferenza di diametro $\overline{AB} = 10$ della figura, in cui il punto D è un punto qualsiasi dell'arco $\widehat{BC}$.

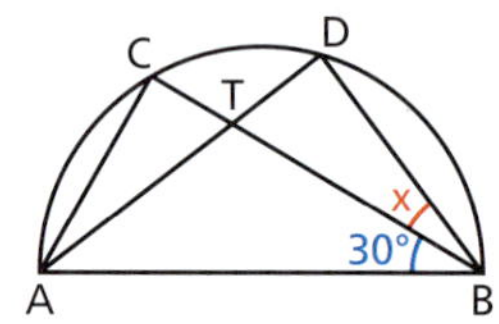

a. Esprimi la funzione

$$f(x) = \frac{\overline{DT}}{\overline{TC}}$$

e rappresenta il suo grafico, indicando il tratto relativo al problema.

b. Calcola per quale valore di x si ha $f(x) = \sqrt{2}$.

$\left[\text{a) } f(x) = 2\sin\left(\frac{\pi}{3} - x\right), \text{con } 0 < x \leq \frac{\pi}{3}; \text{b) } \frac{\pi}{12}\right]$

Teorema del coseno

▶ Teoria a p. 878

217 ●○ **TEST** Se in un triangolo due lati sono lunghi rispettivamente 6 cm e 15 cm e il coseno dell'angolo compreso fra essi vale $\frac{3}{10}$, quanto è lungo in centimetri il terzo lato?

A 207 **B** 315 **C** $\sqrt{315}$ **D** $\sqrt{207}$ **E** $\sqrt{261}$

218 **ESERCIZIO GUIDA** Determiniamo la misura del lato BC utilizzando gli elementi indicati nella figura.

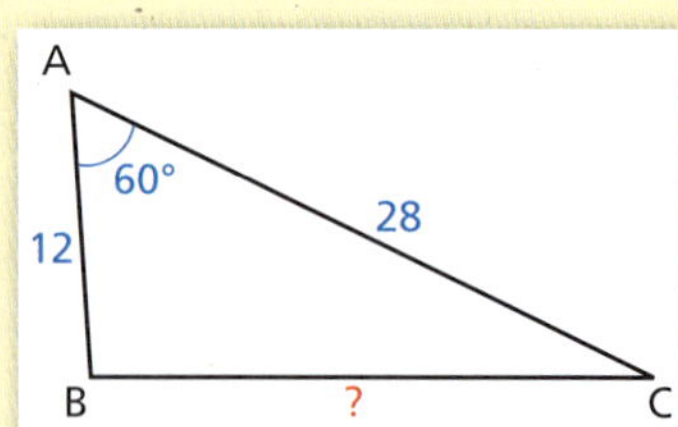

Applichiamo il teorema del coseno: $a^2 = b^2 + c^2 - 2bc\cos\alpha$

$$\overline{BC}^2 = \overline{AB}^2 + \overline{AC}^2 - 2\overline{AB} \cdot \overline{AC} \cos B\widehat{A}C =$$

$$12^2 + 28^2 - 2 \cdot 12 \cdot 28 \cos 60° = 144 + 784 - \cancel{2} \cdot 12 \cdot 28 \cdot \frac{1}{\cancel{2}} = 592.$$

Quindi $\overline{BC} = \sqrt{592} \simeq 24{,}3$.

Del triangolo *ABC* sono noti alcuni elementi. Determina ciò che è richiesto.

219 ●○ $a = 12$, $b = 6$, $\gamma = \frac{\pi}{3}$. c? $[6\sqrt{3}]$

220 ●○ $b = \sqrt{2}$, $c = 10$, $\alpha = \frac{\pi}{4}$. a? $[\sqrt{82}]$

221 ●○ $a = 15$, $c = 21$, $\beta = 40°$. b? $[13{,}5]$

222 ●○ $a = 24$, $b = 12$, $c = 12\sqrt{3}$. γ? $[60°]$

223 ●○ $a = \sqrt{56}$, $b = 10$, $c = 6$. $\cos\alpha$? $\left[\frac{2}{3}\right]$

224 ●○ $a = 12$, $b = 4\sqrt{10}$, $c = 8$. $\tan\beta$? $[\sqrt{15}]$

225 ●○ $a = 5$, $c = 9$, $\beta = \arccos\frac{1}{3}$. b? $[\sqrt{76}]$

226 ●○ $b = 20$, $c = 6$, $\alpha = \arctan\frac{3}{4}$. a? $[2\sqrt{61}]$

Nelle seguenti figure determina ciò che è richiesto.

227

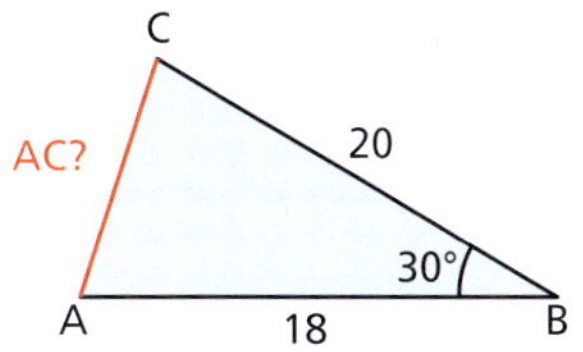

$[\simeq 10]$

228

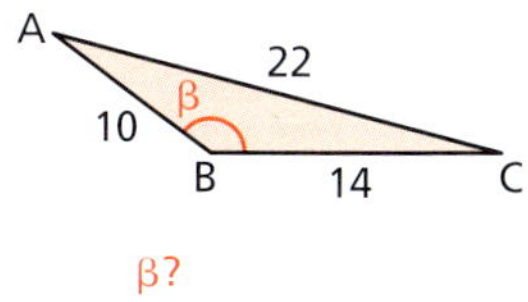

$[\simeq 132°]$

229

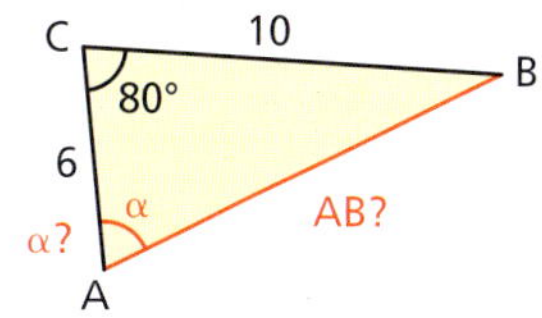

$[\simeq 11; \simeq 64°]$

---

230 Nel triangolo acutangolo ABC si ha $\sin A\widehat{C}B = \frac{5}{13}$, $AC = 26\,\text{cm}$ e $BC = 8$ cm. Trova AB. $[18{,}9\ \text{cm}]$

231 Un rombo ha i lati lunghi 10 cm e un angolo di 25°. Determina le lunghezze delle diagonali. $[4{,}3\ \text{cm};\ 19{,}5\ \text{cm}]$

232 Nel triangolo ABC, $\overline{BC} = 4$, $\overline{AB} = x$, $\overline{AC} = x + 2$ e $\cos B\widehat{A}C = \frac{x+8}{2x+4}$. Determina tutti i possibili valori di x.

(CAN *Canadian Open Mathematics Challenge*, 2006)

$[x = 6]$

233 **TEST** Un triangolo ha lati di lunghezza 1, 2 e $\sqrt{7}$. La misura in radianti dell'angolo opposto al lato di lunghezza $\sqrt{7}$ è

A $\frac{\pi}{2}$. **B** $\frac{5\pi}{8}$. **C** $\frac{2\pi}{3}$. **D** $\frac{3\pi}{4}$. **E** $\frac{5\pi}{6}$.

(USA *University of South Carolina, High School Math Contest*, 1994)

234 **RIFLETTI SULLA TEORIA** Verifica che un triangolo che ha i lati lunghi 9 cm, 15 cm e 21 cm è ottusangolo.

235 Nel triangolo ABC la misura di AC è 4 e il coseno dell'angolo $\widehat{A}$ è $\frac{3}{4}$. Il punto D divide AB in modo che $\overline{AD} = 2$ e $\overline{DB} = 1$. Trova $\overline{CD}$, $\overline{CB}$ e la misura di CM, mediana relativa ad AB.

$\left[2\sqrt{2}; \sqrt{7}; \frac{\sqrt{37}}{2}\right]$

236 In un parallelogramma due lati consecutivi misurano 4 e 20 e l'angolo fra essi compreso è $\alpha = \arcsin\frac{4}{5}$. Calcola le misure dell'area e delle diagonali. $[64; 8\sqrt{5}; 16\sqrt{2}]$

237 La base maggiore AB del trapezio rettangolo $ABCD$ misura 26, il lato obliquo CB misura 5 e $\widehat{B} = \arcsin\frac{5}{13}$. Determina $\overline{AC}$ e l'area.

$\left[\sqrt{461}; \frac{7700}{169}\right]$

238 In un trapezio isoscele $ABCD$ la base maggiore AB e il lato obliquo CB sono lunghi rispettivamente 70 cm e 32 cm. L'angolo $A\widehat{B}C$ è di 72°. Calcola le lunghezze delle diagonali e del perimetro del trapezio. $[67{,}4\ \text{cm}; 184{,}2\ \text{cm}]$

239 Determina l'angolo $B\widehat{C}D$ nel quadrilatero della figura. $[\simeq 104°]$

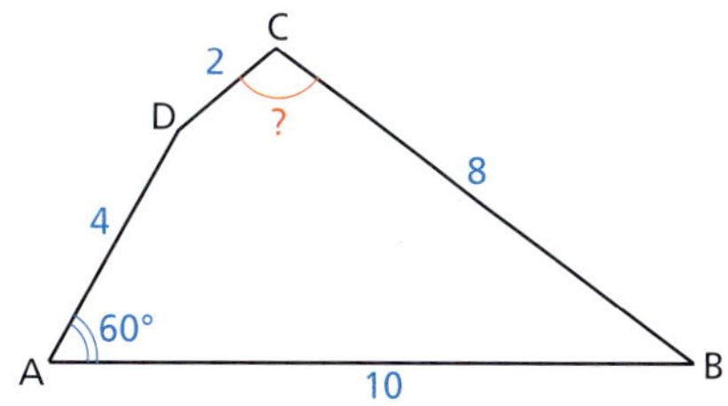

240 **YOU & MATHS** In the triangle ABC the length of the side AB is 24 cm and the length of the side AC is 20 cm. The cosine of the angle included between them is $-\frac{1}{4}$. Compute the perimeter, the area, and the length of the median BM.

$[(44 + 8\sqrt{19})\ \text{cm}; 60\sqrt{15}\ \text{cm}^2; 2\sqrt{199}\ \text{cm}]$

241 Nel triangolo ABC il lato AB supera di 4 cm il lato AC. Inoltre, $B\widehat{A}C = 120°$ e $BC = 14$ cm. Trova le lunghezze dei lati AC e AB. $[6\ \text{cm}; 10\ \text{cm}]$

242 Nel triangolo LMN la lunghezza del lato LM è $6\sqrt{21}$ cm, quella del lato MN è 50 cm e il seno dell'angolo compreso fra essi è $\frac{2}{5}$. Determina l'area del triangolo e il raggio della circonferenza circoscritta.

$[S_1 = S_2 = 60\sqrt{21}\ \text{cm}^2; r_1 = 95\ \text{cm}, r_2 = 5\sqrt{46}\ \text{cm}]$

243 Determina gli angoli, il perimetro e l'area del trapezio in figura.

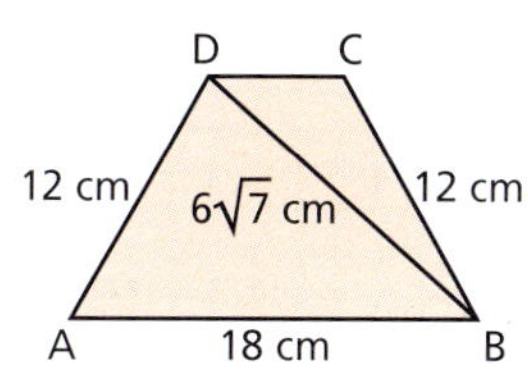

$[\widehat{A} = \widehat{B} = 60°; \widehat{C} = \widehat{D} = 120°; 48\ \text{cm}; 72\sqrt{3}\ \text{cm}^2]$

244 ●● Nel triangolo ABC sono noti il lato AB, la bisettrice AT dell'angolo $B\widehat{A}C$ e il segmento BT staccato da tale bisettrice sul lato BC; le loro lunghezze sono: $AB = (\sqrt{3} + 1)$ cm, $AT = 2$ cm e $BT = \sqrt{2}$ cm. Calcola l'area del triangolo. $\left[\frac{\sqrt{3}}{2}(\sqrt{3}+1)\ \text{cm}^2\right]$

Problemi con equazioni, disequazioni e funzioni

245 ●○ Il triangolo ABC ha i lati $\overline{AB} = 3 - 3a$, $\overline{BC} = 6a + 3$ e l'angolo $A\widehat{B}C = 120°$. Trova per quali valori di a si ha $\overline{AC}^2 > 39$. $\left[\frac{1}{3} < a < 1\right]$

246 ●● La corda AB di una circonferenza di centro O e raggio r è lunga quanto il lato di un triangolo equilatero inscritto nella circonferenza. Traccia da B la tangente alla circonferenza e prendi su di essa un punto P appartenente al semipiano che è individuato da AB e contiene O. Poni $\overline{PB} = x$. Esprimi:

$$f(x) = \overline{AP}^2 - \overline{AB}^2,$$

rappresenta la funzione $f(x)$ nel piano cartesiano e determina per quale valore di x è $f(x) = \frac{1}{4}r^2$.

$\left[f(x) = x^2 + \sqrt{3}\,rx, x \geq 0; x = \frac{r}{2}(2 - \sqrt{3})\right]$

247 ●● Sia $ABCD$ un quadrato di lato 4 cm. Traccia la circonferenza di diametro AB e considera un punto P appartenente alla semicirconferenza interna al quadrato, ponendo $P\widehat{A}B = x$. Sia P' il simmetrico di P rispetto ad AB. Determina la funzione

$$f(x) = \overline{DP'}^2 - \overline{PA}^2,$$

rappresentala graficamente ed evidenzia la parte del grafico relativa al problema. In tale tratto indica il massimo e il minimo valore della funzione. Trova per quale valore di x la funzione assume valore massimo.

$\left[f(x) = 16(1 + \sin 2x);\ \text{massimo} = 32;\ \text{minimo} = 16;\ x = \frac{\pi}{4}\right]$

248 ●● È data la semicirconferenza di diametro $\overline{AB} = 2$ e centro O. Nel triangolo ABC in essa inscritto poni $B\widehat{A}C = x$. Sulla semiretta OC considera il punto P tale che $\overline{OC} = \overline{CP}$.

a. Verifica che $\overline{PA}^2 + \overline{PB}^2 = 10$.

b. Risolvi, nei limiti geometrici imposti dal problema, la disequazione $\frac{\overline{PA}^2}{\overline{PB}^2} \geq \frac{7}{3}$.

$\left[\text{b) } 0 \leq x \leq \frac{\pi}{6}\right]$

249 ●● È dato il segmento $\overline{AB} = 4$. Dal suo punto medio M conduci una semiretta in modo che formi con MB un angolo acuto variabile di ampiezza x. Sia K la proiezione ortogonale di B sulla semiretta.

a. Risolvi, nei limiti imposti dal problema, l'equazione:

$$\overline{AK}^2 + \overline{KB}^2 = 10.$$

b. Verifica che la funzione $f(x) = \overline{AK}^2 + \overline{KB}^2$ può essere espressa con $y = 12 + 4\cos 2x$.

c. Rappresenta la funzione $g(x)$ ottenuta da $f(x)$ con una traslazione di vettore

$$\vec{v}\left(-\frac{\pi}{2}; -12\right).$$

$\left[\text{a) } x = \frac{\pi}{3};\ \text{c) } g(x) = -4\cos 2x\right]$

250 ●● È dato il triangolo equilatero ABC di lato $2l$. Traccia la semicirconferenza di diametro AB esterna al triangolo e considera su di essa un punto P, con $B\widehat{A}P = x$.

Determina la funzione

$$f(x) = \frac{\overline{PC}^2 + \overline{PB}^2}{\overline{AB}^2}$$

verificando che può essere scritta nella forma $f(x) = \sin(ax + b) + c$. Determina a, b, c e rappresenta graficamente $f(x)$.

$\left[a = 2, b = -\frac{\pi}{6}, c = \frac{3}{2}\right]$

251 ●● È data una semicirconferenza di diametro $\overline{AB} = \sqrt{3}$; conduci la tangente in A e fissa su di essa il punto C, appartenente al semipiano della semicirconferenza, tale che $\overline{AC} = 1$. Sulla semicirconferenza considera un punto P e poni $P\widehat{A}B = x$.

a. Determina le funzioni

$$f(x) = \overline{PB}^2 + \overline{PC}^2 \text{ e } g(x) = 2\overline{PA}^2 + 4\overline{AC}^2.$$

b. Traccia i grafici di $f(x)$ e $g(x)$ evidenziando la parte relativa al dominio del problema.

c. Risolvi la disequazione $f(x) \geq g(x)$ senza tener conto dei limiti del problema.

$\left[\text{a) } f(x) = 4 - \sqrt{3}\sin 2x,\ g(x) = 7 + 3\cos 2x,\ \text{con } 0 \leq x \leq \frac{\pi}{2};\ \text{c) } \frac{\pi}{2} + k\pi \leq x \leq \frac{2}{3}\pi + k\pi\right]$

252 ●● Il triangolo ABC è inscritto nella circonferenza di raggio 1 e ha l'angolo $C\widehat{A}B = \alpha$ tale che $\cos\alpha = \frac{4}{5}$. Posto $A\widehat{B}C = x$ e indicato con M il punto medio di AB, calcola per quali valori di x si ha: $25\overline{CM}^2 - \frac{19}{4}\overline{AC}^2 = 9$. $\left[x = \frac{\pi}{4}\right]$

253 ●● Presi i punti D e C rispettivamente sulle tangenti in A e B a una semicirconferenza di diametro $\overline{AB} = 2$, si abbia $\overline{AD} = \overline{CB} = 1$. Sia P un punto sulla semicirconferenza.
Posto $P\widehat{A}B = x$, risolvi l'equazione:
$\overline{PC}^2 + 2\overline{PD}^2 + 2\overline{AP}^2 = 7$. $\left[x = \frac{\pi}{4} \vee x = \frac{\pi}{2}\right]$

254 ●● Considera il punto P sulla semicirconferenza di diametro $\overline{AB} = 2r$ e poni $P\widehat{B}A = x$. Sia BC una semiretta di origine B, con C che si trova nel semipiano di origine AB contenente la semicirconferenza e tale che $C\widehat{B}A = \frac{3}{4}\pi$ e $\overline{BC} = 2r$. Risolvi la disequazione:
$\overline{PC}^2 + \overline{AP}^2 > 2\overline{AB}^2$. $\left[0 < x < \frac{\pi}{4}\right]$

Risoluzione dei triangoli qualunque

▶ Teoria a p. 879

Sono noti un lato e due angoli

255 **ESERCIZIO GUIDA** Risolviamo il triangolo ABC, sapendo che: $c = 4\sqrt{3}$, $\alpha = 120°$, $\beta = 15°$.

Ricaviamo γ per differenza: $\gamma = 180° - (120° + 15°) = 45°$.

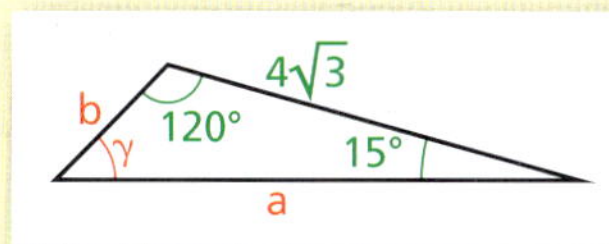

Applichiamo il teorema dei seni per calcolare a e b.

$$\frac{a}{\sin\alpha} = \frac{c}{\sin\gamma} \to a = \frac{c\sin\alpha}{\sin\gamma} = \frac{4\sqrt{3}\cdot\frac{\sqrt{3}}{2}}{\frac{\sqrt{2}}{2}} = \frac{12}{\sqrt{2}} = 6\sqrt{2}$$

$$\frac{b}{\sin\beta} = \frac{c}{\sin\gamma} \to b = \frac{c\sin\beta}{\sin\gamma} = \frac{4\sqrt{3}\cdot\frac{\sqrt{6}-\sqrt{2}}{4}}{\frac{\sqrt{2}}{2}} = \sqrt{6}(\sqrt{6}-\sqrt{2}) = 6 - 2\sqrt{3}$$

Risolvi il triangolo *ABC*, noti gli elementi indicati.

256 ●○ $c = 12\sqrt{3}$, $\alpha = \frac{\pi}{4}$, $\gamma = \frac{\pi}{3}$. $\left[\beta = \frac{5}{12}\pi; a = 12\sqrt{2}; b = 6(\sqrt{2} + \sqrt{6})\right]$

257 ●○ $b = \sqrt{3} + 1$, $\beta = 15°$, $\gamma = 120°$. $[\alpha = 45°; a = 4 + 2\sqrt{3}; c = 2\sqrt{6} + 3\sqrt{2}]$

258 ●○ $a = 8\sqrt{6}$, $\alpha = \frac{2}{3}\pi$, $\beta = \frac{\pi}{12}$. $\left[\gamma = \frac{\pi}{4}; b = 8\sqrt{3} - 8; c = 16\right]$

259 ●○ $c = 4\sqrt{2}$, $\alpha = 30°$, $\gamma = \frac{7}{12}\pi$. $\left[\beta = \frac{\pi}{4}; a = 4\sqrt{3} - 4; b = 4\sqrt{6} - 4\sqrt{2}\right]$

260 ●○ $a = 28$, $\alpha = 30°$, $\cos\beta = \frac{1}{3}$. $\left[\gamma \simeq 79°28'; b = \frac{112}{3}\sqrt{2}; c = \frac{28}{3}(2\sqrt{6} + 1)\right]$

261 ●○ $a = 10\sqrt{2}$, $\alpha = \frac{\pi}{4}$, $\gamma = \frac{5}{12}\pi$. $\left[\beta = \frac{\pi}{3}; b = 10\sqrt{3}; c = 5\sqrt{2}(\sqrt{3} + 1)\right]$

262 ●○ $b = 4\sqrt{6}$, $\beta = \frac{\pi}{4}$, $\tan\gamma = -\sqrt{3}$. $\left[\alpha = \frac{\pi}{12}; a = 6\sqrt{2} - 2\sqrt{6}; c = 12\right]$

263 ●○ Determina la lunghezza della diagonale BD del parallelogramma. $[4(\sqrt{3} + 3)]$

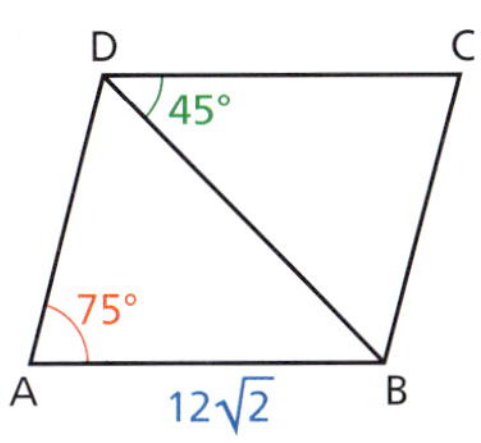

264 ●○ Trova $\cos\alpha$ e poi calcola il perimetro e l'area del triangolo ABC. $[0; 270; 1620]$

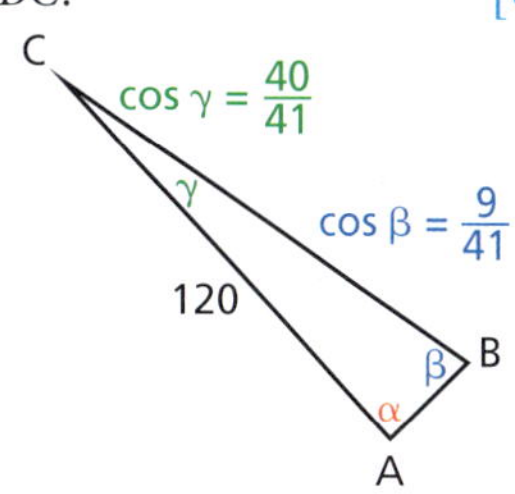

Sono noti due lati e l'angolo fra essi compreso

265 ESERCIZIO GUIDA Risolviamo il triangolo ABC, sapendo che $b = 12$, $c = 18$, $\alpha = 21°$.

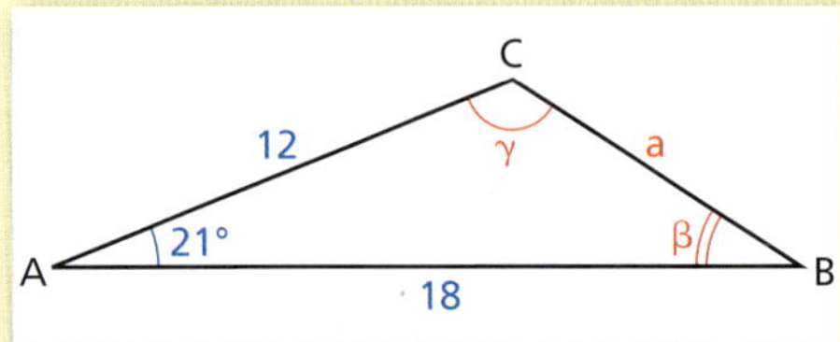

Applicando il teorema del coseno, ricaviamo a:

$a^2 = b^2 + c^2 - 2bc\cos\alpha$;

$a^2 = 12^2 + 18^2 - 2 \cdot 12 \cdot 18\cos 21° \simeq 64{,}69$;

$a \simeq 8{,}04$.

Ricaviamo β, applicando ancora il teorema del coseno:

$$b^2 = a^2 + c^2 - 2ac\cos\beta \rightarrow \cos\beta = \frac{a^2 + c^2 - b^2}{2ac}; \quad \cos\beta \simeq \frac{8{,}04^2 + 18^2 - 12^2}{2 \cdot 8{,}04 \cdot 18} \simeq 0{,}85 \rightarrow \beta \simeq 32°.$$

Ricaviamo γ per differenza: $\gamma \simeq 180° - (21° + 32°) = 127°$.

Risolvi il triangolo ABC, noti gli elementi indicati.

266 $b = 14$, $c = 28$, $\alpha = 34°$. $[a \simeq 18{,}17; \beta \simeq 26°; \gamma \simeq 120°]$

267 $a = 15{,}3$, $b = 6{,}2$, $\gamma = 128°$. $[c \simeq 19{,}73; \alpha \simeq 38°; \beta \simeq 14°]$

268 $a = \sqrt{3}$, $c = 5\sqrt{3}$, $\beta = 60°$. $[b \simeq 7{,}94; \alpha \simeq 11°; \gamma \simeq 109°]$

269 $b = 4$, $c = 20$, $\alpha = \frac{2}{3}\pi$. $[a \simeq 22{,}27; \beta \simeq 9°; \gamma \simeq 51°]$

270 $a = 4\sqrt{3}$, $b = 6\sqrt{2}$, $\tan\gamma = \sqrt{3}$. $[\alpha \simeq 50°; \beta \simeq 70°; c \simeq 7{,}82]$

271 $a = 14$, $c = 10$, $\cos\beta = \frac{2}{7}$. $[b = 6\sqrt{6}; \alpha \simeq 66°; \gamma \simeq 41°]$

---

272 Determina la lunghezza del segmento DC.

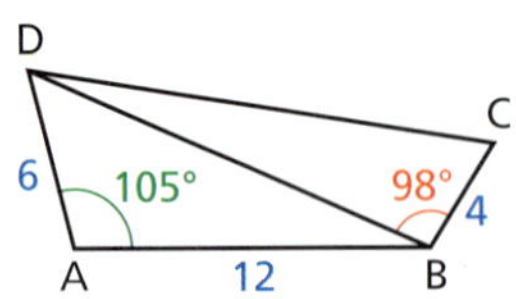

$[\simeq 15{,}8]$

273 Le diagonali del parallelogramma $ABCD$ sono lunghe 24 cm e 40 cm. Calcola il perimetro.

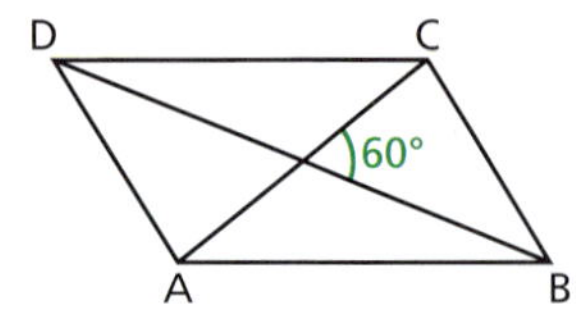

$[56 + 8\sqrt{19}]$

Sono noti due lati e l'angolo opposto a uno di essi

274 ESERCIZIO GUIDA Risolviamo un triangolo ABC, sapendo che:

a. $b = 6\sqrt{2}, c = 12, \gamma = 45°$; **b.** $b = 4\sqrt{2}, c = 4\sqrt{6}, \beta = 30°$.

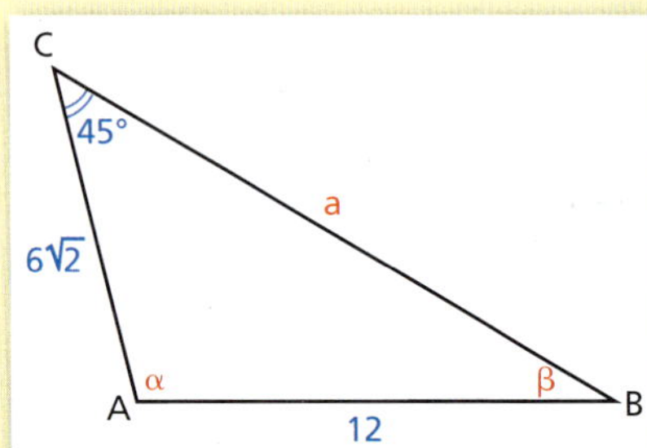

a. Ricaviamo β con il teorema dei seni, $\frac{c}{\sin\gamma} = \frac{b}{\sin\beta}$.

$$\frac{\cancel{12}^{\,2}}{\frac{\sqrt{2}}{2}} = \frac{{}^{1}\cancel{6}\sqrt{2}}{\sin\beta} \rightarrow \sin\beta = \frac{1}{2} \left\langle \begin{array}{l} \beta_1 = 30° \\ \\ \beta_2 = 150° \end{array} \right.$$

È accettabile solo il valore $\beta_1 = 30°$, in quanto per $\beta_2 = 150°$ si avrebbe $\beta + \gamma = 150° + 45° = 195° > 180°$.
Inoltre non sarebbe vero che ad angolo maggiore sta opposto lato maggiore: $6\sqrt{2}$, che è minore di 12, sarebbe opposto a 150°, che è maggiore di 45°.

Determiniamo α per differenza: $\alpha = 180° - (30° + 45°) = 105°$.

Troviamo a con il teorema dei seni: $\frac{a}{\sin\alpha} = \frac{b}{\sin\beta} \rightarrow \frac{a}{\sin 105°} = \frac{6\sqrt{2}}{\frac{1}{2}} \rightarrow a \simeq 16{,}4$.

b. Applichiamo il teorema dei seni, $\frac{c}{\sin \gamma} = \frac{b}{\sin \beta}$.

$$\frac{4\sqrt{6}}{\sin \gamma} = \frac{4\sqrt{2}}{\frac{1}{2}} \rightarrow \sin \gamma = \frac{\sqrt{3}}{2} \quad \begin{cases} \gamma_1 = 60° \\ \gamma_2 = 120° \end{cases}$$

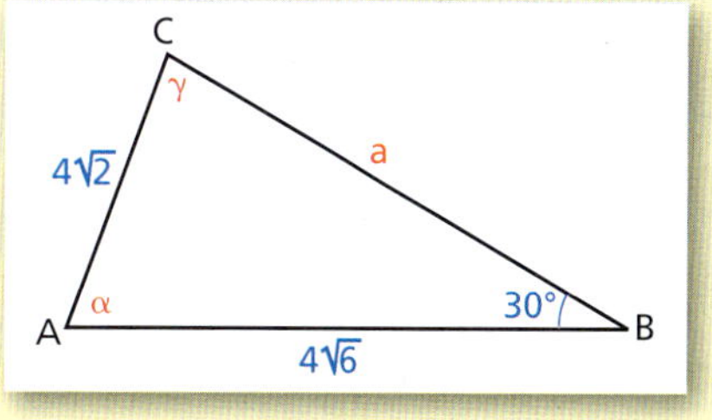

Entrambe le soluzioni sono accettabili.

- Se $\gamma = 60° \rightarrow \alpha = 90°$,
  $\frac{a}{\sin 90°} = \frac{4\sqrt{2}}{\sin 30°} \rightarrow a = 8\sqrt{2}$.
- Se $\gamma = 120° \rightarrow \alpha = 30°$, il triangolo è isoscele, quindi $a = 4\sqrt{2}$.

Risolvi il triangolo *ABC*, noti gli elementi indicati.

275 $a = 12\sqrt{2}$, $b = 8\sqrt{3}$, $\alpha = 60°$. $[\beta = 45°; \gamma = 75°; c = 12 + 4\sqrt{3}]$

276 $a = 2\sqrt{2}$, $c = \sqrt{2} + \sqrt{6}$, $\alpha = 45°$. $[\beta = 60°, \gamma = 75°, b = 2\sqrt{3} \vee \beta = 30°, \gamma = 105°, b = 2]$

277 $b = 7$, $c = 7\sqrt{3}$, $\gamma = 120°$. $[\alpha = 30°; \beta = 30°; a = 7]$

278 $b = 3\sqrt{3}$, $c = 3$, $\beta = \frac{\pi}{3}$. $\left[\alpha = \frac{\pi}{2}; \gamma = \frac{\pi}{6}; a = 6\right]$

279 $b = 4$, $c = 2\sqrt{2}$, $\tan \gamma = \frac{\sqrt{3}}{3}$.
$\left[\alpha = \frac{7}{12}\pi, \beta = \frac{\pi}{4}, a = 2(\sqrt{3}+1) \vee \alpha = \frac{\pi}{12}, \beta = \frac{3}{4}\pi, a = 2(\sqrt{3}-1)\right]$

280 $a = 6(\sqrt{2}+1)$, $b = 6 + 3\sqrt{2}$, $\beta = \frac{\pi}{4}$. $\left[\alpha = \frac{\pi}{2}; \gamma = \frac{\pi}{4}; c = 6 + 3\sqrt{2}\right]$

281 $a = 2\sqrt{3}$, $b = 3\sqrt{3}$, $\sin \alpha = \frac{2}{3}$ (α acuto). $[\beta = 90°; \gamma \simeq 48°; c = \sqrt{15}]$

YOU & MATHS

282 Two sides and an angle are given. Determine whether the given information results in one triangle, two triangles or no triangle at all. Solve any triangle(s) that result.

$a = 4$, $b = 8$, $\alpha = 20°$. (USA *Southern Illinois University Carbondale*, Final Exam, 2002)

$[$1st tr.: $\alpha = 20°, \beta = 43.16°, \gamma = 116.84°, a = 4, b = 8, c = 10.44$; 2nd tr.: $\alpha = 20°, \beta = 136.84°, \gamma = 23.16°, a = 4, b = 8, c = 4.6]$

283 In triangle ABC, $\overline{AB} = 10$, $\overline{BC} = 9$, and $\widehat{A} = 60$ degrees. Find the sum of all possible lengths of AC.
(USA *Bay Area Math Meet, Bowl Sampler*, 1995)
[10]

Sono noti i tre lati

284 **ESERCIZIO GUIDA** Risolviamo un triangolo ABC, sapendo che $a = 9, b = 20, c = 13$.

$$\cos \alpha = \frac{b^2 + c^2 - a^2}{2bc} = \frac{20^2 + 13^2 - 9^2}{2 \cdot 20 \cdot 13} \simeq 0{,}94 \rightarrow \alpha \simeq 20°$$

$$\cos \beta = \frac{a^2 + c^2 - b^2}{2ac} = \frac{9^2 + 13^2 - 20^2}{2 \cdot 9 \cdot 13} \simeq -0{,}64 \rightarrow \beta \simeq 130°$$

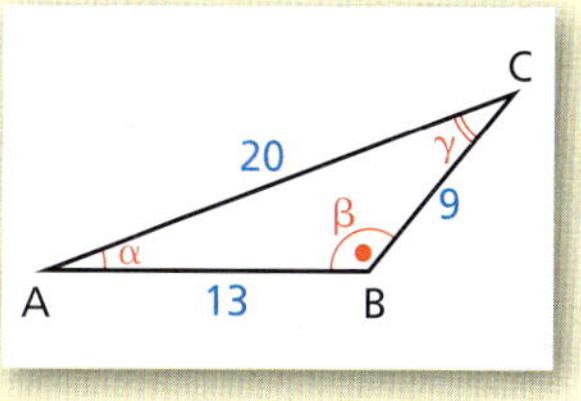

Troviamo γ per differenza: $\gamma \simeq 180° - (20° + 130°) = 30°$.

Risolvi il triangolo ABC, noti gli elementi indicati.

285 $a = 4$, $b = 9$, $c = 12$. $[\alpha \simeq 15°; \beta \simeq 35°; \gamma \simeq 130°]$

286 $a = 20$, $b = 7$, $c = 14$. $[\alpha \simeq 142°; \beta \simeq 12°; \gamma \simeq 26°]$

287 $a = 52$, $b = 48$, $c = 36$. $[\alpha \simeq 75°; \beta \simeq 63°; \gamma \simeq 42°]$

288 $a = 15$, $b = 26$, $c = 40$. $[\alpha \simeq 10°; \beta \simeq 17°; \gamma \simeq 153°]$

289 $a = 4$, $b = 2\sqrt{6}$, $c = 2 + 2\sqrt{3}$. $[45°; 60°; 75°]$

290 $a = 12$, $b = 8$, $c = 4\sqrt{7}$. $[\alpha \simeq 79°; \beta \simeq 41°; \gamma \simeq 60°]$

291 $a = 2\sqrt{3}$, $b = 2\sqrt{2}$, $c = \sqrt{2} + \sqrt{6}$. $\left[\alpha = \frac{\pi}{3}; \beta = \frac{\pi}{4}; \gamma = \frac{5}{12}\pi\right]$

292 Determina l'ampiezza degli angoli interni di un parallelogramma, sapendo che i lati misurano 12 cm e 17 cm e la diagonale minore misura 20 cm. [85°; 95°]

Problemi con triangoli qualunque

293 **VERO O FALSO?** Nel triangolo della figura:

a. $a = \dfrac{\sqrt{3}\, b}{2 \sin \beta}$. V F

b. $\overline{CH} = \dfrac{\sqrt{3}}{2}$. V F

c. $\dfrac{\sin(120° - \beta)}{\sin \beta} = 3$. V F

d. $\cos A\widehat{C}B = \dfrac{a^2 - 8b^2}{2ab}$. V F

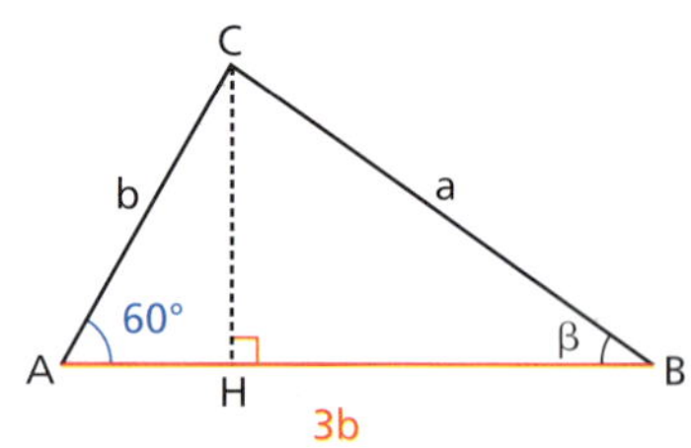

294 In un triangolo isoscele il rapporto $\frac{r_i}{r_c}$ fra i raggi della circonferenza inscritta e circoscritta è $\frac{1}{2}$: determina gli angoli del triangolo. [triangolo equilatero]

295 In un triangolo un lato misura $9\sqrt{2}$. Un angolo a esso adiacente è $\frac{\pi}{4}$ e l'altro ha tangente uguale a $-\frac{4}{3}$. Determina le misure degli altri elementi del triangolo. $\left[\arccos \frac{\sqrt{98}}{10}; 72, 45\sqrt{2}\right]$

296 In un triangolo l'area misura $\frac{\sqrt{3}}{2}(1 + \sqrt{3})$ e due angoli hanno ampiezze $\frac{\pi}{4}$ e $\frac{\pi}{3}$. Calcola le misure degli altri elementi del triangolo. $\left[\frac{5}{12}\pi; 2, \sqrt{6}, \sqrt{3} + 1\right]$

297 In un triangolo le misure dell'area e di due lati sono rispettivamente $\frac{25}{2}(3 - \sqrt{3})$, 10 e $5(\sqrt{3} - 1)$. Trova gli altri elementi del triangolo. $[60°, 81°, 39°, 8{,}76 \vee 120°, 45°, 15°, 5\sqrt{6}]$

298 **REALTÀ E MODELLI** **Che vista!** Dalla finestra della propria stanza con vista sul lago, Giulia può ammirare un panorama dominato, alla sua sinistra, dalla vetta del monte Alto, distante 8 km in linea d'aria, e, alla sua destra, dalla vetta del monte Brullo, distante 12 km in linea d'aria. Se per passare dall'una all'altra Giulia deve girare lo sguardo di 75°, qual è la distanza tra le due vette? [12,6 km]

299 Determina il perimetro e la diagonale minore di un parallelogramma, sapendo che la diagonale maggiore è lunga 20 cm e forma con un lato un angolo di 30°, mentre l'angolo a essa opposto è di 135°. $[20(\sqrt{2} + \sqrt{3} - 1)\text{ cm}, 20\sqrt{2 - \sqrt{3}}\text{ cm}]$

300 In un parallelogramma la diagonale minore è lunga $2\sqrt{2}$ cm e forma con un lato un angolo di 30°. Sapendo che l'angolo opposto a tale diagonale è di 45°, calcola il perimetro del parallelogramma.

$[2(\sqrt{6}+\sqrt{2}+2)$ cm$]$

301 Determina le diagonali del parallelogramma *ABCD* in figura.

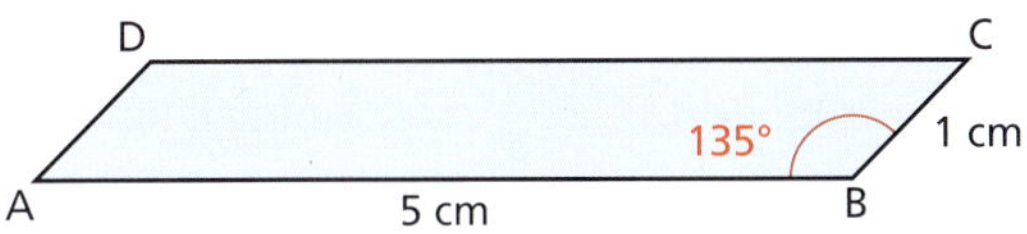

[5,75 cm; 4,35 cm]

302 Il triangolo acutangolo *ABC* è inscritto in una circonferenza di raggio 5; la misura del lato *AB* è $5\sqrt{3}$ e quella del lato *AC* è 8. Calcola l'area del triangolo.

$[2(4\sqrt{3}+9)]$

303 Sulla semicirconferenza di diametro $\overline{AB}=2r$ è assegnato un punto *Q* tale che $\overline{AQ}+\overline{QB}=\sqrt{6}\,r$. Quanto misura l'angolo $Q\widehat{A}B$?

[15°; 75°]

304 Nella semicirconferenza di diametro $\overline{AB}=4$ è data la corda $\overline{BC}=2$. Sul raggio *OA* è fissato il punto *D* tale che $\overline{DO}=3\overline{AD}$. Calcola la misura del segmento *DC*.

$\left[\frac{\sqrt{37}}{2}\right]$

305 L'ampiezza dell'angolo al vertice di un triangolo isoscele è 120°. Calcola il rapporto fra il raggio della circonferenza circoscritta al triangolo e il raggio di quella inscritta.

$\left[\frac{2(2\sqrt{3}+3)}{3}\right]$

306 Il triangolo *RST* ha il lato *RS* lungo 8 cm e la mediana *RM* lunga 5 cm. Sapendo che l'ampiezza dell'angolo $S\widehat{R}M$ è $\arccos\frac{3}{5}$, determina i lati *RT* e *ST* e l'angolo $R\widehat{S}T$.

$\left[RT=2\sqrt{17}\text{ cm};\ ST=2\sqrt{41}\text{ cm};\ \arcsin\frac{4}{\sqrt{41}}\right]$

307 Sai che nel triangolo *ABC* il lato *BC* è lungo 14 cm, la mediana *AM* è lunga 8 cm e l'angolo $A\widehat{M}C$ è di 60°. Determina l'area e il perimetro del triangolo.

$[28\sqrt{3}$ cm^2; $(27+\sqrt{57})$ cm$]$

308 REALTÀ E MODELLI **Relax!** La sedia a sdraio di Gianni ha uno schienale la cui base d'appoggio *AB* è lunga 40 cm. All'estremo *A* è incernierato lo schienale *AD*, lungo 70 cm, all'estremo *B* è incernierata un'asta di sostegno *BC*, che è lunga 25 cm e può essere fissata in qualunque punto *C* di *AD*.

a. A quale distanza da *A* Gianni deve fissare l'estremo *C* dell'asta se vuole avere l'angolo di inclinazione α di 30°?

b. Può Gianni fissare l'estremo *C* dell'asta in modo che l'angolo di inclinazione α sia 45°?

[a) $5(4\sqrt{3}+3)$ cm $\simeq$ 49,6 cm ∨ $5(4\sqrt{3}-3)$ cm $\simeq$ 19,6 cm; b) no]

309 Nel triangolo *PQR* conosci il lato $\overline{PQ}=2\sqrt{2}$, il lato $\overline{QR}=2$ e la mediana $\overline{RM}=\sqrt{3}-1$. Calcola l'area e il perimetro del triangolo.

$[\sqrt{3}-1;\ 2+\sqrt{2}+\sqrt{6}]$

310 La base maggiore del trapezio rettangolo *ABCD* è $AB=48$ cm; la diagonale maggiore *BD* è lunga $32\sqrt{3}$ cm ed è bisettrice dell'angolo $A\widehat{B}C$. Determina gli angoli, il perimetro e l'area del trapezio.

$[\widehat{B}=60°;\ \widehat{C}=120°;\ 16(7+\sqrt{3})$ cm; $640\sqrt{3}$ cm$^2]$

311 Il rettangolo *ABCD* ha i lati $AB=40$ cm e $BC=25$ cm; il parallelogramma $ABC'D'$ ha i vertici C' e D' appartenenti alla retta *CD*. Il perimetro di $ABC'D'$ è i $\frac{6}{5}$ del perimetro di *ABCD*. Calcola gli angoli del parallelogramma $ABC'D'$.

$\left[\widehat{C'}=\arcsin\frac{25}{38}\right]$

312 Il triangolo *ABC* ha $\widehat{B}=45°$ e $\overline{AB}=28\sqrt{2}$. La mediana *AM* misura 35. Calcola l'area.

[196 o 1372]

313 L'area di un triangolo isoscele è 160 m^2; l'altezza relativa alla base è $AH=20$ m. Determina gli angoli del triangolo e le altezze relative ai lati obliqui.

$\left[\beta=\gamma=\arctan\frac{5}{2};\ \alpha=\arctan\frac{20}{21};\ h=\frac{80\sqrt{29}}{29}\text{ m}\right]$

314 ●● Nel triangolo ABC la lunghezza del lato AB è $5\sqrt{21}$ cm, quella della proiezione del lato AC su BC è 8 cm. Gli angoli $\widehat{B}$ e $\widehat{C}$ sono acuti e $\sin \widehat{C} = \frac{\sqrt{21}}{5}$; calcola i lati e gli angoli del triangolo. $\left[AC = 20 \text{ cm}; BC = (3\sqrt{21} + 8) \text{ cm}; \widehat{B} = \arccos\frac{3}{5}; \widehat{A} = \arccos\frac{4\sqrt{21} - 6}{25}\right]$

315 ●● Risolvi il triangolo ABC in figura.

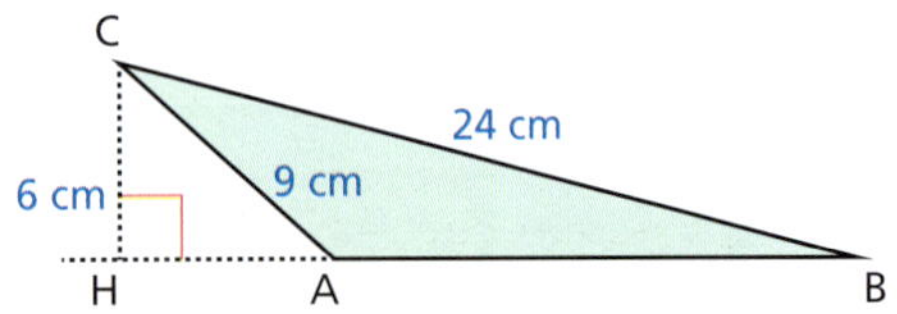

$\left[\widehat{A} \simeq 138°; \widehat{B} \simeq 15°; \widehat{C} \simeq 27°; AB = (6\sqrt{15} - 3\sqrt{5}) \text{ cm}\right]$

316 ●● Determina gli angoli del triangolo ABC e il raggio della circonferenza circoscritta, sapendo che $AB = 2$ cm, $BC = \sqrt{6}$ cm e $AC = (1 + \sqrt{3})$ cm. $[\widehat{A} = 60°, \widehat{B} = 75°, \widehat{C} = 45°; \sqrt{2} \text{ cm}]$

317 ●● Nel triangolo ABC la lunghezza della proiezione HC del lato AC su BC è 40 cm; sai inoltre che $\cos \widehat{C} = \frac{4}{7}$, $\sin B\widehat{A}H = \frac{2}{7}$ e l'angolo $\widehat{B}$ è acuto. Calcola le lunghezze dei lati del triangolo. $\left[AB = \frac{14}{3}\sqrt{165} \text{ cm}; AC = 70 \text{ cm}; BC = \left(\frac{4}{3}\sqrt{165} + 40\right) \text{ cm}\right]$

318 ●● Nel triangolo PQR sono noti il lato $PQ = 2(\sqrt{3} + 1)$ m, la bisettrice $PT = 2$ m e l'angolo $P\widehat{Q}R = 15°$. Determina il perimetro e l'area del triangolo. $[2\sqrt{3}(\sqrt{2} + 2) \text{ m}; 2\sqrt{3} \text{ m}^2]$

319 ●● Nel triangolo ABC la bisettrice di $\widehat{C}$ interseca AB in P. Sapendo che $\overline{PB} = 12$, $\widehat{B} = \arctan\frac{\sqrt{2}}{4}$ e $A\widehat{C}B = \arccos\frac{7}{9}$, calcola l'area del triangolo. $\left[\frac{1024}{23}\sqrt{2}\right]$

320 ●● **YOU & MATHS** The measure of the vertex angle of isosceles triangle ABC is ϑ and the sides of the triangle are $\sin\vartheta$, $\sqrt{\sin\vartheta}$, and $\sqrt{\sin\vartheta}$. Compute the area of ABC.

(USA *American Regions Math League, ARML, Contest*, Sample Problem)

$\left[\frac{8}{25}\right]$

321 ●● Nel triangolo ABC l'angolo $\widehat{B}$ è ottuso e AH è l'altezza relativa al lato BC. Sapendo che $HB = 12$ cm, $HC = 48$ cm e $\tan B\widehat{C}A = \frac{1}{3}$, determina i lati e gli angoli del triangolo ABC. $\left[AB = 20 \text{ cm}; AC = 16\sqrt{10} \text{ cm}; BC = 36 \text{ cm}; \sin A\widehat{B}C = \frac{4}{5}; \sin B\widehat{A}C = \frac{9}{50}\sqrt{10}\right]$

322 ●● Nel triangolo ABC i lati AB e BC sono lunghi rispettivamente 32 cm e 66 cm; la tangente dell'angolo $B\widehat{A}C$ è $\frac{6}{5}$. Determina il terzo lato e l'area del triangolo. $[AC \simeq 81{,}74 \text{ cm}; \text{area} \simeq 1004{,}67 \text{ cm}^2]$

323 ●● Il parallelogramma $ABCD$ ha l'angolo $\widehat{B} = \frac{2}{3}\pi$ e la sua bisettrice incontra la diagonale AC nel punto P in modo che $\overline{AP} = \frac{35}{8}$ e $\overline{BP} = \frac{15}{8}$. Determina i lati del parallelogramma. $[5; 3]$

324 ●● In un trapezio scaleno $ABCD$ le basi misurano: $\overline{AB} = 5\sqrt{3} + 21$ e $\overline{CD} = 9$. Sapendo che l'angolo in B è di 60° e che $\cos\widehat{D} = -\frac{5}{13}$, calcola la misura dei lati obliqui. $[24; 13\sqrt{3}]$

325 ●● Gli angoli del parallelogramma $ABCD$ hanno il seno uguale a $\frac{3}{5}$ e le distanze del centro O del parallelogramma dai lati sono $\overline{OM} = 5$ e $\overline{OP} = 8$. Calcola le lunghezze delle diagonali e l'area del parallelogramma. $\left[10\sqrt{17}, \frac{50}{3}; \frac{800}{3}\right]$

326 ●● In un triangolo isoscele ABC l'altezza BH relativa al lato obliquo AC lo divide in due parti, AH e HC, con $AH = 2HC$. Determina gli angoli del triangolo. $\left[\widehat{A} = \widehat{B} = \arccos\frac{1}{\sqrt{3}}, \widehat{C} = \arccos\frac{1}{3}\right]$

327 ●○ Sapendo che il perimetro del quadrato $ABCD$ è $8\sqrt{6}$ e quello di $PQRS$ è 16, determina l'ampiezza degli angoli α e β indicati. $[15°; 75°]$

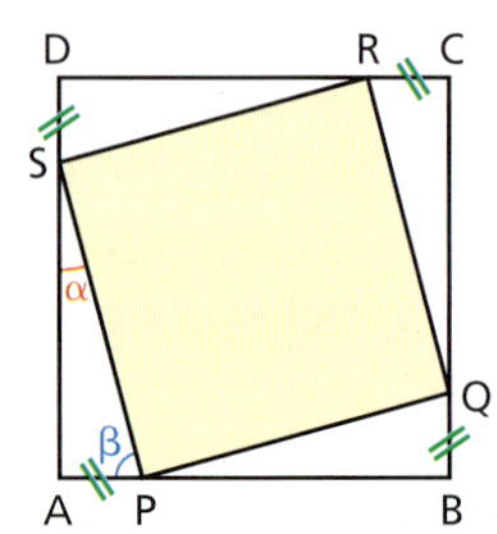

328 ●● Il triangolo acutangolo MNP è inscritto in una circonferenza di raggio 2; la misura del lato MN è $2\sqrt{3}$ e l'area della superficie è $(3 + \sqrt{3})$. Determina gli angoli del triangolo. [due soluzioni: 60°, 75°, 45°; 60°, 45°, 75°]

329 ●● **EUREKA!** **Rombo, circonferenza, rettangolo** In un rombo di lato l è inscritta una circonferenza; in tale circonferenza è inscritto il rettangolo che ha i vertici nei punti di tangenza fra rombo e circonferenza. Sapendo che l'ampiezza degli angoli acuti è α, trova l'area del rettangolo. $\left[\frac{1}{2}l^2\sin^3\alpha\right]$

330 ●● **EUREKA!** **Seno e poligoni regolari** Dimostra che il perimetro e l'area di un poligono regolare di n lati inscritto in una circonferenza di raggio r misurano rispettivamente $2nr\sin\frac{\pi}{n}$ e $\frac{1}{2}r^2 n\sin\frac{2\pi}{n}$. Calcola poi:

a. perimetro e area del dodecagono regolare inscritto in una circonferenza di raggio 2;

b. il raggio di una circonferenza in cui è inscritto un ottagono regolare di area $32\sqrt{2}$.

[a) $12\sqrt{2}(\sqrt{3}-1)$; 12; b) 4]

Problemi con equazioni, disequazioni e funzioni

331 ●○ In una circonferenza di centro O e diametro $\overline{AB}=10$ la corda MN è perpendicolare al diametro e lo divide in due parti che stanno nel rapporto $\frac{7}{3}$. Determina l'ampiezza $2x$ di $M\widehat{O}N$. $\left[2\arcsin\frac{\sqrt{21}}{5}\right]$

332 ●○ Considera il triangolo rettangolo ABC che ha gli angoli acuti $\widehat{B}=60°$ e $\widehat{C}=30°$ e l'ipotenusa $\overline{BC}=2$. Per il vertice A conduci una retta s esterna al triangolo e indica con B' e C' le proiezioni ortogonali di B e C su di essa. Poni $C\widehat{A}C'=x$ e calcola per quale valore di x il perimetro del trapezio $BCC'B'$ è $2+\sqrt{6}+\sqrt{2}$. [45°]

333 ●○ Nel rettangolo $ABCD$ è inscritto il triangolo ABP, con il vertice P sul lato CD. Le misure dei lati del rettangolo sono $\overline{AB}=a$ e $\overline{AD}=(2-\sqrt{3})a$. Determina $D\widehat{A}P$, sapendo che $\overline{AP}^2+\overline{AD}^2=\overline{BP}^2$. [60°]

334 ●○ Un triangolo LMN è inscritto in una circonferenza di raggio $r=5$; la lunghezza del lato LM è $5\sqrt{3}$. Determina l'ampiezza di $M\widehat{L}N$ in modo che $\overline{LN}^2-\overline{MN}^2=25\sqrt{3}$. [due soluzioni: 45°; 15°]

335 ●○ Trova l'ampiezza dell'angolo α nel trapezio in figura, sapendo che:

$$\overline{AB}+2\overline{CH}=(1+2\sqrt{2})\overline{DC}.$$ [45°]

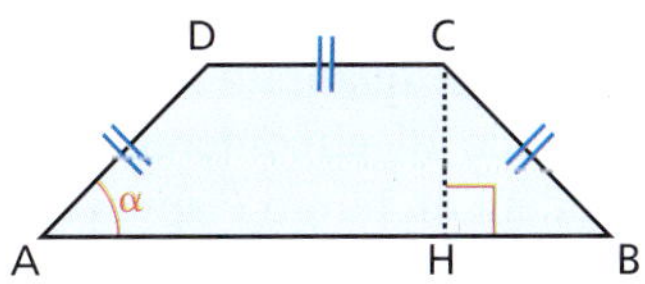

336 ●○ In un settore circolare AOB di raggio r e di ampiezza uguale a 90° traccia un raggio OP. Considera la proiezione ortogonale D di P sul raggio OB e il punto medio C del raggio OA. Determina l'angolo $A\widehat{O}P$, sapendo che:

$$\overline{PC}^2+\overline{PD}^2=\frac{11}{10}r^2.$$

$\left[\text{due soluzioni: }\cos A\widehat{O}P=\frac{5\pm\sqrt{10}}{10}\right]$

337 ●○ Considera il triangolo rettangolo ABC inscritto in una circonferenza di diametro $\overline{AB}=2r$: sul lato BC costruisci il quadrato $BPQC$ esternamente al triangolo. Se il trapezio $ABPQ$ ha area $S=\frac{4+3\sqrt{2}}{2}r^2$, quanto misura l'angolo $B\widehat{A}C$? $\left[\frac{3}{8}\pi, \arctan(5\sqrt{2}+7)\right]$

338 ●● Determina gli angoli di un trapezio isoscele, sapendo che la base maggiore è $\overline{AB}=14$, la base minore è $\overline{CD}=8$ e il rapporto fra il quadrato della diagonale e il quadrato del lato obliquo è $\frac{37}{9}$. $\left[\frac{\pi}{3}; \frac{2}{3}\pi\right]$

339 ●● Nel triangolo ABC il lato AC ha misura l, il lato BC ha misura $2l$. Determina gli angoli del triangolo sapendo che fra i due lati noti e l'angolo $\widehat{A}$ intercorre la seguente relazione:

$$\overline{BC}\sin 2\widehat{A}-\overline{AC}\tan 2\widehat{A}=0.$$

[tre soluzioni: $\widehat{A}=90°$, $\widehat{B}=30°$; $\widehat{A}=30°$, $\widehat{B}\simeq 14,477°$; $\widehat{A}=150°$, $\widehat{B}\simeq 14,477°$]

340 ●● Traccia la tangente t nel punto B alla semicirconferenza di diametro $\overline{AB}=4$. Considera un punto P sulla semicirconferenza e indica con Q e R le sue proiezioni rispettivamente su AB e su t; determina $P\widehat{A}B$ in modo che:

$$2\sqrt{3}\,\overline{PQ}+\overline{PR}=5\overline{AQ}.$$

$\left[\frac{\pi}{6}+\frac{1}{2}\arcsin\frac{\sqrt{3}}{3}\right]$

341 •• Il trapezio rettangolo $ABCD$ con base maggiore AB è circoscritto a una semicirconferenza di diametro $\overline{AD} = 4$.
Posto $A\widehat{B}C = x$, trova l'area $S(x)$ del trapezio e calcola per quali valori di x si ha $S(x) = \frac{16}{3}\sqrt{3}$.

$\left[S(x) = \frac{8}{\sin x}; x = 60°\right]$

342 •• Due semicirconferenze che hanno diametri $\overline{AB} = \overline{BC} = 2r$ giacciono nello stesso semipiano e sono tangenti esternamente in B. Presi i punti P sulla prima e Q sulla seconda in modo che $P\widehat{B}Q = 45°$, calcola $x = P\widehat{B}A$ in modo che:

$$\overline{BQ} + \sqrt{2}\,\overline{PB} = \frac{\sqrt{3}}{2}\overline{AB}.$$

$\left[x = \frac{\pi}{12} \vee x = \frac{5}{12}\pi\right]$

343 •• La circonferenza della figura ha raggio 2. Calcola l'area $A(x)$ del quadrilatero $ABCD$ e determina per quale valore di x si ha $A(x) = \sqrt{3}$.

$\left[x = 0, x = \frac{2}{3}\pi\right]$

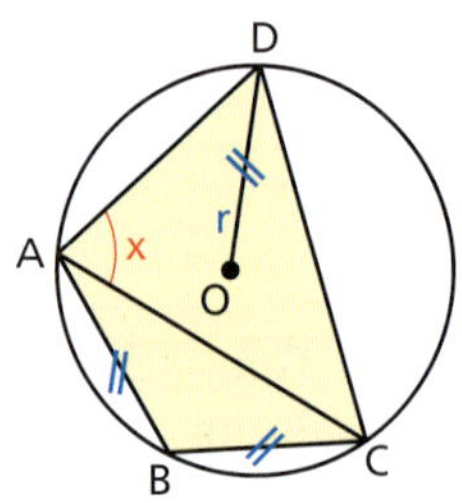

344 •• Sono dati il triangolo equilatero ABC di lato 1 e la semiretta di origine A che incontra il lato BC nel punto P. Su tale semiretta, considera il punto S proiezione di C e il punto T proiezione di B. Indicato con x l'angolo $B\widehat{A}P$, determina la funzione:

$$f(x) = \overline{AB}^2 - \overline{CS}^2 - \overline{BT}^2.$$

Trova x in modo che $f(x) = \frac{\sqrt{3}}{4}$.

$\left[f(x) = \frac{\cos 2x + \sqrt{3}\sin 2x}{4}; \frac{\pi}{12} \vee \frac{\pi}{4}\right]$

345 •• Data la semicirconferenza di diametro $\overline{AB} = 4$, sia C il punto medio dell'arco $\widehat{AB}$. Considera sull'arco $\widehat{BC}$ un punto P, traccia la tangente in P che incontra la retta AB nel punto Q e, posto $P\widehat{A}B = x$, determina $\overline{PQ}$ in funzione di x. Rappresenta poi la funzione $f(x) = \frac{\overline{PQ}}{\overline{AB}}$ su un periodo completo ed evidenzia la parte relativa al problema.

$\left[\overline{PQ} = 2\tan 2x;\right.$
$\left.f(x) = \frac{1}{2}\tan 2x, \text{ con } 0 \le x < \frac{\pi}{4}\right]$

346 •• Dato il quadrato $ABCD$ di lato $l = 1$, costruisci una semicirconferenza di diametro AB esterna al quadrato. Considerato sulla semicirconferenza un punto P, con $A\widehat{B}P = x$, determina l'espressione della funzione:

$$f(x) = \overline{PC}^2 + \overline{PD}^2.$$

Rappresenta la funzione su un periodo completo ed evidenzia la parte relativa al problema. Individua la situazione geometrica corrispondente al valore massimo della funzione.

$\left[f(x) = 3 + 2\sin 2x; 0 \le x \le \frac{\pi}{2};\right.$
$\left.\text{max: } \left(\frac{\pi}{4}; 5\right)\right]$

347 •• È dato il triangolo ABC tale che il lato $\overline{AB} = 2$ e la mediana a esso relativa $\overline{CM} = 1$. Determina, in funzione dell'angolo $C\widehat{A}B = x$, il perimetro del triangolo ABC. Rappresenta la funzione ottenuta ed evidenzia la parte relativa al problema. Descrivi la situazione geometrica corrispondente al valore massimo del perimetro.

$[f(x) = 2\sqrt{2}\sin(x + 45°) + 2$, con $0° < x < 90°$;
max: $(45°; 2(\sqrt{2} + 1))$,
triangolo rettangolo isoscele]

348 •• Data la semicirconferenza di centro O e raggio unitario, prolunga il diametro AB di un segmento $\overline{BC} = 1$ e congiungi il punto C con i punti P e Q della semicirconferenza tali che $C\widehat{O}Q = 2 \cdot C\widehat{O}P$. Indicato con x l'angolo $C\widehat{O}P$, determina l'espressione della funzione:

$$f(x) = \frac{\overline{QC}^2 - \overline{PC}^2}{2 \cdot \overline{QP}^2}.$$

Rappresenta il grafico di $f(x)$ ed evidenzia il tratto relativo al problema. Indipendentemente dal problema geometrico, risolvi la disequazione $f(x) \le 0$.

$\left[f(x) = 2\cos x + 1, 0 < x \le \frac{\pi}{2};\right.$
$\left.\frac{2}{3}\pi + 2k\pi \le x \le \frac{4}{3}\pi + 2k\pi\right]$

349 •• Sono dati il quadrato $ABCD$ di lato $l = 1$ e in esso l'arco di circonferenza $\widehat{BD}$, di centro C. Considera un punto P appartenente all'arco $\widehat{BD}$ e poni $D\widehat{C}P = 2x$. Determina l'espressione analitica della funzione:

$$y = \overline{AP}^2 - \overline{BP}^2.$$

Verifica che la funzione può essere espressa come $y = -2\cos 2x + 1$ e rappresentala graficamente.

350 È data una semicirconferenza di diametro $\overline{AB} = 2r$. Inscrivi in essa il triangolo ABC e traccia la bisettrice dell'angolo $C\widehat{A}B$ che interseca la circonferenza in D e il lato CB in T. Indicato con $2x$ l'angolo $C\widehat{A}B$, determina, al variare di x, il rapporto $y = \frac{\overline{AT}}{\overline{TD}}$ e calcola per quale valore di x tale rapporto è 1.

$\left[y = \frac{1}{\sin^2 x} - 2;\ 0 < x \le \frac{\pi}{4};\ x = \arcsin\frac{\sqrt{3}}{3}\right]$

351 È data la semicirconferenza di diametro $\overline{AB} = 4$ e centro O. Sul raggio perpendicolare ad AB considera un punto C tale che $CP \cong CO$, con P punto appartenente alla semicirconferenza. Indica con H la proiezione di P su AB.

a. Esprimi la funzione $f(x) = \frac{\overline{CP} + \overline{OH}}{\overline{PH}}$, con $x = C\widehat{P}O$.

b. Determina le limitazioni per x e trova per quali valori di x si ha $f(x) > 1$.

$\left[\text{a) } f(x) = \frac{1 + \sin 2x}{1 + \cos 2x};\ \text{b) } 0 \le x \le \frac{\pi}{3}, \frac{\pi}{8} < x \le \frac{\pi}{3}\right]$

352 Il quadrato $ABCD$ nella figura ha il lato di lunghezza 2 e il punto P appartiene alla semicirconferenza di diametro AB.

a. Risolvi l'equazione $\frac{\overline{PK}}{\overline{PQ}} = \frac{3}{4}$.

b. Esprimi la funzione $f(x) = \overline{PK} + \overline{PQ}$ al variare di P sulla semicirconferenza e rappresentala in un periodo evidenziando la parte relativa al problema.

$\left[\text{a) } x = \arctan 2;\ \text{b) } y = 3 - \sqrt{2}\sin\left(2x + \frac{\pi}{4}\right)\right]$

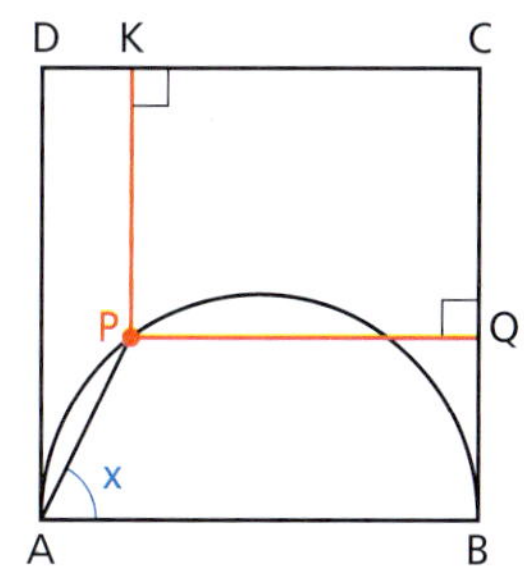

353 In una circonferenza di centro O e raggio r, è data la corda AB congruente al lato del triangolo equilatero inscritto. Conduci la tangente in B e considera su di essa un punto C appartenente allo stesso semipiano di O rispetto alla retta AB.

a. Indicato con x l'angolo $B\widehat{A}C$, calcola il valore di x per cui l'area del triangolo ABC vale $\frac{3\sqrt{3}}{4}r^2$.

b. Rappresenta in un periodo la funzione

$$f(x) = \frac{\overline{BC}}{\overline{AC}},$$

evidenziando il tratto relativo al problema.

$\left[\text{a) } x = 30°;\ \text{b) } f(x) = \frac{2\sqrt{3}}{3}\sin x, \text{ con } 0° \le x < 60°\right]$

354 Considerato il triangolo ABC avente i lati $\overline{CA} = a$ e $\overline{CB} = 2a$, si costruisca da parte opposta a C, rispetto alla retta AB, il triangolo rettangolo ABD il cui cateto BD sia uguale alla metà del cateto AB.
Si studi come varia l'area del quadrangolo $ADBC$ al variare dell'angolo $A\widehat{C}B$ e si calcoli il perimetro di detto quadrangolo quando la sua area è massima. (*Esame di maturità scientifica, Sessione ordinaria*, 1988, *quesito* 3)

$\left[S(x) = a^2\left(\sin x - \cos x + \frac{5}{4}\right), \text{ con } 0 \le x \le \pi, S(x) \text{ massima per } x = \frac{3}{4}\pi;\ a\left(3 + \frac{1+\sqrt{5}}{2}\sqrt{5 + 2\sqrt{2}}\right)\right]$

355 Si conduca internamente a un angolo retto AOB una semiretta OC che forma con OA un angolo $A\widehat{O}C = x$; presi rispettivamente su OA e OB due punti M ed N, tali che $\overline{OM} = 1$, $\overline{ON} = \sqrt{3}$, siano M' ed N' le rispettive proiezioni di M ed N su OC. Detto P il punto medio di $M'N'$, si determini x in modo che risulti massima l'area del triangolo NOP. (*Esame di maturità scientifica, Sessione ordinaria*, 1975, *quesito* 3)

$\left[S(x) = \frac{\sqrt{3}}{4}(\cos^2 x + \sqrt{3}\sin x\cos x), \text{ con } 0 \le x \le \frac{\pi}{2}, S(x) \text{ massima per } x = \frac{\pi}{6}\right]$

356 In un trapezio isoscele $ABCD$ la base minore CD e i lati obliqui hanno lunghezza 2, gli angoli acuti hanno ampiezza $\frac{\pi}{3}$. Sia P un punto del lato obliquo BC, H la sua proiezione su AB. Posto $P\widehat{A}B = x$:

a. esprimi la funzione $f(x) = \frac{\overline{PC}}{\overline{PH}}$;

b. calcola per quale valore di x risulta $\overline{PC} = \overline{PH}$;

c. indipendentemente dal problema geometrico studia il dominio e il segno della funzione $f(x)$.

$\left[\text{a) } f(x) = \frac{1}{2}(\cot x - \sqrt{3}), \text{ con } 0 < x \leq \frac{\pi}{6}; \text{ b) } \frac{\pi}{12}; \text{ c) } x \neq k\pi,\ f(x) \geq 0 \text{ per } k\pi < x \leq \frac{\pi}{6} + k\pi\right]$

357 Nella semicirconferenza di diametro $\overline{AB} = 2$ della figura, il punto D è un punto qualunque dell'arco $\widehat{BC}$.

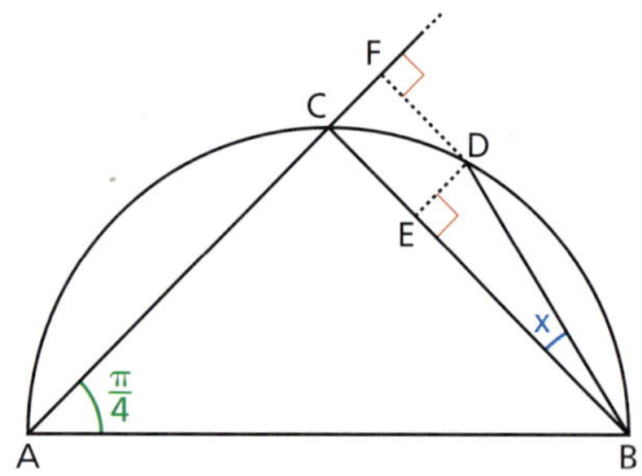

a. Determina l'espressione analitica della funzione

$$f(x) = \frac{\overline{DE} + \overline{DF}}{\overline{BC}}.$$

b. Scrivi l'espressione $s(x)$ dell'area del rettangolo $CEDF$ e calcola per quali valori di x si ha $0 < s(x) \leq \frac{1}{4}$.

$\left[\text{a) } y = \sin 2x, \text{ con } 0 \leq x \leq \frac{\pi}{4}; \text{ b) } s(x) = \cos 2x - \cos^2 2x, 0 < x < \frac{\pi}{4}\right]$

358 In una circonferenza di raggio 1 è assegnata la corda AB con distanza $\frac{\sqrt{3}}{2}$ dal centro O. Sul maggiore dei due archi $\widehat{AB}$ considera un punto P e poni $B\widehat{A}P = x$.
Trova l'espressione analitica della funzione $f(x)$ perimetro del triangolo APB e indipendentemente dal problema geometrico risolvi la disequazione $f(x) > 0$.

$\left[f(x) = (2+\sqrt{3})\sin x + \cos x + 1, \text{ con } 0 \leq x \leq \frac{5\pi}{6}; -\frac{\pi}{6} + 2k\pi < x < \pi + 2k\pi\right]$

359 Considera i punti C e D appartenenti alle semicirconferenze opposte rispetto al diametro AB di una circonferenza di raggio r, tali che $C\widehat{B}A = 2A\widehat{B}D$.

a. Posto $A\widehat{B}D = x$, esprimi la funzione $f(x) = \frac{\overline{CD}}{\overline{AD}}$.

b. Determina il periodo di $f(x)$, rappresenta il suo grafico senza tenere conto dei limiti del problema e trova i punti di intersezione con l'asse x.

$\left[\text{a) } f(x) = 4\cos^2 x - 1, \text{ con } 0 < x \leq \frac{\pi}{4}; \text{ b) } T = \pi,\ x = \pm\frac{\pi}{3} + k\pi\right]$

360 In una circonferenza di raggio r, la corda AB è congruente al lato del quadrato inscritto. Sia C un punto variabile sul minore degli archi $\widehat{AB}$ e sia x l'angolo $A\widehat{B}C$.

a. Determina la funzione:

$$f(x) = \frac{2\sqrt{2}\,\text{area}_{ABC}}{\text{area}_{\text{quadrato inscritto}}}.$$

b. Rappresenta $f(x)$ ed evidenzia il tratto che riguarda il problema.

$\left[\text{a) } f(x) = \cos\left(2x - \frac{\pi}{4}\right) - \frac{\sqrt{2}}{2}, \text{ con } 0 \leq x \leq \frac{\pi}{4}\right]$

361 È data la semicirconferenza di diametro $\overline{AB} = 2$. All'esterno della semicirconferenza costruisci il triangolo rettangolo ABC tale che $\widehat{A} = \frac{\pi}{2}$ e $\tan\widehat{B} = \frac{1}{2}$.

a. Considerato il punto P della semicirconferenza tale che $A\widehat{B}P = x$, esprimi la funzione:
$f(x) = \overline{CP}^2$.

b. Rappresenta graficamente la funzione ottenuta e calcola per quale valore di x l'espressione $\overline{CP}^2$ assume il valore massimo.

$\left[\text{a) } f(x) = 2\sqrt{2}\sin\left(2x - \frac{\pi}{4}\right) + 3, \text{ con } 0 \leq x \leq \frac{\pi}{2}; \text{ b) } x = \frac{3}{8}\pi\right]$

362 ●● In una semicirconferenza di centro O e diametro $\overline{AB} = 2$ conduci una corda PQ congruente al lato del quadrato inscritto con Q più vicino a B e poni $B\widehat{O}Q = 2x$.

a. Scrivi l'espressione analitica della funzione $f(x) = \left|\dfrac{\overline{PB}}{2} - \dfrac{\overline{AQ}}{\sqrt{2}}\right|$ e disegna il suo grafico.

b. Senza tener conto delle limitazioni imposte dal problema, risolvi la disequazione $f(x) \geq \dfrac{1}{2}$.

$\left[\text{a) } f(x) = \left|\sin\left(x - \dfrac{\pi}{4}\right)\right|, \text{ con } 0 \leq x \leq \dfrac{\pi}{4}; \text{ b) } \dfrac{5}{12}\pi + k\pi \leq x \leq \dfrac{13}{12}\pi + k\pi\right]$

363 ●● È dato un triangolo ABC in cui l'angolo $B\widehat{A}C = 2\alpha$ ha il coseno uguale a $\dfrac{7}{25}$ e la bisettrice AD misura 2.

a. Poni $A\widehat{D}B = x$ e dimostra che, nell'ambito delle limitazioni del problema, l'area di ABC può essere espressa dalla funzione $f(x) = \dfrac{48}{16 - 9\cot^2 x}$; determina poi il triangolo con area minima.

b. Scrivi l'espressione analitica della funzione $g(x) = \dfrac{96}{25} \cdot \dfrac{f(x)}{\overline{BC}^2}$ e disegna il suo grafico.

$\left[\text{a) isoscele con area 3; b) } g(x) = \dfrac{7}{25} - \cos 2x\right]$

364 ●● Nella semicirconferenza di diametro $\overline{AB} = 2$ e centro O è inscritto il quadrilatero $ABCD$ nel quale il lato CD è congruente al raggio. Posto l'angolo $B\widehat{O}C = 2x$:

a. determina x in modo che il perimetro del quadrilatero $ABCD$ valga $(3 + \sqrt{3})$;

b. rappresenta la funzione $f(x) = \dfrac{\text{perimetro}_{ABCD}}{2}$ su un intero periodo e indica l'arco di curva relativo al problema;

c. descrivi la situazione geometrica nella quale il perimetro raggiunge il suo valore massimo.

$\left[\text{a) } x = 0 \vee x = \dfrac{\pi}{3}; \text{ b) } y = \sin\left(x + \dfrac{\pi}{3}\right) + \dfrac{3}{2}; \text{ c) trapezio isoscele}\right]$

Problemi con parametri

365 ●● Il triangolo equilatero ABC è inscritto in una circonferenza di raggio 3. Considera sull'arco minore BC il punto P, con $P\widehat{A}B = x$. Esprimi la funzione

$$f(x) = 3\frac{\text{area}_{APB}}{\text{area}_{ABC}},$$

rappresentala ed evidenzia il tratto relativo al problema.
Considera la retta di equazione $y = k$ e indica, al variare di k, il numero delle intersezioni del grafico di $f(x)$ con tale retta.

$\left[f(x) = 2\sin\left(2x - \dfrac{\pi}{6}\right) + 1; 0 \leq k \leq 3 \text{ una sol.}\right]$

366 ●● Nel trapezio rettangolo $ABCD$ la base maggiore AB ha misura 2 e il lato obliquo BC misura 4. Determina l'angolo alla base $A\widehat{B}C$, sapendo che il perimetro misura $8 + 2k$. Discuti al variare di k in $\mathbb{R}$.

$\left[2\sin x - 2\cos x - k = 0, \text{ con } \dfrac{\pi}{3} < x < \dfrac{\pi}{2}; \sqrt{3} - 1 < k < 2 \text{ una sol.}\right]$

367 ●● È dato il triangolo ABC tale che $\overline{AB} = l$ e $C\widehat{A}B = 3\,C\widehat{B}A$. Considera un punto P sul lato CB tale che $\overline{PA} = \overline{PB}$. Posto $P\widehat{B}A = x$, esprimi e rappresenta in un periodo la funzione:

$$f(x) = \frac{\overline{AP}}{\overline{AC}}.$$

Evidenzia la parte del grafico che si riferisce al problema geometrico e indica il numero di intersezioni con le rette $y = k$, con $k \in \mathbb{R}$.

$\left[f(x) = 2\cos 2x, \text{ con } 0 < x < \dfrac{\pi}{4}; 0 < k < 2 \text{ una sol.}\right]$

368 •• In una circonferenza di raggio 1, considera la corda $\overline{AB} = \sqrt{2}$ e il punto P, appartenente al maggiore dei due archi AB, con $B\widehat{A}P = x$.

a. Costruisci e rappresenta la funzione:

$$f(x) = \frac{\sqrt{2}\,\overline{PB} - \overline{AP}}{\overline{AB}}.$$

b. Discuti le intersezioni con la retta di equazione $y = k$ al variare di k in $\mathbb{R}$ e nei limiti imposti dal problema.

c. Determina per quale valore di x si ha $f(x) = \frac{\sqrt{2}}{2}$.

$\left[\text{a) } f(x) = \sin x - \cos x, \text{ con } 0 < x < \frac{3}{4}\pi; \text{ b) } -1 < k < \sqrt{2}; \text{ c) } x = \frac{5}{12}\pi\right]$

369 •• È dato il triangolo equilatero ABC di lato $\sqrt{2}$ e la semicirconferenza di diametro CB esterna al triangolo. Sia P un punto variabile sulla semicirconferenza, con $P\widehat{C}B = x$.

a. Esprimi e rappresenta la funzione:

$$f(x) = \frac{\overline{AP}^2 + \overline{PB}^2}{2}.$$

b. Individua la situazione geometrica corrispondente al valore massimo della funzione.

c. Discuti graficamente le soluzioni dell'equazione $f(x) = k$ nei limiti geometrici imposti dal problema ($k \in \mathbb{R}$).

$\left[\text{a) } f(x) = \frac{3}{2} + \sin\left(2x - \frac{\pi}{6}\right), \text{ con } 0 \le x \le \frac{\pi}{2}; \text{ b) max: } \left(\frac{\pi}{3}; \frac{5}{2}\right); \text{ c) } 1 \le k < 2 \text{ una sol., } 2 \le k \le \frac{5}{2} \text{ due sol.}\right]$

370 •• Sono date una circonferenza di diametro $\overline{AB} = 2$ e la corda BC di lunghezza uguale al lato dell'esagono regolare inscritto nella circonferenza. Considera sulla semicirconferenza non contenente C il punto D, con $A\widehat{B}D = x$. Determina la funzione $f(x) = \frac{\overline{AD} + \overline{DC}}{\overline{AC}}$ e rappresenta il grafico relativo. Discuti graficamente il numero delle intersezioni di $f(x)$ con la retta di equazione $y = k - 3$.
Studia la situazione geometrica corrispondente al massimo valore della funzione.

$\left[f(x) = 2\sin\left(x + \frac{\pi}{6}\right), \text{ con } 0 \le x \le \frac{\pi}{2}; 4 \le k < 3 + \sqrt{3} \text{ una intersez., } 3 + \sqrt{3} \le k \le 5 \text{ due intersez.; max: } \left(\frac{\pi}{3}; 2\right) \text{ triangolo equilatero}\right]$

371 •• In una circonferenza di centro O e raggio 4, sono date due corde AB e CD tali che $C\widehat{O}D = 2A\widehat{O}B = 2x$.

a. Dopo aver individuato i limiti geometrici del problema imponendo che $\overline{AB} < \overline{CD}$, determina per quale valore di x si ha $\overline{CD} = \sqrt{3}\,\overline{AB}$.

b. Discuti, nei limiti imposti dal problema, per quali valori di $k \in \mathbb{R}$ ha soluzione la seguente equazione:

$$\frac{\overline{CD}}{\overline{AB}} = k.$$

c. Considera la funzione $f(x) = \frac{\overline{AB} + \overline{CD}}{8}$. Qual è il suo periodo?

$\left[\text{a) } 0 < x < \frac{2}{3}\pi; x = \frac{\pi}{3}; \text{ b) } 1 < k < 2 \text{ una sol.; c) } T = 4\pi\right]$

372 •• In una semicirconferenza di diametro $\overline{AB} = 8$ determina un punto P in modo che, detta Q la sua proiezione su AB, risulti verificata la relazione $\overline{AQ} + \overline{QP} = k\overline{QB}$, con k parametro reale.

$\left[\text{con } P\widehat{A}B = x, (1 + k)\cos 2x + \sin 2x + 1 - k = 0 \text{ con } 0 < x \le \frac{\pi}{2}; k \ge 0 \text{ una sol.}\right]$

373 •• Dato il quadrato $ABCD$ di lato $\overline{AB} = 1$, sulla diagonale DB determina un punto P tale che $\overline{AP}^2 + \overline{PD}^2 = k$. Indica il numero delle soluzioni al variare di k in $\mathbb{R}^+$.

$\left[\frac{3}{4} \le k \le 1 \text{ due sol.; } 1 < k \le 3 \text{ una sol.}\right]$

Applicazioni della trigonometria

Applicazioni alla fisica

374 ESERCIZIO GUIDA Calcoliamo il lavoro che compie una forza costante di intensità pari a 25 N, inclinata di 60° rispetto all'orizzontale, agente su un corpo che viene spostato da tale forza di 15 m in direzione orizzontale.

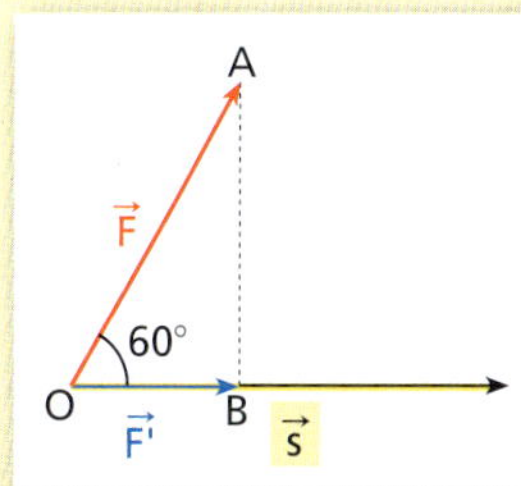

Sono dati la forza $\vec{F}$ e lo spostamento $\vec{s}$. Il lavoro L compiuto dalla forza è $L = F' \cdot s$, dove F' è l'intensità della proiezione della forza lungo la direzione dello spostamento.
F' è la misura di un cateto del triangolo rettangolo OAB, quindi

$$F' = \overline{OB} = \overline{OA} \cdot \cos\alpha = F \cdot \cos\alpha,$$

da cui: $L = F \cdot s \cdot \cos\alpha = 25 \cdot 15 \cdot \frac{1}{2} = 187{,}5$.

Il lavoro è di 187,5 J.

375 Calcola l'intensità e la direzione della risultante delle due forze di intensità $F' = 8$ N, $F'' = 10$ N che sono applicate nel punto A e formano tra loro un angolo di 30°. [17,39 N; 16° 42′ 19″ risp. a $\vec{F'}$]

376 Generalizza il problema precedente, determinando l'intensità e la direzione della risultante $\vec{R}$ di due forze $\vec{F'}$ e $\vec{F''}$ che sono applicate a uno stesso punto e le cui direzioni formano un angolo α.

$$\left[R = \sqrt{F'^2 + F''^2 + 2F'F''\cos\alpha};\ \sin\beta = \frac{F''}{R}\sin\alpha\right]$$

377 Una massa puntiforme di 0,5 kg è appesa a un filo verticale di massa trascurabile. Una forza $\vec{F}$ orizzontale di modulo pari a 2 N è applicata alla massa e la tiene in equilibrio in una posizione in cui il filo forma un angolo α con la verticale. Trova l'ampiezza di α. [22° 12′ 13″]

378 Calcola il lavoro che svolge una forza costante di intensità pari a 15 N, inclinata di 30° rispetto all'orizzontale, agente su un corpo che per effetto di tale forza si sposta lungo l'orizzontale di 25 m. [324,8 J]

379 Qual è il lavoro relativo a una forza perpendicolare a uno spostamento? Giustifica la risposta. [0]

380 Un carrello di massa $m = 1{,}2$ kg, vincolato a muoversi su una rotaia rettilinea senza attrito, è spinto da una forza $\vec{F}$ che forma un angolo di 25° rispetto alla direzione di movimento. Se l'intensità della forza F è 3,2 N, qual è l'accelerazione del carrello? [2,42 m/s^2]

381 Un ragazzo sta girando in una giostra a sedili; la catena del suo sedile è inclinata di 36° rispetto alla verticale. Se la massa complessiva del sedile e del ragazzo è di 80 kg, quanto è la tensione della catena? (Considera trascurabile la massa della catena.) [969,1 N]

382 ●● **Attrito** Un blocchetto di legno è in equilibrio su un piano inclinato di legno. L'intensità della forza di attrito statico si ottiene dalla formula $F_a = \mu \cdot P_\perp$. Ricava il coefficiente di attrito statico μ, sapendo che l'angolo di inclinazione massimo, dopo il quale il blocchetto inizia a muoversi, è $\alpha = 27°$. [0,51]

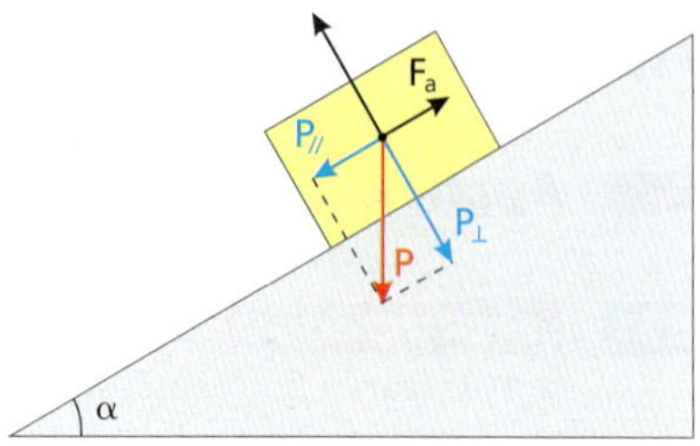

383 ●● Una lastra trasparente a facce piane e parallele ha uno spessore di 50 cm. Un raggio luminoso incide su di essa con un angolo di incidenza di 35°: quale spostamento subisce nell'attraversarla se l'angolo di rifrazione per il raggio che entra nella lastra è di 28°? Per spostamento intendiamo la distanza fra la retta del raggio entrante e quella del raggio uscente. [6,9 cm]

384 ●● Generalizza il problema precedente: determina lo spostamento che subisce un raggio luminoso quando attraversa una lastra piana e trasparente di spessore d, essendo noti gli angoli di incidenza i e di rifrazione r. $\left[s = d\dfrac{\sin(i-r)}{\cos r}\right]$

385 ●● Tre forze, $\vec{F}_1$, $\vec{F}_2$, $\vec{F}_3$, i cui moduli sono 8 N, 4 N e 10 N, sono applicate su una stessa massa puntiforme. Determina gli angoli che $\vec{F}_1$ e $\vec{F}_2$ formano con $\vec{F}_3$, sapendo che le tre forze si equilibrano. [157° 40′ 06″; 130° 32′ 30″]

386 ●● Due sbarre omogenee, PO e OR, sono saldate all'estremo O formando un angolo di 110°. La prima è lunga 58 cm e pesa 10 N; la seconda è lunga 70 cm e pesa 14 N. Il sistema si trova in un piano verticale ed è libero di ruotare attorno a un asse orizzontale passante per O. Nella posizione di equilibrio quanto misura l'angolo che PO forma con la direzione verticale? [75° 06′ 44″]

387 ●● Determina l'inclinazione α del piano per cui la forza F è sufficiente per mantenere in equilibrio il corpo. [$\alpha \simeq 10° \, 9' \, 51''$]

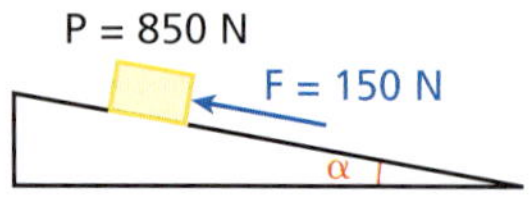

388 ●○ Una torre ha la sezione quadrata di area $s = 64$ m^2 ed è inclinata su un lato di 4° 45′ 9″ rispetto alla verticale. Il suo baricentro si trova a 25,6 m da terra al centro della sezione della torre. La verticale passante per il baricentro cade dentro la base della torre? [sì, a 2,13 m dal centro]

389 ●● Un pendolo è formato da una sferetta di piccole dimensioni appesa a un filo lungo 80 cm. Nella posizione di riposo l'altezza della sfera dal suolo è di 60 cm; durante l'oscillazione essa raggiunge l'altezza massima dal suolo di 75 cm. Qual è l'ampiezza di oscillazione? [35° 39′ 33″]

390 ●● Un'altalena a bilancia misura 3 m e il suo fulcro si trova a 30 cm da terra. Qual è la massima altezza raggiungibile da ciascun sedile? (I sedili si trovano alle due estremità.) [60 cm]

391 ●● Un blocco avente la massa di 150 kg è spinto su un piano orizzontale scabro da una forza inclinata verso il basso che forma un angolo di 34° con l'orizzontale. Se l'intensità della forza è 300 N e il coefficiente di attrito è $k = 0,12$, qual è l'accelerazione impressa al blocco? [$0,348 \text{ m/s}^2$]

392 ●● Un raggio luminoso proveniente dall'aria incide sulla superficie piana di un mezzo trasparente con un angolo di incidenza di 40°; il corrispondente angolo di rifrazione è di 30°. Trova l'ampiezza dell'angolo limite nel passaggio inverso, dal mezzo trasparente all'aria. [51° 03′ 55″]

393 •• Un raggio di luce incide su un prisma ottico con un angolo di incidenza di 45°; l'indice di rifrazione del prisma è $n = 1{,}6$ e il suo angolo rifrangente è $\delta = 60°$. Quando il raggio trasmesso raggiunge la seconda faccia del prisma subisce la riflessione totale o è ulteriormente rifratto in aria? Se viene ulteriormente rifratto, qual è il secondo angolo di rifrazione? [è ulteriormente rifratto; 62° 48′ 05″]

Problemi REALTÀ E MODELLI

RISOLVIAMO UN PROBLEMA

Il tunnel

Un'impresa deve costruire un tunnel che colleghi con una strada rettilinea i punti A e B, posti alla stessa quota sui due versanti opposti di una collina.
I due punti non sono reciprocamente visibili, quindi è stata tracciata la poligonale $ACDB$, riportata in figura, su cui sono indicati i dati rilevati dai tecnici. Sapendo che A, B, C e D hanno la stessa quota, e quindi $ABCD$ giace su un piano orizzontale, calcola:

- la distanza tra i punti A e B;
- l'ampiezza degli angoli α e β.

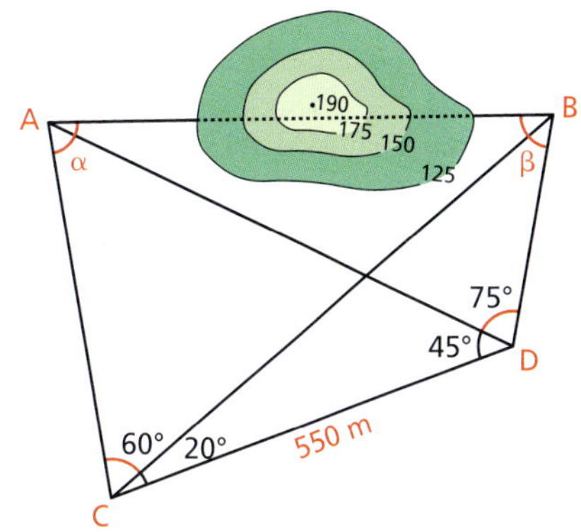

► **Analizziamo il problema.**

Il segmento AB è un lato del triangolo ABC, di cui per ora conosciamo la misura dell'angolo opposto al lato AB. Se riusciamo a calcolare le misure dei lati AC e BC, con il teorema del coseno rispondiamo alla prima domanda. Per quanto riguarda la seconda, dovremo utilizzare il teorema dei seni, sfruttando i risultati ottenuti.

► **Calcoliamo le lunghezze di *AC* e *BC*.**

Consideriamo il triangolo ADC:

$$C\widehat{A}D = 180° - (60° + 20° + 45°) = 55°.$$

Applichiamo il teorema dei seni:

$$\frac{AC}{\sin A\widehat{D}C} = \frac{CD}{\sin C\widehat{A}D} \rightarrow$$

$$AC = 550 \cdot \frac{\sin 45°}{\sin 55°} \rightarrow AC \simeq 475 \text{ m}.$$

Consideriamo il triangolo CDB:

$$C\widehat{B}D = 180° - (20° + 45° + 75°) = 40°.$$

Applichiamo il teorema dei seni:

$$\frac{CB}{\sin C\widehat{D}B} = \frac{CD}{\sin C\widehat{B}D} \rightarrow$$

$$CB = 550 \cdot \frac{\sin 120°}{\sin 40°} \rightarrow CB \simeq 741 \text{ m}.$$

► **Calcoliamo la distanza *AB*.**

Applichiamo il teorema del coseno al triangolo ABC:

$$\overline{AB} = \sqrt{AC^2 + BC^2 - 2AC \cdot BC \cdot \cos A\widehat{C}B} =$$

$$\sqrt{475^2 + 741^2 - 2 \cdot 475 \cdot 741 \cdot \cos 60°} \simeq 650.$$

La distanza AB è di circa 650 m.

► **Calcoliamo la misura degli angoli.**

Per calcolare α applichiamo il teorema dei seni al triangolo ABC:

$$\frac{AB}{\sin A\widehat{C}B} = \frac{CB}{\sin \alpha} \rightarrow$$

$$\sin \alpha = \sin 60° \cdot \frac{741}{680} = 0{,}987 \rightarrow$$

$$\alpha = \arcsin 0{,}987 \simeq 81°.$$

Per calcolare l'angolo β sfruttiamo la proprietà dei quadrilateri di avere la somma degli angoli interni uguale a 360°:

$$\beta = 360° - (\alpha + A\widehat{C}D + C\widehat{D}B) =$$

$$360° - (81° + 80° + 120°) \simeq 79°.$$

L'ampiezza di α è di circa 81°, quella di β di circa 79°.

394 Calcoliamo la distanza fra due laghi separati da una collina. Scegliamo come punto di riferimento un monastero che dista dai due laghi rispettivamente 850 m e 680 m. Inoltre, le direzioni in cui dal monastero si vedono i due laghi formano tra loro un angolo di 72°. [909,77 m]

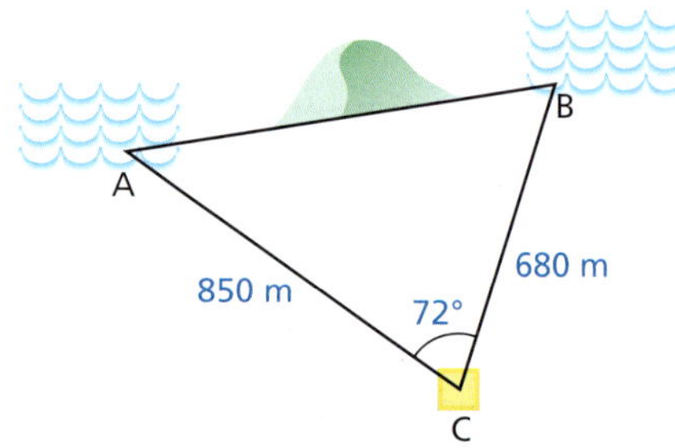

395 Due case, A e B, sono separate da un fiume. Una torre T è posta dalla stessa parte di B, a una distanza da B di 375 m. L'angolo $B\widehat{T}A$ è di 60°; l'angolo $A\widehat{B}T$ è di 75°. Calcola la distanza fra le due case. [459,28 m]

396 **In spiaggia** Ti trovi su una spiaggia e vuoi calcolare l'altezza di un isolotto scoglioso. Scegli due punti A e B allineati con l'isolotto e distanti fra loro 20 m. Misuri gli angoli $D\widehat{A}C = 28°$ e $D\widehat{B}C = 20°$ (D è un punto alla base dell'isolotto, C è un punto sulla sua sommità). Quanto risulta alto? [23,07 m]

397 In un terreno pianeggiante vuoi calcolare la distanza fra due punti inaccessibili A e B. Scegli due posizioni P e Q, distanti 50 m fra loro, e misuri gli angoli $Q\widehat{P}A = 120°$, $Q\widehat{P}B = 50°$, $P\widehat{Q}B = 110°$, $P\widehat{Q}A = 40°$. Quanto sono distanti A e B? [137,37 m]

398 Ti trovi su una collinetta e vuoi calcolare la sua altezza. Come riferimenti scegli, sulla cresta, due posizioni, A e B, distanti 80 m e una casa C ai piedi del colle, dopodiché misuri gli angoli $C\widehat{A}B = 75°\,15'$ e $A\widehat{B}C = 69°\,39'$. Misurando l'angolo che la direzione BC forma con la verticale in B, trovi 125° 33′. Quanto è alta la collina rispetto alla quota della casa? [78,22 m]

399 Sul pendio di una montagna di inclinazione $\alpha = 20°$ ci sono due alberi che indichiamo con AD e BC, alti rispettivamente 12 m e 39 m e piantati a distanza $AB = 42$ m.
Qual è la distanza DC tra le loro cime? [$\simeq 41,4$ m]

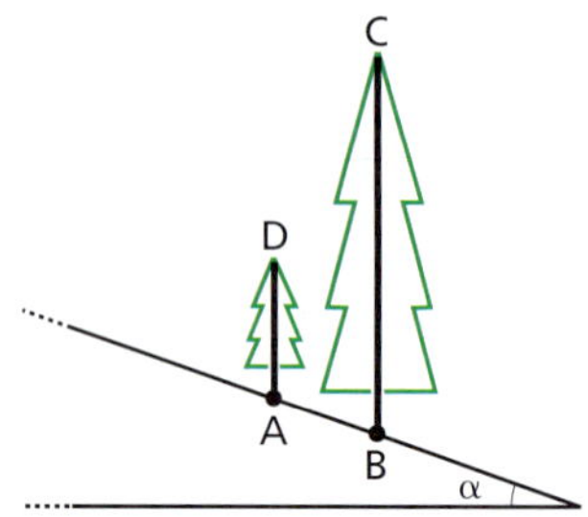

400 **Campane sul colle** Una chiesa si trova in cima a una collina e la cella campanaria del suo campanile è a 25 m dal suolo. Per calcolare l'altezza del colle scegli come riferimento una casa situata nella pianura sottostante; misuri, rispetto alla verticale, l'angolo $\widehat{A} = 73°\,20'$, sotto cui vedi la casa dalla base del campanile, e l'angolo $\widehat{B} = 65°\,40'$, sotto cui la vedi dalla cella campanaria. Quanto è alto il colle rispetto alla pianura? [48,97 m]

401 Per calcolare l'area di un appezzamento di terreno a forma di quadrilatero convesso un agronomo ne misura i lati trovando: $AB = 58$ m, $BC = 53$ m, $CD = 104$ m e $DA = 82$ m. Misura poi l'angolo $D\widehat{A}B = 112°\,42'$. Qual è l'area del terreno? [4949,59 m^2]

402 In una zona montuosa un topografo deve calcolare l'altezza di una cima V rispetto alla sua postazione P. Per base prende la distanza $PQ = 483$ m dal punto noto Q situato sulla cima di un'altra montagna. Misura gli angoli $P\widehat{Q}V = 54°$, $Q\widehat{P}V = 50°$ e l'angolo $\alpha = 68°$ che la direzione PV forma col piano orizzontale. Quanto è il dislivello fra P e V? [381 m]

403 Due edifici sono posti uno di fronte all'altro alla distanza di 20 m. Un osservatore A sta sul cornicione (figura a lato) dell'edificio più basso e vede il cornicione C di quello più alto sotto l'angolo $\alpha = 20°$ rispetto al piano orizzontale. L'angolo sotto cui A vede la base B dello stesso edificio è $\beta = 35°$. Trova le altezze dei due palazzi. [14 m; 21,28 m]

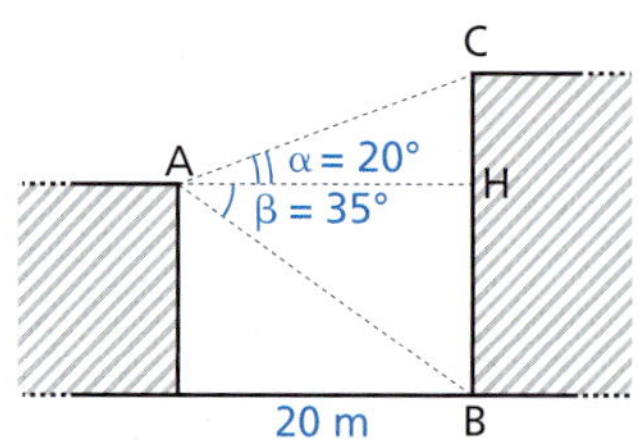

404 ●● YOU & MATHS A vertical flagpole stands on horizontal ground. The angle of elevation of the top of the pole from a certain point on the ground is ϑ. From a point on the ground 10 meters closer to the pole the angle of elevation is β. Show that the height of the pole is $\frac{10 \sin \vartheta \sin \beta}{\sin (\beta - \vartheta)}$.

(IR *Leaving Certificate Examination*, Higher Level, 1994)

405 ●● **Salite a San Francisco** Alcune strade di San Francisco hanno una notevole pendenza e inoltre sono rettilinee, senza curve. In una strada il cartello indica una pendenza del 15% per 800 m e successivamente dell'11% per altri 800 m.

a. Al termine della strada, di quanto si è saliti in quota?
b. Se per tutto il percorso la strada avesse avuto la stessa pendenza, quanto dovrebbe segnalare il cartello iniziale?

[a) 206, 14 m; b) 13%]

406 ●● **L'altezza del monte** Alcuni amici in estate affittano una casa in montagna per fare trekking. Da una delle finestre vedono la cima della montagna da raggiungere e, non avendo una cartina, cercano di valutare la sua altezza. Camilla propone di misurare l'angolo α con cui si vede la cima dalla base della casa e l'angolo β con il quale si vede la cima dalla stazione di partenza dell'ovovia.
Sapendo che la distanza fra la casa e l'ovovia è di 1000 m e che l'angolo α è di 35° circa, mentre β è di 50° circa, quanto è alta la montagna rispetto al livello della casa? (Supponi che casa e ovovia si trovino alla stessa altitudine.)

[$\simeq$ 1698 m]

407 ●○ **Proprietà privata** Alcune misure di una zona edificabile di forma triangolare sono riportate in figura. Il proprietario vuole dividere la zona in due parti in modo che le aree siano proporzionali ai numeri 1,5 e 2,5, mediante la linea di confine *CD*.

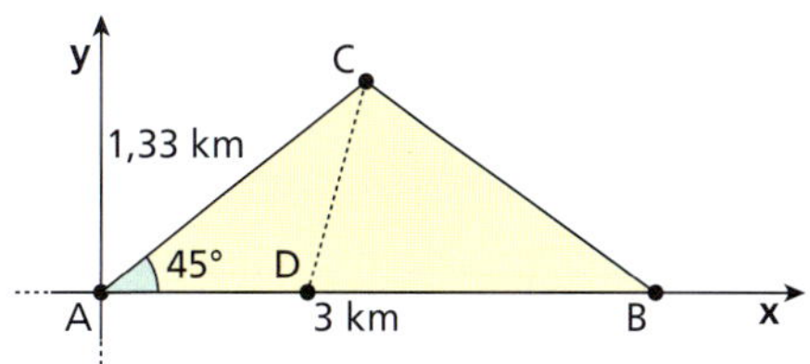

a. Calcola l'area della zona complessiva e quelle delle due parti.
b. Determina le coordinate di *D* e la misura di *CD*.

[a) 1,41 km^2; 0,53 km^2; 0,88 km^2; b) *D*(1,27; 0); 0,99 km]

Applicazioni alla geometria solida

408 ●○ TEST Le misure degli spigoli del prisma retto a base quadrata $ABCDA'B'C'D'$ sono:

$\overline{AB} = \overline{BC} = 1, \ \overline{AA'} = 2.$

Riguardo all'angolo $\varphi = D'\widehat{A}B'$ possiamo dire che:

A $\varphi = 90°$.
B $\sin \varphi = \frac{1}{\sqrt{10}}$.
C $\sin \varphi = \frac{3}{5}$.
D $\sin \varphi = \frac{2}{\sqrt{5}}$.
E $\tan \varphi = \sqrt{2}$.

409 ●○ La diagonale *d* di un parallelepipedo retto è lunga $\sqrt{5}$ cm e gli spigoli della base misurano $\frac{3}{2}$ cm e $\frac{\sqrt{6}}{2}$ cm. Determina l'ampiezza dell'angolo α che *d* forma con la diagonale di base.

[30°]

410 ●○ Una piramide regolare a base quadrata ha gli spigoli laterali lunghi 12 cm e l'area della base di 144 cm^2. Determina gli angoli delle facce laterali, l'angolo che ciascuna di esse forma con la base e l'altezza della piramide.

$\left[60°; \arccos \frac{\sqrt{3}}{3}; 6\sqrt{2} \text{ cm}\right]$

411 ●○ Un cubo di spigolo *l* è inscritto in una piramide regolare a base quadrata in modo che quattro dei suoi vertici si trovano sugli spigoli laterali della piramide, mentre gli altri stanno sulla sua base. Determina il volume della piramide, sapendo che la tangente dell'angolo che le sue facce laterali formano con la base è 2.

$\left[\frac{8}{3} l^3\right]$

412 La piramide $ABCV$ ha per base il triangolo equilatero ABC, di lato a, e lo spigolo CV è perpendicolare alla base. Sai che il volume misura $\frac{1}{4}a^3$; determina l'angolo α che lo spigolo BV forma con lo spigolo BC e l'angolo ϕ della faccia ABV con la base. [$\alpha = 60°$; $\phi = \arctan 2$]

413 L'apotema di una piramide regolare a base quadrata forma, con il piano della base, un angolo α tale che $\tan \alpha = \frac{12}{5}$. Determina la tangente dell'angolo β che lo spigolo laterale forma con il piano della base.

$$\left[\tan \beta = \frac{6\sqrt{2}}{5}\right]$$

414 Un cono circolare retto è circoscritto a una semisfera di raggio r il cui cerchio di base giace sulla base del cono. Esprimi il volume del cono in funzione dell'angolo x che il suo apotema forma col piano di base e calcola tale volume nel caso in cui l'area laterale del cono sia doppia di quella della base.

$$\left[V_c = \frac{\pi r^3}{3\sin^2 x \cos x};\ x = \frac{\pi}{3} \text{ e } V_c = \frac{8}{9}\pi r^3\right]$$

415 Un trapezio isoscele $ABCD$ è circoscritto a una semicirconferenza di diametro $2r$. Determina l'angolo acuto, sapendo che il rapporto fra il volume del solido generato dalla rotazione completa del trapezio attorno alla base maggiore e quello della sfera di raggio r è $\frac{2}{3}\sqrt{3}$. $\left[60° \vee \arctan \frac{5\sqrt{3}}{11}\right]$

Applicazioni alla geometria analitica

416 Nel triangolo di vertici $A(-3; -1)$, $B(3; 2)$ e $C(5; 0)$ calcola la tangente goniometrica dell'angolo in B e determina il lato AC applicando il teorema del coseno. [-3]

417 Un'iperbole con i fuochi sull'asse y e centro nell'origine degli assi ha un asintoto inclinato di 30° rispetto al semiasse positivo delle x. Sapendo che l'iperbole passa per il punto $M(-12; 7)$, determina:

a. la sua equazione;

b. la tangente goniometrica dell'angolo $A\widehat{M}B$ (A e B sono i vertici reali dell'iperbole);

c. il diametro della circonferenza passante per A, M e B applicando il teorema della corda.

$$\left[\text{a) } \frac{x^2}{3} - y^2 = -1;\ \text{b) } \frac{1}{8};\ \text{c) } 2\sqrt{65}\right]$$

418 Dati i punti $A(2; 0)$ e $B(4; 2)$, determina il luogo geometrico dei punti P tali che $\tan A\widehat{P}B = \pm 1$.

[l'unione delle due circonferenze di equazioni $x^2 + y^2 - 8x + 12 = 0$ e $x^2 + y^2 - 4x - 4y + 4 = 0$, esclusi i punti A e B]

419 Siano A e B i punti di intersezione fra la retta $2x - y - 5 = 0$ e la parabola $y = x^2 - 4x$, V il vertice. Determina il coseno dell'angolo $A\widehat{V}B$, utilizzando il teorema di Carnot nel triangolo AVB, e confrontalo con il valore della sua tangente dedotto dalle equazioni delle rette AV e VB. $\left[\cos A\widehat{V}B = \frac{1}{\sqrt{5}};\ \tan A\widehat{V}B = 2\right]$

420 I punti $A(-4; 2)$ e $B(-1; -1)$ sono vertici di un triangolo in cui il lato BC ha equazione $x - 2y - 1 = 0$ e $\overline{AC} = \sqrt{29}$. Determina l'angolo $A\widehat{C}B$ e l'equazione del lato AC.

$$\left[\sin \widehat{C} = \frac{9}{\sqrt{145}};\ \text{due soluzioni: } 2x + 5y - 2 = 0,\ 26x - 7y + 118 = 0\right]$$

VERIFICA DELLE COMPETENZE ALLENAMENTO

ANALIZZARE E INTERPRETARE DATI E GRAFICI

TEST

1 ●○ Del quadrilatero convesso $ABCD$ si conoscono i lati $\overline{AB} = \overline{DA} = 6$, $\overline{BC} = 4$, $\overline{CD} = 5$ e l'angolo $\widehat{B} = 120°$. Riguardo all'angolo $\widehat{D}$ si può affermare che:

- **A** non ci sono elementi sufficienti per calcolarlo.
- **B** il coseno è uguale a $-\frac{1}{4}$.
- **C** la sua misura è 60°.
- **D** è congruente a $\widehat{B}$.
- **E** è un angolo acuto.

2 ●○ Nel triangolo della figura l'angolo $B\widehat{A}C$ misura:

- **A** 120°.
- **B** 60°.
- **C** 45°.
- **D** 30°.
- **E** 150°.

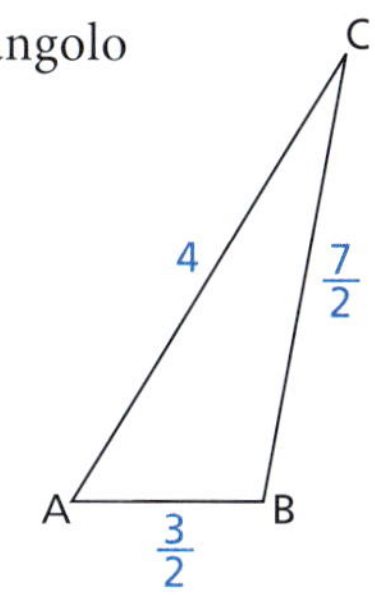

3 ●○ Individua l'affermazione errata fra le seguenti, in riferimento alla figura.

- **A** $\overline{AC} = 30 \sin 35°$
- **B** $\overline{BC} = 30 \cos 35°$
- **C** $\overline{AC} = \overline{BC} \tan 55°$
- **D** $\overline{CH} = 30 \cos 35° \cdot \sin 35°$
- **E** $\overline{AH} = \overline{AC} \cos 55°$

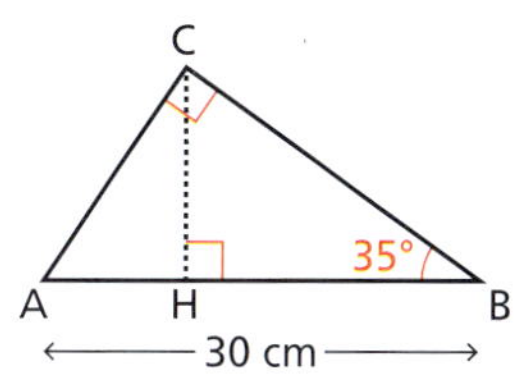

Risolvi il triangolo *ABC*, noti gli elementi indicati.

4 ●○ $\alpha = \frac{\pi}{2}$, $a = 41$, $c = 40$. $\left[b = 9; \beta = \arcsin\frac{9}{41}; \gamma = \arcsin\frac{40}{41}\right]$

5 ●○ $\alpha = 40°$, $\beta = 38°$, $b = 15$. $[a \simeq 15,7; c \simeq 23,8; \gamma = 102°]$

6 ●○ $a = 8$, $b = 21$, $\gamma = 15°$. $[c \simeq 13,4; \alpha \simeq 9°; \beta \simeq 156°]$

7 ●○ $b = 21$, $c = 35$, $\tan\beta = \frac{3}{4}$. $[a = 28; \alpha \simeq 53°; \gamma = 90°]$

8 ●○ $a = 7$, $b = 10$, $c = 16$. $[\alpha \simeq 16°; \beta \simeq 24°; \gamma = 140°]$

9 ●○ Determina l'elemento incognito nelle seguenti figure.

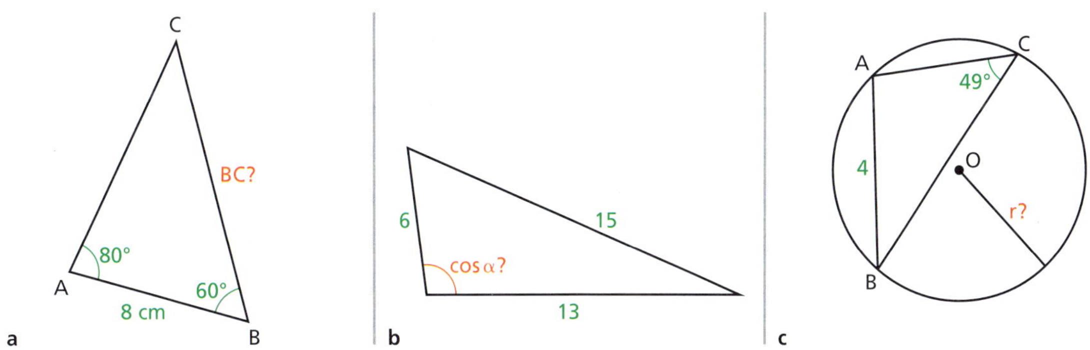

$[\text{a) } BC \simeq 12,3 \text{ cm; b) } \cos\alpha \simeq -0,13; \text{ c) } r \simeq 2,7]$

RISOLVERE PROBLEMI

10 ●○ Nel triangolo ABC, rettangolo in A, un cateto è lungo 20 cm e il coseno dell'angolo acuto a esso adiacente è 0,7. Determina l'area e il perimetro del triangolo. $[204 \text{ cm}^2; 68,97 \text{ cm}]$

VERIFICA DELLE COMPETENZE

11 In un triangolo ABC, $\widehat{A} = 30°$ e $\widehat{B} = 45°$. Essendo $AC = 20$ cm, calcola la lunghezza del lato AB. $[(10\sqrt{3} + 10)$ cm$]$

12 In un triangolo rettangolo un cateto è i $\frac{33}{56}$ dell'altro e l'area è 231 cm^2. Determina i cateti e gli angoli acuti. [28 cm, 16,5 cm; 30,5°; 59,5°]

13 Calcola l'area di un rombo di lato 106 cm, sapendo che il coseno dell'angolo acuto è $\frac{28}{53}$. [9540 cm^2]

14 Calcola il perimetro e l'area di un trapezio isoscele, sapendo che la base maggiore è 90 cm, il lato obliquo 30 cm e l'angolo alla base ha il coseno uguale a $\frac{3}{5}$. [204 cm; 1728 cm^2]

15 In un parallelogramma un angolo misura 75°, un lato 15 e l'area $15\sqrt{3}$. Calcola la misura dell'altro lato. $[3\sqrt{2} - \sqrt{6}]$

16 Una circonferenza ha il diametro $\overline{AB} = 6$. Determina la misura della corda AC, sapendo che il suo prolungamento incontra in T la tangente alla circonferenza condotta per B e che $\overline{BT} = 3\sqrt{5}$. [4]

17 Nel triangolo ABC la bisettrice BP è lunga 78 cm, l'ampiezza dell'angolo $A\widehat{C}B$ è 24° e quella dell'angolo $A\widehat{B}C$ è 54°. Risolvi il triangolo. $[\widehat{A} = 102°; BC \simeq 149{,}03$ cm; $AC \simeq 123{,}26$ cm; $AB \simeq 61{,}97$ cm$]$

18 Un triangolo ABC è inscritto in una circonferenza; le misure dei lati AC e BC sono rispettivamente 5 e 3 e l'area è 6. Determina il raggio della circonferenza circoscritta. $\left[\frac{5}{2} \vee \frac{5}{4}\sqrt{13}\right]$

19 In un triangolo ABC conosci il lato $AB = 35$ cm, l'angolo $A\widehat{B}C = 45°$ e la mediana $AM = 28$ cm. Calcola l'area e il perimetro del triangolo. $[S \simeq 936{,}6$ cm^2; $2p \simeq 167{,}3$ cm; oppure: $S \simeq 288{,}4$ cm^2; $2p \simeq 83{,}1$ cm$]$

20 Nel triangolo ABC i lati AB e BC sono lunghi rispettivamente 42 cm e 78 cm; la tangente dell'angolo $B\widehat{A}C$ è $-\frac{3}{2}$. Determina gli angoli, il terzo lato del triangolo e la mediana BN. $[\simeq 123{,}7°; \simeq 29{,}7°; \simeq 26{,}6°; 46{,}44$ cm; $58{,}18$ cm$]$

21 In un triangolo rettangolo l'ipotenusa è lunga 20 dm e un angolo acuto ha ampiezza 27°. Calcola le proiezioni dei cateti sull'ipotenusa. [15,88 dm; 4,12 dm]

22 Inscrivi un triangolo ABC in una semicirconferenza di diametro $\overline{AB} = 4$ in modo che l'angolo in B risulti maggiore dell'angolo in A. Prolunga AC fino a intersecare in T la tangente in B alla circonferenza e trova per quali valori di $x = A\widehat{B}C$ si ha $3\overline{CT} + \sqrt{3}\,\overline{CB} = 2\overline{AC}$. [60°]

23 Un trapezio rettangolo $ABCD$ circoscritto a una circonferenza ha gli angoli retti in A e in D e l'angolo acuto in B è di 54°. Sapendo che il perimetro è $20\sqrt{5}$, calcola l'area e la lunghezza del lato obliquo BC. $[S = 50\sqrt{5}; BC = 10(\sqrt{5} - 1)]$

24 Le misure dei lati del trapezio scaleno $ABCD$ sono: base maggiore $\overline{AB} = 60$, base minore $\overline{CD} = 20$, lati obliqui $\overline{BC} = 20\sqrt{3}$ e $\overline{AD} = 20$. Determina gli angoli del trapezio, la sua area e la misura delle sue diagonali. $[\widehat{A} = 60°, \widehat{B} = 30°, \widehat{C} = 150°, \widehat{D} = 120°; 400\sqrt{3}; 20\sqrt{7}, 20\sqrt{3}]$

25 Il triangolo PQR ha l'angolo in Q di 30° e la lunghezza del lato PQ è 120 cm. La mediana RM incontra PQ in M in modo che $R\widehat{M}Q = 110°$. Trova i lati e gli angoli incogniti. [una soluzione accettabile: $QR \simeq 87{,}71$ cm; $PR \simeq 62{,}15$ cm; $P\widehat{R}Q \simeq 105°$]

26 Dimostra che tra l'angolo al vertice α di un triangolo isoscele e un suo angolo alla base β sussiste la relazione: $\cos\alpha = 1 - 2\cos^2\beta$. Se $\beta = \arcsin\frac{5}{13}$ e il lato è lungo 120 cm, trova la base e l'altezza del triangolo. $\left[\frac{2880}{13}\text{ cm}; \frac{600}{13}\text{ cm}\right]$

27 Una piramide retta avente per base un rettangolo $ABCD$ è inscritta in un cono circolare retto. L'altezza comune ai due solidi è $\overline{VO} = 24$; nelle facce laterali gli angoli al vertice $A\widehat{V}B = 2\alpha$ e $B\widehat{V}C = 2\beta$ sono tali che $\sin\alpha = \frac{3}{13}$ e $\sin\beta = \frac{4}{13}$. Determina il seno dell'angolo $x = A\widehat{V}O$ di apertura del cono e il volume del cono.
$\left[\sin x = \frac{5}{13}; V_c = 800\pi\right]$

28 Nella piramide $ABCV$ la base è il triangolo ABC rettangolo in B; lo spigolo VC è perpendicolare alla base e la faccia ABV ha un angolo retto in B. Sapendo che $\overline{VA} = 8$, $V\widehat{A}B = 30°$ e $C\widehat{B}V = 45°$, trova l'ampiezza dell'angolo $A\widehat{C}B$ e il volume della piramide.
$\left[\tan A\widehat{C}B = \sqrt{6}; \text{volume} = \frac{16}{3}\sqrt{3}\right]$

Problemi con equazioni e funzioni

29 È dato il trapezio $ABCD$, di base maggiore AB, tale che l'angolo $B\widehat{C}D$ è di 120°, il triangolo HCB (con H piede della perpendicolare tracciata da D su AB) è rettangolo e l'altezza DH è lunga 4 cm. Indica con x l'angolo $D\widehat{A}B$ e determina l'area del trapezio. Trova poi per quale valore di x l'area è $\frac{80}{3}\sqrt{3}$ cm^2.
$\left[8\left(\frac{7}{3}\sqrt{3} + \cot x\right); 30°\right]$

30 Nel trapezio rettangolo $ABCD$ l'altezza AD e la base minore DC sono lunghe 20 cm. Traccia da A e D le perpendicolari alla retta CB, che la intersechino rispettivamente in Q e in P. Determina $\overline{AQ}$, $\overline{DP}$ e $\overline{PQ}$ in funzione della misura x di $A\widehat{B}C$ e calcola x in modo che $\overline{AQ} = \sqrt{3}\,\overline{PD} + \overline{PQ}$.
$\left[\overline{AQ} = 20(\sin x + \cos x); \overline{DP} = 20\sin x; \overline{PQ} = 20\sin x; x = \frac{\pi}{6}\right]$

31 Nel trapezio rettangolo $ABCD$, di base maggiore AB e base minore DC, è $\overline{AD} = \overline{DC} = 8$. E e F sono le proiezioni sulla retta CB, rispettivamente, di D e A. Indica con x l'angolo $A\widehat{B}C$ e determina la funzione

$$f(x) = \overline{AF} + \overline{DE} + \overline{EC}.$$

a. Calcola per quali valori di x si ha: $f(x) = 8\sqrt{6}$.

b. Rappresenta graficamente $f(x)$ nell'intervallo in cui può variare x geometricamente.
$\left[f(x) = 16(\sin x + \cos x); \text{a) } x = \frac{\pi}{12} \vee x = \frac{5}{12}\pi\right]$

32 Nella figura la retta CE è tangente alla circonferenza che ha raggio 4. Studia, al variare dell'angolo x, la funzione

$$y = \frac{\overline{CD}}{\overline{AB}} + \frac{\overline{CE}}{\overline{EO}}$$

e disegnane il grafico, evidenziando il tratto che si riferisce al problema.
$\left[y = 2\sin 2x; 0 \le x \le \frac{\pi}{2} \wedge x \ne \frac{\pi}{4}\right]$

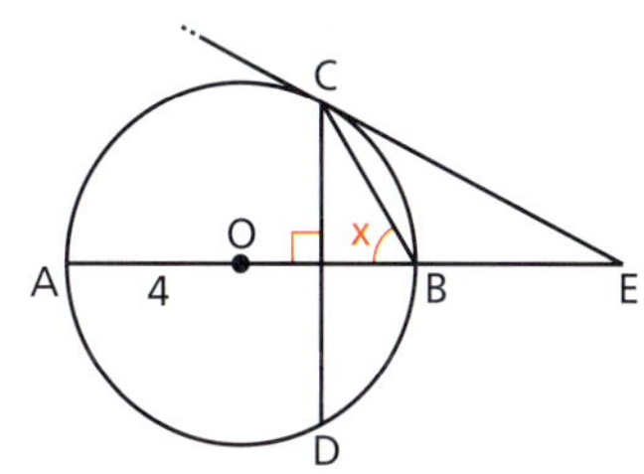

33 Nel triangolo ABC, rettangolo in C, l'area misura 24 e $\overline{AC} = 6$. Considera un punto P variabile sulla semicirconferenza di diametro CB esterna al triangolo. Sia D la sua proiezione su CB ed E la proiezione di D su AB. Posto $P\widehat{B}C = x$, trova per quali valori di x si ha:

$$\overline{DB} + \overline{PD} + \frac{5}{2}\overline{AE} = 25.$$
$\left[x = \frac{\pi}{4} \vee x = \frac{\pi}{2}\right]$

34 Nella semicirconferenza di diametro $\overline{AB} = 2$ traccia il punto C tale che $A\widehat{B}C = 60°$. Considera P sull'arco $\widehat{AC}$ e H proiezione di P su AC. Poni $P\widehat{A}C = x$ e determina per quale posizione di P si ha:

$$\sqrt{3}\,\overline{AH} + \overline{PH} = 1.$$
$[x = 45°]$

35 È dato il quadrato $ABCD$ di lato 4 cm. Al suo interno traccia l'arco di circonferenza $\widehat{AC}$ con centro nel punto D. Considera un punto T dell'arco e la tangente in esso che incontra i lati del quadrato nei punti P e Q. Scrivi $\overline{PQ}$ in funzione dell'angolo $A\widehat{D}T = 2x$ e trova per quali valori di x si ha $\overline{PQ} = 8(\sqrt{2} - 1)$.

$\left[\overline{PQ} = 4\frac{1 + \tan^2 x}{1 + \tan x}; x = \frac{\pi}{8}\right]$

36 Nel trapezio $ABCD$ in figura, la base maggiore AB misura 12. Considera la funzione $f(x)$ che esprime il perimetro del triangolo APD al variare di P su AB e trova, tenendo conto dei limiti del problema, per quali valori di x si ha:

$f(x) \geq 18$.

$[60° \leq x \leq 90°]$

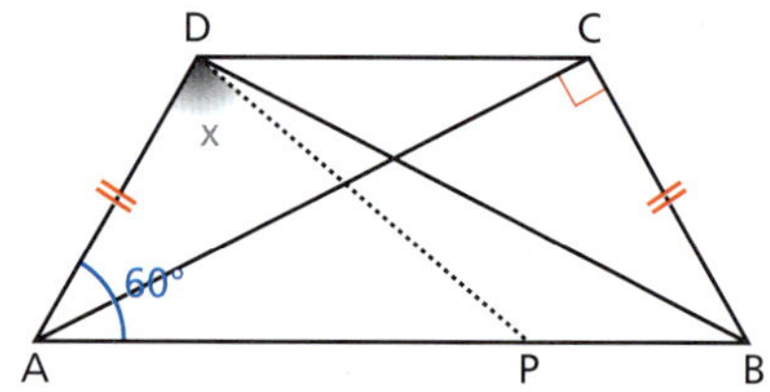

37 Il triangolo rettangolo ABC ha l'ipotenusa BC lunga 16 cm e l'angolo $A\widehat{B}C = 60°$. Trova un punto Q sull'altezza AH relativa all'ipotenusa in modo che sia: $4\overline{QB}^2 + \frac{1}{6}\overline{AC}^2 = \overline{CQ}^2$.
(Poni $Q\widehat{B}C = x$.)

$[x = 45°]$

38 In una circonferenza di raggio r traccia il diametro AB e il diametro CD a esso perpendicolare. Sull'arco minore $\widehat{DB}$ considera un punto P e, posto $P\widehat{A}B = x$, trova per quali valori di x si ha:

$2\overline{PA} = \sqrt{2}\,\overline{PC} + \overline{AC}$.

$\left[\frac{\pi}{12}\right]$

39 In un triangolo equilatero ABC di lato 2, la retta s è perpendicolare al lato BC in un suo punto H. Sia P il punto di s, nel semipiano non contenente il triangolo, tale che $\overline{BP} = 2$; posto $C\widehat{B}P = x$:

a. determina la funzione $f(x)$ che esprime la somma dell'area del triangolo BPH con il doppio di quella del triangolo equilatero di lato BH e disegna il grafico corrispondente;

b. risolvi la disequazione $f(x) \geq 2\sqrt{3}$.

$\left[\text{a) } f(x) = \sin 2x + \sqrt{3}\cos 2x + \sqrt{3}, \text{ con } 0 \leq x \leq \frac{\pi}{2}; \text{ b) } 0 \leq x \leq \frac{\pi}{6}\right]$

40 Sui due lati di un angolo retto di vertice O, si considerano due segmenti OM e ON tali che $\overline{OM} = 1$ e $\overline{ON} = \sqrt{3}$. Dopo aver tracciato una semiretta r interna all'angolo, indica con M' e con N' le proiezioni rispettivamente di M e di N su r. Sia P il punto medio di $M'N'$ e S il punto di intersezione tra r e la parallela a OM passante per N.

a. Indica con A_1 l'area del triangolo PNS e con A_2 quella del triangolo ONS e determina, al variare dell'angolo $M\widehat{O}N' = x$, la funzione $f(x) = \frac{A_1}{A_2}$.

b. Rappresenta $f(x)$ in un periodo ed evidenzia la parte relativa al problema.

$\left[\text{a) } f(x) = \frac{3}{4} - \frac{\sqrt{3}}{6}\sin\left(2x - \frac{\pi}{3}\right), 0 < x < \frac{\pi}{2}\right]$

41 Nella semicirconferenza di diametro $\overline{AB} = 2$ e centro O, è condotta la semiretta contenente il raggio OQ perpendicolare ad AB. Considerato il generico punto P della semicirconferenza indica con H la sua proiezione su AB e con L il punto della semiretta OQ tale che l'angolo $H\widehat{P}L$ sia diviso in due parti congruenti dal raggio OP.

a. Esprimi la misura di OL in funzione dell'angolo $x = O\widehat{P}L$, indicando anche il corrispondente dominio.

b. Determina per quali valori di x la misura di OL è maggiore del raggio.

$\left[\text{a) } \overline{OL} = \frac{1}{2\cos x}, 0 < x < \frac{\pi}{2}; \text{ b) } \frac{\pi}{3} < x < \frac{\pi}{2}\right]$

42 P è un punto variabile su una semicirconferenza di raggio 2 e H la sua proiezione sul diametro AB.

a. Studia la funzione $f(x) = \overline{PH} + \overline{HB}$ al variare dell'angolo $x = P\widehat{A}H$ e rappresenta il tratto di grafico che si riferisce al problema.

b. Trova per quali valori di x il valore della funzione è minore della misura del raggio.

$\left[\text{a) } f(x) = 2\sqrt{2}\sin\left(2x - \frac{\pi}{4}\right) + 2; \text{ b) } 0 \leq x < \frac{\pi}{8}\right]$

43 Il quadrilatero $ABCD$ è inscritto in una circonferenza e si conoscono:

$$\overline{AB} = \overline{DA} = 2, \quad \cos\widehat{A} = \cos\widehat{C} = 0.$$

Posto $B\widehat{D}C = x$, esprimi, in funzione di x, l'area del quadrilatero e calcola per quali valori di x l'area è $2 + \sqrt{3}$.

$\left[2(\sin 2x + 1); \frac{\pi}{6}, \frac{\pi}{3}\right]$

44 In una circonferenza di raggio 1 traccia la corda AB lunga come il lato del triangolo equilatero inscritto e la tangente alla circonferenza nel punto B. Sul minore degli archi AB, considera il punto P e indica con il punto H l'intersezione della semiretta AP con la tangente in B.
Posto $P\widehat{A}B = x$, risolvi, nei limiti geometrici del problema, l'equazione:

$$(\overline{AP} + \overline{PB}) \cdot \overline{BH} = \sqrt{3}.$$

$[x = 30°]$

45 Un triangolo ABC ha l'angolo $\widehat{B}$ doppio dell'angolo $\widehat{C}$, e il lato AC misura 2.

a. Determina $\overline{AB}$ e $\overline{BC}$ in funzione dell'ampiezza x dell'angolo $\widehat{C}$.

b. Risolvi, limitatamente al problema, la disequazione:

$$\overline{AB} \geq \sqrt{2}.$$

c. Determina il valore di $\widehat{C}$ per cui $\overline{BC} = 2$.

$\left[\text{a) } \overline{AB} = \frac{1}{\cos x}, \overline{BC} = \frac{4\cos^2 x - 1}{\cos x}; \text{ b) } \frac{\pi}{4} \leq x < \frac{\pi}{3}; \text{ c) } \frac{\pi}{5}\right]$

46 È dato il trapezio rettangolo $ABCD$ la cui base minore AB misura l, l'angolo $A\widehat{B}C = \frac{2}{3}\pi$ e la diagonale $\overline{AC} = \sqrt{3} \cdot l$. Sull'altezza BH considera il punto P tale che $P\widehat{C}D = x$. In funzione di x determina l'espressione di $f(x) = \frac{\overline{PD}^2 - \overline{PB}^2}{l^2}$ e verifica che $f(x) > 0$ nei limiti imposti dal problema. Indipendentemente dal problema geometrico, risolvi la disequazione $f(x) \geq \frac{3}{4}$.

$\left[f(x) = \frac{\sqrt{3}}{2}\tan x + \frac{1}{4}, 0 \leq x \leq \frac{\pi}{3}; \frac{\pi}{6} + k\pi \leq x < \frac{\pi}{2} + k\pi\right]$

47 Nel rettangolo $ABCD$ la diagonale AC misura l. Dette $\mathcal{A}_1$ l'area della superficie totale del cilindro ottenuto con una rotazione completa del rettangolo intorno ad AB e $\mathcal{A}_2$ l'area del cerchio di raggio l, poni $C\widehat{A}B = x$ e trova per quali valori di x si ha $f(x) \geq 2$, con:

$$f(x) = \frac{\mathcal{A}_1}{\mathcal{A}_2}.$$

$\left[f(x) = \sin 2x - \cos 2x + 1; \frac{\pi}{4} \leq x < \frac{\pi}{2}\right]$

48 Un prisma retto ha per base il rettangolo $ABCD$ inscritto in una circonferenza di diametro 4 e centro O. Posto $A\widehat{O}D = 2x$ e supposto $\overline{AB} \geq \overline{AD}$, esprimi, in funzione di x, il volume del prisma sapendo che l'area della superficie laterale vale S. Calcola quindi per quale valore di x il volume ha misura $\frac{S}{\sqrt{2}}$.

$\left[V(x) = \frac{2S\sin x\cos x}{\cos x + \sin x}; \frac{\pi}{4}\right]$

49 Nella semicirconferenza di centro O e diametro $\overline{AB} = 2r$ è condotta la corda AC. Detta H la proiezione di C sul diametro, indica con V_1 il volume del cono generato dal triangolo AHC in una rotazione completa attorno alla retta AB, con V_2 quello del cono generato dal triangolo OHC. Esprimi, in funzione dell'angolo $B\widehat{A}C = x$, il rapporto $f(x) = \frac{V_2}{V_1}$ e calcola per quale valore di x si ha $f(x) = \frac{1}{3}$.

$\left[f(x) = \frac{|\cos 2x|}{1 + \cos 2x}, \text{con } 0 < x < \frac{\pi}{2}; x = \frac{\pi}{6} \vee x = \frac{1}{2}\arccos\left(-\frac{1}{4}\right)\right]$

VERIFICA DELLE COMPETENZE VERSO L'ESAME

ARGOMENTARE E DIMOSTRARE

50 L'area di un quadrilatero si può ottenere dalla seguente formula:

$$S = \frac{1}{2} d_1 d_2 \sin\alpha,$$

dove d_1 e d_2 sono le misure delle diagonali del quadrilatero e α è uno degli angoli da esse formato. Giustifica geometricamente la formula. (SUGGERIMENTO Somma le aree dei quattro triangoli...)

51 Dimostra che la misura della mediana relativa al lato AB del triangolo ABC, avente i lati di misure a, b, c, ha la seguente espressione: $m_c^2 = \frac{1}{2}\left(a^2 + b^2 - \frac{c^2}{2}\right)$.

(SUGGERIMENTO Applica ai triangoli ACM e MCB il teorema del coseno; somma le due relazioni...)

52 Nel triangolo disegnato a lato, qual è la misura, in gradi e primi sessagesimali, di α?

(Esame di Stato, Liceo Scientifico, Corso di ordinamento, Sessione ordinaria, 2014, quesito 1)

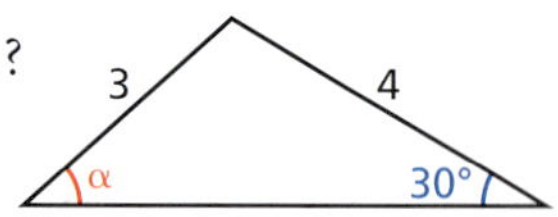

[$\alpha \simeq 41°49'$]

53 Si dimostri che il teorema di Pitagora è un caso particolare del teorema di Carnot.

(Esame di Stato, Liceo Scientifico, Corso di ordinamento, Sessione straordinaria, 2012, quesito 10)

54 Verifica che in un triangolo isoscele ABC, di base BC, vale la relazione $\cos^2\frac{\alpha}{2} = \sin\beta \sin\gamma$.

55 Dimostra che, se in un triangolo il quadrato di un lato è maggiore della somma dei quadrati degli altri due, il triangolo è ottusangolo.
Verifica che il triangolo di lati $a = 4$, $b = 9$ e $c = 10$ è ottusangolo e calcola la misura dell'angolo ottuso.

[$92°23'17''$]

56 Le misure dei lati di un triangolo sono 40, 60 e 80 cm. Si calcolino, con l'aiuto di una calcolatrice, le ampiezze degli angoli del triangolo approssimandole in gradi e primi sessagesimali.

(Esame di Stato, Liceo Scientifico, Corso di ordinamento, Sessione ordinaria, 2007, quesito 2)

57 Secondo il codice della strada il segnale di «salita ripida» (figura a lato) preavverte di un tratto di strada con pendenza tale da costituire pericolo. La pendenza vi è espressa in percentuale e nell'esempio è 10%.
Se si sta realizzando una strada rettilinea che, con un percorso di 1,2 km, supera un dislivello di 85 m, qual è la sua inclinazione (in gradi sessagesimali)? Quale la percentuale da riportare sul segnale?

(Esame di Stato, Liceo Scientifico, Corso di ordinamento, Sessione ordinaria, 2008, quesito 10)

[$4°\ 3'$; 7%]

58 Si consideri la seguente proposizione: «In ogni triangolo isoscele la somma delle distanze di un punto della base dai due lati eguali è costante». Si dica se è vera o falsa e si motivi esaurientemente la risposta.

(Esame di Stato, Liceo Scientifico, Corso sperimentale, Sessione suppletiva, 2007, quesito 4)

59 ●● Spiegare come utilizzare il teorema di Carnot per trovare la distanza tra due punti accessibili ma separati da un ostacolo.

(*Esame di Stato, Liceo Scientifico, Scuole italiane all'estero, Sessione ordinaria,* 2005, *quesito* 6)

60 ●● **TEST** Di triangoli non congruenti, di cui un lato è lungo 10 cm e i due angoli interni adiacenti ad esso, α e β, sono tali che $\sin\alpha = \frac{3}{5}$ e $\sin\beta = \frac{24}{25}$, ne esistono:

A 0. B 1. C 2. D 3.

Una sola risposta è corretta. Individuarla e fornire una spiegazione esauriente della scelta operata.

(*Esame di stato, Liceo Scientifico, Corso di ordinamento, Sessione suppletiva,* 2004, *quesito* 10)

61 ●● Le ampiezze degli angoli di un triangolo sono α, β, γ. Sapendo che $\cos\alpha = \frac{5}{13}$ e $\cos\beta = \frac{12}{13}$, calcolare il valore esatto di $\cos\gamma$, specificando se il triangolo è rettangolo, acutangolo o ottusangolo.

(*Esame di Stato, Liceo Scientifico, Scuole italiane all'estero, Sessione ordinaria,* 2003, *quesito* 1)

62 ●● Dimostra che in ogni triangolo rettangolo la tangente di un angolo acuto è uguale a $\sqrt{\frac{a_1}{a_2}}$, dove a_1 e a_2 sono le misure delle proiezioni dei cateti sull'ipotenusa.
Determina le misure dei lati del triangolo quando $a_1 = 12$ cm e $a_2 = 4$ cm. [16 cm, $8\sqrt{3}$ cm, 8 cm]

COSTRUIRE E UTILIZZARE MODELLI

63 ●○ **Congiunzioni astrali** Quando i primi tre pianeti del sistema solare sono allineati, si hanno le distanze: Sole-Mercurio $57{,}9 \cdot 10^6$ km, Mercurio-Venere $39{,}1 \cdot 10^6$ km, Venere-Terra $38{,}2 \cdot 10^6$ km.

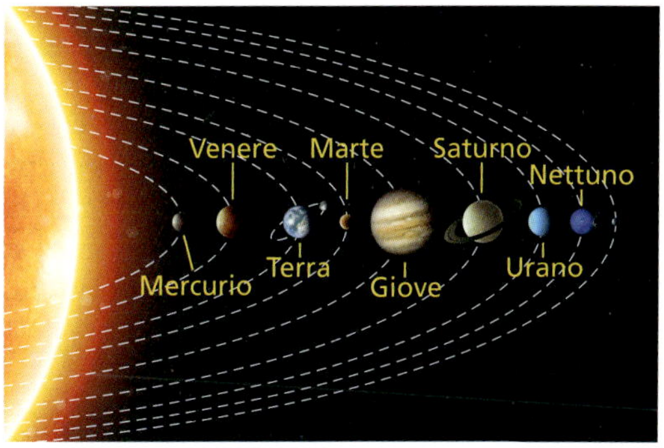

a. Calcola la distanza Mercurio-Venere nel momento in cui le due rette congiungenti i centri dei corpi Sole-Mercurio e Sole-Venere formano un angolo di 30°. (Approssima le orbite a circonferenze.)

b. Nel caso in cui le rette congiungenti i centri di Sole-Venere e Sole-Terra formino un angolo di 18°, determina l'angolo formato tra le congiungenti Sole-Venere e Venere-Terra.

[a) $55 \cdot 10^6$ km; b) 127°]

64 ●○ **Un problema nautico** Due barche a vela, Laura e Mara, lasciano il molo nello stesso istante in una bella giornata ventosa. Laura può navigare percorrendo 12 miglia nautiche in un'ora (1 nmi = 1852 m), Mara invece può fare 15 miglia nautiche in un'ora. Dal momento del distacco dal molo, le loro direzioni di navigazione rimangono costanti e formano tra loro un angolo di 115° circa. Dopo tre ore di navigazione, Laura lancia un segnale di aiuto che viene raccolto da Mara.

a. Quanto sono lontane le due barche quando viene lanciato il segnale?

b. Se Laura si ferma e Mara cerca di raggiungerla, quanto tempo impiega?

[a) 127 km; b) 4 ore e 34 minuti]

RISOLVIAMO UN PROBLEMA

Il satellite geostazionario

I satelliti per le comunicazioni o per le informazioni meteo sono geostazionari, cioè percorrono un'orbita fissa sopra l'equatore all'altezza di circa 35 790 km dal suolo terrestre con un periodo di rivoluzione uguale a quello della Terra, e quindi si trovano sempre sopra lo stesso punto della superficie terrestre. Sapendo che il raggio equatoriale medio della Terra è di 6371 km e che le onde elettromagnetiche emesse dal satellite viaggiano in linea retta, rispondi alle seguenti domande.

- Una persona che si trova al Polo Nord può ricevere le informazioni dal satellite?
- Fino a quale latitudine si possono ricevere i segnali del satellite?
- Supponiamo che una persona che si trova al Polo Nord possa piantare verticalmente un'antenna; quanto deve essere alta per ricevere i segnali dal satellite?
- Le onde elettromagnetiche viaggiano alla velocità della luce ($c \simeq 2{,}9979 \cdot 10^8$ m/s); con quanto ritardo arriva un segnale a un ricevente che si trova al 45° parallelo sulla stessa longitudine del satellite?

▶ **Schematizziamo la situazione con un disegno.**

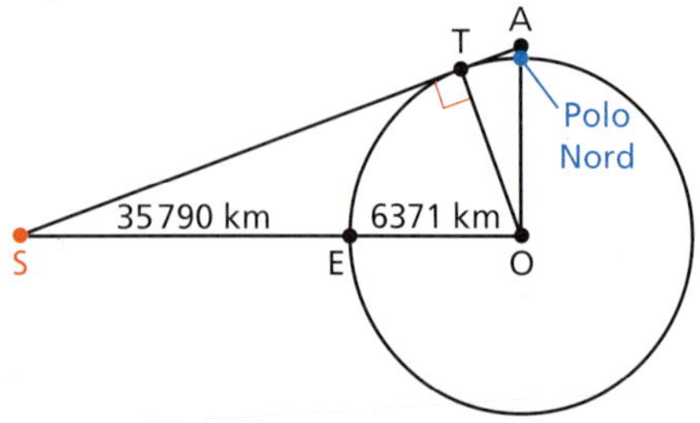

STA rappresenta il percorso dei segnali emessi dal satellite e *OT* è perpendicolare a *SA* (per la proprietà della tangente alla circonferenza). Dalla figura si capisce che una persona al Polo non può ricevere il segnale. Il segnale può essere ricevuto fino alla latitudine a cui si trova *T*.

▶ **Calcoliamo la latitudine di *T*.**

Il punto *T* si trova a una latitudine pari alla misura in gradi dell'angolo $S\widehat{O}T$. Nel triangolo rettangolo *SOT* si ha:

$$\cos S\widehat{O}T = \frac{\overline{OT}}{\overline{SO}} = \frac{6371}{35790 + 6371} \simeq 0{,}1511;$$

$$S\widehat{O}T = \arccos(0{,}1511) \simeq 81{,}3°.$$

▶ **Calcoliamo l'altezza dell'antenna $\overline{AP}$.**

Nel triangolo rettangolo *TOA* si ha:

$$OA = \frac{TO}{\sin T\widehat{A}O} = \frac{TO}{\sin S\widehat{O}T} = \frac{6371}{0{,}9885} \simeq 6445 \text{ km};$$

$$AP = OA - OP = 6445 - 6371 = 74 \text{ km}.$$

Perciò l'antenna dovrebbe essere alta almeno 74 km.

▶ **Rappresentiamo il ricevente R al 45° parallelo.**

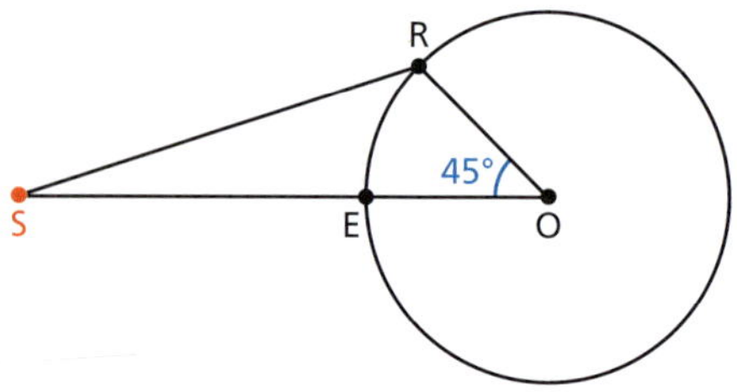

Il segnale deve percorrere la distanza *RS*.

▶ **Calcoliamo $\overline{RS}$ con il teorema del coseno.**

Nel triangolo *RSO*:

$$SO = SE + OE = 42161 \text{ km};$$

$$RS = \sqrt{SO^2 + RO^2 - 2 \cdot SO \cdot RO \cdot \cos 45°} =$$

$$\sqrt{42161^2 + 6371^2 - 2 \cdot 42161 \cdot 6371 \cdot \frac{\sqrt{2}}{2}} \simeq$$

$$37924 \text{ km}.$$

▶ **Calcoliamo il tempo necessario a percorrere tale distanza.**

$$t = \frac{RS}{c} = \frac{37924 \cdot 10^3}{2{,}9979 \cdot 10^8} \simeq 0{,}13 \text{ s}.$$

Quindi il segnale impiega circa 0,13 s ad arrivare a *R*.

65 ●● **Da sponda a sponda** Un geometra deve misurare la larghezza di un canale. Dopo aver individuato un punto di riferimento A sulla sponda opposta alla sua, pianta due paletti: uno sull'argine nella posizione B e l'altro nella posizione H, in modo che la retta ABH risulti perpendicolare alle sponde (figura a lato). Dalla posizione P, tale che $P\widehat{H}A = 90°$, misura gli angoli $H\widehat{P}B$, $H\widehat{P}A$ e la distanza PH: $H\widehat{P}B = 35°$; $H\widehat{P}A = 65°$; $PH = 20$ m.
Qual è la larghezza AB del canale? [28,89 m]

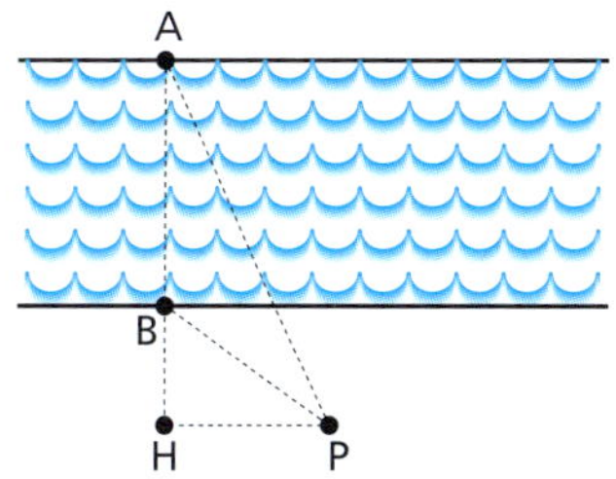

66 ●● **Montagna riflessa** Un osservatore è sulla riva di un lago in una postazione a 241 m di altezza dalla sua superficie. Dall'altra parte del lago vede la cima di una montagna in una direzione che forma, col piano orizzontale, un angolo $\alpha = 43°\ 12'$ verso l'alto e la sua immagine riflessa sull'acqua sotto un angolo $\beta = 49°\ 33'$ verso il basso. Quanto è alta la cima della montagna? (Ricorda che per le leggi della riflessione l'angolo di incidenza e quello di riflessione sono congruenti.) [2176 m]

67 ●● **Con angoli diversi** Una piazza ha la forma di un quadrilatero convesso i cui angoli misurano: $\widehat{A} = 70°$, $\widehat{B} = 130°$, $\widehat{C} = 40°$, $\widehat{D} = 120°$. Se il lato AB è lungo 40 m e BC è 90 m, quanto misura la superficie della piazza? [3388,26 m²]

68 ●● **La biella-manovella** La biella è un'asta (MP) di collegamento tra due parti di una macchina, alle quali è incernierata; ha la funzione di trasformare il moto rotatorio continuo della manovella OM nel moto rettilineo alterno del punto P che può essere collegato a un pistone; in tal caso si parla di «meccanismo biella-manovella».
Indichiamo con m la lunghezza della manovella OM e con b la lunghezza della biella MP, con α e β gli angoli formati dalla manovella e dalla biella con la verticale; A e B identificano le posizioni estreme del punto P variabile.

a. Trova quanto vale l'ampiezza del moto del punto P.
b. Trova la relazione tra m, b, α e β.
c. Calcola la distanza OP in funzione di α quando P si trova in una posizione qualsiasi tra A e B (come in figura).

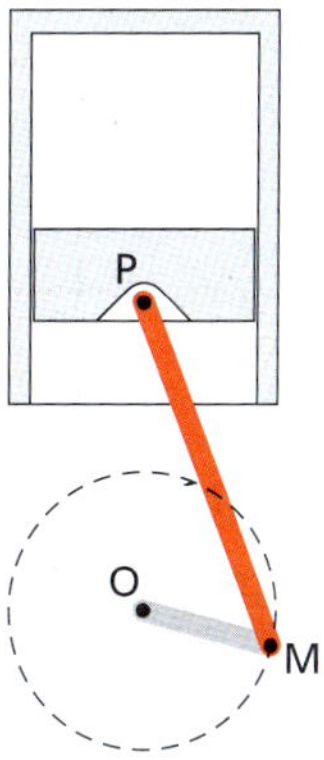

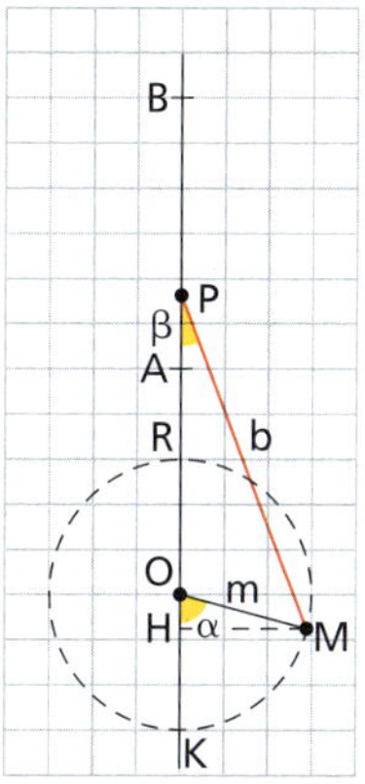

$\left[\text{a) } 2m;\ \text{b) } \beta = \arcsin\left(\frac{m}{b}\sin\alpha\right);\ \text{c) } \sqrt{b^2 - m^2\sin^2\alpha} - m\cos\alpha\right]$

69 ●● **La finestra basculante** La signora Ada vuole far montare, nella sua mansarda, finestre che si aprono a ribalta, come in figura. Le dimensioni sono di 1,10 m di larghezza per 1 m di altezza, e il vincolo intorno al quale ruota si trova a 40 cm dal davanzale. L'installatore le dice che normalmente l'angolo formato dalla finestra aperta con lo stipite verticale è di 20°. La signora Ada pensa che in tal modo la finestra si apra troppo poco e chiede che l'apertura sia doppia. Il tecnico le risponde che allora bisogna raddoppiare l'angolo.

Il tecnico ha detto una cosa corretta?
Per capirlo, segui queste indicazioni:

- rappresenta con un disegno la finestra aperta vista di lato;
- calcola la distanza degli spigoli della finestra dallo stipite, con la finestra aperta di 20°, sia nella parte superiore che in quella inferiore.

Che cosa succede raddoppiando l'angolo?

[raddoppiando l'angolo, l'apotema non raddoppia, perché...]

70 **Il cespuglio di elicriso** Una fotografa marina, dopo un'immersione, approda su uno scoglio per riposarsi e vede, sulla parete di fronte, un enorme cespuglio di elicriso. Con la macchina fotografica valuta che l'angolo di visuale è di circa 22° e che la distanza dal punto dove si trova alla parete opposta è di 15 m circa. Inoltre l'altezza dello scoglio su cui è seduta è di circa 7 m dal livello del mare.

a. A quale altezza dall'acqua si trova il cespuglio?

b. Quanto dovrebbe essere lunga una canna per poter raggiungere il cespuglio?

[a) 13,1 m; b) $\simeq$ 16,2 m]

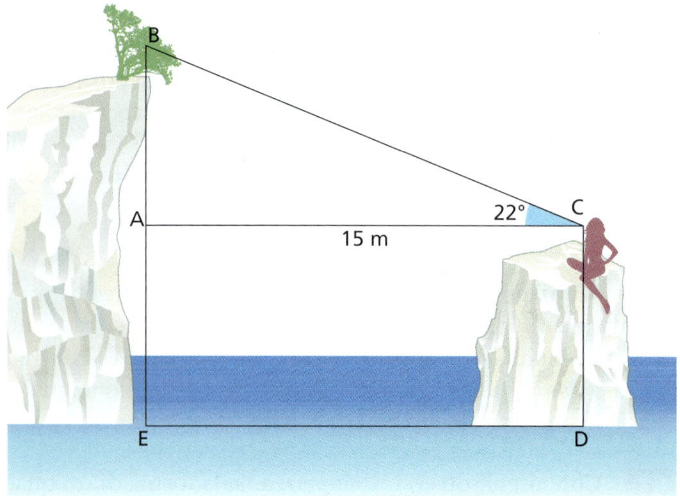

INDIVIDUARE STRATEGIE E APPLICARE METODI PER RISOLVERE PROBLEMI

71 È data la semicirconferenza di diametro $\overline{AB} = 2$. Dal punto A traccia la tangente t alla semicirconferenza e su t considera un punto M (con $\overline{AM} < 1$). Da M conduci la tangente alla circonferenza e, indicati con P il punto di tangenza e con x l'angolo $P\widehat{B}A$, determina l'area $S(x)$ del triangolo AMP e l'area $R(x)$ del triangolo APB.

Esprimi la funzione $y = \sqrt{\dfrac{S(x)}{R(x)}}$ e rappresenta il suo grafico, senza tener conto delle limitazioni geometriche.

$\left[S(x) = \dfrac{\sin^3 x}{\cos x}, R(x) = \sin 2x, 0 \leq x < \dfrac{\pi}{4}; y = \dfrac{\sqrt{2}}{2}|\tan x|\right]$

72 Osserva il triangolo della figura.

a. Calcola le misure di BC, CQ e BQ.

b. Determina $\cos A\widehat{B}C$ e la lunghezza di AQ.

c. Indicato con P un punto della bisettrice AQ e con x la misura del segmento AP, determina la funzione

$$f(x) = \overline{AP}^2 + \overline{BP}^2 + \overline{CP}^2$$

e il valore minimo assunto da essa nei limiti imposti dal problema.

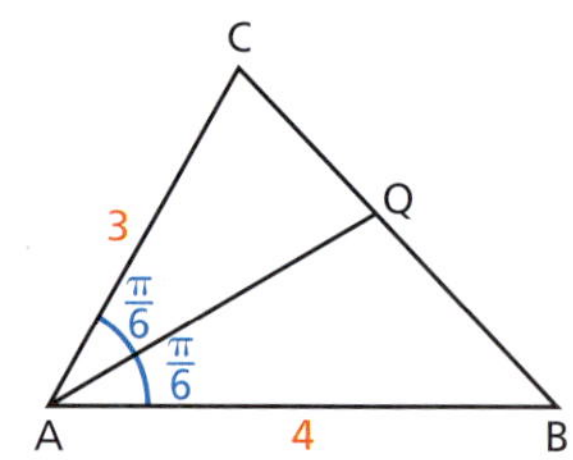

$\left[\text{a) } \overline{BC} = \sqrt{13}, \overline{CQ} = \dfrac{3}{7}\sqrt{13}, \overline{QB} = \dfrac{4}{7}\sqrt{13}; \text{b) } \cos \widehat{B} = \dfrac{5\sqrt{13}}{26}, \overline{AQ} = \dfrac{12\sqrt{3}}{7};\right.$

$\left.\text{c) } f(x) = 3x^2 - 7\sqrt{3}\,x + 25; \text{minimo: } \left(\dfrac{7\sqrt{3}}{6}; \dfrac{51}{4}\right)\right]$

73 Il triangolo isoscele ABC ha i lati obliqui $\overline{AB} = \overline{AC} = 6$ e l'angolo al vertice $B\widehat{A}C = 2x$.

a. Determina il rapporto $f(x) = \dfrac{r_i}{r_c}$ fra il raggio r_i della circonferenza inscritta e quello r_c della circonferenza circoscritta; dimostra che può essere scritto nella forma $f(x) = 2\sin x(1 - \sin x)$.

b. Trova per quale valore di x è $r_c = 2r_i$ e calcola, per tale valore di x, r_i, r_c, perimetro e area del triangolo ABC.

$\left[\text{b) } x = \dfrac{\pi}{6}; r_i = \sqrt{3}; r_c = 2\sqrt{3}; 2p = 18; S = 9\sqrt{3}\right]$

74 ●● È data la semicirconferenza di diametro $\overline{CB} = 4l$. Sia H il punto medio dell'arco $\widehat{CB}$. Sul prolungamento di BH dalla parte di H considera il punto A tale che $\overline{AH} = l\sqrt{2}$. Sia D il punto di intersezione fra la parallela ad AB passante per C e la perpendicolare per A ad AB.

a. Determina la misura del raggio della circonferenza quando il perimetro del trapezio $ABCD$ misura $3\sqrt{2} + 2$.

b. Considera un punto P sull'arco $\widehat{HB}$ e indica con M il punto di intersezione tra CP e HB. Posto $P\widehat{C}B = x$, esprimi la funzione $f(x) = \dfrac{\overline{CP} - \overline{PB}}{\overline{HM}}$ e rappresentala graficamente, tenendo conto dei limiti imposti dal problema.

$\left[\text{a) } 1; \text{b) } f(x) = 2\sin\left(\frac{\pi}{4} + x\right)\right]$

75 ●● Del triangolo ABC si sa che $\overline{AC} = 1$, $\cos B\widehat{A}C = \frac{3}{5}$, $\cos A\widehat{C}B = -\frac{1}{3}$.

a. Determina perimetro e area del triangolo.

b. Se invece dei coseni i valori assegnati rappresentassero i seni dei due angoli, il problema avrebbe soluzione?

c. Risolvi il problema proposto in **b** nel caso in cui: $\overline{AC} = 1$, $\sin B\widehat{A}C = \frac{1}{2}$, $\sin A\widehat{C}B = \frac{\sqrt{2}}{2}$.

$\left[\text{a) } 2p = (4 + 2\sqrt{2}),\ S = \frac{(6 + 2\sqrt{2})}{7}; \text{b) no; c) } \widehat{A} = 30°,\ \widehat{B} = 105°,\ \widehat{C} = 45° \text{ opp. } \widehat{A} = 30°,\ \widehat{B} = 15°,\ \widehat{C} = 135°\right]$

76 ●● Nel triangolo ABC, rettangolo in A, risulta:

$$\overline{AB} = 3, \quad \sin A\widehat{B}C = \frac{4}{5}.$$

a. Indicato con D un punto della semicirconferenza di diametro BC, non contenente A, esprimere l'area S del triangolo ABD in funzione dell'ampiezza x dell'angolo $B\widehat{A}D$.

b. Constatato che si ha:

$$S = \frac{3}{2}(4\sin^2 x + 3\sin x \cos x),$$

studiare questa funzione e disegnarne l'andamento con riferimento alla questione geometrica.

c. Utilizzare il disegno ottenuto al fine di calcolare per quali valori di x l'area S risulta uguale a $9k$, dove k è un parametro reale.

d. Determinare infine il perimetro del triangolo ABD per il quale è massima l'area S.

(*Esame di maturità scientifica, Sessione suppletiva,* 1996, *quesito* 3)

$\left[\text{c) una sol. per } 0 \le k < \frac{2}{3}, \text{ due sol. per } \frac{2}{3} \le k \le \frac{3}{4}; \text{d) } S \text{ massima per } x = \arctan 3,\ 2p = 3(1 + \sqrt{10})\right]$

77 ●● Una piramide regolare a base triangolare ha lo spigolo laterale lungo 5. Indicato con x l'angolo che tale spigolo forma con il piano della base:

a. determina, in funzione di x, il rapporto fra il volume V_1 della piramide e il volume V_2 del prisma la cui base coincide con quella della piramide e con altezza uguale allo spigolo di base della piramide;

b. trova per quali valori di x risulta $V_1 > V_2$;

c. determina l'angolo nel caso in cui $V_2 = 3V_1$.

$\left[\text{a) } \frac{V_1}{V_2} = \frac{\sqrt{3}}{9}\tan x; \text{b) } \arctan 3\sqrt{3} < x < \frac{\pi}{2}; \text{c) } \frac{\pi}{3}\right]$

VERIFICA DELLE COMPETENZE PROVE

1 ora

PROVA A

1 COMPLETA in riferimento alla figura.

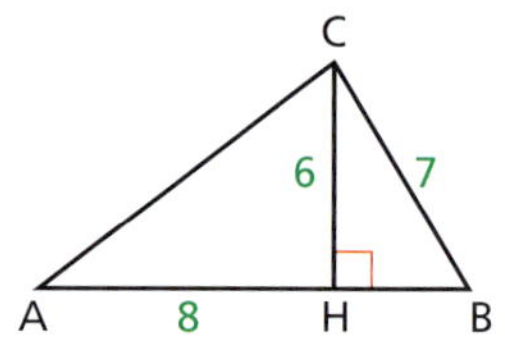

a. $\sin\widehat{B} = \square$

b. $\tan A\widehat{C}H = \square$

c. $\overline{AC}\sin\widehat{A} = \square \sin\widehat{B}$

d. $\sin C\widehat{A}H = \square$

e. $\cos H\widehat{C}B = \square$

f. perimetro di $ABC = \square$

2 In un triangolo rettangolo un cateto è lungo 72 cm ed è i $\frac{12}{13}$ dell'ipotenusa. Risolvi il triangolo.

3 In un triangolo isoscele il seno degli angoli alla base è uguale a $\frac{1}{5}$. Calcola il perimetro e l'area, sapendo che la base misura 40.

4 Risolvi il triangolo ABC, sapendo che:

a. $a = 3\sqrt{5}$, $b = 3$, $\cos\alpha = \frac{1}{4}$;

b. $a = 12$, $b = 17$, $c = 20$.

5 Nel triangolo ABC la bisettrice dell'angolo in C incontra il lato AB nel punto P tale che $PB = 70$ cm. Sapendo che $A\widehat{B}C = 40°$ e $A\widehat{C}B = 80°$, calcola perimetro e area del triangolo.

6 Il trapezio scaleno $ABCD$ è circoscritto a una circonferenza; gli angoli alla base maggiore sono $\widehat{A} = 75°$, $\widehat{B} = 45°$ e l'area è $\mathcal{A} = 32\sqrt{6}$. Calcola il raggio della circonferenza.

PROVA B

1 Nel triangolo ABC, la differenza tra le lunghezze dei lati AB e AC è 6 cm, il lato CB è $3\sqrt{7}$ cm e l'angolo A è 60°. Trova il perimetro e l'area del triangolo.

2 Verifica che tra gli elementi di un triangolo ABC, rettangolo in A, vale:

$$\tan\frac{\gamma}{2} = \frac{c}{a+b}.$$

3 L'area di un triangolo rettangolo è 54 m^2 e la tangente di uno degli angoli acuti misura $\frac{3}{4}$. Calcola il perimetro del triangolo.

4 Nel quadrilatero $ABCD$ inscritto in una circonferenza di raggio 4 calcola $\overline{AD}$ e l'ampiezza dei quattro angoli, sapendo che $\overline{AB} = 4$, $\overline{BC} = 4\sqrt{3}$, $\overline{CD} = 4\sqrt{2}$.

5 Nel triangolo ABC la bisettrice CD misura 8 e forma con la base AB l'angolo $C\widehat{D}B = 60°$. Determina $D\widehat{C}B$ sapendo che:

$$\overline{AC} + \overline{CB} = 24.$$

6 Data la semicirconferenza di diametro $\overline{AB} = 2r$, traccia la tangente t in B e considera la semiretta di origine A che interseca la semicirconferenza in P e la retta t in D. Indica con H la proiezione di P su t, poni $P\widehat{A}B = x$ e trova per quali posizioni di P si ha:

$$\overline{PH} + \overline{DH} > \frac{1}{2}\overline{DB}.$$

PROVA C

Il terrazzo Nell'appartamento di Barbara c'è un terrazzo della forma rappresentata in figura. La lunghezza dei due lati è $AB = 9$ m e $BC = 7$ m e il lato AB forma un angolo di 30° con la parete esterna AC.

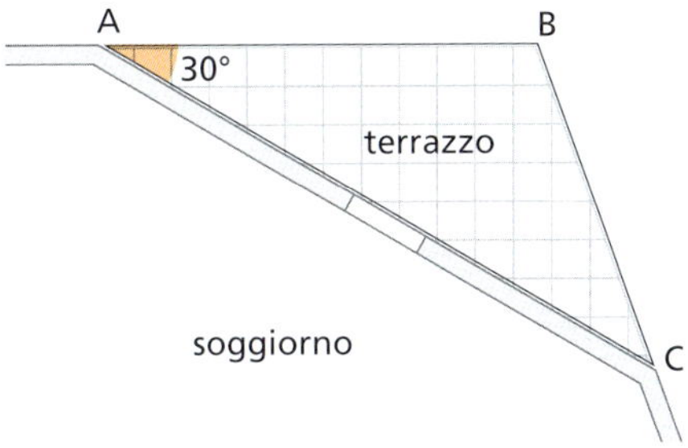

a. Qual è l'ampiezza dell'angolo che il lato BC forma con la parete AC? E di quello formato tra i due lati esterni?

b. Qual è la superficie del terrazzo?

c. Se si volesse che il terrazzo fosse di soli 20 m^2, quanto misurerebbe l'angolo formato dai due lati esterni? (Le misure di AB e di BC rimangono uguali.)

PROVA D

1 Nel quadrato $ABCD$ in figura, di lato 1, F è un punto qualsiasi di BC.

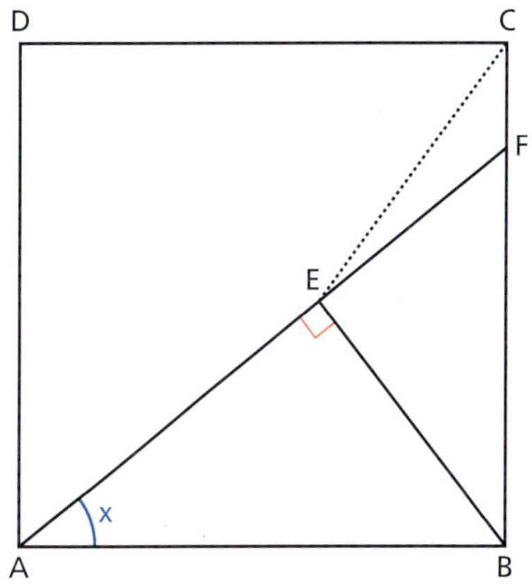

a. Dimostra che la somma

$$\overline{BE}^2 + \overline{CE}^2$$

può essere scritta nella forma:

$$f(x) = 2 - \sqrt{2}\sin\left(2x + \frac{\pi}{4}\right).$$

b. Disegna il grafico di $f(x)$ e, in relazione alle limitazioni geometriche, trova per quali x assume il massimo e il minimo.

c. Determina graficamente il numero delle soluzioni dell'equazione

$$f(x) = k, \text{ con } k \in \mathbb{R},\ 0 \leq x \leq \frac{5\pi}{8}.$$

d. Trova il vettore della traslazione che trasforma il grafico della funzione $f(x)$ in quello della funzione

$$g(x) = \sqrt{2}(1 - \cos 2x).$$

2 I lati di un triangolo sono lunghi 8, 15, 17 centimetri. Determina l'area del triangolo e il raggio della circonferenza inscritta.

3 **a.** Scrivi l'equazione dell'ellisse riferita agli assi e con i fuochi sull'asse x, avente due vertici nei punti $A(-2\sqrt{3}; 0)$ e $B(0; 2)$.

b. Indicato con F il fuoco con ascissa negativa, calcola il coseno dell'angolo $A\widehat{F}B$.

c. Verifica il teorema di Carnot relativamente al lato AB del triangolo AFB.

CAPITOLO
16
NUMERI COMPLESSI

1 Numeri complessi

▶ Esercizi a p. 958

Problema:

«Qual è il *numero reale x* il cui quadrato è uguale a -4?».

Il problema non ammette soluzione, perché non esiste alcun numero reale che elevato al quadrato fornisca un numero negativo.

Introdurremo ora un nuovo insieme numerico, più ampio di $\mathbb{R}$, in cui invece il problema proposto avrà soluzione.

Questo nuovo insieme, che indicheremo con la lettera $\mathbb{C}$, è l'insieme dei **numeri complessi**.

Definizione di numero complesso

DEFINIZIONE
Chiamiamo **numero complesso** ogni coppia ordinata $(a; b)$ di numeri reali.

Possiamo anche dire che un numero complesso è un qualsiasi elemento dell'insieme $\mathbb{R} \times \mathbb{R}$.

ESEMPIO

$(2; 3)$, $(5; 0)$, $\left(-\frac{2}{7}; \sqrt{3}\right)$, $\left(0; \frac{1}{2}\right)$ sono numeri complessi.

Definiamo in $\mathbb{C}$ le operazioni di addizione e di moltiplicazione e l'elevamento al quadrato.

Operazioni con i numeri complessi

Addizione

DEFINIZIONE
Somma di numeri complessi
Dati due numeri complessi $(a; b)$ e $(c; d)$, la loro somma è il numero complesso definito dalla coppia $(a + c; b + d)$.

$$(a; b) + (c; d) = (a + c; b + d)$$

ESEMPIO

$(2; 4) + (6; -9) = (8; -5)$.

- Si può dimostrare che l'addizione fra numeri complessi gode delle proprietà **commutativa** e **associativa**. Il numero $(0; 0)$ è l'**elemento neutro** dell'addizione.
- **Somma di numeri del tipo $(a; 0)$**: il risultato è ancora un numero dello stesso tipo, perché il secondo elemento della coppia è 0:

$$(h; 0) + (k; 0) = (h + k; 0).$$

Per esempio: $(5; 0) + (3; 0) = (8; 0)$.

Moltiplicazione

La definizione del prodotto è più complicata di quella della somma. Tuttavia, come vedremo, è proprio questa definizione che permette di fornire una risposta al problema di ottenere un numero che, elevato al quadrato, dia un numero negativo.

DEFINIZIONE

Prodotto di due numeri complessi
Dati due numeri complessi $(a; b)$ e $(c; d)$, il loro prodotto è il numero complesso definito dalla coppia $(ac - bd; ad + bc)$.

$$(a; b) \cdot (c; d) = (ac - bd; ad + bc)$$

ESEMPIO

$(2; 4) \cdot (3; 1) = (2 \cdot 3 - 4 \cdot 1; 2 \cdot 1 + 4 \cdot 3) = (2; 14)$.

- Si può dimostrare che la moltiplicazione fra numeri complessi gode delle proprietà **commutativa** e **associativa** e di quella **distributiva rispetto all'addizione**. Inoltre, il numero $(1; 0)$ è l'**elemento neutro**, mentre $(0; 0)$ è l'**elemento assorbente**, ossia moltiplicato per un numero qualsiasi dà come risultato se stesso.
- **Prodotto di numeri del tipo $(a; 0)$**: il risultato è ancora dello stesso tipo, perché il secondo elemento della coppia è 0:

$$(h; 0) \cdot (k; 0) = (h \cdot k - 0 \cdot 0; h \cdot 0 + k \cdot 0) = (h \cdot k; 0).$$

Per esempio: $(5; 0) \cdot (3; 0) = (15; 0)$.

▸ Calcola:
$(-1; 2) + (2; -3)$;
$(1; -1) \cdot (4; 1)$.

Quadrato di un numero complesso

Calcoliamo il quadrato di un numero complesso, eseguendo il prodotto del numero per se stesso.

ESEMPIO

$(2; 3)^2 = (2; 3) \cdot (2; 3) = (4 - 9; 6 + 6) = (-5; 12)$.

In generale:

$$(a; b)^2 = (a; b) \cdot (a; b) = (a^2 - b^2; 2ab).$$

- **Quadrato di numeri del tipo $(a; 0)$**

$$(a; 0)^2 = (a; 0) \cdot (a; 0) = (a \cdot a - 0 \cdot 0; a \cdot 0 + 0 \cdot a) = (a^2; 0).$$

Per esempio: $(7; 0)^2 = (49; 0)$.

- **Quadrato di numeri del tipo (0; *b*)**

ESEMPIO

$(0; 2)^2 = (0; 2) \cdot (0; 2) = (0 \cdot 0 - 2 \cdot 2; 0 \cdot 2 + 2 \cdot 0) = (-4; 0) = -4.$

Questo esempio dà finalmente una risposta al problema posto inizialmente: «Qual è quel *numero* il cui quadrato è uguale a − 4?»

Il numero complesso (0; 2) soddisfa la richiesta del problema.

▶ Verifica che anche il numero complesso (0; −2) è soluzione del problema.

In generale, il quadrato di un numero complesso del tipo $(0; b)$ è uguale al numero complesso $(-b^2; 0)$ a cui associamo il numero reale negativo $-b^2$. Infatti:

$$(0; b)^2 = (0; b) \cdot (0; b) = (0 \cdot 0 - b \cdot b; 0 \cdot b + b \cdot 0) = (-b^2; 0) = -b^2.$$

Dal numero complesso (*a*; 0) al numero reale *a*

In generale, si può creare una corrispondenza biunivoca che associa a ogni numero complesso del tipo $(a; 0)$ il numero reale a, primo elemento della coppia:

$$(a; 0) \longleftrightarrow a.$$

Le operazioni di addizione e di moltiplicazione fra numeri complessi del tipo $(a; 0)$ forniscono gli stessi risultati delle stesse operazioni fra numeri reali corrispondenti.

ESEMPIO

$$\begin{array}{ccccc} (2; 0) & + & (3; 0) & = & (5; 0) \\ \updownarrow & & \updownarrow & & \updownarrow \\ 2 & + & 3 & = & 5 \end{array} \qquad \begin{array}{ccccc} (2; 0) & \cdot & (3; 0) & = & (6; 0) \\ \updownarrow & & \updownarrow & & \updownarrow \\ 2 & \cdot & 3 & = & 6 \end{array}$$

Chiamiamo **numero complesso reale** ogni numero complesso del tipo $(a; 0)$, che possiamo anche identificare con il numero reale a.

Pertanto potremo rappresentare un numero complesso reale in due modi:

a e $(a; 0)$.

Per esempio, il numero 5 indica il numero complesso reale (5; 0) e viceversa.

Per semplicità chiameremo **numero reale** un numero complesso reale.
Questa proprietà si esprime anche dicendo che l'insieme $\mathbb{R}$ è **isomorfo** al sottoinsieme $\mathbb{C}'$ di $\mathbb{C}$ formato dalle coppie del tipo $(a; 0)$, rispetto alle operazioni di addizione e di moltiplicazione.

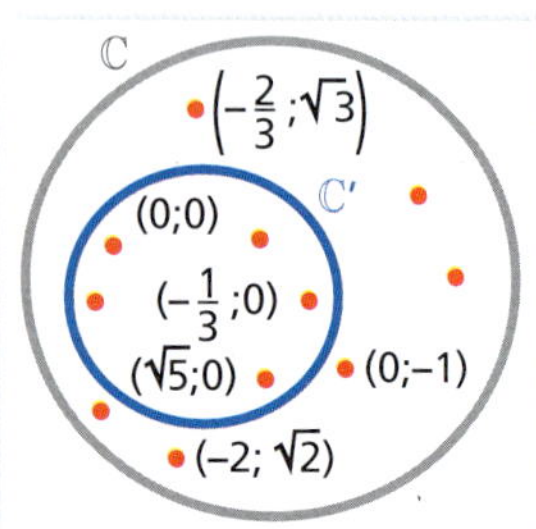

Numeri immaginari

DEFINIZIONE
Chiamiamo **numero immaginario** ogni numero complesso del tipo $(0; b)$.

L'insieme di questi numeri si chiama **insieme dei numeri immaginari** e si indica con $\mathbb{I}$.

Il numero (0; 1) si chiama **unità immaginaria**, che indichiamo con il simbolo i.

- Il quadrato dell'unità immaginaria vale -1:

  $(0; 1)^2 = -1.$

  Infatti:

  $(0; 1)^2 = (0; 1) \cdot (0; 1) = (0 \cdot 0 - 1 \cdot 1; 0 \cdot 1 + 1 \cdot 0) = (-1; 0).$

  Possiamo anche scrivere $\boldsymbol{i^2 = -1}$.

- Moltiplicando un numero del tipo $(b; 0)$ per l'unità immaginaria si ottiene il numero $(0; b)$:

  $(b; 0) \cdot (0; 1) = (b \cdot 0 - 0 \cdot 1; b \cdot 1 + 0 \cdot 0) = (0; b).$

  Per esempio: $(3; 0) \cdot (0; 1) = (0; 3)$.

2 Forma algebrica dei numeri complessi

Ogni numero complesso $(a; b)$ può essere scritto come somma dei due numeri complessi $(a; 0)$ e $(0; b)$:

$(a; b) = (a; 0) + (0; b).$

Poiché un numero del tipo $(a; 0)$ è reale e un numero del tipo $(0; b)$ è immaginario, ogni numero complesso si può vedere come somma di un numero reale e di un numero immaginario.

Abbiamo visto inoltre che ogni numero immaginario $(0; b)$ può essere scritto come prodotto del numero reale $(b; 0)$ per l'unità immaginaria, cioè:

$(0; b) = (b; 0) \cdot (0; 1).$

Un generico numero complesso $(a; b)$ può allora essere scritto in questo modo:

$(a; b) = (a; 0) + (b; 0) \cdot (0; 1).$

Indichiamo il reale $(a; 0)$ con a, il reale $(b; 0)$ con b, e poiché $(0; 1) = i$, sostituendo nella relazione precedente, scriviamo in altro modo il numero $(a; b)$:

$(a; b) = a + bi.$

La forma $\boldsymbol{a + bi}$ è detta **forma algebrica** del numero complesso $(a; b)$.

ESEMPIO

La forma algebrica del numero complesso $(2; 3)$ è $2 + 3i$.

▶ Scrivi in forma algebrica i numeri complessi $(2; 2)$, $(0; -3)$, $(4; -5)$.

Dato il numero complesso $z = a + bi$, a è la **parte reale** di z, e la indichiamo con $Re(z)$, mentre b è la **parte immaginaria**, e la indichiamo con $Im(z)$.

ESEMPIO

Nel numero complesso $z = 1 + 5i$, 1 è la parte reale, 5 è la parte immaginaria:

$Re(z) = 1, \quad Im(z) = 5.$

TEORIA

Casi particolari

- Se $b = 0$, il numero complesso $a + bi$ coincide con il numero reale a, quindi ogni numero reale a può essere visto come il numero complesso $a + 0i$.
- Se $a = 0$, il numero complesso $a + bi$ coincide con il numero immaginario bi, quindi ogni numero immaginario bi può essere visto come il numero complesso $0 + bi$.

ESEMPIO
Il numero reale 5 può essere visto come il numero complesso $5 + 0i$.
Il numero immaginario $2i$ può essere visto come il numero complesso $0 + 2i$.

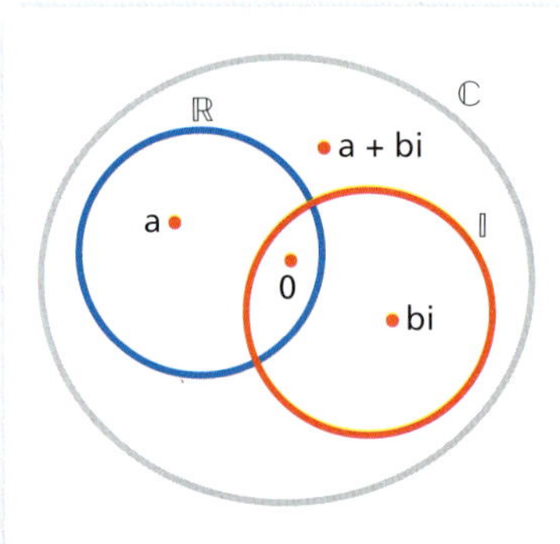

L'insieme dei numeri complessi contiene dunque due sottoinsiemi propri:

- il sottoinsieme $\mathbb{R}$ dei numeri reali;
- il sottoinsieme $\mathbb{I}$ dei numeri immaginari.

Sono sottoinsiemi propri, in quanto numeri complessi del tipo $a + ib$ (con $a \neq 0$ e $b \neq 0$) non appartengono né a $\mathbb{R}$ né a $\mathbb{I}$.
Il numero 0 è considerato sia un numero reale sia un numero immaginario.

Il confronto fra numeri complessi

Due numeri complessi sono uguali quando hanno la stessa parte reale e la stessa parte immaginaria.

Non viene definita una relazione d'ordine che permetta di dire se un numero complesso è maggiore o minore di un altro.

MATEMATICA E STORIA

Per non lasciare i calcoli a metà Si può far risalire l'introduzione dei numeri immaginari e complessi a Raffaele Bombelli, che li introdusse nel suo libro *L'algebra*, pubblicato nel 1579.

▶ Perché Bombelli utilizzò questi numeri?

La risposta

Modulo di un numero complesso

▶ Esercizi a p. 960

DEFINIZIONE
Il **modulo del numero complesso** $a + bi$ è la radice quadrata della somma del quadrato di a e del quadrato di b. Lo indichiamo con $|a + bi|$.

$$|\boldsymbol{a} + \boldsymbol{bi}| = \sqrt{\boldsymbol{a}^2 + \boldsymbol{b}^2}.$$

Il modulo di un numero complesso è un numero reale positivo (o nullo).

ESEMPIO

$$|4 + 3i| = \sqrt{4^2 + 3^2} = \sqrt{16 + 9} = \sqrt{25} = 5.$$

Listen to it

The **magnitude** $|a + ib|$ of the complex number $a + ib$ is the square root of the sum of the squares of the **real part** a and the **imaginary part** b.

▶ Calcola il modulo di $-9i$ e di $-6 + 8i$.

Complessi coniugati e opposti

▶ Esercizi a p. 961

Due numeri complessi che hanno la stessa parte reale e la parte immaginaria opposta si dicono **complessi coniugati.**

Il complesso coniugato di $z = a + bi$ si indica con $\bar{z}$, quindi $\bar{z} = a - bi$.

ESEMPIO
$-2 + 5i$ e $-2 - 5i$ sono complessi coniugati.

▶ Scrivi il complesso coniugato di $-4i$ e di $-8 - 3i$.

Se due numeri complessi hanno opposte sia la parte reale sia quella immaginaria, si dicono numeri **complessi opposti**.

ESEMPIO
Sono complessi opposti:

$\sqrt{5}+4i \quad \text{e} \quad -\sqrt{5}-4i,$

$-8+9i \quad \text{e} \quad 8-9i.$

▶ Qual è il numero complesso opposto di $-3-2i$?

3 Operazioni con i numeri immaginari

Le quattro operazioni

▶ Esercizi a p. 961

Dalle definizioni date per le operazioni fra numeri complessi si ricavano le seguenti regole relative ai numeri immaginari.

1. **Addizione e sottrazione**: $ai+bi=(a+b)\,i.$
2. **Moltiplicazione**: $ai \cdot bi=-a \cdot b.$
   Algebricamente si può procedere così (essendo $i^2=-1$):
   $a \cdot i \cdot b \cdot i=a \cdot b \cdot i^2=a \cdot b \cdot (-1)=-\,ab.$
3. **Divisione**: $ai:bi=a:b.$

ESEMPIO
1. $5i+6i=11i;\quad 5i-3i=2i;\quad 10i-9i=i;\quad 2i-2i=0i=0.$
2. $3i \cdot 5i=15i^2=15(-1)=-15.$
3. $8i:2i=4;\quad 3i:i=3.$

▶ Calcola $(3i-7i) \cdot i$.

L'addizione e la sottrazione fra due numeri immaginari hanno come risultato un numero immaginario, mentre la moltiplicazione e la divisione fra due numeri immaginari hanno come risultato un numero reale. Quindi, l'addizione e la sottrazione nell'insieme $\mathbb{I}$ sono operazioni interne, mentre non lo sono la moltiplicazione e la divisione.

Potenze con i numeri immaginari

▶ Esercizi a p. 962

Calcoliamo alcune potenze con esponente naturale di i:

$i^0=1;\quad i^1=i;\quad i^2=-1;\quad i^3=i^2 \cdot i=-1 \cdot i=-i;$
$i^4=i^2 \cdot i^2=(-1)\cdot(-1)=1;\quad i^5=i^4 \cdot i=1 \cdot i=i;\quad \dots$

Nella tabella possiamo notare che le potenze si ripetono nell'ordine: $1, i, -1, -i$, cioè sono cicliche di periodo 4.
Le potenze con esponente pari valgono 1 oppure -1, quelle con esponente dispari valgono i oppure $-i$.

Per calcolare per esempio i^{14}, tenendo conto che anche per i numeri immaginari valgono le proprietà delle potenze che già conosciamo, possiamo scrivere:

$i^{14}=i^{4\cdot 3+2}=(i^4)^3 \cdot i^2=1^3 \cdot (-1)=-1.$

Le potenze di i

i^0	1
i^1	i
i^2	-1
i^3	$-i$
i^4	1
i^5	i
i^6	-1
i^7	$-i$
i^8	1
i^9	i
i^{10}	-1
i^{11}	$-i$
...	...

In generale, una potenza di i con esponente naturale $n \geq 4$ è uguale alla potenza che ha per base i e per esponente il resto r della divisione fra n e 4:

$$i^n = i^{4k+r} = (i^4)^k \cdot i^r = 1^k \cdot i^r = i^r.$$

Per calcolare la potenza di un numero immaginario basta applicare la quarta proprietà delle potenze, $(x \cdot y)^n = x^n \cdot y^n$.

ESEMPIO

$$(7i)^2 = 49i^2 = 49\,(-1) = -49; \quad (-3i^2)^2 = 9i^4 = 9; \quad (\sqrt{2}\,i)^2 = -2.$$

▶ Calcola il valore dell'espressione: $32i^5(-i)^8 : (2i)^4 + \dfrac{(i^7 - 3i)(2i^{11} + i^9)^8}{(-i)^2}$.

Animazione

4 Operazioni con i numeri complessi in forma algebrica

Un numero complesso $a + bi$ ha una forma simile a un binomio e, nel calcolo, possiamo eseguire le operazioni con i numeri complessi seguendo le stesse regole valide per i binomi.

Addizione

▶ Esercizi a p. 963

$$(a + bi) + (c + di) = (a + c) + (b + d)i.$$

ESEMPIO

$$(4 + 2i) + (5 + 3i) = (4 + 5) + (2 + 3)i = 9 + 5i.$$

▶ Calcola $(3 + i) + (4 - i)$.

In generale, la **somma di due numeri complessi** è un numero complesso che ha:

- per parte reale la somma delle parti reali;
- per parte immaginaria la somma delle parti immaginarie.

La **somma di due numeri complessi coniugati** è un numero reale doppio della parte reale degli addendi.

$$(a + bi) + (a - bi) = 2a.$$

ESEMPIO

$$(6 - i) + (6 + i) = 12.$$

La **somma di due numeri complessi opposti** è 0.

$$(a + bi) + (-a - bi) = 0.$$

ESEMPIO

$$(-5 + 4i) + (5 - 4i) = 0.$$

Sottrazione

▶ Esercizi a p. 963

$$(a + bi) - (c + di) = (a - c) + (b - d)i.$$

La **differenza fra due numeri complessi** è un numero complesso che ha:

- per parte reale la differenza delle parti reali;
- per parte immaginaria la differenza delle parti immaginarie.

ESEMPIO

$$(12-7i)-(4+2i)=12-7i-4-2i=$$
$$(12-4)+(-7-2)i=8-9i.$$

▶ Calcola $(5+2i)-(7-i)$.

$$(a+bi)-(a-bi)=a+bi-a+bi=2bi,$$

quindi la **differenza fra due numeri complessi coniugati** è un numero immaginario che ha per coefficiente il doppio della parte immaginaria del minuendo.

ESEMPIO

$$(2-15i)-(2+15i)=-30i.$$

Moltiplicazione

▶ Esercizi a p. 963

Calcoliamo algebricamente il **prodotto fra numeri complessi**:

$$(a+bi)\cdot(c+di)=ac+adi+bci+bdi^2.$$

Essendo $i^2=-1$, abbiamo $bdi^2=-bd$, quindi:

$$(a+bi)\cdot(c+di)=ac+adi+bci-bd=(ac-bd)+(ad+bc)i.$$

ESEMPIO

$$(1-3i)(2-i)=2-i-6i+3i^2=2-3-7i=-1-7i.$$

▶ Calcola $(2+3i)\cdot(1-2i)$.

Il **prodotto di due numeri complessi coniugati** è un numero reale dato dalla somma del quadrato della parte reale e del quadrato della parte immaginaria:

$$(a+bi)\cdot(a-bi)=a^2-(bi)^2=a^2-b^2i^2=a^2+b^2.$$

ESEMPIO

$$(6+7i)\cdot(6-7i)=36+49=85.$$

Reciproco

▶ Esercizi a p. 964

Il **reciproco di un numero complesso** $a+bi$ è il numero complesso che, moltiplicato per il numero dato, dà come risultato 1 (elemento neutro della moltiplicazione).

Lo indichiamo con $\frac{1}{a+bi}$.

Se moltiplichiamo numeratore e denominatore della frazione per il coniugato di $a+bi$, cioè per $a-bi$, otteniamo che il reciproco di $a+bi$ è:

$$\frac{1}{a+bi}=\frac{a-bi}{(a+bi)(a-bi)}=\frac{a-bi}{a^2+b^2}.$$

Verifichiamo che il prodotto del numero complesso $a+bi$ per il suo reciproco è uguale a 1:

$$(a+bi)\cdot\frac{a-bi}{a^2+b^2}=\frac{a^2+b^2}{a^2+b^2}=1.$$

MATEMATICA E STORIA

Numeri più che complessi Il matematico Hamilton non si accontentò di definire i numeri complessi mediante coppie di reali. Egli inventò i quaternioni, costituiti da quaterne ordinate di numeri reali.

▶ Fai una ricerca sui quaternioni e sulle loro proprietà.

Cerca nel Web: Hamilton, quaternioni, quaternions

ESEMPIO

Il reciproco di $3+2i$ è $\frac{1}{3+2i} = \frac{3-2i}{13}$.

Divisione

▶ Esercizi a p. 964

Il **quoziente fra due numeri complessi** $a+bi$ e $c+di$ è il prodotto del primo per il reciproco del secondo.

$$(a+bi):(c+di) = (a+bi)\cdot\frac{1}{c+di} = \frac{a+bi}{c+di}.$$

Possiamo quindi indicare la divisione anche con $\frac{a+bi}{c+di}$.

Per ottenere il quoziente possiamo applicare la definizione, ma si può verificare che giungiamo allo stesso risultato se moltiplichiamo numeratore e denominatore per $c-di$ (complesso coniugato del denominatore):

$$\frac{a+bi}{c+di} = \frac{(a+bi)(c-di)}{(c+di)(c-di)} = \frac{ac+bd}{c^2+d^2} + \frac{bc-ad}{c^2+d^2}i.$$

ESEMPIO

$$(3-2i):(4+i) = \frac{3-2i}{4+i} = \frac{(3-2i)(4-i)}{(4+i)(4-i)} =$$
$$\frac{12-3i-8i-2}{16+1} = \frac{10}{17} - \frac{11}{17}i.$$

▶ Calcola $(12+2i):(3-i)$.

Potenza

▶ Esercizi a p. 965

Fra le potenze di numeri complessi esaminiamo solo l'elevamento al quadrato e al cubo.

Per il calcolo del **quadrato** utilizziamo la regola del quadrato di un binomio:

$$(a+bi)^2 = a^2 + 2abi + b^2i^2 = a^2 - b^2 + 2abi.$$

ESEMPIO

$$(5-3i)^2 = 25 - 30i + 9i^2 = 25 - 30i - 9 = 16 - 30i.$$

▶ Calcola $(4+2i)^2$.

Per il calcolo del **cubo** utilizziamo la regola del cubo di un binomio:

$$(a+bi)^3 = a^3 + 3\cdot a^2\cdot bi + 3\cdot a\cdot b^2i^2 + b^3i^3 =$$
$$a^3 + 3a^2bi - 3ab^2 - b^3i = a^3 - 3ab^2 + (3a^2b - b^3)i.$$

ESEMPIO

$$(3+2i)^3 = 27 + 54i + 36i^2 + 8i^3 = 27 + 54i - 36 - 8i = -9 + 46i.$$

▶ Calcola $(3i+1)^3$.

Tutte le operazioni che abbiamo esaminato (addizione e sottrazione, moltiplicazione, divisione e potenza) sono operazioni interne nell'insieme $\mathbb{C}$.

▶ Calcola il valore dell'espressione:

$(2-i)^3 + \frac{1+i^{24}}{1+i^{23}} - (3+i)(3-i)$.

Animazione

5 Rappresentazione geometrica dei numeri complessi

Piano di Gauss

▶ Esercizi a p. 969

Poiché un numero complesso, per definizione, è una coppia ordinata $(a; b)$ di numeri reali, fissato su un piano un sistema di assi cartesiani Oxy, è possibile associare a ogni numero complesso un punto $P(a; b)$ del piano e viceversa.

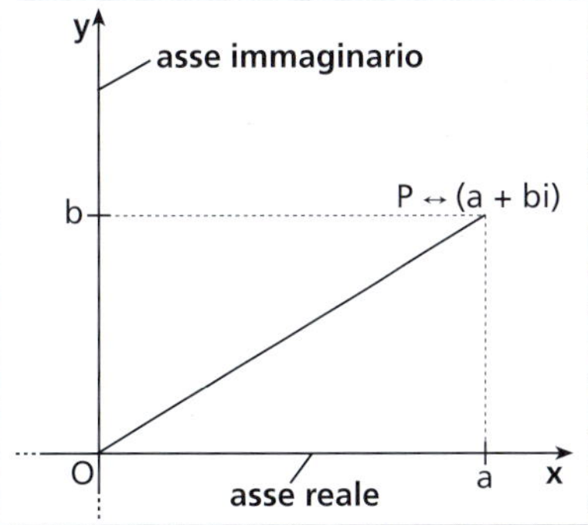

Abbiamo così creato una corrispondenza biunivoca fra i numeri complessi e i punti del piano che permette di rappresentare geometricamente i numeri complessi.

Il piano in cui si rappresenta $\mathbb{C}$ si chiama **piano complesso** o **piano di Gauss**.

In tale piano i punti dell'asse x corrispondono a numeri reali, i punti dell'asse y corrispondono a numeri immaginari, gli altri punti del piano corrispondono a numeri complessi. L'asse x è detto **asse reale**, l'asse y **asse immaginario**.

Listen to it

The **Gauss plane** or **complex plane** allows a geometric representation of complex numbers established by two orthogonal axes, the **real axis** *x* and the **imaginary axis** *y*. The points on the real axis correspond to real numbers, which are complex numbers with zero imaginary part. The points on the imaginary axis correspond to imaginary numbers, which are complex numbers with zero real part. On the rest of the plane we find all the complex numbers.

ESEMPIO

Nella figura sono rappresentati nel piano di Gauss il numero reale -3 (punto A) il numero immaginario $4i$ (punto B), e il numero complesso $5 + 2i$ (punto C).

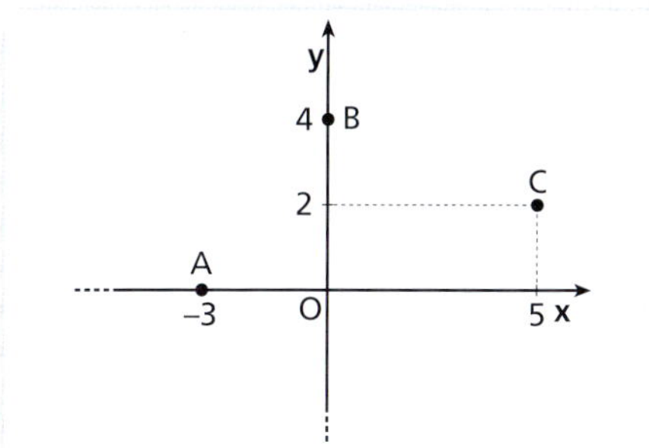

▶ Rappresenta nel piano di Gauss:
7,
$4i$,
$3 + i$,
$2 + 2i$.

Se P rappresenta $z = a + bi$, abbiamo che: $\overline{OP} = \sqrt{a^2 + b^2} = |z|$.

Vettori

Un segmento AB può essere percorso da A verso B oppure da B verso A. Se a ogni segmento assegniamo un verso di percorrenza, otteniamo l'insieme dei **segmenti orientati**. Indichiamo con AB il segmento orientato da A verso B e con BA lo stesso segmento orientato, però, da B verso A. A seconda del verso di percorrenza chiamiamo A e B primo o secondo estremo.

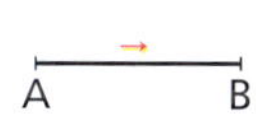

a. Segmento orientato AB.

b. Segmento orientato BA.

DEFINIZIONE

Un **vettore** è l'insieme costituito da tutti i segmenti paralleli, ugualmente orientati, e con la stessa lunghezza di un dato segmento orientato.

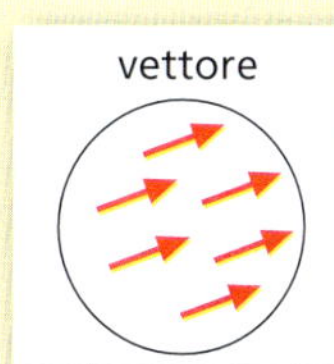

Ciascun segmento orientato che fa parte dell'insieme è un **rappresentante** del vettore.

Un vettore si indica tramite una lettera con sopra una freccia. Per esempio $\vec{a}$, $\vec{v}$, $\vec{u}$, oppure può essere indicato anche tramite gli estremi di un segmento orientato $\overrightarrow{AB}$.

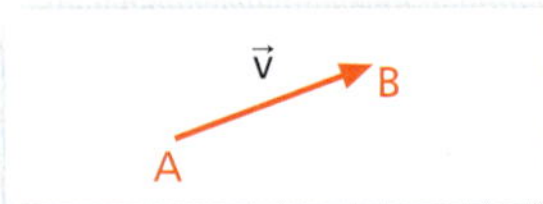

Per rappresentare graficamente un vettore $\vec{v}$ basta disegnare un qualunque rappresentante, cioè un qualsiasi segmento AB orientato dell'insieme.

Dalla definizione si deduce che un vettore ha tre caratteristiche:

- la **lunghezza** comune a tutti i segmenti orientati dell'insieme, detta anche **intensità** oppure **modulo** del vettore;
- la **direzione** delle rette a cui appartengono tali segmenti;
- il **verso** di percorrenza di tali rette.

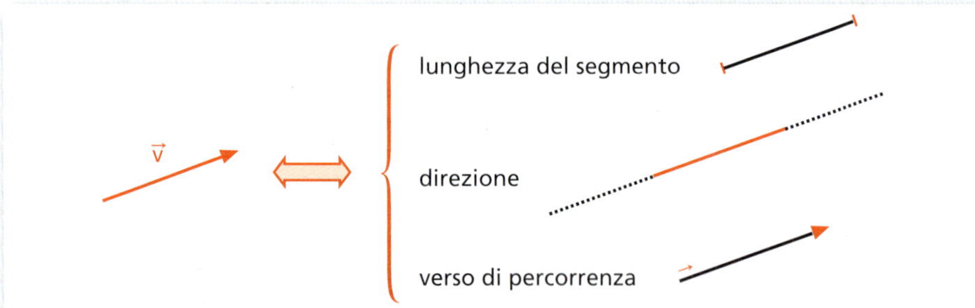

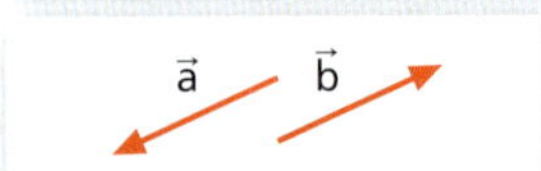

- Un vettore con gli estremi coincidenti (cioè rappresentato dal segmento di lunghezza nulla) viene chiamato **vettore nullo** e si indica con il simbolo $\vec{0}$.
- Due vettori si dicono **opposti** se hanno la stessa lunghezza e la stessa direzione, ma verso opposto.

MATEMATICA E TECNOLOGIA

Mouse e cursore Come riescono mouse e trackpad a comunicare al computer i movimenti del cursore?

La risposta

Vettori e numeri complessi

▶ Esercizi a p. 970

Dato un vettore $\vec{v}$, è sempre possibile disegnarlo nel piano cartesiano scegliendo come suo rappresentante il segmento orientato $\overrightarrow{OP}$ con primo estremo nell'origine.

Le coordinate del punto P, secondo estremo del vettore $\overrightarrow{OP}$, si chiamano **componenti cartesiane** del vettore.

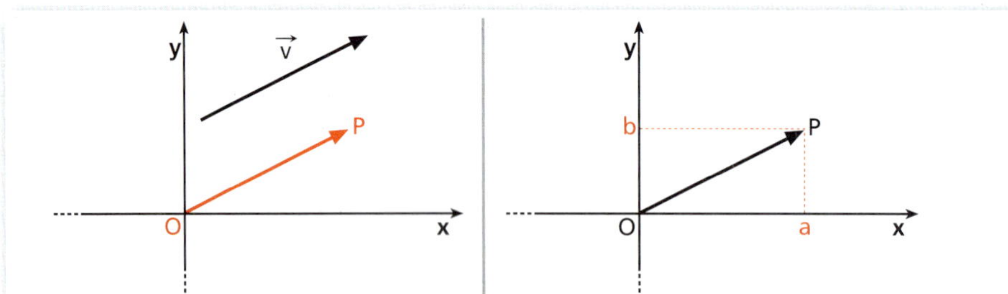

a. Il segmento orientato $\overrightarrow{OP}$, che ha per primo estremo l'origine degli assi, è il rappresentante del vettore $\vec{v}$.

b. Le componenti cartesiane del vettore $\overrightarrow{OP}$ sono $(a; b)$, cioè le coordinate del punto P.

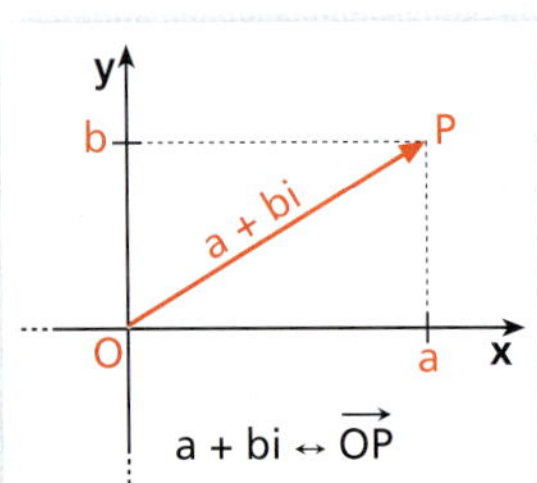

Per esempio, se le coordinate di P sono $P(3; 2)$, 3 e 2 sono anche le componenti cartesiane del vettore $\overrightarrow{OP}$.

Poiché a ogni punto del piano P è associato uno e un solo vettore $\overrightarrow{OP}$, esiste una **corrispondenza biunivoca** fra i **numeri complessi** e i **vettori** del piano di Gauss, che associa a ogni numero $a + bi$ il vettore che ha per componenti cartesiane a e b, e viceversa.

Coordinate polari

Esercizi a p. 970

Disegnato un vettore $\overrightarrow{OP}$ (figura a lato), vediamo che è caratterizzato da due grandezze:

- α: l'ampiezza dell'angolo orientato $x\widehat{O}P$, ossia l'angolo formato con il semiasse x positivo preso in senso antiorario (che esprime la direzione e il verso);
- r: la distanza di P dall'origine (che rappresenta il modulo).

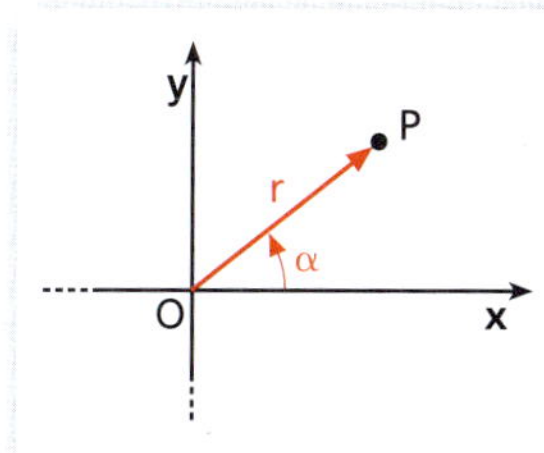

Dunque possiamo individuare il vettore $\overrightarrow{OP}$ in modo equivalente con $[r; \alpha]$ o con le sue componenti cartesiane. In modo analogo il punto P può essere rappresentato sia dalla coppia $(x; y)$ sia da $[r; \alpha]$.

Le coordinate del tipo $[r; \alpha]$ vengono chiamate **coordinate polari**, r è detto **raggio vettore** o **modulo** e α **argomento** o **anomalia**.

Video

Coordinate polari

- Cos'è un sistema di coordinate polari?
- Come si costruisce?
- Quanto è utile?

ESEMPIO

Rappresentiamo nel piano il punto $P\left[3; \frac{\pi}{4}\right]$ individuato in coordinate polari. I due numeri 3 e $\frac{\pi}{4}$ hanno il seguente significato:

$3 = \overline{OP}$,

$\frac{\pi}{4} = x\widehat{O}P$.

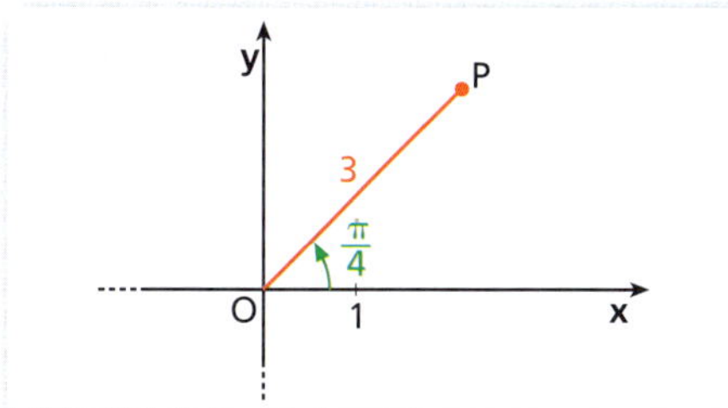

▶ Rappresenta nel piano di Gauss il punto $Q\left[2; \frac{\pi}{2}\right]$, di cui sono indicate le coordinate polari.

Le coppie $[r; \alpha]$ e $[r; \alpha + 2k\pi]$ rappresentano lo stesso punto P del piano. Per convenzione, si indica come **argomento principale** l'angolo α tale che $0 \leq \alpha < 2\pi$. In seguito considereremo sempre l'argomento principale, indicandolo anche, per brevità, con **argomento**.

Coordinate polari e coordinate cartesiane

Conoscendo le coordinate polari di un punto $P[r; \alpha]$, si possono ricavare le sue coordinate cartesiane $(a; b)$.
Nel triangolo OPH (figura a lato) possiamo applicare il primo teorema dei triangoli rettangoli, ottenendo:

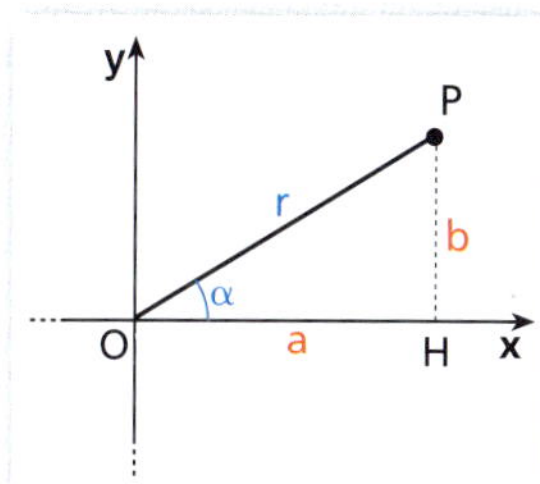

$$\boldsymbol{a = r\cos\alpha}, \qquad \boldsymbol{b = r\sin\alpha}.$$

Viceversa, possiamo ricavare le coordinate polari da quelle cartesiane applicando il teorema di Pitagora e il secondo teorema dei triangoli rettangoli:

$$\boldsymbol{r = \sqrt{a^2 + b^2}}, \qquad \boldsymbol{\alpha\text{: } \tan\alpha = \frac{b}{a}}.$$

L'angolo α si determina tenendo conto del quadrante in cui si trova il punto e considerando solo l'argomento principale.

ESEMPIO

1. Date le coordinate polari del punto $A\left[2; \frac{\pi}{3}\right]$, determiniamo le sue coordinate cartesiane:

$$x_A = r\cos\alpha = 2\cos\frac{\pi}{3} = 2 \cdot \frac{1}{2} = 1,$$

$$y_A = r\sin\alpha = 2\sin\frac{\pi}{3} = 2 \cdot \frac{\sqrt{3}}{2} = \sqrt{3}.$$

▶ Determina:

a. le coordinate cartesiane di P, che ha coordinate polari $\left[2; \frac{\pi}{4}\right]$;

b. le coordinate polari di Q, che ha coordinate cartesiane $(-1; 1)$.

Animazione

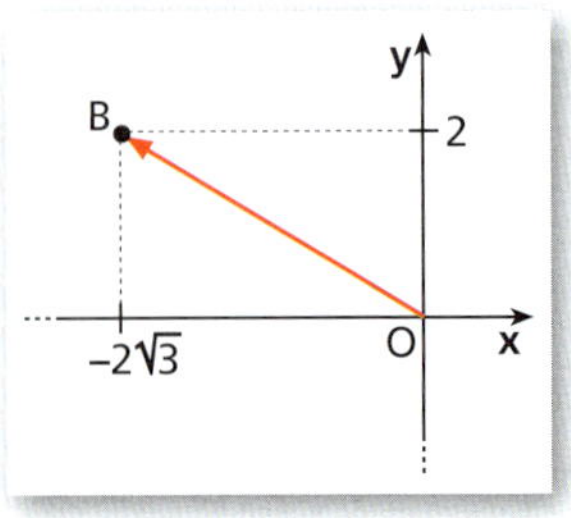

2. Date le coordinate cartesiane del punto $B(-2\sqrt{3}; 2)$, determiniamo le sue coordinate polari:

$$r = \sqrt{(-2\sqrt{3})^2 + 2^2} = \sqrt{12+4} = 4,$$

$$\alpha\text{: } \tan\alpha = \frac{b}{a} = \frac{\cancel{2}}{-\cancel{2}\sqrt{3}} = -\frac{1}{\sqrt{3}} = -\frac{\sqrt{3}}{3} \to \alpha_1 = \frac{5}{6}\pi \vee \alpha_2 = \frac{11}{6}\pi.$$

Poiché B è nel secondo quadrante, scegliamo $\alpha = \frac{5}{6}\pi$.

6 Forma trigonometrica di un numero complesso

▶ Esercizi a p. 972

Abbiamo visto che a un numero complesso $z = a + bi$ corrisponde un vettore $\overrightarrow{OP}$ di componenti cartesiane a e b, con P di coordinate polari $[r; \alpha]$, dove r è il modulo di z e α è detto argomento di z. Valgono le relazioni

$$a = r\cos\alpha, \qquad b = r\sin\alpha,$$

quindi: $a + ib = r\cos\alpha + i(r\sin\alpha) = r(\cos\alpha + i\sin\alpha)$.

Possiamo pertanto scrivere il numero complesso z nella **forma trigonometrica**:

$$\boldsymbol{z = r(\cos\alpha + i\sin\alpha)}, \quad \text{dove } \boldsymbol{r = \sqrt{a^2+b^2}} \text{ e } \boldsymbol{\tan\alpha = \frac{b}{a}}.$$

ESEMPIO

Consideriamo il numero complesso $\sqrt{3} + i$.
Calcoliamo r e α:

$$r = \sqrt{(\sqrt{3})^2 + 1^2} = \sqrt{4} = 2;$$

$$\tan\alpha = \frac{1}{\sqrt{3}} = \frac{\sqrt{3}}{3} \to \alpha_1 = \frac{\pi}{6} \vee \alpha_2 = \frac{7}{6}\pi.$$

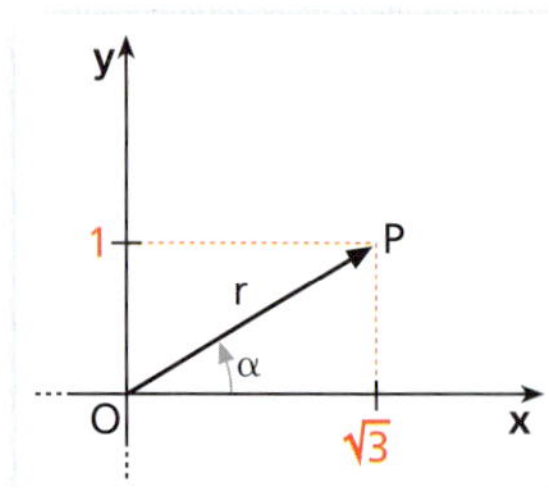

Scegliamo $\alpha_1 = \frac{\pi}{6}$ perché a e b sono positivi, quindi α appartiene al primo quadrante.
La forma trigonometrica del numero complesso $\sqrt{3} + i$ è:

$$2\left(\cos\frac{\pi}{6} + i\sin\frac{\pi}{6}\right).$$

▶ Scrivi in forma trigonometrica $3 - 3i$.

Per determinare α, invece di calcolare $\tan\alpha$, possiamo considerare:

$$\cos\alpha = \frac{a}{r} = \frac{a}{\sqrt{a^2+b^2}} \quad \text{e} \quad \sin\alpha = \frac{b}{r} = \frac{b}{\sqrt{a^2+b^2}}.$$

ESEMPIO

Riprendendo l'esempio precedente, $\cos\alpha = \frac{\sqrt{3}}{2}$ e $\sin\alpha = \frac{1}{2}$, quindi:

$$\alpha = \frac{\pi}{6}.$$

7 Operazioni fra numeri complessi in forma trigonometrica

La scrittura di un numero complesso in forma trigonometrica rende più agevoli le operazioni di moltiplicazione, divisione, potenza e radice n-esima di numeri complessi. Le operazioni di addizione e sottrazione sono invece più semplici se i numeri sono in forma algebrica.

Moltiplicazione

▶ Esercizi a p. 973

Calcoliamo il prodotto dei numeri complessi $z_1 = r(\cos\alpha + i\sin\alpha)$ e $z_2 = s(\cos\beta + i\sin\beta)$:

$$z_1 \cdot z_2 = r \cdot s \cdot (\cos\alpha + i\sin\alpha) \cdot (\cos\beta + i\sin\beta) =$$

$$r \cdot s \cdot (\underbrace{\cos\alpha\cos\beta}_{} + \overbrace{i\cos\alpha\sin\beta + i\sin\alpha\cos\beta}^{i\sin(\alpha+\beta)} - \underbrace{\sin\alpha\sin\beta}_{}),$$

$\cos(\alpha + \beta)$

$$z_1 \cdot z_2 = r \cdot s[\cos(\alpha + \beta) + i\sin(\alpha + \beta)].$$

Prodotto di due numeri complessi
Il prodotto di due numeri complessi scritti in forma trigonometrica è uguale al numero complesso che ha per modulo il prodotto dei moduli dei numeri dati e per argomento la somma degli argomenti.

ESEMPIO

Il prodotto di $z_1 = 2 \cdot \left(\cos\frac{\pi}{6} + i\sin\frac{\pi}{6}\right)$ e $z_2 = 3 \cdot \left(\cos\frac{\pi}{3} + i\sin\frac{\pi}{3}\right)$ è:

$$z_1 \cdot z_2 = 2 \cdot 3\left[\cos\left(\frac{\pi}{6} + \frac{\pi}{3}\right) + i\sin\left(\frac{\pi}{6} + \frac{\pi}{3}\right)\right] = 6 \cdot \left(\cos\frac{\pi}{2} + i\sin\frac{\pi}{2}\right).$$

▶ Verifica che, trasformando i numeri z_1 e z_2 dell'esempio in forma algebrica, si ottiene lo stesso risultato.

Divisione

▶ Esercizi a p. 974

Determiniamo il quoziente dei numeri complessi $z_1 = r(\cos\alpha + i\sin\alpha)$ e $z_2 = s(\cos\beta + i\sin\beta)$, con $z_2 \neq 0$:

$$\frac{z_1}{z_2} = \frac{r(\cos\alpha + i\sin\alpha)}{s(\cos\beta + i\sin\beta)}.$$

Eliminiamo i al denominatore moltiplicando numeratore e denominatore per $(\cos\beta - i\sin\beta)$.

$$\frac{z_1}{z_2} = \frac{r(\cos\alpha + i\sin\alpha)}{s(\cos\beta + i\sin\beta)} \cdot \frac{(\cos\beta - i\sin\beta)}{(\cos\beta - i\sin\beta)} =$$

$$\frac{r}{s} \cdot \frac{\cos\alpha\cos\beta - i\cos\alpha\sin\beta + i\sin\alpha\cos\beta - i^2\sin\alpha\sin\beta}{\cos^2\beta - i^2\sin^2\beta} =$$

TEORIA

$$\frac{r}{s}\cdot\frac{\overbrace{\cos\alpha\cos\beta+\sin\alpha\sin\beta}^{\cos(\alpha-\beta)}+\overbrace{i(\sin\alpha\cos\beta-\cos\alpha\sin\beta)}^{i\sin(\alpha-\beta)}}{\underbrace{\cos^2\beta+\sin^2\beta}_{1}},$$

$$\frac{z_1}{z_2}=\frac{r}{s}\cdot[\cos(\alpha-\beta)+i\sin(\alpha-\beta)].$$

Quoziente di due numeri complessi
Il quoziente di due numeri complessi scritti in forma trigonometrica è uguale al numero complesso che ha per modulo il quoziente dei moduli dei numeri dati e per argomento la differenza degli argomenti.

ESEMPIO
Calcoliamo il quoziente fra:

$$z_1=6\cdot\left(\cos\frac{3}{4}\pi+i\sin\frac{3}{4}\pi\right)\quad\text{e}\quad z_2=3\cdot\left(\cos\frac{\pi}{4}+i\sin\frac{\pi}{4}\right).$$

$$\frac{z_1}{z_2}=\frac{6}{3}\cdot\left[\cos\left(\frac{3}{4}\pi-\frac{\pi}{4}\right)+i\sin\left(\frac{3}{4}\pi-\frac{\pi}{4}\right)\right]=2\cdot\left(\cos\frac{\pi}{2}+i\sin\frac{\pi}{2}\right).$$

► Verifica che si ottiene lo stesso risultato trasformando i numeri z_1 e z_2 dell'esempio in forma algebrica.

Reciproco

Il reciproco del numero complesso $z=r(\cos\alpha+i\sin\alpha)$ è:

$$\frac{1}{r(\cos\alpha+i\sin\alpha)}=\frac{1(\cos 0+i\sin 0)}{r(\cos\alpha+i\sin\alpha)}=\frac{1}{r}[\cos(-\alpha)+i\sin(-\alpha)]$$

Ricordando che $\sin(-\alpha)=-\sin\alpha$ e $\cos(-\alpha)=\cos\alpha$, si ottiene:

$$\frac{1}{z}=\frac{1}{r}(\cos\alpha-i\sin\alpha).$$

Potenza

► Esercizi a p. 975

Calcoliamo il quadrato del numero complesso $z=r\cdot(\cos\alpha+i\sin\alpha)$:

$$z^2=z\cdot z=[r\cdot(\cos\alpha+i\sin\alpha)]\cdot[r\cdot(\cos\alpha+i\sin\alpha)].$$

Per la regola del prodotto, moltiplichiamo i moduli e sommiamo gli argomenti:

$$z^2=r^2[\cos(\alpha+\alpha)+i\sin(\alpha+\alpha)]=r^2(\cos 2\alpha+i\sin 2\alpha).$$

In generale, la potenza n-esima di un numero complesso (con $n\in\mathbb{Z}^+$) è calcolabile con la seguente formula, detta anche **formula di De Moivre**:

$$[r\cdot(\cos\alpha+i\sin\alpha)]^n=r^n\cdot(\cos n\alpha+i\sin n\alpha),\text{ con } n\in\mathbb{Z}^+.$$

DIMOSTRAZIONE

- Scriviamo la potenza come prodotto di fattori uguali:

$$[r(\cos\alpha+i\sin\alpha)]^n=$$
$$\underbrace{[r(\cos\alpha+i\sin\alpha)]\cdot[r(\cos\alpha+i\sin\alpha)]\cdot\ldots\cdot[r(\cos\alpha+i\sin\alpha)]}_{n\text{ fattori}}=$$

- Applichiamo la regola del prodotto fra numeri complessi:

$$\underbrace{r \cdot r \cdot \ldots \cdot r}_{n \text{ fattori}} \cdot [\cos(\underbrace{\alpha + \alpha + \ldots + \alpha}_{n \text{ addendi}}) + i \sin(\underbrace{\alpha + \alpha + \ldots + \alpha}_{n \text{ addendi}})] =$$

$$r^n(\cos n\alpha + i \sin n\alpha).$$

Se n è un numero intero positivo, anche nei numeri complessi definiamo $z^{-n} = \frac{1}{z^n}$.

Per la regola del reciproco di un numero complesso:

$$[r \cdot (\cos \alpha + i \sin \alpha)]^{-n} = \frac{1}{r^n(\cos n\alpha + i \sin n\alpha)} = \frac{1}{r^n} \cdot (\cos n\alpha - i \sin n\alpha).$$

Per quanto abbiamo visto, per una potenza con esponente *intero*, vale dunque la seguente regola.

Potenza di un numero complesso
La potenza con esponente intero di un numero complesso scritto in forma trigonometrica è uguale al numero complesso che ha per modulo la potenza del modulo del numero dato e per argomento il prodotto dell'esponente per l'argomento del numero dato.

Come per i numeri reali, se la base della potenza è diversa da 0, si pone per definizione:

$$[r(\cos \alpha + i \sin \alpha)]^0 = 1 \; (r \neq 0).$$

Video

Frattali Una figura che si ripete uguale a se stessa su diverse scale è un frattale. Troviamo in natura frattali di ogni tipo, ma possiamo costruirne anche con semplici algoritmi matematici, usando i numeri complessi.

► Come si costruisce l'insieme di Mandelbrot, uno dei frattali più noti in matematica?

8 Radici n-esime dell'unità

► Esercizi a p. 978

DEFINIZIONE
Chiamiamo **radice n-esima dell'unità**, con n intero positivo, ogni numero complesso u tale che $u^n = 1$. La indichiamo con $\sqrt[n]{1}$.

$$\sqrt[n]{1} = u \leftrightarrow u^n = 1.$$

Listen to it

Let n be a positive integer; the ***n*th roots of unity** are the n complex numbers u such that $u^n = 1$. We write $\sqrt[n]{1} = u$.

Poniamo $u = r(\cos \alpha + i \sin \alpha)$, scriviamo 1 in forma trigonometrica, cioè $1 = \cos 0 + i \sin 0$, e sostituiamo nella relazione $u^n = 1$:

$$[r(\cos \alpha + i \sin \alpha)]^n = \cos 0 + i \sin 0.$$

Per determinare u dobbiamo ricavare r e α.

Sviluppiamo la potenza al primo membro con la formula di De Moivre:

$$r^n(\cos n\alpha + i \sin n\alpha) = \cos 0 + i \sin 0.$$

L'uguaglianza è valida se sono uguali i moduli dei due numeri e gli argomenti, a meno di multipli interi di 2π, ossia se:

$$\begin{cases} r^n = 1 \\ n\alpha = 0 + 2k\pi \end{cases} \rightarrow \begin{cases} r = 1 \\ \alpha = \dfrac{2k\pi}{n} \end{cases}.$$

Animazione

Nell'animazione c'è una sintesi di tutto il paragrafo.

Pertanto le **radici *n*-esime dell'unità** si ricavano dalla formula:

$$\sqrt[n]{1} = \cos\frac{2k\pi}{n} + i\sin\frac{2k\pi}{n}, \quad \text{con } k \in \mathbb{Z}.$$

Ma quante sono le radici *distinte* dell'unità? Per capirlo, vediamolo prima con degli esempi, calcolando le radici per $n = 2$, 3 e 4.

Calcoliamo $\sqrt[2]{1}$

$$\sqrt[2]{1} = \cos\frac{2k\pi}{2} + i\sin\frac{2k\pi}{2} = \cos k\pi + i\sin k\pi.$$

Al variare di k si ottengono infiniti numeri, ma non tutti diversi tra loro. Compiliamo la seguente tabella.

k	0	1	2	3	...
$\sqrt[2]{1} = \cos k\pi + i\sin k\pi$	1	-1	1	-1	...

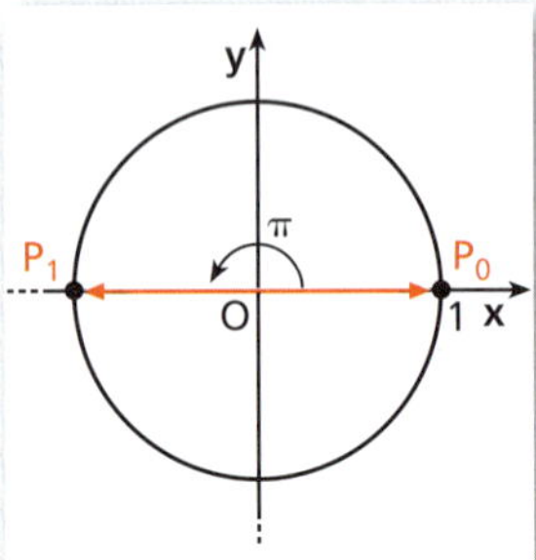

Proseguendo ad attribuire valori a k, le radici sono ciclicamente 1 e -1 e, poiché si ottengono per $k = 0$ e $k = 1$, le indichiamo rispettivamente con u_0 e u_1.
Pertanto le radici quadrate distinte dell'unità sono due:

$$u_0 = 1 \text{ e } u_1 = -1.$$

Possiamo rappresentare geometricamente le due radici nel piano di Gauss. I punti P_0 e P_1 sono i corrispondenti di u_0 e u_1. Poiché i due numeri hanno lo stesso modulo uguale a 1, i due punti si trovano su una circonferenza di centro O e raggio 1; i loro argomenti sono $\alpha_0 = 0$ e $\alpha_1 = \pi$.

Calcoliamo $\sqrt[3]{1}$

$$\sqrt[3]{1} = \cos\frac{2k\pi}{3} + i\sin\frac{2k\pi}{3}.$$

Scriviamo la tabella sostituendo a k i valori 0, 1, 2, 3, 4.

k	0	1	2	3	4	...
$\sqrt[3]{1}$	1	$-\frac{1}{2}+\frac{\sqrt{3}}{2}i$	$-\frac{1}{2}-\frac{\sqrt{3}}{2}i$	1	$-\frac{1}{2}+\frac{\sqrt{3}}{2}i$	...

Anche in questo caso la situazione è ciclica: procedendo nel calcolo per valori di k superiori a 2, si ottengono ancora gli stessi valori trovati inizialmente.

Pertanto le radici cubiche distinte dell'unità sono tre:

$$u_0 = 1; \quad u_1 = -\frac{1}{2} + \frac{\sqrt{3}}{2}i; \quad u_2 = -\frac{1}{2} - \frac{\sqrt{3}}{2}i.$$

Il modulo dei tre numeri è 1 e i loro argomenti sono:

$\alpha_0 = 0,\quad$ per $k = 0$;

$\alpha_1 = \frac{2}{3}\pi,\quad$ per $k = 1$;

$\alpha_2 = \frac{4}{3}\pi,\quad$ per $k = 2$.

Quindi possiamo rappresentare sulla circonferenza unitaria le tre radici come vertici di un triangolo equilatero inscritto in essa.

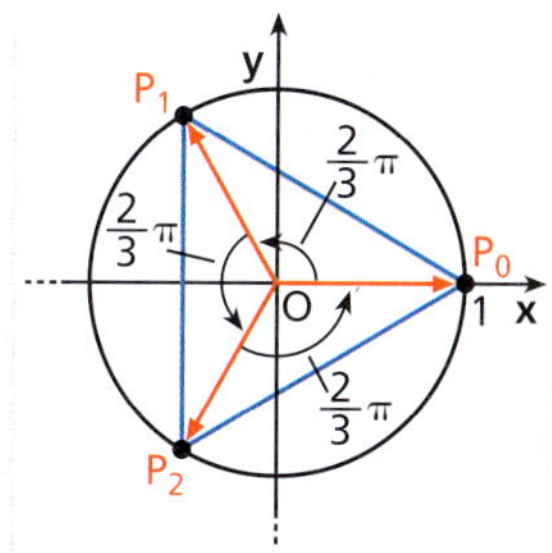

Calcoliamo $\sqrt[4]{1}$

$$\sqrt[4]{1} = \cos\frac{2k\pi}{4} + i\sin\frac{2k\pi}{4} = \cos\frac{k\pi}{2} + i\sin\frac{k\pi}{2}.$$

Calcoliamo i valori delle radici sostituendo a k i valori in tabella.

k	0	1	2	3	4	5	6	7	...
$\sqrt[4]{1}$	1	i	-1	$-i$	1	i	-1	$-i$	...

Le radici quarte distinte dell'unità sono quattro:

$u_0 = 1$; $u_1 = i$; $u_2 = -1$; $u_3 = -i$.

Possiamo disegnarle nel piano di Gauss, considerando la circonferenza di raggio 1, tenendo presente che:

$$\alpha_0 = 0;\ \alpha_1 = \frac{\pi}{2};\ \alpha_2 = \pi;\ \alpha_3 = \frac{3}{2}\pi.$$

I punti che rappresentano le radici sono i vertici di un quadrato.

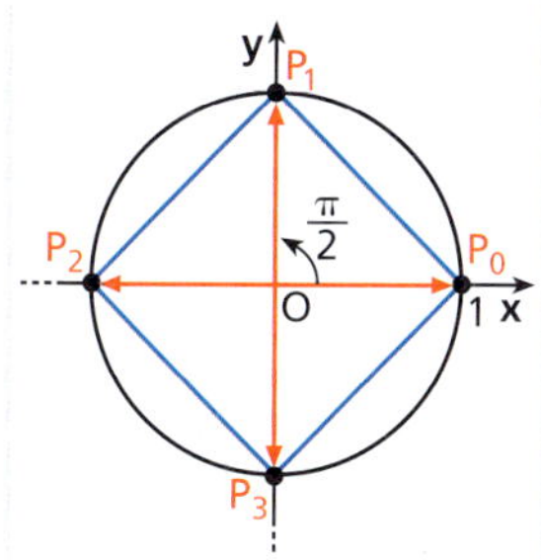

Radici *n*-esime dell'unità

In generale, si dimostra che le radici n-esime distinte dell'unità sono n. Per calcolarle, nella formula, basta attribuire a k i valori 0, 1, 2, ..., $n - 1$:

$$\sqrt[n]{1} = \cos\frac{2k\pi}{n} + i\sin\frac{2k\pi}{n},\quad \text{con } k = 0, 1, 2, ..., n-1.$$

Per rappresentare le n radici distinte nel piano di Gauss, basta disegnare la circonferenza con centro nell'origine e raggio 1, quindi inscrivere in essa il poligono regolare di n lati con uno dei vertici nel punto $P(1; 0)$. Ogni vettore che parte da O e ha un estremo in uno dei vertici del poligono rappresenta una delle radici.

9 Radici *n*-esime di un numero complesso

▶ Esercizi a p. 979

DEFINIZIONE

Dati il numero complesso z e il numero n intero positivo, la **radice *n*-esima** di z è ogni numero complesso w tale che $w^n = z$.

$$\sqrt[n]{z} = w \leftrightarrow w^n = z.$$

Listen to it

Let n be a positive integer and z a complex number; the ***n*th roots of *z*** are the n complex numbers w such that $w^n = z$. We write $\sqrt[n]{z} = w$.

Sia $z = r(\cos\alpha + i\sin\alpha)$ e sia $w = s(\cos\beta + i\sin\beta)$ una radice n-esima di z. Vogliamo determinare s e β in funzione di r e di α, applicando la definizione:

$$\underbrace{[s(\cos\beta + i\sin\beta)]^n}_{w^n} = \underbrace{r(\cos\alpha + i\sin\alpha)}_{z}.$$

Applichiamo la formula di De Moivre:

$$s^n(\cos n\beta + i \sin n\beta) = r(\cos\alpha + i \sin\alpha).$$

Dal confronto dei due numeri ricaviamo il sistema:

$$\begin{cases} s^n = r \\ n\beta = \alpha + 2k\pi \end{cases} \quad \rightarrow \quad \begin{cases} s = \sqrt[n]{r} \\ \beta = \dfrac{\alpha}{n} + \dfrac{2k\pi}{n}, \text{ con } k \in \mathbb{Z} \end{cases}.$$

Pertanto, le radici n-esime del numero complesso z sono:

$$\sqrt[n]{r(\cos\alpha + i\sin\alpha)} = \sqrt[n]{r}\left[\cos\left(\frac{\alpha}{n} + \frac{2k\pi}{n}\right) + i\sin\left(\frac{\alpha}{n} + \frac{2k\pi}{n}\right)\right].$$

Anche nel caso delle radici n-esime di un numero complesso si dimostra che le radici sono n distinti numeri complessi, che si possono ottenere attribuendo a k tutti i valori interi da 0 a $n-1$.

ESEMPIO **Animazione**

Calcoliamo le radici cubiche di $z = 8\left(\cos\frac{3}{2}\pi + i\sin\frac{3}{2}\pi\right)$.

Sappiamo che le radici cubiche sono tre, corrispondenti a $k = 0, 1, 2$.

Scriviamo le radici, applicando la formula:

$$\sqrt[3]{z} = \sqrt[3]{8\left(\cos\frac{3}{2}\pi + i\sin\frac{3}{2}\pi\right)} =$$

$$\sqrt[3]{8}\cdot\left(\cos\frac{\frac{3}{2}\pi + 2k\pi}{3} + i\sin\frac{\frac{3}{2}\pi + 2k\pi}{3}\right) =$$

$$2\cdot\left[\cos\left(\frac{\pi}{2} + \frac{2}{3}k\pi\right) + i\sin\left(\frac{\pi}{2} + \frac{2}{3}k\pi\right)\right], \quad \text{con } k = 0, 1, 2.$$

Gli argomenti $\left(\frac{\pi}{2} + \frac{2}{3}k\pi\right)$ sono:

$$\frac{\pi}{2} \text{ per } k = 0; \quad \frac{7}{6}\pi \text{ per } k = 1; \quad \frac{11}{6}\pi \text{ per } k = 2.$$

Determiniamo le tre radici, che sono i vertici del triangolo equilatero inscritto nella circonferenza di raggio 2 rappresentato in figura:

$$\text{per } k = 0, \quad z_0 = 2\left(\cos\frac{\pi}{2} + i\sin\frac{\pi}{2}\right) = 2i;$$

$$\text{per } k = 1, \quad z_1 = 2\left(\cos\frac{7}{6}\pi + i\sin\frac{7}{6}\pi\right) = -\sqrt{3} - i;$$

$$\text{per } k = 2, \quad z_2 = 2\left(\cos\frac{11}{6}\pi + i\sin\frac{11}{6}\pi\right) = \sqrt{3} - i.$$

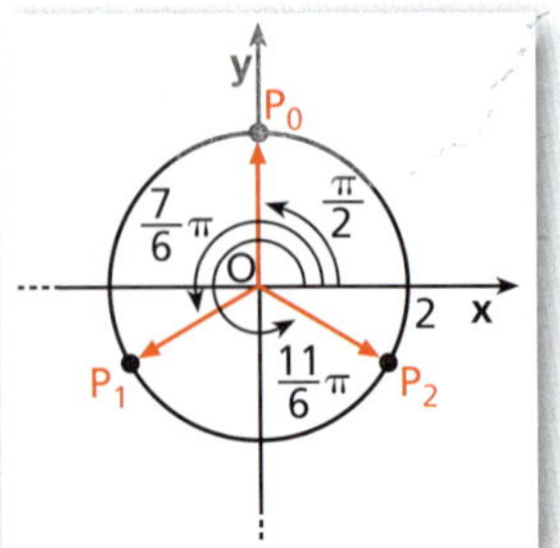

► Verifica che nell'esempio precedente ottieni il risultato moltiplicando $-\sqrt{3} - i$ per le tre radici cubiche dell'unità, oppure moltiplicando $\sqrt{3} - i$ per le stesse radici.

Per determinare le radici n-esime di un numero complesso $r(\cos\alpha + i\sin\alpha)$, è sufficiente determinarne una qualunque e poi moltiplicare questa per le radici n-esime dell'unità.

Infatti, abbiamo visto che

$$\sqrt[n]{r(\cos\alpha + i\sin\alpha)} = \sqrt[n]{r}\cdot\left[\cos\left(\frac{\alpha}{n}+\frac{2k\pi}{n}\right)+i\sin\left(\frac{\alpha}{n}+\frac{2k\pi}{n}\right)\right].$$

Applichiamo la formula del prodotto di numeri complessi,

$$[r(\cos\alpha + i\sin\alpha)]\cdot[s(\cos\beta + i\sin\beta)] = r\cdot s[\cos(\alpha+\beta)+i\sin(\alpha+\beta)],$$

leggendola da destra verso sinistra. Otteniamo:

$$\sqrt[n]{r}\cdot\left[\cos\left(\frac{\alpha}{n}+\frac{2k\pi}{n}\right)+i\sin\left(\frac{\alpha}{n}+\frac{2k\pi}{n}\right)\right]=$$

$$\underbrace{\sqrt[n]{r}\cdot\left(\cos\frac{\alpha}{n}+i\sin\frac{\alpha}{n}\right)}_{\text{una radice del numero dato}}\cdot\underbrace{\left(\cos\frac{2k\pi}{n}+i\sin\frac{2k\pi}{n}\right)}_{\text{radici } n\text{-esime dell'unità}}.$$

Equazioni in $\mathbb{C}$

La definizione relativa alle radici n-esime di un numero complesso e la formula per calcolarle permettono di risolvere il problema che ci siamo posti all'inizio di questo capitolo. Per risolvere in $\mathbb{C}$

$$x^2 = -4,$$

dobbiamo determinare quei numeri che sono, in $\mathbb{C}$, le radici quadrate di -4.
Essendo

$$-4 = 4(\cos\pi + i\sin\pi), \quad \text{con } r = 4 \text{ e } \alpha = \pi,$$

abbiamo:

$$\sqrt{-4} = \sqrt{4}\left[\cos\left(\frac{\pi}{2}+\frac{2k\pi}{2}\right)+i\sin\left(\frac{\pi}{2}+\frac{2k\pi}{2}\right)\right], \quad \text{con } k = 0, 1;$$

$$\text{per } k = 0, \quad \sqrt{-4} = 2\left(\cos\frac{\pi}{2}+i\sin\frac{\pi}{2}\right) = 2i;$$

$$\text{per } k = 1, \quad \sqrt{-4} = 2\left(\cos\frac{3}{2}\pi+i\sin\frac{3}{2}\pi\right) = -2i.$$

I due numeri che elevati al quadrato danno -4 sono $2i$ e $-2i$.
In generale, data in $\mathbb{C}$ l'equazione di secondo grado $ax^2 + bx + c = 0$, la formula risolutiva è $x = \dfrac{-b+\sqrt{b^2-4ac}}{2a}$.

Prima del simbolo di radice abbiamo messo il solo segno + perché in $\mathbb{C}$ la radice stessa fornisce i valori con ambedue i segni.

ESEMPIO
L'equazione $x^2 - 6x + 25 = 0$ in $\mathbb{C}$ ha per soluzioni $x_{1,2} = 3 + \sqrt{-16}$.
Essendo $\sqrt{-16} = \pm 4i$, le soluzioni sono $x_1 = 3 - 4i$, $x_2 = 3 + 4i$.

▶ Risolvi in $\mathbb{C}$ l'equazione $x^2 + 2x + 10 = 0$.

TEORIA

10 Forma esponenziale di un numero complesso

▶ Esercizi a p. 984

Un numero complesso può essere espresso in una terza forma, diversa da quella algebrica ($a + bi$) e da quella trigonometrica $r(\cos\alpha + i\sin\alpha)$.

Questa terza forma, detta **esponenziale**, viene utilizzata soprattutto per semplificare i calcoli nelle scienze applicate.

I numeri complessi scritti in forma esponenziale sono utili perché si possono eseguire tutte le operazioni applicando le proprietà delle potenze.

Consideriamo un numero complesso con $r = 1$. In forma trigonometrica è scritto $\cos\alpha + i\sin\alpha$. Vale la seguente relazione che non dimostriamo:

$e^{i\alpha} = \cos\alpha + i\sin\alpha$, dove e indica il numero di Nepero.

Osserviamo che due numeri complessi $e^{i\alpha}$ ed $e^{i\beta}$ sono uguali solo se α e β differiscono di multipli interi di 2π, ossia se $\beta = \alpha + 2k\pi$.

Applicando le proprietà delle potenze, troviamo una corrispondenza formale con le operazioni di moltiplicazione, divisione ed elevamento a potenza fra numeri complessi scritti in forma trigonometrica.

Moltiplicazione

$$e^{i\alpha} \cdot e^{i\beta} = e^{i(\alpha+\beta)}$$

$$(\cos\alpha + i\sin\alpha)\cdot(\cos\beta + i\sin\beta) = \cos(\alpha+\beta) + i\sin(\alpha+\beta).$$

Divisione

$$\frac{e^{i\alpha}}{e^{i\beta}} = e^{i(\alpha-\beta)}$$

$$\frac{\cos\alpha + i\sin\alpha}{\cos\beta + i\sin\beta} = \cos(\alpha-\beta) + i\sin(\alpha-\beta).$$

Potenza

$$(e^{i\alpha})^n = e^{i(\alpha n)}$$

$$(\cos\alpha + i\sin\alpha)^n = \cos n\alpha + i\sin n\alpha.$$

In generale, passando a un numero complesso $z = r(\cos\alpha + i\sin\alpha)$, con modulo r qualsiasi, possiamo scrivere $z = r(\cos\alpha + i\sin\alpha) = re^{i\alpha}$.

La scrittura $re^{i\alpha}$ si chiama **forma esponenziale del numero complesso z**.

> **Listen to it**
>
> We can express the same complex number z in three different ways: the **rectangular form** $z = a + ib$, the **polar form** by giving the angle α and the radius r such that $z = r(\cos\alpha + i\sin\alpha)$, and the **exponential form** $z = re^{i\alpha}$, where $e^{i\alpha} = \cos\alpha + i\sin\alpha$.

Formule di Eulero

Consideriamo le uguaglianze $e^{i\alpha} = \cos\alpha + i\sin\alpha$ ed $e^{-i\alpha} = \cos\alpha - i\sin\alpha$.

- Sommiamo membro a membro:

$$\begin{array}{rl} & e^{i\alpha} = \cos\alpha + i\sin\alpha \\ + & e^{-i\alpha} = \cos\alpha - i\sin\alpha \\ \hline & e^{i\alpha} + e^{-i\alpha} = 2\cos\alpha \quad \rightarrow \end{array}$$

$$\cos\alpha = \frac{e^{i\alpha} + e^{-i\alpha}}{2}.$$

- Sottraiamo membro a membro:

$$\begin{array}{rl} & e^{i\alpha} = \cos\alpha + i\sin\alpha \\ - & e^{-i\alpha} = \cos\alpha - i\sin\alpha \\ \hline & e^{i\alpha} - e^{-i\alpha} = 2i\sin\alpha \quad \rightarrow \end{array}$$

$$\sin\alpha = \frac{e^{i\alpha} - e^{-i\alpha}}{2i}.$$

Le quattro formule evidenziate sono dette **formule di Eulero**.

Per $\alpha = \pi$ la prima formula è $e^{\pi i} = \cos\pi + i\sin\pi = -1$: $\mathbf{e^{\pi i} + 1 = 0}$, dove compaiono insieme cinque numeri importanti: $1, 0, e, \pi, i$.

IN SINTESI
Numeri complessi

Numeri complessi

- **Numero complesso:** coppia ordinata $(a; b)$ di numeri reali.
- **Addizione:** $(a; b) + (c; d) = (a + c; b + d)$.
  Moltiplicazione: $(a; b) \cdot (c; d) = (ac - bd; ad + bc)$.
- I numeri complessi del tipo $(0; b)$ vengono detti **immaginari**. $(0; 1)$ è l'**unità immaginaria**, si indica con i ed è tale che $i^2 = -1$.
- **Forma algebrica:** $a + bi$, con $a, b \in \mathbb{R}$: a è detta **parte reale**; b è detta **parte immaginaria**.
- Il **modulo** del numero complesso $a + bi$ è: $|a + bi| = \sqrt{a^2 + b^2}$.
- Il **complesso coniugato** di $z = a + bi$ è $\bar{z} = a - bi$.
- A ogni numero complesso $a + bi$ è possibile associare un punto $P(a; b)$ nel piano di Gauss e viceversa.
- Date le **coordinate cartesiane** di un punto $P(a; b)$, si possono ricavare le sue **coordinate polari** $[r; \alpha]$ e viceversa.

$$\begin{cases} r = \sqrt{a^2 + b^2} \\ \tan\alpha = \dfrac{b}{a} \end{cases} \qquad \begin{cases} a = r\cos\alpha \\ b = r\sin\alpha \end{cases}$$

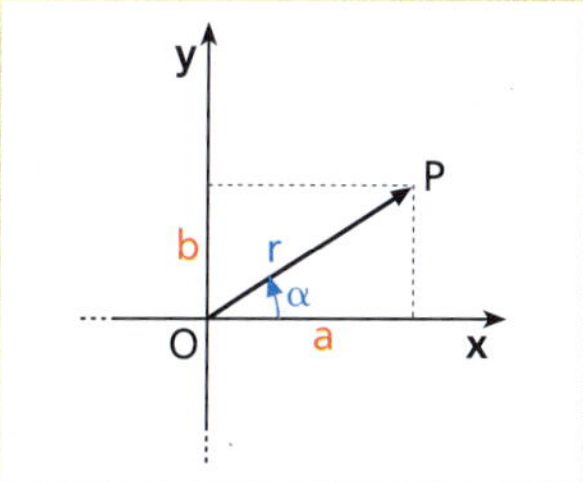

Forma trigonometrica

- Dato il vettore $\overrightarrow{OP}$ di componenti cartesiane a e b e con P di coordinate polari $[r; \alpha]$, abbiamo:
  $a + ib = r(\cos\alpha + i\sin\alpha)$.
- Dati due numeri complessi in forma trigonometrica $z_1 = r(\cos\alpha + i\sin\alpha)$ e $z_2 = s(\cos\beta + i\sin\beta)$, calcoliamo:
  - **prodotto:** $z_1 \cdot z_2 = r \cdot s[\cos(\alpha + \beta) + i\sin(\alpha + \beta)]$;
  - **quoziente:** $\dfrac{z_1}{z_2} = \dfrac{r}{s} \cdot [\cos(\alpha - \beta) + i\sin(\alpha - \beta)]$;
  - **reciproco:** $\dfrac{1}{z_1} = \dfrac{1}{r} \cdot (\cos\alpha - i\sin\alpha)$;
  - **potenza:** $z^n = r^n(\cos n\alpha + i\sin n\alpha)$ (**formula di De Moivre**);

$$z^{-n} = \frac{1}{r^n} \cdot (\cos n\alpha - i\sin n\alpha).$$

Radici *n*-esime

- **Radice *n*-esima dell'unità:** ogni numero complesso u tale che $u^n = 1$.
  $$\sqrt[n]{1} = \cos\frac{2k\pi}{n} + i\sin\frac{2k\pi}{n}, \quad \text{con } k \in \mathbb{Z} \text{ e } k = 0, 1, 2, ..., n - 1.$$
- **Radice *n*-esima del numero complesso *z*:** ogni numero complesso w tale che $w^n = z$.
  $$\sqrt[n]{r(\cos\alpha + i\sin\alpha)} = \sqrt[n]{r} \cdot \left(\cos\frac{\alpha + 2k\pi}{n} + i\sin\frac{\alpha + 2k\pi}{n}\right), \quad \text{con } k \in \mathbb{Z} \text{ e } k = 0, 1, 2, ..., n - 1.$$

Forma esponenziale

- La **forma esponenziale** del numero complesso $r(\cos\alpha + i\sin\alpha)$ è $re^{i\alpha}$.
- **Formule di Eulero:** $e^{i\alpha} = \cos\alpha + i\sin\alpha$, $\quad e^{-i\alpha} = \cos\alpha - i\sin\alpha$,

$$\cos\alpha = \frac{e^{i\alpha} + e^{-i\alpha}}{2}, \quad \sin\alpha = \frac{e^{i\alpha} - e^{-i\alpha}}{2i}.$$

ESERCIZI

CAPITOLO 16
ESERCIZI

1 Numeri complessi

▶ Teoria a p. 936

Operazioni con i numeri complessi

Addizione e moltiplicazione

1 ESERCIZIO GUIDA Eseguiamo l'addizione e la moltiplicazione dei due numeri complessi $(-3;2)$ e $(4;-10)$.

Addizione
Essendo $(a;b)+(c;d)=(a+c;b+d)$:

$(-3;2)+(4;-10)=(-3+4;2-10)=$

$=(1;-8)$.

Moltiplicazione
Essendo $(a;b)\cdot(c;d)=(a\cdot c-b\cdot d;a\cdot d+b\cdot c)$:

$(-3;2)\cdot(4;-10)=(-12-(-20);30+8)=$

$=(8;38)$.

Esegui le seguenti addizioni di numeri complessi.

2 $(1;3)+(-1;2)$; $(-4;-2)+(-1;6)$.

3 $(-2;3)+(0;0)$; $(-1;2)+(1;-2)$.

4 $\left(\frac{1}{4};-\frac{1}{2}\right)+\left(\frac{1}{3};\frac{1}{4}\right)$; $\left(2;\frac{2}{3}\right)+\left(-\frac{1}{3};1\right)$.

5 $(1;-2)+(-3;5)+(4;-1)$

Esegui le seguenti moltiplicazioni di numeri complessi.

6 $(1;-3)\cdot(-2;1)$; $(-2;0)\cdot(-1;2)$.

7 $(5;7)\cdot(1;1)$; $(-2;3)\cdot(0;0)$.

8 $(5;7)\cdot\left(\frac{1}{5};\frac{1}{7}\right)$; $\left(\frac{1}{3};-\frac{1}{2}\right)\cdot\left(-\frac{1}{3};\frac{1}{2}\right)$.

9 $\left(\frac{1}{2};3\right)\cdot\left(\frac{1}{2};-3\right)$; $(2;-1)\cdot(2;1)$.

Calcola il valore delle seguenti espressioni.

10 $(1;2)+(-1;3)\cdot(0;-1)$

11 $\left(\frac{1}{2};2\right)\cdot\left(\frac{1}{2};-2\right)+\left(\frac{1}{2};2\right)\cdot\left(-\frac{1}{2};-2\right)$

12 $(3;-1)\cdot[(-4;3)+(4;-3)]$

13 $(1;-1)\cdot[(2;-1)+(3;1)]$

14 $(2;3)\cdot(2;-3)+(-2;-3)$

15 $(-1;-1)\cdot(0;1)+(-2;2)\cdot(3;1)$

Dimostra le seguenti proprietà relative alle operazioni fra numeri complessi.

16 Nell'addizione vale la proprietà commutativa.

17 Nell'addizione vale la proprietà associativa.

18 $(0;0)$ è l'elemento neutro dell'addizione.

19 Nella moltiplicazione vale la proprietà commutativa.

20 Nella moltiplicazione vale la proprietà associativa.

21 $(1;0)$ è l'elemento neutro della moltiplicazione.

22 Dimostra che $(0;1)$ non è l'elemento neutro della moltiplicazione.

TEST

23 Il prodotto $(a;b)\cdot(1;1)$ è uguale a:

A $(a;b)$. B $(b;a)$. C $(a+b;a-b)$. D $(a-b;a+b)$. E $(b-a;b+a)$.

24 Il prodotto $(a;b)\cdot(b;a)$ è uguale a:

A $(ab;ba)$. B $(a^2-b^2;a^2+b^2)$. C $(0;a^2+b^2)$. D $(a^2-b^2;0)$. E $(-ab;ba)$.

Quadrato di un numero complesso

Calcola i seguenti quadrati, verificando che i numeri immaginari hanno come quadrato un numero reale negativo.

25 $(0;1)^2$; $(1;0)^2$; $(1;1)^2$.

26 $(-1;0)^2$; $(0;-1)^2$; $(-1;-1)^2$.

27 $(2;0)^2$; $(0;2)^2$; $(2;2)^2$.

28 $(2;1)^2$; $(1;3)^2$; $(-1;2)^2$.

29 TEST Il numero il cui quadrato è -9 è:

A -3. B $(-3;0)$. C $(0;3)$. D $(1;3)$ E non esiste.

2 Forma algebrica dei numeri complessi

30 ESERCIZIO GUIDA Scriviamo in forma algebrica il numero complesso $(4;-5)$.

Essendo $(a;b)=a+bi$: $(4;-5)=4-5i$.

Scrivi in forma algebrica i seguenti numeri complessi.

31 $(0;1)$; $(1;0)$; $(-1;0)$; $(0;-1)$.

32 $(1;1)$; $(3;-1)$; $(-1;2)$; $(5;-7)$.

33 Scrivi nella forma $(a;b)$ i seguenti numeri complessi espressi in forma algebrica.

$5-3i$; $3+2i$; -7; i; $-3i$.

Per ognuna delle seguenti coppie di numeri, calcola la somma e il prodotto mediante la definizione. Scrivi poi i risultati in forma algebrica.

34 $(4;1)$; $(2;0)$.

35 $(1;-2)$; $(-1;3)$.

36 $\left(\frac{1}{2};0\right)$; $\left(1;-\frac{1}{2}\right)$.

37 $\left(\frac{3}{2};2\right)$; $\left(\frac{1}{3};-\frac{1}{2}\right)$.

38 $(0;1)$; $(1;0)$.

39 $(0;-1)$; $(-1;0)$.

40 $(1;1)$; $(-1;-1)$.

41 $(1;-1)$; $(-1;1)$.

42 Scrivi in forma algebrica i numeri complessi aventi come parte reale il primo numero e come parte immaginaria il secondo numero delle seguenti coppie.

$1;-1$, $-1;1$, $-1;-1$, $2;3$, $-2;-5$, $\frac{1}{2};-\sqrt{2}$.

43 ASSOCIA a ogni numero la sua parte reale o immaginaria.

a. $z=3$ **b.** $z=1-3i$ **c.** $z=3i-1$ **d.** $z=-3+i$

1. $Re(z)=-3$ **2.** $Im(z)=3$ **3.** $Im(z)=-3$ **4.** $Im(z)=0$

44 TEST I numeri complessi:

A sono i numeri immaginari.

B contengono i numeri reali come sottoinsieme.

C sono dati dall'insieme $\mathbb{R}\cup\mathbb{I}$.

D non contengono lo 0.

E sono formati da una parte reale e da una parte immaginaria, entrambe non nulle.

45 ESERCIZIO GUIDA Determiniamo per quale valore di k il numero complesso $3 + ki - 4i$ è un numero complesso reale.

Occorre che la parte immaginaria sia 0.

Raccogliamo i: $3 + i(k-4)$.

Uguagliamo a 0 il coefficiente di i: $k - 4 = 0 \to k = 4$.

Pertanto, il numero $3 + ki - 4i$ è complesso reale per $k = 4$, e in tal caso vale 3.

Determina per quali valori di k i seguenti numeri complessi sono numeri complessi reali.

46 $\frac{1}{2} - ki + 3i$; $\frac{2}{3} + 3ki - \frac{1}{2}i$.

47 $\frac{5}{4} + \frac{3}{2}i - \frac{2}{5}ki$; $\frac{7}{8} - \frac{1}{8}i + \frac{9}{2}ki$.

48 $2 - ki + 9i$; $6 + 9ki + \frac{1}{4}i$.

49 $\frac{2}{3} - 3i + 2ki$; $\frac{1}{2} - i + \frac{3}{2}ki$.

Determina per quali valori di k i seguenti numeri complessi sono immaginari.

50 $k + 1 - 4ki$; $2k - 1 + \frac{1}{2}ki$.

51 $5k + 2 - \frac{3}{2}ki$; $\frac{3}{2}k - 6 - 2ki - \frac{i}{2}$.

52 $8k - \frac{16}{3} - \frac{3}{2}ki + \frac{i}{2}$; $\frac{5}{4} - 2k + 8ki - \frac{5}{2}i$.

53 $1 - 4k + \frac{1}{2}ki + 4i$; $9 + k - \frac{3}{2}i - \frac{5}{2}ki$.

54 Determina per quali valori di a il numero $a - 1 + 4ai - i$ ha:
a. parte reale 3; b. parte immaginaria 5. $\left[\text{a) } 4; \text{ b) } \frac{3}{2}\right]$

55 Determina $x, y \in \mathbb{R}$ in modo che i due numeri complessi $3x + 1 + (x - y + 2)i$ e $x - y + 2xi$ siano uguali. $[x = -3, y = 5]$

Modulo di un numero complesso

▶ Teoria a p. 940

56 ESERCIZIO GUIDA Calcoliamo il modulo di $2 - 3i$.

$|a + bi| = \sqrt{a^2 + b^2}$

Il modulo di $a + bi$ è: $|a + bi| = \sqrt{a^2 + b^2}$.

Poiché $a = 2$ e $b = -3$, abbiamo: $|2 - 3i| = \sqrt{(2)^2 + (-3)^2} = \sqrt{4 + 9} = \sqrt{13}$.

57 Calcola il modulo dei numeri complessi dell'esercizio 42.

Calcola il modulo dei seguenti numeri complessi.

58 i; $3 + 4i$; 5; $1 - i$.

59 $2i$; $i - 3$; $5 + 12i$; $1 - 3i$.

Trova per quali valori di $x \in \mathbb{R}$ il numero complesso dato ha il modulo indicato.

60 $ix - x$, modulo 2. $[\pm\sqrt{2}]$

61 $1 + x + 5i$, modulo 13. $[-13; 11]$

62 $x + 2 + xi$, modulo $\sqrt{2}$. $[-1]$

63 $2x + 1 + xi - i$, modulo 3. $\left[1; -\frac{7}{5}\right]$

64 ASSOCIA a ogni numero complesso il suo modulo.

a. $1 + i$ b. $-i$ c. $i + \sqrt{2}$ d. $\sqrt{2} - \sqrt{2}i$ e. $2\sqrt{2} + i$

1. 1 2. $\sqrt{2}$ 3. $\sqrt{3}$ 4. 2 5. 3

65 TEST Quale dei seguenti numeri complessi ha modulo a, con $a \in \mathbb{R}$?

A $a + ai$ B $\frac{a^2+1}{a} - \frac{i}{a}$ C $\frac{3}{2}a - \frac{a}{2}i$ D $2a - ai$ E $\frac{\sqrt{3}}{2}a - \frac{a}{2}i$

Complessi coniugati e opposti

▶ Teoria a p. 940

66 Scrivi il complesso coniugato e l'opposto dei seguenti numeri complessi.

$3 - 6i$; $2 + \sqrt{3}\,i$; $\frac{1}{3} - i$; $-1 + i$; $-\frac{1}{4} - 2i$.

67 COMPLETA la seguente tabella.

Numero complesso	Complesso coniugato	Opposto
$4 - 3i$	$4 + 3i$	$-4 + 3i$
$5 + 6i$		
	$-3 - \frac{1}{2}i$	
$-4 - \frac{2}{3}i$		
	$\frac{1}{2} + \frac{1}{5}i$	
		$\frac{2}{3} - \frac{1}{2}i$

68 Dati i due numeri complessi $z_1 = 2a - 1 + 3bi$ e $z_2 = a + b - ai$, determina a e b in modo che:

a. $z_1 = z_2$; **b.** $z_1 = \overline{z_2}$; **c.** z_1 e z_2 siano opposti.

$\left[\text{a) } a = \frac{3}{4}, b = -\frac{1}{4}; \text{ b) } a = \frac{3}{2}, b = \frac{1}{2}; \text{ c) } a = \frac{3}{10}, b = \frac{1}{10}\right]$

69 VERO O FALSO?

a. $3 - i$ e $-3 - i$ sono due numeri complessi coniugati. V F

b. $\overline{2i - 1} = -2i - 1$. V F

c. $\overline{\overline{z}} = z$. V F

d. L'opposto di $\sqrt{3} - 4i$ è $\sqrt{3} + 4i$. V F

70 FAI UN ESEMPIO di numero complesso z tale che:

a. $\overline{z} = z$;

b. $\overline{z}$ sia uguale all'opposto di z.

71 Dato $z \in \mathbb{C}$, verifica che $|z| = |\overline{z}|$.

72 Considera i due numeri complessi $z_1 = x + 2 - yi$ e $z_2 = x - y + 2xi$ e stabilisci per quali valori di x e $y \in \mathbb{R}$ essi sono:

a. opposti; **b.** coniugati.

[a) impossibile; b) $x = -1$ e $y = -2$]

3 Operazioni con i numeri immaginari

73 VERO O FALSO?

a. 0 è un numero immaginario. V F

b. $i^2 + 1 = 0$. V F

c. L'opposto di $2i$ è $-2i$. V F

d. $\mathbb{R} \cap \mathbb{I} = \emptyset$. V F

Le quattro operazioni

▶ Teoria a p. 941

74 ESERCIZIO GUIDA Eseguiamo le quattro operazioni fra i numeri immaginari $2i$ e $5i$.

Per eseguire i calcoli, trattiamo i numeri immaginari come monomi nella lettera i; dobbiamo però ricordare che ***i* è un numero** e che $\boldsymbol{i^2 = -1}$:

$2i + 5i = (2+5)i = 7i$, $\quad 2i \cdot 5i = 2 \cdot 5 \cdot i \cdot i = 10 \cdot (-1) = -10$,

$2i - 5i = (2-5)i = -3i$, $\quad 2i : 5i = \frac{2\cancel{i}}{5\cancel{i}} = \frac{2}{5}$.

Esegui le quattro operazioni fra i numeri immaginari dati.

75 $i, \quad 4i$.

76 $-3i, \quad 3i$.

77 $\frac{i}{2}, \quad -i$.

78 $5i, \quad 10i$.

---

79 VERO O FALSO?

a. Il prodotto di due numeri immaginari è un numero immaginario. V F

b. La somma di due numeri immaginari non può essere un numero reale. V F

c. $8i : (-4i) = -2i$. V F

d. La somma di due numeri immaginari opposti è nulla. V F

Calcola il valore delle seguenti espressioni.

80 $i - 2i$; $\quad 4i + 2i$; $\quad 8i - 3i$.

81 $i + \frac{1}{2}i$; $\quad i - \frac{1}{2}i$; $\quad \frac{1}{3}i + \frac{1}{2}i$.

82 $3i : i$; $\quad 5i : 2i$; $\quad 4i : (-i)$.

83 $i \cdot 9i$; $\quad i \cdot \left(-\frac{1}{2}i\right)$; $\quad \frac{3}{4}i \cdot \frac{2}{9}i$.

84 $\left[(2i - 3i) \cdot \frac{4}{3}i\right] : \frac{2}{3}$ $\quad [2]$

85 $\left(\frac{1}{3}i - \frac{1}{2}i\right)\left(\frac{1}{3}i + \frac{1}{2}i\right) : \frac{5}{4i \cdot 9i}$ $\quad [-1]$

86 $-5i - (14i - 6i) + (-2i + 6i)$ $\quad [-9i]$

87 $6i(-2i + 5i) - \frac{1}{2}i(13i - 7i) + i(-2i)$ $\quad [-13]$

88 $8i : (-4i) + 16i(-2i + i)$ $\quad [14]$

89 $4i(-5i) + 6\sqrt{2}\,i : (-\sqrt{2}\,i)$ $\quad [14]$

Potenze con i numeri immaginari

▶ Teoria a p. 941

90 ESERCIZIO GUIDA Calcoliamo la potenza i^{35}.

Sappiamo che $i^0 = 1, i^1 = i, i^2 = -1, i^3 = -i$. I valori si ripetono secondo la regola $i^n = i^{\text{resto di } n:4}$.
Applichiamo la regola:

$35 : 4 = 8$ (con resto 3) $\rightarrow$ $i^{35} = i^3 = -i$.

$i^0 = 1, i^1 = i, i^2 = -1, i^3 = -i$

Calcola il valore delle seguenti espressioni contenenti potenze di numeri immaginari.

91 i^4; $\quad i^5$; $\quad i^6$; $\quad i^7$.

92 $-i^8$; $\quad -i^{12}$; $\quad -i^{33}$; $\quad -i^{49}$.

93 $(\sqrt{2}\,i)^2$; $\quad (-3\sqrt{3}\,i)^3$; $\quad (-2\sqrt{5}\,i)^2$.

94 $-\left(-\frac{\sqrt{2}}{6}i\right)^2$; $\quad -\left(-\frac{3}{5}\sqrt{5}\,i\right)^3$; $\quad \left(\frac{i}{\sqrt{2}}\right)^5$.

95 $i^5 + 2i^{17} - 3i^{25}$ $\quad [0]$

96 $2i^{14} + 7i^{22} - 5i^{30}$ $\quad [-4]$

97 $\frac{i^{31} - 5i^{39} + 4i^{47}}{2i^{21} + 3i^{41}}$ $\quad [0]$

98 $\left(\frac{4}{5}i^{17} - \frac{1}{3}i^{29}\right) : \left(\frac{1}{2}i^{36} + \frac{1}{5}i^{52}\right)$ $\quad \left[\frac{2}{3}i\right]$

99 $(2i)^4 - i^5 + (-i)^3 + (-2i)^6$ $\quad [-48]$

100 $i(2i - 5i)^2 - (9i - i) : (6i - 4i)^2$ $\quad [-7i]$

101 $(-5i)^2 - i^{30} + 4i^{20} : (i^6) - i^2$ $[-27]$

102 $[2i - 3(-i)^3]^5 + [(-2i)^3]^5 + (3i^7 - 5i)^5$ $[-i]$

103 $-2i^{27} : (-i)^5 + 4i^8 - i(-i)^4(-2i)^3$ $[10]$

104 $(-2i^2)^3(-i)^8 + \dfrac{8i - 6i^5}{2i} - (-i)^7 i^{15}$ $[8]$

105 $\dfrac{(2i - i^3)(-i^{25} - 3i^{13})^2}{(-2i)^4} + i^{12}(-i)^2 i^5$ $[-4i]$

106 $\dfrac{-2i^5}{-5i} \cdot [-6i - (-i)^5]^2 - i(i^8 - 2i^{20})(i^7 - i^9)$ $[-8]$

107 $\dfrac{\frac{1}{2}i^{21} - \frac{1}{3}i}{\frac{3}{2}i^{31} - \frac{2}{3}i^{35}} \cdot (2i^{17} + 3i^5)$ $[-i]$

108 $(i^2)^4 + i(-i^2)i^3 + 4(-i)^4(-2i)^2(-i^3)^2$ $[18]$

109 $[-3i^3 + 2i^4(-i)]^3 + (-i)[(-4i)^2 + (i^2)^5]$ $[16i]$

4 Operazioni con i numeri complessi in forma algebrica

Addizione e sottrazione

Teoria a p. 942

110 ESERCIZIO GUIDA Eseguiamo l'addizione e la sottrazione fra $4 + 3i$ e $-5 + 2i$.

Addizione

$(4 + 3i) + (-5 + 2i) =$

Sommiamo tra loro le parti reali e le parti immaginarie.

$(4 - 5) + (3i + 2i) = -1 + (3 + 2)i = -1 + 5i.$

Sottrazione

$(4 + 3i) - (-5 + 2i) =$

Trasformiamo la sottrazione in un'addizione, cambiando il segno del sottraendo.

$(4 + 3i) + (5 - 2i) =$

$(4 + 5) + (3i - 2i) = 9 + i.$

Esegui le seguenti addizioni e sottrazioni fra numeri complessi.

111 $(4 + 2i) + (4 - 2i)$

112 $(6 - 3i) + (-6 + 3i)$

113 $(2 + 7i) + (-12i) + 7$

114 $\left(\frac{1}{3} + \frac{1}{2}i\right) + \left(\frac{1}{3} - \frac{1}{2}i\right)$

115 $\left(\frac{1}{3} + \frac{1}{2}i\right) - \left(\frac{1}{3} - \frac{1}{2}i\right)$

116 $(-9 - i) + (2 + i) - (-5 + 2i)$

117 $(2 - 3i) - \left(\frac{1}{7}i\right)$

118 $\frac{3}{4}i + \left(2 - \frac{1}{3}i\right)$

119 $\left(\frac{1}{2} - 6i\right) - \left(\frac{3}{2} + 6i\right) + 2i$

120 $\left(-\frac{1}{2} - \frac{1}{2}i\right) + \left(-\frac{1}{2} - \frac{1}{2}i\right)$

121 $\left(\frac{2}{5} - \frac{5}{3}i\right) - \left(\frac{2}{5} - \frac{5}{3}i\right)$

122 $(-2i) - (-4 + 7i) - (-5i)$

123 $(3 - i) - (-2 - 2i) + (5 - i)$

124 RIFLETTI SULLA TEORIA Considera due numeri complessi $z_1 = a + ib$ e $z_2 = c + id$ e dimostra che $\overline{z_1 + z_2} = \overline{z_1} + \overline{z_2}$.

Moltiplicazione

Teoria a p. 943

125 ESERCIZIO GUIDA Moltiplichiamo: **a.** $2 - 3i$ e $-6 + i$; **b.** $3 - 2i$ e $3 + 2i$.

a. Utilizziamo la regola di moltiplicazione di due binomi e $i^2 = -1$:

$(2 - 3i)(-6 + i) = -12 + 2i + 18i - 3i^2 = -12 + 20i + 3 = -9 + 20i.$

b. I numeri dati sono complessi coniugati. Il loro prodotto è un numero complesso reale. Infatti, poiché $(a-b)(a+b)=a^2-b^2$:

$$(3-2i)(3+2i)=9-4i^2=9+4=13.$$

Esegui le seguenti moltiplicazioni fra numeri complessi.

126 $(1-i)(1+i)$; $(2-3i)(2+3i)$.

127 $(6+3i)(6+2i)$; $(-7+2i)(7+2i)$.

128 $(2-5i)(1+i)$; $(8+2i)(-4-2i)$.

129 $\left(\frac{1}{2}-\frac{1}{3}i\right)(2+3i)$; $\left(\frac{4}{5}+\frac{2}{3}i\right)\left(-\frac{5}{4}-\frac{3}{2}i\right)$.

---

130 TEST Quanto vale il prodotto $(2+3i)(3-i)$?

A $9+7i$
B $6-3i$
C $3+7i$
D $6+7i$
E $7+9i$

131 Trova per quali valori di k il prodotto

$$(k+3+ki)\cdot(1-2ki)$$

risulta un numero reale. $\left[0,-\frac{5}{2}\right]$

132 Dato $z \in \mathbb{C}$, stabilisci se è vero che:

a. $3\bar{z}=\overline{3z}$; **b.** $|z\cdot\bar{z}|=|z|\cdot|\bar{z}|$.

133 TEST Il prodotto $(x-2i)(1-x+xi)$ è un numero immaginario per x uguale a:

A $-3, 0$.
B $-1\pm\sqrt{3}$.
C $0, 3$.
D 3.
E 0.

---

134 RIFLETTI SULLA TEORIA Considera due numeri complessi $z_1=a+ib$ e $z_2=c+id$ e dimostra che $\overline{z_1\cdot z_2}=\overline{z_1}\cdot\overline{z_2}$.

Reciproco

▶ Teoria a p. 943

Calcola il reciproco dei seguenti numeri complessi.

135 i; $4-i$.

136 $1-i$; $3+2i$.

137 $i+3$; $-3i$.

138 $2-i$; $2+2i$.

---

139 RIFLETTI SULLA TEORIA Dato $z=a+ib$, dimostra che $\overline{z^{-1}}=(\bar{z})^{-1}$.

Divisione

▶ Teoria a p. 944

140 ESERCIZIO GUIDA Calcoliamo $(2+i):(1-i)$.

Scriviamo il quoziente sotto forma di frazione e moltiplichiamo numeratore e denominatore per il complesso coniugato del denominatore, ossia $1+i$:

$$\frac{2+i}{1-i}=\frac{2+i}{1-i}\cdot\frac{1+i}{1+i}=\frac{2+2i+i+i^2}{1-i^2}=\frac{2+3i-1}{1+1}=\frac{1+3i}{2}.$$

Il quoziente cercato è il numero complesso $\frac{1}{2}+\frac{3}{2}i$.

Calcola i seguenti quozienti fra numeri complessi.

141 $(1+i):i$; $2:i$; $1:(3-2i)$.

142 $\frac{3+4i}{2i}$; $\frac{-6-2i}{5i}$; $\frac{8-3i}{2i}$.

143 $\frac{73}{8-3i}$; $\frac{40}{4+2i}$; $\frac{22i}{3-i}$.

144 $\frac{1-i}{2+i}$; $\frac{2-i}{2+3i}$; $\frac{3-i}{3+2i}$.

145 TEST Quanto vale il quoziente $\frac{4-2i}{1-i}$?

A $4+i$
B $3+i$
C $1+i$
D $4-i$
E $3-3i$

146 Trova il coniugato del numero complesso z, essendo $z = \frac{2-3i}{1+i}$. $\left[-\frac{1}{2}+\frac{5}{2}i\right]$

YOU & MATHS

147 Express the complex number below in the form $a+bi$, where a and b are real numbers:

$\frac{3-2i}{5+i}$. (USA *Southern Illinois University Carbondale*, Final Exam, Fall 2002) $\left[\frac{1}{2}-\frac{1}{2}i\right]$

148 Let $w = \frac{1+i}{2-2i}$. Express w in the form $p+qi$, p, $q \in \mathbb{R}$. Calculate $|w|$. Verify that $|w|^2 = w\cdot\overline{w}$, where $\overline{w}$ is the complex conjugate of w.

(IR *Leaving Certificate Examination*, Ordinary Level, 1995) $\left[w=\frac{1}{2}i; |w|=\frac{1}{2}\right]$

149 Dato $z = \frac{2i-1}{1+i}$, trova:

a. il suo modulo;
b. il suo coniugato;
c. il suo opposto.

$\left[\text{a) } \sqrt{\frac{5}{2}}; \text{ b) } \frac{1}{2}-\frac{3}{2}i; \text{ c) } -\frac{1}{2}-\frac{3}{2}i\right]$

150 TEST Dati

$z_1 = k+1+i(k-1)$ e $z_2 = 2k-ki$,

indica il valore di k per cui $\frac{z_1}{z_2}$ è un numero reale.

A $\frac{1}{3}$.
B -3.
C 0 e -3.
D 0 e $\frac{1}{3}$.
E $\forall k \neq 0$.

Potenza

Teoria a p. 944

Il quadrato

151 ESERCIZIO GUIDA Calcoliamo il quadrato di $-2-i$.

Applichiamo la regola del quadrato di un binomio $(a+b)^2 = a^2+b^2+2ab$:

$$(-2-i)^2 = 4+i^2+4i = 4-1+4i = 3+4i.$$

Calcola il quadrato dei seguenti numeri complessi.

152 $1+i$; $1-i$; $-1+i$.

153 $1+2i$; $1-2i$; $-1+2i$.

154 $-\frac{1}{2}-\frac{1}{2}i$; $\frac{1}{4}-i$; $-5-\frac{1}{5}i$.

155 $2-3i$; $\frac{1}{\sqrt{2}}-\sqrt{2}\,i$; $\frac{3}{2}-2i$.

RIFLETTI SULLA TEORIA

156 Stabilisci se è vero che $z^2 = (\overline{z})^2$, con $z \in \mathbb{C}$.

157 Dato $z \in \mathbb{C}$, dimostra che $|z^2| = |z|^2$.

158 Calcola per quale valore di a il prodotto

$(a-2+3ai)\cdot(1-i)^2$

risulta un numero immaginario. [0]

159 Dato il numero complesso $z = a+2-2i$, trova a in modo che:

a. z^2 sia un numero reale;
b. $\overline{z}^2$ sia un numero immaginario;
c. $z\cdot\overline{z} = 13$.

[a) -2; b) $0, -4$; c) $1; -5$]

160 TEST Se $z = 3+4i$, allora $|z^{-2}| =$

A $\frac{1}{13}$.
B $\frac{1}{\sqrt{13}}$.
C $\frac{1}{25}$.
D $\frac{1}{5}$.

(*Università di Trento, Facoltà di Scienze*, 2003)

ESERCIZI

Il cubo

161 ESERCIZIO GUIDA Calcoliamo il cubo di $5-2i$.

Sviluppiamo il cubo del binomio, applicando la regola $(a+b)^3 = a^3 + 3a^2b + 3ab^2 + b^3$:

$(5-2i)^3 = 5^3 + 3\cdot(5^2)(-2i) + 3\cdot(5)\cdot(-2i)^2 + (-2i)^3 = 125 - 150i + 15\cdot 4i^2 - 8i^3 =$

$125 - 150i - 60 + 8i = 65 - 142i.$

Calcola il cubo dei seguenti numeri complessi.

162 $1+i$; $\quad 3-i$.

163 $2+i$; $\quad 2+3i$.

164 $3-2i$; $\quad 1-5i$.

TEST

165 Una delle seguenti uguaglianze è *falsa*. Quale?

A $\left(-\frac{1}{2}+\frac{\sqrt{3}}{2}i\right)^3 = 1$

B $(1+i)^2 = 2+2i$

C $(1-i)^2 = -2i$

D $\left(-\frac{1}{2}-\frac{\sqrt{3}}{2}i\right)^3 = 1$

E $(1+i)^2\cdot(1-i) = 2(1+i)$

166 Soltanto una delle seguenti uguaglianze è *vera*. Quale?

A $(1+i)^3 = 1+3i$

B $(1-i)^3 = -1+3i$

C $(1+i)(1-i) = 2$

D $\frac{1+i}{1-i} = 2i$

E $\frac{1-i}{1+i} = i$

167 Se $(x+iy)^3 = -74 + ki$, ricava il valore assoluto di k, posto che $x = 1$ e $i = \sqrt{-1}$.

(USA *North Carolina State High School Mathematics Contest*, 2000)

[110]

Riepilogo: Operazioni con i numeri complessi

168 ASSOCIA a ogni espressione il relativo risultato.

a. $(4-i)(3+2i)$

b. $\frac{i}{1+i}$

c. $(-1-i)^2$

d. $(i^4-1)(i+1)$

e. $i^8 + i^{20}$

1. $\frac{i+1}{2}$

2. 0

3. $14+5i$

4. $2i$

5. 2

169 Dato il numero complesso $z = 2+i$, determina $\bar{z}$, $|z|$, $\bar{z}+z$, $|\bar{z}|$. $[2-i, \sqrt{5}, 4, \sqrt{5}]$

170 Considera il numero complesso $z = 3-4i$. Calcola $\bar{\bar{z}}$, $z\cdot\bar{z}$, $|\bar{z}|^2$, $|z+\bar{z}|$. $[3-4i, 25, 25, 6]$

171 Dato il numero complesso $z = 2-2i$, calcola $|z|$, z^2, z^3, $(\bar{z})^3 - z\cdot z^2$. $[2\sqrt{2}, -8i, -16-16i, 32i]$

Calcola il valore delle seguenti espressioni.

172 $\frac{1-2i}{2+i} + \frac{2-3i}{5}$ $\left[\frac{2}{5}-\frac{8}{5}i\right]$

173 $(2-i)(2+i) - \frac{1+i}{1-i}$ $[5-i]$

174 $3+2i-\frac{5}{4}-\left(\frac{2}{5}-\frac{1}{3}\right)i-\left(2-\frac{1}{2}\right)+\frac{16}{15}i$ $\left[\frac{1}{4}+3i\right]$

175 $(3+2i)(3-2i)+(2-4i)3i-(6+2i)^2$ $[-(7+18i)]$

176 $\left[(2-3i):\frac{13}{2+3i}-(4+3i)\left(\frac{4}{25}-\frac{3}{25}i\right)\right]:12$ $[0]$

177 $\left(\frac{1+2i}{i-1}+\frac{39i}{2+3i}-\frac{19}{2}\right)\cdot 2i+6i$ $[-9+6i]$

178 $\frac{(2i^{28}-i^{45})^2}{2i^{41}}$ $\left[-2-\frac{3}{2}i\right]$

179 $\frac{1-6i}{1+i}-\frac{2-5i}{1-i}+\left(\frac{3-2i}{2}\right)^2$ $\left[-\frac{19}{4}-5i\right]$

180 $\frac{3+i}{2-i}-\frac{i-2}{3-i}+(i-1)(i+2)-i$ $\left[\frac{9i-13}{10}\right]$

181 $(2+3i)(2-3i)-(3+i)^2+i(\overline{3+2i})-6(i+2)$ $[-5-9i]$

182 $\frac{9+7i}{2+i}+\frac{-2i^4+3i^3-2i^2+3i}{3-2i}$ $[5+i]$

MATEMATICA E STORIA

Cardano e un problema impossibile Girolamo Cardano (1501-1576) è uno dei grandi algebristi italiani del Cinquecento; fu contemporaneo di Tartaglia e si occupò come lui di formule per la soluzione di equazioni.
Nel capitolo XXXVII del suo trattato *Artis magnae, sive de regulis algebraicis, liber unus*, Cardano mostra come già sapesse trattare i numeri complessi.

«[...] dividi 10 in due parti il prodotto delle quali sia 30 o 40: è chiaramente un caso impossibile. Tuttavia opereremo dividendo 10 in due parti uguali: ognuna vale 5 ed elevata al quadrato dà 25. Sottratto 40 [...] rimarrà -15 e la sua radice quadrata addizionata a e sottratta da 5 mostra le parti il cui prodotto è 40: saranno dunque $5+\sqrt{-15}$ e $5-\sqrt{-15}$.»

a. Verifica che il prodotto delle «parti» riportate a fine documento è proprio 40.

b. Utilizza il procedimento illustrato da Cardano per risolvere il problema nel caso non impossibile in cui il prodotto delle due parti sia 16.

Risoluzione – Esercizio in più

---

183 $\frac{4i}{1-2i}+\frac{1-i}{1+2i}+\frac{12}{5}$ $\left[\frac{3+i}{5}\right]$

184 $\frac{1-i}{1-i^2}+\frac{1}{1-i}+\frac{1-2i}{2i}$ $\left[-\frac{i}{2}\right]$

185 $\frac{1+i}{(2-i)^2}-\frac{i}{2+i}$ $\left[\frac{-3i-6}{25}\right]$

186 $\frac{3-4i}{i}\cdot(\overline{1-i})-2$ $[-7i-3]$

187 $(1-i)(3-2i)-\frac{i}{4-2i}$ $\left[\frac{11-52i}{10}\right]$

188 $(1+i)^3-\frac{(1-i)^2}{i}$ $[2i]$

189 $\frac{1}{2-i}+\frac{1-i}{i(1+i)}$ $\left[\frac{i-3}{5}\right]$

190 $\left(\frac{1-i}{2i-1}\right)^2+\frac{2i}{1-2i}$ $\left[\frac{16i-12}{25}\right]$

191 $\frac{(2i)^2-(1+i)^2}{i(2+3i)}-i(2-i)$ $\left[\frac{-5-12i}{13}\right]$

192 $\left(\frac{2+i}{3-i}\right)^3+(1-i)^2$ $\left[-\frac{1+7i}{4}\right]$

193 $\frac{2i}{(2-i)^2}-(1-i)^2-\frac{i(1+i)}{2}$ $\left[\frac{9+87i}{50}\right]$

194 $\frac{1-i^2}{1+i^4}-\frac{i^5}{i(i-1)}-2i$ $\left[\frac{3-3i}{2}\right]$

---

195 $\frac{18i^{18}+7i^6}{(2i^{52}+i^{53})^2}:\frac{4i^{36}-2i^{20}}{(2i^8+i^7-i^{20})^2}$ $[4+3i]$

196 $(3-2i)(3+2i)+(1-3i)^2+(1-i)^3$ $[3-8i]$

197 $\left(\frac{3}{5}-\frac{4}{5}i\right)\left(\frac{3}{5}+\frac{4}{5}i\right)+\frac{i(2-i)}{(\sqrt{3}+\sqrt{3}\,i)^2}-(1+2i)^3$ $\left[\frac{74+11i}{6}\right]$

198 $(1+i)^5+4i$ $[-4]$

199 $4\frac{2-i}{3+i}-i^{28}+\left[\frac{2i}{i-1}(4-i)-(2i+1)^2\right]\cdot 2i$ $[19+10i]$

200 $\frac{5(1+2i)(1-2i)}{(2i-1)^2}:\frac{9i^{24}i^{17}}{(3i^{14}+i^3-2i)^2}-\frac{5}{i-2}$ $[-4+9i]$

201 $6i^{12}+\frac{i^{15}+1}{3-i^{13}}-7i-\frac{4-2i}{i^{21}}+(2-3i)i^{11}-\frac{2-i}{5}$ $[5(1-i)]$

ESERCIZI

202 $\frac{i(1+i)}{2-i} - \frac{3+2i}{1-2i} - (2-i)\overline{(2-3i)}\,i$ $\left[\frac{18-42i}{5}\right]$

203 $(1+i)\left(\frac{2}{3+i} - \frac{1+i}{3-i}\right) + i(i+2)$ $\left[\frac{9}{5}i\right]$

204 TEST Se $f(x) = \left(\frac{x^4 - x^3 + x^2 - x + 1}{x}\right)^3$ e $i = \sqrt{-1}$, allora $f(i)$ è uguale a:

A i. B -1. C $-i$. D 1. E $2i$.

(USA *North Carolina State High School Mathematics Contest*, 2000)

205 Dato il numero complesso $z = a + bi$, determina a e b in modo che il prodotto $z \cdot \overline{z}^{-1}$ sia:

a. reale; **b.** immaginario.

$[a)(a = 0 \wedge b \neq 0) \vee (b = 0 \wedge a \neq 0);$ $b)\ a = \pm b \neq 0]$

206 Dati i due numeri complessi

$z_1 = 2p - q + 1 + (q-2)i,$
$z_2 = p + 3q - 2 + 2pi,$

trova per quali valori reali di p e q risulta:

a. $z_1 = -\overline{z_2}$; **b.** $z_1 + z_2 = 0$.

$\left[a)\ p = -\frac{3}{7} \wedge q = \frac{8}{7};\ b)\ p = 3 \wedge q = -4\right]$

207 Considera i due numeri complessi

$z_1 = -1 - 2i,\ z_2 = 2 - i$

e trova per quali $p, q \in \mathbb{R}$ il numero $z = pz_1 + qz_2$:

a. è immaginario;

b. è reale;

c. ha modulo $|z| = 2\sqrt{5}$.

$[a)\ p = 2q;\ b)\ q = -2p;\ c)\ p^2 + q^2 = 4]$

208 Sia $z = a + bi$ un numero complesso. Dimostra che $z = \overline{z}^{-1}$ *soltanto se* $a^2 + b^2 = 1$.
Trova per quali valori reali di x il numero $z = x - 1 + (x-2)i$ verifica la condizione precedente. $[1; 2]$

209 YOU & MATHS If i represents the imaginary unit, what is the ordered pair of real numbers $(a; b)$ for which $(1+i)^{13} = (a + bi)$?

(USA *California Math League*, Sample Problem)

$[(a; b) = (-64; -64)]$

210 ESERCIZIO GUIDA Risolviamo l'equazione

$z^2 + |z|^2 - 10 = 8 + 6i$, con $z = a + bi$.

Svolgiamo i calcoli:

$(a+bi)^2 + |a+bi|^2 - 10 - 8 - 6i = 0,$

$a^2 + 2abi - b^2 + a^2 + b^2 - 18 - 6i = 0,$

$2a^2 - 18 + 2i(ab - 3) = 0.$

Il numero complesso ottenuto è 0 se sono nulle sia la parte reale sia la parte immaginaria. Quindi dobbiamo risolvere il sistema:

$\begin{cases} 2a^2 - 18 = 0 \\ 2(ab-3) = 0 \end{cases} \rightarrow \begin{cases} a = \pm 3 \\ ab = 3 \end{cases} <\ \begin{matrix} a = 3, b = 1 \\ a = -3, b = -1 \end{matrix}$

Pertanto l'equazione iniziale ha due soluzioni:

$z_1 = 3 + i,\quad z_2 = -3 - i.$

Se $z = a + bi$, risolvi le equazioni seguenti.

211 $z^2 + |z|^2 - 18 = 0$ $[\pm 3]$

212 $z^2 + |z|^2 = 4 + i$ $\left[\sqrt{2} + \frac{\sqrt{2}}{4}i;\ -\sqrt{2} - \frac{\sqrt{2}}{4}i\right]$

213 $|i + z|^2 - i = 2$ [impossibile]

214 $|i + z|^2 - i - 2 = z$ $[2 - i; -1 - i]$

215 TEST Si denoti con $z = x + iy$, $x, y \in \mathbb{R}$, un generico numero complesso. Qual è l'insieme delle soluzioni di $|z + 1|z = \overline{z}$?

A $\{0 \leq x \leq 2,\ y = 0\}$

B $\{-2 \leq x \leq 0,\ y = 0\}$

C $\{0\} \cup \{2\}$

D $\{0\} \cup \{-2\}$

(*Università di Trento, Facoltà di Scienze*, 2004)

5 Rappresentazione geometrica dei numeri complessi

Piano di Gauss

▶ Teoria a p. 945

Rappresenta nel piano di Gauss i seguenti numeri complessi.

216 $-1-i$; $2i$; -4; $4+i$.

217 $6i$; $1+i$; $\frac{1}{2}-i$; $1-3i$.

218 Dati i seguenti punti nel piano di Gauss, scrivi i numeri complessi a essi associati.

$A(1;0)$, $B(-2;-4)$, $C(0;-3)$, $D\left(-\frac{1}{2};1\right)$, $E(2;-5)$, $F\left(1;\frac{1}{2}\right)$.

219 FAI UN ESEMPIO di numero complesso che nel piano di Gauss si trova nel:
a. primo quadrante; b. quarto quadrante.

220 Dati i seguenti numeri complessi, determina i loro coniugati e rappresenta entrambi nel piano di Gauss. Cosa noti?

$3+i$, $-2-i$, $-4+2i$, $1-3i$.

221 Come nell'esercizio precedente, ma considerando gli opposti dei numeri complessi.

$2-5i$, $-3-2i$, $4+i$, $-1+3i$.

222 Considera il numero $z=2+i$ e rappresenta nel piano di Gauss: $-z$, $\bar{z}$, iz, z^{-1}.

223 Considera il numero $z=1-3i$ e rappresenta nel piano di Gauss: $\bar{z}$, z^{-1}, z^2, iz.

224 ESERCIZIO GUIDA Rappresentiamo nel piano di Gauss i punti corrispondenti ai numeri complessi z tali che:
a. $|z|=4$; b. $Re(z)+Im(z)=0$.

a. Il modulo di un numero complesso è la distanza dall'origine del punto che lo rappresenta. Pertanto $|z|=4$ per tutti i punti appartenenti alla circonferenza di centro O e raggio 4.

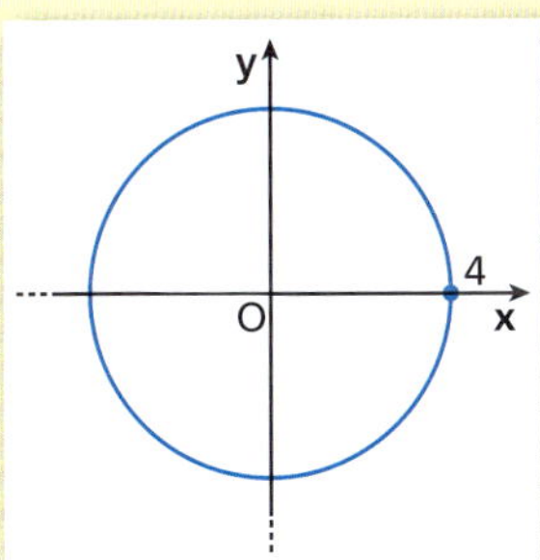

b. Posto $z=x+iy$, allora $Re(z)=x$ e $Im(z)=y$, pertanto la condizione richiesta è $x+y=0$, soddisfatta da tutti i punti appartenenti alla retta di equazione $y=-x$.

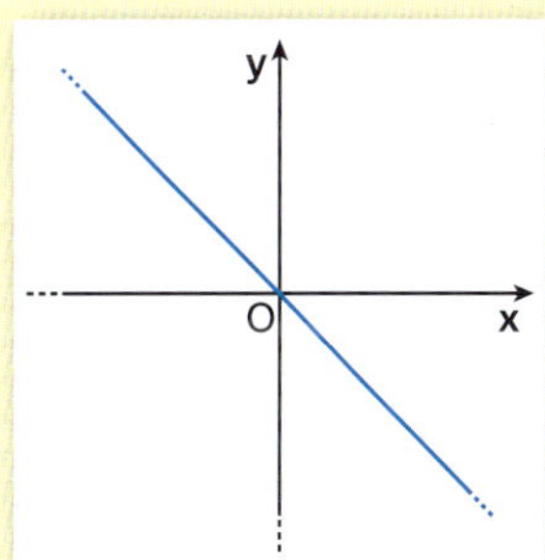

Rappresenta nel piano di Gauss i punti corrispondenti ai numeri complessi z che verificano le seguenti equazioni e disequazioni.

225 $|z|=2$

226 $Re(z)=3$

227 $Im(z)\geq 4$

228 $|z|\leq 5$

229 $|z|>1$

230 $Re(z)-Im(z)=1$

231 $|Re(z)|\leq 2$

232 $1\leq|z|\leq 3$

233 $2<|z|<3$

234 $|z-3|=1$

235 $|2z-3|=|z+i|$

236 $|z-1|\leq|2-z|$

237 Considera i numeri complessi $z_1 = 2 + 4i$, $z_2 = -2 + 2i$.

a. Calcola per quali valori reali di h e k risulta $hz_1 + kz_2 = 1 + i$.

b. Determina i numeri complessi $z = x + yi$ tali che $|z - z_1| = |z - z_2|$ e rappresentali nel piano di Gauss.

$\left[\text{a) } h = \frac{1}{3} \wedge k = -\frac{1}{6}; \text{ b) } 2x + y - 3 = 0\right]$

238 Verifica che, dati due numeri complessi z_1 e z_2 rappresentati rispettivamente dai punti A e B nel piano di Gauss, il modulo della loro differenza coincide con la distanza tra i punti A e B.

239 **TEST** L'insieme dei numeri complessi z tali che $|z| = |z + 1|$ è:

A una circonferenza. **B** l'insieme vuoto. **C** una retta orizzontale. **D** una retta verticale.

(*Università di Trento, Facoltà di Scienze*, 2003)

Vettori e numeri complessi

▶ Teoria a p. 946

Rappresenta il vettore associato a ogni numero complesso.

240 $2 - i$; i; $4 + 2i$; 3.

241 $2i$; $\frac{1}{2} + 4i$; $\frac{1 + i}{3}$; $6 - 2i$.

242 Determina il numero complesso associato a ogni vettore.

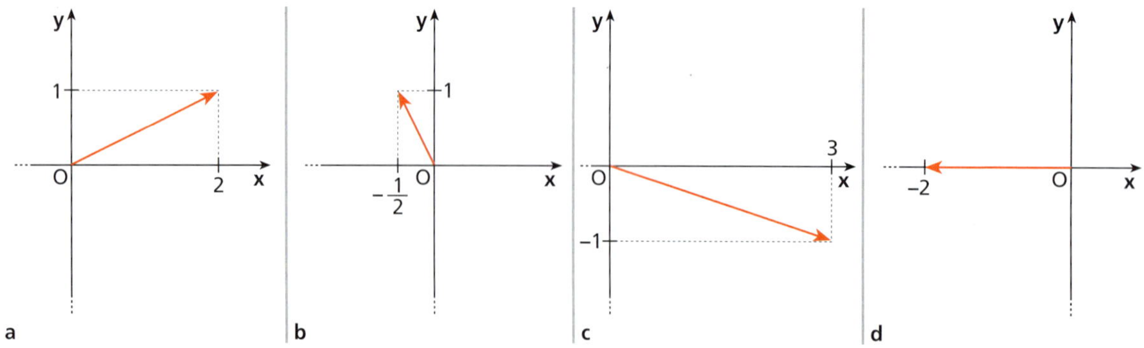

243 Considera i numeri complessi $6 + i$ e $-1 + 5i$. Rappresenta i vettori associati, determina la loro somma con la regola del parallelogramma e verifica che il vettore ottenuto è associato alla somma dei numeri dati.

244 Il vettore corrispondente al numero complesso opposto di $a + bi$ è opposto al vettore individuato da $a + bi$. Verificalo.

245 Disegna nel piano cartesiano i vettori aventi per componenti cartesiane le seguenti coppie di numeri.

$(1; -2)$, $(2; 5)$, $(3; -1)$, $(-4; -6)$, $(7; 1)$.

Coordinate polari

▶ Teoria a p. 947

Dalle coordinate polari alle coordinate cartesiane

246 **VERO O FALSO?** Se $[r; \alpha]$ sono le coordinate polari di un punto P diverso dall'origine, allora:

a. r è sicuramente positivo. V F

b. se $\alpha = 130°$, P si trova nel secondo quadrante. V F

c. in coordinate cartesiane $x_P = r \sin \alpha$. V F

d. il punto $Q[r; -\alpha]$ è il simmetrico di P rispetto all'asse x. V F

247 **ESERCIZIO GUIDA** Trasformiamo le coordinate polari del punto $P\left[4; \frac{\pi}{4}\right]$ in coordinate cartesiane.

$$\begin{cases} x_P = r\cos\alpha \\ y_P = r\sin\alpha \end{cases}$$

Utilizziamo le formule di trasformazione:

$$x_P = 4\cos\frac{\pi}{4} = 4\frac{\sqrt{2}}{2} = 2\sqrt{2},$$

$$y_P = 4\sin\frac{\pi}{4} = 4\frac{\sqrt{2}}{2} = 2\sqrt{2}.$$

Il punto P ha coordinate cartesiane $(2\sqrt{2};\ 2\sqrt{2})$.

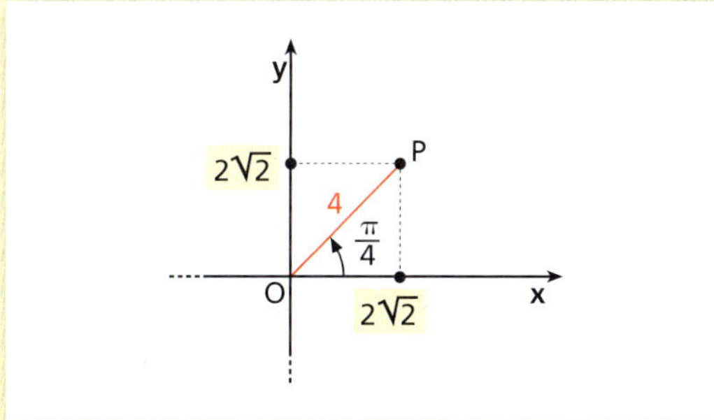

Trasforma in coordinate cartesiane le coordinate polari dei seguenti punti.

248 $A\left[1;\frac{\pi}{6}\right]$, $B\left[2;\frac{\pi}{3}\right]$, $C\left[1;\frac{2}{3}\pi\right]$.

250 $D\left[4;\frac{\pi}{2}\right]$, $E\left[2;\frac{11}{6}\pi\right]$, $F\left[3;\frac{3}{4}\pi\right]$.

249 $P\left[6;\frac{5}{6}\pi\right]$, $Q\left[1;\frac{3}{2}\pi\right]$, $R\left[\frac{1}{2};2\pi\right]$.

251 $S\left[\frac{1}{4};\pi\right]$, $T\left[3;\frac{4}{3}\pi\right]$, $V\left[\frac{1}{3};-\frac{\pi}{3}\right]$.

Dalle coordinate cartesiane alle coordinate polari

252 **TEST** Le coordinate cartesiane di un punto P sono $(2;\ 2\sqrt{3})$. Quali sono le sue coordinate polari?

A $[4; 30°]$ B $[30; 4°]$ C $[16; 30°]$ D $[30; 16°]$ E $[4; 60°]$

253 **ESERCIZIO GUIDA** Trasformiamo in coordinate polari le coordinate cartesiane di $Q(-3\sqrt{2};3\sqrt{2})$.

$$r = \sqrt{x_Q^2 + y_Q^2}, \qquad \tan\alpha = \frac{y_Q}{x_Q}.$$

Utilizziamo le formule di trasformazione:

$$r = \sqrt{(-3\sqrt{2})^2 + (3\sqrt{2})^2} = \sqrt{18+18} = \sqrt{36} = 6;$$

$$\tan\alpha = \frac{3\sqrt{2}}{-3\sqrt{2}} = -1 \quad\rightarrow\quad \alpha = \frac{3}{4}\pi + k\pi.$$

Poiché Q è nel secondo quadrante, scegliamo: $\alpha = \frac{3}{4}\pi$.

Il punto Q ha coordinate polari $\left[6;\frac{3}{4}\pi\right]$.

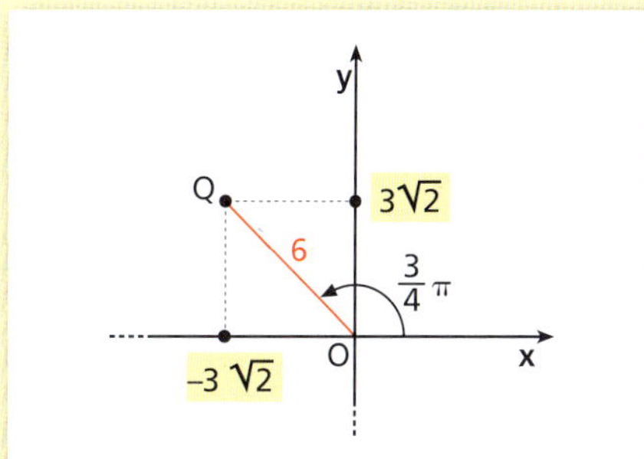

Trasforma in coordinate polari le coordinate cartesiane dei seguenti punti.

254 $A(4\sqrt{3};4)$, $B(0;2)$, $C(5\sqrt{2};5\sqrt{2})$. $\left[A\left[8;\frac{\pi}{6}\right], B\left[2;\frac{\pi}{2}\right], C\left[10;\frac{\pi}{4}\right]\right]$

255 $A\left(-\frac{1}{4};0\right)$, $B(0;-\sqrt{3})$, $C\left(\frac{1}{4};\frac{\sqrt{3}}{4}\right)$. $\left[A\left[\frac{1}{4};\pi\right], B\left[\sqrt{3};\frac{3}{2}\pi\right], C\left[\frac{1}{2};\frac{\pi}{3}\right]\right]$

256 $A\left(-\frac{3\sqrt{3}}{2};\frac{3}{2}\right)$, $B\left(-\frac{1}{6};-\frac{\sqrt{3}}{6}\right)$, $C\left(\frac{5\sqrt{3}}{2};-\frac{5}{2}\right)$. $\left[A\left[3;\frac{5}{6}\pi\right], B\left[\frac{1}{3};\frac{4}{3}\pi\right], C\left[5;\frac{11}{6}\pi\right]\right]$

Dato il seguente numero complesso, rappresenta il corrispondente vettore $\overrightarrow{OP}$ e determina le coordinate polari di P.

257 $4-4i$

259 $-2+2\sqrt{3}\,i$

261 2

258 $5i$

260 $1+\frac{5}{2}i$

262 $-\sqrt{3}-i$

6 Forma trigonometrica di un numero complesso

Teoria a p. 948

263 Scrivi in forma trigonometrica i numeri complessi individuati dai vettori delle figure.

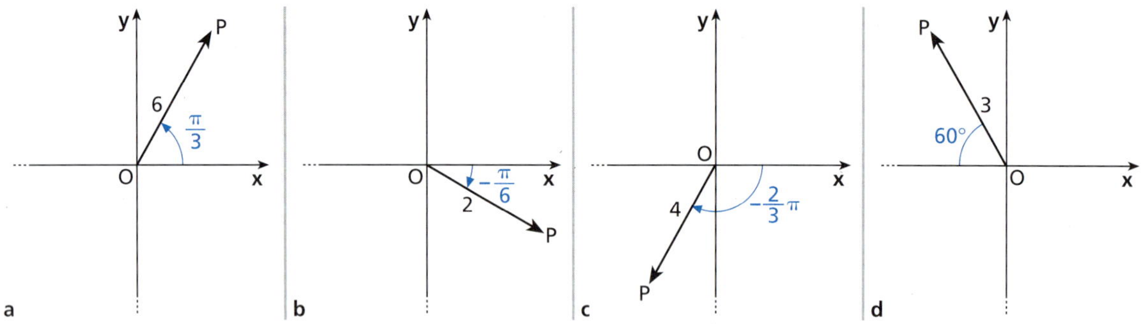

Determina modulo e argomento dei seguenti numeri complessi.

264 $5-5i$; $6i$; -8; 3π. $\left[5\sqrt{2}, \frac{7}{4}\pi; 6, \frac{\pi}{2}; 8, \pi; 3\pi, 0\right]$

265 $1-\sqrt{3}\,i$; $2\sqrt{3}-2i$; $-5i$; 2. $\left[2, \frac{5}{3}\pi; 4, \frac{11}{6}\pi; 5, \frac{3\pi}{2}; 2, 0\right]$

TEST

266 Il modulo e l'argomento del numero complesso $4-4i$ sono, rispettivamente:

A $0; 45°$.
B $8; 45°$.
C $16; -45°$.
D $2\sqrt{2}; -45°$.
E $4\sqrt{2}; -45°$.

267 La forma trigonometrica di $-\sqrt{3}+i$ è:

A $\frac{1}{2}\left(\cos\frac{\pi}{6}+i\sin\frac{\pi}{6}\right)$.
B $2\left(\cos\frac{\pi}{6}+i\sin\frac{\pi}{6}\right)$.
C $2\left(\cos\frac{5}{6}\pi+i\sin\frac{5}{6}\pi\right)$.
D $4\left(\cos\frac{\pi}{3}+i\sin\frac{\pi}{3}\right)$.
E $2\left(\cos\frac{\pi}{3}+i\sin\frac{\pi}{3}\right)$.

268 **ESERCIZIO GUIDA** Scriviamo $1-i$ in forma trigonometrica.

Dobbiamo scrivere $1-i$ nella forma $r\cos\alpha + i\,r\sin\alpha$. Calcoliamo r e α:

$$r=\sqrt{1^2+(-1)^2}=\sqrt{2}; \qquad \tan\alpha=\frac{b}{a}=\frac{-1}{1}=-1 \ \rightarrow\ \alpha_1=\frac{3}{4}\pi \vee \alpha_2=\frac{7}{4}\pi.$$

Scegliamo $\alpha=\frac{7}{4}\pi$ perché il punto corrispondente al numero complesso si trova nel quarto quadrante.

La forma trigonometrica di $1-i$ è quindi: $\sqrt{2}\left(\cos\frac{7}{4}\pi+i\sin\frac{7}{4}\pi\right)$.

Scrivi i seguenti numeri complessi in forma trigonometrica.

269 $6\sqrt{2}+6\sqrt{2}\,i$ $\left[12\left(\cos\frac{\pi}{4}+i\sin\frac{\pi}{4}\right)\right]$

270 $\frac{3}{4}+\frac{3\sqrt{3}}{4}i$ $\left[\frac{3}{2}\left(\cos\frac{\pi}{3}+i\sin\frac{\pi}{3}\right)\right]$

271 $-\frac{1}{4}$ $\left[\frac{1}{4}(\cos\pi+i\sin\pi)\right]$

272 $-\sqrt{3}-i$ $\left[2\left(\cos\frac{7}{6}\pi+i\sin\frac{7}{6}\pi\right)\right]$

273 $2-2\sqrt{3}\,i$ $\left[4\left(\cos\frac{5}{3}\pi+i\sin\frac{5}{3}\pi\right)\right]$

274 $-2i$ $\left[2\left(\cos\frac{3}{2}\pi+i\sin\frac{3}{2}\pi\right)\right]$

275 $-2\sqrt{2}+2\sqrt{2}\,i$ $\left[4\left(\cos\frac{3}{4}\pi+i\sin\frac{3}{4}\pi\right)\right]$

276 $\frac{1}{2}+\frac{\sqrt{3}}{2}i$ $\left[\cos\frac{\pi}{3}+i\sin\frac{\pi}{3}\right]$

277 $-\sqrt{3}$ $[\sqrt{3}\,(\cos\pi+i\sin\pi)]$

278 1 $[\cos 0+i\sin 0]$

279 VERO O FALSO?

a. L'argomento di $2i - 3$ è $\arccos\left(-\frac{3\sqrt{3}}{13}\right)$. V F

b. $4\left(\cos\frac{\pi}{3} + i\sin\frac{\pi}{6}\right)$ è un numero complesso in forma trigonometrica. V F

c. $\sqrt{2}\left(\cos\frac{5}{6}\pi - i\sin\frac{5}{6}\pi\right)$ si trova nel secondo quadrante. V F

d. Il numero i espresso in forma trigonometrica è $\sin\frac{\pi}{2} + i\cos\frac{\pi}{2}$. V F

280 ASSOCIA la forma algebrica e la forma trigonometrica dei seguenti numeri complessi.

a. $\cos\frac{3}{4}\pi + i\sin\frac{3}{4}\pi$ b. $\cos\frac{3}{4}\pi - i\sin\frac{3}{4}\pi$ c. $\cos\frac{7}{4}\pi + i\sin\frac{7}{4}\pi$ d. $\sqrt{2}\left(\cos\frac{\pi}{4} - i\sin\frac{\pi}{4}\right)$

1. $\frac{\sqrt{2}}{2} - i\frac{\sqrt{2}}{2}$ 2. $1 - i$ 3. $-\frac{\sqrt{2}}{2} - i\frac{\sqrt{2}}{2}$ 4. $-\frac{\sqrt{2}}{2} + i\frac{\sqrt{2}}{2}$

Esprimi in forma algebrica i seguenti numeri complessi.

281 $\sqrt{3}\left(\cos\frac{5}{6}\pi + i\sin\frac{5}{6}\pi\right)$ $\left[-\frac{3}{2} + \frac{\sqrt{3}}{2}i\right]$

282 $8(\cos\pi - i\sin\pi)$ $[-8]$

283 $2\sqrt{2}\left(\cos\frac{13}{4}\pi + i\sin\frac{13}{4}\pi\right)$ $[-2 - 2i]$

284 $\frac{\sqrt{3}}{2}\left(\cos\frac{8}{3}\pi - i\sin\frac{8}{3}\pi\right)$ $\left[-\frac{\sqrt{3}}{4} - \frac{3}{4}i\right]$

285 $2\left(\cos\frac{3}{4}\pi - i\sin\frac{3}{4}\pi\right)$ $[-\sqrt{2} - \sqrt{2}\,i]$

286 $4\left(\cos\frac{7}{6}\pi + i\sin\frac{7}{6}\pi\right)$ $[-2\sqrt{3} - 2i]$

287 $\cos\frac{7}{2}\pi + i\sin\frac{7}{2}\pi$ $[-i]$

288 $6\sqrt{2}\left(\cos\frac{5}{4}\pi + i\sin\frac{5}{4}\pi\right)$ $[-6 - 6i]$

7 Operazioni fra numeri complessi in forma trigonometrica

Moltiplicazione

▶ Teoria a p. 949

289 ESERCIZIO GUIDA Calcoliamo il prodotto di z_1 e z_2 e scriviamolo in forma algebrica, con:

$$z_1 = \frac{1}{2}\left(\cos\frac{2}{3}\pi + i\sin\frac{2}{3}\pi\right) \text{ e } z_2 = \frac{2}{3}\left(\cos\frac{5}{6}\pi + i\sin\frac{5}{6}\pi\right).$$

Ricordiamo che, se $z_1 = r(\cos\alpha + i\sin\alpha)$ e $z_2 = s(\cos\beta + i\sin\beta)$, il loro prodotto è

$$z_1z_2 = rs[\cos(\alpha+\beta) + i\sin(\alpha+\beta)],$$

quindi, essendo $r = \frac{1}{2}$, $s = \frac{2}{3}$, $\alpha = \frac{2}{3}\pi$, $\beta = \frac{5}{6}\pi$:

$$z_1z_2 = \left(\frac{1}{2}\cdot\frac{2}{3}\right)\left[\cos\left(\frac{2}{3}\pi + \frac{5}{6}\pi\right) + i\sin\left(\frac{2}{3}\pi + \frac{5}{6}\pi\right)\right] = \frac{1}{3}\left(\cos\frac{3}{2}\pi + i\sin\frac{3}{2}\pi\right).$$

Poiché $\cos\frac{3}{2}\pi = 0$ e $\sin\frac{3}{2}\pi = -1$, sostituendo: $z_1z_2 = \frac{1}{3}[0 + i(-1)] = -\frac{1}{3}i$.

Calcola il prodotto dei seguenti numeri complessi e scrivilo in forma algebrica.

290 $z_1 = 2\left(\cos\frac{\pi}{6} + i\sin\frac{\pi}{6}\right)$, $z_2 = \frac{1}{2}\left(\cos\frac{\pi}{3} + i\sin\frac{\pi}{3}\right)$. $[i]$

291 $z_1 = \frac{4}{3}\left(\cos\frac{5}{6}\pi + i\sin\frac{5}{6}\pi\right)$, $z_2 = \frac{1}{2}\left(\cos\frac{\pi}{3} + i\sin\frac{\pi}{3}\right)$. $\left[-\frac{\sqrt{3}}{3} - \frac{1}{3}i\right]$

292 $z_1 = \sqrt{3}\left(\cos\frac{\pi}{3} + i\sin\frac{\pi}{3}\right)$, $z_2 = \frac{\sqrt{3}}{2}\left(\cos\frac{5}{6}\pi + i\sin\frac{5}{6}\pi\right)$. $\left[-\frac{3\sqrt{3}}{4} - \frac{3}{4}i\right]$

ESERCIZI

293 $z_1 = \left(\cos\frac{3}{4}\pi + i\sin\frac{3}{4}\pi\right)$, $z_2 = 2\left(\cos\frac{11}{4}\pi + i\sin\frac{11}{4}\pi\right)$. $[-2i]$

294 $z_1 = \frac{\sqrt{2}}{2}\left(\cos\frac{11}{6}\pi + i\sin\frac{11}{6}\pi\right)$, $z_2 = \sqrt{3}\left(\cos\frac{\pi}{4} + i\sin\frac{\pi}{4}\right)$. $\left[\frac{3+\sqrt{3}}{4} + i\frac{3-\sqrt{3}}{4}\right]$

295 $z_1 = \sqrt{2}\left(\cos\frac{\pi}{3} + i\sin\frac{\pi}{3}\right)$, $z_2 = 3\left(\cos\frac{\pi}{4} + i\sin\frac{\pi}{4}\right)$, $z_3 = \frac{2}{5}\left(\cos\frac{\pi}{6} + i\sin\frac{\pi}{6}\right)$. $\left[-\frac{6}{5} + \frac{6}{5}i\right]$

LEGGI IL GRAFICO Moltiplica i numeri complessi z_1 e z_2 e rappresenta nel piano di Gauss il loro prodotto.

296

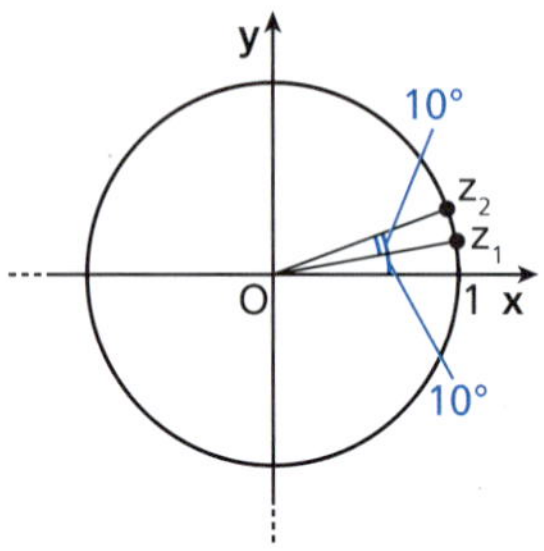

$\left[\frac{\sqrt{3}}{2} + \frac{i}{2}\right]$

297

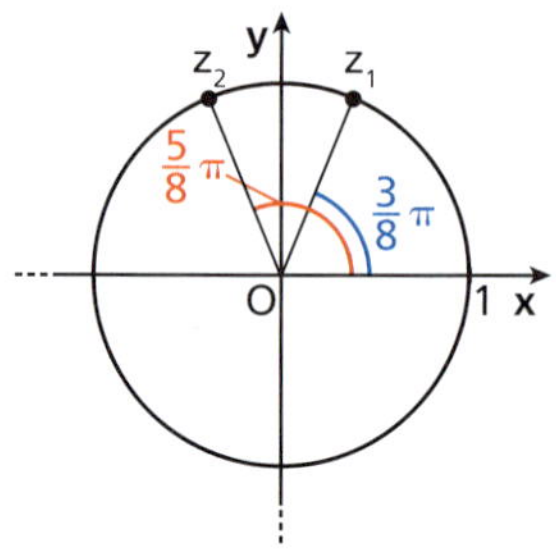

$[-1]$

298

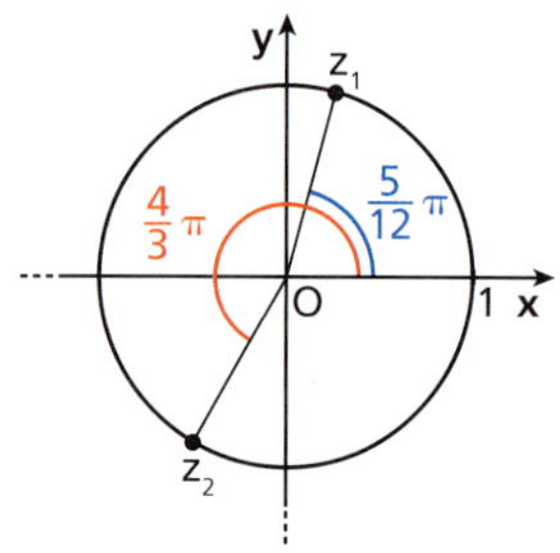

$\left[\frac{\sqrt{2}}{2} - i\frac{\sqrt{2}}{2}\right]$

Calcola i seguenti prodotti sia in forma algebrica sia in forma trigonometrica e verifica l'uguaglianza dei risultati.

299 $(1+i)(\sqrt{3} - \sqrt{3}\,i)$ $[2\sqrt{3}]$

300 $(8-8i)(-3+3i)$ $[48i]$

301 $i(2-2i)$ $[2+2i]$

302 $2i(1+\sqrt{3}\,i)$ $[-2\sqrt{3}+2i]$

303 $(4+4i)(-3-3i)$ $[-24i]$

304 $6i(1+i)$ $[-6+6i]$

305 $(\sqrt{3} - i)(1+\sqrt{3}\,i)$ $[2\sqrt{3}+2i]$

306 $(1-i)(\sqrt{3} - i)$ $[(\sqrt{3}-1)+i(-1-\sqrt{3})]$

Divisione

▶ Teoria a p. 949

307 **ESERCIZIO GUIDA** Calcoliamo il quoziente di z_1 e z_2 e scriviamolo in forma algebrica, con:

$$z_1 = 6\left(\cos\frac{7}{4}\pi + i\sin\frac{7}{4}\pi\right) \text{ e } z_2 = 2\left(\cos\frac{\pi}{2} + i\sin\frac{\pi}{2}\right).$$

Se $z_1 = r(\cos\alpha + i\sin\alpha)$ e $z_2 = s(\cos\beta + i\sin\beta)$, il loro quoziente è:

$$\frac{z_1}{z_2} = \frac{r}{s}[\cos(\alpha-\beta) + i\sin(\alpha-\beta)] \rightarrow$$

$$\frac{z_1}{z_2} = \frac{6}{2}\left[\cos\left(\frac{7}{4}\pi - \frac{\pi}{2}\right) + i\sin\left(\frac{7}{4}\pi - \frac{\pi}{2}\right)\right] = 3\left(\cos\frac{5}{4}\pi + i\sin\frac{5}{4}\pi\right).$$

Per scrivere la soluzione in forma algebrica ricordiamo che $\cos\frac{5}{4}\pi = -\frac{\sqrt{2}}{2}$ e $\sin\frac{5}{4}\pi = -\frac{\sqrt{2}}{2}$, quindi:

$$\frac{z_1}{z_2} = 3\left(-\frac{\sqrt{2}}{2} - i\frac{\sqrt{2}}{2}\right) = -\frac{3\sqrt{2}}{2} - \frac{3\sqrt{2}}{2}i.$$

Calcola il quoziente fra z_1 e z_2 e scrivilo in forma algebrica.

308 $z_1 = \cos\frac{7}{4}\pi + i\sin\frac{7}{4}\pi$, $z_2 = \cos\frac{3}{4}\pi + i\sin\frac{3}{4}\pi$. $[-1]$

309 $z_1 = \cos\frac{7}{6}\pi + i\sin\frac{7}{6}\pi$, $\quad z_2 = \cos\frac{5}{6}\pi + i\sin\frac{5}{6}\pi$. $\quad \left[\frac{1}{2} + \frac{\sqrt{3}}{2}i\right]$

310 $z_1 = 4\left(\cos\frac{9}{16}\pi + i\sin\frac{9}{16}\pi\right)$, $\quad z_2 = 2\left(\cos\frac{5}{16}\pi + i\sin\frac{5}{16}\pi\right)$. $\quad [\sqrt{2} + i\sqrt{2}]$

311 $z_1 = 2\sqrt{2}\left(\cos\frac{\pi}{3} + i\sin\frac{\pi}{3}\right)$, $\quad z_2 = 4\left(\cos\frac{\pi}{4} + i\sin\frac{\pi}{4}\right)$. $\quad \left[\frac{1+\sqrt{3}}{4} - i\frac{1-\sqrt{3}}{4}\right]$

312 $z_1 = \sqrt{2}\left(\cos\frac{\pi}{6} + i\sin\frac{\pi}{6}\right)$, $\quad z_2 = \cos\frac{7}{4}\pi + i\sin\frac{7}{4}\pi$. $\quad \left[\frac{-1+\sqrt{3}}{2} + \frac{1+\sqrt{3}}{2}i\right]$

313 $z_1 = (\sqrt{3}+1)\left(\cos\frac{7}{6}\pi + i\sin\frac{7}{6}\pi\right)$, $\quad z_2 = 2\sqrt{2}\left(\cos\frac{5}{4}\pi + i\sin\frac{5}{4}\pi\right)$. $\quad \left[\frac{2+\sqrt{3}}{4} - i\frac{1}{4}\right]$

Calcola, utilizzando la forma trigonometrica, il reciproco di ognuno dei seguenti numeri complessi.

314 $\frac{\sqrt{3}}{4} + \frac{1}{4}i$; $\quad \frac{1}{2} + \frac{1}{2}i$. $\quad [\sqrt{3} - i; 1 - i]$

315 $-\frac{1}{2} - \frac{1}{2}i$; $\quad -\frac{3}{2} + \frac{\sqrt{3}}{2}i$. $\quad \left[-1 + i; -\frac{1}{2} - \frac{\sqrt{3}}{6}i\right]$

316 $-\frac{3}{2} - \frac{\sqrt{3}}{2}i$; $\quad \frac{\sqrt{3}}{4} - \frac{3}{4}i$. $\quad \left[-\frac{1}{2} + \frac{\sqrt{3}}{6}i; \frac{\sqrt{3}}{3} + i\right]$

317 $2\sqrt{2} - 2\sqrt{2}i$; $\quad -1 + \sqrt{3}i$. $\quad \left[\frac{\sqrt{2}}{8} + \frac{\sqrt{2}}{8}i; -\frac{1}{4} - \frac{\sqrt{3}}{4}i\right]$

Calcola i seguenti quozienti sia in forma algebrica sia in forma trigonometrica e verifica l'uguaglianza dei risultati.

318 $\frac{1 - i\sqrt{3}}{\sqrt{3} + i}$ $\quad [-i]$

319 $\frac{5 + 5i}{2i}$ $\quad \left[\frac{5}{2} - \frac{5}{2}i\right]$

320 $\frac{\sqrt{3} - 3i}{3 + \sqrt{3}i}$ $\quad [-i]$

321 $\frac{4 - 4i}{6 + 6i}$ $\quad \left[-\frac{2}{3}i\right]$

322 $\frac{-8i}{1 - \sqrt{3}i}$ $\quad [2\sqrt{3} - 2i]$

323 $\frac{\sqrt{2} - \sqrt{2}i}{1 + i}$ $\quad [-\sqrt{2}i]$

Potenza

▶ Teoria a p. 950

Potenza con esponente intero positivo

324 ESERCIZIO GUIDA Calcoliamo $\left[2\left(\cos\frac{2}{3}\pi + i\sin\frac{2}{3}\pi\right)\right]^5$ ed esprimiamo il risultato in forma algebrica.

formula di De Moivre: $[r(\cos\alpha + i\sin\alpha)]^n = r^n(\cos n\alpha + i\sin n\alpha)$.

Nel nostro caso è $n = 5$,

$$\left[2\left(\cos\frac{2}{3}\pi + i\sin\frac{2}{3}\pi\right)\right]^5 = 2^5\left[\cos\left(5\frac{2}{3}\pi\right) + i\sin\left(5\frac{2}{3}\pi\right)\right] = 32\left(\cos\frac{10}{3}\pi + i\sin\frac{10}{3}\pi\right),$$

quindi, essendo $\frac{10}{3}\pi = \frac{4}{3}\pi + \frac{6}{3}\pi = \frac{4}{3}\pi + 2\pi$:

$$32\left(\cos\frac{4}{3}\pi + i\sin\frac{4}{3}\pi\right).$$

$\cos\frac{4}{3}\pi = -\frac{1}{2}$, $\sin\frac{4}{3}\pi = -\frac{\sqrt{3}}{2}$, pertanto la forma algebrica è:

$$32\left[-\frac{1}{2} + i\left(-\frac{\sqrt{3}}{2}\right)\right] = -\frac{32}{2} - \frac{32\sqrt{3}}{2}i = -16 - 16\sqrt{3}\,i.$$

Calcola le seguenti potenze di numeri complessi ed esprimi il risultato in forma algebrica.

325 $\left[\frac{1}{2}\left(\cos\frac{\pi}{4} + i\sin\frac{\pi}{4}\right)\right]^6$ $\left[-\frac{1}{64}i\right]$

326 $\left[\frac{2}{\sqrt{5}}\left(\cos\frac{\pi}{8} + i\sin\frac{\pi}{8}\right)\right]^4$ $\left[\frac{16}{25}i\right]$

327 $\left[\sqrt[12]{3}\left(\cos\frac{\pi}{6} + i\sin\frac{\pi}{6}\right)\right]^6$ $[-\sqrt{3}]$

328 $\left[\frac{1}{2}\left(\cos\frac{4}{3}\pi + i\sin\frac{4}{3}\pi\right)\right]^3$ $\left[\frac{1}{8}\right]$

329 $\left[2\left(\cos\frac{\pi}{9} + i\sin\frac{\pi}{9}\right)\right]^3$ $[4 + 4\sqrt{3}\,i]$

330 $\left[2\left(\cos\frac{\pi}{10} + i\sin\frac{\pi}{10}\right)\right]^5$ $[32i]$

331 $\left(\cos\frac{4}{3}\pi + i\sin\frac{4}{3}\pi\right)^6$ $[1]$

332 $\left(\cos\frac{3}{4}\pi + i\sin\frac{3}{4}\pi\right)^4$ $[-1]$

---

333 Scrivi il numero i in forma trigonometrica e verifica che $i^2 = -1$.

Calcola le seguenti potenze di numeri complessi in forma algebrica, dopo averli trasformati in forma trigonometrica.

334 $(\sqrt{2} - \sqrt{2}\,i)^4$ $[-16]$

335 $(-2 - 2\sqrt{3}\,i)^3$ $[64]$

336 $\left(-\frac{3}{2} + \frac{\sqrt{3}}{2}i\right)^3$ $[3\sqrt{3}\,i]$

337 $(\sqrt{3} + i)^4$ $[-8 + 8\sqrt{3}\,i]$

338 $\left(\frac{3}{2} - \frac{3\sqrt{3}}{2}i\right)^4$ $\left[-\frac{81}{2} + \frac{81\sqrt{3}}{2}i\right]$

339 $[(\sqrt{2} - \sqrt{6}) + (-\sqrt{2} - \sqrt{6})i]^{12}$ $[-4^{12}]$

Potenza con esponente intero negativo

340 ESERCIZIO GUIDA Calcoliamo $\left[2\left(\cos\frac{\pi}{6} + i\sin\frac{\pi}{6}\right)\right]^{-3}$, esprimendo il risultato in forma algebrica.

Sappiamo che, se $z = r(\cos\alpha + i\sin\alpha)$, allora $[r(\cos\alpha + i\sin\alpha)]^{-n} = \frac{1}{r^n}(\cos n\alpha - i\sin n\alpha)$, quindi:

$$\left[2\left(\cos\frac{\pi}{6} + i\sin\frac{\pi}{6}\right)\right]^{-3} = \frac{1}{2^3}\left[\cos\left(3\frac{\pi}{6}\right) - i\sin\left(3\frac{\pi}{6}\right)\right] = \frac{1}{8}\left(\cos\frac{\pi}{2} - i\sin\frac{\pi}{2}\right).$$

In forma algebrica il risultato è: $\frac{1}{8}\left(\cos\frac{\pi}{2} - i\sin\frac{\pi}{2}\right) = \frac{1}{8}[0 - i(1)] = -\frac{1}{8}i.$

Calcola le seguenti potenze e scrivi il risultato in forma algebrica.

341 $\left[\sqrt{2}\left(\cos\frac{7}{4}\pi + i\sin\frac{7}{4}\pi\right)\right]^{-4}$ $\left[-\frac{1}{4}\right]$

342 $\left[\sqrt{3}\left(\cos\frac{2}{3}\pi + i\sin\frac{2}{3}\pi\right)\right]^{-3}$ $\left[\frac{\sqrt{3}}{9}\right]$

343 $\left[\sqrt{3}\left(\cos\frac{5}{6}\pi + i\sin\frac{5}{6}\pi\right)\right]^{-3}$ $\left[-\frac{\sqrt{3}}{9}i\right]$

344 $\left[2\left(\cos\frac{\pi}{6} + i\sin\frac{\pi}{6}\right)\right]^{-4}$ $\left[-\frac{1}{32} - \frac{\sqrt{3}}{32}i\right]$

345 $\left[\frac{1}{3}\left(\cos\frac{5}{3}\pi + i\sin\frac{5}{3}\pi\right)\right]^{-6}$ $[3^6]$

346 $\left[\frac{1}{2\sqrt{2}}\left(\cos\frac{5}{12}\pi + i\sin\frac{5}{12}\pi\right)\right]^{-12}$ $[-8^6]$

MATEMATICA AL COMPUTER

Numeri complessi con il foglio elettronico Costruiamo un foglio che calcoli la potenza n-esima di un numero complesso in forma algebrica $a + bi$. Usiamo poi il foglio per calcolare $(1 + i)^3$.

Risoluzione – 13 esercizi in più

Riepilogo: Espressioni con i numeri complessi in forma trigonometrica

Calcola le seguenti espressioni e scrivi il risultato in forma algebrica.

347 $\sqrt{2}\left(\cos\frac{2}{3}\pi + i\sin\frac{2}{3}\pi\right)\cdot\frac{\sqrt{3}}{2}\left(\cos\frac{5}{3}\pi + i\sin\frac{5}{3}\pi\right)$ $\left[\frac{\sqrt{6}}{4} + \frac{3\sqrt{2}}{4}i\right]$

348 $\left(\cos\frac{\pi}{8} + i\sin\frac{\pi}{8}\right)^2 : \left(\cos\frac{3}{4}\pi + i\sin\frac{3}{4}\pi\right)$ $[-i]$

349 $\dfrac{3\left(\cos\frac{\pi}{5} + i\sin\frac{\pi}{5}\right)\cdot\frac{2}{3}\left(\cos\frac{2}{5}\pi + i\sin\frac{2}{5}\pi\right)}{\cos\frac{7}{5}\pi - i\sin\frac{7}{5}\pi}$ $[2]$

350 $\left[\sqrt{2}\left(\cos\frac{\pi}{12} + i\sin\frac{\pi}{12}\right)\right]^2\cdot\left(\cos\frac{\pi}{6} + i\sin\frac{\pi}{6}\right)$ $[1 + \sqrt{3}\,i]$

351 $\dfrac{\left[\sqrt[8]{2}\left(\cos\frac{\pi}{8} + i\sin\frac{\pi}{8}\right)\right]^8\left[\sqrt[9]{2}\left(\cos\frac{\pi}{36} + i\sin\frac{\pi}{36}\right)\right]^9}{\left[\sqrt[5]{2}\left(\cos\frac{\pi}{10} + i\sin\frac{\pi}{10}\right)\right]^5}$ $[-\sqrt{2} + \sqrt{2}\,i]$

Calcola il valore delle espressioni utilizzando i numeri z_1 e z_2 assegnati a fianco. Scrivi il risultato in forma algebrica.

352 $z_1^2 + z_2$; $z_1 = \cos\frac{\pi}{3} + i\sin\frac{\pi}{3}$, $z_2 = \cos\frac{4}{3}\pi + i\sin\frac{4}{3}\pi$. $[-1]$

353 $z_1 - z_2^3$; $z_1 = \sqrt{2}\left(\cos\frac{\pi}{4} + i\sin\frac{\pi}{4}\right)$, $z_2 = \cos\frac{\pi}{3} + i\sin\frac{\pi}{3}$. $[2 + i]$

354 $z_1^3 + z_2^2$; $z_1 = \cos\frac{\pi}{6} + i\sin\frac{\pi}{6}$, $z_2 = \cos\frac{\pi}{4} + i\sin\frac{\pi}{4}$. $[2i]$

355 $z_1^4 + z_2^2$; $z_1 = \cos\frac{\pi}{12} + i\sin\frac{\pi}{12}$, $z_2 = 3\left(\cos\frac{\pi}{6} + i\sin\frac{\pi}{6}\right)$. $[5 + 5\sqrt{3}\,i]$

356 $z_1^3 + z_2^2$; $z_1 = 2\left(\cos\frac{5}{6}\pi + i\sin\frac{5}{6}\pi\right)$, $z_2 = 2\sqrt{2}\left(\cos\frac{3}{4}\pi + i\sin\frac{3}{4}\pi\right)$. $[0]$

357 $z_1^6 + z_2^3$; $z_1 = 2\sqrt{2}\left(\cos\frac{5}{12}\pi + i\sin\frac{5}{12}\pi\right)$, $z_2 = \sqrt{2}\left(\cos\frac{5}{6}\pi + i\sin\frac{5}{6}\pi\right)$. $[2(256 + \sqrt{2})i]$

358 $z_1^2 + \frac{1}{z_2}$; $z_1 = \cos\frac{\pi}{3} + i\sin\frac{\pi}{3}$, $z_2 = \cos\frac{5}{3}\pi + i\sin\frac{5}{3}\pi$. $[i\sqrt{3}]$

359 $\frac{1}{z_1} + \frac{1}{z_2}$; $z_1 = \sqrt{2}\left(\cos\frac{\pi}{4} + i\sin\frac{\pi}{4}\right)$, $z_2 = \frac{\sqrt{3}}{3}\left(\cos\frac{\pi}{3} + i\sin\frac{\pi}{3}\right)$. $\left[\frac{1 + \sqrt{3}}{2} - 2i\right]$

360 $z_1^2 - \frac{1}{z_2^2}$; $z_1 = 2\left(\cos\frac{\pi}{6} + i\sin\frac{\pi}{6}\right)$, $z_2 = \cos\frac{\pi}{4} + i\sin\frac{\pi}{4}$. $[2 + i(1 + 2\sqrt{3})]$

ESERCIZI

361 $\frac{1}{z_1^2}+\frac{1}{z_2^3}$; $\quad z_1=\frac{\sqrt{2}}{4}\left(\cos\frac{7}{4}\pi+i\sin\frac{7}{4}\pi\right)$, $\quad z_2=\sqrt{3}\left(\cos\frac{5}{6}\pi+i\sin\frac{5}{6}\pi\right)$. $\left[\frac{-\sqrt{3}+72}{9}i\right]$

362 $z_1^6+\frac{1}{z_2^3}$; $\quad z_1=\cos\frac{5}{12}\pi+i\sin\frac{5}{12}\pi$, $\quad z_2=\sqrt{3}\left(\cos\frac{7}{6}\pi+i\sin\frac{7}{6}\pi\right)$. $\left[\frac{9+\sqrt{3}}{9}i\right]$

363 $z_1^2z_2^4-z_1^4$; $\quad z_1=\cos\frac{\pi}{4}+i\sin\frac{\pi}{4}$, $\quad z_2=\cos\frac{5}{4}\pi+i\sin\frac{5}{4}\pi$. $[1-i]$

Semplifica le seguenti espressioni.

364 $\frac{1}{16}(1+i)^6(\sqrt{3}+i)^4$ $\quad[4(i+\sqrt{3})]$

365 $(-1-i)^{10}:(\sqrt{3}-i)^5$ $\quad\left[\frac{-1-\sqrt{3}\,i}{2}\right]$

366 $(1-i)^6\cdot(2+2i)^4$ $\quad[-512i]$

367 $\frac{(1+i)^4\cdot(\sqrt{3}-i)^3}{(1+i\sqrt{3})^8}$ $\quad\left[\frac{1}{16}(\sqrt{3}-i)\right]$

368 $\frac{\left(-\frac{\sqrt{2}}{2}+i\frac{\sqrt{2}}{2}\right)^4(2i)^4}{\left(-\frac{1}{2}-\frac{\sqrt{3}}{2}i\right)^6}$ $\quad[-16]$

8 Radici *n*-esime dell'unità

▶ Teoria a p. 951

369 **ESERCIZIO GUIDA** Calcoliamo le radici n-esime dell'unità per $n=5$ e rappresentiamole sulla circonferenza unitaria.

Utilizziamo la formula $\sqrt[n]{1}=\cos\frac{2k\pi}{n}+i\sin\frac{2k\pi}{n}$, con $k=0, 1, 2, \ldots, n-1$. Poiché $n=5$:

$$\sqrt[5]{1}=\cos\frac{2k\pi}{5}+i\sin\frac{2k\pi}{5},\ \text{con } k=0, 1, 2, 3, 4.$$

Compiliamo la tabella seguente e rappresentiamo le soluzioni nel piano di Gauss, utilizzando la circonferenza unitaria e inscrivendo in essa un pentagono regolare.

k	α	$\sqrt[5]{1}$
0	0	$u_0=1$
1	$\frac{2}{5}\pi$	$u_1=\frac{\sqrt{5}-1}{4}+i\frac{1}{4}\sqrt{10+2\sqrt{5}}$
2	$\frac{4}{5}\pi$	$u_2=\frac{-\sqrt{5}-1}{4}+i\frac{1}{4}\sqrt{10-2\sqrt{5}}$
3	$\frac{6}{5}\pi$	$u_3=\frac{-\sqrt{5}-1}{4}-i\frac{1}{4}\sqrt{10-2\sqrt{5}}$
4	$\frac{8}{5}\pi$	$u_4=\frac{\sqrt{5}-1}{4}-i\frac{1}{4}\sqrt{10+2\sqrt{5}}$

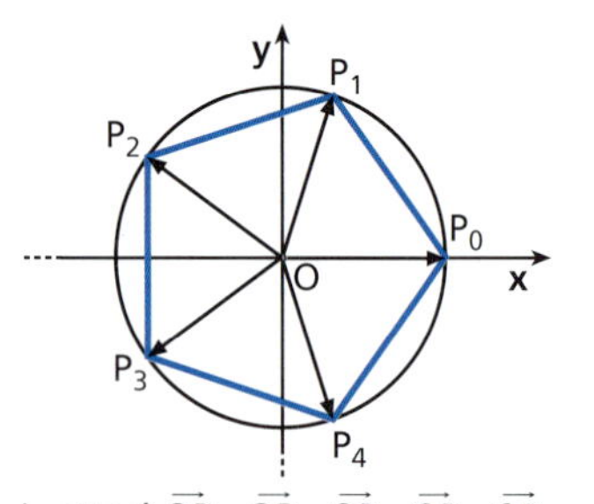

I vettori $\overrightarrow{OP_0}$, $\overrightarrow{OP_1}$, $\overrightarrow{OP_2}$, $\overrightarrow{OP_3}$, $\overrightarrow{OP_4}$ rappresentano le radici quinte dell'unità.

Calcola le radici *n*-esime dell'unità per i seguenti valori di *n* e rappresentale sulla circonferenza unitaria.

370 $n=6$ $\quad\left[u_0=1, u_1=\frac{1}{2}+i\frac{\sqrt{3}}{2}, u_2=-\frac{1}{2}+i\frac{\sqrt{3}}{2}, u_3=-1, u_4=-\frac{1}{2}-i\frac{\sqrt{3}}{2}, u_5=\frac{1}{2}-i\frac{\sqrt{3}}{2}\right]$

371 $n = 8$

$\left[u_0 = 1, u_1 = \frac{\sqrt{2}}{2} + i\frac{\sqrt{2}}{2}, u_2 = i, u_3 = -\frac{\sqrt{2}}{2} + i\frac{\sqrt{2}}{2}, u_4 = -1, u_5 = -\frac{\sqrt{2}}{2} - i\frac{\sqrt{2}}{2}, u_6 = -i, u_7 = \frac{\sqrt{2}}{2} - i\frac{\sqrt{2}}{2}\right]$

372 $n = 12$

$\left[u_0 = 1, u_1 = \frac{\sqrt{3}}{2} + i\frac{1}{2}, u_2 = \frac{1}{2} + i\frac{\sqrt{3}}{2}, u_3 = i, u_4 = -\frac{1}{2} + i\frac{\sqrt{3}}{2}, u_5 = -\frac{\sqrt{3}}{2} + i\frac{1}{2}, u_6 = -1, u_7 = -\frac{\sqrt{3}}{2} - i\frac{1}{2}, u_8 = -\frac{1}{2} - i\frac{\sqrt{3}}{2}, u_9 = -i, u_{10} = \frac{1}{2} - i\frac{\sqrt{3}}{2}, u_{11} = \frac{\sqrt{3}}{2} - i\frac{1}{2}\right]$

373 **VERO O FALSO?**

a. Le radici di indice 7 dell'unità sono 7 distinte. V F

b. I vertici del quadrato in figura rappresentano le radici di indice 4 dell'unità. V F

c. Se z è tale che $z^5 = 1$, allora anche $z^{10} = 1$. V F

d. -1 è una radice di indice 9 dell'unità. V F

e. Nell'insieme dei numeri complessi, $\sqrt[n]{1} = 1\ \forall n \in \mathbb{N}$. V F

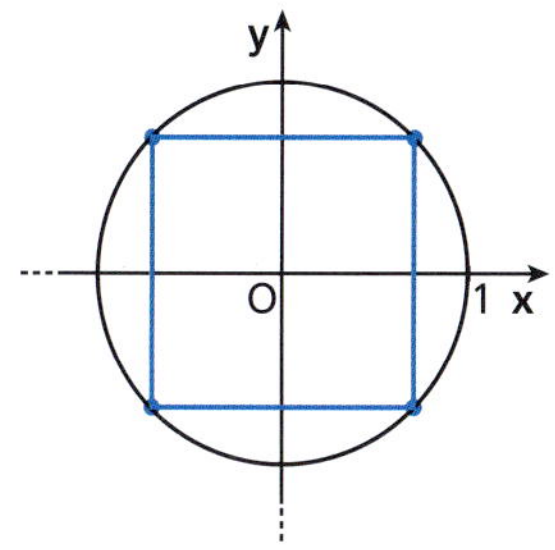

Considera la radice cubica dell'unità $u_3 = \cos\frac{2\pi}{3} + i\sin\frac{2\pi}{3}$ e la radice sesta dell'unità $u_6 = \cos\frac{\pi}{3} + i\sin\frac{\pi}{3}$, esegui le seguenti operazioni e verifica che in tutti i casi il risultato ottenuto è ancora una radice dell'unità.

374 $u_3 \cdot u_6$ $[-1]$

375 $\frac{u_3}{u_6}$ $\left[\frac{1}{2} + i\frac{\sqrt{3}}{2}\right]$

376 $u_3^2;\ u_6^2.$ $\left[-\frac{1}{2} - i\frac{\sqrt{3}}{2}; -\frac{1}{2} + i\frac{\sqrt{3}}{2}\right]$

377 $u_3^{-3};\ u_6^{-3}.$ $[1; -1]$

9 Radici *n*-esime di un numero complesso

▶ Teoria a p. 953

378 **ESERCIZIO GUIDA** Calcoliamo le radici cubiche del numero complesso $z = 8\left(\cos\frac{\pi}{4} + i\sin\frac{\pi}{4}\right)$ e rappresentiamole nel piano di Gauss.

Applichiamo la formula per determinare le radici n-esime di $z = r(\cos \alpha + i \sin \alpha)$, con $n = 3$:

$$\sqrt[3]{z} = \sqrt[3]{r}\left(\cos\frac{\alpha + 2k\pi}{3} + i\sin\frac{\alpha + 2k\pi}{3}\right), \text{ con } k = 0, 1, 2.$$

Otteniamo, per $k = 0$:

$$z_0 = \sqrt[3]{8}\left(\cos\frac{\frac{\pi}{4}}{3} + i\sin\frac{\frac{\pi}{4}}{3}\right) = 2\left(\cos\frac{\pi}{12} + i\sin\frac{\pi}{12}\right) =$$

$$2\left(\frac{\sqrt{6} + \sqrt{2}}{4} + i\frac{\sqrt{6} - \sqrt{2}}{4}\right) = \frac{\sqrt{6} + \sqrt{2}}{2} + i\frac{\sqrt{6} - \sqrt{2}}{2};$$

per $k = 1$:

$$z_1 = 2\left(\cos\frac{\frac{\pi}{4} + 2\pi}{3} + i\sin\frac{\frac{\pi}{4} + 2\pi}{3}\right) = 2\left(\cos\frac{9\pi}{12} + i\sin\frac{9\pi}{12}\right) = 2\left(\cos\frac{3}{4}\pi + i\sin\frac{3}{4}\pi\right) =$$

$$2\left(-\frac{\sqrt{2}}{2} + i\frac{\sqrt{2}}{2}\right) = -\sqrt{2} + i\sqrt{2};$$

per $k = 2$:

$$z_2 = 2\left(\cos\frac{\frac{\pi}{4}+4\pi}{3} + i\sin\frac{\frac{\pi}{4}+4\pi}{3}\right) =$$

$$2\left(\cos\frac{17\pi}{12} + i\sin\frac{17\pi}{12}\right) =$$

$$2\left(-\frac{\sqrt{6}-\sqrt{2}}{4} - i\frac{\sqrt{6}+\sqrt{2}}{4}\right) =$$

$$-\frac{\sqrt{6}-\sqrt{2}}{2} - i\frac{\sqrt{6}+\sqrt{2}}{2}.$$

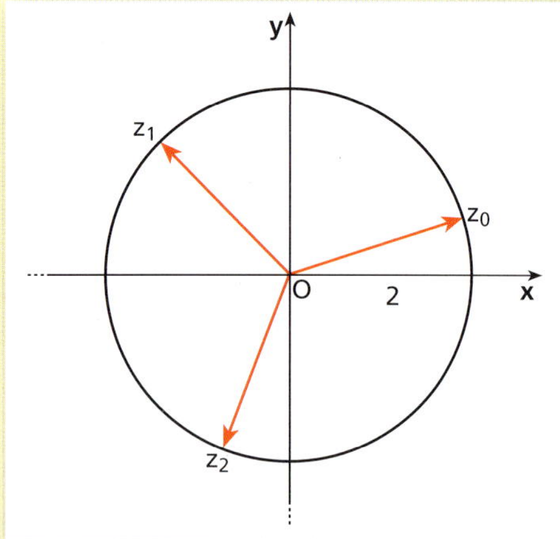

Per ciascuno dei seguenti numeri complessi calcola le radici *n*-esime per i valori di *n* indicati e rappresentale nel piano di Gauss.

379 $4\left(\cos\frac{\pi}{3} + i\sin\frac{\pi}{3}\right)$, $8\left(\cos\frac{3}{2}\pi + i\sin\frac{3}{2}\pi\right)$, $n = 2$. $[\sqrt{3}+i, -\sqrt{3}-i; -2+2i, 2-2i]$

380 $16\left(\cos\frac{2\pi}{3} + i\sin\frac{2\pi}{3}\right)$, $8\left(\cos\frac{\pi}{2} + i\sin\frac{\pi}{2}\right)$, $n = 2$. $[2+i2\sqrt{3}, -2-i2\sqrt{3}; 2+2i, -2-2i]$

381 $4\left(\cos\frac{4}{3}\pi + i\sin\frac{4}{3}\pi\right)$, $16\left(\cos\frac{5}{3}\pi + i\sin\frac{5}{3}\pi\right)$, $n = 2$. $[-1+i\sqrt{3}, 1-i\sqrt{3}; -2\sqrt{3}+2i, 2\sqrt{3}-2i]$

382 $8\left(\cos\frac{\pi}{2} + i\sin\frac{\pi}{2}\right)$, $n = 3$. $[\sqrt{3}+i, -\sqrt{3}+i, -2i]$

383 $27\,(\cos\pi + i\,\sin\pi)$, $n = 3$. $\left[\frac{3}{2}+i\frac{3\sqrt{3}}{2}, -3, \frac{3}{2}-i\frac{3\sqrt{3}}{2}\right]$

384 $64\left(\cos\frac{\pi}{3} + i\sin\frac{\pi}{3}\right)$, $n = 4$.
$[\sqrt{3}+1+i(\sqrt{3}-1), -\sqrt{3}+1+i(\sqrt{3}+1), -\sqrt{3}-1+i(-\sqrt{3}+1), \sqrt{3}-1-i(\sqrt{3}+1)]$

385 $64\,(\cos\pi + i\,\sin\pi)$, $n = 4$. $[2+2i, -2+2i, -2-2i, 2-2i]$

Calcola le seguenti radici e rappresentale nel piano di Gauss.

386 $\sqrt{-16}$; $\sqrt{-i}$. $\left[4i, -4i; -\frac{\sqrt{2}}{2}+i\frac{\sqrt{2}}{2}, \frac{\sqrt{2}}{2}-i\frac{\sqrt{2}}{2}\right]$

387 $\sqrt{1+i\sqrt{3}}$; $\sqrt{i}$. $\left[\frac{\sqrt{2}}{2}(\sqrt{3}+i), -\frac{\sqrt{2}}{2}(\sqrt{3}+i); \frac{\sqrt{2}}{2}+i\frac{\sqrt{2}}{2}, -\frac{\sqrt{2}}{2}-i\frac{\sqrt{2}}{2}\right]$

388 $\sqrt{-\frac{6}{i}}$ $[\sqrt{3}(1+i), -\sqrt{3}(1+i)]$

389 $\sqrt[6]{64}$ $[2, 1+i\sqrt{3}, -1+i\sqrt{3}, -2, -1-i\sqrt{3}, 1-i\sqrt{3}]$

390 $\sqrt[4]{-256}$ $[2\sqrt{2}(1+i), 2\sqrt{2}(-1+i), -2\sqrt{2}(1+i), 2\sqrt{2}(1-i)]$

391 $\sqrt{2+2\sqrt{3}\,i}$ $[\sqrt{3}+i, -\sqrt{3}-i]$

392 $\sqrt{-8-8\sqrt{3}\,i}$ $[2(-1+i\sqrt{3}), 2(1-i\sqrt{3})]$

393 $\sqrt{i(i-\sqrt{3})}$ $\left[\frac{\sqrt{2}}{2}(-1+\sqrt{3}\,i), \frac{\sqrt{2}}{2}(1-\sqrt{3}\,i)\right]$

394 $\sqrt{\frac{i}{1-\sqrt{3}\,i}}$ $\left[\pm\left(\frac{\sqrt{3}-1}{4}+i\frac{\sqrt{3}+1}{4}\right)\right]$

395 $\sqrt{(4i-3)(4i+3)}$ $[5i, -5i]$

396 $\sqrt{\frac{12}{\sqrt{3}-3i}}$ $\left[\pm\sqrt[4]{12}\left(\frac{\sqrt{3}}{2}+\frac{i}{2}\right)\right]$

397 $\sqrt{(\sqrt{3}-i)^4}$ $[\pm 2(1-\sqrt{3}\,i)]$

398 $\sqrt{(1+i)^6}$ $[2(-1+i), 2(1-i)]$

399 $\sqrt[3]{\left(\frac{2-2i}{2+2i}\right)^5}$ $\left[i, +\frac{1}{2}(\sqrt{3}-i), \frac{1}{2}(-\sqrt{3}-i)\right]$

400 È dato il numero complesso $z=\frac{\sqrt{3}}{2}-\frac{i}{2}$. Scrivi la forma trigonometrica di z e calcola z_1 potenza dodicesima del numero z. Estrai poi le radici seste di z_1 e rappresentale nel piano di Gauss.

$\left[\cos\frac{11}{6}\pi+i\sin\frac{11}{6}\pi;\ z_1=1;\ \frac{1}{2}\pm i\frac{\sqrt{3}}{2}, -\frac{1}{2}\pm i\frac{\sqrt{3}}{2}, \pm 1\right]$

401 **TEST** Qual è la minima distanza, nel piano complesso, tra due radici seste complesse di 1?

A $\sqrt{2}$ **B** 1 **C** $\sqrt{3}$ **D** 2

(*Università di Trento, Facoltà di Scienze,* 2005)

402 **REALTÀ E MODELLI** **La tavola rotonda** Giovanni ha invitato a pranzo alcuni amici che pranzeranno con lui intorno a un tavolo rotondo. Giovanni, che ama la matematica, trova un modo originale di stabilire dove verranno collocati i segnaposto: immaginando un piano complesso riferito ad assi con l'origine nel centro del tavolo, i segnaposto occupano i punti definiti dalle soluzioni dell'equazione

$$z^8 - r = 0, \qquad z\in\mathbb{C}.$$

a. Quanti sono gli amici di Giovanni?

b. Supponendo di esprimere le posizioni dei segnaposto in coordinate polari, determina il valore dell'argomento per ciascun segnaposto.

Equazioni in $\mathbb{C}$

403 **VERO O FALSO?**

a. L'equazione $x^n = a$ ha n soluzioni nell'insieme dei numeri complessi. V F

b. L'equazione $x^2+4=0$ non ha soluzioni nell'insieme $\mathbb{C}$. V F

c. Il numero i è soluzione dell'equazione $x^2+3x-3i-1=0$. V F

d. Nell'insieme dei numeri complessi $\sqrt{9}=\pm 3i$. V F

404 **ESERCIZIO GUIDA** Risolviamo in $\mathbb{C}$ l'equazione $x^4+16=0$.

Trasportiamo il termine noto a secondo membro: $x^4=-16$.

Le soluzioni (complesse) dell'equazione sono le radici quarte di -16. Per poter utilizzare la formula

$$\sqrt[4]{z}=\sqrt[4]{r}\left(\cos\frac{\alpha+2k\pi}{4}+i\sin\frac{\alpha+2k\pi}{4}\right), \quad \text{con } k=0,1,2,3,$$

scriviamo -16 in forma trigonometrica: $-16=16(\cos\pi+i\sin\pi)$.

Le radici quarte di -16 sono ottenute da: $\sqrt[4]{16}\left(\cos\frac{\pi+2k\pi}{4}+i\sin\frac{\pi+2k\pi}{4}\right)$, con $k=0,1,2,3$.

Per $k = 0$:

$$x_0 = \sqrt[4]{16}\left(\cos\frac{\pi}{4} + i\sin\frac{\pi}{4}\right) = 2\left(\frac{\sqrt{2}}{2} + i\frac{\sqrt{2}}{2}\right) = \sqrt{2}(1+i);$$

per $k = 1$:

$$x_1 = \sqrt[4]{16}\left(\cos\frac{\pi+2\pi}{4} + i\sin\frac{\pi+2\pi}{4}\right) = 2\left(\cos\frac{3\pi}{4} + i\sin\frac{3\pi}{4}\right) = 2\left(-\frac{\sqrt{2}}{2} + i\frac{\sqrt{2}}{2}\right) = \sqrt{2}(-1+i);$$

per $k = 2$:

$$x_2 = \sqrt[4]{16}\left(\cos\frac{\pi+4\pi}{4} + i\sin\frac{\pi+4\pi}{4}\right) = 2\left(\cos\frac{5\pi}{4} + i\sin\frac{5\pi}{4}\right) = 2\left(-\frac{\sqrt{2}}{2} - i\frac{\sqrt{2}}{2}\right) = -\sqrt{2}(1+i);$$

per $k = 3$:

$$x_3 = \sqrt[4]{16}\left(\cos\frac{\pi+6\pi}{4} + i\sin\frac{\pi+6\pi}{4}\right) = 2\left(\cos\frac{7\pi}{4} + i\sin\frac{7\pi}{4}\right) = 2\left(\frac{\sqrt{2}}{2} - i\frac{\sqrt{2}}{2}\right) = \sqrt{2}(1-i).$$

Risolvi in $\mathbb{C}$ le seguenti equazioni.

405 $x^4 + 1 = 0$ $\left[-\frac{\sqrt{2}}{2} \pm i\frac{\sqrt{2}}{2}; \frac{\sqrt{2}}{2} \pm i\frac{\sqrt{2}}{2}\right]$

406 $y^3 + 8 = 0$ $[1 \pm i\sqrt{3}; -2]$

407 $x^2 = -25$ $[\pm 5i]$

408 $x^6 - 64 = 0$ $[\pm 2, \pm(1 + i\sqrt{3}); \pm(1 - i\sqrt{3})]$

409 $x^4 + 64 = 0$ $[\pm 2(1+i); \pm 2(-1+i)]$

410 $x^2 - 4x + 13 = 0$ $[2 \pm 3i]$

411 $x^2 - 2x + 5 = 0$ $[1 \pm 2i]$

412 $x^2 - 6x + 13 = 0$ $[3 \pm 2i]$

413 $x^2 + 4x + 29 = 0$ $[-2 \pm 5i]$

414 $x^2 + (\sqrt{6} + \sqrt{2}) = 0$ $\left[\pm i\sqrt{\sqrt{2} + \sqrt{6}}\right]$

415 $x^4 + 13x^2 + 36 = 0$ $[\pm 2i, \pm 3i]$

416 $x^4 + 6x^2 + 25 = 0$ $[\pm(1+2i), \pm(1-2i)]$

417 $x^4 + 23x^2 - 50 = 0$ $[\pm\sqrt{2}, \pm 5i]$

418 $x^6 + 7x^3 - 8 = 0$ $\left[-2, 1 \pm i\sqrt{3}, 1, \frac{-1 \pm i\sqrt{3}}{2}\right]$

---

419 REALTÀ E MODELLI **Caccia al tesoro** Chiara è alle prese con il seguente messaggio, la cui comprensione può portarla al tesoro cercato:
«... Ciascuno dei due numeri fortunati è uguale all'ottava parte della somma tra il proprio quadrato e 25: muovi verso est di tanti passi quanto è la somma dei due numeri, e poi arretra verso ovest di tanti passi quanto è il loro prodotto, quindi scava...»

a. Di che tipo sono i «numeri fortunati» di cui parla il messaggio?
b. Dove si trova il tesoro, rispetto alla posizione di Chiara?

[a) complessi coniugati: $4 \pm 3i$; b) 17 passi verso ovest]

420 RIFLETTI SULLA TEORIA Spiega perché se un'equazione di secondo grado a coefficienti reali ammette soluzioni complesse, allora queste sono coniugate.

Risolvi le seguenti equazioni a coefficienti complessi.

421 $x^2 - 6i = 0$ $[\pm\sqrt{3}(1+i)]$

422 $x^3 - 8i = 0$ $[i \pm \sqrt{3}, -2i]$

423 $x^2 - 2ix + 3 = 0$ $[3i, -i]$

424 $x^2 - (2+2i)x + 2i - 1 = 0$ $[i, 2+i]$

425 $x^2 + \frac{(1+i)^2 - 11i}{3}x - 2 = 0$ $[i, 2i]$

426 $x^2 + \frac{(2-i)^2 - 1 + 4i}{i}x + 3 = 0$ $[3i, -i]$

---

427 YOU & MATHS Determine real numbers s and t so that $(s + it)^2 = -3 + 4i$. Hence determine the two roots of the equation $z^2 - (4 - 2i)z + 6 - 8i = 0$. (IR *Leaving Certificate Examination*, Higher Level, 1994)

$[s = \pm 1, t = \pm 2; z_1 = 3 + i, z_2 = 1 - 3i]$

428 TEST L'equazione $x^3 = i$ ha:

A tre soluzioni distinte $x_1 = -i$, $x_2 = \frac{\sqrt{3}}{2} + \frac{i}{2}$, $x_3 = -\frac{\sqrt{3}}{2} - \frac{i}{2}$.

B come unica soluzione $x = i$.

C come unica soluzione $x = -i$.

D tre soluzioni distinte $x_1 = -i$, $x_2 = \frac{\sqrt{3}}{2} + \frac{i}{2}$, $x_3 = -\frac{\sqrt{3}}{2} - \frac{i}{2}$.

(*Università di Modena, Corso di laurea in Matematica, Test propedeutico*, 2002)

429 ESERCIZIO GUIDA Scriviamo l'equazione di secondo grado le cui radici sono $z_1 = 1 + i$ e $z_2 = 2 - 3i$.

Se z_1 e z_2 sono radici, reali o complesse, dell'equazione $ax^2 + bx + c = 0$, allora:

$$ax^2 + bx + c = a(x - z_1)(x - z_2).$$

Scegliendo $a = 1$ e sostituendo z_1 e z_2, otteniamo:

$$(x - z_1)(x - z_2) = [x - (1 + i)]\,[x - (2 - 3i)].$$

Eseguiamo i calcoli:

$$[x - (1 + i)]\,[x - (2 - 3i)] = x^2 - (2 - 3i)\,x - (1 + i)\,x + (1 + i)(2 - 3i) =$$

$$x^2 - (2 - 3i + 1 + i)\,x + 2 - 3i + 2i - 3i^2 = x^2 - (3 - 2i)\,x + 5 - i.$$

Uguagliamo a 0, ottenendo l'equazione: $x^2 - (3 - 2i)\,x + 5 - i = 0$.

Osserviamo che non si tratta di un'equazione a coefficienti reali: questo dipende dal fatto che le due radici $z_1 = 1 + i$ e $z_2 = 2 - 3i$ non sono due numeri complessi coniugati.

Scrivi le equazioni di secondo grado le cui radici sono le seguenti coppie di numeri complessi.

430 $z_1 = 1 + i$, $z_2 = 2 + i$. [$x^2 - (3 + 2i)\,x + 1 + 3i = 0$]

431 $z_1 = -1 + i$, $z_2 = 2 - i$. [$x^2 - x - 1 + 3i = 0$]

432 $z_1 = -1 - 2i$, $z_2 = 3 + i$. [$x^2 - (2 - i)\,x - 1 - 7i = 0$]

433 $z_1 = -3 - 2i$, $z_2 = -3 + 2i$. [$x^2 + 6x + 13 = 0$]

434 $z_1 = 1 - i$, $z_2 = -1 + 5i$. [$x^2 - 4ix + 4 + 6i = 0$]

435 $z_1 = \sqrt{2} + i$, $z_2 = \sqrt{2} - i$. [$x^2 - 2\sqrt{2}\,x + 3 = 0$]

Problemi

436 **a.** Calcola, dopo averne opportunamente semplificato l'espressione, le soluzioni z_1, z_2, z_3 dell'equazione $(1 + i)z^3 = 8\sqrt{2}\,i$, con $z \in \mathbb{C}$.

b. Calcola $z_1^2 + z_2^2 + z_3^2$.

[a) $z_1 = 2(\cos 15° + i \cdot \sin 15°)$, $z_2 = 2(\cos 135° + i \cdot \sin 135°)$, $z_3 = 2(\cos 255° + i \cdot \sin 255°)$; b) 0]

437 Indicato con s il complesso coniugato di $z = x + yi$, scrivi l'equazione $s = z^2$. Dimostra che i soli quattro numeri complessi $z_1 = 0$, $z_2 = 1$, $z_3 = -\frac{1}{2} + \frac{\sqrt{3}}{2}i$, $z_4 = -\frac{1}{2} - \frac{\sqrt{3}}{2}i$ sono soluzioni dell'equazione. Determina poi il modulo di z_3 e rappresenta nel piano di Gauss il vettore $v = z_2 + 4z_3$. [$|z_3| = 1$]

438 ●● È data l'equazione $z^5 - z^4 + 9z - 9 = 0$, dove $z \in \mathbb{C}$. Verifica che $z = 1$ è una radice e dopo avere abbassato il grado dell'equazione determina le restanti radici. Rappresenta le soluzioni nel piano di Gauss.
$\left[\frac{\sqrt{6}}{2}(1+i), \frac{\sqrt{6}}{2}(-1+i), \frac{\sqrt{6}}{2}(-1-i), \frac{\sqrt{6}}{2}(1-i)\right]$

439 ●● Risolvi in $\mathbb{C}$ l'equazione $(z-1)^3 + 8 = 0$. Detta z_0 la radice che ha il coefficiente della parte immaginaria positivo, calcola $(z_0 - 1)^6$. $[2 + i\sqrt{3}, -1, 2 - i\sqrt{3}; 64]$

440 ●● Dato $z \in \mathbb{C}$, sia $\bar{z}$ il suo complesso coniugato. Rappresenta nel piano di Gauss l'insieme $E \cap F$, con:

$$E = \{z \in \mathbb{C}: |z-1| < |\bar{z}|\}, \quad F = \left\{z \in \mathbb{C}: \left|z - \frac{1}{2}\right| \le 2\right\}.$$

10 Forma esponenziale di un numero complesso

▶ Teoria a p. 956

Formule di Eulero

Dalla forma esponenziale alla forma algebrica

441 ESERCIZIO GUIDA Scriviamo in forma algebrica il numero complesso: $2e^{i\frac{\pi}{6}}$.

Applichiamo la prima formula di Eulero: $2e^{i\frac{\pi}{6}} = 2\left(\cos\frac{\pi}{6} + i\sin\frac{\pi}{6}\right) = 2\left(\frac{\sqrt{3}}{2} + i\frac{1}{2}\right) = \sqrt{3} + i$.

Scrivi in forma algebrica i seguenti numeri complessi.

442 ●○ $\sqrt{2}\,e^{i\frac{\pi}{4}}$ $[1 + i]$

443 ●○ $\sqrt{3}\,e^{i\frac{\pi}{3}}$ $\left[\frac{\sqrt{3}}{2} + \frac{3}{2}i\right]$

444 ●○ $2e^{i\frac{5\pi}{3}}$ $[1 - i\sqrt{3}]$

445 ●○ $4e^{i\frac{7\pi}{4}}$ $[2\sqrt{2} - 2\sqrt{2}\,i]$

446 ●○ $2e^{i\frac{5\pi}{6}}$ $[-\sqrt{3} + i]$

447 ●○ $3\sqrt{2}\,e^{i\frac{11\pi}{4}}$ $[-3 + 3i]$

448 ●○ $9e^{i\frac{3}{2}\pi}$ $[-9i]$

449 ●○ $8e^{i\frac{3}{4}\pi}$ $[4\sqrt{2}(i-1)]$

450 ●○ $24e^{i\frac{\pi}{6}}$ $[12\sqrt{3} + 12i]$

451 ●○ $\sqrt{2}\,e^{i\frac{9}{4}\pi}$ $[1 + i]$

452 ●○ $-2e^{i\frac{4}{3}\pi}$ $[1 + i\sqrt{3}]$

453 ●○ $e^{i\pi + \frac{\pi}{3}i}$ $\left[-\frac{1}{2}(1 + i\sqrt{3})\right]$

454 ●○ $e^{2 + \frac{\pi}{2}i}$ $[ie^2]$

455 ●○ $e^{1 + \pi i}$ $[-e]$

456 ●○ $e^{1 - \frac{\pi}{2}i}$ $[-ie]$

457 ●○ VERO O FALSO?

a. $e^{i\alpha}$ ed $e^{-i\alpha}$ sono numeri complessi opposti. V F

b. Il coniugato di $e^{i\frac{\pi}{3}}$ è $e^{-i\frac{\pi}{3}}$. V F

c. $e^{i0} = 1$. V F

d. $e^{i\frac{\pi}{2}} = i$. V F

458 ●○ CACCIA ALL'ERRORE

a. $e^{i\frac{\pi}{6}} = -\cos\frac{\pi}{6} - i\sin\frac{\pi}{6}$

b. $e^{1 + \frac{5}{3}\pi i} = \cos 1 + i\sin\frac{5}{3}\pi$

Dalla forma algebrica alla forma esponenziale

459 ESERCIZIO GUIDA Scriviamo in forma esponenziale $-2\sqrt{3} + 2i$.

Trasformiamo la forma algebrica $a + bi$ in forma trigonometrica $r(\cos\alpha + i\sin\alpha)$:

$$r = \sqrt{a^2 + b^2} = \sqrt{(-2\sqrt{3})^2 + 2^2} = \sqrt{12 + 4} = \sqrt{16} = 4;$$

$$\tan\alpha = \frac{b}{a} = \frac{2}{-2\sqrt{3}} = -\frac{1}{\sqrt{3}} = -\frac{\sqrt{3}}{3} \quad \to \quad \alpha = \frac{5}{6}\pi \lor \alpha = \frac{11}{6}\pi.$$

Essendo $a < 0$ e $b > 0$, il punto corrispondente a $-2\sqrt{3}+2i$ è nel secondo quadrante, quindi $\alpha = \frac{5}{6}\pi$.

La forma trigonometrica del numero complesso $-2\sqrt{3}+2i$ è:

$$4\left(\cos\frac{5}{6}\pi + i\sin\frac{5}{6}\pi\right).$$

Trasformiamo la forma trigonometrica in forma esponenziale $re^{i\alpha}$, dove $r = 4$ e $\alpha = \frac{5}{6}\pi$:

$$4e^{i\frac{5}{6}\pi}.$$

Scrivi in forma esponenziale i seguenti numeri complessi.

460 $1+i$ $\left[\sqrt{2}\,e^{i\frac{\pi}{4}}\right]$

461 $-\frac{1}{2}+i\frac{\sqrt{3}}{2}$ $\left[e^{i\frac{2}{3}\pi}\right]$

462 $-2\sqrt{2}-2\sqrt{2}\,i$ $\left[4e^{i\frac{5}{4}\pi}\right]$

463 $\sqrt{3}-i$ $\left[2e^{i\frac{11}{6}\pi}\right]$

464 $-\sqrt{3}-i$ $\left[2e^{i\frac{7}{6}\pi}\right]$

465 $-4+4i$ $\left[4\sqrt{2}\,e^{i\frac{3}{4}\pi}\right]$

466 $6i$ $\left[6e^{i\frac{\pi}{2}}\right]$

467 -4 $\left[4e^{i\pi}\right]$

468 $1+\sqrt{3}\,i$ $\left[2e^{i\frac{\pi}{3}}\right]$

469 $-7i$ $\left[7e^{i\frac{3}{2}\pi}\right]$

470 9 $\left[9e^{i2\pi}\right]$

471 $(1+i)^2$ $\left[2e^{i\frac{\pi}{2}}\right]$

Operazioni fra numeri complessi in forma esponenziale

Calcola i seguenti prodotti e scrivi il risultato in forma trigonometrica.

472 $3e^{i\frac{\pi}{2}}\cdot\frac{2}{3}e^{i\frac{3}{4}\pi}$ $\left[2\left(\cos\frac{5}{4}\pi + i\sin\frac{5}{4}\pi\right)\right]$

473 $2e^{i\frac{4}{3}\pi}\cdot e^{i\frac{\pi}{3}}\cdot 6e^{i\frac{3}{2}\pi}$ $\left[12\left(\cos\frac{19}{6}\pi + i\sin\frac{19}{6}\pi\right)\right]$

Calcola i seguenti quozienti e scrivi il risultato in forma trigonometrica.

474 $e^{i\frac{5}{6}\pi}:\left(\frac{1}{2}e^{-i\frac{\pi}{6}}\right)$ $[2(\cos\pi + i\sin\pi)]$

475 $27e^{i\frac{\pi}{3}}:(3e^{i\pi})$ $\left[9\left(\cos\frac{4}{3}\pi + i\sin\frac{4}{3}\pi\right)\right]$

---

476 Calcola le seguenti potenze e scrivi il risultato in forma algebrica:

$$\left(\frac{1}{3}e^{i\frac{\pi}{2}}\right)^4,\quad \left(2e^{i\frac{\pi}{8}}\right)^2,\quad \left(\frac{1}{2}e^{i\frac{2}{9}\pi}\right)^3.$$

$\left[\frac{1}{81}, 2\sqrt{2}(1+i), \frac{1}{16}(-1+i\sqrt{3})\right]$

Calcola le seguenti radici e rappresentale nel piano di Gauss.

477 $\sqrt{4e^{\pi i}}$ $\left[2e^{\frac{\pi}{2}i}, 2e^{\frac{3}{2}\pi i}\right]$

478 $\sqrt[3]{27e^{\frac{3}{2}\pi i}}$ $\left[3e^{\frac{\pi}{2}i}, 3e^{\frac{7}{6}\pi i}, 3e^{\frac{11}{6}\pi i}\right]$

479 $\sqrt[4]{16e^{\frac{\pi}{2}i}}$ $\left[2e^{\frac{\pi}{8}i}, 2e^{\frac{5}{8}\pi i}, 2e^{\frac{9}{8}\pi i}, 2e^{\frac{13}{8}\pi i}\right]$

Semplifica le seguenti espressioni e scrivi il risultato in forma algebrica.

480 $\left(2e^{-i\frac{\pi}{4}}\cdot 3e^{i\frac{3}{4}\pi}\right):\left(4e^{i\frac{7}{4}\pi}\right)$ $\left[\frac{3}{4}\sqrt{2}(-1+i)\right]$

481 $\sqrt{2}\cdot e^{\frac{\pi}{4}i} - e^{\frac{\pi}{2}i}$ $[1]$

482 $\left(e^{\frac{2}{3}\pi i}\right)^2:\left(e^{\frac{2}{3}\pi i}\right)^4$ $\left[\frac{\sqrt{3}\,i-1}{2}\right]$

483 $\left(e^{i\frac{\pi}{6}}\right)^2\cdot\left(e^{i\frac{2}{3}\pi}\right)^3\cdot 2e^{i\pi}$ $[-1-i\sqrt{3}]$

484 $\dfrac{(e^{i\pi})^2\cdot e^{i\frac{\pi}{4}}\cdot 2e^{i\frac{\pi}{2}}}{3e^{i\frac{5}{4}\pi}}$ $\left[-\frac{2}{3}i\right]$

485 $\left(e^{i\frac{\pi}{4}}\right)^2\cdot\left(2e^{i\frac{\pi}{12}}\right)^3 + \left(4e^{i\frac{3}{8}\pi}\right)^2$ $[12\sqrt{2}(-1+i)]$

486 $\left(e^{i\frac{\pi}{6}}\right)^3\cdot e^{i\frac{\pi}{2}} + 2\left(e^{i\frac{\pi}{8}}\right)^2\cdot e^{i\frac{3}{4}\pi}$ $[-3]$

487 $\dfrac{\left(3\sqrt{2}\,e^{i\frac{\pi}{4}} + 2e^{i\frac{5\pi}{4}}\right)^2}{e^{i\frac{\pi}{6}}}$ $[(11-6\sqrt{2})(1+i\sqrt{3})]$

488 $\dfrac{\left(\sqrt{3}\,e^{i\frac{\pi}{3}}\cdot 2e^{i\frac{\pi}{6}}\right)^2}{e^{i\frac{\pi}{4}} + e^{i\frac{3}{4}\pi}}$ $[6\sqrt{2}\,i]$

489 $\dfrac{\left(e^{i\frac{\pi}{12}}\cdot e^{i\frac{\pi}{6}}\right)^3\cdot e^{i\frac{4}{3}\pi}}{e^{i\frac{\pi}{3}} + e^{i\frac{5}{6}\pi}}$ $\left[-\frac{\sqrt{2}}{2}i\right]$

ESERCIZI

Risolvi le seguenti equazioni in $\mathbb{C}$, utilizzando per le soluzioni la forma esponenziale.

490 $x^3 + 27 = 0$ $\left[3e^{\frac{\pi}{3}i}, 3e^{\pi i}, 3e^{\frac{5}{3}\pi i}\right]$

491 $x^2 - 4i = 0$ $\left[2e^{\frac{\pi}{4}i}, 2e^{\frac{5}{4}\pi i}\right]$

492 $x^4 + 81 = 0$ $\left[3e^{\frac{\pi}{4}i}, 3e^{\frac{3}{4}\pi i}, 3e^{\frac{5}{4}\pi i}, 3e^{\frac{7}{4}\pi i}\right]$

493 $x^3 + 8i = 0$ $\left[2e^{\frac{\pi}{2}i}, 2e^{\frac{7}{6}\pi i}, 2e^{\frac{11}{6}\pi i}\right]$

494 $x^2 - 2x + 2 = 0$ $\left[\sqrt{2}\, e^{\frac{\pi}{4}i}, \sqrt{2}\, e^{\frac{7}{4}\pi i}\right]$

495 $x^5 + 16x = 0$ $\left[0, 2e^{\frac{\pi}{4}i}, 2e^{\frac{3}{4}\pi i}, 2e^{\frac{5}{4}\pi i}, 2e^{\frac{7}{4}\pi i}\right]$

Dati i numeri complessi scritti in forma esponenziale, esegui le operazioni indicate e scrivi i risultati in forma trigonometrica.

496 $z_1 = 2e^{i\frac{\pi}{3}}$; $z_2 = 3e^{i\frac{\pi}{4}}$; $z_1 \cdot z_2$. $\left[6\left(\cos\frac{7}{12}\pi + i\sin\frac{7}{12}\pi\right)\right]$

497 $z_1 = 2e^{i\frac{\pi}{2}}$; $z_2 = 4e^{i\frac{\pi}{4}}$; $\frac{z_1}{z_2}$. $\left[\frac{1}{2}\left(\cos\frac{\pi}{4} + i\sin\frac{\pi}{4}\right)\right]$

498 $z_1 = 5e^{i\frac{3}{4}\pi}$; $z_2 = 3e^{i\frac{\pi}{6}}$; $z_1 \cdot z_2$. $\left[15\left(\cos\frac{11}{12}\pi + i\sin\frac{11}{12}\pi\right)\right]$

499 $z_1 = 5e^{i\frac{3}{4}\pi}$; $z_2 = 3e^{i\frac{\pi}{6}}$; $\frac{z_1}{z_2}$. $\left[\frac{5}{3}\left(\cos\frac{7}{12}\pi + i\sin\frac{7}{12}\pi\right)\right]$

500 $z_1 = \sqrt{3}\, e^{i\frac{\pi}{8}}$; $z_2 = 3e^{i\frac{\pi}{4}}$; $z_1^2 \cdot z_2$. $\left[9\left(\cos\frac{\pi}{2} + i\sin\frac{\pi}{2}\right)\right]$

501 $z_1 = \sqrt{5}\, e^{i\frac{\pi}{6}}$; $z_2 = 25e^{i\frac{\pi}{4}}$; $\frac{z_1^2}{z_2}$. $\left[\frac{1}{5}\left(\cos\frac{\pi}{12} + i\sin\frac{\pi}{12}\right)\right]$

502 $z_1 = 7e^{i\frac{7\pi}{6}}$; $z_2 = e^{i\frac{\pi}{12}}$; $\frac{z_1}{z_2^2}$. $[7(\cos\pi + i\sin\pi)]$

503 $z_1 = e^{i\frac{\pi}{6}}$; $z_2 = e^{i\frac{\pi}{12}}$; $\frac{z_1^3}{z_2^4}$. $\left[\cos\frac{\pi}{6} + i\sin\frac{\pi}{6}\right]$

504 $z_1 = 4e^{i\frac{\pi}{8}}$; $z_2 = 2e^{i\frac{\pi}{24}}$; $\frac{z_1^4}{z_2^4}$. $\left[16\left(\cos\frac{\pi}{3} + i\sin\frac{\pi}{3}\right)\right]$

505 **VERO O FALSO?**

a. $e^{\frac{5}{2}\pi i} + e^{\frac{\pi}{2}i} = -1$ V F

b. $e^{\frac{5}{2}\pi i} + e^{\frac{3}{2}\pi i} = 0$ V F

c. $e^{i\alpha} + e^{i\alpha} = 2\cos\alpha$ V F

d. $e^{i(\pi+\alpha)} = -e^{i\alpha}$ V F

Applicando le formule di Eulero verifica le seguenti uguaglianze.

506 $\sin^2\alpha + \cos^2\alpha = 1$

507 $\sin 2\alpha = 2\sin\alpha\cos\alpha$

508 $\cos 2\alpha = 2\cos^2\alpha - 1$

509 $\sin^2\alpha = \frac{1 - \cos 2\alpha}{2}$

510 $\cos^2\alpha = \frac{1 + \cos 2\alpha}{2}$

VERIFICA DELLE COMPETENZE ALLENAMENTO

UTILIZZARE TECNICHE E PROCEDURE DI CALCOLO

1 VERO O FALSO?

a. $\overline{i-4} = 4 - i$. V F

b. Il punto $A\left(4; \frac{3}{4}\pi\right)$ in coordinate cartesiane è $A(2\sqrt{2}; -2\sqrt{2})$. V F

c. $3e^{2+i\pi} = -3e^2$. V F

d. Se $z \in \mathbb{C}$, la disequazione $|z| \leq 2$ rappresenta i punti di un cerchio di raggio 2 con centro nell'origine. V F

COMPLETA

2 Dato $z = 1 + i\sqrt{3}$:

$\bar{z} = \_\_\_\_$;

$|z| = \_\_$;

$-z = \_\_\_\_$.

3 Dato $z = \frac{4 - \sqrt{2}\,i}{i}$:

$\bar{z} = \_\_\_\_$;

$|z| = \_\_$;

$z^2 = \_\_\_\_$.

TEST

4 Del numero complesso $z = \frac{2+i}{2-i}$ possiamo dire che:

A è uguale a $\frac{3+4i}{5}$.

B è uguale a $\frac{3-4i}{5}$.

C è il complesso coniugato di $\frac{2-i}{2+i^2}$.

D è il complesso coniugato di $(2+i)(2-i)$.

E se ne calcolano la parte reale e la parte immaginaria moltiplicando numeratore e denominatore per $2 - i$.

5 Il numero complesso scritto in forma esponenziale $\sqrt{2}\,e^{i\frac{\pi}{4}}$ corrisponde al seguente numero scritto in forma algebrica:

A $1 + i$.

B $1 - i$.

C $2 + i$.

D $2 - i$.

E $2i$.

6 Scrivi in forma trigonometrica: $3\sqrt{2} - 3\sqrt{2}\,i$; $2 - 2\sqrt{3}\,i$; $-4i$; $\frac{\sqrt{3}}{4} - \frac{1}{4}i$.

7 Scrivi in forma esponenziale: $i(\sqrt{3} + i)$; $(1 - i)^4$.

Dato il numero complesso *z*, determina e disegna nel piano di Gauss i numeri complessi indicati.

8 $z = 4 - \sqrt{3}\,i$, $\bar{z}$, z^{-1}, iz.

9 $z = e^{\frac{7}{6}\pi i}$, $\bar{z}$, z^2, $z + \bar{z}$.

10 $z = \frac{2+i}{i}$, $-z$, z^{-1}, $i + z$.

11 Dato $z = \frac{2i - 2}{(1 + \sqrt{3}\,i)(1 + i)}$, trova:

a. il suo modulo;

b. il suo coniugato;

c. il suo opposto.

$\left[\text{a) } 1;\ \text{b) } \frac{\sqrt{3}}{2} - \frac{1}{2}i;\ \text{c) } -\frac{\sqrt{3}}{2} - \frac{1}{2}i\right]$

VERIFICA DELLE COMPETENZE

Calcola il valore delle seguenti espressioni ed esprimi i risultati in forma algebrica.

12 $\left(\frac{2}{3}+3i\right)+\left(\frac{1}{3}-2i\right)$; $\quad (2-3i)(5+4i)$; $\quad \frac{3-5i}{2+i}$; $\quad (3-2i)^2$.

13 $\frac{10-5i}{3-i}+2-i-\frac{1+8i}{1+3i}$ $\quad [3-2i]$

14 $\left[\sqrt{2}\left(\cos\frac{7}{4}\pi+i\sin\frac{7}{4}\pi\right)\right]^3+\left[2\sqrt{2}\left(\cos\frac{5}{4}\pi+i\sin\frac{5}{4}\pi\right)\right]^2$ $\quad [-2+6i]$

15 $\left[\sqrt{2}\left(\cos\frac{5}{4}\pi+i\sin\frac{5}{4}\pi\right)\right]^{-2}+\left[\frac{\sqrt{3}}{3}\left(\cos\frac{2}{3}\pi+i\sin\frac{2}{3}\pi\right)\right]^{-2}$ $\quad \left[-\frac{3}{2}+\frac{3\sqrt{3}-1}{2}i\right]$

16 $\sqrt{2}\left(\cos\frac{3}{2}\pi+i\sin\frac{3}{2}\pi\right):\left(\cos\frac{7}{6}\pi+i\sin\frac{7}{6}\pi\right)$ $\quad \left[\frac{\sqrt{2}}{2}+i\frac{\sqrt{6}}{2}\right]$

17 $\frac{2e^{i\frac{\pi}{4}}\cdot e^{i\frac{\pi}{4}}}{9e^{i\frac{\pi}{3}}}$ $\quad \left[\frac{1}{9}(\sqrt{3}+i)\right]$

18 $\frac{4-1}{2+3i}-\sqrt{2}\,e^{\frac{\pi}{4}i}$ $\quad \left[-\frac{8}{13}-\frac{27}{13}i\right]$

19 $\frac{3i^{10}}{(2-i^{21})^2}+\frac{\sqrt{2}\,i}{(3-i)^2}$ $\quad \left[\frac{-18-3\sqrt{2}}{50}+\frac{2\sqrt{2}-12}{25}i\right]$

20 $\frac{3i}{2+i}-\frac{i-1}{2-i}-\frac{3(2-i)}{2i+1}+2(i-3)^2+(i+1)(1-i)-\frac{1}{5}$ $\quad [19-8i]$

21 $\frac{1+2i}{3-2i}+\frac{1-i}{1+2i}+\frac{1-i}{5}-\frac{i(i-1)}{13}$ $\quad \left[-\frac{7}{65}i\right]$

22 $(3-2i)^3+\frac{1-i^{21}}{-1+i^{19}}-\frac{5(2+i)}{2-i}-(2+i)(2-i)$ $\quad [-17-49i]$

23 $\frac{\left[\sqrt[4]{2}\left(\cos\frac{\pi}{16}+i\sin\frac{\pi}{16}\right)\right]^8\left[2\sqrt{2}\left(\cos\frac{\pi}{36}+i\sin\frac{\pi}{36}\right)\right]^6}{\left[2\left(\cos\frac{\pi}{10}+i\sin\frac{\pi}{10}\right)\right]^{10}}$ $\quad [1-i\sqrt{3}]$

Rappresenta nel piano di Gauss i punti corrispondenti ai numeri complessi *z* che verificano le seguenti equazioni e disequazioni.

24 $1\le|z|<4$

25 $|Re(z)|>2$

26 $Re(z)+Im(z)=1$

27 $|z-1|=|2z+i|$

Calcola le seguenti radici e rappresentale nel piano di Gauss.

28 $\sqrt[3]{-27}$ $\quad \left[-3,\frac{3}{2}-i\frac{3\sqrt{3}}{2},\frac{3}{2}+i\frac{3\sqrt{3}}{2}\right]$

29 $\sqrt{4i}$ $\quad [\sqrt{2}+i\sqrt{2},-\sqrt{2}-i\sqrt{2}]$

30 $\sqrt[3]{-i}$ $\quad \left[i,\frac{1}{2}(-\sqrt{3}-i),\frac{1}{2}(\sqrt{3}-i)\right]$

31 $\sqrt{9e^{i\pi}}$ $\quad \left[3e^{i\frac{\pi}{2}},3e^{\frac{3}{2}\pi i}\right]$

---

32 $\sqrt[3]{64\left(\cos\frac{3}{4}\pi+i\sin\frac{3}{4}\pi\right)}$ $\quad [2\sqrt{2}+i2\sqrt{2},-\sqrt{6}-\sqrt{2}+i(\sqrt{6}-\sqrt{2}),\sqrt{6}-\sqrt{2}+i(-\sqrt{6}-\sqrt{2})]$

Risolvi in $\mathbb{C}$ le seguenti equazioni.

33 $x^3-8=0$ $\quad [2,-1\pm i\sqrt{3}]$

34 $9i-x^2=0$ $\quad \left[\frac{3}{2}\sqrt{2}(1+i),\frac{3}{2}\sqrt{2}(-1-i)\right]$

35 $x^2+2\sqrt{2}x+3=0$ $\quad [-\sqrt{2}\pm i]$

36 $x^2+4x+7=0$ $\quad [-2\pm i\sqrt{3}]$

37 $x^8-17x^4+16=0$ $\quad [\pm 1,\pm i,\pm 2,\pm 2i]$

38 $x^4+40x^2+144=0$ $\quad [\pm 2i,\pm 6i]$

39 $x^4 + 82x^2 + 81 = 0$ $[\pm i, \pm 9i]$

40 $x^5 + 4x^3 + x^2 + 4 = 0$ $\left[\pm 2i, \frac{1 \pm i\sqrt{3}}{2}, -1\right]$

41 $(x^2 + 4)(x^3 - 27i) = 0$ $\left[\frac{3}{2}(\sqrt{3} + i), \frac{3}{2}(-\sqrt{3} + i), -3i, \pm 2i\right]$

42 $x^3 = 4 - 4i\sqrt{3}$ $\left[2\left[\cos\left(\frac{5}{9}\pi + \frac{2k\pi}{3}\right) + i\sin\left(\frac{5}{9}\pi + \frac{2k\pi}{3}\right)\right], k = 0, 1, 2\right]$

RISOLVERE PROBLEMI

43 Calcola $a, b \in \mathbb{R}$ in modo che siano uguali i numeri complessi $a - b + 7 + (2a - b)i$ e $4a - 3b + 5bi$.
$[a = 3, b = 1]$

44 Dati $z_1 = 2 - ai$ e $z_2 = 1 + ai$, trova per quali valori di $a \in \mathbb{R}$:
a. $z_1 \cdot z_2 \in \mathbb{R}$; **b.** $\overline{z_1} \cdot z_2 \in \mathbb{I}$; **c.** $z_1 + \overline{z_2} = 3$.
$[a)\ 0;\ b)\ \pm\sqrt{2};\ c)\ 0]$

45 Dato $z = \sqrt{2} - \sqrt{2}\,i$, calcola z^4. Indica con $\overline{z}$ il numero complesso coniugato di z, trova $z^5 \cdot \overline{z}$. Determina infine il numero $w \in \mathbb{C}$ tale che $z \cdot w = 1$.
$\left[-16; -64; \frac{\sqrt{2}}{4}(1 + i)\right]$

46 **a.** Sia $z = \frac{3\sqrt{3} - 3i}{2\sqrt{3}\,i}$. Scrivi z in forma trigonometrica e calcola z^{-2}.
b. Sia $w = \frac{\sqrt{3}}{3} + bi$. Determina per quali $b \in \mathbb{R}$ si ha che $|z \cdot w| = \sqrt{7}$.
$\left[a)\ \sqrt{3}\left(\cos\frac{4}{3}\pi + i\sin\frac{4}{3}\pi\right); -\frac{1}{6} - \frac{\sqrt{3}}{6}i;\ b)\ \pm\sqrt{2}\right]$

47 Discuti al variare di $a \in \mathbb{R}$ le soluzioni dell'equazione $az^2 - 4z + 1 = 0$, dove $z \in \mathbb{C}$. Determina $a < 0$ in modo tale che il prodotto del modulo delle radici sia uguale a 8.
$\left[a = 0:\ z = \frac{1}{4}, a \le 4 \wedge a \ne 0:\ z = \frac{2 \pm \sqrt{4 - a}}{a}, a > 4:\ z = \frac{2 \pm (\sqrt{a - 4})i}{2}; -\frac{1}{8}\right]$

48 **a.** Risolvi in $\mathbb{C}$ l'equazione $x^8 - 82x^4 + 81 = 0$.
b. Scrivi in forma esponenziale le soluzioni ottenute. $\left[a)\ \pm 1, \pm i, \pm 3, \pm 3i;\ b)\ e^{i0}, e^{i\pi}, e^{\pm i\frac{\pi}{2}}, 3e^{i0}, 3e^{i\pi}, 3e^{\pm i\frac{\pi}{2}}\right]$

49 **a.** Dopo aver opportunamente semplificato i coefficienti, risolvi in $\mathbb{C}$ l'equazione:
$$\left[\left(-\frac{1}{\sqrt{3} + i} + \frac{1}{\sqrt{3} - i} + \frac{1}{2}\right) : (i + 1)\right]z^4 - 2(1 + i)^4 = 0.$$
b. Calcola $z_1 \cdot z_2 \cdot z_3 \cdot z_4$.
c. Scrivi le soluzioni in forma esponenziale. $\left[a)\ \sqrt{2}(1 \pm i), \sqrt{2}(-1 \pm i);\ b)\ 16;\ c)\ 2e^{ik\frac{\pi}{4}}, \text{con } k = 1, 3, 5, 7\right]$

50 REALTÀ E MODELLI **Uno strano orologio** Uno studio di design vuole produrre un nuovo gadget: un oggetto simile a un orologio, che però segni con una lancetta i giorni della settimana anziché le ore. Determina le coordinate di sette punti che suddividono una circonferenza in sette archi uguali.
$\left[(1; 0), \left(\cos\frac{2\pi}{7}; \sin\frac{2\pi}{7}\right), \left(\cos\frac{4\pi}{7}; \sin\frac{4\pi}{7}\right), \ldots\right]$

VERIFICA DELLE COMPETENZE

VERIFICA DELLE COMPETENZE VERSO L'ESAME

ARGOMENTARE E DIMOSTRARE

51 Spiega la differenza fra numero immaginario e numero complesso, esaminando anche casi particolari.

52 Scegli un numero complesso scritto in forma algebrica e trasformalo in forma trigonometrica, poi in forma esponenziale. Illustra ciascun passaggio.

53 Dato il numero complesso $z = r(\cos\alpha + i\cdot\sin\alpha)$, dimostra che $\frac{1}{z} = \frac{1}{r}(\cos\alpha - i\cdot\sin\alpha)$.

54 Dimostra che se $z = re^{i\alpha}$, il suo coniugato è $\bar{z} = re^{-i\alpha}$.

INDIVIDUARE STRATEGIE E APPLICARE METODI PER RISOLVERE PROBLEMI

55 Dati i numeri z_1 e z_2 rappresentati nel piano di Gauss:

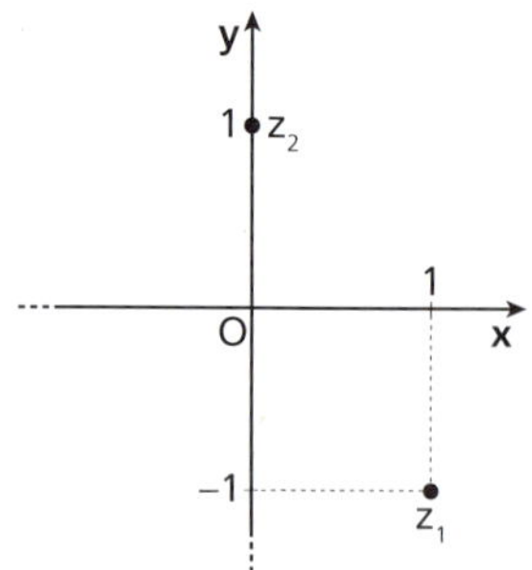

a. calcola l'espressione $\bar{z}_1\cdot z_2 + 3z_1^2 - \frac{z_2}{z_1}$;

b. determina il luogo dei punti del piano complesso tali che

$$|z| + |z - 1 - z_1 - z_2| = 4$$

e rappresentalo.

$\left[\text{a)} -\frac{1}{2} - \frac{11}{2}i;\ \text{b) ellisse } \frac{(x-1)^2}{4} + \frac{y^2}{3} = 1\right]$

56 **a.** Determina le soluzioni in $\mathbb{C}$ dell'equazione:

$$|z - 1 - i| = |\bar{z} + 2i\cdot Im(z) + 2 - i|, \quad \text{con } z \in \mathbb{C}.$$

b. Rappresenta sul piano di Gauss l'insieme delle soluzioni.

c. Determina le eventuali soluzioni che abbiano modulo uguale a 1.

$\left[\text{a)}\ z = -\frac{1}{2} + bi, \forall b \in \mathbb{R};\ \text{c)} -\frac{1}{2} + \frac{\sqrt{3}}{2}i, -\frac{1}{2} - \frac{\sqrt{3}}{2}i\right]$

57 **a.** È data l'equazione $z^4 - 2z^3 + 3z^2 - 2z + 2 = 0$, dove $z \in \mathbb{C}$. Verifica che i e $-i$ sono soluzioni.

b. Dopo averne abbassato il grado determina le rimanenti soluzioni.

c. Scrivi le soluzioni trovate in forma trigonometrica e calcola il loro prodotto verificando che è uguale al termine noto dell'equazione.

$\left[\text{b)}\ 1 \pm i;\ \text{c)}\ \sqrt{2}\left(\cos\frac{\pi}{4} + i\sin\frac{\pi}{4}\right), \sqrt{2}\left(\cos\frac{7}{4}\pi + i\sin\frac{7}{4}\pi\right)\right]$

58 Dato il numero complesso $z = x + iy$ e il coniugato s:

a. descrivi l'insieme dei numeri complessi z tali che $|s - 2| \leq |z + i|$;

b. rappresenta graficamente l'insieme;

c. determina tra i numeri z che verificano l'equazione $|s - 2| = |z + i|$ quello la cui parte reale vale 2.

$\left[\text{a)}\ y \geq -2x + \frac{3}{2};\ \text{c)}\ 2 - \frac{5}{2}i\right]$

59 ●●

a. È data l'equazione $x^2 - 4kx + 2 - 2k = 0$, con $k \in \mathbb{R}$ e $x \in \mathbb{C}$. Discuti le soluzioni al variare di k.

b. Trova per quali k la soluzione complessa ha parte immaginaria che vale $\sqrt{2}\,i$.

c. Considera la soluzione z ottenuta per il valore negativo di k trovato al punto precedente e calcola z^{-3}.

[a) $k \leq -1 \vee k \geq \frac{1}{2}$, $x_{1,2} = 2k \pm \sqrt{4k^2 + 2k - 2}$; $-1 < k < \frac{1}{2}$, $x_{1,2} = 2k \pm i\sqrt{-4k^2 - 2k + 2}$;
b) $k = 0$, $k = -\frac{1}{2}$; c) $\frac{5}{27} - \frac{\sqrt{2}}{27}i$]

60 ●●

a. Determina l'equazione della retta r e le coordinate del punto P.

b. Trasforma le coordinate cartesiane di P in coordinate polari.

c. Considera il punto P rappresentativo del numero complesso z nel piano di Gauss e verifica che $z^3 i + z^2 + 2z + 4 - 8i = 0$.

[a) r: $y = \sqrt{3}\,x + 2\sqrt{3}$, $P(-1; \sqrt{3})$; b) $\left(2; \frac{2\pi}{3}\right)$]

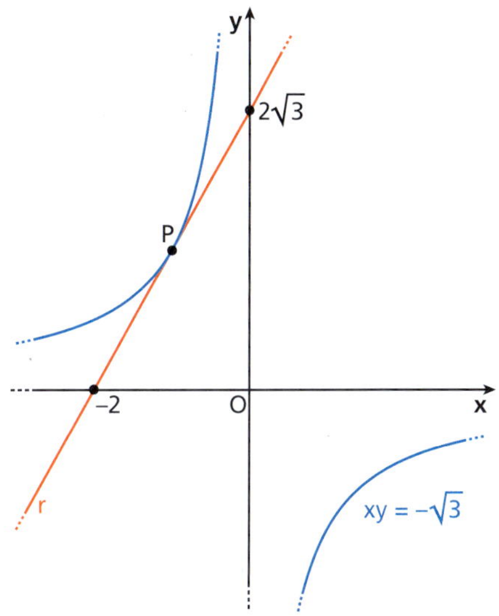

COSTRUIRE E UTILIZZARE MODELLI

61 ●●

Il labirinto circolare Costruisci una successione di numeri complessi w_i che rappresenti il percorso verso l'uscita del labirinto in figura, partendo dal punto O. Sia $z_0 = -i$, scrivi in notazione esponenziale con argomenti in radianti, i numeri complessi z_1, z_2, z_3, z_4, z_5 tali che:

$w_0 = z_0$, $w_1 = z_0 \cdot z_1$, $w_2 = z_0 \cdot z_1 \cdot z_2$, ...,

$w_5 = z_0 \cdot z_1 \cdot z_2 \cdot z_3 \cdot z_4 \cdot z_5$.

[$z_1 = \frac{3}{2}e^{\frac{\pi}{6}i}$, $z_2 = \frac{2}{3}e^{-\frac{\pi}{3}i}$, $z_3 = \frac{3}{2}e^{-\frac{5\pi}{12}i}$, $z_4 = \frac{2}{3}e^{-\frac{2\pi}{9}i}$, $z_5 = 2e^{-\frac{\pi}{9}i}$]

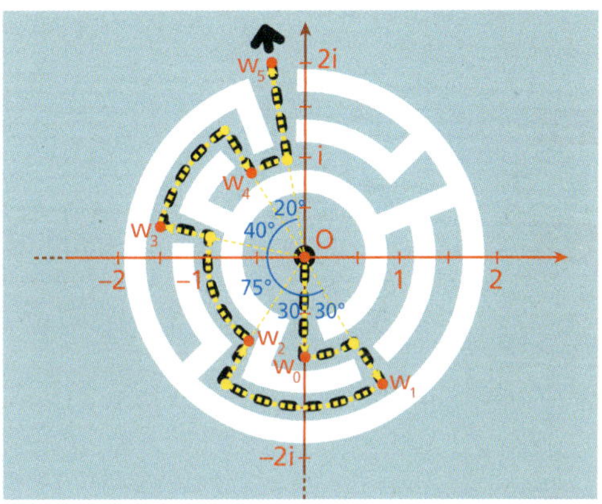

62 ●●

La scala a chiocciola I gradini della scala in figura, visti dall'alto, formano una successione di triangoli adiacenti che si avvolgono a spirale attorno al punto centrale O. Considera tale punto come il centro di un piano complesso e OA come l'unità reale.

a. Qual è il valore del numero complesso z_0 affinché la successione

$..., z_0^{-n}, ..., z_0^{-2}, z_0^{-1}, 1, z_0, z_0^2, ..., z_0^n, ...$

delle potenze intere di z_0 sia rappresentabile come la successione dei vettori in figura?

b. Dimostra che, nell'ipotesi del punto precedente, i gradini formano una successione di triangoli tutti simili fra loro.

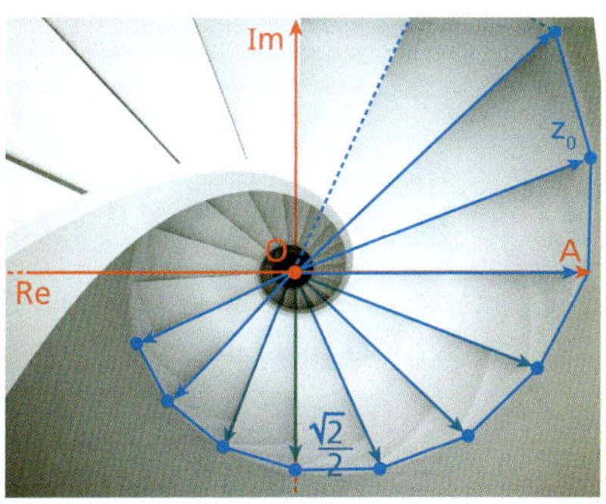

[a) $z_0 = \sqrt[8]{2}\,e^{\frac{\pi}{8}i}$]

VERIFICA DELLE COMPETENZE PROVE

1 ora

PROVA A

1 Dato il numero complesso $z = \frac{i+1}{3-i}$, determina il suo modulo e rappresenta nel piano di Gauss: z, $\bar{z}$ e z^{-1}.

2 Calcola il valore di: **a.** $(2-i)^3 + \frac{1+i^4}{1+i^3}$; **b.** $\frac{25(3+4i)}{3-4i} + (3+i)(3-i)$.

3 Scrivi $z = 2i - 2\sqrt{3}$ in forma trigonometrica, calcola z^{12} ed esprimilo in forma algebrica.

4 Calcola il valore di $\frac{\left(e^{i\frac{\pi}{6}}\right)^2 \cdot 3e^{i\frac{\pi}{4}}}{e^{i\frac{\pi}{4}}}$ ed esprimi il risultato in forma trigonometrica.

5 Determina le radici cubiche di -1 e rappresentale nel piano di Gauss.

6 Risolvi in $\mathbb{C}$ le equazioni: **a.** $x^2 + i = 0$; **b.** $x^3 - 27 = 0$; **c.** $x^2 + 2\sqrt{2}\,x + 5 = 0$.

PROVA B

1 Dati i due numeri complessi $z_1 = 3x + 1 + yi$ e $z_2 = 2x - y + xi$, stabilisci per quali valori di x, $y \in \mathbb{R}$ si ha:
a. $z_1 + z_2 = 0$; **b.** $z_1 = \overline{z_2}$.

2 Considera $z = \frac{1+i}{i-2}$, calcola $\overline{z^{-1}}$ e verifica che è uguale a $(\bar{z})^{-1}$.

3 Dopo aver opportunamente semplificato i coefficienti, risolvi in $\mathbb{C}$ l'equazione

$$-\frac{(1-i)^4}{4} z^6 + 4(-1-i)^8 = 0$$

ed esprimi le soluzioni in forma trigonometrica.

4 Rappresenta nel piano di Gauss i punti corrispondenti ai numeri complessi z tali che:
a. $|\bar{z}| = 2$; **b.** $|z-1| = |z+2|$.

5 Scrivi $z_1 = \frac{3}{2} + \frac{\sqrt{3}}{2} i$ e $z_2 = \sqrt{2} - \sqrt{2}\, i$ in forma esponenziale, quindi calcola
a. $z_1 \cdot z_2$, **b.** $\frac{z_1}{z_2}$, **c.** $(\overline{z_1} \cdot \overline{z_2})^2$
e scrivi il risultato in forma trigonometrica.

6 Risolvi in $\mathbb{C}$ le equazioni:
a. $x^2 - (2-i)x + 3 - i = 0$; **b.** $x^3 + x^2 + x + 1 = 0$.

PROVA C

1 Scrivi in forma algebrica, trigonometrica ed esponenziale i numeri complessi rappresentati nel piano di Gauss in figura.

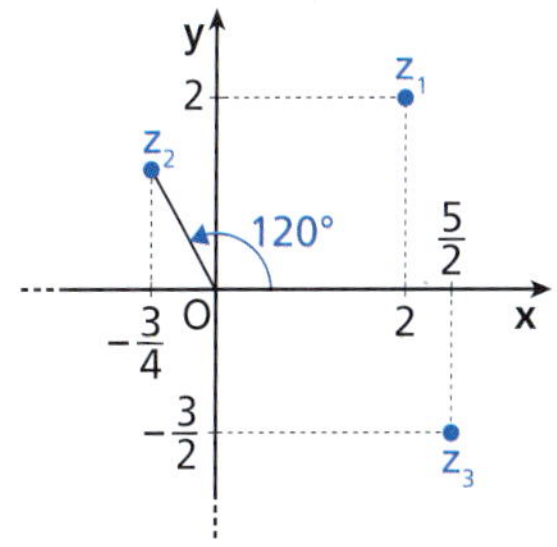

2 Rappresenta nel piano di Gauss i numeri complessi z tali che $Im(z) + 5 = 0$.

3 Scrivi in forma algebrica:

a. $\frac{3}{4}\left(\cos\frac{4}{3}\pi + i\sin\frac{4}{3}\pi\right)$; **b.** $5\left(\cos\frac{5}{4}\pi + i\sin\frac{5}{4}\pi\right)$; **c.** $\frac{\sqrt{3}}{3}\left(\cos\frac{\pi}{6} + i\sin\frac{\pi}{6}\right)$.

4 In base alla figura esegui le operazioni richieste e rappresenta nel piano di Gauss il risultato:

a. z_1^4;

b. $z_1 \cdot z_2$;

c. $z_2 : z_1$.

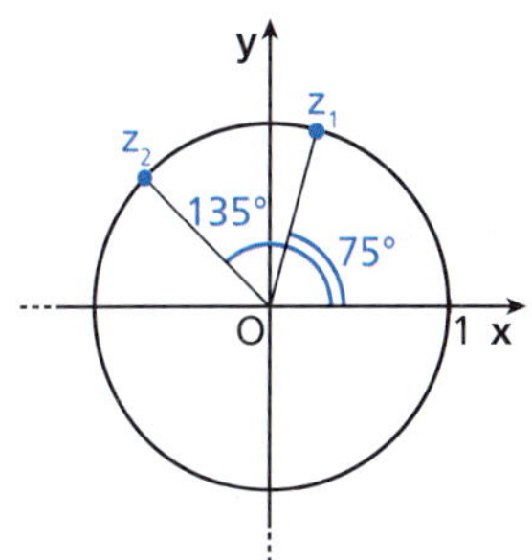

5 Scrivi l'equazione le cui radici sono rappresentate in figura nel piano di Gauss.

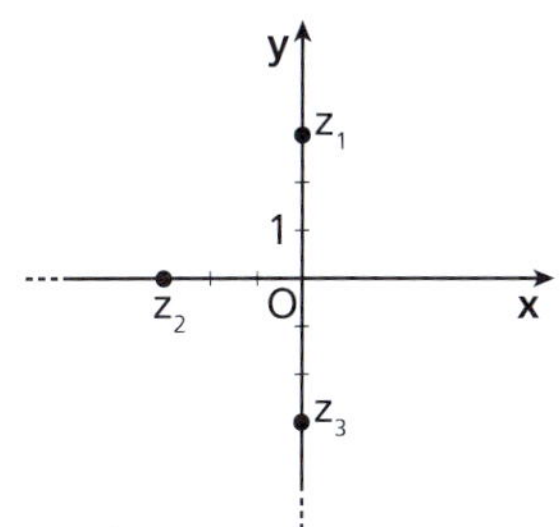

PROVA D

1 **a.** Rappresenta sul piano di Gauss l'insieme $E = \{z \in \mathbb{C}: |z| = 5\}$.

b. Siano $z_1 = 4 + 4\sqrt{3}\,i$, $z_2 = \frac{4\sqrt{3}}{5} - \frac{4}{5}i$; verifica che il punto $\frac{z_1}{z_2}$ appartiene all'insieme E.

c. Disegna nel piano di Gauss il vettore $z_1 - 5z_2$.

2 Considera la circonferenza rappresentata.

a. Determina la sua equazione e le coordinate di B.

b. Considera i numeri complessi z_1 e z_2 individuati nel piano di Gauss da A e B rispettivamente. Preso AB come lato di un poligono regolare inscritto nella circonferenza, determina il numero dei lati e i rimanenti vertici.

c. Determina un'equazione a coefficienti complessi che abbia come soluzioni i vertici del poligono.

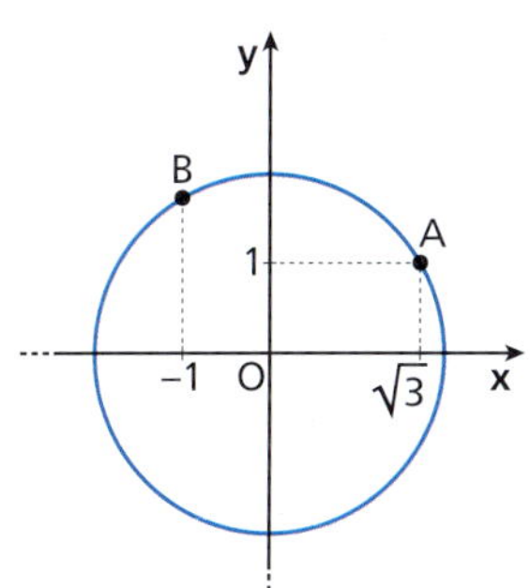

CAPITOLO

17 VETTORI, MATRICI, DETERMINANTI

1 Vettori nel piano

Grandezze scalari e grandezze vettoriali

Per descrivere le **grandezze scalari** è sufficiente un *numero* che esprima la loro misura rispetto a un'unità prefissata. Per esempio, sono grandezze scalari la lunghezza, l'area, il volume e il tempo.

Invece, le **grandezze vettoriali** sono rappresentate da un *numero*, una *direzione* e un *verso*, elementi caratteristici dei **vettori**.

Per esempio, sono grandezze vettoriali lo spostamento e la velocità.

Listen to it

Scalar quantities have only magnitude (size), so they are fully described by a numerical value.
Vector quantities have both magnitude and direction.

Vettori

Come abbiamo visto nel capitolo 16, un vettore $\vec{v}$ è caratterizzato da:

- **modulo** v, che è la misura della lunghezza del segmento orientato che lo rappresenta rispetto a un'unità prefissata;
- **direzione**, quella della retta a cui appartiene il segmento;
- **verso**, uno dei due con cui è possibile orientare la retta.

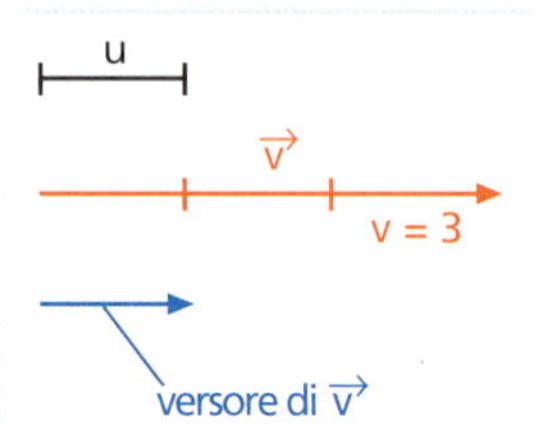

Chiamiamo **versore** del vettore $\vec{v}$ un vettore di modulo unitario con la stessa direzione e verso di $\vec{v}$.

Ricordiamo che:

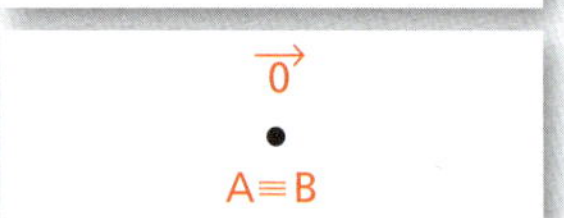

- un **vettore nullo** è un vettore con estremi coincidenti, quindi è rappresentato da un punto; lo indichiamo con $\vec{\mathbf{0}}$ oppure con **0**;
- dato un vettore $\vec{v} = \overrightarrow{AB}$, il suo **vettore opposto** $-\vec{v}$ è il vettore avente lo stesso modulo e la stessa direzione di $\vec{v}$, ma verso opposto rispetto a $\vec{v}$.

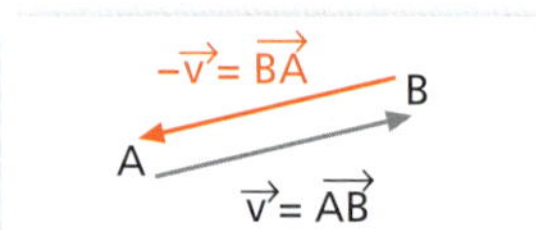

Indichiamo con V l'insieme dei vettori del piano.

Operazioni con i vettori

Esercizi a p. 1016

Addizione

Dati due vettori $\vec{u}$ e $\vec{v}$, per ottenere il loro **vettore somma** $\vec{s} = \vec{u} + \vec{v}$, rappresentiamo $\vec{u}$ e $\vec{v}$ con i segmenti consecutivi $\overrightarrow{AB}$ e $\overrightarrow{BC}$.

- Se i vettori $\vec{u}$ e $\vec{v}$ hanno **la stessa direzione e lo stesso verso**, il vettore somma $\vec{s}$ ha stessa direzione e stesso verso di $\vec{u}$ e $\vec{v}$ e modulo uguale alla somma dei moduli:

  $s = u + v.$

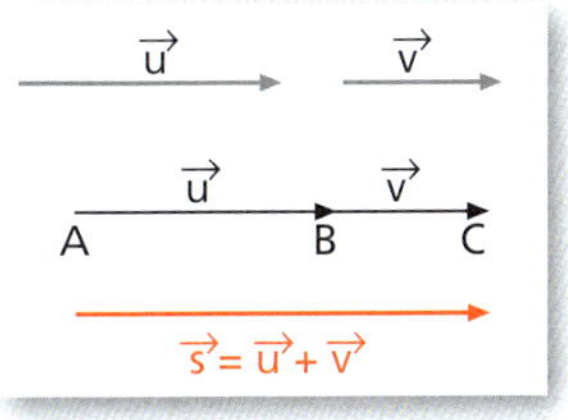

- Se i vettori $\vec{u}$ e $\vec{v}$ hanno **la stessa direzione ma verso opposto**, il vettore somma $\vec{s}$ ha stessa direzione di $\vec{u}$ e $\vec{v}$, verso uguale a quello del vettore con modulo maggiore e modulo uguale alla differenza tra il modulo maggiore e il modulo minore:

  $s = u - v \quad \text{se} \quad u > v.$

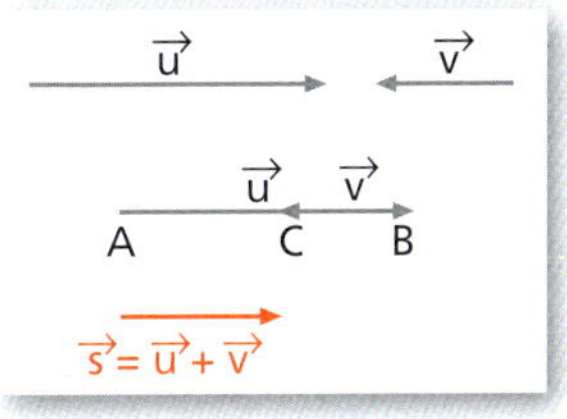

- Se i vettori $\vec{u}$ e $\vec{v}$ hanno **direzioni diverse**, il vettore somma $\vec{s}$ è rappresentato dal segmento $\overrightarrow{AC}$ che ha lunghezza e direzione del terzo lato del triangolo individuato dai vettori $\vec{u}$ e $\vec{v}$, quindi:

  $s < u + v.$

  È equivalente considerare il vettore somma $\vec{s}$ come la diagonale $\overrightarrow{AC}$ del parallelogramma determinato da $\vec{u}$ e $\vec{v}$, considerati entrambi con primo estremo in A (**regola del parallelogramma**).

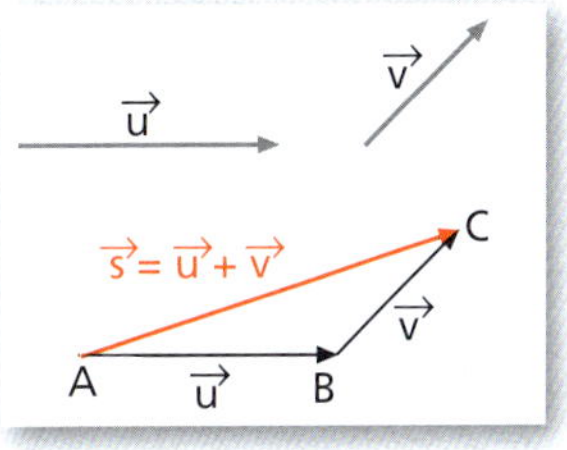

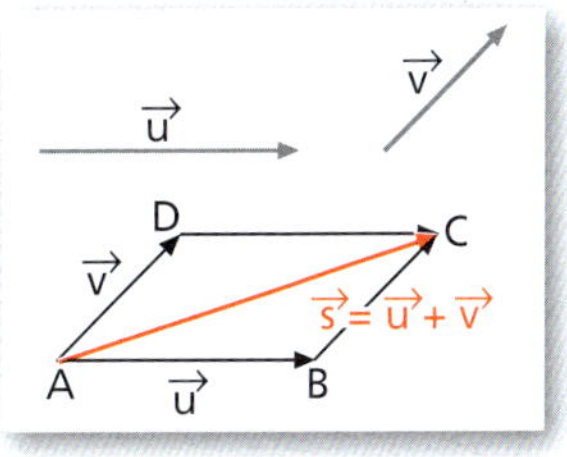

Riassumendo, possiamo dare la seguente definizione.

DEFINIZIONE

Il **vettore somma** $\vec{s}$ di due vettori $\vec{u}$ e $\vec{v}$ è il vettore che si ottiene rappresentando consecutivamente i vettori dati e che ha come primo estremo il primo estremo di $\vec{u}$ e come secondo estremo il secondo estremo di $\vec{v}$.

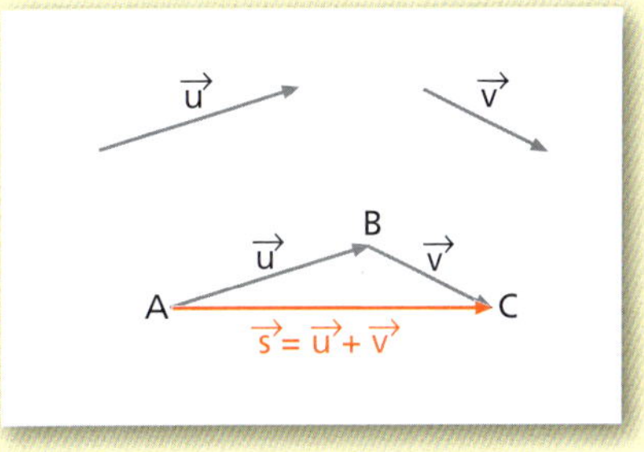

► Disegna due vettori $\vec{a}$ e $\vec{b}$, entrambi di modulo 1, tali che la loro somma abbia a sua volta modulo 1.

Il vettore somma $\vec{s}$ si chiama anche **risultante**.

ESEMPIO

Troviamo il modulo del vettore somma di $\vec{a}$ e $\vec{b}$, che formano un angolo di 60° e hanno i moduli $a = 48$ e $b = 20$.

Consideriamo il parallelogramma formato dai due vettori e calcoliamo il modulo $\overline{AD}$ di $\vec{a} + \vec{b}$ con il teorema del coseno applicato al triangolo ABD:

$$\overline{AD}^2 = \overline{AB}^2 + \overline{BD}^2 - 2 \cdot \overline{AB} \cdot \overline{BD} \cdot \cos A\widehat{B}D =$$

$$48^2 + 20^2 - 2 \cdot 48 \cdot 20 \cdot \cos 120°$$

$$\overline{AD} = \sqrt{3664} \simeq 60{,}5.$$

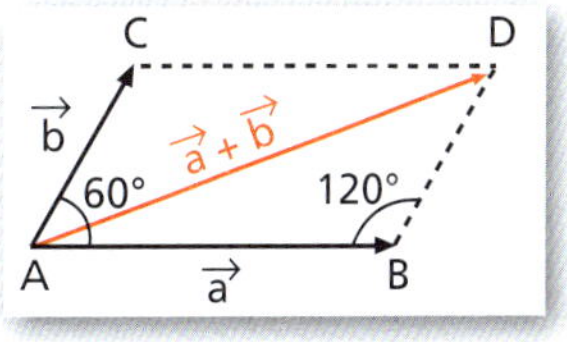

► Calcola il modulo di $\vec{u} + \vec{v}$, se $u = 8$, $v = 5$ e i due vettori formano un angolo di 40°.

In generale, per il modulo s di $\vec{u}+\vec{v}$, con il teorema del coseno otteniamo:

$$s^2 = u^2 + v^2 - 2u \cdot v \cdot \cos\beta \rightarrow s = \sqrt{u^2 + v^2 - 2u \cdot v \cdot \cos\beta}.$$

$\beta = \pi - \alpha$, quindi $\cos\beta = -\cos\alpha$:

$$s = \sqrt{u^2 + v^2 + 2u \cdot v \cdot \cos\alpha}.$$

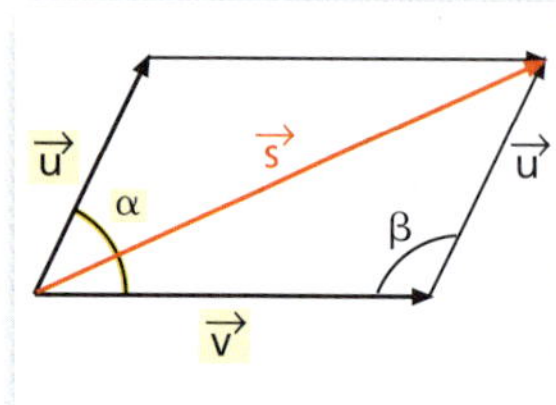

L'operazione che a due vettori associa la loro somma si dice **addizione**.
Si può dimostrare che l'addizione di vettori gode delle seguenti **proprietà**:

- *proprietà commutativa*: $\vec{u}+\vec{v}=\vec{v}+\vec{u}$, $\forall\, \vec{u}, \vec{v} \in V$;
- *proprietà associativa*: $(\vec{u}+\vec{v})+\vec{w}=\vec{u}+(\vec{v}+\vec{w})$, $\forall\, \vec{u}, \vec{v}, \vec{w} \in V$;
- il vettore nullo $\vec{0}$ è l'*elemento neutro*: $\vec{v}+\vec{0}=\vec{0}+\vec{v}=\vec{v}$, $\forall\, \vec{v} \in V$;
- per ogni $\vec{v} \in V$ esiste il vettore *opposto* $-\vec{v}$: $\vec{v}+(-\vec{v})=(-\vec{v})+\vec{v}=\vec{0}$.

Dati tre o più vettori $\vec{u}, \vec{v}, \vec{w}, \ldots$, la loro somma si ottiene sommando i primi due e poi sommando al vettore ottenuto $\vec{u}+\vec{v}$ il terzo $\vec{w}$ e così via.
Graficamente il vettore risultante si ottiene riportando di seguito, a partire da un punto A, i segmenti orientati che rappresentano i vettori da sommare.

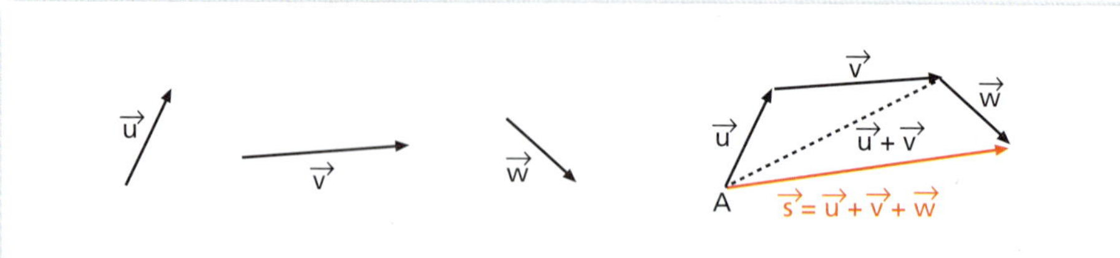

Si ottiene una poligonale; il segmento orientato che congiunge A con l'ultimo estremo della poligonale rappresenta il vettore somma.

Sottrazione

L'esistenza dell'opposto di un qualsiasi vettore permette di definire la *differenza* di due vettori riconducendola a una somma.

DEFINIZIONE

La **differenza di due vettori**, scelti in un dato ordine, è la somma del primo con l'opposto del secondo.

$$\vec{u}-\vec{v}=\vec{u}+(-\vec{v})$$

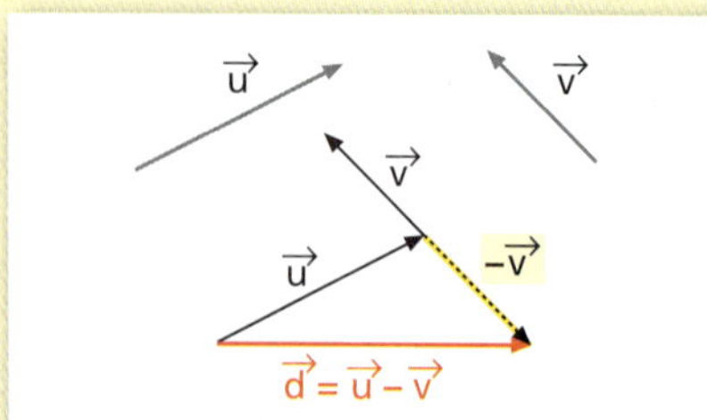

Moltiplicazione di un vettore per uno scalare

Dato un vettore $\vec{v}$, possiamo determinare i vettori $3\vec{v}, -2\vec{v}, \ldots$, mediante addizioni ripetute.

Per esempio: $3\vec{v}=\vec{v}+\vec{v}+\vec{v}$; $-2\vec{v}=-\vec{v}+(-\vec{v})$.

In generale vale la seguente definizione.

DEFINIZIONE

Dati un vettore $\vec{v}$ e un numero reale k, il **prodotto** $k \cdot \vec{v}$ è il vettore che ha la stessa direzione di $\vec{v}$, modulo uguale al prodotto del valore assoluto di k per il modulo di $\vec{v}$ e lo stesso verso di $\vec{v}$ se $k > 0$, verso opposto se $k < 0$.

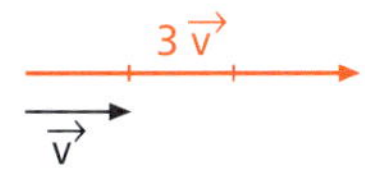

a. Moltiplicazione del vettore $\vec{v}$ per lo scalare 3.

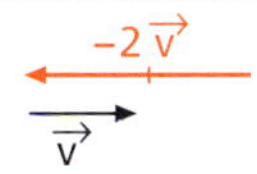

b. Moltiplicazione del vettore $\vec{v}$ per lo scalare −2.

L'operazione che ha come risultato questo prodotto viene detta **moltiplicazione di un vettore per uno scalare**.

Essa gode delle seguenti **proprietà**:

- *proprietà distributiva* rispetto all'addizione dei numeri reali e dei vettori:

  $(k + p) \cdot \vec{v} = k \cdot \vec{v} + p \cdot \vec{v}, \qquad \forall k, p \in \mathbb{R} \text{ e } \forall \vec{v} \in V;$

  $k \cdot (\vec{u} + \vec{v}) = k \cdot \vec{u} + k \cdot \vec{v}, \qquad \forall k \in \mathbb{R} \text{ e } \forall \vec{u}, \vec{v} \in V;$

- *proprietà associativa mista*: $k(p \cdot \vec{v}) = (kp) \cdot \vec{v}, \qquad \forall k, p \in \mathbb{R} \text{ e } \forall \vec{v} \in V.$

Prodotto scalare di due vettori

Consideriamo $\vec{a}$ e $\vec{b}$ non nulli applicati nello stesso punto e sia α l'angolo convesso che formano.

DEFINIZIONE

Il **prodotto scalare** $\vec{a} \cdot \vec{b}$ di due vettori $\vec{a}$ e $\vec{b}$ è il numero $ab \cos\alpha$.

Listen to it

The **scalar product**, or **dot product**, of two vectors $\vec{a}$ and $\vec{b}$ is the number $ab\cos\alpha$, where α is the angle between $\vec{a}$ and $\vec{b}$.

ESEMPIO

Il prodotto scalare dei vettori della figura è:

$$\vec{a} \cdot \vec{b} = ab\cos 120° = 3 \cdot 4 \cdot \left(-\frac{1}{2}\right) = -6.$$

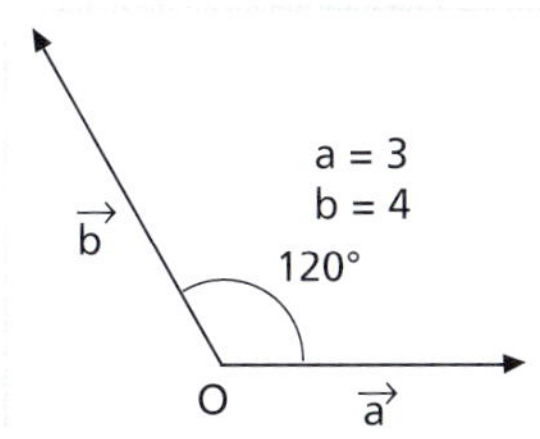

▶ Utilizzando i vettori dell'esempio, calcola $\vec{a} \cdot (-\vec{b})$.

Notiamo che, essendo $\cos(2\pi - \alpha) = \cos\alpha$, nella definizione di prodotto scalare è indifferente considerare l'uno o l'altro dei due angoli formati dai vettori. Tuttavia, per convenzione, quando ci riferiamo all'angolo compreso tra due vettori, ci riferiamo sempre all'angolo convesso.

Animazione

Mediante una figura dinamica, nell'animazione puoi osservare come cambia il prodotto scalare al variare di a, b e α.

Il prodotto scalare di due vettori $\vec{a}$ e $\vec{b}$ non nulli può essere positivo, negativo o nullo a seconda dell'angolo che essi formano.

In particolare, $\vec{a} \cdot \vec{b} = 0$ se $\alpha = 90°$ e viceversa.
Vale quindi la seguente **condizione di perpendicolarità**.

Due vettori $\vec{a}$ e $\vec{b}$ non nulli sono perpendicolari se e solo se il loro prodotto scalare è nullo:

$$\vec{a} \perp \vec{b} \quad \leftrightarrow \quad \vec{a} \cdot \vec{b} = 0.$$

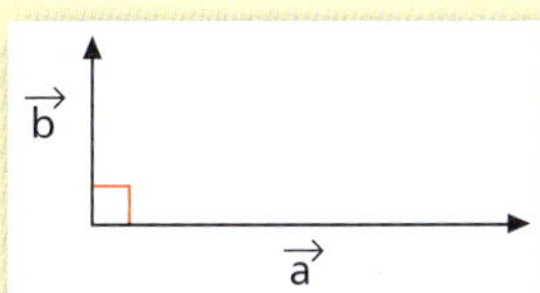

Se due vettori $\vec{a}$ e $\vec{b}$ sono **paralleli** e hanno lo stesso verso, allora $\alpha = 0°$, quindi $\cos\alpha = 1$ e il prodotto scalare risulta:

$$\vec{a} \cdot \vec{b} = ab.$$

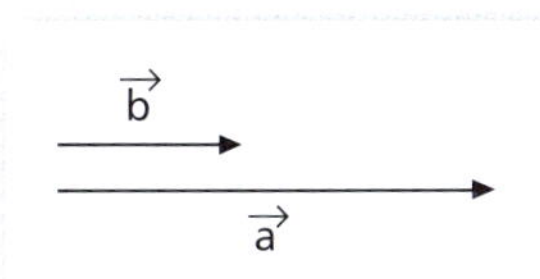

Per il prodotto scalare valgono le seguenti **proprietà**:

- *proprietà commutativa*: $\vec{a} \cdot \vec{b} = \vec{b} \cdot \vec{a}$;
- *proprietà distributiva*: $(\vec{a} + \vec{b}) \cdot \vec{c} = \vec{a} \cdot \vec{c} + \vec{b} \cdot \vec{c}$.

Scomposizione di un vettore

▶ Esercizi a p. 1020

Consideriamo il vettore $\vec{v}$ e le semirette Or e Os.

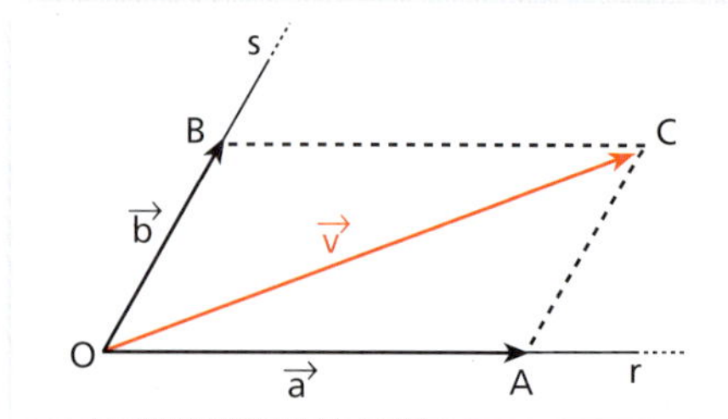

Dall'estremo C di $\vec{v}$ tracciamo le parallele a Or e Os e otteniamo i punti A e B, che individuano i segmenti orientati $\overrightarrow{OA}$ e $\overrightarrow{OB}$, cioè i vettori $\vec{a}$ e $\vec{b}$, che hanno come somma $\vec{v}$.

In generale, dati un vettore $\vec{v}$ e due direzioni r e s, $\vec{v}$ può essere scomposto in due vettori che hanno direzioni r e s e somma $\vec{v}$.

Video

Vettori in fisica
La fisica descrive i fenomeni naturali. Per rappresentarli, a volte, si utilizzano i vettori. Vediamo qualche esempio.

2 Vettori nel piano cartesiano

▶ Esercizi a p. 1021

Componenti cartesiane

Consideriamo il piano xOy e disegniamo un vettore $\vec{a} = \overrightarrow{OP}$ che parte dall'origine. Indichiamo con $\vec{i}$ il versore avente la direzione e il verso dell'asse x e con $\vec{j}$ il versore avente la direzione e il verso dell'asse y.

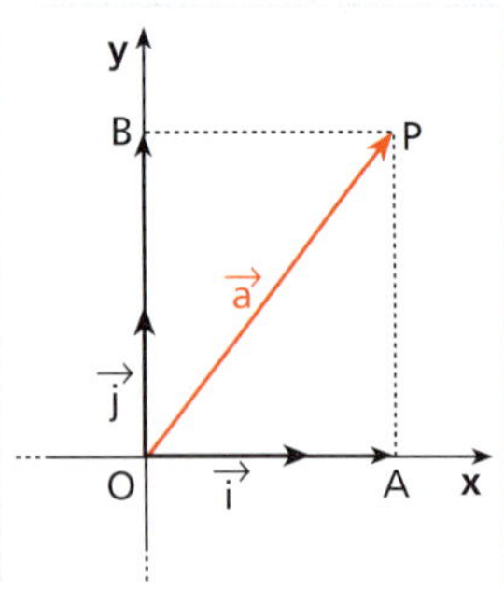

Se dal punto P mandiamo le parallele agli assi cartesiani, otteniamo i punti A e B che individuano i segmenti orientati $\overrightarrow{OA}$ e $\overrightarrow{OB}$. Se il punto P ha coordinate $(a_x; a_y)$, abbiamo $A(a_x; 0)$ e $B(0; a_y)$, e possiamo scrivere:

$$\overrightarrow{OA} = a_x \vec{i} \qquad \text{e} \qquad \overrightarrow{OB} = a_y \vec{j}\,.$$

Dunque, se scomponiamo il vettore $\vec{a}$ lungo gli assi cartesiani, otteniamo:

$$\boldsymbol{\vec{a} = a_x \vec{i} + a_y \vec{j}}\,.$$

a_x e a_y sono le **componenti cartesiane** del vettore $\vec{a}$, mentre i vettori $\vec{a}_x = a_x \vec{i}$ e $\vec{a}_y = a_y \vec{j}$ sono i vettori componenti di $\vec{a}$.

▶ Rappresenta nel piano cartesiano i vettori: $\vec{a}(-5; 2)$; $\vec{b}(3; 0)$; $\vec{c}(0; 4)$.

Per identificare il vettore con le sue componenti cartesiane scriviamo anche

$$\vec{a}(a_x; a_y).$$

ESEMPIO
I vettori $\vec{a}(2; -1)$ e $\vec{b}(-3; 5)$ nel piano cartesiano hanno la rappresentazione della figura a lato.

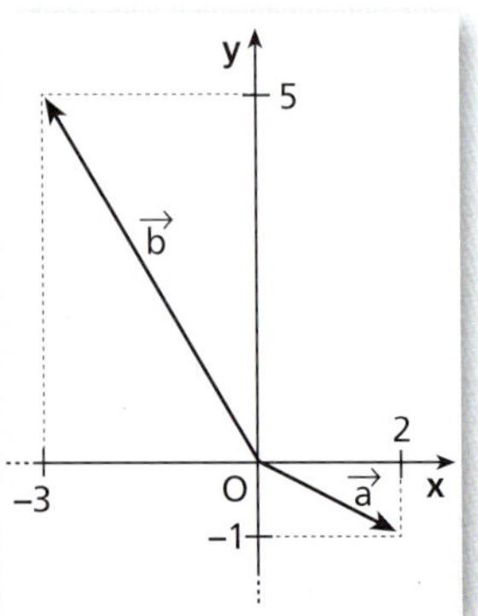

In particolare, per i versori $\vec{i}$ e $\vec{j}$, abbiamo: $\vec{i}(1; 0)$ e $\vec{j}(0; 1)$.

Modulo e direzione

Dato un vettore $\vec{a}(a_x; a_y)$, per il teorema di Pitagora il suo modulo è

$$a = \sqrt{\overline{OH}^2 + \overline{PH}^2} = \sqrt{a_x^2 + a_y^2}\,.$$

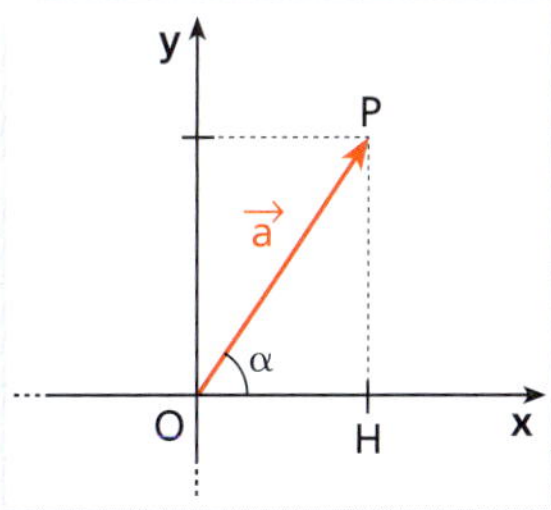

Possiamo anche determinare l'angolo α che il vettore forma con la direzione positiva dell'asse x, ricordando le relazioni valide in un triangolo rettangolo,

$$\overline{OH} = \overline{OP}\cos\alpha \qquad \text{e} \qquad \overline{PH} = \overline{OP}\sin\alpha,$$

e cioè:

$$\cos\alpha = \frac{a_x}{a} \qquad \text{e} \qquad \sin\alpha = \frac{a_y}{a}.$$

Da queste relazioni otteniamo le componenti cartesiane di $\vec{a}$ in funzione del modulo a e dell'angolo α con la direzione positiva dell'asse x:

$$a_x = a\cos\alpha \quad \text{e} \quad a_y = a\sin\alpha.$$

Consideriamo $\vec{a}(a_x; a_y)$ e $\vec{b}(b_x; b_y)$ ed esprimiamo mediante le componenti cartesiane i risultati delle operazioni con i vettori.

► Dato il vettore $\vec{d}(4; 3)$, determina il suo modulo e l'angolo che il vettore forma con la direzione positiva dell'asse x.

Animazione

Nell'animazione trovi la risoluzione di tutti gli esercizi proposti nelle pagine di teoria di questo paragrafo e una figura dinamica per osservare come varia la posizione reciproca di due vettori $\vec{a}$ e $\vec{b}$ al variare di a_x, a_y, b_x e b_y.

Somma

$$\vec{a} + \vec{b} = (a_x\vec{i} + a_y\vec{j}) + (b_x\vec{i} + b_y\vec{j}) = (a_x + b_x)\,\vec{i} + (a_y + b_y)\vec{j}.$$

Quindi: $\vec{a} + \vec{b} = (a_x + b_x; a_y + b_y)$.

ESEMPIO

Dati i vettori $\vec{a}(-4; 2)$ e $\vec{b}(2; -1)$, il vettore somma $\vec{s}$ è:

$$\vec{s} = \vec{a} + \vec{b} = (-4 + 2; 2 - 1) = (-2; 1).$$

► Esprimi $\vec{a} + \vec{b}$ mediante le componenti cartesiane, se $\vec{a}(-2; -3)$ e $\vec{b}(1; 4)$.

Differenza

$$\vec{a} - \vec{b} = \vec{a} + (-\vec{b}) = a_x\vec{i} + a_y\vec{j} + (-b_x\vec{i} - b_y\vec{j}) = (a_x - b_x)\vec{i} + (a_y - b_y)\vec{j}.$$

Quindi: $\vec{a} - \vec{b} = (a_x - b_x; a_y - b_y)$.

ESEMPIO

Dati i vettori $\vec{a}(-3; 2)$ e $\vec{b}(5; -8)$:

$$\vec{a} - \vec{b} = (-3 - 5; 2 + 8) = (-8; 10).$$

► Dati $\vec{c}(2; 1)$ e $\vec{d}(-3; 3)$, trova $\vec{c} - \vec{d}$ e $\vec{d} - \vec{c}$.

Prodotto di un vettore per uno scalare

Dati il vettore $\vec{a}(a_x; a_y)$ e lo scalare k:

$$k\vec{a} = k(a_x\vec{i} + a_y\vec{j}) = ka_x\vec{i} + ka_y\vec{j}\,.$$

Quindi:

$$k\vec{a} = (ka_x; ka_y).$$

ESEMPIO

Se $\vec{a}\left(2; -\frac{1}{2}\right)$:

$$-8\vec{a} = \left(-8 \cdot 2; -8 \cdot \left(-\frac{1}{2}\right)\right) = (-16; 4).$$

► Il vettore $-2\vec{v}$ è $(-4; 3)$. Qual è il vettore $\vec{v}$?

TEORIA

Prodotto scalare

$$\vec{a}\cdot\vec{b} = (a_x\vec{i}+a_y\vec{j})\cdot(b_x\vec{i}+b_y\vec{j}) = a_xb_x\vec{i}\cdot\vec{i}+a_xb_y\vec{i}\cdot\vec{j}+a_yb_x\vec{j}\cdot\vec{i}+a_yb_y\vec{j}\cdot\vec{j}.$$

Poiché

$\vec{i}\cdot\vec{i}=1,\quad \vec{j}\cdot\vec{j}=1$ perché versori paralleli con stesso verso,

$\vec{i}\cdot\vec{j}=0$ perché versori perpendicolari,

il prodotto scalare di $\vec{a}$ e $\vec{b}$ diventa: $\vec{a}\cdot\vec{b} = a_xb_x + a_yb_y$.

ESEMPIO

Se $\vec{a}(2;-3)$ e $\vec{b}(5;-1)$, il prodotto scalare è:

$$\vec{a}\cdot\vec{b} = 2\cdot 5 + (-3)\cdot(-1) = 10+3 = 13.$$

► Calcola il prodotto scalare di $\vec{a}(2;3)$ e $\vec{b}(-1;2)$.

È possibile determinare l'angolo α formato da due vettori $\vec{a}(a_x;a_y)$ e $\vec{b}(b_x;b_y)$ considerando che:

$$\vec{a}\cdot\vec{b} = ab\cos\alpha \quad\rightarrow\quad \cos\alpha = \frac{\vec{a}\cdot\vec{b}}{ab}.$$

Essendo $\vec{a}\cdot\vec{b} = a_xb_x + a_yb_y$, allora: $\cos\alpha = \dfrac{a_xb_x + a_yb_y}{ab}$.

ESEMPIO

Troviamo l'angolo formato dai vettori $\vec{a}(1;2)$ e $\vec{b}(3;-1)$.

Calcoliamo $a=\sqrt{1+4}=\sqrt{5}$ e $b=\sqrt{9+1}=\sqrt{10}$. Quindi:

$$\cos\alpha = \frac{1\cdot 3 + 2(-1)}{\sqrt{5}\cdot\sqrt{10}} = \frac{3-2}{5\sqrt{2}} = \frac{1}{5\sqrt{2}}.$$

Con la calcolatrice si ottiene $\alpha \simeq 82°$.

► Qual è l'ampiezza dell'angolo compreso tra i vettori $\vec{a}(2;3)$ e $\vec{b}(-1;2)$?

Vettori paralleli e vettori perpendicolari

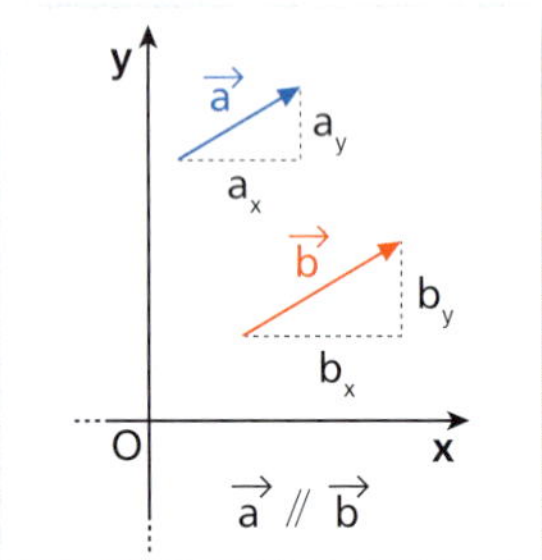

Consideriamo i vettori $\vec{a}(a_x;a_y)$ e $\vec{b}(b_x;b_y)$.
Poiché due vettori sono **paralleli** se giacciono su rette parallele, e il coefficiente angolare della retta su cui giace un vettore è dato dal rapporto tra la componente y e la componente x del vettore, allora la **condizione di parallelismo** per $\vec{a}$ e $\vec{b}$ è:

$$\vec{a} \parallel \vec{b} \;\leftrightarrow\; \frac{a_y}{a_x} = \frac{b_y}{b_x} \;\leftrightarrow\; \frac{a_x}{b_x} = \frac{a_y}{b_y},$$

ovvero due vettori sono paralleli se e solo se sono uguali i rapporti tra le loro componenti cartesiane.
Se poniamo uguale a k ognuno dei due rapporti, otteniamo:

$a_x = kb_x$ e $a_y = kb_y$;

$\vec{a}(kb_x;kb_y) \rightarrow \vec{a} = k\vec{b}$.

ESEMPIO

$\vec{a}(-3;4)$ e $\vec{b}\left(1;-\frac{4}{3}\right)$ sono paralleli, perché:

$$\frac{a_x}{b_x} = \frac{-3}{1} = -3;\qquad \frac{a_y}{b_y} = \frac{4}{-\frac{4}{3}} = -3.$$

$a_x = -3b_x$ e $a_y = -3b_y$, quindi: $\vec{a} = -3\vec{b}$.

► $\vec{a}(6;-3)$ e $\vec{b}(-2;1)$ sono vettori paralleli?

Come abbiamo visto, due vettori $\vec{a}$ e $\vec{b}$ sono **perpendicolari** se e solo se il loro prodotto scalare è nullo, quindi:

$$\vec{a} \perp \vec{b} \leftrightarrow \vec{a} \cdot \vec{b} = 0 \leftrightarrow a_x b_x + a_y b_y = 0.$$

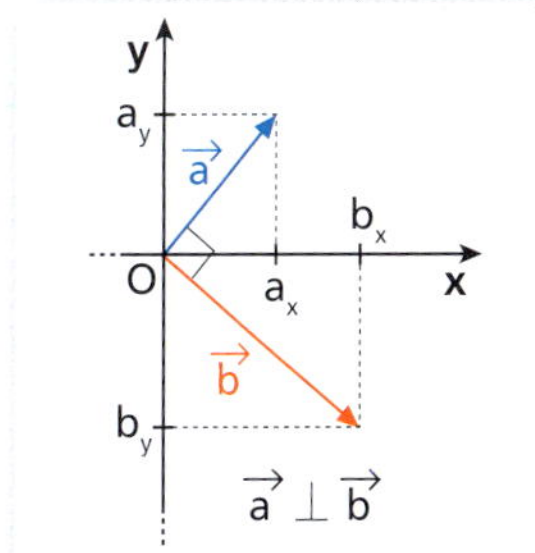

ESEMPIO

$\vec{a}(2; -6)$ e $\vec{b}(3; 1)$ sono perpendicolari, perché:

$$\vec{a} \cdot \vec{b} = 2 \cdot 3 + (-6) \cdot 1 = 0.$$

► Scrivi le componenti di un vettore perpendicolare a $\vec{v}(-2; 4)$.

3 Matrici

► Esercizi a p. 1025

Per rappresentare un qualunque insieme di numeri, ordinato come in una tabella, si utilizza un quadro composto da righe e da colonne, delimitato a destra e a sinistra da due parentesi quadre.

$$\begin{bmatrix} 2 & 6 & 0 & -1 & 6 \\ 3 & 1 & 5 & 7 & 0 \\ 5 & 2 & -3 & 5 & 2 \end{bmatrix}$$

DEFINIZIONE

Dati $m \times n$ numeri, chiamiamo **matrice** $m \times n$ la tabella che li ordina in m righe e n colonne.

Listen to it

An $m \times n$ **matrix** is a rectangular array of numbers with m rows and n columns. Each number is called an **entry** of the matrix.

Gli $m \times n$ numeri presenti nella matrice sono gli **elementi** della matrice.
Se il numero delle righe è diverso da quello delle colonne, la matrice è **rettangolare**, altrimenti è **quadrata**.

ESEMPIO

Matrice rettangolare

$$\begin{bmatrix} 0 & 1 & 0 & 0 \\ 1 & 0 & 0 & 1 \end{bmatrix}$$

2 righe e 4 colonne

Matrice quadrata

$$\begin{bmatrix} 0 & 1 & 0 \\ 8 & 2 & 3 \\ 2 & 1 & 4 \end{bmatrix}$$

3 righe e 3 colonne

Per indicare gli elementi di una matrice $m \times n$, utilizziamo una lettera dell'alfabeto, per esempio a, munita di due indici; il primo indica il numero di riga e il secondo il numero di colonna. Per esempio, l'elemento a_{32} si trova all'incrocio fra la 3ª riga e la 2ª colonna.
Si è soliti indicare una matrice con lettere maiuscole: A, B, C, ….

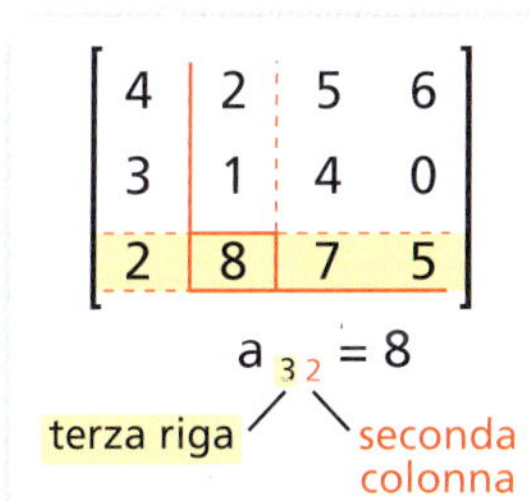

Due matrici vengono dette **dello stesso tipo** quando hanno lo stesso numero m di righe e n di colonne; e gli elementi che occupano lo stesso posto si dicono **elementi corrispondenti**.

Due matrici dello stesso tipo sono:

- **uguali** se gli elementi corrispondenti sono uguali;
- **opposte** se gli elementi corrispondenti sono opposti.

ESEMPIO

Le matrici $\begin{bmatrix} 1 & -3 & 2 \\ 2 & 1 & 0 \end{bmatrix}$ e $\begin{bmatrix} -1 & 3 & -2 \\ -2 & -1 & 0 \end{bmatrix}$ sono dello stesso tipo e opposte.

► Scrivi la matrice opposta di $\begin{bmatrix} -2 & 1 \\ 0 & 3 \end{bmatrix}$.

$$\begin{bmatrix} 0 & 0 & 0 \\ 0 & 0 & 0 \end{bmatrix}$$
matrice nulla

$$\begin{bmatrix} 1 & 3 & -2 & 4 \end{bmatrix}$$
matrice riga

$$\begin{bmatrix} 2 \\ -1 \end{bmatrix}$$
matrice colonna

Matrici particolari

Una **matrice** è **nulla** se tutti i suoi elementi sono uguali a 0.

La matrice nulla si indica con il simbolo O oppure O_{mn} se si vuole precisare il numero delle righe e delle colonne.

Una matrice formata:

- da una sola riga è una **matrice riga**;
- da una sola colonna è una **matrice colonna**.

DEFINIZIONE
Data la matrice A, la **matrice trasposta** di A si ottiene scambiando ordinatamente le righe della matrice iniziale con le sue colonne.

La trasposta di una matrice A si indica con A^T.

ESEMPIO
Data la matrice 2 × 3

$$A = \begin{bmatrix} -1 & 3 & 4 \\ 6 & 2 & -3 \end{bmatrix},$$

la sua trasposta è la matrice 3 × 2:

$$A^T = \begin{bmatrix} -1 & 6 \\ 3 & 2 \\ 4 & -3 \end{bmatrix}.$$

► Scrivi la trasposta di $\begin{bmatrix} 3 & 2 & 0 \\ -6 & 1 & 4 \end{bmatrix}$.

La trasposta della trasposta di una matrice A è la matrice stessa: $(A^T)^T = A$.

Matrici quadrate

Abbiamo già visto che una matrice è quadrata quando il numero di righe è uguale al numero di colonne.

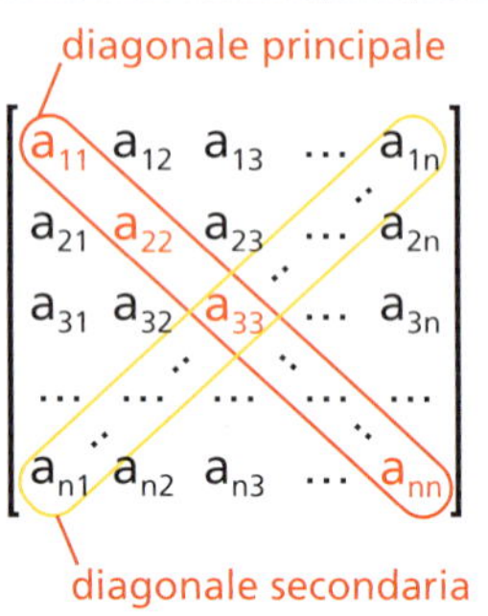

DEFINIZIONE
L'**ordine di una matrice quadrata** è il numero delle sue righe (o delle sue colonne).

La **diagonale principale** è formata da tutti gli elementi che si trovano sulla diagonale di estremi a_{11} e a_{nn}, nella figura è evidenziata in rosso. Di conseguenza, tali elementi hanno i due indici uguali fra loro ($a_{11}, a_{22}, a_{33}, \ldots$).
La **diagonale secondaria** è formata da tutti gli elementi che si trovano sulla diagonale di estremi a_{n1} e a_{1n}, nella figura è evidenziata in giallo.

ESEMPIO
Nella matrice a fianco, di ordine 3:
gli elementi della diagonale principale sono 5, 0, 3;
gli elementi della diagonale secondaria sono 2, 0, 8.

$$\begin{bmatrix} 5 & 6 & 8 \\ -2 & 0 & 1 \\ 2 & -4 & 3 \end{bmatrix}$$

► Scrivi gli elementi della diagonale principale e quelli della diagonale secondaria di $\begin{bmatrix} -2 & 0 & 1 \\ 3 & 4 & -1 \\ 1 & -5 & 0 \end{bmatrix}$.

DEFINIZIONE
Una matrice quadrata è una **matrice diagonale** quando tutti i suoi elementi sono nulli tranne quelli della diagonale principale.

ESEMPIO
$\begin{bmatrix} 4 & 0 & 0 \\ 0 & -3 & 0 \\ 0 & 0 & 7 \end{bmatrix}$ è una matrice diagonale di ordine 3.

DEFINIZIONE
Una matrice diagonale è una **matrice identica** (o matrice unità) quando gli elementi della diagonale principale sono tutti uguali a 1.

La matrice identica di ordine n si indica con I_n.

ESEMPIO

$$I_3 = \begin{bmatrix} 1 & 0 & 0 \\ 0 & 1 & 0 \\ 0 & 0 & 1 \end{bmatrix}$$ è una matrice identica.

4 Operazioni con le matrici

Addizione e sottrazione di due matrici

▶ Esercizi a p. 1026

DEFINIZIONE
La **somma di due matrici dello stesso tipo** è una matrice i cui elementi sono la somma degli elementi corrispondenti delle due matrici.

ESEMPIO

$$\begin{bmatrix} 1 & 4 \\ -2 & 3 \\ 6 & -5 \end{bmatrix} + \begin{bmatrix} -1 & 3 \\ 4 & 2 \\ -5 & 1 \end{bmatrix} = \begin{bmatrix} 1-1 & 4+3 \\ -2+4 & 3+2 \\ 6-5 & -5+1 \end{bmatrix} = \begin{bmatrix} 0 & 7 \\ 2 & 5 \\ 1 & -4 \end{bmatrix}$$

Non è possibile, invece, sommare due matrici che non siano dello stesso tipo.
Per esempio **non** si può eseguire la seguente addizione:

$$\begin{bmatrix} 1 & 3 & 2 \\ -1 & 0 & 4 \end{bmatrix} + \begin{bmatrix} 4 & -1 \\ 2 & -3 \end{bmatrix}.$$

Poiché il risultato di un'addizione fra matrici dello stesso tipo è ancora una matrice dello stesso tipo, l'addizione è un'**operazione interna** nell'insieme delle matrici dello stesso tipo.
L'addizione fra matrici gode delle *proprietà commutativa* e *associativa* e ammette come *elemento neutro* la matrice nulla dello stesso tipo.

DEFINIZIONE
La **differenza di due matrici dello stesso tipo** è la somma della prima matrice con l'opposta della seconda.

ESEMPIO

$$\begin{bmatrix} 1 & 4 \\ -2 & 3 \\ 6 & -5 \end{bmatrix} - \begin{bmatrix} -1 & 3 \\ 4 & 2 \\ -5 & 1 \end{bmatrix} = \begin{bmatrix} 1 & 4 \\ -2 & 3 \\ 6 & -5 \end{bmatrix} + \begin{bmatrix} 1 & -3 \\ -4 & -2 \\ 5 & -1 \end{bmatrix} = \begin{bmatrix} 2 & 1 \\ -6 & 1 \\ 11 & -6 \end{bmatrix}$$

MATEMATICA E INTERNET

Il ranking di Google
Ideato nel 1998 da Sergey Brin e Larry Page, Google è il motore di ricerca più utilizzato al mondo. Soddisfa milioni di richieste al giorno e cerca informazioni in un database di oltre otto miliardi di pagine web.

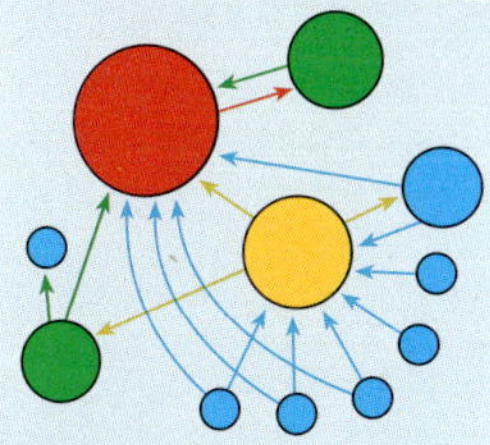

▶ Quale criterio utilizza Google per ordinare le pagine?

La risposta

▶ Calcola:
$\begin{bmatrix} -2 & 0 \\ 6 & -7 \end{bmatrix} + \begin{bmatrix} 3 & -3 \\ -2 & 1 \end{bmatrix}.$

Animazione

Nell'animazione ci sono le risoluzioni dei tre esercizi relativi alla somma e alla differenza di due matrici e al prodotto di una matrice per un numero.

▶ Calcola:
$\begin{bmatrix} 5 & -2 \\ -3 & -1 \end{bmatrix} - \begin{bmatrix} 0 & 1 \\ 3 & 2 \end{bmatrix}.$

TEORIA

Prodotto di una matrice per un numero reale

▶ Esercizi a p. 1027

DEFINIZIONE

Il **prodotto di una matrice per un numero reale *k*** è una matrice i cui elementi sono quelli corrispondenti della matrice iniziale moltiplicati per k.

▶ Calcola:
$\frac{1}{2} \cdot \begin{bmatrix} 6 & -4 \\ 3 & 0 \end{bmatrix}$.

ESEMPIO

$$3 \cdot \begin{bmatrix} 2 & -1 & 0 \\ -5 & 4 & -3 \end{bmatrix} = \begin{bmatrix} 6 & -3 & 0 \\ -15 & 12 & -9 \end{bmatrix}$$

Prodotto di matrici

▶ Esercizi a p. 1028

DEFINIZIONE

Il **prodotto scalare di una matrice riga** $1 \times n$ **per una matrice colonna** $n \times 1$ è il numero ottenuto sommando fra loro i prodotti degli elementi corrispondenti.

$$\begin{bmatrix} a & b & c \end{bmatrix} \cdot \begin{bmatrix} d \\ e \\ f \end{bmatrix} = a \cdot d + b \cdot e + c \cdot f$$

▶ Calcola il prodotto scalare:
$\begin{bmatrix} 3 & 2 & -1 \end{bmatrix} \cdot \begin{bmatrix} 0 \\ -1 \\ 4 \end{bmatrix}$.

ESEMPIO

Calcoliamo il prodotto scalare:

$$\begin{bmatrix} 2 & 0 & 1 \end{bmatrix} \cdot \begin{bmatrix} 3 \\ 4 \\ -2 \end{bmatrix} = 2 \cdot 3 + 0 \cdot 4 + 1 \cdot (-2) = 4.$$

Se la matrice riga e la matrice colonna hanno un numero diverso di elementi, **non** è possibile calcolare il prodotto scalare.

Utilizzando il prodotto scalare riga per colonna, definiamo ora il prodotto fra due matrici.

DEFINIZIONE

Il **prodotto di una matrice *A* di tipo $m \times n$ per una matrice *B* di tipo $n \times p$** è una matrice C di tipo $m \times p$, il cui elemento c_{hk} è dato dal prodotto scalare della riga numero h della prima matrice per la colonna numero k della seconda matrice.

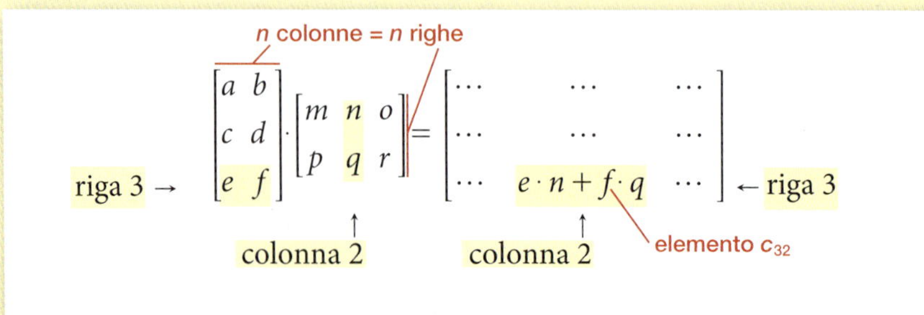

Se la prima matrice ha un numero di colonne diverso dal numero di righe della seconda matrice, **non** è possibile calcolare il prodotto.

Animazione

Nell'animazione trovi sia la risoluzione dell'esercizio qui sopra, sia quella dell'esercizio successivo relativo al prodotto di matrici.

ESEMPIO

Calcoliamo il prodotto fra una matrice 2×3 e una 3×3. Scriviamo la matrice prodotto 2×3 con gli elementi generici:

$$\begin{bmatrix} 2 & 0 & 1 \\ -1 & -2 & 3 \end{bmatrix} \cdot \begin{bmatrix} 1 & 0 & 3 \\ 5 & -1 & 4 \\ 0 & 1 & -2 \end{bmatrix} = \begin{bmatrix} a_{11} & a_{12} & a_{13} \\ a_{21} & a_{22} & a_{23} \end{bmatrix}.$$

Determiniamo gli elementi della prima riga della matrice prodotto moltiplicando la prima riga della prima matrice per tutte le colonne della seconda:

$$a_{11} = [2 \;\; 0 \;\; 1] \cdot \begin{bmatrix} 1 \\ 5 \\ 0 \end{bmatrix} = 2 \cdot 1 + 0 \cdot 5 + 1 \cdot 0 = 2.$$

Analogamente, otteniamo: $a_{12} = 1$, $a_{13} = 4$.

Gli elementi della prima riga della matrice prodotto sono: 2, 1, 4.

Calcoliamo gli elementi della seconda riga della matrice prodotto moltiplicando la seconda riga della prima matrice per tutte le colonne della seconda:

$$a_{21} = [-1 \;\; -2 \;\; 3] \cdot \begin{bmatrix} 1 \\ 5 \\ 0 \end{bmatrix} = -11.$$

Analogamente, otteniamo: $a_{22} = 5$, $a_{23} = -17$.
Gli elementi della seconda riga della matrice prodotto sono: -11, 5, -17.
Abbiamo allora:

$$\begin{bmatrix} 2 & 0 & 1 \\ -1 & -2 & 3 \end{bmatrix} \cdot \begin{bmatrix} 1 & 0 & 3 \\ 5 & -1 & 4 \\ 0 & 1 & -2 \end{bmatrix} = \begin{bmatrix} 2 & 1 & 4 \\ -11 & 5 & -17 \end{bmatrix}.$$

▶ Calcola:
$\begin{bmatrix} 1 & 0 \\ -2 & 4 \end{bmatrix} \cdot \begin{bmatrix} -3 & 3 & 1 \\ 1 & 0 & -2 \end{bmatrix}$.

Se A e B sono due matrici qualsiasi, è possibile eseguire i prodotti $A \cdot B$ e $B \cdot A$ se e solo se A è di tipo $m \times n$ e B di tipo $n \times m$. La condizione è verificata se, in particolare, A e B sono matrici quadrate dello stesso ordine. Inoltre, una matrice può moltiplicare se stessa soltanto se è quadrata.

Applicando la definizione di prodotto di matrici, possiamo anche calcolare la **potenza n-esima** di una matrice quadrata che definiamo:

$$A^n = \underbrace{A \cdot A \cdot \ldots \cdot A}_{n \text{ volte}}, \quad \text{con } n \geq 2.$$

Proprietà della moltiplicazione

In generale, la moltiplicazione fra matrici quadrate **non** è commutativa.

ESEMPIO

Consideriamo: $A = \begin{bmatrix} 1 & 0 \\ -1 & 2 \end{bmatrix}$, $B = \begin{bmatrix} 2 & -1 \\ 0 & 0 \end{bmatrix}$.

Calcoliamo i prodotti: $A \cdot B = \begin{bmatrix} 2 & -1 \\ -2 & 1 \end{bmatrix}$, $B \cdot A = \begin{bmatrix} 3 & -2 \\ 0 & 0 \end{bmatrix}$.

Quindi: $A \cdot B \neq B \cdot A$.

▶ Verifica che se
$A = \begin{bmatrix} 3 & 0 \\ -1 & 2 \end{bmatrix}$ e $B = \begin{bmatrix} 1 & 5 \\ -1 & 0 \end{bmatrix}$,
$A \cdot B \neq B \cdot A$.

Se per due matrici A e B vale $A \cdot B = B \cdot A$, allora A e B si dicono **commutabili**.

Per esempio, puoi verificare che le matrici $A = \begin{bmatrix} 2 & 0 \\ 0 & -1 \end{bmatrix}$ e $B = \begin{bmatrix} 3 & 0 \\ 0 & 2 \end{bmatrix}$ sono commutabili.

In generale, sono commutabili le matrici diagonali dello stesso ordine.

Enunciamo le proprietà di cui gode la moltiplicazione fra matrici, supponendo che per le matrici A, B e C sia possibile calcolare le somme e i prodotti indicati:

- *proprietà associativa*: $(A \cdot B) \cdot C = A \cdot (B \cdot C)$;
- *proprietà distributiva* (a sinistra e a destra) della moltiplicazione rispetto all'addizione:

$$A \cdot (B + C) = A \cdot B + A \cdot C; \qquad (A + B) \cdot C = A \cdot C + B \cdot C.$$

Inoltre, se A e B sono matrici quadrate di ordine n:

- $A \cdot O = O \cdot A = O$;
- $A \cdot I_n = I_n \cdot A = A$, quindi la matrice identica di ordine n è l'*elemento neutro* della moltiplicazione fra matrici quadrate di ordine n;
- $(A \cdot B)^T = B^T \cdot A^T$.

Vale anche la proprietà distributiva della moltiplicazione di un numero rispetto all'addizione di matrici:

$$\alpha \cdot (A + B) = \alpha \cdot A + \alpha \cdot B, \qquad \alpha \in \mathbb{R}.$$

Non vale la legge di annullamento del prodotto. Infatti, la matrice prodotto $A \cdot B$ può essere la matrice nulla O senza che siano nulle le matrici A e B.
In tal caso le matrici A e B si dicono **divisori dello zero**.

ESEMPIO

$A = \begin{bmatrix} \frac{1}{3} & 1 \\ 2 & 6 \end{bmatrix}$ e $B = \begin{bmatrix} 3 & 0 \\ -1 & 0 \end{bmatrix}$ sono divisori dello zero.

Infatti $A \cdot B = \begin{bmatrix} 0 & 0 \\ 0 & 0 \end{bmatrix}$.

Non vale la legge di cancellazione, ossia si può verificare che $A \cdot B = A \cdot C$, ma $B \neq C$.

ESEMPIO

$A = \begin{bmatrix} 1 & -2 \\ -2 & 4 \end{bmatrix}$, $B = \begin{bmatrix} 4 \\ 0 \end{bmatrix}$, $C = \begin{bmatrix} 6 \\ 1 \end{bmatrix}$. $A \cdot B = A \cdot C = \begin{bmatrix} 4 \\ -8 \end{bmatrix}$, ma $B \neq C$.

Vettori e matrici

Se esprimiamo i vettori mediante le loro componenti cartesiane, possiamo associarli a matrici riga o a matrici colonna. Le operazioni fra i vettori trovano corrispondenza con quelle fra le matrici associate.

ESEMPIO

$\vec{a}(7; 2)$ e $\vec{b}(-1; 1)$ sono associati alle matrici riga $[7 \quad 2]$ e $[-1 \quad 1]$.

Abbiamo le seguenti corrispondenze fra operazioni.

Operazioni fra i vettori	Operazioni fra le matrici corrispondenti
$\vec{a}+\vec{b}=(7-1;2+1)=(6;3)$	$[7 \quad 2]+[-1 \quad 1]=[7-1 \quad 2+1]=[6 \quad 3]$
$\vec{a}-\vec{b}=(7+1;2-1)=(8;1)$	$[7 \quad 2]-[-1 \quad 1]=[7+1 \quad 2-1]=[8 \quad 1]$
$3\cdot\vec{a}=(3\cdot 7;3\cdot 2)=(21;6)$	$3\cdot[7 \quad 2]=[3\cdot 7 \quad 3\cdot 2]=[21 \quad 6]$
$\vec{a}\cdot\vec{b}=7\cdot(-1)+2\cdot 1=-5$	Considerata la trasposta di $[-1 \quad 1]$: $[7 \quad 2]\bullet\begin{bmatrix}-1\\1\end{bmatrix}=7\cdot(-1)+2\cdot 1=-5.$

Per sottolineare la corrispondenza che abbiamo esaminato, le matrici riga e le matrici colonna sono anche dette rispettivamente **vettori riga** e **vettori colonna**.

5 Determinanti

▶ Esercizi a p. 1032

A ogni matrice quadrata viene associato un numero reale, detto **determinante** della matrice. Per indicare il determinante scriviamo «det» davanti alla matrice, oppure gli elementi della matrice fra due linee verticali.

$$\text{Se } A=\begin{bmatrix}a_{11} & a_{12} & \dots & a_{1n}\\ \dots & \dots & \dots & \dots\\ a_{n1} & a_{n2} & \dots & a_{nn}\end{bmatrix}\to \det A=\begin{vmatrix}a_{11} & a_{12} & \dots & a_{1n}\\ \dots & \dots & \dots & \dots\\ a_{n1} & a_{n2} & \dots & a_{nn}\end{vmatrix}.$$

Prendiamo in esame i determinanti delle matrici del primo, secondo e terzo ordine.

DEFINIZIONE

Il **determinante di una matrice del primo ordine** è uguale al numero stesso che compare nella matrice.

$$\det[a]=a$$

ESEMPIO

$$\det[-14]=-14.$$

DEFINIZIONE

Il **determinante di una matrice del secondo ordine** è uguale alla differenza fra il prodotto dei due elementi della diagonale principale e il prodotto dei due elementi della diagonale secondaria.

$$\begin{vmatrix}a & b\\ c & d\end{vmatrix}=a\cdot d-b\cdot c$$

Listen to it

The **determinant** of a 2×2 matrix is the difference between the products of the two diagonals of the matrix.

ESEMPIO

$$\det\begin{bmatrix}-5 & 3\\ -1 & 7\end{bmatrix}=\begin{vmatrix}-5 & 3\\ -1 & 7\end{vmatrix}=-5\cdot 7-3\cdot(-1)=-32$$

▶ Calcola

$\det\begin{bmatrix}2 & 0\\ -3 & 5\end{bmatrix}$.

TEORIA

Determinante di una matrice di ordine 3

Per calcolare il determinante di una matrice di ordine 3 illustriamo un procedimento che riconduce il calcolo ai determinanti di ordine 2.
Si può utilizzare lo stesso procedimento anche per il calcolo dei determinanti di matrici di ordine maggiore di 3.

$$\begin{bmatrix} a_{11} & a_{12} & a_{13} \\ a_{21} & a_{22} & a_{23} \\ a_{31} & a_{32} & a_{33} \end{bmatrix}$$

Consideriamo una matrice A di ordine 3 e analizziamo gli elementi della prima riga. I termini a_{11} e a_{13} sono detti di **classe pari** perché la somma dei loro indici è un numero pari, mentre a_{12} è detto di **classe dispari** perché la somma dei suoi indici è un numero dispari.

DEFINIZIONE

Data una matrice A, un elemento a_{ij} è di **classe pari (dispari)** se $i+j$ è un numero pari (dispari).

Complemento algebrico

Nella matrice A scegliamo un elemento di classe pari, per esempio a_{11}, e sopprimiamo la riga e la colonna cui appartiene l'elemento scelto.
Otteniamo in questo modo una nuova matrice di ordine 2, di cui calcoliamo il determinante, che facciamo precedere dal segno +:

$$\begin{bmatrix} a_{11} & a_{12} & a_{13} \\ a_{21} & a_{22} & a_{23} \\ a_{31} & a_{32} & a_{33} \end{bmatrix} \rightarrow A_{11} = +\begin{vmatrix} a_{22} & a_{23} \\ a_{32} & a_{33} \end{vmatrix}.$$

A_{11} è detto complemento algebrico di a_{11}.

Ripetiamo il procedimento per un elemento di classe dispari, per esempio a_{12}. In corrispondenza dell'elemento, sopprimiamo la prima riga e la seconda colonna.

Della nuova matrice di ordine 2 calcoliamo il determinante e ne consideriamo l'opposto:

$$\begin{bmatrix} a_{11} & a_{12} & a_{13} \\ a_{21} & a_{22} & a_{23} \\ a_{31} & a_{32} & a_{33} \end{bmatrix} \rightarrow A_{12} = -\begin{vmatrix} a_{21} & a_{23} \\ a_{31} & a_{33} \end{vmatrix}.$$

A_{12} è detto complemento algebrico di a_{12}.

Osserva che il segno + o il segno − viene attribuito a seconda che l'elemento a_{ij} sia di classe pari o dispari.

Definiamo il complemento algebrico per un elemento qualsiasi a_{ij}.

DEFINIZIONE

Il **complemento algebrico di un elemento a_{ij}** di una matrice A di ordine 3 è il determinante della matrice di ordine 2 ottenuta da A sopprimendo la riga e la colonna cui l'elemento appartiene, preceduto dal segno + o dal segno − a seconda che a_{ij} sia di classe pari o dispari.

Si può dimostrare che la somma dei prodotti degli elementi di una riga (o colonna) per i rispettivi complementi algebrici **non** dipende dalla riga (o colonna) considerata. Il numero che si ottiene è il **determinante** della matrice.

In particolare, definiamo il determinante di una matrice del terzo ordine.

DEFINIZIONE

Il **determinante di una matrice del terzo ordine** è uguale alla somma dei prodotti degli elementi di una qualunque riga (o colonna) per i rispettivi complementi algebrici.

$$\begin{vmatrix} a_{11} & a_{12} & a_{13} \\ a_{21} & a_{22} & a_{23} \\ a_{31} & a_{32} & a_{33} \end{vmatrix} = a_{11} \cdot A_{11} + a_{12} \cdot A_{12} + a_{13} \cdot A_{13},$$

con $A_{11} = \begin{vmatrix} a_{22} & a_{23} \\ a_{32} & a_{33} \end{vmatrix}$, $A_{12} = -\begin{vmatrix} a_{21} & a_{23} \\ a_{31} & a_{33} \end{vmatrix}$, $A_{13} = \begin{vmatrix} a_{21} & a_{22} \\ a_{31} & a_{32} \end{vmatrix}$.

ESEMPIO

Per calcolare il seguente determinante consideriamo gli elementi della prima riga. Otterremmo lo stesso risultato partendo da una qualunque altra riga o colonna.

$$\begin{vmatrix} 3 & 1 & 2 \\ 1 & 4 & 5 \\ 2 & 3 & 3 \end{vmatrix} = 3 \cdot \begin{vmatrix} 4 & 5 \\ 3 & 3 \end{vmatrix} - 1 \cdot \begin{vmatrix} 1 & 5 \\ 2 & 3 \end{vmatrix} + 2 \cdot \begin{vmatrix} 1 & 4 \\ 2 & 3 \end{vmatrix} =$$

$$3(12-15) - 1(3-10) + 2(3-8) = -9 + 7 - 10 = -12.$$

▶ Calcola $\det \begin{bmatrix} 0 & 1 & -2 \\ -3 & 2 & 5 \\ 3 & -1 & 2 \end{bmatrix}$.

Regola di Sarrus

È possibile calcolare il determinante di una matrice del terzo ordine in un altro modo, facendo uso della regola di Sarrus, valida **solo** per i determinanti del **terzo** ordine.

ESEMPIO

Calcoliamo il determinante dell'esempio precedente con la regola di Sarrus.

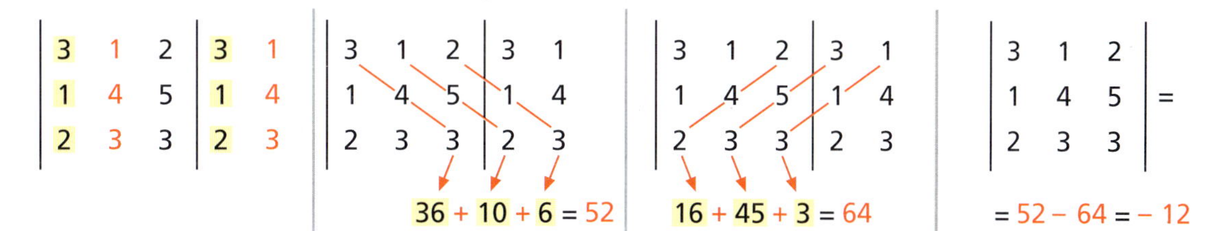

a. Ricopiamo a destra del determinante i termini delle prime due colonne della matrice.

b. Moltiplichiamo i termini lungo la diagonale principale e lungo le due diagonali parallele a essa; scriviamo i prodotti e li sommiamo.

c. Ripetiamo il procedimento moltiplicando i termini lungo la diagonale secondaria e lungo le due diagonali parallele a essa; scriviamo i prodotti e li sommiamo.

d. Il determinante è uguale alla differenza fra la prima e la seconda somma di prodotti.

In generale, per una matrice A di ordine 3 abbiamo:

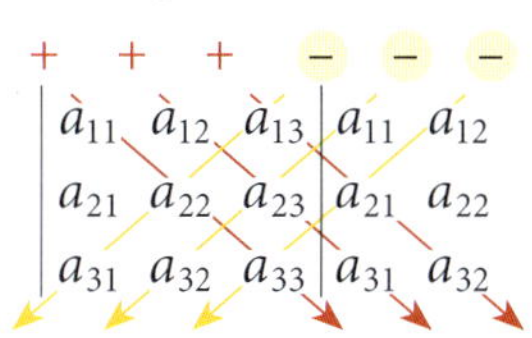

$$\det A = a_{11}a_{22}a_{33} + a_{12}a_{23}a_{31} + a_{13}a_{21}a_{32} - a_{13}a_{22}a_{31} - a_{11}a_{23}a_{32} - a_{12}a_{21}a_{33}.$$

▶ Calcola con la regola di Sarrus:
$\begin{vmatrix} 2 & 3 & -2 \\ -1 & 4 & -3 \\ 0 & 1 & 1 \end{vmatrix}$.

Animazione

TEORIA

6 Matrice inversa

▶ Esercizi a p. 1036

DEFINIZIONE

La **matrice inversa di una matrice quadrata** A di ordine n è la matrice quadrata A^{-1} tale che:

$$A \cdot A^{-1} = A^{-1} \cdot A = I_n.$$

Non tutte le matrici quadrate ammettono la matrice inversa. Se una matrice ha la matrice inversa, si dice **invertibile**.
Si dimostra che **condizione necessaria e sufficiente affinché una matrice sia invertibile è che il suo determinante sia diverso da 0.**

Inversa di una matrice di ordine 2

Si può dimostrare che, data una matrice $A = \begin{bmatrix} a & b \\ c & d \end{bmatrix}$, la sua inversa è

$$A^{-1} = \frac{1}{\det A} \cdot \begin{bmatrix} d & -b \\ -c & a \end{bmatrix}, \quad \text{con } \det A \neq 0.$$

ESEMPIO

Se $A = \begin{bmatrix} 2 & 0 \\ 4 & 1 \end{bmatrix}$:

$$A^{-1} = \frac{1}{\begin{vmatrix} 2 & 0 \\ 4 & 1 \end{vmatrix}} \cdot \begin{bmatrix} 1 & 0 \\ -4 & 2 \end{bmatrix} = \frac{1}{2} \cdot \begin{bmatrix} 1 & 0 \\ -4 & 2 \end{bmatrix} = \begin{bmatrix} \frac{1}{2} & 0 \\ -2 & 1 \end{bmatrix}.$$

Verifica:

$$A \cdot A^{-1} = \begin{bmatrix} 2 & 0 \\ 4 & 1 \end{bmatrix} \cdot \begin{bmatrix} \frac{1}{2} & 0 \\ -2 & 1 \end{bmatrix} = \begin{bmatrix} 1 & 0 \\ 0 & 1 \end{bmatrix} = I_2;$$

$$A^{-1} \cdot A = \begin{bmatrix} \frac{1}{2} & 0 \\ -2 & 1 \end{bmatrix} \cdot \begin{bmatrix} 2 & 0 \\ 4 & 1 \end{bmatrix} = \begin{bmatrix} 1 & 0 \\ 0 & 1 \end{bmatrix} = I_2.$$

▶ Determina l'inversa della matrice:

$A = \begin{bmatrix} 3 & -2 \\ 5 & 0 \end{bmatrix}$.

Verifica che:

$A \cdot A^{-1} = A^{-1} \cdot A = I_2$.

Animazione

Inversa di una matrice di ordine 3

Vediamo con un esempio il procedimento per calcolarla.

Data la matrice A, calcoliamo il suo determinante D:

$$A = \begin{bmatrix} -1 & 2 & 0 \\ 3 & -2 & 1 \\ 1 & -1 & 2 \end{bmatrix}; \quad D = \begin{vmatrix} -1 & 2 & 0 \\ 3 & -2 & 1 \\ 1 & -1 & 2 \end{vmatrix} = 4 + 2 + 0 - (0 + 1 + 12) = -7.$$

Calcoliamo poi i complementi algebrici di tutti gli elementi di A.

$$A_{11} = \begin{vmatrix} -2 & 1 \\ -1 & 2 \end{vmatrix} = -3; \qquad A_{12} = -\begin{vmatrix} 3 & 1 \\ 1 & 2 \end{vmatrix} = -5; \qquad A_{13} = \begin{vmatrix} 3 & -2 \\ 1 & -1 \end{vmatrix} = -1;$$

$$A_{21} = -\begin{vmatrix} 2 & 0 \\ -1 & 2 \end{vmatrix} = -4; \qquad A_{22} = \begin{vmatrix} -1 & 0 \\ 1 & 2 \end{vmatrix} = -2; \qquad A_{23} = -\begin{vmatrix} -1 & 2 \\ 1 & -1 \end{vmatrix} = 1;$$

$$A_{31} = \begin{vmatrix} 2 & 0 \\ -2 & 1 \end{vmatrix} = 2; \qquad A_{32} = -\begin{vmatrix} -1 & 0 \\ 3 & 1 \end{vmatrix} = 1; \qquad A_{33} = \begin{vmatrix} -1 & 2 \\ 3 & -2 \end{vmatrix} = -4.$$

Dividiamo ora ciascun complemento algebrico per il determinante D della matrice A. I numeri così ottenuti sono detti **reciproci** degli elementi di A. Per esempio, $\frac{A_{11}}{D}$ è il reciproco di a_{11}.

Scriviamo infine la matrice quadrata A^{-1} del terzo ordine, ottenuta considerando la trasposta della matrice formata dai reciproci di tutti gli elementi di A:

$$A^{-1} = \begin{bmatrix} \frac{A_{11}}{D} & \frac{A_{21}}{D} & \frac{A_{31}}{D} \\ \frac{A_{12}}{D} & \frac{A_{22}}{D} & \frac{A_{32}}{D} \\ \frac{A_{13}}{D} & \frac{A_{23}}{D} & \frac{A_{33}}{D} \end{bmatrix} \rightarrow A^{-1} = \begin{bmatrix} \frac{3}{7} & \frac{4}{7} & -\frac{2}{7} \\ \frac{5}{7} & \frac{2}{7} & -\frac{1}{7} \\ \frac{1}{7} & -\frac{1}{7} & \frac{4}{7} \end{bmatrix}.$$

Verifichiamo che A^{-1} è la matrice inversa di A, ossia che i prodotti $A \cdot A^{-1}$ e $A^{-1} \cdot A$ sono uguali alla matrice identica di ordine 3:

$$A \cdot A^{-1} = \begin{bmatrix} -1 & 2 & 0 \\ 3 & -2 & 1 \\ 1 & -1 & 2 \end{bmatrix} \cdot \begin{bmatrix} \frac{3}{7} & \frac{4}{7} & -\frac{2}{7} \\ \frac{5}{7} & \frac{2}{7} & -\frac{1}{7} \\ \frac{1}{7} & -\frac{1}{7} & \frac{4}{7} \end{bmatrix} = \begin{bmatrix} 1 & 0 & 0 \\ 0 & 1 & 0 \\ 0 & 0 & 1 \end{bmatrix} = I_3;$$

$$A^{-1} \cdot A = \begin{bmatrix} \frac{3}{7} & \frac{4}{7} & -\frac{2}{7} \\ \frac{5}{7} & \frac{2}{7} & -\frac{1}{7} \\ \frac{1}{7} & -\frac{1}{7} & \frac{4}{7} \end{bmatrix} \cdot \begin{bmatrix} -1 & 2 & 0 \\ 3 & -2 & 1 \\ 1 & -1 & 2 \end{bmatrix} = \begin{bmatrix} 1 & 0 & 0 \\ 0 & 1 & 0 \\ 0 & 0 & 1 \end{bmatrix} = I_3.$$

Lo stesso procedimento si può utilizzare per ottenere la matrice inversa di una matrice A di ordine n.

► Determina la matrice inversa A^{-1} di

$$A = \begin{bmatrix} 1 & 0 & -2 \\ 0 & 3 & 1 \\ 1 & 0 & -1 \end{bmatrix}.$$

Animazione

7 Matrici e geometria analitica

► Esercizi a p. 1038

Area di un triangolo

Consideriamo il triangolo di vertici $A_1(x_1; y_1)$, $A_2(x_2; y_2)$ e $A_3(x_3; y_3)$.
La sua area $\mathscr{A}$ è data dal seguente valore assoluto:

$$\mathscr{A} = \left| \frac{1}{2} \begin{vmatrix} x_1 & y_1 & 1 \\ x_2 & y_2 & 1 \\ x_3 & y_3 & 1 \end{vmatrix} \right|$$

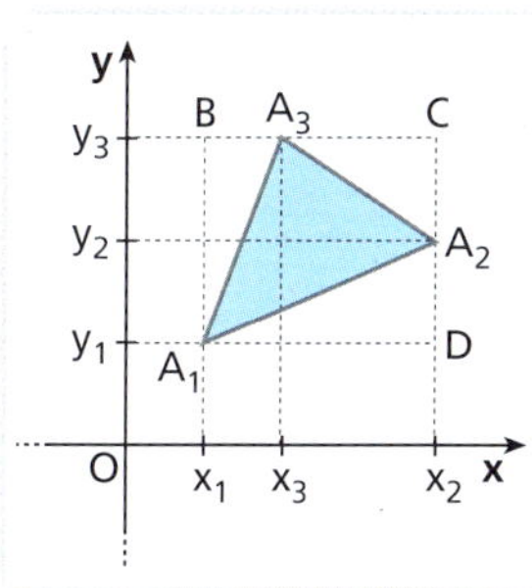

Si può verificare la formula utilizzando la figura e calcolando l'area del triangolo come differenza fra l'area del rettangolo A_1BCD e la somma di quelle dei triangoli rettangoli A_1BA_3, A_3CA_2, A_1A_2D.

ESEMPIO

Calcoliamo l'area del triangolo ABC, dove $A(1; 2)$, $B(3; 7)$ e $C(5; -2)$:

$$\begin{vmatrix} 1 & 2 & 1 \\ 3 & 7 & 1 \\ 5 & -2 & 1 \end{vmatrix} = 7 + 10 - 6 - 35 + 2 - 6 = -28.$$

Perciò l'area vale $\mathcal{A} = \left| \frac{1}{2}(-28) \right| = 14.$

Retta passante per due punti

Dati i punti $A_1(x_1; y_1)$ e $A_2(x_2; y_2)$, l'equazione della retta passante per A_1 e A_2 è data da:

$$\begin{vmatrix} x & y & 1 \\ x_1 & y_1 & 1 \\ x_2 & y_2 & 1 \end{vmatrix} = 0.$$

Infatti, se tre punti sono allineati, l'area del triangolo da essi formato è nulla.

ESEMPIO

L'equazione della retta passante per $A(2; 3)$ e $B(4; 4)$ è:

$$\begin{vmatrix} x & y & 1 \\ 2 & 3 & 1 \\ 4 & 4 & 1 \end{vmatrix} = 0, \text{ ossia } -x + 2y - 4 = 0.$$

▶ Mediante un determinante, scrivi l'equazione della retta passante per $A(-1; 3)$ e $B(0; 5)$.

Coniche

L'equazione generale di una conica è:

$$Ax^2 + Bxy + Cy^2 + Dx + Ey + F = 0.$$

Una conica può essere classificata mediante la seguente matrice, detta **matrice associata** alla conica:

$$\begin{bmatrix} A & \frac{B}{2} & \frac{D}{2} \\ \frac{B}{2} & C & \frac{E}{2} \\ \frac{D}{2} & \frac{E}{2} & F \end{bmatrix}.$$

Se il determinante della matrice associata è diverso da 0, la conica è non degenere. In caso contrario la conica è degenere.
La determinazione del tipo di conica dipende dal valore del determinante:

$$I = \begin{vmatrix} A & \frac{B}{2} \\ \frac{B}{2} & C \end{vmatrix} = AC - \frac{B^2}{4} = \frac{4AC - B^2}{4} = -\frac{B^2 - 4AC}{4}.$$

Tale determinante viene detto **invariante quadratico *I***.

- Se $I < 0$, la conica è un'iperbole (equilatera se $A = -C$);
- Se $I = 0$, la conica è una parabola;
- Se $I > 0$, la conica è un'ellisse (una circonferenza se $A = C$ e $B = 0$).

Video

Matrici e coniche
Le matrici possono essere utilizzate per classificare le coniche.
▶ Cos'è la matrice associata a una conica?
▶ Perché è importante l'invariante quadratico?

ESEMPIO

Classifichiamo le coniche seguenti:

1. $x^2 - 2xy + y^2 + 8x + 8y = 0$;
2. $x^2 - xy - 6y^2 - x + 13y - 6 = 0$.

1. La matrice associata alla conica è:

$$A = \begin{bmatrix} 1 & -1 & 4 \\ -1 & 1 & 4 \\ 4 & 4 & 0 \end{bmatrix}, \text{ con } \det A = -16 - 16 - 16 - 16 = -64.$$

Poiché $\det A \neq 0$, la conica non è degenere.

Per individuare di quale conica si tratta, calcoliamo l'invariante quadratico I:

$$I = \begin{vmatrix} 1 & -1 \\ -1 & 1 \end{vmatrix} = 1 - 1 = 0.$$

Essendo $I = 0$, la conica è una parabola.

2. La matrice associata alla conica è:

$$A = \begin{bmatrix} 1 & -\frac{1}{2} & -\frac{1}{2} \\ -\frac{1}{2} & -6 & \frac{13}{2} \\ -\frac{1}{2} & \frac{13}{2} & -6 \end{bmatrix},$$

$$\text{con } \det A = 36 + \frac{13}{8} + \frac{13}{8} + \frac{3}{2} - \frac{169}{4} + \frac{3}{2} = 0.$$

Poiché $\det A = 0$, la conica è degenere.

Per individuare di quale conica si tratta, calcoliamo l'invariante quadratico I:

$$I = \begin{vmatrix} 1 & -\frac{1}{2} \\ -\frac{1}{2} & -6 \end{vmatrix} = -6 - \frac{1}{4} = -\frac{25}{4} < 0 \quad \rightarrow \quad \text{la conica è un'iperbole (degenere).}$$

Consideriamo l'equazione della conica data come un'equazione in y di secondo grado e ricaviamo y:

$$6y^2 - y(13 - x) + (-x^2 + x + 6) = 0$$

$$y = \frac{13 - x \pm \sqrt{(13 - x)^2 - 24(-x^2 + x + 6)}}{12} = \frac{13 - x \pm (5x - 5)}{12} =$$

$$= -\frac{1}{2}x + \frac{3}{2}, \quad \frac{1}{3}x + \frac{2}{3}.$$

L'equazione della conica può quindi essere scritta come:

$$\left(y + \frac{1}{2}x - \frac{3}{2}\right)\left(y - \frac{1}{3}x - \frac{2}{3}\right) = 0 \quad \rightarrow \quad (x + 2y - 3)(x - 3y + 2) = 0.$$

La conica data è perciò un'iperbole degenere in due rette incidenti di equazioni:

$$x + 2y - 3 = 0 \text{ e } x - 3y + 2 = 0.$$

▶ Classifica la conica di equazione:
$x^2 + 2xy + 2y^2 - 4x + 2y = 0$.

IN SINTESI
Vettori, matrici, determinanti

Vettori

- Un vettore $\vec{v}$ è caratterizzato da **modulo**, **direzione** e **verso**.
- Il **versore** di un vettore $\vec{v}$ ha modulo 1 e direzione e verso di $\vec{v}$.
- Il vettore $-\vec{v}$ **opposto** di $\vec{v}$ ha lo stesso modulo e la stessa direzione di $\vec{v}$ ma verso opposto.

Operazioni con i vettori		
Somma	**Differenza**	**Prodotto scalare**
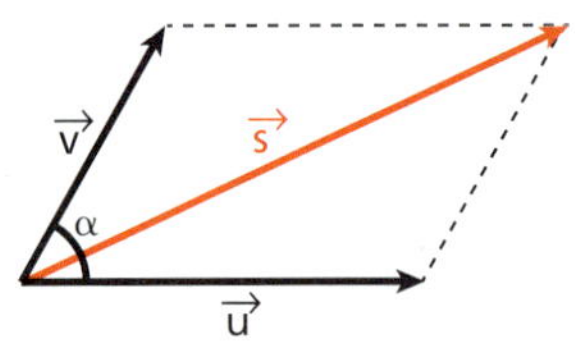	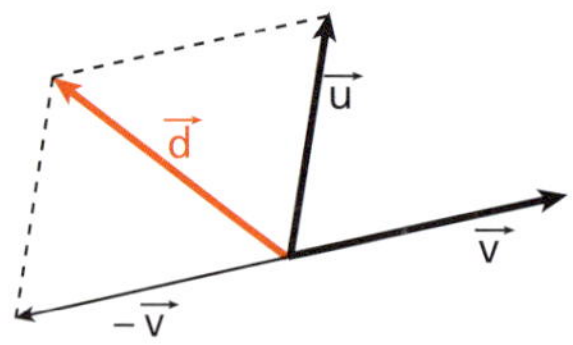	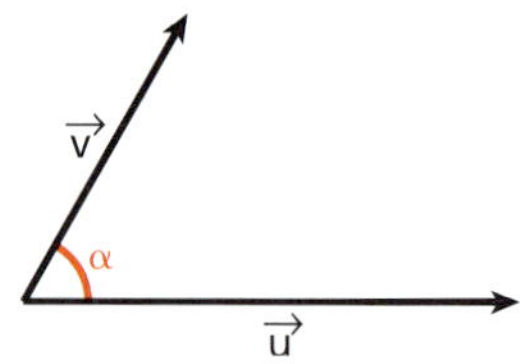
$s = \sqrt{u^2 + v^2 + 2u \cdot v \cdot \cos\alpha}$	$\vec{d} = \vec{u} - \vec{v} = \vec{u} + (-\vec{v})$	$\vec{u} \cdot \vec{v} = uv\cos\alpha$

- Dato $\vec{a}(a_x; a_y)$, a_x e a_y sono le **componenti cartesiane** di $\vec{a}$.
  $a = \sqrt{a_x^2 + a_y^2}$; $\quad a_x = a\cos\alpha$; $\quad a_y = a\sin\alpha$.
- Dati $\vec{a}(a_x; a_y)$ e $\vec{b}(b_x; b_y)$:
  $\vec{a} + \vec{b} = (a_x + b_x; a_y + b_y)$; $\vec{a} - \vec{b} = (a_x - b_x; a_y - b_y)$;
  $k\vec{a} = (ka_x; ka_y)$; $\vec{a} \cdot \vec{b} = a_x b_x + a_y b_y$.
- **Condizione di parallelismo**: $\vec{a} \parallel \vec{b} \leftrightarrow \vec{a} = k\vec{b} \leftrightarrow \frac{a_x}{b_x} = \frac{a_y}{b_y}$.
- **Condizione di perpendicolarità**: $\vec{a} \perp \vec{b} \leftrightarrow \vec{a} \cdot \vec{b} = 0 \leftrightarrow a_x b_x + a_y b_y = 0$.

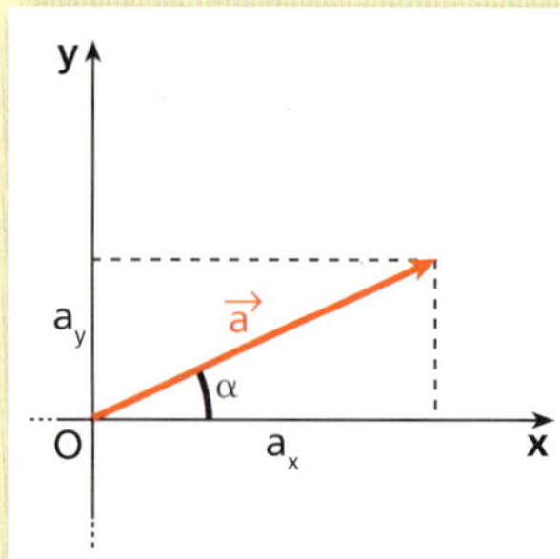

Matrici

- Una **matrice** $m \times n$ è una tabella che ordina $m \times n$ numeri in m righe e n colonne.

$$\begin{bmatrix} 3 & 7 & 1 \\ -2 & 4 & 0 \end{bmatrix}$$

due righe — tre colonne — matrice 2×3

- Due matrici sono **dello stesso tipo** se hanno lo stesso numero di righe e di colonne.
- Due matrici dello stesso tipo sono **uguali** se gli elementi corrispondenti che occupano lo stesso posto sono uguali; sono **opposte** quando gli elementi corrispondenti sono opposti.
- Una **matrice riga** è formata da una sola riga, una **matrice colonna** da una sola colonna.
- La **matrice trasposta** di una matrice si ottiene da quella data scambiando le righe con le colonne.
- Una matrice è **quadrata** se il numero di righe è uguale al numero di colonne. L'**ordine della matrice** è il numero delle sue righe (o colonne).
- In una matrice quadrata A di ordine n la diagonale che va dall'elemento a_{11} all'elemento a_{nn} è la **diagonale principale**, quella che va da a_{n1} ad a_{1n} è la **diagonale secondaria**.

$$\begin{bmatrix} 1 & -2 & 6 \\ 4 & 3 & 1 \\ -1 & 0 & 2 \end{bmatrix}$$

diagonale principale — diagonale secondaria

- Una matrice quadrata è una **matrice identica** (o matrice unità) quando gli elementi della diagonale principale sono tutti uguali a 1 e tutti gli altri elementi sono nulli.

Operazioni con le matrici

- La **somma** (o la **differenza**) **di due matrici** dello stesso tipo è una matrice ancora dello stesso tipo i cui elementi sono la somma (o la differenza) degli elementi corrispondenti delle due matrici.
- Il **prodotto di una matrice per un numero reale k** è una matrice dello stesso tipo i cui elementi sono gli elementi corrispondenti della matrice originale moltiplicati per k.
- Il **prodotto scalare di una matrice riga $1 \times n$ per una matrice colonna $n \times 1$** è il numero ottenuto sommando fra loro i prodotti degli elementi corrispondenti.
- Il **prodotto di una matrice $m \times n$ per una matrice $n \times p$** è una matrice $m \times p$ il cui elemento c_{hk} è il prodotto scalare della riga h della prima matrice per la colonna k della seconda matrice.

Determinanti

- Il **determinante** di una matrice del **secondo ordine** è la differenza fra il prodotto dei due elementi della diagonale principale e il prodotto dei due elementi della diagonale secondaria.

$$\begin{vmatrix} a & b \\ c & d \end{vmatrix} = a \cdot d - b \cdot c$$

- Un elemento a_{ij} si dice di **classe pari** (**dispari**) se $i + j$ è un numero pari (dispari).
- Il **complemento algebrico A_{ij} di un elemento a_{ij}** di una matrice A di ordine 3 è il determinante della matrice di ordine 2 ottenuta da A sopprimendo la riga e la colonna cui l'elemento appartiene, preceduto dal segno + o dal segno − a seconda che a_{ij} sia di classe pari o dispari.
- Il **determinante** di una matrice del **terzo ordine** è uguale alla somma dei prodotti degli elementi di una qualunque riga (o colonna) per i rispettivi complementi algebrici.

$$\begin{vmatrix} a_{11} & a_{12} & a_{13} \\ a_{21} & a_{22} & a_{23} \\ a_{31} & a_{32} & a_{33} \end{vmatrix} = a_{11} \cdot A_{11} + a_{12} \cdot A_{12} + a_{13} \cdot A_{13}$$

- È possibile calcolare un determinante del terzo ordine in un altro modo, facendo uso della **regola di Sarrus**.

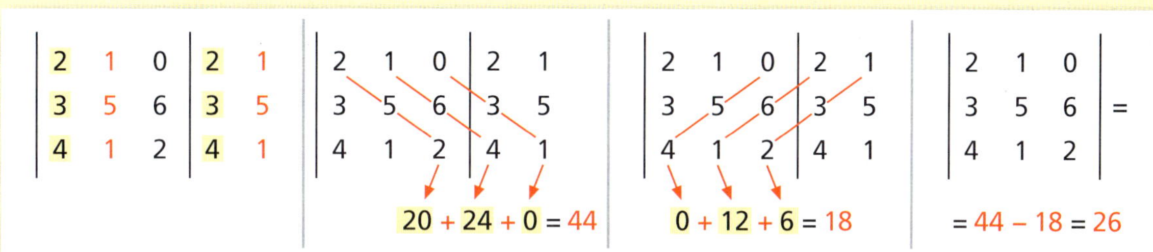

Matrice inversa

- La **matrice inversa** di una matrice quadrata A di ordine n è la matrice quadrata A^{-1} tale che:

$$A \cdot A^{-1} = A^{-1} \cdot A = I_n.$$

- Condizione necessaria e sufficiente affinché una matrice sia invertibile è che il suo determinante sia diverso da 0.
- La matrice inversa della matrice A, di determinante $D \neq 0$, è:
  - se $A = \begin{bmatrix} a & b \\ c & d \end{bmatrix}$ è di ordine 2: $A^{-1} = \frac{1}{D}\begin{bmatrix} d & -b \\ -c & a \end{bmatrix}$;
  - se A è di ordine 3: $A^{-1} = \frac{1}{D}\begin{bmatrix} A_{11} & A_{21} & A_{31} \\ A_{12} & A_{22} & A_{32} \\ A_{13} & A_{23} & A_{33} \end{bmatrix}$, dove A_{ij} è il complemento algebrico di a_{ij}.

CAPITOLO 17
ESERCIZI

1 Vettori nel piano

1 VERO O FALSO?

a. Il vettore $-4\vec{u}$ ha modulo -4. V F

b. Se due vettori hanno lo stesso versore, allora hanno la stessa direzione e lo stesso verso. V F

c. Se due segmenti orientati hanno la stessa lunghezza, sono equipollenti. V F

d. Il vettore opposto di $\frac{4}{5}\vec{u}$ è $-\frac{5}{4}\vec{u}$. V F

e. Ogni punto del piano rappresenta il vettore nullo. V F

2 Indica quali tra le seguenti grandezze sono rappresentate da un vettore:

temperatura, pressione, forza, età, area, volume, velocità.

3 Dato il versore $\vec{u}$, indica modulo, direzione e verso di $-5\vec{u}$.

4 Rappresenta un vettore $\vec{u}$ a tuo piacimento e i vettori $2\vec{u}$, $-\frac{1}{2}\vec{u}$, $-4\vec{u}$, $\frac{3}{2}\vec{u}$.

Operazioni con i vettori

▶ Teoria a p. 994

Addizione

5 Traccia il vettore somma dei vettori disegnati nelle figure.

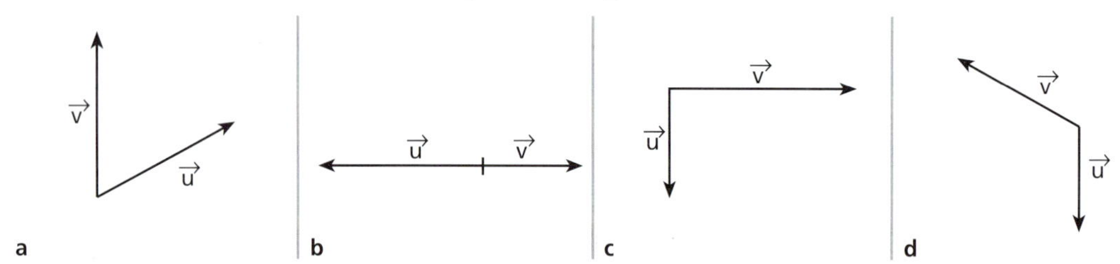

6 Dati i vettori $\vec{a}$ e $\vec{b}$, aventi modulo $a = 16$, $b = 12$, rappresenta il vettore somma e determina il suo modulo nel caso che l'angolo α formato da $\vec{a}$ e $\vec{b}$ sia:

a. 90°; b. 180°; c. 0°; d. 60°.

[a) 20; b) 4; c) 28; d) $\simeq 24,3$]

7 Se due vettori $\vec{a}$ e $\vec{b}$ consecutivi e il loro vettore somma hanno lo stesso modulo, uguale a 10, quanto vale l'angolo formato da $\vec{a}$ e $\vec{b}$? [120°]

8 Determina il modulo del vettore somma di due vettori $\vec{a}$ e $\vec{b}$ dopo averli disegnati, sapendo che $a = 8$ e $b = 6$ e che l'angolo fra $\vec{a}$ e $\vec{b}$ è di 45°. [$\simeq 13$]

9 Disegna il vettore somma dei vettori $\vec{a}$ e $\vec{b}$ e calcola il suo modulo, sapendo che $a = 15$ e $b = 8$ e che i vettori sono perpendicolari. [17]

10 Considera due vettori $\vec{u}$ e $\vec{v}$ di modulo 6 e 8. Quali direzione e verso devono avere $\vec{u}$ e $\vec{v}$ affinché il vettore somma abbia modulo 14, oppure 2, oppure 10?

ESERCIZI

11 **ESERCIZIO GUIDA** Disegniamo la somma $\vec{s}$ dei due vettori della figura e calcoliamo il modulo di $\vec{s}$.

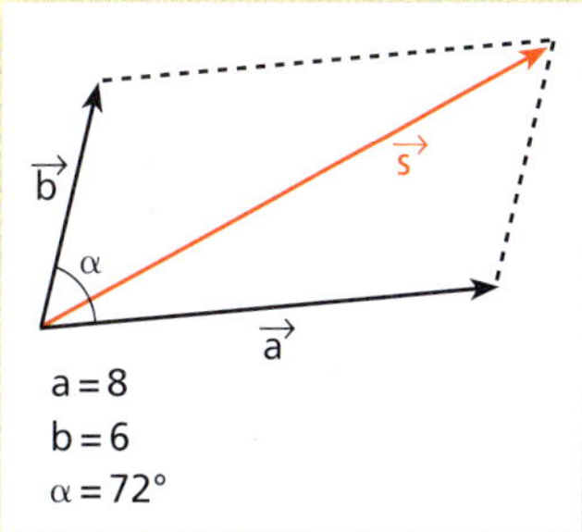

Il vettore $\vec{s} = \vec{a} + \vec{b}$ è la diagonale del parallelogramma che ha per lati $\vec{a}$ e $\vec{b}$.

Il modulo di $\vec{s}$ si ottiene applicando il teorema del coseno:

$$s = \sqrt{a^2 + b^2 + 2ab\cos\alpha}.$$

Sostituiamo i valori di a, b e α e troviamo:

$$s = \sqrt{64 + 36 + 2 \cdot 8 \cdot 6\cos 72°} \simeq \sqrt{100 + 96 \cdot 0{,}3} = \sqrt{128{,}8} \simeq 11{,}3.$$

Disegna il vettore somma $\vec{s}$ dei due vettori $\vec{a}$ e $\vec{b}$ di cui sono assegnati il modulo e l'angolo α che formano. Calcola il modulo di $\vec{s}$.

12 $a = 3$, $b = 5$, $\alpha = 120°$. [$s \simeq 4{,}4$]

13 $a = 4$, $b = 12$, $\alpha = 150°$. [$s \simeq 8{,}8$]

14 $a = 10$, $b = 6$, $\alpha = 80°$. [$s \simeq 12{,}5$]

15 $a = 12$, $b = 9$, $\alpha = 90°$. [$s = 15$]

16 $a = 11$, $b = 6$, $\alpha = 40°$. [$s \simeq 16{,}1$]

17 $a = 5$, $b = 15$, $\alpha = 85°$. [$s \simeq 16{,}2$]

18 Determina graficamente il vettore $\vec{c}$ somma dei vettori $\vec{a}$ e $\vec{b}$ che hanno i moduli $a = 10$ e $b = 8$ e formano l'angolo $\alpha = 60°$. Calcola il modulo di $\vec{c}$ e trova l'angolo β che $\vec{c}$ forma con $\vec{a}$. [$c \simeq 15{,}6$; $\beta \simeq 26°$]

19 I vettori $\vec{u}$ e $\vec{v}$ formano un angolo di 60° e $u = 10$, $v = 5$. Disegna un vettore $\vec{w}$ in modo che $\vec{u} = \vec{v} + \vec{w}$ e calcola il suo modulo. [$w = 5\sqrt{3}$]

20 Sapendo che $a = 3$, $b = 5$ e $c = 7$ e che $\vec{c} = \vec{a} + \vec{b}$, determina l'angolo formato da $\vec{a}$ e $\vec{b}$. [60°]

21 Determina il modulo del vettore $\vec{b}$ sapendo che forma con il vettore $\vec{a}$, di modulo 2, un angolo di 120° e che $|\vec{a} + \vec{b}| = \sqrt{7}$. [3]

22 **FAI UN ESEMPIO** in cui il modulo della somma di due vettori è minore del modulo di entrambi i vettori.

Trova graficamente il vettore somma dei vettori indicati.

23

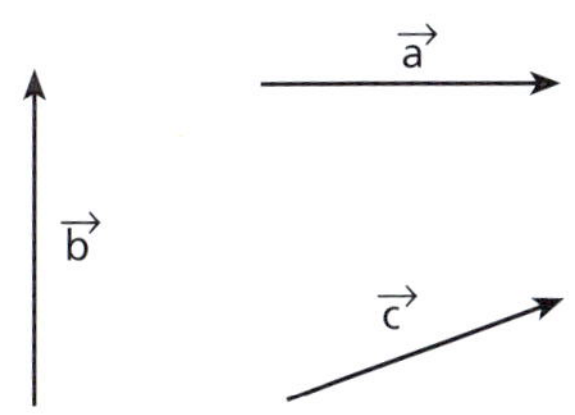

24

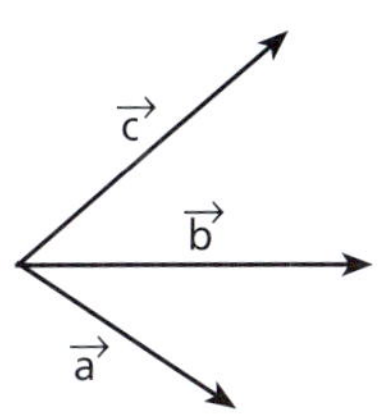

25

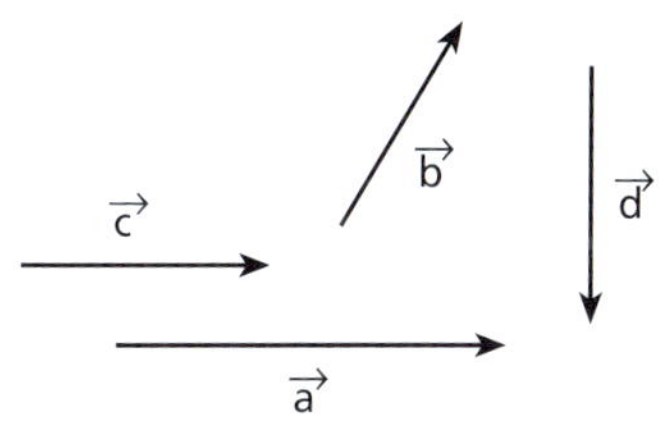

26 Trova graficamente il vettore $\vec{d} = \vec{a} + \vec{b} + \vec{c}$ e calcola il modulo di d, sapendo che $a = 10\sqrt{3}$, $b = 10$, $c = 10\sqrt{5}$. [$d = 30$]

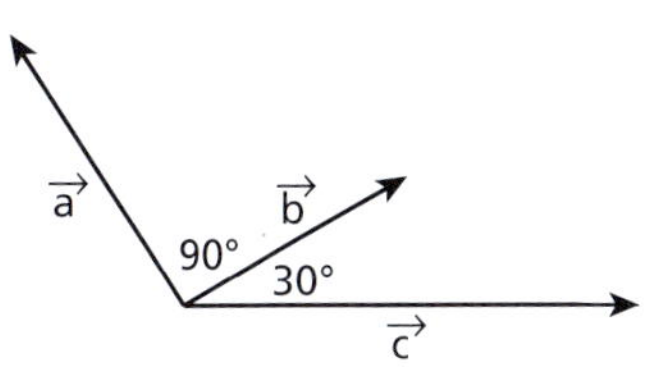

REALTÀ E MODELLI

27 ●○ **In moto** Un motociclista viaggia per 100 km verso ovest, poi devia di 30° verso sud e procede per 60 km, e infine viaggia per 30 km verso sud. Rappresenta il percorso e calcola direzione e modulo del vettore spostamento. [163,4 km]

28 ●○ **All'università** Ogni mattina Lisa va all'università a piedi, compiendo il seguente tragitto: cammina verso nord per 50 m, poi devia di 30° verso nord-ovest e procede per 100 m, quindi percorre 200 m verso ovest e infine devia di 45° verso sud e cammina per 150 m. Rappresenta il percorso e calcola il modulo del vettore spostamento. [357,4 m]

Sottrazione

29 ●○ Disegna i vettori opposti dei vettori indicati.

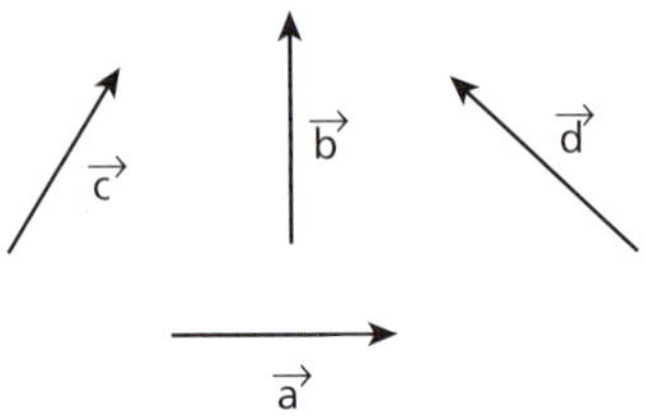

30 ●○ **TEST** Quale tra le seguenti uguaglianze è vera?

A $\vec{a}-\vec{b}=\vec{b}-\vec{a}$

B $\vec{u}-\vec{v}=\vec{u}+(-\vec{v})$

C $|\vec{a}-\vec{b}|=a-b$

D $|-\vec{w}|=-w$

E $-(\vec{u}+\vec{w})=\vec{u}-\vec{w}$

31 ●○ **AL VOLO** È vero che il vettore differenza $\vec{d}=\vec{u}-\vec{v}$ ha sempre modulo minore di $\vec{u}$ e $\vec{v}$?

32 ●○ Traccia il vettore differenza $\vec{u}-\vec{v}$ dei vettori $\vec{u}$ e $\vec{v}$ disegnati in figura.

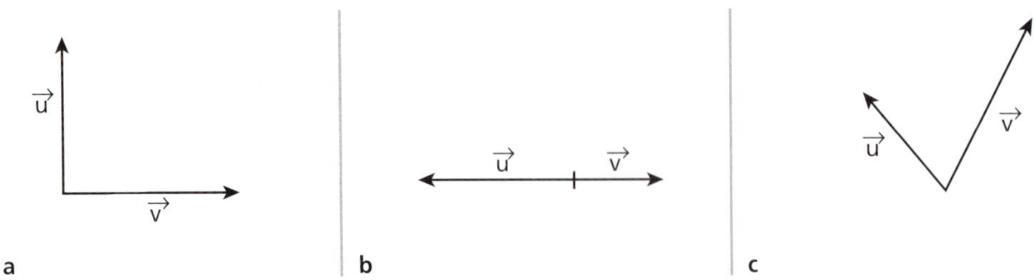

33 ●○ Se la somma e la differenza di due vettori hanno lo stesso modulo, quanto misura l'angolo tra i due vettori? [90°]

34 ●○ Calcola il modulo del vettore differenza $\vec{d}=\vec{u}-\vec{v}$, sapendo che $u=6$, $v=9$ e che l'angolo formato da $\vec{u}$ e $\vec{v}$ è di 30°. [$d \simeq 4,8$]

35 ●○ I vettori $\vec{a}$ e $\vec{b}$ formano un angolo di 120° e hanno modulo rispettivamente di 14 e 10. Disegna i due vettori, il vettore $\vec{d}=\vec{a}-\vec{b}$ e determina il modulo di $\vec{d}$. [$d \simeq 20,9$]

36 Utilizza i vettori della figura per determinare:

a. $\vec{a}-\vec{b}$;

b. $\vec{b}+\vec{c}$;

c. $\vec{a}+\vec{b}-\vec{c}$.

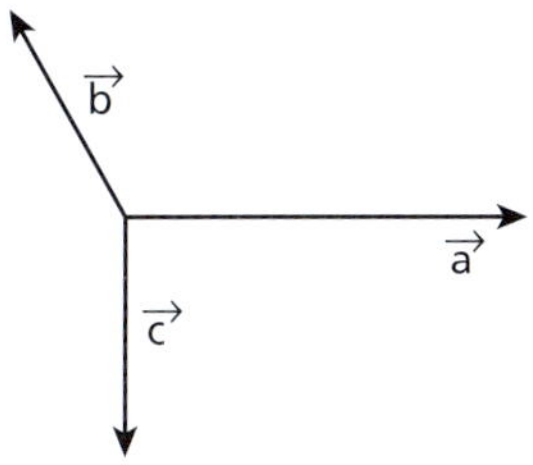

37 Dati i vettori $\vec{a}, \vec{b}, \vec{c}$, determina graficamente i seguenti vettori:

a. $\vec{a}+\vec{b}$;

b. $\vec{c}-\vec{b}-\vec{a}$;

c. $\vec{b}-\vec{c}$.

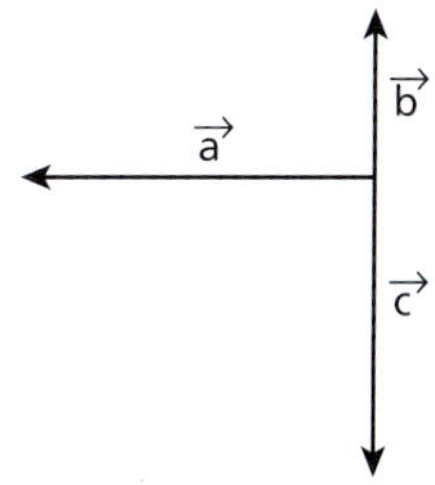

---

38 **FAI UN ESEMPIO** di tre vettori $\vec{a}$, $\vec{b}$, $\vec{c}$ non nulli in modo che $\vec{a}+\vec{b}-\vec{c}=\vec{b}$.

39 Sapendo che $\vec{c}=\vec{b}-\vec{a}$ e che $c=13$, $b=8$, $a=7$, determina l'angolo formato dai vettori $\vec{a}$ e $\vec{b}$. [120°]

Moltiplicazione di un vettore per uno scalare

40 Disegna un vettore $\vec{a}$ e rappresenta poi i vettori: $-2\vec{a}$, $\frac{1}{4}\vec{a}$, $3\vec{a}$.

41 I vettori $\vec{a}$ e $\vec{b}$, con modulo $a=8$ e $b=6$, formano un angolo di 90°. Determina il modulo dei vettori:

$\vec{u}=\vec{a}-2\vec{b}$; $\vec{v}=\frac{1}{2}(\vec{a}+3\vec{b})$; $\vec{w}=-3(-2\vec{a}+4\vec{b})$. [$u \simeq 14{,}4$; $v \simeq 9{,}9$; $w \simeq 86{,}5$]

42 Disegna due vettori $\vec{u}$ e $\vec{v}$ e verifica le seguenti uguaglianze:

$k(\vec{u}+\vec{v})=k\vec{u}+k\vec{v}$, con $k=3$; $(a+b)\vec{u}=a\vec{u}+b\vec{u}$, con $a=4$ e $b=-2$.

43 **EUREKA!** Dimostra che il vettore $\vec{c}=a\cdot\vec{b}+b\cdot\vec{a}$ divide in due parti congruenti l'angolo formato dai vettori $\vec{a}$ e $\vec{b}$.

Prodotto scalare di due vettori

44 **VERO O FALSO?**

a. Se due vettori sono perpendicolari, il loro prodotto scalare è nullo. V F

b. $\vec{a}\cdot\vec{a}=a^2$. V F

c. Se due vettori con la stessa direzione e verso opposto hanno lo stesso modulo, il loro prodotto scalare è nullo. V F

d. Se il prodotto scalare di due vettori è nullo, i vettori hanno la stessa direzione. V F

45 Considera i vettori della figura. Determina $\vec{a}\cdot\vec{b}$, $-2\vec{a}\cdot\vec{b}$ e $3\vec{a}\cdot(-\vec{b})$. [3 – 6; – 9]

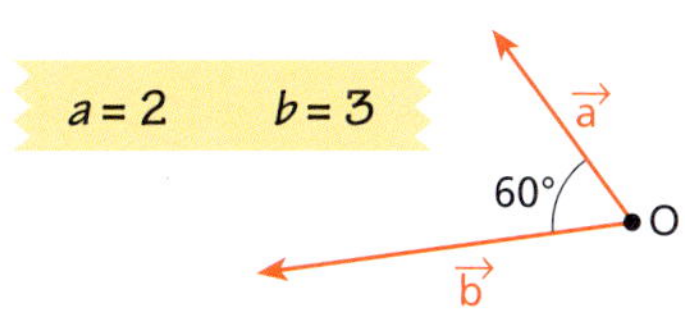

46 Calcola il prodotto scalare dei vettori $\vec{a}$ e $\vec{b}$, che hanno moduli $a=9$ e $b=15$ e formano un angolo di 30°. $\left[\frac{135\sqrt{3}}{2}\right]$

47 Dati i vettori $\vec{a}$ e $\vec{b}$, con $a=6$ e $b=8$, calcola $\vec{a}\cdot\vec{b}$, sapendo che l'angolo α fra essi compreso è:

a. 0°; b. 180°; c. 90°; d. 60°. [a) 48; b) – 48; c) 0; d) 24]

ESERCIZI

I vettori $\vec{a}$ e $\vec{b}$, con $a = 4$ e $b = 12$, formano un angolo di 45°. Calcola le seguenti espressioni.

48 $(-\vec{a}) \cdot \vec{b}$; $\quad 2\vec{a} \cdot (-\vec{b})$; $\quad -\frac{1}{3}\vec{b} \cdot \vec{a}$. $[-24\sqrt{2}; -48\sqrt{2}; -8\sqrt{2}]$

49 $\vec{b} \cdot 3\vec{a}$; $\quad (-\vec{a}) \cdot (-\vec{b})$; $\quad -\left[\left(\frac{1}{2}\vec{a}\right) \cdot \left(-\frac{1}{4}\vec{b}\right)\right]$. $[72\sqrt{2}; 24\sqrt{2}; 3\sqrt{2}]$

50 I vettori $\vec{a}$ e $\vec{b}$, di moduli $a = 3$ e $b = 8$, hanno prodotto scalare -12. Determina l'angolo α formato dai vettori. [120°]

51 Il prodotto scalare dei vettori $\vec{v}$ e $\vec{w}$, che formano un angolo di 150°, è -90. Sapendo che il modulo di $\vec{v}$ è 10, trova il modulo di $\vec{w}$. $[6\sqrt{3}]$

52 Sapendo che i vettori $\vec{a}$ e $\vec{b}$ hanno entrambi modulo 4 e formano un angolo di 60°, calcola:

$(\vec{a} + \vec{b}) \cdot \vec{a}$; $\quad (\vec{a} - \vec{b}) \cdot \vec{a}$; $\quad (\vec{a} - \vec{b}) \cdot (\vec{a} + \vec{b})$. [24; 8; 0]

53 IN FISICA **Che lavoro!** Sapendo che il lavoro compiuto da una forza è $L = \vec{F} \cdot \vec{s}$, dove $\vec{s}$ è il vettore spostamento, determina il lavoro compiuto nello spostare la cassa sulla rampa per un tratto di 4 m se la forza di traino ha la direzione e il verso indicati in figura. (Trascura l'attrito.) $[L \simeq 170 \text{ N} \cdot \text{m}]$

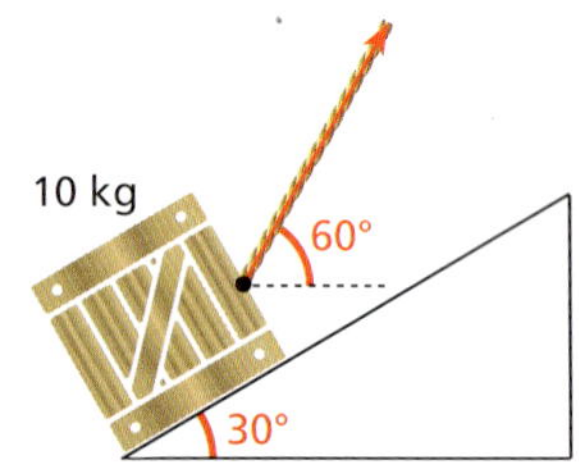

Scomposizione di un vettore

▶ Teoria a p. 998

54 Scomponi il vettore $\vec{v}$ lungo le due direzioni assegnate.

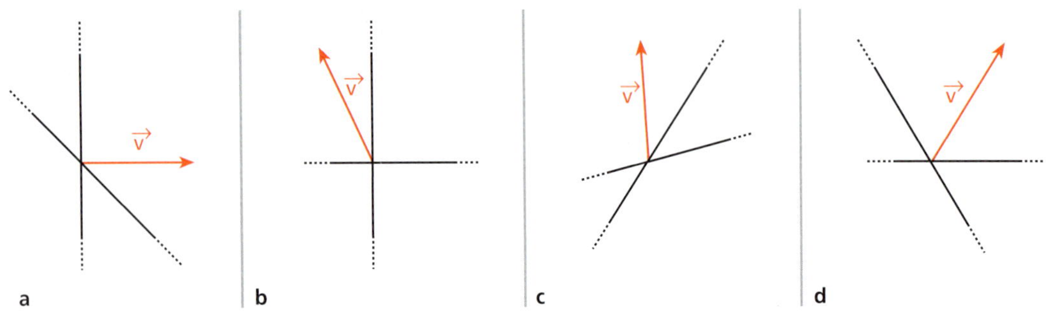

IN FISICA

55 **Piano inclinato** Scomponi il peso $P = 6{,}4$ N nelle sue componenti $P_{/\!/}$ (parallela al piano) e $P_{\perp}$ (perpendicolare al piano). $[P_{/\!/} \simeq 3{,}9 \text{ N}; P_{\perp} \simeq 5{,}0 \text{ N}]$

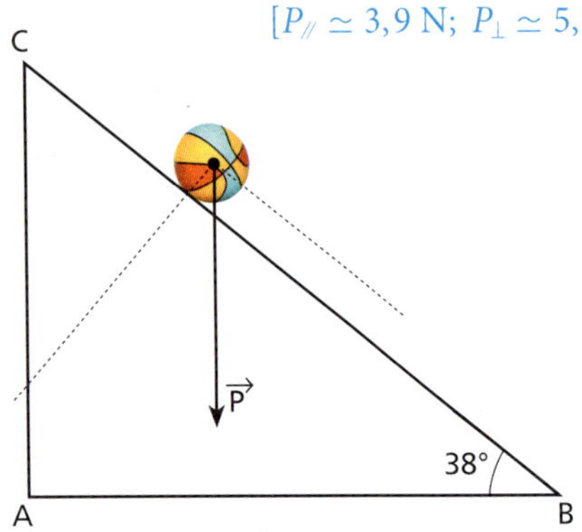

56 **Equilibrio** Un corpo soggetto a una forza peso $P = 188$ N scivola su un piano inclinato CB. Trova quale forza con direzione parallela a CB occorre applicare al corpo per farlo rimanere fermo. [94 N]

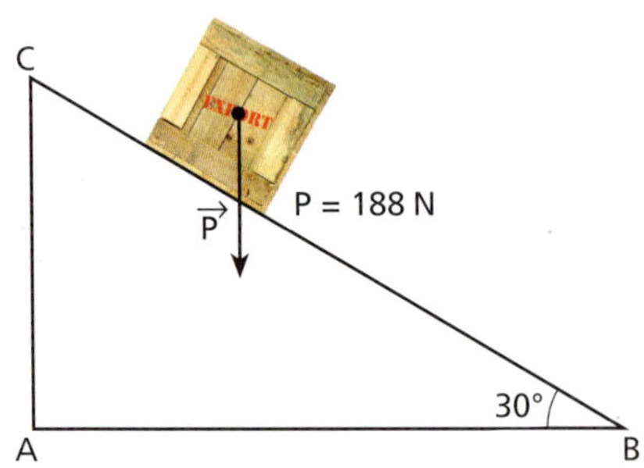

2 Vettori nel piano cartesiano

▶ Teoria a p. 998

57 Rappresenta i vettori $\vec{a}(-4; 2)$, $\vec{b}(-3; -1)$, $\vec{c}(8; 6)$ nel piano cartesiano.

58 **ESERCIZIO GUIDA** Dato il vettore $\vec{v}(-6; 2)$, determiniamo il modulo e la direzione di v.

Rappresentiamo $\vec{v}$ nel piano cartesiano e calcoliamo il suo modulo con $v = \sqrt{v_x^2 + v_y^2}$:

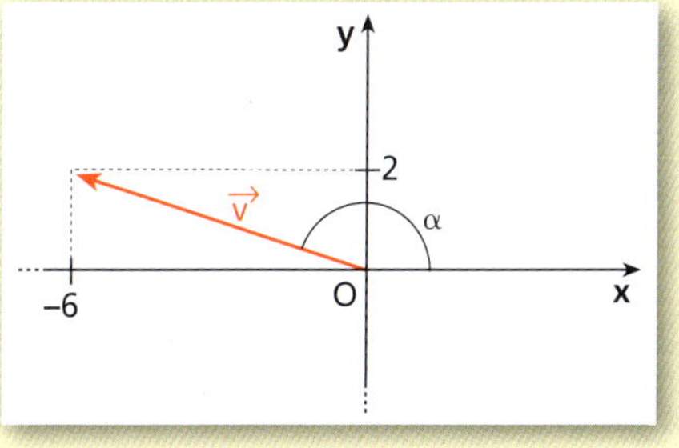

$$v = \sqrt{36+4} = \sqrt{40} = 2\sqrt{10}.$$

Determiniamo la direzione di $\vec{v}$ calcolando l'angolo α che $\vec{v}$ forma con la direzione positiva dell'asse x.
Utilizziamo le formule:

$$\cos\alpha = \frac{v_x}{v} \quad \text{e} \quad \sin\alpha = \frac{v_y}{v}.$$

Dalla prima formula otteniamo: $\cos\alpha = -\frac{6}{2\sqrt{10}} = -\frac{3}{\sqrt{10}}$.

Con la funzione $\cos^{-1}$ della calcolatrice, otteniamo $\alpha \simeq 161°$.
Osserviamo che, dalla formula che esprime $\sin\alpha$, abbiamo

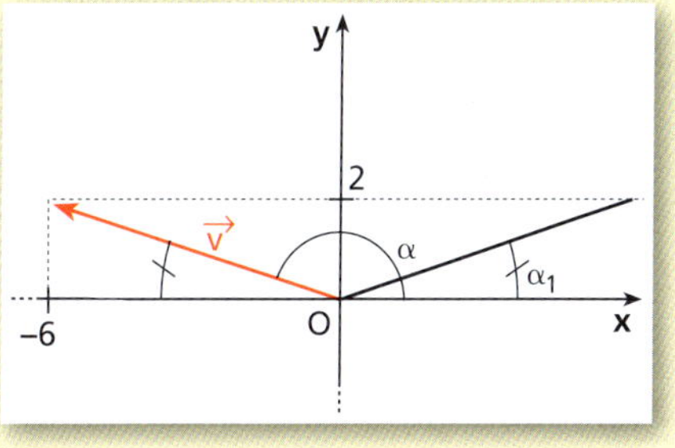

$$\sin\alpha = \frac{2}{2\sqrt{10}} = \frac{1}{\sqrt{10}},$$

e con la funzione $\sin^{-1}$ della calcolatrice otteniamo il valore dell'angolo α_1, con seno che vale $\frac{1}{\sqrt{10}}$, del primo quadrante; per ottenere α dobbiamo calcolare:

$$\alpha = 180° - \alpha_1.$$

Trova il modulo e la direzione dei seguenti vettori.

59 $\vec{a}(3; 4)$; $\vec{b}(-5; 5)$; $\vec{c}(2; 4)$.
[$a = 5, \alpha \simeq 53°; b = 5\sqrt{2}, \alpha = 135°; c = 2\sqrt{5}, \alpha \simeq 63°$]

60 $\vec{a}(-3\sqrt{3}; 3)$; $\vec{b}(4; -5)$; $\vec{c}(9; 6)$.
[$a = 6, \alpha = 150°; b = 6{,}4, \alpha \simeq 309°; c = 10{,}8, \alpha \simeq 34°$]

61 $\vec{a} = -3\vec{i} + 4\vec{j}$; $\vec{b} = -\vec{i} - \vec{j}$; $\vec{c} = 2\vec{i} + 6\vec{j}$.
[$a = 5, \alpha \simeq 127°; b = \sqrt{2}, \alpha = 225°; c \simeq 2\sqrt{10}, \alpha = 72°$]

Il vettore $\vec{a}$ forma l'angolo α con la direzione positiva dell'asse x. Con i dati forniti, determina ciò che è richiesto.

62 $a = 8$; $\alpha = 30°$. a_x? a_y? [$4\sqrt{3}, 4$]

63 $a = 6$; $\alpha = 135°$. a_x? a_y? [$-3\sqrt{2}, 3\sqrt{2}$]

64 $a_x = 12$; $\alpha = 60°$. a? a_y? [$24, 12\sqrt{3}$]

65 $a_y = -10$; $\alpha = 210°$. a? a_x? [$20, -10\sqrt{3}$]

Dato il vettore $\vec{v}$ delle figure, determina ciò che è richiesto.

66

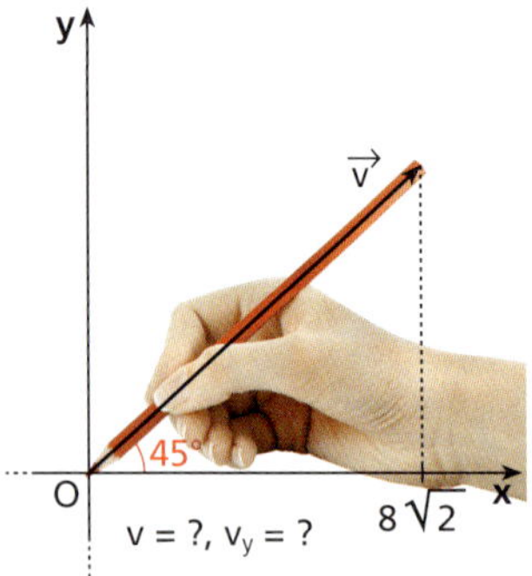

67

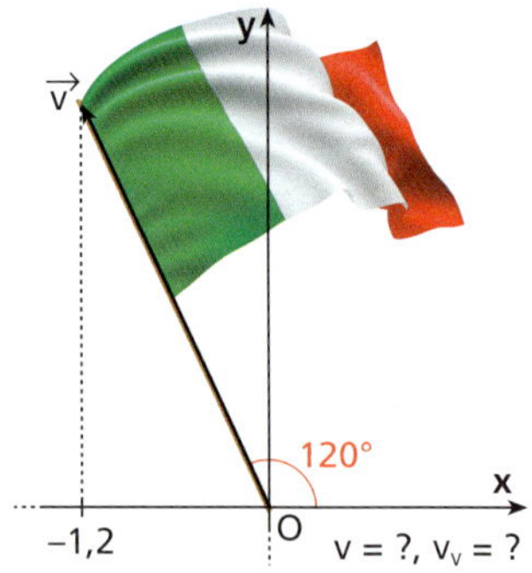

68

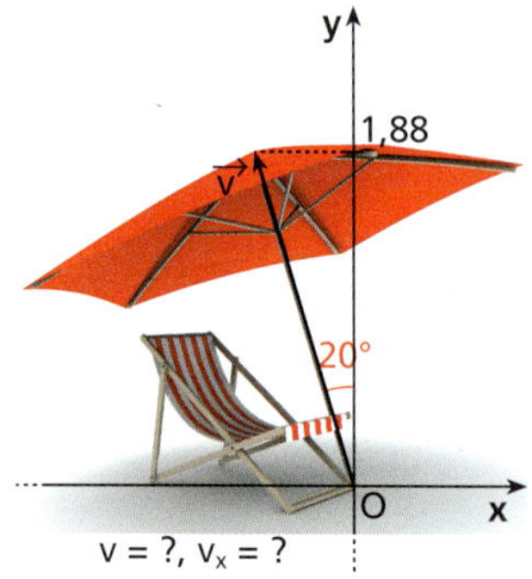

Determina il modulo del vettore somma $\vec{s} = \vec{u} + \vec{v}$.

69

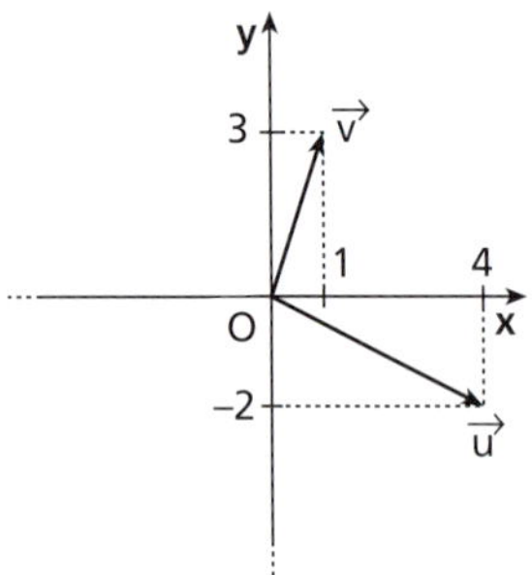

$[\sqrt{26}]$

70

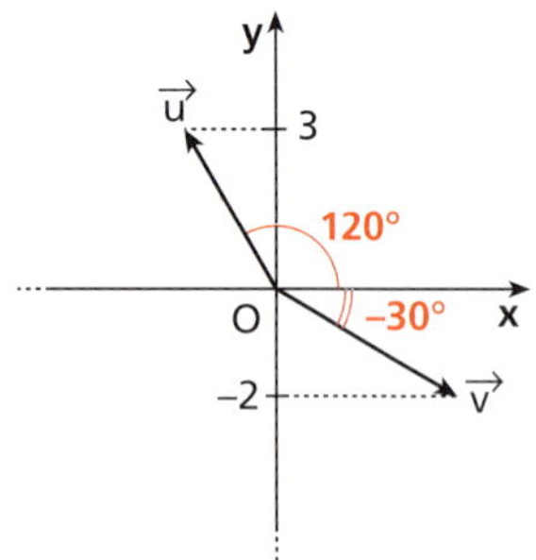

$[2]$

71

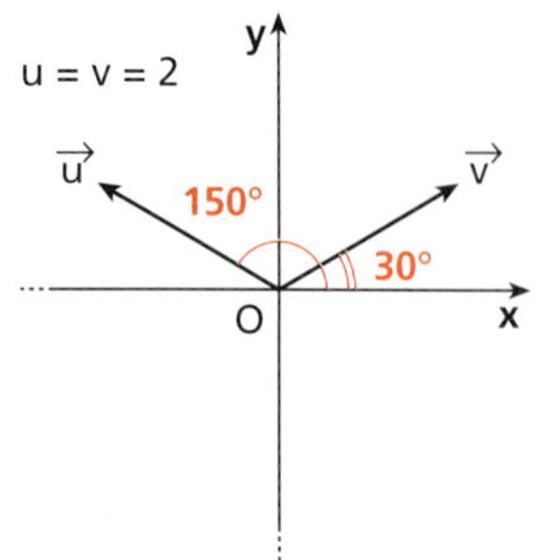

$[2]$

IN FISICA Un punto materiale è in equilibrio se la somma vettoriale di tutte le forze applicate è nulla. La forza equilibrante è quella forza che deve essere aggiunta a una o più forze applicate affinché risulti nulla la somma delle forze. Per ciascuno dei grafici seguenti, disegna la forza equilibrante $\vec{F}$ e calcolane il modulo.

72

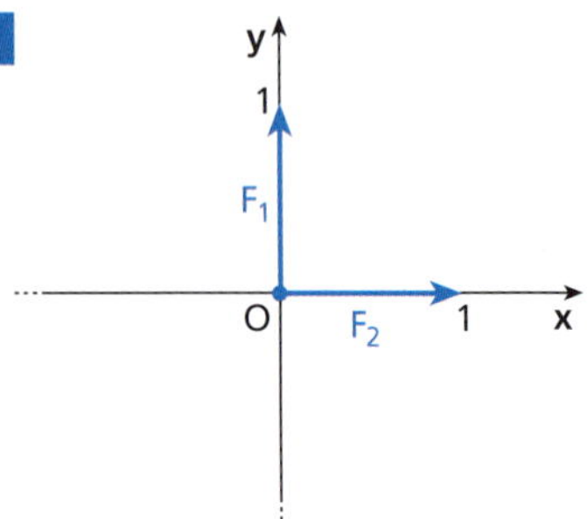

$[\vec{F}(-1; -1); \sqrt{2}]$

74

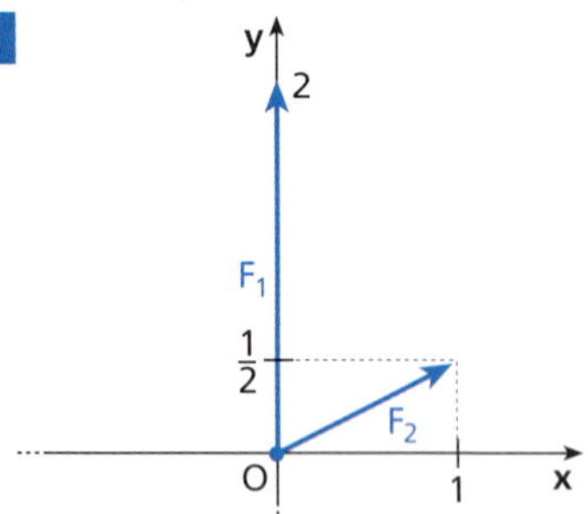

$\left[\vec{F}\left(-1; -\frac{5}{2}\right); \frac{\sqrt{29}}{2}\right]$

76

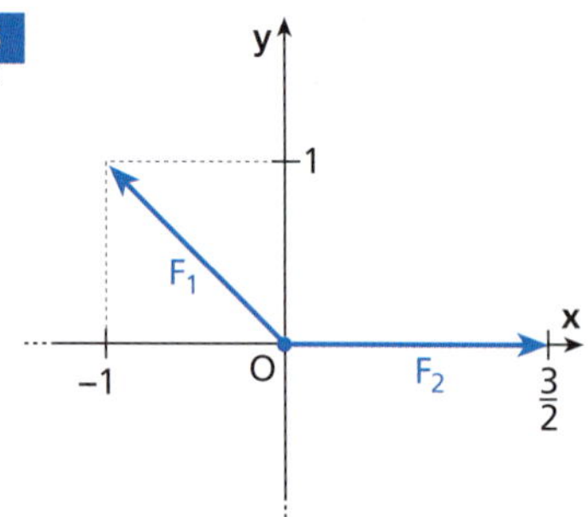

$\left[\vec{F}\left(-\frac{1}{2}; -1\right); \frac{1}{2}\sqrt{5}\right]$

73

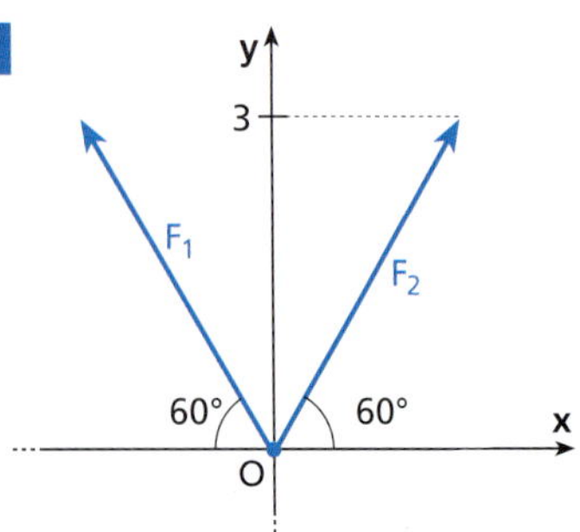

$[\vec{F}(0; -6); 6]$

75

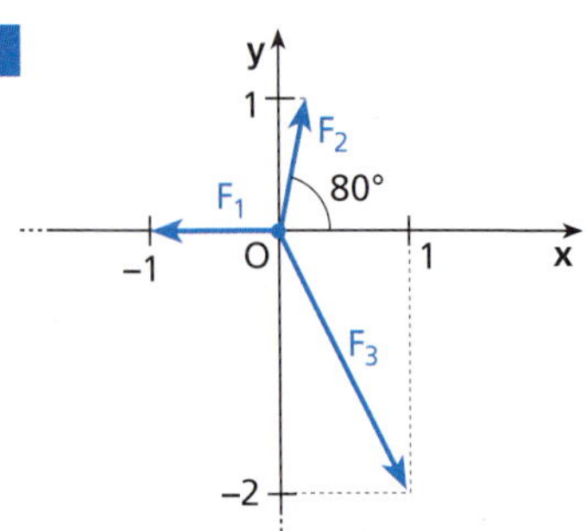

$[\vec{F}(-\tan 10°; 1); \simeq 1]$

77

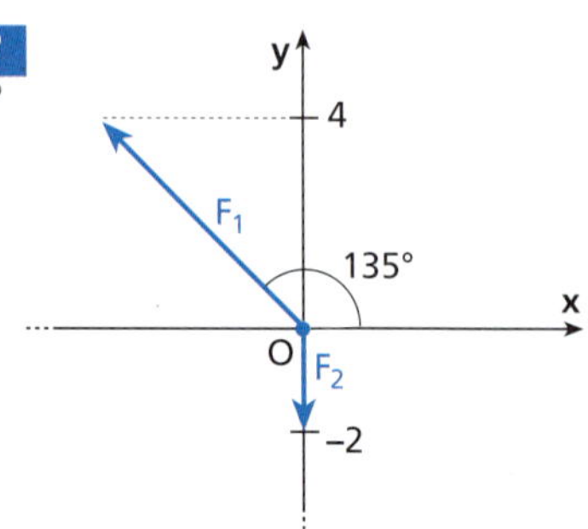

$[\vec{F}(4; -2); 2\sqrt{5}]$

Dati i vettori $\vec{a}(2; -5)$, $\vec{b}(1; -2)$, $\vec{c}(-6; 3)$, esegui le seguenti operazioni.

78 $\vec{a}+\vec{b}$; $\quad \vec{a}-\vec{b}$; $\quad \vec{b}+\vec{c}$. $\quad [(3; -7); (1; -3); (-5; 1)]$

79 $2\vec{a}-\frac{1}{3}\vec{c}$; $\quad \vec{a}+4\vec{b}$; $\quad 2(\vec{b}-\vec{c})$. $\quad [(6; -11); (6; -13); (14; -10)]$

80 $2\vec{b}+2\vec{c}$; $\quad \vec{a}-\vec{b}+\vec{c}$; $\quad -4\vec{c}+\vec{b}$. $\quad [(-10; 2); (-5; 0); (25; -14)]$

81 COMPLETA Dati $\vec{a}(-5; -12)$ e $\vec{b}(3; -4)$:

a. $\vec{a}+3\vec{b}+\vec{v}=\vec{0}$, $\quad \vec{v}=(\_\_\_; \_\_\_)$;

b. $-2\vec{a}+7\vec{u}=\vec{b}$, $\quad \vec{u}=(\_\_\_; \_\_\_)$;

c. $\frac{1}{a}\vec{a}+\frac{1}{b}\vec{b}=\vec{w}$, $\quad \vec{w}=(\_\_\_; \_\_\_)$;

d. $2(\vec{a}-\vec{z})=4(\vec{b}-\vec{z})$, $\quad \vec{z}=(\_\_\_; \_\_\_)$.

82 Dati i vettori $\vec{a}=-4\vec{i}+3\vec{j}$ e $\vec{b}=6\vec{i}+8\vec{j}$, trova modulo e direzione dei vettori $\vec{a}$, $\vec{b}$, $\vec{a}+\vec{b}$, $\vec{a}-\vec{b}$.
$\left[a=5, \alpha \simeq 143°; b=10, \alpha \simeq 53°; |\vec{a}+\vec{b}|=5\sqrt{5}, \alpha \simeq 80°; |\vec{a}-\vec{b}|=5\sqrt{5}, \alpha \simeq 207°\right]$

83 REALTÀ E MODELLI **Percorsi** Camminando in linea retta, Luigi percorre 2,5 km per compiere il tragitto casa-scuola. Se decidesse di camminare solo in direzione dei punti cardinali, percorrerebbe 1,9 km verso est e 1,6 km verso nord. Di quanto è inclinato il tragitto rettilineo rispetto alla direzione ovest-est? $[\simeq 40°]$

84

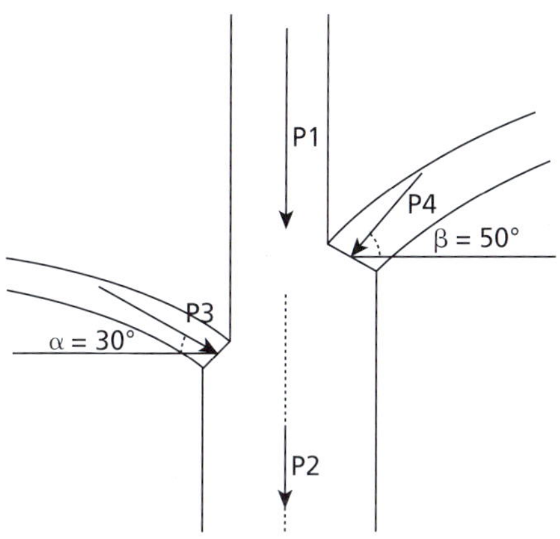

IN FISICA **Il muro portante** Un tecnico, durante la ristrutturazione di un edificio, deve calcolare la forza che agisce su un muro portante su cui si poggiano le volte di due locali adiacenti. Effettuati i rilievi, traccia il disegno riportando le misure come in figura. Il muro ha un peso $P_2 = 80$ kN ed è gravato da un carico $P_1 = 250$ kN. Le due volte trasmettono due spinte laterali $P_3 = 140$ kN e $P_4 = 100$ kN, che formano con l'orizzontale rispettivamente gli angoli $\alpha = 30°$ e $\beta = 50°$. Riporta le quattro forze in un sistema di assi cartesiani, con punto di applicazione comune l'origine degli assi, e determina la risultante. $[R \simeq 480 \text{ kN}]$

Prodotto scalare

85 ESERCIZIO GUIDA Dati i vettori $\vec{a}=2\vec{i}-\vec{j}$ e $\vec{b}=-4\vec{i}-3\vec{j}$, determiniamo il loro prodotto scalare e l'angolo α formato dai due vettori.

Rappresentiamo $\vec{a}$ e $\vec{b}$ nel piano cartesiano e calcoliamo $\vec{a}\cdot\vec{b}$ con $\vec{a}\cdot\vec{b}=a_x b_x + a_y b_y$:

$$\vec{a}\cdot\vec{b}=2(-4)+(-1)(-3)=-8+3=-5.$$

Per calcolare l'angolo α, utilizziamo: $\cos\alpha = \frac{\vec{a}\cdot\vec{b}}{ab}$.

Calcoliamo i moduli dei vettori:

$$a=\sqrt{4+1}=\sqrt{5}, \qquad b=\sqrt{16+9}=5,$$

e sostituiamo: $\cos\alpha = -\frac{5}{\sqrt{5}\cdot 5} = -\frac{1}{\sqrt{5}} \quad \rightarrow \quad \alpha \simeq 117°.$

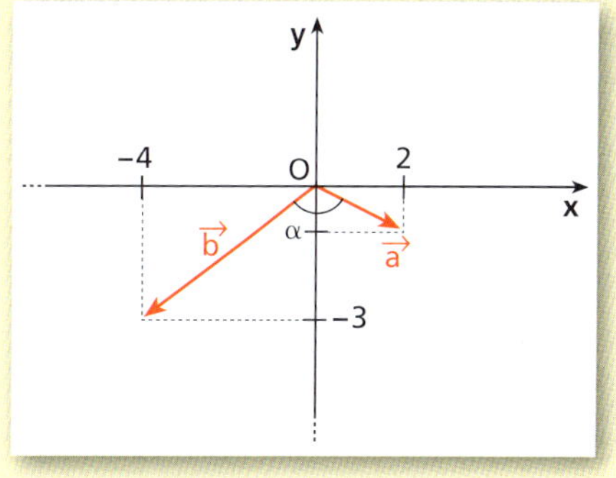

ESERCIZI

Calcola il prodotto scalare delle seguenti coppie di vettori.

86 $\vec{a}=-\vec{i}-\vec{j}$, $\vec{b}=\vec{i}+\vec{j}$. [-2]

87 $\vec{a}(2;4)$, $\vec{b}(8;-2)$. [8]

88 $\vec{a}(-1;5)$, $\vec{b}(-6;-3)$. [-9]

89 $\vec{a}=-2\vec{i}$, $\vec{b}=5\vec{j}$. [0]

90 $\vec{a}=9\vec{i}$, $\vec{b}=-\frac{1}{3}\vec{i}$. [$-3$]

91 $\vec{a}=-\vec{i}+3\vec{j}$, $\vec{b}=-5\vec{i}-2\vec{j}$. [$-1$]

Calcola l'angolo formato dalle seguenti coppie di vettori.

92 $\vec{a}=-\vec{i}+\vec{j}$, $\vec{b}=\vec{j}$. [45°]

93 $\vec{a}=5\vec{i}$, $\vec{b}=-6\vec{i}$. [180°]

94 $\vec{a}=2\vec{i}-\vec{j}$, $\vec{b}=-\vec{i}+4\vec{j}$. [131°]

95 $\vec{a}=3\vec{i}+4\vec{j}$, $\vec{b}=-2\vec{i}-3\vec{j}$. [177°]

96 Rappresentiamo con due vettori il braccio della ragazza $\vec{v}$ e il bastone per il selfie $\vec{u}$. Il braccio è lungo 60 cm e il bastone 40 cm.

a. Scrivi le componenti cartesiane di $\vec{u}$ e $\vec{v}$.

b. Calcola $\vec{u}\cdot\vec{v}$.

[a) $v_x=-60$ cm, $v_y=0$ cm, $u_x=u_y=20\sqrt{2}$ cm; b) $-1200\sqrt{2}$ cm^2]

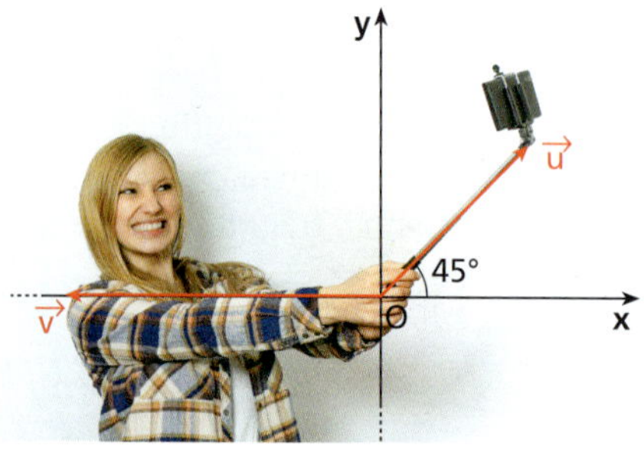

97 Considera nel piano cartesiano il punto $P(-2;1)$ e determina il luogo dei punti Q tali che $\overrightarrow{OQ}\cdot\overrightarrow{OP}=3$. [retta di equazione $-2x+y=3$]

98 Dati $\vec{a}(1;2)$ e $\vec{b}(3;-1)$, determina $(\vec{a}+\vec{b})\cdot(\vec{a}+\vec{b})$ e $|\vec{a}+\vec{b}|^2$ e verifica che sono uguali.

Vettori paralleli e vettori perpendicolari

i vettori $\vec{a}(a_x;a_y)$ e $\vec{b}(b_x;b_y)$ sono:
paralleli se $\frac{a_x}{b_x}=\frac{a_y}{b_y}$,
perpendicolari se $a_xb_x+a_yb_y=0$

99 I vettori $\vec{a}(12;3)$ e $\vec{b}\left(-2;-\frac{1}{2}\right)$ sono paralleli? Motiva la risposta.

100 I vettori $\vec{a}\left(-\frac{1}{3};2\right)$ e $\vec{b}\left(9;\frac{3}{2}\right)$ sono perpendicolari? Motiva la risposta.

Riconosci quali dei seguenti vettori sono tra loro paralleli o perpendicolari.

101 $\vec{a}(-2;-1)$, $\vec{b}(6;-2)$, $\vec{c}(1;3)$, $\vec{d}\left(\frac{1}{4};\frac{1}{8}\right)$.

102 $\vec{a}\left(\frac{1}{2};3\right)$, $\vec{b}\left(-4;\frac{2}{3}\right)$, $\vec{c}(12;2)$, $\vec{d}\left(8;\frac{4}{3}\right)$.

103 $\vec{a}\left(-3;-\frac{5}{3}\right)$, $\vec{b}(6;5)$, $\vec{c}\left(-\frac{3}{5};-\frac{1}{2}\right)$, $\vec{d}\left(\frac{1}{3};5\right)$.

104 $\vec{a}\left(\frac{4}{7};-8\right)$, $\vec{b}\left(\frac{1}{2};\frac{1}{28}\right)$, $\vec{c}\left(-7;-\frac{1}{2}\right)$, $\vec{d}\left(-\frac{3}{2};21\right)$.

105 Dato il vettore $\vec{u}=\vec{i}-\frac{3}{2}\vec{j}$ ricava le componenti cartesiane di $\vec{v}$ perpendicolare a $\vec{u}$, con $v=2\sqrt{13}$. [$(6;4)$; $(-6;-4)$]

106 Scrivi le componenti cartesiane di $\vec{a}$ parallelo a $\vec{b}\left(-\frac{1}{2};-\frac{\sqrt{5}}{4}\right)$ e di modulo doppio di $\vec{c}\left(\frac{\sqrt{2}}{4};\sqrt{3}\right)$. [$\left(-\frac{5}{3}\sqrt{2};-\frac{5}{6}\sqrt{10}\right)$; $\left(\frac{5}{3}\sqrt{2};\frac{5}{6}\sqrt{10}\right)$]

107 Dati $\vec{a}(k; -3)$ e $\vec{b}(-1; k+2)$, trova per quali valori di k sono perpendicolari. $\left[-\frac{3}{2}\right]$

108 Trova per quale valore di k i vettori $\vec{a}(2; k)$ e $\vec{b}(-4; 3)$ sono paralleli. $\left[-\frac{3}{2}\right]$

109 Trova per quali valori di k i vettori $\vec{v}\left(2k; \frac{1}{2}\right)$ e $\vec{w}(4; 2-k)$ sono:

a. paralleli; b. perpendicolari. $\left[\text{a) } 1; \text{ b) } -\frac{2}{15}\right]$

110 Calcola i valori di t per cui i vettori $\vec{a}(3t-1; 7)$ e $\vec{b}(2t; 2-t)$ sono:

a. paralleli; b. perpendicolari. $\left[\text{a) } -2; -\frac{1}{3}; \text{ b) } \nexists t\right]$

111 Scrivi le componenti cartesiane di un vettore di modulo $4\sqrt{5}$ e parallelo a $\vec{w}(-2; 4)$. $[(-4; 8); (4; -8)]$

112 Determina le componenti cartesiane di un vettore di modulo $\sqrt{2}$ e perpendicolare a $\vec{u}(-7; -1)$.

$\left[\left(\frac{1}{5}; -\frac{7}{5}\right); \left(-\frac{1}{5}; \frac{7}{5}\right)\right]$

113 EUREKA! Determina la componente del vettore $\vec{a} = 2\vec{i} + 4\vec{j}$ rispetto al vettore $\vec{v} = 6\vec{i} + 2\vec{j}$. $[\sqrt{10}]$

3 Matrici

▶ Teoria a p. 1001

114 FAI UN ESEMPIO Scrivi una matrice rettangolare 3×4 e indica gli elementi a_{23}, a_{34}, a_{21}.

115 Data la matrice $\begin{bmatrix} 2 & 0 & -4 & 7 \\ 1 & -1 & 6 & 8 \\ 3 & 5 & 9 & -2 \end{bmatrix}$, indica: a_{32}, a_{21}, a_{24}, a_{31}, a_{33}, a_{34}.

116 FAI UN ESEMPIO Scrivi una matrice riga A e la sua trasposta A^T.

117 REALTÀ E MODELLI **Distanze kilometriche** Nelle cartine stradali e nelle guide turistiche si trova spesso una tabella che riporta le distanze kilometriche tra le varie città, italiane o straniere. Qui a fianco trovi un estratto di una simile tabella.
Interpreta la tabella come una matrice (senza considerare la prima riga e la prima colonna con le sigle e i nomi delle città) e descrivine le caratteristiche.

	AN	AO	BA	BO	CB	FI
Ancona	-	609	466	572	764	260
Aosta	609	-	1063	536	1292	471
Bari	466	1063	-	1026	348	662
Bologna	572	536	1026	-	923	101
Campobasso	764	1292	348	923	-	472
Firenze	260	471	662	101	472	-

Di ognuna delle seguenti matrici scrivi la trasposta.

118 $\begin{bmatrix} 0 & 0 & -4 \\ 1 & 0 & -2 \end{bmatrix}$

119 $\begin{bmatrix} 0 & -1 \\ -2 & 3 \\ -3 & 0 \end{bmatrix}$

120 $\begin{bmatrix} 0 & 0 & 1 \\ 2 & 0 & 3 \\ 0 & -1 & 0 \end{bmatrix}$

121 Determina a e b in modo che le matrici $\begin{bmatrix} a+2b & 4 \\ 2 & a^2+ab \\ 1 & 0 \end{bmatrix}$ e $\begin{bmatrix} a & 4 \\ 2 & 2a-b \\ 1 & 0 \end{bmatrix}$ siano uguali. $[(0; 0), (2; 0)]$

122 Determina x e y in modo che le matrici $\begin{bmatrix} -x+2y & -6 \\ -y & -4 \end{bmatrix}$ e $\begin{bmatrix} x & -6 \\ y^2 & 3x+y \end{bmatrix}$ siano uguali. $[(-1; -1)]$

ESERCIZI

123 Data la matrice $\begin{bmatrix} 1 & 2 & 8 \\ -1 & 0 & 7 \end{bmatrix}$, scrivi l'opposta e la trasposta.

124 Determina x e y in modo che le matrici $\begin{bmatrix} x^2+3y-8 & 0 \\ -1 & x+y \end{bmatrix}$, $\begin{bmatrix} y+2x & 0 \\ 1 & x-2 \end{bmatrix}$ siano opposte. $[(0;2),(6;-10)]$

Matrici quadrate

VERO O FALSO?

125 La matrice $\begin{bmatrix} 1 & 0 & 0 \\ 2 & 1 & 0 \\ 4 & -1 & 2 \end{bmatrix}$:

a. è una matrice diagonale. V F
b. ha ordine 3. V F
c. ha gli elementi a_{23} e a_{12} uguali. V F
d. ha 0, 1, 4 come elementi della diagonale principale. V F

126
a. Una matrice identica non può essere rettangolare. V F
b. L'ordine di una matrice quadrata è il numero delle righe. V F
c. Se tutti gli elementi della diagonale principale di una matrice quadrata sono nulli, allora la matrice è una matrice diagonale. V F
d. Si può determinare la trasposta solo di una matrice quadrata. V F

127 FAI UN ESEMPIO Scrivi una matrice diagonale di ordine 3.

Per ognuna delle seguenti matrici quadrate indica: il relativo ordine, gli elementi della diagonale principale e gli elementi della diagonale secondaria.

128 $\begin{bmatrix} 1 & 2 \\ 3 & 0 \end{bmatrix}$

129 $\begin{bmatrix} 0 & 0 & -1 \\ 1 & 1 & 0 \\ 2 & 1 & 0 \end{bmatrix}$

130 $\begin{bmatrix} 0 & 10 & 1 & -1 \\ 2 & 1 & 0 & 2 \\ 1 & 9 & 2 & 0 \\ 7 & 8 & 6 & 3 \end{bmatrix}$

4 Operazioni con le matrici

Addizione e sottrazione di due matrici

▶ Teoria a p. 1003

131 ESERCIZIO GUIDA Calcoliamo, se possibile, la somma e la differenza fra le matrici:

$$A=\begin{bmatrix} 0 & 1 \\ 1 & -3 \\ -1 & 2 \end{bmatrix},\quad B=\begin{bmatrix} 1 & 2 \\ 1 & -3 \\ 0 & 2 \end{bmatrix}.$$

A e B sono entrambe matrici 3×2 e perciò sono dello stesso tipo, quindi possiamo calcolarne la somma e la differenza:

$$A+B=\begin{bmatrix} 0+1 & 1+2 \\ 1+1 & -3+(-3) \\ -1+0 & 2+2 \end{bmatrix}=\begin{bmatrix} 1 & 3 \\ 2 & -6 \\ -1 & 4 \end{bmatrix},\quad A-B=\begin{bmatrix} 0-1 & 1-2 \\ 1-1 & -3-(-3) \\ -1-0 & 2-2 \end{bmatrix}=\begin{bmatrix} -1 & -1 \\ 0 & 0 \\ -1 & 0 \end{bmatrix}.$$

Esegui, quando è possibile, le addizioni fra le seguenti matrici.

132 $A=\begin{bmatrix}1 & 3\\ -2 & -2\\ -3 & 1\end{bmatrix}$, $B=\begin{bmatrix}-1 & -2\\ 1 & 3\\ 0 & 3\end{bmatrix}$.

133 $A=\begin{bmatrix}0 & 0 & 3\\ 1 & 1 & -1\\ -1 & 2 & 2\end{bmatrix}$, $B=\begin{bmatrix}-2 & 0 & -3\\ 1 & 1 & 1\\ 0 & 1 & -2\end{bmatrix}$.

134 $A=\begin{bmatrix}1 & 0\\ -2 & -1\\ 0 & 1\end{bmatrix}$, $B=\begin{bmatrix}0 & 2\\ -1 & 1\\ 3 & 1\end{bmatrix}$.

135 $A=\begin{bmatrix}1 & 3\\ -2 & -2\\ -3 & 1\end{bmatrix}$, $B=\begin{bmatrix}-1 & 0 & -2\\ 1 & 0 & 3\\ 0 & 0 & 3\end{bmatrix}$.

Calcola la somma $A + B$ e la differenza $A - B$ fra le seguenti matrici.

136 $A=\begin{bmatrix}2 & -1 & -4\\ 0 & -1 & 10\end{bmatrix}$, $B=\begin{bmatrix}1 & 0 & 1\\ -3 & 1 & 0\end{bmatrix}$.

137 $A=\begin{bmatrix}1 & 3 & 0\\ 2 & 2 & 1\\ 1 & 1 & 1\end{bmatrix}$, $B=\begin{bmatrix}6 & 3 & 2\\ -1 & 2 & 2\\ 0 & 1 & 2\end{bmatrix}$.

138 Date le matrici

$$A=\begin{bmatrix}1 & 1 & 0\\ 2 & 3 & 1\\ 1 & 0 & 1\end{bmatrix},\quad B=\begin{bmatrix}1 & 0 & 1\\ 0 & 1 & 0\\ -1 & 0 & -1\end{bmatrix},\quad C=\begin{bmatrix}0 & 1 & 0\\ 1 & 2 & 1\\ 0 & 1 & 0\end{bmatrix},$$

verifica la proprietà commutativa e la proprietà associativa dell'addizione mostrando che:

a) $A+B=B+A$; b) $B+C=C+B$; c) $(A+B)+C=A+(B+C)$.

Prodotto di una matrice per un numero reale

▶ Teoria a p. 1004

139 Determina il prodotto del numero reale -2 per la matrice $A=\begin{bmatrix}1 & 1 & 2\\ 0 & 0 & -3\end{bmatrix}$.

Calcola i seguenti prodotti.

140 $3\cdot\begin{bmatrix}2 & 2\\ -2 & 0\\ -2 & 1\end{bmatrix}$

141 $-5\cdot\begin{bmatrix}0 & 3 & -4\\ -3 & 2 & 2\\ -5 & 1 & -1\end{bmatrix}$

142 $-6\cdot\begin{bmatrix}1 & 2 & -2\\ 2 & 1 & 4\\ -2 & 4 & 12\end{bmatrix}$

143 $-\frac{1}{2}\cdot\begin{bmatrix}4 & -2 & 0\\ -10 & 0 & 2\end{bmatrix}$

144 Date le matrici $A=\begin{bmatrix}1 & 0 & 2\\ 0 & 1 & -1\\ -1 & 3 & 0\end{bmatrix}$ e $B=\begin{bmatrix}-1 & 1 & 3\\ 2 & 0 & -1\\ 0 & 1 & -2\end{bmatrix}$, calcola:

a. $A+B$; **b.** $A-2B$.

$\left[\text{a) }\begin{bmatrix}0 & 1 & 5\\ 2 & 1 & -2\\ -1 & 4 & -2\end{bmatrix};\ \text{b) }\begin{bmatrix}3 & -2 & -4\\ -4 & 1 & 1\\ -1 & 1 & 4\end{bmatrix}\right]$

145 Date le matrici $A=\begin{bmatrix}0 & 1 & 2\\ 3 & 2 & -1\\ 0 & 1 & 0\end{bmatrix}$, $B=\begin{bmatrix}-2 & -1 & 0\\ 2 & 0 & -1\\ 0 & 1 & -2\end{bmatrix}$ e $C=\begin{bmatrix}-1 & 1 & 1\\ -1 & 0 & -1\\ 1 & 1 & -1\end{bmatrix}$, calcola:

a. $3A+B-3C$; **b.** $2A+3B-4C$.

$\left[\text{a) }\begin{bmatrix}1 & -1 & 3\\ 14 & 6 & -1\\ -3 & 1 & 1\end{bmatrix};\ \text{b) }\begin{bmatrix}-2 & -5 & 0\\ 16 & 4 & -1\\ -4 & 1 & -2\end{bmatrix}\right]$

Date $A=\begin{bmatrix}0 & 1 & -1\\ 1 & 2 & 3\end{bmatrix}$, $B=\begin{bmatrix}-1 & -2 & 0\\ 4 & 0 & 1\end{bmatrix}$ e $C=\begin{bmatrix}5 & -4 & 1\\ 0 & 0 & 3\end{bmatrix}$, trova la matrice X che rende vera l'uguaglianza.

146 $2A+X=B-C$

$\left[\begin{bmatrix}-6 & 0 & 1\\ 2 & -4 & -8\end{bmatrix}\right]$

147 $-\frac{1}{2}B+A=2X+C$

$\left[\begin{bmatrix}-\frac{9}{4} & 3 & -1\\ -\frac{1}{2} & 1 & -\frac{1}{4}\end{bmatrix}\right]$

ESERCIZI

148 Se $A = \begin{bmatrix} 1 & -2 \\ 0 & 1 \end{bmatrix}$ e $B = \begin{bmatrix} 4 & 2 \\ -6 & 0 \end{bmatrix}$, trova una matrice X tale che $A^T + B = 2(X + A)$. $\left[\begin{bmatrix} \frac{3}{2} & 3 \\ -4 & -\frac{1}{2} \end{bmatrix}\right]$

Prodotto di matrici

▶ Teoria a p. 1004

Prodotto scalare di una matrice riga per una matrice colonna

149 ESERCIZIO GUIDA Calcoliamo il prodotto scalare:

$$[2 \quad 0 \quad 1 \quad -3] \cdot \begin{bmatrix} -1 \\ 3 \\ 0 \\ 2 \end{bmatrix}.$$

La matrice riga ha lo stesso numero di elementi della matrice colonna, dunque possiamo effettuare l'operazione.

Moltiplichiamo fra loro gli elementi corrispondenti nelle due matrici e quindi sommiamo i prodotti:

$$[2 \quad 0 \quad 1 \quad -3] \cdot \begin{bmatrix} -1 \\ 3 \\ 0 \\ 2 \end{bmatrix} = 2 \cdot (-1) + 0 \cdot 3 + 1 \cdot 0 + (-3) \cdot 2 = -8.$$

Calcola, quando è possibile, i seguenti prodotti scalari.

150 $[1 \quad 3 \quad 2 \quad -2] \cdot \begin{bmatrix} -2 \\ 0 \\ 1 \\ 2 \end{bmatrix}$ $[-4]$

151 $[2 \quad 0 \quad 3 \quad -1] \cdot \begin{bmatrix} 0 \\ -1 \\ 1 \\ -2 \end{bmatrix}$ $[5]$

152 $[3 \quad 3 \quad 1] \cdot \begin{bmatrix} -1 \\ 2 \\ 3 \end{bmatrix}$ $[6]$

153 $[2 \quad 0 \quad -3] \cdot \begin{bmatrix} -1 \\ 3 \\ 0 \\ 2 \end{bmatrix}$ [non è possibile]

154 $[2 \quad 0] \cdot \begin{bmatrix} 0 \\ 1 \end{bmatrix}$ $[0]$

155 $[0 \quad 1 \quad -1] \cdot \begin{bmatrix} 1 \\ 2 \\ -3 \end{bmatrix}$ $[5]$

Prodotto di una matrice $m \times n$ per una matrice $n \times p$

156 ESERCIZIO GUIDA Date le matrici $A = \begin{bmatrix} 1 & 0 & -2 \\ 0 & 1 & 2 \end{bmatrix}$ e $B = \begin{bmatrix} 1 & 3 \\ 0 & -2 \\ 2 & 1 \end{bmatrix}$, calcoliamo, se è possibile, il loro prodotto.

La matrice A è del tipo 2×3 e la matrice B è del tipo 3×2, allora possiamo calcolare il prodotto, che è una matrice C del tipo 2×2:

$$\begin{bmatrix} c_{11} & c_{12} \\ c_{21} & c_{22} \end{bmatrix}.$$

Determiniamo gli elementi di C con il prodotto riga per colonna:

$$c_{11} = [1 \quad 0 \quad -2] \cdot \begin{bmatrix} 1 \\ 0 \\ 2 \end{bmatrix} = 1 \cdot 1 + 0 \cdot 0 + (-2) \cdot 2 = -3.$$

Calcoliamo allo stesso modo gli altri elementi e otteniamo:

$c_{12} = 1 \cdot 3 + 0 \cdot (-2) + (-2) \cdot 1 = 1;$

$c_{21} = 0 \cdot 1 + 1 \cdot 0 + 2 \cdot 2 = 4;$

$c_{22} = 0 \cdot 3 + 1 \cdot (-2) + 2 \cdot 1 = 0.$

Possiamo scrivere: $C = A \cdot B = \begin{bmatrix} 1 & 0 & -2 \\ 0 & 1 & 2 \end{bmatrix} \cdot \begin{bmatrix} 1 & 3 \\ 0 & -2 \\ 2 & 1 \end{bmatrix} = \begin{bmatrix} -3 & 1 \\ 4 & 0 \end{bmatrix}.$

Calcola, quando è possibile, il prodotto delle seguenti coppie di matrici.

157 $\begin{bmatrix}-2 & -1\\ 0 & 1\end{bmatrix}\cdot\begin{bmatrix}-1 & 1\\ 3 & 1\end{bmatrix}$ $\left[\begin{bmatrix}-1 & -3\\ 3 & 1\end{bmatrix}\right]$

158 $\begin{bmatrix}2\\ -2\\ 0\end{bmatrix}\cdot[-1\ \ 2\ \ 1]$ $\left[\begin{bmatrix}-2 & 4 & 2\\ 2 & -4 & -2\\ 0 & 0 & 0\end{bmatrix}\right]$

159 $\begin{bmatrix}1 & 0\\ 0 & -1\\ 2 & 3\end{bmatrix}\cdot\begin{bmatrix}-1 & 0 & 2 & 3\\ 1 & 2 & 3 & 0\end{bmatrix}$ $\left[\begin{bmatrix}-1 & 0 & 2 & 3\\ -1 & -2 & -3 & 0\\ 1 & 6 & 13 & 6\end{bmatrix}\right]$

160 $\begin{bmatrix}2 & 10\\ 3 & -1\\ -2 & 13\end{bmatrix}\cdot\begin{bmatrix}2 & 6 & -2\\ -1 & 10 & 2\\ 2 & 2 & 6\end{bmatrix}$ [non è possibile]

161 $\begin{bmatrix}3 & 1 & 4\\ 1 & 9 & 1\\ 0 & 7 & -3\end{bmatrix}\cdot\begin{bmatrix}1 & 1 & 1\\ -1 & 0 & 0\\ 1 & 2 & 0\end{bmatrix}$ $\left[\begin{bmatrix}6 & 11 & 3\\ -7 & 3 & 1\\ -10 & -6 & 0\end{bmatrix}\right]$

162 $\begin{bmatrix}0 & 1 & -1\\ 2 & 1 & 6\end{bmatrix}\cdot\begin{bmatrix}3\\ -1\\ 1\end{bmatrix}$ $\left[\begin{bmatrix}-2\\ 11\end{bmatrix}\right]$

163 $[1\ \ 10\ \ 1]\cdot\begin{bmatrix}1 & -6 & 1\\ -1 & 0 & 2\\ 2 & 3 & 6\end{bmatrix}$ $[[-7\ \ -3\ \ 27]]$

164 $\begin{bmatrix}0 & x & x\\ 1 & -x & 0\\ -x & 0 & x\end{bmatrix}\cdot\begin{bmatrix}2x & -x\\ 0 & -1\\ 1 & 0\end{bmatrix}$ $\left[\begin{bmatrix}x & -x\\ 2x & 0\\ x-2x^2 & x^2\end{bmatrix}\right]$

---

165 YOU & MATHS If $A=\begin{bmatrix}1 & -1 & 6\\ 1 & -2 & -1\\ 3 & -3 & -4\end{bmatrix}$ and $B=\begin{bmatrix}5 & 3\\ 2 & -4\\ -3 & 1\end{bmatrix}$, find $A\cdot B$ and $B\cdot A$, where possible.

(CAN *University of New Brunswick*, Final Exam)

$\left[A\cdot B=\begin{bmatrix}-15 & 13\\ 4 & 10\\ 21 & 17\end{bmatrix};\ B\cdot A \text{ not possible}\right]$

166 Trova a in modo che: $\begin{bmatrix}-1 & a\\ -2 & 0\end{bmatrix}\cdot\begin{bmatrix}2 & -1\\ 1 & 3\end{bmatrix}=\begin{bmatrix}-3 & -2\\ -4 & 2\end{bmatrix}$. $[-1]$

167 Data la matrice $A=\begin{bmatrix}2 & -1\\ 0 & 1\end{bmatrix}$, calcola A^2, $A\cdot(-A)$.

168 Verifica che, data la matrice $A=\begin{bmatrix}8 & 4\\ -16 & -8\end{bmatrix}$, $A^2=O$.

169 Verifica che le matrici $A=\begin{bmatrix}1 & -2\\ -1 & 2\end{bmatrix}$ e $B=\begin{bmatrix}2 & 6\\ 1 & 3\end{bmatrix}$ sono divisori dello zero.

Date le seguenti matrici A e B, determina i prodotti $A\cdot B$ e $B\cdot A$ verificando che la moltiplicazione fra matrici non gode della proprietà commutativa.

170 $A=\begin{bmatrix}0 & 0\\ 1 & 10\\ -2 & 5\end{bmatrix}$, $B=\begin{bmatrix}6 & 0 & 9\\ 7 & 0 & -1\end{bmatrix}$. $\left[A\cdot B=\begin{bmatrix}0 & 0 & 0\\ 76 & 0 & -1\\ 23 & 0 & -23\end{bmatrix};\ B\cdot A=\begin{bmatrix}-18 & 45\\ 2 & -5\end{bmatrix}\right]$

171 $A=\begin{bmatrix}3 & 1\\ 2 & 5\end{bmatrix}$, $B=\begin{bmatrix}5 & -1\\ 2 & 3\end{bmatrix}$. $\left[A\cdot B=\begin{bmatrix}17 & 0\\ 20 & 13\end{bmatrix};\ B\cdot A=\begin{bmatrix}13 & 0\\ 12 & 17\end{bmatrix}\right]$

Riepilogo: Operazioni con le matrici

Assegnate le matrici $A=\begin{bmatrix}2 & -8\\ 4 & 6\end{bmatrix}$ e $B=\begin{bmatrix}3 & 1\\ -5 & -2\end{bmatrix}$, esegui le operazioni indicate.

172 $A-B$, $\quad -\frac{1}{2}A+2B$. $\left[\begin{bmatrix}-1 & -9\\ 9 & 8\end{bmatrix}, \begin{bmatrix}5 & 6\\ -12 & -7\end{bmatrix}\right]$

173 $3(A+B)$, $\quad -(B-A)$. $\left[\begin{bmatrix}15 & -21\\ -3 & 12\end{bmatrix}, \begin{bmatrix}-1 & -9\\ 9 & 8\end{bmatrix}\right]$

Date le matrici $A = [-2 \quad 4 \quad 1 \quad 0]$ e $B = [-1 \quad -5 \quad 3 \quad 6]$, esegui le operazioni indicate.

174 $-A - B, \qquad \frac{1}{3}(A - B).$ $\left[[3 \quad 1 \quad -4 \quad -6], \left[-\frac{1}{3} \quad 3 \quad -\frac{2}{3} \quad -2\right]\right]$

175 $2A - 3B, \qquad 4(A + B).$ $[[-1 \quad 23 \quad -7 \quad -18], [-12 \quad -4 \quad 16 \quad 24]]$

Considera le matrici $A = \begin{bmatrix} 1 & -1 \\ 4 & 2 \end{bmatrix}$, $B = \begin{bmatrix} 0 & 2 \\ -2 & 3 \end{bmatrix}$, $C = \begin{bmatrix} -4 & 0 \\ 2 & -6 \end{bmatrix}$ e calcola le seguenti espressioni.

176 $A - B + C, \qquad 2(3B - C) + A.$ $\left[\begin{bmatrix} -3 & -3 \\ 8 & -7 \end{bmatrix}, \begin{bmatrix} 9 & 11 \\ -12 & 32 \end{bmatrix}\right]$

177 $A + 2B - \frac{1}{2}C, \qquad -2A - B - C.$ $\left[\begin{bmatrix} 3 & 3 \\ -1 & 11 \end{bmatrix}, \begin{bmatrix} 2 & 0 \\ -8 & -1 \end{bmatrix}\right]$

Date le matrici $A = \begin{bmatrix} \frac{1}{2} & \frac{3}{2} & -0 \\ 0 & 1 & -1 \\ 1 & 2 & -0 \end{bmatrix}$ e $B = \begin{bmatrix} -\frac{1}{2} & -\frac{1}{2} & 3 \\ -0 & -0 & 1 \\ -3 & -1 & 2 \end{bmatrix}$, calcola le seguenti espressioni.

178 $A + B, \qquad B - A.$ $\left[\begin{bmatrix} 0 & 2 & 3 \\ 0 & 1 & 0 \\ 4 & 1 & 2 \end{bmatrix}, \begin{bmatrix} -1 & -1 & 3 \\ 0 & -1 & 2 \\ 2 & -3 & 2 \end{bmatrix}\right]$

179 $A + 3B, \qquad -2A + 4B.$ $\left[\begin{bmatrix} -1 & 3 & 9 \\ 0 & 1 & 2 \\ 10 & -1 & 6 \end{bmatrix}, \begin{bmatrix} -3 & -1 & 12 \\ 0 & -2 & 6 \\ 10 & -8 & 8 \end{bmatrix}\right]$

180 REALTÀ E MODELLI **Spese pazze** Silvia e Ilaria fanno shopping in un negozio di bigiotteria. Silvia compra 5 collane, 3 paia di orecchini e 1 braccialetto; Ilaria invece compra 3 collane, 2 paia di orecchini e 4 braccialetti. Sapendo che ogni collana costa € 12, ogni paio di orecchini € 10 e ogni braccialetto € 9, usando il prodotto matriciale calcola quanto spende Silvia e quanto Ilaria. [€ 99; € 92]

181 Date le matrici $A = \begin{bmatrix} 1 & -4 \\ 6 & 2 \end{bmatrix}$ e $B = \begin{bmatrix} -3 & -1 \\ 2 & 0 \end{bmatrix}$, verifica che $(A \cdot B)^T = B^T \cdot A^T$.

182 VERO O FALSO? Date le matrici

$$A = \begin{bmatrix} 2 & 4 \\ 0 & -3 \\ -1 & -2 \end{bmatrix} \quad \text{e} \quad B = \begin{bmatrix} -2 & 0 & 1 \\ -4 & 3 & 2 \end{bmatrix}:$$

a. $(A \cdot B)^T = A^T \cdot B^T$. V F
b. $A^T + B = O$. V F
c. $A + B^T = O$. V F
d. $A - B^T = 2A$. V F

183 Date le matrici

$$A = \begin{bmatrix} a_{11} & a_{12} & a_{13} \\ a_{21} & a_{22} & a_{23} \\ a_{31} & a_{32} & a_{33} \end{bmatrix}, I = \begin{bmatrix} 1 & 0 & 0 \\ 0 & 1 & 0 \\ 0 & 0 & 1 \end{bmatrix}, O = \begin{bmatrix} 0 & 0 & 0 \\ 0 & 0 & 0 \\ 0 & 0 & 0 \end{bmatrix},$$

verifica che:

a. $A \cdot I = I \cdot A = A$;
b. $A \cdot O = O \cdot A = O$.

Date le matrici $A = \begin{bmatrix} 1 & 0 \\ 2 & -1 \end{bmatrix}$, $B = \begin{bmatrix} 0 & 4 \\ 1 & 1 \end{bmatrix}$, $C = \begin{bmatrix} -1 & 1 \\ 2 & 0 \end{bmatrix}$, calcola:

184 $A^2, \qquad A \cdot C.$ $\left[\begin{bmatrix} 1 & 0 \\ 0 & 1 \end{bmatrix}, \begin{bmatrix} -1 & 1 \\ -4 & 2 \end{bmatrix}\right]$

185 $A \cdot B, \qquad B \cdot A.$ $\left[\begin{bmatrix} 0 & 4 \\ -1 & 7 \end{bmatrix}, \begin{bmatrix} 8 & -4 \\ 3 & -1 \end{bmatrix}\right]$

186 $B \cdot C - B^2, \qquad 2C^2 - \frac{1}{2}C \cdot A.$ $\left[\begin{bmatrix} 4 & -4 \\ 0 & -4 \end{bmatrix}, \begin{bmatrix} \frac{11}{2} & -\frac{3}{2} \\ -5 & 4 \end{bmatrix}\right]$

187 $A \cdot (2B - C)$, $\quad A \cdot B \cdot C$. $\left[\begin{bmatrix} 1 & 7 \\ 2 & 12 \end{bmatrix}, \begin{bmatrix} 8 & 0 \\ 15 & -1 \end{bmatrix}\right]$

188 $(A + B) \cdot (A - C)$, $\quad B \cdot C - A \cdot (B + C)$. $\left[\begin{bmatrix} 2 & -5 \\ 6 & -3 \end{bmatrix}, \begin{bmatrix} 9 & -5 \\ 6 & -8 \end{bmatrix}\right]$

189 Trova x in modo che $\begin{bmatrix} x & 1 \\ -4 & -x \end{bmatrix}^2 = \begin{bmatrix} 0 & 0 \\ 0 & 0 \end{bmatrix}$ $[\pm 2]$

Date le matrici $A = \begin{bmatrix} 1 & 2 \\ 0 & 1 \end{bmatrix}$, $B = \begin{bmatrix} 1 & 1 \\ -1 & 2 \end{bmatrix}$, $C = \begin{bmatrix} -1 & -1 \\ 1 & -2 \end{bmatrix}$, calcola le seguenti espressioni.

190 $A \cdot (B + C)$, $\quad A \cdot B - 2C$. $\left[\begin{bmatrix} 0 & 0 \\ 0 & 0 \end{bmatrix}, \begin{bmatrix} 1 & 7 \\ -3 & 6 \end{bmatrix}\right]$

191 $(A + B) \cdot (B - C)$, $\quad A \cdot B + B \cdot C$. $\left[\begin{bmatrix} -2 & 16 \\ -8 & 10 \end{bmatrix}, \begin{bmatrix} -1 & 2 \\ 2 & -1 \end{bmatrix}\right]$

192 Date le matrici $A = \begin{bmatrix} 1 & -2 \\ 3 & -1 \end{bmatrix}$ e $B = \begin{bmatrix} 0 & 2 \\ 3 & 1 \end{bmatrix}$, calcola A^2, B^2, $A^2 - B^2$ e $(A + B)^2$.
$\left[\begin{bmatrix} -5 & 0 \\ 0 & -5 \end{bmatrix}, \begin{bmatrix} 6 & 2 \\ 3 & 7 \end{bmatrix}, \begin{bmatrix} -11 & -2 \\ -3 & -12 \end{bmatrix}, \begin{bmatrix} 1 & 0 \\ 6 & 0 \end{bmatrix}\right]$

193 Date le matrici $A = \begin{bmatrix} 1 & -1 \\ 2 & 0 \end{bmatrix}$ e $B = \begin{bmatrix} 0 & 3 \\ 4 & -1 \end{bmatrix}$, verifica che:

a. $(A + B)^2 \neq A^2 + 2AB + B^2$; **b.** $(A + B)^2 = A^2 + AB + BA + B^2$.

194 Date le matrici $A = \begin{bmatrix} 2 & 1 \\ 0 & -1 \end{bmatrix}$ e $B = \begin{bmatrix} 1 & 1 \\ 3 & 0 \end{bmatrix}$, verifica che:

a. $(A + B) \cdot (A - B) \neq A^2 - B^2$; **b.** $(A + B) \cdot (A - B) = A^2 + AB - BA - B^2$.

REALTÀ E MODELLI

195 **Ordiniamo un dolce?** Un'azienda dolciaria produce 3 tipi di dolci D_1, D_2, D_3, nelle quantità descritte dalla matrice riga: $D = [8 \quad 6 \quad 5]$. Per ciascun tipo di dolce l'azienda deve rifornirsi di 4 materie prime M_1, M_2, M_3, M_4, in quantità diverse per ogni dolce. Tali quantitativi sono descritti dalla matrice M. I costi unitari di ciascuna materia prima, C_1, C_2, C_3, C_4, sono rappresentati dalla matrice colonna C.

$$D = \overset{\begin{matrix} D_1 & D_2 & D_3 \end{matrix}}{\begin{bmatrix} 8 & 6 & 5 \end{bmatrix}} \qquad M = \begin{matrix} M_1 & M_2 & M_3 & M_4 & \\ \end{matrix} \begin{bmatrix} 2 & 1 & 4 & 5 \\ 1 & 3 & 1 & 4 \\ 3 & 1 & 1 & 2 \end{bmatrix} \begin{matrix} D_1 \\ D_2 \\ D_3 \end{matrix} \qquad C = \begin{bmatrix} 2 \\ 4 \\ 3 \\ 1 \end{bmatrix} \begin{matrix} C_1 \\ C_2 \\ C_3 \\ C_4 \end{matrix}$$

a. Calcola $D \cdot M$, $M \cdot C$, $D \cdot M \cdot C$.

b. Che cosa rappresenta il risultato di ognuno dei prodotti?

196 **Orientamento scolastico** In una scuola media è stata condotta un'indagine per valutare come le attività di orientamento verso la scuola secondaria di 2° grado modifichino le scelte effettuate dai ragazzi nel corso degli anni (i risultati sono riportati in tabella). Per esempio: tra i ragazzi che al I anno avevano intenzione di iscriversi a una scuola professionale, il 60% conferma la scelta anche al II anno, mentre tra i ragazzi che al II anno volevano iscriversi a un liceo, il 25% al III anno si orienta verso un istituto tecnico.

Mutamento delle scelte tra I e II anno e tra II e III anno

a → / da ↓	professionale		tecnico		liceo	
	I → II	II → III	I → II	II → III	I → II	II → III
professionale	60%	85%	30%	10%	10%	5%
tecnico	25%	30%	50%	60%	25%	10%
liceo	5%	15%	20%	25%	75%	60%

a. Compila due matrici con le percentuali dei mutamenti di scelta tra I e II anno e tra II e III anno. Determina poi la matrice che rappresenta i mutamenti di scelta tra I e III anno e riporta questi dati in una tabella simile alla precedente.

b. Qual è il gruppo di ragazzi che ha cambiato maggiormente idea e quello che è rimasto più fedele alla scelta iniziale? [b) tecnico, professionale]

ESERCIZI

Date le matrici $A = \begin{bmatrix} 1 & 1 \\ 4 & -3 \end{bmatrix}$, $B = \begin{bmatrix} 0 & 2 \\ 1 & -4 \end{bmatrix}$, $C = \begin{bmatrix} -1 & -5 \\ 2 & 3 \end{bmatrix}$, trova la matrice $X = \begin{bmatrix} a & b \\ c & d \end{bmatrix}$ che verifica le seguenti uguaglianze.

197 $-(A + X) = B - C.$ $\left[\begin{bmatrix} -2 & -8 \\ -3 & 10 \end{bmatrix}\right]$

198 $2A + B = C - 3X.$ $\left[\begin{bmatrix} -1 & -3 \\ -\frac{7}{3} & \frac{13}{3} \end{bmatrix}\right]$

Determina la matrice *X*.

199 $\begin{bmatrix} 1 & 2 \\ 3 & 5 \end{bmatrix} - X = \begin{bmatrix} -3 & 0 \\ 4 & 0 \end{bmatrix}$ $\left[\begin{bmatrix} 4 & 2 \\ -1 & 5 \end{bmatrix}\right]$

200 $\begin{bmatrix} 1 & 2 \\ 3 & 0 \end{bmatrix} \cdot X = \begin{bmatrix} 9 & -1 \\ 15 & -3 \end{bmatrix}$ $\left[\begin{bmatrix} 5 & -1 \\ 2 & 0 \end{bmatrix}\right]$

201 $\begin{bmatrix} 4 & 2 \\ 3 & 7 \end{bmatrix} \cdot X = \begin{bmatrix} 4 & 2 \\ 3 & 7 \end{bmatrix}$ $\left[\begin{bmatrix} 1 & 0 \\ 0 & 1 \end{bmatrix}\right]$

202 $\begin{bmatrix} 1 & 2 \\ 7 & 2 \end{bmatrix} \cdot \begin{bmatrix} 1 & 0 \\ 1 & 1 \end{bmatrix} = X \cdot \begin{bmatrix} 1 & 2 \\ 7 & 2 \end{bmatrix}$ $\left[\begin{bmatrix} \frac{2}{3} & \frac{1}{3} \\ -\frac{1}{3} & \frac{4}{3} \end{bmatrix}\right]$

203 $X \cdot \begin{bmatrix} 3 & 2 & 0 \\ -1 & 0 & 1 \end{bmatrix} = \begin{bmatrix} 0 & 2 & 3 \\ -6 & -2 & 3 \end{bmatrix}$ $\left[\begin{bmatrix} 1 & 3 \\ -1 & 3 \end{bmatrix}\right]$

204 $X \cdot \begin{bmatrix} 1 & -1 \\ 2 & 0 \end{bmatrix} = \begin{bmatrix} 1 \\ 5 \end{bmatrix} \cdot [2 \ \ -1] - \begin{bmatrix} -4 & 3 \\ 6 & -7 \end{bmatrix}$ $\left[\begin{bmatrix} 4 & 1 \\ -2 & 3 \end{bmatrix}\right]$

Nei seguenti esercizi determina i valori da sostituire alle incognite per rendere vera l'uguaglianza.

205 $\begin{bmatrix} 4 & 1 & 3 \\ 0 & 1 & -2 \end{bmatrix} \cdot \begin{bmatrix} x & y \\ 0 & z \\ t & 0 \end{bmatrix} = \begin{bmatrix} 7 & 1 \\ -2 & 1 \end{bmatrix}$ $[x = 1, y = 0, z = 1, t = 1]$

206 $\begin{bmatrix} 1 & 3 & 4 \\ -2 & 0 & -1 \end{bmatrix} \cdot \begin{bmatrix} x \\ y \\ x \end{bmatrix} = \begin{bmatrix} 11 \\ -3 \end{bmatrix}$ $[x = 1, y = 2]$

207 $[x \ \ x+1 \ \ x+2] \cdot \begin{bmatrix} 1 \\ 2 \\ 3 \end{bmatrix} = [14]$ $[x = 1]$

208 $\begin{bmatrix} 3 & 0 & -1 \\ 1 & 0 & 1 \end{bmatrix} \cdot \begin{bmatrix} x-1 \\ x \\ x+1 \end{bmatrix} = \begin{bmatrix} 4 \\ 8 \end{bmatrix}$ $[x = 4]$

5 Determinanti

Teoria a p. 1007

Determinante di una matrice 2 × 2

$\det \begin{bmatrix} a & b \\ c & d \end{bmatrix} = ad - bc$

Calcola il determinante delle seguenti matrici di ordine 2.

209 $\begin{bmatrix} 2 & 1 \\ -1 & 3 \end{bmatrix}$ $[7]$

210 $\begin{bmatrix} 0 & 1 \\ -2 & 2 \end{bmatrix}$ $[2]$

211 $\begin{bmatrix} 1 & 6 \\ -2 & 7 \end{bmatrix}$ $[19]$

212 $\begin{bmatrix} \frac{1}{2} & \frac{3}{2} \\ \frac{4}{3} & \frac{2}{3} \end{bmatrix}$ $\left[-\frac{5}{3}\right]$

213 $\begin{bmatrix} a+b & a \\ a & a-b \end{bmatrix}$ $[-b^2]$

214 $\begin{bmatrix} \sin\alpha & \cos\alpha \\ \cos\alpha & -\sin\alpha \end{bmatrix}$ $[-1]$

215 $\begin{bmatrix} x+1 & x \\ x & x-1 \end{bmatrix}$ $[-1]$

216 $\begin{bmatrix} 1+\sqrt{3} & 1 \\ -1 & 1-\sqrt{3} \end{bmatrix}$ $[-1]$

217 $\begin{bmatrix} x\sqrt{2} & 1 \\ x & x\sqrt{2} \end{bmatrix}$ $[2x^2 - x]$

Determinante di una matrice 3 × 3

Complemento algebrico

218 ESERCIZIO GUIDA Calcoliamo i complementi algebrici degli elementi della prima riga della matrice:

$$\begin{bmatrix} 2 & 1 & 3 \\ 3 & 1 & -1 \\ -1 & 2 & 2 \end{bmatrix}.$$

Consideriamo a_{11} e togliamo dalla matrice data la prima riga e la prima colonna:

$$\begin{bmatrix} \not{2} & \not{1} & \not{3} \\ \not{3} & 1 & -1 \\ -\not{1} & 2 & 2 \end{bmatrix}.$$

Otteniamo una matrice quadrata di ordine 2 di cui calcoliamo il determinante:

$$\det\begin{bmatrix}1 & -1\\ 2 & 2\end{bmatrix} = 1\cdot 2 - 2\cdot(-1) = 4.$$

Poiché a_{11} è di classe pari (la somma dei suoi indici è 2), allora il suo complemento algebrico A_{11} è uguale al determinante appena calcolato preceduto dal segno +, cioè $A_{11} = 4$.

Analogamente per a_{12}:

$$\begin{bmatrix}2 & 1 & 3\\ 3 & 1 & -1\\ -1 & 2 & 2\end{bmatrix}.$$

Otteniamo una matrice quadrata di ordine 2 il cui determinante è:

$$\det\begin{bmatrix}3 & -1\\ -1 & 2\end{bmatrix} = 3\cdot 2 - (-1)\cdot(-1) = 5.$$

Poiché a_{12} è di classe dispari (la somma dei suoi indici è 3), allora il suo complemento algebrico A_{12} è l'opposto del determinante appena calcolato, cioè $A_{12} = -5$.

Per a_{13}:

$$\begin{bmatrix}2 & 1 & 3\\ 3 & 1 & -1\\ -1 & 2 & 2\end{bmatrix}.$$

Otteniamo:

$$\det\begin{bmatrix}3 & 1\\ -1 & 2\end{bmatrix} = 3\cdot 2 - (-1)\cdot 1 = 7.$$

Poiché a_{13} è di classe pari (la somma dei suoi indici è 4), allora il suo complemento algebrico A_{13} è uguale al determinante appena calcolato preceduto dal segno +, cioè $A_{13} = 7$.

In ciascuna delle seguenti matrici calcola i complementi algebrici relativi agli elementi della riga o della colonna indicata a fianco.

219 $\begin{bmatrix}1 & 0 & -3\\ 1 & -1 & 1\\ -1 & 1 & 0\end{bmatrix}$ I riga $[-1; -1; 0]$

220 $\begin{bmatrix}1 & 0 & -3\\ 9 & -2 & 4\\ 1 & 1 & 2\end{bmatrix}$ III riga $[-6; -31; -2]$

221 $\begin{bmatrix}0 & 1 & 2\\ 8 & -1 & 4\\ -1 & -1 & 4\end{bmatrix}$ III colonna $[-9; -1; -8]$

TEST

222 Quanto vale il complemento algebrico dell'elemento a_{22} nella seguente matrice?

$$\begin{bmatrix}0 & 2 & -3\\ 3 & 12 & 3\\ 1 & -2 & -2\end{bmatrix}$$

A 3. B -3. C -6. D 6. E 12.

223 Se $A = \begin{bmatrix}1 & 3\\ -1 & 2\end{bmatrix}$, allora:

A $A_{11} = -2$.

B $A_{21} = -3$.

C $A_{12} = 3$.

D $A_{22} = -1$.

E $A_{21} = -1$.

---

224 ESERCIZIO GUIDA Calcoliamo il determinante della matrice:

$$A = \begin{bmatrix}2 & 1 & 9\\ 2 & 0 & -1\\ -1 & 7 & 1\end{bmatrix}.$$

Per calcolare det A dobbiamo sommare i prodotti degli elementi di una riga o di una colonna per i rispettivi complementi algebrici. Possiamo scegliere una qualunque riga o colonna perché il risultato non cambia. È conveniente prendere una riga in cui compaiono degli zeri perché ciò semplifica i calcoli.

Scegliamo la seconda riga:

$$\det A = a_{21}\cdot A_{21} + a_{22}\cdot A_{22} + a_{23}\cdot A_{23} = 2\cdot A_{21} + 0\cdot A_{22} + (-1)\cdot A_{23} = 2A_{21} - A_{23}.$$

Calcoliamo A_{21} e A_{23}:

$$A_{21} = -\det\begin{bmatrix}1 & 9\\ 7 & 1\end{bmatrix} = -(1-63) = 62; \qquad A_{23} = -\det\begin{bmatrix}2 & 1\\ -1 & 7\end{bmatrix} = -(14+1) = -15.$$

Quindi: $\det A = 2 \cdot 62 - (-15) = 139$.

Calcola i determinanti delle seguenti matrici.

225 Matrice dell'esercizio guida 218. [24]

226 Matrice dell'esercizio 219. [−1]

227 Matrice dell'esercizio 220. [−41]

228 Matrice dell'esercizio 221. [−54]

Calcola il determinante delle seguenti matrici.

229 $\begin{bmatrix}a & 0 & a\\ 0 & 1 & 0\\ a & 0 & -a\end{bmatrix}$ $[-2a^2]$

230 $\begin{bmatrix}x & 0 & x+1\\ 1 & x & -2x\\ 2x+1 & x & 2\end{bmatrix}$ [0]

231 $\begin{bmatrix}x & 0 & 0\\ x & x & 0\\ x & x & x\end{bmatrix}$ $[x^3]$

Regola di Sarrus

232 ESERCIZIO GUIDA Calcoliamo il determinante della matrice dell'esercizio guida precedente facendo uso della regola di Sarrus.

$$A = \begin{bmatrix}2 & 1 & 9\\ 2 & 0 & -1\\ -1 & 7 & 1\end{bmatrix}.$$

a. Ricopiamo a destra della matrice i termini delle due prime colonne:

$$\left|\begin{matrix}2 & 1 & 9\\ 2 & 0 & -1\\ -1 & 7 & 1\end{matrix}\right|\begin{matrix}2 & 1\\ 2 & 0\\ -1 & 7\end{matrix}.$$

b. Moltiplichiamo i termini della diagonale principale e delle due diagonali parallele a destra di tale diagonale:

$$2 \cdot 0 \cdot 1 = 0; \qquad 1 \cdot (-1) \cdot (-1) = 1; \qquad 9 \cdot 2 \cdot 7 = 126.$$

Sommiamo i tre prodotti ottenuti: $0 + 1 + 126 = 127$.

c. Ripetiamo il procedimento moltiplicando i termini della diagonale secondaria e delle due parallele a destra di questa e scriviamo i prodotti:

$$-1 \cdot 0 \cdot 9 = 0; \qquad 7 \cdot (-1) \cdot 2 = -14; \qquad 1 \cdot 2 \cdot 1 = 2.$$

Sommiamo i prodotti: $0 + (-14) + 2 = -12$.

d. Il determinante è uguale alla differenza fra la prima e la seconda somma di prodotti:

$$\det A = 127 - (-12) = 139.$$

Calcola i determinanti delle seguenti matrici con la regola di Sarrus.

233 Matrice dell'esercizio 219. [−1]

234 Matrice dell'esercizio 220. [−41]

235 Matrice dell'esercizio 221. [−54]

236 Matrice dell'esercizio 229. $[-2a^2]$

237 Matrice dell'esercizio 230. [0]

238 Matrice dell'esercizio 231. $[x^3]$

ESERCIZI

Calcola il determinante delle seguenti matrici.

239 $\begin{bmatrix} 0 & 1 & -2 \\ 3 & 0 & -4 \\ 5 & -6 & 0 \end{bmatrix}$ [16]

240 $\begin{bmatrix} 0 & a & 0 \\ a & 1 & a \\ 0 & a & 0 \end{bmatrix}$ [0]

241 $\begin{bmatrix} x & -1 & x+1 \\ x & 1 & x \\ x & 0 & x \end{bmatrix}$ [$-x$]

242 $\begin{bmatrix} 0 & 0 & 1 \\ 0 & x & 1 \\ 1 & 1 & x \end{bmatrix}$ [$-x$]

243 $\begin{bmatrix} 3 & 1 & -3 \\ 0 & 0 & -2 \\ -5 & -6 & 1 \end{bmatrix}$ [-26]

244 $\begin{bmatrix} x & x+1 & 0 \\ x+2 & 1 & x \\ 0 & x & 0 \end{bmatrix}$ [$-x^3$]

245 $\begin{bmatrix} \cos x & \sin x \\ \sin x & \cos x \end{bmatrix}$ [$\cos 2x$]

246 $\begin{bmatrix} \sin x & \sin 2x \\ 1 & 2\cos x \end{bmatrix}$ [0]

247 $\begin{bmatrix} \tan x & -1 \\ \sin x & \cos x \end{bmatrix}$ [$2 \sin x$]

248 $\begin{bmatrix} 1 & 0 & -1 \\ 4 & 2 & -2 \\ 3 & 1 & -6 \end{bmatrix}$ [-8]

249 $\begin{bmatrix} \frac{1-\cos x}{2} & -1 \\ \cos^2 \frac{x}{2} & 1 \end{bmatrix}$ [1]

250 $\begin{bmatrix} \sin x & 2\sin x & 3\sin x \\ \cos x & \cos x & 2\cos x \\ 0 & 2 & 0 \end{bmatrix}$ [$\sin 2x$]

251 $\begin{bmatrix} a & 2a & 0 \\ 3a^2 & -4a^2 & 5a^2 \\ -2a^3 & a^3 & -a^3 \end{bmatrix}$ [$-15a^6$]

252 $\begin{bmatrix} x^3 & x^2 & 0 \\ 0 & x^2 & x \\ 0 & 0 & x \end{bmatrix}$ [x^6]

Assegnate le matrici A e B, verifica che $\det(A \cdot B) = \det A \cdot \det B$.

253 $A = \begin{bmatrix} \frac{1}{2} & 1 \\ -\frac{3}{2} & \frac{1}{3} \end{bmatrix}$, $B = \begin{bmatrix} -2 & 8 \\ 1 & 2 \end{bmatrix}$. [$-20$]

254 $A = \begin{bmatrix} \frac{1}{4} & \frac{1}{5} \\ -\frac{5}{4} & 1 \end{bmatrix}$, $B = \begin{bmatrix} 4 & -4 \\ 2 & 5 \end{bmatrix}$. [14]

Equazioni e disequazioni con i determinanti

Risolvi le seguenti equazioni.

255 $\begin{vmatrix} x & 13 & -17 \\ 0 & x & 5 \\ 0 & 0 & x \end{vmatrix} = 8$ [2]

256 $\begin{vmatrix} 2 & 2 & 1 \\ x & 3 & 3x \\ x-2 & x-1 & 1 \end{vmatrix} = 9 - 8x$ [1, 3]

257 $\begin{vmatrix} \cos x & \sin x \\ \sin x & \cos x \end{vmatrix} = \frac{1}{2}$ $\left[\pm\frac{\pi}{6} + k\pi, k \in \mathbb{Z}\right]$

258 $\begin{vmatrix} \cos x & \sin x \\ -1 & 1 \end{vmatrix} = 3$ [impossibile]

259 $\begin{vmatrix} 2^x & 20 \\ 2^x & 2^x \end{vmatrix} = -64$ [2, 4]

260 $\begin{vmatrix} \log_3(1-x) & \log_3(x+1) \\ 2 & 2 \end{vmatrix} = 2$ $\left[-\frac{1}{2}\right]$

261 $\begin{vmatrix} 2\sin x & \cos x \\ -2 & 1 \end{vmatrix} = 2$ $\left[2k\pi, \frac{\pi}{2} + 2k\pi, k \in \mathbb{Z}\right]$

262 $\begin{vmatrix} 8^x & 4 \\ 2^x & 2^x - 1 \end{vmatrix} = -4$ $\left[0, \frac{2}{3}\right]$

263 $\begin{vmatrix} 4 & \log_8 x \\ 3 & \log_2 x \end{vmatrix} = 6$ [4]

264 $\begin{vmatrix} \ln(x-2) & -1 \\ \ln(x-3) & 1 \end{vmatrix} = \ln(x^2 - 4x)$ [6]

265 ●● YOU & MATHS The sum of the two largest numbers x for which the determinant

$$\begin{vmatrix} 2x-2 & 1 & 4 \\ 6x-11 & 2x-5 & 2x+5 \\ -2x+2 & -1 & x-2 \end{vmatrix}$$

equals zero is:

A 20. B 5. C 2. D $-\frac{1}{2}$. E none of the above.

(USA *North Carolina State High School Mathematics Contest*)

Risolvi le seguenti disequazioni.

266 ●○ $\begin{vmatrix} x^2 & 2 \\ \frac{7}{2}x & 1 \end{vmatrix} < -6$ $[1 < x < 6]$

267 ●○ $\begin{vmatrix} a^2 & 1 \\ 1 & a \end{vmatrix} > 0$ $[a > 1]$

268 ●○ $\begin{vmatrix} 5^x & 5^{x+2} \\ 1 & 5^{x+1} \end{vmatrix} > 2500$ $[x > 2]$

269 ●● $\begin{vmatrix} 3^x & 18 \\ -1 & 3^x-11 \end{vmatrix} > 0$ $[x < \log_3 2 \vee x > 2]$

270 ●● $\begin{vmatrix} \log_2 x & 6 \\ \log_2 x & \log_2 x \end{vmatrix} > -8$ $[0 < x < 4 \vee x > 16]$

271 ●● $\begin{vmatrix} 5^x-1 & -3 \\ 5^x & 1 \end{vmatrix} < 3$ $[x < 0]$

272 ●● $\begin{vmatrix} 2\sqrt{3}\cos x & \sin x \\ 2\cos x & \cos x \end{vmatrix} < \sqrt{3}$ $\left[\frac{\pi}{6} + k\pi < x < \frac{2}{3}\pi + k\pi\right]$

6 Matrice inversa

▶ Teoria a p. 1010

Determina, se possibile, la matrice inversa delle seguenti matrici.

$A = \begin{vmatrix} a & b \\ c & d \end{vmatrix} \rightarrow A^{-1} = \frac{1}{\det A}\begin{vmatrix} d & -b \\ -c & a \end{vmatrix}$, con $\det A \neq 0$

273 ●○ $\begin{bmatrix} 1 & 1 \\ 4 & 3 \end{bmatrix}$ $\left[\begin{bmatrix} -3 & 1 \\ 4 & -1 \end{bmatrix}\right]$

274 ●○ $\begin{bmatrix} 3 & -2 \\ -4 & 3 \end{bmatrix}$ $\left[\begin{bmatrix} 3 & 2 \\ 4 & 3 \end{bmatrix}\right]$

275 ●○ $\begin{bmatrix} 2 & 2 \\ 2 & 3 \end{bmatrix}$ $\left[\begin{bmatrix} \frac{3}{2} & -1 \\ -1 & 1 \end{bmatrix}\right]$

276 ●○ $\begin{bmatrix} x & 2 \\ 2x & 4 \end{bmatrix}$ [non esiste l'inversa]

277 ESERCIZIO GUIDA Determiniamo, se possibile, la matrice inversa della seguente matrice quadrata del terzo ordine:

$$A = \begin{bmatrix} 1 & 0 & 1 \\ 2 & 1 & 0 \\ 0 & 1 & 3 \end{bmatrix}.$$

$$D = \begin{vmatrix} 1 & 0 & 1 \\ 2 & 1 & 0 \\ 0 & 1 & 3 \end{vmatrix} = 1 \cdot (3-0) + 1 \cdot (2-0) = 3 + 2 = 5 \neq 0 \rightarrow A \text{ ammette l'inversa } A^{-1}.$$

Calcoliamo tutti i complementi algebrici:

$$A_{11} = +\begin{vmatrix} 1 & 0 \\ 1 & 3 \end{vmatrix} = 3,\ A_{12} = -\begin{vmatrix} 2 & 0 \\ 0 & 3 \end{vmatrix} = -6,\ A_{13} = +\begin{vmatrix} 2 & 1 \\ 0 & 1 \end{vmatrix} = 2,\ A_{21} = -\begin{vmatrix} 0 & 1 \\ 1 & 3 \end{vmatrix} = 1,$$

$$A_{22} = +\begin{vmatrix} 1 & 1 \\ 0 & 3 \end{vmatrix} = 3,\ A_{23} = -\begin{vmatrix} 1 & 0 \\ 0 & 1 \end{vmatrix} = -1,\ A_{31} = +\begin{vmatrix} 0 & 1 \\ 1 & 0 \end{vmatrix} = -1,\ A_{32} = -\begin{vmatrix} 1 & 1 \\ 2 & 0 \end{vmatrix} = 2,\ A_{33} = +\begin{vmatrix} 1 & 0 \\ 2 & 1 \end{vmatrix} = 1.$$

Calcoliamo i reciproci di tutti gli elementi della matrice, ricordando che il reciproco di a_{11} è $\frac{A_{11}}{D}$, il reciproco di a_{12} è $\frac{A_{12}}{D}$ e così via, e costruiamo la matrice inversa:

$$\frac{A_{11}}{D}=\frac{3}{5},\ \frac{A_{12}}{D}=-\frac{6}{5},\ \frac{A_{13}}{D}=\frac{2}{5},$$
$$\frac{A_{21}}{D}=\frac{1}{5},\ \frac{A_{22}}{D}=\frac{3}{5},\ \frac{A_{23}}{D}=-\frac{1}{5},\quad\rightarrow\quad \begin{bmatrix}\frac{A_{11}}{D} & \frac{A_{21}}{D} & \frac{A_{31}}{D}\\ \frac{A_{12}}{D} & \frac{A_{22}}{D} & \frac{A_{32}}{D}\\ \frac{A_{13}}{D} & \frac{A_{23}}{D} & \frac{A_{33}}{D}\end{bmatrix}=\begin{bmatrix}\frac{3}{5} & \frac{1}{5} & -\frac{1}{5}\\ -\frac{6}{5} & \frac{3}{5} & \frac{2}{5}\\ \frac{2}{5} & -\frac{1}{5} & \frac{1}{5}\end{bmatrix}.$$
$$\frac{A_{31}}{D}=-\frac{1}{5},\ \frac{A_{32}}{D}=\frac{2}{5},\ \frac{A_{33}}{D}=\frac{1}{5}.$$

Determina, se possibile, la matrice inversa delle seguenti matrici.

278 $\begin{bmatrix}1 & 2 & 3\\ 0 & 1 & 2\\ 0 & 0 & 1\end{bmatrix}$ $\left[\begin{bmatrix}1 & -2 & 1\\ 0 & 1 & -2\\ 0 & 0 & 1\end{bmatrix}\right]$

280 $\begin{bmatrix}2 & 0 & 1\\ 3 & 1 & 1\\ 1 & 0 & 3\end{bmatrix}$ $\left[\frac{1}{5}\cdot\begin{bmatrix}3 & 0 & -1\\ -8 & 5 & 1\\ -1 & 0 & 2\end{bmatrix}\right]$

279 $\begin{bmatrix}1 & 0 & 1\\ 0 & 2 & 0\\ 1 & 0 & 1\end{bmatrix}$ [non esiste l'inversa]

281 $\begin{bmatrix}3 & 1 & 1\\ 0 & 3 & 1\\ 1 & 0 & 3\end{bmatrix}$ $\left[\frac{1}{25}\cdot\begin{bmatrix}9 & -3 & -2\\ 1 & 8 & -3\\ -3 & 1 & 9\end{bmatrix}\right]$

Determina, se possibile, la matrice inversa delle seguenti matrici e verifica che il prodotto della matrice data con la sua inversa è uguale alla matrice unità.

282 $\begin{bmatrix}0 & 1\\ -1 & 3\end{bmatrix}$ $\left[\begin{bmatrix}3 & -1\\ 1 & 0\end{bmatrix}\right]$

284 $\begin{bmatrix}1 & 1 & 2\\ -4 & 1 & 0\\ 1 & 0 & 0\end{bmatrix}$ $\left[\begin{matrix}0 & 0 & 1\\ 0 & 1 & 4\\ \frac{1}{2} & -\frac{1}{2} & -\frac{5}{2}\end{matrix}\right]$

283 $\begin{bmatrix}2 & 0 & 3\\ 1 & 1 & 5\\ 1 & -1 & 4\end{bmatrix}$ $\left[\frac{1}{12}\cdot\begin{bmatrix}9 & -3 & -3\\ 1 & 5 & -7\\ -2 & 2 & 2\end{bmatrix}\right]$

285 $\begin{bmatrix}1 & 1 & -1\\ 1 & -1 & 1\\ -1 & 1 & 1\end{bmatrix}$ $\left[\frac{1}{2}\cdot\begin{bmatrix}1 & 1 & 0\\ 1 & 0 & 1\\ 0 & 1 & 1\end{bmatrix}\right]$

---

286 Calcola per quale valore di x la matrice $A=\begin{bmatrix}2x & -x\\ 3 & 1\end{bmatrix}$ è invertibile e trova la matrice inversa A^{-1}.

$\left[x\neq 0,\ A^{-1}=\frac{1}{5x}\begin{bmatrix}1 & x\\ -3 & 2x\end{bmatrix}\right]$

287 **a.** Stabilisci se la matrice $A=\begin{bmatrix}2 & 0\\ 6 & 2\end{bmatrix}$ è invertibile; se lo è, determina la matrice A^{-1}.

b. Calcola il determinante di A^{-1} e verifica che $\det A\cdot\det A^{-1}=1$.

$\left[\text{a) } A^{-1}=\begin{bmatrix}\frac{1}{2} & 0\\ -\frac{3}{2} & \frac{1}{2}\end{bmatrix};\ \text{b) } \det A^{-1}=\frac{1}{4}\right]$

288 Date le matrici $A=\begin{bmatrix}1 & 2\\ 2 & 3\end{bmatrix}$ e $B=\begin{bmatrix}3 & 2\\ -1 & 1\end{bmatrix}$, verifica se: **a.** $(A^{-1})^T=(A^T)^{-1}$; **b.** $(A\cdot B)^{-1}=B^{-1}\cdot A^{-1}$.

289 YOU & MATHS Let $A=\begin{bmatrix}1 & 0 & 1\\ 2 & 1 & 0\\ 0 & 1 & -1\end{bmatrix}$, $X=\begin{bmatrix}x\\ y\\ z\end{bmatrix}$, $B=\begin{bmatrix}5\\ -2\\ 3\end{bmatrix}$, $C=\begin{bmatrix}1\\ 0\\ 2\end{bmatrix}$. You are told that $A^{-1}=\begin{bmatrix}-1 & 1 & -1\\ 2 & -1 & 2\\ 2 & -1 & 1\end{bmatrix}$. Use A^{-1} to solve the equations $A\cdot X=B$ and $A\cdot X=C$.

(CAN *University of New Brunswick*, Math Test)

$\left[\begin{bmatrix}-10\\ 18\\ 15\end{bmatrix};\begin{bmatrix}-3\\ 6\\ 4\end{bmatrix}\right]$

7 Matrici e geometria analitica

Teoria a p. 1011

Area di un triangolo

Utilizzando il calcolo dei determinanti, calcola l'area del triangolo *ABC*, note le coordinate dei vertici.

290 $A(3; 3)$, $B(6; 7)$, $C(15; -2)$. $\left[\frac{63}{2}\right]$

291 $A(-3; -1)$, $B(0; 0)$, $C(-2; 1)$. $\left[\frac{5}{2}\right]$

292 $A(12; -7)$, $B(4; -3)$, $C(8; -6)$. [4]

293 $A(5; -2)$, $B(2; -3)$, $C(1; 0)$. [5]

294 $A(1; 1)$, $B(3; 7)$, $C(4; -8)$. [18]

295 $A(1; 3)$, $B(2; 1)$, $C(-3; 8)$. $\left[\frac{3}{2}\right]$

---

296 Determina le coordinate del punto A appartenente al semiasse positivo delle ordinate in modo tale che il triangolo ABC, con $B(7; 6)$ e $C(5; 4)$, abbia area 4. [$A(0; 3)$]

297 Il triangolo ABC, avente $A(0; 1)$ e $B(2; 2)$, ha area 5. Determina le coordinate del punto C, sapendo che C appartiene al semipiano positivo delle ordinate e alla retta di equazione $y = -7x + 6$. [$C(0; 6)$]

Retta passante per due punti

Utilizzando i determinanti, scrivi l'equazione della retta passante per i punti *A* e *B*.

298 $A(-3; -2)$ e $B(3; 7)$. [$3x - 2y + 5 = 0$]

299 $A(1; 1)$ e $B(-4; 8)$. [$7x + 5y - 12 = 0$]

300 $A(-4; 1)$ e $B(0; 3)$. [$x - 2y + 6 = 0$]

301 $A(3; 0)$ e $B(7; -4)$. [$x + y - 3 = 0$]

---

302 Stabilisci se i punti $A(0; 3)$, $B(2; 1)$, $C(-1; 4)$ sono allineati.

303 Verifica che $A(1; 3)$, $B(-2; 0)$, $C(-1; -1)$ non sono allineati e calcola l'area del triangolo ABC. [3]

Coniche

304 **ESERCIZIO GUIDA** Classifichiamo la conica di equazione

$$x^2 - 4xy + 6y^2 - 2x + 8y + 1 = 0.$$

La matrice associata alla conica è:

$$A = \begin{bmatrix} 1 & \frac{-4}{2} & \frac{-2}{2} \\ \frac{-4}{2} & 6 & \frac{8}{2} \\ \frac{-2}{2} & \frac{8}{2} & 1 \end{bmatrix} = \begin{bmatrix} 1 & -2 & -1 \\ -2 & 6 & 4 \\ -1 & 4 & 1 \end{bmatrix}.$$

la matrice associata alla conica di equazione $Ax^2 + Bxy + Cy^2 + Dx + Ey + F = 0$ è $\begin{bmatrix} A & \frac{B}{2} & \frac{D}{2} \\ \frac{B}{2} & C & \frac{E}{2} \\ \frac{D}{2} & \frac{E}{2} & F \end{bmatrix}$

$\det A = 6 + 8 + 8 - 6 - 16 - 4 = -4$; $\det A \neq 0$ → la conica non è degenere.

Per capire di quale conica si tratta, calcoliamo l'invariante quadratico I:

$$I = \begin{vmatrix} 1 & -2 \\ -2 & 6 \end{vmatrix} = 6 - 4 = 2;\ I > 0$$ → la conica è un'ellisse.

Classifica le seguenti coniche.

305 $x^2 - 4xy + 9y^2 - 6x + 2y + 1 = 0$ [ellisse non degenere]

306 $x^2 + xy - 2y^2 + x + 5y - 2 = 0$ [iperbole degenere in due rette incidenti $x - y + 2 = 0$ e $x + 2y - 1 = 0$]

307 $x^2 - 2xy + 4y^2 = 0$ [ellisse degenere]

308 $x^2 + 4xy + 4y^2 - 6x - 12y + 9 = 0$ [parabola degenere in due rette coincidenti $x + 2y - 3 = 0$]

309 $x^2 + y^2 - 6x - 4y - 3 = 0$ [circonferenza di centro $(3; 2)$ e raggio 4]

310 $x^2 - y^2 - 6x + 9 = 0$ [iperbole equilatera degenere in due rette incidenti $x + y - 3 = 0$ e $x - y - 3 = 0$]

311 $x^2 - 2xy - y^2 + 2x - 5 = 0$ [iperbole equilatera non degenere]

312 $4x^2 + 4xy + y^2 + 8x - 46y + 29 = 0$ [parabola non degenere]

313 $x^2 + 4xy + 2y^2 + 4y - 1 = 0$ [iperbole non degenere]

314 **TEST** La conica di equazione $x^2 - 2xy + y^2 - 4x + 6y + 1 = 0$ è:

A un'ellisse. B degenere. C un'iperbole. D una parabola. E una circonferenza.

Nei seguenti esercizi, data la matrice indicata:

a. calcola il determinante della matrice A;
b. scrivi un'equazione di una conica C la cui matrice associata sia A;
c. stabilisci se la conica C è degenere o no;
d. classifica la conica C e rappresentala graficamente.

315 $A = \begin{bmatrix} 1 & 0 & 2 \\ 0 & -4 & -2 \\ 2 & -2 & 3 \end{bmatrix}$ [iperbole degenere in due rette incidenti $x + 2y + 3 = 0$ e $x - 2y + 1 = 0$]

316 $A = \begin{bmatrix} 1 & 3 & -4 \\ 3 & 9 & -12 \\ -4 & -12 & 16 \end{bmatrix}$ [parabola degenere in due rette coincidenti $x + 3y - 4 = 0$]

317 $A = \begin{bmatrix} 1 & 0 & -3 \\ 0 & 1 & 4 \\ -3 & 4 & 21 \end{bmatrix}$ [circonferenza di centro $(3; -4)$ e raggio 2]

318 $A = \begin{bmatrix} 9 & 0 & -18 \\ 0 & 25 & 75 \\ -18 & 75 & 36 \end{bmatrix}$ [ellisse di centro $(2; -3)$, semiasse maggiore 5 e semiasse minore 3]

VERIFICA DELLE COMPETENZE

VERIFICA DELLE COMPETENZE ALLENAMENTO

UTILIZZARE TECNICHE E PROCEDURE DI CALCOLO

Sapendo che $\vec{s} = \vec{a} + \vec{b}$ e che α è l'angolo formato dai vettori $\vec{a}$ e $\vec{b}$, determina l'elemento mancante.

1 $a = 4$, $b = 5$, $\alpha = 60°$, $s = ?$ $[s \simeq 7{,}8]$

2 $a = 10$, $b = 8$, $s = 11$, $\alpha = ?$ $[\alpha \simeq 106°]$

3 $a = 7$, $s = 9$, $\alpha = 30°$, $b = ?$ $[b \simeq 2{,}23]$

4 $b = 6$, $s = 10$, $\alpha = 150°$, $a = ?$ $[a \simeq 14{,}7]$

5 Dati i vettori $\vec{a}(1; -2)$, $\vec{b}\left(3; \frac{1}{2}\right)$, $\vec{c}\left(-2; -\frac{3}{2}\right)$, determina le componenti, il modulo e l'angolo formato con la direzione positiva dell'asse x di:

$\vec{a} + 2\vec{b}$; $\vec{a} + \vec{b} - \vec{c}$; $4\vec{b} - \vec{a}$; $3\vec{c} + \vec{b}$.

6 Calcola l'angolo formato dai vettori $\vec{a}(2\sqrt{3}; 2)$ e $\vec{b}$ di modulo 6, sapendo che $\vec{a} \cdot \vec{b} = -12$. [120°]

Date le matrici $A = \begin{bmatrix} 0 & -3 \\ 2 & 4 \end{bmatrix}$, $B = \begin{bmatrix} 1 & -1 \\ 3 & 2 \end{bmatrix}$, $C = \begin{bmatrix} 5 & 1 \\ -2 & -3 \end{bmatrix}$, calcola le seguenti espressioni.

7 $2A - B \cdot C$ $\left[\begin{bmatrix} -7 & -10 \\ -7 & 11 \end{bmatrix}\right]$

8 $A \cdot B + 2A \cdot C$ $\left[\begin{bmatrix} 3 & 12 \\ 18 & -14 \end{bmatrix}\right]$

Considera $A = \begin{bmatrix} 1 & 0 & -1 \\ -2 & 1 & 0 \\ 3 & 0 & 1 \end{bmatrix}$, $B = \begin{bmatrix} 0 & 3 & 1 \\ -1 & 0 & -3 \\ 2 & 1 & 0 \end{bmatrix}$, $C = \begin{bmatrix} 2 & -1 & 0 \\ 0 & 4 & 1 \\ -1 & 2 & 0 \end{bmatrix}$ e calcola le seguenti espressioni.

9 $A \cdot B + 3C$ $\left[\begin{bmatrix} 4 & -1 & 1 \\ -1 & 6 & -2 \\ -1 & 16 & 3 \end{bmatrix}\right]$

10 $BC - CB$ $\left[\begin{bmatrix} -2 & 8 & -2 \\ 3 & -6 & 12 \\ 6 & 5 & 8 \end{bmatrix}\right]$

Calcola il determinante delle seguenti matrici.

11 $\begin{bmatrix} 1 & -3 \\ 5 & -8 \end{bmatrix}$ [7]

12 $\begin{bmatrix} 5 & -10 \\ \frac{1}{2} & \frac{1}{3} \end{bmatrix}$ $\left[\frac{20}{3}\right]$

13 $\begin{bmatrix} \sin^2 x & \cos^2 x \\ \tan x & \cot x \end{bmatrix}$ [0]

14 $\begin{bmatrix} 1 & 0 & 7 \\ -2 & 3 & 4 \\ 1 & -1 & 0 \end{bmatrix}$ [−3]

15 $\begin{bmatrix} -2 & -1 & 3 \\ 1 & 4 & 1 \\ -1 & 5 & 2 \end{bmatrix}$ [24]

16 TEST Se $A = \begin{bmatrix} 1 & 2 & 5 \\ -1 & 3 & 0 \\ 0 & 1 & 0 \end{bmatrix}$, allora:

A $A_{11} = 2$.
B $A_{23} = -5$.
C $A_{32} = 1$.
D $A_{22} = 4$.
E $A_{13} = -1$.

Determina, se possibile, la matrice inversa delle seguenti matrici.

17 $\begin{bmatrix} 3 & -6 \\ -1 & 6 \end{bmatrix}$ $\left[\begin{bmatrix} \frac{1}{2} & \frac{1}{2} \\ \frac{1}{12} & \frac{1}{4} \end{bmatrix}\right]$

18 $\begin{bmatrix} -2 & 3 \\ 5 & -7 \end{bmatrix}$ $\left[\begin{bmatrix} 7 & 3 \\ 5 & 2 \end{bmatrix}\right]$

19 $\begin{bmatrix} 0 & 1 & 2 \\ 0 & 3 & 6 \\ 1 & 0 & 0 \end{bmatrix}$ [∄]

Classifica le seguenti coniche.

20 $x^2+3xy-y^2+6x+9y=0$ [iperbole non degenere]

21 $4x^2+2xy+y^2-x-2y-1=0$ [ellisse non degenere]

22 $x^2-4y^2+2x+1=0$ [iperbole degenere in due rette incidenti $x+2y+1=0$ e $x-2y+1=0$]

ANALIZZARE E INTERPRETARE DATI E GRAFICI

Dati i vettori $\vec{a}$ e $\vec{b}$ in figura, calcola $\vec{a}+\vec{b}$, $\vec{b}-\vec{a}$, $2\vec{a}$, $\vec{a}\cdot\vec{b}$.

23

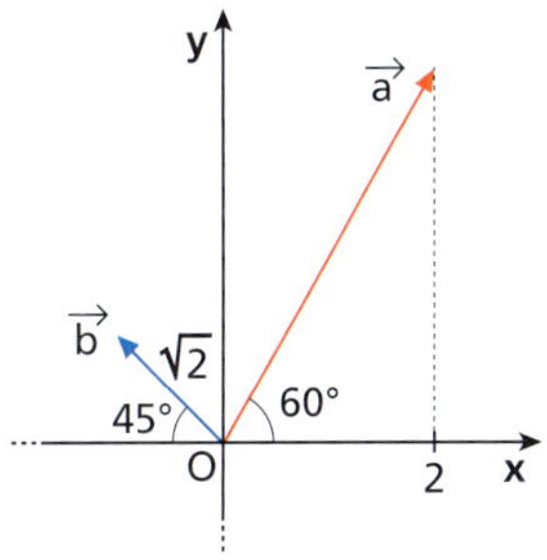

24

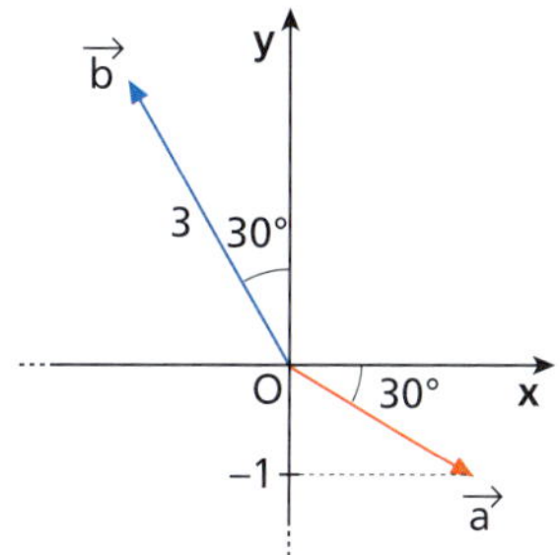

Riconosci quali tra i seguenti vettori sono paralleli o perpendicolari.

25 $\vec{a}(-6;2)$, $\vec{b}\left(\frac{1}{3};-\frac{1}{9}\right)$, $\vec{c}(1;3)$, $\vec{d}\left(1;\frac{1}{3}\right)$.

26 $\vec{a}\left(\frac{1}{4};-\frac{1}{3}\right)$, $\vec{b}\left(2;\frac{8}{3}\right)$, $\vec{c}(-6;-8)$, $\vec{d}\left(\frac{8}{3};2\right)$.

27 Determina le componenti cartesiane del vettore $\vec{u}$, parallelo a $\vec{v}=\left(\frac{3}{4};-\frac{1}{2}\right)$ e di modulo $2\sqrt{13}$. [$\vec{u_1}(6;-4)\vee\vec{u_2}(-6;4)$]

28 Dato il vettore $\vec{a}\left(\frac{3}{2};2\right)$, determina le componenti cartesiane del vettore $\vec{b}$ perpendicolare ad $\vec{a}$ e di modulo doppio. [$\vec{b_1}(4;-3)\vee\vec{b_2}(-4;3)$]

29 Determina per quale valore di k i vettori $\vec{a}(k\sqrt{3};k^2)$ e $\vec{b}(3;k\sqrt{3})$ sono paralleli. [$k\neq 0$]

30 Determina per quale valore di k i vettori $\vec{a}\left(\frac{10}{3}k;-10\right)$ e $\vec{b}\left(-\frac{3}{2};-k\right)$ sono perpendicolari. [$k=0$]

31 Calcola x e y in modo che:

$$\begin{bmatrix}2x & 1 & 2y-2x\\ -y & -1 & 0\end{bmatrix}+2\begin{bmatrix}x+y & 2 & x-y\\ x & 1 & x\end{bmatrix}=\begin{bmatrix}1-x & 5 & 0\\ 4 & 1 & 2x\end{bmatrix}.$$ [$x=1;\ y=-2$]

32 Trova per quali valori di x la matrice $A=\begin{bmatrix}1 & 0 & x\\ -x & 1 & 2\\ 0 & -4 & 0\end{bmatrix}$ è invertibile. [$\forall x\in\mathbb{R}$]

33 Determina la matrice X tale che $A\cdot X=B$ con:

$$A=\begin{bmatrix}1 & 2\\ -2 & 0\end{bmatrix},\ B=\begin{bmatrix}7 & 3\\ -2 & 2\end{bmatrix}.$$ $\left[X=\begin{bmatrix}1 & -1\\ 3 & 2\end{bmatrix}\right]$

VERIFICA DELLE COMPETENZE VERSO L'ESAME

ARGOMENTARE E DIMOSTRARE

34 Come si modifica il prodotto scalare di due vettori se si modifica il verso di uno dei due? E se si modifica il verso di entrambi?

35 Siano $\vec{a}$ e $\vec{b}$ due generici vettori. Dimostra che $|\vec{a}+\vec{b}| \leq |\vec{a}|+|\vec{b}|$.

36 Date due matrici A di tipo $m \times n$ e B di tipo $p \times q$, che relazioni devono esserci fra m, n, p, q affinché si possano definire sia $A \cdot B$ sia $B \cdot A$? In tal caso, la moltiplicazione è commutativa? Fai un esempio.

37 Date una matrice A e la sua inversa A^{-1}, è vero che $(A^{-1})^{-1} = A$? Motiva la risposta con degli esempi.

38 Scrivi le proprietà dell'addizione e della moltiplicazione tra matrici. Verifica la proprietà distributiva a sinistra della moltiplicazione rispetto all'addizione, $A \cdot (B+C) = A \cdot B + A \cdot C$, con le matrici:

$$A = \begin{bmatrix} 1 & 2 \\ -1 & 0 \end{bmatrix}, B = \begin{bmatrix} 2 & 3 \\ -1 & 2 \end{bmatrix} \text{ e } C = \begin{bmatrix} 4 & 1 \\ -1 & 3 \end{bmatrix}.$$

COSTRUIRE E UTILIZZARE MODELLI

RISOLVIAMO UN PROBLEMA

Messaggi in codice

Con la crittografia si trasforma un messaggio leggibile da chiunque in un messaggio cifrato (leggibile solo se si conosce il codice con cui è stato trascritto il testo). Un metodo per creare un codice cifrato è quello di usare una matrice invertibile 2×2 come chiave di cifratura. Consideriamo l'espressione ESAME DI STATO:

- criptiamola usando la matrice $A = \begin{bmatrix} 2 & 0 \\ 1 & 1 \end{bmatrix}$;
- decriptiamola usando la matrice inversa A^{-1}.

▶ **Trasformiamo l'espressione in una stringa di numeri.**

Creiamo la seguente tabella di conversione.

A	B	C	D	E	F	G	H	I	L	M	N	O	P	Q	R	S	T	U	V	Z
1	2	3	4	5	6	7	8	9	10	11	12	13	14	15	16	17	18	19	20	21

Sulla base della tabella precedente, convertiamo le lettere dell'espressione in numeri.

E	S	A	M	E	D	I	S	T	A	T	O
5	17	1	11	5	4	9	17	18	1	18	13

▶ **Suddividiamo la stringa di numeri in blocchi da 2, ovvero in matrici colonna 2×1.**

$$\begin{bmatrix} 5 \\ 17 \end{bmatrix}, \quad \begin{bmatrix} 1 \\ 11 \end{bmatrix}, \quad \begin{bmatrix} 5 \\ 4 \end{bmatrix}, \quad \begin{bmatrix} 9 \\ 17 \end{bmatrix}, \quad \begin{bmatrix} 18 \\ 1 \end{bmatrix}, \quad \begin{bmatrix} 18 \\ 13 \end{bmatrix}.$$

▶ **Criptiamo il messaggio.**

Moltiplichiamo la matrice A per ciascuna matrice colonna e scriviamo i risultati in un'unica stringa.

$$\begin{bmatrix} 2 & 0 \\ 1 & 1 \end{bmatrix} \cdot \begin{bmatrix} 5 \\ 17 \end{bmatrix} = \begin{bmatrix} 10 \\ 22 \end{bmatrix} \rightarrow$$ la stringa criptata inizia con: 10 22.

$$A\cdot\begin{bmatrix}1\\11\end{bmatrix}=\begin{bmatrix}2\\12\end{bmatrix};\ A\cdot\begin{bmatrix}5\\4\end{bmatrix}=\begin{bmatrix}10\\9\end{bmatrix};\ A\cdot\begin{bmatrix}9\\17\end{bmatrix}=\begin{bmatrix}18\\26\end{bmatrix};\ A\cdot\begin{bmatrix}18\\1\end{bmatrix}=\begin{bmatrix}36\\19\end{bmatrix};\ A\cdot\begin{bmatrix}18\\13\end{bmatrix}=\begin{bmatrix}36\\31\end{bmatrix}.$$

Il messaggio criptato è: 10 22 2 12 10 9 18 26 36 19 36 31.

▶ **Decriptiamo il messaggio.**

Per ottenere il messaggio originale dobbiamo suddividere la stringa di numeri in blocchi da due e moltiplicare a sinistra per la matrice inversa di A. Infatti, se chiamiamo M la matrice colonna parte del messaggio originale e M' il risultato della moltiplicazione, cioè la matrice colonna parte del messaggio cifrato:

$$A\cdot M = M' \quad\rightarrow\quad A^{-1}\cdot A\cdot M = A^{-1}\cdot M' \quad\rightarrow\quad M = A^{-1}\cdot M'.$$

(M: non cifrato; M': cifrato)

Calcoliamo A^{-1}: $\det A = 2 \rightarrow A^{-1}=\begin{bmatrix}\frac{1}{2} & 0\\ -\frac{1}{2} & 1\end{bmatrix}$.

Decriptiamo il messaggio: $\begin{bmatrix}\frac{1}{2} & 0\\ -\frac{1}{2} & 1\end{bmatrix}\cdot\begin{bmatrix}10\\22\end{bmatrix}=\begin{bmatrix}5\\17\end{bmatrix}, \dots, \begin{bmatrix}\frac{1}{2} & 0\\ -\frac{1}{2} & 1\end{bmatrix}\cdot\begin{bmatrix}36\\31\end{bmatrix}=\begin{bmatrix}18\\13\end{bmatrix}$.

Otteniamo: 5 17 1 11 5 4 9 17 18 1 18 13, che corrisponde in base alla tabella al messaggio: ESAME DI STATO.

39 ●○ Applicando il metodo descritto sopra, cripta l'espressione QUEL RAMO DEL LAGO DI COMO, usando come chiave la matrice $A=\begin{bmatrix}1 & -1\\ 0 & 1\end{bmatrix}$.

(**SUGGERIMENTO** Dato che la stringa è composta da un numero dispari di lettere, aggiungi uno 0 all'ultimo posto.)

[−4 19 −5 10 15 1 −2 13 −1 5 0 10 −6 7 9 4 6 3 2 11 13 0]

40 ●○ Decripta la citazione attribuita ad Albert Einstein: 1 −8 1 −9 5 −8 1 −9 9 0 1 −1 10 15 14 27 5 −3 9 1 4 7 9 9 5 6 10 15 7 1 3 −3 5 2, ottenuta usando come chiave la matrice $A=\begin{bmatrix}0 & 1\\ -1 & 2\end{bmatrix}$.

41 ●● **Fido a dieta** Il veterinario di un canile studia la composizione di tre miscele (indicate con a, b e c) ideali per la corretta alimentazione dei cani. Per prepararle, ha a disposizione due marche di cibo (A e B), ciascuna delle quali offre tre tipi di prodotti: normale (N), light (L) e forte (F). Nelle matrici A e B raccoglie le corrispondenti quantità di proteine, fibre e grassi contenute in ogni porzione, che deduce dalle etichette. Costruisce poi una terza matrice H nella quale raccoglie quelle che secondo lui sono le parti di cibo normale, light e forte da utilizzare in ciascuna delle tre miscele. Le tre matrici sono riportate qui di seguito.

$$A=\begin{bmatrix}23 & 12 & 28\\ 4 & 18 & 5\\ 13 & 4 & 17\end{bmatrix}\ (\text{colonne: N, L, F})\qquad B=\begin{bmatrix}26 & 21 & 19\\ 5 & 5 & 4\\ 14 & 12 & 28\end{bmatrix}\begin{matrix}\leftarrow \text{proteine}\\ \leftarrow \text{fibre}\\ \leftarrow \text{grassi}\end{matrix}\ (\text{colonne: N, L, F})\qquad H=\begin{bmatrix}1 & 2 & 1\\ 2 & 1 & 1\\ 1 & 1 & 2\end{bmatrix}\begin{matrix}\leftarrow \text{normale}\\ \leftarrow \text{light}\\ \leftarrow \text{forte}\end{matrix}\ (\text{colonne: } a, b, c)$$

a. Determina il contenuto nutrizionale delle miscele a, b e c preparate utilizzando prima il cibo della marca A, poi il cibo della marca B.

b. Il veterinario vorrebbe che la miscela c avesse una maggiore percentuale di proteine e fibre per porzione. Per raggiungere lo scopo è meglio che utilizzi la marca A o la marca B?

c. In quale dei due casi la miscela a ha la minore quantità di grassi?

[b) A; c) A]

VERIFICA DELLE COMPETENZE

42 ●●

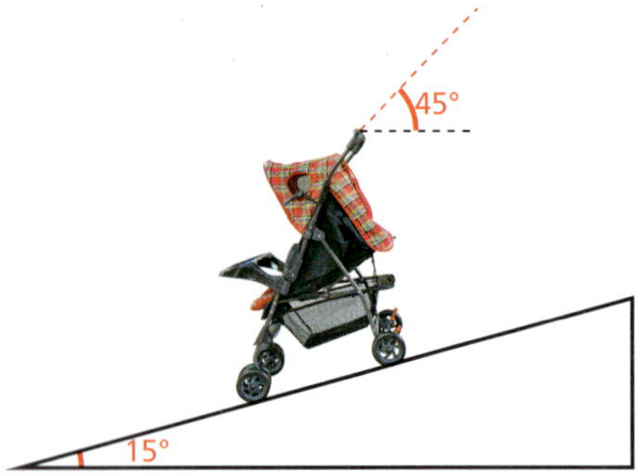

IN FISICA Un passeggino vuoto è tenuto fermo da Anna su una strada inclinata come in figura. Sapendo che il passeggino ha una massa di 7 kg, determina la forza esercitata lungo la direzione indicata. [20,5 N]

INDIVIDUARE STRATEGIE E APPLICARE METODI PER RISOLVERE PROBLEMI

43 ●○ Considera due vettori, $\vec{v}(10; 0)$ e $\vec{u}$ di modulo 5 che forma con l'asse x un angolo ϑ. Sia $\vec{w} = \vec{v} + \vec{u}$:

a. esprimi le componenti cartesiane di $\vec{w}$ in funzione di ϑ;

b. esprimi il modulo di $\vec{w}$ in funzione di ϑ;

c. determina quali sono il valore massimo e il valore minimo che può assumere il modulo di $\vec{w}$.

[a) $\vec{w}(10 + 5\cos\vartheta; 5\sin\vartheta)$; b) $w = 5\sqrt{5 + 4\cos\vartheta}$; c) $w_{max} = 15$, $w_{min} = 0$]

44 ●○ È dato il vettore $\vec{a}$ di modulo $4\sqrt{2}$, che forma un angolo di 45° con l'asse x:

a. determina il vettore $\vec{b}$ parallelo al versore $\vec{i}$ tale che $s = |\vec{a} + \vec{b}| = 5$;

b. stabilito che le soluzioni al punto **a** sono 2, $\vec{b_1}$ e $\vec{b_2}$, calcola l'angolo formato dai vettori $\vec{s_1} = \vec{a} + \vec{b_1}$ e $\vec{s_2} = \vec{a} + \vec{b_2}$.

[a) $(-7; 0)$, $(-1; 0)$; b) $\simeq 74°$]

45 ●○ Date le matrici $A = \begin{bmatrix} 1 & 2 & -1 \\ 0 & -2 & 1 \end{bmatrix}$ e $B = \begin{bmatrix} 5 & -1 \\ 2 & 0 \\ 0 & 1 \end{bmatrix}$, determina, se possibile:

a. il prodotto $A \cdot B = C$;

b. il determinante della matrice C;

c. il prodotto $D = B \cdot A$;

d. il determinante della matrice D;

e. il prodotto $C \cdot D$.

$\left[\text{a) } C = \begin{bmatrix} 9 & -2 \\ -4 & 1 \end{bmatrix}\text{; b) 1; c) } D = \begin{bmatrix} 5 & 12 & -6 \\ 2 & 4 & -2 \\ 0 & -2 & 1 \end{bmatrix}\text{; d) 0; e) non è possibile}\right]$

46 ●○ Considera la matrice $A = \begin{bmatrix} \cos x & 0 & \sin x \\ 0 & 2 & 5 \\ -\sin x & 0 & \cos x \end{bmatrix}$. Determina se esiste la matrice inversa A^{-1} e verifica che $\det A \cdot \det A^{-1} = 1$.

$\left[A^{-1} = \begin{bmatrix} \cos x & 0 & -\sin x \\ -\frac{5}{2}\sin x & \frac{1}{2} & -\frac{5}{2}\cos x \\ \sin x & 0 & \cos x \end{bmatrix}\right]$

47 ●● Date $A = \begin{bmatrix} 3 & 5 \\ -1 & 2 \end{bmatrix}$, $B = \begin{bmatrix} 1 & -1 \\ 0 & 2 \end{bmatrix}$ e $C = \begin{bmatrix} 2 & -1 \\ 1 & 0 \end{bmatrix}$:

a. verifica che $A \cdot (B + C) = A \cdot B + A \cdot C$;

b. calcola il determinante di A e il determinante di $D = B + C$;

c. verifica che $\det A \cdot \det D = \det(A \cdot B + A \cdot C)$;

d. se $E = \begin{bmatrix} a & a \\ -1 & -1 \end{bmatrix}$, determina, se possibile, a in modo tale che $E \cdot (A \cdot B + A \cdot C) = (A \cdot B + A \cdot C) \cdot E$.

[b) $\det A = 11$; $\det D = 8$; d) impossibile]

VERIFICA DELLE COMPETENZE PROVE

1 ora

PROVA A

1 Calcola la somma dei vettori $\vec{a}$, $\vec{b}$, $\vec{c}$ e determina il vettore $\vec{d}$ in modo che $\vec{a}+\vec{b}+\vec{c}+\vec{d}=0$.

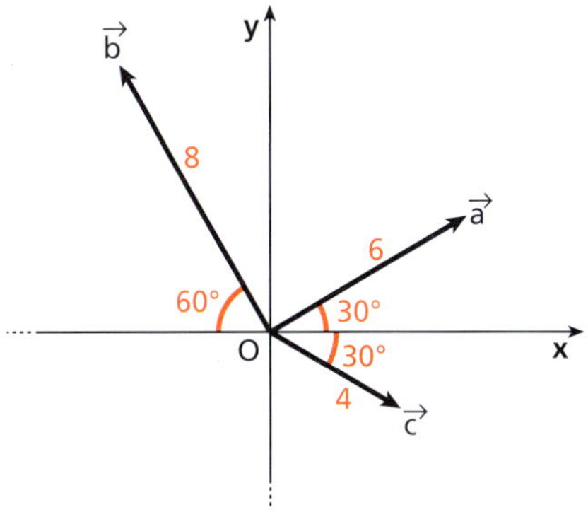

2 Stabilisci se i vettori $\vec{v}\left(\frac{4}{3};-2\right)$ e $\vec{u}\left(\frac{1}{5};-\frac{3}{5}\right)$ sono paralleli o perpendicolari e determina un vettore $\vec{w}$ perpendicolare a $\vec{u}$ e di modulo $5u$.

3 Date le matrici $A=\begin{bmatrix}1 & 0 & -2\\ -1 & 3 & 3\\ 2 & -2 & 1\end{bmatrix}$, $B=\begin{bmatrix}5 & -2\\ 0 & 1\\ 1 & 0\end{bmatrix}$ e $C=\begin{bmatrix}0 & -1 & 2\\ 3 & 1 & 3\end{bmatrix}$, calcola: $3A+B\cdot C$.

4 Calcola il determinante di $A=\begin{bmatrix}2 & 1 & 0\\ -3 & -1 & 1\\ 0 & 4 & 2\end{bmatrix}$ con il metodo dei complementi algebrici e con la regola di Sarrus.

5 Determina per quale valore di x la matrice $A=\begin{bmatrix}5+x & -1\\ 3x & 2\end{bmatrix}$ è invertibile e scrivi la matrice inversa.

6 Scrivi la matrice associata alla conica di equazione $x^2-4xy+2y^2+2y-x+3=0$ e classificala.

PROVA B

1 Calcola il modulo dei vettori che rappresentano la tensione della fune.

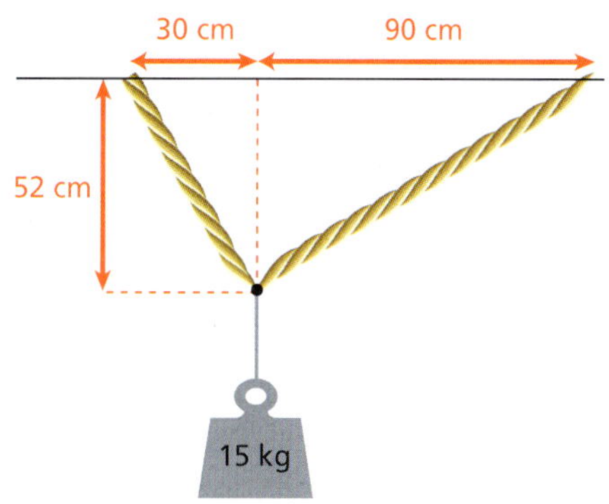

2 

Mare e fitness Marco e Pietro desiderano mantenersi in forma anche in vacanza al mare. La matrice A rappresenta il numero di kcal bruciate da due persone del peso di 70 kg e 90 kg in varie attività sportive, praticate per 10 minuti.

$$\begin{array}{cc} (70\text{ kg}) & (90\text{ kg}) \end{array}$$
$$A=\begin{bmatrix}98 & 126\\ 154 & 198\\ 91 & 117\end{bmatrix}\begin{array}{l}\text{nuoto}\\ \text{corsa}\\ \text{beach volley}\end{array}$$

Marco, che pesa 70 kg, ogni giorno corre per 30 minuti, nuota per 20 minuti e gioca a beach volley per 40 minuti. Pietro, che pesa 90 kg, ogni giorno gioca a beach volley con Marco per 40 minuti, nuota per 30 minuti e corre per 10 minuti.

a. Scrivi la matrice B dei tempi delle attività sportive.

b. Calcola $B\cdot A$ e interpreta il risultato.

CAPITOLO 18 TRASFORMAZIONI GEOMETRICHE

1 Trasformazioni geometriche

▶ Esercizi a p. 1078

DEFINIZIONE

Una **trasformazione geometrica** è una corrispondenza biunivoca che associa a ogni punto del piano uno e un solo punto del piano stesso.

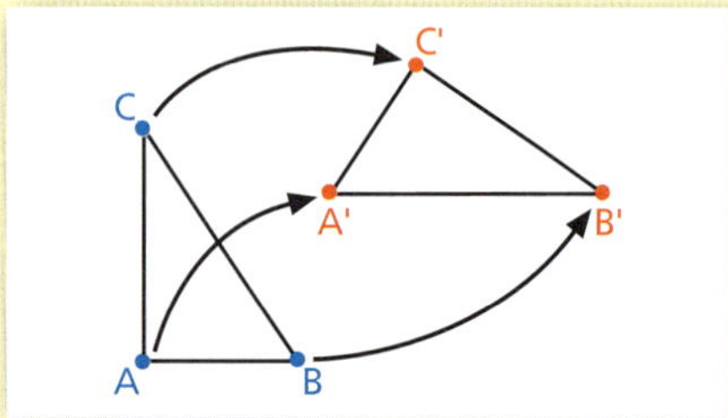

Se indichiamo con t una trasformazione geometrica, per dire che associa a un punto A del piano un altro punto A', scriviamo

$$t: A \mapsto A', \qquad \text{oppure} \qquad A' = t(A).$$

A' può anche coincidere con A.
A' viene chiamato **trasformato** o **immagine** di A, mentre A è l'**antitrasformato** o la **controimmagine** di A'.
Poiché t è una corrispondenza biunivoca esiste sempre la sua **trasformazione inversa** t^{-1} che a ogni punto A' del piano fa corrispondere il punto A controimmagine di A' rispetto a t.

Le proprietà geometriche che si conservano in una trasformazione vengono dette **invarianti**.

Equazioni di una trasformazione geometrica

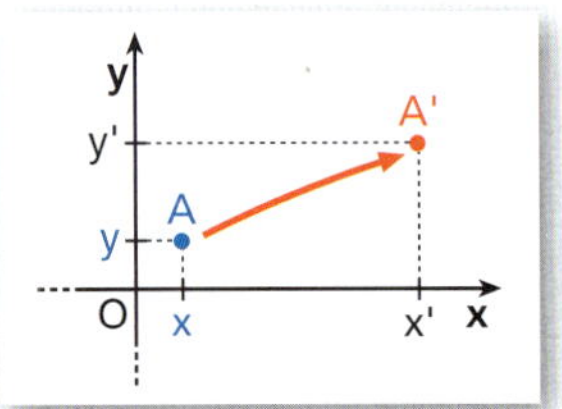

Se nel piano è fissato un riferimento cartesiano Oxy, a ogni punto $A(x; y)$ viene associato il suo trasformato $A'(x'; y')$ mediante due funzioni, dette **equazioni della trasformazione**, che esprimono le coordinate x' e y' di A' in funzione di x e y:

$$t: \begin{cases} x' = F(x; y) \\ y' = G(x; y) \end{cases}.$$

Per poter affermare che due equazioni di questo tipo sono le equazioni di una trasformazione, dobbiamo controllare che entrambe le funzioni F e G siano corrispondenze biunivoche, quindi è necessario verificare che a ogni coppia $(x; y)$ sia associata una sola coppia $(x'; y')$ e viceversa.

ESEMPIO

$$t: \begin{cases} x' = -y \\ y' = x + 1 \end{cases}$$

associa a ogni coppia $(x; y)$ una sola coppia $(x'; y')$ e viceversa. Infatti ciascuna equazione del sistema rappresenta una retta e quindi è una corrispondenza biunivoca.

► Verifica che le equazioni

$$\begin{cases} x' = x^2 \\ y' = 2y - 1 \end{cases}$$

non rappresentano una trasformazione geometrica.

Nell'esempio, le equazioni

$$\begin{cases} y = -x' \\ x = y' - 1 \end{cases}$$

sono le equazioni della trasformazione geometrica inversa t^{-1}.

Trasformare punti

Troviamo l'immagine dei punti $A(-1; 2)$ e $B\left(-\frac{1}{2}; \frac{1}{2}\right)$ applicando la trasformazione $t: \begin{cases} x' = -y \\ y' = x + 1 \end{cases}$ dell'esempio precedente.

Sostituiamo le coordinate di A e B nelle equazioni di t:

$$A': \begin{cases} x' = -2 \\ y' = -1 + 1 = 0 \end{cases} \rightarrow A'(-2; 0);$$

$$B': \begin{cases} x' = -\frac{1}{2} \\ y' = -\frac{1}{2} + 1 = \frac{1}{2} \end{cases} \rightarrow B'\left(-\frac{1}{2}; \frac{1}{2}\right).$$

Osserviamo che l'immagine di B è B stesso. Punti di questo tipo vengono detti *punti uniti*.

DEFINIZIONE

In una trasformazione geometrica, un **punto unito** è un punto che ha se stesso per immagine.

Listen to it

A **fixed point** of a transformation is a point of the plane that is mapped to itself by the transformation.

Poiché un punto unito $P(x; y)$ ha come immagine se stesso, per determinare i punti uniti basta sostituire x e y al posto di x' e y' nelle equazioni della trasformazione.

ESEMPIO

Determiniamo i punti uniti nella trasformazione di equazioni

$$\begin{cases} x' = -x - 2 \\ y' = -y + 4 \end{cases}.$$

Sostituiamo x e y al posto di x' e y':

$$\begin{cases} x = -x - 2 \\ y = -y + 4 \end{cases} \rightarrow \begin{cases} 2x = -2 \\ 2y = 4 \end{cases} \rightarrow \begin{cases} x = -1 \\ y = 2 \end{cases}.$$

Il punto $P(-1; 2)$ è unito.

Trasformare grafici

Consideriamo ancora la trasformazione geometrica

$$t: \begin{cases} x' = -y \\ y' = x + 1 \end{cases}$$

e troviamo l'equazione della curva trasformata della parabola di equazione $y = x^2$.

Ricaviamo x e y nelle equazioni di t, scriviamo cioè le equazioni della trasformazione inversa t^{-1}:

$$t^{-1}: \begin{cases} y = -x' \\ x = y' - 1 \end{cases}.$$

Sostituiamo nell'equazione $y = x^2$:

$$-x' = (y' - 1)^2 \quad \rightarrow \quad x' = -y'^2 + 2y' - 1.$$

Eliminiamo gli apici per poter rappresentare la curva ottenuta nello stesso piano cartesiano della curva iniziale:

$$x = -y^2 + 2y - 1.$$

È possibile, come per i punti, che anche una figura o un grafico vengano trasformati in se stessi.

Figura unita

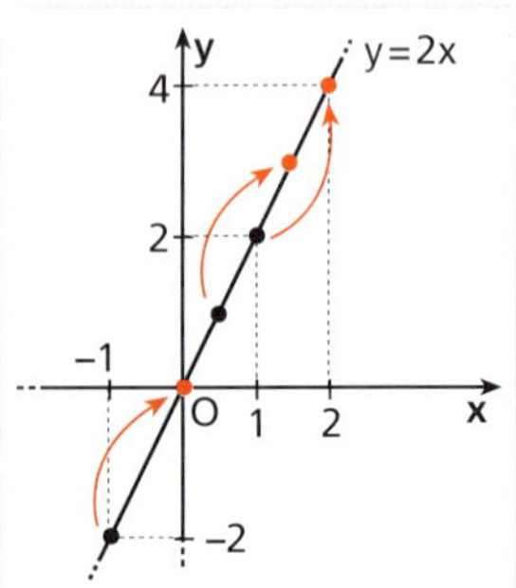

DEFINIZIONE

In una trasformazione geometrica una **figura unita** è una figura che ha se stessa per immagine.

Inoltre, i punti di una figura possono corrispondere ai punti della figura stessa, senza necessariamente essere punti uniti.

Per esempio, nella trasformazione di equazioni $\begin{cases} x' = x + 1 \\ y' = y + 2 \end{cases}$ ogni punto della retta di equazione $y = 2x$ corrisponde a un diverso punto della retta stessa.

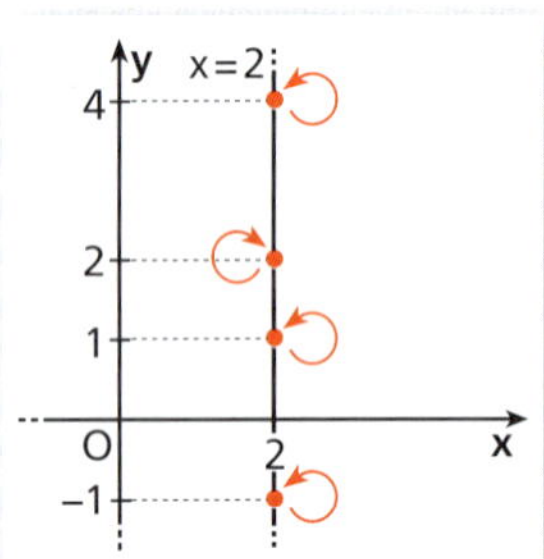

Nella trasformazione di equazioni $\begin{cases} x' = 4 - x \\ y' = y \end{cases}$ ogni punto della retta di equazione $x = 2$ corrisponde a se stesso.

Se in una figura unita ogni punto è unito, la figura si dice **puntualmente unita**, altrimenti si dice **globalmente unita**.

La trasformazione in cui ogni punto ha per immagine se stesso si chiama **identità**.

La indichiamo con i e le sue equazioni sono $\begin{cases} x' = x \\ y' = y \end{cases}$.

Nell'identità ogni punto è unito.

Composizione di trasformazioni

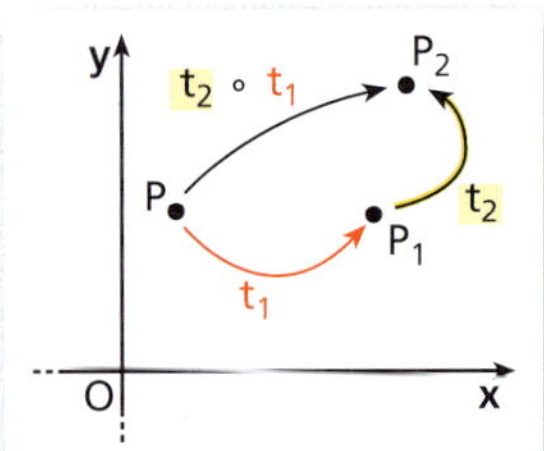

Supponiamo di applicare una trasformazione geometrica t_1 che trasformi il punto P nel punto P_1 e poi una trasformazione geometrica t_2 che trasformi P_1 in P_2.

In questo modo abbiamo ottenuto la **trasformazione composta** di t_1 e t_2, che trasforma P in P_2. La indichiamo con $t_2 \circ t_1$.

ESEMPIO

Consideriamo le trasformazioni di equazioni:

$$t_1: \begin{cases} x' = 2x \\ y' = 2y \end{cases} \quad \text{e} \quad t_2: \begin{cases} x' = x + 1 \\ y' = y + 2 \end{cases}.$$

Per ottenere il trasformato di $A(3; 2)$ rispetto a $t_2 \circ t_1$, applichiamo prima t_1 e poi t_2.

$$A(3; 2) \xrightarrow{t_1} A_1(6; 4) \xrightarrow{t_2} A_2(7; 6)$$

$t_2 \circ t_1$

Generalizzando il procedimento a partire da un punto $P(x; y)$, otteniamo le equazioni della trasformazione composta $t_2 \circ t_1$:

$$P(x; y) \xrightarrow{t_1} P_1(2x; 2y) \xrightarrow{t_2} P_2(2x + 1; 2y + 2) \quad \rightarrow \quad t_2 \circ t_1: \begin{cases} x' = 2x + 1 \\ y' = 2y + 2 \end{cases}.$$

$t_2 \circ t_1$

► Date le trasformazioni

$t_1: \begin{cases} x' = x - 3 \\ y' = y \end{cases}$,

$t_2: \begin{cases} x' = \frac{1}{3}x \\ y' = 3y \end{cases}$,

scrivi le equazioni di $t_1 \circ t_2$ e $t_2 \circ t_1$.

È possibile determinare anche $t_1 \circ t_2$, applicando prima t_2 e poi t_1.
In generale $t_2 \circ t_1 \neq t_1 \circ t_2$, quindi *per la composizione di trasformazioni geometriche* **non vale la proprietà commutativa**.

Vale invece la **proprietà associativa**: $t_1 \circ (t_2 \circ t_3) = (t_1 \circ t_2) \circ t_3$.

Inoltre, per la definizione di trasformazione inversa, è vero che *dalla composizione di una trasformazione con la sua inversa si ottiene l'identità*:

$$t \circ t^{-1} = t^{-1} \circ t = i.$$

DEFINIZIONE

Una trasformazione t è **involutoria** se componendola con se stessa si ottiene l'identità:

$$t \circ t = i.$$

Una trasformazione involutoria è quindi una trasformazione che *ha come inversa se stessa.*

ESEMPIO

La trasformazione h di equazioni $\begin{cases} x' = -x \\ y' = -y \end{cases}$ è involutoria.

Infatti, $P(x; y) \xrightarrow{h} P'(-x; -y) \xrightarrow{h} P(x; y)$.

► La trasformazione

$t: \begin{cases} x' = 2 - x \\ y' = y \end{cases}$

è involutoria?

Fra le trasformazioni geometriche studieremo per prime le *isometrie*.

Isometrie

Isometria deriva dalle parole greche *ísos*, «uguale», e *métron*, «misura».

DEFINIZIONE

Un'**isometria** è una trasformazione geometrica nella quale la distanza fra due punti qualunque del piano A e B è uguale a quella fra le loro immagini A' e B':

$$\overline{AB} = \overline{A'B'}.$$

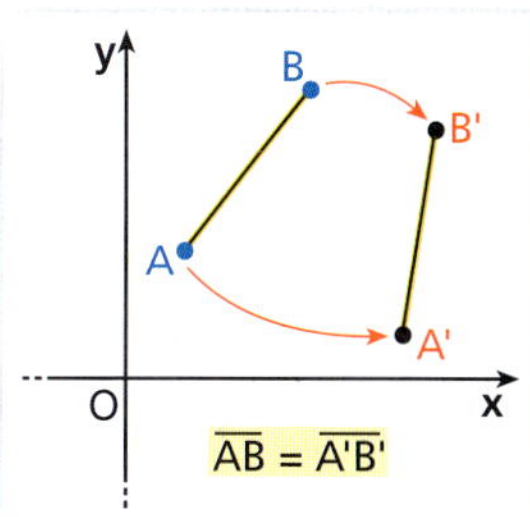

Listen to it

An **isometry** of the plane is a transformation that preserves distances.

Detto brevemente: un'isometria è una trasformazione che *conserva la distanza*.

Un'isometria trasforma una figura geometrica in una figura congruente (per esempio, un triangolo in un triangolo congruente).
Per questo in un'isometria si conserva anche l'equivalenza fra superfici.
La congruenza di angoli e segmenti e l'equivalenza delle superfici sono quindi invarianti delle isometrie.
La composizione di due isometrie è ancora un'isometria.

Esistono quattro tipi di isometrie, che studieremo nel seguito: le *traslazioni*, le *rotazioni* (di cui fanno parte le *simmetrie centrali*), le *simmetrie assiali* e le *glissosimmetrie*.

2 Traslazione

▶ Esercizi a p. 1080

Definizione e proprietà

Listen to it

A **translation** maps each point of the plane to its image along a given vector called the *translation vector*.

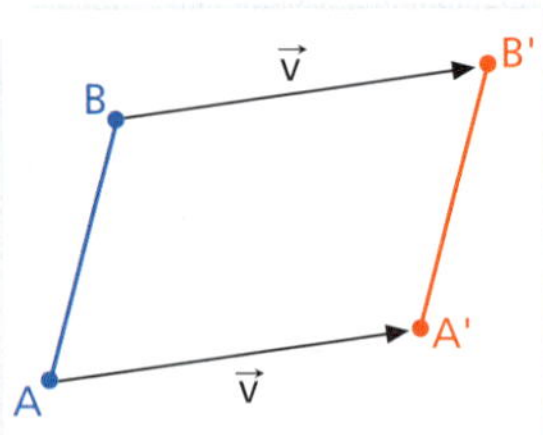

DEFINIZIONE

Dato un vettore $\vec{v}$ nel piano, la **traslazione** di vettore $\vec{v}$ è la trasformazione geometrica che a ogni punto P del piano associa il punto P' tale che:

$$\overrightarrow{PP'} = \vec{v}.$$

Indichiamo la traslazione di vettore $\vec{v}$ con $t_{\vec{v}}$.

- *La traslazione è un'isometria.* Infatti, se consideriamo due punti del piano A e B e i loro corrispondenti A' e B', con $\overrightarrow{AA'} = \vec{v}$ e $\overrightarrow{BB'} = \vec{v}$, il quadrilatero $AA'B'B$ è un parallelogramma e quindi $AB \cong A'B'$.
- La *traslazione nulla* $t_{\vec{0}}$ coincide con l'identità.
- La *trasformazione inversa* di $t_{\vec{v}}$ è la traslazione $t_{-\vec{v}}$, di vettore opposto.
- Una traslazione di vettore $\vec{v} \neq \vec{0}$ *non ha punti uniti.*
- L'immagine di una retta r è una retta r' a essa parallela.
  Quindi una traslazione conserva la direzione di una retta.
  In particolare, ogni retta r parallela al vettore di traslazione $\vec{v} \neq \vec{0}$ è una *retta globalmente unita* perché a un punto A di r corrisponde un punto A' ancora di r. Tuttavia, se $\vec{v} \neq \vec{0}$, nessuno dei suoi punti è unito perché un qualsiasi punto di r non ha come corrispondente se stesso.

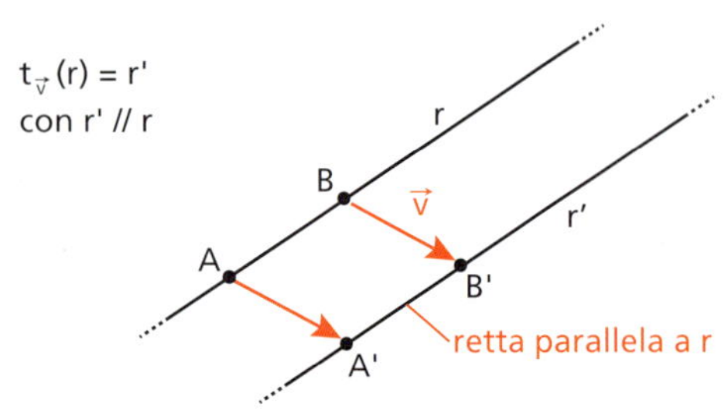

Traslazione di una retta non parallela al vettore di traslazione

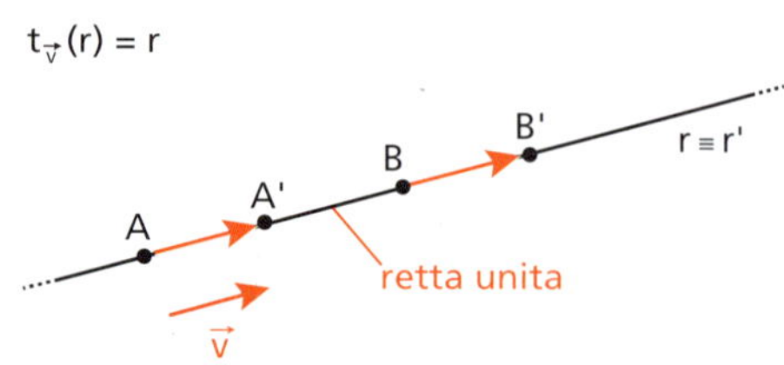

Traslazione di una retta parallela al vettore di traslazione

Equazioni della traslazione

Consideriamo la traslazione $t_{\vec{v}}$ di vettore $\vec{v}(a; b)$. L'immagine del punto $P(x; y)$ attraverso $t_{\vec{v}}$ è il punto $P'(x'; y')$ tale che:

$$t_{\vec{v}}: \begin{cases} x' = x + a \\ y' = y + b \end{cases}$$ **equazioni della traslazione di vettore $\vec{v}(a; b)$.**

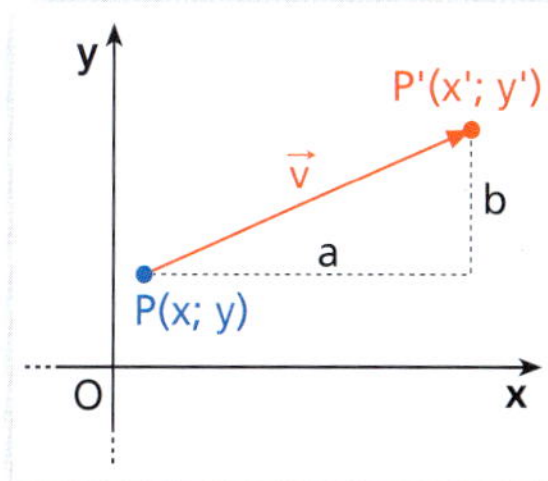

ESEMPIO
La traslazione di vettore $\vec{v}(-1; 3)$ ha equazioni:

$$t_{\vec{v}}: \begin{cases} x' = x - 1 \\ y' = y + 3 \end{cases}.$$

▶ Data la traslazione di vettore $\vec{v}(3; -1)$, determina le immagini del punto $P(0; -2)$ e della retta di equazione $y = \frac{3}{2}x + 2$.

Casi particolari. Se la traslazione ha vettore $\vec{v}(a; 0)$ allora si ha una traslazione orizzontale, mentre se è $\vec{v}(0; b)$ allora si ha una traslazione verticale.

La traslazione inversa, che indichiamo con $t_{\vec{v}}^{-1}$, ha equazioni:

$$t_{\vec{v}}^{-1}: \begin{cases} x = x' - a \\ y = y' - b \end{cases}.$$

Animazione

Disegna il triangolo di vertici $A(2; 1)$, $B(5; 2)$, $C(4; 5)$.
Scrivi le equazioni della traslazione di vettore $\vec{v}(-1; 3)$ e applicala ad ABC.
Nell'animazione, oltre a risolvere l'esercizio, con una figura dinamica applichiamo ad ABC una traslazione di vettore $\vec{v}(a; b)$, facendo variare a e b.

Traslazione di grafici di funzioni

Consideriamo una funzione di equazione $y = f(x)$ e la traslazione di vettore $\vec{v}(a; b)$ che ha equazioni:

$$t_{\vec{v}}: \begin{cases} x' = x + a \\ y' = y + b \end{cases}.$$

Trasliamo il grafico di $y = f(x)$; scriviamo la trasformazione inversa:

$$t_{\vec{v}}^{-1}: \begin{cases} x = x' - a \\ y = y' - b \end{cases}$$

Sostituendo nell'equazione $y = f(x)$, ottieniamo

$$y' - b = f(x' - a),$$

da cui, eliminando gli apici:

$$y = f(x - a) + b.$$

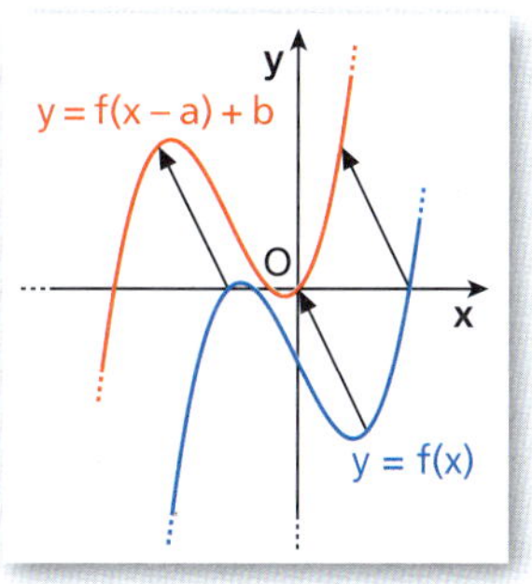

ESEMPIO
Se trasliamo la parabola di equazione $y = 4x^2$ secondo il vettore $\vec{v}(3; 5)$, otteniamo:

$$y = 4(x - 3)^2 + 5.$$

▶ Rappresenta il grafico della funzione $y = \cos\left(x - \frac{\pi}{6}\right) + 1$ con una traslazione a partire dal grafico di $y = \cos x$.

Casi particolari. Se applichiamo a $f(x)$ una traslazione orizzontale, di vettore $\vec{v}(a; 0)$, otteniamo $y = f(x - a)$.

Se $a > 0$, la traslazione è verso destra; se $a < 0$, la traslazione è verso sinistra.

Se la traslazione è verticale, di vettore $\vec{v}(0; b)$, abbiamo $y = f(x) + b$.

Se $b > 0$, la traslazione è verso l'alto; se $b < 0$, è verso il basso.

Composizione di traslazioni

Si può dimostrare che la composizione di due traslazioni di vettori $\vec{v}_1$ e $\vec{v}_2$ è ancora una traslazione, di vettore $\vec{v}_1 + \vec{v}_2$.

La composizione di traslazioni gode della proprietà commutativa, cioè $t_{\vec{v}_1} \circ t_{\vec{v}_2} = t_{\vec{v}_2} \circ t_{\vec{v}_1}$.

3 Rotazione

▶ Esercizi a p. 1085

Definizione e proprietà

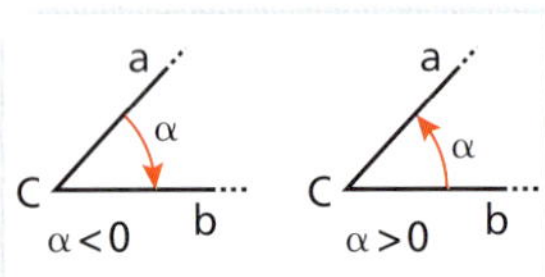

Dato un angolo $a\widehat{C}b$, possiamo considerarlo **orientato** da a a b se procediamo in senso orario o da b ad a se procediamo in senso antiorario: per convenzione, sono negativi gli angoli del primo tipo e positivi quelli del secondo tipo.

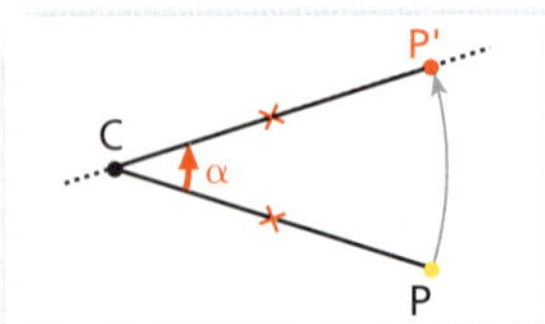

DEFINIZIONE

Fissati nel piano un punto C e un angolo orientato α, la **rotazione** di centro C e angolo α è la trasformazione geometrica che a ogni punto P del piano fa corrispondere il punto P' tale che:

1. $\overline{CP} = \overline{CP'}$; **2.** l'angolo $P\widehat{C}P'$ è congruente ad α e ugualmente orientato.

Listen to it

A **rotation** is an isometry that has a given centre C and a given angle of rotation α. Each point of the plane is mapped onto a point that is rotated around C by the angle α.

Il punto C è il **centro di rotazione**. Indichiamo la rotazione di centro C e angolo α con $r(C; \alpha)$.

- *La rotazione è un'isometria.* Infatti, se consideriamo due punti A e B e i loro trasformati A' e B' nella rotazione di centro C e angolo α, i triangoli ABC e $A'B'C$ hanno $CA \cong CA'$, $CB \cong CB'$ e $A\widehat{C}B \cong A'\widehat{C}B'$ in quanto differenza di angoli congruenti, quindi sono congruenti per il primo criterio. Allora, in particolare, $AB \cong A'B'$.
- La *rotazione nulla* ha centro qualsiasi e angolo nullo o multiplo di un angolo giro. Coincide con l'identità.
- Una rotazione diversa dall'identità ha come unico *punto unito* il centro C.
- Nelle rotazioni di angolo $(2k+1)\pi$, con $k \in \mathbb{Z}$, e centro qualunque, sono globalmente unite tutte le rette passanti per il centro di rotazione.
  In generale, per rotazioni di angolo $\alpha \neq k\pi$, con $k \in \mathbb{Z}$, non ci sono rette unite.
- La trasformazione inversa di una rotazione di centro C e angolo α è ancora una rotazione di centro C, ma con angolo $-\alpha$:

$$r^{-1}(C; \alpha) = r(C; -\alpha).$$

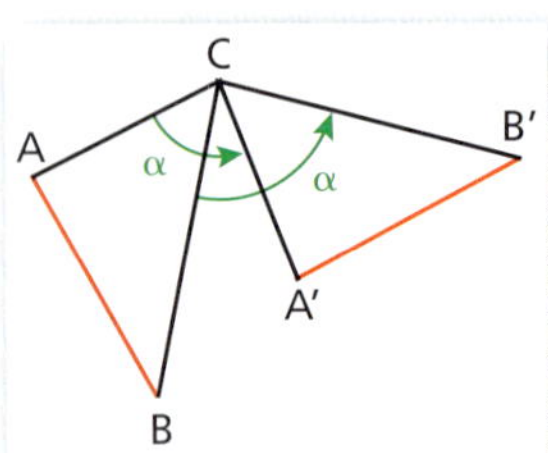

Equazioni della rotazione di centro l'origine

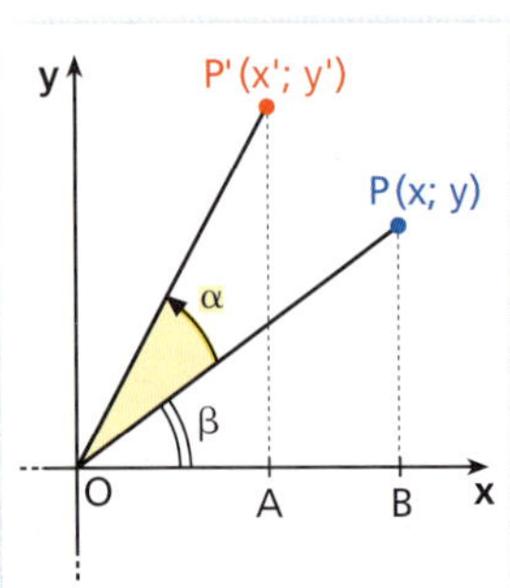

Determiniamo le equazioni della rotazione di angolo α, avente per centro l'origine O degli assi. Osservando la figura a lato e utilizzando la trigonometria, possiamo scrivere le seguenti relazioni:

$$x = \overline{OB} = \overline{OP}\cos\beta; \qquad y = \overline{PB} = \overline{OP}\sin\beta.$$

Consideriamo il triangolo rettangolo OAP', dove $x' = \overline{OA}$ e $y' = \overline{P'A}$, e applichiamo le formule di addizione di seno e coseno:

$$x' = \overline{OA} = \overline{OP'}\cos(\alpha+\beta) = \overline{OP}\cos\alpha\cos\beta - \overline{OP}\sin\alpha\sin\beta = x\cos\alpha - y\sin\alpha;$$

$$y' = \overline{AP'} = \overline{OP'}\sin(\alpha+\beta) = \overline{OP}\sin\alpha\cos\beta + \overline{OP}\cos\alpha\sin\beta = x\sin\alpha + y\cos\alpha.$$

Quindi:

$$r(O;\alpha): \begin{cases} x' = x\cos\alpha - y\sin\alpha \\ y' = x\sin\alpha + y\cos\alpha \end{cases}$$

equazioni della rotazione $r(O;\alpha)$ di angolo α e di centro O.

ESEMPIO

La rotazione $r\left(O;\frac{\pi}{6}\right)$ di centro l'origine O e angolo $\alpha = \frac{\pi}{6}$ ha equazioni:

$$r\left(O;\frac{\pi}{6}\right): \begin{cases} x' = \frac{\sqrt{3}}{2}x - \frac{1}{2}y \\ y' = \frac{1}{2}x + \frac{\sqrt{3}}{2}y \end{cases}$$

► Scrivi le equazioni della rotazione di centro l'origine e angolo $\alpha = -\frac{\pi}{3}$.

Casi particolari

- Se $\alpha = \frac{\pi}{2}$, le equazioni della rotazione diventano: $\begin{cases} x' = -y \\ y' = x \end{cases}$.
- Se $\alpha = -\frac{\pi}{2}$, abbiamo invece: $\begin{cases} x' = y \\ y' = -x \end{cases}$.
- Se $\alpha = \pm\pi$, le equazioni sono: $\begin{cases} x' = -x \\ y' = -y \end{cases}$.
- Se $\alpha = 2k\pi$, con $k \in \mathbb{Z}$, la rotazione è l'identità.

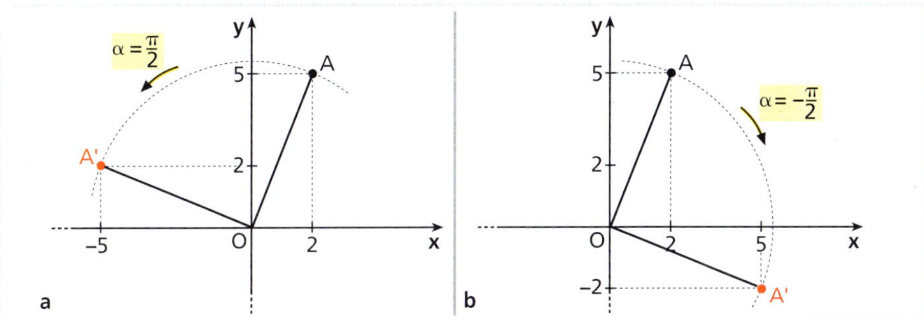

La rotazione inversa di $r(O;\alpha)$, che indichiamo con $r^{-1}(O;\alpha)$, è la rotazione $r(O;-\alpha)$ di centro O e angolo $-\alpha$ e, essendo $\cos(-\alpha) = \cos\alpha$, $\sin(-\alpha) = -\sin\alpha$, ha equazioni:

$$r^{-1}(O;\alpha): \begin{cases} x = x'\cos\alpha + y'\sin\alpha \\ y = -x'\sin\alpha + y'\cos\alpha \end{cases}.$$

Equazioni della rotazione di centro C qualunque

Per ottenere le equazioni di una rotazione di angolo α intorno a un centro $C(x_C; y_C)$ qualunque, consideriamo tale rotazione come il risultato della composizione di tre trasformazioni: una traslazione di vettore $\vec{v}(-x_C; -y_C)$ che porti C nell'origine O, una rotazione di centro O e angolo α, una traslazione di vettore $\vec{v}_1(x_C; y_C)$ che riporti C alla posizione iniziale. Alle coordinate $(x; y)$ di P corrispondono:

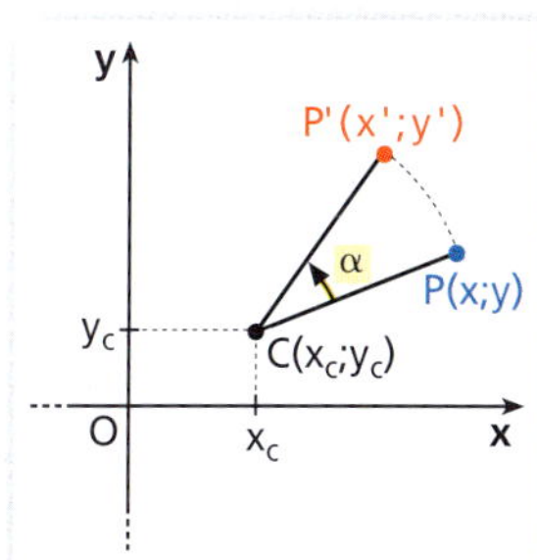

$$\begin{cases} x \\ y \end{cases} \overset{t_v}{\mapsto} \begin{cases} x - x_C \\ y - y_C \end{cases} \overset{r(O;\,\alpha)}{\mapsto} \begin{cases} (x - x_C)\cos\alpha - (y - y_C)\sin\alpha \\ (x - x_C)\sin\alpha + (y - y_C)\cos\alpha \end{cases} \overset{t_{v_1}}{\mapsto}$$

$$\begin{cases} (x - x_C)\cos\alpha - (y - y_C)\sin\alpha + x_C \\ (x - x_C)\sin\alpha + (y - y_C)\cos\alpha + y_C \end{cases}.$$

Quindi la rotazione di centro $C(x_C; y_C)$ e angolo α ha equazioni

$$r(C;\alpha): \begin{cases} x' = (x - x_C)\cos\alpha - (y - y_C)\sin\alpha + x_C \\ y' = (x - x_C)\sin\alpha + (y - y_C)\cos\alpha + y_C \end{cases}$$

che, svolgendo i calcoli, scriviamo nella forma:

$$r(C;\alpha): \begin{cases} x' = x\cos\alpha - y\sin\alpha + p \\ y' = x\sin\alpha + y\cos\alpha + q \end{cases}$$

equazioni di una rotazione di angolo α e di centro C qualunque.

▶ Scrivi le equazioni della rotazione $r\left(C; \frac{\pi}{4}\right)$, con $C(1; 1)$.

Nelle equazioni precedenti, $p = x_C - x_C\cos\alpha + y_C\sin\alpha$ e $q = y_C - x_C\sin\alpha - y_C\cos\alpha$.

Animazione

Disegna il triangolo di vertici $P(3; 1)$, $Q(5; 1)$, $R(3; 4)$ e il punto $C(2; 1)$.
Scrivi le equazioni della rotazione $r\left(C; \frac{\pi}{6}\right)$ e applicala a PQR.
Nell'animazione, oltre a risolvere l'esercizio, con una figura dinamica facciamo variare l'angolo di rotazione.

Composizione di rotazioni

Componendo due rotazioni con lo stesso centro C, di angoli α_1 e α_2, si ottiene ancora una rotazione, di centro C e angolo $\alpha_1 + \alpha_2$.
Inoltre, si può dimostrare che componendo due rotazioni con centri C_1 e C_2 diversi si può ottenere una rotazione di diverso centro C e angolo $\alpha_1 + \alpha_2$, oppure una traslazione.

Possiamo quindi affermare che la composizione fra rotazioni di centri diversi non è un'operazione interna nell'insieme delle rotazioni.

4 Simmetria centrale

▶ Esercizi a p. 1091

Definizione e proprietà

DEFINIZIONE

Fissato nel piano un punto M, la **simmetria centrale** di centro M è la trasformazione geometrica che a ogni punto P del piano fa corrispondere il punto P' tale che M è il punto medio del segmento PP'.

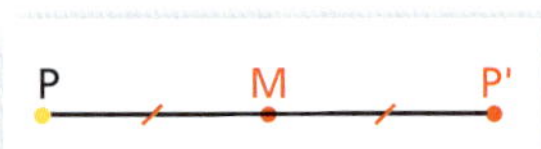

Indichiamo la simmetria centrale di centro M con s_M.

- *La simmetria centrale è un'isometria.* Infatti, se consideriamo due punti A e B del piano e i loro trasformati A' e B' nella simmetria di centro M, si ha che $AM \cong A'M$, $BM \cong B'M$ e $A\widehat{M}B \cong A'\widehat{M}B'$, quindi i triangoli AMB e $A'MB'$ sono congruenti e $AB \cong A'B'$.
- Il punto M è detto **centro di simmetria** ed *è l'unico punto unito.*
- Ogni retta r passante per M è una *retta globalmente unita*, perché ogni punto di r ha per immagine un punto di r.
- L'immagine di una retta r è una retta r' a essa parallela.
Per dimostrarlo, puoi osservare nella figura che gli angoli $M\widehat{A}B$ e $M\widehat{A'}B'$, alter-

Listen to it

A **point reflection** in M is an isometry that maps each point of the plane P to a point P' such that $PM \cong MP'$ and P' lies on the line through PM.

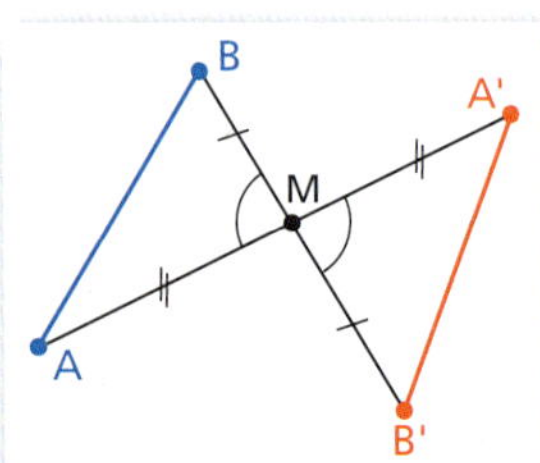

ni interni formati da r e r' con la trasversale AA', sono congruenti, perché sono congruenti i triangoli AMB e $A'MB'$.
La proprietà può essere espressa dicendo anche che *la direzione delle rette è un invariante* per le simmetrie centrali.

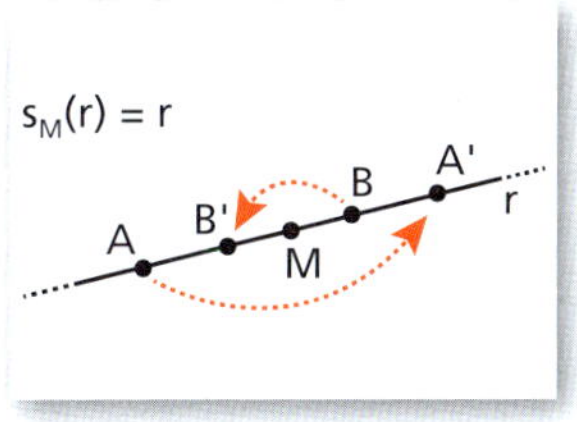

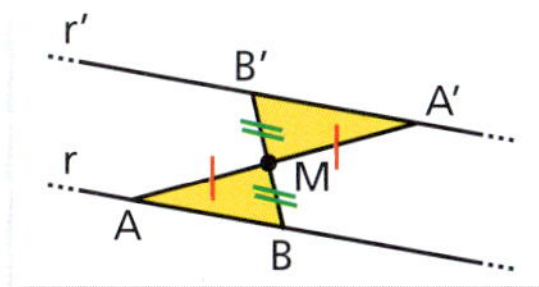

- La simmetria centrale di centro M coincide con la rotazione di centro M e angolo di 180°. Per esempio, se nella figura ruotiamo B di 180° intorno a M, otteniamo B', simmetrico di B rispetto a M, perché $MB \cong MB'$ in quanto raggi.

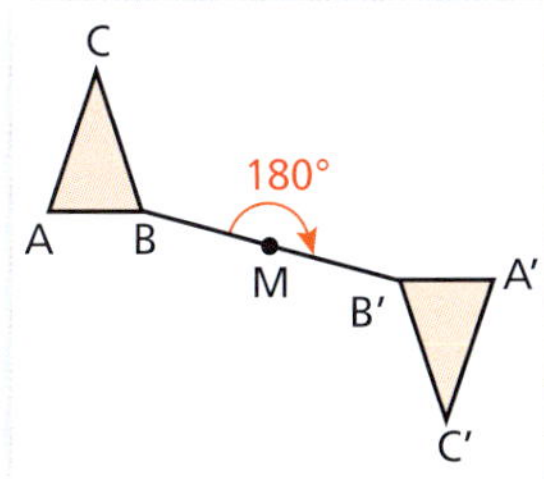

- La trasformazione inversa di una simmetria centrale s_M è se stessa, quindi la simmetria centrale è una trasformazione involutoria: $s_M \circ s_M = i$. Per esempio, se consideriamo il triangolo ABC della figura e il suo simmetrico $A'B'C'$ rispetto a M, applicando ad $A'B'C'$ ancora la simmetria di centro M, otteniamo ABC.

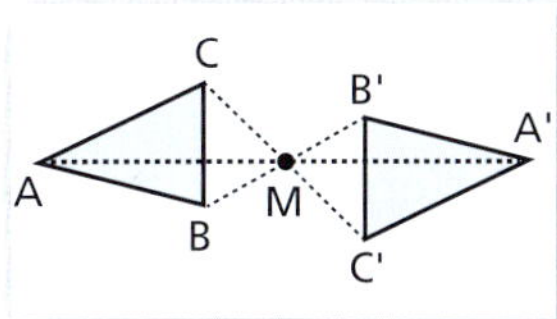

Equazioni della simmetria centrale

Se consideriamo $M(a; b)$ e s_M, al punto $P(x; y)$ corrisponde il punto $P'(x'; y')$ se

$$\frac{x + x'}{2} = a, \qquad \frac{y + y'}{2} = b,$$

da cui:

$$s_M: \begin{cases} x' = 2a - x \\ y' = 2b - y \end{cases}$$

equazioni della simmetria centrale di centro $M(a; b)$.

Animazione

Disegna il triangolo di vertici $A(2; 3)$, $B(5; 3)$, $C(3; 5)$ e il punto $M(3; 1)$.
Applica ad ABC la simmetria centrale di centro M, dopo averne scritto le equazioni.
Oltre a risolvere l'esercizio, nell'animazione otteniamo una figura dinamica facendo variare le coordinate di M.

▶ Verifica che $M(a; b)$ è l'unico punto unito nella simmetria centrale di centro M.

ESEMPIO

Le equazioni della simmetria centrale di centro $M(5; 3)$ sono:

$$\begin{cases} x' = 10 - x \\ y' = 6 - y \end{cases}$$

Il triangolo ABC viene trasformato nel triangolo $A'B'C'$.

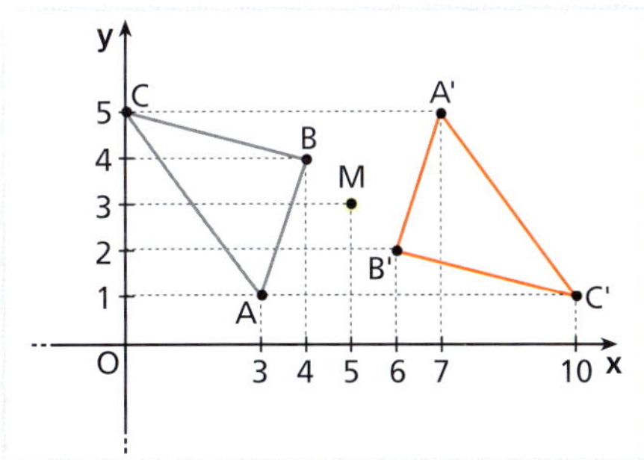

▶ Scrivi le equazioni della simmetria centrale di centro $M(-2; 1)$.

Se **M coincide con l'origine O** degli assi, le equazioni precedenti diventano:

$$s_O: \begin{cases} x' = -x \\ y' = -y \end{cases}.$$

Curve e simmetria centrale

Applichiamo alla funzione $y = f(x)$ la simmetria centrale s_O di centro l'origine.
Sostituiamo in $y = f(x)$ le equazioni:

$$\begin{cases} x = -x' \\ y = -y' \end{cases}.$$

► Scrivi l'equazione della funzione simmetrica rispetto all'origine della funzione $f(x) = x^2 + 2x - 1$.

Otteniamo l'equazione

$$-y' = f(-x'),$$

e togliendo gli apici abbiamo:

$$y = -f(-x).$$

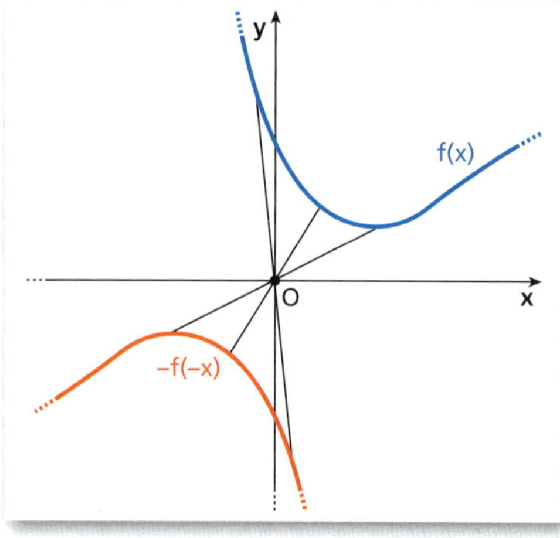

Se per una funzione $f(x)$ si verifica per ogni x del suo dominio che $-f(-x) = f(x)$ o, che è lo stesso, $f(-x) = -f(x)$, significa che il grafico di $f(x)$ è simmetrico rispetto all'origine. Si dice anche che la funzione è *dispari*.

Composizione di simmetrie centrali

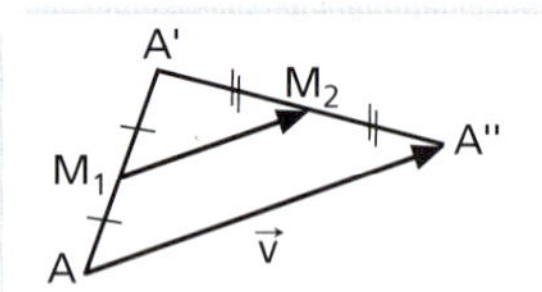

Date le simmetrie centrali s_{M_1} e s_{M_2} di centri M_1 e M_2, la trasformazione composta

$$t = s_{M_2} \circ s_{M_1}$$

è una traslazione di vettore $\vec{v} = 2\overrightarrow{M_1M_2}$.

Infatti, nel triangolo $AA'A''$, dove A' è il corrispondente di A in s_{M_1} e A'' quello di A' in s_{M_2}, il vettore $\overrightarrow{M_1M_2}$ è parallelo ed equiverso ad $\overrightarrow{AA''}$, e inoltre in ogni triangolo il segmento che congiunge i punti medi di due lati è parallelo e congruente alla metà del terzo lato, quindi $\overline{AA''} = 2\overline{M_1M_2}$.

5 Simmetria assiale

► Esercizi a p. 1095

Definizione e proprietà

DEFINIZIONE

Fissata nel piano una retta r, la **simmetria assiale** rispetto alla retta r è la trasformazione geometrica che a ogni punto P fa corrispondere il punto P' nel semipiano opposto rispetto a r e tale che r sia asse del segmento PP', ossia:

- r passa per il punto medio di PP';
- PP' è perpendicolare a r.

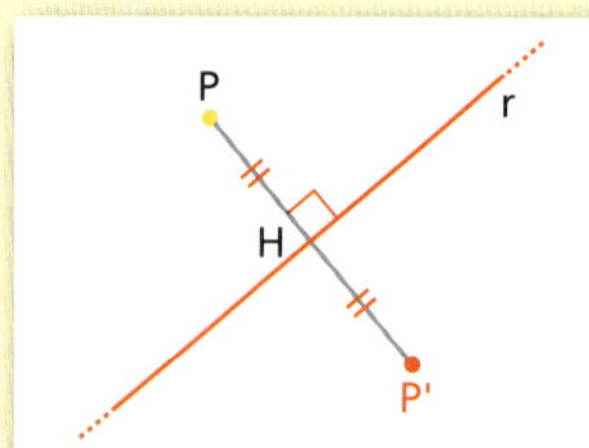

Listen to it

A **reflection** across a line *r* of the plane is an isometry that maps each point *P* of the plane onto a point *P'* such that *PP'* is perpendicular to *r* and the distance from *P* to *r* is the same as the distance from *r* to *P'*.

La retta r è detta **asse di simmetria**. Indichiamo la simmetria di asse r con s_r.

- *La simmetria assiale è un'isometria*. Per dimostrarlo, consideriamo i due punti A e B e i loro corrispondenti nella simmetria s_r di asse la retta r. Da A e da A' tracciamo le perpendicolari AC e $A'C'$ alla retta per B e B'.
  I triangoli rettangoli ABC e $A'B'C'$ sono congruenti perché hanno i cateti congruenti, quindi $\overline{AB} = \overline{A'B'}$.
- La trasformazione inversa di s_r è s_r, quindi la simmetria assiale è una trasformazione involutoria: $s_r \circ s_r = i$.

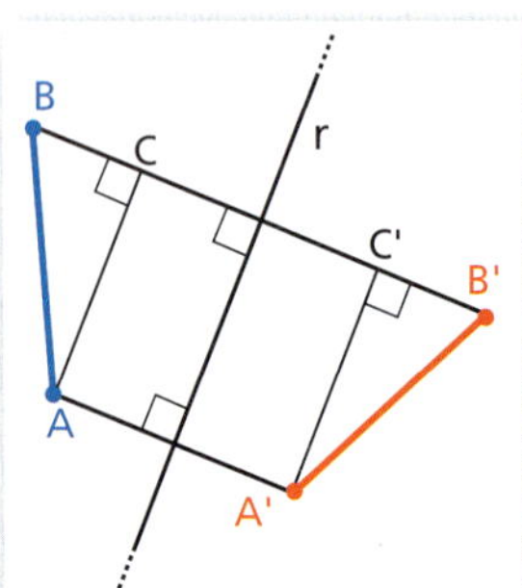

- L'asse di simmetria è l'insieme di tutti e soli i *punti uniti* della trasformazione, quindi l'asse è una *retta puntualmente unita*.
- L'immagine di una retta che forma con r un angolo α e che interseca r in un punto R è una retta che forma con r un angolo α e passa per R.
  In particolare, tutte le rette perpendicolari a r sono **rette globalmente unite**.

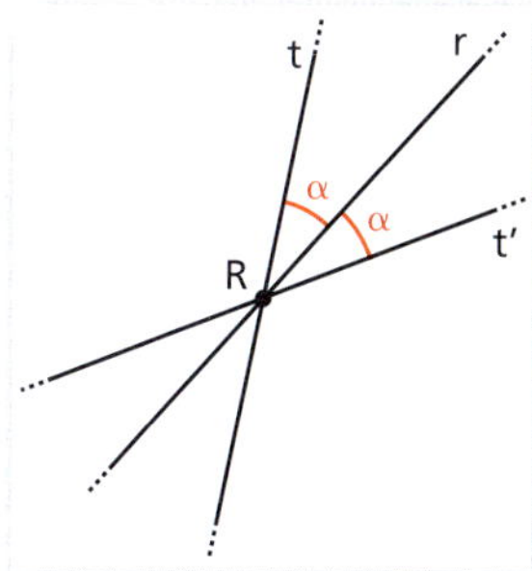

Equazioni della simmetria assiale

Simmetria rispetto a un asse parallelo all'asse y
Consideriamo come asse di simmetria la retta di equazione $x = a$.
Dato il punto $P(x; y)$, il punto $P'(x'; y')$ è il corrispondente di P se:

$$\frac{x + x'}{2} = a, \quad y' = y,$$

da cui:

$$s: \begin{cases} x' = 2a - x \\ y' = y \end{cases}$$ **equazioni della simmetria assiale rispetto all'asse $x = a$.**

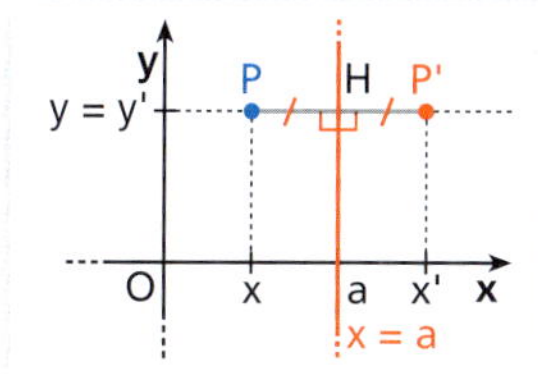

Se l'asse di simmetria è l'asse y, la cui equazione è $x = 0$, si ha $a = 0$, quindi:

$$s_y: \begin{cases} x' = -x \\ y' = y \end{cases}$$ **equazioni della simmetria assiale rispetto all'asse y.**

Simmetria rispetto a un asse parallelo all'asse x
Consideriamo come asse di simmetria la retta di equazione $y = b$.

Dato il punto $P(x; y)$, il punto $P'(x'; y')$ è il corrispondente di P se

$$x' = x \quad \text{e} \quad \frac{y + y'}{2} = b,$$

da cui:

$$s: \begin{cases} x' = x \\ y' = 2b - y \end{cases}$$ **equazioni della simmetria assiale rispetto all'asse $y = b$.**

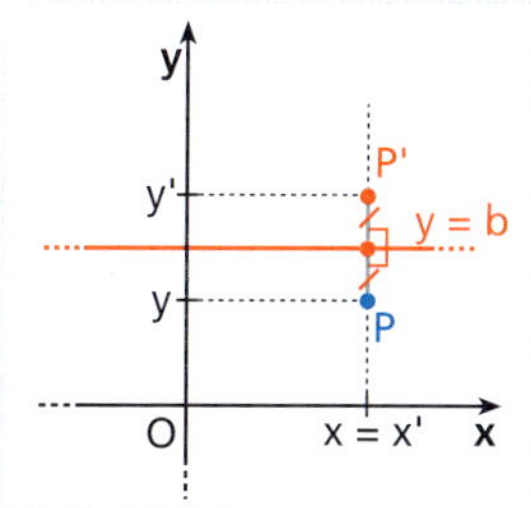

Se l'asse di simmetria è l'asse x, la cui equazione è $y = 0$, si ha $b = 0$, quindi:

$$s_x: \begin{cases} x' = x \\ y' = -y \end{cases}$$ **equazioni della simmetria assiale rispetto all'asse x.**

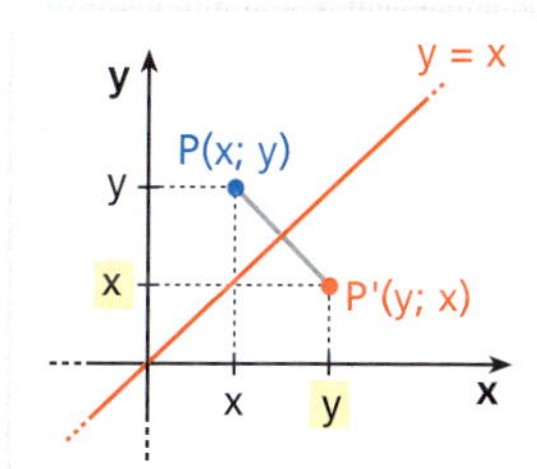

Simmetria rispetto alle bisettrici dei quadranti
Si dimostra che due punti simmetrici rispetto alla retta di equazione $y = x$ hanno coordinate scambiate fra loro, ossia che, se P ha coordinate $(x; y)$, il suo simmetrico P' ha coordinate $(y; x)$ quindi:

$$s_b: \begin{cases} x' = y \\ y' = x \end{cases}$$ **equazioni della simmetria assiale rispetto alla bisettrice b del primo e del terzo quadrante.**

Analogamente, abbiamo:

$$s_{b'}: \begin{cases} x' = -y \\ y' = -x \end{cases}$$ **equazioni della simmetria assiale rispetto alla bisettrice b' del secondo e del quarto quadrante.**

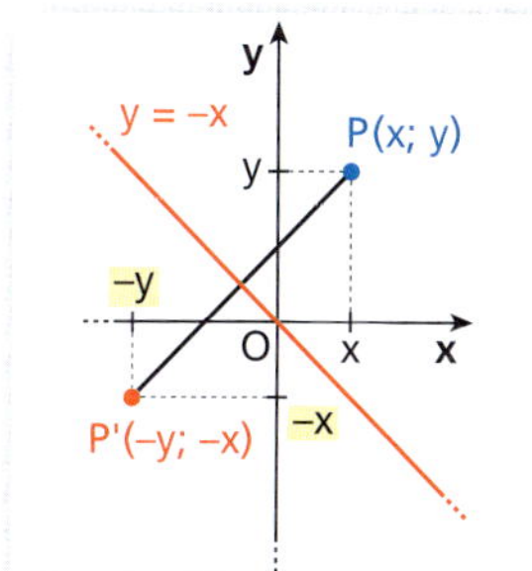

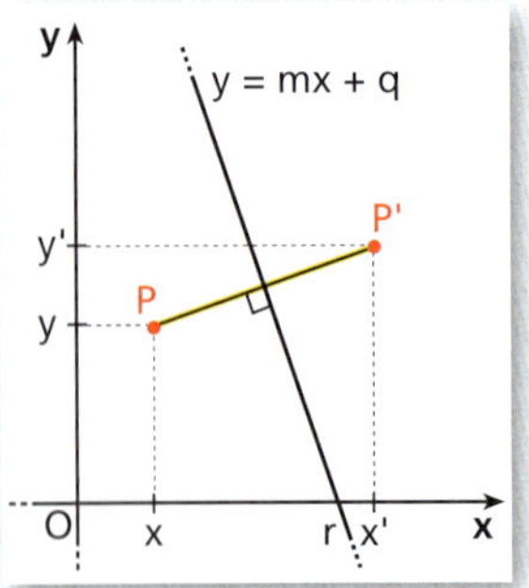

Simmetria rispetto alla retta $y = mx + q$

Le equazioni della simmetria rispetto a una generica retta r del piano di equazione $y = mx + q$ devono essere tali per cui il simmetrico $P'(x'; y')$ di un punto $P(x; y)$ appartenga a una retta perpendicolare a r e P e P' siano equidistanti da r:

- il coefficiente angolare di PP' deve essere l'opposto del reciproco di m:

$$\frac{y'-y}{x'-x} = -\frac{1}{m};$$

- il punto medio del segmento PP' deve appartenere alla retta r; quindi:

$$\frac{y+y'}{2} = m\frac{x+x'}{2} + q.$$

Ponendo a sistema le due equazioni e risolvendo rispetto a x' e y', si ottiene, dopo alcuni passaggi:

$$s_r\colon \begin{cases} x' = \dfrac{1-m^2}{1+m^2}x + \dfrac{2m}{1+m^2}y - \dfrac{2mq}{1+m^2} \\ y' = \dfrac{2m}{1+m^2}x - \dfrac{1-m^2}{1+m^2}y + \dfrac{2q}{1+m^2} \end{cases}$$

equazioni della simmetria assiale rispetto alla retta $y = mx + q$.

ESEMPIO

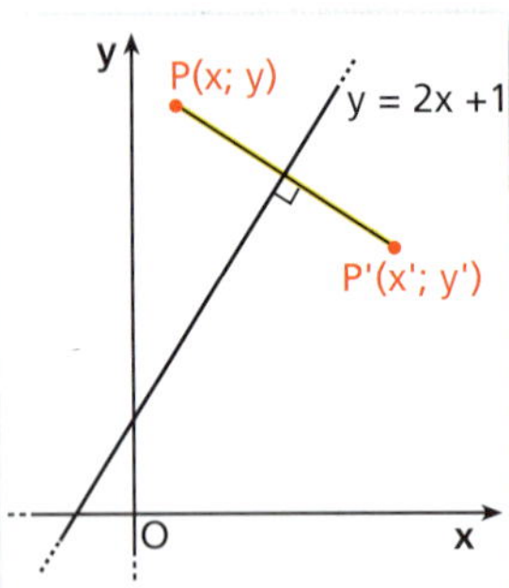

Cerchiamo le equazioni della simmetria di asse $y = 2x + 1$.

Se $P(x; y)$ ha come immagine $P'(x'; y')$, abbiamo:

$$\begin{cases} \dfrac{y+y'}{2} = 2\left(\dfrac{x+x'}{2}\right)+1 \\ \dfrac{y'-y}{x'-x} = -\dfrac{1}{2} \end{cases}.$$

punto medio del segmento PP' appartenente all'asse

retta PP' perpendicolare all'asse

Ricaviamo x' e y'.

$$\begin{cases} y+y' = 2x+2x'+2 \\ 2y'-2y = -x'+x \end{cases} \to \begin{cases} 2x'-y' = y-2x-2 \\ x'+2y' = x+2y \end{cases}$$

$$x' = \frac{\begin{vmatrix} y-2x-2 & -1 \\ x+2y & 2 \end{vmatrix}}{\begin{vmatrix} 2 & -1 \\ 1 & 2 \end{vmatrix}} = \frac{2y-4x-4+x+2y}{4+1} = \frac{-3x+4y-4}{5}$$

$$y' = \frac{\begin{vmatrix} 2 & y-2x-2 \\ 1 & x+2y \end{vmatrix}}{\begin{vmatrix} 2 & -1 \\ 1 & 2 \end{vmatrix}} = \frac{2x+4y-y+2x+2}{5} = \frac{4x+3y+2}{5}$$

Quindi le equazioni della simmetria sono:

$$\begin{cases} x' = -\dfrac{3}{5}x + \dfrac{4}{5}y - \dfrac{4}{5} \\ y' = \dfrac{4}{5}x + \dfrac{3}{5}y + \dfrac{2}{5} \end{cases}.$$

► Determina le equazioni della simmetria di asse $y = -x + 1$.

Caso particolare

Se l'asse di simmetria r è una retta che passa per l'origine, la sua equazione è $y = mx$. Poiché $m = \tan\alpha$, dove α è l'angolo che la retta forma con la direzione positiva dell'asse x, per le formule parametriche abbiamo:

$$\cos 2\alpha = \frac{1-m^2}{1+m^2}, \quad \sin 2\alpha = \frac{2m}{1+m^2}.$$

Sostituiamo nelle equazioni della simmetria e otteniamo:

$$\begin{cases} x' = x\cos 2\alpha + y\sin 2\alpha \\ y' = x\sin 2\alpha - y\cos 2\alpha \end{cases}.$$

Animazione

Disegna il triangolo di vertici $A(3; 2)$, $B(5; 2)$, $C(2; 5)$ e la retta r di equazione $y = 3x$. Scrivi le equazioni della simmetria assiale rispetto a r e applicala ad ABC.
Oltre a risolvere l'esercizio, nell'animazione otteniamo una figura dinamica facendo variare l'angolo che la retta forma con la direzione positiva dell'asse x.

ESEMPIO

Determiniamo le equazioni della simmetria con asse la retta $y = \sqrt{3}\,x$.

Poiché $m = \tan\alpha = \sqrt{3}$, si ha che $\alpha = \frac{\pi}{3}$ e quindi $\cos 2\alpha = -\frac{1}{2}$, $\sin 2\alpha = \frac{\sqrt{3}}{2}$.

Pertanto, le equazioni cercate sono:

$$\begin{cases} x' = -\frac{1}{2}x + \frac{\sqrt{3}}{2}y \\ y' = \frac{\sqrt{3}}{2}x + \frac{1}{2}y \end{cases}$$

► Scrivi le equazioni della simmetria di asse $y = -\frac{\sqrt{3}}{3}x$

Composizione di simmetrie assiali

Assi di simmetria paralleli

Componendo due simmetrie s_a e s_b con gli assi a e b paralleli, si ottiene una traslazione di vettore $\vec{v}$ che ha modulo uguale al doppio della distanza d tra i due assi e direzione perpendicolare ad a e b (figura **a**).

Si ha $\overline{AA''} = 2d_1 + 2d_2 = 2(d_1 + d_2) = 2d$.

Assi di simmetria non paralleli

La composizione delle due simmetrie s_a e s_b, con gli assi a e b non paralleli, è la rotazione di centro O, intersezione degli assi a e b, e angolo 2α, con $\alpha = a\widehat{O}b$ (figura **b**).

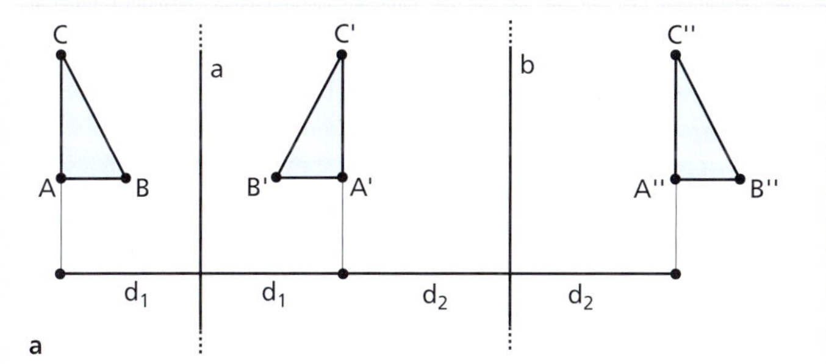

a

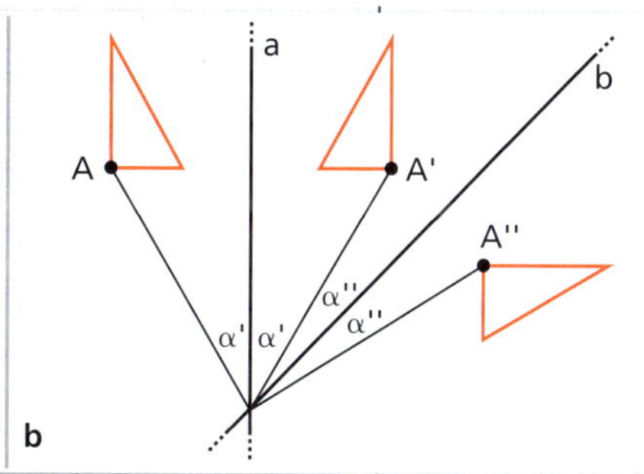

b

Glissosimmetria

DEFINIZIONE

La composizione di una simmetria assiale con una traslazione di vettore parallelo all'asse della simmetria è una **glissosimmetria**.

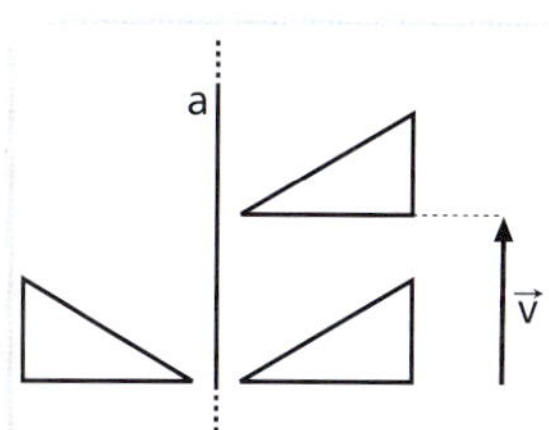

Osserviamo che per la composizione di una simmetria assiale con una traslazione di vettore parallelo all'asse vale la proprietà commutativa, dunque è indifferente l'ordine in cui vengono composte.
In quanto composizione di isometrie, *la glissosimmetria è un'isometria.*

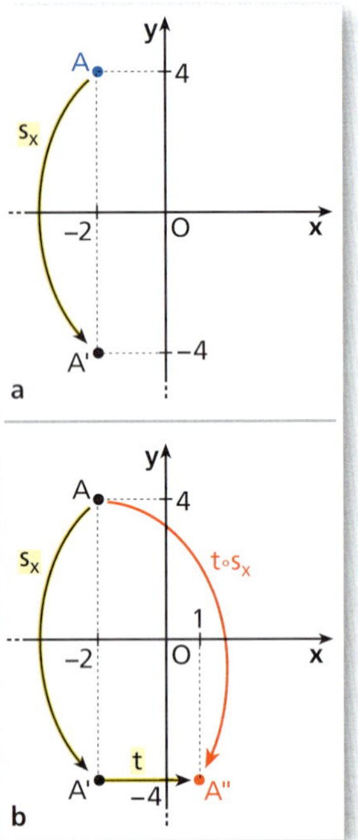

ESEMPIO

Determiniamo le equazioni della glissosimmetria ottenuta componendo la simmetria assiale s_x rispetto all'asse x con la traslazione di vettore $(3; 0)$, ossia:

$$s_x: \begin{cases} x' = x \\ y' = -y \end{cases}; \quad t: \begin{cases} x' = x + 3 \\ y' = y \end{cases}.$$

Per esempio, applichiamo la simmetria s_x al punto $A(-2; 4)$ e troviamo il trasformato A' (figura **a**), e ad A' applichiamo t, ottenendo A'' (figura **b**):

$$A(-2; 4) \overset{s_x}{\mapsto} A'(-2; -4) \overset{t}{\mapsto} A''(1; -4)$$

Possiamo anche ottenere A'', trasformato di A, mediante la composizione $t \circ s_x$.
Determiniamo le equazioni della trasformazione composta considerando un generico punto $(x; y)$: $(x; y) \overset{s_x}{\mapsto} (x; -y) \overset{t}{\mapsto} (x + 3; -y)$.

Otteniamo così le equazioni della glissosimmetria:

$$t \circ s_x: \begin{cases} x' = x + 3 \\ y' = -y \end{cases}$$

Quindi: $A(-2; 4) \overset{t \circ s_x}{\mapsto} A''(1; -4)$.

In una glissosimmetria non ci sono punti uniti e l'unica retta globalmente unita è l'asse della simmetria.

6 Isometrie

▶ Esercizi a p. 1103

Riassumiamo le proprietà generali delle isometrie.
Tutte le isometrie sono rappresentate da equazioni lineari, cioè da equazioni di primo grado del tipo:

$$\begin{cases} x' = a_1 x + b_1 y + c_1 \\ y' = a_2 x + b_2 y + c_2 \end{cases}.$$

Le isometrie, in quanto trasformazioni geometriche, sono trasformazioni biunivoche, quindi per ammettere un'inversa deve essere possibile esprimere le variabili x e y in funzione di x' e y'. Allora il sistema

$$\begin{cases} a_1 x + b_1 y = x' - c_1 \\ a_2 x + b_2 y = x' - c_2 \end{cases}$$

deve essere determinato, quindi $\begin{vmatrix} a_1 & b_1 \\ a_2 & b_2 \end{vmatrix} = a_1 b_2 - a_2 b_1 \neq 0$.

Se indichiamo con A la matrice $\begin{bmatrix} a_1 & b_1 \\ a_2 & b_2 \end{bmatrix}$, deve essere $\det A \neq 0$.

In particolare, possiamo verificare esaminando le loro equazioni che le isometrie sono trasformazioni in cui $\mathbf{\det A = \pm 1}$.

Se $\det A = 1$: l'isometria è **diretta**, cioè conserva l'orientamento delle figure.

Se $\det A = -1$: l'isometria è **indiretta**, cioè inverte l'orientamento delle figure.

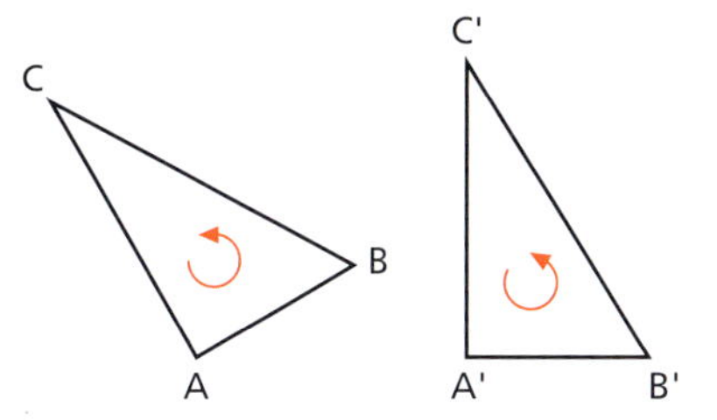

a. Isometria diretta.

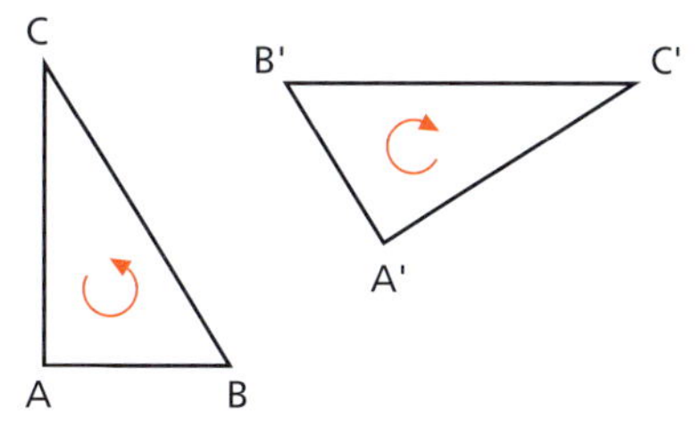

b. Isometria indiretta.

Nella figura **a** il triangolo trasformato $A'B'C'$ ha il contorno orientato in senso antiorario come il triangolo ABC, mentre nella figura **b** il triangolo trasformato ha il contorno orientato in senso orario, a differenza del triangolo ABC.

La condizione $\det A = \pm 1$, affinché una trasformazione sia un'isometria, è necessaria ma non sufficiente. Esistono trasformazioni che hanno $\det A = \pm 1$, ma non sono isometrie.

Classificazione delle isometrie

Per classificare un'isometria diversa dall'identità, studiamo i suoi punti uniti.
Se è un'isometria diretta, cioè se $\det A = 1$, abbiamo:

- una traslazione, quando non ci sono punti uniti;
- una rotazione (o una simmetria centrale), quando c'è un solo punto unito.

Se è un'isometria indiretta, cioè se $\det A = -1$, abbiamo:

- una simmetria assiale, quando c'è una retta puntualmente unita;
- una glissosimmetria, quando non ci sono punti uniti.

Non esistono altri tipi di isometria oltre a quelli studiati.

Video

Caccia all'isometria
Ricostruiamo un'isometria usando la composizione di al massimo tre trasformazioni geometriche semplici: una simmetria assiale rispetto all'asse *y*, una rotazione rispetto all'origine e una traslazione.

Rappresentazione grafica delle coniche

Nel capitolo 17 abbiamo visto che, data l'equazione generale di una conica,

$$Ax^2 + Bxy + Cy^2 + Dx + Ey + F = 0,$$

essa può essere classificata mediante l'invariante quadratico.

È equivalente il seguente teorema, di applicazione più immediata.

TEOREMA
Data l'equazione

$$Ax^2 + Bxy + Cy^2 + Dx + Ey + F = 0, \quad \text{con } \Delta = B^2 - 4AC,$$

allora, se ammette soluzioni, essa rappresenta:

- un'ellisse o una circonferenza se $\Delta < 0$;
- una parabola se $\Delta = 0$;
- un'iperbole se $\Delta > 0$.

Vediamo ora come si possono utilizzare le isometrie per disegnare una conica che abbia equazione con il termine in xy.

Consideriamo l'ellisse di equazione

$$\frac{x^2}{4} + y^2 = 1$$

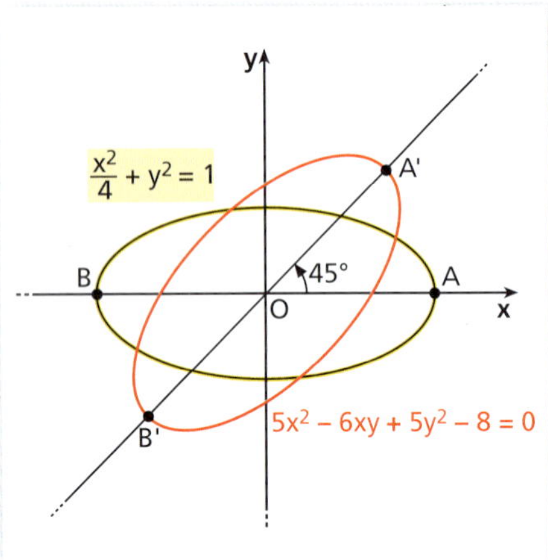

e applichiamo la rotazione con centro nell'origine e angolo 45°, che ha equazioni $r: \begin{cases} x' = \frac{\sqrt{2}}{2}x - \frac{\sqrt{2}}{2}y \\ y' = \frac{\sqrt{2}}{2}x + \frac{\sqrt{2}}{2}y \end{cases}$, da cui $r^{-1}: \begin{cases} x = \frac{\sqrt{2}}{2}x' + \frac{\sqrt{2}}{2}y' \\ y = -\frac{\sqrt{2}}{2}x' + \frac{\sqrt{2}}{2}y' \end{cases}$.

Sostituiamo nell'equazione dell'ellisse:

$$\frac{1}{4}\left(\frac{\sqrt{2}}{2}x' + \frac{\sqrt{2}}{2}y'\right)^2 + \left(-\frac{\sqrt{2}}{2}x' + \frac{\sqrt{2}}{2}y'\right)^2 = 1$$

eliminiamo gli apici e svolgiamo i calcoli

$$\frac{1}{4}\left(\frac{1}{2}x^2 + \frac{1}{2}y^2 + xy\right) + \frac{1}{2}x^2 + \frac{1}{2}y^2 - xy = 1$$

semplifichiamo

$$5x^2 - 6xy + 5y^2 - 8 = 0.$$

Notiamo che la rotazione ha determinato la comparsa nell'equazione di un termine con xy.
Possiamo verificare che $\Delta < 0$: $(-6)^2 - 4 \cdot 5 \cdot 5 = 36 - 100 < 0$.

Viceversa, data l'equazione con termine in xy,

$$5x^2 - 6xy + 5y^2 - 8 = 0,$$

è possibile ritrovare l'equazione di partenza senza il termine in xy mediante una rotazione di centro O e angolo $-45°$.
Utilizzando un esempio, vediamo ora il procedimento per passare dall'equazione di una conica con $B \neq 0$ a una con $B = 0$, mediante un'opportuna rotazione.

ESEMPIO

Data l'equazione $4x^2 + 8xy + 4y^2 + \sqrt{2}\,x - \sqrt{2}\,y = 0$, osserviamo che, poiché $\Delta = 8^2 - 4 \cdot 4 \cdot 4 = 0$, si tratta di una parabola.

Eseguiamo una rotazione con centro nell'origine e angolo α, da determinare, in modo che nell'equazione ottenuta non compaia il termine in xy.
Le equazioni della rotazione r e della sua inversa r^{-1} sono:

$$r: \begin{cases} x' = x\cos\alpha - y\sin\alpha \\ y' = x\sin\alpha + y\cos\alpha \end{cases} \rightarrow r^{-1}: \begin{cases} x = x'\cos\alpha + y'\sin\alpha \\ y = -x'\sin\alpha + y'\cos\alpha \end{cases}$$

Sostituiamo le ultime equazioni nell'equazione della parabola:

$$4 \cdot (x'\cos\alpha + y'\sin\alpha)^2 + 8 \cdot (x'\cos\alpha + y'\sin\alpha)(-x'\sin\alpha + y'\cos\alpha) +$$
$$+ 4 \cdot (-x'\sin\alpha + y'\cos\alpha)^2 + \sqrt{2} \cdot (x'\cos\alpha + y'\sin\alpha) +$$
$$-\sqrt{2} \cdot (-x'\sin\alpha + y'\cos\alpha) = 0.$$

Togliamo gli apici e sviluppiamo i calcoli:

$$4x^2\cos^2\alpha + 4y^2\sin^2\alpha + 8xy\cos\alpha\sin\alpha - 8x^2\cos\alpha\sin\alpha + 8xy\cos^2\alpha +$$
$$-8xy\sin^2\alpha + 8y^2\sin\alpha\cos\alpha + 4x^2\sin^2\alpha + 4y^2\cos^2\alpha - 8xy\cos\alpha\sin\alpha +$$

$$+\sqrt{2}\,x\cos\alpha+\sqrt{2}\,y\sin\alpha+\sqrt{2}\,x\sin\alpha-\sqrt{2}\,y\cos\alpha=0.$$

Consideriamo solo i termini in xy (che abbiamo evidenziato), sommiamoli e poniamo la condizione che il coefficiente di xy sia nullo:

$$8xy(\cos^2\alpha-\sin^2\alpha)=0 \;\rightarrow\; \cos^2\alpha-\sin^2\alpha=0 \;\rightarrow$$

$$\cos 2\alpha=0 \;\rightarrow\; 2\alpha=\frac{\pi}{2}+k\pi \;\rightarrow\; \alpha=\frac{\pi}{4}+k\frac{\pi}{2}.$$

Scegliamo, per esempio, una rotazione di angolo $\alpha=\frac{\pi}{4}$.

Sostituendo tale valore nell'equazione della parabola otteniamo

$$4x^2\cdot\frac{1}{2}+4y^2\cdot\frac{1}{2}-8x^2\cdot\frac{1}{2}+8y^2\cdot\frac{1}{2}+4x^2\cdot\frac{1}{2}+4y^2\cdot\frac{1}{2}+$$

$$+\sqrt{2}\,x\cdot\frac{\sqrt{2}}{2}+\sqrt{2}\,y\cdot\frac{\sqrt{2}}{2}+\sqrt{2}\,x\cdot\frac{\sqrt{2}}{2}-\sqrt{2}\,y\cdot\frac{\sqrt{2}}{2}=0,$$

da cui:

$$8y^2+2x=0 \;\rightarrow\; 4y^2+x=0 \;\rightarrow\; x=-4y^2.$$

Abbiamo ottenuto l'equazione di una parabola con vertice nell'origine che ha come asse l'asse x. Rappresentiamo il suo grafico e poi lo ruotiamo di $-45°$, ottenendo così il grafico della parabola iniziale.

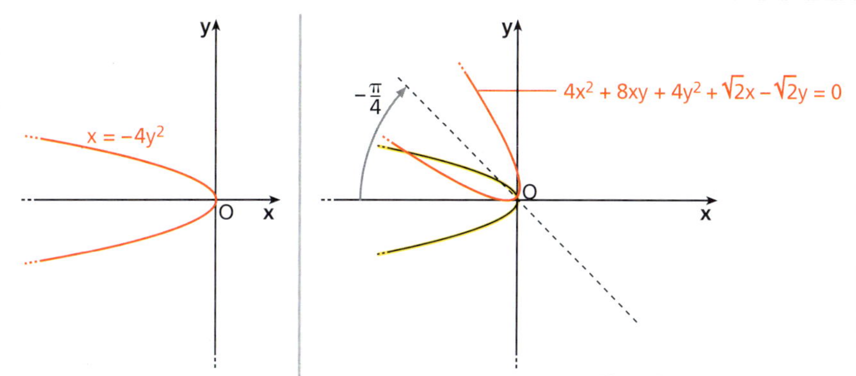

a. Grafico di $x=-4y^2$.

b. Grafico di $4x^2+8xy+4y^2+\sqrt{2}x-\sqrt{2}y=0$.

► Rappresenta graficamente la conica di equazione $28x^2+16\sqrt{3}\,xy+$ $+12y^2-36=0$, utilizzando le trasformazioni geometriche.

In generale, utilizzando lo stesso procedimento dell'esempio precedente, si può dimostrare che, data la conica di equazione $Ax^2+Bxy+Cx^2+Dx+Ey+F=0$, in cui $B\neq 0$, si ottiene un'equazione con $B=0$ mediante una rotazione di centro O e angolo $\alpha=\frac{1}{2}\operatorname{arccot}\frac{C-A}{B}$.

ESEMPIO

Considerando di nuovo

$$4x^2+8xy+4y^2+\sqrt{2x}-\sqrt{2}\,y=0,$$

possiamo evitare i calcoli precedenti, applicando la formula:

$$\alpha=\frac{1}{2}\operatorname{arccot}\frac{C-A}{B}=\frac{1}{2}\operatorname{arccot}\frac{4-4}{8}=\frac{1}{2}\operatorname{arccot}0=\frac{\pi}{4}.$$

7 Omotetia

▶ Esercizi a p. 1110

Definizione e proprietà

DEFINIZIONE

Dati un numero reale $k \neq 0$ e un punto C del piano, l'**omotetia** di rapporto k e centro C è quella trasformazione geometrica che associa a P il punto P' tale che:

$$\overrightarrow{CP'} = k \cdot \overrightarrow{CP}.$$

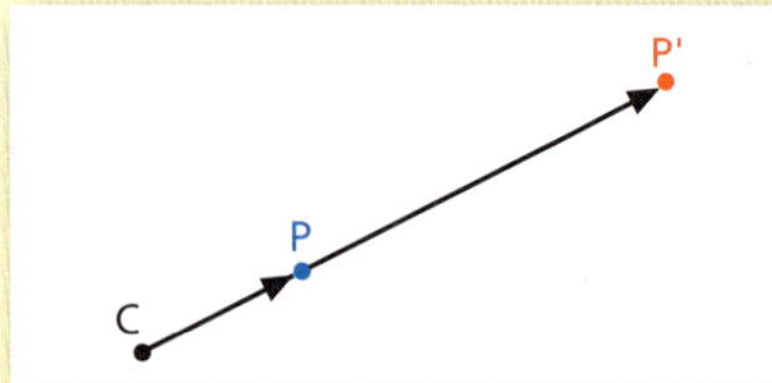

Il punto C è detto **centro** dell'omotetia e k **rapporto di omotetia**.
Indichiamo l'omotetia di centro C e rapporto k con $\omega_{C,k}$.

- Due figure che si corrispondono in un'omotetia sono dette **omotetiche**.
- Se $k > 0$, P e P' stanno sulla stessa semiretta di origine C e l'omotetia si dice **diretta**; se $k < 0$, P e P' stanno su due semirette opposte di origine C e l'omotetia si dice **inversa**.
- Se $|k| > 1$, la figura risulta ingrandita; se $|k| < 1$, risulta rimpicciolita.
- Un'omotetia di rapporto $k \neq 1$ ha come unico *punto unito* il centro e come *rette globalmente unite* tutte e sole le rette passanti per il centro.
- Il trasformato di un angolo è un angolo a esso congruente.
- L'immagine di una retta è una retta a essa parallela.

Listen to it

A **dilation** (or **homothety**) with scale factor k and centre C is a transformation that maps any point of the plane P onto a point P' such that $\overrightarrow{CP'} = k\overrightarrow{CP}$, and P' belongs to the line through CP. You can use a dilation to make a figure *larger* or *smaller*.

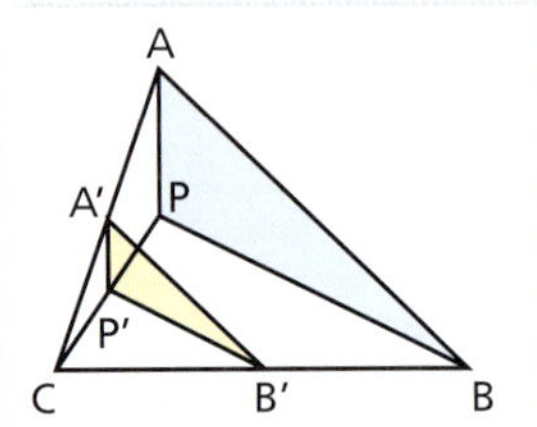

omotetia diretta, $k = \frac{1}{2}$

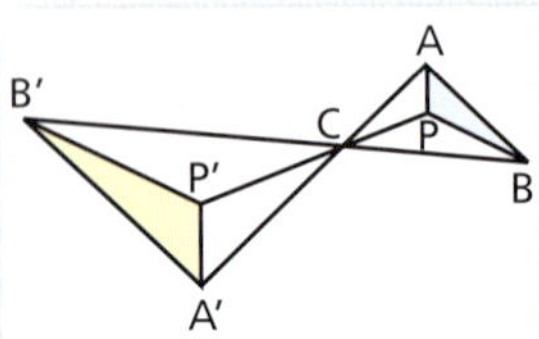

omotetia inversa, $k = -2$

Equazioni dell'omotetia con centro nell'origine

Poiché il centro è O, deve essere $\overrightarrow{OP'} = k\overrightarrow{OP}$.
Se P ha coordinate $(x; y)$, allora per il teorema di Talete P' ha coordinate

$$x' = kx, \quad y' = ky,$$

da cui:

$$\omega_{O,k}: \begin{cases} x' = kx \\ y' = ky \end{cases}$$

equazioni dell'omotetia di centro O e rapporto k.

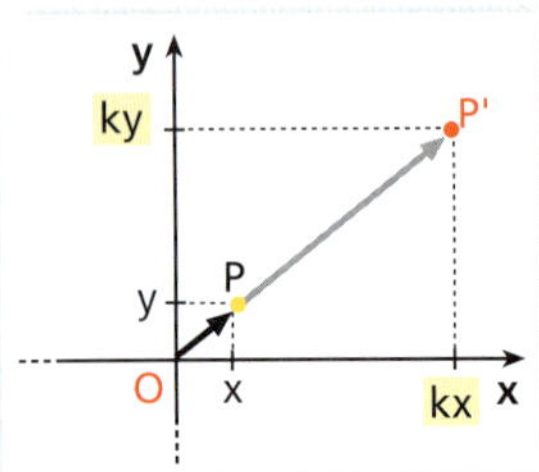

ESEMPIO

Applichiamo l'omotetia con centro nell'origine e rapporto $k = 2$ al triangolo di vertici $A(-3; -2)$, $B(5; 0)$ e $C(1; 4)$.
Le equazioni della trasformazione sono:

$$\omega_{O,2}: \begin{cases} x' = 2x \\ y' = 2y \end{cases}.$$

Nel triangolo omotetico $A'B'C'$, le coordinate dei vertici corrispondenti sono:

$A(-3; -2) \mapsto A'(-6; -4)$;
$B(5; 0) \mapsto B'(10; 0)$; $C(1; 4) \mapsto C'(2; 8)$.

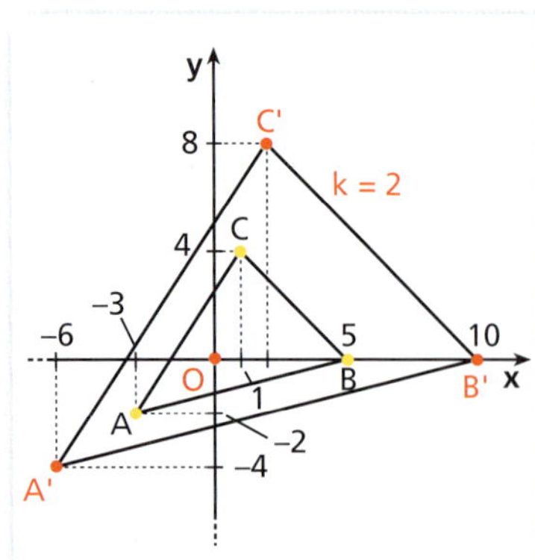

Il rapporto fra i lati corrispondenti $\frac{\overline{A'B'}}{\overline{AB}}, \frac{\overline{B'C'}}{\overline{BC}}, \frac{\overline{A'C'}}{\overline{AC}}$ è uguale a 2, ossia al rapporto di omotetia.

In generale, il rapporto fra lati corrispondenti è uguale al valore assoluto del rapporto di omotetia.
È possibile anche verificare che i lati corrispondenti sono paralleli, cioè, nell'esempio precedente, $AB /\!/ A'B'$, $BC /\!/ B'C'$ e $AC /\!/ A'C'$: basta determinare le equazioni delle rette passanti per due vertici.

Se $k = 1$, l'omotetia coincide con l'**identità**. Infatti le equazioni diventano:

$$\omega_{O,1}: \begin{cases} x' = x \\ y' = y \end{cases}.$$

In questo caso a ogni punto $P(x; y)$ corrisponde se stesso, quindi tutti i punti del piano sono punti uniti della trasformazione.

Se $k = -1$, otteniamo

$$\omega_{O,-1}: \begin{cases} x' = -x \\ y' = -y \end{cases},$$

ossia ritroviamo la simmetria di centro $O(0; 0)$. In tal caso sappiamo già che O è l'unico punto unito della trasformazione.

Data un'omotetia $\omega_{O,k}$, l'omotetia inversa $\omega_{O,k}^{-1}$ ha equazioni

$$\omega_{O,k}^{-1}: \begin{cases} x = \frac{1}{k}x' \\ y = \frac{1}{k}y' \end{cases},$$

che rappresentano un'omotetia di centro O e rapporto $\frac{1}{k}$, quindi: $\omega_{O,k}^{-1} = \omega_{O,\frac{1}{k}}$.

Animazione

Applica l'omotetia di centro O e rapporto $k = -3$ al triangolo di vertici $A(1; 4)$, $B(6; 2)$, $C(4; 5)$.
Oltre a risolvere l'esercizio, nell'animazione otteniamo una figura dinamica facendo variare k.

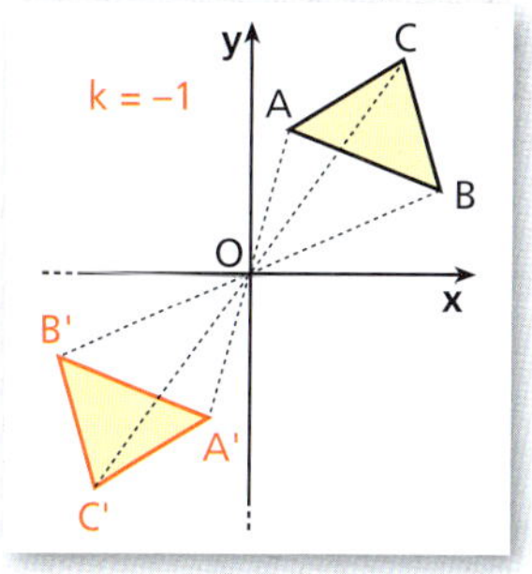

Equazioni dell'omotetia con centro C qualunque

Per ottenere le equazioni di una omotetia $\omega_{C,k}$ di rapporto k e con centro $C(x_C; y_C)$ qualunque, possiamo considerarla come il risultato della composizione di tre trasformazioni: una traslazione di vettore $\vec{v}(-x_C; -y_C)$ che porti C nell'origine O, una omotetia di centro O e rapporto k e una traslazione di vettore $\vec{v}_1(x_C; y_C)$ che riporti C nella posizione iniziale. Si ottengono le equazioni:

$$\omega_{C,k}: \begin{cases} x' = k(x - x_C) + x_C \\ y' = k(y - y_C) + y_C \end{cases}.$$

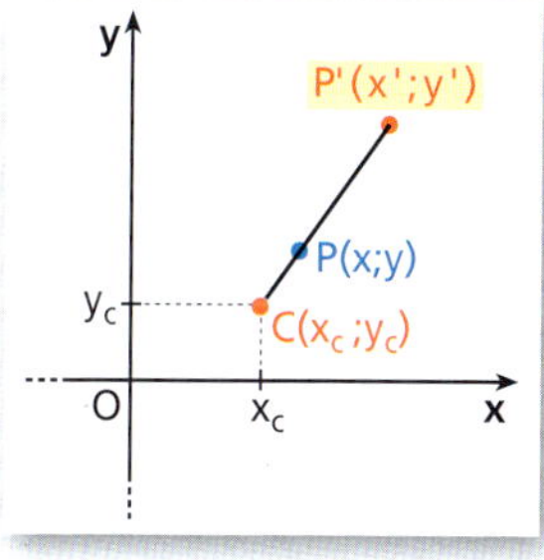

Svolgendo i calcoli e ponendo $p = x_C(1 - k)$, $q = y_C(1 - k)$, le equazioni assumono la forma:

$$\omega_{C,k}: \begin{cases} x' = kx + p \\ y' = ky + q \end{cases}$$ **equazioni di un'omotetia di centro C qualunque.**

Osserviamo che per $k = 1$ abbiamo $p = 0$, $q = 0$, e l'omotetia coincide anche in questo caso con l'identità.
Viceversa, se sono note le equazioni di una omotetia di rapporto $k \neq 1$, è possibile trovare le coordinate del centro utilizzando le relazioni precedenti:

$$x_C = \frac{p}{1-k}, \qquad y_C = \frac{q}{1-k}.$$

TEORIA

▶ Scrivi le coordinate del centro dell'omotetia di equazioni:
$\begin{cases} x' = \dfrac{x+3}{2} \\ y' = \dfrac{y-5}{2} \end{cases}$.

Le coordinate del centro si possono ricavare anche ricordando che il centro è l'unico punto unito.

ESEMPIO

Le equazioni $\begin{cases} x' = 2x - 3 \\ y' = 2y + 1 \end{cases}$ rappresentano un'omotetia di rapporto 2. Il centro ha coordinate $x_C = \dfrac{-3}{1-2} = 3$ e $y_C = \dfrac{1}{1-2} = -1$.

Composizione di omotetie

1. Componendo due omotetie con lo stesso centro C e rapporti k_1 e k_2, otteniamo ancora un'omotetia di centro C e con rapporto $k = k_1 \cdot k_2$.
Infatti, per esempio, se

$$\omega_1: \begin{cases} x' = k_1(x - x_C) + x_C \\ y' = k_1(y - y_C) + y_C \end{cases}, \quad \omega_2: \begin{cases} x' = k_2(x - x_C) + x_C \\ y' = k_2(y - y_C) + y_C \end{cases},$$

allora $\omega_2 \circ \omega_1: \begin{cases} x' = k_2[k_1(x - x_C) + \cancel{x_C} - \cancel{x_C}] + x_C \\ y' = k_2[k_1(y - y_C) + \cancel{y_C} - \cancel{y_C}] + y_C \end{cases} \rightarrow$

$$\omega_2 \circ \omega_1: \begin{cases} x' = k_1k_2(x - x_C) + x_C \\ y' = k_1k_2(y - y_C) + y_C \end{cases}.$$

2. Componendo due omotetie con centri C_1 e C_2 diversi, otteniamo o un'omotetia o una traslazione. Infatti, per esempio, se

$$\omega_1: \begin{cases} x' = k_1x + p_1 \\ y' = k_1y + q_1 \end{cases}, \quad \omega_2: \begin{cases} x' = k_2x + p_2 \\ y' = k_2y + q_2 \end{cases},$$

dove abbiamo posto $p_1 = x_{C_1}(1 - k_1)$, $q_1 = y_{C_1}(1 - k_1)$, $p_2 = x_{C_2}(1 - k_2)$, $q_2 = y_{C_2}(1 - k_2)$,

allora $\omega_2 \circ \omega_1: \begin{cases} x' = k_2(k_1x + p_1) + p_2 \\ y' = k_2(k_1y + q_1) + q_2 \end{cases}$.

Svolgendo i calcoli e ponendo $p = k_2p_1 + p_2$, $q = k_2q_1 + q_2$, otteniamo:

$$\omega_2 \circ \omega_1: \begin{cases} x' = k_1k_2x + p \\ y' = k_1k_2y + q \end{cases}.$$

Se $k_1k_2 = 1$, abbiamo una traslazione (figura **a**).

Se $k_1k_2 \neq 1$, abbiamo un'omotetia (figura **b**).

▶ Scrivi le equazioni dell'omotetia $\omega = \omega_2 \circ \omega_1$, con ω_2 di centro O e $k = 4$ e ω_1 di centro $C(-2; 1)$ e $k = -2$.

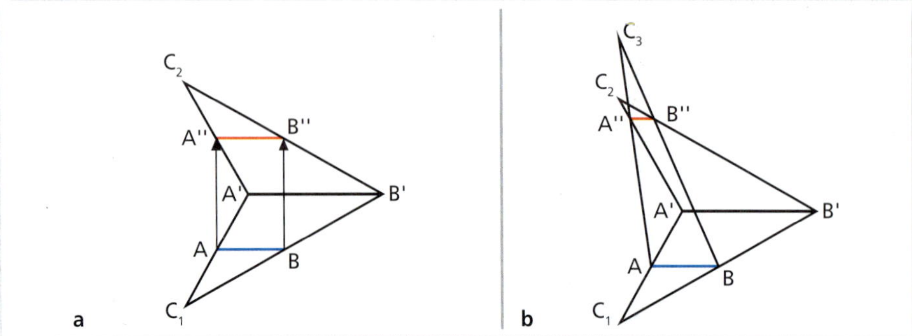

8 Similitudine

▶ Esercizi a p. 1114

Definizione e proprietà

DEFINIZIONE
Una **similitudine** è una trasformazione geometrica che mantiene costante il rapporto tra segmenti corrispondenti, ossia, comunque si scelgano i punti A e B, considerati i loro trasformati A' e B', si ha:

$$\frac{\overline{A'B'}}{\overline{AB}} = k.$$

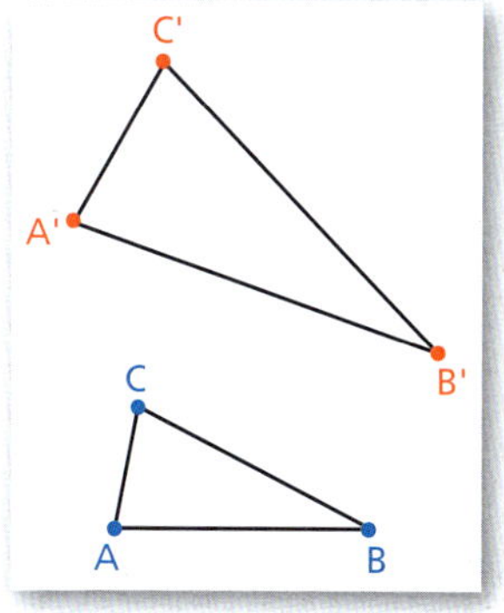

Il valore di k (sempre positivo) viene detto **rapporto di similitudine**.
Indichiamo una similitudine con σ.

Ogni similitudine possiede le seguenti proprietà:

- conserva il rapporto fra le lunghezze;
- trasforma un angolo in un angolo congruente e quindi conserva l'ampiezza degli angoli;
- trasforma rette perpendicolari in rette perpendicolari e rette parallele in rette parallele;
- trasforma circonferenze in circonferenze;
- se F' è la figura geometrica trasformata di F, valgono le seguenti relazioni:

  $\text{perimetro}_{F'} = k \cdot \text{perimetro}_F$;

  $\text{area}_{F'} = k^2 \cdot \text{area}_F$.

Listen to it

The ratio between the **areas** of **similar** figures is equal to the square of the ratio of the corresponding lengths of those figures.

Equazioni della similitudine

Si può verificare che le equazioni di una similitudine σ possono assumere solo una delle due forme seguenti (supponendo a e b reali non entrambi nulli).

a. $\sigma_1: \begin{cases} x' = ax - by + c \\ y' = bx + ay + c' \end{cases}$

σ_1 è una similitudine **diretta**.

b. $\sigma_2: \begin{cases} x' = ax + by + c \\ y' = bx - ay + c' \end{cases}$

σ_2 è una similitudine **indiretta**.

In entrambi casi il rapporto di similitudine è $k = \sqrt{a^2 + b^2}$.

ESEMPIO
Consideriamo le equazioni della trasformazione:

$$\sigma: \begin{cases} x' = x + 2y \\ y' = 2x - y + 1 \end{cases}.$$

È una similitudine indiretta, essendo del tipo

$$\begin{cases} x' = ax + by + c \\ y' = bx - ay + c' \end{cases}.$$

Il rapporto di similitudine è $k = \sqrt{1^2 + 2^2} = \sqrt{5}$.

▶ Trasforma il triangolo di vertici $A(1; -1)$, $B(5; 0)$, $C(3; 4)$ con la similitudine di equazioni
$\begin{cases} x' = 2x - 3y + 1 \\ y' = 3x + 2y - 1 \end{cases}$.

Trasformiamo il triangolo OAB e osserviamo il risultato sulla figura:

$O(0; 0) \mapsto O'(0; 1)$, $A(1; 0) \mapsto A'(1; 3)$, $B(0; 1) \mapsto B'(2; 0)$.

$\overline{O'B'} = \sqrt{5}$, $\overline{O'A'} = \sqrt{5}$, $\overline{A'B'} = \sqrt{10}$.

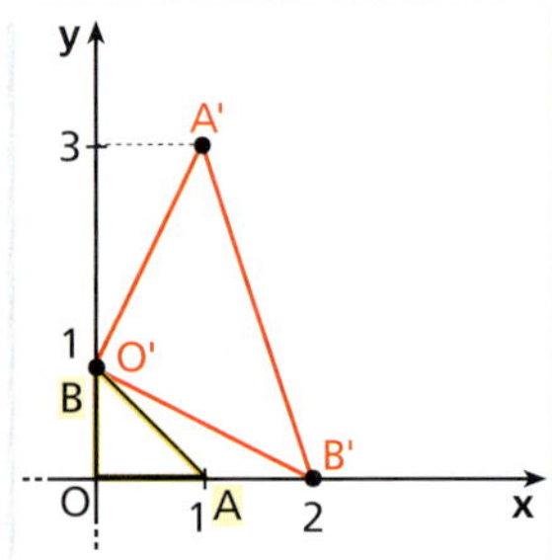

Il triangolo trasformato è rimasto rettangolo e isoscele; il rapporto tra i lati corrispondenti è $\sqrt{5}$.

- È possibile verificare che tutte le isometrie sono similitudini di rapporto $k = 1$.
- Anche le omotetie sono casi particolari di similitudini. Infatti, l'omotetia

$$\omega_{C,k}: \begin{cases} x' = kx + p \\ y' = ky + q \end{cases}$$

può essere identificata con la similitudine diretta avente $a = k$ e $b = 0$.

Composizione di similitudini

Si può dimostrare che:

- la composizione di due similitudini, di rapporti k_1 e k_2, è ancora una similitudine di rapporto $k_1 \cdot k_2$;
- ogni similitudine si può ottenere dalla composizione di un'omotetia e un'isometria;
- la composizione di un'omotetia e un'isometria è sempre una similitudine.

▶ Applica al triangolo ABC, di vertici $A(-6; -9)$, $B(9; -9)$ e $C(0; 12)$, l'omotetia ω di centro $O(0; 0)$ e rapporto $\frac{1}{3}$ e al corrispondente triangolo $A'B'C'$ la simmetria assiale s di asse $y = -4$. Scrivi le equazioni della similitudine $s \circ \omega$ e determina il suo rapporto di similitudine.

Animazione

ESEMPIO

Nella figura il triangolo $A''B''C''$ è il trasformato di ABC mediante una similitudine, perché ABC è trasformato in $A'B'C'$ con un'omotetia e $A'B'C'$ in $A''B''C''$ con una simmetria assiale che è un'isometria.

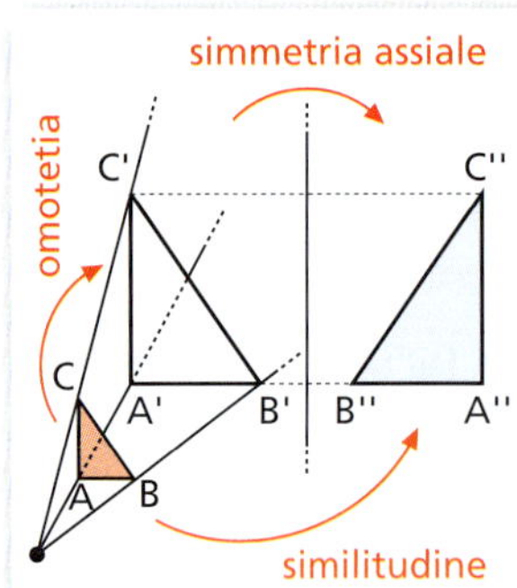

Poiché le omotetie e le isometrie sono particolari similitudini, vale lo schema della figura sotto.

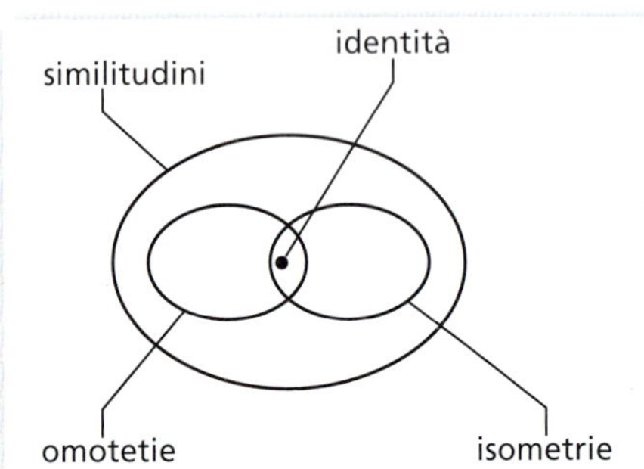

9 Affinità

▶ Esercizi a p. 1117

Definizione e proprietà

DEFINIZIONE

Un'**affinità** è una trasformazione geometrica che trasforma rette in rette e mantiene il parallelismo.

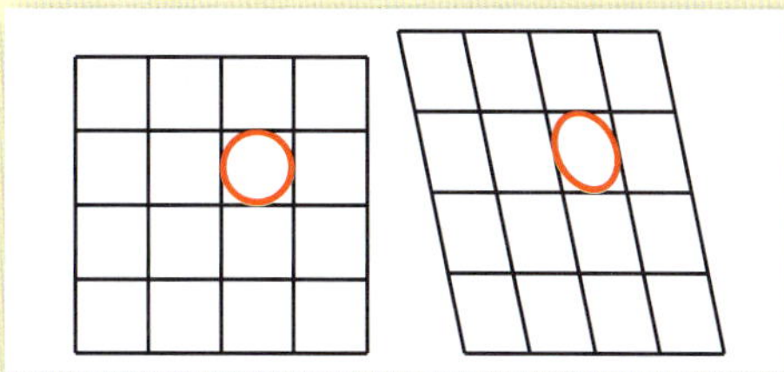

Per ogni trasformazione geometrica si cercano le proprietà **invarianti**, ossia quelle proprietà che si conservano nella trasformazione.
Si può dimostrare che per le affinità le proprietà invarianti più importanti sono le seguenti.

- **Allineamento**: tre o più punti allineati si trasformano in tre o più punti allineati; quindi le rette vengono trasformate in rette e i segmenti in segmenti.
- **Parallelismo**: rette parallele sono trasformate in rette parallele. Da ciò segue che i parallelogrammi vengono trasformati in parallelogrammi.
- **Incidenza**: se due rette si incontrano nel punto P, le rette loro immagini si incontrano in P', immagine di P.
- **Coniche**: un'ellisse è trasformata in un'ellisse, una parabola in una parabola, un'iperbole in un'iperbole. Una circonferenza è trasformata, in generale, in un'ellisse.
- **Rapporto tra le aree**: il rapporto tra le aree di figure corrispondenti è costante; indicando con S una figura piana e con S' la sua immagine, si ha:

$$\frac{\text{area}_{S'}}{\text{area}_S} = k.$$

  k è detto **rapporto di affinità**. Se $k = 1$, allora $\text{area}_{S'} = \text{area}_S$ e quindi in questo caso l'affinità conserva le aree.
  Le affinità che conservano le aree vengono dette **equiaffinità** o **equivalenze**.

In generale, un'affinità non conserva la distanza.
Anche la forma delle figure non è invariante. Per esempio, un triangolo rettangolo può essere trasformato in un triangolo ottusangolo.

Nell'insieme delle affinità troviamo come casi particolari le similitudini, di cui fanno parte le isometrie.

Per le **similitudini** si aggiungono alle proprietà invarianti delle affinità le seguenti:

- il **rapporto tra le lunghezze** si conserva;
- l'**ampiezza degli angoli** viene conservata, quindi, in particolare, si conserva la perpendicolarità tra rette.

Per le **isometrie**, oltre a tutte le precedenti proprietà, si conservano:

- le **lunghezze**;
- l'**estensione delle superfici**.

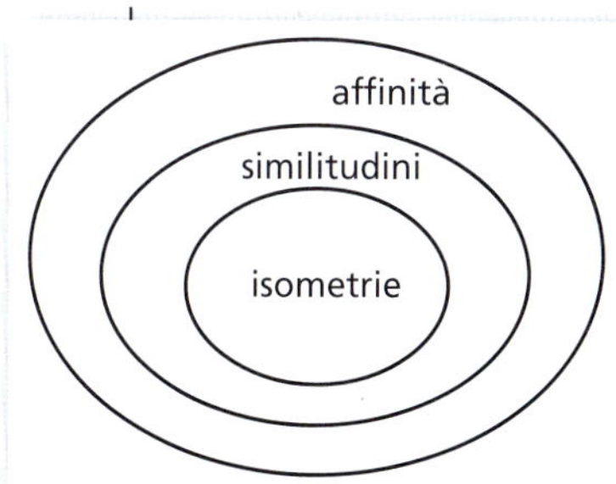

MATEMATICA INTORNO A NOI

L'ombra di Pitagora
Se si espone ai raggi solari un reticolato a maglie rettangolari, l'ombra che esso proietta per terra è una figura formata non da rettangoli, ma da parallelogrammi.
Questo non è un caso: poiché i raggi del Sole che giungono sulla Terra possono essere considerati paralleli, simulano molto bene le affinità, ossia trasformazioni geometriche che conservano l'allineamento fra punti, il parallelismo fra rette e il rapporto fra aree.

▶ Se esponiamo ai raggi solari una figura che illustra il teorema di Pitagora, che cosa accade alla sua ombra?

La risposta

TEORIA

Equazioni di un'affinità

Un'affinità è una trasformazione geometrica che possiamo rappresentare con un sistema di equazioni lineari:

$$\begin{cases} x' = a_1x + b_1y + c_1 \\ y' = a_2x + b_2y + c_2 \end{cases}, \quad \text{con} \begin{vmatrix} a_1 & b_1 \\ a_2 & b_2 \end{vmatrix} = a_1b_2 - a_2b_1 \neq 0.$$

In ogni affinità il rapporto k è dato dal valore assoluto del determinante $\begin{vmatrix} a_1 & b_1 \\ a_2 & b_2 \end{vmatrix}$, ossia:

$$k = |a_1b_2 - a_2b_1|.$$

Se $\begin{vmatrix} a_1 & b_1 \\ a_2 & b_2 \end{vmatrix} > 0$, l'affinità è **diretta**; se $\begin{vmatrix} a_1 & b_1 \\ a_2 & b_2 \end{vmatrix} < 0$, l'affinità è **indiretta**.

ESEMPIO

La trasformazione t di equazioni

$$\begin{cases} x' = 2x - y + 5 \\ y' = x + y + 1 \end{cases}$$

è un'affinità perché è rappresentata da equazioni lineari in cui il determinante

$$\begin{vmatrix} 2 & -1 \\ 1 & 1 \end{vmatrix} = 2 + 1 = 3$$

è diverso da 0. L'affinità è diretta perché $3 > 0$.

Il rapporto di affinità è 3.

► La trasformazione di equazioni $\begin{cases} x' = 2x - 3y - 1 \\ y' = -4x + 6y + 2 \end{cases}$ è un'affinità?

Elementi uniti

Nella ricerca dei punti uniti poniamo nelle equazioni dell'affinità: $x' = x$ e $y' = y$. Otteniamo:

$$\begin{cases} x = a_1x + b_1y + c_1 \\ y = a_2x + b_2y + c_2 \end{cases} \rightarrow \begin{cases} (a_1 - 1)x + b_1y = -c_1 \\ a_2x + (b_2 - 1)y = -c_2 \end{cases}.$$

Il sistema può essere:

- determinato → una sola soluzione → un punto unito;
- impossibile → nessuna soluzione → nessun punto unito;
- indeterminato → infinite soluzioni → retta luogo dei punti uniti; identità.

Dallo schema precedente si deduce che se in un'affinità ci sono due punti uniti, allora ce ne sono infiniti.

Condizioni affinché un'affinità sia un'isometria

Date le equazioni di un'affinità

$$\begin{cases} x' = a_1x + b_1y + c_1 \\ y' = a_2x + b_2y + c_2 \end{cases}, \quad \text{con} \begin{vmatrix} a_1 & b_1 \\ a_2 & b_2 \end{vmatrix} \neq 0,$$

cerchiamo le condizioni sui coefficienti che permettono di affermare che l'affinità è un'isometria.

Dati i punti $A(x_A; y_A)$ e $B(x_B; y_B)$, la loro distanza è:

$$\overline{AB} = \sqrt{(x_B - x_A)^2 + (y_B - y_A)^2}.$$

Determinati i trasformati A' e B' mediante le equazioni dell'affinità e calcolata la distanza $\overline{A'B'}$, otteniamo:

$$\overline{A'B'} = \sqrt{(a_1^2 + a_2^2)(x_B - x_A)^2 + (b_1^2 + b_2^2)(y_B - y_A)^2 + 2(a_1 b_1 + a_2 b_2)(x_B - x_A)(y_B - y_A)}.$$

Confrontando le espressioni di $\overline{AB}$ e $\overline{A'B'}$, perché la trasformazione sia un'isometria, cioè perché si abbia $\overline{AB} = \overline{A'B'}$, deve essere:

$$\begin{cases} \boldsymbol{a_1^2 + a_2^2 = 1} \\ \boldsymbol{b_1^2 + b_2^2 = 1} \\ \boldsymbol{a_1 b_1 + a_2 b_2 = 0} \end{cases}.$$

ESEMPIO

La trasformazione di equazioni $\begin{cases} x' = \dfrac{3}{5}x - \dfrac{4}{5}y \\ y' = \dfrac{4}{5}x + \dfrac{3}{5}y + 2 \end{cases}$ è un'isometria.

Infatti, abbiamo:

$$a_1^2 + a_2^2 = \frac{9}{25} + \frac{16}{25} = 1;\ b_1^2 + b_2^2 = \frac{16}{25} + \frac{9}{25} = 1;$$

$$a_1 b_1 + a_2 b_2 = \frac{3}{5} \cdot \left(-\frac{4}{5}\right) + \frac{4}{5} \cdot \frac{3}{5} = 0.$$

▸ Verifica che la trasformazione di equazioni $\begin{cases} x' = \dfrac{\sqrt{3}}{2}x + \dfrac{1}{2}y \\ y' = \dfrac{1}{2}x - \dfrac{\sqrt{3}}{2}y \end{cases}$ è un'isometria. Di che tipo?

Condizioni affinché un'affinità sia una similitudine

Per stabilire se un'affinità è una similitudine utilizziamo il seguente teorema.

TEOREMA

Un'affinità è una similitudine se:

- $a_1^2 + a_2^2 = b_1^2 + b_2^2$;
- $a_1 b_1 + a_2 b_2 = 0$.

Il rapporto di similitudine è: $\sqrt{a_1^2 + a_2^2} = \sqrt{b_1^2 + b_2^2}$.

Video

Trasformazioni geometriche

Vediamo alcuni esempi di affinità, similitudini e isometrie.

ESEMPIO

La trasformazione di equazioni $\begin{cases} x' = 3x + y + 1 \\ y' = -x + 3y + 4 \end{cases}$ è una similitudine. Infatti sono verificate le due proprietà:

- $a_1^2 + a_2^2 = 9 + 1 = 10;\ b_1^2 + b_2^2 = 1 + 9 = 10;$
- $a_1 b_1 + a_2 b_2 = 3 \cdot 1 + (-1) \cdot 3 = 0.$

Il rapporto di similitudine è $\sqrt{10}$.

▸ Verifica che la trasformazione di equazioni $\begin{cases} x' = x - 8y + 1 \\ y' = 8x + y - 2 \end{cases}$ è una similitudine.

In sintesi

Riassumiamo nella tabella le condizioni che permettono di studiare un'affinità di equazioni $\begin{cases} x' = a_1 x + b_1 y + c_1 \\ y' = a_2 x + b_2 y + c_2 \end{cases}$, con $k = |a_1 b_2 - a_2 b_1| \neq 0$.

TEORIA

Rapporto di affinità	Trasformazione
$k = 1$	isometria se $\begin{cases} a_1^2 + a_2^2 = b_1^2 + b_2^2 = 1 \\ a_1 b_1 + a_2 b_2 = 0 \end{cases}$
	equivalenza
$k \neq 1$	similitudine se $\begin{cases} a_1^2 + a_2^2 = b_1^2 + b_2^2 \\ a_1 b_1 + a_2 b_2 = 0 \end{cases}$
	affinità generica

Dilatazioni o contrazioni

DEFINIZIONE

Le equazioni $\begin{cases} x' = hx + p \\ y' = ky + q \end{cases}$, con $h, k \neq 0$,

rappresentano particolari affinità chiamate **dilatazioni** o **contrazioni**.

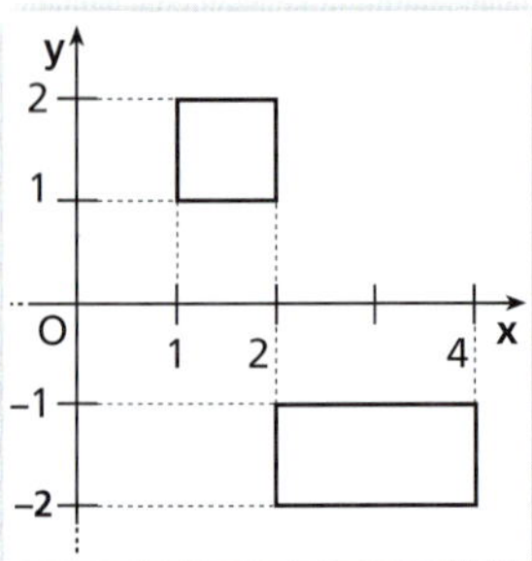

h e k sono i **rapporti di dilatazione**.

La trasformazione, rispetto alla direzione di ciascun asse, ha un effetto di:

- dilatazione lungo l'asse x se $|h| > 1$, lungo l'asse y se $|k| > 1$;
- contrazione lungo l'asse x se $|h| < 1$, lungo l'asse y se $|k| < 1$.

Per esempio, date le equazioni $\begin{cases} x' = 2x \\ y' = y - 3 \end{cases}$, nella figura a lato si vede che il quadrato si «dilata» lungo la direzione dell'asse x, trasformandosi in un rettangolo.

10 Trasformazioni geometriche e matrici

▶ Esercizi a p. 1123

Le affinità possono essere studiate mediante le matrici.
Sappiamo che le affinità hanno equazioni:

$$\begin{cases} x' = a_1 x + b_1 y + c_1 \\ y' = a_2 x + b_2 y + c_2 \end{cases}, \quad \text{con } a_1 b_2 - a_2 b_1 \neq 0.$$

Queste equazioni possono anche essere scritte usando le matrici:

$$\begin{bmatrix} x' \\ y' \end{bmatrix} = \begin{bmatrix} a_1 & b_1 \\ a_2 & b_2 \end{bmatrix} \cdot \begin{bmatrix} x \\ y \end{bmatrix} + \begin{bmatrix} c_1 \\ c_2 \end{bmatrix}$$

$$\updownarrow \quad \updownarrow \quad \updownarrow \quad \updownarrow$$

$$X' = A \cdot X + B, \quad \text{con } \det A \neq 0$$

$A = \begin{bmatrix} a_1 & b_1 \\ a_2 & b_2 \end{bmatrix}$ è detta **matrice associata** alla affinità.

ESEMPIO

Le equazioni: $\begin{cases} x' = -y + 1 \\ y' = x + y + 3 \end{cases}$

si possono scrivere: $\begin{bmatrix} x' \\ y' \end{bmatrix} = \begin{bmatrix} 0 & -1 \\ 1 & 1 \end{bmatrix} \cdot \begin{bmatrix} x \\ y \end{bmatrix} + \begin{bmatrix} 1 \\ 3 \end{bmatrix}$.

▶ Scrivi in forma matriciale le equazioni:
a. di una traslazione di vettore $\vec{v}(a; b)$;
b. di una rotazione di centro O, origine degli assi;
c. di una simmetria centrale con centro $M(a; b)$.

Poiché det $A \neq 0$, allora esiste sempre la matrice inversa A^{-1}.

Moltiplicando a sinistra per A^{-1} entrambi i membri dell'equazione, otteniamo:

$$A^{-1}X' = A^{-1}(AX + B).$$

Applichiamo la proprietà distributiva della moltiplicazione di matrici rispetto all'addizione:

$$A^{-1}X' = A^{-1}AX + A^{-1}B.$$

Essendo $A^{-1} \cdot A = I$ (la matrice identità) e $IX = X$ scriviamo:

$$A^{-1}X' = X + A^{-1}B \quad \rightarrow \quad \mathbf{X = A^{-1}X' - A^{-1}B}.$$

Abbiamo così determinato l'equazione della trasformazione inversa.

ESEMPIO

Data l'affinità di equazioni $\begin{cases} x' = 2x - 1 \\ y' = -x + y \end{cases}$, troviamo la trasformazione inversa in forma matriciale:

$$\begin{bmatrix} x' \\ y' \end{bmatrix} = \begin{bmatrix} 2 & 0 \\ -1 & 1 \end{bmatrix} \cdot \begin{bmatrix} x \\ y \end{bmatrix} + \begin{bmatrix} -1 \\ 0 \end{bmatrix}.$$

Essendo $\det A = 2 \neq 0$, esiste la matrice inversa di $A = \begin{bmatrix} 2 & 0 \\ -1 & 1 \end{bmatrix}$.

Calcoliamo A^{-1} con la formula $\dfrac{1}{\det A}\begin{bmatrix} A_{11} & A_{12} \\ A_{21} & A_{22} \end{bmatrix}$, dove A_{11}, A_{21}, A_{12}, A_{22} sono i complementi algebrici dei corrispondenti elementi di A.

$$A^{-1} = \frac{1}{2}\begin{bmatrix} 1 & 0 \\ 1 & 2 \end{bmatrix} = \begin{bmatrix} \frac{1}{2} & 0 \\ \frac{1}{2} & 1 \end{bmatrix}$$

Calcoliamo $A^{-1}B = \begin{bmatrix} \frac{1}{2} & 0 \\ \frac{1}{2} & 1 \end{bmatrix}\begin{bmatrix} -1 \\ 0 \end{bmatrix} = \begin{bmatrix} -\frac{1}{2} \\ -\frac{1}{2} \end{bmatrix}$.

Scriviamo l'equazione della trasformazione inversa:

$$\begin{bmatrix} x \\ y \end{bmatrix} = \begin{bmatrix} \frac{1}{2} & 0 \\ \frac{1}{2} & 1 \end{bmatrix}\begin{bmatrix} x' \\ y' \end{bmatrix} - \begin{bmatrix} -\frac{1}{2} \\ -\frac{1}{2} \end{bmatrix} \quad \rightarrow \quad \begin{cases} x = \frac{1}{2}x' + \frac{1}{2} \\ y = \frac{1}{2}x' + y' + \frac{1}{2} \end{cases}.$$

▶ Scrivi in forma matriciale le equazioni della rotazione di centro (0; 1) e angolo $\frac{\pi}{2}$; determina poi, in forma matriciale, la trasformazione inversa.

La forma matriciale può essere usata anche nella composizione di affinità.
Se consideriamo due affinità, h e g, la trasformazione $h \circ g$ ha come matrice dei coefficienti il prodotto delle matrici delle due trasformazioni, il cui determinante è utile per studiare la trasformazione composta.

ESEMPIO

Consideriamo la traslazione g e la dilatazione h di equazioni:

$$g: \begin{cases} x' = x \\ y' = y - 1 \end{cases}, \quad h: \begin{cases} x' = 2x \\ y' = 4y + 1 \end{cases}.$$

TEORIA

▶ Scrivi in forma matriciale le equazioni di $s_r \circ t_{\vec{v}}$, dove s_r è la simmetria di asse r: $y = x$ e $t_{\vec{v}}$ è la traslazione di vettore $\vec{v}(3; 3)$.

In forma matriciale abbiamo:

$$g: \begin{bmatrix} x' \\ y' \end{bmatrix} = \begin{bmatrix} 1 & 0 \\ 0 & 1 \end{bmatrix} \begin{bmatrix} x \\ y \end{bmatrix} + \begin{bmatrix} 0 \\ -1 \end{bmatrix} \quad \text{e} \quad h: \begin{bmatrix} x' \\ y' \end{bmatrix} = \begin{bmatrix} 2 & 0 \\ 0 & 4 \end{bmatrix} \begin{bmatrix} x \\ y \end{bmatrix} + \begin{bmatrix} 0 \\ 1 \end{bmatrix}.$$

$$X' = A \; X + B \qquad\qquad X' = C \; X + D$$

Calcoliamo $h \circ g$ sostituendo nell'equazione relativa a h, al posto di X, $AX + B$, che otteniamo applicando g:

$$X' = C(AX + B) + D \rightarrow X' = CAX + CB + D \rightarrow$$

$$\begin{bmatrix} x' \\ y' \end{bmatrix} = \left(\begin{bmatrix} 2 & 0 \\ 0 & 4 \end{bmatrix} \begin{bmatrix} 1 & 0 \\ 0 & 1 \end{bmatrix} \right) \begin{bmatrix} x \\ y \end{bmatrix} + \begin{bmatrix} 2 & 0 \\ 0 & 4 \end{bmatrix} \begin{bmatrix} 0 \\ -1 \end{bmatrix} + \begin{bmatrix} 0 \\ 1 \end{bmatrix} \rightarrow$$

$$\begin{bmatrix} x' \\ y' \end{bmatrix} = \begin{bmatrix} 2 & 0 \\ 0 & 4 \end{bmatrix} \begin{bmatrix} x \\ y \end{bmatrix} + \begin{bmatrix} 0 \\ -4 \end{bmatrix} + \begin{bmatrix} 0 \\ 1 \end{bmatrix} \rightarrow \begin{bmatrix} x' \\ y' \end{bmatrix} = \begin{bmatrix} 2 & 0 \\ 0 & 4 \end{bmatrix} \begin{bmatrix} x \\ y \end{bmatrix} + \begin{bmatrix} 0 \\ -3 \end{bmatrix} \rightarrow$$

$$h \circ g: \begin{cases} x' = 2x \\ y' = 4y - 3 \end{cases}.$$

La trasformazione ottenuta è un'affinità di rapporto 8 ed è ancora una dilatazione.

▶ Utilizzando la forma matriciale, scrivi le equazioni della trasformazione ottenuta componendo la simmetria assiale di asse $x = 1$ e l'omotetia di centro $(1; 0)$ e rapporto 2.

Se eseguiamo la composizione $g \circ h$, la matrice dei coefficienti è $A \cdot C$.
Il prodotto tra matrici non è commutativo, e quindi in generale $C \cdot A \neq A \cdot C$. Ciò conferma che anche la composizione di due trasformazioni non è commutativa.

MATEMATICA E ARTE

Tassellazioni del piano La foto mostra un dettaglio di una decorazione dell'Alhambra (complesso di palazzi di Granada). Il disegno è ottenuto applicando a un elemento (quello evidenziato) una serie di isometrie. Questo procedimento si chiama *tassellazione del piano*.

▶ Quanti tipi diversi di tassellazioni è possibile creare?

La risposta

IN SINTESI
Trasformazioni geometriche

Trasformazioni geometriche

- Una **trasformazione geometrica** è una corrispondenza biunivoca del piano in sé.
- Un **punto unito** è un punto che ha per immagine se stesso. Analogamente, una **figura unita** ha per immagine se stessa ed è **puntualmente unita** se ogni suo punto è un punto unito, altrimenti è **globalmente unita**.
- Per ogni trasformazione t esiste la **trasformazione inversa** t^{-1} che composta con t dà l'**identità** i:

  $t \circ t^{-1} = t^{-1} \circ t = i.$

- Una trasformazione è **involutoria** se componendola con se stessa si ottiene l'identità.

Isometrie

- Le **isometrie** sono quelle trasformazioni che a ogni coppia di punti del piano A e B, associano una coppia di punti A' e B' tale che $\overline{AB} = \overline{A'B'}$.
  In un'isometria sono invarianti la congruenza fra angoli e segmenti e l'equivalenza fra superfici.

Traslazione 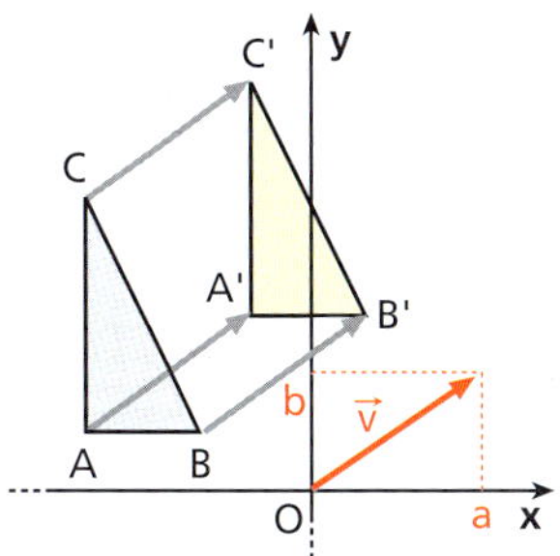	di vettore $\vec{v}(a; b)$ $t_{\vec{v}}: \begin{cases} x' = x + a \\ y' = y + b \end{cases}$ $t_{\vec{v}}^{-1}: \begin{cases} x = x' - a \\ y = y' - b \end{cases}$	• Se $\vec{v} \neq \vec{0}$, non ci sono punti uniti. • Sono globalmente unite le rette parallele al vettore. • $t_{\vec{v}_1} \circ t_{\vec{v}_2} = t_{\vec{v}_2} \circ t_{\vec{v}_1} = t_{\vec{v}_1 + \vec{v}_2}$.
Rotazione 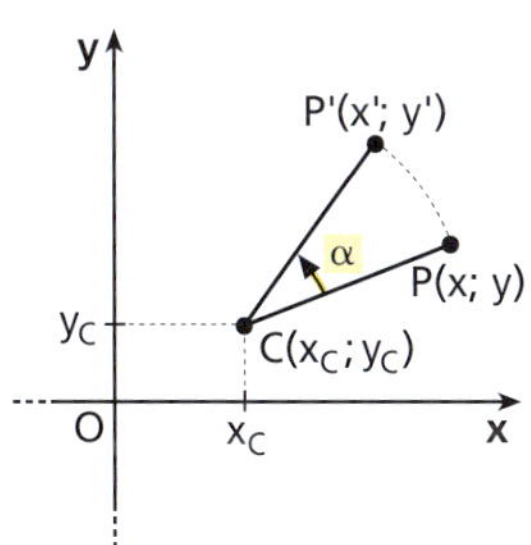	di centro O, angolo α $\begin{cases} x' = \cos\alpha x - \sin\alpha y \\ y' = \sin\alpha x + \cos\alpha y \end{cases}$ di centro C, angolo α $\begin{cases} x' = \cos\alpha x - \sin\alpha y + p \\ y' = \sin\alpha x + \cos\alpha y + q \end{cases}$ con $p = x_C - x_C \cos\alpha + y_C \sin\alpha$ $q = y_C - x_C \sin\alpha - y_C \cos\alpha$	• Se $\alpha \neq 2k\pi$, con $k \in \mathbb{Z}$, il centro è l'unico punto unito. • L'inversa è la rotazione di angolo $-\alpha$ e stesso centro. • La composizione di rotazioni con centri diversi è una rotazione o una traslazione.
Simmetria centrale 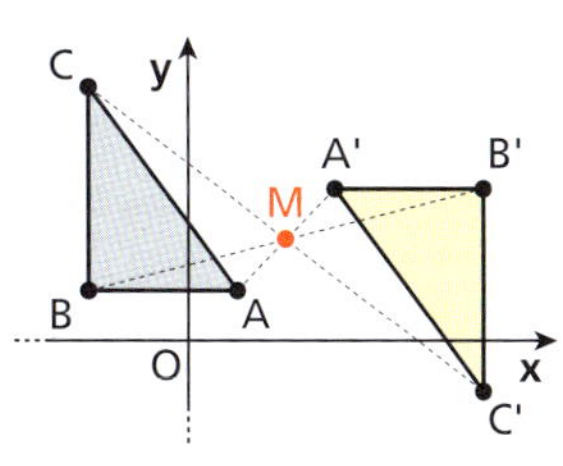	di centro $M(a; b)$ $s_M: \begin{cases} x' = 2a - x \\ y' = 2b - y \end{cases}$	• Il centro è l'unico punto unito. • Sono globalmente unite le rette passanti per il centro. • $s_{M_2} \circ s_{M_1} = t_{\vec{v}}$, con $\vec{v} = 2\overrightarrow{M_1M_2}$. • È una trasformazione involutoria.

Simmetria assiale 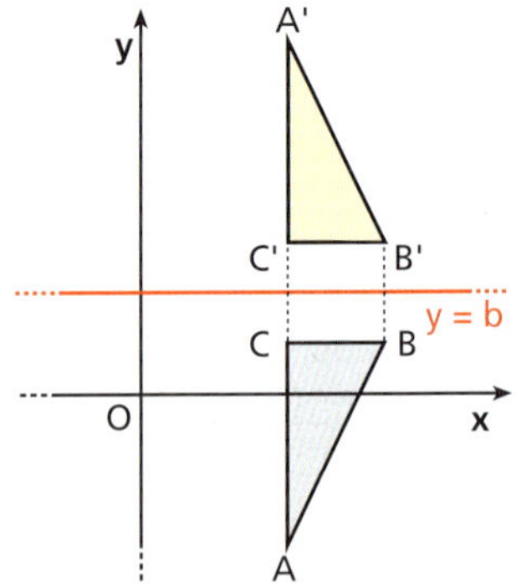	di asse $x = a$ $\begin{cases} x' = 2a - x \\ y' = y \end{cases}$ di asse $y = b$ $\begin{cases} x' = x \\ y' = 2b - y \end{cases}$ di asse $y = \pm x$ $\begin{cases} x' = \pm y \\ y' = \pm x \end{cases}$	• L'asse è una retta puntualmente unita. • Le rette perpendicolari all'asse sono globalmente unite. • Componendo due simmetrie con assi paralleli, si ottiene una traslazione. • Componendo due simmetrie di assi incidenti si ottiene una rotazione. • È una trasformazione involutoria.

- La **glissosimmetria** è la composizione di una simmetria assiale con una traslazione di vettore parallelo all'asse della simmetria.
- Ogni isometria ha equazioni del tipo

  $$\begin{cases} x' = a_1 x + b_1 y + c_1 \\ y' = a_2 x + b_2 y + c_2 \end{cases},$$

  con $\det A = \pm 1$, dove A è la matrice $\begin{bmatrix} a_1 & b_1 \\ a_2 & b_2 \end{bmatrix}$.
- Se $\det A = 1$, l'isometria è **diretta**, cioè conserva l'orientamento delle figure; se $\det A = -1$, l'isometria è **inversa**, cioè inverte l'orientamento delle figure.
- Un'isometria diretta è una traslazione se non ha punti uniti, una rotazione (o una simmetria centrale) se ha un punto unito; un'isometria indiretta è una simmetria assiale se c'è una retta unita, una glissosimmetria se non ha punti uniti. Non esistono altri tipi di isometrie.

Omotetia

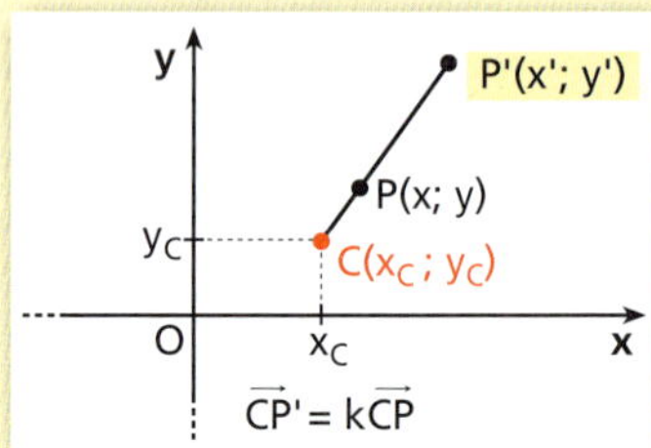

- Dato un numero reale $k \neq 0$, l'**omotetia** di rapporto k e centro C è quella trasformazione che associa al punto P il punto P' tale che:

  $\overrightarrow{CP'} = k\overrightarrow{CP}$.
  - Se $|k| > 1$, l'omotetia ingrandisce la figura; se $|k| < 1$, la riduce.
  - Se $k \neq 1$, il centro è l'unico punto unito e sono globalmente unite le rette passanti per il centro.
- La composizione di due omotetie con lo stesso centro è un'omotetia con lo stesso centro e rapporto uguale al prodotto dei due rapporti. La composizione di due omotetie con centri diversi è o un'omotetia o una traslazione.
- Equazioni di un'omotetia con centro O: $\omega_{O,k}: \begin{cases} x' = kx \\ y' = ky \end{cases}$.
- Equazioni di un'omotetia con centro $C(x_C; y_C)$: $\omega_{C,k}: \begin{cases} x' = kx + p \\ y' = ky + q \end{cases}$, con $p = x_C(1-k)$, $q = y_C(1-k)$.

Similitudine

- Una **similitudine** è una trasformazione geometrica che mantiene costante il rapporto tra segmenti corrispondenti. Quindi, comunque si scelgano A e B:

  $$\frac{\overline{A'B'}}{\overline{AB}} = k.$$

  k è detto **rapporto di similitudine**.

- Una similitudine conserva l'ampiezza degli angoli, il parallelismo e la perpendicolarità tra rette, e trasforma circonferenze in circonferenze.
- Se F' è la figura geometrica trasformata di F, vale che:

$$\text{perimetro}_{F'} = k \cdot \text{perimetro}_F; \qquad \text{area}_{F'} = k^2 \cdot \text{area}_F.$$

- Ogni isometria è una similitudine di rapporto $k = 1$. Ogni omotetia è una similitudine. La composizione di un'omotetia e di un'isometria è sempre una similitudine.
- Le equazioni di una similitudine sono (con a e b non entrambi nulli):

$$\sigma_1: \begin{cases} x' = ax - by + c \\ y' = bx + ay + c' \end{cases} \text{ similitudine diretta,} \qquad \sigma_2: \begin{cases} x' = ax + by + c \\ y' = bx - ay + c' \end{cases} \text{ similitudine indiretta,}$$

con $k = \sqrt{a^2 + b^2}$.

Affinità

- Un'**affinità** è una trasformazione geometrica che trasforma rette in rette e mantiene il parallelismo.
- Un'affinità ha equazioni:

$$\begin{cases} x' = a_1x + b_1y + c_1 \\ y' = a_2x + b_2y + c_2 \end{cases}, \quad \text{con } \begin{vmatrix} a_1 & b_1 \\ a_2 & b_2 \end{vmatrix} \neq 0.$$

- Un'affinità conserva l'allineamento tra punti, il parallelismo tra rette e l'incidenza tra rette, e trasforma: un'ellisse in un'ellisse; una parabola in una parabola; un'iperbole in un'iperbole; una circonferenza, in generale, in un'ellisse.
- In ogni affinità il **rapporto fra le aree** di una figura piana S e della sua immagine S' è:

$$\frac{\text{area}_{S'}}{\text{area}_S} = k = \left| \det\begin{bmatrix} a_1 & b_1 \\ a_2 & b_2 \end{bmatrix} \right| = |a_1b_2 - b_1a_2|,$$

dove k è il **rapporto di affinità**.
Se $k = 1$, l'affinità è detta **equiaffinità** o **equivalenza**.

- Se $k = 1$, è un'isometria se vale:

$$\begin{cases} a_1^2 + a_2^2 = b_1^2 + b_2^2 = 1 \\ a_1b_1 + a_2b_2 = 0 \end{cases}.$$

- Se $k \neq 1$, è una similitudine se vale:

$$\begin{cases} a_1^2 + a_2^2 = b_1^2 + b_2^2 \\ a_1b_1 + a_2b_2 = 0 \end{cases}.$$

- Le **dilatazioni** sono particolari affinità di equazioni:

$$\begin{cases} x' = hx + p \\ y' = ky + q \end{cases}, \quad \text{con } h, k \neq 0.$$

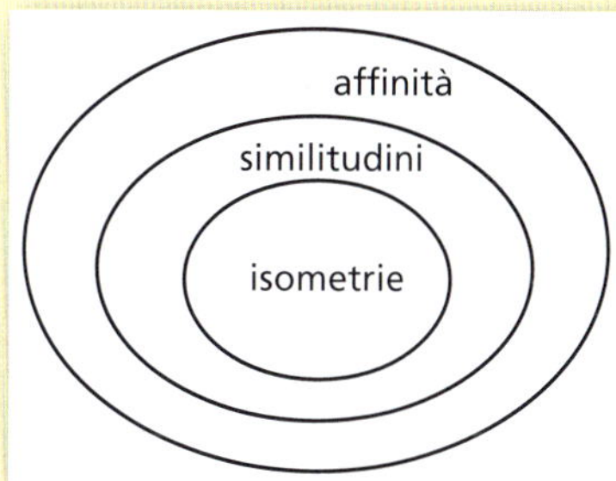

Trasformazioni geometriche e matrici

- Le equazioni di un'affinità possono essere scritte in **forma matriciale**:

$$\begin{bmatrix} x' \\ y' \end{bmatrix} = \begin{bmatrix} a_1 & b_1 \\ a_2 & b_2 \end{bmatrix} \cdot \begin{bmatrix} x \\ y \end{bmatrix} + \begin{bmatrix} c_1 \\ c_2 \end{bmatrix}$$

$$X' = A \cdot X + B, \quad \text{con } \det A \neq 0.$$

A è detta **matrice associata** all'affinità.

- L'equazione della **trasformazione inversa** è:

$$X = A^{-1}X' - A^{-1}B.$$

- Nella **composizione di due affinità**, l'affinità composta ha come matrice associata il prodotto delle matrici associate alle due affinità.

ESERCIZI

CAPITOLO 18
ESERCIZI

1 Trasformazioni geometriche

▶ Teoria a p. 1046

1 VERO O FALSO?

a. Ogni trasformazione geometrica ammette la trasformazione inversa. V F

b. Due equazioni del tipo $\begin{cases} x' = F(x; y) \\ y' = G(x; y) \end{cases}$ descrivono una trasformazione geometrica. V F

c. Gli invarianti sono i punti e le rette che in una trasformazione hanno per immagine se stessi. V F

d. Per determinare l'equazione della trasformata di una curva, si devono ricavare le equazioni dell'inversa. V F

2 Quali delle seguenti equazioni non rappresentano una trasformazione geometrica?

a. $t_1: \begin{cases} x' = 2x \\ y' = y - 1 \end{cases}$ b. $t_2: \begin{cases} x' = x^2 - 1 \\ y' = -y \end{cases}$ c. $t_3: \begin{cases} x' = \sqrt{x} \\ y' = 4y - 4 \end{cases}$ d. $t_4: \begin{cases} x' = y - 2 \\ y' = x + y \end{cases}$

Determina le equazioni delle trasformazioni inverse delle trasformazioni che hanno le seguenti equazioni.

3 $\begin{cases} x' = 2x - 1 \\ y' = x - y \end{cases}$ $\left[\begin{cases} x = \frac{1}{2}x' + \frac{1}{2} \\ y = \frac{1}{2}x' - y' + \frac{1}{2} \end{cases}\right]$

4 $\begin{cases} x' = x^3 + 1 \\ y' = 2y \end{cases}$ $\left[\begin{cases} x = \sqrt[3]{x' - 1} \\ y = \frac{y'}{2} \end{cases}\right]$

5 $\begin{cases} x' = \frac{y}{2} \\ y' = -\frac{x}{3} + 4 \end{cases}$ $\left[\begin{cases} x = -3y' + 12 \\ y = 2x' \end{cases}\right]$

6 $\begin{cases} x' = x + y \\ y' = x - 2y \end{cases}$ $\left[\begin{cases} x = \frac{2}{3}x' + \frac{y'}{3} \\ y = \frac{1}{3}x' - \frac{y'}{3} \end{cases}\right]$

Trasformare punti

7 Data la trasformazione geometrica di equazioni $\begin{cases} x' = 2x - y + 3 \\ y' = y - x + 1 \end{cases}$:

a. determina i trasformati A' e B' dei punti $A(4; -1)$ e $B(0; 3)$;

b. trova la controimmagine di $C'(0; -5)$. [a) $A'(12; -4)$, $B'(0; 4)$; b) $C(-9; -15)$]

8 Applica la trasformazione di equazioni $\begin{cases} x' = 2x + y + 1 \\ y' = x - y + 3 \end{cases}$ ai punti $A(-2; 1)$ e $B(4; 5)$, determina il punto medio M del segmento AB e, dopo aver trovato i trasformati A', B', M', verifica che M' è il punto medio di $A'B'$. [$M(1; 3)$, $A'(-2; 0)$, $B'(14; 2)$, $M'(6; 1)$]

9 ESERCIZIO GUIDA Determiniamo i punti uniti nella trasformazione di equazioni $\begin{cases} x' = 2x + y + 1 \\ y' = x + 3 \end{cases}$.

Perché un punto sia unito si deve avere $x' = x$ e $y' = y$, quindi, sostituendo nelle equazioni:

$$\begin{cases} x = 2x + y + 1 \\ y = x + 3 \end{cases} \rightarrow \begin{cases} -x - y = 1 \\ -x + y = 3 \end{cases} \quad (-2x = 4) \rightarrow x = -2 \text{ e } y = 1.$$

Nella trasformazione c'è un solo punto unito di coordinate $(-2; 1)$.

Determina i punti uniti nelle trasformazioni con le seguenti equazioni.

10 $\begin{cases} x' = -3x + 1 \\ y' = -3y + 2 \end{cases}$ $\left[\left(\frac{1}{4}; \frac{1}{2}\right)\right]$

11 $\begin{cases} x' = y + 3 \\ y' = -x - 1 \end{cases}$ $[(1; -2)]$

12 $\begin{cases} x' = 4x + 2y - 1 \\ y' = x - y \end{cases}$ $\left[\left(\frac{1}{4}; \frac{1}{8}\right)\right]$

13 $\begin{cases} x' = 2y - 1 \\ y' = \frac{x}{2} + \frac{1}{2} \end{cases}$ [retta luogo dei punti uniti: $y = \frac{1}{2}x + \frac{1}{2}$]

14 $\begin{cases} x' = \frac{y}{2} + 2 \\ y' = 2x - 4 \end{cases}$ [retta luogo dei punti uniti: $y = 2x - 4$]

---

15 È data la trasformazione geometrica di equazioni $\begin{cases} x' = -x - y + a \\ y' = x + by \end{cases}$, con $a, b \in \mathbb{R}$.
Trova per quali valori di a e b:

a. il punto $P(2; -3)$ è unito;
b. non ci sono punti uniti.

$\left[\text{a) } a = 1, b = \frac{5}{3}; \text{ b) } a \neq 0 \wedge b = \frac{3}{2}\right]$

Trasformare grafici

16 ESERCIZIO GUIDA Data la trasformazione t di equazioni

$$\begin{cases} x' = x - y \\ y' = x + y \end{cases}$$

determiniamo l'equazione della curva r' corrispondente della retta r di equazione $y = \frac{3}{2}x - 1$.

Per trovare l'equazione di r' dobbiamo svolgere due passaggi.

1. Troviamo le equazioni della trasformazione inversa t^{-1}.
   Ricaviamo x, sommando le equazioni membro a membro:
   $$\begin{cases} x' = x - y \\ y' = x + y \end{cases} \rightarrow \quad x = \frac{x' + y'}{2}.$$
   $$x' + y' = 2x$$
   Ricaviamo y, cambiando segno ai membri della prima equazione e sommando:
   $$\begin{cases} -x' = -x + y \\ y' = x + y \end{cases} \rightarrow \quad y = \frac{-x' + y'}{2}.$$
   $$-x' + y' = 2y$$
2. Sostituiamo nell'equazione della retta r,
   $$y = \frac{3}{2}x - 1,$$
   le espressioni trovate per x e y:
   $$-\frac{1}{2}x' + \frac{1}{2}y' = \frac{3}{2} \cdot \left(\frac{1}{2}x' + \frac{1}{2}y'\right) - 1.$$

Eliminiamo gli apici e ricaviamo y:

$$-\frac{1}{2}x + \frac{1}{2}y = \frac{3}{4}x + \frac{3}{4}y - 1 \rightarrow$$

$$y = -5x + 4.$$

L'equazione della curva trasformata r' è quella di una retta: $y = -5x + 4$.
Disegniamo le rette corrispondenti r e r' in un unico diagramma cartesiano.

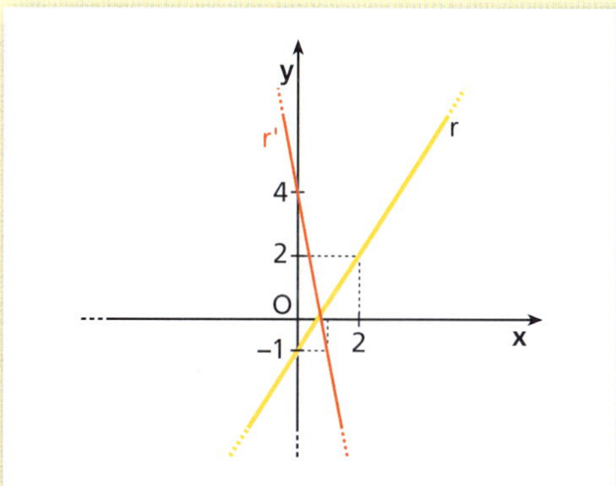

Sono assegnate le equazioni di una trasformazione geometrica e l'equazione di una retta *r*. Per ciascuna coppia scrivi l'equazione dell'immagine *r′* corrispondente della retta *r* mediante la trasformazione.

17 $\begin{cases} x' = -y \\ y' = 2x \end{cases}$
r: $y = 2x - 1$
$[y = 1 - x]$

18 $\begin{cases} x' = \sqrt[3]{x} \\ y' = y \end{cases}$
r: $y = 2x$
$[y = 2x^3]$

19 $\begin{cases} x' = x + y \\ y' = x - 2y \end{cases}$
r: $y = -\frac{3}{2}x + 2$
$[y = -8x + 12]$

ESERCIZI

20 Scrivi l'equazione dell'immagine della circonferenza di equazione $x^2 + y^2 - 2x = 0$ nella trasformazione geometrica di equazioni:

$$\begin{cases} x' = 2x - 1 \\ y' = 2y + 3 \end{cases}.$$

$[x^2 + y^2 - 2x - 6y + 6 = 0]$

21 Una curva γ ha come immagine una parabola γ' di equazione $y = -x^2 + 2x$ nella trasformazione di equazioni:

$$\begin{cases} x' = x + 2 \\ y' = y - 2 \end{cases}.$$

Qual è l'equazione di γ? $[y = -x^2 - 2x + 2]$

Composizione di trasformazioni

Date le trasformazioni $g_1: \begin{cases} x' = 2x - 1 \\ y' = 2y + 2 \end{cases}$, $g_2: \begin{cases} x' = -y \\ y' = x \end{cases}$, $g_3: \begin{cases} x' = x + 1 \\ y' = y - 3 \end{cases}$, determina le equazioni delle seguenti trasformazioni.

22 $g_1 \circ g_2$ e $g_2 \circ g_1$.

$\left[g_1 \circ g_2: \begin{cases} x' = -2y - 1 \\ y' = 2x + 2 \end{cases};\ g_2 \circ g_1: \begin{cases} x' = -2y - 2 \\ y' = 2x - 1 \end{cases}\right]$

23 $g_3 \circ (g_2 \circ g_1)$ e $(g_3 \circ g_2) \circ g_1$.

$\left[g_3 \circ (g_2 \circ g_1): \begin{cases} x' = -2y - 1 \\ y' = 2x - 4 \end{cases};\ (g_3 \circ g_2) \circ g_1: \begin{cases} x' = -2y - 1 \\ y' = 2x - 4 \end{cases}\right]$

24 $g_2 \circ g_2$ e $g_1 \circ g_1$.

$\left[g_2 \circ g_2: \begin{cases} x' = -x \\ y' = -y \end{cases};\ g_1 \circ g_1: \begin{cases} x' = 4x - 3 \\ y' = 4y + 6 \end{cases}\right]$

Nei seguenti esercizi determina ciò che è richiesto, utilizzando le trasformazioni g_1, g_2 e g_3 degli esercizi precedenti.

25 Trova l'immagine di $A(2; -1)$ in $g_1 \circ g_2 \circ g_3$. $[(7; 8)]$

26 Determina l'equazione della trasformata della retta di equazione $y = x$ in $g_1 \circ g_3 \circ g_2$. $[y = -x - 3]$

27 Scrivi le equazioni di $(g_2 \circ g_1)^{-1}$.

$\left[\begin{cases} x = \frac{1}{2}y' + \frac{1}{2} \\ y = -\frac{1}{2}x' - 1 \end{cases}\right]$

28 Dimostra che la trasformazione di equazioni $\begin{cases} x' = y - 2 \\ y' = x + 2 \end{cases}$ è involutoria.

29 Indica quali tra le seguenti trasformazioni sono involutorie.

a. $\begin{cases} x' = -x \\ y' = y \end{cases}$ b. $\begin{cases} x' = -y \\ y' = -x \end{cases}$ c. $\begin{cases} x' = 2x \\ y' = 2y \end{cases}$ d. $\begin{cases} x' = \frac{y}{4} \\ y' = 4x \end{cases}$ e. $\begin{cases} x' = -y + 5 \\ y' = x - 5 \end{cases}$

[a) sì; b) sì; c) no; d) sì; e) no]

2 Traslazione

▶ Teoria a p. 1050

Equazioni della traslazione

30 ESERCIZIO GUIDA Date le trasformazioni di equazioni

$t_1: \begin{cases} x' = 2x \\ y' = 3y \end{cases}$, $t_2: \begin{cases} x' = x + 1 \\ y' = -y \end{cases}$, $t_3: \begin{cases} x' = x - 1 \\ y' = y + 2 \end{cases}$,

riconosciamo quale tra queste rappresenta una traslazione e scriviamo le componenti del vettore di traslazione.

Le equazioni di una traslazione di vettore $\vec{v}(a; b)$ sono del tipo $\begin{cases} x' = x + a \\ y' = y + b \end{cases}$.

In particolare, osserviamo che il coefficiente di x e il coefficiente di y sono uguali a 1.
Le trasformazioni t_1 e t_2 non rappresentano una traslazione, perché in entrambi i sistemi i coefficienti di x e di y non sono uguali a 1.
La trasformazione t_3 rappresenta invece una traslazione di vettore:

$\vec{v}(-1; 2)$.

Riconosci fra le seguenti equazioni di trasformazioni quali rappresentano una traslazione e scrivi per queste le componenti del vettore di traslazione.

31 $t_1: \begin{cases} x' = x \\ y' = y - 1 \end{cases}$ $t_2: \begin{cases} x' = 2x \\ y' = y - 2 \end{cases}$ $t_3: \begin{cases} x' = -x \\ y' = y + 1 \end{cases}$ $t_4: \begin{cases} x' = y + 1 \\ y' = x + 3 \end{cases}$

32 $t_1: \begin{cases} x' = x + 2 \\ y' = y - 3 \end{cases}$ $t_2: \begin{cases} x' = 5 + x \\ y' = 6 + y \end{cases}$ $t_3: \begin{cases} x' = -x \\ y' = -y \end{cases}$ $t_4: \begin{cases} x' = x - 5 \\ y' = -2 + y \end{cases}$

33 **AL VOLO** La trasformazione inversa di una traslazione di vettore $\vec{v}$ è ancora una traslazione? Di che vettore?

Traslazione di punti

Trasla il poligono di vertici indicati, secondo il vettore $\vec{v}$ dato, e scrivi le equazioni della traslazione.

34 $A(-8; -3)$, $B(-3; -2)$, $C(-7; 6)$; $\vec{v}(9; 1)$.

35 $A(2; 5)$, $B(4; 7)$, $C(2; 8)$; $\vec{v}(-6; -3)$.

I punti indicati si corrispondono in una traslazione. Determina le equazioni della traslazione e le componenti del vettore di traslazione.

36 $O(0; 0) \mapsto O'(4; 3)$

37 $A(3; 2) \mapsto A'(-5; 8)$

38 $B\left(\frac{3}{2}; \frac{3}{8}\right) \mapsto B'\left(\frac{5}{6}; -\frac{1}{8}\right)$

39 $C(\sqrt{3}; 6) \mapsto C'\left(-2\sqrt{3}; \frac{23}{4}\right)$

---

40 Un rettangolo $ABCD$, con i lati paralleli agli assi cartesiani, ha come vertici opposti $A(2; 1)$ e $C(6; 9)$. Determina il vettore della traslazione che trasforma $ABCD$ in un rettangolo $A'B'C'D'$ con il centro nell'origine O e scrivi le coordinate di A', B', C', D'. [$\vec{v}(-4; -5)$, $A'(-2; -4)$, $B'(2; -4)$, $C'(2; 4)$, $D'(-2; 4)$]

---

41 Dati il triangolo ABC e il punto A', determina il vettore $\vec{v}$ della traslazione che trasforma ABC nel triangolo $A'B'C'$. Trova le coordinate di B', C' e le equazioni della traslazione.

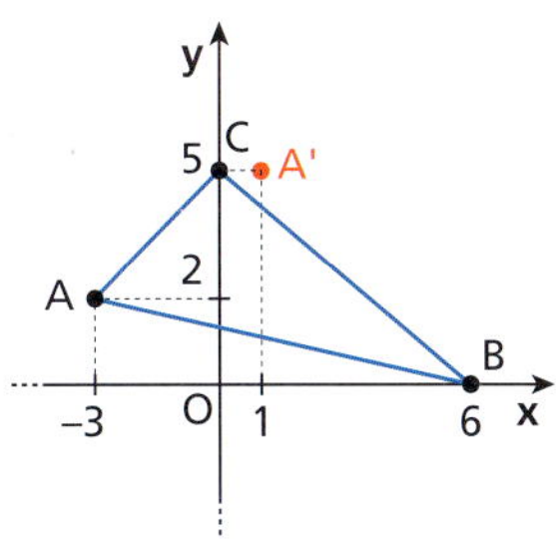

[$\vec{v}(4; 3)$; $B'(10; 3)$, $C'(4; 8)$; $t: \begin{cases} x' = x + 4 \\ y' = y + 3 \end{cases}$]

42 Al triangolo ABC, di vertici $A(1; -1)$, $B(6; 0)$, $C(2; 4)$, viene applicata una traslazione e la sua immagine $A'B'C'$ ha come baricentro $G'(-4; 2)$. Trova le coordinate di A', B', C'. [$A'(-6; 0)$, $B'(-1; 1)$, $C'(-5; 5)$]

43 Il triangolo ABC di area 8 è rettangolo in $B(4; 3)$. Il vertice $A(2; 1)$ ha come corrispondente in una traslazione t il punto $A'(1; 5)$. Trova le coordinate di C e dei vertici B' e C' del triangolo trasformato da t, sapendo che C' si trova nel primo quadrante. [$C(8; -1)$, $B(3; 7)$, $C'(7; 3)$]

44 Dimostra analiticamente che la traslazione è un'isometria.
(SUGGERIMENTO Considera $A(x_1; y_1)$, $B(x_2; y_2)$, applica la traslazione di vettore $\vec{v}(a; b)$ e dimostra che $\overline{AB} = \overline{A'B'}$.)

Traslazioni di curve

45 ESERCIZIO GUIDA Data la retta r di equazione $y = -2x + 4$, scriviamo l'equazione della retta r' corrispondente di r nella traslazione t di vettore $\vec{v}(-3; 1)$.

Rappresentiamo la retta r e scriviamo le equazioni di t:

$$\begin{cases} x' = x - 3 \\ y' = y + 1 \end{cases}.$$

Ricaviamo le equazioni di t^{-1}: $\begin{cases} x = x' + 3 \\ y = y' - 1 \end{cases}$ e sostituiamo nell'equazione di r:

$$y' - 1 = -2(x' + 3) + 4 \quad \rightarrow \quad y' = -2x' - 1.$$

Eliminiamo gli apici e troviamo l'equazione di r':

$$y = -2x - 1.$$

Osserviamo che la retta r' è parallela alla retta r.

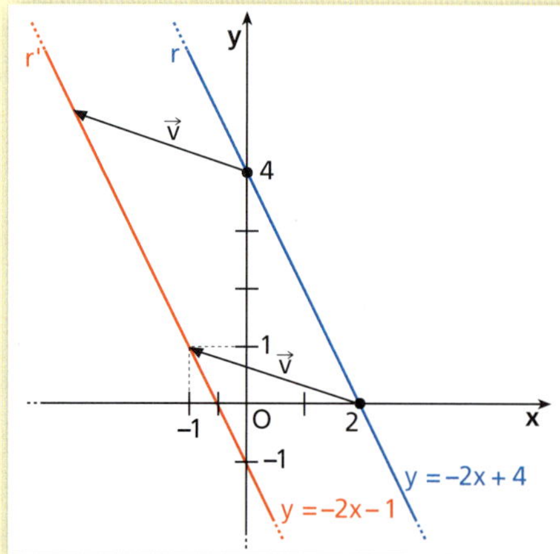

Negli esercizi che seguono sono date l'equazione di una curva e le componenti di un vettore $\vec{v}$. Trova l'equazione della curva immagine nella traslazione di vettore $\vec{v}$ e traccia il grafico completo.

46 $4x - 3y + 2 = 0$; $\vec{v}(5; -6)$.

47 $y = x^2 - 4$; $\vec{v}\left(\frac{1}{2}; \frac{5}{2}\right)$.

48 $y = \frac{x}{2x-1}$; $\vec{v}(-3; 0)$.

---

49 Determina l'equazione della retta corrispondente della retta che passa per $A(0; 3)$ e $B(1; -1)$ nella traslazione di equazioni $\begin{cases} x' = x - 2 \\ y' = y + 4 \end{cases}$. [$y = -4x - 1$]

50 Qual è l'immagine della retta r, di coefficiente angolare $m = -2$ e passante per $(-1; 3)$, nella traslazione di vettore $\vec{v}(2; 4)$? [$y = -2x + 9$]

51 Date le rette r e r' di equazioni $y = 2x - 1$ e $y = 2x + 2$, determina se esiste una traslazione che trasforma r in r'.

Sono date le equazioni di due rette r e r'. Per ogni coppia di rette individua un vettore di traslazione che trasformi r in r' e scrivi le equazioni della traslazione associata al vettore.

52 $r: y = x - 2$; $r': y = x + 5$.

53 $r: 2x + 5y - 6 = 0$; $r': 2x + 5y - 4 = 0$.

54 Data la retta r di equazione $4x + 2y - 1 = 0$, trova le equazioni di una traslazione che trasforma r in una retta che passa per $A(2; -3)$.

55 Considera la retta r di equazione $y = -3x + 4$ e il vettore $\vec{v}(a; -2)$. Trova a in modo che la retta r' corrispondente di r nella traslazione di vettore $\vec{v}$ intersechi l'asse x in $(-2; 0)$. [$-\frac{8}{3}$]

LEGGI IL GRAFICO Dopo aver trovato le equazioni di ciascuno dei seguenti grafici, scrivi le equazioni delle curve traslate applicando il vettore indicato.

56 ●○

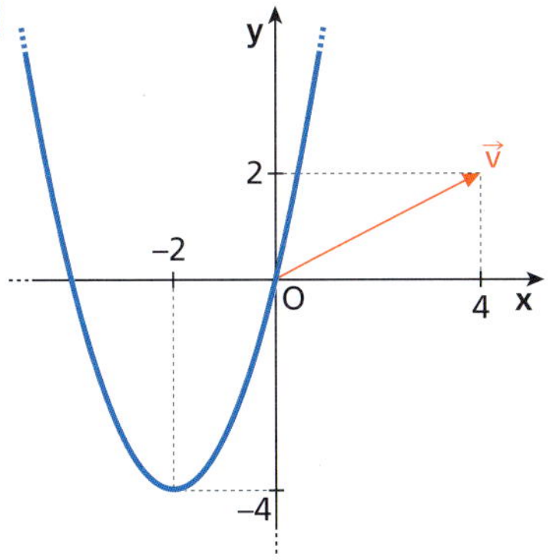

$[y = x^2 - 4x + 2]$

57 ●○

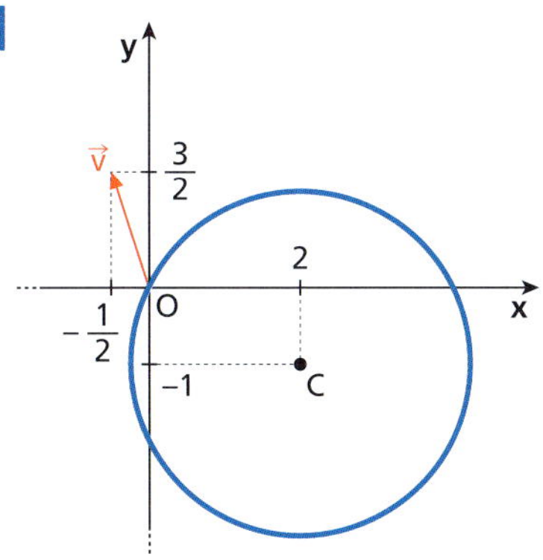

$[2x^2 + 2y^2 - 6x - 2y - 5 = 0]$

58 ●○

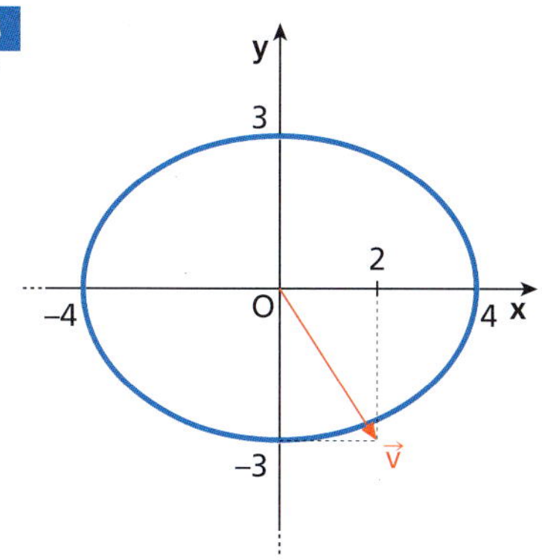

$[9x^2 + 16y^2 - 36x + 96y + 36 = 0]$

Trasla le seguenti curve secondo il vettore $\vec{v}$ indicato a fianco.

59 ●○ $y = x^2 + 1$; $\vec{v}(1;-2)$. $[y = x^2 - 2x]$

60 ●○ $x^2 + y^2 - 4x = 0$; $\vec{v}(0;2)$. $[x^2 + y^2 - 4x - 4y + 4 = 0]$

61 ●○ $xy = 1$; $\vec{v}(3;-1)$. $\left[y = \frac{x-4}{3-x}\right]$

62 ●○ $y = \cos x$; $\vec{v}\left(\frac{\pi}{4};-2\right)$. $\left[y = \cos\left(x - \frac{\pi}{4}\right) - 2\right]$

63 ●○ **ASSOCIA** all'equazione di ciascuna curva, ottenuta traslando la funzione $y = \frac{1}{x}$, il vettore della traslazione.

a. $y = \frac{1}{x-1}$ b. $y = 2 + \frac{1}{x-4}$ c. $y = \frac{x+1}{x}$ d. $y = -2 + \frac{1}{x+4}$

1. $\vec{v}(4;2)$ 2. $\vec{v}(-4;-2)$ 3. $\vec{v}(1;0)$ 4. $\vec{v}(0;1)$

Ognuna delle seguenti equazioni rappresenta una curva ottenuta traslando quella che ha per equazione $y = \sqrt{x}$. Indica per ciascuna il vettore di traslazione.

64 ●○ a. $y = 2 + \sqrt{x}$ b. $y = 1 + \sqrt{x-3}$

65 ●○ a. $y = -2 + \sqrt{x}$ b. $y = \sqrt{x+6}$

66 ●○ **RIFLETTI SULLA TEORIA** Dimostra che traslando la parabola di equazione $y = ax^2 + bx + c$ di vertice V, secondo il vettore $\overrightarrow{VO}$, si ottiene la parabola di equazione $y = ax^2$.

67 ●● Alla parabola di equazione $y = x^2 - 1$ applica la traslazione secondo $\vec{v}(1;-1)$ e poi secondo $\vec{w}(-3;-2)$. Quale parabola ottieni se inverti l'applicazione delle due traslazioni? $[y = x^2 + 4x$; la stessa$]$

Partendo dai grafici noti delle funzioni goniometriche, esponenziali e logaritmiche, rappresenta le seguenti funzioni applicando una traslazione.

68 ●○ a. $y = \cos\left(x - \frac{\pi}{4}\right)$ b. $y = 1 + \tan x$

69 ●○ a. $y = -\pi + \arctan x$ b. $y = -\frac{\pi}{2} + \arccos x$

70 ●○ a. $y = \left|\cos\left(x - \frac{\pi}{3}\right) - 2\right|$ b. $y = 2 + \sin\left(x + \frac{3}{4}\pi\right)$

71 ●○ a. $y = \sin x + 3$ b. $y = \arcsin(x + 3)$

ESERCIZI

72 a. $y = 3 + \ln(x - 2)$ b. $y = e^x - 4$

73 a. $y = \frac{1}{2} + \ln x$ b. $y = e^{x+2} - 2$

---

74 Trova le equazioni della traslazione che trasforma la parabola di equazione

$y = x^2 - 2x + 3$ in $y = x^2 + 6x$.

$\left[\begin{cases} x' = x - 4 \\ y' = y - 11 \end{cases}\right]$

75 Scrivi l'equazione della circonferenza che ha come immagine nella traslazione di vettore $\vec{v}(3; -1)$ la circonferenza di equazione $x^2 + y^2 - 6x + 2y = 0$. $[x^2 + y^2 = 10]$

76 La parabola di equazione $y = x^2 - 4x - 5$ viene traslata secondo il vettore $\vec{v}(a; 1 - b)$. Trova a e b in modo che la parabola traslata passi per il punto $(2; -2)$ e abbia il vertice di ascissa 4. $[a = 2; b = -2]$

77 Una circonferenza di equazione

$$x^2 + y^2 + 4x - 4y + 4 = 0$$

viene traslata secondo un vettore $\vec{v}(a - 1; 2a)$. Determina a in modo che la circonferenza traslata abbia il centro sulla bisettrice del primo e terzo quadrante, scrivi l'equazione della circonferenza traslata e rappresenta graficamente le due circonferenze. $[a = -5]$

78 L'iperbole di equazione $y = \frac{2 - x}{2x - 6}$ viene traslata in modo che gli asintoti coincidano con gli assi cartesiani. Trova il vettore della traslazione e l'equazione dell'iperbole traslata.

$\left[\vec{v}\left(-3; \frac{1}{2}\right), y = -\frac{1}{2x}\right]$

Punti uniti, rette unite e figure unite

79 Scrivi l'equazione della retta unita nella traslazione di vettore $\vec{v}(-3; 1)$ e passante per il punto $P(5; 3)$.

80 Determina l'equazione della retta che nella traslazione di vettore $\vec{v}\left(\frac{1}{2}; 3\right)$ ha come immagine se stessa e passa per il punto medio del segmento di estremi $A(2; 5)$ e $B(-4; 1)$.

81 Determina per quali vettori $\vec{v}$ di modulo 10 la retta di equazione $3x - 4y + 2 = 0$ è unita nella traslazione di vettore $\vec{v}$. $[\vec{v}_1(8; 6); \vec{v}_2(-8; -6)]$

82 Quali curve, fra quelle di equazioni $y = \cos \pi x$, $y = 2$, $x = 2$, $y = \tan \frac{\pi}{2} x$, restano unite nella traslazione di vettore $\vec{v}(2; 0)$?

83 RIFLETTI SULLA TEORIA Quali sono le funzioni i cui grafici sono uniti in una traslazione di vettore $\vec{v}(a; 0)$? Esistono funzioni i cui grafici sono uniti in una traslazione di vettore $\vec{w}(0; b)$? Motiva le risposte.

Composizione di traslazioni

84 Scrivi le equazioni delle traslazioni t_1 e t_2 di vettori, rispettivamente, $\vec{v}_1(-4; 6)$ e $\vec{v}_2(2; -3)$. Determina le equazioni di $t_1 \circ t_2$ e verifica che è una traslazione di vettore $\vec{v}$ le cui componenti sono la somma delle componenti di $\vec{v}_1$ e $\vec{v}_2$.

$\left[t_1: \begin{cases} x' = x - 4 \\ y' = y + 6 \end{cases}; t_2: \begin{cases} x' = x + 2 \\ y' = y - 3 \end{cases}; t_1 \circ t_2: \begin{cases} x' = x - 2 \\ y' = y + 3 \end{cases}\right]$

85 Trasla il segmento di estremi $A(-2; 5)$ e $B(4; 3)$ mediante un vettore $\vec{v}(-4; 2)$ e chiama $A'B'$ il suo corrispondente. Trasla $A'B'$ mediante un vettore $\vec{w}(2; -3)$ e chiama $A''B''$ il suo corrispondente. Qual è la trasformazione che ad AB associa il segmento $A''B''$? Scrivi le equazioni di questa trasformazione.

$\left[\text{traslazione } t: \begin{cases} x' = x - 2 \\ y' = y - 1 \end{cases}\right]$

86 Determina la traslazione che si ottiene componendo quella di vettore $\vec{v}(2; -5)$ con quella di vettore $\vec{w}(-3; 4)$ e scrivine le equazioni. Trova poi l'equazione della retta r'' corrispondente della retta r di equazione $x - y + 7 = 0$ nella traslazione composta. Che cosa osservi? $[r'': x - y + 7 = 0]$

87 ●● Date le rette r e s, rispettivamente di equazioni $x - 3y + 1 = 0$ e $-2x + 6y + 3 = 0$, determina per quale valore del parametro k la retta s è immagine di r nella traslazione $t = t_1 \circ t_2$, dove t_1 è la traslazione di vettore $\vec{v}_1(5; k)$ e t_2 la traslazione di vettore $\vec{v}_2(k; 2)$. $\left[k = -\frac{7}{4}\right]$

88 ●○ REALTÀ E MODELLI **Moghul wall paintings** La foto mostra un dettaglio di una delle tipiche decorazioni che si trovano sulle pareti degli interni del Palazzo di Jaipur, capitale dello Stato del Rajasthan, in India. La figura $ABCD$, nella grafica sovrapposta alla foto, viene replicata mediante traslazione.
Considera la figura $A'B'C'D'$ che si ottiene con le due successive traslazioni di vettori:

$\vec{v}_1(5; 5)$ e $\vec{v}_2(-2,5; 2,5)$.

a. Scrivi le equazioni della traslazione che permette di trasformare, in un solo passaggio, la figura $ABCD$ nella figura $A'B'C'D'$.
b. Calcola le coordinate dei vertici della figura $A'B'C'D'$, date le coordinate dei punti: $A(-5; 0)$, $B(-2,5; 2,5)$, $C(-5; -5)$ e $D(-7,5; 2,5)$.

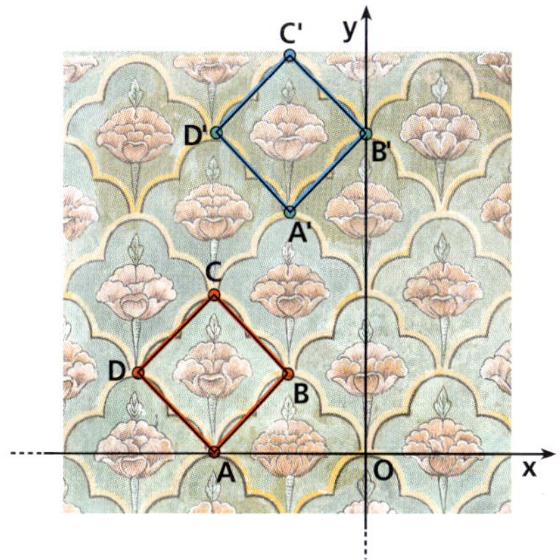

$\left[\text{a)} \begin{cases} x' = x + 2,5 \\ y' = y + 7,5 \end{cases}; \text{b)}\ A'(-2,5; 7,5), B'(0; 10), C'(-2,5; 12,5), D'(-5; 10)\right]$

3 Rotazione

▶ Teoria a p. 1052

Equazioni della rotazione di centro l'origine

$\begin{cases} x' = x\cos\alpha - y\sin\alpha \\ y' = x\sin\alpha + y\cos\alpha \end{cases}$

Scrivi le equazioni delle rotazioni di centro O e con angolo assegnato.

89 ●○ $\alpha = \frac{\pi}{6}$ $\left[\begin{cases} x' = \frac{\sqrt{3}}{2}x - \frac{1}{2}y \\ y' = \frac{1}{2}x + \frac{\sqrt{3}}{2}y \end{cases}\right]$

90 ●○ $\alpha = -\frac{2}{3}\pi$ $\left[\begin{cases} x' = -\frac{1}{2}x + \frac{\sqrt{3}}{2}y \\ y' = -\frac{\sqrt{3}}{2}x - \frac{1}{2}y \end{cases}\right]$

91 ●○ $\alpha = -\frac{3}{4}\pi$ $\left[\begin{cases} x' = -\frac{\sqrt{2}}{2}x + \frac{\sqrt{2}}{2}y \\ y' = -\frac{\sqrt{2}}{2}x - \frac{\sqrt{2}}{2}y \end{cases}\right]$

92 ●● $\alpha = \arctan\frac{3}{4}$ $\left[\begin{cases} x' = \frac{4}{5}x - \frac{3}{5}y \\ y' = \frac{3}{5}x + \frac{4}{5}y \end{cases}\right]$

Sono date le equazioni di una rotazione di centro O. Determina l'angolo di rotazione.

93 ●○ $\begin{cases} x' = -y \\ y' = x \end{cases}$ $\left[\frac{\pi}{2}\right]$

94 ●○ $\begin{cases} x' = -\frac{\sqrt{2}}{2}x - \frac{\sqrt{2}}{2}y \\ y' = \frac{\sqrt{2}}{2}x - \frac{\sqrt{2}}{2}y \end{cases}$ $\left[\frac{3}{4}\pi\right]$

95 ●○ $\begin{cases} x' = -x \\ y' = -y \end{cases}$ $[\pi]$

96 ●● $\begin{cases} x' = -\frac{\sqrt{3}}{2}x - \frac{1}{2}y \\ y' = \frac{1}{2}x - \frac{\sqrt{3}}{2}y \end{cases}$ $\left[\frac{5}{6}\pi\right]$

Rotazione di punti

97 ●○ È dato il triangolo di vertici $A(-2; 3)$, $B\left(\frac{3}{2}; 1\right)$, $C(1; 5)$. Determina le coordinate dei punti trasformati nella rotazione di centro O e angolo $\frac{\pi}{2}$ e disegna i due triangoli. $\left[A'(-3; -2), B'\left(-1; \frac{3}{2}\right), C'(-5; 1)\right]$

ESERCIZI

98 Dato il rettangolo di vertici $A(2; 3)$, $B(4; -1)$, $C(6; 0)$ e $D(4; 4)$, determina il rettangolo corrispondente nella rotazione di centro O e angolo $-\frac{\pi}{2}$. Verifica che i due rettangoli hanno lo stesso perimetro.

$[A'(3; -2), B'(-1; -4), C'(0; -6), D'(4; -4)]$

99 Trova il corrispondente del triangolo ABC della figura nella rotazione di centro O e angolo $\frac{\pi}{3}$ e verifica che i due triangoli hanno la stessa area.

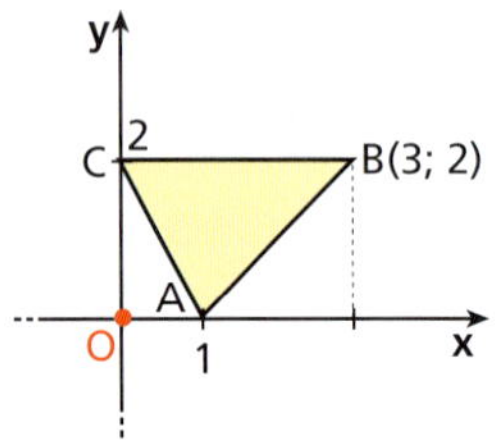

100 Una rotazione di centro l'origine O associa al punto $A(0; 2)$ il punto $A'(-1; -\sqrt{3})$. Determina l'angolo α e le equazioni della rotazione.

$$\left[\frac{5}{6}\pi; \begin{cases} x' = -\frac{\sqrt{3}}{2}x - \frac{1}{2}y \\ y' = \frac{1}{2}x - \frac{\sqrt{3}}{2}y \end{cases}\right]$$

MATEMATICA AL COMPUTER

Rotazioni Con l'aiuto di un software di geometria dinamica troviamo le coordinate dei vertici del triangolo *DEF*, ottenuto con una rotazione antioraria di 45° intorno all'origine del triangolo *ABC*, di lati
AB: $y = -x + 2$, AC: $y = 3x - 6$, BC: $y = x + 2$.

Risoluzione – 3 esercizi in più

Rotazione di curve

101 ESERCIZIO GUIDA Determiniamo l'equazione della retta corrispondente di $y = x$ in una rotazione di 30° intorno all'origine O.

Le equazioni della rotazione sono: $\begin{cases} x' = x\cos 30° - y\sin 30° \\ y' = x\sin 30° + y\cos 30° \end{cases}$.

Dobbiamo determinare le equazioni della trasformazione inversa. Nel caso delle rotazioni la trasformazione inversa è la rotazione di angolo opposto, quindi:

$$\begin{cases} x = x'\cos(-30°) - y'\sin(-30°) \\ y = x'\sin(-30°) + y'\cos(-30°) \end{cases} \to \begin{cases} x = x'\cos 30° + y'\sin 30° \\ y = -x'\sin 30° + y'\cos 30° \end{cases} \to \begin{cases} x = \frac{\sqrt{3}}{2}x' + \frac{1}{2}y' \\ y = -\frac{1}{2}x' + \frac{\sqrt{3}}{2}y' \end{cases}.$$

Applichiamo ora la trasformazione alla retta; otteniamo:

$$-\frac{1}{2}x' + \frac{\sqrt{3}}{2}y' = \frac{\sqrt{3}}{2}x' + \frac{1}{2}y' \to y'(\sqrt{3}-1) = x'(\sqrt{3}+1) \to y = \frac{\sqrt{3}+1}{\sqrt{3}-1}x \to y = (2+\sqrt{3})x.$$

esplicitiamo rispetto a y e togliamo gli apici; razionalizziamo

Il coefficiente angolare ottenuto indica che la retta trasformata forma un angolo di 75° con l'asse x.

Scrivi le equazioni delle curve trasformate, nella rotazione di centro *O* e angolo indicato a fianco. Fai la rappresentazione grafica.

AL VOLO

102 $y = -4$, $\quad \alpha = -\frac{\pi}{2}$.

103 $x^2 + y^2 - 9 = 0$, $\quad \alpha = -45°$.

104 $y = x + 1$, $\quad \alpha = 60°$. $\quad [y = -(2+\sqrt{3})x - \sqrt{3} - 1]$

105 $x^2 - y^2 = 1$, $\quad \alpha = -135°$. $\quad \left[xy = \frac{1}{2}\right]$

106 $x = \sqrt{2}$, $\quad \alpha = \frac{\pi}{4}$. $\quad [y = -x + 2]$

107 $y = -x + 3$, $\quad \alpha = \frac{3}{2}\pi$. $\quad [y = x + 3]$

108 $\frac{x^2}{4} + \frac{y^2}{3} = 1$, $\quad \alpha = \arcsin\frac{4}{5}$ e $0 < \alpha < \frac{\pi}{2}$. $\quad [91x^2 + 84y^2 - 24xy = 300]$

109 È data l'iperbole equilatera $xy = k$, con $k > 0$. Verifica che, applicando a essa la rotazione di $-45°$ di centro O, si ottiene la forma canonica $x^2 - y^2 = a^2$. Ricostruisci la relazione esistente tra i due parametri k e a^2.
Con una rotazione di 45° che cosa otterresti?
[$a^2 = 2k$; $x^2 - y^2 = -2k$]

110 Ruota rispetto all'origine la retta r di equazione $3x + 4y - 4 = 0$, di un angolo $\alpha = \pi$. Come sono tra loro r e r', immagine di r? La relazione tra una retta e la sua immagine è una proprietà generale delle rotazioni di angolo piatto?
[r': $3x + 4y + 4 = 0$; parallele]

111 È data la parabola $x = y^2 - 2y - 1$. Considera la retta tangente nel vertice e l'asse di simmetria e applica a entrambe una rotazione di 45° rispetto all'origine. Verifica che il punto di intersezione delle due rette trasformate è il trasformato del vertice della parabola.
[$y = -x - 2\sqrt{2}$, $y = x + \sqrt{2}$]

112 Sono date la retta s di equazione $y = -x + 1$, l'immagine s' di s nella rotazione di centro O e angolo $\alpha = 60°$ e l'immagine s'' di s nella rotazione di centro O e angolo $\alpha = -60°$. Che triangolo è quello che ha per lati le rette s, s' e s''? Per quali rotazioni tale triangolo è una figura unita?
[equilatero]

113 Sono date le rette $y = \sqrt{3}x$ e $y = -\frac{1}{\sqrt{3}}x$.
Applica alla prima retta una rotazione di $-120°$ e alla seconda una di $-30°$, entrambe di centro O, verificando che si ottiene la stessa retta. Giustifica il risultato ottenuto.

114 Scrivi le equazioni della rotazione che porta l'asse x a sovrapporsi alla retta di equazione

$y - \sqrt{3}x = 0$.
$\left[\begin{cases} x' = \frac{1}{2}x - \frac{\sqrt{3}}{2}y \\ y' = \frac{\sqrt{3}}{2}x + \frac{1}{2}y \end{cases}\right]$

115 Considera l'iperbole di equazione

$$3x^2 - y^2 + 3 = 0.$$

Trova le equazioni della rotazione di centro O che porta l'asintoto dell'iperbole con pendenza positiva a sovrapporsi all'asse y e poi scrivi l'equazione dell'iperbole trasformata.
$\left[\begin{cases} x' = \frac{\sqrt{3}}{2}x - \frac{1}{2}y \\ y' = \frac{1}{2}x + \frac{\sqrt{3}}{2}y \end{cases}; 2x^2 + 2\sqrt{3}xy + 3 = 0\right]$

116 La parabola di equazione $y = 2x^2$ viene ruotata di 45° intorno al suo vertice e successivamente traslata in modo che il vertice ottenuto sia $V_1(1; -1)$. Scrivi l'equazione della parabola ottenuta.
[$2x^2 + 4xy + 2y^2 + \sqrt{2}x - \sqrt{2}y - 2\sqrt{2} = 0$]

LEGGI IL GRAFICO **Utilizzando i dati della figura, determina l'equazione della conica rappresentata.**

117

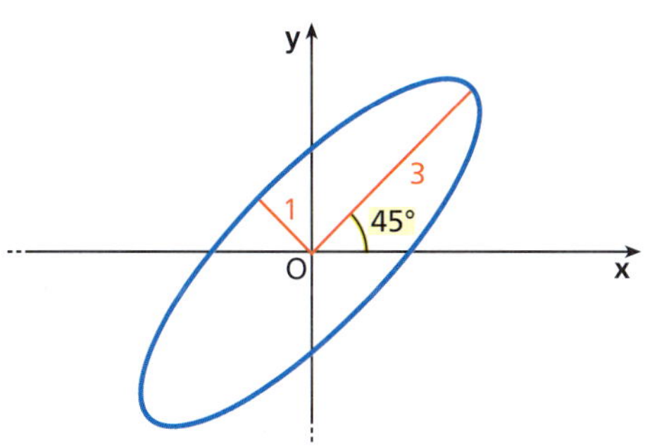

[$5x^2 - 8xy + 5y^2 - 9 = 0$]

118

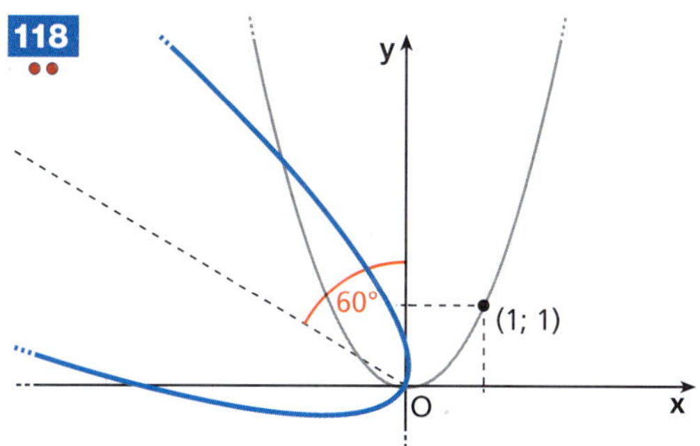

[$x^2 + 2\sqrt{3}xy + 3y^2 + 2\sqrt{3}x - 2y = 0$]

119 Scrivi l'equazione dell'ellisse che ha gli estremi dell'asse maggiore in $A_1(-3; 4)$ e $A_2(3; -4)$ e semiasse minore che misura 2.
[$436x^2 + 289y^2 + 504xy - 2500 = 0$]

120 Scrivi l'equazione dell'ellisse con fuochi $F_1(-2; 2\sqrt{3})$ e $F_2(2; -2\sqrt{3})$ e asse minore che misura 3.
[$21x^2 + 13y^2 + 8\sqrt{3}xy - 225 = 0$]

121 ●● Scrivi l'equazione di un'ellisse che ha i fuochi in $F_1\left(-\frac{\sqrt{2}}{2}; -\frac{\sqrt{2}}{2}\right)$ e $F_2\left(\frac{\sqrt{2}}{2}; \frac{\sqrt{2}}{2}\right)$ e l'asse minore che misura 2.
$[3x^2 - 2xy + 3y^2 - 4 = 0]$

122 ●● Determina l'equazione della parabola che ha vertice nell'origine, ha asse di simmetria che forma un angolo di 45° con l'asse x e interseca l'asse y nel punto $P\left(0; \frac{\sqrt{2}}{2}\right)$.
$[2x^2 - 4xy + 2y^2 - \sqrt{2}\,x - \sqrt{2}\,y = 0]$

123 ●○ **YOU & MATHS** The region bounded by the ellipse $5x^2 + 4y^2 = 60$ is rotated in the plane by 1.5° per second for four minutes. Find the area of the region covered during those four minutes.

A 15π
B $6\pi\sqrt{5}$
C 12π
D $2\pi\sqrt{3}$
E None of the above.

(USA *Florida Gulf Coast University Invitational Mathematics Competition*)

Equazioni della rotazione di centro C qualunque

$$\begin{cases} x' = (x - x_C)\cos\alpha - (y - y_C)\sin\alpha + x_C \\ y' = (x - x_C)\sin\alpha + (y - y_C)\cos\alpha + y_C \end{cases}$$

Scrivi le equazioni delle rotazioni con centro *C* e angolo α assegnati.

124 ●○ $C(2; -1)$, $\alpha = 270°$.
$\left[\begin{cases} x' = y + 3 \\ y' = 1 - x \end{cases}\right]$

125 ●○ $C(3; 4)$, $\alpha = \frac{\pi}{2}$.
$\left[\begin{cases} x' = 7 - y \\ y' = x + 1 \end{cases}\right]$

126 ●● $C(-1; 0)$, $\alpha = \arccos\left(-\frac{3}{5}\right)$.
$\left[\begin{cases} x' = -\frac{3}{5}x - \frac{4}{5}y - \frac{8}{5} \\ y' = \frac{4}{5}x - \frac{3}{5}y + \frac{4}{5} \end{cases}\right]$

Sono date le seguenti equazioni di rotazioni di centro *C* e angolo α. Determina *C* e α.
(SUGGERIMENTO Ricorda che in ogni rotazione diversa dall'identità il centro è l'unico punto unito.)

127 ●○ $\begin{cases} x' = \frac{x}{2} + \frac{\sqrt{3}}{2}y - 1 \\ y' = -\frac{\sqrt{3}}{2}x + \frac{y}{2} \end{cases}$
$\left[C\left(-\frac{1}{2}; \frac{\sqrt{3}}{2}\right), \alpha = -60°\right]$

128 ●○ $\begin{cases} x' = y + 3 \\ y' = -x - 2 \end{cases}$
$\left[C\left(\frac{1}{2}; -\frac{5}{2}\right), \alpha = -90°\right]$

129 ●○ $\begin{cases} x' = -x + 1 \\ y' = -y - 4 \end{cases}$
$\left[C\left(\frac{1}{2}; -2\right), \alpha = 180°\right]$

130 ●● $\begin{cases} x' = \frac{4}{5}x + \frac{3}{5}y + \frac{1}{5} \\ y' = -\frac{3}{5}x + \frac{4}{5}y - \frac{2}{5} \end{cases}$
$\left[C\left(-\frac{1}{2}; -\frac{1}{2}\right), \alpha = \arcsin\left(-\frac{3}{5}\right)\right]$

131 ●○ **EUREKA!** Il punto $A(5; 17)$ viene ruotato di 270° in senso orario intorno al punto $(10; 5)$ fino al punto B. Ricava l'esatta distanza tra i punti A e B. (USA *Illinois Council of Teachers of Mathematics, Team Competition*)
$[13\sqrt{2}]$

132 ●○ **VERO O FALSO?**

a. La composizione di due rotazioni con lo stesso centro è commutativa. V F
b. Il centro della rotazione che manda il segmento AB in $A'B'$ si trova nel punto di incontro degli assi dei due segmenti. V F
c. Se una retta passa per il centro di una rotazione, allora è unita per quella trasformazione. V F
d. Se la rotazione di centro C manda la retta r in r', il punto di intersezione delle due rette è un punto unito. V F

133 Scrivi le equazioni della rotazione che porta il punto $A(-1; 3)$ in $A'(-2; 2)$ e il punto $B(3; 0)$ in $B'(3; 2)$ e individua il centro e l'angolo di rotazione.

$$\left[\begin{cases} x' = \frac{4}{5}x - \frac{3}{5}y + \frac{3}{5} \\ y' = \frac{3}{5}x + \frac{4}{5}y + \frac{1}{5} \end{cases}, C(0; 1), \alpha = \arccos\frac{4}{5}\right]$$

134 Una rotazione porta il punto $O(0; 0)$ in $O'(-1; 0)$ e il punto $M(2; 2)$ in $M'(\sqrt{3}; 1-\sqrt{3})$. Scrivi le sue equazioni e determina il centro C e l'angolo α. Trova i trasformati A', B' dei punti $A(0; 2\sqrt{3})$ e $B(2; 0)$ e l'area del poligono $AA'BB'O'$.

$$\left[\begin{cases} x' = \frac{x}{2} + \frac{\sqrt{3}}{2}y - 1 \\ y' = -\frac{\sqrt{3}}{2}x + \frac{y}{2} \end{cases}, C\left(-\frac{1}{2}; \frac{\sqrt{3}}{2}\right), \alpha = -60°, A'(2; \sqrt{3}), B'(0; -\sqrt{3}); \frac{11}{2}\sqrt{3}\right]$$

135 LEGGI IL GRAFICO Utilizzando i dati della figura, trova l'equazione dell'iperbole e poi scrivi le equazioni della rotazione di 90° intorno al suo centro di simmetria. Trova l'equazione dell'iperbole trasformata e quelle dei suoi asintoti.

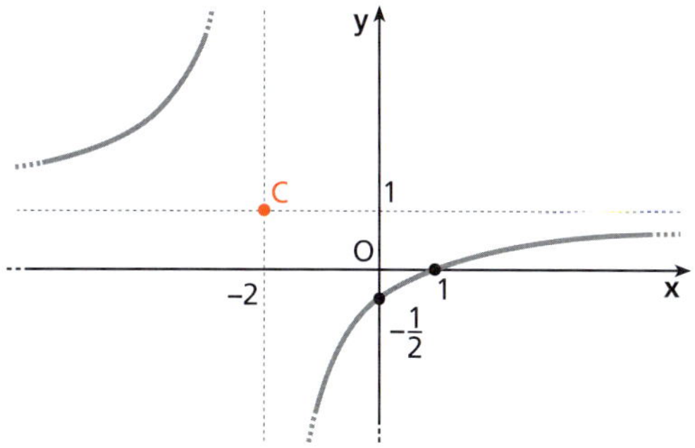

$$\left[y = \frac{x-1}{x+2}; \begin{cases} x' = -y - 1 \\ y' = x + 3 \end{cases}; y = \frac{x+5}{x+2}; x = -2, y = 1\right]$$

136 Scrivi le equazioni della rotazione che porta la retta di equazione $y - 4 = 0$ a sovrapporsi alla retta di equazione $y = x + 3$.

$$\left[\begin{cases} x' = \frac{\sqrt{2}}{2}x - \frac{\sqrt{2}}{2}y + \frac{3}{2}\sqrt{2} + 1 \\ y' = \frac{\sqrt{2}}{2}x + \frac{\sqrt{2}}{2}y - \frac{5}{2}\sqrt{2} + 4 \end{cases}\right]$$

137 Scrivi l'equazione della retta che si ottiene dalla rotazione di 30° della retta di equazione $y = -\sqrt{3}x + 1$ intorno al punto $C(0; 1)$.

$$\left[y = -\frac{\sqrt{3}}{3}x + 1\right]$$

138 Un quadrato $ABCD$, che si trova nel primo quadrante, ha lato che misura 2, il vertice $A(3; 0)$ e B si trova sull'asse x con ascissa maggiore di quella di A. Scrivi le equazioni della rotazione di centro A e angolo $\alpha = -\frac{\pi}{4}$. Determina poi le coordinate dei vertici del quadrato $A'B'C'D'$ ottenuto nella rotazione e le equazioni delle sue diagonali.

$$\left[\begin{cases} x' = \frac{\sqrt{2}}{2}x + \frac{\sqrt{2}}{2}y - \frac{3\sqrt{2}}{2} + 3 \\ y' = -\frac{\sqrt{2}}{2}x + \frac{\sqrt{2}}{2}y + \frac{3\sqrt{2}}{2} \end{cases}; y = 0, x = 3 + \sqrt{2}\right]$$

139 Il segmento AB, che misura $\frac{4\sqrt{3}}{3}$, si trova sulla retta di equazione $y = \sqrt{3}x - 1$ e A appartiene all'asse y, mentre B ha ascissa positiva. Determina le coordinate di B e individua le equazioni di una rotazione antioraria intorno ad A che trasforma AB in un segmento parallelo all'asse x.

$$\left[B\left(\frac{2\sqrt{3}}{3}; 1\right); \begin{cases} x' = -\frac{1}{2}x - \frac{\sqrt{3}}{2}y - \frac{\sqrt{3}}{2} \\ y' = \frac{\sqrt{3}}{2}x - \frac{1}{2}y - \frac{3}{2} \end{cases}\right]$$

140 Data la circonferenza di equazione

$$x^2 + y^2 - 4x - 2\sqrt{3}y + 6 = 0,$$

scrivi le equazioni della rotazione di centro $A(-1; 0)$ che porta il centro C della circonferenza nel punto $C'(2; -\sqrt{3})$. Determina poi l'equazione della circonferenza trasformata.

$$\left[\begin{cases} x' = \frac{1}{2}x + \frac{\sqrt{3}}{2}y - \frac{1}{2} \\ y' = -\frac{\sqrt{3}}{2}x + \frac{1}{2}y - \frac{\sqrt{3}}{2} \end{cases}; x^2 + y^2 - 4x + 2\sqrt{3}y + 6 = 0\right]$$

Composizione di rotazioni

141 Scrivi le equazioni della rotazione r_1 di centro O e angolo $\frac{\pi}{3}$ e quelle della rotazione r_2 di centro $A(0; 1)$ e angolo $\frac{\pi}{6}$. Determina le equazioni di $r_2 \circ r_1$ e stabilisci se è una rotazione; in caso affermativo, trova il centro e l'angolo, altrimenti indica il tipo di trasformazione.

$$\left[\begin{cases} x' = \frac{1}{2}x - \frac{\sqrt{3}}{2}y \\ y' = \frac{\sqrt{3}}{2}x + \frac{1}{2}y \end{cases}; \begin{cases} x' = \frac{\sqrt{3}}{2}x - \frac{1}{2}y + \frac{1}{2} \\ y' = \frac{1}{2}x + \frac{\sqrt{3}}{2}y + 1 - \frac{\sqrt{3}}{2} \end{cases}; \begin{cases} x' = -y + \frac{1}{2} \\ y' = x + 1 - \frac{\sqrt{3}}{2} \end{cases}; C\left(\frac{\sqrt{3}-1}{4}; \frac{3-\sqrt{3}}{4}\right), \alpha = \frac{\pi}{2}\right]$$

142 Date la rotazione r_1 di centro $P_1(2; 4)$ e angolo $\frac{\pi}{2}$ e la rotazione r_2 di centro $P_2(2; 2)$ e angolo $-\frac{\pi}{2}$, scrivi le equazioni delle due rotazioni e di $r_2 \circ r_1$. Di che trasformazione si tratta?

$$\left[r_1: \begin{cases} x' = -y + 6 \\ y' = x + 2 \end{cases}; \quad r_2: \begin{cases} x' = y \\ y' = -x + 4 \end{cases}; \quad r_2 \circ r_1: \begin{cases} x' = x + 2 \\ y' = y - 2 \end{cases}, \text{traslazione } \vec{v}(2; -2)\right]$$

RIFLETTI SULLA TEORIA

143 In quali casi la composizione di due rotazioni dà una traslazione?

144 Per quale sottoinsieme delle rotazioni la composizione è commutativa?

145 **EUREKA!** Il rettangolo $PQRS$ giace in un piano con $\overline{PQ} = \overline{RS} = 2$ e $\overline{QR} = \overline{SP} = 6$. Il rettangolo viene ruotato di 90° in senso orario intorno a R, poi viene ruotato di 90° in senso orario intorno al punto in cui è stato trasformato S dopo la prima rotazione. Qual è la lunghezza del cammino percorso complessivamente dal punto P?

A $(2\sqrt{3} + \sqrt{5})\pi$ **B** 6π **C** $(3 + \sqrt{10})\pi$ **D** $(\sqrt{3} + 2\sqrt{5})\pi$ **E** $2\sqrt{10}\,\pi$

(USA *American Mathematics Contest 10*)

REALTÀ E MODELLI

146 

Girando il girasole Lisa ha disegnato una spilla con il girasole nella figura, e si chiede in quanti e quali modi diversi può ruotare il disegno per ottenere un girasole che abbia lo stesso orientamento che ha adesso. Fissando un sistema di riferimento cartesiano centrato nel centro del fiore, rispondi alle domande di Lisa.

$$\left[16; r\left(O; \frac{k\pi}{8}\right): \begin{cases} x' = x\cos\frac{k\pi}{8} - y\sin\frac{k\pi}{8} \\ y' = x\sin\frac{k\pi}{8} + y\cos\frac{k\pi}{8} \end{cases}, \text{con } k = 1, 2, \ldots, 16\right]$$

147 **La tenda da sole** Sul balcone di un appartamento viene installata una tenda da sole profonda 1,5 m. Il perno attorno al quale ruota la tenda (punto C in figura) si trova a 2 m dal piano del terrazzo.

a. Supponendo che la tenda, da chiusa, venga aperta di 45°, determina le equazioni della rotazione individuata dall'apertura della tenda nel piano Oxy rappresentato in figura.

b. Di quale angolo bisogna aprire la tenda affinché il punto A si trovi a 2,1 m dal piano del terrazzo?

$$\left[\text{a)} \begin{cases} x' = \frac{\sqrt{2}}{2}x + \frac{\sqrt{2}}{2}y - \sqrt{2} \\ y' = -\frac{\sqrt{2}}{2}x + \frac{\sqrt{2}}{2}y - \sqrt{2} + 2 \end{cases}; \text{b)} \simeq -86°\right]$$

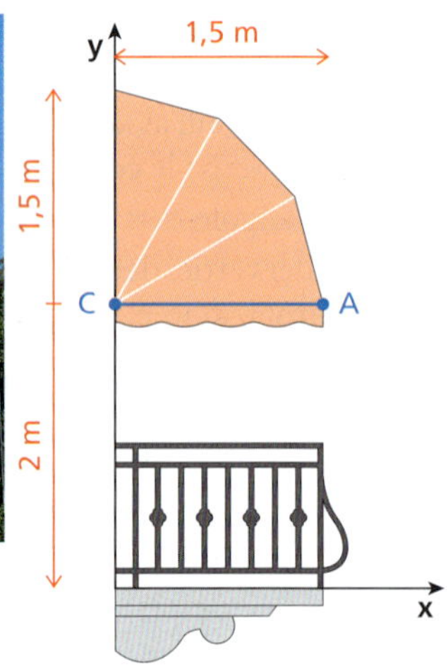

4 Simmetria centrale

▶ Teoria a p. 1054

simmetria centrale di centro $(a; b)$
$\begin{cases} x' = 2a - x \\ y' = 2b - y \end{cases}$

Equazioni della simmetria centrale

Scrivi le equazioni delle simmetrie centrali di cui è assegnato il centro.

148 $M(2; 0)$ $\left[s: \begin{cases} x' = 4 - x \\ y' = -y \end{cases}\right]$

149 $M(-4; 2)$ $\left[s: \begin{cases} x' = -8 - x \\ y' = 4 - y \end{cases}\right]$

150 $M(-1; 3)$ $\left[s: \begin{cases} x' = -2 - x \\ y' = 6 - y \end{cases}\right]$

Trova il centro delle simmetrie con le seguenti equazioni.

151 $\begin{cases} x' = 2 - x \\ y' = -4 - y \end{cases}$ $[(1; -2)]$

152 $\begin{cases} x' = 1 - x \\ y' = 2 - y \end{cases}$ $\left[\left(\frac{1}{2}; 1\right)\right]$

153 $\begin{cases} x' = -x \\ y' = -2 - y \end{cases}$ $[(0; -1)]$

---

154 **ASSOCIA** alle equazioni di ogni simmetria il suo centro.

a. $\begin{cases} x' = -6 - x \\ y' = 4 - y \end{cases}$ **b.** $\begin{cases} x' = -x + 4 \\ y' = 6 - y \end{cases}$ **c.** $\begin{cases} x' = -3 - x \\ y' = 2 - y \end{cases}$ **d.** $\begin{cases} x' = -x - 12 \\ y' = -y + 8 \end{cases}$

1. $\left(-\frac{3}{2}; 1\right)$ **2.** $(-6; 4)$ **3.** $(2; 3)$ **4.** $(-3; 2)$

155 **VERO O FALSO?**

a. Le equazioni della simmetria inversa di $\begin{cases} x' = -2 - x \\ y' = 3 - y \end{cases}$ sono $\begin{cases} x = -2 - x' \\ y = 3 - y' \end{cases}$. V F

b. Le equazioni della simmetria di centro M sono le stesse della rotazione di centro M e angolo π. V F

c. In una simmetria centrale non ci sono rette unite. V F

d. Ogni simmetria centrale ha un solo punto unito oltre il centro di simmetria. V F

Simmetria centrale di punti

156 **COMPLETA** sapendo che la simmetria di centro M trasforma A in A'.

a. $A\left(\frac{7}{2}; 4\right)$, $A'\left(-\frac{3}{2}; -2\right)$; $M(\_\_; \_\_)$. **b.** $A(\_\_; 8)$; $A'(-2; \_\_)$; $M(-4; 1)$.

157 Determina il triangolo $A'B'C'$, simmetrico del triangolo di vertici $A(-1; 0)$, $B(1; 0)$, $C(0; 1)$ rispetto al punto $(1; 2)$. $[A'(3; 4); B'(1; 4); C'(2; 3)]$

158 Determina i simmetrici, rispetto all'origine degli assi, dei punti $A(-1; 3)$ e $B(3; 3)$ e indicali con A' e B'. Verifica che il quadrilatero $ABA'B'$ è un parallelogramma. $[A'(1; -3); B'(-3; -3)]$

Simmetria centrale di curve

159 **ESERCIZIO GUIDA** Determiniamo la retta r' corrispondente alla retta r di equazione $y = 2x - 4$ nella simmetria di centro $M(1; 2)$.

Le equazioni della simmetria di centro M sono:

$$\begin{cases} x' = 2 - x \\ y' = 4 - y \end{cases} \rightarrow \begin{cases} x = 2 - x' \\ y = 4 - y'. \end{cases}$$

Sostituiamo nell'equazione di r:

$$4 - y' = 2(2 - x') - 4.$$

Svolgiamo i calcoli e togliamo gli apici. Si ha:

$$-y = \cancel{4} - 2x - \cancel{4} - 4 \rightarrow y = 2x + 4.$$

Osserviamo che le due rette r e r' sono parallele.

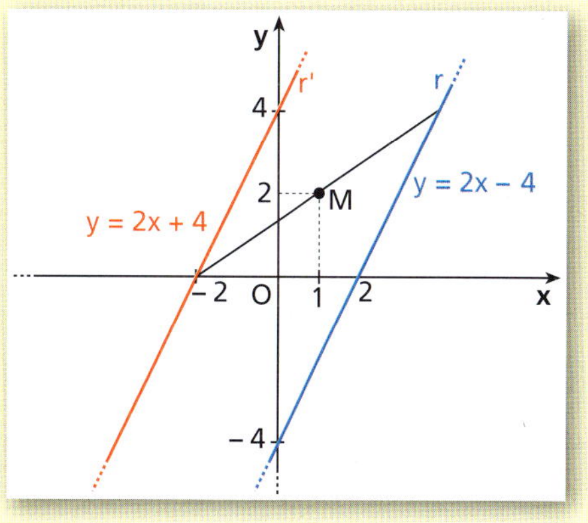

ESERCIZI

Determina le rette corrispondenti alle rette date nella simmetria di centro il punto indicato.

160 $y = \frac{1}{2}x + 4, \quad M(4; 0)$. $\left[y = \frac{1}{2}x - 10\right]$

161 $-2x + 6y - 3 = 0, \quad O(0; 0)$. $[6y - 2x + 3 = 0]$

---

162 **FAI UN ESEMPIO** di retta globalmente unita nella simmetria di centro $M(-5; 3)$.

163 **FAI UN ESEMPIO** di simmetria centrale per cui la retta $4y - 5x + 1 = 0$ è unita.

164 Determina i punti uniti e le rette unite nella simmetria centrale di centro $C(-2; 3)$.
$[(-2; 3); y = mx + 2m + 3, x = -2]$

165 Determina le trasformate delle rette $y = 2x$ e $y = -1$ rispetto alla simmetria di centro il punto $C(-2; -3)$. Considera poi la figura geometrica delimitata dalle quattro rette. Di quale figura si tratta? Cosa rappresenta C per tale figura? $[y = 2x + 2 \text{ e } y = -5]$

166 Determina la trasformata della retta $2x - \sqrt{3}y + \sqrt{6} = 0$ nella simmetria di centro il punto $(\sqrt{6}; 3\sqrt{2})$. Giustifica il risultato ottenuto. $[2x - \sqrt{3}y + \sqrt{6} = 0]$

167 Scrivi le equazioni e le coordinate del centro di una simmetria che trasforma la retta r di equazione $3x + y - 3 = 0$ nella retta r' di equazione $6x + 2y + 2 = 0$. $\left[\text{per esempio: } \begin{cases} x' = 2 - x \\ y' = -4 - y \end{cases}, M(1; -2)\right]$

168 **TEST** In quale caso la simmetria di centro M *non* trasforma la retta di equazione $2x - y - 3 = 0$ nella retta di equazione $-6x + 3y + 6 = 0$?

- **A** $M\left(-1; -\frac{3}{2}\right)$
- **B** $M\left(0; \frac{1}{2}\right)$
- **C** $M\left(1; \frac{5}{2}\right)$
- **D** $M(1; 2)$
- **E** $M\left(-\frac{1}{4}; 0\right)$

169 Data la retta r di equazione $2x - 3y + 6 = 0$, scrivi l'equazione della retta r', simmetrica di r rispetto al punto $M(3; 1)$, e l'equazione della retta r'', traslata di r rispetto al vettore $\vec{v}(6; -2)$. Cosa puoi dedurre sulle due trasformazioni? Rispondi con argomentazioni ed esempi. $[r' = r'': 2x - 3y - 12 = 0]$

170 Verifica che in una simmetria centrale di centro $C(a; b)$ l'unico punto unito è C e le rette unite (globalmente) sono quelle passanti per C.

Trova le simmetriche rispetto all'origine delle seguenti parabole.

171 $y = -x^2 + 5x - 4$ $[y = x^2 + 5x + 4]$

172 $x = -2y^2 + y$ $[x = 2y^2 + y]$

---

173 **TEST** Le equazioni che seguono rappresentano curve simmetriche rispetto all'origine, *tranne* una. Quale?

- **A** $xy + 2 = 0$
- **B** $25x^2 + y^2 - 100 = 0$
- **C** $y = \tan 2x$
- **D** $y = \sin 4x + 1$
- **E** $y = \frac{2x - 1}{x} - 2$

174 **ASSOCIA** a ciascuna curva di equazione assegnata il suo centro di simmetria.

- **a.** $y = \frac{2x - 2}{4x - 1}$
- **b.** $x^2 - 4y^2 - 4y - 5 = 0$
- **c.** $2xy - 3 = 0$
- **d.** $x^2 + 9y^2 + 36y + 27 = 0$

1. $\left(0; -\frac{1}{2}\right)$
2. $(0; -2)$
3. $\left(\frac{1}{4}; \frac{1}{2}\right)$
4. $(0; 0)$

---

175 **AL VOLO** Quali circonferenze sono simmetriche rispetto all'origine?

176 Scrivi l'equazione della simmetrica rispetto all'origine della circonferenza $x^2 + y^2 - 10x - 6y + 9 = 0$.
$[x^2 + y^2 + 10x + 6y + 9 = 0]$

177 Dimostra che un'iperbole di equazione $\frac{x^2}{a^2} - \frac{y^2}{b^2} = 1$ è simmetrica rispetto all'origine degli assi cartesiani.

178 Trova per quale valore di k la curva di equazione $y = \frac{(k-2)x+1}{2x}$ è simmetrica rispetto all'origine e rappresenta graficamente la curva ottenuta. $[k = 2]$

Scrivi le equazioni delle curve simmetriche di quelle di equazione data rispetto ai punti indicati a fianco.

179 $y = \frac{x+2}{x}$; $M_1(-2; -1)$, $M_2\left(3; \frac{1}{2}\right)$. $\left[y = -\frac{3x+10}{x+4}; y = \frac{2}{x-6}\right]$

180 $y = \cos x$; $M_1(-\pi; 2)$, $M_2\left(\frac{\pi}{4}; -1\right)$. $[y = 4 - \cos x; y = -\sin x - 2]$

181 $y = -x^2 + 4x$; $M_1(-1; 5)$, $M_2(3; -1)$. $[y = x^2 + 8x + 22; y = x^2 - 8x + 10]$

182 $y = \ln(x+1)$; $M_1(1; -4)$, $M_2\left(\ln 2; -\frac{1}{2}\right)$. $[y = -8 - \ln(3-x); y = -1 - \ln(\ln 4 + 1 - x)]$

LEGGI IL GRAFICO **Scrivi le equazioni delle curve simmetriche di quelle della figura rispetto al punto *M* e disegnale.**

183

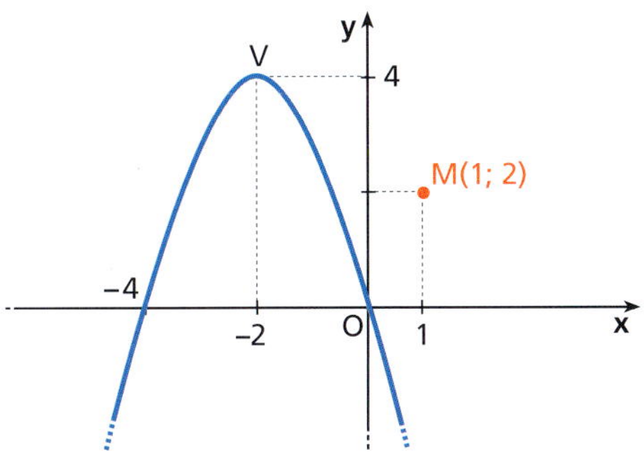

$[y = x^2 - 8x + 16]$

184

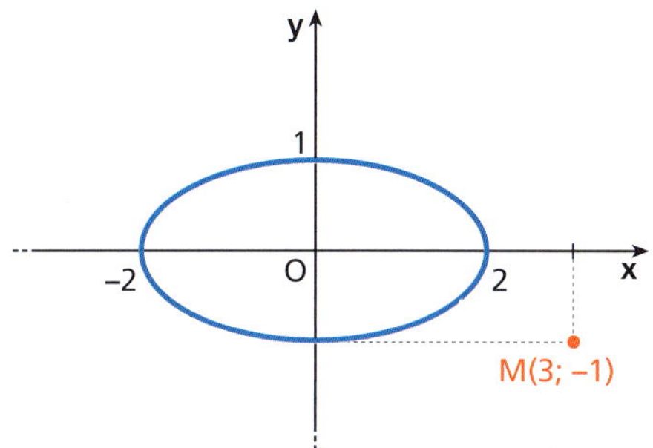

$[x^2 + 4y^2 - 12x + 16y + 48 = 0]$

Verifica che le seguenti curve sono simmetriche rispetto al punto indicato a fianco. Determina quindi la traslazione che rende le curve simmetriche rispetto all'origine e rappresenta la curva iniziale e quella traslata.

185 $x^2 + y^2 - 2x + 6y + 1 = 0$, $M(1; -3)$.

186 $y = \frac{1-2x}{x+1}$, $M(-1; -2)$.

187 $x^2 - 4y^2 + 16y + 4 = 0$, $M(0; 2)$.

188 $2x - 4y + 1 = 0$, $M\left(2; \frac{5}{4}\right)$.

189 $y^2 = -x^2 + 4x$, $M(2; 0)$.

190 $y = 1 + \sin\left(x - \frac{\pi}{4}\right)$, $M\left(\frac{\pi}{4}; 1\right)$.

191 Scrivi l'equazione della circonferenza γ passante per i punti $A(0; 2)$, $B(1; 0)$, $C(3; 0)$ e l'equazione della circonferenza γ', simmetrica di γ rispetto all'origine degli assi cartesiani. Traccia i grafici delle due circonferenze, mettendo in evidenza i tre punti A, B, C e i loro simmetrici A', B', C'.
$\left[x^2 + y^2 - 4x - \frac{7}{2}y + 3 = 0; x^2 + y^2 + 4x + \frac{7}{2}y + 3 = 0\right]$

192 Scrivi l'equazione della circonferenza γ' simmetrica rispetto a $M(3; 1)$ della circonferenza γ di equazione $x^2 + y^2 - 2x + 2y - 3 = 0$. Esiste un'altra isometria che trasforma γ in γ'?
$[x^2 + y^2 - 10x - 6y + 29 = 0$; traslazione di $\vec{v}(4; 4)$, rotazione di centro M e angolo 180°$]$

193 Scrivi l'equazione della parabola, con asse parallelo all'asse y, passante per l'origine $O(0; 0)$ e tangente in $T\left(1; -\frac{3}{2}\right)$ alla retta di equazione $y = -2x + \frac{1}{2}$. Scrivi poi le equazioni della parabola e della retta tangente corrispondenti alle date nella simmetria centrale di centro l'origine. Traccia i grafici delle due parabole e delle due rette in uno stesso riferimento cartesiano. $\left[y = -\frac{1}{2}x^2 - x; y = \frac{1}{2}x^2 - x; y = -2x - \frac{1}{2}\right]$

194 ESERCIZIO GUIDA Determiniamo il centro di simmetria della curva di equazione:

$x^2 + 9y^2 - 4x - 18y + 4 = 0$.

- Le equazioni della simmetria di centro generico $C(x_C; y_C)$ e della sua inversa sono:

$$s_C: \begin{cases} x' = 2x_C - x \\ y' = 2y_C - y \end{cases} \rightarrow \quad s_C^{-1}: \begin{cases} x = 2x_C - x' \\ y = 2y_C - y' \end{cases}.$$

- Sostituiamo nell'equazione della curva:

$$(2x_C - x')^2 + 9(2y_C - y')^2 - 4(2x_C - x') - 18(2y_C - y') + 4 = 0.$$

- Togliamo gli apici, semplifichiamo e ordiniamo:

$$4x_C^2 + x^2 - 4xx_C + 36y_C^2 + 9y^2 - 36yy_C - 8x_C + 4x - 36y_C + 18y + 4 = 0 \quad \rightarrow$$

$$x^2 + 9y^2 - 4x(x_C - 1) - 18y(-1 + 2y_C) + 4x_C^2 + 36y_C^2 - 8x_C - 36y_C + 4 = 0.$$

L'equazione ottenuta è quella della curva simmetrica a quella data. Se questa ha centro di simmetria, essa deve coincidere con la sua simmetrica, quindi confrontando le due equazioni dobbiamo avere:

$x_C - 1 = 1 \rightarrow x_C = 2$; $\qquad 2y_C - 1 = 1 \rightarrow y_C = 1$.

Sostituendo tali valori nel termine noto, otteniamo:

$16 + 36 - 16 - 36 + 4 = 4$;

anche il termine noto coincide.

Concludiamo che la curva data è simmetrica rispetto al punto (2; 1).

Trova il centro di simmetria delle curve che hanno le seguenti equazioni.

195 $4x^2 + y^2 - 8x = 0$ [(1; 0)]

196 $x^2 - y^2 - 2x - 4y - 7 = 0$ [(1; − 2)]

197 $xy + 3y + 2x + 4 = 0$ [(− 3; − 2)]

198 $x^2 + 4y^2 - 4x - 8y + 4 = 0$ [(2; 1)]

199 $2x^2 - 9y^2 - 18y - 27 = 0$ [(0; − 1)]

200 Determina per quali valori di a la curva di equazione

$$x^2 - 9y^2 + ax + 36y - 44 = 0$$

ha come centro di simmetria $C(-1; 2)$. [$a = 2$]

201 Trova per quali valori di a e b il grafico della funzione

$$y = \frac{2ax - 1}{4x - b + 1}$$

ha come centro di simmetria il punto $C(1; 3)$ e rappresenta graficamente la funzione ottenuta. [$a = 6, b = 5$]

202 Trova una simmetria centrale che trasformi la parabola di equazione $y = x^2 - 5x + 2$ in $y = -x^2 + 3x$.
$\left[\begin{cases} x' = 4 - x \\ y' = -2 - y \end{cases}\right]$

203 Verifica che la parabola di equazione $y = -x^2 - 4x$ non ha centro di simmetria.

204 Trova per quali valori di a e b la parabola di equazione $y = x^2 + (a - b)x + 2b + 3$ è simmetrica di $y = -x^2 + 2x$ rispetto al punto $\left(-\frac{1}{2}; 2\right)$. Disegna le due parabole. [$a = 6, b = 2$]

205 VERO O FALSO?

a. La curva di equazione $x^2 - 9y^2 + (a-1)x = 9$ è simmetrica rispetto all'origine se $a = 1$. V F

b. Le curve di equazioni $y = \frac{3x}{x-1}$ e $y = \frac{6x+1}{2x-2}$ hanno lo stesso centro di simmetria. V F

c. La simmetrica della retta di equazione $y = 2x + 2$ rispetto al punto $(-1; 2)$ ha equazione $y = 2x - 3$. V F

d. Il centro di simmetria della curva di equazione $x^2 - (y-1)^2 = 4$ è il punto $(0; 1)$. V F

e. La funzione $y = \sin(x - 2\pi) + 4$ ha grafico simmetrico di quello di $y = \sin x$ rispetto al punto $C(\pi; -2)$. V F

Composizione di simmetrie centrali

206 Date le simmetrie centrali s_{M_1} e s_{M_2} di centri $M_1\left(2; -\frac{1}{2}\right)$ e $M_2(-4; 1)$ verifica che la composizione delle due simmetrie non gode della proprietà commutativa.

207 Trova le equazioni della trasformazione t che si ottiene componendo le due simmetrie di centri $M_1(0; 1)$ e $M_2(2; 5)$ e trova il trasformato del segmento di estremi $A\left(-\frac{1}{2}; 0\right)$ e $B(1; 0)$ attraverso t.

$\left[s_{M_1} \circ s_{M_2}: \begin{cases} x' = -4 + x \\ y' = -8 + y \end{cases}; A'\left(-\frac{9}{2}; -8\right); B'(-3; -8)\right]$

208 VERO O FALSO?

a. La composizione di due simmetrie centrali è commutativa. V F

b. Componendo due simmetrie centrali si ottiene una simmetria centrale. V F

c. La simmetria centrale è una trasformazione involutoria. V F

d. La simmetria centrale è una rotazione. V F

209 Considera le simmetrie s_{M_1} e s_{M_2} di centri $M_1(2; 0)$ e $M_2(-3; 1)$ e verifica che la trasformazione $s_{M_2} \circ s_{M_1}$ è una traslazione di vettore $2\overrightarrow{M_1M_2}$.

210 Considera le simmetrie centrali s_{M_1}, s_{M_2} e s_{M_3} di centri $M_1(-1; -1)$, $M_2(1; 3)$ e $M_3(4; 1)$.

a. Trova le equazioni della trasformazione $s = s_{M_3} \circ s_{M_2} \circ s_{M_1}$ e verifica che s è una simmetria centrale.

b. Determina il centro M di s e verifica che è il quarto vertice del parallelogramma definito dai punti M_1, M_2, M_3.

$\left[\text{a) } s: \begin{cases} x' = 4 - x \\ y' = -6 - y \end{cases}; \text{ b) } M(2; -3)\right]$

211 FAI UN ESEMPIO di due simmetrie centrali che composte danno come risultato la traslazione di vettore $\vec{v}(8; -4)$.

5 Simmetria assiale

Teoria a p. 1056

Simmetria assiale di punti

212 ESERCIZIO GUIDA Data la retta r di equazione $x = -2$, scriviamo le equazioni della simmetria rispetto a r e determiniamo le coordinate dei punti corrispondenti ai vertici del quadrilatero $ABCD$, dove $A(-12; -4)$, $B(-6; -4)$, $C(-8; 3)$, $D(-11; 1)$. Disegniamo la figura.

La retta r è parallela all'asse y. Le equazioni di una simmetria di asse parallelo all'asse y di equazione $x = a$ sono del tipo:

$\begin{cases} x' = 2a - x \\ y' = y \end{cases} \rightarrow \begin{cases} x' = -4 - x \\ y' = y \end{cases}.$

Scriviamo le coordinate dei punti corrispondenti e disegniamo la figura:

$A(-12; -4) \mapsto A'(8; -4);$

$B(-6; -4) \mapsto B'(2; -4);$

$C(-8; 3) \mapsto C'(4; 3);$

$D(-11; 1) \mapsto D'(7; 1).$

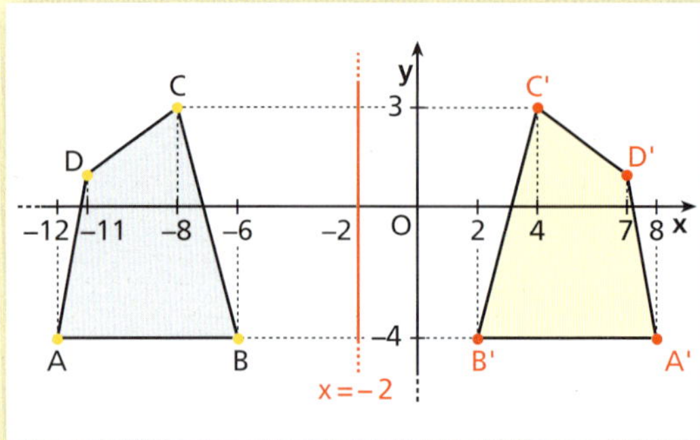

Dati i vertici di un poligono e l'equazione di un asse di simmetria, scrivi le equazioni della simmetria e determina i simmetrici dei poligoni assegnati. Disegna la figura.

213 asse: $y = -1$; triangolo $A(1; 0)$, $B(-1; 3)$, $C(5; 4)$.

214 asse: $x = 3$; quadrilatero $A(3; 3)$, $B(-1; 5)$, $C(-2; 2)$, $D(1; -2)$.

215 asse: $y = x$; rombo $A(-1; 0)$, $B(3; 2)$, $C(7; 0)$, $D(3; -2)$.

216 Dato il rombo di vertici $A(-2; 1)$, $B(-3; 4)$, $C(-2; 7)$, $D(-1; 4)$, trova la sua figura simmetrica rispetto all'asse $y = -2$ e verifica che è ancora un rombo. [$A'(-2; -5)$; $B'(-3; -8)$; $C'(-2; -11)$; $D'(1; -8)$]

217 Determina il simmetrico del parallelogramma di vertici $A(-6; -5)$, $B(-3; -3)$, $C(-1; -4)$, $D(-4; -6)$ rispetto alla bisettrice di equazione $y = -x$; scrivi la corrispondenza fra i punti e disegna la figura.
[$A'(5; 6)$; $B'(3; 3)$; $C'(4; 1)$; $D'(6; 4)$]

218 Dato il triangolo di vertici $A(1; 2)$, $B(5; 2)$, $C(3; 4)$, determina il suo simmetrico rispetto alla bisettrice del secondo e del quarto quadrante e verifica che tali triangoli sono isosceli e fra loro congruenti.
[$A'(-2; -1)$; $B'(-2; -5)$; $C'(-4; -3)$]

219 Dati i punti $A(-2; 3)$ e $B(-2; -1)$, determina le equazioni della simmetria che trasforma A e B in A' e B', in modo che $ABB'A'$ sia un quadrato.
$\left[\begin{cases} x' = -x \\ y' = y \end{cases} \vee \begin{cases} x' = -8 - x \\ y' = y \end{cases}\right]$

220 Dato il segmento di estremi $A(1; 3)$ e $B(4; 0)$, sia $A'B'$ il simmetrico di AB rispetto alla bisettrice del primo e terzo quadrante e $A''B''$ il simmetrico rispetto alla bisettrice del secondo e quarto quadrante. Che quadrilatero è $A'B'A''B''$?

Dati due punti che si corrispondono in una simmetria assiale, individua l'asse di simmetria e le equazioni della trasformazione.

221 $A\left(-1; \frac{1}{2}\right)$; $A'\left(3; \frac{1}{2}\right)$. [asse: $x = 1$]

222 $A(-1; 5)$; $A'(-1; -1)$. [asse: $y = 2$]

Simmetria assiale di curve

223 ASSOCIA a ogni retta la sua trasformata nella simmetria di asse $y = 1$.

a. $y = -3$ **b.** $x = 3$ **c.** $y = x$ **d.** $y = -x + 1$

1. $y = -x + 2$ **2.** $y = x + 1$ **3.** $y = 5$ **4.** $x = 3$

224 Data la simmetria di asse $x = -4$, determina la retta r' corrispondente della retta r di equazione $y = -3x + 5$. Trova il punto di intersezione delle due rette. [$y = 3x + 29$; $(-4; 17)$]

RIFLETTI SULLA TEORIA

225 Dimostra che in una simmetria di asse $x = a$ ogni retta perpendicolare all'asse è unita.

226 Dimostra che in una simmetria di asse $x = a$ due rette corrispondenti, se non sono parallele, si intersecano in un punto dell'asse.

227 Se la retta che passa per i punti $(5; 5)$ e $(-3; 1)$ viene riflessa attraverso l'asse y, ricava l'intersezione con l'asse x della retta trasformata. (USA *Illinois Council of Teachers of Mathematics, Team Competition*)
[5]

228 **TEST** Considera la trasformazione di equazioni $\begin{cases} x' = 6 - x \\ y' = y \end{cases}$.
Una delle seguenti proposizioni è *falsa*. Quale?

- **A** Ogni retta di equazione $y = k$ è unita.
- **B** Tutti i punti della retta di equazione $y = k$ sono uniti.
- **C** Il punto $(3; k)$ è unito.
- **D** Tutti i punti della retta $x = 3$ sono uniti.
- **E** Esistono infinite rette unite.

Per ciascuna retta, determina la retta corrispondente nella simmetria di asse assegnato e disegna la figura.

229 $y = 2x - 4$; asse: $x = -1$. $[y = -2x - 8]$

230 $y = -3x + 5$; asse: $y = -2$. $[y = 3x - 9]$

231 $2x - 6y + 3 = 0$; asse: $y = x$. $[6x - 2y - 3 = 0]$

232 $y = -2x - 3$; asse: $y = -x$. $[x + 2y - 3 = 0]$

Per ognuna delle seguenti simmetrie, determina i punti uniti e le rette unite.

233 $\begin{cases} x' = -y \\ y' = -x \end{cases}$

234 $\begin{cases} x' = -3 - x \\ y' = y \end{cases}$

235 $\begin{cases} x' = x \\ y' = 7 - y \end{cases}$

236 Determina la retta r' corrispondente della retta r di equazione $2x - 3y + 4 = 0$ nella simmetria di asse $y = 3$ e trova il punto di intersezione di r e r' senza risolvere il sistema formato dalle loro equazioni.
$\left[2x + 3y - 14 = 0; \left(\frac{5}{2}; 3\right)\right]$

237 Data la retta r di equazione $2x + 4y - 1 = 0$, determina la sua simmetrica r' rispetto all'asse $y = x$. Dove si incontrano r e r'?
$\left[4x + 2y - 1 = 0; \left(\frac{1}{6}; \frac{1}{6}\right)\right]$

238 Data la retta r di equazione $\frac{1}{2}x + \frac{3}{2}y + 1 = 0$, determina la sua simmetrica r' rispetto all'asse $y = -x$. Trova il punto di intersezione delle due rette.
$\left[\frac{3}{2}x + \frac{1}{2}y - 1 = 0; (1; -1)\right]$

239 Scrivi l'equazione della retta r che viene trasformata nella retta di equazione $3x - 5y + 2 = 0$ dalla simmetria di asse $x = -\frac{1}{2}$.
$[3x + 5y + 1 = 0]$

Per ognuna delle seguenti coppie di rette corrispondenti in una simmetria di asse parallelo all'asse y, scrivi l'equazione dell'asse e le equazioni della simmetria.

240 r: $y = -x + 5$; r': $y = x + 7$.

241 r: $2x - 3y + 2 = 0$; r': $2x + 3y - 8 = 0$.

Per ognuna delle seguenti coppie di rette determina le equazioni della simmetria di asse parallelo all'asse x in cui si corrispondono.

242 r: $y = \frac{1}{3}x + 2$; r': $y = -\frac{1}{3}x$.

243 r: $y = -x + 7$; r': $y = x - 10$.

ESERCIZI

244 RIFLETTI SULLA TEORIA Qual è la relazione tra i coefficienti angolari di due rette che si corrispondono in una simmetria di asse parallelo a uno degli assi cartesiani? E in una simmetria che ha come asse una delle bisettrici dei quadranti? Giustifica la risposta.

245 EUREKA! Quali rette vengono trasformate in rette perpendicolari dalla simmetria che ha come asse la bisettrice del primo e terzo quadrante?

246 ESERCIZIO GUIDA Verifichiamo che la parabola di equazione $y=\frac{1}{2}x^2-4x+2$ è simmetrica rispetto al suo asse.

L'asse della parabola ha equazione:

$$x=-\frac{b}{2a}=4.$$

Le equazioni della simmetria di asse $x=4$ sono:

$$\begin{cases} x'=8-x \\ y'=y \end{cases} \rightarrow \begin{cases} x=8-x' \\ y=y' \end{cases}.$$

Sostituiamo nell'equazione della parabola:

$$y'=\frac{1}{2}\cdot(8-x')^2-4\cdot(8-x')+2.$$

Eliminiamo gli apici e svolgiamo i calcoli:

$$y=\frac{1}{2}x^2-4x+2.$$

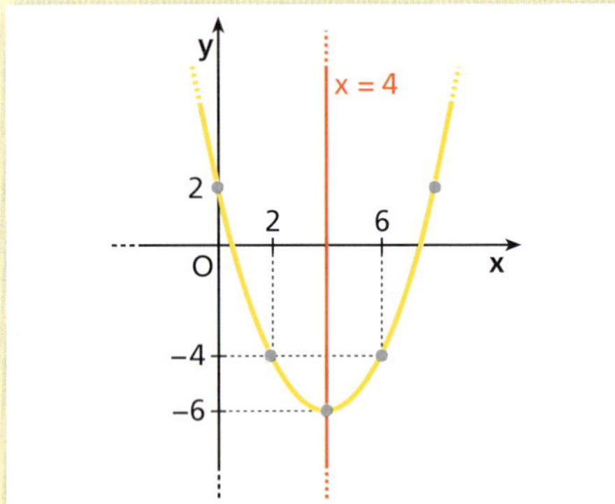

L'equazione ottenuta è quella della parabola iniziale, pertanto l'asse $x=4$ è asse di simmetria della parabola.

247 Verifica che la parabola di equazione
$y=2x^2+8x+1$
è simmetrica rispetto al suo asse.

248 Determina la simmetrica rispetto all'asse x della parabola di equazione $y=-2x^2+5x$.
[$y=2x^2-5x$]

249 Verifica che l'iperbole di equazione $xy=4$ è simmetrica rispetto alle bisettrici dei quadranti.

250 Le iperboli di equazioni $xy=-1$ e $xy=1$ si corrispondono in una simmmetria assiale? Quale? Verificalo.

251 Determina la simmetrica rispetto all'asse y della parabola di equazione $y=x^2+\frac{1}{2}x-\frac{1}{2}$. Traccia il grafico delle due parabole.
$\left[y=x^2-\frac{1}{2}x-\frac{1}{2}\right]$

252 Verifica che l'ellisse di equazione
$x^2+3y^2-3=0$
è simmetrica rispetto ai suoi assi.

253 Determina la simmetrica rispetto all'asse y della circonferenza di equazione $x^2+y^2-2x-2y=0$. Traccia il grafico delle due circonferenze.
[$x^2+y^2+2x-2y=0$]

254 Dimostra che le iperboli equilatere di equazione $xy=k$ sono simmetriche rispetto alle due bisettrici dei quadranti per qualsiasi $k\in\mathbb{R}$.

255 Data la parabola di equazione $y=x^2-5x+6$, determina le parabole simmetriche della data rispetto:

a. all'asse x;

b. all'asse y;

c. all'origine degli assi cartesiani.

[a) $y=-x^2+5x-6$; b) $y=x^2+5x+6$; c) $y=-x^2-5x-6$]

256 ●○ **AL VOLO** Senza applicare la trasformazione, stabilisci quali delle seguenti rette sono assi di simmetria per la circonferenza di equazione $x^2 + y^2 - 6x + 4y + 9 = 0$.

a. $x - 3y - 9 = 0$ **b.** $3x - 2y = 0$ **c.** $4x + 6y + 1 = 0$ **d.** $2x + y - 4 = 0$

Date le equazioni delle seguenti curve, scrivi le equazioni delle loro immagini nelle simmetrie rispetto alle rette scritte a fianco e rappresentale graficamente.

257 ●● $x^2 + 4y^2 - 4 = 0$, $y = 2$.

258 ●● $y = \dfrac{x-1}{x+2}$, $x = 3$.

259 ●● $y = x^2 - 2x$, $y = -x$.

260 ●● $y = \dfrac{2x}{x-2}$, $y = x$.

261 ●● $x^2 + y^2 - 2x = 0$, $y = x + 4$.

262 ●● $y = \sin x$, $y = -1$.

263 ●● $y = \ln(x - 1)$, $y = x + 2$.

264 ●● $y = \sqrt{1 - x}$, $y = x - 4$.

265 ●○ Se $f(x) = |3x - 12|$, allora un'equazione di un suo asse di simmetria è $x = k$. Trova il valore di k.

(USA *Illinois Council of Teachers of Mathematics, Regional Math Contest*)

$[k = 4]$

266 ●○ Trova per quali valori di k la curva di equazione

$$2kx^2 + y^2 + (2k - 1)x - 4 = 0$$

è simmetrica rispetto all'asse y e rappresentala graficamente. $\left[k = \dfrac{1}{2}\right]$

267 ●○ Verifica che i grafici di $y = \dfrac{1}{x-1}$ e $y = \dfrac{1}{7-x}$ sono simmetrici rispetto a una retta parallela all'asse y. Determina l'equazione di tale retta. $[x = 4]$

268 ●○ Traccia il grafico della funzione $y = x|x|$, trova poi l'equazione della sua simmetrica rispetto alla retta $x = 2$ e rappresentala graficamente. $[y = (4 - x)|4 - x|]$

269 ●● Per quali valori di a la curva di equazione

$$y = \frac{(a-3)x - 1}{2ax - 3 + 2a}$$

è simmetrica rispetto alla retta di equazione $y = x$? Disegna il grafico che si ottiene per tale valore di a. $[a = 2]$

270 ●● Sono date le curve γ e γ' di equazioni $xy - y + 1 = 0$ e $xy - 9y - 1 = 0$. Individua rispetto a quale retta parallela all'asse y i grafici di γ e γ' sono uno il simmetrico dell'altro. Rappresenta le due curve e l'asse di simmetria. $[x = 5]$

271 ●○ **REALTÀ E MODELLI** **Un mare di simmetrie** Dimostra che la stella marina nella foto è invariante per simmetria rispetto all'asse y, cioè che tutti i lati e i vertici evidenziati nella figura vengono trasformati dalla simmetria in altri lati o vertici della figura e che le loro immagini attraverso la simmetria formano la figura completa. È vero che la stella marina è invariante anche rispetto alla simmetria di asse x?

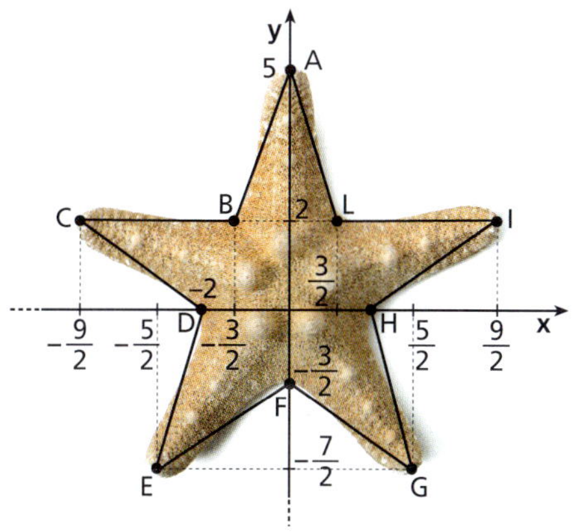

Simmetria rispetto alla retta $y = mx + q$

272 **ESERCIZIO GUIDA** Scriviamo le equazioni della simmetria rispetto alla retta r di equazione $y = -\dfrac{1}{2}x + 1$.

Se $P(x; y)$ ha come immagine $P'(x'; y')$ nella simmetria, si ha che:

- la retta PP' è perpendicolare all'asse di simmetria, ossia ha coefficiente angolare 2;
- il punto medio M del segmento PP' appartiene all'asse.

Dalle due condizioni si ottiene:

$$\begin{cases} \dfrac{y'-y}{x'-x}=2 & PP' \perp r \\ \dfrac{y+y'}{2}=-\dfrac{1}{2}\left(\dfrac{x+x'}{2}\right)+1 & M \in r \end{cases}.$$

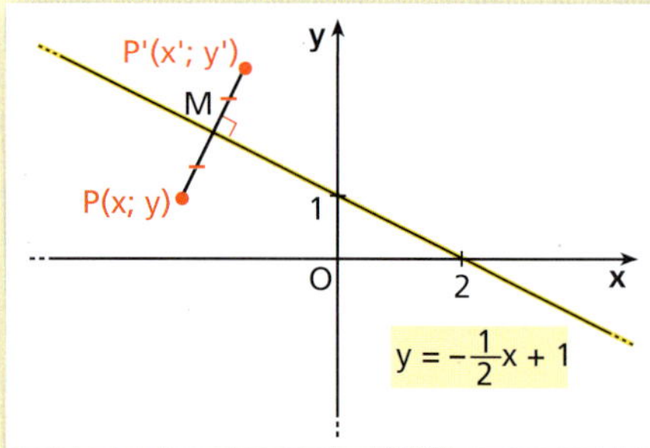

Semplifichiamo le equazioni svolgendo i calcoli.

$$\begin{cases} y'-y=2x'-2x \\ 2y+2y'=-x-x'+4 \end{cases} \rightarrow \begin{cases} y'=y+2x'-2x \\ 2y+2(y+2x'-2x)=-x-x'+4 \end{cases} \rightarrow$$

$$\begin{cases} y'=y+2\left(\frac{3}{5}x-\frac{4}{5}y+\frac{4}{5}\right)-2x \\ x'=\frac{3}{5}x-\frac{4}{5}y+\frac{4}{5} \end{cases} \rightarrow \begin{cases} x'=\frac{3}{5}x-\frac{4}{5}y+\frac{4}{5} \\ y'=-\frac{4}{5}x-\frac{3}{5}y+\frac{8}{5} \end{cases}$$

Scrivi le equazioni delle simmetrie rispetto alle rette che hanno le seguenti equazioni.

273 $y=x-1$

274 $x+y+4=0$

275 $y=2x+1$

276 $y=-3x$

277 $x-y+2=0$

278 $2y-x+3=0$

279 $2x+3y=0$

280 $4x+4y=1$

---

281 **LEGGI IL GRAFICO** Scrivi le equazioni della simmetria di asse r.

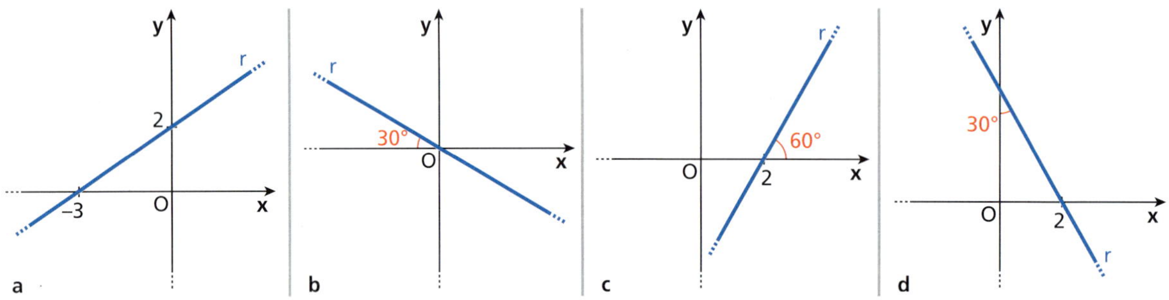

282 I punti $A(5; 5)$ e $A'(-1; 7)$ si corrispondono in una simmetria assiale. Trova le equazioni della simmetria, il trasformato del punto $B(1; 2)$ e l'area del quadrilatero $AA'B'B$.
$\left[\begin{cases} x'=-\frac{4}{5}x+\frac{3}{5}y \\ y'=\frac{3}{5}x+\frac{4}{5}y \end{cases}; B'\left(\frac{2}{5}; \frac{11}{5}\right); \frac{143}{10}\right]$

283 Una simmetria assiale trasforma il triangolo di vertici $A(-3; 3)$, $B(1; 4)$, $C\left(\frac{1}{2}; -\frac{1}{2}\right)$ nel triangolo $A'B'C'$. Determina le coordinate di B', sapendo che A e C sono punti uniti. $[B'(-4; -1)]$

284 Determina le equazioni delle simmetrie assiali per cui il quadrato di vertici $A(2; 1)$, $B(3; -2)$, $C(-1; -5)$ e $D(-4; -1)$ è una figura unita.

285 **YOU & MATHS** The distance from the point (3, 1) to the reflection of the line $y=2x+5$ across the line $y=-1-x$ is:

A 2. **B** $2\sqrt{2}$. **C** $\sqrt{5}$. **D** $3\sqrt{5}$. **E** $3\sqrt{3}$.

(USA *Indiana University of Pennsylvania Mathematics Competition*)

286 **ESERCIZIO GUIDA** Date le equazioni della simmetria assiale

$$\begin{cases} x' = y - 4 \\ y' = x + 4 \end{cases},$$

determiniamo l'equazione dell'asse di simmetria.

Poiché l'asse di simmetria è il luogo dei punti uniti, per i suoi punti deve essere:

$$\begin{cases} x = y - 4 \\ y = x + 4 \end{cases} \rightarrow \begin{cases} y = x + 4 \\ y = x + 4 \end{cases} \rightarrow y = x + 4.$$

Tutti e soli i punti della retta di equazione $y = x + 4$ sono punti uniti.

La retta è quindi l'asse di simmetria.

Date le seguenti equazioni di simmetria assiale, determina l'equazione dell'asse di simmetria.

287 $\begin{cases} x' = -y + 5 \\ y' = -x + 5 \end{cases}$ $[y = -x + 5]$

288 $\begin{cases} x' = \frac{1}{2}x + \frac{\sqrt{3}}{2}y \\ y' = \frac{\sqrt{3}}{2}x - \frac{1}{2}y \end{cases}$ $\left[y = \frac{\sqrt{3}}{3}x\right]$

289 $\begin{cases} x' = \frac{3}{5}x + \frac{4}{5}y \\ y' = \frac{4}{5}x - \frac{3}{5}y \end{cases}$ $\left[y = \frac{1}{2}x\right]$

290 $\begin{cases} x' = -\frac{3}{5}x + \frac{4}{5}y + \frac{4}{5} \\ y' = \frac{4}{5}x + \frac{3}{5}y - \frac{2}{5} \end{cases}$ $[y = 2x - 1]$

---

291 Dopo aver determinato l'asse della simmetria che ha le seguenti equazioni, trova il segmento $A'B'$ simmetrico del segmento AB con $A(0; 1)$ e $B(2; 0)$. Verifica poi che i segmenti sono congruenti.

$$\begin{cases} x' = \dfrac{5x - 12y}{13} \\ y' = \dfrac{-12x - 5y}{13} \end{cases}$$

$\left[2x + 3y = 0; A'\left(-\frac{12}{13}; -\frac{5}{13}\right); B'\left(\frac{10}{13}; -\frac{24}{13}\right)\right]$

292 Determina i punti uniti e le rette unite nella trasformazione di equazioni:

$$\begin{cases} x' = \frac{4}{5}x + \frac{3}{5}y + \frac{3}{5} \\ y' = \frac{3}{5}x - \frac{4}{5}y - \frac{9}{5} \end{cases}.$$

$\left[y = \frac{1}{3}x - 1; y = -3x + k, k \in \mathbb{R}\right]$

293 Scrivi le equazioni della simmetria che ha per asse la retta di equazione $y = x + 3$ e trova l'equazione della trasformata dell'iperbole equilatera riferita agli assi che passa per $P(-1; 2)$.

$[x^2 - y^2 + 6x + 6y - 3 = 0]$

294 Disegna il grafico che si ottiene applicando consecutivamente alla curva di equazione $y = 2^x$ le simmetrie con i seguenti assi e scrivi l'equazione del grafico finale: asse y, asse x, retta di equazione $y = -x + 3$. $[y = 3 + \log_2(x - 3)]$

295 Determina l'equazione dell'immagine dell'iperbole di equazione $\frac{x^2}{4} - y^2 = 1$ nella simmetria che ha per asse l'asintoto dell'iperbole nel primo e terzo quadrante. $[11x^2 - 24xy + 4y^2 + 20 = 0]$

296 Le curve di equazioni $y = \ln(x + 1)$ e $y = e^{x+1}$ sono simmetriche rispetto a una retta parallela alla bisettrice del primo e del terzo quadrante. Determina l'equazione della retta. $[y = x + 1]$

297 **EUREKA!** Scrivi l'equazione dell'asse della simmetria che trasforma la parabola di equazione $y = \frac{1}{3}x^2 - \frac{8}{3}x + \frac{10}{3}$ nella parabola di equazione $3x = -y^2 - 10y - 22$. $[y = -x - 1]$

298 Trova l'equazione della parabola γ' simmetrica di γ di equazione $y = x^2 + 4x + 5$ rispetto alla retta di equazione $x - y - 1 = 0$. Determina la distanza tra i vertici delle due parabole e rappresentale graficamente. $[\gamma': x = y^2 + 6y + 11; 4\sqrt{2}]$

Composizione di simmetrie assiali

299 Trasforma il triangolo ABC mediante la simmetria di asse r nel triangolo $A'B'C'$ e quest'ultimo in $A''B''C''$ mediante la simmetria di asse s.

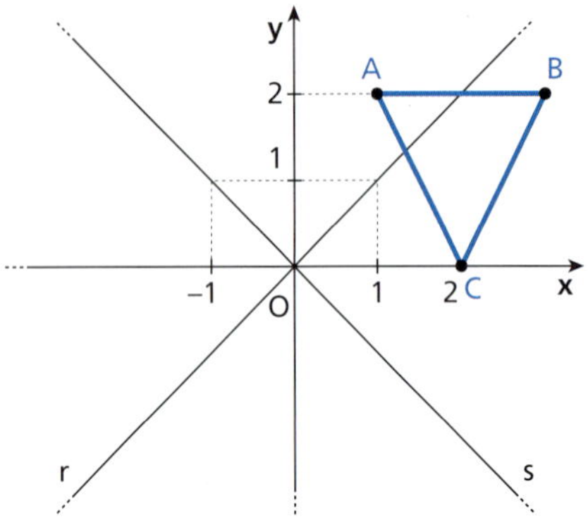

Qual è la trasformazione che associa ad ABC direttamente $A''B''C''$? Scrivi le sue equazioni.

$\left[\begin{cases} x' = -x \\ y' = -y \end{cases}\right]$

300 Determina il corrispondente $A'B'$ del segmento AB di estremi $A(-1; 3)$ e $B(0; 2)$ nella simmetria di asse $x = -3$. Determina poi il corrispondente $A''B''$ di $A'B'$ nella simmetria di asse $x = 1$. Qual è la trasformazione che fa corrispondere ad AB direttamente $A''B''$? Determina le equazioni di tale trasformazione.

$\left[\begin{cases} x' = x + 8 \\ y' = y \end{cases}\right]$

301 Trova la corrispondente r' della retta r di equazione $2x - 3y + 7 = 0$ nella simmetria di asse $y = \frac{1}{2}$. Determina poi la retta r'' corrispondente di r' nella simmetria di asse $y = -2$. In quale trasformazione si corrispondono le rette r e r''? Scrivine le equazioni e commenta il risultato.

$\left[\begin{cases} x' = x \\ y' = y + 5 \end{cases}\right]$

RIFLETTI SULLA TEORIA

302 Verifica che, componendo una simmetria assiale di asse $x = a$ con una di asse $y = b$, si ottiene una simmetria centrale di centro $C(a; b)$. Componendo due simmetrie di assi r_1 e r_2 perpendicolari tra loro, che trasformazione si ottiene?

303 Verifica che, componendo una simmetria rispetto all'asse x con una simmetria rispetto alla bisettrice del primo e terzo quadrante, si ottiene una rotazione intorno all'origine di angolo $\alpha = \frac{\pi}{2}$.

304 Scrivi le equazioni delle simmetrie s_1 e s_2 rispetto alla retta di equazione $y = -x + 3$ e rispetto a quella di equazione $y = -x - 1$. Determina le equazioni di $s_1 \circ s_2$, verificando che è una traslazione di vettore $\vec{v}$ perpendicolare alle due rette e di modulo uguale al doppio della distanza tra le due rette.

$\left[s_1: \begin{cases} x' = -y + 3 \\ y' = -x + 3 \end{cases}; s_2: \begin{cases} x' = -y - 1 \\ y' = -x - 1 \end{cases}; s_1 \circ s_2: \begin{cases} x'' = x + 4 \\ y'' = y + 4 \end{cases}\right]$

305 Considera la circonferenza γ di equazione $x^2 + y^2 - 4y + 3 = 0$. Trova l'equazione della corrispondente γ' di γ nella simmetria rispetto alla bisettrice del secondo e quarto quadrante e considera poi la circonferenza γ'' simmetrica di γ' rispetto alla retta di equazione $y = -2$. Scrivi l'equazione di γ'' e le equazioni della trasformazione che porta γ in γ''.

$\left[\gamma': x^2 + y^2 + 4x + 3 = 0,\ \gamma'': x^2 + y^2 + 4x + 8y + 19 = 0; \begin{cases} x' = -y \\ y' = -4 + x \end{cases}\right]$

Glissosimmetria

306 **ASSOCIA** a ciascun asse di simmetria il vettore in modo che componendo la simmetria con la traslazione il risultato sia una glissosimmetria.

a. $2x - 3y = 0$ **1.** $\vec{v}(0; 14)$

b. $y = 3$ **2.** $\vec{v}\left(\frac{1}{2}; \frac{3}{4}\right)$

c. $x = -3$ **3.** $\vec{v}(-4; -6)$

d. $3x - 2y = 0$ **4.** $\vec{v}(-4; 0)$

307 Scrivi le equazioni della glissosimmetria che si ottiene componendo la traslazione di vettore $\vec{v}(-2; 1)$ con la simmetria assiale di asse la retta $x + 2y = 0$ e verifica che non vi sono punti uniti.

$\left[t \circ s: \begin{cases} x' = \frac{3}{5}x - \frac{4}{5}y - 2 \\ y' = -\frac{4}{5}x - \frac{3}{5}y + 1 \end{cases}\right]$

308 Verifica che la glissosimmetria di equazioni

$$\begin{cases} x' = x + 3 \\ y' = -y \end{cases}$$

non ha punti uniti e l'unica retta unita è l'asse.

309 Scrivi le equazioni della glissosimmetria che si ottiene componendo la simmetria rispetto alla bisettrice del secondo e quarto quadrante con la traslazione di vettore $\vec{v}(2; -2)$. $\left[s \circ t: \begin{cases} x' = -y + 2 \\ y' = -x - 2 \end{cases}\right]$

Quali delle seguenti equazioni rappresentano una glissosimmetria?

310 a. $\begin{cases} x' = x - 4 \\ y' = -y \end{cases}$ b. $\begin{cases} x' = x + 2 \\ y' = y - 3 \end{cases}$ c. $\begin{cases} x' = -x + 1 \\ y' = y - 3 \end{cases}$

311 a. $\begin{cases} x' = -x \\ y' = y + 6 \end{cases}$ b. $\begin{cases} x' = -x \\ y' = y \end{cases}$ c. $\begin{cases} x' = -x + 6 \\ y' = y \end{cases}$

MATEMATICA E STORIA

Il gruppo di Klein Nel suo Programma di Erlangen (il programma di ricerca illustrato all'atto dell'insediamento universitario) il matematico tedesco Felix Klein (1849-1925) introdusse il collegamento fra la geometria e la teoria dei gruppi. Consideriamo per esempio l'insieme I delle isometrie che trasformano un rettangolo in se stesso; i suoi elementi sono:

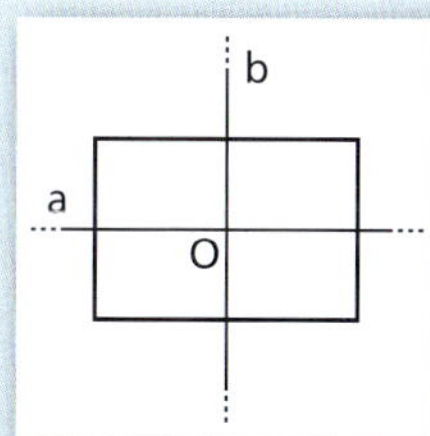

- la rotazione r di 180° rispetto al centro O;
- la simmetria s_a rispetto all'asse a;
- la simmetria s_b rispetto all'asse b;
- l'identità i.

L'operazione di composizione di isometrie, indicata con $\circ$, è interna nell'insieme I, è associativa, ammette l'elemento neutro e ogni isometria di I ammette l'elemento inverso secondo questa operazione. La struttura algebrica $(I, \circ)$ è chiamata *gruppo di Klein*.

a. Compila la tabella dell'operazione $\circ$ nell'insieme I.

b. Qual è l'elemento neutro dell'operazione $\circ$?

c. Qual è l'elemento inverso di r, cioè quale isometria va composta con r in modo da ottenere l'identità? Qual è l'elemento inverso di s_a? E quello di s_b?

Risoluzione – Esercizio in più

TUTOR matematica Allenati con **15 esercizi interattivi** con feedback "hai sbagliato, perché..."
su.zanichelli.it/tutor3 risorsa riservata a chi ha acquistato l'edizione con tutor

6 Isometrie

Teoria a p. 1060

Studia le isometrie individuate dalle seguenti equazioni.

312 $\begin{cases} x' = -x \\ y' = -y \end{cases}$ $[r: C(0; 0), \alpha = \pi]$

313 $\begin{cases} x' = x + 2 \\ y' = y - 1 \end{cases}$ $[t: \vec{v}(2; -1)]$

314 $\begin{cases} x' = 6 - x \\ y' = -2 - y \end{cases}$ $[\text{s.c.}: C(3; -1)]$

315 $\begin{cases} x' = -y \\ y' = -x \end{cases}$ $[\text{s.a.}: y = -x]$

316 $\begin{cases} x' = -x + 4 \\ y' = -y \end{cases}$ $[\text{s.c.}: C(2; 0)]$

317 $\begin{cases} x' = -x \\ y' = y \end{cases}$ $[\text{s.a.}: x = 0]$

318 $\begin{cases} x' = -\frac{1}{2}x - \frac{\sqrt{3}}{2}y \\ y' = \frac{\sqrt{3}}{2}x - \frac{1}{2}y \end{cases}$ $\left[r: C(0; 0), \alpha = \frac{2}{3}\pi\right]$

319 $\begin{cases} x' = -y \\ y' = x + 4 \end{cases}$ $\left[r: C(-2; 2), \alpha = \frac{\pi}{2}\right]$

320 $\begin{cases} x' = -x - 3 \\ y' = y \end{cases}$ $\left[\text{s.a.: } x = -\frac{3}{2}\right]$

321 $\begin{cases} x' = y + 2 \\ y' = x - 2 \end{cases}$ $[\text{s.a.: } y = x - 2]$

Indica quali equazioni rappresentano rotazioni, traslazioni, simmetrie centrali o assiali, glissosimmetrie.

322 **a.** $\begin{cases} x' = -x + 1 \\ y' = -y + 3 \end{cases}$ **b.** $\begin{cases} x' = x - 2 \\ y' = y + 4 \end{cases}$ **c.** $\begin{cases} x' = -x + 2 \\ y' = y \end{cases}$ **d.** $\begin{cases} x' = x - 8 \\ y' = -y + 1 \end{cases}$

323 **a.** $\begin{cases} x' = -y + 9 \\ y' = -x + 9 \end{cases}$ **b.** $\begin{cases} x' = y + 2 \\ y' = -x - 4 \end{cases}$ **c.** $\begin{cases} x' = x \\ y' = -y + 4 \end{cases}$ **d.** $\begin{cases} x' = -x - 2 \\ y' = y - 6 \end{cases}$

COMPLETA **le seguenti equazioni in modo che rappresentino l'isometria indicata a fianco.**

324 $\begin{cases} x' = \square x + \square \\ y' = -y + \square \end{cases}$, simmetria centrale di centro $M(2; -6)$.

325 $\begin{cases} x' = x + \square \\ y' = \square \end{cases}$, traslazione di vettore $\vec{v}(4; -3)$.

326 $\begin{cases} x' = \square x + \square y \\ y' = \square x + \square y \end{cases}$, rotazione di centro $O(0; 0)$ e angolo $\alpha = \frac{\pi}{3}$.

327 $\begin{cases} x' = -x + \square \\ y' = \square y \end{cases}$, simmetria assiale di asse $x = -8$.

328 Nel piano cartesiano considera la trasformazione t di equazioni

$$t: \begin{cases} x' = ax + by + c \\ y' = a'x + b'y + c' \end{cases}$$

tale che:

$$A(0; 0) \mapsto A'(1; -1), \quad B(2; -1) \mapsto B'(0; 1), \quad C(-3; 1) \mapsto C'(2; -4).$$

Dimostra che la trasformazione t è una simmetria assiale e determina l'asse di simmetria. Trova le equazioni di t^{-1} e verifica che t è involutoria.

$\left[\text{asse: } y = x - 1; t^{-1}: \begin{cases} x = y' + 1 \\ y = x' - 1 \end{cases}\right]$

329 Scrivi le equazioni delle isometrie che lasciano invariato ciascuno dei seguenti poligoni.

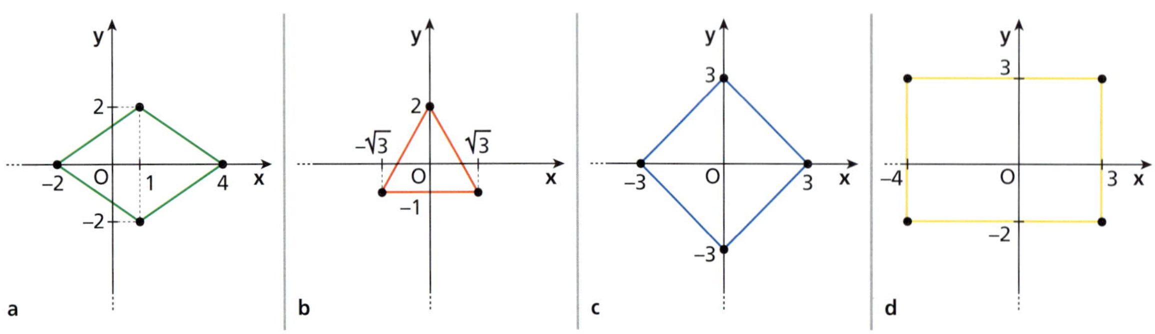

Problemi REALTÀ E MODELLI

RISOLVIAMO UN PROBLEMA

Il rosone

La foto riporta uno dei rosoni della cattedrale di Notre-Dame di Parigi.

- Troviamo l'insieme delle trasformazioni geometriche che lasciano invariato il rosone.
- Determiniamo l'*elemento base* della figura che permette di ricostruire l'immagine applicando le trasformazioni trovate.

► Troviamo le trasformazioni.

Le trasformazioni che lasciano invariata la figura sono necessariamente delle isometrie, perché devono mantenere le lunghezze. Poiché il centro del rosone rimane fisso, questo deve essere un punto unito. Possiamo perciò escludere le traslazioni (diverse dall'identità) e le glissosimmetrie, perché queste trasformazioni non hanno punti uniti. Rimangono perciò le rotazioni e le simmetrie assiali.

► Troviamo le rotazioni.

Le rotazioni che mantengono invariata la figura devono avere centro O. Oltre alla rotazione di angolo 0° (che coincide con l'identità), abbiamo la rotazione di angolo $\alpha = 30°$ e quelle di angoli 2α, 3α, ..., 11α.

► Troviamo le simmetrie assiali.

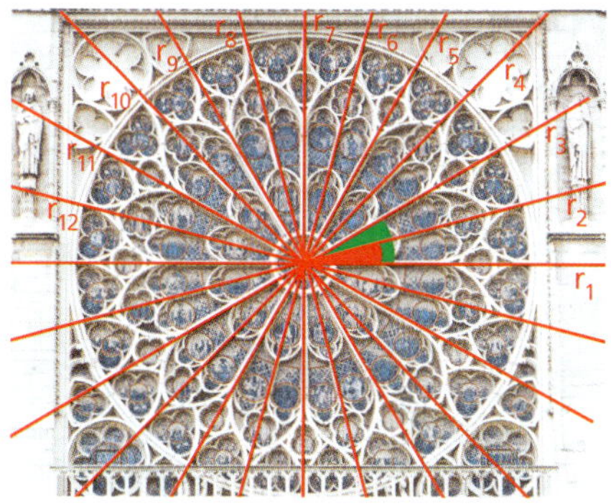

Nelle simmetrie assiali che lasciano invariata la figura, l'asse deve necessariamente passare per il centro. Otteniamo le simmetrie rispetto alle rette r_1, r_2, ..., r_{12} sovrapposte alla foto, in cui l'angolo tra r_i e r_{i+1} è di 15°.

In totale le trasformazioni sono 24: 12 rotazioni, tra cui l'identità, e 12 simmetrie assiali.
Osserviamo che la simmetria centrale di centro O, che lascia anch'essa invariato il rosone, coincide con la rotazione di centro O e angolo $6\alpha = 180°$.

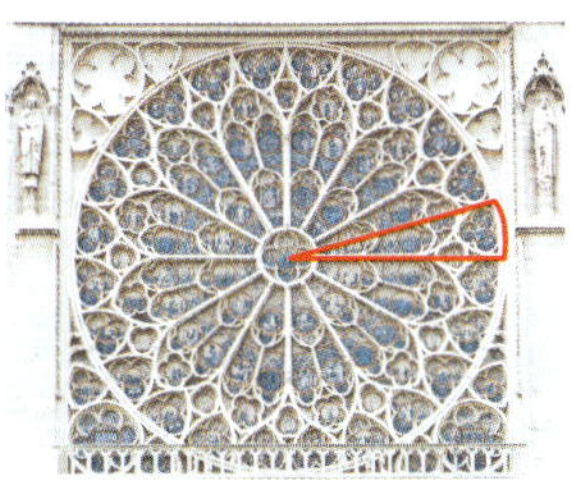

► Evidenziamo l'elemento base del rosone.

L'elemento a spicchio rosso, sovrapposto alla foto, è l'elemento base da cui costruire il rosone. Per esempio, possiamo applicare a esso la simmetria di asse r_1, per poi applicare al motivo ottenuto le rotazioni di angoli α, 2α, ..., 11α.

330 **Cristallo di neve** Scrivi le equazioni di tutte le trasformazioni che lasciano invariata la figura.

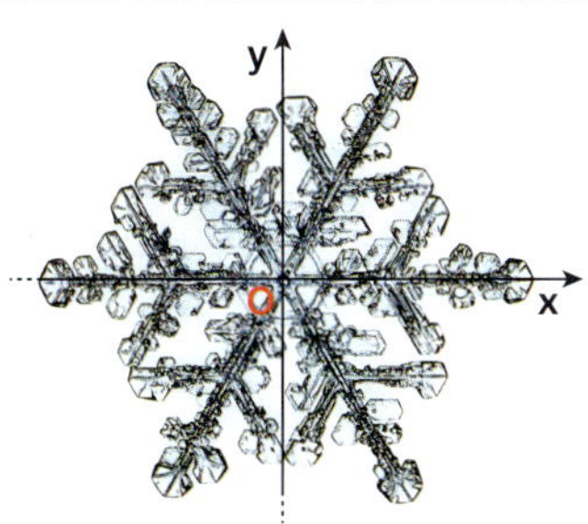

331 **Fregio** In molti ornamenti di opere d'arte si utilizzano fregi come quello nella foto, dettaglio di un mosaico della basilica di San Vitale a Ravenna.

a. Riconosci tutte le simmetrie che lasciano invariato il fregio della foto.
b. Evidenzia l'elemento base del fregio da cui si può costruire l'immagine con le trasformazioni trovate.

332 ●● **Tic tac...** Considera le lancette di un orologio.

a. Scrivi le equazioni della rotazione t che fa passare la lancetta delle ore dalla posizione che ha a mezzogiorno a quella che ha all'una.

b. Se applichi t anche alla lancetta dei minuti, ottieni una configurazione che rappresenta un orario possibile?

c. Scrivi le equazioni della rotazione che descrive la posizione della lancetta delle ore al variare del tempo, di ora in ora, a partire da mezzogiorno.

$$\left[\text{a) }\begin{cases} x' = \frac{\sqrt{3}}{2}x + \frac{1}{2}y \\ y' = -\frac{1}{2}x + \frac{\sqrt{3}}{2}y \end{cases}\text{; b) no; c) }\begin{cases} x' = \cos\left(\frac{\pi}{6}t\right)x + \sin\left(\frac{\pi}{6}t\right)y \\ y' = -\sin\left(\frac{\pi}{6}t\right)x + \cos\left(\frac{\pi}{6}t\right)y \end{cases}\right]$$

333 ●○ **La Rotonda** Villa Almerico Capra, detta «La Rotonda», è una delle ville più famose progettate da Andrea Palladio. La pianta è riportata a fianco. Scrivi le equazioni di tutte le simmetrie che lasciano invariata la pianta della villa.

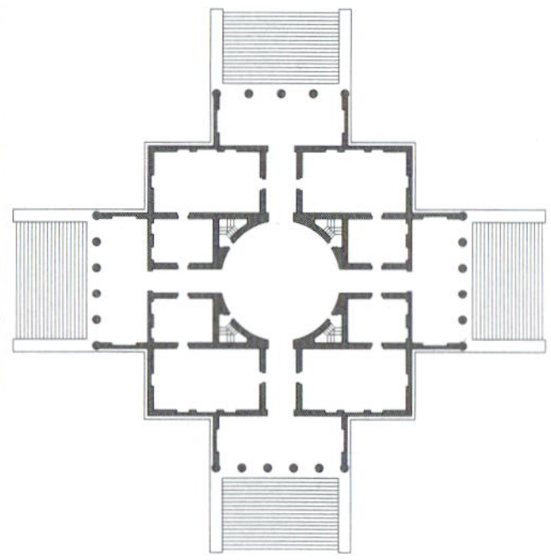

$$\left[s_y\text{: }\begin{cases} x' = -x \\ y' = y \end{cases}\text{; } s_x\text{: }\begin{cases} x' = x \\ y' = -y \end{cases}\text{; } s_b\text{: }\begin{cases} x' = y \\ y' = x \end{cases}\text{; } s_{b'}\text{: }\begin{cases} x' = -y \\ y' = -x \end{cases}\text{; } s_O\text{: }\begin{cases} x' = -x \\ y' = -y \end{cases}\right]$$

334 ●○

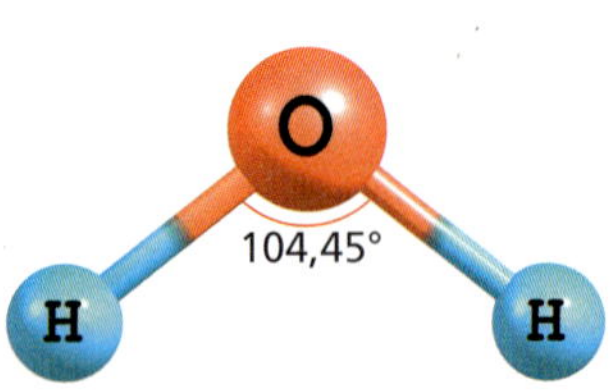

Rotazione liquida Le molecole d'acqua sono formate da due atomi di idrogeno e un atomo di ossigeno, disposti come nella figura. Scrivi le equazioni della trasformazione che, in un sistema di riferimento cartesiano con l'origine nell'atomo di ossigeno e l'asse x parallelo alla congiungente i due atomi di idrogeno, manda un atomo di idrogeno nell'altro.

$$\left[s\text{: }\begin{cases} x' = -x \\ y' = y \end{cases}\right]$$

Composizione di isometrie

335 ●○ Considera la traslazione che associa al punto $A(3; 2)$ il punto $A'(9; 2)$. Trova due simmetrie assiali tali che, eseguite in successione, facciano corrispondere al punto A il punto A'.

336 ●● RIFLETTI SULLA TEORIA La composizione di due simmetrie ad assi incidenti e perpendicolari gode della proprietà commutativa? Giustifica la tua risposta scegliendo come assi di simmetria le rette di equazioni $x = a$ e $y = b$ e come punto da trasformare il punto $P(x; y)$.

337 ●● Studia le isometrie $t_1\text{: }\begin{cases} x' = -y \\ y' = x + 4 \end{cases}$ e $t_2\text{: }\begin{cases} x' = 2 - x \\ y' = -y \end{cases}$. Determina e studia la trasformazione $t = t_1 \circ t_2$ individuando gli elementi uniti. Trova il corrispondente del triangolo di vertici $A(-1; 0)$, $B(1; -1)$, $C(2; 2)$ nella trasformazione t.

$$\left[t\text{: }\begin{cases} x' = y \\ y' = 6 - x \end{cases}\text{; rotazione: } \alpha = -\frac{\pi}{2} \text{ e } C(3; 3);\ A'(0; 7);\ B'(-1; 5);\ C'(2; 4)\right]$$

338 ●● Determina le equazioni della trasformazione $s \circ t$, ottenuta componendo la traslazione t di vettore $\vec{v}(4; 6)$ con la simmetria s rispetto alla retta di equazione $y = -2$. Applica $s \circ t$ al segmento AB, con $A(-8; 2)$ e $B(1; 2)$, ottenendo il segmento $A''B''$. Verifica che $A''B''$ si ottiene anche applicando ad AB la traslazione e successivamente ad $A'B'$ la simmetria.

$$\left[s \circ t\text{: }\begin{cases} x' = x + 4 \\ y' = -y - 10 \end{cases}\right]$$

339 ●● Data la retta di equazione $y = -\frac{1}{2}x + 5$, trova l'equazione della retta r' corrispondente nella traslazione di vettore $\vec{v}(-2; 3)$. Trova poi l'equazione della retta r'' simmetrica di r' rispetto alla retta $y = -x$. Le rette r e r'' sono parallele? La trasformazione esaminata conserva la direzione di una retta?

$\left[r': y = -\frac{1}{2}x + 7; r'': y = -2x - 14\right]$

340 ●● Determina le equazioni della trasformazione che si ottiene componendo la traslazione di vettore $\vec{v}(2; 4)$ con la simmetria di asse $x = 1$. Trova poi l'equazione della retta r' corrispondente alla retta r di equazione $2x + y + 2 = 0$ nella trasformazione composta ottenuta. Che cosa osservi?

$\left[\begin{cases} x' = -x \\ y' = y + 4 \end{cases}; 2x - y + 2 = 0\right]$

341 ●● Considera le simmetrie centrali s_1: $\begin{cases} x' = -4 - x \\ y' = 2 - y \end{cases}$ e s_2: $\begin{cases} x' = -2 - x \\ y' = -y \end{cases}$. Determina i loro centri M_1 e M_2. Trova poi $s_3 = s_2 \circ s_1$. Quale trasformazione hai ottenuto? Considera il punto $A(-1; 3)$, il suo simmetrico B rispetto a s_1 e C simmetrico di B rispetto a s_2. Calcola l'area del triangolo ABC.

$\left[s_3: \begin{cases} x' = x + 2 \\ y' = y - 2 \end{cases}; 6\right]$

342 ●○ REALTÀ E MODELLI **Tetris** Nel gioco del Tetris, i pezzi (detti *tetramini*) scendono verso il basso, con traslazioni di vettore $\vec{v}_b(0; -1)$. Possono essere spostati dal giocatore verso destra o verso sinistra di un'unità, quindi con traslazioni di vettori $\vec{v}_s(-1; 0)$ o $\vec{v}_d(1; 0)$, oppure ruotati su loro stessi di 90° in senso antiorario. Nel caso del pezzo a «T» in figura, la rotazione avviene rispetto al punto C. Determina le equazioni della trasformazione che porta il pezzo dalla configurazione 1 alla 2, combinando opportunamente le trasformazioni elencate.

$\left[\begin{cases} x' = -y + 12 \\ y' = x - 2 \end{cases}\right]$

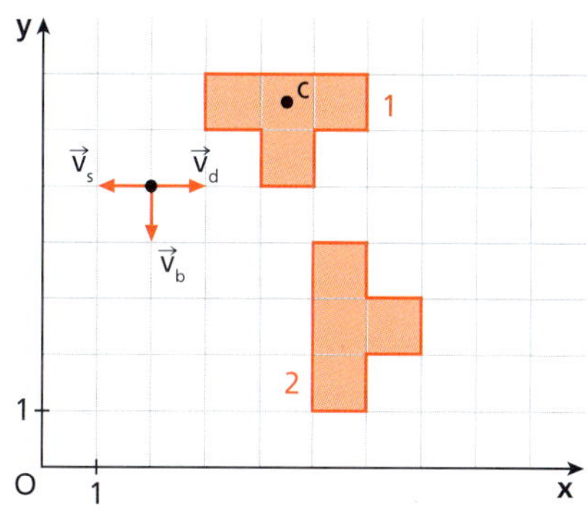

Grafici e isometrie

343 ESERCIZIO GUIDA Disegniamo il grafico della funzione $y = -2^{x-1} + 3$, a partire dal grafico di $y = 2^x$, applicando delle isometrie.

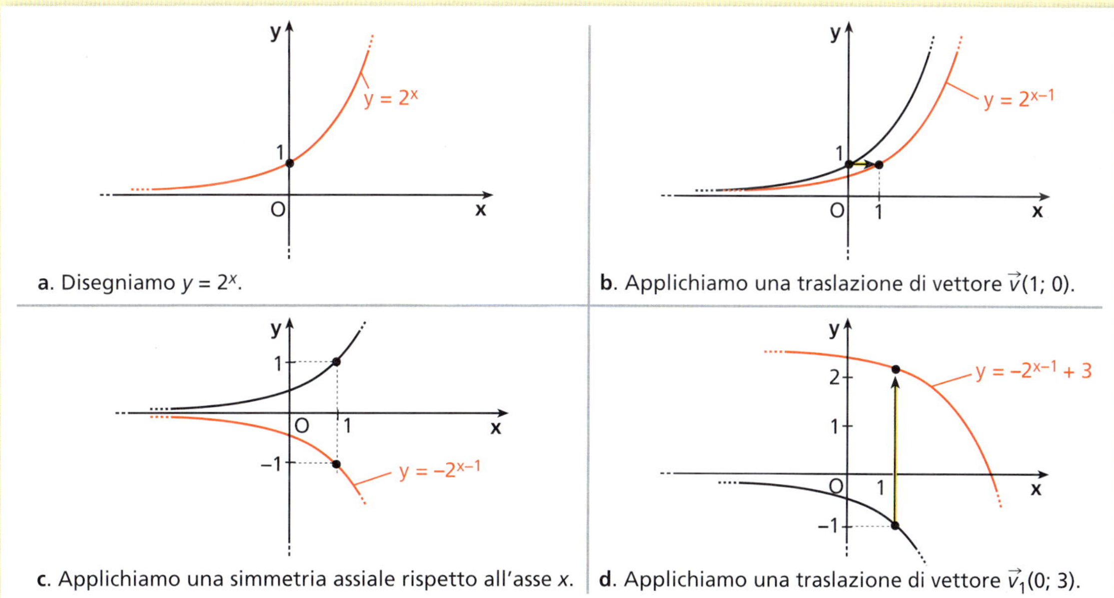

a. Disegniamo $y = 2^x$.

b. Applichiamo una traslazione di vettore $\vec{v}(1; 0)$.

c. Applichiamo una simmetria assiale rispetto all'asse x.

d. Applichiamo una traslazione di vettore $\vec{v}_1(0; 3)$.

ESERCIZI

Traccia il grafico delle seguenti funzioni applicando le isometrie a partire dai grafici noti.

344 $y = e^{2-x} + 2$

345 $y = \log_2(x-3) + 2$

346 $y = 1 - \sin(\pi - x)$

347 $y = \left(\frac{1}{2}\right)^{x+1} - 4$

348 $y = \sin\left(x - \frac{\pi}{4}\right) + 1$

349 $y = -\cos x + 2$

350 $y = -\tan\left(x + \frac{\pi}{2}\right) - 1$

351 $y = -3^{-x-1} + 1$

352 $y = \ln(x-4) - 2$

353 $y = -(x-3)^2 + 2$

354 $y = -1 + \sqrt{|x|}$

355 $y = \ln\frac{1}{x} + 2$

356 $y = -\ln|x| + 1$

357 $y = 2^{|x|-1} + 2$

358 $y = -\sin(-x) + 3$

359 $y = 1 - \sin\left(\frac{\pi}{3} - x\right)$

360 $y = -\sqrt{-x} + 4$

361 $y = -2 - \sqrt{x-1}$

Applica alle seguenti funzioni, nell'ordine, le isometrie assegnate e trova l'equazione della curva trasformata.

362 $y = \cos x$: traslazione di vettore $\vec{v}(-1; 3)$, simmetria rispetto all'asse x. $[y = -\cos(x+1) - 3]$

363 $y = 2^x$: simmetria rispetto all'asse y, traslazione di vettore $\vec{v}(2; -2)$. $[y = 2^{2-x} - 2]$

364 $y = \frac{x-3}{x}$: rotazione con centro O e angolo $\frac{\pi}{2}$, simmetria rispetto alla retta di equazione $x = 2$. $\left[y = \frac{3}{5-x}\right]$

365 $y = x^2 + 2x$: traslazione di vettore $\vec{v}(1; 0)$, simmetria rispetto alla retta di equazione $y = -2$, simmetria rispetto al punto $M(1; -3)$. $[y = x^2 - 4x + 1]$

366 Determina il vettore $\vec{v}$ della traslazione che trasforma la funzione omografica di equazione $y = \frac{2x-4}{1-x}$ in un'iperbole equilatera riferita agli asintoti. Esegui poi una simmetria assiale rispetto alla retta di equazione $x = 4$ e trova l'equazione dell'iperbole. $\left[\vec{v}(-1; 2);\ y = \frac{2}{8-x}\right]$

Rappresentazione grafica delle coniche

367 **ESERCIZIO GUIDA** Rappresentiamo graficamente la conica di equazione:

$$5x^2 + 6xy + 5y^2 - 30x - 18y + 43 = 0.$$

- Applichiamo una **rotazione** di centro O e angolo α generico e determiniamo successivamente α in modo che l'equazione della conica non abbia il termine in xy:

$$r: \begin{cases} x' = x\cos\alpha - y\sin\alpha \\ y' = x\sin\alpha + y\cos\alpha \end{cases} \rightarrow \quad r^{-1}: \begin{cases} x = x'\cos\alpha + y'\sin\alpha \\ y = -x'\sin\alpha + y'\cos\alpha \end{cases}.$$

Sostituiamo nell'equazione della conica togliendo gli apici:

$$5(x\cos\alpha + y\sin\alpha)^2 + 6(x\cos\alpha + y\sin\alpha)(-x\sin\alpha + y\cos\alpha) + 5(-x\sin\alpha + y\cos\alpha)^2 +$$
$$-30(x\cos\alpha + y\sin\alpha) - 18(-x\sin\alpha + y\cos\alpha) + 43 = 0,$$

$$5x^2\cos^2\alpha + 5y^2\sin^2\alpha + \cancel{10xy\cos\alpha\sin\alpha} - 6x^2\cos\alpha\sin\alpha + 6xy\cos^2\alpha - 6xy\sin^2\alpha + 6y^2\sin\alpha\cos\alpha +$$
$$+5x^2\sin^2\alpha + 5y^2\cos^2\alpha - \cancel{10xy\sin\alpha\cos\alpha} - 30x\cos\alpha - 30y\sin\alpha + 18x\sin\alpha - 18y\cos\alpha + 43 = 0.$$

Imponiamo che il coefficiente del termine xy sia nullo:

$$6(\cos^2\alpha - \sin^2\alpha) = 0 \quad \rightarrow \quad \cos^2\alpha - \sin^2\alpha = 0.$$

Dividendo per $\cos^2\alpha \left(\text{con } \alpha \neq \frac{\pi}{2} + k\pi\right)$, abbiamo:

$$\tan^2\alpha = 1 \quad \rightarrow \quad \tan\alpha = \pm 1 \quad \rightarrow \quad \alpha = \pm\frac{\pi}{4} + k\pi.$$

Scegliamo $\alpha = \frac{\pi}{4}$ e sostituiamo nell'equazione precedente. Semplificando, otteniamo:

$$2x^2 + 8y^2 - 6\sqrt{2}\,x - 24\sqrt{2}\,y + 43 = 0.$$

- Eseguiamo ora una **traslazione** per eliminare i termini di primo grado in x e y:

$$t: \begin{cases} x' = x + a \\ y' = y + b \end{cases} \quad \rightarrow \quad t^{-1}: \begin{cases} x = x' - a \\ y = y' - b \end{cases}.$$

Sostituendo ed eliminando gli apici:

$$2(x-a)^2 + 8(y-b)^2 - 6\sqrt{2}(x-a) - 24\sqrt{2}(y-b) + 43 = 0 \quad \rightarrow$$

$$2x^2 + 2a^2 - 4ax + 8y^2 + 8b^2 - 16by - 6\sqrt{2}\,x + 6\sqrt{2}\,a - 24\sqrt{2}\,y + 24\sqrt{2}\,b + 43 = 0.$$

Imponiamo che i coefficienti dei termini di primo grado in x e y siano nulli:

$$-4a - 6\sqrt{2} = 0 \quad \rightarrow \quad 2(2a + 3\sqrt{2}) = 0 \quad \rightarrow \quad a = -\frac{3}{2}\sqrt{2},$$

$$-16b - 24\sqrt{2} = 0 \quad \rightarrow \quad 8(2b + 3\sqrt{2}) = 0 \quad \rightarrow \quad b = -\frac{3}{2}\sqrt{2}.$$

Per non avere i termini in x e in y dobbiamo quindi applicare una traslazione di vettore $\left(-\frac{3}{2}\sqrt{2}; -\frac{3}{2}\sqrt{2}\right)$. Sostituiamo nell'equazione e semplifichiamo:

$$2x^2 + 8y^2 - 2 = 0 \quad \rightarrow \quad x^2 + 4y^2 = 1 \quad \rightarrow \quad x^2 + \frac{y^2}{\frac{1}{4}} = 1.$$

Abbiamo ottenuto l'equazione di un'ellisse con centro in O e semiassi 1 e $\frac{1}{2}$.
Disegniamo la curva e poi eseguiamo in successione le trasformazioni inverse che riportano l'ellisse all'equazione iniziale, cioè una traslazione di vettore $\left(\frac{3}{2}\sqrt{2}; \frac{3}{2}\sqrt{2}\right)$ e una rotazione di centro O e angolo $-\frac{\pi}{4}$.

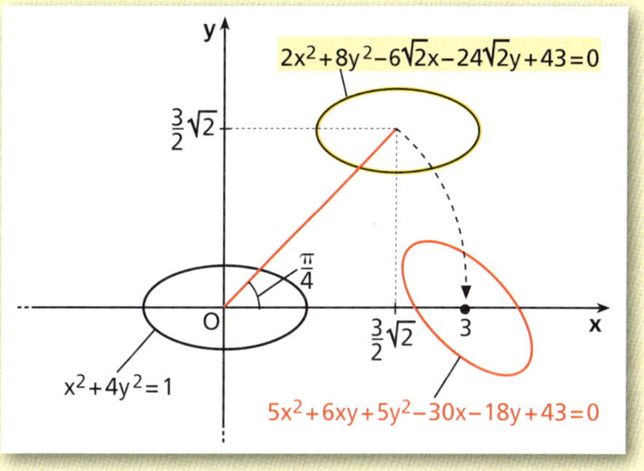

Rappresenta graficamente le coniche che hanno le seguenti equazioni.

368 $5x^2 + 6xy + 5y^2 - 8 = 0$ [ellisse, $C(0; 0)$, semiassi: 2, 1]

369 $x^2 - 2xy + y^2 + 2\sqrt{2}\,x + 2\sqrt{2}\,y = 0$ [parabola, $V(0; 0)$]

370 $x^2 + 6xy + y^2 + 4 = 0$ [iperbole, $C(0; 0)$, semiassi: $\sqrt{2}$, 1]

371 $2x^2 + 4\sqrt{3}\,xy - 2y^2 + 4x + 4\sqrt{3}\,y + 6 = 0$ $\left[\text{iperbole, } C\left(-\frac{1}{2}; -\frac{\sqrt{3}}{2}\right), \text{ semiassi: } 1, 1\right]$

ESERCIZI

372 $5x^2 + 4xy + 8y^2 - 36 = 0$ [ellisse, $C(0; 0)$, semiassi: 2, 3]

373 $3y^2 + 4xy = 4$ [iperbole, $C(0; 0)$, semiassi: 1, 2]

374 $5x^2 + 6xy + 5y^2 - 16x - 16y + 8 = 0$ [ellisse, $C(1; 1)$, semiassi: 2, 1]

375 $6x^2 - 20xy + 6y^2 - 1 = 0$ $\left[\text{iperbole, } C(0; 0), \text{ semiassi: } \frac{1}{2}, \frac{1}{4}\right]$

376 $3x^2 - 10xy + 3y^2 + 8 = 0$ [iperbole, $C(0; 0)$, semiassi: 1, 2]

377 $x^2 - 2\sqrt{3}\,xy + 3y^2 - 2\sqrt{3}\,x - 2y - 4 = 0$ $\left[\text{parabola, } V\left(-\frac{\sqrt{3}}{2}; -\frac{1}{2}\right)\right]$

7 Omotetia

▶ Teoria a p. 1064

378 VERO O FALSO?

a. Due circonferenze sono sempre omotetiche. V F

b. L'omotetia ingrandisce sempre una figura. V F

c. Un'omotetia di rapporto k trasforma un angolo di ampiezza α in uno di ampiezza $k\alpha$. V F

d. Un'omotetia trasforma un segmento in un segmento a esso parallelo. V F

e. Un'omotetia di centro C e rapporto $k = -1$ è una simmetria centrale di centro C. V F

379 TEST Due quadrati si corrispondono in un'omotetia:

A se hanno i lati congruenti.

B sempre.

C se hanno i lati in proporzione.

D se hanno i lati paralleli.

E mai.

Equazioni dell'omotetia con centro nell'origine

omotetia di centro O e rapporto K:
$\begin{cases} x' = kx \\ y' = ky \end{cases}$

Disegna le omotetiche delle figure nell'omotetia di centro $O(0; 0)$ e rapporto k.

380 Segmento di estremi $A(-2; -1)$ e $B(1; 3)$; $k = 3$.

381 Triangolo di vertici $A(4; 6)$, $B(7; 10)$ e $C(10; 4)$; $k = -2$.

382 Quadrilatero di vertici $A(0;5)$, $B(10; 1)$, $C(0; -7)$ e $D(-10; -3)$; $k = -1$.
I quadrilateri corrispondenti sono quadrilateri particolari?

383 COMPLETA sapendo che A' è il trasformato di A nell'omotetia di centro O e rapporto k.

a. $A(3; -2)$, $A'(\square; \square)$, $k = \frac{1}{3}$.

b. $A\left(\frac{1}{2}; -2\right)$, $A'(-2; 8)$, $k = \square$.

c. $A\left(-\frac{2}{3}; \square\right)$, $A'(\square; 5)$, $k = -\frac{5}{2}$.

d. $A(\square; \square)$, $A'\left(\frac{5}{4}; -\frac{1}{2}\right)$, $k = 2$.

384 AL VOLO Quali delle seguenti coppie di punti si corrispondono in un'omotetia di centro O?

a. $A\left(\frac{1}{5}; -\frac{5}{4}\right)$, $A'\left(\frac{2}{5}; -\frac{5}{2}\right)$.

b. $A(-6; 1)$, $A'\left(2; \frac{1}{3}\right)$.

c. $A\left(\frac{3}{2}; -\frac{5}{4}\right)$, $A'\left(\frac{9}{5}; -\frac{3}{4}\right)$

385 LEGGI IL GRAFICO In ogni grafico sono rappresentate una figura geometrica (indicata con lettere senza apice) e la sua omotetica. Determina il rapporto k di omotetia.

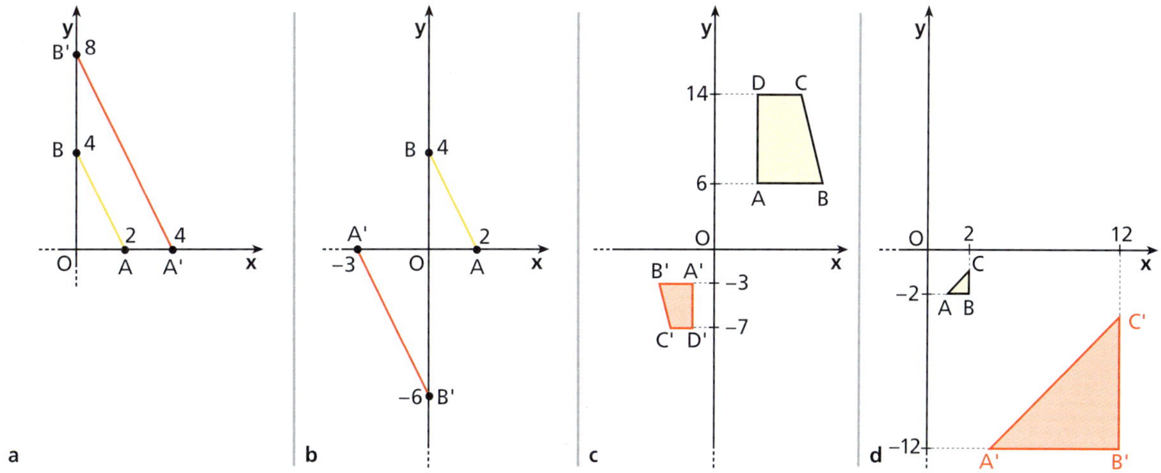

386 Il triangolo $A'B'C'$ è il corrispondente del triangolo di vertici $A(2; 4)$, $B(5; 0)$, $C(6; 7)$ nell'omotetia di centro O e rapporto $k = 2$. Verifica che entrambi i triangoli sono rettangoli e che il rapporto fra il perimetro di $A'B'C'$ e quello di ABC è uguale a 2.

387 Sia $A'B'C'D'$ il corrispondente del parallelogramma di vertici $A(-8; -6)$, $B(-4; -5)$, $C(-1; -1)$ e $D(-5; -2)$ nell'omotetia di centro O e rapporto $k = -\frac{1}{3}$. Verifica che i lati corrispondenti sono paralleli.

388 Un'omotetia con centro O trasforma il punto $A(2; -5)$ nel punto A' di ascissa -8. Trova le equazioni dell'omotetia e l'ordinata di A'.
$\left[\begin{cases} x' = -4x \\ y' = -4y \end{cases}, y_{A'} = 20\right]$

Equazioni dell'omotetia con centro *C* qualunque

Scrivi le equazioni delle omotetie che hanno i seguenti centri *C* e rapporti *k*.

389 $C(0; 2)$, $k = \frac{2}{3}$. $\left[\begin{cases} x' = \frac{2}{3}x \\ y' = \frac{2}{3}y + \frac{2}{3} \end{cases}\right]$

390 $C(-1; 0)$, $k = -\frac{1}{2}$. $\left[\begin{cases} x' = -\frac{1}{2}x - \frac{3}{2} \\ y' = -\frac{1}{2}y \end{cases}\right]$

391 $C(-4; 1)$, $k = -3$. $\left[\begin{cases} x' = -3x - 16 \\ y' = -3y + 4 \end{cases}\right]$

392 $C(1; -2)$, $k = \frac{3}{4}$. $\left[\begin{cases} x' = \frac{3}{4}x + \frac{1}{4} \\ y' = \frac{3}{4}y - \frac{1}{2} \end{cases}\right]$

Determina i centri delle omotetie con le seguenti equazioni.

393 $\begin{cases} x' = 2x - 1 \\ y' = 2y + 3 \end{cases}$ $[C(1; -3)]$

394 $\begin{cases} x' = \frac{1}{2}x \\ y' = \frac{1}{2}y - 2 \end{cases}$ $[C(0; -4)]$

395 $\begin{cases} x' = \dfrac{x-1}{3} \\ y' = \dfrac{y+2}{3} \end{cases}$ $\left[C\left(-\frac{1}{2}; 1\right)\right]$

396 $\begin{cases} x' = 4(x-1) \\ y' = 4y + \frac{1}{2} \end{cases}$ $\left[C\left(\frac{4}{3}; -\frac{1}{6}\right)\right]$

ESERCIZI

397 LEGGI IL GRAFICO $A'B'$ è omotetico di AB: determina il centro e il rapporto di omotetia.

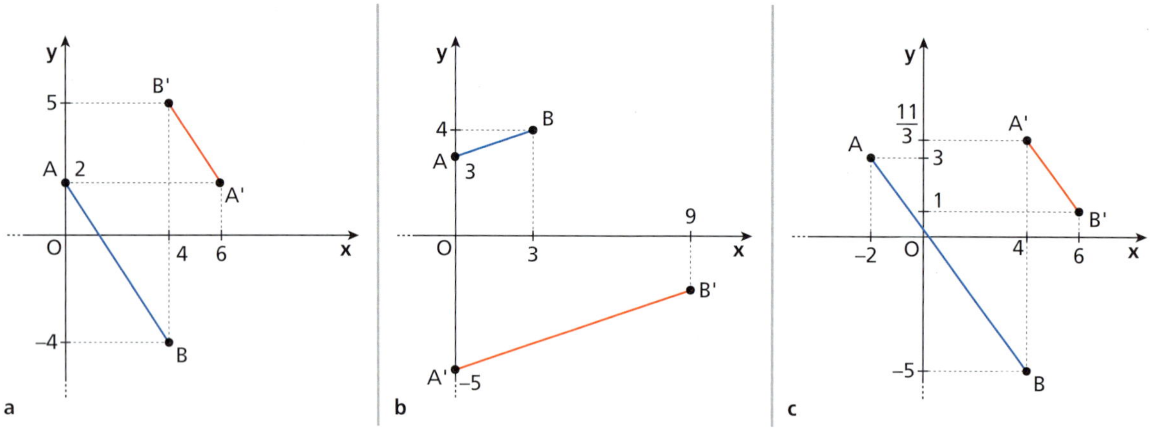

$\left[\text{a) } C(4; 2), k = -\frac{1}{2}; \text{b) } C(0; 7), k = 3; \text{c) } C(7; 4), k = \frac{1}{3}\right]$

398 Un'omotetia trasforma il punto $A(0; -3)$ in $A'(4; 1)$ e $B(2; 0)$ in B' di ordinata -8. Scrivi le equazioni dell'omotetia, determina il centro, il rapporto k e l'ascissa di B'. Calcola poi il rapporto tra i segmenti AB e $A'B'$.

$\left[\begin{cases} x' = -3x + 4 \\ y' = -3y - 8 \end{cases}, C(1; -2), k = -3, x_{B'} = -2, \frac{\overline{AB}}{\overline{A'B'}} = \frac{1}{3}\right]$

399 TEST Quale fra le seguenti equazioni rappresenta un'omotetia con centro in $(-2; 3)$?

A $\begin{cases} x' = 2y + 2 \\ y' = 2x - 3 \end{cases}$ B $\begin{cases} x' = 4x + 2 \\ y' = 4y - 3 \end{cases}$ C $\begin{cases} x' = -2x + 2 \\ y' = -2y - 3 \end{cases}$ D $\begin{cases} x' = -x - 2 \\ y' = -y + 3 \end{cases}$ E $\begin{cases} x' = 2x + 2 \\ y' = 2y - 3 \end{cases}$

400 RIFLETTI SULLA TEORIA Stabilisci se la retta di equazione $3x - y + 5 = 0$ è globalmente unita nell'omotetia di equazioni $\begin{cases} x' = 2x + 2 \\ y' = 2y + 1 \end{cases}$, senza calcolare l'equazione della retta trasformata.

401 FAI UN ESEMPIO di una figura unita per un'omotetia di centro $C(-2; 3)$ e rapporto $k \neq \pm 1$.

Omotetie e curve

402 VERO O FALSO?

a. Le omotetie di rapporto $k \neq 1$ hanno un solo punto unito. V F

b. L'omotetia inversa dell'omotetia di equazioni $\begin{cases} x' = kx \\ y' = ky \end{cases}$ ha equazioni $\begin{cases} x' = -kx \\ y' = -kx \end{cases}$. V F

c. Data l'omotetia ω di rapporto k, l'omotetia $\omega \circ \omega$ ha rapporto $2k$. V F

d. Se si trasforma l'equazione $y = f(x)$ di una funzione con l'omotetia di centro O e rapporto 2, si ottiene $y = \frac{1}{2} f\left(\frac{x}{2}\right)$. V F

e. In un'omotetia non ci sono rette unite. V F

403 Data l'omotetia di centro O e rapporto k, determina k in modo che la trasformata dell'ellisse di equazione $\frac{x^2}{a^2} + \frac{y^2}{b^2} = 1$ racchiuda una superficie di area doppia. $[k = \pm\sqrt{2}]$

404 RIFLETTI SULLA TEORIA È corretto affermare che tutte le parabole con vertice nell'origine e asse di simmetria l'asse y sono omotetiche tra loro? Argomenta la tua risposta con una dimostrazione.

405 ●● Data la circonferenza γ di equazione $x^2+y^2-8x+4y+4=0$, determina le omotetie con centro nell'origine che trasformano γ in una circonferenza γ' di raggio $\frac{1}{2}$. Scrivi le equazioni delle omotetie e di γ'.

$\left[\begin{cases} x'=\pm\frac{1}{8}x \\ y'=\pm\frac{1}{8}y \end{cases}; \gamma': 16x^2+16y^2 \mp 16x \pm 8y+1=0\right]$

406 ●● È data l'iperbole di equazione $\frac{x^2}{9}-\frac{y^2}{16}=1$. Considera la sua trasformata mediante l'omotetia $\begin{cases} x'=-2x \\ y'=-2y \end{cases}$.
Confronta asintoti, vertici, fuochi ed eccentricità delle due iperboli, determinando quali elementi si conservano e quali vengono modificati dalla trasformazione. [rimangono invariati asintoti ed eccentricità]

407 ●● Componi una traslazione di vettore $\vec{v}(4;3)$ con un'omotetia con centro nell'origine e rapporto $-\frac{1}{2}$. Che trasformazione ottieni? Determina gli eventuali punti uniti e rette unite della trasformazione.

$\left[P\left(-\frac{4}{3};-1\right)\right.$; rette unite: tutte le rette del fascio di centro $\left.P\right]$

408 ●○ LEGGI IL GRAFICO Le parabole della figura si corrispondono in un'omotetia di centro C e rapporto k. Trova C e k.

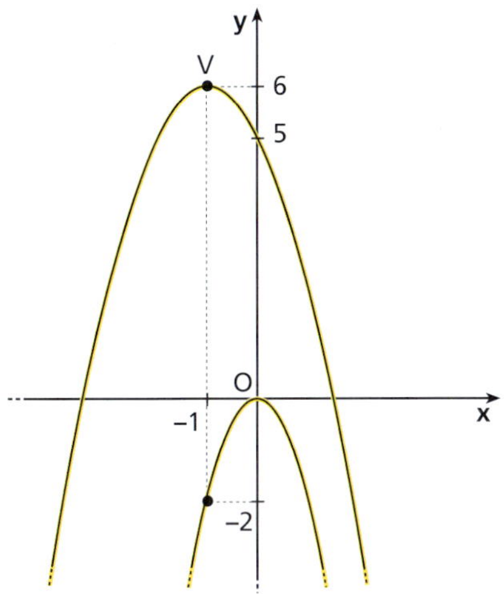

$[C(1;-6), k=2]$

409 ●● Determina la figura omotetica di centro $O(0;0)$ e rapporto $k=\frac{1}{3}$ della circonferenza avente un diametro di estremi $A(-3;1)$ e $B(1;3)$. Traccia il grafico delle due curve, mettendo in evidenza i punti A e B e i loro trasformati A' e B'. $[9x^2+9y^2+6x-12y=0]$

410 ●● Applica alla funzione $y=\sin x$ l'omotetia di centro O e rapporto $k=\frac{1}{2}$ e disegna il grafico della funzione trasformata. $\left[y=\frac{1}{2}\sin 2x\right]$

411 ●● Trova la trasformata della funzione $y=\cos x-1$ attraverso l'omotetia di centro O e rapporto -2 e traccia il grafico della funzione ottenuta.

$\left[y=-2\cos\frac{x}{2}+2\right]$

412 ●○ LEGGI IL GRAFICO Un'omotetia ω con il centro C nel primo quadrante trasforma la circonferenza γ nella circonferenza γ' della figura.

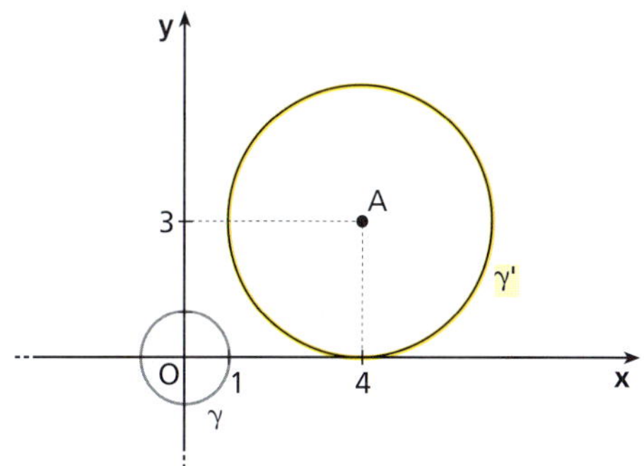

Trova le equazioni dell'omotetia e il suo centro C. Scrivi le equazioni delle due circonferenze e verifica che ω trasforma γ in γ'.

$\left[\omega: \begin{cases} x'=-3x+4 \\ y'=-3y+3 \end{cases}; C\left(1;\frac{3}{4}\right)\right]$

413 ●● Data l'omotetia ω di equazioni

$$\begin{cases} x'=ax-2+2a \\ y'=ay-5-a \end{cases},$$

determina a in modo che il centro sia $C(-2;4)$. Studia ω e trova l'equazione della circonferenza γ che ha come immagine la circonferenza γ' di equazione $x^2+y^2-2x=0$.

$\left[x^2+y^2+2x-\frac{16}{3}y+8=0\right]$

414 ●● Date la circonferenza γ di equazione $x^2+y^2=4$ e la retta r di equazione $x-2y+10=0$, determina il rapporto dell'omotetia di centro O che trasforma γ in una circonferenza γ' tangente a r.

$[\pm\sqrt{5}]$

415 ●● Considera la circonferenza di equazione $x^2 + y^2 - 6x + 2y + 9 = 0$. Determina l'equazione della sua trasformata mediante l'omotetia che ha come centro il centro della circonferenza e come rapporto 4, e calcola l'area della corona circolare. $[x^2 + y^2 - 6x + 2y - 6 = 0; 15\pi]$

8 Similitudine

▶ Teoria a p. 1067

416 ●○ **VERO O FALSO?**

a. Le omotetie sono particolari similitudini. V F

b. Le similitudini conservano la misura delle aree. V F

c. Il rapporto di similitudine è un numero positivo. V F

d. Le similitudini non hanno elementi uniti. V F

e. Una similitudine indiretta riduce le dimensioni della figura a cui viene applicata. V F

Equazioni della similitudine

417 **ESERCIZIO GUIDA** Verifichiamo che le equazioni

$$\begin{cases} x' = -3x - 4y + 1 \\ y' = 4x - 3y \end{cases}$$

sono quelle di una similitudine e determiniamo il rapporto di similitudine.

Le equazioni sono del tipo $\begin{cases} x' = ax - by + c \\ y' = bx + ay + c' \end{cases}$, quindi abbiamo una similitudine diretta.

Il rapporto di similitudine è:

$$k = \sqrt{(-3)^2 + 4^2} = \sqrt{25} = 5.$$

$k = \sqrt{a^2 + b^2}$

similitudine diretta:
$\begin{cases} x' = ax - by + c \\ y' = bx + ay + c' \end{cases}$

similitudine indiretta:
$\begin{cases} x' = ax + by + c \\ y' = bx - ay + c' \end{cases}$

Indica quali di queste equazioni rappresentano una similitudine (diretta o indiretta) e, in caso affermativo, calcola il rapporto di similitudine.

418 ●○ $\begin{cases} x' = \frac{1}{3}x + 5y - 1 \\ y' = -5x + \frac{y}{3} + 3 \end{cases}$

419 ●○ $\begin{cases} x' = -4x + 3y + 1 \\ y' = -3y - 4x \end{cases}$

420 ●○ $\begin{cases} x' = -x - 2y \\ y' = 2x - y + 1 \end{cases}$

421 ●○ $\begin{cases} x' = 3x + y \\ y' = -y + 3x \end{cases}$

422 ●○ $\begin{cases} x' = x + 4y + 2 \\ y' = -4x + y \end{cases}$

423 ●○ $\begin{cases} x' = \frac{1}{2}x - y + 1 \\ y' = -x + \frac{1}{2}y \end{cases}$

424 ●○ **LEGGI IL GRAFICO** Scrivi le equazioni della similitudine che trasforma il triangolo ABC nel triangolo $A'B'C'$. Qual è il rapporto di similitudine? $\left[\begin{cases} x' = -2y \\ y' = -2x \end{cases}; 2\right]$

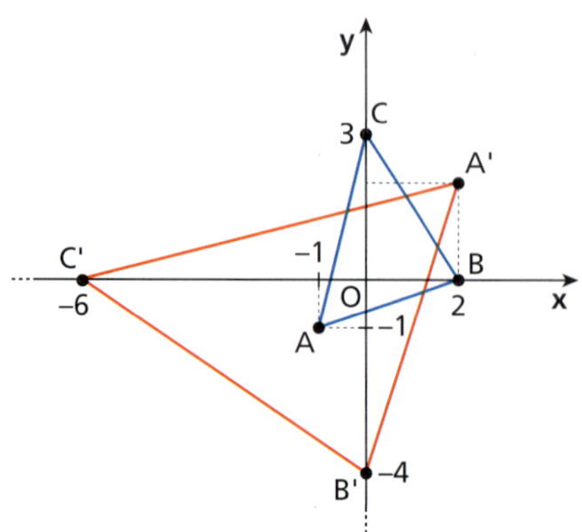

425 Determina le equazioni della similitudine che trasforma il triangolo di vertici $A(-3;2)$, $B(2;2)$, $C(-2;4)$ nel triangolo di vertici $A'\left(1;\frac{7}{2}\right)$, $B'(1;1)$, $C'(2;3)$.
Qual è il rapporto di similitudine?

$$\left[\begin{cases} x' = \frac{1}{2}y \\ y' = -\frac{1}{2}x + 2 \end{cases}; \frac{1}{2}\right]$$

426 Stabilisci se la similitudine di equazione

$$\begin{cases} x' = 3x + 4y - 16 \\ y' = 4x - 3y - 8 \end{cases}$$

ha elementi uniti.

$$\left[P(4;2);\ y = -2x + 10,\ y = \frac{1}{2}x\right]$$

427 Trova per quali valori di a le seguenti equazioni rappresentano una similitudine di rapporto $\sqrt{5}$:

$$\begin{cases} x' = ax + y + a \\ y' = x - ay \end{cases}. \qquad [a = \pm 2]$$

428 Determina per quale valore di a la similitudine di equazioni

$$\begin{cases} x' = (a+1)x - ay + 1 \\ y' = x + 2ay - 1 \end{cases}$$

trasforma il triangolo in figura in un triangolo di area 75. Calcola poi le coordinate del triangolo trasformato $A'B'C'$.

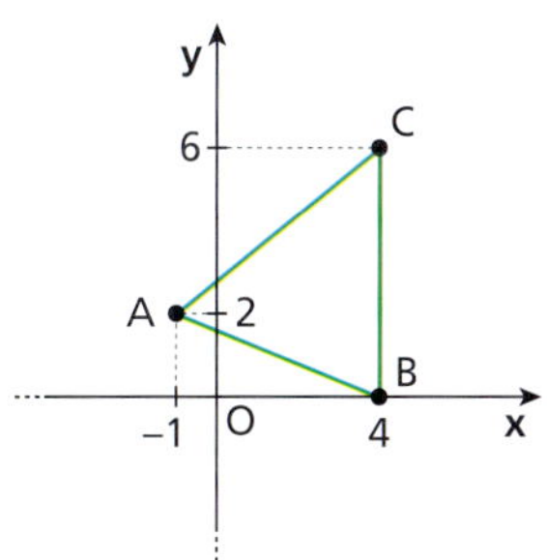

$$[a = 1;\ A'(-3;2),\ B'(9;3),\ C'(3;15)]$$

429 Determina il valore di a tale che la similitudine di equazioni

$$\begin{cases} x' = 2x + y \\ y' = x - 2y \end{cases}$$

trasformi la circonferenza $x^2 + y^2 - 2ax = 0$ in una circonferenza di centro il punto $(4;2)$.
Scrivi l'equazione della circonferenza trasformata, determina il suo raggio e la sua area.

$$[a = 2;\ x^2 + y^2 - 8x - 4y = 0;\ r = 2\sqrt{5};\ S = 20\pi]$$

430 Scrivi le equazioni della similitudine diretta tale che:

$A(0;2) \mapsto A'(-8;6)$,

$O(0;0) \mapsto O'(0;0)$.

Determina perimetro e area del trasformato del triangolo AOC, con $C(-1;0)$.

$$\left[\begin{cases} x' = 3x - 4y \\ y' = 4x + 3y \end{cases}; 2p' = 15 + 5\sqrt{5};\ S' = 25\right]$$

431 Data la trasformazione

$$t: \begin{cases} x' = 2ax - (a+1)y \\ y' = (a+1)x + (a+2)y \end{cases},$$

determina il valore di a in modo che rappresenti una similitudine diretta di rapporto $k = 5$. Applica t alla circonferenza γ di centro $C(1;1)$ e raggio 1. Trova l'equazione della circonferenza trasformata e verifica che il rapporto fra i due raggi è k.

$$\left[\begin{cases} x' = 4x - 3y \\ y' = 3x + 4y \end{cases}, \gamma': x^2 + y^2 - 2x - 14y + 25 = 0\right]$$

432 LEGGI IL GRAFICO

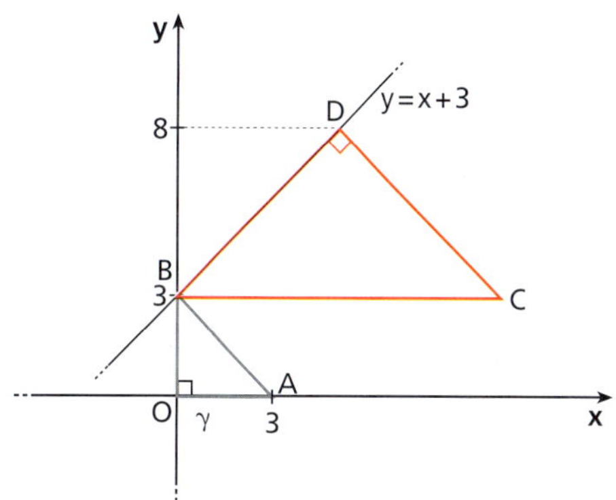

Utilizzando i dati della figura, verifica che i triangoli OAB e DBC sono simili. Determina le equazioni della similitudine diretta che trasforma il triangolo OAB nel triangolo DBC (il punto B del triangolo DBC è il trasformato di A del triangolo OAB). Studia la trasformazione, determinando gli eventuali elementi uniti.

$$\left[\begin{cases} x' = -\frac{5}{3}x + \frac{5}{3}y + 5 \\ y' = -\frac{5}{3}x - \frac{5}{3}y + 8 \end{cases}; V\left(\frac{240}{89}; \frac{117}{89}\right)\right]$$

433 REALTÀ E MODELLI **Digital map** Nel consultare una mappa sul cellulare, osservi che due punti A e B dello schermo distano (in linea retta) 3 cm.

a. Se la scala della mappa 1:50 000, qual è la distanza reale in linea d'aria fra i due punti?

b. Se zoomando l'immagine la distanza diventa di 4 cm, qual è la nuova scala della mappa?

c. Sulla mappa visualizzata alla scala del punto precedente compare un lago che occupa sullo schermo circa 3 cm^2; qual è la superficie reale del lago?

[a) 1500 m; b) 1:37 500; c) 421 875 m^2]

434 **I frattali** Uno dei frattali più noti è il triangolo di Sierpinski, che si ottiene in questo modo: da un quadrato di lato unitario si elimina il quadratino in basso a destra di lato $\frac{1}{2}$. La figura che rimane è costituita da tre quadrati di lato $\frac{1}{2}$: da ciascuno di questi quadrati si toglie il quadratino in basso a destra di lato $\frac{1}{4}$ e così via. La figura mostra un triangolo di Sierpinski in cui abbiamo colorato tre zone: ciascuna parte è simile all'intero frattale. Fissato il sistema di riferimento con origine nell'angolo in basso a sinistra del quadrato in cui il frattale è costruito, determina le trasformazioni geometriche che, applicate al frattale, restituiscono uno dei sottofrattali indicati in figura (considera solo la forma, non i colori).

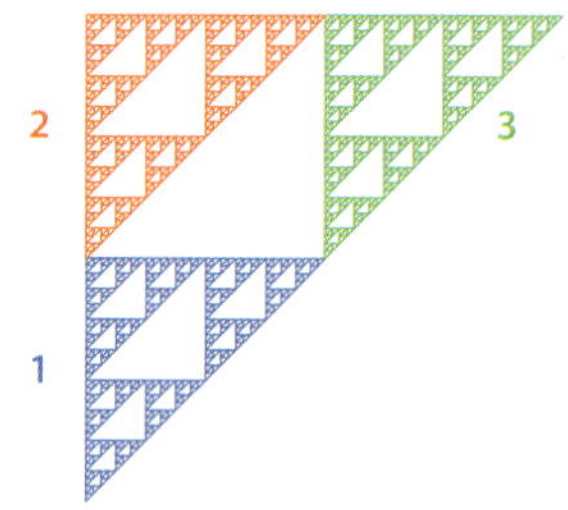

$\left[t_1: \begin{cases} x' = \frac{1}{2}x \\ y' = \frac{1}{2}y \end{cases}, t_2: \begin{cases} x' = \frac{1}{2}x \\ y' = \frac{1}{2}y + \frac{1}{2} \end{cases}, t_3: \begin{cases} x' = \frac{1}{2}x + \frac{1}{2} \\ y' = \frac{1}{2}y + \frac{1}{2} \end{cases}\right]$

Composizione di similitudini

435 Scrivi le equazioni della similitudine che si ottiene componendo l'omotetia di centro $C(3; 1)$ e rapporto 3 con la simmetria assiale di asse $x = 3$. La similitudine ha elementi uniti?

$\left[\begin{cases} x' = -3x + 12 \\ y' = 3y - 2 \end{cases}; C \text{ punto unito, } y = 1 \text{ e } x = 3 \text{ rette globalmente unite}\right]$

436 Determina l'omotetia ω di centro O e la simmetria centrale s che composte danno la similitudine di equazioni:

$$\begin{cases} x' = \frac{2}{3}x - 12 \\ y' = \frac{2}{3}y + 4 \end{cases}.$$

$\left[\omega\text{: centro } O, k = -\frac{2}{3}; s\text{: centro } M(-6; 2)\right]$

RIFLETTI SULLA TEORIA

437 Scrivi le equazioni di una trasformazione geometrica composta da una simmetria di centro il punto $(a; b)$ e da un'omotetia di rapporto $k \neq -1$ e centro l'origine. Determina il punto unito. Componi ora le due trasformazioni in ordine inverso e verifica che il punto unito non coincide in generale con il precedente.

$\left[\left(\frac{2ak}{1+k}; \frac{2bk}{1+k}\right); \left(\frac{2a}{1+k}; \frac{2b}{1+k}\right)\right]$

438 Verifica con due esempi che la composizione di due similitudini dirette o indirette dà luogo a una similitudine diretta, mentre la composizione di una diretta e una indiretta dà luogo a una indiretta.

439 Che cosa ottieni componendo le due similitudini $\sigma_1: \begin{cases} x' = -2y + 1 \\ y' = 2x - 2 \end{cases}$ e $\sigma_2: \begin{cases} x' = 3x \\ y' = 3y - 4 \end{cases}$?

Nella similitudine composta quanto vale il rapporto tra la misura del trasformato di un segmento AB e quella di AB stesso? E il rapporto tra l'area di una figura trasformata e l'area della figura di partenza? [6; 36]

440 Scrivi le equazioni della similitudine diretta σ che ha O come punto unito e che porta $A(2;0)$ in $A'(6;2)$. Considera poi la trasformazione t_1 di equazioni:

$$\begin{cases} x' = -y \\ y' = x+1 \end{cases}.$$

Studia t_1 e trova le equazioni di $t = t_1 \circ \sigma$. Studia le caratteristiche di t.

$\left[\sigma: \begin{cases} x' = 3x - y \\ y' = x + 3y \end{cases}, t: \begin{cases} x' = -x - 3y \\ y' = 3x - y + 1 \end{cases}, \text{similitudine diretta}, k = \sqrt{10}, U\left(-\frac{3}{13}; \frac{2}{13}\right)\right]$

441 Scrivi le equazioni della similitudine diretta σ che ha come punto unito O e porta $A(2;-1)$ in $A'(-1;4)$. Scrivi poi le equazioni della simmetria assiale s_a di asse $y = 2$. Determina le equazioni di $t = s_a \circ \sigma$; studia t e verifica che ha un solo punto unito P.

$\left[\sigma: \begin{cases} x' = -\frac{6}{5}x - \frac{7}{5}y \\ y' = \frac{7}{5}x - \frac{6}{5}y \end{cases}; s_a: \begin{cases} x' = x \\ y' = 4 - y \end{cases}; t: \begin{cases} x' = -\frac{6}{5}x - \frac{7}{5}y \\ y' = -\frac{7}{5}x + \frac{6}{5}y + 4 \end{cases}; P\left(\frac{7}{3}; -\frac{11}{3}\right)\right]$

9 Affinità

Teoria a p. 1069

442 VERO O FALSO? Un'affinità può trasformare:

a. un quadrato in un parallelogramma. V F
b. un parallelogramma in un trapezio. V F
c. un triangolo equilatero in uno scaleno. V F
d. una circonferenza in un'ellisse. V F
e. una parabola in un'ellisse. V F

443 RIFLETTI SULLA TEORIA Se un'affinità è una similitudine, che relazione c'è tra il rapporto di affinità e il rapporto di similitudine?

Equazioni di un'affinità

Fra le seguenti equazioni riconosci quelle che rappresentano un'affinità, specificando se è diretta o indiretta. Scrivi il rapporto di affinità.

444 $\begin{cases} x' = x - 2y \\ y' = x + 4 \end{cases}$ $\begin{cases} x' = 3x - y \\ y' = 2 \end{cases}$ $\begin{cases} x' = -x \\ y' = 6x + 9 \end{cases}$

445 $\begin{cases} x' = 2x + y \\ y = y^2 - 1 \end{cases}$ $\begin{cases} x' = -x + 2 \\ y = 2x + 2y \end{cases}$ $\begin{cases} x' = 5x - y - 1 \\ y = -10x + 2y + 3 \end{cases}$

Nei seguenti esercizi vengono fornite le equazioni di un'affinità e le coordinate dei vertici di un poligono. Determina i vertici della figura corrispondente nella trasformazione assegnata e disegnala.

446 $\begin{cases} x' = 3x - y \\ y' = 3y \end{cases}$

Triangolo ABC: $A(-2;2)$, $B(-5;2)$, $C(-2;6)$.

447 $\begin{cases} x' = 2x + 2y \\ y' = x - y \end{cases}$

Quadrato $ABCD$: $A(2;-3)$, $B(4;-3)$, $C(4;-1)$, $D(2;-1)$.

448 Determina l'immagine della retta di equazione $2x - y + 1 = 0$ nell'affinità di equazioni

$$\begin{cases} x' = 2x + 3y + 1 \\ y' = -x - y + 1 \end{cases}.$$

$[3x + 8y - 12 = 0]$

449 Trasforma le rette r e s di equazioni $y = 2$ e $y = -x + 1$ nell'affinità di equazioni

$$\begin{cases} x' = 2x - 1 \\ y' = x + y \end{cases}$$

e verifica che il punto P di intersezione di r e s viene trasformato nel punto P' di intersezione di r' e s'. $[r': 2y - x = 5;\ s': y = 1;\ P'(-3;1)]$

450 Trova gli eventuali punti uniti dell'affinità di equazioni $\begin{cases} x' = 3x - y + 1 \\ y' = -4x + y - 1 \end{cases}$. $\left[P\left(-\frac{1}{4}; \frac{1}{2}\right)\right]$

451 **ESERCIZIO GUIDA** Studiamo la trasformazione geometrica di equazioni $\begin{cases} x' = 2x + 1 \\ y' = 4x - y \end{cases}$ e determiniamo gli eventuali elementi uniti.

Calcoliamo il determinante associato alla trasformazione:

$$\begin{vmatrix} 2 & 0 \\ 4 & -1 \end{vmatrix} = -2.$$

Essendo diverso da 0, si tratta di un'affinità e, poiché $-2 < 0$, l'affinità è indiretta.
Non è un'isometria, perché il determinante è $\neq \pm 1$.
Non è una similitudine, perché *non* sono verificate le proprietà:

$a_1^2 + a_2^2 = b_1^2 + b_2^2$, infatti: $4 + 16 \neq 0 + 1$;

$a_1 b_1 + a_2 b_2 = 0$, infatti: $2 \cdot 0 + 4(-1) \neq 0$.

Si tratta quindi di una generica affinità indiretta. Determiniamo gli eventuali elementi uniti.

- *Punti uniti*

$$\begin{cases} x = 2x + 1 \\ y = 4x - y \end{cases} \rightarrow \begin{cases} x = -1 \\ 2y = -4 \end{cases} \rightarrow \begin{cases} x = -1 \\ y = -2 \end{cases}$$

Si ha il punto unito $(-1; -2)$.

- *Rette globalmente unite*

Scriviamo le equazioni della trasformazione inversa:

$$\begin{cases} x = \dfrac{x' - 1}{2} \\ y = 4x - y' \end{cases} \rightarrow \begin{cases} x = \dfrac{x' - 1}{2} \\ y = 4\left(\dfrac{x' - 1}{2}\right) - y' \end{cases} \rightarrow \begin{cases} x = \dfrac{x' - 1}{2} \\ y = 2x' - y' - 2 \end{cases}.$$

Con queste equazioni, trasformiamo la retta generica di equazione $y = mx + q$,

$$2x' - y' - 2 = m\left(\frac{x' - 1}{2}\right) + q,$$

togliamo gli apici e semplifichiamo:

$$y = \left(-\frac{m}{2} + 2\right)x - 2 + \frac{m}{2} - q.$$

Per avere rette unite si deve verificare che:

$$\begin{cases} -\dfrac{m}{2} + 2 = m \\ -2 + \dfrac{m}{2} - q = q \end{cases} \rightarrow \begin{cases} m = \dfrac{4}{3} \\ -2 + \dfrac{2}{3} = 2q \end{cases} \rightarrow \begin{cases} m = \dfrac{4}{3} \\ q = -\dfrac{2}{3} \end{cases}.$$

Abbiamo ottenuto la retta unita di equazione $y = \frac{4}{3}x - \frac{2}{3}$.

Trasformiamo ora la retta generica di equazione $x = h$ (non compresa in quelle del tipo $y = mx + q$):

$$\frac{x' - 1}{2} = h \quad \rightarrow \quad x' = 2h + 1.$$

La retta di equazione $x = 2h + 1$ è unita a quella di equazione $x = h$ se:

$$2h + 1 = h \quad \rightarrow \quad h = -1.$$

Quindi la retta di equazione $x = -1$ è unita.

Studia le seguenti affinità e individua gli eventuali elementi uniti. Nel caso in cui l'affinità sia un'isometria, indica il tipo di isometria.

452 ●○ $\begin{cases} x' = x - y \\ y' = 2x \end{cases}$ [diretta; $U(0; 0)$]

453 ●○ $\begin{cases} x' = \frac{3}{4}x + 2 \\ y' = \frac{3}{4}y - 1 \end{cases}$ [omotetia; $C(8; -4)$]

454 ●○ $\begin{cases} x' = x \\ y' = -y + 3 \end{cases}$ $\left[\text{simm. assiale; } y = \frac{3}{2}\right]$

455 ●○ $\begin{cases} x' = 3x + y \\ y' = -y \end{cases}$ [indiretta; $U(0; 0)$; $y = 0$, $y = -4x$]

456 ●○ $\begin{cases} x' = 3x - 4y \\ y' = 4x + 3y \end{cases}$ [simil.; $U(0; 0)$]

457 ●○ $\begin{cases} x' = x - 2y \\ y' = 2x + y \end{cases}$ [simil.; $U(0; 0)$]

458 ●● $\begin{cases} x' = 2x - 1 \\ y' = -2y + 3 \end{cases}$ [simil.; $U(1; 1)$, $x = 1$, $y = 1$]

459 ●● $\begin{cases} x' = x \\ y' = -3y + 2 \end{cases}$ $\left[\text{indiretta; } y = \frac{1}{2}, x = h\right]$

460 ●● $\begin{cases} x' = 2x - y \\ y' = x + 1 \end{cases}$ [diretta]

461 ●● $\begin{cases} x' = 4x \\ y' = x - 2y \end{cases}$ $\left[\text{indiretta; } U(0; 0), x = 0, y = \frac{1}{6}x\right]$

462 ●● $\begin{cases} x' = x + 2y \\ y' = y - 2 \end{cases}$ [diretta]

463 ●● $\begin{cases} x' = y - 1 \\ y' = x + 3 \end{cases}$ [glissosimm.; $y = x + 2$]

464 ●● $\begin{cases} x' = -x + 2 \\ y' = -y - 3 \end{cases}$ $\left[\text{simm. centrale; } U\left(1; -\frac{3}{2}\right)\right]$

---

465 ●● $\begin{cases} x' = x - \sqrt{3}y - 2 \\ y' = \sqrt{3}x + y + 1 \end{cases}$ $\left[\text{simil.; } U\left(-\frac{\sqrt{3}}{3}; -\frac{2}{3}\sqrt{3}\right)\right]$

466 ●● $\begin{cases} x' = 2x + y + 1 \\ y' = -2x + y \end{cases}$ [diretta; $U(0; -1)$]

467 ●● $\begin{cases} x' = x - y + 1 \\ y' = -x - y + 2 \end{cases}$ [similitudine; $U(0; 1)$, $y = (1 \pm \sqrt{2})x + 1$]

468 ●● $\begin{cases} x' = \frac{1}{2}x - y + 3 \\ y' = -x + \frac{1}{2}y \end{cases}$ [indiretta; $U(-2; 4)$, $y = x + 6$, $y = -x + 2$]

469 ●● $\begin{cases} x' = y - 2 \\ y' = x + 2 \end{cases}$ [simmetria rispetto alla retta $y = x + 2$]

470 ●● Date le affinità di equazioni $\begin{cases} x' = ax - 3by + 1 \\ y' = (a + 2)x + by + 2 \end{cases}$, con $a \neq -\frac{3}{2}$ e $b \neq 0$, mostra che fra esse c'è una similitudine diretta e rispetto a questa determina le rette corrispondenti agli assi cartesiani.
[$a = 1$; $x + 3y - 7 = 0$, $3x - y - 1 = 0$]

Equivalenze

Riconosci tra le affinità che hanno le seguenti equazioni quelle che sono equivalenze e quelle che sono anche isometrie.

471 ●○ $t: \begin{cases} x' = 2x - y \\ y' = -3x + 2y \end{cases}$ [equivalenza]

472 ●○ $t: \begin{cases} x' = \frac{5}{13}x + \frac{12}{13}y \\ y' = -\frac{12}{13}x + \frac{5}{13}x \end{cases}$ [isometria]

473 ●○ $t: \begin{cases} x' = \frac{1}{4}x - \frac{1}{4}y \\ y' = 2x + 2y \end{cases}$ [equivalenza]

474 ●○ $t: \begin{cases} x' = x + 4 \\ y' = y - 2 \end{cases}$ [isometria]

475 $t: \begin{cases} x' = -y + 1 \\ y' = x + 3 \end{cases}$ [isometria]

476 $t: \begin{cases} x' = 2x + y \\ y' = 3y + 2x \end{cases}$ [non equivalenza]

477 $t: \begin{cases} x' = -x + y \\ y' = x \end{cases}$ [equivalenza]

478 $t: \begin{cases} x' = 3y - 2 \\ y' = \frac{1}{3}x + \frac{1}{2} \end{cases}$ [equivalenza]

479 Trova l'affinità che trasforma il triangolo OAB della figura in $OA'B'$. Studia la trasformazione e trova anche gli eventuali elementi uniti. Dimostra che i due triangoli hanno la stessa area, ma non sono congruenti.

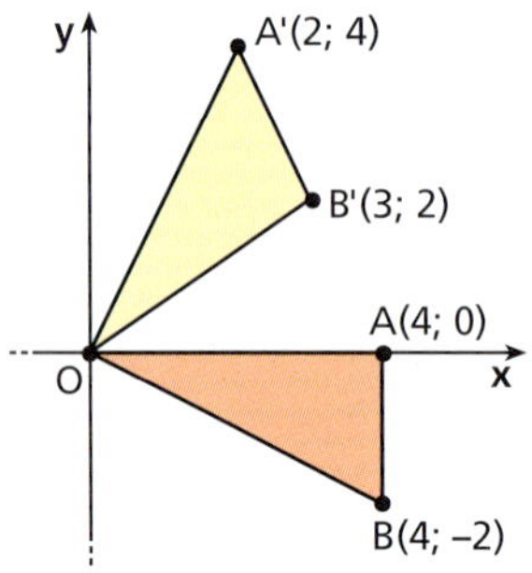

$\left[\begin{cases} x' = \frac{1}{2}x - \frac{1}{2}y \\ y' = x + y \end{cases}\right]$

480 Considera la trasformazione di equazioni:

$$\begin{cases} x' = ax - y \\ y' = (2a - 3)x + 4a \end{cases}.$$

Determina per quali valori di a rappresentano un'equivalenza.
Assegnato ad a il valore più piccolo fra quelli trovati, trasforma il triangolo ABC di vertici $A(1; 1)$, $B(3; 1)$, $C(2; 3)$ in $A'B'C'$. Verifica che i due triangoli hanno la stessa area e determina il rapporto tra i loro perimetri.

$\left[a = 2 \vee a = 1; \frac{2p'}{2p} = \frac{\sqrt{2}(1 + \sqrt{5})}{4}\right]$

Dilatazioni o contrazioni

dilatazione (o contrazione):
$\begin{cases} x' = hx + p \\ y' = ky + q \end{cases}, h, k \neq 0$

481 Considera la trasformazione di equazioni $\begin{cases} x' = 4x + 1 \\ y' = \frac{1}{4}y - 2 \end{cases}$ e trasforma il triangolo equilatero di vertici $O(0; 0)$, $A(2; 0)$, $B(1; \sqrt{3})$ nel triangolo $O'A'B'$.
Verifica che il triangolo $O'A'B'$ non è equilatero ma ha la stessa area del triangolo OAB e poi calcola il rapporto tra i perimetri dei due triangoli.

$\left[S = S' = \sqrt{3}, \frac{2p'}{2p} = \frac{4}{3} + \frac{1}{12}\sqrt{259}\right]$

482 Scrivi le equazioni della dilatazione che trasforma il segmento di estremi $A(1; 0)$ e $B(2; 2)$ nel segmento di estremi A e $B'(3; 8)$. Calcola il perimetro e l'area del triangolo OAB e del suo trasformato $O'A'B'$.

$\left[\begin{cases} x' = 2x - 1 \\ y' = 4y \end{cases}; 2p = 1 + \sqrt{5} + 2\sqrt{2}; S = 1; 2p' = 2 + 2\sqrt{17} + 4\sqrt{5}; S' = 8\right]$

483 ASSOCIA a ciascuna figura le equazioni della trasformazione che trasforma la curva γ in γ'.

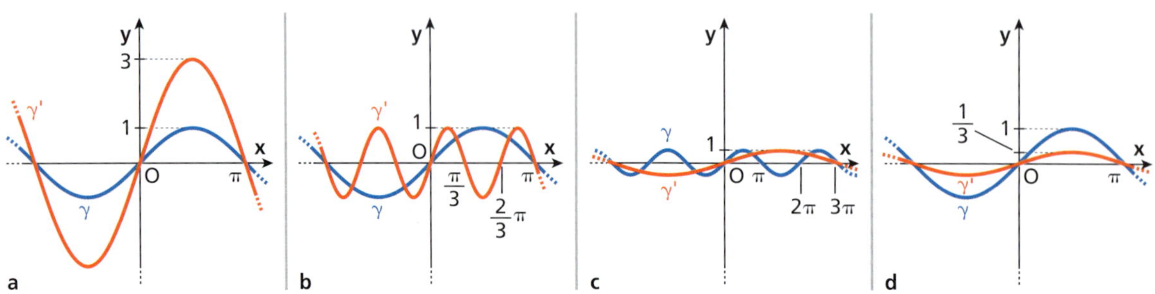

1. $\begin{cases} x' = 3x \\ y' = y \end{cases}$

2. $\begin{cases} x' = x \\ y' = 3y \end{cases}$

3. $\begin{cases} x' = \frac{1}{3}x \\ y' = y \end{cases}$

4. $\begin{cases} x' = x \\ y' = \frac{1}{3}y \end{cases}$

Determina le equazioni delle dilatazioni che trasformano le curve che hanno la prima equazione in quelle che hanno la seconda equazione. Rappresentale graficamente.

484 $y = \sin x,\quad y = -\frac{1}{2}\sin\frac{x}{2}.$ $\left[\begin{cases} x' = 2x \\ y' = -\frac{1}{2}y \end{cases}\right]$

485 $y = \cos x,\quad y = \cos 4x.$ $\left[\begin{cases} x' = \frac{1}{4}x \\ y' = y \end{cases}\right]$

486 $x^2 + y^2 = 4,\quad \frac{x^2}{16} + \frac{y^2}{36} = 1.$ $\left[\begin{cases} x' = 2x \\ y' = 3y \end{cases}\right]$

487 $9x^2 + 4y^2 = 36,\quad x^2 + y^2 = 9.$ $\left[\begin{cases} x' = \frac{3}{2}x \\ y' = y \end{cases}\right]$

---

488 Una dilatazione trasforma l'ellisse di centro (4; 0) e semiassi $a = 4$ e $b = 2$ nella circonferenza di equazione $x^2 + y^2 + 4x - 6y + 12 = 0$. Determina le equazioni della dilatazione.

$\left[\begin{cases} x' = \frac{1}{4}x - 3 \\ y' = \frac{1}{2}y + 3 \end{cases}\right]$

489 Scrivi le equazioni della dilatazione che trasforma la circonferenza di equazione

$$x^2 + y^2 + 2x + 2y + 1 = 0$$

nell'ellisse di equazione

$$x^2 + 9y^2 - 8x - 18y + 16 = 0.$$

$\left[\begin{cases} x' = 3x + 7 \\ y' = y + 2 \end{cases}\right]$

Riepilogo: Affinità

490 TEST Le equazioni $\begin{cases} x' = 2x - y \\ y' = x - 2y + 1 \end{cases}$ rappresentano:

- **A** un'affinità di rapporto -3.
- **B** una similitudine indiretta di rapporto $\sqrt{3}$.
- **C** un'affinità indiretta con un punto unito di coordinate $\left(\frac{1}{2}; \frac{1}{2}\right)$.
- **D** un'isometria con un punto unito di coordinate $\left(\frac{1}{2}; \frac{1}{2}\right)$.
- **E** un'omotetia di rapporto 2.

---

491 Determina le affinità del tipo

$$\begin{cases} x' = ax + by \\ y' = cy + d \end{cases}$$

che associano il punto $P(1; 1)$ a $P'(4; 1)$ e che trasformano il segmento di estremi $A(2; 1)$ e $B(0; 3)$ in un segmento avente la stessa lunghezza e perpendicolare al precedente.

$\left[f_1: \begin{cases} x' = \frac{3}{2}x + \frac{5}{2}y \\ y' = y \end{cases};\ f_2: \begin{cases} x' = \frac{5}{2}x + \frac{3}{2}y \\ y' = -y + 2 \end{cases}\right]$

492 Verifica che l'affinità di equazioni

$$\begin{cases} x' = -x + y + 2 \\ y' = x + y - 1 \end{cases}$$

è una similitudine, determina il rapporto di similitudine e gli eventuali punti uniti. Applica la trasformazione al segmento OA, dove O è l'origine del sistema di assi cartesiani e A è il punto di coordinate (2; 0), e alla retta $x = 1$, osservando anche graficamente gli effetti della trasformazione.

[similitudine indiretta, $k = \sqrt{2}$, $U(1; 0)$, $O'(2; -1)$, $A'(0; 1)$, $y = x - 1$]

---

493 Date le equazioni dell'affinità $\begin{cases} x' = x + a \\ y' = ay - b \end{cases}$ trova a e b in modo che la retta di equazione $2y - x + 1 = 0$ venga trasformata nella bisettrice del primo e del terzo quadrante. [$a = 2$, $b = -3$]

494 Studia la trasformazione di equazioni $\begin{cases} x' = 2x + y \\ y' = x + 2y \end{cases}$ e verifica che la figura corrispondente al quadrato avente i vertici $A(2; 3)$, $B(7; 3)$, $C(7; -2)$ e $D(2; -2)$ è un parallelogramma.

[affinità diretta di rapporto 3, $y = -x$ retta puntualmente unita]

495 ●● **LEGGI IL GRAFICO** Determina quale affinità trasforma il quadrato $OABC$ nel parallelogramma $OAB'C'$. Considera la circonferenza circoscritta al quadrato e trova l'equazione della sua trasformata. Indica il tipo di conica, verifica se è circoscritta al parallelogramma e calcola l'area da essa racchiusa.

$\left[\begin{cases} x' = x + \frac{1}{2}y \\ y' = -2y \end{cases}; \text{ellisse circoscritta; } 4\pi\right]$

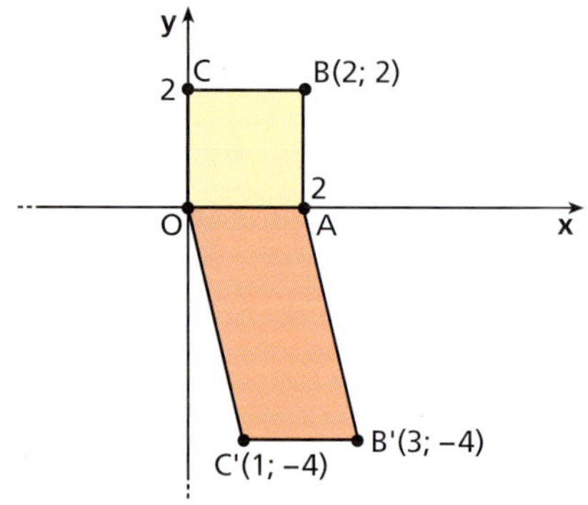

496 ●● Studia la trasformazione di equazioni $\begin{cases} x' = x + y \\ y' = 2y + 1 \end{cases}$ e determina gli eventuali elementi uniti.
Verifica che le due rette parallele di equazioni $y - 3x - 1 = 0$ e $y - 3x = 0$ vengono trasformate in due rette parallele. [affinità diretta; retta unita: $y = -1$]

497 ●● Scrivi le equazioni dell'affinità diretta di rapporto 6, che trasforma il punto $A(2; -1)$ in $A'(6; 0)$, $B(0; 2)$ in $B'(-4; -1)$ e il punto $C(1; 1)$ in un punto dell'asse x. Trova poi gli elementi uniti della trasformazione.

$\left[\begin{cases} x' = 2x - 2y \\ y' = 2x + y - 3 \end{cases}; P\left(\frac{3}{2}; \frac{3}{4}\right)\right]$

498 ●○ **YOU & MATHS** For the linear transformation $f: (x; y) \mapsto (x'; y')$, where

$x' = x + y,$

$y' = 2x - y,$

a. express x and y in terms of x' and y';

b. find the image of (1, 0) and the image of (0, 1);

c. find $f(L)$, the equation of the image of $L: 3x - 4y + 6 = 0$ under the transformation f;

d. if M is a line through the origin perpendicular to L, investigate if $f(M) \perp f(L)$.

(IR *Leaving Certificate Examination*, Higher Level)

$\left[\text{a) } x = \frac{1}{3}x' + \frac{1}{3}y';\ y = \frac{2}{3}x' - \frac{1}{3}y';\ \text{b) } (1, 2); (1, -1);\ \text{c) } 5x - 7y - 18 = 0;\ \text{d) no}\right]$

499 ●○ **EUREKA!** Una delle trasformazioni necessarie per produrre il grafico di $y = 2x^2 + 24x - 1$ a partire dal grafico di $y = x^2$ è una traslazione verticale di k unità verso il basso. Trova il valore di $|k|$.

(USA *Illinois Council of Teachers of Mathematics, Regional Math Contest*)

[73]

500 ●● Data la circonferenza con centro nell'origine e raggio unitario, determina l'affinità del tipo $\begin{cases} x' = hx \\ y' = ky \end{cases}$ che trasforma la circonferenza nell'ellisse $\frac{x^2}{a^2} + \frac{y^2}{b^2} = 1$. Ricordando l'opportuna proprietà delle affinità, calcola l'area della regione di piano racchiusa dall'ellisse. [area = πab]

501 ●● È data la circonferenza di equazione $x^2 + y^2 + 6x - 4y + 9 = 0$. Determina le equazioni delle tangenti parallele agli assi cartesiani e i rispettivi punti di tangenza.

a. Applica alla circonferenza l'affinità di equazioni $\begin{cases} x' = 2x + 6 \\ y' = y - 2 \end{cases}$. Quale curva ottieni?
Quanto vale l'area racchiusa da tale curva?

b. Trasforma ora le rette tangenti e i punti di tangenza, verificando che le rette trasformate sono tangenti alla curva trasformata nei punti trasformati.

$\left[x = -1, x = -5, y = -0, y = 4, T_1(-1; 2), T_2(-5; 2), T_3(-3; 0), T_4(-3; 4); \text{a) } \frac{x^2}{16} + \frac{y^2}{4} = 1; 8\pi\right]$

502 Data la funzione $f(x) = \dfrac{e^{-x} - 1}{e^{-x} + 1} + a$:

a. determina per $a = 2$ il dominio e il codominio di $f(x)$;

b. determina a in modo che la curva sia simmetrica rispetto al punto di coordinate $(0; 1)$;

c. determina il valore di a per il quale l'immagine di $f(x)$ risulta simmetrica rispetto all'origine.

[a) $D = \mathbb{R}$, $C: 1 < y < 3$; b) $a = 1$; c) $a = 0$]

503 a. Considera la trasformazione di equazioni $\begin{cases} x' = x - y \\ y' = x + 1 \end{cases}$ e determina la trasformata della retta $y = mx$. Cosa accade quando $m = 1$?

b. Esistono valori di m per cui la trasformata r' risulta perpendicolare alla retta r?

c. In quali rette vengono trasformati gli assi cartesiani?

[a) $x - (1 - m)\,y + 1 - m = 0$, per $m = 1$ si ottiene l'asse y; b) no; c) $y = 1$, $y = x + 1$]

504 a. Con l'affinità di equazioni $\begin{cases} x' = -x + y \\ y' = 2x - y \end{cases}$ trasforma il quadrato di vertici $(1; 1)$, $(4; 2)$, $(3; 5)$, $(0; 4)$ e verifica che la figura ottenuta è un parallelogramma.

b. Determina l'area del parallelogramma e verifica la proprietà delle affinità relativa all'area.

c. Trova il centro di simmetria del quadrato e quello del parallelogramma, verificando che si corrispondono nell'affinità. [a) figura trasformata di vertici $(0; 1)$, $(-2; 6)$, $(2; 1)$, $(4; -4)$; b) 10; c) $(2; 3)$; $(1; 1)$]

505 Sia t_1 un'affinità tale che $O(0; 0) \mapsto A'(-6; 6)$, $B(1; -2) \mapsto B'(-4; 7)$, $C(0; -3) \mapsto C'(-3; 6)$.

a. Determina le equazioni di t_1 e studia la trasformazione.

b. Scrivi le equazioni della trasformazione $t = t_1 \circ t_2$, essendo t_2 la trasformazione di equazioni $\begin{cases} x' = x - 2 \\ y' = y + 2 \end{cases}$.

c. Studia t e determina gli elementi uniti.

$\left[\text{a)} \begin{cases} x' = -y - 6 \\ y' = x + 6 \end{cases};\ r\left((-6; 0); \frac{\pi}{2}\right);\ \text{b)}\ t: \begin{cases} x' = -y - 8 \\ y' = x + 4 \end{cases};\ \text{c)}\ r\left((-6; -2); \frac{\pi}{2}\right)\right]$

506 Considera le curve di equazioni $y = 4 \sin 3x$ e $y = 3 \sin 4x$. Verifica che una si ottiene dall'altra attraverso una trasformazione geometrica. Indica il tipo di trasformazione, scrivi le sue equazioni e studia le sue principali caratteristiche.

$\left[\text{omotetia con centro } O \text{ e rapporto } \frac{3}{4};\ \begin{cases} x' = \frac{3}{4}x \\ y' = \frac{3}{4}y \end{cases}\right]$

10 Trasformazioni geometriche e matrici

Teoria a p. 1072

Scrivi le seguenti equazioni di trasformazioni geometriche in forma matriciale.

507 $\begin{cases} x' = x + 1 \\ y' = y - 10 \end{cases}$

508 $\begin{cases} x' = 2x + 6 \\ y' = 2y \end{cases}$

509 $\begin{cases} x' = -y + 3 \\ y' = x - 4 \end{cases}$

510 $\begin{cases} x' = 3x - 4y \\ y' = 4x + 3y + 2 \end{cases}$

511 $\begin{cases} x' = -x \\ y' = 1 - 2y \end{cases}$

512 $\begin{cases} x' = 2 + 4x \\ y' = -1 - x + y \end{cases}$

---

513 Perché una trasformazione che ha come matrice associata $A = \begin{bmatrix} 2 & -3 \\ 3 & 2 \end{bmatrix}$ non può essere una rotazione?

514 Quale delle seguenti matrici può essere associata a una rotazione?

a. $\begin{bmatrix} -\frac{\sqrt{3}}{2} & \frac{1}{2} \\ \frac{1}{2} & -\frac{\sqrt{3}}{2} \end{bmatrix}$ b. $\begin{bmatrix} \frac{2}{3} & \frac{\sqrt{5}}{3} \\ -\frac{\sqrt{5}}{3} & \frac{2}{3} \end{bmatrix}$

ESERCIZI

Riconosci le isometrie individuate dalle seguenti equazioni e scrivile in forma matriciale.

515 $\begin{cases} x' = -x-8 \\ y' = y \end{cases}$

516 $\begin{cases} x' = y-3 \\ y' = x+3 \end{cases}$

517 $\begin{cases} x' = \frac{\sqrt{2}}{2}x + \frac{\sqrt{2}}{2}y \\ y' = -\frac{\sqrt{2}}{2}x + \frac{\sqrt{2}}{2}y \end{cases}$

518 $\begin{cases} x' = 1-x \\ y' = 3-y \end{cases}$

519 $\begin{cases} x' = -2+x \\ y' = 3+y \end{cases}$

520 $\begin{cases} x' = -y+1 \\ y' = x-3 \end{cases}$

---

521 **ASSOCIA** alla matrice A dell'equazione $X' = AX + B$ l'isometria relativa.

a. $A = \begin{bmatrix} 0 & -1 \\ -1 & 0 \end{bmatrix}$ **b.** $A = \begin{bmatrix} -1 & 0 \\ 0 & -1 \end{bmatrix}$ **c.** $A = \begin{bmatrix} 1 & 0 \\ 0 & 1 \end{bmatrix}$ **d.** $A = \begin{bmatrix} \frac{3}{5} & -\frac{4}{5} \\ \frac{4}{5} & \frac{3}{5} \end{bmatrix}$

1. Traslazione. **2.** Simmetria assiale. **3.** Rotazione. **4.** Simmetria centrale.

522 Dopo aver scritto in forma matriciale le equazioni dell'isometria t: $\begin{cases} x' = -\frac{3}{5}x + \frac{4}{5}y + \frac{12}{5} \\ y' = \frac{4}{5}x + \frac{3}{5}y - \frac{6}{5} \end{cases}$, verifica che è involutoria. Di che trasformazione si tratta?

[simmetria di asse $y = 2x - 3$]

Scrivi in forma matriciale le equazioni delle seguenti trasformazioni geometriche.

523 Rotazione di centro O e angolo $\frac{\pi}{3}$.

524 Traslazione di vettore $\vec{v}(-2; 9)$.

525 Simmetria rispetto alla bisettrice del 1° e 3° quadrante.

526 Dilatazione con centro nell'origine e rapporti 2 e $\frac{3}{2}$.

527 Omotetia di centro $C(1; 2)$ e rapporto 4.

528 Rotazione di centro $C(1; 0)$ e angolo di 120°.

529 Scrivi in forma matriciale le equazioni della rotazione r di centro O e angolo $\frac{\pi}{4}$ e della simmetria centrale s_M di centro $M(1; -1)$. Determina le equazioni di $t = r \circ s_M$ e trasforma il triangolo in figura mediante t.

$\left[A'(0; 2\sqrt{2}), B'\left(\frac{\sqrt{2}}{2}; -\frac{3}{2}\sqrt{2}\right), C'(4\sqrt{2}; -\sqrt{2})\right]$

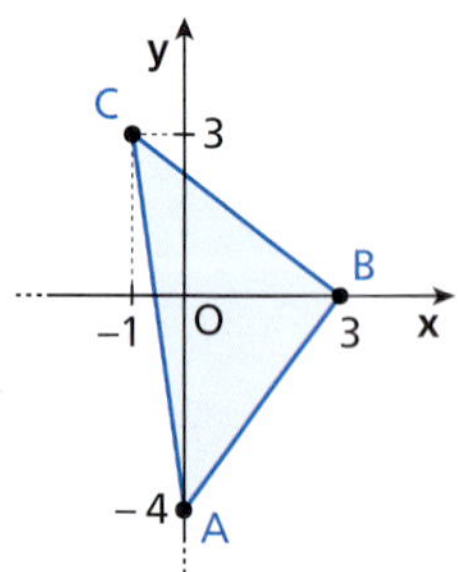

530 Scrivi le equazioni in forma cartesiana e matriciale delle omotetie ω_1 e ω_2 di centro O e di rapporti, rispettivamente, 2 e -2. Confronta i triangoli T_1 e T_2 ottenuti trasformando il triangolo di vertici $A(1; 2)$, $B(4; 2)$, $C(2; 4)$ con ω_1 e ω_2. T_1 e T_2 hanno la stessa area? Che rapporto c'è tra l'area del triangolo ABC e quella di T_1 e di T_2? Che rapporto c'è tra i perimetri? [$\text{area}_{T_1} = \text{area}_{T_2} = 4 \cdot \text{area}_{ABC}$; $2p_{T_1} = 2p_{T_2} = 2 \cdot 2p_{ABC}$]

Riconosci le seguenti trasformazioni, le cui equazioni sono date in forma matriciale.

531 $\begin{bmatrix} x' \\ y' \end{bmatrix} = \begin{bmatrix} 1 & 0 \\ 0 & -1 \end{bmatrix}\begin{bmatrix} x \\ y \end{bmatrix}$ [simmetria rispetto all'asse x]

532 $\begin{bmatrix} x' \\ y' \end{bmatrix} = \begin{bmatrix} 2 & 0 \\ 0 & 2 \end{bmatrix}\begin{bmatrix} x \\ y \end{bmatrix} + \begin{bmatrix} -1 \\ 1 \end{bmatrix}$ [omotetia di rapporto 2 e centro $C(1; -1)$]

533 $\begin{bmatrix} x' \\ y' \end{bmatrix} = \begin{bmatrix} \frac{\sqrt{3}}{2} & -\frac{1}{2} \\ \frac{1}{2} & \frac{\sqrt{3}}{2} \end{bmatrix}\begin{bmatrix} x \\ y \end{bmatrix}$ [rotazione di centro O e angolo $\frac{\pi}{6}$]

534 $\begin{bmatrix} x' \\ y' \end{bmatrix} = \begin{bmatrix} 1 & 0 \\ 0 & 1 \end{bmatrix} \begin{bmatrix} x \\ y \end{bmatrix} + \begin{bmatrix} -5 \\ 6 \end{bmatrix}$ [traslazione di vettore $\vec{v}(-5; 6)$]

535 $\begin{bmatrix} x' \\ y' \end{bmatrix} = \begin{bmatrix} \frac{1}{3} & 0 \\ 0 & 3 \end{bmatrix} \begin{bmatrix} x \\ y \end{bmatrix}$ $\left[\text{dilatazione di centro } O \text{ e rapporti } \frac{1}{3} \text{ e } 3\right]$

536 $\begin{bmatrix} x' \\ y' \end{bmatrix} = \begin{bmatrix} 2 & -3 \\ 0 & 4 \end{bmatrix} \begin{bmatrix} x \\ y \end{bmatrix} + \begin{bmatrix} 0 \\ 1 \end{bmatrix}$ [affinità diretta]

537 **TEST** Quale delle seguenti matrici è associata a un'omotetia?

A $\begin{bmatrix} 0 & 1 \\ 1 & 0 \end{bmatrix}$ **B** $\begin{bmatrix} -2 & 0 \\ 0 & 2 \end{bmatrix}$ **C** $\begin{bmatrix} \frac{2}{3} & 0 \\ 0 & \frac{2}{3} \end{bmatrix}$ **D** $\begin{bmatrix} \frac{1}{3} & 0 \\ 0 & -\frac{1}{3} \end{bmatrix}$ **E** $\begin{bmatrix} 0 & -2 \\ 2 & 0 \end{bmatrix}$

Trova in forma matriciale le equazioni della trasformazione inversa della trasformazione con le seguenti equazioni.

538 $\begin{bmatrix} x' \\ y' \end{bmatrix} = \begin{bmatrix} 1 & 2 \\ -1 & 0 \end{bmatrix} \begin{bmatrix} x \\ y \end{bmatrix}$ $\left[\begin{bmatrix} x \\ y \end{bmatrix} = \begin{bmatrix} 0 & -1 \\ \frac{1}{2} & \frac{1}{2} \end{bmatrix} \begin{bmatrix} x' \\ y' \end{bmatrix}\right]$

539 $\begin{bmatrix} x' \\ y' \end{bmatrix} = \begin{bmatrix} 1 & 0 \\ 0 & 1 \end{bmatrix} \begin{bmatrix} x \\ y \end{bmatrix} + \begin{bmatrix} 1 \\ 2 \end{bmatrix}$ $\left[\begin{bmatrix} x \\ y \end{bmatrix} = \begin{bmatrix} 1 & 0 \\ 0 & 1 \end{bmatrix} \begin{bmatrix} x' \\ y' \end{bmatrix} + \begin{bmatrix} -1 \\ -2 \end{bmatrix}\right]$

540 $\begin{bmatrix} x' \\ y' \end{bmatrix} = \begin{bmatrix} 1 & 1 \\ -1 & 1 \end{bmatrix} \begin{bmatrix} x \\ y \end{bmatrix} + \begin{bmatrix} 0 \\ 1 \end{bmatrix}$ $\left[\begin{bmatrix} x \\ y \end{bmatrix} = \begin{bmatrix} \frac{1}{2} & -\frac{1}{2} \\ \frac{1}{2} & \frac{1}{2} \end{bmatrix} \begin{bmatrix} x' \\ y' \end{bmatrix} + \begin{bmatrix} \frac{1}{2} \\ -\frac{1}{2} \end{bmatrix}\right]$

541 $\begin{bmatrix} x' \\ y' \end{bmatrix} = \begin{bmatrix} 2 & -3 \\ 3 & 2 \end{bmatrix} \begin{bmatrix} x \\ y \end{bmatrix}$ $\left[\begin{bmatrix} x \\ y \end{bmatrix} = \begin{bmatrix} \frac{2}{13} & \frac{3}{13} \\ -\frac{3}{13} & \frac{2}{13} \end{bmatrix} \begin{bmatrix} x' \\ y' \end{bmatrix}\right]$

542 Data l'isometria

$$t: \begin{bmatrix} x' \\ y' \end{bmatrix} = \begin{bmatrix} -\frac{1}{2} & -\frac{\sqrt{3}}{2} \\ \frac{\sqrt{3}}{2} & -\frac{1}{2} \end{bmatrix} \begin{bmatrix} x \\ y \end{bmatrix} + \begin{bmatrix} 2 \\ 0 \end{bmatrix},$$

scrivi in forma matriciale le equazioni di t^{-1}.

$\left[\begin{bmatrix} x \\ y \end{bmatrix} = \begin{bmatrix} -\frac{1}{2} & \frac{\sqrt{3}}{2} \\ -\frac{\sqrt{3}}{2} & -\frac{1}{2} \end{bmatrix} \begin{bmatrix} x' \\ y' \end{bmatrix} + \begin{bmatrix} 1 \\ \sqrt{3} \end{bmatrix}\right]$

543 Determina il centro dell'omotetia di equazione

$$\begin{bmatrix} x' \\ y' \end{bmatrix} = \begin{bmatrix} \frac{2}{3} & 0 \\ 0 & \frac{2}{3} \end{bmatrix} \begin{bmatrix} x \\ y \end{bmatrix} + \begin{bmatrix} -1 \\ 2 \end{bmatrix}$$

e scrivi l'equazione della sua inversa.

$\left[C(-3; 6); \begin{bmatrix} x \\ y \end{bmatrix} = \begin{bmatrix} \frac{3}{2} & 0 \\ 0 & \frac{3}{2} \end{bmatrix} \begin{bmatrix} x' \\ y' \end{bmatrix} \begin{bmatrix} \frac{3}{2} \\ -3 \end{bmatrix}\right]$

Trova le trasformazioni indicate, note le due trasformazioni *f* e *g*.

544 $f: \begin{bmatrix} x' \\ y' \end{bmatrix} = \begin{bmatrix} 0 & 1 \\ -1 & 0 \end{bmatrix} \begin{bmatrix} x \\ y \end{bmatrix}$, $g: \begin{bmatrix} x' \\ y' \end{bmatrix} = \begin{bmatrix} 2 & 1 \\ 0 & 1 \end{bmatrix} \begin{bmatrix} x \\ y \end{bmatrix} + \begin{bmatrix} 1 \\ 0 \end{bmatrix}$,

$f \circ g$ e $g \circ f$.

$\left[\begin{bmatrix} x' \\ y' \end{bmatrix} = \begin{bmatrix} 0 & 1 \\ -2 & -1 \end{bmatrix} \begin{bmatrix} x \\ y \end{bmatrix} + \begin{bmatrix} 0 \\ -1 \end{bmatrix}; \begin{bmatrix} x' \\ y' \end{bmatrix} = \begin{bmatrix} -1 & 2 \\ -1 & 0 \end{bmatrix} \begin{bmatrix} x \\ y \end{bmatrix} + \begin{bmatrix} 1 \\ 0 \end{bmatrix}\right]$

545 $f: \begin{bmatrix} x' \\ y' \end{bmatrix} = \begin{bmatrix} 2 & 1 \\ -1 & 2 \end{bmatrix} \begin{bmatrix} x \\ y \end{bmatrix}$, $g: \begin{bmatrix} x' \\ y' \end{bmatrix} = \begin{bmatrix} 1 & 0 \\ 0 & 1 \end{bmatrix} \begin{bmatrix} x \\ y \end{bmatrix} + \begin{bmatrix} 1 \\ 1 \end{bmatrix}$,

$g \circ f$ e f^{-1}.

$\left[\begin{bmatrix} x' \\ y' \end{bmatrix} = \begin{bmatrix} 2 & 1 \\ -1 & 2 \end{bmatrix} \begin{bmatrix} x \\ y \end{bmatrix} + \begin{bmatrix} 1 \\ 1 \end{bmatrix}; \begin{bmatrix} x \\ y \end{bmatrix} = \begin{bmatrix} \frac{2}{5} & -\frac{1}{5} \\ \frac{1}{5} & \frac{2}{5} \end{bmatrix} \begin{bmatrix} x' \\ y' \end{bmatrix}\right]$

ESERCIZI

546 ●● $f: \begin{bmatrix} x' \\ y' \end{bmatrix} = \begin{bmatrix} -1 & 0 \\ 0 & 1 \end{bmatrix} \begin{bmatrix} x \\ y \end{bmatrix} + \begin{bmatrix} 4 \\ 0 \end{bmatrix}$, $g: \begin{bmatrix} x' \\ y' \end{bmatrix} = \begin{bmatrix} 1 & 0 \\ 0 & 1 \end{bmatrix} \begin{bmatrix} x \\ y \end{bmatrix} + \begin{bmatrix} -2 \\ -2 \end{bmatrix}$,

$f \circ g$ e $f \circ g^{-1}$.

$\left[\begin{bmatrix} x' \\ y' \end{bmatrix} = \begin{bmatrix} -1 & 0 \\ 0 & 1 \end{bmatrix} \begin{bmatrix} x \\ y \end{bmatrix} + \begin{bmatrix} 6 \\ -2 \end{bmatrix}; \begin{bmatrix} x' \\ y' \end{bmatrix} = \begin{bmatrix} -1 & 0 \\ 0 & 1 \end{bmatrix} \begin{bmatrix} x \\ y \end{bmatrix} + \begin{bmatrix} 2 \\ 2 \end{bmatrix} \right]$

547 ●● $f: \begin{bmatrix} x' \\ y' \end{bmatrix} = \begin{bmatrix} 2 & 0 \\ 0 & \frac{1}{2} \end{bmatrix} \begin{bmatrix} x \\ y \end{bmatrix} + \begin{bmatrix} 2 \\ 1 \end{bmatrix}$, $g: \begin{bmatrix} x' \\ y' \end{bmatrix} = \begin{bmatrix} -1 & 0 \\ 0 & -1 \end{bmatrix} \begin{bmatrix} x \\ y \end{bmatrix} + \begin{bmatrix} 1 \\ 2 \end{bmatrix}$,

$f \circ g$. Verifica che $f \circ g$ non è un'isometria ma un'equivalenza.

$\left[\begin{bmatrix} x' \\ y' \end{bmatrix} = \begin{bmatrix} -2 & 0 \\ 0 & -\frac{1}{2} \end{bmatrix} \begin{bmatrix} x \\ y \end{bmatrix} + \begin{bmatrix} 4 \\ 2 \end{bmatrix} \right]$

548 ●● Considera la traslazione t di vettore $\vec{v}(-2; 4)$ e la rotazione r di centro O e angolo 30°. Scrivi le loro equazioni in forma matriciale e trova $t \circ r$.

$\left[t \circ r: \begin{bmatrix} x' \\ y' \end{bmatrix} = \begin{bmatrix} \frac{\sqrt{3}}{2} & -\frac{1}{2} \\ \frac{1}{2} & \frac{\sqrt{3}}{2} \end{bmatrix} \begin{bmatrix} x \\ y \end{bmatrix} + \begin{bmatrix} -2 \\ 4 \end{bmatrix} \right]$

549 ●○ Determina le equazioni in forma matriciale della trasformazione $t = s_r \circ s_M$, dove s_r è la simmetria di asse r di equazione $y = x$ e s_M è la simmetria di centro $M(-2; 1)$. Calcola poi l'immagine del segmento di estremi $A(-5; 1)$ e $B(2; -3)$ tramite t.

$[A'(1; 1), B'(5; -6)]$

550 ●○ Verifica che la trasformazione $g = t_v \circ s_r$ è una glissosimmetria, dove $t_{\vec{v}}$ è la traslazione di vettore $\vec{v}(-3; 3)$ e s_r la simmetria di asse r di equazione $x + y = 0$. Determina le equazioni di g in forma matriciale.

$\left[\begin{bmatrix} x' \\ y' \end{bmatrix} = \begin{bmatrix} 0 & -1 \\ -1 & 0 \end{bmatrix} \begin{bmatrix} x \\ y \end{bmatrix} + \begin{bmatrix} -3 \\ 3 \end{bmatrix} \right]$

551 ●● Applica al triangolo di vertici $A(-4; 0)$, $B(6; 0)$, $C(0; 2)$ la trasformazione che si ottiene componendo la rotazione di centro O e angolo 30° e la traslazione di vettore $\vec{v}(\sqrt{3}; 1)$. Verifica se per le due trasformazioni vale la proprietà commutativa.

$[A'(-\sqrt{3}; -1), B'(4\sqrt{3}; 4), C'(\sqrt{3} - 1; \sqrt{3} + 1)]$

552 ●● Scrivi le equazioni in forma matriciale della trasformazione $s \circ t$, ottenuta componendo la traslazione t di vettore $\vec{v}(-10; 4)$ con la simmetria s rispetto alla bisettrice $y = x$. Applica $s \circ t$ al triangolo di vertici $A(3; 6)$, $B(4; 7)$ e $C(1; 9)$, ottenendo il triangolo $A''B''C''$. Verifica se $A''B''C''$ si ottiene anche applicando ad ABC la simmetria e successivamente ad $A'B'C'$ la traslazione.

$\left[s \circ t: \begin{bmatrix} x' \\ y' \end{bmatrix} = \begin{bmatrix} 0 & 1 \\ 1 & 0 \end{bmatrix} \begin{bmatrix} x \\ y \end{bmatrix} + \begin{bmatrix} 4 \\ -10 \end{bmatrix}; s \circ t \neq t \circ s \right]$

553 ●● Determina le equazioni in forma matriciale della trasformazione ottenuta componendo la traslazione di vettore $\vec{v}\left(1; -\frac{1}{2}\right)$ con la simmetria di asse $y = 2$. Applica tale trasformazione al triangolo di vertici $A(-5; 2)$, $B(0; 2)$, $C(-2; 4)$ e verifica che non si mantiene il verso di percorrenza dei vertici.

$\left[s \circ t: \begin{bmatrix} x' \\ y' \end{bmatrix} = \begin{bmatrix} 1 & 0 \\ 0 & -1 \end{bmatrix} \begin{bmatrix} x \\ y \end{bmatrix} + \begin{bmatrix} 1 \\ \frac{9}{2} \end{bmatrix}; A'\left(-4; \frac{5}{2}\right), B'\left(1; \frac{5}{2}\right), C'\left(-1; \frac{1}{2}\right) \right]$

554 ●● Scrivi le equazioni di $t = s \circ r$, dove s è la simmetria di asse $x = -2$ e r la rotazione di centro O e angolo $\frac{2}{3}\pi$. La trasformazione t è diretta o indiretta? Verifica la risposta trasformando il quadrato in figura.

$\left[\begin{bmatrix} x' \\ y' \end{bmatrix} = \begin{bmatrix} \frac{1}{2} & \frac{\sqrt{3}}{2} \\ \frac{\sqrt{3}}{2} & -\frac{1}{2} \end{bmatrix} \begin{bmatrix} x \\ y \end{bmatrix} + \begin{bmatrix} -4 \\ 0 \end{bmatrix}; \text{indiretta} \right]$

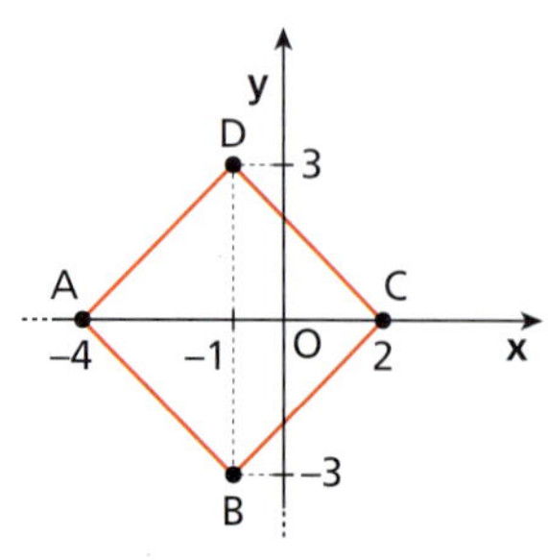

555 **VERO O FALSO?**

a. La composizione di due isometrie dirette è un'isometria diretta. V F

b. La composizione di due isometrie indirette è un'isometria indiretta. V F

c. Una trasformazione di equazione $X' = AX + B$, con $\det A = \pm 1$, è un'isometria. V F

d. Componendo due isometrie si ottiene un'isometria. V F

556 Al triangolo di vertici $A(1; 1)$, $B(3; 1)$, $C(2; 3)$ si applicano in successione una rotazione di 90° in senso orario e un'omotetia di rapporto 2, entrambe con centro nell'origine. Determina le equazioni in forma matriciale della trasformazione composta e verifica che in questo caso la composizione gode della proprietà commutativa.

$$\left[\begin{bmatrix} x' \\ y' \end{bmatrix} = \begin{bmatrix} 0 & 2 \\ -2 & 0 \end{bmatrix}\begin{bmatrix} x \\ y \end{bmatrix}\right]$$

557 Scrivi le equazioni in forma matriciale della trasformazione $t = \omega \circ s$, dove ω è l'omotetia con centro nell'origine e rapporto $\frac{1}{3}$ e s la simmetria centrale di centro $M(3; -6)$.

$$\left[t\colon \begin{bmatrix} x' \\ y' \end{bmatrix} = \begin{bmatrix} -\frac{1}{3} & 0 \\ 0 & -\frac{1}{3} \end{bmatrix}\begin{bmatrix} x \\ y \end{bmatrix} + \begin{bmatrix} 2 \\ -4 \end{bmatrix}\right]$$

558 Una trasformazione geometrica ha equazione $\begin{bmatrix} x' \\ y' \end{bmatrix} = \begin{bmatrix} a & -4 \\ 4 & a \end{bmatrix}\begin{bmatrix} x \\ y \end{bmatrix} + \begin{bmatrix} p \\ q \end{bmatrix}$. Trova a, p, q, con $a > 0$, sapendo che $\det A = 32$ e che il punto $P(1; -1)$ ha come corrispondente $P'(8; 1)$. Studia poi la trasformazione ottenuta, determinando gli eventuali punti uniti.

$$\left[a = 4,\ p = 0,\ q = 1;\ \text{similitudine con } C\left(-\frac{4}{25}; -\frac{3}{25}\right) \text{ punto unito}\right]$$

559 L'isometria t è il risultato di una simmetria centrale s_M di centro $M(-1; 0)$ e di una rotazione r di centro O e angolo 90°. Scrivi le equazioni in forma matriciale di t e di t^{-1}.

$$\left[t\colon \begin{bmatrix} x' \\ y' \end{bmatrix} = \begin{bmatrix} 0 & 1 \\ -1 & 0 \end{bmatrix}\begin{bmatrix} x \\ y \end{bmatrix} + \begin{bmatrix} 0 \\ -2 \end{bmatrix};\ t^{-1}\colon \begin{bmatrix} x \\ y \end{bmatrix} = \begin{bmatrix} 0 & -1 \\ 1 & 0 \end{bmatrix}\begin{bmatrix} x' \\ y' \end{bmatrix} - \begin{bmatrix} 2 \\ 0 \end{bmatrix}\right]$$

560 Determina l'equazione della retta trasformata della retta di equazione $x - 3y + 1 = 0$ tramite la trasformazione $h = s \circ t$, dove t è la traslazione di vettore $\vec{v}(-2; 1)$ e s la simmetria di asse $y = 2$. $[x + 3y - 6 = 0]$

561 Considera la trasformazione $t = r \circ s$, con r rotazione di centro O e angolo 30° e s simmetria centrale di centro $M(1; 0)$. Determina l'equazione della retta a', trasformata della retta a di equazione $x - 4y = 0$ tramite t.

$$[(4 + \sqrt{3})x + (1 - 4\sqrt{3})y - 4 = 0]$$

562 Data la retta di equazione $3x + y + 3 = 0$, determina l'equazione della sua trasformata mediante la trasformazione $h = s \circ r$, con s simmetria di asse $y = x$ e r rotazione di centro O e angolo $\frac{3}{4}\pi$.

$$[\sqrt{2}x - 2\sqrt{2}y + 3 = 0]$$

563 **EUREKA!** Verifica che la trasformazione t definita come $t = s \circ r$, con s simmetria di asse $y = -x$ e r rotazione di centro O e angolo $\frac{\pi}{4}$, è involutoria.

564 Sia t la trasformazione che si ottiene componendo l'omotetia ω di centro O e rapporto -4 con la simmetria assiale s di asse $y = -2$. Scrivi le equazioni di t e della sua inversa t^{-1}.

$$\left[t\colon \begin{bmatrix} x' \\ y' \end{bmatrix} = \begin{bmatrix} -4 & 0 \\ 0 & 4 \end{bmatrix}\begin{bmatrix} x \\ y \end{bmatrix} + \begin{bmatrix} 0 \\ -4 \end{bmatrix};\ t^{-1}\colon \begin{bmatrix} x \\ y \end{bmatrix} = \begin{bmatrix} -\frac{1}{4} & 0 \\ 0 & \frac{1}{4} \end{bmatrix}\begin{bmatrix} x' \\ y' \end{bmatrix} + \begin{bmatrix} 0 \\ 1 \end{bmatrix}\right]$$

VERIFICA DELLE COMPETENZE ALLENAMENTO

ANALIZZARE E INTERPRETARE DATI E GRAFICI

1 **VERO O FALSO?**

a. Se un'affinità trasforma un parallelogramma in un parallelogramma, allora è una similitudine. V F

b. Se un'affinità ha una retta unita, allora è una simmetria assiale. V F

c. Le equazioni $\begin{cases} x' = 2x - 4 \\ y' = 4y + 2 \end{cases}$ rappresentano una similitudine diretta. V F

d. Le equazioni $\begin{cases} x' = x - 1 \\ y' = 4y + 3 \end{cases}$ rappresentano una dilatazione verticale. V F

e. Se un'affinità trasforma un quadrato in un quadrato, allora è un'isometria. V F

TEST

2 I triangoli ABC e $A'B'C'$ si corrispondono in un'omotetia. Qual è il rapporto di omotetia?

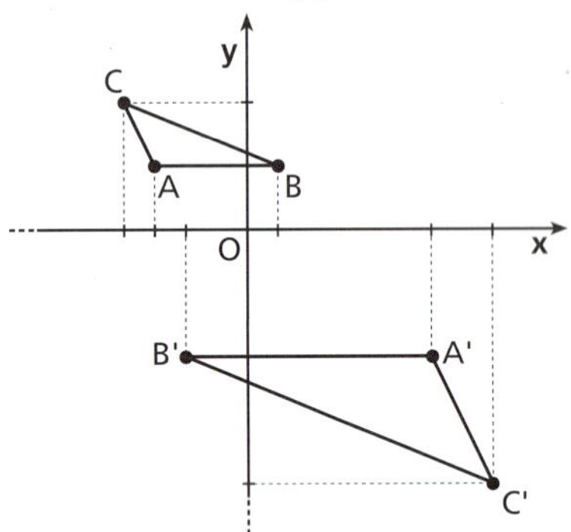

A 2 B -1 C 1 D -2 E $-\frac{1}{2}$

3 Considera la trasformazione di equazioni:

$$\begin{cases} x' = kx + a \\ y' = ky + b \end{cases}.$$

Una delle seguenti proposizioni è *falsa*. Quale? La trasformazione data è:

A una traslazione se $k = 1$.

B una traslazione se $k = 0$.

C una simmetria centrale se $k = -1 \wedge (a \neq 0 \vee b \neq 0)$.

D un'omotetia con centro nell'origine e di rapporto k se $k \neq 0 \wedge a = 0 \wedge b = 0$.

E una similitudine se $k \neq 0 \wedge (a \neq 0 \vee b \neq 0)$.

Studia le seguenti trasformazioni geometriche, indicandone anche gli elementi uniti.

4 $\begin{cases} x' = x + 2 \\ y' = y - 1 \end{cases}$ [traslazione]

5 $\begin{cases} x' = x - 2y \\ y' = 2x + y + 1 \end{cases}$ [similitudine]

6 $\begin{cases} x' = -y - 1 \\ y' = x + 1 \end{cases}$ [rotazione di centro $C(-1; 0)$ e $\alpha = \frac{\pi}{2}$]

7 $\begin{cases} x' = x - 1 \\ y' = x + y \end{cases}$ [affinità]

8 $\begin{cases} x' = 4x - 1 \\ y' = \frac{1}{4}y \end{cases}$ [dilatazione]

9 $\begin{cases} x' = x + 4 \\ y' = y - 1 \end{cases}$ [traslazione di vettore $\vec{v}(4; -1)$]

10 $\begin{cases} x' = x + 4y \\ y' = 4x - y \end{cases}$ [similitudine indiretta di rapporto $k = \sqrt{17}$]

11 $\begin{cases} x' = -x + 2 \\ y' = -2y \end{cases}$ [affinità]

12 $\begin{cases} x' = 2y + 4 \\ y' = \frac{x}{2} - 2 \end{cases}$ [equivalenza]

13 $\begin{cases} x' = -y + 12 \\ y' = -x + 2 \end{cases}$ [simmetria assiale di asse $y = -x + 12$]

14 $\begin{cases} x' = -y + 2 \\ y' = x - 3 \end{cases}$ $\left[\text{rotazione di } \frac{\pi}{2} \text{ e centro } \left(\frac{5}{2}; -\frac{1}{2}\right)\right]$

15 $\begin{cases} x' = -x + 3 \\ y' = -y + 6 \end{cases}$ $\left[\text{simmetria centrale di centro } \left(\frac{3}{2}; 3\right)\right]$

---

16 Studia le trasformazioni t_1: $\begin{cases} x' = 3x - 1 \\ y' = 3y \end{cases}$ e t_2: $\begin{cases} x' = -x \\ y' = -y + 1 \end{cases}$ e determina $t_1 \circ t_2$.

$\left[t_1\text{: omotetia di centro } C\left(\frac{1}{2}; 0\right) \text{ e rapporto 3; } t_2\text{: simmetria centrale di centro } C\left(0; \frac{1}{2}\right); t_1 \circ t_2\text{: } \begin{cases} x' = -3x - 1 \\ y' = -3y + 3 \end{cases}\right]$

Traccia il grafico delle seguenti funzioni applicando le trasformazioni geometriche a partire dal grafico delle funzioni note.

17 **a.** $y = 2\log(x - 3) + 4$ **b.** $y = \frac{1}{2}\sin 3x + 1$ **c.** $y = -e^{x+3} - 2$

18 **a.** $y = -\cos(\pi x - 1)$ **b.** $y = -3(x - 2)^2$ **c.** $y = 2\sin\left(x - \frac{\pi}{2}\right) - 2$

RISOLVERE PROBLEMI

19 Nelle equazioni

$$\begin{cases} x' = ax + by + 4 \\ y' = -y - 2 + a \end{cases}$$

trova a e b in modo che rappresentino un'isometria diretta. Indica il tipo di isometria e determina gli elementi uniti.

$\left[a = -1, b = 0, \text{ simmetria centrale, } M\left(2; -\frac{3}{2}\right)\right]$

20 Considera le parabole γ_1: $x = y^2$ e γ_2: $y = -x^2 - 4x$. Rappresentale graficamente e dimostra che sono congruenti determinando almeno un'isometria che trasforma una nell'altra. Scrivi le equazioni dell'isometria e stabilisci se ammette elementi uniti.

21 LEGGI IL GRAFICO Utilizzando i dati della figura, trova l'equazione della circonferenza e dell'ellisse. Determina poi una trasformazione geometrica che trasformi la circonferenza nell'ellisse, scrivi le sue equazioni e studia le sue principali caratteristiche.

$\left[x^2 + y^2 + 2x - 2y + 1 = 0, 9x^2 + y^2 - 18x - 6y + 9 = 0;\right.$

$\left.\text{affinità diretta, } t\text{: } \begin{cases} x' = x + 2 \\ y' = 3y \end{cases}\right]$

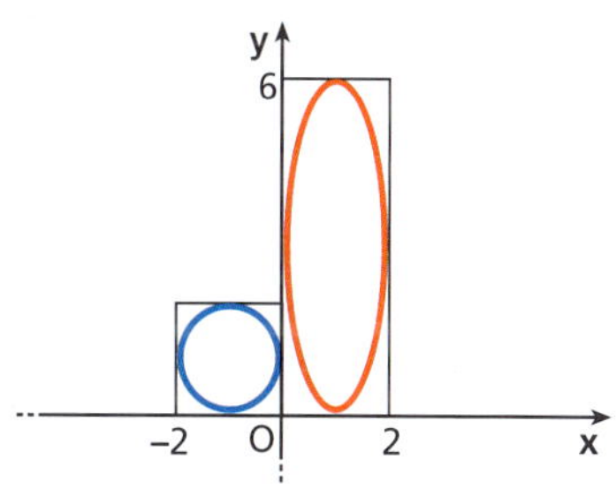

22 Scrivi l'equazione delle similitudini dirette, di rapporto $\sqrt{13}$, che hanno l'origine O come punto unito e trasformano $A(1; -1)$ in un punto della retta di equazione $x = 5$. Studia gli altri eventuali elementi uniti.

$\left[\begin{cases} x' = 2x - 3y \\ y' = 3x + 2y \end{cases} \vee \begin{cases} x' = 3x - 2y \\ y' = 2x + 3y \end{cases}\right]$

23 Date le affinità di equazioni $\begin{cases} x' = 2ax - (b + 1)y \\ y' = ax + (b - 1)y \end{cases}$, con $a, b \in \mathbb{R}$, dimostra che fra esse c'è una similitudine indiretta e di questa trova gli elementi uniti.

$\left[a = 2, b = -3; \text{ punto unito: } (0; 0), \text{ rette unite: } y = (-2 \pm \sqrt{5})x\right]$

24 ●● Data la trasformazione di equazioni $\begin{cases} x' = ax - 1 + a \\ y' = by + b + 1 \end{cases}$, calcola a e b in modo che sia un'omotetia di centro $(-1; 3)$. Studia la trasformazione e trova la trasformata della curva di equazione $x^2 + y^2 - 9 = 0$ e l'area da essa racchiusa.

$\left[a = b = \frac{1}{2}; x^2 + y^2 + x - 3y + \frac{1}{4} = 0; \frac{9}{4}\pi\right]$

25 ●○ Data la trasformazione di equazioni

$$\begin{cases} x' = x + 1 \\ y' = 2y - 2 \end{cases},$$

scrivi l'equazione della curva γ' trasformata della circonferenza di centro $C(1; 2)$ e raggio 2. Riconosci la curva ottenuta e determina l'area che essa racchiude.

$\left[\gamma': \frac{(x'-2)^2}{4} + \frac{(y'-2)^2}{16} = 1, \text{ellisse}; 8\pi\right]$

26 ●○ Tra le affinità di equazioni

$$\begin{cases} x' = 2x - 1 \\ y' = (1-b)x + ay \end{cases}, \quad \text{con } a \neq 0,$$

mostra che c'è un'omotetia e, rispetto a questa, determina le equazioni dell'immagine corrispondente alla circonferenza di centro $C(2; 1)$ e raggio $\sqrt{2}$.

$[a = 2; b = 1; \mathscr{C}': x^2 + y^2 - 6x - 4y + 5 = 0]$

27 ●● Trova le equazioni dell'affinità che associa ai punti $A(1; 0)$, $O(0; 0)$, $C(-3; 2)$ i punti $A'(5; 0)$, $O'(3; -1)$, $C'(-1; -6)$. Verifica che ha un solo punto unito e determina le rette corrispondenti agli assi cartesiani.

$\left[\begin{cases} x' = 2x + y + 3 \\ y' = x - y - 1 \end{cases}; \text{punto unito} \left(-\frac{5}{3}; -\frac{4}{3}\right); x + y - 2 = 0, x - 2y - 5 = 0\right]$

28 ●● Trova le equazioni dell'affinità t_1 che associa ai punti $O(0; 0)$, $A(-3; 0)$, $B(1; -1)$ rispettivamente i punti $O'(5; -1)$, $A'(5; -4)$, $B'(2; -1)$. Scrivi le equazioni dell'affinità $t = t_2 \circ t_1$, essendo t_2 l'affinità di equazioni

$$\begin{cases} x' = x + 2 \\ y' = x - y - 6 \end{cases}$$

e verifica che t ha un solo punto unito.

$\left[t_1: \begin{cases} x' = 3y + 5 \\ y' = x + y - 1 \end{cases}; t: \begin{cases} x' = 3y + 7 \\ y' = -x + 2y \end{cases}; \left(-\frac{7}{2}; -\frac{7}{2}\right)\right]$

29 ●● **LEGGI IL GRAFICO** Un'affinità trasforma il triangolo OAB della figura nel triangolo $O'A'B'$. Determina le equazioni e studia le sue caratteristiche. Trova l'equazione della parabola γ che ha l'asse parallelo all'asse y e passa per O, A e B. Scrivi l'equazione della sua trasformata γ' attraverso l'affinità e verifica se γ' passa per i punti O', A', B'.

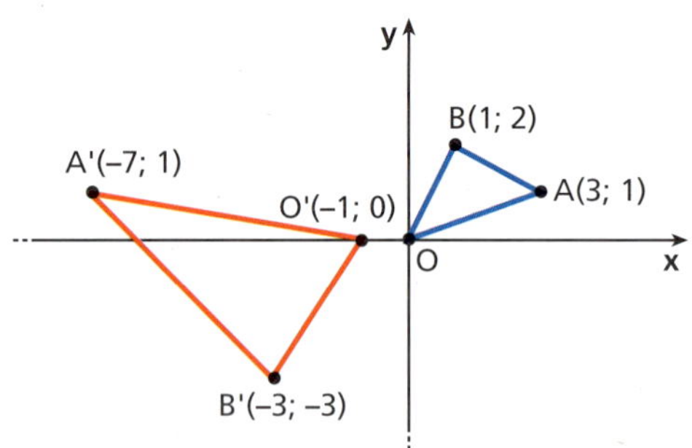

$\left[\begin{cases} x' = -2x - 1 \\ y' = x - 2y \end{cases}; \gamma: y = -\frac{5}{6}x^2 + \frac{17}{6}x;\right.$

$\left.\gamma': y = \frac{5}{12}x^2 + \frac{19}{6}x + \frac{11}{4}\right]$

30 ●● Date le equazioni $\begin{cases} x' = ax + (-a-2)y \\ y' = (a-2)x + 3ay + 3 - a \end{cases}$:

a. determina per quali valori di a si ha un'affinità, un'affinità diretta o indiretta, un'equivalenza;

b. trova per quali valori di a si ha una similitudine σ; studia σ individuando anche gli elementi uniti.

$\left[\text{a) } a \neq \pm 1, \text{aff. diretta: } a < -1 \vee a > 1, \text{equivalenza: } a = \pm\frac{\sqrt{5}}{2} \vee a = \pm\frac{\sqrt{3}}{2};\right.$

$\left.\text{b) } a = 0; U(2; -1); y = x - 3, y = -x + 1\right]$

31 ●●

a. Determina i coefficienti a e b della trasformazione $\begin{cases} x' = ax + by \\ y' = bx - ay \end{cases}$, con $a, b > 0$, in modo che trasformi l'iperbole $x^2 - y^2 = 4$ nella forma $xy = \frac{1}{4}$.

b. Studia la trasformazione ottenuta osservando come viene trasformato il triangolo di vertici (0; 0), (1; 0), (− 1; − 1).

c. Determina l'equazione della trasformata della curva $x^2 + y^2 = 1$.

[a) $a = 2, b = 2$; b) similitudine indiretta di rapporto $\frac{1}{4}\sqrt{2}$; c) $x^2 + y^2 = \frac{1}{8}$]

32 ●●

a. Studia le isometrie

$$t_1: \begin{cases} x' = -x + 2 \\ y' = -y - 1 \end{cases},\quad t_2: \begin{cases} x' = -y \\ y' = x \end{cases} \quad \text{e} \quad t_3: \begin{cases} x' = y \\ y' = x \end{cases}.$$

b. Verifica che $t_1 \circ t_2$ rappresenta una rotazione di 90° in senso orario intorno a un punto diverso dall'origine. Individua il centro di rotazione.

c. Quale trasformazione si ottiene con $t_2 \circ t_3$?

[a) simmetria di centro $\left(1; -\frac{1}{2}\right)$; $r(O; 90°)$; simmetria rispetto alla retta $y = x$; b) $\left(\frac{1}{2}; -\frac{3}{2}\right)$; c) simmetria rispetto all'asse y]

VERIFICA DELLE COMPETENZE VERSO L'ESAME

ARGOMENTARE E DIMOSTRARE

33 ●○ Sia C la curva di equazione $y = x^2 - 2x + 4$, e sia G la curva simmetrica di C rispetto all'asse y. Qual è l'equazione di G?

(*Esame di Stato, Liceo scientifico, Corso sperimentale, Sessione suppletiva*, 2012, *quesito* 8)

34 ●○ Qual è l'equazione della curva simmetrica rispetto all'origine di $y = e^{-2x}$? Quale quella della curva simmetrica rispetto alla bisettrice del primo e del terzo quadrante?

(*Esame di Stato, Liceo scientifico, Corso sperimentale, Sessione ordinaria*, 2008, *quesito* 10)

35 ●○ Sia G il grafico di una funzione $x \mapsto f(x)$ con $x \in \mathbb{R}$. Si illustri in che modo è possibile stabilire se G è simmetrico rispetto alla retta $x = k$.

(*Esame di Stato, Liceo scientifico, Corso sperimentale, Sessione ordinaria*, 2010, *quesito* 5)

36 ●○ Determina quale isometria viene prodotta dalla composizione della simmetria rispetto alla retta di equazione $x = h$ con quella rispetto alla retta di equazione $y = -x$. Mostra in un disegno il risultato ottenuto. Il risultato sarebbe stato lo stesso componendo le due trasformazioni in ordine inverso?

37 ●○ Dimostra che qualunque omotetia trasforma una retta in una retta a essa parallela.

38 ●● Che cosa ottieni componendo la simmetria assiale rispetto alla retta $y = mx$ con quella rispetto alla retta perpendicolare passante per l'origine? Se la perpendicolare invece non passa per l'origine, cosa succede?

39 In un piano riferito ad un sistema di assi cartesiani ortogonali *Oxy* sono date le affinità di equazioni:

$$x' = (a+1)x - by + a,\ y' = (a-1)x + 2by - 1,$$

dove a, b sono parametri reali.
Dimostrare che fra esse vi è una similitudine diretta e di questa trovare il punto unito.

(*Esame di Stato, Liceo scientifico, Corso sperimentale, Sessione suppletiva*, 2003, *quesito* 8)

40 Dimostrare che ogni similitudine trasforma una parabola in una parabola.

(*Esame di Stato, Liceo scientifico, Corso sperimentale, Sessione suppletiva*, 2006, *quesito* 8)

41 Nel piano è data la seguente trasformazione:

$$x \mapsto x\sqrt{3} - y,$$
$$y \mapsto x + y\sqrt{3}.$$

Di quale trasformazione si tratta?

(*Esame di Stato, Liceo scientifico, Corso sperimentale, Sessione ordinaria*, 2004, *quesito* 10)

[similitudine: composizione di una rotazione di 30° e di un'omotetia di rapporto 2]

42 Le rette r e s di equazioni rispettive

$$y = 1 + 2x \quad \text{e} \quad y = 2x - 4$$

si corrispondono in una omotetia σ di centro l'origine O. Si determini σ.

(*Esame di Stato, Liceo scientifico, Corso sperimentale, Sessione ordinaria*, 2005, *quesito* 6)

$$\left[\sigma: \begin{cases} x' = -4x \\ y' = -4y \end{cases}\right]$$

43 Si considerino le seguenti equazioni:

$$x' = ax - (a-1)y + 1,$$
$$y' = 2ax + (a-1)y + 2,$$

dove a è un parametro reale. Determinare i valori di a per cui le equazioni rappresentano:

a. un'affinità;

b. un'affinità equivalente (si ricorda che un'affinità si dice *equivalente* se conserva le aree).

(*Esame di Stato, Liceo scientifico, Corso sperimentale, Sessione straordinaria*, 2006, *quesito* 9)

$$\left[\text{a) } a \neq 0 \wedge a \neq 1;\ \text{b) } a = \frac{3 \pm \sqrt{21}}{6}\right]$$

44 In un piano, riferito ad un sistema di assi cartesiani ortogonali *Oxy*, sono assegnate le affinità di equazioni:

$$\begin{cases} X = ax + by \\ Y = \dfrac{1}{2}bx - 2 \end{cases}.$$

Tra di esse determinare quella che trasforma il punto (1; 0) nel punto (1; −1) e stabilire se ammette rette unite.

(*Esame di Stato, Liceo scientifico, Corso sperimentale, Sessione suppletiva*, 2004, *quesito* 8)

$[a = 1;\ b = 2]$

45 Nell'omotetia di centro $O(0;\ 0)$ e rapporto $k = -4$, si determini l'equazione della circonferenza corrispondente a quella di equazione $x^2 + y^2 - 2x + 4y = 0$. Si confrontino fra di loro i centri e i raggi delle due circonferenze.

(*Esame di Stato, Liceo scientifico, Corso sperimentale, Sessione suppletiva*, 2009, *quesito* 5)

$[x^2 + y^2 + 8x - 16y = 0]$

COSTRUIRE E UTILIZZARE MODELLI

46 **Il televisore** La forma rettangolare di uno schermo televisivo è differente a seconda del rapporto tra la larghezza e l'altezza. I televisori di vecchio tipo, a tubo catodico, hanno un rapporto 4:3, mentre generalmente quelli moderni hanno un rapporto 16:9.

a. Considera uno schermo 4:3 di altezza h e uno schermo 16:9 di altezza h'. Posizionata l'origine del sistema di riferimento cartesiano nell'angolo in basso a sinistra dello schermo, scrivi l'equazione della trasformazione che porta l'immagine dal primo schermo al secondo. Di che tipo di trasformazione si tratta?

b. Daniela non vuole buttare il suo vecchio televisore funzionante. Come vedrà l'immagine se la trasmissione è predisposta per uno schermo di nuovo tipo?

$$\left[\text{a) } \begin{cases} x' = \dfrac{4}{3}\dfrac{h'}{h}x \\ y' = \dfrac{h'}{h}y \end{cases}\right]$$

RISOLVIAMO UN PROBLEMA

Pedala!

Un ciclista pedala a una velocità costante v di 36 km/h. Le ruote della sua bicicletta hanno un raggio di 37 cm. All'istante iniziale la ruota anteriore si trova nella posizione illustrata in figura, rispetto al sistema di riferimento indicato, e il moto avviene nel verso positivo dell'asse x. Determiniamo le coordinate del punto P dopo 5 secondi.

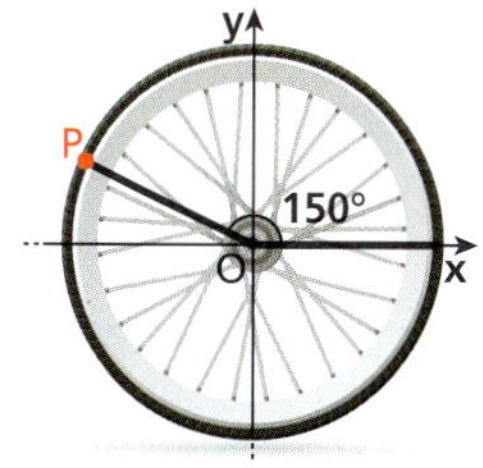

▶ Modellizziamo il problema.

Il moto del punto P può essere visto come la composizione di una rotazione con centro nell'origine e angolo ϑ, che dipende dal tempo, e una traslazione di vettore $\vec{v}(x_C; 0)$, dove x_C è la coordinata x del centro della ruota e dipende anch'essa dal tempo.
Le equazioni delle due trasformazioni sono:

$$r: \begin{cases} x' = \cos\vartheta\, x - \sin\vartheta\, y \\ y' = \sin\vartheta\, x + \cos\vartheta\, y \end{cases}, \quad t: \begin{cases} x' = x + x_C \\ y' = y \end{cases}.$$

Segue che le equazioni della trasformazione composta $r \circ t$ sono:

$$\begin{cases} x' = \cos\vartheta\, x - \sin\vartheta\, y + x_C \\ y' = \sin\vartheta\, x + \cos\vartheta\, y \end{cases}.$$

▶ Scriviamo le coordinate x_t e y_t in funzione del tempo.

Il centro della ruota si muove di moto rettilineo uniforme con velocità v, e il punto P compie un moto circolare uniforme, con velocità angolare ω, intorno al centro della ruota, quindi la posizione del centro x_C e l'angolo di rotazione ϑ sono dati da:

$$x_C = vt, \ \vartheta = -\omega t.$$

Il segno meno per l'angolo dipende dal fatto che la ruota, per avanzare, gira in senso orario.
$(x_t; y_t)$ sono le coordinate di P all'istante t, $(x_0; y_0)$ sono quelle all'istante iniziale; abbiamo:

$$\begin{cases} x_t = \cos\vartheta\, x_0 - \sin\vartheta\, y_0 + vt \\ y_t = \sin\vartheta\, x_0 + \cos\vartheta\, y_0 \end{cases}.$$

▶ Troviamo le coordinate di P dopo 5 secondi.

Conosciamo i valori $\vartheta_0 = \frac{5}{6}\pi$, $v = 36$ km/h $= 10$ m/s, $t = 5$ s. Calcoliamo ω con la relazione $v = \omega r$, dove v rappresenta la velocità tangenziale del punto P (in un sistema solidale alla ruota), che coincide anche, in modulo, con la velocità del centro della ruota (in un sistema fisso), quindi:

$$\omega = \frac{v}{r} = \frac{10 \text{ m/s}}{0{,}37 \text{ m}} = 27 \text{ rad/s}.$$

Abbiamo inoltre:

$$x_0 = r\cos\vartheta_0 = 0{,}37 \cdot \left(-\frac{\sqrt{3}}{2}\right),$$

$$y_0 = r\sin\vartheta_0 = 0{,}37 \cdot \frac{1}{2}.$$

Sostituendo nelle equazioni i valori trovati, ricaviamo:

$$x_5 = 50{,}3 \text{ m}; \ y_5 = -0{,}20 \text{ m}.$$

INDIVIDUARE STRATEGIE E APPLICARE METODI PER RISOLVERE PROBLEMI

47 Studia le trasformazioni $t_1: \begin{cases} x' = 2x - 1 \\ y' = -2y + 3 \end{cases}$, $t_2: \begin{cases} x' = -y \\ y' = x + 2 \end{cases}$, $t_3: \begin{cases} x' = -x \\ y' = -y \end{cases}$, individuando anche gli elementi uniti. Determina e studia la trasformazione $t = t_3 \circ t_2 \circ t_1$. Trova il corrispondente del triangolo di vertici $A(1; 0)$, $B(4; 3)$, $C(2; 5)$ nella trasformazione t e calcola l'area del triangolo ABC e del suo trasformato.

[t_1 similitudine; t_2 rotazione con $C(-1; 1)$ e $\alpha = 90°$; t_3 simmetria centrale rispetto all'origine, t similitudine; $S = 6$; $S' = 24$]

48 **LEGGI IL GRAFICO**

a. Determina un'affinità (diversa dall'identità) del tipo $\begin{cases} x' = ax \\ y' = by \end{cases}$ che lascia invariata la parabola in figura.

b. Scrivi l'equazione della retta r che trasformata con l'affinità del punto precedente ha come immagine la retta s.

c. Trova l'equazione della curva trasformata della circonferenza in figura e calcola la sua area.

[a) $a = 4$, $b = 2$; b) $y = 2x$; c) $x^2 + 8x + 4y^2 = 0$, $A = 8\pi$]

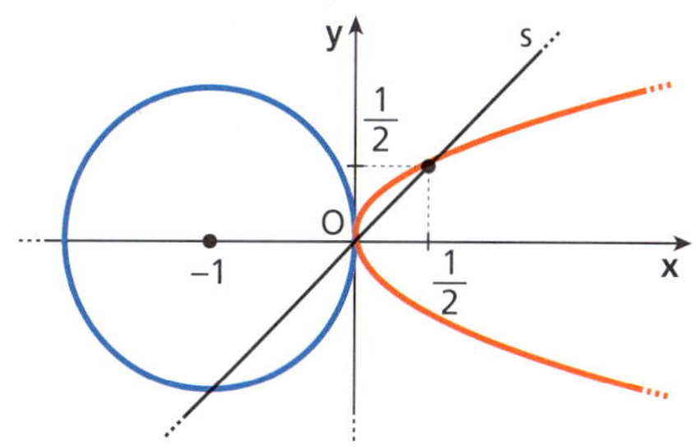

49 ●● **LEGGI IL GRAFICO** Determina le equazioni di una delle trasformazioni che fa corrispondere alla curva γ la curva γ'.

a. Studia la trasformazione.

b. Determina eventuali elementi uniti.

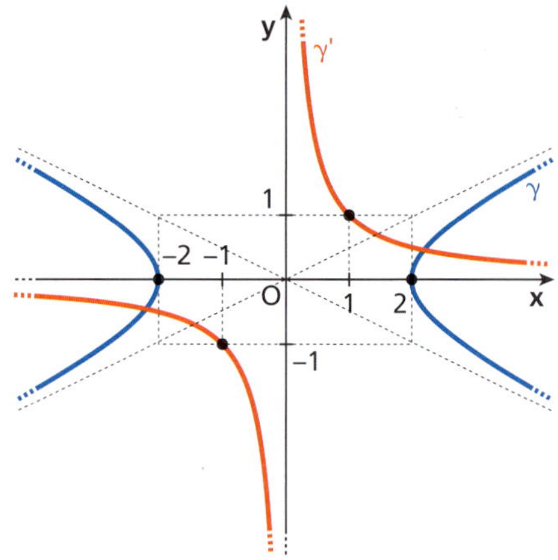

[per esempio: $\begin{cases} x' = \dfrac{x}{2} + y \\ y' = \dfrac{x}{2} - y \end{cases}$; a) equivalenza, indiretta; b) $O(0;0)$, $y = \dfrac{-3 \pm \sqrt{17}}{4}x$]

50 ●○ **LEGGI IL GRAFICO** Verifica che i triangoli della figura sono simili e trova il rapporto k di similitudine.
Scrivi le equazioni della similitudine σ che trasforma il triangolo OAB nel triangolo $O'A'B'$.
Studia σ e determina gli eventuali punti uniti.
Esegui poi una rotazione r di 90° e con centro in O' del triangolo $O'A'B'$, determinando le coordinate dei vertici del triangolo trasformato $O''A''B''$.
Scrivi le equazioni della trasformazione t che porta direttamente il triangolo OAB in $O''A''B''$.

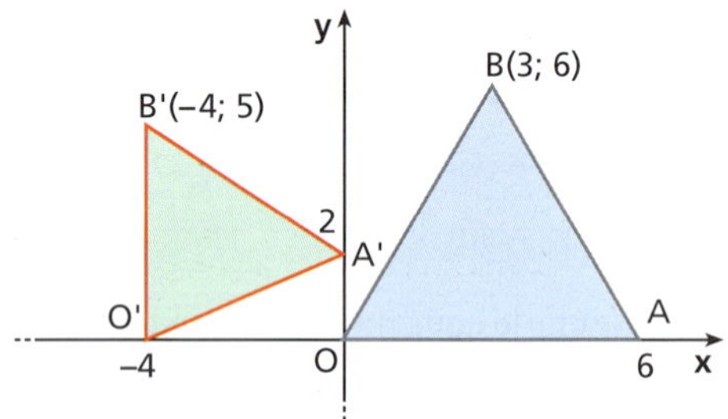

[$\dfrac{\sqrt{5}}{3}$; σ: $\begin{cases} x' = \dfrac{2}{3}x - \dfrac{1}{3}y - 4 \\ y' = \dfrac{1}{3}x + \dfrac{2}{3}y \end{cases}$; $(-6;-6)$; $O''(-4;0)$, $A''(-6;4)$, $B''(-9;0)$; t: $\begin{cases} x' = -\dfrac{1}{3}x - \dfrac{2}{3}y - 4 \\ y' = \dfrac{2}{3}x - \dfrac{1}{3}y \end{cases}$]

51 ●○ **a.** È data l'iperbole $y = \dfrac{k}{x}$. Determina il valore del parametro k tale che la trasformata rispetto all'affinità di equazioni $\begin{cases} x' = x + y \\ y' = -x + y \end{cases}$ sia un'iperbole equilatera con vertici nei punti $(0; \pm 2)$.

b. Studia le caratteristiche della trasformazione assegnata osservando come viene trasformato il quadrato di vertici $(0;0)$, $(1;0)$, $(1;1)$, $(0;1)$.

c. Determina l'omotetia e l'isometria la cui composizione permette di ottenere la trasformazione assegnata.

[a) $k = -1$; c) omotetia: $\begin{cases} x' = \sqrt{2}x \\ y' = \sqrt{2}y \end{cases}$ e rotazione: $\begin{cases} x' = \dfrac{\sqrt{2}}{2}x + \dfrac{\sqrt{2}}{2}y \\ y' = -\dfrac{\sqrt{2}}{2}x + \dfrac{\sqrt{2}}{2}y \end{cases}$]

52 ●○ È data la conica γ di equazione $3x^2 - 2\sqrt{3}xy + y^2 - 2x - 2\sqrt{3}y = 0$.
Trasformala nella forma canonica γ' mediante la similitudine di equazioni

$$\begin{cases} x' = \dfrac{\sqrt{3}}{4}x - \dfrac{1}{4}y \\ y' = \dfrac{1}{4}x + \dfrac{\sqrt{3}}{4}y \end{cases}$$

e traccia il grafico della curva γ'.

a. Determina l'asse di simmetria, il vertice V, le intersezioni con gli assi cartesiani e traccia il grafico della curva γ.

b. Determina la tangente a γ nell'origine.

c. Deduci l'isometria e l'omotetia la cui composizione permette di ottenere la similitudine assegnata.

[γ': $y = 2x^2$; a) $y = \sqrt{3}x$; $V(0;0)$; b) $x + \sqrt{3}y = 0$; c) $r(O; 30°)$, $\omega_{O, \frac{1}{2}}$]

53 Determina i coefficienti a, b, c, d della trasformazione $\begin{cases} x' = ax + b \\ y' = cy + d \end{cases}$ tale che:

$A(1; 2) \mapsto A'(-1; 0)$; $B(3; 1) \mapsto B'(1; -2)$.

a. Studia la trasformazione e determina punti uniti e rette unite.

b. Trasforma la circonferenza con centro nell'origine e raggio 2 e determina l'area della superficie racchiusa dalla curva trasformata.

c. Determina centro e assi di simmetria della curva trasformata. Puoi affermare che la trasformazione conserva gli assi di simmetria?

[$a = 1, b = -2, c = 2, d = -4$; a) retta unita $y = 4$; b) 8π; c) ellisse di centro $(-2; -4)$]

54 Determina le equazioni della simmetria s rispetto alla retta $y = \frac{\sqrt{3}}{3}x$.

a. Applica in successione la trasformazione s e la simmetria rispetto all'asse x. La trasformazione t così ottenuta cosa rappresenta?

b. Scrivi le equazioni della trasformazione t_1 composta da t e da un'omotetia rispetto all'origine di rapporto 2.

c. Che cosa ottieni applicando t_1 alla circonferenza di equazione $x^2 + y^2 = 1$? E al triangolo di vertici (0; 0), (1; 0), (0; 1)?

[$s: \begin{cases} x' = \frac{x}{2} + \frac{\sqrt{3}}{2}y \\ y' = \frac{\sqrt{3}x}{2} - \frac{1}{2}y \end{cases}$; a) rotazione di $-60°$ rispetto all'origine; b) $t_1: \begin{cases} x' = x + \sqrt{3}y \\ y' = -\sqrt{3}x + y \end{cases}$]

55 **a.** In un piano è data l'affinità $t_1: \begin{cases} x' = ax + 2by - 1 \\ y' = 2ax + 2 \end{cases}$ che trasforma il punto $A(-1; -1)$ in $A'(2; 0)$. Trova a e b, studia la trasformazione e gli eventuali elementi uniti.

b. Dopo aver studiato la trasformazione

$t_2: \begin{cases} x' = y - 2 \\ y' = 2x - y + 4 \end{cases}$,

calcola $t = t_2 \circ t_1$ e studia le sue proprietà.

c. Applica t alle funzioni $y = \sin x$ e $y = \cos x$, e rappresenta i grafici delle funzioni trasformate.

[a) $a = 1$, $b = -2$, t_1 affinità diretta; b) t_2 affinità indiretta, t dilatazione]

56 Sono date le seguenti equazioni:

$\begin{cases} x' = mx - 2my + 1 \\ y' = (m + 2)x + 2y \end{cases}$.

a. Studia al variare di m le trasformazioni. In particolare, indica per quali valori di m si ha un'affinità, un'affinità diretta o indiretta, un'equivalenza.

b. Trova per quali valori di m si ha una similitudine σ e individua i punti uniti e le rette unite.

c. Scrivi l'equazione della trasformata mediante σ della circonferenza con centro nell'origine e raggio 1 e verifica che la tangente nel punto $P(1; 0)$ si trasforma nella tangente nel punto P' trasformato di P alla curva corrispondente della circonferenza.

[a) affinità: $m \neq 0 \wedge m \neq 3$; affinità diretta: $m < -3 \vee m > 0$; affinità indiretta: $-3 < m < 0$; equivalenza: $m = \frac{-3 \pm \sqrt{11}}{2} \vee m = \frac{-3 \pm \sqrt{7}}{2}$; b) $m = 2$; $U\left(-\frac{1}{17}; \frac{4}{17}\right)$; c) $x^2 + y^2 - 2x - 19 = 0$]

VERIFICA DELLE COMPETENZE PROVE

1 ora

PROVA A

Classifica le seguenti trasformazioni e individua gli eventuali elementi uniti.

1 $\begin{cases} x' = -y + 4 \\ y' = x - 3 \end{cases}$

2 $\begin{cases} x' = 3x - y \\ y' = x + 3y + 1 \end{cases}$

---

3 Un triangolo ABC viene trasformato da una simmetria che ha come asse la bisettrice del secondo e del quarto quadrante nel triangolo di vertici $A'(-1; -2)$, $B'(-3; -3)$, $C'(-3; 1)$. Scrivi le equazioni della trasformazione e determina le coordinate del triangolo ABC.

4 Sia γ la parabola di equazione $y = x^2 - 4x$. Determina l'equazione di γ', traslata di γ rispetto al vettore $\vec{v}(-1; 3)$, e l'equazione di γ'' che si ottiene ruotando γ' rispetto all'origine di $\frac{\pi}{4}$. Scrivi l'equazione della trasformazione che trasforma γ in γ''.

5 Rappresenta i grafici delle seguenti funzioni a partire dai grafici delle funzioni note.

a. $y = 3\sin\left(x - \frac{\pi}{2}\right)$ **b.** $y = e^{2x-2} - 1$ **c.** $y = \frac{1}{4}\cos 2x$

6 Considera la trasformazione di equazioni $\begin{cases} x' = (a+1)x - (2a+4)y + 2 \\ y' = 2x - 3y + 2a \end{cases}$.

Determina per quali valori di a:

a. rappresenta un'affinità diretta o un'affinità indiretta;

b. trasforma il triangolo di vertici $A(3; -2)$, $B(7; 2)$ e $C(3; 4)$ in un triangolo di area 36.

PROVA B

1 Studia le trasformazioni

$t_1: \begin{cases} x' = \frac{1}{2}x + \frac{1}{2} \\ y' = \frac{1}{2}y - 1 \end{cases}$, $t_2: \begin{cases} x' = -y + 2 \\ y' = -x + 2 \end{cases}$, $t_3: \begin{cases} x' = \frac{3}{5}x - \frac{4}{5}y \\ y' = -\frac{4}{5}x - \frac{3}{5}y \end{cases}$,

e determina le equazioni di $t_1 \circ t_2$ e di $t_2 \circ t_3$. Che trasformazioni ottieni?

2 Determina l'equazione della parabola γ', simmetrica rispetto alla retta r, e della parabola γ'', immagine di γ', che si ottiene con una rotazione di centro C e angolo $\frac{\pi}{2}$.

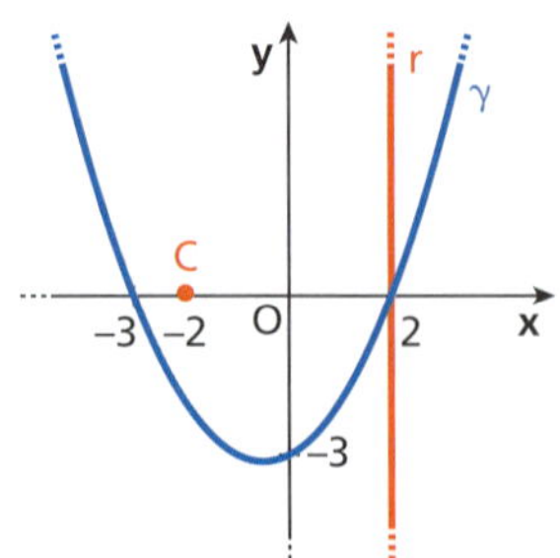

3 Disegna la conica di equazione $5x^2 + 6xy + 5y^2 - 32 = 0$.

4 Scrivi le equazioni della similitudine diretta che trasforma il segmento di estremi $A(-2; 2)$ e $B(4; 4)$ nel segmento di estremi $A'(3; 3)$ e $B'(6; -6)$. Verifica che la similitudine si ottiene componendo una rotazione con centro in O e un'omotetia di centro O.

5 Determina per quale valore di k l'affinità di equazioni

$$\begin{cases} x' = 3x - 4ky \\ y' = \frac{1}{2}x + 2y \end{cases}$$

lascia invariata la retta di equazione $y = \frac{1}{2}x$.

Esistono valori di k per cui la trasformazione è un'isometria?

PROVA C

Carichi pesanti La gru di un porto deve spostare orizzontalmente un container dalla posizione individuata, in pianta, dai punti A, B, C, D a quella individuata da A', B', C', D'. Scrivi l'equazione della trasformazione che permette al computer di bordo di eseguire l'operazione automaticamente.

a. Di che trasformazione si tratta?

b. Individua una rotazione di centro O e una traslazione che composte danno la trasformazione del problema.

c. Scrivi le equazioni della trasformazione che riporta il container nella posizione iniziale.

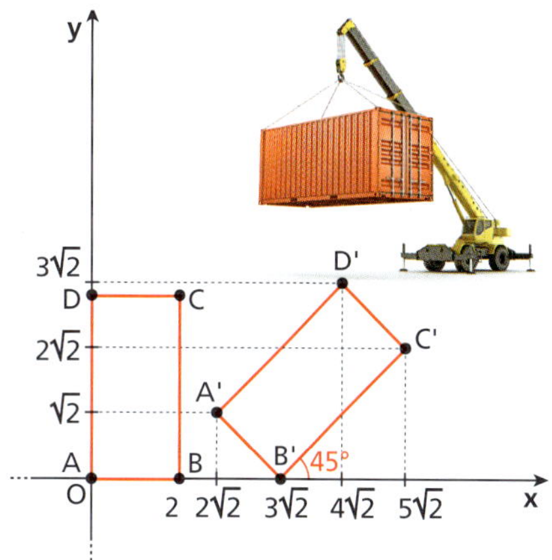

PROVA D

Alla parabola γ viene applicata una trasformazione che ha equazioni del tipo:

$$t_1: \begin{cases} x' = ax \\ y' = by \end{cases}, \quad \text{con } a, b \in \mathbb{R}^+.$$

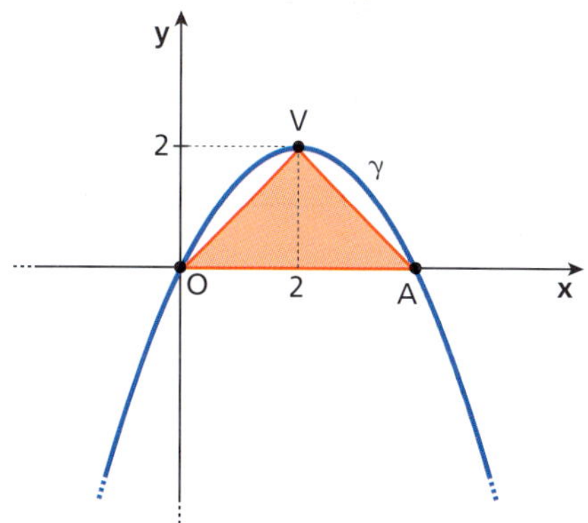

a. Determina a e b in modo che, indicati con O', V', A' i trasformati di O, V, A, l'area di $O'V'A'$ sia il triplo di quella di OVA e $\overline{O'A'} = 2\overline{OA}$.

b. Scrivi l'equazione della parabola γ' trasformata di γ mediante t_1.

c. Studia la trasformazione

$$t_2: \begin{cases} x' = \frac{1}{2}x \\ y' = -\frac{2}{3}y - 2 \end{cases},$$

individuando gli eventuali elementi uniti, e applica t_2 a γ'.
Disegna la parabola γ'' così ottenuta.

d. Scrivi le equazioni e studia la trasformazione che trasforma direttamente γ in γ''.

CAPITOLO

19 GEOMETRIA EUCLIDEA NELLO SPAZIO

1 Punti, rette, piani nello spazio

▶ Esercizi a p. 1180

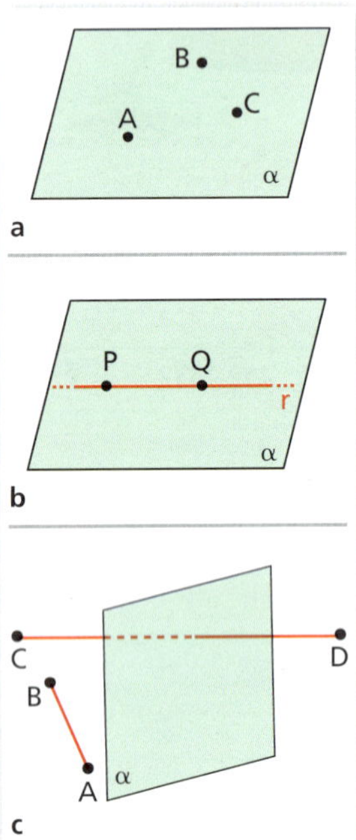

Gli enti fondamentali della geometria sono: il punto, la retta, il piano e lo spazio.

Indichiamo i punti con le lettere maiuscole A, B, C, ..., le rette con le lettere minuscole a, b, c, ..., i piani con le lettere minuscole dell'alfabeto greco α, β, γ, ...

Nello spazio studieremo le **figure solide**, o **solidi**, cioè le figure formate da un insieme di punti che non appartengono tutti a uno stesso piano.

Alcuni postulati dello spazio

1. Per tre punti non allineati passa uno e un solo piano (figura **a**).
2. Fissati due punti in un piano, la retta passante per i due punti giace interamente sul piano (figura **b**).
3. **Postulato di partizione dello spazio.** Un qualunque piano divide l'insieme dei punti dello spazio che non gli appartengono in due regioni dette **semispazi** con le seguenti proprietà:
   - due punti qualsiasi della stessa regione sono gli estremi di un segmento che non interseca il piano;
   - due punti qualsiasi di regioni diverse sono gli estremi di un segmento che interseca il piano (figura **c**).

   Il piano si dice **origine** dei semispazi.

Posizione di due rette nello spazio

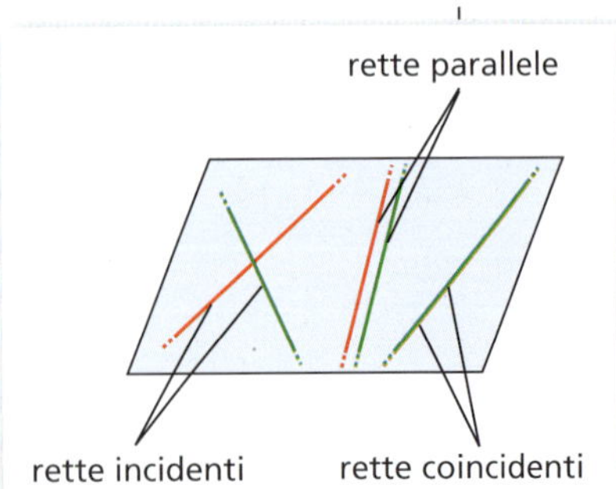

Due rette nello spazio sono **complanari** quando appartengono allo stesso piano.

Due rette complanari possono essere: **incidenti** se si intersecano in un solo punto, **parallele distinte** se non si intersecano, **parallele coincidenti** se hanno in comune tutti i punti.

Due rette sono **sghembe** se non sono complanari.

Si può dimostrare che due rette sghembe non hanno punti in comune.

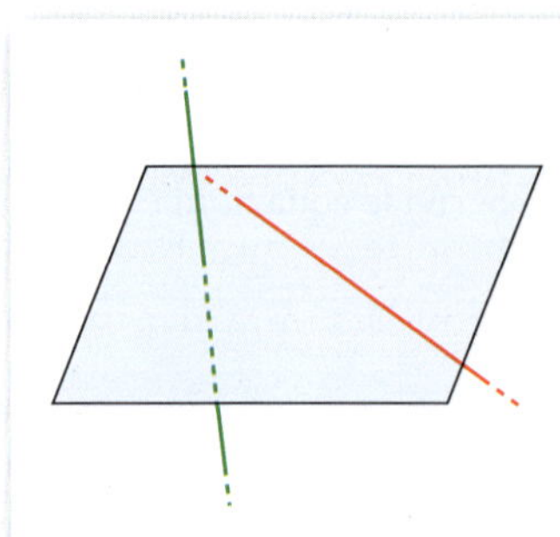

Ricordiamo che un **fascio proprio** di rette è l'insieme di tutte le rette complanari che passano per uno stesso punto P, detto *centro del fascio*. Un **fascio improprio** è l'insieme di tutte le rette complanari parallele tra loro.
Definiamo **stella di centro P** l'insieme di tutte le rette dello spazio passanti per il punto P.

Listen to it

In Euclidean space, two lines that don't intersect are **parallel** if they are contained in a plane, or **skew** if they are not.

Posizione di due piani nello spazio

Dimostriamo un teorema che ci permette di studiare le posizioni reciproche di due piani.

TEOREMA

Due piani distinti, che si intersecano in un punto, hanno in comune una retta che passa per quel punto.

DIMOSTRAZIONE

Consideriamo due piani α e β che si intersecano in un punto P. Scegliamo due punti A e B sul piano α in regioni opposte rispetto al piano β. Per il postulato di partizione dello spazio, il segmento AB interseca il piano β in un punto C. Il punto C appartiene anche al piano α, perché per il postulato 2 tutta la retta AB appartiene ad α.
I punti P e C appartengono a entrambi i piani, quindi la retta r passante per P e C appartiene anch'essa a entrambi i piani.
I due piani non possono avere altri punti in comune oltre a quelli di r. Infatti, se avessero in comune tre punti non allineati, i due piani coinciderebbero per il postulato 1, ma questo va contro l'ipotesi che i due piani siano distinti.

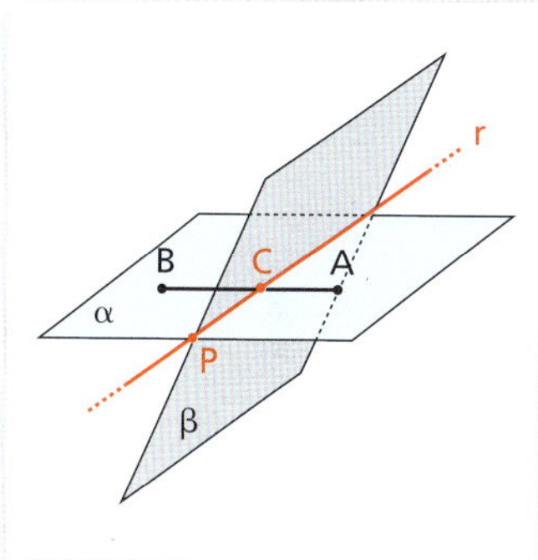

In conseguenza di questo teorema, due piani distinti o hanno in comune una retta o non hanno alcun punto in comune. Se hanno in comune una retta, sono **incidenti**. Se non hanno punti in comune, oppure se sono coincidenti, i due piani sono **paralleli**.

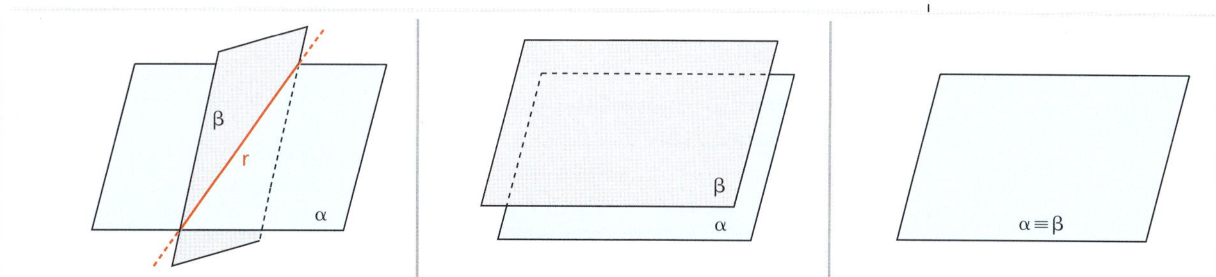

a. Piani incidenti. **b.** Piani paralleli. **c.** Piani coincidenti.

La relazione di parallelismo fra piani gode delle proprietà riflessiva, simmetrica e transitiva, come la relazione di parallelismo fra rette:

- proprietà riflessiva: ogni piano è parallelo a se stesso ($\alpha /\!/ \alpha$);
- proprietà simmetrica: se $\alpha /\!/ \beta$, è anche $\beta /\!/ \alpha$;
- proprietà transitiva: se $\alpha /\!/ \beta$ e $\beta /\!/ \gamma$, allora $\alpha /\!/ \gamma$.

Un insieme di piani paralleli è un **fascio improprio** di piani. Un insieme di piani che hanno in comune una stessa retta r è un **fascio proprio** di piani di asse r. Un insieme di piani che passano per uno stesso punto P è una **stella di piani**.

Posizione di una retta e di un piano

Per il postulato 2, se una retta ha due punti in comune con un piano, allora giace su quel piano. Pertanto, dati una retta e un piano, sono possibili solo tre casi:

- tutti i punti della retta appartengono al piano, ossia essa è **giacente** sul piano (o **appartenente** al piano);
- la retta ha un solo punto in comune con il piano, ossia è **incidente** al piano;
- la retta non ha alcun punto in comune con il piano.

Quando una retta giace su un piano, o non ha alcun punto in comune con esso, si dice che la retta è **parallela** al piano.

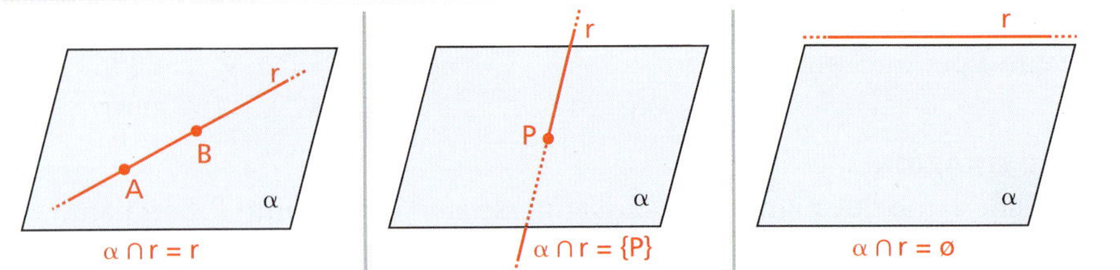

a. La retta r è giacente sul piano α.

b. La retta r è incidente al piano α.

c. La retta r non ha punti in comune con il piano α.

2 Perpendicolarità e parallelismo

Perpendicolarità tra retta e piano

▶ Esercizi a p. 1181

Se appoggiamo un quaderno sul banco, come nella figura, e sfogliamo alcune pagine possiamo osservare che ogni pagina del quaderno è appoggiata su un bordo che associamo a una retta e inoltre tutte queste rette si trovano sul piano α e sono perpendicolari alla retta r.

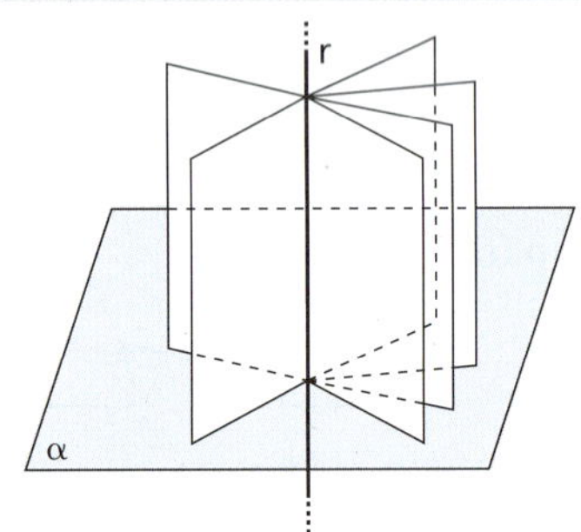

La situazione vista è descritta in modo preciso da due teoremi.

TEOREMA

Se per un punto P di una retta s si mandano due rette a e b perpendicolari a s, allora s è perpendicolare a ogni altra retta r passante per P e giacente sul piano delle rette a e b.

DIMOSTRAZIONE

Consideriamo P su una retta s e due rette a e b passanti per P e perpendicolari a s; chiamiamo α il piano su cui giacciono le rette incidenti a e b. Su s prendiamo M e N in semispazi opposti rispetto ad α e tali che $PM \cong PN$.
Disegniamo una qualunque retta $r \in \alpha$ e passante per P; prendiamo un punto A sulla retta a e un punto B sulla retta b in modo che la retta AB intersechi r nel punto R. Nel triangolo MNA il segmento AP è altezza e mediana della base MN, pertanto MNA è isoscele su tale base e quindi $AM \cong AN$. In modo simile si dimostra che MNB è isoscele e $BM \cong BN$.

I triangoli ABM e ABN hanno:

- AB in comune;
- $AM \cong AN$ e $BM \cong BN$.

Quindi per il terzo criterio sono congruenti e in particolare $A\widehat{B}M \cong A\widehat{B}N$.

I triangoli RBM e RBN hanno:

- RB in comune;
- $R\widehat{B}M \cong R\widehat{B}N$ e $BM \cong BN$.

Pertanto sono congruenti per il primo criterio. In particolare hanno $RM \cong RN$.

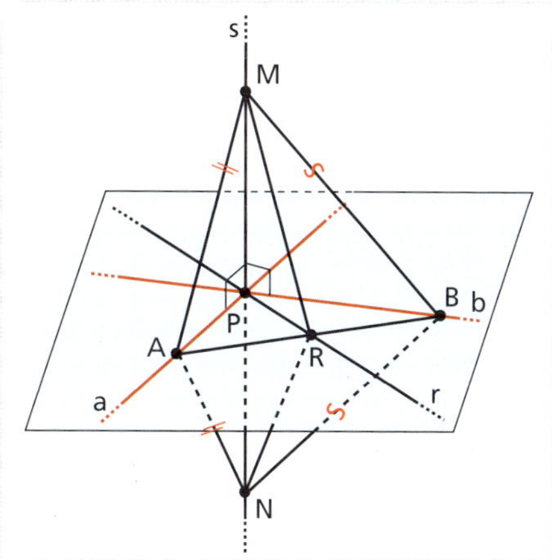

Il triangolo MRN è dunque isoscele sulla base MN; poiché RP è mediana di MN, allora è anche altezza. Concludiamo che r è perpendicolare a s.

TEOREMA

Le perpendicolari a una retta s condotte per un suo punto P giacciono tutte nello stesso piano.

I teoremi precedenti giustificano la seguente definizione.

DEFINIZIONE

Una **retta** è **perpendicolare a un piano** se è incidente al piano e perpendicolare a tutte le rette del piano passanti per il punto di incidenza. Il punto di incidenza si chiama **piede** della perpendicolare.

Una retta incidente ma non perpendicolare a un piano si chiama **obliqua**.

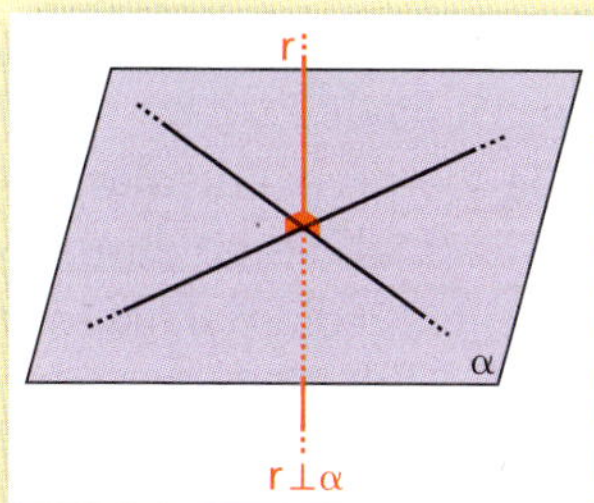

Per affermare che una retta è perpendicolare a un piano, in base ai teoremi appena dimostrati, è sufficiente verificare che essa è perpendicolare a due qualsiasi rette del piano passanti per il punto di incidenza.

Si può dimostrare che:

- dati un piano α e un punto P, esiste ed è unica la retta r passante per il punto e perpendicolare al piano (figura **a**);
- dati una retta r e un punto P, esiste ed è unico il piano perpendicolare a r e passante per P (figura **b**).

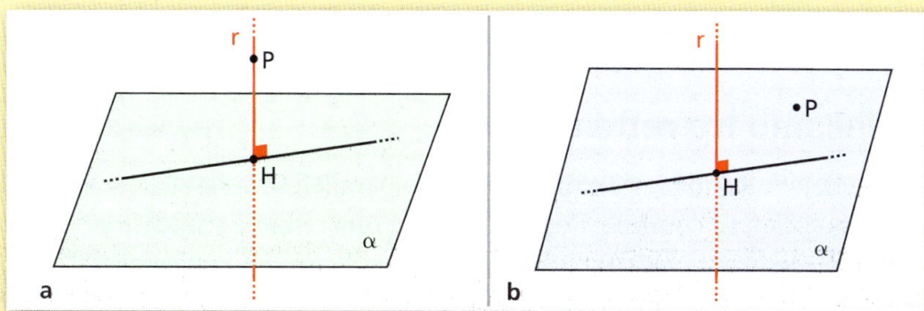

Animazione

Nell'animazione dimostriamo il teorema, ragionando per assurdo.

Listen to it

A line is **perpendicular** to a plane if it is perpendicular to all lines in the plane that it intersects.

TEORIA

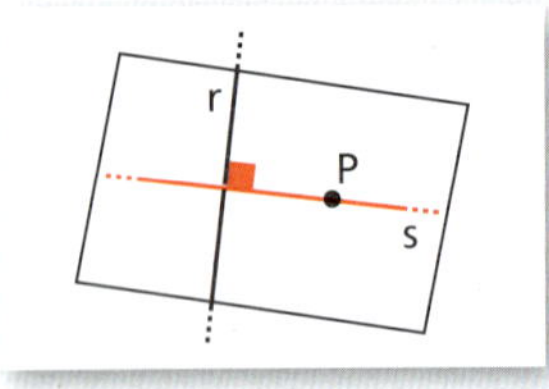

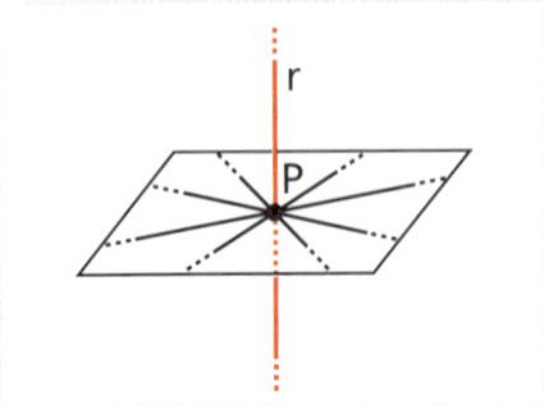

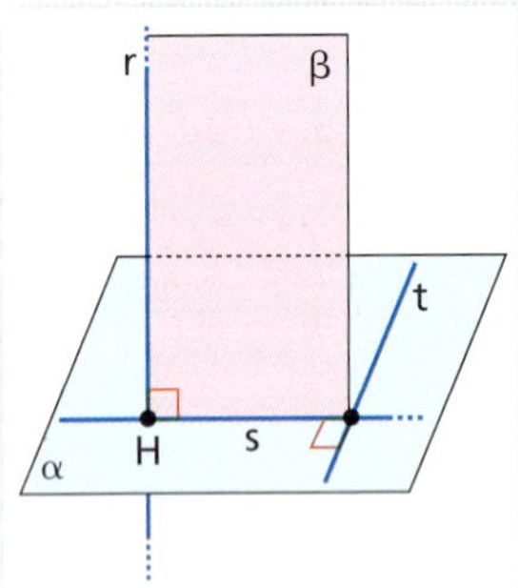

Perpendicolarità tra due rette

Nel piano, dati una retta r e un punto P, esiste una sola retta s passante per P e perpendicolare a r, e r e s sono necessariamente incidenti.
Nello spazio invece occorre distinguere due casi.

- Se P non appartiene alla retta r, esiste un'unica perpendicolare s a r passante per P e incidente a r.
  Esiste infatti un solo piano che contiene P e r e la perpendicolare s giace sul piano perché passa per P e per un punto di r.
- Se P appartiene alla retta r, esistono infinite rette passanti per P e perpendicolari e incidenti a r, e sono tutte le rette del fascio di centro P che giacciono sul piano perpendicolare a r in P.

Esaminiamo ora il seguente teorema, che riguarda la perpendicolarità delle rette nello spazio.

TEOREMA

Teorema delle tre perpendicolari

Se dal piede di una perpendicolare a un piano si manda la perpendicolare a una qualunque retta del piano, quest'ultima risulta perpendicolare al piano delle prime due.

DIMOSTRAZIONE

Siano r una retta perpendicolare a un piano α e t una retta di α non passante per il piede H di r.

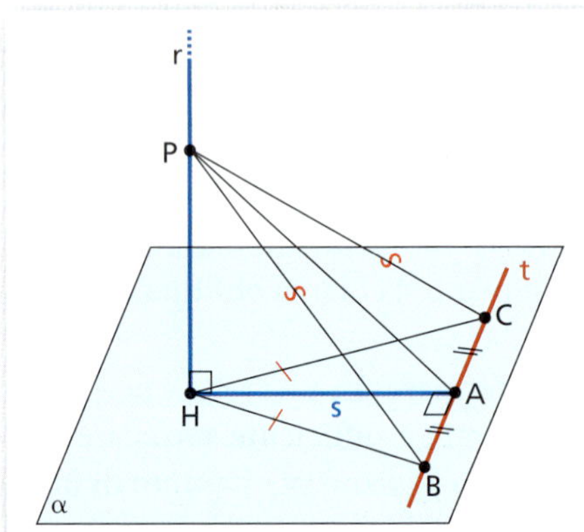

Sia s la perpendicolare condotta da H a t. Dobbiamo dimostrare che t è perpendicolare al piano individuato dalle rette r e s.
Detto A il punto di intersezione delle rette s e t, preso un generico punto P su r, dimostriamo che t è perpendicolare alla retta PA.
Consideriamo dunque sulla retta t i segmenti $AB \cong AC$ da parti opposte rispetto ad A e congiungiamo B e C con H e P. Poiché H è sull'asse di BC, $HB \cong HC$.
I triangoli rettangoli PHB e PHC sono allora congruenti e quindi $PB \cong PC$.
Il triangolo BPC è isoscele, dunque la mediana PA è perpendicolare a BC, e cioè la retta PA è perpendicolare alla retta t.
Concludiamo allora che la retta t è perpendicolare al piano individuato da PA e HA, e cioè al piano formato dalle rette r e s.

Ci occuperemo della perpendicolarità tra piani nel prossimo paragrafo.

Parallelismo tra retta e piano

▶ Esercizi a p. 1183

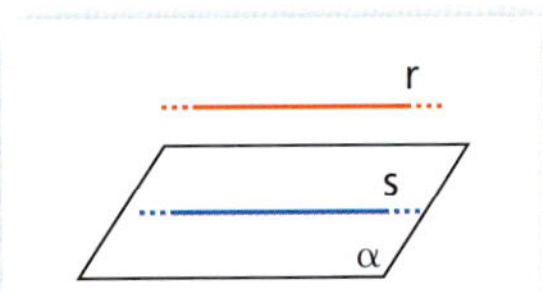

Abbiamo già detto che una retta e un piano sono paralleli se la retta giace sul piano o se non hanno punti in comune. Per verificare se una retta r è parallela a un piano α è sufficiente verificare che r sia parallela a una retta s che appartiene al piano, grazie al teorema della pagina seguente.

TEOREMA

Dati una retta r e un piano α, se r è parallela a una retta s giacente su α, allora r è parallela ad α.

Animazione

Nell'animazione trovi la dimostrazione per assurdo del teorema.

Si possono inoltre dimostrare le seguenti proprietà.

- Data una retta r parallela a un piano α, ogni altro piano non parallelo ad α e contenente r interseca il piano α in una retta s, parallela a r.
- Se due rette incidenti r e s sono parallele al piano α, allora il piano β che r e s individuano è parallelo ad α (figura **a**).
- Le intersezioni tra un piano e due piani paralleli sono rette parallele (figura **b**).
- Dati un piano α e un punto P non appartenente ad α, esiste ed è unico il piano β passante per P e parallelo ad α.
- Due rette parallele a una terza retta sono parallele tra loro.

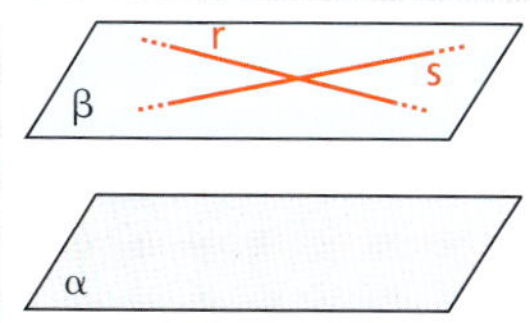

a

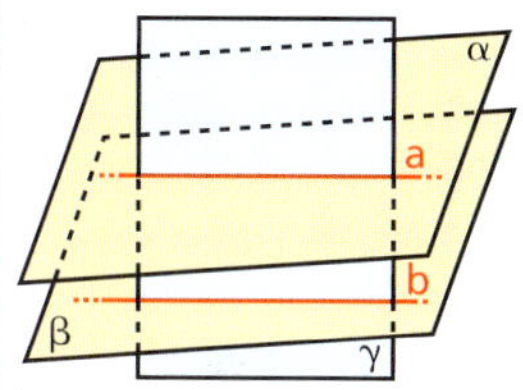

b

Perpendicolarità e parallelismo

Per la perpendicolarità e il parallelismo di rette, si può dimostrare che:

- due rette perpendicolari a uno stesso piano sono parallele fra loro;
- se due rette sono parallele, ogni piano perpendicolare all'una è perpendicolare anche all'altra.

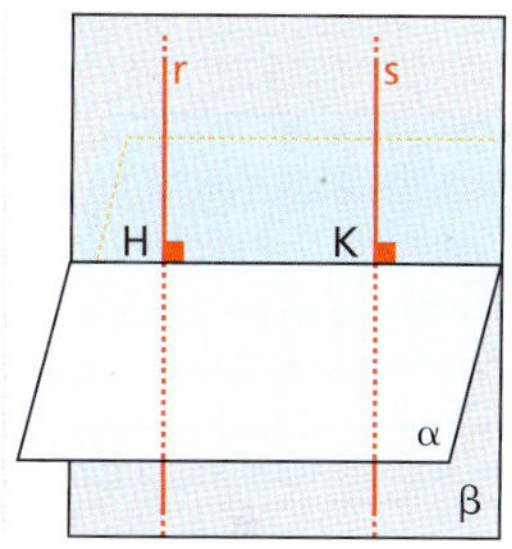

A differenza di quanto accade nella geometria del piano, nello spazio **non** è vero che due rette perpendicolari a una stessa retta sono parallele.
Nella figura a lato $a \perp b$ e $b \perp c$, ma non è vero che $a \parallel c$.

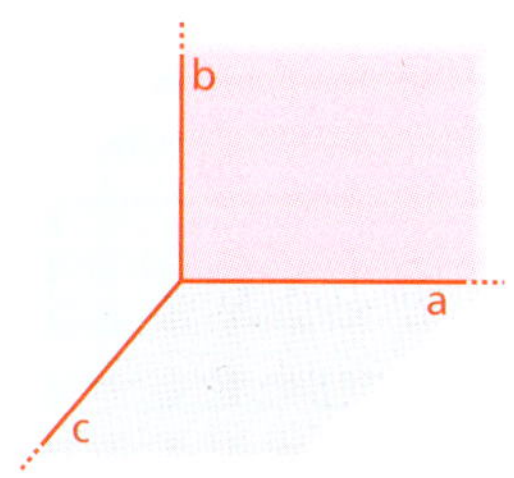

▶ Due rette perpendicolari a una stessa retta possono essere parallele? E sghembe? Disegna degli esempi.

Per la perpendicolarità e il parallelismo di piani, si può dimostrare che:

- se due piani sono perpendicolari a una stessa retta in punti distinti, allora sono paralleli.
- se due piani sono paralleli, allora ogni retta perpendicolare all'uno è perpendicolare anche all'altro.

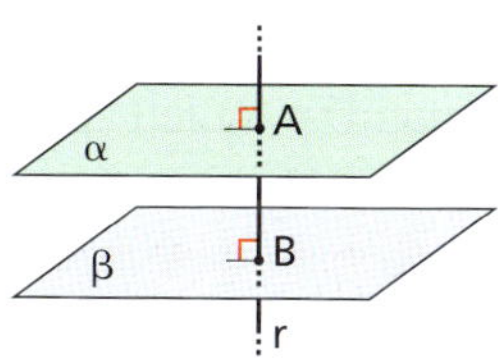

Teorema di Talete nello spazio

Il teorema di Talete visto nel piano si può generalizzare nello spazio al caso di un insieme di piani paralleli e due rette **trasversali**, cioè due rette non parallele ai piani che quindi li intersecano tutti.

TEOREMA

Teorema di Talete nello spazio

Un fascio di piani paralleli intersecati da due trasversali intercetta su di esse segmenti corrispondenti proporzionali.

DIMOSTRAZIONE

Si possono presentare due casi.

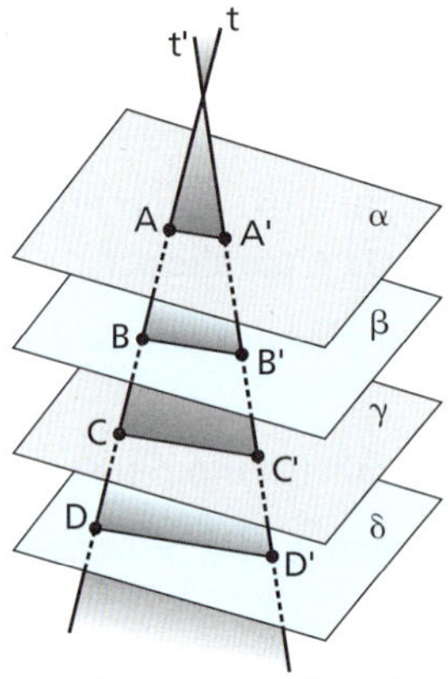

a. Le trasversali sono complanari.

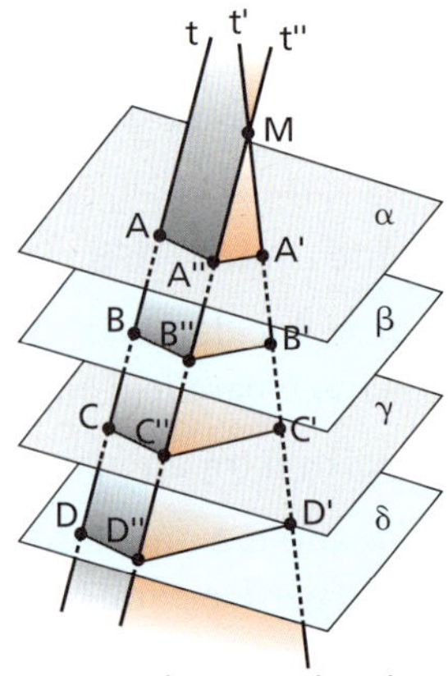

b. Le trasversali sono sghembe.

Primo caso: t e t' sono complanari (figura **a**).
Il piano delle rette t e t' interseca i piani del fascio formando il fascio di rette parallele $AA' \parallel BB' \parallel CC' \parallel \ldots$ di cui t e t' sono trasversali, quindi per il teorema di Talete nel piano:

$$AB : BC = A'B' : B'C', \quad AC : BC = A'C' : B'C', \ldots$$

Secondo caso: t e t' sono sghembe (figura **b**).
Per un punto M di t' tracciamo la retta t'' parallela a t e indichiamo con A'', B'', C'', ... le corrispondenti intersezioni con i piani α, β, γ, ... Otteniamo i parallelogrammi $ABB''A''$, $ACC''A''$, $BCC''B''$, ..., quindi $AB \cong A''B''$, $AC \cong A''C''$, $BC \cong B''C''$, ...
Alle trasversali t', t'' possiamo applicare il teorema di Talete nel piano:

$$A''B'' : B''C'' = A'B' : B'C', \quad A''C'' : B''C'' = A'C' : B'C', \ldots$$

Sostituendo $A''B''$ con AB, $A''C''$ con AC, ..., deduciamo le proporzioni:

$$AB : BC = A'B' : B'C', \quad AC : BC = A'C' : B'C', \ldots$$

Il teorema è pertanto dimostrato.

In particolare, dati due piani paralleli e due rette parallele che li intersecano, i segmenti paralleli appartenenti alle rette e compresi fra i piani sono congruenti.

3 Distanze e angoli nello spazio

Distanze nello spazio

▶ Esercizi a p. 1184

Distanza di un punto da un piano

Se da un punto P mandiamo la perpendicolare a un piano α, l'intersezione H della retta con il piano è la **proiezione ortogonale** di P su α.

Dati un piano e un punto, definiamo la **distanza del punto dal piano** come la lunghezza del segmento che ha per estremi il punto e il piede della perpendicolare al piano passante per il punto. Nella figura della pagina seguente, PH è la distanza di P da α. Se il punto P appartiene al piano, la distanza è nulla.

Osserviamo che la distanza di un punto P da un piano è sempre minore della distanza di P da qualsiasi altro punto del piano diverso dalla proiezione di P. Nella figura, $PH < PM$.

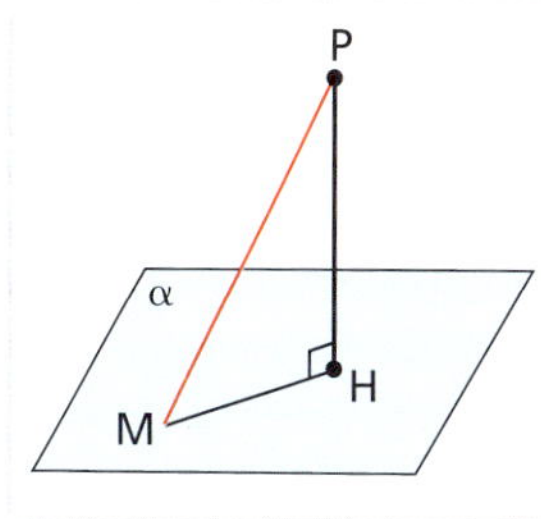

Se proiettiamo tutti i punti di una figura $\mathcal{F}$ sul piano α, otteniamo la proiezione $\mathcal{F}'$ di $\mathcal{F}$. In particolare la **proiezione di una retta** su un piano è una retta, a meno che la retta non sia perpendicolare al piano α, in tal caso la sua proiezione si riduce a un punto.

Distanza tra retta e piano paralleli

Se una retta è parallela a un piano, i suoi punti sono *equidistanti* dal piano stesso: tale distanza si chiama **distanza della retta dal piano**.

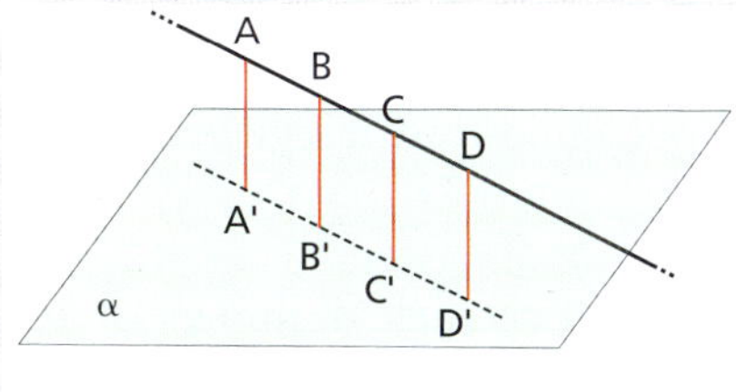

$AA' \cong BB' \cong CC' \cong DD' \cong \ldots$

Distanza tra due rette sghembe

Date due rette sghembe, si può dimostrare che esiste sempre un'*unica retta perpendicolare* a entrambe. Il segmento che congiunge i due punti di intersezione di tale perpendicolare con le rette è minore di ogni altro segmento che congiunge un punto di una retta con un punto dell'altra. Tale segmento è detto **distanza fra le due rette sghembe**.

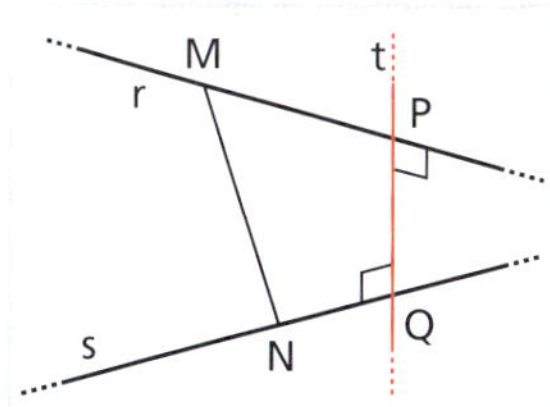

$PQ < MN$

Distanza tra due piani paralleli

Abbiamo detto che, dati due piani paralleli, una retta perpendicolare a uno di essi è perpendicolare anche all'altro. Inoltre, scelte due rette perpendicolari a due piani paralleli, il segmento intercettato dai due piani sull'una è congruente a quello intercettato sull'altra. Definiamo allora come **distanza fra due piani paralleli** la lunghezza del segmento intercettato dai due piani su una qualunque retta a essi perpendicolare.

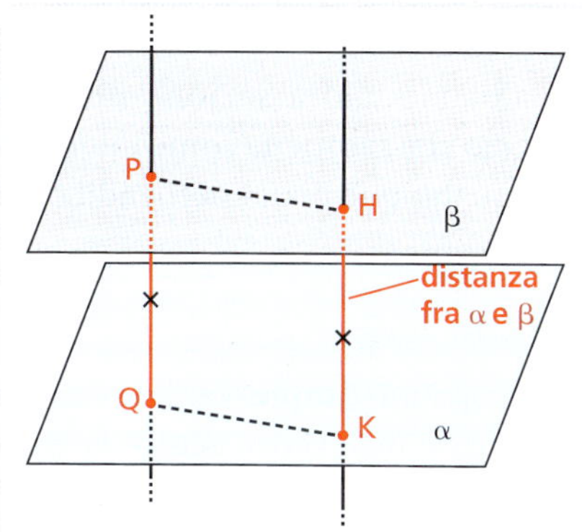

Diedri e piani perpendicolari

Esercizi a p. 1185

Introduciamo il concetto di diedro, che estende allo spazio il concetto di angolo nel piano e che ci servirà per definire la perpendicolarità fra piani.

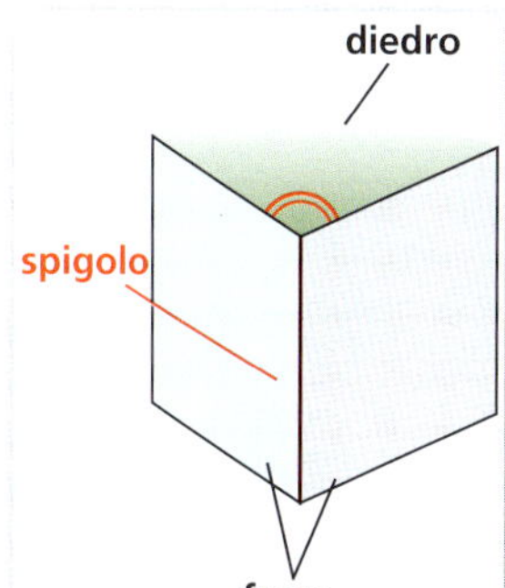

DEFINIZIONE

Dati nello spazio due semipiani aventi la stessa retta origine, chiamiamo **diedro** ognuna delle due parti (compresi i semipiani) in cui essi dividono lo spazio.

La retta origine dei semipiani si chiama **spigolo** del diedro e i semipiani si chiamano **facce** del diedro.

Due semipiani non complanari, aventi la stessa retta origine, individuano sempre due diedri, uno **concavo** e uno **convesso**.

Listen to it

Two half-planes, called **sides**, emanating from the same line, called the **edge**, divide the space into two **dihedral angles**.

DEFINIZIONE

Una **sezione di un diedro** è l'angolo che si ottiene come intersezione fra il diedro e un qualunque piano non parallelo allo spigolo che interseca il suo spigolo.

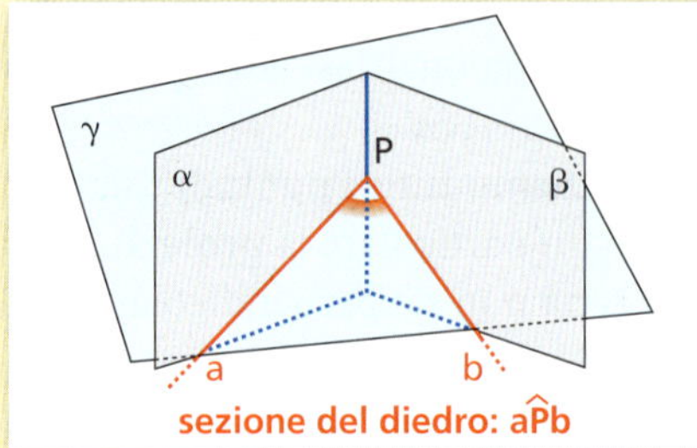

Si può dimostrare il seguente teorema.

Animazione

Nell'animazione c'è la dimostrazione del teorema.

TEOREMA

Sezioni parallele di uno stesso diedro sono congruenti.

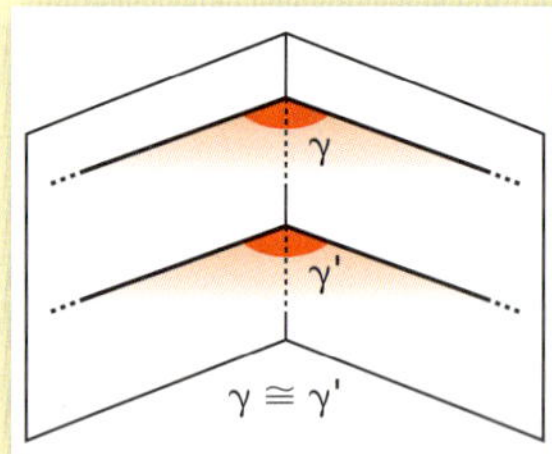

Una conseguenza del teorema è che se intersechiamo un diedro con piani perpendicolari allo spigolo, gli angoli che otteniamo sui piani sono congruenti fra loro (figura a lato).

Chiamiamo allora **sezione normale** di un diedro l'angolo che si ottiene come intersezione fra il diedro e un qualunque piano perpendicolare al suo spigolo.

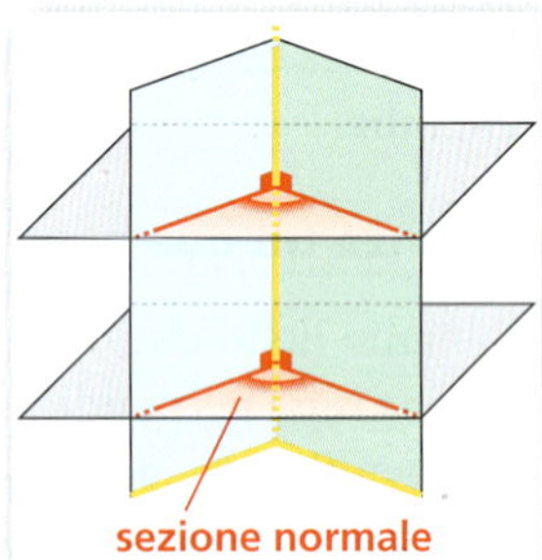

Listen to it

According to the size of its **normal sections**, a dihedral angle can be **right**, **acute** or **obtuse**.

DEFINIZIONE

Chiamiamo **ampiezza** di un diedro l'ampiezza della sua sezione normale; un diedro si dice **retto**, **acuto** o **ottuso** a seconda che la sua sezione normale sia un angolo retto, acuto o ottuso.

Si dimostra che **due diedri sono congruenti se e solo se sono congruenti le loro sezioni normali**.

Possiamo ora dare nello spazio la definizione di piani perpendicolari, analoga alla definizione di rette perpendicolari nel piano.

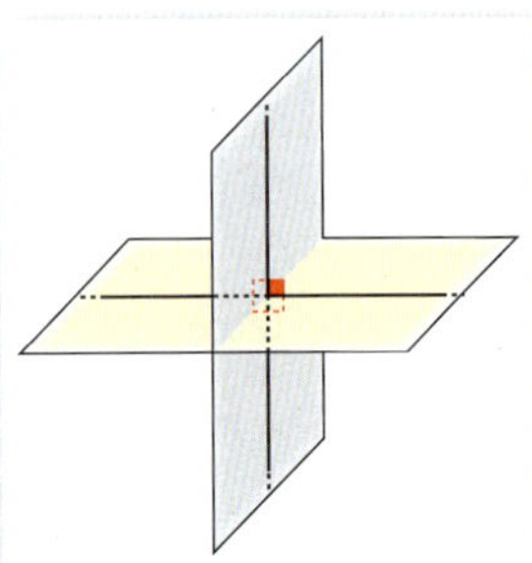

DEFINIZIONE

Due **piani** incidenti sono **perpendicolari** quando dividono lo spazio in quattro diedri retti.

Per verificare se due piani sono perpendicolari, basta trovare una retta dell'uno che sia perpendicolare all'altro, grazie al seguente teorema.

TEOREMA

Se una retta contenuta in un piano α è perpendicolare a un piano β, allora i due piani α e β sono perpendicolari.

DIMOSTRAZIONE

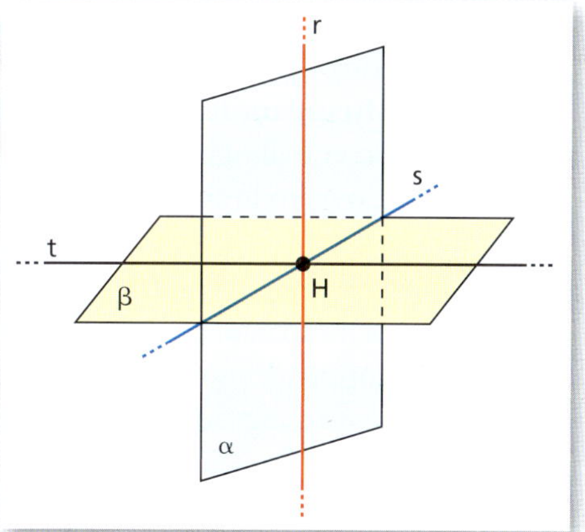

Sia r la retta di α perpendicolare a β nel punto H.
Tracciamo la retta s, intersezione dei piani α e β, e la retta t giacente su β e perpendicolare in H a s.
Poiché s è perpendicolare sia a r, per ipotesi, sia a t, per costruzione, allora s è perpendicolare al piano individuato dalle rette r e t. Quindi il piano rt individua una sezione normale del diedro formato da α e β. Inoltre la retta r, essendo perpendicolare a tutte le rette di β passanti per H, è perpendicolare anche a t, quindi le sezioni normali individuate dal piano rt sono quattro angoli retti. Concludiamo che i piani α e β sono tra loro perpendicolari.

Enunciamo infine il seguente teorema, senza dimostrarlo.

TEOREMA
Dati un piano α e una retta r non perpendicolare ad α, esiste ed è unico il piano passante per r e perpendicolare ad α.

Angolo di una retta con un piano

▶ Esercizi a p. 1185

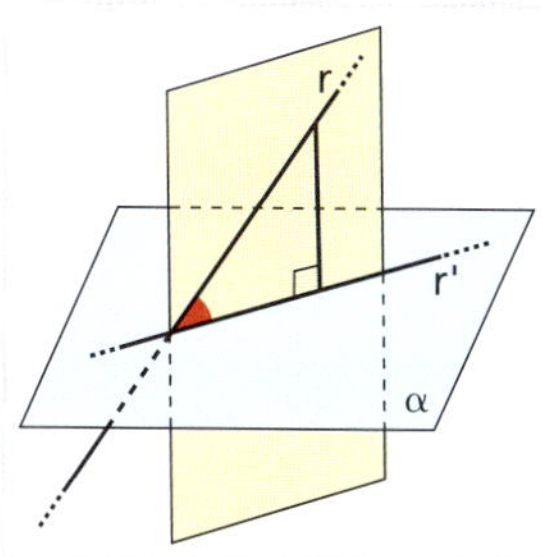

Sia r una retta incidente e non perpendicolare al piano α: un piano generico, che passa per r, interseca α in un'altra retta. Si dimostra che l'angolo formato dalle due rette dipende dalla scelta del piano variabile e risulta minimo quando il piano è perpendicolare ad α. Questo giustifica la seguente definizione.

DEFINIZIONE
Data una retta r incidente e non perpendicolare a un piano α, l'**angolo della retta con il piano** è l'angolo acuto formato da r e dalla sua proiezione r' su α.

Se la retta r è perpendicolare al piano α, ogni piano passante per r interseca α in una retta perpendicolare a r. Allora l'angolo che r forma con α è un angolo retto.

Angolo tra due rette sghembe

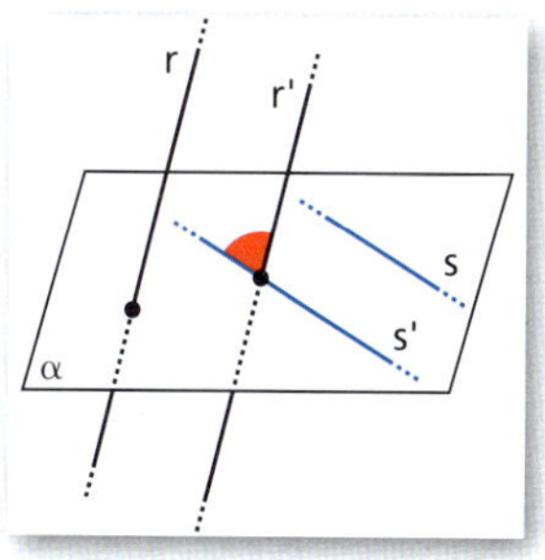

L'**angolo formato da due rette sghembe** r e s è l'angolo formato dalle rette incidenti r' e s', parallele rispettivamente a r e s.

4 Trasformazioni geometriche

▶ Esercizi a p. 1186

Per lo studio delle trasformazioni geometriche nello spazio il percorso è analogo a quello seguito nel piano e molti concetti non sono altro che la traduzione in tre dimensioni di quelli introdotti precedentemente.

TEORIA

Listen to it

In a **geometric transformation**, a **fixed point** is a point that is its own image under transformation.

Una trasformazione geometrica nello spazio è una corrispondenza biunivoca fra i punti dello spazio e i punti dello spazio stesso. In particolare, in una trasformazione geometrica i **punti uniti** sono quei punti che coincidono con i loro corrispondenti. Le **figure unite** sono quelle figure che vengono trasformate in se stesse. Esaminiamo, come abbiamo fatto nel piano, le isometrie, le omotetie e le loro composizioni, ovvero le similitudini.

Isometrie

Le isometrie nello spazio, come nel piano, sono trasformazioni che **conservano le distanze tra coppie di punti corrispondenti**. Due figure che si corrispondono in un'isometria sono congruenti. Le isometrie sono anche chiamate *movimenti rigidi*. Un movimento rigido si dice diretto o inverso a seconda che gli orientamenti delle figure siano o non siano conservati.

DEFINIZIONE

Due figure solide sono **congruenti** quando hanno tutte le caratteristiche tra loro congruenti, ossia hanno lati, angoli, spigoli, facce, diedri corrispondenti congruenti. Se inoltre possono essere sovrapposte, mediante un movimento rigido diretto, si dicono **direttamente congruenti**; altrimenti, se il movimento rigido che porta a sovrapporle è inverso, si dicono **inversamente congruenti**.

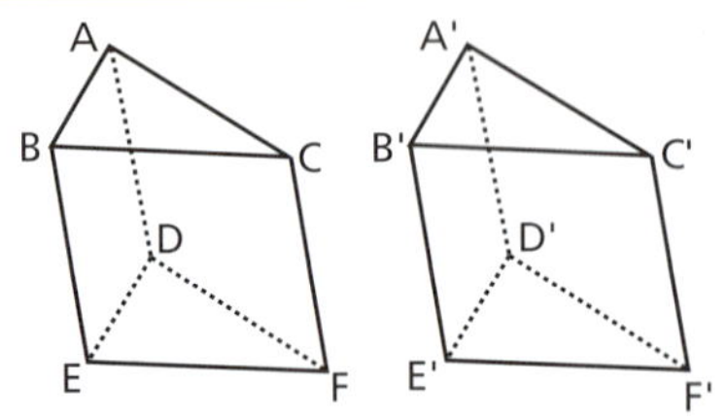

Figure direttamente congruenti

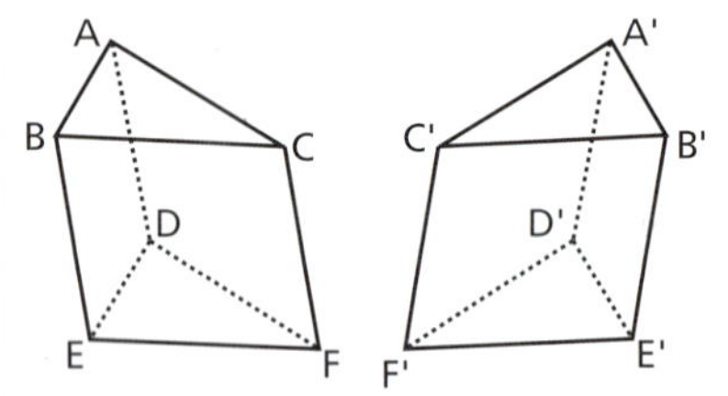

Figure inversamente congruenti

Le isometrie godono delle seguenti proprietà:

- trasformano segmenti in segmenti, rette in rette, piani in piani;
- conservano il parallelismo;
- trasformano rette incidenti in rette incidenti, piani incidenti in piani incidenti;
- trasformano ogni angolo in un angolo congruente.

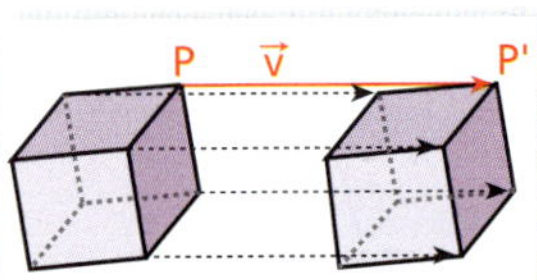

▶ Stabilisci se ci sono, e quali sono, i punti uniti, le rette unite, i piani uniti in una traslazione di vettore $\vec{v}$ nello spazio.

Traslazione

Fissato nello spazio un vettore $\vec{v}$, la **traslazione di vettore $\vec{v}$** è quella trasformazione geometrica che a ogni punto P fa corrispondere il punto P' tale che il vettore $\overrightarrow{PP'}$ è uguale a $\vec{v}$.

- In una traslazione, la figura trasformata è direttamente congruente alla figura data.
- Le traslazioni conservano le direzioni delle rette e le *giaciture* dei piani, cioè trasformano una retta in una retta parallela a quella data e trasformano un piano in un piano parallelo a quello dato.

Rotazione

Fissati nello spazio una retta r e un angolo orientato α, la **rotazione di asse r e angolo α** è quella trasformazione geometrica che:

1. a ogni punto di r fa corrispondere se stesso;

2. a ogni punto P, non appartenente a r, fa corrispondere il punto P' tale che:
   - P' appartiene al piano β passante per P e perpendicolare alla retta r;
   - detto O il punto di intersezione di r con β, $OP' \cong OP$ e $P\widehat{O}P' \cong \alpha$, con la stessa orientazione.

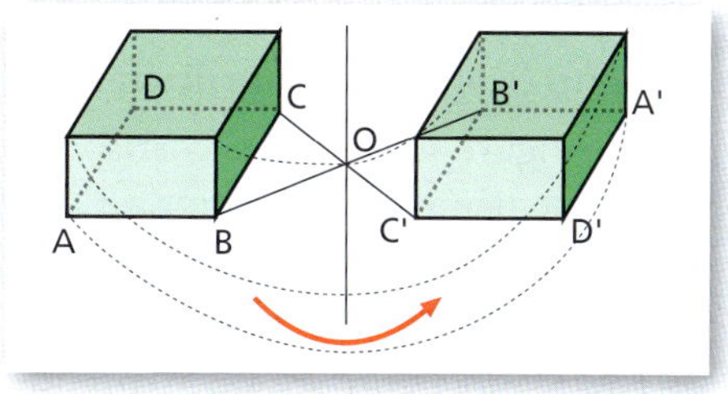

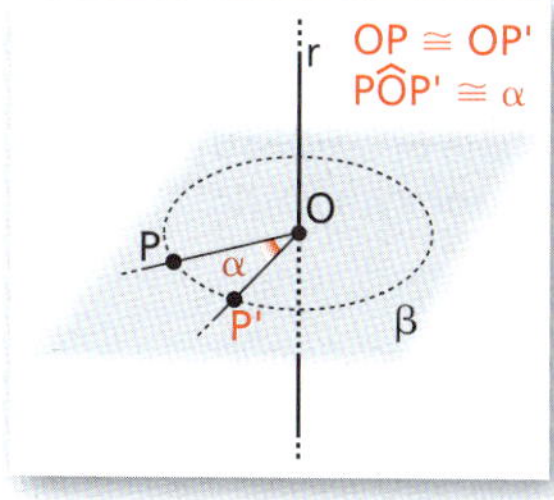

- In una rotazione, la figura trasformata è direttamente congruente alla figura data.

► Individua gli eventuali punti, rette e piani uniti:
a. in una rotazione di asse r e angolo qualsiasi;
b. in una rotazione di 180° intorno a r.

Simmetria centrale

Fissato nello spazio un punto O, la **simmetria centrale di centro O** è la trasformazione geometrica che:

1. al punto O fa corrispondere se stesso;
2. a ogni punto P diverso da O fa corrispondere il punto P' tale che il segmento PP' abbia O come punto medio.

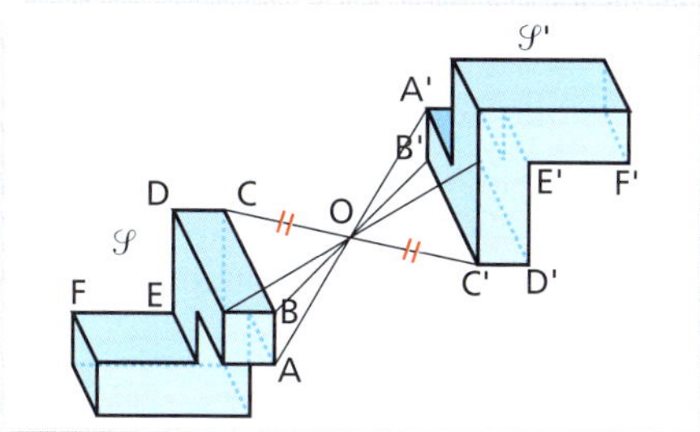

- Due solidi che si corrispondono mediante una simmetria centrale di centro O sono, in genere, inversamente congruenti.
- Come le traslazioni, anche le simmetrie centrali conservano le direzioni delle rette e le giaciture dei piani.
- Un punto dello spazio è **centro di simmetria di una figura** se la figura è unita rispetto alla simmetria centrale che ha come centro quel punto.

► Individua punti, rette e piani uniti per una simmetria centrale di centro O.

Simmetria assiale

Fissata una retta r nello spazio, la **simmetria assiale di asse r** è la trasformazione geometrica che:

1. a ogni punto di r fa corrispondere se stesso;
2. a ogni punto P, non appartenente a r, fa corrispondere il punto P', diverso da P, tale che:
   - la retta PP' è perpendicolare e incidente a r;
   - le distanze di P e di P' da r sono congruenti.

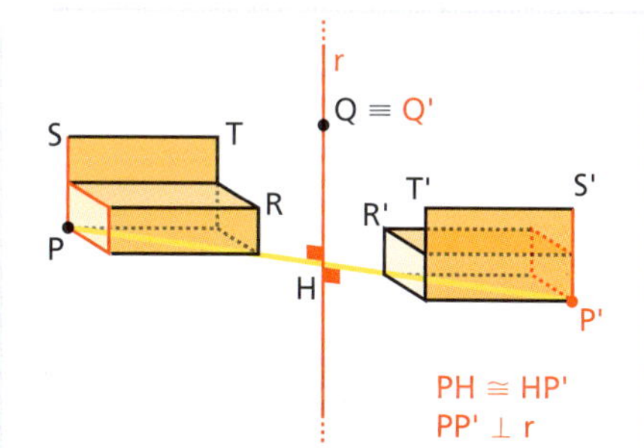

- La figura trasformata in una simmetria assiale è direttamente congruente alla figura data.
- Una retta dello spazio è **asse di simmetria di una figura** se la figura è unita rispetto alla simmetria che ha per asse quella retta.

► Individua punti, rette e piani uniti per una simmetria assiale di asse r.

Simmetria rispetto a un piano

Fissato un piano α nello spazio, la **simmetria rispetto al piano α** è quella trasformazione geometrica che:

1. a ogni punto di α fa corrispondere se stesso;
2. a ogni punto P, non appartenente ad α, fa corrispondere il punto P', diverso da P, tale che:

TEORIA

Listen to it

A solid figure which has a **plane of symmetry** is called **mirror symmetric**.

▶ Individua punti, rette e piani uniti per una simmetria rispetto al piano α.

- la retta PP' è perpendicolare ad α;
- le distanze di P e P' da α sono congruenti.

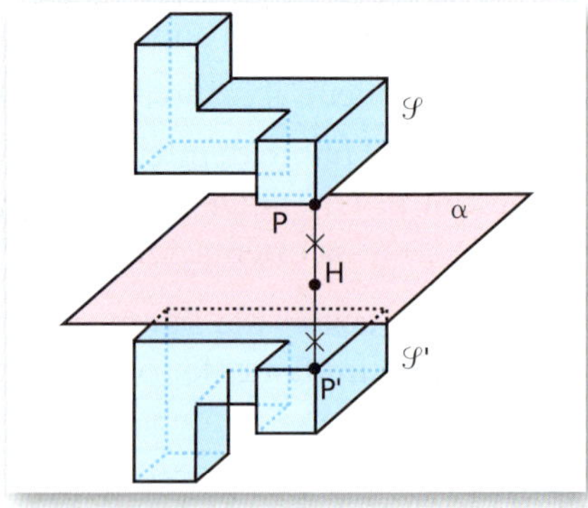

Il piano α è chiamato **piano di simmetria**.

- Due figure solide che si corrispondono mediante una simmetria rispetto a un piano sono, in genere, inversamente congruenti.
- Un piano dello spazio è **piano di simmetria di una figura** se la figura è unita rispetto alla simmetria che ha per piano di simmetria quel piano.

Composizione di due trasformazioni

È possibile comporre due trasformazioni geometriche anche nello spazio. Per esempio, applichiamo a un solido $\mathcal{F}$ una trasformazione t_1 e al solido corrispondente $\mathcal{F}'$ una trasformazione t_2. Per ottenere direttamente il solido $\mathcal{F}''$ dobbiamo applicare a $\mathcal{F}$ la trasformazione composta $t_2 \circ t_1$:

$$\mathcal{F} \xrightarrow{t_2 \circ t_1} \mathcal{F}''.$$

Si dimostra che ogni isometria dello spazio si può ottenere componendo al più quattro simmetrie rispetto a opportuni piani.

Omotetia

Dati un punto O e un numero reale k diverso da 0, l'**omotetia di centro O e rapporto k** è quella trasformazione che al punto O fa corrispondere se stesso e a ogni altro punto P fa corrispondere il punto P' tale che:

$$\overrightarrow{OP'} = k\,\overrightarrow{OP}.$$

Come nel piano, il numero reale k è detto *rapporto di omotetia*. Se $k > 0$ l'omotetia si dice *diretta*, se $k < 0$ si dice *inversa*.

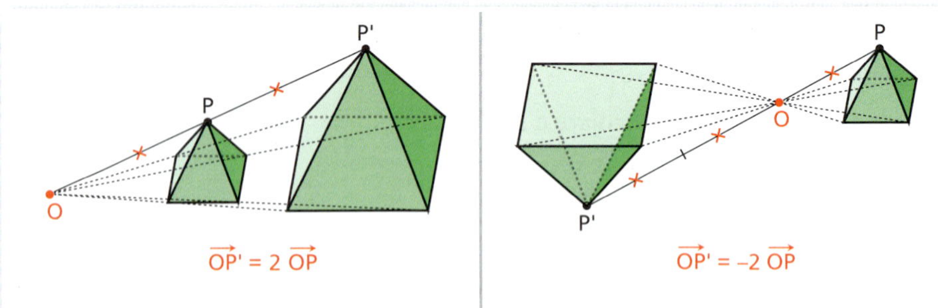

a. Omotetia diretta: $k = 2$.

b. Omotetia inversa: $k = -2$.

Le omotetie godono delle seguenti proprietà:

- conservano le direzioni delle rette e le giaciture dei piani;
- trasformano ogni angolo in un angolo congruente;
- trasformano ogni segmento in un segmento parallelo tale che il rapporto tra le loro lunghezze è $|k|$;
- trasformano ogni poligono in un poligono simile tale che il rapporto di similitudine è $|k|$;

- se $k \neq 1$, l'unico punto unito è il centro, le rette unite sono tutte e sole le rette passanti per il centro, i piani uniti sono tutti e soli i piani che contengono il centro.

Similitudine

Nello spazio la similitudine viene definita in modo del tutto analogo alla similitudine nel piano, ossia una similitudine è la trasformazione composta di un'isometria e di un'omotetia, o viceversa. Il *rapporto di similitudine* è il rapporto di omotetia.

La similitudine nello spazio gode di tutte le proprietà già esaminate nel piano, in particolare essa trasforma angoli in angoli congruenti e segmenti in segmenti proporzionali. Il rapporto fra segmenti corrispondenti è uguale al rapporto di similitudine.

▶ Disegna due solidi simili con rapporto di similitudine $k = 2$.

5 Poliedri

▶ Esercizi a p. 1187

DEFINIZIONE
Un **poliedro** è una figura solida, limitata da un numero finito di poligoni appartenenti a piani diversi e tali che il piano di ogni poligono non attraversi il solido.

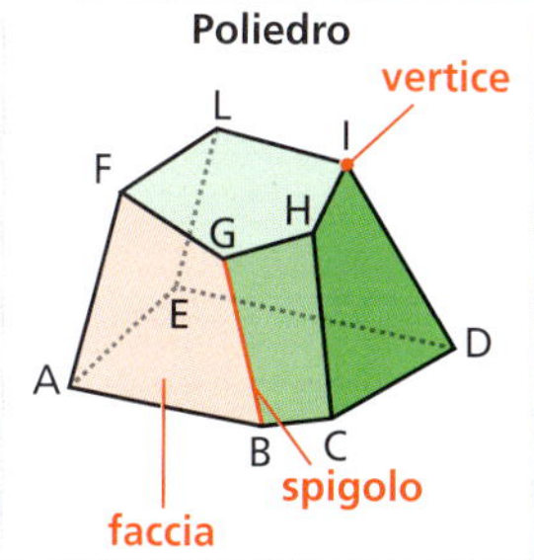

I poligoni sono detti **facce** del poliedro, i lati dei poligoni **spigoli** del poliedro, i vertici dei poligoni **vertici** del poliedro.

Si dice **diagonale** di un poliedro il segmento che congiunge due vertici non situati sulla stessa faccia.

Un poliedro ha almeno quattro facce. Il tetraedro è il poliedro a quattro facce. **Pentaedro**, **esaedro**, **ottaedro**, **dodecaedro** sono poliedri che hanno rispettivamente 5, 6, 8, 12 facce.

Listen to it

A **polyhedron** is a solid with polygonal **faces** and straight **edges** which meet at **vertices**.

Vale il seguente teorema.

TEOREMA
Relazione di Eulero
Detti F, S e V, rispettivamente, il numero delle facce, quello degli spigoli e quello dei vertici di un poliedro, allora:

$$F + V - S = 2.$$

Descriviamo ora le principali proprietà di due poliedri: il prisma e la piramide.

Prismi

Dati un poligono e una retta r non appartenente al piano del poligono, la figura costituita dall'insieme delle rette parallele a r e passanti per i punti del poligono si chiama **prisma indefinito**.
Le rette parallele a r passanti per i vertici del poligono sono dette **spigoli** del prisma indefinito.

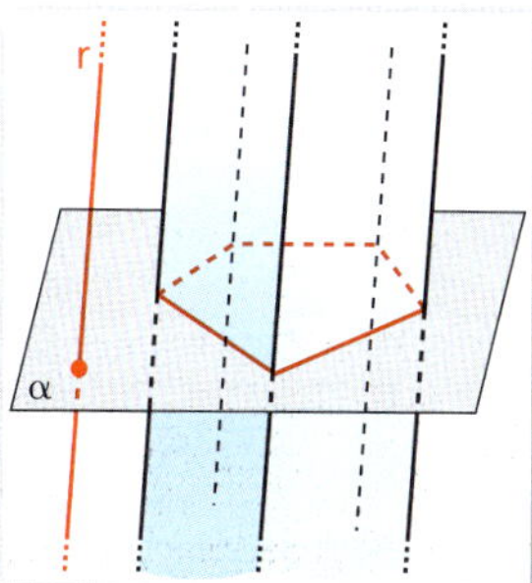

DEFINIZIONE

Un **prisma** definito, o semplicemente prisma, è un poliedro costituito dalla parte di prisma indefinito compresa fra due piani paralleli che lo intersecano.

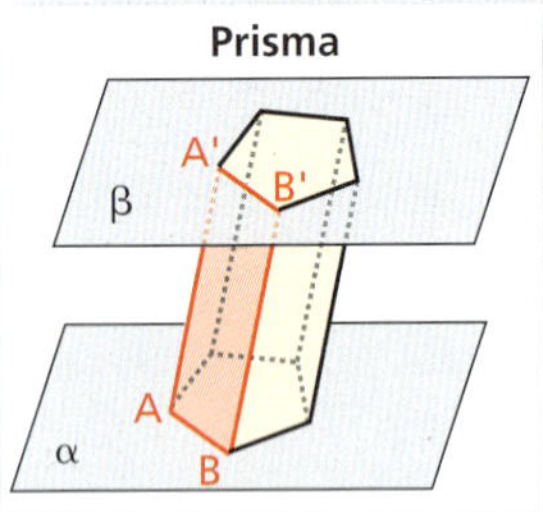

Si dimostra che **le intersezioni fra i piani paralleli e il prisma indefinito sono due poligoni congruenti**.

DIMOSTRAZIONE

Siano A e B due vertici consecutivi del poligono appartenente al piano α (figura a lato). Lo spigolo del prisma indefinito passante per A interseca il piano β parallelo al piano α nel punto A' e lo spigolo passante per B interseca β in B'. Il quadrilatero $ABB'A'$ ha i lati AA' e BB':

- paralleli, perché appartenenti a spigoli del prisma indefinito;
- congruenti, perché segmenti paralleli compresi fra piani paralleli.

Quindi $ABB'A'$ è un parallelogramma, pertanto $AB \parallel A'B'$ e $AB \cong A'B'$. Analogamente si dimostra che ogni coppia di lati che si corrispondono nei due poligoni individuati nei piani α e β è costituita da segmenti congruenti e paralleli. Pertanto i due poligoni sono congruenti.

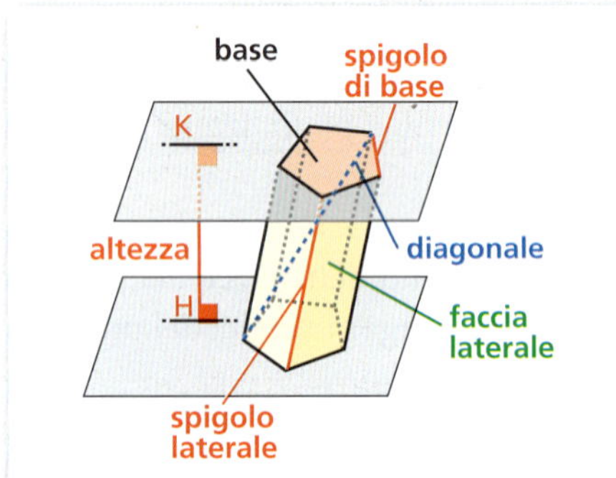

Le intersezioni fra i piani paralleli e il prisma indefinito sono dette **basi** del prisma. Gli altri poligoni che delimitano il prisma sono detti **facce laterali** e sono tanti parallelogrammi quanti sono i lati dei poligoni di base.

La distanza fra i due piani paralleli è l'**altezza** del prisma. Ogni lato di base si chiama anche **spigolo di base**, gli altri lati dei parallelogrammi si chiamano **spigoli laterali**. I vertici dei poligoni vengono anche detti **vertici** del prisma.

► Quante diagonali ha un prisma quadrangolare? E un prisma triangolare?

Le **diagonali** di un prisma sono quei segmenti che congiungono due vertici non appartenenti alla stessa faccia.

I prismi possono essere classificati mediante i poligoni di base. Se la base è un esagono, il prisma si dice esagonale; se è un triangolo, triangolare e così via.

Prismi retti

DEFINIZIONE

Un **prisma** è **retto** se gli spigoli laterali sono perpendicolari ai piani delle basi.

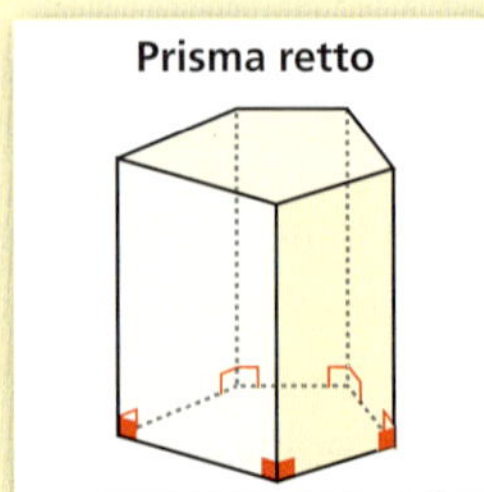

In un prisma retto le facce laterali sono dei rettangoli e l'altezza coincide con gli spigoli laterali.

Un prisma retto si dice **regolare** quando le sue basi sono poligoni regolari.

Parallelepipedi

DEFINIZIONE

Un **parallelepipedo** è un prisma le cui basi sono parallelogrammi.

Parallelepipedo

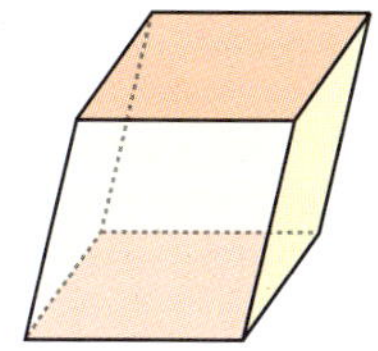

Si possono dimostrare i seguenti teoremi.

TEOREMA

Le facce opposte di un parallelepipedo, ossia quelle che non hanno vertici in comune, sono congruenti e parallele.

TEOREMA

Le diagonali di un parallelepipedo si incontrano in uno stesso punto che le divide in due segmenti congruenti.

DIMOSTRAZIONE

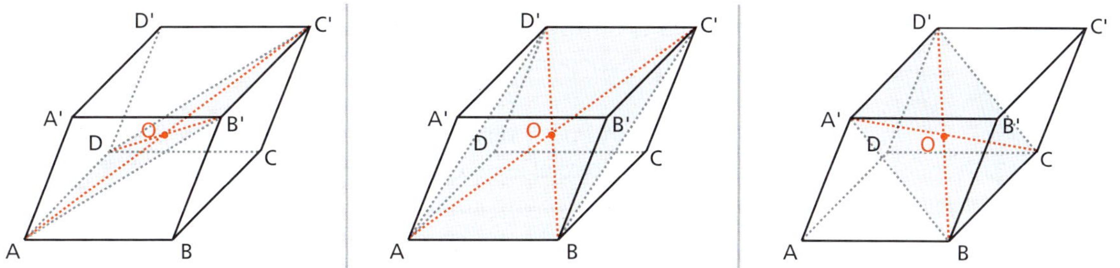

a. *ADC'B'* è un parallelogramma perché ha i lati opposti congruenti e paralleli, quindi le diagonali *AC'* e *DB'* si incontrano nel loro punto medio *O*.

b. Analogamente anche *ABC'D'* è un parallelogramma e le sue diagonali *AC'* e *D'B* si incontrano nel loro punto medio che, come nel caso precedente, è *O* in quanto la diagonale *AC'* è in comune e il punto medio di un segmento è unico.

c. Anche *A'D'CB* è un parallelogramma; le diagonali *A'C* e *D'B* si incontrano nel loro punto medio che, come nel caso precedente, è *O* in quanto la diagonale *D'B* è in comune.

DEFINIZIONE

Un **parallelepipedo rettangolo** è un parallelepipedo retto in cui le basi sono rettangoli.

Listen to it

A rectangular parallelepiped is also called a **cuboid**.

Le lunghezze dei tre spigoli uscenti da uno stesso vertice sono le **dimensioni** del parallelepipedo e le indichiamo con a, b e c.

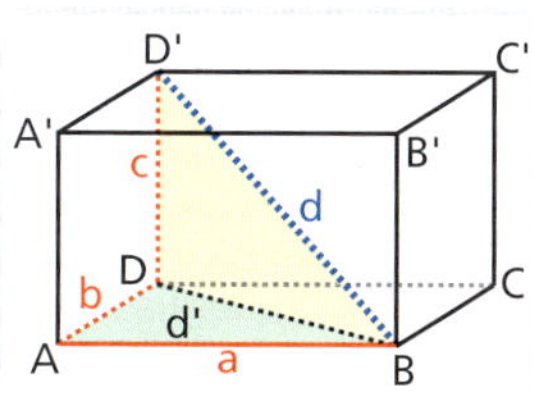

In un parallelepipedo rettangolo le diagonali sono congruenti. La relazione fra la loro misura e quella delle tre dimensioni del parallelepipedo si ottiene applicando due volte il teorema di Pitagora. Osserviamo la figura a lato, dove d è la lunghezza della diagonale del parallelepipedo e d' è la lunghezza della diagonale di base. Applicando il teorema di Pitagora al triangolo ABD, si ottiene

$$d'^2 = a^2 + b^2$$

TEORIA

MATEMATICA INTORNO A NOI

Tagliare cubi Il cubo sembra un solido semplice, ma...

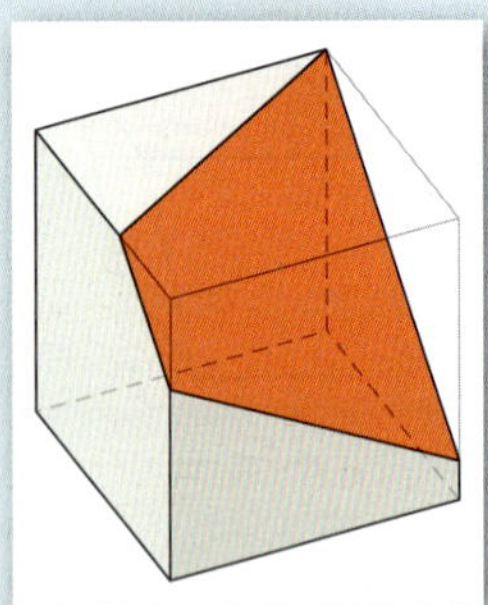

▶ Che tipo di figure si ottengono sezionando un cubo con un piano?

La risposta

e, applicando il teorema di Pitagora al triangolo DBD':

$$d^2 = d'^2 + c^2.$$

Sostituendo l'espressione di d'^2 ottenuta prima, si ricava:

$$d^2 = a^2 + b^2 + c^2 \rightarrow \boldsymbol{d = \sqrt{a^2 + b^2 + c^2}}.$$

DEFINIZIONE

Un **cubo** è un parallelepipedo rettangolo con le tre dimensioni congruenti.

Le sei facce del cubo sono quadrati congruenti. Dette s la misura dello spigolo del cubo e d quella della diagonale, abbiamo:

$$\boldsymbol{d = s\sqrt{3}}.$$

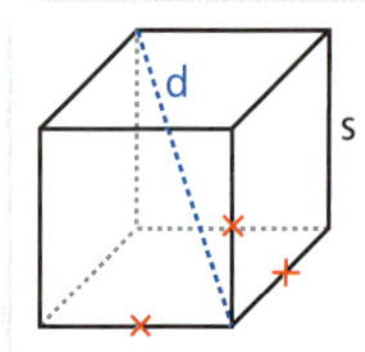

Piramidi

Angoloide e triedro

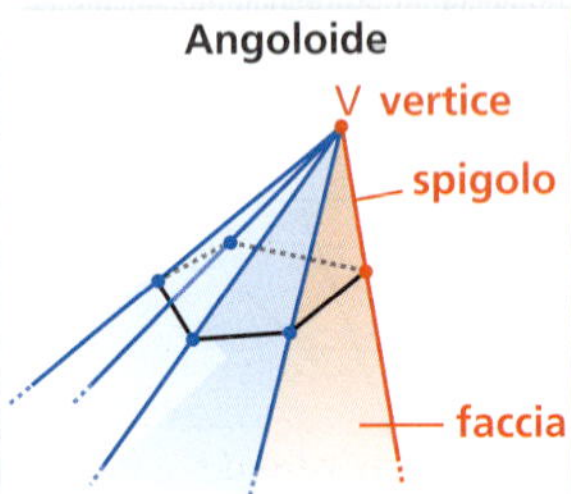

DEFINIZIONE

Consideriamo un poligono convesso e un punto V non appartenente al suo piano. Chiamiamo **angoloide** il solido costituito da tutte le semirette di origine V che passano per i punti del poligono.

Le semirette passanti per i vertici del poligono sono dette **spigoli** dell'angoloide, l'origine V è il **vertice** dell'angoloide, gli angoli di vertice V e lati due spigoli consecutivi sono le **facce** dell'angoloide.

Gli angoloidi sono figure convesse.

DEFINIZIONE

Un **triedro** è un angoloide con tre spigoli.

Enunciamo alcune proprietà senza darne la dimostrazione.

- In ogni *angoloide* di vertice V, la somma degli angoli in V delle facce è minore di un angolo giro.

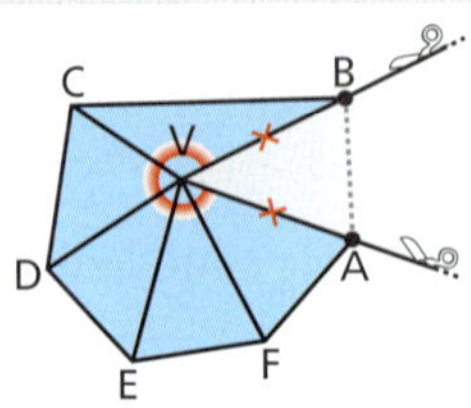

a. Disegna su un foglio alcuni triangoli che abbiano tutti in comune un vertice V e abbiano, a due a due, un lato in comune. Fa in modo che uno di questi triangoli sia isoscele, come AVB in figura. Ritaglia la figura lungo il perimetro $ABCDEF$, poi ritaglia i lati VA e VB.

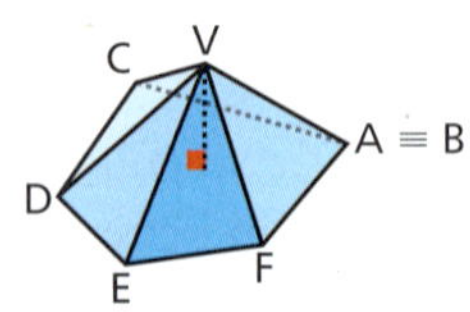

b. Se fai coincidere VA e VB ottieni un angoloide. Osserva che la somma degli angoli in V dei triangoli facce dell'angoloide è minore di un angolo giro. Se tale somma fosse un angolo giro, il vertice V dovrebbe appartenere al piano su cui è contenuto il poligono di base.

- In ogni *angoloide* l'angolo di una faccia è minore della somma degli angoli delle rimanenti.

- In ogni *triedro* l'angolo di una faccia è maggiore della differenza degli angoli delle altre due.

Piramide

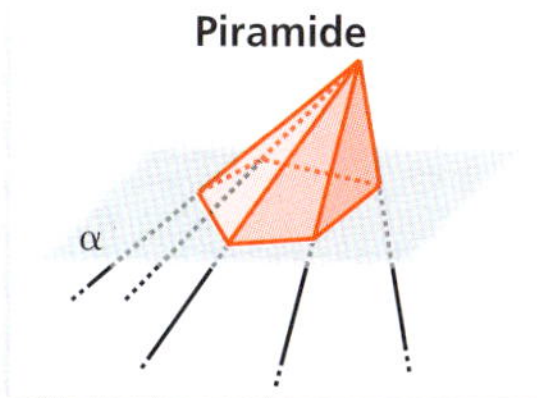

DEFINIZIONE

Una **piramide** è la parte di angoloide compresa fra il suo vertice e un piano che interseca tutti i suoi spigoli.

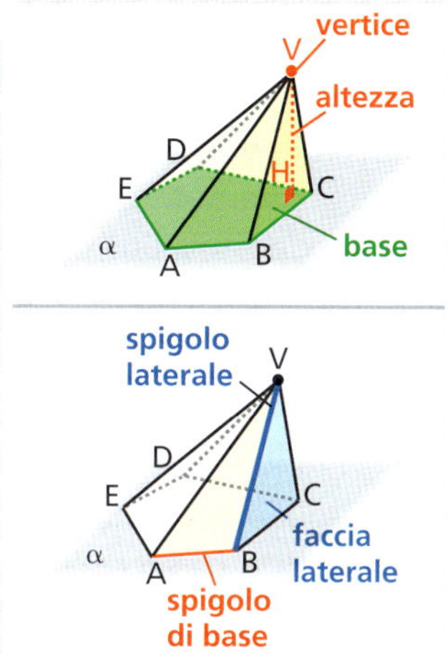

Il poligono intersezione fra il piano e l'angoloide si chiama **base** della piramide, il vertice dell'angoloide **vertice** della piramide.

La distanza fra il vertice e il piano di base è l'**altezza** della piramide.

La piramide è delimitata, oltre che dalla base, da triangoli detti **facce laterali**.

Ogni lato della base si chiama anche **spigolo** di base, gli altri lati dei triangoli si chiamano **spigoli laterali**.

Anche le piramidi sono classificate mediante i poligoni di base. Se la base è un triangolo, la piramide è triangolare; se è un quadrilatero, quadrangolare e così via.

► Disegna una piramide esagonale e conta il numero delle facce, quello degli spigoli e quello dei vertici. È verificata la formula di Eulero?

Piramidi particolari

DEFINIZIONE

Una **piramide** è **retta** quando nella sua base si può inscrivere una circonferenza, il cui centro è la proiezione ortogonale del vertice della piramide sul piano di base.

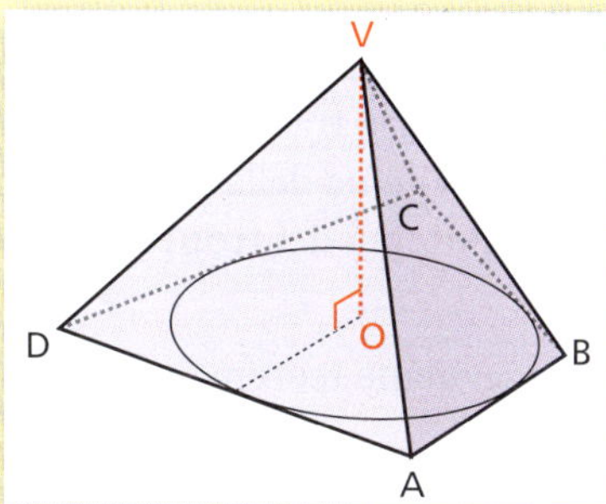

Listen to it

In a **right pyramid** the **apex** is above the centre of the circle inscribed in the base.

TEOREMA

In una piramide retta le altezze delle facce laterali passano per i punti di tangenza dei lati di base con la circonferenza inscritta e sono tra loro congruenti. Una qualunque di queste altezze si chiama **apotema**.

DIMOSTRAZIONE

Congiungiamo il centro O della circonferenza con due punti di tangenza H e K.

Si ottengono i raggi OH e OK che sono perpendicolari ai lati AD e AB, perché questi sono tangenti alla circonferenza.

VO è perpendicolare al piano della base, OH è perpendicolare alla retta AD, quindi VH è perpendicolare alla retta AD ed è l'altezza della faccia VDA, per il teorema delle tre perpendicolari. Analogamente si dimostra che VK è perpendicolare ad AB e così per ogni faccia.

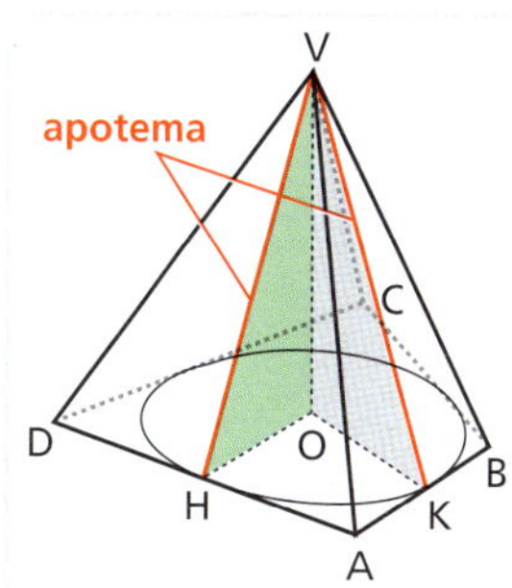

I triangoli rettangoli *VOH* e *VOK* hanno il cateto *VO* in comune e i cateti *OH* e *OK* congruenti, perché raggi della circonferenza inscritta, quindi sono congruenti. In particolare sono congruenti le loro ipotenuse *VH* e *VK*.

In modo analogo si dimostra che sono congruenti le altezze delle altre facce laterali.

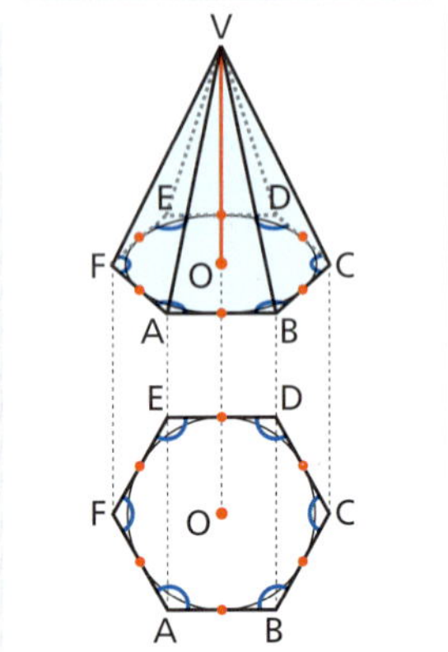

DEFINIZIONE
Una piramide retta si dice **regolare** quando la sua base è un poligono regolare.

Le facce laterali di una piramide regolare sono triangoli isosceli fra loro congruenti.

Tronco di piramide
Data una piramide, consideriamo le parti in cui viene divisa da un piano parallelo alla base e posto a una distanza dal vertice inferiore all'altezza della piramide. Otteniamo due solidi:

- una piramide più piccola, con lo stesso vertice della piramide data; si può dimostrare che le due piramidi sono solidi simili;
- un solido delimitato da due poligoni sui piani paralleli e da facce laterali che sono dei trapezi, chiamato **tronco di piramide**. I due poligoni sui piani paralleli sono detti **basi** e i trapezi **facce laterali** del tronco di piramide. La distanza tra i piani delle due basi è l'**altezza** del tronco di piramide.

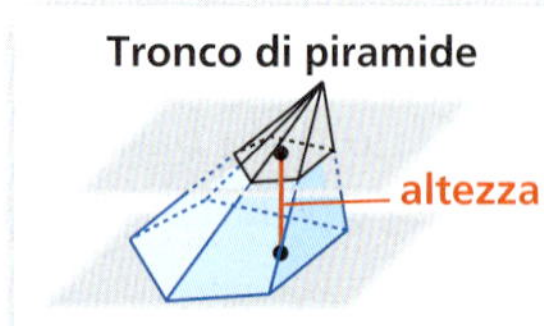

Un tronco di piramide è **retto** o **regolare** se deriva da una piramide retta o regolare.

In un tronco di piramide retto, i trapezi che costituiscono le facce laterali hanno tutti la stessa altezza, data dalla differenza tra l'apotema della piramide di partenza e l'apotema della piramide piccola. Tale altezza è detta **apotema del tronco di piramide**.

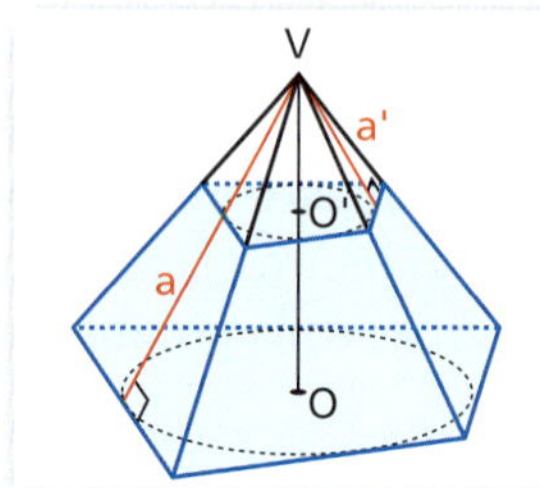

Vale il seguente teorema.

Animazione

La dimostrazione del teorema, basata sulla similitudine di triangoli, è nell'animazione.

TEOREMA
Se si taglia una piramide di vertice *V* con un piano parallelo alla base, si ha che:

1. la sezione e la base sono poligoni simili;
2. i lati e i perimetri di questi poligoni sono proporzionali alle distanze del loro piano dal vertice *V*;
3. le misure delle superfici sono proporzionali ai quadrati delle misure di queste distanze.

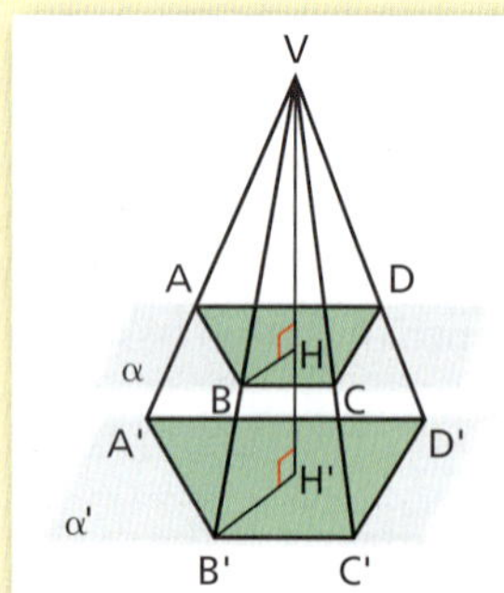

Poliedri regolari

Dato un poliedro, a ogni suo spigolo associamo il diedro individuato dalle due facce che contengono quello spigolo; esso è un **diedro del poliedro**.

Inoltre a ogni vertice del poliedro associamo l'angoloide i cui spigoli contengono quelli del poliedro uscenti da quel vertice: esso è un **angoloide del poliedro**.

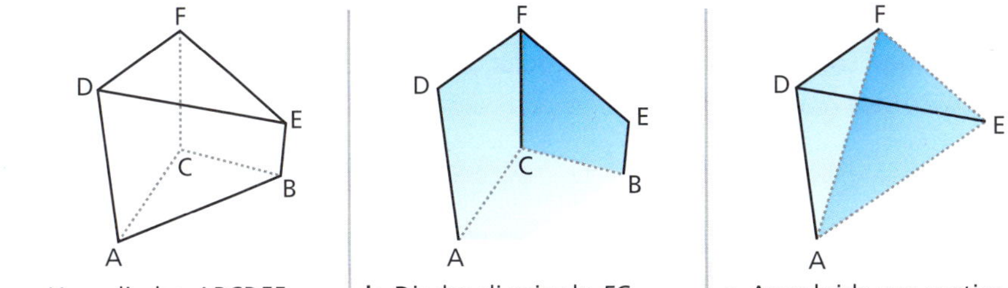

a. Un poliedro *ABCDEF*.

b. Diedro di spigolo *FC*.

c. Angoloide con vertice *D* e spigoli *DA*, *DE* e *DF*.

Nel piano abbiamo studiato che un poligono è regolare se ha tutti i lati congruenti e tutti gli angoli congruenti. Per analogia, anche nello spazio viene definito il *poliedro regolare*.

DEFINIZIONE

Un **poliedro regolare** è un poliedro in cui le facce sono poligoni regolari congruenti, gli angoloidi sono tutti congruenti e anche i diedri sono congruenti.

Nel piano i poligoni regolari possono avere un qualunque numero di lati. Si può invece dimostrare che nello spazio i poliedri regolari sono soltanto cinque.
Ricordiamo infatti che in ogni angoloide la somma degli angoli delle facce è minore di un angolo giro. Ciò limita la possibilità di ottenere poliedri regolari. Illustriamolo nella seguente tabella, in cui forniamo anche i nomi dei poliedri regolari possibili.

Poliedri regolari			
Facce	**Numero facce in un vertice**	**Somma degli angoli delle facce**	**Nome del poliedro**
triangoli equilateri (angoli di 60°)	3	180° < 360°	tetraedro
	4	240° < 360°	ottaedro
	5	300° < 360°	icosaedro
	6	360° = 360°	non esiste
quadrati (angoli di 90°)	3	270° < 360°	cubo
	4	360° = 360°	non esiste
pentagoni (angoli di 108°)	3	324° < 360°	dodecaedro
	4	432° > 360°	non esiste
esagoni (angoli di 120°)	3	360° = 360°	non esiste

Nella figura ci sono i cinque poliedri regolari possibili. Il tetraedro regolare è racchiuso da 4 triangoli equilateri, l'ottaedro regolare da 8, l'icosaedro regolare da 20. Il cubo è anche chiamato esaedro regolare, perché è racchiuso da 6 quadrati (in greco *hex* significa «sei»). Il dodecaedro regolare ha 12 facce pentagonali.

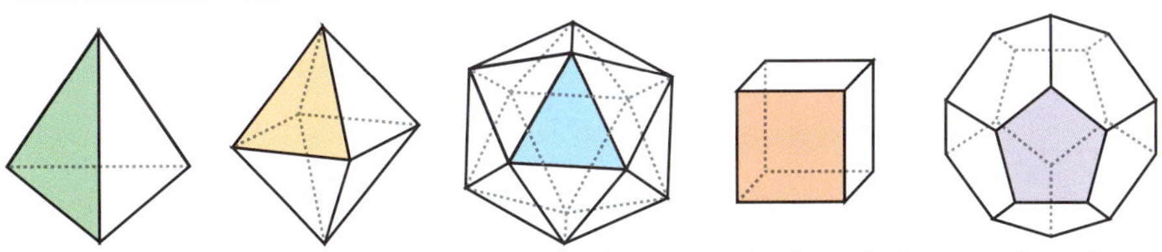

Tetraedro **Ottaedro** **Icosaedro** **Cubo (esaedro)** **Dodecaedro**

Listen to it

In a **regular polyhedron**, all faces are equal regular polygons and the same number of faces meets at each vertex. There are only five regular polyhedra.

Video

Poliedri di Keplero-Poinsot
Il piccolo e il grande dodecaedro stellato, il grande dodecaedro e il grande icosaedro sono quattro figure solide non convesse note come *poliedri di Keplero-Poinsot*. Vediamo come si possono costruire e le loro caratteristiche principali.

MATEMATICA INTORNO A NOI

Solidi artistici I solidi, e la matematica in generale, hanno sempre avuto grande importanza nell'arte e non solo. In particolare, i *solidi platonici* hanno stimolato la creatività di molti artisti.

Cerca nel Web: solidi platonici arte, dadi platonici

I Greci conoscevano i poliedri regolari già ai tempi di Pitagora (540 a.C.). In seguito, i cinque solidi furono studiati anche da Platone e per questo vengono detti **solidi platonici**.

6 Solidi di rotazione

Esercizi a p. 1192

Un **solido di rotazione** è un solido generato dalla rotazione di una figura piana intorno a una retta r, secondo un angolo α.

Se α è un angolo giro, allora si dice che la rotazione è **completa**. In una rotazione completa il punto P, che corrisponde a se stesso, descrive una circonferenza appartenente al piano perpendicolare alla retta r e passante per P.

Noi studieremo soltanto solidi ottenuti da rotazioni complete.

ESEMPIO

Disegniamo un quadrilatero $ABCD$ e una retta r (figura **a**). Facciamo ruotare il quadrilatero di un angolo giro attorno a r. Ciascun punto del quadrilatero descrive una circonferenza (figura **b**). Otteniamo così un solido di rotazione (figura **c**).

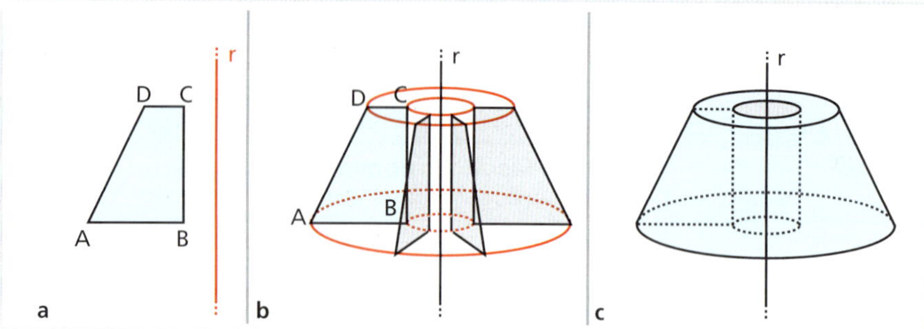

Listen to it

The simplest solids of revolution are the **cylinder**, the **cone** and the **sphere**.

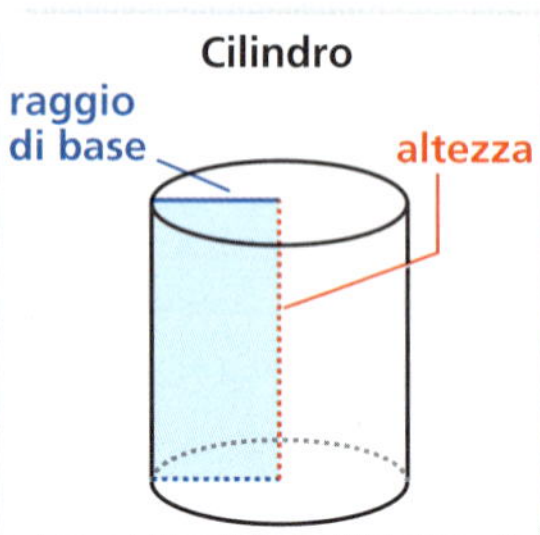

Fra i solidi ottenuti per rotazione studieremo solo i più semplici, ossia il cilindro, il cono e la sfera.

Cilindro

DEFINIZIONE

Un **cilindro** è un solido generato dalla rotazione completa di un rettangolo attorno a uno dei suoi lati.

Il lato attorno al quale ruota il rettangolo è detto **altezza** del cilindro. Gli altri due lati perpendicolari all'altezza sono detti **raggi di base**.

I raggi di base nella rotazione determinano due cerchi, che sono detti **basi** del cilindro.

Un cilindro si dice **equilatero** se la sua altezza è congruente al diametro della base.

Cono

DEFINIZIONE

Un **cono** è un solido generato dalla rotazione completa di un triangolo rettangolo attorno a uno dei cateti.

Il cateto attorno a cui ruota il triangolo è l'**altezza** del cono, l'altro cateto è il **raggio di base**. L'ipotenusa è detta **apotema** del cono.

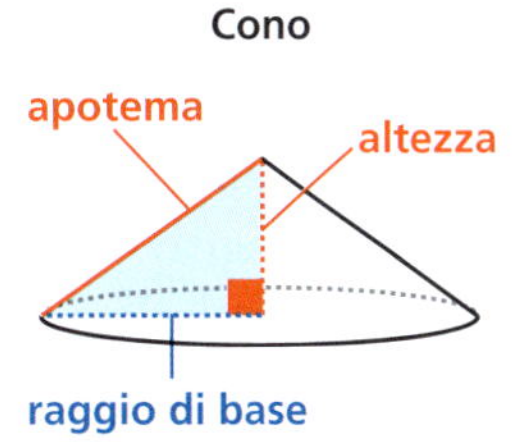

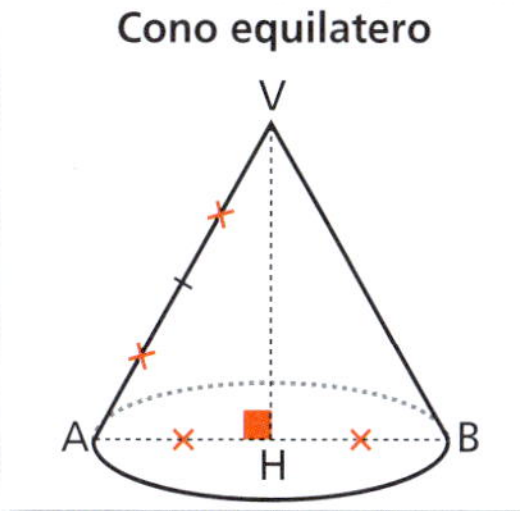

Un cono si dice **equilatero** se l'apotema è congruente al diametro della base.

Sezionando un cono con un piano parallelo alla base otteniamo un cono più piccolo, simile a quello di partenza, e un **tronco di cono**. La base del cono e il cerchio ottenuto dalla sezione sono le **basi** del tronco di cono e la loro distanza è l'**altezza** del tronco di cono.

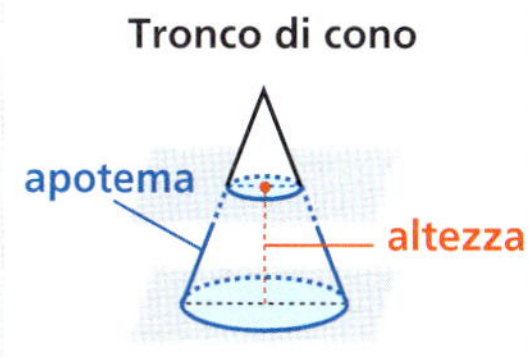

TEOREMA
In un cono, le misure delle aree del cerchio di base e del cerchio ottenuto da una sezione parallela al piano di base stanno tra loro come i quadrati delle misure delle loro distanze dal vertice.

Animazione

Nell'animazione trovi la dimostrazione del teorema.

I cilindri e i coni considerati finora sono circolari *retti*: nei cilindri circolari retti l'altezza coincide con la retta che congiunge i centri dei cerchi di base, nei coni circolari retti con la retta che congiunge il vertice con il centro della base.
Più in generale, si potrebbero studiare anche cilindri e coni *obliqui* (figure a lato) nei quali questa condizione non è verificata.

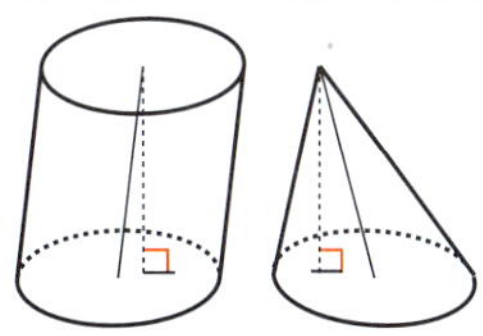

Sfera

DEFINIZIONE
Una **sfera** è un solido generato dalla rotazione completa di un semicerchio attorno al suo diametro.

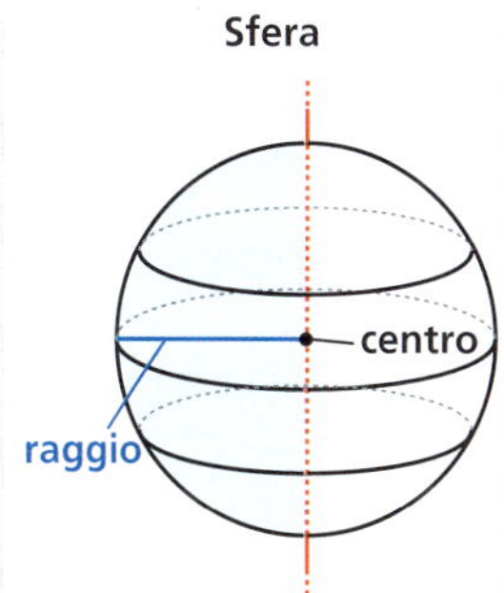

Il centro del semicerchio è detto **centro della sfera**; il suo raggio è il **raggio della sfera**.

La semicirconferenza che ruota genera una superficie detta **superficie sferica**.

La superficie sferica e la sfera possono essere considerate luoghi geometrici:

- la superficie sferica è il luogo dei punti dello spazio che hanno distanza dal centro uguale al raggio;
- la sfera è il luogo dei punti dello spazio che hanno distanza dal centro minore o uguale al raggio.

Parti della superficie sferica e della sfera

DEFINIZIONE
La **calotta sferica** e il **segmento sferico a una base** sono, rispettivamente, le parti in cui una superficie sferica e una sfera restano divise da un piano secante.

La calotta sferica è una superficie, il segmento sferico a una base è un solido.
La sezione determinata dal piano nella sfera è un cerchio, detto **base del segmento sferico**. La sua circonferenza è detta **base della calotta** e il suo raggio **raggio di base**. Il diametro della sfera passante per il centro della base è anche asse di simmetria della calotta e del segmento sferico, e li interseca in un punto detto **vertice**.

La distanza del vertice dal centro della base si dice **altezza della calotta e del segmento sferico**.

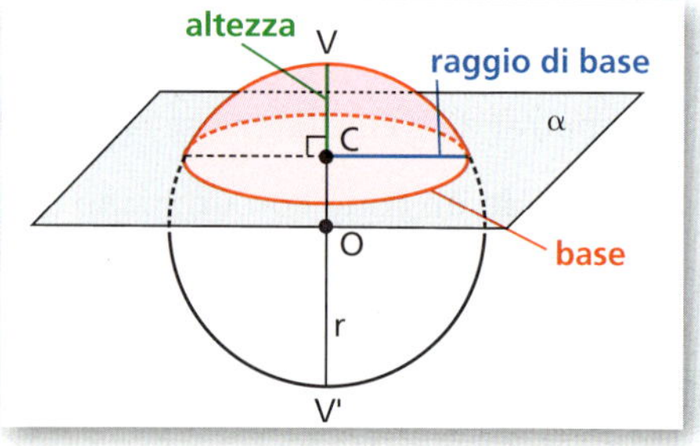

DEFINIZIONE
La **zona sferica** e il **segmento sferico a due basi** sono, rispettivamente, le parti di una superficie sferica e di una sfera comprese tra due piani paralleli secanti.

I due cerchi determinati dai piani secanti sono le **basi** del segmento, le loro circonferenze sono basi della zona e i loro raggi sono **raggi di base**. Il diametro della sfera che passa per i centri delle due basi è anche asse di simmetria della figura. La distanza fra i due centri si dice **altezza della zona e del segmento sferico**.

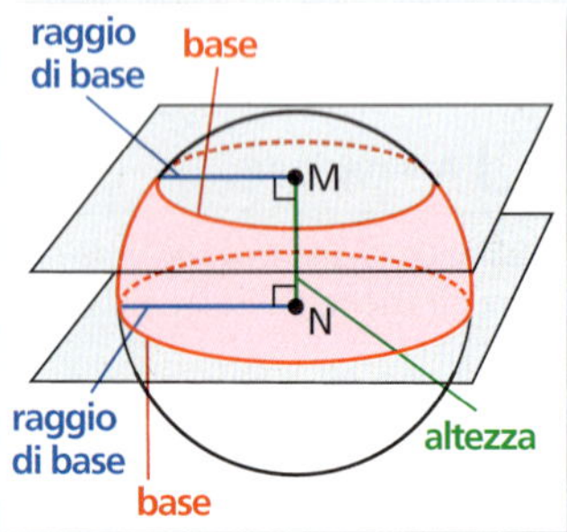

DEFINIZIONE
Il **fuso sferico** e lo **spicchio sferico** sono, rispettivamente, le parti in cui una superficie sferica e una sfera restano divise da due semipiani aventi come origine comune una retta passante per il centro della sfera.

Il diedro formato dai due semipiani si dice **diedro del fuso e dello spicchio**. Il fuso è detto **base dello spicchio**. L'arco di circonferenza massima che giace sul fuso si chiama **arco equatoriale**. Le semicirconferenze intercettate dai due semipiani sono dette **lati del fuso**, mentre i due corrispondenti semicerchi che delimitano lo spicchio sono detti **facce dello spicchio**.

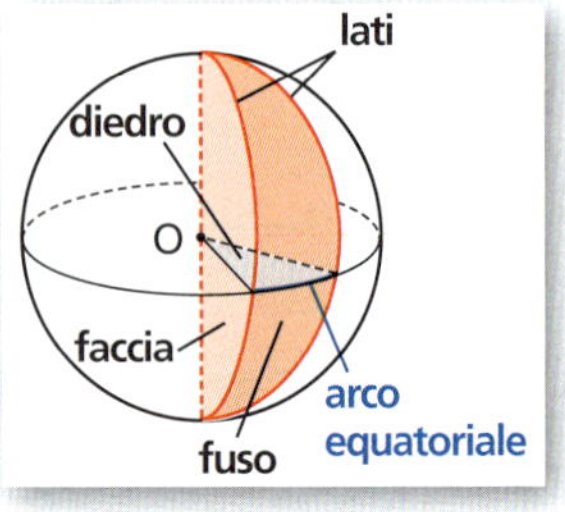

7 Aree dei solidi

DEFINIZIONE
La **superficie di un poliedro** è la somma delle superfici di tutte le sue facce.

Immaginiamo di trasportare su un unico piano le facce che compongono il solido.

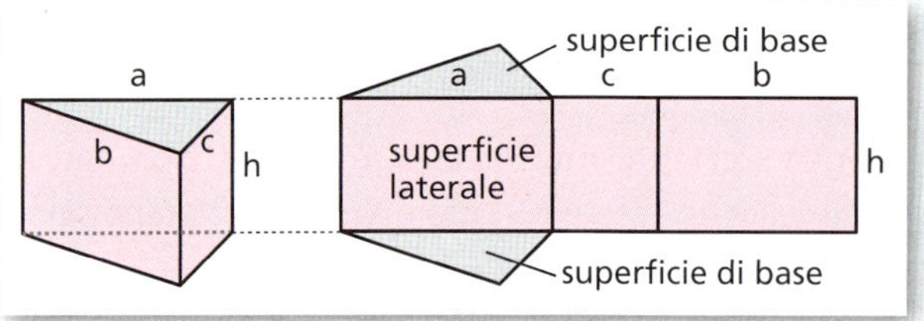

La figura che si ottiene si chiama **sviluppo** della superficie poliedrica e permette lo studio delle aree delle superfici dei poliedri.
In particolare studieremo alcuni solidi notevoli nei quali, essendo presenti una o due basi, si distinguono la superficie laterale, relativa alle sole facce laterali, e la superficie totale, che si ottiene aggiungendo le superfici delle basi alla superficie laterale.

Utilizzeremo i simboli A_l, A_t, A_b, $2p$, h per indicare rispettivamente l'area della superficie laterale, totale, di base, il perimetro di base e l'altezza di un solido.
Con gli stessi simboli indicheremo anche le misure associate.

Aree di prismi

▶ Esercizi a p. 1193

Prisma retto

Consideriamo come esempio un prisma quadrangolare, ma gli stessi ragionamenti valgono per qualsiasi prisma retto.

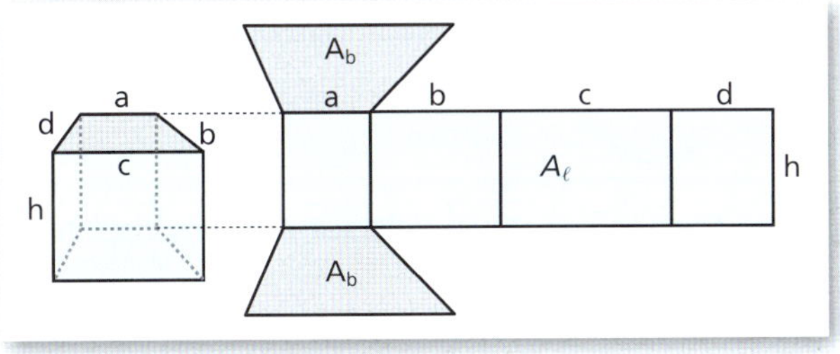

L'area della **superficie laterale** di un prisma retto è la somma delle aree delle superfici delle facce laterali, che sono rettangoli aventi per altezza la stessa altezza (quella del prisma) e per basi i lati del poligono di base:

$$\boldsymbol{A_l} = a \cdot h + b \cdot h + c \cdot h + d \cdot h = (a + b + c + d) \cdot h = \mathbf{2}\boldsymbol{p} \cdot \boldsymbol{h}.$$

L'area della **superficie totale** di un prisma retto si trova sommando all'area della superficie laterale l'area delle due basi:

$$\boldsymbol{A_t = A_l + 2A_b = 2p \cdot h + 2A_b}.$$

Parallelepipedo rettangolo

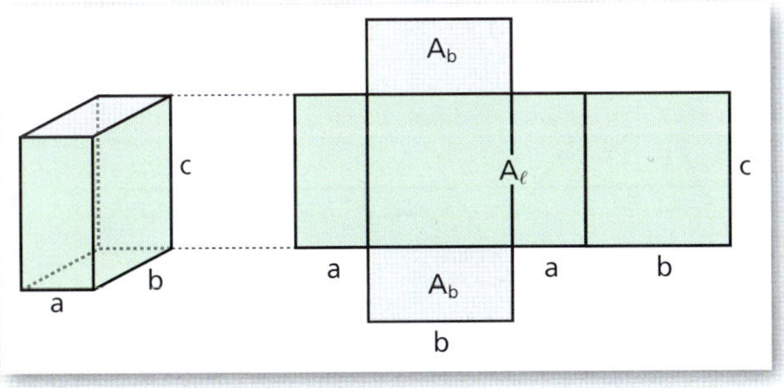

È un caso particolare di prisma retto, in cui la superficie laterale è la somma di quattro rettangoli congruenti a due a due:

$$\boldsymbol{A_l} = 2a \cdot c + 2b \cdot c = 2(a \cdot c + b \cdot c) = \boldsymbol{2(a + b) \cdot c}.$$

Essendo l'area della **superficie di base** $A_b = a \cdot b$, l'area della **superficie totale** è:

$$\boldsymbol{A_t} = A_l + 2A_b = 2(a \cdot c + b \cdot c) + 2a \cdot b = \boldsymbol{2(a \cdot b + a \cdot c + b \cdot c)}.$$

▶ Calcola l'area della superficie totale di un parallelepipedo rettangolo di dimensioni 4 cm, 6 cm e 9 cm.

TEORIA

Cubo

Le facce del cubo sono sei quadrati congruenti, quindi, se indichiamo con s la misura dello spigolo, si ha:

$$A_b = s^2, \qquad A_t = 6s^2.$$

Aree di piramidi

Esercizi a p. 1196

Piramide retta

Consideriamo come esempio una piramide retta a base quadrangolare.

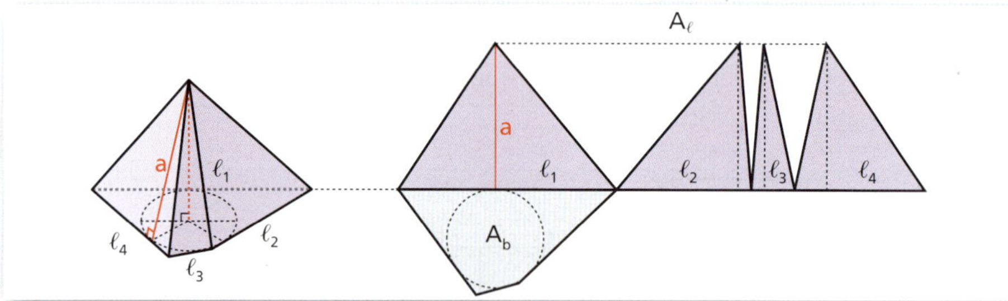

Lo sviluppo è formato da quattro triangoli di uguale altezza a, pari all'apotema della piramide, e dalla base della piramide stessa.
Se chiamiamo l_1, l_2, l_3, l_4 le misure dei lati del poligono di base e A_1, A_2, A_3, A_4 rispettivamente le misure delle aree delle facce laterali, otteniamo:

$$A_l = A_1 + A_2 + A_3 + A_4 = \frac{1}{2}l_1 \cdot a + \frac{1}{2}l_2 \cdot a + \frac{1}{2}l_3 \cdot a + \frac{1}{2}l_4 \cdot a =$$

$$\frac{1}{2}(l_1 + l_2 + l_3 + l_4) \cdot a = \frac{1}{2}2p \cdot a = \boldsymbol{p \cdot a}.$$

► Una piramide retta a base quadrata ha lo spigolo di base di lunghezza 8 cm e l'altezza di 3 cm. Calcola l'area della superficie totale.

L'area della **superficie totale** di una piramide retta si calcola sommando all'area della superficie laterale l'area di base:

$$\boldsymbol{A_t = p \cdot a + A_b}.$$

Tronco di piramide retta

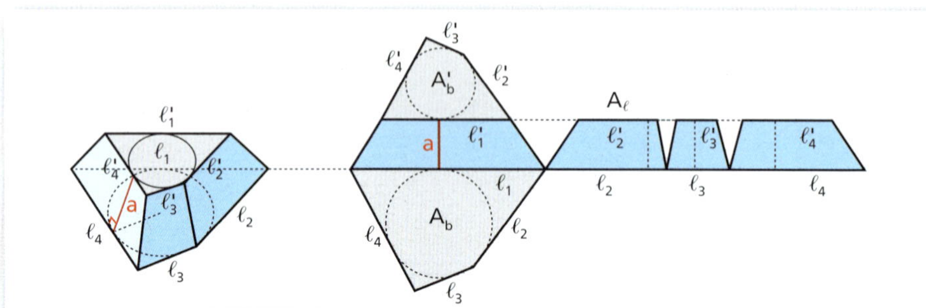

Lo sviluppo della **superficie laterale** è una superficie formata da trapezi le cui basi sono i lati corrispondenti dei poligoni di base del tronco di piramide.

Chiamiamo l_1, l_2, l_3, l_4 le misure dei lati del poligono della base inferiore, l'_1, l'_2, l'_3, l'_4 quelle dei lati del poligono della base superiore e $2p$ e $2p'$ rispettivamente le misure dei perimetri della base inferiore e della base superiore.

$$A_l = \frac{1}{2}(l_1 + l_1') \cdot a + \frac{1}{2}(l_2 + l_2') \cdot a + \frac{1}{2}(l_3 + l_3') \cdot a + \frac{1}{2}(l_4 + l_4') \cdot a =$$

$$\frac{1}{2}(2p + 2p') \cdot a = (p + p') \cdot a$$

Chiamiamo A_b e A_b' rispettivamente le misure delle aree della superficie della base inferiore e della base superiore.
L'area della **superficie totale** del tronco di piramide è la somma delle aree della superficie laterale e delle superfici delle basi:

$$A_t = A_l + A_b + A_b'.$$

Aree di solidi di rotazione

▶ Esercizi a p. 1197

Cilindro

I ragionamenti che seguiamo per lo studio dell'area della superficie laterale del cilindro sono analoghi a quelli che si possono svolgere per lo studio della circonferenza rettificata. Dobbiamo dare innanzitutto alcune definizioni.
Un prisma retto è **inscritto in un cilindro** se le sue basi sono poligoni inscritti nelle basi del cilindro. È **circoscritto** se le sue basi sono poligoni circoscritti alle basi del cilindro.
Un prisma regolare, avendo per basi dei poligoni regolari, è sempre inscrivibile e circoscrivibile a un cilindro.
L'insieme delle superfici laterali dei prismi regolari inscritti in un cilindro e quello delle superfici laterali dei prismi regolari circoscritti a un cilindro costituiscono due *classi contigue* e ammettono un unico elemento separatore.

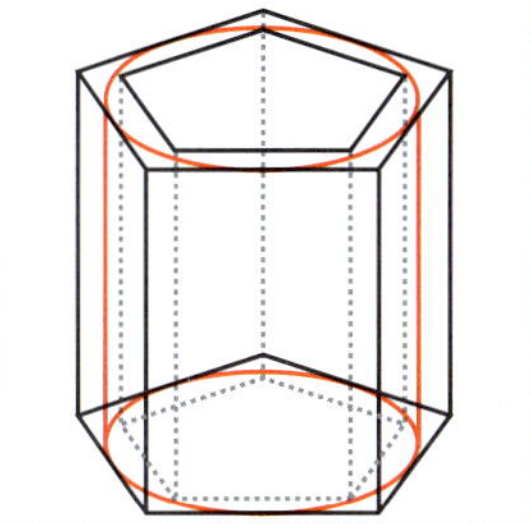

DEFINIZIONE
La **superficie laterale di un cilindro** è l'elemento separatore della coppia di classi contigue costituite dalle superfici laterali dei prismi regolari inscritti nel cilindro e da quelle dei prismi regolari circoscritti al cilindro.

La misura dell'area della superficie laterale di un prisma retto è il prodotto delle misure delle lunghezze del perimetro del poligono di base e dell'altezza del prisma.

La coppia di classi contigue dei perimetri di base dei prismi retti inscritti e circoscritti ha come elemento separatore la circonferenza del cilindro.

Risulta allora che lo sviluppo della **superficie laterale** del cilindro è un rettangolo che ha per base la circonferenza rettificata e per altezza l'altezza del cilindro stesso:

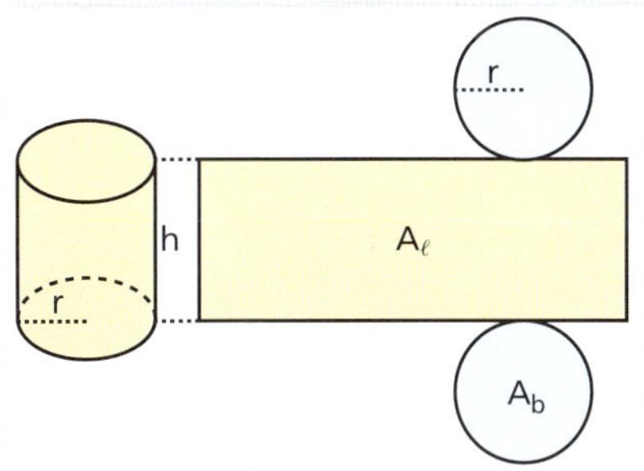

$$A_l = 2\pi \cdot r \cdot h.$$

La misura dell'area della **superficie di base** è:

$$A_b = \pi \cdot r^2.$$

La misura dell'area della **superficie totale** è la somma delle misure dell'area laterale e delle aree delle due superfici di base:

$$A_t = 2\pi r \cdot h + 2\pi r^2 = 2\pi r \cdot (h + r).$$

▶ Determina la misura dell'area della superficie totale di un cilindro con raggio e altezza rispettivamente di lunghezza 2 cm e 7 cm.

Cono

Una piramide retta è **inscritta** o **circoscritta a un cono** se il suo vertice coincide con il vertice del cono e la sua base è un poligono rispettivamente inscritto o circoscritto alla base del cono.
Una piramide regolare è sempre inscrivibile e circoscrivibile a un cono. La seguente definizione è analoga a quella data per il cilindro.

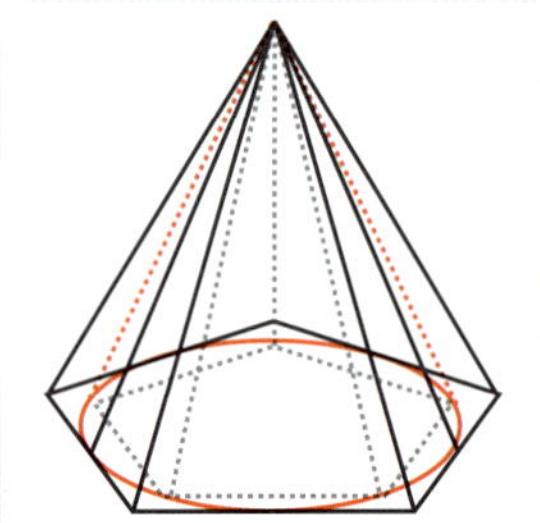

DEFINIZIONE
La **superficie laterale di un cono** è l'elemento separatore della coppia di classi contigue costituite dalle superfici laterali delle piramidi regolari inscritte nel cono e da quelle delle piramidi regolari circoscritte al cono.

La misura dell'area della superficie laterale della piramide è il prodotto delle misure della lunghezza del semiperimetro del poligono di base e dell'apotema.

Le classi dei perimetri dei poligoni di base delle piramidi hanno per elemento separatore la circonferenza di base del cono, quindi la misura dell'area della **superficie laterale** del cono è:

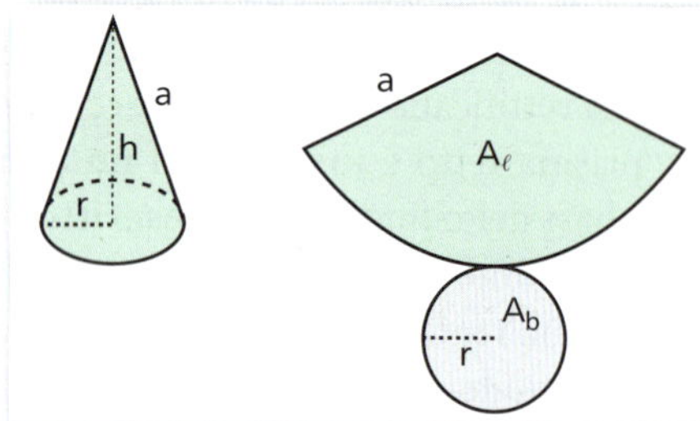

$$A_l = 2\pi \cdot r \cdot a \cdot \frac{1}{2} = \boldsymbol{\pi \cdot r \cdot a}.$$

La misura dell'area della **superficie di base** del cono è:

$$A_b = \boldsymbol{\pi \cdot r^2}.$$

▶ Un cono ha il raggio di base lungo 5 cm e l'altezza lunga 12 cm. Determina l'area della superficie totale del cono.

La misura dell'area della **superficie totale** del cono si trova sommando quelle dell'area della superficie laterale e dell'area di base:

$$A_t = \pi \cdot r \cdot a + \pi \cdot r^2 = \boldsymbol{\pi \cdot r \cdot (a + r)}.$$

Tronco di cono

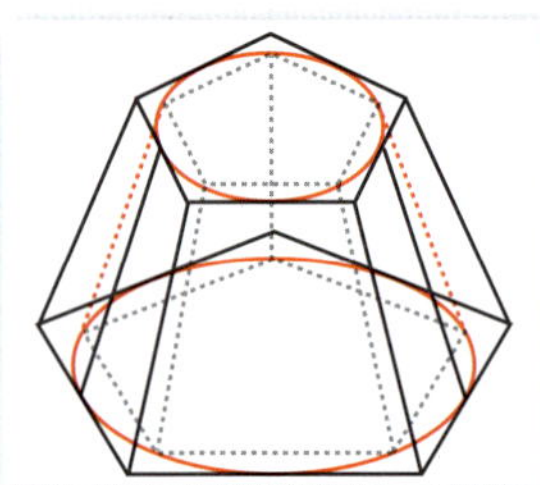

DEFINIZIONE
La **superficie laterale di un tronco di cono** è l'elemento separatore della coppia di classi contigue costituite dalle superfici laterali dei tronchi di piramide inscritti e da quelle dei tronchi di piramide circoscritti al tronco di cono.

La misura dell'area della superficie laterale del tronco di piramide è il semiprodotto delle misure della somma delle lunghezze dei perimetri dei poligoni di base e dell'apotema.

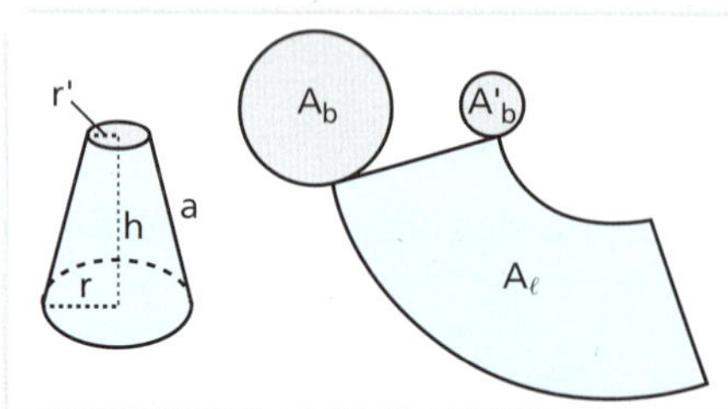

Le circonferenze di base del tronco di cono sono gli elementi separatori delle classi contigue delle lunghezze dei perimetri dei poligoni di base dei tronchi di piramide, quindi la misura dell'area della **superficie laterale** del tronco di cono è:

$$A_l = (2\pi \cdot r + 2\pi \cdot r') \cdot a \cdot \frac{1}{2} = 2\pi \cdot (r + r') \cdot a \cdot \frac{1}{2} = \boldsymbol{\pi \cdot a \cdot (r + r')}.$$

La misura dell'area della somma delle **superfici di base** del tronco di cono è:

$$A_b + A_b' = \pi \cdot r^2 + \pi \cdot r'^2 = \pi \cdot (r^2 + r'^2).$$

La misura dell'area della **superficie totale** del tronco di cono è la somma delle misure delle aree della superficie laterale e delle superfici di base:

$$A_t = A_l + A_b + A_b'.$$

Superficie sferica

La misura dell'area della **superficie sferica** è uguale a quattro volte quella del suo cerchio massimo,

$$S_{\text{sfera}} = 4\pi r^2,$$

che si può anche scrivere $S_{\text{sfera}} = 2\pi r \cdot 2r$, espressione che rappresenta la superficie laterale del cilindro circoscritto alla sfera:

$$S_{\text{laterale cilindro}} = C_{\text{base}} \cdot h = 2\pi r \cdot 2r.$$

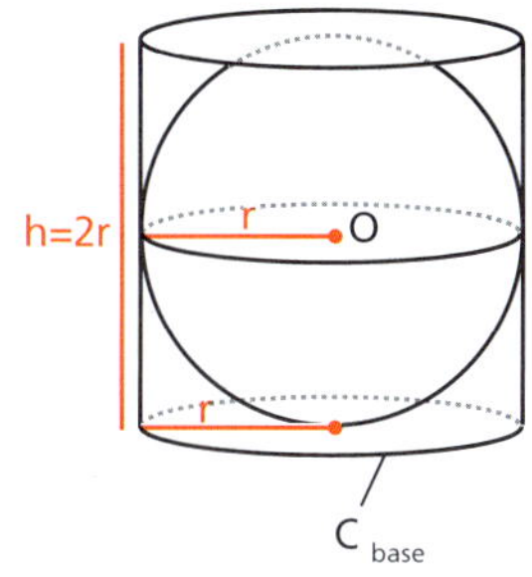

Possiamo quindi affermare che **la superficie di una sfera è equivalente alla superficie laterale del suo cilindro circoscritto**. Dimostreremo questa proprietà dopo aver determinato il volume della sfera.

Parti della superficie della sfera

- **Calotta e zona sferica**
  Le aree di una calotta e di una zona si calcolano mediante la stessa formula:

  $$S = 2\pi R h,$$

  dove R è il raggio della sfera e h è l'altezza della calotta o della zona.

  L'area di una calotta, o di una zona, può quindi essere pensata come quella della superficie laterale di un cilindro che ha raggio congruente a quello della sfera e altezza congruente a quella della calotta o della zona.

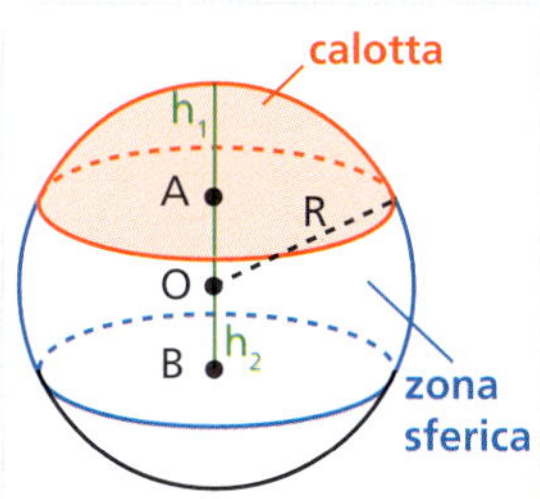

- **Fuso sferico**
  Si può dimostrare che i fusi appartenenti a una stessa sfera, o a sfere di raggio congruente, sono proporzionali ai diedri corrispondenti. Indicata con S_{fuso} l'area del fuso, con R il raggio della sfera, con α_{rad} e $\alpha°$ le ampiezze del diedro in radianti e gradi, si ha:

  $$S_{\text{fuso}} : 4\pi R^2 = \alpha_{\text{rad}} : 2\pi \quad \rightarrow \quad S_{\text{fuso}} = 2\alpha_{\text{rad}} R^2;$$

  $$S_{\text{fuso}} : 4\pi R^2 = \alpha° : 360° \quad \rightarrow \quad S_{\text{fuso}} = \frac{\alpha°}{90°}\pi R^2.$$

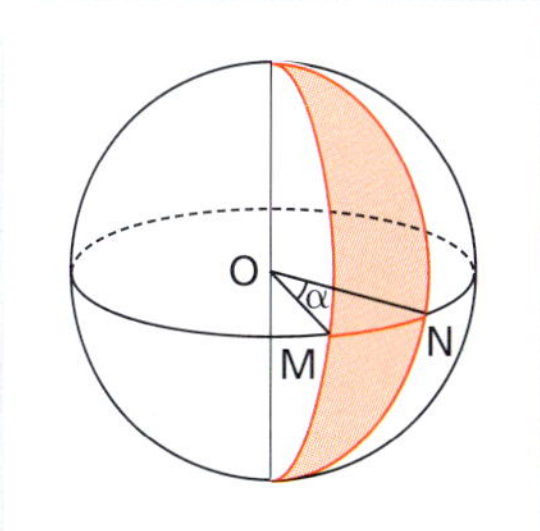

8 Estensione ed equivalenza dei solidi

▶ Esercizi a p. 1200

Estensione dei solidi

Il concetto di **estensione** spaziale è un concetto primitivo, che deriva dalle nostre esperienze concrete. Siamo abituati a considerare un oggetto grande o piccolo a

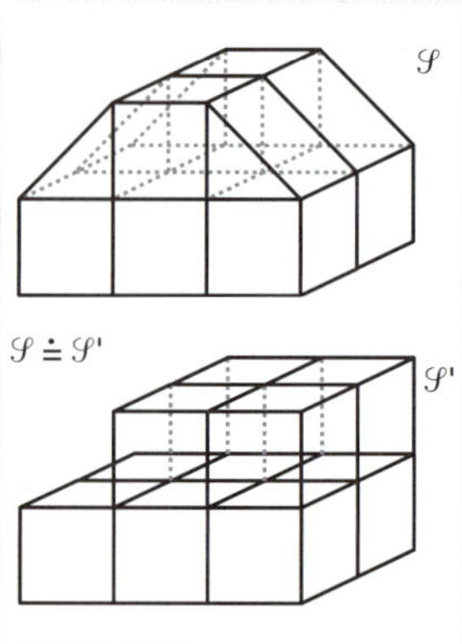

seconda che occupi più o meno spazio, o, come spesso diciamo, sia più o meno voluminoso. Se consideriamo poi due solidi di forma diversa ma realizzati con lo stesso materiale e dello stesso peso, diciamo che hanno la stessa estensione.
In matematica, due solidi che hanno la stessa estensione si dicono **equivalenti**. Indichiamo l'equivalenza con il **simbolo** $\doteq$.

L'equivalenza tra solidi gode delle proprietà riflessiva, simmetrica e transitiva, quindi è una *relazione di equivalenza*. Possiamo allora ripartire i solidi in classi di equivalenza, ciascuna delle quali è costituita da infiniti solidi aventi a due a due uguale estensione.

DEFINIZIONE
Data la relazione di equivalenza tra solidi, definiamo **volume di un solido** la classe di equivalenza alla quale il solido appartiene.

A ogni classe di equivalenza appartengono quindi tutti i solidi che hanno lo stesso volume.

Confronto fra solidi

POSTULATO
Postulato di De Zolt
Un solido non può essere equivalente a una sua parte.

Un solido $\mathcal{A}$ è **maggiore** di un solido $\mathcal{B}$, se $\mathcal{B}$ è equivalente a una parte di $\mathcal{A}$. In tal caso si può dire che $\mathcal{A}$ è **prevalente** a $\mathcal{B}$. Scriviamo: $\mathcal{A} > \mathcal{B}$. Possiamo anche dire che $\mathcal{B}$ è **minore** di $\mathcal{A}$, o anche che $\mathcal{B}$ è **suvvalente** ad $\mathcal{A}$.

POSTULATO
Legge di esclusione
Dati due solidi $\mathcal{A}$ e $\mathcal{B}$ qualunque, o $\mathcal{A}$ è equivalente a $\mathcal{B}$ oppure $\mathcal{A}$ è prevalente a $\mathcal{B}$ ($\mathcal{A} > \mathcal{B}$) o $\mathcal{A}$ è suvvalente a $\mathcal{B}$ ($\mathcal{A} < \mathcal{B}$) e ciascun caso esclude gli altri due.

Solidi congruenti

POSTULATO
Due solidi congruenti sono sempre equivalenti.

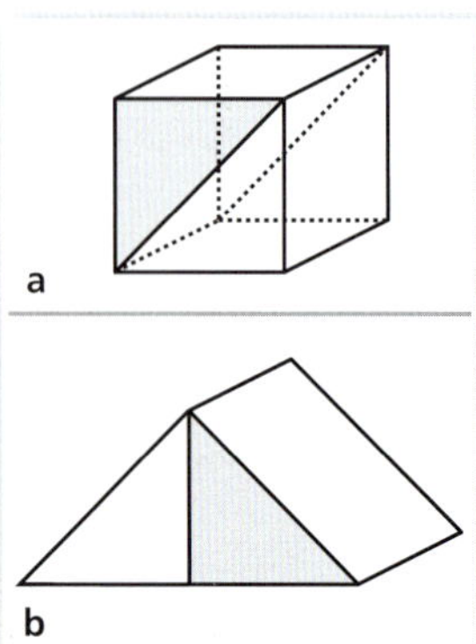

Non è invece sempre vero che due solidi equivalenti siano congruenti.
Dato per esempio un cubo (figura **a**), se lo tagliamo secondo un piano che passa per le diagonali di due facce opposte, otteniamo due solidi che possiamo disporre come in figura **b**. Il cubo e il solido sono equivalenti ma *non* congruenti.

Somma e differenza di solidi

Definiamo **somma di due solidi** $\mathcal{P}'$ e $\mathcal{P}''$, privi di punti comuni o aventi in comune solo punti del loro contorno, il solido $\mathcal{P}$ ottenuto come unione dei punti di $\mathcal{P}'$ e $\mathcal{P}''$. Scriviamo: $\mathcal{P} = \mathcal{P}' + \mathcal{P}''$. I solidi $\mathcal{P}'$ e $\mathcal{P}''$ sono detti **parti** di $\mathcal{P}$.

La somma di due o più solidi gode della proprietà commutativa e associativa:

$$\mathcal{P}' + \mathcal{P}'' \doteq \mathcal{P}'' + \mathcal{P}',$$
$$(\mathcal{P} + \mathcal{P}') + \mathcal{P}'' \doteq \mathcal{P} + (\mathcal{P}' + \mathcal{P}'').$$

Se $\mathcal{P}' + \mathcal{P}'' = \mathcal{P}$, diciamo che $\mathcal{P}'$ è la **differenza** di $\mathcal{P}$ e $\mathcal{P}''$ e la indichiamo con $\mathcal{P}' = \mathcal{P} - \mathcal{P}''$.

POSTULATO
Solidi ottenuti come somma o differenza di solidi congruenti o equivalenti sono equivalenti.

Solidi equicomposti

DEFINIZIONE
Due solidi si dicono **equicomposti** (o equiscomponibili) se sono scomponibili in solidi rispettivamente congruenti.

Si può dimostrare il seguente teorema.

TEOREMA
Due solidi equicomposti sono equivalenti.

ESEMPIO
Consideriamo i solidi $\mathcal{A}$ e $\mathcal{B}$ della figura a lato.
Ciascuno di essi può essere pensato come la somma di poliedri.
$\mathcal{A}$ è la somma di $\mathcal{A}_1$, $\mathcal{A}_2$ e $\mathcal{A}_3$, mentre $\mathcal{B}$ è la somma di $\mathcal{B}_1$, $\mathcal{B}_2$ e $\mathcal{B}_3$.

- Se $\mathcal{A}_1 \cong \mathcal{B}_1$; $\mathcal{A}_2 \cong \mathcal{B}_2$; $\mathcal{A}_3 \cong \mathcal{B}_3$; allora
  $\mathcal{A}_1 \doteq \mathcal{B}_1$; $\mathcal{A}_2 \doteq \mathcal{B}_2$; $\mathcal{A}_3 \doteq \mathcal{B}_3$;

  perché solidi congruenti sono equivalenti.
- I solidi $\mathcal{A}$ e $\mathcal{B}$ risultano somme di poliedri equivalenti e sono equivalenti in virtù del teorema che abbiamo enunciato.

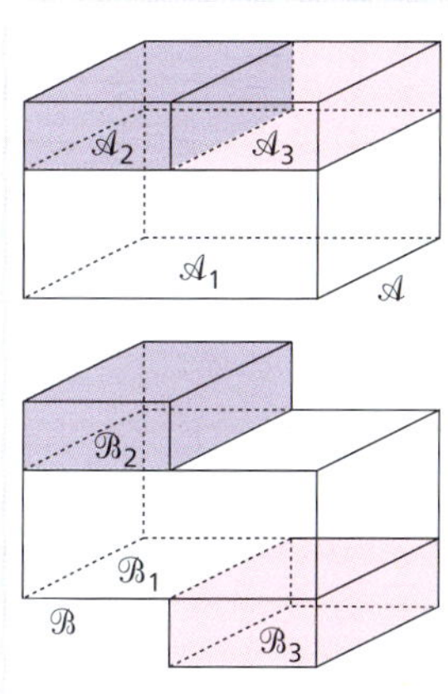

Principio di Cavalieri

Consideriamo due pile di fogli a forma di parallelepipedo rettangolo (figura **a**), formate dalla sovrapposizione dello stesso numero di fogli: i solidi che li rappresentano sono congruenti e quindi equivalenti.

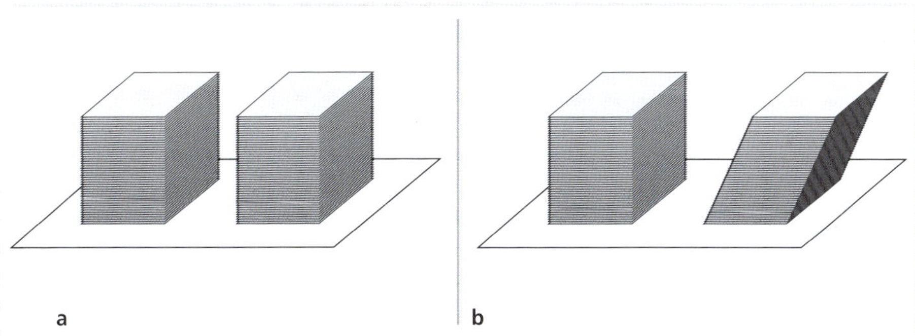

Possiamo far scorrere i fogli di uno di questi parallelepipedi in modo che la sua forma cambi (figura **b**). L'intuizione ci dice che l'estensione dei due solidi rimane la stessa e quindi essi sono ancora equivalenti.
Potremmo anche ripetere le considerazioni dell'esperienza precedente prendendo, al posto di pile di fogli uguali, pile di fogli che abbiano a due a due la stessa area ma forma diversa.

Listen to it

Cavalieri's principle, named after Bonaventura Cavalieri, states that if two solids are laced between two parallel planes and every plane parallel to these intersects the solids in sections of equal area, then the two solids are equivalent.

► Si può applicare il principio di Cavalieri a solidi con altezze diverse rispetto al comune piano di appoggio? Perché?

Passando dal mondo concreto alla geometria, possiamo pensare i fogli sostituiti dalle sezioni ottenute intersecando i solidi con piani tutti paralleli a uno scelto come riferimento. Comprendiamo così il seguente principio.

POSTULATO

Principio di Cavalieri

Due solidi che possono essere disposti in modo che ogni piano parallelo a un altro piano fissato, scelto come riferimento, li tagli secondo sezioni equivalenti, sono equivalenti.

Il principio di Cavalieri fornisce una condizione *sufficiente* ma *non necessaria* per l'equiestensione dei solidi. Per esempio, i solidi $\mathcal{P}$ e $\mathcal{P}'$ sono solidi equivalenti a cui non è possibile applicare il principio di Cavalieri.

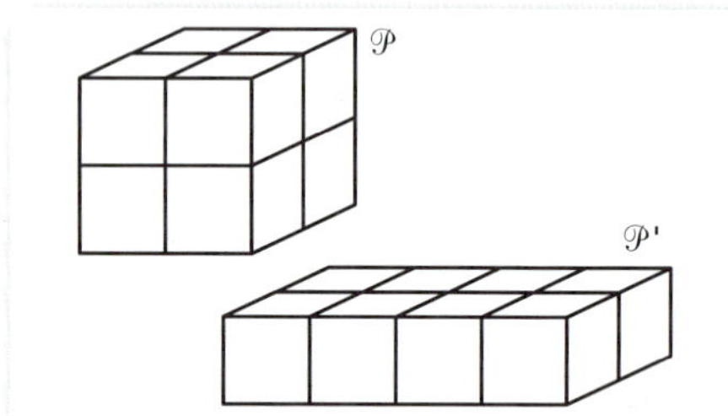

Equivalenza di solidi notevoli

Prismi, piramidi, cilindri, coni

TEOREMA

Due prismi che hanno basi equivalenti e altezze congruenti sono equivalenti.

DIMOSTRAZIONE

Consideriamo due prismi con basi equivalenti che appartengono allo stesso piano α e posti dalla stessa parte rispetto al piano. Il piano α' è un qualsiasi piano parallelo ad α che interseca i due solidi.

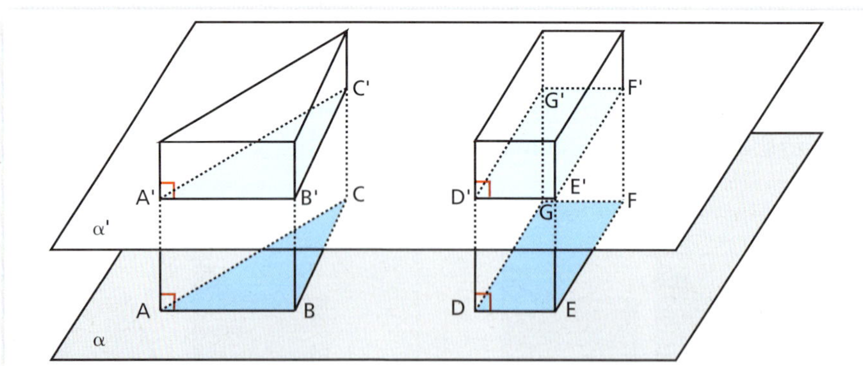

Il piano α' individua sul primo solido un poligono congruente a quello di base:

$$ABC \cong A'B'C' \quad \rightarrow \quad ABC \doteq A'B'C'.$$

Analogamente: $DEFG \cong D'E'F'G' \quad \rightarrow \quad DEFG \doteq D'E'F'G'$.

Per ipotesi $ABC \doteq DEFG$, dunque per la proprietà transitiva:

$$A'B'C' \doteq D'E'F'G'.$$

Poiché i due prismi hanno altezze congruenti, ogni piano che interseca un prisma interseca anche l'altro e le sezioni sono equivalenti per quanto appena dimostrato. Quindi, per il principio di Cavalieri, i due prismi sono equivalenti.

Analogamente, si può dimostrare che due piramidi che hanno basi equivalenti e altezze congruenti sono equivalenti.

TEOREMA
Una piramide è equivalente alla terza parte di un prisma che abbia base e altezza congruenti a quelle della piramide.

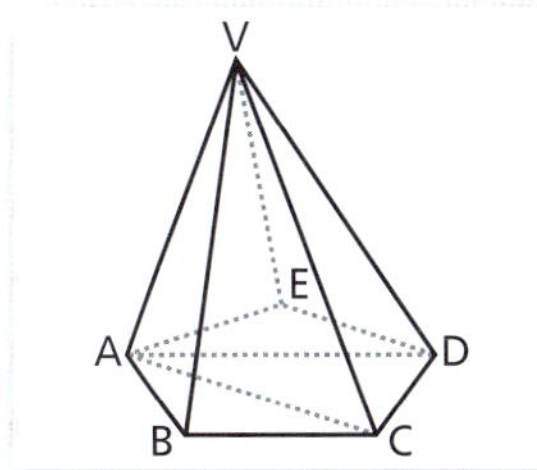

Svolgiamo la dimostrazione per una piramide a base triangolare in quanto ogni piramide può essere scomposta nella somma di più piramidi a base triangolare (figura a lato).

DIMOSTRAZIONE
Consideriamo la piramide di base ABC e vertice A' in figura. Disegniamo il triangolo $A'B'C'$, traslato di ABC secondo il vettore AA'. Otteniamo quindi un prisma che ha base ABC e altezza congruenti a quelle della piramide.

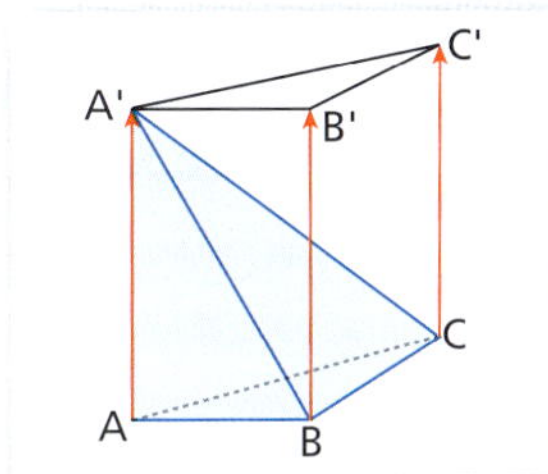

Dividiamo il prisma in tre piramidi.

- $ABCA'$ è la piramide di partenza.
- $A'B'C'C$ e $BCB'A'$ sono ottenute tracciando la diagonale $B'C$ del parallelogramma $BCC'B'$, che lo divide in due triangoli congruenti.

Consideriamo le piramidi a coppie.

Le piramidi $ABCA'$ e $A'B'C'C$ hanno le basi ABC e $A'B'C'$ congruenti perché facce opposte di un prisma e la stessa altezza, che è quella del prisma, quindi sono equivalenti:

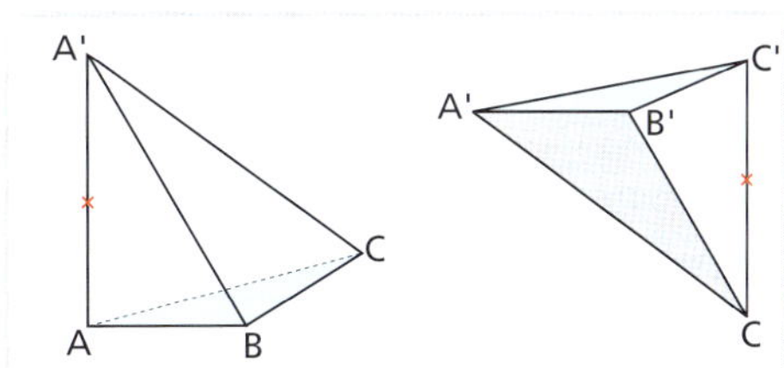

$$ABCA' \doteq A'B'C'C.$$

Le piramidi $BCB'A'$ e $A'B'C'C$ hanno:

- basi congruenti BCB' e $B'C'C$, in quanto ciascuna è metà del parallelogramma $BCC'B'$;
- la stessa altezza, perché hanno basi nel medesimo piano e il medesimo vertice A'.

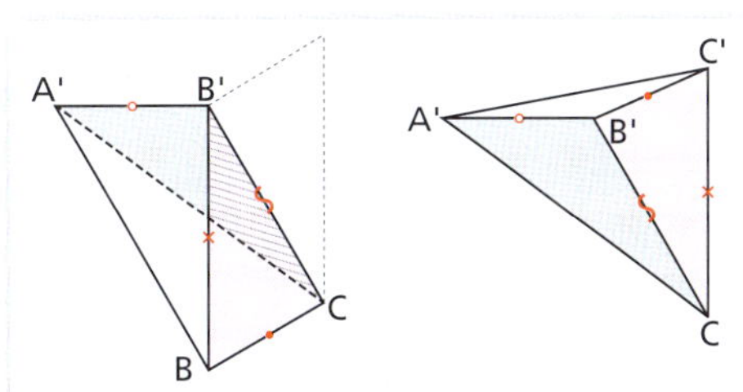

Quindi sono equivalenti: $BCB'A' \doteq A'B'C'C$.

Per la proprietà transitiva, le piramidi $A'B'C'C$, $ABCA'$, $BCB'A'$ sono equivalenti e perciò ciascuna piramide, in particolare $ABCA'$, è equivalente alla terza parte del prisma.

TEOREMA
Un prisma e un cilindro che hanno basi equivalenti e altezze congruenti sono equivalenti.

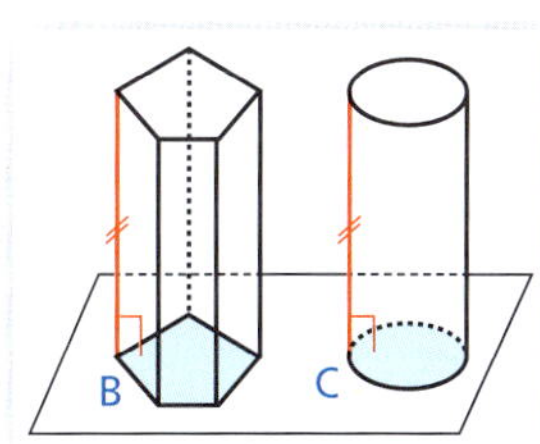

La dimostrazione di questo teorema è del tutto analoga a quella del teorema relativo a due prismi di base equivalente e altezza congruente.

TEOREMA

Una piramide e un cono che hanno basi equivalenti e altezze congruenti sono equivalenti.

DIMOSTRAZIONE

Consideriamo una piramide e un cono con basi equivalenti che appartengono allo stesso piano α e posti dalla stessa parte rispetto al piano. Il piano α' è un qualsiasi piano parallelo ad α che interseca i due solidi.

Siano B la misura dell'area della base della piramide, b quella dell'area della sezione della piramide con il piano α', C la misura dell'area del cerchio di base del cono e c quella dell'area della sezione del cono con il piano α'.

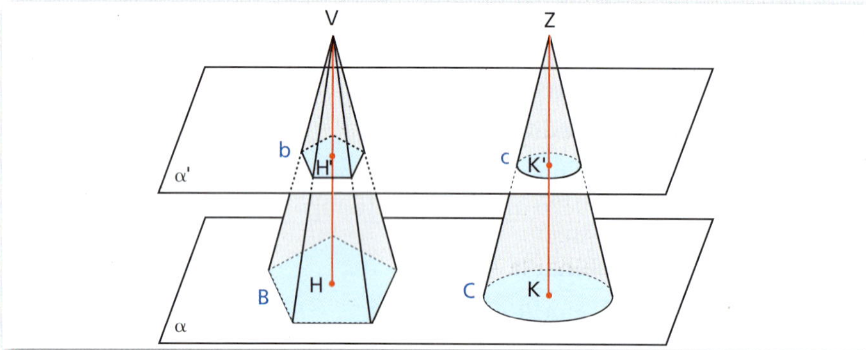

In base ai teoremi riguardanti le proprietà delle sezioni di una piramide e di un cono con un piano parallelo alla base è vero che:

$$B : b = \overline{VH}^2 : \overline{VH'}^2; \qquad C : c = \overline{ZK}^2 : \overline{ZK'}^2.$$

Per ipotesi $VH \cong ZK$ e $VH' \cong ZK'$, quindi:

$$B : b = C : c.$$

Essendo $B = C$, allora $b = c$.

Poiché i due solidi hanno altezze congruenti, ogni piano che interseca la piramide interseca anche il prisma e le sezioni sono equivalenti per quanto appena dimostrato. Quindi, per il principio di Cavalieri, i due solidi sono equivalenti.

Sfera e anticlessidra

DEFINIZIONE

Data una sfera di centro O, a essa circoscriviamo un cilindro equilatero e consideriamo i due coni di vertice O con le basi coincidenti con quelle del cilindro. Definiamo **anticlessidra** il solido ottenuto dalla differenza fra il cilindro e i due coni.

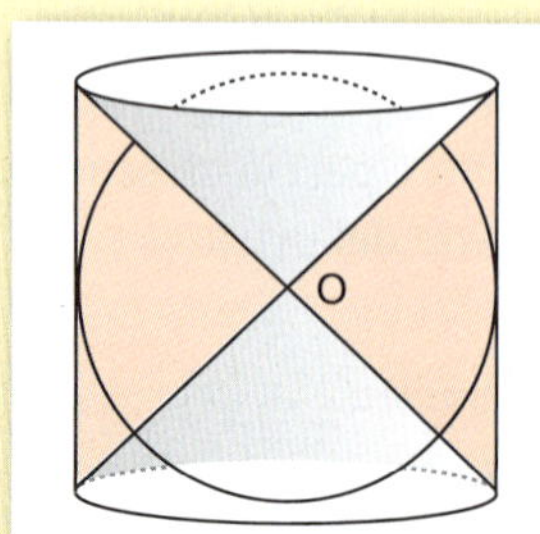

Vale il seguente teorema.

TEOREMA

La sfera è equivalente alla sua anticlessidra.

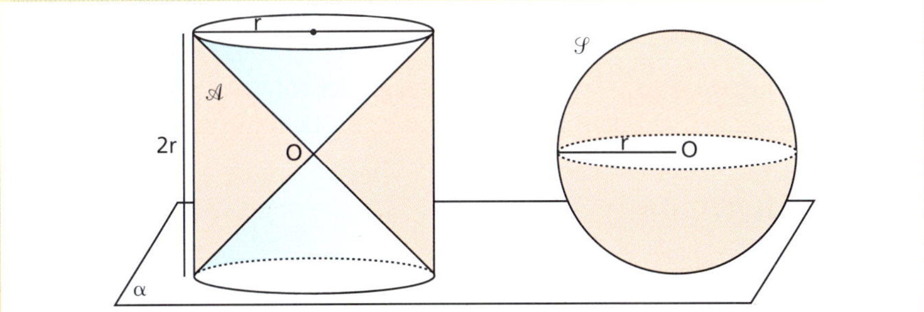

DIMOSTRAZIONE

Sia α il piano su cui poggia il cilindro e sia α' un qualsiasi piano parallelo ad α che interseca il cilindro a una distanza h dal centro O della sfera. Essendo il cilindro equilatero, i due coni hanno l'altezza congruente al raggio di base; di conseguenza il triangolo OHA è rettangolo isoscele, quindi la misura di AH è h.

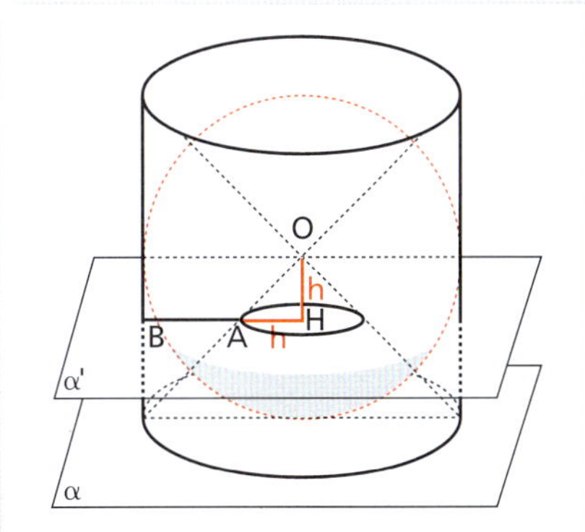

La sezione del piano α' con il cono è un cerchio di raggio h.

La sezione di α' con l'anticlessidra è una corona circolare la cui circonferenza esterna ha raggio r (il raggio del cilindro) e la circonferenza interna è l'intersezione di α' con il cono. L'area della corona circolare è:

$$A_{\text{corona}} = \pi \cdot r^2 - \pi \cdot h^2 = \pi \cdot (r^2 - h^2).$$

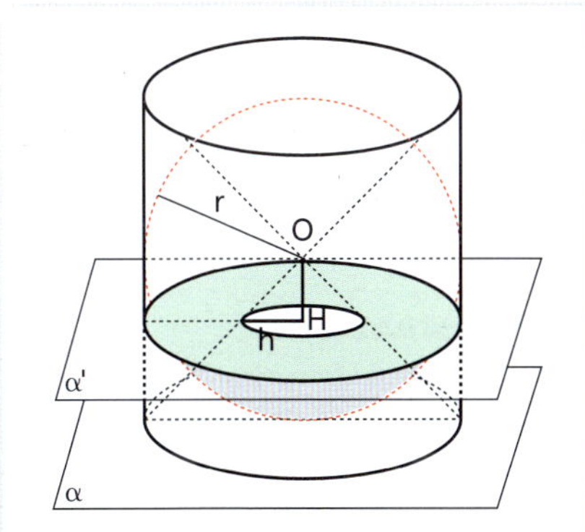

La sezione del piano α' con la sfera è un cerchio di raggio HB, che è un cateto del triangolo rettangolo OHB (figura a lato):

$$\overline{HB}^2 = \overline{OB}^2 - \overline{OH}^2 = r^2 - h^2.$$

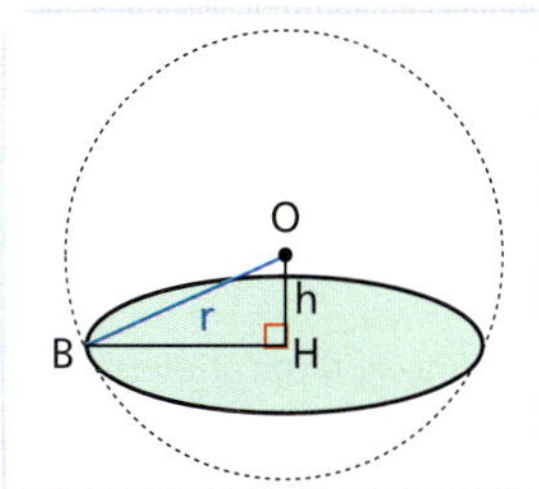

Quindi la misura dell'area del cerchio è:

$$A_{\text{cerchio}} = \pi \cdot (r^2 - h^2).$$

Osserviamo che:

$$A_{\text{corona}} = A_{\text{cerchio}}.$$

Le misure delle aree delle sezioni che il piano α' forma con l'anticlessidra e con la sfera sono uguali, quindi le sezioni sono equivalenti e, per il principio di Cavalieri, la sfera e l'anticlessidra sono equivalenti.

9 Volumi dei solidi

Ricordiamo che, date due grandezze omogenee A e U, si definisce misura di A rispetto a U il numero reale m tale che $A = mU$, dove U rappresenta l'unità di misura fissata, che vale 1.

Nel caso dei solidi si sceglie come unità di misura dei volumi il volume di un cubo U che ha per spigolo il segmento di lunghezza u, unità di misura delle lunghezze.

Volumi di prismi

▶ Esercizi a p. 1201

Parallelepipedi rettangoli con basi congruenti

Per poter esprimere la misura del volume di un parallelepipedo rettangolo in funzione delle misure delle sue dimensioni, premettiamo il seguente teorema, che ci limitiamo a enunciare.

TEOREMA
I volumi dei parallelepipedi rettangoli che hanno basi congruenti sono proporzionali alle relative altezze.

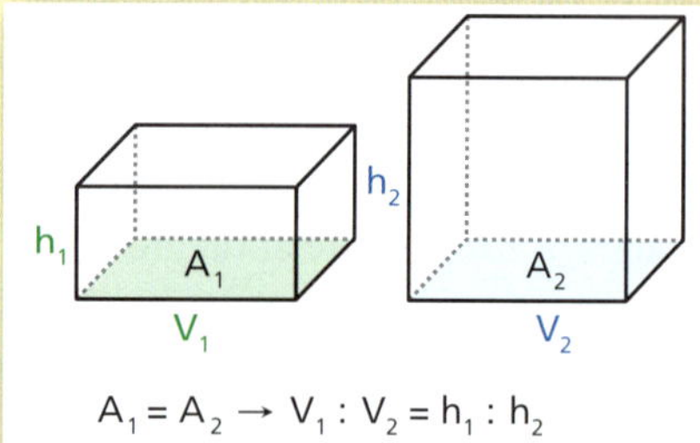

Parallelepipedo rettangolo

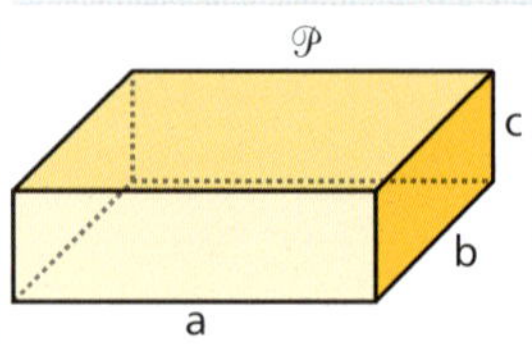

TEOREMA
La misura del **volume di un parallelepipedo rettangolo** di dimensioni a, b, c è:

$$V = a \cdot b \cdot c.$$

DIMOSTRAZIONE
Siano u e U le unità di misura, rispettivamente, delle lunghezze e dei volumi.

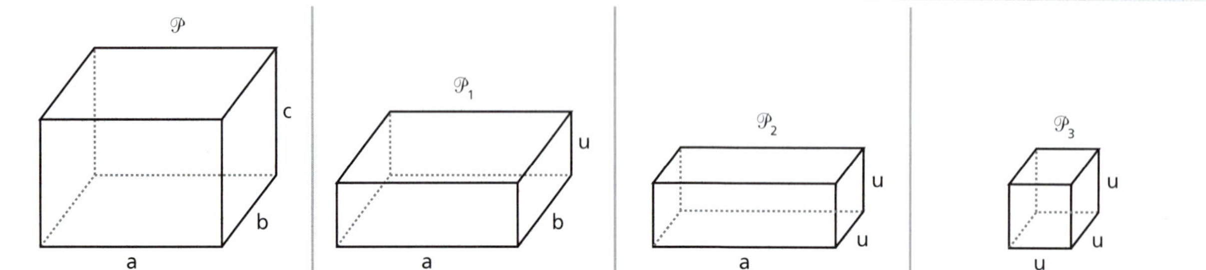

a. Sia $\mathcal{P}$ il parallelepipedo rettangolo con dimensioni di misure a, b, c e volume V.

b. Sia $\mathcal{P}_1$ il parallelepipedo rettangolo con dimensioni di misure a, b, u e volume V_1.

c. Sia $\mathcal{P}_2$ il parallelepipedo rettangolo con dimensioni di misure a, u, u e volume V_2.

d. Sia $\mathcal{P}_3$ il parallelepipedo rettangolo con dimensioni di misure u, u, u e volume $V_3 = U$.

Per il teorema precedente, volumi di parallelepipedi rettangoli aventi le basi congruenti stanno tra loro come le corrispondenti altezze.

Scriviamo allora:

$V : V_1 = c : u \rightarrow V = cV_1;$

$V_1 : V_2 = b : u \rightarrow V_1 = bV_2 \rightarrow V = c \cdot b \cdot V_2;$

$V_2 : V_3 = a : u \rightarrow V_2 = aV_3 \rightarrow V = c \cdot b \cdot a \cdot V_3 \rightarrow V = a \cdot b \cdot c \cdot V_3.$

Poiché $V_3 = U$:

$V = a \cdot b \cdot c \cdot U.$

Concludiamo che la misura del volume di un parallelepipedo rettangolo è uguale al prodotto delle misure delle sue dimensioni.

▶ Trova la misura del volume di un parallelepipedo rettangolo di dimensioni 3 cm, 4 cm e 11 cm.

Il teorema precedente può essere espresso anche nel modo seguente:
la misura del volume di un parallelepipedo rettangolo è uguale al prodotto della misura dell'area di base per la misura della relativa altezza:

$$V = A_b \cdot h.$$

Cubo

Il cubo è un parallelepipedo rettangolo che ha tutte le dimensioni congruenti. Pertanto, il **volume di un cubo** con spigolo di lunghezza a è:

$$V = a^3.$$

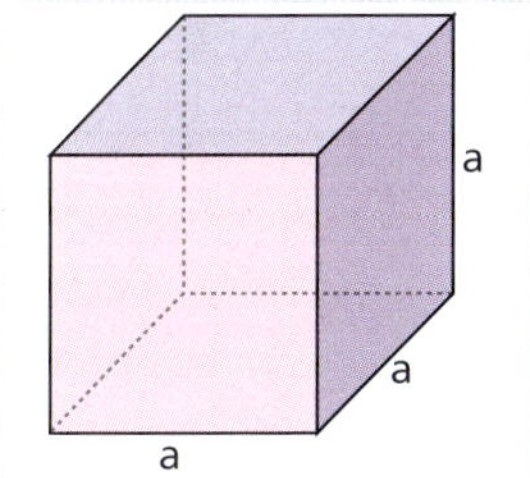

Prisma

Sappiamo che due prismi sono equivalenti se hanno basi equivalenti e altezze congruenti. Essendo il parallelepipedo rettangolo un particolare prisma, la misura del volume del prisma è uguale a quella del parallelepipedo rettangolo che ha base equivalente e altezza congruente.
Quindi il volume di un prisma con base di area A_b e altezza di lunghezza h è:

$$V = A_b \cdot h.$$

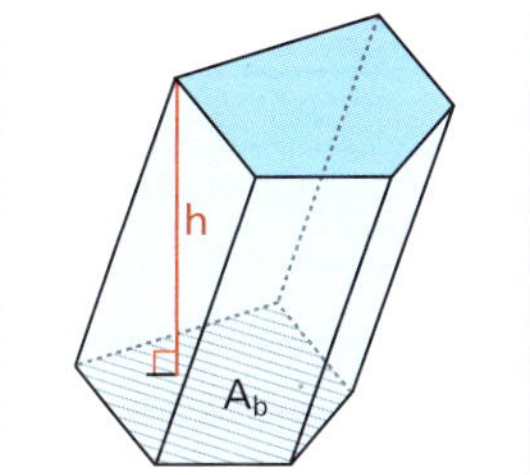

▶ Calcola il volume di un prisma avente per base un triangolo equilatero che ha il lato di 5 cm e l'altezza di 12 cm.

■ Volumi di piramidi

▶ Esercizi a p. 1204

Piramide

La piramide è equivalente alla terza parte di un prisma di base equivalente e uguale altezza, quindi il suo volume misura un terzo rispetto al volume del prisma. Allora il **volume di una piramide** con base di area A_b e altezza di lunghezza h è:

$$V = \frac{1}{3} A_b \cdot h.$$

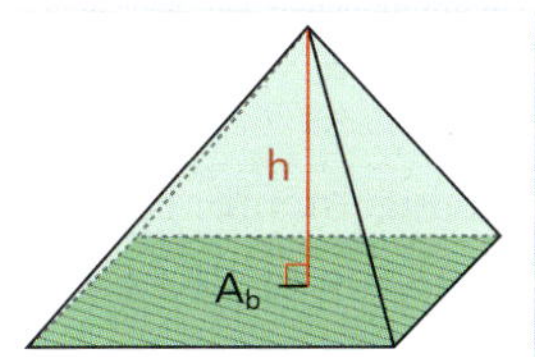

▶ Trova il volume di una piramide che ha base rettangolare di dimensioni 10 cm e 15 cm e altezza di 30 cm.

TEORIA

Tronco di piramide

TEOREMA
La misura del **volume di un tronco di piramide** con basi di area A e a e altezza di lunghezza h è:

$$V=\frac{1}{3}\cdot h\cdot(A+a+\sqrt{a\cdot A}).$$

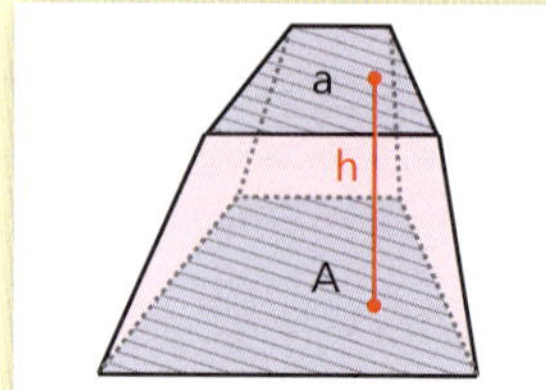

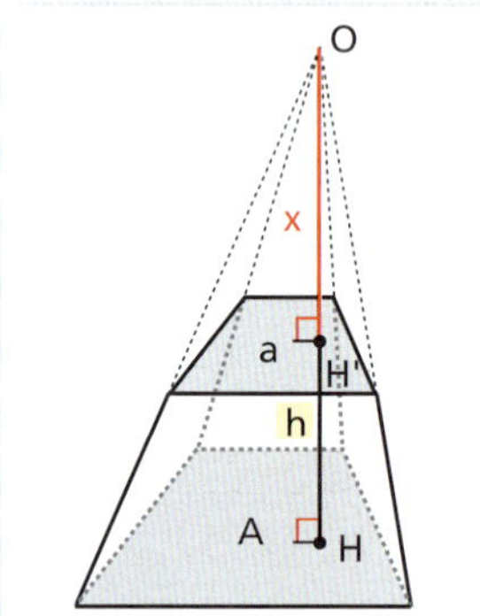

DIMOSTRAZIONE
Indichiamo con x la misura di OH'. La misura del volume del tronco di piramide si calcola come differenza delle misure dei volumi delle piramidi di vertice O e basi coincidenti con quelle del tronco:

$$V=\frac{1}{3}\cdot A\cdot(h+x)-\frac{1}{3}\cdot a\cdot x=\frac{1}{3}\cdot A\cdot h+\frac{1}{3}\cdot x\cdot(A-a).$$

Poiché le misure delle aree delle sezioni sono direttamente proporzionali ai quadrati delle loro distanze dal vertice della piramide, possiamo scrivere:

$$A:a=(h+x)^2:x^2 \rightarrow \sqrt{A}:\sqrt{a}=(h+x):x.$$

Applichiamo la proprietà dello scomporre:

$$(\sqrt{A}-\sqrt{a}):\sqrt{a}=h:x \quad\rightarrow\quad x=\frac{\sqrt{a}\cdot h}{\sqrt{A}-\sqrt{a}}.$$

Razionalizziamo,

$$x=\frac{\sqrt{a}\cdot h}{\sqrt{A}-\sqrt{a}}\cdot\frac{\sqrt{A}+\sqrt{a}}{\sqrt{A}+\sqrt{a}}=\frac{\sqrt{a}\cdot h\cdot(\sqrt{A}+\sqrt{a})}{A-a},$$

e sostituiamo nella relazione iniziale:

$$V=\frac{1}{3}\cdot A\cdot h+\frac{1}{3}\cdot\frac{\sqrt{a}\cdot h\cdot(\sqrt{A}+\sqrt{a})}{\cancel{A-a}}\cdot(\cancel{A-a}).$$

Essendo $A-a\neq 0$, semplifichiamo e svolgiamo i calcoli:

$$V=\frac{1}{3}\cdot A\cdot h+\frac{1}{3}\cdot h\cdot\sqrt{a\cdot A}+\frac{1}{3}\cdot h\cdot a=\frac{1}{3}\cdot h\cdot(A+a+\sqrt{a\cdot A}).$$

■ Volumi di solidi di rotazione

▶ Esercizi a p. 1206

Cilindro

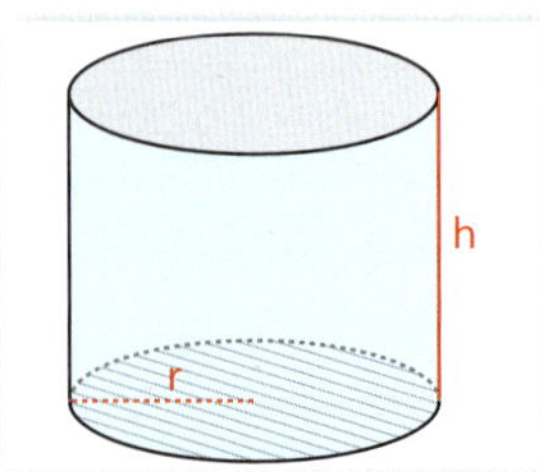

Sappiamo che un cilindro è equivalente a un prisma con base equivalente e altezza congruente. Allora il **volume di un cilindro** con raggio di base di lunghezza r e altezza di lunghezza h è:

$$V=A_b\cdot h=\pi\cdot r^2\cdot h.$$

Cono

Analogamente, per l'equivalenza tra coni e piramidi, il **volume di un cono** con raggio di base che misura r e altezza h è:

$$V=\frac{1}{3}\cdot A_b\cdot h=\frac{1}{3}\cdot\pi\cdot r^2\cdot h.$$

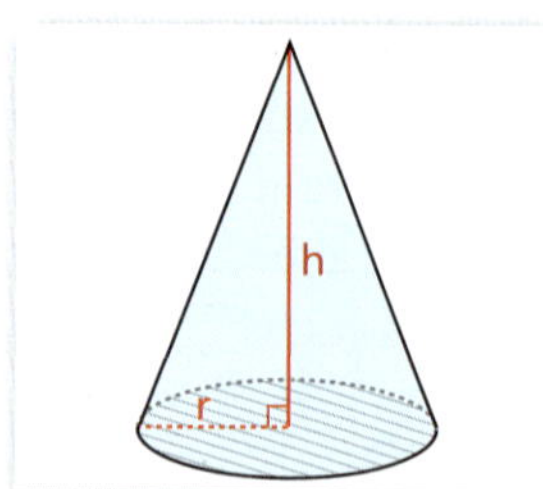

▶ Determina il volume di un cono e di un cilindro con raggio di base di 4 cm e altezza di 15 cm.

Tronco di cono

TEOREMA

La misura **del volume di un tronco di cono** con raggi di base di lunghezze r e r' e con altezza di lunghezza h è:

$$V = \frac{1}{3} \cdot \pi \cdot h \cdot (r^2 + r'^2 + r \cdot r').$$

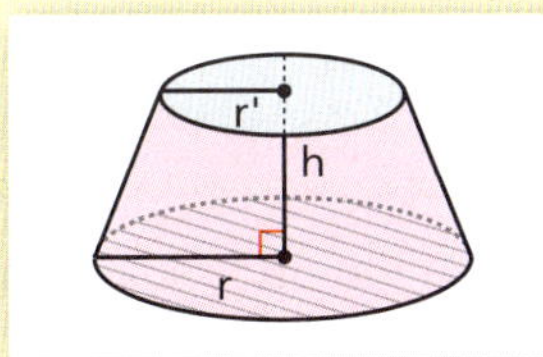

DIMOSTRAZIONE

Con un ragionamento analogo a quello fatto per il tronco di piramide, possiamo scrivere:

$$V = \frac{1}{3} \cdot h \cdot (\pi \cdot r^2 + \pi \cdot r'^2 + \sqrt{\pi \cdot r^2 \cdot \pi \cdot r'^2}) =$$

$$\frac{1}{3} \cdot h \cdot (\pi \cdot r^2 + \pi \cdot r'^2 + \sqrt{\pi^2 \cdot r^2 \cdot r'^2}) =$$

$$\frac{1}{3} \cdot h \cdot (\pi \cdot r^2 + \pi \cdot r'^2 + \pi \cdot r \cdot r') = \frac{1}{3} \cdot \pi \cdot h \cdot (r^2 + r'^2 + r \cdot r').$$

Sfera

Per il teorema di equivalenza tra sfera e anticlessidra, possiamo scrivere

$$V_{\text{sfera}} = V_{\text{cilindro circoscritto}} - V_{\text{doppio cono}} = \pi \cdot r^2 \cdot 2r - 2 \cdot \frac{1}{3} \cdot \pi \cdot r^2 \cdot r =$$

$$2\pi \cdot r^3 - \frac{2}{3}\pi \cdot r^3 = \frac{4}{3}\pi \cdot r^3,$$

ossia il **volume di una sfera** di raggio r è:

$$V = \frac{4}{3} \cdot \pi \cdot r^3.$$

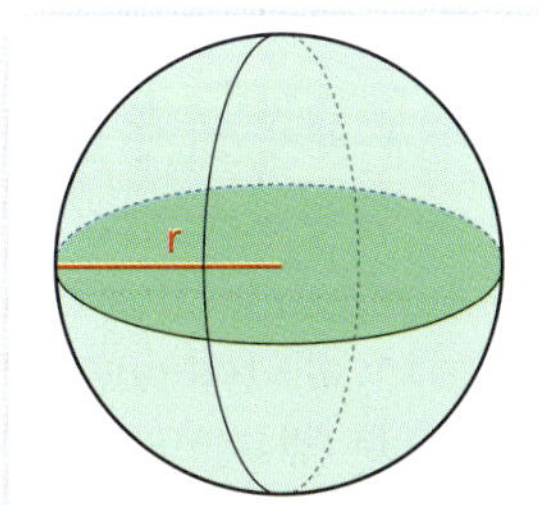

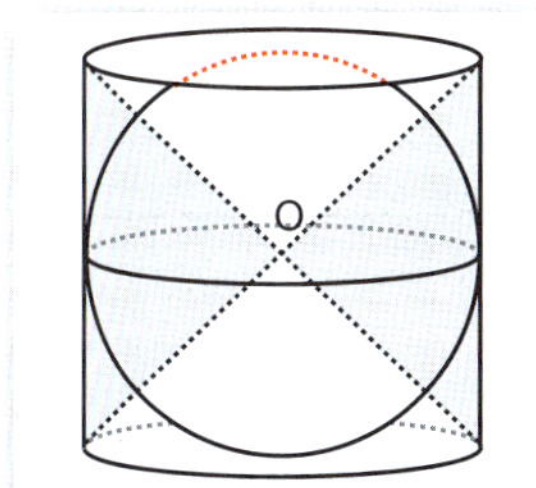

Video

Il volume della sfera secondo Archimede

La geometria solida fu uno dei temi studiati da Archimede, matematico e scienziato greco vissuto nel III secolo a.C. In particolare, ricavò il volume della sfera unendo i concetti di matematica e fisica. Vediamo quale fu il suo ragionamento.

▶ Determina l'area della superficie e la misura del volume della Luna, sapendo che è approssimabile a una sfera di raggio 1737 km.

Area della superficie sferica

Possiamo ora dimostrare il teorema relativo all'area della superficie della sfera.

TEOREMA

La misura dell'**area della superficie sferica** è uguale a quattro volte quella del suo cerchio massimo:

$$S_{\text{sfera}} = 4 \cdot \pi \cdot r^2.$$

DIMOSTRAZIONE

Data una sfera di raggio r, consideriamo una qualunque superficie poliedrica a essa circoscritta. Le facce di tale superficie poliedrica rappresentano le basi di tante piramidi con vertice nel centro della sfera. Queste facce sono tangenti alla sfera, quindi sono perpendicolari al raggio r nel punto di tangenza e perciò tutte queste piramidi hanno r come altezza.

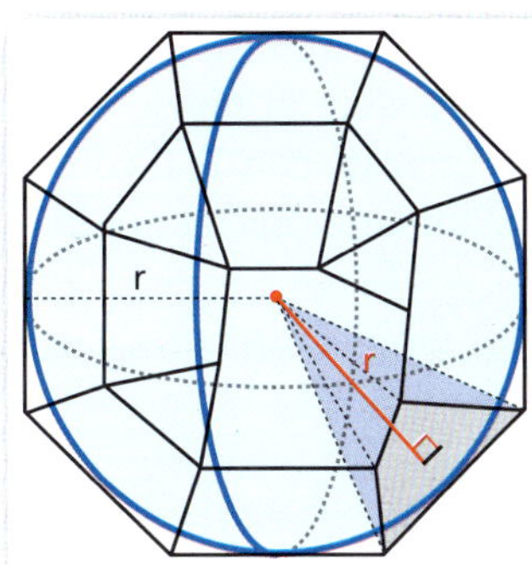

Deduciamo allora che il volume del poliedro è uguale alla somma di tutti quelli di queste piramidi di uguale altezza, cioè al volume di una piramide di altezza r che ha per base la superficie poliedrica.

Se si aumenta il numero delle facce del poliedro, la misura della superficie poliedrica si avvicina sempre più alla misura della superficie della sfera e il volume della piramide si avvicina sempre più a quello della sfera. Quindi

$$V_{\text{piramide}} = V_{\text{sfera}} \ \rightarrow \ \frac{1}{3} \cdot S_{\text{sfera}} \cdot r = \frac{4}{3} \cdot \pi \cdot r^3 \ \rightarrow \ S_{\text{sfera}} = 4 \cdot \pi \cdot r^2.$$

Parti della sfera

Ci limitiamo a enunciare i teoremi e le formule utili per calcolare i volumi delle parti della sfera.

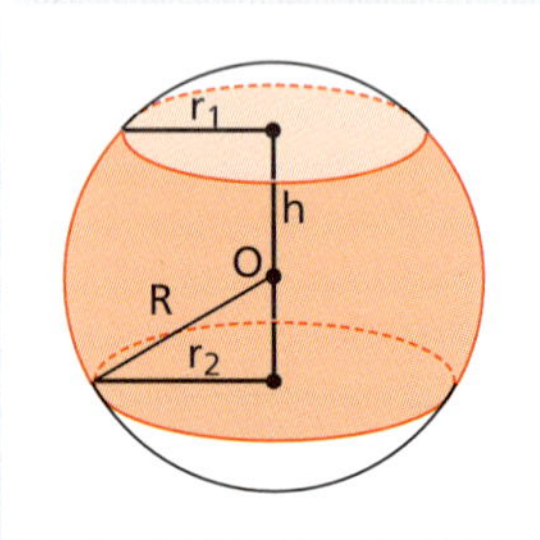

- **Volume del segmento sferico a due basi**
  Il segmento sferico a due basi è equivalente alla somma fra una sfera di diametro congruente all'altezza del segmento e due cilindri con altezza congruente alla metà di quella del segmento e con basi congruenti a quelle del segmento:

$$V = \frac{4}{3}\pi\left(\frac{h}{2}\right)^3 + \pi r_1^2 \cdot \frac{h}{2} + \pi r_2^2 \cdot \frac{h}{2}.$$

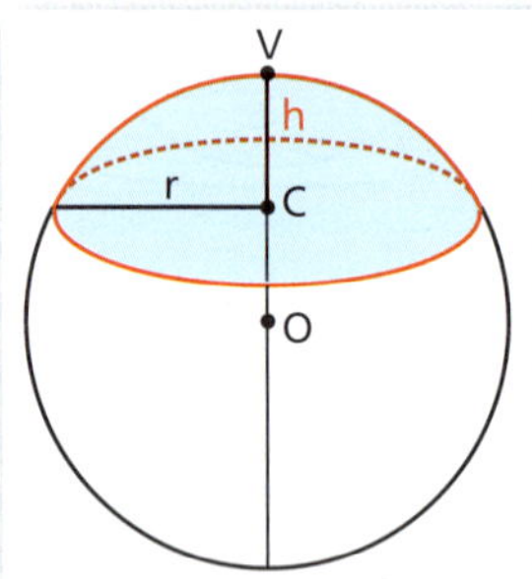

- **Volume del segmento sferico a una base**
  Il segmento sferico a una base è equivalente alla somma fra una sfera di diametro congruente all'altezza del segmento e un cilindro con altezza congruente alla metà di quella del segmento e con base uguale a quella del segmento:

$$V = \frac{4}{3}\pi\left(\frac{h}{2}\right)^3 + \pi r^2 \cdot \frac{h}{2}.$$

Applicando il secondo teorema di Euclide al triangolo rettangolo VAB (figura a lato), scriviamo la relazione fra il raggio di base r, l'altezza h del segmento e il raggio della sfera R:

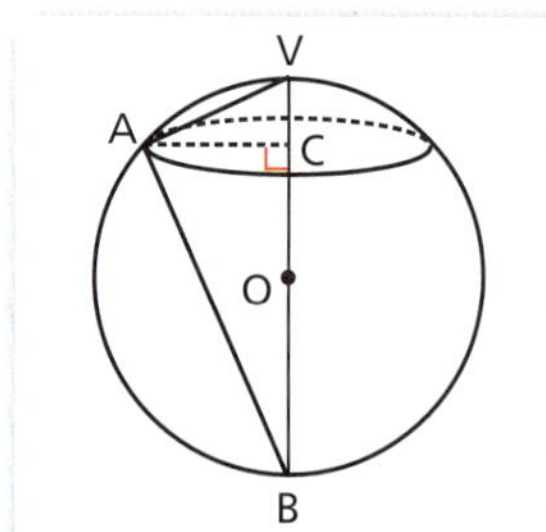

$$\overline{AC}^2 = \overline{CB} \cdot \overline{VC} \ \rightarrow \ r^2 = (2R - h) \cdot h.$$

Sostituendo nella formula precedente, deduciamo una formula più semplice:

$$V = \frac{1}{3}\pi h^2(3R - h).$$

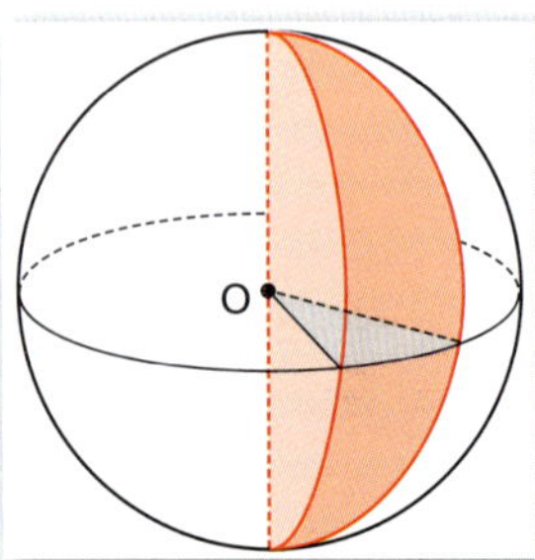

- **Volume dello spicchio sferico**
  Si può dimostrare che i volumi degli spicchi appartenenti a una stessa sfera, o a sfere di raggio congruente, sono proporzionali ai diedri corrispondenti. Indicato con V_s il volume dello spicchio, con R il raggio della sfera, α_{rad} e $\alpha°$ le ampiezze del diedro in radianti e in gradi, si ha:

$$V_s : \frac{4}{3}\pi R^3 = \alpha_{\text{rad}} : 2\pi \ \rightarrow \ V_s = \frac{2}{3}\alpha_{\text{rad}} R^3;$$

$$V_s : \frac{4}{3}\pi R^3 = \alpha° : 360° \ \rightarrow \ V_s = \frac{\alpha°}{270°}\pi R^3.$$

- **Volume dell'anello sferico**

In una sfera, facendo ruotare di 360° un segmento circolare attorno a un diametro del cerchio di appartenenza che non attraversi il segmento stesso, si ottiene un solido detto **anello sferico**. Possiamo ottenerlo anche considerando un segmento sferico a due basi e il tronco di cono inscritto le cui basi coincidono con quelle del segmento: la parte di sfera limitata dalla superficie laterale del tronco e dalla zona sferica corrispondente al segmento è un anello sferico.

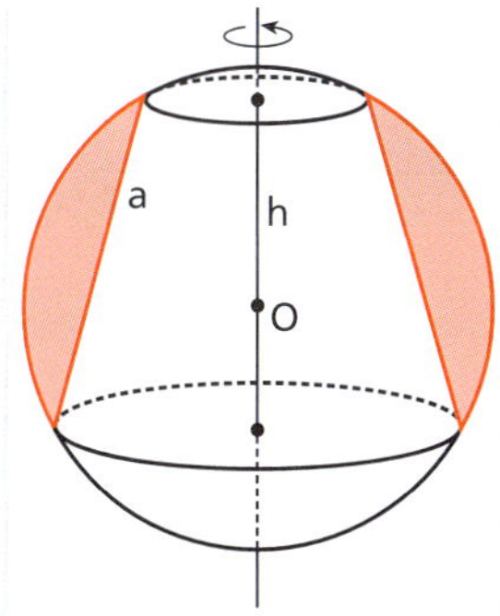

Indicato con a l'apotema del tronco e con h l'altezza, sottraendo il volume del tronco a quello del segmento, è possibile ricavare la formula del **volume dell'anello sferico**:

$$V = \frac{1}{6}\pi a^2 h.$$

- **Volume del settore sferico**

Il **settore sferico** è quel solido che si ottiene facendo ruotare di un angolo giro un settore circolare attorno a un diametro del cerchio a cui appartiene ma che non lo attraversa. Il volume di un settore si può ottenere come somma o differenza del volume di altri solidi. Possiamo distinguere tre casi.

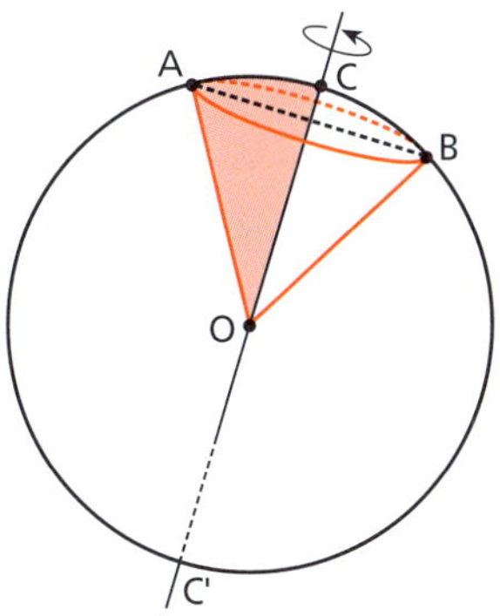

a. Il volume del settore *OACB* è la somma dei volumi del segmento *ACB* e del cono *AOB*.

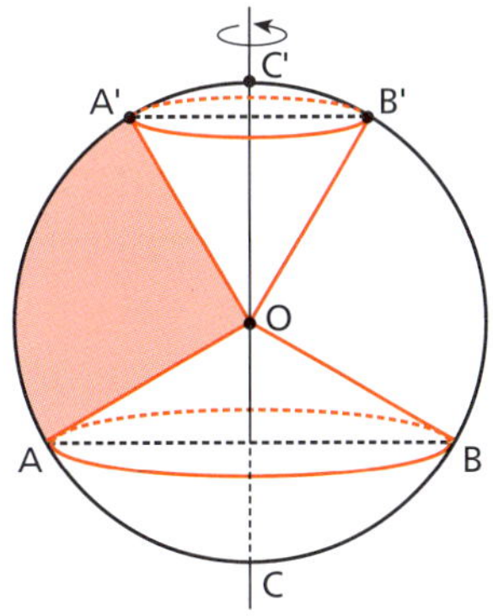

b. Il volume del settore *AOBB'A'* è la differenza fra il volume del segmento *ABB'A'* e i volumi dei due coni *AOB* e *A'OB'*.

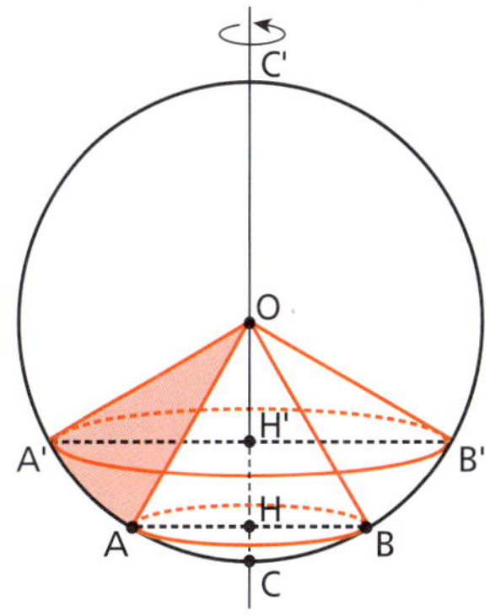

c. Il volume del settore *OBB'AA'* è la differenza fra il volume del settore *OA'CB'* e quello del settore *OACB*.

MATEMATICA E ARTE

Arte al cubo La **pittura cubista**, che si sviluppò in Europa tra il 1908 e il 1914, modificò la visione prospettica, sulla base delle indicazioni di Cézanne: «*trattare la natura secondo il cilindro, la sfera, il cono*».

▶ Da cosa deriva il nome «cubismo»?

La risposta

IN SINTESI
Geometria euclidea nello spazio

Punti, rette, piani nello spazio

- Due rette nello spazio sono **complanari** (**incidenti** o **parallele**) se appartengono allo stesso piano, altrimenti sono **sghembe**.
- Due piani nello spazio sono:
  - **incidenti** se hanno in comune solo una retta;
  - **paralleli** se non hanno alcun punto in comune oppure sono coincidenti.
- Una retta nello spazio può essere:
  - **incidente** al piano se ha un solo punto in comune con il piano;
  - **parallela** al piano se non ha alcun punto in comune con il piano o se giace sul piano.
- Una retta incidente a un piano in un punto P è **perpendicolare al piano** quando è perpendicolare a tutte le rette del piano passanti per P. In tal caso P è detto **piede della perpendicolare**.
- **Teorema delle tre perpendicolari**: se dal piede H di una perpendicolare r a un piano α si manda la perpendicolare s a una qualunque retta t del piano, quest'ultima risulta perpendicolare al piano β delle prime due.
- La **distanza di un punto da un piano** è la lunghezza del segmento che ha per estremi il punto stesso e il piede della perpendicolare al piano.
- La **distanza fra una retta e un piano paralleli** è la distanza tra uno qualunque dei punti della retta e il piano.
- La **distanza fra due piani paralleli** è la lunghezza del segmento intercettato dai due piani su una qualunque retta perpendicolare ai due piani stessi.

Diedri e angoli nello spazio

- Dati due semipiani dello spazio aventi la stessa origine, un **diedro** è ognuna delle due parti, compresi i semipiani, in cui essi dividono lo spazio.
  - La **sezione** di un diedro è *l'angolo ottenuto dall'intersezione del diedro con un piano che interseca il suo spigolo*. Sezioni parallele di uno stesso diedro sono congruenti. Una sezione è **normale** se ottenuta come intersezione tra il diedro e un piano perpendicolare al suo spigolo.
  - Un **diedro** è **retto** se la sua sezione normale è un angolo retto.
  - Due **piani** incidenti sono **perpendicolari** quando dividono lo spazio in quattro diedri retti.
  - Se una retta $r \in \alpha$ è perpendicolare al piano β, allora $\alpha \perp \beta$.
  - Esiste ed è unico il piano passante per una retta r e perpendicolare al piano α.
- L'**angolo** di una retta r con un piano α è l'angolo acuto formato da r e dalla sua proiezione r' su α.

Poliedri

- Un **prisma** è un poliedro delimitato da due **basi** che sono poligoni congruenti posti su piani paralleli e da **facce laterali** che sono parallelogrammi. La distanza fra i piani delle basi è l'**altezza** del prisma.
  - Un prisma è **retto** se gli spigoli laterali sono perpendicolari ai piani delle basi, è **regolare** quando è retto e le sue basi sono poligoni regolari.
  - Un prisma è un **parallelepipedo** se anche le basi sono parallelogrammi.
  - Un parallelepipedo retto in cui le basi sono rettangoli è un **parallelepipedo rettangolo**. Se le tre dimensioni sono congruenti, è un **cubo**.
- Una **piramide** è un poliedro delimitato da un poligono, la **base**, e da **facce laterali** triangolari che hanno in comune il **vertice della piramide** e hanno il lato opposto a tale vertice coincidente con un lato del poligono di base. La distanza fra il vertice e il piano della base è l'**altezza** della piramide.

- Una piramide è **retta** quando nella base si può inscrivere una circonferenza il cui centro è la proiezione ortogonale del vertice della piramide sul piano di base. L'altezza delle sue facce laterali è l'**apotema**.
- Una piramide è **regolare** quando è retta e la sua base è un poligono regolare.

- Un **tronco di piramide** è limitato da due poligoni simili fra loro e posti su piani paralleli (le **basi** del tronco) e da **facce laterali** che sono trapezi.

Solidi di rotazione

I solidi di rotazione sono generati dalla rotazione di una figura piana attorno a una retta.

- Un **cilindro** è generato dalla rotazione completa di un rettangolo attorno a uno dei suoi lati; è **equilatero** se la sua altezza è congruente al diametro di base.
- Un **cono** è generato dalla rotazione completa di un triangolo rettangolo attorno a uno dei suoi cateti; è **equilatero** se l'apotema è congruente al diametro di base.

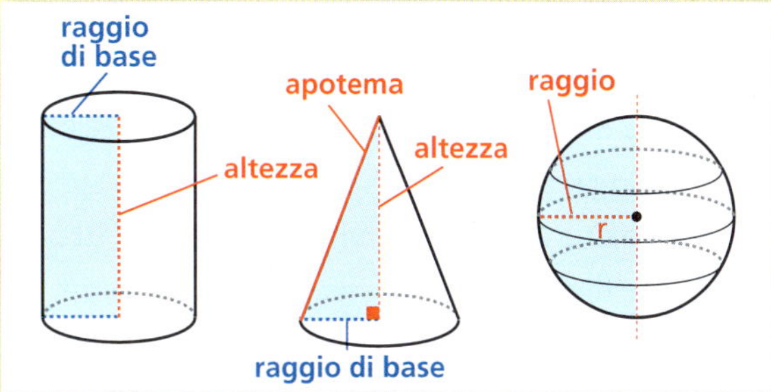

- Una **sfera** è generata dalla rotazione completa di un semicerchio attorno al suo diametro.

Aree e volumi dei solidi

Principio di Cavalieri: due solidi che possono essere disposti in modo che ogni piano parallelo a un altro fissato, scelto come riferimento, li tagli secondo sezioni equivalenti, sono equivalenti.

Prisma retto

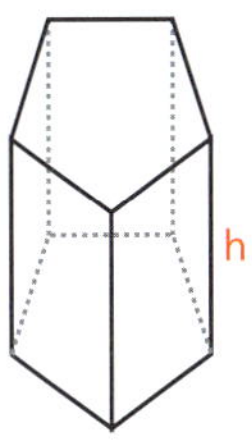

$A_\ell = 2p \cdot h$
$A_t = A_\ell + 2A_b$
$V = A_b \cdot h$

Parallelepipedo rettangolo

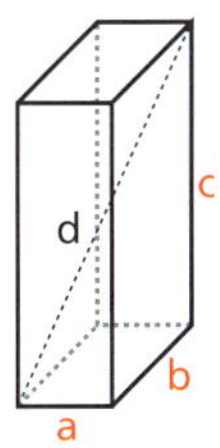

$A_t = 2(ac + ab + bc)$
$V = a \cdot b \cdot c$
$d = \sqrt{a^2 + b^2 + c^2}$

Cubo

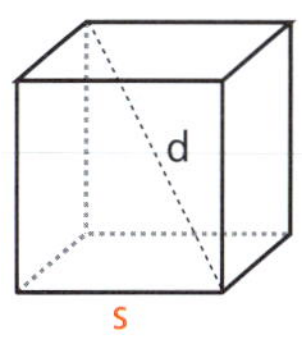

$A_t = 6s^2$
$V = s^3$
$d = s\sqrt{3}$

Piramide retta

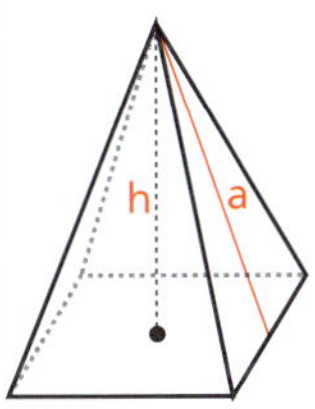

$A_\ell = p \cdot a$
$A_t = A_\ell + A_b$
$V = \frac{1}{3} A_b \cdot h$

Tronco di piramide retta

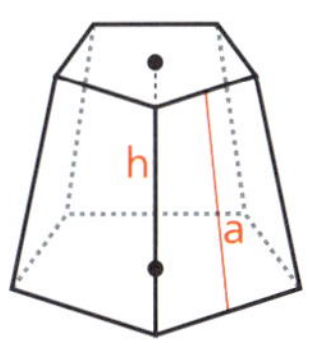

$A_\ell = (p + p') \cdot a$
$A_t = A_\ell + A_b + A'_b$
$V = \frac{1}{3} h \left(A_b + A'_b + \sqrt{A_b \cdot A'_b}\right)$

Cilindro

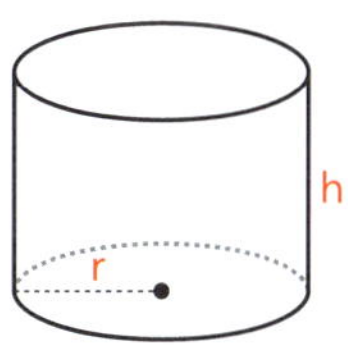

$A_b = \pi r^2$
$A_\ell = 2\pi r \cdot h$
$A_t = 2\pi r(h + r)$
$V = \pi r^2 \cdot h$

Cono

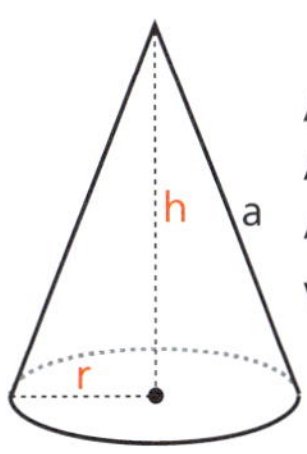

$A_b = \pi r^2$
$A_\ell = \pi r a$
$A_t = \pi r (a + r)$
$V = \frac{1}{3} \pi r^2 \cdot h$

Tronco di cono

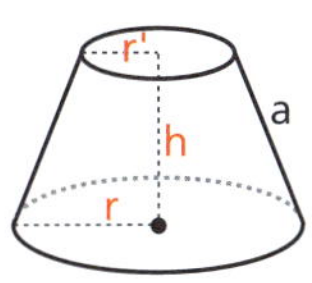

$A_\ell = \pi a(r + r')$
$A_t = A_\ell + A_b + A'_b$
$V = \frac{1}{3} \pi h(r^2 + r'^2 + r \cdot r')$

Sfera

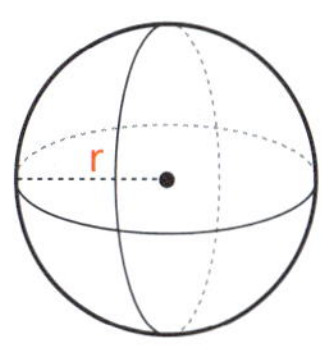

$A = 4\pi r^2$
$V = \frac{4}{3} \pi r^3$

CAPITOLO 19
ESERCIZI

1 Punti, rette, piani nello spazio

▶ Teoria a p. 1138

1 VERO O FALSO?

a. Dati due piani che si intersecano, per la loro intersezione passano infiniti piani. V F

b. Se due rette nello spazio non si intersecano, allora sono parallele. V F

c. Due rette parallele a uno stesso piano sono parallele. V F

d. Se due piani hanno in comune tre punti non allineati, allora coincidono. V F

e. Se due piani hanno in comune due punti, allora ne hanno infiniti. V F

TEST

2 Le rette r e s sono parallele, mentre le rette r e t sono incidenti. Allora s e t sono:

A parallele.

B incidenti.

C sghembe.

D parallele o incidenti.

E incidenti o sghembe.

3 Il piano α e i due piani distinti β e γ sono incidenti. Allora:

A β e γ sono paralleli.

B β e γ sono incidenti.

C $\alpha \cap \beta \cap \gamma$ è una retta.

D β e γ possono essere paralleli o incidenti.

E $\alpha \cap \beta \cap \gamma$ può essere una retta o l'insieme vuoto.

4 VERO O FALSO? Nello spazio:

a. due punti individuano sempre una retta. V F

b. tre punti individuano un piano o una retta. V F

c. una retta è parallela a un piano se non ha punti in comune con esso. V F

RIFLETTI SULLA TEORIA

5 Tre punti dello spazio appartengono contemporaneamente a due piani incidenti α e β. Cosa si può dire dei tre punti?

6 Considera due rette complanari a e b. Se una retta c è complanare ad a, è complanare anche a b? Esamina i casi possibili.

7 Considera due rette sghembe r e s. Se una retta t è sghemba con r, è sghemba anche con s? Illustra i casi possibili.

8 Sono dati tre piani distinti α, β e γ. Cosa rappresenta $\alpha \cap \beta \cap \gamma$? Illustra tutti i casi possibili.

9 Tre punti non allineati A, B e C appartengono a un piano α. Siano D un punto esterno ad α, E un punto appartenente al segmento AD e F un punto interno al segmento BC. Qual è l'intersezione dei piani ADF e BCE?

Dimostrazioni

10 Dati una retta r e un punto $P \notin r$, dimostra che esiste uno e un solo piano passante per r e P.

11 Dimostra che, se due rette si incontrano in un punto, allora sono complanari.

12 Dimostra che un semispazio è una figura convessa.

13 Due rette parallele a e b intersecano una terza retta c. Dimostra che a, b e c sono complanari.

14 **ESERCIZIO GUIDA** Siano α e β due piani incidenti e r la loro retta intersezione. Scelti sul piano α un punto A e sul piano β un punto B, non appartenenti a r, dimostriamo che la retta AB e la retta r sono sghembe.

Ragioniamo per assurdo. Se le due rette non fossero sghembe, allora sarebbero complanari.

Supponiamo che AB e r appartengano a uno stesso piano: questo dovrebbe contenere r e i due punti A e B.
Poiché $A \in \alpha$ e $B \in \beta$, i due piani α e β dovrebbero coincidere, contro l'ipotesi che α e β siano incidenti lungo una retta e quindi distinti. Pertanto la retta AB è sghemba rispetto a r.

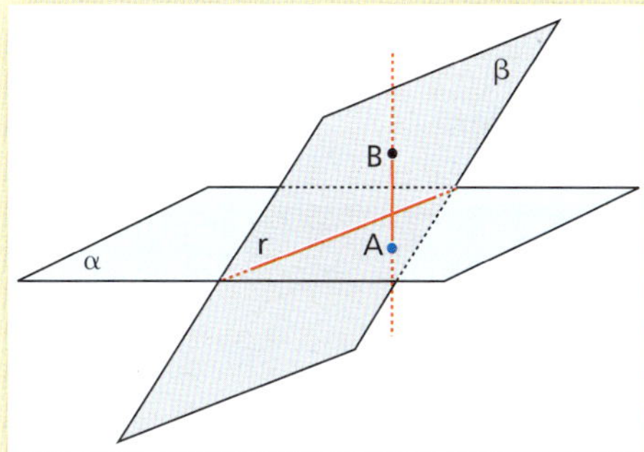

15 Dati due piani α e β incidenti nella retta r, da un punto P non appartenente ai piani conduci una retta parallela a r. Dimostra che tale retta è parallela sia ad α sia a β.

16 Sono dati quattro punti non complanari. Dimostra che tre qualunque di essi non possono essere allineati.

17 Due rette r e s appartenenti al piano α si intersecano nel punto P. Dimostra che, se una retta t che non giace su α interseca sia r sia s, allora t deve passare per P.

18 Sono dati due punti P e Q appartenenti al piano α e un punto R non appartenente ad α. Dimostra che esiste un unico piano β contenente P, Q e R.

2 Perpendicolarità e parallelismo

Perpendicolarità tra retta e piano

▶ Teoria a p. 1140

TEST

19 Siano dati nello spazio una retta r ed un suo punto A. Di rette passanti per A e perpendicolari alla retta r ne esistono:

A una sola.
B due sole.
C tre sole.
D infinite, tutte appartenenti ad uno stesso piano.
E infinite, non tutte appartenenti ad uno stesso piano.

(Università di Roma, Facoltà di Ingegneria, Corso propedeutico di Matematica)

20 Se le rette a e b si incontrano in P, allora le rette perpendicolari ad a e b passanti per P sono:

A nessuna.
B una.
C due.
D infinite.
E bisogna sapere se $a \perp b$ o no.

21 Se, nello spazio, le tre rette r, s, t sono tali che $r \perp s$ e $s \perp t$, allora:

A $r \perp t$.
B s è perpendicolare al piano formato dalle rette r e t.
C r e t sono sghembe.
D $r \,//\, t$.
E nessuna delle affermazioni precedenti è vera.

22 Dati un punto P e una retta r nello spazio, stabilisci quante rette passanti per P e perpendicolari e incidenti a r esistono se:

a. $P \in r$; **b.** $P \notin r$.

23 Un rettangolo $ABCD$ giace sul piano α. Traccia la retta a perpendicolare ad α e passante per A e considera su di essa un punto P. Di che tipo sono i triangoli PBC e PDC?

24 Nella figura, la retta PA è perpendicolare al piano in cui giace il triangolo ABC. Di che tipo sono i triangoli APC e APB?

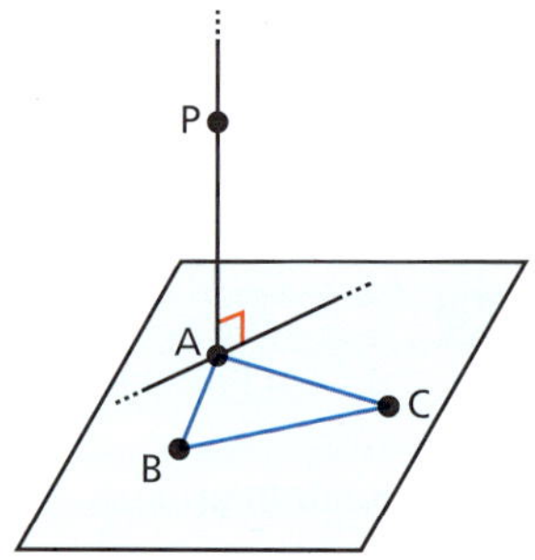

Dimostrazioni

25 ESERCIZIO GUIDA Su un piano α sono date una circonferenza di centro O e una retta t tangente in T alla circonferenza. Preso un punto A sulla retta perpendicolare ad α e passante per O, dimostriamo che $AT \perp t$.

Rappresentiamo la situazione nella figura e tracciamo il raggio OT.

Osserviamo che:

- $AO \perp OT$ perché AO è perpendicolare ad α;
- $OT \perp t$, essendo t la tangente in T alla circonferenza.

Allora, per il teorema delle tre perpendicolari, la retta t è perpendicolare al piano AOT; in particolare $AT \perp t$.

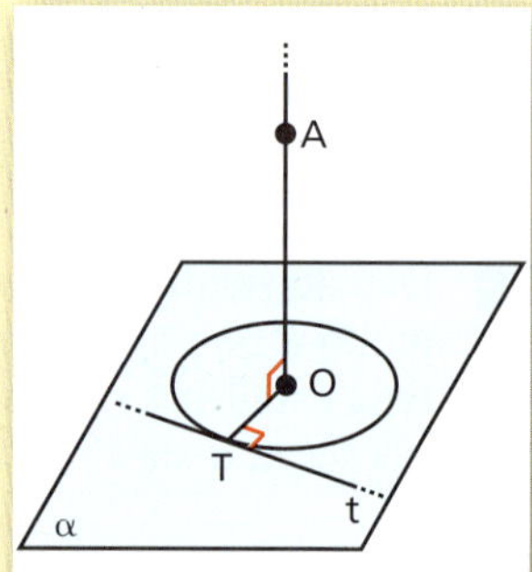

26 Considera una circonferenza di diametro AB su un piano α. Traccia per A la perpendicolare ad α e considera su di essa un punto P. Preso un punto C sulla circonferenza, dimostra che $PC \perp BC$.

27 Considera una circonferenza di centro O su un piano α e traccia la perpendicolare ad α passante per O. Presi due punti P e Q sulla circonferenza e un punto A sulla perpendicolare, dimostra che $AP \cong AQ$.

28 Due rette incidenti, a e b, sono perpendicolari a una retta c nel loro punto di intersezione P. Dimostra che, se una retta d passante per P non è complanare ad a e b, allora non può essere perpendicolare a c.

29 Considera due piani, α e β, incidenti in r e un punto $P \in r$. Detta t la perpendicolare ad α condotta da P, dimostra che t non può essere perpendicolare a β.

30 Considera due piani, α e β, incidenti in r e un punto P esterno ai due piani. Traccia da P le perpendicolari PH e PK ai due piani e da H e K le perpendicolari alla retta r. Dimostra che tali perpendicolari intersecano r in uno stesso punto A.

Con le misure

31 Nella figura, la retta PA è perpendicolare al piano in cui giace il triangolo rettangolo ABC. Calcola la lunghezza di PB e PC. [5 cm; $4\sqrt{2}$ cm]

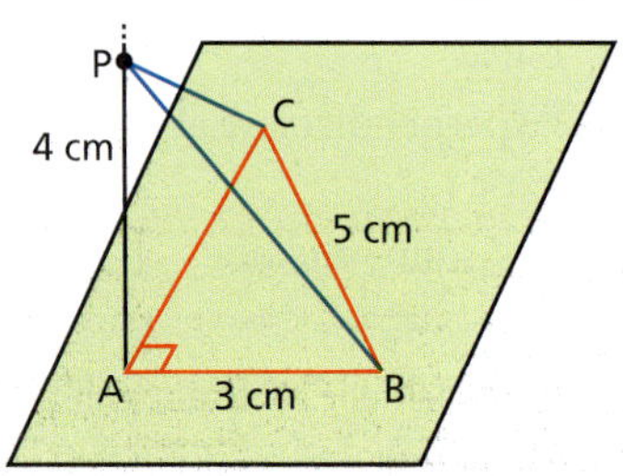

32 Il quadrato $ABCD$ di lato 6 cm giace sul piano α. Traccia la retta per A perpendicolare ad α e considera su di essa il punto P tale che $AP = 6$ cm. Determina la lunghezza del segmento PC. [$6\sqrt{3}$ cm]

33 Il punto A appartiene alla perpendicolare al piano α condotta per il centro O di una circonferenza $\mathscr{C}$ giacente su α. Sapendo che $AO = 12$ cm e che la distanza di A da un punto $B \in \mathscr{C}$ è di 13 cm, calcola la lunghezza del raggio di $\mathscr{C}$. [5 cm]

Parallelismo tra retta e piano

▶ Teoria a p. 1142

TEST

34 Le rette r e s sono parallele al piano α, allora:

A $r \parallel s$.

B $r \perp s$.

C r e s sono parallele a tutte le rette di α.

D r e s sono complanari.

E nessuna delle affermazioni precedenti è corretta.

35 La retta r è parallela al piano α e la retta s è perpendicolare a r. Allora:

A $s \parallel \alpha$.

B $s \perp \alpha$.

C s interseca sicuramente α.

D s può essere incidente o parallela ad α.

E nessuna delle affermazioni precedenti è corretta.

36 VERO O FALSO?

a. Se $a \parallel b$ e $b \parallel c$, allora le rette a, b e c sono complanari. V F

b. Se due piani α e β sono paralleli, allora ogni retta di α è parallela a ogni retta di β. V F

c. Esistono infiniti piani paralleli a un dato piano α. V F

d. Due rette perpendicolari a una stessa retta sono parallele tra loro. V F

e. Due piani perpendicolari a una stessa retta sono paralleli tra loro. V F

Dimostrazioni

37 Due rette incidenti, r e s, sono rispettivamente parallele a due rette incidenti r' e s'. Dimostra che il piano individuato da r e s è parallelo al piano individuato da r' e s'.

38 Dimostra che, se un piano α e una retta t sono perpendicolari a una stessa retta s, allora $\alpha \parallel t$.

39 La retta a è parallela alla retta b e al piano α. Dimostra che anche b è parallela ad α.

40 Due rette incidenti intersecano due piani tra loro paralleli in quattro punti distinti. Dimostra che questi punti individuano un trapezio.

41 Dimostra che, se due piani distinti passanti rispettivamente per due rette parallele a e b sono incidenti, allora si intersecano in una retta c parallela sia ad a sia a b.

42 Disegna un piano α e una retta r parallela ad α. Considera su r due punti qualsiasi S e T. Conduci per S e per T due rette parallele s e t che interseschino il piano α nei punti S' e T'. Dimostra che i segmenti ST e $S'T'$ sono congruenti.

43 Sul piano α considera una circonferenza Γ. Da un punto P non appartenente ad α manda le rette $a, b, c, \ldots$ passanti per i punti di Γ. Dimostra che, se α' è un piano parallelo ad α, allora il luogo delle intersezioni delle rette $a, b, c, \ldots$ con α' è una circonferenza.

44 Osserva la figura e dimostra che $RS \cong PQ$.

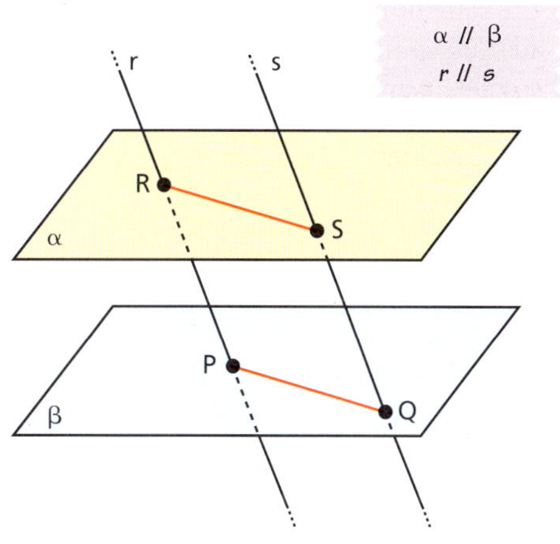

45 Sia α un piano e sia P un punto esterno a esso. Sui segmenti $PA, PB, PC, \ldots$ che congiungono P con i punti $A, B, C, \ldots$ del piano α considera i punti $A', B', C', \ldots$ appartenenti rispettivamente ai segmenti $PA, PB, PC, \ldots$ e tali che valgano le uguaglianze $\frac{\overline{PA'}}{\overline{PA}} = \frac{\overline{PB'}}{\overline{PB}} = \frac{\overline{PC'}}{\overline{PC}} = \ldots = \frac{1}{2}$.

Dimostra che i punti $A', B', C', \ldots$ appartengono a un piano α' parallelo ad α.

3 Distanze e angoli nello spazio

Distanze nello spazio

▶ Teoria a p. 1144

Determina il luogo dei punti dello spazio che soddisfano le proprietà richieste.

46 Punti equidistanti:
- **a.** da due punti A e B;
- **b.** da tre punti non allineati A, B e C.

47 Punti equidistanti:
- **a.** da un piano α;
- **b.** da due piani paralleli α e β.

48 Punti equidistanti:
- **a.** da una retta r;
- **b.** da due rette parallele r e s.

49 Dati un piano α e due punti A e B non appartenenti ad α, determina il luogo dei punti di α che sono equidistanti da A e B. In quali casi è l'insieme vuoto?

Dimostrazioni

50 Da un punto P esterno a un piano α conduci la retta perpendicolare ad α nel punto H e una retta r obliqua che interseca α nel punto R. Dimostra che il segmento PR è maggiore del segmento PH qualunque sia la retta r obliqua.

51 Da un punto P esterno a un piano α conduci due rette r e s oblique ad α, che intersecano α rispettivamente in R e in S. Dimostra che se i segmenti PR e PS hanno proiezioni congruenti sul piano α, allora sono congruenti.

52 La retta r passante per i punti P e Q è parallela al piano α. Dimostra che P e Q sono equidistanti da α.

53 Tre rette non complanari a, b, c intersecano il piano α rispettivamente nei punti A, B, C, il piano α', parallelo ad α, nei punti A', B', C', e si intersecano nel punto P esterno a entrambi i piani. Dimostra che i triangoli ABC e $A'B'C'$ sono simili con rapporto di similitudine uguale al rapporto fra le distanze di P dai due piani.

Con le misure

54 Il segmento AB ha lunghezza 13 cm e la sua proiezione $A'B'$ sul piano β ha lunghezza 10 cm. Cosa puoi dire sul piano β e la retta AB?

55 Due rette sghembe, r e s, giacciono su due piani paralleli distanti 8 cm. Qual è la distanza tra r e s?

56 Il punto P dista 12 cm dal piano α e la sua proiezione ortogonale H su α è il centro di una circonferenza di raggio 9 cm giacente su α. Calcola la distanza tra P e un punto A della circonferenza. [15 cm]

57 La retta AB nella figura dista 6 cm dal piano α. A' e B' sono le proiezioni ortogonali su α rispettivamente di A e B. Calcola l'area del quadrilatero $ABB'A'$. [42 cm²]

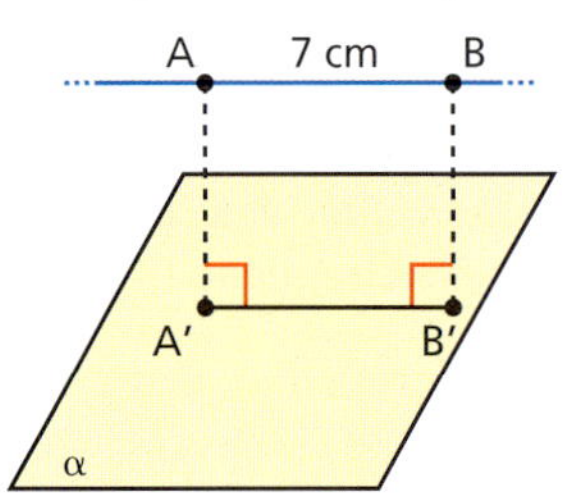

58 Disegna due piani paralleli α e β, un punto A su α e un punto B su β tali che $AB = 20$ cm e $BH = 10$ cm, dove H è la proiezione ortogonale di A su β. Quanto distano tra loro i piani α e β? [$10\sqrt{3}$ cm]

59 I piani α, β e γ sono fra loro paralleli. La distanza fra α e β è di 6 cm, fra β e γ di 9 cm. Quanto misura il segmento BC? [12 cm]

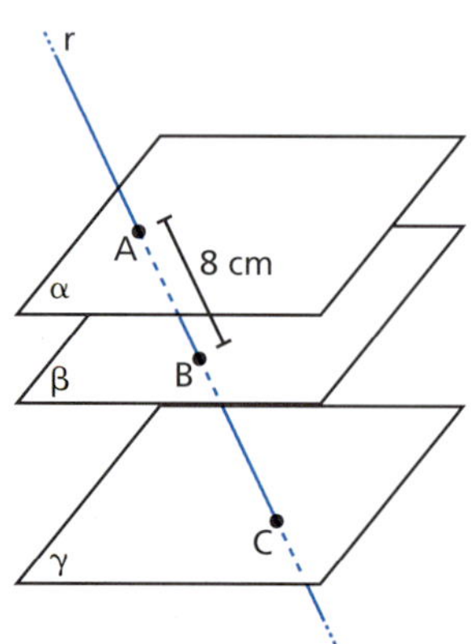

Diedri e piani perpendicolari

▶ Teoria a p. 1145

60 AL VOLO Disegna un diedro piatto, cioè un diedro di ampiezza 180°. Cosa puoi dire sulle sue facce?

61 Disegna due semipiani con la stessa origine. Indica nella tua figura quale fra i due diedri che si formano è concavo e quale è convesso.

62 Disegna una circonferenza di diametro AB su un piano α e scegli su di essa un punto P. Qual è l'ampiezza del diedro formato dai due piani perpendicolari ad α passanti rispettivamente per AP e per PB?

Dimostrazioni

63 Dimostra che per un dato punto passano infiniti piani perpendicolari a un piano dato.

64 Dimostra che, se due piani α e β sono paralleli, ogni piano perpendicolare ad α è perpendicolare anche a β.

65 Due piani perpendicolari, α e β, si intersecano nella retta r. Dimostra che ogni retta di α perpendicolare a r è perpendicolare anche a β.

66 Due piani, α e β, incidenti in r sono entrambi perpendicolari al piano γ. Dimostra che la retta r è perpendicolare a γ.

67 I diedri $\alpha\beta$ e $\beta\gamma$ in figura sono congruenti e la retta r è perpendicolare al semipiano β nel punto B. Dimostra che $AB \cong BC$.

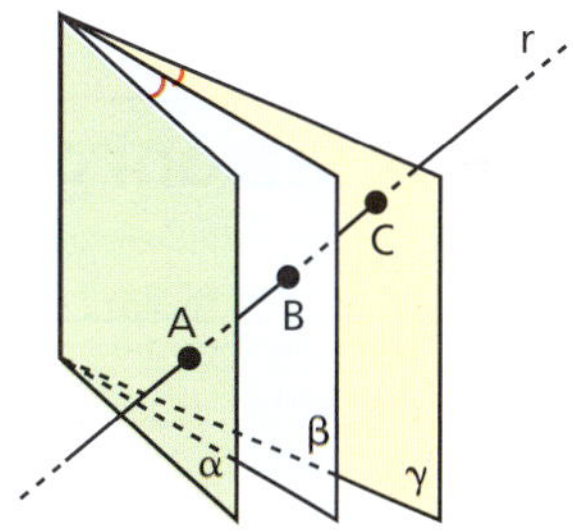

Angolo di una retta con un piano

▶ Teoria a p. 1147

Dimostrazioni

68 Da un punto P esterno al piano α conduci due segmenti congruenti PA e PB, con A e B appartenenti ad α. Dimostra che le rette PA e PB formano angoli congruenti con α.

69 Nella figura sono rappresentati una circonferenza di centro O giacente sul piano α e un punto P esterno ad α. Dimostra che gli angoli formati dalle rette AP e BP con α sono congruenti.

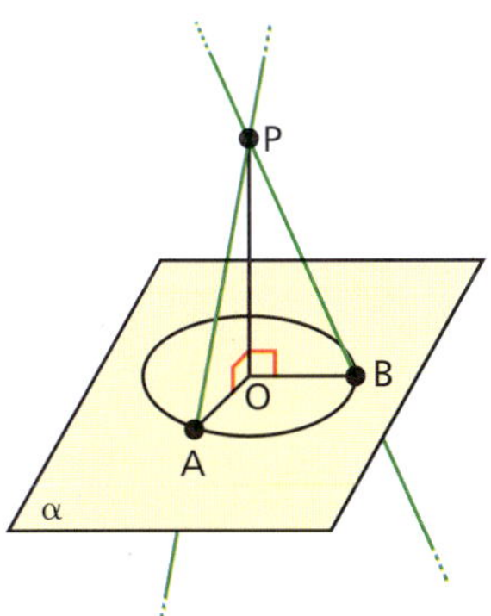

70 Due rette parallele, r e s, sono oblique rispetto al piano α. Dimostra che formano angoli congruenti con il piano α.

71 Dimostra che una retta che interseca due piani paralleli forma con i due piani angoli congruenti. (SUGGERIMENTO Dimostra che le proiezioni della retta sui due piani sono fra loro parallele.)

Con le misure

72 Un segmento AB è lungo 16 cm. Calcola l'ampiezza dell'angolo tra la retta AB e un piano α, sapendo che la proiezione ortogonale di AB su α è lunga:

a. 8 cm;

b. $8\sqrt{3}$ cm;

c. $8\sqrt{2}$ cm;

d. 0 cm.

[a) 60°; b) 30°; c) 45°; d) 90°]

73 Un segmento AB è lungo 20 cm. Calcola la lunghezza della sua proiezione su un piano α, sapendo che l'angolo tra la retta AB e α ha ampiezza:

a. 30°;

b. 45°;

c. 60°;

d. 80°.

[a) $10\sqrt{3}$ cm; b) $10\sqrt{2}$ cm; c) 10 cm; d) $\simeq 3,5$ cm]

74 Un punto P dista 7 cm da un piano α e 14 cm da un punto A di α. Determina l'ampiezza dell'angolo che la retta PA forma con α. [$30°$]

75 La retta r forma un angolo di 40° con il piano α. Un punto A di r dista 30 cm dal punto di intersezione tra r e α. Quanto dista A dal piano α? [$\simeq 19,3$ cm]

76 Da un punto P esterno al piano α traccia due semirette, a e b, fra loro perpendicolari, che intersecano α rispettivamente in A e B e che formano con α rispettivamente angoli di 30° e 45°. Determina la lunghezza del segmento AB, sapendo che P dista 12 cm da α. [$12\sqrt{6}$ cm]

77 La retta r è perpendicolare a una faccia di un diedro di ampiezza 65°. Determina l'ampiezza dell'angolo tra r e l'altra faccia del diedro. [$25°$]

78 Il triangolo equilatero ABC giace sul piano α. Determina la distanza di P da α in modo che l'angolo tra AP e α sia di 60°. [$5\sqrt{3}$ cm]

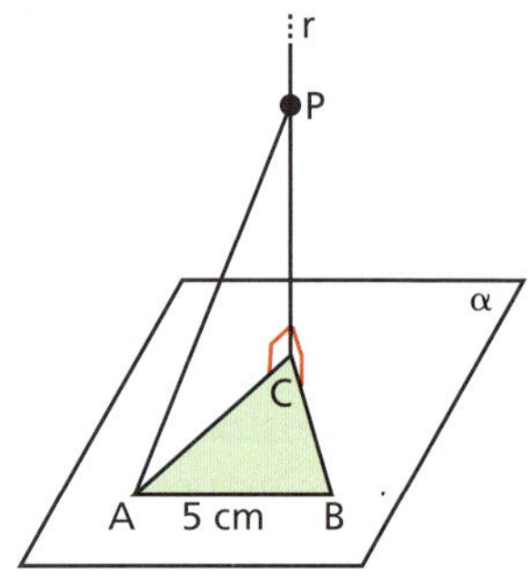

4 Trasformazioni geometriche

▶ Teoria a p. 1147

79 TEST Individua l'affermazione falsa. Tutte le isometrie conservano:

- **A** il parallelismo.
- **B** la perpendicolarità.
- **C** l'ampiezza dei diedri.
- **D** l'ampiezza degli angoli.
- **E** le direzioni.

80 VERO O FALSO?

- **a.** Tutti i piani perpendicolari a una retta sono di simmetria per quella retta. V F
- **b.** Ogni retta passante per O è una retta di punti uniti nella simmetria centrale di centro O. V F
- **c.** La simmetria centrale di centro O nello spazio è una particolare rotazione. V F
- **d.** Ogni punto di un piano è centro di simmetria per quel piano. V F

FAI UN ESEMPIO

81 Disegna un solido unito nella rotazione di asse r e angolo 45°.

82 Disegna un solido unito nella simmetria rispetto al piano α.

83 Dati due punti nello spazio, disegna il piano rispetto al quale l'uno è il simmetrico dell'altro.

84 Che posizioni può avere una retta rispetto a un piano, se è figura unita nella simmetria rispetto a quel piano?

85 Dato un piano α, come deve essere posizionato un piano β, distinto da α, per essere figura unita rispetto alla simmetria rispetto ad α?

86 Disegna un orologio la cui faccia è parallela a uno specchio e vi si riflette. Le lancette dell'immagine dell'orologio ruotano in senso orario o antiorario? Che cosa puoi dedurre, dunque, riguardo alla simmetria rispetto a un piano?

87 Disegna due rette parallele nello spazio. Fai compiere alla prima una rotazione di asse la seconda e di ampiezza un angolo retto in senso antiorario. Com'è la retta che ottieni rispetto alle altre due?

88 Disegna su un piano un triangolo e una retta. Disegna l'immagine del triangolo in una rotazione nello spazio di un angolo piatto e di asse quella retta. Con quale trasformazione del piano potresti ottenere la stessa immagine?

Dimostrazioni

89 ESERCIZIO GUIDA Dati due piani paralleli α e β, disegniamo su α un triangolo ABC, poi costruiamo il triangolo $A'B'C'$ simmetrico di ABC rispetto al piano β. Dimostriamo che il piano del triangolo $A'B'C'$ è parallelo al piano β.

Disegniamo i due piani paralleli α e β e, su α, il triangolo ABC. Tracciamo le perpendicolari al piano α passanti per i vertici A, B e C, e chiamiamo M, N e O, rispettivamente, le loro intersezioni con il piano β. Consideriamo infine i punti A', B' e C', tali che $AM \cong MA'$, $BN \cong NB'$ e $CO \cong OC'$. I tre punti non allineati A', B' e C' individuano un piano γ, a cui appartiene il triangolo $A'B'C'$. Per costruzione, $AM \cong MA'$, $BN \cong NB'$, $CO \cong OC'$ e, poiché i due piani α e β sono paralleli, i segmenti di perpendicolare AM, BN e CO sono fra loro congruenti. Pertanto sono congruenti anche i segmenti di perpendicolare MA', NB' e OC'. Poiché questa proprietà vale considerati A, B e C qualsiasi e quindi per qualsiasi A', B', C', tutti i punti del piano γ risultano equidistanti da β, quindi γ è parallelo a β.

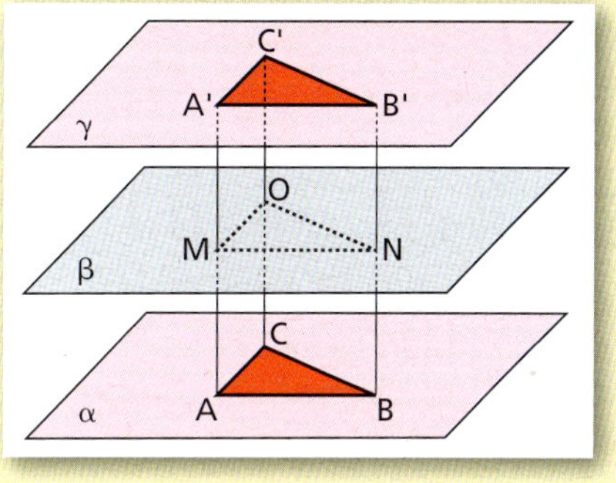

90 Dato un triangolo, determina la sua immagine in una traslazione nello spazio di vettore scelto a tuo piacimento. Dimostra che i piani del triangolo e della sua immagine sono paralleli tra loro.

91 Dimostra che l'immagine di una retta non passante per P rispetto alla simmetria centrale di centro P è una retta parallela a quella data.

92 Dati i piani α e β che si intersecano nella retta r, dimostra che il piano simmetrico di α rispetto a β passa per r.

5 Poliedri

▶ Teoria a p. 1151

93 VERO O FALSO? Un poliedro:

a. ha almeno quattro facce. V F

b. può avere 6 facce, 15 spigoli e 12 vertici. V F

c. è regolare se ha tutte le facce, gli angoloidi e i diedri congruenti. V F

d. se è un prisma, è regolare. V F

e. se è regolare, può avere un numero qualsiasi di facce. V F

FAI UN ESEMPIO

94 Disegna un prisma e una piramide che non hanno diagonali.

95 Disegna una piramide a base quadrata che non sia retta.

96 Disegna una piramide a base quadrangolare che sia retta ma non regolare.

97 Disegna tre rette parallele nello spazio, non appartenenti allo stesso piano. Disegna un prisma che abbia come spigoli tre segmenti appartenenti alle tre rette.

ESERCIZI

98 VERO O FALSO? $ABCDV$ è una piramide a base quadrata.

a. La piramide è retta. V F

b. La piramide è regolare. V F

c. VH è l'apotema della piramide. V F

d. VA è l'altezza della piramide. V F

e. $ABV \cong ADV$. V F

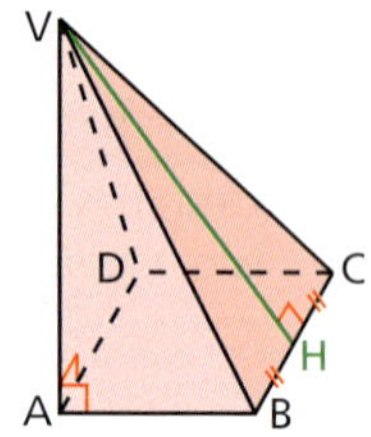

TEST

99 È un prisma regolare:

A ogni parallelepipedo.

B un prisma che ha per base un triangolo equilatero.

C un prisma che ha gli spigoli laterali perpendicolari alla base.

D un prisma retto che ha per base un pentagono regolare.

E solo il cubo.

100 Una piramide può essere regolare se:

A ha base rettangolare.

B la proiezione del vertice sulla base cade fuori dalla base.

C ha base quadrata.

D ha come base un triangolo ottusangolo.

E uno spigolo laterale è perpendicolare alla base.

RIFLETTI SULLA TEORIA

101 Una piramide a base romboidale può essere retta? Può essere regolare?

102 Una piramide avente come base un trapezio isoscele può essere retta? In quale caso?

103 Osserva il cubo nella figura.

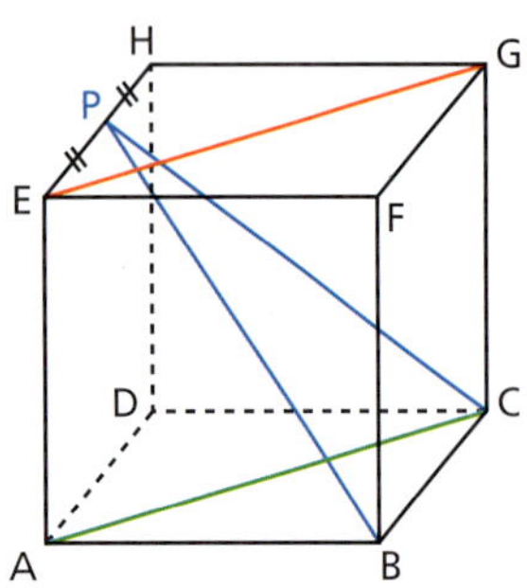

a. AC e CG sono perpendicolari?

b. Qual è l'angolo formato dai piani ABC e PBC?

c. Le rette AC e PC sono complanari?

d. Le rette AC ed EG sono sghembe?

e. Qual è l'intersezione tra il piano ABP e la faccia $ADHE$?

104 Osserva la piramide a base rettangolare nella figura.

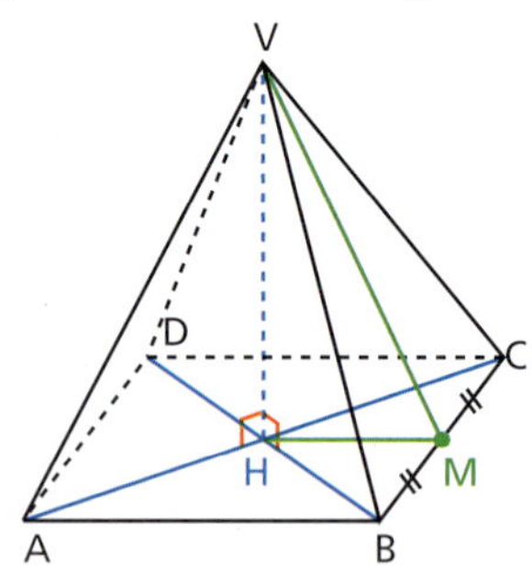

a. VH e HM sono perpendicolari? HM e BC sono perpendicolari? Cosa deduci su VM e BC?

b. Qual è l'angolo formato dal piano VBD con la base della piramide?

c. VM è l'apotema?

d. Cosa puoi dire dei piani VBD e VAC?

e. La retta BC è parallela al piano ADV?

105 Un piano interseca tutti gli spigoli laterali di una piramide quadrangolare regolare: descrivere le caratteristiche dei possibili quadrilateri sezione a seconda della posizione del piano rispetto alla piramide.

(*Esame di Stato, Liceo scientifico, Corso di ordinamento, Sessione ordinaria*, 2003, *quesito* 2)

Simmetrie

TEST

106 I solidi seguenti hanno tutti un centro di simmetria, tranne uno. Quale?

A Cubo.

B Ottaedro regolare.

C Tetraedro regolare.

D Parallelepipedo rettangolo.

E Prisma esagonale regolare.

107 I solidi seguenti ammettono tutti almeno un piano di simmetria, tranne uno. Quale?

A Cubo.

B Parallelepipedo.

C Prisma retto.

D Piramide quadrangolare regolare.

E Piramide pentagonale regolare.

108 Un cubo ammette 9 assi e 9 piani di simmetria. Individuali e rappresentali graficamente.

109 Individua i piani e gli assi di simmetria di un prisma regolare con n facce laterali quando n è pari e quando è dispari.

110 Quanti piani di simmetria ammette un parallelepipedo rettangolo?

111 In quali casi una piramide regolare con n facce laterali ammette un asse di simmetria?

Dimostrazioni

112 Dimostra che in un parallelepipedo retto le diagonali sono congruenti a due a due.

113 Disegna un parallelepipedo e un piano che incontra i quattro spigoli laterali del parallelepipedo. Dimostra che la sezione ottenuta (ossia la figura intersezione fra il solido e il piano) è un parallelogramma.

114 Dimostra che le facce laterali di una piramide regolare sono triangoli isosceli fra loro congruenti.

115 Dimostra che la somma delle facce di un triedro è minore di un angolo giro. Estendi la dimostrazione al caso di un angoloide.

116 Disegna una piramide $VABC$ a base triangolare ABC, in modo tale che VA sia l'altezza della piramide. Traccia l'altezza AH del triangolo. Dimostra che VH è l'altezza del triangolo BCV. (SUGGERIMENTO Utilizza il teorema delle tre perpendicolari.)

117 Dal vertice A del quadrato $ABCD$ traccia la retta perpendicolare al piano su cui giace il quadrato. Scegli un punto V su tale retta. Dimostra che le facce laterali della piramide $ABCDV$ sono triangoli rettangoli a due a due congruenti.

118 Dimostra che un parallelepipedo è rettangolo se e solo se le diagonali sono congruenti.

119 Dato un tetraedro regolare, si consideri il quadrilatero avente per vertici i punti medi degli spigoli di due facce. Dimostrare che si tratta di un quadrato.

(Esame di Stato, Liceo scientifico, Corso di ordinamento, Sessione suppletiva, 2002, *quesito* 9)

120 Dimostra che il solido ottenuto congiungendo i centri delle facce di un tetraedro è un tetraedro.

MATEMATICA E STORIA

Un corpo a facce triangolari Nel suo *Euclide megarense*, Niccolò Tartaglia scrive:

«Dentro a un proposto cubo, possemo designare el corpo che ha quatro base triangole, de lati equali».

Il «corpo che ha quatro base triangole» costituisce un tetraedro; riportiamo nella figura a fianco la costruzione proposta dalla stesso Tartaglia.

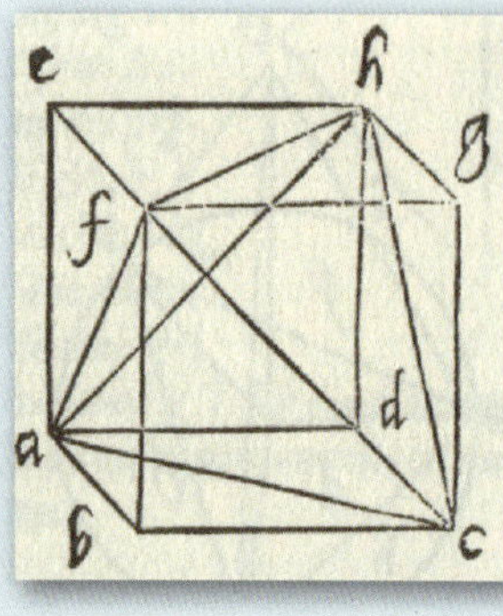

a. Quanti e quali sono i vertici del tetraedro?

b. Quanti e quali sono gli spigoli del tetraedro? Perché possiamo affermare che il tetraedro ha i «lati equali»?

c. Quante e quali sono le facce del tetraedro? Sono congruenti?

d. Verifica la relazione di Eulero sia nel caso del cubo sia in quello del tetraedro.

e. A questo punto, un gioco facile: è possibile realizzare quattro triangoli equilateri con sei stuzzicadenti?

Risoluzione – Esercizio in più

Con le misure

121 ●○

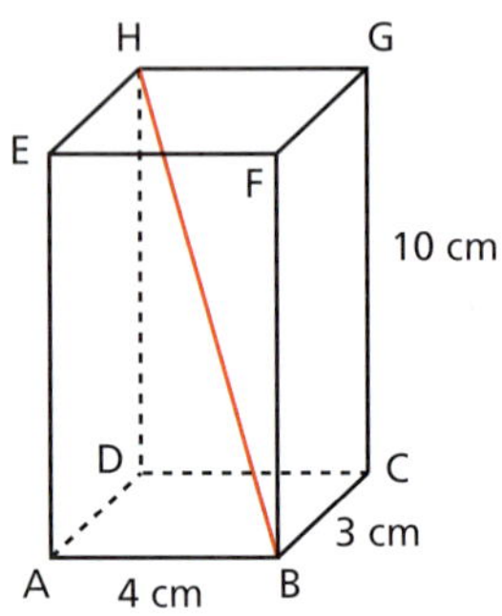

Trova la lunghezza della diagonale BH del parallelepipedo rettangolo in figura. [$5\sqrt{5}$ cm]

122 ●○

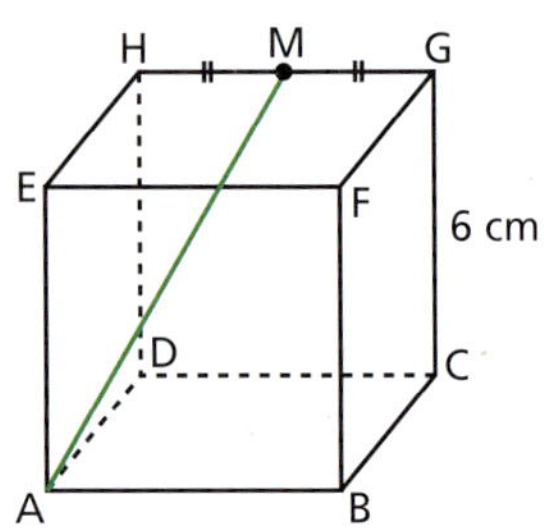

Dato il cubo nella figura, calcola la lunghezza del segmento AM. [9 cm]

123 ●○ Una piramide regolare a base quadrata ha lo spigolo laterale congruente allo spigolo di base lungo 18 cm. Calcola la lunghezza dell'apotema e dell'altezza della piramide. [$9\sqrt{3}$ cm; $9\sqrt{2}$ cm]

124 ●○ Siano AB, AC, AD tre spigoli di un cubo. Sapendo che uno spigolo è lungo s, calcolare la distanza del vertice A dal piano dei punti B, C, D.

(*Esame di Stato, Liceo scientifico, Corso di ordinamento, Sessione suppletiva*, 2005, *quesito* 2)

$\left[\frac{s}{\sqrt{3}}\right]$

125 ●○ Il cubo nella figura ha lo spigolo lungo 8 cm. Trova il perimetro del triangolo HPM. [$4(\sqrt{3}+\sqrt{6}+3)$ cm]

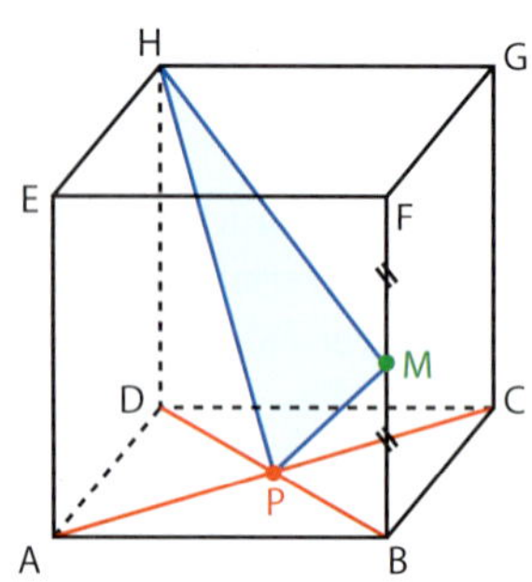

126 ●○ Una piramide retta a base quadrata ha altezza lunga 15 cm e spigolo di base lungo 5 cm. Viene tagliata con un piano parallelo alla base distante 3 cm dal vertice. Determina perimetro e area della sezione ottenuta. [4 cm; 1 cm^2]

127 ●○ In una piramide quadrangolare regolare con spigolo di base lungo 16 cm, le facce laterali formano con il piano della base diedri di ampiezza 60°. Trova la lunghezza dell'altezza e degli spigoli laterali della piramide. [$8\sqrt{3}$ cm; $8\sqrt{5}$ cm]

YOU & MATHS

128 Consider the cuboid $ABCDEFGH$.

a. Calculate the length of EC.

b. What angle does EC form with the base $ABCD$?

[a) $\sqrt{38}$ cm; b) $\simeq 19°$]

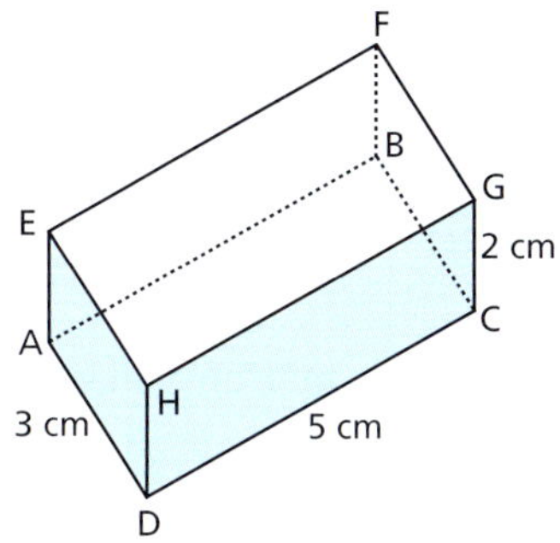

129 Consider the prism $PQRSTU$.

a. Calculate the length of RT.

b. What angle does RT form with the base $PQRS$?

[a) $\sqrt{67}$; b) $\simeq 22°$]

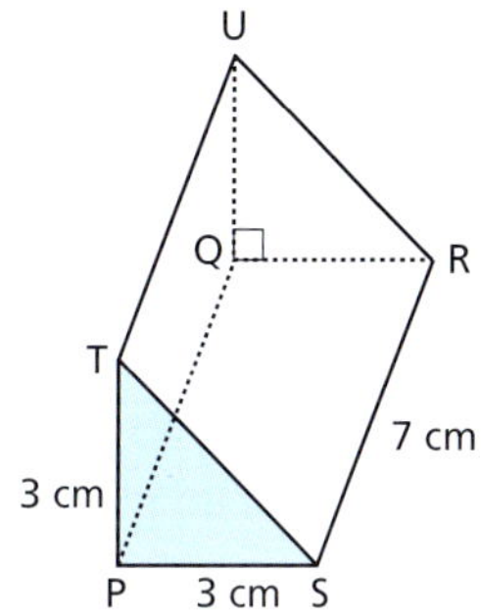

130 Si stabilisca per quali valori del parametro reale k esiste una piramide triangolare regolare tale che k sia il rapporto fra il suo apotema e lo spigolo di base.

(*Esame di Stato, Liceo scientifico, Corso di ordinamento, Sessione suppletiva*, 2008, *quesito* 8)

$\left[k > \frac{\sqrt{3}}{6}\right]$

131 Una piramide retta ha per base un triangolo equilatero di lato 6 cm e altezza congruente allo spigolo di base. Calcola la distanza del centro della base da uno degli spigoli laterali. [3 cm]

132 I lati di un parallelepipedo rettangolo misurano 8, 9 e 12 cm. Si calcoli, in gradi e primi sessagesimali, l'ampiezza dell'angolo che la diagonale mandata da un vertice fa con ciascuno dei tre spigoli concorrenti al vertice.

(*Esame di Stato, Liceo scientifico, Corso sperimentale, Sessione ordinaria*, 2008, *quesito* 6)

[61° 56′; 58° 2′; 45° 6′]

133 Dato un cubo di spigolo 16 cm, calcola la lunghezza dello spigolo dell'ottaedro ottenuto congiungendo i centri delle facce consecutive del cubo. [$8\sqrt{2}$ cm]

134 Calcola la lunghezza dell'altezza di un tetraedro regolare con spigolo lungo 11 cm. $\left[\frac{11}{3}\sqrt{6}\text{ cm}\right]$

135 Determina l'ampiezza (misurata in gradi) dell'angolo diedro formato da due facce di un tetraedro regolare. [$\simeq 71°$]

136 Dato il tetraedro regolare di spigolo 20 cm nella figura, calcola perimetro e area del triangolo VMN.

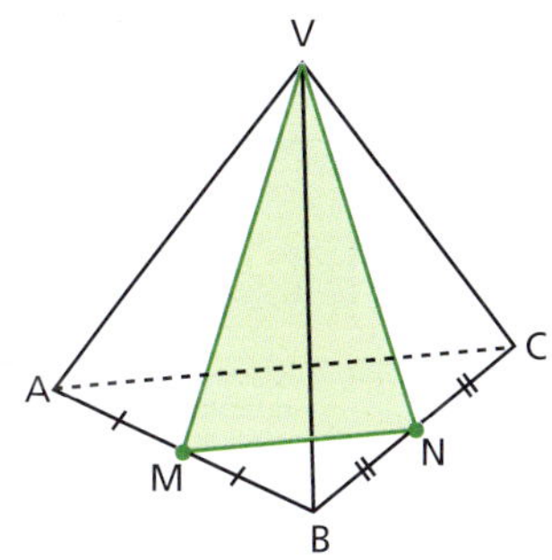

[$10(2\sqrt{3}+1)$ cm; $25\sqrt{11}$ cm^2]

137 REALTÀ E MODELLI **Antico splendore** La piramide di Cheope, in Egitto, in origine era coperta da un rivestimento in pietra che rendeva liscia la sua superficie. Era alta circa 146 m e aveva il lato di base di circa 230 m.

a. Determina la lunghezza dello spigolo e l'inclinazione della parete rispetto al suolo.

b. Immagina di dover costruire una scalinata che sale lungo l'altezza di una faccia della piramide, con i gradini alti 25 cm. Quanti gradini servirebbero e di quale profondità?

[a) $\simeq 219$ m; $\simeq 52°$; b) 584; $\simeq 20$ cm]

6 Solidi di rotazione

▶ Teoria a p. 1158

VERO O FALSO?

138 ●○ Un cilindro equilatero:

a. è generato dalla rotazione di 180° di un quadrato intorno a un suo asse. V F

b. è generato dalla rotazione di 360° di un quadrato intorno a un suo lato. V F

c. sezionato con un piano perpendicolare alle sue basi, individua sempre un quadrato. V F

d. ha il raggio di base e l'altezza congruenti. V F

139 ●○ Un cono equilatero:

a. ha il diametro di base e l'altezza congruenti. V F

b. è generato dalla rotazione completa di un triangolo rettangolo isoscele intorno a un suo cateto. V F

c. sezionato con un piano parallelo alla sua base, individua un tronco di cono e un altro cono equilatero. V F

d. può essere inscritto in un cilindro equilatero. V F

Disegna e descrivi i solidi generati dalla rotazione completa dei seguenti poligoni intorno alla retta indicata.

140 ●○ Rotazione di un triangolo rettangolo intorno alla retta:

a. di uno dei cateti;

b. dell'ipotenusa.

141 ●○ Rotazione di un triangolo equilatero intorno alla retta di un'altezza.

142 ●○ Rotazione di un parallelogramma intorno alla retta di un lato.

143 ●● Rotazione di un quadrato intorno alla retta:

a. passante per i punti medi di due lati opposti (rotazione di 180°);

b. passante per un vertice e parallela alla diagonale opposta a quel vertice.

144 ●● Rotazione di un rettangolo intorno alla retta:

a. di un lato;

b. parallela a un lato e non intersecante il rettangolo.

Disegna e descrivi i solidi ottenuti dalla rotazione di 360° delle seguenti figure intorno all'asse *r*.

145 ●○

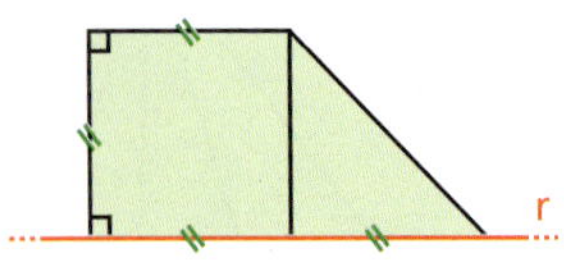

146 ●○

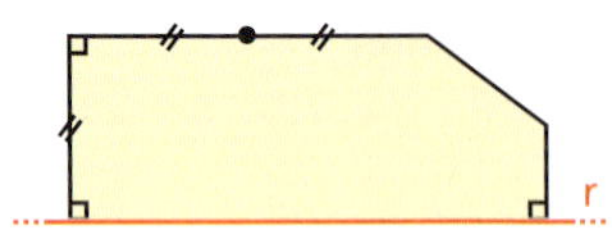

147 ●○

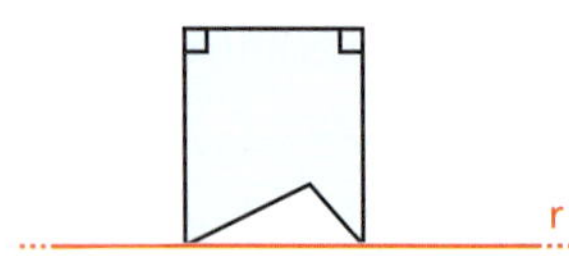

148 ●○ Determina quanti e quali sono gli assi di simmetria di cono, cilindro e sfera.

149 ●○ Un cono può avere centro di simmetria? E un cilindro?

150 ●○ Descrivi la figura che si ottiene intersecando un cilindro con un piano parallelo:

a. all'asse del cilindro;

b. alle basi del cilindro.

151 ●○ Descrivi la figura che si ottiene sezionando un cono con un piano passante per il vertice e che interseca la base del cono.

Dimostrazioni

152 ●○ Dimostra che un piano che interseca una sfera individua sulla superficie della sfera una circonferenza.

153 ●○ Dimostra che, sezionando una sfera con due piani equidistanti dal suo centro, si ottengono due cerchi congruenti.

154 ●○ Dimostra che ogni cono può essere inscritto e circoscritto a una sfera.

155 ●○ Dimostra che ogni cilindro può essere inscritto in una sfera. In quale caso può anche essere circoscritto a una sfera?

Con le misure

156 Un cono con raggio di base di 5 cm ha altezza doppia rispetto al diametro di base. Calcola la lunghezza del suo apotema. $[5\sqrt{17}\text{ cm}]$

157 Determina la lunghezza dello spigolo di un cubo inscritto in una sfera con raggio lungo 7 cm. $\left[14\frac{\sqrt{3}}{3}\text{ cm}\right]$

158 Un cilindro con raggio di base di 4 cm e altezza di 14 cm è inscritto in un parallelepipedo. Di che parallelepipedo si tratta? Calcola la lunghezza di una sua diagonale. [18 cm]

159 Calcola il rapporto tra l'apotema di una piramide regolare quadrangolare e l'apotema del cono equilatero circoscritto a essa. $\left[\frac{\sqrt{14}}{4}\right]$

160 Sezionando un cilindro di raggio 3 cm con un piano perpendicolare alle basi e passante per i loro centri, si ottiene un rettangolo di area 36 cm^2. Calcola l'altezza del cilindro. Di che tipo di cilindro si tratta? [6 cm]

161 Una sfera di raggio 30 cm è tagliata da un piano che dista 5 cm dal centro della sfera. Trova la lunghezza della circonferenza e l'area del cerchio determinate dall'intersezione tra piano e sfera. $[10\sqrt{35}\,\pi\text{ cm}; 875\pi\text{ cm}^2]$

7 Aree dei solidi

Aree di prismi

▶ Teoria a p. 1161

Prisma retto

Determina l'area della superficie totale dei seguenti prismi retti.

162
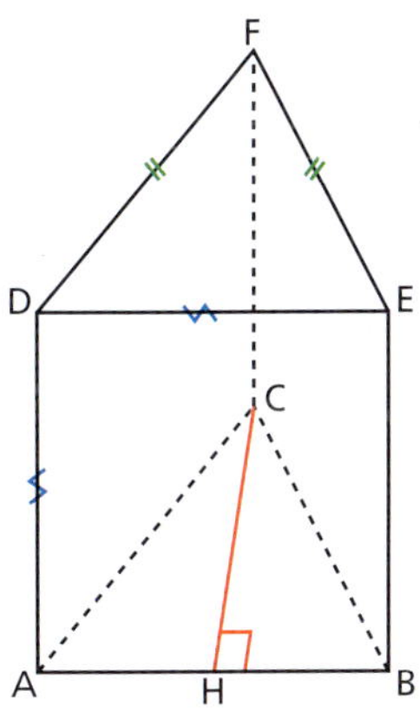

AB = 16 cm
CH = 15 cm

$[1040\text{ cm}^2]$

163
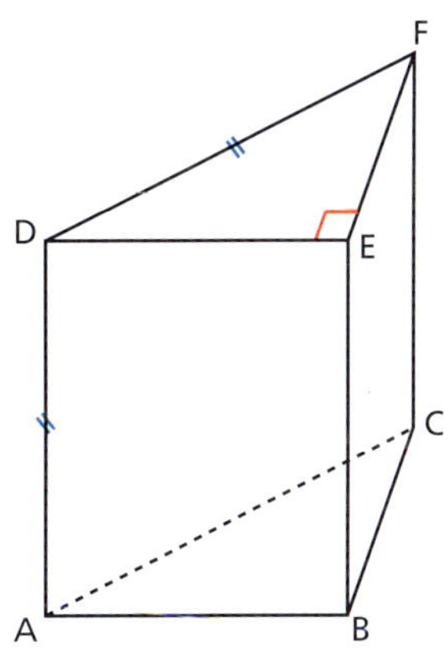

AD = 20 cm
DF ≅ 2EF

$[300(\sqrt{3}+2)\text{ cm}^2]$

164
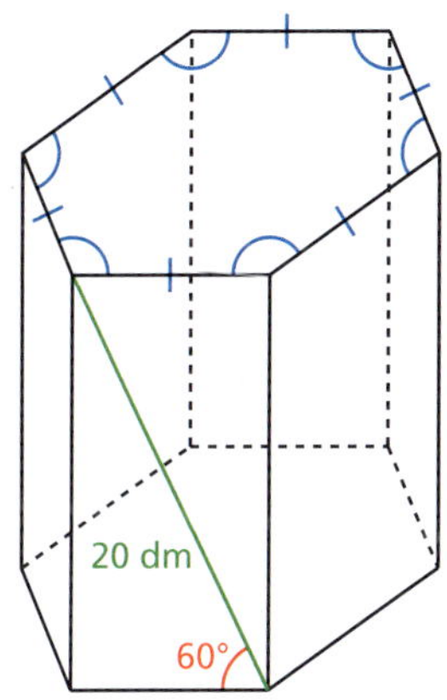

$[900\sqrt{3}\text{ dm}^2]$

165 RIFLETTI SULLA TEORIA Due prismi con area totale rispettivamente di 100 cm^2 e 400 cm^2 sono simili tra loro. Qual è il rapporto tra le loro altezze?

166 ESERCIZIO GUIDA Un prisma retto ha per base un triangolo isoscele che è inscritto in un cerchio di raggio 6 dm. Sapendo che l'altezza relativa alla base del triangolo è 8 dm e la superficie totale del prisma è $112\sqrt{2}$ dm^2, calcoliamo l'altezza del solido.

Consideriamo il triangolo isoscele, di altezza $AH = 8$ dm, che è la base del prisma ed è inscritto nel cerchio di raggio $CO = 6$ dm. Prolunghiamo l'altezza AH fino a incontrare in D la circonferenza (figura **a**). Il triangolo ACD è rettangolo in quanto inscritto in una semicirconferenza.

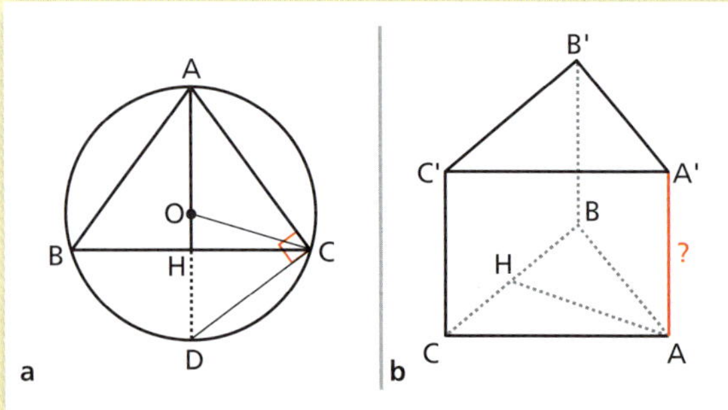

Applichiamo il primo teorema di Euclide (un cateto è medio proporzionale tra la sua proiezione sull'ipotenusa e l'ipotenusa stessa) al triangolo ACD, ponendo $\overline{AC} = x$:

$$\overline{AH} : \overline{AC} = \overline{AC} : \overline{AD}$$

$$8 : x = x : 12$$

$$x^2 = 96 \quad \rightarrow \quad x = 4\sqrt{6}; \overline{AC} = 4\sqrt{6}.$$

Applichiamo ora il teorema di Pitagora al triangolo ACH:

$$\overline{CH}^2 = \overline{AC}^2 - \overline{AH}^2 = (4\sqrt{6})^2 - 8^2 = 96 - 64 = 32$$

$$\overline{CH} = \sqrt{32} = 4\sqrt{2} \quad \rightarrow \quad \overline{BC} = 8\sqrt{2}.$$

Per calcolare l'altezza del prisma dobbiamo conoscere la superficie laterale, che si calcola con la formula $A_l = A_t - 2A_b$:

$$A_b = 8\sqrt{2} \cdot 8 \cdot \frac{1}{2} = 32\sqrt{2}$$

$$A_l = 112\sqrt{2} - 64\sqrt{2} = 48\sqrt{2}$$

Calcoliamo l'altezza $\overline{AA'} = \dfrac{A_l}{2p}$:

$$\overline{AA'} = \frac{48\sqrt{2}}{8\sqrt{6} + 8\sqrt{2}} =$$

$$\frac{6\sqrt{2}}{(\sqrt{6} + \sqrt{2})} \cdot \frac{\sqrt{6} - \sqrt{2}}{\sqrt{6} - \sqrt{2}} =$$

$$\frac{6(\sqrt{12} - 2)}{4} = \frac{3(2\sqrt{3} - 2)}{2} =$$

$$3(\sqrt{3} - 1).$$

L'altezza del prisma è $3(\sqrt{3} - 1)$ dm.

167 Un prisma regolare ha per base un triangolo equilatero, il cui lato è i $\frac{2}{7}$ dell'altezza del solido. Sapendo che la superficie totale del prisma è $(168 + 8\sqrt{3})$ dm², determina la lunghezza degli spigoli del prisma. [4 dm; 14 dm]

168 Un prisma esagonale regolare ha l'apotema della base di $10\sqrt{3}$ dm. Determina la superficie totale del solido, sapendo che la sua altezza è i $\frac{9}{5}$ dello spigolo di base. $[240(5\sqrt{3} + 18)\ \text{dm}^2]$

169 Un prisma retto ha per base un trapezio isoscele le cui basi sono lunghe 18 dm e 12 dm, mentre i lati obliqui formano un angolo di 60° con la base maggiore. Determina l'altezza del solido, sapendo che la superficie totale è $370\sqrt{3}$ dm². $\left[\frac{20\sqrt{3}}{3}\ \text{dm}\right]$

---

170 Nel prisma regolare in figura, il rettangolo $ADLG$ ha area di 160 cm² e il rapporto tra AD e AG è $\frac{5}{8}$. Determina l'area della superficie totale del prisma. $[(480 + 75\sqrt{3})\ \text{cm}^2]$

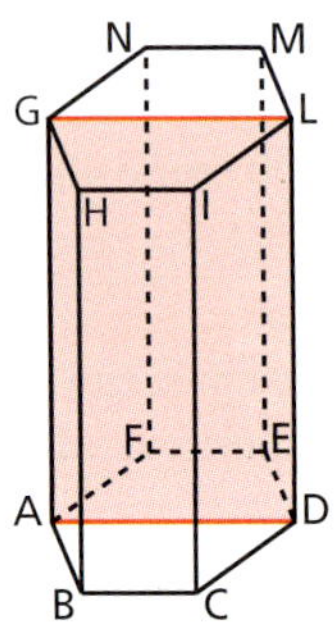

171 Un prisma retto ha per base un trapezio isoscele in cui la base minore sta alla maggiore come 1 sta a 8. L'altezza del solido è metà della base minore e $\frac{1}{8}$ dell'altezza del trapezio, e l'area della superficie laterale è $2(9 + \sqrt{113})$ cm². Determina la lunghezza della base maggiore del trapezio. [16 cm]

172 Un prisma retto ha per base un triangolo isoscele in cui i lati congruenti stanno alla base come 13 sta a 10. L'altezza del solido è 3 cm e l'area della superficie totale è 696 cm². Determina l'altezza relativa ai lati congruenti del triangolo di base. $\left[\frac{240}{13}\ \text{cm}\right]$

Parallelepipedo e cubo

173 VERO O FALSO?

a. Raddoppiando l'altezza di un parallelepipedo rettangolo, la superficie totale raddoppia. V F

b. Raddoppiando lo spigolo di un cubo, la superficie totale quadruplica. V F

c. Due cubi hanno superfici totali uguali se e solo se hanno lo spigolo congruente. V F

d. Due parallelepipedi con diagonali congruenti hanno la stessa superficie totale. V F

174 REALTÀ E MODELLI **A La Mecca** La *Kaaba*, che significa «cubo», è un edificio sacro dell'Islam che si trova a La Mecca. Ha i lati di circa 11,3 m e 12,9 m e un'altezza di 13,1 m. Le sue pareti laterali sono ricoperte da un tessuto pregiato detto *kiswa*. Determina la superficie della stoffa, supponendo che ricopra esattamente le pareti. [634 m^2]

175 Un cubo di spigolo 1 m ha la superficie totale equivalente all'area di un quadrato di lato l. Quanto misura l? [$\sqrt{6}$ m]

176 REALTÀ E MODELLI **Una bella rinfrescata** Mario vuole ritinteggiare la cameretta di suo figlio, che ha i lati di 4 m e il soffitto a un'altezza di 2,7 m. Ha inoltre una porta di 80 cm per 2 m e una finestra quadrata di lato 1,5 m. Se l'imbianchino chiede 4 €/m^2, quanto spenderà Mario? [€ 221,40]

177 ESERCIZIO GUIDA Un parallelepipedo rettangolo ha la diagonale che forma un angolo di 45° con la diagonale di base. La base ha un lato lungo 20 dm e l'altro che è i $\frac{2}{3}$ dell'altezza del solido. Determiniamo l'area della superficie totale del parallelepipedo.

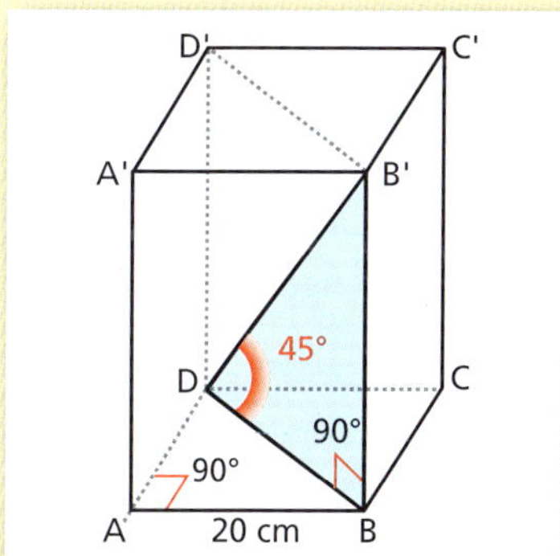

Scegliamo l'incognita. Poiché $\overline{BC}$ è i $\frac{2}{3}$ di $\overline{BB'}$, possiamo considerare un sottomultiplo comune x tale che:

$$\overline{BC} = 2x \quad \text{e} \quad \overline{BB'} = 3x.$$

La diagonale DB' forma un angolo di 45° con la diagonale DB.
Ne deriva che il rettangolo $DBB'D'$ è un quadrato, quindi:

$$\overline{DB} = \overline{BB'} = \overline{B'D'} = \overline{DD'} = 3x.$$

Applichiamo il teorema di Pitagora al triangolo rettangolo ADB:

$$20^2 + 4x^2 = 9x^2 \rightarrow 5x^2 = 400 \rightarrow x = \sqrt{80} \rightarrow x = 4\sqrt{5}.$$

Pertanto: $\overline{BC} = 8\sqrt{5}$ e $\overline{BB'} = 12\sqrt{5}$.

Calcoliamo la superficie totale del parallelepipedo:

$$A_b = (20 \cdot 8\sqrt{5}) = 160\sqrt{5}; \qquad A_l = 2p \cdot h = (40 + 16\sqrt{5}) \cdot 12\sqrt{5} = 480\sqrt{5} + 960;$$

$$A_t = 2A_b + A_l = 2 \cdot 160\sqrt{5} + 480\sqrt{5} + 960 = 800\sqrt{5} + 960.$$

L'area della superficie totale del parallelepipedo rettangolo è $(800\sqrt{5} + 960)$ dm^2.

ESERCIZI

178 La base di un parallelepipedo è un parallelogramma con gli angoli acuti di 30°. La distanza tra due basi del parallelogramma è 10 dm e la sua superficie è 300 dm^2. Determina l'altezza del parallelepipedo, sapendo che la superficie totale è 3600 dm^2. [30 dm]

---

179 Calcola la superficie totale del parallelepipedo rettangolo nella figura. [4224 dm^2]

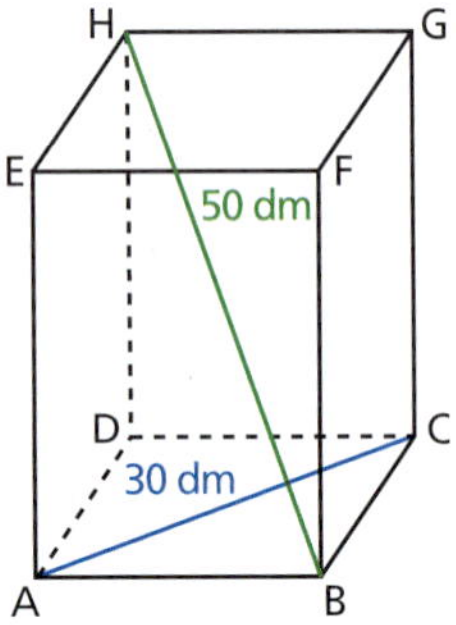

$BC \cong \frac{3}{4} AB$

180 Determina la superficie laterale del parallelepipedo retto nella figura. [1890 cm^2]

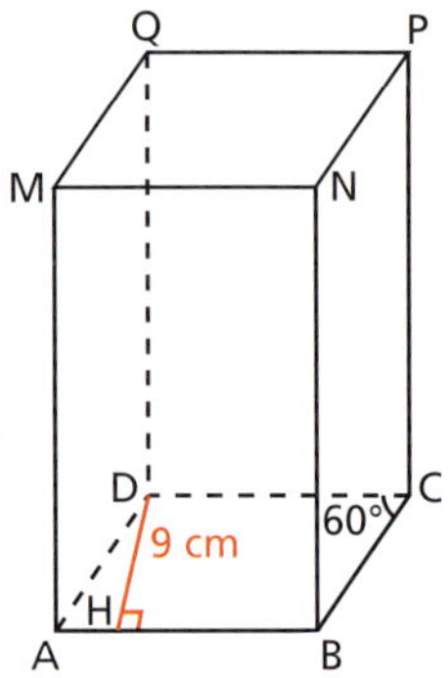

$BH \cong 2AH$

$\frac{\overline{BN}}{\overline{AB}} = \frac{7}{3}$

---

181 La diagonale di un parallelepipedo rettangolo forma un angolo di 60° con lo spigolo laterale del solido ed è lunga 20 dm. Sapendo che un lato di base è $8\sqrt{3}$ dm, calcola la superficie totale del parallelepipedo. [$8 \cdot (35\sqrt{3} + 36)$ dm^2]

182 Un parallelepipedo rettangolo ha la diagonale che forma un angolo di 30° con la diagonale di base. La base ha un lato lungo $10\sqrt{3}$ dm e l'altro è $\frac{3}{2}$ dell'altezza del solido. Determina l'area della superficie totale del parallelepipedo. [$(1200 + 1000\sqrt{3})$ dm^2]

183 Determina la misura della diagonale di un parallelepipedo rettangolo in cui la somma delle tre dimensioni è 15 cm, il rapporto fra le dimensioni di base è $\frac{2}{3}$ e l'area della superficie totale è 148 cm^2. [$\sqrt{77}$ cm]

184 Un parallelepipedo rettangolo ha l'area della superficie laterale di 140 cm^2. Gli spigoli di base hanno rapporto uguale a $\frac{3}{4}$. Sapendo che la diagonale del parallelepipedo è $5\sqrt{5}$ cm, determina l'area della superficie totale del solido. [164 cm^2 oppure 236 cm^2]

Aree di piramidi

▶ Teoria a p. 1162

185 Calcola l'area della superficie totale della piramide nella figura. [896 cm^2]

$AB = 14$ cm
$VO = 24$ cm

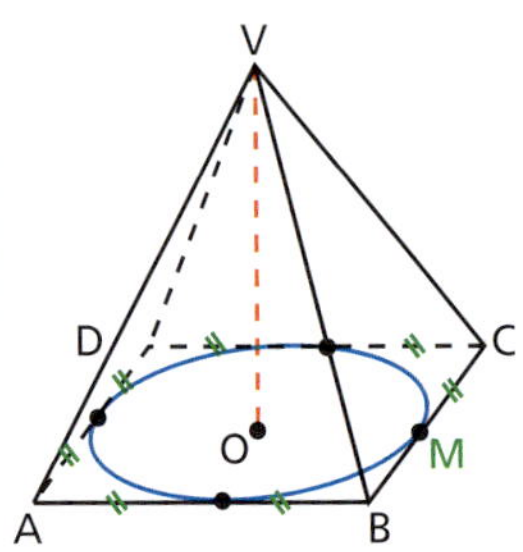

186 Trova l'altezza di un tetraedro regolare, sapendo che l'area della sua superficie è di $36\sqrt{3}$ cm^2. [$2\sqrt{6}$ cm]

187 TEST Una piramide retta a base quadrata è divisa da un piano parallelo alla base in una piramide e un tronco di piramide. La distanza del piano dalla base è pari a $\frac{1}{3}$ dell'altezza. Indichiamo rispettivamente con A l'area laterale della piramide, con A_1 quella della piramide minore, con A_2 quella del tronco. Possiamo dire che:

A $A_1 = A_2$.

B $A_2 = \frac{5}{4} A_1$.

C $A_2 = \frac{1}{3} A$.

D $A_2 = \frac{1}{9} A$.

E nessuna delle uguaglianze precedenti è vera.

188 ●○ REALTÀ E MODELLI **La Ville Lumière** La grande piramide del Louvre a Parigi è una piramide retta a base quadrata, con spigolo di base lungo 35 m e altezza di 21,6 m. La struttura è di acciaio e vetro. Calcola l'area della superficie totale delle sue vetrate. [$1946\ m^2$]

189 ●○ Una piramide a base quadrata ha l'altezza lunga $15\sqrt{3}$ cm, che forma un angolo di 30° con l'apotema di ogni singola faccia. Determina la superficie totale del solido. [$2700\ cm^2$]

190 ●● In una piramide retta la base è un trapezio isoscele che ha gli angoli alla base di 60°, mentre i lati obliqui sono il doppio della base minore e lunghi 16 cm. Calcola la superficie totale della piramide, sapendo che la sua altezza è lunga 10 cm. [$64 \cdot (2\sqrt{3} + \sqrt{37})\ cm^2$]

191 ●● Trova l'altezza di una piramide regolare a base esagonale, il cui lato di base è 10 cm e la superficie totale è $1050\sqrt{3}\ cm^2$. [$5\sqrt{105}$ cm]

192 ●○ YOU & MATHS Consider a pyramid of unknown height and a 12×12 meter square base. If the height is increased by 2 meters, the lateral surface area is increased by 24 square meters. How high is the original pyramid? (The lateral surface does not include the pyramid base.)

- A 2.5 meters.
- B 4.5 meters.
- C $\frac{3\sqrt{5}}{4}$ meters.
- D 5.625 meters.
- E None of these.

(USA *North Carolina State High School, NCSHS, Mathematics Contest, Finals*)

193 ●● Una piramide retta a base quadrata ha il perimetro di base di $192\sqrt{2}$ cm e l'altezza di $32\sqrt{2}$ cm. Viene tagliata da un piano parallelo al piano di base in modo che la somma delle aree laterali della piramide stessa e della piramide staccata risulti $7860\ cm^2$. Calcola a quale distanza dal vertice la piramide viene tagliata. [$4\sqrt{3}$ cm]

194 ●● Una piramide retta ha per base un rombo circoscritto a una circonferenza il cui raggio è lungo 15 cm. Sapendo che il lato del rombo è lungo 40 cm e che l'altezza della piramide è lunga 20 cm, calcola la superficie totale del solido. A quale distanza dal vertice si deve trovare il piano che seca la piramide secondo un rombo di area $48\ cm^2$? [$3200\ cm^2$; 4 cm]

195 ●● Una piramide regolare a base quadrata ha l'area della superficie totale di $1440\ cm^2$ e l'altezza è $\frac{6}{5}$ dello spigolo di base. Stabilisci a quale distanza dal vertice si deve condurre un piano secante parallelo alla base, affinché il perimetro del poligono intersezione sia 20 cm. Determina inoltre l'area della superficie totale del tronco di piramide ottenuto. [6 cm; $1400\ cm^2$]

196 ●● In un tronco di piramide regolare a base quadrata la somma di uno spigolo della base minore con uno della base maggiore è 20 cm e la superficie laterale è equivalente al quadruplo della differenza fra le aree delle due basi. Sapendo che l'apotema del tronco di piramide è 8 cm, calcola l'area della superficie totale. [$528\ cm^2$]

197 ●● In una piramide quadrangolare regolare la superficie laterale è equivalente ai $\frac{2}{3}$ di quella totale e la diagonale di base è $2\sqrt{2}$ cm. Determina l'area della sezione ottenuta tagliando la piramide con un piano parallelo alla base, che divide l'altezza in due parti tali che quella contenente il vertice è $\frac{2}{3}$ dell'altra. [$\frac{16}{25}\ cm^2$]

Aree di solidi di rotazione

▶ Teoria a p. 1163

Cilindro, cono e sfera

198 ●○ TEST Il cilindro generato dalla rotazione di 180° di un quadrato di lato 8 cm intorno a un suo asse ha superficie totale di area:

A $64\pi\ cm^2$. B $80\pi\ cm^2$. C $96\pi\ cm^2$. D $128\pi\ cm^2$. E $256\pi\ cm^2$.

ESERCIZI

199 TEST Il cono generato dalla rotazione di 360° di un triangolo rettangolo con cateti di 5 cm e 12 cm intorno al cateto maggiore ha superficie laterale di area:

A 60π cm^2. B 65π cm^2. C 90π cm^2. D 120π cm^2. E 130π cm^2.

FAI UN ESEMPIO

200 Disegna due cilindri diversi che hanno superficie totale di area 12π cm^2.

201 Disegna un cono e una sfera che hanno superfici equivalenti.

202 ESERCIZIO GUIDA Un cilindro, la cui base ha raggio 6 cm, ha una superficie totale di 120π cm^2. Sulle due basi sono appoggiati rispettivamente un cono equilatero e una semisfera, le cui basi coincidono con quelle del cilindro. Calcoliamo l'area della superficie totale del solido.

Per calcolare l'area della superficie totale del solido dobbiamo conoscere la superficie laterale del cilindro e del cono e la superficie della semisfera.

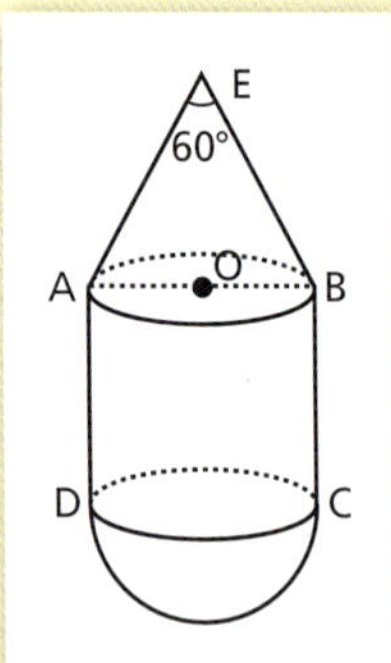

Calcoliamo l'area della superficie della base del cilindro:

$$A_b = \pi \cdot r^2 = 36\pi \rightarrow 2A_b = 72\pi.$$

Calcoliamo l'area della superficie laterale del cilindro:

$$A_{\text{lat. cilindro}} = 120\pi - 72\pi = 48\pi.$$

Calcoliamo l'area della superficie laterale del cono che, essendo equilatero, ha la misura a dell'apotema uguale a quella del diametro delle basi: $\overline{AB} = \overline{EB} = 12$.

$$A_{\text{lat. cono}} = \pi \cdot r \cdot a = \pi \cdot 6 \cdot 12 = 72\pi.$$

Calcoliamo la superficie della semisfera:

$$A_{\text{semisfera}} = 2\pi \cdot r^2 = 2\pi \cdot 36 = 72\pi.$$

La superficie totale è:

$$A_t = A_{\text{lat. cilindro}} + A_{\text{lat. cono}} + A_{\text{semisfera}} = 48\pi + 72\pi + 72\pi = 192\pi.$$

La superficie totale del solido è 192π cm^2.

203 Determina l'area della superficie laterale di un cilindro, sapendo che le sue sezioni, ottenute tagliandolo con un piano perpendicolare all'asse e con un piano passante per l'asse, hanno rispettivamente aree di 25π dm^2 e 60 dm^2. [60π dm^2]

204 RIFLETTI SULLA TEORIA Un cilindro equilatero e un cono equilatero hanno i raggi di base congruenti. Qual è il rapporto fra le aree delle loro superfici totali?

205 Trova la lunghezza dell'altezza di un cono equilatero con superficie totale di 300π cm^2. [$10\sqrt{3}$ cm]

206 REALTÀ E MODELLI **Pianeti a confronto** Determina il rapporto fra il raggio della Terra e il raggio di Marte, sapendo che il rapporto fra le loro superfici è circa 3,5. [$\simeq 1,9$]

207 ●○ Un cono con raggio 11 cm e altezza 22 cm viene tagliato con un piano parallelo alla base e distante 10 cm da essa. Calcola l'area della superficie del tronco di cono così formato. $[(157 + 85\sqrt{5})\pi \text{ cm}^2]$

208 ●○ L'altezza di un cilindro è $\frac{23}{8}$ del diametro di base e la superficie totale è equivalente alla superficie di una sfera di raggio 6 cm. Determina il raggio e l'altezza del cilindro. $\left[\frac{4}{3}\sqrt{6} \text{ cm}; \frac{23}{3}\sqrt{6} \text{ cm}\right]$

209 ●○ Un cubo ha la superficie totale di 216 cm^2. Determina la superficie della sfera inscritta e quella della sfera circoscritta al cubo. $[36\pi \text{ cm}^2; 108\pi \text{ cm}^2]$

210 ●● Il raggio e l'altezza di un cono sono rispettivamente 10 cm e 24 cm. Determina di quanto deve diminuire il raggio affinché l'area della superficie totale diventi $\frac{28}{45}$ di quella data. [3 cm]

211 ●● Un fuso sferico di angolo $\alpha = \frac{\pi}{4}$ è equivalente a una calotta appartenente alla stessa sfera e con raggio di base $r = \sqrt{7}$ cm. Calcola il raggio R della sfera sapendo che è maggiore dell'altezza della calotta. [4 cm]

212 ●● Una calotta sferica ha raggio di base $r = 8$ cm e altezza $h = 4$ cm. Calcola l'area. $[80\pi \text{ cm}^2]$

213 ●● REALTÀ E MODELLI **Sotto il polo** La zona temperata dell'emisfero boreale si estende dal tropico del Cancro al circolo polare artico. Calcola la sua superficie sapendo che il raggio terrestre è di circa 6370 km. $[\simeq 133{,}3 \cdot 10^6 \text{ km}^2]$

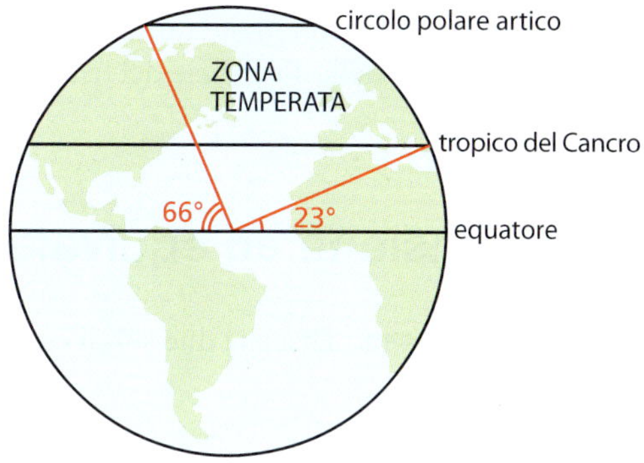

214 ●● Una sfera, la cui superficie è $100\pi \text{ cm}^2$, è tagliata da un piano distante dal centro i $\frac{3}{5}$ del suo raggio. Determina il rapporto tra le aree laterali dei due coni aventi come base comune il cerchio sezione e per vertici gli estremi del diametro perpendicolare al piano secante. [2]

215 ●● In un tronco di cono l'apotema è la metà del raggio della base maggiore ed è i $\frac{5}{6}$ del raggio della base minore. La somma del raggio minore e dei $\frac{4}{5}$ dell'apotema è 20 cm. Determina l'area della superficie totale del cono che ha originato il tronco di cono. $[900\pi \text{ cm}^2]$

Altri solidi di rotazione

216 ●○ Un triangolo rettangolo ha i cateti lunghi rispettivamente 12 cm e 16 cm. Calcola l'area della superficie totale del solido ottenuto facendo ruotare di 360° il triangolo attorno all'ipotenusa. $[844{,}46 \text{ cm}^2]$

Calcola l'area della superficie totale dei solidi ottenuti dalla rotazione di 360° delle seguenti figure intorno alla retta evidenziata.

217 ●○

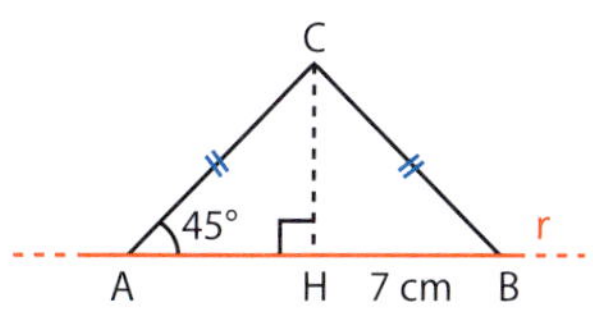

$[98\sqrt{2}\,\pi \text{ cm}^2]$

218 ●○

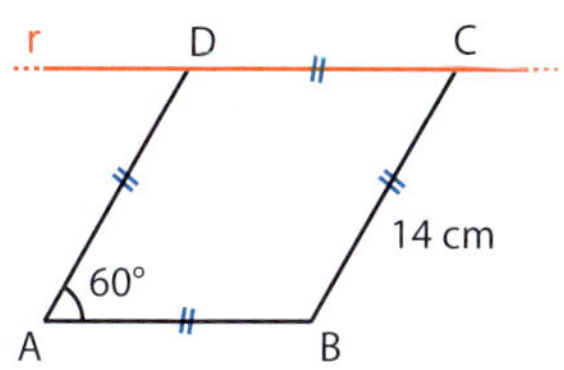

$[392\sqrt{3}\,\pi \text{ cm}^2]$

219 ●○

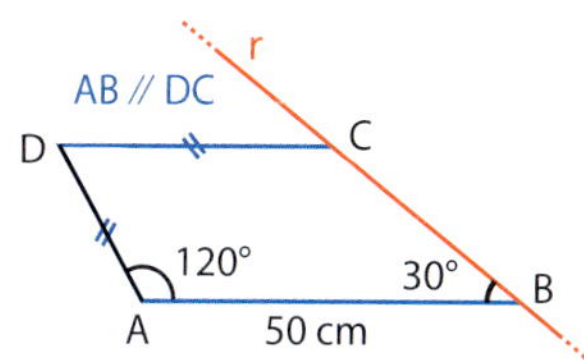

$[2500\pi \text{ cm}^2]$

220 ●○ In un triangolo rettangolo il rapporto fra l'ipotenusa e un cateto è $\frac{5}{3}$ e l'area della superficie del solido ottenuto da una rotazione completa del triangolo attorno all'ipotenusa è $420\pi \text{ m}^2$. Determina il perimetro del triangolo. [60 m]

221 ●● In un trapezio rettangolo il lato obliquo è i $\frac{13}{12}$ dell'altezza e la base minore è lunga 10 cm. Ruotando di 360° il trapezio attorno alla base maggiore si ottiene un solido la cui area della superficie totale è 540π cm^2. Determina la lunghezza della base maggiore del trapezio. [15 cm]

222 ●● Un triangolo rettangolo è simile a un triangolo i cui cateti sono lunghi 4 cm e 3 cm. Sapendo che l'area della superficie del solido ottenuto da una rotazione completa del triangolo attorno all'ipotenusa è $\frac{252}{5}\pi$ cm^2, calcola l'area della superficie del triangolo. [18 cm^2]

8 Estensione ed equivalenza dei solidi

▶ Teoria a p. 1165

223 ●○ FAI UN ESEMPIO Disegna due solidi equivalenti ma non congruenti.

224 ●○ VERO O FALSO?

a. Se due prismi sono equivalenti, hanno basi equivalenti. V F
b. Due solidi equivalenti sono necessariamente equicomposti. V F
c. Un prisma è equivalente a un cono con base equivalente e altezza di lunghezza tripla rispetto al prisma. V F
d. Se una piramide e un cono sono equivalenti, hanno altezze congruenti. V F
e. Due cilindri con altezze congruenti e raggi diversi non possono essere equivalenti. V F

225 ●○ RIFLETTI SULLA TEORIA Si può dimostrare l'equivalenza tra una piramide e un prisma con il principio di Cavalieri? Perché?

Dimostrazioni

226 ESERCIZIO GUIDA Un prisma retto a base triangolare è sezionato da un piano parallelo agli spigoli laterali e passante per una mediana delle basi. Dimostriamo che i due prismi che si vengono a formare sono equivalenti.

Consideriamo il triangolo *ABC*, base del prisma dato; esso è diviso dalla mediana *AM* in due triangoli equivalenti, poiché hanno basi congruenti ($BM \cong MC$) e uguale altezza *AH*, rappresentata dalla distanza del vertice *A* dalla retta di base *BC*.

Il prisma $ABMA'B'M'$ è equivalente al prisma $AMCA'M'C'$ poiché due prismi sono equivalenti se hanno basi equivalenti e altezze congruenti.

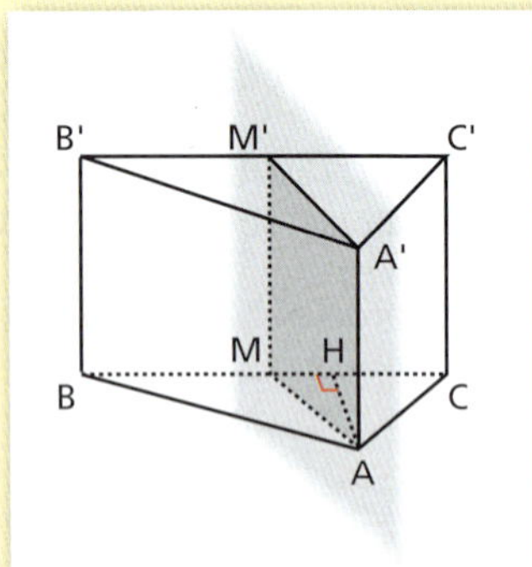

227 ●○ Dimostra che un parallelepipedo che viene tagliato da due piani paralleli agli spigoli secondo le diagonali delle basi risulta diviso in quattro prismi a base triangolare equivalenti a due a due.

228 ●○ Dimostra che un cubo di spigolo l è equivalente a un prisma retto di altezza l che ha per base un triangolo isoscele di base $2l$ e altezza l.

229 ●○ Dimostra che un cubo di spigolo a è equivalente a un parallelepipedo che ha per base un quadrato di lato metà dello spigolo del cubo e per altezza quattro volte lo spigolo del cubo stesso.

230 ●● Dimostra che una sfera è equivalente ai $\frac{2}{3}$ del cilindro circoscritto.

231 Il cubo nella figura è diviso in quattro parti dai piani $ACC'A'$ e $DMM'D'$. Dimostra che la parte più estesa è il quintuplo di quella meno estesa.

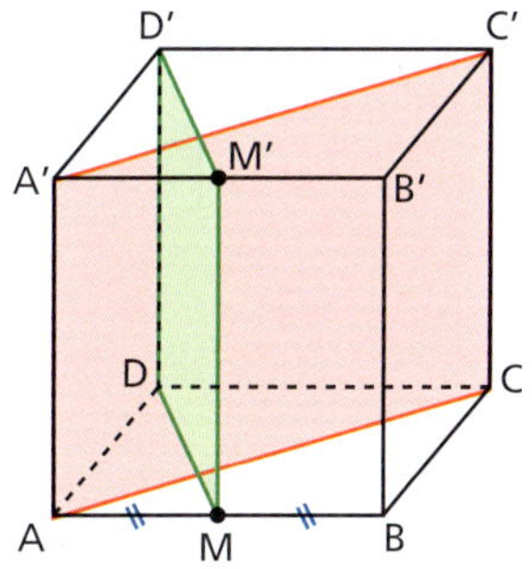

232 Dimostra che un solido formato da un cubo di spigolo l e sormontato da una piramide retta con base quadrata coincidente con una faccia del cubo e con altezza l è equivalente a un parallelepipedo rettangolo di base uguale a quella del cubo e altezza pari a $\frac{4}{3}l$.

233 Dimostra che il solido formato da un cilindro equilatero, il cui raggio di base è r e sulle cui basi sono appoggiate due semisfere anch'esse di raggio r, è equivalente a due sfere di raggio r e due coni di raggio di base e altezza uguali a r.

234 Nei *Discorsi e dimostrazioni matematiche intorno a due nuove scienze*, Galileo Galilei descrive la costruzione di un solido che si chiama *scodella* considerando una semisfera di raggio r e il cilindro ad essa circoscritto. La scodella si ottiene togliendo la semisfera dal cilindro. Si dimostri, utilizzando il principio di Cavalieri, che la scodella ha volume pari al cono di vertice V in figura.

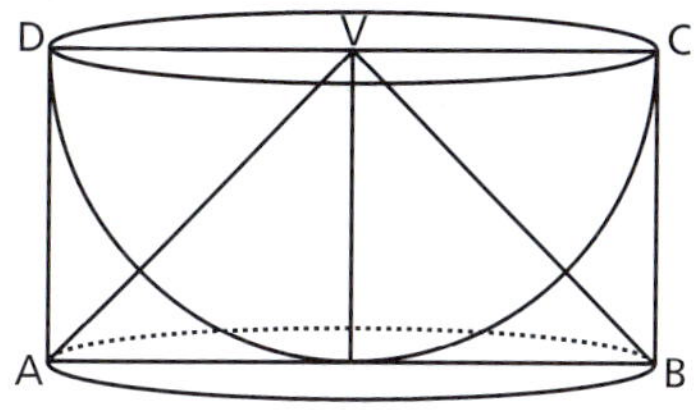

(*Esame di Stato, Liceo scientifico, Corso sperimentale, Sessione ordinaria*, 2009, *quesito* 9)

Con le misure

235 Un prisma retto ha per base un trapezio isoscele la cui superficie è 100 dm^2. Calcola quanto deve essere estesa la base di una piramide avente altezza uguale a quella del prisma per essere equivalente al prisma dato. [300 dm^2]

236 Un cono e una piramide a base quadrata, che hanno la stessa altezza, sono equivalenti. Se vengono sezionate con un piano parallelo alle basi a metà della loro altezza, le superfici di ogni sezione sono 200 m^2. Calcola l'area delle superfici delle basi. [800 m^2]

237 Una piramide a base quadrata di lato l è equivalente a una piramide di uguale altezza e che ha per base un triangolo equilatero. Calcola il lato del triangolo. $\left[\frac{2l}{\sqrt[4]{3}}\right]$

238 Una piramide e un prisma retto hanno basi equivalenti e il volume della piramide è la metà del volume del prisma. Calcola il rapporto fra l'altezza della piramide e l'altezza del prisma. $\left[\frac{3}{2}\right]$

9 Volumi dei solidi

Volumi di prismi

▶ Teoria a p. 1172

Parallelepipedo e cubo

AL VOLO

239 Un parallelepipedo rettangolo ha volume di 500 cm^3. Se la sua altezza viene raddoppiata, quanto misurerà il volume?

240 Un cubo ha lo spigolo lungo il doppio dello spigolo di un altro cubo. Qual è il rapporto fra i loro volumi?

ESERCIZI

Calcola il volume dei seguenti parallelepipedi retti.

241

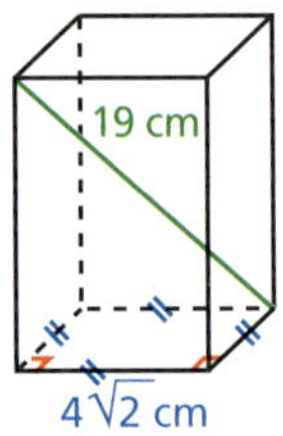

[$96\sqrt{33}$ cm^3]

242

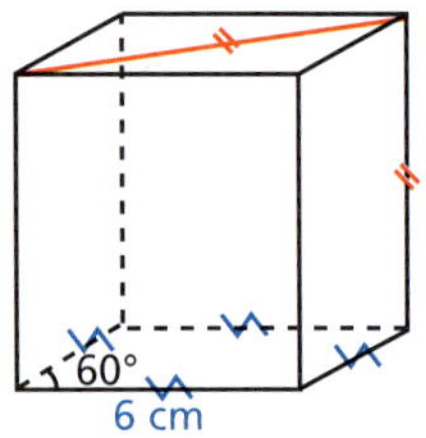

[324 cm^3]

243

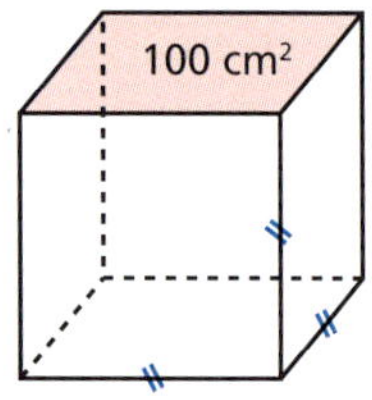

[1000 cm^3]

244 ESERCIZIO GUIDA Un parallelepipedo rettangolo ha l'area laterale di 8400 cm^2. La base ha un lato di 32 cm e l'altro è $\frac{8}{25}$ dell'altezza del solido. Calcoliamo il volume e la lunghezza della diagonale.

Scegliamo l'incognita. Poiché BC e l'altezza sono una gli $\frac{8}{25}$ dell'altra, possiamo considerare un segmento sottomultiplo comune e indicare con x la sua misura. In tal modo risulta: $\overline{BC} = 8x$ e $\overline{CC'} = 25x$.

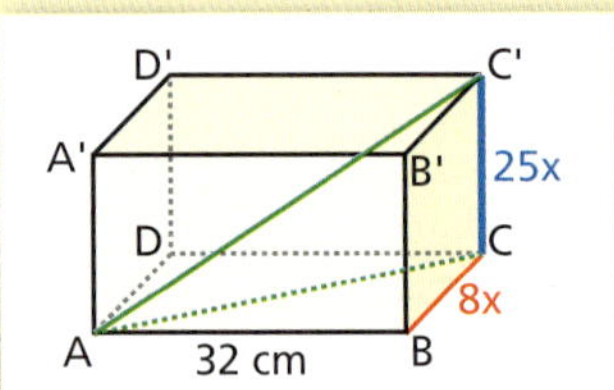

Calcoliamo il volume del solido.
Poiché $A_l = 8400$, determiniamo la misura A_l in funzione di x e poi uguagliamo a 8400:

$$A_l = 2 \cdot (\overline{AB} + \overline{BC}) \cdot \overline{CC'}$$

$$A_l = 2 \cdot (32 + 8x) \cdot 25x = 1600x + 400x^2$$

$$1600x + 400x^2 = 8400$$ dividiamo per 400

$$4x + x^2 = 21$$

$$x^2 + 4x - 21 = 0$$

$$x = -2 \pm \sqrt{4 + 21} = \begin{cases} -7 \text{ non accettabile;} \\ 3. \end{cases}$$

La misura cercata è $x = 3$. Allora:

$\overline{BC} = 8x = 8 \cdot 3 = 24$;

$\overline{CC'} = 25x = 25 \cdot 3 = 75$.

Poiché la formula per calcolare il volume è $V = A_b \cdot h$, il volume è:

$$V = (32 \cdot 24) \cdot 75 = 57\,600 \text{ cm}^3.$$

Calcoliamo la diagonale del parallelepipedo, utilizzando la formula $d = \sqrt{a^2 + b^2 + c^2}$:

$$\overline{AC'} = \sqrt{32^2 + 24^2 + 75^2} = 85.$$

Il volume del parallelepipedo dato è di 57 600 cm^3 e la diagonale è lunga 85 cm.

245 Un parallelepipedo rettangolo ha la diagonale inclinata di 60° rispetto al piano di base e lunga 30 dm. Sapendo che i lati di base sono l'uno i $\frac{3}{4}$ dell'altro, calcola il volume del solido.

[$1620\sqrt{3}$ dm^3]

246 Un parallelepipedo retto ha per base un rombo le cui diagonali stanno fra loro come 8 sta a 15. Sapendo che l'altezza del parallelepipedo è 10 cm e che l'area totale è 3280 cm^2, determina il volume del solido.

[9600 cm^3]

247 Un parallelepipedo rettangolo ha gli spigoli di base il cui rapporto è $\frac{3}{4}$. Sapendo che la diagonale di base è 15 dm e che la diagonale del solido è 17 dm, determina il volume del solido.

[864 dm^3]

248 EUREKA! Il volume di un cubo (in pollici cubi) più tre volte la lunghezza totale dei suoi spigoli (in pollici) è uguale al doppio della sua superficie (in pollici quadrati). Quanti pollici misura la sua diagonale?

(USA *Harvard-MIT Mathematics Tournament*)

[$6\sqrt{3}$]

249 Osserva il parallelepipedo rettangolo nella figura. Determina per quale valore di x il piano PCG divide il parallelepipedo in due parti che sono una il quintuplo dell'altra. Quindi calcola la superficie laterale del prisma di base PBC sapendo che $PB \cong BC$. [4 cm; $6(2+\sqrt{2})$ cm^2]

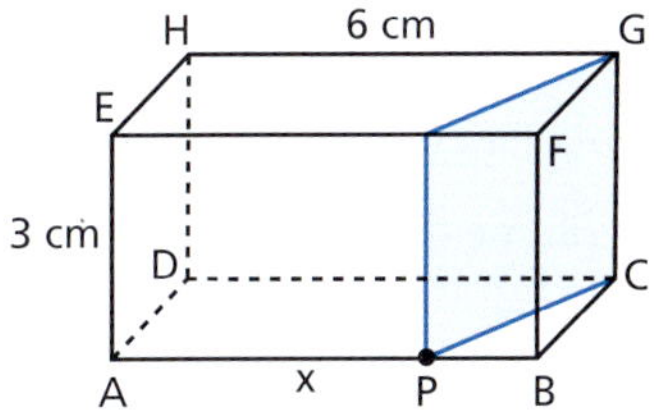

250 Un parallelepipedo rettangolo ha le dimensioni di 3 cm, 4 cm e 12 cm. Determina il volume del cubo che ha superficie totale equivalente alla superficie totale del parallelepipedo. Di quanto deve aumentare la misura dello spigolo minore del parallelepipedo affinché l'area della sua superficie totale raddoppi? [$128\sqrt{2}$ cm^3; 6 cm]

251 In un parallelepipedo rettangolo, la diagonale di base forma con i lati angoli di 30° e 60°. Sapendo che l'altezza del solido è metà della diagonale di base e che l'area della superficie laterale è $32(1+\sqrt{3})$ cm^2, determina il volume del parallelepipedo. [$64\sqrt{3}$ cm^3]

252 Un parallelepipedo rettangolo e un cubo sono equivalenti. Il cubo ha superficie totale pari a $384a^2$, mentre il parallelepipedo ha l'altezza $4a$. Sapendo che la superficie totale del parallelepipedo è $448a^2$, calcola gli spigoli dei due solidi. [$8a$; $16a$; $8a$]

253 Il cubo in figura è diviso dai piani DMH e NCG in quattro prismi retti. Calcola a quale frazione del cubo equivale ciascuno di essi. $\left[\frac{1}{20}; \frac{1}{5}; \frac{1}{5}; \frac{11}{20}\right]$

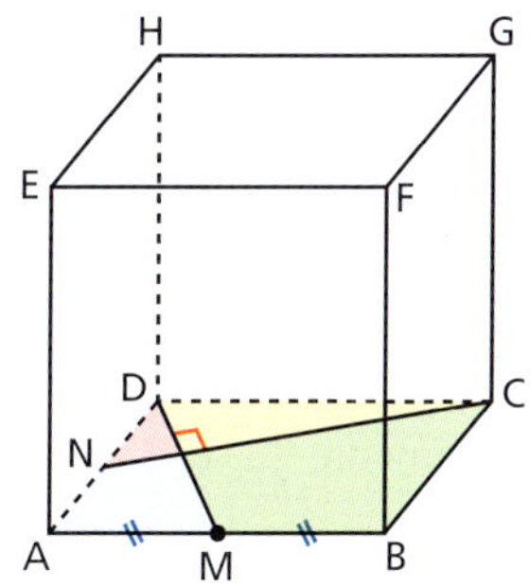

Prisma

254 In un prisma regolare a base esagonale il rapporto fra l'altezza e il lato di base è $2\sqrt{3}$ e l'area laterale è $192\sqrt{3}$. Calcola il rapporto fra il volume del prisma e il volume di un cubo di diagonale $2\sqrt{3}$. [72]

Osserva i seguenti prismi retti e calcola ciò che è richiesto.

255

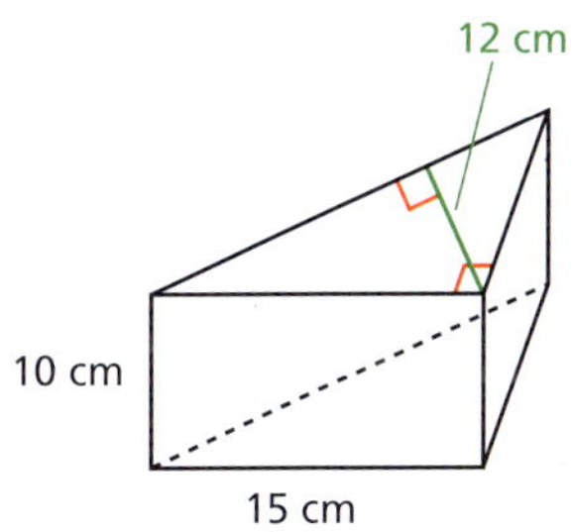

$A_t = ?$ $V = ?$

[900 cm^2; 1500 cm^3]

256

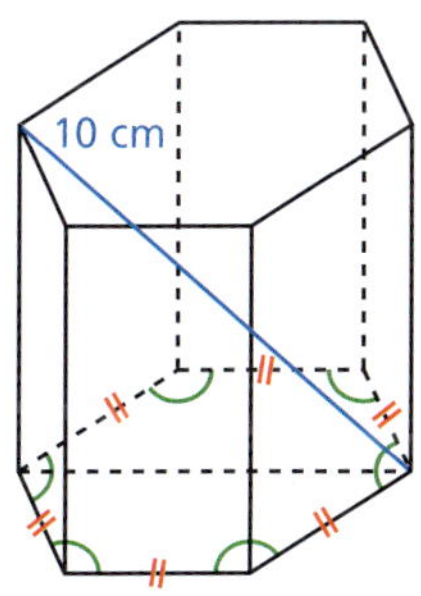

$A_\ell = 144$ cm^2 $V = ?$

[$144\sqrt{3}$ cm^3 oppure $108\sqrt{3}$ cm^3]

257

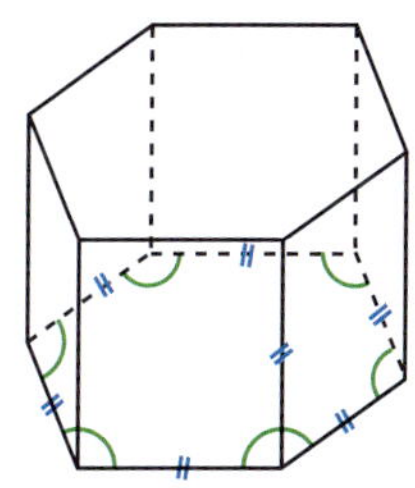

$A_\ell = 150$ cm^2 $V = ?$

$\left[\frac{375}{2}\sqrt{3}\ \text{cm}^3\right]$

258 Il volume di un prisma triangolare regolare è $108\sqrt{3}$ cm^3. L'altezza del prisma è doppia dello spigolo di base. Determina l'area della superficie laterale del prisma. [216 cm^2]

259 L'altezza di un prisma triangolare regolare è i $\frac{3}{4}$ dello spigolo di base. Si sa inoltre che l'area della superficie totale del prisma è $(144+32\sqrt{3})$ cm^2. Determina il volume del solido. [$96\sqrt{3}$ cm^3]

260 Un prisma triangolare regolare ha lo spigolo AB della base ABC di 36 cm. Siano AD e BE le altezze del triangolo ABC relative ai lati BC e CA. Calcola il rapporto fra i volumi dei solidi in cui resta diviso il prisma mandando per i punti D ed E un piano perpendicolare al piano di base. $\left[\frac{1}{3}\ \text{oppure}\ 3\right]$

261 ●○ YOU & MATHS A piece of wax in the shape of a rectangular block $(52 \times 45 \times 12)$ cm^3 was melted and re-shaped as two right prisms, each of base area 445 cm^2. One of the prisms was 34 cm high. Find the height of the other prism to one place of decimals. (IR *Leaving Certificate Examination, Ordinary Alternative Level*)

[29.1 cm]

262 ●○ In un prisma triangolare regolare il volume è $350\sqrt{3}$ cm^3 e il rapporto fra altezza e spigolo di base è $\frac{7}{5}$. Determina l'area della superficie totale del prisma. $[10(5\sqrt{3}+42)\ \text{cm}^2]$

263 ●○ Un prisma triangolare regolare ha l'altezza che è $\frac{5}{2}$ del raggio della circonferenza inscritta nella base. Sapendo che l'area della superficie totale è $336\sqrt{3}$ cm^2, calcola il volume del prisma. $[480\sqrt{3}\ \text{cm}^3]$

264 ●○ Un prisma pentagonale regolare ha l'area della superficie totale di 204 cm^2. La somma delle basi è $\frac{5}{12}$ della superficie laterale e l'altezza è uguale al perimetro di una base. Determina il volume del prisma e lo spigolo di base.

$\left[360\ \text{cm}^3; \frac{12}{5}\ \text{cm}\right]$

265 ●○ Un prisma triangolare regolare ha il raggio della circonferenza circoscritta alla base che è $\frac{8}{7}$ dell'altezza del prisma stesso. Sapendo che il volume del prisma è $336\sqrt{3}$ m^3, calcola l'area della superficie laterale del prisma. $[168\sqrt{3}\ \text{m}^2]$

266 ●○ Un prisma retto ha per base un trapezio isoscele. Tale trapezio ha il lato obliquo e la base minore che sono rispettivamente $\frac{17}{15}$ e $\frac{1}{3}$ dell'altezza. Sapendo che l'altezza del prisma è 3 cm e che l'area della superficie totale è 570 cm^2, calcola il volume del solido. [585 cm^3]

267 ●○ Un prisma retto ha per base un trapezio rettangolo. In tale trapezio la diagonale minore è perpendicolare al lato obliquo ed è congruente ai $\frac{3}{4}$ di questo. Si sa inoltre che la somma di $\frac{1}{4}$ del lato obliquo con $\frac{2}{3}$ della diagonale minore è 6 cm. Sapendo che l'altezza del prisma sta a quella del trapezio come 25 sta a 24, calcola il volume del solido.

$\left[\frac{816}{5}\ \text{cm}^3\right]$

268 ●● REALTÀ E MODELLI **Immersione** Ad Aquileia si trova un antico fonte battesimale di forma esagonale regolare. Chi veniva battezzato qui doveva salire sul bordo della vasca e raggiungere il centro scendendo tre gradini, ciascuno alto circa 50 cm. Calcola quanti litri d'acqua poteva contenere questo fonte se riempito fino al bordo.

[$\simeq$ 3390 L]

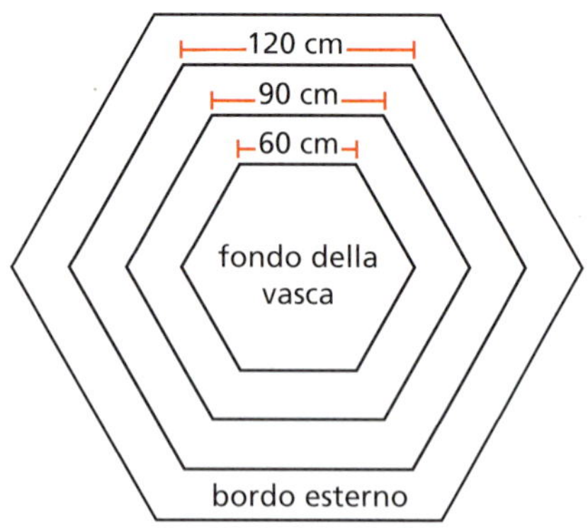

Volumi di piramidi

▶ Teoria a p. 1173

269 ●○ VERO O FALSO?

a. Raddoppiando l'altezza di una piramide, il suo volume raddoppia. V F

b. Le piramidi che hanno base coincidente con una base di un prisma e vertice sulla base opposta del prisma sono tutte equivalenti. V F

c. Dimezzando lo spigolo di base di una piramide quadrangolare regolare, il suo volume dimezza. V F

d. Due piramidi equivalenti con altezze congruenti hanno basi congruenti. V F

270 Due piramidi quadrangolari rette equivalenti hanno rispettivamente spigolo di base l e l' e altezza h e h'. Se h' è il triplo di h, quanto vale il rapporto fra l e l'? [$\sqrt{3}$]

271 Una piramide retta a base quadrata ha lo spigolo che è lungo 12 cm ed è inclinato di 60° rispetto alla base. Calcola il volume della piramide. [$144\sqrt{3}$ cm^3]

272 Il volume di una piramide regolare a base quadrata è 256 cm^3. Determina la lunghezza dello spigolo di base della piramide e dello spigolo laterale, sapendo che il raggio del cerchio circoscritto al quadrato di base è lungo $4\sqrt{2}$ cm. [8 cm; $4\sqrt{11}$ cm]

273 In una piramide regolare a base quadrata la differenza fra l'area della superficie laterale e quella di base è 640 cm^2; l'altezza della piramide è $\frac{6}{5}$ del lato di base. Calcola l'apotema e il volume della piramide. [26 cm; 3200 cm^3]

274 Determina il rapporto fra il volume di un cubo e il volume della piramide che ha la base coincidente con una faccia del cubo e vertice sulla faccia opposta. [3]

275 Osserva il cubo a fianco e calcola il volume del poliedro di vertici $ABCGHEF$. [1440 cm^3]

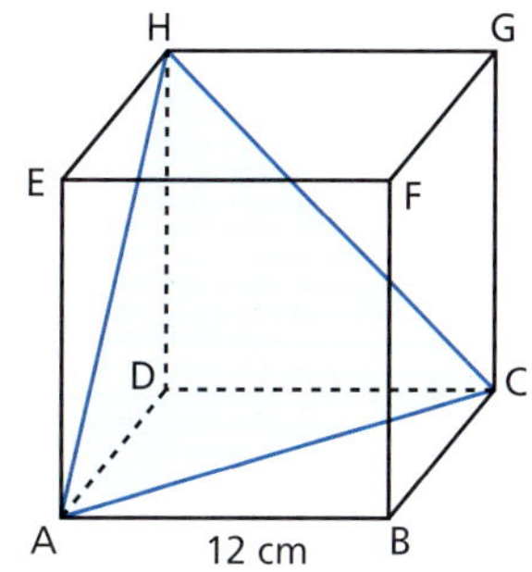

276 Una piramide quadrangolare regolare ha gli spigoli inclinati di 30° sul piano della base; la diagonale della base è $6\sqrt{3}$ cm. Calcola l'area della superficie totale e il volume della piramide. [$18(3+\sqrt{15})$ cm^2; 54 cm^3]

---

277 REALTÀ E MODELLI **Alle cinque** Un filtro di tè ha la forma di una piramide a base quadrata. Il filtro è impacchettato singolarmente in un contenitore di cartoncino della stessa forma che ha lato di base di 3 cm e altezza di 5 cm.

a. Calcola il volume massimo di tè che può contenere il filtro, sapendo che il suo lato di base e la sua altezza sono lunghi il 5% in meno rispetto al lato e all'altezza del contenitore.

b. Di quanto è più piccolo il volume del filtro rispetto a quello del contenitore di cartoncino? Calcola la percentuale e spiega perché essa non è uguale al 5%.

[a) 12,86 cm^3; b) 14,3%]

278 ESERCIZIO GUIDA Una piramide regolare a base esagonale ha il perimetro di base di 72 dm e l'altezza di 10 dm. Viene tagliata da un piano parallelo alla base in modo che il volume della piramide staccata sia $\frac{1}{4}$ del volume della piramide data. Calcoliamo a quale distanza dal vertice la piramide viene tagliata.

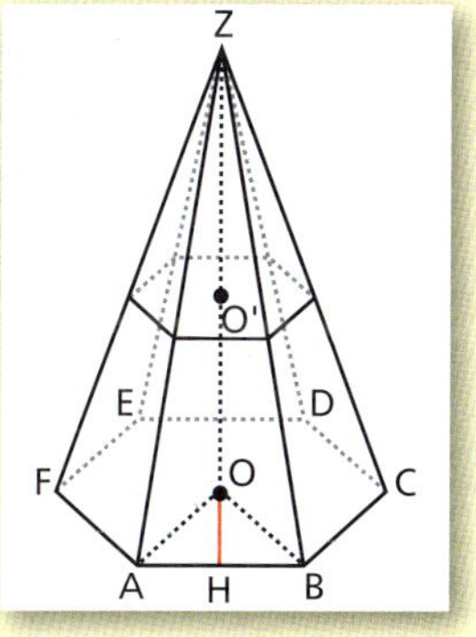

Calcoliamo il lato dell'esagono di base:

$$\overline{AB} = \frac{72}{6} = 12.$$

Calcoliamo $\overline{OH}$, essendo OH l'altezza del triangolo equilatero OAB. Ricordiamo che il triangolo OAH è rettangolo e ha gli angoli acuti di 30° e 60°:

$$\overline{OH} = \frac{l}{2}\sqrt{3} = \frac{12}{2}\sqrt{3} = 6\sqrt{3}.$$

Calcoliamo la superficie della base della piramide maggiore:

$$A_b = \frac{2p \cdot \overline{OH}}{2} = \frac{72 \cdot 6\sqrt{3}}{2} = 216\sqrt{3}.$$

Calcoliamo il volume V della piramide maggiore:

$$V = \frac{1}{3}A_b \cdot h = \frac{1}{3} \cdot 216\sqrt{3} \cdot 10 = 720\sqrt{3}.$$

Calcoliamo il volume V' della piramide minore:

$$V' = \frac{720\sqrt{3}}{4} = 180\sqrt{3}.$$

Chiamiamo $x = \overline{O'Z}$ e ricordiamo il teorema secondo il quale se si taglia una piramide con un piano parallelo alla base, la base e la sezione sono poligoni simili le cui aree sono proporzionali ai quadrati delle loro distanze dal vertice:

$$A_b : A'_b = 10^2 : x^2 \quad \rightarrow \quad A'_b = \frac{216 \cdot \sqrt{3}\, x^2}{100} = 2,16 \cdot \sqrt{3} \cdot x^2.$$

Poiché $V' = \frac{1}{3} A'_b \cdot \overline{O'Z}$, scriviamo l'equazione:

$$\frac{1}{3} \cdot 2,16 \cdot \sqrt{3} \cdot x^2 \cdot x = 180 \cdot \sqrt{3}$$

(semplificando: $\frac{1}{1} \cdot 0,72 \cdot x^2 \cdot x = 180$)

da cui otteniamo:

$$x^3 = \frac{180}{0,72} = 250 \quad \rightarrow \quad x = \sqrt[3]{250} \simeq 6,30.$$

Il piano parallelo alla base taglia la piramide a una distanza di 6,30 dm dal vertice.

279 ●○ Un prisma ha la superficie della base di 75 dm^2 e l'altezza di 10 dm. Una piramide di base equivalente e di uguale altezza viene tagliata da un piano parallelo alla base a una distanza di 4 dm dal vertice. Calcola il volume della piramide staccata. [16 dm^3]

280 ●● In un tronco di piramide regolare a basi quadrate, la somma dei perimetri delle basi è 64 m e la somma delle loro aree è 160 m^2. Il volume del solido è 416 m^3. Calcola l'area della superficie totale. [$(160 + 64\sqrt{13})$ m^2]

281 ●● Una piramide retta a base quadrata ha lato di base di 5 cm e altezza di 10 cm. Calcola a che distanza dal vertice deve essere tagliata affinché il tronco di piramide e la piramide risultanti siano fra loro equivalenti. [$5\sqrt[3]{4}$ cm]

282 ●● Una piramide triangolare regolare ha per facce laterali tre triangoli rettangoli le cui ipotenuse sono lunghe $3\sqrt{2}$ cm. Un piano parallelo alla base taglia la piramide secondo una superficie di area $\frac{9}{8} \cdot \sqrt{3}$ cm^2. Calcola il volume della piramide data e della piramide che il piano predetto stacca da quella data. $\left[\frac{9}{2}\text{ cm}^3; \frac{9}{16}\text{ cm}^3\right]$

Volumi di solidi di rotazione

▶ Teoria a p. 1174

Cilindro, cono e sfera

AL VOLO

283 ●○ Determina il volume di una sfera inscritta in un cilindro con raggio di base di 3 cm.

284 ●○ Calcola il volume di un cono che ha la base coincidente con una base di un cilindro e il vertice nel centro della base opposta, sapendo che il volume del cilindro è di 24 m^3.

285 ●○ Una sfera di raggio r è equivalente a un cilindro con raggio di base r. Calcola l'altezza del cilindro. $\left[\frac{4}{3}r\right]$

286 ●○ Un cono equilatero è equivalente a una sfera con raggio di $\sqrt{3}$ cm. Determina la lunghezza dell'apotema del cono. [$2\sqrt[3]{12}$ cm]

287 ●○ Determina raggio di base e altezza di un cilindro e di un cono equilateri che hanno volume 24π cm^3.

TEST

288 Si considerino le due sfere S_1 e S_2, la prima inscritta e la seconda circoscritta al medesimo cubo. Allora tra i volumi V_1 e V_2 delle due sfere sussiste la seguente relazione:

A $V_1 = \frac{\sqrt{2}}{4} V_2$. B $V_1 > V_2$. C $V_1 = \sqrt{2}\, V_2$. D $V_1 = \frac{\sqrt{3}}{3} V_2$. E $V_1 = \frac{\sqrt{3}}{9} V_2$.

(*CISIA, Facoltà di Ingegneria, Test di ingresso*)

289 Una sfera con raggio di 2 cm e un cilindro circolare retto con raggio di base di 2 cm hanno lo stesso volume. Allora l'altezza del cilindro è di:

A $\frac{4}{3}$ cm. B $\frac{8}{3}$ cm. C $\frac{2}{3}$ cm. D 4 cm. E 6 cm.

(*CISIA, Facoltà di Ingegneria, Test di ingresso*)

290 Tre palline da tennis sono perfettamente contenute in una lattina cilindrica. Le palline toccano la parete laterale, il coperchio e il fondo della lattina. Qual è il rapporto tra il volume delle palline e il volume di spazio nella lattina che circonda le palline?

A 1,414. B 1,732. C 2. D $\frac{3}{2}$. E Nessuno di questi.

(USA *Elon University High School Mathematics Contest*)

REALTÀ E MODELLI

291 **Tutti al bowling!** Una boccia da bowling è una sfera di massa 7 kg e con densità 1,75 kg/dm^3. Ha tre fori per le dita che occupano un volume totale di circa 0,2 dm^3. Calcola la lunghezza del diametro della boccia. [2 dm]

292 

Geometria in cucina Per fare una torta Caterina deve usare 300 g di farina, ma la bilancia si è rotta. Per misurare la quantità giusta, ha a disposizione soltanto un contenitore trasparente di forma cilindrica. Allora misura il diametro, che è di 10 cm, e si documenta in Internet scoprendo che 1 dm^3 di farina pesa circa 780 g. Fino a quale altezza deve riempire il contenitore per ottenere la giusta quantità di farina? [4,9 cm]

293 **Riserva di grano** Ciascuno dei silos nella foto è alto complessivamente 11,5 m. La parte cilindrica è alta 10 m e ha un diametro di base di 4,8 m, mentre la parte superiore è un tronco di cono con diametro della base minore di 0,8 m. Calcola la capacità complessiva dei quattro silos, espressa in metri cubi. [$\simeq 767$ m^3]

294 Un cono e un cilindro hanno altezze congruenti e pari al doppio dei loro raggi di base. La somma delle loro aree totali è $12\pi(7+\sqrt{5})$ cm^2. Calcola i loro volumi. [$16\pi\sqrt{3}$ cm^3; $48\pi\sqrt{3}$ cm^3]

295 Il raggio di base di un cilindro è 6 cm e l'altezza 9 cm. Determina sull'asse un punto V tale che il rapporto fra i volumi dei due coni aventi per basi le basi del cilindro e per vertice il punto V sia 4. $\left[\frac{36}{5}\text{ cm oppure } \frac{9}{5}\text{ cm}\right]$

296 **YOU & MATHS** If the diameter of a cylindrical can is increased by 20%, by approximately what percentage should the height be increased in order to double the volume of the can?

A 80% B 66.7% C 50.0% D 41.4% E 38.9%

(USA *North Carolina State High School, NCSHS, Mathematics Contest, Finals*)

ESERCIZI

297 ●○ L'apotema di un cono è lungo 26 cm e il raggio di base è $\frac{5}{12}$ dell'altezza. Determina la lunghezza del raggio di base di un cilindro equivalente al cono e di altezza congruente. $\left[10\frac{\sqrt{3}}{3}\ \text{cm}\right]$

298 ●○ Calcola il volume del solido, costituito da un cilindro e due semisfere. $\left[\frac{128}{3}\pi\ \text{cm}^3\right]$

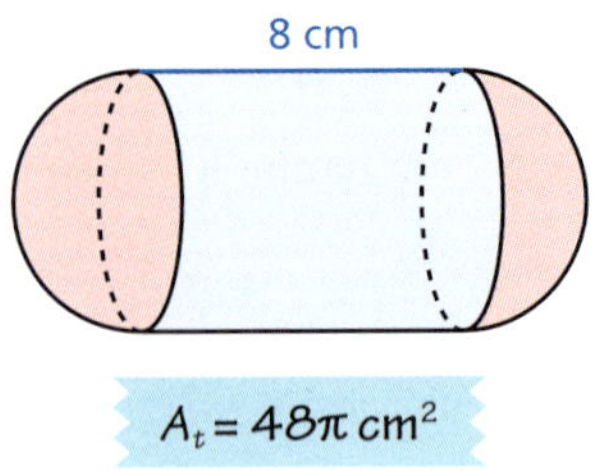

299 ●● In un cilindro circolare retto la superficie laterale è equivalente a $\frac{4}{7}$ di quella totale. Sapendo che l'altezza del cilindro è 12 cm, determina il volume della sfera che ha raggio congruente alla metà del raggio di base del cilindro. $\left[\frac{243}{2}\pi\ \text{cm}^3\right]$

300 ●● Una sfera viene tagliata con un piano distante dal suo centro i $\frac{7}{25}$ del suo raggio. L'area della superficie del solido costituito dai due coni, aventi per base comune il cerchio sezione e per vertici gli estremi del diametro perpendicolare al piano considerato, è $\frac{189}{5}\pi$ cm^2. Calcola l'area della superficie della sfera. $\left[\frac{225}{4}\pi\ \text{cm}^2\right]$

301 ●● Il rapporto fra l'altezza e il raggio di base di un cono è $\frac{12}{5}$ e l'area della superficie della sezione determinata dall'intersezione del cono con un piano parallelo alla base e distante da essa $\frac{1}{4}$ dell'altezza è 45π cm^2. Determina l'area della superficie totale del cono dato e la misura del volume del cono staccato dal piano secante. $[288\pi\ \text{cm}^2; 108\sqrt{5}\,\pi\ \text{cm}^3]$

302 ●● Un delfino si trova nel punto A del bordo ovest di una piscina circolare. Nuota in linea retta per 12 m e tocca con il naso il bordo della piscina nel punto B. Si gira e nuota in una direzione diversa in linea retta per 5 m, e arriva nel punto C situato sul bordo della piscina e diametralmente opposto al punto A dal quale era partito. Se la profondità dell'acqua è ovunque di 2,50 m, quanti litri d'acqua sono contenuti nella piscina?

(*Esame di Stato, Liceo scientifico, Corso di ordinamento, Sessione straordinaria,* 2013, *quesito* 10)

303 ●● In una sfera di raggio 12 cm è inscritto un cilindro di altezza 6 cm. Calcola il volume del solido delimitato dalla superficie laterale del cilindro e dalla zona sferica che ha per basi le circonferenze di base del cilindro (anello sferico). $[36\pi\ \text{cm}^3]$

304 ●● Un cono circolare retto e un segmento sferico a una base hanno in comune la base e, rispetto a essa, giacciono su semipiani opposti. Il raggio della base misura 5 cm, l'altezza del cono 13 cm. Sapendo che il raggio della sfera a cui appartiene il segmento è uguale all'altezza del cono, calcola il volume del solido. [2 sol.: 121π cm^3, 3025π cm^3]

Altri solidi di rotazione

305 **ESERCIZIO GUIDA** Un triangolo rettangolo ha le proiezioni dei cateti sull'ipotenusa di 9 cm e 16 cm. Ruotando di 360° il triangolo attorno a un cateto otteniamo il solido $\mathcal{S}$, ruotandolo attorno all'altro cateto otteniamo il solido $\mathcal{S}'$. Determiniamo il rapporto fra i volumi dei due solidi e verifichiamo che è uguale alla radice quadrata del rapporto fra le proiezioni date.

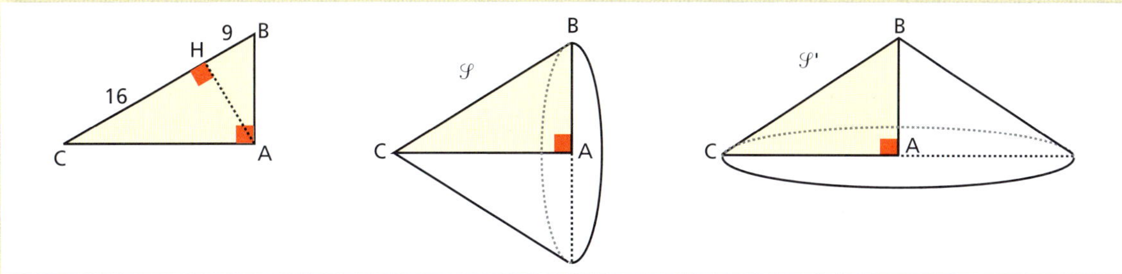

Calcoliamo gli elementi del triangolo ABC:

$$\overline{BC} = \overline{BH} + \overline{HC} = 9 + 16 = 25.$$

Con il secondo teorema di Euclide calcoliamo $\overline{AH}$:

$$\overline{AH} = \sqrt{\overline{BH} \cdot \overline{HC}} = \sqrt{9 \cdot 16} = 3 \cdot 4 = 12.$$

Calcoliamo $\overline{AB}$ e $\overline{AC}$ applicando il primo teorema di Euclide:

$$\overline{AB} = \sqrt{\overline{BC} \cdot \overline{BH}} = \sqrt{25 \cdot 9} = 5 \cdot 3 = 15.$$

$$\overline{AC} = \sqrt{\overline{BC} \cdot \overline{CH}} = \sqrt{25 \cdot 16} = 5 \cdot 4 = 20.$$

Calcoliamo il volume dei due solidi di rotazione:

$$V_{\mathcal{S}} = \frac{1}{3} \cdot (\pi \cdot 15^2) \cdot 20;$$

$$V_{\mathcal{S}'} = \frac{1}{3} \cdot (\pi \cdot 20^2) \cdot 15.$$

Verifichiamo che il rapporto fra i volumi è uguale a $\sqrt{\frac{9}{16}}$, ossia a $\frac{3}{4}$:

$$\frac{V_{\mathcal{S}}}{V_{\mathcal{S}'}} = \frac{\frac{1}{3} \cdot (\pi \cdot 15^2) \cdot 20}{\frac{1}{3} \cdot (\pi \cdot 20^2) \cdot 15} = \frac{15^2 \cdot 20}{20^2 \cdot 15} =$$

$$\frac{15}{20} = \frac{3}{4}.$$

Il rapporto fra i volumi dei due solidi è uguale alla radice quadrata del rapporto fra le proiezioni dei due cateti e vale $\frac{3}{4}$.

306 ●○ In un triangolo rettangolo un cateto è $\frac{4}{3}$ dell'altro e l'altezza relativa all'ipotenusa è lunga 4 cm. Ruota il triangolo di 360° intorno all'ipotenusa e calcola l'area della superficie e il volume del solido così ottenuto. $\left[\frac{140}{3}\pi \text{ cm}^2; \frac{400}{9}\pi \text{ cm}^3\right]$

307 ●○ Un trapezio isoscele ha la base minore, di 6 cm, congruente ai lati obliqui e gli angoli alla base di 45°. Calcola il volume del solido ottenuto facendo ruotare il trapezio intorno alla base minore. $[36(2\sqrt{2} + 3)\pi \text{ cm}^3]$

308 ●○ In un triangolo isoscele ABC l'altezza è i $\frac{6}{5}$ della base BC e il raggio del cerchio circoscritto è lungo $\frac{169}{12}$ cm. Determina il volume del solido ottenuto da una rotazione completa del triangolo dato attorno al lato AB. $\left[\frac{38\,400}{13}\pi \text{ cm}^3\right]$

309 ●○ Un triangolo rettangolo ha un cateto di 9 cm. La somma dei volumi dei due solidi ottenuti dalla rotazione completa del triangolo attorno a ciascuno dei suoi cateti è 756π cm^3. Calcola l'area del triangolo dato. $[54 \text{ cm}^2]$

310 ●● Un trapezio rettangolo ha il lato obliquo di 2 m, la base minore metà della maggiore e l'angolo acuto adiacente a questa di 45°. Determina il rapporto fra i volumi dei solidi generati dal trapezio in rotazioni complete prima intorno al lato obliquo e poi intorno alla base maggiore. $\left[\frac{7\sqrt{2}}{8}\right]$

311 ●● In un triangolo rettangolo l'ipotenusa è lunga $\frac{5}{2}$ cm. Il rapporto fra i volumi dei due solidi ottenuti dalla rotazione completa del triangolo attorno prima all'uno e poi all'altro cateto è $\frac{3}{4}$. Calcola il perimetro del triangolo. $[6 \text{ cm}]$

Riepilogo: Aree e volumi dei solidi

TEST

312 Un cubo è inscritto in una sfera di raggio 3. Una delle seguenti affermazioni è *falsa*. Quale?

- A Il centro del cubo coincide con quello della sfera.
- B Il volume del cubo è $24\sqrt{3}$.
- C La diagonale del cubo è congruente al diametro della sfera.
- D Lo spigolo del cubo è $3\sqrt{2}$.
- E I vertici del cubo appartengono alla superficie della sfera.

313 Una lampada, che si suppone puntiforme, è collocata in un punto V. Essa proietta su un piano a situato a 2 metri da V un fascio avente la forma di cono circolare con asse perpendicolare ad a, le cui generatrici formano un angolo di 30° con l'asse del cono. Sul piano a, al centro della base del cono, viene posto un cubo di cartone, con lo spigolo di 1 metro. Si chiede quale sia l'area complessivamente illuminata dalla lampada (sul piano a e sulla faccia superiore del cubo), espressa in m^2.

- A $\frac{2}{\sqrt{3}} - \frac{\pi}{9}$.
- B $4\frac{\pi}{3} - 3$.
- C $\frac{\pi}{9} - \frac{1}{\sqrt{3}}$.
- D $\pi - \sqrt{3}$.
- E $\frac{4\pi}{9} - \frac{1}{2\sqrt{3}}$.

(*Olimpiadi di Matematica, Gara di 2° livello*, 2004)

314 Un quadrato di lato 10 cm ruota di 180° intorno a una sua diagonale. Determina l'area della superficie totale e il volume del solido che genera. $\left[100\sqrt{2}\,\pi\text{ cm}^2;\ \frac{500}{3}\sqrt{2}\,\pi\text{ cm}^3\right]$

315 Una piramide pentagonale ha base di area 84 cm^2 ed è equivalente a un cilindro con altezza doppia rispetto a quella della piramide. Calcola l'area di base del cilindro. [14 cm^2]

316 Un cono equilatero ha volume di $243\sqrt{3}\,\pi$ cm^3. Calcola il volume di un cubo avente spigolo di base congruente a un terzo del diametro di base del cono. [216 cm^3]

317 In un cilindro equilatero l'area della superficie totale è di 24π cm^2. Calcola il volume di una piramide a base quadrata che ha la base inscritta in una base del cilindro e il vertice sull'altra base. $\left[\frac{32}{3}\text{ cm}^3\right]$

318 In una piramide retta a base quadrata l'apotema misura $3\sqrt{13}$ cm e l'altezza è congruente ai $\frac{3}{4}$ dello spigolo di base. La piramide viene sezionata con un piano parallelo alla base e distante da essa 6 cm. Calcola perimetro e area del poligono individuato dalla sezione. [16 cm; 16 cm^2]

319 In un parallelepipedo rettangolo le dimensioni della base sono una i $\frac{3}{4}$ dell'altra, e quest'ultima è i $\frac{2}{3}$ dell'altezza del parallelepipedo. Calcola le lunghezze delle tre dimensioni, sapendo che la superficie totale del parallelepipedo è 1200 dm^2. $\left[20\text{ dm; } 10\text{ dm; } \frac{40}{3}\text{ dm}\right]$

320 YOU & MATHS Consider a unit cube which measures one centimeter on each side. Let V_1 represent the volume of the largest cone which fits inside a unit cube, and let V_2 represent the volume of the largest sphere which fits inside a unit cube. Find the ratio $V_1 : V_2$.

- A 3 : 2
- B 1 : 12
- C 2 : 3
- D 1 : 4
- E 1 : 2

(USA *University of Houston, Math Contest*)

321 EUREKA! Sia dato un tetraedro regolare di volume 1. Si ottiene un secondo tetraedro regolare riflettendo quello assegnato attraverso il suo centro. Qual è il volume dell'intersezione dei due tetraedri?

(USA *Bay Area Math Meet, Bowl Sampler*) $\left[\frac{1}{2}\right]$

RISOLVIAMO UN PROBLEMA

La scala a chiocciola

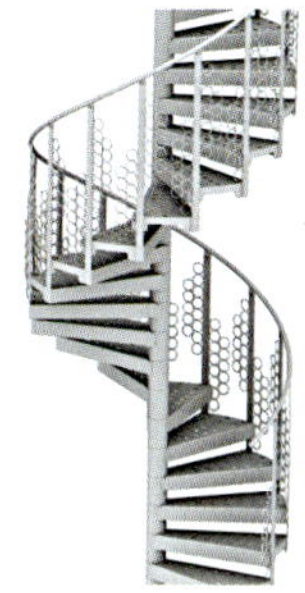

Una scala a chiocciola collega due piani di un appartamento. La distanza tra i due piani è 2,9 m e il foro nel pavimento è largo 130 cm. La scala ha inoltre una ringhiera alta 80 cm dotata di un corrimano, che parte in corrispondenza del primo gradino e termina al pianerottolo del piano superiore dopo che la scala si è «avvolta» in tutto di 300°.

- Quanto è lungo il corrimano?

▶ Schematizziamo la scala.

Se la scala a chiocciola si «avvolgesse» di un giro completo, cioè descrivesse un arco di 360°, allora il suo ingombro corrisponderebbe a un cilindro di altezza 2,9 m e diametro 1,3 m.
Sviluppando in piano la superficie laterale di questo cilindro, si avrebbe un rettangolo di base $\pi \cdot 1,3 \simeq$ $\simeq 4,08$ m e altezza 2,9 m e la scala a chiocciola si disporrebbe lungo una diagonale del rettangolo. In realtà la scala si «avvolge» di soli $300° = \frac{5}{6} \cdot 360°$, quindi nel corrispondente sviluppo in piano la scala si dispone lungo la diagonale del rettangolo di base $\frac{5}{6} \cdot \pi \cdot 1,3 \simeq 3,4$ m e altezza sempre 2,9 m.

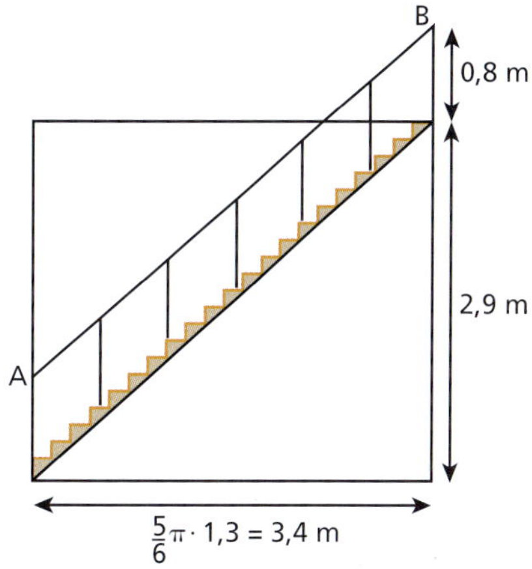

▶ Analizziamo lo sviluppo nel piano del corrimano.

Il corrimano, che si appoggia alla superficie laterale del cilindro, è un'elica. Nello sviluppo in piano il corrimano corrisponde al segmento AB della figura. Traslando in basso il segmento AB di 0,80 m si ottiene la diagonale del rettangolo.

▶ Calcoliamo la lunghezza del corrimano.

La diagonale del rettangolo misura:

$$\sqrt{3,4^2 + 2,9^2} \simeq 4,5 \text{ m}.$$

La lunghezza del corrimano è quindi di 4,5 m.

322 ●● REALTÀ E MODELLI **L'aperitivo perfetto** Un bicchiere viene riempito con un cocktail per un'altezza di 5 cm. La superficie della bevanda a contatto con l'aria è un cerchio con raggio 2 cm. Approssima la cavità del bicchiere a quella di un cono.

a. Calcola il volume del cocktail, espresso in millilitri.

b. Un'oliva con il nocciolo, approssimabile a una sfera di raggio 1 cm, viene aggiunta al cocktail e va a fondo. Di quanto si alza il livello del liquido? [a) 21 mL; b) 0,3 cm]

323 ●● Un solido è formato da un cubo e da un tronco di piramide regolare che ha per base maggiore una faccia del cubo. I lati delle basi del tronco di piramide misurano $3k$ e $2k$ e l'area della superficie totale del solido è $79k^2$. Determina la misura dell'apotema del tronco. [$3k$]

324 ●● In un tronco di cono, il rapporto fra i raggi delle basi è uguale a $\frac{3}{2}$ e l'altezza è i $\frac{6}{5}$ del raggio della base minore. Sapendo che l'apotema del tronco misura 13 cm, determina il volume del tronco di piramide esagonale regolare inscritto nel tronco di cono. [$2850\sqrt{3}$ cm^3]

325 ●● Un trapezio isoscele di perimetro 18 cm è circoscritto a un semicerchio il cui diametro è i $\frac{4}{5}$ della base maggiore del trapezio. Determina il rapporto fra i volumi dei solidi ottenuti facendo ruotare di 180° il trapezio e il semicerchio intorno alla retta congiungente i punti medi delle basi. [$\frac{39}{32}$]

326 ●● Determina il volume di un tetraedro regolare, sapendo che l'area della sezione del solido con un piano perpendicolare alla base e passante per uno spigolo laterale è $4\sqrt{2}$ cm^2. [$\frac{16\sqrt{2}}{3}$ cm^3]

ESERCIZI

327 •• EUREKA! B è una sfera di raggio $2r$ dal cui interno è stata tolta una sfera di raggio r. C è una sfera piena di raggio 1. Supponi che B e C abbiano lo stesso volume. Trova r.

(USA *Bay Area Math Meet, Bowl Sampler*)

$\left[\frac{1}{\sqrt[3]{7}}\right]$

328 •• Il solido nella figura è formato da un parallelepipedo rettangolo e da due piramidi regolari. Calcola il suo volume. [240 cm³]

$VK = 5$ cm
$A_t = 216$ cm²
$AE \cong \frac{2}{3} AB$

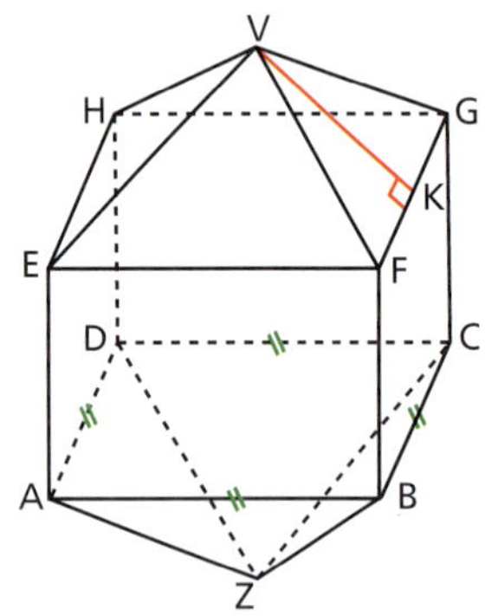

329 •• Un solido è costituito da un cilindro e da due coni congruenti aventi le basi coincidenti con quelle del cilindro. L'altezza del cilindro misura 5 cm e l'area della superficie totale del solido 620π cm². Sapendo che l'apotema del cono è i $\frac{13}{5}$ del raggio di base, calcola il volume del solido. [2100π cm³]

330 •• In un tronco di piramide quadrangolare regolare di apotema a, la somma di uno spigolo della base maggiore e di uno spigolo della base minore è $5a$ e il rapporto fra la superficie laterale e la differenza delle superfici delle due basi è 2. Determina il volume del tronco di cono circoscritto al tronco di piramide considerato. $\left[\frac{19\sqrt{3}\,\pi}{12}a^3\right]$

331 •• EUREKA! Una piramide a base quadrata ha il lato di base lungo $\sqrt{3}$ e tutti gli spigoli delle facce laterali sono lunghi $\sqrt{2}$. Quanti gradi misura l'angolo fra due spigoli non appartenenti alla stessa faccia laterale?

(*Olimpiadi di Matematica, Gara di 2° livello*, 2006)

[120°]

332 •• Un solido è formato da un prisma triangolare regolare e da un tetraedro regolare che ha per base una base del prisma. Sapendo che il volume del tetraedro è doppio di quello del prisma e che il volume del solido è 54 cm³, determina lo spigolo del tetraedro. [$6\sqrt[6]{2}$ cm]

333 •• Una piramide ha per base il triangolo isoscele AOB ($OA \cong OB$) e lo spigolo OV, congruente a OA, è perpendicolare alla base. Sulla sfera di centro O e raggio OV i semipiani contenenti le facce VOA e VOB individuano un fuso sferico di area $S = 54\pi$ cm². Sapendo che l'angolo $A\widehat{O}B = \frac{\pi}{3}$, calcola l'area totale della piramide.

$\left[\frac{81}{4}(4 + \sqrt{3} + \sqrt{7})\text{ cm}^2\right]$

334 •• Una piramide esagonale regolare ha l'apotema congruente ai $\frac{5}{3}$ dell'apotema di base. Sapendo che la misura dell'area della sua superficie laterale è $90k^2\sqrt{3}$, calcola la misura del volume del cono circoscritto alla piramide e il rapporto fra questo volume e quello della piramide. Tale rapporto varia al variare dell'altezza e del lato di base della piramide? $\left[48\sqrt{3}\,\pi k^3; \frac{2\pi\sqrt{3}}{9}; \text{no}\right]$

335 •• Osserva il cubo rappresentato nella figura e determina quale deve essere la lunghezza di AM affinché il prisma $AMNN'M'A'$ abbia l'area della superficie totale di $(256 + 96\sqrt{2})$ cm².

[8 cm]

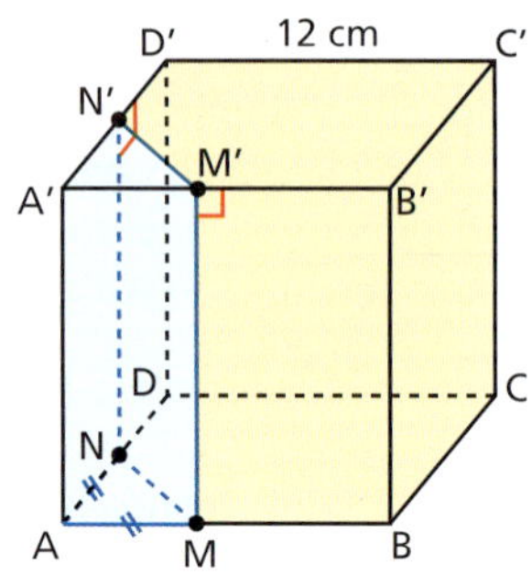

336 •• Il raggio di base di un cono di vertice V è lungo 10 cm e la superficie laterale è equivalente ai $\frac{13}{18}$ della superficie totale. Determina a quale distanza da V sull'asse del cono si deve prendere un punto P in modo che un altro cono di vertice P e base coincidente con quella del cono dato abbia superficie totale equivalente ai $\frac{10}{9}$ della superficie totale del cono dato. [$(20\sqrt{2} - 24)$ cm]

337 •• In un cono l'area della base è $400\pi k^2$ e l'altezza è i $\frac{3}{5}$ dell'apotema. Calcola il rapporto fra i volumi delle piramidi quadrangolari regolari circoscritta al cono e inscritta nel cono. Quanto deve valere k affinché la superficie laterale della piramide inscritta abbia area $20\sqrt{34}$ cm²? $\left[2; \frac{\sqrt{10}}{10}\text{ cm}\right]$

338 •• In una piramide quadrangolare regolare l'altezza è $\frac{2}{3}$ del lato di base e il volume è 384 cm^3. Determina lo spigolo del cubo inscritto nella piramide e avente una faccia che giace sulla base della piramide stessa. $\left[\frac{24}{5}\text{ cm}\right]$

MATEMATICA AL COMPUTER

Geometria solida Il cono nella figura ha altezza 10 cm e raggio di base di 3 cm. È intersecato dal piano π parallelo alla sua base e distante x dal vertice. Proiettando l'intersezione tra piano e cono sulla base del cono si ottiene un cilindro.
Determiniamo x affinché il rapporto fra i volumi del solido colorato nella figura e del cono di partenza sia k. Rispondiamo ponendo $k = 0{,}40$.

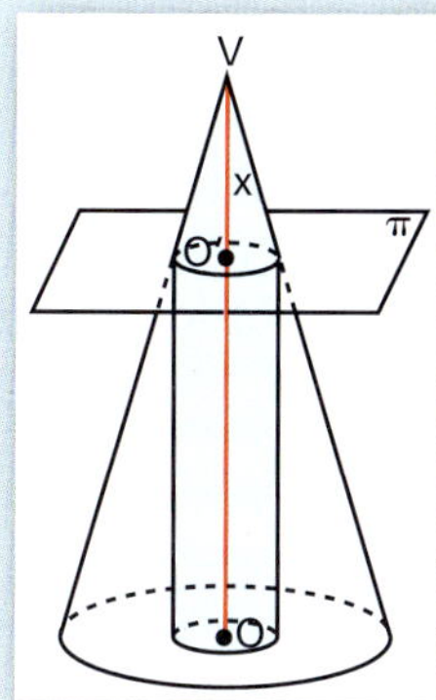

Risoluzione – 6 esercizi in più

339 •• Il cilindro nella figura ha superficie totale di area $16\pi(3+4\sqrt{3})$ cm^2. Determina il volume del solido risultante dalla differenza tra il cilindro e i due coni. $[128\sqrt{2}\,\pi\text{ cm}^3]$

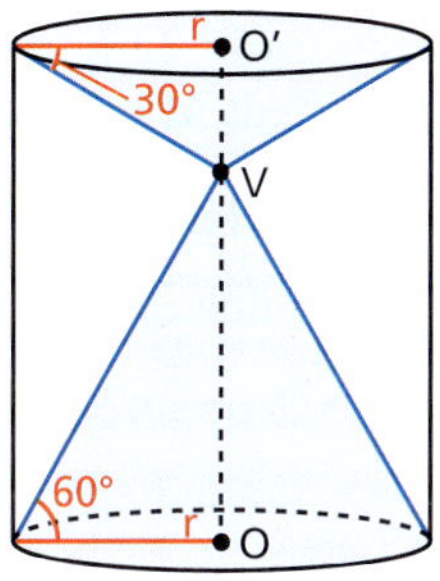

340 •• L'area della superficie laterale di un cilindro è 120π cm^2 e l'altezza è i $\frac{12}{5}$ del raggio. Prendi sull'asse OO' del cilindro un punto V tale che $\overline{OV} : \overline{O'V} = 5:7$. Determina la somma dei volumi delle due piramidi aventi per vertice V e per base i quadrati inscritti in ciascuna base del cilindro. Dimostra inoltre che tale somma non varia al variare di V su OO'. $[200\text{ cm}^3]$

341 •• In una sfera un piano secante divide il diametro AB, a esso perpendicolare, in due parti che stanno fra loro come 16 sta a 9. Sapendo che la superficie del solido costituito dai due coni aventi per base comune il cerchio sezione e per vertici i punti A e B ha area $84\pi l^2$, calcola il volume della sfera. $\left[\frac{625\sqrt{5}}{6}\pi l^3\right]$

342 •• REALTÀ E MODELLI **Palazzo della Regione** Il grattacielo del Palazzo della Regione Lombardia ha la pianta che si può approssimare a una parte di corona circolare il cui raggio maggiore è circa 78 m e quello minore circa 60 m. Determina il volume del grattacielo, sapendo che la corda corrispondente all'arco di circonferenza maggiore misura circa 85 m e l'altezza dell'edificio è 161,3 m. $[\simeq 231 \cdot 10^3\text{ m}^3]$

343 •• Una calotta e una zona sferica appartenenti alla stessa sfera giacciono su semispazi opposti rispetto alla base comune e sono equivalenti. Sapendo che l'altezza della calotta è 5 cm e l'area 80π cm^2, determina i raggi delle due basi della zona sferica e le distanze dei loro centri da quello della sfera. $[r_1 = \sqrt{55}\text{ cm}; r_2 = 2\sqrt{15}\text{ cm}; d_1 = 3\text{ cm}; d_2 = 2\text{ cm}]$

344 •• Data una calotta avente altezza h e raggio di base r, esprimi in funzione di essi:

a. il raggio della sfera a cui appartiene;

b. l'area della calotta.

$\left[\text{a) } \frac{h^2+r^2}{2h};\ \text{b) } \pi(h^2+r^2)\right]$

345 Un cono con apotema $a = 6$ cm e semiapertura $\alpha = 30°$ ha una cavità a forma di segmento sferico a una base. La base del segmento coincide con la base del cono e la calotta è tangente alla superficie laterale del cono. Calcola il volume della parte piena del cono. $[4\sqrt{3}\pi \text{ cm}^3]$

346 Un settore sferico appartiene a una sfera di raggio 2 cm e la sua semiapertura è 60°. Calcola la superficie totale e il volume. $\left[2(\sqrt{3}+2)\pi \text{ cm}^2; \frac{8\pi}{3} \text{ cm}^3\right]$

347 YOU & MATHS A ping-pong ball of radius 1 and a bowling ball are in an empty cubical room. The bowling ball is trying to crush the ping-pong ball so the ping-pong ball hides in the corner. If the bowling ball can not reach the ping-pong ball, the radius of the big bowling ball must be greater than:

A $\frac{\sqrt{2}+1}{\sqrt{2}-1}$

B $\frac{\sqrt{3}+1}{\sqrt{3}-1}$

C $\frac{\sqrt{3}-1}{\sqrt{3}+1}$

D $\frac{\sqrt{3}}{2}+1$

E $3+2\sqrt{2}$

(USA *Indiana University of Pennsylvania, Mathematics Competition*)

348 Una piramide ha per base il triangolo ABC rettangolo in B tale che $\sin B\widehat{A}C = \frac{3}{5}$, e ha per altezza il segmento BV congruente a BC e di lunghezza 6. Determina un punto H sullo spigolo AB in modo che, detto D il punto di intersezione tra la perpendicolare al piano di base della piramide passante per H e lo spigolo AV, il volume della piramide di vertice H e base la sezione della piramide data con il piano parallelo al piano di base passante per D sia pari ai $\frac{3}{64}$ del volume di $ABCV$. $[\overline{BH} = 2 \text{ oppure } \overline{BH} = 3+\sqrt{21}]$

349 In una piramide $ABCDV$ la base $ABCD$ è un quadrato di lato 3, la faccia ABV è un triangolo equilatero, e il piede H dell'altezza HV si trova sul segmento che congiunge i punti medi M e N degli spigoli AB e CD. Detta K la proiezione di H sulla faccia ABV, determina la posizione di H in modo che $\overline{HK} = \frac{\sqrt{6}}{2}$. Calcola poi il volume del tronco di piramide che si ottiene secando la piramide con il piano parallelo al piano di base passante per K. $\left[\overline{HM} = \frac{3}{2} \text{ e } V = \frac{19}{6}\sqrt{2} \text{ oppure } \overline{HM} = \frac{3}{2}\sqrt{2} \text{ e } V = \frac{13}{3}\right]$

350 REALTÀ E MODELLI **Castel del Monte** L'ottagono è il motivo geometrico ricorrente di Castel del Monte, che si trova ad Andria in Puglia. La pianta dell'edificio è ottagonale, così come il cortile interno e le torri situate agli angoli.
Date le misure seguenti, calcola il volume complessivo occupato dal corpo centrale e dalle torri:

- lato esterno (distanza tra due torri successive) = 10,30 m;
- altezza = 20,50 m;
- lato medio del cortile interno = 7,40 m circa;
- lato torre = 2,70 m;
- altezza torre = 24 m.

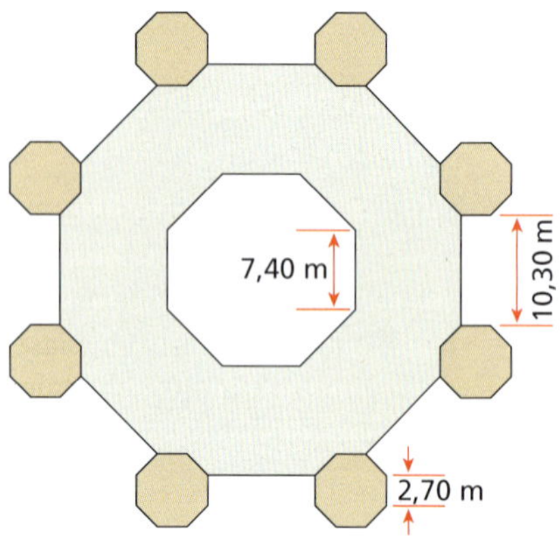

$[V_{\text{torre}} \simeq 845 \text{ m}^3; V_{\text{corpo}} \simeq 24\,398 \text{ m}^3]$

VERIFICA DELLE COMPETENZE ALLENAMENTO

CONFRONTARE E ANALIZZARE FIGURE GEOMETRICHE

1 VERO O FALSO?

a. Due rette perpendicolari a uno stesso piano sono fra loro parallele. V F

b. Se due piani hanno tre punti in comune, allora sono coincidenti. V F

c. Per un punto P di una retta r passano infinite rette perpendicolari a r. V F

d. Tutte le sezioni di un diedro retto sono angoli retti. V F

TEST

2 Una delle seguenti affermazioni relative al parallelepipedo rettangolo è *vera*. Quale?

A Si dice diagonale un segmento congiungente due vertici non appartenenti allo stesso spigolo.

B Le basi sono quadrati.

C Le diagonali sono congruenti.

D È un poliedro regolare.

E Le diagonali sono 16.

3 Nella piramide $ABCV$ la base ABC è un triangolo equilatero di lato l, lo spigolo AV è perpendicolare alla base e il volume misura $\frac{3}{4}l^3$. Allora possiamo dire che:

A $\overline{AV} = l\sqrt{3}$.

B le facce laterali hanno uguale altezza $h_1 = 3\sqrt{3} \cdot l$.

C la faccia BCV è un triangolo equilatero.

D $\overline{CV} = 2\sqrt{7} \cdot l$.

E l'area della faccia BCV è uguale a $\frac{\sqrt{3}}{4}l^2$.

4 Un quadrato $ABCD$ giace sul piano α. Traccia la retta per A perpendicolare ad α e considera su di essa un punto P tale che AP sia congruente al lato del quadrato. Congiungi P con B, C e D. Che solido ottieni? Cosa puoi dire delle sue facce?

5 Due punti A e B appartengono rispettivamente a due rette sghembe a e b. Sia α il piano individuato da A e b e β quello individuato da B e a. Qual è l'intersezione fra α e β?

6 Un quadrato è una figura unita rispetto a una rotazione di angolo α intorno a una retta r nello spazio. Cosa puoi dire su r e sul piano su cui giace il quadrato? Quanto può valere α? $\left[\alpha = k\frac{\pi}{2}, \text{con } k \in \mathbb{N}\right]$

7 Individua e disegna i piani di simmetria:

a. di un cilindro; b. di un cono; c. di una sfera.

8 In quali casi un prisma con n facce laterali ammette un centro di simmetria?

Disegna e descrivi i solidi ottenuti dalla rotazione di 360° delle seguenti figure intorno all'asse r.

9

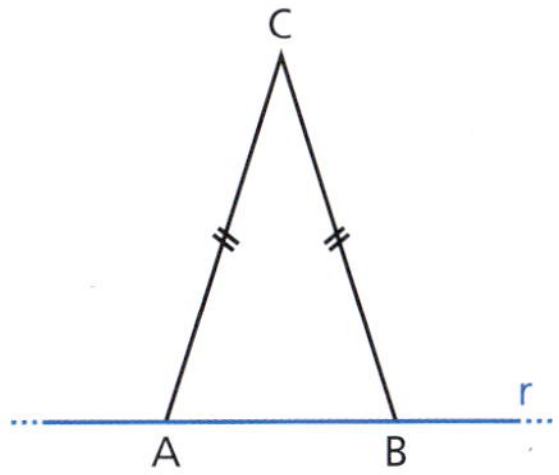

10

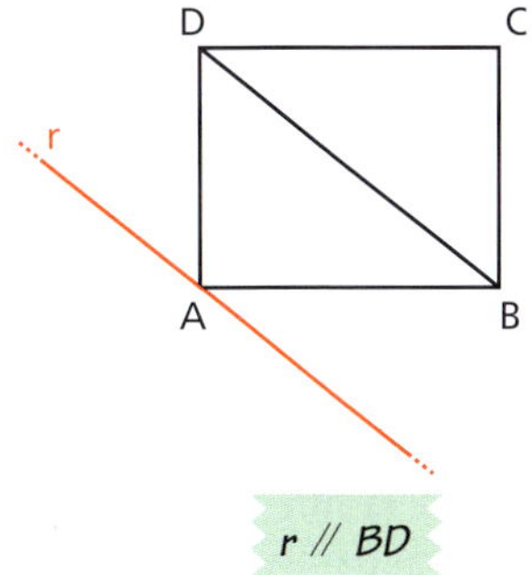

11

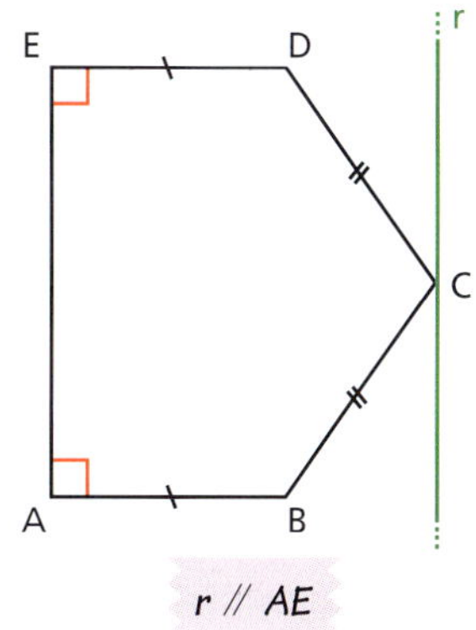

12 Osserva il cilindro in figura.

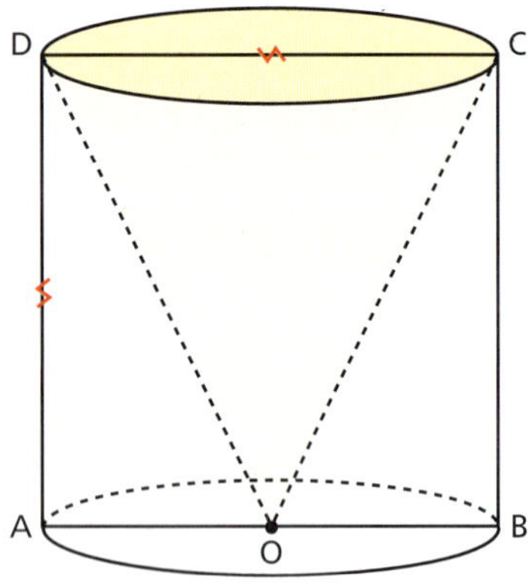

a. È un cilindro equilatero?

b. Il cono di vertice O è un cono equilatero?

c. Qual è il rapporto fra il volume del cilindro e quello del cono?

d. Quale angolo forma la retta BD con il piano su cui giace la base di centro O?

13 Osserva la piramide in figura.

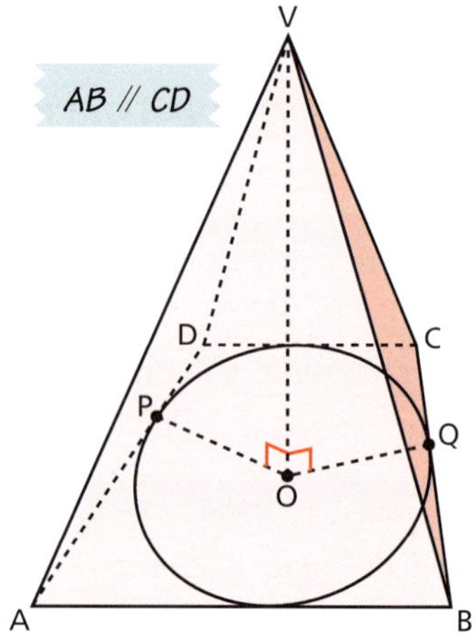

a. È una piramide retta? È regolare?

b. La retta AB è parallela al piano VDC?

c. Descrivi l'intersezione tra i piani ADV e BCV.

d. Qual è l'angolo formato dalle rette VQ e BC?

RISOLVERE PROBLEMI

14 Determina l'ampiezza del diedro formato da due facce laterali di un prisma pentagonale regolare. [108°]

15 Calcola la lunghezza della diagonale di un parallelepipedo rettangolo inscritto in un cilindro di altezza 15 cm e con raggio di base di 3 cm. [$3\sqrt{29}$ cm]

16 Osserva la piramide regolare sotto e calcola il perimetro del triangolo MVC, sapendo che l'altezza della piramide è di 30 cm. [$6(2\sqrt{5}+\sqrt{29}+\sqrt{33})$ cm]

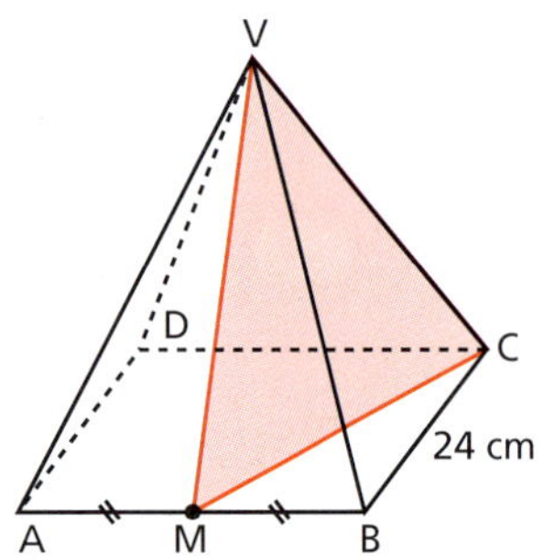

17 Un parallelepipedo rettangolo ha gli spigoli di lunghezza 4 cm, 8 cm e 10 cm. Calcola la lunghezza del raggio della sfera circoscritta al parallelepipedo. [$3\sqrt{5}$ cm]

18 Un cilindro ha volume di 81π cm^3 e area laterale di 54π cm^2. Determina l'altezza del cilindro. [9 cm]

19 Una piramide retta a base quadrata ha l'apotema lungo 12 cm e inclinato di 45° rispetto al piano della base. Calcola le misure dell'area laterale e del volume della piramide. [$288\sqrt{2}$ cm^2; $576\sqrt{2}$ cm^3]

20 Determina i volumi dei solidi ottenuti facendo ruotare il triangolo ABC di 360° intorno alle rette AB e BC. [54π cm^3; $18\sqrt{3}\,\pi$ cm^3]

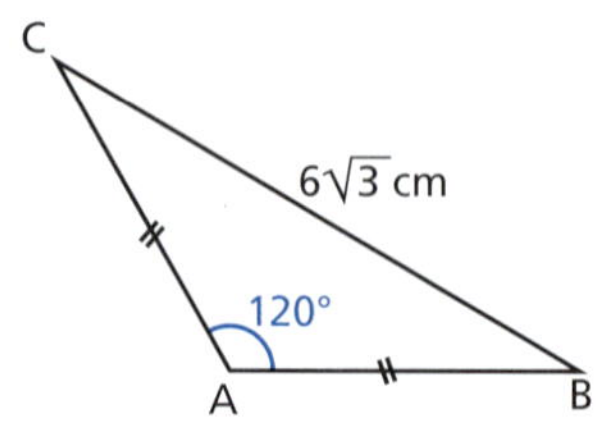

21 Sulle sei facce di un cubo con spigolo di 8 cm sono posizionate altrettante semisfere di diametro congruente allo spigolo del cubo. Calcola l'area della superficie totale. [$96(4+\pi)$ cm^2]

22 Un prisma esagonale regolare ha l'altezza di $9\sqrt{3}$ cm. Quanto è lungo lo spigolo di base, sapendo che l'area della superficie totale è $840\sqrt{3}$ cm^2? [10 cm]

23 Un parallelepipedo retto ha per base un rombo le cui diagonali hanno rapporto uguale a $\frac{3}{4}$. L'altezza è uguale alla semisomma delle diagonali di base e il volume è 168 dm^3. Calcola l'area della superficie totale del parallelepipedo. [188 dm^2]

24 Il lato AD perpendicolare alle basi di un trapezio rettangolo $ABCD$ è lungo 4 cm, la differenza fra le basi è 3 cm e la base minore CD è i $\frac{2}{3}$ della maggiore. Conduci per B la retta perpendicolare alle basi e ruota il trapezio attorno a questa retta di un angolo giro. Calcola l'area della superficie totale del solido ottenuto. Calcola inoltre il rapporto fra il volume di tale solido e il volume del solido ottenuto dalla rotazione completa del trapezio attorno alla base maggiore. $\left[240\pi\ cm^2; \frac{39}{14}\right]$

25 Una piramide regolare a base esagonale ha l'apotema di 30 dm e l'area della superficie totale di $1728\sqrt{3}$ dm^2. Calcola l'altezza della piramide. [24 dm]

26 In un cono la superficie laterale è equivalente a $\frac{13}{18}$ della superficie totale e il raggio di base è 3 cm. Sia P un punto dell'asse del cono; a che distanza dal vertice del cono deve essere preso P in modo che un altro cono di vertice P e base coincidente con quella del cono dato abbia superficie totale equivalente a $\frac{20}{27}$ della superficie totale del cono dato? $\left[\frac{16}{5}\ cm\right]$

27 Un parallelepipedo rettangolo ha volume uguale al volume di un cubo la cui diagonale è $6\sqrt{3}$ cm e la sua altezza è 8 cm. Sapendo che uno spigolo di base è $\frac{1}{3}$ dell'altro, determina l'area della superficie totale del parallelepipedo. [246 cm^2]

28 Una piramide regolare a base quadrata ha l'area della superficie totale di 384 cm^2 e l'altezza è $\frac{4}{5}$ dell'apotema. A quale distanza dal vertice si deve condurre un piano parallelo alla base affinché il rapporto fra il volume della piramide che quel piano stacca dalla piramide data e il volume del tronco rimanente sia $\frac{1}{63}$? [2 cm]

VERIFICA DELLE COMPETENZE VERSO L'ESAME

ARGOMENTARE E DIMOSTRARE

29 I prismi regolari sono anche poliedri regolari? Motiva la risposta e porta qualche esempio.

30 Date un esempio di solido la cui superficie laterale è 7π.

(Esame di Stato, Liceo scientifico, Scuole italiane all'estero (Europa), Sessione ordinaria, 2003, quesito 1)

31 Provate che la superficie totale di un cilindro equilatero sta alla superficie della sfera a esso circoscritta come 3 sta a 4.

(Esame di Stato, Liceo scientifico, Corso di ordinamento, Sessione ordinaria, 2004, quesito 2)

32 Sia AB un segmento di lunghezza 20 dm. Si determini il luogo dei punti C dello spazio tali che $A\widehat{B}C$ sia retto e $B\widehat{A}C$ misuri 60°.

(Esame di Stato, Liceo scientifico, Scuole italiane all'estero (Europa), Sessione ordinaria, 2012, quesito 7)

33 Quali sono i poliedri regolari? Perché sono detti anche solidi platonici?

(Esame di Stato, Liceo scientifico, PNI, Sessione suppletiva, 2013, quesito 2)

34 Si spieghi perché non esistono poliedri le cui facce sono esagoni.

(Esame di Stato, Liceo scientifico, Corso di ordinamento, Sessione ordinaria, 2014, quesito 2)

35 ●○ La capacità di un serbatoio è pari a quella del cubo inscritto in una sfera di un metro di diametro. Quanti sono, approssimativamente, i litri di liquido che può contenere il serbatoio?

(*Esame di Stato, Liceo scientifico, Corso di ordinamento, Sessione ordinaria*, 2006, *quesito* 4)

$\left[V = \frac{1000}{3\sqrt{3}}\,\text{dm}^3 \simeq 192 \text{ litri}\right]$

36 ●○ Si considerino un tronco di piramide quadrangolare regolare, la cui base maggiore abbia area quadrupla della minore, e un piano α equidistante delle basi del tronco. Dire se i dati sono sufficienti per calcolare il rapporto fra i volumi dei due tronchi in cui il tronco dato è diviso dal piano α.

(*Esame di Stato, Liceo scientifico, Corso di ordinamento, Sessione straordinaria*, 2005, *quesito* 1)

[sì]

37 ●○ Di due rette a, b – assegnate nello spazio ordinario – si sa soltanto che entrambe sono perpendicolari a una stessa retta p.

a. È possibile che le rette a, b siano parallele?

b. È possibile che le rette a, b siano ortogonali?

c. Le rette a, b sono comunque parallele?

d. Le rette a, b sono comunque ortogonali?

Per ciascuna delle quattro domande motivare la relativa risposta.

(*Esame di Stato, Liceo scientifico, Corso di ordinamento, Sessione suppletiva*, 2002, *quesito* 10)

[a) sì; b) sì; c) no; d) no]

38 ●○ Un tetraedro regolare e un cubo hanno superfici equivalenti. Si determini il rapporto dei rispettivi spigoli.

(*Esame di Stato, Liceo scientifico, Scuole italiane all'estero (Europa)*, 2009, *quesito* 1)

$[\sqrt[4]{12}]$

39 ●○ Si dimostri che il volume del cilindro equilatero inscritto in una sfera di raggio r è medio proporzionale fra il volume del cono equilatero inscritto e il volume della sfera.

(*Esame di Stato, Liceo scientifico, Corso sperimentale, Sessione suppletiva*, 2008, *quesito* 6)

40 ●○ È dato un tetraedro regolare di spigolo l e altezza h. Si determini l'ampiezza dell'angolo α formato da l e h.

(*Esame di Stato, Liceo scientifico, Corso di ordinamento, Sessione ordinaria*, 2012, *quesito* 7)

$[\simeq 35°16']$

41 ●○ Il kilogrammo campione è un cilindro di platino-iridio, che ha un diametro di 39 mm ed è alto 39 mm. Qual è la densità in g/cm^3 della lega che è stata usata per costruirlo?

(*Esame di Stato, Liceo scientifico, Corso di ordinamento, Sessione straordinaria*, 2014, *quesito* 8)

$[21{,}5 \text{ g/cm}^3]$

42 ●● **EUREKA!** Un dodecaedro è un solido regolare con 12 facce pentagonali. Una diagonale di un solido è un segmento che ha per estremi due vertici del solido che non appartengono ad una stessa faccia. Quante sono le diagonali del dodecaedro?

(*Olimpiadi di Matematica, Gara di 2° livello*, 2003)

[100]

43 ●● Una piramide quadrangolare regolare è tale che la sua altezza è il doppio dello spigolo di base. Calcolare il rapporto fra il volume del cubo inscritto nella piramide e il volume della piramide stessa.

(*Esame di Stato, Liceo scientifico, Corso di ordinamento, Sessione straordinaria*, 2006, *quesito* 2)

$\left[\frac{V_c}{V_p} = \frac{4}{9}\right]$

44 ●● Il rapporto fra la base maggiore e la base minore di un trapezio isoscele è 4. Stabilire, fornendone ampia spiegazione, se si può determinare il valore del rapporto tra i volumi dei solidi ottenuti facendo ruotare il trapezio di un giro completo dapprima intorno alla base maggiore e poi intorno alla base minore o se i dati a disposizione sono insufficienti.

(*Esame di Stato, Liceo scientifico, Corso di ordinamento, Sessione ordinaria*, 2002, *quesito* 1)

45 ●● Dimostrare che se tre rette distinte dello spazio passano per uno stesso punto O e ciascuna di esse interseca una quarta retta in un punto distinto da O, allora le quattro rette sono complanari.

(*Esame di Stato, Liceo scientifico, Scuole italiane all'estero (America Emisfero boreale), Sessione suppletiva*, 2003, *quesito* 3)

46 ●● Si determini, se esiste, un cono circolare retto tale che il suo volume e la sua superficie totale abbiano lo stesso valore numerico.

(*Esame di Stato, Liceo scientifico, Scuole italiane all'estero (Europa), Sessione ordinaria*, 2014, *quesito* 1)

$\left[a = \frac{r^3 + 9r}{r^2 - 9}, r > 3\right]$

47 ●● Si trovi la capacità in litri della sfera inscritta in un cono di raggio di base 6 dm e altezza 9 dm.

(*Esame di Stato, Liceo scientifico, Scuole italiane all'estero (Americhe), Sessione ordinaria*, 2014, *quesito* 6)

$[\simeq 139 \text{ L}]$

48 ●● Dimostrare che, se due piani sono perpendicolari, ogni retta perpendicolare a uno di essi è parallela all'altro o è contenuta in esso.
Si può concludere che ogni retta parallela ad uno dei due piani è perpendicolare all'altro? Fornire una esauriente spiegazione della risposta.

(*Esame di Stato, Liceo scientifico, Corso di ordinamento, Sessione straordinaria*, 2004, *quesito* 2)

49 ●● Dopo aver fornito la definizione di «rette sghembe», si consideri la seguente proposizione: «Comunque si prendano nello spazio le tre rette x, y, z, due a due distinte, se x ed y sono sghembe e, così pure, se sono sghembe y e z allora anche x e z sono sghembe». Dire se è vera o falsa e fornire una esauriente spiegazione della risposta.

(*Esame di Stato, Liceo scientifico, Corso di ordinamento, Sessione ordinaria*, 2003, *quesito* 1)

[falsa]

50 ●● Si consideri la seguente proposizione: «Se due solidi hanno uguale volume, allora, tagliati da un fascio di piani paralleli, intercettano su di essi sezioni di uguale area». Si dica se essa è vera o falsa e si motivi esaurientemente la risposta.

(*Esame di Stato, Liceo scientifico, Corso di ordinamento, Sessione ordinaria*, 2008, *quesito* 1)

[falsa]

51 ●● Un cono rotondo ha altezza $h = 5$ dm e raggio $r = 3$ dm. Si vuole diminuire la prima di quanto si aumenta il secondo in modo che il volume del cono aumenti del 30%. Si dica se la questione ammette soluzioni e, in caso affermativo, si dica quali sono.

(*Esame di Stato, Liceo scientifico, Scuole italiane all'estero (Europa), Sessione ordinaria*, 2013, *quesito* 6)

52 ●● Un ottaedro regolare di alluminio (densità $\rho = 2{,}7$ g/cm^3), avente lo spigolo $l = 5$ cm, presenta all'interno una cavità di forma cubica. Sapendo che la massa dell'ottaedro è $m = 155$ g, si calcoli la lunghezza dello spigolo della cavità.

(*Esame di Stato, Liceo scientifico, Corso di ordinamento, Sessione suppletiva*, 2012, *quesito* 7)

[$\simeq 1{,}15$ cm]

53 ●● Un tetraedro regolare di rame (densità $\rho = 8{,}9$ g/cm^3), avente lo spigolo $l = 6$ cm, presenta all'interno una cavità di forma sferica. Sapendo che la massa del tetraedro è $m = 200$ g, si calcoli la lunghezza del raggio della cavità.

(*Esame di Stato, Liceo scientifico, Corso di ordinamento, Sessione straordinaria*, 2012, *quesito* 8)

[$\simeq 0{,}9$ cm]

54 ●● Un cono di nichel (densità $\rho_1 = 8{,}91$ g/cm^3) ha il raggio di base di 15 cm e l'altezza di 20 cm. Da questo cono se ne taglia via un altro, avente l'altezza di 5 cm, che viene sostituito da un cilindro di alluminio (densità $\rho_2 = 2{,}70$ g/cm^3), che ha la stessa altezza del cono piccolo e la base uguale alla base minore del tronco di cono residuo. Si dica se la massa m_2 del solido così ottenuto è maggiore o minore di quella m_1 del cono di partenza.

(*Esame di Stato, Liceo scientifico, Corso sperimentale, Sessione suppletiva*, 2013, *quesito* 6)

55 ●● Un cono equilatero di piombo (densità $\rho = 11{,}34$ g/cm^3), avente il raggio $r = 5$ cm, presenta all'interno una cavità di forma irregolare e ha la massa $m = 2$ kg. Si scelga a caso un punto all'interno del cono. Si determini la probabilità che tale punto risulti esterno alla cavità.

(*Esame di Stato, Liceo scientifico, Corso sperimentale, Sessione straordinaria*, 2013, *quesito* 9)

[78%]

COSTRUIRE E UTILIZZARE MODELLI

56 ●● **Cono gelato** Stefano ha comprato un gelato composto da un cono di altezza 10 cm e diametro 4 cm totalmente riempito e da due palline di gelato alla frutta, che possiamo pensare come sfere di raggio 2,5 cm.

a. Quanto dovrebbe essere alta una coppetta cilindrica di diametro 6 cm se Stefano volesse trasferirvi tutto il gelato?

b. Quanta carta occorre per avvolgere il cono per evitare di sporcarsi? E per avvolgere la coppetta?

c. Se il gelato ha densità 2 g/cm^3 e viene venduto a 12 €/kg, quale sarà il prezzo finale?

[a) $\simeq 6{,}1$ cm; b) $\simeq 64{,}1$ cm^2, $\simeq 115$ cm^2; c) € 4,15]

RISOLVIAMO UN PROBLEMA

Una piscina affollata

In figura sono riportate la vista dall'alto e la sezione di una piscina. La zona semicircolare a sinistra presenta un gradone, sempre a semicerchio, che rimane sott'acqua.

- Quanta acqua serve per riempire la piscina?
- La normativa impone che nella piscina possano stare al massimo due persone ogni 2 m^2. Quante persone può contenere la piscina?

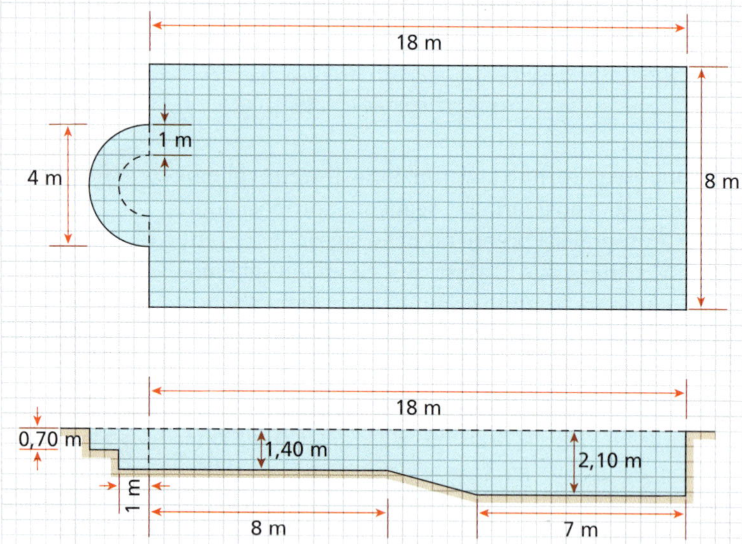

► **Calcoliamo il volume delle varie zone della piscina.**

Parte più profonda: parallelepipedo di dimensioni 8 m, 7 m, 2,10 m.

$$V_1 = 8 \cdot 7 \cdot 2{,}10 = 117{,}6 \text{ m}^3.$$

Parte inclinata: formata da un parallelepipedo di dimensioni 8 m, 3 m, 1,40 m e da metà di un parallelepipedo di dimensioni 8 m, 3 m, 0,70 m.

$$V_2 = 8 \cdot 3 \cdot 1{,}40 + \frac{8 \cdot 3 \cdot 0{,}70}{2} = 42 \text{ m}^3.$$

Parte meno profonda: parallelepipedo di dimensioni 8 m, 8 m, 1,40 m.

$$V_3 = 8 \cdot 8 \cdot 1{,}40 = 89{,}6 \text{ m}^3.$$

Parte semicircolare: formata da metà di un cilindro di altezza 0,70 m e raggio 2 m e metà di un cilindro di altezza 0,70 m e raggio 1 m.

$$V_4 = \frac{\pi \cdot 2^2 \cdot 0{,}70}{2} + \frac{\pi \cdot 1^2 \cdot 0{,}70}{2} \simeq 5{,}5 \text{ m}^3.$$

► **Calcoliamo la quantità d'acqua cercata.**

Il volume d'acqua corrisponde al volume totale della piscina:

$$V = V_1 + V_2 + V_3 + V_4 \simeq 254{,}7 \text{ m}^3.$$

Sono necessari 254,7 m^3 d'acqua per riempire la piscina.

► **Calcoliamo l'area coperta dalla piscina.**

Osservando la vista dall'alto della piscina ricaviamo:

$$A = 8 \cdot 18 + \frac{\pi \cdot 2^2}{2} \simeq 150{,}3 \text{ m}^2.$$

► **Determiniamo la capienza massima della piscina.**

$$150{,}3 : 2 = 75{,}15$$

La piscina può contenere al massimo 75 persone contemporaneamente.

57 •• **Spremuta d'arancia** Un'arancia ha circa la forma di una sfera di raggio 4 cm.

a. Supponi che la buccia abbia uno spessore uniforme di 0,5 cm. Qual è il volume della polpa?

b. Inizi a sbucciare l'arancia asportando una parte corrispondente a un segmento sferico di altezza 0,5 cm. Che percentuale dell'intera buccia hai asportato?

c. Supponendo che una spremuta converta in succo l'80% della polpa interna, quanti millilitri di spremuta si ricavano spremendo due arance identiche a quella descritta? [a) $\simeq$ 180 cm^3; b) 3,4%; c) $\simeq$ 288 mL]

INDIVIDUARE STRATEGIE E APPLICARE METODI PER RISOLVERE PROBLEMI

58 Considera il seguente cubo.

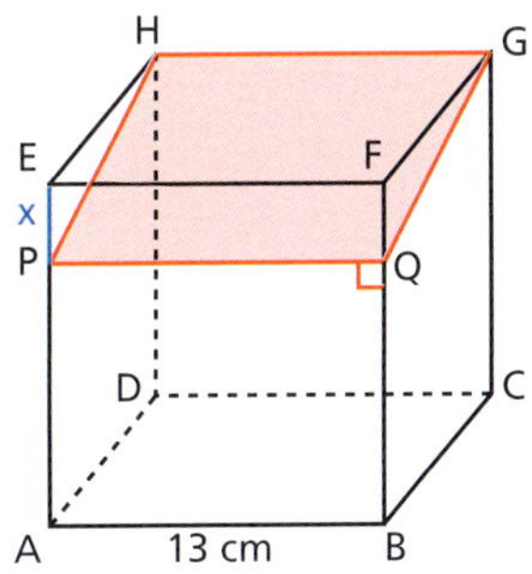

a. Dimostra che i punti P, Q, G e H sono complanari. Che tipo di quadrilatero è $PQGH$?

b. Determina per quale valore di x il rapporto fra i volumi dei prismi di basi PEH e $APHD$ che compongono il cubo è $\frac{2}{11}$.

c. Calcola l'area della superficie totale del prisma di base $APHD$ per il valore di x trovato.

[b) 4 cm; c) $13(57+\sqrt{185})$ cm^2]

59 La diagonale maggiore di un prisma esagonale regolare è lunga $d = \sqrt{6}$ cm e forma un angolo di 45° con lo spigolo laterale.

a. Calcola il volume del prisma.

b. Determina l'angolo β che la diagonale forma con lo spigolo di base.

$\left[\text{a) } \frac{27}{8} \text{ cm}^3; \text{ b) } \cos\beta = \frac{\sqrt{2}}{4}\right]$

60 Una piramide ha per base un rettangolo le cui diagonali hanno misura 4 e si incontrano nella proiezione del vertice sul piano di base. L'angolo che le diagonali formano con il lato maggiore della base è α, l'angolo che lo spigolo laterale forma con la diagonale è β.

a. Calcola il volume della piramide.

b. Determina il raggio della sfera circoscritta alla piramide.

$\left[\text{a) } \frac{16}{3}\sin 2\alpha \cdot \tan\beta; \text{ b) } \frac{2}{\sin 2\beta}\right]$

61 Un quadrato di lato l è inscritto nella base di un cono. L'angolo al vertice del triangolo isoscele con base sul lato del quadrato e vertice coincidente con quello del cono ha ampiezza 60°. Esprimi il volume e l'area totale del cono in funzione di l.

$\left[\frac{\sqrt{2}}{12}\pi l^3; \pi l^2 \frac{1+\sqrt{2}}{2}\right]$

62 Nella piramide rappresentata nella figura, lo spigolo BV è l'altezza e la faccia ACV forma un diedro di 45° col piano della base ABC. Calcola la distanza del vertice B dal piano ACV. [$4\sqrt{2}$ cm]

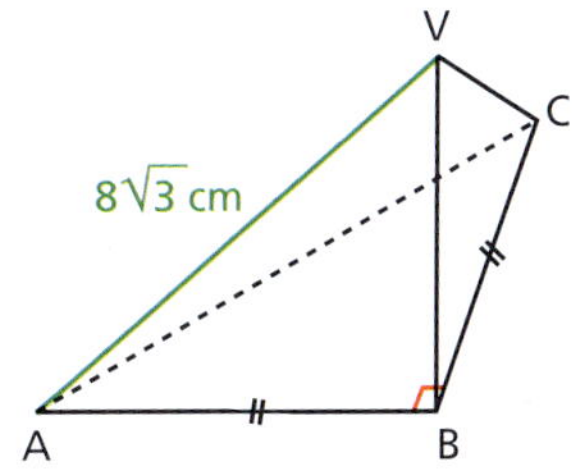

63 Una piramide di vertice V ha per base il triangolo ABC rettangolo in B. Lo spigolo VA è perpendicolare al piano della base e il piano della faccia VBC forma con lo stesso piano di base un angolo di 60°. Inoltre lo spigolo BC è lungo $\frac{5}{2}a$, dove a è una lunghezza data, e il volume della piramide è uguale a $\frac{5}{\sqrt{3}}a^3$.

a. Calcolare la lunghezza dello spigolo VA.

b. Controllato che essa è $2a\sqrt{3}$, calcolare la distanza del vertice B dal piano della faccia VAC.

(*Esame di Stato, Liceo scientifico, Scuole italiane all'estero (America Latina), Sessione ordinaria,* 2001, *dal problema* 2)

$\left[\text{b) } \frac{10\sqrt{41}}{41}a\right]$

64 Nella figura è rappresentato un parallelepipedo rettangolo che ha per basi dei quadrati di lato 4 cm e ha altezza di 6 cm.

a. Stabilisci di che natura sono i quadrilateri $DMPD'$ e $DMB'N$.

b. Il poliedro $DMPD'NB'$ è un prisma retto? Calcola il suo volume e verifica che è equivalente al prisma $AMDD'A'P$. [b) 24 cm^3]

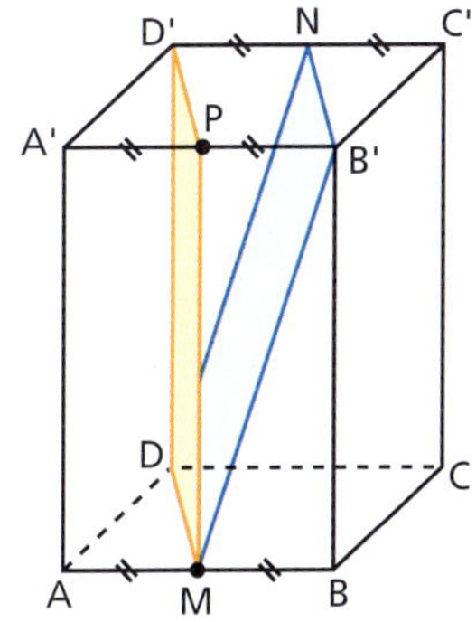

65 ●● Una piramide di vertice V, avente per base il trapezio rettangolo $ABCD$, è tale che:

- il trapezio di base è circoscritto a un semicerchio avente come diametro il lato AB perpendicolare alle basi del trapezio;
- lo spigolo VA è perpendicolare al piano di base della piramide;
- la faccia VBC della piramide forma un angolo di 45° col piano della base.

a. Indicato con E il punto medio del segmento AB, dimostrare che il triangolo CED è rettangolo.

b. Sapendo che l'altezza della piramide è lunga $2a$, dove a è una lunghezza assegnata, e che $BC = 2AD$, calcolare l'area e il perimetro del trapezio $ABCD$.

(Esame di Stato, Liceo scientifico, Corso di ordinamento, Sessione suppletiva, 2002, *dal problema* 2)

$\left[\text{b)}\ \frac{3}{2}\sqrt{2}\,a^2, a(3\sqrt{2}+2)\right]$

66 ●● Una piramide retta, di vertice V, ha per base il triangolo ABC, rettangolo in A, la cui area è $24a^2$, dove a è una lunghezza assegnata. Si sa inoltre che $\frac{AB}{BC} = \frac{3}{5}$ e che il piano della faccia VAB della piramide forma col piano della base ABC un angolo φ tale che $\sin\varphi = \frac{12}{13}$.

a. Calcolare l'altezza della piramide.

b. Controllato che essa è $\frac{24}{5}a$, calcolare la distanza del vertice C dal piano della faccia VAB.

(Esame di Stato, Liceo scientifico, Corso di ordinamento, Sessione suppletiva, 2001, *dal problema* 2)

$\left[\text{a)}\ \frac{24}{5}a;\ \text{b)}\ \frac{96}{13}a\right]$

67 ●● La piramide $ABCV$ ha altezza AV.

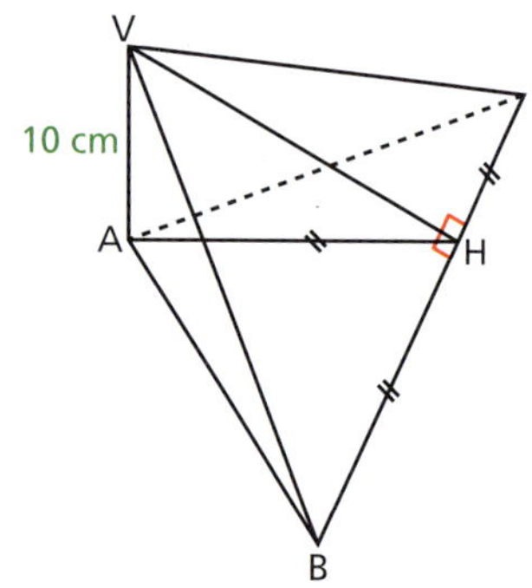

a. Sapendo che $VH \perp BC$, dimostra che anche $AH \perp BC$.

b. Dimostra che il triangolo ABC è rettangolo in A.

c. Sapendo che il piano BCV forma un diedro di 30° con il piano della base ABC, determina la distanza di A dal piano BCV.

$[\text{c)}\ 5\sqrt{3}\ \text{cm}]$

68 ●● Un cilindro C è circoscritto a una sfera di raggio r.

a. Determina i due valori che può assumere l'altezza di un cono inscritto nella sfera e avente area di base pari alla metà di quella del cilindro circoscritto alla sfera.

b. Dimostra che il cilindro C', inscritto nella sfera e avente basi di area pari a quella del cono inscritto, è equilatero.

c. Determina il rapporto fra i volumi di C e C'.

$\left[\text{a)}\ \frac{2\pm\sqrt{2}}{2}r;\ \text{b)}\ h' = 2r' = r\sqrt{2};\ \text{c)}\ 2\sqrt{2}\right]$

---

69 ●● Si consideri in un piano α un rettangolo $ABCD$ i cui lati BC ed AB misurano rispettivamente a e $2a$. Sia AEF, con $E \in AB$ ed $F \in CD$, un triangolo isoscele la cui base AE ha misura $2r$.
Il candidato:

a. dimostri che una retta s parallela ad AB, a distanza x da essa, interseca i triangoli AEF ed AEC secondo segmenti uguali;

b. detta C_1 la circonferenza di diametro AE e appartenente al piano γ passante per AB e perpendicolare ad α, e detti T_1 e T_2 i coni di base C_1 e vertici rispettivamente nei punti F e C, dimostri che le sezioni C_1' e C_2' di detti coni con il piano γ', passante per la retta s e parallelo al piano γ, sono circonferenze;

c. determini i volumi dei coni T_1 e T_2.

(Esame di Stato, Liceo scientifico, Corso sperimentale, Sessione ordinaria, 1997, *dal problema* 3)

$\left[\text{c)}\ V_{T_1} = V_{T_2} = \frac{1}{3}\pi r^2 a\right]$

70 ●●
Si consideri un tetraedro regolare T di vertici A, B, C, D.

a. Indicati rispettivamente con V ed S il volume e l'area totale di T e con r il raggio della sfera inscritta in T, trovare una relazione che leghi V, S ed r.

b. Considerato il tetraedro regolare T' avente per vertici i centri delle facce di T, calcolare il rapporto fra le lunghezze degli spigoli di T e T' e il rapporto fra i volumi di T e T'.

(*Esame di Stato, Liceo scientifico, Corso di ordinamento, Sessione ordinaria*, 2003, *dal problema* 1)

$\left[\text{a) } V = \frac{1}{3}Sr; \text{ b) } 3; 27\right]$

71 ●●
Un cateto di un triangolo rettangolo è lungo $2a$, dove a è una lunghezza nota, e l'angolo acuto adiacente a esso ha coseno uguale a $\frac{4}{5}$.

a. Condotta per il vertice dell'angolo retto una retta t che non attraversa il triangolo e indicata con x la misura dell'angolo che questa retta forma col cateto maggiore, esprimere in funzione di x il volume $V(x)$ del solido generato dal triangolo quando compie una rotazione completa intorno alla retta t.

b. Studiare la funzione $V(x)$ nel suo dominio e disegnarne il grafico in un piano cartesiano.

(*Esame di Stato, Liceo scientifico, Corso di ordinamento, Sessione ordinaria*, 1998, *dal problema* 3)

$\left[\text{a) } V(x) = \frac{1}{2}\pi a^3(4\sin x + 3\cos x), \text{ con } 0 \le x \le \frac{\pi}{2}\right]$

72 ●●
Una piramide ha per base il quadrato $ABCD$ di lato lungo 7 cm. Anche l'altezza VH della piramide è lunga 7 cm e il suo piede H è il punto medio del lato AB. Condurre per la retta AB il piano α che formi con il piano della base della piramide un angolo φ tale che $\cos\varphi = \frac{3}{5}$ e indicare con EF la corda che il piano α intercetta sulla faccia VCD della piramide.

a. Spiegare perché il quadrilatero convesso $ABEF$ è inscrivibile in una circonferenza γ.

b. Tale quadrilatero è anche circoscrivibile ad una circonferenza?

c. Calcolare i volumi delle due parti in cui la piramide data è divisa dal piano α.

(*Esame di Stato, Liceo scientifico, Corso di ordinamento, Sessione suppletiva*, 2004, *dal problema* 2)

$\left[\text{b) no; c) } 35 \text{ cm}^3, \frac{238}{3} \text{ cm}^3\right]$

73 ●●
Il rettangolo $ABCD$ è tale che la retta che congiunge i punti medi dei suoi lati più lunghi, AB e CD, lo divide in due rettangoli simili a quello dato. Tali lati hanno la lunghezza assegnata a.

a. Determinare la lunghezza dei lati minori del rettangolo.

b. Sulla retta condotta perpendicolarmente al piano del rettangolo nel punto medio del lato AD prendere un punto V in modo che il piano dei punti V, B, C formi col piano del rettangolo dato un angolo di coseno $\frac{2}{\sqrt{13}}$. Calcolare il volume della piramide di vertice V e base $ABCD$.

(*Esame di Stato, Liceo scientifico, Corso di ordinamento, Sessione ordinaria*, 2000, *dal problema* 2)

$\left[\text{a) } \frac{\sqrt{2}}{2}a; \text{ b) } \frac{\sqrt{2}}{4}a^3\right]$

74 ●●
In un piano α è assegnato il triangolo ABC, retto in B, i cui cateti AB e BC misurano rispettivamente 4 e 3. Si conduca per il punto A la perpendicolare al piano α e sia V un punto di questa per cui $VA = AB$.
Il candidato:

a. dimostri che, come tutte le altre facce del tetraedro $VABC$, anche la faccia VBC è un triangolo rettangolo, il cui angolo retto è $V\widehat{B}C$;

b. calcoli il volume e la superficie totale del tetraedro;

c. detti M il punto medio di VA e P un punto dello stesso segmento a distanza x da V, esprima in funzione di x il volume v del tetraedro $MPQR$, essendo Q ed R le rispettive intersezioni degli spigoli VB e VC con il piano β parallelo ad α e passante per P.

(*Esame di Stato, Liceo scientifico, Corso sperimentale, Sessione ordinaria*, 1999, *dal problema* 2)

$\left[\text{b) } V = 8, S_{\text{tot}} = 24 + 6\sqrt{2}; \text{ c) } v(x) = \frac{1}{8}x^2|x-2|\right]$

VERIFICA DELLE COMPETENZE PROVE

1 ora

PROVA A

1 VERO O FALSO?

a. Due rette parallele non sempre sono complanari. V F

b. Esiste almeno un poliedro regolare con facce esagonali. V F

c. Ogni prisma retto ha un centro di simmetria. V F

d. Un cubo ha 12 diedri retti. V F

e. Raddoppiando l'altezza di un prisma, il suo volume raddoppia. V F

2 Disegna e definisci il solido ottenuto dalla rotazione completa di un trapezio rettangolo intorno alla retta passante:

a. per il lato perpendicolare alle basi;

b. per la sua base maggiore.

3 Considera gli estremi non in comune dei tre spigoli uscenti da uno stesso vertice di un cubo con spigolo di lunghezza 7 cm. Calcola il perimetro del triangolo che definiscono.

4 Calcola l'area della superficie e il volume della sfera inscritta in un cubo con spigolo di 6 cm.

5 Una piramide retta ha per base un triangolo equilatero con lato di 10 cm. Sapendo che l'area della sua superficie totale è di $25(\sqrt{3}+12)\ \text{cm}^2$, calcola la lunghezza del suo apotema e il suo volume.

6 Un prisma retto ha per base un rombo con le diagonali di 3 cm e 8 cm e l'altezza lunga il doppio della diagonale maggiore del rombo. Calcola l'area di base di un cilindro alto 12 cm ed equivalente al prisma dato.

PROVA B

1 Osserva il parallelepipedo rettangolo.

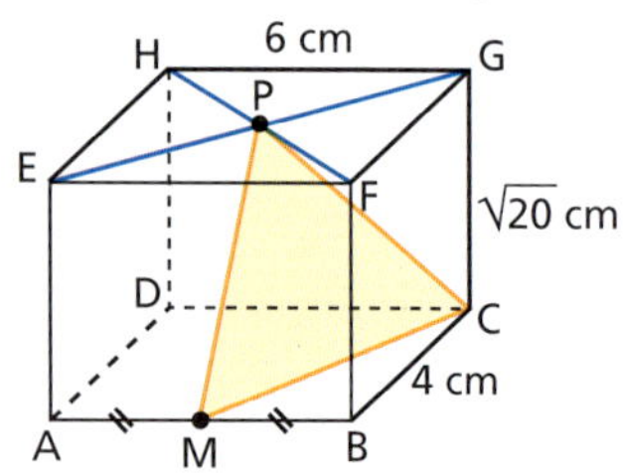

a. Calcola il perimetro del triangolo *PMC*.

b. I punti *P*, *M*, *C* e *G* sono complanari?

2 Un prisma esagonale retto ha la base di 50 cm². Calcola l'area di base di un cono equivalente al prisma e avente altezza doppia rispetto al prisma.

3 Una sfera e un cono equilatero sono equivalenti. Determina il rapporto fra i loro raggi.

4 Calcola il rapporto fra il volume di un cubo di spigolo *l* e il volume dell'ottaedro ottenuto unendo i centri delle facce del cubo.

5 In un cilindro l'altezza è $\frac{3}{2}$ del diametro di base e la superficie laterale è equivalente alla superficie di una sfera di raggio $\frac{5}{6}\sqrt{6}$ cm. Calcola il volume del cilindro.

6 In una piramide quadrangolare regolare gli spigoli laterali formano angoli di 60° con il piano della base. Il volume della piramide è di $18\sqrt{3}\ \text{cm}^3$. Calcola l'area del triangolo ottenuto sezionando la piramide con un piano passante per il vertice della piramide e per due vertici opposti del poligono di base.

PROVA C

Un cuore di bontà Alcuni cioccolatini possono essere modellizzati mediante tronchi di cono con diametri di base di 2,4 cm e 1,8 cm, e altezza congruente al diametro della base minore. Al loro interno c'è una cavità ripiena di caffè a forma di cilindro con raggio di base di 0,6 cm e altezza congruente alla metà dell'altezza del cioccolatino.

a. Determina la massima quantità di caffè, in millilitri, che può essere contenuta in un cioccolatino.

b. La densità del cioccolato è 1,1 g/cm^3. Quanti grammi di cioccolata contiene un cioccolatino?

c. Usando le stesse quantità di cioccolato e caffè, si vuole produrre un cioccolatino a forma di cilindro equilatero. Quale sarà l'altezza del nuovo prodotto?

d. Determina qual è la minima quantità di carta necessaria per incartare uno dei cioccolatini cilindrici del punto precedente.

PROVA D

1 Il trapezio in figura ruota di 180° intorno alla retta *MN*.

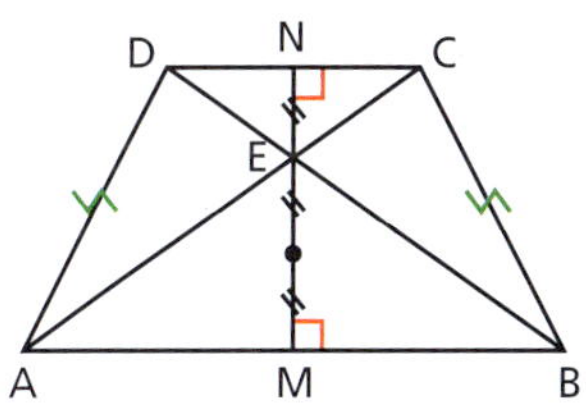

a. Determina il rapporto fra i volumi dei solidi generati dalla rotazione dei triangoli *ABE* e *CDE*.

b. Determina il rapporto fra i volumi dei solidi generati dalla rotazione del trapezio e dei triangoli *AED* e *BEC*.

2 Il cubo a fianco ha lo spigolo di 6 cm. Considera la piramide *DMNV* di vertice *V*.

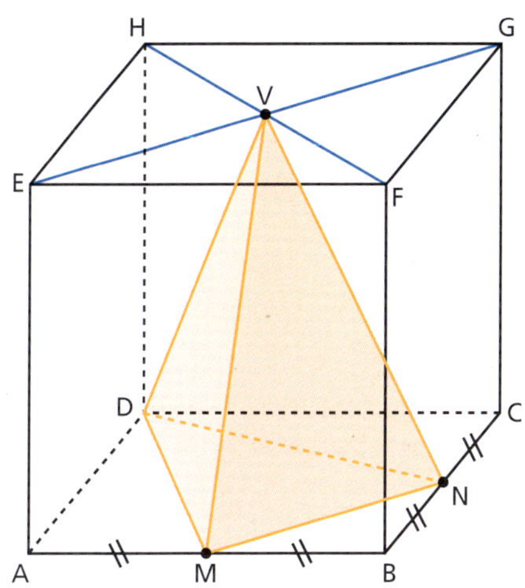

a. Spiega perché non è retta.

b. Verifica che tutte le sue facce sono triangoli isosceli.

c. Calcola l'area della sua superficie totale e il suo volume.

d. Calcola la distanza del punto *D* dal piano *MNV*.

CAPITOLO
20 GEOMETRIA ANALITICA NELLO SPAZIO

1 Coordinate nello spazio

▶ Esercizi a p. 1247

Sistema di riferimento cartesiano

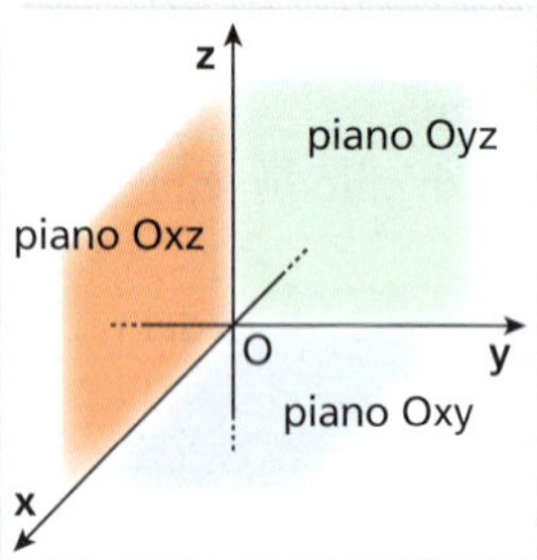

Lo spazio, analogamente al piano, può essere rappresentato con un riferimento di tipo cartesiano, utilizzando tre rette orientate x, y e z, a due a due perpendicolari, che si intersecano in un punto O, detto **origine** del sistema di riferimento. Le tre rette sono gli **assi coordinati** e sono orientate come nella figura. Gli assi definiscono tre piani Oxy, Oyz e Oxz, detti **piani coordinati**, che dividono lo spazio in otto parti, chiamate **ottanti**.

Punti nello spazio

Nel sistema di riferimento $Oxyz$ un punto P è individuato da una terna ordinata di numeri reali $(x_P; y_P; z_P)$, che sono le **coordinate** di P.

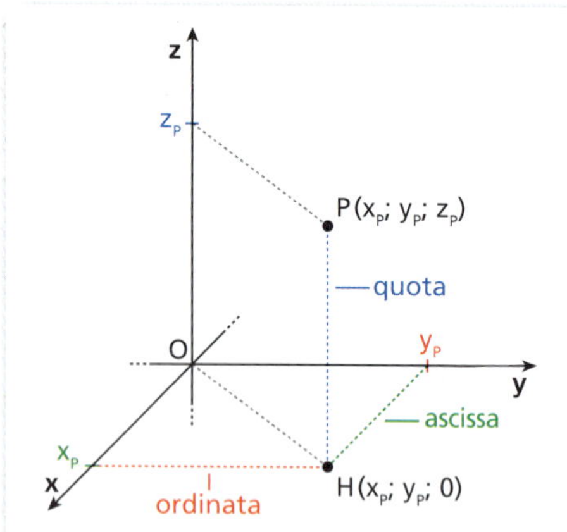

- x_P è l'**ascissa**, cioè la coordinata del punto di intersezione dell'asse x con il piano passante per P parallelo al piano Oyz.
- y_P è l'**ordinata**, cioè la coordinata del punto di intersezione dell'asse y con il piano passante per P parallelo al piano Oxz.
- z_P è la **quota**, cioè la coordinata del punto di intersezione dell'asse z con il piano passante per P parallelo al piano Oxy.

ESEMPIO

Il punto P della figura ha ascissa 2, ordinata 4 e quota 5. La sua proiezione A sul piano Oxy ha la stessa ascissa e la stessa ordinata, mentre la sua quota è 0.

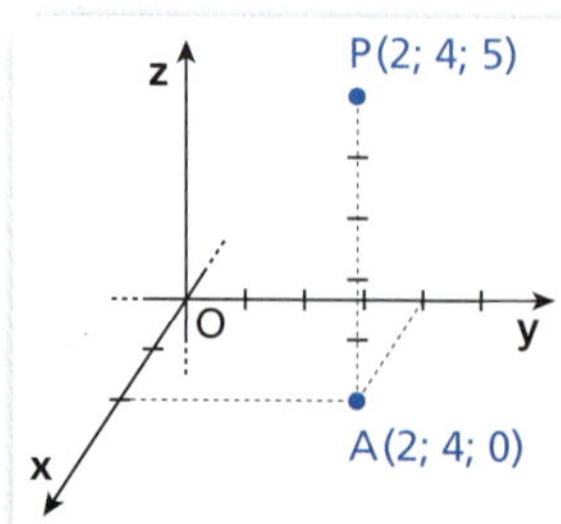

▶ Rappresenta i punti: $A(0; 1; 0)$, $B(2; 0; 1)$, $C(1; 3; -1)$.
Quali coordinate ha il punto proiezione di C sul piano Oxy?
E quelli proiezioni di C su Oxz e Oyz?

Distanza fra due punti

Consideriamo, nella figura, i punti $A(x_A;\, y_A;\, z_A)$ e $B(x_B;\, y_B;\, z_B)$, che abbiano ascisse, ordinate e quote diverse. Il segmento AB è una delle diagonali del parallelepipedo rettangolo costruito intersecando i piani paralleli ai piani coordinati passanti per A con i piani paralleli ai piani coordinati passanti per B.

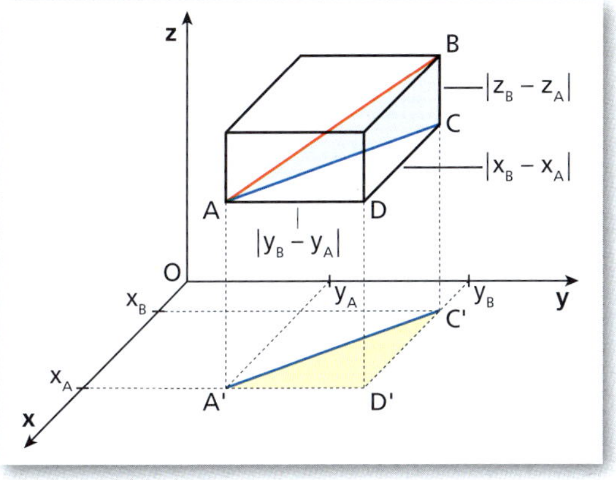

Otteniamo $\overline{AB}$ applicando il teorema di Pitagora al triangolo rettangolo ABC:

$$\overline{AB} = \sqrt{\overline{AC}^2 + \overline{BC}^2}.$$

Osserviamo che $\overline{AC} = \overline{A'C'}$, essendo A' e C' le proiezioni di A e C sul piano Oxy. Applicando il teorema di Pitagora al triangolo $A'D'C'$, otteniamo:

$$\overline{A'C'} = \sqrt{\overline{D'C'}^2 + \overline{A'D'}^2} = \sqrt{(x_B - x_A)^2 + (y_B - y_A)^2}.$$

$\overline{BC} = |z_B - z_A|$, perché B e C hanno la stessa ascissa e la stessa ordinata, quindi:

$$\overline{AB} = \sqrt{\underbrace{(x_B - x_A)^2 + (y_B - y_A)^2}_{\overline{AC}^2} + \underbrace{(z_B - z_A)^2}_{\overline{BC}^2}}.$$

Pertanto, la **distanza fra i punti** $A(x_A;\, y_A;\, z_A)$ e $B(x_B;\, y_B;\, z_B)$ è

$$\boldsymbol{\overline{AB} = \sqrt{(x_B - x_A)^2 + (y_B - y_A)^2 + (z_B - z_A)^2}}.$$

ESEMPIO

La distanza fra i punti $A(2;\, 3;\, -7)$ e $B(6;\, -1;\, -5)$ è:

$$\overline{AB} = \sqrt{(6-2)^2 + (-1-3)^2 + (-5+7)^2} = \sqrt{4^2 + (-4)^2 + 2^2} = \sqrt{36} = 6.$$

Punto medio di un segmento

Consideriamo il segmento di estremi $A(x_A;\, y_A;\, z_A)$, $B(x_B;\, y_B;\, z_B)$ e il suo punto medio M. Si può dimostrare che le coordinate di M si ottengono utilizzando formule analoghe a quelle viste nella geometria analitica del piano.

$$x_M = \frac{x_A + x_B}{2}, \quad y_M = \frac{y_A + y_B}{2}, \quad z_M = \frac{z_A + z_B}{2}.$$

Baricentro di un triangolo

Dato un triangolo di vertici $A(x_A;\, y_A;\, z_A)$, $B(x_B;\, y_B;\, z_B)$ e $C(x_C;\, y_C;\, z_C)$, si dimostra che il suo baricentro G ha coordinate:

Listen to it

The distance between two points in three-dimensional Cartesian space is given by the generalization of the Pythagorean theorem.

MATEMATICA E NATURA

La mosca di Cartesio Si narra che una sera Cartesio, mentre si rilassava sdraiato sul suo letto, si mise a osservare le curve irregolari del volo di una mosca nella stanza. Si rese conto che avrebbe potuto determinare la posizione della mosca nello spazio in qualsiasi momento.

► Come si può descrivere il volo di una mosca?

La risposta

► Determina la lunghezza del segmento AB di estremi $A(2;\, 0;\, 0)$ e $B(1;\, 3;\, -\sqrt{6})$.

Listen to it

The coordinates of the **centroid** of a triangle are given by the arithmetic mean of the coordinates of their vertices.

$$x_G = \frac{x_A + x_B + x_C}{3},\ y_G = \frac{y_A + y_B + y_C}{3},\ z_G = \frac{z_A + z_B + z_C}{3}.$$

2 Vettori nello spazio

▶ Esercizi a p. 1250

Se vogliamo ora ampliare allo spazio cartesiano lo studio degli enti geometrici fondamentali, come i piani e le rette, è conveniente utilizzare i vettori. Riprendiamo ed estendiamo allo spazio alcuni concetti riguardanti i vettori già studiati nel piano.

Consideriamo un sistema cartesiano *Oxyz* e indichiamo con $\vec{i}$, $\vec{j}$, $\vec{k}$ i versori degli assi *x*, *y*, *z*, cioè i vettori con direzione e verso di ogni asse e modulo unitario.

Componenti cartesiane

A ogni punto nello spazio $A(a_x; a_y; a_z)$ possiamo associare un vettore $\overrightarrow{OA} = \vec{a}$, che ha primo estremo nell'origine *O*. Nella figura, osserviamo che le componenti di $\vec{a}$ sono $a_x\vec{i}$, $a_y\vec{j}$ e $a_z\vec{k}$, quindi:

$$\vec{a} = a_x\vec{i} + a_y\vec{j} + a_z\vec{k}.$$

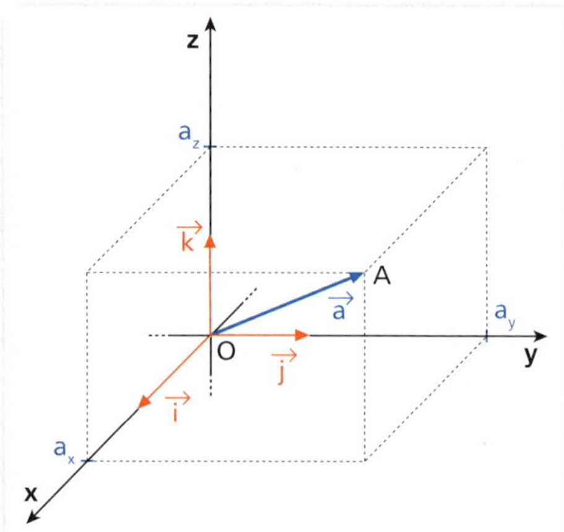

Indichiamo il vettore con

$$(a_x; a_y; a_z) \text{ o } \vec{a}(a_x; a_y; a_z).$$

Il **modulo** di $\vec{a}(a_x; a_y; a_z)$ è dato da

$$|\vec{a}| = \sqrt{a_x^2 + a_y^2 + a_z^2}.$$

Più in generale, le componenti di un vettore $\vec{v} = \overrightarrow{AB}$, con primo estremo $A(x_A; y_A; z_A)$ e secondo estremo $B(x_B; y_B; z_B)$, sono date dalla differenza tra le coordinate di *B* e quelle di *A*:

$$\overrightarrow{AB}(x_B - x_A; y_B - y_A; z_B - z_A).$$

Operazioni tra vettori

Consideriamo due vettori $\vec{a}(a_x; a_y; a_z)$ e $\vec{b}(b_x; b_y; b_z)$, ed esprimiamo mediante le componenti cartesiane i risultati delle operazioni tra essi, analoghe a quelle studiate nel piano.

- **Somma**: $\vec{a} + \vec{b} = (a_x + b_x; a_y + b_y; a_z + b_z)$.
- **Differenza**: $\vec{a} - \vec{b} = (a_x - b_x; a_y - b_y; a_z - b_z)$.
- **Prodotto per uno scalare**: $k\vec{a} = (ka_x; ka_y; ka_z)$.
- **Prodotto scalare**: $\vec{a} \cdot \vec{b} = a_x b_x + a_y b_y + a_z b_z$.

Vettori paralleli

Due vettori $\vec{a}$ e $\vec{b}$ non nulli sono **paralleli** se e solo se esiste $k \in \mathbb{R}$ tale che $\vec{a} = k\vec{b}$, cioè $\vec{a} = (kb_x; kb_y; kb_z)$. Se le componenti di $\vec{b}$ sono tutte diverse da 0, possiamo scrivere:

$$\vec{a} \,//\, \vec{b} \leftrightarrow \frac{a_x}{b_x} = \frac{a_y}{b_y} = \frac{a_z}{b_z} = k.$$

▶ Verifica che i vettori $\vec{a}(1; 3; -1)$ e $\vec{b}(-2; -6; 2)$ sono paralleli e che i vettori $\vec{c}(0; 1; 5)$ e $\vec{d}(3; 5; -1)$ sono perpendicolari.

ESEMPIO

$\vec{a}(-1;2;5)$ e $\vec{b}(-2;4;10)$ sono paralleli perché $\vec{b}=2\vec{a}$: $\frac{-2}{-1}=\frac{4}{2}=\frac{10}{5}=2$.

Vettori perpendicolari

Come nel piano, per definizione, il prodotto scalare di due vettori è $\vec{a}\cdot\vec{b}=|\vec{a}||\vec{b}|\cos\alpha$, se α è l'angolo tra $\vec{a}$ e $\vec{b}$.

I due vettori sono **perpendicolari** se e solo se $\alpha=\frac{\pi}{2}$, quindi se e solo se $\cos\alpha=0$ e dunque se e solo se il loro prodotto scalare è nullo:

$$\vec{a}\perp\vec{b}\leftrightarrow a_xb_x+a_yb_y+a_zb_z=0.$$

ESEMPIO

$\vec{a}(-3;1;2)$ e $\vec{b}(-1;-7;2)$ sono perpendicolari perché:

$$\vec{a}\cdot\vec{b}=-3(-1)+1(-7)+2\cdot2=0.$$

3 Piano e sua equazione

Equazione generale del piano

▶ Esercizi a p. 1251

Piano per un punto e vettore normale

Consideriamo un generico piano α nello spazio cartesiano. Sappiamo che, preso un punto P_0 su α, esiste una sola retta r per P_0 perpendicolare ad α. Viceversa, dati un punto P_0 e una retta r nello spazio, esiste un unico piano passante per P_0 e perpendicolare alla retta. Se associamo alla retta r un vettore $\vec{n}$ che ha la stessa direzione di r, allora possiamo dire che, dati un punto $P_0(x_0;y_0;z_0)$ e un vettore $\vec{n}(a;b;c)$ non nullo, è univocamente determinato il piano passante per P_0 e perpendicolare a $\vec{n}$, che viene detto **vettore normale** al piano. Questo piano è il luogo dei punti $P(x;y;z)$ dello spazio tali che il vettore $\overrightarrow{P_0P}$ è ortogonale a $\vec{n}$.

Poiché $\overrightarrow{P_0P}(x-x_0;y-y_0;z-z_0)$ e, inoltre, $\overrightarrow{P_0P}$ è perpendicolare a $\vec{n}$ se e solo se il prodotto scalare $\overrightarrow{P_0P}\cdot\vec{n}=0$, l'equazione del piano passante per il punto $P(x_0;y_0;z_0)$ e avente vettore normale $\vec{n}(a;b;c)$ non nullo è

$$\boldsymbol{a(x-x_0)+b(y-y_0)+c(z-z_0)=0.}$$

con a, b e c numeri reali non tutti nulli. Svolgendo i calcoli, otteniamo:

$$ax+by+cz-ax_0-by_0-cz_0=0 \quad \text{poniamo } d=-ax_0-by_0-cz_0$$

$\boldsymbol{ax+by+cz+d=0}$, **equazione generale del piano** in forma cartesiana.

I coefficienti a, b, c di x, y e z, che sono le componenti di $\vec{n}$, vengono detti **parametri direttori della direzione normale al piano**, mentre d è un generico numero reale dato da $-ax_0-by_0-cz_0$.

Listen to it

Given a plane of equation $ax+by+cz+d=0$, the coefficients $(a;b;c)$ determine the **normal vector**.

▶ Individua il vettore normale al piano di equazione $x+y-3z+6=0$.

ESEMPIO

1. Il piano passante per il punto $A(2;-3;1)$ e perpendicolare a $\vec{n}(4;1;-1)$ ha equazione:

TEORIA

▶ Scrivi l'equazione del piano passante per il punto $B(1; 0; 3)$ e perpendicolare a $\vec{n}(2; -1; -2)$.

$$4(x-2)+1(y+3)-1(z-1)=0 \rightarrow 4x+y-z-4=0.$$

2. Un generico piano perpendicolare a $\vec{n}(1; -2; 5)$ ha equazione:

$$1x-2y+5z+k=0, \quad \text{con } k \in \mathbb{R}.$$

Casi particolari

- Se $d=0$, il piano passa per l'origine.

ESEMPIO

Il piano di equazione $3x-y-2z=0$ è perpendicolare a $\vec{n}(3; -1; -2)$ e passa per l'origine. Possiamo verificare il passaggio per l'origine sostituendo nell'equazione del piano le coordinate di O:

$$3\cdot 0-0-2\cdot 0=0.$$

- Se nell'equazione $ax+by+cz+d=0$ una variabile ha coefficiente 0, il piano è parallelo all'asse coordinato relativo a tale variabile e perciò perpendicolare al piano individuato dagli assi coordinati relativi alle altre due variabili.

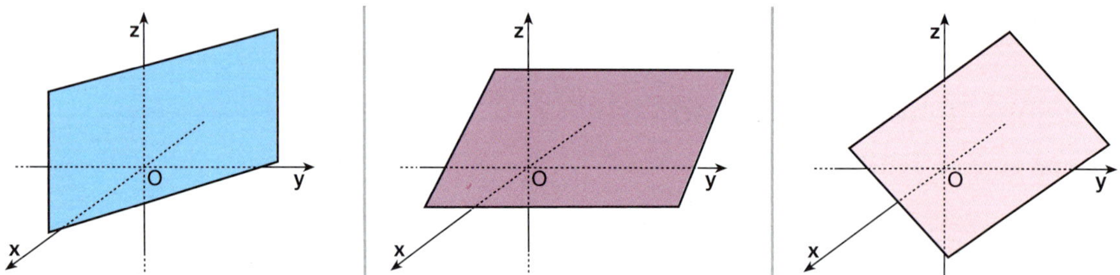

piano $ax + by + d = 0$

a. $c = 0$: il vettore normale è $(a; b; 0)$, il piano è parallelo all'asse z e perpendicolare al piano Oxy.

piano $ax + cz + d = 0$

b. $b = 0$: il vettore normale è $(a; 0; c)$, il piano è parallelo all'asse y e perpendicolare al piano Oxz.

piano $by + cz + d = 0$

c. $a = 0$: il vettore normale è $(0; b; c)$, il piano è parallelo all'asse x e perpendicolare al piano Oyz.

- Se l'equazione generale contiene una sola variabile, cioè due variabili hanno coefficiente 0, il piano è parallelo agli assi relativi a quelle variabili, quindi è parallelo al piano coordinato che tali assi definiscono. In particolare:
  - $x=0$, piano Oyz;
  - $y=0$, piano Oxz;
  - $z=0$, piano Oxy;
  - $x=k$, piano parallelo al piano Oyz;
  - $y=k$, piano parallelo al piano Oxz;
  - $z=k$, piano parallelo al piano Oxy.

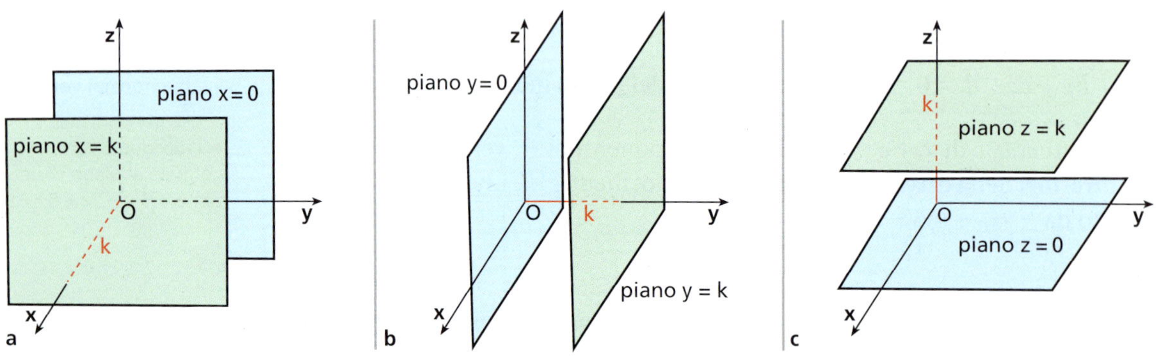

Piano passante per tre punti

Sappiamo che tre punti non allineati nello spazio individuano uno e un solo piano. Allora, dati tre punti A, B, C, possiamo scrivere l'equazione del piano passante per A, B e C, considerando l'equazione generale del piano e imponendo il passaggio per i tre punti.

ESEMPIO

Determiniamo l'equazione del piano α passante per i punti $A(2; 0; 0)$, $B(0; 1; 0)$, $C(0; 0; 3)$.
Sostituiamo le coordinate dei punti dati nell'equazione generale del piano $ax + by + cz + d = 0$, con a, b, c non tutti nulli:

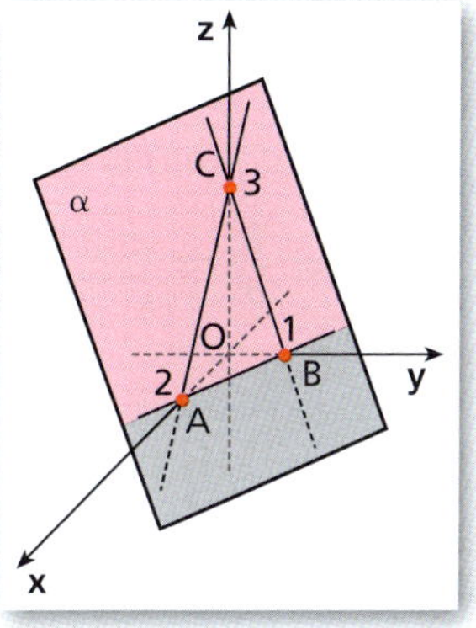

$$\begin{cases} 2a + 0b + 0c + d = 0 \\ 0a + b + 0c + d = 0 \\ 0a + 0b + 3c + d = 0 \end{cases} \rightarrow \begin{cases} a = -\dfrac{d}{2} \\ b = -d \\ c = -\dfrac{d}{3} \end{cases}.$$

Il piano ha equazione:

$$-\frac{d}{2}x - dy - \frac{d}{3}z + d = 0.$$

Dividiamo per d che è diverso da 0, perché a, b, c non possono essere tutti nulli.

$$-\frac{x}{2} - y - \frac{z}{3} + 1 = 0$$ moltiplichiamo per -6

$$3x + 6y + 2z - 6 = 0.$$

Se i tre punti A, B e C sono allineati, esistono infiniti piani passanti per A, B e C e sono tutti i piani del fascio passante per la retta AB.

► Trova l'equazione del piano passante per i punti $P(1; 0; 1)$, $Q(0; 0; -2)$ e $R(3; 0; 0)$.

► Determina l'equazione del piano passante per l'origine e per i punti $A(3; -1; 2)$ e $B(-2; 2; -4)$.

Animazione

Posizione reciproca di due piani

► Esercizi a p. 1254

Due piani nello spazio possono essere paralleli e distinti, paralleli e coincidenti o incidenti in una retta e, in particolare, perpendicolari quando intersecandosi formano quattro diedri retti.

Sistema delle equazioni e posizione reciproca

Per analizzare la posizione reciproca di due piani, mettiamo a sistema le loro equazioni (supponiamo a', b', c', d' diversi da 0):

$$\begin{cases} ax + by + cz + d = 0 \\ a'x + b'y + c'z + d' = 0 \end{cases}.$$

- Se $\frac{a}{a'} = \frac{b}{b'} = \frac{c}{c'} \neq \frac{d}{d'}$, il sistema è impossibile: i due piani sono paralleli e distinti.
- Se $\frac{a}{a'} = \frac{b}{b'} = \frac{c}{c'} = \frac{d}{d'}$, il sistema è verificato da ogni terna $(x; y; z)$ che soddisfa una delle due equazioni: i due piani sono coincidenti.
- Negli altri casi il sistema ammette infinite soluzioni, tutte appartenenti a una retta: i due piani sono incidenti in quella retta. Approfondiremo questo caso nel prossimo paragrafo.

TEORIA

Possiamo studiare il parallelismo o la perpendicolarità di due piani senza scrivere il sistema delle loro equazioni, attraverso il parallelismo o la perpendicolarità dei rispettivi vettori normali.

Piani paralleli

Due piani di equazioni $ax+by+cz+d=0$ e $a'x+b'y+c'z+d'=0$ sono **paralleli** se e solo se i loro vettori normali $\vec{n}(a;b;c)$ e $\vec{n}'(a';b';c')$ sono paralleli, cioè $\vec{n}=k\vec{n}'$, con $k \in \mathbb{R}$.
Se a', b', c' sono diversi da 0, possiamo scrivere:

$$\frac{a}{a'}=\frac{b}{b'}=\frac{c}{c'}.$$

In particolare, se $\frac{a}{a'}=\frac{b}{b'}=\frac{c}{c'}=\frac{d}{d'}$, i piani sono **coincidenti**.

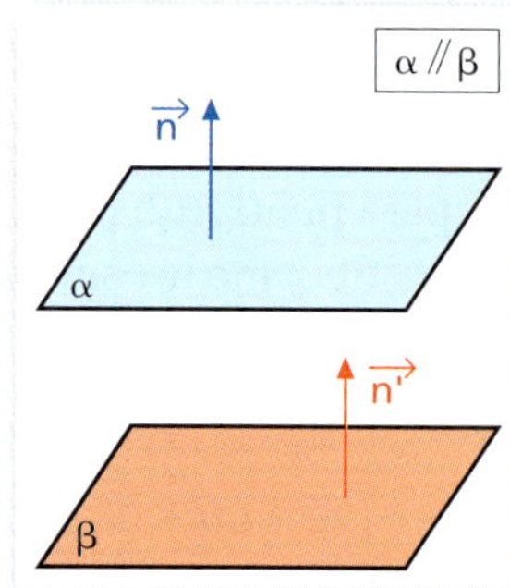

Listen to it

To determine whether two planes are **parallel**, **perpendicular** or neither, we can compare their normal vectors.

▶ Scriviamo l'equazione del piano passante per il punto $A(4;-2;0)$ e
a. parallelo al piano di equazione $x+y-z-3=0$;
b. perpendicolare ai piani di equazioni $x-y=0$ e $3x+y-z-1=0$.

Animazione

ESEMPIO
I piani di equazioni $x-2y+z-3=0$ e $-4x+8y-4z+1=0$ sono paralleli perché i loro vettori normali $\vec{n}(1;-2;1)$ e $\vec{n}'(-4;8;-4)$ sono paralleli. Infatti è verificata la condizione $\frac{1}{-4}=\frac{-2}{8}=\frac{1}{-4}$.

Piani perpendicolari

Due piani di equazioni $ax+by+cz+d=0$ e $a'x+b'y+c'z+d'=0$ sono **perpendicolari** se e solo se lo sono i loro vettori normali $\vec{n}(a;b;c)$ e $\vec{n}'(a';b';c')$, cioè se $\vec{n}\cdot\vec{n}'=0$:

$$aa'+bb'+cc'=0.$$

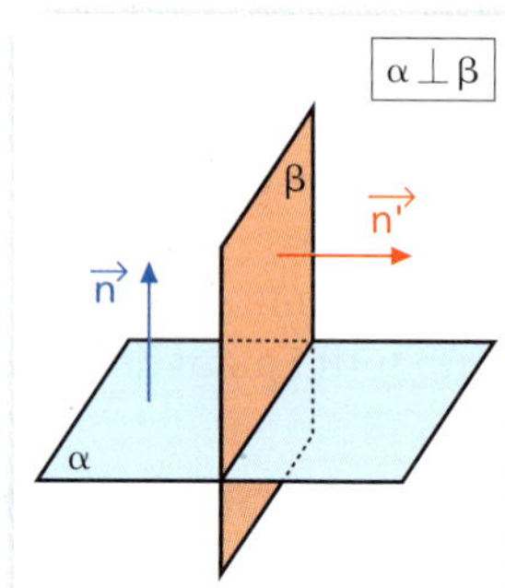

▶ Scrivi l'equazione del piano passante per il punto $P(-2;1;2)$ perpendicolare ai piani di equazioni $3x-z=0$ e $x+2y+z-3=0$.

ESEMPIO
I piani di equazioni $2x-y+2z+7=0$ e $3x+2y-2z-1=0$ sono perpendicolari perché il prodotto scalare dei loro vettori normali $\vec{n}(2;-1;2)$ e $\vec{n}'(3;2;-2)$ è nullo. Infatti $\vec{n}\cdot\vec{n}'=2\cdot3+(-1)2+2(-2)=0$.

Distanza di un punto da un piano

▶ Esercizi a p. 1257

Dati il piano α di equazione $ax+by+cz+d=0$ e il punto $A(x_A;y_A;z_A)$, si dimostra che la distanza di A da α è:

$$d(A,\alpha)=\frac{|ax_A+by_A+cz_A+d|}{\sqrt{a^2+b^2+c^2}}.$$

ESEMPIO
Calcoliamo la distanza del punto $P(0;1;-1)$ dal piano di equazione $x-y+2z-1=0$:

$$d=\frac{|1\cdot0-1\cdot1+2\cdot(-1)-1|}{\sqrt{1^2+(-1)^2+2^2}}=\frac{4}{\sqrt{6}}=\frac{2}{3}\sqrt{6}.$$

▶ Calcola la distanza del punto $A(2;0;-6)$ dal piano di equazione $4x-3z+1=0$.

4 Retta e sua equazione

Equazioni di una retta

▶ Esercizi a p. 1260

Equazioni parametriche

Dati nello spazio un punto $P_0(x_0; y_0; z_0)$ e un vettore $\vec{v}(l; m; n)$ non nullo, è univocamente determinata la retta r passante per P_0 e parallela a $\vec{v}$, che viene detto **vettore direzione** della retta. Un punto $P(x; y; z)$ appartiene a tale retta se e solo se il vettore $\overrightarrow{P_0P}$ è parallelo a $\vec{v}$, cioè se e solo se si ha:

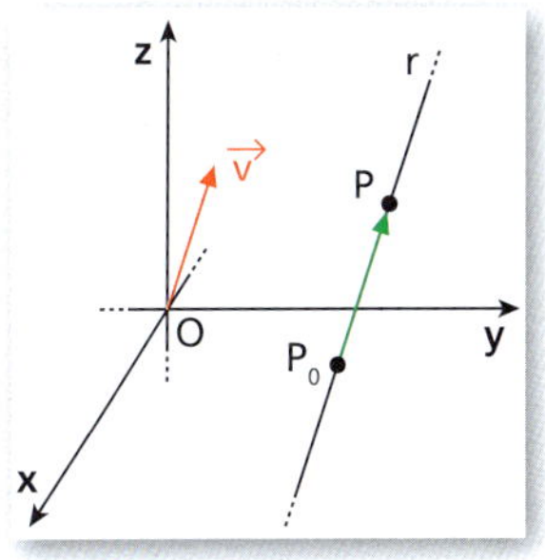

$$\overrightarrow{P_0P} = k\vec{v}, k \in \mathbb{R} \rightarrow \begin{cases} x - x_0 = kl \\ y - y_0 = km \\ z - z_0 = kn \end{cases} \rightarrow \begin{cases} \boldsymbol{x = x_0 + kl} \\ \boldsymbol{y = y_0 + km} \\ \boldsymbol{z = z_0 + kn} \end{cases}.$$

Queste sono le **equazioni parametriche** della retta passante per P_0 e parallela a $\vec{v}$. I numeri l, m e n costituiscono una terna ordinata di **coefficienti direttivi**, poiché determinano la direzione della retta.

ESEMPIO

Scriviamo le equazioni parametriche della retta passante per $P(-1; 2; 4)$ e di direzione $\vec{v}(2; -1; 3)$:

$$\begin{cases} x = -1 + k2 \\ y = 2 + k(-1) \\ z = 4 + k3 \end{cases} \rightarrow \begin{cases} x = -1 + 2k \\ y = 2 - k \\ z = 4 + 3k \end{cases}.$$

▶ Scrivi le equazioni parametriche della retta passante per il punto $A(0; 2; -3)$ e parallela al vettore $\vec{v}(1; -1; 0)$.

Le equazioni parametriche sono valide anche se uno dei coefficienti direttivi è nullo. In particolare:

- se $l = 0$, la retta è parallela al piano Oyz;
- se $m = 0$, la retta è parallela al piano Oxz;
- se $n = 0$, la retta è parallela al piano Oxy;
- se $l = m = 0$, la retta è parallela all'asse z;
- se $l = n = 0$, la retta è parallela all'asse y;
- se $m = n = 0$, la retta è parallela all'asse x.

Equazioni cartesiane

Se nelle equazioni parametriche di una retta tutti i coefficienti direttivi sono diversi da 0, possiamo eliminare il parametro k dal sistema:

$$\begin{cases} x - x_0 = kl & \text{dividiamo per } \ell \neq 0 \\ y - y_0 = km & \text{dividiamo per } m \neq 0 \\ z - z_0 = kn & \text{dividiamo per } n \neq 0 \end{cases} \rightarrow \begin{cases} \dfrac{x - x_0}{l} = k \\ \dfrac{y - y_0}{m} = k \\ \dfrac{z - z_0}{n} = k \end{cases} \rightarrow$$

$$\boldsymbol{\frac{x - x_0}{l} = \frac{y - y_0}{m} = \frac{z - z_0}{n}}.$$

Queste vengono chiamate **equazioni cartesiane** della retta, valide solo se l, m, n sono diversi da 0.

TEORIA

ESEMPIO

Scriviamo le equazioni cartesiane della retta passante per il punto $P(6; -1; 2)$ e parallela al vettore $\vec{v}(-2; 1; 7)$.

Scriviamo le equazioni parametriche, ricaviamo k e lo eliminiamo:

$$\begin{cases} k = \dfrac{x-6}{-2} \\ k = y+1 \\ k = \dfrac{z-2}{7} \end{cases} \rightarrow \frac{6-x}{2} = y+1 = \frac{z-2}{7}.$$

► Scrivi le equazioni parametriche e cartesiane della retta passante per il punto $B(3; 0; -4)$ e parallela al vettore $\vec{v}(5; 1; -1)$.

Se uno dei coefficienti direttivi è uguale a zero, nel sistema precedente non possiamo dividere per tale coefficiente. Per esempio, se $l = 0$, dal sistema iniziale otteniamo le equazioni cartesiane:

$$x - x_0 = 0, \qquad \frac{y-y_0}{m} = \frac{z-z_0}{n}.$$

Retta passante per due punti

La retta passante per due punti $A(x_1; y_1; z_1)$ e $B(x_2; y_2; z_2)$ ha direzione $\overrightarrow{AB}$ (o $\overrightarrow{BA}$), quindi per scrivere le sue equazioni determiniamo quelli della retta passante per A, o per B, e parallela al vettore $\overrightarrow{AB}$.

Il vettore $\overrightarrow{AB}$ ha componenti $(x_2 - x_1; y_2 - y_1; z_2 - z_1)$, quindi la retta passante per A con vettore direzione $\overrightarrow{AB}$ è:

$$\begin{cases} x = x_1 + k(x_2 - x_1) \\ y = y_1 + k(y_2 - y_1) \\ z = z_1 + k(z_2 - z_1) \end{cases}.$$

Se scriviamo l'equazione della retta passante per B con vettore direzione $\overrightarrow{AB}$, otteniamo la stessa retta, anche se le equazioni parametriche sono apparentemente diverse.

Se i coefficienti direttivi sono non nulli, possiamo scriverla anche in forma cartesiana:

$$\begin{cases} k = \dfrac{x-x_1}{x_2-x_1} \\ k = \dfrac{y-y_1}{y_2-y_1} \\ k = \dfrac{z-z_1}{z_2-z_1} \end{cases} \rightarrow \boldsymbol{\frac{x-x_1}{x_2-x_1} = \frac{y-y_1}{y_2-y_1} = \frac{z-z_1}{z_2-z_1}}.$$

ESEMPIO

Determiniamo le equazioni parametriche e cartesiane della retta passante per $A(5; 0; 1)$ e $B(0; 1; -1)$.

Il vettore $\overrightarrow{AB}$ ha componenti $(0-5; 1-0; -1-1)$, quindi $\overrightarrow{AB}(-5; 1; -2)$.

La retta passante per A e parallela ad $\overrightarrow{AB}$ ha equazioni parametriche:

$$\begin{cases} x = 5 - 5k \\ y = k \\ z = 1 - 2k \end{cases}.$$

Scriviamo ora le equazioni cartesiane:

$$\begin{cases} k = \dfrac{x-5}{-5} \\ k = y \\ k = \dfrac{z-1}{-2} \end{cases} \rightarrow \frac{5-x}{5} = y = \frac{1-z}{2}.$$

Verifichiamo che le coordinate di B soddisfano le equazioni cartesiane, cioè che la retta passa per B:

$$\frac{5-0}{5} = 1 = \frac{1-(-1)}{2} \rightarrow 1 = 1 = 1.$$

▶ Scrivi le equazioni della retta passante per i punti $A(0; 1; 1)$ e $B(6; -2; -1)$.

Animazione

Condizioni di allineamento

Le equazioni cartesiane di una retta si possono utilizzare per verificare se tre punti $P(x; y; z)$, $A(x_1; y_1; z_1)$ e $B(x_2; y_2; z_2)$ sono allineati: infatti, se P soddisfa le equazioni della retta passante per A e B, allora P, A e B sono allineati.

ESEMPIO

Verifichiamo che i punti $P(2; -3; 2)$, $A(1; 0; 3)$ e $B(-1; 6; 5)$ sono allineati.
Dobbiamo verificare che sono soddisfatte le condizioni:

$$\frac{x_P - x_A}{x_B - x_A} = \frac{y_P - y_A}{y_B - y_A} = \frac{z_P - z_A}{z_B - z_A} \rightarrow \frac{2-1}{-1-1} = \frac{-3-0}{6-0} = \frac{2-3}{5-3} \rightarrow$$

$$-\frac{1}{2} = -\frac{1}{2} = -\frac{1}{2}.$$

I tre punti sono allineati.

▶ Verifica che i punti $A(0; 1; 0)$, $B(2; 4; -7)$ e $C(4; 7: -14)$ sono allineati.

Retta come intersezione di due piani

Nello spazio due piani incidenti, cioè non paralleli e non coincidenti, si intersecano lungo una retta. Una retta può quindi essere individuata come intersezione di due piani da un sistema formato da due equazioni di primo grado che rappresentano due piani non paralleli:

$$\begin{cases} \boldsymbol{ax + by + cz + d = 0} \\ \boldsymbol{a'x + b'y + c'z + d' = 0} \end{cases}.$$

ESEMPIO

Il sistema

$$\begin{cases} x - 2y + z - 1 = 0 \\ 2x + y - z + 1 = 0 \end{cases}$$

rappresenta una retta. I due piani infatti non sono paralleli perché i coefficienti delle variabili corrispondenti non hanno lo stesso rapporto.

Listen to it

The system of the equations of two non-parallel planes defines a line in three-dimensional space.

Dalla retta come intersezione di due piani alla forma parametrica e viceversa

Se una retta è individuata dall'intersezione di due piani, possiamo determinare le sue equazioni parametriche ponendo $z = k$ e ricavando x e y in funzione di k, oppure ponendo $x = k$ o $y = k$ e ricavando le altre due variabili in funzione di k.

ESEMPIO

Determiniamo le equazioni parametriche della retta data da

$$\begin{cases} x+y-3z=0 \\ x-3y+z+4=0 \end{cases}$$ poniamo $z=k$ e ricaviamo x e y in funzione di k

$$\begin{cases} x+y=3k \\ x-3y=-k-4. \\ z=k \end{cases}$$ sottraiamo membro a membro le prime due equazioni

$$\begin{cases} 4y=4k+4 \\ x=3k-y \\ z=k \end{cases} \rightarrow \begin{cases} y=k+1 \\ x=3k-(k+1). \\ z=k \end{cases}$$

Le equazioni parametriche della retta sono $\begin{cases} x=-1+2k \\ y=1+k \\ z=k \end{cases}$.

Tale retta passa per il punto $P(-1;1;0)$ ed è parallela al vettore $\vec{v}(2;1;1)$.

Viceversa, partendo dalle equazioni parametriche ed eliminando il parametro k, troviamo le equazioni di due piani che hanno come intersezione la retta data.

ESEMPIO

Consideriamo le equazioni parametriche dell'esempio precedente.

$$\begin{cases} x=-1+2k \\ y=1+k \\ z=k \end{cases}$$ sostituiamo $z=k$ nelle prime due equazioni

$$\begin{cases} x=-1+2z \\ y=1+z \end{cases} \rightarrow \begin{cases} x-2z+1=0 \\ y-z-1=0 \end{cases}$$

Non abbiamo ottenuto le stesse equazioni da cui eravamo partiti nell'esempio precedente, ma le equazioni di altri due piani che si intersecano nella stessa retta. Verifichiamo che i due sistemi sono equivalenti.

Nel sistema ottenuto:

- sommiamo la prima e la seconda equazione membro a membro;
- sottraiamo membro a membro dalla prima equazione quella ottenuta dalla seconda moltiplicando per 3.

$$\begin{cases} x-2z+1=0 \\ y-z-1=0 \end{cases} \rightarrow \begin{cases} x+y-3z=0 \\ x-3y+z+4=0 \end{cases}$$

Abbiamo ritrovato il sistema di partenza.

Fascio di piani aventi una retta in comune

Il sistema

$$\begin{cases} ax+by+cz+d=0 \\ a'x+b'y+c'z+d=0 \end{cases}$$

che individua una retta non è unico, perché sono infiniti i piani che hanno per intersezione la retta. Dunque ogni sistema equivalente rappresenta la stessa retta.

Questa retta giace sui piani $\alpha: ax + by + cz + d = 0$ e $\alpha': a'x + b'y + c'z + d' = 0$ e su tutti gli infiniti piani del fascio di piani generato da α e α', che hanno in comune tutti e soli i punti della retta.
Il fascio ha equazione:

$$h(ax + by + cz + d) + k(a'x + b'y + c'z + d') = 0,$$

con $h, k \in \mathbb{R}$ non entrambi nulli. Per $h = 1$ e $k = 0$ si ottiene α, per $h = 0$ e $k = 1$ si ottiene α', per altri valori di h e k si trovano tutti gli infiniti piani del fascio.

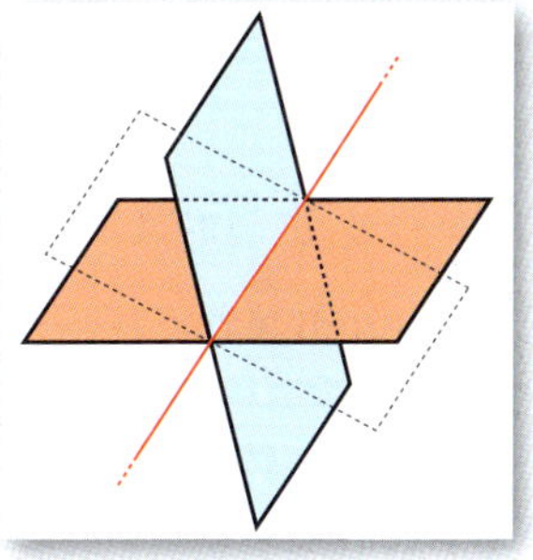

Posizione reciproca di due rette

▶ Esercizi a p. 1263

Sappiamo che due rette nello spazio possono essere sghembe o complanari.
Se sono complanari, possono essere coincidenti, parallele e distinte o incidenti in un punto. Consideriamo due rette con vettori direzione $\vec{v}(l; m; n)$ e $\vec{w}(l'; m'; n')$ non nulli e vediamo come possiamo tradurre analiticamente le loro posizioni reciproche.

Rette parallele

Due rette sono **parallele** se e solo se sono paralleli i loro vettori direzione:

$$\vec{v} = k\vec{w}, \quad k \in \mathbb{R}.$$

Se $l', m', n' \neq 0$, possiamo scrivere:

$$\frac{l}{l'} = \frac{m}{m'} = \frac{n}{n'}.$$

Se due rette con vettori direzione paralleli hanno un punto in comune, allora hanno in comune tutti i loro punti e sono **coincidenti**.

Listen to it

To determine whether two lines are **parallel**, **perpendicular** or **skew**, we can compare their direction vectors.

Rette perpendicolari

Due rette sono **perpendicolari** se e solo se sono perpendicolari i loro vettori direzione:

$$\vec{v} \cdot \vec{w} = 0 \quad \rightarrow \quad ll' + mm' + nn' = 0.$$

Rette sghembe o incidenti

Se i due vettori direzione *non* sono paralleli, le due rette sono **sghembe** quando non hanno punti in comune, **incidenti** quando hanno un punto in comune.
Osserviamo che due rette perpendicolari possono essere sia incidenti sia sghembe: in figura le rette r e t sono perpendicolari e incidenti, mentre s e t sono perpendicolari ma sghembe.

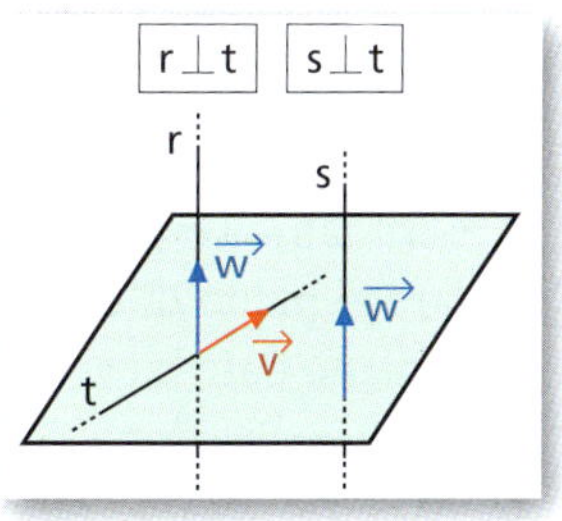

ESEMPIO

Determiniamo la posizione reciproca delle rette di equazioni:

$$\begin{cases} x = 1 + k \\ y = -2 - k \\ z = 5 + 3k \end{cases} \quad \text{e} \quad \begin{cases} x = -3 + 4t \\ y = 2 - 2t \\ z = -7 - 2t \end{cases}.$$

Video

Rette e piani nello spazio
Riassumiamo i concetti fondamentali per lo studio delle rette e dei piani nello spazio aiutandoci con i vettori.

TEORIA

I vettori direzione delle due rette sono $\vec{v}(1; -1; 3)$ e $\vec{w}(4; -2; -2)$.

Risulta:

$$\vec{v} \cdot \vec{w} = 1 \cdot 4 - 1 \cdot (-2) + 3 \cdot (-2) = 0.$$

Quindi le due rette sono perpendicolari.
Per verificare se sono incidenti, il sistema della loro intersezione deve avere una soluzione.

$$\begin{cases} 1 + k = -3 + 4t \\ -2 - k = 2 - 2t \\ 5 + 3k = -7 - 2t \end{cases} \to \begin{cases} k = 4t - 4 \\ k = 2t - 4 \\ 3k = -2t - 12 \end{cases} \to \begin{cases} t = 0 \\ k = -4 \end{cases}$$

Le due rette si incontrano in un punto che possiamo determinare ponendo $k = -4$ nelle equazioni della prima retta o $t = 0$ nelle equazioni della seconda: $P(-3; 2; -7)$. Quindi le due rette sono perpendicolari e incidenti.

▶ Determina la posizione reciproca delle rette di equazioni:

$$\begin{cases} x = k \\ y = 2 + 3k, \\ z = -k \end{cases} \quad \begin{cases} x - 2z - 3 = 0 \\ y = 3 \end{cases}$$

Animazione

5 Posizione reciproca di una retta e un piano

▶ Esercizi a p. 1265

Consideriamo un piano con vettore normale $\vec{n}(a; b; c)$ non nullo e una retta con vettore direzione $\vec{v}(l; m; n)$ non nullo. Il piano e la retta sono:

- **paralleli** se e solo se $\vec{n}$ e $\vec{v}$ sono perpendicolari fra loro, ovvero

  $$\vec{n} \cdot \vec{v} = 0 \to \boldsymbol{al + bm + cn = 0};$$

  in particolare, se il piano e la retta hanno almeno un punto in comune, allora la retta giace sul piano;
- **incidenti** se $\vec{n}$ e $\vec{v}$ *non* sono perpendicolari fra loro; in particolare, la retta e il piano sono **perpendicolari** se e solo se $\vec{n}$ e $\vec{v}$ sono paralleli, ovvero

  $$\vec{n} = k\vec{v}, \quad \text{con } k \in \mathbb{R},$$

  che possiamo scrivere anche, se $l, m, n \neq 0$,

  $$\boldsymbol{\frac{a}{l} = \frac{b}{m} = \frac{c}{n}}.$$

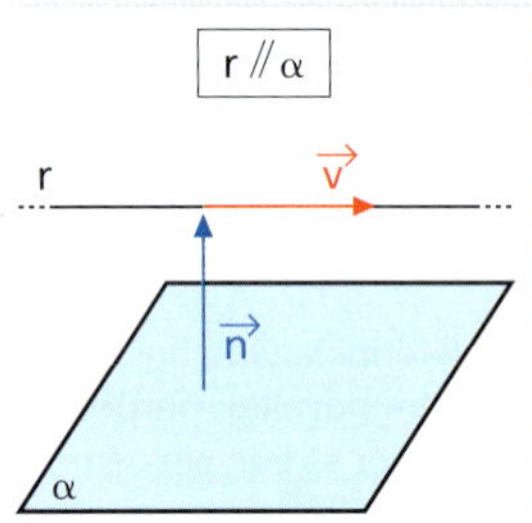

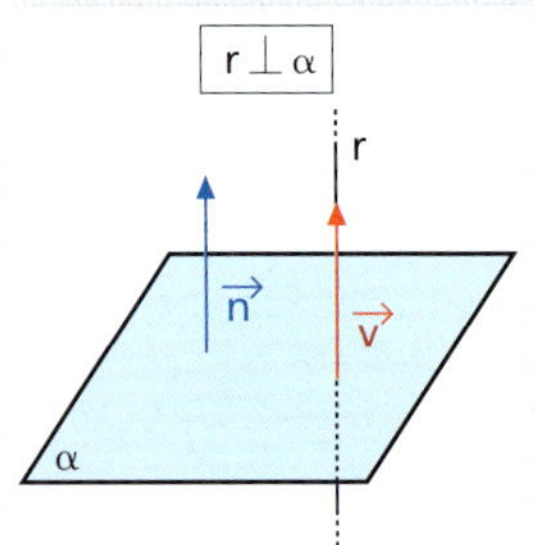

ESEMPIO

Scriviamo l'equazione della retta passante per il punto $A(4; 1; 0)$ e perpendicolare al piano di equazione $x - 3y - z + 2 = 0$.
Il piano dato ha vettore normale $\vec{n}(1; -3; -1)$. Allora la retta cercata deve avere vettore direzione $\vec{v}(1; -3; -1)$:

$$\begin{cases} x = 4 + k \\ y = 1 - 3k. \\ z = -k \end{cases}$$

▶ Scrivi l'equazione della retta passante per il punto $P(10; -1; 2)$ e perpendicolare al piano di equazione $x - 2y + z - 12 = 0$.

Distanza di un punto da una retta

Dati un punto P e una retta r nello spazio, calcoliamo la distanza di P da r.

Consideriamo il piano α passante per P e perpendicolare a r, che interseca r in un punto H: la lunghezza del segmento PH è la distanza cercata, poiché $PH \perp r$.

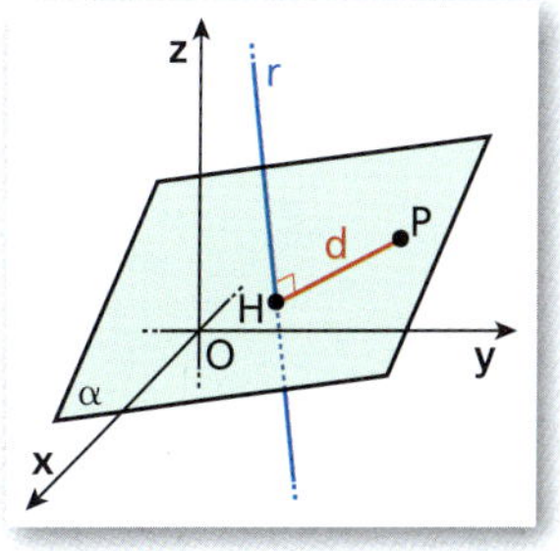

ESEMPIO

Calcoliamo la distanza del punto $P(9; -3; 0)$ dalla retta r di equazioni

$$\begin{cases} x = 2 - k \\ y = 4k \\ z = 1 + 2k \end{cases}.$$

Il vettore direzione di r è $\vec{v}(-1; 4; 2)$.
Scriviamo l'equazione del piano passante per P con vettore normale $\vec{v}$:

$$-1(x-9) + 4(y+3) + 2(z-0) = 0 \quad \text{semplifichiamo}$$

$$-x + 4y + 2z + 21 = 0.$$

Determiniamo il punto di intersezione H tra r e il piano, ponendo a sistema le loro equazioni.

$$\begin{cases} x = 2 - k \\ y = 4k \\ z = 1 + 2k \\ -x + 4y + 2z + 21 = 0 \end{cases} \rightarrow -(2-k) + 4(4k) + 2(1+2k) + 21 = 0 \rightarrow$$

$$k = -1.$$

Poniamo $k = -1$ nelle equazioni di r e troviamo H:

$$H(3; -4; -1).$$

Calcoliamo la distanza di P da H, cioè la distanza di P da r:

$$\overline{PH} = \sqrt{(9-3)^2 + (-3+4)^2 + (0+1)^2} = \sqrt{38}.$$

► Calcola la distanza del punto A(0; 1; 1) dalla retta di equazioni

$$\begin{cases} x = -1 - 2k \\ y = 4 \\ z = 4 + k \end{cases}.$$

Possiamo usare lo stesso metodo anche per calcolare la distanza tra due rette parallele. Basta infatti calcolare la distanza di un punto qualsiasi di una delle due rette dall'altra.

Negli esercizi vedremo anche come si calcola la distanza tra due rette sghembe.

Video

Distanza tra rette sghembe
Consideriamo due rette sghembe r e s.
- ► In quali punti su r e s le due rette sono più vicine?
- ► Qual è la distanza tra di loro?

6 Alcune superfici notevoli

Superfici e curve

Nella geometria analitica dello spazio una **superficie** è un luogo geometrico definito da un'equazione nelle variabili x, y, z, ossia una relazione del tipo

$$F(x; y; z) = 0,$$

che deve essere soddisfatta dalle coordinate dei suoi punti.
Se $F(x; y; z)$ è un polinomio, la superficie si dice *algebrica di ordine n*, dove n è il grado del polinomio. I piani sono superfici algebriche del primo ordine. Dopo i piani le più semplici superfici che possiamo studiare nello spazio sono le quadriche.

Le **quadriche** sono superfici algebriche del secondo ordine, perché si possono rappresentare con un'equazione di secondo grado del tipo:

$$ax^2 + by^2 + cz^2 + dxy + exz + fyz + gx + hy + iz + l = 0.$$

Consideriamo due superfici di equazioni $F(x; y; z) = 0$ e $G(x; y; z) = 0$; il luogo dei punti dello spazio le cui coordinate risolvono il sistema

$$\begin{cases} F(x; y; z) = 0 \\ G(x; y; z) = 0 \end{cases}$$

è, in generale, una **curva**. Una curva può pertanto essere considerata come l'intersezione di due superfici. Il sistema delle corrispondenti equazioni è una rappresentazione analitica della curva. L'esempio più semplice è quello della retta, data dall'intersezione di due piani.

Superficie sferica

▶ Esercizi a p. 1268

La superficie sferica di centro C e raggio r è il luogo geometrico dei punti dello spazio aventi distanza r da C. Possiamo allora dedurre la sua equazione utilizzando la formula della distanza fra due punti.

Indichiamo con $(x_0; y_0; z_0)$ le coordinate del centro e con r il raggio. Scriviamo la condizione di appartenenza del generico punto $P(x; y; z)$ alla superficie sferica:

$$\sqrt{(x - x_0)^2 + (y - y_0)^2 + (z - z_0)^2} = r.$$

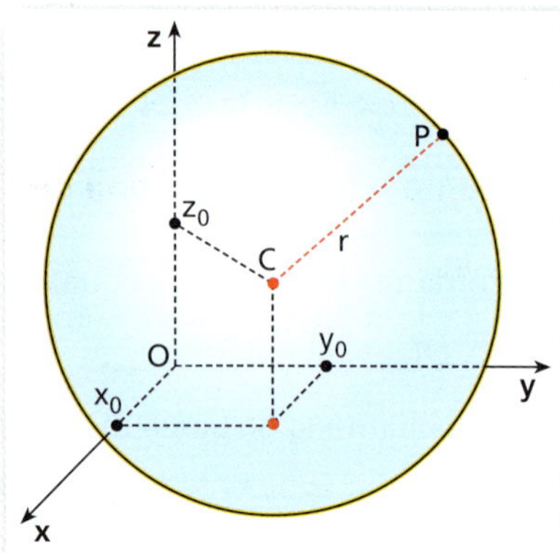

Elevando al quadrato i due membri, otteniamo l'equazione in forma razionale:

$$\mathbf{(x - x_0)^2 + (y - y_0)^2 + (z - z_0)^2 = r^2.}$$

Sviluppando i calcoli, abbiamo l'equazione:

$$\mathbf{x^2 + y^2 + z^2 + ax + by + cz + d = 0,}$$

con $a = -2x_0$, $b = -2y_0$, $c = -2z_0$ e $d = x_0^2 + y_0^2 + z_0^2 - r^2$.

▶ Scrivi l'equazione della superficie sferica di centro $A(1; 0; -1)$ e raggio 2.

ESEMPIO

Determiniamo l'equazione della superficie sferica di centro $M(2; -1; 1)$ e raggio 3.

$$(x - 2)^2 + (y + 1)^2 + (z - 1)^2 = 9 \rightarrow x^2 + y^2 + z^2 - 4x + 2y - 2z - 3 = 0$$

Un'equazione del tipo

$$\mathbf{x^2 + y^2 + z^2 + ax + by + cz + d = 0}$$

non rappresenta sempre una superficie sferica. Se confrontiamo questa equazione con quella dedotta dalla definizione, possiamo scrivere le seguenti relazioni:

$$x_0 = -\frac{a}{2},\ y_0 = -\frac{b}{2},\ z_0 = -\frac{c}{2},\ r^2 = \frac{a^2}{4} + \frac{b^2}{4} + \frac{c^2}{4} - d.$$

Il valore dell'espressione $\frac{a^2}{4} + \frac{b^2}{4} + \frac{c^2}{4} - d$ coincide con il quadrato del raggio;

pertanto l'equazione rappresenta una superficie sferica soltanto se i suoi coefficienti soddisfano la condizione:

$$\frac{a^2}{4}+\frac{b^2}{4}+\frac{c^2}{4}-d\geq 0.$$

In questo caso le coordinate del **centro** e il **raggio** sono:

$$C\left(-\frac{a}{2};-\frac{b}{2};-\frac{c}{2}\right),\quad r=\sqrt{\frac{a^2}{4}+\frac{b^2}{4}+\frac{c^2}{4}-d}.$$

ESEMPIO

Verifichiamo che l'equazione

$$x^2+y^2+z^2+2x-2y+6z+2=0$$

rappresenta una superficie sferica e determiniamo il centro e il raggio.

$$\frac{a^2}{4}+\frac{b^2}{4}+\frac{c^2}{4}-d=\frac{2^2}{4}+\frac{(-2)^2}{4}+\frac{6^2}{4}-2=9>0,$$

quindi l'equazione rappresenta una superficie sferica.
Il centro è

$$C\left(-\frac{2}{2};-\frac{-2}{2};-\frac{6}{2}\right)\to C(-1;1;-3);$$

il raggio è $r=\sqrt{9}=3$.

▶ Trova l'equazione della superficie sferica di centro $A(2;-3;0)$ e raggio 2.

▶ Determina centro e raggio della superficie sferica di equazione $x^2+y^2+z^2-4x+2y-3=0$.

Posizione reciproca di una sfera e un piano

Dati una sfera di centro C e raggio r e un piano α, la posizione reciproca tra sfera e piano dipende dalla distanza del piano dal centro C:

- se $d(C,\alpha)<r$, il piano interseca la sfera in un cerchio;
- se $d(C,\alpha)=r$, il piano è tangente alla sfera e la loro intersezione è un punto P tale che la retta PC è perpendicolare ad α;
- se $d(C,\alpha)>r$, il piano e la sfera non si intersecano.

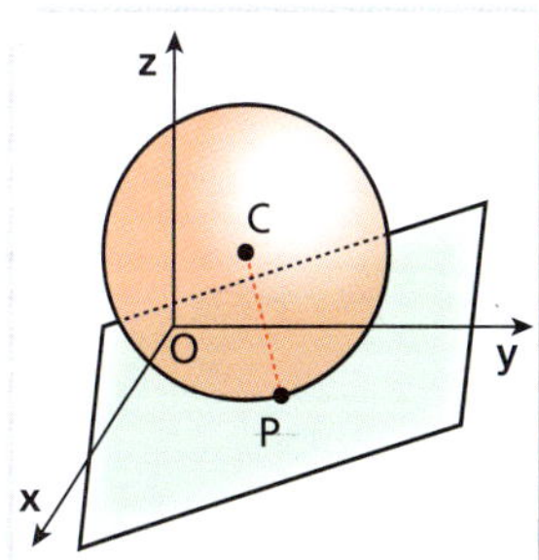

Piano tangente a una sfera

Data una sfera di centro $C(x_0;y_0;z_0)$ e raggio r, scriviamo l'equazione del piano tangente in un suo punto $P(x_1;y_1;z_1)$.
Osserviamo che il raggio PC deve essere perpendicolare al piano tangente in P, quindi il piano cercato, passante per P, deve avere vettore normale $\overrightarrow{PC}$.

Listen to it

Given a sphere $\mathcal{S}$ centred in C, the tangent plane to $\mathcal{S}$ at the point P is normal to the line PC.

ESEMPIO

Determiniamo l'equazione del piano tangente in $P(3;0;2)$ alla sfera di centro $C(2;2;-1)$.
Il piano passa per P e ha vettore normale $\overrightarrow{PC}$:

$$\overrightarrow{PC}(2-3;2-0;-1-2)\to\overrightarrow{PC}(-1;2;-3).$$

L'equazione del piano è:

$$-1(x-3)+2(y-0)-3(z-2)=0\to -x+2y-3z+6=0.$$

▶ Scrivi l'equazione del piano tangente in $T(1;2;-4)$ alla sfera di centro $C(0;3;7)$.

▶ Scrivi l'equazione della superficie sferica di centro $C(1;0;2)$ tangente al piano di equazione $x-2y-z-4=0$.

Animazione

Superficie cilindrica

▶ Esercizi a p. 1273

Consideriamo una superficie σ la cui equazione sia di secondo grado e contenga *soltanto due variabili*, per esempio: $x^2-y-1=0$.

MATEMATICA INTORNO A NOI

Un topo in un silo Per studiare la posizione di un topolino in un silo da cereali, non è facile utilizzare le coordinate cartesiane. Si può invece ricorrere alle *coordinate cilindriche*.

Cerca nel Web: coordinate cilindriche, coordinate sferiche, cylindrical coordinate system.

Il punto $A(2; 3; 0)$ appartiene a σ poiché le sue coordinate sono una soluzione dell'equazione $x^2 - y - 1 = 0$. Per lo stesso motivo anche tutti i punti $A'(2; 3; z)$, con $z \in \mathbb{R}$, appartengono a σ. Tali punti costituiscono una retta parallela all'asse z e giacente sulla superficie data. Osserviamo che questa proprietà è valida per ogni insieme di punti del tipo:

$$P(k; k^2 - 1; z), \quad \text{con } k \in \mathbb{R} \text{ e } z \in \mathbb{R}.$$

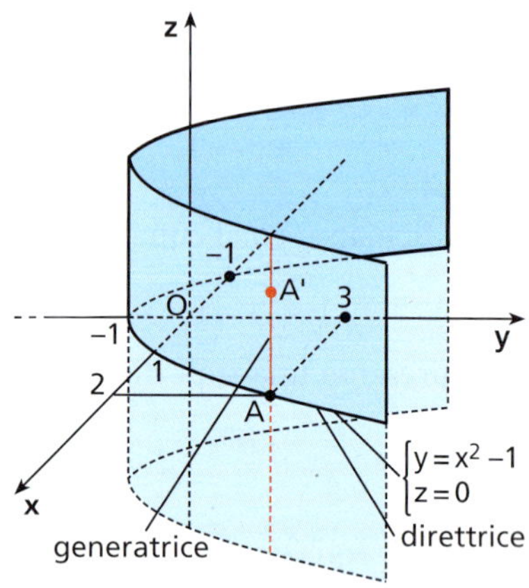

Quindi possiamo affermare che la superficie σ è costituita da infinite rette parallele all'asse z. Essa è una **superficie cilindrica** (o **cilindro indefinito**) e le rette parallele all'asse z che la formano sono le **generatrici**.

Se intersechiamo tale superficie con il piano Oxy, otteniamo la curva di equazioni:

$$\begin{cases} y = x^2 - 1 \\ z = 0 \end{cases}.$$

Essa giace nel piano Oxy e si chiama **direttrice**. In questo esempio la direttrice è la parabola che, nel piano Oxy, ha equazione $y = x^2 - 1$. Poiché le generatrici sono perpendicolari al piano contenente la direttrice, si dice che la superficie è cilindrica **retta**.

In questo capitolo studieremo soltanto superfici cilindriche rette con le generatrici parallele a uno degli assi coordinati.

In generale, un'*equazione di secondo grado in due variabili* rappresenta una superficie cilindrica se ammette soluzioni. In particolare, a un'equazione del tipo:

- $F(x; y) = 0$ corrisponde un cilindro indefinito retto con le generatrici parallele all'asse z;
- $F(x; z) = 0$ corrisponde un cilindro indefinito retto con le generatrici parallele all'asse y;
- $F(y; z) = 0$ corrisponde un cilindro indefinito retto con le generatrici parallele all'asse x.

Inoltre se la *direttrice* è una parabola, un'ellisse, una circonferenza o un'iperbole, il cilindro indefinito si dice rispettivamente *parabolico*, *ellittico*, *circolare*, *iperbolico*.

Un'equazione del tipo $x^2 + y^2 + ax + by + c = 0$ rappresenta una superficie cilindrica circolare soltanto se i coefficienti verificano la condizione $\frac{a^2}{4} + \frac{b^2}{4} - c \geq 0$, ossia se l'equazione, riferita al piano coordinato Oxy, rappresenta effettivamente una circonferenza. La stessa osservazione vale se l'equazione contiene le variabili x, z oppure y, z.

Superficie conica

▶ Esercizi a p. 1274

Con considerazioni analoghe a quelle della superficie cilindrica, si può parlare di una **superficie conica circolare retta** con *asse* coincidente con l'asse y e con le generatrici passanti per l'origine.

Siano $M(x; y; z)$ un punto della superficie conica, OM la retta corrispondente generatrice, $H(0; y; 0)$ la proiezione ortogonale di M sull'asse y, δ la *semiapertura*. Possiamo esprimere la condizione di appartenenza di M alla superficie conica mediante la relazione:

$$\frac{\overline{MH}}{\overline{OH}} = \tan\delta, \quad \text{con } \overline{OH} = |y| \to \frac{\overline{MH}}{|y|} = \tan\delta.$$

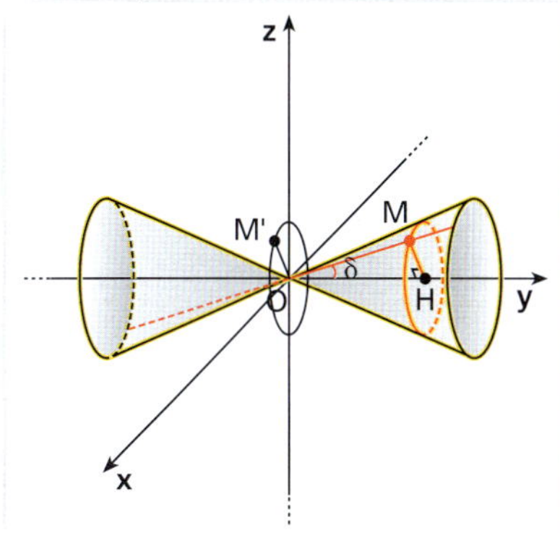

$\overline{MH}$ è il raggio della circonferenza che si ottiene sezionando il cono con il piano passante per M e parallelo al piano Oxz. La proiezione ortogonale di questa circonferenza sul piano Oxz è la circonferenza con centro nell'origine e raggio $\overline{OM'} = \overline{MH}$ che ha per equazioni

$$\begin{cases} x^2 + z^2 = \overline{OM'}^2 \\ y = 0 \end{cases};$$

quindi $\overline{MH}^2 = x^2 + z^2 \to \overline{MH} = \sqrt{x^2 + z^2}$.

Sostituendo nella relazione, otteniamo:

$$\frac{\sqrt{x^2 + z^2}}{|y|} = \tan\delta \quad \to \quad x^2 + z^2 - y^2\tan^2\delta = 0.$$

Poiché $\tan^2\delta$ può assumere qualsiasi valore reale non negativo l'equazione si scrive anche nella seguente forma equivalente:

$$x^2 + z^2 - k^2 y^2 = 0, \quad \text{con } k \in \mathbb{R}.$$

In modo analogo si ricavano le equazioni delle superfici coniche circolari rette con asse coincidente con l'asse x o con l'asse z e vertice nell'origine. Riportiamo un elenco dei casi possibili.

L'equazione di una superficie conica circolare retta con semiapertura δ è:

- $x^2 + y^2 - k^2z^2 = 0$ e $\tan^2\delta = k^2$, se l'asse coincide con l'asse z;
- $x^2 + z^2 - k^2y^2 = 0$ e $\tan^2\delta = k^2$, se l'asse coincide con l'asse y;
- $y^2 + z^2 - k^2x^2 = 0$ e $\tan^2\delta = k^2$, se l'asse coincide con l'asse x.

Altre superfici quadriche notevoli

▶ Esercizi a p. 1276

- Un **ellissoide** ha equazione $\frac{x^2}{a^2} + \frac{y^2}{b^2} + \frac{z^2}{c^2} = 1$.

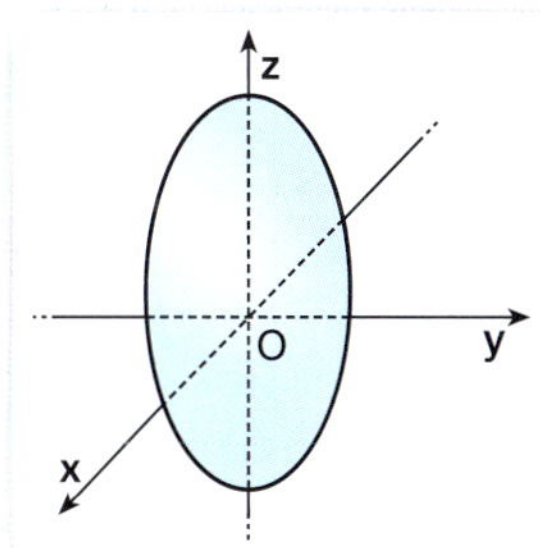

  Le sezioni dell'ellissoide con i piani coordinati sono ellissi, e così pure le sezioni (quando esistono) con piani paralleli ai piani coordinati.

- Un **iperboloide a una falda** ha equazione $\frac{x^2}{a^2} + \frac{y^2}{b^2} - \frac{z^2}{c^2} = 1$.

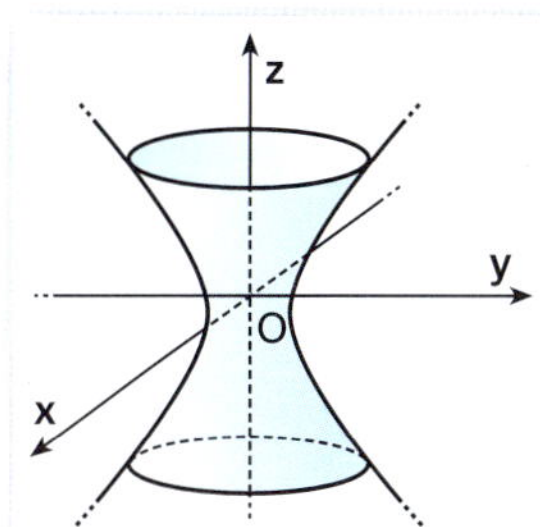

  Le sezioni di tale iperboloide a una falda con i piani coordinati Oxz e Oyz sono iperboli, così come le sezioni con piani a essi paralleli, mentre le intersezioni con il piano coordinato Oxy e con piani a esso paralleli sono delle ellissi.
  Sono **iperboloidi a una falda** anche le superfici di equazioni

$$\frac{x^2}{a^2} - \frac{y^2}{b^2} + \frac{z^2}{c^2} = 1, \quad -\frac{x^2}{a^2} + \frac{y^2}{b^2} + \frac{z^2}{c^2} = 1.$$

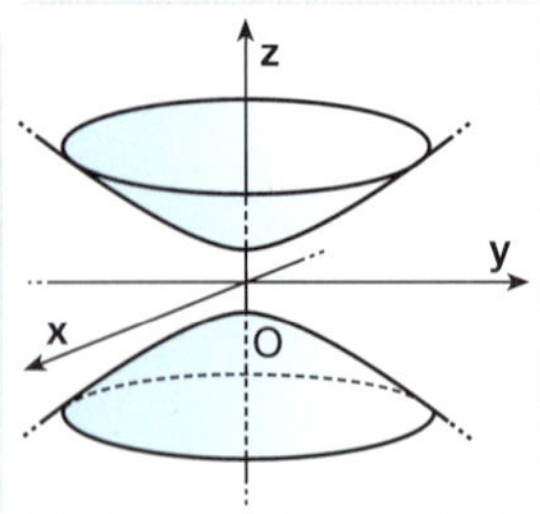

- L'equazione

$$\frac{x^2}{a^2}+\frac{y^2}{b^2}-\frac{z^2}{c^2}=-1$$

corrisponde a un **iperboloide a due falde**.
Le sezioni di tale iperboloide a due falde con i piani coordinati *Oyz* e *Oxz* e con piani a essi paralleli sono iperboli. L'intersezione con il piano coordinato *Oxy* non esiste, mentre quelle con piani a esso paralleli, quando esistono, sono ellissi.

Anche le superfici di equazioni

$$-\frac{x^2}{a^2}+\frac{y^2}{b^2}+\frac{z^2}{c^2}=-1,\quad \frac{x^2}{a^2}-\frac{y^2}{b^2}+\frac{z^2}{c^2}=-1$$

sono **iperboloidi a due falde**.

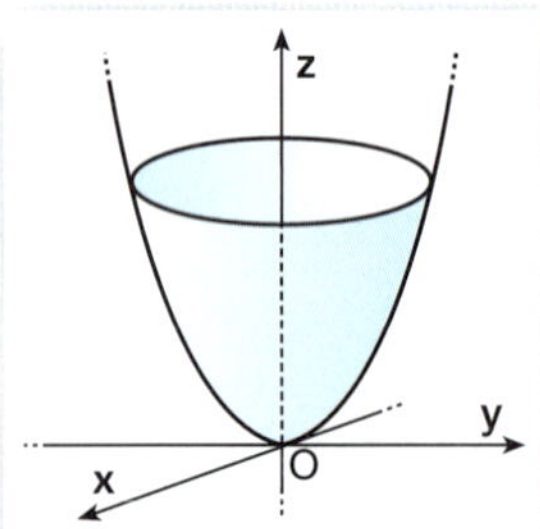

- L'equazione $\frac{x^2}{a^2}+\frac{y^2}{b^2}=2z$ corrisponde a un **paraboloide ellittico**.

Le sezioni di tale paraboloide ellittico con i piani coordinati *Oyz* e *Oxz* e con piani a essi paralleli sono parabole. L'intersezione con il piano coordinato *Oxy* è un solo punto, l'origine, mentre quelle con piani paralleli al piano *Oxy*, quando esistono, sono ellissi.

Anche la superficie di equazione

$$\frac{x^2}{a^2}+\frac{y^2}{b^2}=-2z$$

è un **paraboloide ellittico** e lo sono inoltre quelle ottenute dalle date scambiando due variabili. Per esempio:

$$\frac{x^2}{a^2}+\frac{z^2}{b^2}=2y.$$

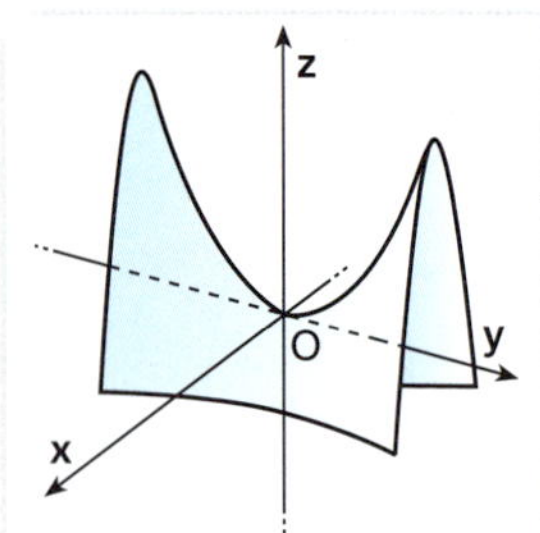

- L'equazione $\frac{x^2}{a^2}-\frac{y^2}{b^2}=-2z$ corrisponde a un **paraboloide iperbolico**, detto anche *paraboloide a sella*.

Le sezioni di tale paraboloide iperbolico con i piani coordinati *Oyz* e *Oxz* e con piani a essi paralleli sono parabole. Le intersezioni con il piano coordinato *Oxy* e con piani a esso paralleli sono iperboli.
Nel caso particolare del piano *Oxy* l'iperbole degenera in due rette passanti per l'origine e di coefficienti angolari $\pm\frac{b}{a}$.

Anche la superficie di equazione $\frac{x^2}{a^2}-\frac{y^2}{b^2}=2z$ è un **paraboloide iperbolico** e lo sono inoltre quelle ottenute dalle date scambiando due variabili. Per esempio:

$$\frac{y^2}{a^2}-\frac{z^2}{b^2}=-2x.$$

IN SINTESI
Geometria analitica nello spazio

Distanza fra due punti e punto medio

- La **distanza fra due punti** $A(x_A; y_A; z_A)$ e $B(x_B; y_B; z_B)$ è: $\overline{AB} = \sqrt{(x_B - x_A)^2 + (y_B - y_A)^2 + (z_B - z_A)^2}$.
- Le coordinate del **punto medio** M di un segmento AB sono:

$$x_M = \frac{x_A + x_B}{2},\ y_M = \frac{y_A + y_B}{2},\ z_M = \frac{z_A + z_B}{2}.$$

Vettori nello spazio

- A ogni punto $A(a_x; a_y; a_z)$ è associato un vettore $\overrightarrow{OA} = \vec{a} = a_x\vec{i} + a_y\vec{j} + a_z\vec{k}$ con modulo $|\vec{a}| = \sqrt{a_x^2 + a_y^2 + a_z^2}$.
- Dati i punti $A(x_A; y_A; z_A)$ e $B(x_B; y_B; z_B)$, il vettore da essi individuato è $\overrightarrow{AB}(x_B - x_A; y_B - y_A; z_B - z_A)$.
- Operazioni con due vettori $\vec{a}(a_x; a_y; a_z)$ e $\vec{b}(b_x; b_y; b_z)$:
  - **somma**: $\vec{a} + \vec{b} = (a_x + b_x; a_y + b_y; a_z + b_z)$;
  - **differenza**: $\vec{a} - \vec{b} = (a_x - b_x; a_y - b_y; a_z - b_z)$.
- **Prodotto per uno scalare**: $k\vec{a} = (ka_x; ka_y; ka_z)$.
- **Prodotto scalare**: $\vec{a} \cdot \vec{b} = a_x b_x + a_y b_y + a_z b_z$.
- $\vec{a}$ e $\vec{b}$ sono **paralleli** se $\vec{a} = k\vec{b}$, con $k \in \mathbb{R}$, cioè (se le componenti di $\vec{b}$ sono tutte diverse da 0):

$$\vec{a} \,/\!/\, \vec{b} \leftrightarrow \frac{a_x}{b_x} = \frac{a_y}{b_y} = \frac{a_z}{b_z}.$$

- $\vec{a}$ e $\vec{b}$ sono **perpendicolari** se $\vec{a} \cdot \vec{b} = 0$, cioè:

$$\vec{a} \perp \vec{b} \leftrightarrow a_x b_x + a_y b_y + a_z b_z = 0.$$

Punti, piani e rette

- L'**equazione generale del piano** passante per $P_0(x_0; y_0; z_0)$ con vettore normale $\vec{n}(a; b; c)$ è:

$$a(x - x_0) + b(y - y_0) + c(z - z_0) = 0 \quad \rightarrow \quad ax + by + cz + d = 0.$$

- Due piani di equazioni $ax + by + cz + d = 0$ e $a'x + b'y + c'z + d' = 0$ sono:
  - **paralleli** se $\vec{n} \,/\!/\, \vec{n}' \rightarrow \frac{a}{a'} = \frac{b}{b'} = \frac{c}{c'}$ (se $a', b', c' \neq 0$);
  - **perpendicolari** se $\vec{n} \perp \vec{n}' \rightarrow \vec{n} \cdot \vec{n}' = 0 \rightarrow aa' + bb' + cc' = 0$.
- La **distanza** del **punto** $A(x_A; y_A; z_A)$ dal **piano** di equazione $ax + by + cz + d = 0$ è: $\frac{|ax_A + by_A + cz_A + d|}{\sqrt{a^2 + b^2 + c^2}}$.
- La **retta** passante per $P_0(x_0; y_0; z_0)$ con vettore direzione $\vec{v}(l; m; n)$ ha **equazioni parametriche**

$$\begin{cases} x = x_0 + kl \\ y = y_0 + km, \quad \text{con } k \in \mathbb{R}, \\ z = z_0 + kn \end{cases}$$

  ed **equazioni cartesiane**, valide se $l, m, n \neq 0$,

$$\frac{x - x_0}{l} = \frac{y - y_0}{m} = \frac{z - z_0}{n}.$$

- La retta passante per due punti $A(x_1; y_1; z_1)$ e $B(x_2; y_2; z_2)$ ha equazioni

$$\frac{x-x_1}{x_2-x_1}=\frac{y-y_1}{y_2-y_1}=\frac{z-z_1}{z_2-z_1},$$

che sono le **condizioni di allineamento** di tre punti A, B e $P(x; y; z)$.

- Una retta può essere individuata come intersezione di due piani non paralleli:

$$\begin{cases} ax+by+cz+d=0 \\ a'x+b'y+c'z+d'=0 \end{cases}.$$

- Due rette con vettori direzione $\vec{v}(l; m; n)$ e $\vec{w}(l'; m'; n')$ sono:
  - **parallele** se $\vec{v} \parallel \vec{w} \rightarrow \frac{l}{l'}=\frac{m}{m'}=\frac{n}{n'}$ (se $l', m', n' \neq 0$);
  - **perpendicolari** se $\vec{v} \perp \vec{w} \rightarrow \vec{v}\cdot\vec{w}=0 \rightarrow ll'+mm'+nn'=0$.

- Un piano con vettore normale $\vec{n}(a; b; c)$ e una retta con vettore direzione $\vec{v}(l; m; n)$ sono:
  - **paralleli** se $\vec{n} \perp \vec{v} \rightarrow al+bm+cn=0$;
  - **perpendicolari** se $\vec{n} \parallel \vec{v} \rightarrow \frac{a}{l}=\frac{b}{m}=\frac{c}{n}$ (se $l, m, n \neq 0$).

Alcune superfici notevoli

- Una **superficie sferica** di centro $C(x_0; y_0; z_0)$ e raggio r ha **equazione**:

$$(x-x_0)^2+(y-y_0)^2+(z-z_0)^2=r^2.$$

L'equazione $x^2+y^2+z^2+ax+by+cz+d=0$ rappresenta una sfera di centro $C\left(-\frac{a}{2}; -\frac{b}{2}; -\frac{c}{2}\right)$ e raggio $r=\sqrt{\frac{a^2}{4}+\frac{b^2}{4}+\frac{c^2}{4}-d}$ se $\frac{a^2}{4}+\frac{b^2}{4}+\frac{c^2}{4}-d \geq 0$.

Un piano α è tangente a una sfera di raggio r e centro C se $d(C, \alpha)=r$.

- Una **superficie cilindrica retta** ha equazione del tipo:
  - $F(x; y)=0$ se le generatrici sono parallele all'asse z;
  - $F(x; z)=0$ se le generatrici sono parallele all'asse y;
  - $F(y; z)=0$ se le generatrici sono parallele all'asse x;

  con F polinomio di secondo grado in due variabili.

- Una **superficie conica circolare retta** con semiapertura δ ha equazione:
  - $x^2+y^2-k^2z^2=0$, $\tan^2\delta=k^2$ se l'asse coincide con l'asse z;
  - $x^2+z^2-k^2y^2=0$, $\tan^2\delta=k^2$ se l'asse coincide con l'asse y;
  - $y^2+z^2-k^2x^2=0$, $\tan^2\delta=k^2$ se l'asse coincide con l'asse x.

- Altre quadriche notevoli:
  - **ellissoide** $\frac{x^2}{a^2}+\frac{y^2}{b^2}+\frac{z^2}{c^2}=1$;
  - **iperboloide a una falda** $\frac{x^2}{a^2}+\frac{y^2}{b^2}-\frac{z^2}{c^2}=1$;
  - **iperboloide a due falde** $\frac{x^2}{a^2}+\frac{y^2}{b^2}-\frac{z^2}{c^2}=-1$;
  - **paraboloide ellittico** $\frac{x^2}{a^2}+\frac{y^2}{b^2}=2z$;
  - **paraboloide iperbolico** $\frac{x^2}{a^2}-\frac{y^2}{b^2}=-2z$.

CAPITOLO 20
ESERCIZI

1 Coordinate nello spazio

Teoria a p. 1226

Punti e distanze nello spazio

1 Rappresenta i seguenti punti in un riferimento ortogonale nello spazio:
$A(0; 1; 3)$, $B(-3; -2; 0)$, $C(5; 0; -1)$, $D(-2; 2; -3)$.

2 Disegna il triangolo di vertici $A(-1; 3; -1)$, $B(2; -1; 2)$, $C(2; -2; -2)$.

3 Disegna il prisma che ha i seguenti vertici:
$A(-1; 0; 2)$, $B(-1; 0; 5)$, $C(-3; 0; 5)$, $D(-3; 0; 2)$, $A'(2; 4; 2)$, $B'(2; 4; 5)$, $C'(0; 4; 5)$, $D'(0; 4; 2)$.

TEST

4 Il punto $A(x_0; y_0; z_0)$ si trova sull'asse y. Che cosa è possibile dedurre?
A $y_0 = 0$. B $y_0 \neq 0$. C $x_0 = 0$ e $z_0 = 0$. D $x_0 = 0$ e $y_0 = 0$. E $y_0 = 0$ e $z_0 = 0$.

5 Il punto P ha coordinate $(-7; 1; -5)$; quelle del suo simmetrico rispetto all'asse z sono:
A $(7; -1; -5)$.
B $(-7; -1; -5)$.
C $(7; -1; 5)$.
D $(7; 1; 5)$.
E $(-7; -1; 5)$.

6 Un punto ha le coordinate $(-5; 2; -3)$; quelle del suo simmetrico rispetto all'asse x sono:
A $(5; 2; -3)$.
B $\left(-\frac{1}{5}; 2; -3\right)$.
C $(5; -2; 3)$.
D $(-5; -2; 3)$.
E $(2; -3; -5)$.

7 Determina le coordinate del punto simmetrico di $A(4; -2; 5)$ rispetto all'origine.

8 TEST I punti $P(7; -3; 4)$ e $P'(-7; 3; 4)$ sono simmetrici rispetto:
A all'asse x. B all'asse y. C all'asse z. D all'origine. E al piano Oxy.

Calcola la distanza fra le seguenti coppie di punti.

9 $A(\sqrt{2}; \sqrt{2}; \sqrt{2})$, $O(0; 0; 0)$. $[\sqrt{6}]$

10 $A(-2; 4; 1)$, $B(-4; 2; 3)$. $[2\sqrt{3}]$

11 $P(-1; 3; -2)$, $Q(0; -2; 0)$. $[\sqrt{30}]$

12 $C(-1; 8; 0)$, $D(-3; 5; -\sqrt{3})$. $[4]$

13 $A(3; 0; 1)$, $B(4; -2; 3)$. $[3]$

14 $P(5; -5; 0)$, $R(-5; 1; 2\sqrt{2})$ $[12]$

15 Trova per quali valori di k i punti $A(k; 0; k)$ e $B(1; 6; -2)$ hanno distanza $5\sqrt{5}$. $[6 \vee -7]$

16 Determina per quali valori di a la distanza tra $P(a; a+1; 0)$ e $Q(2a; -a; \sqrt{6})$ è 8. $\left[3 \vee -\frac{19}{5}\right]$

17 Trova un punto sull'asse z equidistante da $A(-1; 3; 2)$ e $B(2, -1; -1)$. $\left[\left(0; 0; \frac{4}{3}\right)\right]$

18 Un punto P si trova sull'asse z. Sapendo che la distanza di P dal punto $A(1; 1; 3)$ è la metà della distanza dal punto $B(-2; 2; 3)$, calcola le coordinate del punto P. $[P(0; 0; 3)]$

19 Verifica che il triangolo di vertici $A(0; 0; 1)$, $B(3; -1; 2)$ e $C(-3; 1; 2)$ è isoscele.

ESERCIZI

20 Verifica che il triangolo di vertici $A(-1; 1; 2)$, $B(-1; 2; 3)$, $C(0; 1; 3)$ è equilatero.

21 Determina l'equazione del luogo dei punti $P(x; y; z)$ equidistanti da $A(4; -1; 3)$ e da $B(0; 4; -1)$.
[$8x - 10y + 8z - 9 = 0$]

22 RIFLETTI SULLA TEORIA Determina l'espressione per la distanza di un punto $H(x; y; z)$ dagli assi coordinati.
[$d_x = \sqrt{y^2 + z^2}$, $d_y = \sqrt{x^2 + z^2}$, $d_z = \sqrt{x^2 + y^2}$]

23 Verifica che il triangolo di vertici $A(1; 2; 3)$, $B(4; 0; 5)$ e $C(3; 6; 4)$ è rettangolo.

24 Verifica che il triangolo di vertici $P\,(6; 0; -1)$, $Q(-1; 0; 3)$, $R\,(-1; 4; 3)$ è rettangolo e determina l'angolo acuto minore.
$\left[\tan\widehat{P} = \frac{4}{\sqrt{65}}\right]$

25 Verifica che il triangolo di vertici $A(3; 4; 1)$, $B(0; 1; 1)$ e $C(2; 5; -3)$ è rettangolo isoscele e calcola la sua area.
[9]

26 Un triangolo equilatero ha i vertici sui semiassi positivi di un riferimento cartesiano ortogonale nello spazio. Determina le coordinate dei vertici, sapendo che il perimetro del triangolo è $12\sqrt{2}$.
[$A(4; 0; 0)$, $B(0; 4; 0)$, $C(0; 0; 4)$]

YOU & MATHS

27 What is the volume of a sphere with a center at the origin and whose surface passes through the point (7, 4, 3)?
(Rocket City Math League, Senior Division)

28 The opposite vertices of a cube are at $A(1, 1, 1)$ and $G(3, 4, 5)$ in the Cartesian plane. Find the edge length of the cube.

A 3 B $\sqrt{\frac{29}{3}}$ C 4 D $\sqrt{\frac{50}{3}}$ E 5

(Canadian Math Kangaroo Contest, Grade 11-12)

Calcola il volume dei seguenti solidi.

29
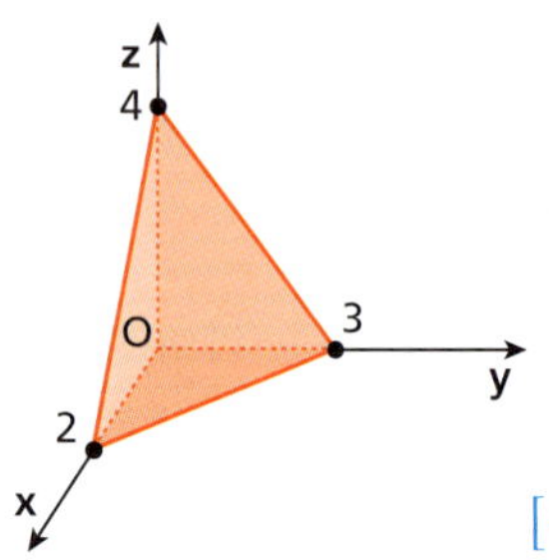

[4]

30
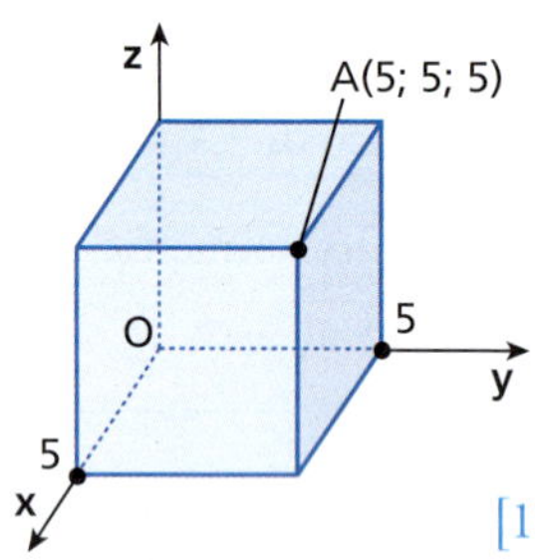

[125]

31
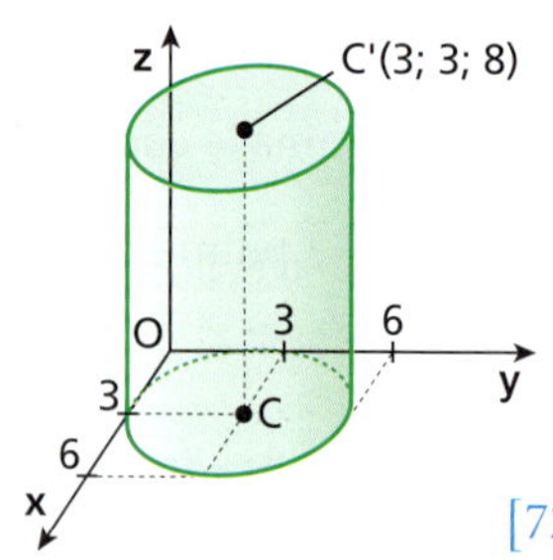

[72π]

REALTÀ E MODELLI

32 **Latitudine e longitudine** Un luogo che si trova sulla superficie della Terra può essere individuato tramite le coordinate geografiche latitudine e longitudine. Con riferimento alla figura:

- la latitudine del punto Q è l'angolo α che il raggio OQ forma con il piano equatoriale;
- la longitudine di Q è l'angolo β tra il meridiano passante per Q e il meridiano di riferimento (meridiano di Greenwich).

Calcola la latitudine e la longitudine del punto $Q\left(\frac{2}{3}; \frac{2}{3}; \frac{1}{3}\right)$ sulla sfera di centro $O(0; 0; 0)$ e raggio 1, quando il meridiano di riferimento è quello che giace nel piano Oxz. [$\alpha \simeq 19{,}5°$ nord; $\beta = 45°$ est]

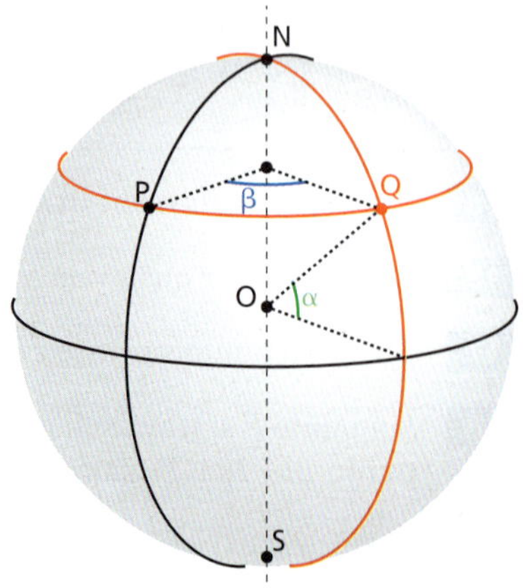

33 ●● **Sotto sorveglianza** Una telecamera di sicurezza è posta a 4 metri da terra sulla parete esterna di un edificio per controllare il parcheggio. Può ruotare di un angolo α da 0° a 180° in orizzontale e di un angolo β da 0° a 90° in verticale, dalla posizione orizzontale verso il basso. Disegna un sistema di riferimento cartesiano con origine sul suolo, asse x lungo la parete e la telecamera sull'asse z, rivolta verso il semispazio positivo delle ordinate. Poni $\alpha = 0°$ e $\beta = 0°$ in corrispondenza della telecamera allineata parallelamente alla direzione positiva dell'asse x. Determina verso quale punto del suolo è diretta la telecamera quando $\alpha = 90°$ e $\beta = 60°$. $\left[P\left(0; \frac{4}{3}\sqrt{3}; 0\right)\right]$

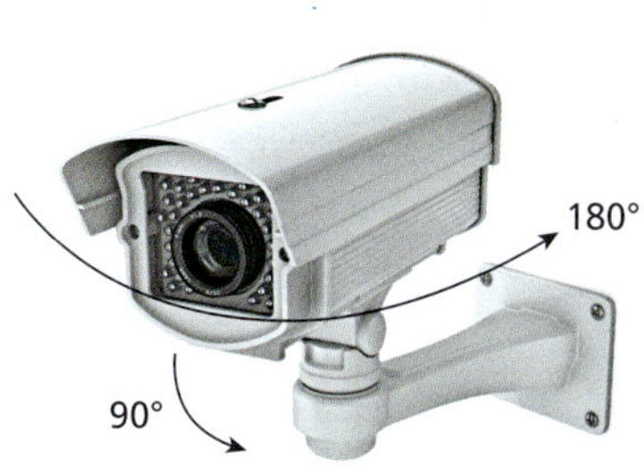

34 ●● Dato il prisma regolare a base triangolare di vertici $A(2; -2; 1)$, $B(4; 0; 1)$, $C(4; -2; 3)$, $D(2; -2; 5)$, $E(4; 0; 5)$ e $F(4; -2; 7)$, calcola l'area della superficie laterale, il volume e la lunghezza della diagonale AE della faccia laterale $ABED$. $[S_l = 24\sqrt{2}; V = 8\sqrt{3}; 2\sqrt{6}]$

35 ●● Un punto P con coordinate positive ha distanza 8 dall'origine. Sapendo che la retta OP forma un angolo di 60° con l'asse y e un angolo di 60° con l'asse z, trova le coordinate di P. $[(4\sqrt{2}; 4; 4)]$

Punto medio e baricentro

Determina le coordinate dei punti medi dei segmenti che hanno per estremi le seguenti coppie di punti.

36 ●○ $A(0; -6; 2)$, $B(4; 8; -2)$. $[(2; 1; 0)]$

37 ●○ $A(-4; 6; 4)$, $B(8; 6; -4)$. $[(2; 6; 0)]$

38 ●○ $C(\sqrt{3}; 0; 2)$, $D(3\sqrt{3}; -2; 6)$. $[(2\sqrt{3}; -1; 4)]$

39 ●○ $P(-1; 5; -\sqrt{2})$, $Q(3; 11; \sqrt{2})$. $[(1; 8; 0)]$

---

40 ●○ Determina le coordinate del punto simmetrico di $A(-4; 2; 3)$ rispetto a $P(-2; 0; 5)$. $[(0; -2; 7)]$

41 ●○ Trova le coordinate dell'estremo B del segmento AB, sapendo che $A(2; -3; 0)$ e che il punto medio di AB è $M(-1; 4; 3)$. $[(-4; 11; 6)]$

42 ●○ Dato il triangolo di vertici $A(4; -2; 3)$, $B(-2; 2; 1)$, $C(1; 2; 6)$, verifica che è isoscele, calcola l'area e determina gli angoli alla base. $\left[\overline{AC} = \overline{BC} = \sqrt{34}; 2\sqrt{70}; \tan C\hat{A}B = \frac{\sqrt{70}}{7}\right]$

43 ●○ Verifica che il triangolo di vertici $A(-1; -3; 1)$, $B(-1; 2; 1)$, $C\left(2; -\frac{1}{2}; 3\right)$ è isoscele e calcola l'area. $\left[\overline{AC} = \overline{BC} = \frac{\sqrt{77}}{2}; \frac{5\sqrt{13}}{2}\right]$

44 ●○ Sia dato un triangolo nello spazio tridimensionale. I suoi vertici hanno coordinate $(0; 0; 0)$, $(1; 3; 4)$ e $(-1; 3; 4)$. Trova l'area del triangolo. (USA *Bay Area Math Meet, Bowl Sampler*) [5]

45 ●○ Dato il triangolo di vertici $A(3; -2; 1)$, $B(5; 6; 3)$ e $C(-1; 2; 5)$, determina la lunghezza delle sue mediane e le coordinate del suo baricentro. $\left[\sqrt{46}; 2\sqrt{13}; \sqrt{34}; G\left(\frac{7}{3}; 2; 3\right)\right]$

46 ●○ Il triangolo di vertici $A(0; 0; 3)$, $B(1; 4; 7)$ e C ha baricentro $G(1; 3; 3)$. Determina le coordinate di C. $[(2; 5; -1)]$

47 ●○ Dato il segmento AB di estremi $A(1; 0; 4)$ e $B(2; 3; -1)$, trova le coordinate dei due punti che lo dividono in tre parti uguali. $\left[P\left(\frac{4}{3}; 1; \frac{7}{3}\right), Q\left(\frac{5}{3}; 2; \frac{2}{3}\right)\right]$

48 ●● Verifica che il triangolo di vertici $A(4; 0; 0)$, $B(0; -4; 0)$, $C(0; 0; -4)$ è equilatero. Determina l'angolo α che l'altezza CH forma con il piano Oxy. $\left[\cos\alpha = \frac{1}{\sqrt{3}}\right]$

ESERCIZI

49 ●● **YOU & MATHS** Three vertices of a cube in space have coordinates (2, 3, 0), (0, 5, 4) and (4, 1, 8). Compute the coordinates of the centre of the cube.
(USA *Florida Atlantic University, Stuyvesant Alumni Mathematics Competition*)
[(3; 2; 4)]

50 ●○ Verifica che i punti $A(-1; 3; 0)$, $B(3; -1; 0)$, $C(-1; -1; 1)$ e $D(3; 3; -1)$ sono vertici di un rombo.

2 Vettori nello spazio

▶ Teoria a p. 1228

VERO O FALSO?

51 ●○ Il vettore $\overrightarrow{AB}$ di estremi $A(0; -3; 2)$ e $B(2; -1; 6)$:
- **a.** ha modulo $2\sqrt{6}$. V F
- **b.** ha componenti cartesiane $(-2; -2; -4)$. V F
- **c.** è parallelo a $\vec{v}(4; -2; 12)$. V F
- **d.** è parallelo a $\vec{w}(-2; -2; -4)$. V F

52 ●○ Il vettore $\vec{a}(5; 10; -1)$:
- **a.** è perpendicolare a $\vec{b}(-1; 1; 5)$. V F
- **b.** è parallelo a $\vec{d} = 4\vec{a}$. V F
- **c.** ha modulo $3\sqrt{14}$. V F
- **d.** è tale che $\vec{a} \cdot \vec{a} = \sqrt{126}$. V F
- **e.** è tale che $\vec{a} + 2\vec{a} = (15; 30; 3)$. V F

53 ●○ Trova i moduli dei seguenti vettori: $\vec{a} = (1; -1; 4)$; $\vec{b} = (-2; 0; 1)$; $\vec{c} = (3; 1; -2)$. $[3\sqrt{2}; \sqrt{5}; \sqrt{14}]$

54 ●○ Dati i punti $P(-2; -5; 1)$ e $Q(0; -2; 6)$, scrivi i vettori $\overrightarrow{OP}$ e $\overrightarrow{OQ}$ in forma cartesiana e determina il loro modulo.

Determina le componenti cartesiane e il modulo del vettore $\overrightarrow{AB}$ di estremi A e B.

55 ●○ $A(1; 0; -1)$, $B(3; 0; 4)$. $[(2; 0; 5); \sqrt{29}]$

56 ●○ $A(4; -1; 0)$, $B(0; 3; -2)$. $[(-4; 4; -2); 6]$

57 ●○ $A(11; 9; -1)$, $B(10; 6; -2)$. $[(-1; -3; -1); \sqrt{11}]$

58 ●○ $A(4; 3; 1)$, $B(6; -3; 4)$. $[(2; -6; 3); 7]$

59 ●○ Dati i vettori $\vec{v} = -2\vec{i} + 3\vec{j} + \vec{k}$ e $\vec{w} = -\vec{i} - \vec{j} + 4\vec{k}$, calcola $\vec{v} + \vec{w}$, $\vec{v} - 3\vec{w}$, $\vec{v} \cdot \vec{w}$.

60 ●○ Dati i vettori $\vec{a}(-1; 3; 4)$ e $\vec{b}(1; -2; -1)$, calcola:
a. il loro modulo; **b.** $\vec{a} + \vec{b}$; **c.** $3\vec{a} - 2\vec{b}$; **d.** $\vec{a} \cdot \vec{b}$. [a) $\sqrt{26}$; $\sqrt{6}$; b) $(0; 1; 3)$; c) $(-5; 13; 14)$; d) -11]

61 ●○ Determina il vettore $\vec{a}$ tale che $\vec{a} + \vec{b} + \vec{c} = 0$, con $\vec{b}(1; 0; 4)$ e $\vec{c}(-2; -3; 6)$. $[\vec{a}(1; 3; -10)]$

Calcola il prodotto scalare tra $\vec{a}$ e $\vec{b}$.

62 ●○ $\vec{a}(1; 0; 1)$, $\vec{b}(4; -1; 7)$. [11]

63 ●○ $\vec{a}(10; -1; -4)$, $\vec{b}(-1; 1; 2)$. [−19]

64 ●○ $\vec{a}(-2; 5; 1)$, $\vec{b}(0; 3; -3)$. [12]

65 ●○ $\vec{a}(1; 7; -4)$, $\vec{b}(6; -2; -2)$. [0]

66 ●○ Considera i vettori $\vec{a}(2; -2; 1)$ e $\vec{b}(4; 0; -3)$. Calcola $\vec{a} \cdot \vec{b}$ e l'angolo formato da $\vec{a}$ e $\vec{b}$. $[5; \alpha \simeq 70°]$

Vettori paralleli

$\vec{v}(a; b; c)$ e $\vec{w}(a'; b'; c')$ sono paralleli se $\frac{a}{a'} = \frac{b}{b'} = \frac{c}{c'}$

67 ●○ **FAI UN ESEMPIO** Scrivi due vettori paralleli al vettore:
a. $\vec{v}(4; -1; 0)$; **b.** $\vec{w}(-3; 6; 1)$.

68 ●○ Stabilisci se $\vec{a}(-4; 2; -1)$ e $\vec{b}\left(-2; 1; -\frac{1}{2}\right)$ sono paralleli.

69 ●○ Trova i valori di a e b per cui i vettori $\vec{v}(a; b; 3)$ e $\vec{w}(1; -4; -9)$ sono paralleli. $\left[a = -\frac{1}{3}, b = \frac{4}{3}\right]$

Vettori perpendicolari

> $\vec{v}(a; b; c)$ e $\vec{w}(a'; b'; c')$ sono perpendicolari se $aa' + bb' + cc' = 0$

70 FAI UN ESEMPIO Scrivi un vettore perpendicolare a $\vec{v}(3; 0; -2)$.

71 Stabilisci se i vettori $\vec{a}\left(-\frac{1}{2}; 16; 3\right)$ e $\vec{b}\left(4; \frac{1}{2}; -2\right)$ sono perpendicolari.

72 Trova il valore del parametro c affinché i vettori $\vec{u} = (4; -2; c)$ e $\vec{v} = (-1; 8; 4)$ siano perpendicolari. [5]

73 Determina i valori di a per cui i vettori $\vec{v}(a; 2a; a+1)$ e $\vec{w}(1; a; a)$ sono perpendicolari. $\left[a = 0 \vee a = -\frac{2}{3}\right]$

74 Determina i valori di k per cui i vettori $\vec{a}(k; k+1; -k)$ e $\vec{b}(k+2; -k; k+3)$ sono perpendicolari. $[k = 0 \vee k = -2]$

75 Trova almeno due vettori perpendicolari al vettore $\vec{v}(-1; 4; 2)$.

76 Determina un vettore perpendicolare ai vettori $\vec{a}(-2; -1; 2)$ e $\vec{b}(3; 2; -1)$.

77 Verifica se i vettori $\vec{a} = 4\vec{i} - 2\vec{j}$ e $\vec{b} = 2\vec{i} + 4\vec{j} + 2\vec{k}$ sono perpendicolari.

Date le seguenti coppie di vettori, stabilisci se sono paralleli, perpendicolari o né paralleli né perpendicolari.

78 $\vec{a}(3; -3; 1)$, $\vec{b}(-6; 6; 2)$.

79 $\vec{v}(1; 4; 12)$, $\vec{w}\left(\frac{1}{4}; 1; 3\right)$.

80 $\vec{a}(5; 1; 6)$, $\vec{b}(-2; 4; 1)$.

81 $\vec{c}(-6; 9; 15)$, $\vec{d}(-2; 3; 5)$.

82 $\vec{a}(1; 2; -4)$, $\vec{b}(1; 2; 1)$.

83 $\vec{v}(3; -2; 7)$, $\vec{w}(-3; -1; 1)$.

---

84 Dati i vettori $\vec{v}(3; -1; k)$ e $\vec{w}(6; k; -4)$, trova per quale valore di k sono:
a. paralleli; b. perpendicolari. $\left[\text{a}) -2; \text{b}) \frac{18}{5}\right]$

85 Individua eventuali relazioni di parallelismo e perpendicolarità tra i vettori $\vec{a}(3; -4; 1)$, $\vec{b}(-1; 0; 3)$ e $\vec{c}(6; -8; 2)$.

86 Determina l'ampiezza dell'angolo tra i vettori $\vec{a}(4; 1; 2\sqrt{2})$ e $\vec{b}(-3; 5; \sqrt{2})$. $[\simeq 96°]$

87 Dati i vettori $\vec{a} = 2\vec{i} - 3\vec{j} - \vec{k}$, $\vec{b} = -\vec{i} + \vec{j} - 2\vec{k}$ e $\vec{c} = 2\vec{i} + \vec{j} - 2\vec{k}$, dimostra che $\vec{c}$ è perpendicolare al vettore $\vec{b} - \vec{a}$.

3 Piano e sua equazione

Equazione generale del piano

▶ Teoria a p. 1229

88 Nelle seguenti equazioni di piani indica il corrispondente vettore normale.

$2x - y + 5 = 0$, $x + 2y - z + 1 = 0$, $10x - y + 3 = 0$.

89 AL VOLO Scrivi il vettore normale ai seguenti piani.
a. $4x - y + 5 = 0$ b. $2y - z + 1 = 0$ c. $x + 2y - z = 0$ d. $12x - y + 7z + 4 = 0$

90 ASSOCIA ogni equazione di un piano al suo vettore normale.

a. $x + 6z + 1 = 0$
b. $x + 6y + z + 1 = 0$
c. $-x - 6y - z = 0$
d. $x + y + 6z - 1 = 0$

1. $\vec{n}(-1; -6; -1)$
2. $\vec{n}(1; 0; 6)$
3. $\vec{n}(1; 1, 6)$
4. $\vec{n}(1; 6; 1)$

Verifica se i punti P e Q appartengono al piano di equazione data.

91 $z = 2$; $P(5; 7; 1)$, $Q(1; 2; 2)$.

92 $x - 2y + z = 0$; $P(2; 2; 2)$, $Q(0; 6; 12)$.

93 $x + y = 0$; $P(1; -1; 4)$, $Q(4; 4; 1)$.

94 $3x - y + 5z - 2 = 0$; $P(4; 1; -2)$, $Q\left(0; -1; \frac{1}{5}\right)$.

95 **ESERCIZIO GUIDA** Scriviamo l'equazione del piano passante per il punto $P(-3; 2; -1)$ e con vettore normale $\vec{n}(-1; -2; 1)$.

Piano passante per $P(x_0; y_0; z_0)$ e con vettore normale $\vec{n}(a; b; c)$: $a(x - x_0) + b(y - y_0) + c(z - z_0) = 0$.

Nel nostro caso il piano cercato ha equazione

$$-1(x + 3) - 2(y - 2) + 1(z + 1) = 0 \quad \rightarrow \quad -x - 2y + z + 2 = 0.$$

Scrivi l'equazione del piano passante per il punto dato e con il vettore normale assegnato.

96 $A(3; 5; 0)$, $\vec{n}(0; 1; 0)$. [$y = 5$]

97 $B(1; -1; 1)$, $\vec{n}(2; -1; 0)$. [$2x - y - 3 = 0$]

98 $P(6; 1; 4)$, $\vec{n}(0; 4; -3)$. [$4y - 3z + 8 = 0$]

99 $A(1; -2; 4)$, $\vec{n}(1; -2; 3)$. [$x - 2y + 3z - 17 = 0$]

100 $Q(6; -1; 1)$, $\vec{n}(1; 0, 3)$. [$x + 3z - 9 = 0$]

101 $T(5; -5; 3)$, $\vec{n}(-4; -1; -1)$. [$4x + y + z - 18 = 0$]

---

102 **FAI UN ESEMPIO** Scrivi l'equazione di due piani perpendicolari al vettore $\vec{v}(-3; 1; -5)$.

103 **TEST** Quale dei seguenti vettori è perpendicolare al piano di equazione $4x - 3y + z = 2$?

A $\vec{v}(1; 1; 1)$ **B** $\vec{v}(-4; 3; -1)$ **C** $\vec{v}(4; -3; -1)$ **D** $\vec{v}\left(\frac{1}{4}; \frac{1}{3}; 1\right)$ **E** $\vec{v}\left(\frac{1}{4}; -\frac{1}{3}; -1\right)$

104 Indica quali delle seguenti equazioni rappresentano piani paralleli ai piani coordinati, piani paralleli agli assi coordinati, piani passanti per l'origine:

a. $2x - y = 0$; **b.** $z = 4x - y$; **c.** $2y + 7 = 0$; **d.** $x + y + 1 = 0$; **e.** $x = -8$; **f.** $z - 4y = 0$; **g.** $z + 6 = 0$; **h.** $x + z - 4 = 0$.

105 Quali componenti ha un vettore $\vec{n}$ normale al piano Oyz?

106 **TEST** Quale tra le seguenti equazioni è quella del piano passante per $A(1; 3; 5)$ e parallelo al piano Oxy?

A $z = 2x + y$ **B** $y - 3 = 0$ **C** $x + y = 4$ **D** $x = 1$ **E** $z - 5 = 0$

107 Scrivi l'equazione dei piani che hanno le seguenti caratteristiche.

a. Passa per il punto $A(2; 3; 8)$ ed è parallelo al piano Oxy.

b. Passa per il punto $B(1; 4; 2)$ ed è parallelo al piano Oxz.

c. Passa per il punto $C(1; 0; 3)$ ed è parallelo al piano Oyz.

d. Passa per il punto $D(7; 3; 5)$ ed è perpendicolare all'asse x. [a) $z = 8$; b) $y = 4$; c) $x = 1$; d) $x = 7$]

108 Scrivi l'equazione dei piani che hanno le seguenti caratteristiche.

a. Passa per il punto $A(1; 2; 0)$ ed è perpendicolare all'asse y.

b. Passa per il punto $B(1; 1; 6)$ ed è perpendicolare all'asse z.

c. Passa per il punto $C(1; 2; 5)$ ed è parallelo al piano Oxy.

d. Passa per il punto $D(0; 1; 2)$ ed è perpendicolare all'asse y. [a) $y = 2$; b) $z = 6$; c) $z = 5$; d) $y = 1$]

---

109 **FAI UN ESEMPIO** Scrivi l'equazione di un piano parallelo all'asse y.

110 Disegna i seguenti piani:

a. $x = 6$; **b.** $z = -1$; **c.** $y = 3$.

ESERCIZI

VERO O FALSO?

111 Il piano di equazione $2x - 3y + z = 0$:

a. passa per l'origine. V F

b. è parallelo al vettore $\vec{v}(2; -3; 1)$. V F

c. è parallelo all'asse z. V F

d. passa per $B(1; 0; -2)$. V F

112 Il piano di equazione $y - 4z + 1 = 0$:

a. è perpendicolare al vettore $\vec{v}(0; -1; 4)$. V F

b. è parallelo all'asse x. V F

c. passa per $A(3; 1; 0)$. V F

d. è parallelo al vettore $\vec{w}(1; 0; 0)$. V F

113 ESERCIZIO GUIDA Disegniamo il piano α di equazione $4x + 2y + 3z - 8 = 0$.

Per rappresentare il piano α nello spazio $Oxyz$ determiniamo i suoi punti di intersezione con gli assi coordinati. Le coordinate di tali punti sono le soluzioni dei tre seguenti sistemi:

$$\begin{cases} 4x + 2y + 3z - 8 = 0 \\ y = 0 \\ z = 0 \end{cases}; \quad \begin{cases} 4x + 2y + 3z - 8 = 0 \\ x = 0 \\ z = 0 \end{cases}; \quad \begin{cases} 4x + 2y + 3z - 8 = 0 \\ x = 0 \\ y = 0 \end{cases}.$$

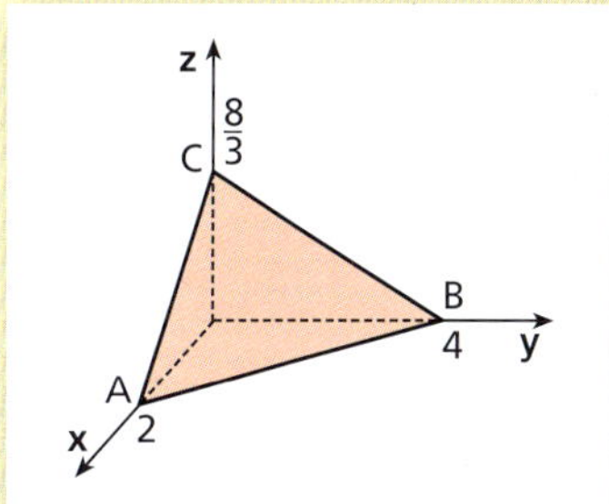

Risolvendo ciascun sistema, otteniamo i punti $A(2; 0; 0)$, $B(0; 4; 0)$, $C\left(0; 0; \frac{8}{3}\right)$, che individuano il piano α.

Rappresenta i piani che hanno le seguenti equazioni.

114 a. $-x + 3y - 2z + 6 = 0$; b. $6x - 2y + 3z - 12 = 0$.

115 a. $4x - y + 1 = 0$; b. $z = 2x - 8y + 4$.

Piano passante per tre punti

116 ESERCIZIO GUIDA Scriviamo l'equazione del piano passante per i punti:

$A(0; 1; 0)$, $B(1; -1; 2)$ e $C(-3; 0; 2)$.

L'equazione di un piano generico nello spazio è del tipo $ax + by + cz + d = 0$, con $a, b, c, d \in \mathbb{R}$ e con a, b, c non tutti nulli. Imponiamo il passaggio per i punti A, B e C e otteniamo il sistema:

$$\begin{cases} b + d = 0 & \text{passaggio per } A \\ a - b + 2c + d = 0 & \text{passaggio per } B \\ -3a + 2c + d = 0 & \text{passaggio per } C \end{cases}$$

Abbiamo un sistema di tre equazioni in quattro incognite che risolviamo ricavando a, b, c in funzione di d:

$$\begin{cases} b = -d \\ a + d + 2c + d = 0 \\ -3a + 2c + d = 0 \end{cases} \rightarrow \begin{cases} b = -d \\ a = -2c - 2d \\ -3(-2c - 2d) + 2c + d = 0 \end{cases} \rightarrow \begin{cases} b = -d \\ a = -2c - 2d \\ 8c + 7d = 0 \end{cases} \rightarrow$$

$$\begin{cases} b = -d \\ a = -2c - 2d \\ c = -\frac{7}{8}d \end{cases} \rightarrow \begin{cases} b = -d \\ a = -\frac{1}{4}d \\ c = -\frac{7}{8}d \end{cases}$$

Sostituiamo nell'equazione di partenza e otteniamo:

$$-\frac{1}{4}dx - dy - \frac{7}{8}dz + d = 0.$$

Poiché i parametri a, b, c non possono essere tutti nulli, deve essere $d \neq 0$, quindi dividiamo entrambi i membri per d, ricavando l'equazione del piano passante per A, B, C:

$$2x + 8y + 7z - 8 = 0.$$

Scrivi l'equazione del piano passante per i punti indicati.

117 $A(1; 0; 0)$, $B(0; -3; 1)$, $C(2; -2; 0)$. $[2x + y + 5z - 2 = 0]$

118 $A(1; 5; -1)$, $B(0; -1; 2)$, $C(0; 0; 0)$. $[9x - 2y - z = 0]$

119 $A(2; 3; 1)$, $B(0; 0; 0)$, $C(1; 1; -2)$. $[7x - 5y + z = 0]$

120 $A(-1; 0; 3)$, $B(2; 4; 1)$, $C(5; 2; 1)$. $[2x + 3y + 9z - 25 = 0]$

121 $A\left(-2; 1; \frac{1}{3}\right)$, $B\left(1; -\frac{1}{2}; -\frac{5}{3}\right)$, $C(1; 1; 0)$. $[x - 10y + 9z + 9 = 0]$

122 $A(-1; -3; 0)$, $B(0; 2; 7)$, $C(-2; 1; 2)$. $[2x + y - z + 5 = 0]$

123 Scrivi l'equazione del piano parallelo all'asse x e passante per i punti $A(1; -2; 1)$ e $B(6; 3; 1)$. $[z = 1]$

124 Scrivi l'equazione del piano passante per l'origine, per $A(0; 0; 4)$ e per il punto medio del segmento BC, con $B(1; 0; 3)$ e $C(3; 2; 3)$. $[x - 2y = 0]$

125 Determina l'equazione del piano parallelo all'asse y e passante per i punti $P(4; -7; 2)$ e $Q(3; 1; -3)$. $[5x - z - 18 = 0]$

126 YOU & MATHS Find the equation of the plane passing through the point $A(0, 1, 1)$, $B(1, 0, 1)$, $C(1, 1, 0)$. $[x + y + z - 2 = 0]$

127 RIFLETTI SULLA TEORIA Quanti piani passanti per $A(3; 1; 6)$ e paralleli all'asse z esistono?

128 Verifica che i punti $A(1; 0; 4)$, $B(0; -3; 3)$, $C(-1; 2; -6)$ e $D(1; 4; 0)$ sono complanari.

129 Stabilisci se i punti $P(3; 0; 1)$, $Q(6; 2; 2)$, $R(0; 7; 0)$ e $S(1; 5; 3)$ sono complanari.

130 Trova l'equazione del piano passante per $L(3; -1; 8)$, $M(1; -3; 4)$ e $N(-1; -5; 0)$. Cosa puoi dedurre sui tre punti dati?

Posizione reciproca di due piani

▶ Teoria a p. 1231

Stabilisci la posizione reciproca dei piani che hanno le seguenti equazioni.

131 $3x + y - z - 1 = 0$, $6x + 2y - 2z + 2 = 0$. [paralleli]

132 $x - y + 2z = 0$, $2x - 2y + 8z + 1 = 0$. [secanti]

133 $x + 2y - z - 3 = 0$, $3x + 6y - 3z - 9 = 0$. [coincidenti]

134 $x - y + 4 = 0$, $4x + 4y + z + 4 = 0$. [perpendicolari]

135 $3x - 4y + z - 1 = 0$, $-x + y + 7z = 0$. [perpendicolari]

136 $2x - 6y + 4z + 1 = 0, \quad x - 3y + 2z = 0.$ [paralleli]

137 $z = 3x + 2y, \quad -6x - 4y + 2z + 7 = 0.$ [paralleli]

138 $2x - 4y + 2z + 5 = 0, \quad 3x + 2y + z + 1 = 0.$ [perpendicolari]

139 **FAI UN ESEMPIO** Scrivi l'equazione di due piani paralleli al piano α di equazione $5x + y + z - 1 = 0$.

140 **COMPLETA** in modo che i piani α e β siano perpendicolari.

a. α: $x + y - 4 = 0$; β: $4x + \square\, y + \square\, z = 0$.

b. α: $3x - 2y - z - 5 = 0$; β: $x - 3y + \square\, z - 1 = 0$.

c. α: $x + 3y + 6z - 1 = 0$; β: $\square\, x + 5y - 3z + 2 = 0$.

141 **ESERCIZIO GUIDA** Troviamo per quali valori di k i piani di equazioni

$$-8x + (5 - k)y + 2z - 1 = 0 \quad \text{e} \quad 4x + 2y - z + 2 = 0$$

sono:

a. paralleli;

b. perpendicolari.

a. Per le condizioni di parallelismo deve essere:

condizione di parallelismo: $\frac{a}{a'} = \frac{b}{b'} = \frac{c}{c'}$

$$\frac{-8}{4} = \frac{5-k}{2} = \frac{2}{-1} \quad \rightarrow \quad -2 = \frac{5-k}{2} \quad \rightarrow \quad -4 = 5 - k \quad \rightarrow \quad k = 9.$$

b. Applichiamo la condizione di perpendicolarità:

condizione di perpendicolarità: $aa' + bb' + cc' = 0$

$$-8 \cdot 4 + (5 - k) \cdot 2 + 2 \cdot (-1) = 0 \quad \rightarrow \quad -32 + 10 - 2k - 2 = 0 \quad \rightarrow \quad -2k - 24 = 0 \quad \rightarrow \quad k = -12.$$

Determina, se esistono, i valori del parametro per i quali i piani rappresentati dalle seguenti coppie di equazioni sono paralleli e i valori per i quali i piani sono perpendicolari.

142 $(2 - k)x + 2y - 4z + k = 0$; $6x + 3y - 6z + 1 = 0$. $[k = -2; k = 7]$

143 $(a + 3)x + (a - 2)y + 3z = 0$; $z = -\frac{4}{3}x + \frac{y}{3}$. $\left[a = 1; a = -\frac{23}{3}\right]$

144 $2x + (k - 3)y - kz - 3 = 0$; $4x - 4y - 2z + 5 = 0$. $[k = 1; k = 10]$

145 $-(5 + k^2)x + 3y + (15k - 18)\frac{z}{2} - 11 = 0$; $3x - y - 2z - 4 = 0$. $[k = 2; k = 0 \vee k = -5]$

146 Determina per quali valori di h e k i piani di equazioni $(k - 2)x + (h + 1)y - 3z = 0$ e $2x - 6y + z = 2$ sono paralleli. $[h = 17; k = -4]$

147 **ESERCIZIO GUIDA** Troviamo l'equazione del piano α passante per il punto $P(-1; 1; 1)$ e parallelo al piano β di equazione $x - 2y + z - 3 = 0$.

Il vettore normale a β è $\vec{n}(1; -2; 1)$. Allora il piano α: $ax + by + cz + d = 0$ è parallelo a β se ha il vettore normale $\vec{n}'$ parallelo a $\vec{n}$, quindi deve essere $a = 1$, $b = -2$ e $c = 1$: l'equazione diventa $x - 2y + z + d = 0$.

Imponiamo il passaggio per $P(-1; 1; 1)$: $-1 - 2 \cdot 1 + 1 + d = 0 \quad \rightarrow \quad d = 2$.

L'equazione del piano α è quindi $x - 2y + z + 2 = 0$.

ESERCIZI

Scrivi l'equazione del piano parallelo al piano assegnato e passante per il punto indicato.

148 $5x + 2y - 3z - 2 = 0;$ $P(2; -1; -1).$ $[5x + 2y - 3z - 11 = 0]$

149 $2x + 3y - 3z + 5 = 0;$ $M(-1; -1; -1).$ $[2x + 3y - 3z + 2 = 0]$

150 $4x - 5y - z = 0;$ $R(0; 1; -7).$ $[4x - 5y - z - 2 = 0]$

151 $7x - 2z - 8 = 0;$ $O(0; 0; 0).$ $[7x - 2z = 0]$

TEST

152 Dato il piano α di equazione $3x - 4z + 1 = 0$, quale delle seguenti equazioni rappresenta il piano parallelo ad α e passante per il punto $A(0; 4; -1)$?

A $3x - 4y + 16 = 0$

B $6x - 8z + 32 = 0$

C $9x - 12z - 12 = 0$

D $4x + y - 3z - 7 = 0$

E $3x - 4z - 4 = 0$

153 Dato il piano α di equazione $2x - y + 3z - 1 = 0$, quale delle seguenti equazioni rappresenta un piano perpendicolare ad α e passante per il punto $P(1; -1; 5)$?

A $2y + z - 3 = 0$

B $2x - y + 3z - 18 = 0$

C $x - y - z - 5 = 0$

D $x + 2y + 1 = 0$

E $x + 5y + 2z + 3 = 0$

154 ESERCIZIO GUIDA Scriviamo l'equazione del piano α perpendicolare al piano β di equazione

$$x - 2y + z - 3 = 0$$

e passante per i punti $A(1; -1; -5)$ e $B(-3; -2; 0)$.

Il piano α ha equazione $ax + by + cz + d = 0$, con a, b, c, d che soddisfano il sistema.

$$\begin{cases} a - 2b + c = 0 & \text{perpendicolarità con } \beta \\ a - b - 5c + d = 0 & \text{passaggio per } A \\ -3a - 2b + d = 0 & \text{passaggio per } B \end{cases}$$

Risolviamo il sistema.

$$\begin{cases} c = 2b - a \\ a - b - 5(2b - a) + (3a + 2b) = 0 \\ d = 3a + 2b \end{cases} \rightarrow \begin{cases} c = 2b - a \\ a = b \\ d = 3a + 2b \end{cases} \rightarrow \begin{cases} c = b \\ a = b \\ d = 5b \end{cases}$$

L'equazione del piano è $bx + by + bz + 5b = 0$ e, poiché i coefficienti non possono essere tutti nulli, deve essere $b \neq 0$. Dividendo quindi per b otteniamo:

$$x + y + z + 5 = 0.$$

Scrivi l'equazione del piano perpendicolare al piano dato e passante per i punti *A* e *B*.

155 $3x + y = 0;$ $A(0; 1; 4), B(1; 0; 0).$ $[x - 3y + z - 1 = 0]$

156 $x - 2y - z + 3 = 0;$ $A\left(0; -1; \frac{1}{2}\right), B\left(-\frac{3}{2}; 0; 0\right).$ $[2x + 2y - 2z + 3 = 0]$

157 $4x + y - 2z - 1 = 0;$ $A(2; 1; 0), B(-1; 1; 1).$ $[x + 2y + 3z - 4 = 0]$

158 $5x - 6y + z = 0;$ $A(1; -7; 1), B(2; -3; -4).$ $[x + y + z + 5 = 0]$

Intersezioni tra piani

Determina l'intersezione dei tre piani di equazioni assegnate.

159 $x+y=4; \quad x-y-z-1=0; \quad 2x-y+z-6=0.$ [$P(3;1;1)$]

160 $2x-z=0; \quad x+y-z=0; \quad 3x+y-2z=0.$ [una retta]

161 $y+3z-1=0; \quad x+2y-z=0; \quad 2x+4y-2z-3=0.$ [insieme vuoto]

162 $3x-y-z+1=0; \quad x+y+z-1=0; \quad 5x-y+2z+10=0.$ [$P(0;4;-3)$]

Distanza di un punto da un piano

▶ Teoria a p. 1232

Calcola la distanza fra il piano e il punto indicati.

$$d(A,\alpha)=\frac{|ax_A+by_A+cz_A+d|}{\sqrt{a^2+b^2+c^2}}$$

163 $2x+y-3z-28=0; \quad O(0;0;0).$ [$2\sqrt{14}$]

164 $3x+y-z=0; \quad A(-2;4;1).$ [$\frac{3}{\sqrt{11}}$]

165 $x-2y+4z-1=0; \quad P(-3;0;1).$ [0]

166 $3x-4y+3=0; \quad M(5;2;17).$ [2]

167 $3x-2y+z=0; \quad Q(3;5;4).$ [$\frac{3}{\sqrt{14}}$]

168 $3z-4y=0; \quad B(1;0;-5).$ [3]

169 Trova per quali valori di k il punto $P(k;1;5)$ dista $\sqrt{11}$ dal piano di equazione $3x+y-z=0$. [$k=-\frac{7}{3} \vee k=5$]

170 Determina a affinché il punto $A(0;3;-1)$ disti $\sqrt{26}$ dal piano di equazione $ax-3y+z=16$. [$a=\pm 4$]

171 Determina i punti dell'asse z che distano 9 dal piano di equazione $4x-2y-4z-6=0$. [$(0;0;12), (0;0;-15)$]

RIFLETTI SULLA TEORIA

172 Quanto vale la distanza del punto $A(x_A;\, y_A;\, z_A)$ dai piani Oxy, Oxz, Oyz?

173 Qual è la distanza dell'origine O del sistema di riferimento dal piano di equazione $ax+by+cz+d=0$?

174 **ESERCIZIO GUIDA** Verifica che i piani di equazioni $3x-y-z-1=0$ e $6x-2y-2z+3=0$ sono paralleli e calcola la loro distanza.

I vettori normali ai due piani sono $\vec{n}(3;-1;-1)$ e $\vec{m}(6;-2;-2)$ e sono tali che $\vec{m}=2\vec{n}$, quindi $\vec{m} \,/\!/\, \vec{n}$ e i due piani sono paralleli.
Per calcolare la loro distanza basta considerare un punto qualsiasi sul secondo piano e calcolare la sua distanza dal primo piano.

$$P\left(-\frac{1}{2};0;0\right) \;\rightarrow\; d=\frac{\left|3\left(-\frac{1}{2}\right)-0-0-1\right|}{\sqrt{9+1+1}}=\frac{5}{2\sqrt{11}}=\frac{5\sqrt{11}}{22}$$

La distanza tra i due piani è $\frac{5\sqrt{11}}{22}$.

Verifica che i seguenti piani sono paralleli e determina la loro distanza.

175 $x-3y-4z-1=0, \qquad x-3y-4z+2=0.$ [$\frac{3\sqrt{26}}{26}$]

176 $5x+y+z=0, \qquad 10x+2y+2z-1=0.$ [$\frac{\sqrt{3}}{18}$]

177 $\sqrt{2}x-y+z=0, \qquad 2x-\sqrt{2}y+\sqrt{2}z+7=0.$ [$\frac{7\sqrt{2}}{4}$]

ESERCIZI

178 ●○ Scrivi le equazioni dei piani paralleli al piano α, di equazione $2x + y + 2z - 4 = 0$, che distano 2 da α. $[2x + y + 2z + 2 = 0; 2x + y + 2z - 10 = 0]$

179 ●○ Determina l'equazione del piano α passante per il punto $A(1; -1; 4)$ e parallelo al piano β di equazione $2x - 3y + 4z + 5 = 0$, e calcola la distanza tra α e β. $\left[2x - 3y + 4z - 21 = 0; \frac{26\sqrt{29}}{29}\right]$

180 ●● Determina l'equazione del luogo geometrico dei punti dello spazio equidistanti dai piani di equazioni $x + y = 0$ e $2x - 2z = 1$. $[2y + 2z + 1 = 0; 4x + 2y - 2z - 1 = 0]$

181 ●○

REALTÀ E MODELLI **Occhio alla testa!** In un parco divertimenti c'è una nuova attrazione su rotaia.
Due tratti di rotaia si trovano uno sopra l'altro su due piani paralleli di equazioni $x + 2y + 2z - 6 = 0$ e $x + 2y + 2z - 366 = 0$. Calcola la distanza tra i due piani, sapendo che l'unità di misura è il centimetro, e stabilisci se una persona di media statura, alta 80 cm da seduta, può stare comoda nel vagone, che ha i sedili a 30 cm dalla rotaia. [120 cm]

MATEMATICA E STORIA

Punti dello spazio e coseno George Salmon (1819-1904), matematico e teologo irlandese, scrive nel suo *A Treatise on the Analytic Geometry of Three Dimensions*:

«La lunghezza della proiezione ortogonale di una linea retta finita su un qualsiasi piano è uguale alla linea moltiplicata per il coseno dell'angolo che essa forma con il piano».

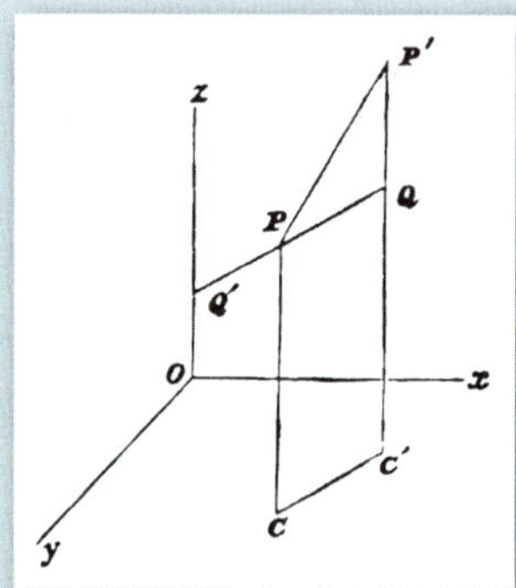

a. Con riferimento alla figura, completa la spiegazione attraverso la quale Salmon illustra la precedente proposizione.
«Siano tracciati ...... e ...... perpendicolari al piano ....
...... è la proiezione ortogonale della linea PP' sul piano.
Completa il rettangolo disegnando ...... parallelo a CC': ...... risulterà uguale a ....
Ma ...... = ... $PP' \cdot \cos$ ....»

Prosegue Salmon:

«La posizione di un punto è talvolta espressa per mezzo del suo raggio vettore e degli angoli che esso forma con i tre assi ortogonali. Questi angoli siano α, β, γ. Allora, essendo x, y, z le proiezioni del raggio vettore sui tre assi, abbiamo...».

b. Indicando con ρ il raggio vettore, esprimi x, y, z in funzione di α, β, γ.

c. Essendo $x^2 + y^2 + z^2 = \rho^2$, determina la relazione che lega i tre coseni di α, β, γ.

Risoluzione – Esercizio in più

Riepilogo: Piano e sua equazione

182 ●○ Scrivi l'equazione di un piano perpendicolare ai piani di equazioni $4x - 2y + z = 2$ e $x + y + 2z = 6$ e passante per l'origine. $[5x + 7y - 6z = 0]$

183 ●○ Scrivi l'equazione di un piano perpendicolare al piano di equazione $z = x - y + 3$ e passante per i punti $A(-1; -4; 2)$ e $B(-3; 6; 0)$. $[3x + y + 2z + 3 = 0]$

184 ●○ Scrivi l'equazione del piano α passante per il punto $A(1; 2; 3)$ e parallelo al piano β contenente i punti $B(6; 0; 1)$, $C(1; 3; -1)$ e $D\left(2; 4; -\frac{1}{2}\right)$. $[7x + y - 16z + 39 = 0]$

185 ●○ Determina il perimetro del triangolo che ha per vertici i punti di intersezione del piano $x - 2y - z + 4 = 0$ con gli assi. $[4\sqrt{5} + 4\sqrt{2}]$

186 ●○ Dimostra che le intersezioni del piano $x + y + z + 2 = 0$ con gli assi sono vertici di un triangolo equilatero.

187 ●○ Determina l'area del triangolo avente per vertici i punti $A(-2; 0; 2)$ e $B(-1; -1; 1)$, che appartengono al piano π di equazione $x + 2y - z + 4 = 0$, e il punto $C(4; -3; -4)$, sapendo che la perpendicolare da C a π interseca la retta AB. $\left[\frac{3\sqrt{2}}{2}\right]$

188 Determina l'equazione del piano α passante per il punto $P(3; -1; 2)$ e parallelo al quadrato $ABCD$, di cui si conoscono i vertici $A(3; 2; 5)$, $B(6; 6; 5)$ e $C(-1; 5; 5)$. $[z = 2]$

189 Calcola il volume della piramide che ha per vertici l'origine e le intersezioni del piano $2x - 2y + 3z + 6 = 0$ con gli assi. [3]

190 Determina il punto P equidistante dai punti $A(1; 1; 1)$, $B(2; 0; 1)$, $C(0; 0; 2)$ e appartenente al piano di equazione $x - y + 3z = 0$. $\left[\left(\frac{1}{12}; -\frac{11}{12}; -\frac{1}{3}\right)\right]$

191 Una piramide ha per base un quadrato di vertici $A(1; 0; 0)$, $B(2; -2; 2)$, $C(0; -1; 4)$ e D, e vertice in $V(2; 3; 9)$. Calcola il volume della piramide. [17]

192 Individua il piano α tra i piani del tipo $(a + b)x + (b - a)y + az + 2a + b = 0$ che sia perpendicolare al piano passante per i punti $A(1; 1; 1)$, $B(3; 0; 0)$, $C(0; 0; 2)$. $[x + 7y - 3z - 2 = 0]$

193
a. Verifica che il triangolo OAB, con $A(2; -2; 1)$ e $B(6; 0; -3)$, è rettangolo e calcolane l'area.
b. Calcola il volume del tetraedro $OABV$, con $V(2; 4; 4)$. [a) 9; b) 18]

194 Determina l'equazione del luogo geometrico dei punti del piano equidistanti dai punti $P(1; 4; 0)$ e $Q(2; -1; -1)$. $[2x - 10y - 2z + 11 = 0]$

---

195 Determina i valori di k per cui il piano di equazione $(2 - k)x + ky - 3kz + 1 + k = 0$:
a. passa per l'origine degli assi;
b. passa per il punto $P(3; 1; 0)$;
c. è perpendicolare al piano di equazione $5x - y - 2 = 0$. $\left[\text{a)} -1; \text{b)}\ 7; \text{c)}\ \frac{5}{3}\right]$

196 Determina i valori di a per cui il piano di equazione $4ax - (a + 1)y - (3 - a)z + 2a = 0$:
a. passa per $Q(6; 0; -4)$;
b. è perpendicolare al piano di equazione $x + 4y - 3z - 1 = 0$;
c. dista $\sqrt{6}$ da $A(1; -1; -2)$. $\left[\text{a)} -\frac{6}{11}; \text{b)}\ \frac{5}{3}; \text{c)}\ 1; \frac{11}{83}\right]$

---

197 Determina l'ampiezza dell'angolo diedro acuto formato dai piani di equazioni $x + \sqrt{2}y - z = 0$ e $3x + \sqrt{2}y - z + 5 = 0$. [30°]

198 Calcola l'ampiezza dell'angolo diedro acuto formato dai piani di equazioni $3x - y - 1 = 0$ e $x + y - 2z = 0$. $\left[\cos\vartheta = \frac{\sqrt{15}}{15}\right]$

199 REALTÀ E MODELLI **Grattugia il cielo** Il Leadenhall Building è un modernissimo grattacielo nella City di Londra, chiamato «la grattugia» per la sua forma a cuneo. Infatti, è costituito da tre pareti verticali e da una parete che forma un angolo di 10° con la verticale.
a. Scrivi, in un opportuno sistema di riferimento, l'equazione del piano che descrive la parete inclinata del grattacielo. (SUGGERIMENTO Poni l'asse z lungo uno spigolo verticale e i lati di base lungo le direzioni positive degli assi coordinati)
b. Sapendo che il grattacielo è alto 225 m, trova l'area di base del grattacielo, presupponendo che sia a base quadrata.
c. Qual è l'area del piano situato a metà grattacielo?
$[\text{a)}\ z = -\tan 80° y + 225; \text{b)} \simeq 1574\ m^2; \text{c)} \simeq 393\ m^2]$

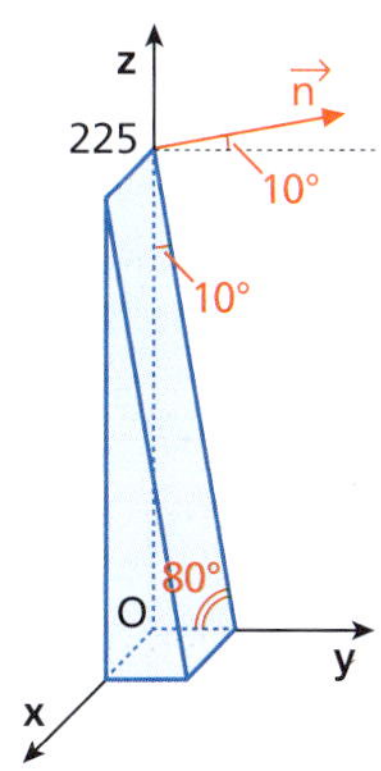

ESERCIZI

4 Retta e sua equazione

Equazioni di una retta

▶ Teoria a p. 1233

Equazioni parametriche e cartesiane

Scrivi le equazioni parametriche della retta passante per il punto dato e parallela al vettore dato.

200 $A(1; -1; 4)$, $\vec{v}(0; 1; 2)$.

201 $P(3; 0; 4)$, $\vec{v}(-2; 3; 1)$.

202 $B(5; -5; 0)$, $\vec{w}(-1; 0; 0)$.

203 $Q(6; 1; 2)$, $\vec{a}(-3; -1; 1)$.

Scrivi le equazioni parametriche delle seguenti rette.

204 Asse x; asse y; asse z.

205 Retta per $P(3; 1; -1)$ e parallela all'asse y.

206 Retta per $A(0; -5; 3)$ e parallela all'asse z.

207 Verifica se i punti $A(-1; 4; -5)$ e $B(0; 3; 1)$ appartengono alla retta r di equazioni:

$$\begin{cases} x = 1 - t \\ y = 2 + t \\ z = -1 - 2t \end{cases}.$$

208 FAI UN ESEMPIO Scrivi le coordinate di almeno tre punti appartenenti alle rette che hanno le seguenti equazioni.

a. $\begin{cases} x = 4 - t \\ y = 1 + 3t \\ z = 5 \end{cases}$ b. $\begin{cases} x = 4k \\ y = 3 - k \\ z = -6 + k \end{cases}$

209 EUREKA! Verifica che le equazioni

$$\begin{cases} x = 2 + 3t \\ y = t \\ z = 1 - 2t \end{cases} \quad \text{e} \quad \begin{cases} x = -1 + 6t \\ y = -1 + 2t \\ z = 3 - 4t \end{cases}$$

rappresentano la stessa retta.

210 ESERCIZIO GUIDA Scriviamo le equazioni parametriche e cartesiane della retta passante per $P(4; 7; -2)$ di vettore direzione $\vec{v}(1; 0; 2)$.

Le equazioni parametriche sono: $\begin{cases} x = 4 + k \\ y = 7 \\ z = -2 + 2k \end{cases}$.

Uno dei coefficienti direttivi è nullo, quindi non possiamo scrivere le equazioni cartesiane nella forma $\frac{x-4}{l} = \frac{y-7}{m} = \frac{z+2}{n}$. Possiamo però eliminare k dalla prima e dalla terza equazione:

$$\begin{cases} x - 4 = \frac{z+2}{2} \\ y = 7 \end{cases}.$$

Scrivi le equazioni parametriche e cartesiane delle rette passanti per *P* e con vettore direzione $\vec{v}$.

211 $P(2; 0; 0)$, $\vec{v}(1; -1; 3)$.

212 $P(1; -3; 0)$, $\vec{v}(-2; 1; 2)$.

213 $P(2; -4; 1)$, $\vec{v}(3; 5; 1)$.

214 $P(0; 5; -1)$, $\vec{v}(0; 2; -2)$.

VERO O FALSO?

215 La retta di equazioni

$$\begin{cases} x = 1 + k \\ y = 3 \\ z = 1 - k \end{cases}:$$

a. passa per il punto $P(1; 3; 1)$. V F

b. ha direzione $\vec{v}(1; 3; 1)$. V F

c. è parallela al piano Oxz. V F

d. passa per il punto $A(2; 3; 0)$. V F

e. coincide con la retta di equazioni

$$x - 1 = 3 = 1 - z.$$ V F

216 La retta di equazioni

$$\begin{cases} x = -2 - 2t \\ y = 1 + 3t \\ z = t \end{cases}:$$

a. ha direzione $\vec{v}(-2; 3; 1)$. V F

b. passa per il punto $P(-4; 4; 1)$. V F

c. è parallela al piano Oxy. V F

d. è parallela al vettore $\vec{w}(4; -6; -2)$. V F

e. coincide con la retta di equazioni

$$-\frac{x+2}{2} = \frac{y-1}{3} = z.$$ V F

Trova i coefficienti direttivi delle seguenti rette.

217 $x - 1 = \dfrac{2y+1}{3} = z + 4$ $\left[1; \frac{3}{2}; 1\right]$

218 $\dfrac{2x+1}{4} = y = 3z - 1$ $\left[2; 1; \frac{1}{3}\right]$

219 $x = \dfrac{y-1}{5} = \dfrac{z+3}{2}$ $[1; 5; 2]$

220 $3x = \dfrac{y}{2} = 2 - z$ $\left[\frac{1}{3}; 2; -1\right]$

Retta passante per due punti

Scrivi le equazioni parametriche e cartesiane della retta passante per i due punti dati.

221 $A(2; 0; 3)$, $B(0; 4; -2)$.

$$\left[\begin{cases} x = 2 - 2t \\ y = 4t \\ z = 3 - 5t \end{cases}; \frac{2-x}{2} = \frac{y}{4} = \frac{3-z}{5}\right]$$

222 $M(0; -4; 5)$, $N(-3; 5; -1)$.

$$\left[\begin{cases} x = -3t \\ y = -4 + 9t \\ z = 5 - 6t \end{cases}; x = \frac{y+4}{-3} = \frac{z-5}{2}\right]$$

223 $A(-2; -4; -1)$, $B(3; 1; 2)$.

$$\left[\begin{cases} x = -2 + 5t \\ y = -4 + 5t \\ z = -1 + 3t \end{cases}; \frac{x+2}{5} = \frac{y+4}{5} = \frac{z+1}{3}\right]$$

224 $A(4; -4; 3)$, $B(-2; 5; 7)$.

$$\left[\begin{cases} x = 4 - 6t \\ y = -4 + 9t \\ z = 3 + 4t \end{cases}; \frac{x-4}{-6} = \frac{y+4}{9} = \frac{z-3}{4}\right]$$

225 $L(-6; 0; 4)$, $M(4; -2; 0)$.

$$\left[\begin{cases} x = -6 + 10t \\ y = -2t \\ z = 4 - 4t \end{cases}; \frac{x+6}{5} = -y = \frac{4-z}{2}\right]$$

226 $R(-7; 2; 3)$, $S(4; -3; 3)$.

$$\left[\begin{cases} x = -7 + 11t \\ y = 2 - 5t \\ z = 3 \end{cases}; \begin{cases} \frac{x+7}{11} = \frac{y-2}{-5} \\ z = 3 \end{cases}\right]$$

---

227 Scrivi le equazioni cartesiane della retta r passante per il punto $A(1; 1; 2)$ e per il punto B appartenente al semiasse negativo delle y e tale che il segmento AB misuri 3. $[2x = y + 1 = z]$

228 **REALTÀ E MODELLI** **Il gazebo** Giacomo e Caterina vogliono montare un gazebo a base quadrata per fare una festa in giardino. Osserva la figura, in cui l'unità di misura è il metro.

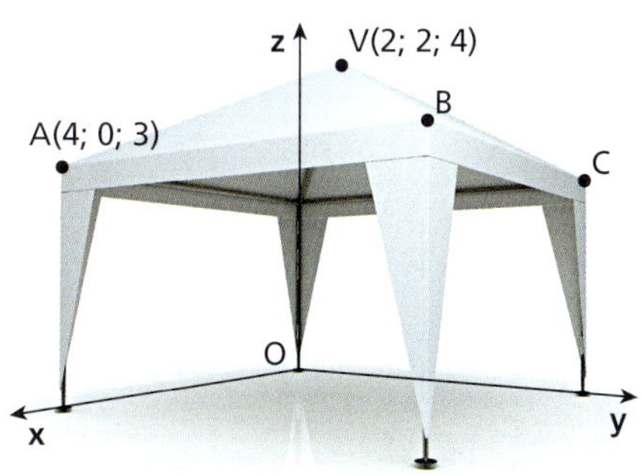

a. Determina l'area occupata dal gazebo.

b. Scrivi le equazioni cartesiane delle rette VB e VC e calcola la lunghezza dei pali di sostegno AB e VB.

[a) 16 m^2; b) VB: $x - 2 = y - 2 = 8 - 2z$, VC: $x = 4 - y = 6 - 2z$; $AB = 4$ m, $VB = 3$ m]

ESERCIZI

Stabilisci se i punti dati sono allineati.

229 $A(1; 0; 1)$, $B(2; 2; 4)$, $C(3; 4; 7)$.

230 $P(-1; 1; 3)$, $Q(0; 0, 3)$, $R(1; -1; 3)$.

231 $L(-2; 1; 3)$, $M(-1; 3; 2)$, $N(0; 5; 4)$.

232 $D(4; -2; 0)$, $E(7; -1; -2)$, $F(10; 0; -4)$.

---

233 YOU & MATHS The points P, Q, and S have position vectors $(2, 1, 3)$, $(11, 4, 0)$, and $(-1, 0, 4)$ respectively.

a. Find the equation of the straight line passing through P and Q.

b. Do the points P, Q, and S lie on the same straight line? Justify your answer.

(UK *University of Essex*, First Year Examination)

$\left[\text{a) } \frac{x-2}{3} = y - 1 = 3 - z; \text{ b) yes}\right]$

234 EUREKA! Se i tre punti $(1; a; b)$, $(a; 2; b)$, $(a; b; 3)$ sono allineati nello spazio, qual è il valore di $a + b$?

(USA *Harvard-MIT Mathematics Tournament*)

[4]

Retta come intersezione di due piani

Individua i sistemi che determinano una retta e scrivi l'equazione della retta in forma parametrica.

235 $\begin{cases} 4x - y - z = 0 \\ x + 2y + 2z = 0 \end{cases}$ $\left[\begin{cases} x = 0 \\ y = -k \\ z = k \end{cases}\right]$

236 $\begin{cases} x - 3y - z = 0 \\ x - 3y - z - 4 = 0 \end{cases}$ [piani paralleli]

237 $\begin{cases} x + 2y - 4z - 1 = 0 \\ x - y - 2z = 0 \end{cases}$ $\left[\begin{cases} x = \frac{1}{3} + \frac{8}{3}k \\ y = \frac{1}{3} + \frac{2}{3}k \\ z = k \end{cases}\right]$

238 $\begin{cases} 3x - 3y + z + 2 = 0 \\ x + 3y - 2z - 2 = 0 \end{cases}$ $\left[\begin{cases} x = \frac{k}{4} \\ y = \frac{2}{3} + \frac{7}{12}k \\ z = k \end{cases}\right]$

239 $\begin{cases} 3x - y - 4z - 1 = 0 \\ 6x - 2y - 8z = 0 \end{cases}$ [piani paralleli]

240 $\begin{cases} 2x + 6y - z + 1 = 0 \\ z - 5 = 0 \end{cases}$ $\left[\begin{cases} x = 2 - 3k \\ y = k \\ z = 5 \end{cases}\right]$

241 $\begin{cases} 6x - 3y - z + 2 = 0 \\ x + y - 1 = 0 \end{cases}$ $\left[\begin{cases} x = 1 - k \\ y = k \\ z = 8 - 9k \end{cases}\right]$

242 $\begin{cases} x + y + z - 2 = 0 \\ 2x - z = 0 \end{cases}$ $\left[\begin{cases} x = k \\ y = 2 - 3k \\ z = 2k \end{cases}\right]$

---

243 Trova l'equazione di due piani che si intersecano nella retta di equazioni $\begin{cases} x = 3 + k \\ y = -1 + 2k \\ z = -k \end{cases}$.

$[x + z - 3 = 0; \ y + 2z + 1 = 0]$

244 Trova due piani aventi per intersezione la retta di equazioni $\begin{cases} x = 1 - 2t \\ y = 3 - t \\ z = 2 + 8t \end{cases}$. $[x - 2y + 5 = 0; \ 4x + z - 6 = 0]$

Posizione reciproca di due rette

▶ Teoria a p. 1237

TEST

245 Due rette hanno vettori direzione

$\vec{a}(1; 4; 0)$ e $\vec{b}(-2; -8; 0)$

e non hanno punti in comune. Allora sono:

- **A** coincidenti.
- **B** parallele e distinte.
- **C** incidenti.
- **D** sghembe.
- **E** Non possono esistere due rette così.

246 Due rette hanno vettori direzione

$\vec{v}(3; 1; 1)$ e $\vec{w}(3; -1; 1)$

e si incontrano in un punto P. Allora sono:

- **A** coincidenti.
- **B** parallele e distinte.
- **C** complanari.
- **D** sghembe.
- **E** Dipende dalle coordinate di P.

Trova, se esiste, il punto di intersezione delle seguenti coppie di rette.

247 $\dfrac{x-1}{2} = y = \dfrac{z}{5}, \quad \dfrac{x+3}{3} = y+1 = \dfrac{z+3}{4}.$ $[(3; 1; 5)]$

248 $\begin{cases} x = k \\ y = 1-5k, \\ z = 6+k \end{cases} \quad x+1 = \dfrac{6-y}{6} = \dfrac{5-z}{5}.$ $[(-1; 6; 5)]$

249 $\begin{cases} x-y+1=0 \\ x+y+z-3=0 \end{cases}, \quad \begin{cases} y+z-1=0 \\ 2x+y-z-3=0 \end{cases}.$ [rette sghembe]

250 $\dfrac{7-x}{7} = y = 1-z, \quad \dfrac{x+1}{8} = \dfrac{3-y}{3} = \dfrac{z+1}{2}.$ $[(7; 0; 1)]$

251 **REALTÀ E MODELLI** **Preso in pieno!** Pietro si allena al tiro al piattello. Una macchina lancia i piattelli a velocità molto elevata, per cui possiamo approssimare la traiettoria iniziale di un piattello con una retta. Al primo lancio la macchina spara, dall'origine del sistema di riferimento, in direzione $\vec{v}(0; 2; 3)$ e Pietro, che si trova nel punto L, colpisce il piattello sparando in direzione $\vec{w}(-15; -2; 6)$. Approssimando anche la traiettoria del proiettile con una retta, determina a che altezza avviene l'impatto. [6 m]

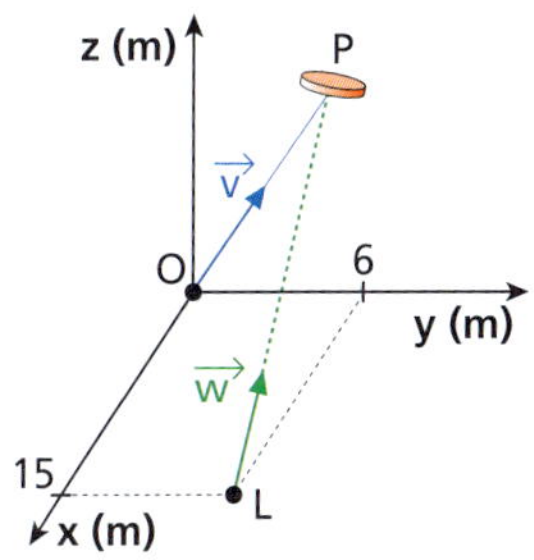

Stabilisci se le coppie di rette date sono parallele o perpendicolari.

252 $\begin{cases} x = 3t \\ y = 3-t, \\ z = t \end{cases} \quad \begin{cases} x = -k \\ y = 2+2k \\ z = -2+5k \end{cases}.$ [perpendicolari]

253 $\begin{cases} x = 3+k \\ y = -2+4k, \\ z = 7-k \end{cases} \quad \begin{cases} x = 1+2t \\ y = -1+8t. \\ z = 10-2t \end{cases}$ [parallele]

254 $x-1 = y-2 = \dfrac{3-z}{4}, \quad x = y-1 = \dfrac{2-z}{4}.$ [parallele]

255 $\begin{cases} x = 4-k \\ y = 2+6k, \\ z = 1+k \end{cases} \quad \begin{cases} x-3y+5=0 \\ 2x-3y+z-3=0 \end{cases}.$ [perpendicolari]

rette di vettori direzione $\vec{v}(\ell; m; n)$ e $\vec{w}(\ell'; m'; n')$:

- parallele se $\dfrac{\ell}{\ell'} = \dfrac{m}{m'} = \dfrac{n}{n'}$
- perpendicolari se $\ell\ell' + mm' + nn' = 0$

256 Verifica che le rette di equazioni $\begin{cases} x-z+1=0 \\ y-z-1=0 \end{cases}$ e $\begin{cases} x = 1+t \\ y = 1+3t \\ z = 4-t \end{cases}$ sono complanari e non parallele.

ESERCIZI

257 Stabilisci se le rette di equazioni $\begin{cases} x-y+z+4=0 \\ x=-z \end{cases}$ e $\begin{cases} x=2+t \\ y=2t \\ z=3-t \end{cases}$ sono parallele.

258 Verifica che le rette di equazioni $\begin{cases} z=0 \\ x+2y=-1 \end{cases}$ e $\begin{cases} x=1+t \\ y=3+t \\ z=t \end{cases}$ sono sghembe.

259 Stabilisci la posizione reciproca delle rette AB e CD, con $A(1;1;1)$, $B(1;4;-2)$, $C(0;5;1)$ e $D(1;6;2)$.
[perpendicolari e sghembe]

260 Stabilisci la posizione reciproca tra la retta di equazioni $\begin{cases} x=-5+3t \\ y=1+2t \\ z=-1-2t \end{cases}$ e la retta AB, con $A(8;0;7)$ e $B(10;3;9)$.
[sghembe]

261 Scrivi, come intersezioni di piani, le equazioni delle rette che individuano i lati del triangolo ABC di vertici $A(3;3;0)$, $B(5;4;0)$ e $C(4;6;-3)$ e verifica che ABC è un triangolo rettangolo in B.
$\left[AB: \begin{cases} x-2y+3=0 \\ z=0 \end{cases}; BC: \begin{cases} 2x+y-14=0 \\ 3x-z-15=0 \end{cases}; AC: \begin{cases} 3x-y-6=0 \\ 3x+z-9=0 \end{cases}\right]$

262 Verifica che le rette $r: x=\frac{3-y}{4}=\frac{z-1}{3}$ e $s: x-2=\frac{y-1}{2}=-\frac{z}{4}$ sono incidenti e determina l'ampiezza di uno dei due angoli che individuano.
$\left[\vartheta=\arccos\left(-\frac{19}{\sqrt{546}}\right)\simeq 144,4°\right]$

263 ESERCIZIO GUIDA Scriviamo le equazioni cartesiane della retta r passante per $P(0;-2;1)$ e parallela alla retta $s: \begin{cases} 2x+y-1=0 \\ x+y+z=0 \end{cases}$.

Determiniamo le equazioni parametriche di s, ponendo $x=k$.

$$\begin{cases} x=k \\ y=1-2k \\ k+(1-2k)+z=0 \end{cases} \rightarrow \begin{cases} x=k \\ y=1-2k \\ z=-1+k \end{cases}$$

Il vettore direzione di s, e quindi di r, è $\vec{v}(1;-2;1)$. Scriviamo le equazioni di r:

$$r: \begin{cases} x=0+t \\ y=-2-2t \\ z=1+t \end{cases} \rightarrow x=\frac{y+2}{-2}=z-1.$$

264 Scrivi le equazioni cartesiane della retta passante per il punto $P(1;-1;1)$ e parallela alla retta data dall'intersezione dei piani

$\alpha: 2x+y-2z-3=0$ e $\beta: x+5z=1$.
$\left[\frac{x-1}{5}=\frac{y+1}{-12}=1-z\right]$

265 Scrivi le equazioni parametriche della retta passante per il punto $A(-4;2;3)$ e parallela a quella passante per i punti $P(-1;2;1)$ e $Q(6;0;4)$.
$\left[\begin{cases} x=-4+7t \\ y=2-2t \\ z=3+3t \end{cases}\right]$

266 ●○ Scrivi le equazioni parametriche della retta passante per il punto $A(6; -1; 5)$ e parallela alla retta di equazioni $x = y - 3 = \frac{z+1}{2}$.

$\left[\begin{cases} x = 6 + k \\ y = -1 + k \\ z = 5 + 2k \end{cases}\right]$

267 ●○ Trova per quale valore di k la retta di equazioni $\frac{x+1}{k} = y = \frac{z-1}{k}$ è perpendicolare alla retta passante per i punti $A(4; 0; 0)$ e $B(1; 3; -2)$.

$\left[\frac{3}{5}\right]$

268 ●○ Determina le equazioni cartesiane della retta passante per il punto $P(1; -5; 1)$ e perpendicolare alle rette r: $x - 2 = y + 4 = \frac{1-z}{2}$ e s: $\frac{2x-1}{3} = y + 1 = \frac{4z-2}{5}$. $\left[\frac{1-x}{13} = \frac{y+5}{17} = \frac{z-1}{2}\right]$

269 ●● Dato il triangolo di vertici $A(2; 0; 1)$, $B(3; 4; 2)$ e $C(1; 2; 6)$, trova il piede H della perpendicolare condotta da C che interseca AB e calcola l'area del triangolo. $\left[H\left(\frac{8}{3}; \frac{8}{3}; \frac{5}{3}\right); 3\sqrt{11}\right]$

270 ●● Scrivi le equazioni parametriche della retta passante per il punto $A(7; 0; 4)$, perpendicolare e incidente alla retta

$$r: \begin{cases} x = 1 + 4t \\ y = -1 - t \\ z = 3 + 3t \end{cases}.$$

(SUGGERIMENTO Considera un punto generico B su r e imponi $\overrightarrow{AB} \perp r$.)

$\left[\begin{cases} x = 7 + 2k \\ y = 2k \\ z = 4 - 2k \end{cases}\right]$

271 ●● Scrivi le equazioni parametriche della retta passante per il punto $P(-3; -1; 1)$, perpendicolare e incidente alla retta AB, con $A(3; -3; 2)$ e $B(8; -2; 1)$.

$\left[\begin{cases} x = -3 + t \\ y = -1 - 3t \\ z = 1 + 2t \end{cases}\right]$

5 Posizione reciproca di una retta e un piano

▶ Teoria a p. 1238

272 ●○ VERO O FALSO? Un piano α con vettore normale $\vec{n}$ e una retta r di direzione $\vec{v}$:

a. sono paralleli se $\vec{n} \parallel \vec{v}$. V F
b. possono avere al massimo un punto in comune. V F
c. sono tali che r giace su α se $\vec{n} \cdot \vec{v} = 0$ e hanno un punto in comune. V F
d. sono incidenti se $\vec{n} \cdot \vec{v} \neq 0$. V F

273 ●○ Determina l'intersezione del piano $3x + y - 5z + 9 = 0$ con l'asse x. $[(-3; 0; 0)]$

274 ●○ Determina l'intersezione del piano $2x - y - z + 5 = 0$ con l'asse y. $[(0; 5; 0)]$

275 ●○ Trova, se esiste, il punto di intersezione tra la retta r di equazioni

$$\begin{cases} x = 1 + t \\ y = -1 + 2t \\ z = -2 + t \end{cases}$$

e il piano di equazione $x - 2y + z - 3 = 0$. $[(0; -3; -3)]$

276 ●○ Trova, se esiste, il punto di intersezione tra il piano α: $4x - y + 2z - 3 = 0$ e la retta r: $\begin{cases} x = -2 - 2t \\ y = 1 + t \\ z = -5 - t \end{cases}$. $[(2; -1; -3)]$

277 ●○ Stabilisci se la retta r di equazioni $\begin{cases} 2x - y + z - 1 = 0 \\ 5x + 3y - 8 = 0 \end{cases}$ è parallela al piano di equazione $x - y + z + 10 = 0$.

278 ●○ Stabilisci se la retta r: $\frac{x-3}{2} = \frac{y+1}{1} = \frac{z-5}{3}$ e il piano α: $4x + 2y + 6z - 7 = 0$ sono perpendicolari.

279 Verifica se la retta $r: \frac{x-2}{4} = \frac{y+3}{5} = \frac{z+8}{2}$ e il piano β: $2x - 2y + z + 4 = 0$ sono paralleli.

280 Determina per quale valore di k la seguente retta r è parallela al piano α: $4x + 5y + 2z - 7 = 0$.

$$r: \begin{cases} x = -1 + kh \\ y = 2 - kh \\ z = -3 + h \end{cases}$$ [2]

281 Trova per quale valore di a il piano β: $ax - 3ay - 4z + 1 = 0$ è parallelo alla retta r: $x + 2 = y - 3 = 4z$. $\left[-\frac{1}{2}\right]$

282 FAI UN ESEMPIO Scrivi l'equazione di un piano:
a. parallelo alla retta r di equazioni $3x - 2 = \frac{y-1}{2} = \frac{4-z}{3}$,
b. perpendicolare a r.

283 Scrivi le equazioni cartesiane della retta perpendicolare nell'origine al piano di equazione $3x - y - 2z = 0$. $\left[\frac{x}{3} = -y = -\frac{z}{2}\right]$

284 Scrivi l'equazione del piano perpendicolare alla retta di equazioni $\begin{cases} x - 2y + 3z + 3 = 0 \\ x + 2y = 0 \end{cases}$ e passante per il punto $P(1; 1; 0)$. $[6x - 3y - 4z - 3 = 0]$

285 Scrivi le equazioni cartesiane della retta r, passante per il punto $P(1; 0; -1)$ e parallela ai piani α, di equazione $x + 2y + z + 3 = 0$, e β, di equazione $2x + y - z + 1 = 0$. $[x - 1 = -y = z + 1]$

286 ESERCIZIO GUIDA Verifichiamo che $A(1; 0; 0)$, $B(0; 1; 1)$ e $r: \begin{cases} x + z = 1 \\ y = 2 \end{cases}$ giacciono tutti su un piano α.

I piani α contenenti la retta r sono individuati da una combinazione lineare delle due equazioni generali di r:

α: $k(x + z - 1) + h(y - 2) = 0$.

Imponiamo il passaggio del generico piano α per i punti A e B:

$$\begin{cases} k(1-1) + h(-2) = 0 \\ k(1-1) + h(1-2) = 0 \end{cases} \rightarrow \begin{cases} h = 0 \\ h = 0 \end{cases} \rightarrow h = 0, k \in \mathbb{R} - \{0\}.$$

Il sistema è risolubile, quindi il piano α di equazione $x + z - 1 = 0$ contiene r, A e B.

287 Verifica che la retta di equazioni $\begin{cases} x + 2y - z + 1 = 0 \\ x - y - 2z - 1 = 0 \end{cases}$ giace sul piano di equazione $4x + 11y - 3z + 6 = 0$.

288 Scrivi l'equazione del piano passante per $P(5; 0; -2)$ e contenente la retta di equazioni $x - 3 = y + 4 = \frac{z}{2}$. $[5x - 3y - z - 27 = 0]$

289 Verifica che le rette $r: \begin{cases} x + y - 6 = 0 \\ 2x + z - 12 = 0 \end{cases}$ e $s: \begin{cases} 2x + z = 0 \\ x + y - 3 = 0 \end{cases}$ sono complanari e parallele, e determina l'equazione del piano che le contiene. $[2x + 4y - z - 12 = 0]$

290 Scrivi le equazioni cartesiane della retta s passante per il punto $A(1; 2; 3)$ e perpendicolare al piano β, che contiene la retta r di equazioni $\frac{x-1}{2} = \frac{y-3}{2} = \frac{z+1}{1}$ e passa per il punto $B(6; 0; 1)$. $\left[\frac{x-1}{7} = y - 2 = \frac{3-z}{16}\right]$

291 Scrivi l'equazione del piano α passante per il punto $A(0; 2; -1)$ e parallelo al piano π contenente la retta r di equazioni $\frac{x-1}{2} = \frac{y-3}{2} = z + 1$ e il punto $B(0; 10; -1)$. $[7x + y - 16z - 18 = 0]$

292 Scrivi l'equazione del piano α contenente la retta r di equazioni $\begin{cases} x-y+z+2=0 \\ x+y+1=0 \end{cases}$ e perpendicolare alla retta s di equazioni $\frac{x-1}{3}=y-1=z-1$. $[3x+y+z+4=0]$

Distanza di un punto da una retta

293 Trova la distanza della retta $r: \begin{cases} x=5+k \\ y=-6-2k \\ z=4+6k \end{cases}$ dall'origine degli assi. [6]

294 Calcola la distanza del punto $P(1;-3;5)$ dalla retta r passante per $A(-1;0;1)$ e $B(1;2;0)$. [5]

295 Verifica che la retta $r: \begin{cases} 4x-3y-1=0 \\ x+3z-4=0 \end{cases}$ e il piano $\alpha: x-y-z+8=0$ non hanno punti di intersezione e calcola la distanza della retta del piano. $\left[\frac{7\sqrt{3}}{3}\right]$

296 Considera la retta r di equazione $\begin{cases} x-z=1 \\ y=2z \end{cases}$ e il punto di coordinate $P(1;1;2)$.

a. Calcola la distanza di P da r.

b. Determina l'equazione della retta perpendicolare a r, passante per P e parallela al piano di equazione $x+y=1$.

$\left[\text{a) } \sqrt{\frac{7}{3}}; \text{ b) } \begin{cases} y+z-3=0 \\ x+y=2 \end{cases}\right]$

Distanza tra due rette sghembe

297 **ESERCIZIO GUIDA** Verifichiamo che le seguenti rette r e s sono sghembe e calcoliamo la loro distanza.

$r: \begin{cases} x+y+z-3=0 \\ x=1 \end{cases}$ $\quad s: \begin{cases} x-2y+4z=0 \\ x-2y-4=0 \end{cases}$

Scriviamo le equazioni di r e s in forma parametrica:

$$r: \begin{cases} x=1 \\ y=k \\ z=2-k \end{cases}, \quad s: \begin{cases} x=4+2t \\ y=t \\ z=-1 \end{cases}.$$

I vettori direzione sono $\vec{n}_r(0;1;-1)$ e $\vec{n}_s(2;1;0)$, e non soddisfano le condizioni di parallelismo o perpendicolarità, quindi anche le rette non sono né parallele né perpendicolari.

Mettiamo a sistema le equazioni delle rette r e s per stabilire se si intersecano:

$$\begin{cases} 1=4+2t \\ k=t \\ 2-k=-1 \end{cases} \rightarrow \begin{cases} t=-\frac{3}{2} \\ k=-\frac{3}{2} \\ \frac{7}{2}=-1 \end{cases} \rightarrow \text{ sistema impossibile.}$$

Quindi le due rette sono sghembe.

La distanza tra due rette sghembe r e s è data dalla lunghezza del segmento che unisce i punti di intersezione di r e s con l'unica retta t perpendicolare a entrambe. Per trovare la retta t cerchiamo i punti $R \in r$ e $S \in s$ tali che $\overrightarrow{RS} \perp r$, $\overrightarrow{RS} \perp s$:

$$R(1;k;2-k), S(4+2t;t;-1) \rightarrow \overrightarrow{RS}(3+2t;t-k;k-3).$$

Scriviamo le condizioni di perpendicolarità dei vettori:

$$\begin{cases} \overrightarrow{RS}\cdot\vec{n}_r=0 \\ \overrightarrow{RS}\cdot\vec{n}_s=0 \end{cases} \to \begin{cases} 0(3+2t)+1(t-k)-1(k-3)=0 \\ 2(3+2t)+1(t-k)+0(k-3)=0 \end{cases} \to \begin{cases} t-k-k+3=0 \\ 6+4t+t-k=0 \end{cases} \to$$

$$\begin{cases} t=2k-3 \\ 6+5(2k-3)-k=0 \end{cases} \to \begin{cases} t=-1 \\ k=1 \end{cases}.$$

Quindi i punti R e S hanno coordinate: $R(1;1;1)$, $S(2;-1;-1)$ e

$$d(r,s)=\overline{RS}=\sqrt{1+4+4}=3.$$

La distanza tra le due rette è 3.

Osservazione. Un altro metodo che permette di calcolare la distanza tra due rette sghembe r e s consiste nell'individuare l'unico piano π contenente r e parallelo a s, e nel calcolare quindi la distanza di s da π.

298 Calcola la distanza tra le rette $r: \begin{cases} x=1+t \\ y=0-t \\ z=1+t \end{cases}$ e $s: \dfrac{x-1}{2}=y-1=1-z.$ $\left[\dfrac{\sqrt{2}}{2}\right]$

299 Determina la distanza tra le rette $r: \begin{cases} x-y+z-3=0 \\ 2x-3y-6=0 \end{cases}$ e $s: \begin{cases} x=1+t \\ y=-1+t \\ z=1+t \end{cases}.$

(SUGGERIMENTO Trova il piano passante per due punti A e B di r e parallelo a s.) $\left[\dfrac{\sqrt{26}}{26}\right]$

6 Alcune superfici notevoli

Superficie sferica

▶ Teoria a p. 1240

300 ESERCIZIO GUIDA Determiniamo l'equazione della superficie sferica di centro $C(-1;2;1)$ e raggio 2; troviamo poi la sua intersezione con il piano Oxy.

Conoscendo il centro e il raggio, possiamo utilizzare la formula $(x-x_0)^2+(y-y_0)^2+(z-z_0)^2=r^2$.

Sostituendo, otteniamo l'equazione cercata:

$$(x+1)^2+(y-2)^2+(z-1)^2=4 \quad\to\quad x^2+y^2+z^2+2x-4y-2z+2=0.$$

Per trovare l'intersezione con il piano Oxy, mettiamo a sistema le equazioni del piano e della sfera:

$$\begin{cases} z=0 \\ (x+1)^2+(y-2)^2+(z-1)^2=4 \end{cases} \to \begin{cases} z=0 \\ (x+1)^2+(y-2)^2=3 \end{cases}.$$

L'equazione nelle due variabili x e y rappresenta la curva di intersezione cercata: essa è la circonferenza del piano Oxy con centro nel punto $(-1;2;0)$ e raggio $\sqrt{3}$.

Trova l'equazione delle superfici sferiche con centro e raggio assegnati e l'eventuale intersezione con il piano indicato.

301 $C(0;1;3)$, $r=1$; piano Oxz. $[x^2+y^2+z^2-2y-6z+9=0;\ P(0;0;3)]$

302 $C(2;0;-1)$, $r=2$; piano Oxy. $[x^2+y^2+z^2-4x+2z+1=0;\ x^2+y^2-4x+1=0]$

303 $C(-3;5;1)$, $r=3$; piano Oxz. $[x^2+y^2+z^2+6x-10y-2z+26=0;\ \varnothing]$

304 $C(2; -2; -5)$, $r = 2$; piano Oyz. $[x^2+y^2+z^2-4x+4y+10z+29=0;\ P(0; -2; -5)]$

305 $C(1; -4; 2)$, $r = 6$; piano Oxy. $[x^2+y^2+z^2-2x+8y-4z-15=0;\ x^2+y^2-2x+8y-15=0]$

Determina le equazioni delle superfici sferiche di centro C e passanti per il punto dato.

306 $C(5; -2; 0)$, $A(4; -1; 1)$. $[x^2+y^2+z^2-10x+4y+26=0]$

307 $C(1; -1; 3)$, $P(2; 0; 1)$. $[x^2+y^2+z^2-2x+2y-6z+5=0]$

308 $C(0; 6; 0)$, $B(4; 2; -2)$. $[x^2+y^2+z^2-12y=0]$

309 **VERO O FALSO?**

a. L'equazione $x^2+y^2+z^2=16$ rappresenta una superficie sferica con centro nell'origine. V F

b. Il centro della superficie sferica di equazione $x^2+y^2+z^2-3x+z-1=0$ appartiene al piano Oxz. V F

c. L'equazione $x^2+y^2+x+2y+2z+1=0$ rappresenta una superficie sferica. V F

d. La superficie sferica di equazione $x^2+y^2+z^2-4x-4y+6z=0$ passa per l'origine. V F

e. La superficie sferica centrata nell'origine e passante per $A(2; 0; 0)$ ha raggio 4. V F

310 **CACCIA ALL'ERRORE** Trova gli errori commessi nella determinazione di centro e raggio.

a. $x^2+y^2+z^2-2x+6y=0 \to C(-1; 3; 0)$, $r=\sqrt{1^2+3^2}=\sqrt{10}$.

b. $x^2+y^2+z^2+8x-4y+2z-1=0 \to C(-4; 2; -1)$, $r=\sqrt{4^2+2^2+1^2-1}=2\sqrt{5}$.

c. $3x^2+3y^2+3z^2+6x-6y=0 \to C(-3; 3; 0)$, $r=\sqrt{9+9}=3\sqrt{2}$.

Stabilisci se le seguenti equazioni individuano una superficie sferica e, in caso affermativo, calcola centro e raggio.

311 $x^2+y^2+z^2=2$ $[C(0; 0; 0),\ r=\sqrt{2}]$

312 $x^2+y^2+z^2-8x-9=0$ $[C(4; 0; 0),\ r=5]$

313 $x^2+y^2=25$ [no]

314 $x^2+y^2+z^2-12x+4y-2z-8=0$ $[C(6; -2; 1),\ r=7]$

315 $x^2+y^2-9z^2=0$ [no]

316 $4x^2+4y^2+4z^2-16y+1=0$ $\left[C(0; 2; 0),\ r=\frac{\sqrt{15}}{2}\right]$

Trova l'equazione delle superfici sferiche passanti per i punti assegnati.

317 $O(0; 0; 0)$, $A(3; 0; 0)$, $B(0; -2; 0)$, $C(0; 0; 4)$. $[x^2+y^2+z^2-3x+2y-4z=0]$

318 $O(0; 0; 0)$, $A(-1; 0; 0)$, $B(0; -3; 0)$, $C(0; 0; -4)$. $[x^2+y^2+z^2+x+3y+4z=0]$

319 $A(2; 0; 0)$, $B(0; -2; 0)$, $C(0; 0; -3)$, $D(0; 3; 0)$. $[x^2+y^2+z^2+x-y+z-6=0]$

320 $A(4; 0; 0)$, $B(0; 4; 0)$, $C(0; 0; 4)$, $D(4; 4; 0)$. $[x^2+y^2+z^2-4x-4y-4z=0]$

321 Determina la posizione dei punti $A(1; 0; -3)$, $B(2; \sqrt{2}; 0)$ e $C(0; 0; 2)$ rispetto alla superficie sferica $\mathcal{S}$: $x^2+y^2+z^2-2x+10z-2=0$. [A interno, $B \in \mathcal{S}$, C esterno]

322 Determina l'equazione della superficie sferica in cui i punti $P(3; 1; -2)$ e $Q(7; 3; 2)$ individuano un diametro. $[x^2+y^2+z^2-10x-4y+20=0]$

323 Trova l'equazione della superficie sferica passante per i punti $A(0; 5; 0)$ e $B(1; 2; \sqrt{2})$, sapendo che il suo centro appartiene all'asse y. $[x^2 + y^2 + z^2 - 6y + 5 = 0]$

324 Trova i valori di k per cui l'equazione $x^2 + y^2 + z^2 + 2x - 16y + k = 0$ individua una superficie sferica non degenere. $[k < 65]$

325 Determina per quali valori di a l'equazione $x^2 + y^2 + z^2 + 2ax - 8y + 2z + 20 = 0$ individua una superficie sferica, eventualmente degenere. $[a \leq -\sqrt{3} \vee a \geq \sqrt{3}]$

326 Scrivi l'equazione della superficie sferica passante per il punto di intersezione tra la retta

$$r: \begin{cases} x + 3y - z - 3 = 0 \\ 2x - 2y + z - 1 = 0 \end{cases}$$

e il piano $\pi: x + 4y - 2z - 3 = 0$ e avente centro nel punto $C(4; 3; -2)$.

$[x^2 + y^2 + z^2 - 8x - 6y + 4z + 7 = 0]$

327 Scrivi l'equazione della superficie sferica avente centro nel punto $C(1; -2; 3)$ e passante per il punto di intersezione P tra il piano di equazione $x - y + z + 3 = 0$ e la retta $r: \begin{cases} x - 2y + 3 = 0 \\ x - 2z - 1 = 0 \end{cases}$.

$[x^2 + y^2 + z^2 - 2x + 4y - 6z - 15 = 0]$

328 RIFLETTI SULLA TEORIA Quale disequazione individua tutti e soli i punti appartenenti alla sfera di centro $C(1; -1; 0)$ e raggio 4?

329 REALTÀ E MODELLI **Il mondo in una mano** Ponendo l'origine degli assi al centro del mappamondo nella figura, possiamo descrivere tale mappamondo come una superficie sferica passante per il punto P.

a. Trova il raggio del mappamondo e scrivi l'equazione che ne individua la superficie.

b. Scrivi l'equazione del piano equatoriale, sapendo che passa anche per il punto $Q(14; 0; 0)$. $[\text{a) } 14; x^2 + y^2 + z^2 - 196 = 0; \text{ b) } y - \sqrt{3}z = 0]$

Posizione reciproca di una sfera e un piano

330 Determina centro e raggio della circonferenza data dall'intersezione della superficie sferica di equazione $x^2 + y^2 + z^2 + 2x + 2y - 2z = 0$ con il piano di equazione $z = 2$. $[C(-1; -1; 2); r = \sqrt{2}]$

331 Determina centro e raggio della circonferenza data dall'intersezione della superficie sferica di equazione $x^2 + y^2 + z^2 - 4x + 6z - 3 = 0$ con il piano di equazione $y = -1$. $[C(2; -1; -3); r = \sqrt{15}]$

332 Data la superficie sferica di equazione $x^2 + y^2 + z^2 - 2y + 8z - 8 = 0$, determina centro e raggio. Quindi stabilisci la posizione reciproca tra questa superficie sferica e il piano di equazione $x + 3y - 2z + 1$. $[C(0; 1; -4); r = 5; \text{secanti}]$

333 ESERCIZIO GUIDA Determiniamo l'equazione della superficie sferica che interseca il piano Oxy formando la circonferenza $x^2 + y^2 + 2x - 4y - 4 = 0$ e il cui centro è un punto di quota -5.

Per simmetria il centro c della superficie sferica sta sulla retta passante per il centro della circonferenza data e perpendicolare al piano in cui si trova tale circonferenza, cioè al piano Oxy. Il centro della circonferenza è il punto $(-1; 2; 0)$, quindi le equazioni di tale retta sono:

$$\begin{cases} x = -1 \\ y = 2 \end{cases}.$$

Il centro della superficie sferica è pertanto il punto $C(-1; 2; -5)$.
Per determinare il raggio della superficie sferica è sufficiente calcolare la distanza di C da un punto qualsiasi della circonferenza. Ponendo la sua equazione nella forma

$$(x+1)^2 + (y-2)^2 = 9$$

possiamo più facilmente scegliere un punto L di coordinate semplici, per esempio, per $y = 2$ otteniamo $x = 2$. Quindi il punto L ha coordinate $(2; 2; 0)$.
Calcoliamo ora la distanza $\overline{CL}$:

$$\overline{CL} = \sqrt{(-1-2)^2 + (2-2)^2 + (-5-0)^2} = \sqrt{34}.$$

L'equazione della superficie sferica è pertanto:

$$(x+1)^2 + (y-2)^2 + (z+5)^2 = 34 \quad \rightarrow \quad x^2 + y^2 + z^2 + 2x - 4y + 10z - 4 = 0.$$

Trova l'equazione delle superfici sferiche che verificano le condizioni indicate.

334 L'intersezione con il piano Oyz è la circonferenza $(y-2)^2 + (z+3)^2 = 3$; il centro ha ascissa -4.
$[C(-4; 2; -3); r = \sqrt{19}]$

335 L'intersezione con il piano Oxz è la circonferenza $x^2 + z^2 + 2\sqrt{3}x - 2\sqrt{2}z - 1 = 0$; il centro è un punto di ordinata -2.
$[C(-\sqrt{3}; -2; \sqrt{2}); r = \sqrt{10}]$

336 L'intersezione con il piano Oxy è la circonferenza $x^2 + y^2 - 10y - 11 = 0$; la quota del centro è 3.
$[C(0; 5; 3); r = 3\sqrt{5}]$

Piano tangente a una sfera

337 ESERCIZIO GUIDA Troviamo l'equazione del piano tangente in $T(0; 3; 4)$ alla superficie sferica di centro $C(2; 0; -1)$.

Il piano tangente deve passare per T e avere vettore normale $\overrightarrow{TC}$.

$$\overrightarrow{TC}(0-2; 3-0; 4+1) \quad \rightarrow \quad \overrightarrow{TC}(-2; 3; 5).$$

L'equazione del piano è:

$$-2(x-0) + 3(y-3) + 5(z-4) = 0 \quad \rightarrow \quad -2x + 3y + 5z - 29 = 0.$$

338 Determina l'equazione del piano tangente alla superficie sferica di centro $C(4; 1; 0)$ nel punto $P(3; -2; 6)$.
$[x + 3y - 6z + 39 = 0]$

339 Scrivi l'equazione del piano tangente alla sfera di centro $C(2; -2; 3)$ e raggio 3 nel suo punto di intersezione P, avente ordinata intera, con la retta $r: \begin{cases} x + y = 0 \\ 3x - 2y + z - 10 = 0 \end{cases}$.
$[z = 0]$

340 Determina il raggio della sfera di centro $C(-3; -2; 1)$ tangente al piano di equazione $2x - 2y + z - 11 = 0$. Calcola inoltre le coordinate del punto di tangenza.
$\left[4; \left(-\frac{1}{3}; -\frac{14}{3}; \frac{7}{3}\right)\right]$

341 Scrivi le equazioni dei piani tangenti alla sfera di centro $(-1; 2; 1)$ e raggio 5 nei suoi punti di intersezione con l'asse x.
$[2\sqrt{5}x - 2y - z - 20 + 2\sqrt{5}; 2\sqrt{5}x + 2y + z + 20 + 2\sqrt{5} = 0]$

ESERCIZI

342 **ESERCIZIO GUIDA** Determiniamo l'equazione della superficie sferica passante per il punto $P(1;1;-1)$ e tangente al piano π di equazione $x+y-z=0$ nel punto $Q(1;1;2)$.

Il piano π è tangente alla superficie sferica in Q se la retta che passa per Q e per il centro C della superficie sferica è perpendicolare a π.
Troviamo quindi la retta r perpendicolare al piano π e passante per il punto Q:

$$r: \begin{cases} x = 1 + 1 \cdot t \\ y = 1 + 1 \cdot t \\ z = 2 + (-1) \cdot t \end{cases} \rightarrow \begin{cases} x = 1 + t \\ y = 1 + t. \\ z = 2 - t \end{cases}$$

Il centro della superficie sferica deve appartenere a r, quindi ha coordinate $C(1+t; 1+t; 2-t)$. Inoltre deve avere la stessa distanza dal punto P e dal punto Q:

$$\overline{PC}^2 = \overline{QC}^2 \rightarrow (x_C - x_P)^2 + (y_C - y_P)^2 + (z_C - z_P)^2 = (x_C - x_Q)^2 + (y_C - y_Q)^2 + (z_C - z_Q)^2 \rightarrow$$

$$(\cancel{1+t-1})^2 + (\cancel{1+t-1})^2 + (2-t+1)^2 = (\cancel{1+t-1})^2 + (\cancel{1+t-1})^2 + (2-t-2)^2 \rightarrow$$

$$(2-t+1)^2 = (2-t-2)^2 \rightarrow (3-t)^2 = (-t)^2 \rightarrow 9 + t^2 - 6t = t^2 \rightarrow t = \frac{3}{2}.$$

Il centro ha coordinate

$$C\left(1+\frac{3}{2}; 1+\frac{3}{2}; 2-\frac{3}{2}\right) = C\left(\frac{5}{2}; \frac{5}{2}; \frac{1}{2}\right)$$

e la distanza dal punto P vale:

$$r = \sqrt{\left(\frac{5}{2}-1\right)^2 + \left(\frac{5}{2}-1\right)^2 + \left(\frac{1}{2}+1\right)^2} = \sqrt{3 \cdot \frac{9}{4}} = \frac{3}{2}\sqrt{3}.$$

La superficie sferica ha equazione:

$$\left(x-\frac{5}{2}\right)^2 + \left(y-\frac{5}{2}\right)^2 + \left(z-\frac{1}{2}\right)^2 = \left(\frac{3}{2}\sqrt{3}\right)^2 \rightarrow x^2 + y^2 + z^2 - 5x - 5y - z + 6 = 0.$$

343 Determina l'equazione della superficie sferica passante per $A(2;0;1)$ e tangente al piano di equazione $x = 5z - 18$ nel punto $T(-2;-1;-4)$. $[x^2 + y^2 + z^2 + 6x + 2y - 2z - 15 = 0]$

344 Trova l'equazione della superficie sferica di centro $C(2;3;-1)$ e tangente al piano di equazione $x + y - z + 2 = 0$. $[3x^2 + 3y^2 + 3z^2 - 12x - 18y + 6z - 22 = 0]$

345 Trova le coordinate del punto di tangenza fra il piano di equazione $2x - 4y + 3z = 45$ e una superficie sferica di centro $P(-2;3;1)$. $[(2;-5;7)]$

346 Scrivi l'equazione della superficie sferica di centro $A(2;0;-1)$ tangente al piano di equazione $3x - 4y + 4 = 0$. $[x^2 + y^2 + z^2 - 4x + 2z + 1 = 0]$

347 Il piano di equazione $x+y+z=0$ è tangente a una superficie sferica di centro $C(1;1;1)$. Determina:

a. l'equazione della superficie sferica;

b. l'equazione parametrica della retta passante per C e perpendicolare al piano.

$$\left[\text{a) } x^2 + y^2 + z^2 - 2x - 2y - 2z = 0; \text{ b) } \begin{cases} x = 1 + t \\ y = 1 + t \\ z = 1 + t \end{cases}\right]$$

Superficie cilindrica

▶ Teoria a p. 1241

348 Indica quali delle seguenti equazioni rappresentano una superficie cilindrica.

a. $y - 4x^2 = 0$;
c. $xy + 3x - 8 = 0$;
e. $z^2 - y^2 = 1$;
b. $x^2 + 4y^2 + z^2 = 1$;
d. $2x - y = 4$;
f. $9x^2 + y^2 = 1$.

349 ESERCIZIO GUIDA Analizziamo la superficie cilindrica di equazione $yz = 1$.

L'equazione è di secondo grado e non contiene la variabile x, quindi rappresenta una superficie cilindrica con generatrici parallele all'asse x.

Determiniamo la direttrice intersecando la superficie con il piano Oyz: $\begin{cases} x = 0 \\ yz = 1 \end{cases}$

Poiché nel piano Oyz l'equazione $yz = 1$ rappresenta un'iperbole (equilatera e riferita agli asintoti), la direttrice è un'iperbole e la superficie data è una superficie cilindrica iperbolica.

Classifica le seguenti superfici cilindriche.

350 $x^2 + y^2 = 4$ [sup. cil. circolare con generatrici parallele all'asse z]

351 $y = z^2 + z$ [sup. cil. parabolica con generatrici parallele all'asse x]

352 $x^2 - 4z^2 = 1$ [sup. cil. iperbolica con generatrici parallele all'asse y]

353 $z^2 - z + 2y = 0$ [sup. cil. parabolica con generatrici parallele all'asse x]

354 $\frac{(x-1)^2}{2} + \frac{(y-1)^2}{3} = 1$ [sup. cil. ellittica con generatrici parallele all'asse z]

355 $z^2 + x^2 + 4x = 2z - 3$ [sup. cil. circolare con generatrici parallele all'asse y]

356 $zy + 2z = 2$ [sup. cil. iperbolica con generatrici parallele all'asse x]

357 RIFLETTI SULLA TEORIA A quali condizioni l'equazione $y^2 + z^2 + ay + bz + c = 0$ rappresenta una superficie cilindrica reale? Motiva la risposta e presenta un caso in cui l'equazione non rappresenta alcuna superficie cilindrica reale.

358 ESERCIZIO GUIDA Troviamo l'equazione della superficie cilindrica che ha le seguenti caratteristiche:

a. le generatrici sono parallele all'asse x;

b. la direttrice è la parabola appartenente al piano Oyz, con asse parallelo all'asse z e passante per i punti $A(0; -3; 0)$, $B(0; -1; 0)$, $C(0; -4; 3)$.

L'equazione da determinare è di secondo grado, contiene soltanto le variabili y e z e, messa a sistema con l'equazione del piano Oyz, rappresenta la direttrice:

$$\begin{cases} x = 0 & \text{equazione del piano } Oyz; \\ z = ay^2 + by + c & \text{equazione di una parabola nel piano } Oyz \text{ con asse parallelo all'asse } z. \end{cases}$$

Calcoliamo i coefficienti a, b, c utilizzando le coordinate dei tre punti noti:

$$\begin{matrix} A \to \\ B \to \\ C \to \end{matrix} \begin{cases} 0 = (-3)^2 a - 3b + c \\ 0 = (-1)^2 a - b + c \\ 3 = (-4)^2 a - 4b + c \end{cases} \to \begin{cases} a = 1 \\ b = 4 \\ c = 3 \end{cases}.$$

Pertanto la direttrice ha per equazioni: $\begin{cases} x = 0 \\ z = y^2 + 4y + 3 \end{cases}$.

L'equazione $z = y^2 + 4y + 3$ rappresenta la superficie cilindrica.

Scrivi le equazioni delle superfici cilindriche che hanno le caratteristiche indicate.

359 Le generatrici sono parallele all'asse y; la direttrice è la circonferenza del piano Oxz, di raggio 4, con centro nel punto $C(-2; 0; 1)$. $[x^2 + z^2 + 4x - 2z - 11 = 0]$

360 È una superficie cilindrica circolare con raggio della sezione normale pari a 3 e con asse la retta di equazioni $\begin{cases} x = 5 \\ y = -2 \end{cases}$. $[x^2 + y^2 - 10x + 4y + 20 = 0]$

361 Le generatrici sono parallele all'asse z; la direttrice è l'ellisse del piano Oxy, con centro nel punto $(1; 3; 0)$ e con due vertici nei punti $(1; -1; 0)$ e $(-1; 3; 0)$. $[4x^2 + y^2 - 8x - 6y - 3 = 0]$

362 Le generatrici sono parallele all'asse y; la direttrice è la parabola del piano Oxz, con asse parallelo all'asse x, con vertice nel punto $V(-1; 0; -2)$ e passante per l'origine. $[z^2 - 4x + 4z = 0]$

Superficie conica

▶ Teoria a p. 1242

363 Indica quali delle seguenti equazioni rappresentano una superficie conica.

a. $x^2 + z^2 = 2y^2$;
b. $4y^2 + 4z^2 - 5x^2 = 0$;
c. $x^2 + y^2 - 9z^2 = 1$;
d. $x^2 + 2z^2 + 2y^2 = 9$;
e. $z^2 + 4y^2 = 4$;
f. $y = x^2 - z^2$.

364 **ESERCIZIO GUIDA** Studiamo la superficie conica di equazione $x^2 + z^2 - 5y^2 = 0$.

L'equazione è nella forma $x^2 + z^2 - k^2y^2 = 0$ e rappresenta una superficie conica circolare retta con:

- vertice nell'origine e asse coincidente con l'asse y;
- semiapertura δ tale che $\tan^2\delta = k^2 = 5$, quindi $\delta = \arctan\sqrt{5}$.

Studia le seguenti superfici coniche circolari rette con vertice nell'origine.

365 $x^2 + y^2 - z^2 = 0$ [asse: asse z; $\delta = 45°$]

366 $x^2 - 3y^2 + z^2 = 0$ [asse: asse y; $\delta = 60°$]

367 $4x^2 - 4y^2 + 4z^2 = 0$ [asse: asse y; $\delta = 45°$]

368 $3y^2 + 3z^2 = x^2$ [asse: asse x; $\delta = 30°$]

369 $5z^2 = x^2 + y^2$ [asse: asse z; $\tan\delta = \sqrt{5}$]

370 $2y^2 + 2z^2 - 6x^2 = 0$ [asse: asse x; $\delta = 60°$]

371 Studia la superficie di equazione $3y^2 + 3z^2 - x^2 = 0$; determina le sue intersezioni con il piano $y - 2 = 0$. [sup. conica, asse coincidente con l'asse x, semiapertura 30°; iperbole $x^2 - 3z^2 = 12$]

372 **ESERCIZIO GUIDA** Determiniamo l'equazione della superficie conica circolare retta con vertice nell'origine, asse coincidente con l'asse y e passante per il punto $A(1; 1; -1)$.

L'equazione è del tipo $x^2 + z^2 - k^2y^2 = 0$.
Imponiamo il passaggio per A: $1 + 1 - k^2 \cdot 1 = 0 \rightarrow k^2 = 2$.
La superficie conica ha equazione $x^2 + z^2 - 2y^2 = 0$.

373 Trova l'equazione della superficie conica circolare retta con vertice nell'origine, asse coincidente con l'asse z e passante per il punto $P(0; 2; 1)$. $[x^2 + y^2 - 4z^2 = 0]$

374 Determina l'equazione della superficie conica circolare retta con vertice nell'origine, asse coincidente con l'asse x e semiapertura di 45°. $[y^2 + z^2 - x^2 = 0]$

375 Trova l'equazione della superficie conica circolare retta con vertice nell'origine, asse coincidente con l'asse y e semiapertura di 30°. $[3x^2 + 3z^2 - y^2 = 0]$

Problemi REALTÀ E MODELLI

RISOLVIAMO UN PROBLEMA

Trulli in Valle d'Itria

Il trullo, una costruzione in pietra a secco caratteristica della Puglia centro-meridionale, ha la forma di un cilindro sormontato da un cono.
Un particolare trullo ha la pianta circolare di raggio 4 m, le pareti laterali alte 2 m e la punta del tetto raggiunge i 4 m.
Fissiamo il sistema di riferimento $Oxyz$ ortogonale e monometrico con origine nella punta del tetto, con il piano Oxy parallelo al suolo e con l'asse z orientato verso l'alto.

- Determiniamo l'equazione della superficie che rappresenta le pareti laterali del trullo.
- Determiniamo l'equazione del cono che rappresenta il tetto.
- Scriviamo le equazioni dei segmenti che si ottengono dalle intersezioni tra il tetto e un muro che divide il trullo internamente, passante per l'asse z e inclinato di 45 gradi rispetto alla direzione positiva dell'asse x.

▶ **Individuiamo le caratteristiche delle pareti.**

Le pareti laterali sono costituite da una superficie cilindrica circolare, con base inferiore di centro $C(0; 0; -4)$ e raggio 4. La coordinata z varia da un valore minimo di -4 a un massimo di -2.

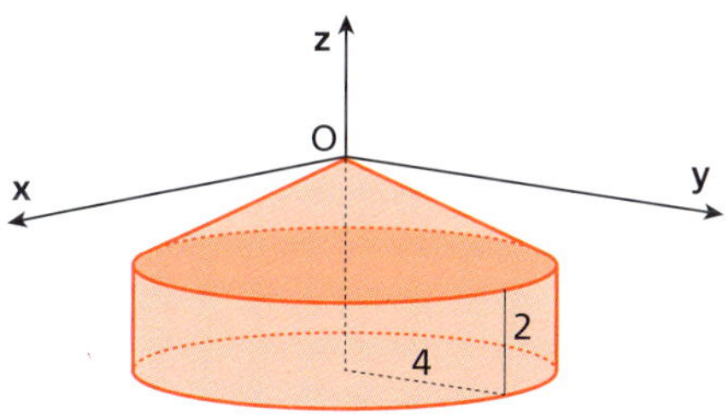

▶ **Determiniamo l'equazione delle pareti.**

Mettiamo a sistema l'equazione della superficie cilindrica con le condizioni:

$$\begin{cases} (x-0)^2 + (y-0)^2 = 4^2 \\ -4 \le z \le -2 \end{cases} \rightarrow \begin{cases} x^2 + y^2 = 16 \\ -4 \le z \le -2 \end{cases}.$$

▶ **Individuiamo le caratteristiche del tetto.**

Il tetto è una superficie conica con vertice nell'origine, asse coincidente con l'asse z e la coordinata z che varia da -2 a 0.

▶ **Determiniamo l'equazione del tetto.**

L'equazione sarà della forma:

$$x^2 + y^2 - k^2 z^2 = 0.$$

Poiché il cono passa, per esempio, per il punto di coordinate $(0; 4; -2)$, troviamo il valore di k^2:

$$0^2 + 4^2 - k^2(-2)^2 = 0 \rightarrow 16 - 4k^2 = 0 \rightarrow k^2 = 4.$$

Considerando anche la limitazione sulla quota z, l'equazione del cono che rappresenta il tetto diventa:

$$\begin{cases} x^2 + y^2 - 4z^2 = 0 \\ -2 \le z \le 0 \end{cases}.$$

▶ **Determiniamo l'equazione del muro.**

Il muro interno verticale che forma un angolo di 45° rispetto alla direzione positiva dell'asse x e passa per l'asse z è rappresentato da un piano di equazione $x - y = 0$.

▶ **Troviamo le intersezioni fra il tetto e il muro.**

Mettiamo a sistema le loro equazioni,

$$\begin{cases} x - y = 0 \\ x^2 + y^2 - 4z^2 = 0 \\ -2 \le z \le 0 \end{cases} \rightarrow \begin{cases} x = y \\ x^2 = 2z^2 \\ -2 \le z \le 0 \end{cases},$$

e troviamo le equazioni parametriche dei due segmenti:

$$\begin{cases} y = \pm\sqrt{2}\, z \\ x = \pm\sqrt{2}\, z \\ -2 \le z \le 0 \end{cases} \rightarrow \begin{cases} y = \pm\sqrt{2}\, t \\ x = \pm\sqrt{2}\, t, \\ z = t \end{cases} \quad \text{con } -2 \le t \le 0.$$

ESERCIZI

376 ●● **Il vasetto di cristallo** Anna, per il corso di design che sta frequentando, progetta un piccolo vaso di cristallo. Il vaso è alto 25 cm e ha la forma di una superficie cilindrica con la base formata da un arco di parabola delimitato da un segmento, perpendicolare all'asse della parabola e distante 9 cm dal vertice della parabola. Fissato un opportuno sistema di riferimento, scrivi le equazioni delle superfici che delimitano il vaso. Poni uguale a 1 il coefficiente del termine di secondo grado dell'equazione della parabola e il suo vertice nell'origine degli assi.

$$\left[\begin{cases} y = x^2 \\ -3 \le x \le 3, \\ 0 \le z \le 25 \end{cases} \begin{cases} y = 9 \\ -3 \le x \le 3, \\ 0 \le z \le 25 \end{cases} \begin{cases} x^2 \le y \le 9 \\ z = 0 \end{cases}\right]$$

Altre superfici quadriche notevoli

▶ Teoria a p. 1243

TEST

377 ●○ L'equazione $6x^2 - 3y^2 + 4z^2 = -12$ rappresenta:

A un iperboloide a due falde.
B un paraboloide iperbolico.
C una superficie conica.
D una superficie cilindrica.
E un iperboloide a una falda.

378 ●○ L'equazione $2x^2 - y^2 + 3z^2 - 6 = 0$ rappresenta:

A un paraboloide iperbolico.
B un iperboloide a una falda.
C un iperboloide a due falde.
D una superficie conica circolare retta.
E una superficie cilindrica.

379 ESERCIZIO GUIDA Della superficie di equazione $\frac{x^2}{25} + \frac{y^2}{16} - \frac{z^2}{9} = 1$ indichiamo il tipo e determiniamo le sezioni con i piani coordinati.

La superficie è un iperboloide a una falda, perché è del tipo $\frac{x^2}{a^2} + \frac{y^2}{b^2} - \frac{z^2}{c^2} = 1$.

La sua sezione con il piano *Oxy*, cioè con il piano di equazione $z = 0$, si ha risolvendo il sistema

$$\begin{cases} \frac{x^2}{25} + \frac{y^2}{16} - \frac{z^2}{9} = 1 \\ z = 0 \end{cases},$$

da cui $\frac{x^2}{25} + \frac{y^2}{16} = 1$, che è l'equazione di un'ellisse di semiassi $a = 5$ e $b = 4$.

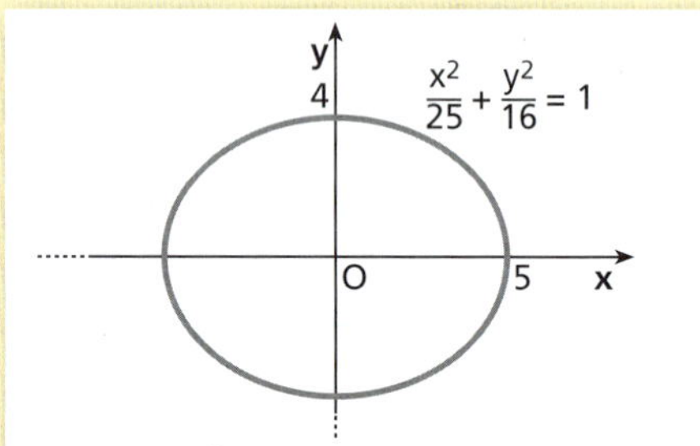

La sua sezione con il piano *Oxz*, cioè con il piano di equazione $y = 0$, si ha risolvendo il sistema

$$\begin{cases} \frac{x^2}{25} + \frac{y^2}{16} - \frac{z^2}{9} = 1 \\ y = 0 \end{cases},$$

da cui $\frac{x^2}{25} - \frac{z^2}{9} = 1$, che è l'equazione di un'iperbole di semiassi $a = 5$ e $b = 3$.

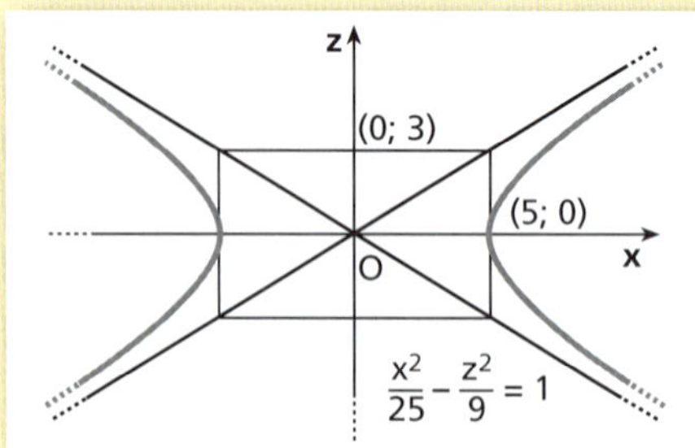

La sua sezione con il piano *Oyz*, cioè con il piano di equazione $x = 0$, si ha risolvendo il sistema

$$\begin{cases} \frac{x^2}{25} + \frac{y^2}{16} - \frac{z^2}{9} = 1 \\ x = 0 \end{cases},$$

da cui $\frac{y^2}{16} - \frac{z^2}{9} = 1$, che è l'equazione di un'iperbole di semiassi $a = 4$ e $b = 3$.

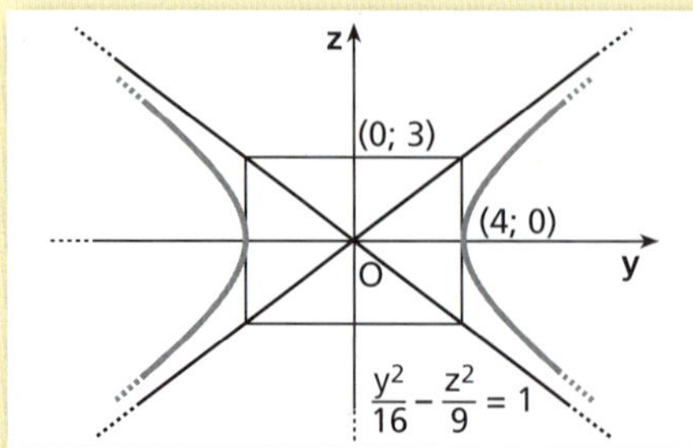

Delle superfici che hanno le seguenti equazioni indica il tipo e determina le sezioni con i piani coordinati, specificando il tipo di curva ottenuto.

380 $\frac{x^2}{9}+\frac{y^2}{4}+\frac{z^2}{16}=1$ [ellissoide, ...]

381 $\frac{x^2}{9}+\frac{y^2}{4}-\frac{z^2}{16}=1$ [iperboloide a una falda, ...]

382 $3x^2-6y^2-2z^2=36$ [iperboloide a due falde, ...]

383 $\frac{x^2}{9}+\frac{y^2}{4}=2z$ [paraboloide ellittico, ...]

384 $\frac{x^2}{50}-\frac{y^2}{32}=z$ [paraboloide iperbolico, ...]

385 $4x^2-y^2=32z$ [paraboloide iperbolico, ...]

386 $\frac{x^2}{50}+\frac{y^2}{32}=z$ [paraboloide ellittico, ...]

387 $8x^2-8y^2-z^2=24$ [iperboloide a due falde, ...]

REALTÀ E MODELLI

388 **L'oggetto misterioso** Il nonno di Elisa era un abile falegname e designer: inventava oggetti e li costruiva da sé, e si dilettava anche in matematica. Elisa ritrova in un suo vecchio taccuino le formule

$$x^2+y^2-0,12z^2-9=0, \qquad z=0, \qquad z=15,$$

senza altre indicazioni. Aiuta Elisa a capire cosa rappresentano le formule trovate e se è possibile costruire un portamatite. Calcola il volume che occupa, supponendo che l'unità di misura sia il centimetro. [$\simeq 848,2$ cm^3]

389

Pallone da rugby Il regolamento del rugby prevede che il pallone sia un ovale di determinate misure. Lo possiamo approssimare con una superficie quadrica di misure esterne 30 × 20 × 18 cm. Considerato un opportuno sistema di riferimento con origine nel centro del pallone, determina:

a. il tipo di superficie e la sua equazione;

b. quale delle tre sezioni con i piani coordinati ha superficie maggiore.

[a) $\frac{x^2}{100}+\frac{y^2}{225}+\frac{z^2}{81}=1$; b) intersezione con Oxy]

390 **Ellissoide terrestre** La Terra non è una sfera, ma è approssimabile a un ellissoide di rotazione con raggio polare di circa 6357 km e raggio equatoriale di circa 6378 km.

a. Scrivi l'equazione dell'ellissoide in un opportuno sistema di riferimento cartesiano.

b. Ipotizzando che la città di Greenwich sia collocata sul piano Oxz del sistema cartesiano, scrivi l'equazione del meridiano zero.

c. Scrivi l'equazione del tropico del Cancro, che è il parallelo situato alla latitudine di circa 23° nord.

[a) $\frac{x^2}{6378^2}+\frac{y^2}{6378^2}+\frac{z^2}{6357^2}=1$; b) $\frac{x^2}{6378^2}+\frac{z^2}{6357^2}=1$; c) $\begin{cases}x^2+y^2=5868\\ z=2491\end{cases}$]

VERIFICA DELLE COMPETENZE ALLENAMENTO

UTILIZZARE TECNICHE E PROCEDURE DI CALCOLO

1 Calcola la distanza del punto $P(3; 0; -1)$ dal piano di equazione $3x - \sqrt{6}\,y - z - 1 = 0$. $\left[\frac{9}{4}\right]$

2 Scrivi l'equazione del piano parallelo all'asse z e passante per i punti $A(1; 1, -1)$ e $B(-3; 5; 0)$. $[x + y - 2 = 0]$

3 Scrivi l'equazione del piano passante per i punti $A(-1; 1; 1)$, $B(3; 0; -1)$ e $C(0; -2; 1)$. $[6x + 2y + 11z - 7 = 0]$

4 Determina l'equazione del piano con vettore normale $\vec{n}(2; 0; -3)$ e passante per il punto medio del segmento AB, con $A(4; 1; 0)$ e $B(-2; -1; 4)$. $[2x - 3z + 4 = 0]$

5 Determina le equazioni parametriche e cartesiane della retta passante per i punti $A(5; -1; 2)$ e $B(1; 0; 3)$. $\left[\begin{cases} x = 1 - 4t \\ y = t \\ z = 3 + t \end{cases}, \frac{1-x}{4} = y = z - 3\right]$

6 Scrivi le equazioni parametriche della retta

$$r: \begin{cases} x + z + 3 = 0 \\ 3x - y + z + 10 = 0 \end{cases}.$$

$\left[\begin{cases} x = -3 - k \\ y = 1 - 2k \\ z = k \end{cases}\right]$

7 Determina le equazioni della retta parallela all'asse x e passante per il punto $M(8; -5; 9)$ come intersezione di due piani. $\left[\begin{cases} y = -5 \\ z = 9 \end{cases}\right]$

8 Data la retta di equazioni parametriche

$$\begin{cases} x = 1 - 3t \\ y = 2t - 2 \\ z = -t - 3 \end{cases},$$

determina le intersezioni con i piani coordinati. $\left[\left(0; -\frac{4}{3}; -\frac{10}{3}\right), (-2; 0; -4), (10; -8; 0)\right]$

9 Studia la posizione reciproca dei due piani di equazioni:

a. $z = y + 3x - 1$; $\quad 6x + 2y - 2z + 2 = 0$;

b. $x - y + 2z = 0$; $\quad 2x - 2y + 8z + 1 = 0$.

[a) paralleli; b) incidenti]

10 Verifica che i piani di equazioni $z = 2x - y + 1$ e $4x - 2y - 2z + 7 = 0$ sono paralleli e trova la loro distanza. $\left[\frac{5\sqrt{6}}{12}\right]$

11 Determina il punto di intersezione dei piani di equazioni:

$$x - y + z = 3, x - z + 7 = 0, 4x - y + 2z - 6 = 0.$$

$[(-1; 2; 6)]$

12 Verifica che $A(1; 2; 1)$, $B(3; 0; 4)$, $C(5; -2; 7)$ sono allineati.

13 Trova le intersezioni del piano $z = 6x - 2y + 10$ con il piano Oxy. [retta $y = 3x + 5$ nel piano Oxy]

14 Stabilisci se il punto $A(0; 1; 1)$ appartiene all'intersezione del piano $z = 7x + 2y - 1$ con il piano Oyz di equazione $x = 0$. [sì]

15 Trova centro e raggio delle seguenti superfici sferiche:

$$x^2 + y^2 + z^2 - 2x + 6y - 4z + 5 = 0;$$

$$x^2 + y^2 + z^2 - 10z + 9 = 0.$$

$[C(1; -3; 2), r = 3; C(0; 0; 5), r = 4]$

16 Scrivi l'equazione della superficie sferica di centro $C(4; 2; 5)$ e raggio $r = 5$. $[x^2 + y^2 + z^2 - 8x - 4y - 10z + 20 = 0]$

RISOLVERE PROBLEMI

17 Verifica che il triangolo di vertici $A(5; 2; 4)$, $B(5; 6; 4)$ e $C(5 - 2\sqrt{3}; 2; 6)$ è rettangolo isoscele e calcola la sua area. [8]

18 Verifica che il triangolo di vertici $M(-1; -3; -1)$, $N(-\sqrt{3}; -3; -2)$, $P(1; 0; -4)$ è rettangolo, senza calcolare le lunghezze dei suoi lati.

19 Scrivi l'equazione del piano perpendicolare al piano di equazione $2x - y + z = 1$ e passante per i punti $A(2; 0; -1)$ e $B(-1; 4; 1)$. $[6x + 7y - 5z - 17 = 0]$

20 Scrivi l'equazione del piano passante per $P(-1; 2; 0)$ e parallelo al piano passante per i punti $A(2; 0; 3)$, $B(0; 0; -1)$ e $C(-3; 2; -4)$. $[4x + 3y - 2z - 2 = 0]$

21 Trova l'equazione del piano α rispetto a cui i punti $M(3; -3; 4)$ e $M'(-2; 4; 1)$ sono simmetrici. $[10x - 14y + 6z - 13 = 0]$

22 Trova i vertici del tetraedro le cui facce appartengono rispettivamente ai piani: $z = 0$, $x = 5$, $3x - 5y = 0$, $4y - 3z = 0$. Calcola anche il volume. $[(0; 0; 0), (5; 3; 0), (5; 0; 0), (5; 3; 4); 10]$

23 Scrivi le equazioni cartesiane della retta passante per il punto $A(0; 4; -2)$ e parallela alla retta intersezione dei piani $\alpha: 3x - y - 1 = 0$ e $\beta: x - y + z + 4 = 0$. $\left[x = \frac{y-4}{3} = \frac{z+2}{2}\right]$

24 Dati i punti $A(2; 1; -1)$, $B(0; 3; 0)$, $C(0; 0; -3)$ e $D(1; 2; -2)$, calcola l'altezza del tetraedro $ABCD$ di vertice D. [1]

---

25 Scrivi l'equazione del piano passante per il punto $A(3; 2; 1)$ e perpendicolare alla retta BC, con $B(1; -1; 3)$ e $C(2; 5; 7)$. $[x + 6y + 4z - 19 = 0]$

26 Trova due piani aventi per intersezione la retta di equazioni $\begin{cases} x = 3 - 2k \\ y = 1 + 3k \\ z = -1 - k \end{cases}$.

27 Stabilisci la posizione reciproca tra la retta $r: \begin{cases} x = -5 + 3t \\ y = 1 + 2t \\ z = -1 - 2t \end{cases}$ e la retta s passante per $A(8; 0; 7)$ e $B(10; 3; 9)$. [sghembe]

28 Stabilisci la posizione reciproca delle rette $r: 3x - 1 = y + 4 = z$ e $s: 2x - 2 = -3y - 6 = 6z - 12$. [perpendicolari e incidenti]

29 Determina la posizione reciproca tra la retta $r: \begin{cases} 3x - 4y + 5z - 1 = 0 \\ x + y - z + 2 = 0 \end{cases}$ e il piano $\alpha: x + y - z + 9 = 0$. [paralleli]

30 Determina le equazioni cartesiane della retta passante per il punto $A(0; -1; 0)$ e parallela ai piani di equazioni $y = 5$ e $2x + y - z - 1 = 0$. $\left[\begin{cases} 2x = z \\ y = -1 \end{cases}\right]$

31 Calcola la superficie totale del poligono formato dal piano di equazione $x - y + 4z - 8 = 0$ con i piani xy, xz e yz. $[24(2 + \sqrt{2})]$

32 Considera i due piani $\pi: 6x + y - z = 0$ e $\pi': x - y + z = 0$.

a. Verifica che i due piani sono incidenti e determina l'equazione parametrica della retta intersezione.

b. Determina l'equazione cartesiana del piano passante per il punto $P(2; 2; 2)$ e perpendicolare ai piani π e π'.

$\left[\text{a) } \begin{cases} x = 0 \\ y = k \\ z = k \end{cases}; \text{ b) } y + z = 4\right]$

33 Calcola l'ampiezza dell'angolo ϑ formato dal piano di equazione $2x + y + z - 4 = 0$ con la retta di equazioni $\begin{cases} 2x - z - 1 = 0 \\ 2y + z + 1 = 0 \end{cases}$. [30°]

34 Verifica che, eliminando i parametri, le equazioni $\begin{cases} x = 3t + s \\ y = s \\ z = 2 - 2t - s \end{cases}$ rappresentano un piano. Calcola poi la distanza del punto $Q(1; 2; 1)$ da tale piano. $\left[2x + y + 3z - 6 = 0; \frac{\sqrt{14}}{14}\right]$

35 Dimostra che il piano di equazione $2x - y + 2z - 3 = 0$ è tangente alla superficie di equazione

$x^2 + y^2 + z^2 - 12x - 8y - 4z + 47 = 0$.

36 Scrivi l'equazione del piano tangente in $T(4; 0; -3)$ alla superficie sferica con centro nell'origine. $[4x - 3z - 25 = 0]$

37 Sono dati i punti $A(-2; -2; 1)$, $B(1; 3; 4)$, $C(2; 1; -6)$ e la superficie sferica di equazione:

$x^2 + y^2 + z^2 - 4x + 8y - 2z - 83 = 0$.

Determina l'equazione del piano α passante per i punti A, B, C e verifica che è secante la superficie sferica data. $[4x - 3y + z + 1 = 0]$

38 Trova l'equazione della superficie sferica di centro $C(3; -1; 1)$ tangente al piano π: $3x + 4z - 38 = 0$. $[x^2 + y^2 + z^2 - 6x + 2y - 2z - 14 = 0]$

39 Determina le coordinate degli estremi del diametro della sfera di centro $C(1; 0; -1)$ tangente al piano π di equazione $x + 3y - 4z - 31 = 0$, sapendo che il diametro passa per il punto di tangenza. $[(2; 3; -5), (0; -3; 3)]$

40 Un cilindro circolare retto di volume $V = 45\pi$ ha i centri delle basi nei punti $C_1(-2; -3; 4)$, $C_2(-2; 2; 4)$.

a. Scrivi l'equazione della superficie cilindrica a cui appartiene quella laterale del cilindro dato.

b. Determina le equazioni dei piani passanti per l'asse y e aventi distanza $\sqrt{2}$ dall'asse del cilindro.

c. Calcola le aree dei rettangoli determinati dall'intersezione dei piani precedenti con il cilindro dato.

[a) $x^2 + z^2 + 4x - 8z + 11 = 0$; b) $x + z = 0$, $7x + z = 0$; c) $10\sqrt{7}$, $10\sqrt{7}$]

ANALIZZARE E INTERPRETARE DATI E GRAFICI

VERO O FALSO?

41 La retta di equazioni $x - 2 = y = \frac{z+1}{2}$:

a. passa per $A(2; 0; -1)$. V F

b. ha direzione $\vec{n}(1; 0; 2)$. V F

c. è parallela al piano di equazione $x + y + 2z = 0$. V F

d. giace nel piano di equazione $x - y - 2 = 0$. V F

42 La superficie sferica di equazione $x^2 + y^2 + z^2 + 2x - 4y - 8z = 4$:

a. passa per l'origine. V F

b. ha centro di quota -4. V F

c. ha raggio $\sqrt{17}$. V F

d. interseca il piano Oxy in una circonferenza. V F

43 Trova per quali valori di k la distanza tra i punti $A(k; -k; 6)$ e $B(2k; 1; k+3)$ vale 3. $\left[\frac{1}{3}; 1\right]$

44 Stabilisci per quali valori di a l'equazione $x^2 + y^2 + z^2 + ax + y - z + 3 = 0$ individua una superficie sferica non degenere. $[a < -\sqrt{10} \lor a > \sqrt{10}]$

45 Determina k affinché il punto $P(k-3; k+3; k)$ disti $\frac{\sqrt{26}}{2}$ dal piano α: $4x - y + 3z - 10 = 0$. $\left[2; \frac{19}{3}\right]$

46 Determina per quale valore di b la retta $r: x-4=2y+1=z-3$ è parallela al piano $\alpha: 2bx-by-3z+1=0$. [2]

47 Data la sfera di equazione $x^2+y^2+z^2-6x+8y+4z+20=0$, stabilisci per quali valori del parametro k il piano α di equazione $2x+y-2z+k=0$ è secante, tangente o esterno alla sfera.
[secante: $-15<k<3$; tangente: $k=-15 \vee k=3$; esterno: $k<-15 \vee k>3$]

48 Dato il piano di equazione $3ax+(a-1)y-z+a=0$, trova i valori di a per i quali:

a. passa per l'origine degli assi;

b. è parallelo alla retta di equazioni $\frac{x-1}{2}=\frac{y}{3}=z+4$;

c. è parallelo al piano di equazione $12x+2y-2z-1=0$. [a) 0; b) $\frac{4}{9}$; c) 2]

49 Data la retta di equazioni $x+k=\frac{y-k}{4}=z$, determina per quali valori di k:

a. passa per il punto $A(1; 19; 4)$;

b. è perpendicolare alla retta di equazioni $\frac{x}{2}=5-y=z+6$. [a) 3; b) $\nexists k \in \mathbb{R}$]

50 Verifica che i punti $A(-3; 1; 2)$, $B(-1; 3; 2)$, $C(-1; 1; 4)$ e $D(-3; 3; 4)$ sono i vertici di un tetraedro regolare. Verifica poi che i punti medi degli spigoli aventi in comune il vertice A sono i vertici di un triangolo equilatero.

VERIFICA DELLE COMPETENZE VERSO L'ESAME

ARGOMENTARE E DIMOSTRARE

51 In un sistema di riferimento cartesiano nello spazio $Oxyz$ sono dati i punti $A(-3; 4; 0)$ e $C(-2; 1; 2)$. I tre punti O, A e C giacciono su un piano E. Determinare l'equazione che descrive il piano E.

(Esame di Stato, Liceo scientifico, Corso di ordinamento, Sessione suppletiva, 2015, *quesito* 4)

[$8x+6y+5z=0$]

52 In un riferimento cartesiano nello spazio $Oxyz$, data la retta r di equazioni:

$$\begin{cases} x=2t+1 \\ y=1+t \\ z=kt \end{cases}$$

e il piano P di equazione:

$$x+2y-z+2=0,$$

determinare per quale valore di k la retta r e il piano P sono paralleli, e la distanza tra di essi.

(Esame di Stato, Liceo scientifico, Corso di ordinamento, Sessione straordinaria, 2015, *quesito* 9)

[$k=4, \frac{5}{6}\sqrt{6}$]

53 Determinare un'espressione analitica della retta perpendicolare nell'origine al piano di equazione $x+y-z=0$.

(Esame di Stato, Liceo scientifico, Corso di ordinamento, Sessione ordinaria, 2015, *quesito* 5)

[$x=y=-z$]

54 Nello spazio sono dati due piani α e β rispettivamente di equazione:

$$\alpha: x-3y+z-5=0; \quad \beta: x+2y-z+3=0.$$

Dopo aver determinato l'equazione parametrica della retta r da essi individuata, verificare che essa appartiene al piano γ di equazione

$$3x+y-z+1=0.$$

(Esame di Stato, Liceo scientifico, Corso di ordinamento, Sessione straordinaria, 2015, *quesito* 4)

$$\left[\begin{cases} x=t \\ y=2t-2 \\ z=5t-1 \end{cases}\right]$$

55 Determinare la distanza tra il punto $P(2;1;1)$ e la retta:

$$\begin{cases} x+y=z+1 \\ z=-y+1 \end{cases}$$

(Esame di Stato, Liceo scientifico, Corso di ordinamento, Sessione suppletiva, 2016, quesito 7)

$\left[\sqrt{\frac{5}{6}}\right]$

56 Una sfera, il cui centro è il punto $K(-2;-1;2)$, è tangente al piano π avente equazione $2x-2y+z-9=0$. Qual è il punto di tangenza? Qual è il raggio della sfera?

(Esame di Stato, Liceo scientifico, Corso di ordinamento, Sessione ordinaria, 2016, quesito 5)

$[T(0;-3;3),\ r=3]$

57 Dimostra che la distanza tra due piani paralleli di equazioni

$$ax+by+cz+d=0 \text{ e } ax+by+cz+d'=0$$

è data da $\dfrac{|d-d'|}{\sqrt{a^2+b^2+c^2}}$.

58 Dati i punti

$A(4;14;17)$, $B(16;11;14)$, $C(16;2;23)$:

a. si dimostri che il triangolo ABC è isoscele e rettangolo;

b. quali sono le coordinate del punto D tale che $ABCD$ sia un quadrato?

(Esame di Stato, Liceo scientifico, Scuole italiane all'estero (Americhe), Sessione ordinaria, 2016, quesito 9)

[b) $D(4;5;26)$]

59 I punti $A(3;4;1)$, $B(6;3;2)$, $C(3;0;3)$, $D(0;1;2)$ sono vertici di un quadrilatero $ABCD$. Si dimostri che tale quadrilatero è un parallelogramma e si controlli se esso è un rettangolo.

(Esame di Stato, Liceo scientifico, Corso di ordinamento, Sessione suppletiva, 2016, quesito 6)

60 Date le rette:

$$\begin{cases} x=t \\ y=2t, \\ z=t \end{cases} \qquad \begin{cases} x+y+z-3=0 \\ 2x-y=0 \end{cases},$$

e il punto $P(1;0;-2)$ determinare l'equazione del piano passante per P e parallelo alle due rette.

(Esame di Stato, Liceo scientifico, Corso di ordinamento, Sessione ordinaria, 2016, quesito 9)

$[2x-y-2=0]$

61 Si considerino nello spazio il punto $P(1;2;-1)$ e il piano α di equazione $x-2y+z+4=0$.

a. Verificare che $P \in \alpha$.

b. Determinare le equazioni delle superfici sferiche di raggio 6 che sono tangenti ad α in P.

(Esame di Stato, Liceo scientifico, Scuole italiane all'estero (Americhe), Sessione ordinaria, 2016, quesito 10)

[b) $x^2+y^2+z^2-2(1\pm\sqrt{6})x-4(1\mp\sqrt{6})y+$
$+2(1\mp\sqrt{6})z+6\mp8\sqrt{6}=0$]

62 In un riferimento cartesiano $Oxyz$, si verifichi che la circonferenza γ, intersezione della sfera di equazione $x^2+y^2+z^2=4$ e del piano $z=1$, ha centro in $(0;0;1)$ e raggio $\sqrt{3}$. Si immagini che una sorgente di luce puntiforme S sia situata sul semiasse positivo delle z. A quale distanza dal centro della sfera si deve trovare S affinché γ sia il confine tra la zona della sfera che risulta illuminata e quella che resta in ombra? [4]

(Esame di Stato, Liceo scientifico, Scuole italiane all'estero (Europa), Sessione ordinaria, 2015, quesito 3)

63 Verifica che i coefficienti direttivi della retta di equazioni $\begin{cases} ax+by+cz+d=0 \\ a'x+b'y+c'z+d'=0 \end{cases}$ sono dati da:

$$\begin{vmatrix} b & c \\ b' & c' \end{vmatrix}, \begin{vmatrix} c & a \\ c' & a' \end{vmatrix}, \begin{vmatrix} a & b \\ a' & b' \end{vmatrix}.$$

COSTRUIRE E UTILIZZARE MODELLI

64

Bandiera al vento La bandiera nella figura è libera di ruotare intorno alla sua asta. Se si sovrappone l'asta al semiasse positivo delle quote, il triangolo isoscele che schematizza la bandiera ha due vertici in $A(0;0;40)$, $B(0;30;50)$.

a. Determina l'area della stoffa che costituisce la bandiera (l'unità di misura è il centimetro).

b. Scrivi l'equazione del piano su cui ruota il punto B.

[a) 3 dm^2; b) $z=50$]

RISOLVIAMO UN PROBLEMA

Progettiamo uno spazio espositivo?

Un progettista elabora l'idea di uno spazio espositivo e inizia a disegnare, con software dedicati, un primo modello grafico. In figura riportiamo uno schizzo con le superfici che individuano gli spazi principali.

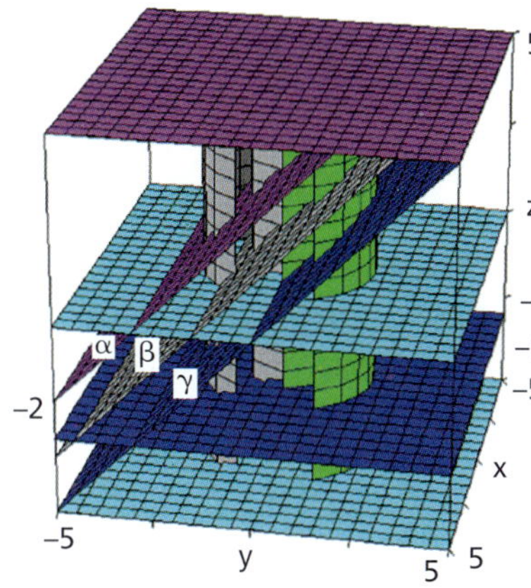

Utilizzando le informazioni riportate in figura e la rappresentazione cartesiana che utilizzi di solito, determina:

- le equazioni dei piani orizzontali paralleli;
- le equazioni del piano obliquo β, parallelo all'asse x e passante per il punto $\left(0; 0; \frac{3}{2}\right)$, e dei piani α e γ a esso paralleli;
- le equazioni dei due cilindri (considerati chiusi) rispettivamente di raggi 1 e $\sqrt{5}$.

► Scriviamo le equazioni dei piani orizzontali.

Nel sistema di riferimento fissato in figura, i piani orizzontali sono paralleli al piano $z = 0$ e hanno equazioni: $z = -3$, $z = -5$ e $z = 5$.

► Determiniamo l'equazione del piano γ.

Il piano γ è parallelo all'asse x, perciò la sua equazione è della forma $by + cz + d = 0$. Dal grafico osserviamo che passa per i punti di coordinate $(0; 5; 5)$ e $(0; -5; -5)$. Imponiamo il passaggio per questi punti.

$$\begin{cases} 5b + 5c + d = 0 \\ -5b - 5c + d = 0 \end{cases} \rightarrow \begin{cases} d = 0 \\ b = -c \end{cases}$$

Quindi il piano γ ha equazione $y = z$.

► Determiniamo le equazioni dei piani α e β.

I piani α e β, paralleli a γ, hanno equazioni $y - z = d$.
α passa per il punto $(0; -5; -2)$, quindi $d = -3$, cioè l'equazione di α è $y - z + 3 = 0$.

β passa per il punto $\left(0; 0; \frac{3}{2}\right)$, quindi $d = -\frac{3}{2}$, cioè l'equazione di β è $2y - 2z + 3 = 0$.

► Determiniamo le equazioni dei cilindri.

I cilindri sono retti con asse parallelo all'asse z, quindi le loro equazioni sono individuate dall'equazione della circonferenza direttrice sul piano Oxy, cioè $x^2 + y^2 = r^2$. Il cilindro interno ha perciò equazione $x^2 + y^2 = 1$, quello esterno $x^2 + y^2 = 5$.

65 **Sotto questo sole** Scrivi le equazioni cartesiane delle rette AB e CO indicate nella figura e stabilisci la loro posizione reciproca.

$$\left[AB: \begin{cases} 4x - 3z = 24 \\ y = 0 \end{cases}, CO: x + 2 = 2 - 2y = \frac{18 - z}{9}; \text{sghembe} \right]$$

66 ●● **Pesce cartesiano** Considera una lampadina puntiforme S, posta 20 cm al di sopra del pelo dell'acqua di un acquario alto 40 cm. Dentro l'acquario, su un ideale piano orizzontale posto a 20 cm dal fondo, nuota un pesciolino che compie un moto circolare di raggio 15 cm, il cui centro è posto sulla retta passante per S e perpendicolare alla superficie dell'acqua. Introduci un sistema di riferimento cartesiano dove il piano Oxy sia il piano d'appoggio dell'acquario e la lampadina corrisponda al punto $(0; 0; 60)$.

a. Scrivi l'equazione del piano su cui nuota il pesce.

b. Scrivi l'equazione della traiettoria del pesce.

c. Trova l'equazione del luogo dei punti del tavolo coperti dall'ombra del pesce mentre nuota lungo la sua traiettoria circolare.

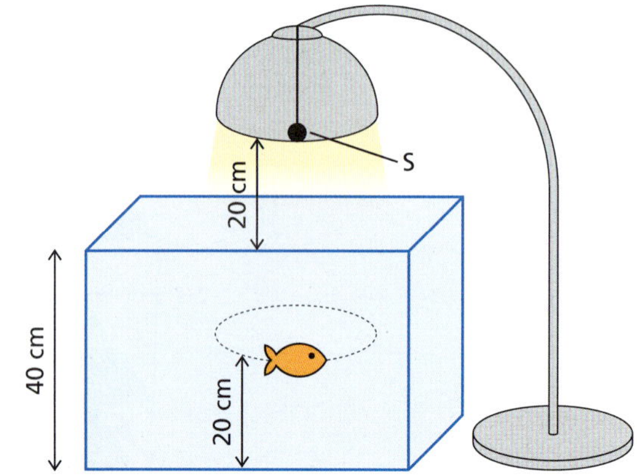

[a) $z = 20$; b) $\begin{cases} x^2 + y^2 = 225 \\ z = 20 \end{cases}$; c) $\begin{cases} x^2 + y^2 = 506{,}25 \\ z = 0 \end{cases}$]

67 ●● **IN FISICA** **Campo elettrico** Nei vertici di un cubo di lato 10 cm sono poste otto cariche elettriche di intensità $Q = 6 \cdot 10^{-5}$ C.
Per il teorema di Gauss il flusso del campo elettrico da esse generato attraverso una qualsiasi superficie chiusa S è pari alla somma delle cariche contenute all'interno della superficie divisa per la costante ε_0, detta *costante dielettrica del vuoto* ($\varepsilon_0 = 8{,}85 \cdot 10^{-12}\ \mathrm{C^2/(N \cdot m^2)}$).

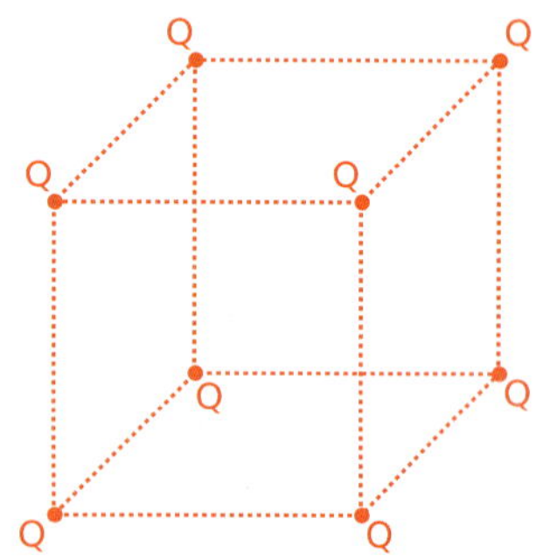

Determina il flusso del campo elettrico attraverso:

a. la sfera di raggio 5 cm con centro coincidente con quello del cubo;

b. la sfera di raggio 10 cm con centro coincidente con quello del cubo;

c. la sfera di raggio 12 cm con centro nel punto medio di uno spigolo del cubo.

[a) 0; b) $5{,}42 \cdot 10^7\ \mathrm{(N/C) \cdot m^2}$; c) $4{,}07 \cdot 10^7\ \mathrm{(N/C) \cdot m^2}$]

INDIVIDUARE STRATEGIE E APPLICARE METODI PER RISOLVERE PROBLEMI

68 ●○ Dati i punti $A(1; 1; 1)$, $B(3; 1; 0)$ e $C(3; 2; 2)$:

a. stabilisci di che natura è il triangolo ABC e calcolane l'area;

b. determina l'equazione del piano su cui giace ABC;

c. calcola il volume della piramide di base ABC e vertice $D\left(1; \frac{1}{4}; 1\right)$.

[a) isoscele, $\frac{\sqrt{21}}{2}$; b) $x - 4y + 2z + 1 = 0$; c) $\frac{1}{2}$]

69 ●○ Considera $A(2; 1; -3)$, $B(4; 2; -3)$, $C(0; 5; -3)$ e $D(2; 1; 3)$.

a. Calcola l'area del triangolo ABC.

b. Scrivi le equazioni dei piani α, β, γ e π su cui giacciono rispettivamente i triangoli ABD, ACD, BCD e ABC.

c. Verifica che le seguenti coppie di piani sono perpendicolari: π e α, π e β, α e β.

d. Calcola il volume del solido $ABCD$.

[a) 5; b) α: $x - 2y = 0$, β: $2x + y - 5 = 0$, γ: $9x + 12y + 5z - 45 = 0$, π: $z + 3 = 0$; d) 10]

---

70 ●○ **LEGGI IL GRAFICO**

a. Scrivi l'equazione della superficie sferica di centro C e passante per P.

b. Trova l'equazione del piano α tangente alla superficie sferica nel suo punto P e l'equazione del piano β tangente alla superficie sferica nel suo punto Q, appartenente all'asse z.

[a) $x^2 + y^2 + z^2 - 10z = 0$; b) $y = 5$, $z = 10$]

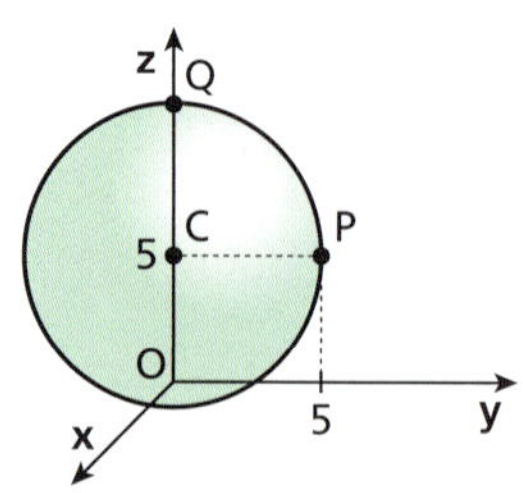

71 a. Scrivi l'equazione della superficie sferica di centro $C(1; 2; 3)$ e passante per il punto P, simmetrico di $Q(3; 6; 6)$ rispetto a $R(2; 4; 7)$.

b. Determina il punto di tangenza T con il piano $\alpha: 3x + 4y - 36 = 0$.

c. Scrivi l'equazione del piano β tangente alla sfera e parallelo ad α.

[a) $x^2 + y^2 + z^2 - 2x - 4y - 6z - 11 = 0$; b) $T(4; 6; 3)$; c) $3x + 4y + 14 = 0$]

72 È dato il tetraedro di vertici $A(1; -2; 4)$, $B(1; -6; 0)$, $C(-3; -2; 0)$, $D(-1; -2; -2\sqrt{3})$.

a. Trova l'equazione della superficie sferica a esso circoscritta.

b. Determina il piano α passante per i punti A, B, C.

c. Verifica che il piano α è secante della sfera.

[a) $x^2 + y^2 + z^2 - 2x + 4y - 11 = 0$; b) $x + y - z + 5 = 0$; c) distanza del centro dal piano minore del raggio]

73 Considera il piano α di equazione $x + y - 3z + 2 = 0$.

a. Determina il piano β perpendicolare ad α passante per i punti $A(-1; -3; 0)$ e $B(0; 2; 1)$.

b. Determina il piano γ parallelo ad α e passante per il punto $C(1; 1; -3)$.

c. Trova il punto D di β con $x = 3$ e $y = 11$ e calcola la sua distanza da γ.

$\left[\text{a) } 4x - y + z + 1 = 0; \text{ b) } x + y - 3z - 11 = 0; \text{ c) } D(3; 11; -2); \frac{9\sqrt{11}}{11}\right]$

74 Sono dati il punto $P(-2; 1; 0)$ e il piano π di equazione $x + y + z = 3$. Determina:

a. l'equazione della superficie sferica passante per P e tangente a π nel punto $Q(0; 1; 2)$;

b. le equazioni parametriche della retta r passante per P e Q;

c. l'equazione cartesiana di un piano π' parallelo a π e contenente il punto $R(-1; 1; -2)$.

$\left[\text{a) } x^2 + y^2 + z^2 + 2x - 2z - 1 = 0; \text{ b) } \begin{cases} x = -2 + 2t \\ y = 1 \\ z = 2t \end{cases}; \text{ c) } x + y + z + 2 = 0\right]$

75 a. Verifica che le rette r e s, rispettivamente con le equazioni parametriche $\begin{cases} x = t \\ y = 1 - t \\ z = t \end{cases}$ e $\begin{cases} x = 4 + 2k \\ y = -1 - k \\ z = 2 + k \end{cases}$, sono incidenti.

b. Determina le equazioni parametriche della retta passante per il punto $P(1; 2; 1)$ e incidente le rette r e s.

c. Scrivi l'equazione cartesiana del piano π passante per $Q(0; 2; -3)$ e contenente r.

$\left[\text{a) } r \cap s = H(0; 1; 0); \text{ b) } \begin{cases} x = 1 + t \\ y = 2 + t \\ z = 1 + t \end{cases}; \text{ c) } 2x + 3y + z - 3 = 0\right]$

76 Considera i piani di equazioni $\pi: x - y + z = 0$ e $\pi': x + y + 2z = 0$.

a. Verifica che sono incidenti e determina l'equazione parametrica della retta r intersezione.

b. Determina la retta s parallela a r e passante per il punto $P(1; -1; 2)$.

c. Determina le equazioni del piano α, passante per il punto P e per la retta r, e del piano β, passante per il punto P e ortogonale a r.

$\left[\text{a) } r: \begin{cases} x = 3t \\ y = t \\ z = -2t \end{cases}; \text{ b) } s: \begin{cases} x = 1 + 3t \\ y = -1 + t \\ z = 2 - 2t \end{cases}; \text{ c) } \alpha: 2y + z = 0; \beta: 3x + y - 2z + 2 = 0\right]$

VERIFICA DELLE COMPETENZE PROVE

1 ora

PROVA A

1 Scrivi in forma parametrica e cartesiana le equazioni della retta passante per i punti $P(5; -1; 1)$ e $Q(2; 0; 2)$.

2 Verifica che il triangolo di vertici $A(-1; -1; 1)$, $B(1; 2; 0)$ e $C(3; 1; 3)$ è isoscele e trova la sua area.

3 Determina l'equazione del piano passante per il punto $A(1; 1; 3)$ perpendicolare alla retta
$r: \begin{cases} x+y+z-2=0 \\ x+2y-3z+6=0 \end{cases}$.

4 Stabilisci la posizione reciproca delle rette di equazioni $\begin{cases} x+2z+9=0 \\ y+3z+2=0 \end{cases}$ e $\begin{cases} x=1+2k \\ y=2+3k \\ z=-2-k \end{cases}$.

5 Determina per quale valore di k i piani di equazioni $x+y-z+5=0$ e $x+(k+3)y-kz-7=0$ sono perpendicolari.

6 Scrivi l'equazione del piano tangente in $P(-2; 1; 4)$ alla sfera di centro $C(1; 5; 3)$ e determina la lunghezza del diametro della sfera.

PROVA B

1 Verifica che i punti $P(0; 0; 3)$, $Q(-2; 0; 0)$, $R\left(1; -3; \frac{3}{4}\right)$, $S(1; -2; 2)$ sono complanari.

2 Scrivi l'equazione del piano passante per il punto $A(1; 0; 1)$ e contenente la retta di equazioni
$\begin{cases} x-2y+3z+3=0 \\ x+2y=0 \end{cases}$.

3 Trova il raggio della sfera di centro $C(2; 1; -4)$ tangente al piano di equazione $x+y-2z-5=0$ e determina le coordinate del punto di tangenza.

4 Calcola la distanza fra le rette $r: \begin{cases} x-2y+5=0 \\ x-2z-5=0 \end{cases}$ e $s: \begin{cases} x=-11+2k \\ y=k \\ z=-8+k \end{cases}$.

5 Scrivi l'equazione della retta r perpendicolare alle rette $s: \begin{cases} x=1+t \\ y=2+t \\ z=-1-t \end{cases}$ e $t: \begin{cases} 3x+y-5=0 \\ 3x+z-2=0 \end{cases}$ nel loro punto comune.

6 Trova per quale valore di k la retta r di equazioni $\begin{cases} x=1+2t \\ y=-1-2t \\ z=3+t \end{cases}$ è parallela al piano di equazione $x+ky+kz-2-k=0$. Quindi calcola la loro distanza.

PROVA C

1 **Ricovero attrezzi** Angela ha progettato con un software una nuova casetta per gli attrezzi da giardino, come in figura.

a. Scrivi le equazioni dei piani contenenti le due falde del tetto e determina la loro inclinazione rispetto al piano orizzontale.

b. Determina l'area della superficie del tetto.

c. Calcola il volume occupato dalla casetta.

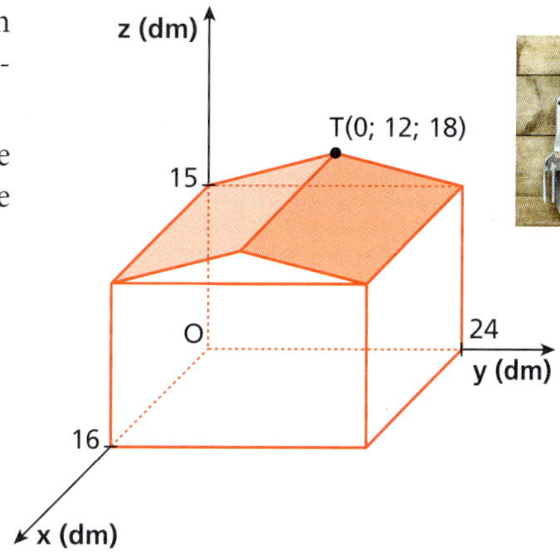

2 **Comando a distanza** Un drone si muove, secondo i comandi che gli vengono inviati, in uno spazio cartesiano tridimensionale con l'origine sul suolo. Se il drone parte dal punto $A(1; 0; 4)$, determina le coordinate del punto in cui si trova dopo aver percorso una distanza di 26 m in direzione $\vec{v}(3; 12; 4)$.

PROVA D

1 Dati i punti $O(0; 0; 0)$, $A(0; 6; 0)$, $B(0; 3; 3\sqrt{3})$, $C(2\sqrt{6}; 3; \sqrt{3})$:

a. verifica che sono i vertici di un tetraedro regolare;

b. scrivi le equazioni della retta a cui appartiene lo spigolo AC sotto forma di intersezione di due piani;

c. determina l'equazione della superficie sferica circoscritta.

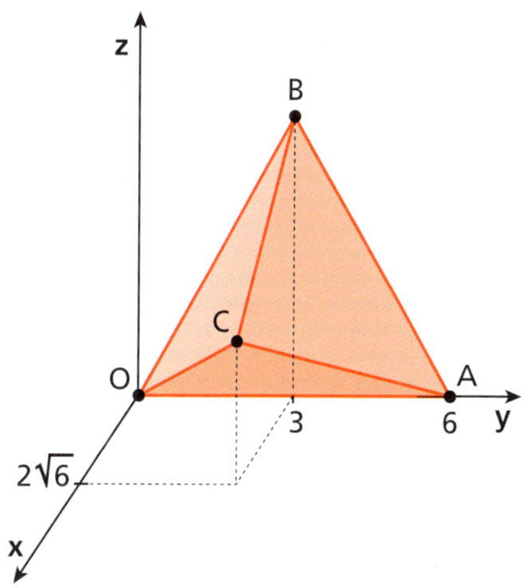

2 Sono dati il punto $P(2; -2; 0)$ e il piano α di equazione cartesiana

$$x + y - 3z + 3 = 0.$$

a. Determina un sistema di equazioni parametriche della retta r passante per il punto P e perpendicolare al piano α. Trova il punto di intersezione H tra la retta r e il piano α.

b. Calcola la distanza del punto P dal piano α.

c. Considera la sfera di centro P e di raggio 3. Verifica che l'intersezione tra la superficie di questa sfera e il piano α è una circonferenza e trovane il raggio.

CAPITOLO

α1 CALCOLO COMBINATORIO

1 Che cos'è il calcolo combinatorio

▶ Esercizi a p. α19

«Quante sono tutte le colonne che si possono giocare al Superenalotto, cioè quanti sono tutti i modi possibili di scegliere 6 numeri tra i 90 a disposizione?»
«Quante sono le possibili classifiche di una gara a cui partecipano 10 concorrenti?»
Il **calcolo combinatorio** permette di rispondere a queste domande o ad altre simili, in quanto studia il numero di modi in cui è possibile raggruppare, disporre o ordinare gli elementi di un insieme finito di oggetti o persone.

Listen to it

Combinatorial analysis (or **combinatorics**) is the branch of mathematics which studies the number of different ways of arranging the elements of a given set.

Raggruppamenti

Esaminiamo il seguente problema. Un ragazzo ha a disposizione due paia di pantaloni e quattro magliette. Ci domandiamo in quanti modi diversi può vestirsi.
Fissato un paio di pantaloni, a questo può accostare, una alla volta, ognuna delle quattro magliette, e quindi abbiamo quattro possibilità. Ma a questo numero di possibilità dobbiamo aggiungere le possibilità che si ottengono con il secondo paio di pantaloni e, di nuovo, ognuna delle quattro magliette. Quindi le possibilità sono in totale otto.

Indichiamo le due paia di pantaloni con P_1 e P_2, le quattro magliette con M_1, M_2, M_3, M_4, e consideriamo gli insiemi $P = \{P_1, P_2\}$ e $M = \{M_1, M_2, M_3, M_4\}$.

Elenchiamo tutte le possibili coppie. Esse non sono altro che gli elementi del prodotto cartesiano fra l'insieme dei pantaloni P e l'insieme delle magliette M:

$$P \times M = \{(P_1; M_1), (P_1; M_2), (P_1; M_3), (P_1; M_4), (P_2; M_1), (P_2; M_2), (P_2; M_3), (P_2; M_4)\}.$$

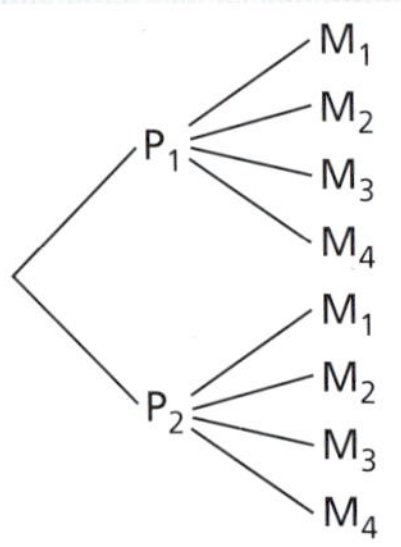

Il diagramma ad albero della figura a fianco suggerisce un metodo per determinare il numero di tutti i gruppi che è possibile formare.
Le 2 possibilità corrispondenti ai rami dei pantaloni indicano quante volte vengono ripetute le 4 possibilità corrispondenti ai rami delle magliette.

Quindi in totale abbiamo $2 \cdot 4 = 8$ gruppi.

ESEMPIO
Elenchiamo tutte le sigle di tre elementi che possiamo scrivere utilizzando le cifre 1 e 2 per il primo posto, le lettere A, B, C per il secondo e le lettere greche α e β per l'ultimo posto. Calcoliamo poi quante sono.

Disegniamo il diagramma ad albero. Percorrendo i diversi rami del diagramma possiamo costruire tutte le sigle possibili. Procedendo dall'alto verso il basso: $1A\alpha$, $1A\beta$, $1B\alpha$, …

Calcoliamo il numero delle sigle che possiamo scrivere: 2 sono le possibilità per la prima posizione, 3 per la seconda e 2 per la terza.

Complessivamente abbiamo $2 \cdot 3 \cdot 2 = 12$ gruppi.

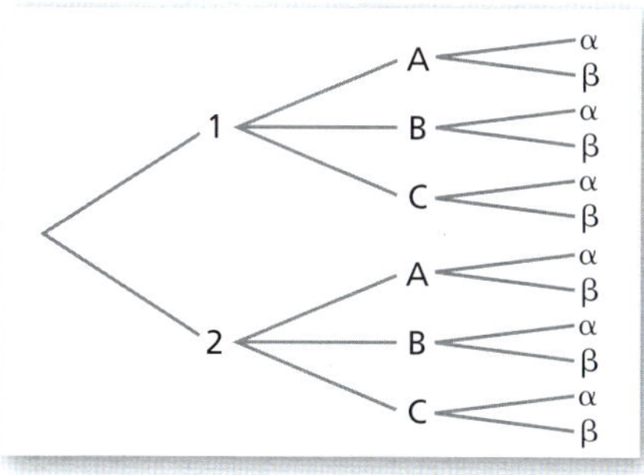

In generale, per determinare quanti gruppi si possono formare assegnando il primo posto a un elemento di un insieme A con n elementi, il secondo a uno di un insieme B con m elementi, il terzo a uno di un insieme C con k elementi, …, occorre calcolare il prodotto $n \cdot m \cdot k \cdot \ldots$

▶ Un fast food propone 4 tipi di panini, 3 tipi di bibite e 2 contorni. Quanti diversi tipi di menù «panino + contorno + bibita» offre? [24]

Listen to it

The **rule of product** states that when a first task can be performed in n different ways, a second one in m different ways, a third one in k different ways and so on, the number of different ways to perform all the tasks one after another is $n \cdot m \cdot k \cdot \ldots$

2 Disposizioni

Disposizioni semplici

▶ Esercizi a p. α20

Pierre, Quentin, Roberto e Samuel si sfidano in una corsa campestre. Vengono premiati solo i primi tre arrivati.
Calcoliamo quante sono le possibili classifiche dei premiati.

Indichiamo i quattro atleti con le lettere P, Q, R, S e con A l'insieme costituito da questi quattro elementi, cioè:

$$A = \{P, Q, R, S\}.$$

Costruiamo con un diagramma ad albero tutte le possibili terne di premiati.

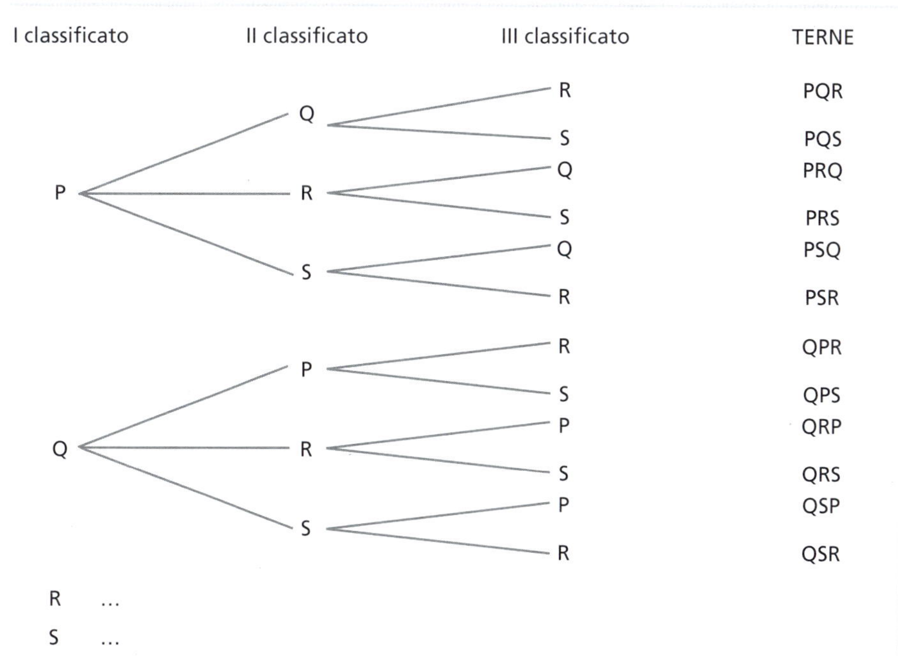

▶ Francesco mangia un frutto la mattina e uno a merenda. Ha una mela, una pera, una banana e un kiwi. Quante sono le possibili scelte dei frutti da mangiare al mattino e al pomeriggio? [12]

TEORIA

Notiamo che ogni terna si distingue dalle altre per

- la **diversità di almeno un elemento**,
- l'**ordine** degli elementi,

oppure per entrambi i motivi.

Chiamiamo i gruppi con le caratteristiche indicate con il termine di **disposizioni semplici**.

Per arrivare rapidamente al calcolo del numero di disposizioni, consideriamo che per il primo posto le possibilità sono 4. Dopo aver scelto il primo classificato, per il secondo classificato restano $4 - 1 = 3$ atleti che possono arrivare secondi, cioè 3 possibilità per il secondo posto. Per il terzo classificato, infine, restano $4 - 2 = 2$ atleti ancora in gara, cioè 2 possibilità per il terzo posto. Complessivamente i gruppi sono:

$$4 \cdot 3 \cdot 2 = 24.$$

Per indicare il valore trovato, usiamo la seguente notazione:

$$D_{4,3} = 24$$

(si legge: «disposizioni semplici di 4 elementi di classe 3»).

Generalizziamo il procedimento considerando n oggetti distinti e determiniamo la formula per i raggruppamenti di classe k, cioè con k oggetti.

Listen to it

Given a set S of n distinct elements, the **simple k-permutations** are all the **ordered selections** of k elements chosen among the elements of the set S.

DEFINIZIONE

Le **disposizioni semplici** di n elementi distinti di classe k (con $0 < k \leq n$) sono tutti i gruppi di k elementi scelti fra gli n, che differiscono *per almeno un elemento o per l'ordine* con cui gli elementi sono collocati:

$$\mathbf{D_{n,k} = \underbrace{n \cdot (n-1) \cdot (n-2) \cdot (n-3) \cdot \ldots \cdot (n-k+1)}_{\text{prodotto di } k \text{ fattori}}}, \quad \text{con } n, k \in \mathbb{N} \text{ e } 0 < k \leq n.$$

Per esempio, calcoliamo:

$$D_{7,3} = \underbrace{7 \cdot 6 \cdot 5}_{\text{3 fattori}}. \quad (\text{si parte da 7})$$

Qui e nel seguito, indicheremo con $D_{n,k}$ sia le disposizioni sia il loro numero.

ESEMPIO

1. A un torneo di calcio regionale under 21 partecipano 15 squadre. Quante sono le possibili classifiche delle prime cinque squadre?

   L'insieme di partenza contiene come elementi le 15 squadre, perciò $n = 15$; i raggruppamenti contengono 5 elementi, dunque $k = 5$.
   Il numero delle possibili classifiche è:

   $$D_{15,5} = 15 \cdot 14 \cdot 13 \cdot 12 \cdot 11 = 360\,360.$$

2. Quante sigle di 5 elementi si possono formare in modo che i primi due posti siano occupati da 2 diverse cifre e gli altri tre posti da 3 lettere diverse dell'alfabeto italiano?

   Primi due posti: $D_{10,2} = 10 \cdot 9 = 90$.
   Ultimi tre posti: $D_{21,3} = 21 \cdot 20 \cdot 19 = 7980$.
   A ogni disposizione di due cifre ne accompagniamo una di tre lettere:

   $$D_{10,2} \cdot D_{21,3} = 90 \cdot 7980 = 718\,200.$$

► In quanti modi si possono sistemare quattro fotografie in tre cornici? [24]

3. Quanti numeri di 4 cifre, tutte diverse tra loro, si possono formare con le dieci cifre decimali?
Se calcoliamo $D_{10,4} = 10 \cdot 9 \cdot 8 \cdot 7 = 5040$, nel risultato sono compresi anche quei numeri che iniziano con la cifra 0 e che, in realtà, non sono numeri di quattro cifre, ma di tre. Dobbiamo determinare quanti sono e sottrarre il loro numero da quello appena calcolato.
Ragioniamo così: prendiamo le nove cifre diverse dallo zero e calcoliamo tutte le disposizioni di classe 3. Infatti, se a ognuno dei numeri che così si formano poniamo davanti lo zero, abbiamo tutti i numeri da eliminare.
Poiché $D_{9,3} = 9 \cdot 8 \cdot 7 = 504$, i numeri con 4 cifre significative tutte diverse che si possono formare sono:

$$D_{10,4} - D_{9,3} = 5040 - 504 = 4536.$$

Possiamo giungere direttamente al risultato con il «metodo delle possibilità».
Per il primo posto abbiamo 9 possibilità (le dieci cifre meno lo zero), per il secondo posto 9 possibilità (non utilizziamo la cifra collocata al primo posto, ma possiamo utilizzare ora la cifra zero), per il terzo posto 8 possibilità e infine per il quarto 7 possibilità. Quindi, appunto,

$$9 \cdot 9 \cdot 8 \cdot 7 = 4536.$$

▶ In quanti modi si può costruire una password di 6 lettere usando le 21 lettere dell'alfabeto italiano se nessuna lettera viene ripetuta e se l'ultima lettera non può essere z?

Animazione

Disposizioni con ripetizione

▶ Esercizi a p. α22

Lanciamo una moneta tre volte e cerchiamo di prevedere tutti i modi con cui si succedono le uscite delle due facce.
L'insieme A che contiene i due possibili risultati del lancio è: $A = \{T, C\}$, dove T indica il risultato «Testa» e C il risultato «Croce».
Costruiamo con un diagramma ad albero le terne di tutti i possibili risultati.

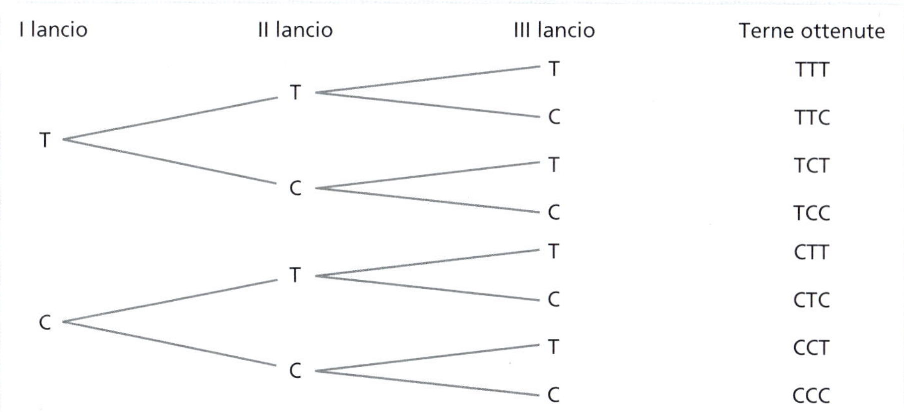

I gruppi così ottenuti differiscono per l'**ordine** degli elementi contenuti, ma **un elemento può comparire più di una volta**.
I gruppi trovati si chiamano **disposizioni con ripetizione**.
A differenza delle disposizioni semplici, la classe k di un gruppo può essere maggiore del numero n di elementi a disposizione. Nell'esempio la classe di ogni gruppo è 3, mentre gli elementi sono 2.
Osserviamo che le terne ottenute corrispondono agli elementi del prodotto cartesiano $A \times A \times A$.
Per determinare il loro numero possiamo usare ciò che già sappiamo sui raggruppamenti. L'insieme A ha 2 elementi, quindi il numero dei possibili gruppi di tre elementi di A, cioè il numero di elementi dell'insieme $A \times A \times A$, è $2 \cdot 2 \cdot 2 = 2^3$.

TEORIA

In alternativa possiamo ricorrere al «metodo delle possibilità». Per il primo posto abbiamo 2 possibilità, che restano 2 anche per il secondo e per il terzo in quanto un elemento già utilizzato può ripresentarsi:

$$2 \cdot 2 \cdot 2 = 2^3 = 8.$$

In simboli, scriviamo: $D'_{2,3} = 8$.
Generalizziamo il procedimento considerando n oggetti distinti e determiniamo la formula per raggruppamenti di classe k.

Listen to it

Given a set S of n distinct elements, the ***k*-permutations with repetition** are all the ordered selections of k elements of the set S, where every element can appear more than once.

DEFINIZIONE

Le **disposizioni con ripetizione** di n elementi distinti di classe k (con k numero naturale qualunque non nullo) sono tutti i gruppi di k elementi, anche ripetuti, scelti fra gli n, che differiscono *per almeno un elemento o per il loro ordine*:

$$D'_{n,k} = n^k.$$

Anche in questo caso, con $D'_{n,k}$ indicheremo sia le disposizioni con ripetizione sia il loro numero.

► Sulla tastiera del PC ci sono 49 caratteri. Quante sequenze di caratteri, anche senza senso, si possono comporre digitando 10 caratteri?

ESEMPIO

1. Le targhe delle automobili italiane iniziano con una coppia di lettere (anche ripetute). Vengono utilizzate 22 lettere.
   Quante sono le sigle con cui può iniziare la targa?
   Le possibili sigle sono:
   $$D'_{22,2} = 22^2 = 484.$$
2. Vogliamo organizzare una vacanza in Scozia e dobbiamo prenotare sei pernottamenti, in luoghi diversi oppure fermandoci più di una notte nello stesso luogo. Abbiamo a disposizione una lista di nove Bed and Breakfast. In quanti modi possiamo fare la nostra scelta?
   Poiché possiamo fermarci anche tutte le notti nello stesso luogo, le nostre possibilità sono:
   $$D'_{9,6} = 9^6 = 531441.$$
3. Quante sigle di cinque elementi, anche non distinti, si possono formare, tali che i primi due posti siano indicati da due cifre e gli ultimi tre da lettere dell'alfabeto italiano?
   Primi due posti: $D'_{10,2} = 10^2 = 100$.
   Ultimi tre posti: $D'_{21,3} = 21^3 = 9261$.
   A ogni disposizione con ripetizione di due cifre ne accompagniamo una con ripetizione di tre lettere:
   $$D'_{10,2} \cdot D'_{21,3} = 100 \cdot 9261 = 926\,100.$$
   Utilizzando il «metodo delle possibilità», abbiamo per ciascuno dei primi due posti 10 possibilità e per ciascuno degli ultimi tre 21:
   $$10 \cdot 10 \cdot 21 \cdot 21 \cdot 21 = 926\,100.$$
   Ragionando con gli insiemi, se indichiamo con
   $$C = \{\text{le 10 cifre}\} \text{ e } L = \{\text{le lettere dell'alfabeto italiano}\},$$
   dobbiamo determinare il numero di elementi di $C \times C \times L \times L \times L$, che è $10^2 \cdot 21^3$.

► Quante sigle di 8 elementi che hanno le prime quattro posizioni occupate da cifre e le rimanenti dalle vocali dell'alfabeto italiano puoi formare se le sigle devono contenere almeno una A e possono contenere ripetizioni?

Animazione

3 Permutazioni

Permutazioni semplici

▶ Esercizi a p. α24

Abbiamo quattro palline colorate, ognuna di un colore diverso (bianco, nero, rosso, verde). Calcoliamo in quanti modi diversi possiamo metterle in fila.
L'insieme dei colori è: $A = \{b, n, r, v\}$.
Costruiamo con un diagramma ad albero tutti i possibili raggruppamenti.

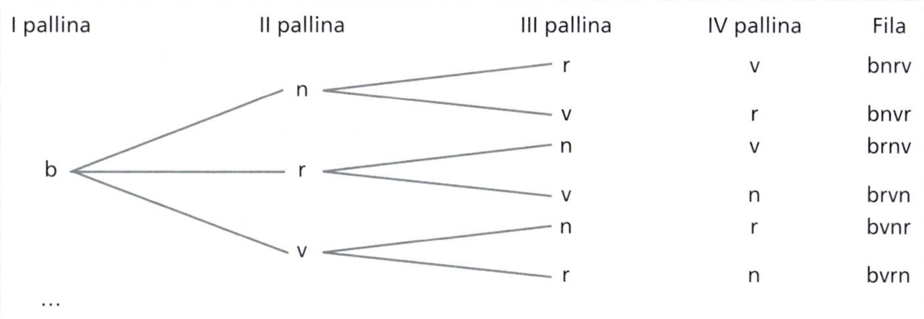

Se la prima pallina è bianca, si ottengono 6 raggruppamenti. Ma la prima pallina può essere bianca, rossa, nera o verde, quindi:

$$6 \cdot 4 = 24 \text{ raggruppamenti}.$$

Notiamo che **ogni gruppo contiene tutti gli elementi** dell'insieme e **differisce dagli altri solo per l'ordine**. Stiamo quindi considerando le disposizioni semplici di 4 elementi di classe 4.

Chiamiamo i raggruppamenti che hanno queste caratteristiche **permutazioni semplici** o più brevemente **permutazioni**.

Nel nostro esempio parliamo di *permutazioni di 4 elementi* e scriviamo il numero delle permutazioni ottenute nel modo seguente:

$$P_4 = 24.$$

Nel caso generale, poiché le permutazioni di n elementi coincidono con le disposizioni semplici di classe n degli n elementi, per calcolare il numero delle permutazioni, poniamo nella formula delle disposizioni semplici $k = n$:

$$P_n = D_{n,n} = n \cdot (n-1) \cdot (n-2) \cdot (n-3) \cdot \ldots \cdot (n-n+1) =$$

$$n \cdot (n-1) \cdot (n-2) \cdot (n-3) \cdot \ldots \cdot 2 \cdot 1.$$

Il numero di permutazioni di n elementi, quindi, è il prodotto dei primi n numeri naturali (escluso lo 0). Tale prodotto si indica con il simbolo $\boldsymbol{n!}$ e si legge «n fattoriale».

Nel nostro esempio le permutazioni delle quattro palline colorate sono:

$$P_4 = 4! = 4 \cdot 3 \cdot 2 \cdot 1 = 24.$$

DEFINIZIONE

Le **permutazioni semplici** di n elementi distinti sono tutti i gruppi formati dagli n elementi, che differiscono per il loro *ordine*:

$$\boldsymbol{P_n = n! = n \cdot (n-1) \cdot (n-2) \cdot \ldots \cdot 3 \cdot 2 \cdot 1}, \quad \text{con } n \geq 2.$$

Listen to it

When all the n elements of a set are **distinct**, the ordered selections of all the n elements are called ***n*-permutations**.

► Dario ha 5 caramelle gommose di 5 colori diversi e 2 cioccolatini, uno al latte e uno fondente. Quanti sono i modi in cui Dario può mangiare i 7 dolciumi senza mangiare per prime tutte le caramelle?

Animazione

Anche in questo caso, con P_n indicheremo sia le permutazioni sia quante sono.

ESEMPIO

1. Quanti numeri di sei cifre distinte possiamo scrivere utilizzando gli elementi dell'insieme $A = \{2, 3, 4, 7, 8, 9\}$?

   $P_6 = 6! = 6 \cdot 5 \cdot 4 \cdot 3 \cdot 2 \cdot 1 = 720.$

2. Calcoliamo il numero di anagrammi, anche senza significato, che si possono ottenere con le lettere della parola CANTO:

   $P_5 = 5! = 5 \cdot 4 \cdot 3 \cdot 2 \cdot 1 = 120.$

3. Cinque ragazzi hanno a disposizione cinque sedie. In quanti modi possono sedersi se le sedie sono disposte intorno a un tavolo rotondo?
   Se le sedie fossero in fila i modi sarebbero $P_5 = 5! = 120$.
   Essendo disposti su una circonferenza, occorre considerare che vi sono permutazioni che, poste in ordine circolare, coincidono.
   Chiamando i ragazzi con le prime cinque lettere dell'alfabeto, fissato un raggruppamento, per esempio

   $a \quad b \quad c \quad d \quad e,$

   sono a esso equivalenti i seguenti:

   $b \quad c \quad d \quad e \quad a;$ $\qquad d \quad e \quad a \quad b \quad c;$

   $c \quad d \quad e \quad a \quad b;$ $\qquad e \quad a \quad b \quad c \quad d.$

   I modi che coincidono sono tanti quanti i ragazzi. Quindi, se cinque ragazzi siedono intorno a un tavolo rotondo, tutti i modi possibili di sedersi sono:

   $$\frac{P_5}{5} = \frac{5!}{5} = 4! = P_4 = 24.$$

   Questo è un esempio di **permutazione circolare**, in quanto gli elementi non sono in fila, ma disposti intorno a una circonferenza.

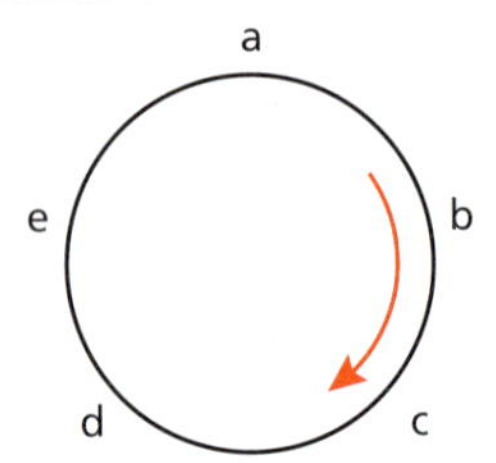

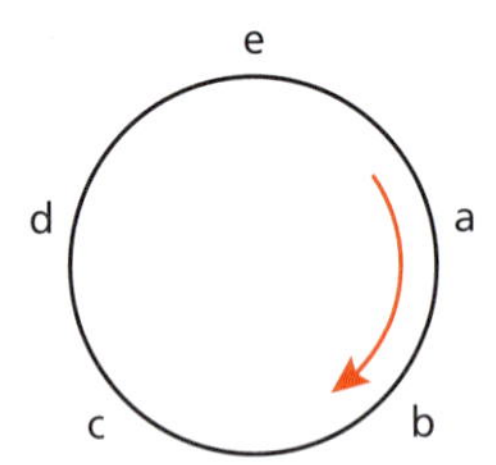

Funzione fattoriale

► Esercizi a p. α25

Abbiamo visto che il simbolo $n! = n(n-1)(n-2)\ldots \cdot 2 \cdot 1$ indica il prodotto dei primi n numeri naturali, escluso lo zero.
Questa scrittura non è valida per $n = 0$ ma nemmeno per $n = 1$, perché un prodotto si può eseguire solo se ci sono almeno due fattori. Per poter estendere il significato di fattoriale a tutti i numeri naturali abbiamo la seguente definizione.

DEFINIZIONE
Definiamo la **funzione fattoriale** come:

$$\boldsymbol{n! = n(n-1)(n-2)(n-3)\ldots \cdot 2 \cdot 1}, \quad \text{con } n \geq 2,$$

$$\boldsymbol{0! = 1},$$

$$\boldsymbol{1! = 1}.$$

La funzione $n!$ è crescente, con crescita molto rapida.

$2! = 2 \quad 3! = 6 \quad 4! = 24 \quad 5! = 120 \quad 6! = 720 \quad 7! = 5040 \quad 8! = 40\,320$

$9! = 362\,880 \quad 10! = 3\,628\,800 \quad \ldots$

Dalla definizione deduciamo la relazione: $\boldsymbol{n! = n \cdot (n-1)!}$.

Infatti: $n! = n \cdot (n-1) \cdot \ldots \cdot 2 \cdot 1 = n \cdot [(n-1) \cdot \ldots \cdot 2 \cdot 1] = n \cdot (n-1)!$.
Per esempio, $5! = 5 \cdot 4 \cdot 3 \cdot 2 \cdot 1 = 5 \cdot (4 \cdot 3 \cdot 2 \cdot 1) = 5 \cdot 4! = 5 \cdot (5-1)!$.

In particolare, questa relazione, applicata per $n = 2$, giustifica il fatto che abbiamo posto $1! = 1$. Infatti:

$$2! = 2 \cdot (2-1)! = 2 \cdot 1!,$$

ma poiché è anche vero che

$$2! = 2 \cdot 1 = 2,$$

allora deve essere $2 \cdot 1! = 2$ e quindi $1! = 1$.

La relazione $n! = n \cdot (n-1)!$ vale anche se consideriamo $(n+1)!$, cioè:

$$(n+1)! = (n+1) \cdot n!.$$

Questa uguaglianza suggerisce una **definizione ricorsiva di *n*!**:

$$\begin{cases} \boldsymbol{0! = 1} \\ \boldsymbol{(n+1)! = (n+1) \cdot n!} \end{cases}.$$

▶ Ricava 1! con questa definizione.

Vale anche la seguente relazione: $\boldsymbol{(n+1)! - n! = n \cdot n!}$.

Infatti: $(n+1)! - n! = (n+1) \cdot n! - n! = (n+1-1) \cdot n! = n \cdot n!$.
Per esempio, $6! - 5! = 6 \cdot 5! - 5! = (6-1) \cdot 5! = 5 \cdot 5!$.

n! e le disposizioni

Utilizziamo la funzione fattoriale per esprimere le disposizioni. Per esempio:

$$D_{5,3} = 5 \cdot 4 \cdot 3 = \frac{5 \cdot 4 \cdot 3 \cdot (2 \cdot 1)}{(2 \cdot 1)} = \frac{5!}{2!}.$$

In generale: $\boldsymbol{D_{n,k} = \dfrac{n!}{(n-k)!}}$.

Infatti:

$$D_{n,k} = n \cdot (n-1) \cdot \ldots \cdot (n-k+1) =$$

moltiplichiamo numeratore e denominatore per $(n-k)!$

$$\frac{n \cdot (n-1) \cdot \ldots \cdot (n-k+1) \cdot (n-k)!}{(n-k)!} = \frac{n!}{(n-k)!}.$$

▶ Verifica che l'uguaglianza $\dfrac{D_{n+1,k} - D_{n,k-1}}{n^2} = D_{n-1,k-2}$ è vera per ogni $n > 0$ e per ogni k tale che $0 < k \leq n$.

Animazione

Considerando poi che le permutazioni di n oggetti sono le disposizioni di classe n di n oggetti, possiamo giustificare anche l'aver posto $0! = 1$ nella definizione di fattoriale.
Infatti, sostituendo $k = n$ nella formula per le disposizioni,

$$D_{n,n} = \frac{n!}{(n-n)!} = \frac{n!}{0!},$$

ma, poiché è anche vero che

$$D_{n,n} = P_n = n!,$$

deve essere $\dfrac{n!}{0!} = n!$ e quindi dobbiamo porre $0! = 1$.

TEORIA

Video

Gioco della zara

Nel gioco della zara si lanciano tre dadi e si scommette sulla somma che uscirà. Sia il numero 10 sia il numero 9 si ottengono con sei terne diverse di numeri.

▶ Hanno la stessa probabilità di uscita?

Permutazioni con ripetizione

▶ Esercizi a p. α27

Calcoliamo quanti anagrammi (anche privi di significato) si possono formare con le lettere della parola TETTO.

Pensiamo per il momento che le tre T non siano uguali e distinguiamole colorandole: TETTO.

Se calcoliamo la permutazione P_5 di 5 elementi, consideriamo come diverse anche le parole che differiscono soltanto per la posizione delle tre T colorate. Per esempio, mettendo la E e la O nelle prime due posizioni, con le permutazioni sono distinte le parole:

EOTTT, EOTTT, EOTTT, EOTTT, EOTTT, EOTTT.

Abbiamo 6 casi diversi, corrispondenti alle permutazioni delle tre T colorate:

$$3! = 6.$$

Questi casi sono invece indistinguibili, e uguali a EOTTT, se consideriamo la T come lettera ripetuta più volte.

Se consideriamo le 120 permutazioni di 5 lettere, in questo caso troviamo ogni raggruppamento ripetuto 6 volte. Quindi per ottenere il numero degli anagrammi di TETTO dobbiamo dividere 120 per 6:

$$\frac{120}{6} = 20.$$

Per indicare che dei cinque elementi tre corrispondono a uno stesso elemento ripetuto usiamo il simbolo $P_5^{(3)}$, che si legge: «permutazioni di 5 elementi di cui 3 ripetuti». Abbiamo che:

$$P_5^{(3)} = \frac{P_5}{P_3} = \frac{5!}{3!} = 20.$$

Chiamiamo i raggruppamenti di questo tipo **permutazioni con ripetizione**.

In generale:

$$P_n^{(k)} = \frac{n!}{k!}.$$

La formula si generalizza ulteriormente quando nell'insieme di n elementi gli elementi ripetuti sono $k, h, \ldots, r$, dove $k + h + \ldots + r \leq n$.

DEFINIZIONE

Le **permutazioni con ripetizione** di n elementi, di cui $h, k, \ldots$ ripetuti, sono tutti i gruppi formati dagli n elementi, che differiscono per l'*ordine* in cui si presentano gli elementi distinti e la *posizione* che occupano gli elementi ripetuti:

$$\boldsymbol{P_n^{(h,k,\ldots)} = \frac{n!}{h! \cdot k! \cdot \ldots}}.$$

Listen to it

When h elements of a set S of n elements are not distinct from one another, the ordered selections are called ***n*-permutations with *h* indistinguishable objects**.

ESEMPIO

In quanti modi cinque sedie possono essere occupate da tre persone?

Dobbiamo calcolare il numero delle permutazioni di 5 elementi, con 3 distinti e 2 ripetuti (le due sedie vuote), quindi:

$$P_5^{(2)} = \frac{5!}{2!} = 5 \cdot 4 \cdot 3 = 60.$$

▶ Quanti sono gli anagrammi, anche senza senso, della parola STRETTE?

Animazione

4 Combinazioni

Combinazioni semplici

▶ Esercizi a p. α28

Consideriamo cinque punti nel piano, a tre a tre non allineati. Determiniamo quanti triangoli possiamo costruire congiungendo tre punti.

Indichiamo i punti con le lettere A, B, C, D, E. Consideriamo, per esempio, il triangolo ABC. Esso viene individuato da tutte queste terne:

ABC, ACB, BAC, BCA, CAB, CBA.

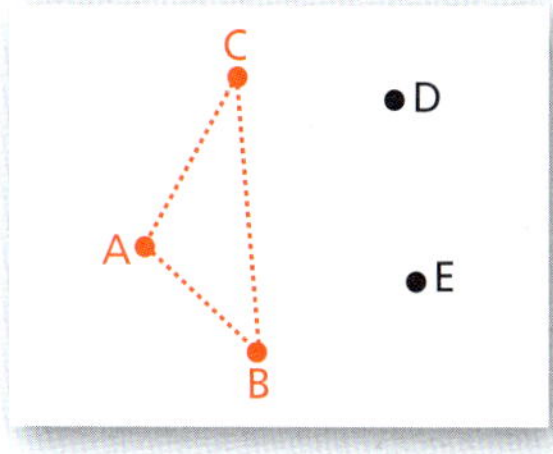

Nel contare i triangoli queste terne vanno prese una volta sola.
Quindi, tutte le terne di lettere che indicano i vertici dei triangoli costituiscono dei **gruppi** che **si differenziano** fra di loro **solo per gli elementi contenuti e non per il loro ordine**.

Chiamiamo questi gruppi **combinazioni (semplici) di 5 elementi di classe 3**. Per indicare il loro numero usiamo il simbolo $C_{5,3}$.

Per ricavare $C_{5,3}$, partiamo da tutte le terne possibili, ossia le disposizioni $D_{5,3}$. Per ogni scelta di 3 elementi ci sono $P_3 = 3!$ disposizioni di questi elementi che differiscono solo per l'ordine. Tutte queste vanno contate solo una volta.

Per esempio, abbiamo già visto che al triangolo ABC corrispondono le terne ABC, ACB, BCA, BAC, CBA e CAB.
Abbiamo perciò:

$$C_{5,3} = \frac{D_{5,3}}{P_3} = \frac{5 \cdot 4 \cdot 3}{3!} = \frac{60}{6} = 10.$$

In generale, con ragionamenti analoghi, si ottiene la formula generale:

$$C_{n,k} = \frac{D_{n,k}}{P_k} = \frac{n \cdot (n-1) \cdot (n-2) \cdot \ldots \cdot (n-k+1)}{k!}.$$

DEFINIZIONE

Le **combinazioni semplici** di n elementi distinti di classe k (con $0 < k \leq n$) sono tutti i gruppi di k elementi, scelti fra gli n, che differiscono per almeno un elemento (ma non per l'ordine):

$$\mathbf{C_{n,k} = \frac{D_{n,k}}{P_k} = \frac{n \cdot (n-1) \cdot (n-2) \cdot \ldots \cdot (n-k+1)}{k!}}, \quad \text{con } k \leq n.$$

Listen to it

Given a set S of n distinct elements, the **simple k-combinations** are all the **unordered selections** of k elements chosen among the elements of the set S.

Ancora una volta, con il simbolo $C_{n,k}$ indicheremo sia le combinazioni sia il loro numero.

ESEMPIO

In un Gran Premio di F1 una casa automobilistica ha a disposizione cinque vetture da assegnare a due piloti. In quanti modi la scuderia può utilizzare le automobili?

L'insieme di partenza contiene le automobili che numeriamo da 1 a 5:

$A = \{1, 2, 3, 4, 5\}$.

Poiché i piloti sono due, i raggruppamenti sono tutte le coppie che si possono formare con due macchine, scelte tra le cinque disponibili. L'ordine non conta, quindi tali raggruppamenti sono combinazioni:

$$C_{5,2} = \frac{5 \cdot 4}{2!} = 10.$$

▶ Bisogna sistemare 18 libri su 3 mensole mettendo 6 libri su ciascuna. In quanti modi possiamo farlo senza considerare l'ordine dei libri su ciascuna mensola?

Animazione

▶ Calcola il numero di terni che si possono fare al gioco del lotto.
[117 480]

Coefficienti binomiali

▶ Esercizi a p. α29

Il numero delle combinazioni viene anche indicato con il simbolo $\binom{n}{k}$, che si chiama *coefficiente binomiale* e si legge «n su k».

DEFINIZIONE

Il **coefficiente binomiale** di due numeri naturali n e k, con $0 \le k \le n$, è il numero $\binom{n}{k} = \frac{n!}{k!(n-k)!}$.

Per esempio, $\binom{6}{2} = \frac{6!}{2!(6-2)!}$.

Se semplifichiamo, otteniamo:

$$\frac{6!}{2! \cdot 4!} = \frac{6 \cdot 5 \cdot 4 \cdot 3 \cdot 2 \cdot 1}{2 \cdot 1 \cdot 4 \cdot 3 \cdot 2 \cdot 1} = 15.$$

Dalla definizione e dalle proprietà del fattoriale, per $k = 0$ otteniamo:

$$\binom{n}{0} = \frac{n!}{0! \cdot n!} = 1,$$

$$\binom{0}{0} = \frac{0!}{0! \cdot 0!} = 1.$$

Si può anche calcolare $\binom{n}{n} = \frac{n!}{n! \cdot (n-n)!} = \frac{n!}{n! \cdot 0!}$, da cui:

$$\binom{n}{n} = 1.$$

Proprietà

- Dalla definizione possiamo dedurre la seguente proprietà, chiamata *delle classi complementari*:

$$\binom{n}{k} = \binom{n}{n-k}$$ **legge delle classi complementari**.

Infatti $\binom{n}{k} = \frac{n!}{k!(n-k)!} = \frac{n!}{(n-k)!k!} = \frac{n!}{(n-k)![n-(n-k)]!} = \binom{n}{n-k}$.

- Vale anche la seguente proprietà:

$$\binom{n}{k+1} = \binom{n}{k} \cdot \frac{n-k}{k+1}$$ **formula di ricorrenza**.

La formula di ricorrenza è utile quando conosciamo il valore del coefficiente binomiale per un certo valore di k e dobbiamo trovare i valori delle classi successive (o precedenti).

ESEMPIO

Se sappiamo che $\binom{14}{5} = 2002$, allora:

$$\binom{14}{6} = \binom{14}{5} \frac{14-5}{5+1} = 2002 \cdot \frac{9}{6} = 3003.$$

Possiamo giustificare ora la definizione delle combinazioni semplici $C_{n,k} = \binom{n}{k}$.

▶ Calcola separatamente $\binom{18}{16}$ e $\binom{18}{2}$ verificando che sono uguali.

▶ Risolvi l'equazione $\binom{x}{2} = 8 + 2\binom{x-3}{2}$.

Animazione

▶ Verifica la formula di ricorrenza applicando a entrambi i membri la definizione di coefficiente binomiale.

▶ Usa il valore noto di $\binom{32}{15} = 565722720$ per calcolare $\binom{32}{14}$ e $\binom{32}{18}$.

Animazione

Utilizzando la formula che esprime il numero delle disposizioni semplici come rapporto di due fattoriali, abbiamo:

$$C_{n,k} = \frac{D_{n,k}}{P_k} = \frac{n!}{(n-k)!} \cdot \frac{1}{k!} = \frac{n!}{(n-k)! \cdot k!} = \binom{n}{k}.$$

Combinazioni con ripetizione

▶ Esercizi a p. α33

Riprendiamo il problema affrontato nello studio delle disposizioni con ripetizione.

Lanciamo consecutivamente una moneta e segniamo la successione di uscita di testa (T) e di croce (C).
Questa volta non interessa l'ordine di uscita, ma solo la composizione di ogni possibile gruppo.

Se i lanci sono 2, il numero delle possibilità, rispetto alle disposizioni, si riduce a 3:

$TT \quad TC \quad CC \qquad k = 2.$

Se i lanci sono 3, il numero delle possibilità si riduce a 4:

$TTT \quad TTC \quad TCC \quad CCC \qquad k = 3.$

Se i lanci sono 4, il numero delle possibilità si riduce a 5:

$TTTT \quad TTTC \quad TTCC \quad TCCC \quad CCCC \qquad k = 4.$

Chiamiamo questi raggruppamenti **combinazioni con ripetizione**.
Utilizziamo le combinazioni con ripetizione in tutti i problemi di distribuzione nei quali occorre formare gruppi con oggetti *non distinguibili.*

Osserviamo che in ogni gruppo un elemento può ripetersi fino a k volte e, non interessando l'ordine, ogni gruppo contiene gli stessi elementi, ma con un numero di ripetizioni diverso in ciascun gruppo distinto.
Per indicare le combinazioni con ripetizione usiamo la seguente notazione:

$n = 2, \quad k = 2, \qquad C'_{2,2} = 3;$

$n = 2, \quad k = 3, \qquad C'_{2,3} = 4;$

$n = 2, \quad k = 4, \qquad C'_{2,4} = 5.$

DEFINIZIONE

Le **combinazioni con ripetizione** di n elementi distinti di classe k (con k numero naturale qualunque non nullo) sono tutti i gruppi di k elementi che si possono formare, nei quali:

- ogni elemento può essere ripetuto al massimo fino a k volte;
- non interessa l'ordine con cui gli elementi si presentano;
- è diverso il numero di volte col quale un elemento compare:

$$C'_{n,k} = C_{n+k-1,k} = \binom{n+k-1}{k} = \frac{(n+k-1) \cdot (n+k-2) \cdot \ldots \cdot (n+1) \cdot n}{k!}.$$

Puoi verificare con i valori ottenuti nell'esempio precedente che:

$C'_{2,2} = C_{2+2-1,2} = C_{3,2} = 3,$

$C'_{2,3} = C_{2+3-1,3} = C_{4,3} = 4,$

$C'_{2,4} = C_{2+4-1,4} = C_{5,4} = 5.$

MATEMATICA E LETTERATURA

Uno, cento, mille racconti Combinando diversamente alcune parole, si ottengono frasi diverse. Combinando diversamente le frasi, si ottengono tanti racconti. Da questa tecnica narrativa è nata la letteratura combinatoria, di cui Italo Calvino è uno degli esponenti più autorevoli.

▶ Qual è l'opera in cui Calvino costruisce racconti combinatori?

La risposta

Listen to it

Given a set S of n distinct elements, the ***k*-combinations with repetition** are all the unordered selections of k elements, where every element can appear more than once.

Video

Disposizioni, permutazioni, combinazioni

▶ Quanti sono gli anagrammi, anche senza significato, della parola TEMA? E della parola TATTICA?

▶ In un campionato di 12 squadre, come si possono classificare le prime 4 squadre?

► In un'urna ci sono una pallina rossa, una blu e una verde. Si estraggono quattro palline rimettendo ogni volta la pallina estratta nell'urna. Quanti sono i possibili esiti in cui, tra le quattro palline estratte, compare almeno una pallina rossa?

Animazione

ESEMPIO

In quanti modi diversi possiamo distribuire 6 oggetti in 4 scatole?
Se indichiamo con le lettere *a*, *b*, *c*, *d* le 4 scatole, alcune possibili distribuzioni sono le seguenti:

$$a\,a\,a\,b\,c\,d, \qquad a\,a\,a\,a\,a\,a, \qquad a\,b\,b\,c\,d\,d, \qquad b\,b\,b\,c\,c\,d.$$

Nella prima distribuzione 3 oggetti vanno nella scatola *a*, uno nella *b*, uno nella *c*, uno nella *d*; nella seconda distribuzione tutti gli oggetti vanno nella scatola *a* e le altre scatole restano vuote…
Osserviamo che tutti i modi sono le combinazioni con ripetizione di 4 elementi di classe 6:

$$C'_{4,6} = \binom{4+6-1}{6} = \binom{9}{6} = \binom{9}{3} = \frac{9 \cdot 8 \cdot 7}{3!} = 84.$$

Notiamo che alcune scatole possono rimanere vuote.

5 Binomio di Newton

► Esercizi a p. α41

Con il calcolo letterale possiamo scrivere le potenze di un binomio:

$n = 0$ $\qquad (A+B)^0 = 1;$

$n = 1$ $\qquad (A+B)^1 = A + B;$

$n = 2$ $\qquad (A+B)^2 = A^2 + 2AB + B^2;$

$n = 3$ $\qquad (A+B)^3 = A^3 + 3A^2B + 3AB^2 + B^3.$

Per potenze con esponente maggiore di 3 si ricorre al triangolo di Tartaglia, che fornisce i coefficienti dello sviluppo di $(A+B)^n$.

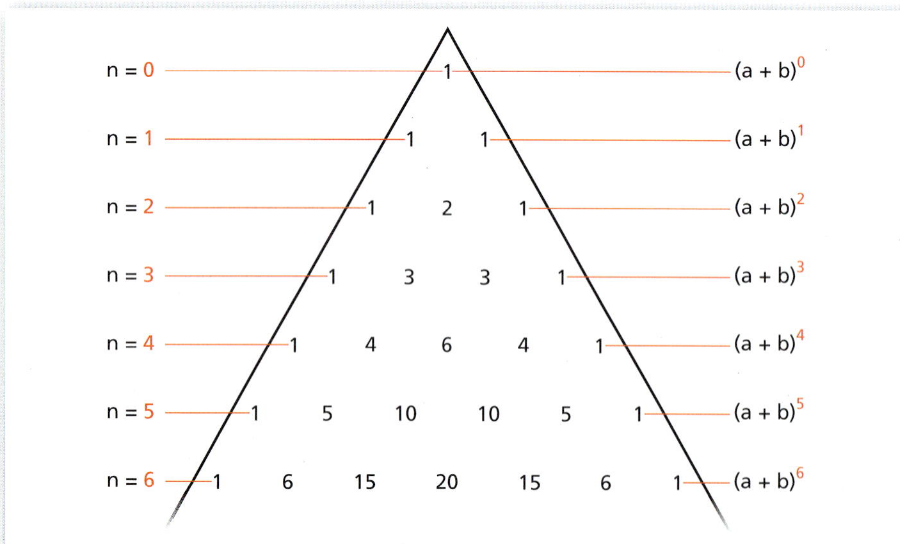

I lati obliqui del triangolo sono formati da tanti 1, mentre ogni coefficiente interno è la somma dei due coefficienti della riga precedente che sono alla sua destra e alla sua sinistra.

Per esempio:

$n = 3$ 1   3   3   1

$\oplus$ $\oplus$ $\oplus$

$n = 4$ 1   4   6   4   1

e continuando così si costruiscono tutte le righe successive del triangolo.

La potenza con esponente n ha il seguente sviluppo:

coefficienti dell'n-esima riga

$$(A+B)^n = (\ldots)A^nB^0 + (\ldots)A^{n-1}B^1 + \ldots + (\ldots)A^0B^n.$$

la somma degli esponenti è sempre n

Per esempio:

$$(A+B)^4 = 1A^4B^0 + 4A^3B^1 + 6A^2B^2 + 4AB^3 + B^4.$$

La costruzione del triangolo è scomoda al crescere di n perché occorre costruire tutte le righe precedenti alla riga n-esima.

Ordiniamo le righe utilizzando i valori di n: nella figura, la riga più in alto è la riga zero, quella più in basso è la sesta riga.
In ogni riga indichiamo con k la posizione di un numero, dove il primo 1 a sinistra corrisponde a $k = 0$. Con queste convenzioni, se osserviamo i numeri che compongono il triangolo di Tartaglia, ci accorgiamo per esempio che la posizione $k = 3$ della sesta riga è occupata dal numero 20, che corrisponde al coefficiente binomiale:

riga 6

$$\binom{6}{3} = \frac{6!}{3! \cdot 3!} = 20.$$

posizione 3

In generale la k-esima posizione dell'n-esima riga è occupata dal numero che corrisponde al coefficiente binomiale $\binom{n}{k}$.
Per lo sviluppo di $(A + B)^n$ possiamo perciò anche utilizzare i coefficienti binomiali ottenendo la **formula del binomio di Newton**:

$$(A+B)^n = \binom{n}{0}A^nB^0 + \binom{n}{1}A^{n-1}B^1 + \ldots + \binom{n}{n-1}A^1B^{n-1} + \binom{n}{n}A^0B^n.$$

Listen to it

The **binomial expansion**, proposed by Newton, is the formula which describes the expansion of **powers** of a **binomial**.

ESEMPIO

$$(a+b)^6 =$$

$$\binom{6}{0}a^6 + \binom{6}{1}a^5b + \binom{6}{2}a^4b^2 + \binom{6}{3}a^3b^3 + \binom{6}{4}a^2b^4 + \binom{6}{5}ab^5 + \binom{6}{6}b^6 =$$

$$a^6 + 6a^5b + 15a^4b^2 + 20a^3b^3 + 15a^2b^4 + 6ab^5 + b^6.$$

▶ Qual è il coefficiente di a^8b^2 nello sviluppo di $(a+b)^{10}$? [45]

Ricordando che $\sum_{k=0}^{n}$ significa «la somma dei termini che otteniamo quando k varia da 0 a n», possiamo riscrivere in modo sintetico la formula:

$$(A+B)^n = \sum_{k=0}^{n} \binom{n}{k} A^{n-k} B^k.$$

$\binom{n}{k}$ è chiamato coefficiente binomiale proprio perché si trova nella formula del binomio di Newton.

In particolare, se $A = 1$ e $B = 1$, dalla formula del binomio otteniamo

$$(1+1)^n = 2^n = \sum_{k=0}^{n} \binom{n}{k} \cdot 1 \cdot 1 = \binom{n}{0} + \binom{n}{1} + \ldots + \binom{n}{n},$$

cioè:

$$\boldsymbol{\binom{n}{0} + \binom{n}{1} + \ldots + \binom{n}{n} = 2^n}.$$

Ciò dimostra che la somma dei termini sull'n-esima riga del triangolo di Tartaglia è 2^n.

La caratteristica del triangolo di Tartaglia, per cui ogni coefficiente è la somma dei due coefficienti della riga precedente a destra e sinistra, è una proprietà dei coefficienti binomiali espressa dalla **formula di Stifel**:

$$\binom{n}{k} = \binom{n-1}{k-1} + \binom{n-1}{k}.$$

▶ Applica la proprietà di Stifel a $\binom{5}{3}$ e verifica il risultato ottenuto.

ESEMPIO

$\binom{4}{2} = \binom{3}{1} + \binom{3}{2}$. Infatti, $\frac{4 \cdot 3}{2} = 3 + \frac{3 \cdot 2}{2}$.

MATEMATICA INTORNO A NOI

Sempre in giro Ogni giorno i rappresentanti commerciali viaggiano di casa in casa e di città in città per presentare i loro prodotti.

▶ Come fanno a sapere qual è il percorso più breve per raggiungere i loro clienti?

La risposta

IN SINTESI
Calcolo combinatorio

Raggruppamenti

Dati gli insiemi A con n elementi, B con m elementi, C con k elementi, ... con $n, m, k, \in \mathbb{N} - \{0\}, \ldots$, il numero dei raggruppamenti che si possono formare prendendo il primo elemento in A, il secondo in B, il terzo in C, ... è: $\boldsymbol{n \cdot m \cdot k \cdot \ldots}$

Disposizioni

- **Disposizioni semplici di n elementi distinti di classe k (con $n, k \in \mathbb{N} - \{0\}$ e $k \leq n$)**: sono tutti i gruppi che si possono formare con k elementi, presi fra gli n, tali che ogni gruppo è diverso dagli altri per gli elementi contenuti o per il loro ordine. $\boldsymbol{D_{n,k} = n \cdot (n-1) \cdot (n-2) \cdot \ldots \cdot (n-k+1) = \frac{n!}{(n-k)!}}$.

  ESEMPIO: Modi di accostare 7 palline di colore diverso in gruppi da 4:

  $D_{7,4} = 7 \cdot 6 \cdot 5 \cdot 4 = 840.$

- **Disposizioni con ripetizione di n elementi distinti di classe k (con $n, k \in \mathbb{N} - \{0\}$)**: sono tutti i gruppi che si possono formare con k elementi, anche ripetuti, presi fra gli n, tali che ogni gruppo è diverso dagli altri per gli elementi contenuti o per il loro ordine. $\boldsymbol{D'_{n,k} = n^k}$.

  ESEMPIO: Colonne del totocalcio compilabili con i simboli 1, 2, X:

  $D'_{3,14} = 3^{14} = 4\,782\,969.$

Permutazioni

- **Permutazioni semplici di n elementi distinti**: sono tutti i gruppi formati dagli n elementi che differiscono per il loro ordine. $\boldsymbol{P_n = n \cdot (n-1) \cdot \ldots \cdot 2 \cdot 1 = n!}$.

  ESEMPIO: In quanti modi si possono disporre 6 persone in fila? $P_6 = 6! = 720$.

- **Funzione fattoriale**
  Nei numeri naturali si definisce:

  $$n! = \begin{cases} n \cdot (n-1) \cdot (n-2) \cdot \ldots \cdot 2 \cdot 1 & \text{se } n \geq 2 \\ 1 & \text{se } n = 0 \text{ o } n = 1. \end{cases}$$

  - Proprietà: $n! = n \cdot (n-1)!$; $(n+1)! - n! = n \cdot n!$.
  - Definizione ricorsiva:

  $$\begin{cases} 0! = 1 \\ (n+1)! = (n+1)\,n! \end{cases}$$

- **Permutazioni di n elementi di cui $h, k, \ldots$ ripetuti**: sono i gruppi formati dagli n elementi che differiscono per l'ordine degli elementi distinti e il posto occupato dagli elementi ripetuti.

  $$\boldsymbol{P_n^{(h,k,\ldots)} = \frac{n!}{h! \cdot k! \cdot \ldots}}.$$

  ESEMPIO: In quanti modi, lanciando una moneta per 6 volte, possono uscire 2 teste e 4 croci?

  $$P_6^{(2,4)} = \frac{6!}{2! \cdot 4!} = \frac{720}{2 \cdot 24} = 15.$$

Combinazioni

- **Combinazioni semplici di n elementi distinti di classe k (con $0 < k \leq n$)**: sono tutti i gruppi che si possono formare con k elementi, presi fra gli n, e tali che ogni gruppo è diverso dagli altri per almeno un elemento contenuto.

$$C_{n,k} = \frac{D_{n,k}}{P_k} = \frac{n \cdot (n-1) \cdot (n-2) \cdot \ldots \cdot (n-k+1)}{k!} = \binom{n}{k} = \frac{n!}{k!(n-k)!}, \quad \text{con } k \leq n.$$

ESEMPIO: In quanti modi possiamo scegliere 3 aperitivi, da offrire a una festa, fra 7 a disposizione?

$$C_{7,3} = \binom{7}{3} = \frac{7 \cdot 6 \cdot 5}{3!} = 35.$$

- **Coefficienti binomiali**
  Si definisce **coefficiente binomiale**:

$$\binom{n}{k} = \frac{n!}{k!(n-k)!}, \quad \text{con } n \text{ e } k \text{ numeri naturali, } 0 \leq k \leq n.$$

In particolare: $\binom{n}{n} = 1$, $\binom{n}{0} = 1$, $\binom{0}{0} = 1$.

- **Legge delle classi complementari**

$$\binom{n}{k} = \binom{n}{n-k} \qquad \textbf{ESEMPIO: } \binom{9}{7} = \binom{9}{2}$$

- **Formula di ricorrenza**

$$\binom{n}{k+1} = \binom{n}{k} \cdot \frac{n-k}{k+1}$$

ESEMPIO: Sapendo che $\binom{12}{5} = 792$, calcoliamo $\binom{12}{6} = 792 \cdot \frac{12-5}{5+1} = 924$.

- **Combinazioni con ripetizione di n elementi distinti di classe k**: sono tutti i gruppi che si possono formare con k elementi, presi fra gli n; ogni elemento di un gruppo può essere ripetuto fino a k volte, non interessa l'ordine in cui gli elementi si presentano e in ciascun gruppo è diverso il numero delle volte in cui un elemento compare.

$$C'_{n,k} = C_{n+k-1,k} = \binom{n+k-1}{k} = \frac{(n+k-1) \cdot (n+k-2) \cdot \ldots \cdot (n+1) \cdot n}{k!}.$$

ESEMPIO: In quanti modi diversi possiamo distribuire 3 penne in 4 scatole?

$$C'_{4,3} = C_{4+3-1,3} = C_{6,3} = \binom{6}{3} = \frac{6 \cdot 5 \cdot 4}{3!} = 20.$$

Binomio di Newton

- $$(A+B)^n = \binom{n}{0}A^nB^0 + \binom{n}{1}A^{n-1}B^1 + \ldots + \binom{n}{n}A^0B^n = \sum_{k=0}^{n} \binom{n}{k} A^{n-k}B^k$$

ESEMPIO: $(x-1)^4 = \binom{4}{0}x^4 + \binom{4}{1}x^3(-1) + \binom{4}{2}x^2(-1)^2 + \binom{4}{3}x(-1)^3 + \binom{4}{4}(-1)^4 = x^4 - 4x^3 + 6x^2 - 4x + 1$

- **Formula di Stifel**

$$\binom{n}{k} = \binom{n-1}{k-1} + \binom{n-1}{k} \qquad \textbf{ESEMPIO: } \binom{5}{3} = \binom{4}{2} + \binom{4}{3}$$

CAPITOLO α1

ESERCIZI

1 Che cos'è il calcolo combinatorio

▶ Teoria a p. α2

Raggruppamenti

1 **ESERCIZIO GUIDA** Una mensa aziendale offre ai suoi dipendenti ogni giorno la possibilità di scegliere fra due primi, tre secondi e due dessert. Quanti sono i tipi di pasto che si possono costruire con i piatti offerti? Forniamo una rappresentazione della soluzione con un diagramma ad albero.

Abbiamo nell'ordine le seguenti possibilità:

2 primi piatti,

3 secondi piatti,

2 dessert.

In totale abbiamo $2 \cdot 3 \cdot 2 = 12$ possibilità.
Il diagramma ad albero corrispondente è quello a fianco.

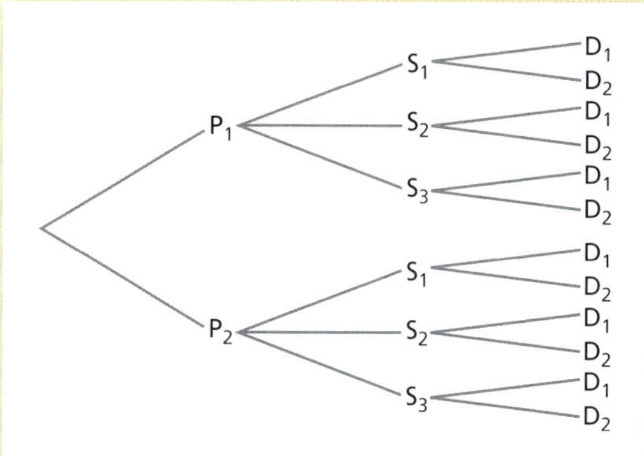

2 Abbiamo cinque palline nere numerate da 1 a 5 e tre bianche numerate da 1 a 3. Quante coppie di palline possiamo ottenere con una pallina nera e una bianca? Fornisci una rappresentazione della soluzione con un diagramma ad albero. [15]

3 Prese le palline dell'esercizio precedente, quante coppie di palline una nera e una bianca, entrambe dispari, possiamo formare? Fornisci una rappresentazione della soluzione con un diagramma ad albero. [6]

4 **LEGGI IL GRAFICO** Osserva il seguente diagramma ad albero.

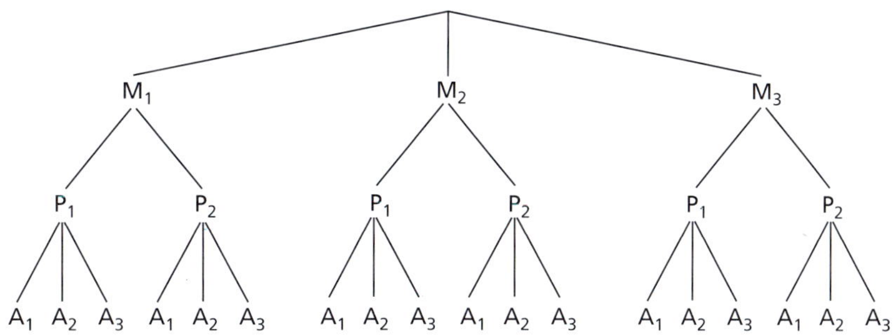

Scrivi gli insiemi con i quali formare i raggruppamenti e quanti sono i raggruppamenti possibili.

5 In una scuola di ballo sono iscritte dodici donne e sette uomini. Quante sono le possibili coppie che si possono formare? [84]

6 In una classe vi sono otto ragazze e undici ragazzi. Quante sono le coppie formate da una ragazza e un ragazzo che si possono formare? [88]

ESERCIZI

7 In tre classi quinte di una scuola ci sono rispettivamente 22, 18 e 23 alunni. Occorre mandare una rappresentanza formata da un alunno di ciascuna quinta. Quante sono le terne di studenti che è possibile formare? [9108]

8 Calcola quante sigle di tre elementi si possono formare ponendo al primo posto una delle cinque vocali, al secondo posto una delle sedici consonanti e al terzo posto una delle dieci cifre. [800]

9 Calcola quante sigle di tre elementi si possono formare ponendo al primo posto una delle cinque vocali, al secondo posto una delle sedici consonanti e al terzo posto ancora una consonante non necessariamente diversa da quella precedentemente collocata al secondo posto. [1280]

2 Disposizioni

Disposizioni semplici

▶ Teoria a p. α3

10 Costruisci con i diagrammi ad albero tutte le terne che si possono formare con gli elementi non ripetuti dell'insieme $\{a, b, c, d\}$, in modo che le terne differiscano o per almeno un elemento o per l'ordine. Quante sono? [24]

11 AL VOLO Calcola, se possibile, $D_{1,1}$, $D_{4,1}$, $D_{4,4}$, $D_{4,0}$, $D_{4,2}$.

12 Se $D_{n,2} = 42$, quanto vale n? [7]

Calcola.

13 $D_{11,4}$; $D_{6,2}$; $D_{10,5}$.

14 $D_{x-1,2}$; $D_{x+1,3}$; $D_{x,3}$.

15 $2 - \frac{D_{7,3}}{D_{7,2}} + \frac{D_{5,2}}{D_{5,1}}$ [1]

16 $\frac{D_{8,4} - D_{7,3}}{7 \cdot D_{7,2}}$ [5]

17 $\frac{D_{6,3}}{D_{5,4}} : \frac{D_{5,2}}{D_{6,4}} - \frac{D_{11,3}}{D_{10,2}}$ [7]

18 $\frac{D_{8,3} - D_{4,2}}{D_{9,3}}$ $\left[\frac{9}{14}\right]$

19 TEST Un codice di accesso a un sistema di sicurezza è formato da 6 cifre tutte diverse ed è escluso lo zero. Il numero totale dei possibili codici è:

A 15 120. B 120 960. C 151 200. D 60 480. E 50 400.

20 ESERCIZIO GUIDA Quanti numeri di tre cifre tutte diverse si possono costruire con gli elementi dell'insieme $A = \{4, 5, 6, 7, 8\}$? Quanti sono i numeri che cominciano con la cifra 8?

I gruppi che si possono formare sono:

$D_{5,3} = 5 \cdot 4 \cdot 3 = 60$.

$D_{n,k} = n \cdot (n-1) \cdot \ldots \cdot (n-k+1)$, con $1 \leq k \leq n$

Otteniamo i numeri di tre cifre tutte diverse che cominciano con la cifra 8 formando tutti i gruppi di classe 2 senza utilizzare questa cifra, e poi ponendo la cifra 8 davanti a ognuno di essi:

$D_{4,2} = 4 \cdot 3 = 12$.

Oppure applichiamo il «metodo delle possibilità», tenendo conto che al primo posto abbiamo una sola possibilità data dalla cifra 8: $1 \cdot 4 \cdot 3 = 12$.

21 Calcola quanti numeri di quattro cifre diverse si possono formare con le nove cifre dell'insieme $A = \{1, 2, 3, 4, 5, 6, 7, 8, 9\}$. [3024]

22 Quante parole, anche prive di significato, si possono formare con tre lettere diverse scelte fra le seguenti?

a e c d n [60]

23 Un'azienda deve assumere tre diplomati da collocare in tre diversi uffici: amministrazione, contabilità, commerciale. Ha a disposizione venti curriculum di persone aventi i requisiti necessari. In quanti modi può essere fatta la scelta? [6840]

24 REALTÀ E MODELLI **Più persone che sedie** In quanti modi diversi cinque persone, su un gruppo di otto, possono sedersi sulle cinque sedie in figura? [6720]

25 Calcola quante sigle di cinque elementi, tutti diversi, si possono formare con le ventuno lettere dell'alfabeto italiano e le dieci cifre decimali, sapendo che i primi tre posti devono essere occupati dalle lettere e gli ultimi due dalle cifre. [718 200]

26 In quanti modi un'associazione di 40 soci può costituire un comitato direttivo composto da presidente, vicepresidente, segretario? [59 280]

27 Avendo a disposizione sei atleti per la gara di staffetta 4×100, in quanti modi possiamo stabilire la successione ordinata degli atleti che correranno durante la gara? [360]

28 Una polisportiva ha organizzato una lotteria benefica con cinque premi diversi in valore. Ha venduto ottanta biglietti. In quanti modi si possono avere i vincitori? [2 884 801 920]

29 Calcola quante parole, anche prive di significato, si possono scrivere con quattro lettere diverse dell'insieme $A = \{a, e, i, o, m, r, t\}$, in modo che le parole comincino tutte con *me*. [20]

30 A un torneo di calcio partecipano sedici squadre. Quante partite si devono effettuare fra girone di andata e di ritorno, sapendo che tutte le squadre si devono incontrare? [240]

31 Quanti numeri di cinque cifre diverse si possono formare con le dieci cifre decimali? [27 216]

32 Calcola quanti numeri diversi di tre cifre distinte si possono scrivere con le cifre 0, 2, 4, 6, 7, 8, 9. [180]

33 REALTÀ E MODELLI **Titolari in campo** Un allenatore di calcio ha a disposizione quattro attaccanti, sei centrocampisti e cinque difensori. Ha scelto di giocare con il modulo 4-3-3, che prevede quattro difensori, tre centrocampisti e tre attaccanti, ma non ha ancora scelto i giocatori titolari. Quante formazioni potrebbe schierare, sapendo che ha a disposizione anche tre portieri? [1 036 800]

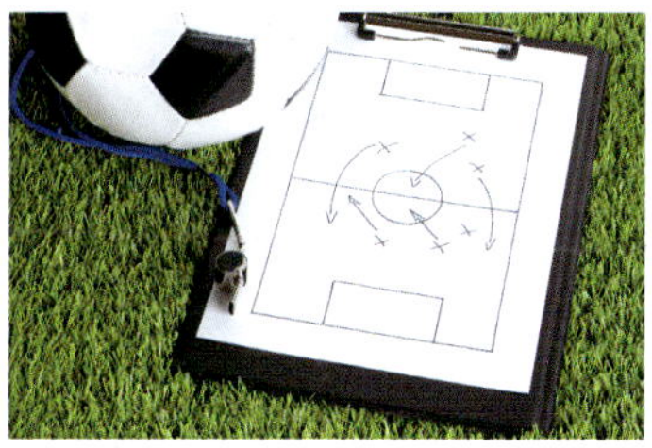

Equazioni con le disposizioni

34 ESERCIZIO GUIDA Risolviamo l'equazione $3 \cdot D_{x,2} = 2 \cdot D_{x+1,2}$.

x deve essere un numero naturale e:

$$\begin{cases} x \geq 2 \\ x+1 \geq 2 \end{cases} \rightarrow x \geq 2. \qquad \text{condizione di esistenza}$$

$$\underbrace{3x(x-1)}_{D_{x,2}} = 2\underbrace{(x+1)x}_{D_{x+1,2}} \qquad \text{svolgiamo i calcoli}$$

$$x[3(x-1) - 2(x+1)] = 0 \rightarrow x(x-5) = 0 \rightarrow x = 0 \vee x = 5$$

Tenuto conto della condizione iniziale ($x \geq 2$), l'equazione ha per soluzione $x = 5$.

Risolvi le seguenti equazioni.

35 $D_{x,3} - x^3 = D_{x,2} - 1$ [$\nexists x \in \mathbb{N}$]

36 $2 \cdot D_{x-1,3} - D_{x+1,3} = 2 \cdot D_{x,2}$ [12]

37 $6 \cdot D_{x,2} + D_{x-1,3} = 2 \cdot D_{x,3}$ [6]

38 $x^3 - 2x \cdot D_{x-1,2} = 2(24 - x) - D_{x,3}$ [4]

---

39 Sul tavolo ci sono alcune carte coperte. Se il numero di modi in cui se ne possono scoprire tre una dopo l'altra è uguale alla metà del numero di modi in cui se ne possono scoprire tre una dopo l'altra dopo aver aggiunto sul tavolo un'altra carta coperta, quante sono all'inizio le carte sul tavolo? [5]

40 REALTÀ E MODELLI **Colorare il mondo** Un bambino vuole colorare i cinque continenti di un planisfero, ognuno con un colore diverso, e per fare questo ha a disposizione 10 colori.

a. In quanti modi può colorare i continenti?

b. Se pittura subito l'Europa di verde, in quanti modi può poi colorare gli altri continenti? Qual è la relazione con il caso precedente?

c. Quanti colori basterebbe avere per poter colorare Asia e Africa in più di dieci modi diversi?

[a) 30 240; b) 3024; c) 4]

Disposizioni con ripetizione

▶ Teoria a p. α5

Calcola.

41 AL VOLO $D'_{3,1}$, $D'_{2,6}$, $D'_{5,2}$, $D'_{10,3}$.

42 $D'_{6,2} - D_{6,2} + D'_{7,2}$ [55]

43 $12\left(D'_{3,3} - \frac{1}{4} D'_{4,3}\right) : D_{3,2}$ [22]

44 $\frac{1}{2} D_{4,2} - D'_{2,3} + \frac{1}{3} D'_{3,3}$ [7]

---

45 TEST Un'impresa codifica le proprie merci utilizzando tre cifre diverse da 0, non necessariamente diverse tra loro. Il numero di merci che è possibile codificare è:

A 729. B 6561. C 1000. D 720. E 504.

46 ESERCIZIO GUIDA Si lanciano due dadi, uno dopo l'altro. Quanti sono i casi possibili? Quanti sono i casi in cui entrambe le facce presentano numeri pari?

Rispondiamo alla prima domanda. Ogni dado ha 6 numeri e in un lancio lo stesso numero si può presentare in entrambi i dadi. Abbiamo quindi delle disposizioni con ripetizione. Tutti i casi che si possono presentare sono:

$D'_{6,2} = 6^2 = 36.$ $D'_{n,k} = n^k$

Per la seconda domanda, abbiamo $n = 3$ e $k = 2$. I casi in cui le due facce sono entrambe pari sono:

$D'_{3,2} = 3^2 = 9.$

47 Indica quanti numeri di tre cifre, anche ripetute, si possono formare con gli elementi del seguente insieme.

$A = \{3, 5, 6, 7, 8\}$ [125]

48 In un'urna ci sono dieci palline numerate da 1 a 10. Per tre volte si estrae una pallina, rimettendola ogni volta dentro l'urna. Calcola le possibili terne ordinate che si possono ottenere. [1000]

49 Quanti codici a cinque cifre si possono formare con le cifre decimali da 1 a 9? [59 049]

50 Trova quanti codici a cinque cifre si possono formare con le cifre decimali da 0 a 9, sapendo che la prima cifra non può essere 0. [90 000]

51 Indica quanti numeri di tre cifre, anche ripetute, si possono formare con gli elementi del seguente insieme.

$A = \{0, 3, 5, 6, 7, 8\}$ [180]

52 Determina quante sigle di quattro elementi si possono formare con le 21 lettere dell'alfabeto italiano e le cifre decimali da 1 a 9, sapendo che i primi due posti devono essere occupati dalle lettere e gli ultimi due dalle cifre. [35 721]

53 Quanti numeri pari di 3 cifre si possono scrivere utilizzando le cifre dell'insieme $A = \{1, 2, 3, 5, 7\}$? [25]

54 Calcola quante sigle di cinque elementi che cominciano con la lettera A si possono formare con le ventuno lettere dell'alfabeto italiano e le dieci cifre decimali, sapendo che i primi tre posti devono essere occupati dalle lettere e gli ultimi due dalle cifre. [44 100]

55 

REALTÀ E MODELLI **Playlist** Si memorizzano 12 canzoni su un dispositivo. Se ne vogliono ascoltare tre, scegliendone a caso una alla volta. Quante sono le possibili terne di canzoni? Quante sono le terne sfortunate, cioè quelle in cui almeno una canzone si ripete? [1728; 408]

56 Quanti numeri dispari di 3 cifre si possono scrivere utilizzando le cifre dell'insieme $B = \{1, 2, 3, 4, 5, 7\}$? [144]

57 In un'urna abbiamo dieci palline numerate da 1 a 10. Calcola quante terne ordinate si possono ottenere, estraendo una pallina per tre volte consecutive e rimettendola ogni volta nell'urna dopo l'estrazione, tali che il primo numero sia divisibile per tre. [300]

58 REALTÀ E MODELLI **Sigle aeree** Le compagnie aeree sono identificate da una sigla formata da due lettere, anche uguali, oppure da una lettera e una cifra. Le lettere sono scelte tra le 26 dell'alfabeto inglese e la cifra, da 1 a 9, può essere messa in prima o in seconda posizione (es. AC, WW, L6, 2P). Gli aeroporti sono invece identificati da codici di tre lettere dell'alfabeto inglese di cui al massimo due si possono ripetere.

a. Attualmente le sigle delle compagnie aeree sono 856. Quante sigle sono ancora disponibili per nuove compagnie?

b. Calcola in quanti modi si può associare una sigla di una compagnia a un codice di un aeroporto (considera le sigle e i codici possibili, non quelli effettivamente esistenti). [a) 288; b) 20 077 200]

Equazioni con le disposizioni con ripetizione

Risolvi le seguenti equazioni.

59 $D'_{x,3} = D_{x+1,3} + 4 - x$ [2]

60 $D'_{x+1,2} = 2D_{x,2} - 2(x^2 - 3)$ [$\nexists x \in \mathbb{N}$]

61 $D_{x,3} = D'_{x,3} - 19x$ [7]

62 $\dfrac{D'_{x,2} + 8x}{D_{x,2}} = 4$ [4]

ESERCIZI

63 REALTÀ E MODELLI **Chiudere con le lettere** Lucia ha pensato a una combinazione per il lucchetto della sua bici, che è come quello in figura. In questi tipi di lucchetto non vengono usate tutte le lettere dell'alfabeto, ma solo alcune. Quante sono le lettere se le possibili terne che ammettono le ripetizioni sono 40 in più rispetto alle possibili terne senza ripetizioni? [4]

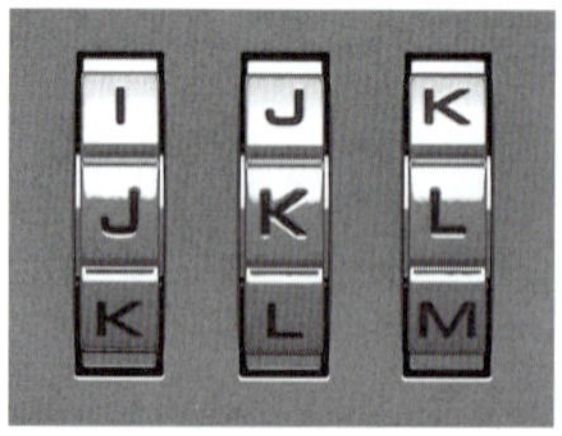

3 Permutazioni

Permutazioni semplici

Teoria a p. α7

Calcola le seguenti espressioni.

AL VOLO

64 P_5; P_2; $5P_4$.

65 $\frac{P_4}{3!} - \frac{P_3}{2!}$

66 $\frac{P_3}{P_2}$; $P_4 - 4P_3$.

67 $\frac{P_6 - P_5}{5P_4} + \frac{P_5 - P_4}{16}$ [11]

68 $6\frac{P_6}{6!} + 2P_3 - P_2$ [16]

69 ESERCIZIO GUIDA Calcoliamo in quanti modi si possono mettere in fila tre bambini e quattro bambine, prima nel caso in cui non importi l'ordine col quale si dispongono maschi e femmine, e poi nel caso in cui prima vi siano tutte le femmine e poi tutti i maschi.

Se non importa l'ordine, non c'è distinzione fra bambini e bambine: dobbiamo considerare le permutazioni di 7 elementi:

$P_7 = 7! = 5040.$

$P_n = n! = n \cdot (n-1) \cdot (n-2) \cdot \ldots \cdot 1$

Nel caso in cui il gruppo delle femmine preceda quello dei maschi dobbiamo considerare che a ogni permutazione semplice del primo gruppo si associa una permutazione semplice del secondo gruppo. Il numero delle possibilità è:

$P_4 \cdot P_3 = 4! \cdot 3! = 24 \cdot 6 = 144.$

70 A una gara partecipano otto concorrenti. In quanti modi può presentarsi la classifica finale? [40 320]

71 In quanti modi si possono distribuire nove premi a nove bambini? [362 880]

72 Quanti numeri di dieci cifre diverse si possono scrivere con le dieci cifre decimali? [3 265 920]

73 Calcola quante sigle, di sette elementi tutti diversi, si possono scrivere con le cifre dell'insieme $A = \{1, 2, 3\}$ e le lettere dell'insieme $B = \{a, b, c, d\}$, sapendo che le cifre precedono le lettere. [144]

74 REALTÀ E MODELLI **Facile!** Il numero di telefono di Gianni è 0538 691742. La sua amica Anna nota che il numero di telefono è formato da tutte e sole le dieci cifre, quindi pensa che sia facile da ricordare. Dopo qualche tempo Anna vuole chiamare Gianni. Sa che Gianni vive a Villa Bò, quindi risale al prefisso 0538 dopo una ricerca sul Web, ma non riesce assolutamente a ricordare il resto del numero. Quanti tentativi, al massimo, dovrà fare Anna per riuscire a telefonare? [720]

75 Calcola quanti anagrammi, anche senza significato, si possono fare con le parole:

MONTE, STORIA e RESIDUO. [120; 720; 5040]

76 ●○ Calcola in quanti modi diversi 6 amiche e 4 amici possono sedersi in fila a teatro se:

a. non interessa l'ordine;

b. tutte le amiche vogliono stare vicine tra loro e anche gli amici vogliono fare la stessa cosa.

[a) 3 628 800; b) 34 560]

77 ●○ YOU & MATHS In how many ways can five keys be placed on a circular key ring?

A 12 B 24 C 5 D 18 E None of these.

(USA *Marywood University Mathematics Contest*)

78 ●● A un congresso nove persone devono sedere intorno a un tavolo rotondo. Calcola in quanti modi le persone possono prendere posto. Se le stesse persone attendono in fila davanti all'ingresso della sala, in quanti modi si possono disporre? [40 320; 362 880]

Funzione fattoriale

▶ Teoria a p. α8

VERO O FALSO?

79 ●○

a. $10! = 10 \cdot 9 \cdot 8!$ V F

b. $\dfrac{10!}{5!} = 2!$ V F

c. $\dfrac{7!}{7} = 6!$ V F

d. $\dfrac{6!}{2!3!} = 1$ V F

e. $\dfrac{290!}{289!} = 290$ V F

80 ●○

a. $9! - 8! = 1!$ V F

b. $8! - 7! = 7 \cdot 7!$ V F

c. $\dfrac{9!}{9} - 8! = 1$ V F

d. $4 \cdot 4! + 4! = 5!$ V F

e. $10! = 5!2!$ V F

81 ●○ AL VOLO Calcola il MCD tra 7!, 8! e 11!.

Identità con *n*!

82 ●○ RIFLETTI SULLA TEORIA Spiega perché $n!$ è un numero sempre positivo al variare di n in $\mathbb{N}$.

83 ESERCIZIO GUIDA Verifichiamo l'identità $2n! + (n+1)! = (n+3) \cdot n!$.

Primo membro: utilizzando la relazione $n! = n \cdot (n-1)!$ e raccogliendo poi $n!$, otteniamo

$$2n! + (n+1)! = 2n! + (n+1) \cdot n! = (2+n+1) \cdot n! = (n+3) \cdot n!.$$

Essendo il primo membro uguale al secondo, l'identità è verificata.

Verifica le seguenti identità.

84 ●○ $n \cdot n! - (n+1)! = -n!$

85 ●○ $(n+1)^2 \cdot n! + (n+1)! = (n+2)!$

86 ●○ $\dfrac{n!}{(n-2)!} = n \cdot (n-1)$

87 ●● $n! + (n+1)! + (n+2)! = n! \cdot (n+2)^2$

Equazioni e disequazioni con *n*!

88 ESERCIZIO GUIDA Risolviamo l'equazione $10(x-1)! = 5x!$.

$x-1 \geq 0 \rightarrow x \geq 1$, con $x \in \mathbb{N}$. — condizione di esistenza

$10(x-1)! = 5x!$ — poiché $n! = n \cdot (n-1)!$

$10(x-1)! = 5x(x-1)! \rightarrow 10(x-1)! - 5x(x-1)! = 0$ — raccogliamo $(x-1)!$

$(x-1)! \cdot (10-5x) = 0$ — poiché $(x-1)! \neq 0$

$10 - 5x = 0 \rightarrow x = 2$

La soluzione è accettabile perché verifica la condizione di esistenza iniziale.

Risolvi le seguenti equazioni.

89 $2(x+1)! = 4x!$ [1]

90 $x! = 6(x-2)!$ [3]

91 $x! + 7(x-2)! = 0$ [$\nexists x \in \mathbb{N}$]

92 $(x+1)! - x! = 2x!$ [2]

Risolvi le seguenti disequazioni.

93 $2(x+1)! > x!$ [$\forall x \in \mathbb{N}$]

94 $\frac{1}{2}x! > (x-1)!$ [$x \in \mathbb{N}, x > 2$]

95 $(x+1)! + 5x! < 3x!$ [$\nexists x \in \mathbb{N}$]

96 $x! \leq 6(x-2)!$ [$x = 2, x = 3$]

97 $(x-1)! \geq 20(x-3)!$ [$x \in \mathbb{N}, x \geq 6$]

98 $\frac{x!}{(x-2)!} > \frac{x!}{(x-1)!}$ [$x \in \mathbb{N}, x > 2$]

Identità con le permutazioni semplici e le disposizioni

99 ESERCIZIO GUIDA Verifichiamo l'identità $P_n = n \cdot D_{n-1,n-2}$, con $n \geq 3$.

$D_{n,k} = \frac{n!}{(n-k)!}$

Primo membro: $P_n = n!$.

Secondo membro: $n \cdot D_{n-1,n-2} = n \cdot \frac{(n-1)!}{(\cancel{n}-1-\cancel{n}+2)!} = \frac{n(n-1)!}{1!} = n!$.

Entrambi i membri sono uguali a $n!$, quindi l'identità è verificata.

Verifica le seguenti identità.

100 $D_{n+1,3} = P_{n+1} : P_{n-2}$

101 $P_n + P_{n-1} + P_{n-2} = n^2 \cdot P_{n-2}$

102 $n \cdot P_n = P_{n+1} - P_n$

103 $P_n = D_{n,k} \cdot P_{n-k}$

104 $(n-k) \cdot D_{n,k} = D_{n,k+1}$

105 $n \cdot D_{n-1,k} = (n-k) \cdot D_{n,k}$

106 $(n-k) \cdot D_{n,k-1} = D_{n,k} - D_{n,k-1}$

107 $D_{n+1,3} - 3D_{n,2} = D_{n,3}$.

108 $D_{n+1,k} - D_{n,k} = k \cdot D_{n,k-1}$

109 $\frac{D_{n+1,k} - D_{n,k-1}}{n^2} = D_{n-1,k-2}$

Equazioni con le permutazioni semplici

110 ESERCIZIO GUIDA Risolviamo l'equazione $P_{x+1} = 6 \cdot P_{x-1}$.

Riscriviamo l'equazione di partenza usando i fattoriali: $(x+1)! = 6 \cdot (x-1)!$.

$P_n = n!$

$x - 1 \geq 0 \quad \to \quad x \geq 1, \quad \text{con } x \in \mathbb{N}.$ condizione di esistenza

Risolviamo l'equazione.

$(x+1)! = 6 \cdot (x-1)! \quad \to \quad (x+1)\, x(x-1)! = 6 \cdot (x-1)! \quad \to$ trasportiamo tutto al primo membro

$x(x+1)(x-1)! - 6 \cdot (x-1)! = 0$ raccogliamo a fattor comune

$(x-1)! \cdot [x\,(x+1) - 6] = 0 \quad \to \quad (x-1)! \cdot (x^2 + x - 6) = 0$ per la legge di annullamento del prodotto

$(x-1)! = 0 \quad \to \quad$ impossibile;

$x^2 + x - 6 = 0 \quad \to \quad x = -3 \vee x = 2.$

$x = -3$ non è accettabile perché -3 non è un numero naturale, quindi solo $x = 2$ è accettabile, poiché verifica la condizione di esistenza iniziale.

Risolvi le seguenti equazioni.

111 $P_x = 30 \cdot P_{x-2}$ [6]

112 $P_x - 20 \cdot P_{x-2} = 0$ [5]

113 $P_{x+1} - P_x = 0$ [$\nexists x \in \mathbb{N}$]

114 $P_{x-1} = 6 \cdot P_{x-3}$ [4]

Permutazioni con ripetizione

▶ Teoria a p. α10

115 **ESERCIZIO GUIDA** Abbiamo dieci palline di cui cinque nere, tre rosse, due gialle. Calcoliamo:

a. in quanti modi si possono disporre in fila;
b. quante sono le sequenze nelle quali le palline gialle occupano i primi due posti;
c. in quanti modi si possono disporre in maniera che le palline di uno stesso colore siano tutte vicine.

a. Sono le permutazioni di 10 oggetti con 5, 3 e 2 oggetti ripetuti:

$$P_{10}^{(5,3,2)} = \frac{10!}{5! \cdot 3! \cdot 2!} = \frac{3\,628\,800}{120 \cdot 6 \cdot 2} = 2520.$$

$P_n^{(h,k,\ldots)} = \dfrac{n!}{h! \cdot k! \ldots}$

b. Sono tutte le permutazioni di 8 oggetti con 5 e 3 oggetti ripetuti, che si accodano alle due palline gialle che occupano i primi due posti:

$$P_8^{(5,3)} = \frac{8!}{5! \cdot 3!} = \frac{40\,320}{120 \cdot 6} = 56.$$

c. Sono tutte le permutazioni semplici che possiamo fare con i gruppi dei tre colori:

$$P_3 = 3! = 6.$$

116 Calcola quanti anagrammi, anche senza significato, si possono fare con le parole:

MENTE, STESSA e TRATTATIVA. [60; 120; 25 200]

117 Una moneta viene lanciata otto volte. In quanti modi si può presentare una sequenza che contiene sei teste e due croci? [28]

118 In una corsa dei 100 metri piani 6 velocisti sono distribuiti su 8 corsie. Quanti sono i possibili schieramenti? [20 160]

ESERCIZI

119 In uno spettacolo, sul palcoscenico si devono disporre in fila sei ballerine e quattro ballerini. In quanti modi si possono disporre gli artisti, dovendo solo distinguere le posizioni di maschi e femmine? [210]

120 YOU & MATHS What is the number of different 7-digit numbers that can be made by rearranging the digits of 3053354? (Note that this includes the given number, and that the first digit of a number is never 0.)

(USA *Lehigh University: High School Math Contest*)

[360]

121 REALTÀ E MODELLI **Scalata alpina** A una cordata partecipano otto alpinisti, di cui cinque sono uomini e tre sono donne. In quanti modi si possono disporre gli alpinisti, dovendo solo distinguere le posizioni di maschi e femmine e sapendo che il capo della cordata è un uomo? [35]

122 Quanti anagrammi, anche senza significato, si possono formare con le lettere di CARTELLA ? Quanti di essi iniziano e finiscono per A? Quanti iniziano per CE? [10 080; 360; 180]

123 Quanti sono gli anagrammi, anche privi di significato, di CIOCCOLATA ? Quanti finiscono per ATA? Quanti iniziano con una consonante? [151 200; 420; 75 600]

124 YOU & MATHS In how many ways can the letters of the word METCALF be arranged if M is always at the beginning and A and E are always side by side? (IR *Leaving Certificate Examination*, Higher Level)

[240]

4 Combinazioni

Combinazioni semplici

▶ Teoria a p. α11

125 Calcola, se possibile, $C_{5,2}$, $C_{6,3}$, $C_{3,1}$, $C_{4,4}$, $C_{1,4}$.

126 VERO O FALSO?

a. $C_{10,4} = \frac{D_{10,4}}{P_4}$ V F

b. $D_{7,3} = C_{7,3} \cdot P_7$ V F

c. $C_{8,5} = \frac{8 \cdot 7 \cdot 6 \cdot 5}{5!}$ V F

d. $C_{4,2} = \frac{4 \cdot 3 \cdot 2 \cdot 1}{2 \cdot 1}$ V F

Calcola il valore delle seguenti espressioni.

127 $4D'_{3,2} - C_{5,3} + P_3$ [32]

128 $\frac{C_{6,4}}{D_{6,3}} + \frac{P_4}{2} : C_{3,2}$ $\left[\frac{33}{8}\right]$

129 $C_{9,2} - P_3 + 2 \cdot \frac{D_{5,3}}{P_4}$ [35]

130 AL VOLO Calcola le seguenti espressioni usando le informazioni a fianco.

$C_{15,6}$ sapendo che $D_{15,6} = 3\,603\,600$.

$D_{12,4}$ sapendo che $C_{12,4} = 495$.

131 RIFLETTI SULLA TEORIA Se conosci il numero delle k-ple ordinate di n oggetti, puoi sapere il numero di sottoinsiemi di k elementi di un insieme di n elementi? Come?

132 TEST In una stazione autostradale ci sono 12 uscite abilitate per il pagamento. 8 sono aperte e 4 chiuse. Il numero di tutti i modi in cui si possono presentare le uscite è:

A 495.

B 11 880.

C 336.

D 1320.

E 8640.

Coefficienti binomiali

▶ Teoria a p. α12

133 Calcola $\binom{4}{2}$, $\binom{7}{4}$, $\binom{7}{0}$, $\binom{10}{10}$.

134 VERO O FALSO?

a. $\binom{4}{0} = 4$ V F

b. $\binom{30}{1} = 1$ V F

c. $\binom{6}{6} = \binom{6}{0}$ V F

d. $\binom{20}{16} = \binom{20}{15} \cdot \frac{5}{16}$ V F

135 Se $\binom{9}{k} = 9$, quali valori può assumere k? [1; 8]

AL VOLO

136 Calcola $\binom{16}{5}$, sapendo che $\binom{16}{4} = 1820$.

137 Calcola $\binom{n+1}{n}$ e $\binom{n}{n-2}$.

Calcola le seguenti espressioni.

138 $\dfrac{\binom{10}{7}+\binom{9}{0}+\binom{9}{1}}{\binom{0}{0}}$ [130]

139 $\dfrac{\binom{8}{8}+\binom{8}{0}+\binom{8}{1}}{\binom{9}{1}+1}$ [1]

140 TEST La somma $\binom{n}{k}+\binom{n}{n-k}$ è uguale a:

A $\binom{2n}{n}$.

B $2\binom{n}{k}$.

C $\binom{n}{n}$.

D $2\binom{n}{k}$.

E $\binom{n-1}{k-1}+\binom{n-1}{n-k+1}$.

Identità con i coefficienti binomiali

141 ESERCIZIO GUIDA Verifichiamo l'identità $\frac{n+1}{k} \cdot \binom{n}{k-1} = \binom{n+1}{k}$.

Utilizziamo la definizione $\binom{n}{k} = \frac{n!}{k!(n-k)!}$.

Primo membro: $\frac{n+1}{k} \cdot \frac{n!}{(k-1)! \cdot (n-k+1)!} \rightarrow \frac{(n+1)!}{k! \cdot (n-k+1)!}$.

$(n+1)n! = (n+1)!$ e $k(k-1)! = k!$

Secondo membro: $\frac{(n+1)!}{k! \cdot (n-k+1)!}$.

Poiché per entrambi i membri abbiamo ottenuto la stessa espressione, l'identità è verificata.

Verifica le seguenti identità.

142 $\binom{n+1}{k} = \frac{k+1}{n+2} \cdot \binom{n+2}{k+1}$

143 $k \cdot \binom{n-1}{k} = (n-1) \cdot \binom{n-2}{k-1}$

144 $\binom{n+1}{2} = n^2 - \binom{n}{2}$

145 $\binom{n}{k+1} = \frac{n}{k+1} \cdot \binom{n-1}{k}$

ESERCIZI

146 $\binom{n}{k} = \frac{k+1}{n+1} \cdot \binom{n+1}{k+1}$

147 $k \cdot \binom{n}{k} + (k-1) \cdot \binom{n}{k-1} = n \cdot \binom{n}{k-1}$

148 $\binom{n}{k} + \binom{n}{k-1} = \frac{n+1}{n-k+1} \cdot \binom{n}{k}$

149 $\frac{1}{n!} \cdot \binom{n+1}{k+1} - \frac{1}{k!(n-k)!} = \binom{n-1}{k} \cdot \frac{1}{(n-1)!(k+1)}$

150 $\binom{k}{k} + \binom{k+1}{k} + \binom{k+2}{k} = \frac{(k+2)(k+3)}{2}$

151 $\frac{1}{k+1}\binom{n}{k} + \binom{n+1}{k+1} = \frac{n-k+1}{n+1}\binom{n+2}{k+1}$

152 $\binom{n+1}{k} \cdot \frac{k}{n-k+2} = \binom{n+1}{k-1}$

153 $\binom{n}{k} = \binom{n-1}{k-1} + \binom{n-1}{k}$ (formula di Stifel)

Equazioni con i coefficienti binomiali

154 ESERCIZIO GUIDA Risolviamo l'equazione $4\binom{x}{x-2} + 2\binom{x-1}{2} = 3x^2 - 18$.

Poniamo le condizioni di esistenza.

Per $\binom{x}{x-2}$: $\begin{cases} x \geq 0 \\ x-2 \geq 0 \\ x \geq x-2 \end{cases} \rightarrow x \geq 2$.

Per $\binom{x-1}{2}$: $\begin{cases} x-1 \geq 0 \\ x-1 \geq 2 \end{cases} \rightarrow x \geq 3$.

Quindi deve essere $x \geq 3$.

Sostituiamo $\binom{x}{x-2}$ con $\binom{x}{2}$.

per la legge delle classi complementari $\binom{n}{k} = \binom{n}{n-k}$

L'equazione diventa:

$$4\binom{x}{2} + 2\binom{x-1}{2} = 3x^2 - 18$$

per la definizione $\binom{n}{k} = C_{n,k} = \frac{D_{n,k}}{k!}$

$$4\frac{x(x-1)}{2} + 2\frac{(x-1)(x-2)}{2} = 3x^2 - 18 \rightarrow$$

svolgiamo i calcoli

$$2x^2 - 2x + x^2 - 3x + 2 - 3x^2 + 18 = 0 \rightarrow$$

$$-5x + 20 = 0 \rightarrow x = 4.$$

La soluzione è accettabile.

Risolvi le seguenti equazioni.

155 $3 \cdot \binom{x}{3} = x \cdot \binom{x-1}{4}$ [7]

156 $\binom{x+1}{3} = \binom{x}{2}$ [2]

157 $\binom{x-1}{2} = 2 \cdot \binom{x-2}{2}$ [5]

158 $6 \cdot \binom{x}{x-2} - \binom{x+1}{x-2} = 2 \cdot \binom{x}{x-4}$ [7]

159 $\binom{x}{x-2} = 2x$ [5]

160 $\binom{x}{x-3} = \frac{10}{3} \cdot \binom{x}{5}$ [6]

161 $\binom{x+1}{x-2} = \frac{5}{2}x$ [4]

162 $3 \cdot \binom{x-3}{3} + 2\binom{x}{2} = x^2 - \frac{x}{2}$ [6]

163 $\binom{x+2}{3} + 12\binom{x+2}{x} = 2\binom{x+3}{3}$ [30]

164 $\binom{x-2}{2} = 3(2-x) + 2\binom{x-1}{2}$ [5]

165 $\frac{7}{3!}\cdot(x^2+x) = \binom{x+2}{3} + \frac{1}{3}\cdot\binom{x+1}{2}$ [4]

166 $3\cdot\binom{x}{2} - \binom{x}{x-3} = \binom{x+1}{3}$ [5]

167 $\binom{x+1}{4} - \frac{3}{2}\cdot\binom{x-1}{3} = \binom{x}{3}$ [6]

168 $2\cdot\binom{x+1}{3} - 12\cdot\binom{x}{x-2} = \binom{x}{3}$ [32]

Risolvi le seguenti disequazioni.

169 $C_{x,2} \geq \frac{x}{2}$ [$x \geq 2$]

170 $\binom{x}{2} + \binom{x-1}{2} < 2x^2$ [$x \geq 3$]

171 $\binom{x+2}{x-1} < \binom{x+1}{2}$ [$\nexists x \in \mathbb{N}$]

172 $\frac{1}{3}\binom{x}{3} \geq \frac{1}{2}\binom{x}{2}$ [$x \geq 7$]

Problemi con le combinazioni semplici

173 ESERCIZIO GUIDA Un'urna contiene nove palline numerate di cui sei rosse e tre bianche. Si estraggono contemporaneamente cinque palline. Calcoliamo:

a. quanti gruppi diversi di cinque palline si possono avere;
b. quanti di cinque palline tutte rosse;
c. quanti di quattro rosse e una bianca;
d. quanti di tre rosse e due bianche;
e. quanti di due rosse e tre bianche.

a. Poiché non interessa l'ordine, dobbiamo calcolare le combinazioni semplici che si possono fare con le nove palline prese cinque alla volta:

$$C_{9,5} = \binom{9}{5} = \binom{9}{4} = \frac{9\cdot 8\cdot 7\cdot 6}{4!} = 126.$$

$$C_{n,k} = \binom{n}{k} = \frac{n!}{k!\cdot(n-k)!}$$

b. Dobbiamo calcolare le combinazioni semplici che si possono fare con le sei palline rosse prese cinque alla volta:

$$C_{6,5} = \binom{6}{5} = \binom{6}{1} = 6.$$

c., d., e. Otteniamo il numero di tutti i gruppi di $k = 4, 3, 2$ palline rosse e $(5-k) = 1, 2, 3$ palline bianche con il prodotto delle singole combinazioni relative a ciascun colore:

c. $C_{6,4}\cdot C_{3,1} = \binom{6}{4}\cdot\binom{3}{1} = \binom{6}{2}\binom{3}{1} = \frac{6\cdot 5}{2!}\cdot 3 = 45;$

d. $C_{6,3}\cdot C_{3,2} = \binom{6}{3}\cdot\binom{3}{2} = \frac{6\cdot 5\cdot 4}{3!}\cdot 3 = 60;$

e. $C_{6,2}\cdot C_{3,3} = \binom{6}{2}\cdot\binom{3}{3} = \frac{6\cdot 5}{2!}\cdot 1 = 15.$

Osservazione. Il numero totale dei raggruppamenti di tipo **b**, **c**, **d** ed **e** è 126, ossia è uguale al numero delle combinazioni di nove palline prese cinque alla volta, tipo **a**. Questo perché non ci sono ulteriori possibilità per le combinazioni dei colori.

174 Quante cinquine si possono fare con i novanta numeri del lotto? [43 949 268]

175 Quanti terni e quanti ambi si possono fare con i novanta numeri del lotto? [117 480; 4005]

176 Calcola quante sono le cinquine che contengono due numeri prefissati. [109 736]

177 Calcola in quanti modi si possono estrarre quattro carte da un mazzo da quaranta. [91 390]

178 In quanti modi si possono estrarre cinque carte di fiori da un mazzo di cinquantadue carte? [1287]

179 In quanti modi si possono estrarre cinque carte nere da un mazzo di cinquantadue carte? [65 780]

180 Calcola in quanti modi si possono estrarre cinque carte di fiori o cinque carte di picche da un mazzo di cinquantadue carte. [2574]

181 TEST Un bambino colora di bianco o rosso o verde 5 quadratini che ha disegnato. I possibili modi con i quali il bambino può colorare i quadratini indipendentemente dall'ordine sono:

A 42. B 60. C 10. D 125. E 21.

182 Calcola quanti sono i sottoinsiemi di quattro elementi di un insieme costituito da sei. [15]

183 In quanti modi posso formare un campione di dieci persone da intervistare in un gruppo di trenta? [30 045 015]

184 In quanti modi diversi può essere formata una rappresentanza di tre alunni di una classe di venti studenti? [1140]

185 Calcola quante sono le diagonali di:

a. un quadrilatero; b. un pentagono.

[a) 2; b) 5]

186 Calcola in quanti modi diversi si possono collocare quattro maglioni in sei cassetti affinché in ogni cassetto ci sia al massimo un maglione. [15]

187 Tutte le persone che partecipano a una riunione si stringono la mano reciprocamente. Se le strette di mano che le persone si scambiano sono in tutto 15, quanti sono i partecipanti alla riunione? [6]

188 EUREKA! Caterina ha una somma tale da acquistare cinque libri da leggere in vacanza. Ne ha già scelti alcuni, ma è indecisa sugli altri da scegliere fra otto titoli diversi. Se ha 56 modi diversi per effettuare la scelta, quanti sono i libri che ha già scelto? [2]

189 REALTÀ E MODELLI **Maglioni in mostra** Per allestire una vetrina una commessa ha a disposizione 7 nuovi tipi di maglioni e 3 manichini. A rotazione vuole esporre in vetrina tutti i capi, senza mai riproporre lo stesso abbinamento.

a. Quante vetrine diverse potrà allestire la commessa?
b. Per quante settimane si potranno osservare vetrine diverse supponendo che ogni lunedì e giovedì si rinnovino gli abbinamenti?
c. Quanti tipi di maglioni dovrebbe avere a disposizione la commessa, supponendo che un manichino non possa essere utilizzato, per esaurire tutte le combinazioni in 10 settimane? [a) 35; b) 18; c) 7]

190 TEST Si vogliono appendere 9 fotografie in 3 bacheche di diversa forma in modo che una ne contenga 2, una 3, una 4. Non importa l'ordine delle foto all'interno delle bacheche, ma importa invece la disposizione delle bacheche. Il numero delle possibili distribuzioni è:

A 1260. B 1728. C 7560. D 381 024. E 228 644.

191 ●● REALTÀ E MODELLI **Sul podio** A una gara podistica partecipano 7 ragazzi, ma solo i primi 3 classificati, indipendentemente dal posto occupato sul podio, passano alla fase successiva. Quante sono le possibili terne di ragazzi che vanno alla fase successiva? E quante sarebbero se passassero alla fase successiva i primi quattro classificati, sempre indipendentemente dalla posizione occupata? Verifica che la somma dei due risultati ottenuti precedentemente è pari al numero di quaterne formate dai primi quattro classificati in una gara a cui partecipano 8 ragazzi.
Puoi generalizzare il risultato ottenuto?

[35; 35; $C_{n,k} + C_{n,k+1} = C_{n+1,k+1}$]

192 ●● Isaac affronta, in ordine, le sei domande di una gara di matematica, ognuna delle quali riceve un punteggio da 0 a 10. In ogni domanda Isaac ottiene un punteggio più basso rispetto alle precedenti. Quante sono le sequenze di punteggi che Isaac può aver ottenuto?

(GB *British Mathematical Olympiads*)
[462]

Equazioni con le combinazioni semplici

Risolvi le seguenti equazioni.

193 ●○ $C_{x,3} = C_{x-1,2}$ [3]

194 ●○ $C_{x+2,3} = 3C_{x+1,2}$ [7]

195 ●○ $C_{x-1,2} = 1$ [3]

196 ●○ $P_3 \cdot C_{x-1,3} = D_{x-2,4}$ [7]

197 ●○ $C_{x+1,3} = \frac{x^3}{6} - 2$ [12]

198 ●○ $3C_{x+1,2} = 4C_{x,2}$ [7]

199 ●○ $\frac{1}{3} \cdot C_{x,4} = 5 \cdot \frac{C_{x-1,3}}{P_3}$ [10]

200 ●○ $C_{x,2} - C_{x-1,2} = D_{x-1,2}$ [3]

Combinazioni con ripetizione

▶ Teoria a p. α13

201 ●○ Calcola, se possibile, $C'_{4,2}$, $C'_{2,4}$, $C'_{7,3}$, $C'_{6,4}$, $\frac{C'_{7,2}}{C_{8,2}}$.

202 ●○ VERO O FALSO?

a. $C'_{5,3} = \binom{7}{3}$ V F

b. $C'_{8,4} = C_{11,4}$ V F

c. $C'_{5,2} = \frac{6!}{2!4!}$ V F

d. $C'_{3,6} = \binom{8}{6}$ V F

203 ESERCIZIO GUIDA Lanciando contemporaneamente quattro dadi uguali, quante sono le combinazioni con cui si possono presentare le sei facce?

In ogni lancio un numero può comparire più volte, al massimo quattro, quindi ogni gruppo si distingue dagli altri per i numeri contenuti e per il diverso numero di volte col quale compare lo stesso numero, ma non interessa l'ordine. Si tratta allora di combinazioni con ripetizione:

$$C'_{n,k} = C_{n+k-1,k} = \binom{n+k-1}{k}$$

$$C'_{6,4} = \binom{6+4-1}{4} = \binom{9}{4} = \frac{9 \cdot 8 \cdot 7 \cdot 6}{4!} = 126.$$

204 ●○ In quanti modi diversi possiamo distribuire otto tavolette di cioccolato a cinque bambini, sapendo che possiamo assegnare a qualche bambino più di una tavoletta? [495]

ESERCIZI

205 Calcola in quanti modi diversi possiamo distribuire quattro tavolette di cioccolato a sei bambini, tenendo presente la possibilità di assegnare a qualche bambino più di una tavoletta. [126]

206 In quanti modi possiamo collocare sei palline uguali in quattro urne? [84]

207 In quanti modi possiamo mettere sei palline uguali in quattro urne in modo che nessuna risulti vuota? [10]

208 In quanti modi possono essere assegnate dieci copie di un libro a sei biblioteche? [3003]

209 Lanciamo contemporaneamente 5 dadi. Quante possibili combinazioni di numeri si possono ottenere? E quante contengono il numero 1 almeno una volta? [252; 126]

Riepilogo: Calcolo combinatorio

VERO O FALSO?

210
a. Nelle disposizioni due raggruppamenti differiscono per la natura degli elementi. V F
b. Le permutazioni contengono tutti gli elementi dell'insieme di partenza. V F
c. Nelle combinazioni due raggruppamenti differiscono per la natura o per l'ordine degli elementi. V F

211
a. Se un insieme contiene cinque elementi, le permutazioni che si possono fare su di esso sono 5! V F
b. Se un insieme A contiene quattro elementi, le disposizioni di classe due sono $4 \cdot 3 \cdot 2$. V F
c. Se un insieme A contiene n elementi ($n \geq 3$), le combinazioni di classe tre sono $\frac{n(n-1)(n-2)}{3!}$. V F

TEST

212 Utilizziamo 7 lampadine colorate per creare un festone luminoso da stendere fra due pali. Le lampadine hanno tutte colore diverso tranne 3 che sono rosse. I possibili modi con cui i colori si possono susseguire sono:

A 5040. B 840. C 35. D 343. E 210.

213 Si collocano 8 statuette raffiguranti Biancaneve e i sette nani su un muretto di un giardino. I possibili modi con cui possono essere collocate sono:

A 5040. B 8. C 56. D 40 320. E 20 160.

214 Il numero di parole di tre lettere, anche prive di senso, che si possono ottenere usando 10 lettere, non necessariamente tutte distinte, è uguale a:

A 1000. B $10 \cdot 9 \cdot 8$. C 999. D 100. E nessuna delle altre risposte è esatta.

(*Università di Roma, Facoltà di ingegneria, Test corso propedeutico di Matematica*)

215 La polisportiva «I tropici» ha organizzato un torneo di calcio a cui partecipano 3 squadre ciascuna composta da 15 giocatori (riserve comprese) con maglie numerate da 1 a 15. La notte prima delle partite ha nevicato e per poter giocare è necessario spalare la neve dal campo. Viene deciso allora di nominare un gruppo di 3 spalatori scegliendo un giocatore per squadra in modo che non ci siano due giocatori con lo stesso numero di maglia. In quanti modi diversi può essere formato il gruppo degli spalatori?

A 48 B 455 C 1125 D 2730 E 3375

(*Olimpiadi di Matematica, Giochi di Archimede*, 2008)

216 Si organizza un torneo di calcetto (5 contro 5) con undici giocatori. Due partite si dicono diverse tra loro se la composizione di almeno una delle due squadre è diversa. Quante partite diverse si possono fare?

A 11 B 332 640 C 11! D 110 E 1386

(*Università di Firenze, Corso di laurea in Fisica*)

217 Una banda di ladri vuole aprire la cassaforte di una banca. Un basista ha fatto ubriacare il direttore della banca ed è riuscito a sapere che:

a. la combinazione è formata da 5 cifre da 0 a 9;
b. la combinazione è un numero pari;
c. esattamente una delle 5 cifre della combinazione è dispari;
d. nella combinazione compaiono quattro cifre diverse, la cifra ripetuta è pari e compare in due posizioni non consecutive.

Quante sono le combinazioni possibili in base a tali informazioni?

A 3150 B 4500 C 5400 D 7200 E 9000

(*Olimpiadi di Matematica, Gara di 2° livello*, 2008)

218 YOU & MATHS Josh and nine of his friends volunteered to help clean Mr. Cramp's vacant lot. Mr. Cramp needed 2 mowers, 5 twig collectors, and 3 to rake.
In how many ways can these jobs be assigned to Josh and his friends?

A 5040 B 50,400 C 15,210 D 25,200 E 2520

(USA *North Carolina State High School Mathematics Contest*)

219 Due classi terze hanno rispettivamente 24 e 16 alunni. Vogliamo formare una rappresentanza con tre alunni, di cui due dalla terza più numerosa. Quante sono le terne che si possono formare? [4416]

220 Calcola quante sigle di tre elementi si possono formare ponendo al primo posto una delle cinque vocali, al secondo posto una delle sedici consonanti e al terzo posto ancora una consonante diversa da quella precedentemente collocata al secondo posto. [1200]

221 Quanti numeri pari di tre cifre diverse si possono scrivere utilizzando le cifre dell'insieme $A = \{1, 2, 3, 4, 5, 7\}$? [40]

222 Un sacchetto contiene dodici palline numerate. Calcola in quanti modi, tenendo conto dell'ordine, si possono estrarre tre palline ordinate non rimettendo la pallina estratta nel sacchetto. [1320]

223 In quanti modi quattro persone possono sedersi su una fila di dieci sedie? [5040]

224 In quanti modi si possono collocare cinque oggetti diversi in tre cassetti? [243]

225 Calcola quante sigle si possono costruire se per i primi cinque posti utilizziamo tre lettere A e due lettere B e per gli altri cinque posti tre cifre 1 e due cifre 0. [100]

226 In una scuola vi sono quattro classi quinte aventi ciascuna rispettivamente 19, 22, 18 e 25 alunni. Occorre mandare una rappresentanza formata da un alunno di ciascuna quinta. Quante sono le quaterne di studenti che è possibile formare? [188 100]

227 Calcola in quanti modi si possono disporre cinque oggetti distinti in sette scatole diverse sapendo che vi possono essere scatole vuote. [16 807]

228 Calcola in quanti modi si possono sistemare in fila cinque bambine e quattro bambini se tutte le bambine vogliono stare vicine tra loro e lo stesso vale per tutti i bambini. [5760]

ESERCIZI

229 Si estraggono tre carte da un mazzo di cinquantadue. Quante sono le possibili terne? Quante sono le terne formate da tre carte di cuori? Quante terne sono formate da una figura e due assi? [22 100; 286; 72]

230 Ho quattro libri di informatica, sei di fumetti e tre di musica. In quanti modi li posso riporre nella libreria, tenendo presente che voglio lasciare vicini tutti i libri riguardanti lo stesso argomento? [622 080]

231 In un distributore di benzina ci sono 8 pompe. Se arrivano contemporaneamente 4 automobili, in quanti modi può avvenire il rifornimento? [1680]

232 Quanti sono i numeri di cinque cifre anche ripetute che si possono formare utilizzando solo numeri dispari? Quanti iniziano per 7? [3125; 625]

233 Calcola in quanti modi Alberto, Bianca, Carla, Davide, Enrico e Fabio possono sedersi attorno a un tavolo circolare. [120]

234 Calcola quanti numeri di sette cifre tutte diverse tra loro si possono scrivere a partire dall'insieme $A = \{0, 1, 2, 3, 4, 5, 6\}$. [4320]

235 Si lancia una moneta per 4 volte consecutive. Calcola quante sono le possibili sequenze:

a. di testa e croce;

b. di testa e croce che iniziano con testa;

c. nelle quali testa compare una volta;

d. nelle quali compare sempre la stessa faccia.

[a) 16; b) 8; c) 4; d) 2]

236 **Riporre matrioske** Osserva la fotografia. In quanti modi si possono mettere le matrioske nei cassetti della cassettiera, in modo che in ogni cassetto al massimo ve ne sia una? [2520]

237 Calcola, fra tutte le cinquine che possono essere formate con i novanta numeri del gioco del lotto, quante sono quelle formate da due numeri inferiori a 20 e da tre numeri superiori a 60. [694 260]

238 Per formare le targhe automobilistiche si utilizzano ventidue lettere (quelle dell'alfabeto inglese, escluse I, O, Q e U) e le dieci cifre decimali; le targhe sono formate da due lettere seguite da tre cifre e di nuovo da due lettere. Calcola quante sono le targhe che:

a. si possono formare;

b. hanno uguali le prime due lettere e uguali le ultime due;

c. hanno le tre cifre tutte pari.

[a) 234 256 000; b) 484 000; c) 29 282 000]

239 Quanti numeri di cinque cifre puoi formare con quelle del numero 83 368 in modo che le cifre 8 e 3 siano ripetute due volte? Quanti iniziano con 8? Quanti sono maggiori di 60 000? [30; 12; 18]

240 Si vuole creare un gruppo di 3 statistici e 2 informatici scegliendoli tra 5 statistici e 6 informatici. Quanti gruppi diversi possiamo creare se:

a. non imponiamo alcuna condizione aggiuntiva;

b. due particolari statistici devono appartenere al gruppo;

c. un certo informatico non può essere incluso nel gruppo.

(*Università di Torino, Corso di laurea in Informatica*)

[a) 150; b) 45; c) 100]

241 Una squadra di calcio schiera 1 portiere, 5 difensori e 5 attaccanti, da scegliere tra 2 portieri, 8 difensori e 12 attaccanti.

a. Quante sono le squadre possibili?

b. Se Luca e Alex sono due attaccanti, quante sono le formazioni che contengono entrambi?

(*Università di Torino, Corso di laurea in Informatica*)

[a) 88 704; b) 13 440]

242 Dati i numeri 2, 3, 4, 5, 6, 7, calcola quanti prodotti con 4 fattori diversi si possono fare che siano:

a. divisibili per 7;

b. divisibili per 6;

c. divisibili per 8;

d. pari;

e. dispari.

[a) 10; b) 14; c) 9; d) 15; e) 0]

243 **PIN** Devi costruire il codice PIN del tuo cellulare nuovo; vuoi scegliere quattro delle dieci cifre, senza ripeterne nessuna. Quanti possibili codici puoi inventare? [5040]

244 In partenza per le vacanze, devi inserire la combinazione per chiudere e aprire la tua valigia. Il numero deve contenere sei cifre, anche ripetute. Quante sono le possibili combinazioni? Se le cifre non possono essere ripetute, le combinazioni aumentano o diminuiscono? [1 000 000]

245 YOU & MATHS A mathematics contest consists of four problems. Each of the six team members from Central High School is assigned to work on exactly one of the four problems. If each of the four problems is worked on by at least one member of the team, in how many different ways can the assignment of team members to problems be accomplished? (USA *North Carolina State High School Mathematics Contest*)

[1560]

246 Tre amici si recano in un negozio per acquistare una T-shirt ciascuno. Sono disponibili 25 magliette diverse. Quante sono le possibili terne di T-shirt acquistabili dai tre ragazzi? [15 625]

247 A una festa cui partecipano quindici ragazzi si fa un brindisi. Se ciascuna persona fa incontrare il suo bicchiere con quello di tutte le altre, quanti «cin-cin» si fanno? [105]

248 REALTÀ E MODELLI **Panini & Co.** Il cestino da viaggio fornito da un hotel ai suoi ospiti durante un'escursione contiene due panini, tre frutti e due bibite. Se i panini possono essere imbottiti con cinque tipi diversi di salumi, i frutti a disposizione sono di sei tipi e le bibite di sette tipi, in quanti modi può essere preparato il cestino? [4200]

249 Quanti numeri diversi si possono scrivere mescolando le cinque cifre dispari? Quanti terminano con 1?

[120; 24]

250 Calcola in quanti modi si possono disporre in fila tre gettoni rossi e quattro gialli se il primo gettone deve essere rosso. [15]

MATEMATICA E STORIA

Trigrammi ed esagrammi Il libro mistico cinese *I Ching* (databile a un periodo precedente il 2200 a.C., ma di cui conosciamo solo la versione di Confucio) comprende le possibili permutazioni su insiemi di linee di due tipi: «linee intere» ▬▬ e «linee spezzate» ▬ ▬. Esse formano dei *trigrammi* se sono riunite in gruppi di tre e degli *esagrammi* se sono riunite in gruppi di sei; a ciascun simbolo corrisponde un significato, come esemplificato a fianco.
Considerando che ogni simbolo può essere formato da sole linee intere, sole linee spezzate o entrambe, determina quanti *trigrammi* e quanti *esagrammi* è possibile realizzare.

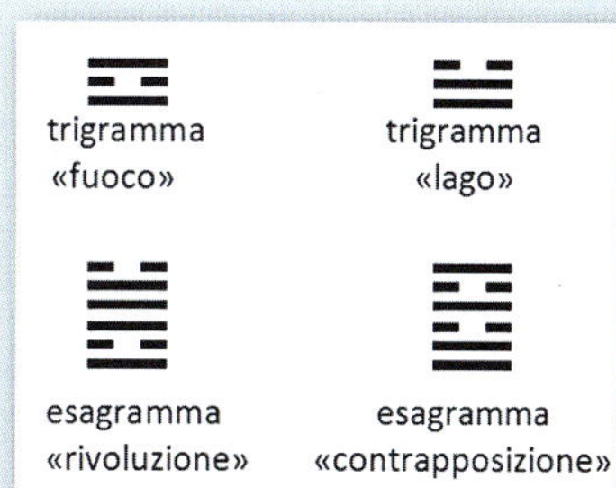

Risoluzione – Esercizio in più

RISOLVIAMO UN PROBLEMA

Aree di parcheggio

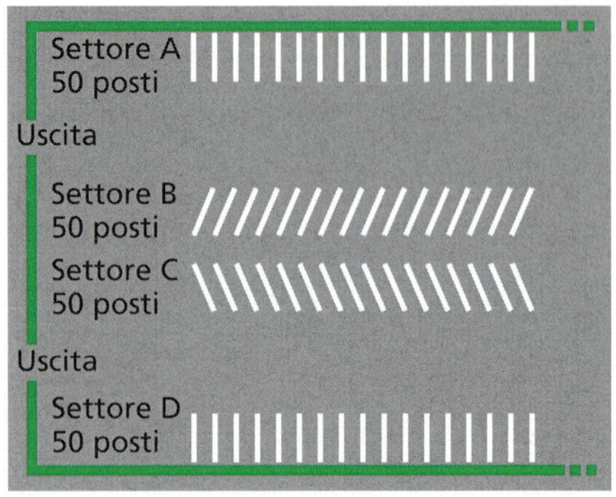

Perché un'area di parcheggio sia a norma di legge è necessario che ci sia almeno un posto riservato ai disabili ogni 50 posti disponibili o frazione di 50.
Ciò vuol dire che in un'area di sosta con 49 posti ci deve essere almeno un posto riservato ai disabili; in un'area di sosta con 51 posti ce ne devono essere almeno 2.
Un'area di sosta ha 200 posti auto disposti come in figura e si è deciso di rispettare la normativa riservando il numero minimo di posti ai disabili.

- In quanti modi si possono scegliere i posti riservati per i disabili?
- Se il progettista vuole che in ogni settore ci sia esattamente un posto per disabili, in quanti modi si possono scegliere i posti riservati?
- Per migliorare il servizio, oltre al vincolo precedente, si decide anche di collocare almeno due posti riservati in due dei quattro parcheggi più vicini all'uscita. Quante sono, in questo caso, le possibili collocazioni dei quattro posti per disabili?
- A un certo punto della giornata il parcheggio è vuoto e vi entrano 3 auto con il contrassegno per disabili e 2 auto senza contrassegno. Quante sono le disposizioni possibili di tutte queste auto all'interno del parcheggio?

▶ **Calcoliamo in quanti modi si possono scegliere le posizioni per i parcheggi dei disabili.**

Poiché i posti auto sono 200, il numero minimo di posti riservati previsto dalla legge è 4. I parcheggi sono indistinguibili, quindi non importa l'ordine, ma solo la posizione. Dobbiamo perciò calcolare:

$$C_{200,4} = \binom{200}{4} = \frac{200!}{4!(200-4)!} =$$

$$\frac{200 \cdot 199 \cdot 198 \cdot 197}{4 \cdot 3 \cdot 2} = 64684950.$$

▶ **Determiniamo il numero di posizioni possibili tenendo conto del vincolo del progettista.**

Poiché i settori del parcheggio sono 4, tanti quanti i posti riservati previsti, e ogni settore è formato da 50 posti auto, il vincolo del progettista si traduce in un posto per disabili ogni 50 parcheggi. Anche in questo caso non interessa l'ordine. I possibili modi per mettere in un settore un posto riservato tra i 50 a disposizione sono:

$$C_{50,1} = \binom{50}{1} = 50.$$

Per ogni possibile scelta in un settore ce n'è una anche in ciascuno degli altri tre settori, quindi in tutto ci sono $50^4 = 6250000$ scelte possibili per i quattro posti per disabili.

▶ **Calcoliamo le possibilità sistemando almeno due dei posti riservati vicino alle uscite.**

I parcheggi vicini alle uscite sono 4. Troviamo innanzitutto in quanti modi possiamo scegliere due di questi posti da riservare ai disabili. Saranno:

$$C_{4,2} = \binom{4}{2} = \frac{4!}{2!2!} = 6.$$

Dopodiché restano solo due settori in cui sistemare i due posti riservati rimanenti, uno per settore. Per ognuno di questi le scelte possibili sono 50, quindi in tutto avremo $6 \cdot 50^2 = 15000$ possibilità di scelta con il vincolo imposto al progettista.

▶ **Determiniamo le possibili posizioni delle auto con il contrassegno per disabili.**

Le tre auto con il contrassegno per disabili occuperanno tre dei quattro posti a esse riservati. Poiché le auto sono di tipo diverso, questa volta non interessa solo la posizione occupata, ma anche quale auto occupa quella posizione. Dobbiamo cioè calcolare le disposizioni delle tre auto nei quattro posti:

$$D_{4,3} = 4 \cdot 3 \cdot 2 = 24.$$

▶ **Determiniamo le possibili posizioni delle auto senza il contrassegno.**

I posti non riservati sono 196. Le 2 auto si possono disporre in questi posti in tanti modi quante sono le disposizioni di classe 2:

$$D_{196,2} = \frac{196!}{(196-2)!} = 196 \cdot 195 = 38220.$$

▶ **Calcoliamo il numero delle possibili disposizioni delle cinque auto nel parcheggio.**

$$D_{4,3} \cdot D_{196,2} = 24 \cdot 38220 = 917280$$

251 Calcola quante sigle di 10 elementi si possono costruire se per i primi cinque posti utilizziamo tre lettere A e due lettere B e per gli altri cinque posti tre cifre 1 e due cifre 0. [100]

252 In un piano sono dati nove punti a tre a tre non allineati. Quanti triangoli si possono disegnare con i vertici in quei punti? [84]

253 Si ritaglia un esagono di cartoncino e si vogliono colorare gli angoli relativi ai vertici con sei colori diversi (rosso, giallo, verde, blu, marrone, viola). Quanti sono i modi possibili? [120]

254 Quante cinquine, nel gioco del lotto, contengono una prefissata quaterna? [86]

255 REALTÀ E MODELLI **Password** Per l'accesso a un sito internet è necessario fornire una sequenza di 5 caratteri.

a. Qual è il numero totale dei codici possibili se i caratteri utilizzabili sono le cifre da 0 a 9, ipotizzando sia che le cifre possano ripetersi, sia che debbano essere tutte diverse?

b. Qual è il numero totale dei codici se i caratteri utilizzabili sono le cifre da 1 a 5, senza ripetizioni?

c. Qual è il numero totale dei codici possibili se nella combinazione possono essere utilizzate sia le cifre da 0 a 5 che le 26 lettere dell'alfabeto inglese, senza ripetizioni?

[a) 100 000, 30 240; b) 120; c) 24 165 120]

256 Un test è formato da 8 quesiti a risposta multipla con cinque possibilità. In quanti modi puoi rispondere alle otto domande del test? [390 625]

257 Determina quante sigle di 7 elementi è possibile scrivere, formate da 4 lettere distinte, fra le 21 lettere dell'alfabeto italiano, seguite da 3 cifre anche ripetute. [143 640 000]

258 REALTÀ E MODELLI **6 e 5 + 1** Nel gioco del Superenalotto si vince se si indovinano i 6 numeri naturali estratti, compresi tra 1 e 90.

a. Quante sono tutte le possibili sestine di numeri estratti?

b. Quante delle possibili sestine contengono almeno un multiplo di 6?

È possibile vincere anche con il cosiddetto 5+1. In questa variante vengono estratti 7 numeri tutti diversi, di cui uno è il numero jolly. Giocando 6 numeri, si vince quando se ne indovinano 5 più il numero jolly.

c. Supponiamo che siano stati estratti i sei numeri più il numero jolly; quante sono le sestine di numeri che realizzano il 5+1? Quante sono quelle che realizzano il 5?

[a) 622 614 630; b) 421 255 080; c) 6; 498]

259 Un'urna contiene 3 palline nere e 4 palline rosse. Calcola quanti sono i gruppi da 5 palline che si possono ottenere se vengono estratte consecutivamente una dopo l'altra senza rimettere le palline estratte nell'urna. Calcola inoltre quanti di questi gruppi sono formati da 2 palline nere e 3 rosse. [25; 10]

260 YOU & MATHS Six people – Bob, Bobbie, Rob, Robbie, Robert, and Roberta – are to be divided into two study groups. The groups cannot have any person in common, and each group must contain at least one person. In how many ways can this be done?

(USA *Bay Area Math Meet, BAMM, Bowl Sampler*)

[31]

261 •• **YOU & MATHS** A sequence of letters rolls off the tongue if the following two conditions are met.

1. The sequence does not begin or end with two consecutive consonants.
2. No three consecutive letters are all consonants.

How many permutations of MATHEMATICS roll off the tongue?

(USA *Rice University Mathematics Tournament*)

$[15 \cdot 7! = 75{,}600]$

262 •• Quante distinte stringhe di 5 lettere dell'alfabeto inglese (con possibile ripetizione) contengono esattamente tre lettere distinte?
[Nota: l'alfabeto inglese è composto da 26 lettere.]

(USA *North Carolina State High School Mathematics Contest*)

[390 000]

263 •• Un comitato di 5 persone deve essere scelto da un gruppo di 9. In quanti modi può essere scelto, se Biff e Jacob devono esservi compresi entrambi o essere entrambi esclusi, e Alice e Jane rifiutano di farne parte insieme?

(USA *Harvard-MIT Mathematics Tournament*)

[41]

264 •• Otto celebrità si incontrano a un party. Succede così che ciascuna celebrità stringe la mano esattamente ad altre due. Un ammiratore tiene una lista di tutte le coppie (non ordinate) di celebrità che si sono strette la mano. Se l'ordine non conta, quante diverse liste sono possibili?

(USA *Harvard-MIT Mathematics Tournament*)

[3507]

265 •• Adrian insegna in una classe di sei coppie di gemelli. Vuole formare delle squadre per una gara, ma vuole evitare che ci sia una coppia di gemelli nella stessa squadra. Stando a queste condizioni:

a. In quanti modi Adrian può dividerli in due squadre da sei?
b. In quanti modi Adrian può dividerli in tre squadre da quattro?

(GB *British Mathematical Olympiads*)

[a) 32; b) 960]

266 •• Da ciascuna delle due urne in figura si estraggono contemporaneamente 2 palline.
Calcola quanti sono i gruppi costituiti da:

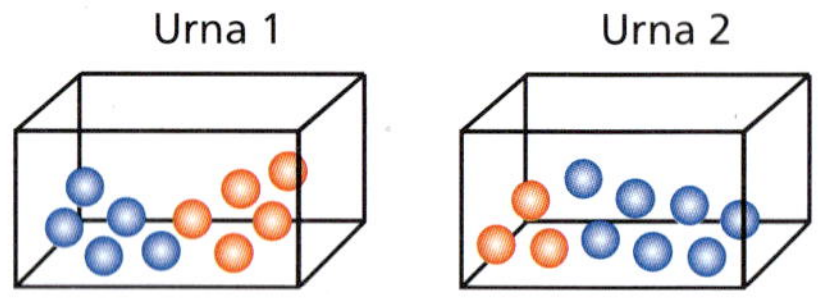

a. due palline rosse estratte dalla prima urna e due palline blu estratte dalla seconda;
b. una pallina rossa e una blu estratte da ciascuna urna;
c. tutte palline blu.

[a) 210; b) 525; c) 210]

MATEMATICA AL COMPUTER

Il calcolo combinatorio Una scatola contiene g gettoni gialli (numerati da 1 a g) e b gettoni blu (numerati da 1 a b). Consideriamo l'estrazione di un gruppo di e gettoni.
Costruiamo un foglio elettronico che, ricevuti i numeri g, b ed e, determini quanti gruppi differenti possiamo estrarre. Deve poi essere calcolato il numero di gruppi in relazione al numero k dei gettoni gialli in essi contenuti. Per dimensionare il foglio poniamo come limite $g \leq 10$.
Proviamo il foglio nei casi $g = 2$, $b = 3$ ed $e = 2$; $g = 5$, $b = 3$ ed $e = 6$; $g = 10$, $b = 12$ ed $e = 10$.
Per verifica, scriviamo i gruppi del primo caso.

Risoluzione – 8 esercizi in più

5 Binomio di Newton

▶ Teoria a p. α14

267 ESERCIZIO GUIDA Calcoliamo lo sviluppo della potenza: $(x^2 - 2y)^4$.

$$(x^2-2y)^4 = \binom{4}{0}(x^2)^4(-2y)^0 + \binom{4}{1}(x^2)^3(-2y)^1 + \binom{4}{2}(x^2)^2(-2y)^2 +$$

$$+\binom{4}{3}(x^2)^1(-2y)^3 + \binom{4}{4}(x^2)^0(-2y)^4 = x^8 - 8x^6y + 24x^4y^2 - 32x^2y^3 + 16y^4.$$

$$(A+B)^n = \sum_{k=0}^{n}\binom{n}{k}A^{n-k}B^k$$

Calcola lo sviluppo delle seguenti potenze di binomi.

268 ●● $(2a+3y)^3$; $(a-2b)^8$.

269 ●● $(x^3-y^2)^5$; $\left(x+\frac{1}{x}\right)^6$.

270 ●● $(2a^2+3a^3)^4$; $\left(\frac{a}{2}+x\right)^8$.

271 ●● $(\sqrt{2}+2)^4$; $\left(\frac{1}{2}x^2-2y\right)^6$.

272 ESERCIZIO GUIDA Calcoliamo il quarto termine dello sviluppo di $(x+2)^{10}$.

Data la formula $(A+B)^n = \sum_{k=0}^{n}\binom{n}{k}A^{n-k}B^k$, consideriamo soltanto il termine generale $\binom{n}{k}A^{n-k}B^k$; poiché per $k=0$ si ha il primo termine, il quarto termine si ha per $k=3$. Essendo $n=10$, otteniamo:

$$\binom{10}{3}\cdot x^7\cdot 2^3 = \frac{10\cdot 9\cdot 8}{3\cdot 2}x^7\cdot 8 = 120x^7\cdot 8 = 960x^7.$$

273 ●○ Calcola il quarto termine dello sviluppo di $\left(2x-\frac{1}{2}y\right)^7$. $[-70x^4y^3]$

274 ●○ Determina il terzo, il quinto e l'ottavo termine dello sviluppo di $(x-1)^9$. $[36x^7; 126x^5; -36x^2]$

275 ●○ Calcola il sesto termine dello sviluppo di $(a^2+b)^8$. $[56a^6b^5]$

276 ●● Determina n, sapendo che il coefficiente del terzo termine dello sviluppo di $(x+2y)^n$ è 60. [6]

277 ●● Dato lo sviluppo della potenza $(a+b)^n$, determina il coefficiente del termine con parte letterale ab^8 e determina l'esponente n. [9; 9]

278 ●● Come nell'esercizio precedente, ma considerando il termine con parte letterale a^2b^5. [21; 7]

279 ●● Calcola per quale valore di n si ha: $\binom{n}{0}+\binom{n}{1}+\binom{n}{2}+\ldots+\binom{n}{n}=512$.

280 ●○ Calcola se esiste un numero naturale n per il quale risulti $\sum_{k=0}^{n}\binom{n}{k}=2048$. [11]

281 ●○ Calcola per quale valore di n si ha $\sum_{k=0}^{n}\binom{n}{k}=32768$. [15]

VERIFICA DELLE COMPETENZE ALLENAMENTO

UTILIZZARE TECNICHE E PROCEDURE DI CALCOLO

TEST

1 Gli anagrammi della parola ARDIMENTO che terminano in MARE sono:

A 362 880. B 5760. C 2880. D 24. E 120.

2 I numeri che iniziano con 5 costituiti da due, tre e quattro cifre sono:

A 375. B 175. C 820. D 5850. E 1110.

3 VERO O FALSO?

a. Con le cifre dell'insieme {1, 3, 5, 7, 9} si possono formare almeno 600 numeri di 4 cifre. V F

b. Gli anagrammi, anche privi di senso, della parola MAMMA sono tanti quanti i sottoinsiemi di 2 elementi che si possono ottenere da un insieme di 5. V F

c. Un'urna contiene n palline bianche e $2n$ palline nere, tutte distinguibili tra loro (con $n > 1$); se ne estraggono due simultaneamente. Il numero di estrazioni di una coppia di palline bianche è la metà di quello di una coppia di palline nere. V F

Risolvi le seguenti equazioni.

4 $(x+1)! - 4(x-1)! = x!$ [2]

5 $(D_{x,3} + 2 \cdot D_{x-1,3}) \cdot D'_{x,2} = 0$ [$\nexists x \in \mathbb{N}$]

6 $D_{x,3} - D_{x-1,3} = 18$ [4]

7 $C_{x+1,2} + C_{x,2} = x^2 - x$ [$\nexists x \in \mathbb{N}$]

8 $P_{x+2} - 3 \cdot P_x = 3 \cdot P_{x+1}$ [2]

9 $3C_{x-3,3} = \frac{x}{2}$ [6]

10 $3 \cdot \binom{x+1}{x-1} = 9 \cdot \binom{x}{x-2}$ [2]

11 $P_x - 8P_{x-2} = 3(x-1)!$ [5]

12 $2 \cdot \binom{x+1}{3} - 12 \cdot \binom{x}{x-2} = \binom{x}{3}$ [32]

13 $D'_{x,3} - 2x \cdot D'_{x,2} + 16x = 0$ [4]

14 $\binom{x-1}{2} = 2 \cdot \binom{x-2}{2}$ [5]

15 $\binom{x}{0} + \binom{x}{1} + \binom{x}{2} + \binom{x}{x} = \frac{x^2}{2}$ [$\nexists x \in \mathbb{N}$]

16 $P_x = 6 \cdot D_{x-2,\,x-3}$ [3]

17 $\frac{(x+1)!}{x!} + x^2 = 3x$ [1]

Risolvi le seguenti disequazioni.

18 $\binom{x}{x-3} \geq 3\binom{x-1}{2}$ [$x \geq 9, x \in \mathbb{N}$]

19 $5\binom{x+1}{x-2} - 4\binom{x+1}{4} \leq 0$ [$x \geq 7, x \in \mathbb{N}$]

20 $\frac{x^2}{2}(6-x) \leq 4\binom{x}{x-2} - 3\binom{x}{3}$ [$x \geq 6$]

21 $\frac{5}{2}\binom{x}{2} \geq \binom{x}{4}$ [$4 \leq x \leq 8$]

22 $\binom{n}{2} \leq 10n$ [$2 \leq n \leq 21$]

23 $\binom{n}{n} + \binom{n}{1} + \binom{n}{2} \geq \frac{n^2+12}{3}$ [$n \geq 3$]

Verifica le seguenti identità.

24 $n(D_{n-1,k} - D_{n,k+1}) = (1-n)D_{n,k+1}$

25 $nP_n + P_{n+1} = n(P_{n-1} + 2P_n)$

TEST

26 Dobbiamo intervistare 5 persone diverse fra 12 che hanno partecipato a una vacanza all'estero organizzata da una determinata agenzia di viaggi. Tutti i possibili modi con cui possiamo scegliere gli intervistati sono:

A 95 040.
B 3 991 680.
C 792.
D 120.
E 5544.

27 Si usano gli elementi dell'insieme $M = \{x, y, t, z\}$ e le dieci cifre per formare sigle da 6 elementi. Sapendo che i primi due posti sono formati da lettere anche ripetute e gli altri quattro posti da cifre diverse, le sigle che si possono ottenere sono:

A 160 000.
B 80 640.
C 120 000.
D 60 480.
E 3360.

Sviluppa le seguenti potenze di binomi.

28 $(2x+1)^5$

29 $(a^2-1)^4$

30 $\left(\frac{1}{2}x+2y\right)^6$

31 $(x^2-2y^2)^5$

32 Determina l'ottavo termine dello sviluppo di $(x-2y^2)^9$. $[4608x^2y^{14}]$

33 Calcola il coefficiente di x nello sviluppo di $\left(2\sqrt{x}+\frac{1}{3x}\right)^8$. $\left[\frac{1792}{9}\right]$

34 Trova n sapendo che il coefficiente del 3° termine dello sviluppo $(x-2a)^n$ è 112. Per il valore di n trovato calcola poi il coefficiente del 7° termine. $[n = 8; 1792]$

35 Quanti sono tutti i sottoinsiemi, propri e impropri, di un insieme che contiene n elementi? $[2^n]$

RISOLVERE PROBLEMI

36 In un'urna ci sono dieci palline numerate da 1 a 10. Tre sono bianche e le altre nere. Calcola quante sono le cinquine che contengono esattamente una pallina bianca. [105]

37 Per aprire una cassaforte occorre formare un numero di quattro cifre diverse (scelte fra le dieci decimali). Quanti tentativi si possono fare? [5040]

38 Un'urna contiene tre palline di colori diversi: bianco, rosso, nero. Si estrae consecutivamente per quattro volte una pallina rimettendola nell'urna prima dell'estrazione successiva. Quante sono le possibili sequenze di colori? [81]

39 Calcola quanti numeri di tre cifre diverse si possono formare con le cifre 0, 1, ..., 9. [648]

40 A una offerta di lavoro per 3 posti di magazziniere si presentano 32 candidati. In quanti modi si possono fare le 3 assunzioni? [4960]

41 In una banca ci sono sei sportelli. In quanti modi diversi si possono disporre le prime sei persone che entrano nella banca? [720]

42 Trova in quanti modi si possono riporre quattro oggetti distinti in sei scatole diverse sapendo che è possibile riporre in una scatola più oggetti. [1296]

43 Determina il numero degli anagrammi delle parole ANTENNA e RADIO. [420; 120]

44 In quanti modi si possono scegliere i due rappresentanti di classe, se nella classe ci sono venticinque studenti? [300]

45 In una classe di ventotto alunni, di cui quindici maschi, devono essere scelti due ragazzi e due ragazze per un'assemblea di delegati. Quante sono le scelte possibili? [8190]

VERIFICA DELLE COMPETENZE

46 Calcola quante sono le diagonali di un esagono. Quindi generalizza al caso di un poligono convesso di n lati. $\left[9; \frac{n^2-3n}{2}\right]$

47 Quanti numeri di quattro cifre distinte, scelte fra 1, 2, 3, 4, 5, 6, 7, si possono formare? Quanti di questi sono pari? Quanti dispari? Quanti terminano con 2? Quanti sono maggiori di 6000? [840; 360; 480; 120; 240]

48 Calcola in quanti modi si possono disporre sei oggetti distinti in quattro scatole diverse sapendo che vi possono essere scatole vuote. [4096]

49 Calcola quanti prodotti diversi con tre fattori distinti si possono scrivere con i numeri 2, 3, 4, 5, 6, 7. [20]

50 In quanti modi possono disporsi quattro uomini e sette donne su una fila di quattordici sedie? [120 120]

51 In una famiglia i figli sono tre. Calcola quante diverse possibilità ci sono fra maschi e femmine. [4]

52 **Laura... sei tu?** Marco deve chiamare Laura sul cellulare, ma non ricorda bene le dieci cifre che compongono il numero. Le prime tre sono 3, 2, 8 e le ultime sono 3, 9, 4. Quanti tentativi può fare, sapendo che le rimanenti cifre sono tutte dispari? E se ricorda anche che la quarta cifra è 7? [625; 125]

53 **Quattro in storia** L'insegnante di storia oggi vuole interrogare quattro studenti, tra cui Paolo e Andreina. Se le possibili quaterne di interrogati sono 276, quanti sono gli alunni della classe? [26]

54 In una scatola ci sono trenta gettoni numerati da 1 a 30. Dieci sono rossi, gli altri sono di colore diverso. Calcola quante terne distinte si possono estrarre in modo che ognuna di esse contenga:

a. solo un gettone rosso;
b. almeno un gettone rosso;
c. nessun gettone rosso;
d. soltanto gettoni rossi.

[a) 1900; b) 2920; c) 1140; d) 120]

55 Una popolazione è formata da 20 persone: 7 hanno età inferiore a 18 anni, 3 età superiore a 60 anni e 10 hanno un'età intermedia. Si devono formare dei gruppi di 6 persone.
Calcola quanti sono i gruppi:

a. nei quali le persone hanno tutte la stessa età;
b. nei quali sono presenti due persone per ogni fascia di età;
c. nei quali sono presenti tutte e 3 le persone con età superiore a 60 anni;
d. che non contengono persone con età inferiore a 18 anni.

[a) 217; b) 2835; c) 680; d) 1716]

56 Quanti sono gli anagrammi, anche senza significato, della parola CALCOLATRICE ? Quanti cominciano per C ? Quanti finiscono per TRICE ? [19 958 400; 4 989 600; 630]

57 Cinque giocatori partecipano a un concorso a premi (nel quale lo stesso giocatore può vincere anche tutti i premi). In quanti modi possono essere assegnati i primi tre premi? [125]

58 Possiedo dieci DVD tra cui due copie di un primo film, tre copie di un secondo e due copie di un terzo. In quanti modi li posso sistemare nel mio scaffale? [151 200]

59 Trova in quanti modi è possibile estrarre 2 carte da un mazzo di 52 in modo che:

a. almeno una sia di cuori;
b. siano entrambe di quadri;
c. una sia di fiori e l'altra di picche.

[a) 585; b) 78; c) 169]

VERIFICA DELLE COMPETENZE VERSO L'ESAME

ARGOMENTARE E DIMOSTRARE

60 Scrivi e giustifica la legge delle classi complementari e spiega perché, in una classe di 24 alunni, stabilire in quanti modi possiamo scegliere i 20 non interrogati in un giorno equivale a stabilire in quanti modi possiamo scegliere i 4 interrogati nello stesso giorno.

61 Descrivi le combinazioni con ripetizione di n elementi di classe k. Considera poi la seguente situazione. Si pesca cinque volte una pallina da un'urna che contiene una pallina blu e una rossa. Ogni volta si rimette la pallina all'interno. Indica tutti i possibili esiti delle cinque estrazioni, considerando uguali gli esiti che differiscono solo per l'ordine di uscita. Verifica che il loro numero è quello che avresti ottenuto applicando opportunamente la formula.

62 Dimostra, per induzione, che:

$$\binom{2}{0}+\binom{3}{1}+\binom{4}{2}+\ldots+\binom{n}{n-2}=\frac{n^3-n}{6}.$$

63 Considera un insieme con n elementi. Descrivi le differenze tra le disposizioni semplici, le disposizioni con ripetizione e le combinazioni di classe k degli elementi dell'insieme. Confronta il numero di ciascun tipo di raggruppamento e verifica le disuguaglianze nel caso in cui $n = 8$ e $k = 3$.

---

64 Un professore interroga i suoi alunni a due alla volta. Stabilire quante possibili coppie diverse può interrogare, sapendo che la classe è di 20 studenti.

(*Esame di Stato, Liceo scientifico, Scuole italiane all'estero (Americhe), Sessione ordinaria*, 2004, *quesito* 8)

[190]

65 Quanti sono i numeri di quattro cifre (distinte tra loro) che è possibile scrivere utilizzando le cifre pari, diverse da zero?

(*Esame di Stato, Liceo scientifico, Scuole italiane all'estero (Americhe), Sessione ordinaria*, 2009, *quesito* 6)

[24]

66 Quale significato attribuisci al simbolo $\binom{n}{k}$? Esiste un k tale che $\binom{10}{k}=\binom{10}{k-2}$?

(*Esame di Stato, Liceo scientifico, Scuole italiane all'estero (Europa), Sessione ordinaria*, 2008, *quesito* 7)

[$k = 6$]

67 Si risolva la disequazione $\binom{x}{3} > \frac{15}{2}\binom{x}{2}$.

(*Esame di Stato, Liceo scientifico, Corso di ordinamento, Sessione suppletiva*, 2007, *quesito* 10)

[$x \geq 25, x \in \mathbb{N}$]

68 In una fabbrica lavorano 35 operai e 25 operaie. Si deve formare una delegazione comprendente 3 operai e 2 operaie. Quante sono le possibili delegazioni?

(*Esame di Stato, Liceo scientifico, Scuole italiane all'estero (Americhe), Sessione ordinaria*, 2005, *quesito* 5)

[1 963 500]

69 Calcolare quante sono le possibili «cinquine» che si possono estrarre da un'urna contenente i numeri naturali da 1 a 90, ognuna delle quali comprenda però i tre numeri 1, 2 e 3.

(*Esame di Stato, Liceo scientifico, Corso di ordinamento, Sessione straordinaria*, 2005, *quesito* 10)

[3741]

70 Quante diagonali ha un poligono di 2008 lati?

(*Esame di Stato, Liceo scientifico, Scuole italiane all'estero (Americhe), Sessione ordinaria*, 2005, *quesito* 6)

[2 013 020]

71 In quanti modi 10 persone possono disporsi su dieci sedili allineati? E attorno a un tavolo circolare?

(*Esame di Stato, Liceo scientifico, Corso di ordinamento, Sessione straordinaria*, 2010, *quesito* 3)

[10!; 9!]

72 Alla finale dei 200 m piani partecipano 8 atleti, fra i quali figurano i nostri amici Antonio e Pietro. Calcolare il numero dei possibili ordini di arrivo che registrino i nostri due amici fra i primi tre classificati.

(*Esame di Stato, Liceo scientifico, Corso di ordinamento, Sessione straordinaria*, 2004, *quesito* 10)

[36]

73 Cinque ragazzi sono contrassegnati con i numeri da 1 a 5. Altrettante sedie, disposte attorno a un tavolo, sono contrassegnate con gli stessi numeri. La sedia «1», posta a capotavola, è riservata al ragazzo «1», che è il caposquadra, mentre gli altri ragazzi si dispongono sulle sedie rimanenti in maniera del tutto casuale.
Calcolare in quanti modi i ragazzi si possono mettere seduti attorno al tavolo.

(*Esame di Stato, Liceo scientifico, Corso di ordinamento, Sessione suppletiva*, 2006, *quesito* 10)

[24]

74 Si dimostri l'identità $\binom{n}{k+1} = \binom{n}{k}\frac{n-k}{k+1}$ con n e k naturali e $n > k$.

(*Esame di Stato, Liceo scientifico, Corso di ordinamento, Sessione ordinaria*, 2009, *quesito* 7)

75 Una classe è formata da 28 alunni, di cui 16 femmine e 12 maschi. Fra le femmine c'è una sola «Maria» e fra i maschi un solo «Antonio». Si deve formare una delegazione formata da due femmine e due maschi. Quante sono le possibili delegazioni comprendenti «Maria» e «Antonio»?

(*Esame di Stato, Liceo scientifico, Corso di ordinamento, Sessione straordinaria*, 2006, *quesito* 10)

[165]

76 Risolvere l'equazione: $5\binom{n+1}{5} = 21\binom{n-1}{4}$.

(*Esame di Stato, Liceo scientifico, Comunicazione, opzione sportiva, Sessione ordinaria*, 2015, *quesito* 3)

$[n = 6 \vee n = 14]$

77 Dato l'insieme $A = \{1, 2, 5, 8\}$: determinare quanti numeri a due cifre si possono scrivere con gli elementi di A, considerando che sono ammesse le ripetizioni.

(*Esame di Stato, Liceo scientifico, Scuole italiane all'estero (Americhe), Sessione ordinaria*, 2012, *quesito* 6)

[16]

78 Quanti sono i numeri di 6 cifre che contengono: 2 volte esatte la cifra 1, 2 volte esatte la cifra 2 e non contengono la cifra 0?

(*Esame di Stato, Liceo scientifico, Scuole italiane all'estero (Europa), Sessione ordinaria*, 2012, *quesito* 8)

[4410]

79 Tommaso ha costruito un modello di tetraedro regolare e vuole colorare le 4 facce, ognuna con un colore diverso. In quanti modi può farlo se ha a disposizione 10 colori? E se invece si fosse trattato di un cubo?

(*Esame di Stato, Liceo scientifico, Corso di ordinamento, Sessione suppletiva*, 2013, *quesito* 8)

[210; 210]

80 Quanti colori si possono formare mediante le combinazioni dei sette colori fondamentali dello spettro? (contando, cioè, i colori presi separatamente e a 2 a 2, a 3 a 3, ..., a 7 a 7).

(*Esame di Stato, Liceo scientifico, Scuole italiane all'estero (Americhe), Sessione ordinaria*, 2014, *quesito* 8)

[120]

81 Dopo aver indicato come calcolare il numero di gruppi che si possono formare assegnando il primo posto all'insieme A che ha n elementi e il secondo all'insieme B che ha m elementi, considera la seguente situazione. Il ristorante «Buon appetito» propone 3 antipasti, 4 primi e 5 secondi. Il ristorante «Assaggiami» propone 4 antipasti e 5 primi. Stabilisci quanti secondi deve proporre il ristorante «Assaggiami» per avere lo stesso numero di menù completi del ristorante «Buon appetito». [3]

82 Se $n > 3$ e $\binom{n}{n-1}, \binom{n}{n-2}, \binom{n}{n-3}$ sono in progressione aritmetica, qual è il valore di n?

(*Esame di Stato, Liceo scientifico, Corso di ordinamento, Sessione ordinaria*, 2010, *quesito* 8)

$[n = 7]$

83 Il numero delle combinazioni di n oggetti a 4 a 4 è uguale al numero delle combinazioni degli stessi oggetti a 3 a 3. Si trovi n.

(*Esame di Stato, Liceo scientifico, Corso di ordinamento, Sessione ordinaria*, 2011, *quesito* 4)

$[n = 7]$

84 Con le cifre da 1 a 7 è possibile formare $7! = 5040$ numeri corrispondenti alle permutazioni delle 7 cifre. Ad esempio i numeri 1 234 567 e 3 546 712 corrispondono a due di queste permutazioni. Se i 5040 numeri ottenuti dalle permutazioni si dispongono in ordine crescente, qual è il numero che occupa la settima posizione e quale quello che occupa la 5036-esima posizione e quale quello che occupa la 1441-esima posizione?

(*Esame di Stato, Liceo scientifico, Corso sperimentale, Sessione ordinaria*, 2013, *quesito* 6)

[1 235 467, 7 654 132, 3 124 567]

COSTRUIRE E UTILIZZARE MODELLI

RISOLVIAMO UN PROBLEMA

L'indecisione del collezionista

Francesco colleziona modellini di aeroplani. Ha comprato un espositore con tre spazi in cui mettere i modellini e ha calcolato in quanti modi diversi può sistemare tre dei suoi modellini nell'espositore senza considerare l'ordine. Avendo scartato subito due modellini un po' rovinati, ora ha 64 possibilità in meno.

- Quanti modellini ha in tutto Francesco?
- Con un espositore da cinque posti, in quanti diversi modi Francesco può sistemare i suoi modellini non rovinati, se è interessato anche all'ordine in cui sono disposti?

▶ **Scriviamo l'espressione che rappresenta il numero delle possibili disposizioni dei modellini scelti nei tre spazi dell'espositore.**

Indichiamo con x il numero dei modellini di Francesco. L'espressione cercata è la seguente:

$$\binom{x}{3} = \frac{x!}{3!(x-3)!}.$$

▶ **Scriviamo l'espressione che rappresenta il numero delle possibili disposizioni dei modellini dopo averne tolti 2.**

Ora il numero di modellini è $x - 2$, quindi le possibili disposizioni nei tre spazi sono:

$$\binom{x-2}{3} = \frac{(x-2)!}{3!(x-5)!}.$$

▶ **Determiniamo il numero di modellini di Francesco.**

In base alle informazioni sappiamo che

$$\frac{(x-2)!}{3!(x-5)!} = \frac{x!}{3!(x-3)!} - 64$$

$$\frac{(x-2)(x-3)(x-4)}{3!} = \frac{x(x-1)(x-2)}{3!} - 64$$

$$(x^2 - 5x + 6)(x - 4) = (x^2 - x)(x - 2) - 384$$

$$x^3 - 9x^2 + 26x - 24 = x^3 - 3x^2 + 2x - 384$$

$$6x^2 - 24x - 360 = 0 \quad \to \quad x^2 - 4x - 60 = 0,$$

da cui $x = 10$ o $x = -6$.

Solo la prima soluzione è accettabile, quindi Francesco ha 10 modellini, di cui 8 non rovinati.

▶ **Determiniamo le possibili disposizioni di 8 modellini in un espositore con 5 posti.**

Poiché conta l'ordine, vogliamo sapere in quanti modi può disporre 5 degli 8 modellini non rovinati. Cerchiamo, cioè:

$$D_{8,5} = \frac{8!}{3!} = 6720.$$

85 **Rappresentanze studentesche** Un liceo ha quattro indirizzi diversi. In base ai dati sulle iscrizioni per l'anno scolastico 2015-2016, gli studenti sono suddivisi come nella tabella seguente.

		Indirizzo				
		Linguistico	**Classico**	**Scientifico**	**Scienze umane**	**Totale**
Biennio	**Maschi**	34	14	66	23	137
	Femmine	165	26	74	98	363
Triennio	**Maschi**	25	22	123	0	170
	Femmine	199	47	127	0	373
	Totale	423	109	390	121	1043

a. Per i rappresentanti di istituto viene votato uno studente per ciascun indirizzo. Quanti sono i possibili gruppi di rappresentanti?

b. Dovendo scegliere una delegazione di studenti del triennio per il gemellaggio con una scuola viennese, si decide di inviare due maschi e due femmine. Quante sono le delegazioni possibili?

c. Al torneo di calcio a 5 del biennio partecipano 4 squadre miste di 6 elementi ciascuna (di cui 3 femmine), in rappresentanza dei vari indirizzi. Quante squadre diverse si possono ottenere con gli studenti dell'indirizzo scientifico?

d. Per l'organizzazione del Social Day 2016, il comitato studentesco elegge al suo interno una commissione di 9 studenti di cui fanno parte, di diritto, i 4 rappresentanti e altri 5 membri, scelti tra i due rappresentanti di classe, evitando di scegliere due rappresentanti di una stessa classe. Sapendo che il liceo ha 46 classi, quante commissioni possono essere elette? Una volta formata la commissione, in quanti modi si potranno eleggere il presidente, il segretario e il tesoriere?

[a) 2 175 789 330; b) 996 614 970; c) 2 966 346 240; d) 43 864 128; 504]

86 **A Monza** Per il GP d'Italia di Formula 1 si qualificano venti piloti con le rispettive vetture. In quanti modi può essere formata la griglia di partenza? Se la pole position e la seconda posizione sono occupate rispettivamente da una Mercedes e da una Ferrari, quante sono le possibili griglie di partenza? (Considera che ogni scuderia schiera due autovetture.) [$20!$; $4 \cdot 18!$]

87 **Biglietti in regalo** A un gruppo di dieci amici, fra i quali ci sono anche Marta e Luca, vengono regalati quattro biglietti per un concerto. In quanti modi possono essere scelti i quattro amici che andranno allo spettacolo, se Marta non vuole andare senza Luca, mentre Luca è disposto ad andare anche senza Marta? [154]

88 **Doppie per otto** Otto amici devono occupare otto camere singole a loro riservate nell'hotel in cui sono arrivati per trascorrere le vacanze. In quanti modi si possono disporre nelle camere? Arrivati in hotel, però, si accorgono che sono state riservate loro quattro camere doppie. In quanti modi possono formare le coppie? In quanti modi possono occupare le quattro camere? [40 320; 105; 2520]

89 **Macedonia** Alessia ha a disposizione 20 tipi di frutta (fragole, pesche, limoni, kiwi, ...). Vuole preparare due macedonie usando per la prima quattro frutti diversi ma senza il limone e per la seconda cinque frutti diversi, evitando quelli usati nella prima macedonia e senza kiwi. Quante coppie di macedonie può preparare? [12 753 468]

90 **Intorno a un tavolo** Le delegazioni di quattro società, Alfa, Beta, Gamma e Delta, si incontrano per concludere un accordo commerciale. Ogni delegazione è formata da tre membri: l'amministratore delegato, un consulente tecnico, un segretario. Le delegazioni si siederanno due per parte ai lati maggiori di un tavolo rettangolare; in ogni delegazione il segretario e il consulente staranno ai lati dell'amministratore. Se Alfa e Beta non possono sedere l'una a fianco dell'altra, in quanti modi si possono disporre le delegazioni sui due lati del tavolo? Se i componenti di ciascuna delegazione si sedessero sempre affiancati ma in ordine casuale, quante sarebbero le possibili disposizioni? [256; 20 736]

INDIVIDUARE STRATEGIE E APPLICARE METODI PER RISOLVERE PROBLEMI

91 Il computer sceglie a caso tra le due cifre 0 e 1 per quattro volte. Calcola quante sono le possibili successioni:

a. di 0 e 1;

b. di 0 e 1 che iniziano con 0;

c. nelle quali la cifra 0 compare una volta;

d. nelle quali compare sempre la stessa cifra.

[a) 16; b) 8; c) 4; d) 2]

92 A una festa partecipano 8 uomini e 6 donne. Determina il numero di strette di mano:

a. se ciascun uomo stringe la mano a tutti i partecipanti, mentre le donne stringono la mano solo agli uomini;

b. senza alcuna restrizione;

c. generalizza il problema con n uomini e m donne.

$\left[\text{a) } 76; \text{ b) } 91; \text{ c) } nm + \binom{n}{2}, \binom{n+m}{2}\right]$

93 Si consideri l'insieme $D = \{1, 2, 3, 4, 5, 6\}$, contenente i possibili risultati del lancio di un dado. Determina, utilizzando gli elementi di D, quanti numeri si possono ottenere:

a. di al più 4 cifre;

b. di al più 4 cifre distinte;

c. multipli di 5 di al più 4 cifre distinte.

[a) 1554; b) 516; c) 86]

94 Angela, Beatrice, Carlo, Diego, Elena e Fabrizio siedono a un tavolo circolare di un ristorante per la cena. Calcola il numero dei modi distinti in cui i sei amici possono sedersi al tavolo:

a. se si siedono casualmente;

b. se Beatrice e Diego vogliono stare vicini;

c. se non solo Beatrice e Diego, ma anche Angela e Carlo vogliono stare vicini;

d. se Carlo ed Elena non vogliono stare vicini.

[a) 120; b) 48; c) 24; d) 72]

95 Matteo e Giorgio hanno in tutto sei palline diverse; calcola in quanti modi distinti possono dividerle tra loro:

a. se devono averne almeno una ciascuno;

b. se alla fine Matteo ne ha più di Giovanni;

c. se alla fine Giovanni ne ha il doppio di Matteo.

[a) 62; b) 21; c) 15]

96 Considerate le cifre 2, 3, 4 e 5, determina quanti numeri:

a. formati da una a quattro cifre diverse si possono formare;

b. formati da una a quattro cifre anche ripetute si possono formare;

c. dispari di tre cifre diverse si possono formare;

d. maggiori di 40 e minori di 10 000 si possono formare.

[a) 64; b) 340; c) 12; d) 328]

97 Un'urna contiene 5 palline rosse e 85 nere. Calcola quanti sono i gruppi di 5 palline che contengono:

a. una rossa e quattro nere;

b. due rosse e tre nere;

c. tre rosse e due nere;

d. quattro rosse e una nera;

e. tutte rosse.

[a) 10 123 925; b) 987 700; c) 35 700; d) 425; e) 1]

98 Dato l'insieme $A = \{a, e, l, o, m, r, t\}$, calcola quante parole, anche prive di significato, si possono scrivere:

a. con quattro lettere diverse;

b. con quattro lettere diverse nelle quali la prima sia r e l'ultima a;

c. con sette lettere diverse;

d. con otto lettere supponendo che la lettera m si possa ripetere due volte.

[a) 840; b) 20; c) 5 040; d) 20 160]

VERIFICA DELLE COMPETENZE PROVE

1 ora

PROVA A

1 Verifica l'identità $D_{n,k} - k \cdot D_{n-1,k-1} = D_{n-1,k}$.

2 In una classe di 28 alunni, l'insegnante di educazione fisica deve scegliere 6 ragazzi che partecipino alla corsa campestre. In quanti modi può effettuare la scelta?

3 Con le 5 vocali, le 16 consonanti e le 10 cifre decimali, quante sigle di 6 elementi puoi costruire se i primi 2 posti devono essere occupati da vocali diverse seguite da 2 consonanti diverse e infine da un numero di due cifre?

4 Con le prime cinque cifre (da 0 a 4) quanti numeri puoi formare:

a. di tre cifre tutte diverse;

b. di quattro cifre anche ripetute;

c. di cinque cifre diverse che iniziano con 4;

d. di due cifre pari diverse.

5 Sviluppa $(a-2)^5$.

6 Allo slalom speciale del campionato del mondo di sci partecipano quaranta atleti. In quanti modi si può formare la classifica dei primi cinque?

7 Abbiamo cinque palline nere numerate da 1 a 5 e tre palline bianche numerate da 1 a 3. Determina quanti sono i gruppi ordinati di tre palline diverse che si possono formare avendo:

a. due nere seguite da una bianca;

b. due nere seguite da una bianca, usando i numeri dispari;

c. tutte dispari.

8 Dovendo collocare 5 oggetti diversi, calcola il numero delle possibilità:

a. mettendone 3 in una scatola e 2 in un'altra;

b. mettendoli in 3 scatole senza lasciarne alcuna vuota;

c. mettendoli in tre scatole, anche lasciandone una o due vuote.

PROVA B

1 Verifica l'identità:

$$\binom{n}{k+1} = \frac{n+1}{n-k}\binom{n}{k+1} - \binom{n}{k}.$$

2 Risolvi:

a. $\binom{x}{2} + \frac{1}{2}\binom{x-1}{x-2} = 4\binom{x+1}{4}$;

b. $2\binom{x-1}{4} \leq 5\binom{x-1}{x-3}$.

3 Calcola quanti sono gli anagrammi, anche privi di significato, delle parole CAMPING e FOTOGRAFO.

4 Una classe è composta da 17 maschi e 11 femmine. L'insegnante di storia deve interrogare e sorteggia tre studenti a caso. Calcola in quanti modi può avvenire l'estrazione per avere:

a. tutte femmine;

b. tutti maschi;

c. almeno uno dei tre maschio.

5 Quanti numeri di quattro cifre distinte si possono formare con le cifre 0, 1, 2, 3, 4, 5, 6? Quanti di essi sono pari? Quanti sono maggiori di 5000?

6 Determina il sesto termine dello sviluppo di $(x^2 - y)^{10}$.

7 Calcola in quanti modi diversi 5 ragazzi e 3 ragazze possono occupare una fila di 8 posti al cinema se:

a. le ragazze vogliono stare sempre vicine;

b. anche i maschi vogliono stare vicini tra loro.

8 Calcola in quanti modi diversi puoi estrarre da un'urna, contenente i 90 numeri del lotto, 3 numeri se l'estrazione è:

a. consecutiva senza reinserimento del numero estratto;

b. consecutiva con reinserimento del numero estratto;

c. contemporanea.

PROVA C

Ginnastica ritmica La World Cup di ginnastica ritmica è una competizione internazionale di esercizi, sia a squadre sia individuali, da eseguire con uno o più dei seguenti attrezzi: nastro, clavette, palla, fune e cerchio. La gara a squadre prevede che ogni squadra, composta da cinque ginnaste, presenti due esercizi: uno con un solo attrezzo e uno con due attrezzi.

a. Quante sono le possibili scelte degli attrezzi per i due esercizi a squadre?

La scelta degli attrezzi da usare nei due esercizi della gara a squadre avviene ogni quattro anni. Contestualmente vengono scelti anche quattro dei cinque attrezzi da impiegare nelle gare individuali.

b. Quante sono le scelte possibili per entrambe le tipologie di gara?

Alla competizione con le clavette hanno partecipato 20 ginnaste, di cui tre russe, due italiane e due ucraine. Le altre nazioni hanno partecipato con al più due ginnaste. Da regolamento, dopo la prima giornata, in base ai punteggi ottenuti, vanno in finale solo le prime 8 ginnaste, ma non più di due per nazione.

c. Quante sono le classifiche possibili delle prime 8 ginnaste che passano alla fase successiva?

d. Quante sono le classifiche possibili se sai che vanno in finale due russe, un'ucraina e un'italiana?

PROVA D

1 La griglia in figura è costituita da punti rossi e neri. Determina in quanti modi distinti si possono scegliere:

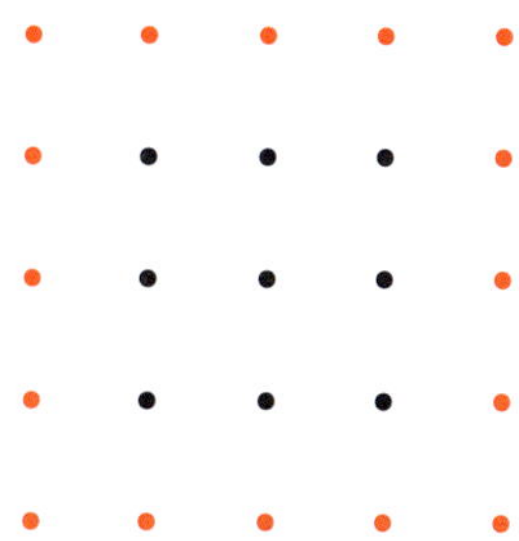

a. tre punti a caso nella griglia;

b. tre punti rossi a caso;

c. tre punti rossi allineati;

d. tre punti rossi in modo che siano i vertici di un triangolo non degenere.

2 Si utilizzano le vocali e le cifre decimali per costruire sigle formate all'inizio da 2 vocali seguite da 5 cifre decimali. Determina quante sono le sigle nel caso in cui:

a. le vocali e le cifre sono tutte diverse;

b. le vocali sono diverse, ma le cifre possono ripetersi;

c. sia le vocali che le cifre possono ripetersi;

d. le vocali e anche le cifre sono tutte diverse, ma vengono escluse quelle sigle che nella parte numerica iniziano con 5.

3 **Difetta di memoria** Lucia ha una nuova tessera del Bancomat, con un codice di cinque cifre. Non ha ancora ben memorizzato il numero e ricorda solo che le cifre sono tutte diverse: la prima è 0, l'ultima è 5 e solo la seconda è pari. Quanti tentativi al massimo deve fare per individuare il codice?

CAPITOLO

α2

PROBABILITÀ

1 Eventi

▶ Esercizi a p. α77

Se lasci cadere un oggetto in una stanza, puoi prevedere che raggiungerà il pavimento. Se invece lanci un dado, non puoi prevedere quale fra i possibili risultati otterrai.
Sono analoghi al lancio di un dado tutti gli esperimenti di cui non è prevedibile il risultato, e per questo vengono chiamati *aleatori*, perché in latino *alea* significa «dado».
Esempi di esperimenti aleatori sono: un incontro di calcio, la puntualità di un treno, l'estrazione di un numero al lotto, la produzione di un pezzo difettoso da parte di una macchina, il contrarre una malattia.
Per descrivere e studiare matematicamente gli esperimenti aleatori, diamo le seguenti definizioni.

Listen to it

A **random experiment** is an experiment which admits more than one possible **outcome**. The set of all possible outcomes of a random experiment is called the **sample space** and every subset of the sample space is called an **event**. An event is **elementary** if it contains only a single outcome of the experiment.

DEFINIZIONE

- Un **esperimento aleatorio** è un fenomeno di cui non riusciamo a prevedere il risultato con certezza.
- L'insieme U di tutti i possibili risultati di un esperimento si chiama **spazio campionario** o **universo**.
- Un **evento** è un qualunque sottoinsieme dello spazio campionario; un evento formato da un singolo risultato dell'esperimento è detto **evento elementare**.

ESEMPIO

Nel lancio di un dado possiamo rappresentare l'insieme universo U come:

$$U = \{1, 2, 3, 4, 5, 6\},$$

e graficamente con un diagramma di Venn come nella figura.

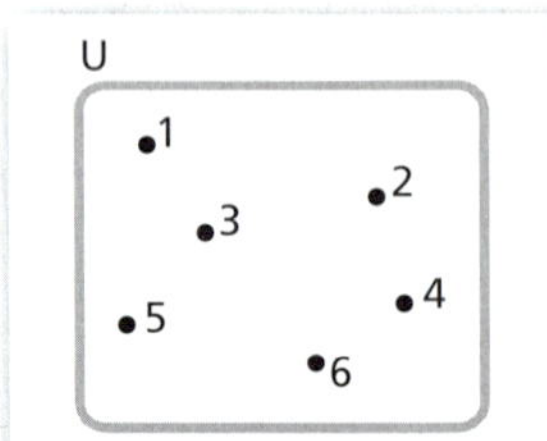

Gli eventi elementari sono:

$$E_1 = \text{«esce il numero 1»}, \ \ldots,$$

$$E_6 = \text{«esce il numero 6»}.$$

Un possibile evento è $E = \{2, 4, 6\}$, cioè «esce un numero pari».

Chiamiamo **spazio degli eventi** l'insieme di tutti gli eventi che si possono associare a un esperimento, cioè l'insieme delle parti di U.

ESEMPIO

Lanciamo consecutivamente una moneta due volte. Se indichiamo «testa» con T e «croce» con C, con l'aiuto di un diagramma ad albero possiamo determinare l'insieme universo U:

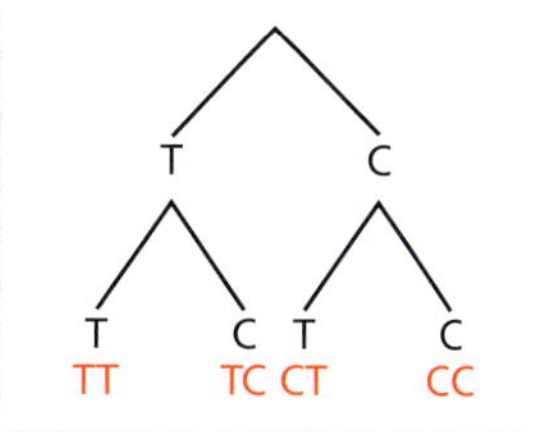

$$U = \{TT, TC, CT, CC\}.$$

Lo spazio degli eventi è:

$$\mathcal{P}(U) = \{\{TT\}, \{CC\}, \{TC\}, \{CT\}, \{TT, CC\}, \{TT, TC\}, \{TT, CT\}, \{CC, TC\}, \{CC, CT\}, \{TC, CT\}, \{TT, CC, TC\}, \{TT, CC, CT\}, \{CC, TC, CT\}, \{TT, TC, CT\}, \{TT, CC, TC, CT\}, \varnothing\}.$$

Animazione

Nell'animazione determiniamo lo spazio campionario relativo a tre lanci consecutivi di una moneta e tre eventi aleatori di cui uno elementare.

2 Concezione classica della probabilità

▶ Esercizi a p. α77

Nel lancio di un dado consideriamo l'evento:

E = «esce un numero dispari».

L'insieme universo $U = \{1, 2, 3, 4, 5, 6\}$ è l'insieme dei **casi possibili**, mentre il sottoinsieme $E = \{1, 3, 5\}$ rappresenta l'insieme dei **casi favorevoli**, ossia di quelli in cui l'evento E è verificato.
Se il dado non è truccato, tutti i casi sono *ugualmente possibili*, e il rapporto

$$\frac{\text{numero dei casi favorevoli}}{\text{numero dei casi possibili}} = \frac{3}{6} = \frac{1}{2}$$

fornisce una stima sulla possibilità che l'evento E si verifichi.

DEFINIZIONE

La **probabilità** di un evento E è il rapporto fra il numero dei casi favorevoli f e quello dei casi possibili u quando sono tutti ugualmente possibili.

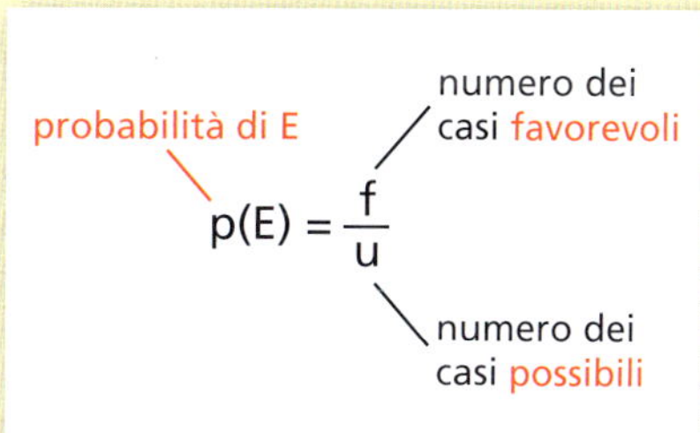

Listen to it

The **probability** of an event *E* is given by the ratio of the number of **favourable outcomes** to the number of all possible outcomes.

ESEMPIO

Estraiamo una carta da un mazzo di 52 carte. I casi possibili sono $u = 52$, cioè tutti i possibili esiti dell'estrazione.
Consideriamo gli eventi:

E_1 = «estrazione di una figura rossa»;
E_2 = «estrazione di una carta di picche».

▶ In un gioco da tavola ci sono 120 pedine, ognuna delle quali riporta una lettera dell'alfabeto italiano. 57 pedine hanno una vocale, 14 la lettera A, 11 la E e 12 la I. Le pedine con la O sono il triplo di quelle con la U. Calcola la probabilità che, prendendo una pedina a caso:

a. sia una vocale;
b. sia una O.

Animazione

TEORIA

▸ In un libro di 60 pagine ci sono 5 pagine dedicate all'introduzione, che non contengono illustrazioni. Delle rimanenti, 12 pagine hanno illustrazioni. Calcola la probabilità che, prendendo una pagina a caso:
a. sia nell'introduzione;
b. non abbia illustrazioni.
$\left[\text{a)}\ \frac{1}{12};\ \text{b)}\ \frac{4}{5}\right]$

Per E_1 i casi favorevoli sono $f = 6$, cioè il numero delle figure rosse; per E_2 i casi favorevoli sono $f = 13$, cioè il numero delle carte di picche. Quindi:

$$p(E_1) = \frac{6}{52} = \frac{3}{26} \simeq 0,12; \qquad p(E_2) = \frac{13}{52} = \frac{1}{4} = 0,25.$$

Possiamo esprimere questi valori anche mediante percentuali.

Per esempio, il valore percentuale della probabilità di E_2 è 25%.

Possiamo fare le seguenti osservazioni.

- Poiché il numero f dei casi favorevoli è sempre minore o uguale al numero dei casi possibili,

  $$0 \leq p(E) \leq 1,$$

  cioè, la probabilità di un evento è sempre compresa tra 0 e 1.
- Se $f = u$, poiché il numero dei casi favorevoli è uguale al numero dei casi possibili:

  $$p(E) = 1$$

  e l'evento è **certo**.
- Se $f = 0$, poiché il numero dei casi favorevoli è nullo:

  $$p(E) = 0$$

  e l'evento è **impossibile**.

Evento contrario

Consideriamo un evento E. Il suo **evento contrario** $\overline{E}$ è l'evento che si verifica se e solo se non si verifica E.

Per esempio, nel lancio di un dado l'evento contrario di E = «esce un numero pari» è $\overline{E}$ = «non esce un numero pari», ossia «esce un numero dispari».

È vero che:

$$\boldsymbol{p(\overline{E}) = 1 - p(E)}.$$

Infatti, essendo u = numero dei casi possibili e f = numero dei casi favorevoli a E:

$$p(\overline{E}) = \frac{u-f}{u} = 1 - \frac{f}{u} = 1 - p(E).$$

ESEMPIO

Nel lancio di un dado l'evento $\overline{E}$ = «non esce il numero 6» è l'evento contrario dell'evento E = «esce il numero 6», quindi

$$p(\overline{E}) = 1 - p(E) = 1 - \frac{1}{6} = \frac{5}{6}.$$

▸ In un'urna ci sono tre palline gialle, una bianca e due verdi. Calcola la probabilità dell'evento contrario di B = «esce una pallina bianca»:
a. direttamente;
b. usando le proprietà della probabilità.

Animazione

Dal punto di vista degli insiemi, dato l'insieme corrispondente a un evento E, al suo evento contrario $\overline{E}$ corrisponde l'*insieme complementare* di E rispetto a U. Nell'esempio precedente, $U = \{1, 2, 3, 4, 5, 6\}$, $E = \{6\}$, $\overline{E} = \{1, 2, 3, 4, 5\}$.

Per quanto abbiamo detto, la somma della probabilità di un evento e di quella del suo evento contrario è 1:

$$p(E) + p(\overline{E}) = 1.$$

Probabilità e calcolo combinatorio

Nel calcolare la probabilità di un evento con la definizione data, per contare il numero di casi favorevoli e quello di casi possibili, può essere utile il calcolo combinatorio.

ESEMPIO

Da un'urna contenente 4 palline bianche e 6 nere estraiamo *consecutivamente* 5 palline, senza rimettere ogni volta la pallina estratta nell'urna.

a. Consideriamo l'evento:

E_1 = «escono consecutivamente, nell'ordine, 2 palline bianche e 3 nere».

Dobbiamo supporre di *distinguere per l'ordine* di uscita ogni possibile raggruppamento, anche se identico ad altri per composizione.
I casi possibili si possono quindi calcolare con le *disposizioni semplici*:

$$D_{10,5} = 10 \cdot 9 \cdot 8 \cdot 7 \cdot 6 = 30\,240.$$

I casi favorevoli sono tutti i gruppi formati da 2 palline bianche delle quattro contenute nell'urna e dai gruppi formati da 3 palline nere delle sei contenute nell'urna:

$$D_{4,2} \cdot D_{6,3} = (4 \cdot 3) \cdot (6 \cdot 5 \cdot 4) = 1440.$$

Si ha che $p(E_1) = \dfrac{D_{4,2} \cdot D_{6,3}}{D_{10,5}} = \dfrac{1440}{30\,240} = \dfrac{1}{21}$.

b. Consideriamo ora l'evento:

E_2 = «escono 2 palline bianche e 3 nere».

Questa volta *non interessa l'ordine*: indicando con b una pallina bianca e con n una nera, l'evento è verificato non solo quando la successione è

$b, b, n, n, n,$

ma anche quando è

$b, n, b, n, n;$ $n, b, b, n, n;$ ...

I casi favorevoli sono quindi quelli calcolati nel caso **a** moltiplicati per le permutazioni di 5 elementi, di cui 2 e 3 ripetuti:

$$(D_{4,2} \cdot D_{6,3}) \cdot P_5^{(2,3)} = 1440 \cdot \frac{5!}{2! \cdot 3!} = 14\,400.$$

Pertanto $p(E_2) = \dfrac{14\,400}{30\,240} = \dfrac{10}{21}$.

Osserviamo che la probabilità dell'evento E_2 può essere scritta anche nel seguente modo:

$$p(E_2) = \frac{D_{4,2} \cdot D_{6,3} \cdot \frac{5!}{2! \cdot 3!}}{D_{10,5}} = \frac{\frac{D_{4,2}}{2!} \cdot \frac{D_{6,3}}{3!}}{\frac{D_{10,5}}{5!}} = \frac{C_{4,2} \cdot C_{6,3}}{C_{10,5}}.$$

Confrontando i risultati ottenuti per E_1 ed E_2, possiamo quindi concludere che nelle estrazioni consecutive senza reinserimento si utilizzano le disposizioni semplici se è essenziale l'ordine di uscita, le combinazioni semplici se l'ordine non interessa.

Video

Roulette e probabilità
Facciamo 10 puntate alla roulette.

▶ Qual è la probabilità che esca un numero nero?

▶ In una classe con 16 femmine e 9 maschi si formano dei gruppi di studio composti da 5 persone. Formando un gruppo a caso, qual è la probabilità che sia composto da almeno 4 femmine?

Animazione

TEORIA

3 Somma logica di eventi

Esercizi a p. α83

Eventi unione e intersezione

Ogni evento è un sottoinsieme dello spazio campionario, quindi possiamo utilizzare gli insiemi per definire eventi unione e intersezione di eventi.

DEFINIZIONE

Dati due eventi E_1 ed E_2 di uno stesso spazio campionario:

- l'**evento unione** o **somma logica** è l'evento $E_1 \cup E_2$ che si verifica quando è verificato *almeno* uno degli eventi E_1 o E_2;
- l'**evento intersezione** o **prodotto logico** è l'evento $E_1 \cap E_2$ che si verifica quando sono verificati *entrambi* gli eventi E_1 ed E_2.

La o e la e che abbiamo utilizzato nella definizione corrispondono alle *operazioni logiche* tra le proposizioni che descrivono gli eventi. Infatti, date due proposizioni logiche p e q:

- la loro disgiunzione $p \vee q$, cioè p o q, è falsa quando entrambe p e q sono false, è vera negli altri casi;
- la loro congiunzione $p \wedge q$, cioè p e q, è vera quando entrambe p e q sono vere, è falsa negli altri casi.

L'evento unione viene anche detto **evento totale**, mentre l'evento intersezione è anche detto **evento composto**.

ESEMPIO

Estraiamo una pallina da un'urna che ne contiene 6, numerate da 1 a 6, e consideriamo:

E_1 = «esce un numero minore di 4»,

E_2 = «esce un multiplo di 2».

Abbiamo che:

$E_1 \cup E_2$ = «esce un numero minore di 4 o multiplo di 2» = {1, 2, 3, 4, 6};

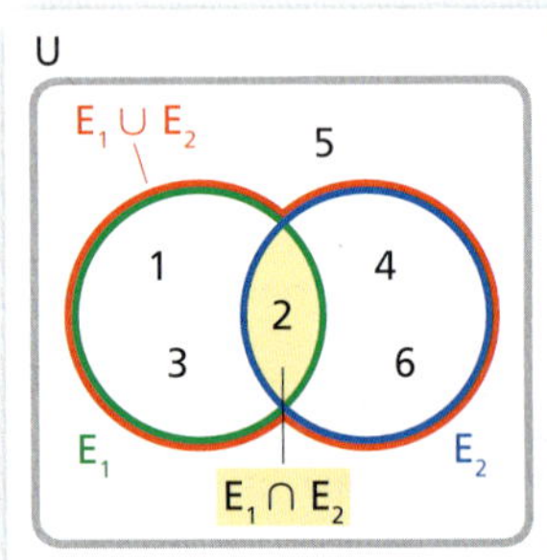

$E_1 \cap E_2$ = «esce un numero minore di 4 e multiplo di 2» = {2}.

Eventi compatibili ed eventi incompatibili

Estraiamo una pallina da un'urna contenente 12 palline numerate da 1 a 12 e consideriamo gli eventi:

E_1 = «esce un numero pari»;

E_2 = «esce un numero maggiore di 7».

Osserviamo che gli eventi E_1 ed E_2 possono verificarsi *contemporaneamente*, per ognuno dei risultati dati da un elemento di $E_1 \cap E_2$ = {8, 10, 12}. In casi come questo si dice che gli eventi sono *compatibili*.

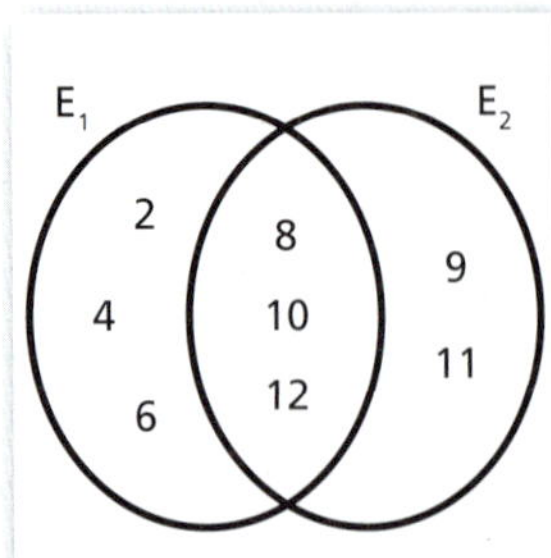

▶ Si lanciano tre monete con le facce contrassegnate da T e C. Considera gli eventi

- E_1 = «esce solo una T»,
- E_2 = «esce almeno una T»,
- E_3 = «escono almeno due T».

Stabilisci quali sono le coppie di eventi compatibili e le coppie di eventi incompatibili.

Consideriamo ora gli eventi:

E_3 = «esce il numero 2»;

E_4 = «esce il numero 10».

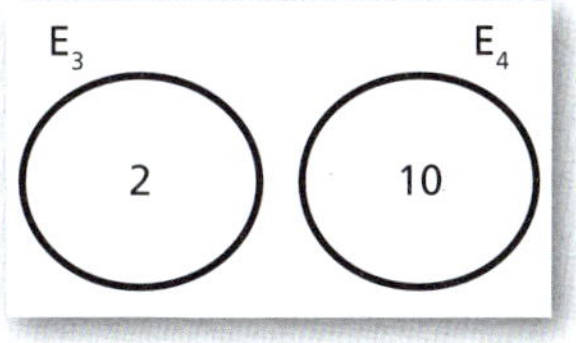

$E_3 \cap E_4 = \varnothing$: questi due eventi, invece, *non* possono verificarsi *contemporaneamente*. Eventi di questo tipo sono *incompatibili*.

DEFINIZIONE

Due eventi E_1 ed E_2, relativi allo stesso spazio campionario, sono **incompatibili** se il verificarsi di uno esclude il verificarsi contemporaneo dell'altro, cioè $E_1 \cap E_2 = \varnothing$. In caso contrario sono **compatibili**.

Listen to it

Two events E_1 and E_2 are said to be **mutually exclusive** (or **disjoint**) if they cannot both occur in a single trial of the experiment. Therefore, the intersection of mutually exclusive events is empty.

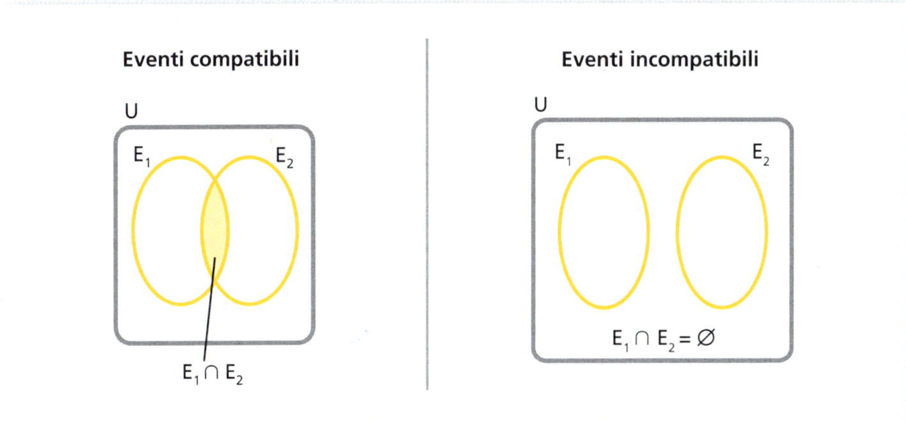

Probabilità della somma logica o unione di due eventi

Vale il seguente teorema.

TEOREMA

La **probabilità della somma logica di due eventi** E_1 ed E_2 è uguale alla somma delle loro probabilità diminuita della probabilità del loro evento intersezione:

$$p(E_1 \cup E_2) = p(E_1) + p(E_2) - p(E_1 \cap E_2).$$

In particolare, se gli eventi sono *incompatibili*:

$$p(E_1 \cup E_2) = p(E_1) + p(E_2).$$

Infatti, se gli eventi sono compatibili, per calcolare gli elementi di $E_1 \cup E_2$ occorre sottrarre alla somma degli elementi di E_1 ed E_2 quelli in comune, altrimenti verrebbero contati due volte. Se invece gli eventi sono incompatibili, poiché $E_1 \cap E_2 = \varnothing$ e $p(E_1 \cap E_2) = 0$, la sottrazione non è necessaria.

Il teorema si estende al caso di tre o più eventi. Per esempio, nel caso di tre eventi la relazione del teorema diventa:

$$p(E_1 \cup E_2 \cup E_3) = p(E_1) + p(E_2) + p(E_3) - p(E_1 \cap E_2) + \\ - p(E_1 \cap E_3) - p(E_2 \cap E_3) + p(E_1 \cap E_2 \cap E_3).$$

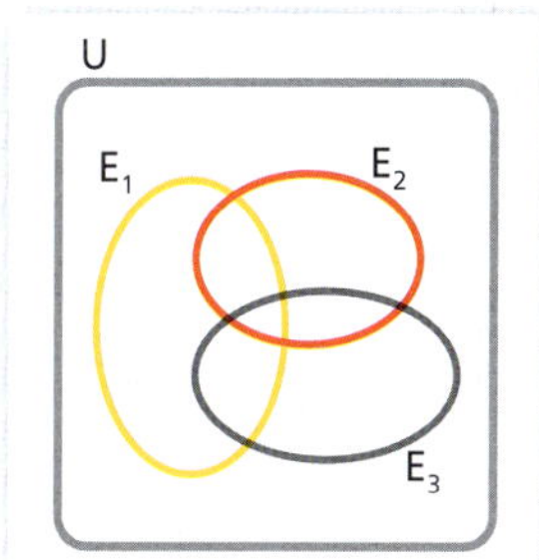

In ogni caso è sempre opportuno effettuare la rappresentazione con i diagrammi di Venn e ricavare, osservando la figura, le probabilità da sommare o da sottrarre.

ESEMPIO

Un'urna contiene 15 palline numerate da 1 a 15. Calcoliamo la probabilità che, estraendo una pallina, essa rechi:

a. un numero dispari o maggiore di 10;

b. un numero minore di 6 o maggiore di 10.

Rappresentiamo gli eventi:

E_1 = «esce un numero dispari»;

E_2 = «esce un numero maggiore di 10»;

E_3 = «esce un numero minore di 6».

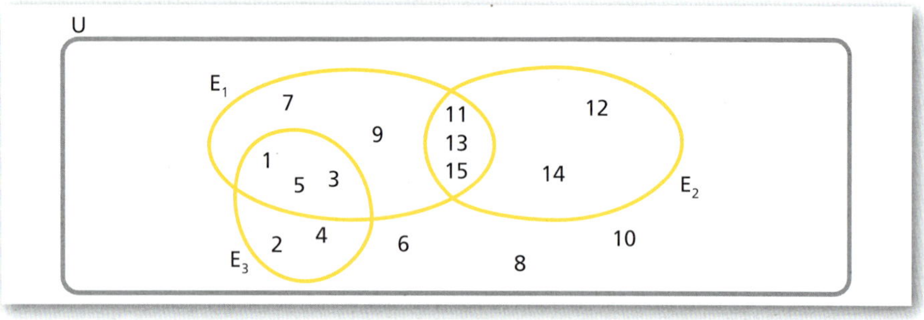

Utilizzando il diagramma di Venn, calcoliamo:

a. $p(E_1 \cup E_2) = p(E_1) + p(E_2) - p(E_1 \cap E_2) = \frac{8}{15} + \frac{5}{15} - \frac{3}{15} = \frac{10}{15} = \frac{2}{3}$;

b. $p(E_3 \cup E_2) = p(E_3) + p(E_2) = \frac{5}{15} + \frac{5}{15} = \frac{10}{15} = \frac{2}{3}$.

► Un sacchetto contiene trenta gettoni numerati da 1 a 30. Si estraggono consecutivamente due gettoni, senza rimettere il primo nel sacchetto. Calcola la probabilità che:

a. vengano estratti due multipli di 3 oppure due multipli di 5;

b. la somma dei numeri estratti sia un numero pari.

Animazione

Possiamo generalizzare il teorema precedente al caso di n eventi a due a due incompatibili, $E_1, E_2, \ldots, E_n$, ottenendo la formula

$$\boldsymbol{p(E_1 \cup E_2 \cup \ldots \cup E_n) = p(E_1) + p(E_2) + \ldots + p(E_n)}.$$

Questo risultato è anche chiamato **teorema della probabilità totale**.

4 Probabilità condizionata

► Esercizi a p. α86

Eventi dipendenti ed eventi indipendenti

Consideriamo un'urna contenente 12 palline identiche numerate da 1 a 12.
Lo spazio campionario è

$U = \{1, 2, 3, 4, 5, 6, 7, 8, 9, 10, 11, 12\}$

e l'evento E = «estrazione di una pallina con un numero divisibile per 3» ha probabilità $p(E) = \frac{4}{12} = \frac{1}{3}$.

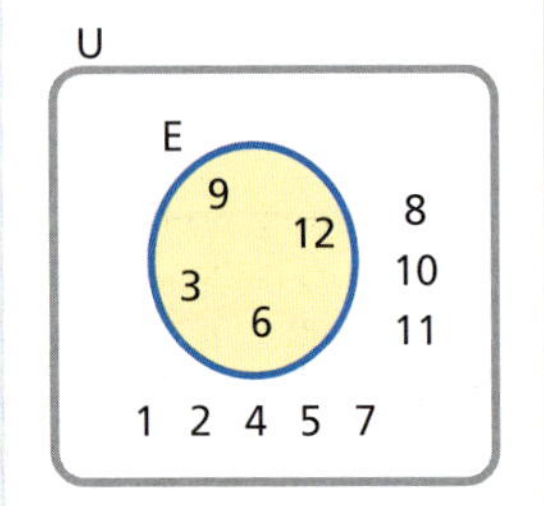

1. Consideriamo l'evento

E_1 = «estrazione di una pallina con un numero maggiore di 7»,

per il quale $p(E_1) = \frac{5}{12}$.

Valutiamo ora la probabilità di E quando sappiamo che E_1 si è verificato. Indichiamo questa probabilità con il simbolo $p(E \mid E_1)$ che leggiamo *probabilità di E condizionata a* E_1.

In questa situazione gli esiti possibili non sono più 12, ma 5 (figura **a**), in quanto l'insieme universo si è ridotto a:

$U' = E_1 = \{8, 9, 10, 11, 12\}$.

I casi favorevoli sono i 2 elementi dell'insieme $E \cap E_1 = \{9, 12\}$.

La probabilità è $p(E \mid E_1) = \frac{2}{5}$, che è un valore maggiore di $p(E) = \frac{1}{3}$.

Sapere che E_1 si è verificato ha aumentato la probabilità di E. Gli eventi E ed E_1 si dicono *correlati positivamente*.

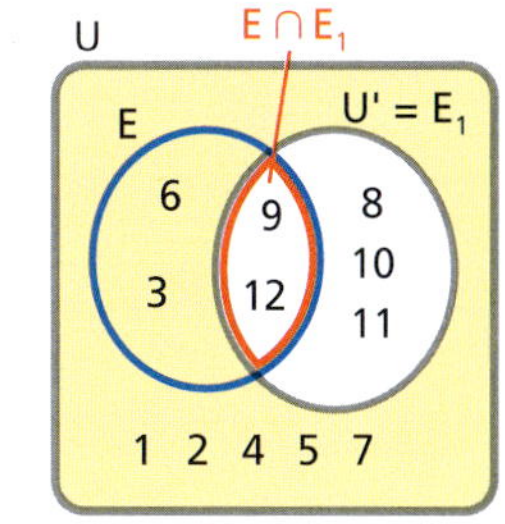

a

2. Consideriamo l'evento E_2 = «estrazione di una pallina con un numero pari», per il quale $p(E_2) = \frac{6}{12} = \frac{1}{2}$.

Valutiamo la probabilità di E, supponendo che si sia verificato E_2, cioè la probabilità $p(E \mid E_2)$ di E condizionata a E_2. Gli esiti possibili diventano 6 (figura **b**), in quanto l'insieme universo si è ridotto a $U' = E_2 = \{2, 4, 6, 8, 10, 12\}$; i casi favorevoli sono i 2 elementi dell'insieme $E \cap E_2 = \{6, 12\}$.

$p(E \mid E_2) = \frac{2}{6} = \frac{1}{3}$, che è un valore uguale a $p(E) = \frac{1}{3}$.

In questo caso, sapere che E_2 si è verificato non ha mutato il valore della probabilità di E. Gli eventi E ed E_2 sono *indipendenti*.

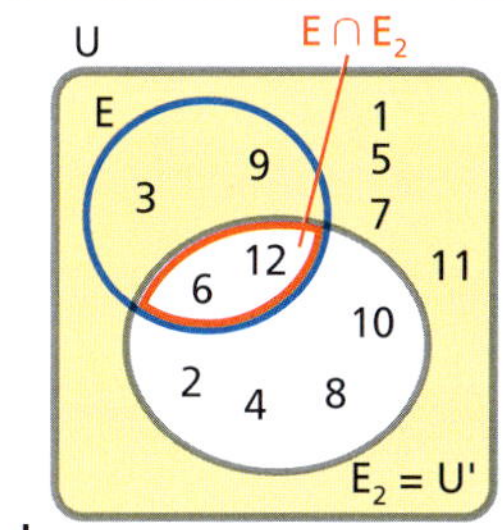

b

3. Consideriamo l'evento

E_3 = «estrazione di una pallina con un numero minore di 8»,

per il quale $p(E_3) = \frac{7}{12}$.

Valutiamo la probabilità di E supponendo che sia verificato l'evento E_3, cioè $p(E \mid E_3)$. Gli esiti possibili ora sono 7 (figura **c**), perché l'insieme universo si è ridotto a $U' = E_3 = \{1, 2, 3, 4, 5, 6, 7\}$; i casi favorevoli sono i 2 elementi dell'insieme $E \cap E_3 = \{3, 6\}$.

$p(E \mid E_3) = \frac{2}{7}$, che è un valore minore di $p(E) = \frac{1}{3}$.

Sapere che si è verificato E_3 ha diminuito la probabilità di E. Gli eventi E ed E_3 sono *correlati negativamente*.

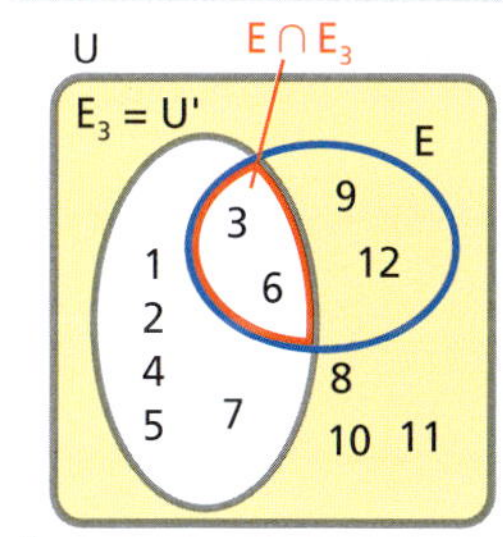

c

In generale, diamo la seguente definizione.

> **DEFINIZIONE**
> Dati due eventi E_1 ed E_2, con $p(E_2) \neq 0$, si chiama **probabilità condizionata** di E_1 rispetto a E_2, e si indica con $p(E_1 \mid E_2)$, la probabilità che si verifichi E_1 nell'ipotesi che E_2 sia verificato.

Listen to it

The **conditional probability** of E_1 given E_2 is the probability that the event E_1 will occur given that the event E_2 has occurred.

Se $p(E_1 \mid E_2) = p(E_1)$, cioè le conoscenze ulteriori sul verificarsi di E_2 non modificano la probabilità di E_1, si dice che gli eventi sono **indipendenti**.
Se invece $p(E_1 \mid E_2) \neq p(E_1)$, cioè le conoscenze ulteriori sul verificarsi di E_2 modificano la probabilità di E_1, si dice che gli eventi sono **dipendenti**.

TEORIA

► Da un mazzo di 40 carte ne estraiamo una. Stabilisci se sono indipendenti gli eventi:

- E = «pesco una carta maggiore o uguale al quattro»;
- F = «pesco una carta di denari».

Animazione

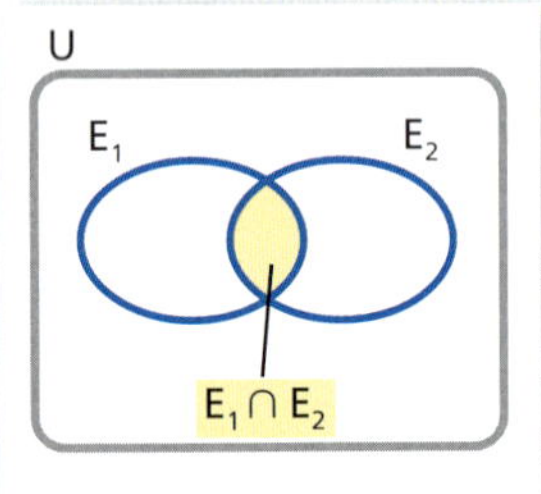

Dati due eventi dipendenti E_1 ed E_2:

- se $p(E_1 | E_2) > p(E_1)$, i due eventi sono **correlati positivamente**;
- se $p(E_1 | E_2) < p(E_1)$, i due eventi sono **correlati negativamente**.

Osserviamo che, mentre per calcolare $p(E_1)$ consideriamo l'insieme universo U, nel calcolare $p(E_1 | E_2)$ l'insieme universo si riduce al sottoinsieme E_2.

Calcolo della probabilità condizionata

Chiamiamo k il numero degli esiti favorevoli al verificarsi di E_2 e r quello degli esiti favorevoli al verificarsi di E_1 nell'ipotesi che E_2 si sia verificato, ossia il numero di elementi di $E_1 \cap E_2$. Per definizione, abbiamo:

$$p(E_1 | E_2) = \frac{r}{k}.$$

Dividendo numeratore e denominatore per n, numero degli elementi di U, otteniamo:

$$p(E_1 | E_2) = \frac{r}{k} = \frac{\frac{r}{n}}{\frac{k}{n}} = \frac{p(E_1 \cap E_2)}{p(E_2)}.$$

Per la probabilità condizionata vale quindi il seguente teorema.

TEOREMA

La probabilità condizionata di un evento E_1 rispetto a un evento E_2, non impossibile, è:

$$p(E_1 | E_2) = \frac{p(E_1 \cap E_2)}{p(E_2)},$$

con $p(E_2) \neq 0$.

Analogamente:

$$p(E_2 | E_1) = \frac{p(E_2 \cap E_1)}{p(E_1)},$$

con $p(E_1) \neq 0$.

ESEMPIO

In un istituto ci sono 650 alunni, di cui 425 femmine e 225 maschi. Nella classe 5ª B ci sono 24 alunni, di cui 11 femmine e 13 maschi. Si estraggono a sorte due alunni che partecipino a un sondaggio nazionale. Calcoliamo la probabilità che gli alunni della scuola estratti siano entrambi maschi, sapendo che sono stati estratti due alunni della 5ª B.

Chiamiamo:

E_1 = «sono stati estratti due maschi»;

E_2 = «sono stati estratti due alunni della 5ª B».

Calcoliamo $p(E_1 | E_2)$ applicando il teorema della probabilità condizionata.

$E_1 \cap E_2$ = «sono stati estratti due maschi della 5ª B».

Casi favorevoli:

$$C_{13,2} = \frac{13 \cdot 12}{2} = 78.$$

Casi possibili:

$$C_{650,2} = \frac{650 \cdot 649}{2!} = 210\,925.$$

Quindi: $p(E_1 \cap E_2) = \frac{C_{13,2}}{C_{650,2}} = \frac{78}{210\,925} = \frac{6}{16\,225}$.

La probabilità di estrarre due alunni della 5ª B è:

$$p(E_2) = \frac{C_{24,2}}{C_{650,2}} = \frac{\frac{24 \cdot 23}{2}}{210\,925} = \frac{276}{210\,925}.$$

La probabilità di estrarre due alunni maschi, sapendo che sono stati estratti due alunni della 5ª B è:

$$p(E_1 | E_2) = \frac{p(E_1 \cap E_2)}{p(E_2)} = \frac{6}{16\,225} \cdot \frac{210\,925}{276} = \frac{13}{46}.$$

▸ Calcola $p(E_1|E_2)$ dell'esempio a fianco usando la definizione di probabilità condizionata.

5 Prodotto logico di eventi

▸ Esercizi a p. α89

Estraiamo una carta da un mazzo di 52 carte. L'evento

E = «esce un re nero»

è l'intersezione di:

E_1 = «esce una carta con seme nero»; E_2 = «esce un re».

Essendo E = {re di picche, re di fiori}, i casi favorevoli sono 2, quindi la probabilità del prodotto logico di E_1 ed E_2 è:

$$p(E) = p(E_1 \cap E_2) = \frac{2}{52} = \frac{1}{26}.$$

Questo risultato si può ottenere anche in un altro modo.
Dalla relazione della probabilità condizionata abbiamo:

$$p(E_2 | E_1) = \frac{p(E_1 \cap E_2)}{p(E_1)} \rightarrow p(E_1 \cap E_2) = p(E_1) \cdot p(E_2 | E_1).$$

Applichiamo la relazione ottenuta nel nostro esempio:

$$p(E_1) = \frac{26}{52} = \frac{1}{2}.$$

Per l'evento E_2 condizionato a E_1, essendo uscita una carta nera, i casi possibili sono 26, mentre i casi favorevoli sono 2:

$$p(E_2 | E_1) = \frac{2}{26} = \frac{1}{13}.$$

TEORIA

Pertanto,

$$p(E_1 \cap E_2) = p(E_1) \cdot p(E_2 | E_1) = \frac{1}{2} \cdot \frac{1}{13} = \frac{1}{26}.$$

Abbiamo riottenuto il valore calcolato precedentemente in modo diretto.
Vale il seguente teorema.

TEOREMA

La **probabilità del prodotto logico di due eventi** E_1 ed E_2 è uguale al prodotto della probabilità dell'evento E_1 per la probabilità dell'evento E_2 nell'ipotesi che E_1 si sia verificato:

$$p(E_1 \cap E_2) = p(E_1) \cdot p(E_2 | E_1).$$

In particolare, nel caso di eventi *indipendenti*:

$$p(E_1 \cap E_2) = p(E_1) \cdot p(E_2).$$

La seconda formula è conseguenza della prima perché, se gli eventi sono indipendenti, $p(E_2 | E_1) = p(E_2)$.

ESEMPIO

Sapendo che, al primo controllo dopo 2000 km percorsi, la probabilità che un'automobile abbia difetti all'alimentazione è dell'8% e che abbia difetti ai freni è del 3%, e sapendo che i difetti sono indipendenti, calcoliamo la probabilità che una macchina li presenti entrambi.

E_1 = «avere difettosa l'alimentazione», $\quad p(E_1) = \frac{8}{100} = 8\%$;

E_2 = «avere difettosi i freni», $\quad p(E_2) = \frac{3}{100} = 3\%$;

$$p(E_1 \cap E_2) = p(E_1) \cdot p(E_2) = \frac{8}{100} \cdot \frac{3}{100} = \frac{24}{10\,000} = \frac{0,24}{100} = 0,24\%.$$

perché E_1 ed E_2 sono indipendenti

Il teorema della probabilità del prodotto logico si può estendere a più eventi che si devono verificare uno dopo l'altro, considerando quello precedente come verificato.
Nel caso di tre eventi la formulazione è

$$p(E) = p(E_1 \cap E_2 \cap E_3) = p(E_1) \cdot p(E_2 | E_1) \cdot p(E_3 | (E_1 \cap E_2)),$$

che per eventi indipendenti si semplifica:

$$p(E) = p(E_1 \cap E_2 \cap E_3) = p(E_1) \cdot p(E_2) \cdot p(E_3).$$

Problemi con somma e prodotto logico insieme

Consideriamo un esempio di problema che si risolve utilizzando congiuntamente la somma logica e il prodotto logico.

ESEMPIO

Da un'urna che contiene 4 palline nere e 6 bianche estraiamo consecutivamente 3 palline. Calcoliamo la probabilità che le palline siano 2 nere e 1 bianca, con estrazioni senza reimmissione.

Listen to it

The **multiplication rule** states that the probability of the intersection of the events E_1 and E_2 is equal to the probability of E_1 times the conditional probability of E_2 given E_1.

▶ In un'urna ci sono 12 palline, di cui 8 bianche e 4 nere. Si effettuano due estrazioni, con reimmissione. Calcola la probabilità di estrarre, in successione, una pallina bianca e una nera. Determina la stessa probabilità nel caso in cui la prima pallina estratta non venga rimessa nell'urna.

Animazione

▶ Due componenti elettronici indipendenti hanno probabilità di guastarsi rispettivamente di 0,1 e 0,2. Qual è la probabilità che entrambi si guastino? Come cambia la risposta se i componenti non sono indipendenti e sapendo che quando si guasta il primo la probabilità che si guasti il secondo è 0,3? [0,02; 0,03]

Consideriamo:

E_1 = «alla prima estrazione esce una pallina nera»;

E_2 = «alla seconda estrazione esce una pallina nera»;

E_3 = «alla terza estrazione esce una pallina nera».

L'evento E si verifica se si ottiene una delle seguenti sequenze:

(n, n, b) o (n, b, n) o (b, n, n).

Quindi:

$$E = (E_1 \cap E_2 \cap \overline{E}_3) \cup (E_1 \cap \overline{E}_2 \cap E_3) \cup (\overline{E}_1 \cap E_2 \cap E_3).$$

L'evento E è l'unione di tre eventi incompatibili, dunque

$$p(E) = p(E_1 \cap E_2 \cap \overline{E}_3) + p(E_1 \cap \overline{E}_2 \cap E_3) + p(\overline{E}_1 \cap E_2 \cap E_3).$$

Se non c'è reimmissione, gli eventi E_1, E_2, E_3 e anche i loro complementari sono dipendenti; quindi, per esempio, per il primo addendo abbiamo:

$$p(E_1 \cap E_2 \cap \overline{E}_3) = p(E_1) \cdot p(E_2 \mid E_1) \cdot p(\overline{E}_3 \mid E_2 \cap E_1) = \frac{4}{10} \cdot \frac{3}{9} \cdot \frac{6}{8}.$$

Ripetiamo il procedimento con gli altri addendi:

$$p(E) = \frac{4}{10} \cdot \frac{3}{9} \cdot \frac{6}{8} + \frac{4}{10} \cdot \frac{6}{9} \cdot \frac{3}{8} + \frac{6}{10} \cdot \frac{4}{9} \cdot \frac{3}{8} = 3 \cdot \frac{6 \cdot 4 \cdot 3}{10 \cdot 9 \cdot 8} = \frac{3}{10}.$$

▶ Risolvi il problema dell'esempio supponendo che le estrazioni avvengano con reimmissione. $\left[\frac{36}{125}\right]$

Problema delle prove ripetute

Lanciamo un dado regolare e calcoliamo la probabilità che in cinque lanci consecutivi la faccia 3 si presenti soltanto la prima volta e poi non si presenti più nei lanci successivi. Chiamiamo E_1 questo evento.

Siamo di fronte a un *evento prodotto logico* di una sequenza di cinque *eventi indipendenti*.

La probabilità dell'evento E = «esce la faccia 3» è $p(E) = \frac{1}{6}$, mentre la probabilità dell'evento $\overline{E}$ = «non esce la faccia 3» è $1 - p(E) = 1 - \frac{1}{6} = \frac{5}{6}$.

La probabilità richiesta è: $p(E_1) = \frac{1}{6} \cdot \frac{5}{6} \cdot \frac{5}{6} \cdot \frac{5}{6} \cdot \frac{5}{6} = \frac{1}{6} \cdot \left(\frac{5}{6}\right)^4 = \frac{5^4}{6^5}$.

Abbandoniamo ora la richiesta che la faccia 3 esca la prima volta e consideriamo il caso in cui essa esca una volta sola, non importa in quale posizione della sequenza.

L'evento $F_{1,5}$ = «esce 3 solo una volta su cinque lanci» è la somma logica degli eventi E_i = «esce 3 solo all'i-esimo lancio», con i che va da 1 a 5; tali eventi sono tutti incompatibili fra loro e ognuno ha probabilità uguale a $p(E_1)$. Quindi

$$p(F_{1,5}) = p(E_1) + p(E_2) + \ldots + p(E_5) = 5 \cdot p(E_1) = 5 \cdot \frac{5^4}{6^5} = \frac{5^5}{6^5}.$$

Il numero di sequenze che contengono solo un 3 può essere visto come il numero dei modi in cui un elemento può occupare cinque posti a disposizione:

$$\binom{5}{1}.$$

MATEMATICA E SCIENZA

Siamo soli nell'Universo? A tutti è capitato di chiedersi almeno una volta se nel resto dell'Universo esiste qualche forma di vita intelligente.

▶ Possiamo calcolare la probabilità di vita extraterrestre?

La risposta

Se l'evento «esce la faccia 3» si deve presentare due volte, abbiamo:

$$p(F_{2,5}) = \binom{5}{2} \cdot \frac{1}{6} \cdot \frac{1}{6} \cdot \frac{5}{6} \cdot \frac{5}{6} \cdot \frac{5}{6} = \binom{5}{2} \cdot \left(\frac{1}{6}\right)^2 \cdot \left(\frac{5}{6}\right)^3 = \frac{10 \cdot 5^3}{6^5}.$$

Se le volte sono tre:

$$p(F_{3,5}) = \binom{5}{3} \cdot \frac{1}{6} \cdot \frac{1}{6} \cdot \frac{1}{6} \cdot \frac{5}{6} \cdot \frac{5}{6} = \binom{5}{3} \cdot \left(\frac{1}{6}\right)^3 \cdot \left(\frac{5}{6}\right)^2 = \frac{10 \cdot 5^2}{6^5}.$$

E così via.

Generalizziamo il problema.

Abbiamo un evento E con probabilità costante p di verificarsi.
L'evento contrario $\overline{E}$ ha probabilità di verificarsi $q = 1 - p$.

Effettuiamo n prove e vogliamo calcolare la probabilità che l'evento E si verifichi k volte e $(n - k)$ volte non si verifichi.
Supponendo che l'evento accada nelle prime k prove e non accada nelle $(n - k)$ successive, dobbiamo applicare il *teorema della probabilità del prodotto logico* e abbiamo:

$$\underbrace{p \cdot p \cdot p \cdot \ldots \cdot p}_{k \text{ volte}} \cdot \underbrace{q \cdot q \cdot q \cdot \ldots \cdot q}_{(n-k) \text{ volte}} = p^k \cdot q^{n-k}.$$

Poiché le k prove in cui l'evento si verifica si possono presentare con ordine diverso, dobbiamo applicare il teorema della *somma logica di eventi* e quindi moltiplicare il valore precedente per il numero delle possibilità che ci sono.
Indichiamo il valore della probabilità con il simbolo $p_{(k,n)}$. Abbiamo:

$$p_{(k,n)} = \binom{n}{k} p^k \cdot q^{n-k}.$$

Vale quindi il seguente teorema.

TEOREMA

Schema delle prove ripetute (o di Bernoulli)
Dato un esperimento aleatorio ripetuto nelle stesse condizioni n volte e indicato con E un evento che rappresenta il successo dell'esperimento e ha probabilità costante p di verificarsi e probabilità $q = 1 - p$ di non verificarsi, la probabilità di ottenere k successi su n prove è:

$$p_{(k,n)} = \binom{n}{k} p^k \cdot q^{n-k}.$$

ESEMPIO

Una macchina produce pezzi che risultano difettosi con una probabilità del 3%. Prendiamo 8 pezzi e calcoliamo la probabilità che:

a. nessuno sia difettoso;
b. 3 siano difettosi;
c. tutti siano difettosi;
d. almeno 2 siano difettosi.

Essendo $p = 0{,}03$ e $q = 0{,}97$:

a. $p_{(0,8)} = \binom{8}{0}(0{,}03)^0 \cdot (0{,}97)^8 \simeq 78{,}37\%$.

b. $p_{(3,8)} = \binom{8}{3}(0{,}03)^3 \cdot (0{,}97)^5 \simeq 12{,}98 \cdot 10^{-2}\%$.

c. $p_{(8,8)} = \binom{8}{8}(0{,}03)^8 \cdot (0{,}97)^0 \simeq 6{,}56 \cdot 10^{-11}\%$.

d. Per questo quesito utilizziamo l'evento contrario di «almeno due pezzi difettosi» che è: «nessun pezzo difettoso o uno solo difettoso»:

$$p = 1 - p_{(0,8)} - p_{(1,8)} \simeq 1 - 0{,}7837 - \binom{8}{1}(0{,}03)^1 \cdot (0{,}97)^7 \simeq 2{,}24\%.$$

▶ Un test è composto da 10 domande, ciascuna con quattro opzioni di risposta, di cui una sola corretta. Alberto risponde a caso a tutte le 10 domande.
Qual è la probabilità che risponda correttamente ad almeno 7 domande?
[$\simeq 0{,}0035$]

TEORIA

6 Teorema di Bayes

Se l'evento deve accadere: la disintegrazione

▶ Esercizi a p. α96

Abbiamo due urne:

- urna 1: 3 palline bianche e 2 nere;
- urna 2: 4 palline bianche e 5 nere.

Calcoliamo la probabilità che, scegliendo a caso un'urna ed effettuando l'estrazione di una pallina, questa sia bianca.
Per la scelta dell'urna ci affidiamo al lancio di un dado: se viene un numero minore di tre, effettueremo l'estrazione dalla prima urna, altrimenti dalla seconda.

Gli esiti dell'esperimento possono essere descritti da coppie il cui primo elemento indica il numero del dado uscito e il secondo se la pallina estratta è bianca (b) oppure nera (n). Per esempio, la coppia $(4, b)$ indica che nel lancio del dado esce 4 e nell'estrazione dall'urna (la seconda) la pallina è bianca.
Consideriamo i due eventi, riferiti al lancio del dado:

E_1 = «numero minore di tre»;

E_2 = «numero maggiore o uguale a tre».

Questi due eventi sono incompatibili ed esauriscono tutte le possibilità di lancio.

Essi hanno probabilità: $p(E_1) = \frac{2}{6} = \frac{1}{3}$, $p(E_2) = \frac{4}{6} = \frac{2}{3}$.

L'evento

E = «pallina bianca»,

formato dalle coppie che hanno come secondo elemento b, è un sottoinsieme di $U = E_1 \cup E_2$ ed è l'unione di due eventi incompatibili:

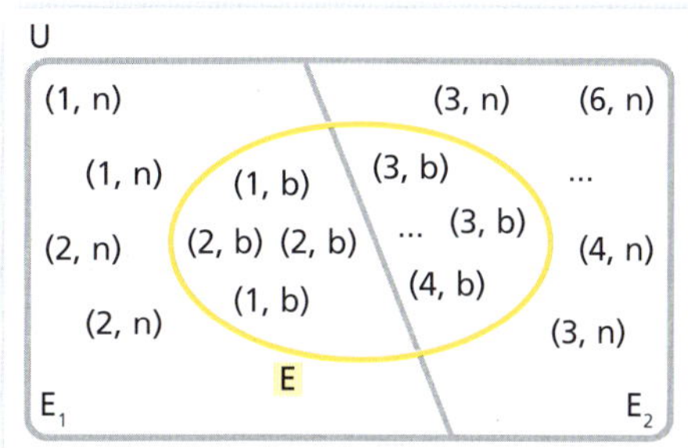

$E \cap E_1$ = «numero minore di tre e pallina bianca dalla prima urna»;

$E \cap E_2$ = «numero maggiore o uguale a tre e pallina bianca dalla seconda urna».

Gli eventi E ed E_1 sono dipendenti, così come gli eventi E ed E_2, quindi per calcolare la probabilità delle intersezioni dobbiamo usare la probabilità condizionata.

$$p(E|E_1) = \frac{3}{5} \quad \text{e} \quad p(E|E_2) = \frac{4}{9},$$

quindi, applicando il teorema della probabilità del prodotto logico, abbiamo:

numero minore di tre

$$p(E \cap E_1) = p(E_1) \cdot p(E|E_1) = \frac{1}{3} \cdot \frac{3}{5} = \frac{1}{5};$$

bianca dalla prima urna

numero maggiore o uguale a tre

$$p(E \cap E_2) = p(E_2) \cdot p(E|E_2) = \frac{2}{3} \cdot \frac{4}{9} = \frac{8}{27}.$$

bianca dalla seconda urna

Possiamo ora calcolare la probabilità dell'evento E:

$$p(E) = p(E \cap E_1) + p(E \cap E_2) = p(E_1) \cdot p(E|E_1) + p(E_2) \cdot p(E|E_2) =$$
$$\frac{1}{5} + \frac{8}{27} = \frac{67}{135}.$$

Visualizziamo tutto il procedimento utilizzando un diagramma ad albero, dove i rami uscenti da un nodo rappresentano eventi incompatibili e, sommando le probabilità segnate su di essi, otteniamo il valore uno.

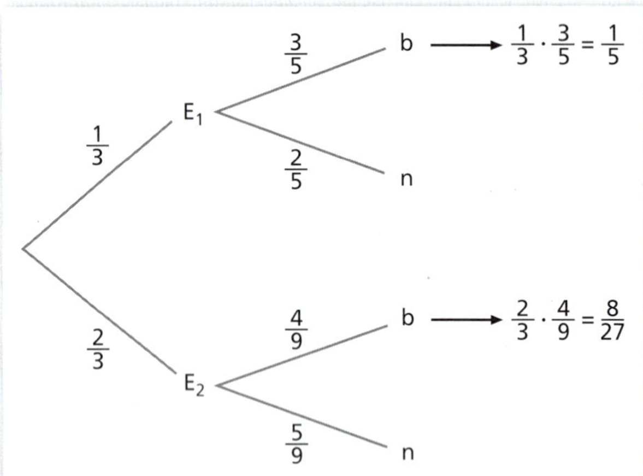

▶ In un'indagine condotta su 120 persone, di cui 70 uomini e 50 donne, è risultato che hanno la patente il 90% degli uomini e l'87% delle donne. Prendendo una persona a caso, qual è la probabilità che questa abbia la patente? [0,89]

Partendo da sinistra, percorrendo i rami del diagramma, leggiamo la successione degli eventi che formano l'evento composto ed effettuiamo il prodotto delle probabilità.

Addizionando le probabilità degli eventi prodotto dei percorsi, otteniamo la probabilità dell'evento considerato: $p(E) = \frac{1}{5} + \frac{8}{27} = \frac{67}{135}$.

In generale, un evento E si può esprimere come unione di eventi composti a due a due incompatibili nel seguente modo:

$$E = (E \cap E_1) \cup (E \cap E_2) \cup \ldots \cup (E \cap E_n),$$

dove $E_1, E_2, \ldots, E_n$ costituiscono una *partizione* dello spazio campionario U, cioè sono eventi:

- non vuoti;
- incompatibili a due a due;
- tali che la loro unione è uguale a U.

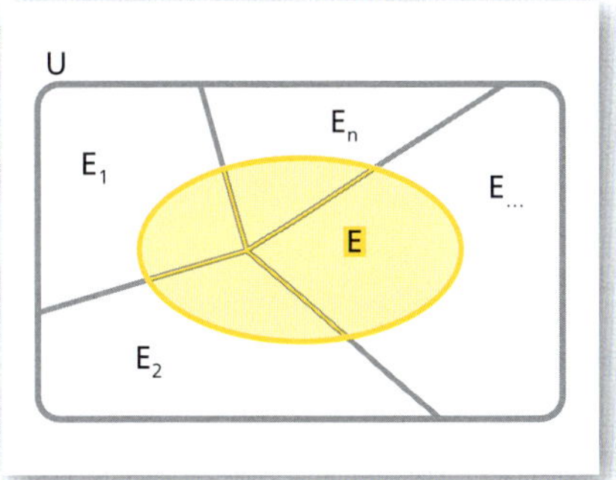

Applicando il teorema della probabilità totale, si ha

$$p(E) = p(E \cap E_1) + p(E \cap E_2) + \ldots + p(E \cap E_n),$$

e applicando il teorema del prodotto logico di eventi, si ha la formula

$$p(E) = p(E_1) \cdot p(E \mid E_1) + p(E_2) \cdot p(E \mid E_2) + \ldots + p(E_n) \cdot p(E \mid E_n),$$

la cui applicazione risulta facilitata utilizzando i diagrammi ad albero.
Questa formula è anche detta **formula di disintegrazione**.

Se l'evento è accaduto: teorema di Bayes

▶ Esercizi a p. α97

Consideriamo ancora l'esperimento relativo all'estrazione di una pallina bianca da due urne, la cui scelta è stabilita dal lancio di un dado.

Supponiamo che *si sia verificato* l'evento:

E = «estrazione di una pallina bianca».

Ci chiediamo: «qual è la probabilità che la pallina bianca estratta provenga dalla prima urna?».

Siamo in una situazione completamente diversa da quella precedente.
Infatti abbiamo sempre calcolato la probabilità di un evento che potrebbe accadere conoscendo le cause che stanno alla base del suo verificarsi.
Ora invece l'evento si è verificato e vogliamo conoscere la probabilità che sia stata una certa *causa* a produrlo.

Usiamo ancora le notazioni:

E_1 = «numero minore di tre»;

$E_1 \cap E$ = «numero minore di tre e pallina bianca dalla prima urna».

Dobbiamo calcolare la probabilità che, verificatosi E, si sia verificato anche E_1, cioè $p(E_1 \mid E)$.

$$p(E_1 \mid E) = \frac{p(E_1 \cap E)}{p(E)}$$

TEORIA

Essendo $E_1 \cap E = E \cap E_1$ e utilizzando i valori di probabilità che abbiamo già calcolato,

$$p(E_1 \cap E) = p(E \cap E_1) = p(E_1) \cdot p(E \mid E_1) = \frac{1}{5} \quad \text{e} \quad p(E) = \frac{67}{135},$$

otteniamo:

$$p(E_1 \mid E) = \frac{p(E_1 \cap E)}{p(E)} = \frac{p(E_1) \cdot p(E \mid E_1)}{p(E)} = \frac{\frac{1}{5}}{\frac{67}{135}} = \frac{27}{67}.$$

Pertanto, la probabilità della causa dell'evento che si è verificato si ottiene calcolando il rapporto tra la probabilità dell'evento, verificata la causa, e la probabilità totale dell'evento.

Generalizziamo il problema.

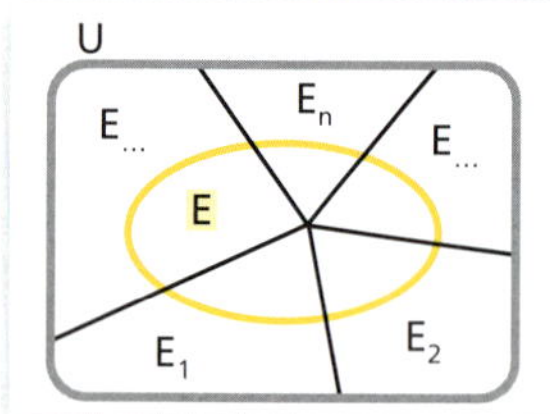

Sia U uno spazio campionario ed $E \subset U$ un evento che supponiamo si sia verificato. Consideriamo una partizione di U in n eventi $E_1, E_2, \ldots, E_n$; allora

$$E = (E \cap E_1) \cup (E \cap E_2) \cup \ldots \cup (E \cap E_n).$$

La probabilità che l'evento E_i sia stato la **causa** di E si ottiene come rapporto fra la probabilità di $E_i \cap E$ e la probabilità dell'evento totale E.

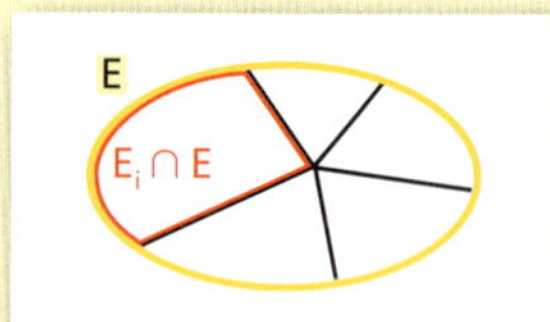

Ciò conduce alla seguente formula, nota come **teorema di Bayes** o **teorema della probabilità delle cause**.

Listen to it

Bayes' theorem allows us to compute the probability that an event E_i is the **cause** of a given **effect** E that has already occurred.

TEOREMA

Teorema di Bayes

La probabilità che, essendosi verificato un evento E, la causa che sta alla sua origine sia l'evento E_i, con $i = 1, 2, \ldots, n$, è

$$p(E_i \mid E) = \frac{p(E_i) \cdot p(E \mid E_i)}{p(E)},$$

dove $p(E)$ è la probabilità dell'evento totale:

$$p(E) = p(E_1) \cdot p(E \mid E_1) + p(E_2) \cdot p(E \mid E_2) + \ldots + p(E_n) \cdot p(E \mid E_n)$$

e gli eventi $E_1, E_2, \ldots, E_n$ sono una partizione dello spazio campionario U.

Il teorema di Bayes trova applicazioni nel campo del controllo della qualità, in medicina, in farmacia e ogniqualvolta è necessario valutare il «peso» di una causa di fronte al verificarsi di un evento.

ESEMPIO

Un'industria utilizza tre macchinari: il primo produce 500 pezzi, il secondo 1250 e il terzo 750. I pezzi difettosi prodotti dai tre macchinari sono rispettivamente il 5%, l'8% e il 6%.

Avendo prelevato un pezzo difettoso, qual è la probabilità che provenga dal primo macchinario? E qual è la probabilità che provenga dal secondo o dal terzo macchinario?

M_1 = «produzione primo macchinario»,

M_2 = «produzione secondo macchinario»,

M_3 = «produzione terzo macchinario»,

D = «pezzo difettoso».

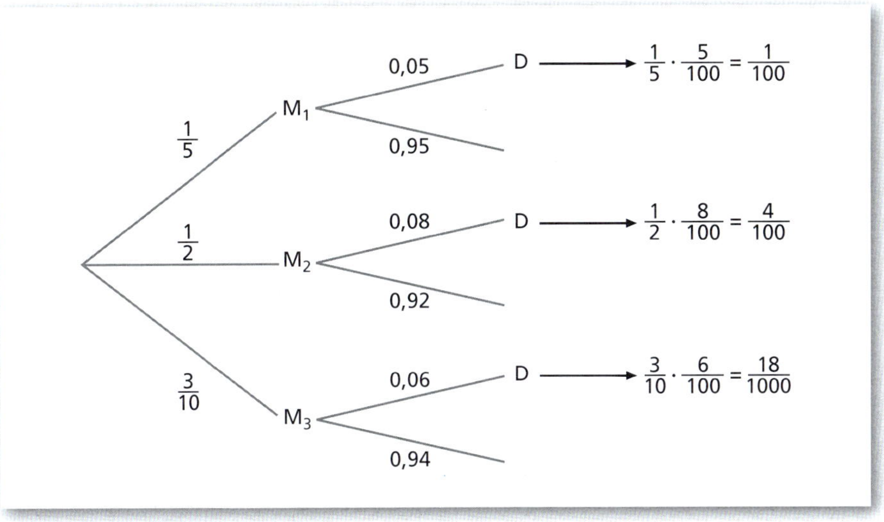

Calcoliamo la probabilità che, prendendo a caso un pezzo, esso sia difettoso:

$$p(D) = 0{,}01 + 0{,}04 + 0{,}018 = 0{,}068.$$ — formula di disintegrazione

Rispondiamo al primo quesito.
La probabilità che esca un pezzo difettoso dalla prima macchina è:

$$p(D \cap M_1) = p(M_1) \cdot p(D \mid M_1) = 0{,}01.$$

Calcoliamo la probabilità che, avendo preso un pezzo difettoso, esso provenga dalla prima macchina:

$$p(M_1 \mid D) = \frac{p(M_1) \cdot p(D \mid M_1)}{p(D)} = \frac{0{,}01}{0{,}068} = \frac{10}{68} = \frac{5}{34}.$$

Rispondiamo al secondo quesito.
La probabilità che esca un pezzo difettoso dalla seconda o dalla terza macchina è:

$$p(M_2) \cdot p(D \mid M_2) + p(M_3) \cdot p(D \mid M_3) = 0{,}04 + 0{,}018 = 0{,}058.$$

Quindi, la probabilità che, avendo preso un pezzo difettoso, esso provenga dalla seconda o dalla terza macchina è:

$$\frac{0{,}058}{0{,}068} = \frac{58}{68} = \frac{29}{34}.$$

► Una ditta produce bicchieri da vino, da acqua e da amaro in queste proporzioni: 30%, 45%, 25%. I processi produttivi sono diversi e risultano difettosi il 2% dei bicchieri da vino, il 3% di quelli da acqua e il 5% di quelli da amaro.

a. Prendendo un bicchiere a caso, qual è la probabilità che sia difettoso?

b. Se si è preso un bicchiere difettoso, qual è la probabilità che sia da vino?

Animazione

MATEMATICA INTORNO A NOI

I filtri antispam Le e-mail indesiderate, o spam, sono una seccatura. Oltre a intasare le caselle di posta elettronica, causano un notevole dispendio di tempo e di energie.

► Come funzionano i filtri antispam?

La risposta

Video

Teorema di Bayes
Sei l'avvocato di un giovane accusato.

► Qual è la probabilità che il tuo cliente sia colpevole?

7 Concezione statistica della probabilità

▶ Esercizi a p. α99

Abbiamo un'urna che contiene palline colorate, ma non sappiamo né quali sono i colori, né quante sono le palline e, inoltre, non possiamo aprire l'urna per esaminarne il contenuto.

L'unico procedimento che ci rimane per acquisire conoscenze è quello di *estrarre a sorte un gran numero di volte delle palline, rimettendo ogni volta la pallina estratta nell'urna*, in modo che ogni estrazione sia effettuata nelle stesse condizioni.

Effettuiamo consecutivamente 80 estrazioni e ogni volta prendiamo nota del colore uscito, e lo riportiamo nella seconda colonna della tabella a lato.
Utilizzando i valori ottenuti, calcoliamo il rapporto fra il numero delle volte in cui è uscito un determinato colore e il numero delle prove effettuate tutte nelle stesse condizioni, cioè la sua *frequenza relativa*, e lo riportiamo nella terza colonna della tabella.

Colore	Numero palline	Frequenza relativa
rosso	5	$\frac{1}{16}$
giallo	18	$\frac{9}{40}$
nero	22	$\frac{11}{40}$
verde	35	$\frac{7}{16}$
Totale	80	1

DEFINIZIONE

La **frequenza relativa** $f(E)$ di un evento sottoposto a n esperimenti, effettuati tutti nelle stesse condizioni, è il rapporto fra il numero delle volte m in cui E si è verificato e il numero n delle prove effettuate.

$$f(E) = \frac{m}{n}$$

frequenza relativa di E
numero di prove che verificano E
numero di prove effettuate

I valori della frequenza relativa di un evento sono compresi tra 0 e 1:

$$0 \leq f(E) \leq 1.$$

Frequenza 0 non significa che l'evento è impossibile, ma soltanto che non si è mai verificato. Per esempio, se nelle prove effettuate non è mai uscita una pallina blu, questo non significa che nell'urna non ve ne siano.
Analogamente, frequenza 1 non significa che l'evento è certo, ma soltanto che in quella serie di esperimenti è stato sempre osservato.

Se ripetiamo l'esperimento, senz'altro otterremo valori diversi. Il valore m dipende infatti dal numero di prove n che effettuiamo. Ma se abbiamo la pazienza di aumentare il numero delle prove, rileviamo un fatto interessante: il valore della frequenza $f(E) = \frac{m}{n}$ tende a un valore costante che si può ritenere come la probabilità dell'evento.
Per esempio, sappiamo che la probabilità di ottenere testa lanciando una moneta, secondo l'impostazione classica, è $\frac{1}{2}$. Allo stesso valore tende la frequenza se sperimentalmente lanciamo una moneta un numero elevatissimo di volte.

In generale, vale la seguente proprietà.

Legge empirica del caso

Dato un evento E, sottoposto a n prove tutte nelle stesse condizioni, il valore della frequenza relativa $f(E) = \frac{m}{n}$ tende al valore della probabilità $p(E)$, all'aumentare del numero n di prove effettuate.

La *legge empirica del caso* è alla base della **definizione statistica** o **frequentistica della probabilità**.

DEFINIZIONE

La **probabilità statistica** di un evento E è la frequenza relativa del suo verificarsi quando il numero di prove effettuato è da ritenersi «sufficientemente alto».

Listen to it

The **probability** of an event E is equal to its **relative frequency** computed over a sufficiently large number of trials.

Nell'impostazione classica il valore della probabilità è calcolato **a priori**, ossia prima che l'esperimento avvenga, mentre il valore della frequenza è un valore **a posteriori**.

Ci sono moltissimi eventi per i quali è difficile o impossibile calcolare la probabilità applicando l'impostazione classica. Per eventi di questo tipo possiamo applicare l'impostazione frequentistica.

Esempi di eventi di questo tipo sono:

- produzione di un pezzo difettoso con un macchinario;
- trovare un posto di lavoro;
- contrarre una determinata malattia;
- incidente automobilistico;
- efficacia di un farmaco.

Per questi eventi occorre fondare il calcolo su quanto è avvenuto in passato e cercare statisticamente le relative frequenze, accettandole come probabilità degli eventi.

ESEMPIO

Una ditta farmaceutica vuole sperimentare un nuovo vaccino antinfluenzale. Si sottopongono volontariamente al vaccino 10 000 persone e, di queste, nell'inverno successivo, 6750 non contraggono l'influenza. Qual è la probabilità di non contrarre il virus con questo tipo di vaccino?

Poiché il numero di prove effettuate è 10 000 e il numero di prove che si verificano è 6750:

$$f = \frac{6750}{10\,000} = 0{,}675.$$

La probabilità di non ammalarsi è del 67,5%.

► Durante l'ultima stagione, Gianmarco ha realizzato 41 canestri su 68 tiri liberi effettuati. Calcola la probabilità che Gianmarco fallisca consecutivamente due tiri liberi.

Animazione

► In un'indagine per scoprire il gradimento di un certo film sono stati intervistati 50 bambini, 50 donne e 50 uomini, ed è risultato che il film è piaciuto a 30 bambini, 20 donne e 25 uomini. Scegliendo a caso un bambino, una donna e un uomo, qual è la probabilità che il film sia piaciuto solo a uno di loro?

Animazione

8 Concezione soggettiva della probabilità

▶ Esercizi a p. α100

Una persona sta valutando se partecipare o non partecipare a un gioco d'azzardo nel quale si vince se, lanciando contemporaneamente due dadi, escono due numeri pari.

Secondo l'impostazione classica, egli sa che la probabilità di vittoria è $\frac{9}{36} = \frac{1}{4} = 25\%$, ma ha osservato che su 21 lanci le due facce pari sono uscite 7 volte, cioè con una frequenza di $\frac{1}{3}$, vale a dire del 33,3% circa.

Decide allora di proporre a chi tiene il banco di giocare una posta di 10 euro per ricevere, in caso di vittoria, 34 euro.

La valutazione che ha fatto è del tutto personale. Ha determinato il valore della probabilità secondo una valutazione **soggettiva**.

Possiamo determinare il valore che ha attribuito alla probabilità dell'evento «uscita di due facce pari» mediante il rapporto tra la posta che è disposto a pagare e la somma che dovrebbe ricevere in caso di vincita:

$$p(E) = \frac{10}{34} = \frac{5}{17} \simeq 29{,}4\%.$$

Il giocatore valuta la probabilità di vincita in misura maggiore di quella che il calcolo secondo l'impostazione classica («a priori») gli fornisce $\left(\text{cioè } \frac{1}{4}\right)$, in quanto avrebbe dovuto, in questo caso, pretendere un pagamento dal banco di 40 euro, cioè 4 volte la posta. Ma valuta anche la probabilità di vincita in misura minore di quella che sperimentalmente («a posteriori») si verifica $\left(\text{cioè } \frac{1}{3}\right)$, in quanto in questo caso avrebbe potuto pretendere solo 30 euro, cioè 3 volte la posta.

Il modo di procedere soggettivo è l'unico utilizzabile per quegli eventi per i quali non è possibile calcolare teoricamente il numero dei casi favorevoli e possibili e non si può sottoporre l'evento a prove sperimentali ripetute nelle stesse condizioni. Siamo in questa situazione, per esempio, se vogliamo stimare la probabilità di vittoria di una squadra di calcio in un torneo.

Listen to it

The **subjective probability** of an event *E* is a measure of the **degree of belief** that a person assigns to the event. It reflects the individual's personal opinion about whether the event is likely to occur.

DEFINIZIONE

La **probabilità soggettiva** di un evento è la *misura del grado di fiducia* che una persona attribuisce al verificarsi dell'evento, secondo la sua opinione. Il valore si ottiene effettuando il rapporto fra la somma P che si è disposti a pagare, in una scommessa, e la somma V che si riceverà nel caso l'evento si verifichi.

prezzo da pagare

$$p(E) = \frac{P}{V}$$

somma ricevuta al verificarsi di E

Deve sussistere la **condizione di coerenza**: la persona che accetta di pagare P per ottenere V deve anche essere disposta a ricevere P per pagare V nel caso l'evento si verifichi.

Il valore della probabilità, utilizzando la concezione soggettiva, varia da individuo a individuo, ma in ogni caso esso è compreso fra 0 e 1, in quanto si suppone che la somma che si è disposti a pagare sia minore o uguale a quella della vincita.

ESEMPIO

A una corsa di cavalli una persona è disposta a pagare 90 euro per ricevere 120 euro in caso di vittoria di un determinato cavallo.

Calcoliamo la probabilità di vittoria che attribuisce al cavallo:

$$p(E) = \frac{90}{120} = \frac{3}{4}.$$

Per la condizione di coerenza, deve essere disposto, scambiando i ruoli, a ricevere 90 euro e pagare 120 euro in caso di vittoria del cavallo.
Si dice anche che la vittoria del cavallo è pagata 4 a 3.

In conclusione, la valutazione *soggettiva della probabilità* porta a considerare il calcolo delle probabilità come una scommessa.

▶ Un tifoso è disposto a scommettere 10 euro per riceverne 25 sulla vittoria della sua squadra di pallavolo nella prossima partita.

a. Quale probabilità attribuisce il tifoso alla vittoria della squadra?

b. Quanto ha pagato il tifoso, in caso di vittoria della squadra, se riceve una somma di 40 euro?

c. Quale somma dovebbe essere disposto a pagare per poter ricevere 30 euro in caso di sconfitta della squadra?

Animazione

9 Impostazione assiomatica della probabilità

▶ Esercizi a p. α101

Abbiamo visto che le definizioni di probabilità date finora (classica, statistica e soggettiva) sono legate al tipo di esperimento considerato e al metodo che vogliamo utilizzare per il calcolo.

L'impostazione assiomatica nasce con lo scopo di superare questi aspetti particolari, per giungere a una formulazione rigorosa, utilizzando la teoria degli insiemi. Basandosi su di essa vengono fornite le definizioni fondamentali di *spazio campionario, evento, evento elementare, spazio degli eventi, evento contrario, evento unione* ed *evento intersezione* che abbiamo già esaminato, oltre a definire l'*evento impossibile* come quello corrispondente all'insieme vuoto e l'*evento certo* come quello relativo all'insieme U dello spazio campionario.

Avendo fissato tutti questi elementi, viene data la seguente definizione assiomatica di probabilità.

DEFINIZIONE

Definizione assiomatica di probabilità

Dato uno spazio campionario U, una funzione p che associa a ogni evento E dello spazio degli eventi un numero reale viene detta probabilità se soddisfa i seguenti assiomi:

1. $p(E) \geq 0$;
2. $p(U) = 1$;
3. se $E_1 \cap E_2 = \varnothing$, allora $p(E_1 \cup E_2) = p(E_1) + p(E_2)$.

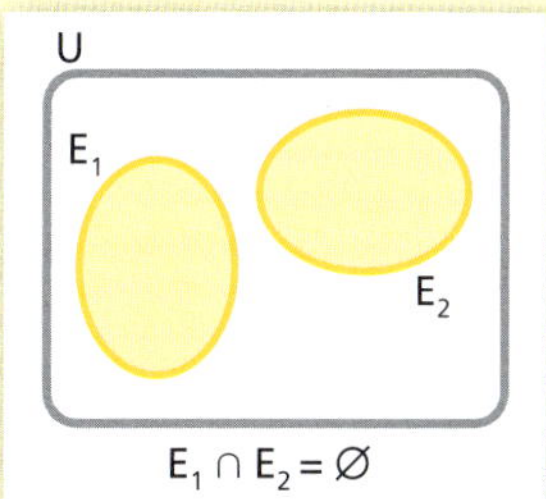

Listen to it

The probability p of an event E can be defined by the following **axioms**:

1. $p(E)$ is a non-negative number;
2. if U is the **certain event**, then $p(U)$ is equal to 1;
3. if the intersection of two events is empty, then the probability of their union is equal to the sum of their probabilities.

L'impostazione assiomatica non fornisce alcun procedimento per determinare la probabilità di un evento, ma i valori che vengono assegnati agli eventi devono rispettare gli assiomi.

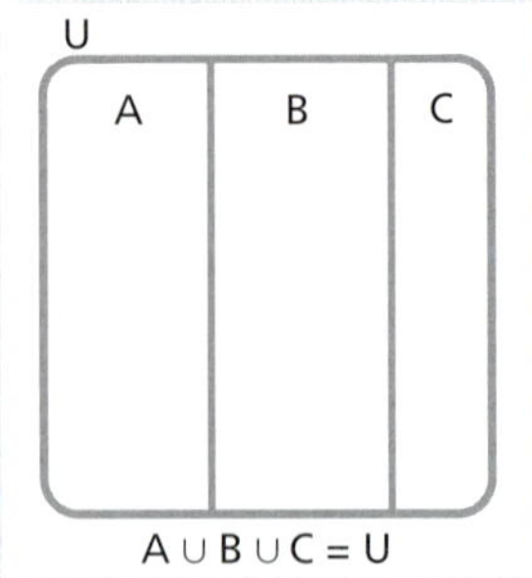

ESEMPIO

L'insieme U è costituito da tre eventi elementari A, B, C, i quali hanno le seguenti probabilità:

$$p(A) = \frac{3}{8}, \qquad p(B) = \frac{2}{5}, \qquad p(C) = \frac{9}{40}.$$

Tali valori soddisfano gli assiomi della probabilità. In particolare, essendo:

$$A \cup B \cup C = U \text{ e } A \cap B = A \cap C = B \cap C = \varnothing,$$

$$p(A) + p(B) + p(C) = \frac{3}{8} + \frac{2}{5} + \frac{9}{40} = 1 = p(U).$$

Dalla definizione assiomatica si deducono le seguenti *proprietà*.

a. $p(\varnothing) = 0$;

b. $0 \le p(E) \le 1$;

c. $p(\overline{E}) = 1 - p(E)$;

d. se gli eventi $E_1, E_2, \dots, E_n$ sono una partizione di U, allora

$$p(E_1) + p(E_2) + \dots + p(E_n) = 1.$$

e. $p(E_2 - E_1) = p(E_2) - p(E_1 \cap E_2)$; in particolare, se $E_1 \subseteq E_2$, allora

$$p(E_2 - E_1) = p(E_2) - p(E_1).$$

▶ Una macedonia è composta per il 60% da mele, per il 10% da kiwi, per un altro 10% da ananas, per il 5% da lamponi e per il resto da fragole. Prendendo un pezzo di frutta a caso, calcola la probabilità di:

a. prendere un pezzo di fragola;

b. prendere un pezzo di mela o kiwi;

c. non prendere né un lampone né un pezzo di fragola.

Animazione

ESEMPIO

Da un'indagine è risultato che, preso come campione un certo numero di italiani, la probabilità che essi trascorrano le prossime vacanze al mare è del 45%, in montagna è del 27%, sia al mare che in montagna è del 5%. Calcoliamo la probabilità che gli italiani:

a. vadano solo al mare;

b. non vadano in montagna;

c. non vadano al mare né in montagna.

Consideriamo gli eventi: A = «andare al mare»; B = «andare in montagna». Conosciamo le probabilità:

$$p(A) = \frac{45}{100} = 0{,}45; \qquad p(B) = \frac{27}{100} = 0{,}27; \qquad p(A \cap B) = \frac{5}{100} = 0{,}05.$$

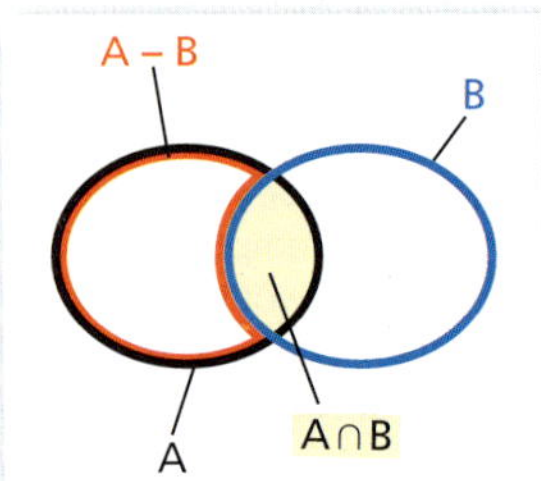

a. L'evento considerato è $A - B$:

$$p(A - B) = p(A) - p(A \cap B) = 0{,}45 - 0{,}05 = 0{,}40 = 40\%.$$

b. L'evento considerato è $\overline{B}$:

$$p(\overline{B}) = 1 - p(B) = 1 - 0{,}27 = 0{,}73 = 73\%.$$

c. L'evento considerato è $\overline{A \cup B}$, per cui, dato che $A \cup B = (A - B) \cup B$:

$$p(\overline{A \cup B}) = 1 - [p(A - B) + p(B)] = 1 - [0{,}40 + 0{,}27] = 0{,}33 = 33\%.$$

IN SINTESI
Probabilità

Eventi

- **Esperimento aleatorio**: fenomeno di cui non riusciamo a prevedere il risultato con certezza.
- **Universo** o **spazio campionario**: l'insieme di tutti i possibili risultati di un esperimento aleatorio.
- **Evento**: sottoinsieme dello spazio campionario.
- **Evento elementare**: evento formato da un singolo risultato dell'esperimento.
- **Spazio degli eventi**: l'insieme di tutti i possibili eventi.
- L'**evento contrario** $\overline{E}$ di un evento E si verifica se e solo se non si verifica E.

Concezione classica della probabilità

Probabilità di un evento E se tutti i casi sono ugualmente possibili:

$$p(E) = \frac{f}{u}.$$

f — numero dei casi favorevoli
u — numero dei casi possibili

- $0 \le p(E) \le 1$.
- Se $f = 0$, l'evento è **impossibile** e $p(E) = 0$; se $f = u$, l'evento è **certo** e $p(E) = 1$.
- $p(\overline{E}) = 1 - p(E)$.

Somma logica di eventi

- La **somma logica** $E_1 \cup E_2$ di due eventi E_1 ed E_2 si verifica quando almeno uno dei due si verifica.
- Il **prodotto logico** $E_1 \cap E_2$ di due eventi E_1 ed E_2 si verifica quando si verificano entrambi gli eventi.
- Due eventi E_1 ed E_2 sono **incompatibili** se $E_1 \cap E_2 = \varnothing$ e sono **compatibili** se $E_1 \cap E_2 \neq \varnothing$.
- $p(E_1 \cup E_2) = p(E_1) + p(E_2) - p(E_1 \cap E_2)$. Se gli eventi sono incompatibili: $p(E_1 \cup E_2) = p(E_1) + p(E_2)$.
- **Teorema della probabilità totale**
  Dati n eventi $E_1, E_2, \dots, E_n$ a due a due incompatibili: $p(E_1 \cup E_2 \cup \dots \cup E_n) = p(E_1) + p(E_2) + \dots + p(E_n)$.

Probabilità condizionata

- La **probabilità condizionata di un evento E_1 rispetto a un evento E_2**, non impossibile, è la probabilità di verificarsi di E_1 nell'ipotesi che E_2 si sia già verificato e si indica con $p(E_1 | E_2)$. Gli eventi si dicono:
  - **indipendenti** se $p(E_1 | E_2) = p(E_1)$;
  - **correlati positivamente** se $p(E_1 | E_2) > p(E_1)$; **correlati negativamente** se $p(E_1 | E_2) < p(E_1)$.
- Vale il teorema: $p(E_1 | E_2) = \dfrac{p(E_1 \cap E_2)}{p(E_2)}$, con $p(E_2) \neq 0$.

TEORIA

Prodotto logico di eventi

- $p(E_1 \cap E_2) = p(E_1) \cdot p(E_2 | E_1)$. Se E_1 ed E_2 sono eventi indipendenti: $p(E_1 \cap E_2) = p(E_1) \cdot p(E_2)$.
- **Prove ripetute**
  Probabilità che in n ripetizioni un evento si verifichi k volte:

$$p_{(k,n)} = \binom{n}{k} p^k q^{n-k}.$$

q: probabilità dell'evento contrario

p: probabilità dell'evento

Teorema di Bayes

- Se gli eventi $E_1, E_2, \ldots, E_n$ sono una partizione dell'insieme universo U, cioè
  • sono non vuoti, • sono a due a due incompatibili, • la loro unione è U,
  allora vale la **formula di disintegrazione**:

$$p(E) = p(E_1) \cdot p(E | E_1) + p(E_2) \cdot p(E | E_2) + \ldots + p(E_n) \cdot p(E | E_n).$$

- Il **teorema di Bayes** permette di calcolare la probabilità che la **causa** E_i abbia preceduto l'evento E che si è verificato.

$$p(E_i | E) = \frac{p(E_i) \cdot p(E | E_i)}{p(E)}$$

$p(E_i \cap E)$

probabilità che E_i sia la causa di E

Concezione statistica della probabilità

- $$f(E) = \frac{m}{n}$$

m: numero di prove che verificano E

n: numero di prove effettuate nelle stesse condizioni

$f(E)$: frequenza relativa di E

- **Legge empirica del caso**: all'aumentare del numero n delle prove effettuate, la frequenza relativa di un evento E tende alla probabilità dell'evento E.
- La **probabilità statistica** di un evento E è uguale alla frequenza relativa, se il numero di prove effettuate è sufficientemente alto.

Concezione soggettiva della probabilità

$$p(E) = \frac{P}{V}$$

P: prezzo che una persona ritiene equo pagare per una scommessa

V: somma ricevuta al verificarsi di E

$p(E)$: probabilità soggettiva di E

Impostazione assiomatica della probabilità

Dato uno spazio campionario U, viene detta probabilità una funzione p che associa a ogni evento E dello spazio degli eventi un numero reale, in modo da soddisfare questi assiomi:

1. $p(E) \geq 0$; **2.** $p(U) = 1$; **3.** se $E_1 \cap E_2 = \varnothing$, allora $p(E_1 \cup E_2) = p(E_1) + p(E_2)$.

CAPITOLO α2
ESERCIZI

1 Eventi

▶ Teoria a p. α52

1 Stabilisci quali dei seguenti eventi sono elementari e quali composti da più eventi elementari.
Si estrae da un mazzo di 52 carte:

a. una carta di cuori;
b. il due di picche;
c. una figura;
d. la regina di fiori;
e. un cinque;
f. una figura nera.

2 Si lanciano due monete contemporaneamente. Scrivi gli eventi elementari.

3 Un'urna contiene cinque palline con i primi cinque numeri dispari. Si estrae una pallina. Scrivi gli eventi elementari e altri eventi formati da più eventi elementari.

4 FAI UN ESEMPIO di esperimento aleatorio e indica il suo spazio campionario.

5 TEST In un'urna ci sono due palline bianche e una nera. Se ne estrae una. Detti U e $\mathcal{P}(U)$ rispettivamente lo spazio campionario e lo spazio degli eventi, si ha:

A $U=\{b,n\}$, $\mathcal{P}(U)=\{\{b\},\{n\},\{b,n\}\}$.

B $U=\{\varnothing,b,n\}$, $\mathcal{P}(U)=\{\varnothing,\{b\},\{n\},\{b,n\}\}$.

C $U=\{b,n\}$, $\mathcal{P}(U)=\{\varnothing,\{b\},\{n\},\{b,n\}\}$.

D $U=\{b,n\}$, $\mathcal{P}(U)=\{\{b,b\},\{b\},\{n\},\{b,n\}\}$.

E $U=\{b,n,bn\}$, $\mathcal{P}(U)=\{\{b\},\{n\},\{b,n\},\varnothing\}$.

2 Concezione classica della probabilità

▶ Teoria a p. α53

6 Quali dei seguenti numeri non rappresentano la probabilità di un evento?

0; 0,23; 100%; $\frac{7}{6}$; $\frac{1}{100}$; 1,3.

Quale di essi rappresenta la probabilità dell'evento certo e quale quella dell'evento impossibile?

7 Si estrae una carta da un mazzo di 52 carte. Trova il numero dei casi favorevoli ai seguenti eventi.

a. Esce una carta di fiori.
b. Esce un tre.
c. Esce una figura rossa.
d. Esce un asso nero.
e. Esce il re di cuori.

[a) 13; b) 4; c) 6; d) 2; e) 1]

Evento contrario

8 Nel lancio di un dado indica l'evento contrario per ciascuno dei seguenti eventi:

a. esce un numero minore di 3;
b. esce il numero 4.

9 Da un'urna che contiene 5 palline rosse, 7 nere e 8 bianche si estraggono 3 palline. Indica l'evento contrario di ciascuno dei seguenti eventi:

a. nessuna pallina è rossa;
b. tutte le palline sono nere;
c. almeno una pallina è bianca;
d. una sola pallina è rossa.

ESERCIZI

10 Nel lancio per tre volte di una moneta indica l'evento contrario di:

a. non esce mai «croce»; b. esce «croce» al più una volta; c. esce «testa» almeno una volta.

11 Si estraggono contemporaneamente due palline da un'urna contenente venti palline numerate da 1 a 20. Calcola il numero di casi favorevoli ai seguenti eventi.

a. Escono due numeri minori di 6.
b. Escono due numeri pari.
c. Esce il 3 e un numero maggiore di 15.

[a) 10; b) 45; c) 5]

12 **ESERCIZIO GUIDA** Un'urna contiene dieci palline numerate da 1 a 10. Estraiamo una pallina e calcoliamo la probabilità che questa:

a. abbia il numero 5;
b. abbia un numero divisibile per 4;
c. non abbia un numero divisibile per 4.

Poiché l'urna contiene 10 palline e ne viene estratta una sola, il numero dei casi possibili è 10.

a. Nell'urna vi è una sola pallina con il numero 5. La probabilità è: $p = \frac{1}{10}$.

b. Nell'urna vi sono due numeri divisibili per 4: {4, 8}. La probabilità è: $p = \frac{2}{10} = \frac{1}{5}$.

c. L'evento è quello contrario del punto precedente: $p = 1 - \frac{1}{5} = \frac{4}{5}$.

13 Si lancia un dado a sei facce. Calcola la probabilità che esca:

a. il numero 2;
b. un numero multiplo di 3;
c. un numero multiplo di 5;
d. un numero multiplo di 8;
e. un numero inferiore a 6.

$\left[a)\ \frac{1}{6};\ b)\ \frac{1}{3};\ c)\ \frac{1}{6};\ d)\ 0;\ e)\ \frac{5}{6}\right]$

---

14 In un cassetto ci sono 15 magliette: 2 bianche, 5 rosse, 3 azzurre e le restanti di altri colori. Se si sceglie a caso una maglietta, calcola la probabilità che:

a. non sia bianca;
b. sia rossa o azzurra.

$\left[a)\ \frac{13}{15};\ b)\ \frac{8}{15}\right]$

15 Il sacchetto della tombola contiene 90 numeri. Viene estratto un numero.
Calcola la probabilità che esca:

a. un numero maggiore di 50;
b. un numero con due cifre uguali;
c. un numero con due cifre diverse;
d. un numero multiplo di 4;
e. un numero primo inferiore a 20.

$\left[a)\ \frac{4}{9};\ b)\ \frac{4}{45};\ c)\ \frac{73}{90};\ d)\ \frac{11}{45};\ e)\ \frac{4}{45}\right]$

16 Abbiamo un mazzo di 52 carte. Viene estratta una carta.
Calcola la probabilità che esca:

a. una carta di picche;
b. una figura;
c. una carta rossa.

$\left[a)\ \frac{1}{4};\ b)\ \frac{3}{13};\ c)\ \frac{1}{2}\right]$

17 Calcola la probabilità che, nel lancio di un dado, non esca:

a. il numero 5;
b. un numero maggiore di 5;
c. un numero minore di 5.

$\left[a)\ \frac{5}{6};\ b)\ \frac{5}{6};\ c)\ \frac{1}{3}\right]$

18 Un'urna contiene 4 palline rosse, 3 nere e 13 verdi. Viene estratta una pallina.
Calcola la probabilità che:

a. esca una pallina nera;
b. esca una pallina rossa;
c. esca una pallina verde;
d. non esca una pallina rossa;
e. esca una pallina gialla.

$\left[a)\ \frac{3}{20};\ b)\ \frac{1}{5};\ c)\ \frac{13}{20};\ d)\ \frac{4}{5};\ e)\ 0\right]$

19 In una scatola di biscotti ce ne sono 10 alla cannella, 8 al cacao, 12 con le mandorle e 4 con le nocciole. Se Giulia è allergica alla frutta a guscio, qual è la probabilità che, scegliendo a caso un biscotto dalla scatola, ne prenda uno a cui non è allergica?

$\left[\frac{9}{17}\right]$

20 Nella rubrica di un cellulare ci sono 20 nomi; di questi 8 iniziano con la lettera A, 5 con la C, 4 con la M e 3 con la N. Si sceglie un nome a caso a cui mandare un SMS.
Calcola la probabilità che:

a. esca un nome che inizia per C;
b. esca un nome che inizia per N;
c. esca un nome che inizia con una vocale;
d. esca un nome che inizia con una consonante.

$\left[a) \frac{1}{4}; b) \frac{3}{20}; c) \frac{2}{5}; d) \frac{3}{5}\right]$

21 In una classe di 24 alunni ci sono 14 maschi e 10 femmine. L'insegnante di matematica estrae a sorte un nome per l'interrogazione. Calcola la probabilità che:

a. ciascun alunno ha di essere estratto;
b. l'alunno estratto sia femmina;
c. l'alunno estratto sia maschio;
d. ciascun alunno ha di non essere estratto.

$\left[a) \frac{1}{24}; b) \frac{5}{12}; c) \frac{7}{12}; d) \frac{23}{24}\right]$

22 Si estrae una pallina da un'urna che contiene 8 palline bianche, 10 verdi, 12 rosse. Indica gli eventi contrari dei seguenti eventi e determina le relative probabilità.

E_1 = «esce una pallina verde o rossa»

E_2 = «esce una pallina rossa»

$\left[\frac{4}{15}; \frac{3}{5}\right]$

23 Anna vuole regalare a Serena un libro di uno scrittore che ha pubblicato 5 romanzi. Anna sa che Serena ne possiede già 2, ma non si ricorda quali. Se Anna sceglie a caso uno dei 5 libri, qual è la probabilità che Serena non lo possieda già?

$\left[\frac{3}{5}\right]$

24 TEST Abbiamo un dado a 4 facce, recanti i numeri 1, 3, 5, 7, e un dado a 8 facce, recanti i numeri 2, 4, 6, 8, 10, 12, 14, 16 (per ciascun dado tutte le facce hanno la stessa probabilità di uscire). Qual è la probabilità che, lanciandoli contemporaneamente entrambi una sola volta, si ottenga come somma 11?

A $\frac{1}{16}$ B $\frac{1}{8}$ C $\frac{1}{4}$ D $\frac{1}{2}$ E 1

(*Giochi di Archimede*, 2012)

25 Determina la probabilità che, estraendo una carta da un mazzo di 40 carte, essa sia un tre oppure una carta di spade.

$\left[\frac{13}{40}\right]$

26 Calcola la probabilità che lanciando un dado non escano il 5 e il 6.

$\left[\frac{2}{3}\right]$

27 Una roulette ha i numeri da 1 a 18 rossi, da 19 a 36 neri e lo 0 verde. Viene fatta girare la ruota e lanciata la pallina. Calcola la probabilità che la pallina si fermi su:

a. un numero pari nero;
b. un numero dispari;
c. un numero primo rosso.

$\left[a) \frac{9}{37}; b) \frac{18}{37}; c) \frac{7}{37}\right]$

28 In una scatola ci sono 20 palline di colore bianco o verde. Se la probabilità di estrarre una pallina bianca è 0,6, calcola:

a. il numero di palline bianche;
b. la probabilità di estrarre una pallina verde.

[a) 12; b) 0,4]

29 LEGGI IL GRAFICO La professoressa di italiano consegna alla classe una lista di libri che consiglia di leggere durante l'estate. Il diagramma a barre mostra il numero di libri raggruppati in base al loro numero di pagine.

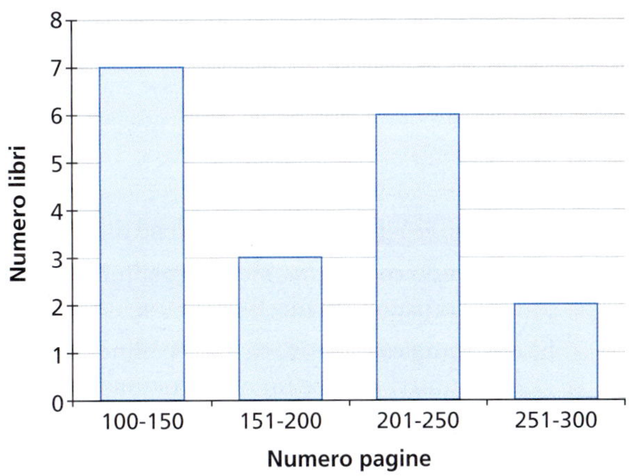

Arianna sceglie a caso uno dei libri dalla lista. Calcola la probabilità che il libro scelto:

a. abbia un numero di pagine compreso tra 201 e 250;
b. abbia meno di 151 pagine;
c. abbia più di 200 pagine.

$\left[a) \frac{1}{3}; b) \frac{7}{18}; c) \frac{4}{9}\right]$

30 Antonella, Barbara, Carlo e Duilio hanno prenotato quattro posti affiancati per lo spettacolo di stasera a teatro. Rappresenta, con un diagramma ad albero, tutti i diversi modi in cui i quattro amici possono disporsi sulle quattro poltrone. Se si dispongono a caso, calcola la probabilità che:

a. Barbara sia seduta tra Antonella e Carlo;

b. Barbara e Duilio siano seduti vicini;

c. i due ragazzi non siano vicini.

$\left[\text{a) } \frac{1}{6}; \text{ b) } \frac{1}{2}; \text{ c) } \frac{1}{2}\right]$

31 REALTÀ E MODELLI **Soddisfazione per il lavoro** La tabella seguente, tratta dal rapporto Istat «Aspetti della vita quotidiana», riporta il grado di soddisfazione per il lavoro nella popolazione italiana occupata di età compresa tra i 25 e i 44 anni (i valori sono in migliaia).

Titolo di studio \ Soddisfazione per il lavoro	Molta	Sufficiente	Poca	Nessuna
Nessun titolo di studio o licenza di scuola elementare	22	115	40	7
Licenza di scuola media	334	1434	544	99
Diploma di scuola superiore	766	3079	774	161
Laurea	473	1573	438	91

Scelto a caso un lavoratore in questa fascia di età, determina con quale probabilità:

a. ha un diploma di scuola superiore e non è laureato;

b. è molto soddisfatto del lavoro che svolge;

c. è un laureato per nulla soddisfatto della propria occupazione.

[a) 48,04%; b) 16,03%; c) 0,91%]

Probabilità e calcolo combinatorio

32 TEST Un'urna contiene 5 palline bianche e 3 nere non distinguibili al tatto. La probabilità che, estraendo contemporaneamente 3 palline, esse siano una bianca e due nere è:

A $\frac{15}{32}$.   B $\frac{15}{28}$.   C $\frac{15}{56}$.   D $\frac{17}{32}$.   E $\frac{5}{56}$.

33 ESERCIZIO GUIDA Un'urna contiene dieci palline numerate da 1 a 10. Calcoliamo la probabilità che:

a. estraendo *consecutivamente* 2 palline, *rimettendo* ogni volta la pallina estratta nell'urna, si abbiano due numeri primi (evento E);

b. estraendo *consecutivamente* 3 palline, *non rimettendo* ogni volta la pallina estratta nell'urna, si abbiano due numeri primi e un numero non primo (evento F);

c. estraendo *contemporaneamente* 3 palline, esse siano 2 palline con un numero inferiore a 5 e una con un numero maggiore o uguale a 5 (evento H).

a. I casi possibili sono tutti i modi in cui possono presentarsi due dei dieci numeri, anche ripetuti, in quanto dopo ogni estrazione la pallina viene rimessa nell'urna e quindi può essere estratta di nuovo.
Pertanto si ha: $D'_{10,2} = 10^2 = 100$.
I casi favorevoli sono tutti i modi in cui possono presentarsi, anche con ripetizione, due dei quattro numeri primi $\{2, 3, 5, 7\}$. Pertanto $D'_{4,2} = 4^2 = 16$.

$$p(E) = \frac{16}{100} = \frac{4}{25}.$$

b. I casi possibili sono tutti i modi in cui possono presentarsi tre dei dieci numeri, ma ogni numero può presentarsi una sola volta in quanto non viene rimesso nell'urna. Pertanto $D_{10,3} = 10 \cdot 9 \cdot 8 = 720$.
I casi favorevoli sono tutti i gruppi formati da due numeri primi e un numero non primo e occorre tenere conto di tutti i possibili modi in cui si possono presentare. Perciò $D_{4,2} \cdot D_{6,1} \cdot P_3^{(2)} = (4 \cdot 3) \cdot 6 \cdot 3 = 216$.

$$p(F) = \frac{216}{720} = \frac{3}{10}$$

c. I casi possibili sono tutti i modi in cui si possono estrarre tre palline, e, essendo l'estrazione contemporanea, non ha alcuna rilevanza l'ordine dell'estrazione. Pertanto:

$$\binom{10}{3} = \frac{10 \cdot 9 \cdot 8}{3!} = 120.$$

I casi favorevoli sono tutti i gruppi formati da due delle quattro palline aventi un numero inferiore a 5 e da una con un valore maggiore. Pertanto:

$$\binom{4}{2} \cdot 6 = \frac{4 \cdot 3}{2!} \cdot 6 = 36;$$

$$p(H) = \frac{36}{120} = \frac{3}{10}.$$

34 In una scatola di cioccolatini ne sono rimasti 4 al latte, 10 fondenti e 2 al liquore. Si prendono consecutivamente due cioccolatini a caso. Calcola la probabilità che:

a. siano entrambi fondenti;

b. non siano al liquore;

c. siano entrambi al latte.

$\left[\text{a) } \frac{3}{8}; \text{ b) } \frac{91}{120}; \text{ c) } \frac{1}{20}\right]$

35 Un'urna contiene cinque palline numerate da 1 a 5. Si estraggono consecutivamente due palline, rimettendo la prima pallina estratta nell'urna. Calcola la probabilità che:

a. escano due 5;

b. escano due numeri pari;

c. esca prima un numero pari e poi uno dispari;

d. escano un numero pari e uno dispari.

$\left[\text{a) } \frac{1}{25}; \text{ b) } \frac{4}{25}; \text{ c) } \frac{6}{25}; \text{ d) } \frac{12}{25}\right]$

36 In un gruppo di 5 amici ci sono 2 maschi e 3 femmine. Per farsi una foto di gruppo, si dispongono casualmente uno di fianco all'altro, su un'unica fila. Qual è la probabilità che i due ragazzi siano alle estremità della fila? $\left[\frac{1}{10}\right]$

37 Si gettano contemporaneamente due dadi. Calcola la probabilità che le due facce:

a. siano due numeri uguali;

b. siano due numeri dispari;

c. siano due numeri primi;

d. siano un numero pari e l'altro dispari.

$\left[\text{a) } \frac{1}{6}; \text{ b) } \frac{1}{4}; \text{ c) } \frac{1}{4}; \text{ d) } \frac{1}{2}\right]$

38 Giacomo prenota un viaggio in treno in uno scompartimento a sei posti, dei quali due sono vicini al finestrino. Sapendo che tre posti sono già occupati, qual è la probabilità che sia libero un posto vicino al finestrino? $\left[\frac{4}{5}\right]$

39 Un'urna U_1 contiene 25 palline bianche e 15 palline rosse, mentre un'urna U_2 ne contiene 20 bianche e 20 rosse.
È più facile che estraendo tre palline contemporaneamente da U_1 siano tutte bianche o che estraendone due da U_2 siano tutte e due rosse?
[entrambe rosse da U_2]

40 Calcola la probabilità di fare 14 al totocalcio giocando una colonna. [0,000 000 209 08]

41 Una folata di vento ha sparso a terra dieci fogli degli appunti di Carlotta; raccogliendoli come capita, qual è la probabilità che siano in ordine? $\left[\frac{1}{3628800}\right]$

42 Una scatola contiene 12 palline bianche, 13 rosse, 5 verdi.
Si estraggono contemporaneamente due palline. Calcola la probabilità che siano:

a. entrambe rosse;

b. almeno una bianca;

c. una sola bianca;

d. nessuna verde.

$\left[\text{a) } \frac{26}{145}; \text{ b) } \frac{94}{145}; \text{ c) } \frac{72}{145}; \text{ d) } \frac{20}{29}\right]$

ESERCIZI

43 ●○ Lanciando 4 dadi, calcola la probabilità che:

a. abbiano tutte le facce uguali;

b. abbiano 4 facce con il numero 2.

$\left[a)\ \frac{1}{216};\ b)\ \frac{1}{1296}\right]$

44 ●○ Si lancia consecutivamente un dado due volte. Calcola la probabilità che le due facce:

a. abbiano la somma dei punteggi uguale a 9;

b. abbiano la somma dei punteggi maggiore di 9;

c. abbiano due numeri che siano divisori di 6.

$\left[a)\ \frac{1}{9};\ b)\ \frac{1}{6};\ c)\ \frac{4}{9}\right]$

45 ●○ Giovanni ha 12 libri di scuola. Una mattina si sveglia tardi e, nella fretta, prende i primi 3 libri che gli capitano sotto mano. Qual è la probabilità che tra questi ci sia il libro di matematica? $\left[\frac{1}{4}\right]$

46 ●○ REALTÀ E MODELLI **Gare d'istituto** In una scuola 120 alunni partecipano alla «giornata dell'arte», preparando lavori di vari generi artistici.

a. Calcola la probabilità che i primi tre classificati siano tutti alunni della 4ª C, che partecipa con 20 ragazzi.

b. Se la probabilità che uno dei tre classificati sia della 4ª C e gli altri due della 4ª A è $\frac{9}{826}$, quanti sono gli alunni della 4ª A che partecipano al concorso?

$\left[a)\ \frac{57}{14\,042};\ b)\ 18\right]$

47 ●○ Nel laboratorio di scienze ci sono 25 microscopi, di cui 2 difettosi. Ognuno dei 21 studenti della 4ª A sceglie un microscopio. Qual è la probabilità che nessuno scelga un microscopio difettoso? $\left[\frac{1}{50}\right]$

48 ●● REALTÀ E MODELLI **Giochiamo al lotto** Carlo si trova in una ricevitoria del lotto. Può decidere di giocare:

a. un terno secco sulla ruota di Bari (cioè gioca 3 numeri e vince se sono 3 dei 5 numeri estratti su quella ruota);

b. il numero 8 sulla ruota di Bari come primo estratto;

c. il numero 8 e il numero 10 sulla ruota di Bari scommettendo che almeno uno tra l'8 e il 10 sia tra i 5 numeri estratti.

Indipendentemente dalla cifra che vincerà, Carlo vuole scegliere il gioco che gli dà maggiore probabilità di vittoria. Come deve giocare? Motiva la risposta. [gioca i numeri 8 e 10]

49 ●● Un'urna contiene nove palline numerate da 1 a 9. Si estraggono consecutivamente due palline, senza rimettere la prima pallina estratta nell'urna. Calcola la probabilità che:

a. prima esca una pallina con un numero pari e poi una con un numero dispari;

b. le palline abbiano un numero pari e un numero dispari;

c. entrambe le palline abbiano un numero dispari.

$\left[a)\ \frac{5}{18};\ b)\ \frac{5}{9};\ c)\ \frac{5}{18}\right]$

50 ●● Nelle stesse ipotesi dell'esercizio precedente, calcola la probabilità che:

a. entrambe le palline abbiano un numero primo;

b. entrambe le palline abbiano un numero non primo;

c. una pallina abbia un numero primo e l'altra un numero non primo.

$\left[a)\ \frac{1}{6};\ b)\ \frac{5}{18};\ c)\ \frac{5}{9}\right]$

51 ●● YOU & MATHS An ordinary pack of 52 playing cards consists of 13 clubs, 13 diamonds, 13 hearts and 13 spades. The pack is shuffled and a card is drawn up and returned to the pack. This procedure is repeated twice. Find the probability that the three cards drawn up are:

a. all hearts;

b. two clubs and a spade (in any order);

c. of three different suits.

(UK *University of Essex*, First Year Examination)

52 ●● Voglio prenotare due posti nella decima fila del cinema. Se la fila ha 20 posti numerati dall'81 al 100, calcola la probabilità che:

a. i due posti si trovino tra il numero 91 e il numero 100;

b. i due posti siano vicini.

$\left[a)\ \frac{9}{38};\ b)\ \frac{1}{10}\right]$

53 ●● Un'urna contiene 13 palline numerate da 1 a 13. Si estraggono contemporaneamente due palline. Calcola la probabilità che:

a. escano due numeri pari;

b. escano due numeri maggiori di 9;

c. escano un numero pari e uno dispari;

d. escano il numero 5 e uno qualunque degli altri numeri.

$\left[a)\ \frac{5}{26};\ b)\ \frac{1}{13};\ c)\ \frac{7}{13};\ d)\ \frac{2}{13}\right]$

3 Somma logica di eventi

Teoria a p. α56

Eventi compatibili ed eventi incompatibili

Indica fra i seguenti eventi quali sono compatibili e quali incompatibili.

54 Nell'estrazione di un numero del lotto esce un numero:
a. E_1 = «divisibile per 8», E_2 = «dispari»; **b.** E_1 = «minore di 20», E_2 = «multiplo di 12».

55 Nell'estrazione di una carta da un mazzo di 40 esce:
a. E_1 = «un asso», E_2 = «una figura»; **b.** E_1 = «una carta di spade», E_2 = «un re».

56 Nel lancio di due dadi escono due numeri:
a. E_1 = «multipli di 3», E_2 = «uguali»; **b.** E_1 = «con somma minore di 5», E_2 = «entrambi pari».

Probabilità della somma logica o unione di due eventi

57 **ESERCIZIO GUIDA** In un sacchetto ci sono 16 gettoni: 7 di forma quadrata (3 rossi e 4 verdi) e 9 di forma circolare (4 rossi e 5 verdi). Indica qual è la probabilità di estrarre a caso un gettone: **a.** verde oppure quadrato rosso; **b.** rosso oppure tondo.

a. Gli eventi E_1 = «estrazione di un gettone verde» ed E_2 = «estrazione di un gettone quadrato rosso» sono *incompatibili*, perché un gettone non può essere contemporaneamente verde e quadrato rosso.

$$p(E_1) = \frac{9}{16}; \quad p(E_2) = \frac{3}{16}.$$

Allora $p(E_1 \cup E_2) = p(E_1) + p(E_2) = \frac{9}{16} + \frac{3}{16} = \frac{12}{16} = \frac{3}{4}$.

b. Gli eventi E_1 = «estrazione di un gettone rosso» ed E_2 = «estrazione di un gettone tondo» sono *compatibili*, perché un gettone può essere contemporaneamente rosso e tondo.
I casi possibili sono 16, quindi:

$$p(E_1) = \frac{7}{16}; \quad p(E_2) = \frac{9}{16}.$$

Calcoliamo $p(E_1 \cap E_2)$, dove i casi favorevoli sono i gettoni rossi e tondi:

$$p(E_1 \cap E_2) = \frac{4}{16}.$$

La probabilità che si estragga un gettone rosso oppure tondo è:

$$p(E_1 \cup E_2) = p(E_1) + p(E_2) - p(E_1 \cap E_2) = \frac{7}{16} + \frac{9}{16} - \frac{4}{16} = \frac{3}{4}.$$

58 Un cassetto contiene 18 calzini verdi, 6 azzurri e 4 fucsia. Calcola la probabilità che, estraendone uno a caso, esso sia verde o fucsia. $\left[\frac{11}{14}\right]$

59 Calcola la probabilità che lanciando un dado esca un numero minore di 5 o dispari. $\left[\frac{5}{6}\right]$

60 Un'urna contiene 20 palline numerate da 1 a 20. Calcola la probabilità che, estraendo una pallina, esca un numero:
a. pari;
b. multiplo di 8 o maggiore di 17;
c. dispari o minore di 7.
$\left[a)\ \frac{1}{2};\ b)\ \frac{1}{4};\ c)\ \frac{13}{20}\right]$

ESERCIZI

61 In una busta ci sono 28 figurine numerate da 1 a 28. Calcola la probabilità di estrarre a caso una figurina con numero dispari o multiplo di 4. $\left[\frac{3}{4}\right]$

62 Una scatola contiene cioccolatini, caramelle e liquirizie. Sapendo che i cioccolatini sono il doppio delle liquirizie e le caramelle sono i $\frac{3}{2}$ delle liquirizie, calcola la probabilità di prendere a caso un cioccolatino o una caramella. $\left[\frac{7}{9}\right]$

63 REALTÀ E MODELLI **Il numero di maglia** L'allenatore di una squadra di pallavolo sta consegnando le maglie ai convocati per la partita scegliendole casualmente. Nella cesta ci sono le maglie numerate da 1 a 10. Federico è il primo a ricevere la maglia.
Qual è la probabilità che il suo numero sia un numero dispari o maggiore di 5? $\left[\frac{4}{5}\right]$

64 Si estrae una carta da un mazzo di 52 carte. Calcola la probabilità che la carta:

a. sia un re o un sette;
b. sia un re o una carta di picche;
c. sia un asso o una carta di picche o una figura.

$\left[a)\ \frac{2}{13};\ b)\ \frac{4}{13};\ c)\ \frac{25}{52}\right]$

65 Calcola la probabilità che, lanciando un dado, si verifichi almeno uno dei due eventi:

E_1 = «numero dispari»;
E_2 = «numero minore di 4». $\left[\frac{2}{3}\right]$

66 In uno scaffale ci sono 12 DVD, 20 CD e 14 libri. Prendendo un oggetto a caso, qual è la probabilità di prendere un CD o un libro? $\left[\frac{17}{23}\right]$

REALTÀ E MODELLI

67 **Colazione fuori** Nella pasticceria «Frutti di bosco», Javier prepara i biscotti alle mandorle tre giorni alla settimana e le brioche al miele due giorni alla settimana. Solo un giorno alla settimana prepara entrambi i dolci. Una mattina Veronica va a fare colazione alla pasticceria, sperando di trovare i biscotti alle mandorle o le brioche al miele: qual è la probabilità che accada? $\left[\frac{4}{7}\right]$

68 **I più bravi della scuola** Alla fine dell'anno scolastico, in una scuola di 648 studenti, 1 su 6 ha ottenuto una media superiore all'8 e 1 su 9 ha 10 in almeno una materia, mentre solo 12 studenti hanno raggiunto entrambi i risultati. Scegliendo a caso uno studente, qual è la probabilità che abbia la media maggiore di 8 oppure 10 in qualche materia? $\left[\frac{7}{27}\right]$

69 12 ragazzi vogliono dividersi in 3 squadre. Mettono in un sacchetto dei bigliettini numerati da 1 a 12, e ciascuno ne estrae uno a caso. I biglietti dall'1 al 4 rappresentano la squadra A, quelli dal 5 all'8 la squadra B, quelli dal 9 al 12 la squadra C. I ragazzi che estrarranno i numeri 1, 5 e 9 diventeranno i capitani delle relative squadre. Qual è la probabilità di capitare nella squadra A o di essere capitano di una delle tre squadre? $\left[\frac{1}{2}\right]$

70 EUREKA! Sofia e Francesco osservano i parenti che iniziano a giocare a tombola. Sofia dice: «Scommetto che il primo numero estratto è un numero pari o un multiplo di 4».
Francesco ribatte: «Va bene, allora io scommetto che il primo numero estratto è un numero dispari o un multiplo di 5».
Determina, senza calcolare le due probabilità, chi dei due ha maggiore probabilità di vincere la scommessa. Poi conferma il tuo ragionamento calcolando le due probabilità.

Con il calcolo combinatorio

71 ESERCIZIO GUIDA Un'urna contiene 4 palline rosse numerate da 1 a 4 e 6 palline nere numerate da 1 a 6. Si estraggono consecutivamente due palline, senza rimettere la pallina estratta nell'urna. Calcoliamo la probabilità:

a. che le palline estratte siano di colore uguale;
b. che le palline estratte siano rosse o presentino due numeri pari;
c. che almeno una pallina estratta sia rossa.

a. Gli eventi E_{RR} = «escono due palline rosse» ed E_{NN} = «escono due palline nere» sono incompatibili, quindi

$$p(E_{RR} \cup E_{NN}) = p(E_{RR}) + p(E_{NN}) = \frac{D_{4,2}}{D_{10,2}} + \frac{D_{6,2}}{D_{10,2}} = \frac{12}{90} + \frac{30}{90} = \frac{42}{90} = \frac{7}{15}.$$

b. Gli eventi E_{RR} ed E_{PP} = «escono due palline con un numero pari» sono eventi compatibili quindi

$$p(E_{RR} \cup E_{PP}) = p(E_{RR}) + p(E_{PP}) - p(E_{RR} \cap E_{PP}) = \frac{12}{90} + \frac{20}{90} - \frac{2}{90} = \frac{30}{90} = \frac{1}{3}.$$

c. L'evento si realizza se si realizza E_{RR} oppure E_{RN} = «escono una pallina rossa e una nera», che sono eventi incompatibili, quindi

$$p(E_{RR} \cup E_{RN}) = p(E_{RR}) + p(E_{RN}) = \frac{D_{4,2}}{D_{10,2}} + \frac{4 \cdot 6 \cdot 2}{D_{10,2}} = \frac{48}{90} + \frac{12}{90} = \frac{60}{90} = \frac{2}{3}.$$

Possiamo usare in questo caso anche la probabilità dell'evento contrario che è «non esce alcuna pallina rossa» = «escono due palline nere» di cui abbiamo già calcolato la probabilità.

$$p(E_{RR} \cup E_{RN}) = p(\overline{E}_{NN}) = 1 - p(E_{NN}) = 1 - \frac{30}{90} = \frac{60}{90} = \frac{2}{3}$$

72 Un'urna contiene 4 palline bianche e 8 nere. Calcola la probabilità che, estraendo consecutivamente tre palline, senza rimettere la pallina estratta nell'urna:

a. siano dello stesso colore;

b. siano due bianche e una nera o due nere e una bianca.

$\left[\text{a) } \frac{3}{11}; \text{ b) } \frac{8}{11}\right]$

73 Un'urna contiene 4 palline gialle, 2 verdi e 7 bianche. Si estraggono consecutivamente 2 palline, senza rimettere la pallina estratta nell'urna. Calcola la probabilità che:

a. siano dello stesso colore;

b. nessuna sia bianca;

c. almeno una sia verde;

d. la prima sia gialla e l'altra o verde o bianca.

$\left[\text{a) } \frac{14}{39}; \text{ b) } \frac{5}{26}; \text{ c) } \frac{23}{78}; \text{ d) } \frac{3}{13}\right]$

74 Si estraggono contemporaneamente tre carte da un mazzo da 40 carte. Calcola la probabilità che si presentino:

a. tre figure o tre carte di due semi fissati;

b. tre figure o tre re;

c. tre carte di due semi fissati o tre sette;

d. almeno due figure;

e. almeno una figura.

$\left[\text{a) } \frac{67}{494}; \text{ b) } \frac{11}{494}; \text{ c) } \frac{11}{95}; \text{ d) } \frac{517}{2470}; \text{ e) } \frac{127}{190}\right]$

REALTÀ E MODELLI

75 **Parchi in premio** Abbiamo 9 biglietti per un parco divertimenti, 5 biglietti per un parco acquatico e 6 biglietti per un parco termale. Estraiamo consecutivamente due biglietti da assegnare come primo e secondo premio per un gioco. Calcola la probabilità che:

a. siano biglietti per lo stesso parco;

b. nessun biglietto sia per il parco acquatico;

c. almeno un biglietto sia per il parco divertimenti;

d. il primo biglietto sia per il parco termale e l'altro per il parco divertimenti o il parco acquatico.

$\left[\text{a) } \frac{61}{190}; \text{ b) } \frac{21}{38}; \text{ c) } \frac{27}{38}; \text{ d) } \frac{21}{95}\right]$

76 **Bellezze premiate** Alle tre vincitrici di un concorso di bellezza spettano tre premi da scegliere estraendoli consecutivamente da una scatola contenente 6 braccialetti e 10 collane. Calcola la probabilità che i premi siano:

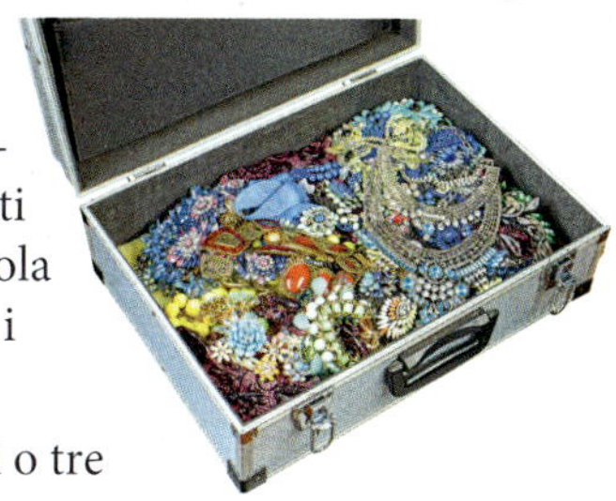

a. tre braccialetti o tre collane;

b. due braccialetti e una collana o un braccialetto e due collane.

$\left[\text{a) } \frac{1}{4}; \text{ b) } \frac{3}{4}\right]$

4 Probabilità condizionata

▶ Teoria a p. α58

Eventi dipendenti ed eventi indipendenti

77 RIFLETTI SULLA TEORIA

a. Due eventi dipendenti sono sempre compatibili?

b. Due eventi indipendenti sono sempre incompatibili?

78 FAI UN ESEMPIO di eventi indipendenti estraendo due carte da un mazzo di 40.

Indica se i seguenti eventi sono dipendenti o indipendenti.

79 In due lanci di una moneta:

E_1 = «esce "croce" al primo lancio», E_2 = «esce "croce" al secondo lancio».

80 In due lanci di un dado:

E_1 = «esce un numero pari al primo lancio», E_2 = «esce il numero 2 al secondo lancio».

81 Nell'estrazione da un'urna, contenente 4 palline bianche e 6 nere, di due palline senza rimettere la prima nell'urna:

E_1 = «esce una pallina nera alla prima estrazione», E_2 = «esce una pallina nera alla seconda estrazione».

82 VERO O FALSO?

a. Se B è l'evento certo, $p(A \mid B) = p(A)$. V F

b. Se gli eventi A e B sono incompatibili, $p(A \mid B) = 0$. V F

c. Se A è l'evento certo, $p(A \mid B) = p(B)$. V F

d. $p(A \cup B \mid B) = p(A)$. V F

83 ESERCIZIO GUIDA Nel frigorifero di un bar ci sono 10 bottiglie di acqua minerale naturale, 15 di acqua minerale frizzante, 12 aranciate e 7 tè freddi, non deteinati. Prendiamo una bottiglia a caso dal frigorifero. Consideriamo gli eventi:

A = «prendere un'acqua minerale»; C = «prendere un'aranciata»;
B = «prendere una bevanda senza teina»; D = «prendere un tè freddo».

a. Calcoliamo la probabilità di prendere un tè freddo, sapendo che non si è presa un'aranciata.

b. Stabiliamo la correlazione tra D e $\overline{C}$.

c. Stabiliamo la correlazione tra A e B.

---

a. Dobbiamo calcolare $p(D \mid \overline{C})$.
Se non abbiamo preso un'aranciata, l'insieme degli esiti è dato dalle 25 bottiglie d'acqua minerale e dalle 7 di tè freddo. I casi possibili sono 32.
I casi favorevoli sono 7, quindi $p(D \mid \overline{C}) = \frac{7}{32}$.
Usando il teorema della probabilità condizionata:

$$p(A \mid B) = \frac{p(A \cap B)}{p(B)}$$

$$p(D \cap \overline{C}) = \frac{7}{44}, \qquad p(\overline{C}) = \frac{32}{44} \quad \rightarrow \quad p(D \mid \overline{C}) = \frac{p(D \cap \overline{C})}{p(\overline{C})} = \frac{7}{44} \cdot \frac{44}{32} = \frac{7}{32}.$$

b. Poiché $p(D) = \frac{7}{44}$, $p(D \mid \overline{C}) > p(D)$, quindi D e $\overline{C}$ sono dipendenti e correlati positivamente.

c. Osserviamo che $p(B \mid A) = 1$ perché, se sappiamo che abbiamo preso un'acqua minerale, è certo che abbiamo preso una bevanda senza teina. Poiché $p(B \mid A) = 1 > p(B)$, gli eventi A e B sono dipendenti e correlati positivamente.

84 Calcola la probabilità che, lanciando un dado, esca un numero maggiore di 3, sapendo che è uscito un numero pari. $\left[\frac{2}{3}\right]$

85 Calcola la probabilità che, estraendo una carta da un mazzo di 40, essa sia un re, sapendo che è uscita una figura. $\left[\frac{1}{3}\right]$

86 Un sacchetto contiene 22 palline numerate da 1 a 22. Calcola la probabilità che, estraendo una pallina, essa rechi un numero multiplo di 3, sapendo che è uscito un numero dispari. $\left[\frac{4}{11}\right]$

87 Si hanno due mazzi di carte da 40. Si estrae da ciascun mazzo una carta. Calcola la probabilità che esse siano due re, sapendo che sono uscite due figure, e la probabilità che siano due figure, sapendo che sono usciti due re. $\left[\frac{1}{9};1\right]$

88 Si estraggono consecutivamente tre palline da un'urna contenente 20 palline numerate da 1 a 20, rimettendo ogni volta la pallina estratta nell'urna. Calcola la probabilità che le tre palline abbiano un numero dispari, sapendo che le prime due palline hanno un numero dispari. $\left[\frac{1}{2}\right]$

89 Da un mazzo da 52 carte si estraggono consecutivamente due carte senza rimettere la carta estratta nel mazzo. Calcola la probabilità che esse siano di cuori, sapendo che sono entrambe rosse. $\left[\frac{6}{25}\right]$

90 **Calcio, football americano, basket** In una classe 8 alunni giocano a calcio, 6 a football americano e 7 a basket. Calcola la probabilità che, prendendo a caso tre alunni, essi giochino a football americano, sapendo che non praticano il calcio e che ognuno pratica un solo sport. $\left[\frac{10}{143}\right]$

91 Una macchina produce pezzi meccanici e, su una produzione di 400 pezzi, 20 sono difettosi per peso, 30 per lunghezza e 360 sono perfetti. Calcola la probabilità che, prendendo a caso un pezzo:

a. sia difettoso;

b. abbia entrambi i difetti;

c. sia difettoso per peso, sapendo che anche la lunghezza non è corretta.

$\left[a)\ \frac{1}{10};\ b)\ \frac{1}{40};\ c)\ \frac{1}{3}\right]$

RISOLVIAMO UN PROBLEMA

Sedie a dondolo

La ditta «La tua sedia» vuole introdurre, fra i vari tipi di sedia che fabbrica, anche sedie a dondolo. Avendo in produzione modelli con paglia di Vienna, considera l'opportunità di sedie a dondolo con seduta e schienale con questo materiale.
In base alle richieste del mercato, valuta la probabilità di vendere una sedia a dondolo senza la paglia di Vienna al 30% e la probabilità di vendere una sedia non a dondolo al 55%.
Determina:

- se gli eventi «vendere una sedia a dondolo» e «vendere una sedia con paglia di Vienna» sono compatibili o incompatibili;
- la probabilità di vendere una sedia a dondolo o una sedia con paglia di Vienna supponendo gli eventi indipendenti;
- la probabilità di vendere una sedia con paglia di Vienna supponendo che la probabilità di vendere una sedia a dondolo condizionata all'evento vendita di una sedia con paglia di Vienna sia di $\frac{5}{7}$.

► **Calcoliamo la probabilità di vendere una sedia a dondolo senza paglia di Vienna e la probabilità di vendere una sedia non a dondolo.**

Indichiamo con A l'evento «vendere una sedia a dondolo» e con B l'evento «vendere una sedia con paglia di Vienna». Se gli eventi A e B sono incompatibili, deve essere $p(A \cap B) = 0$.
In base ai dati, la probabilità di vendere una sedia a dondolo senza paglia di Vienna è $p(A - B) = p(A \cap \overline{B}) = 0,30$.

Sempre in base ai dati, la probabilità di vendere una sedia non a dondolo è $p(\overline{A}) = 0,55$, e quindi $p(A) = 1 - 0,55 = 0,45$.

▶ **Verifichiamo che gli eventi *A* e *B* sono compatibili.**

Otteniamo $p(A \cap B) = p(A) - p(A \cap \overline{B}) = 0,45 - 0,30 = 0,15 \neq 0$. Dunque, gli eventi A e B sono compatibili.

▶ **Calcoliamo la probabilità di vendere una sedia a dondolo o una sedia con paglia di Vienna supponendo gli eventi indipendenti.**

Vogliamo calcolare $p(A \cup B) = p(A) + p(B) - p(A \cap B)$. Dobbiamo quindi innanzitutto determinare $p(B)$.
Se gli eventi A e B sono indipendenti deve essere $p(A \cap B) = p(A) \cdot p(B)$, e quindi

$$p(B) = \frac{p(A \cap B)}{p(A)} = \frac{0,15}{0,45} = \frac{1}{3} = 0,\overline{3}, \text{ da cui otteniamo } p(A \cup B) = 0,45 + 0,\overline{3} - 0,15 = 0,6\overline{3}.$$

▶ **Calcoliamo la probabilità condizionata richiesta.**

Dobbiamo calcolare la probabilità dell'evento B considerando che $p(A|B) = \frac{5}{7}$:

$$p(A|B) = \frac{p(A \cap B)}{p(B)} \qquad \frac{5}{7} = \frac{0,15}{p(B)} \qquad p(B) = 0,15 \cdot \frac{7}{5} = 0,21.$$

92 ●○ REALTÀ E MODELLI **Età e ipertensione** Sai che il 21,7% della popolazione italiana ha almeno 65 anni e che il 17,1% della popolazione totale è iperteso, cioè soffre di ipertensione arteriosa. Inoltre, il 28% della popolazione ha almeno 65 anni o soffre di ipertensione arteriosa.

a. Scegliendo a caso un individuo tra la popolazione italiana, calcola la probabilità che abbia almeno 65 anni e sia iperteso.

b. Se un individuo ha almeno 65 anni, qual è la probabilità che soffra di ipertensione arteriosa? E se ha meno di 65 anni?

c. Se un individuo è iperteso, qual è la probabilità che abbia meno di 65 anni?

[a) 10,8%; b) 49,8%; 8%; c) 36,8%]

93 ●● In un'urna abbiamo 5 palline, ciascuna con un colore diverso e con probabilità di estrazione diversa. L'insieme dei possibili esiti è $U = \{$rossa, gialla, nera, verde, bianca$\}$ e le probabilità di estrazione sono $\frac{1}{7}$ per ciascuna delle palline rossa, gialla e nera e $\frac{2}{7}$ per ciascuna delle palline verde e bianca.

Dati gli eventi $A = \{$rossa, nera, bianca$\}$, $B = \{$nera, verde, bianca$\}$ e $C = \{$gialla, nera$\}$, calcola le seguenti probabilità.

$p(A|B)$ $\quad$ $p(B|C)$ $\quad$ $p(C|\overline{A})$ $\quad$ $p(\overline{A}|C)$

$\left[\frac{3}{5}; \frac{1}{2}; \frac{1}{3}; \frac{1}{2}\right]$

94 ●● Calcola la probabilità che, lanciando quattro monete, la faccia testa esca due volte, sapendo che è uscita almeno una volta.

$\left[\frac{2}{5}\right]$

95 ●● **Ex alunni** In un istituto tecnico si svolge un'indagine statistica su 575 alunni diplomati negli ultimi cinque anni. Di essi 305 sono femmine e 270 maschi. 215, di cui 140 femmine e 75 maschi, hanno proseguito gli studi; 234, di cui 94 femmine e 140 maschi, hanno trovato impiego presso aziende private; 126, di cui 71 femmine e 55 maschi, lavorano presso enti pubblici. Intervistando a caso due persone, calcola la probabilità che:

a. abbiano proseguito gli studi;

b. abbiano trovato un impiego, sapendo che sono maschi;

c. non lavorino presso un ente pubblico, sapendo che sono femmine.

Gli eventi «aver trovato un impiego» ed «essere maschi» sono dipendenti o indipendenti?

[a) 14%; b) 52%; c) 59%; dipendenti]

5 Prodotto logico di eventi

▶ Teoria a p. α61

96 ●○ TEST Due macchine indipendenti compiono lo stesso lavoro. La probabilità che si guasti la macchina A è del 30%, mentre la probabilità che si guasti la macchina B è del 20%. La probabilità che si guasti la macchina B e non la macchina A è:

A 0,14. B 0,24. C 0,44. D 0,5. E 0,56.

97 ESERCIZIO GUIDA Da un'urna che contiene 6 palline rosse, 3 bianche e 5 nere estraiamo consecutivamente due palline, senza rimettere la prima estratta nell'urna. Calcoliamo la probabilità che:

a. le palline siano entrambe rosse;

b. la prima pallina sia bianca e la seconda nera;

c. almeno una pallina sia rossa.

In ognuno dei tre casi gli eventi sono dipendenti perché la prima pallina estratta non viene rimessa nell'urna.
Indichiamo con R, B e N le estrazioni di palline rosse, bianche e nere, con il pedice 1 la prima estrazione e con il pedice 2 la seconda.

a. $R_1 \cap R_2$ = «la prima pallina estratta è rossa e la seconda è rossa».

$$p(R_1 \cap R_2) = p(R_1) \cdot p(R_2 | R_1) = \frac{6}{14} \cdot \frac{5}{13} = \frac{15}{91}$$

(palline rosse: 6; palline rosse rimaste: 5; palline rimaste nell'urna: 13)

b. $B_1 \cap N_2$ = «la prima pallina estratta è bianca e la seconda è nera».

$$p(B_1 \cap N_2) = p(B_1) \cdot p(N_2 | B_1) = \frac{3}{14} \cdot \frac{5}{13} = \frac{15}{182}$$

(palline bianche: 3; palline nere: 5; palline rimaste nell'urna: 13)

c. «Almeno una» è l'evento contrario di «nessuna».

$\overline{R}_1 \cap \overline{R}_2$ = «la prima pallina estratta non è rossa e la seconda non è rossa».

$$p(\overline{R}_1 \cap \overline{R}_2) = p(\overline{R}_1) \cdot p(\overline{R}_2 | \overline{R}_1) = \frac{8}{14} \cdot \frac{7}{13} = \frac{4}{13}$$

(palline non rosse: 8; palline non rosse rimaste: 7; palline rimaste nell'urna: 13)

La probabilità che almeno una pallina sia rossa è:

$$p = 1 - p(\overline{R}_1 \cap \overline{R}_2) = 1 - \frac{4}{13} = \frac{9}{13}.$$

98 ●○ Antonio pesca tre carte da un mazzo di 40. Qual è la probabilità che abbia in mano tre re? $\left[\frac{1}{2470}\right]$

99 ●○ **Vigilia di Natale** Roberta prepara i pacchetti dei regali per quattro suoi amici, ma una volta incartati non riesce più a distinguerli. Se fossero consegnati a caso, qual è la probabilità che ognuno di loro riceva proprio il suo? $\left[\frac{1}{24}\right]$

100 ●○ Due impianti nuovi, che funzionano in modo separato uno dall'altro, hanno la probabilità di guastarsi, nel periodo della garanzia, rispettivamente del 5% e del 4%. Calcola la probabilità che in un certo momento:

a. uno solo sia guasto;

b. siano guasti entrambi;

c. nessuno sia guasto;

d. almeno uno sia guasto.

[a) 8,6%; b) 0,2%; c) 91,2%; d) 8,8%]

ESERCIZI

101 ●○ In una classe di 25 studenti, i $\frac{3}{5}$ sono maggiorenni. I maschi sono 10, di cui 7 maggiorenni. Scegliendo a caso uno studente, qual è la probabilità che sia una ragazza maggiorenne? $\left[\frac{8}{25}\right]$

102 ●○ La probabilità che un tiratore colpisca un bersaglio è del 20% e la probabilità che lo colpisca un altro tiratore è del 60%. I due tiratori sparano contemporaneamente. Calcola la probabilità che:

a. il bersaglio venga colpito da entrambi;

b. almeno uno colpisca il bersaglio.

[a) 12%; b) 68%]

103 ●○ Un'urna contiene 20 palline numerate da 1 a 20. Calcola la probabilità che, estraendo consecutivamente due palline, senza rimettere quella estratta nell'urna, esse siano:

a. due palline con un numero pari;

b. una con un numero pari e l'altra con un numero dispari;

c. due palline con un numero primo.

$\left[\text{a) } \frac{9}{38}; \text{ b) } \frac{10}{19}; \text{ c) } \frac{14}{95}\right]$

REALTÀ E MODELLI

104 ●○ **Domenica al parco** La domenica Susanna va al parco solo se non piove e la sua amica Cristina è libera. Per la prossima domenica sono previste piogge con una probabilità del 20%. Cristina va a trovare i suoi nonni una domenica su due, indipendentemente dal tempo. Qual è la probabilità che la prossima domenica Susanna vada al parco? [40%]

105 ●○ **Di domenica** Il negozio di vestiti sotto casa di Ilaria è aperto una domenica su 4. Nelle domeniche in cui il negozio è aperto, le due titolari, Costanza e Francesca, si alternano: a turno una resta a casa e sostituirà la collega nella domenica di apertura successiva. Con che probabilità Ilaria troverà Francesca in negozio la prossima domenica? $\left[\frac{1}{8}\right]$

106 ●○ TEST Agata, Nina e Leo decidono che al «Via!» ciascuno di loro dirà (a caso) «Bim», oppure «Bum», oppure «Bam». Qual è la probabilità che dicano tutti e tre la stessa cosa?

A Meno di $\frac{1}{12}$.

B Tra $\frac{1}{12}$ e $\frac{1}{10}$.

C Tra $\frac{1}{10}$ e $\frac{1}{8}$.

D Tra $\frac{1}{8}$ e $\frac{1}{6}$.

E Più di $\frac{1}{6}$.

(*Giochi di Archimede*, 2014)

107 ESERCIZIO GUIDA Devono essere interrogati 3 studenti, 2 maschi e una femmina. Calcola la probabilità che, scegliendo a caso gli interrogati, la femmina sia interrogata per seconda.

Chiamiamo M_1 = «il primo interrogato è un maschio», M_2 = «il terzo interrogato è un maschio» e F = «il secondo interrogato è una femmina».
I tre eventi sono dipendenti, quindi:

$$p(M_1 \cap F \cap M_2) = p(M_1) \cdot p(F \mid M_1) \cdot p(M_2 \mid M_1 \cap F) = \frac{2}{3} \cdot \frac{1}{2} \cdot \frac{1}{1} = \frac{1}{3}.$$

108 ●○ In una delegazione di 4 studenti devono essere presenti 2 maschi e 2 femmine. Calcola la probabilità che, scegliendo a caso, vi sia alternanza tra maschi e femmine. $\left[\frac{1}{3}\right]$

109 ●○ Uno scaffale contiene 8 CD di musica classica, 9 CD di musica rock e 7 CD di musica leggera. Si prendono consecutivamente e a caso due CD. Calcola la probabilità che siano:

a. entrambi di musica rock;

b. uno di musica classica e uno di musica leggera.

$\left[\text{a) } \frac{3}{23}; \text{ b) } \frac{14}{69}\right]$

110 ●○ Nel portamonete di Luca ci sono

6 monete da 1 euro,

4 monete da 50 centesimi,

5 monete da 20 centesimi.

Prendendo a caso tre monete, una dopo l'altra, calcola la probabilità che siano:

a. tre monete da 50 centesimi;

b. la prima moneta da 1 euro e la seconda e la terza da 20 centesimi;

c. la prima moneta da 1 euro, la seconda da 50 centesimi, la terza da 20 centesimi.

$\left[\text{a) } \frac{4}{455}; \text{ b) } \frac{4}{91}; \text{ c) } \frac{4}{91}\right]$

EUREKA!

111 •• Matteo deve fare un test a crocette con 11 domande. Ciascuna domanda ha una sola risposta giusta. La prima domanda ha 2 possibili risposte (A e B), la seconda domanda ha 3 possibili risposte (A, B, C) e così via, fino all'undicesima domanda che ha 12 possibili risposte. Qual è la probabilità che facendo a caso il test Matteo dia almeno una risposta giusta?

A $\frac{1}{12!}$ B $\frac{1}{144}$ C $\frac{1}{2}$ D $\frac{11}{12}$ E $\frac{121}{144}$

(*Olimpiadi di matematica, Gara di febbraio*, 2013)

112 •• Al porto sono arrivate 5 casse contenenti ciascuna 72 banane e in una di esse vi è un certo numero di banane radioattive. Si sa che scegliendo a caso due delle 5 casse e scegliendo a caso da ciascuna di esse una banana, la probabilità che una delle due banane scelte sia radioattiva è del 5%.
Quante sono le banane radioattive?

A 6 B 9 C 10 D 12 E Nessuna delle precedenti.

(*Giochi di Archimede*, 2013)

113 •• In una tribù di canguri ci sono 9 individui speciali, chiamati Supercanguri, che sono gli unici con il pelo color oro o color argento. A ogni incontro casuale di 3 Supercanguri, la probabilità che nessuno di loro sia color argento è $\frac{2}{3}$. Quanti sono i Supercanguri color oro?

A 1 B 3 C 5 D 6 E 8

(*Kangourou Italia, livello Student*, 2014)

Riepilogo: Problemi con somma e prodotto logico

114 **ESERCIZIO GUIDA** Un'urna contiene 5 palline bianche e 4 nere. Si effettuano estrazioni consecutive nelle due situazioni:

1. reimmissione ogni volta della pallina estratta, **2.** non reimmissione della pallina estratta.

Calcoliamo la probabilità che, estraendo consecutivamente tre palline:

a. esse siano prima due bianche e poi una nera;

b. esse siano due bianche e una nera;

c. almeno una sia bianca.

Se c'è reimmissione gli eventi sono indipendenti, se non c'è reimmissione sono dipendenti. Indichiamo con B l'evento «esce una pallina bianca» e con N l'evento «esce una pallina nera», con i pedici 1, 2 e 3 le tre estrazioni.

a. L'evento da considerare è $B_1 \cap B_2 \cap N_3$, quindi:

1. $p(B_1 \cap B_2 \cap N_3) = p(B_1) \cdot p(B_2) \cdot p(N_3) = \frac{5}{9} \cdot \frac{5}{9} \cdot \frac{4}{9} = \frac{100}{729}$;

2. $p(B_1 \cap B_2 \cap N_3) = p(B_1 \cap B_2) \cdot p(N_3 | B_1 \cap B_2) = p(B_1) \cdot p(B_2 | B_1) \cdot p(N_3 | B_1 \cap B_2) = \frac{5}{9} \cdot \frac{4}{8} \cdot \frac{4}{7} = \frac{80}{504} = \frac{10}{63}$.

b. L'evento E può verificarsi con tre modalità diverse incompatibili fra loro:

$$E = (B_1 \cap B_2 \cap N_3) \cup (B_1 \cap N_2 \cap B_3) \cup (N_1 \cap B_2 \cap B_3).$$

1. $p(E) = \frac{5}{9} \cdot \frac{5}{9} \cdot \frac{4}{9} + \frac{5}{9} \cdot \frac{4}{9} \cdot \frac{5}{9} + \frac{4}{9} \cdot \frac{5}{9} \cdot \frac{5}{9} = \frac{100}{729} \cdot 3 = \frac{100}{243}$;

2. $p(E) = \frac{5}{9} \cdot \frac{4}{8} \cdot \frac{4}{7} + \frac{5}{9} \cdot \frac{4}{8} \cdot \frac{4}{7} + \frac{4}{9} \cdot \frac{5}{8} \cdot \frac{4}{7} = \frac{10}{21}$.

Nel caso in cui l'ordine non è stabilito si può moltiplicare la probabilità di una sequenza «base» per il numero di volte col quale gli eventi componenti l'evento si possono presentare.

c. Abbiamo varie possibilità per il numero di volte con cui la pallina bianca può uscire.
L'evento C si verifica quando la pallina bianca:

esce una volta:	$b\,n\,n$	$n\,b\,n$	$n\,n\,b$
o due volte:	$b\,b\,n$	$n\,b\,b$	$b\,n\,b$
o tre volte:	$b\,b\,b$		

In questo caso è più semplice calcolare la probabilità dell'evento contrario «non esce nessuna pallina bianca», che è come calcolare la probabilità dell'evento «escono tre palline nere»:

1. $p(E) = 1 - p(N_1 \cap N_2 \cap N_3) = 1 - \frac{4}{9} \cdot \frac{4}{9} \cdot \frac{4}{9} = 1 - \frac{64}{729} = \frac{665}{729}$;

2. $p(E) = 1 - p(N_1 \cap N_2 \cap N_3) = 1 - \frac{4}{9} \cdot \frac{3}{8} \cdot \frac{2}{7} = 1 - \frac{24}{504} = \frac{480}{504} = \frac{20}{21}$.

115 In una scatola ci sono 8 palline rosse e 4 gialle. Calcola la probabilità che, estraendo consecutivamente due palline senza rimettere la pallina estratta nella scatola, esse siano:

a. due palline rosse;
b. due palline gialle;
c. la prima rossa e la seconda gialla;
d. una pallina rossa e l'altra gialla.

$\left[a)\ \frac{14}{33};\ b)\ \frac{1}{11};\ c)\ \frac{8}{33};\ d)\ \frac{16}{33}\right]$

MATEMATICA AL COMPUTER

Calcolo della probabilità Un sacchetto contiene t gettoni, di cui r rossi, g gialli, b blu. Costruiamo un foglio elettronico che riceva i numeri r, g, b e che mostri le probabilità delle possibili estrazioni di due gettoni, sia che il primo gettone estratto venga reimmesso nel sacchetto, sia che non venga reimmesso. Proviamo il foglio con $r = 4$, $g = 2$ e $b = 3$.

Risoluzione – 2 esercizi in più

116 Calcola la probabilità che, estraendo consecutivamente due carte da un mazzo di quaranta, senza rimettere quella estratta per prima nel mazzo, esse siano:

a. la prima una figura e la seconda non una figura;
b. una figura e un sette.

$\left[a)\ \frac{14}{65};\ b)\ \frac{4}{65}\right]$

117 Si estrae una carta da ciascuno di due mazzi di quaranta carte. Calcola la probabilità che:

a. le due carte siano due re;
b. le due carte siano due figure;
c. almeno una delle due carte sia un asso.

$\left[a)\ \frac{1}{100};\ b)\ \frac{9}{100};\ c)\ \frac{19}{100}\right]$

118 Ogni mattina Gianluca, per andare a scuola, deve prendere l'autobus delle 7.20. Una mattina su 5, Gianluca arriva alla fermata in ritardo, tra le 7.21 e le 7.25. Quando piove (una mattina su 6) l'autobus passa dopo le 7.25, mentre gli altri giorni è puntuale. Qual è la probabilità che Gianluca non perda l'autobus? $\left[\frac{5}{6}\right]$

119 La mensa è aperta dal lunedì al venerdì. Ogni giorno, tra i primi piatti, c'è almeno uno tra pasta e riso. Se la pasta c'è 4 giorni alla settimana e il riso 3, qual è la probabilità che, in un giorno qualsiasi, ci siano entrambi i piatti? $\left[\frac{2}{5}\right]$

120 Si hanno due sacchetti. Il primo contiene 4 palline bianche e 6 rosse, il secondo ne contiene 3 bianche e 5 rosse. Calcola la probabilità che, estraendo una pallina da ciascun sacchetto, esse siano:

a. entrambe bianche;
b. bianca dal primo sacchetto e rossa dal secondo;
c. una bianca e una rossa.

$\left[a)\ \frac{3}{20};\ b)\ \frac{1}{4};\ c)\ \frac{19}{40}\right]$

121 Si hanno due urne. La prima contiene 4 palline bianche e 6 rosse, la seconda ne contiene 3 bianche e 5 rosse. Si estrae una pallina dalla prima urna e la si inserisce nella seconda, e poi si estrae una pallina dalla seconda urna. Calcola la probabilità che le palline estratte siano:

a. entrambe bianche;

b. bianca dalla prima urna e rossa dalla seconda;

c. una bianca e una rossa.

$\left[\text{a) } \frac{8}{45}; \text{ b) } \frac{2}{9}; \text{ c) } \frac{19}{45}\right]$

122 **TEST** In questa stagione accade spesso che quando Luca esce da scuola piova: ciò accade con probabilità uguale a $\frac{2}{5}$. Per questo motivo Luca ritiene opportuno prendere con sé un ombrello, ma a volte se ne dimentica; la probabilità che in un singolo giorno Luca dimentichi l'ombrello è $\frac{1}{2}$. Qual è la probabilità che per tre giorni consecutivi Luca non si bagni mai, durante il ritorno da scuola?

A Minore di $\frac{1}{6}$.

B Compresa tra $\frac{1}{6}$ e $\frac{1}{3}$.

C Compresa tra $\frac{1}{3}$ e $\frac{1}{2}$.

D Compresa tra $\frac{1}{2}$ e $\frac{2}{3}$.

E Maggiore di $\frac{5}{6}$.

(*Giochi di Archimede*, 2014)

Problemi REALTÀ E MODELLI

123 **Legumi** Un commesso ha messo alla rinfusa i barattoli di legumi sullo scaffale di un supermercato. Sappiamo che ci sono 7 barattoli di piselli, 9 barattoli di fagioli e 6 barattoli di fagiolini. Si prendono consecutivamente 3 barattoli. Calcola la probabilità che:

a. siano tutti barattoli di piselli;

b. uno sia di piselli e due di fagioli;

c. ce ne sia uno per tipo;

d. non ci sia alcun barattolo di fagiolini.

$\left[\text{a) } \frac{1}{44}; \text{ b) } \frac{9}{55}; \text{ c) } \frac{27}{110}; \text{ d) } \frac{4}{11}\right]$

124 **Strike!** Tre amici giocano a bowling. In base ai risultati delle partite precedenti, si stabilisce che il primo ha probabilità 0,6 di fare strike, il secondo ha probabilità 0,45, il terzo ha probabilità 0,5. Calcola la probabilità che:

a. tutti e tre i giocatori facciano strike;

b. nessun giocatore faccia strike;

c. almeno un giocatore faccia strike.

[a) 0,135; b) 0,11; c) 0,89]

125 **Pennarello o pastello?** Da ciascuno dei due astucci in figura viene preso un pastello o un pennarello a caso. Calcola la probabilità che

a. entrambi siano pastelli;

b. siano un pennarello dal primo astuccio e un pastello dal secondo;

c. siano entrambi pennarelli, o un pastello e un pennarello.

$\left[\text{a) } \frac{7}{26}; \text{ b) } \frac{3}{13}; \text{ c) } \frac{19}{26}\right]$

126 ●○ **Non tutte sane** Dall'analisi di un campione di un raccolto di noci, si stima che circa il 5% sia marcio. Prendendo due noci a caso, calcola la probabilità che:

a. una sola sia sana;

b. almeno una non sia marcia.

[a) 9,5%; b) 99,75%]

127 ●● **Germogli** Alessia ha tre vasetti di terra, in ognuno dei quali mette due semi di pomodoro. Se ogni seme ha una probabilità di germogliare dell'80%, calcola la probabilità che:

a. nasca almeno una pianta in uno solo dei vasetti;

b. nasca almeno una pianta in tutti e tre i vasetti.

[a) $\simeq$ 0,46%; b) $\simeq$ 88,5%]

128 ●○ **Alcol e adolescenti** Da un rapporto Istat è emerso che il 14,3% della popolazione maschile di età compresa tra i 16 e i 17 anni manifesta almeno un comportamento a rischio per quanto riguarda il consumo di alcol. Più precisamente, dei maschi tra i 16 e i 17 anni, il 6,5% ha un consumo giornaliero non moderato e il 10,5% beve fino a ubriacarsi durante i fine settimana. Calcola la probabilità che un ragazzo di età compresa tra i 16 e i 17 anni manifesti entrambi i comportamenti a rischio. [2,7%]

129 ●○ **Tiro al piattello** Durante una gara di tiro al piattello, tre concorrenti hanno rispettivamente la probabilità di $\frac{1}{6}$, $\frac{1}{4}$ e $\frac{1}{3}$ di colpire il bersaglio. Ciascuno spara una sola volta. Trova la probabilità che uno e uno soltanto di essi colpisca il piattello. In tal caso qual è la probabilità che sia stato il primo atleta? $\left[\frac{31}{72}; \frac{6}{31}\right]$

130 ●● EUREKA! In una scatola sono state inserite alcune palline rosse e alcune palline verdi. Se estraiamo a caso 2 palline dalla scatola, la probabilità che esse siano dello stesso colore è $\frac{1}{2}$. Quale dei seguenti può essere il numero complessivo delle palline inserite nella scatola?

A 81 B 101 C 1000 D 2011 E 10001

(*Kangourou Italia, livello Student,* 2011)

Problema delle prove ripetute

131 ESERCIZIO GUIDA Un'urna contiene 15 palline numerate. Si estrae per 8 volte consecutive una pallina, rimettendola ogni volta nell'urna. Calcoliamo la probabilità che:

a. per 5 volte esca un numero minore di 6;

b. per 3 o 4 volte esca un numero pari;

c. almeno una volta esca un numero pari.

a. L'evento «esce un numero minore di 6» ha probabilità $p = \frac{5}{15} = \frac{1}{3}$, mentre l'evento contrario ha probabilità $q = 1 - \frac{1}{3} = \frac{2}{3}$. Abbiamo:

$$p_{(5,8)} = \binom{8}{5}\left(\frac{1}{3}\right)^5\left(\frac{2}{3}\right)^3 = \frac{56 \cdot 2^3}{3^8}.$$

$p_{(k,n)} = \binom{n}{k} p^k q^{n-k}$
con n = numero delle prove,
k = numero dei successi

b. L'evento «esce un numero pari» ha probabilità $p = \frac{7}{15}$, mentre l'evento contrario ha probabilità

$$q = 1 - \frac{7}{15} = \frac{8}{15}.$$

Dobbiamo applicare la relazione sia per il caso in cui l'evento si verifichi 3 volte, sia per il caso in cui si verifichi 4 volte e quindi applicare il teorema della somma logica:

$$p_{(3,8)} + p_{(4,8)} = \binom{8}{3}\left(\frac{7}{15}\right)^3\left(\frac{8}{15}\right)^5 + \binom{8}{4}\left(\frac{7}{15}\right)^4\left(\frac{8}{15}\right)^4 = \frac{56 \cdot 7^3 \cdot 8^5}{15^8} + \frac{70 \cdot 7^4 \cdot 8^4}{15^8} = \frac{938 \cdot 7^3 \cdot 8^4}{15^8}.$$

c. Calcoliamo la probabilità dell'evento $\overline{H}_{8,8}$ = «un numero pari non esce mai» (o «esce sempre un numero dispari»), evento contrario dell'evento $H_{8,8}$ di cui si chiede la probabilità. Essendo la probabilità di uscita di un numero dispari $\frac{8}{15}$, la probabilità che in 8 estrazioni nelle stesse condizioni un numero pari esca almeno una volta è $p(H_{8,8}) = 1 - p(\overline{H}_{8,8}) = 1 - \binom{8}{8}\left(\frac{8}{15}\right)^8 = 1 - \frac{8^8}{15^8} = \frac{15^8 - 8^8}{15^8}$.

132 Si lancia 10 volte una moneta. Calcola la probabilità che:

a. la faccia testa esca 4 volte;

b. la faccia croce esca 6 volte;

c. esca sempre croce;

d. almeno una volta esca testa.

$\left[\text{a) } \frac{210}{2^{10}}; \text{ b) } \frac{210}{2^{10}}; \text{ c) } \frac{1}{2^{10}}; \text{ d) } \frac{2^{10}-1}{2^{10}}\right]$

133 Si lancia per 5 volte un dado. Calcola la probabilità che:

a. per 2 volte esca un numero maggiore di 4;

b. per 4 volte esca un numero pari.

$\left[\text{a) } \frac{80}{243}; \text{ b) } \frac{5}{32}\right]$

134 Si effettuano 4 estrazioni con reimmissione da un mazzo di 52 carte.
Calcola la probabilità di estrarre:

a. 4 assi;

b. almeno 2 assi.

$\left[\text{a) } \frac{1}{13^4}; \text{ b) } \frac{913}{13^4}\right]$

135 Un'urna contiene 2 palline bianche e 3 nere. Calcola la probabilità che, estraendo per 7 volte consecutive una pallina, rimettendo quella estratta nell'urna, la pallina bianca si presenti:

a. solo la prima volta;

b. una volta;

c. 5 volte;

d. sempre;

e. mai;

f. almeno una volta.

$\left[\text{a) } \frac{2 \cdot 3^6}{5^7}; \text{ b) } \frac{14 \cdot 3^6}{5^7}; \text{ c) } \frac{6048}{5^7}; \text{ d) } \frac{2^7}{5^7}; \text{ e) } \frac{3^7}{5^7}; \text{ f) } \frac{5^7 - 3^7}{5^7}\right]$

136 Una rilevazione statistica ha messo in evidenza che 7 persone su 10 utilizzano in un mese surgelati di pesce. Calcola la probabilità che, scegliendo a caso 4 persone, almeno una abbia nel corso del mese consumato questo tipo di prodotto.

[0,9919]

Problemi REALTÀ E MODELLI

137 **Speranza di vita!** La probabilità che un uomo di 70 anni sia in vita dopo un anno, secondo la tavola demografica relativa al censimento del 1960, è del 95,7%. Calcola la probabilità che hanno tre uomini di quella età di essere tutti ancora in vita l'anno seguente.

[87,65% circa]

138 **Basta la fortuna?** Alice e Sara stanno affrontando lo stesso test composto da 6 domande a risposta chiusa. Ogni domanda ha 5 possibili risposte. Alice risponde a caso a tutte le domande. Sara, invece, conosce le risposte di tre domande e risponde alle altre a caso. Ottengono la sufficienza se rispondono correttamente a 4 domande.

a. Qual è la probabilità che entrambe ottengano esattamente la sufficienza?

b. Qual è la probabilità che Alice ottenga esattamente la sufficienza e Sara non superi la prova?

[a) 0,006; b) 0,008]

139 **Bianco bucato** L'impresa Bucato Spa ha effettuato una promozione in un supermercato per il suo nuovo detersivo Bianco. Su 200 clienti, 120 hanno aderito alla promozione. Qual è la probabilità che, intervistando in seguito 5 clienti, 3 dichiarino di aver aderito alla promozione? [0,3456]

140 **Non sempre efficace** Un farmaco ha la probabilità dell'85% di essere efficace. Viene somministrato a 12 ammalati. Calcola la probabilità:

a. che tutti gli ammalati guariscano; **b.** che ne guariscano 10. [a) 14,22% circa; b) 29,24% circa]

6 Teorema di Bayes

Se l'evento deve accadere: la disintegrazione

▶ Teoria a p. α65

141 ESERCIZIO GUIDA Un'urna contiene 6 palline bianche e 10 nere e una seconda urna 8 bianche e 2 nere. Si sceglie a caso un'urna e si estrae una pallina. Calcoliamo la probabilità che essa sia bianca.

Le probabilità relative alla scelta dell'urna sono:

$$p(E_1) = p(E_2) = \frac{1}{2}.$$

Indichiamo con B l'evento «estrazione pallina bianca». Le probabilità di estrarre una pallina bianca avendo fissato l'urna sono:

$$p(B|E_1) = \frac{6}{16} = \frac{3}{8}, \quad p(B|E_2) = \frac{8}{10} = \frac{4}{5}.$$

La probabilità di estrarre una pallina bianca scegliendo a caso un'urna è:

$$p(B) = \frac{1}{2}\cdot\frac{3}{8} + \frac{1}{2}\cdot\frac{4}{5} = \frac{3}{16} + \frac{2}{5} = \frac{47}{80}.$$

Possiamo rappresentare la situazione con il diagramma ad albero della figura.

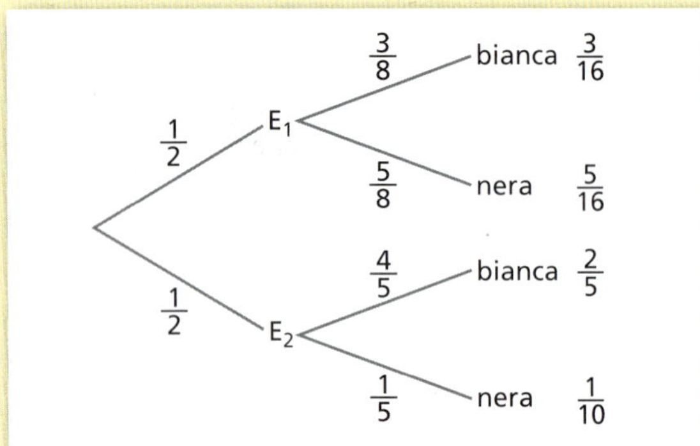

142 Abbiamo due urne. La prima contiene 4 palline bianche e 2 nere e la seconda 6 bianche e 4 nere. Si sceglie a caso un'urna estraendo una carta da un mazzo di 40. Se la carta estratta è una figura, si sceglie la prima urna, altrimenti la seconda. Dopo aver scelto l'urna si estrae una pallina. Calcola la probabilità di estrarre una pallina nera. $\left[\frac{19}{50}\right]$

143 TEST In un sacchetto ci sono 7 gettoni numerati da uno a sette. Si estrae un gettone e se reca un numero dispari viene lasciato fuori dal sacchetto, altrimenti viene reinserito. La probabilità che, effettuando l'estrazione successiva, esca un numero pari è:

A $\frac{25}{49}$. **B** $\frac{23}{49}$. **C** $\frac{1}{2}$. **D** $\frac{2}{7}$. **E** $\frac{3}{7}$.

144 Due macchine producono lo stesso pezzo meccanico. La prima produce il 40% di tutto il quantitativo e il 98% della sua produzione è senza difetti. La seconda macchina ha un tasso di difettosità del 5%. Calcola la probabilità che, estraendo a caso un pezzo, questo sia difettoso. [3,8%]

145 **Qual è la strada?** Un automobilista arriva a un bivio. Sa che una strada è esatta e l'altra è sbagliata. Vi sono due persone A e B al bivio. A dice la verità quattro volte su dieci e B invece sette volte su dieci. L'automobilista chiede informazioni a caso a una di esse e ne segue l'indicazione. Calcola la probabilità che ha l'automobilista di percorrere la strada esatta. $\left[\frac{11}{20}\right]$

REALTÀ E MODELLI

146 **Efficacia del farmaco** Il 60% di un gruppo di persone sofferenti di una malattia alla tiroide è stato sottoposto alla cura di un nuovo farmaco che ha sostituito il precedente, e il 30% ha ottenuto un miglioramento. Delle persone non sottoposte al trattamento del nuovo farmaco, e che hanno continuato la cura con quello precedente, ha ottenuto un miglioramento il 20%. Calcola la probabilità che, scegliendo una persona a caso, questa abbia avuto un miglioramento. [0,26]

147 **Stampanti difettose** Un'azienda ha prodotto una certa quantità di stampanti, di cui il 15% presenta un difetto di fabbricazione. Le stampanti non difettose hanno una probabilità del 20% di rompersi entro i primi tre anni, mentre quelle difettose dell'80%. Comprando una stampante (senza sapere se è difettosa o meno), qual è la probabilità che si rompa entro tre anni? [29%]

148 In una classe il 40% dei ragazzi è figlio unico. Possiede lo scooter il 20% dei ragazzi che sono figli unici e il 50% dei ragazzi che non sono figli unici. Scelto a caso un ragazzo, calcola la probabilità che abbia lo scooter. [0,38]

149 Due dispositivi hanno la probabilità di funzionare del 90% e del 70%. Se ne sceglie uno a caso. Calcola la probabilità che vi sia un mancato funzionamento. [20%]

150 Abbiamo due urne. La prima contiene 4 palline rosse e 6 bianche e la seconda 3 palline rosse e 2 bianche. Si lancia un dado e, se esce un numero minore di tre, si sceglie la prima urna, altrimenti la seconda. Calcola la probabilità che, estraendo contemporaneamente due palline, esse siano:

a. due rosse;

b. due bianche;

c. una rossa e una bianca.

$\left[\text{a) } \frac{11}{45}; \text{ b) } \frac{8}{45}; \text{ c) } \frac{26}{45}\right]$

151 YOU & MATHS A ball is removed at random from an urn which has 10 white and 10 black balls, and *not* replaced in the urn. This process is repeated 4 times. What is the probability that the third ball was white?

(USA *Bay Area Math Meet, Bowl Sampler*)

$\left[\frac{1}{2}\right]$

152 REALTÀ E MODELLI **Probabile qualità** Tre reparti di un'impresa alimentare producono succhi di frutta. Le percentuali della produzione totale sono il 30% per il primo reparto, il 50% per il secondo reparto e il 20% per il terzo. Il livello qualitativo è del 99% per il primo reparto, del 95% per il secondo e del 96% per il terzo. Calcola il livello qualitativo di tutta la produzione. [0,964]

153 EUREKA! In una squadra ci sono 11 giocatori e 11 maglie numerate da 1 a 11. I giocatori entrano nello spogliatoio uno alla volta, in ordine casuale. Ciascuno, appena arriva, sceglie una maglia a caso, tranne Danilo, che preferisce la maglia numero 8 e, se è disponibile, sceglie quella. Qual è la probabilità che Danilo riesca a ottenere il suo numero di maglia preferito?

A $\frac{4}{9}$

B $\frac{5}{11}$

C $\frac{1}{2}$

D $\frac{6}{11}$

E $\frac{5}{9}$

(*Giochi di Archimede*, 2010)

Se l'evento è accaduto: teorema di Bayes

Teoria a p. α67

154 ESERCIZIO GUIDA Abbiamo due urne. La prima contiene 4 palline bianche e 6 nere e la seconda 5 bianche e 4 nere. Si sceglie a caso un'urna estraendo una carta da un mazzo di 40. Se la carta è una figura viene scelta la prima urna, altrimenti la seconda. Sapendo che la pallina estratta è nera, calcola la probabilità che essa provenga dalla seconda urna.

Definiamo E_i = «pesco dall'i-esima urna»: $p(E_1) = \frac{12}{40} = \frac{3}{10}$, $p(E_2) = \frac{7}{10}$.

Se E = «esce una pallina nera»: $p(E \mid E_1) = \frac{6}{10} = \frac{3}{5}$, $p(E \mid E_2) = \frac{4}{9}$.

Poiché $p(E) = p(E_1) \cdot p(E \mid E_1) + p(E_2) \cdot p(E \mid E_2) \to p(E) = \frac{3}{10} \cdot \frac{3}{5} + \frac{7}{10} \cdot \frac{4}{9} = \frac{9}{50} + \frac{14}{45} = \frac{221}{450}$, la probabilità che, avendo estratto una pallina nera, essa provenga dalla seconda urna è data da:

$$p(E_2 \mid E) = \frac{p(E_2) \cdot p(E \mid E_2)}{p(E)} =$$

$$\frac{\frac{7}{10} \cdot \frac{4}{9}}{\frac{221}{450}} = \frac{14}{45} \cdot \frac{450}{221} = \frac{140}{221}.$$

Possiamo rappresentare la situazione con il diagramma ad albero a fianco.

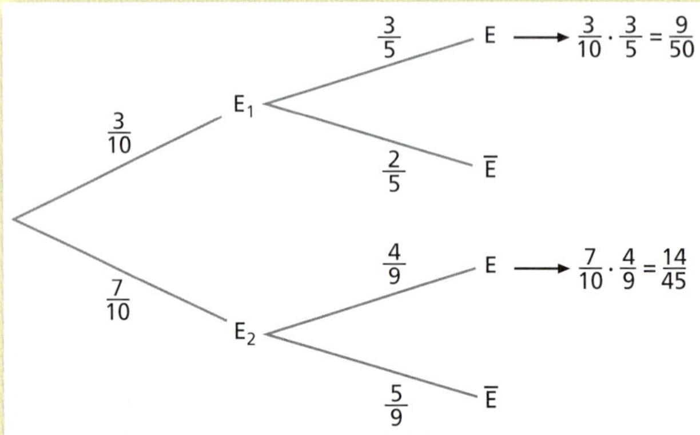

155 ●○ Si hanno due urne. La prima contiene 5 palline bianche, 2 nere e 3 rosse e la seconda 4 bianche, 2 nere e 4 rosse. Si sceglie a caso un'urna lanciando un dado e quindi si estrae una pallina. Se viene una faccia con il numero minore di 3, si sceglie la prima urna, altrimenti la seconda. Viene estratta una pallina rossa. Calcola la probabilità che essa provenga dalla seconda urna. $\left[\frac{8}{11}\right]$

156 ●○ **TEST** Una classe quinta è formata da 15 maschi e 10 femmine. Il 70% dei maschi e l'80% delle femmine hanno la patente. La probabilità che, prendendo a caso un individuo con la patente, questo sia una ragazza è:

A $\frac{16}{37}$.

B $\frac{37}{50}$.

C $\frac{8}{25}$.

D $\frac{21}{50}$.

E $\frac{21}{37}$.

157 ●○ In un gruppo di 30 persone 20 sono donne. Sono 15 le donne che conoscono la lingua inglese, mentre solo 4 degli uomini conoscono la lingua inglese. Calcola la probabilità che, scelta a caso una persona che conosca la lingua inglese, essa sia uomo. $\left[\frac{4}{19}\right]$

158 ●● Abbiamo tre urne. La prima contiene 2 palline bianche e 3 rosse, la seconda 5 bianche e 3 rosse e la terza 4 bianche e 2 rosse. Scegliamo a caso un'urna ed estraiamo una pallina. Viene estratta una pallina bianca. Calcola la probabilità che la pallina estratta provenga dalla seconda urna. $\left[\frac{75}{203}\right]$

159 ●● Due macchine producono lo stesso pezzo meccanico. La prima produce il 40% di tutto il quantitativo e il 98% della sua produzione è senza difetti. La seconda macchina ha un tasso di difettosità del 7%. Avendo preso a caso un pezzo e avendo accertato che è difettoso, calcola la probabilità che esso provenga dalla seconda macchina. [84%]

160 ●● Due processi produttivi A e B producono rispettivamente il 40% e il 60% della produzione totale. Durante un controllo si rileva che i pezzi difettosi di A sono il 5% e quelli di B sono il 3%. Calcola la probabilità che un pezzo non difettoso immesso sul mercato provenga dal primo processo produttivo. $\left[\frac{190}{481}\right]$

161 ●● Abbiamo due mazzi di carte, uno da 40 e l'altro da 52. Se lanciando due dadi si ottengono due valori uguali, si procede a estrarre consecutivamente due carte senza reimmissione dal primo mazzo, altrimenti dal secondo. Sono stati estratti una figura e un asso. Calcola la probabilità che siano stati estratti dal mazzo di 40 carte. $\left[\frac{17}{67}\right]$

162 ●● Abbiamo tre urne uguali che contengono ciascuna 7 palline numerate da 1 a 7. Si estraggono consecutivamente tre palline, rimettendo ogni volta la pallina estratta nell'urna, scegliendo un'urna a caso con il lancio di un dado: se esce un numero pari si sceglie la prima urna, se esce il numero 1 la seconda, altrimenti la terza.
Sapendo che i tre numeri estratti sono tutti dispari, calcola la probabilità che provengano dalla prima urna. Puoi verificare che, essendo i contenuti delle urne uguali, la probabilità cercata è quella relativa alla scelta dell'urna lanciando il dado.

$\left[\frac{1}{2}\right]$

REALTÀ E MODELLI

163 ●● **Via la gastrite** Il 70% di un gruppo di ammalati di gastrite è stato sottoposto alla cura di un nuovo farmaco che ha sostituito il precedente: di questi, il 60% ha ottenuto un miglioramento. Fra le persone non sottoposte al trattamento del nuovo farmaco ha ottenuto un miglioramento il 30%. Calcola la probabilità che un paziente abbia preso il farmaco, sapendo che ha avuto un miglioramento.

$\left[\frac{14}{17}\right]$

164 ●○ **Abbinamenti** Giada sta cercando una maglietta da abbinare alla sua gonna bianca. Nel suo cassetto ha tre magliette nere, due bianche e una rossa. Non ha molto tempo, perciò si concede al massimo due tentativi, ma vorrebbe non indossare una maglietta bianca. Prende una maglietta dal cassetto: se è bianca la rimette nel cassetto, altrimenti la mette sul letto. Poi prende un'altra maglietta. Se la seconda maglietta è rossa, qual è la probabilità che la prima maglietta che ha afferrato sia bianca?

$\left[\frac{5}{14}\right]$

165 ●● **Alcol test** La prova del palloncino, che indica la presenza di alcol, ha esito positivo per il 4% delle persone controllate. L'esperienza ha mostrato che, con questa prova, il 98% delle persone con risultato positivo era effettivamente in stato di ebbrezza e che il 98% delle persone con esito negativo non lo era.
Luca e Giovanni, al ritorno da una serata in birreria, vengono fermati per la prova del palloncino. Luca non ha bevuto e infatti è alla guida, Giovanni ha bevuto due birre.

a. Qual è la probabilità che Luca risulti positivo all'alcol test sapendo che non ha bevuto?
b. Qual è la probabilità che Giovanni risulti negativo all'alcol test sapendo che ha bevuto?

[a) 0,0008; b) 0,33]

166 ●● **Borgo Allegro** Nel paese di montagna Borgo Allegro l'approvvigionamento di acqua potabile è garantito da differenti sorgenti naturali, a seconda delle diverse zone del paese (centro C, zona a monte M, zona a valle V, frazioni F). La tabella mostra la concentrazione delle abitazioni nelle diverse zone del paese e la percentuale di acqua incanalata in ogni zona con residuo fisso inferiore ai 24 mg/L.

Zona	Abitazioni	Acqua con residuo fisso inferiore a 24 mg/L
C	30%	70%
M	25%	60%
V	22%	55%
F	23%	45%

Se dal rubinetto di un'abitazione di Borgo Allegro esce acqua con un residuo fisso superiore a 24 mg/L, qual è la probabilità che l'abitazione si trovi nella parte a valle del paese?

7 Concezione statistica della probabilità

▶ Teoria a p. α70

167 ●○ Una medaglia commemorativa reca da una parte una effigie e dall'altra un motto. Viene lanciata per 60 volte e la parte con il motto si è presentata 22 volte. Calcola il valore della probabilità dell'evento «uscita della faccia con il motto».

$\left[\frac{11}{30}\right]$

ESERCIZI

168 Un dado non è regolare. Vengono effettuati 700 lanci ottenendo i seguenti risultati:
- la faccia 1 si è presentata 104 volte;
- la faccia 2 si è presentata 130 volte;
- la faccia 3 si è presentata 92 volte;
- la faccia 4 si è presentata 148 volte;
- la faccia 5 si è presentata 115 volte;
- la faccia 6 si è presentata 111 volte.

Calcola le probabilità da attribuire all'uscita delle facce. $\left[\frac{26}{175}; \frac{13}{70}; \frac{23}{175}; \frac{37}{175}; \frac{23}{140}; \frac{111}{700}\right]$

169 TEST È stato lanciato un dado, che non si sa se è equilibrato, per 60 volte e la faccia contrassegnata con il numero tre è uscita 16 volte e quella col numero sei 8 volte. Valuta la probabilità che, lanciando quel dado, si ottenga un numero divisibile per 3:

A $\frac{2}{5}$. B $\frac{3}{5}$. C $\frac{1}{3}$. D $\frac{8}{15}$. E $\frac{4}{15}$.

170 FAI UN ESEMPIO di evento in cui è opportuno utilizzare la concezione statistica di probabilità.

171 REALTÀ E MODELLI **Prevedere gli indennizzi** Una compagnia di assicurazioni ha rilevato che su 17 220 polizze di assicurazione contro i furti di auto sono stati richiesti 1230 indennizzi. Calcola la probabilità di furto. Se le polizze diventano 22 400, calcola il numero di richieste di indennizzo che si può prevedere. $\left[\frac{1}{14}; 1600\right]$

172 Un'urna contiene 20 palline. Si effettuano 60 estrazioni, rimettendo ogni volta la pallina estratta nell'urna. Per 45 volte è uscita una pallina bianca e per 15 volte una pallina nera. In base alle frequenze ottenute, valuta la composizione dell'urna. [15 bianche e 5 nere]

173 Un'urna contiene 8 palline gialle, 7 rosse e 5 verdi. Si effettuano 400 estrazioni, rimettendo ogni volta la pallina estratta nell'urna. Calcola quante volte in media possono presentarsi la pallina gialla, quella rossa e la verde. [160; 140; 100]

174 REALTÀ E MODELLI **Arrivare a 80 anni** Dalla tavola demografica fornita dall'ISTAT per l'anno 2004, risulta che su 100 000 maschi nati vivi, 96 639 hanno raggiunto i 45 anni e 52 680 gli 80 anni. Calcola la probabilità che ha un uomo di 45 anni di raggiungere gli 80 anni e quella di non raggiungerli. [0,545; 0,455]

MATEMATICA E STORIA

Galileo e il lancio di tre dadi Lanciamo tre dadi e sommiamo i punteggi ottenuti, analizzando quanti e quali sono i possibili risultati. Galileo affronta questo problema (*Opere*, t. XIV), e compila la seguente tabella.

1 3 6	10		9		8		7		6		5		4		3	
10	631	6	621	6	611	3	511	3	411	3	311	3	211	3	111	1
15	622	3	531	6	521	6	421	6	321	6	221	3		3		1
21	541	6	522	3	431	6	331	3	222	1		6				
25	532	6	441	3	422	3	322	3		10						
27	442	3	432	6	332	3		15								
108	433	3	333	1		21										
108 / 216		27		25												

Essa mostra, fra l'altro, «il punto 10 e sotto di esso sei triplicità di numeri con i quali egli si può comporre». Inoltre, dato che la «triplicità 6. 3. 1 è composta di tre numeri diversi», essa dà luogo a «sei scoperte di dadi differenti», come segnala il valore «6» riportato accanto.

a. Considera la «triplicità 6. 3. 1» e, permutando, ricava l'elenco delle altre cinque «scoperte» differenti.

b. Considera le «triplicità» composte «di due numeri uguali e di un altro diverso»: a quante «scoperte di dadi differenti» dà luogo ciascuna di esse? E quelle composte di tre numeri uguali?

c. Quanti sono i casi possibili nel lancio di tre dadi?

d. Quanti sono i casi favorevoli, rispettivamente, ai punteggi 3, 4, 5, 6, 7, 8, 9, 10?

Risoluzione – Esercizio in più

8 Concezione soggettiva della probabilità

▶ Teoria a p. α72

175 TEST Una persona è disposta a scommettere 34 euro per ottenere, in caso di vittoria della squadra di calcio per cui fa il tifo, 50 euro. Ha valutato la probabilità di vittoria:

A $\frac{8}{25}$. B $\frac{17}{25}$. C $\frac{17}{42}$. D $\frac{8}{17}$. E $\frac{25}{42}$.

176 **ESERCIZIO GUIDA** Prima dell'inizio di una partita di calcio, un tifoso sarebbe disposto a scommettere 14 euro per ricevere 20 euro sulla vittoria della squadra per cui tifa, 2 euro per riceverne 10 in caso di pareggio e infine 0,5 euro per ricevere 5 euro in caso di sconfitta.
Calcoliamo le probabilità che attribuisce ai tre eventi: vittoria, pareggio e sconfitta.

Per la vittoria: $p_1 = \frac{14}{20} = 0,7$; per il pareggio: $p_2 = \frac{2}{10} = 0,2$; per la sconfitta: $p_3 = \frac{0,5}{5} = 0,1$.

177 **REALTÀ E MODELLI** **Cavalli e scommesse** Irene e Silvia sono alle corse dei cavalli. Vogliono scommettere, ma non è loro abitudine, quindi decidono di essere prudenti e rischiare poco. Irene vuole scommettere 8 euro su Atrix. In caso di vittoria riceverà 12 euro. Silvia vuole scommettere su Festa, la cui vittoria è data 6 contro 10, cioè se Silvia scommette 6 euro e Festa vince, Silvia riceve 10 euro.

a. Tra Irene e Silvia, chi ha attribuito la probabilità di vittoria maggiore al proprio cavallo?
b. Se Silvia decide di scommettere 18 euro, quanto riceverà se Festa vince? [a) Irene; b) 30 euro]

178 In un certo momento della campagna elettorale negli USA, un sondaggio fra gli elettori aveva rilevato che su 3000 persone 1800 avrebbero votato per il partito democratico. Contemporaneamente, gli scommettitori davano la vittoria del partito democratico 6 a 9 (cioè, scommettendo 6 dollari, se ne sarebbero ricevuti 9 in caso di vittoria). Calcola la probabilità di vittoria secondo il sondaggio e secondo gli scommettitori. $\left[\frac{3}{5}; \frac{2}{3}\right]$

179 A e B fanno una scommessa sull'esito di una partita di calcio. A scommette sulla vittoria e la sua posta è di 5 euro, mentre la posta di B è di 2 euro. Calcola la probabilità che A attribuisce alla vittoria. $\left[\frac{5}{7}\right]$

180 Due tifosi A e B fanno una scommessa di 10 euro sull'esito di una partita di basket. B scommette sulla vittoria e la sua posta è di 7 euro, mentre A scommette sulla sconfitta e la sua posta è di 3 euro. Calcola la probabilità che B attribuisce alla sconfitta. $\left[\frac{3}{10}\right]$

181 **REALTÀ E MODELLI** **Qualifica a Monza** Dopo le prove di qualifica dei piloti di F1 per il GP di Monza, un tifoso scommette 15 euro per riceverne 25 in caso di vincita al GP del team per il quale tifa, 3 euro per riceverne 10 in caso che si classifichi al secondo posto e infine 0,6 euro per riceverne 6 in caso che non si verifichino i due eventi precedenti.
Calcola la probabilità dei tre eventi. $\left[\frac{3}{5}; \frac{3}{10}; \frac{1}{10}\right]$

9 Impostazione assiomatica della probabilità

▶ Teoria a p. α73

182 **VERO O FALSO?**

a. La probabilità è una particolare funzione che associa a ogni evento E dello spazio degli eventi un solo numero reale. V F
b. Un evento E si indica con un qualunque sottoinsieme di $\mathcal{P}(U)$. V F
c. L'evento certo si rappresenta con l'insieme vuoto. V F
d. L'evento impossibile si rappresenta con l'insieme universo U. V F

ESERCIZI

183 In un portapenne ci sono una penna blu (b), una rossa (r) e una nera (n), una matita (m), un evidenziatore (e) e un pennarello (p). Si prende un oggetto a caso. Il diagramma a fianco rappresenta lo spazio campionario e alcuni eventi. Descrivi gli eventi corrispondenti agli insiemi indicati.

E $\quad$ $\overline{G}$ $\quad$ $\overline{E} \cap \overline{G}$ $\quad$ $E \cup G$

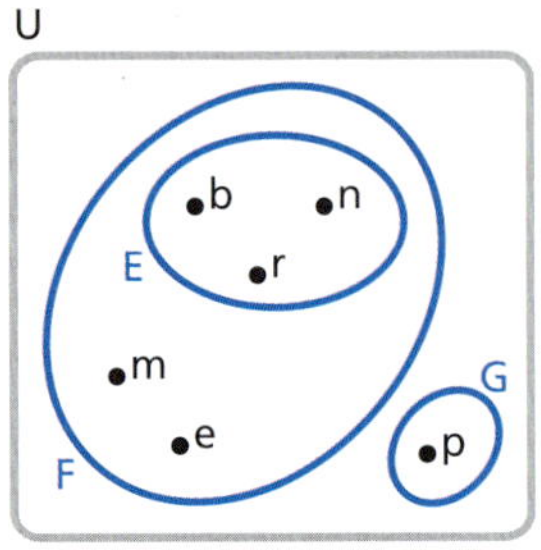

184 COMPLETA Scegliamo una parola a caso da un dizionario. Considera gli eventi:

E_1 = «la parola inizia con una vocale»;

E_2 = «la parola inizia con la lettera A»;

E_3 = «la parola ha più di 4 lettere».

Completa utilizzando i simboli ∪ e ∩.

E_2 ☐ E_3 = «la parola inizia con la A e ha più di 4 lettere».

E_1 ☐ $\overline{E}_2$ = «la parola inizia con una vocale diversa da A».

$\overline{E}_1$ ☐ E_3 = «la parola inizia con una consonante oppure ha più di 4 lettere».

185 TEST L'insieme degli esiti U di un esperimento è costituito da quattro eventi A, B, C, D, cioè

$$A \cup B \cup C \cup D = U$$

e gli eventi sono disgiunti. Se $p(A) = p(C) = \frac{1}{5}$ e $p(B) = \frac{3}{10}$, allora

A $p(D) = \frac{2}{5}$.

B $p(D) = \frac{1}{10}$.

C $p(D) = \frac{3}{10}$.

D $p(D) = \frac{1}{2}$.

E Non si può calcolare $p(D)$.

186 VERO O FALSO?

a. La probabilità di un evento è sempre minore di 1. V F

b. Se la probabilità di un evento è $\frac{1}{4}$, la probabilità dell'evento contrario è $\frac{3}{4}$. V F

c. Se si è verificato l'evento E_1, allora si è verificato anche l'evento $E_1 \cup E_2$. V F

d. La probabilità dell'evento certo è 1. V F

187 In un esperimento aleatorio, l'insieme universo è costituito dagli eventi elementari A, B, C, D, E. Calcola:

a. $p(E)$, se $p(A) = \frac{2}{7}$, $p(B) = p(D) = \frac{1}{5}$, $p(C) = \frac{1}{7}$;

b. $p(B)$, se $p(A) = p(E) = \frac{1}{3}$, $p(C) = p(D) = \frac{1}{4}$.

[a) $\frac{6}{35}$; b) situazione impossibile]

188 RIFLETTI SULLA TEORIA

a. Qual è l'evento contrario dell'evento impossibile?

b. Utilizzando gli assiomi della probabilità, verifica la proprietà $p(\varnothing) = 0$.

189 Una moneta viene truccata in modo tale che la probabilità che si presenti croce sia un terzo di quella che si presenti testa. Determina il valore delle due probabilità.

$\left[\frac{1}{4}; \frac{3}{4}\right]$

190 Tre persone A, B e C partecipano a un gioco nel quale uno dei tre giocatori deve vincere. La probabilità di vincita di A è doppia di quella di B e la probabilità di perdere di B è i $\frac{5}{6}$ della probabilità di perdere di C. Determina le probabilità di vincita dei tre giocatori. $\left[\frac{4}{7}; \frac{2}{7}; \frac{1}{7}\right]$

Riepilogo: Probabilità

191 Da un mazzo di 52 carte se ne estrae una. Calcola la probabilità che sia:

a. un due;
b. un due nero;
c. il due di cuori.

$\left[a)\ \frac{1}{13}; b)\ \frac{1}{26}; c)\ \frac{1}{52}\right]$

192 Nel lancio di una moneta per tre volte, calcola la probabilità che:

a. esca «croce» almeno una volta;
b. esca «testa» al più una volta.

$\left[a)\ \frac{7}{8}; b)\ \frac{1}{2}\right]$

193 Da una scatola che contiene 20 palline, di cui 4 sono nere, 6 rosse e 10 verdi, se ne estraggono contemporaneamente due. Calcola la probabilità che:

a. nessuna pallina sia verde;
b. le palline siano tutte di colore diverso;
c. almeno una pallina sia rossa;
d. al massimo una pallina sia nera.

$\left[a)\ \frac{9}{38}; b)\ \frac{62}{95}; c)\ \frac{99}{190}; d)\ \frac{92}{95}\right]$

194 YOU & MATHS Two points are picked at random on the unit circle $x^2 + y^2 = 1$. What is the probability that the chord joining the two points has length at least 1?

A $\frac{1}{4}$ B $\frac{1}{3}$ C $\frac{1}{2}$ D $\frac{2}{3}$ E $\frac{3}{4}$

(USA *North Carolina State High School Mathematics Contest*)

TEST

195 Da un mazzo di 40 carte se ne estrae una, che subito viene reinserita nel mazzo; il mazzo viene mescolato e poi si estrae una nuova carta. Qual è la probabilità che la nuova carta sia la stessa estratta in precedenza?

A $\frac{1}{1600}$ B $\frac{1}{40}$ C $\frac{1}{80}$ D $\frac{1}{20}$ E $\frac{1}{40 \cdot 39}$

(*Giochi di Archimede*, 2012)

196 Un'urna contiene 5 palline rosse e 3 verdi. Si estraggono consecutivamente 4 palline senza rimettere quella estratta nell'urna. La probabilità che le prime due siano rosse e le altre due verdi è:

A $\frac{1}{14}$. B $\frac{1}{28}$. C $\frac{15}{28}$. D $\frac{15}{112}$. E $\frac{75}{128}$.

197 In un elaborato di matematica il 6% degli studenti ha sbagliato la determinazione del dominio di una funzione, il 12% il calcolo delle derivate e il 3% entrambi. La probabilità che, scegliendo a caso uno studente, questo abbia sbagliato solo uno dei due calcoli è:

A 15%. B 12%. C 18%. D 21%. E 50%.

198 ●○ REALTÀ E MODELLI **Libri, fotografie, fumetti** Dall'inventario dei volumi di una piccola libreria risulta che il 15% è costituito da libri per bambini, il 7% da fumetti, il 20% da libri fantasy, il 30% da romanzi di fantascienza e il resto da libri di fotografia. Un cliente entra nella libreria e acquista un libro.

a. Qual è la probabilità che abbia acquistato un libro di fotografia?

b. Qual è la probabilità che non abbia acquistato né un fumetto né un libro per bambini?

[a) 0,28; b) 0,78]

199 ●○ Un'urna contiene 5 palline numerate da 1 a 5. Calcola la probabilità dei seguenti eventi:

A = «estrarre una pallina con un numero primo»;

B = «estrarre un multiplo di 2»;

C = «estrarre un numero primo diverso da 2».

$\left[\frac{3}{5}; \frac{2}{5}; \frac{2}{5}\right]$

200 ●○ Un'urna contiene 4 palline gialle e 6 rosse. Si estraggono contemporaneamente 5 palline. Calcola la probabilità che:

a. due siano gialle e tre rosse;

b. siano tutte rosse;

c. non siano tutte gialle;

d. non siano tutte rosse.

$\left[\text{a) } \frac{10}{21}; \text{ b) } \frac{1}{42}; \text{ c) } 1; \text{ d) } \frac{41}{42}\right]$

201 ●○ Da un'indagine di mercato si è rilevato che il 24% usa l'ammorbidente «Stella» e il 40% l'ammorbidente «Morby». Si è anche rilevato che il 54% usa il primo o il secondo. Calcola la probabilità che, prendendo una persona a caso, questa usi:

a. il primo e il secondo prodotto;

b. il prodotto «Stella» sapendo che usa anche «Morby»;

c. il prodotto «Stella» e non usi il prodotto «Morby».

[a) 10%; b) 25%; c) 14%]

202 ●● EUREKA! Una pedina si trova inizialmente sulla casella centrale di una scacchiera 5×5. Un passo della pedina consiste nello spostarsi in una casella scelta a caso fra quelle che hanno *esattamente un vertice* in comune con la casella su cui si trova. Qual è la probabilità che dopo 12 passi la pedina si trovi in uno qualunque degli angoli della scacchiera?

A $\frac{1}{3}$ **B** $\frac{4}{25}$ **C** $\frac{1}{6}$ **D** $\frac{4}{13}$ **E** $\frac{1}{4}$

(*Olimpiadi di matematica, Gara di febbraio*, 2015)

203 ●○ In un negozio di strumenti musicali ci sono 10 chitarre elettriche, 8 bassi, 6 sassofoni. Calcola la probabilità che, scegliendo a caso uno strumento, esso sia:

a. una chitarra elettrica;

b. un sassofono;

c. uno strumento a corde;

d. non un basso.

$\left[\text{a) } \frac{5}{12}; \text{ b) } \frac{1}{4}; \text{ c) } \frac{3}{4}; \text{ d) } \frac{2}{3}\right]$

204 Si lanciano contemporaneamente tre dadi.
Calcola la probabilità che i numeri usciti:

a. siano tutti e tre uguali o almeno due dei tre siano il 4;
b. siano tutti e tre uguali o almeno uno dei tre sia il 4;
c. siano tutti e tre uguali o tutti e tre dispari.

$\left[a)\ \frac{7}{72};\ b)\ \frac{4}{9};\ c)\ \frac{5}{36}\right]$

205 YOU & MATHS A bag contains 10 nuts and 5 bolts. Four items are taken at random (without replacement) from the bag. Find the probability that the selection contains:

a. exactly 3 bolts;
b. at least one bolt.

(UK *University of Essex*, First Year Examination)

$\left[a)\ \frac{20}{273};\ b)\ \frac{11}{13}\right]$

206 Damiano è indeciso sull'acquisto di un detersivo. La probabilità che compri il detersivo del tipo A è del 12%, del tipo B è del 15% e del tipo C del 73%. Entrato in un supermercato e avendo accertato che il detersivo C non era in vendita, qual è la probabilità che abbia acquistato il detersivo A? $\left[\frac{4}{9}\right]$

207 Il proprietario di un ristorante self-service deve acquistare il pane da due fornitori diversi per poter avere la quantità necessaria. Il fornitore Galli fornisce il 30% del fabbisogno e il fornitore Filippi la parte restante. Il pane fornito dalla ditta Galli risulta ben cotto 9 volte su 10, mentre quello della ditta Filippi lo è 4 volte su 5. Calcola la probabilità che:

a. prendendo un panino, questo sia ben cotto;
b. scegliendo un panino poco cotto, questo sia stato fornito dal forno Galli.

[a) 0,83; b) 0,176]

208 Nel corso di un'indagine, a 40 persone che hanno problemi di salute a causa del colesterolo che supera i 200 mg/dl è stato chiesto se utilizzano medicinali o prodotti omeopatici. Le persone che assumono i farmaci sono 25 e di queste 20 dichiarano di avere il livello del colesterolo sotto il livello massimo. Delle altre, solo 6 dichiarano di essere soddisfatte del prodotto omeopatico che assumono. Scelta a caso una persona che risulti insoddisfatta della propria cura, calcola la probabilità che utilizzi il farmaco prescritto dal proprio medico.

209 REALTÀ E MODELLI **Il sondaggio** In previsione di un'elezione amministrativa comunale viene posta a un campione di 100 persone la seguente domanda: «È favorevole, contrario o senza opinione riguardo al cambiamento della linea politica nelle prossime elezioni?». Le risposte sono raccolte nella tabella.

	Uomini	Donne	Totale
Favorevoli	22	29	51
Contrari	8	7	15
Non sa	20	14	34
Totale	50	50	100

a. Calcola la probabilità che, scegliendo a caso una risposta, essa appartenga al gruppo dei contrari o a quello di coloro che non hanno espresso un'opinione.
b. Calcola la probabilità che, scegliendo a caso una risposta, essa appartenga al gruppo di quelle date dagli uomini o a quello di chi è contrario al cambiamento.
c. Calcola la probabilità che, dopo aver estratto una risposta «favorevole al cambiamento», essa sia stata data da una donna.

$[a)\ 0,49;\ b)\ 0,57;\ c) \simeq 0,57]$

210 Un'urna contiene 10 palline numerate da 1 a 10. Si estraggono contemporaneamente 5 palline.
Calcola la probabilità che:

a. due palline abbiano un numero maggiore di 6;
b. le cinque palline abbiano tutte un numero maggiore di 4;
c. quattro palline abbiano un numero minore di 5.

$\left[a)\ \frac{10}{21};\ b)\ \frac{1}{42};\ c)\ \frac{1}{42}\right]$

211 Un candidato deve sostenere un esame di ammissione a un corso universitario. Vi sono due commissioni che esaminano i candidati. Si è rilevato che la prima commissione boccia con una percentuale del 30% e la seconda del 40%. Calcola la probabilità che ha un candidato, esaminato da una commissione scelta casualmente, di essere ammesso al corso universitario. [65%]

212 Una maestra ha rilevato che il 20% dei suoi alunni non sa riconoscere le parole accentate e il 25% non usa correttamente la lettera h. Ritenendo i due tipi di errori indipendenti, calcola la probabilità che ha un alunno di commettere entrambi gli errori e quella di commettere il primo o il secondo. [0,05; 0,4]

213 In un gruppo di persone il 40% è andato in vacanza al mare, il 25% in montagna e il 7% sia al mare che in montagna. Scelto a caso un individuo, calcola la probabilità che:

a. sia stato in vacanza; **b.** sia stato in vacanza solo al mare; **c.** non sia stato in vacanza.

[a) 58%; b) 33%; c) 42%]

214 Tre lotti di merce presentano pezzi difettosi. La percentuale di difettosità del primo lotto è del 5%, quella del secondo lotto del 9% e quella del terzo lotto del 10%. Calcola la probabilità che, prendendo un pezzo da un lotto scelto a caso, questo risulti difettoso. [0,08]

EUREKA!

215 Per decidere chi si tufferà per primo in un lago gelato, Massimo e Ugo vogliono lanciare dei dadi e basarsi sul risultato dei lanci secondo la seguente regola: se non escono 6 si tufferà Massimo, se c'è un solo 6 si tufferà Ugo, mentre se escono più 6 rinunceranno entrambi a fare il bagno. Quanti dadi devono lanciare se vogliono che il rischio di tuffarsi per primo sia equamente ripartito tra loro due?

A 3 **B** 5 **C** 6 **D** 9 **E** Non è possibile che il rischio sia lo stesso.

(*Kangourou Italia, livello Student*, 2011)

216 Agnese e Bruno sfidano Viviana e Zenone a biliardino; le squadre sono molto equilibrate, per cui per ogni pallina giocata entrambe le squadre hanno probabilità $\frac{1}{2}$ di segnare un gol. Qual è la probabilità che si arrivi a 5 pari?

A $\frac{1}{512}$ **B** $\frac{252}{1024}$ **C** $\frac{252}{512}$ **D** $\frac{169}{512}$ **E** $\frac{169}{1024}$

(*Olimpiadi di matematica, Gara di febbraio*, 2013)

217 Una compagnia di assicurazioni ha classificato gli automobilisti da essa assicurati in tre categorie. La categoria A comprende il 30% degli assicurati, la categoria B il 50%, la categoria C il 20%. Le rispettive probabilità di commettere incidenti nel corso dell'anno sono dell'1%, del 3% e del 10%. Calcola la probabilità che un automobilista commetta un incidente nel corso dell'anno. Calcola inoltre la probabilità che, avendo un automobilista commesso un incidente, l'automobilista appartenga alla categoria C. $\left[3,8\%; \frac{10}{19}\right]$

218 Nel supermercato Super la probabilità che una persona acquisti il detersivo Super Lava è del 30% e la probabilità che acquisti la spugna Super Soft è del 25%. Sapendo che la probabilità che un cliente acquisti il detersivo o la spugna è del 49% e che gli acquisti dei due prodotti sono eventi dipendenti, determina la probabilità che un cliente acquisti:

a. il detersivo avendo acquistato la spugna e viceversa;

b. solo la spugna;

c. il detersivo non avendo acquistato la spugna Super Soft. [a) 0,24; 0,20; b) 0,19; c) 0,32]

219 Un atleta fa uso di integratori per migliorare le sue prestazioni. Dopo ogni gara, la probabilità di essere scelto per un controllo, e quindi scoperto, è del 20%. Calcola la probabilità che

a. sia scoperto alla terza gara; **b.** sia scoperto entro la terza gara.

Determina qual è il numero naturale n tale che la probabilità di non venire scoperto entro n gare è circa uguale alla probabilità di essere scoperto alla prima gara. [a) 0,128; b) 0,488; 8]

220 REALTÀ E MODELLI **I Babbi Natale** In vicinanza del Natale, Andrea, Luca, Matteo e Stefano decidono di vestirsi da Babbo Natale e di consegnare doni ai 28 bambini di un asilo nido. I regali sono tutti confezionati e quindi non è possibile scegliere tra giochi per bambina o bambino; si sa solo, però, quanti di questi sono contenuti nella sacca di ognuno (i dati sono riportati in tabella).

	Andrea	Luca	Matteo	Stefano
Giochi bimbo	12	10	13	8
Giochi bimba	16	18	15	20

Calcola la probabilità che:

a. scelti a caso due doni dalla sacca di Andrea, questi siano: entrambi per bambino; entrambi per bambina; misti;

b. scelta a caso una sacca e in essa due doni, questi siano uno per bimbo e uno per bimba;

c. scelto a caso un dono e verificato che sia per bimbo, esso appartenga alla sacca di Stefano.

$\left[\text{a) } \frac{11}{63}; \frac{20}{63}; \frac{32}{63}; \text{b) } \frac{727}{1512}; \text{c) } \frac{8}{43}\right]$

221 YOU & MATHS There are ten prizes, five A's, three B's, and two C's, placed in identical sealed envelopes for the top ten contestants in a mathematics contest. The prizes are awarded by allowing winners to select an envelope at random from those remaining. When the eighth contestant goes to select a prize, what is the probability that the remaining three prizes are one A, one B, and one C? (CAN *Canadian Open Mathematics Challenge*)

$\left[\frac{1}{4}\right]$

222 Nell'impresa Tessile Italiana due reparti A e B producono rispettivamente il 40% e il 60% di camicie jeans. Le percentuali di camicie difettose sono rispettivamente del 3% e del 5%. Calcola la probabilità che:

a. una camicia sia difettosa;

b. avendo scelto a caso dalla produzione una camicia difettosa, questa sia stata prodotta dal reparto B;

c. avendo scelto dalla produzione a caso una camicia perfetta, questa sia stata prodotta dal reparto A.

[a) 4,2%; b) 71,43% c) 40,5%]

223 Nella classe II D della scuola primaria di Lassi l'insegnante di italiano ha rilevato due tipi di difficoltà da parte degli alunni: scrivere le parole con le doppie consonanti e scrivere correttamente dopo alcune consonanti la lettera h o la lettera i quando il suono è duro o dolce. In media, in due settimane ha rilevato che su 120 parole con le doppie gli errori sono stati 40 e che su 90 parole gli errori relativi al suono delle consonanti sono stati 27. Sapendo che i due tipi di errori sono considerati indipendenti, determina:

a. se sono compatibili;

b. la probabilità che gli alunni ne commettano almeno uno;

c. la probabilità che venga commesso solo l'errore relativo alle doppie e non quello relativo al suono;

d. la probabilità che venga commesso solo l'errore relativo al suono delle consonanti, sapendo che non si è commesso nessun errore relativo alle doppie.

[a) sì; b) $0,5\overline{3}$; c) $0,2\overline{3}$; d) 0,3]

224 Il dottor Merone, medico di base, ha vaccinato contro l'influenza 180 pazienti aventi più di 65 anni e 70 con patologie varie. In base ai risultati degli anni precedenti il dottor Merone sa che la probabilità che un paziente vaccinato si ammali è del 10% se ha più di 65 anni e del 20% se soffre di qualche patologia. Calcola la probabilità che:

a. un suo paziente vaccinato si ammali;

b. un suo paziente vaccinato con più di 65 anni non si ammali;

c. un paziente vaccinato ammalato abbia più di 65 anni.

[a) 12,8%; b) 64,8%; c) 56,25%]

VERIFICA DELLE COMPETENZE

VERIFICA DELLE COMPETENZE ALLENAMENTO

RISOLVERE PROBLEMI

1 Un dado non è regolare e le facce 1 e 6 hanno la stessa probabilità di verificarsi, ma doppia di quella di ciascuno degli altri numeri. Calcola la probabilità che nel lancio del dado si presenti:

- una faccia con un numero pari;
- un numero multiplo di 3;
- un numero primo.

$\left[\frac{1}{2}; \frac{3}{8}; \frac{3}{8}\right]$

2 Da un mazzo di 40 carte si estrae una carta. Sapendo che i possibili esiti sono equiprobabili, calcola la probabilità che esca:

- una figura;
- una figura o un asso;
- un asso;
- una figura o una carta di coppe;
- una carta di bastoni.

$\left[\frac{3}{10}; \frac{2}{5}; \frac{1}{10}; \frac{19}{40}; \frac{1}{4}\right]$

TEST

3 Si estrae una carta da un mazzo di 52 carte. La probabilità che essa sia una figura o una carta nera è:

A $\frac{11}{13}$.
B $\frac{19}{26}$.
C $\frac{1}{2}$.
D $\frac{7}{26}$.
E $\frac{8}{13}$.

4 Un'impresa sottopone a due controlli consecutivi i propri prodotti. La probabilità che un difetto sia rilevato al primo controllo è del 90% e che sia rilevato solo al secondo controllo è del 99%. La probabilità che un pezzo difettoso sfugga a entrambi i controlli è:

A 10,9%.
B 9,9%.
C 1%.
D 0,1%.
E 0,01%.

5 Eleonora gioca con un dado e un orologio (fermo) che all'inizio segna le 12. Per 2008 volte tira il dado e porta le lancette avanti di tante ore quanto è il risultato. Qual è alla fine la probabilità che la lancetta delle ore sia orizzontale?

A 0
B $\frac{1}{2008}$
C $\frac{1}{1004}$
D $\frac{1}{12}$
E $\frac{1}{6}$

(*Olimpiadi di matematica, Gara di febbraio*, 2008)

6 Un'impresa che produce giocattoli ha riscontrato che i trenini che riproducono in miniatura il modello Zug hanno la probabilità del 4% di essere difettosi. Sapendo che il sistema di controllo della produzione è efficiente al 99%, determina la probabilità che:

a. un trenino guasto possa essere acquistato presso un rivenditore;
b. un trenino sia guasto e sia individuato al controllo;
c. su 5 trenini almeno uno sia guasto e non riconosciuto come tale al controllo.

[a) 0,04%; b) 3,96%; c) 0,1998%]

7 Un negozio di abbigliamento femminile, prima dei saldi stagionali, invita con una comunicazione le clienti affezionate a effettuare acquisti al prezzo di saldo prima dell'apertura ufficiale, potendo così avere più scelta. Si stima che il 60% delle clienti leggerà la comunicazione e che il 35% di chi l'ha letta effettuerà poi un acquisto. Calcola la probabilità che una cliente:

a. legga la comunicazione e faccia un acquisto;
b. legga la comunicazione e non faccia un acquisto.

[a) 0,21; b) 0,39]

8 Si deve inserire nel sistema antifurto di una casa un codice formato da quattro lettere, scelte in un insieme che contiene le cinque vocali e cinque consonanti. Si estraggono le quattro lettere consecutivamente, senza reimmissione delle lettere estratte. Calcola la probabilità che il codice:

a. contenga almeno una vocale;

b. contenga vocali e consonanti alternate tra loro.

$\left[a)\ \frac{41}{42};\ b)\ \frac{10}{63}\right]$

9 Su un vassoio di un bar ci sono 12 brioche, di cui 7 con la crema e 5 con la marmellata, e 8 krapfen, di cui 5 con la crema e 3 con la marmellata. Si sceglie a caso un dolce. Calcola la probabilità di prendere una brioche oppure un dolce con la marmellata.

$\left[\frac{3}{4}\right]$

10 Calcola la probabilità che lanciando un dado due volte la somma delle facce sia:

a. maggiore di 8 o minore di 10;

b. maggiore di 8 e minore di 10;

c. maggiore di 8 sapendo che è minore di 10.

$\left[a)\ 1;\ b)\ \frac{1}{9};\ c)\ \frac{2}{15}\right]$

11 Un grande negozio di abbigliamento per giovani ha venduto negli ultimi tre mesi 1500 capi, di cui 825 paia di jeans, 375 T-shirt e 300 felpe. Calcola la probabilità di vendita di ciascun tipo di capo e fai una previsione sul numero di jeans, T-shirt e felpe che si venderanno se, nei prossimi mesi, si vogliono vendere 1700 capi.

12 Calcola la probabilità che una carta estratta da un mazzo di 52 carte sia un cinque, sapendo che è uscita una carta che non è una figura.

$\left[\frac{1}{10}\right]$

13 **Linee di produzione e qualità** Il reparto A di una fabbrica di ceramiche produce il 60% di piastrelle, il reparto B il 40%. La qualità della produzione del reparto A è: il 60% di prima, il 35% di seconda, il 5% da scartare. La qualità della produzione del reparto B è: il 66% di prima, il 30% di seconda, il 4% da scartare.
Qual è la percentuale di produzione di piastrelle, rispettivamente di prima, di seconda qualità e da scartare, della fabbrica? Se prendiamo una piastrella a caso di prima qualità, qual è la probabilità che essa sia stata prodotta dal reparto A?

$\left[62,40\%;\ 33,00\%;\ 4,60\%;\ \frac{15}{26}\right]$

14 **Mazzi di fiori aleatori** Un fiorista ha tre vasi che contengono rispettivamente 14 rose, 10 gerbere e 12 tulipani. Prendendo due fiori a caso, calcola la probabilità che siano:

a. due rose;

b. una gerbera e un tulipano.

$\left[a)\ \frac{13}{90};\ b)\ \frac{4}{21}\right]$

15 **In ritardo?** Un pullman di linea arriva in ritardo 4 volte su 10. Calcola la probabilità che in una settimana (6 giorni) sia:

a. sempre puntuale;

b. sempre in ritardo;

c. almeno una volta in ritardo;

d. almeno 5 volte in ritardo.

$\left[a)\ \frac{729}{15\,625};\ b)\ \frac{64}{15\,625};\ c)\ \frac{14\,896}{15\,625};\ d)\ \frac{128}{3125}\right]$

16 **Automobiline difettose** Una fabbrica di giocattoli ha rilevato che il 9% delle automobiline prodotte di un certo tipo ha il contatto delle pile difettoso e il 4% ha le ruote poco scorrevoli.

Sapendo che le automobiline che hanno entrambi i difetti sono il 2%, calcola la probabilità che un'automobilina:

a. abbia un difetto o l'altro;

b. sia difettosa nel contatto con le pile sapendo che è poco scorrevole;

c. abbia solo il difetto del contatto elettrico;

d. non abbia difetti.

[a) 0,11; b) 0,5; c) 0,07; d) 0,89]

17 **Inglesi, italiani, cinesi** Su un aereo viaggiano 130 passeggeri italiani, 45 inglesi, 25 cinesi. Si estraggono a sorte tre nomi per assegnare tre buoni premio. Calcola la probabilità che siano:

a. due italiani e un cinese o un italiano e due cinesi;

b. un italiano, un inglese e un cinese.

[a) 19% ; b) 11%]

18 **Classi a confronto** Sono state messe a confronto due classi con uguale numero di alunni e lo stesso problema di matematica nella prima classe è stato risolto dall'80%, mentre nella seconda classe dal 60%. Scelto a caso un alunno che ha risolto il problema, calcola qual è la probabilità che sia un alunno della seconda classe.

$\left[\frac{3}{7}\right]$

19 **Se non è buono...** I pacchetti di caffè da 500 grammi di marca Kappa confezionati da una macchina vengono controllati automaticamente da un'altra macchina che scarta il 96% di quelli difettosi. Sapendo che il numero dei pacchetti confezionati in modo perfetto è il 90% della produzione, determina la probabilità che:

a. un pacchetto, avendo superato il controllo, sia immesso nel mercato;

b. un pacchetto sia perfetto avendo superato il controllo;

c. un pacchetto sia difettoso pur avendo superato il controllo.

[a) 0,904; b) 0,9955; c) 0,0044]

20 **Tiro al bersaglio** Due giocatori tirano a un bersaglio. Per il primo giocatore la probabilità che ha di fare centro è 0,7, mentre per il secondo è 0,5. Calcola la probabilità che:

a. entrambi colpiscano il bersaglio;

b. nessuno colpisca il bersaglio;

c. solo uno colpisca il bersaglio.

[a) 0,35; b) 0,15; c) 0,5]

21 **Vendita all'ingrosso e difetti** Un'impresa costruisce frullatori che possono presentare difetti nel circuito elettrico con probabilità del 5%, nella parte meccanica con probabilità del 7% ed entrambi i difetti con probabilità del 2%. I frullatori vengono venduti all'ingrosso in lotti da 10. Come garanzia l'impresa assicura il ritiro di tutto il lotto in caso vi siano più di due frullatori con almeno un difetto. Un commerciante acquista tre lotti. Qual è la probabilità che debba restituirli tutti e tre?

[0,000 346]

22 **Mazzini o Garibaldi?** Giorgio durante la settimana si reca al lavoro 3 volte su 5 in automobile e parcheggia indifferentemente in via Mazzini o in via Garibaldi. Quando Giorgio non va in automobile, usa la moto e parcheggia sempre in via Galilei. Il suo collega Mario si reca al lavoro tutti i giorni in bicicletta, legandola 8 volte su 10 alle rastrelliere di via Garibaldi e le altre 2 volte in via Mazzini. Se Giorgio e Mario scelgono il parcheggio indipendentemente l'uno dall'altro, qual è la probabilità che oggi parcheggino entrambi in via Mazzini?

[0,06]

TUTOR matematica — Allenati con **15 esercizi interattivi** con feedback "hai sbagliato, perché..."
su.zanichelli.it/tutor3 risorsa riservata a chi ha acquistato l'edizione con tutor

VERIFICA DELLE COMPETENZE VERSO L'ESAME

ARGOMENTARE E DIMOSTRARE

23 Una pedina è collocata nella casella in basso a sinistra di una scacchiera, come in figura. A ogni mossa, la pedina può essere spostata o nella casella alla sua destra o nella casella sopra di essa. Scelto casualmente un percorso di 14 mosse che porti la pedina nella casella d'angolo opposta A, qual è la probabilità che essa passi per la casella indicata come B?

(*Esame di Stato, Liceo scientifico, Corso di ordinamento, Sessione ordinaria,* 2016, *quesito* 7)

$\left[\frac{35}{143}\right]$

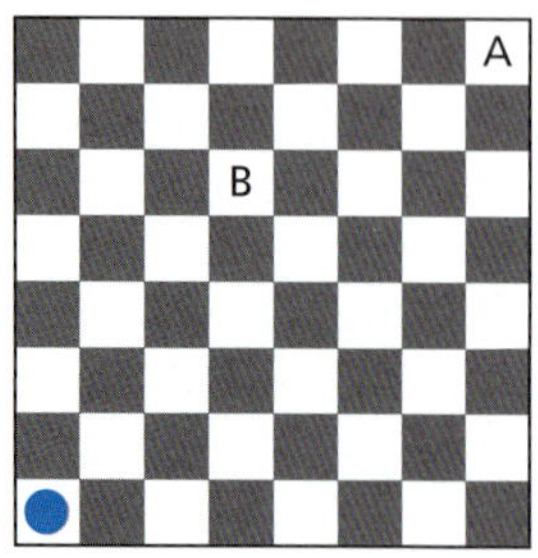

24 ●○ In un'urna ci sono 20 biglie, ognuna delle quali è rossa o nera. Stabilire quante sono quelle nere, sapendo che estraendo 2 biglie senza riporre la prima estratta, la probabilità di estrarre almeno una biglia nera è $\frac{27}{38}$.

(*Esame di Stato, Liceo scientifico, Scuole italiane all'estero (Americhe), Sessione ordinaria,* 2016, *quesito* 2)

[9]

25 ●○ Un mazzo di «tarocchi» è costituito da 78 carte: 22 carte figurate, dette «Arcani maggiori», 14 carte di bastoni, 14 di coppe, 14 di spade e 14 di denari. Estraendo a caso da tale mazzo, l'una dopo l'altra con reinserimento, 4 carte, qual è la probabilità che almeno una di esse sia un «Arcano maggiore»?

(*Esame di Stato, Liceo scientifico, Corso sperimentale, Sessione suppletiva,* 2014, *quesito* 9)

[$\simeq 73{,}4\%$]

26 ●● I lati di un triangolo ABC misurano: $AB = 5$ cm, $BC = 6$ cm, $CA = 5$ cm. Preso a caso un punto P all'interno del triangolo, qual è la probabilità che P sia più vicino al vertice B che al vertice A?

(*Esame di Stato, Liceo scientifico, Corso di ordinamento, Sessione suppletiva,* 2016, *quesito* 5)

$\left[\frac{25}{72}\right]$

27 ●○ Dati un cilindro equilatero e la sfera a esso circoscritta, qual è la probabilità che un punto interno alla sfera cada all'interno del cilindro?

(*Esame di Stato, Liceo scientifico, Scuole italiane all'estero (Americhe), Sessione ordinaria,* 2016, *quesito* 3)

[$\simeq 53\%$]

28 ●● Una moneta da 1 euro (il suo diametro è 23,25 mm) viene lanciata su un pavimento ricoperto con mattonelle esagonali (regolari) di lato 10 cm. Quale è la probabilità che la moneta vada a finire internamente a una mattonella (cioè non tagli i lati degli esagoni)?

(*Esame di Stato, Liceo scientifico, Corso sperimentale, Sessione ordinaria,* 2012, *quesito* 2)

[$\simeq 75\%$]

29 ●○ Un test è costituito da 10 domande a risposta multipla, con 4 possibili risposte di cui solo una è esatta. Per superare il test occorre rispondere esattamente almeno a 8 domande. Qual è la probabilità di superare il test rispondendo a caso alle domande?

(*Esame di Stato, Liceo scientifico, Corso di ordinamento, Sessione ordinaria,* 2016, *quesito* 4)

[$\simeq 0{,}042\%$]

30 ●○ In media, il 4% dei passeggeri dei tram di una città non paga il biglietto. Qual è la probabilità che ci sia almeno un passeggero senza biglietto in un tram con 40 persone? Se il numero di persone raddoppia, la probabilità raddoppia? (*Esame di Stato, Liceo scientifico, Corso di ordinamento, Sessione straordinaria,* 2016, *quesito* 2)

[$\simeq 80{,}5\%$]

31 ●○ Un giocatore di basket si esercita ai tiri liberi. Normalmente ha una quota di canestri dell'80%. Con quale probabilità va a canestro esattamente due volte su tre tiri? Individua un evento E per il quale valga:

$$p(E) = \binom{50}{40} \cdot 0{,}8^{40} \cdot 0{,}2^{10}.$$

(*Esame di Stato, Liceo scientifico, Scuole italiane all'estero* (Americhe), *Sessione ordinaria,* 2016, *quesito* 9)

[38,4%]

32 ●○ Lanciando una moneta sei volte, qual è la probabilità che si ottenga testa «al più» due volte? Qual è la probabilità che si ottenga testa «almeno» due volte?

$\left[\frac{11}{32}; \frac{57}{64}\right]$

33 Durante il picco massimo di un'epidemia di influenza il 15% della popolazione è a casa ammalato:

a. qual è la probabilità che in una classe di 20 alunni ce ne siano più di due assenti per l'influenza?

b. Descrivere le operazioni da compiere per verificare che, se l'intera scuola ha 500 alunni, la probabilità che ce ne siano più di 50 influenzati è maggiore del 99%.

(Esame di Stato, Liceo scientifico, Corso di ordinamento, Sessione straordinaria, 2015, quesito 3)

[a) $\simeq$ 59,5%]

34 Usando le definizioni di eventi incompatibili e di eventi indipendenti, spiega perché due eventi non impossibili non possono essere contemporaneamente incompatibili e indipendenti.

35 Un'azienda produce, in due capannoni vicini, scatole da imballaggio. Nel primo capannone si producono 600 scatole al giorno delle quali il 3% è difettoso, mentre nel secondo capannone se ne producono 400 con il 2% di pezzi difettosi. La produzione viene immagazzinata in un unico capannone dove, nel corso di un controllo casuale sulla produzione di una giornata, si trova una scatola difettosa. Qual è la probabilità che la scatola provenga dal secondo capannone?

(Esame di Stato, Liceo scientifico, Corso di ordinamento, Sessione straordinaria, 2016, quesito 5)

[$\simeq$ 30,77%]

36 Un'azienda industriale possiede tre stabilimenti (A, B e C). Nello stabilimento A si produce la metà dei pezzi, e di questi il 10% è difettoso. Nello stabilimento B si produce un terzo dei pezzi, e il 7% è difettoso. Nello stabilimento C si producono i pezzi rimanenti, e il 5% è difettoso. Sapendo che un pezzo è difettoso, con quale probabilità esso proviene dallo stabilimento A?

(Esame di Stato, Liceo scientifico, Corso sperimentale, Sessione straordinaria, 2012, quesito 8)

[$\simeq$ 61,22%]

COSTRUIRE E UTILIZZARE MODELLI

RISOLVIAMO UN PROBLEMA

Farmaco o placebo?

Un farmaco già in uso viene leggermente modificato. Poiché bisogna testarne l'efficacia, al 40% della popolazione test viene somministrato il nuovo farmaco, a un altro 40% viene somministrato il vecchio farmaco e al 20% viene dato un placebo, cioè una soluzione che non contiene principi attivi.
Si osserva che sul 70% di coloro che hanno assunto il nuovo farmaco il risultato del test è stato positivo. Lo stesso risultato si osserva sul 65% di coloro che hanno assunto il vecchio farmaco e sul 10% di coloro a cui è stato somministrato il placebo.
Si scelgono 10 persone dalla popolazione test.

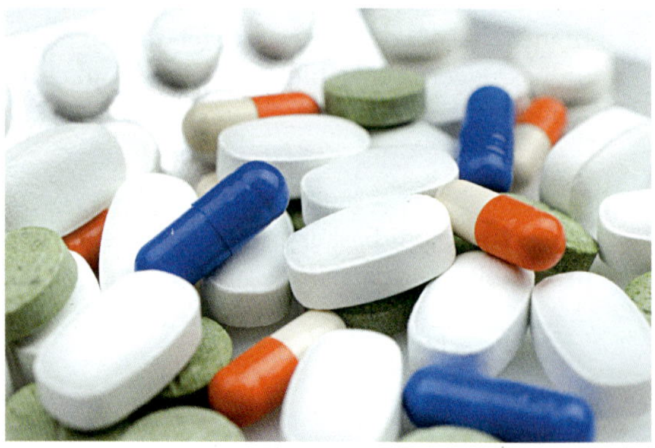

- Qual è la probabilità che su almeno 8 di loro il test sia risultato positivo?
- Si osserva purtroppo che su nessuno il test è risultato positivo. Qual è la probabilità che a tutte le dieci persone selezionate sia stato somministrato il placebo?

▶ **Modellizziamo il problema.**

Definiamo gli eventi A = «somministrazione vecchio farmaco», B = «somministrazione nuovo farmaco», C = «somministrazione placebo» e M = «risultato positivo del test».

Dai dati, quindi abbiamo:

$p(A) = 0,4$; $\quad p(B) = 0,4$; $\quad p(C) = 0,2$;

$p(M \mid A) = 0,7$; $\quad p(M \mid B) = 0,65$; $\quad p(M \mid C) = 0,1$.

▶ **Determiniamo la probabilità di un risultato positivo del test su una persona scelta a caso.**

Poiché non sappiamo che cosa è stato somministrato alla persona scelta, dobbiamo usare la formula di disintegrazione. Abbiamo perciò:

$$p = p(M) =$$
$$p(A) \cdot p(M \mid A) + p(B) \cdot p(M \mid B) + p(C) \cdot p(M \mid C) =$$
$$0,4 \cdot 0,7 + 0,4 \cdot 0,65 + 0,2 \cdot 0,1 = 0,56.$$

▶ **Troviamo la probabilità che su almeno 8 persone il test sia risultato positivo.**

Utilizziamo lo schema delle prove ripetute. Il successo è rappresentato dal risultato positivo del test e quindi ha probabilità $p = 0,56$ di verificarsi. L'evento contrario, cioè il risultato negativo del test, ha probabilità $q = 1 - p = 0,44$. Definiti gli eventi incompatibili $E_{i,10}$ = «i persone su 10 con risultato positivo», l'evento E = «almeno 8 persone su 10 con risultato positivo» è l'unione di $E_{8,10}$, $E_{9,10}$ ed $E_{10,10}$, quindi:

$$p(E) = p(E_{8,10} \cup E_{9,10} \cup E_{10,10}) =$$
$$p(E_{8,10}) + p(E_{9,10}) + p(E_{10,10}) =$$
$$\binom{10}{8} 0,56^8 \cdot 0,44^2 + \binom{10}{9} 0,56^9 \cdot 0,44 +$$
$$+ \binom{10}{10} 0,56^{10} \simeq 0,11.$$

▶ **Analizziamo la seconda richiesta.**

Definiamo gli eventi $C_{i,10}$ = «i persone su 10 hanno assunto placebo».

La richiesta è il calcolo di $p(C_{10,10} \mid E_{0,10})$, cioè la probabilità che tutti abbiano assunto il placebo, sapendo che, su 10 persone, per nessuna il test è risultato positivo. Per il teorema di Bayes:

$$p(C_{10,10} \mid E_{0,10}) = \frac{p(C_{10,10}) \cdot p(E_{0,10} \mid C_{10,10})}{p(E_{0,10})}$$

▶ **Calcoliamo la probabilità che su nessuna delle 10 persone il risultato del test sia stato positivo.**

Come per la risposta precedente:

$$p(E_{0,10}) = \binom{10}{0} p^0 q^{10} = 0,44^{10} \simeq 0,27 \cdot 10^{-3}.$$

▶ **Calcoliamo la probabilità che tutte le 10 persone abbiano assunto placebo.**

Anche in questo caso usiamo lo schema delle prove ripetute, considerando come successo l'aver assunto il placebo, che ha probabilità $p_c = 0,2$. Quindi:

$$p(C_{10,10}) = \binom{10}{10} p_c^{10} = 0,2^{10} = 0,1024 \cdot 10^{-6}.$$

▶ **Calcoliamo la probabilità che su nessuno il risultato del test sia stato positivo, sapendo che tutti hanno assunto placebo.**

Se tutti hanno assunto placebo, la probabilità che su una persona il risultato del test sia stato positivo è 0,1 e la probabilità che non lo sia stato è 0,9, quindi:

$$p(E_{0,10} \mid C_{10,10}) = \binom{10}{0} 0,9^{10} \simeq 0,35.$$

▶ **Troviamo la probabilità che tutti abbiano assunto placebo, sapendo che nessuno ha avuto miglioramenti.**

Usando la formula di Bayes e i risultati precedenti, abbiamo:

$$p(C_{10,10} \mid E_{0,10}) = \frac{p(C_{10,10}) \cdot p(E_{0,10} \mid C_{10,10})}{p(E_{0,10})} =$$
$$\frac{0,1024 \cdot 10^{-6} \cdot 0,35}{0,27 \cdot 10^{-3}} = 0,133 \cdot 10^{-3}.$$

37 ●○ **Università o lavoro?** Samira deve decidere se iscriversi all'università o se cominciare a lavorare. Sa che tra i giovani che lavorano il 30% è laureato, mentre tra i disoccupati è il 20% a essere laureato. Secondo le statistiche nazionali, inoltre, la probabilità che un giovane trovi lavoro entro un breve periodo è pari all'80%. Quale scelta conviene a Samira su basi puramente statistiche?

[laurearsi]

38 ●○ Calcola la probabilità che in una famiglia con tre figli, supponendo equiprobabile la nascita di un maschio o di una femmina, i figli:

a. siano tutte femmine;

b. siano tutti maschi, sapendo che il primo è un maschio;

c. siano tutti maschi, sapendo che almeno uno è maschio.

$\left[\text{a) } \frac{1}{8}; \text{ b) } \frac{1}{4}; \text{ c) } \frac{1}{7}\right]$

39 ●○ **Trofeo Città di Schio** Al Trofeo di nuoto Città di Schio 2016 hanno partecipato atleti di età compresa fra i 13 e i 26 anni. La seguente tabella riporta la sintesi dei tempi stabiliti dagli atleti nei 50 stile libero.

	22″00 - 27″00	27″01 - 32″00	32″01 - 37″00
Maschi	80	84	1
Femmine	4	136	20

Si sceglie un atleta a caso.

a. Calcola la probabilità degli eventi:

A = «l'atleta ha nuotato in un tempo tra 22″00 e 27″00»;

M = «l'atleta è un maschio».

Si tratta di eventi indipendenti? Motiva la tua affermazione.

b. Calcola la probabilità che l'atleta abbia nuotato in un tempo tra 27″01 e 32″00, sapendo che è una ragazza; calcola inoltre la probabilità che l'atleta abbia nuotato in più di 32″, sapendo che è un ragazzo.

c. Calcola la probabilità che l'atleta sia una ragazza, sapendo che ha nuotato in un tempo compreso tra 22″00 e 27″00.

[a) 0,2585; 0,5077; no; b) 0,85; 0,0061; c) 0,0476]

40 ●● **Quale porta aprire?** In un gioco televisivo americano al concorrente vengono mostrate tre porte chiuse. Dietro a una c'è un'automobile, dietro alle altre una capra: il giocatore vincerà il contenuto della porta prescelta. Dopo che il giocatore ha fatto la sua scelta, il presentatore, che sa dove si trova l'automobile, apre una delle altre porte e mostra una capra; a questo punto chiede al concorrente se vuole cambiare la sua scelta. Se il concorrente decide di cambiare la scelta, migliora la probabilità di vincere l'automobile? [sì]

41 ●● **Chi vincerà?** Carlo, Michael e Feng estraggono a turno una pallina, senza reimmissione, da un'urna che ne contiene 3 bianche e 4 rosse. Vince colui che per primo estrae una pallina bianca e il gioco continua finché uno vince. Calcola le probabilità di vittoria di ciascuno. $\left[\frac{18}{35}; \frac{11}{35}; \frac{6}{35}\right]$

42 ●● **Previsioni meteo e vacanze** Per decidere la meta del fine settimana, Mario lancia un dado regolare a sei facce: se esce 1 o 3, sceglierà la località A, altrimenti la località B. Le previsioni meteo per il fine settimana indicano cielo nuvoloso con probabilità 30% nella località A e 40% nella località B. Al suo ritorno, Mario incontra Lucia e le dice di aver trascorso un bel weekend di sole. Qual è la probabilità che Mario abbia trascorso il fine settimana nella località A? [36,84%]

43 ●● **Scaligera basket** Giorgio e Marco giocano a pallacanestro in A2. Le loro statistiche al tiro nel 2015 sono riportate nella tabella.

	Tiri da 2 punti		Tiri da 3 punti		Tiri liberi (1 punto)	
	Realizzazioni	**Tiri**	**Realizzazioni**	**Tiri**	**Realizzazioni**	**Tiri**
Giorgio	47	121	22	66	57	63
Marco	24	65	29	93	20	21

a. Per ciascuno dei due giocatori, calcola la probabilità di realizzazione per ognuna delle tre tipologie di tiri.

b. È più probabile che Marco segni tre canestri consecutivi da 3 punti o che Giorgio ne segni quattro consecutivi da 2 punti?

c. Nel primo minuto di gioco, Marco effettua un tiro da 2 punti, uno da 3 e un tiro libero. Qual è la probabilità che abbia realizzato 3 punti in totale?

[a) Giorgio: 38,84%, 33,33%, 90,48%; Marco: 36,92%, 31,18%, 95,24%; b) il primo evento; c) 25,14%]

44 ●● **Alleli e geni** La talassemia o anemia mediterranea è una malattia del sangue ereditaria. Il gene che la provoca è di tipo recessivo, quindi la malattia si manifesta solo se il gene è presente su entrambi gli alleli, ereditati uno dalla madre e uno dal padre. Se il gene non è presente su alcun allele, il soggetto è sano; se è presente su un solo allele, allora il soggetto è portatore sano, in quanto può trasmettere il gene ma non è affetto dalla malattia. Luca e Sandra sono i genitori di Vittoria e sono entrambi portatori sani. Francesco e Carla sono i genitori di Giuseppe e sono anch'essi portatori sani.

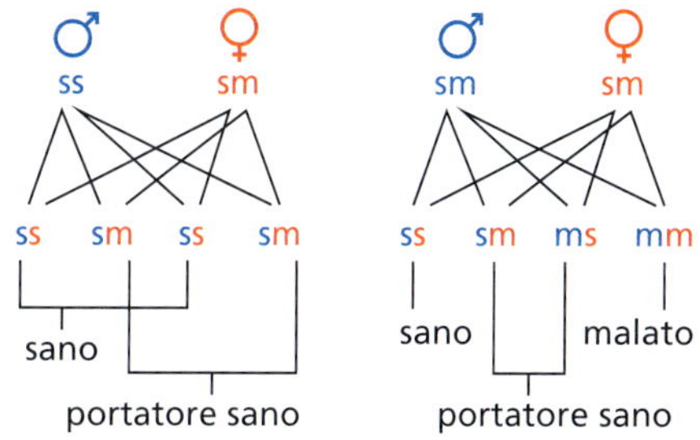

a. Qual è la probabilità che Vittoria e Giuseppe siano entrambi sani?
b. Qual è la probabilità che Vittoria sia sana e Giuseppe sia portatore sano?
c. Qual è la probabilità che Vittoria sia malata e Giuseppe sano?
d. Vittoria e Giuseppe hanno avuto un figlio sano. Qual è la probabilità che sia Vittoria sia Giuseppe siano sani?

INDIVIDUARE STRATEGIE E APPLICARE METODI PER RISOLVERE PROBLEMI

45 ●○ Un'urna contiene otto palline numerate. Calcola la probabilità che, estraendo per 4 volte consecutive una pallina e rimettendola ogni volta nell'urna, esca una pallina con un numero maggiore di 6:

a. per tre volte; b. almeno una volta.

Determina quante estrazioni occorre effettuare affinché sia almeno del 90% la probabilità che esca almeno una volta un numero maggiore di 6. [a) 0,046875 b) 0,6836; $n \geq 8$]

46 ●● Estraiamo una carta da un mazzo di 40. Se viene una carta di denari, scegliamo un gettone dalla scatola A, contenente 12 gettoni rossi, 10 gialli, 12 verdi, 8 blu. Se viene un'altra carta scegliamo un gettone dalla scatola B, contenente 6 gettoni rossi, 10 gialli, 4 verdi, 12 blu. Per ogni gettone colorato, indica qual è la probabilità, se è uscito, che si trovasse nella scatola B. $\left[\frac{63}{95}; \frac{63}{79}; \frac{21}{37}; \frac{189}{221}\right]$

47 ●● Un negozio di dolciumi offre ai suoi clienti marmellate di vari frutti, tra cui mandarino e limone. Su 400 vasetti venduti, 250 sono stati del primo tipo e 128 del secondo. Viene deciso di effettuare una vendita promozionale di questi prodotti: a chi acquisterà uno dei due tipi verrà offerto uno sconto per l'acquisto del secondo.
Si ipotizza che su 80 clienti 20 aderiranno all'offerta. Determina le probabilità di vendita:

a. del primo e del secondo tipo di marmellata;
b. di entrambi i tipi in base all'offerta promozionale;
c. di un tipo condizionata alla probabilità di vendita dell'altro tipo;
d. di almeno un tipo;
e. dei due tipi senza l'adesione all'offerta.

48 ●● Un dado regolare viene lanciato per 4 volte. Calcola la probabilità che:

a. si presenti sempre una faccia pari;
b. si presenti prima la faccia pari due volte e poi due volte la faccia dispari;
c. si presentino le facce alternate nei valori pari e dispari;
d. essendosi presentata la faccia con il numero 5 le prime tre volte, si presenti anche la quarta volta.

$\left[\text{a)}\ \frac{1}{16}; \text{b)}\ \frac{1}{16}; \text{c)}\ \frac{1}{8}; \text{d)}\ \frac{1}{6}\right]$

49 ●● Abbiamo tre scatole contenenti dei gettoni. Nella prima ci sono 20 gettoni rossi e 10 verdi, nella seconda 0 gettoni rossi e 30 gettoni verdi, nella terza 15 gettoni rossi e 15 verdi. Scegliamo una carta da un mazzo di 40. Se esce una figura estraiamo un gettone dalla prima scatola, se esce un asso estraiamo un gettone dalla seconda, se esce un'altra carta estraiamo un gettone dalla terza.
Qual è la probabilità che estraiamo un gettone verde? Se abbiamo estratto un gettone verde, qual è la probabilità che esso fosse nella prima scatola? $\left[\frac{1}{2}; \frac{1}{5}\right]$

VERIFICA DELLE COMPETENZE PROVE

1 ora

PROVA A

1 In una partita di calcio che termina ai rigori i cinque calciatori A, B, C, D, E sono scelti per i tiri. Si sa che essi hanno le seguenti probabilità di segnare: $p(A) = 0,6$, $p(B) = 0,7$, $p(C) = 0,5$, $p(D) = 0,9$, $p(E) = 0,8$. Calcola la probabilità che:

a. uno solo segni; b. tutti e cinque segnino; c. nessuno segni; d. due segnino.

2 Calcola la probabilità che, estraendo consecutivamente due carte da un mazzo da 40, senza rimettere la carta estratta nel mazzo, esse siano due carte di bastoni o due figure. Calcola la probabilità anche nel caso in cui la prima carta estratta venga rimessa nel mazzo.

3 Una macchina produce il 10% di merce con difetti. Tutta la merce viene sottoposta a un controllo e si è rilevato che, se la merce non è difettosa, comunque il 2% viene scartato nel controllo, mentre se è difettosa viene scartato il 99%. Calcola la probabilità che:

a. una merce sia scartata;
b. una merce difettosa sia accettata;
c. una merce non difettosa sia scartata;
d. avendo appurato che una merce è accettata, essa sia priva di difetti.

4 Durante un GP del motomondiale, un tifoso sarebbe disposto a scommettere 21 euro per riceverne 24 in caso di vincita del suo pilota preferito. Un sondaggio tra un gruppo di tifosi dà la vittoria di tale pilota 3 su 4. Calcola la probabilità di vittoria secondo il tifoso e secondo il sondaggio.

PROVA B

1 Due orologi antichi hanno una probabilità di funzionare rispettivamente del 90% e del 70%. Calcola la probabilità che:

a. entrambi funzionino; b. almeno uno funzioni; c. uno solo non funzioni.

2 Un piccolo albergo dispone di dieci camere doppie. La probabilità di trovarne una libera nel mese di agosto, senza avere prenotato, è pari al 20%. Calcola la probabilità che un giorno qualsiasi di agosto:

a. tutte le stanze siano occupate;
b. esattamente due stanze siano libere;
c. ci siano almeno due stanze libere.

3 Vengono lanciati in aria due dadi.

a. Qual è la probabilità che la somma delle facce dia il numero 9?
b. Sapendo che il primo numero uscito è dispari, qual è la probabilità che la somma sia uguale a 8?
c. Qual è la probabilità che lanciando i dadi sei volte esca due volte la coppia $\{1; 2\}$ (indipendentemente dall'ordine)?

4 Una ditta farmaceutica produce un medicinale che presenta un eccesso di principio attivo con probabilità pari al 5%, mentre presenta un difetto di principio attivo con probabilità pari all'8%. In entrambi i casi il medicinale è scartato.

a. Qual è la probabilità che un medicinale venga scartato?
b. Qual è la probabilità che il medicinale contenga troppo principio attivo, sapendo che esso è stato scartato?

5 Sono assegnati gli eventi A e B in un insieme U. Sapendo che $p(\overline{A}) = \frac{7}{11}$, $p(\overline{B}) = \frac{6}{11}$ e $p(A \cup B) = \frac{7}{11}$, calcola:

a. $p(A \cap B)$ e $p(B \mid A)$; b. $p(\overline{A} \cap \overline{B})$; c. $p(\overline{A} \mid \overline{B})$; d. $p(A \cap \overline{B})$ e $p(\overline{A} \cap B)$.

PROVA C

1 I maglioni confezionati dalla ditta Monti Sport sono tutti sottoposti a due controlli indipendenti; vengono messi in vendita solo quelli che li superano entrambi. I maglioni difettosi superano il primo e il secondo controllo rispettivamente nel 5% e nel 4% dei casi. I maglioni che superano solo un controllo sono posti in vendita come fallati a un prezzo scontato. Gli altri vengono scartati. Calcola la probabilità che un maglione difettoso:

a. superi entrambi i controlli;

b. venga posto in vendita come fallato;

c. venga scartato.

Se il 6% della produzione è difettoso e un maglione supera i due controlli, qual è la probabilità che sia comunque difettoso?

2 La ditta di serramenti Security ha a disposizione dei suoi clienti due tipi di serrature di sicurezza. Ogni cliente può acquistare una serratura del primo tipo, una del secondo tipo, entrambe o nessuna. La probabilità di venderne almeno un tipo è del 55%. La ditta vende anche ganci di sicurezza: il gancio è venduto con una probabilità del 32%. La probabilità che un cliente acquisti il primo tipo di serratura e il gancio è del 15%, mentre l'acquisto del gancio e l'acquisto del secondo tipo di serratura sono due eventi indipendenti. Sapendo che fra le due serrature la più richiesta è la prima, venduta con una probabilità del 40%, determina la probabilità:

a. di vendere la seconda serratura;

b. di vendere la seconda serratura o il gancio;

c. di vendere il gancio sapendo che è stata venduta la prima serratura;

d. di non vendere né la prima serratura né il gancio.

PROVA D

1 Nella produzione di rubinetti per lavatrici della ditta Golex si è rilevato che la probabilità che un pezzo sia difettoso è del 5%. Presi a caso 6 rubinetti insieme, calcola la probabilità che:

a. tutti siano perfetti;

b. uno solo sia difettoso;

c. almeno uno sia difettoso;

d. al massimo due siano difettosi.

Esaminando i rubinetti uno dopo l'altro, qual è la probabilità che il primo a risultare difettoso sia il terzo o il quinto?

2 Si lanciano contemporaneamente due dadi. Calcola la probabilità che i numeri usciti:

a. diano per somma 7 o per prodotto 12;

b. diano per somma 6 o che la loro somma sia divisibile per 2;

c. diano per somma 8 o siano uguali;

d. diano per somma un numero dispari o il loro prodotto sia divisibile per 3.

CAPITOLO

C1 COORDINATE POLARI NEL PIANO

1 Coordinate polari

▶ Esercizi a p. C12

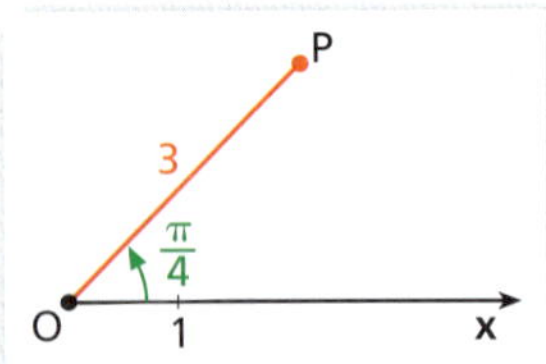

Ogni punto del piano può essere individuato, oltre che da coordinate cartesiane, da coordinate polari. Per individuare un **sistema di coordinate polari** nel piano, fissiamo un punto O, detto **polo**, una semiretta orientata x avente origine in O, detta **asse polare**, e una unità di misura u sull'asse polare.
A ogni punto P del piano diverso da O, associamo due numeri r e α:

- r, misura di OP rispetto a u;
- α, misura dell'angolo orientato $x\widehat{O}P$, formato da OP con l'asse polare e preso in senso antiorario.

r si chiama **modulo**, α **anomalia** o **argomento**. r e α sono le coordinate polari di P; le indichiamo con $P[r; \alpha]$.

Le coppie $[r; \alpha]$ e $[r; \alpha + 2k\pi]$ rappresentano lo stesso punto P del piano. Per convenzione, si indica come **argomento principale** l'angolo α tale che $0 \leq \alpha < 2\pi$.

Listen to it

Given a point P in the plane, its polar coordinates $[r; \alpha]$ are its distance r from the pole O and the counterclockwise angle α from the reference axis (or polar axis, or x-axis).

Coordinate polari e coordinate cartesiane

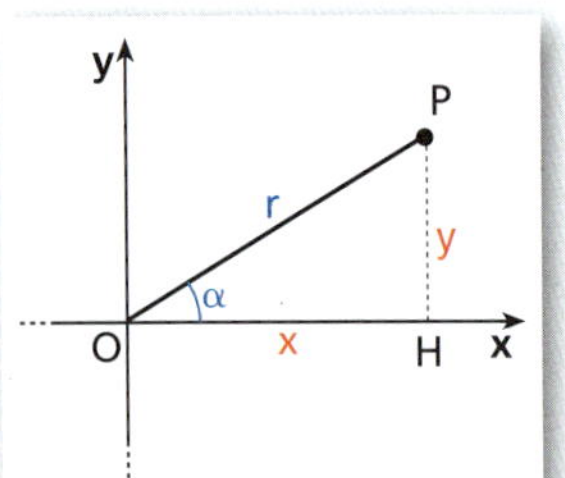

Conoscendo le coordinate polari di un punto $P[r; \alpha]$, si possono ricavare le sue coordinate cartesiane $(x; y)$. Nel triangolo OPH (figura a lato) possiamo applicare il primo teorema dei triangoli rettangoli, ottenendo:

$$\boldsymbol{x = r\cos\alpha, \qquad y = r\sin\alpha.}$$

Viceversa, possiamo ricavare le coordinate polari da quelle cartesiane applicando il teorema di Pitagora e il secondo teorema dei triangoli rettangoli:

$$\boldsymbol{r = \sqrt{x^2 + y^2}, \qquad \alpha\text{: } \tan\alpha = \frac{y}{x},}$$

(l'angolo α si determina tenendo conto del quadrante in cui si trova il punto P e considerando solo l'argomento principale).

ESEMPIO

1. Date le coordinate polari del punto $A\left[2; \frac{\pi}{3}\right]$, determiniamo le sue coordinate cartesiane:

$$x_A = r\cos\alpha = 2\cos\frac{\pi}{3} = 2 \cdot \frac{1}{2} = 1,$$

▶ Scrivi in coordinate cartesiane il punto $P\left[3; \frac{\pi}{4}\right]$.

$$y_A = r \sin\alpha = 2 \sin\frac{\pi}{3} = 2 \cdot \frac{\sqrt{3}}{2} = \sqrt{3}.$$

2. Date le coordinate cartesiane del punto $B(-2\sqrt{3}; 2)$, determiniamo le sue coordinate polari:

$$r = \sqrt{(-2\sqrt{3})^2 + 2^2} = \sqrt{12+4} = 4,$$

$$\alpha: \tan\alpha = \frac{y_B}{x_B} = \frac{2}{-2\sqrt{3}} = -\frac{1}{\sqrt{3}} = -\frac{\sqrt{3}}{3} \rightarrow \alpha_1 = \frac{5}{6}\pi \vee \alpha_2 = \frac{11}{6}\pi.$$

Poiché B è nel secondo quadrante, il valore di α è: $\alpha = \frac{5}{6}\pi$.

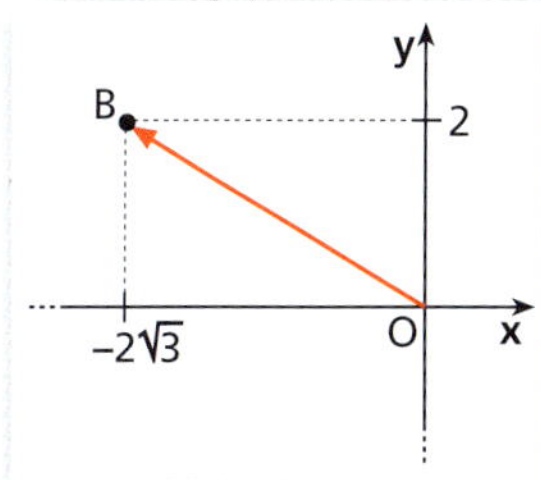

▶ Scrivi in coordinate polari $Q(-4; 0)$.

Rappresentando i punti mediante coordinate polari si possono affrontare gli stessi problemi che abbiamo già esaminato utilizzando le coordinate cartesiane. Per esempio, considerando la figura a lato e applicando il teorema del coseno al triangolo OAB, otteniamo la formula per la **distanza fra due punti** in coordinate polari:

$$\overline{AB} = \sqrt{r_1^2 + r_2^2 - 2r_1r_2\cos(\alpha_2 - \alpha_1)}.$$

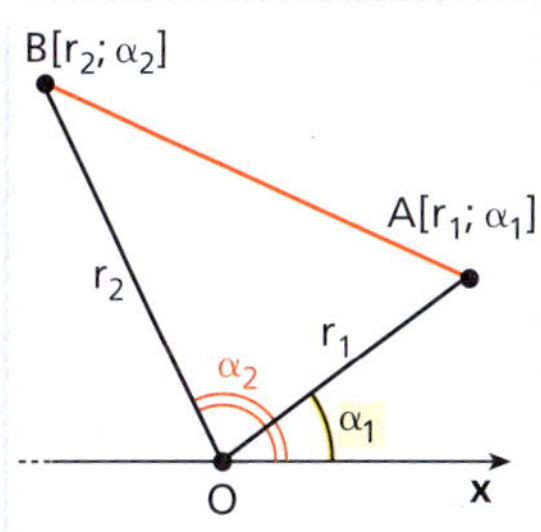

2 Equazioni delle curve

Rette

▶ Esercizi a p. C14

Cerchiamo l'**equazione di una retta passante per l'origine**.
In coordinate cartesiane l'equazione è $y = mx$.
Se P è un punto della retta, ha coordinate cartesiane $(x; y)$ che verificano l'equazione. Passiamo alle coordinate polari $[r; \alpha]$. Poiché $x = r\cos\alpha$ e $y = r\sin\alpha$, sostituendo nell'equazione della retta abbiamo:

$$r\sin\alpha = mr\cos\alpha \quad \rightarrow \quad \sin\alpha = m\cos\alpha,$$

$$\tan\alpha = m, \quad \text{con } \alpha \neq \frac{\pi}{2} + k\pi.$$

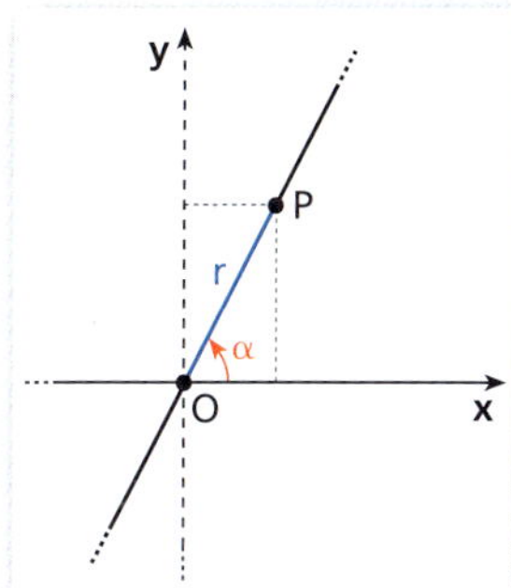

Esprimiamo anche l'equazione dell'asse y, che non è compreso fra le rette descritte dall'equazione precedente, a partire dalla sua equazione cartesiana:

asse y: $x = 0 \rightarrow r\cos\alpha = 0$.

Cerchiamo ora l'**equazione di una retta non passante per l'origine**.

Nel riferimento polare la retta è univocamente determinata se sono noti:

- d, distanza del polo;
- θ, angolo che il segmento orientato $\overrightarrow{OH}$ forma con l'asse polare.

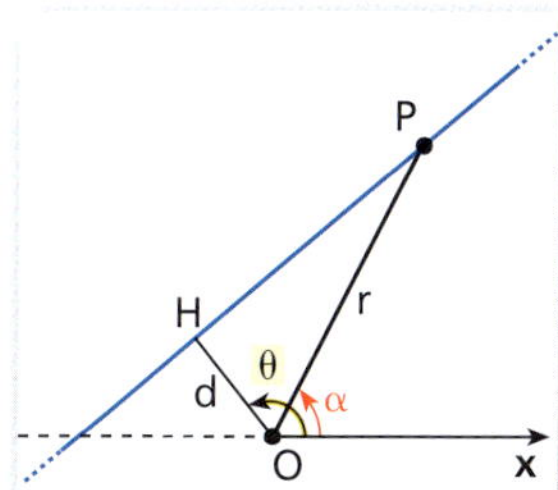

Per il primo teorema sui triangoli rettangoli, un punto $P[r; \alpha]$ appartiene alla retta se e solo se:

$$\overline{OH} = \overline{OP}\cos H\widehat{O}P.$$

Essendo $H\widehat{O}P = \theta - \alpha$, sostituendo abbiamo:

$$d = r\cos(\theta - \alpha),$$

r, α sono variabili, d e θ invece sono numeri reali fissati.

L'equazione ottenuta è quella della retta in coordinate polari. Viceversa, se la retta è scritta in coordinate polari, possiamo ottenere la sua equazione cartesiana.

ESEMPIO

Consideriamo l'equazione $r\cos\left(\frac{2}{3}\pi - \alpha\right) = \sqrt{3}$.

Mediante la formula di sottrazione del coseno, otteniamo

$$r\cos\frac{2}{3}\pi\cos\alpha + r\sin\frac{2}{3}\pi\sin\alpha = \sqrt{3},$$

e poiché $r\cos\alpha = x$ e $r\sin\alpha = y$:

$$-\frac{1}{2}x + \frac{\sqrt{3}}{2}y = \sqrt{3} \quad \rightarrow \quad y = \frac{\sqrt{3}}{3}x + 2.$$

Abbiamo ottenuto l'equazione cartesiana della retta.

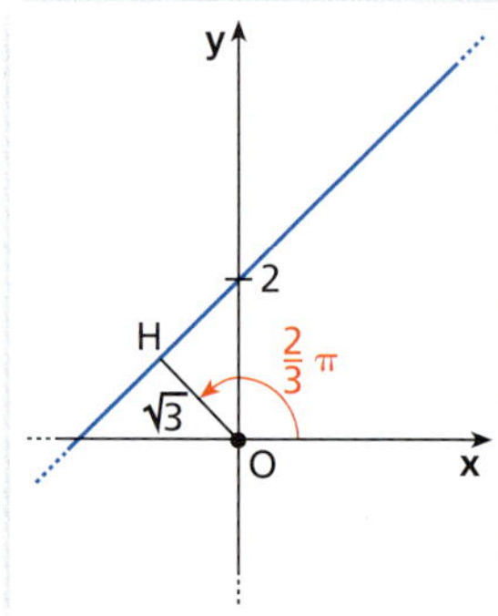

▸ Disegna la retta di equazione $r\cos\left(\frac{\pi}{6} - \alpha\right) = 2$.

Equazioni delle coniche

▸ Esercizi a p. C16

Circonferenza

Se la circonferenza ha centro in O e raggio R, tutti i suoi punti hanno la stessa distanza R dal polo O, quindi il modulo di tutti i punti della circonferenza è R e l'equazione è:

$r = R$.

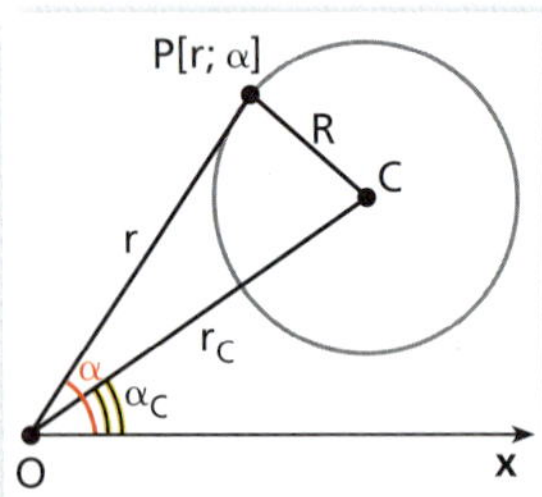

Se il centro è in un punto $C[r_C; \alpha_C]$ e il raggio è R, come nella figura a lato, per qualunque punto $P[r; \alpha]$ appartenente alla circonferenza possiamo applicare il teorema del coseno al triangolo OPC:

$$\overline{PC}^2 = \overline{OP}^2 + \overline{OC}^2 - 2\cdot\overline{OP}\cdot\overline{OC}\cdot\cos(\alpha - \alpha_C),$$

$$R^2 = r^2 + r_C^2 - 2rr_C\cos(\alpha - \alpha_C),$$

$$\mathbf{r^2 - 2rr_C\cos(\alpha - \alpha_C) + r_C^2 - R^2 = 0},$$ dove le variabili sono r e α.

ESEMPIO

Disegniamo il luogo dei punti rappresentato dall'equazione $r^2 - 4r\cos\alpha + 3 = 0$.

È più comodo trasformare l'equazione nella corrispondente in coordinate cartesiane, ricordando che $r = \sqrt{x^2 + y^2}$ e $r\cos\alpha = x$:

$$x^2 + y^2 - 4x + 3 = 0.$$

Nel piano cartesiano, la circonferenza ha centro $C(2; 0)$ e raggio 1.

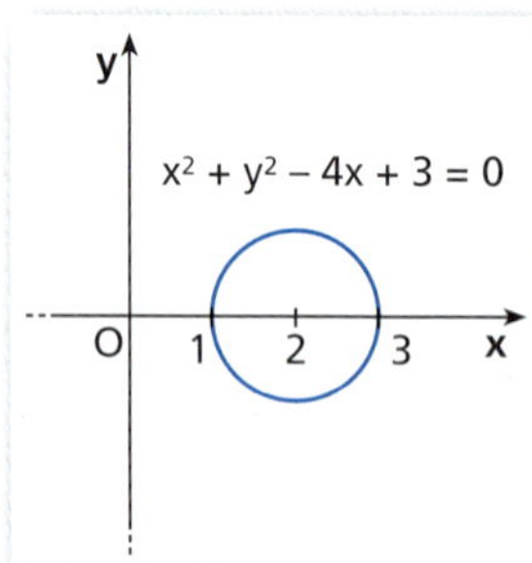

Parabola

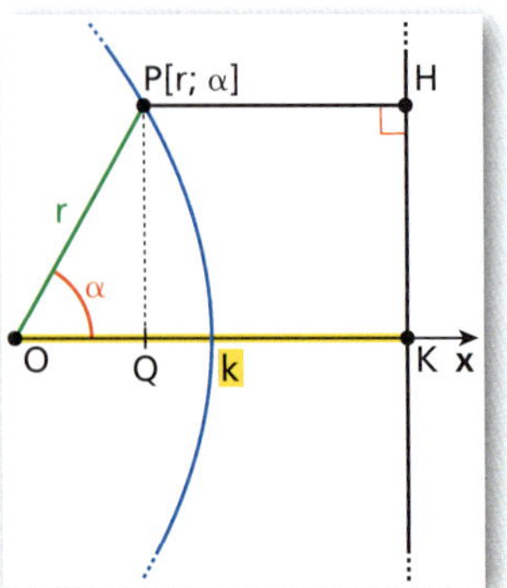

Cerchiamo l'equazione in coordinate polari della parabola nel caso semplice in cui il fuoco coincida con il polo O e la direttrice sia una retta perpendicolare all'asse polare.

Chiamiamo k la distanza del fuoco dalla direttrice, cioè la misura del segmento OK nella figura a lato. Un punto $P[r; \alpha]$ appartiene alla parabola se la sua distanza dal fuoco è congruente alla distanza di P dalla direttrice: $\overline{OP} = \overline{PH}$.

La misura del segmento OP è la coordinata r del punto P, mentre per determinare $\overline{PH}$ osserviamo che:

$$\overline{PH} = \overline{QK} = \overline{OK} - \overline{OQ} = k - r\cos\alpha.$$

Quindi possiamo scrivere l'equazione:

$$r = k - r\cos\alpha,$$

che esplicitando r diventa:

$$\boldsymbol{r = \frac{k}{1+\cos\alpha}}.$$

Con un procedimento analogo si possono ricavare le equazioni nei tre casi in figura.

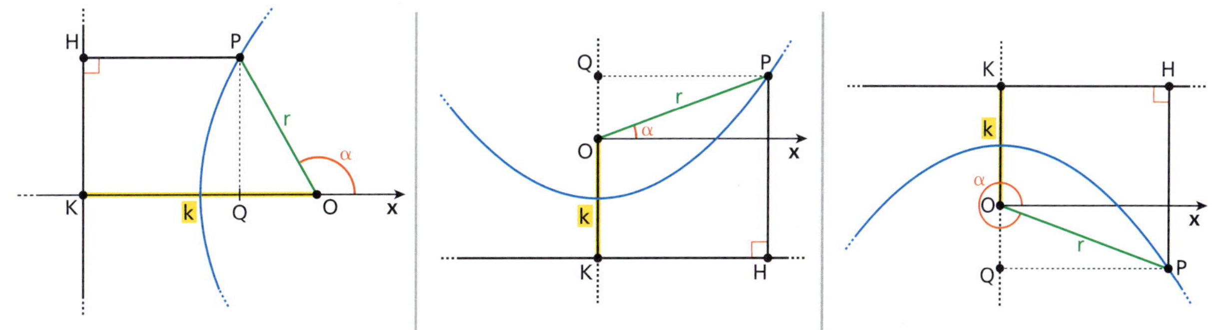

a. $r = \frac{k}{1-\cos\alpha}$ **b.** $r = \frac{k}{1-\sin\alpha}$ **c.** $r = \frac{k}{1+\sin\alpha}$

ESEMPIO

Scriviamo l'equazione in coordinate polari della parabola che ha il fuoco nel polo O e direttrice di equazione $3 = r\cos\alpha$.
Osserviamo che in coordinate cartesiane la direttrice ha equazione $x = 3$, quindi siamo nel caso in cui è perpendicolare all'asse polare e la distanza dal fuoco è $k = 3$.
L'equazione della parabola in coordinate polari è:

$$r = \frac{3}{1+\cos\alpha}.$$

Ellisse

Cerchiamo l'equazione in coordinate polari dell'ellisse, nel caso in cui uno dei fuochi coincida con il polo O.

Adottiamo la seguente notazione:

$2c$: la distanza tra i fuochi;

$2a$: la misura dell'asse maggiore;

$2b$: la misura dell'asse minore.

Ricordiamo che vale la relazione $a^2 - c^2 = b^2$.

Facendo riferimento alla figura a lato, ricaviamo l'equazione dell'ellisse, sapendo che è il luogo dei punti tali che la somma delle distanze dai fuochi è costante:

$$\overline{PO} + \overline{PF} = 2a.$$

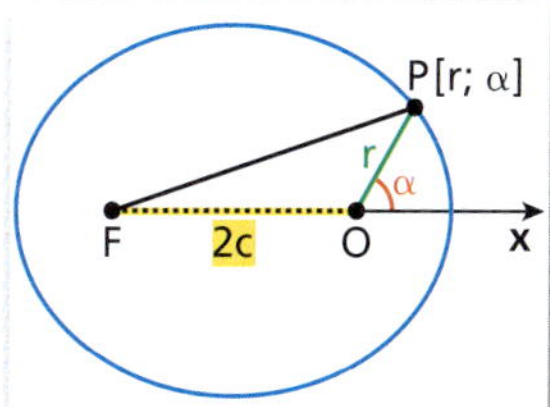

Scriviamo la relazione in coordinate polari sapendo che $P[r;\alpha]$ è il punto generico dell'ellisse e $F[2c; 180°]$ sono le coordinate del fuoco che non è nel polo:

$$r+\sqrt{r^2+4c^2-2r\cdot 2c\cdot\cos(180°-\alpha)}=2a.$$

Isoliamo la radice, eleviamo al quadrato sostituendo $\cos(180°-\alpha)$ con $-\cos\alpha$:

$$\cancel{r^2}+4c^2+4rc\cos\alpha=\cancel{r^2}+4a^2-4ar.$$

Esplicitiamo r:

$$r=\frac{a^2-c^2}{a+c\cos\alpha}=\frac{b^2}{a+c\cos\alpha}.$$

Dividiamo numeratore e denominatore per a e ricordiamo che $\frac{c}{a}=e$ è l'eccentricità dell'ellisse, valore compreso tra 0 e 1:

$$\boldsymbol{r=\frac{\frac{b^2}{a}}{1+e\cos\alpha}}.$$

Con un procedimento analogo si possono ricavare le equazioni nei tre casi seguenti.

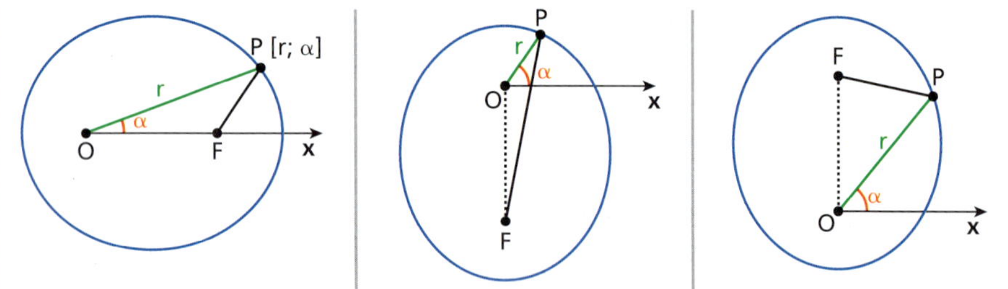

a. $r=\dfrac{\frac{b^2}{a}}{1-e\cos\alpha}$ **b.** $r=\dfrac{\frac{b^2}{a}}{1+e\sin\alpha}$ **c.** $r=\dfrac{\frac{b^2}{a}}{1-e\sin\alpha}$

ESEMPIO

Scriviamo l'equazione dell'ellisse che ha i fuochi di coordinate $F_1[10; 180°]$, $F_2[0; 0]$ e semiasse maggiore 7.

In base alla posizione dei fuochi l'equazione è del tipo

$$r=\frac{\frac{b^2}{a}}{1+e\cos\alpha}.$$

Inoltre sappiamo che:

$$2c=10 \rightarrow c=5,$$
$$a=7.$$

Ricaviamo b^2 e l'eccentricità:

$$b^2=a^2-c^2=49-25=24,$$
$$e=\frac{c}{a}=\frac{5}{7}.$$

Quindi:

$$r=\frac{\frac{24}{7}}{1+\frac{5}{7}\cos\alpha} \rightarrow r=\frac{24}{7+5\cos\alpha}.$$

► Scrivi l'equazione dell'ellisse che ha i fuochi di coordinate $F_1[6; 90°]$, $F_2[0; 0]$ e semiasse maggiore 5.

Iperbole

Cerchiamo l'equazione in coordinate polari dell'iperbole nel caso in cui uno dei fuochi coincida con il polo O.
Utilizziamo la notazione dei capitoli precedenti, in riferimento alla figura chiamiamo:

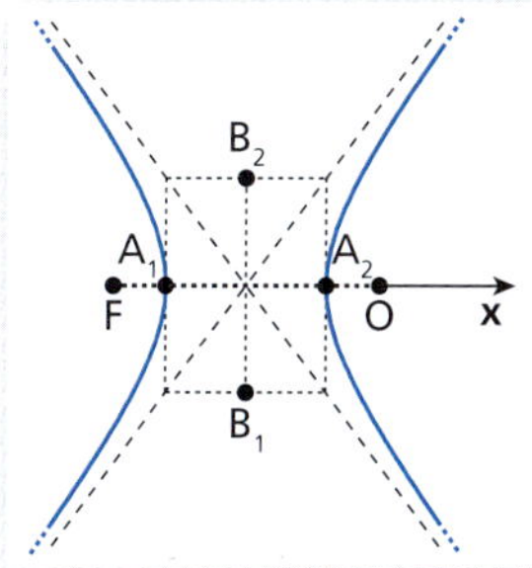

$2c$: la distanza $\overline{FO}$ tra i fuochi,

$2a$: la lunghezza dell'asse trasverso $\overline{A_1A_2}$,

$2b$: la lunghezza dell'asse non trasverso $\overline{B_1B_2}$.

Ricordiamo che vale la relazione $a^2 + b^2 = c^2$.
Ricaviamo l'equazione ricordando che l'iperbole è il luogo dei punti P per i quali è costante la differenza delle distanze dai fuochi:

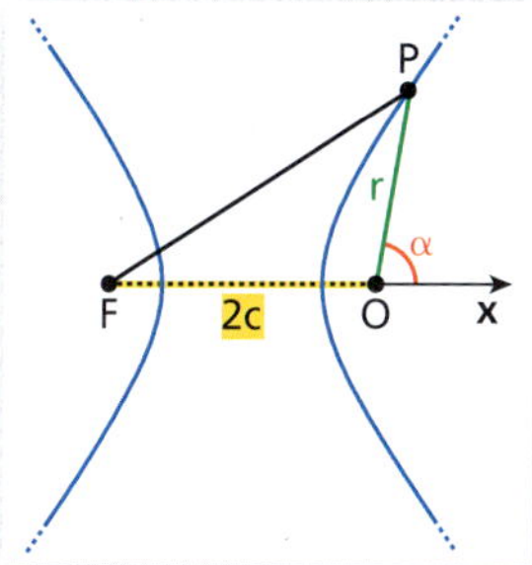

$$\left|\overline{PF} - \overline{PO}\right| = 2a.$$

Se il generico punto $P[r; \alpha]$ appartiene al ramo destro possiamo eliminare il valore assoluto. Dato che il fuoco ha coordinate $F[2c; 180°]$, scriviamo:

$$\sqrt{r^2 + 4c^2 - 4rc\cos(180° - \alpha)} - r = 2a.$$

Con calcoli analoghi a quelli svolti per l'ellisse otteniamo:

$$r = \frac{\frac{b^2}{a}}{1 - e\cos\alpha},$$

che è l'equazione del ramo destro dell'iperbole.
La coordinata polare r è sempre positiva, quindi dobbiamo porre delle condizioni di esistenza su α:

$$r \geq 0 \quad \rightarrow \quad 1 - e\cos\alpha > 0 \quad \rightarrow \quad \cos\alpha < \frac{1}{e}.$$

Dato che nell'iperbole $e > 1$, risulta $\frac{1}{e} < 1$, quindi:

$$\arccos\frac{1}{e} < \alpha < 2\pi - \arccos\frac{1}{e}.$$

L'equazione del ramo sinistro si ottiene cambiando il segno all'espressione dentro il valore assoluto,

$$\overline{PO} - \overline{PF} = 2a,$$

da cui:

$$r = -\frac{\frac{b^2}{a}}{1 + e\cos\alpha}, \qquad \text{con } \arccos\left(-\frac{1}{e}\right) < \alpha < 2\pi - \arccos\left(-\frac{1}{e}\right).$$

D'ora in poi, supponiamo verificate le condizioni di esistenza e non le scriviamo.
Le equazioni dell'iperbole sono quindi le seguenti.

$$\begin{cases} r = \dfrac{\frac{b^2}{a}}{1 - e\cos\alpha} & \textbf{ramo destro} \\[2ex] r = -\dfrac{\frac{b^2}{a}}{1 + e\cos\alpha} & \textbf{ramo sinistro} \end{cases}$$

In modo analogo si ricavano le equazioni polari nei tre casi seguenti.

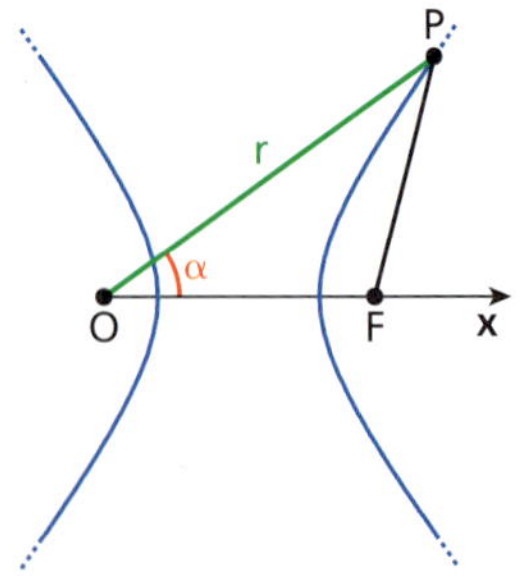

a. $\begin{cases} r = -\dfrac{b^2/a}{1 - e\cos\alpha} & \text{ramo destro} \\ r = \dfrac{b^2/a}{1 + e\cos\alpha} & \text{ramo sinistro} \end{cases}$

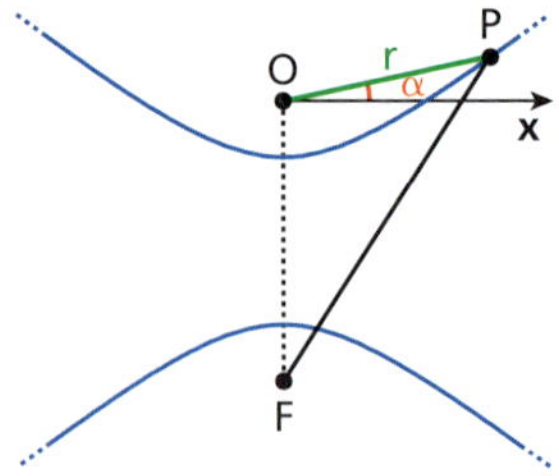

b. $\begin{cases} r = \dfrac{a^2/b}{1 - e\sin\alpha} & \text{ramo alto} \\ r = -\dfrac{a^2/b}{1 + e\sin\alpha} & \text{ramo basso} \end{cases}$

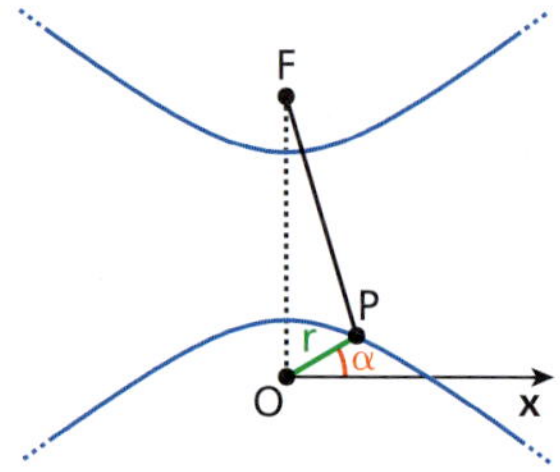

c. $\begin{cases} r = -\dfrac{a^2/b}{1 - e\sin\alpha} & \text{ramo alto} \\ r = \dfrac{a^2/b}{1 + e\sin\alpha} & \text{ramo basso} \end{cases}$

Diversamente da quello che succede in coordinate cartesiane, ciascun ramo di iperbole è descritto da una equazione polare.
Possiamo giustificare la necessità di due equazioni osservando la figura.
La semiretta che forma con l'asse polare un angolo α interseca entrambi i rami di iperbole, quindi non è sufficiente avere una sola espressione che esprima la coordinata r in funzione di α: ne servono due.

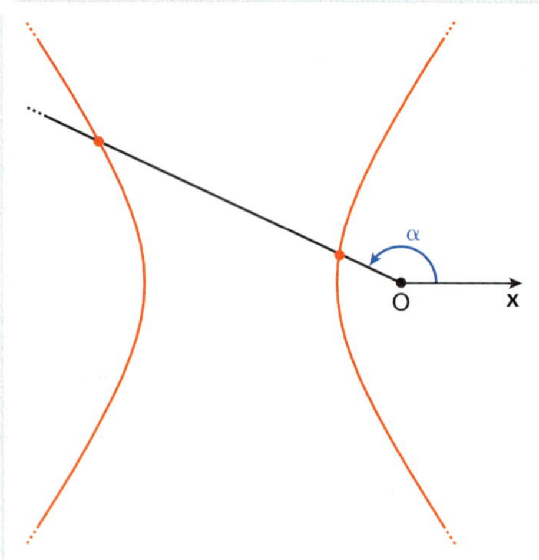

ESEMPIO

Data l'iperbole che in coordinate cartesiane ha equazione $\frac{x^2}{9} - \frac{y^2}{7} = 1$, scriviamo le sue equazioni in coordinate polari, scegliendo come polo il fuoco destro e come asse polare un asse avente stessa direzione e stesso verso dell'asse x.

Dall'equazione cartesiana ricaviamo che

$$a^2 = 9 \text{ e } b^2 = 7,$$

da cui:

$$c^2 = a^2 + b^2 = 16 \rightarrow c = 4,$$
$$a = 3.$$

Calcoliamo l'eccentricità:

$$e = \frac{c}{a} = \frac{4}{3}.$$

Scriviamo le equazioni:

$$\begin{cases} r = \dfrac{\frac{7}{3}}{1 - \frac{4}{3}\cos\alpha} \\ r = -\dfrac{\frac{7}{3}}{1 + \frac{4}{3}\cos\alpha} \end{cases} \rightarrow \begin{cases} r = \dfrac{7}{3 - 4\cos\alpha} \\ r = -\dfrac{7}{3 + 4\cos\alpha} \end{cases}.$$

► Scrivi le equazioni in coordinate polari dell'iperbole $\frac{x^2}{9} - \frac{y^2}{25} = -1$, scegliendo come polo il fuoco in basso e come asse polare un asse avente direzione e verso dell'asse x.

Coniche

Le equazioni in coordinate polari delle coniche sono tutte riconducibili alla forma seguente, se si assegnano particolari valori a e e alla costante k.

$$r = \frac{k}{1 + e\cos\alpha}$$

circonferenza | ellisse | parabola | ramo di iperbole

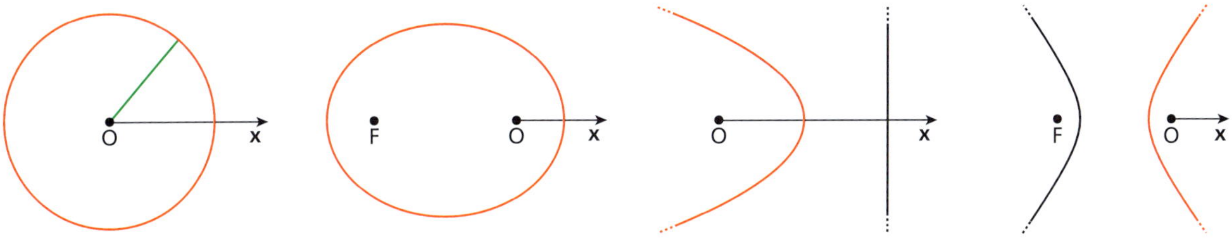

- circonferenza: $e = 0$, $k = R$ → $r = R$
- ellisse: $0 < e < 1$, $k = \frac{b^2}{a}$ → $r = \frac{\frac{b^2}{a}}{1 + e\cos\alpha}$
- parabola: $e = 1$ → $r = \frac{k}{1 + \cos\alpha}$
- ramo di iperbole: $e > 1$, $k = \frac{b^2}{a}$ → $r = \frac{\frac{b^2}{a}}{1 + e\cos\alpha}$

ESEMPIO

Classifichiamo la conica di equazione $r = \frac{10}{3 + 2\cos\alpha}$.

Dividiamo numeratore e denominatore per 3:

$$r = \frac{\frac{10}{3}}{1 + \frac{2}{3}\cos\alpha}.$$

L'equazione è nella forma generale e dato che $e = \frac{2}{3}$ è minore di 1 l'equazione descrive un'ellisse. Per determinare i valori dei semiassi e della semidistanza focale imponiamo che:

$$\begin{cases} \frac{b^2}{a} = \frac{10}{3} \\ \frac{c}{a} = \frac{2}{3} \\ a^2 - c^2 = b^2 \end{cases} \rightarrow \begin{cases} a = 6 \\ b = 2\sqrt{5} \\ c = 4 \end{cases}.$$

Spirale di Archimede

Esercizi a p. C25

Alcune curve hanno in coordinate polari un'espressione semplice, mentre risulta complessa la corrispondente equazione in coordinate cartesiane.
Un'equazione lineare in r e α del tipo

$$\boldsymbol{r = m \cdot \alpha + q}$$

Animazione

Nell'animazione trovi:
- la rappresentazione delle coniche di equazioni $r = \frac{3}{1 + \cos\alpha}$ e $r = \frac{10}{3 + 2\cos\alpha}$;
- la figura dinamica per vedere la variazione della conica di equazione $r = \frac{k}{1 + e\cos\alpha}$ in coordinate polari, quando cambiano k ed e.

▶ Classifica la conica di equazione $r = \frac{3}{1 - \cos\alpha}$.

Listen to it

While its equation in Cartesian coordinates is difficult to find, the Archimedean spiral has a very simple polar equation, in the form $r = m \cdot \alpha + q$, where $r \geq 0$ and $m \neq 0$.

nel riferimento polare ha come grafico una spirale, detta **di Archimede**. r deve essere un numero positivo o nullo e $m \neq 0$. Se $m = 0$ l'equazione diventa $r = q$, che è l'equazione di una circonferenza con centro nel polo e raggio q (con $q \geq 0$).

Consideriamo $q = 0$ e $m = \frac{1}{\pi}$. L'equazione diventa $r = \frac{\alpha}{\pi}$. Calcoliamo le coordinate di alcuni punti appartenenti alla curva.

α	0	$\frac{\pi}{2}$	π	$\frac{3\pi}{2}$	2π	$\frac{3\pi}{2}$	3π	$\frac{3\pi}{2}$	4π
r	0	$\frac{1}{2}$	1	$\frac{3}{2}$	2	$\frac{5}{2}$	3	$\frac{7}{2}$	4

Chiamiamo **passo** la distanza tra due punti successivi sull'asse polare x.
Dal grafico (figura **a**) osserviamo che la spirale si sviluppa in senso antiorario e con passo costante pari a 2. Con $m > 0$ si hanno spirali che si sviluppano in senso antiorario.
Se il parametro m è negativo, allora α può assumere solo valori minori o uguali a 0 perché deve essere $r \geq 0$.
Nella figura **b** è rappresentata la spirale di equazione $r = -\frac{1}{\pi} \cdot \alpha$, nella quale possiamo osservare che lo sviluppo della curva è in senso orario.

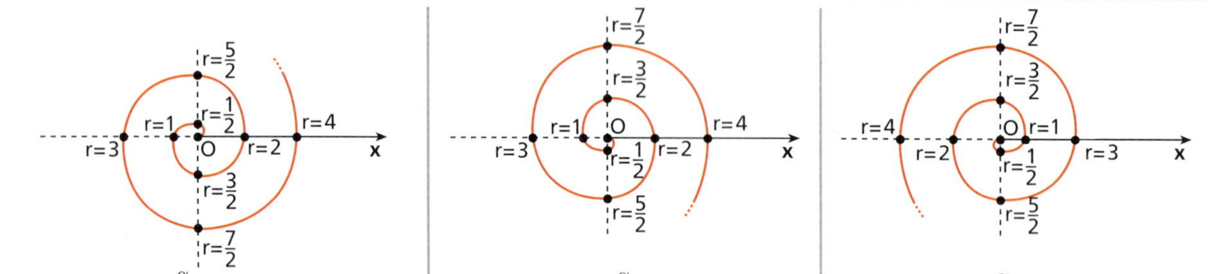

a. Grafico di $r = \frac{\alpha}{\pi}$. **b.** Grafico di $r = -\frac{\alpha}{\pi}$. **c.** Grafico di $r = \frac{\alpha}{\pi} + 3$.

Osserviamo ora il grafico della spirale di equazione $r = \frac{1}{\pi} \cdot \alpha + 3$ (figura **c**).

Il campo di variabilità di α è $\alpha \geq -3\pi$, quindi la spirale inizia con direzione dell'angolo di 180°.

Cardioide

Esercizi a p. C27

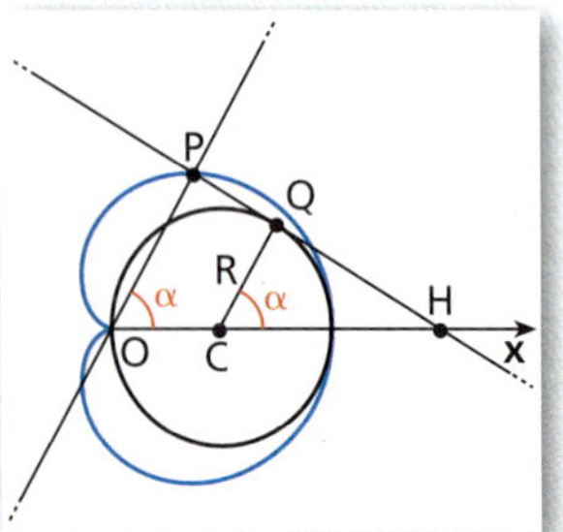

Data una circonferenza di centro C e raggio R e un punto O appartenente alla circonferenza, si definisce **cardioide** il luogo dei piedi P delle perpendicolari condotte da O alle tangenti alla circonferenza.
Osservando la figura, si nota che i triangoli POH e QCH sono simili; si può affermare che $\overline{PO} : \overline{QC} = \overline{OH} : \overline{CH}$.
Nel riferimento polare che ha il polo in O e l'asse polare passante per C, si ha $\overline{PO} = r$. Poiché $\overline{OH} = \overline{OC} + \overline{CH}$ e nel triangolo rettangolo QCH è $\overline{CH} = \frac{R}{\cos\alpha}$, sostituendo si ha:

$$r : R = \left(R + \frac{R}{\cos\alpha}\right) : \frac{R}{\cos\alpha} \quad \rightarrow \quad r = \cancel{R}\left(R + \frac{R}{\cos\alpha}\right) \cdot \frac{\cos\alpha}{\cancel{R}} \quad \rightarrow$$

$$\rightarrow \quad r = \frac{R\cos\alpha + R}{\cancel{\cos\alpha}} \cdot \cancel{\cos\alpha}.$$

L'equazione della cardioide è quindi:

$$\mathbf{r = R(1 + \cos\alpha)}.$$

3 Moto circolare uniforme

▶ Esercizi a p. C30

In generale possiamo descrivere una curva con un'equazione in coordinate cartesiane o in coordinate polari, oppure attraverso equazioni parametriche.
Nel piano, scelto un parametro reale t, le equazioni che esprimono le variabili del sistema di riferimento in funzione del parametro t,

$$\begin{cases} x = f(t) \\ y = g(t) \end{cases}, \quad \text{con } t \in I \text{ intervallo di } \mathbb{R},$$

sono dette **equazioni parametriche della curva**.
Per ogni valore del parametro scelto in un intervallo I otteniamo le coordinate di un punto della curva.
In meccanica, la curva è la traiettoria descritta da un punto in movimento, il parametro t rappresenta il tempo e le equazioni parametriche esprimono la legge oraria del moto del punto.

Per descrivere il moto circolare uniforme, consideriamo una circonferenza di raggio R e centro nell'origine,

equazione cartesiana: $x^2 + y^2 = R^2$, equazione polare: $r = R$.

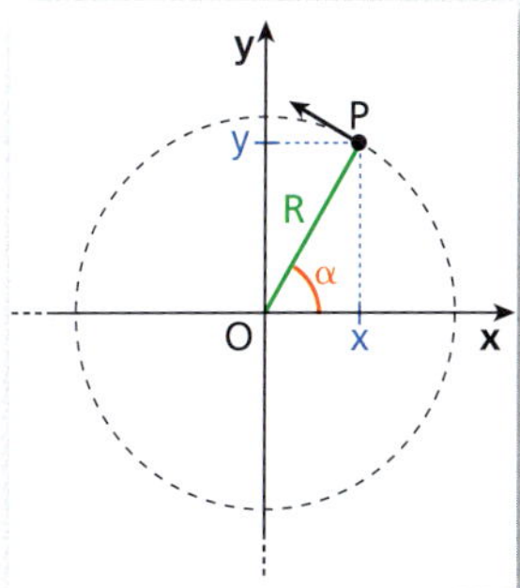

Cerchiamo la legge oraria del moto.
Il moto circolare è detto uniforme se si percorrono archi uguali in tempi uguali, cioè se la velocità angolare ω è costante:

$$\omega = \frac{\alpha - \alpha_0}{t - t_0} = \text{costante}.$$

Assumendo $t_0 = 0$, esprimiamo l'angolo α in funzione del tempo t:

$$\alpha = \alpha_0 + \omega t.$$

Le equazioni

$$\begin{cases} r = R \\ \alpha = \alpha_0 + \omega t \end{cases}, \quad \text{con } t \in \mathbb{R}^+,$$

sono le equazioni parametriche, in coordinate polari, della circonferenza e rappresentano la legge oraria di un punto in moto circolare uniforme.
Scriviamo le equazioni parametriche in coordinate cartesiane. Ricordiamo che:

$$\begin{cases} x = r\cos\alpha \\ y = r\sin\alpha \end{cases}, \quad \text{da cui sostituendo:} \quad \begin{cases} x = R\cos(\alpha_0 + \omega t) \\ y = R\sin(\alpha_0 + \omega t) \end{cases}, \quad \text{con } t \in \mathbb{R}^+.$$

Se il centro della circonferenza è un generico punto $C(x_0; y_0)$, possiamo scrivere:

$$\begin{cases} x = x_0 + R\cos(\alpha_0 + \omega t) \\ y = y_0 + R\sin(\alpha_0 + \omega t) \end{cases}, \quad \text{con } t \in \mathbb{R}^+.$$

▶ Una giostra di cavalli ruota in senso antiorario con velocità angolare costante
$\omega = \frac{\pi}{15}$ rad/s.
Un bambino sale e si posiziona su un cavallo che dista 2 m dall'asse di rotazione.
Scelto il sistema di riferimento della figura a fianco, calcola l'angolo spazzato dopo 20 s e le coordinate cartesiane del punto in cui si trova il bambino in quell'istante.

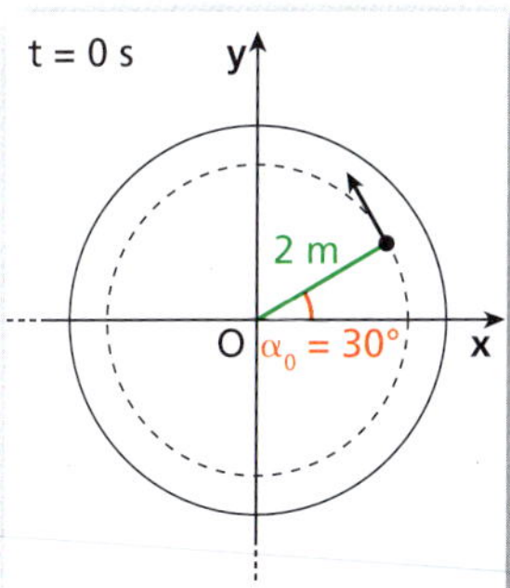

ESERCIZI

CAPITOLO C1
ESERCIZI

1 Coordinate polari

▶ Teoria a p. C2

1 ESERCIZIO GUIDA Trasformiamo le coordinate polari di $P\left[4; \frac{\pi}{4}\right]$ in coordinate cartesiane.

Le formule di trasformazione in coordinate cartesiane sono:

$$\begin{cases} x_P = r\cos\alpha \\ y_P = r\sin\alpha \end{cases}$$

Pertanto: $x_P = 4\cos\frac{\pi}{4} = 4\frac{\sqrt{2}}{2} = 2\sqrt{2}$, $y_P = 4\sin\frac{\pi}{4} = 4\frac{\sqrt{2}}{2} = 2\sqrt{2}$.

Il punto P ha coordinate cartesiane $(2\sqrt{2};\ 2\sqrt{2})$.

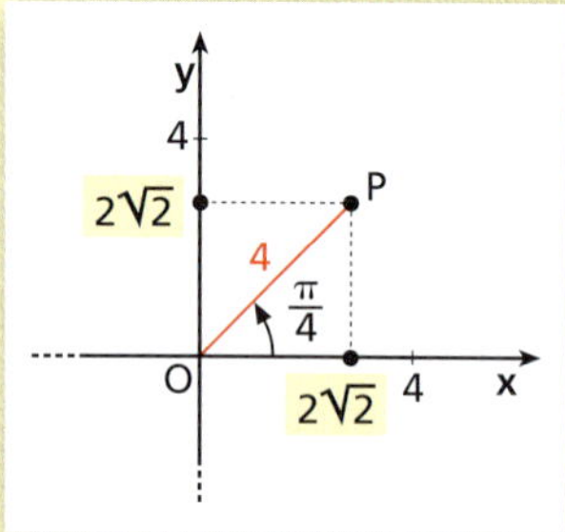

Trasforma in coordinate cartesiane le coordinate polari dei seguenti punti.

2 $A\left[1; \frac{\pi}{6}\right]$, $B\left[2; \frac{\pi}{3}\right]$, $C\left[1; \frac{2}{3}\pi\right]$, $D\left[4; \frac{\pi}{2}\right]$, $E\left[2; \frac{11}{6}\pi\right]$.

3 $P\left[6; \frac{5}{6}\pi\right]$, $Q\left[1; \frac{3}{2}\pi\right]$, $R\left[\frac{1}{2}; 2\pi\right]$, $S\left[\frac{1}{4}; \pi\right]$, $T\left[3; \frac{4}{3}\pi\right]$.

4 ESERCIZIO GUIDA Trasformiamo in coordinate polari le coordinate cartesiane del punto $Q(-3\sqrt{2}; 3\sqrt{2})$.

Le formule di trasformazione sono:

$$r = \sqrt{x_Q^2 + y_Q^2}, \tan\alpha = \frac{y_Q}{x_Q}.$$

Calcoliamo r:

$$r = \sqrt{(-3\sqrt{2})^2 + (3\sqrt{2})^2} = \sqrt{18 + 18} = \sqrt{36} = 6.$$

Calcoliamo α:

$$\tan\alpha = \frac{3\sqrt{2}}{-3\sqrt{2}} = -1 \quad \to \quad \alpha = \frac{3}{4}\pi + k\pi.$$

Poiché ci troviamo nel secondo quadrante, scegliamo $\alpha = \frac{3}{4}\pi$ e otteniamo $Q\left[6; \frac{3}{4}\pi\right]$.

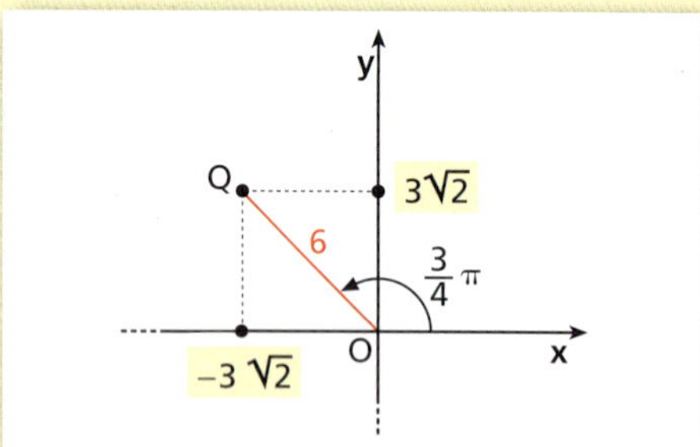

Trasforma in coordinate polari le coordinate cartesiane dei seguenti punti.

5 $A(4\sqrt{3}; 4)$, $B(0; 2)$, $C(5\sqrt{2}; 5\sqrt{2})$, $D\left(\frac{1}{4}; \frac{\sqrt{3}}{4}\right)$, $E\left(-\frac{1}{4}; 0\right)$.

$\left[A\left[8; \frac{\pi}{6}\right], B\left[2; \frac{\pi}{2}\right], C\left[10; \frac{\pi}{4}\right], D\left[\frac{1}{2}; \frac{\pi}{3}\right], E\left[\frac{1}{4}; \pi\right]\right]$

6 $A\left(-\frac{3\sqrt{3}}{2}; \frac{3}{2}\right)$, $B\left(-\frac{1}{6}; -\frac{\sqrt{3}}{6}\right)$, $C\left(\frac{5\sqrt{3}}{2}; -\frac{5}{2}\right)$.

$\left[A\left[3; \frac{5}{6}\pi\right], B\left[\frac{1}{3}; \frac{4}{3}\pi\right], C\left[5; \frac{11}{6}\pi\right]\right]$

7 ●○ LEGGI IL GRAFICO Scrivi le coordinate polari dei punti rappresentati nel piano cartesiano.

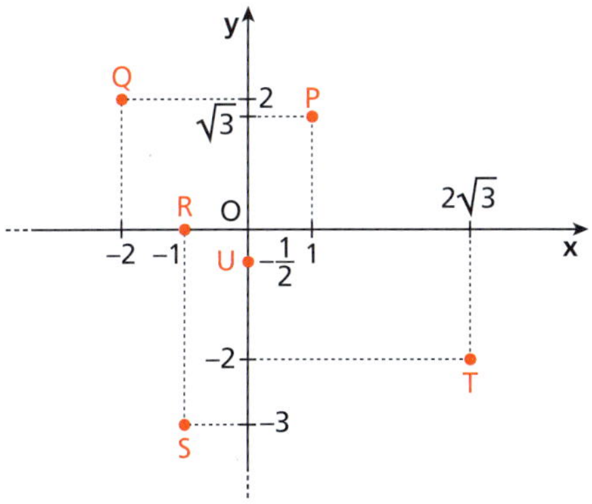

Calcola la distanza tra le seguenti coppie di punti in coordinate polari.

8 ●○ $A[8; 90°]$, $B[2; 30°]$ $[2\sqrt{13}]$

9 ●○ $A\left[1; \frac{\pi}{6}\right]$, $B\left[3; \frac{5}{6}\pi\right]$ $[\sqrt{13}]$

10 ●○ $A[5; 180°]$, $B\left[\frac{5}{2}; 45°\right]$ $\left[\frac{5}{2}\sqrt{5+2\sqrt{2}}\right]$

11 ●○ $A\left[\frac{1}{2}; \frac{5}{4}\pi\right]$, $B\left[3; \frac{3}{2}\pi\right]$ $\left[\frac{1}{2}\sqrt{37-6\sqrt{2}}\right]$

12 ●○ $A\left[7; \frac{7}{6}\pi\right]$, $B[1; \pi]$ $[\sqrt{50-7\sqrt{3}}]$

13 ●○ $A[2; 150°]$, $B[5; 30°]$ $[\sqrt{39}]$

14 ●○ Dati i punti $A\left[2; \frac{\pi}{6}\right]$ e $B\left[1; \frac{\pi}{3}\right]$ in coordinate polari, determina la misura di AB. $[\sqrt{5-2\sqrt{3}}]$

15 ●○ Trova il perimetro del triangolo ABC i cui vertici in coordinate polari sono $A[0; 0]$, $B\left[4; \frac{\pi}{3}\right]$, $C\left[6; \frac{2}{3}\pi\right]$. $[10+2\sqrt{7}]$

16 ●○ Calcola il perimetro del triangolo di vertici $A[5; 30°]$, $B[6; 150°]$ e $C[3; 210°]$. $[8+3\sqrt{3}+\sqrt{91}]$

17 ●○ Determina il perimetro del triangolo di vertici $P[2; 45°]$, $Q[6; 105°]$ e $R[4; 225°]$. $[2(\sqrt{7}+\sqrt{19}+3)]$

18 ●○ Un quadrato ha per vertice il punto $A[5; 70°]$ e le diagonali che si incontrano nel polo. Scrivi le coordinate degli altri vertici e calcola la lunghezza delle diagonali. $[B[5; 160°], C[5; 250°], D[5; 340°], 10]$

19 ●○ Determina il perimetro dell'esagono regolare che ha un vertice in $P\left[7; \frac{2}{3}\pi\right]$ e centro della circonferenza circoscritta nel polo. $[42]$

20 ●○ Trova le coordinate polari del punto medio M del segmento AB, note le coordinate cartesiane di $A(2; 5)$ e $B(-4; 3)$. $[M[\sqrt{17}; \pi - \arctan 4]]$

21 ●○ I punti A e B, dei quali sono date le coordinate polari $A\left[4; -\frac{4\pi}{15}\right]$, $B\left[3; \frac{\pi}{15}\right]$, sono due vertici consecutivi di un quadrato. Dopo aver disegnato i punti sul piano cartesiano, calcola l'area del quadrato. $[13]$

22 ESERCIZIO GUIDA Calcoliamo l'area del triangolo di vertici $A\left[3; \frac{\pi}{6}\right]$, $B\left[8; \frac{\pi}{3}\right]$ e $C\left[5; \frac{\pi}{2}\right]$.

Disegniamo i punti su un sistema di riferimento polare.
Calcoliamo l'area del triangolo ABC in questo modo:

$$\mathcal{A}_{ABC} = [\mathcal{A}_{OAB} + \mathcal{A}_{OBC}] - \mathcal{A}_{OAC}.$$

Per calcolare le aree dei tre triangoli utilizziamo il teorema:

area $= \frac{1}{2}ab\sin\alpha$, dove α è l'angolo compreso tra a e b.

$$\mathcal{A}_{OAB} = \frac{1}{2}r_A \cdot r_B \cdot \sin(\alpha_B - \alpha_A) = \frac{1}{2} \cdot 3 \cdot 8 \cdot \sin\left(\frac{\pi}{3} - \frac{\pi}{6}\right) = 6$$

$$\mathcal{A}_{OBC} = \frac{1}{2}r_B \cdot r_C \cdot \sin(\alpha_C - \alpha_B) = \frac{1}{2} \cdot 8 \cdot 5 \cdot \sin\left(\frac{\pi}{2} - \frac{\pi}{3}\right) = 10$$

$$\mathcal{A}_{OAC} = \frac{1}{2}r_A \cdot r_C \cdot \sin(\alpha_C - \alpha_A) = \frac{1}{2} \cdot 3 \cdot 5 \cdot \sin\left(\frac{\pi}{2} - \frac{\pi}{6}\right) = \frac{15}{4}\sqrt{3}$$

Sostituiamo:

$$\mathcal{A}_{ABC} = [6+10] - \frac{15}{4}\sqrt{3} = 16 - \frac{15}{4}\sqrt{3}.$$

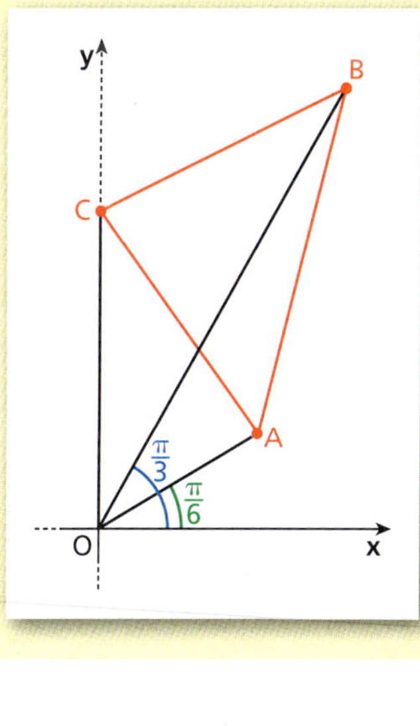

ESERCIZI

Calcola le aree dei triangoli di vertici A, B, C indicati.

23 $A[0; 0]$, $B\left[5; \frac{\pi}{6}\right]$, $C\left[6; \frac{\pi}{3}\right]$ $\left[\frac{15}{2}\right]$

24 $A[2; 0]$, $B\left[6; \frac{\pi}{2}\right]$, $C\left[6; \frac{\pi}{6}\right]$ $[9\sqrt{3} - 3]$

25 $A\left[7; \frac{\pi}{4}\right]$, $B\left[8; \frac{3}{4}\pi\right]$, $C\left[2; \frac{\pi}{2}\right]$ $\left[28 - \frac{15}{2}\sqrt{2}\right]$

26 $A\left[4; \frac{\pi}{3}\right]$, $B[6; \pi]$, $C\left[2; \frac{7}{6}\pi\right]$ $[1 + 6\sqrt{3}]$

27 $A[5; 180°]$, $B[3; 45°]$, $C[6; 135°]$ $\left[9 + \frac{15}{4}\sqrt{2}\right]$

28 $A\left[2; \frac{11}{6}\pi\right]$, $B\left[10; \frac{\pi}{3}\right]$, $C\left[8; \frac{2}{3}\pi\right]$ $[6 + 20\sqrt{3}]$

29 Calcola l'area del quadrilatero che ha un vertice nel polo e gli altri tre di coordinate $A\left[10; \frac{\pi}{6}\right]$, $B\left[9; \frac{\pi}{3}\right]$ e $C\left[4; \frac{2}{3}\pi\right]$. $\left[\frac{45}{2} + 9\sqrt{3}\right]$

30 Calcola l'area del quadrilatero in figura.

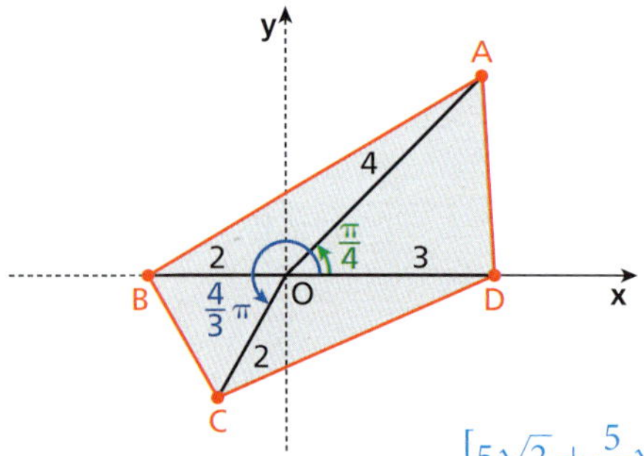

$\left[5\sqrt{2} + \frac{5}{2}\sqrt{3}\right]$

2 Equazioni delle curve

Rette

▶ Teoria a p. C3

31 ESERCIZIO GUIDA Rappresentiamo nel riferimento polare le rette di equazione:

a. $\tan\alpha + 1 = 0$; **b.** $r\cos\left(\frac{\pi}{6} - \alpha\right) = 3$.

a. Nel riferimento polare l'equazione:

$$\tan\alpha = m, \ \alpha \neq \frac{\pi}{2} + k\pi$$

rappresenta una retta passante per l'origine.
L'equazione $\tan\alpha + 1 = 0$, cioé $\tan\alpha = -1$, indica una retta che forma un angolo di $\frac{3}{4}\pi$ con l'asse polare.

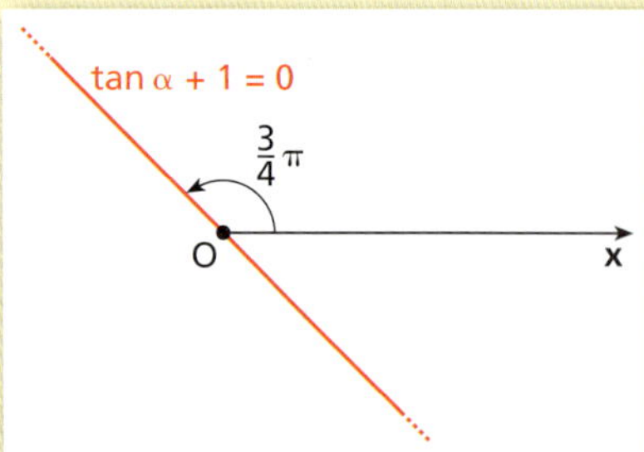

b. L'equazione di una retta non passante per l'origine in coordinate polari è:

$$d = r\cos(\theta - \alpha),$$

dove d è la distanza $\overline{OH}$ della retta dal polo O e θ è l'angolo che il segmento orientato $\overrightarrow{OH}$ forma con l'asse polare.
Nell'equazione assegnata è $d = 3$ e $\theta = \frac{\pi}{6}$.
Disegniamo allora un segmento OH di misura 3 che forma un angolo uguale a $\frac{\pi}{6}$ con l'asse polare e tracciamo la retta perpendicolare a OH passante per H.

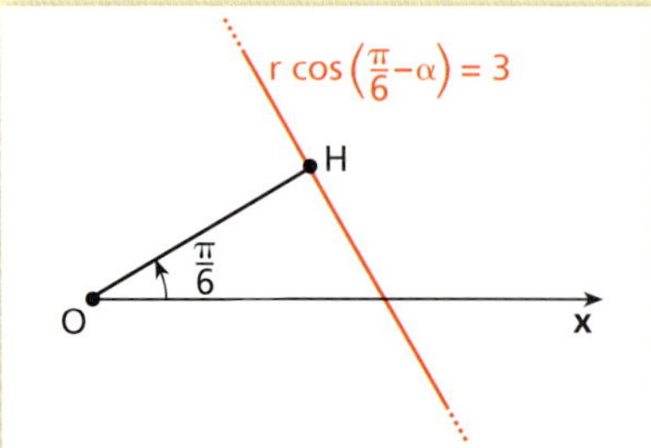

Rappresenta nel riferimento polare le rette con le seguenti equazioni.

32 $\tan\alpha - \sqrt{3} = 0$

33 $r\cos\left(\alpha - \frac{\pi}{4}\right) = 1$

34 $r\cos\alpha = 6$

35 $r = \frac{2}{\sin\alpha}$

36 $r\cos\left(\frac{\pi}{3} - \alpha\right) = 4$

37 $\sqrt{3}\tan\alpha + 1 = 0$

38 $r\sin\left(\frac{\pi}{4} + \alpha\right) = \frac{1}{2}$

39 $3r\cos\left(\frac{2}{3}\pi + \alpha\right) = 4$

40 $7 = r\sin\alpha$

---

41 Dimostra che l'equazione $r\sin\left(\alpha + \frac{\pi}{6}\right) = -2$ nel riferimento polare rappresenta una retta.

42 **ESERCIZIO GUIDA** Determiniamo:

a. l'equazione in coordinate polari della retta di equazione cartesiana $y = \sqrt{3}x + 1$;

b. l'equazione cartesiana della retta di equazione $r\cos\left(\frac{\pi}{3} - \alpha\right) = 6$ in coordinate polari.

a. Il coefficiente angolare della retta è $\sqrt{3}$, quindi $O\widehat{B}A = \frac{\pi}{3}$.

Anche $H\widehat{O}A = \frac{\pi}{3}$, da cui: $\overline{OH} = \frac{1}{2}\,\overline{AO} = \frac{1}{2}$.

L'angolo fra il semiasse positivo delle x e la semiretta OH è:

$$\theta = \frac{\pi}{2} + \frac{\pi}{3} = \frac{5}{6}\pi.$$

Pertanto l'equazione della retta in coordinate polari è:

$$r\cos\left(\frac{5}{6}\pi - \alpha\right) = \frac{1}{2}.$$

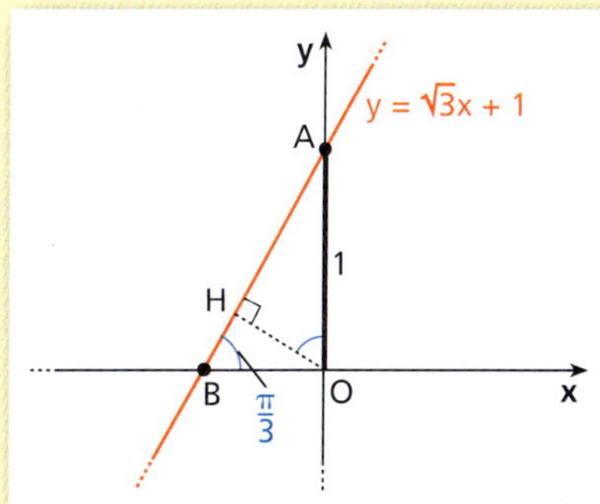

b. Sviluppiamo con la formula di sottrazione del coseno,

$$r\cos\left(\frac{\pi}{3} - \alpha\right) = 6 \;\rightarrow\; r\left(\frac{1}{2}\cos\alpha + \frac{\sqrt{3}}{2}\sin\alpha\right) = 6,$$

e, posto $r\cos\alpha = x$ e $r\sin\alpha = y$, si ha:

$$\frac{1}{2}x + \frac{\sqrt{3}}{2}y = 6 \;\rightarrow\; x + \sqrt{3}y = 12,$$

che è l'equazione cartesiana della retta.

Puoi anche determinare l'equazione ricavando, con considerazioni geometriche, che l'ordinata all'origine è $\overline{OA} = 4\sqrt{3}$ e che il coefficiente angolare è:

$$m = \tan\beta = \tan\left(\pi - \frac{\pi}{6}\right) = \tan\frac{5}{6}\pi = -\frac{\sqrt{3}}{3}.$$

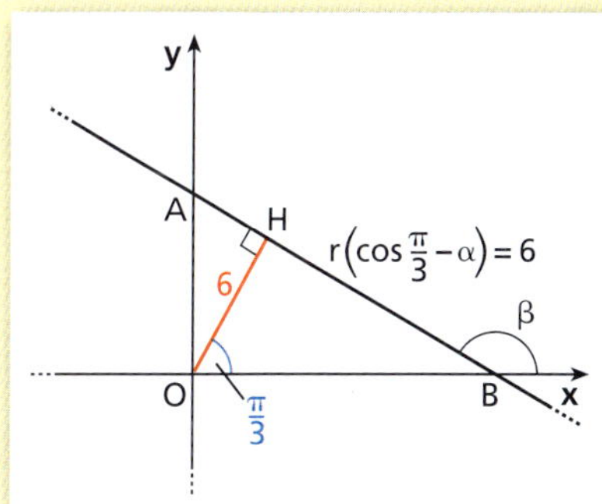

Scrivi le equazioni in coordinate polari delle rette con le seguenti equazioni in forma cartesiana.

43 $x = \frac{1}{2}$; $\quad y = x + 1$.

44 $y = 4x$; $\quad y = -\frac{1}{2}x - 2$.

45 $y = -x + 3$; $\quad 3y = \sqrt{3}x - 1$.

46 $y = 3$; $\quad 2x - y = 9$.

Scrivi le equazioni cartesiane delle rette con le seguenti equazioni in coordinate polari.

47 $r\cos\left(\frac{\pi}{4} - \alpha\right) = 4$

48 $r\sin\left(\frac{5}{6}\pi + \alpha\right) = 1$

49 $r\cos\left(\frac{3}{4}\pi + \alpha\right) = -1$

50 $r\cos\left(-\frac{2}{3}\pi - \alpha\right) = 2$

51 Scrivi in forma polare le equazioni delle bisettrici dei quadranti.

52 Determina l'equazione polare di una retta che forma con l'asse polare un angolo di $\frac{5}{6}\pi$ e ha distanza 2 dall'origine. $\left[r\cos\left(\frac{\pi}{3}-\alpha\right)=2\right]$

53 Verifica che i punti $A\left[3; \frac{\pi}{3}\right]$ e $B\left[4; \frac{4}{3}\pi\right]$ sono allineati con il polo.

54 Determina le coordinate dell'eventuale punto di intersezione dell'asse polare con le seguenti rette:

a. $r\cos\left(\frac{\pi}{4}-\alpha\right)=5$; **b.** $\frac{\sqrt{3}}{2}r\sin\alpha = 1+\frac{1}{2}\cos\alpha$; **c.** $r\cos\alpha = 8$.

$[\text{a}) [5\sqrt{2}; 0]; \text{c}) [8; 0]]$

55 LEGGI IL GRAFICO Scrivi le equazioni in coordinate polari delle seguenti rette.

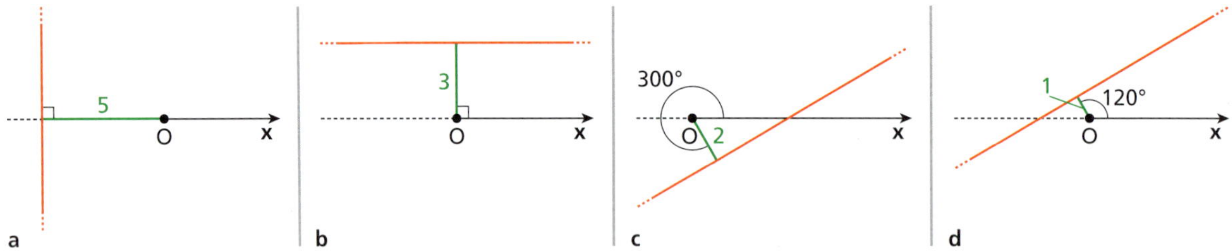

56 RIFLETTI SULLA TEORIA Date due rette di equazione $d_1 = r\cos(\vartheta_1 - \alpha)$ e $d_2 = r\cos(\vartheta_2 - \alpha)$, quale relazione tra d_1, d_2, ϑ_1, ϑ_2 deve esistere perché le rette siano parallele o perpendicolari?

57 Determina l'equazione in coordinate polari della retta parallela alla retta $6 = r\cos(60° - \alpha)$ e passante per il punto $P[10; 210°]$. $[5\sqrt{3} = r\cos(240° - \alpha)]$

58 Scrivi l'equazione polare della retta parallela all'asse polare e passante per $A[7; 330°]$. $[7 + 2r\sin\alpha = 0]$

59 Scrivi l'equazione polare della retta perpendicolare all'asse polare e passante per $P[12; 120°]$. $[6 + r\cos\alpha = 0]$

60 Determina l'equazione in coordinate polari della retta perpendicolare alla retta $3 = 6r\cos\left(\frac{\pi}{6}-\alpha\right)$, passante per $Q\left[8; \frac{5}{6}\pi\right]$. $\left[4\sqrt{3} = r\cos\left(\frac{2}{3}\pi - \alpha\right)\right]$

61 Confronta le rette di equazioni polari: s_1: $r\sin\left(\frac{\pi}{3}-\alpha\right)=3$, s_2: $r\cos\left(\alpha-\frac{\pi}{3}\right)=3$.
Cosa hanno in comune e cosa le differenzia?

62 Determina l'equazione polare della retta che passa per i punti $A\left[\sqrt{3}; \frac{\pi}{2}\right]$ e $B[1; \pi]$. $\left[r\cos\left(\frac{5}{6}\pi-\alpha\right)=\frac{\sqrt{3}}{2}\right]$

63 Cosa rappresenta l'equazione $\alpha = \frac{2}{3}\pi$ in un sistema di riferimento polare?

Rappresenta le curve con le seguenti equazioni in coordinate polari.

64 $r = 4\sin\alpha$

65 $r = 6\cos\alpha$

66 $r = 8(\sin\alpha + \cos\alpha)$

Equazioni delle coniche

▶ Teoria a p. C4

Circonferenza

Scrivi le equazioni in coordinate polari delle circonferenze di centro *C* e raggio *R* indicati.

67 $C[0; 0]$, $R = 10$.

68 $C[3; 45°]$, $R = 5$.

69 $C[4; 180°]$, $R = 1$.

70 $C[6; 120°]$, $R = 3$.

71 $C[1; 270°]$, $R = 7$.

72 $C[\sqrt{2}; 225°]$, $R = 1$.

73 LEGGI IL GRAFICO Scrivi le equazioni in coordinate polari delle circonferenze in figura.

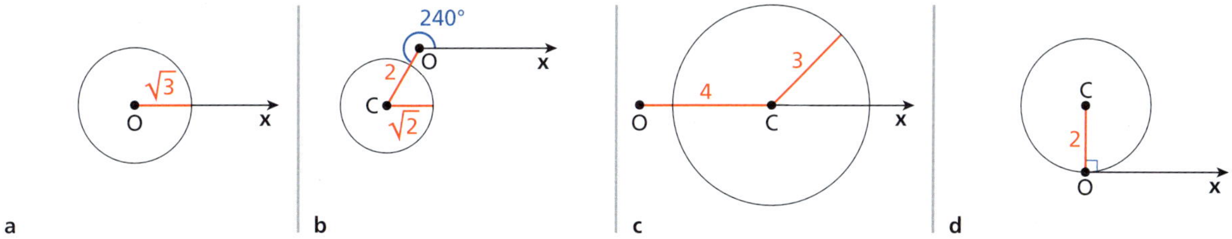

Disegna le seguenti circonferenze, di cui è data l'equazione in coordinate polari.

74 $r^2 - 8r\cos\alpha + 7 = 0$

75 $r^2 - 2r\cos\alpha - 2\sqrt{3}\, r\sin\alpha + 3 = 0$

76 $r^2 + 12r\cos\alpha + 32 = 0$

77 $r^2 - 7r(\sqrt{3}\cos\alpha + \sin\alpha) = 0$

78 ESERCIZIO GUIDA Determiniamo le coordinate polari del centro e il raggio della circonferenza di equazione $r^2 - 4\sqrt{2}\, r\cos\alpha - 4\sqrt{2}\, r\sin\alpha + 12 = 0$.

Possiamo usare due metodi.

Primo metodo

Scriviamo l'equazione in coordinate cartesiane, troviamo il centro e il raggio e poi trasformiamo il centro in coordinate polari.

Ricordiamo che $r = \sqrt{x^2 + y^2}$, $r\cos\alpha = x$ e $r\sin\alpha = y$; l'equazione cartesiana è:

$$x^2 + y^2 - 4\sqrt{2}\,x - 4\sqrt{2}\,y + 12 = 0 \quad \to \quad a = -4\sqrt{2},\, b = -4\sqrt{2},\, c = 12.$$

Troviamo le coordinate del centro $C(x_C; y_C)$:

$$x_C = -\frac{a}{2} = 2\sqrt{2},\ y_C = -\frac{b}{2} = 2\sqrt{2} \quad \to \quad C(2\sqrt{2}; 2\sqrt{2}).$$

Calcoliamo il raggio R:

$$R = \sqrt{x_C^2 + y_C^2 - c} = \sqrt{(2\sqrt{2})^2 + (2\sqrt{2})^2 - 12} = \sqrt{4} = 2.$$

Scriviamo il centro in coordinate polari $C[r; \alpha]$:

$$r = \sqrt{x_C^2 + y_C^2} = \sqrt{8 + 8} = 4$$

$$\alpha = \arctan\frac{y_C}{x_C} = \arctan 1 \quad \to \quad \alpha = 45° \quad (C \text{ è nel primo quadrante}).$$

Secondo metodo

Cerchiamo di scrivere l'equazione nella forma $r^2 - 2rr_C\cos(\alpha - \alpha_C) + r_C^2 - R^2 = 0$.

$$r^2 - 4\sqrt{2}\, r\cos\alpha - 4\sqrt{2}\, r\sin\alpha + 12 = 0$$

moltiplichiamo e dividiamo per 2 i termini che contengono coseno e seno

$$r^2 - 4\cdot 2\cdot\frac{\sqrt{2}}{2} r\cos\alpha - 4\cdot 2\cdot\frac{\sqrt{2}}{2} r\sin\alpha + 12 = 0$$

raccogliamo $4 \cdot 2 \cdot r$

$$r^2 - 4\cdot 2r\left(\frac{\sqrt{2}}{2}\cos\alpha + \frac{\sqrt{2}}{2}\sin\alpha\right) + 12 = 0$$

$\cos 45° = \frac{\sqrt{2}}{2}$, $\sin 45° = \frac{\sqrt{2}}{2}$

$$r^2 - 4\cdot 2\cdot r(\cos\alpha\cos 45° + \sin\alpha\sin 45°) + 12$$

utilizziamo la formula di sottrazione del coseno

$$r^2 - 2\cdot 4\cdot r\cos(\alpha - 45°) + 12 = 0$$

Dall'equazione riconosciamo che: $\alpha_C = 45°$, $r_C = 4 \to C[4; 45°]$.

Calcoliamo il raggio: $r_C^2 - R^2 = 12 \to R = \sqrt{r_C^2 - 12} = \sqrt{16 - 12} = 2$.

ESERCIZI

Determina le coordinate polari e i raggi delle circonferenze aventi le seguenti equazioni.

79 $r^2 - 2r\sin\alpha - 8 = 0$ $[C[1; 90°]; R = 3]$

80 $r^2 + 8r\cos\alpha + 15 = 0$ $[C[4; 180°]; R = 1]$

81 $r^2 - 3\sqrt{3}\,r\cos\alpha - 3r\sin\alpha - 16 = 0$ $[C[3; 30°]; R = 5]$

82 $r^2 + 6r\cos\alpha - 6\sqrt{3}\,r\sin\alpha + 11 = 0$ $[C[6; 120°]; R = 5]$

83 $r^2 + 2r\sin\alpha = 0$ $[C[1; 270°]; R = 1]$

84 $r^2 + 7\sqrt{3}\,r\cos\alpha - 7r\sin\alpha + 33 = 0$ $[C[7; 150°]; R = 4]$

85 Calcola l'area del cerchio delimitato dalla circonferenza di equazione $r^2 - 3\sqrt{2}\,r\cos\alpha - 3\sqrt{2}\,r\sin\alpha + 5 = 0$. $[4\pi]$

86 Calcola la distanza dal polo del centro della circonferenza di equazione $r^2 - 5r\cos\alpha - 5\sqrt{3}\,r\sin\alpha + 24 = 0$. $[5]$

87 Calcola la lunghezza della corda che la circonferenza di equazione $r^2 - 6\sqrt{3}\,r\cos\alpha - 6r\sin\alpha = 0$ stacca sull'asse polare. $[6\sqrt{3}]$

88 Scrivi l'equazione della circonferenza che ha centro nel punto $C[8; 135°]$ e passa per il punto $P[6; 90°]$.
$[r^2 + 8\sqrt{2}\,r\cos\alpha - 8\sqrt{2}\,r\sin\alpha - 36 + 48\sqrt{2} = 0]$

89 Scrivi l'equazione della circonferenza che ha un diametro di estremi $P[8; 180°]$ e $Q[2; 0°]$.
$[r^2 + 6r\cos\alpha - 16 = 0]$

90 Scrivi l'equazione della circonferenza che ha il centro sulla retta di equazione $\tan\alpha = -1$, raggio 4 e passa per il polo. $[r^2 + 4\sqrt{2}\,r\cos\alpha - 4\sqrt{2}\,r\sin\alpha = 0 \;\vee\; r^2 - 4\sqrt{2}\,r\cos\alpha + 4\sqrt{2}\,r\sin\alpha = 0]$

91 REALTÀ E MODELLI **Il salto con l'asta** Un atleta partecipa a una gara di salto con l'asta. Al momento di imbucare l'asta nell'apposita guida si dà una spinta prima di sollevare i piedi da terra.

a. Sapendo che l'asta è lunga 5 m e che la sua estremità è mantenuta all'altezza della testa dell'atleta alto 1,80 m, stabilisci l'angolo β di inclinazione iniziale (trascura l'elasticità dell'asta).

b. Supponendo che il centro del sistema di riferimento sia collocato 2 m dopo il punto di inserimento dell'asta nell'apposita buca, scrivi in coordinate polari l'equazione della circonferenza alla quale appartiene l'arco della traiettoria descritta dall'estremità dell'asta.

$[a) \simeq 21,1°;\ b)\ r^2 - 4r\cos\alpha - 21 = 0]$

Parabola

92 LEGGI IL GRAFICO Scrivi le equazioni delle parabole in figura.

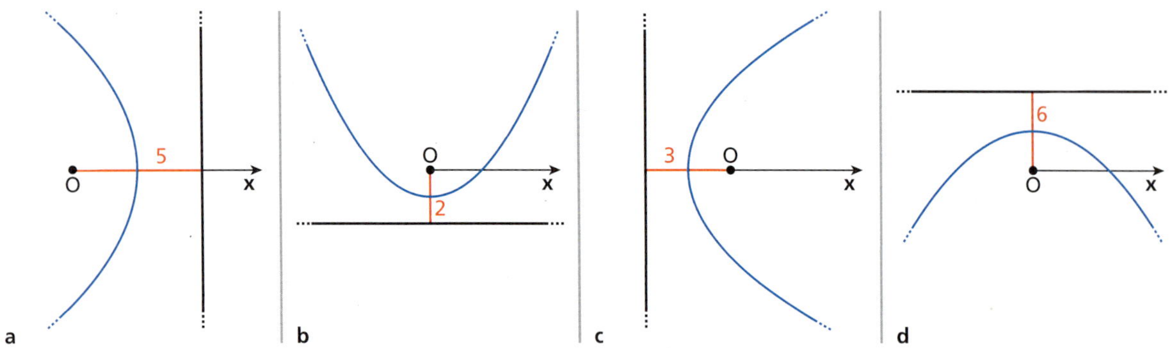

93 ESERCIZIO GUIDA Trasformiamo l'equazione della parabola $r = \frac{6}{1 - \sin\alpha}$ in coordinate cartesiane.

Moltiplichiamo entrambi i membri dell'equazione per $1 - \sin\alpha$.

$$r(1 - \sin\alpha) = \frac{6}{\cancel{1 - \sin\alpha}} \cdot (\cancel{1 - \sin\alpha}) \quad \left(\alpha \neq \frac{\pi}{2}\right) \quad \rightarrow \quad r - r\sin\alpha = 6$$

Ricordiamo che $r = \sqrt{x^2 + y^2}$ e $r\sin\alpha = y$.

$$\sqrt{x^2 + y^2} - y = 6 \quad \underset{\text{isoliamo la radice}}{\rightarrow} \quad \sqrt{x^2 + y^2} = 6 + y \quad \underset{\text{eleviamo al quadrato}}{\rightarrow} \quad x^2 \cancel{+ y^2} = 36 + 12y \cancel{+ y^2}$$

Riordinando i termini otteniamo:

$$y = \frac{1}{12}x^2 - 3.$$

Osserviamo che nell'elevare al quadrato l'equazione avremmo dovuto porre la condizione sulla concordanza dei segni: $6 + y > 0 \rightarrow y > -6$. Calcoliamo le coordinate del vertice:

$$x_V = -\frac{b}{2a} = 0, \quad y_V = \frac{1}{12} \cdot 0 - 3 = -3 \quad \rightarrow \quad V(0; -3).$$

Dato che la concavità è rivolta verso l'alto, $y \geq -3$ per ogni punto della parabola, quindi la condizione $y > -6$ è soddisfatta.

Trasforma in coordinate cartesiane le equazioni delle seguenti parabole.

94 $r = \frac{5}{1 + \cos\alpha}$ $\left[x = -\frac{1}{10}y^2 + \frac{5}{2}\right]$

95 $r = \frac{3}{2 + 2\cos\alpha}$ $\left[x = -\frac{1}{3}y^2 + \frac{3}{4}\right]$

96 $r = \frac{1}{1 + \sin\alpha}$ $\left[y = -\frac{1}{2}x^2 + \frac{1}{2}\right]$

97 $4r = \frac{1}{1 - \sin\alpha}$ $\left[y = 2x^2 - \frac{1}{8}\right]$

98 $r = \frac{2}{3 - 3\cos\alpha}$ $\left[x = \frac{3}{4}y^2 - \frac{1}{3}\right]$

99 $6r = \frac{2}{1 + \sin\alpha}$ $\left[y = -\frac{3}{2}x^2 + \frac{1}{6}\right]$

Disegna le seguenti parabole.

100 $r = \frac{1}{1 + \cos\alpha}$

101 $r = \frac{5}{2 + 2\sin\alpha}$

102 $3r = \frac{12}{1 - \sin\alpha}$

103 $\frac{1}{2}r = \frac{3}{1 - \cos\alpha}$

104 $r = \frac{8}{4 + 4\cos\alpha}$

105 $\frac{r}{5} = \frac{2}{1 - \sin\alpha}$

106 ESERCIZIO GUIDA Scriviamo l'equazione della parabola che ha il fuoco nel polo e la direttrice di equazione $2 = -r\sin\alpha$.

Conviene scrivere l'equazione della direttrice in coordinate cartesiane:

$$2 = -r\sin\alpha \quad \rightarrow \quad 2 = -y \quad \rightarrow \quad y = -2.$$

L'asse della parabola è quindi parallelo all'asse y e l'equazione in coordinate polari è del tipo:

$$r = \frac{k}{1 - \sin\alpha}.$$

Il fuoco è nel polo (che coincide con l'origine del sistema cartesiano), quindi la distanza della direttrice dal fuoco è 2. L'equazione cercata è:

$$r = \frac{2}{1 - \sin\alpha}.$$

ESERCIZI

Scrivi le equazioni delle parabole che hanno il fuoco nell'origine e le direttrici di equazioni indicate.

107 $r\cos\alpha = 5$ $\left[r = \frac{5}{1+\cos\alpha}\right]$

108 $r\sin\alpha = 4$ $\left[r = \frac{4}{1+\sin\alpha}\right]$

109 $r\cos(\pi - \alpha) = 3$ $\left[r = \frac{3}{1-\cos\alpha}\right]$

110 $r\cos(270° - \alpha) = 8$ $\left[r = \frac{8}{1-\sin\alpha}\right]$

111 $r\cos\alpha = -2$ $\left[r = \frac{2}{1-\cos\alpha}\right]$

112 $r\sin\alpha = -7$ $\left[r = \frac{7}{1-\sin\alpha}\right]$

113 **ESERCIZIO GUIDA** Determiniamo l'equazione della direttrice della parabola di equazione $3r = \frac{12}{2-2\cos\alpha}$.

Scriviamo l'equazione nella forma $r = \frac{k}{1-\cos\alpha}$:

$$r = \frac{12}{6-6\cos\alpha} \rightarrow r = \frac{2}{1-\cos\alpha}.$$

Dall'equazione della parabola sappiamo che la direttrice è perpendicolare alla direzione dell'asse polare come in figura e a distanza 2 dal polo, quindi:

$$2 = r\cos(180° - \alpha) \rightarrow 2 = -r\cos\alpha.$$

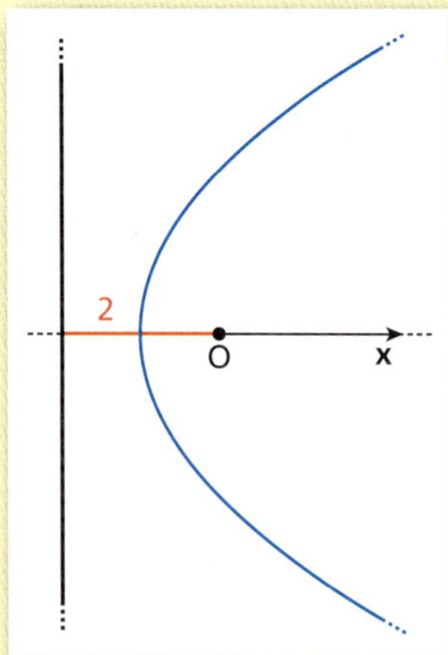

Scrivi le equazioni delle direttrici delle parabole di equazioni indicate.

114 $5r = \frac{10}{1+\cos\alpha}$ $[r\cos\alpha = 2]$

115 $r = \frac{3}{4+4\sin\alpha}$ $[3 = 4r\sin\alpha]$

116 $\frac{r}{8} = \frac{1}{6-6\cos\alpha}$ $[4 = -3r\cos\alpha]$

117 $\frac{r}{6} = \frac{1}{1+\cos\alpha}$ $[6 = r\cos\alpha]$

118 $2r = \frac{8}{3-3\sin\alpha}$ $[4 = -3r\sin\alpha]$

119 $\frac{r}{3} - \frac{5}{9-9\cos\alpha} = 0$ $[5 = -3r\cos\alpha]$

---

120 **AL VOLO** Dato il fascio di parabole di equazione

$$r = \frac{k}{1+\sin\alpha}$$

determina per quale valore di k si ottiene la parabola che ha il vertice che dista 2 dalla direttrice.

121 Scrivi l'equazione dell'asse di simmetria della parabola di equazione $r - r\sin\alpha = 4$. $[r\cos\alpha = 0]$

122 Determina le coordinate dei punti di intersezione tra la parabola di equazione $r = \frac{4}{1+\sin\alpha}$ e la retta di equazione $\tan\alpha = 1$. $[P_1[4(2-\sqrt{2}); 45°], P_2[4(2+\sqrt{2}); 225°]]$

123 **EUREKA!** Calcola la distanza dal polo dei punti di intersezione della parabola di equazione $r = \frac{4}{1-\cos\alpha}$ con la retta di equazione $r\cos\alpha = 1$. $[5]$

124 Determina le coordinate polari del vertice della parabola di equazione $3r + 3r\sin\alpha = 12$, senza utilizzare le coordinate cartesiane. $[V[2; 90°]]$

125 Scrivi l'equazione della parabola che ha il fuoco nel polo, il vertice $V[4; 180°]$ e la direttrice perpendicolare all'asse polare. $\left[r = \frac{8}{1-\cos\alpha}\right]$

126 Determina le coordinate dei punti della parabola di equazione $2r - 2r\sin\alpha = 1$ che distano dal polo $2+\sqrt{3}$. $[P_1[2+\sqrt{3}; 60°], P_2[2+\sqrt{3}; 120°]]$

Ellisse

127 LEGGI IL GRAFICO Scrivi le equazioni delle ellissi in figura.

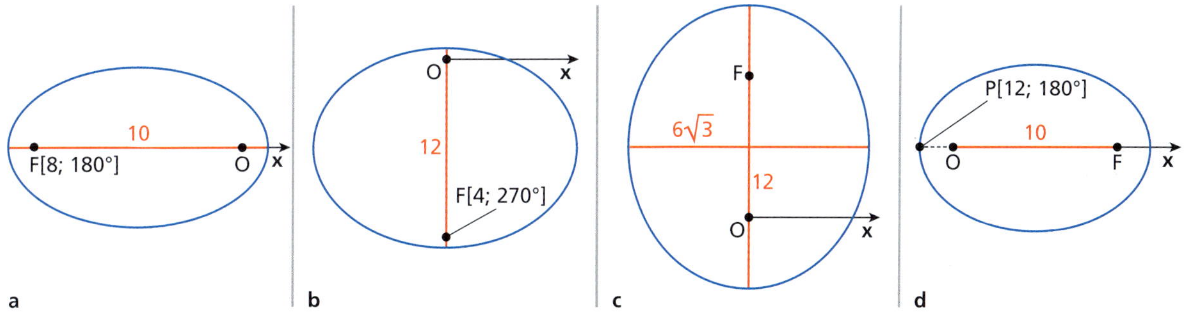

a b c d

128 RIFLETTI SULLA TEORIA Esprimi in funzione dei parametri *a*, *b* e *c* la distanza dei vertici dell'ellisse dal fuoco più vicino nei quattro casi studiati.

Scrivi le equazioni polari delle ellissi con un fuoco nel polo, l'altro di coordinate indicate e passanti per *P*.

129 $F[10; \pi]$, $P[13; \pi]$ $\left[r = \dfrac{39}{8 + 5\cos\alpha}\right]$

130 $F[18; 90°]$, $P[24; 90°]$ $\left[r = \dfrac{48}{5 - 3\sin\alpha}\right]$

131 $F[8; 0°]$, $P[2; 180°]$ $\left[r = \dfrac{10}{3 - 2\cos\alpha}\right]$

132 $F[12; 270°]$ $P[15; 270°]$ $\left[r = \dfrac{15}{3 + 2\sin\alpha}\right]$

---

133 VERO O FALSO?

a. L'ellisse di equazione $r = \dfrac{3}{2 - \sin\alpha}$ ha i fuochi su una retta parallela all'asse polare. V F

b. L'equazione $14r + 12r\sin\alpha = 13$ rappresenta un'ellisse. V F

c. L'ellisse di equazione $r = \dfrac{5}{3 + 2\cos\alpha}$ ha eccentricità $\dfrac{2}{3}$. V F

d. L'equazione $r = \dfrac{4}{3 + 3\cos\alpha}$ è l'equazione di un'ellisse. V F

134 Data l'ellisse di equazione cartesiana $\dfrac{x^2}{9} + \dfrac{y^2}{16} = 1$, scrivi la sua equazione polare in un riferimento con il polo nel fuoco in alto e l'asse polare con direzione e verso dell'asse *x*. $\left[r = \dfrac{9}{4 + \sqrt{7}\sin\alpha}\right]$

135 Data l'ellisse di equazione cartesiana $\dfrac{x^2}{100} + \dfrac{y^2}{64} = 1$, trova la sua equazione polare scegliendo come polo il fuoco sinistro e come asse polare quello con direzione e verso dell'asse *x*. $\left[r = \dfrac{32}{5 - 3\cos\alpha}\right]$

136 Scrivi l'equazione polare dell'ellisse di equazione cartesiana $\dfrac{x^2}{24} + \dfrac{y^2}{49} = 1$, nel caso in cui il polo sia nel fuoco in basso e l'asse polare abbia direzione e verso dell'asse *x*. $\left[r = \dfrac{24}{7 - 5\sin\alpha}\right]$

137 ESERCIZIO GUIDA Disegniamo l'ellisse di equazione $r = \dfrac{144}{13 + 5\sin\alpha}$.

Primo metodo

Dividiamo numeratore e denominatore per 13:

$$r = \frac{\frac{144}{13}}{1 + \frac{5}{13}\sin\alpha}.$$

L'equazione è della forma $r = \dfrac{\frac{b^2}{a}}{1 + e\sin\alpha}$, quindi ha i fuochi su una retta perpendicolare all'asse polare e polo nel fuoco in alto. Calcoliamo i valori delle misure dei semiassi e della semidistanza focale.

$$\begin{cases} \dfrac{b^2}{a} = \dfrac{144}{13} \\ \dfrac{c}{a} = \dfrac{5}{13} \\ a^2 - c^2 = b^2 \end{cases} \rightarrow \begin{cases} a = 13 \\ b = 12 \\ c = 5 \end{cases}$$

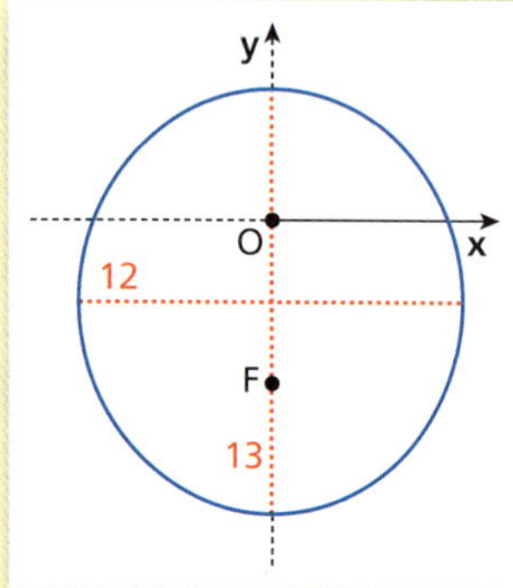

Secondo metodo

Trasformiamo in coordinate cartesiane l'equazione. Moltiplichiamo entrambi i membri per $13 + 5\sin\alpha$.

$13r + 5r\sin\alpha = 144$) $r = \sqrt{x^2+y^2}$, $y = r\sin\alpha$

$13\sqrt{x^2+y^2} + 5y = 144$) isoliamo la radice

$13\sqrt{x^2+y^2} = 144 - 5y$) eleviamo al quadrato

$169(x^2+y^2) = 144^2 + 25y^2 - 2\cdot 144\cdot 5y$) portiamo tutti i termini al primo membro, sommiamo i termini simili e raccogliamo 144

$169x^2 + 144(y^2 + 2\cdot 5\cdot y - 144) = 0$) sommiamo e sottraiamo 25 all'interno della parentesi per completare il quadrato

$169x^2 + 144[(y+5)^2 - 169] = 0$) ordiniamo i termini

$169x^2 + 144(y+5)^2 = 144\cdot 169$) dividiamo per $144\cdot 169$

$$\frac{x^2}{144} + \frac{(y+5)^2}{169} = 1$$

L'equazione è quella di un'ellisse con $a = 12$, $b = 13$ e fuochi sull'asse y, traslata secondo il vettore $\vec{v}(0; -5)$.

Disegna le seguenti ellissi.

138 $r = \dfrac{3}{2 - \cos\alpha}$

139 $r = \dfrac{32}{5 + 3\sin\alpha}$

140 $2r = \dfrac{1}{\sqrt{5} - 2\sin\alpha}$

141 $3r + 2r\cos\alpha = 5$

142 $\dfrac{r}{15} = \dfrac{1}{3 - 2\sin\alpha}$

143 $2r - \sqrt{3}\,r\cos\alpha = \dfrac{9}{8}$

Trasforma in coordinate cartesiane le equazioni delle seguenti ellissi.

144 $r = \dfrac{9}{2 - \cos\alpha}$ $\left[\dfrac{(x-3)^2}{36} + \dfrac{y^2}{27} = 1\right]$

145 $7r + 6r\sin\alpha = 13$ $\left[\dfrac{x^2}{13} + \dfrac{(y+6)^2}{49} = 1\right]$

146 $5r = \dfrac{9}{4} + 4r\cos\alpha$ $\left[\dfrac{16(x-1)^2}{25} + \dfrac{16y^2}{9} = 1\right]$

147 $\dfrac{r}{11} = \dfrac{1}{6 - 5\sin\alpha}$ $\left[\dfrac{x^2}{11} + \dfrac{(y-5)^2}{36} = 1\right]$

148 Calcola le coordinate dei fuochi dell'ellisse di equazione $15r - 81 = 12r\sin\alpha$. $[O[0; 0°]; F[24; 90°]]$

149 Nell'ellisse di equazione $r = \dfrac{48}{13 + 11\cos\alpha}$, calcola la distanza dei fuochi dal vertice più vicino allineato con questi. [2]

150 Determina le coordinate polari del centro dell'ellisse di equazione $r = \dfrac{28}{4 + 3\sin\alpha}$. $[C[12; 270°]]$

151 Scrivi l'equazione polare della retta su cui giace l'asse minore dell'ellisse di equazione $2r - r\cos\alpha = 10$. $\left[\dfrac{10}{3} = r\cos\alpha\right]$

Iperbole

152 LEGGI IL GRAFICO Scrivi le equazioni delle iperboli rappresentate in figura in forma polare, scegliendo come polo uno dei fuochi.

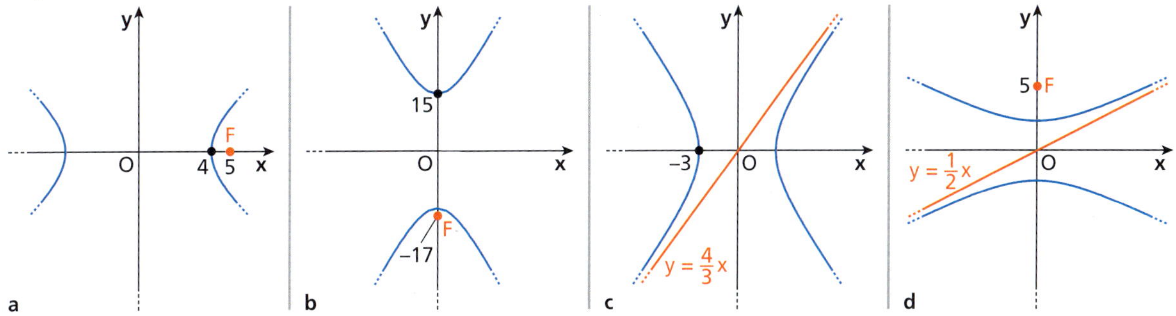

Scrivi le equazioni polari delle iperboli, dati i seguenti parametri. Scegli come polo uno dei fuochi.

153 $a = 2, b = 3.$

154 $a = 7, b = 24.$

155 $a = 9, b = 40.$

156 $a = 12, c = 37.$

157 $a = 28, c = 53.$

158 $a = 20, c = 101.$

Disegna i seguenti rami di iperbole.

159 $r = \frac{144}{25 - 65\cos\alpha}$

160 $r = -\frac{144}{25 + 65\cos\alpha}$

161 $r = \frac{21}{5\cos\alpha - 2}$

162 $r = \frac{5}{4 - 6\sin\alpha}$

163 ASSOCIA le equazioni delle iperboli in coordinate polari alle corrispondenti in coordinate cartesiane.

a. $\begin{cases} r = \dfrac{10}{\sqrt{6} - 4\cos\alpha} \\ r = -\dfrac{10}{\sqrt{6} + 4\cos\alpha} \end{cases}$

b. $\begin{cases} r = -\dfrac{11}{5 - 6\sin\alpha} \\ r = \dfrac{11}{5 + 6\sin\alpha} \end{cases}$

c. $\begin{cases} r = \dfrac{6}{1 - 2\cos\alpha} \\ r = -\dfrac{6}{1 + 2\cos\alpha} \end{cases}$

1. $\frac{x^2}{11} - \frac{y^2}{25} = -1$

2. $\frac{x^2}{6} - \frac{y^2}{10} = 1$

3. $\frac{x^2}{4} - \frac{y^2}{12} = 1$

164 ESERCIZIO GUIDA Determiniamo l'equazione cartesiana dell'iperbole che ha come equazioni polari

$$\begin{cases} r = \dfrac{24}{7\cos\alpha - 5} \\ r = \dfrac{24}{5 + 7\cos\alpha} \end{cases}.$$

Primo metodo

Per prima cosa notiamo che al denominatore delle due espressioni compare il coseno: l'iperbole avrà dunque i fuochi sull'asse x. Riscriviamo le espressioni per renderle più simili a quelle che abbiamo studiato.

$$\begin{cases} r = \dfrac{24}{7\cos\alpha - 5} = \dfrac{\frac{24}{5}}{\frac{7}{5}\cos\alpha - 1} \\ r = \dfrac{24}{5 + 7\cos\alpha} = \dfrac{\frac{24}{5}}{1 + \frac{7}{5}\cos\alpha} \end{cases}$$

In base alla forma delle equazioni possiamo così vedere che siamo nel caso in cui il polo coincide con il fuoco sinistro dell'iperbole. A questo punto ci basta trovare a e b tali che

$$\begin{cases} \dfrac{b^2}{a} = \dfrac{24}{5} \\ e = \dfrac{c}{a} = \dfrac{\sqrt{a^2 + b^2}}{a} = \dfrac{7}{5} \end{cases} \rightarrow \begin{cases} b^2 = \dfrac{24}{5}a \\ \sqrt{a^2 + \dfrac{24}{5}a} = \dfrac{7}{5}a \end{cases}.$$

Eleviamo al quadrato entrambi i membri della seconda equazione e poi dividiamo entrambi per a (possiamo farlo perché $a \neq 0$).

$$a^2 + \frac{24}{5}a = \frac{49}{25}a^2 \rightarrow \frac{24}{25}a = \frac{24}{5} \rightarrow a = 5$$

Dalla prima equazione ricaviamo $b^2 = 24$; l'equazione cartesiana dell'iperbole in forma canonica sarebbe quindi $\frac{x^2}{25} - \frac{y^2}{24} = 1$.

Nel nostro caso, però, l'equazione cartesiana non è in forma canonica perché l'origine del sistema cartesiano non è nel centro dell'iperbole, ma nel fuoco sinistro, e quindi abbiamo a che fare con un'iperbole traslata.
Poiché la distanza tra i due fuochi dell'iperbole è $2c$, la traslazione che porta il fuoco sinistro nell'origine del sistema di riferimento è una traslazione di vettore $\vec{v}(c; 0)$ e quindi l'equazione dell'iperbole traslata cercata è del tipo:

$$\frac{(x-c)^2}{a^2} - \frac{y^2}{b^2} = 1, \quad \text{con } c^2 = a^2 + b^2.$$

Abbiamo quindi $c^2 = 25 + 24 = 49 \rightarrow c = 7$, e l'equazione cartesiana dell'iperbole data è:

$$\frac{(x-7)^2}{25} - \frac{y^2}{24} = 1.$$

Secondo metodo
Possiamo anche procedere per via algebrica. Riscriviamo le espressioni.

$$\begin{cases} 7r\cos\alpha - 5r = 24 \\ 5r + 7r\cos\alpha = 24 \end{cases} \rightarrow \begin{cases} 5r = 7r\cos\alpha - 24 \\ 5r = 24 - 7r\cos\alpha \end{cases}$$

Sfruttiamo le identità $x = r\cos\alpha$ e $r = \sqrt{x^2 + y^2}$ e otteniamo

$$\begin{cases} 5\sqrt{x^2+y^2} = 7x - 24 \\ 5\sqrt{x^2+y^2} = 24 - 7x \end{cases}.$$

Eleviamo al quadrato entrambi i membri della prima equazione: in questo modo aggiungiamo delle soluzioni, che però sono proprio quelle fornite dalla seconda. D'ora in poi possiamo quindi considerare solo la prima equazione.

$$25x^2 + 25y^2 = 49x^2 - 2\cdot 7\cdot 24x + 576 \rightarrow 24x^2 - 25y^2 - 2\cdot 7\cdot 24x + 576 = 0$$

Completiamo i quadrati.

$$(24x^2 - 2\cdot 7\cdot 24x) - 25y^2 + 576 = 0 \rightarrow 24(x^2 - 2\cdot 7x) - 25y^2 + 576 = 0 \rightarrow$$

$$24(x-7)^2 - 25y^2 + 576 = 24\cdot 49 \rightarrow 24(x-7)^2 - 25y^2 = 600 \rightarrow \frac{(x-7)^2}{25} - \frac{y^2}{24} = 1$$

Notiamo che, correttamente, otteniamo l'equazione di un'iperbole traslata, dato che abbiamo posto il polo (e quindi l'origine del sistema di riferimento) nel fuoco sinistro.

165 ●● Determina le coordinate dei punti di intersezione tra l'iperbole di equazioni polari

$$\begin{cases} r = \dfrac{7}{9 - 12\cos\alpha} \\ r = -\dfrac{7}{9 + 12\cos\alpha} \end{cases}$$

e la retta di equazione polare $\tan\alpha = \frac{1}{\sqrt{3}}$.

$\left[P_1\left[\frac{7}{9+6\sqrt{3}}; 210°\right]; P_2\left[-\frac{7}{9-6\sqrt{3}}; 210°\right]\right]$

166 ●● **EUREKA!** Quanto dista dal polo il punto di intersezione della retta $r\cos\left(\frac{\pi}{2} - \alpha\right) = \frac{3}{2}$ con il ramo di iperbole di equazione $r = \frac{1}{1 - 2\sin\alpha}$? [4]

167 ●● Dato il ramo di iperbole di equazione $r = \frac{9}{4 + 5\cos\alpha}$, trova i punti del ramo che distano $\frac{18}{13}$ dal polo.

$\left[P_1\left[\frac{18}{13}; 60°\right]; P_2\left[\frac{18}{13}; -60°\right]\right]$

168 Scrivi l'equazione polare del ramo sinistro di un'iperbole che ha eccentricità $e = \frac{13}{5}$ e che passa per il punto $P\left[\frac{288}{23}; 60°\right]$, sapendo che il polo è stato posto nel fuoco sinistro dell'iperbole. $\left[r = \frac{144}{5 + 13\cos\alpha}\right]$

169 Scrivi le equazioni polari di un'iperbole con l'asse trasverso verticale, ponendo il polo nel fuoco in basso e sapendo che il punto $P\left[\frac{32}{3}; -30°\right]$ appartiene al ramo inferiore e che la distanza tra un fuoco e il vertice che gli è più vicino è $\frac{2}{3}$. $\left[\begin{cases} r = \frac{-16}{9 - 15\sin\alpha} \\ r = \frac{16}{9 + 15\sin\alpha}\end{cases}\right]$

Coniche

Riconosci le seguenti coniche date le loro equazioni polari.

170 $r = \frac{16}{3 - 5\cos\alpha}$ [ramo di iperbole]

171 $r^2 - 12r\cos\left(\frac{2}{3}\pi - \alpha\right) = 0$ [circonferenza]

172 $r = \frac{13}{7 + 6\cos\alpha}$ [ellisse]

173 $r + r\cos\alpha = 1$ [parabola]

174 $r^2 - 12r\sin\alpha + 27 = 0$ [circonferenza]

175 $r - 36 = r\cos\alpha$ [parabola]

176 $r(12 + 13\sin\alpha) + 25 = 0$ [ramo di iperbole]

177 $r = \frac{30}{4 + \cos\alpha}$ [ellisse]

178 $r^2 + 8r\cos\alpha + 7 = 0$ [circonferenza]

179 $4r + 6r\cos\alpha = 10$ [ramo di iperbole]

180 $5r = 32 + 3r\cos\alpha$ [ellisse]

181 $\frac{1}{12}r(1 - \sin\alpha) = 1$ [parabola]

182 $r^2 - 3\sqrt{3}\,r\cos\alpha - 3r\sin\alpha - 7 = 0$ [circonferenza]

183 $13r + 11r\sin\alpha - 48 = 0$ [ellisse]

184 $r\sin\alpha - 5 = -r$ [parabola]

185 $r(\sqrt{13} + 7\sin\alpha) = 36$ [ramo di iperbole]

Spirale di Archimede

▶ Teoria a p. C9

186 ESERCIZIO GUIDA Data la spirale di equazione $r = \frac{2}{3\pi}\alpha + 1$, determiniamo il campo di variabilità per l'angolo α.

Dato che la variabile r è positiva o nulla, deve essere:

$$\frac{2}{3\pi}\alpha + 1 \geq 0 \quad \rightarrow \quad \alpha \geq -\frac{3}{2}\pi,$$

quindi i punti della spirale hanno la coordinata α maggiore o uguale a $-\frac{3}{2}\pi$.

Per ciascuna delle seguenti equazioni di spirali determina il campo di variabilità di α.

187 $r = \frac{3}{2\pi}\alpha$ $[\alpha \geq 0]$

188 $r = \frac{2}{5\pi}\alpha + 2$ $[\alpha \geq -5\pi]$

189 $r + \frac{3}{5\pi}\alpha + 1 = 0$ $\left[\alpha \leq -\frac{5}{3}\pi\right]$

190 $\pi r = 3\alpha - 4\pi$ $\left[\alpha \geq \frac{4}{3}\pi\right]$

191 $\pi r = 6\pi - 4\alpha$ $\left[\alpha \leq \frac{3}{2}\pi\right]$

192 $r = \frac{\alpha}{5\pi} + \frac{3}{10}$ $\left[\alpha \geq -\frac{3}{2}\pi\right]$

193 VERO O FALSO?

a. La spirale di equazione $r = \frac{2}{\pi}\alpha + 2$ si sviluppa in senso orario. V F

b. Il passo è un valore costante per ogni spirale. V F

c. Non esiste un punto della spirale di equazione $r = \frac{3}{\pi}\alpha - 1$ per $\alpha = \frac{\pi}{6}$. V F

d. L'equazione $r = m\alpha + q$ rappresenta una spirale per ogni valore di m e q. V F

194 ESERCIZIO GUIDA Disegniamo la spirale di equazione $r = \frac{3}{2\pi}\alpha - 1$.

Prima di tutto determiniamo il campo di variabilità di α:

$$\frac{3}{2\pi}\alpha - 1 \geq 0 \quad \rightarrow \quad \alpha \geq \frac{2}{3}\pi.$$

Costruiamo una tabella, a partire da $\alpha = \frac{2}{3}\pi$, di punti della curva.

α	$\frac{2}{3}\pi$	$\frac{5}{6}\pi$	π	$\frac{7}{6}\pi$	$\frac{4}{3}\pi$	$\frac{3}{2}\pi$	$\frac{5}{3}\pi$	$\frac{11}{6}\pi$	2π	$\frac{13}{6}\pi$	$\frac{7}{3}\pi$	$\frac{5}{2}\pi$	$\frac{8}{3}\pi$
r	0	$\frac{1}{4}$	$\frac{1}{2}$	$\frac{3}{4}$	1	$\frac{5}{4}$	$\frac{3}{2}$	$\frac{7}{4}$	2	$\frac{9}{4}$	$\frac{5}{2}$	$\frac{11}{4}\pi$	3

Disegniamo le semirette $\alpha = \frac{\pi}{6}k$ per $k = 4, 5, 6, \ldots$ e le circonferenze che hanno il centro nel polo e i raggi indicati nella tabella $\left(\text{osserviamo che due raggi consecutivi differiscono sempre di } \frac{1}{4}\right)$.

Disegniamo nel piano i punti della tabella con l'aiuto della griglia che ci siamo costruiti e colleghiamo i punti.

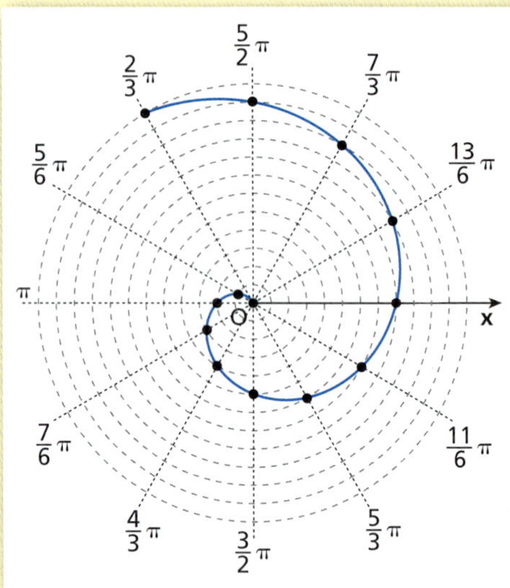

Disegna le spirali di equazioni indicate.

195 $r = -\frac{\alpha}{\pi} + 1$

196 $r = \frac{2\alpha}{3\pi}$

197 $r = \frac{4}{3\pi}\alpha + 2$

198 $r = \frac{\alpha}{2\pi} - 1$

199 $r = \frac{\alpha}{3\pi} + \frac{1}{2}$

200 $r = -\frac{4}{\pi}\alpha + 3$

---

201 Calcola il passo della spirale di equazione $r = \frac{\alpha}{4\pi} + 1$. $\left[\frac{1}{2}\right]$

202 TEST Quale tra le seguenti spirali ha il passo maggiore?

A $r = \frac{1}{6\pi}\alpha + 3$ B $r = \frac{3}{4\pi}\alpha + 1$ C $r = \frac{2\alpha}{\pi} - 3$ D $r = \frac{3\alpha}{\pi} + 2$

203 RIFLETTI SULLA TEORIA Esprimi il valore del passo della spirale in funzione dei parametri che descrivono la sua equazione. $[\text{passo} = 2\pi|m|]$

204 •• Calcola le coordinate dei punti di intersezione della spirale di equazione $r = \frac{2}{\pi}\alpha + \frac{3}{2}$ con la retta di equazione $\tan\alpha = -1$.

$\left[\left[3 + 4k; \frac{3}{4}\pi\right]; \left[5 + 4k; \frac{7}{4}\pi\right]\right]$

205 •• REALTÀ E MODELLI **La trottola** Una pattinatrice, per prepararsi a eseguire una trottola, percorre dall'esterno verso l'interno una traiettoria come quella mostrata in figura.

a. Scrivi in coordinate polari l'equazione della curva.

b. Di quanto si avvicina la pattinatrice al punto in cui eseguirà la trottola (posto nell'origine del sistema di riferimento) ogni volta che completa un giro? (Le misure del grafico sono espresse in metri.)

$\left[\text{a) } r = \frac{3}{4} \cdot \frac{\alpha}{\pi}; \text{ b) } 1{,}5 \text{ m}\right]$

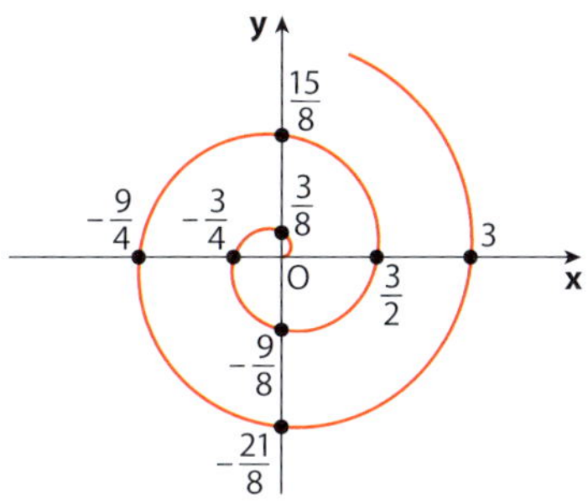

Cardioide

▶ Teoria a p. C10

206 ESERCIZIO GUIDA Scriviamo le equazioni polari della cardioide generata dalla circonferenza di equazione cartesiana $x^2 + y^2 - 6y - 7 = 0$ scegliendo come asse polare il diametro parallelo all'asse x e come polo l'estremo sinistro di tale diametro.

La circonferenza ha centro di coordinate $C(0; 3)$ e raggio $R = 4$.
Scegliendo un riferimento polare come in figura, l'equazione della cardioide è del tipo

$$r = R(1 + \cos\alpha).$$

Dunque in questo caso l'equazione è:

$$r = 4(1 + \cos\alpha).$$

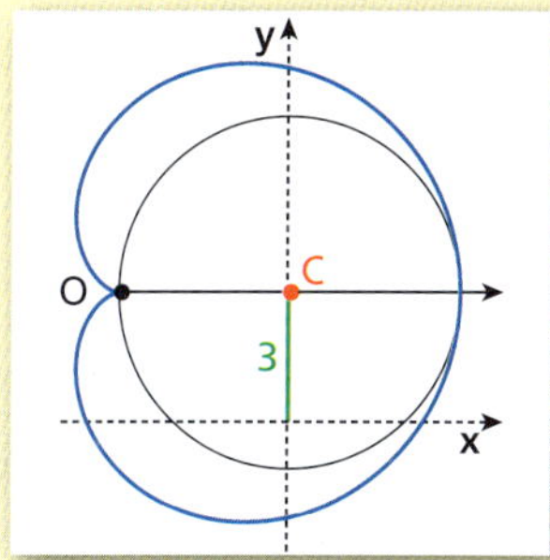

Scrivi le equazioni polari delle cardioidi generate dalle seguenti circonferenze (poni l'asse polare sul diametro parallelo all'asse *x* e il polo sul suo primo estremo).

207 •○ $x^2 + y^2 - 6x = 0$ $[r = 3 + 3\cos\alpha]$

208 •○ $x^2 + y^2 - 4x + 2y - 4 = 0$ $[r = 3 + 3\cos\alpha]$

209 •○ $x^2 + y^2 - 4y = 0$ $[r = 2 + 2\cos\alpha]$

210 •○ $x^2 + y^2 - \sqrt{2}x - \sqrt{2}y - 1 = 0$ $[r = \sqrt{2}(1 + \cos\alpha)]$

Dalle equazioni polari delle seguenti cardioidi ricava le equazioni delle circonferenze generatrici scegliendo il riferimento cartesiano in modo che la circonferenza passi per l'origine e abbia centro sul semiasse positivo delle *x*.

211 •○ $2r - 4 = 4\cos\alpha$ $[(x-2)^2 + y^2 = 4]$

212 •○ $18\cos\alpha + 18 - 3r = 0$ $[x^2 + y^2 - 12x = 0]$

213 •○ $\frac{1}{2}r - 2\cos\alpha - 2 = 0$ $[x^2 + y^2 - 8x = 0]$

214 •○ $3 - 4r = -3\cos\alpha$ $[2x^2 + 2y^2 - 3x = 0]$

Data l'equazione polare della circonferenza, scrivi l'equazione della cardiode da essa generata, nello stesso sistema di riferimento.

215 $r^2 - 10r\cos\alpha = 0$ $[r = 5(1 + \cos\alpha)]$

216 $-r^2 + 16r\cos\alpha = 0$ $[r = 8(1 + \cos\alpha)]$

217 $r^2 = 15r\cos\alpha$ $[2r = 15(1 + \cos\alpha)]$

218 $r^2 = 100r\cos\alpha$ $[50 + 50\cos\alpha = r]$

219 EUREKA! L'equazione $r = R(1 + \sin\alpha)$ rappresenta una cardioide?

220 REALTÀ E MODELLI **La cardioide nel bicchiere** Sul fondo di un bicchiere in certe occasioni possiamo osservare il profilo di una cardioide. Fabio vuole scrivere l'equazione della curva nel sistema di riferimento polare studiato nella teoria adottando come unità di misura il centimetro. Con lo stratagemma illustrato nella figura ci riuscirà? $\left[\text{sì: } r = \frac{5}{2}(1 + \cos\alpha)\right]$

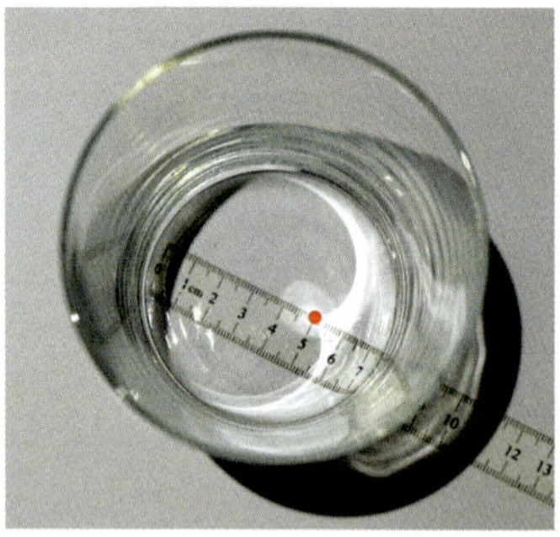

Riepilogo: Equazioni delle curve

TEST

221 La curva di equazione polare $r + r\cos\alpha = 5$ è una:

A retta.
B ellisse.
C iperbole.
D parabola.
E circonferenza.

222 La curva di equazione polare

$$r\cos\alpha + \sqrt{3}\,r\sin\alpha - 6 = 0$$

è una:

A retta.
B ellisse.
C iperbole.
D parabola.
E circonferenza.

223 ASSOCIA a ogni equazione la curva corrispondente.

a. $5r + 4r\cos\alpha = 9$
b. $3r - 5r\cos\alpha = 16$
c. $3r + 3r\cos\alpha = 15$
d. $r^2 - 6r\cos\alpha = 0$

1. iperbole
2. circonferenza
3. ellisse
4. parabola

Rappresenta le coniche con le seguenti equazioni cartesiane e scrivi le loro equazioni in coordinate polari.

224 $x^2 + y^2 - 9 = 0$

225 $y = x^2 + 1$

226 $y = -x^2 + 2x + 3$

227 $x = -y^2 + y$

228 $\frac{x^2}{4} + y^2 = 1$

229 $x^2 - \frac{y^2}{9} = 1$

230 ESERCIZIO GUIDA Tracciamo il grafico delle seguenti curve, dopo aver trasformato le loro equazioni in coordinate polari nelle corrispondenti equazioni cartesiane.

a. $r = \frac{2}{1 - \cos\alpha}$; b. $r = \frac{9}{5 - 4\cos\alpha}$.

a. Trasformiamo in coordinate cartesiane:

$$r - r\cos\alpha = 2 \;\rightarrow\; \sqrt{x^2+y^2} - x = 2 \;\rightarrow$$
$$\sqrt{x^2+y^2} = x + 2.$$

Eleviamo al quadrato dopo aver posto $x \geq -2$:

$$\cancel{x^2} + y^2 = \cancel{x^2} + 4 + 4x \;\rightarrow\; x = \frac{1}{4}y^2 - 1.$$

Abbiamo ottenuto l'equazione di una parabola con asse coincidente con l'asse x. Il vertice è in $V(-1; 0)$, il fuoco F in $(0; 0)$ (figura **a**).

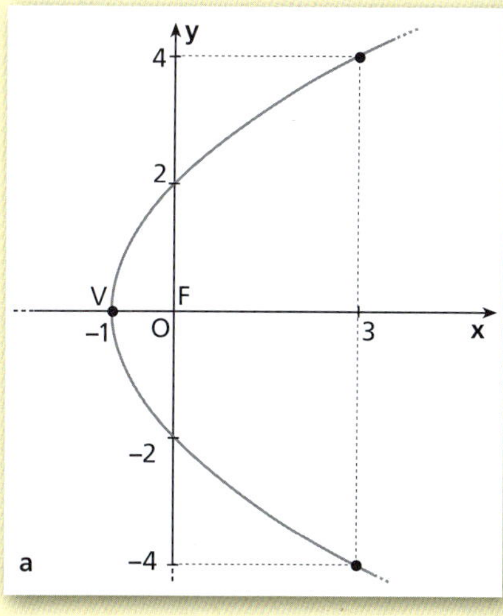

b. $r = \dfrac{9}{5 - 4\cos\alpha}$.

Trasformiamo in coordinate cartesiane:

$$5r - 4r\cos\alpha = 9$$
$$5\sqrt{x^2+y^2} = 9 + 4x.$$

Elevando al quadrato e sommando, otteniamo:
$9x^2 + 25y^2 - 72x - 81 = 0$.
Si tratta di un'ellisse traslata; trasformiamo l'equazione con il metodo del completamento del quadrato per ricavare il centro, i fuochi e i semiassi:

$$9(x^2 - 8x + 16) - 9 \cdot 16 + 25y^2 = 81$$
$$\frac{(x-4)^2}{25} + \frac{y^2}{9} = 1.$$

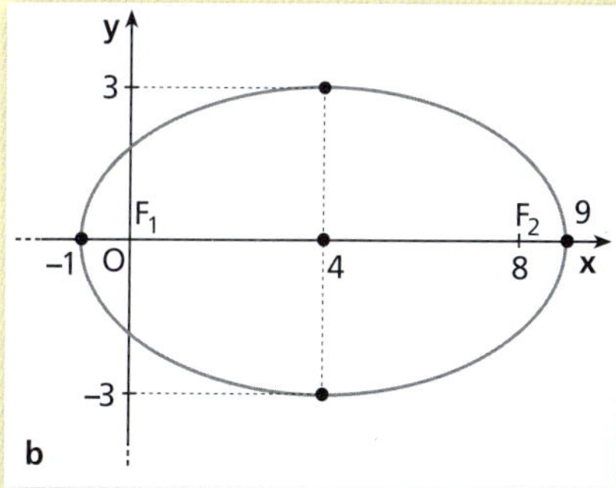

L'ellisse ha centro in $(4; 0)$, $a = 5$, $b = 3$, fuochi $F_1(0; 0)$, $F_2(8; 0)$ (figura **b**).

Traccia i grafici delle seguenti curve e trasforma le loro equazioni in coordinate polari nelle corrispondenti equazioni cartesiane.

231 ●○ $r^2 \sin 2\alpha = 1$ [iperbole equilatera]

232 ●○ $r^2 - 4 \cdot r\sin\alpha + 3 = 0$ [circonferenza]

233 ●○ $2r - 1 - 2r\sin\alpha = 0$ [parabola]

234 ●○ $r\cos\alpha - 3 = 0$ [retta]

235 ●○ $\sin 2\alpha = 2$ [impossibile perché...]

236 ●● $r^2 = 2r\sin\alpha$ [circonferenza]

237 ●● $r^2 = r\cos\alpha$ [circonferenza]

238 ●● $\alpha = \dfrac{\pi}{4}$ [semiretta]

239 ●● $r = \dfrac{4}{1 - \sin\alpha}$ [parabola]

240 ●● $r = \dfrac{2}{3 - 2\cos\alpha}$ [ellisse]

241 ●● $3r = \dfrac{1}{1 + \sin\alpha}$ [parabola]

242 ●● $r^2 + 2r\cos\alpha = 0$ [circonferenza]

243 ●● $r = \dfrac{\pi}{4}$ [circonferenza]

244 ●● $r = \dfrac{\alpha}{4}$ $\left[\text{spirale a passo } \dfrac{\pi}{2}\right]$

Scrivi le equazioni cartesiane delle seguenti curve e disegnane i grafici.

245 ●○ $r^2\cos^2\alpha = 1$ $[x = \pm 1]$

246 ●○ $r\cos\alpha = r - 1$ $[y^2 - 2x - 1 = 0]$

247 ●○ $r^2 = \tan\alpha + \cot\alpha$ $[xy = 1]$

248 ●○ $r + 1 = r\sin\alpha$ [impossibile]

249 ●○ $r^2\sin^2\alpha = 2$ $[y = \pm\sqrt{2}]$

250 ●○ $2r = \dfrac{4}{\cos\alpha} - 3r\tan\alpha$ $\left[2x + 3y - 4 = 0,\ x \neq 0 \wedge y \neq \dfrac{4}{3}\right]$

ESERCIZI

251 ●● Scrivi l'equazione in coordinate polari della circonferenza che ha il centro di coordinate (2; 0) e raggio 3. $[r^2 - 4r\cos\alpha = 5]$

252 ●○ Trova le equazioni polari delle rette parallele all'asse polare che hanno distanza 2 da esso. $[r\sin\alpha = 2,\ 0 < \alpha < \pi;\ r\sin\alpha = -2,\ \pi < \alpha < 2\pi]$

253 ●○ Scrivi le equazioni polari delle rette perpendicolari all'asse polare che passano rispettivamente per i punti $[3; 0]$ e $[3; \pi]$. $\left[r\cos\alpha = -3, \frac{\pi}{2} < \alpha < \frac{3\pi}{2}; r\cos\alpha = 3, -\frac{\pi}{2} < \alpha < \frac{\pi}{2}\right]$

254 ●○ Determina l'equazione polare della retta passante per i punti $A[4; 0]$, $B\left[2; \frac{\pi}{3}\right]$ e di quella passante per $A[4; 0]$, $C\left[2; -\frac{\pi}{3}\right]$. $\left[r\cos\left(\alpha - \frac{\pi}{3}\right) = 2, r\cos\left(\alpha + \frac{\pi}{3}\right) = 2\right]$

255 ●○ Scrivi l'equazione polare dell'ellisse con fuochi $F_1[0; 0]$, $F_2[4; \pi]$ e un vertice nel punto $V[1; 0]$. $[r(3 + 2\cos\alpha) = 5]$

256 ●○ Determina l'equazione polare della parabola avente il fuoco nel polo e il vertice in $[2; 0]$. $[r(1 + \cos\alpha) = 4]$

257 ●○ Trova l'equazione polare dell'iperbole che ha per fuochi il polo e il punto $F[4; \pi]$, e per vertici i punti $V_1[3; \pi]$ e $V_2[1; \pi]$. $[r(1 + 2\cos\alpha) = -3 \vee r(1 - 2\cos\alpha) = 3]$

258 ●● Dimostra che le curve di equazione $r = 2 + k\cos\alpha$, con $k \in \mathbb{R}$, si intersecano tutte solo nel polo.

Determina i punti di intersezione, in coordinate polari, tra le seguenti curve e rappresentale graficamente.

259 ●● $r^2\sin 2\alpha = 4$; $\tan\alpha = 1$. $\left[\left[2; \frac{\pi}{4}\right]; \left[2; \frac{5}{4}\pi\right]\right]$

260 ●● $r\sin\left(\alpha - \frac{\pi}{4}\right) = \frac{\sqrt{2}}{2}$; $r = 1$. $\left[\left[1; \frac{\pi}{2}\right]; [1; \pi]\right]$

261 ●● $r = 2\sin\alpha$; $r\sin\alpha = 1$. $\left[\left[\sqrt{2}; \frac{\pi}{4}\right]; \left[\sqrt{2}; \frac{3}{4}\pi\right]\right]$

3 Moto circolare uniforme

▶ Teoria a p. C11

Dati il raggio della circonferenza con centro in *O*, la velocità angolare ω, l'angolo iniziale α e le coordinate cartesiane del punto *P*, calcola dopo quanto tempo dall'istante iniziale $t = 0$ un oggetto che si muove di moto circolare uniforme passa per *P*.

262 ●○ $r = 1, \omega = 1$ rad/s, $\alpha_0 = 0$, $P\left(-\frac{\sqrt{2}}{2}; \frac{\sqrt{2}}{2}\right)$. $[t \simeq 2,36 \text{ s}]$

263 ●○ $r = 2, \omega = 1$ rad/s, $\alpha_0 = 0$, $P(\sqrt{3}; 1)$. $[t \simeq 0,52 \text{ s}]$

264 ●○ $r = 8, \omega = 3$ rad/s, $\alpha_0 = \frac{\pi}{4}$, $P(-4\sqrt{2}; -4\sqrt{2})$. $[t \simeq 1,05 \text{ s}]$

265 ●○ $r = 4, \omega = 0,5$ rad/s, $\alpha_0 = \frac{2}{3}\pi$, $P(2; -2\sqrt{3})$. $[t \simeq 6,28 \text{ s}]$

266 ●○ $r = 6, \omega = 0,5$ rad/s, $\alpha_0 = \frac{2}{3}\pi$, $P(-3\sqrt{3}; -3)$. $[t \simeq 3,14 \text{ s}]$

267 ●○ $r = 10, \omega = 2$ rad/s, $\alpha_0 = \frac{\pi}{6}$, $P(5\sqrt{2}; 5\sqrt{2})$. $[t \simeq 0,13 \text{ s}]$

268 ●● Nel piano cartesiano, un punto si muove di moto circolare uniforme su una circonferenza con centro nell'origine. All'istante iniziale si trova in $P(4; 4\sqrt{3})$ e, dopo 2 s, si è spostato fino a raggiungere $Q(-4; 4\sqrt{3})$.

Calcola il raggio della circonferenza e la velocità angolare. (SUGGERIMENTO La velocità angolare è $\frac{\alpha}{t}$, dove α è l'angolo (in radianti) percorso nel tempo t.) $\left[r = 8; \frac{\pi}{6} \text{rad/s}\right]$

269 REALTÀ E MODELLI **Un tipo preciso** Fabio deve gonfiare la ruota della sua bicicletta. Come illustrato in figura, la valvola si trova inizialmente in corrispondenza del punto $P(32; 0)$. Per gonfiare la ruota con maggiore comodità, Fabio vuole che la valvola arrivi in corrispondenza del punto $Q(-16; -16\sqrt{3})$ e per questo fa girare la ruota in senso antiorario con una velocità angolare costante di 2 rad/s. Dopo quanto tempo la valvola sarà nella posizione desiderata? [$\simeq 2{,}09$ s]

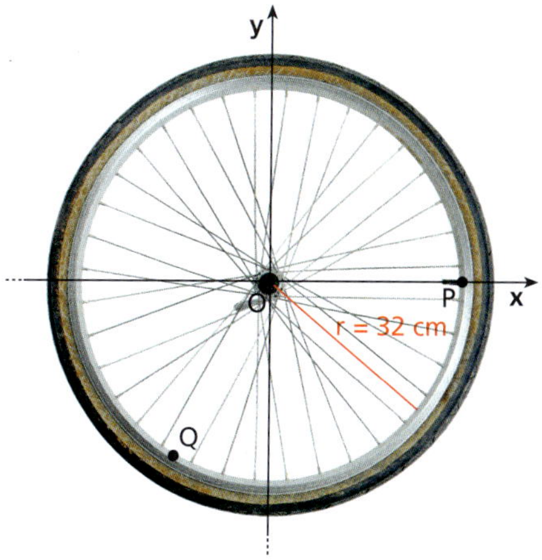

270 ESERCIZIO GUIDA Un punto si muove in senso antiorario su una circonferenza di raggio 10 centrata in O, con velocità costante $\omega = \frac{\pi}{12}$ rad/s. Partendo dal punto P, raggiunge il punto $Q(-5\sqrt{2}; -5\sqrt{2})$ in 13 s. Troviamo le coordinate di P.

Per prima cosa dobbiamo trovare α_0. Utilizziamo le equazioni che esprimono la legge oraria del moto.

$$\begin{cases} x(t) = R\cos(\alpha_0 + \omega t) \\ y(t) = R\sin(\alpha_0 + \omega t) \end{cases} \rightarrow \begin{cases} -5\sqrt{2} = 10\cos\left(\alpha_0 + \frac{13}{12}\pi\right) \\ -5\sqrt{2} = 10\sin\left(\alpha_0 + \frac{13}{12}\pi\right) \end{cases} \rightarrow \begin{cases} \cos\left(\alpha_0 + \frac{13}{12}\pi\right) = -\frac{\sqrt{2}}{2} \\ \sin\left(\alpha_0 + \frac{13}{12}\pi\right) = -\frac{\sqrt{2}}{2} \end{cases}$$

cioè:

$$\alpha_0 + \frac{13}{12}\pi = \frac{5}{4}\pi.$$

Notiamo che avremmo potuto capire che l'angolo corrispondente a Q è $\frac{5}{4}\pi$ anche in un altro modo.
Le coordinate di Q sono uguali, quindi il punto appartiene alla prima bisettrice. Dato che esse sono negative, il punto è nel terzo quadrante e dunque l'angolo da cosiderare è proprio $\frac{5}{4}\pi$.
A questo punto risolviamo l'equazione trovata e ricaviamo α_0.

$$\alpha_0 = \left(\frac{5}{4} - \frac{13}{12}\right)\pi = \frac{15-13}{12}\pi = \frac{2}{12}\pi = \frac{\pi}{6}$$

Quindi le coordinate del punto P sono $P(r\cos\alpha_0; r\sin\alpha_0) \rightarrow P(5\sqrt{3}; 5)$.

Nelle stesse condizioni descritte nell'esercizio guida, dati R, t, ω e le coordinate di Q, trova le coordinate di P.

271 $R = 8, t = 0{,}5$ s, $\omega = \frac{5}{6}\pi$ rad/s, $Q(-4; 4\sqrt{3})$. [$P(4\sqrt{2}; 4\sqrt{2})$]

272 $R = 3, t = 3$ s, $\omega = \frac{7}{18}\pi$ rad/s, $Q(0; -3)$. [$P\left(\frac{3}{2}; \frac{3}{2}\sqrt{3}\right)$]

273 $R = 9, t = 4$ s, $\omega = \frac{\pi}{24}$ rad/s, $Q\left(\frac{9}{2}; \frac{9}{2}\sqrt{3}\right)$. [$P\left(\frac{9}{2}\sqrt{3}; \frac{9}{2}\right)$]

274 $R = 11, t = 4$ s, $\omega = \frac{\pi}{48}$ rad/s, $Q\left(-\frac{11}{\sqrt{2}}; \frac{11}{\sqrt{2}}\right)$. [$P\left(-\frac{11}{2}; \frac{11}{2}\sqrt{3}\right)$]

VERSO L'INVALSI

120 minuti

► Su http://online.scuola.zanichelli.it/invalsi trovi tante simulazioni interattive in più per fare pratica in vista della prova INVALSI.

1 Dati un numero reale positivo a e un numero naturale n tali che $a^n + a^{n+1} = a^{n+2}$, cosa puoi concludere?

A $a = \frac{1-\sqrt{5}}{2}$

B $a = \frac{1+\sqrt{5}}{2}$

C $n = 0$

D $n = 1$

2 Considera il polinomio

$$p(x) = x^4 + 2x^3 - 3x^2 - 8x - 4.$$

a. $p(x)$ è un polinomio di quarto grado. V F
b. $p(0) = 0$. V F
c. $p(x)$ è divisibile per $x + 1$. V F
d. $p(x)$ è divisibile per $x - 1$. V F

3 Per abbattere un albero, un boscaiolo effettua inizialmente i due tagli schematizzati in figura.

Se vuole che la profondità p sia 12 cm, quanto deve misurare, in cm, la distanza d tra i due tagli? (Approssima il risultato all'unità.)

4 Quale delle seguenti disequazioni *non* è equivalente a $x > 1$?

A $\frac{1}{x-1} > 0$

B $\sqrt{x} > 1$

C $\sqrt{x-1} > 0$

D $\frac{1}{x} < 1$

5 Sia $ABCD$ un quadrilatero inscritto in una circonferenza. Allora:

A $\cos\widehat{A} = \cos\widehat{C}$.

B $\sin\widehat{A} = \sin\widehat{C}$.

C $\cos(\widehat{A} + \widehat{C}) = 0$.

D $\sin(\widehat{A} + \widehat{C}) = 1$.

6 Considera nel piano cartesiano i punti $O(0; 0)$, $A(-1; 0)$, $B(0; 2)$, $C(3; 0)$, $D(1; -1)$. Qual è l'area del poligono $OABCD$?

A 5

B 5,5

C 6

D 6,5

7 Nella seguente figura è rappresentato il giardino di Lucia, in verde. Il muretto che ne delimita un lato proietta l'ombra raffigurata in grigio.

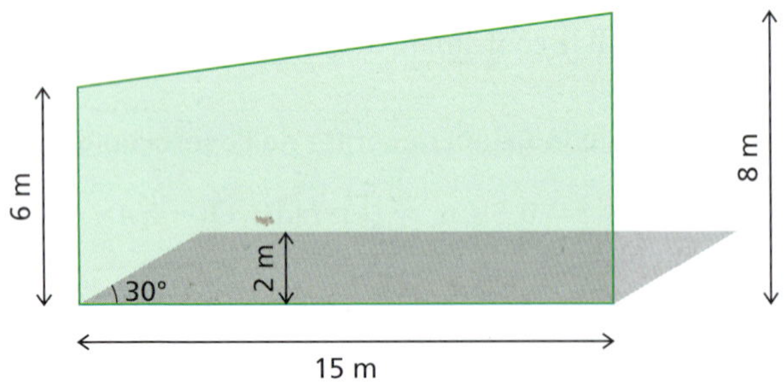

Utilizzando le informazioni in figura, qual è l'area (in m²) della parte di giardino *non* ombreggiata?

A 30

B $75 + 2\sqrt{3}$

C 105

D $105 + 2\sqrt{3}$

8 Sia a un numero reale positivo. Se $a^{\sqrt{2}} > a^{\sqrt{3}}$, puoi concludere che:

A $a > 1$.

B $a < 1$.

C $\sqrt{2} < a < \sqrt{3}$.

D $\sqrt{2} > \sqrt{3}$.

9 **10** La seguente tabella riporta il numero di abitanti della Nigeria nel periodo 1990-2015.

Anno	Popolazione (mln)
1990	95,6
1995	108,4
2000	122,9
2005	139,6
2010	159,4
2015	182,2

- Spiega perché è corretto, in questo caso, parlare di «crescita esponenziale» della popolazione.
- Supponendo che la crescita negli anni successivi al 2015 mantenga approssimativamente questo andamento, quale fra le seguenti è una stima possibile della popolazione della Nigeria nel 2020?

A Tra 197 e 200 milioni.

B Tra 200 e 203 milioni.

C Tra 203 e 206 milioni.

D Tra 206 e 209 milioni.

11 **12** Nella seguente tabella sono riportati i dati relativi ai millimetri di pioggia caduti in una certa località negli ultimi 5 anni, nel mese di agosto.

Anno	2012	2013	2014	2015	2016
Precipitazioni (mm)	94,0	94,6	238,4	168,0	68,7

- Qual è la media delle precipitazioni? (Approssima il risultato al decimo.)
- Calcola la deviazione standard, approssimando il risultato al decimo.

13 Se $f(x) = x^2 - 1$ e $g(x) = -x + 2$, quali sono gli zeri della funzione composta $f \circ g$?

A $x = 1$.

B $x = \sqrt{3}$ e $x = -\sqrt{3}$.

C $x = 1$ e $x = 3$.

D $x = 1$, $x = -1$ e $x = 2$.

14 **15** Sandro vuole dividere in due parti il terreno rappresentato in figura, posando una rete lungo la linea tratteggiata rossa.

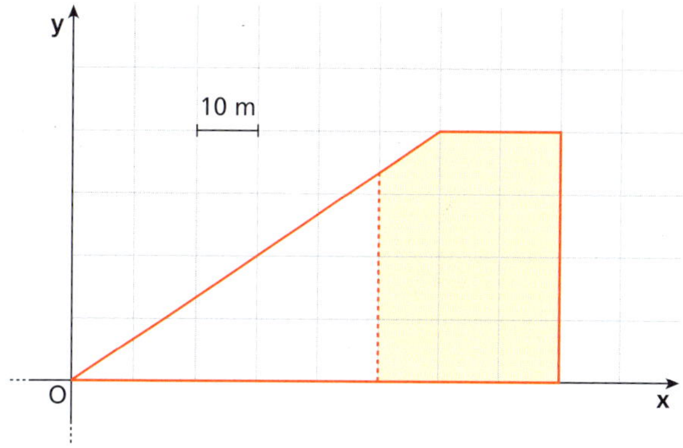

- Quale sarà, in metri, la lunghezza della rete? (Approssima il risultato alla prima cifra decimale.)
- Qual è, in metri quadri, l'area della parte colorata in giallo? (Approssima il risultato all'unità.)

16 Una parabola con asse parallelo all'asse y ha vertice nel punto $(1; -9)$ e interseca l'asse x nel punto $(-2; 0)$. Determina l'ascissa del secondo punto di intersezione tra la parabola e l'asse x.

17 Determina le soluzioni della disequazione

$$\sqrt{x^{-2}} < x,$$

mostrando il procedimento.

18 Quale tra le seguenti è una funzione biunivoca da $\mathbb{R}$ in $\mathbb{R}$?

A $y = x^5 - 1$

B $y = x^2 + 3$

C $y = \frac{1}{x-2}$

D $y = x^4$

19 Se $\tan\alpha = 2\sqrt{6}$ e $0 < \alpha < \pi$, quanto vale $\cos\alpha$?

20 In figura è rappresentato un cubo di lato 1. Quanto valgono rispettivamente l'area e il perimetro del triangolo ABC?

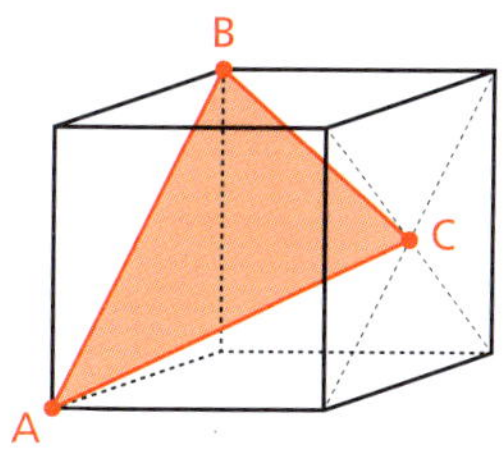

A $\frac{\sqrt{3}}{2}$; $\sqrt{2} + \sqrt{3}$.

B $\frac{\sqrt{3}}{2}$; $\sqrt{2} + \sqrt{6}$.

C $\frac{\sqrt{2}}{2}$; $\sqrt{2} + \sqrt{3}$.

D $\frac{\sqrt{2}}{2}$; $\sqrt{2} + \sqrt{6}$.

21 Sia ε l'ellisse con centro nell'origine, con gli assi coincidenti con gli assi cartesiani e passante per i punti (3; 0) e (0; 1).
La retta di equazione

$$y = x - 1$$

incontra ε nei punti A e B.
Calcola l'area del triangolo OAB, dove O è l'origine degli assi.

22
a. L'equazione $\ln x^2 = 1$ è equivalente a $2\ln x = 1$. V F
b. L'equazione $\log_2(-x^2) = 4$ è impossibile. V F
c. L'insieme delle soluzioni di $\log_{10}(x^2 - 3x) = 1$ è $\{-2, 5\}$. V F
d. L'equazione $\log_2(-x) = 3$ ha come soluzione $x = -8$. V F

---

23 Qual è il grafico della parabola di equazione $y = 3x^2 - 12x + 11$?

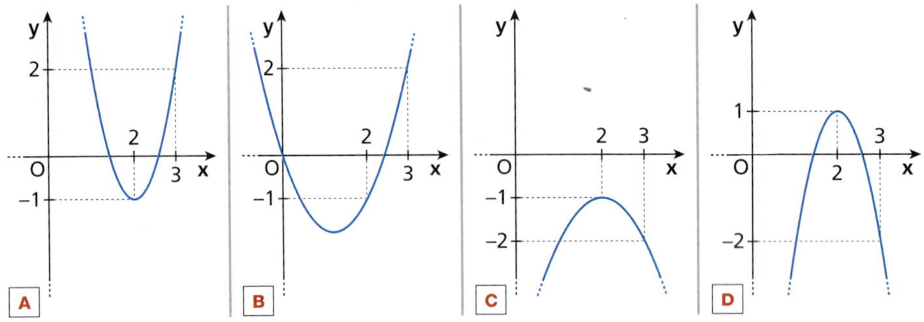

---

24 Considera la figura.

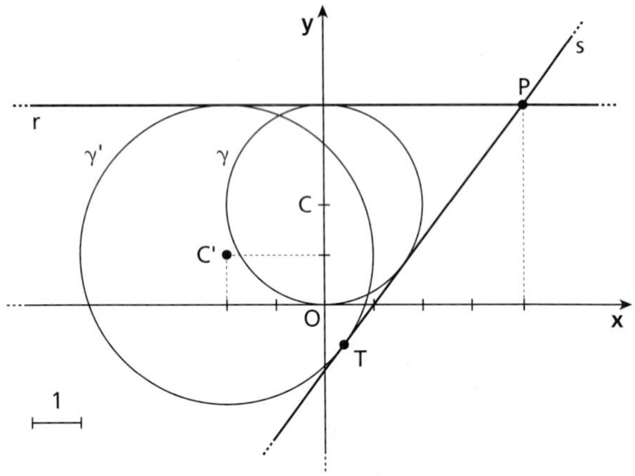

25 ■ L'equazione di γ′ è:

A $(x+2)^2 + (y-1)^2 = 9$.

B $(x-2)^2 + (y+1)^2 = 9$.

C $(x-2)^2 + (y-1)^2 = 3$.

D $(x-2)^2 + (y+1)^2 = 3$.

■ **a.** La retta s ha coefficiente angolare $\frac{3}{4}$. V F
b. Le circonferenze γ e γ′ sono tangenti. V F
c. Le rette r e s sono tangenti comuni a γ e γ′. V F

---

26 Quanto vale $(2 + \sqrt{3})^2$?

A 7
B $7 + 2\sqrt{3}$
C $7 + 4\sqrt{3}$
D 12

27 Di due numeri reali a e b sai che $a + b = 6$ e $ab = 4$. Quanto vale $a^2 + b^2$?

A 36
B 32
C 28
D 20

28 **29** Dopo la morte di un organismo, il numero N di atomi di carbonio-14 (un isotopo radioattivo del carbonio) presenti in esso diminuisce secondo la legge

$$N(t) = N_0 e^{-\frac{t}{\tau}},$$

dove il tempo t è misurato in anni, N_0 è il numero iniziale di atomi presenti e τ è una costante detta *vita media* del carbonio-14.

- Sapendo che il *tempo di dimezzamento* del carbonio-14 (ovvero il tempo necessario affinché la quantità di atomi si riduca della metà) è di 5730 anni, qual è il valore della costante τ? Approssima il risultato all'unità.
- In un esperimento effettuato per datare un reperto fossile si stima che il rapporto $\frac{N}{N_0}$ sia del 9%. Che età si può attribuire al reperto? Esprimi il risultato in migliaia di anni, approssimando all'unità.

30 Il rapporto fra i volumi di due stanze a forma di parallelepipedo è 8 : 1. Se l'altezza delle due stanze è uguale, qual è il rapporto tra le loro superfici (intese come le aree dei pavimenti)?

A 8 : 1
B 4 : 1
C $2\sqrt{2} : 1$
D 2 : 1

31 L'equazione $\ln x = x^2 - 2x$:

A ha due soluzioni, $x_1 = 1$ e $x_2 \in]1; 2[$.
B ha due soluzioni, $x_1 \in]0; 1[$ e $x_2 \in]2; 3[$.
C ha una soluzione, $x = 0$.
E non ha soluzioni.

32 Determina i punti di intersezione tra l'iperbole di equazione $x^2 - y^2 = 2$ e la circonferenza con centro nell'origine e raggio 2.

33 In una palestra è presente una parete da arrampicata delle dimensioni riportate in figura.

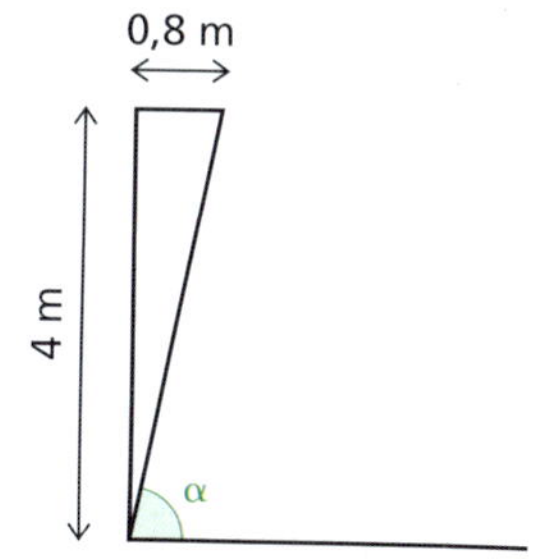

Quanto misura l'angolo α che la parete forma con il pavimento? Esprimi il risultato in gradi, approssimando all'unità.

34 **35** Sei amiche vogliono dividersi in due squadre da tre.

- In quanti modi diversi possono farlo?

A 6
B 10
C 20
D 120

- Se Cristina e Antonella vogliono stare nella stessa squadra, quanto modi ci sono per formare le due squadre?

36 Luca affronta un quiz con 5 domande: per ognuna sono presenti 4 risposte tra cui scegliere, e una sola è corretta. Il test si considera superato se si risponde correttamente ad almeno 4 domande. Se Luca risponde a caso, qual è la probabilità che passi il test?

A $\frac{1}{1024}$
B $\frac{1}{64}$
C $\frac{1}{2}$
D $\frac{4}{5}$

37 Associa a ogni equazione la conica che rappresenta.

a. $(x-1)^2 = 1 - y^2$
b. $x^2 = y^2 + 1$
c. $x - 1 = y + (x-1)^2$

1. parabola
2. iperbole
3. circonferenza

38

a. L'equazione $\cos\left(x + \frac{\pi}{4}\right) = \cos\left(x - \frac{\pi}{4}\right)$ ha come soluzione $x = k\pi$, con $k \in \mathbb{Z}$. V F

b. L'equazione $\sin\left(x + \frac{\pi}{2}\right) = \frac{1}{2}$ equivale a $\cos x = \frac{1}{2}$. V F

c. L'equazione $\tan x = -4$ è impossibile. V F

d. L'equazione $\sin x = \frac{\sqrt{3}}{4}$ ha esattamente una soluzione nell'intervallo $\left[\frac{\pi}{4}; \frac{\pi}{2}\right]$. V F

FORMULE GONIOMETRICHE

Formule di addizione

$$\sin(\alpha+\beta) = \sin\alpha\cos\beta + \cos\alpha\sin\beta$$

$$\cos(\alpha+\beta) = \cos\alpha\cos\beta - \sin\alpha\sin\beta$$

$$\tan(\alpha+\beta) = \frac{\tan\alpha + \tan\beta}{1 - \tan\alpha \cdot \tan\beta}$$

con $\alpha, \beta, \alpha+\beta \neq \frac{\pi}{2} + k\pi$

Formule di sottrazione

$$\sin(\alpha-\beta) = \sin\alpha\cos\beta - \cos\alpha\sin\beta$$

$$\cos(\alpha-\beta) = \cos\alpha\cos\beta + \sin\alpha\sin\beta$$

$$\tan(\alpha-\beta) = \frac{\tan\alpha - \tan\beta}{1 + \tan\alpha \cdot \tan\beta}$$

con $\alpha, \beta, \alpha-\beta \neq \frac{\pi}{2} + k\pi$

Formule di duplicazione

$$\sin 2\alpha = 2\sin\alpha\cos\alpha$$

$$\cos 2\alpha = \cos^2\alpha - \sin^2\alpha$$

$$\tan 2\alpha = \frac{2\tan\alpha}{1-\tan^2\alpha}$$

con $\alpha \neq \frac{\pi}{4} + k\frac{\pi}{2} \wedge \alpha \neq \frac{\pi}{2} + k\pi$

Formule di bisezione

$$\sin\frac{\alpha}{2} = \pm\sqrt{\frac{1-\cos\alpha}{2}}$$

$$\cos\frac{\alpha}{2} = \pm\sqrt{\frac{1+\cos\alpha}{2}}$$

$$\tan\frac{\alpha}{2} = \pm\sqrt{\frac{1-\cos\alpha}{1+\cos\alpha}}$$ con $\alpha \neq \pi + 2k\pi$

Formule parametriche

$$\sin\alpha = \frac{2\tan\frac{\alpha}{2}}{1+\tan^2\frac{\alpha}{2}}, \quad \cos\alpha = \frac{1-\tan^2\frac{\alpha}{2}}{1+\tan^2\frac{\alpha}{2}}, \text{ con } \alpha \neq \pi + 2k\pi$$

Formule di prostaferesi

$$\sin p + \sin q = 2\sin\frac{p+q}{2} \cdot \cos\frac{p-q}{2}$$

$$\sin p - \sin q = 2\cos\frac{p+q}{2} \cdot \sin\frac{p-q}{2}$$

$$\cos p + \cos q = 2\cos\frac{p+q}{2} \cdot \cos\frac{p-q}{2}$$

$$\cos p - \cos q = -2\sin\frac{p+q}{2} \cdot \sin\frac{p-q}{2}$$

Formule di Werner

$$\sin\alpha\sin\beta = \frac{1}{2}[\cos(\alpha-\beta) - \cos(\alpha+\beta)]$$

$$\cos\alpha\cos\beta = \frac{1}{2}[\cos(\alpha+\beta) + \cos(\alpha-\beta)]$$

$$\sin\alpha\cos\beta = \frac{1}{2}[\sin(\alpha+\beta) + \sin(\alpha-\beta)]$$